Zum Geleit.

Dieses Werk eines schweizerischen Forscheringenieurs, der für die deutsche Fachwelt kein Unbekannter mehr ist, bedarf keiner empfehlenden Einführung, sondern wird für sich selber sprechen.

Der spezifische Sinn des Ingenieurgeologen besteht im wesentlichen in der Fähigkeit, im Gelände die Lagerungs- und Verbandsverhältnisse auf Grund vorhandener, künstlicher oder geophysikalischer Aufschlüsse zu klären, daraus den Bauplan der Erdrinde und ihrer Landschaften zu bestimmen, die Bodenarten eindeutig durch ihre physikalischen und chemischen Eigenschaften zu bezeichnen, die Wechselwirkung zwischen Boden, Wasser und Bauwerk oder der Art des Eingriffes sachlich und zeitlich vorherzusagen sowie Maßnahmen zur Verhütung schädlicher erdbautechnischer Folgen aus diesen Wechselwirkungen anzugeben. Die Systematik nahm ihren Ausgang von der Einführung der ziffernmäßigen Festlegung der physikalischen Eigenschaften der Bodenarten durch Bestimmung der Bodenbeiwerte im Laboratorium, von der Klärung der Zusammenhänge zwischen diesen und deren erdbautechnischen Wirkungen durch Theorie und Laboratoriumsversuch in Form der Ermittlung der Spannungsverteilung im Boden und der Setzungsberechnung sowie von der vergleichenden Verarbeitung und Verbindung der im Feld und Versuchsraum gewonnenen Erfahrungen. Freilich ist der Beobachtungsschärfe, dem Sinn für ursächliche Zusammenhänge und der denkenden Zusammenfassung ähnlicher Erfahrungstatsachen dort die gemeinsame Grenze für den Ingenieurgeologen gezogen, wo physikalische Hilfsmittel versagen.

Die Ingenieurgeologie sah sich vor zwei Jahrzehnten bereits bei ihren ersten Schritten vor die Notwendigkeit gestellt, ein schwer übersehbares, ungleichwertiges und ungemein rasch anschwellendes Material zu sammeln, zu sichten und auszuwerten; denn nur auf diesem Wege war es — neben der planmäßigen Forschungsarbeit der Erdbaulaboratorien — möglich, die Eigenschaften der verschiedenen Bodenarten zu erforschen und die Gesetze und Ursachen zu enthüllen, auf denen ihre erdbautechnische Wirkung beruht. Als man aber dann dazu überging, die Ingenieurgeologie in den Dienst der großen Bauaufgaben der Gegenwart zu stellen, trat die Notwendigkeit, sich auf eine breite empirische Basis zu stützen, noch schärfer hervor. Indessen zeigte gerade die Vielfältigkeit der laufenden Bauaufgaben sehr bald und sehr eindringlich, daß auf dem Wege der Feldbeobachtung und der Untersuchung im Laboratorium allein die Aufgaben mit der gebotenen Wirtschaftlichkeit und Sicherheit nicht gelöst werden konnten. Mehr noch als sonst in den Ingenieurwissenschaften erwies es sich als unerläßlich, der Tatsachenforschung und Beobachtung eine erdbauphysikalische Analyse zugrunde zu legen. Wie notwendig aber auch die theoretischen Überlegungen sind, um auch nur die kennzeichnenden Reihen aus der unübersehbaren Mannigfaltigkeit der lebendigen Natur zu bestimmen, so sind damit die Bedingungen für eine erfolgreiche Gestaltung der ingenieurgeologischen Forschung noch nicht ausreichend erfüllt. Die zu untersuchenden Beobachtungselemente werden häufig von örtlich bedingten Erscheinungen überlagert und treten verhältnismäßig selten in ihrer ursprünglichen Größe unmittelbar zutage. Es bedarf daher einer weitgehenden Differenzierung und Isolierung der einzelnen Eigenschaften, ehe die gegenseitigen Beziehungen der verschiedenen Beobachtungsreihen enthüllt oder — bei physikalisch bedingtem inneren Zusammenhang — in mathematischer Form dargelegt werden können. Damit sind die zahlentheoretischen und mathematisch-statistischen Methoden zu einem unentbehrlichen Werkzeug der ingenieurgeologischen Forschung geworden.

So sind also vor allem vier Gebiete grundlegend für die Ingenieurgeologie: Geologie und Geophysik, mathematische Statistik und die gestaltungsfähige Bauingenieurwissenschaft. Die gleichmäßige Beherrschung dieser vier großen Gebiete und die Fähigkeit zur Herstellung eines Zusammenhanges zwischen ihnen ist selten bei *einem* Forscher anzutreffen, wie schon ein Blick auf die Mitarbeiterliste des 1929 erschienenen Vorläufers dieses Buches, der Ingenieurgeologie von REDLICH-TERZAGHI-KAMPE, zeigt und doch muß sie unter Vortritt der Physik als Grundwissenschaft angestrebt werden, wenn man die Probleme der Ingenieurgeologie ganzheitlich meistern will.

Es möge dem Urteil des Lesers überlassen bleiben, inwieweit es dem Verfasser gelungen ist, diese Einheit in der Mannigfaltigkeit zu schaffen, die vielen die Bestätigung dessen bietet, was sie suchen: ein untrennbares Ganzes von Theorie und praktischer Anwendung in Erd- und Landschaftsgeschichte, geophysikalischer Untergrundforschung und *schöpferischer* Behandlung des Bodens, deren einzelne Teile in organischer Wechselwirkung stehen. Das Eindringen der instrumentellen und theoretischen Physik sowie der Mathematik in die ingenieurgeologische Forschung und die Betrachtung des Bodens als elastischer Körper gegenüber der klassischen Lehre vom starren Boden hat jene zu einer neuen Disziplin umgestaltet und sie aus dem Bereich subjektiver Auffassung herausgehoben. Der Verfasser gehört zu denjenigen, die sehr früh die Bedeutung mathematisch-statistischer Methoden für die Bautechnik erkannt haben und keiner hat wie er von Anfang an so klar auch ihre Grenzen gesehen.

Dieses Werk wird sich dadurch rasch eine besondere Stellung im technischwissenschaftlichen Schrifttum verschaffen, daß es neben der Fülle des Beobachtungsstoffes nicht nur den mit Kraft und Originalität unternommenen Versuch einer einheitlichen und umfassenden Behandlung des großen Gesamtgebietes darstellt, sondern daß es bei den meisten Einzelfragen selbständige kritische Stellungnahmen und außerordentlich scharfsinnige Analysen im einzelnen enthält und stets erkennen läßt, was bereits als sicherer Wissensstand gelten kann oder was noch zweifelhaft ist. Es zeigt bei allen Untersuchungen, wie der Ingenieur durch Beobachtungen in der Natur und durch Zusammenfassen der Einzelfälle und aller Kenntnisse aus den verschiedenen naturwissenschaftlichen Gebieten zu den ingenieurgeologischen Ergebnissen mit den für ihre praktische Anwendung notwendigen Vereinfachungen gelangt.

Wir hoffen, daß das Buch zu einem unentbehrlichen Wegweiser jedes Bauschaffenden wie zum alltäglichen Werkzeug der Forscher wird, unseren Bauwerken bei geringerem Bauzeit- und Kostenaufwand eine höhere Sicherheit und längere Lebensdauer sichert und dadurch Anregungen für die Entwicklung wirtschaftlicherer Bauverfahren vermittelt. Möge das Buch aber vor allem denjenigen jungen Fachgenossen, die sich zum Studium der bautechnischen Wissenschaften (Bauingenieure und Architekten) entschlossen haben, den Weg zu früher Selbständigkeit des Handelns ebnen und erleichtern, dadurch Begeisterung erwecken und den Glauben an die Zukunft gerade der bautechnischen Berufe stärken. Es wird die große Aufgabe unserer Technischen Hochschulen und Universitäten

INGENIEURGEOLOGIE

EIN HANDBUCH FÜR STUDIUM UND PRAXIS

VON

LUDWIG BENDEL

DIPL. BAUINGENIEUR, DR. DER NATURWISSENSCHAFTEN (GEOLOGIE)
PRIVAT-DOZENT DER ÉCOLE POLYTECHNIQUE DE L'UNIVERSITÉ DE LAUSANNE,
LUZERN

ERSTE HÄLFTE

MIT 586 TEXTABBILDUNGEN

ZWEITE AUFLAGE
(BERICHTIGTER NEUDRUCK DER ERSTEN AUFLAGE 1944)

WIEN

SPRINGER-VERLAG

1949

ISBN-13: 978-3-7091-7722-8   e-ISBN-13: 978-3-7091-7721-1
DOI: 10.1007/978-3-7091-7721-1

sein, die Beziehungen aller Forscher und Wissenszweige der Naturwissenschaften und Technik, die irgendwie an der Ingenieurgeologie beteiligt sind, stets in lebendigem Zusammenwirken zu erhalten und den Ingenieurnachwuchs schon in diesem Geist und zu dieser Haltung zu erziehen. Dann ist auch der Versuch gelungen, den das Buch darstellt, eine Synthese der zwei Erziehungsrichtungen unserer Technischen Hochschulen zu sein: der mathematisch-naturwissenschaftlichen und der praktisch-konstruktiven Ausbildung.

Die Tatsache, daß der Techniker bei der ungeheuren Einbuße an Volkskraft in den meisten Kulturländern und bei der gewaltigen Größe unserer künftigen Bauaufgaben mehr denn je Nutzen und Kosten, Ertrag und Aufwand miteinander vergleichen und dabei an die Begrenztheit unserer Beschaffungskraft und an die Knappheit der Mittel denken muß, die uns in Form von Arbeitskräften und Baustoffen, von Energie- und Transportleistungen zur Verfügung stehen, legt jedem Bauschaffenden eine hohe Verantwortung der Volksgemeinschaft gegenüber auf. Diese Verantwortung kann aber nur dann getragen werden, wenn die ingenieurgeologische Beratung zum selbstverständlichen Begleiter jedes wichtigeren Bauvorhabens — nicht bloß bei großen Bauwerken und bei schlechtem Baugrund — von den Vor- und Entwurfsarbeiten an bis zur Inbetriebnahme des Bauwerkes wird.

Möge das Buch in dieser Zeit weltgeschichtlicher Entscheidungen, wo alles in der äußeren Existenz und inneren Struktur Europas auf dem Spiele steht, als eine kraftvolle Waffe in seinem Lebenskampf wirken, ein Buch für das Leben im vollen Sinn des Wortes sein.

Berlin, im September 1944.

Erwin Marquardt.

Vorwort.

Im Frühjahr 1939 forderte mich der Springer-Verlag auf, an Stelle der 1929 erschienenen und seit Jahren vergriffenen „Ingenieur-Geologie" von REDLICH-TERZAGHI-KAMPE eine neue Ingenieur-Geologie zu schreiben. Da ich über reiche praktische und theoretische Erfahrungen auf allen Gebieten der Ingenieurgeologie verfüge und schon seit 1929 den ersten erdbaumechanischen Prüfraum in der Schweiz führe, übernahm ich aus Freude an der systematischen Auswertung des Selbsterlebten und an der gleichartigen methodischen Behandlung des gelesenen Tatsachenmaterials die mir gestellte Aufgabe. Meine einzige Bedingung war, im Aufbau, in der Auswahl und in der Behandlung des Stoffes frei zu sein. Der Verlag kam in seiner bekannten großzügigen Weise meinem Wunsche in jeder Hinsicht entgegen. Bei der Begrenzung des Stoffumfanges ging ich davon aus, daß in einer Ingenieur-Geologie grundsätzlich alle die Probleme behandelt werden müssen, die der Bauingenieur bei seinen Arbeiten mit den Stoffen „Erde" und „Wasser" zu lösen hat.

Im folgenden wird zu einigen Fragen, die während der Niederschrift des Buches auftauchten, Stellung genommen. Im vorliegenden Buch wurden neben 800 eigenen Untersuchungsergebnissen ungefähr 5000 Beobachtungsergebnisse aus Büchern, Fachzeitschriften, Aufsätzen und Beschreibungen verwertet. Die Quellen sind jeweils am Fuße der einzelnen Seiten oder am Ende eines Abschnittes angegeben. Beim Sammeln der Unterlagen erstreckte sich mein Briefwechsel beinahe über die ganze Welt. Ich kann hier nicht allen Kollegen einzeln für ihre oft selbstlosen und weitgehenden Auskünfte danken.

Ich bin mir bewußt, daß einzelne Probleme nicht so eingehend beschrieben sind, wie es mancher Leser der Ingenieur-Geologie wünschen könnte. Der Umfang des Werkes, das in der Kriegszeit entstand, ist aber mit 1700 Seiten schon sehr groß. Wir können dem Verlag dankbar sein, daß er eine so große Seitenzahl für die Behandlung der ingenieur-geologischen Aufgaben zur Verfügung stellte.

Da der Bezeichnung „Ingenieur-Geologie" eine gewisse Unbestimmtheit anhaftet und dieses Gebiet schon eine ungeheure Ausweitung erfahren hat, so verursachte es viele Mühe, die zahlreichen, oft in verschiedenem Sinne gebrauchten *Begriffe* eindeutig und unter Wahrung der dem ganzen Buch zugrunde liegenden einheitlichen Auffassung zu umschreiben. In diesem Buch sind über 1000 Begriffe erklärt. Vielfach war es nicht möglich, die verschiedenen Ansichten der Fachkollegen auf einen gemeinschaftlichen Nenner zu bringen. In diesem Falle sind für den gleichen Begriff mehrere Erklärungen gegeben. Weil die Ingenieur-Geologie auch als Nachschlagewerk gedacht ist, wurde auf Spitzfindigkeiten in der Beschreibung der Ausdrücke verzichtet. Stets wird die Praxis entscheiden, welches die zweckmäßigste Deutung eines Begriffes ist.

Schwierig zu beantworten war die Frage, ob die im Schrifttum verstreuten Formeln auf eine gemeinschaftliche Schreibweise umgearbeitet werden sollen. In diesem Falle hätten einige Formeln bis zur Unkenntlichkeit umgewandelt werden müssen. Deshalb wurde die Schreibweise des Urhebers der Formeln übernommen.

Bei der Behandlung des geologischen Teiles wurde besonders auf die Bedürfnisse des Ingenieurs Rücksicht genommen. Der Ingenieur soll den Sinn, die Aufgaben und die Fachausdrücke der Geologie kennen lernen. Die Grundanschauungen von Ingenieur und Geologe sind verschieden: Der Ingenieur zieht seine Folgerungen vorwiegend aus bestimmten, mathematischen Lösungen, während der Geologe die seinigen aus Beobachtungen der Naturvorgänge ableitet.

Im Kapitel über Erddruck sind nicht nur die klassischen Erddrucktheorien von COULOMB und RANKINE behandelt, sondern auch die neuen Theorien, die weitgehend die physikalischen und chemischen Eigenschaften des Bodens berücksichtigen. Das Problem „Erddruck" ist bis jetzt noch nicht gelöst.

Werden zur Klärung von Fragen der Baugrundgeologie, des Wasserbaues, der Baustoffbeschaffung oder der praktischen land- und forstwirtschaftlichen Bodenkunde Bodenuntersuchungen durchgeführt, so entscheidet nicht allein das theoretische Wissen. Ebenso wichtig ist die Wahl des richtigen Untersuchungsverfahrens und vor allem die Deutung der Untersuchungsergebnisse. Dem Geologen fehlen meistens die mathematischen Grundlagen zur rechnerischen Auswertung, umgekehrt ist dem Ingenieur das geologische Denken fremd. Das vorliegende Buch will bei der Lösung der Probleme helfen, die sich aus den engen Wechselwirkungen zwischen geologischer Forschung und praktischer Anwendung, d. h. der angewandten Geologie und der Bautechnik ergeben.

Leider konnte bis jetzt kein einheitliches Vorgehen in den verschiedenen Prüfräumen erzielt werden. Die Untersuchungsergebnisse sind deshalb nicht miteinander vergleichbar, besonders wegen der oft willkürlichen Wahl der Prüfverfahren. Der Einfluß des Prüfgerätes auf die Untersuchungsergebnisse ist viel größer, als im allgemeinen angenommen wird. Es ist notwendig, vergleichende Studien über die verschiedenen Bauarten der Prüfgeräte zu machen. Bei der Mitteilung von Versuchsergebnissen sollte stets das verwendete Untersuchungsgerät angegeben sein, ein Verfahren, das in der Chemie schon weitgehend Eingang gefunden hat. So wie es die Chemie im Laufe der Jahrzehnte verstanden hat, eine einheitliche Disziplin zu bleiben, obwohl der Umfang des Materials weit über das hinausgewachsen ist, was der einzelne beherrschen kann, so sollte auch die Ingenieur-Geologie darauf bedacht sein, eine Einheit zu werden, indem sie sich von Anfang an einer einheitlichen Denk- und Arbeitsweise befleißigt. Immer wieder muß betont werden, daß für die richtige Beurteilung von erdbaumechanischen Untersuchungsergebnissen stets die Entwicklungsgeschichte eines Boden mit zu berücksichtigen ist. So ist z. B. die Vorbelastung von Geschiebemergel durch einen Gletscher, siehe Teil 1, S. 684, für die Beurteilung der Bodeneigenschaften von wesentlicher Bedeutung. Aber auch für die Zusammendrückbarkeit ist z. B. der Anfangswassergehalt, der Anfangsdruck zu berücksichtigen, oder bei der Bestimmung der Wärmeleitfähigkeit die Anfangstemperatur.

Wenn immer möglich, wurde gezeigt, wie die Untersuchungsergebnisse analytisch oder zeichnerisch ausgewertet werden können. Bei der Erstellung der zahlreichen Tabellen und Abbildungen wurde im Interesse unserer Nachwuchsschulung diejenige Darstellung gewählt, die einen möglichst hohen pädagogischen Wert besitzt und zum eigenen genauen Denken anregt.

Ich habe mich nicht damit begnügt, dem Leser ein reiches Tatsachenmaterial anzubieten, sondern war stets bemüht, aus diesem möglichst ausnahmslos geltende Gesetze abzuleiten und ihre Ursachen zu enthüllen. Hier möchte ich die Arbeiten für das allgemeingültige Druckverformungsgesetz erwähnen. Dasselbe gilt sowohl für bindige und nichtbindige Böden als auch für Felsen, Eisen, Beton usw. Es ergab sich, daß das HOOKEsche Gesetz einen Sonderfall des neuen Druckverformungsgesetzes bildet. Mit dem neuen Gesetz ist es möglich, die Beziehungen zwischen Druck und Verformung, die Abhängigkeit des Wassergehaltes, des Raumgewichtes, der Ruhedruckziffer, der Querdehnungszahl usw. vom Druck in eine mathematische Form zu kleiden, die für den Ingenieur und Techniker verständlich und praktisch verwertbar ist (vgl. 1. Teil, Tab. 286, S. 485).

Als weiteres Beispiel führe ich das Gesetz der Rutschbedingungen auf einer langgestreckten Rutschfläche an. Bis jetzt waren die Rutschbedingungen lediglich auf Grund von Einzelbeobachtungen bekannt. Es gelang nun, die *allgemein* gültigen Rutschbedingungen auf einer langgestreckten Gleitfläche abzuleiten.

Wenn Gesetze von allgemeiner Bedeutung behandelt wurden, so ist dazu eine mathematische Ableitung gegeben. Sie ist zugunsten der Gesamtübersicht kurz gehalten, wurde aber gegeben, um das Wesen der Formel zu erklären und dem Leser zu ermöglichen, die Formel sinngemäß anzuwenden.

Im allgemeinen sind keine großen mathematischen Kenntnisse zum Verständnis der Ingenieur-Geologie vorausgesetzt. Eine Ausnahme machen die Kapitel über Wasserströmungen, dynamische Baugrundaufgaben und über mathematische Statistik. Das Kapitel über Grundwasserströmungen ist auf Grund der Potentialtheorie behandelt. Im Kapitel über mathematische Statistik sind nur diejenigen Probleme behandelt, die für den Ingenieur von Bedeutung sind.

Da das Buch nicht nur ein Lehr- und Handbuch sein will, sondern auch als Nachschlagewerk von Ingenieuren und Geologen der Praxis verwendet werden soll, so habe ich bei der Lösung der einzelnen Aufgaben nicht nur *einen* bestimmten, d. h. den nach meinen Erfahrungen zweckmäßigsten Weg angegeben, sondern dem Benützer des Buches möglichst viele Hilfsmittel dargeboten, um ihm die Auswahl darunter in jedem Fall zu überlassen. Aus dem gleichen Grunde wurde auf die Aufstellung des Sachregisters große Sorgfalt verwendet. Der Verlag stellte den Platz für rund 6000 Stichwörter zur Verfügung.

Von engeren Mitarbeitern sei in erster Linie meine Frau genannt, die den gesamten Schriftwechsel besorgte, alle Schreibarbeiten ausführte, die genauen und langen Ausrechnungen, die für die Beispiele im Kapitel über mathematische Statistik notwendig wurden, sämtliche Fahnenkorrekturen durchführte, das Register aufstellte usw. Ein treuer Berater in allen Lagen war mir Herr Dr. Ing. E. MARQUARDT, o. Professor an der Technischen Hochschule Berlin. Für seine vielen wertvollen und für die Gestaltung einzelner Abschnitte mitbestimmenden Ratschläge kann ich ihm nicht herzlich genug danken. Er ließ es sich nicht nehmen, alle Fahnen durchzulesen und hat sich mit der Stoffbehandlung in jeder Hinsicht einverstanden erklärt. *Herr Prof. MARQUARDT war der große Förderer des Werkes.*

Besonderen Dank bin ich den Bearbeitern einzelner Kapitel schuldig, so Herrn Dr. F. DE QUERVAIN als Verfasser des Kapitels Petrographie für den Ingenieur, Herrn Privatdozent Dr. HAEFELI für das Kapitel über Schnee, Lawinen, Firn und Gletscher und Herrn Dr. R. MÜLLER für das Kapitel über bodenkundliche Arbeiten für die Stadt- und Landesplanung, Herrn Ing. CH. SCHAERER als Mitarbeiter im Kapitel über Modellversuche. Das im II. Hauptteil beschriebene Druckverformungsgesetz habe ich mit Herrn Ingenieur SCHAERER gründlich abgeklärt. Durch seine wissenschaftliche Auffassung, sein Können und seine ausdauernde Mitarbeit ist es mir gelungen, dem Druckverformungsgesetz eine einwandfreie Grundlage zu geben. Er hat auch einen großen Teil der Korrekturbogen durchgelesen. Im Einverständnis mit dem Direktor des Eidgenössischen Amtes für Wasserwirtschaft, Herrn Dr. MUTZNER, hat Herr Sektionschef OESTERHAUS die Durchsicht der Abschnitte Fluß- und Deltaablagerungen vorgenommen und sich mit der Fassung des Textes einverstanden erklärt. Ich danke ihm auch an dieser Stelle für seine wertvollen Ratschläge.

Nach mehrfacher Überarbeitung des Manuskriptes wurden die einzelnen Abschnitte Theoretikern und Praktikern zur Durchsicht gegeben. Ich danke den Kollegen auch an dieser Stelle für ihre Anregungen und erwähne:

Geologie: Dr. DIETIKER, Praktisch tätiger Geologe, Hirschthal, Aargau; *Meteorologie:* Dr. ZINGG, Chef-Meteorologe, Zürich; *Denudation, Sedimentation:* Ing. OESTERHAUS, Sektionschef beim Eidg. Amt für Wasserwirtschaft, Bern; *Wassereigenschaften, Wasseruntersuchung:* Dr. MEYER, Kantonchemiker, Luzern, Dr. ADAM, Luzern; *Bodeneigenschaften, Statik* und *Dynamik:* CH. SCHAERER, langjähriger Assistent am Erdbaulaboratorium der Techn. Hochschule Zürich, Zürich-Küsnacht, Dipl. Ing. SCHWEGLER, Inhaber eines Ingenieurbüros, Luzern, Dr. A. VOELLMY, Abteilungsvorsteher an der Eidg. Materialprüfungsanstalt, Zürich; *Straßenbau-Geologie:* Theoretisch: Dr. R. RUCKLI, Eidg. Oberbauinspektorat Bern, Bern; Praktisch: Straßeninspektor A. BOSSARD, Luzern; *Temperaturverhältnisse im Erdbau:* Dr. R. RUCKLI, Eidg. Oberbauinspektorat Bern, Bern; *Geophysik:* Dr. KERN, dipl. Ing.-Geologe, Zürich; *Pflanzen in Abhängigkeit von der Bodenbeschaffenheit:* Dr. h. c. M. OECHSLIN, Oberförster, Altdorf; *Grundbau:* Dr. Ing. KOLLBRUNNER, Zürich; *Erdbau, Bodenabdichtung, Bodenverdichtung und Bodenverfestigung:* Dr. R. RUCKLI, Bern; *Bodenuntersuchungen:* MOUSSON, Tiefbauingenieur im Schweiz. Bergbau-Bureau, Bern; CH. SCHAERER, Zürich-Küsnacht; *Dynamische Baugrundaufgaben:* Dr. W. KERN, Zürich, CH. SCHAERER, Zürich-Küsnacht.

In monatelanger, gewissenhafter Arbeit hat Herr Dipl.-Ing. NYDEGGER die Fahnen durchgelesen und mir wertvolle Winke zur Verbesserung der Arbeit gegeben.

Oft wird die Frage aufgeworfen, wer den Titel „Ingenieur-Geologe" führen dürfe. Sicherlich sollte diesen Titel nur *der* Geologe führen, der von den Ingenieurwissenschaften den Grundbau, die Bodenmechanik und die Hydrologie des unterirdischen Wassers ebenso beherrscht wie die Grundlagen und Verfahren der geophysikalischen Untergrundforschung, der selbständig die bodenphysikalischen Kennziffern bestimmen und ihre Bedeutung richtig einschätzen kann. Umgekehrt soll den Titel „Ingenieur-Geologe" aber auch nur *der* Ingenieur führen, der über eine vielseitige geologische wissenschaftliche Ausbildung verfügt und imstande ist, selbständig geologisch kartieren und aus der geologischen Kartierung durch Längs- und Querschnitte den räumlichen Bauplan für das betreffende Gebiet aufzustellen.

Das Buch ist auf Anregung des Verlages entstanden. Der Verkehr zwischen meinem Verleger und mir war immer sehr herzlich, und mein Verleger hat es verstanden, in unermüdlicher Arbeit alle Hindernisse, die die Verhältnisse mit sich gebracht haben und die zeitweise eine Fertigstellung während des Krieges unmöglich erscheinen ließen, aus dem Wege zu räumen, so daß der erste Teil des Werkes nunmehr der Fachwelt vorgelegt werden kann. Der zweite Teil, der ungefähr den gleichen Umfang hat, befindet sich im Druck und wird in wenigen Monaten vorliegen.

Da das Ziel der Ingenieur-Geologie in der Entwicklung der letzten 15 Jahre die *schöpferische* Erforschung des Bodens geworden ist, so kann man die zunehmend breiter werdende ingenieur-geologische Betätigung nicht durch das Bilden von Begriffen, sondern nur an Beispielen und Erfahrungstatsachen erklären. Um daher auch in der Ingenieur-Geologie als einem der jüngsten Bindeglieder zwischen Naturwissenschaften und Technik möglichst bald zu allgemeinen Gesetzen von unbedingter Gültigkeit und umfassendem Umfang zu kommen und damit den edelsten Interessen der Fachwelt zu dienen, bin ich für die Bekanntgabe von Einzelfällen der Beobachtung und Erfahrung, für die Übersendung von Messungsergebnissen und Erfahrungszahlen, für Verbesserungs- und Ergänzungsvorschläge jederzeit dankbar.

Luzern, im September 1944.
Alpenquai 33.

Ludwig Bendel.

Vorwort zur zweiten Auflage.

Der Anklang, den der erste Band der Ingenieurgeologie in seiner ersten, kurz vor dem Ende des Krieges erschienenen Auflage gefunden hat, und der unter anderem dadurch zum Ausdruck kam, daß der Band nach Beendigung des Krieges vergriffen war, machte es, um die seit dieser Zeit andauernde Nachfrage befriedigen zu können, erforderlich, eine zweite Auflage herauszugeben.

Von zahlreichen Fachkollegen erhielt ich über hundert wertvolle schriftliche Äußerungen und Anregungen. Ich möchte dankbar diejenigen der Herren Prof. MARQUARDT, z. Z. Reutlingen, Prof. Dr. SCHULTZE, Berlin, Dr. RUCKLI P. D., Bern, Prof. Dr. HAEFELI, Zürich, Prof. Dr. ANDREAE, Zürich, Ing. LEWIN, New York, Dr. KOLLBRUNNER, Zürich, Ing. KROPATSCHEK, Wien und Ing. CASSEL, London, erwähnen.

Keine der kritischen Bemerkungen gab Anlaß, den Aufbau des Buches zu ändern oder einzelne Theorien von Grund auf umzuarbeiten. Hauptsächlich wurden Ergänzungen zu bereits behandelten Problemen oder die Aufnahme neuer Kapitel angeregt.

Unter diesen Umständen entschlossen sich Verfasser und Verlag, den ersten Band mehr oder weniger unverändert nachzudrucken, dagegen jedoch alle Ergänzungen in einem dritten Band zu bringen. Dieser dritte Band befindet sich in Arbeit und soll bis zum Herbst 1950 erscheinen.

In demselben werden unter anderem behandelt:

Im Abschnitt über Geologie und Petrographie für den Ingenieur die Ingenieurmeteorologie, die Hydrobiologie für den Ingenieurgeologen, die Berghangentwässerung usw., im Abschnitt über Statik und Dynamik des Bodens sollen die Folgerungen berücksichtigt werden, die sich in ingenieurgeologischer Richtung aus den neuesten Kongreßschriften ergeben, wie z. B. denen der Conférence Mondiale de l'Energie (Commission International des grands barrages), Stockholm 1948, von der International Conference on Soil mechanics and foundation engineering (Rotterdam 1948), vom Congrès Mondial des Techniques et de l'Urbanisme souterrains (Rotterdam 1948) usw.

Bei den praktischen Anwendungen der Ingenieurgeologie werden die neuen Kenntnisse in bezug auf Pfahlarbeiten, hohe Dämme aus Erdstoff, Berechnung der Dicke von Flugzeugpisten, Straßenbelägen usw. behandelt werden.

Auch die Probleme, die sich mit dem Einfluß der Schwingungen auf die physikalischen, chemischen und biologischen Eigenschaften des Untergrundes beschäftigen, werden eingehend beschrieben werden.

Luzern, im Herbst 1949.

Ludwig Bendel.

Inhaltsverzeichnis.

Erster Hauptteil.

Geologie und Petrographie für den Ingenieur.

Zweiter Hauptteil.

Die Eigenschaften der Böden.
(Physik, Chemie und Biologie des Bodens.)

Seite

---

[1] Nach einem Vortrag von Herrn Prof. Dr. PALLMANN, Zürich.
[2] Nach einem Vortrag von Herrn Prof. Dr. P. NIGGLI, Zürich.

Dritter Hauptteil.
Statik und Dynamik des Bodens.

Seite

Vierter Hauptteil.
Mathematische Statistik für den Ingenieur-Geologen.

Übersicht über den Inhalt der zweiten Hälfte.

Fünfter Hauptteil: Die Bodenuntersuchungen.

I. Die Bodenuntersuchungen im Feld 1. — II. Die Bodenuntersuchungen im Prüfraum 178. — III. Modell- und Elementarversuche 240.

Sechster Hauptteil: Anwendungen der Ingenieur-Geologie.

I. Rutschungen und Bergstürze 268. — II. Gründungen 337. — III. Der Erdbau 401. — IV. Straßenbaugeologie 422. — V. Staubecken 459. — VI. Die ingenieurgeologischen Probleme der Sprengaufgaben 468. — VII. Tunnelgeologie 507. — VIII. Dynamische Baugrundaufgaben 563. — IX. Bodenverdichtung, Bodenverfestigung und Bodenabdichtung 633. — X. Schnee, Lawinen, Firn und Gletscher von Prof. Dr. HAEFELI 663. — XI. Bodenkundliche Arbeiten für die Stadt- und Landesplanung 736. — Sachverzeichnis 761—763.

Berichtigung.

Die Abbildungsunterschrift auf Seite 126 lautet richtig:

Abb. 98. Schutz gegen Erosion durch Anlage von Streifen mit tiefwurzelnden Pflanzen; sie verlaufen in den Höhenkurven des Geländes. (Siehe weiße Linien in der Abbildung.) In den schwarzen Flächen zwischen den weißen Linien werden Flachwurzler gepflanzt.

Geologie und Petrographie für den Ingenieur.

I. Begriff von Geologie und Erde.

Nachstehend sind die geologischen Ausdrücke „Geologie" und „Erde" umschrieben.

A. Geologie: Die Geologie ist die Lehre:

1. vom Aufbau der Erde,
2. von der Geschichte der Erde.

B. Erde: Erde bedeutet im geologischen Sinne die feste Rinde unseres Planeten. Aus dem Querschnitt durch unseren Planeten, siehe Abb. 1, sind die Bezeichnungen seiner verschiedenen Teile ersichtlich (siehe auch Tabelle 1).

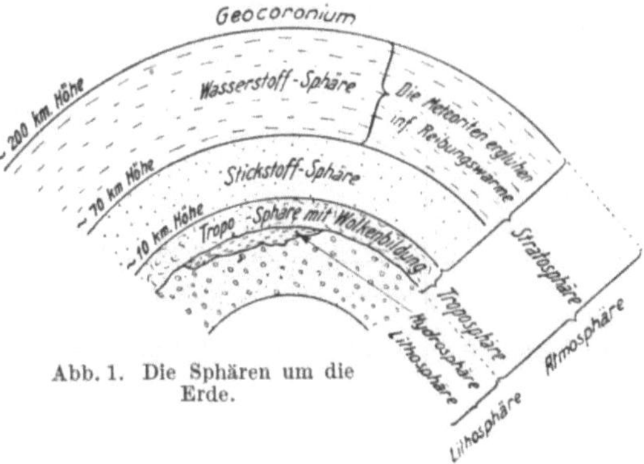

Abb. 1. Die Sphären um die Erde.

Tabelle 1.

Hauptteil	Unterteilung		Höhe bzw. Tiefe	Temperatur	Eigenschaften
Atmosphäre	Stratosphäre	Geocoronium	—	—	—
		Wasserstoffsphäre	70—200 km Höhe	—	wasserstoffreich ab 70 km Höhe
		Stickstoffsphäre	10—70 km Höhe	—56° C	stickstoffreich ab 10 km Höhe
	Trophosphäre (Wolken u. Wettersphäre)	—	10—12 km Höhe	—56° C bis $+15°$ C	—
Erdplanet	Hydrosphäre (Meere)	—	0—10 km Tiefe	—	—
	Lithosphäre (Gesteinsmantel)	Sial (Außen)	60—300 km Tiefe	Temperaturzunahme um 1° auf rd. 33 m	$\gamma=2{,}5$—3 kg pro dm³; Kieselsäurereich; Sauer-Zone
		Plastische Zwischenschicht			
		Sima (Innen)	1000 bis 1200 km Tiefe	—	$\gamma=2{,}8$—3,4 kg pro dm³; metallreiche Zone
	Barysphäre	—	Bis 6400 km Tiefe	$>100°$ C	—
	Nife (Erdkern)	—	—	—	—

γ = Wichte (spez. Gewicht).

Zur Kennzeichnung der Troposphäre und Stratosphäre dienen folgende physikalische Wertangaben:

Tabelle 2.

Physikalische Eigenschaft	Erdoberfläche $H = 0$	$H = $ Höhe über Meer	
		Troposphäre $H \leqq 11$ km	Stratosphäre $H \geqq 11$ km
Temperatur in $°$C......	$15°$	$t = (15 - 6,5\,H)°$	$t = -56,5°$ Festwert
Druck in Torr	760	$p_\mathrm{H} = 760\left(\dfrac{288 - 6,5\,H}{288}\right)^{5,26}$	$\log p_\mathrm{H} = 2,229 - \dfrac{H - 11}{14,59}$
in kg/cm^2 ..	1,033	$p_\mathrm{H} = 1,033\left(\dfrac{288 - 6,5\,H}{288}\right)^{5,26}$	$\log p_\mathrm{H} = (0,363 - 1) - \dfrac{H-11}{14,59}$
Wichte (spez. Gewicht) in kg/m^3......	1,2255	$\gamma_\mathrm{H} = 1,2255\left(\dfrac{288 - 6,5\,H}{288}\right)^{4,26}$	$\log \gamma_\mathrm{H} = (0,561 - 1) - \dfrac{H-11}{14,59}$
Dichte in kg s^2/m^4 .	0,125	$\varrho_\mathrm{H} = 0,125\left(\dfrac{288 - 6,5\,H}{288}\right)^{4,26}$	$\log \varrho_\mathrm{H} = (0,569 - 2) - \dfrac{H-11}{14,59}$

Die genauen Werte, sowie weitere physikalische Angaben sind u. a. enthalten in Din 5450: Norm Atmosphäre.

Obige Angaben stimmen mit den Beschlüssen der Commission Internationale de Navigation Aérienne überein.

II. Unterteilung der Geologie.

Die Geologie als Lehre vom Aufbau und der Geschichte der Erde wird unterteilt in:

A. Allgemeine Geologie, die sich mit dem Aufbau der Erde befaßt. Bei der allgemeinen Geologie wird unterschieden zwischen:

Tabelle 3. *Unterteilung der Geologie.*

Hauptteile der Geologie	Zweige der Geologie	Unterteilung
A. Allgemeine Geologie	Physiographische Geologie (beschreibende Geologie)	Astronomie Geophysik Mineralogie Petrographie Tektonik Morphologie
	Dynamische Geologie	Meteorologie Unterirdische Wasser (Teil der Hydrologie) Vulkanismus Seismologie (Erdbebenkunde) Denudation (Abtrag) Sedimentation Gebirgsbildung
B. Historische Geologie		Stratigraphie im engern Sinne (Gesteinsbildung in den geologischen Zeitaltern) Paläontologie (Entwicklung der Tiere und Pflanzen)

1. physiographischer Geologie, welche die Erde als kosmischen Körper auffaßt,
2. dynamischer Geologie, welche die jetzt auf der Erde stattfindenden geologischen Vorgänge beschreibt.

B. Historische Geologie, auch Formationskunde, Formationslehre oder Schichtenlehre genannt, befaßt sich

1. mit der Gesteinsbildung in den verschiedenen geologischen Zeiten,
2. mit der Entwicklungslehre von Tieren und Pflanzen.

Aus den Tabellen 3 und 4 gehen die Unterteilungen der Geologie und die hauptsächlichsten Wissenschaften, deren Kenntnis für die Geologie von Bedeutung ist, hervor.

Obige Unterteilung der Geologie, die sich an diejenige der Geologenschule von EMANUEL KAYSER anlehnt, wird bisweilen angefochten. Die Geologie kann auch folgendermaßen unterteilt werden:

Tabelle 4.

Hauptteile	Abteilung	Unterteilung
A. Allgemeine Geologie	Exogene Dynamik	Klima Verwitterung Wasserkreislauf auf dem Festland Morphologie Denudation Sedimentation Diagenese
	Endogene Dynamik	Tektonik Magma Regionalmetamorphose Aufbau und Bewegungsbild der Erde (Physik der Erde, Chemie der Erde, Geotektonik)
B. Historische Geologie		

Schrifttum.

BÜLOW, K. VON: Geologie für jedermann. Stuttgart 1941. — HAUG, E.: Traité de Géologie. Paris 1920. — HUMMEL, K.: Geschichte der Geologie. Leipzig 1925. — KAYSER-BRINKMANN: Abriß der Geologie, 6. Aufl. Stuttgart 1941. — PIRSSON, L. V., u. CH. SCHUCHER: Textbook of Geology. New York 1929. — SALOMON, W.: Grundzüge der Geologie. Stuttgart 1926. — ZITTEL, A. VON: Geschichte der Geologie. München 1899. — Bull. Geol. Soc. Amer. 1889 bis 1942. — Bull. Geol. Soc. Amer., Washington D. C. — Bull. Soc. géol. Fr. 1830 bis 1942. — Eclogae geologicae Helvetiae 1888 bis 1942. — Geol. Rdsch. 1910 bis 1942. — Geol. Zbl., herausgegeben von R. Potonié. Berlin. — J. Geol. 1893 bis 1942. — Neues Jahrb. d. Mineralogie, Geologie u. Paläontologie 1807 bis 1942. — Proc. Geol. Assoc. London. — Quart. J. Geol. Soc. 1833 bis 1942. — Z. dtsch. geol. Ges. Stuttgart 1849 bis 1942.

III. Physiographische Geologie.

Im Kapitel über physiographische Geologie sind die Dichte, die Wärme, der Magnetismus, die chemische und mineralische Zusammensetzung der Erdrinde, die Störungen im Schichtenbau (Tektonik) der Erde usw. beschrieben.

A. Astronomie.

Auf die Beschreibung der Planeten sowie auf die Behandlung der Meteoriten wurde in diesem Buche verzichtet. Hingegen wird kurz auf das Wesen und die Wirkung der Weltraumstrahlen hingewiesen.

Das Wesen der Weltraumstrahlen. Die bis jetzt bekanntgewordenen unsichtbaren Strahlen stammen aus drei materiell und räumlich verschiedenen Quellgebieten, wie aus folgender Tabelle 5 hervorgeht.

Tabelle 5.

Ursprung	Benennung der Strahlen
Erde	Radiumstrahlen
	Lebensstrahlen
	Technische Strahlen
Sonne	Ultrastrahlen des Lichtes
Weltraum	Weltraumstrahlen
	Höhenstrahlen
	Siderische Strahlen
	Kosmische Strahlen

Die hier interessierenden Weltraumstrahlen bestehen aus Elementarteilchen, die über verschiedene Masse und Ladungen verfügen. Es handelt sich dabei wahrscheinlich um Elektronen. Die schnellsten unter ihnen bewegen sich mit Lichtgeschwindigkeit fort; ihre elektromotorische Kraft beträgt bis über 100000 Millionen Elektron-Volt. Zum Vergleich sei erwähnt, daß der Mensch künstlich 2 Millionen und der Blitz 100 Millionen Volt erzeugen kann.

Infolgedessen ist die Durchschlagskraft der Weltraumstrahlen durch feste, flüssige und gasförmige Materien groß. Die Durchschlagskraft wird aber durch die Erdatmosphäre und durch den Gesteinsmantel um die Erde gebremst.

Menge der Weltraumstrahlen. Als Menge wird ein Einfall von ein bis zwei Weltraumpartikelchen je Quadratzentimeter und Sekunde angenommen.

Wirkung der Weltraumstrahlen. Nach Ansicht der Physiker EUGSTER, HESS[1], SCHERRER fördern die Weltraumstrahlen gewisse biologische Vorgänge, z. B. den Krebs usw.

Die Veränderung der Gesteinsbeschaffenheit infolge der Weltraumstrahlung ist noch zu wenig abgeklärt, um hier behandelt werden zu können.

B. Geophysik.

Von den physikalischen Eigenschaften der Erde sind in diesem Abschnitt behandelt:

1. Schwere (Gravitation), *2. Temperatur der Erde, 3. Magnetismus, 4. Radioaktivität.*

Die weiteren physikalischen Eigenschaften des Bodens, wie elektrisches Leitvermögen, elastisches Verhalten des Bodens usw., sind auf S. 303 u. f. behandelt.

1. Schwere.

a) Begriffe.

α) Begriff der Schwere.

Um die Erde ist ein Kraftfeld vorhanden, auch Gravitations- oder Schwerefeld genannt, dessen Wirkung darin besteht, daß jeder Massenpunkt im Raume das Bestreben hat, nach dem Erdmittelpunkt zu fallen. Die Größe der Schwerkraft, auch Gravitationskraft oder Schwere genannt, äußert sich durch die Vergrößerung der Fallgeschwindigkeit (Beschleunigung) oder durch die Größe des Druckes auf die Unterlage (Gewicht).

Die *Richtung* der Schwerkraft kann von der mathematischen Lotrechten abgelenkt werden:

I. infolge ungleichmäßiger Verteilung der Erdmassen (Gebirge), II. durch Unterschiede in der Gesteinsdichte (Erze, Salze usw.).

---

[1] Vgl. J. EUGSTER u. V. HESS: Die Weltraumstrahlung und ihre biologische Wirkung. Zürich 1940.

β) Schwereunterschied (relative Schwere).

Die Schwereunterschiede (relative Schwere) werden mit Hilfe der Gravitationswaage, auch Eötvössche Drehwaage genannt (siehe Abb. 108 bis 110 in Teil II), ermittelt[1].

γ) Absolute Schwere.

Der absolute Wert der Beschleunigung der Schwere g wird mittels Faden- oder Reversionspendeln ermittelt. Siehe Kapitel im fünften Hauptabschnitt, Teil II, S. 83.

δ) Begriff der Isostasie.

In den obersten Schichten der Erdkugel sind Gleichgewichtsstörungen infolge Zusammenwirkens von verschieden dichten Massen und Höhenunterschieden vorhanden. In der Tiefe der Erde wird eine gleichmäßig große Dichte angenommen. Wo an der Erdoberfläche die Dichte größer ist als die mittlere Erddichte, ist weniger Masse vorhanden; es entstehen Einsenkungen (Depressionen), die mit leichtem Wasser oder Gas angefüllt sind (vgl. Abb. 2). Wo kleinere Dichten vorhanden sind, entstehen hohe Gebirgsmassen, z. B. die Alpen (vgl. Abb. 3 und Beispiel 5, S. 8). Der Zustand der Erdrinde, in welchem die Dichten völlig ausgeglichen sind, wird als isostatischer Zustand bezeichnet.

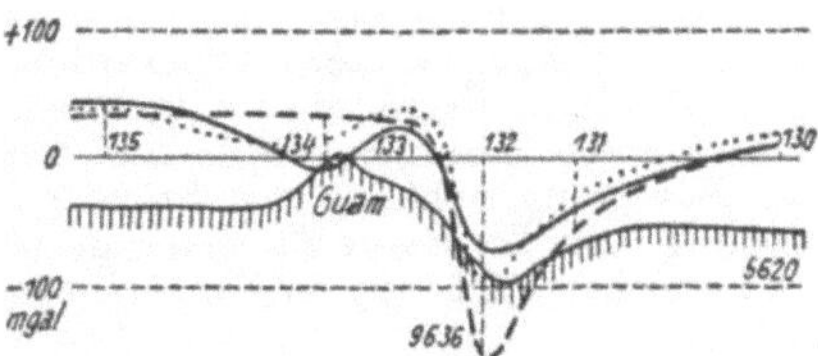

Abb. 2. Tiefseerinnen und ihre Schwereverhältnisse. Beispiel der Insel Guam.
Längenmaßstab: $1:10^7$. Überhöhung: $1:10^6$.
—— regionale, isostatische Anomalie,
...... isostatische Anomalie nach HAYFORD-BOWLE,
– – – isostatische Anomalie nach HEISKANEN.

WEGENER vertritt die Ansicht, daß die Kontinentalschollen vorwiegend aus Kristallin mit der Dichte $\gamma = 2,6$ bis $2,8$ t/m³ (sog. Sial) bestehen. Sie schwimmen gleichsam auf den basaltischen, eisenhaltigen Tiefengesteinen mit einer Dichte

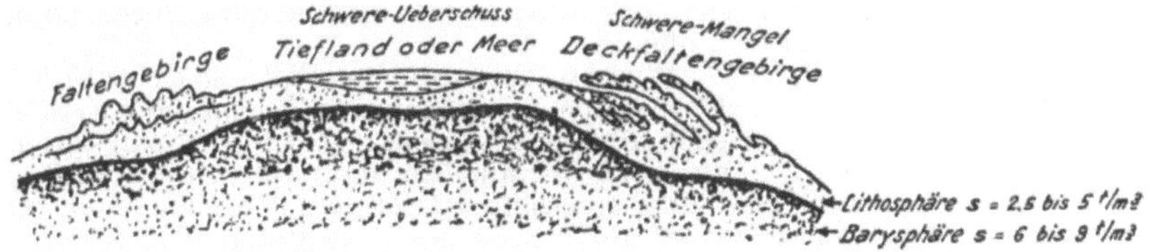

Abb. 3. Entstehung der Schwereanomalien der Erdrinde.
$s = \gamma =$ Raumgewicht in t/m³.

von $\gamma = 2,9$ bis $3,3$ t/m³. Um den isostatischen Zustand zu erlangen, reichen die Wurzeln des Sials tief in das Sima hinab. Für die Bezeichnungen Sial und Sima siehe Tabelle 1.

b) Ursache der Gravitation (Annäherung).

Nach dem Newtonschen Gesetz ziehen sich zwei beliebige Körper mit der Stärke

$$f = k\,\frac{m\,m'}{r^2}$$

an. k ist ein Festwert und hat die Größe $k = 66,7 \cdot 10^{-9}$ in cm³ g⁻¹ s⁻² · m und m' bedeuten die Massen der zwei betrachteten Körper; r ist die Entfernung zwischen den Schwerpunkten der beiden Körper.

---

[1] Vgl. K. JUNG.: Gravimetrische Methoden. Handb. d. Experimentalphysik. Band Geophysik, 3. Teil. Leipzig 1930.

Die Ursache der Annäherung der beiden Körper (Gravitation) wird z. B. von
ZUNKER[1] wie folgt erklärt:

„Wir denken uns den Weltenraum mit vollkommen starren, glatten, kugelförmigen,
äußerst kleinen, mit Lichtgeschwindigkeit sich bewegenden Ätheratomen erfüllt. Der
vom Ätheratom eingenommene Raum kann niemals verschwinden; wir nennen ihn
multipliziert mit seiner Dichte Masse. Im ungestörten Äthermeer müssen die Ätheratome völlig gleichmäßig verteilt, und jede Bewegungsrichtung muß gleich häufig
vertreten sein. Zusammenstöße der Ätheratome auf ihren geradlinigen Bahnen mit
anderen Atomen haben, da es sich um keine formänderungsfähigen Massen handelt,
Richtungsänderungen zur Folge, verbunden mit Drallbewegungen (Rotationen)
infolge des Abrollens der Kugeln aufeinander. Die Energiesumme aus fortschreitender
und Drallbewegung bleibt dabei ein Festwert.

Tritt durch irgendeine Ursache eine Störung im Äthermeer auf, z. B. von einem
Ätheratom, das von irgendwoher abgeschleudert wird, so ändern sich durch den
nächsten Zusammenprall dieses Ätheratoms mit einem anderen die Bewegungs-
richtungen beider Atome, die nun ihrerseits wieder je ein Ätheratom und in geometri-
scher Steigerung weitere Ätheratome beeinflussen. Jede kleinste Störung breitet
sich deshalb in Form eines Kugelausschnittes in Richtung des ursprünglichen Stoßes
aus. Da die Zusammenstöße nur mit Ätheratomen erfolgen können, die sich quer
zur Bewegungsrichtung des Störungsatoms bewegen, ist die sich ausbreitende Bewegung eine Transversalbewegung. Werden Störungsatome in bestimmter Zeitfolge
und gleicher Richtung in das Äthermeer geschleudert, so entsteht eine transversale
Ätherwelle.

Wir nehmen ferner den Ätheratomen gegenüber erheblich größere, vollkommen
starre, kugelförmige, glatte Körperatome im Weltenraume an. Ein einzelnes im unendlichen Raum befindliches Körperatom wird innerhalb eines Zeitabschnittes allseitig
gleichmäßig von den Ätherstrahlen, wie wir die mit Lichtgeschwindigkeit sich bewegenden Ätheratome nennen wollen, bombardiert. Die Stöße wirken wie ein gleichmäßig
auf den Kugelumfang verteilter radialer Druck. Die Ätheratome geben dabei häufig
einen Teil ihrer fortschreitenden Bewegungsenergie an das Körperatom ab, da sie einen
Kraftimpuls von dem schwingenden Körperatom erhalten. Wandelt sich der größte
Teil der fortschreitenden Bewegungsenergie der Ätheratome durch Abrollen auf dem
Körperatom in Drallenergie um, so nehmen die Ätheratome den Charakter von
Elektronen (Subelektronen) an. Sind die Ätherstöße von einer Seite stärker als von der anderen, so bewegt sich das Körperatom in Richtung dieser stärkeren Stöße.

Wir betrachten nun den Fall, daß sich zwei kugelige Körperatome im Raume befinden. Sie werden sich nach Abb. 4 gegenseitig gegen jene Ätheratomstöße aus dem Unendlichen abschirmen, die radial auf die

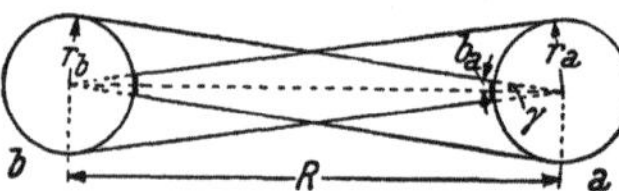

Abb. 4. Abschirmwirkung zweier Körperatomkerne gegen radiale Ätheratomstöße (nach ZUNKER).

Kugeloberflächen gerichtet sind und innerhalb zweier Kegel liegen, deren Mantel-
flächen von dem Mittelpunkte des einen Körperatoms tangential an den Kugelumfang
des anderen Körperatoms verlaufen. Hat das eine Körperatom den Kernhalbmesser r_a,
das andere den Kernhalbmesser r_b, beträgt der Abstand der Mittelpunkte der beiden
Körperatome voneinander R, und ist der halbe Winkel an der Spitze des Abschirm-
kegels γ, so ist der Halbmesser b_a der abgeschirmten Oberfläche des Körperatoms a
bei der Kleinheit des Winkels

$$b_a = r_a \sin \gamma = r_a \frac{r_b}{R}$$

und jener des Atoms b

$$b_b = r_b \frac{r_a}{R}.$$

Die auf dem Atom a abgeschirmte Fläche wird somit:

$$f_a = \frac{r_a{}^2 r_b{}^2}{R^2} \pi$$

und jene auf dem Atom b:

$$f_b = \frac{r_b{}^2 r_a{}^2}{R^2} \pi.$$

---

[1] Oberflächenentwicklung des Bodens, Gravitation und Oberflächenkräfte.
Bautechn. 1935 S. 293. — Die Gravitation kann auch mit der Äthertheorie erklärt
werden. Vgl. U. HARTMANN: Ein neues physikalisches Weltbild. Chur 1937.

Die Abschirmflächen sind gleich groß, und ihre Summe ist

$$f = \frac{2\,\pi\,r_a{}^2\,r_b{}^2}{R^2},$$

Wird auf die Einheit der Atomkernoberfläche von den radial aus dem Unendlichen kommenden Ätherstrahlen der Stoßdruck k dyn/cm² ausgeübt, so ist durch die Abschirmwirkung der Flächen f die auf die beiden Körperatome wirkende Annäherungskraft oder ‚Gravitation'

$$K = k\,\frac{2\,\pi\,r_a{}^2\,r_b{}^2}{R^2}\ \text{dyn.}$$

Es findet keine ‚Anziehung' der Körper untereinander, sondern ein gegenseitiges Zustoßen durch die Ätheratome statt. Befinden sich an Stelle des einen Körperatoms a deren n_a und an Stelle des anderen Körperatoms b deren n_b, so schirmt jedes Körperatom der Gruppe a ein jedes Körperatom der Gruppe b und umgekehrt von den Ätherstößen ab, und es wird die gesamte abgeschirmte Fläche

$$F = \frac{n_a\,\pi\,r_a{}^2\,n_b\,r_b{}^2}{R^2}$$

und die Gravitation

$$K = k\,\frac{2\,n_a\,\pi\,r_a{}^2\,n_b\,r_b{}^2}{R^2},$$

Setzen wir

$$n_a\,\pi\,r_a{}^2 = m_1; \quad n_b\,\pi\,r_b{}^2 = m_2; \quad \frac{2\,k}{\pi} = k_0, \tag{1}$$

so folgt die bekannte Gravitationsformel

$$K = k_0\,\frac{m_1\,m_2}{R^2}\ \text{dyn} \quad \text{mit} \quad k_0 = 6{,}674\cdot 10^{-8}\ \text{dyn}\cdot\text{cm}^2\cdot\text{g}^{-2}. \tag{2}$$

Somit ist

$$k = \frac{k_0\,\pi}{2} = 1{,}048\cdot 10^{-7}.$$

Aus Gl. (1) läßt sich noch ablesen, daß das, was wir bisher als Masse ansahen und aus der Formel $m = \dfrac{K}{g}$ (g = Schwerebeschleunigung) berechneten, zahlenmäßig gleich der Flächensumme des Atomquerschnittes ist. In Formel (2) kann die Erde als eine der Massen mit der senkrechten Schwerekraft g betrachtet werden."

c) Größe der Schwerebeschleunigung.

α) In Meereshöhe unter der Breite $\varphi°$ ist:

$$g = 9{,}80617\,(1 - 0{,}002\,644 \cos 2\,\varphi + 0{,}000\,007 \cos^2 2\,\varphi).$$

Im besonderen unter 45° ist

$$g_{45} = 9{,}80617.$$

β) In h Meter über Meereshöhe ist:

$$g_h = g - 0{,}000\,003\,086\,h\ \text{in cm s}^{-2}.$$

d) Ingenieur-geologische Anwendungen.

Die gravimetrischen Methoden dienen zur Ermittlung von: spezifisch schweren Einlagerungen in der Erde wie Erze, Schwerspat usw.; spezifisch leichten Einlagerungen in der Erde wie Salze, Kohlen.

Beispiel 1: Bestimmung von Verwerfungen und Erzlagern. Mit Hilfe des gravimetrischen Untersuchungsverfahrens konnten Verwerfungen ermittelt werden, die oberflächlich nicht erkennbar waren (siehe Abb. 5).

Beispiel 2: Für das Dreisamtal bei Freiburg wurde gravimetrisch unter der Annahme, daß der Gneisfels eine natürliche Dichte von 2,75 und die Talausfüllung

1,95 kg/dm³ habe, festgestellt, daß die Alluvionen eine Dicke von 20 m aufweisen. In dem darunterliegenden Gneisfelsen konnte eine bis anhin nicht entdeckte Rinne von 50 m Breite ermittelt werden[1].

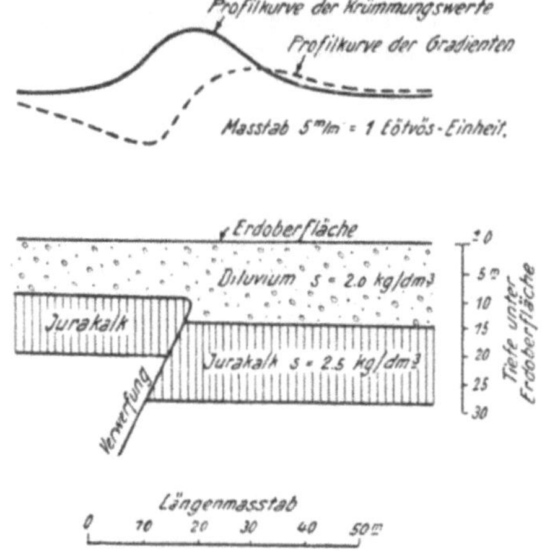

Abb. 5. Beispiel für gravimetrische Anomalie über einer Verwerfung. $s = \gamma =$ Raumgewicht.

Beispiel 3: In den Zentralalpen wurden im Urserental gravimetrische Messungen zur Bestimmung der Taltiefen für Stauseen vorgenommen. Die Ergebnisse mit $\pm 30\%$ Streuung befriedigten nicht.

Beispiel 4: Nicht bestimmbar mit den Schweremessungen sind die Unterschiede der Dichte, wenn die Schicht das eine Mal trocken und das andere Mal naß ist. Ferner versagt die Methode bei der Bestimmung von Baugrund, der waagrecht gelagert ist.

Beispiel 5: Fehlbetrag von Schwere in den Alpen. Zwischen dem Schwarzwald und den oberitalienischen Seen ist ein Gebiet von zu geringer Schwere. (Vgl. die Arbeiten der geodätischen Kommission der Schweiz. Naturf. Ges.) Der Fehlbetrag an Schwere wird darauf zurückgeführt, daß die Alpen mit kleinem spez. Gewicht (kleiner Dichte) einen Teil der Barysphäre mit hohem spez. Gewicht (großer Dichte) verdrängt haben. Dadurch wurde die Gravitationskraft über den Alpen vermindert (siehe Abb. 3).

Beispiel 6: Lotabweichungen bei Vermessungsarbeiten. a) Je nach der Gesteinsbeschaffenheit und der Mächtigkeit eines Gebirges kommen größere oder kleinere Lot-

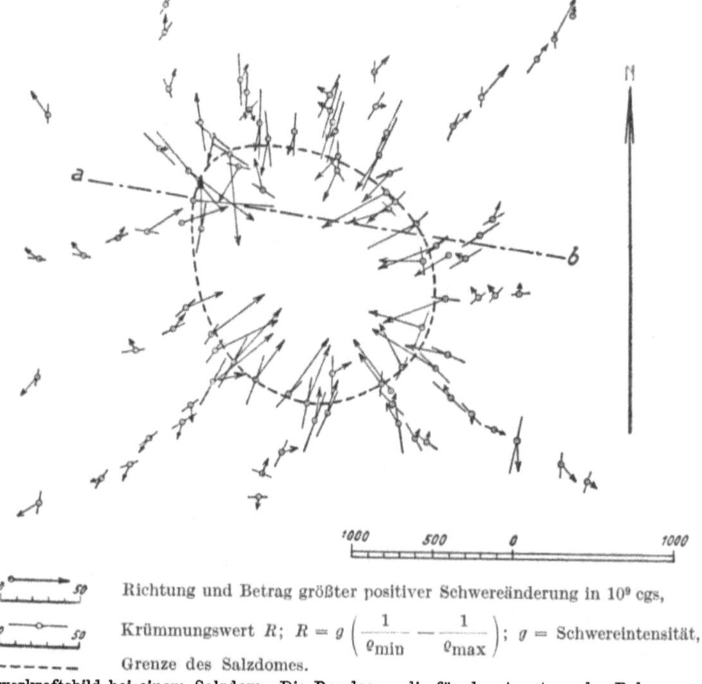

Krümmungswert R; $R = g\left(\dfrac{1}{\varrho_{min}} - \dfrac{1}{\varrho_{max}}\right)$; $g =$ Schwereintensität,

Abb. 6. Schwerkraftsbild bei einem Salzdom. Die Randzone, die für das Ansetzen der Bohrungen wichtig ist, wurde durch die Messungen mit der Drehwaage genau ermittelt.

---

[1] Siehe H. HOLST: Untersuchungen über die Form des Felsuntergrundes des Dreisamtales auf Grund von Gravitationsmessungen mit der Drehwaage. Ber. Naturforsch. Ges. Freiburg i. Br. 25 (1925).

abweichungen vor. Dieselben sind bei Tunnelabsteckungen, z. B. beim Simplon, Lötschberg usw. von den Vermessungsingenieuren berücksichtigt worden. Dabei wurden die den Tunnel umgebenden Gebirge nach Dichte und Mächtigkeit in Zonen eingeteilt.

b) Dem Nordabhang des Brockens sind Schieferschichten vorgelagert. Dort beträgt die Lotabweichung $+10{,}8''$. Der Südabhang weist Diabaszüge mit dem hohen spez. Gewicht von 2,9 bis 3,0 t/m³ auf und die Lotabweichung beträgt $-5''$.

c) Im Kaukasus wurden Lotabweichungen bis zu $35{,}8''$ festgestellt.

Beispiel 7: Bestimmung der Lage eines geologischen Körpers[1]. Aus dem Schwerkraftsbild ist der Umriß des Salzdomes und die darauf lagernde Gipsmasse ersichtlich. Aus dem Schwerkraftsbild ergibt sich auch, wo die Tiefbohrungen anzusetzen sind (Abb. 6, 7).

Beispiel 8: Pendelmessungen werden vorgenommen:

Zur Bestimmung der Trennfläche von Massen verschiedener Dichte, z. B. der Übergang eines Granitblockes zu den anliegenden Sedimentgesteinen, wie Tertiär- oder alluviales Geschiebe usw. Die Trennfläche kann senkrecht oder waagrecht oder geneigt verlaufen.

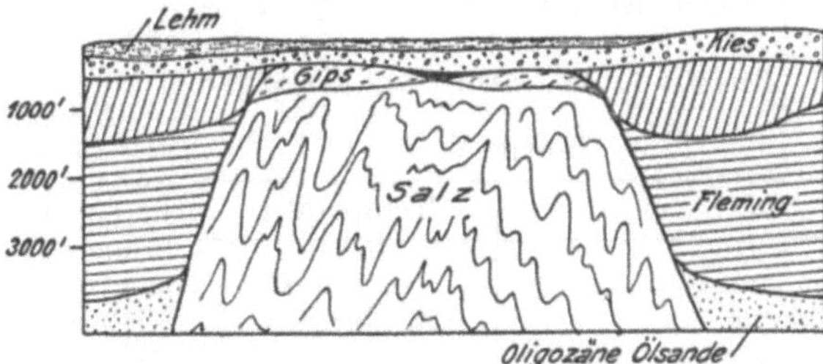

Abb. 7. Geologischer Befund bei einem Salzdom (siehe Abb. 6). Prognose und Bohrergebnisse stimmen überein.

Beispiel 9: Mit dem Pendel können die die Schwere störenden Massen schon auf viele Kilometer Entfernung indiziert werden, was namentlich für die Tiefenbestimmung von Gesteinswechsel von Bedeutung ist.

Beispiel 10: Der Zeitaufwand für die Messungen mit dem Pendel ist im Verhältnis zu anderen geophysikalischen Meßmethoden klein. Man braucht weniger Meßstationen als für die Drehwaage.

Beispiel 11: Geländeunebenheiten sind bei Pendelmessungen von geringerem Einfluß auf die Meßergebnisse als bei der Drehwaage.

Beispiel 12: Der Nachteil der Pendelmessungen liegt darin, daß Feinstrukturen im Untersuchungsgebiet schwer festzustellen sind.

Die Art der Messung der Schwere ist in Teil II, S. 81 beschrieben.

2. Temperatur der Erde.

Man kann unterscheiden zwischen:

a) *Temperatur an der Erdoberfläche,* b) *Temperatur in der Tiefe der Erde.*

a) Temperatur an der Erdoberfläche.

α) Temperatur eines Punktes an der Erdoberfläche.

Die Wärme eines Punktes an der Erdoberfläche wird bedingt:

I. durch die Wärme, die aus dem Erdinnern stammt. Die Größe des Wärmestromes beträgt ungefähr 0,00001714 Kal/m²/s. In einem Jahr würde diese Menge eine Eisdecke von 7,4 mm Stärke zum Schmelzen bringen[2],

II. durch die Wärme, die aus dem Atomzerfall radioaktiver Mineralien stammt. Die Größe der beim Atomzerfall freiwerdenden Wärmemenge kann nicht genau angegeben werden,

III. durch die Sonnenbestrahlung, deren Intensität abhängt: von der Dauer der Bestrahlung, von der Klarheit der Luft, vom Feuchtigkeitsgehalt der Luft, von

---

[1] Vgl. Ergebnisse der Drehwaagenmessungen am Salzdom von „Blue Ridge", Fort Bend, Texas, ausgeführt durch die Exploration Ges. Hannover.

[2] Vgl. SCHOKLITSCH: Der Wasserbau. Berlin 1930.

der Jahreszeit, vom geographischen Breitegrad, von der Höhenlage des Bodens (die Abnahme der jährlichen durchschnittlichen Lufttemperatur beträgt auf rd. 200 m Höhenunterschied je 1° C) (vgl. Tabelle 9),

 IV. durch die Nähe eines Meeres oder Sees,

  V. durch die Art der Luft- und Meeresströmungen. Der Golfstrom bewirkt z. B. eine Erwärmung der Westküste von Europa,

  VI. durch die Art der Bodenbedeckung (z. B. ob Wald oder Grasbedeckung, Schutt oder Lehm die oberste Erdschicht bedeckt, ob dunkle oder schwarze Erde vorhanden ist usw.).

Beispiele.

Beispiel 1: Zahlenwerte vgl. Tabelle 6.

Tabelle 6.

Ort	Temperatur
Saharasand	bis 70° C
Ozeane	+32° bis —3° C
Gibraltar:	
Atlantischer Ozean .	+20° C
Mittelmeer	+24° C

Beispiel 2: Erwärmung und Abkühlung von Seen. Seen erwärmen sich viel langsamer als die Erde, da sie ungefähr doppelt soviel Wärmeeinheiten als Erdmaterial brauchen, um eine Volumeneinheit um 1° C zu erwärmen. Beim Abkühlen der Seeoberfläche sinkt das kältere Wasser in die Tiefe, während wärmeres Wasser von unten nach oben zu steigen versucht (Konvektionsströmung). Daher geht es sehr lange, bis eine Seeoberfläche gefriert. Dabei spielt das Verhältnis von Seeoberfläche zur Seetiefe eine bedeutsame Rolle. Bei voralpinen Seen wurde festgestellt:

Tabelle 7.

Voralpine Seen	Größte Seetiefe m	Mittlere Seetiefe m	Uferbeschaffenheit	Gefrorene Seefläche
Zürichsee	143	44	Flache Ufer	Alle 10 bis 20 Jahre
Wallensee........	151	103	Steile Ufer	Gefriert nie

Die größten Seetiefen der beiden Seen sind beinahe gleich groß; da aber der Wallensee eine 2,5mal größere mittlere Tiefe hat als der Zürichsee, gefriert er nie.

Bevor ein tiefer See gefriert, muß das Wasser bis auf eine Tiefe von 70 bis 90 m auf 4° C abgekühlt sein, d. h. bis zur Temperatur, bei welcher das Wasser die größte Dichte hat. Dann ist der See gefrierbereit. Eine kalte, klare, windstille Winternacht genügt, damit das Wasser, das bei der weiteren Abkühlung wieder leichter wird und daher nicht mehr sinkt, zur Eisdeckenbildung gelangt. Messungen ergeben, daß schon in 10 cm Tiefe unter der Eisdecke die Wassertemperatur 2° C beträgt.

Beim Abkühlen des Wassers steigt der Sättigungsgrad an Sauerstoff des Wassers z. B.:

Zürichsee:

Temp.	Sättigung mit Sauerstoff
10°	7,7 cm³ Sauerstoff je m³ Wasser
4°	8,8 cm³ Sauerstoff je m³ Wasser

Durch das Strömen von dichtem Wasser von 4° C Wärme nach unten, z. B. in Seetiefen von 100 m, wird Sauerstoff in die Tiefe gebracht. Dadurch wird in dieser Tiefe die Bildung von stinkender Fäulnis verhindert.

Beispiel 3: Klimabeeinflussung. Die spez. Wärme des Wassers ermöglicht dem Wasser, sehr hohe Beträge von Wärme aufzunehmen. Dadurch wirkt der See als Wärmespeicher. Die Speicherung kann so bedeutend sein, daß bei großen Seen das Klima durch die ausgleichende Wirkung merklich beeinflußt wird.

β) Die Wärmeströmung im Boden.

 I. Begriff. Unter Wärmeströmung oder Wärmefluß versteht man das Strömen, Fließen von Wärme durch eine beliebige Fläche eines Körpers.

 II. Berechnung der Wärmeströmung im Boden. A. Aufstellung der Differentialgleichung für die Wärmeströmung. Für die Bestimmung der

Wärmeströmung nach Art und Menge wird zuerst ein Achsensystem so in den Boden gelegt, daß die Y- und Z-Achse in der Erdoberfläche liegen; die dritte Achse, die X-Achse, steht senkrecht dazu. Auf ihr wird die Tiefe in der Erdoberfläche gemessen.

Nach dem Gesetz von BIOT-FOURIER ist der Wärmefluß durch einen Körper proportional dem Temperaturgefälle:

$$dq = \lambda \frac{\partial \vartheta}{\partial x} \, dt \, df. \tag{1}$$

Es bedeuten:

$\vartheta =$ Temperatur in einem Punkte x in $^\circ$ C,

$t =$ Zeit in Stunden,

$q =$ Wärmemenge in g cal,

$df =$ Flächenelement in cm^2,

$x =$ Achsenabstand eines Flächenelements in cm,

$\lambda =$ Proportionalitätszahl in g cal h^{-1} cm^{-1} $^\circ$C^{-1}.

λ wird Wärmeleitfähigkeit genannt.

Die Einheiten sind: Kalorien, Zeit, Länge, Temperaturgrad.

λ bedeutet diejenige Wärmemenge, die beim Temperaturgefälle $\frac{\partial \vartheta}{\partial x} =$ „Eins" in der Zeiteinheit durch den Querschnitt $df = 1$ fließt.

c wird die *spezifische* Wärme eines Körpers genannt und bedeutet die Wärmemenge, die nötig ist, um die Gewichtseinheit eines Körpers vom Raumgewicht γ um 1° C zu erhöhen. c hat die Abmessungen Kalorien, Gewicht, Temperatur $=$ cal g^{-1} $^\circ$C^{-1}.

Anmerkung: Das Gesetz der Wärmeströmung dient auch als Grundlage für das Gesetz der Porenwasserströmung (siehe Dritter Hauptabschnitt, S. 726).

Um einen Rauminhalt V um ϑ° zu erhöhen, braucht es eine Wärmemenge Q; diese Wärmemenge wird berechnet zu:

$$Q = V \gamma c \vartheta$$

oder für die Einheit des Rauminhaltes:

$$q = c \gamma \vartheta. \tag{2}$$

Mit Hilfe der Gln. (1) und (2) und der Kontinuitätsbedingung kann die Differentialgleichung der allgemeinen, nicht stationären Wärmeströmung abgeleitet werden.

Bedeutet:

$dq_u =$ Wärmemenge, die unten in einen Körper einströmt,

$dq_o =$ Wärmemenge, die oben in einem Körper ausströmt,

so wird $dq_u - dq_o = \Delta dq =$ Wärmemenge, die bei Erwärmung des Körpers aufgenommen wird.

Ist $\frac{\partial \vartheta}{\partial t} \, dt$ die Erwärmung des Körpers in der Zeit dt, so wird

$$\Delta dq = c \gamma \frac{\partial \vartheta}{\partial t} \, dt \, dx. \tag{3}$$

dx ist die Höhe des Körpers vom Querschnitt $df = 1$.

Der Unterschied in der zu- und abfließenden Wärmemenge wird auch nach Gl. 1:

$$\Delta dq = \partial \frac{\partial \vartheta}{\partial x} \lambda \, dt. \tag{4}$$

Aus Gl. (3) und (4) ergibt sich:

$$c \gamma \frac{\partial \vartheta}{\partial t} \, dt \, dx = \partial \frac{\partial \vartheta}{\partial x} \lambda \, dt$$

oder mit

$$\frac{\partial \dfrac{\partial \vartheta}{\partial x}}{\partial x} = \frac{\partial^2 \vartheta}{\partial x^2}$$

wird

$$\frac{\partial \vartheta}{\partial t} = \left(\frac{\lambda}{c\,\gamma}\right) \frac{\partial^2 \vartheta}{\partial x^2} = a\,\frac{\partial^2 \vartheta}{\partial x^2}.$$

Dies ist die allgemeine Differentialgleichung der Wärmeströmung.

$\dfrac{\lambda}{c\,\gamma} = a$ heißt die Temperaturleitfähigkeit oder Temperaturleitzahl und ist numerisch gleich der Temperaturzunahme, die die Rauminhaltseinheit eines Körpers erfährt, wenn die Wärmemenge, die den Körper in der Zeiteinheit mit dem Temperaturgefälle 1 durchströmt, aufgespeichert wird[1].

a bedeutet im vorliegenden Falle ein Bodenwert; vgl. Tabelle 179.

B. Lösung der Differentialgleichung. Bei der Lösung der Differentialgleichungen für Bodenwärme[2] ist zu beachten, daß die Oberflächentemperatur des Bodens tägliche und jährliche Schwankungen zeigt. Als Randbedingung ist daher eine schwankende Oberflächentemperatur anzunehmen, z. B. eine harmonisch schwingende Oberflächentemperatur.

Bei der Annahme eines periodischen Wärmeverlaufes ergibt sich die Reihe:

$$\vartheta = \vartheta_0 + \sum_{m=1}^{m} \vartheta_m \left(\sin \frac{2\,m\,\pi}{T}\,t + \alpha_m\right) \tag{1}$$

und durch Integration

$$\vartheta = \vartheta_0 + \vartheta_1\, e^{-x\sqrt{\frac{\pi}{a\,T}}} \sin\left(\frac{2\,\pi}{T}\,t + \alpha_1 - x\sqrt{\frac{\pi}{a\,T}}\right) + \dots \tag{2}$$

Es bedeuten in dieser Gleichung:

ϑ = Temperatur in der Tiefe x,

ϑ_1 = Amplitude; ϑ_0 = mittlere Temperatur,

α_1 = Phasenverschiebung,

$e^{-x\sqrt{\frac{\pi}{a\,T}}}$ = Dämpfung; die Dämpfung ist groß,

$\lambda = 2\sqrt{a\,T\,\pi}$ = Länge der Welle,

T = Dauer der Periode,

$\omega = \dfrac{\lambda}{T} = 2\sqrt{\dfrac{a\,\pi}{T}}$ = Fortpflanzungsgeschwindigkeit,

m = Ordnungszahl der Partialoszillation.

Obige Gleichung ist für die Berechnung der Eindringungsgeschwindigkeit von Frost und für die Berechnung der Frosttiefe von Bedeutung (siehe S. 62).

Nimmt man eine dreißigtägige Periode an und für $\vartheta_s = 10 \sin\left(\dfrac{2\,\pi}{43200}\right) t$ an der Erdoberfläche, so ergibt sich rechnerisch ein Bild über den Verlauf der Wärmekurven im Boden, wie in Abb. 8 dargestellt[3].

---

[1] Vgl. z. B. MÜLLER-POUILLET: Lehrb. d. Physik, 11. Aufl. Bd. 3 1. Hälfte: Thermodynamik. Braunschweig 1926.

[2] Vgl. GRÖBER-ERK: Die Grundlage der Wärmeübertragung. Berlin 1933.

[3] Siehe Abb. 41 in BENDEL: Die Beurteilung des Baugrundes im Straßenbau unter besonderer Berücksichtigung der Frostgefährlichkeit des Bodens. Schweiz. Z. Straßenw. 1935 Heft 14 bis 19.

Aus obiger Gleichung kann der Bodenwert a errechnet werden. Die Größe von a schwankt je nach dem Feuchtigkeitsgehalt des Bodens (siehe S. 322, Tabelle 179).

γ) Lufttemperatur und Oberflächentemperatur.

Die Oberflächentemperatur ϑ_s der Erde entspricht nicht der Lufttemperatur Θ.

Die Beziehung zwischen Lufttemperatur und Oberflächentemperatur ϑ_s geht aus der Gleichung

$$\vartheta_s = \Theta\,\eta_0 \cos\left(\frac{2\pi}{T}\,t - \varepsilon_0\right)$$

hervor. η_0 und ε_0 können aus Tabellenwerken entnommen werden[1] (siehe auch Abb. 55).

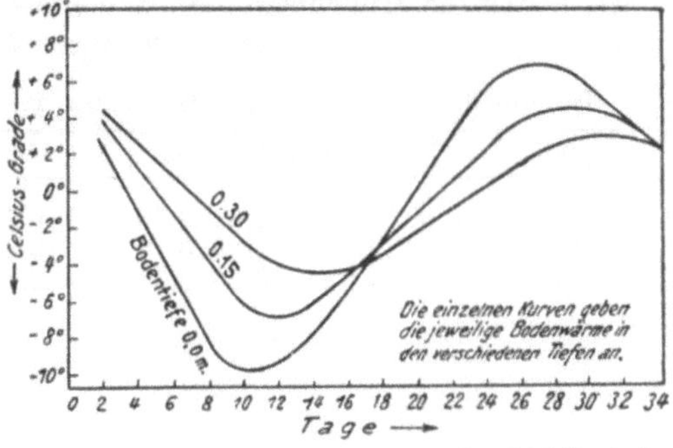

Abb. 8. Das Eindringen von Wärme in gleichförmig beschaffenen, wasserfreien Untergrund. Die einzelnen Kurven geben die jeweilige Bodenwärme in den verschiedenen Tiefen an.

ε_0 ergibt das Nachhinken der Oberflächentemperatur hinter der Lufttemperatur und η_0 ist die Dämpfung[2].

Als Mittelwert zweier mehrtägiger Kälteperioden wurden für das Verhältnis der mittleren Temperaturen dieser Perioden $\eta_{0m} = \dfrac{\vartheta_{1m}}{\Theta_m}$ gefunden:

Tabelle 8.

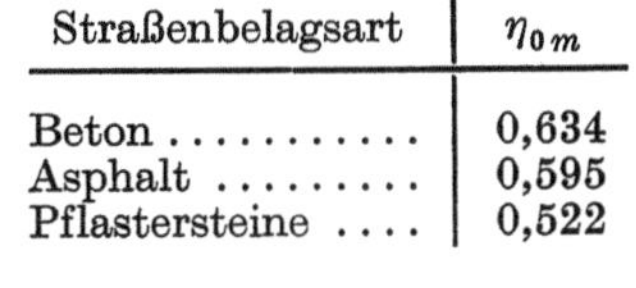

Straßenbelagsart	$\eta_{0\,m}$
Beton	0,634
Asphalt	0,595
Pflastersteine	0,522

δ) Ergebnisse der Messungen von Bodentemperaturen.

Beispiele: 1. Meßergebnisse über den jährlichen Gang der Bodentemperaturen[3] (siehe Abb. 9).

2. Für Meßergebnisse über den Gang der Bodentemperatur im Winter[4] siehe Abb. 10.

3. Für Meßergebnisse über den täglichen Gang der Bodentemperatur siehe Abb. 11, aus welcher der Einfluß der Beschaffenheit des Bodens auf den täglichen Gang der Bodentemperatur hervorgeht[5].

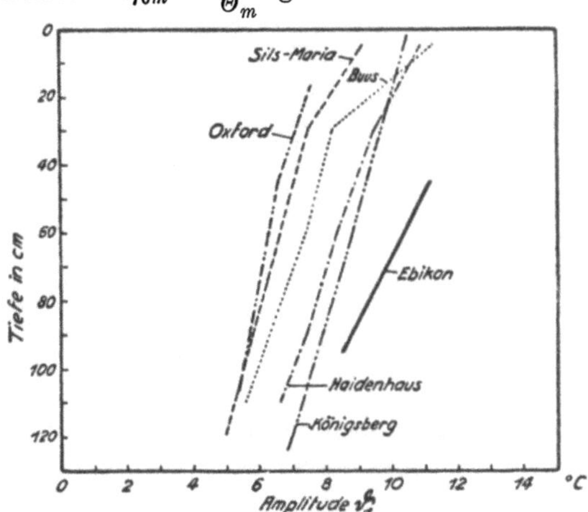

Abb. 9. Schwankungen der Amplituden ϑ in Abhängigkeit von der Tiefe. (Vergleiche Abnahme des ersten Gliedes der trigonometrischen Reihe für die Berechnung des Temperaturverlaufes im Erdboden.) Siehe Gleichung (2), S. 12. (Nach R. RUCKLI.)

ε) Einflüsse auf die Größe der Bodentemperaturen.

Die Größe der Bodentemperatur wird beeinflußt:

I. Durch die **geographische Lage des Bodens**, d. h. durch die geographische Breite. In Europa wird die Bodentemperatur durch die Lufttemperatur bis zu

---

[1] Vgl. Enzyklopädie der mathematischen Wissenschaft Bd. 4 S. 186.

[2] Über praktische Messungen vgl. ERLENBACH: Frosthebungen und Frostversuche in Ostpreußen. Schriftenreihe Straße 1936.

[3] Vgl. R. RUCKLI: Gélivité des sols et fondation des routes. Lausanne 1943.

[4] Vgl. BENDEL: Die Beurteilung des Baugrundes im Straßenbau. Straße u. Verkehr 1935.

[5] Vgl. ZUNKER: Das Verhalten des Bodens zum Wasser. Handb. d. Bodenlehre Bd. 6: Die physikalische Beschaffenheit des Bodens. Berlin 1930.

einer Tiefe von 25 m beeinflußt. Am Äquator reicht die jährliche Periode nur 5 m tief.

II. Durch die Höhenlage. Mit zunehmender Höhe nimmt die Temperatur je nach der Jahreszeit und der Tiefe unter Erdoberfläche ab[1].

Tabelle 9. *Abnahme der Temperatur in ° C auf 100 m Höhenunterschied.*

Ort	Jan.	Febr.	März	Apr.	Mai	Juni	Juli	Aug.	Sept.	Okt.	Nov.	Dez.	Jahr
Luft..........	0,30	0,49	0,61	0,70	0,71	0,76	0,74	0,68	0,57	0,55	0,50	0,43	0,59
Tiefe 60 cm ..	0,11	0,16	0,39	0,77	0,75	0,67	0,68	0,59	0,47	0,43	0,33	0,22	0,46
Tiefe 120 cm...	0,14	0,14	0,30	0,59	0,74	0,74	0,72	0,67	0,54	0,45	0,35	0,26	0,47

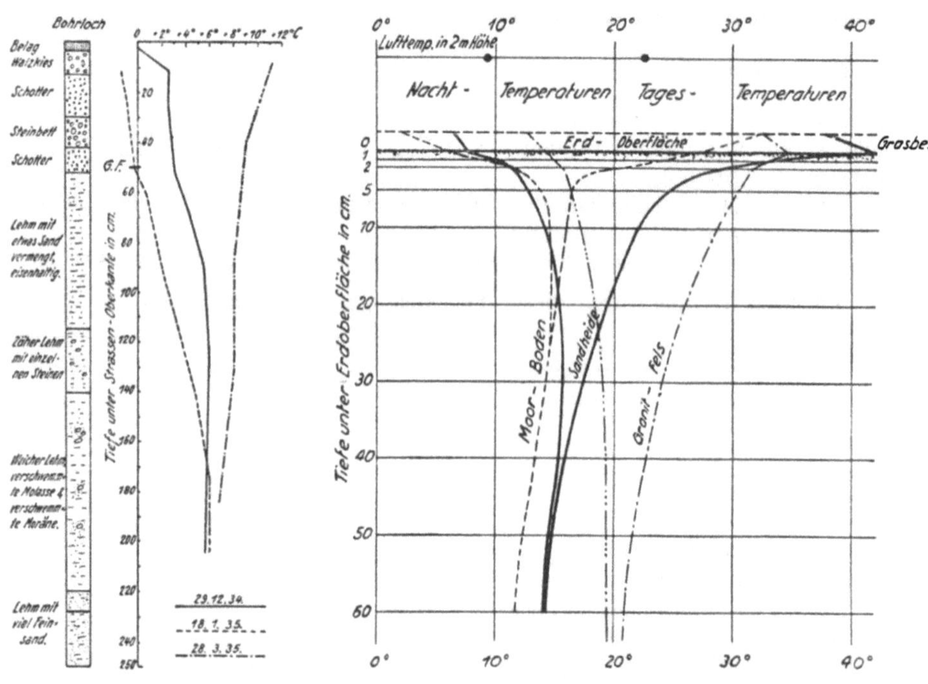

Abb. 10. Temperaturverlauf im Straßenuntergrund (nach BENDEL). *GF* = Tiefe des gefrorenen Bodens.

Abb. 11. Bodentemperaturen nach Beobachtungen bei klarem Wetter in Finnland, täglicher Gang.

Nach KÖNIGSBERG ist zur mittleren jährlichen Lufttemperatur ein Zuschlag zu machen, um die jährlich gleichbleibende Bodentemperatur zu erhalten.

Tabelle 10.

Höhe in Meter ü. Meer ..	0	500	1000	1500	2000	2500
Zuschlag	0,8	1,0	1,3	1,7	2,3	3,0° C

Diese Tabelle ist für die Berechnung der voraussichtlichen Temperatur in Tunneln, Stollen usw. von Bedeutung. Vgl. Teil II, S. 519.

III. Die Oberflächenbeschaffenheit des Bodens. Der Einfluß der Oberflächenbeschaffenheit des Bodens auf die Amplitudenweite geht aus der Tabelle 11 hervor.

IV. Die thermischen Eigenschaften des Bodens. Die Größe der Boden-

---

[1] Vgl. J. SCHUBERT: Das Verhalten des Bodens gegen Wärme. Die physikalische Beschaffenheit des Bodens. Handb. d. Bodenlehre Bd. 6. Berlin 1930.

temperatur wird durch die thermischen Eigenschaften des Bodens beeinflußt. Die entsprechenden Zahlenwerte in Abhängigkeit von der Bodenbeschaffenheit sind angegeben für Wärmeleitfähigkeit des Bodens (siehe S. 323), Temperaturleitfähigkeit des Bodens (siehe S. 322), spez. Wärme des Bodens (siehe S. 322), Wärmekapazität des Bodens (s. S. 322).

Tabelle 11. *Amplitudenweite* 2 ϑ_m *der Oberflächentemperaturen in Abhängigkeit von der Bodenbeschaffenheit.*

Boden- bzw. Befestigungsart	Sommer °C	Winter °C	Jahresmittel °C
Sand	32,2	7,0	18,8[1]
Humoser Boden	31,3	6,1	17,7
Rasenfläche	29,7	6,6	16,8
Beton........	11,1	1,6	—[2]
Asphalt	16,5	2,4	—
Pflastersteine ...	11,8	1,75	—

b) Zunahme der Temperatur nach dem Erdinnern.

α) Zunahme der Temperatur im obersten Teil der Erdrinde.

Die Temperatur in den obersten 100 m der Erdrinde hängt von den Schwankungen der Lufttemperatur ab. Der Einfluß der Lufttemperatur auf die Erd- und Wassertemperatur geht aus Tabelle 12 hervor.

Tabelle 12.

Tiefe unter Erdoberfläche	Bemerkung betr. Temperaturschwankung
bis 1 m bei Erdboden .	Tagesschwankungen der Lufttemperatur bemerkbar
7—10 m bei Erdboden .	Monatsschwankungen bemerkbar
20 m bei Erdboden .	Jahresschwankungen bemerkbar
	In rd. 20 m Tiefe liegt die neutrale Zone. Die Temperatur der neutralen Zone liegt stets um 1,0 bis 3° C über der mittleren Jahres-Lufttemperatur (vgl. Tabelle 10)
bei 30 m Tiefe von Seen.	Jährliche Schwankung der Wassertemp. = $3^1/_2$° C
bei 50 m Tiefe von Seen.	Jährliche Schwankung der Wassertemp. = 2° C
bei 100 m Tiefe von Seen.	Jährliche Schwankung der Wassertemp. = 1° C
20 m bis einige Kilometer Erdboden	Zunahme der Erdwärme um 1° C auf durchschnittlich 33 m Tiefenzunahme. Das ist die sog. geothermische Tiefenstufe. Bei großer Tiefe nimmt die sog. geothermische Tiefenstufe merklich zu (siehe Tabelle 14)

β) Zunahme der Temperatur in der Tiefe der Erde
(die geothermische Tiefenstufe).

I. Begriffe. Die Temperatur der Erde nimmt nach dem Erdinnern zu. Je nach dem Wärmeleitvermögen der Gesteine steigt die Temperatur bei einem Meter Mehrtiefe im Mittel um 0,03 bis 0,033°. Das ist der sog. *Wärmegradient.* Oder anders ausgedrückt: Die Tiefe beträgt 30 bis 33 m, damit die Wärme um 1° C zunimmt; das ist die sog. *geothermische Tiefenstufe,* auch Geotherme genannt. Die Flächen gleicher Temperatur, die sog. *Geoisothermen,* folgen an der Erdoberfläche der Beschaffenheit der Bodenerhöhungen. In der Tiefe bilden sie

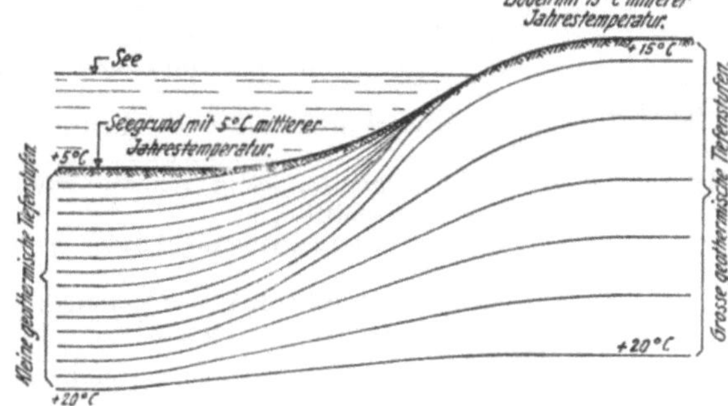

Abb. 12. Verlauf der Geoisothermen unter einem Seebecken.

---

[1] Vgl. P. Vujević: Die Temperaturen verschiedenartiger Bodenoberflächen. Meteor. Z. 1912 S. 570 bis 576.

[2] Vgl. R. Ruckli: a. a. O.

Kugelschalen um das Erdzentrum (siehe Abb. 12 und Kapitel über Tunnelgeologie, Teil II, Abb. 469).

Aus den Abweichungen der geothermischen Tiefenstufen kann z. B. der Verlauf von unterirdischen Gewässern ermittelt werden.

II. Einflüsse auf die Größe der geothermischen Tiefenstufen (siehe Tabelle 13).

Tabelle 13.

Art der Beeinflussung der geothermischen Tiefenstufe	Merkmale
Schichtung	Bei paralleler Schichtung und steiler Stellung der Schichten ist die Wärmeleitfähigkeit am größten parallel zur Schieferung Parallel zur Schieferung $= 1,0$ Senkrecht zur Schieferung $= 0,8$ bis $0,7$ Bei einzelnen Schiefern sogar nur $0,4$ Bei der Vorausbestimmung der Tunneltemperatur ist die Schichtenlage mit zu berücksichtigen

Schichtenlage	Wärmegradient	Geothermische Tiefenstufe	Tunneltemperatur
Senkrechte Schichtung .... Fallen $\pm 90°$ .... Streichen bis Erdoberfläche	Klein	Groß	Erniedrigt gegenüber dem Normalwert
Söhlig .... Fallen $\pm 0°$ .... Kein Streichen der Schichten bis Erdoberfläche ...	Groß	Klein	Erhöht gegenüber dem Normalwert

Art der Beeinflussung der geothermischen Tiefenstufe	Merkmale
Tektonik	Bei langsamem Fortschreiten der tektonischen Vorgänge wird infolge Reibung Wärme erzeugt, die die Größe der geothermischen Tiefenstufe beeinflußt
Chemische Umsetzung im Gebirge	Infolge chemischer Umsetzungen wird Wärme im Untergrund erzeugt, z. B. beim Kaolinisierungsprozeß bei der Verkohlung, bei Braunkohle ist z. B. die Inkohlungswärme stark ausgeprägt beim Zerfall radioaktiver Substanzen bei Zutritt von Luft und Wasser zu Sulfiden bei Verwandlung von Anhydrit in Gips bei der Zersetzung von Pyrit in der Nähe von Vulkanen
Verwerfung und Überschiebung	Verwerfungsspalte: die geothermische Tiefenstufe wird größer
Hydrologie	Absteigende, kalte Wasser erhöhen meistens die geothermische Tiefenstufe Aufsteigende, warme Wasser erniedrigen die geothermische Tiefenstufe Wasserdurchtränktes Gestein hat eine höhere Wärmeleitfähigkeit als trockenes Gestein; die Zunahme kann über 100% betragen
Vulkanismus	Vulkanische Magmen erniedrigen die geothermische Tiefenstufe
Oberflächengestaltung	Unter Gebirgszügen ist die geothermische Tiefenstufe groß Unter Tälern ist die geothermische Tiefenstufe klein (vgl. Kapitel über Tunnelgeologie Teil II, Abb. 469)
Wärmeleitfähigkeit	Siehe Zusammenstellung über thermische Eigenschaften des Bodens und Gesteins S. 322 und 323

III. Beispiele von geothermischen Tiefenstufen (vgl. Tabellen 14 und 15).

Tabelle 14. *Beispiele von geothermischen Tiefenstufen bei Tiefbohrungen.*

Ort	Gesteins-be-schaffen-heit	Tiefe unter Erdober-fläche m	Tem-peratur °C	Geothermische Tiefenstufe Einzel-wert m	Mittel-wert m
Sperenberg	ganz in Steinsalz	219 1268	19,1 48,1	21,7 50,8	43,1
Jakutsk (Sibirien)[1]	—	2 60 115	—17,1 — 5,0 — 2,9	1,4 — 62,0	8,1
Schladebach bei Merseburg....	—	1266 1716	45,2 56,6	36,5 56,2	39,4
Village Deep Mine (Afrika)	—	2255,5	—	—	70,0
Chelyan (Virginia, USA.)	—	1596	—	—	40,2
Czuchow (Oberschlesien)[2]	—	2239,7	—	—	31,8
Sudenburg bei Magdeburg	—	506	—	—	32,2
Sperenberg	—	1066	—	—	33,7
Paruschowitz V (Oberschlesien) .	—	2003	—	—	34,1
Lieth bei Altona	—	1259	—	—	35,0
Ratum (Holland)...............	—	1309	—	—	34,0
Sennewitz bei Halle	—	1084	—	—	36,5
Wascofeld (Kalifornien)	—	4573	(Tiefstes Bohrloch der Welt)		—

Tabelle 15. *Beispiele geothermischer Tiefenstufen beim Tunnelbau.*

Ort	Bodenbeschaffenheit	Tiefenstufe m
Bei Gebirgskämmen	—	35—70
Bei Tälern	—	20—25
Fréjus	—	58,4
Gotthard	Gneis	47
Gotthard (Nordportal)	Granit	21
Simplon...................	Jurakalk	36—38
Hauenstein	Jurakalk (trocken) Jurakalk (naß)	33—34 36—37
Albula	Granit	Nicht verwendbar, da die Gesteinstemperatur zu spät gemessen wurde

IV. Vorausbestimmung der geothermischen Tiefenstufen (vgl. Abschnitt über Tunnelgeologie, Teil II S. 517).

V. Geothermische Tiefenstufe in Abhängigkeit von der geologischen Beschaffenheit des Gebietes (vgl. Tabelle 16).

Tabelle 16.

Geographisches Gebiet	Geologisches Merkmal	Geother-mische Tiefen-stufe m
Sudetengau	Gebiet mit verhältnis-mäßig jung erlosche-nen Vulkanen	10—14
Harz, Erzgebirge	Geologisch altes Gebirge	34—42
Aachener Gebiet	Kohlengebiet	bis 50
Saargruben	Kohlengebiet	30—21

---

[1] SOLLAS: Geological Magazine 1901 S. 502.
[2] MICHAEL, R., u. W. QUITZOW: Temperaturmessungen bei Czuchow. Jb. Preuß. geol. Landesanst. Bd. 31 (1910).

VI. Geothermische Tiefenstufe in Abhängigkeit von der Gesteinsbeschaffenheit (vgl. Tabelle 17).

Tabelle 17.

Gesteinsbeschaffenheit	Raumgewicht kg/dm³	Geothermische Tiefenstufe in m
Lockere Sedimente	1,9 —2,2	20— 29
Flach liegende Sedimente und ältere Ergußgesteine	2,2 —2,45	29— 38
Paläozoische Sedimente	2,45—2,6	38— 45
Salische Eruptiva und Sedimente .	2,5 —2,65	45— 60
Jüngere tektonische Eruptiva.....	2,65—3,0	60—120
Postoligozäne Vulkantätigkeit	—	10— 20
Im Bereich von Fumarolen.......	—	0,01— 10
Sedimente mit Öl und Bitumen ...	—	15— 30
Sedimente mit oxydierbarer Kohle.	—	20— 29
Sedimente mit oxydierbarem Erz..	—	20— 29
Braunkohlenflöze[1]	—	10— 18[1]

VII. Ausgangspunkt für die geothermische Tiefenstufe. Die mittlere Bodentemperatur, von welcher aus die geothermische Tiefenstufe zu zählen ist, hängt ab:

a) von der geographischen Breite φ; z. B. als Funktion von $\sin^2 \varphi$,

b) von der mittleren Jahrestemperatur der Luft; auf 100 m Höhenunterschied sinkt die mittlere Jahrestemperatur um 0,59° C (nach HANN: Lehrbuch der Meteorologie; siehe auch S. 14, Tabelle 9),

c) von der Höhenlage des Beobachtungsortes.

Tabelle 18.

Höhe......................	0	500	1000	1500	2000	2500 m über Meer
Zuschlag zur mittleren Jahrestemperatur der Luft.......	0,8	1,0	1,3	1,7	2,3	3,0° C

Der Einfluß der Erdoberflächenbeschaffenheit auf die geothermische Tiefenstufe geht aus der Abb. 12 hervor.

Die Art der Messung der Temperaturen ist im Kapitel über Tunnelgeologie in Teil II S. 519 beschrieben.

3. Magnetismus.

a) Begriff.

Eine Magnetnadel, die an einer waagrechten oder senkrechten Achse aufgehängt ist, stellt sich unter dem Einfluß des magnetischen Erdfeldes an jedem Punkt der Erde in eine bestimmte Richtung ein. Die Magnetnadel zeigt Abweichungen (Anomalien) von der Normalstellung, die abhängig sind von der Bodengestaltung, von der Verteilung des Wassers und des Festlandes, vom geologischen Aufbau usw.

So bewirkt z. B. Magnetit eine sehr große Abweichung der Magnetnadel von der Normalstellung. Aus den Abweichungen der Magnetnadel kann auf die Tiefe und Ausdehnung von Erzlagern geschlossen werden[2].

b) Wesen der magnetischen Meßverfahren.

Beim Verfahren zur Bestimmung des vorhandenen Magnetismus wird nicht die absolute Größe des Erdmagnetismus bestimmt, sondern es wird nur ermit-

---

[1] Vgl. J. KOENIGSBERGER: Geothermische Messungen in Bergwerken und Übersicht der Ergebnisse der Geothermik. Beitr. angew. Geophys. 1939 S. 68/83.

[2] Vgl. HAALCK: Die magnetischen Methoden. Handb. d. Experimentalphysik. Geophysik. 3. Teil S. 320. Leipzig 1930.

telt, wie stark die Änderung der Horizontal- und Vertikalintensität des erdmagnetischen Feldes ist. Als Ausgangspunkt wird eine absolut magnetisch vermessene Basisstation genommen. Dieselbe soll nicht mehr als 500 km vom Untersuchungsort entfernt sein. Für die geologische Auswertung ist die Bestimmung der Vertikalintensität am wichtigsten. Die Horizontalintensität kann vielfach weggelassen werden. Je Quadratkilometer zu untersuchendes Gelände sind je nach der Geländebeschaffenheit 30 bis 300 Meßstationen nötig.

c) Magnetische Empfindlichkeit der Gesteine.

Bevor im Gelände magnetische Messungen vorgenommen werden, muß zuerst die magnetische Suszeptibilität (Empfindlichkeit) X der verschiedenen zu untersuchenden Gesteine bestimmt werden (siehe Teil II, S. 84 und 237).

d) Ingenieur-geologische Anwendungen.

Beispiel 1: Die magnetischen Messungen werden erfolgreich beim Suchen von Flußgold angewendet.

Beispiel 2: Fragen der Großtektonik lassen sich mit magnetischen Messungen lösen. Ebenso können tektonische Verhältnisse geklärt werden, wie z. B. Lage und Richtung der Verwerfung bei Allschwyl. Dort ist das westliche Gebiet gegen das östliche tief versunken. Malm ist gegen Dogger abgesunken.

Beispiel 3: In Abb. 13 ist gezeigt, wie die Grenzlinie zwischen Tertiär und Kreide magnetisch bestimmt werden konnte. Die Übereinstimmung zwischen den geologischen Verhältnissen und den magnetischen Ergebnissen sind zu erkennen.

Je näher die Kreide bis zur Erdoberfläche emporragt, desto tiefer sinken die Werte der Vertikalintensität.

Beispiel 4: Starke Mißweisung der Magnetnadel kann sich auch bei forstlichen und geologischen Bussolenmessungen störend geltend machen. Bei geologischen Vorarbeiten ist dem Verfasser dies z. B. im Gotthardgebiet und der Silvrettagruppe begegnet. Die großen Abweichungen der Magnetnadel sind auf eisenhaltige Mineralien der kristallinen Gesteine zurückzuführen.

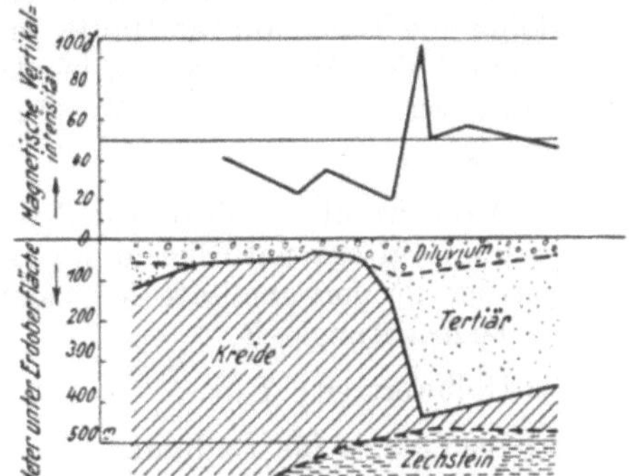

Abb. 13. Erdmagnetische Untersuchungen. Magnetische Vertikalintensität und Kreideoberfläche stimmen im allgemeinen überein. Die Kreideoberfläche wurde durch Tiefbohrungen genau bestimmt.

Beispiel 5: Scharf gebrannte Ziegel werden oft magnetisch. Wenn in der Nähe von Ziegelhaufen Vermessungen vorgenommen werden, wozu die Bussole benutzt wird, so können verfälschte Ergebnisse erhalten werden.

Beispiel 6: Bei Vermessungen mit der Bussole können auch Verwerfungen Anlaß zu Mißdeutungen geben[1].

Die Art der Messung des Magnetismus ist in Teil II, S. 84 beschrieben.

4. Radioaktivität.

a) Beschreibung der Radioaktivität und Radiumemanation.

Radioaktive Stoffe sind in der Natur sehr verbreitet. Vorzugsweise sind tonige Substanzen Träger des Radiums. Ein radioaktives Element zeichnet sich

---

[1] Für weitere Beispiele siehe C. L. ALEXANIAN: Traité pratique de prospection géophysique S. 180. Paris 1932. — A. EBERT: Eine magnetische Aufnahme bei *Aarhus* und ihre Bedeutung für die Wasserversorgung. Jb. d. Reichsstelle f. Bodenforschung 1941 S. 155. — ST. V. THYSSEN: Über die mögliche Beeinflußbarkeit der Drehwaage durch Grundwasserschwingungen. Z. Geophys. 1942 S. 279.

im allgemeinen von den anderen durch die Unstabilität seiner Atome aus. Aus noch unbekannten Gründen zerfallen die alten Atome, wodurch neue Elemente entstehen (siehe Tabelle 19). Diese Erscheinung ist von drei Arten Strahlen begleitet, nämlich den α-, β- und γ-Strahlen. Die α-Strahlen haben eine Geschwindigkeit von 14000 bis 21000 km/s und die β-Strahlen eine solche von 100000 bis 130000 km/s. Die α- und β-Strahlen werden von der Luft und den Gesteinen leicht absorbiert. Sie werden z. B. aufgehalten, wenn eine dünne Metallplatte oder ein 7 mm dickes Aluminiumblech vorhanden ist. Die γ-Strahlen, die noch kurzwellige Röntgenstrahlen sind, besitzen eine große Durchschlagskraft, so daß sie einen 30 mm dicken Bleiblock zu durchdringen vermögen.

α-Strahlen = Strahlen aus +-geladenem Helionkern,
β-Strahlen = Elektronenstrahlen,
γ-Strahlen = Röntgenstrahlen.

Aus Radiumpräparaten[1] entwickeln sich andauernd Spuren eines Gases. Man hat es Radiumemanation genannt. Die Radiumemanation ist selbst radioaktiv, also in einer atomistischen Umwandlung begriffen. Es entstehen positiv oder negativ geladene Ionen. Prüft man mit dem Elektroskop die ionisierende Wirkung in einem Gefäß, das nur die Emanation enthält, so findet man, daß die Wirkung in 4 Tagen auf die Hälfte, in weiteren 4 Tagen abermals auf die Hälfte, d. h. auf $\frac{1}{4}$ des Anfangswertes, in abermals 4 Tagen auf $\frac{1}{8}$ usw. heruntergeht. Gesetzmäßig heißt das $N = N_0\, e^{-\lambda t}$.

Es bedeuten:

N_0 = Atomanzahl bei Beginn der Beobachtung,
e = die Zahl des natürlichen Logarithmus = 2,718,
λ ist der Proportionalitätskoeffizient, auch Zerfallskonstante genannt,
t = Beobachtungszeit,

T = Halbwertzeit; $T = \dfrac{\ln 2}{\lambda}$,

T = 1690 Jahre für Radium,
T =   30 Jahre für Aktinium,
T = 3,85 Tage für Radiumemanation,
T = 3,92 Sekunden für Aktiniumemanation.

Die Art der Messung der Radioaktivität ist in Teil II, S. 84 beschrieben.

b) Ingenieur-geologische Anwendungen.

Beispiel 1: Beispiele von Zerfallsreihen.

Tabelle 19.

Ausgangs-element →	Uran	Thorium
Zerfallsreihen ↓	Ionium Radium Radiumemanation (gasförmig) Radium A bis E Polonium und Radiumblei Protaktinium Aktinium Aktiniumemanation Aktiniumblei	Mesothorium Radiothorium Thoriumemanation — Thorium A bis D Thoriumblei — — —

---

[1] Vgl. J. HUMMEL: Radioaktive Methoden. Handb. d. Experimentalphysik. Geophysik 3. Teil S. 519. Leipzig 1930.

Beispiel 2: Tunnel. Die Untersuchung von Probeserien längs der großen Tunnel in den Alpen und den Anden hat keine unmittelbare Beziehung der Radioaktivität zu den geologisch-petrographischen Verhältnissen ergeben.

Beispiel 3: Verwerfungen. Dagegen leistete die radioaktive Untersuchungsmethode bei der Feststellung von tektonischen Einflüssen, wie Verwerfungen, Spalten, ganzen Spaltsystemen, wertvolle Dienste, auch dann, wenn diese von einer Deckschicht überlagert sind. Bei der Planung von Talsperrenbauten, Staubecken, Maschinenfundamenten usw. ist diese Methode zur vorherigen Bestimmung, ob Verwerfungs- oder Zerrüttungszonen vorhanden sind, von großer Wichtigkeit. Auch in Erdbebengebieten wird diese Methode erfolgreich zur Aufdeckung verborgener Spalten angewendet.

Das Beispiel in Abb. 14 zeigt die Radioaktivitätsmengen an einer Verwerfung.

Über ungestört gelagerten Schichten wurden für den Spannungsabfall in 15 Min. annähernd gleiche Werte gefunden. Bei Annäherung an die Verwerfung vergrößert sich jeweils der Spannungsabfall erheblich.

Beispiel 4: Bodennebel. Kleine Bodennebel im Gebirge, die immer wieder an der gleichen Stelle wiederkehren, sind an die verstärkte Emanation tektonischer Linien gebunden.

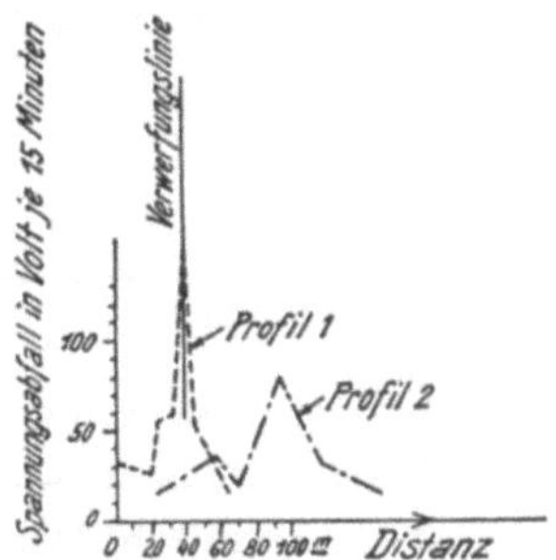

Abb. 14. Radioaktivitätsbeobachtungen an einer Verwerfung.

Beispiel 5: Bodenluft. Die in den Bodenkapillaren vorhandene Luft ist oft emanationshaltig. Durch Absaugen der Luft in den Erdkapillaren kann experimentell nachgewiesen werden, daß die Bodenemanation mit der Radiumemanation identisch ist[1].

C. Tektonik.

1. Aufgabe der Tektonik.

Während der Bildung von Gebirgen werden die Gesteinsschichten mannigfach bewegt. Die Lehre, die sich mit den Bewegungen, ihren Ursachen und Auswirkungen befaßt, heißt Tektonik.

Die Aufgaben der Tektonik bestehen somit darin: die Ursache der Störungen abzuklären, die Wirkung der Störungen in bezug auf die Formänderung der Gesteine festzustellen, die Dauer und Art der Bewegungen der Gesteinsmassen zu untersuchen.

Die tektonischen Formänderungen können dauernd oder vorübergehend sein.

Man unterscheidet, nämlich
    plastische Formänderungen = bleibende Formänderungen,
    elastische Formänderungen = vorübergehende Formänderungen.

In den folgenden Abschnitten sind nur die tektonischen Probleme, mit welchen der Ingenieur in Berührung kommt, behandelt.

---

[1] Für weitere Beispiele siehe J. KOENIGSBERGER: Z. prakt. Geologie 1926 S. 187. — C. A. HEILAND: Geol. Arch. 1925 S. 205/280. — J. ELSTER u. H. GRETEL: Phys. Z. 1902 S. 374. — H. WOLTERECK: Die Welt der Strahlen. Leipzig 1937.

2. Ursache und Wirkung der tektonischen Formänderungen.

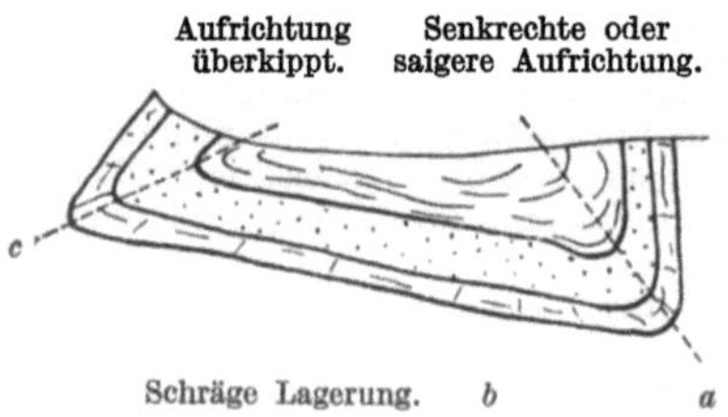

Abb. 15. Bezeichnung der verschiedenen Arten von Schichtenaufrichtungen.
a lotrechte oder saigere Aufrichtung,
b schräge Lagerung,
c überkippt.

Die Tabelle 20 gibt einen Überblick über die Ursache und die Auswirkung der Störungen in der Erdkruste.

Tabelle 20.

Ursache	Wirkung		Merkmale	Beispiele	Abb.
	Hauptwirkung	Unterteilung			
	Aufrichtung	Schräge Aufrichtung Lotrechte Aufrichtung Überkippte Aufrichtung	Ehemalig waagrecht, söhlig liegende Schichten werden aufgerichtet Statt lotrecht wird auch der Ausdruck saiger = 90°, auf dem Kopf stehend, gebraucht	Nordrand der Alpen Harzgebirge	15 16
Tangentieller Schub — Faltung	Normale Falten	Aufrecht Schief Überkippt Liegend	Falten sind wellenartige Verbiegungen von Gesteinsmassen. Die Grundformen sind: Mulde = Synklinale, Synklinalfalte, Synkline oder Muldenfalte (siehe Abb. 17a) Sattel = Antiklinale, Antiklinalfalte, Antikline, Sattelfalte oder Gewölbe Siehe Abb. 17b Die Teile, die durch Biegung miteinander verbunden sind, heißen Schenkel. Der innerste Teil heißt Kern, der äußerste Scheitel (siehe Abb. 17a, g)	Ostalpen Westalpen und Jura	17a bis 17i
	Isoklinalfalten	Aufrecht Schief Überkippt Liegend	Bei den Isoklinalfalten fallen beide Schenkel unter gleichem Winkel nach der gleichen Seite (siehe Abb. 17h) Je nach der Richtung der Flügel unterscheidet man saiger stehende, schiefe, überkippte und liegende Isoklinalfalten	Ostalpen und Westalpen	17h
	Fächerfalten	Aufrecht Schief Überkippt Liegend	Die Schenkel biegen sich fächerförmig gegen den Kern zu. Die Achse kann aufrecht (saiger), schief, überkippt oder liegend sein	Fächerförmiger Bau	17i
	Wiederholung der Faltungen	Faltenscharen	Wiederholung der verschiedenen Faltenarten hintereinander	Schweizer Jura	
		Kettengebirge	Wellenartiges Gebirge, das längsgestreckt ist und viele parallel liegende Ketten aufweist. Die Ketten sind durch Längstäler voneinander getrennt	Schweizer Jura	123; 88
	Überfaltung	—	Überfaltung oder Überkippung bedeutet die Aufrichtung von Schichten über 90° Für Überfaltungsdecke siehe Überschiebungsdecke	—	—

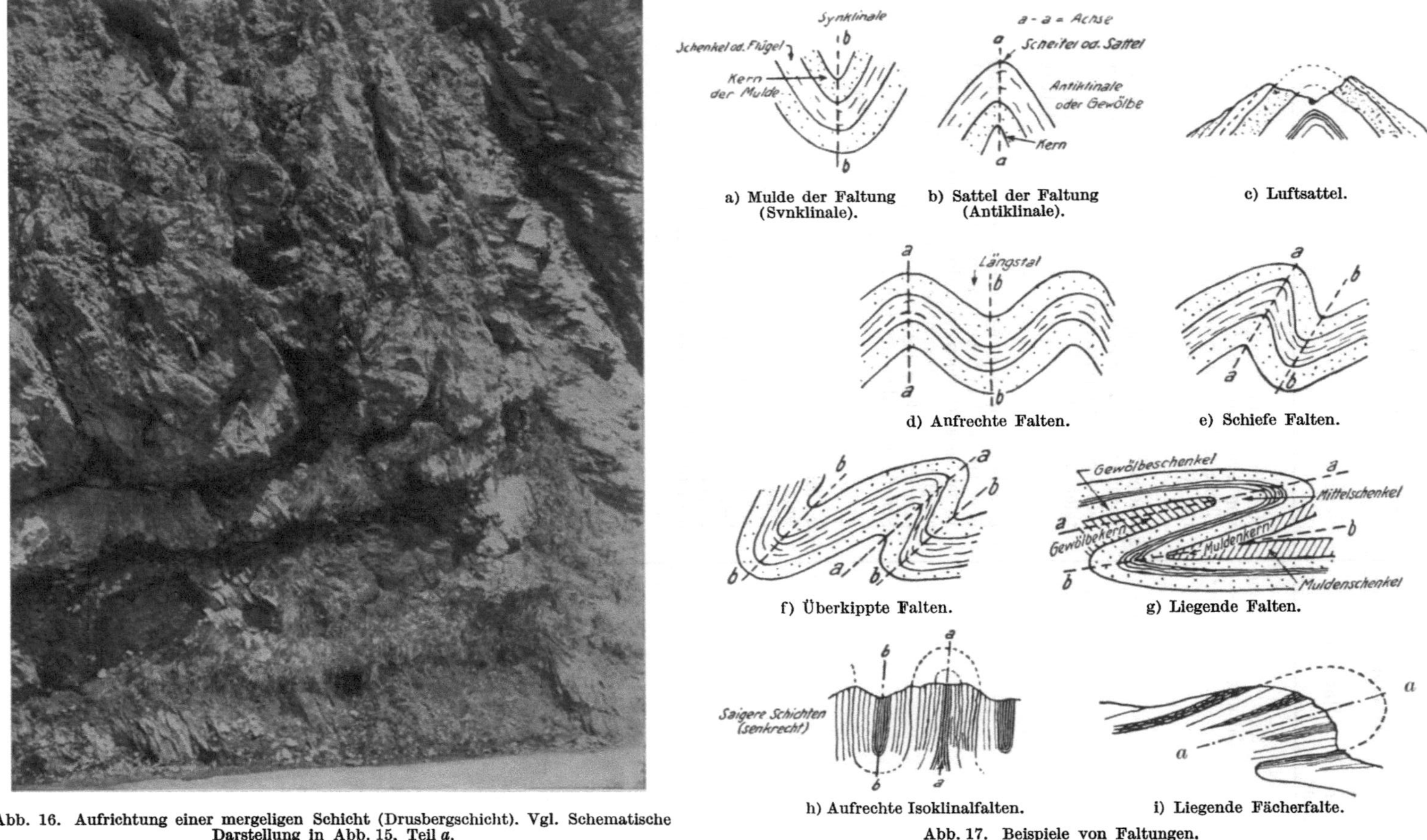

Abb. 17. Beispiele von Faltungen.

Abb. 16. Aufrichtung einer mergeligen Schicht (Drusbergschicht). Vgl. Schematische Darstellung in Abb. 15, Teil *a*.

Tabelle 20 (Fortsetzung).

Ursache	Wirkung		Merkmale	Beispiele	Abb.
	Hauptwirkung	Unterteilung			
Tangentieller Schub	Faltung	Gleitfaltung	**Trockene Gleitfaltung** — Unter Gleitfaltung versteht man die Faltung von Gesteinsmassen, die auf einer schiefen Ebene (z. T. auch infolge Eigengewicht) ins Rutschen kommen		
			Unterwassergleitfaltung — Subaquatische Rutschung = Subsolifluktion, Stauungen, Stauchungen, Zerrungen, Zerreißungen, Zusammenschiebungen, Fältelungen treten auf	Toniger Süßwassermergel in der tertiären Molasse	
	Schiebung	Überschiebung	**Normale Überschiebung** — Eine Schichtgruppe bewegt sich, schiebt sich über eine andere Schichtgruppe hinüber. In der Regel kommen dabei ältere Gesteine auf jüngere Schichten zu liegen. Im Gegensatz dazu sinkt bei der Verwerfung eine Scholle gegenüber der anderen ab	Lauritzer Überschiebung Belgisch-französische Überschiebung	
			Faltenüberschiebung — Der Mittelschenkel ist vollständig ausgewalzt. Die Faltenüberschiebung oder Überschiebungsfalte besteht nur noch aus dem hangenden und liegenden Schenkel. Beide Schenkel sind durch eine Überschiebungsfläche geschieden, die in der Druckrichtung ansteigt (nach A. HEIM)	—	
			Überschiebungsdecke — Sie wird auch Überfaltungsdecke, Schubdecke oder Decke genannt. Sie entsteht aus einer liegenden Falte, bei der der Mittelschenkel mehr oder weniger zerquetscht ist. Oft ist die liegende Falte in Richtung des Gebirgsdruckes weit vorgetrieben. Der Ausgang heißt Wurzel, der Vorderteil Stirne; dazwischen liegt der Rücken, der sog. Deckenrücken (vgl. Abb. 123)	Karpaten, Himalaya Alpen: Ostalpen, Westalpen. Oft sind zahlreiche Decken übereinandergeschoben	123
			Schollenüberschiebung — Auch Aufschiebung. Wechsel, Stauungsbruch, Übersprung, Kompressionsverwerfung, Konjunktivbruch genannt. Eine Scholle ist längs einer schräg aufsteigenden Fläche aufwärts geschoben worden	Zweifache Schollenüberschiebung im Sudan, rheinisch-westfälisches Kohlengebirge	
			Schuppung — Die gleichen Schichtfolgen wiederholen sich. Die Mittelschenkel fallen aus. Dadurch entsteht die Schuppe. Das ganze Gebilde heißt auch Schuppenstruktur	Häufig im Devon bei Dillenburg. Sonnenwendgebirge	18

Tabelle 20 (Fortsetzung).

Ursache	Wirkung		Merkmale	Beispiele	Abb.
	Hauptwirkung	Unterteilung			
Tangentieller Schub	Schiebung — Blattverschiebung	Querverschiebung	Auch Transversalverschiebung, Horizontalverschiebung, Blatt, Blattverschiebung genannt. Es findet eine waagrechte Verschiebung zweier Schollen, sog. Blattflügel, längs einer mehr oder weniger senkrechten Zerreißungsfläche statt. Die Blattflügel, Schollen, sind durch Klüfte voneinander getrennt. Im Gegensatz zur waagrechten steht die senkrechte Verschiebung, die Verwerfung oder Aufschiebung	Säntisgebiet. Kettenjura des Schiefergebirges	25
		Blattzug	Reihe von Horizontalverschiebungen hintereinander		
		Flexurblatt	Die Schichten werden in horizontaler Richtung doppelt knieförmig umgebogen (vgl. Abb. 19)		19
		Blattsystem	Mehrere parallele Blätter zusammen vorkommend bilden ein Blattsystem, Blattbündel, Blattbüschel	Insel Neuseeland	
	Auslenkung	—	Ein Gestein- oder Mineralgang (Erzgang) hört auf (Absetzen) und erscheint wieder (Wiederaufsetzen) längs einer Verwerfungslinie oder Spalte. Der Gang erfährt dabei eine Verrückung	Erzgänge im Harz. Porphyrgänge im Hohenfeld (Rübeland)	20
	Abscheren	—	Jüngere Schichtengruppen sind von ihrer älteren Unterlage abgeschert worden. Der obere Teil heißt Abscherungsdecke. Sie ist vielfach stark gefaltet. Die Fläche, die die Decke von der Unterlage trennt, heißt Abscherungsfläche	Kettenjura. Die Decke, bestehend aus Tertiär, Jura, Keuper, ist vielfach vom Wellenkalk, Buntsandstein abgeschert. Alpen	

Unterlage	Jüngere Schichtgruppe	Typus
Ungefältelt	→ Überfaltet	Helvetisch
Enggefaltet	→ Überschoben	Ostalpin

Ursache	Wirkung		Merkmale	Beispiele	Abb.
	Verdrückung — Schichtverdrükkung	—	Schichtverdrückungen oder Schichtverquetschungen; d. h. einzelne Falten verschmälern sich oder verschwinden auf kürzere Strecken. Namentlich in älteren Gebirgen sind Schichtverdrückungen zu zu beobachten. Man spricht auch von Auskeilungen	Harz. Rheinisches Schiefergebirge	
	Flexur	—	Bei einer Flexur oder Kniefalte werden die Schichten doppelt knieförmig umgebogen. Flexuren kommen bei lotrechter Verschiebung der Schollen vor und heißen auch Monoklinalfalten	Rheintal bei Basel. Coloradoplateau	21

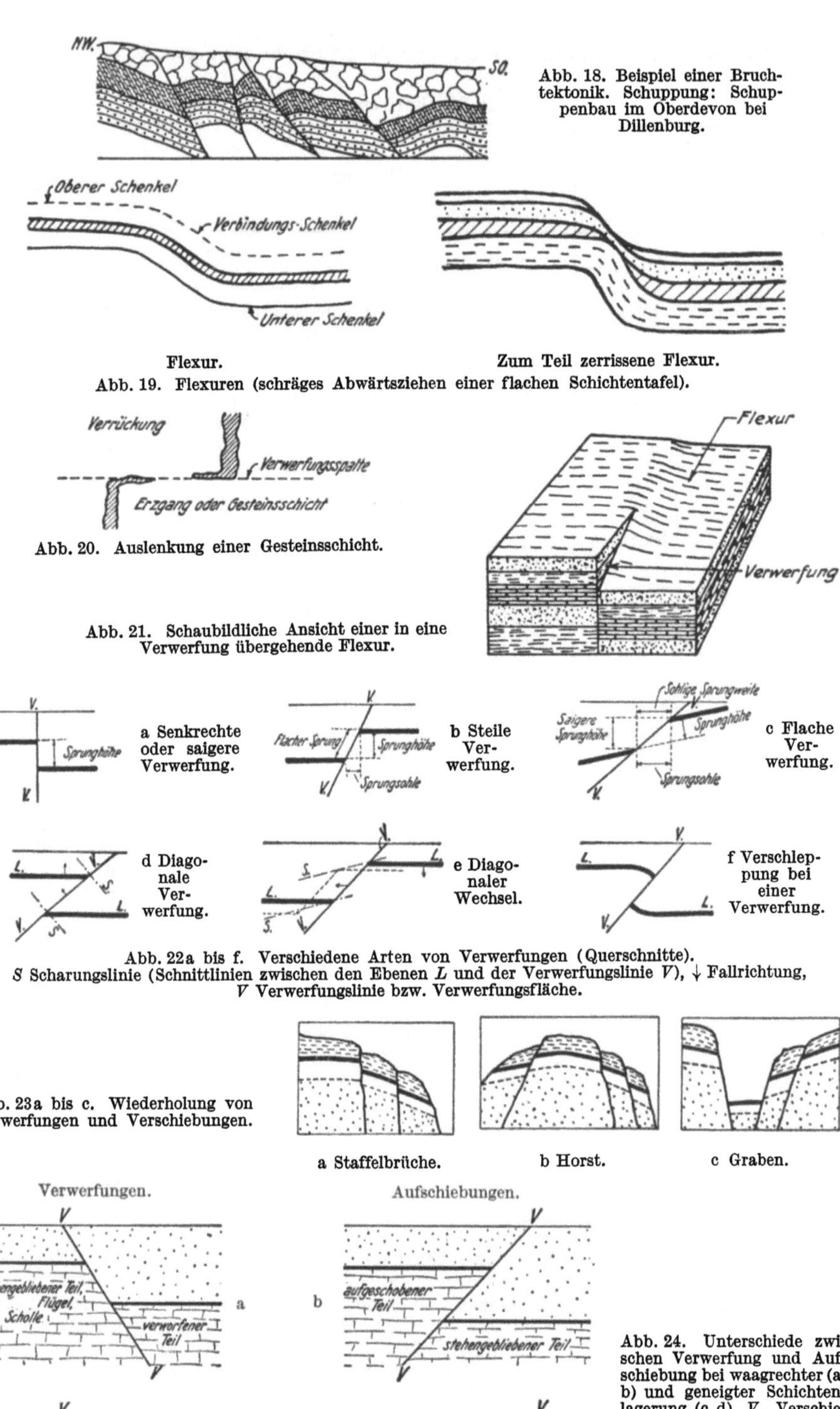

Abb. 18. Beispiel einer Bruchtektonik. Schuppung: Schuppenbau im Oberdevon bei Dillenburg.

Flexur. Zum Teil zerrissene Flexur.

Abb. 19. Flexuren (schräges Abwärtsziehen einer flachen Schichtentafel).

Abb. 20. Auslenkung einer Gesteinsschicht.

Abb. 21. Schaubildliche Ansicht einer in eine Verwerfung übergehende Flexur.

a Senkrechte oder saigere Verwerfung. b Steile Verwerfung. c Flache Verwerfung.

d Diagonale Verwerfung. e Diagonaler Wechsel. f Verschleppung bei einer Verwerfung.

Abb. 22a bis f. Verschiedene Arten von Verwerfungen (Querschnitte).
S Scharungslinie (Schnittlinien zwischen den Ebenen L und der Verwerfungslinie V), ↓ Fallrichtung, V Verwerfungslinie bzw. Verwerfungsfläche.

Abb. 23a bis c. Wiederholung von Verwerfungen und Verschiebungen.

a Staffelbrüche. b Horst. c Graben.

Verwerfungen. Aufschiebungen.

Abb. 24. Unterschiede zwischen Verwerfung und Aufschiebung bei waagrechter (a, b) und geneigter Schichtenlagerung (c d) V. Verschiebungsfläche.

Tabelle 20 (Fortsetzung).

Ursache	Wirkung			Merkmale	Beispiele	Abb.
	Hauptwirkung	Unterteilung				
Senkrechte (radiale) Bewegung	Verwerfung, Abschiebung	Senkrecht	—	Der sich bewegende Teil sinkt senkrecht ab	—	22a bis 22f 24, 26,27
		Schief	—	Der sich bewegende Teil sinkt schief (schräg) ab	—	
		Wiederholung	Staffelbrüche	Treppenverwerfung = Schollen, von denen jede nachfolgende tiefer liegt als die vorhergehende	Mesozoische Schichttafeln von Schwaben und Lothringen	23a
			Horste	Eine Scholle, die zwischen absinkenden Schollen stehengeblieben ist, oder eine Scholle, die mehr als die umgebenden Schollen gehoben wurde. Der Tafelhorst besteht aus ungefalteten Schichten. Der Faltenhorst besteht aus gefalteten Schichten	Schwarzwald. Harz	23b
			Graben	Eine Scholle, die abgesunken ist gegenüber den sie umgebenden Schollen, oder eine Scholle, die zwischen sich hebenden Schollen stehengeblieben ist	Tiefebene des Mittelrheines. Ostafrikanischer Graben	23c
			Kesselbruch	Die Verwerfungen verlaufen konzentrischbogenförmig um ein Senkungsfeld (Kessel)	Nördlinger Ries. Walachisches Tiefland	
		Verästelung	—	Wenn in einem System von Verwerfungen die Verwerfungen aneinander anstoßen, ohne sich zu durchsetzen, so spricht man von Verästelungen	Gotthardmassiv	
		Sprungkreuzungen	—	Sprungdurchsetzungen. Die Verwerfungen kreuzen einander	Im Bergbau bekannte Erscheinung	
	Aufschiebung	Senkrecht	—	Der sich bewegende Teil schiebt sich senkrecht aufwärts	—	24, 25
		Schief	—	Der sich bewegende Teil schiebt sich schräg aufwärts		

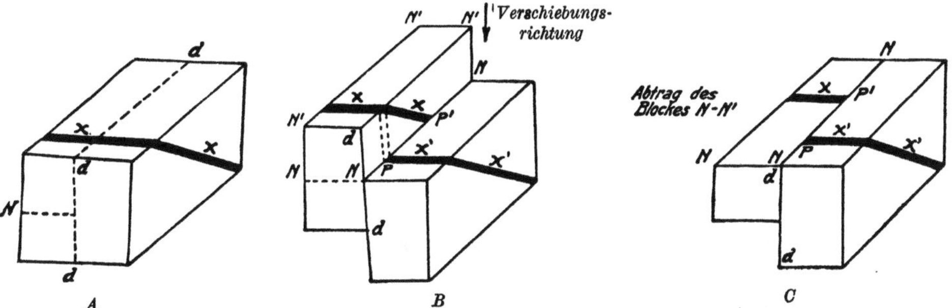

Abb. 25. Modellversuche zur Erklärung der Entstehung von Schichtenverschiebungen.
A Schichtenblock *vor* der Verwerfung, B Verschiebung längs der Kluft *d...d*, C Abtragung auf der Höhe *N...N*.

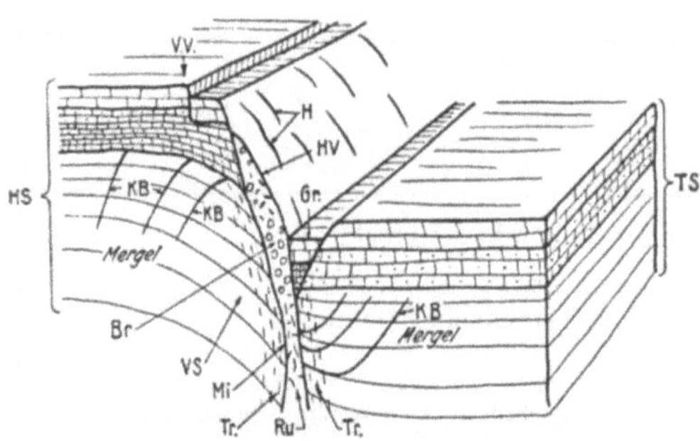

Abb. 26. Einzelheiten einer Verwerfung.
HS Hochscholle, *TS* Tiefscholle, *VV* Vorverschiebung,
HV Hauptverschiebungsfläche, *H* Harnischstreifen auf
der Verwerfungsfläche, *KB* Begleitungsklüfte, *Gr* Kleiner Graben, *Ru* Ruschelzone, *Mi* Mineralneubildung,
Tr Zertrümmerungszone, *Br* Brekzie, *Vs* Verschlep-
pungszone in dem weichen Mergel. Bei der Hochscholle
(*HS*) abwärts gerichtet; bei der Tiefscholle (*TS*) aufwärts gerichtet.

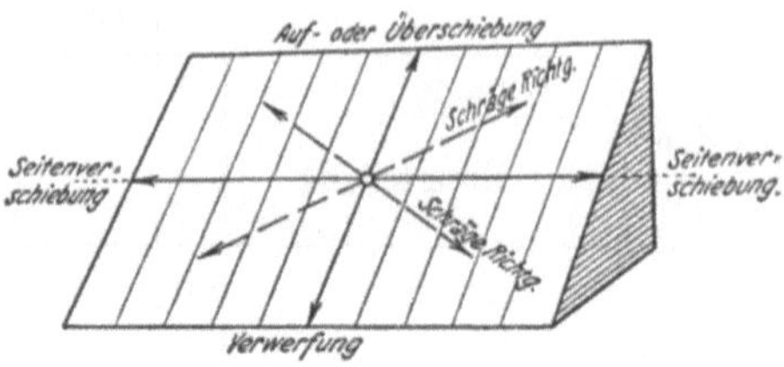

Abb. 27. Übersicht über die Arten der
Verwerfungen.

3. Klüfte (Spalten).

a) Klüfte (Spalten) infolge tektonischer Formänderung.

Während der Formänderungen der Gesteinsschichten entstehen Spalten oder Spaltensysteme. Stets ist ein System paralleler Klüfte vorhanden, meistens aber zwei bis vier. Aus den Abb. 28, 29, 30 gehen die verschiedenen Arten der bildlichen Darstellung der Kluftarten und Kluftsysteme hervor. Eines ist gewöhnlich besser ausgebildet als die anderen[1]. Die Spalten werden auch Verwerfungs-
spalten, Klüfte oder Fugen oder einfach Verwerfungen genannt. Aus Abb. 31, 32 gehen die Arten und Benennungen der verschiedenen Teile einer Spalte hervor.

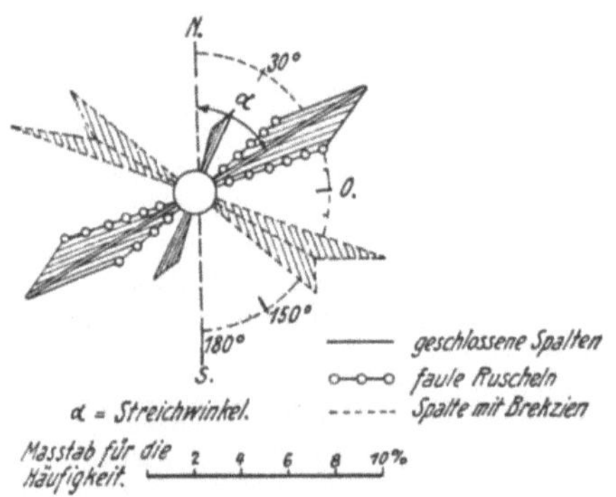

Abb. 28. Kluftrose mit Angabe der Streichrichtung,
Beschaffenheit und Häufigkeit der Klüfte.

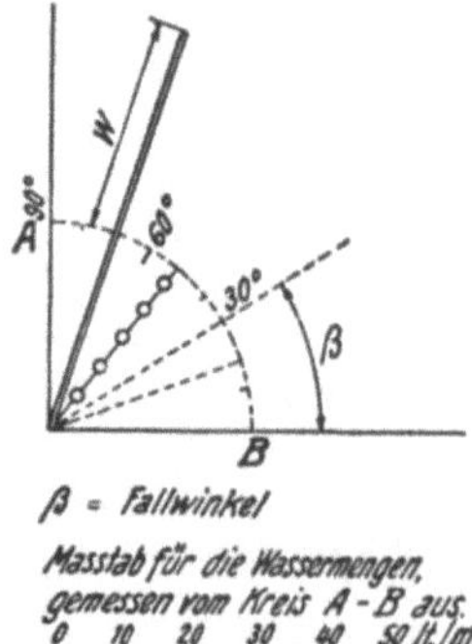

Abb. 29. Kluftrose mit Angabe der Fallrichtung.
Beschaffenheit und Wassermenge (nach BENDEL).

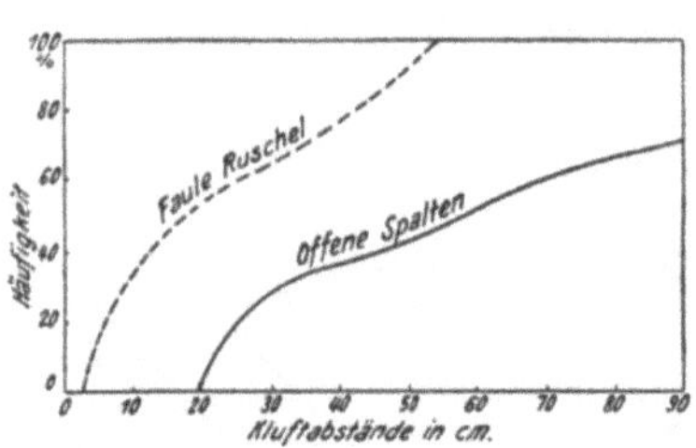

Abb. 30. Summenlinie für die Abstände der Klüfte.

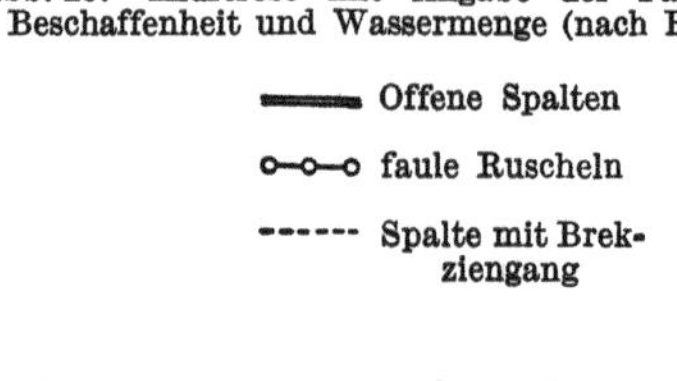

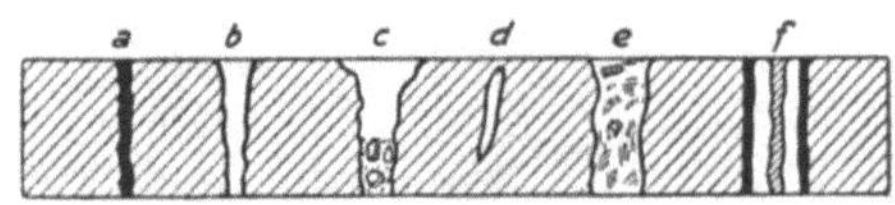

Abb. 31. Spaltenausbildungsarten.
a geschlossene Spalte, *b* offene Spalte, *c* Spalte, Brek-
ziengang, *d* Kluft, *e* faule Ruschel, *f* Spalte, verheilt
als Mineralgang.

---

[1] Vgl. H. JÄCKLI: Gesteinsklüftung und Stollenbau. Schweiz. Bauztg. 119 (1942)
S. 115.

Die Spalten werden eingeteilt in:

Tabelle 21. *Einteilung der Spalten.*

Bezeichnung	Merkmale (vgl. Abb. 32)
Lithoklase	Der Raum zwischen zwei aufgespaltenen Gesteinsteilen wird als Spalte, Fuge, Bruchlinie oder Verwerfung bezeichnet
Diaklase	heißt die Trennung des Gebirges durch Spalten, ohne daß die beiden Hälften sich verschieben
Paraklase	ist die Trennung des Gebirges durch Spalten, wobei sich die beiden Hälften gegenseitig verschieben. Man spricht in diesem Falle auch von einer Bruchstelle, Bruchdeformation, Verwerfung, Verwerfungskluft oder Sprung. Die Schollen zu beiden Seiten der Verwerfung heißen Flügel, Schollen oder Trümmer Eine Verwerfung besteht demnach aus: *Flügel*, auch Scholle, Trum, Trümmer genannt, und *Spalte*, auch Kluft, Fuge, Trennungsraum genannt (vgl. Abb. 31)
Zugspalten	Sie entstehen durch Zug im spröden Material, z. B. an den Rändern großer Talfurchen
Faltenspalten ...	Faltungsspalten entstehen bei den Faltungsvorgängen
Pressungsspalten	Pressungsspalten entstehen bei der Pressung nicht faltbarer, spröder Eruptivgesteine
Torsionsspalten .	Spaltensystem infolge Verdrehung eines Gebirges

b) Zustand der Spalten.

Die Spalte kann sein: geschlossen, offen, klaffend oder leer.

Die Spalte kann gefüllt sein mit Wasser, Gas, Lehm, Ton, Quarz, Kalzit oder mit Gesteinstrümmern, und zwar eigener oder fremder Herkunft. Die Gesteinsmasse kann unverkittet oder verkittet sein. Das Gestein kann eckig sein;

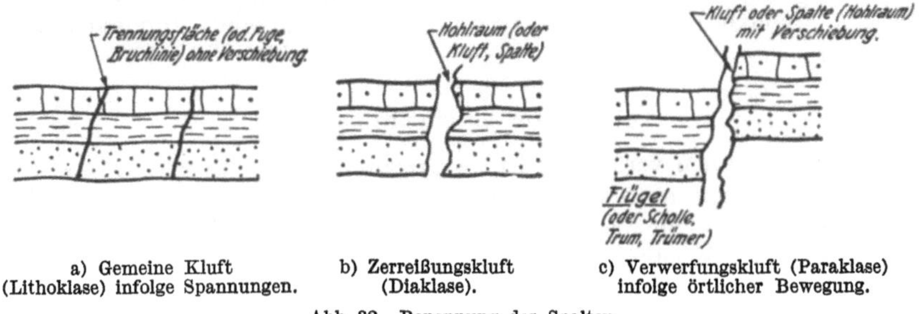

a) Gemeine Kluft (Lithoklase) infolge Spannungen. b) Zerreißungskluft (Diaklase). c) Verwerfungskluft (Paraklase) infolge örtlicher Bewegung.

Abb. 32. Benennung der Spalten.

dann spricht man von Brekzie. Das Gestein kann rund sein, dann spricht man von Konglomerat.

Als Verkittungsmaterial findet man Quarz oder Kalk.

Zustand der Umgebung der Spalte.

Die Schollen zu beiden Seiten der Verwerfung können ohne Störung sein oder eine Störung aufweisen. Bei Störung des Gesteines neben der Spalte unterscheidet man: zermahlen, zertrümmert, schwammig zerbrochen, umgesetzt. Wenn die Scholle umgesetzt ist, so unterscheidet man noch: faul, gebleicht, wieder verfestigt. Im letzteren Falle spricht man von Reibungsbrekzien oder Myloniten. Die Scholle kann auch ausgewaschen sein. Das Auswaschungsprodukt ist meistens Lehm oder Ton. Das Umsetzungsprodukt kann verkittet oder unverkittet sein. Bisweilen ist die Scholle auch durch Druck beansprucht worden und zeigt ein System kleiner Nebenspalten.

c) Einteilung der Spaltflächen.

Spaltflächen werden nach verschiedenen Gesichtspunkten eingeteilt (siehe Tabelle 22):

Tabelle 22.

	Geometrische Bezeichnung	Merkmal
Nach der tektonischen Wirkung	Verschiebungsflächen	Horizontal- und Querverschiebungsfläche
	Überschiebungsflächen	Horizontal- und Querüberschiebungsfläche
	Verwerfungsflächen	Horizontal- und Querverwerfungsfläche
Nach der Art der Ausbildung der Spaltfläche	Rutschfläche	Harnisch mit Rutschstreifen und Rillen in der Bewegungsrichtung Schild mit glattpoliertem Spiegel. Es sind verschiedene Bewegungsrichtungen feststellbar
Nach der Schnittlinie mit der Erdoberfläche	Verwerfungslinie Überschiebungslinie	Quer- oder Längsverwerfungslinie Quer- oder Längsüberschiebungslinie
	Verschiebungslinie	Quer- oder Längsverschiebungslinie
Spaltfläche in jungen oder in alten, noch nicht fertig durchbewegten Gebirgen		Die beiden Hälften bewegen sich noch gegeneinander, z. B. ruckartig infolge Erdbeben Es treten Querverschiebungen oder Höhenverschiebungen der beiden Hälften auf. Es findet Vergrößerung oder Verminderung der Spaltenweite statt

d) Verlauf der Spaltflächen.

Die Spalten können verlaufen: In waagrechter Richtung: gerade, stetig oder unstetig, krummlinig; in senkrechter Richtung: bei senkrechter Trennungsfläche spricht man von saigerer Verwerfungs- oder Bruchfläche. Die Trennungsfläche kann gerade sein. Meistens ist sie verschiedenartig gewölbt.

e) Beispiele.

Beispiel 1: Übersicht über die Stärke der Klüftung in Abhängigkeit von der Gesteinsbeschaffenheit. Die Stärke der Klüftung in Abhängigkeit von der Gesteinsart geht aus Tabelle 23 hervor:

Tabelle 23.

Stärke der Klüftung	Gesteinsarten
Starke Klüftung	Viele Spalten, die z. T. ausgefüllt, schalig, mit stark gekrümmten Kluftflächen versehen sind, treten auf bei Serpentin, Radiolariten, Quarziten, quarzreichen Sandsteinen. Bei starker Gesteinsschieferung sind die Kluftflächen oft stark verwittert
Mäßig starke Klüftung	Mäßig starke Klüftung ist zu erwarten bei Amphiboliten, Dioriten
Leichte Klüftung	Leichte Klüftung ist bei plastisch verformbaren Gesteinen zu erwarten, so bei Mergeln, mergeligen und tonigen Kalksteinen, Sandsteinen

Beispiel 2: Technische Auswirkung der Klüftung. Die Klüftung macht sich besonders bemerkbar bei (siehe Tabelle 24):

Tabelle 24.

	Auswirkung der Klüftung
Bohren	Die Vortriebsgeschwindigkeit wird verlangsamt; durch die Klüftung wird die Bohrgeschwindigkeit oft mehr verlangsamt als durch die petrographische Beschaffenheit des Gesteins. Die Bohrer verkrümmen sich leicht in Klüften
Sprengen	Durch die Klüfte zieht oft das Gas, bevor es seinen Druck voll entwickeln konnte, ab; dadurch vermindert sich die Sprengwirkung bis auf $^1/_{10}$. Bei gleichmäßiger, dichtbankiger Textur der Gesteine wirkt die Klüftung sprengfördernd (vgl. Kapitel Sprengen in Teil II)
Nachbrüche	Flachliegende Klüfte, Ruschelzonen und lehmhaltige Klüfte ergeben gern große Nachbrüche und Überprofile im Stollen- und Tunnelbau
Streichen und Fallen der Klüfte	Wenn möglich, soll auf die bevorzugte Streich- und Fallrichtung der Klüfte beim Entwerfen von Stollen, Tunneln und namentlich wenn es sich um weitgespannte, unterirdische Räume handelt, Rücksicht genommen werden

Beispiel 3: Anwendungsgebiete der Lehre von der Klüftung. Die Kenntnis der Lehre von der Klüftung ist von Bedeutung bei:

Talbildung: die Klüftung vermindert die Widerstandsfähigkeit des Gesteines gegen den Angriff der Verwitterung, Erosion usw.

Steinbruchbetrieb: Die Art des Abbaues der Steinbruchwände hängt stark von der Klüftung der Gesteine ab.

Stollenbau: Die Wirkung der Sprengung, die Nachrutschgefahr usw. wird durch die Klüftung wesentlich beeinflußt.

Wasserstauhaltung: Infolge starker, durch Moränenablagerung verdeckter Klüftung konnten künstliche Stauseen nicht auf die beabsichtigte Wasserspiegelhöhe gestaut werden (vgl. Kapitel über Staubecken in Teil II).

Gründungen: Bei Gründungen wird der Auftrieb durch die Klüftung stark vermehrt.

Schrifttum.

ANDRÉE, K., H. A. BROUWER u. W. H. BUCHER: Regionale Geologie der Erde. Leipzig 1938. — BUCHER, W. H.: The deformation of the Earth's Crust. Princeton 1933. — CLOOS, H.: Einführung in die Geologie. Berlin 1936. — HEIM, A.: Geologie der Schweiz. 1919/22. — KOBER, L.: Das alpine Europa. Berlin 1933. — STILLE, H.: Grundfragen der vergleichenden Tektonik. Berlin 1924.

4. Mechanik der Erdkrustenbildung.

a) Grundsätzliche Annahmen.

Das Forschen nach der Ursache der sichtbaren tektonischen Erscheinungen ist hauptsächlich ein mechanisches Problem; d. h. ein Problem der Bewegung und ein Problem der Kräfte, welche die Bewegungen verursachten. Dabei wird die Annahme gemacht, daß die Masse und die Temperatur unveränderlich bleiben; ferner, daß chemische und thermodynamische Vorgänge erst in großer Tiefe eine wesentliche Rolle spielen.

b) Statik und Dynamik.

Unter dem Einfluß äußerer Kräfte gerät die Masse in einen Zwangszustand; der Zwang wird allgemein als Spannung bezeichnet. Je nach der Größe und dem Ort des Zwanges findet eine Umformung der Masse statt.

Grundsätzlich gelten bei den tektonischen Erscheinungen für die statischen und dynamisch-mechanischen Betrachtungen die gleichen Gesetze, wie sie im Kapitel Statik und Dynamik für die Brucherscheinungen usw. beschrieben sind.

c) Umformung.

Während der tektonischen Bewegung der Massen fanden Umformungen statt; so wurden z. B. ebene Flächen verdreht und gekrümmt, Kugeln in Ellipsoide verwandelt usw. Bei den Umformungen unterscheidet man:

α) Ebene Umformung; β) Verformung im Raume.

α) Ebene Umformung.

Meistens werden in der Tektonik vereinfachende Annahmen gemacht, so daß nur Vorgänge in einer Ebene zu untersuchen sind. Man unterscheidet dann:

I. Translation in physikalisch-mechanischem Sinne, nicht im mineralogischen Sprachgebrauch. Bei einer Translation führen alle Massenteilchen parallele Bewegungen um gleich große Beträge aus; eine Formänderung der Masse findet nicht statt.

II. Rotation. Die Massenteilchen drehen sich um einen festen Punkt um den gleichen Winkelbetrag, ohne Formänderungen durchzumachen.

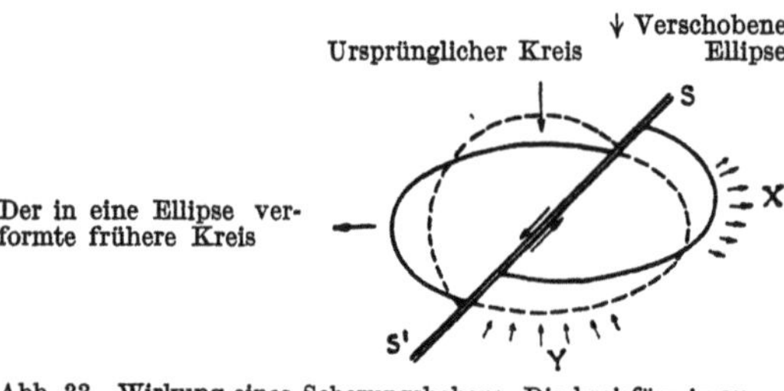

Abb. 33. Wirkung eines Scherungsbebens. Die kreisförmig angeordneten Massenpunkte werden unter Einwirkung der Druck- und Zugkräfte in eine elliptische Anordnung gedrängt. Nachher findet die Scherung S—S' statt.

III. Volumenänderung (Dilatation). Der Ort der Massenteilchen wird dabei gegeneinander geändert.

IV. Schiebung in physikalisch-mechanischem Sinne ist die Lagenänderung der Massenpunkte gegeneinander; z. B. Umwandlung eines Rechteckes in ein Parallelogramm (vgl. auch Abb. 33).

Die erwähnten Umformungsarten können einzeln oder in Verbindung miteinander auftreten. Treten z. B. Rotationen und Volumenänderungen auf, so entstehen gerne Verformungsstrukturen, welche die mechanischen Eigenschaften des Materiales wesentlich verändern.

β) Verformung im Raume.

Bei der Erweiterung der mechanischen Untersuchungen von zwei auf drei Richtungen vermehrt sich die Zahl der Elementarvorgänge nicht; nur die Beziehungen werden mannigfaltiger.

Beispiele: Bei dreidimensionaler Schiebung geht ein Würfel in ein doppelt verzerrtes Parallelepipedon über.

d) Kinematik.

Oft ist es schwierig, die Bahn zu bestimmen, auf welcher eine Masse, z. B. eine Scholle, verschoben wurde. Gewöhnlich fehlen Anhaltspunkte, um die Geschwindigkeit und Beschleunigung der Massen während ihrer Verschiebung feststellen zu können.

e) Fließgrenze.

Je größer der Druck ist, um so größer wird die Beanspruchung des Materiales auf Schub. Wird der größtmögliche Schubwert erreicht, tritt Bruch oder „Fließen" des Materiales ein. Vgl. Kapitel über: Zustandsformen an Fels und Böden (Abb. 343).

Bei den tektonischen Hypothesen wird angenommen, daß die Erdkruste nach dem Erdinnern fester wird. Im Bereich der hohen Temperaturen nimmt aber die Fließgrenze ab. Über die Beziehung zwischen Fließgrenze und Umformung vgl. Th. v. Kármán: Elastizitätslehre. Ferner S. Kienow: Der Zusammenhang zwischen Spannung und Verformung bei tektonischen Vorgängen[1].

Nach Kármán nimmt der Widerstand des Gesteinsmateriales gegen Umformung längs der Gleitflächen im Laufe des Vorganges bei kleinen hydrostatischen Drücken ab. Es findet die sog. Entfestigung statt. Bei großen hydrostatischen Drücken nimmt der Widerstand zu. Es tritt Verfestigung ein. Dazwischen liegt der idealplastische Zustand. Bei demselben ändert sich der Widerstand gegen Verformung nicht (vgl. Tabelle 298). Gleich groß bleibende Spannungen halten den Verformungsprozeß dauernd im Gang.

f) Zähflüssigkeit.

Von großer Bedeutung für die Umformung des Materiales ist die Dauer der Einwirkung des Spannungszustandes. Wirkt eine Spannung sehr lange auf einen Körper, so läßt der Widerstand gegen Formänderungen allmählich nach, so daß die Verformungen schon innerhalb der Elastizitätsgrenze größer werden als nach dem Hookeschen Gesetz. Physikalische und tektonische Erfahrungen ergeben daß solche Verformungen im Laufe der Zeit beliebig groß werden (vgl. Kriechen des Betons).

Bei sehr langsamen Vorgängen erscheint ein Körper nicht mehr elastisch oder plastisch, sondern als eine zähe Flüssigkeit. In diesem Falle ist die Spannungsgröße nicht mehr einer Deformationsgröße, sondern einer Deformationsgeschwindigkeit zugeordnet. Man spricht dann von einem Zähigkeitskoeffizienten. Er wird in erster Annäherung als eine lineare Beziehung zwischen Spannung und Deformationsgeschwindigkeit angenommen (vgl. Abb. 341).

Schrifttum.

Kirsch, G.: Geomechanik. Leipzig 1938. — Lagally, M.: Spaltenbildung in zähflüssigen Körpern. Verh. 3. Int. Kongr. techn. Mech. S. 203. Stockholm 1930. — Riedel, W.: Zur Mechanik der geologischen Brucherscheinungen. Zbl. Min. 1929. — Seidl, E.: Zerreißlöcher und Druckpolygonen in Eisdecken von Seen. Verh. 3. Int. Kongr. techn. Mech. Bd. 2 S. 210. Stockholm 1930.

g) Zusammenfassung.

Die geschilderten Materialgesetze gehen aus der Tabelle 25 hervor.

Tabelle 25. *Übersicht über die Beziehung zwischen der Art der Beanspruchung und den Zustandsformen des Materials.*

Größe der Beanspruchung des Materials	Geschwindigkeit der Beanspruchung des Materials	
	Rasche Beanspruchung	Langsame Beanspruchung
Kleine Beanspruchung	*Elastisches* Verhalten des Materials	*Zähes* Verhalten des Materials (zähflüssig)
Große Beanspruchung	*Plastisches* Verhalten des Materials	*Plastisch-zähes* Verhalten des Materials

Beispiel: Zerdrücken von Betonprobekörpern. Werden Betonkörper rasch zerdrückt, so werden im allgemeinen um 5 bis 12% höhere Druckfestigkeitswerte erhalten, als wenn die Betonprobekörper langsam zerdrückt werden und die Spannungen im Beton genügend Zeit haben, den Widerstand gegen Formänderung zu vermindern[2].

[1] Z. Geophys. 1933 S. 204/229.
[2] Vgl. Bendel: Bericht über den XVI. Betoninstruktionskurs. Luzern 1938.

In der Tabelle 26 sind Beispiele der verschiedenen Arten von Formänderungen enthalten.

Tabelle 26.

Art der Formänderung in der Erdkruste	Ereignis, bei welchem die besondere Art der Formänderung auftritt
Elastische Formänderung	bei Erdbeben
Plastische Formänderung	bei Scherflächen in Faltengebirgen und Grabenzonen
Zähplastische Formänderung (zähe Flüssigkeit)	bei epirogenen Bewegungen des Bodens (vgl. S. 169)

D. Morphologie.

1. Begriffe.

Morphologie: Morphologie ist die Lehre von der Form der Erdoberfläche.

Geomorphologie: Geomorphologie bedeutet das gleiche wie Morphologie.

2. Einteilung der Morphologie.

Die Morphologie wird unterteilt in:

Morphographie: Das ist die Lehre von der Oberflächenform nach äußerem Merkmal.

Geologische Morphologie: Das ist die Lehre von der Oberflächenform in Abhängigkeit vom geologischen Bau der Erdrinde.

Physiologische Morphologie: Sie will die Form nach den ausgestaltenden Kräften erklären.

Im vorliegenden Falle interessieren die geologische und physiologische Morphologie.

3. Geologische Morphologie.

Beispiele:

a) Erstarrungsgesteine.

α) Bergformen. Bei den Erstarrungsgesteinen beobachtet man vielfach kahle, zackige Formen, Nadeln, Hörner, Pyramiden, Pfeiler. Bei leicht verwitterbaren Graniten sind die Kanten und Ränder der Kuppen abgerundet.

β) Talformen. Die Täler sind engsohlig und die Talhänge steil abfallend.

b) Sedimentgestein (Schichtengestein).

Die Lagerung und die Mächtigkeit der Schichten sind für die Ausbildung der Oberflächenformen von ausschlaggebender Bedeutung. Bei freier Einwirkung der Erosion entwickelt jedes Schichtenende eine bestimmte Neigung, die von der Widerstandsfähigkeit und Wasserdurchlässigkeit des Materiales abhängig ist.

α) Hartes Gestein. Ein zerklüftetes, wasserdurchlässiges und hartes Gestein bildet stets einen Steilabfall.

β) Weiches Gestein. Ein weiches und wasserundurchlässiges Gestein neigt zu flachen Hängen[1].

Schrifttum.

MÜLLER, H.: Die Entstehung der Geländeformen in PAUL WERKMEISTER: Topographie, Leitfaden für das topographische Aufnehmen S. 133 bis 148. Berlin 1930.

---

[1] Vgl. auch H. MÜLLER: Deutschlands Erdoberflächenformen. Stuttgart 1941. An 26 Beispielen ist der Zusammenhang zwischen Kartenbild und Bodenoberfläche gezeigt.

4. Physiologische Morphologie.

Beispiele:

a) Küsten- und Strandbildung (Abb. 34),
b) Grundlagen der Nehrenbildung (Abb. 35),

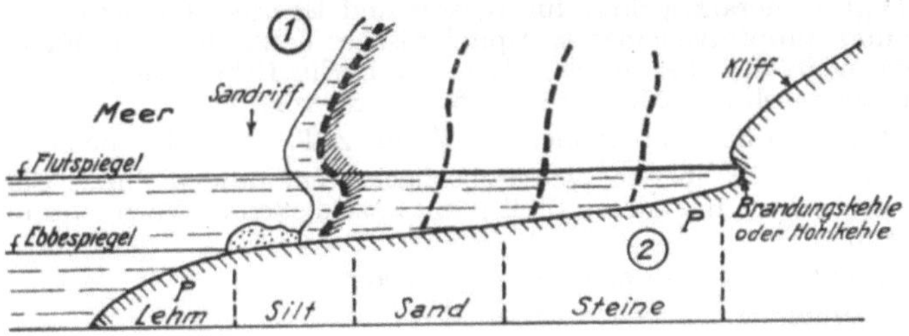
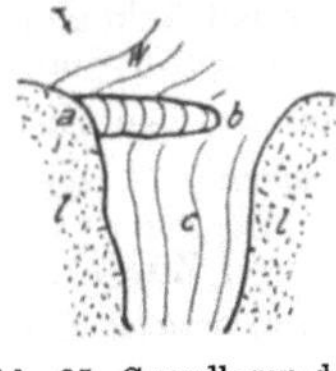

Abb. 34. Entstehung des Strandes. Umwandlung einer Steilküste *1* in eine Flach-
küste *2.* Querschnitt.
P—P = Brandungsplatte. (Vgl. S. 123.)

Abb. 35. Grundlagen der
Nehrenbildung.
Grundriß.

a—b Nehren, *w* Wellen,
c Bucht, *l* Land.

c) Querschnitte durch die Kurische Nehrung (Abb. 36),
d) Glaziale Morphologie.

Schrifttum.

BANSE: Lehrb. d. organischen Geographie. Berlin 1937. — BEHRMANN, W.: Mor-
phologie der Erdoberfläche. Handb. d. geogr. Wissenschaften. Berlin 1936. — CLARKE,
F. W.: Data of Geochemistry
U. S. Geol. Survey, Bull. 1924
S. 770. — MACHATSCHECK: Geo-
morphologie. Leipzig 1934. —
MECKING, LUDWIG: Geogr.
Jahrbuch 1939 Teil 1. — PENCK,
A.: Morphologie der Erdober-
fläche. Teil 1. Stuttgart 1894. —

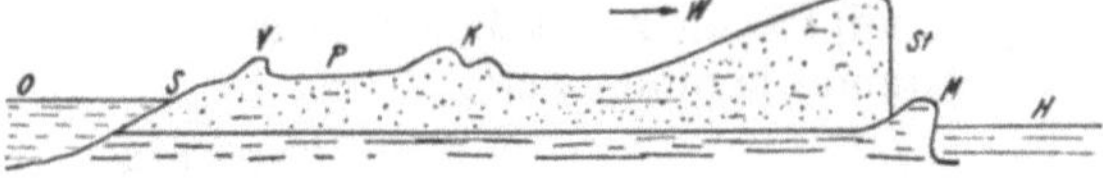

Abb. 36. Querschnitt durch die Kurische Nehrung.
O Ostsee, *S* Strand, *V* Vordüne, *P* Nehrungsplatte, *K* Kupsten,
W Wanderdüne, *St* Sturzhang, *M* Vorgepreßte Mergel, *H* Haff.

PENCK, W.: Die morphologische Analyse. Stuttgart 1924. — SAPPER, K.: Geomorphologie der feuchten Tropen. Leipzig-Berlin 1935.

E. Die Eisbildung in den Flüssen.

1. Begriffe.

Oberflächeneis: Oberflächeneis ist das an der Oberfläche der Flüsse auftretende Eis.

Grundeis: Unter Grundeis wird das an der Flußsohle sich bildende Eis verstanden.
Beim Hochgehen des Eises werden Schlamm und Geschiebestücke mitgerissen.

Schlammeis: Mit Schlammeis wird lockeres, im Wasser treibendes Eis bezeichnet. Es
ist gleichgültig, ob das Eis ins Wasser gefallen sei, ob es aus ins Wasser gerutschtem
Schnee bestehe, oder ob es von der Flußsohle losgelöstes Eis sei.

Gallerteis: Gallerteis ist eine besondere Form von Schwebeis; Gallerteis kommt
unter dem Oberflächeneis vor.

Scholleneis: ist das gleiche wie Treibeis.

Treibeis: Treibeis ist zum Teil losgerissenes Randeis oder Kerneis; zum Teil besteht
es aus Grund- und Schwebeis.

Eistrieb: Unter Eistrieb wird der gesamte Eistransport in den oberen Wasserschichten
in der Zeiteinheit verstanden.

Intensität des Eistriebes: Die Intensität des Eistriebes wird mit ε bezeichnet und bedeutet die Verhältniszahl von

$$\varepsilon = \frac{\text{vom Eistrieb eingenommene Strombreite}}{\text{ganze Strombreite}}.$$

Die Mächtigkeit der Eisscholle ist für die Intensität des Eistriebes ohne Bedeutung.

Eisstoß: Unter Eisstoß wird gewöhnlich das gleiche wie unter Intensität des Eistriebes verstanden.

Eisstand: Wenn die sich bewegenden Eisschollen zum Stillstand kommen, z. B. infolge Flußverengung, so wird von Eisstand gesprochen; es entsteht dann meistens ein Eisstau. Unter Eisstand wird auch die Eisdecke in fließendem Wasser von Ufer zu Ufer verstanden. (Vgl. Generalinspektor für Wasser und Energie. Landesanstalt für Gewässerkunde und Hauptnivellements. Alphabetisches Verzeichnis von Fachausdrücken der Hydrologie des oberirdischen Wassers. Berlin 1943.) Der Eisstand (Eisstoß) baut sich sehr rasch (bis 2 km/Std.) flußaufwärts vor.

Eisstau: Bei Eisstau häuft sich das Eis oft mehrere Meter, z. T. über 25 m hoch.

Eisdecke: Ausgedehnte Eisschicht an der Wasseroberfläche, entstanden durch Eisbildung an Ort und Stelle oder an anderen Stellen mit anschließender Verfrachtung und Zusammenfrieren.

Eisaufbruch: Zerbrechen einer Eisdecke oder einer Eisbarre.

Eisbarre: Anhäufung zusammengeschobener Eisschollen.

Eisbewegung: Eistreiben oder Eisgang.

Eisgang: Abschwimmen von Eis nach Eisstand oder Eisversetzung.

Eistreiben: Abschwimmen von Eisteilen (Schollen).

Eisversetzung: Zusammengeschobenes Eis, das den Abflußquerschnitt eines Wasserlaufes versperrt.

Randeis: Oberflächeneis am Ufer.

Schwebeis: Das im Wasser schwebende Eis wird Schwebeis genannt.

2. Bedingungen der Eisbildung.

Die hauptsächlichsten Bedingungen, damit eine Eisbildung in einem Flußbett zustande kommt sind:

Tabelle 27.

Physikalische Bedingungen	Beschreibung von Einzelheiten
Unterkühlung	Bei fließendem Wasser ist, wie bei ruhendem, eine Unterkühlung notwendig, damit eine Eisbildung zustande kommt
Kristallisationskern	Vielfach wird angenommen, daß ein Kristallisationskern vorhanden sein muß, damit Eisbildung eintreten kann, z. B. ein Schwebestoffteilchen, eine Eisnadel, ein Eisbrocken usw.
Wärmeabgabe	Die Wärmeabgabe erfolgt im wesentlichen im Wasserspiegel. Sie ist um so lebhafter, je tiefer die Lufttemperatur sinkt, je größer die Windstärke, die Verdunstung und die Ausstrahlung ist
Abkühlung	Im bewegten Wasser muß die gesamte Masse auf rd. 0° abgekühlt sein, damit die Eisbildung beginnen kann
Turbulente Strömung	Die Grund- und Schwebeisbildung hat eine turbulente Strömung und eisfreie Oberfläche zur Voraussetzung

3. Der Eistrieb.

Durch den Eistrieb werden die Abflußverhältnisse in einem Fluß wesentlich geändert; es sind dies Abflußgeschwindigkeit, neue Verteilung der Abflußgeschwindigkeit, Erhöhung des Wasserstandes, Veränderung der Uferlinien.

a) Einfluß des Eistriebes auf die Abflußgeschwindigkeit des Flußwassers.

Bei stark abgekühltem Wasser steigt die Zähigkeit des Wassers; dadurch wird die Geschwindigkeit des Wassers vermindert. Eine Verminderung der Abflußgeschwindigkeit ist auch durch die im Wasser vorhandenen Eisbrocken bedingt.

Mit der Abnahme der Wassergeschwindigkeit ist ein Stau des Abflußwassers verbunden.

Um auch bei Eistrieb eine genügend große Abflußgeschwindigkeit des Wassers zu haben, wird dort, wo es möglich ist, in Gerinnen die Wassergeschwindigkeit zu 0,90 m/s vorgeschrieben, z. B. in Bayern.

b) Einfluß des Eistriebes auf die Verteilung der Wassergeschwindigkeit.

Infolge der im Wasser vorhandenen Eisbrocken wird die Verteilung der Geschwindigkeit des Abflußwassers wesentlich verändert. Im allgemeinen nimmt sie an der Oberfläche des Wassers merklich ab.

Unter Umständen sucht das Wasser, wenn eine geschlossene Eisdecke über dem Wasserspiegel oder ein Eisstau vorhanden ist, seine Geschwindigkeit an der Flußsohle zu vergrößern. Damit verbunden ist dann eine Austeufung des Flußbettes.

Ist das Flußbett mit Pflanzenwuchs oder mit Grundeis zugedeckt, so ist die Austiefwirkung zuerst klein; erst nach ihrer Entfernung wächst der Kolk.

c) Einfluß des Eistriebes auf den Wasserstand.

Infolge Verlangsamung der Wassergeschwindigkeit im oberen Teil des Flußquerschnittes und infolge der im Wasser vorhandenen Eismenge erhöht sich die Oberfläche des vereisten Flusses. Nach SCHOKLITSCH kann gerechnet werden:

$$\frac{\varepsilon_1}{\varepsilon_2} = \frac{T_1}{T_2},$$

$$\varepsilon = \text{Intensität des Eistriebes,}$$
$$T = \text{Wassertiefe,}$$

z. B.:

ist $\varepsilon_2 = 1,0$, so wird $T_2 = \dfrac{T_1}{\varepsilon_1}$.

ε_1 ist stets kleiner als 1, d. h. die Wassertiefe T_2 wird größer als die Wassertiefe T_1 weiter oben im Flußbett[1].

d) Einfluß des Eistriebes auf die morphologische Gestaltung des Flußlaufes.

Immer wieder konnte beobachtet werden, daß sich Eisschollen vorwiegend ans konvexe Ufer drängen; dadurch wird das Ufer angefressen; das Ufer wird einseitig stark verändert.

4. Der Eisdruck.

Es sind hier noch einige Größen des Eisdruckes angegeben, die z. T. gemessen wurden:

Puyvalador (Frankreich) ..	10 t/m²	Cross River (USA.)	36 t/m²
Cignana (Italien)	11 t/m²	Croton (USA.).............	45 t/m²
Salamo (Italien)...........	15 t/m²	Massachusetts (USA.)	77 t/m²
O. Schangnemy (USA.)....	30 t/m²	Barberine (Schweiz)	70 t/m²

Der Eisdruck von 60 t/m für 1 m Eisstärke wurde abgeleitet auf Grund der Eiswürfeldruckversuche. Als maßgebend wurde die Druckfestigkeit des Kern-

---

[1] BARNES: The Engineering, Montreal 1928. — BENDEL, L.: Eissprengungen in Flüssen in Sprengen im Fels S. 53. Luzern 1942. Vgl. Kapitel über Sprengen in Teil II. — DEVIK, OLAF: Die Berechnung des Längenprofils eines Flusses und dessen Änderung bei einsetzender Eisbildung. Beiträge zur Physik der freien Atmosphäre 19 (1932) S. 220. — Thermische und dynamische Bedingungen der Eisbildung in Wasserläufen. Oslo 1931. — HUBER: Wasserkr. u. Wasserwirtsch. 1930. — KRATOCHVIL: Eisverhältnisse an einem Stausee während der Winterperiode 1941/42. Wasserkr. u. Wasserw. 1942 S. 226. — LUDIN: Die nordischen Wasserkräfte S. 732. Berlin. — SCHOKLITSCH: Der Wasserbau S. 152. Berlin 1930 .— SEIFERT, R.: Über die Eisbildung und den Wärmehaushalt der Gewässer. Zbl. Bauverw. 1925 S. 397, 431.

eises quer zur Dickenrichtung angesehen. Nach ROYEN[1] kann auf Grund der
Versuche der schwedischen Wasserfallverwaltungen mit 30 t/m bei 1 m Eisstärke
und mit 22 t/m bei 0,75 m Eisstärke gerechnet werden. Bei neuen schwedischen
Staumauern ist mit 15 bis 20 t/m Eisdruck gerechnet worden. Um die Mauer-
kronen eisfrei halten zu können, wird das Wasser an der Krone ständig in Bewegung gehalten oder die Eisschubbildung durch Einlegen von senkrechten,
elektrisch geheizten Platten in das Eis vermindert.

Schrifttum.

ANGSTRÖM, A.: Über die Eisbildung im Götaelf in Abhängigkeit von den meteoro-
logischen Faktoren. VI. Baltische Hydrologische Konferenz 1938. — DEVIK, OLAF:
Thermische und dynamische Bedingungen der Eisbildung in Wasserläufen. Oslo 1931.
Fragen der Eisbildung und des Eisganges in den Flüssen. Etwaige neue Erfahrungen
und Gesichtspunkte. VI. Baltische Hydrologische Konferenz 1938. — Über Wasser-
standsänderung eines Flusses bei Eisbildung auf Götaelf angewandt. VI. Baltische
Hydrologische Konferenz 1938. — FIEDLER, J.: Eisstoß und Eisbrecherarbeiten auf der
Weichsel in Polen. Mitteilungen über Gegenstände des Artillerie- und Geniewesens,
techn. Militärkomitee 1918 Heft 10 S. 1561 bis 1571. — FRISCHMUTH: Eissprengungen
mit Thermit. Bautechn. v. 25. 10. 1929 S. 717 und v. 3. 1. 1930 S. 15. — HAHN, A.:
Der Abfluß in vereisten und verkrauten Wasserläufen. Dtsch. Wasserwirtsch. 1942
S. 419. — HALTER, R.: Eiserscheinungen in fließenden Gewässern. Österreichische
Wochenschrift für den öffentlichen Baudienst 22 (1916) S. 377 u. 395. — HÄRRY, A.:
Die Eisverhältnisse bei den Kraftwerken an Aare und Rhein vom Bieler See abwärts
bis Basel im Februar/März 1929. Schweiz. Wass.- u. Elektr.-Wirtsch. 22 (1930) S. 143.
Der Eisstoß an der Österreichischen Donau im Winter 1928/29. Wasserkraft S. 99.
Wien 1932. — HETZEL, K.: Eisbildung und Eisbekämpfung im Donau-Kachlet bei
Passau. Wasserkr. u. Wasserwirtsch. 1929 S. 177. — JAKUSCHOFF, P.: Über Grundeis,
Eisstauungen und Maßnahmen zu ihrer Bekämpfung. Mitteilungen aus dem Institut für
Wasserbau der Techn. Hochschule Berlin Nr. 19. Berlin 1934. — KELEN, N.: Gewichts-
staumauern und massive Wehre S. 35. Berlin 1933. — LEINER: Die Praxis der Eis-
abwehr bei Wasserkraftanlagen. Bauing. 1925 S. 491. — LÜSCHER, O. G.: Das Grund-
eis und etwaige Störungen in Wasserläufen und Wasserwerken. — MEYER, V.: Die Eis-
bildung und deren Einfluß auf die Ausbildung der Stromrinnen, die Art der Regulierung und die Ausnutzung des Wassers zu Zwecken der Landwirtschaft und Industrie.
Österreichische Wochenschrift für den öffentlichen Baudienst 22 (1916) S. 477. —
PACZOSKA, Z.: Vereisung der Flüsse in Polen. (Congélation des Fleuves en Pologne.)
VI. Baltische Hydrologische Konferenz 1938. — SCHÄFER, F. R.: Eisbildung in stehen-
den und fließenden Gewässern und Nutzanwendung hieraus für Wasserkraftanlagen.
Dtsch. Wasserw. 1927 S. 162. — SPERLING, W.: Fragen der Eisbildung und des Eis-
ganges in den Flüssen. Etwaige neue Erfahrungen und Gesichtspunkte. VI. Baltische
Hydrologische Konferenz 1938. — SUNDBLAD: Eisverhältnisse bei schwedischen
Wasserkraftwerken. Wasserkr. u. Wasserwirtsch. 1938 S. 247.

IV. Dynamische Geologie.

Im Kapitel über dynamische Geologie sind nur die Probleme behandelt, die
von besonderer Bedeutung für die praktische Ingenieur-Geologie sind. Hierher
gehören: Meteorologie, Grundwasser, geologische Wirkung der Tätigkeit von
Organismen, Vulkanismus, Erdbeben, Ablagerungen, Gebirgsbildung und Talbildung.

A. Meteorologie.

1. Begriffe.

Der Feuchtigkeitsgehalt der Luft wird ausgedrückt durch:

Angabe des Wasserdampfgewichtes in 1 m³ Luft = absolute Feuchte,
Angabe des Wasserdampfgewichtes in 1 kg Luft = spez. Feuchte,
Angabe der vorhandenen Dampfspannung e in der Luft.

---

[1] Vgl. LUDIN: Die nordischen Wasserkräfte S. 519 ff. Berlin 1930.

Es bedeutet:

E = größtmögliche Dampfspannung, auch Sättigungswert genannt,

$\dfrac{100\,e}{E} = r$ = relative Luftfeuchtigkeit = Sättigungsverhältnis,

$E - e = s$ = Sättigungsdefizit.

Dampfspannung. Unter Dampfspannung versteht man diejenige Spannung, die in einem gegebenen Raume herrscht, in welchem nur die vorhandene Dampfmenge ist, also nachdem die Luft entfernt wurde. Die Dampfspannung wird in mm Hg-Säule ausgedrückt.

Dampfdruck bedeutet das gleiche wie Dampfspannung, d. h. der Dampfdruck ist derjenige Druck des Wasserdampfes, der der Quecksilbersäule das Gegengewicht hält. Der Dampfdruck wird in Millimeter Quecksilberhöhe ausgedrückt.

Es ergibt sich, daß, je höher der Luftdruck ist, die Luft um so mehr Wasserdampf enthalten kann. Diese Feststellung ist von Bedeutung für die Kenntnis der absoluten Feuchtigkeit der Luft, ferner für das Austrocknen von Stollen, für das Trocknen von Bauten in der Höhe und ist auch beim Schwinden von Beton zu berücksichtigen.

Je wärmer die Luft ist, um so mehr Dampf kann sie enthalten. Mit anderen Worten: Zu jeder Lufttemperatur gehört eine größtmögliche Dampfspannung E. Wenn der Wert E überschritten wird, so kondensiert sich der überschüssige Dampf. Vgl. auch die Begriffserklärung zum Ausdruck: Sättigungsdruck.

Tabelle 28. Zahlenwerte.

Art der Feuchtigkeit in der Luft	Temperatur					
	—20°	—10°	0°	+10°	+20°	+30°
Spez. Feuchte g/kg Luft	0,77	1,76	3,75	7,51	14,33	26,18
Absolute Feuchte g/m³ Luft	1,10	2,38	4,85	9,39	17,33	30,66
Dampfspannung E mm Hg	0,93	2,16	4,58	9,21	17,54	31,83
Gewicht der trockenen Luft in kg/m³	1,394	1,324	1,29	1,25	1,21	1,17

Sättigungsdruck. Den oben beschriebenen Sättigungsdruck E nennt man Sättigungsdruck des Wasserdampfes. Er beträgt bei 100° C 760 mm Quecksilberhöhe. Es ergibt sich, daß der Sättigungsdruck viel früher eintritt, wenn die Oberfläche vom Druck entlastet wird. So ergibt sich z. B., daß im luftleer gemachten Raum das Wasser zu kochen beginnt, d. h. verdampft; denn in diesem Augenblick ist der äußere Wasserdruck des freigelegten Raumes gleich der Spannkraft des gesättigten Wasserdampfes.

Zahlenwerte.

Temperatur °C	Sättigungsdruck E mm
0	4,6
20	17,5
60	149
100	760

Schwankungen der Sättigungsverhältnisse (Schwankungen der relativen Luftfeuchtigkeit). An zahlreichen Orten der Welt wird der Gang der täglichen Schwankungen des Temperatur- und Sättigungsverhältnisses gemessen. Besonders große tägliche Unterschiede von 5 bis 90% werden an der Küste gemessen. Aus Abb. 37 geht die absolute Feuchtigkeit im Jahresmittel in Abhängigkeit von der geographischen Breite eines Ortes hervor[1].

Verdunstung. Wasser verwandelt sich bei gewöhnlicher Temperatur an der Wasseroberfläche in Dampf, der unsichtbar ist und in die umgebende Luft diffundiert. Der Übergang des flüssigen Wassers in Dampfform von der Oberfläche her heißt Verdunstung.

Verdampfung. Bei gewöhnlicher Temperatur sind die Spannkräfte der gesättigten Dämpfe kleiner als der atmosphärische Druck. Die Dämpfe können nicht aus dem Innern des Wassers entweichen, weil sie die Flüssigkeit und den

---

[1] Vgl. HAHN: Lehrb. d. Meteorologie 1937 S. 331.

darauf lastenden atmosphärischen Druck zu überwinden haben. Im Entstehen verdichten sie sich sofort wieder. Steigert man aber die Temperatur auf 100° C, so ist die Spannung der gesättigten Dämpfe so groß wie der äußere Druck; nun beginnt die Dampfbildung von innen heraus; es tritt Wasserverdampfung ein.

Der Taupunkt. Unter Taupunkt versteht man diejenige Temperatur, bis zu welcher die Luft abgekühlt werden muß, um eine Kondensation der atmosphärischen Feuchtigkeit (Wasserdampf in der Luft) herbeizuführen. Es können sich Wolken oder Nebelregen bilden. Bei tieferen Temperaturen bildet sich Eis in den verschiedenen Abarten wie Schnee, Hagel, Graupeln usw.

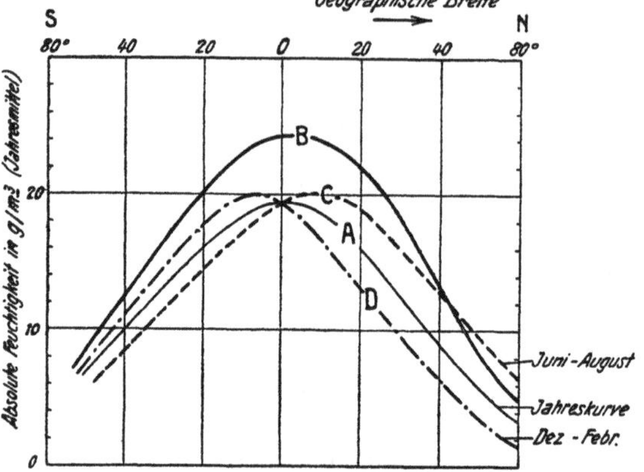

Abb. 37. Verteilung der absoluten Feuchtigkeit in g/m³ (Jahresmittel) in Abhängigkeit der geographischen Breite.
A relativ zum Äquator, *B* Höchstwerte, *C* nördlicher Sommer, *D* südlicher Sommer.

Schrifttum.

BRANDT, R.: Klimaänderung in Vergangenheit und Gegenwart. Umschau 1942 S. 129. — GEIGER, R.: Klima der bodennahen Luftschicht (Pflanzenklima), 2. Aufl. Braunschweig 1942. — KOSCHMIEDER, H.: Dynamische Meteorologie. Berlin 1941. — HANN: Klimatologie S. 48. Stuttgart 1932. — HANN, J. VON, u. R. SÜRING: Lehrb. d. Meteorologie. Leipzig 1937. — KÖPPEN, W., u. R. GEIGER: Handb. d. Klimatologie. 1. Allg. Klimalehre. 1936.

2. Entstehung des oberirdischen Wassers.

Der Übergang von der Dampfform in flüssige Form, also in Wassertröpfchen, ist vom jeweiligen Feuchtigkeitsgehalt der Luft, von der Temperatur und dem Luftdruck abhängig.

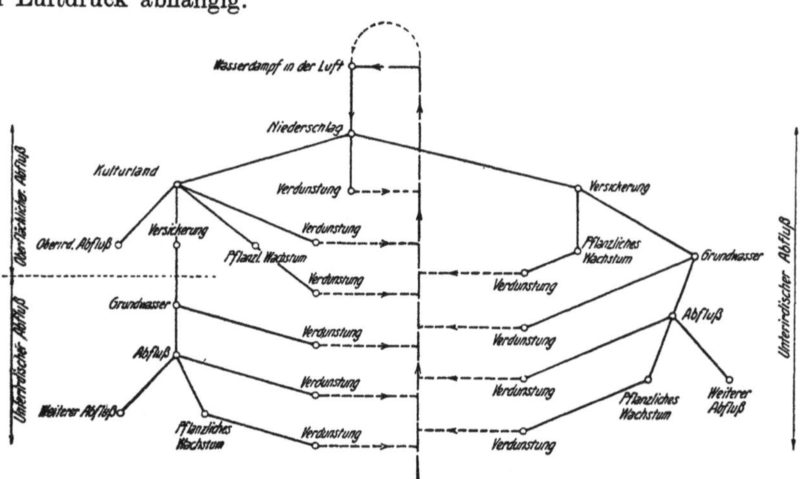

Abb. 38. Schema für den Kreislauf des Wassers.

Aus reiner Kondensation entstehen nur unbedeutende Niederschläge (Nieseln, Nebelregen). Schnee entsteht durch unmittelbaren Übergang des Wasserdampfes in feste Form (Sublimation). Damit Sublimation eintreten kann, muß ein sog. Sublimationskern vorhanden sein. Die Lehre vom Sublimationskern ist noch unabgeklärt, weshalb sie hier nicht weiter behandelt wird.

Durch Schmelzen des Schnees in der Luft entsteht Regen[1].

Aus Abb. 38 geht schematisch der Kreislauf des Wassers hervor.

3. Der Niederschlag.

a) Begriffe.

Niederschlagshöhe, Regenhöhe, Niederschlagsmenge h. Die gefallene Regenmenge bzw. Schneemenge W wird gemessen und auf die Flächeneinheit umgerechnet; darnach ist

$$h = \frac{W}{F} \text{ in mm.}$$

$F =$ Einzugsgebiet.

Niederschlagsspende q_N. In der Gewässer- und Abwässerkunde bewährte es sich, die Zahl der Liter Niederschlag je Sekunde und Quadratkilometer anzugeben. Diese Zahl wird Niederschlagsspende genannt.

$$q_N = \frac{\text{Niederschlagsmenge in Liter}}{\text{Niederschlagsdauer in Sekunden} \cdot \text{Einzugsgebiet in km}^2} \cdot$$

Regenstärke, auch Regendichte, Regenintensität, Niederschlagstärke, Niederschlagsdichte, Niederschlagsintensität genannt, erhält man, indem die Regenhöhe h durch die Regendauer z dividiert wird; dann ist:

$$\frac{h}{z} = \text{Regendichte.}$$

Absolute Regenwahrscheinlichkeit. Es ist:

$$n = \text{Gesamtzahl der Beobachtungen,}$$
$$r = \text{Zahl der Beobachtungen mit Niederschlag}^2.$$

Dann bedeutet: $\dfrac{r}{n} =$ absolute Regenwahrscheinlichkeit.

Es sei ferner: $N =$ Gesamtzahl der Stunden des beobachteten Zeitabschnittes, z. B. eines Monats.

Dann ist $\dfrac{r}{n} N =$ die *wahrscheinliche Gesamtdauer des Niederschlages,*

$$z' = \text{Zahl der Niederschlagstage,}$$

$\dfrac{r}{n}\,\dfrac{N}{z'} =$ durchschnittliche Dauer des Niederschlages in Stunden an einem Regentag,

$h =$ *Regenhöhe,* für $z = z'$ wird:

$$\frac{h}{z} = Regendichte,$$

$$\left(\frac{h}{z}\right) : \left(\frac{r}{n}\,\frac{N}{z'}\right) = \frac{n\,h}{r\,N} = \textit{Niederschlagshöhe während einer Stunde in der Beobach-}$$
tungszeit.

Niederschlags-Wasserfracht = Niederschlagshöhe · Einzugsgebiet = $h\,F$.

Niederschlagsmenge $= \dfrac{\text{Niederschlags-Wasserfracht}}{\text{Niederschlagsdauer}} = \dfrac{h\,F}{z}$ und hieraus wie oben die Niederschlagsspende

$$q_N = \frac{h\,F}{z\,F} \cdot$$

Zahlenbeispiel: Beispiel 1: $n = 100;\ r = 10.$

Absolute Regenwahrscheinlichkeit:

$$\frac{r}{n} = \frac{10}{100} = 0{,}1,$$

$$N = \text{ein Monat} = 30 \cdot 24 = 720 \text{ Stunden,}$$
$$z = \text{Zahl der Niederschlagstage} = 8,$$

---

[1] Vgl. W. WUNDT: Das Bild des Wasserkreislaufes auf Grund früherer und neuerer Forschungen. Mitt. d. Reichsverbandes d. dtsch. Wasserwirtsch. Nr. 44. Berlin 1938.

[2] An Stelle der Anzahl der Beobachtungen mit Niederschlägen können auch die Stunden, Minuten usw. mit Niederschlag gesetzt werden.

$$\frac{r}{n}\frac{N}{z} = \frac{10}{100} \cdot \frac{720}{8} = 9 \text{ Stunden Regendauer an einem Tag,}$$

$$h = \text{Regenhöhe} = 100 \text{ mm} = \text{Gesamtniederschlag,}$$

$$\frac{h}{z} = \text{Regendichte} = \frac{100}{8} = 12{,}5 \text{ mm je Regentag,}$$

$$\frac{n}{r}\frac{h}{N} = \frac{100 \cdot 100}{10 \cdot 720} = 1{,}4 \text{ mm} \quad \text{durchschnittliche Niederschlagshöhe während einer}$$

Stunde Niederschlag in der Beobachtungsperiode von 720 Std.,

$$F = \text{Einzugsgebiet} = 100 \text{ km}^2.$$

Niederschlags-Wasserfracht: $hF = 0{,}1 \cdot 100 \cdot 10^5 = 10^7 \text{ m}^3$.

Niederschlagsmenge: $\dfrac{hF}{t} = \dfrac{10^7}{720 \cdot 60 \cdot 60} = 3{,}85 \text{ m}^3/\text{s}$,

Niederschlagsspende: $\dfrac{hF}{tF} = \dfrac{3{,}85 \text{ m}^3/\text{s}}{100 \text{ km}^2} = 38{,}5 \text{ l/s} \cdot \text{km}^2 = q_N$,

mittlere Niederschlagsstärke je Stunde $= \dfrac{100}{24 \cdot 8} = 0{,}52 \text{ mm/h} = \dfrac{h}{24 \text{ Std.} \cdot 8 \text{ Tage}}$.

Auf Grund der Regenspendelinien wurde für die etwa alle 5 Jahre auftretenden spez. Hochwasserabflüsse (q_5) die Formel berechnet:

$$q_5 = \psi_0 \frac{40}{\sqrt[3]{100 \cdot F}} \quad \text{in m}^3/\text{s} \cdot \text{km}^2$$

oder für Katastrophenabflüsse $\qquad q_{max} = 5 \cdot q_5$.

Über die Abflußkoeffizienten ψ_0 gibt die folgende Tabelle Auskunft.

Höhenlage	Bodenbeschaffenheit	Neigung des Bodens		
		flach	mittel	steil
Oberhalb der Waldgrenze	Fels; undurchlässige Weideböden	0,4	0,6	0,8
Waldgrenzengebiet	Weiden mit Sträuchern, einzelne Bäume	0,3	0,5	0,7
Tiefere Lagen	Lichter Wald ohne Schluß	0,2	0,4	0,6
	Junger Wald, Wies- und Ackerland	0,1	0,3	0,5
	Nur Wald	0,1	0,2	0,4
	Alter Wald	0,05	0,15	0,2

ψ_0 im Mittel $\approx 0{,}4$.

b) Regentropfengröße.

Der Durchmesser der bei der Kondensation entstehenden Wassertropfen beträgt $4\,\mu$ bis 8 mm. Das Verhältnis zwischen Tropfendurchmesser, Gewicht und Endfallgeschwindigkeit geht aus der Tabelle 29 hervor.

Tabelle 29.

Tropfendurchmesser in mm...	0,02	0,2	2,0	8,0
Gewicht in g	$4 \cdot 10^{-9}$	$4 \cdot 10^{-6}$	$4 \cdot 10^{-3}$	$2{,}7 \cdot 10^{-1}$
Endfallgeschwindigkeit in m/s.	0,013	0,78	5,8	—

c) Die Niederschlagsmenge.

Die Niederschlagsmenge ist je nach der Höhenlage eines Ortes, den topographischen Verhältnissen und den allgemeinen klimatischen Bedingungen verschieden.

α) Jährliche Niederschlagsmenge.

Für Ostdeutschland kann mit einer Zunahme der jährlichen Niederschlagshöhe h_z von 60 bis 80 mm auf $H = 100$ m Höhenzunahme gerechnet werden. Für den Schwarzwald gilt angenähert:

$$h_z = 630 + 0{,}81\,H \text{ in mm.}$$

Größte gemessene jährliche Niederschlagsmenge auf Hawai: $W = 12\,500 \text{ mm}^*$.

---

* Für weitere Angaben siehe LINK: Meteorologisches Taschenbuch 1933. — HANN-SÜRING: Lehrb. d. Meteorologie 1939.

Die Regenmenge geht aus den Regenkarten, die die verschiedenen meteorologischen Anstalten herausgeben, hervor[1], z. B. das Reichsamt für Wetterdienste.

β) Monatliche Niederschlagsmenge.

Die Verteilung der Niederschlagsmengen auf die einzelnen Kalendermonate geht z. B. aus den Abb. 39, 40 und 41 hervor. Aus Abb. 41 ist auch die Streuung der Niederschlagsmengen ersichtlich.

γ) Tägliche Niederschlagsmenge.

Der mittlere, tägliche Größtwert des Niederschlages errechnet sich nach HELLMANN[2] zu:

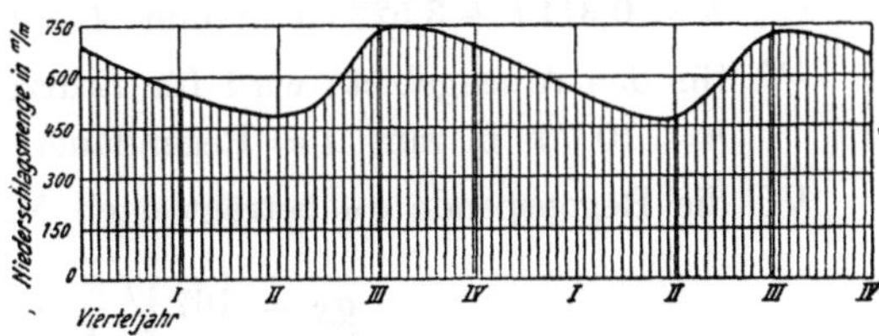

Abb. 39. Vierteljahresmittel aus mehrtägigen Niederschlagsbeobachtungen einer Hochgebirgsmeßstation auf 2500 m Höhe (Säntis 1938/1941).

$$h = 21{,}38 + \frac{21{,}1\,H_t}{365} \quad (H_t = 500 \text{ bis } 2000 \text{ mm/Jahr}).$$

Der höchste Tageswert zu

$$h_{\max} = 2{,}75\,h.$$

δ) Stündliche Niederschlagsmenge.

Bewährte Formeln zur Vorausbestimmung der wahrscheinlichen, größten vorkommenden stündlichen Niederschlagsmenge sind:

I. Arbeitsgruppe Abwasserwesen im NS. Bund deutscher Technik:

$$h = \frac{c}{(t+18)^{0{,}765}} \quad \begin{cases} c \leqq 9{,}0 \text{ mm bei starkem Regen,} \\ c > 13{,}5 \text{ mm bei Platzregen, } t \text{ in Minuten,} \\ c \geqq 18{,}0 \text{ mm bei Wolkenbrüchen, } h \text{ in mm/Min.} \end{cases}$$

II. nach WUSSOW:

$$h = \frac{1}{24}\sqrt{5\,t - \frac{1}{576}\,t^2} \quad \text{(in Meter)},$$

$$t = 0 \text{ bis } 2 \text{ Stunden.}$$

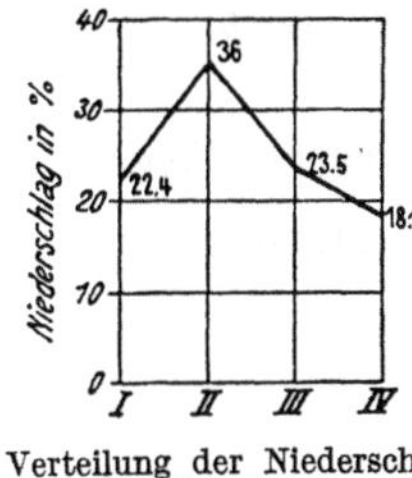

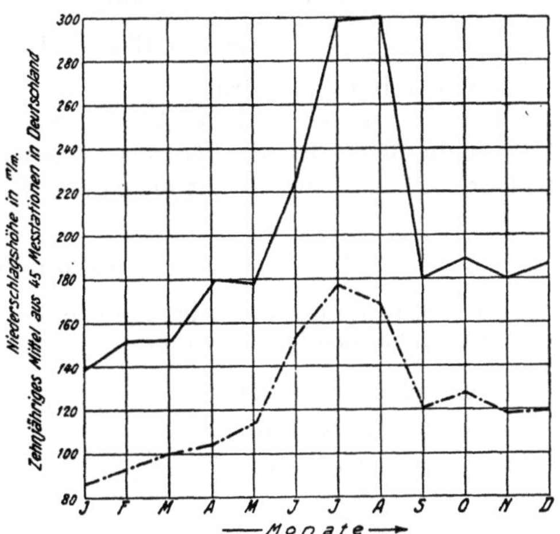

Abb. 41. Streuungen in den monatlichen Niederschlagsmengen.

——— Höchstwerte,
–·–·–· Mittel der Höchstwerte aller 45 Meßstationen innerhalb 12 Jahren.

Abb. 40. Verteilung der Niederschläge in ganz Deutschland. Jährliches Niederschlagsmittel in Deutschland 660 mm je Jahr.

I Frühling, *II* Sommer, *III* Herbst, *IV* Winter.

III. nach R. HOFBAUER in Abhängigkeit von der Größe des Beobachtungsgebietes:

[1] Vgl. z. B. die Niederschlagskarte der Welt im Handbuch der geographischen Wissenschaften. Potsdam.

[2] Die Niederschläge in den norddeutschen Stromgebieten. Berlin 1906. — Über die Frequenz der täglichen Niederschläge. Verh. Schweiz. Naturforschende Gesellsch. 1939 S. 27/31.

$$\log h = 2{,}334 - \tfrac{1}{2} \log F$$

bzw.
$$h = \frac{216}{\sqrt{F}} \text{ in mm/Std.} \quad \text{bzw.} \quad i = \frac{3{,}6}{\sqrt{F}} \text{ in mm/Min.}$$

$$F = 10 \text{ bis } 20000 \text{ km}^2.$$

IV. nach HELLMANN, namentlich für Sturzregen im Flachlande:

$$h = 0{,}311\,t + 3{,}522\,t^{2/3} \text{ in mm}; \quad t = \text{Regendauer in Minuten.}$$

V. für das Alpengebiet[1] wird für Sturzregen gerechnet:

$$h = 10\,\sqrt{t} \text{ in mm}; \quad t = \text{Regendauer in Minuten.}$$

VI. die Regenspende q_N beträgt nach MELLI[2]:

$$q_N = 167\,\sqrt{\frac{a}{t}} \text{ in l/s} \cdot h\,a.$$

$a = $ Beiwert; z. B. für St. Gallen $a = 50$, für Augsburg $a = 41$; t in Minuten.

VII. nach MONTANARI[3] beträgt die Regenhöhe in Abhängigkeit von der Regendauer:

$$h = t^{1/m}\,h_0.$$

$h_0 = $ Regenhöhe in der Stunde; $1/m \cong 1/3$, t in Stunden.

ε) Vorausbestimmung der Niederschlagsmenge mit Hilfe der Korrelationsrechnung.

Mit Hilfe der Korrelationsrechnung wurden Beziehungen zwischen der Niederschlagshöhe h einerseits und dem Monatsmittel der Temperatur t und dem Monatsmittel des Luftdruckes B andererseits auf den drei wichtigsten Beobachtungsstationen für Europa (Island, Färöer, Azoren) abgeleitet. Danach beträgt z. B. für den Monat Juni im Teigitschgebiet:

$$h = (351{,}6 - 1{,}13\,B - 16{,}4\,t) \cdot (1 \pm 0{,}15) \text{ in mm.}$$

Für den Barometerdruck B und die Temperatur t sind die Mittelwerte des Monats März in La Coruna (Azoren) zu nehmen[4].

Für die Methoden der Korrelationsrechnung siehe vierter Hauptteil. In der meteorologischen Praxis hat sich diese Formel nicht bewährt.

d) Durchschnittliche Schwankungen der Niederschläge.

Die Schwankungen um das berechnete Niederschlagsmittel können mit Hilfe der Wahrscheinlichkeitsrechnung ermittelt werden.

$x_m = $ Mittel der Beobachtung,
$x = $ beobachteter Wert, $\Big\}\ v = (x - x_m)$
$n = $ Anzahl der Beobachtungen,

$$e = \pm\sqrt{\frac{\Sigma v v}{n}}.$$

$e = $ Streuungsbereich. Vgl. Abschnitt über Wahrscheinlichkeitsrechnung.

---

[1] STRELE, G.: Grundriß der Wildbachverbauung. Wien 1934. — HÄUSER: Kurze, starke Regenfälle in Bayern. München 1919. Wasserkr. u. Wasserwirtsch. 1934 S. 209.
[2] Die Dimensionierung städtischer Kanäle. Schweiz. Bauztg. 1924 Heft 12.
[3] Vgl. A. DE HORATIIS: Istituzioni di Idronomia a montana. Florenz 1930.
[4] Vgl. SCHOKLITSCH: Der Wasserbau I S. 33. Wien 1930.

Beispiele.

Beispiel 1: Abweichungen vom Jahresmittel vgl. Tabelle 30.

Beispiel 2: Schwankungen in der jährlichen Niederschlagsmenge. Die Änderung der jährlichen Niederschlagsmenge geht z. B. aus Abb. 42 für die Jahre 1846 bis 1934 hervor[1].

Danach betrug
der Mittelwert = 668 mm
der Größtwert = 167%[2]
der Kleinstwert = 62%.

Tabelle 30.

Abweichungen	Mitteleuropa %	England %
Vom 5-Jahresmittel ...	± 8,7	—
10-Jahresmittel ...	± 7,5	± 5,1
20-Jahresmittel ...	± 5,2	± 3,7
30-Jahresmittel ...	± 2,6	± 2,4
40-Jahresmittel ...	± 2,3	± 1,9
100-Jahresmittel ...	Höchstwert 4	

Höchstwert: Abweichung vom Mittel 124%
Niedrigstwert 79%

Beispiel 3: Zunahme der Niederschlagsmenge in Westdeutschland. ZUNKER berichtet, daß sich aus den Niederschlagswerten der Jahre 1851 bis 1940 für eine Reihe von Beobachtungsstationen in Westdeutschland eine jährliche Zunahme der Niederschlagsmengen ergibt.

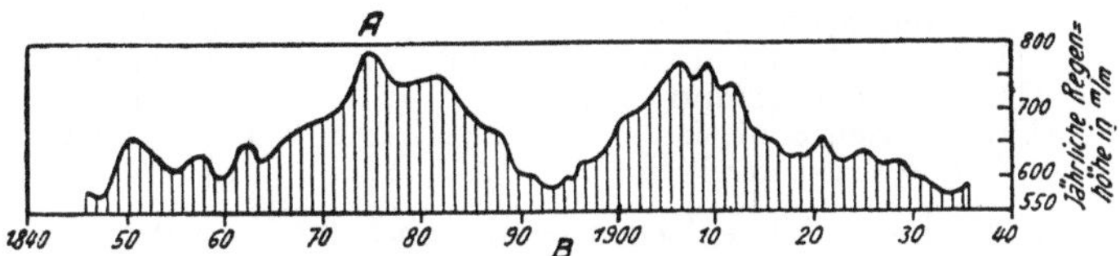

Abb. 42. Schwankungen der jährlichen Regenhöhen in St. Paul.

Beispiel 4: Änderung der Niederschlagsmenge und Stauseen (vgl. Abb. 42). Aus der Abb. 42 geht hervor, daß die Ergiebigkeit von Stauseen säkularen (Jahrhunderten) Schwankungen unterworfen sein kann.

Beispiel 5: Abnahme der Niederschlagsmenge und Versteppung. Bei stetiger und starker Abnahme der Niederschlagsmenge (siehe Abb. 42, Ast *A—B*) kann eine Versteppung der Landschaft eintreten.

e) Zahlenwerte für Niederschlagsmengen.

Tabelle 31. *Niederschlagsbeobachtungen in Europa.*

Ort	Regenhöhe h mm	Regentage z	Regendichte $h:z$ mm	Regenstunden Std.	mm je Stunde h: Std.	Regenstunden je Regentag Std.:z	Absolute Regenwahrscheinlichkeit	Regenhöhe je Stunde in mm Größte	Kleinste	Regendauer je Regentag in Stunden Größte	Kleinste
Paris ...	574	169,5	3,4	654	0,9	3,8	0,075	1,6	0,5	4,8	2,6
Perpignan	598	84,3	7,1	312	1,9	3,7	0,036	3,0	1,5	5,9	2,1
Berlin Januar				148			0,103				
Februar							0,103				
Juli ...				122,7			0,082				
August							0,082				
Jahr ...				826,2			0,094				

D. h. in Berlin sind auf 100 Stunden im Durchschnitt $9^1/_2$ Stunden Regen zu erwarten.

Größte Regenfälle.

Marseille: Sept. 1872: Regenhöhe = 240 mm in   2 Std.
Flinsberg: Aug. 1888: Regenhöhe = 215 mm in 18 Std.

---

[1] From Report of National Resources Board 1934 S. 299.
[2] Vgl. BABBITT u. DOLAND: Water supply Engineering S. 62. New York 1939.

Tabelle 32. *Häufigkeit der Niederschläge.*

Für Batavia wurde gefunden:

Dauer des Regens in Stunden	1—2	3—4	5—6	7—8	9—10	11—12	13—15
Zahl der Fälle	66	21	7	3,3	1,7	0,6	0,4

Im ganzen 100%.

Tabelle **33.** *Beispiele von jährlichen Niederschlagshöhen.*

Deutschland	Höhe über Meer m	Schwankungen mm	Mittel mm
Küste	0— 100	300—1000	550— 750
Binnenland ...	100— 500	300—1200	500— 900
Gebirge	500—1400	800—2200	1250—1700[1]

Zahlenwerte für die Regenspenden[1,2].

Aus 156 Meßstellen mit 1511 Kalenderjahren und 47 000 Regenfällen wurden als Mittelwerte gefunden bei Annahme einer Regenspende (r_{15}) eines Regens von der Dauer $T = 15$ Min. und der jährlichen Häufigkeit $n = 1$.

$$r_{15} = \text{Landschaftsmittelwert}$$

I. Nordwestdeutschland	85	l/s·ha
II. Nordost- bis Mitteldeutschland	94,5	l/s·ha
III. Westdeutschland	96	l/s·ha
IV. Sachsen-Schlesien	106	l/s·ha
V. Südwestdeutschland	119	l/s·ha

Für die allgemeine mittlere Regenspende wird die Formel angegeben:

$$r = r_{15}\,\varphi,$$

wobei bedeutet:

$$\varphi \cong \frac{24}{n^{0,35}\,(T+9)}.$$

$n =$ Häufigkeit; $n = 0{,}1$ bis 3,

$T =$ Regendauer in Minuten.

4. Verdunstung.

Die Kenntnis der Verdunstungsmenge ist für die Berechnung der Abflußmengen von Flüssen, zur Bestimmung des Verlustes der Speichermenge bei Stauseen, Grundwasserbecken usw. wichtig.

a) Begriff.

Unter Verdunstung versteht man den Übergang einer Flüssigkeit unterhalb ihres Siedepunktes in die unsichtbare Dampfform. Die Verdunstung findet nur an der Oberfläche der Flüssigkeit statt.

Die Verdunstungsgröße wird ausgedrückt durch die Höhe der verdunsteten Wasserschicht in einer bestimmten Zeit.

b) Beeinflussung der Verdunstungsgröße.

Die Verdunstungsmenge ist um so größer, je kleiner der Luftdruck, je größer das Sättigungsdefizit ($E - e$), je bewegter die Luft und je höher die Wassertemperatur ist. Die Theorie des Verdunstungs- und Kondensationsvorganges ist

---

[1] Vgl. auch J. Lugeon: Précipitations Atmosphériques; Écoulement et Hydroélectricité. (1) Études d'hydrologie dans la région des Alpes. (2) Essai d'une formule donnant l'écoulement en fonction des précipitations. Paris 1928.

[2] Vgl. F. Reinhold: Regenspenden in Deutschland. Dtsch. Wasserw. 1940 S. 389; Arch. Wasserwirtsch. Berlin 1940 Heft 56. — E. Marquardt: Wasserversorgung und Entwässerung der Städte; landwirtschaftlicher Wasserbau in Taschenbuch f. Bauing. von F. Schleicher S. 1171. Berlin 1943. — F. Reinhold: Verteilung der Regenspenden in Deutschland. Z. VDI 1936 S. 1423.

enthalten z. B. in Hann-Süring[1]. Die Größe der Verdunstungsmenge in Abhängigkeit von der geographischen Breite geht aus Abb. 43 hervor.

c) Die empirischen Verdunstungsformeln.

Vier der bekanntesten Verdunstungsformeln sind:

α) Preuß. Landesanstalt für Gewässerkunde (Messung am Grimnitzsee):

$$v = 1,0278\, a^{t_w - t_L} \left(\frac{E - e}{1 + b\,(E - e)} \right).$$

Für $(E - e)$ siehe S. 39.

$v = $ Verdunstungsmenge,
$t_w = $ Wassertemperatur,
$t_L = $ Lufttemperatur,
$a;\ b = $ Instrumentenfestwerte.

β) Trabert[2]:

$$v = c\,(1 + \alpha\, t)\, \sqrt{w}\,(E - e).$$

$w = $ Windgeschwindigkeit.

γ) Gravelius[3]: $v = (1 - \lambda)\,(R - c) + C$,

$c;\ \lambda;\ C = $ Festwerte, die aus Beobachtungszeiten zu bestimmen sind,
$R = $ jährliche Regenmenge.

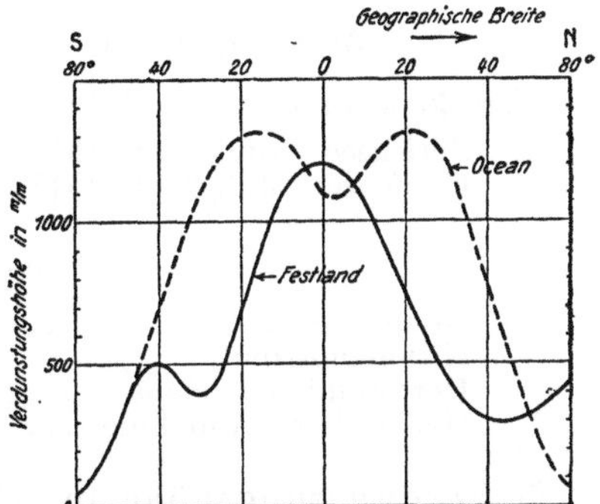

Abb. 43. Jährliche Verdunstungshöhe über Festland und Ozean in Abhängigkeit von der geographischen Breite in flächentreuer Darstellung.

δ) Italienische Verdunstungsformel[4], die sich für praktische Zwecke eignet:

$$v = 0,18259\, t - 0,01823\, n + 0,15145\, w \text{ in mm},$$

$t = $ Temperatur der Luft in ° C,
$n = $ relative Luftfeuchtigkeit in %,
$w = $ Windgeschwindigkeit in km/h.

d) Beobachtete Verdunstungsmengen.

α) Die Verdunstungshöhe im Jahr.

Städte		Talsperren	
Spitzbergen	80 mm	Lennepe (+ 340 m)	629—855 mm
Petersburg	300 mm	Uelfe (+ 270 m)	704—966 mm
Dresden	381 mm	Hammergrund (Brüx)	510 mm
London	380 mm	Remscheide	876 mm
Chemnitz	367 mm	Bearvalley (Kalif.)	900 mm
Boston (USA.)	1015 mm	Bevertal	bis 1171 mm
Emdrup	730 mm	Sweetwater	1220—1350 mm
Petro-Alexandrowsk (am Rande der Wüste)	1620 mm	Vogesentalsperre	600 mm
		Harz	920 mm
		Schweiz, unter 1000 m	900 mm
		Schweiz, über 2000 m	500 mm

Flüsse

Holländische Schiffahrtskanäle	900 mm
Blauer Nil	3300 mm
Mittellandkanal	1000 mm

β) Beziehung zwischen Verdunstung und Niederschlagshöhe.

Hammergrund-Talsperre: $\dfrac{\text{Verdunstung}}{\text{Niederschlag}} = 0{,}46$ bis $0{,}76$, im Mittel $0{,}59$.

Sahara: Niederschlag $h = 146$ mm; Verdunstung $= 4174$ mm.

---

[1] Lehrb. d. Meteorologie S. 320/325. Leipzig 1937.   [2] Meteorol Z. Bd. 13 S. 261.
[3] Flußkunde S. 155/159. Berlin 1914.   [4] Ann. Lav. pubbl. 1941 Heft 9.

γ) Die Verdunstung im Monat.

Das Verhältnis $= \dfrac{\text{Verdunstung in den Wintermonaten}}{\text{Verdunstung in den Sommermonaten}}$ beträgt $= \dfrac{1}{5}$ bis $\dfrac{1}{100}$,

z. B. Dresden: $\dfrac{2,8}{14,6} = \dfrac{1}{5,2}$, Magdeburg: $\dfrac{1,9}{16,5} = \dfrac{1}{8,7}$,

bei Talsperren: $\dfrac{0,17}{17,16} = \dfrac{1}{100}$ in voralpinem Gelände.

δ) Verdunstungsmengen von Seen im Monat.

Trockene und warme Jahreszeit:

Zürichsee   Juli/Sept. 1915 .... 298 mm; 149 mm im Monat
Greifensee   Juli/Sept. 1911 .... 295,5 mm; 147,7 mm im Monat

ε) Verdunstungsmenge im Tag.

Greifensee .... bis 5,6 mm im Tag
Mittellandkanal.............................. bis 11,0 mm im Tag
Dortmund-Ems-Kanal .... 7,5 mm im Tag
Heiße Tage: Annahme.......................... 4,0 mm im Tag[1]

ζ) Verdunstungshöhe in Abhängigkeit der Niederschlagsmenge bei Flüssen.

MURRAY[2] hat für die 33 größten Ströme berechnet, wie groß die Menge der Niederschläge und wie groß die Menge des Wassers bei ihren Mündungen im Meer ist. Danach beträgt die Verdunstung in Prozent der Niederschlagsmenge:

Rhein 48,2%
Oder 53,0%
Njemen.................. 63,5%
Donau................... 66,1%
Ganges 93,1%

Mittel von 33 Strömen: 79,1%

η) Verdunstungshöhe in Abhängigkeit der Größe der Verdunstungsfläche.

Nach den Beobachtungen von BIGELOW[3] ergibt sich, daß unter gleichen äußeren Verhältnissen bei einer großen Wasseroberfläche rd. die Hälfte gegenüber einer kleinen Wasserfläche verdunstet.

Zahlenwerte.

Oberfläche des Wassers in m² ...	1860	3720	5690	Ganzer Saltonsee
Verdampfende Wassermenge.....	1,00	0,84	0,69	0,55

ϑ) Verdunstungsmenge bei Grundwasser.

Die Mengen des Grundwassers, die durch Verdunsten in Dampfform an die Bodenluft abgehen, sind als klein anzunehmen[4].

---

[1] Vgl. KARL FISCHER: Die Untersuchungen der Preuß.-Geologischen Landesanstalt für Gewässerkunde über Niederschlag, Abfluß und Verdunstung. Berlin 1923. — W. FRIEDRICH: Gewässerkunde 1930 bis 1937, in Geogr. Jahrbuch 1939 S. 85/180 mit Schrifttumsangaben. — O. LÜTSCHG: Über Niederschlag und Abfluß im Hochgebirge. Veröff. schweiz. meteorolog. Zentralanstalt. Zürich 1926.

[2] Scottish geogr. Mag.

[3] Bol. de la Oficina Met Argentina.

[4] Vgl. ABWESER: Die Entstehung des Grundwassers. Wasserw. u. Technik 1935 S. 27, 42, 44.

ι) Die Verdunstung in Abhängigkeit von der Bodenbeschaffenheit.

Je welliger und unebener die Bodenoberfläche ist, um so särker ist die Verdunstung; je feiner das Korn ist, um so größer ist die Verdunstungsmenge[1]. Vgl. auch die Berechnung der Beziehung zwischen Kapillardurchmesser und Abgabe von Porenwasser in Tabelle 255, S. 465.

Zahlenwerte in Abhängigkeit von der Bodenbeschaffenheit.

Stark gewellter Boden	100%	Verdunstungshöhe
Rauhe Bodenoberfläche	88%	,,
Ebener Boden	82%	,,
Schwarze Erde	100%	,,
Braune Erde	90%	,,
Weiße Erde	75%	,,

ϰ) Verdunstung in Abhängigkeit von der Bepflanzungsart des Bodens.

Die Art der Vegetation des Bodens beeinflußt die Verdunstungen in hohem Maße.

Tabelle 34. *Zahlenwerte für Verdunstungsmenge.*

Vegetationsart	Für Verdunstung und Wachstum (nach HÖFER) im Tag	Verdunstung in % der gesamten Niederschlagsmenge (nach SECKENDORFF)
Wald: Eichen	0,5—0,8 mm	31,1%
Tannen	0,5—0,1 mm	68,4%
Getreide	2,2—2,8 mm	
Hafer	3,0—5,0 mm	
Wiesen	3,0—7,5 mm ⎫	Im Jahresmittel rd. 60%
Kahler, ebener Boden	0,5—1,0 mm ⎭	(nach WEYRAUCH)

Oft wird die Ansicht vertreten, daß sich die Niederschlagsmenge über Waldgebieten merklich vergrößere. Dies kann zutreffen, wenn durch die pflanzliche Verdunstung der Bäume die Luftfeuchtigkeit vermehrt und wenn infolge der Abkühlung bei der Verdunstung die größtmögliche Dampfspannung rasch erreicht wird, mit anderen Worten: die Verdichtung der Wasserdämpfe gefördert wird.

λ) Verdunstung in Abhängigkeit von der Windgeschwindigkeit.

Tabelle 35.

Windgeschwindigkeit m/s	Verdunstung je 100 cm² Fläche in Gramm und je Stunde		
	bei waagrechtem Wind		bei Wind unter 30°
	Quarzsand	Lehm	
0	0,23	0,31	—
3	3,03	2,70	5,00
6	4,57	4,50	7,37
9	5,50	6,23	9,50
12	6,43	7,80	11,87

μ) Verdunstung in Abhängigkeit von der Windart und Bodenart.

	Quarzsand	Kalksand	
Kalter Wind	6,8	6,2	Verdunstung in Gramm
Warmer Wind	21,4	20,3	je 100 cm² und je Stunde

[1] KRENTZ, W.: Abhängigkeit der Verdunstung von der Höhe über dem Erdboden sowie von der Windgeschwindigkeit und Temperatur. Bioklin. Beilage. Reichsamt-Wetterdienst S. 66. Gießen 1941.

ν) Verdunstung in Abhängigkeit von der Belichtung.

Lichtstärke	Verdunstungsmenge in g	
Hell	920—2400	je 314 cm² Fläche und je nach Boden-
Dunkel..........	690—1700	feuchtigkeitsgehalt von 20—60%

ξ) Verdunstung, oberirdischer Abfluß und Versickerung.

Tabelle 36.

Verdunstungsart	Im Walde %	Im Freien %	
Auf der Vegetation	15	10	
Auf dem Boden	5	24	
Verbrauch an Vegetationswasser ...	20	6	
Zusammen	40	40	
An der Oberfläche abfließend	20	40	Zusammen 100% = Niederschlags- menge
Versickerungen	40	20	
Zusammen	60	60	(nach ENGLER)

Nach SCHUBERT beträgt für Eberswalde die Verdunstung im Freien 322 mm, im Wald 132 mm.

e) Verdunstungsgeschwindigkeit bei Böden.

α) Die Größe der Verdunstungsgeschwindigkeit.

Zahlreiche Beobachtungen ergaben, daß die Verdunstungsgeschwindigkeit bei Böden um rd. 10% größer ist als an der freien Wasserfläche.

β) Änderung der Verdunstungsgeschwindigkeit bei Böden.

Nach Überschreiten der Plastizitätsgrenze nimmt die Verdunstungsgeschwindigkeit merklich ab. Die Ursache ist, daß die molekulare Bindung beim Erreichen der Plastizitätsgrenze wesentlich zunimmt. Damit verbunden ist ein Anwachsen der Viskosität des Wassers und der Oberflächenspannung des Kapillarwassers.

γ) Die Verdunstungsgeschwindigkeit in Abhängigkeit vom Chemismus des Bodens.

Die Verdunstungsgeschwindigkeit ist stark abhängig vom Chemismus des Wassers und des Bodens. So ist z. B. bei Böden, die lösliche Salze enthalten, die Verdunstungsgeschwindigkeit stark vermindert.

Meerwasserhaltige Böden ergeben ebenfalls kleinere Verdunstungsgeschwindigkeiten als süßwasserhaltige Böden. Der gemessene Unterschied beträgt 15 bis 25%.

f) Schneeverdunstung.

Die Schneeverdunstung kann hohe Werte erreichen, namentlich zu Zeiten des Föhnes in den Alpen. Die Schneeverdunstung kann doppelt so groß werden als die Verdunstung von freien Wasserspiegeln. Wasserkraftwerke haben dadurch merklichen Verlust an Betriebswasser. In gewissen Hochgebirgen in Südamerika und Asien verdunstet infolge der trockenen Luft so viel Schnee, daß die Gebirge wasserarm sind.

5. Frost.

a) Begriffe.

Frost: Unter Frost versteht man zweierlei, nämlich:
    a) Die Temperaturen unter 0° C (der sog. klimatologische Frost).
    b) Unter Frost wird auch die Wirkung der niedrigen Temperaturen auf den Boden verstanden; d. h. die gefrorene Erde wird auch Bodenfrost genannt.
Im folgenden wird unter Frost die Temperatur unter 0° C verstanden. Für die Wirkung des Frostes wird die Bezeichnung Bodenfrost angewendet.

Frostzeit: Die Frostzeit ist die Zeit, die zwischen Frostbeginn (erster Frosttag im Herbst) und Frostende (letzter Frosttag im Frühling) liegt und wird durch Tage und Stunden gemessen. In der Zwischenzeit können Tauwetterintervalle vorkommen.

Frostdauer: Die Frostdauer bedeutet das gleiche wie Frostzeit.

Frostfreie Zeit: Die frostfreie Zeit ist die Zeit, die zwischen einem Frostende und einem Frostbeginn liegt.

Frosttage: Frosttage sind Tage, an welchen der Tageskleinstwert unter 0° liegt.

Eistage: Die Eistage bedeuten die Tage, während welcher der Boden gefroren ist. An Eistagen kann die Nulltemperatur nicht überschritten werden.

Frostperiode: Unter Frostperiode versteht man eine ununterbrochene Folge von Frosttagen. Frostperioden dauern 1 bis 100 Tage in Europa.

Frostintensität: Unter Frostintensität versteht man die niedrigst aufgetretene Frosttemperatur.

Frosthäufigkeit: Unter Frosthäufigkeit versteht man die Anzahl von Frostperioden innert einer bestimmten Zeit; z. B. innert Monatsfrist, während eines Jahres usw.

Gefriertemperatur: Unter Gefriertemperatur versteht man die Oberflächentemperatur an Bodenproben; teilweise wird auch die Lufttemperatur über der Bodenprobe verstanden.

Temperaturgradient: Der Temperaturgradient bedeutet die Abnahme bzw. Zunahme
  . der Temperatur ϑ auf die Längeneinheit x beim stationären Temperaturzustand, d. h.

$$\frac{\vartheta_2 - \vartheta_1}{x} = \frac{\partial \vartheta}{\partial x}.$$

Frosteindringungsgeschwindigkeit: Unter Frosteindringungsgeschwindigkeit versteht man die Zunahme der Frosttiefe ξ in der Zeiteinheit t; d. h. $\dfrac{d\xi}{dt}$.

Frosthebungsgeschwindigkeit: Unter Frosthebungsgeschwindigkeit versteht man die Hebung der Erdoberfläche h in der Zeiteinheit; d. h. $\dfrac{dh}{dt}$.

Frostbeule: Bei Bodenfrost wird der Boden gehoben. Diese Hebung nennt man Frostbeule.

Frostblähung: Beim Auftauen des gefrorenen Bodens kann das Überschußwasser aus den obersten Eisschichten nicht in die Tiefe abfließen. Deshalb entsteht eine breiartige Masse. Diese wird durch die Räder der Fahrzeuge seitwärts ausgequetscht. Das Straßenquerprofil erhält ein welliges Aussehen. Man spricht dann von Frostblähungen.

Frosteindringung bedeutet das gleiche wie Frosttiefe.

Gefriergeschwindigkeit bedeutet das gleiche wie Frosteindringungsgeschwindigkeit.

Frostmenge: Werden in einem Achsensystem auf der Y-Achse die mittleren Tagestemperaturen aufgetragen und auf der X-Achse die fortlaufenden Tage, so kann die erhaltene Fläche integriert werden. Dadurch erhält man ein Maß für die Kälte des ganzen Winters. Die Abmessung der Frostmenge ist ° C-Tage.

Kältemenge: Werden die Frostmengen für mehrere Winter hintereinander in Form von Rechtecken aufgetragen, so können aus dem entstehenden Kältemengediagramm die spez. Eigenschaften des Winters herausgelesen werden.

Kältetage: Kältetage sind Tage, an denen das Tagesmittel unter 0° C liegt.

Kälteperiode: Unter Kälteperiode versteht man eine ununterbrochene Folge von Kältetagen.

Kälteintensität: Unter Kälteintensität versteht man die mittlere Temperatur einer Kälteperiode, also $\dfrac{\Sigma\,\Theta_m}{T}$, wenn Θ_m das negative Tagesmittel und T die Anzahl Tage ist.

b) Klimatologischer Frost.

α) Die räumliche Frostverteilung.

Die räumliche Frostverteilung ist namentlich bedingt:

a) durch die Höhenlage eines Gebietes,

b) durch die Morphologie der Erdoberfläche; es gibt z. B. Täler (Föhntäler) in den Alpen, die selten Frost aufweisen,

c) durch die Oberflächenbeschaffenheit z. B. üben die Seen der Alpen einen frostmildernden Einfluß aus oder sumpfreiche Gebiete erhöhen die Anzahl der Frosttage.

β) Die Dauer der Frosttage.

Von zahlreichen meteorologischen Stationen wurden während vieler Jahre Erhebungen zur Ermittlung der Dauer der Frosttage durchgeführt.

Man unterscheidet dann Frostperioden von 1, 2, 3 und mehr Tagen. Die Häufigkeit der Frostperioden ist stark abhängig von der Höhenlage der Beobachtungsstation, ihrer Oberflächenbeschaffenheit, von der Art der Umgebung (Täler, Seen) usw.

γ) Die Intensität der Kälteperiode.

Unter Θ_T Intensität der Kälteperiode versteht man das Mittel der Tagestemperatur Θ_m aus einer Kälteperiode von T_i Tagen.

$$\Theta_T = \frac{\Sigma\,\Theta_m}{T_i}\ \text{(nach Ruckli).}$$

Die Beziehung zwischen niedrigster Lufttemperatur Θ_{min} und Θ_T ist, sinusförmige Schwankungen vorausgesetzt,

$$\Theta_T \sim 0,64\,\Theta_{min}.$$

δ) Beziehung zwischen Dauer und Intensität der Kälteperiode.

Aus den Abb. 44 und 45 geht der Zusammenhang zwischen Kältedauer, Kälteintensität und Höhenlage des Beobachtungspunktes hervor[1].

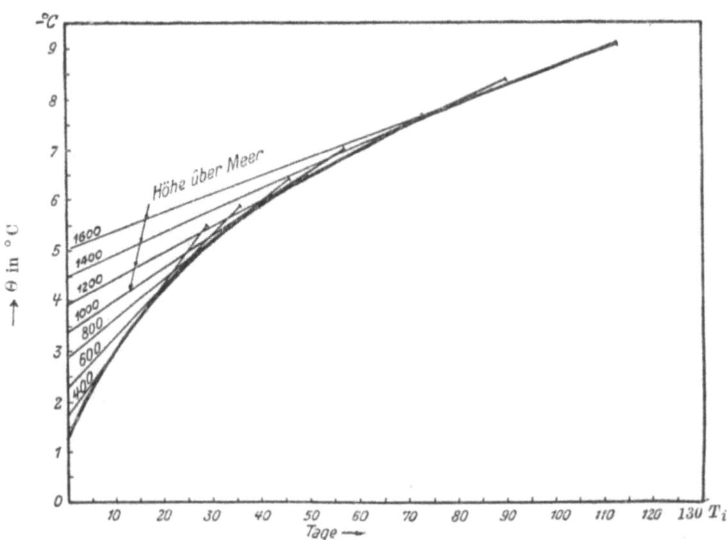

Abb. 44. Abhängigkeit der Kälteintensität von der Kältedauer und der Höhenlage des Punktes. Erfahrungswerte: $a_2 = -1,4$ bis $4,5$; $b_2 = -0,15$ bis $0,03$ (nach R. Ruckli). $\Theta = a_2 + b_2\,T$, Θ = Kälteintensität in ° C, T = Anzahl der Tage unter 0° C.

In der Abb. 44 bedeutet Θ die wahrscheinliche Lufttemperatur in Abhängigkeit der Anzahl Kältetage T_i und der Höhenlage des Beobachtungspunktes

---

[1] Nach R. Ruckli: Gélivité des sols et fondations des routes. Lausanne 1943.

In Abb. 45 bedeutet z. B. der Punkt A, daß auf 1080 m Höhe wahrscheinlich die Kältedauer von 10 Tagen (einschließlich 2 Tage Tauwetter) alle 4 Monate überschritten wird.

Der Punkt A_1 bedeutet, daß die Kältedauer von 40 Tagen alle zwei Jahre einmal überschritten wird.

Für die Berechnung der wahrscheinlichsten Frosttiefe und der Frosthebung sind die Abb. 44 und 45 von grundlegender Bedeutung (siehe Beispiel im Kapitel über Straßenbaugeologie in Teil II).

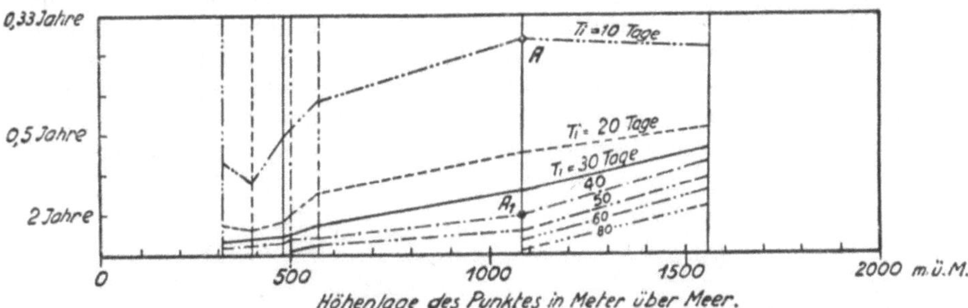

Abb. 45. Wahrscheinlichkeit für das Überschreiten der Kältedauer von T_i Tagen mit Berücksichtigung zweitägiger Tauwetterintervalle. Punkt A sei auf 1080 m Höhe gelegen. Für den Punkt A wird die Kältedauer von 10 Tagen einschl. 2 Tage Tauwetter alle 0,33 Jahre überschritten. Für den Punkt A_1 wird die Kältedauer von 40 Tagen alle 2 Jahre überschritten.

ε) Die Wirkung von Gefriertemperaturen.

Treten im Boden Gefriertemperaturen auf, so werden durch sie eine Anzahl Wirkungen hervorgerufen; so sind von der Gefriertemperatur abhängig: I. Art der Bildung von Eisschichten, II. Menge des Wassernachschubes, III. Menge der in der Zeiteinheit gefrierenden Wassermenge, IV. Frosteindringungsgeschwindigkeit, V. Größe der Frosthebung.

In den beiden folgenden Abschnitten werden die Einflüsse der Gefriertemperatur auf die Frosteigenschaften des Bodens näher untersucht.

c) Der Bodenfrost.

Dauern die Frostperioden lang, wiederholen sie sich häufig, und ist die Kälteintensität groß, so gefriert das Wasser im Boden. Es entsteht Bodenfrost und damit verbunden zeigen sich verschiedene Arten von Eis an der Erdoberfläche oder im Boden.

α) Die Arten von Bodeneis.

Man kann vier Arten von Bodeneis unterscheiden (siehe Tabelle 37).

I. Glatteis. Unter Glatteis versteht man den nur wenige Millimeter betragenden Eisüberzug über Straßendecken. Glatteis entsteht folgendermaßen: Wenn die Wärmestrahlung aus einem Stoff sich verhältnismäßig rasch vollzieht, so wird auch die Kälte aus dem Material an die mit Feuchtigkeit gesättigte

Tabelle 37.

Eisart	Ort	Merkmal	Jahreszeit
Glatteis	Straßenoberfläche	Dünne Eislagen	Beginn der Frostzeit
Fibereis	Erdoberfläche	Säulenförmige Ausbildung	Beginn der Frostzeit
Gleichmäßig beschaffenes (homogenes) Bodeneis	In Mitteleuropa in Tiefen bis 1,5 m	Gleichmäßig beschaffenes, lagenförmig ausgebildetes Eis	Nach Eintritt langer und starker Frostzeiten
Ungleichmäßig beschaffenes (inhomogenes, heterogenes) Bodeneis	In Mitteleuropa in Tiefen bis 1,5 m	Linsenförmig ausgebildete Eisformen	Nach Eintritt langer und starker Frostzeiten

Luft rasch abgegeben. Sinkt z. B. die Lufttemperatur rasch von 2° C auf 0,5° C,
so sinkt auch der Taupunkt. Es wird Wasser aus der Luft abgeschieden. Die
durch Strahlung aus dem Straßenstoff bewirkte Wärmeabgabe bringt das schon
stark abgekühlte Wasser aus der Luft zum Gefrieren. Es bildet sich eine Eisschicht, das sog. Glatteis, auf der Straßenoberfläche. Diese Wirkung wird im
Frühjahr, nachdem die Straßenbaustoffe sich während des Winters stark abgekühlt haben, mehr beobachtet als im Herbst[1].

II. Fibereis. Fibereis, auch Säulcheneis oder Bodenoberflächeneis genannt,
entsteht, wenn der Boden zu gefrieren beginnt, bevor der Boden von Schnee
bedeckt ist. Die Form des Säulcheneises geht aus Abb. 46 hervor. Die senkrecht
stehenden Eissäulchen kommen an der Erdoberfläche von Äckern, Maulwurfs-
hügeln usw. vor. Sie sind einige Zentimeter groß und haben einen Durchmesser
von rd. 1 mm. Zuoberst tragen sie Erd- oder Sandkrümchen. Das Tageswachs-
tum kann gut beobachtet werden; es beträgt bis 2 cm. Die Unterlage ist im

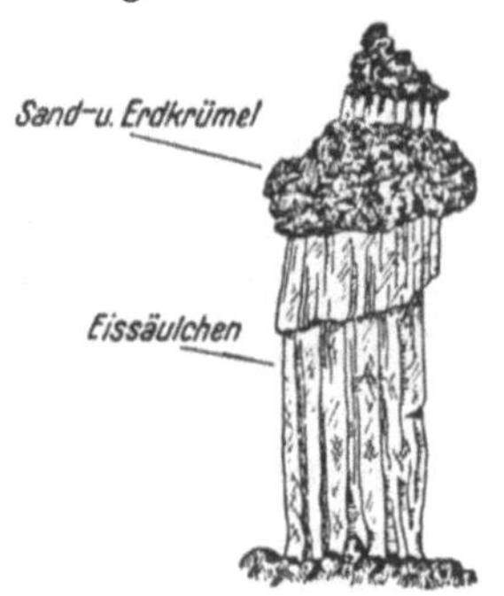

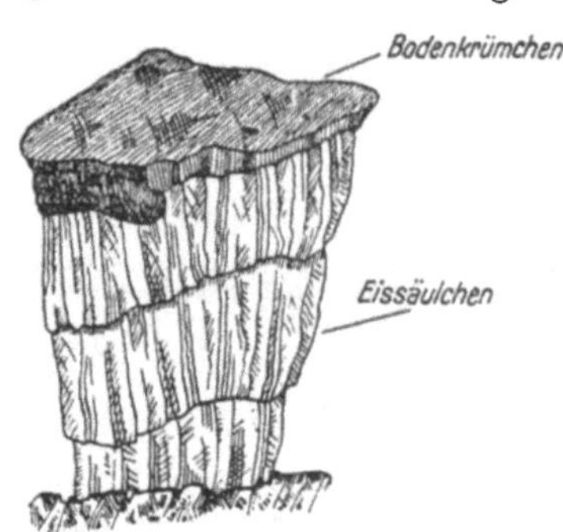

Abb. 46. Fibereis[2].

Zeitpunkt der Bildung der Säulchen noch nicht gefroren; sie ist daher Lieferant
des nötigen Wassernachschubes. Sobald die Erde gefroren ist, hört die Wasserzufuhr auf und damit auch das Wachstum der Eissäulchen[2].

III. Gleichmäßig beschaffenes (homogenes) Bodeneis. Bei dieser Art Bodeneis werden die Körner mit einer Eiskruste umgeben. Diese bewirkt die durchgehende, gleichmäßige Verkittung aller Bodenkörner.

Beispiele von homogenem Bodeneis: Sand- und Kieshaufen gefrieren durch
und durch gleichmäßig stark. Weist der Boden große Hohlräume auf, so wird
der Wasserüberschuß durch die Ausdehnung des gefrierenden Wassers gegen das
Grundwasser ausgepreßt. Das Eis dehnt sich seitlich aus; unter Umständen wächst
der Boden auch senkrecht aufwärts.

Bei stark körnigem Boden hängt die Größe der Bodenhebung infolge homogener Eisbildung davon ab, ob der Boden stark wassergesättigt oder nicht
wassergesättigt war.

IV. Eislinsen. Die meisten Böden, die infolge Bodenfrost eine Hebung erfahren
haben, weisen im Querschnitt einzelne Eislinsen auf, die mehr oder weniger
waagerecht liegen, d. h. parallel zu den Isothermen verlaufen. Diese Eislinsen
bestehen aus reinem, klarem Eis, schließen Luftbläschen ein und haben eine
senkrechte Fasertextur. Die Dicke der Eislinsen schwankt zwischen 1 mm und
einigen Dezimetern. Der senkrechte Abstand der Linsen untereinander ändert sich
in der gleichen Größenordnung. Mit der Eislinsenbildung ist durchweg eine Ver-

---

[1] Vgl. BENDEL: Beobachtungen über Glatteis in der Schweiz. Z. Straße u. Verkehr
1938.

[2] Vgl. R. RUCKLI: Die Frostgefährlichkeit des Straßenuntergrundes. Z. Straße u.
Verkehr 1943 S. 311.

größerung des Wassergehaltes im Boden verbunden. Dies konnte in der Natur und im Prüfraum festgestellt werden. Aus Abb. 47/48 geht der Unterschied in der Wasserhaltung des Bodens bei gefrorenem und ungefrorenem Boden hervor[1].

Die Größe der Hebungen an der Erdoberfläche ist gleich der Summe der gemessenen Dicken der Eislinsen (vgl. Abb. 49). Böden mit der Neigung zu Eislinsenbildung werden als frostgefährlich bezeichnet. Die Eislinsenbildung kann sowohl in bindigen als auch in nichtbindigen Böden beobachtet werden.

Immerhin muß bei nichtbindigen Böden der Korndurchmesser kleiner als 0,05 mm sein. Mit abnehmendem Korndurchmesser nimmt die Frosthebung zu. Dringt der Frost langsam in den Boden, so werden die Eislinsen dicker. Der Grund ist, daß dann mehr Zeit für den Nachschub des Wassers zur Verfügung steht.

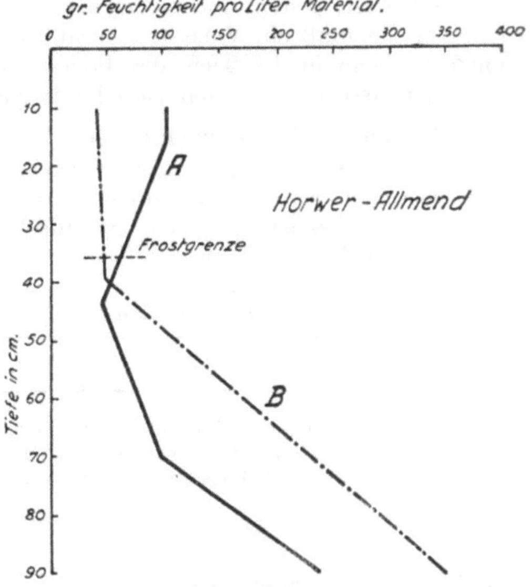

Abb. 47. Der Feuchtigkeitsgehalt in gefrorenem und ungefrorenem Boden.
euchtigkeitskurven. Kurve A: bei gefrorenem Boden, Kurve B: bei ungefrorenem Boden.

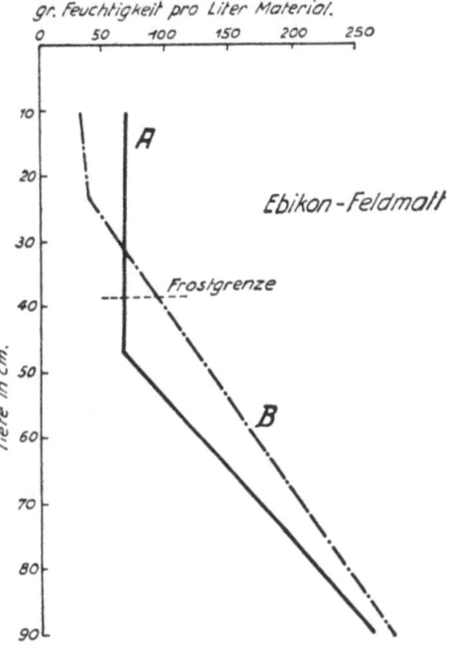

Abb. 48. Der Feuchtigkeitsgehalt in gefrorenem und ungefrorenem Boden. In der Frostzone ist der Feuchtigkeitsgehalt während des Frostes größer als beim ungefrorenen Boden.
Kurve A bei gefrorenem, B bei ungefrorenem Boden.

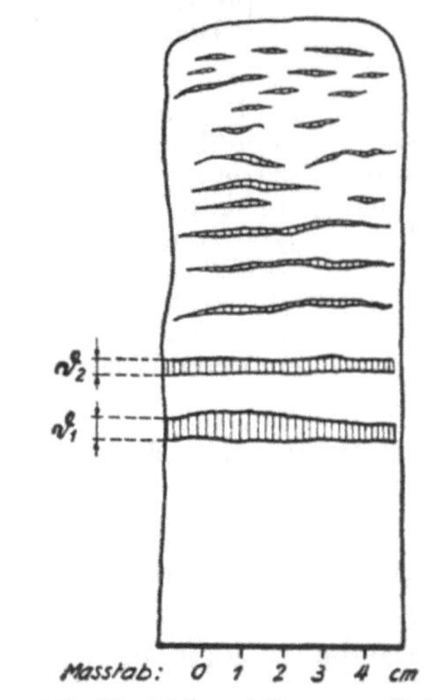

Abb. 49. Eislinsenbildung am Boden.
ϑ = Dicke der Eislinsen am Boden.

[1] Siehe z. B. BENDEL: Die Beurteilung des Baugrundes im Straßenbau unter besonderer Berücksichtigung der Frostgefährlichkeit des Bodens. Z. Straßenw. 1935 Nr. 14/19 Abb. 42; ferner G. BESKOW: Tijälbildungen och Tijälyftungen. Sveriges Geologiska Undersökning. Stockholm 1935. — A. DÜCKER: Untersuchungen über die frostgefährlichen Eigenschaften nichtbindiger Böden. Forsch.-Arb. Straßenw. 1939. H 17.

β) Der Wassernachschub für die Bodeneisbildung.

Das Wasser, das bei Beginn des Bodenfrostes in den Porenräumen des Bodens vorhanden ist, genügt nicht, um die beobachteten starken Eislinsen bilden zu können. Es muß ein Wassernachschub aus der Tiefe stattfinden. Derselbe ist möglich, wenn in der Tiefe des Bodens eine große Menge Haarröhrchenwasser (Kapillarwasser) vorhanden ist oder in geringer Tiefe ein Grundwasserspiegel.

I. Ursache des Wassernachschubes. Über die Ursachen des Wassernachschubes gehen die Meinungen stark auseinander; nachfolgend sind die wichtigsten Theorien über den Wassernachschub kurz beschrieben.

Die verschiedenen Theorien über die Ursachen des Wassernachschubes gehen aus der Tabelle 38 hervor.

Tabelle 38. *Die verschiedenen Theorien über den Wassernachschub.*

	Theorie	Wesen der Theorie	Schrifttum
A	Kapillarkraft	Die treibende Kraft ist der sog. Kapillardruck; durch denselben wird das Wasser aus der Tiefe nachgezogen	BESKOW: Tijälbildungen och Tjälyftningen. Stockholm 1935. — KÖGLER-SCHEIDIG-LEUSSINK: Bodenmechanik und neuzeitlicher Straßenbau Heft 3 S. 32. Berlin 1936
B	Kristallisationskraft	Durch die wachsenden Eiskristalle wird auf den Ton usw. ein Druck ausgeübt; infolgedessen schrumpft der Ton und das Wasser wird ausgepreßt; das Wasser ist am Gefrieren des Bodens mitbeteiligt	CASAGRANDE, A.: Bodenmechanik u. neuzeitl. Straßenbau Heft 3 S. 95. Berlin 1936. — DÜCKER, A.: Bemerkungen zum Frostproblem. Bodenmechanik u. neuzeitl. Straßenbau Bd. 17 S. 70. Berlin 1939
C	Kohäsionskraft oder molekulare Adsorptionserscheinung	Es bilden sich zuerst Kristallkeime. Von diesen aus wachsen die Kristalle so lange, bis sie mit andern zusammenstoßen oder auf eine äußere Begrenzungsfläche stoßen. Das verbrauchte Wasser wird ersetzt, indem durch die Saugkraft, d. h. durch die in den Poren auftretenden Zugspannungen Wasser nachgeschafft wird	LANGE, A.: Unterkühlungsfähigkeit und spontanes Kristallisationsvermögen. Univ. Greifswald 1927. — NEHMITZ, A.: Über Keimanlagerung an den wachsenden Kristallen. Univ. Greifswald 1937. — RUCKLI, R.: Gélivité des sols. Lausanne 1943[1]

A. Kapillarkraft. Die Kapillarkrafttheorie geht davon aus, daß beim Wassernachschub die treibende Kraft der sog. Kapillardruck ist. Der Kapillardruck ist gleich der kapillaren Steighöhe und hat den Darcyschen Strömungswiderstand zu überwinden. Durch den Kapillardruck wird das Wasser aus der Tiefe nachgesogen. Vgl. auch die Frostkriterien von KÖGLER-SCHEIDIG, Kapitel über Straßenbaugeologie in Teil II. Die Kapillarkrafttheorie wird stark angegriffen[2].

B. Kristallisationsdruck. Bei Gefrierversuchen mit lehmigen oder tonigen Böden kann festgestellt werden, daß mit wachsender Eislinsenmächtigkeit der Wassergehalt in den Tonlagen abnimmt. Je größer die Kälte ist, um so mehr

---

[1] KIESEGANG, R. E.: Kristallisationskraft. Naturwiss. Umschau Chemiker-Ztg. 1913 S. 182 bis 185. — CORRENS, C. W.: Über die Erklärung der sog. Kristallisationskraft. Sitz.-Ber. Akad. Wiss. Phys. Berlin 1926.

[2] Siehe TABER: The Mechanics of frost heaving. J. Geol. 1930 May—June oder P. SIEDECK: Bodenmechanik und neuzeitl. Straßenbau Nr. 3 S. 11. Berlin 1936.

Wasser wird herausgepreßt. Der auf den Boden wirkende Druck wird Kristallisationsdruck p genannt. p ist abhängig von der Temperatur ϑ, d. h.

$$p = F(\vartheta) = \text{konst } \vartheta + C.$$

Das ausgepreßte Wasser ist am Gefrieren des Bodens mitbeteiligt. Die Kristallisationskrafttheorie wird angegriffen[1].

C. **Die Kohäsionskraft** (auch Kohäsivkraft genannt). Die beim Gefrieren sich abspielenden Vorgänge werden in zwei physikalische Teilprozesse zerlegt: nämlich in einen Kristallkeimbildungsteil und in das Kristallwachstum im Boden, die sog. Eislinsenbildung. Dazu ist zu bemerken:

1. Die Kristallkeimbildung. Die Kristallisation von Lösungen oder das Schmelzen beginnt mit der Bildung von Kristallkeimen; von diesen aus wachsen die Kristalle so lange ungehindert, bis sie mit anderen Kristallen zusammentreffen oder auf eine äußere Begrenzungsfläche stoßen. Im Boden ist es das Wasser, in welchem sich die ersten Kristallkeime bilden.

2. Kristallwachstum (Eislinsenbildung). Bei der Ausdehnung der Kristalle ist zu berücksichtigen, daß ein Wasserfilm um die einzelnen Bodenkörner vorhanden ist. Stößt der wachsende Kristall auf einen solchen Wasserfilm, so bietet ihm derselbe einen gewissen Widerstand. Im Wasserfilm ist nämlich eine große Adsorptionskraft vorhanden, durch welche das Wasser verdichtet wird. Damit ist eine Senkung des Gefrierpunktes des Wassers verbunden. Ist der Poreninhalt im Verhältnis zu den Wasserfilmen klein, so macht sich der Einfluß des Wasserfilmes bei der Eisbildung rasch bemerkbar. Die Gefriertemperatur sinkt beträchtlich. So kann in der Tat je nach

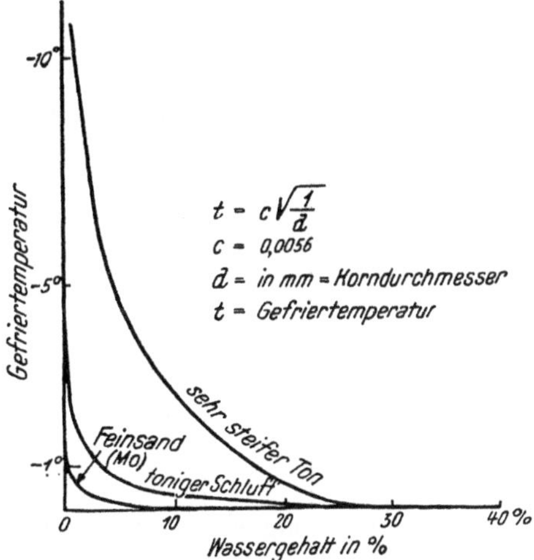

Abb. 50. Beziehungen zwischen Wassergehalt, Bodenart und Gefriertemperatur t.

der Beschaffenheit des Bodenmaterials und seines Wassergehaltes eine Senkung der Gefriertemperatur festgestellt werden[2].

Wächst der Eiskristall noch weiter, nachdem er bis an die Grenze des Wasserfilmes gewachsen ist, so tut er es auf Kosten des Wassers im Film. Durch Wärmeabgabe ist der Kristall befähigt, Wassermoleküle aus den äußersten, schwach gebundenen Hüllen des Filmes herauszuziehen und in sein Kristallgitter einzuordnen. Der Film wird aber Wasser aus seiner Umgebung nachziehen, damit das Gleichgewicht zwischen den Adsorptionskräften und dem äußeren Druck im Film wiederhergestellt wird. Damit verbunden ist eine molekulare Wasserströmung von unten nach oben. Aus dieser Erkenntnis ergibt sich, daß das Nachströmen von freiem Wasser in den Film eine Folge der molekularen Kohäsion in den Adsorptionsschichten sein muß.

Der Wassernachschub muß nicht an allen Stellen des Bodens gleich groß sein. Dadurch wird es möglich, daß vereinzelte Lagen von Eiskristallen entstehen.

---

[1] Vgl. RUCKLI: zit. S. 52.
[2] Vgl. BENDEL: Abb. 50, aus welcher hervorgeht, daß die Gefriertemperatur bei abnehmendem Wassergehalt bei einzelnen Bodenarten bis auf —10° C sinken kann.

Das oben beschriebene Nachziehen, Nachsaugen von Wasser findet unter Bildung von Zugspannungen im Wasser statt. Es ist durchaus möglich, daß sich die Zugspannung stellenweise erschöpft und sich dann Höhlen unter einzelnen Körnern bilden. Es tritt die sog. Kavitationserscheinung ein.

Um die Größe des Wassernachschubes zu bestimmen, muß die Art und Größe der Saugkraft bekannt sein.

Über den experimentellen Nachweis der Saugkraft vgl. R. RUCKLI: Gélivité des sols. Lausanne 1943.

II. Größe der Wassernachschubkraft (Saugkraft). Aus der Größe der Wasserzunahme wird auf die Größe der Frosthebung h geschlossen. Die der Frosthebung h entsprechende Wassermenge sei V; dann ist[1]

$$V = \frac{h F}{1,09}$$

$F =$ Querschnitt der Bodenprobe
1,09 infolge Volumenvergrößerung des Eises gegenüber Wasser,

bzw.

$$\frac{V}{t F} = \frac{Q}{F} = \frac{h}{1,09\, t} = v.$$

$v =$ Filtergeschwindigkeit.

Wird die Annahme gemacht, daß auch hier das Darcysche Gesetz gelte, so wird

$$v = k\, J = k\, \frac{P_S/\gamma}{l},$$

$$S = \frac{P_S}{\gamma} = \frac{v\, l}{k} = \frac{h}{1,09\, t}\, \frac{l}{k} \qquad (1)$$

bzw.

$$v = k\, \frac{P_S}{\gamma}\left(\frac{1}{H-\xi}\right). \qquad (2)$$

$P_S =$ Unterdruck,
$\gamma_w =$ Raumgewicht des Wassers,
$l =$ Abstand der Eislinse vom Grundwasserspiegel,
$\gamma_0 =$ Raumgewicht des Bodens,
$S =$ Saugkraft.

Dann wird

$$S = \frac{h\,(H-\xi)}{1,09\, t\, k}.$$

III. Geschwindigkeit des Wassernachschubes. BESKOW fand, daß die Frosthebungsgeschwindigkeit bzw. die Geschwindigkeit v_p des Wassernachschubes vom Druck wie folgt abhängt:

$$v_p = \alpha\, \frac{1}{p^2},$$

$$v_p = \frac{\alpha}{(\gamma_0\, \xi + p_c)^2},$$

$p =$ Belastungsdruck,
$p = \gamma_0\, \xi + p_c,$
$\xi =$ Frosttiefe,
$p_c =$ Kapillardruck,

d. h. die Frosthebungsgeschwindigkeit ist abhängig von der Frosttiefe.

Daher muß auch die Saugkraft vom Druck abhängen:

$$S = \frac{P_S}{\gamma_w} = \beta\left[\frac{1}{(\gamma_0\, \xi + p_c)^2}\right].$$

Praktischerweise kann man setzen:

$$P_S = P_{S0} - \frac{P_{S0}\, \xi}{\xi_0}, \qquad (3)$$

worin

$P_{S0} =$ Saugkraft für die Frosttiefe $\xi = 0$,
$\xi_0 =$ kritische Tiefe, d. h. die Tiefe, bei welcher infolge zu hohem Bodendruck keine Saugkraft mehr wirkt.

---

[1] Vgl. R. RUCKLI: zit. S. 52.

Mit Hilfe der Gl. (2) und (3) wird

$$v = k\,\frac{Ps_0}{\gamma}\left(\frac{1}{H-\xi} - \frac{\xi}{\xi_0\,(H-\xi)}\right). \qquad (4)$$

Die Lösung der Gleichung wird am besten zeichnerisch durchgeführt.

IV. Menge des Wassernachschubes. Die Menge des Wassernachschubes während des Gefrierens hängt von der Bodenbeschaffenheit ab. Aus den bisherigen Versuchen ergibt sich, daß der Wassernachschub um so bedeutender ist, je größer der Kornanteil der feinsten Körner ist. Zweckmäßig wird in der Berechnung des Wassernachschubes bzw. in der Berechnung der Frosthebung die Bodenbeschaffenheit durch das Porenvolumen und den darin enthaltenen Wassergehalt ausgedrückt. Siehe Abschnitt zur Berechnung der Frosttiefe S. 60.

γ) Das Eindringen des Frostes in den Boden.

Die Wassermenge, die in der Zeiteinheit bei gleicher Temperatur im Boden gefriert, ist bei allen Bodenarten gleich groß, also unabhängig von der Kornzusammensetzung. Für das Eindringen des Frostes in den Boden kann die Theorie der Wärmeausbreitung nicht benützt werden, weil beim Eintritt der Nulltemperatur im Boden neue physikalische Verhältnisse im Boden auftreten. Das Wasser gibt beim Gefrieren Wärme ab, ca. 80 cal/dm³. Diese Energieumsetzung macht sich auf den Temperaturgang im nassen Boden dämpfend und verzögernd geltend. Aus dieser Feststellung geht auch hervor, daß die Frosttiefe von der Bodenbeschaffenheit abhängig sein muß.

I. Abhängigkeit der Frosttiefe von der Bodenbeschaffenheit. Die Abhängigkeit der Frosttiefe geht z. B. aus der Tabelle 39 hervor[1].

Weitere Beispiele: In Tiflis sinkt die Temperatur bis auf —14°; die Frosttiefe wurde nur bis 0,4 m Tiefe festgestellt. In Brüssel dauerte der Frost 1837/38 zwei Monate mit Temperaturen bis unter —20° C. Die größte gemessene Frosttiefe betrug 0,7 m.

Tabelle 39.
Abhängigkeit der Frosttiefe von der geographischen Lage des Punktes und der Bodenbeschaffenheit.

Bodenart	Nordfinnland cm	Mittleres Finnland cm	Südliches Finnland cm
Sand	126	80	72
Gepflügte Äcker	100	46	47
Tonböden	90	68	50
Moor	88	44	42

II. Abhängigkeit der Frosthebung von der Bodenbeschaffenheit. Die Größe der Frosthebung ist stark abhängig von den physikalischen und chemischen Eigenschaften des Bodens. Wenn eine Frosthebung beim Gefrieren des Bodens eintritt, so spricht man von der Frostgefährlichkeit des Bodens. Zur Beurteilung der Frostgefährlichkeit eines Bodens wurden eine Anzahl physikalischer und chemischer Frostkriterien aufgestellt. Siehe Abschnitt über Straßenuntergrund und Bodenfrost in Kapitel Straßenbaugeologie (Teil II).

III. Die Abhängigkeit der Frosthebung h von der Lufttemperatur. Der Zusammenhang zwischen Frosthebung und Lufttemperatur geht aus den Abb. 51 und 52 hervor.

IV. Die Abhängigkeit der Frosttiefe ξ von der Lufttemperatur. Die Abhängigkeit der Frosttiefe von der Lufttemperatur wird empirisch gefunden, indem die Gradtage vom Beginn des Frostes an gerechnet summiert werden

---

[1] Vgl. J. KERÄNEN: Wärme- und Temperaturverhältnisse der obersten Bodenschichten. Einführung der Geophysik II. Berlin 1929. — G. SÜRING: Der tägliche Temperaturgang in geringen Bodentiefen. Ver. Preuß. Met. Inst. Nr. 302. Berlin 1919.

(Summenlinie) und der zeitliche Verlauf der Frosteindringung (Frosttiefe) aufgezeichnet wird.

Vgl. Frost action in Stabilized soil mixtures. Reprinted from the Proceedings of the Eighteenth Annual Meeting of the Highway Board 1938; ferner RUCKLI Abb. 52.

V. Die Abhängigkeit der Frosteindringungsgeschwindigkeit von der Bodenbeschaffenheit (Körnung). Der Einfluß der Bodenbeschaffenheit (Körnung) auf die Frosteindringungsgeschwindigkeit geht aus Abb. 53 hervor[1].

VI. Berechnung der Frosteindringungsgeschwindigkeit und der Frosttiefe. Wenn ξ die Frosttiefe bedeutet, so kann die Geschwindigkeit der Zunahme der Frosttiefe ξ in der Zeit t durch die Formel $d\xi/dt$ ausgedrückt werden (vgl. Abb. 54). Es wurden verschiedene Lösungen zur mathematischen Berechnung von Frosttiefe und

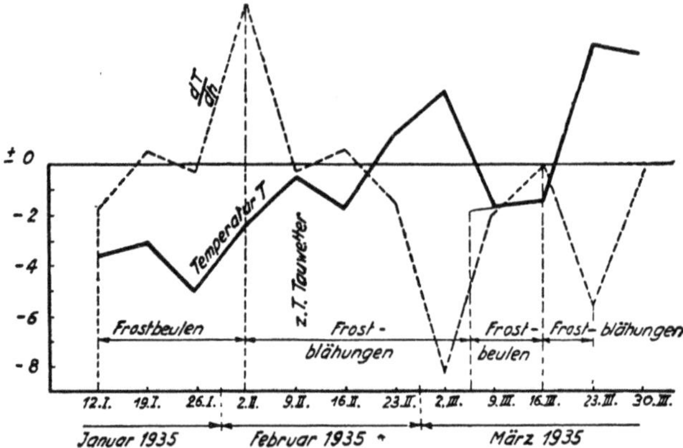

Abb. 51. Änderung der Höhenlage einer Straßendecke in Abhängigkeit von der Lufttemperaturänderung (nach BENDEL).
—— Mittlere Wochenlufttemperatur, 8,00 h morgens,
---- Kurve der Werte

$$\frac{dT}{dh} = \frac{\text{Temperaturänderung}}{\text{Straßenoberfläche—Bewegungsänderung}}.$$

Folgerung aus der Abbildung: 1. Bei Frostbeulen laufen die Kurven für Lufttemperaturen T und $\frac{dT}{dh}$ parallel. 2. Bei Frostblähungen laufen die Kurven für Lufttemperaturen und $\frac{dT}{dh}$ entgegengesetzt.

Frosteindringungsgeschwindigkeit gegeben; die bekanntesten sind:

A. Formel von STEPHAN[2]. Nach diesem beträgt:

$$\frac{d\xi}{dt} = \sqrt{\frac{\lambda\,\Theta}{2\,n\,\sigma\,\gamma}\,\frac{1}{\sqrt{t}}} = \frac{\alpha}{4\sqrt{t}},$$

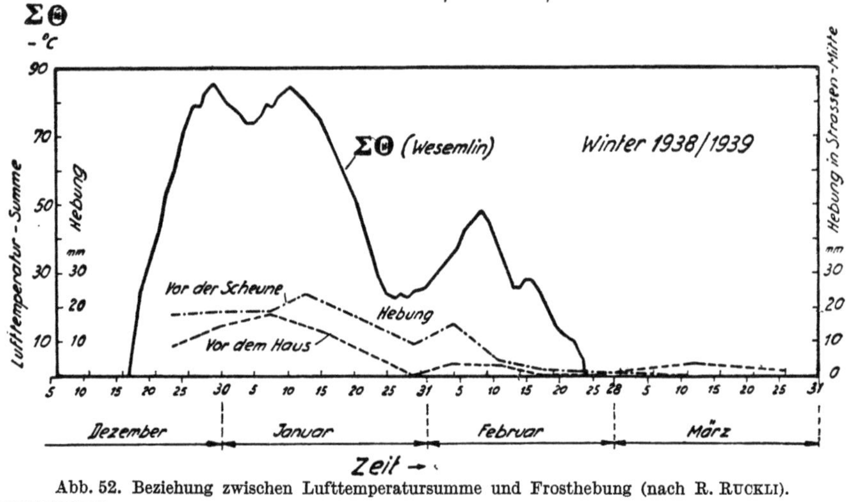

Abb. 52. Beziehung zwischen Lufttemperatursumme und Frosthebung (nach R. RUCKLI).

---

[1] Vgl. A. DÜCKER: Untersuchungen über die frostgefährlichen Eigenschaften nichtbindiger Böden. Forsch.-Arb. Straßenw. Bd. 17. Berlin 1939.

[2] Vgl. J. KERÄNEN: Wärme- und Temperaturverhältnisse der obersten Bodenschichten. Einführung in die Geophysik II. Berlin 1929.

d. h. die Frosteindringungsgeschwindigkeit nimmt mit der Zeit ab. Die Frosttiefe wird

$$\xi = \alpha' \sqrt{t}.$$

Beispiel:

Θ = Lufttemperatur = $-10°$ C. Für die Phasenverschiebung zwischen der Lufttemperatur Θ und der Oberflächentemperatur ϑ siehe S. 13 und Abb. 55,

λ = Wärmeleitfähigkeit = $= 8{,}8$ cal cm^{-1} h^{-1}°C^{-1}

n = Porenvolumen = 30%,
σ = Schmelzwärme = 80 cal/kg,
γ = Raumgewicht des Wassers = $= 1$ kg/dm³,
t = Zeit.

Mit diesen Werten ergibt sich die Eindringungsgeschwindigkeit

$$\frac{d\xi}{dt} = \frac{1{,}35}{\sqrt{t}}$$

und die Frosttiefe

$$\xi = 2{,}70\sqrt{t}.$$

B. Formeln von NEUMANN für den isotropen Halbraum[1]. NEUMANN findet mit Hilfe des Gaußschen Fehlerintegrals eine ähnliche einfache Beziehung wie STEPHAN, nämlich:

$$\frac{d\xi}{dt} = \frac{q}{4\sqrt{t}}$$

bzw. $\xi = q'\sqrt{t}.$

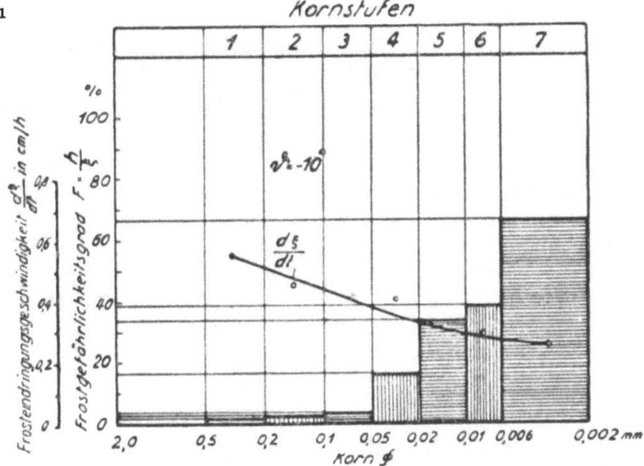

Abb. 53. Zusammenhang zwischen Körnung, Frostgefährlichkeit und Frosteindringungsgeschwindigkeit.

ϑ Gefriertemperatur (Temperatur über der Bodenprobe im Gefrierraum), h Frosthebung, ξ Frosttiefe, $\dfrac{d\xi}{dt}$ Zunahme der Frosttiefe in der Zeit dt.

Der Wert q ist abhängig von der Bodenbeschaffenheit, von der Oberflächentemperatur ϑ_I und Bodentemperatur ϑ_{II}.

Die Berechnung des Festwertes von q ist langwierig. Ein feuchter Sandboden mit einer Wärmeleitfähigkeit von $8{,}8$ cal cm^{-1} h^{-1} ° C^{-1} für $\vartheta_I = -10°$, $\vartheta_{II} = +5°$ beträgt $q' = 3$. Für die Auswertung vgl. Tabelle 40.

Die nach den Formeln von STEPHAN und NEUMANN erhaltenen Frosteindringungsgeschwindigkeiten stimmen mit den Beobachtungen in der Natur gut überein.

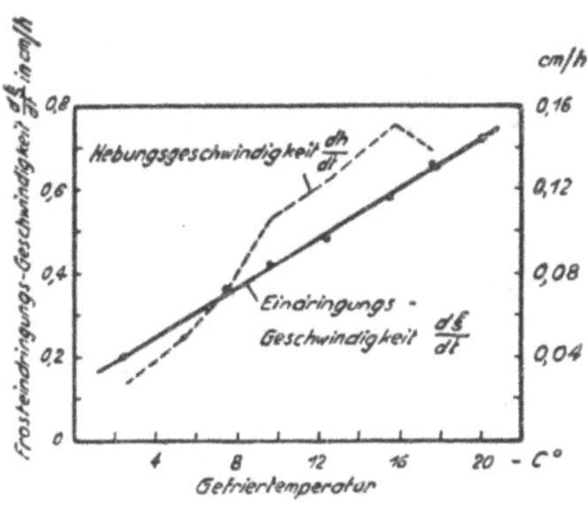

Abb. 54. Abhängigkeit der Frosteindringungsgeschwindigkeit $\left[\dfrac{d\xi}{dt}_{x=0}\right]$ von der Gefriertemperatur Θ bei einem Mo-Sand.

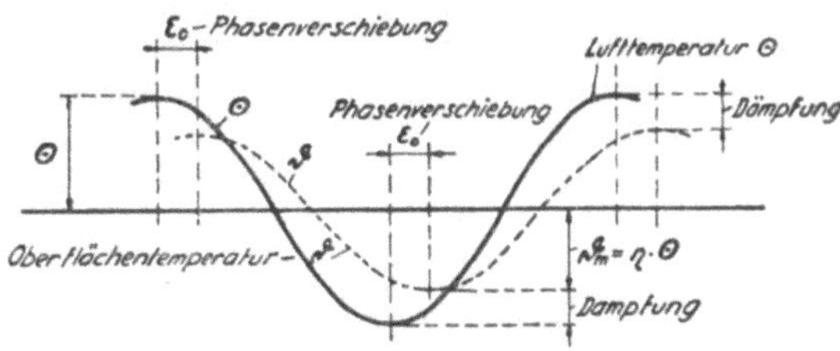

Abb. 55. Phasenverschiebung zwischen Lufttemperatur Θ und Oberflächentemperatur ϑ.

---

[1] GRÖBER-ECK: Die Grundlagen der Wärmeübertragung. Berlin 1933.

Tabelle 40. *Beziehung zwischen Zeit, Frosteindringungsgeschwindigkeit und Frosttiefe.*

Frostdauer t	Frosteindringungsgeschwindigkeit $d\xi/dt$		Eindringungstiefe ξ (Frosttiefe)	
	Nach STEPHAN cm/h	Nach NEUMANN cm/h	Nach STEPHAN cm	Nach NEUMANN cm
$t =$ 4 Stunden..	0,68	0,75	5,4	6,0
$t =$ 30 Tage..... $=$ 720 Stunden..	0,05	0,056	72,4	80,8

C. Formeln von RUCKLI[1]. Dieser berechnet die Frosteindringungsgeschwindigkeit und die Frosttiefe unter Berücksichtigung der Wassernachschubmöglichkeit. Er macht dabei die Annahme, daß die Temperaturkurve nach dem Erdinnern parabelförmig verlaufe; d.h. $\vartheta_{(x)} = f(x) =$ Parabel; $x =$ Tiefe unter der Erdoberfläche.

Die Frosteindringungsgeschwindigkeit beträgt dann

$$\frac{d\xi}{dt} = \frac{A}{\xi} - Bv - \frac{C}{\sqrt{t}}. \tag{4}$$

A, B, C sind Festwerte, abhängig von den Bodeneigenschaften. Die Beziehungen sind verwickelt.

$$A = \frac{2\,\lambda_1\,\mu\,(\vartheta_{II} - \vartheta_I)}{c_1\,\gamma_1\,\dfrac{\mu\,\vartheta_{II} - \vartheta_I}{3\,\mu} - c_2\,\gamma_2\,\dfrac{\vartheta_{II}}{3} + n\,\sigma} = \frac{Z}{N} = \frac{\text{Zähler}}{\text{Nenner}},$$

$$B = \frac{\sigma}{N},$$

$$C = \frac{\lambda_2\,\vartheta_{II}}{\sqrt{3\,a_2\,(1 - m)}}\,\frac{1}{N}.$$

Der Index 1 weist auf die gefrorene Zone, der Index 2 weist auf die ungefrorene Zone hin.

$\vartheta_I =$ Oberflächentemperatur nach Frosteintritt,

$\vartheta_{II} =$ konstante Bodentemperatur vor Frosteintritt,

$$\mu = 1 - \sqrt{\frac{\vartheta_{II}}{\vartheta_{II} - \vartheta_I}}; \quad m = 0{,}1 \text{ bis } 0{,}3; \quad \text{Mittel } m = 0{,}2,$$

für σ und n siehe S. 61 oben,

$c_1 =$ spez. Wärme des gefrorenen Bodens,

$c_2 =$ spez. Wärme des nicht gefrorenen Bodens,

$\gamma_1 =$ Raumgewicht des gefrorenen Bodens,

$\gamma_2 =$ Raumgewicht des nicht gefrorenen Bodens.

v bedeutet die Geschwindigkeit des nachströmenden Wassers (Filtergeschwindigkeit) und ist abhängig von der Frosttiefe ξ [siehe Gl. (4), S. 59 oben].

Die Lösung der Gl. (4) wird am besten zeichnerisch durchgeführt. Dabei kann die Frosttiefe ξ aus der zeichnerischen Darstellung der Kurve $d\xi/dt$ herausgelesen werden.

Die Frosthebung h in Abhängigkeit der Frosttiefe kann ebenfalls unter Verwendung der obigen Gleichungen berechnet werden.

Für einen feuchten Boden mit der Wärmeleitfähigkeit von $8{,}8$ cal cm^{-1} h^{-1}°C^{-1}, der Wärmekapazität von $0{,}62$ cal/cm^3, der Durchlässigkeit $k = 1{,}10^{-3}$ cm/Min. Porenvolumen von 30% ergibt sich nach obigen Formeln:

Tabelle 41.

Grundwassertiefe H m	Frosttiefe ξ cm	Frosthebung h cm	Frostgefährlichkeitsgrad F %	Frostzeit Tage	ϑ_I	ϑ_{II}
2,5	66	3,18	4,82	45	$-6°$	$+5°$
1,5	54	9,50	17,6	45	$-6°$	$+5°$

Aus dieser Tabelle ist zu schließen, daß ein hoher Grundwasserstand die Frosthebung stark begünstigt; hingegen wird die Frosteindringungsgeschwindigkeit bzw. die Frosttiefe durch einen hohen Wasserstand vermindert.

Versuchsergebnisse: Die Versuche ergaben für die Frosteindringungsgeschwindigkeit bei verschiedenen Belagsarten die in Tabelle 42 enthaltenen Werte[1].

Tabelle 42.

Tiefe cm	Beton- belag cm/h	Asphalt- belag cm/h	Stein- pflasterung cm/h
0— 8	0,33	0,11	0,08
0—35	0,25	0,15	0,17

B. Das unterirdische Wasser.

Das unterirdische Wasser kann nach verschiedenen Gesichtspunkten eingeteilt werden, wie z. B.

1. nach seinem statischen Verhalten, 2. nach seinem geologischen Vorkommen.

1. Einteilung des unterirdischen Wassers nach seinem statischen Verhalten.

Man unterscheidet zwischen:

Kapillarwasser, auch Haarröhrchenwasser oder Porensaugwasser genannt. Das ist Wasser, das von der Oberflächenspannung des Wassers getragen wird und in welchem der Wasserdruck geringer ist als der Luftdruck an seiner Oberfläche. Die Porensaugwassermenge ist in Millimeter Höhe auszudrücken wie die Niederschlagshöhe oder Verdunstungshöhe.

Kapillarwasser schließt Luft in sich, namentlich wenn gröbere Poren zwischen feineren, Kapillarwasser führenden Poren vorkommen. Dort, wo die Luftschlote durchgehend werden, liegt der Spiegel des geschlossenen Kapillarwassers (siehe Abb. 56/57).

Darüber erhebt sich das offene Kapillarwasser. Offenes Kapillarwasser hat nicht nur Menisken nach oben, sondern auch seitlich. Unter Kapillarwasser

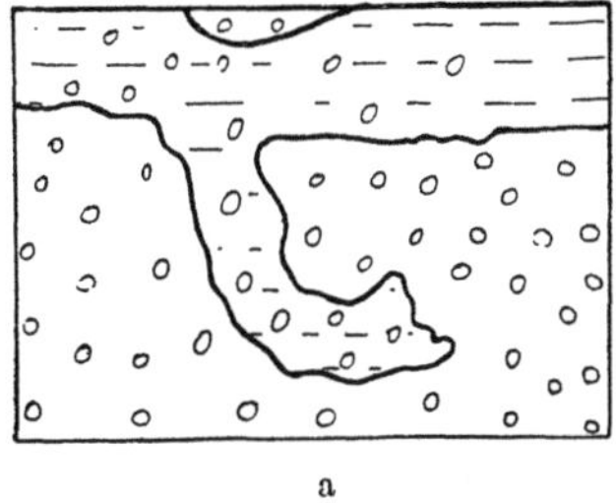
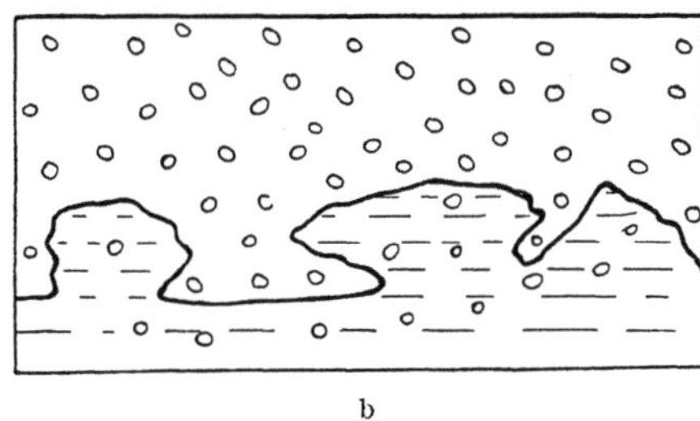

Abb. 56. Formen des Kapillarwassers, a Hängendes, b aufsitzendes Kapillarwasser.

versteht man also das in den Bodenporen befindliche Wasser, das unter Unterdruck steht; es ist mit dem Grundwasser verbunden. Die Oberfläche des Kapillarwassers ist durch Menisken begrenzt (siehe Abb. 56).

Grundwasser. Statisch betrachtet steht das Grundwasser nur unter dem Einfluß der Schwere, aber nicht unter der Wirkung von Oberflächenkräften. Im Grundwasser ist der Wasserdruck größer als der Luftdruck an seiner Oberfläche.

---

[1] Nach R. RUCKLI: zit. S. 52.

Haftwasser ist Wasser, das von den Bodenteilchen festgehalten, von ihnen aber nicht verdichtet wird. Bei Sättigung des Bodens geht das Haftwasser in das Kapillarwasser oder Grundwasser über.

Sickerwasser ist Wasser, das unter dem Einfluß der Schwerkraft den Boden durchsickert.

In Abb. 57 sind die verschiedenen Erscheinungsformen nach den Angaben von ZUNKER[1] zusammengestellt.

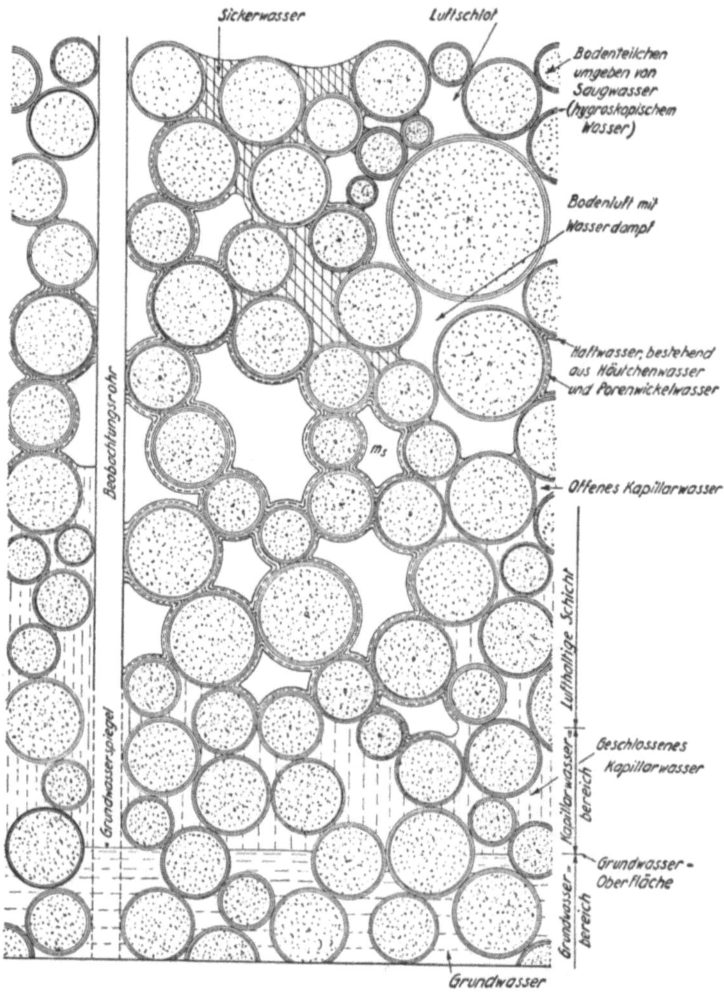

Abb. 57. Erscheinungsformen des unterirdischen Wassers (nach ZUNKER). m_s seitlicher Meniskus.

Saugwasser, auch Anhaftwasser oder hygroskopisches Wasser genannt, ist Wasser, das an der Oberfläche der Bodenteilchen so starken Anziehungskräften unterliegt, daß es verdichtet wird. Anhaftwasser nimmt an den Schwankungen des Grundwasserspiegels nicht teil.

Bodenfeuchtigkeit: Im weiteren Sinne des Wortes wird alles Wasser im Boden als Bodenfeuchtigkeit bezeichnet. Im engeren Sinne des Wortes wird unter

---

[1] Siehe BLANK: Handb. d. Bodenlehre Bd. 6 Abschnitt 2: ZUNKER: Das Verhalten des Bodens zum Wasser S. 66 bis 220. Berlin 1930.

Bodenfeuchtigkeit nur das Wasser oberhalb des zusammenhängenden Grundwasserspiegels verstanden, also das Wasser, bestehend aus Saugwasser, Kapillarwasser und Haftwasser.

2. Einteilung des unterirdischen Wassers nach seinem geologischen Vorkommen.

a) Begriffe.

Man unterscheidet zwischen Grundwasser und Höhlengewässern.

Unter *Grundwasser*[1] versteht man das Wasser, das die Hohlräume der Erdrinde zusammenhängend ausfüllt und nur der Schwere und dem hydrostatischen Druck unterliegt. Das Grundwasser fließt, wenn Gefälle vorhanden ist oder erzeugt wird. Es steht im Vergleich zur Luft unter höherem Druck oder an seiner Oberfläche unter dem gleichen Druck. Der Begriff Grundwasser hängt nicht davon ab, ob die betreffenden Teile der Erdrinde locker oder fest, ob sie verwittert oder unverwittert sind, ob sie Lebewesen oder Reste von solchen enthalten oder nicht, ob das Wasser dicht unter der Erdoberfläche oder in größerer Tiefe liegt. Die Hohlräume, die Grundwasser enthalten, können sehr verschiedene Größen besitzen. Die Grenze ihrer Größe nach unten ist dadurch gegeben, daß in sehr kleinen Hohlräumen, z. B. des Tones, das Wasser durch die starken Anziehungskräfte der festen Teilchen am Fließen verhindert wird. Eine Grenze der Hohlraumgröße nach oben ist nicht festgelegt. Grundwasser kann also in Poren, Haarrissen, Klüften und auch unterirdischen Gerinnen vorhanden sein. Doch werden Teilstücke sonst oberirdischer Wasserläufe vom Begriff Grundwasser ausgenommen und als unterirdische Wasserläufe bezeichnet. Ist es zweifelhaft, ob unterirdische Wasser

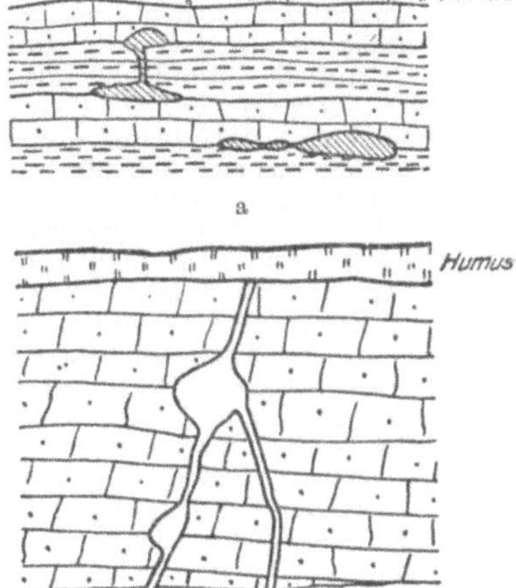

Abb. 58. Verschiedene Arten von Gerinnegrundwasser. a Wasserwege auf Schichtfugen, b Wasserwege durch Klüfte.

in Höhlen den Wasserläufen oder dem Grundwasser zuzurechnen sind, so kann als Ausweg die Bezeichnung Höhlengewässer angewendet werden. In besonderen Fällen kann das Grundwasser größere oder kleinere Gasblasen einschließen.

Unter „*unterirdischem Wasserlauf*" versteht man die unterirdischen Teilstücke eines sonst oberirdischen Wasserlaufes. Sie sind vom Begriff Grundwasser ausgenommen. Im Gegensatz zum unterirdischen Wasserlauf steht das Gerinnegrundwasser. Das ist Grundwasser in Spalten, Klüften, Höhlen (siehe Abb. 58).

Unter *Quelle* versteht man eine örtlich begrenzte Austrittsstelle des Grundwassers an das Tageslicht oder die Tagesluft. Eine Ausnahme machen die künstlichen Brunnen. Es werden über hundert verschiedene Bezeichnungen und Namen für Quellen gebraucht. Der Begriff Grundwasser wird vielfach verschieden umschrieben, aber alle Begriffe, wie sie von RAMAN (1905), HÖFER (1912), KEILHACK (1912), PRINZ (1919), KAMPE (1929), ZUNKER (1930), DIXEY (1931), KOEHNE (1938) aufgestellt wurden, sind mehr oder weniger in den obigen Erklärungen des Begriffes über Grundwasser mit enthalten.

---

[1] Vgl. Landesanstalt für Gewässerkunde und Hauptnivellements. Alphabetisches Verzeichnis von Fachausdrücken der Hydrologie des unterirdischen Wassers. Berlin 1943.

b) Grundwasser.

α) Begriffe.

Abflußhöhe: Die Abflußhöhe h_A bedeutet die Höhe jener Wasserschicht, welche bei gleichmäßiger Verteilung der Abflußwasserfracht F_A über das Einzugsgebiet F ermittelt wird.

Abflußspende, Abflußzahl: Die Abflußmenge je Flächeneinheit für beliebige Wasserstände (l/s ha oder l/s km²) $q_A = \dfrac{F_A}{t\,F} = \dfrac{Q}{F}$.

Abflußwasserfracht: Wassermenge, welche in einem bestimmten Zeitabschnitt durch ein Durchflußprofil abfloß $= F_A = Q\,t$.

Abflußzahl: Die Abflußspende für bestimmte Wasserstände, z. B. für Niederwasser, Mittelwasser, Hochwasser.

Anlagerungswasser: Verdichtetes Benetzungswasser (Sorptionswasser).

Artesisch: Bezeichnung für Brunnen, bei denen das Wasser von selbst über Flur ausläuft und eine dichte Schicht durchteuft worden ist.

Artesischer Brunnen: Ein Brunnen zur Entnahme artesischen Wassers oder in gespanntes Grundwasser hinabreichender Brunnen.

Aufsteigendes Grundwasser: In erheblichem Maße aus tieferen Schichten zu einer Austrittsstelle hinaufsteigendes Grundwasser.

Aussetzende Quellen: Quellen, die zeitweise versiegen (siehe auch pulsende Quellen).

Beharrungszustand beim Pumpen: Beim Herauspumpen einer gleichbleibenden Wassermenge aus einem Brunnen, Zustand, bei dem die Absenkung des Brunnenspiegels nicht mehr merklich fortschreitet (oft nur scheinbar vorhanden).

Bergfeuchtigkeit: Wassergehalt eines oberhalb des Saugsaumes befindlichen Gesteins.

Binnenseite eines Deiches: Die der wassergeschützten Niederung zugewandte Deichseite.

Blänke des Grundwassers: Vertiefte Stelle im Gelände, die eine mit dem Grundwasser ausgespiegelte Wasseransammlung ohne oberirdischen Zu- und Abfluß erhält.

Bodenaufschwemmung: Ein in einer Flüssigkeit aufgeteilter Boden.

Bodenfeuchtigkeit siehe Wassergehalt des Bodens.

Bodengefüge: Die Anordnung der Bodenteilchen zueinander.

Bodenkonstante siehe Durchlässigkeitswert.

Bodenkornoberfläche: Die Summe der Oberflächen der Bodenteilchen je Gewichts- oder Raumeinheit des trockenen Bodens.

Bodenkrume: Der oberste, Humus enthaltende Boden.

Bodenluft: Die im Boden enthaltene Luft.

Bodensaugdruck: Im Bodenwasser vorhandene Saugspannung (Dyn. cm²).

Bodenverdunstung: Unmittelbare Verdunstung aus dem Boden, ausschließlich der Wasserabgabe durch die Pflanzen.

Bodenwasser: Das im Boden enthaltene Wasser. Das Wort wurde fälschlich auch als Bezeichnung statt „Grundwasser" gebraucht.

Bohrbrunnen: Mit Hilfe einer Bohrung niedergebrachter Brunnen.

Brackwasser: Ein Gemenge von Süß- und Salzwasser.

Brunnen: Lotrechter, künstlich hergestellter Aufschluß zum Aufsuchen und zur Gewinnung von Grundwasser, Sickerbrunnen sind keine Brunnen in obigem Sinne.

Brunnenergiebigkeit: Die beim Abpumpen eines Brunnens durchschnittlich erzielte Fördermenge in der Sekunde.

Brunnenergiebigkeitsmaß: Die je Meter Senkung eines Brunnenspiegels gewonnene Wassermenge je Sekunde (früher spezifische Ergiebigkeit).

Brunnenhöchstergiebigkeit: Größte Wassermenge, welche die Wandungen eines Brunnens in der Sekunde einzulassen vermögen, wenn der Brunnen fast oder ganz leer gepumpt wird.

Busenschöpfwerk: Ein Schöpfwerk, das das Wasser eines unter dem Meeresspiegel gelegenen großen Binnenvorfluters hebt, dem selbst weitere kleinere (Polder-) Schöpfwerke das Wasser der Niederung zuleiten.

Darcysches Gesetz: Gesetz über die Fluß- und Filtergeschwindigkeit des Grundwassers bei laminarer Strömung.

Deckfläche eines Grundwasserleiters: Grenzfläche einer durchlässigen, Grundwasser enthaltenden Schicht gegen eine darüberliegende schwer- bis undurchlässige. An der Deckfläche ist der Wasserdruck höher als der Luftdruck.

Dräneinstau: Eine Entwässerung durch unmittelbar in einen offenen Vorflutgraben einmündende Dränstränge, die mittels einer Stauvorrichtung im Vorflutgraben unter Stau gesetzt werden kann.

Drängewasser: Wasser, das aus einem Wasserlauf bei höheren Wasserständen durch Deich und Untergrund in eine Niederung eindringt (vgl. auch Kuverwasser und Qualmwasser).

Dränung: Senkung und Regelung der Grundwasseroberfläche mit Hilfe unterirdischer Ableitungen.

Druckfläche: Fläche, bis zu der Wasser aus den tieferen Grundwasserstockwerken in Bohrlöchern aufsteigen kann (Verbindungsfläche der Steighöhen).

Druckgefälle: Der Druckunterschied in zwei Punkten des Grundwassers, plus dem mit dem spez. Gewicht des Wassers zwischen den Punkten multiplizierten Höhenunterschied der Punkte, geteilt durch den Abstand der beiden Punkte voneinander.

Druckhöhe (hydrostatische): Druck geteilt durch Wichte. (Höhe der Wassersäule, die den in einem Punkte des Grundwassers herrschenden Druck erzeugen würde, d. i. die Höhe, bis zu der das Grundwasser von diesem Punkt aus in einem Bohrloch aufsteigen würde.

Druckkammer: Ein kleiner Speicherraum zwischen Schöpfwerk und Siel im Tidegebiet wird Druckkammer genannt, wenn das Schöpfwerk seine Fördermenge durch das gleiche Siel dem Flusse zuleitet, durch das auch die frei entwässernden Wassermengen ablaufen. Sie dient der Beruhigung des aus dem Druckrohr kommenden Wassers und der Druckentlastung zwischen Siel- und Schöpfwerk.

Drucklinie: Linie, bis zu der das Wasser aus der Tiefe, z. B. aus tieferen Grundwasserstockwerken u. dgl., aufsteigen würde.

Druckwasser: In der Kulturtechnik unterirdisch einer Niederung zufließendes, nahe an die Oberfläche gelangendes Fremdwasser. Die Bezeichnung Druckwasser wurde fälschlich auch für gespanntes Grundwasser angewendet.

Durchlässigkeitswert $k_{00} = \dfrac{Q\,l\,\eta}{F\,g\,dh}$ cm², worin Q die sekundliche Durchströmungsmenge in cm³, F der Bodenquerschnitt in cm², l die Länge der Bodensäule, η die Zähigkeit der Durchströmungsmasse in g cm^{-1} s^{-1}, $g\,dh$ die Druckhöhe in g cm^{-1} s^{-2} mit $g = 981$ und d gleich der Dichte der Druckflüssigkeitssäule von der Höhe h ist. Für $g\,d = \gamma$ (spez. Gewicht der Druckflüssigkeitssäule) wird vereinfacht $k_0 = \dfrac{Q\,l\,\eta}{F\,\gamma\,h}$, somit ist $k_0 = 981\,k_{00}$. Durch weitere Vernachlässigung der Zähigkeit und des spez. Gewichtes der Durchströmungsmasse wird $k = \dfrac{Q\,l}{F\,h}$ cm/s. k wird als Filtergeschwindigkeit je Gefällseinheit bezeichnet (nach ZUNKER). $k_{f10^0} =$ Durchlässigkeitsbeiwert auf reines Wasser von 10° C bezogen.

Durchflußmenge: Wassermenge je Zeiteinheit durch das Durchflußprofil $= Q$.

Eigenwasser: Wasser in einem Gebiet, das den in diesem gefallenen Niederschlägen entstammt.

Einzugsgebiet: Gebiet, aus welchem das Wasser stammt $= F$.

Entnahmetrichter: Grundwasseroberfläche oder Druckfläche von trichterförmiger Gestalt rings um eine Entnahmestelle.

Entwässerung: Maßnahmen zur Ableitung des Grundwassers aus einem Grundwasserleiter, die eine Senkung des Saugsaumes zur Folge haben.

Ergiebigkeit: Aus einer Wasserfassung in der Zeiteinheit gewinnbare Wassermenge; siehe auch Brunnenergiebigkeit und Quellergiebigkeit.

Fallhöhe: Spiegelhöhenunterschiede in der Fließrichtung.

Fassungswert eines Brunnens: Der auf die Einheit der Eintauchtiefe bezogene Wert der Höchstergiebigkeit.

Festgehaltenes Bodenwasser: Die Summe von Haftwasser und Sorptionswasser.

Feuchtigkeitswert in %: Wassergehalt in Gewichtsteilen einer Bodenprobe, die erst mit Wasser gesättigt und dann mit einer Beschleunigung von 1000 g ($g = 981$ cm/s²) zentrifugiert wurde (vgl. kleinste Wasserhaltefähigkeit).

Filter: Körper, der beim Durchgang von Wasser die nicht im Wasser gelösten Fremdkörper zurückhält.

Filtergeschwindigkeit: a) Bei einem Filter, auf dem Wasser steht: die Geschwindigkeit, mit der sich das offene Wasser auf die Oberfläche des Filters hinbewegt. — b) Beim Grundwasser: Wassermenge, die einen Querschnitt senkrecht zu ihm in der Zeiteinheit durchfließt, geteilt durch die Gesamtfläche des Querschnittes einschließlich der festen Teile.

Flachspiegelbrunnen: Brunnen, in denen der Ruhespiegel nicht tiefer als 5 m unter Flur liegt (nach Din Fen E 220).

Flestgraben: Mahlbusenraum, der dadurch gewonnen wird, daß die Gräben in der Nähe des Schöpfwerkes breiter gemacht werden, als dies für Wasserabführung rechnungsmäßig erforderlich wäre.

Fließgeschwindigkeit des Grundwassers: Entfernung zweier auf einem Stromfaden gelegenen Punkte, geteilt durch die zur Zurücklegung dieser Entfernung gebrauchten Zeit.

Flur: Die Oberfläche der festen Erdrinde.

Flußschwinde: Stelle, an der ein Fluß im Untergrund verschwindet.

Freies Grundwasser: Grundwasser, das nach oben nicht von einer dichten Schicht begrenzt wird und an dessen Oberfläche der Wasserdruck gleich dem Luftdruck ist (auch als ungespanntes Grundwasser bezeichnet).

Fremdwasser: Wasser in einem Gebiet, das aus einem anderen Gebiet zufließt.

Gasbrunnen: Brunnen, aus dem brennbares Gas entweicht.

Gerinnegrundwasser: Grundwasser in Spalten, Klüften, Höhlen, das in seinem Auftreten oberirdischen Gerinnen ähnelt.

Geschlossener Kapillarsaum: Der Teil des Kapillarsaumes, der unten vom Grundwasser und oben von dem tiefst gelegenen Meniskus des Kapillarsaumwassers begrenzt ist.

Gespannte Grundluft: Luft unter der Erdoberfläche, die unter höherem Druck steht als die freie Luft.

Gespanntes Grundwasser: Grundwasser unter einer Deckfläche, bei welcher der Wasserdruck größer ist als der Luftdruck.

Gewachsener Boden: Boden in natürlicher Lagerung.

Grabeneinstau: Eine Entwässerung durch offene Gräben, die mittels einer Stauvorrichtung im Vorflutgraben unter Stau gesetzt werden kann.

Grabenstauraum: Der Raum im Hauptgraben eines Polders, der zwischen der für den Pflanzenbau noch zulässigen höchsten Rückstaulinie am Schöpfwerk und derjenigen liegt, die sich beim Betrieb der kleinsten Pumpe bildet. Dieser Raum kann bei unterbrochenem Betrieb der kleinsten Pumpe als Mahlbusenraum benützt werden.

Grundluft: Luft, die sich unter der Erdoberfläche befindet.

Grundquelle: Unter Wasser heraustretende Quelle.

Grundwasser: Grundwasser ist das Wasser, das die Hohlräume der Erdrinde zusammenhängend ausfüllt; es gehorcht nur den Schwerkräften und nicht den Kapillarkräften.

Grundwasserabsenkung (s_w): Künstliche Erniedrigung einer Grundwasseroberfläche oder einer Druckfläche. Beim Sinken infolge natürlicher Ursachen; z. B. Niederschlagsmangels und Pflanzenverbrauchs, ist der Ausdruck „absenken" zu vermeiden.

Grundwasserader: Ein Grundwasserleiter von geringem Querschnitt.

Grundwasseraufstoß: Grundwasseraustritte durch das Herantreten der Oberfläche eines Grundwasserstromes an die Geländeoberfläche, ohne daß die Sohlschicht zutage ausstreicht.

Grundwasseraustritt: Stelle, wo Grundwasser zutage tritt, und zwar in verteilter Form oder in Quellen.

Grundwasserbecken: Grundwasservorkommen mit beckenförmiger Sohle. Der Begriff besagt nicht, daß das Grundwasser eine waagrechte Oberfläche hat und stillsteht.

Grundwasserbeobachtungsrohr: Ein Rohr zum Messen der Grundwasserstände.

Grundwasserböden: Böden im Bereiche des Grundwassers, insbesondere wenn es flach steht.

Grundwasserdeckfläche siehe Deckfläche.

Grundwasserdruck: Die Höhe des Wasserspiegels im Meßrohr über der Verbindungsstelle des Meßrohres mit dem Grundwasser, multipliziert mit dem spezifischen Gewicht der Wassersäule. (Aufsteigendes Grundwasser hat in der gleichen Tiefe unter der Grundwasseroberfläche einen größeren, absinkendes Grundwasser einen kleineren Druck als ruhendes.)

Grundwasserführende Schicht siehe Grundwasserleiter.

Grundwasserganglinien: Ganglinien der Grundwasserspiegel in Abhängigkeit der Zeit.

Grundwassergefälle: Spiegelhöhenunterschied, geteilt durch die Entfernung zweier auf einem Stromfaden gelegener Punkte.

Grundwassergleichstandlinien: Linien mit gleichen und gleichzeitigen Grundwasserständen unter Flur oder über einer waagrechten Bezugsebene.

Grundwasserhebung h_w: Künstliche Hebung einer Grundwasseroberfläche oder einer Druckfläche.

Grundwasserhöhenlinien: Linien gleicher Höhe der Grundwasserstände über NN (Normal-Niveau).

Grundwasserhorizont: Veralteter Ausdruck, der für Grundwasserleiter, Grundwasserstockwerk und Grundwasseroberfläche gebraucht worden ist.

Grundwasserleiter: Schichten oder sonstige geologische Bildungen, die in Poren, Klüften usw. Grundwasser enthalten und geeignet sind, es weiterzuleiten.

Grundwassernest: Grundwasser in einem von schwer durchlässigen Schichten allseitig eingeschlossenen Grundwasserleiter.

Grundwasseroberfläche: Grenzfläche des (ungespannten) Grundwassers, in welcher der Wasserdruck gleich dem Druck der freien Luft ist, so daß sich in nur wenig in das Grundwasser eintauchenden Bohrlöchern ein Spiegel in Höhe der Grundwasseroberfläche einstellt (vgl. auch Deckfläche und Saugsaum).

Grundwasserraum: Hohlräume der Erdrinde, insbesondere Poren, die vom Grundwasser, also nicht von verdichtetem Wasser oder Luftblasen erfüllt sind. (Der Grundwasserraum ist kleiner als der Porenraum und größer als der Grundwasserwog. Der anteilige Grundwasserraum kann in Prozent des Gesamtraumes ausgedrückt werden; nach KOEHNE.)

Grundwasserschnelligkeit: Vom Grundwasserteilchen in der Zeiteinheit zurückgelegter Weg.

Grundwassersohle: Die untere Schichtgrenze des Grundwasserleiters; die Oberfläche der schwer oder nicht durchlässigen Schicht, die den Grundwasserleiter nach unten abschließt.

Grundwasserspeicher: Grundwasserraum, der abwechselnd gefüllt und entleert wird.

Grundwasserspeichervermögen: Die Grundwassermenge in Kubikmeter, die der Boden oberhalb einer bestimmten Grundwasseroberfläche bis zu einer bestimmten Tiefe unter Flur fassen kann.

Grundwasserspiegel: Spiegel in Brunnen und Rohren nach Druckausgleich mit dem Grundwasser.

Grundwasserstand: Höhen- oder Tiefenlage des Grundwasserspiegels in bezug auf einen Vergleichspunkt (Marke in der Nähe des oberen Brunnenrandes, Rohroberkante, Tiefe unter Flur, Höhe über NN, Höhe über der Sohle des Grundwasserleiters). Der Ausdruck ist auch für die Verbindungsfläche beobachteter Grundwasserstände zulässig.

Grundwasserstau: Behinderung einer annähernd waagrechten Grundwasserbewegung. Das Wort wurde früher auch für die Behinderung einer senkrechten Bewegung angewendet, was nicht mehr gebräuchlich ist.

Grundwasserstockwerke: Übereinanderliegende, durch schwerdurchlässige Schichten voneinander getrennte Grundwasserleiter. Sie werden von oben nach unten gezählt.

Grundwasserstrom: Fließendes Grundwasser von größerer Bedeutung.

Grundwassertragende Schicht: Veraltete Bezeichnung für Sohlschicht.

Grundwasserträger: Veraltete Bezeichnung für Grundwasserleiter.

Grundwasserübertritt: Übertritt von Grundwasser aus einer geologischen Bildung in eine andere; z. B. aus einer Gesteinsschicht in Schutt. Der Grundwasserübertritt soll nicht als Quelle bezeichnet werden (siehe Abb. 82).

Grundwasserwelle: Welle im Grundwasser. Das Wort wurde fälschlicherweise auch für Grundwasseroberfläche gebraucht.

Grundwasserwog: Bei Absenkung der Grundwasseroberfläche durch Entleerung von Hohlräumen gelieferte Wassermenge (aus dem Mansfelder Bergbau stammender Ausdruck), siehe auch Wasserliefervermögen.

Haftwasser: Vom Boden oder Gestein oberhalb des Saugsaumes festgehaltenes, aber nicht verdichtetes Wasser (Porensaugwasser z. T.).

Hauptgrundwasserspiegel: Spiegel des für die Grundwasserbewegung wichtigsten Stockwerkes.

Hüllstoffe: Wasserdurchlässige Stoffe, mit denen Dränleitungen allseitig umhüllt werden, um sie vor dem Versanden zu schützen.

Hy (nach Alten): Zeichen für die Wassermenge, die 100 g trockener Boden im Dampfraum über 10%iger Schwefelsäure bei Zimmertemperatur (rd. 18°) aufnimmt. (Sie entspricht einer Saughöhe von 50 000 cm.)

Hydraulik: Angewandte Hydromechanik unter weitgehender Benützung von Erfahrungswerten (Hydrostatik, Hydromechanik). Hydraulik wird auch als Lehre von der Bewegung von Flüssigkeiten unter Anwendung örtlicher und zeitlicher Mittelwerte umschrieben; in diesem Falle deckt sich der Begriff Hydraulik mit demjenigen von Hydrodynamik.

Hydrodynamik: Lehre von der Bewegung von Flüssigkeiten.

Hydrographie: Gewässerbeschreibung, Gewässerkunde.

Hydrographische Karten: Karten mit der Darstellung der Flüsse.

Hydrologie: Lehre vom gesamten Wasser unter und über der Erdoberfläche (Gewässerkunde).

Hydromechanik: Lehre vom Gleichgewicht und von der Bewegung von Flüssigkeiten. Hydromechanik im engern Sinne des Wortes bedeutet die Lehre von der Bewegung ideeller Flüssigkeiten (reibungsloser, inkompressibler Flüssigkeiten). Hydrostatik und Hydraulik werden oft als die Anwendungen der Hydromechanik betrachtet.

Hydrometrie: Wassermeßwesen.

Hygroskopische Körper: Körper, die die Eigenschaft besitzen, Feuchtigkeit aus der Luft anzuziehen.

Hygroskopizität: Die Wasseraufnahme eines Stoffes durch Sorptionskräfte (siehe Hy).

Hydrostatik: Lehre vom Gleichgewicht von Flüssigkeiten.

Infiltration: Eindringen von Wasser in als Filter wirkende Körper.

Infiltrationskoeffizient siehe Versickerungsverhältnis.

Intermittierende Quellen: Alter Ausdruck für zeitweise stark nachlassende oder ganz versiegende Quellen; siehe auch pulsende Quellen und aussetzende Quellen.

Juveniles Wasser: Aus der Tiefe der Erde erstmalig in die oberen Schichten empordringendes, aus Wasserdampf der Tiefe verflüssigtes Wasser.

Kapillare Saugkraft: Die mit abnehmendem Wassergehalt des Bodens zunehmende Größe der noch freien Oberflächenkräfte in Zentimeter Wassersäule (nach ZUNKER).

Kapillarsaum siehe Saugsaum.

Kapillarsaumwasser: Kapillarwasser, das unten von Grundwasser und oben von Menisken begrenzt wird.

Kapillarwasser (Porensaugwasser): Wasser, das unter dem Einfluß der an Menisken wirksamen Kräfte steht, also dem Einfluß der Oberflächenspannung unterliegt.

k_f: Filtergeschwindigkeit je Gefällseinheit.

k_{f10^0}: Filtergeschwindigkeit auf reines Wasser von 10° C bezogen = Durchlässigkeitswert.

k_{00} siehe Durchlässigkeitswert.

k_r: Fließgeschwindigkeit je Gefällseinheit im Bereich des Darcyschen Gesetzes.

k_{r10^0}: Fließgeschwindigkeit auf reines Wasser von 10° C bezogen.

Kleinste Wasserhaltefähigkeit: Diejenige Wassermenge, die eine Bodenprobe nach Durchleitung wassergesättigter Luft zurückzuhalten vermag (vgl. auch Feuchtigkeitswert).

Kuverwasser: Durch einen Deich bei höheren Außenwasserständen hindurchgedrücktes Wasser.

Lagerungsdichte des Bodens: Die mehr oder weniger dichte Lagerung der Bodenteilchen.

Mahlbusen: Eine teichartige Erweiterung des Hauptgrabens eines auf künstliche Entwässerung angewiesenen Polders, die binnenwärts des Schöpfwerkes gelegen ist und während des Stillstands des Schöpfwerks eine gewisse Wassermenge sammeln kann, um sie abzugeben, wenn das Schöpfwerk wieder im Betrieb ist.

Mahlpeile: Durch Marken bezeichnete Wasserstände, die den Pumpenbetrieb im Außen- oder Binnenwasser derart begrenzen, daß nach ihrer Überschreitung oder Unterschreitung die Pumparbeit zu beginnen oder einzustellen ist (höchster oder tiefster Außenpeil und Binnenpeil).

Mineralbrunnen: Brunnen, die Mineralwasser erschließen, häufig artesisch.

Naßgalle: Eine Geländestelle, die durch geringe, zutage tretende Grundwassermengen vernäßt ist.

Nebengrundwasserspiegel: Spiegel kleinerer, neben einem Hauptgrundwasser auftretender, für die Wassergewinnung unwichtiger Grundwasservorkommen.

Nortonbrunnen siehe Rammbrunnen.

Nußgalle siehe Naßgalle.

Offener Kapillarsaum: Der Teil des Kapillarsaums, der zwischen dem untersten und dem obersten Meniskus des Kapillarsaumwassers liegt.

pF: Logarithmus des Bodensaugdruckes (Basis 10) nach SCHOFIELD und ALTEN.

Piezometrisches Niveau: Alter Ausdruck für Grundwasserstand von gespanntem Grundwasser = Standrohrspiegel.

Piezometerstand: siehe Standrohrspiegel.

Piezometerrohr: siehe Standrohr.

Poldergebiet: Eine durch Deiche gegen Überschwemmung geschützte Fläche an einem Wasserlauf oder am Meere.

Porenraum, anteiliger: Summe der Poren je Raumeinheit oder in Prozent des Bodens. Früher als Porenquotient bezeichnet.

Porensaugwasser: Kapillarwasser.

Pulsende Quellen: In kurzen Abständen regelmäßig zu- und abnehmende Quellen.

Qualmwasser: Qualmwasser ist Grundwasser, das in einer eingedeichten Niederung bei hohen Außenwasserständen hochgedrückt wird, wobei Fluß- oder Meerwasser in den Untergrund eintritt.

Quelle: Eine örtlich begrenzte Austrittsstelle des Grundwassers oder unterirdischen Wasserlaufes an das Tageslicht oder an die Tagesluft mit Ausnahme solcher im Brunnen.

Quellenband, Quellenlinie: Linie (oder Band), auf der Quellen heraustreten.

Quellhorizont: Grundwasserleiter, der Quellen liefert.

Quellschüttung: Die natürliche Abflußmenge einer Quelle in der Zeiteinheit.

Quellsee: See, der nur einen Abfluß, aber keinen oberirdischen Zufluß hat.

Quellwasser: Die Flüssigkeit heißt Quellwasser, sobald sie aus dem unterirdischen Wasserlauf oder aus dem Grundwasser an das Tageslicht oder an die Tagesluft tritt. Man spricht auch von Quellwasser, wenn das Wasser unmittelbar bei der Quellfassung in die Quelleitung überführt wird (siehe Abb. 80).

Quetschwasser: Aus schwerdurchlässigen Schichten in geringer Menge zutage tretendes Wasser (nach REICHLE).

Rasenkrume: Die oberste Bodenschicht des Wies- oder Graslandes.

Rammbrunnen: Brunnenrohr, das am unteren Ende mit Filter und Spitze versehen ist.

Sandfelder: Ausgedehnte Sandflächen von Poldern in ganz flacher Lage, die durch ein Grabennetz gut aufgeschlossen sind und deshalb Niederschlagswasser rasch abgeben.

Sandköpfe: Inselartig aus Schlickflächen der Polder hervorragende Sandrücken, die ihrer hohen Lage halber durch Gräben nicht aufgeschlossen sind, bei denen also Niederschläge nur unterirdisch abfließen können.

Saugsaumwasser: Zusammenhängendes Porensaugwasser, das unten vom Grundwasser und oben von aneinanderschließenden Menisken begrenzt ist.

Saugsaum (Kapillarsaum): Der vom Saugwasser (Kapillarwasser) eingenommene Bodenraum (siehe Kapillarwasserbereich in Abb. 57), in welchem der Wassergehalt von der Lage der Grundwasseroberfläche abhängt.

Scheingeschwindigkeit des Grundwassers: Der in der Zeiteinheit zurückgelegte scheinbare Weg des Grundwassers; $v = \dfrac{Q}{F}$, worin F die Fläche des rechtwinklig zur Stromlinie gelegten Querschnittes und Q die in der Zeiteinheit durch den Querschnitt fließende Wassermenge ist.

Schichtquelle: In der Kulturtechnik gebräuchlicher Ausdruck für Wasser, das auf einer Schicht austritt.

Schöpfhöhe: Die in Zentimeter Höhe einer den Polder bedeckenden Wasserschicht umgerechnete Wassermenge, die ein Schöpfwerk innerhalb von 24 Stunden heben kann.

Schöpfwerk: Ein Pumpwerk, das der Entwässerung landwirtschaftlich genutzter Grundstücke dient.

Schüttung: siehe Quellschüttung.

Schwalglöcher: Am Ufer oder an der Sohle von Flüssen oder Bächen befindliche Löcher, in denen Wasser versinkt.

Schwebendes Grundwasser: Grundwasser, bei dem unter der Sohlschicht wieder eine lufthaltige Zone folgt.

Schweißwasser: Unterirdisches Fremdwasser, das flächenhaft austritt.

Schwellen des Bodens: Die Erscheinung der Raumvergrößerung des Bodens bei Aufnahme von Wasser.

Schwellung: $\dfrac{V - V_t}{V_t}$, worin V_t der Rauminhalt des Bodens vor und V jener nach dem Schwellen ist.

Schwinden des Bodens: Die Erscheinung der Raumverkleinerung des Bodens bei Wasserverlust.

Schwund: $\dfrac{V - V_s}{V}$, worin V der Rauminhalt des Bodens vor und V_s jener nach dem Schwinden ist.

Seihwasser: Aus Flüssen und Seen in filtrierenden Untergrund abgewandertes Wasser.

Senkungstrichter: Fläche, welche die durch Brunnen hervorgerufene Absenkung der Grundwasserstände unter die Ruhelage darstellt, siehe auch unter Entnahmetrichter.

Senkwasser siehe Sickerwasser.

Sickerbrunnen: a) Im Bergbau, Brunnen, der unten in einen Entwässerungsstollen mündet. Das Wasser fällt darin herunter, ohne daß sich ein Brunnenspiegel bildet. b) Im Kulturbau. Brunnen, der dazu dient, überschüssiges Wasser in eine tiefere Schicht hinabzuleiten.

Sickerwasser: In merklicher Abwärtsbewegung befindliches unterirdisches Wasser, das das Grundwasser noch nicht erreicht hat. Es wird unterschieden in sickerndes Porensaugwasser und Sinkwasser.

Sinkwasser: Sickerwasser, das in weiten Hohlräumen unter dem Einfluß der Schwerkraft schnell abwärts sinkt.

Sohle: Untere Begrenzungsfläche von Gewässern und Grundwasserleitern (auch von Brunnen).

Sohlschicht: Schwer bis undurchlässige Schicht unter einem Grundwasserleiter; nicht als „wassertragende Schicht" zu bezeichnen.

Sol: Das beim Ausflocken einer Bodenaufschwemmung sich absondernde Verteilungsmittel.

Sorptionswasser (sorbiertes Wasser) siehe verdichtetes Benetzungswasser.

Spezifische Ergiebigkeit siehe Brunnenergiebigkeitsmaß.

Stauabteilung: Auf einmal eingestauter Teil einer Überstauungs- oder Stauberieselungsanlage.

Staudränung: Eine Dränung mit Stauverschlüssen in den Sammlern.

Stauquelle: Quelle, die dadurch entsteht, daß sich der seitlichen Grundwasserbewegung ein Stau entgegenstellt.

Steighöhe: Bei einem in gespanntem Grundwasser stehenden Rohr der lotrechte Abstand von der Deckfläche zum Grundwasserspiegel = lotrechter Abstand vom Standrohrspiegel zum Grundwasserspiegel.

Spiegelgefälle: Der Spiegelhöhenunterschied in zwei nahegelegenen Punkten des Grundwassers, geteilt durch den Abstand der beiden Punkte voneinander.

Standrohr: In eine Flüssigkeit reichendes, nach oben offenes Rohr. Für das Grundwasser ist jeder Brunnen ein Standrohr.

Standrohrspiegel: Wasserspiegel im Standrohr.

Stromfaden oder Stromlinie bei Grundwasser: Geglättete Verbindungslinie zweier in der Fließrichtung liegender Punkte.

Stromlinien: Linien, auf denen sich das Grundwasser bewegt, ohne Berücksichtigung der Umwege durch die Porenwindungen.

Tagwasser: Das unmittelbar von Niederschlägen stammende, auf dem Boden stehende oder abfließende Wasser.

Thermalbrunnen: Brunnen, der heißes Wasser erschließt.

Thermalquelle: Natürliche Quelle, die Thermalwasser liefert.

Tiefengrundwasser: Grundwasser tieferer Stockwerke.

Tiefenwasser: Allgemein Wasser in größeren Tiefen.

Tiefgebiet: Teile einer Niederung, die durch die allgemeinen Entwässerungseinrichtungen keine ausreichende Absenkung der Wasserstände erfahren und deshalb durch ein besonderes Schöpfwerk künstliche Vorflut erhalten müssen.

Tiefspiegelbrunnen: Brunnen, dessen Ruhespiegel mehr als 5 m unter Flur steht (vgl. Flachspiegelbrunnen).

Überfallquelle: Quelle, die an der bergwärts einfallenden Sohle eines Grundwasserleiters austritt.

Unechter Grundwasserspiegel: Veralteter Ausdruck für Nebengrundwasserspiegel.

Ungespanntes Grundwasser: Freies Grundwasser.

Unterdruckhöhe des unterirdischen Wassers: Negativer Druck im unterirdischen Wasser, bezogen auf den Druck der freien Luft als Null, gemessen in Zentimeter Wasserhöhe. Die Ausdrücke „Saugspannung", „Saugdruckhöhe" werden besser vermieden.

Untergrund: Der unter der Bodenkrume liegende Teil der Erdrinde.

Unterirdische Abflußspende: Aus dem Grundwasser stammende Abflußspende aus dem unterirdischen Einzugsgebiet berechnet. Sie darf nicht mit dem Wasserliefervermögen bei Grundwassersenkung verwechselt werden.

Unterirdische Wasserläufe: Unterirdische Teilstücke eines sonst oberirdischen Wasserlaufes. Sie sind vom Begriff Grundwasser ausgenommen (vgl. Gerinnegrundwasser).

Unterirdisches Fremdwasser: Grund- und Quellwasser, das von Niederschlägen außerhalb des betrachteten Geländes stammt.

Unterirdisches Wasser: Das nicht chemisch gebundene Wasser unterhalb der festen Erdoberfläche.

Verarmungsgrenze: Geringster, in einem durchwurzelten Boden vorkommender Wassergehalt nach FLECKMANN (vgl. Kleinste Wasserhaltefähigkeit und Feuchtigkeitswert).

Verdichtetes Benetzungswasser: Durch die Anziehungskräfte der Oberfläche fester Bodenteilchen in dünner Schicht verdichtetes Wasser in der lufthaltigen Zone oder im Grundwasser.

Versickerung: Verschwinden von oberirdischem Wasser durch Eindringen in den Boden (auch Verlust aus im Boden liegenden Leitungen).

Versickerungsverhältnis: Verhältnis des versickernden Anteils des Niederschlages zu diesem.

Versinkung: Schnelle Versickerung von Wasser in Gesteinsklüften, wobei es nicht filtriert wird.

Versuchsbrunnen: Pumpbrunnen zur Untersuchung des Grundwassers.

Vorflut: Ist vorhanden, wenn die Möglichkeit des Wasserabflusses besteht.

Wahre Grundwassergeschwindigkeit v_p: Die Scheingeschwindigkeit v des Grundwassers, geteilt durch den wirksamen Porenraum p_w je Raumeinheit des Bodens $v_p =$

$$= \frac{v}{p_w} = \frac{Q}{p_w F} = \frac{l}{t},$$ worin p_w der wirksame Porenraum, l die Länge der Bodensäule in der Stromlinie und t die Fließzeit eines Grundwasserteilchens ist. Die Projektion der tatsächlichen Geschwindigkeit der Wasserteilchen auf die Stromrichtung (Geschwindigkeit ohne Berücksichtigung der Porenwindungen).

Wasseranlagerungswert (nach ZUNKER) siehe Hy.

Wassergehalt: In einem Boden enthaltene Wassermenge, in Raum- oder Gewichtsteilen des getrockneten Gesamtbodens ausgedrückt.

Wasserliefervermögen bei Grundwassersenkung: Durch Entleerung von Hohlräumen gelieferte Wassermenge je Quadratmeter Fläche und je Meter Absenkung (vgl. Grundwasserwog).

Wassertragende Sohle siehe Sohle.

Welkepunkt: Der Wassergehalt in Prozent des Gewichts oder Raums des trockenen Bodens, bei dem die Pflanzen unter bestimmten Bedingungen zu welken beginnen.

Zwischenstreifen: Diejenige Zone über dem Saugsaum, deren Wasser für Pflanzenwurzeln nicht erreichbar ist[1].

β) Entstehung des Grundwassers.

Über die Entstehung des unterirdischen Wassers sind zwei Theorien entwickelt worden; nämlich

I. die Kondensationstheorie (Lehre vom Verdichten der Dämpfe zu Wasser),

II. die Versickerungstheorie.

Zuerst werden einige Ausführungen zu der Lehre vom Verdichten der Dämpfe zu Wasser gegeben und nachher die Lehre von der Versickerung des Wassers behandelt.

I. Entstehung des unterirdischen Wassers durch Verdichten der Dämpfe zu Wasser. Nach der Kondensationstheorie erfolgt die Ergänzung des Grundwassers nur durch Verdichtung des Wasserdampfes, der in der unterirdischen Atmosphäre vorhanden ist. Bei Abkühlung der Temperatur wird aus mit Wasserdampf gesättigter Luft Wasser in fester Form ausgeschieden, z. B. bei der Abkühlung von 20° auf 0° wird nach Tabelle 28 im Abschnitt über Meteorologie die absolute Feuchte von 17,33 g/m³ Luft auf 4,85 verkleinert, d. h. 12,48 g Wasser werden aus einem Kubikmeter Luft ausgeschieden. Mit anderen Worten: um 1 l Wasser zu erhalten, müssen rd. 80 m³ Luft abgekühlt werden. Die Kondensationstheorie wurde von VOLGER aufgestellt und von CHR. MEZGER[2] vertreten. Entgegnungen finden sich z. B. in Prof. J. BARTES: Verdunstung, Bodenfeuchtigkeit und Sickerwasser[3]. Nach GROSS[4] wird die Bildung von unterirdischem Wasser durch Dampfströmungen begünstigt.

Die bisherigen Feststellungen ergeben, daß es möglich ist, daß ein Teil des Grundwassers bei günstigen Bedingungen durch Kondensation entsteht.

Diese Wassermenge ist aber im Verhältnis zur Gesamtgrundwassermenge klein und kann im allgemeinen vernachlässigt werden. Vermutlich kommt der unterirdischen Verdichtung des Dampfes zu Wasser bei der Entstehung von Gipfelquellen eine gewisse Bedeutung zu.

---

[1] Zusammengestellt nach den Angaben im Schrifttum, eigenen Beobachtungen, nach den Vorschlägen von ZUNKER im Deutschen Ausschuß für Kulturbauwesen und den Vorschlägen von FAUSER, KOEHNE usw.
Vgl. W. KOEHNE: Einheitliche Begriffe und Bezeichnungen in der Hydrologie. Dtsch. Wasserw. 1938 S. 231. — J. STINY: Die Quellen. Wien 1933. — K. KEILHACK: Lehrb. d. Grundwasser- u. Quellenkunde, 3. Aufl. Berlin 1935. — Generalinspektor für Wasser und Energie, Landesanstalt für Gewässerkunde und Hauptnivellements. Alphabetisches Verzeichnis von Fachausdrücken der Hydrologie des oberirdischen Wassers. — FAUSER: Begriffsbezeichnungen und Begriffserläuterungen kulturtechnischer Ausdrücke. Im Entwurf. — Ferner vgl. Din 1331 Formelzeichen in der allgemeinen Hydraulik, Din 1334 Formelzeichen in der Grundwasserkunde, Festlegung von Begriffsbezeichnungen in der Wasserwirtschaft (Wasserversorgungs- und Abwassertechnik). Gesundh.-Ing. 62 (1939) S. 598. — Hydrologische Bibliographie, die jährlich von der Preußischen Landesanstalt für Gewässerkunde herausgegeben wird. — Umschau in der Grundwasserkunde, Moorkultur und Torfverwertung. Arch. Wasserwirtsch. Berlin 1940 Nr. 55. — Landesanstalt für Gewässerkunde und Hauptnivellements. Alphabetisches Verzeichnis von Fachausdrücken der Hydrologie des unterirdischen Wassers. Berlin 1943. — Jb. f. Gewässerkunde. Allg. Teil S. 59. Berlin 1938. — KOEHNE: Das unterirdische Wasser. Handb. d. Geophys. Bd. 7 Lfg. 1 S. 183. Berlin 1933. — ABWESER: Wasserwirtschaft, Wien 1935 S. 5, 25, 42, 89, 121, 140, 153. — J. DENNER u. W. KOEHNE: Richtlinien für die Erforschung der Grundwasserverhältnisse. Reichsmin. f. Ernährung u. Landwirtschaft. Berlin 1938.
[2] Versuche über den Einfluß der Grundluft auf die Bewegung und Verteilung der Bodenfeuchtigkeit. Kulturtechniker 1929 S. 346.
[3] BARTES, J.: Z. Forstw. 1933 S. 204/219.
[4] Handb. d. Wasserversorgung. München 1928. — BUNTRU: Ein Beitrag zur Frage der Entstehung des Grundwassers und ihre Beeinflussung durch Wasserdampfspannung in der Atmosphäre und im Boden. Karlsruhe 1920. — RÖHRER: Gas- u. Wasserfach 1929 S. 174, 199.

II. Versickerung des Wassers. Aus zahlreichen, eingehenden Beobachtungen ist zu schließen, daß der größte Teil des unterirdischen Wassers durch Versickerung entsteht.

A. Versickerungsmenge. Die Menge des Versickerungswassers hängt von verschiedenen Bedingungen ab (vgl. S. 74, Tabelle 43):

1. Die Versickerungsmenge in Abhängigkeit von der Niederschlagsmenge. Die bisherigen Versuche ergaben, daß die Versickerungsmenge, ausgedrückt in Zahlenwerten von Hundert, um so größer ist, je größer die Niederschlagsmenge ist.

Beispiel (nach Versickerungsversuchen in Rothampstead):

Regenhöhe w mm	Versickerung in %
596	41,3
722	44,1
847	51,3

2. Die Versickerungsmenge in Abhängigkeit von der zeitlichen Verteilung der Niederschläge. Es leuchtet ohne weiteres ein, daß die Versickerungsmenge in den Monaten der Schneeschmelze bedeutend größer ist als nach trockenen Zeiten. Dabei ist zu berücksichtigen, daß im Grundwasserspiegel die Wassermenge oft erst nach einem oder mehreren Monaten, nachdem sie aus der Luft niedergeschlagen wurde, als Sickerwasser ankommt. Auf dem durchsickerten Wege von der Erdoberfläche bis zur Auffangfläche des Grundwasserspiegels können, je nach dem vorhandenen Druck auf die einzelnen Wasseradern, rascher oder langsamer Wasserversickerungen stattfinden. Vgl. die Ausführungen über die Ergiebigkeit von Quellen in Abhängigkeit vom Druck auf die Wasserhüllen um das Einzelkorn S. 103.

Wenn in der Luft ein großer Sättigungsfehlbetrag vorhanden und das Wasser warm ist (Sommer), so verdunstet ein beträchtlicher Teil des Niederschlagswassers sofort wieder. In diesem Falle gelangt weniger Wasser, in Prozent der Niederschlagsmenge, zur Versickerung, als z. B. in der kühlen Jahreszeit mit kleinem Sättigungsfehlbetrag und niederer Temperatur.

3. Die Versickerungsmenge in Abhängigkeit von der Art der Bedeckung des Bodens. Ein Teil der versickerten Wassermenge wird von den Pflanzen aufgesaugt. Dabei hängt die Größe der aufgesaugten Wassermenge von der Pflanzenart ab. Gerste saugte z. B. bei einem Versuchsfeld durchschnittlich 27%, Brachen bis 67% der Niederschlagsmenge auf. Ein weiterer Zahlenbeweis ist auf S. 493 dieses Buches im Abschnitt über physikalische Chemie des Bodens für eine bewaldete und unbewaldete Gegend angegeben.

4. Die Versickerungsmenge in Abhängigkeit von der Beschaffenheit des Bodens. Allgemein gilt, daß die Versickerungsmenge um so größer ist, je rauher die Erdoberfläche und je gröber die Körnung des Bodens an der Erdoberfläche ist. Es kann um so mehr Wasser versickern, je größer der nichtkapillare Hohlraum ist.

Tabelle 43. *Zahlenwerte für Versickerungsmengen* (nach HÖFER).

Bodenbeschaffenheit	Versickerungsmenge in % der Niederschlagsmenge					
	Kleinste Menge			Mittelwert		
	Nach HÖFER	Nach EBERMAYER		Nach HÖFER	Nach EBERMAYER	
Sand	—	—	—	83	—	40
Lehmiger Sand	27	—	28	41	—	—
Lehm	33	—	—	51	53	38
Ton	26	11	29	38	—	—
Sand- und kieshaltig ...	9	—	26	24	—	38

Die Versickerungsmenge beträgt z. B. nach WEYRAUCH im Jahresmittel 40% der Niederschlagsmenge. Nach HÖFER wären es für Mitteleuropa rd. $\frac{1}{5}$ der Niederschläge. Für ein geschlossen bewaldetes Gebiet von 11 km² fand der Verfasser[1] in den Jahren 1921/23 einen jährlichen Versickerungswert von 18,8%; für ein teilweise bewaldetes, teilweise aus Wiesen und Äckern bestehendes Gebiet von 7,37 km² fand SCHAAD[2] eine Versickerungsmenge von 16 bis 25,4%.

5. Die Versickerungsmenge bei stehenden und fließenden Gewässern. Bei Gewässern erfolgt die Versickerung ununterbrochen. Die Versickerungsmenge ist deshalb bedeutend größer als bei Böden, die nur Niederschlägen ausgesetzt sind.

6. Zahlenwerte. Zur Berechnung der Versickerungsmengen bei stehenden und fließenden Gewässern werden vielfach die Durchlässigkeitswerte k (siehe Abschnitt über Durchlässigkeit von Böden S. 472 dieses Buches) benützt. Die k-Werte sind aber kritisch zu bewerten, da der hydrostatische Wasserdruck auf die Größe des k-Wertes einen Einfluß hat. Ferner sind die Kiessandböden sehr ungleichmäßig zusammengesetzt. Einzelne Lehmschichten können die Durchsickerungsmengen erheblich herabsetzen[3].

Gemessene Versickerungshöhen.

a) Bei verschiedenen Bodenarten.

Humoser Kalksand	0,0060 mm/s
Isar-Kalksand	0,0089 mm/s
Lehm	0,0099 mm/s
Sand (bei Frankfurt a. M.)	0,0058 mm/s

b) Schiffahrtskanäle.

Neckar-Donau-Kanal	28 mm/Tag
Dortmund-Ems-Kanal (ang.)	20—29 mm/Tag
Rhein-Marne-Kanal (gem.)	28 mm/Tag
Mittellandkanal (ang.)	20 mm/Tag
Sand (Rhein-Herne-Kanal) Durchm. 0,01/04 mm (gem.)	30—34 mm/Tag

c) Versuche in Wasserkanälen. Sohle = 10 m breit, Uferböschung = 1 : 1¹/₂, gute Dichtung. Der Wasserverlust infolge Versickerung betrug auf 1 km Länge 5 l/s oder täglich 430 m³.

Wassertiefe	1,6 m;	Wasserverlust	5 l/s
Wassertiefe	2,0 m;	Wasserverlust	10 l/s
Wassertiefe	3,0 m;	Wasserverlust	20 l/s

7. Berechnung der Versicherungsmenge. a) Mit Hilfe des Korrelationsverfahrens. Die Beziehung zwischen Versickerungsmenge einerseits, Durchlässigkeit des Bodens und Niederschlagsmenge andererseits kann für ein bestimmtes Gebiet mit Hilfe der Korrelationsmethode mathematisch-statisch ermittelt werden (siehe Vierter Hauptteil „Mathematische Statistik" in Teil II).

b) Berechnung nach VITOLS. Das Problem wurde mathematisch eingehend von A. VITOLS[4] behandelt. Danach hängt die Versickerung von der Schwerkraft, vom Luftdruck, der Haarröhrchenwirkung und den Reibungsverhältnissen im Boden ab. Die Versickerungsformel von VITOLS kann in vorliegender Form nicht praktisch angewendet werden.

c) Berechnung nach KOZENY. Nach KOZENY[5] beträgt das Gefälle, das für die Versickerung in Frage kommt:

$$J_v = \frac{\text{Druckhöhe } h + \text{Saughöhe } H}{\text{Wasserweg}},$$

H = kapillare Steighöhe.

---

[1] BENDEL: Geologie und Hydrologie des Irchels. Zürich 1923.

[2] Quellstudien. Bull. schweiz. Verein. Gas- u. Wasserfachm. 1926.

[3] Vgl. K. FISCHER: Ziele und Wege der Untersuchung über den Wasserhaushalt der Flußgebiete (Niederschlag, Abfluß, Verdunstung). Mitt. Reichsverb. Dtsch. Wasserw. Heft 40. Berlin 1936.

[4] Quelques remarques sur l'infiltration des eaux superficielles. Acta Universitatis Latriensis 1926.

[5] Beiträge zur Theorie der Grundwasserbewegung. Ing.-Z. 1921. — Über Grundwasserbewegung. Wasserkr. u. Wasserwirtsch. 1927 S. 103. — Grundwasserstudie. Wasserwirtsch. 1931 Heft 4.

d) Nach OEHLER[1]. Bei lufthaltigen Böden und tiefliegendem Grundwasserspiegel kann die Versickerungsmenge berechnet werden zu:

$$q = \frac{Q^2\,K\,t}{1 + Q\,K\,t},$$

$q =$ Sickermenge in t Tagen,

$K =$ dimensionsloser Beiwert, abhängig von der Bodenbeschaffenheit, Temperatur und Luftgehalt,

$Q =$ Festwert (Zahlenwerte hierfür fehlen).

Der Einfluß der Temperatur ist derart, daß bei niedriger Temperatur infolge Zunahme der Zähigkeit des Wassers unter Umständen kein Wasser durch den Boden sickert (verminderte Sickermenge im Winter), während im Sommer die Sickermenge ihren Höchstwert erreicht.

B. Versickerungsgeschwindigkeit. *1. Gültigkeit der Darcyschen Gesetze.* Die Versickerungsgeschwindigkeit ist von verschiedenen physikalischen Einflüssen abhängig; hierzu gehören die Schwerkraft, die Kapillarkraft, die Zähigkeit der Flüssigkeit (Viskosität des Wassers), die Bodentemperatur, der Druck der atmosphärischen Luft, der Druck der Bodenluft, die Bodenbeschaffenheit (Chemismus und Hohlraumgehalt) usw.

Ferner sind die hydrologischen Verhältnisse von Bedeutung, wie z. B. die Höhe des über der Bodenfläche überstauten Wassers, die Höhenlage des Grundwasserspiegels (geringe oder tiefe Lage des Grundwasserspiegels unterhalb der Erdoberfläche usw.).

Versuche ergaben, daß bei überstauten Bodenoberflächen das Darcysche Gesetz vollauf gilt. Über das Darcysche Gesetz und seine Gültigkeit siehe S. 473.

Bei absinkendem Wasserspiegel sinkt die Versickerungsgeschwindigkeit stark in dem Augenblick, in welchem Luft in den Boden eindringen und die Kapillarkraft zur Wirkung kommen kann.

2. Einfluß der Bodenbeschaffenheit auf die Versickerungsgeschwindigkeit. Unter sonst gleichen Bedingungen wurden die Versickerungsgeschwindigkeiten in Abhängigkeit von der Bodenbeschaffenheit ermittelt zu:

Humoser Kalksand	22 mm/h
Isar-Kalksand	32 mm/h
Ziegellehm von München	33 mm/h
Torf des Dachauer Mooses	36 mm/h
Moose	40—60 mm/h
Lehmige Böden	10—20 mm/h
Sandige Böden	bis 1000 mm/h

C. Anwendungen. Die Kenntnis der Versickerungsmenge und Versickerungsgeschwindigkeit ist namentlich wichtig für:

a) Berechnung der Grundwassermengen, die durch Niederschläge erzeugt werden können,

b) Vorarbeiten von Schiffahrtskanälen,

c) Entwurfsarbeiten bei künstlicher Grundwassererzeugung.

γ) Der geologische Aufbau des Grundwasserleiters.

Die größten Grundwassermengen kommen in den jüngsten geologischen Ablagerungen vor, nämlich im Alluvium und im Diluvium. Die geologisch älteren Schichten führen nur teilweise Grundwasser. Die verschiedenen wasserführenden Bodenschichten werden näher beschrieben.

---

[1] Vgl. T. OEHLER: Versuche über die Sickerbewegung im wasserreichen und wasserarmen Boden. Verh. 6. Komm. intern. bodenkundl. Gesellsch. S. 70. Zürich 1937.

I. Übersicht über das Vorkommen von Grundwasser in den verschieden alten geologischen Schichten.

Tabelle 44.

Geologisches Zeitalter		Grundwasser			Beispiele vom Vorkommen
		Beschaffenheit des Untergrundes	Beschaffenheit des Wassers	Wassermenge	
Alluvium		Kiesig, sandig, oft durchsetzt von Lehm und von Tonablagerungen	Vielfach rein, Obacht vor Härte, Eisen- und Mangangehalt. Bakterien bei Oberflächenwasser, Verunreinigung	Im allgemeinen große Wasserergiebigkeit	Die meisten Wasserversorgungen beziehen Wasser aus alluvialen Ablagerungen
Diluvium		Kiesig, sandig, oft von Lehm und Tonablagerungen durchsetzt. Beim Auftreten von Grundmoräne entstehen verwickelte Verhältnisse	Meistens reiner als alluviale Wasser	Ergiebigkeit unterschiedlich	Zahlreiche Wasserwerke beziehen Wasser aus dem Diluvium
Tertiär	Pliozän	Feinsandig, öfters auch kiesig	Oft salzig und humushaltig, dann unbrauchbar	Im allgemeinen kleine Ergiebigkeit	Wasser im fluviatilen Mastodonschotter und im Kieseloolithschotter
	Miozän	Feine Sande, glimmer- und tonhaltig	Bisweilen salzhaltig, Eisenvitriol, schwefelwasserstoffhaltig	Vereinzelte Sandadern mit viel Wasser	Rheinland, Elbe, Schlesien
	Oligozän	Oft tonige, wasserführende Schichten. Septarienton trennt süßes und salzhaltiges Wasser. Grobkörnige Sande mit viel Wasser	Salzhaltig In gewissen Gebieten erdölhaltig	Viel Wasser in den grobkörnigen Sanden, z. B. Magdeburg	Rhein, Meeressand, bei Kassel
	Eozän	Vielfach tonhaltige Schichten	Salzig (Berlin bei 210 m Tiefe)	Wasserführend auf den Mergel- und Tonschichten	Lübeck. Oft artesisch gespannt. Ungarische Tiefebene. Wasserstockwerke in Paris
Kreide		Wechsellagerung zwischen Mergel-, Ton- und massigen Kalkschichten. Glaukonitsandsteine enthalten oft Wasser	Stellenweise salzig. Sonst brauchbar. Die Wasser sind bisweilen hart	Oft viel wasserführend auf den Mergel- und Tonschichten und in Spalten tektonischen Ursprunges	Rügen (über Tag), Kreidekalkalpen
Jura		Wechsellagerung von Mergel-, Ton- und massigen Kalkschichten	Salzig (bei Berlin in 310 m Tiefe). Hart (Schwäbischer Jura)	Oft viel wasserführend auf den Mergel- und Tonschichten und in Spalten tektonischen Ursprunges	Juragebiete, z. B. Wasser für die Stadt Wien

Tabelle 44 (Fortsetzung).

Geologisches Zeitalter	Grundwasser			Beispiele vom Vorkommen
	Beschaffenheit des Untergrundes	Beschaffenheit des Wassers	Wassermenge	
Trias	Besondere Aufmerksamkeit ist den Salz- und Kalilaugen enthaltenden Formationen zu schenken	Vielfach wegen hohem Salzgehalt unbrauchbar, namentlich bei Zechstein oder Salzformationen. Zahlreiche Solquellen. Höher liegende Schichten werden durch Kapillarwasser oft auch versalzt	Geringe Ergiebigkeit	Einige Quellen für die Stadt Wien Schwarzwaldgebiet. Harz.
Perm	Konglomerate und Sandsteine	Vielfach hartes Wasser, tief liegend auch gipshaltig	Im allgemeinen wenig Wasser	Schwarzwald, Erzgebirge
Karbon	Kohlenkalke, Grotten, Höhlen	— —	Oft verschiedene Wasserhorizonte. Verschiedene Ergiebigkeit. Tiefe Brunnen	Wasserfassung von Aachen
Devon	Schiefer, Kalkschichten	—	Die Devonschiefer enthalten in den Mulden oft viel Wasser	Wasserfassung von Wiesbaden
Silur	Silurische Kalke	Wasser meistens süß und wenig hart. Auch mineralhaltige Wasser kommen vor	Wenig Wasser	In den Pyrenäen, z. T. gute Wasserfassungen
Kambrium	Konglomerate	—	Z. T. Wasser in den Konglomeraten und in den kambrischen Schichten, die feldspatführend sind	Ganze Städte werden mit Wasser aus dem Kambrium versorgt
Urgebirge	Granite, Gneise	Weiche Wasser	Meistens wasserundurchlässig. Nur in Spalten Wasser; oft viel Wasser in den verwitterten Graniten und Gneisen	Wasserversorgung von Rennes
Vulkanisches Gestein	Vulkanische Laven und Aschen	Oft mineralisch	Viel Wasser in Spalten u. Klüften. Wasserführende Bänder auf von Lavamassen zugedeckten, alten Verwitterungsablagerungen	Quellen von Clermont-Ferrand

Karten mit den wasserführenden geologischen Formationen auf dem Gebiete der Vereinigten Staaten sind enthalten in: C. F. TOLMAN: Ground water S. 499 bis 512. New York 1937.

II. Alluviale, wasserführende Schichten. A. Begriffe. In der Gegenwart (Alluvium) werden ständig Kiese, Sande, Mergel, Tone in den Seen, Flüssen, Bächen, Schuttkegeln usw. abgelagert. Die abgelagerten Körner und die Wasserdurchlässigkeit der entstehenden Schichten sind verschieden groß. Durch die Bewegung des Grundwassers kann in den bereits abgelagerten Materialien nachträglich eine Umlagerung der Körner stattfinden; zum Teil auch infolge Fortschwemmens von feinen und feinsten Körnern können unterirdische Rinnen, Kanäle und Hohlräume entstehen.

B. Beispiele. *Beispiel 1:* Aus der Tabelle 45 geht hervor, welche Unterschiede in bezug auf das Grundwasser bei den gegenwärtigen Flußablagerungen im Oberlauf, Mittellauf und Unterlauf bestehen.

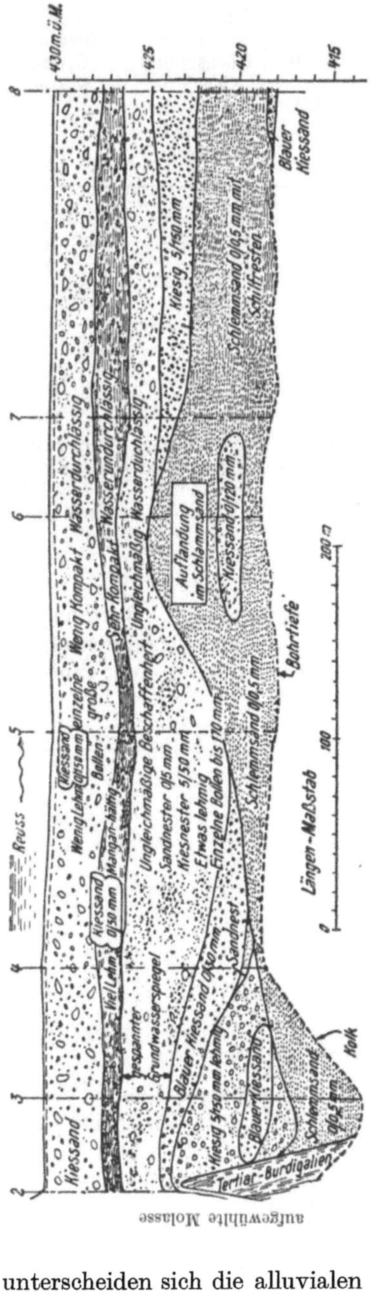

Beispiel 2: Unregelmäßige Kiessandschichtung im tieferen Untergrund, verbunden mit Gründungsschwierigkeiten.

Aus Abb. 59 geht ein unterirdischer, nachträglich wieder mit anderem Material ausgefüllter Kolk in einer lehmig-mergeligen Ablagerung hervor[1].

Unterirdischer Kolk und Auflandung.

Abb. 59. Geologischer Längenschnitt durch einen Flußlauf (Reuß). Auffallend ist der unterirdische Schlemmsand, unterhalb des Riegels aus Tertiärmaterial. Weiter flußabwärts ist die unterirdische Auflandung festgestellt worden. 2 bis 8 Nummern der Bohrlöcher. (Aufnahme von BENDEL.)

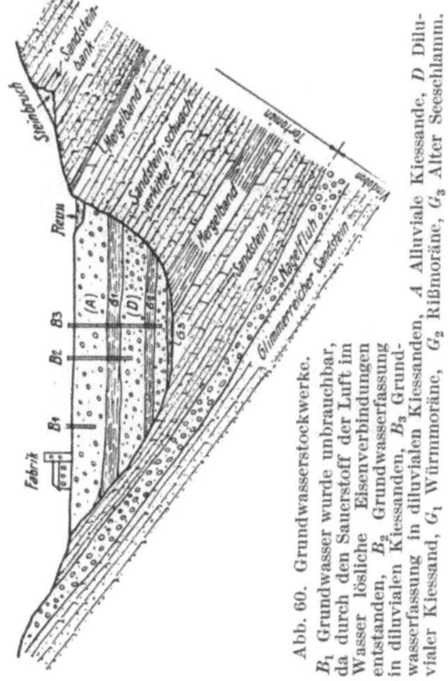

Abb. 60. Grundwasserstockwerke. B_1 Grundwasser wurde unbrauchbar, da durch den Sauerstoff der Luft im Wasser lösliche Eisenverbindungen entstanden, B_2 Grundwasserfassung in diluvialen Kiessanden, B_3 Grundwasserfassung in diluvialen Kiessanden, A Alluviale Kiessande, D Diluvialer Kiessand, G_1 Würmmoräne, G_2 Rißmoräne, G_3 Alter Seeschlamm.

Beispiel 3: Unregelmäßige Untergrundzusammensetzung und Grundwasserstockwerke.

Aus Abb. 60 ist der Zusammenhang zwischen der Zusammensetzung des Untergrundes und der Bildung von Grundwasserstockwerken ersichtlich.

III. Diluviale, wasserführende Schichten. A. Begriffe.

Kiese, Sande, Schotter, Lehme, Tone usw., die während der Eiszeiten abgelagert wurden, heißen diluviale Ablagerungen. In geologisch-hydrologischer Hinsicht unterscheiden sich die alluvialen und diluvialen Schichten dadurch voneinander, daß die diluvialen Ablagerungen sehr oft Moräneneinlagerungen enthalten, die den Grundwasserhaushalt wesentlich beeinflussen.

---

[1] Vgl. BENDEL: Geologische Auswertung der Bohrungen im Reußbett. Eclogae geologicae Helvetiae 1933 S. 107.

Tabelle 45.

Fluß-lauf-teil	Körnung Zusammen-setzung	Form	Grundwasser-geschwindig-keit	Änderungen des Grundwasserspiegels		Beschaffen-heit des Grund-wassers
				Häufigkeit der Änderungen	Unterschied zwischen Höchst- und Niedrigst-stand des Grund-wassers	
1	2	3	4	5	6	7
Fluß-Ober-lauf	Viel grobes Korn, wenig Feinkorn	Eckig	Große Grund-wasser-geschwindig-keit	Tägliche Schwankung im ganzen Grundwas-sergebiet	Bis 5 m Un-terschied	Oft Ge-schwemsel u. Schwebe-stoffe im Grundwas-ser
Fluß-Mittel-lauf	Mittelkorn 3—7 mm fehlt oft	Rundlich	Kleine Grund-wasser-geschwindig-keit	—	2—3 m Un-terschied	—
Fluß-Unter-lauf	Viel Körnung 0—1 mm	Wenig Kalk, viel Quarz, der scharf-kantig ist	Sehr kleine Grundwas-sergeschwin-digkeit	Ausgegliche-ne Schwan-kungen; nur in Flußnähe große An-zahl von Än-derungen	0,5—1,1 m Unterschied in einem Jahr	Keine Schwe-bestoffe, große Filter-geschwindig-keit

Man unterscheidet hauptsächlich zwischen Grundmoränen, Stirnmoränen und Seitenmoränen. Die Grundmoräne ist von uneinheitlicher Zusammensetzung. Zwischen einzelnen großen Blöcken oder eckigen Gesteinen treten rauh an-

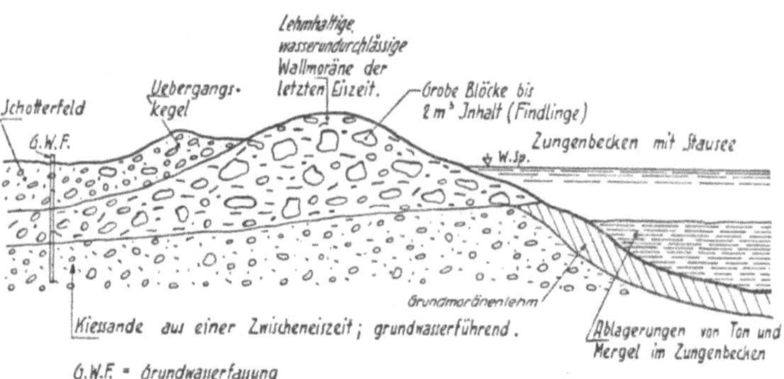

Abb. 61. Querschnitt durch eine Grundwasser führende Stirnmoräne.

zufühlende, aus dem Wasser oder aus dem Eis abgelagerte Lehme, wasser-führende Sande und Kiese in wechselnder Mächtigkeit auf. Bisweilen ist die Grundmoräne regelmäßig geschichtet. Auch kommen verschiedene übereinander-gelagerte Grundmoränenschichten vor, die durch Grundwasser enthaltende Kies-sandschichten voneinander getrennt sind (siehe Abb. 61).

Beim Rückzug der Gletscher wurden über das eigentliche Vergletscherungsgebiet hinaus von den abfließenden Schmelzwassern Kiese, Sande, Lehme, Tone usw. verfrachtet und dort wieder abgelagert. Diese Art Flußablagerungen heißen fluvio-glaziale Ablagerungen. Sie sind meistens wasserdurchlässig; sie sind wasser-undurchlässig, wenn der Grundmoränenlehm im Kiessand gleichmäßig verteilt ist.

Während des Rückzuges der Gletscher haben mächtige Schmelzwasserströme die bereits abgelagerten Grundmoränen wieder aufgearbeitet, durchschnitten und neue Täler gebildet. Nachdem die Gletscher zum Stillstand kamen, floß nur noch wenig Gletscherwasser ab, und die alten Talrinnen füllten sich mit Kies, Sand, Schlamm, Ton usw. aus.

Beim Ansetzen von Bohrungen für Gebrauchsgrundwasser ist auf die jeweilige geologische Entstehungsgeschichte des Untersuchungsgebietes gebührend Rücksicht zu nehmen. Dadurch können sehr oft Fehlbohrungen ver-
mieden werden[1].

B. Beispiele diluvialer, grundwasserführender Schichten.

Beispiel 1: Die Urstromtäler[2].

$I =$ Breslau—Magdeburg,
$II =$ Glogau—Baruth,
$III =$ Warschau—Berlin,
$IV =$ Thorn—Eberswalde,
$V =$ Pommersches Tal (siehe Abb. 62)

Abb. 62. Hauptströme zur Eiszeit.
I von Görlitz, *II* von Baruth, *III* von Warschau-Berlin, *IV* von Thorn, *V* von Köslin, ----- Endmoränenzüge.

sind beim Rückzuge der Gletscher entstanden. Die Breite der Urstromtäler beträgt bis 30 km. Die Wasserentnahme in Urstromtälern beläuft sich auf viele Millionen Kubikmeter Wasser im Tag[3].

Beispiel 2: Die alpinen Vergletscherungen. Siehe Abb. 63, 64, 65.

Abb. 63. Verbreitung der diluvialen Gletscher der Zentralalpen während der letzten und vorletzten (größten) Eiszeit.

Beispiel 3: Grundwasserführende Wallmoränen. Aus Abb. 61 geht der Aufbau einer Stirnmoräne aus der letzten Eiszeit hervor.

Die Stirnmoräne wurde auf grundwasserführenden Kiessanden einer Zwischeneiszeit abgelagert. Im Zugenbecken hatte sich ein Stausee gebildet, auf dessen Grund sich feinstkörnige Materialien ablagern konnten.

---

[1] Vgl. KEILHACK: Lehrb. d. Grundwasser- u. Quellenkunde, 3. Aufl. Berlin 1935.
[2] Nach WAHNSCHAFFE: Abb. 62: Die Urstromtäler Deutschlands.
[3] Siehe auch HUG: Die Grundwasservorkommnisse der Schweiz. Ann. d. Schweiz. Landeshydrographie. Bern 1918.

Ähnliche Verhältnisse liegen bei den Drumlin, Kames, Wallbergen, Osen, Åsar vor. Über die Entstehung von Drumlin, Åsar usw. siehe S. 189.

Abb. 64. Europa zur Eiszeit.

Beispiel 4: Mächtigkeit von grundwasserführenden Schotterablagerungen. Die Mächtigkeit diluvialer Ablagerungen kann einige hundert Meter erreichen. In Berlin (Friedrichstraße) wurde die Mächtigkeit des Diluviums zu 128 m errechnet, in Schleswig-Holstein sogar zu 358 m.

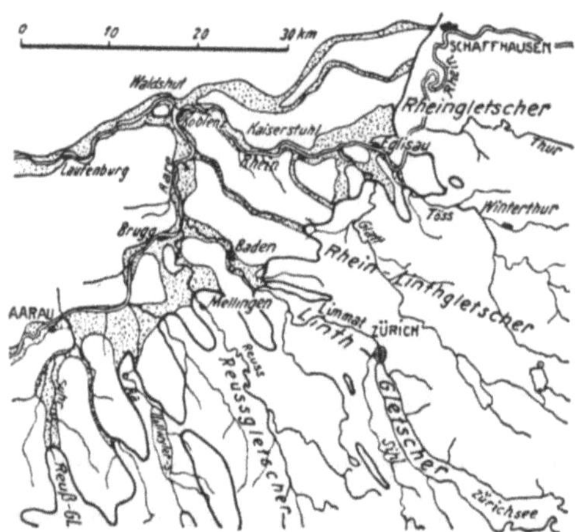

Abb. 65. Grundwasservorkommen in Moränen und fluvioglazialen Ablagerungen im Rhein-Aare-Gebiet (nach J. Hug mit Ergänzungen von L. Bendel).
Weiße Felder: Letzte große Vergletscherung (Würmvorstoß).
Punktierte Felder: Alte Abflußrinnen.

Beispiel 5: Veränderungen in der Moräne. Die zuerst regelmäßig abgelagerte Moräne wurde oft bei einem neuen Vorrücken der Gletscher gestaucht. So sind z. B. die verwickelten Grundwasserverhältnisse beim Kaiser Wilhelm-Kanal zu erklären[1].

Durch Rutschungen, z. B. an Fluß- und Seeufern, können die Lagerungen von Moränen geändert werden, so daß auch die Grundwasserverhältnisse eine wesentliche Abänderung erfahren.

Beispiel 6: Änderungen im Grundwasserleiter. Im Grundwasserleiter können Änderungen eintreten. So können z. B. zuerst undurchlässige, lehmhaltige Schichten infolge einseitiger Austrocknung rissig werden. Aber auch ursprünglich wasserdurchlässige Schichten können wasserundurchlässig werden, z. B. infolge Ausscheiden von kalkhaltigem

---

[1] Vgl. H. Haas: Begleitwort zum geologischen Profil des Kaiser-Wilhelm-Kanals.

Bindemittel aus dem Grundwasser. Dieser Verfestigungsvorgang kann bei Manganausscheidungen beobachtet werden. Die nachträglichen Verkittungen haben dann bisweilen gespannte Grundwasserspiegel zur Folge.

IV. Wasserführende Schichten des Tertiärs, Mesozoikums, Paläozoikums und Archaikums. Die Grundwasserergiebigkeit ist aus den älteren geologischen Formationen im allgemeinen klein. Wasser kommt in den mehr oder weniger verkitteten Trümmergesteinen, Brekzien, Konglomeraten und in den Sandsteinen vor. Bisweilen wird in den Sandsteinen im Laufe der geologischen Zeiten das Bindemittel aufgelöst. Der Sandstein wird dann wasserdurchlässig.

In den älteren Gesteinsablagerungen wird Wasser gern auf mergel- und tonhaltigen Schichten gesammelt und auf denselben als Grundwasserstrom weitergeleitet.

In den erwähnten geologischen Formationen wandert viel Wasser durch Klüfte und Spalten weiter.

In einem zerklüfteten, mit zahlreichen Haarrissen versehenen Gebirge kann ein zusammenhängender Grundwasserspiegel entstehen, z. B. im Kreidegebiet von Lüttich.

V. Die Grundwasserführung im Gebirge in Abhängigkeit von der Gesteinsbeschaffenheit. Man unterscheidet 10 Durchlässigkeitsarten der klastischen Sedimente[1].

1. Dichtes Mineralgefüge mit spärlichen, unzusammenhängenden Kapillaren.

2. Dichtes Mineralgefüge mit reichlich netzartig zusammenhängenden Kapillaren.

3. Dichtes Mineralgefüge mit netzartig zusammenhängenden Kapillaren und vereinzelten größeren Hohlräumen.

4. Dichtes Mineralgefüge mit zusammenhängenden großen Porenzügen.

5. Sehr reichlich kleinere Poren zwischen den körnigen Bestandteilen (Texturporen).

6. Sehr reichlich Texturporen und vereinzelte größere Hohlräume (Strukturporen).

7. Netzartig zusammenhängende Kapillaren im Bindemittel ohne größere Hohlräume.

8. Netzartig zusammenhängende Kapillaren im Bindemittel und vereinzelt größere Hohlräume.

9. Durchlässige Zwischenmasse, diskontinuierlich eingelagert in einer undurchlässigen Hauptmasse.

10. Durchlässige Zwischenmasse, diskontinuierlich eingelagert in einer durchlässigen Masse.

Undurchlässige Gesteinsarten sind Nr. 1 und 9. Durchlässige Gesteinsarten sind Nr. 2 und 7.

δ) Der Grundwasserspiegel.

I. Begriffe. Unter Grundwasserspiegel versteht man die Höhenlage des Wasserspiegels in Brunnen und Röhren nach stattgefundenem Druckausgleich mit dem Grundwasser. Für weitere Begriffe siehe oben unter Begriffe S. 66.

II. Arten von Grundwasserspiegeln. Man unterscheidet zwei Arten von Grundwasserspiegeln, nämlich einen freien Grundwasserspiegel und einen gespannten Grundwasserspiegel[2].

Ein gespannter Grundwasserspiegel entsteht wie folgt: Wenn das Grundwasser durch undurchlässige Schichten eingeschlossen ist, so übt es nach den Gesetzen der Hydraulik einen Druck auf das Hangende aus. Es wird von einem gespannten Grundwasser gesprochen. Im Bohrloch steht der erbohrte Wasser-

---

[1] Vgl. J. HIRSCHWALD: Handb. d. bautechn. Gesteinsuntersuchung S. 293. Berlin 1912.

[2] Vgl. KELLER: Gespannte Wässer. Halle 1922.

spiegel höher als der Grundwasserspiegel. Man spricht von einem negativen piezometrischen Niveau, wenn der Wasserspiegel im Bohrrohr unter Fluroberkante (Erdoberfläche) bleibt. Gespanntes Grundwasser, bei welchem das piezometrische Niveau positiv ist, wird auch artesisch gespannt bezeichnet (siehe Abb. 66).

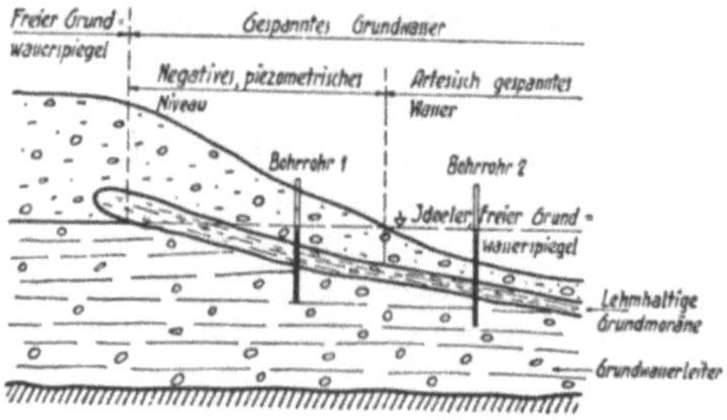

Abb. 66. Freier und gespannter Grundwasserspiegel. Wasserundurchlässige Schicht, bestehend aus Lehm, Ton, Mergel, oder ungeklüftetem Eruptiv- und Sedimentgestein.

III. Schwankungen des Grundwasserspiegels.

A. Ursachen der Schwankungen. Die Ursachen der Schwankungen des Grundwasserspiegels lassen sich einteilen in:

1. Natürliche Ereignisse. Schwankungen infolge natürlicher Ereignisse treten z. B. infolge Niederschlag, Verdunstung, Entzug von Grundwasser durch Pflanzenwurzeln, infolge Änderungen des Wasserspiegels in Flüssen, Seen, Meeren, infolge Luftdruckänderungen usw. auf. Einwandfreies Beobachtungsmaterial liegt für letztere Ansicht noch nicht vor.

2. Künstliche Eingriffe. Schwankungen infolge künstlicher Eingriffe treten z. B. infolge Abpumpen des Wassers, Berieselung von Grundstücken, Verhinderung des Versickerns von Niederschlagswasser durch Überbauen und Herstellung von wasserdichten Belägen in ganzen Quartieren ein[1].

B. Zeitlicher Verlauf der Schwankungen. Die Grundwasserschwankungen können in längeren oder kürzeren Zeitabständen auftreten. Man unterscheidet säkulare, jährliche und tägliche Schwankungen. So stellte z. B. THIEM in München einen Zeitraum von 24 bis 26 Jahren für einmalige Höchst- und Mindestwerte fest[2]. Der Einfluß der säkularen Schwankungen auf den Betrieb von Elektrizitätswerken ist noch abzuklären[3].

1. Die jährlichen Schwankungen des Grundwasserspiegels. Am Oberlauf der Flüsse, d. h. in der Gebirgsnähe, schwankt der Grundwasserspiegel jährlich bis um einige Meter. In den Kiessanden der Ebenen, der Urstromtäler und in den Deltas der Flußmündungen beträgt die Amplitude der Schwankungen oft nur wenige Dezimeter (siehe Tabelle 45, Spalte 6).

Zahlenwerte: Havel, Spree, Weser, Allergebiet[4]. Die Zahl der Beobachtungsstellen betrug 139, die Beobachtungszeit erstreckte sich über die Jahre 1916 bis 1935. Die Abweichung vom Mittelwert zeigt Tab. 46.

Tabelle 46.

Art der Schwankung des Grundwasserspiegels	Größe der Schwankung des Grundwasserspiegels	
	Monatsmittel cm	Einzelwerte cm
Hebung	+ 29,4	+ 129
Senkung	— 29,6	— 129
Unterschied zwischen Höchst- und Niedrigstwert	59	258

[1] Vgl. L. BENDEL: Neue geologische Aufnahmen von Luzern und ihre bautechnische Anwendung. Schweiz. Bau-Ztg. Bd. 104 (1934) S. 105. — J. DENNER u. W. KOEHNE: Richtlinien für die Erforschung der Grundwasserverhältnisse. Reichsmin. f. Ernährung u. Landwirtsch., Landesanstalt f. Gewässerkunde und Hauptnivellements. Berlin 1938.

[2] Vgl. J. SOYKA: Die Schwankungen des Grundwassers. Wien 1888.

[3] Vgl. TH. SOYKA: Der Einfluß schwankender Grundwasserstände auf die Höhenlage der Festpunkte und Bauwerke. Z. Vermessungsw. 1941 S. 372.

[4] Vgl. WUNDT: Grundwasser und natürliche Vorratsbildung in unseren Flußgebieten. Dtsch. Wasserw. 1941 S. 612; ferner: Jb. für die Gewässerkunde des Deutschen Reiches, herausgegeben von der Landesanstalt für Gewässerkunde und Hauptnivellements in Berlin, Abschnitt Grundwasserstände.

Aus den Beobachtungen der jährlichen Grundwasserspiegelschwankungen ergibt sich, daß in der einen Hälfte des Jahres (Herbst und Winter) die Grundwassermenge zunehmen kann und dann in der anderen Hälfte des Jahres (Frühling und Sommer = Vegetationsperiode) der Grundwasserüberschuß aufgebraucht wird. Die jährlichen Schwankungen des Grundwasserspiegels bei München geht aus Abb. 67 hervor.

2. Die täglichen Schwankungen des Grundwasserspiegels betragen in der niederschlagsfreien Zeit Bruchteile von Millimetern bis einige Dezimeter. Die Ursachen der täglichen Schwankungen sind:

Tägliche Änderungen des Luftdruckes, der Bodentemperatur, Wasserentnahme durch die Pflanzen und die täglich sich wiederholende Taubildung. Die täglichen Grundwasserspiegelschwankungen sind im Sommer wesentlich größer, um im Winter beinahe zu verschwinden[1].

Es soll ein Zusammenhang bestehen zwischen den täglichen Grundwasserschwankungen und den täglichen Erdkrustenbewegungen, die am Äquator aus Pendelmessungen zu 30 bis 40 cm errechnet wurden[2].

C. Geschwindigkeit der Grundwasserspiegeländerung. *1. Bei Fluß- und Seespiegeländerungen. Allgemeine Beobachtungen.* Der Grundwasserspiegel ändert sich, wenn der Wasserspiegel bei Flüssen, Seen und Meeren sich ändert. Die Geschwindigkeit der Änderung des Grundwasserspiegels ist von der Größe der Durchlässigkeit des Bodens abhängig.

Die *mittlere* Geschwindigkeit, mit welcher sich eine Grundwasserdruckwelle im Boden fortpflanzt, wurde zu 500 m je Min. ermittelt[3].

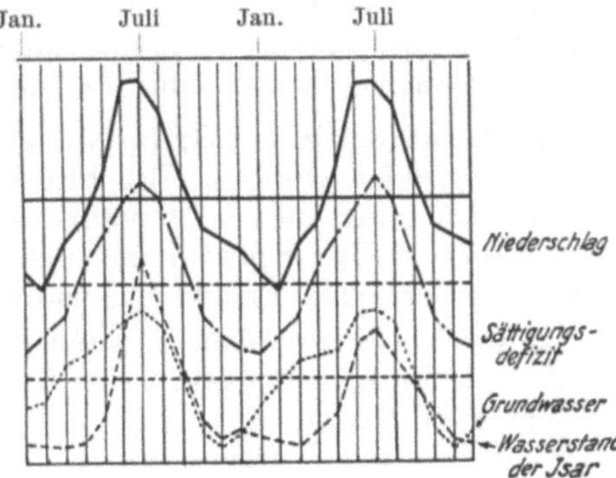

Abb. 67. Doppeljahresperiode des Niederschlages, des Sättigungsdefizits und des Grundwasserstandes in München.

Ebbe und Flut beeinflussen die Steighöhe von artesisch gespanntem Süßwasser in der Nähe von Meeren[4].

Die Fortpflanzungsgeschwindigkeit von Flußspiegelschwankungen im Binnenland kann analytisch erfaßt werden unter Annahme sinusförmiger Wasserstandsänderungen im Fluß. Danach beträgt die Geschwindigkeit w von Bergen und Tälern

$$w = \sqrt{\frac{2\,\pi\,k\,H}{\mu\,T}}.$$

H = Mächtigkeit des Grundwasserstromes,
μ = Porenvolumen des durchlässigen Bodens,
k = Durchlässigkeitswert des Bodens,
T = Dauer einer halben Schwankung.

---

[1] Vgl. Th. Larsen: Bodenkundliche Forschungen 1935 S. 223. — Kozeny: Das tägliche, periodosche Steigen und Fallen des Grundwasserspiegels. Wasserwirtschaft 1933 Heft 31.

[2] Vgl. W. Voit: Das periodische Steigen und Fallen des Grundwassers. Dtsch. Wasserw. 1941 S. 179.

[3] Vgl. auch Angaben im Bericht 105 (Lohmeyer) zum XVI. Intern. Schiffskongreß in Brüssel 1935. Ferner Bericht 112 (Jitter) S. 14/22 von der holländischen Küste und Bericht 109 (Leveque) S. 13 von der französischen Küste.

[4] Vgl. Mondain u. Roger in Le Génie civ. 1941 Heft 3/4 S. 36.

Die Sickermenge Q aus der Längeneinheit des Flusses in das Binnenland in der Zeit zwischen Flußmittelwasser und Flußhöchstwasser beträgt

$$Q = p \sqrt{\frac{2 \mu k H T}{\pi}},$$

$p =$ Abstand zwischen Flußmittellage und Flußhöchstwasser.

Messungen. Bei der Aller wurde die Fortpflanzung der Spiegelschwankung im Grundwasser gemessen zu:

In 50 m Entfernung nach 4 Tagen
In 140 m Entfernung nach 5 Tagen
In 350 m Entfernung nach 10 Tagen

2. Nach Niederschlägen, Trockenzeiten usw. Nach der Schneeschmelze, lang andauernden Regenfällen, nach langen Trockenperioden usw. wird die Höhenlage des Grundwasserspiegels jeweils beeinflußt. Die Änderung des Grundwasserspiegels tritt um so später ein, je tiefer sich der Grundwasserspiegel unter der Erdoberfläche befindet. Als Erfahrungswert ergab sich, daß die Höchstwerte bzw. Niedrigstwerte sich um je einen Monat verspäten, wenn die Tiefe des mittleren Grundwasserspiegels um 5 bis 8 m unter der Erdoberfläche liegt.

D. **Reichweite von Grundwasserspiegelschwankungen.** *1. Bei Fluß- und Seespiegeländerungen.* Bei Flüssen ist die tägliche Schwankung bis auf 5 km Entfernung auch im Grundwasserspiegel beobachtet worden. Bei außergewöhnlich großen Schwankungen des Elbewasserstandes ist der Einfluß der Tide sogar in einer Entfernung von 10 km im Grundwasser noch bemerkbar.

2. Reichweite von künstlichen Grundwasserabsenkungen. Je durchlässiger der Boden ist, um so weiter reicht eine Grundwasserabsenkung. Messungen ergaben Reichweiten R von:

Dünensand.............. 5— 15 m
Grober Sand............ 30— 50 m
Kies mit wenig Sand .... 50—150 m
Reiner Kies............. 200—500 m

Analytisch berechnet sich R zu:

Erste Schätzungsformel nach WEBER (vgl. Kapitel über Grundwasserströmung):

$$R = c \sqrt{\frac{k H T}{n}} = c \sqrt{k} \left(\sqrt{\frac{H T}{n}} \right),$$

$H =$ Mächtigkeit des Grundwasserstromes in m,

$T =$ Zeit in Tagen,

$k =$ Durchlässigkeit in cm/s,

$n =$ Porenvolumen,

$c = 2,8$ bis $3,4$; Mittel $3,0$.

Zweite Schätzungsformel für die Reichweite nach SICHARDT.

Zahlenwerte: $R = 30\, h \sqrt{k}.$ h Absenkung in m; k in cm/s.

Tabelle 47.

Bodenart	k cm/s	h m	R m	h m	R m
Kiessand ...	$1,6 \cdot 10^{0}$	5	189	10	378
Flußsand ...	$1,6 \cdot 10^{-1}$	5	60	10	120
Feinsand ...	$1,6 \cdot 10^{-3}$	5	6	10	12

Dritte Formel zur Berechnung der Reichweite. Für eine Brunnengruppe siehe Kapitel über Grundwasserströmung mit den entsprechenden Angaben.

Beispiel 1: Schwimmen von Dünengrundwasser auf salzigem Meer. In Abb. 68 ist das Schwimmen des süßen Dünengrundwassers auf dem salzhaltigen Meer zur Darstellung gebracht. Es ist:

$$\frac{h}{b} = \frac{\gamma_0}{\gamma_1 - \gamma_0},$$

h = Grundwassertiefe unter Seespiegel,

b = Grundwasserhöhe über Seespiegel,

γ_0 = Wichte (spez. Gewicht) des Süßwassers,

γ_1 = Wichte (spez. Gewicht) des Meereswassers.

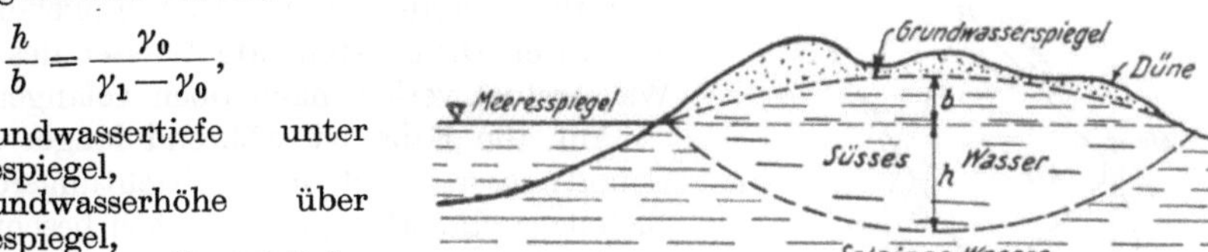

Abb. 68. Aufsitzen von *süßem Grundwasser* auf *salzigem* Grundwasser.

Für $\gamma_0 = 1$, für $\gamma_1 = 1{,}027$ wird $h = 37\,b$; γ_1 ist aber veränderlich, somit auch h.

Beispiel 2: Scheidefläche von Binnen- und Meergrundwasser. Bedeutet q die Sickermenge, k die Durchlässigkeit; γ_0 und γ_1 wie in Beispiel 1, x_1, x_2 = Entfernung von der Küste, so wird

$$t_2^2 - t_1^2 = \frac{2\,q}{k}\left(\frac{\gamma_1 - \gamma_0}{\gamma_1}\right)(x_2 - x_1).$$

t = Tiefenlage der Scheidefläche[1].

E. Messung der Grundwasserspiegelschwankungen. *1. Meßstellen der Grundwasserspiegelschwankungen.* In Deutschland sind rd. 20000 Stellen (Grundwassermeßstellen) vorhanden, an denen regelmäßig die Lage des Grundwasserspiegels eingemessen wird.

Angaben über die Grundwasserspiegelveränderungen sind bei den geologischen Landesanstalten, bei den Instituten für Gewässerkunde, z. B. bei der Landesanstalt für Gewässerkunde in Berlin, erhältlich.

2. Kritische Bewertung der Meßergebnisse. Bei der Auswertung der Meßergebnisse ist zu berücksichtigen, daß der Wasserdruck im Grundwasserspiegel auch bei scheinbar freiem, ungespanntem Grundwasserspiegel nicht genau dem atmosphärischen Druck entspricht, sondern dem Druck in der Grundluft; d. h. dem Luftdruck, der im Boden vorhanden ist. Der Grundluftdruck kann vom atmosphärischen Drucke wesentlich abweichen, z. B. wenn unter einer undurchlässigen Schicht zuerst lufterfüllte Kiessande vorkommen und erst in größerer Tiefe Grundwasser liegt. Steigt das Grundwasser, so kann die Grundluft zusammengepreßt werden, da sie infolge der undurchlässigen Schicht nicht entweichen kann. Wird die undurchlässige Schicht in einem solchen Zustande durchbohrt, so wurden schon wiederholt die untersten Teile der undurchlässigen Schicht durch die gespannte Grundluft im Bohrloch hochgetrieben.

Liegt aber im Zeitpunkt, in welchem gebohrt wird, der Grundwasserspiegel sehr tief, so kann umgekehrt eine Verdünnung der Grundluft eingetreten sein, und der unterste Teil der undurchlässigen Schicht stürzt mit dem Bohrrohr nach. Das Bohrpersonal hat solche Erscheinungen genau zu beobachten und zu melden. Der Stand des Grundwasserspiegels kann auch durch den Gehalt an Luft und an anderen Gasen, namentlich Kohlensäure, beeinflußt werden. Der Grundwasserspiegel steigt namentlich, wenn die Gase sich im Wasser infolge Erwärmung ausdehnen. Entsprechendes gilt umgekehrt bei Abkühlung.

Schließlich ist zu erwähnen, daß die festgestellte Grundwasserspiegellage zu Irrtümern Anlaß gibt, wenn z. B. durch ein Bohrloch ein Ausgleich des Wassers zwischen den verschiedenen Grundwasserstockwerken stattfinden kann. Vorsicht ist daher geboten, daß beim Ziehen der Rohre keine dauernde Verbindung

---

[1] Vgl. Forchheimer: Hydraulik, 3. Aufl. S. 109. Leipzig 1930, und T. Nomitson: Memoirs of the College of Science Kyoto J. University Bd. 10 (1927) Nr. 7 S. 279.

zwischen zwei Grundwasserstockwerken geschaffen wird, wodurch der Wassergehalt im oberen Wasserstockwerk wesentlich beeinflußt werden kann. Auch umgekehrt kann das unter Druck stehende Wasser des unteren Wasserstockwerkes nach oben gelangen.

Auf alle Fälle ist während langer Zeit der Grundwasserspiegel im Beobachtungsrohr festzustellen; einmal wegen der oben beschriebenen Möglichkeiten bei verschiedenen Grundwasserstockwerken, andererseits weil in undurchlässigem Boden der Grundwasserspiegel oft nur sehr langsam steigt. Der Ausgleich zwischen dem Wasserspiegel im Beobachtungsrohr und im Grundwasser kann angenähert bestimmt werden, indem rd. 1 m Wasser in das Beobachtungsrohr gebracht und festgestellt wird, ob das Wasser verschwindet oder im Rohr verbleibt.

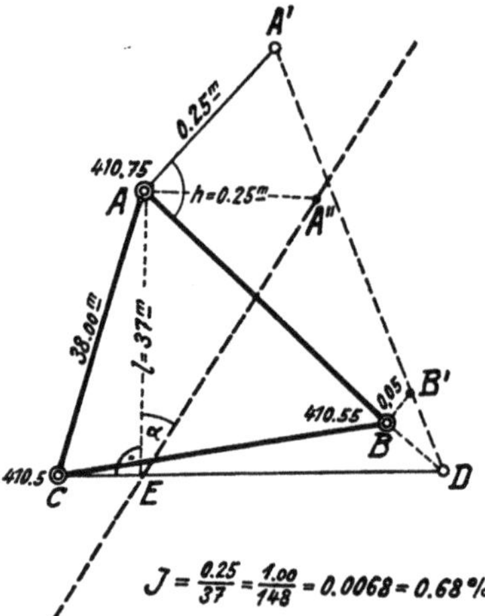

Abb. 69. Bestimmung des Gefälles J.
$A—A' = A—A'' = 0{,}25$ m. $A''—E$ Fallgerade der Ebene durch $C\,B'\,A''$; $C\,D$ Spur der Ebene $C\,B'\,A''$ auf Höhe 410,50 m.

$$J = \frac{0{,}25}{37} = \frac{1{,}00}{148} = 0{,}0068 = 0{,}68\,\%$$

3. Auswertung der Meßergebnisse. Höhenschichtlinien beim Grundwasserspiegel (Hydroisohypsen). Die Ergebnisse der beim Bohren festgestellten geodätischen Höhen der Grundwasserspiegellage werden zweckmäßig in einem Plan eingetragen und die Punkte gleicher Höhe über Meer miteinander verbunden. Für die Konstruktion von Hydroisohypsen vgl. Abb. 69. Diese Höhenschichtlinien stehen senkrecht zur Grundwasserströmung. Bei der Erstellung von Höhenschichtlinien sind stets nur Messungen von Grundwasserspiegellagen aus der gleichen Beobachtungszeit zu verwenden, denn die Grundwasserspiegellagen befinden sich im allgemeinen nicht in einem Beharrungszustand.

a) Beispiele von Höhenschichtlinien.

Beispiel 1: Grundwasserströmung gegen den Fluß (Abb. 70a).

Beispiel 2: Grundwasserströmung vom Fluß weg (Abb. 70b).

Beispiel 3: Grundwasserströmung in einer konvexen Flußkrümmung (Abb. 71).

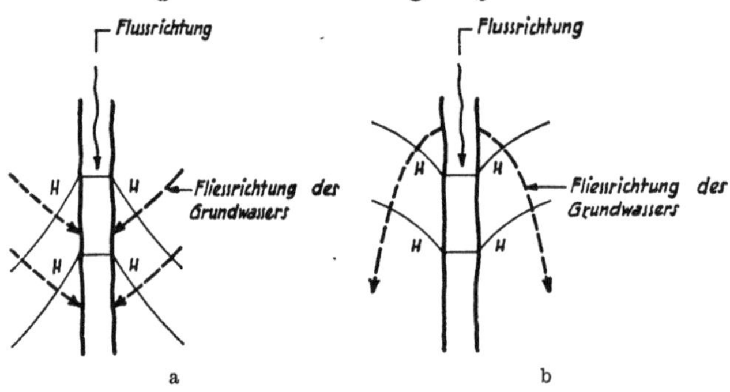

H = Höhenkurven. a Das Grundwasser fließt in den Fluß, b Das Flußwasser fließt in den Grundwasserstrom.

Abb. 70. Grundsätzliche Beziehungen zwischen Flußwasser- und Grundwasserspiegel.

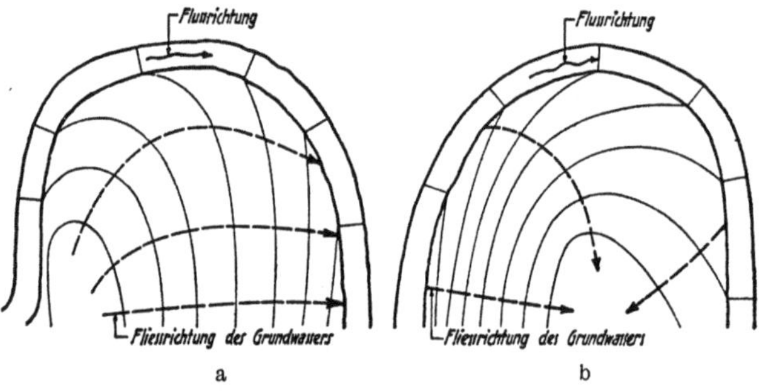

Der Fluß führt Niederwasser. Grundwasser strömt in den Fluß.   Der Fluß führt Hochwasser. Flußwasser strömt in das Grundwasserbecken.

Abb. 71. Fließrichtung des Grundwassers in den Flußkrümmungen.

Beispiele von wechselweiser Wasserabgabe vom Fluß in den Grundwasserstrom und umgekehrt sind aus dem Moseltal bekannt[1], ferner vom Rhein (siehe J. Hug[2]).

Auswertung der Pläne mit Höhenschichtlinien des Grundwasserspiegels. Durch die Aufzeichnung der Höhenschichtlinien (sog. Hydroisohypsen) werden nur sehr selten ebene Flächen für den Grundwasserspiegel erhalten. Werden die Höhenschichten mit gleichem Unterschied, z. B. mit je 1 m Unterschied aufgezeichnet, so müßten die Linien bei gleichmäßig beschaffenem Untergrund stets gleich weit voneinander entfernt sein. Nähern sich die Höhenschichtlinien einander, so bedeutet dies eine Erhöhung des Gefälles des Grundwasserspiegels. Die Ursache kann Verkleinerung der Durchlässigkeit des Bodens sein. Unter Umständen ist auch ein Ansteigen der Sohle der undurchlässigen Schicht und damit verbunden eine Verringerung des Durchflußquerschnittes für das Grundwasser die Ursache der engeren Folge der Höhenschichtlinien (siehe Abb. 72b).

Welche der beiden Ursachen, oder ob beide Ursachen zusammenwirken, kann meistens erst auf Grund von Bohrungen ermittelt werden.

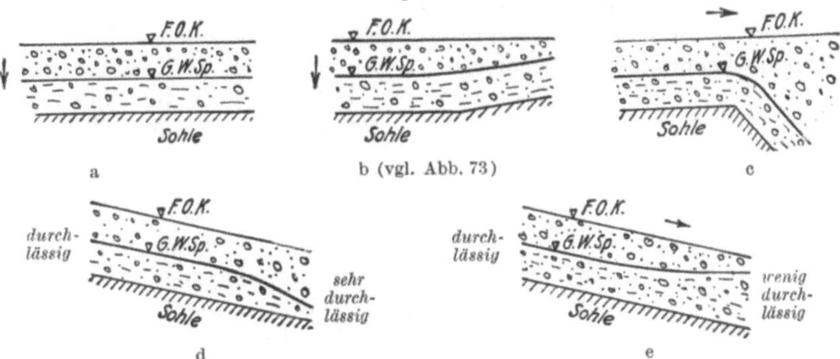

Abb. 72. Änderungen des Grundwasserspiegels in Abhängigkeit von der Änderung der Sohlenneigung und der Wasserdurchlässigkeit des Kiessandes.
F. O. K. = Flur-Oberkant. G. W. Sp. = Grundwasserspiegel. → Fließrichtung des Wassers.

	a	b	c	d	e
Sohle	gleichmäßig geneigt	Sohle steigt an	Sohle hat Gefällsbruch	gleichmäßig geneigt	gleichmäßig geneigt
Grundwasserleiter-Durchlässigkeit	gleichmäßig	gleichmäßig	gleichmäßig	wird durchlässiger	wird weniger durchlässig
Flur-Oberkant (F.O.K.)	gleichmäßig geneigt	gleichmäßig geneigt	gleichmäßig geneigt	gleichmäßig geneigt	gleichmäßig geneigt
Grundwasserspiegel (G.W.Sp.)	gleichmäßig geneigt	Mächtigkeit des Grundwassers nimmt zu	Mächtigkeit des Grundwassers nimmt ab	Mächtigkeit des Grundwassers nimmt ab	Mächtigkeit des Grundwassers nimmt zu

Der Höhenschichtenplan erlaubt keine Rückschlüsse auf die absoluten Werte von Fließgeschwindigkeit und Grundwassermenge.

b) Der Längenschnitt durch den Grundwasserspiegel. In Abb. 72 sind bei einigen markanten Fällen die Abhängigkeit des Grundwasserspiegels von der Sohlneigung und der Wasserdurchlässigkeit aufgezeigt.

Im Längenschnitt des Grundwasserspiegels ist dem Gefälle J des Grundwasserspiegels besondere Aufmerksamkeit zu schenken.

α) *Das Gefälle J.* Das Gefälle J ist $J = \dfrac{h}{l}$,

h = Durchgangswiderstand = Höhenunterschied der Grundwasserspiegellagen,
l = Länge des Grundwasserweges.

Wenn das Grundwasser strömungslos ist, so stellt sich der Grundwasser-

---

[1] Prinz: Handb. d. Hydrologie, 2. Aufl. S. 110. Berlin 1923.
[2] J. Hug: Die Grundwasservorkommnisse der Schweiz. Ann. d. Schweiz. Landeshydrographie. Bern 1918.

spiegel waagrecht ein. Wenn Gefälle im Grundwasserspiegel vorhanden ist, so beginnt das Wasser zu strömen. Wegen des Reibungswiderstandes an den einzelnen Bodenkörnern wird das Spiegelgefälle im Boden erheblich steiler als im freien Wassergerinne. Das Wasserspiegelgefälle wechselt meistens innerhalb eines Grundwasserabschnittes; eigene Messungen an einem Grundwasserstrom im Oberlauf der Reuß ergaben 10 bis 25% Schwankungen auf 1 km Distanz.

Zahlenbeispiele von „J"-Werten[1].

Alluvionen des Lemnitzer Tales bei Hirschberg (Schlesien) 2,6%
Umgebung von Nürnberg .... 2,5—0,3%
Aaretal bei Olten (Schweiz) 0,6%
Spree bei Berlin... 1%
Rhein im Elsaß und bei Köln................................. 0,6%
Dünen bei Haarlem (Holland) 0,3%

Allgemein ergeben sich folgende Werte für das Grundwassergefälle:

Oberlauf der Flüsse................. 0,5—1%
Mittellauf der Flüsse............... 1—3⁰/₀₀
Flußmündungen .... < 1⁰/₀₀

Geologische Beispiele. I. Stark ändernde Grundwassergefälle sind durch wesentliche Änderungen der geologischen Beschaffenheit des Grundwasserträgers bedingt. So z. B. können die Kiessandschichten auskeilen, oder es vermehren sich die Ton- und Lehmschichten oder auch die mergeligen Beimengungen im Kiessand.

II. Zur Überwindung der Verschlammungszone von Fluß- und Seebecken muß das Gefälle des Grundwasserspiegels größer werden, damit das Grundwasser in das freie Wassergerinne sickern kann. Mit der Vergrößerung des Grundwassergefälles ist eine Hebung des Grundwasserspiegels verbunden; dieselbe erstreckt sich oft auf 100 und mehr Meter.

III. Die Änderung des Grundwassergefälles geht aus Abb. 73 hervor, die einen Querschnitt durch ein Pyrenäental darstellt.

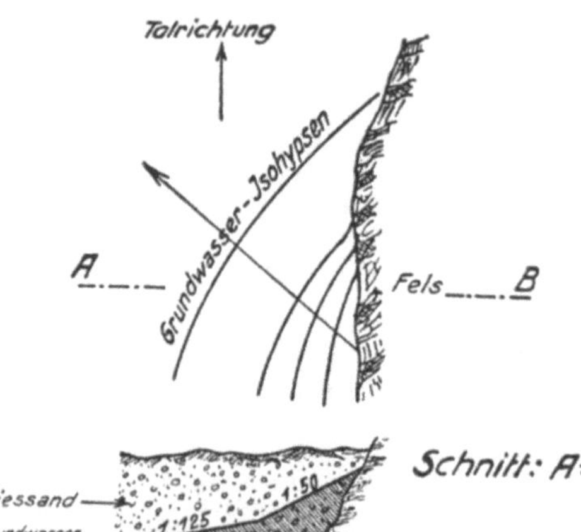

Abb. 73. Abnahme des Grundwassergefälles in der Querrichtung eines Tales (Beispiel aus den Pyrenäen).

β) *Bestimmung des Gefälles J.* Die Bestimmung der wirklichen Länge *l* ist manchmal schwierig, da das Grundwasser oft nicht in einer geraden Linie von einem Punkt zum anderen, sondern auf Umwegen fließt. Zur Bestimmung des Gefälles müssen drei Höhenlagen des Grundwasserspiegels bekannt sein (siehe Abb. 69).

Gegeben sind drei Höhenlagen des Grundwasserspiegels in den Piezometerröhren A, B, C.

Es ist $A - A' = 410{,}75 - 410{,}50 = 0{,}25 \text{ m} = A - A''$,
$$B - B' = 410{,}55 - 410{,}50 = 0{,}05 \text{ m}.$$

$$J = \operatorname{tg} \alpha = \frac{h}{l} = \frac{0{,}25}{37} = 0{,}0068 = 0{,}68\%.$$

In Abb. 69 ist die Bestimmung des Gefälles J eines Grundwasserträgers im Flußoberlauf angegeben. Es ist ratsam, die Bestimmung des Gefälles mehrere Male zu wiederholen.

---

[1] Vgl. Prinz: Handb. der Hydrologie 1919; 2. Aufl. Berlin 1923.

F. Größe der Grundwasserspiegelschwankungen. Im allgemeinen werden nur verhältnismäßig geringe Wassermengen vom Fluß abgegeben, weil sich das Flußbett vielfach mit feinen Materialien selbst verdichtet hat[1]. Bei neuerstellten Brückenpfeilern sind aber beträchtliche Wasserabgaben an den Grundwasserstrom möglich, wodurch die Amplitude der Schwankung des Grundwasserspiegels merklich vergrößert wird (vgl. oben III, B, 1).

G. Auswirkungen der Grundwasserspiegelschwankungen. *1. Übersicht über die Folgen von Grundwasserspiegelschwankungen.* Die Folgen von *hohem* Grundwasserstand sind: Sumpfbildungen, Begünstigung von Fieber, ertragloses Land (Ödland).

Die Folgen von Grundwasserspiegelsenkungen sind: Zersetzung der feucht gebliebenen und fäulnisfähigen Bestandteile. Über die chemischen Umsetzungen im Boden bei Grundwasserspiegelsenkungen, Oxydierung unlöslicher Salze durch atmosphärische Luft und Überführung in löslichen Zustand vgl. S. 341 im Abschnitt über chemische Eigenschaften des Wassers im zweiten Hauptteil.

Die Auswirkung von Grundwasserspiegeländerungen bei Errichtungen von Gründungen in den Grundwasserströmen ist in Abb. 74 veranschaulicht.

Über weitere Auswirkungen siehe:

BRANNEKÄMPER, TH.: Münchens Grundwasser und die Wirkung seiner Bewegung auf den Baugrund. Wasserkr. und Wasserwirtsch. 1932 Heft 20. — ERLENBACH, L.: Über das Verhalten des Sandes bei Belastungsänderung und Grundwasserbewegung. Degebo Heft 4 S. 40. Berlin 1936. — GRÜBNAU, E,. u. C. WEBER: Häuserschäden durch Grundwassersenkung bei Grundwassersenkung. Bautechn. 1938 S. 409. — PRESS: Schaden an Bauwerken infolge Grundwasserstandsänderung. Bautenschutz 1942 S. 77. — ROM: Mitt. Markscheidew. 1939 S. 113/148.

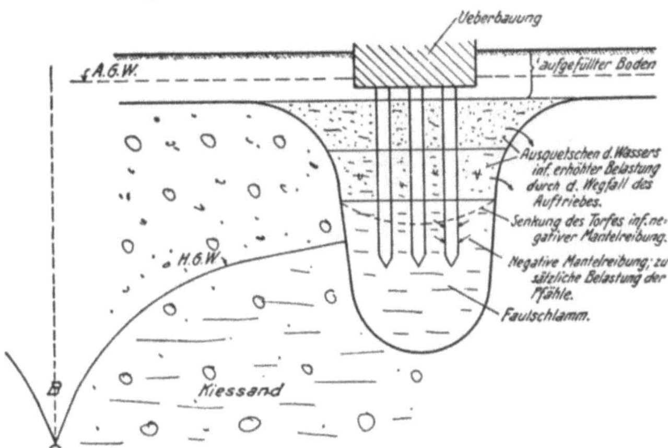

Abb. 74. Einfluß mehrmaliger Grundwasserabsenkungen auf eine schwebende Pfahlgründung.
A.G.W. früherer Grundwasserspiegel, *H.G.W.* abgesenkter Grundwasserspiegel, *B* Brunnen.

2. Beispiele über die Auswirkung von Grundwasserschwankungen.

Beispiel 1: Auswirkung auf Kanäle und Dämme. Infolge Grundwasserabsenkung wird das eigene Bauwerk und die Bauten in der Nachbarschaft gefährdet. Die Auswirkung der Grundwasserabsenkung auf Kanäle, Eisenbahn- und Straßendämme ist schon bei der Planung in die Berechnung einzubeziehen (siehe Abb. 74).

Beispiel 2: Auswirkung auf den Quellertrag. Sind Quellen vorhanden, die vom Grundwasser gespeist werden, so ist bei einer Grundwasserabsenkung zu überlegen, ob mit einem Minderertrag oder gar mit einem Versiegen derselben zu rechnen ist. Empfehlenswert ist, frühzeitig, vor Beginn der Bauarbeiten, den Zustand der Quelle zum ewigen Gedächtnis feststellen zu lassen. Auch ist zu berücksichtigen, daß bei einem späteren Wiederheben des Grundwasserspiegels meistens die Quellwasser den alten Weg nicht mehr finden, sondern daß neue Wasseradern auftreten.

Beispiel 3: Auswirkung auf die Rutschsüchtigkeit des Bodens. Beim Absenken des Grundwasserspiegels treten andere Gleichgewichtszustände in Dämmen, Einschnitten, Uferböschungen usw. auf. Die Rutschgefahr kann durch den Porenwasserdruck des nachsickernden Grundwassers wesentlich vergrößert werden (siehe Abschnitt über Rutschungen, Teil II, S. 285).

---

[1] Vgl. KOEHNE in PETERMANNS geogr. Mitt. 1936 S. 137.

Beispiel 4: Setzungen infolge wiederholter Hebung und Senkung des Grundwasserspiegels. Abb. 272 in Teil II zeigt den Einfluß wiederholter Senkung und Hebung des Grundwassers auf die Sackung der Erdoberfläche.

Beispiel 5: Errichtung eines Grundwasserstauwehres, um Häusersetzungen zu vermeiden. Für eine Flußregulierung in überbautem Gebiet wurde beabsichtigt, die Flußsohle zu vertiefen. Die Aufgabe bestand in der Feststellung der voraussichtlichen Veränderung des Grundwasserspiegels.

In Abb. 75 ist die neue Lage des Grundwasserspiegels durch den Längenschnitt angegeben. Da aus dieser Feststellung geschlossen werden mußte, daß wesentliche Häusersetzungen im vorhandenen Grundwasserleiter (kiesig-sandiger Boden) eintreten werden, wurde noch untersucht, auf welche Weise der Grundwasserspiegel auf der alten Höhe gelassen werden könnte. In Frage stand, eine Spundwand längs des Flusses zu errichten und auf diese Weise den Grundwasserspiegel hoch zu halten. Da aber die Dichtigkeit der Spundwand fraglich erschien (Umbiegen des Spundwandfußes an großen Steinblöcken aus verschwemmter Moräne), wurde durch ein um einige hundert

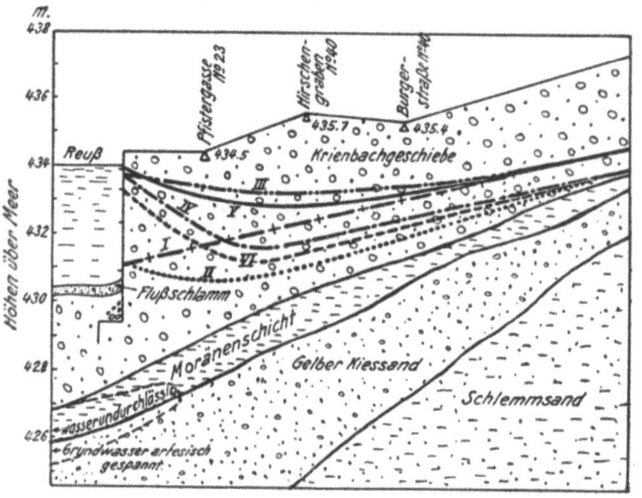

Abb. 75. Geologisch-hydrologischer Längsschnitt durch den Krienbach-Grundwasserträger.

Kurve	Fluß	Grundwasserstand
I	Niederwasser	Hochwasser
II	Niederwasser	Niederwasser
III	Hochwasser	Hochwasser
IV	Hochwasser	Niederwasser
	V und *VI* sind Zwischenstadien	

Meter flußabwärts liegendes zweites Stauwehr der Grundwasserspiegel hoch zu halten beabsichtigt.

Einige unvermeidliche Überschwemmungen von Kellern wurden dabei in Kauf genommen, da sich die Kosten für die Erstellung eines zweiten Wehres zum Stauen des Grundwassers wesentlich kleiner ergaben als die voraussichtlichen Kosten und Entschädigungen für Häusersenkungen. Aus Abb. 75 ist der Längenschnitt für den Grundwasserspiegel infolge Errichtung des Grundwasserstauwehres wiedergegeben[1].

Beispiel 6: Häusersetzungen beim Anzapfen eines natürlichen Grundwasserstaubeckens. Durch dichtes Bergsturzmaterial entstand in vorgeschichtlicher Zeit ein Seestaubecken. Kies, Sand und Mergel lagerten sich in demselben ab. Im See entstanden auch verschiedene Moore übereinander. Die Moore wurden vom Kiessand wieder zugedeckt. Auf diesem Kiessand wurde in geschichtlicher Zeit ein Dorf errichtet.

Es wurde der Entschluß gefaßt, den unterirdischen Grundwassersee als Reserve für ein Hydro-Elektrizitätswerk zu benützen. Aber schon bei der Probewasserentnahme erfolgten ganz beträchtliche Setzungen der Häuser, wobei ein Schaden von Millionen entstand. Nachdem das Grundwasser wieder gestaut war, hoben sich die Häuser teilweise auch wieder infolge des Quellvermögens des Torfes[1].

Schrifttum.

BRANNEKÄMPER, TH.: Münchens Grundwasser und die Wirkung seiner Bewegung auf den Baugrund. Wasserkr. u. Wasserwirtsch. 1932 Heft 20. — BEHME, F.: Geolog. Führer durch die Lüneburger Heide. Teil 1: Die Wunder des Untergrundes. Hannover 1929. — BRUNNER: Die Stellungnahme des Reichsgerichtes in Fragen der Grundwasserabsenkung der Reichsbahn. Ztg. Ver. mitteleurop. Eisenb.-Verw. Bd. 81 (1941) Heft 49 S. 673 bis 675. — DENNER: Der Grundwasserstand in Berlin. Zbl. Bauverw. 1937 Heft 10. — DENNER u. MÖSENTHIN: Die Grundwasserverhältnisse in Berlin-Innenstadt seit 1870. Dtsch. Wasserw. Bd. 33 (1938) Nr. 1 S. 1 bis 9. — ENZWEILER, M.: Die Anwendung der Grundwasserabsenkungsmethode auf den Unterwassertunnelbau

---

[1] Vgl. L. BENDEL: Unveröffentlichtes Gutachten.

unter Berücksichtigung der Großberliner Verhältnisse. Berlin 1918. — ERLENBACH, L.:
Über das Verhalten des Sandes bei Belastungsänderung und Grundwasserbewegung.
Berlin 1936.— GRÜBNAU, E., u. C. WEBER: Häuserschäden durch Grundwassersenkung
bei Großbauten. Haus u. Wohnung Heft 4. Berlin 1938. — HINDERKS, A.: Die Grundwasserabsenkung beim Bau der Querhellings. Bautechn. 1936 S. 627. — KÖGLER, F.,
u. H. LEUSINK: Setzungen durch Grundwasserabsenkungen. Bautechn. 1938 S.409. —
KÖRNER, B.: Bodensetzungserscheinungen bei Grundwasserabsenkungen. Bautechn.
1927 S.614. — Landbewegungen an der Küste. Wasserkr. u. Wasserwirtsch. 1940
S.562 bis 567. — NÖTHLICH, F.: Die Grundwasserbewegung im Grunewald bei Berlin
in den Jahren 1934 bis 1937. Gas- u. Wasserfach Bd. 81 (1938) S.304 bis 307. — Neuere
Grundwasseruntersuchungen im Berliner Grunewald aus den Jahren 1934 bis 1937.
Gas- u. Wasserfach Bd. 81 (1938) S. 304 bis 307. — PRESS, H.: Einfluß von Grundwasserstandsänderungen und Preßlufteinwirkungen auf die Tragfähigkeit von Fein-
kiesen verschiedener Dichte. Bauing. 1931 Heft 3. — Schachtabbau mit Grundwasserabsenkung. Schweiz. Bauztg. Bd. 89 (1927) S. 329. — SCHAFFER, X.: Schwankungen
des Meeresspiegels. Zbl. Min., Geol. u. Paläont. 1942 S. 301. — SCHÄFER, J.: Zur Frage
der Gründung mit Grundwasserabsenkung oder Unterwasserschüttung. Bautechn. 1930
Heft 36. — SICHARDT, W.: Das Fassungsvermögen von Rohrbrunnen und seine Bedeutung für die Grundwasserabsenkung, insbesondere für größere Absenkungstiefen.
Berlin 1928. — Die Grundwasserabsenkung bei der Herstellung der Tiefbühne anläß-
lich des Um- und Erweiterungsbaues der Staatsoper zu Berlin. Bauing. 1928 Heft 40
u. 41. — SINGER, M.: Baugrund S. 215. Berlin 1932. — WEBER, H.: Die Reichweite
von Grundwasserabsenkungen mittels Rohrbrunnen. Berlin 1928.

Beispiel 7: Grundwasserspiegeländerung und Bodenoberflächenänderung. Die Bodenoberfläche oder die auf dem Boden errichteten Bauwerke machen Veränderungen durch,
sobald der Grundwasserspiegel seine Höhenlage verändert. Die Wirkungen von Hebungen und Senkungen des Grundwasserspiegels werden im folgenden näher besprochen.

Infolge Hebens des Grundwasserspiegels wird des Wasserdruck vermehrt. Mit der
Vergrößerung der Wasserdruckhöhe ist eine Vermehrung des Sohlenwasserdruckes an
der Bauwerksgründung verbunden. Die Zunahme des Sohlenwasserdruckes an der
Bauwerksgründung wächst um den gleichen Betrag wie der Grundwasserspiegel sich
hebt. (Vgl. den Abschnitt über Grundwasserauftrieb.)

Finden Grundwasserspiegelhebungen statt, z. B. durch künstliche Berieselung von
Feldern oder durch Wasserverlust von Wasserfassungsanlagen usw., so sind die Gleit-
und Standsicherheit von Bauwerken unter Berücksichtigung des neuen Sohlenwasserdruckes neu zu überprüfen.

Durch Grundwasserspiegelhebungen wurden auch schon Frostbildungen und Frosthebungen bei Straßen so stark begünstigt, daß eine neue Packlage und eine neue
Straßenfahrdecke erteilt werden mußten.

Schrifttum.

Ergänzungsmessungen zum bayrischen Präzisionsnivellement Heft 2. München
1919. — LANGE, O., u. K. BAENISCH: Einfluß wechselnder Wasserstände auf die
Höhenlagen von Festpunkten und Bauwerken. Z. VDI 1938 S. 522. — RIETSCHEL, E.:
Neuere Untersuchungen zur Frage der Küstensenkung. Dtsch. Wasserw. 28 (1939)
S. 81 bis 86. — Westküste: Archiv für Forschung, Technik und Verwaltung in Marsch
und Wattenmeer. Heide i. Holstein.

In der Nähe der Meeresküsten können gesetzmäßig wiederkehrende Höhenver-
schiebungen von Festpunkten und Bauwerken infolge des Tidehubes festgestellt
werden[1].

Bei einer Wasserstandsänderung von 3,36 m wurde eine Veränderung von 5,4 mm
der Fixpunkte festgestellt[2].

Beispiel 8: Auswirkung künstlicher Grundwassersenkung. In zahlreichen Städten
wurden in den letzten Jahrzehnten künstliche Grundwasserabsenkungen vorgenommen, sei es zur Entnahme als Trink- oder Industriewasser, sei es, um Tiefgründungen
durchführen zu können. Dadurch wird der Grundwasserstand geändert. Es ergibt sich
z. B. für Berlin, daß im Jahre 1870 der Grundwasserstand höher war als der Wasserspiegel in den offenen Gewässern. Der Grundwasserstand ist stetig gesunken, so daß
er seit 1900 ständig unterhalb des Wasserspiegels der offenen Gewässer liegt. Die
Folgen davon sind:

---

[1] Vgl. Verschiebungen von Festpunkten an der Nordsee infolge Tidehubes von
O. LANGE in Geologie der Meere und Binnengewässer 1938 S. 303/320.

[2] Vgl. Einfluß wechselnder Wasserstände auf die Höhenlage von Festpunkten und
Bauwerken. Jb. Gewässerkunde Norddeutschlands 1938 Nr. 3.

Verminderung der Abflußmengen der offenen Gewässer,
Schäden an den Park- und Grünanlagen,
Bauwerksetzungen, Trockenlegung von Feuerlöschweihern usw.
Für den geologisch-hydrologischen Querschnitt durch das Urstromtal Berlin—Warschau vgl. Abb. 76[1].

Die Folgen von mehrmaligen Grundwasserabsenkungen gehen z. B. aus Abb. 74 hervor[2].

Die Senkungen sind zweckmäßig nach Größe, nach Raum und nach der Zeit festzustellen. Vgl. Kapitel über Setzungen und Setzungsberechnungen im dritten Hauptabschnitt.

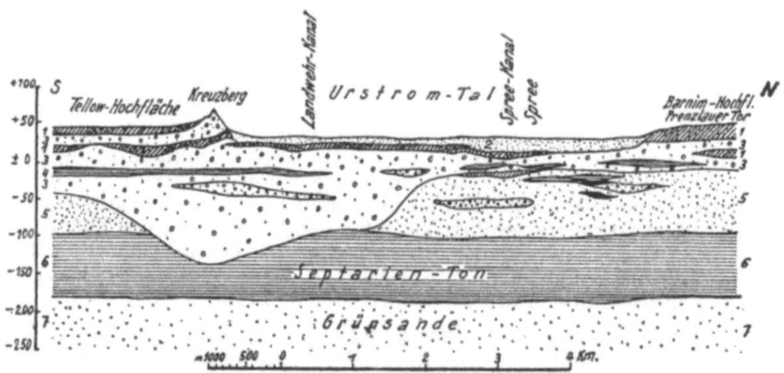

Abb. 76. Geologischer Schnitt durch das Berlin-Warschau-Urstromtal.
Diluvium: *1* Geschiebemergel (jüngerer bzw. älterer), *2* Talsande (einschl. Alluvialbildungen), *3* Sande und Kiese, *4* Tonmergel (Paludinenton). Tertiär: *5* Miozäne Braunkohlenformation (Quarzsande, Kieslager, Kohlenletten, Flöze), Oligozäne Glimmersande, *6* Septarienton, *7* Grünsande (Oligozän).

Beispiel 9: Beeinflussung der Steighöhe von artesisch gespanntem Süßwasser. Ebbe und Flut beeinflussen die Steighöhe von artesisch gespanntem Süßwasser in der Nähe von Meeren[3].

Beispiel 10: Schadenarten, die bei Errichtung von Neubauten in Grundwasserströmen entstehen. In Abb. 77 sind die Schäden, die bei Errichtung einer Gründung im Grundwasserstrom entstehen, schematisch zusammengestellt[4].

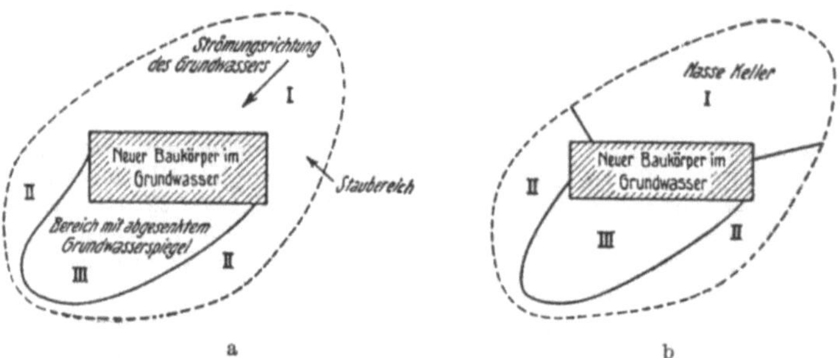

Abb. 77. Schema zur Darstellung der Schadenarten, die bei Errichtung von Neubauten in Grundwasserströmen auftreten.
a Veränderungen im Grundwasserspiegel, b Schadeneinfluß. *I* Nasse Keller infolge Stauung des Grundwassers, *II* Ausschwemmung des Sandes infolge vermehrter Grundwassergeschwindigkeit; ungleichmäßige Setzungen des Gebäudes, *III* Setzungen infolge abgesenkten Grundwasserspiegels.

H. Grundwasserspiegelschwankung und Bodenluftgehalt. Durch Senkung des Grundwasserspiegels wird vielfach auch der obere Saum des Ka-

---

[1] Vgl. J. Denner: Der Grundwasserstand in Berlin. Zbl. Bauverw. 1937 S. 243. — W. Koehne: Die Grundwasserbewegung im Grunewald bei Berlin. Z. Bauw. 1925 Nr. 1/3. — Grundwasserkunde. Stuttgart 1928.

[2] Vgl. J. Denner: Grundwasserabsenkung und Bauschäden. Bautechn. 1941 S. 442; 1942 S. 46.

[3] Vgl. Mondain u. Roger: Génie civ. 1941 Heft 3/4 S. 36.

[4] Bendel, L.: Ing.-geolog. Untersuchungen. Erdbaukurs 1938 Abb. 2.

pillarwassers gesenkt. Dadurch wird der Boden stärker durchlüftet. Ein Waldboden gilt als gut durchlüftet, wenn er folgenden Luftgehalt (Luftkapazität) aufweist:

J. Grundwasser-spiegelschwankung und Akzidität. Wird der Grundwasserspiegel

Bodentiefe	3—10 cm	20—30 cm	50—60 cm
Luftgehalt......	15—20%	8—12%	6—8%

gesenkt, so werden gewisse Böden im Laufe der Zeit sauer. Der Grund liegt darin, daß der Boden durch das Sickerwasser ausgewaschen wird, wobei zuerst die leicht löslichen Mineralstoffe fortgeführt werden.

Tabelle 48. *Beispiele aus Flyschböden*[2].

Ort	p_H-Zahl vor der Entwässerung[1]		Ent-wässerung seit Jahren	p_H-Zahl nach der Entwässerung	
	Tiefe 0—10 cm	Tiefe 50—60 cm		Tiefe 0—10 cm	Tiefe 50—60 cm
Weißtannen	6,3	6,3	5	6,0	6,2
Giswilerlaui	6,3	5,8	8	5,8	5,7
Neuenalp........	6,3	6,2	10	5,6	6,0
Höllbach	6,4	6,8	20	4,7	6,0
Höllbach	6,4	6,8	40	5,3	6,7
Giswilerlaui......	6,3	5,8	25	5,3	5,6
Steinbach	5,9	5,7	25	4,9	5,5

K. Grundwasser-spiegelschwankun-gen und Temperatur der obersten Boden-schichten. Die Lage des Grundwasserspiegels beeinflußt die Boden-temperatur oberhalb des

Tabelle 49. *Beispiel* für die Sommerzeit (Juni/Juli).

Lage des Grundwasserspiegels	Bodentiefe	
	18 cm Tiefe	33 cm Tiefe
Vor der Grundwasserabsenkung ...	8,3° C	7,8° C
Nach der Grundwasserabsenkung .	13,6° C	12,2° C
Temperaturunterschied	5,3° C	4,4° C

Grundwasserspiegels wesentlich. Dies ist bautechnisch von Bedeutung für die Anlage von tiefliegenden Kellern, bei denen eine tiefe Temperatur notwendig ist, ferner für den Pflanzenwuchs usw.

ε) Grundwassermenge.

I. Grundwassermenge und Bodenfeuchtigkeit. Die im Boden vorhandene, Schwankungen unterworfene Bodenfeuchtigkeit L kann berechnet werden[3].

Die Summe der Bodenfeuchtigkeit L beträgt:

$$L = \Sigma \, (N - A - V) - c\,h.$$

In dieser Formel bedeuten:

N = Niederschlagshöhe in mm,
A = Abflußmenge in mm,
V = Verdunstungshöhe in mm,
h = mittlere Grundwasserschwankung,

$c\,h$ = Wasserwert für ein größeres Gebiet, auch landschaftlicher Grundwasserwert genannt.

---

[1] Für die Erklärung der p_H-Zahl siehe S. 342.

[2] Vgl. H. BURGER: Entwässerungen und Aufforstungen im Flyschgebiet der Voralpen. Verh. 6. Kommiss. internat. bodenkundl. Gesellsch., S. 8. Zürich 1937.

[3] Vgl. WUNDT: Grundwasser und natürliche Vorratsbildung in unseren Flußgebieten. Dtsch. Wasserw. 1941 S. 610; ferner KOEHNE: Der Stand der Verfahren zur Bestimmung der Bodenfeuchtigkeit vom gewässerkundlichen Gesichtspunkt. Dtsch. Wasserw. 1941 S. 623.

Zahlenwerte. Tabelle 50.

Gebiet	Größe des Untersuchungsgebietes	c-Wert	h in mm	L-Wert in mm	
				Größtwert	Kleinstwert
Havel—Spree .	19 500 km²	0,2	80	42	— 34 (im Juni)
Weser—Aller . .	37 905 km²	0,05	170	51	— 37 (im Aug.)

L gibt einen Maßstab für den Wasservorrat im Boden.

II. Vorrat an Grundwasser. Die gesamte Grundwassermenge wird in Deutschland zu 300 km³ geschätzt[1]. Mit Wasserspeicher wird ein Raum bezeichnet, der entleert werden kann, nicht aber ein Raum, der stets gefüllt ist[2].

ζ) Wichtige Grundwasserspiegellagen.

Niedrigster Grundwasserspiegel. Am wichtigsten ist meistens die Kenntnis des niedrigsten Grundwasserspiegels. Dies gilt namentlich für die Bemessungen von Grundwasserversorgungsanlagen und für die Bestimmung der Höhenlage der Pfahlköpfe bei Holzpfahlgründungen.

Höchster Grundwasserspiegel. In der Nähe von Stauwehren wird der Grundwasserspiegel meistens gehoben. Die Kenntnis der voraussichtlichen höchsten Lage des Grundwasserspiegels ist wichtig in bezug auf den Pflanzenwuchs, auf die Überschwemmung von Hauskellern und in geringem Maße in bezug auf die Veränderung der Verdunstungsverhältnisse.

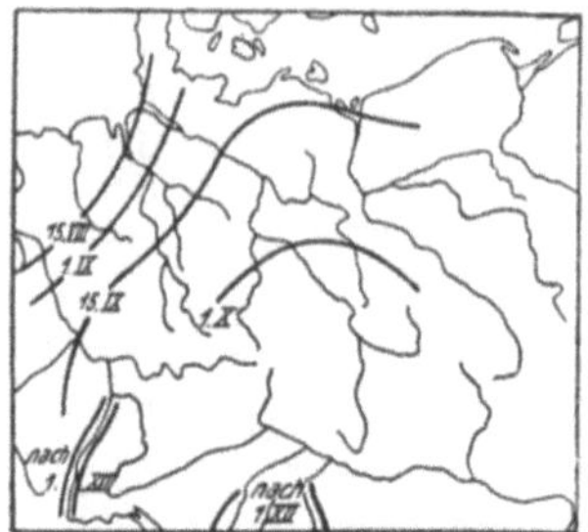

Abb. 78. Eintritt des tiefsten Monatsmittels beim Grundwasserstand.

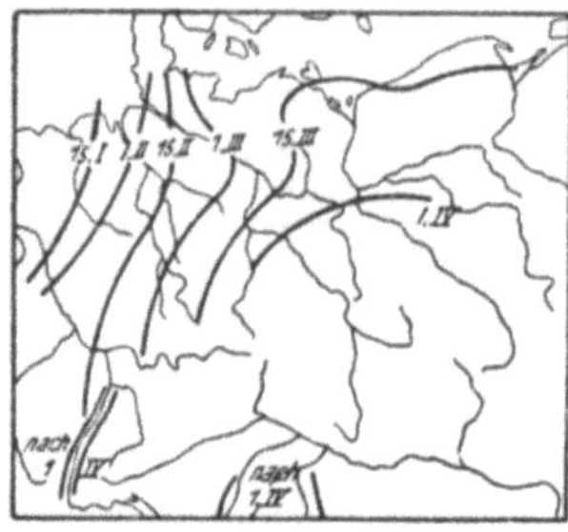

Abb. 79. Eintritt des höchsten Monatsmittels beim Grundwasserstand.
(Nach Dtsch. Wasserw. 1942.)

Ungestörter und gestörter Grundwasserspiegel. Es ist empfehlenswert, vor allen Eingriffen in den natürlichen Verlauf von Schwankungen des Grundwasserspiegels die früheren ungestörten Grundwasserspiegelschwankungen zum ewigen Gedächtnis festzustellen. Die Beobachtungen müssen aber, um schlußfähig zu sein, sich mindestens über eine Zeit von einem Jahr erstrecken. Die Niederschlags- und Abflußmengen sollten ebenfalls mitbestimmt werden. Unter Umständen sind spezielle Ergiebigkeiten an Hand von lang dauernden Pumpversuchen zahlenmäßig festzustellen.

Aus den Abb. 78 und 79 gehen die tiefsten und höchsten Monatsmittel beim Grundwasserstand Mitteleuropas hervor.

η) Grundwassertemperatur.

Die Temperatur des Grundwassers in der Nähe des Grundwasserspiegels hängt von der durchschnittlichen Tiefe des Grundwasserspiegels unter der Erdober-

---

[1] Vgl. W. KOEHNE: Die Wasserspeicherung in unterirdischen Räumen. Dtsch. Wasserw. 1941. S. 457/60. — G. TROSSBACH u. W. WUNDT: Die natürliche Vorratsbildung in unseren Flußgebieten. Arch. Wasserwirtsch. Reichsverb. Dtsch. W. W. e. V. H. 52. Berlin 1940.

[2] Vgl. W. WUNDT: Grundwasser und natürliche Vorratsbildung in unseren Flußgebieten. Dtsch. Wasserw. 1941 S. 611; ferner Jahrbuch für die Gewässerkunde des Deutschen Reiches. Abflußjahr 1937. Berlin 1940. — Über den Begriff des Wasservorrates beim Grundwasser. Dtsch. Wasserw. 1943 S. 56.

fläche ab. Für Grundwasser, dessen Oberfläche nur wenig schwankt und 3 bis 5 m unter der Erdoberfläche liegt, kann als mittlere Grundwassertemperatur angenommen werden:

Mittlere jährliche Lufttemperatur in 1 m Höhe über dem Boden, zusätzlich 1° C.

Die Grundwassertemperatur nimmt auf 40 bis 100 m Tiefe um 1° C zu. Vgl. Abschnitt über die geothermische Tiefenstufe S. 17.

ϑ) Die Beziehung zwischen Grundwasser und Flußwasser.

Aus den Bach- und Flußbetten sickert oft Wasser in das Grundwasser; durch diese sog. Uferfiltration werden die Eigenschaften des Grundwassers mehr oder weniger beeinflußt. Aus der Tabelle 51 geht der Unterschied zwischen echtem Grundwasser und uferfiltriertem Grundwasser hervor.

Tabelle 51.

| | Unterschied zwischen | |
	echtem Grundwasser	uferfiltriertem Grundwasser
1. Grundwasserspiegel	Der Grundwasserspiegel schwankt wenig; er zeigt im Jahr *einen* Höchst- und Niedrigststand	Der Grundwasserspiegel fällt und steigt mit der Wassermenge im Fluß
2. Temperatur	Die Temperatur schwankt wenig (1 bis 2° C). Bei allen Brunnen ist sie gleich groß	Die Temperatur des Grundwassers schwankt stark; 10° C Unterschied zwischen Höchst- und Niedrigsttemperatur. Je nach der Entfernung des Brunnens vom Fluß schwankt die Temperatur mehr oder weniger
3. Ergiebigkeit	Die Ergiebigkeit von Brunnen schwankt nur wenig	Die Ergiebigkeit der Brunnen schwankt stark; führt der Fluß wenig Wasser, so ist die Ergiebigkeit klein; namentlich trifft dies zu, wenn die Flußsohle verschlammt ist und durch die Ufer infolge Niedrigwasserstand kein Wasser durchsickern kann. Je näher der Brunnen am Ufer liegt, um so größer ist die Ergiebigkeitsschwankung
4. Chemismus	Der Chemismus des Grundwassers bleibt beinahe gleich	Der Chemismus des Grundwassers schwankt je nach der chemischen Zusammensetzung des Flußwassers
5. Bakteriologisches	Die Keimzahl ist meistens gering und bleibt gleich groß	Die Keimzahl kann im Grundwasser in der Flußnähe sehr groß werden

ι) Die Beziehung zwischen Grundwasser und Oberflächenwasser.

Beispiel 1: Berlin. Über den Austausch zwischen Oberflächenwasser und Grundwasser liegen z. B. aus dem Gebiete von Berlin seit mehr als sechzig Jahren Beobachtungen vor[1]. Für den geologisch-hydrologischen Aufbau des Berlin-Warschau-Urstromtales siehe Abb. 76.

Nach diesen Feststellungen lagen früher die Grundwasserstände im Urstromtal, in welchem Berlin liegt, höher als die Wasserstände der Spree. Die Ursache ist, daß infolge der Bebauung beträchtliche Mengen des Niederschlagwassers durch die Stadtentwässerung abgeleitet und damit dem Grundwasser entzogen wurden. Ferner wurden große Mengen Grundwasser zu Trink- und industriellen Zwecken dem Grundwasser entzogen[2].

Beispiel 2: Luzern. Durch die Überbauung und durch das Anlegen von dichten Straßenbelägen (Asphalt- und Betonstraßendecken) erhält der Grundwasserstrom

---

[1] Vgl. DENNER: Der Grundwasserstand in Berlin. Zbl. Bauverw. 1937 S. 243. — KOEHNE: Die Grundwasserbewegung im Grunewald. Z. Bauw. 1925.

[2] Vgl. F. NÖTHLICH: Der Grundwasserhaushalt des Berliner Grunewaldes im letzten Jahrzehnt. Gesundh.-Ing. 1941 S. 539.

oft auf große Flächen kein Niederschlagwasser mehr. Die Folge davon ist die Senkung des Grundwasserspiegels und damit die Austrocknung der obersten Bodenschichten. Hölzerne Pfahlroste, die früher im Grundwasser standen, werden trocken gelegt. Statt daß die Holzstämme Wasser vom Boden erhalten, müssen sie abgeben. Der Fäulnisprozeß ist dadurch eingeleitet. Stecken die Pfähle z. T. noch in wenig durchlässigem Boden, so erstickt das Holz[1].

$\varkappa$) Die Beziehung zwischen Grundwasser und Blitzschlag.

Bei der Aktiengesellschaft Sächsische Werke wurden vor einigen Jahren Untersuchungen durchgeführt, um den Zusammenhang zwischen Blitzeinschlag in Hochspannungsleitungen und den Grundwasseradern abzuklären. Bei einer 80 km langen 100-kV-Leitung drängten sich die Blitzeinschläge auf 6 km Länge zusammen. Es entstand ein sog. Gewitternest in der Nähe von Grundwasseradern über Phyllitschichten.

Auf Grund dieser und weiterer europäischer und amerikanischer Gewitterforschungen ergab sich, daß für die hohen Maste die Erdungswiderstände eine große Störungsgefahr bilden. Es wurden daher Tiefbohrungen durchgeführt. Die Folge der erdverbesserten Freileitung war das Verschwinden der Blitzeinschläge.

Bei den Untersuchungen der Sächsischen Werke über die luftelektrischen Verhältnisse oberhalb der Grundwasseradern wurde gefunden, daß sich über den Wasseradern das Potentialgefälle sprunghaft herabsetzt, und daß sich gleichzeitig die Leitfähigkeit der Luft verbesserte. Das wird als Folge der erhöhten Bodenemanation aus den Grundwasser führenden Spalten angesehen[2].

c) Zusammenhängende unterirdische Wasserläufe.

α) Die wichtigsten Eigenschaften der unterirdischen Wasserläufe.

Die wichtigsten Eigenschaften der unterirdischen Wasserläufe gehen aus Tabelle 52 hervor.

β) Beispiele von unterirdischen Wasserläufen.

Beispiel 1: Donauversickerung. Zwischen Immendingen und Friedingen versickert die Donau und das Grundwasser der Umgebung vollständig, so daß das Donaubett oft während sechs Monaten trocken begangen werden kann. Das Wasser fließt in ein unterirdisches, mehr als 12 km langes Flußbett ab. Bei Aach treten 7000 l/s aus dem unterirdischen Donauwasserlauf zutage.

Beispiel 2: Juraversickerung. Der Wasserlauf des Vallée des Ponts im Jura versickert in 1000 m Höhe und kommt 274 m tiefer im Tale der Areuse wieder zutage.

Beispiel 3: Versickerung von ganzen Seen. In trockenen Jahren versickert der ganze Inhalt des Sees in Krain. Er füllt sich erst wieder, wenn alle Spalten mit Wasser angefüllt sind.

Beispiel 4: Bachsystem unter Gletschern. Die Bäche, die unterhalb von Gletschern fließen und am Talende beim Gletschertor zutage sprudeln, sind als unterirdische Wasserläufe zu betrachten[3].

γ) Fließgeschwindigkeit von unterirdischen Wasserläufen.

Während für die Berechnung der Fließgeschwindigkeit von oberirdischen Wasserläufen Formeln aufgestellt werden können, ist es für die unterirdischen Wasserläufe beinahe unmöglich, Gesetze und Gleichungen für die Wasser-

---

[1] Siehe Bendel: Neuere geologische Aufnahmen von Luzern und Umgebung und ihre bautechnische Anwendung. Schweiz. Bauztg 1934 Nr. 10 S. 105.
[2] Vgl. Z. VDI 1931.
[3] O. Lehmann: Die Hydrographie des Karstes. Leipzig u. Wien 1932. — Wilser, J. L.: Die natürlichen Bedingungen der Donauversinkung und deren wirtschaftliche Nutzung. Freiburg i. Br. 1924.

Tabelle 52. *Zusammenstellung der wichtigsten Eigenschaften der unterirdischen Wasserläufe.*

Ort des Wasservorkommens	Geologische Ursache	Veränderung der Wasserwege		Wassermenge	Wassergeschwindigkeit	Spiegelgefälle
		Verengung	Erweiterung			
Auf Lagerfugen	Lagerfugen entstehen bei der Sedimentation	Verengungen der Wasserwege entstehen meistens nicht durchgehend, sondern nur streckenweise	Erweiterungen der Wasserwege entstehen meistens nicht durchgehend, sondern nur streckenweise	Die Wassermenge schwankt meistens sehr stark, z. B. in der Grotte Trebič (Reka) schwankt der Wasserspiegel um 92,9 m. Die Wassermenge wird durch Pumpversuche bestimmt. Die Auswertung der Pumpergebnisse ist unsicher, da Verbindungen mit anderen unterirdischen Strömen u. Becken möglich sind	Die Wassergeschwindigkeit wird bestimmt durch *a) Färbversuche* (siehe Seite 94 in Teil II) *b) Pumpversuche.* Die Geschwindigkeiten des Wassers sind von einigen Millimetern bis zu 25 km je Tag ermittelt worden	Das Spiegelgefälle ändert sich, je nachdem ein Becken oder ein unterirdischer Wasserfall vorliegt
In Spalten, Klüften	Spalten, Klüfte entstehen durch tektonische Vorgänge	Verengungen entstehen durch a) Absätze, wie α) *Mechanische* Absätze infolge Niederschläge von Ton, Lehm, Sand, Gerölle β) *Chemische* Absätze, so daß Kalk, Erz-, Aragonit-, Hornstein-Gänge entstehen b) *Tektonische Einflüsse.* Durch Gebirgsdruck werden die Spalten und Klüfte streckenweise verengt	Erweiterungen entstehen durch *a) Mechanische Angriffe.* Schwebende Mineralteilchen im Wasser bewirken ein Abschleifen des Felsens *b) Chemische Lösungen.* Lösliche Gesteinsarten sind: Kalk, Gips Dolomit, Steinsalz usw. *Beispiel:* Karstlandschaften, unterirdische Wasserläufe bei Paderborn			Das Spiegelgefälle wechselt stark im Längenprofil des unterirdischen Wasserlaufes, da oft Wasserbecken auftreten oder Verbindungen mit anderen unterirdischen Wasserläufen vorhanden sind
In Absonderungsklüften	Absonderungsklüfte entstehen bei Eruption (vulkanische Tätigkeit)					

geschwindigkeit zu ermitteln. Der Grund liegt darin, daß das Gefälle der unterirdischen Rinnen, die Beschaffenheit der Rinnen in bezug auf ihre Rauhigkeit usw. unbekannte und meistens nicht meßbare Größen darstellen.

d) Der Austritt von unterirdischem Wasser.

α) Begriffe.

Quelle: Unter Quelle versteht man eine örtlich begrenzte Austrittstelle des im Boden vorhandenen Wassers. Die Quelle kann durch Grundwasser oder durch einen unterirdischen Wasserlauf gespeist werden (siehe auch S. 70 unter Quelle).

Quellwasser ist ehemaliges Bodenwasser, das nach dem Austritt aus dem Boden Quelle oder Quellwasser genannt wird. In der Quellfassung heißt das Wasser bereits Quellwasser.

Quellort: Der Quellort ist der Punkt im Gelände, wo das Wasser aus dem Boden an die Oberfläche tritt. Solange das Wasser im Boden ist, wird von einer Wasserader gesprochen. Bei juristischen Auseinandersetzungen ist die Klarstellung dieses Begriffes von Bedeutung (siehe Abb. 80).

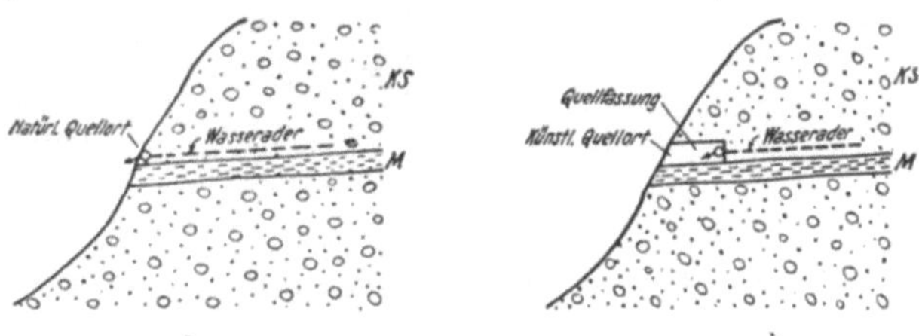

Abb. 80. Bezeichnung der Quellen vor der Fassung (a) und nach der Fassung des Wassers (b).
M wasserundurchlässiger Mergelhorizont, *KS* wasserdurchlässige Kiessande.

Tabelle 53.

Einteilung der Quellen nach				
Herkunft	Geologie	Benennung	Mineralgehalt[1]	Temperatur
Vadose Quellwasser mit Einzugsgebiet an der Erdoberfläche. Sie sind arm an Mineralbestandteilen; sie sind kalt	*Absteigende* Quelle: Schichtquellen Schuttquellen Spaltquellen Kluftquellen Verwitterungszonenquellen Lavaquellen	Wildbad (Akratotherme)	Mineral: weniger als 1 g/kg Wasser — Temperatur > 20° C	*Wärmegrad* 20—34°
		Säuerlinge (einfacher Säuerling)	Freie Kohlensäure > 1 g/kg Wasser — Feste, gelöste Bestandteile < 1 g	*Benennung* Hypothermale Quelle 34—38°
Juvenile Quellwasser stammen aus unterirdischen Magmamassen und aus tektonischen Störungszonen. Sie sind reich an gelösten Mineralstoffen, darunter Metalle, wie Cu, Ni, Co, As, Sb, Sn, Zn, Cs, Rb, ferner Bv, F, Cl, Br. Juvenile Wasser haben meistens eine hohe Temperatur	*Aufsteigende* Quelle: Inf. Niveaudifferenz Überdruck Artesische Quellen Inf. Wasserdampfdruck: Geysir Inf. Gasdruck Gasführende Quelle	Erdige Säuerlinge	Freie Kohlensäure > 1 g/kg Wasser — Feste, gelöste Bestandteile > 1 g — Anionen: Hydrokarbonat — Kationen: Kalziumion Magnesiumion	*Benennung* Homöotherm. Quelle > 38° — *Benennung* Hypertherm. Quelle
	Überlaufquellen nehmen eine Mittelstellung zwischen absteigenden und aufsteigenden Quellen ein	Alkalische Quelle	Gelöste mineralische Bestandteile > 1 g/kg Wasser — Hydrokarbonation Natriumion	
		Bitterquelle	Feste Bestandteile > 1 g/kg — Sulfation Magnesiumion	
		Kochsalzquelle (muriatische Quelle)	Feste Bestandteile > 1 g/kg — Chlorion Natriumion	
		Eisenquelle	Ferro- oder Ferriion: > 0,01 g/kg	
		Schwefelquelle	Hydrosulfidion Thiosulfation Freier Schwefelwasserstoff	
		Sulfatquellen	Ionen: Chlor, Hydrokarbonat, Sulfation — Kation: Alkalien	
		Arsenquelle	Arsen in pharmakologischer Bedeutung	
		Jodquelle	Jod in klinischer Bedeutung	
		Radioaktive Quelle[2]	Radioaktive Stoffe, ohne Rücksicht auf sonstige chemische Zusammensetzung	

[1] Vgl. HINTZ u. FRESENIUS: Bad und Kurort. Berlin 1925.

[2] Weitere Unterteilungen der Quellarten sind enthalten in J. STINY: Die Quellen S. 96/98. Berlin 1933, und in KEILHACK: Grundwasser und Quellenkunde S. 257/259. Berlin 1935.

Quellergiebigkeit oder Quellschüttung bedeutet die natürliche Abflußmenge einer Quelle in der Zeiteinheit.

Quellgut bedeutet das Erzeugnis der Quelle, bestehend aus gelösten Stoffen, suspendierten Stoffen und mechanischem Gemisch von Wasser und Gas.

Quellsystem wird gebildet durch Quellen, die in hydraulischem Zusammenhang miteinander stehen.

Quellhorizont bedeutet den Grundwasserleiter, der Quellen liefert. Der Quellhorizont wird z. B. durch den Anstich einer wasserstauenden Schicht bedingt.

Quellenband oder Quellenlinie ist das Band (Linie), auf welchem die Quellen austreten.

Quellsee ist ein See, der nur einen oberirdischen Abfluß, aber keinen oberirdischen Zufluß hat.

Quellmechanismus: Die Gesamtheit der geologischen, morphologischen, hydraulischen und meteorologischen Verhältnisse, die die Eigenart einer Quelle bedingen, heißt Quellmechanismus.

β) Einteilung der Quellen.

Die Quellen können nach verschiedenen Merkmalen eingeteilt werden. In der Tabelle 53 sind die Quellen eingeteilt nach: Herkunft, geologische Beschaffenheit des Untergrundes, Mineralgehalt, Temperatur des Wassers.

γ) Temperatur der Quellen.

Die Quelltemperatur ist abhängig von:

der Gesteinsart des Wasserträgers,

dem örtlichen Klima (Wärme der Luft und des Niederschlagwassers),

der Pflanzendecke,

der Neigung des Geländes im Sammelgebiet und beim Quellaustritt,

der Beschaffenheit des Quellaustrittes,

der Wärme des zusickernden Grund-, See- oder Flußwassers[1].

Für weitere Einzelheiten siehe Beispiel 4.

δ) Beispiele von Quellarten.

Beispiel 1: Absteigende Schichtquelle. In Abb. 80 ist die Wasserfassung einer absteigenden Schichtquelle wiedergegeben. Das Niederschlagwasser wird in den Kiessanden des älteren Deckenschotters gesammelt (Günzschotter). Es sickert durch die zahlreichen Klüfte der sandigen Ablagerungen der Oehningerstufen (Tertiär, Tortonien) und gelangt auf eine wasserundurchlässige, schwach geneigte Mergelschicht[2].

Die monatlichen chemischen und physikalischen Untersuchungsergebnisse sind in Abb. 81 enthalten.

Beispiel 2: Schuttquelle. In Abb. 82 sind zwei Beispiele von Schuttquellen aufgezeichnet. Bemerkenswert ist, daß die Mächtigkeit der Schutthalden meistens geringer ist, als allgemein angenommen wird.

Beispiel 3: Spaltenquelle. In Abb. 83 ist eine Spaltenquelle aus den Tertiärsanden aufgezeichnet.

Beispiel 4: Monatliche physikalische und chemische Untersuchungsergebnisse von Schicht-, Schutt- und Spaltenquellen. a) Größtwerte der Schüttung. Die Schichtquelle (Abb. 84) ergibt:

Größtwert des Niederschlages im August,
Größtwert des Ertrages im November,
Kleinstwert des Niederschlages im Januar,
Kleinstwert des Ertrages im März.

Aus dieser Feststellung ergibt sich, daß der Zeitunterschied zwischen den Größtwerten 3 Monate beträgt, zwischen den Kleinstwerten nur $^2/_3$, d. h. zwei Monate. Diese Beobachtung konnte an verschiedenen anderen Quellen ebenfalls gemacht werden.

Um diese Erscheinung zu erklären, sei das Sickern von einzelnen Wassertropfen in die Tiefe untersucht. Zu diesem Zwecke sind folgende Sickerzustände ins Auge gefaßt:

Zustand I: Die Quelle ist vollständig versiegt.

---

[1] DIEM, KARL: Österreichisches Bäderbuch. Berlin-Wien 1914.

[2] Die Abb. 80 bis 86 stammen aus der Arbeit BENDEL: Geologie und Hydrologie des Irchels. Zürich 1923.

Zustand II: Das Vordringen der ersten Tropfen einer beginnenden Großwassermenge.

Zustand III: Das Vordringen der letzten Tropfen einer Großwassermenge.

1 Spaltenquelle aus dem Tertiär (siehe Abb. 83).   *2* Absteigende Schichtquelle (siehe Abb. 84).   *3* Schuttquelle (siehe Abb. 82).

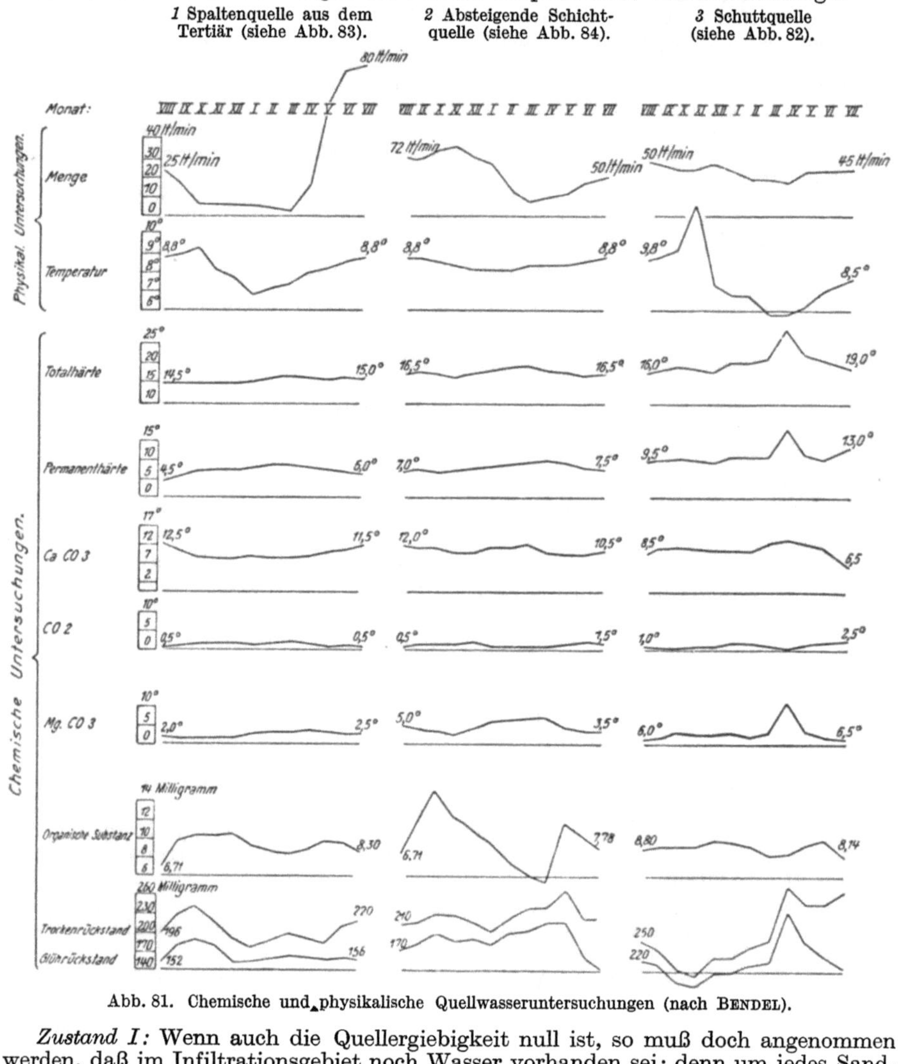

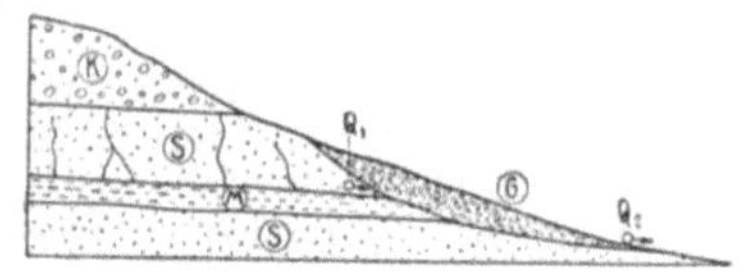

Abb. 81. Chemische und physikalische Quellwasseruntersuchungen (nach BENDEL).

Zustand I: Wenn auch die Quellergiebigkeit null ist, so muß doch angenommen werden, daß im Infiltrationsgebiet noch Wasser vorhanden sei; denn um jedes Sandkörnchen ist infolge der Adhäsion zwischen Wasser und Sandkorn und der Oberflächenspannung des um das Sandkorn befindlichen Wassers eine Wasserhaut zurückgeblieben.

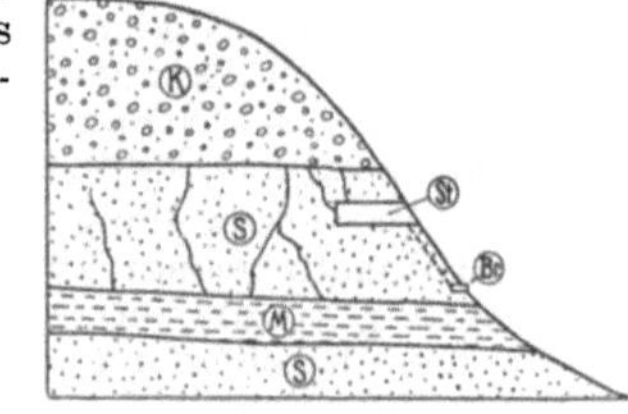

Abb. 82. Grundwasserstand und Quellart.
Q_1 Grundwasserübertritt aus einer Gesteinschicht in Schutt, Q_2 Schuttquelle, *G* Gehängeschutt, *K, S, M* siehe Abb. 84.

Abb. 83. Spaltenquelle aus der Tertiärformation. Für *K, S, M, St* siehe Abb. 84, *Br* Brunnen.

Zustand II: Wenn nun die ersten Tropfen einer Großwassermenge in das Infiltrationsgebiet gelangen, so wird dieses eindringende Wasser zunächst zur Verdickung der Wasserhaut verwendet, so daß die erste Niederschlagsmenge sich am Quellaustritt überhaupt nicht bemerkbar macht.

Wenn die eindringende Wassermenge ein gewisses Maß überschreitet, so werden nach einiger Zeit die Adhäsionskraft zwischen Sand und Wasser und die Oberflächenspannung ihren größtmöglichen Wert erreicht haben. Das neu nachdringende Wasser, das unter hydraulischen Druck zu stehen kommt, füllt alle Hohlräume aus. Mit dem Steigen des hydraulischen Druckes werden Kapillaritätskraft, Reibung zwischen dem in die Tiefe sickernden Wasser und der um das Sandkorn vorhandenen Wasserhaut immer rascher überwunden, so daß das neu hinzukommende Wasser rascher als die früheren Wassertropfen in die Tiefe sickert.

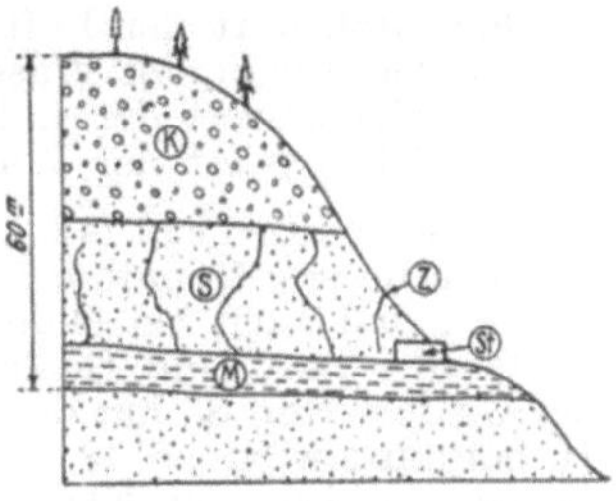

Zustand III: Zu Beginn der Abnahme des Wasserzuflusses wird der Abfluß größer als der Zufluß; infolgedessen fällt auch der hydraulische Druck im Infiltrationsgebiet, wodurch Kapillarität und Reibung zwischen dem in die Tiefe sickernden Wasser und der um das Sandkorn vorhandenen Wasserhaut wieder mehr zur Geltung kommen. Daraus geht hervor, daß im letzten Abschnitt der Großwassermenge sich der Durchfluß der Wassertropfen verzögert. Die Sickerzeit der letzten Wassertropfen einer Großwassermenge wird groß, und deshalb muß auch im Falle, wo viel Wasser im Infiltrationsgebiet vorhanden ist, aber eine Druckabnahme eintritt, die Quellergiebigkeit nur noch langsam zunehmen.

Aus obiger Darstellung, die verschiedene Durchsickerungszeiten des Wassers im Infiltrationsgebiet zeigt, ergibt sich Abb. 85.

Den Wassertropfen $(A—C)$ als Niederschlag entsprechen die Wassertropfen $(A'—C')$ als Quellerguß.

Der Niederschlagsstrecke $(L—A)$ entsprechen keine Wassertropfen als Quellergiebigkeit.

$C =$ Zeitpunkt, da eine Abnahme der Wasserzufuhr ins Infiltrationsgebiet stattfindet.

$B' =$ Zeitpunkt, von dem an die spezifische Zunahme der Quellergiebigkeit kleiner wird.

B' ist C gegenüber temporär verschoben, da einige Zeit verfließt, bis die Abnahme des hydraulischen Druckes im Infiltrationsgebiete sich am Quellaustritt bemerkbar macht.

Um die oben besprochene Erscheinung näher zu untersuchen, wurden die Versuche nach Abb. 229 in Teil II durchgeführt.

Der zeitliche Unterschied zwischen den m_a- und m_i-Werten kann wie folgt erklärt werden:

Infolge der Oberflächenspannung des Wassers um die festen Bodenteilchen wird das erste Wasser zur Verstärkung der hygroskopischen Wasserhaut benützt. Ist die größte Anziehungskraft der Saugwasserhülle gegen fließendes Wasser erreicht, so sickert alles Niederschlagwasser ungehemmt durch den Boden. Sobald aber kein Niederschlagwasser mehr nachfließt, so hört der hydrostatische Druck im Sickerwasser auf. Nun kann sich die Anziehungskraft gegen das ruhende, hängende Kapillarwasser voll zur Geltung bringen. Das Wasser sickert nur noch langsam durch den Boden.

Größter Quellertrag im Dezember. Bei den sekundär aus Schutt austretenden Quellen war die größte Wassermenge oft erst im Dezember festzustellen. Dies ist so zu erklären: Der Schutt ist während des Sommers infolge Verdunstungsverlustes und Wasserentzuges durch die Vegetation wasserarm. Aus der stetigen Abnahme der Quellergiebigkeit bis in den November ist zu schließen, daß die Verluste größer sind als die Wasserzufuhren aus direktem Niederschlag auf den Schutt plus Wassermenge der Schichtenquellen (siehe z. B. Abb. 82). Es ist anzunehmen, daß ohne den Einfluß der Schutthalde sich die Schuttquelle wie eine Schichtenquelle verhalten würde. Beim Eintritt der kälteren Jahreszeit ist der Verdunstungs- und Vegetationsverlust geringer; der Schutt wird mit Wasser angefüllt. Infolge Druckwirkung wird das vom Boden erwärmte Sommerwasser vor sich hergetrieben und ausgestoßen, so daß die größte Wassertemperatur im November und die größte Ergiebigkeit erst im Dezember festzustellen ist.

Abb. 84. Absteigende Schichtquelle.

K Kiessande, z. T. verkittet aus der Günzvergletscherungszeit, *S* Sandablagerung mit zahlreichen Klüften und Haarrissen (Oehningerstufe; Tortonien, Miozän, Tertiär), *M* wasserundurchlässige Mergelschicht, *St* Wasserfassungsstollen, 13 m lang (die chemischen und physikalischen Untersuchungsergebnisse sind in Abb. 81 enthalten), *Z* Zone, die nach langer Trockenzeit erweiterte Spalten zeigt, nach langen Regengüssen durch Schwellen sich völlig schließt.

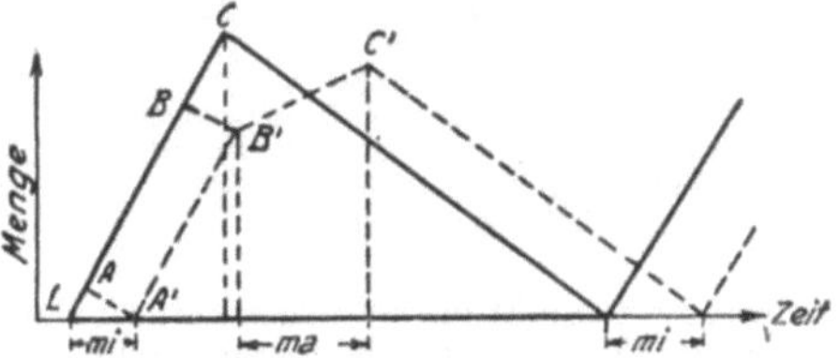

Abb. 85. Schematische Darstellung der Durchsickerungszeiten bei Quellen (nach BENDEL).

——— monatliche Regenmenge im Einzugsgebiet,
------ monatliche Quellergiebigkeit, m_i Zeitunterschied zwischen den Kleinstwerten, m_a Zeitunterschied zwischen den Größtwerten.

Der Unterschied zwischen Größt- und Kleinstwert beträgt nur wenig vom Hundert, woraus hervorgeht, daß die Schuttanhäufung gewissermaßen ein sich selbst regulierendes Reservoir bildet.

b) Temperaturen der Quellen. Die Spaltenquelle zeigt:

den Größtwert der Lufttemperatur im Juli,
den Größtwert der Wassertemperatur im Oktober,
den Kleinstwert der Lufttemperatur im Januar,
den Kleinstwert der Wassertemperatur im Januar.

In dieser Übersicht fällt auf, daß zwischen den Größtwerten der Luft- und Wassertemperatur vier Monate liegen, während beide Kleinstwerte in den Januar fallen. Es scheint, daß auch bei anderen Quellen die Zeitunterschiede zwischen den Kleinstwerten der Luft- und Quellwassertemperaturen kleiner sind als die Zeitunterschiede der Größtwerte. So hat der Verfasser auf Grund der Temperaturmessungen, die von H. SCHARDT während 18 Jahren an der Quelle Letten durchgeführt wurden, für die Zeitunterschiede der Kleinstwerte im Durchschnitt 1,55 Monate berechnet, für die Unterschiede der Größtwerte 2,56 Monate.

Ferner ist aus dem Temperaturkurvenbild der Lochgrabenquelle eine Verschiebung der Größtwerte zwischen Luft- und Wassertemperatur von 120 Tagen festzustellen, während die Zeitunterschiede bei den Kleinstwerten nur 14 Tage betragen.

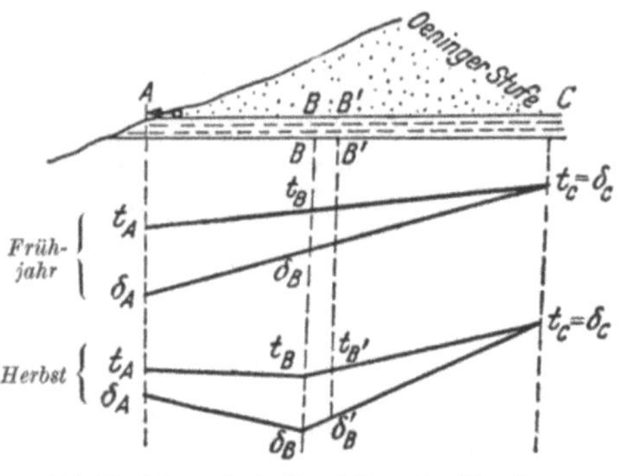

Abb. 86. Schematische Darstellung der Wanderung der Temperaturgrößtwerte.

A Austrittspunkt des Wassers, *B—B'* beliebige Punkte, *C* neutrale Zone, *t* Wassertemperatur, *δ* Bodentemperatur. *I* Frühjahr, *II* Herbst. Die Temperaturen δ_A und t_A sind zur Herbst- und Frühlingszeit dargestellt.

Schematisch ergibt sich aus der obigen Feststellung folgendes Bild (siehe Abb. 86).

Zur Erklärung dieser Erscheinung sei das physikalische Gesetz des Wärmeüberganges zwischen einer Körperoberfläche und einer tropfbaren Flüssigkeit angeführt.

Allgemein lautet die Formel:

$$Q = a\,F\,z\,(t - \delta).$$

Hierin bedeutet:

F = Größe der Fläche in m²,
t = Temperatur der Flüssigkeit in Celsius,
z = Zeit,
δ = Temperatur der Fläche in Celsius,
a = Wärmeübergangszahl.

a ist die in der Zeiteinheit auf 1 m² Fläche und 1° Temperaturunterschied übergehende Wärmemenge. a ist eine Funktion der Temperatur t, und zwar in dem Sinne, daß a steigt mit der Temperatur t.

Für die untersuchten Quellen kommt folgender Vorgang in Betracht: In der kalten Jahreszeit findet ein Wärmeübergang vom Wasser zum Gestein statt, während in der warmen Jahreszeit das Umgekehrte eintritt. Die Wärme fließt vom Gestein zum Wasser.

Richtung des Wärmeüberganges:

Winter: Wasser → Gestein,
Sommer: Wasser ← Gestein.

Der qualitative Beweis für diesen Wärmeaustausch ist erbracht[1]. Daraus ergibt sich, daß die Verzögerung des Größtwertes der Quellwassertemperatur der Verdunstungskälte zuzuschreiben ist; denn während der Sommermonate sinkt die Quellwassertemperatur infolge der Verdunstungskälte. Diese tritt infolge der Verdunstung von Quellwasser, der Bodenfeuchtigkeit und des Vegetationswassers in der Umgebung der Quelle auf. Zur Zeit der Tag- und Nachtgleiche sinkt die Verdunstungskälte auf $^1/_{10}$ des Sommerwertes und erniedrigt daher die Quellwassertemperatur nicht mehr. Das Wasser hat die dem durchsickerten Gestein entsprechende Temperatur[2].

Beispiel 5: Verwitterungsquellen (eluviale Quellwasser). Verwitterungsquellen oder eluviale Quellen entstehen, wenn Grundwasser sich in der an Ort und Stelle ver-

---

[1] BENDEL: Geologie und Hydrologie des Irchels. S. 44/46. Zürich 1923.
[2] Über Quelltemperaturen vgl. F. KERNER: Einfluß der Schneeschmelze auf den Wärmegang der Gebirgsquellen 1938; Wärmebild der Quellen eines Abhanges in den Alpen. Geologie und Bauwesen 1939.

witterten Gesteinsschicht ansammelt. Die Mächtigkeit solcher Verwitterungsschichten kann Hunderte von Metern betragen. Bei Sandsteinschichten als Grundwassersohle können die kalkigen Bindemittel durch das Grundwasser aufgelöst werden. Die Sandkörner bleiben an ihrem ursprünglichen Ort, wodurch die eluvialen Sande entstehen. Diese bilden vielfach Grundwasserträger. Beim Anbohren oder in Baugruben gehen sie in Trieb- oder Schwimmsande über.

Beispiel 6: Lavaquellen. Die erstarrten Lavaströme der Vulkane sind stark klüftig und daher wasserdurchlässig. Wasser aus Lavaströmen bilden die sog. Lavaquellen. Ihre Ergiebigkeit beträgt oft Tausende von Sekundenlitern.

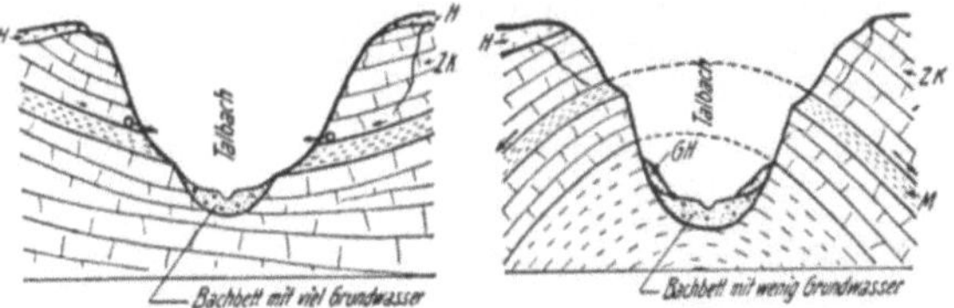

Abb. 87. Quellental und Trockental. Querschnitte durch die Täler.
GH Gehängeschutt, *ZK* zerklüftete Gesteinsbänke, *M* wasserundurchlässiges Mergelband, *H* Humus, → Richtung des Wasserabflusses auf dem Mergelband, o→ Quelle.

Beispiel 7: Quellental und Trockental. Aus Abb. 87 geht der Unterschied zwischen einem Quellental, das durch eine Faltenmulde (Synklinaltal) gebildet wird, und einem Trockental, das durch einen Sattel (Antiklinaltal) gebildet wird, hervor. Die Unterschiede sind:

Tabelle 54.

	Quellental	Trockental
Morphologisch....	Weide, sanfte Abhänge	Steilabhänge
Quellen	Zahlreiche Quellen	Keine Quellen
Grundwasser.....	Im Bachschutt viel Grundwasser	Grundwasser
Vegetation	Starke Vegetation	Spärliche Vegetation

In Abb. 88 ist der Längenschnitt durch ein Jura-Quellental wiedergegeben.

Beispiel 8: Artesische Quellen (aufsteigende Schichtenquelle). In Abb. 89 sind zwei Arten von artesischen Quellen wiedergegeben. Der Druck muß an jedem Ort der aufsteigenden Wasserader höher sein als der rein statische Druck der Wassersäule. Der Überschuß an Druck wird zur Überwindung der Bewegungswiderstände und des Luftdruckes gebraucht sowie zur Erhaltung der Fließgeschwindigkeit.

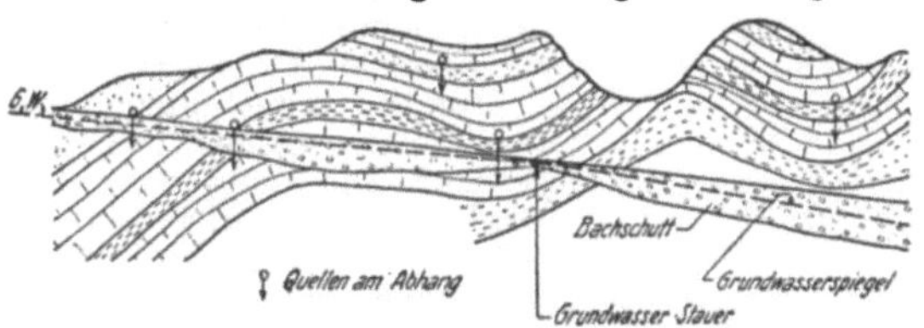

Abb. 88. Längenschnitt durch ein Juratal.

Die Ergiebigkeiten von artesischen Quellen können erfolgreich gefördert werden, wenn der unterirdischen Wasserader oder dem unterirdischen Wasserlauf nachgebohrt wird. Die Ergiebigkeit Q ist nämlich für gleichförmige Bewegung im geschlossenen Querschnitt:

$$Q = k \sqrt{\frac{F^3}{u}\, J} \quad \text{oder} \quad Q^2 = \alpha h$$

(siehe Abb. 89). α setzt sich aus der Rauhigkeit des Wasserschlosses und der übrigen Fließbedingungen auf den Strecken ABC zusammen. Für die Strecke ABD wird $\alpha = \alpha_1$. Es wird $\alpha_C < \alpha_1$, da die Rauhigkeit des Wasserschlosses beim Punkt C kleiner ist als beim Punkt B. Ferner ist $h_1 > h$; daraus ergibt sich:

$$Q_B > Q_C.$$

α kann auch vom Barometerstand beeinflußt werden, da bei hohem Barometerstand ein größerer Luftdruck zu überwinden ist als bei niedrigerem.

Beispiel 9: Artesische Quelle (aufsteigende Verwerfungsspaltenquelle). In Abb. 90
ist eine Verwerfungsspaltenquelle nach H. HÖFER wiedergegeben.

Beispiel 10: Aufsteigende Quellen infolge Wasserdampfdruck (Geiser). Die Geiser
haben meistens enge und gekrümmte Schlote, in welchen Wasser hochsteigt. Durch
plötzliche Expansion von Dampfmengen wird der
Wasserinhalt explosionsartig über die Erdoberfläche
hochgeworfen. Die Expansionen treten in Abständen
von einigen Minuten oder einigen Stunden auf. Sie
können künstlich durch Einschütten von Chemikalien
in den Schlot hervorgerufen werden. Für die Ent-

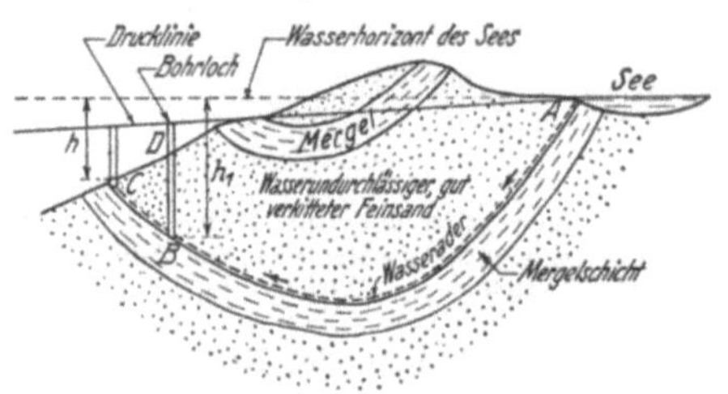

Abb. 89. Artesische Quelle (aufsteigende Schichtenquelle).

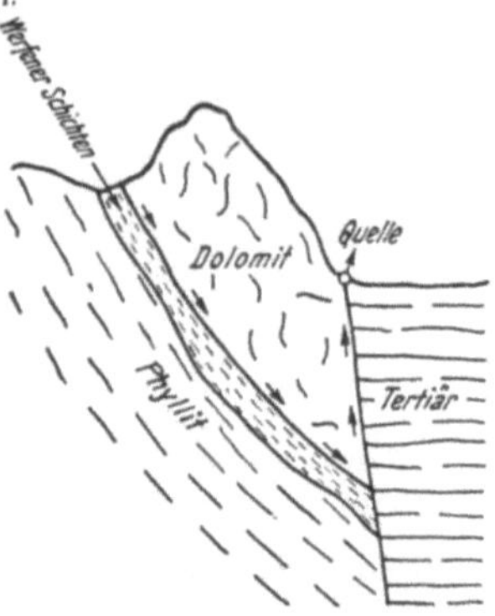

Abb. 90. Aufsteigende Wasserader.

stehung der Geiser gibt es verschiedene Erklärungen, z. T. auf Experimenten beruhend.
Z. B. von BUNSEN, MÜLLER usw[1]. Hierher gehören die Dampfgeiser von Island,
Jellowston Park usw.

Beispiel 11: Aufsteigende Quellen infolge Gasexhalationen (Gasgeiser). Als Gas wirkt
bei diesen Quellen frei aufsteigendes Kohlensäuregas. Es wurde versucht, verschiedene
Erklärungen zu geben, wovon die von ALTFELD[2] experimentell belegt ist. Der Namedy-
sprudel liegt bei Aachen am Rhein.

Beispiel 12: Gasführende Quellen. Zahlreiche Heilquellen führen Gas. Das Gas ist
meistens Kohlensäure. Trockene Kohlensäureausströmungen (Mofetten) sowie Quellen
mit Kohlensäure kommen in der Nähe von jüngeren vulkanischen Ausbrüchen vor.

Kohlenwasserstoff als Gas kommt in Quellen
der Naphtha- und Petrolgebiete vor.

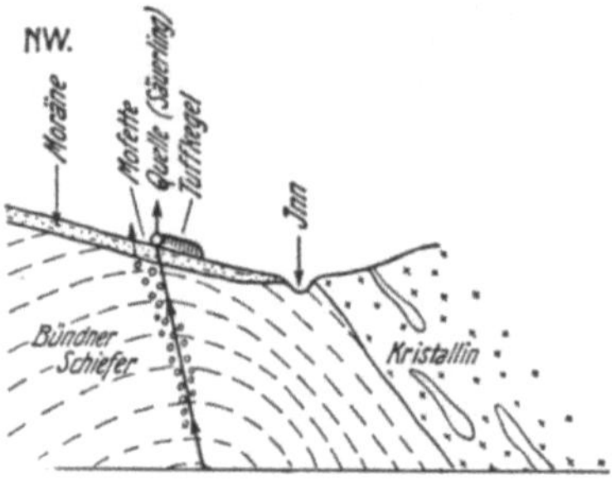

Das Raumgewicht des Gas-Wasser-Gemi-
sches ist kleiner als das Raumgewicht des
Wassers. Zudem ist das Gas-Wasser-Gemisch
zusammendrückbar, je nach der Größe des
vorhandenen Druckes.

Für die Berechnung der statischen Drucklinie müssen sehr viele Annahmen gemacht
werden[3]. Die Richtigkeit der Voraussetzungen
beruht meistens auf willkürlichen Annahmen, so
daß die Rechnungsergebnisse stark beschränkte
praktische Bedeutung haben.

Immerhin ergibt sich aus den mathematischen Ansätzen, daß für die Hochführung gas-
reicher Quellen ein Steigrohrquerschnitt ge-

Abb. 91. Kohlensäuerling bei Schuls (Engadin)
nach HARTMANN.

wählt werden muß, dessen günstigste Abmessung entsprechend den Druckbedingungen
und nicht nur nach der Wassermenge zu ermitteln ist.

Gasführende Quellen haben die Eigentümlichkeit, daß die Schüttung bei einer
bestimmten Menge plötzlich abbricht, und daß der Ruhespiegel sich tiefer als früher
einstellt. Umgekehrt fließen die gasführenden Quellen stetig weiter, sobald sie einmal
richtig angesaugt worden sind. Von den beiden zuletzt erwähnten Eigenschaften
kann praktisch Gebrauch gemacht werden, indem die gasführende Quelle künstlich

---

[1] Siehe KAYSER: Lehrb. d. allg. Geologie, 5. Aufl. S. 391. Stuttgart 1918.

[2] Die physikalischen Grundlagen des intermittierenden Kohlensäuresprudels zu
Namedy. Z. prakt. Geologie 1914 S. 164.

[3] Vgl. R. KAMPE: Zur Mechanik gasführender Quellen. Ing.-Z. Teplitz-Schönau
1922.

mit Wasser belastet und zugedeckt wird, um dann später wieder angesogen zu werden. Das ist das sog. Zudecken der Heilquellen im Winter.

In Abb. 91 ist ein Kohlensäuerling nach HARTMANN (Aarau) gezeichnet.

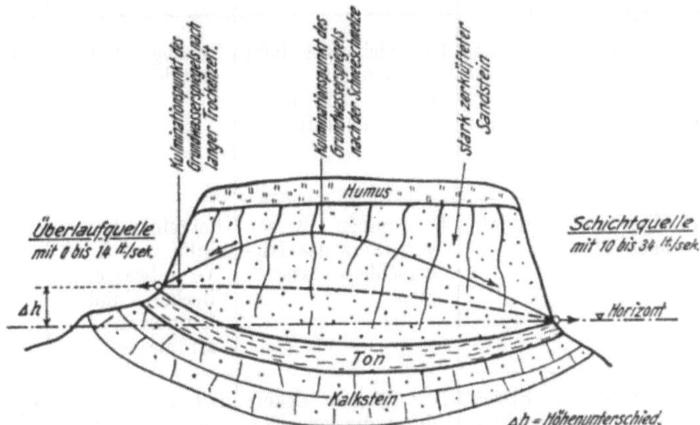

Abb. 92. Überlauf und Schichtquellen.

Beispiel 13: Überlaufquelle. Überlaufquellen entstehen gern beim Vorhandensein von Flachmulden (siehe Abb. 92 mit Überlaufquelle und Schichtquelle sowie den veränderten Kulminationspunkten des Grundwasserspiegels).

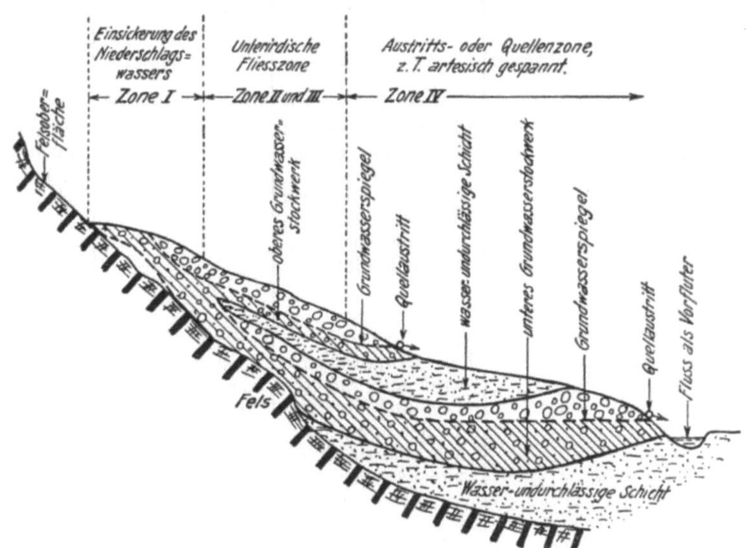

Abb. 93. Querschnitt durch den Bachschuttkegel.

Beispiel 14: Quellverhältnisse in einem Bachschuttkegel. Die Quellverhältnisse in einem Bachschuttkegel gehen aus Abb. 93 hervor[1].

---

[1] Vgl. BRIX, HEYD u. GERLACH: Die Wasserversorgung, 2. Aufl. München 1941.

Tabelle 55. ε) Übersicht über die

Geologisches Zeitalter	Beschaffenheit der wasserführenden Schichten	Sickerweg des Grundwassers	Sammelort des Wassers	Quellort und Quellart
Alluvium Nacheiszeit und Gegenwart	Unregelmäßig aufgebaute Kies- und Sandablagerungen, Gehängeschutt. Verwitterungszonen über den älteren Gesteinformationen	Der Sickerweg liegt vielfach nur in geringer Tiefe unter der Erdoberfläche	Gehängeschutt, Mulden	Sümpfe, Schuttquellen, Schichtquellen, wenn Lehmlinsen im Kiessand vorhanden sind
	Reine Kies- und Sandablagerungen	Bei reinen Kiesen versickert das Niederschlagswasser rasch	Bei reinen Kiesen bilden sich Grundwasserbecken und Grundwasserströme	Überlaufquellen
Diluvium Eiszeit	Die Moränen der Eiszeit sind meistens unregelmäßig zusammengesetzt. In Grundmoränen herrscht Lehm vor, bei Stirn- und Seitenmoränen der Kies. Oberflächlich sind die meisten Moränen verwittert	Das Wasser sickert durch die Verwitterungsschicht hindurch bis auf eine undurchlässige Schicht	Lehmschichten der Moränen; Mergel- u. Tonschichten der älteren Gesteinsformationen	Schichtquelle, bei welcher Lehm als Grundwasserleiter wirkt. Moränenquellen
	Hochliegende Schotter der ältesten Eiszeiten sind teilweise verkittet	Die Wasser sickern meistens bis auf die undurchlässigen Moränen oder auf die Mergel der älteren Gesteinsformationen hindurch	Wie oben	Schichtenquellen, Schuttquellen, Hangquellen
	Schotter und Kies in alten Flußrinnen	Das Grundwasser wird aus Schutt-, Fels- und Moränenquellen gespeist, aus Bach-, Fluß- und Seewasser	Kiese und Sande der alten Flußrinnen. Bildung von Grundwasserbecken und Grundwasserströmen	Überlaufquellen
Tertiär	Bei feinkörnigem, gut verkittetem Sandstein sickert wenig Wasser in die Tiefe	Das Wasser sickert zwischen den einzelnen Körnern in die Tiefe	Auf undurchlässigen, dichten Mergeln und Tonschichten	Schichtquellen, Schuttquellen, Hangquellen, Stauquellen

[1] Allgemein gilt, daß die Ergiebigkeit um so gleichmäßiger ist, je länger der Wasserstattfinden kann. Für die Hektare Sammelgebiet gilt in Westeuropa eine Ergiebigkeit

Entstehung von Quellen.

| Quellschüttung | Eigenschaften des Wassers | | Ver-wendung | Bemerkung |
	Chemische	Physikalische		
Stark wechselnde Ergiebigkeiten. Kleine Ergiebigkeiten nach Kälte- und Trockenzeitabschnitten[1]	Ammoniakgeruch nach Düngungen in der Nähe des Quellortes. Moorwasser enthalten bis 100 mg/l aggressive Kohlensäure u. Sulfate	Schlecht filtriert. Nach Regenperioden trübe	Für Einzelhöfe	Bei Quellfassungen wird der Grundwasserspiegel in der Nachbarschaft gern stark beeinflußt
Große Ergiebigkeiten	Meistens rein		Für Dörfer und zahlreiche Städte	Die Senkung des Grundwasserspiegels ist gering
Quellen aus Verwitterungsschichten sind von der Niederschlagsmenge stark abhängig. Quellen aus tiefliegenden Kieselschichten von Wall- u. Grundmoränen haben gleich groß bleibenden Ertrag. Der Wasserertrag ist meistens klein	Moränenquellwasser ist oft wenig filtriert und daher chemisch verunreinigt	Moränenquellwasser zeigen starke Temperaturschwankungen	Für Einzelhöfe	Moränenquellen, wenn auch wenig ergiebig, erlauben die Ansiedelung von Einzelhöfen
Quellen aus hochliegenden Schottern führen das ganze Jahr gleichmäßig viel Wasser	Meistens sind die Wasser aus hochliegenden Schottern gut filtriert. Ausnahmen sind aufgetreten	Es treten gleichmäßige Temperaturen auf. Das Wasser ist klar	Für Dörfer	Quellen aus hochliegenden Schottern erlauben wegen ihrer gewöhnlich während des ganzen Jahres gleichbleibenden Erträgen dörfliche Siedlungen
Große Quellschüttungen	Gut filtriert. Obacht vor Abwasser bei menschlichen Siedlungen	Temperatur des Wassers ist für Trinkzwecke geeignet	Für Städte	Grundwasserströme sind öffentliches, allgemeines Gut. Sie sind vor Raubbau, Verunreinigung usw. zu schützen
Regelmäßige Ergiebigkeit, da der Wasserdruck sich im Berginnern ausgleicht	Meistens kohlensäurehaltig. Die Wasser lösen aus den Kalk- und Dolomitmergeln Kalzium und Magnesiumkarbonat aus. Die Wasser sind hart. Beim	Starke Temperaturunterschiede des Wassers	Für Einzelhöfe und Dörfer	Oft treten Quellen über mehreren Mergelhorizonten auf (siehe Abb. 88)

tropfen im Boden verweilt, da dann ein Ausgleich zwischen den einzelnen Regenzeiten von 1 bis 5 l/Min. (siehe auch Tabelle 57).

Tabelle 55

Geologisches Zeitalter	Beschaffenheit der wasserführenden Schichten	Sickerweg des Grundwassers	Sammelort des Wassers	Quellort und Quellart
Tertiär	Grobkörniger Sand ist guter Wassersammler			
	Bei Sandsteinen, Nagelfluhbänken und Mergeln mit Haarrissen, Klüften, Spalten und Absonderungsflächen sickert viel Wasser nach unten, Risse in trokkenen Mergeln werden bei Wasserzutritt infolge Schwellen des Mergels unter Wasser wieder geschlossen	Das Wasser folgt dem Kluftsystem	Auf undurchlässigen, dichten Mergeln und Tonschichten	Spaltenquelle, Kluftquellen, Stauquellen, Schichtquellen
Kreide Jura Trias	Vom quelltechnischen Standpunkt aus sind die mit Klüften und Verwerfungen versehenen Kalksteinschichten einerseits und die wasserundurchlässigen Konglomerate, Ton- und Mergelschichten andererseits wichtig. Rauhwacke und Rötidolomit der unteren Trias sind meistens wasserdurchlässig	Das Wasser sickert rasch durch die Klüfte und Verwerfungsspalten in die Tiefe. Der Kalkspat wird z. T. mit Hilfe der Kohlensäure im Wasser in das lösliche Bikarbonat überführt. Dabei entstehen tiefe Löcher, Spalten, Karren, Rinnen und Höhlensysteme. Der Sickerweg ist in den gequetschten Kalkmassen meistens schwierig zu bestimmen. Durch das Quellen von Tonen und Mergeln werden die alten Sickerwege oft versperrt. Es entstehen Wasserstauungen und schließlich neue Sickerwege	Auf den Ton- und Mergelschiefern stauen u. sammeln sich die Wasser oft zu unterirdischen Wasserbecken u. Wasserläufen. Bevorzugte Wasserwege sind zwischen Argovien-Oxford-Mergeln u. klüftigen Malmkalken zu finden. Opalinuston u. braunem Jura. Basis des Muschelkalkes der Trias	Kluftquellen, Spaltenquellen, Aufsteigende Quellen, Felsquellen, Stromquellen
Paläozoikum	Spalten, Klüfte, Verwerfungen, wasserundurchlässige Ton- und Mergelschichten	Wie oben	Auf den Ton- u. Mergelschiefern	Wie oben
Kristalline Ablagerungen	Glimmerschiefer und unzerklüftete Gneise sind wasserundurchlässig	Sickerwege für Wasser sind vorhanden bei Schieferflächen, Klüften, Absonde-	Das Wasser wird in der Verwitterungszone, im Gehängeschutt	Schuttquellen, Hangquellen

(Fortsetzung).

| Quellschüttung | Eigenschaften des Wassers | | Verwendung | Bemerkung |
	Chemische	Physikalische		
Unregelmäßige Ergiebigkeit, da das Wasser rasch sikkert und die Menge von der Regenhöhe abhängig ist Wie oben	Quellort scheidet sich oft Kalk aus dem Wasser. Es entstehen Kalktuffkegel. Ist mehr Kohlensäure vorhanden, als zur Lösunghaltung von Bikarbonaten benötigt wird, so wirkt ein Teil als aggressive Kohlensäure. Oft großer Gipsgehalt von 300 bis 500 mg SO_3 je Liter. (Gipstreiben von Beton.) Eisen- und Schwefelwässer, Lithiumquellen. Jod, Bromquellen (Allgäu). Säuerling von Henniez	Starke, wechselnde Wassertemperaturen	Für Einzelhöfe und Dörfer	
Die Quellergiebigkeiten sind klein bis mittelstark. Bei unterirdischen Strömen sind oft sehr große Schüttungen vorhanden, sog. unterirdische Stromquellen. Oft stark schwankende Ergiebigkeiten, 50 bis 100000 l/min	Zahlreiche Gips- und Anhydritquellen der Trias. Daneben Schwefelquellen, auch Eisensäuerlinge und Jodquellen im Jura und in der Kreide. Salzquellen in den triadischen Ablagerungen. Glaubersalz und Bittersalz im Jura und Trias. Quellwasser oft durch Humusstoffe verfärbt, da in den Spalten und Klüften nur eine kleine Filtrierwirkung stattfindet	Thermen, da das Wasser oft sehr tief durch die Klüfte in das Erdinnere gelangt. Quellwassertemperaturen bis 45°. In den Kalkalpen Wasser oft trübe. Bekannte Thermen von Baden an der Limmat. Das Wasser tritt aus einer Schubfläche v. durchlässigem Muschelkalk durch die Keupermergel der Trias zutage. 18 schwefelhaltige Quellen ergeben täglich 5700 kg gelöste Stoffe von Steinsalz und Gips. Tägliche Abgabe von 45×10^6 Kalorien	Für Einzelhöfe und Dörfer	Bei Wasserfassungen aus Spaltenquellen ist hinsichtlich der hygienischen Anforderungen große Sorgfalt walten zu lassen. Wasserergiebigkeit nimmt oft ab, wenn die unterirdischen Sickerwege durch Ton, Mergel oder Kalkausscheidungen verstopft werden
Wie oben	Solen aus dem Zechstein, Sulfate aus dem Perm			
Die Quellergiebigkeit ist abhängig von der Niederschlagmenge und	Die Wasser aus kristallinen Gesteinen sind weich, oft unter 3° deutscher Härte. Daher	Starke Schwankungen der Wassertemperaturen	Für Einzelhöfe und Weiler	

Tabelle 55.

Geologisches Zeitalter	Beschaffenheit der wasserführenden Schichten	Sickerweg des Grundwassers	Sammelort des Wassers	Quellort und Quellart
Kristalline Ablagerungen		rungsflächen, Rutschzonen, tektonischen Verwerfungslinien, Kontaktflächen zwischen Gneis, Granit und Schiefer. Das Wasser fließt meistens oberflächlich ab	u. in den Kiesen u. Sanden der Bäche gesammelt	
Vulkane	Die Lavaströme sind stark zerklüftet	Das Wasser dringt oft bis zum unabgekühlten alten Lavastrom und wird dort z. T. verdampft	Das Wasser wird auf einer undurchlässigen Schicht gesammelt u. oft als unterirdischer Strom weitergeleitet	Kluftquellen, Stromquellen

Mit der Tabelle 55 wird die Wirklichkeit nur grob erfaßt; zu weitgehende Schlüsse dürfen daraus nicht gezogen werden.

ζ) Maßnahmen für den Quellenschutz.

Tabelle 56. *Übersicht über die Maßnahmen für den Quellenschutz.*

Schutz gegen Ergiebigkeitsverlust	Schutz gegen Änderung der Beschaffenheit	Quellenbeobachtung
Der Schutz für Ergiebigkeit erstreckt sich auf: Niederschlagsgebiet Wasserweg (Sickerweg) Quellort Umgebung des Quellortes Richtet sich nach geologischen Grundsätzen wie: bei Verwerfungen: Spalten- und Kluftschutz bei neuen Quellfassungen: Schutz der Ergiebigkeit der bestehenden Quellen Beispiel: Karlsbader Quellen Rayon I: 7 km Durchmesser: Jeder Bergbau oder Schürfbetrieb ist verboten Rayon II: 15 km Durchmesser: Bergbau und Schürfbetrieb ist nur bis zur Tiefe des Egerflusses gestattet Rayon III (noch nicht bestehend): Meldepflicht für Bergbau bei Eintreten außergewöhnlicher Ereignisse	*Wassersammelgebiet:* Kein Baumschlag Dungverbot Grundwasserschutz gegen industrielle Abwässer *Wasserweg:* Schutz der Spalten gegen Verunreinigung, Abwässerzufluß *Quellort:* Schutz gegen Verunreinigung bei gasführenden Quellen Schutz gegen Gasableitung	Regelmäßige Untersuchung der Ergiebigkeit auf: Gasmenge Chemismus physikalische Eigenschaften Wasserstände in der Nähe von Fluß- und Grundwasser Luftdruckmessungen Bei Schäden: Herstellen des früheren Zustandes. Oft sehr schwierig. Unter Umständen im Bergbau durch Versäufen der Grube

η) Quellfassungen.

Bei Quellfassungen ist der wichtigste Punkt der Übergangsort des unterirdischen Wassers oder Grundwassers in die Fassungsvorrichtung.

(Fortsetzung).

Quellschüttung	Eigenschaften des Wassers		Verwendung	Bemerkung
	Chemische	Physikalische		
von Trockenperioden (Winterszeit)	betonzerstörend infolge auslaugender Wirkung auf Karbonate, Kieselsäure und Aluminiumverbindungen. Oft auch Pyritreichtum. Ebenfalls betonangreifende Wirkung des Wassers. Radiumhaltige Wasser. Kohlensäuerlinge in der Zone zwischen Ost- u. Westalpenlinie vom Boden- bis zum Gardasee. Borsäure ist vulkanischen Ursprungs. Hohe Temperaturen begünstigen die Lösung silikatreicher Gesteine, namentlich wenn sie durch Kohlensäure zersetzt werden			
Große Ergiebigkeiten				

Bei *absteigenden* Quellen ist dem Wasser größte Erleichterung zum Einfließen in den Wassersammelraum (auch Quellstube, Brunnenstube usw. genannt) zu gewähren.

Bei *aufsteigenden* Quellen sind zur Fassung des Wassers trichter-, kasten- oder glockenförmige Körper aus Gußeisen, Zinn, Phosphorbronze, feuerverzinntem Kupfer usw. zu verwenden.

Die Fassungskörper werden von dichtem Beton umhüllt. Während der Erhärtung des Betons ist das Wasser, besonders wenn es mineralhaltig ist, vom Beton fernzuhalten. Dies kann durch Niedrighalten des Wasserspiegels mittels Pumpen oder durch Ableiten des aufsteigenden Wassers mittels einer Hilfsrohrleitung geschehen.

Gasführende Schichten sind sehr dicht abzuschließen, da schon kleine Gasmengenverluste die Ergiebigkeit der Quellen stark beeinflussen.

ϑ) Ausscheidungen von Quellen.

Absätze von Quellen bilden sich an der Tagesoberfläche und im Innern der Gesteine.

Tagesoberflächliche Absätze entstehen, wenn das CO_2, das die Karbonate des Ca und Fe in Lösung hielt, entweichen kann und das Wasser verdunstet. Bei heißen Quellen wird bei der Abkühlung des Wassers die Ausscheidung von gelösten Stoffen begünstigt. Bei kaltem Wasser scheidet sich $CaCO_3$ als Kalkspat aus, bei warmem Wasser als Aragonit.

Karlsbad steht auf Aragonit; daneben kommen $FeCO_3$, $SrCO_3$, Phosphate des Ca und Fe vor.

Kalksintertuff wird sehr oft für Bausteine abgebaut. Tuffe schließen bisweilen Moose, Schnecken, Schilf usw. ein.

Absätze der Wasser im Innern der Gesteine entstehen in Hohlräumen, in denen das Wasser verdunsten kann. In Melaphyren und Basalten bilden sich manchmal Mandeln. Sie bestehen vielfach aus Chalzedon. Oft ändert sich die Beschaffenheit der gelösten Stoffe. Dadurch entstehen verschiedene Ringe: die sog. Achatmandeln. Die Achatmandeln bestehen z. B. aus Chalzedon, Amethyst und Kalkspat.

Durch Ausfüllung von Gesteinsspalten mit Erzen und Mineralien entstehen Erz- und Mineralgänge.

In Höhlenabsätzen der Kalkgebirge wurde vorwiegend Kalkspat abgesondert. Die herabhängenden Absätze heißen Stalaktiten, die von unten nach oben wachsenden Erhöhungen heißen Stalagmiten.

ι) Quellergiebigkeiten.

I. Formel zur Berechnung der Ergiebigkeiten. Die Quellergiebigkeiten lassen sich verschieden berechnen, so z. B.:

a) Nach MAILLET[1] beträgt die Quellergiebigkeit Q:

$$Q_n = \alpha_0 \, h_n \, F,$$

$F =$ Fläche des hydrographischen Einzugsgebietes,
$\alpha_0 =$ Faktor abhängig von der Bodenbeschaffenheit, $\alpha = 0{,}001$ bis $0{,}01$,
$h_n =$ Niederschlagsmenge in 365 Tagen.

b) Nach ISZKOWSKI berechnet sich die mittlere Quellergiebigkeit zu

$$Q = 6{,}3 \, V \, \mu \, N \, F \text{ in l/h,}$$

$N =$ mittlere Niederschlagsmenge eines Gebietes in Millimetern je Jahr,
$F =$ Größe des Einzugsgebietes in Quadratkilometern,
$\mu =$ mittlerer Jahresabflußwert $= 0{,}20$ bis $0{,}80$,
    für Flachland: $0{,}2$ bis $0{,}4$,
    für Gebirge: $0{,}5$ bis $0{,}8$,
$V =$ Zahlenwert, der von der Bodenbeschaffenheit abhängt[2]:

$V = 1{,}0$ für mittlere Bodengattung, normaler Pflanzenwuchs,
$V = 1{,}0$ bis $1{,}5$ für undurchlässigen Boden im Flachland,
$V = 0{,}5$ bis $0{,}8$ für undurchlässigen Boden im Hügelland,
$V = 0{,}4$ bis $0{,}7$ für undurchlässigen Boden im Gebirge[2].

c) Nach SBROSHEK[3] berechnet sich die Quellergiebigkeit in Abhängigkeit von der Zeit t:

$$Q = Q_0 \, e^{-\alpha(t - t_0)},$$

$Q_0 =$ Quellergiebigkeit zur Zeit t_0, $t =$ Zeit am Ende der Beobachtung
$\alpha =$ praktisch: $\alpha = 0{,}2$ bis $0{,}7$,   in Monaten,
                                      $t_0 =$ Zeit zu Beginn der Beobachtung.

II. Erfahrungswerte. Mittlere Quellergiebigkeiten in Abhängigkeit von der Bodenbeschaffenheit.

Mittelwerte der Quellergiebigkeiten in Moränelandschaften.

Mindestertrag: 1 bis 6 l/min je ha Sammelgebiet,
Höchstertrag: 5 bis 30 l/min je ha Sammelgebiet,
Mittelertrag: 3 bis 8 l/min je ha Sammelgebiet[4].

---

[1] Essais d'Hydraulique souterr. et fluv. Paris 1905. Ebenso PRINZ: Handb. d. Hydrologie, 2. Aufl. Berlin 1923.
[2] Vgl. ISZKOWSKI: Z. öst. Ing.- u. Arch.-Ver. 1886 S. 69.
[3] Vgl. PRINZ-KAMPE: Hydrologie Bd. 2 S. 29. Berlin 1934.
[4] Vgl. A. HAHN: Die größten Abflußspenden des Flach- und Hügellandes. Dtsch. Wasserw. 1942 S. 78, 330. — A. GUGGENBÜHL: Beziehungen zwischen Regenmenge und Quellenertrag. Schweiz. Bauztg. Bd. 43 (1904) S. 157.

Tabelle 57. *Erfahrungswerte nach* LAUTERBURG, HEIM, BENDEL *usw.*

Durchlässigkeit des Gebietes	Schlecht			Mittel			Gut		
Neigung des Gebietes	steil	mittel	flach	steil	mittel	flach	steil	mittel	flach
Alpengebiet									
1. Gletscher und Firngebiet, Schutthalden, lockerer Geröllboden, dicht bewaldetes Gebiet	1,1 bis 2,0	1,3 bis 3,0	1,5 bis 4,0	1,9 bis 3,2	2,5 bis 4,0	—	3,5 bis 6,6	3,5 bis 5,5	—
2. Aufgebrochenes Kulturland und leichtes Gehölz	1,5	2,0	2,8	2,08	2,68	—	2,8	3,4	—
3. Weidland	1,0	1,8	2,5	1,8	2,5	—	2,5	3,5	—
4. Kahles Felsgebiet	0,3	0,7	—	0,7	1,0	—	1,0	1,5	—
Hügelland u. Niederungen									
1. Geschlossene Waldung lockerer Geröllboden, steinige oder sandige Ödung	—	1,1 bis 2,2	1,3 bis 2,5	1,5 bis 3,0	1,9 bis 3,2	2,3 bis 3,8	—	2,8 bis 4,5	3,3 bis 5,2
2. Aufgebrochenes Kulturland und leichtes Gehölz	1,5	1,7	2,2	2,0	2,2	2,7	2,50	2,7	3,28
3. Wiesen und Weidland	—	1,4	2,0	2,0	2,0	2,6	2,50	2,6	3,10
4. Kahles Felsgebiet	—	0,6	0,9	—	0,9	1,2	—	1,2	1,5

Die in der Zusammenstellung angeführten Werte der Quellergiebigkeit bedeuten l/s auf je 1 km² Einzugsgebiet. Die Bestimmung der Größe des Einzugsgebietes ist meistens schwierig, da die morphologische Kammlinie vielfach nicht mit der hydrologischen Wasserscheide zusammenfällt.

III. Schwankungen in der Quellergiebigkeit. Die Quellergiebigkeit ist oft großen Schwankungen unterworfen[1]. Unter Schwankungsziffer versteht man das Verhältnis der Höchst- zur Mindestschüttung. Vom Standpunkt der Wasserversorgung aus teilt man die Quellen ein in:

Quellbezeichnung	Schwankungsziffer
Ausgezeichnete Quelle	1—3
Gute Quelle	3—5
Minder gute Quelle	5—10
Mäßige Quelle	10—20
Schlechte Quelle	20—100
Sehr schlechte Quelle	> 100
Bei Quellen, die von unterirdischen Wasserläufen gespeist werden, beträgt die Schwankungsziffer	bis 1000

ϰ) Wert einer Quelle.

Zur Berechnung des Wertes W einer Quelle hat sich folgende Schätzungsformel bewährt:

$$W = 1000\,n - \frac{b}{2} \pm 2\,h^2.$$

W = Wert einer Quelle in RM. für den Sekundenliter bei geringster Wasserführung.

---

[1] Vgl. E. GROSS: Handb. d. Wasserversorgung. München u. Berlin 1928.

n-*Werte.*

	Wasserreiche Gegend		Wasserarme Gegend	
	Gutes Wasser	Schlechtes Wasser	Gutes Wasser	Schlechtes Wasser
n-Wert	1	$1/2$	2	1

$b =$ Länge des Zuleitungsweges von der Quelle bis zum Versorgungsgebiet in m, $+ h^2 =$ Höhe der Quelle über dem Versorgungsgebiet, $-h^2 =$ Tiefenlage der Quellen unter dem Versorgungsgebiet.

C. Geologische Wirkung der Tätigkeit von Organismen.

Pflanzen und Tiere haben eine geologische Bedeutung[1], sei es, daß sie bestehende Gesteine angreifen und auflösen, sei es, daß sie nach ihrem Absterben angehäuft als Gesteinsbildner auftreten. Im folgenden sind solche Erscheinungen zusammengestellt.

Tabelle 58.

Art der Organismen	Merkmale
	a) Zerstörende Tätigkeit der Organismen
Pflanzen	Algen, Flechten, Bakterien (im besonderen die nitrifizierenden Bakterien)
	Kohlensäure aus absterbenden Pflanzen
Tiere	Bohrmuscheln; Seeigel bohren Löcher in die Felswände, Betonflächen; ferner
	wühlende Tiere, wie Bisamratte, Maulwürfe, Präriehunde,
	Bohrlöcher von Land- und marinen Würmern und Menschen
	b) Neubildung durch Organismen
Pflanzen	Mineralkohle, Torf, Moore (Braunkohle, Steinkohle)
	Absonderung von Kalk, Kalkalge (Lithothamnienkalk)
	Kieselsinter (Diatomeen)
	Erdöle, Gase
Tiere	Marine Kalkablagerungen durch Foraminiferen; Korallenriffe durch Korallentiere, Riffkalke in der Neuzeit bis ins Mesozoikum
	Erdöle und Gase
	Guano- (Vogelmist-) Ablagerungen
	Die Phosphorsäure des Guanos dringt in den Korallenkalk, und bildet Phosphorit

D. Vulkanismus.

1. Begriff.

Unter Vulkanismus versteht man die Einwirkung des schmelzflüssigen Erdinnern auf den festen Gesteinspanzer der Erdoberfläche.

Vulkanische Erscheinungen treten an Schwächezonen der Erdrinde auf, z. B. an Orten, wo die Erdkruste zerbrochen oder gefaltet wurde, oder an Spalten und in Dehnungszonen.

2. Einteilung.

Die vulkanischen Erscheinungen werden eingeteilt in:

Tiefenvulkanismus: Die Lehre vom Tiefenvulkanismus beschäftigt sich mit dem Verbindungsstück zwischen dem Magmaherd und dem Erguß des Magmas an die Erdoberfläche.

---

[1] Vgl. K. ANDRÉE: Geologische Tätigkeit der Organismen.

Oberflächenvulkanismus: Wird das feurig-flüssige Material (Magma) aus dem Erdinnern an die Erdoberfläche transportiert und auf ihr ausgebreitet, so spricht man von Oberflächenvulkanismus.

a) Tiefenvulkanismus.

Aus der Abb. 94 geht die Wirkung des Magmaaufstoßes auf die Erdhüllschicht hervor. In Abb. 94 ist gezeigt, wie in der Tiefe steckengebliebene Vulkane, sog. Plutone, die Erdkruste zum Aufwölben bringen können[1].

In Abb. 94 ist schematisch ein Durchbruch durch das waagrecht liegende Erddach wiedergegeben.

Die hohe Temperatur des Magmas sowie seine entweichenden Gase beeinflussen die Gesteine in der Nähe des vulkanischen Ausbruches. Es entstehen Gesteinsumwandlungen (Metamorphosen). Siehe auch Abschnitt über Petrographie: Metamorphe Gesteine. Die Abkühlung der magmatischen Masse geht in der Tiefe

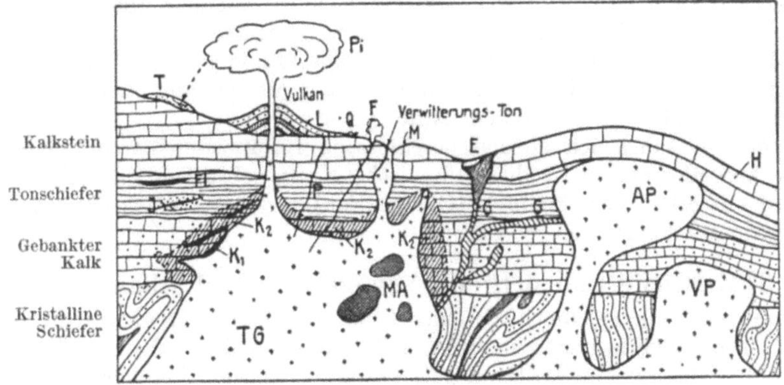

Abb. 94. Schema der vulkanischen und plutonischen Erscheinungen.

Vulkanismus: *L* Lavastrom, *G* Gang, *E* eiserner Hut, *T* terrestre Tuffe, *Q* Quelle mit Minerallösungen, *TG* Tiefengestein, *MA* magmatische Ausscheidung, *M* Maar, K_1 kontaktmetamorphe Lagerstätte, K_2 Kontakthof, *P* pneumatolytischer Gang, *Pi* Pinie, wolkenartiges Gebilde aus Asche und Lavafetzen, *F* Fumarole, *Fl* Flötz, *J* Imprägnation. Plutonismus: *AP* antiklinaler Pluton, verfestigtes Magma, das die Hüllschicht zum Aufwölben brachte, *H* Hüllschicht, *VP* senkrechter Pluton.

langsam vor sich; das Magma erstarrt vollkristallin (siehe S. 237 bis 239). Die Gase können nicht immer sofort entweichen; es entstehen deshalb große Spannungen in den Gasen, die so groß werden können, daß die Gesteinsdecke gesprengt wird. In die Spalten, die dadurch entstehen, ergießen sich Magmareste. Diese Gänge heißen eruptive Gänge und je nach der Gesteinsart, die sich darin bildet, Aplitgänge usw. Bei sinkender Temperatur des erstarrenden Magmas ergeben sich folgende Zustände:

Es tritt die Periode der Entgasung ein, die sog. Pneumatolyse. Die Gase sind oft reich an Bor, Chlor, Fluor usw. Sie dringen in die Klüfte des Gesteins ein und füllen sie aus; es entstehen die pneumatolytischen Gänge. Bei weiter sinkender Temperatur des Gesteins wird der Siedepunkt des Wassers erreicht; es tritt die sog. hydrothermale Periode ein; bei dieser erscheinen wässerige Minerallösungen an der Erdoberfläche. Gänge im Gestein, die mit wässerigen Minerallösungen ausgefüllt werden, enthalten später Quarz, Baryt, Erze usw. Selbstverständlich wird durch die heiße Minerallösung auch das die Gänge umgebende Gestein in Mitleidenschaft gezogen.

---

[1] Für die Bezeichnung der einzelnen Arten von Plutonen vgl. H. CLOSS: Einführung in die Geologie S. 75. Berlin 1936 oder H. V. WOLF: Plutonismus und Vulkanismus. Handb. d. Geophys. S. 143. Berlin 1930.

b) Oberflächenvulkanismus.

Um an die Oberfläche zu gelangen, benützt das Magma nicht nur den Haupt-aufstoßgang, sondern auch die Spalten, Klüfte und Schichtfugen in der Um-gebung des Magmadurchbruchs (siehe Abb. 94 mit den entsprechenden Be-zeichnungen).

Das Magma erstarrt an der Erdoberfläche rasch, die Gase entweichen schnell. Es entstehen die Ergußgesteine von hemikristallin-glasiger Struktur, z. B. Mandel-steinstruktur.

Oft entstehen Nebenvulkanröhren, durch die Gas unter erdbebenartigen Er-schütterungen, Explosionen und Detonationen entweicht. Es bilden sich bis-weilen Trichter, die später mit Wasser ausgefüllt werden, z. B. in der Eifel (siehe Abb. 94). Diese Trichter werden dort Maare genannt.

Die Ausstöße des Magmas erfolgen entweder ununterbrochen oder in sich wiederholenden Eruptionen, z. B. Vesuv, Ätna.

Der Verlauf einer Eruption ist ungefähr folgender: Zuerst werden Gase aus-geblasen; diese reißen Asche und alte Lavafetzen, Gesteinsbrocken usw. mit sich. In der Höhe entsteht ein wolkenartiges Gebilde, Pinie genannt. Die Lava-fetzen usw. fallen als trockener Aschenregen oder als feuchte Schlammregen zu Boden und bilden die terrestren Tuffe.

Nach dem Gasausbruch steigen geschlossene Lavamassen empor. Ist die Lavamsse ausgeflossen, so ist die vulkanische Kraft gebrochen. Der Ausfluß-kanal wird mit erkaltetem Schmelz (Obstruktion) verstopft. Nach einiger Zeit beginnt dann wieder ein neuer Auswurf.

3. Zeitliche und örtliche Verteilung der Vulkane.

Die Zahl der Vulkane, die in geschichtlicher Zeit tätig waren, wird auf 430 geschätzt. Die Vulkane treten meistens reihenweise in der Nähe von Küsten-gebieten auf. Treten sie im Festland auf, so sind sie an die Linien großer tekto-nischer Störungen gebunden.

4. Die physikalischen und chemischen Eigenschaften des Magmas.

Die physikalische Eigenschaft des Magmas wird im Kap. „Petrographie für den Ingenieur" behandelt (siehe S. 237ff.)[1].

E. Erdbeben.

1. Wesen der Erdbeben.

An irgendeiner Stelle in der Erdkruste kann eine Erschütterung stattfinden; die Erschütterung ist stets zeitlich begrenzt. Es erheben sich die Fragen:

a) Welches ist die Ursache der Störung des Gleichgewichtes?

b) Welche Bewegungen führt ein Bodenteilchen in der Tiefe und namentlich welche Bewegungen führt ein Bodenteilchen an der Erdoberfläche infolge einer Erschütterung aus?

---

[1] Die physikalischen Bedingungen beim Vulkanismus, die physikalischen Eigen-schaften des Magmas usw. sind eingehend behandelt in: F. von Wolff: Plutonismus und Vulkanismus. Handb. d. Geophys. Bd. 3 S. 32/349. Berlin 1940.

Für die Bezeichnung der Gesteinsarten von Plutonen und vulkanischen Ergüssen siehe Niggli: Tabellen zur Petrographie und zum Gesteinsbestimmen. Zürich 1939, Abb. S. 96, ferner Barth-Correns-Eskola: Die Entstehung der Gesteine. Berlin 1939. — Cloos, H.: Einführung in die Geologie S. 117. — Niggli, P.: Das Magma und seine Produkte. Leipzig 1937. — Rittmann, A.: Die Evolution und Differentiation des Sommervesuvmagmas. Z. Vulkanologie 1933 S. 8. — Vulkane und ihre Tätigkeit. Stuttgart 1936. — Sapper, K.: Vulkankunde. Stuttgart 1927.

c) Wie sind die Wirkungen von Erdbeben?

α) auf die Erdrinde (Festmasse, Meere, Seen), β) auf die Gebäude.

d) Welche bauliche Maßnahmen sind zu treffen, um die Wirkung von Erdbeben möglichst klein zu halten?

2. Theorie der Erdbebenwellen.

Der Theorie der Erdbebenwellen[1] liegen gewisse Annahmen zugrunde, so. z. B.

a) daß der Herd des Bebens ein Punkt in der Nähe der Erdoberfläche sei,

b) daß nur ein Impuls stattfindet,

c) daß die Erde ein homogener und völlig elastischer Körper ist, dessen Teile beim Beben wellenartig schwingen,

d) daß die Erde an einen luftleeren Raum grenzt.

Es würde zu weit führen, die Theorie der Erdbebenwellen in diesem Buche mathematisch zu behandeln. Über die Theorie und Art der Ausbreitung von Erdbebenwellen siehe Abb. 95.

3. Ursachen der Erdbeben.

Die Ursachen von Erdbeben sind Änderungen der Spannungen im Gestein. Diese Änderungen können eintreten infolge:

tektonischer Kräfte,
isostatischer Kräfteverschiebungen,   } sog. endogene Kräfte,
vulkanischer Kräfte,

Belastungsänderungen, herrührend von Denudationen (Gebirgsabtragungen),
Sedimentation (Ablagerungen von Sand),   } sog. exogene Kräfte.
Gezeitenströmungen,
Vorüberzug steiler barometrischer Gradienten,
Schwankungen der Erdpole,

90% der Erdbeben sind endogener tektonischer Natur. Sie sind die Folgen ruckweiser Auslösungen von Spannungen oder Entspannungen in der Erdrinde.

4. Einteilung der Erdbeben.

Die Erdbeben werden eingeteilt in:

a) Tektonische Erdbeben. Man unterscheidet bei den tektonischen Erdbeben je nach ihrer Entstehung oder Ursache zwischen:

Bruchbeben: Druckbeben, Zerrungsbeben, Stoßbeben, Schub- oder Scherbeben (siehe Abb. 95).

Dislokationsbeben: wie Verwerfungsbeben, Faltungsbeben.

b) Einsturzbeben. Sie entstehen beim Einstürzen von Hohlräumen in der Erdrinde. Sie sind selten und örtlich beschränkt.

c) Ausbruchbeben. Die Ausbruchbeben hängen mit den vulkanischen Ausbrüchen zusammen. Sie betragen nur 7% der gesamten Erdbebentätigkeit der Erde. Man unterscheidet noch:

α) Vorbereitende Ausbruchbeben. Sie sind die Warner und Vorläufer der Vulkanausbrüche; sie werden durch chemisch-physikalische Vorgänge aus-

---

[1] Über die Theorie der Störungen und die Erdbebenwellen im Innern und an der Erdoberfläche vgl. z. B. B. GUTENBERG: Handb. d. Geophys. Bd. 4. Berlin 1942. (Mit Schrifttumsangabe.)

gelöst beim Vordringen des Magmas an die Erdoberfläche. Infolge Entgasung flüssiger Laven entstehen Magmaexplosionen, die gegen die Gesteinsdecke anschlagen und sie zum Beben bringen.

β) **Begleitende Ausbruchbeben.** Beben, die von vulkanischen Ausbrüchen begleitet sind, können eingeteilt werden in:

I. Entgasungsbeben, II. Explosionsbeben, III. Tiefenbeben.

γ) **Nachfolgende Ausbruchbeben.** Nachdem die Vulkanausbrüche stattgefunden haben, folgen meistens noch einige Beben nach. Sie sind gewöhnlich von geringer Stärke und werden nachfolgende Ausbruchbeben genannt.

d) Seebeben. Die Erregung der Wasseroberfläche erfolgt bisweilen durch submarine Erdbeben oder durch submarine Vulkanausbrüche. Je nach der Größe der auftretenden Flut unterscheidet man 6 Stärkegrade.

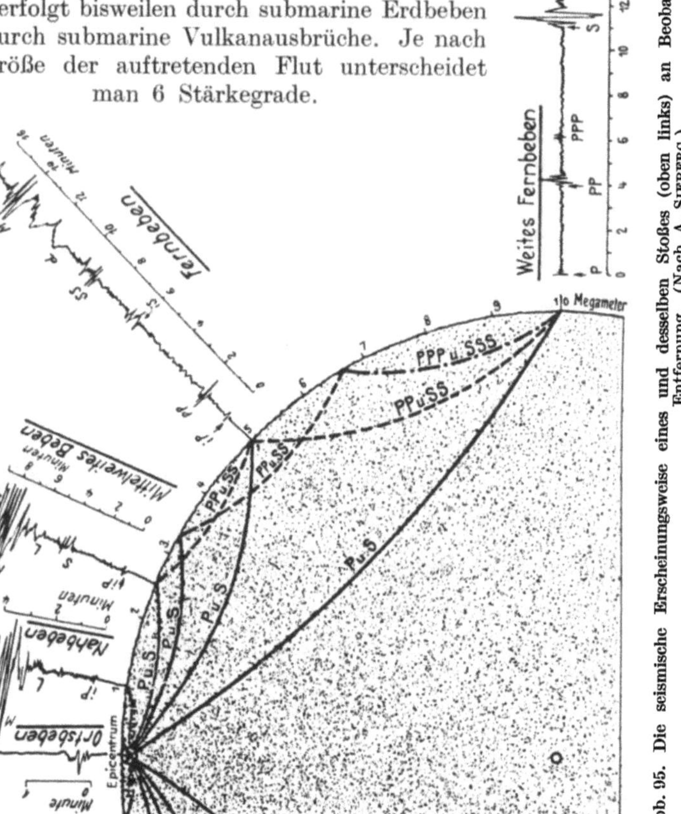

Abb. 95. Die seismische Erscheinungsweise eines und desselben Stoßes (oben links) an Beobachtungsstationen in verschiedener Entfernung. (Nach A. SIEBERG.)

P erster Vorläufer, longitudinale Raumwellen, *PP* Reflexionen, *PPP* zweimal reflektierte Longitudinalwellen, *S* zweiter Vorläufer, transversale Raumwellen, *SS* Reflexionen, *SSS* zweimal reflektierte Transversalwellen, *L* lange Wellen, Oberflächenwellen mit den Größtwerten $M_1, M_2, \ldots$ der Bodenbewegung, *C* Nachläufer mit den wiederkehrenden Größtwerten $W_2, W_3, \ldots$ Hypozentrum bedeutet den Erdbebenherd, d. h. die Welle im Erdinnern, die der Ausgangspunkt eines Erdbebens ist. Epizentrum bedeutet den Punkt an der Erdoberfläche, den die Erschütterungswellen zuerst und meistens am stärksten erschüttern.

5. Stärke der Erdbeben.

Die Stärke der Erdbeben wird durch Grade ausgedrückt, z. B.:

unmerklich,   mäßig,
leicht,   stark;

es tritt z. B. bei starken Erdbeben ein Fortschwemmen von Landungsstegen, Badehäusern, Schuppen usw. ein.

Zerstörend; Schaden an Molen, Hafenanlagen.

Katastrophal.

Weitere Skalen über Erdbebenstärken sind im Kapitel über Erschütterungen Teil II enthalten.

6. Bebengeräusch.

Mit jedem Erd- und Seebeben sind Geräusche verbunden. Man unterscheidet 5 Grade, nämlich:

sehr leicht,

schwach; Rauschen in freier Luft, im Zimmer nicht mehr vernehmbar,

mäßig; im Zimmer hörbar, Rauschen von Bäumen,

stark; Lärm wie beim Umsturz von Mauern, Lawinenniedergang, beim Brechen von Balken, bei Geschützabschuß,

sehr stark; heftiges Donnerrollen.

Damit Geräusche wahrgenommen werden können, muß die Schwingungszahl am Bebenherd zwischen 30 bis 20000 in der Sekunde betragen.

Schrifttum.

GUTENBERG, B.: Handb. d. Geophys. Bd. 4 (1932). — Lehrb. d. Geophys. 1929. — HAALCK, H.: Lehrb. angew. Geophys. Berlin 1934. — SIEBBERG, A.: Erdbebenkunde. Jena 1923. — TAMS-MEISSER-KRUMBACH: Seismik. Handb. d. Experimentalphys. Leipzig 1930/31.

7. Wirkungen von Erdbeben auf Gebäude.

Die Wirkungen von Erdbeben auf die Gebäude und die Erdrinde sind im Kap. „Dynamische Baugrundaufgaben" beschrieben. Vgl. im besonderen die verschiedenen Erdbebenskalen.

Über die experimentelle Bestimmung der Wirkung von Erdbeben auf Gebäude siehe Kap. „Modellversuche" Teil II, S. 267.

8. Bauliche Maßnahmen zur Verminderung der Erdbebenwirkung.

Die baulichen Maßnahmen, die zur Verminderung der Wirkung von Erdbeben getroffen werden können, sind eingehend im Kap. „Dynamische Baugrundaufgaben" Teil II beschrieben.

F. Abtragung (Denudation).

1. Begriffe.

Alle Vorgänge, die an der Einebnung des Festlandes beteiligt sind, werden zusammenfassend als *Abtragung* oder als *Denudation* (im weiteren Sinne des Wortes) bezeichnet (vgl. Kap. J über Talbildung S. 175).

2. Ursache der Abtragung.

Die Einzelkräfte, die den Abtrag verursachen, sind: Sonne, Wind und Wasser. Dazu ist zu bemerken:

a) Sonne.

Die Sonne bzw. die Sonnenbestrahlung, auch Insolation genannt (im weiteren Sinne des Wortes gebraucht), verursacht die Zerstörung der Gesteine. Durch starke Insolation am Tage und starke Abkühlung in der Nacht entstehen beträchtliche Temperaturschwankungen, die das Gesteinsgefüge lockern. In der Wüste beobachtet man Abschuppung, Abspringen und Abblättern von Gesteinsschalen an Felswänden. Dieser Vorgang heißt *Desquamation.*

Infolge Sonnenbestrahlung (Insolation) schmilzt der Gletscher an seiner Oberfläche. Dieses Abschmelzen heißt *Ablation.* Eine Ablationserscheinung ist u. a. der Büßerschnee. Das ist eine Schmelzrestform von Schneedecken in den Alpen und im tropischen Hochgebirge. Es entstehen dabei 5 bis 8 m hohe Kämme oder menschenähnliche Figuren.

b) Wind.

Die Tätigkeit des Windes, insbesondere die Abtragung von Gesteinsmaterial, dessen Gefügeverband durch physikalische Verwitterung, wie Zertrümmerung bei Spaltenfrost, Sonnenbestrahlung, durch Elektrizität (Blitzschlag auf Berggipfel) und Organismentätigkeit gelockert wurde, wird als *Deflation* bezeichnet. Deflation ist also Windabtragung und wird auch mit äolischer oder aerischer Abtragung, Abblasung und Abhebung bezeichnet.

Wenn durch scharfe Sandkörner, die vom Winde fortgetragen wurden, das Gestein abgeschliffen, geschrammt und gefurcht wird, so spricht man von Sandschliff oder *Korrasion.* Infolge der Unterschiede in der Gesteinshärte entstehen Löcher, Rillen und Erhebungen im Gestein.

Die durch die Tätigkeit der Winde entstandenen Seen werden Winderosionsseen genannt.

c) Wasser.

Durch chemische und mechanische Tätigkeit des Wassers wird das Gesteinsgefüge gelockert.

α) Chemische Zernagung.

Zernagung von Gesteinen und ihre Zerstörung durch salzhaltige und Süßwässer wird als *Korrosion* bezeichnet.

β) Mechanische Tätigkeit des Wassers.

Die mechanische, ausnagende Tätigkeit des Wassers wird als *Erosion* bezeichnet[1]. Man unterscheidet bei der mechanischen Tätigkeit des Wassers:

I. Gletschertätigkeit (Glazialerosion). Die erodierende Tätigkeit der Gletscher bezeichnet man mit Glazialerosion oder Gletschererosion. Die Werke der Gletschererosion sind die Bildung von Trogtälern, Gletscherschliffen, Gletscherschrammen, Rundhökern usw. Die Gletschererosion wirkt abschleifend und flächenhaft. Sie wird durch die unter dem Gletscher (subglazial) fließenden Schmelzwässer verstärkt.

Die durch Gletschertätigkeit gebildeten Erosionsseen werden auch Eiserosionsseen genannt.

II. Meerestätigkeit (marine Erosion). Bei der marinen Erosion, auch Brandungserosion genannt, werden die Küsten durch die Brandung zerstört. Das Wasser kann entweder gegen die Küste strömen oder sich wellenförmig dagegen bewegen. Der Verlauf einer Wellenbewegung geht aus Abb. 96[2] hervor. Bei der Wellenbewegung schreitet das Wasserteilchen auf einer kreisförmigen oder elliptischen Bahn vorwärts. Dabei schwingt es noch in bestimmter Art um seine Ruhelage. Durch die Doppelbewegung entsteht ein Profil der fortschreitenden Wellenform; es entsteht eine gestreckte Zykloide, eine sog. Trochoide (vgl. S. 164).

---

[1] Vgl. S. 175 mit den Begriffen über Talbildung.

[2] Vgl. A. SCHUMACHER: Stereophotographische Wellenaufnahmen der deutschen Atlantischen Expedition Bd. 7 (1939). Wellenhöhe 1,5 bis 11 m; Wellenlänge: 20 bis 200 m.

Die mechanisch erodierende Wirkung des Wellenschlages ist groß; sie wird erhöht durch mitgeführte Kiesel und Sandkörner, durch chemische Zerstörung des Gesteines an der Küste infolge der Salze und Gase (CO_2; O) im Meerwasser; durch Lockerung des Gesteinsverbandes infolge Frostwirkung und Tätigkeit gewisser Tierarten, z. B. Bohrmuscheln.

Wirkung der *Küstenerosion:*

Es entstehen längliche Rillen und Rinnen sowie runde Auswaschungslöcher, ferner Auskolkungen durch Rollsteine, sog. Ausstrudelungslöcher. Bei fortschreitender Wirkung entstehen Grotten, Höhlen, Felstore, Hohlkehlen. Die darüberliegenden Wände brechen ab, wodurch sich Seeterrassen, Küstenterrassen und Brandungsplatten bilden. Die dahinterliegende Steilwand heißt *Kliff.*

Die Schlußwirkung ist, daß die Küste flacher wird und sich landeinwärts verlegt (siehe Abb. 34).

Bei der sich verbreiternden Küstenterrasse muß das Meer immer weiter aufwärts rollen, wobei die Wellen ihre Stoßkraft verlieren. Daher ist die erodierende Wirkung des Meeres landeinwärts begrenzt. Sinkt aber das Festland oder steigt der Meeresspiegel, so ist die Abschleifung oder die Abhobelung durch die Brandungswogen dauernd auf eine ausgedehnte Landfläche groß. Diese Tätigkeit der

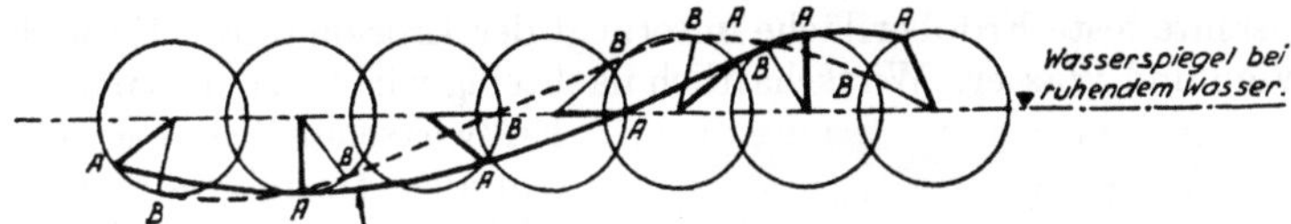

Trochoide als Bewegungsbahn eines Wasserteilchens.

Abb. 96. Die Bewegungsbahn eines Wasserteilchens ist eine langgestreckte Zykloide, sog. Trochoide.

Brandungserosion wird mit *Abrasion* bezeichnet. Die entstehende große Einebnungsfläche heißt *Abrasionsfläche.*

Durch die Tätigkeit des Meer- oder Seewassers untersteht auch der Meeres- bzw. Seeboden Veränderungen. Diese Veränderungen können bedingt sein

durch Auflösung des Gesteines, das ist die sog. submarine, chemische Zersetzung oder *subaquatische Deseption,*

durch Rutschungen unter Wasser, die sog. *subaquatische Solifluktion* oder Subsolifluktion. Die Unterwasserrutschungen kommen nur an steilen Stellen der Küste vor. Im Rutschmaterial entstehen Stauchungen, Zusammenschiebungen und wirre Schichtungen.

III. Flußtätigkeit (fluviale Erosion). Durch die fluviale Erosion entstehen Täler. Ganz besonders große Abtragung erzeugen die Wildbäche. Siehe Abschnitt über Wildbäche. Über die Wirkung von Flüssen und Bächen siehe Kapitel über Talbildungen.

A. Größe der Abtragung. Die Größe des jährlichen Abtrages in Flußgebieten, die sog. fluviale Denudation ist für verschiedene Gebiete berechnet worden. Danach beträgt[1]:

Elbe (oberhalb Tetschen)	0,012 mm je Jahr
Seine (oberhalb Paris)	0,024 mm je Jahr
Donau (oberhalb Wien)	0,056 mm je Jahr
Reuß (oberhalb Flüelen)	0,180 mm je Jahr
Rhone (oberhalb Villeneuve)	0,440 mm je Jahr
Nil	0,013 mm je Jahr
Mississippi	0,045 mm je Jahr

---

[1] Vgl. BRÜCKNER: Himmel und Erde Bd. 6.

Um ein ganzes Stromgebiet um einen Meter zu erniedrigen, braucht es im Mittel 1500 bis 10000 Jahre.

B. Wirkung der Abtragung auf die Oberflächengestaltung der Erde. Durch die Abtragung sind mächtige, alte Faltengebirge teilweise oder ganz verschwunden. Ist das ganze Gebirge verschwunden, so spricht man von Fastebene, Peneplain. Sind noch Teile eines früheren Gebirges vorhanden, so spricht man von Torsos, Rümpfer, Rumpffläche, Deckschollen, Klippe, Überschiebungsinsel, Denudationsrelikt usw. Die Deckscholle schwimmt wurzellos auf ihrer Unterlage.

Faltengebirge, die infolge Abtragung, z. T. unterstützt durch tektonische Vorgänge, nur noch Denudationsrelikte darstellen, sind in Mitteldeutschland eine häufige Erscheinung.

Beispiel: In Hessen findet sich eine ganze Reihe kleiner, weit voneinander getrennter Liasvorkommen, die nach dem Inhalt ihrer Versteinerungen gleiche Ablagerungen aus einem offenen Meere darstellen. Sie sind die letzten Reste einer früheren, über die ganze Gegend sich erstreckenden Schichtendecke. Sie liegen zwischen Verwerfungsspalten und stellen daher eingebrochene, in eine tiefere Lage gelangte Gesteinsmassen dar.

3. Erscheinungsformen von Abtragungen.

Die gesamte feste Erdoberfläche unterliegt der Erosion durch Einwirkung von Sonne, Wind und Wasser. Wirtschaftlich nachteilig wirkt sich dies namentlich für landwirtschaftlich ausgenützten Boden aus. Im folgenden werden zwei wichtige und typische Erscheinungsformen von Abtragungen behandelt, nämlich:

Bodenerosionen: Wird gleichzeitig ein großes Gebiet durch die Erosion in Mitleidenschaft gezogen, wobei Sonne, Wind und Wasser gemeinsam zur Denudation beitragen, so spricht man von Bodenerosion.

Wildbäche: Bei Wildbächen wird die Erosion hauptsächlich durch Wasser verursacht; die Erosion ist örtlich beschränkt und tritt meistens in Form von langgestreckten Tälern auf.

Zu den Bodenerosionen und Wildbächen ist zu erwähnen:

4. Bodenerosionen.

Diese verheerende Erscheinungsform der Denudation, wie sie z. B. besonders stark in den Vereinigten Staaten von Amerika, in China, Indien, England usw. auftritt, wurde in den letzten Jahren mit bedeutenden Mitteln untersucht. Zu den Ursachen von Bodenerosionen und zu den möglichen Schutzmaßnahmen sei folgendes bemerkt:

Abb. 97. Beginnende Erosion im Hochgebirge (nach STRELE).

a) Tätigkeit des Wassers.

Die Tätigkeit des Wassers äußert sich in ihrer Wirkung auf zwei Arten, nämlich:

α) *Grabenerosion.* Die Grabenerosion schlägt die tiefsten und empfindlichsten Wunden in die fruchtbare Erdkruste (vgl. Abb. 97).

β) *Flächenerosion.* Die Flächenerosion wirkt unmerklich, aber stetig; sie ist verhängnisvoll, weil Schicht um Schicht des Ackerbodens weggespült wird.

b) Tätigkeit des Windes.

Die Winderosion wirkt sich in den wüstenartigen Gegenden des Westens der Vereinigten Staaten von Amerika katastrophal aus. Die Sandteilchen werden aus- und abgeblasen und an anderen Stellen wieder abgelagert. Davon ist bereits eine Million Quadratkilometer, das ist rd. $^1/_{10}$ Europas, erfaßt worden, und annähernd 4 Millionen Quadratkilometer Landes sind schwer gefährdet.

c) Gründe der fortschreitenden Bodenerosion.

Die Hauptursachen der stetig fortschreitenden Bodenerosion sind:

α) *Rücksichtslose Entforstung*, teilweise durch Brandrodung, ohne daß eine geregelte Bebauung des gewonnenen Ackerlandes folgte.

β) *Zu tiefes Pflügen* und feines Zerhacken der Bodenkrume. Dadurch wird die Abwehrbarkeit des Bodens gegen Erosion vermindert.

γ) *Übermäßiges Anwachsen* der Kleinviehherden, die durch Festtreten des Bodens die Versickerung des Niederschlagswassers verhinderten. Dadurch wird der Abfluß vergrößert und die Erosionstätigkeit des Wassers in den Humusschichten wird erhöht. Die Folge ist, daß tiefe Gräben entstehen.

Die vermehrte Verlandung in vielen Stauseen ist ein beredtes Zeugnis von der wachsenden Bodenerosion.

d) Schutzmaßnahmen gegen Bodenerosion.

Die Schutzmaßnahmen unterteilen sich in:

α) Maßnahmen, welche die Versickerung begünstigen.

Dieses Ziel wird erreicht, indem die Art des Anbaues stetig gewechselt wird. In gewissen Zeitabständen müssen Pflanzen mit tiefen Wurzeln angebaut werden, da nach Abfaulen der Wurzeln unzählige feine Röhrchen das Wasser in die Tiefe leiten.

β) Maßnahmen zur Verzögerung der Abflußgeschwindigkeit.

Die Äcker müssen entlang den Höhenlinien bearbeitet werden, damit die Ackerfurchen waagrecht liegen. In den Fallinien liegende Furchen sammeln das Wasser und führen es in reißenden Bächen zu Tal.

Aus dieser Überlegung wird die Streifenbewirtschaftung empfohlen, indem abwechselnd in 20 bis 60 m breiten Streifen verschiedene Kulturarten angepflanzt werden. Bei steileren Abhängen wird der Terrassenbau angewendet.

γ) Maßnahmen zur unschädlichen Ableitung des Regenwassers.

Zur unschädlichen Ableitung des Wassers werden zwei verschiedene Verfahren in den Vereinigten Staaten von Amerika angewendet, nämlich:

I. Verfahren nach MANGUM für sandige Böden. Diese Ausführungsart besteht in einem Aufstau des abfließenden Wassers mittels Dämmen, die in bestimmten Abständen voneinander dem Verlauf der Höhenlinien folgen. Das gestaute Wasser wird nicht oder nur wenig abgeleitet; man läßt es versickern. Dieses Verfahren eignet sich für Sandboden (siehe Abb. 98).

Abb. 98. Schutz gegen Erosion durch Anlage von Streifen, die in den Höhenkurven des Geländes verlaufen. Tiefwurzelnde lösen flachwurzelnde Pflanzen ab. Perspektivische Darstellung der Schutzstreifen.

Schrifttum.

EHRENBERG, P.: Boden in Gefahr. Odal 1940. — Zur Wind- und Wassererosion in Schlesien. Dtsch. Wasserw. 1942 S. 213. — HAZARD, J.: Die Gefahren der Bodenerosion und ihre Bekämpfung. Mitt. Reichsverb. Dtsch. Wasserwirtschaft H. 45. Berlin 1938. — JACKS G. V., u. R. O. WHYTE: Erosion and soil conservation. Bureau of Soil Science 1938 Comm. 36. — KURON, H.: Die Bodenerosion und ihre Bekämpfung in Deutschland. Kulturtechniker 1941 S. 79. — OBERDORF, F.: Wirtschaftliche Auswirkung und Maßnahmen zur Bekämpfung der Bodenerosion im Moränengebiet Norddeutschlands. Kulturtechniker 1942 S. 127 bis 209.

II. Verfahren nach NICHOLS für lehmige Böden. Bei der Methode NICHOLS werden niedrige Dämme verwendet; man läßt das Wasser in Gräben, die sich oberhalb der Dämme hinziehen, abfließen. Das Wasser wird in Vorfluter abgeleitet. Dieses Verfahren eignet sich für lehmige Böden.

Vgl. Engineering 1939 S. 31, 85, 239. — H. KURON: Die Gefahren der Bodenerosion und ihre Bekämpfung. Mitt. Reichsverb. Dtsch. Wasserw. Nr. 45. Berlin 1938.

5. Wildbäche.

a) Begriffe.

Wildbach: Die Merkmale eines Wildbaches sind: Steiles Rinnsal, unregelmäßige Wasserführung mit kleinen Niederwassermengen und plötzlich auftretender, sehr großer Hochwassermenge. Der Bach führt im Verhältnis zum Einzugsgebiet große, rasch anschwellende Gewässer. Der Bach führt große Geschiebemassen mit sich und lagert sie wieder ab. Bachsohle und Ufer werden angefressen.

Mure: Wenn die Menge des vom Wasser mitgeführten Geschiebes so groß ist, daß die bewegte Masse ein durchgehendes Gemisch von Erde, mächtigen Felsblöcken, Holz und feinen Bestandteilen, Schlamm usw. ist, so spricht man von Mure, Rüfe, Gisse oder Murgang[1]. Die Muren werden je nach der Art des fortgeschwemmten Materiales unterteilt in:

Moormuren mit viel organischer Substanz,

Geschiebemuren, die verbreitetste Murart,

Jungschuttmuren aus jungen Ablagerungen,

Verwitterungsmuren mit fast ausschließlich Verwitterungsprodukten,

Rasenschälmuren mit Rasenstücken,

Terrainschuttmuren,

Altmuren mit alten Schuttablagerungen,

Gemischte Muren.

Natürliches Gefälle: Derjenige Gefällswert, der die ungehinderte Abfuhr der Wasser- und Geschiebemassen bei gleichzeitiger Unveränderlichkeit und Unverletzbarkeit der Sohle sichert, heißt natürliches Gefälle, auch Kompensationsgefälle, Ausgleichsprofil, Gefällsgrenze, Ausgleichsgefälle.

---

[1] Vgl. STINY: Die Muren. Innsbruck 1910.

Gleichgewichtsprofil: Das dem reinen Wasser entsprechende Ausgleichsgefälle wird Gleichgewichtsprofil genannt.

Ausgleichsgefälle: Das Ausgleichsgefälle ist derjenige Gefällswert, der unter den gegebenen Verhältnissen die ungehinderte Abfuhr der Wasser- und Geschiebemassen bei gleichzeitiger Unveränderlichkeit und Unverletzbarkeit der Sohle sichert. Man spricht auch von natürlichem Gefälle, Gefällsgrenze, Ausgleichsprofil.

Buhne, auch Sporen, Abweiser, Wuhre genannt, sind Querwehre, die von einem Ufer aus in den Bach vorspringen, ohne das andere Ufer zu erreichen. Sie haben das Ufer gegen den Angriff des Wassers zu schützen und eine Auflandung zu begünstigen.

Das Buhnenende, das in das Ufer eingebaut ist, heißt Wurzel.

Das Buhnenende, das in die Strömung reicht, heißt Kopf.

Die Buhnenoberfläche heißt Krone.

Die Seite der Buhne, die dem Wasser zugekehrt ist, heißt Streichwand.

Nach der Lage der Buhne unterscheidet man (siehe Abb. 99):

    a = normale oder senkrechte Schutzbuhne,
    b = stromaufwärts oder Inklinationsverlandungsbuhne,
    c = stromabwärts oder deklinante Abweisbuhne.

Tabelle 59.

Bezeich-nung (s. Abb.99)	Benennung	Ablagerung	Strömung	Sohlangriff
a	Normale, senkrechte Schutzbuhne	In der Mitte des Buhnenfeldes	An den Köpfen gering	An den Köpfen gering
b	Stromaufwärts gerichtete oder In-klinations-Verlandungsbuhne	Reiche Ablagerung zwischen den Buhnen bis ans Ufer	Starke Strömung am Kopf, Ableitung gegen Bachmitte	—
c	Stromabwärts gerichtete oder deklinante Abweisbuhne	In der Mitte der Buhnenfelder	Strömung abgeleitet nach dem Ufer, u. U. Uferangriff	Der Sohlangriff an den Köpfen ist stärker als beim Fall *a*

Tauchbuhne = Buhne, die bei Hochwasser überflutet wird.

Grundbuhne = Buhne, die auch bei Niederwasser unter Wasser steht.

Verwitterungsmaterial: Sammelbegriff für das durch physikalische, chemische und biologische Einwirkungen auf den Boden verkleinerte Gestein an der Erdoberfläche. Das verkleinerte Material gelangt durch Abschwemmungen, Abrutschungen und Abstürze in das Bachbett, wo es vom Bachwasser fortgeschwemmt wird.

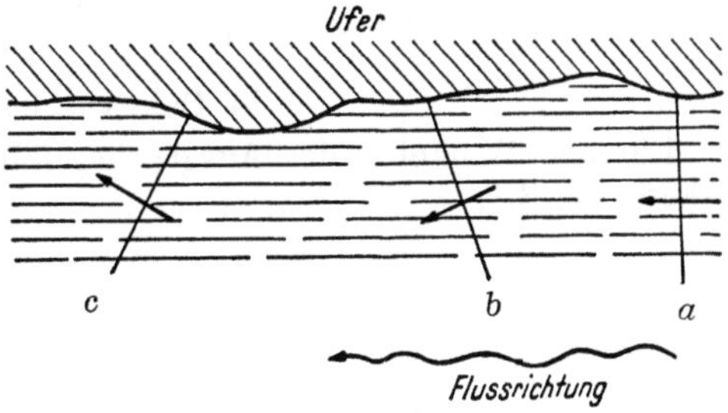

Erosion: Bei der Wildbachverbauung wird der Ausdruck Erosion oder Tiefenerosion im besonderen für den Tiefschurf des Wassers ver-

Ufer

c   b   a

Flussrichtung

Abb. 99. Die verschiedenen Stellungen der Buhnen.
a normale, senkrechte *Schutzbuhne,* *b* stromaufwärts gerichtete, sog. Inklinations- oder *Verlandungsbuhne,* *c* stromabwärts gerichtete, sog. Deklinations- oder *Abweisungsbuhne.*

wendet. Hierbei ist der Widerstand der Bachsohle kleiner als die von der mittleren Geschwindigkeit der Wassermenge usw. abhängige Stoßkraft. Dadurch werden vom Wasser einzelne Gesteinsbrocken von der Sohle losgerissen und fortgeschwemmt (vgl. Abb. 100).

Je mehr das Wasser mit Geschiebe belastet ist, um so mehr verkleinert sich seine mittlere Geschwindigkeit. Es ist aber zu beachten, daß mit zunehmender Belastung des Wildbaches mit Schlamm und Geschiebe seine Fähigkeit zunimmt, große Blöcke zu transportieren. Die Ursache ist, daß das Raumgewicht des Wasser-Schlamm-Geschiebegemisches größer ist als das spezifische Gewicht des Wassers, so daß kleinere Blöcke sogar darin schwimmen können. Die vermehrte Geschiebeführung steigert die Erosionstätigkeit des Wildbaches.

Korrosion: Unter Korrosion, auch Seitenerosion genannt, versteht man bei den Wildbachverbauungen den Seitenschurf, bei welchem das Wasser die Uferböschungen und die Lehnenfüße angreift. Die Tiefenerosion bereitet vielfach den Seitenschurf vor. Das Gehänge- und Ufermaterial stürzt in das Bachbett und wird als Geschiebe vom Wasser fortgetragen.

Auswaschungen sind Erosionserscheinungen, bei welchen das feine Sand- und Bindematerial zwischen den Steinblöcken durch das unterirdisch fließende Sickerwasser fortgeschwemmt wird. Der Boden verliert durch die Ausschwemmung des Bindemittels seinen Zusammenhalt und seine Standfestigkeit. Seine Haftfestigkeit und der Reibungswinkel werden oft so klein, daß der Boden zu kriechen oder zu gleiten beginnt. Das Material gelangt dadurch in das Bachbett.

Anreicherung von Wasser im Boden, dadurch werden die Haftfestigkeit und der Reibungswiderstand vermindert. Das Material gleitet oder fließt in das Bachbett und wird dort als Geschiebe fortgeschwemmt.

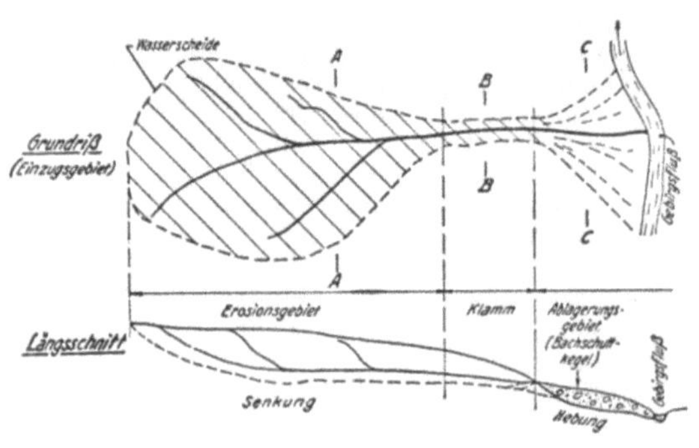
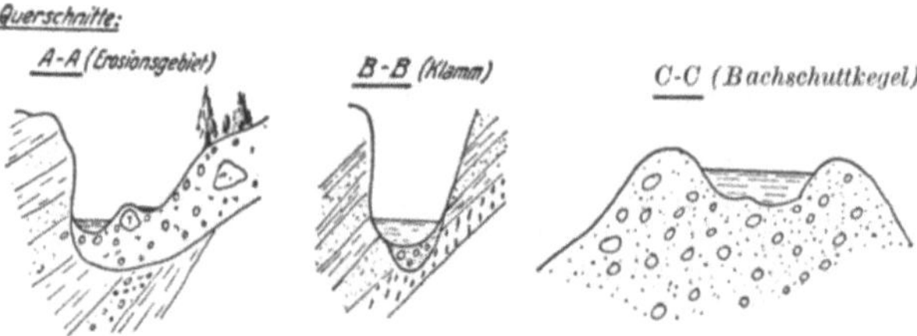

Abb. 100. Die Merkmale eines Wildbaches.

Schrifttum.

Vgl. E. Thiény: Restauration des montagnes, correction des Torrents, rebonement 1891. — F. Toula: Über Wildbachverbauung 1893. — F. Wang: Grundriß der Wildbachverbauung 1901, 1903. — Härtel u. P. Winter: Wildbach- und Lawinenverbauung. Wien 1934. — G. Strele: Grundriß der Wildbachverbauung. Berlin 1934.

b) Das Ausgleichsgefälle.

Für den Winkel α des Ausgleichsgefälles wurden verschiedene Formeln abgeleitet, z. B.[1]:

$$\operatorname{tg} \alpha = \frac{\gamma - \gamma'}{\gamma} \cdot \frac{b}{c^2 R}\, \sigma. \tag{1}$$

$$\operatorname{tg} \alpha = \frac{\gamma - 1000}{1000} \cdot \frac{b}{c^2\, m\, H}. \tag{2}$$

$$\operatorname{tg} \alpha = 0{,}871\, \frac{a}{R}\, (1 \pm 0{,}108)\ \text{Flüsse}. \tag{3}$$

$$\operatorname{tg} \alpha = 1{,}093\, \frac{a}{R}\, (1 \pm 0{,}106)\ \text{Gebirgswässer}. \tag{4}$$

Diese Beziehungen ermöglichen, das Vorprojekt einer Verbauung überschlägig zu berechnen, indem z. B. bei bekanntem Ausgleichsgefälle die wirtschaftliche Stufenhöhe bestimmt werden kann. Maßgebend ist jeweils der größte Wert von $\operatorname{tg} \alpha$, welcher sich aus obigen Formeln ergibt.

Es bedeutet:

$\gamma' =$ Wichte des Wassers in kg/m³,

$\gamma =$ Wichte des Geschiebes,

[1] Die ersten Angaben stammen von C. D. Valentin: Del modo di determinare il profilo compensazione e sua importanza nelle sistemazioni idrauliche. Politecnico 1895. — Verbesserungsvorschläge stammen von H. Gravelius: Das Kompensationsprofil. ZGK. 1895. — L. Hauska: Das forstliche Bauingenieurwesen. Bd. 5: Wildbach und Lawinenverbauung. 1934 S. 53.

$b =$ Länge des Geschiebes in m; $a =$ mittlere Geschiebegröße in m,

$\sigma = \dfrac{f}{0,076}$, wobei $f \cong 0,76$,

$R =$ hydraulischer Halbmesser,

$c =$ Rauhigkeitsziffer, z. B. nach Chézy,

$H =$ Hochwasserstand in m als größte Wassertiefe,

$m =$ Koeffizient, abhängig von der Form des Querprofiles $m = 0,8$ bis $1,2$.

Aus obigen Formeln ergibt sich:

1. je dichter und je länger in der Stoßrichtung das Geschiebe der Bachsohle ist, um so geringer ist die Erosionswirkung;

2. je größer das Eigengewicht der Flüssigkeit ist, um so kleiner ist das Ausgleichsgefälle;

3. je größer der Hochwasserstand ist, um so kleiner ist das Ausgleichsgefälle. Die Bedeutung der Zurückhaltung der Hochwasser durch den Wald (Aufforstung) auf das Bachgefälle geht aus Formel (2) mit aller Deutlichkeit hervor.

Zur Bestimmung der Werte in obigen Formeln wird am besten eine Strecke des Flusses ausgesucht, die sich während längerer Zeit nicht geändert hat. Dann kann gesetzt werden:

$$\operatorname{tg} \alpha' = \operatorname{tg} \alpha \, \frac{Q}{Q'} \, \frac{U'}{U},$$

$\alpha =$ beobachtetes Ausgleichsgefälle,

$Q, Q' =$ Abflußmengen,

$U, U' =$ benetzte Umfänge (vgl. S. 157, Berechnung des Flußlängenprofiles).

Schrifttum.

Vgl. Th. Christen: Erscheinungen beim Abfluß von Hochwässern nach den Englerschen Versuchen im Emmental. S.Z.F. 1920. — Duhm, J.: Die Gefällslinienlehre für fließende, geschiebeführende Gewässer. W. allg. Forst- u. Jagd-Z. 1933 Heft 44/45; 1934 Heft 5/8. — Ehrenberger, R.: Zur Frage der Kennzeichnung von Flußgeschieben. Wasserkr. u. Wasserwirtsch. 1931 Heft 17/18. — Eidg. Oberbauinspektorat: Die Wildbachverbauungen und Flußkorrektionen in der Schweiz. Bern 1914. — Härtel u. Winter: Wildbach- und Lawinenverbauung S. 54 Wien 1934. — Kozeny, J.: Über die mechanische Wirkung des fließenden Wassers auf feste Körper. Wasserkr. u. Wasserwirtsch. 1929 Heft 22/23. — Müller, R.: Theoretische Grundlagen der Fluß- und Wildbachverbauungen S. 106 u. 112, mit Angabe für die Berechnung der zu erwartenden Geschiebemenge. — Putzinger, J.: Das Ausgleichsgefälle geschiebeführender Wasserläufe und Flüsse O. M. B. 1920. — Schoklitsch, A.: Der Wasserbau. Wien 1930. — Strele, G.: Grundriß der Wildbachverbauung. Wien 1934. — Geologie und Wildbachverbauung. Wasserkr. u. Wasserwirtsch. 1942 S. 145. — Wang, F.: Grundriß der Wildbachverbauung. Leipzig 1903.

c) Maßnahmen gegen Erosion und Korrosion[1].

Um die Erosion zu bekämpfen, werden die Gewalt des abfließenden Wassers und der Widerstand der Bachsohle in Übereinstimmung gebracht. Dies geschieht durch (vgl. Abb. 101, 102, 103):

Tabelle 60. *Maßnahmen gegen die Erosion.*

Erosionsbekämpfung durch	Bauliche Maßnahmen
1. Verminderung der Stoßkraft	Verminderung der Wassergeschwindigkeit bzw. Gefälle durch Einbau von Querwehren, Sperren, Grundschwellen, Abtreppung, Verminderung der Wassertiefe durch breite Querprofile, Sohlenverbreiterung
2. Hebung des Sohlenwiderstandes	Abpflasterung der Bachsohle, z. B. in sehr steilen Rinnsalen, durch Steine, Kanäle, Blechbeläge, Bretterböden usw. In weniger steilen Rinnen durch Zahnschwellen

[1] Erosion im Sinne von Tiefenerosion und Korrosion im Sinne von Seitenerosion.

Tabelle 61. *Maßnahmen gegen Korrosion.*

Korrosionsbekämpfung durch	Bauliche Maßnahmen

Verlegung des Stromes
Errichtung von Uferschutz-
   bauten
	Umleitung, Felssprengung
	Flechtwerke, Leitwehre, Buhnen (Sporen, Abweiser,
	   Wuhren)

Abb. 102. Beispiel einer Verbauung aus Holzsperren mit Holzflügeln.

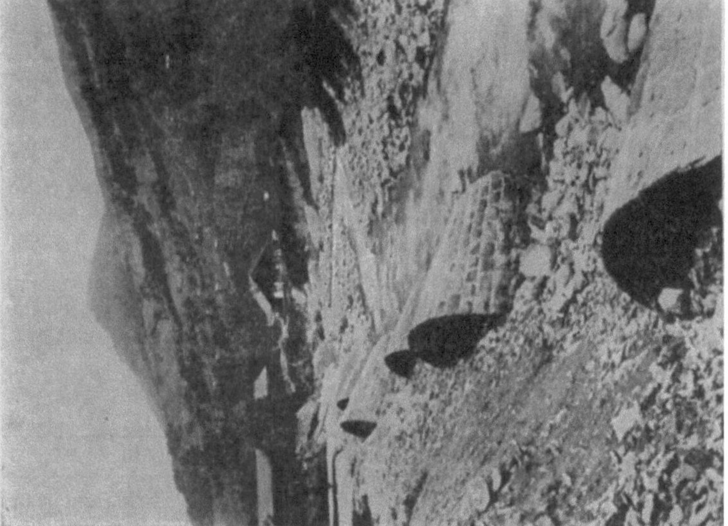

Abb. 101. Beispiel einer Bachkorrektion mit Schildkrötengruppe.

Tabelle 62. *Maßnahmen gegen die Unterwühlung durch Sickerwasser.*

Unterwühlungsbekämpfung durch	Bauliche Maßnahmen
Entwässerung der Ufer und Lehnen Verhinderung des Eindringens von Niederschlagswasser in den Boden	Sammlung des Wassers in Sauggräben, Dränun- gen, Dohlen, offene Kanäle und Abführung in Wassersammelstränge. Obacht vor Verstopfungen

Tabelle 63. *Maßnahmen bei rutschsüchtigen Ufern.*

Bekämpfung durch	Bauliche Maßnahmen

Entwässerung Bodenbindung	Siehe oben
	Bepflanzung
	Technische Bodenbindungsarbeiten:
	    Flechtzäune in waagrechter oder schiefer Lage (s. Abb. 319 in Teil II, S. 305)
	    Faschinen
	    Verpfählung
	    Hangstützwerke aus Stein, Beton, Holz
	    Anlegen von Rasenplaggen (quadratische Rasenstücke)
	Bepflanzung; z. B.
	    Berasung durch: Alpenleinkraut für Hochalpenregion
	    Alpenrispengras für Krummholzregion
	    Wiesenrispengras für trockenen Boden
	    Huflattich auf nassen und lehmigen Boden
	    Heublumen
	    Sanddorn } für Sandboden
	    Sandsegge }
	Aufforstung (vgl. Tabelle 124):
	    Bebuschung: Zwergwacholder
	    z. B. Grünerle
	        Robinie für Sandboden, Schutthalden, Schwemmkegel
	        Weiden, Pappeln
	    Hochwald: Schwarzkiefer für Ödland und trockenen Kalkboden, Fichte, Lärche für Alpen mit Laubhölzer mischen zur Verhütung von Feuersgefahr
	    z. B.

Die mannigfachen Aufgaben des eigentlichen Flußbaues sind hier nur erwähnt worden; wegen Raummangel können sie nicht weiter behandelt werden.

Schrifttum.

STINY, J.: Die geologischen Grundlagen der Verbauung der Geschiebeherde in Gewässern. Wien 1931. — Die Muren. Innsbruck 1910. — STRELE, G.: Die Geschiebequellen der Bäche und Flüsse. Schweiz. Bauztg. 1932 S. 229. — PETERELLI, H.: Die bauung des Schraubaches, Wasser- u. Energie-Wirtschaft 1943 S. 4.

G. Ablagerungen (Sedimentation).

1. Begriffe.

Die im Wasser abgelagerten Körner bilden weder in lotrechter noch in waagerechter Richtung eine durchgehende, gleichbleibende Sedimentanhäufung oder eine einzige, gleich beschaffene Gesteinsmasse. Zudem haben die einzelnen, mehr oder weniger gleichmäßig abgelagerten Körper vielfach eine platten-

Abb. 103. Beispiel einer Verbauung aus Holzsperren mit Steinflügeln.

9*

förmige, tafelförmige, blätterige Form. Die Gesteinsmassen, die eine große, längsgestreckte Richtung haben, nennt man geschichtete Massen. Man spricht dann von einer Schichtung (siehe Abschnitt 2).

Man unterscheidet:

Mechanische Sedimente, wenn die Sedimente Ablagerungen von mechanisch, vom Wasser fortbewegten Sinkstoffen darstellen (Geröll, Sand, Schlamm usw.). Siehe z. B. Tabelle 66 über die Entstehung und Bezeichnung von Meeresablagerungen.

Chemische Sedimente, wenn die Sedimente Absätze aus wässerigen Lösungen sind; z. B. Steinsalz, Gips, Kieselsinter usw.

Organische oder organogene Sedimente, wenn die Sedimente ganz oder teilweise aus organischen Stoffen entstanden sind; z. B. Korallenkalk, Kohle usw.

Äolische oder aerische Sedimente, wenn das Material, aus welchem die Gesteine bestehen, durch die bewegte Atmosphäre zusammengetragen wurde, z. B. Löß.

Glaziale Sedimente entstehen durch Mitwirkung von Eis.

2. Schichtung.
a) Merkmale der Schichtung.
α) Fazies.

Unter Fazies versteht man die Gesamtheit der Merkmale einer stratigraphischen Einheit in bezug auf ihre Gesteinsbeschaffenheit (petrographische Fazies) und den Fossilinhalt (morphologischer und biologischer Charakter der Fossilien, faunistische Fazies). Die Bezeichnung Fazies (äußere Erscheinung) stammt vom Schweizer Geologen GRESSLY (1840). Angaben über die Fazies einer Schicht enthalten also keine Angaben über chemische oder kristallographische Analysen.

Tabelle 64. *Zusammenstellung der verschiedenen Typen von Fazies.*

Hauptfazies	Unterteilung der Fazies in Abhängigkeit von ihren lokalen Bildungsbedingungen	Beispiel
Landfazies (Terrestrische Fazies)	Fluviatile Fazies	Deltaablagerungen, Flußablagerungen
	Glaziale Fazies	Moränen, Geschiebemergel
	Lakustre Fazies	Mineralkohlen, Salzlager
	Lagunäre Fazies	Gipslager, Salzlager
	Aride oder äolische Fazies	Durch den Wind bewirkte Ablagerungen, z.B. Löß
	Mischformen: Fluvioglaziale Fazies	Durch vereinigte Fluß- und Gletscherwirkung entstandene Ablagerung
	Lakustro-glaziale Fazies	Durch vereinigte See- und glaziale Wirkung entstandene Ablagerung
Süßwasserfazies (Limnische Fazies)	—	Ablagerungen in Seen mit Süßwasser
Meeresfazies (Marine Faz.)	Litorale Fazies	Ablagerung in der Nähe der Küste und des Strandes; vorwiegend Sand mit Schrägschichtung, Wellenfurchen, Trocknungsrisse
	Neritische Fazies	Ablagerungen im Flachmeer, wie alpine Molasse, Flyschsandstein, die glaukonithaltigen Grünsande der Kreideformation
	Bathyale Fazies	Ablagerungen in der Hochsee, tonige, mergelig-kalkige Ablagerungen, Cephalopoden, Korallenkalke, Oberdevon, Zechstein, Malm
	Abyssische Fazies	Ablagerungen in der Tiefsee, z. B. rote Tone des mediterranen Mesozoikums, Kieselschiefer des Devons

Die einzelnen Schichten unterscheiden sich sowohl durch Verschiedenheit ihrer Gesteinsbeschaffenheit, durch die sog. petrographische Fazies, als auch durch den Fossilinhalt, die sog. biologische Fazies. Die biologischen Faziestypen können durch verschiedene Arten von Organismen oder die gleichen Organismen mit veränderten Merkmalen bedingt sein.

Ferner unterscheidet man die Fazies nach Tabelle 64.

Waagrechte Faziesunterschiede gehen aus der Tabelle 66 über Entstehung und Bezeichnung der Schichten hervor.

Lotrechte Faziesunterschiede haben oft ihren Ursprung in starker Veränderung der Meerestiefe. Z. B. bei Senkungen des Meeresbodens erhält man zuerst Brekzien, dann Konglomerate, Sandsteine, Kalksteine und schließlich Kieselgestein und rote Tone, d. h. je mehr der Meeresboden sinkt, um so feiner wird das Korn des abgelagerten Materiales.

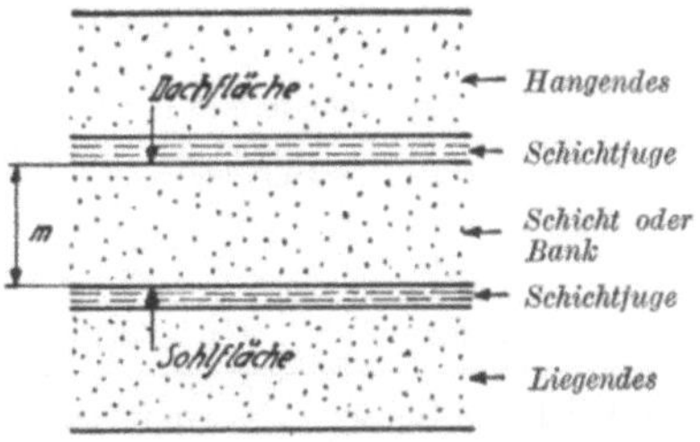

β) Schichtfugen.

Jede Schicht ist von der überliegenden und unterliegenden Schicht durch eine Fuge, die sog. Schichtfuge, getrennt. Schichtfugen entstehen

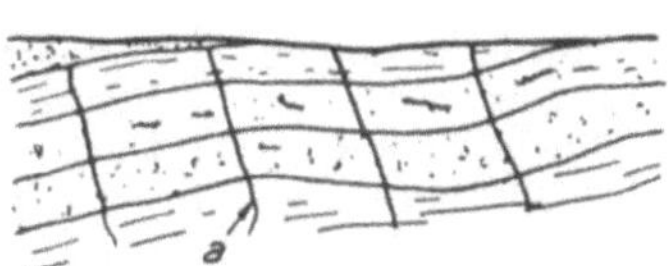

Abb. 104. Bezeichnung der Schichtenteile. m betrachtete Schicht, Schichtmächtigkeit. m Millimeter bis mehrere Meter mächtig.

I. infolge Änderung in der petrographischen Beschaffenheit des sedimentierten Materiales, z. B. bei Hochwasser wird grobkörniges Material angeliefert, während bei Niederwasser nur feinkörniges Material und Schlamm abgelagert wird; letztere bilden dann die mergeligen und tonigen Fugen im Gestein (vgl. Abb. 104/105);

II. infolge Unterbrechungen im Ablagerungsvorgang, z. B. infolge Unterbrechungen bei Jahreszeitschwankungen, ja sogar infolge Unterbrechungen bei Tagesschwankungen bei der Ablagerung von Tonen in Gletscherseen. Diese feinschichtigen Bildungen heißen Bänderton oder Gletscherbänderton.

Abb. 105. Scheinbare und echte Schichtung. a scheinbare Schichtung. In Wirklichkeit sind es Klüfte (Cleavage), die infolge Gebirgsdruck und Änderung der Druckrichtung entstanden sind.

γ) Oberfläche von Schichten.

Die Oberflächen von Schichten weisen oft Wellenfurchen (Rippeln, Rippelmarken) mit Kämmen (Erhebungen) und Furchen (Vertiefungen) auf. Sie entstanden durch windbewegtes Wasser auf sandigem Grund oder durch Windstrich auf losem Sand. Fossile Wellenfurchen sind häufig im Buntsandstein, in der Molasse usw.

Ferner findet man an den Schichtoberflächen Trocknungsrisse (Netzleisten), die infolge Austrocknung und Zusammenziehen der Schichtoberfläche entstanden.

Auch Tierfährten, fossile Regentropfen, Steinsalzkristalloide (auskristallisierte Kochsalzwürfel), Sandsteinkegel, Hieroglyphen (organischer Herkunft) werden etwa auf Schichtflächen beobachtet.

δ) Ausdehnung und Form der Schichten.

Die Ausdehnung der Schichten ist in senkrechter und waagrechter Richtung beschränkt. Die Schichten können dünner werden, ausstreichen, auskeilen, sich ausspitzen. Das Ende, das sog. Ausgehende geneigter Schichten wird Schichtende oder Schichtkopf genannt. Die Schichten können linsenförmig, fächerartig, rechteckig, plattig, blätterig sein.

Schichten mit begrenztem Umfang heißen:
Bei großer Mächtigkeit und geringer Ausdehnung = Lagen, z. B. Eisenstein-
lagen, bei kleiner Mächtigkeit und großer Ausdehnung = Flötz, z. B. Kohlenflöz.

b) Hauptformen der Schichtung.

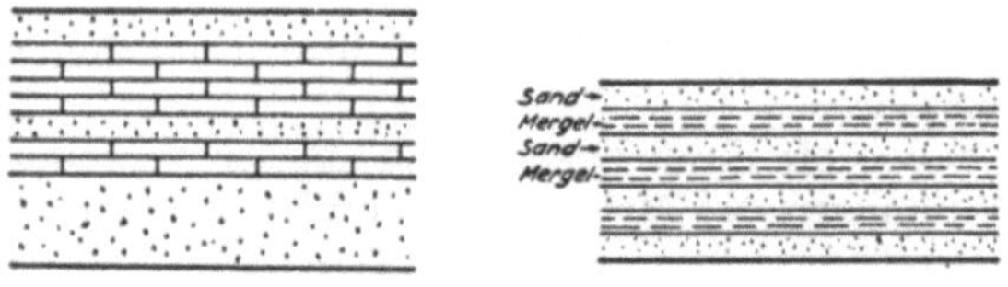

Sehr oft wiederholen sich Schicht — Fuge — Schicht — Fuge usw. Mehrere Schichten zusammen heißen Schichtenreihe, Schichtenserie, Schichtengruppe, Schichtenkomplex, Schichtenfolge. Die Hauptformen der Schichtung sind:

Abb. 106. Hauptformen der Schichtungen.
a gewöhnliche Parallelschichtung mit Wechsellagerung, b Repetitionsschichtung.

Tabelle 65.

Hauptart	Unterteilung	Merkmale
Konkordante Schichtung (Parallelschichtung, gleichförmige Schichtung)	Normal gelagerte, gewöhnliche Parallelschichtung (Abb. 106/105)	Die Schichten haben gleiches Fallen und Streichen. Es ist ohne Bedeutung, ob sie waagrecht liegen, aufgerichtet oder gestört sind. Die Mächtigkeit der verschiedenen Schichten ist ungleich, unsymmetrisch
	Repetitionsschichtung	Gleich wie oben; nur ist die Mächtigkeit der einzelnen Schichten stets gleich; es fand ein periodischer Wechsel in der Gesteinsbildung statt
Diskordante Schichtung (schräge Schichtung; ungleichförmige Schichtung)	Einfache Schrägschichtung	Jedes Schichtsystem hat eine besondere, von der des anderen Schichtsystems verschiedene Lagerung; z. B. ein Schichtsystem ist aufgerichtet, das andere liegt waagrecht. Siehe auch Transgression (Abb. 107)
	Diagonalschichtung	Die Schichtung verläuft schräg zwischen zwei waagerechten Bänken, z. B. Delta (Abb. 108)
	Kreuzschichtung	Häufiger Wechsel in der Richtung der Schichtung auf kurze Erstreckung, z. B. Delta, Flußablagerungen, Dünen, fossile Schichten (Abb. 108)

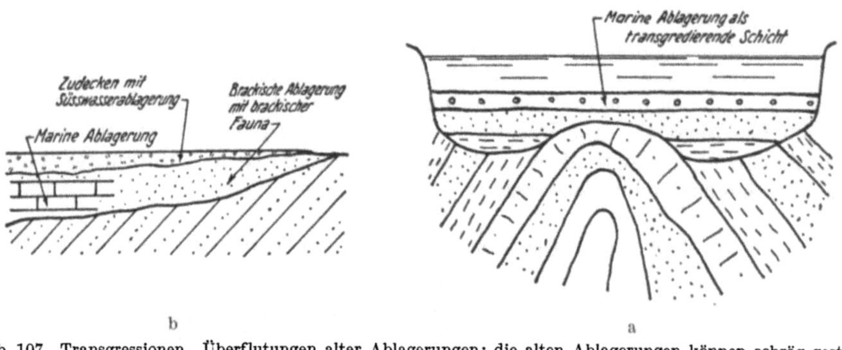

Abb. 107. Transgressionen. Überflutungen alter Ablagerungen; die alten Ablagerungen können schräg gestellt und tektonisch stark beansprucht gewesen sein.
a Zudecken einer Faltung (Antiklinale) mit Tiefseeablagerungen infolge Ansteigen des Meeres, b Übergreifen limnischer Ablagerungen in ausgesüßtem Wasser über marine Ablagerungen.

c) Ursache der Schichtung.

Die Schichtung hängt stets von Schwankungen in der Materialzufuhr ab. Die Ursachen der Schwankungen können sein:

α) Schwankungen in der Strömungsgeschwindigkeit. Bei langsamer Strömung wird feines, bei starker Strömung gröberes Material abgelagert. Die Dicke der einzelnen Schichten hängt von der Dauer und von der Strömungsgeschwindigkeit ab. Bei steigender Strömungsgeschwindigkeit wird die Tontrübe nicht abgelagert; es entstehen kalkreichere Sedimente.

β) Ablagerungsschwankungen infolge Ebbe und Flut. Die Flut bringt gröberen Sand zur Ablagerung als die Ebbe, die oft eine feine Schlicklage absondert.

γ) Ablagerungsschwankungen infolge Änderung der Wassertiefe. Dies ist z. B. der Fall bei epirogenen Bewegungen (siehe Abschnitt über Gebirgsbildung S. 168), bei welchen namentlich die Wassertiefe und der Rand des Becken verändert und verschoben wird. Infolge Hebungen des Meeresuntergrundes

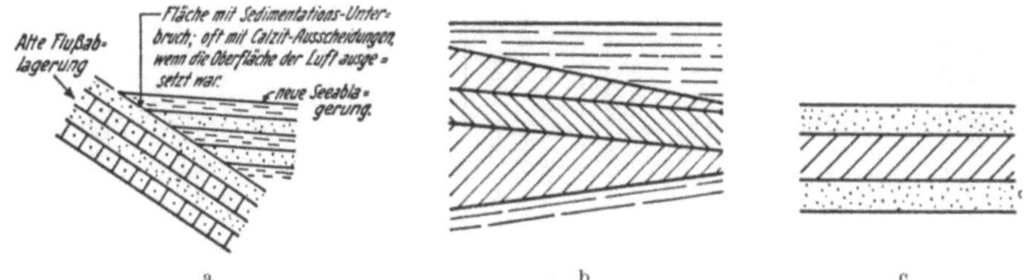

Abb. 108. Hauptformen der Schichtung.

a Diskordante Lagerung infolge des Wechsels zwischen Fluß- und Seeablagerungen, b Kreuzschichtung aus der tertiären Molasse, c Schräg- oder Diagonalschichtung (z. B. bei Wildbachablagerungen).

treten Sedimentationslücken auf, die aus allen geologischen Formationen der historischen Geologie bekannt sind.

δ) Ablagerungsschwankungen infolge kurzfristiger Wetteränderungen. Wetteränderungen wie Hochwasser, Sturmfluten können ebenfalls Schichtungen erzeugen, z. B. in Küstenlagunen ändert sich auch die Salzkonzentration des Wassers.

ε) Die jahreszeitlichen Ablagerungsschwankungen. Die jahreszeitlichen Schwankungen des Wetters erzeugen namentlich in Binnenseen, Gletscherseen usw. Schichtungen. Im Sommer ist der Zufluß an Schwebe groß. Die groben Teilchen fallen rasch nieder, die feinen erst später, z. T. erst im Winter, wenn die Materialzufuhr überhaupt stockt. In Gletscherseen entstehen so z. B. die Bändertone.

ζ) Die Ablagerungsschwankungen infolge der großen klimatischen Änderungen in der Vergangenheit. Durch kalte, kohlensäurereiche Tiefenströme können die von den Organismen gebildeten Kalke wieder aufgelöst werden und kalkarme Sedimente hervorrufen. Umgekehrt fördern warme, kohlensäurearme Strömungen den Kalkniederschlag. Die Änderung der Gezeitenströmungen zur Eiszeit bedingte auch einen Wechsel in der Foraminiferenfauna[1].

η) Biologische Ablagerungsschwankungen. Klimatische und epirogene Änderungen bedingen eine Änderung in der Tier- und Pflanzenwelt der Meere. Damit verbunden ist eine Änderung in der biologischen Schichtung.

---

[1] Vgl. W. Schott: Die Foraminiferen in dem äquatorialen Teil des Atlantischen Ozeans. Ergebn. der Deutschen Atlantischen Expedition auf dem Vermessungsschiff „Meteor" Bd. 3 (1935) Teil 3 Lieferung 1.

Tabelle 66. *Entstehung und Bezeichnung der Meeresablagerungen.*

Abtrag	**Marine Ablagerungen**		
Zone der Entstehung der Ablagerungsprodukte	Mechanisch zerkleinerte Stoffe bis 600 km Entfernung. Flußgeröll, Küstenabtragungen, Gletschermaterial, Auslaugungen, vulkanische Auswurfmassen	Organische Reste mit Kalkzement, äolische Staubmassen, Meteorite, vulkanische Auswürfe	Organische Reste mit Kieselzement, äolische Staubmassen, Meteorite, vulkanische Auswürfe

Bezeichnung der *Tiefen* →		**Litoral**	Abfall-Übergangszone = **Schelf** 20—200 m	**Hemipelagische** Ablagerung 200—4000 m Tiefe; bis 1000 m Tiefe auch bathyal genannt	**Epilophisch.** Ablagerung auf Unterwasserschwelle	**Abyssische** oder abyssale Ablagerung, 1000 bis 10000 m Tiefe
Biogene Sedimente (Organische Reste)	Flora (Phytogen)	Kohlenlager; Kohlenflöze Limnische Kohle im Süßwasser abgelagert Paralische Kohle im Meerwasser abgelagert	—		Kalk absondernde Algen	Kieselsäure ablagernde Algen: Diatomeen
	Fauna (Zoogen)	Zölenteraten Schwämme Korallen Knochenreste		Echinodermen Foraminiferen Kokkolithen	Foraminiferen Globigerinen Seeigel Pteropoden	Globigerinen Radiolarien
	Verkittung und Vermischung — Flora	Kohlensandstein Kohlenschiefer		Übergangszone in: →	mit *Kalkzement:* Lithotamnienkalk Charazeenkalkstein	mit *Kieselzement:* Diatomeenerde Kieselgur
	Fauna	Knochenbrekzie Muschelbrekzie		Echinodermenbrekzie Schreibkalk	Schreibkalk Globigerinenschlamm	Globigerinenerde Radiolarienschlamm
Chloride und Sulfate		Entstehen bei Verdunsten des Meerwassers. Oft verunreinigt mit Ton, Mergel, Dolomit. Abraumsalze wie Kali-, Jod-, Bromsalze; Sylvin; Kieserit				
		Gips und Anhydrit entstehen beim Verdunsten des Meerwassers				

			Litoral	Abfall — Übergangszone = Schelf	Schelf und	Hemipelagisch		Tiefsee
Chemische Sedimente	Karbonate		Kalkablagerungen: Gemeiner Kalkstein Oolithischer Kalkstein Dolomit				Kalkschlick	Kalkausscheidungen nur bis 4000 m Tiefe
	Silikate		Oft kieselige Beimischungen. Kalkstein + Kiesel = Kieselkalkstein: Chamosit Glaukonit					
	Hydrate		Tonige Beimischungen: Ton + Kalkstein = Mergel: Eisenoxydhydrate					Roter Tiefseeton. Große Löslichkeit der kohlensäurereichen Tiefseewasser. Ton mit Eisenoxyd und Manganknollen
Petrographische Sedimente	Unverkittet	Bezeichnung	Schutt Agglomerate	Schotter; Kies Geröll; Splitt Riesel	Sand, Gruß, Schluff	Schweb; Schlamm Schlick (Ton)		
			Psephite		Psammite	Pelite		
		Kornform u. Korngröße	Eckige und große Stücke	Gerundetes Material	Kleinmaterial	Feinstmaterial		
	Verkittung (diagenetische Verfestigung)	Allgemeine Bezeichnung	Brekzie	Nagelfluh Konglomerat	Sandstein Grauwacke Arkose	Schiefer Tonstein	Tonflocken	Tiefseeton
		Bezeichnung in Abhängigkeit der Art des Verkittungsmittels: Kalkzement	Kalkbrekzie	Kalknagelfluh	Kalksandstein Mergelsandstein Sandmergel	Mergel		
		Kiesel-zement	Kieselbrekzie	Flintkonglomerat Kittquarz	Kieselsandstein	Kieselschiefer Wetzschiefer		
		Tonzement	Tonige Brekzie	Tonige Nagelfluh	Tonige Grauwacke Tonsandstein	Ton Tonschiefer	Tonflocken	Kalkfreier Tiefseeton
		Organische Beimischung	Knochenbrekzie	Kohlenhaltiges Konglomerat	Kohlensandstein	Bituminöser Ton Faulschlamm Sapropel Stinkkalk	Ölschiefer Stinkschiefer Kohlenschiefer Asphaltschiefer	
	Schichtung		Verworrene Schichtung Schrägschichtung Deltaschichtung Diskordante Schichtung	Regelmäßige Schichtung Oberflächliche Umlagerung durch Wellenschlag	Parallele Schichtung Konkordante Schichtung			

ϑ) **Ablagerungsschwankungen infolge vulkanischer Ausbrüche.**
Vulkanische Ausbrüche liefern ungeheuer große Mengen vulkanischer Aschen.
Die Aschenteilchen werden bis über 200 km weit fortgetragen. Der Aschenfall
beim Ausbruch des Katmai erzeugte noch in 225 km Entfernung eine Schicht-
ablagerung auf dem Meeresgrund von 15 cm Mächtigkeit.

3. Meeres- und Seeablagerungen.

a) Entstehung der Meeresschichten.

Die Entstehung der neuzeitlichen Meeresschichten ist deshalb behandelt,
damit der Aufbau der alten, geologischen Schichten besser verständlich ist[1].

Über die Entstehung und Bezeichnung der Meeresablagerungen gibt Tabelle 66
Auskunft. Ferner siehe S. 246.

b) Benennung der Meeres- und Seeablagerungen.

Im Wasser werden Kies, Sand, Schweb und organische Reste in mehr oder
weniger waagerechter Linie abgelagert. Meistens werden die Ablagerungs-
produkte durch ein Bindemittel miteinander verkittet. Die Art der Ablagerung
und die Benennung der Schichten in Abhängigkeit von der Art der Bindemittel
geht aus den Tabellen 66, 67, 68 hervor.

Tabelle 66 macht keinen Anspruch auf Vollständigkeit. Abweichungen und
Überlagerungen kommen in der Natur stets vor.

Beispiele von Abweichungen. 1. Die durch Eisen verfärbten Kieselsandsteine
heißen Buntsandsteine (Heidelberger Schloß, Basler Münster, Straßburger
Münster).

2. Die durch organische Substanzen grau bis schwarz gefärbten Mergel (graue
Molassemergel, schwarze Liasmergel) heißen bunte Mergel (bunter Keupermergel).

3. Der durch Sandbeimischung verunreinigte Ton heißt Lehm.

Schrifttum.

ANDRÉE, K.: Geologie des Meeresbodens Bd. 2 Bodenbeschaffenheit. Berlin 1920.
— BOSWELL, P. G. H.: On the mineralogy of sedimentary rocks. London 1933. —
BRINKMANN, R.: Über die Schichtung. Fortschr. Geol. 1932 S. 187. — DEFANT, A.:
Dynamische Ozeanographie. Berlin 1929. — FISCHER, G., u. H. UDLUFT: Einheitliche
Benennung der Sedimentgesteine. Jb. preuß. geol. Landesanst. 1938. — HADDING, A.:
Subaqueous slides geolog. Fören Forh. 1931 S. 377. — KRÜMMEL, O.: Handb. d.
Ozeanographie. Stuttgart 1907/1911. — LUNDQUIST, G.: Zur Mikroskopie der Binnen-
sedimente. Verh. Int. Ver. theoret. angew. Limnologie. Stuttgart 1940. — THOSADE,
H.: Probleme der Wasserwellen. Probl. kosm. Phys. 1931 Heft 13/14. — TWENHOFEL,
W. H.: Treatise on Sedimentation. Baltimore 1932. — WALTHER, J.: Bionomie des
Meeres (Einleitung in die Geologie). Jena 1893.

c) Ablagerungsgeschwindigkeiten in der Gegenwart (sog. rezente Sedimentation).

Tabelle 67.

Bodenart	Ablagerungshöhe in 1000 Jahren		
	Größte mm	Kleinste mm	Mittelwert mm
Blauschlick ...	33	9	17,8
Globigerinen-schlamm	21,3	5,3	12,0
Roter Ton	13,3	< 5	< 8,6

Vgl. K. ANDRÉE: Geologie der Meere.

Aus Messungen an Meeres-
ablagerungen der Gegenwart
wurde die Geschwindigkeit der
Schichtbildung ermittelt zu
(vgl. Tabelle 67):

Im weiteren ist es gut,
Tabelle 67 mit den Angaben
über die Abtragungsgröße (De-
nudationshöhe) S. 123 zu vergleichen.

---

[1] Vgl. K. ANDRÉE: Geologie des Meeresbodens Bd. 2 Bodenbeschaffenheit.
Berlin 1920. — Über stetige und unterbrochene Meeressedimentation in Geologie
der Meere und Binnengewässer. Z. marine u. limnische Hydrogeologie und ihre
praktische Anwendung 1 (1938): 2 (1939).

d) Umbildung der Ablagerungen.

Die abgelagerten Sedimente werden vielfach nachträglich umgebildet. Sie können durch Zufuhr von Bindemitteln aus dem Wasser verfestigt werden, z. B. Sand in Sandstein; Kalkschlamm kann in Kalkstein usw. umkristallisiert werden; Aragonit kann in Kalkspat durch Auslaugung chemisch verändert werden.

Tabelle 68.

Ablagerung	Diagenese	Metamorphose
Sand	Sandstein	Quarzit u. Kieselschiefer
Ton	Tonschiefer	Phyllit u. Glimmerschiefer
Kalkschlamm	Kalkstein	Marmor

Vollzieht sich der Vorgang ohne Einwirkung von Druck und Temperatur, so spricht man von *Diagenese*. Werden aber Sedimente unter erhöhtem Druck und Temperatur umgebildet, so spricht man von *Metamorphose*. Über die Ursachen von Metamorphosen siehe S. 175, 251 ff.

Metamorphose gehört nicht zur Diagenese. Tabelle 68 gibt eine Übersicht über Ablagerung, Diagenese und Metamorphose.

e) Organische Sedimente.

Die organischen Sedimente können eingeteilt werden in (siehe Tabelle 69):

Tabelle 69.

Art des Sedimentes	Beispiele von Organismen
Kalkige Sedimente	Foraminiferen Korallen Molluskenschalen Knochenbrekzien
Kieselige Sedimente	Radiolarit Kieselschiefer Kieselgur
Bituminöse Sedimente	Sapropel, Gyttia, Öl
Organogene Sedimente	Torf, Braunkohle, Steinkohle

Schrifttum.

EKMAN, S.: Tiergeographie des Meeres. Leipzig 1935. — GRÜMPE, G.: Tierwelt der Nord- und Ostsee. Leipzig 1925. — KUENEN, PH. H.: Geology of coral reefs. Snellius Exp. 1933. — PIA, J.: Pflanzen als Gesteinsbildner. Berlin 1926. — REMANE, A.: Die Brackwasserfauna. Verh. dtsch. zool. Ges. 1934 S. 34. — RUEDEMANN, R.: Paleozoic Plankton of North Am. Mem. Geol. Survey 1935. S. 79. — WALTHER, J.: Lebensweise der Meerestiere. Jena 1893.

f) Chemische Ablagerungen.

Bei den chemischen Ablagerungen spielt der Kalk eine wesentliche Rolle.

Die Änderung des Kalkgehaltes in Abhängigkeit von der Meerestiefe geht aus Tabelle 70 hervor.

Tabelle 70.

Kalkgehalt $CaCO_3$ %	Wassertiefe in m
21	200— 900
39	900—1800
45	2700
56	3600
59	4500
40	5400
11	6300
4	7200
1	8100

Schrifttum.

PIA, J.: Die rezenten Kalksteine. Z. Kristallogr. Abt. B. Erg.-Bd. Leipzig 1933. — Kohlensäure und Kalk. Die Binnengewässer. Stuttgart 1933. — WATTENBERG, H.: Kalziumkarbonat und Kohlensäuregehalt des Meerwassers. Fortschr. Min. 1936 S. 168.

Bei den chemischen Sedimenten unterscheidet man:

Tabelle 71.

Gesteinsart	Beispiele
Rückstandgestein	Unlöslicher Rückstand der chemisch verwitterten Böden
Ausfällungsgestein	Kalkgestein, Dolomit, Eisenoolith aus übersättigter Lösung ausgefällt
Eindampfungsgestein	Gips, Steinsalz aus eingedampfter Lösung ausgeschieden

g) Berechnung des Verfestigungsvorganges während der Sedimentation.

Die Verfestigungserscheinungen von Schlamm und tonigen Schichten während ihrer Sedimentation sind rechnerisch von Fröhlich und Terzaghi behandelt worden[1].

Die Größe des Verfestigungsdruckes p zu irgend einer Zeit t in irgend einer Tiefe z sowie die Setzung s der Oberflächen zu einer Zeit t kann mit Hilfe der Theorie der Porenwasserströmung berechnet werden. Vgl. Kapitel VIII im dritten Hauptteil dieses Buches. Je nach der Annahme des Verlaufes der Isochronen werden etwas voneinander abweichende Werte erhalten. Für das folgende Zahlenbeispiel wurden Parabelisochronen angenommen.

Zahlenwerte.

Ablagerungsgeschwindigkeit: Sie betrage $v_s = 10$ cm/Jahr.

Unterlage: Die Sedimentationsunterlage sei undurchlässig.

Waagrechte Abmessung: Sie sei unendlich groß, so daß nur eine Porenwasserströmung senkrecht nach oben zu berücksichtigen ist.

Raumgewicht des Schlammes: Das scheinbare Gewicht unter Wasser (Raumgewicht) betrage: $\gamma_s = 0{,}85$ kg/dm³.

Sedimentationsdauer: 500 Jahre.

Mächtigkeit H des Sedimentes:

$$H = 500 \cdot 10 = 50 \text{ m.}$$

Der Verfestigungsdruck: Die Berechnung gibt folgende Drücke in Tabelle 72:

Tabelle 72.

Jahr	Größe der Drücke	
	Korn-zu-Korn-Druck g/cm²	Hydrostatischer Porenwasserdruck g/cm²
407	1947	1513
750	2897	1353
1000	3350	900
1500	3852	398
5500	4249,4	0,6

4. Deltaablagerungen.

a) Begriff.

Die Ablagerungen der Flüsse bei ihrer Einmündung ins Meer oder in Seen heißen Deltas oder Deltaablagerungen.

b) Arten der Deltaablagerungen.

Die Form der Deltaablagerungen ist fächerartig. Man unterscheidet:

Tabelle 73.

Bezeichnung	Merkmale
Binnendeltas	Rasche Ablagerung des Geschiebes, wenn das Flußwasser schwerer als das Seewasser ist. Tonschlamm wird meistens langsam abgesetzt
Marine oder ozeanische Deltas	Die Ablagerungen werden meistens durch Ebbe und Flut gestört. Schwebende Teilchen werden oft weit ins Meer hinausgetragen. Hingegen sinkt Tonschlamm im Meer rascher ab als in Binnenseen. Der Grund ist, daß starke Elektrolyte, wie der Salzgehalt des Meeres, ein Zusammenflocken (Koagulieren) und rasches Niederschlagen dieser Teilchen begünstigen
Ausfüllungsdeltas Vorgeschobene Deltas	— Weit in den See, z. B. in die Alpenseen vorgeschobene Deltas (vgl. auch Abschnitt 9: Ablagerungen in Stauräumen)
Fossile Deltas	Z. B. Oberdevonscher Oneontasandstein, Karbon, Keuper, Molasse

[1] Vgl. K. Terzaghi: Erdbaumechanik auf bodenphysikalischer Grundlage S. 177. Wien u. Leipzig 1925. — Fröhlich-Terzaghi: Theorie der Setzung von Tonschichten S. 91, 161. Wien 1936.

c) Wachstumsgeschwindigkeit von Deltas.

Die Deltas wachsen meistens nur bei Hochwasser. Die Wachstumsgeschwindigkeit beträgt oft einige Meter im Jahr. Z. B. hat sich die Meeresküste seit der Römerzeit um 35 km von der Stadt Adria entfernt.

Die Zunahme der Deltabildung wird bei Stauseen ständig beobachtet. Als Maß der Zunahme und als Vergleichszahl wird die Verhältniszahl v genommen.

$$v = \frac{\text{Beobachtete Anlandung}}{\text{Einzugsgebiet}} = \frac{G \text{ in m}^3}{F \text{ in km}^2},$$

v wurde gefunden zu:

Perollsee	$v =$	56 m³/km²	Mittel aus	16 Jahren
Drau bei Marburg	$v =$	55 m³/km²	Mittel aus	3 Jahren
Linth (Walensee)	$v =$	119 m³/km²		
Rhein (Bodensee)[1]	$v =$	78 m³/km²	Mittel aus	20 Jahren
Kander (Thuner See)	$v =$	348 m³/km²	Mittel aus	152 Jahren
Reuß (Vierwaldstätter See)..	$v =$	177 m³/km²	Mittel aus	27 Jahren
Zinkenbach (Wolfgangsee) ...	$v =$	130 m³/km²	Mittel aus	18 Jahren

(Vgl. auch Tabelle 98.)

Oft ist es schwierig, die Größe des eigentlichen Schuttkegels zu bestimmen.

Die Abflußrinnen ändern in Deltas sehr oft, indem alte Rinnen verstopft und neue gebildet werden.

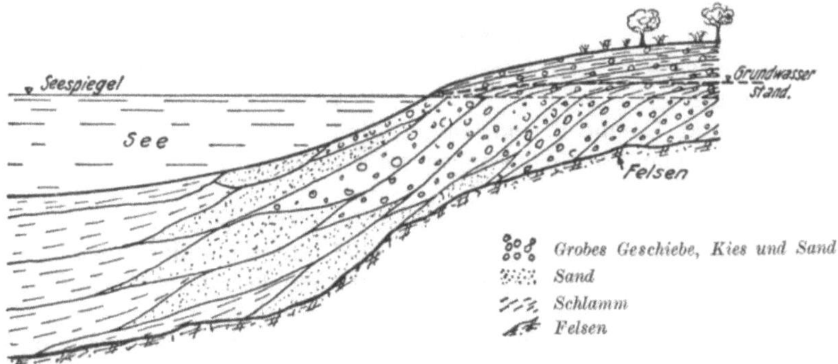

Abb. 109. Schnitt durch einen Deltakegel mit Pflanzen- und Tierresten. Neigung der Ablagerungen unter Wasser = 25 bis 30°.

Deltas zeigen langsame Senkungen, bisweilen auch Hebungen. In Abb. 109 ist ein Querschnitt durch ein Delta wiedergegeben.

5. Windablagerungen.

a) Grundsätzliches über Windablagerungen.

Die Ablagerungen durch Wind sind grundsätzlich die gleichen wie diejenigen im Wasser.

b) Die Windgeschwindigkeit in Abhängigkeit von der Höhe.

Die Windgeschwindigkeit in Abhängigkeit von der Höhe über Boden geht aus Tabelle 74 hervor. Der Einfluß der Morphologie des Bodens ist dabei nicht berücksichtigt[2].

Tabelle 74. *Windgeschwindigkeit in Abhängigkeit von der Höhe.*

Höhe in m	0	3	6	9	12
Wind in m/s	3,6	8,2	8,7	9,0	9,1[2]

---

[1] Betr. Bodensee vgl. Mitteilung Nr. 34 des Amtes für Wasserwirtschaft. Bern 1942.

[2] Vgl. S. PASSARGE: Die geologische Wirkung des Windes. Grundzüge der Geologie, Bd. 1 S. 653. Stuttgart 1924.

Tabelle 75. *Mittlere jährliche Wind-geschwindigkeit in m/s.*

Europa	Westküste	5,5
	Binnenland	3,53
Ozean		13,3
USA.......	Ostküste	4,4
	Binnenland	3,64

Tabelle 76. *Durchmesser der bewegten Körner.*

Windstärke m/s	Nach THOULET mm	Nach SOKOLOW mm
0,5	0,04	—
3	0,25	—
4,5—6,7	—	0,25
8,4—9,8	—	0,75
9	0,73	—
11,4—13,0	—	1,50
13	1,05	—[2]

c) Die jährliche mittlere Windgeschwindigkeit[1].

Die jährliche mittlere Windgeschwindigkeit geht aus Tabelle 75 hervor.

d) Größe der bewegten Körner in der Luft in Abhängigkeit von den Windstärken.

Die Größe der durch die Luft bewegten Körner ist in Tabelle 76 wiedergegeben (vgl. auch Abb. 120).

e) Entstehungsart der Windfracht.

Der Wind trägt entweder:

α) feine Abreibungsstoffe der Gesteine oder

β) feine trockene Sande, z. B. von trockenen Moränenlehmen, von trockenen Gebieten und organische Teilchen wie Blütenstaub als Staubmassen fort.

f) Ablagerungsarten.

Die groben Teile werden sofort wieder abgelagert. Die feinen Teile werden verwendet zum:

Auffüllen und Einebnen von Tälern, Zudecken von Hügeln, Bildung von Dünen, Bildung von Lößablagerungen im Landinnern.

α) Dünen.

Dünen sind Hügel und Wälle, die parallel hintereinander aus Flugsand gebildet werden. Die Sandanhäufung findet im Windschatten statt. Man unterscheidet:

Außenseite gegen den Wind = Stoßseite, Luvseite, flach oder konvex; Innenseite, im Windschatten = Fallseite, Leeseite, steil oder konkav. Die Schichtung des Sandes ist kreuzweise oder diagonal. Die Oberflächen der Schichten weisen oft Rippelmarken (Wellenfurchen) auf.

Die verschiedenen Arten von Dünen sind: *Stranddünen* oder *Küstendünen*; sie sind staubfrei. *Inlandsdünen* oder *Binnendünen*; sie enthalten Staub. *Zungendünen* sind schmal und lang. *Längsdünen* sind schmal und sehr lang. *Querdünen* stehen gegen die Windrichtung. *Wanderdünen* bilden im Windschatten oft Moore, die wieder vom Dünensand zugedeckt werden. Es entstehen dann eigenartige Grundwasserverhältnisse oder auch Schlämmsand.

β) Löß.

Löß ist ein aus der Atmosphäre niedergeschlagener Staubabsatz. Er ist gelblich, porös und leicht zerreibbar. Meistens enthält er viel Quarz (60 bis 70%), oft auch 5 bis 25% Kalkspat. Er führt Gehäuse von Landschnecken, Reste von Mammut, Nashorn, Renntieren usw. Die im Löß vorhandenen Kalkkonkretionen werden Lößmännchen, Lößpuppen, Lößkindel genannt.

Seelöß ist ein Löß, der im Wasserbecken niedersank.

---

[1] Nach LOOMIS in PASSARGE.
[2] Vgl. R. A. BAGNOLD: The Physics of blown sand and desert dunes. London 1941. Neue Formeln für die Bestimmung des Gehaltes an Sand in der Luft.

Gehängelöß oder Prolovium ist ein an Gehängen geschichteter Löß. Lehm und Lößlagen wechseln oft ab.

Lößlehm ist verwitterter, ehemals kalkhaltiger Löß. Die Struktur des Lößlehmes ist völlig verschieden von derjenigen des Lößes.

Schwarzerden sind oft Löß, die durch kolloidale Humusverbindungen schwarz gefärbt wurden (Rußland, Sibirien).

Eigenschaften des Lößes: Er ist schwach wasserdurchlässig. Das Wasser steigt kapillar auf; gut für Pflanzenwuchs. Wenn er trocken ist, so kann er hoch belastet werden (siehe Kohäsion), ohne starke Setzungen aufzuweisen.

Vgl. Handb. d. Geophys. Bd. 3 Lief. 2: Mechanische Wirkung von Wasser und Wind auf die Erdkruste und Dünen S. 301/302. Berlin 1940. — A. Scheidig: Der Löß und seine geotechnischen Eigenschaften. Dresden u. Leipzig 1934.

6. Flußablagerungen.

a) Begriffe.

Geschiebe: Unter Geschiebe wird das gesamte vom Fluß verfrachtete Gut, also ein Gemisch von Kies und Sand verstanden.

Geschiebetrieb: Unter Geschiebetrieb wird die Menge Geschiebe verstanden, welche in der Zeiteinheit rollend oder schiebend je m¹ Breite vorwärts bewegt wird.

Gesamter Geschiebetrieb: Unter gesamter Geschiebetrieb G wird der Geschiebetrieb über das ganze Flußquerprofil verstanden. Die Größe des Geschiebetriebes G wird in kg/s ausgedrückt.

Mittlerer Geschiebetrieb: Den mittleren Geschiebetrieb g_m erhält man, indem der gesamte Geschiebetrieb G durch die an der Geschiebebewegung teilnehmende Sohlenbreite b geteilt wird:

$$g_m = \frac{G}{b} \text{ in kg/s m.}$$

Kontinuierlicher Geschiebetrieb: Im Beharrungszustand, bei sog. kontinuierlichem Geschiebetrieb tritt keine Änderung der Geschiebemenge und der Geschiebemischung ein.

Vollentwickelter Geschiebetrieb: Beim vollentwickelten Geschiebetrieb nehmen sämtliche Korngrößen des Sohlengeschiebes an der Bewegung teil. Die feinsten Teile werden als Schwebestoff fortgeführt. Die kleineren Geschiebe eilen den gröberen aber nicht voran. Man spricht in diesem Falle auch von einem Sättigungsgrad des Geschiebetriebes. Beim vollentwickelten Geschiebetrieb ist die Zusammensetzung der Körnung des laufenden Geschiebes beinahe die gleiche wie die des in der Flußsohle ruhenden Geschiebes.

Teilweise entwickelter Geschiebetrieb: Beim teilweise entwickelten Geschiebetrieb werden die gröbsten Geschiebe von der Sohle nicht mehr abgehoben. Das Geschiebe, das aber transportiert wird, zeigt mehr oder weniger eine gleichmäßige Kornzusammensetzung.

Erosionszustand: Im Erosionszustand findet eine Entmischung des Sohlenmaterials statt. Die groben, schwer beweglichen Geschiebe werden unterkolkt. Das fortgeschwemmte feinere Material wird nicht mehr gleichwertig ersetzt. Es bildet sich eine als Abpflästerung wirkende Deckschicht aus grobem Geröll. Die Deckschicht enthält daher mehr grobes Material als die untere Schicht. Bei kleinerem Hochwasser findet kein Geschiebetrieb statt, da die Energie des Wassers zu klein ist, um das Gerölle fortzuspülen, d. h. es besteht kein funktioneller Zusammenhang zwischen Abflußmenge, Gefälle, Sohlenbeschaffenheit und Geschiebetrieb. Ein solcher besteht nur bei den größten Hochwassern.

Schwebestoff: Die feinen, mineralischen und organischen Bestandteile sind über das ganze Flußquerprofil zerstreut; sie werden mit Schwebestoff bezeichnet.

Schweb bedeutet das gleiche wie Schwebestoff.

Schlamm ist ein anderer Ausdruck für Schwebestoff oder Schweb.

Suspension bedeutet das gleiche wie Schwebestoff.

Sinkstoff bedeutet das gleiche wie Schwebestoff.

Schwebestoffkonzentration: Unter Schwebestoffkonzentration versteht man die Anzahl Gramm Schwebestoff je Raumeinheit Wasser-Schwebestoffgemisch.

Durchschnittliche Schwebestoffkonzentration. Als durchschnittliche Schwebestoffkonzentration wird das arithmetische Mittel aus sämtlichen Ergebnissen von Messungen über die Schwebestoffkonzentration in einem Flußquerschnitt bezeichnet. Die durchschnittliche Schwebestoffkonzentration ist oft keine brauchbare Größe.

Mittlere Schwebestoffkonzentration: Eine brauchbare, charakteristische Größe ist die mittlere Schwebestoffkonzentration c_m in einem Durchflußprofil; c_m wird definiert als

$$c_m = \frac{S}{Q} = \frac{\text{Schwebestoffmenge je Sekunde}}{\text{Wasserabfluß je Sekunde}}. \tag{1}$$

Schwebestoffdurchfluß: Das Produkt aus mittlerer Schwebestoffkonzentration und Wassergeschwindigkeit (v) in einem bestimmten Punkt des Durchflußprofiles ist der sog. Schwebestoffdurchfluß in diesem Punkt (siehe Abb. 110)[1].

Geschiebefracht: Jährliche Summe der durch einen Fluß-Querschnitt gehenden Geschiebe.

Schwerstofffracht: Unter Schwerstofffracht wird die Summe aus Geschiebe- und Schwebestofffracht verstanden; als Zeiteinheit wird oft das Jahr gewählt.

Grenzkorn: Es gibt kein bestimmtes Grenzkorn zwischen Schwebestoff und Geschiebe. Welche Korngröße als Geschiebe und welche als Schwebestoff vom Fluß fort-

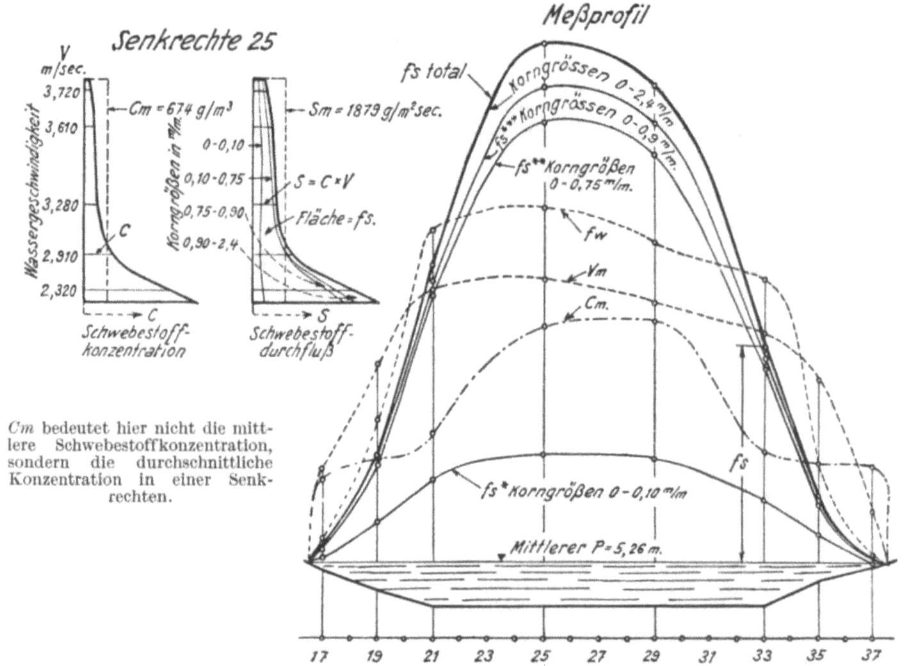

Cm bedeutet hier nicht die mittlere Schwebestoffkonzentration, sondern die durchschnittliche Konzentration in einer Senkrechten.

Abb. 110. Schwebestoffdurchfluß. Messungen in der Aare (Alpenvorland).

$c_m = \dfrac{S}{Q}$ [s. oben Formel (1)], v_m = mittlere Geschwindigkeit, s = Schwebestoffdurchfluß je Sekunde je Meßpunkt [Abmessung g/m² sek], Q = Wasserabfluß je Sekunde, f_s = Schwebestoffdurchfluß je Sekunde Vertikale[1].

geschafft wird, hängt von den jeweiligen hydrodynamischen Verhältnissen wie von der Geschwindigkeit, von der Kornform, dem Gewicht der Körner usw. ab.

Energielinie: Für die Energielinie H gilt die Gleichung

$$H = t + \frac{v^2}{2\,g}, \tag{2}$$

wobei t die Wassertiefe bedeutet und $\dfrac{v^2}{2\,g}$ die Geschwindigkeitshöhe. Vgl. die eingehenderen Angaben im dritten Hauptteil, Kapitel über Grundwasserströmung.

Gefälle: Unter Gefälle versteht man den Tangens: $\operatorname{tg}\alpha = \dfrac{dh}{dl}$, wobei dh der lotrechte Abstand zwischen zwei betrachteten Punkten bedeutet und dl die waagrechte Entfernung. Für dl wird öfters die auf der schräg gerichteten Gefällslinie gemessene Länge ds eingesetzt. Man unterscheidet:

---

[1] Vgl. Untersuchungen in der Natur über Bettbildung, Geschiebe- und Schwebestofführung S. 98. Amt für Wasserwirtschaft. Bern 1939.

Sohlengefälle: Das Sohlengefälle bedeutet das Gefälle der Flußsohle.

Wasserliniengefälle bedeutet das Gefälle des Wasserspiegels.

Energieliniengefälle bedeutet das Gefälle der Energielinie. Bei einem langen, angenähert prismatischen offenen Gerinne gleichbleibenden Querschnittes und Rauhigkeit ist die Sohle praktisch parallel zu der ausgeglichenen Energielinie; die Energielinie ihrerseits ist angenähert parallel zur Wasserspiegellinie.

Deckschicht: Das Geschiebe der Flußsohle besteht aus zwei verschiedenen Schichten Kiessand; nämlich aus einer oberen Schicht = Deckschicht mit Geröll und wenig Sand und einer

Unteren Schicht mit Geröll und Feinsand gut gemischt (siehe Abb. 111).

Geschiebefunktion: Unter Geschiebefunktion versteht man den Zusammenhang zwischen den hydraulischen Bedingungen und der Größe des Geschiebetriebes. Als maßgebende hydraulische Bedingungen werden betrachtet:

　1. das Gefälle der Energielinie,

　2. die Wassermenge je Meter Flußbreite in kg/s.

　　Die Faktoren, von welchen die Größe des Geschiebetriebes abhängen, sind auf S. 151 beschrieben. Die Geschiebefunktion wird auch so definiert: Durch die Geschiebefunktion wird die Abhängigkeit des *Mittelwertes* der in der Zeiteinheit beförderten Geschiebemenge von der Wassermenge ausgedrückt.

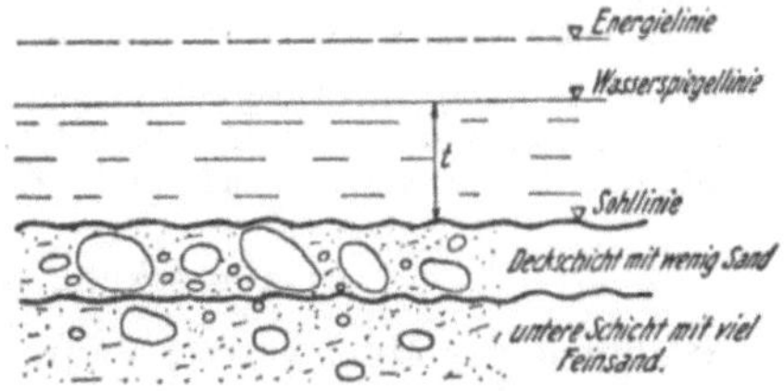

　　Für die Aufstellung der Geschiebefunktion muß der maßgebende Durchmesser des Geschiebes bekannt sein (siehe Gleichungen von MEYER-PETER und SCHOKLITSCH, S. 148).

　　Eine Geschiebefunktion entsteht nur, wenn sich der Fluß auf oder in der eigenen Ablagerung bewegt, die Sohlenfläche also aus Geschiebe besteht, welches der Fluß selbst schon transportiert und abgelagert hatte. Die Geschiebefunktion besteht bei vollentwickeltem und teilweise entwickeltem Geschiebetrieb.

Abb. 111. Bezeichnung der verschiedenen Teile im Querschnitt durch einen Fluß mit Geschiebetrieb. (Vgl. Abb. 28 der Mitt. 23 des Amtes f. Wasserwirtschaft S. 39. Bern 1939.)

Maßgebender Durchmesser: Der maßgebende Durchmesser ist derjenige Durchmesser, welcher in die Formel für den Geschiebetrieb einzusetzen ist. Man denkt sich das Geschiebegemisch durch ein einheitlich gekörntes Geschiebe von einem bestimmten Durchmesser ersetzt. Dieser Durchmesser wird als maßgebender Durchmesser bezeichnet.

　　Der maßgebende Durchmesser ist nach MEYER-PETER (siehe S. 149) derjenige, welcher von 35 Gewichtsprozent des maßgebenden Gemisches unterschritten wird. Daraus ergibt sich, daß der maßgebende Durchmesser von der Kiessandmischung in der Flußsohle und von der Kiessandzusammensetzung des Zuschubes abhängt.

Geschiebecharakteristik: Unter der Geschiebecharakteristik K_S versteht man das Verhältnis

$$K_S = \frac{\text{Fläche des Siebdurchlasses}}{\text{Fläche des Rückstandes}}$$

in der zeichnerisch aufgetragenen Kornzusammensetzungskurve (siehe z. B. Abb. 202 mit den Flächen F_1 und F_2).

Abriebziffer oder Abriebkoeffizient. Während der Flußwanderung reiben und schleifen sich die Gerölle ab; dadurch nimmt das ursprüngliche Gewicht G_0 des einzelnen Gesteines nach einem Exponentialgesetz ab; das neue Gesteinsgewicht G wird (siehe auch S. 155)

$$G = G_0\, e^{-c\,x},$$

c heißt die spezifische Abriebziffer oder der spezifische Abriebkoeffizient,

c ist für jede Gesteinsart ein Festwert,

x = Flußweglänge zwischen 2 Beobachtungspunkten,

G_0 = Gewicht an einem Beobachtungsort,

G = Gewicht am zweiten Beobachtungsort in der Entfernung x vom ersten.

Spezifische Weglänge: Unter spezifischer Weglänge versteht man diejenige Weglänge, die notwendig ist, damit das ursprüngliche Gewicht G_0 auf die Hälfte seines

Gewichtes vermindert wird; d. h. $G = \dfrac{G_0}{2}$ wird.

Schleppkraft: Unter Schleppkraft wird verstanden:

　1. Die Schleppkraft ist diejenige Kraft, mit welcher das fließende Wasser das Geschiebe zu verschleppen sucht, aus welchem die Sohle und die Wände eines Flußgerinnes bestehen.

2. Die Schleppkraft wird in älterer Literatur auch Geschiebetrieb genannt[1]. Der Begriff der Schleppkraft wird nach heutiger Anschauung durch denjenigen der Grenzgeschwindigkeit ersetzt.

3. Physikalisch bedeutet die Schleppkraft die Schubspannung am benetzten Umfang eines Gerinnes. Der Mittelwert der Schleppkraft je Flächeneinheit des benetzten Gerinneumfanges ist $S = \gamma J_e R$ oder je laufende Gerinnelänge: $S_F = \gamma J_e F$. Für die Bedeutung der Werte J_e und R siehe S. 150, 154.

Grenzschleppkraft: Jene Schleppkraft, bei welcher Geschiebe einer bestimmten Größe und Form, sowie spez. Gewicht und Lagerung (Korngefüge) eben in Bewegung gerät, heißt Grenzschleppkraft. Die Schleppkraft, bei welcher laufendes Geschiebe zur Ruhe kommt, ist um 20 bis 30% kleiner als die Grenzschleppkraft.

Geschiebemenge: Unter Geschiebemenge versteht man zweierlei, nämlich: entweder die Geschiebemenge in kg/s, die durch einen Flußquerschnitt bewegt wird, oder die durchschnittliche jährliche Geschiebemenge, die in 1 m³ Wasser vorhanden ist.

Untere kritische Wassergeschwindigkeit: Unter unterer kritischer Geschwindigkeit wird die Geschwindigkeit des Wassers verstanden, die nötig ist, damit das laufende Geschiebe eben noch in Bewegung bleibt.

Kritische Wassergeschwindigkeit oder Grenzgeschwindigkeit: Unter kritischer Geschwindigkeit wird die Geschwindigkeit des Wassers verstanden, die erforderlich ist, um ein ruhendes Geschiebe in Bewegung zu setzen[2].

b) Entstehung der Flußablagerungen.

Während des Hochwassers verfrachten die Flüsse viel Geschiebe und Sinkstoffe. Geschiebe besteht aus Gesteinstrümmern, die an der Flußsohle rollend und gleitend fortbewegt werden, während die Sinkstoffe vom Wasser schwebend fortgeführt werden. Am Ende des Hochwassers werden mit sinkender Stromgeschwindigkeit Kies und Sand im Flußbett abgelagert in Form von langgestreckten, an beiden Enden zugespitzten Kiesbänken, Sandbänken und Schwemmsandinseln. Die Textur der Bänke ist in der Richtung des Stromstriches unregelmäßig und weist Kreuzschichtung auf (siehe Abb. 112a). Bei neuem Hoch-

Abb. 112. Art der Lagerung der Gerölle an der Sohle eines Flusses ohne Geschiebetrieb.

Abb. 112a. Innere Schichtung von Kiesbänken, sog. Taschentextur.

wasser werden die Bänke meistens weggerissen und weiter flußabwärts abgelagert. Wie das Geröll am Boden eines Flusses gelagert ist, geht aus Abb. 112 hervor. Die Tendenz des Geschiebes, in Form von Bänken zu wandern, ist noch nicht restlos abgeklärt.

Flußablagerungen entstehen namentlich dann, wenn in einer Flußstrecke das Geschiebe nicht mehr vollständig weitertransportiert werden kann infolge Mangel an Gefälle. Besonders interessant sind die Ablagerungen, die sich bei Flußverkürzungen bilden[3].

c) Beschaffenheit des Einzugsgebietes der Flüsse.

Die Menge und Art des Geschiebes, die ein Fluß mit sich führt, ist durch die geologische, petrographische, morphologische und meteorologische Beschaffenheit seines Einzugsgebietes bedingt (siehe Tabelle 77).

---

[1] Z. B. FORCHHEIMER: Hydraulik, 3. Aufl. S. 544. Leipzig u. Berlin 1930. — SCHOKLITSCH: Über Schleppkraft und Geschiebebewegung. Leipzig u. Berlin 1914.

[2] Vgl. Mitt. Nr. 31 Amt f. Wasserwirtschaft: Wasserführung, Sinkstofführung und Schlammablagerung des alten Rheines S. 22 und 35. Bern 1935.

[3] Siehe z. B. KRAPF: Besprechung einiger an fließenden Gewässern vorgenommener Schwimmstoffmessungen. Wasserwirtsch. 1934 Heft 16 bis 21; ferner Mitt. 33 Amt f. Wasserwirtschaft S. 24. Bern 1939.

Tabelle 77.

Art der Beschaffenheit des Einzugsgebietes	Besondere Kennzeichen im Einzugsgebiet
Geologische Beschaffenheit	Faltengebirge, Deckengebirge, tektonische Beanspruchung usw.
Petrographische Beschaffenheit	Metamorphe Gesteine, wie Gneise, Schiefer, Quarzite, Amphibolite usw. Sedimente, wie Kalke, Dolomite, Kieselkalke, Tonschiefer, Sandstein usw.
Morphologische Beschaffenheit	Enge Täler, weite Täler, gegenwärtige Form der Kuppen usw.
Meteorologische Beschaffenheit	Menge des Niederschlages, Schnee-, Regen-, Wasserhäufigkeit und Stärke der Niederschläge usw.

Die flußbautechnische Hauptschwierigkeit in einem Einzugsgebiet besteht gewöhnlich nicht in der Abführung des Wassers aus einem Einzugsgebiet, sondern in der Abführung des Geschiebes.

Das Geschiebe gelangt infolge Gesteinsverwitterung, durch die unterirdische Auswühlarbeit, durch Rutschungen auf Gleitflächen, durch Rutschungen infolge Verminderung der Haftfestigkeit usw. in das Bachbett[1].

d) Körnung.

Bei der Körnung ist von Interesse die Kenntnis von:

α) Kornzusammensetzung des ruhenden Sohlgeschiebes. Grundsätzlich kann beim ruhenden Geschiebe unterschieden werden zwischen der Kornzusammensetzung der Deckschicht und der Kornzusammensetzung des unter der Deckschicht liegenden Sohlgeschiebes.

Das Deckgeschiebe weist einen kleinen Gehalt an Feinsand auf. Es fehlt hauptsächlich der Sand von 0 bis 4 mm Korngröße. Dies gilt im besonderen bei Deckschichten, die sich auf Kiesbänken beim Rückgang des Wassers bilden. Solche Deckschichten sind deshalb von lockererem Gefüge als die untere Schicht. Sie wiegen bis 230 kg/m². Bei Deckschichten, die als Sohlenabpflasterung des Flusses dienen, steigt das Gewicht des Deckschichtmaterials bis auf 300 kg/m² (siehe Abb. 111, 113)[2, 3].

Wird dem Fluß kein neues Geschiebe zugeführt, z. B. infolge Verbauung der Wildbäche, oder weil dieses in einem Stausee zurückbehalten wird, so bildet sich im Laufe der Jahre eine sehr grobe Abpflasterung aus. Diese kann selbst den größeren Hochwassern standhalten.

Das tiefer liegende Geschiebe hat eine gleichmäßigere Kornzusammensetzung als die Deckschicht. Beim tiefer liegenden Geschiebe ist auch das feine Korn in richtiger Menge vertreten (vgl. Abb. 113).

β) Kornzusammensetzung des bewegten, laufenden Geschiebes. Die Kornzusammensetzung wird unterhalb jener Abflußmenge, für welche voll-

---

[1] Vgl. G. STRELE: Die Geschiebequellen der Bäche und Flüsse. Schweiz. Bauztg. Bd. 100 (1932) S. 232.

[2] Vgl. Untersuchungen in der Natur über Bettbildung, Geschiebe und Schwebestofführung. Mitt. 33 Amt f. Wasserwirtschaft 1939 S. 41/44. Beobachtungen im Flußbett der Aare; ferner KRAPF: Die Gestaltung geschiebeführender Gewässer, hinsichtlich Linienführung und Gefälle. Rheinquellen 1923/24. Beobachtungen im Rhein.

[3] Vgl. W. EGGENBERGER: Kolkbildung bei Überfall und Unterströmen. Zürich 1943. — SCHOKLITSCH: Kolkbildung unter Überfallstrahlen. Wasserkraft 1932.

entwickelter Geschiebetrieb vorhanden ist, mit abnehmender Abflußmenge immer feiner (siehe Abb. 114). Gleichzeitig bildet sich die Deckschichtabpflasterung.

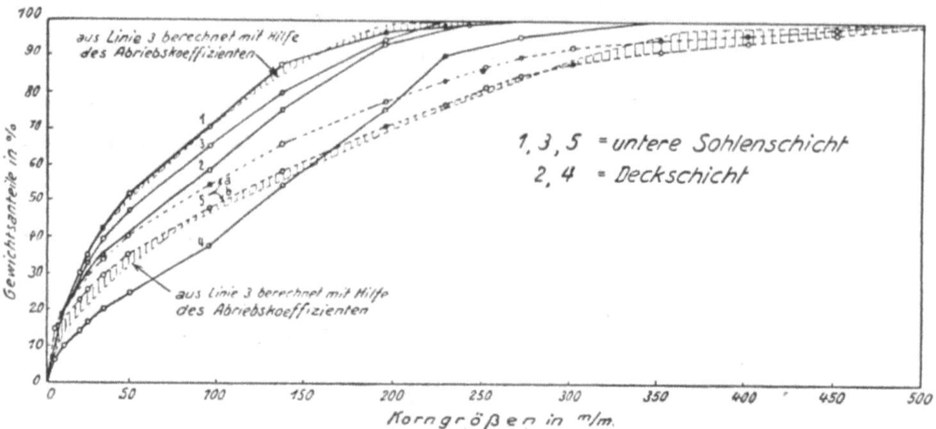

Abb. 113. Kornzusammensetzung des Sohlengeschiebes. (Untere Schicht und Deckschicht.)

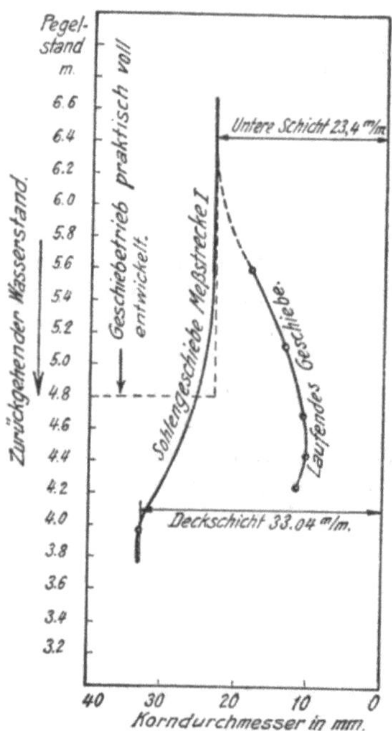

Abb. 114. Maßgebender Korndurchmesser. $d = 35\%$ von Deckschicht und laufendem Geschiebe in Abhängigkeit von der Wasserführung des Flusses (Beispiel von der Aare). Bei zurückgehendem Wasserstand bleibt der Geschiebetrieb nicht voll entwickelt. Die Abpflasterung der Sohle ist im Entstehen begriffen. (Nach Mitt. des Amtes f. Wasserwirtschaft, Bern.) Der in Abb. 114 angegebene Korndurchmesser ist der sog. maßgebende Korndurchmesser.

Das Gewicht der größten fortgeschwemmten Kiesstücke ist von der Wassermenge und dem vorhandenen Energieliniengefälle abhängig. Die Kornzusammensetzung des bewegten Geschiebes in der Aare ob Brienzer See geht aus Abb. 115 hervor[1].

γ) Der maßgebende Korndurchmesser. Aus der auf S. 145 angegebenen Begriffserklärung geht folgendes hervor: Der für die Berechnung des vollentwickelten Geschiebetriebes maßgebende Durchmesser bezieht sich auf die jeweils in Bewegung befindende Kornmischung, das sog. maßgebende Korngemisch.

Der maßgebende Korndurchmesser ändert sich bei nicht vollentwickeltem Geschiebetrieb im gleichen Flußquerprofil je nach der Wassermenge, die der Fluß führt (vgl. Abb. 114[1]).

Für den Rhein oberhalb seiner Einmündung in den Bodensee sind die maßgebenden Durchmesser berechnet worden, wie aus Tabelle 78 ersichtlich ist.

Für die Abhängigkeit des maßgebenden Korndurchmessers vom Wasserstand in einem Fluß siehe Abb. 114. Aus Messungen wurde gefunden, daß die Berechnung des Geschiebetriebes mit folgenden Werten für den maßgeben-

---

[1] Vgl. Amt f. Wasserwirtschaft, wie oben angegeben.

Tabelle 78.

km	Strecke	Mittl. jährliche Geschiebefracht m³	Maßgebender Durchmesser mm
71	Musterstrecke.................	216000	15
77	Diepoldsauer Durchstich........	164000	13,7
82,5	Zwischenstrecke..............	127000	12,55
87,5	Fussacher Durchstich..........	103000	11,65[1]

den Durchmesser durchzuführen ist: I. *Formel von* SCHOKLITSCH: $d = 45\%$ der Siebkurve des Flußsohlengemisches. II. *Formel von* MEYER-PETER: $d = 35\%$ der Siebkurve des maßgebenden Korngemisches. Über den Aufbau der Formeln siehe S. 153.

Für den maßgebenden Durchmesser am Oberlauf der Aare wurde gefunden:

Tabelle 79.

km	Maßgebender Durchmesser	
	Deckschicht mm	Untere Schicht mm
46	83	26
48	56	25
50	40	24
52	32	23

Vgl. Amt für Wasserwirtschaft wie oben S. 147.

δ) Kornform. Die Einteilung der Kornformen, die petrographischen und hydraulischen Bedingungen für die Art der Kornform, die mathematischen Ausdrücke für die Charakterisierung der Kornform usw. sind im Abschnitt „Körnung" S. 371 enthalten; in Abb. 116 ist z. B. die Zusammensetzung des Geschiebes nach der Kornform aus der Aare oberhalb des Brienzer Sees wiedergegeben[2].

Aus einer Großzahl von untersuchten Geschiebeteilen in verschiedenen Quer-

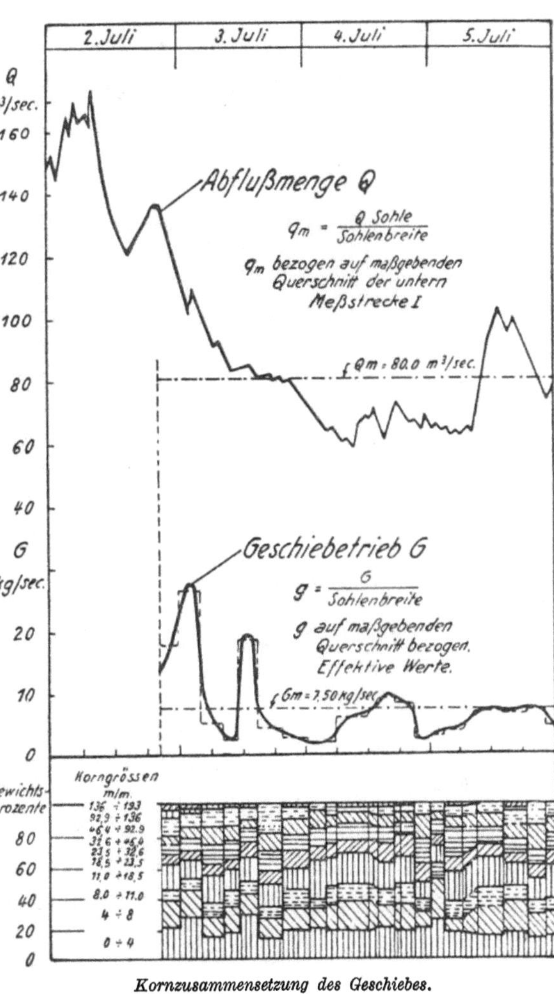

Kornzusammensetzung des Geschiebes.

Abb. 115. Abflußmenge, Geschiebetrieb und Kornzusammensetzung in der Aare. (Nach Mitt. 33 des Amtes für Wasserwirtschaft Bern.)

---

[1] Vgl. E. MEYER-PETER, E. HOECK, R. MÜLLER: Die internat. Rheinregulierung von der Illmündung bis zum Bodensee. Schweiz. Bauztg. 109 (1937) S. 214.

[2] Vgl. Untersuchung in der Natur über Bettbildung, Geschiebe- und Schwebestofführung. Mitt. Amt f. Wasserwirtschaft S. 49. Bern 1939.

profilen auf rd. 12 km Flußlänge ergab sich die Änderung der Kornform, wie sie in Abb. 117 angegeben ist. Über Kornform siehe auch S. 371 dieses Buches.

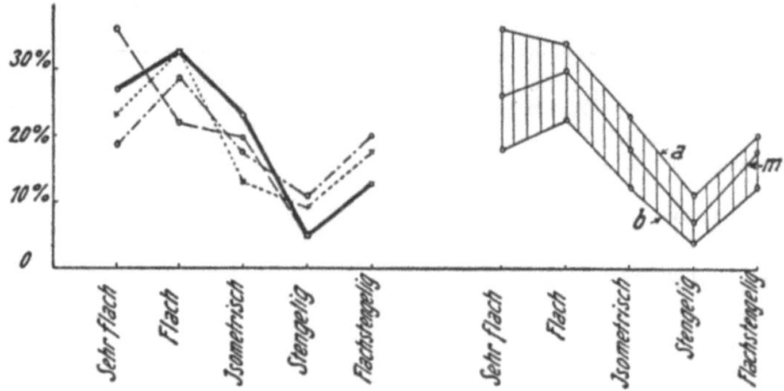

Abb. 116. Zusammensetzung des Geschiebes nach den Kornformen.
m Mittelwert, a, b Grenzen der Streuungen.
—————— 7,4 mm, — — — 4,4 mm, — · —· 3,2 mm, · · · · 2,4 mm.

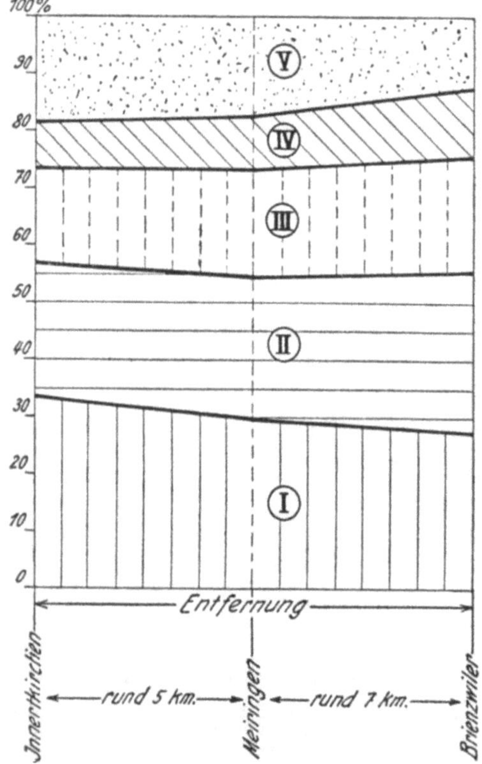

Abb. 117. Änderung der Kornform des Flußgerölles in der Aare auf 12 km Transportlänge.

Zeichen	b/a	c/b	Benennung
I	> 0,66	< 0,66	Sehr flaches Gerölle
II	> 0,66	< 0,66	Flaches Gerölle
III	> 0,66	> 0,66	Isometrische Gerölle
IV	< 0,66	> 0,66	Stengeliges Gerölle
V	< 0,66	< 0,66	Flachstengeliges Gerölle

a, b, c Hauptabmessungen der Gesteine.

Untersuchungen über den Einfluß der Kornform auf die Geschiebebewegung haben ergeben[1]:

I. Der Einfluß der Kornform auf den Beiwert k in der Formel $v = k \sqrt{RJ}$ nimmt mit der Größe des Kornes ab.

v = Mittlere Geschwindigkeit,

R = hydraulischer Radius des Gerinnes,

J = Wasserspiegelgefälle.

II. Die petrographische Beschaffenheit des Geschiebes hat auf die Sohlengeschwindigkeit keinen bemerkenswerten Einfluß.

III. Beobachtungen über den Schleppkraftgrenzwert ergaben für flaches Geschiebe größere Schleppkraftgrenzwerte als für rundes.

IV. Das flache Geschiebe bewegt sich bei kleiner und mittlerer Strömungsgeschwindigkeit hauptsächlich gleitend. Es dreht sich erst bei größerer Geschwindigkeit. Rundes Geschiebe gerät rascher in Bewegung als flaches Geschiebe gleichen Gewichtes; rundes Geschiebe setzt sich erst bei kleinerer Flußgeschwindigkeit ab als flaches.

ε) Petrographische Beschaffenheit der Körnung. Die Ände-

[1] Vgl. Ho PANG-YUNG: Abhängigkeit der Geschiebebewegung von Kornform und Temperatur. Mitt. Preuß. Versuchsanst. f. Wasser-, Erd- u. Schiffbau 1939 Heft 37.

rung der petrographischen Beschaffenheit der Körner in Abhängigkeit von der Transportlänge geht aus Abb. 118 hervor. Mit der Flußlänge nehmen in Hundertteilen die Granite und Gneise zu, während die Schiefer abnehmen.

ζ) Raumgewichte der Körnung. Die Raumgewichte, die an Flußgeschieben festgestellt wurden, sind in Tabelle 80 enthalten.

Tabelle 80.

Entnahmestelle	Raumgewicht		Wassergehalt cm³/l
	trocken kg/dm³	naß kg/dm³	
Deckschicht	1,4—1,9	1,6—3,00	200—600
Untere Schicht	1,7—2,5	1,9—2,65	200—500
Sandbänke	1,6—1,8	1,6—2,00	—

e) Der Geschiebetrieb.

α) Größe des Geschiebetriebes.

Die Größe des Geschiebetriebes ist in erster Linie abhängig von: Wassermenge, Energieliniengefälle, Korndurchmesser, Sohlengefüge (Kornzusammensetzung), spez. Gewicht des Geschiebes, spez. Gewicht des Wassers und in zweiter Linie von der Temperatur des Wassers, der Kornform usw. Unterhalb einer bestimmten Wassermenge bzw. kritischen Geschwindigkeit ist überhaupt kein Geschiebetrieb mehr vorhanden; z. B. bei Niederwasserführung der Flüsse.

I. Wassermenge und Geschiebetrieb. Der Einfluß der Wassermenge auf die Größe des Geschiebetriebes geht z. B. aus Abb. 119 hervor[1].

II. Wassergeschwindigkeit und Geschiebetrieb. Vielfach wird bestritten, daß eine eindeutige Beziehung zwischen der Geschwindigkeit des Wassers und dem Geschiebetrieb bestehe. Bei gleicher Geschwindigkeit, aber verschiedener Wassertiefe ergeben sich verschiedene Geschiebetriebe[2].

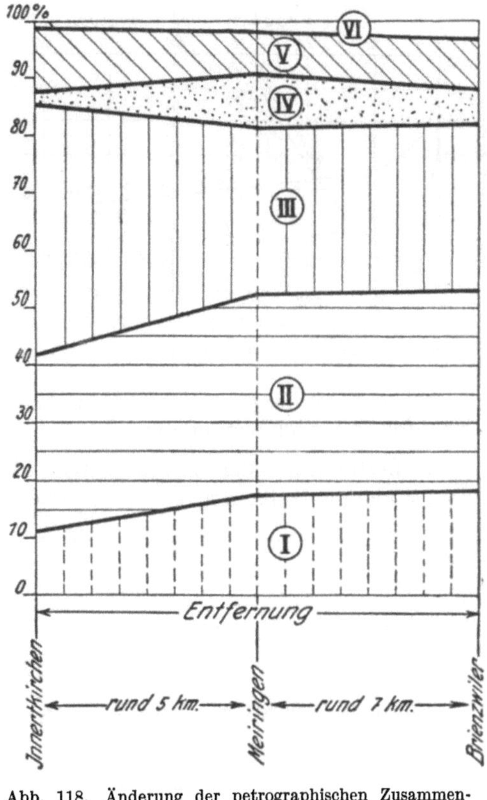

100%
90
80
70
60
50
40
30
20
10
0
VI
V
IV
III
II
I
Entfernung
Innertkirchen
Meiringen
Brienzwiler
rund 5 km.
rund 7 km.

Abb. 118. Änderung der petrographischen Zusammensetzung des Flußgeschiebes in der Aare auf 12 km Transportlänge.

	I	Granite
Metamorphe Gesteine {	II	Gneise
	III	Schiefer, Quarzite
	IV	Amphibolite
Sedimente	V	Kalke, Dolomite
Verschiedene Gesteine	VI	Tonschiefer, Sandsteine

[1] Vgl. Amt f. Wasserwirtschaft: Untersuchungen in der Natur über Bettbildung, Geschiebe- und Schwebestofführung S. 21.

[2] Vgl. WITTMANN: Geschiebetrieb und Flußregelung. Dtsch. Wasserw. 1942. — Flußkunde in Taschenbuch f. Bauingenieure von F. SCHLEICHER S. 903. Berlin 1943.

Für die untere kritische Geschwindigkeit v_u, bei welcher das laufende Geschiebe noch in Bewegung bleibt, und für die obere kritische Geschwindigkeit v_o, bei welcher das ruhende Geschiebe in Bewegung gerät, gibt GRABAU folgende Werte an (siehe Tabelle 81):

Tabelle 81.

Körnung	v_u: In Bewegung zu halten m/s	v_o: In Bewegung zu setzen m/s
Haselnußgroß ..	0,923	1,35
Walnußgroß	1,062	1,39
Taubeneigroß ...	1,123	1,45

III. Wassertemperatur und Geschiebetrieb. Im Prüfraum wurde festgestellt, daß bei 45° Wassertemperatur der Geschiebetrieb ungefähr dreimal so groß ist als bei 2°. Die Übertragung dieser Feststellung auf Hochwasser im Sommer mit 25° ergäbe einen doppelt so hohen Geschiebetrieb als bei Winterhochwasser mit 2°. Ob die Übertragung dieser Prüfraumergebnisse auf die Gebirgsflüsse zulässig ist, muß noch abgeklärt werden[1].

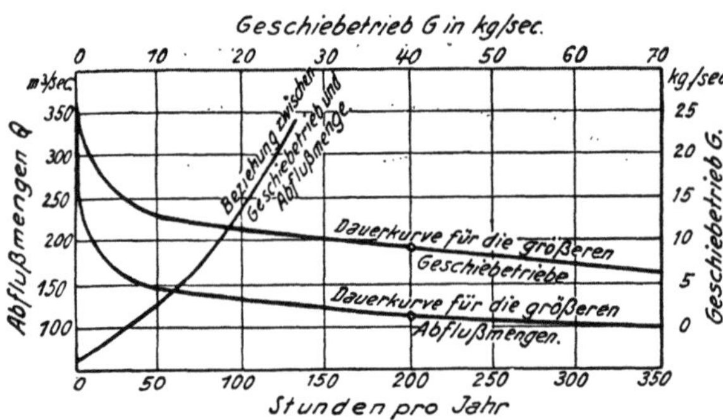

Abb. 119. Dauerkurven für Abflußmengen und Geschiebetrieb.

β) **Berechnung des Geschiebetriebes.**

Bei der Berechnung des Geschiebetriebes kann es sich nur darum handeln, den Mittelwert der in der Zeiteinheit durch einen Flußquerschnitt verfrachteten Geschiebemenge zu bestimmen. Es sind verschiedene mathematische Ansätze gemacht worden, um einen Einblick in das Wesen des Geschiebetriebes zu erhalten. Nachfolgend sind behandelt:

I. Bestimmung der oberen kritischen Wassergeschwindigkeit. Ein Maß für den Widerstand W, den ein Geschiebe der Strömung bietet, gibt die Formel:

$$W = k\,r^2\,v^n$$

oder

$$r^3\,(D_1 - D_2)\,c = k\,v^n\,r^2$$

und hieraus:

$$v = \sqrt[n]{K\,(D_1 - D_2)\,r}.$$

Für $n = 2$ wird: $v^2 = K\,(D_1 - D_2)\,r$ (vgl. S. 159).

Es bedeuten:

$r^2\pi$ = Querschnitt des Geschiebes; für r ist der mittlere Halbmesser eines Kornes zu nehmen,

v = kritische Strömungsgeschwindigkeit, bei welcher ein Geschiebe fortbewegt wird,

$c/k = K$ = Festwert, abhängig von der Sohlenneigung, von der Kornform und vom Reibungsbeiwert des laufenden Geschiebes; in k ist der π-Wert enthalten,

D_1 = Dichte des Geschiebes,

D_2 = Dichte der Flüssigkeit.

---

[1] Vgl. Ho PANG-YUNG: Abhängigkeit der Geschiebebewegung von Kornform und Temperatur. Mitt. Preuß. Versuchsanst. f. Wasser-, Erd- u. Schiffbau 1939 Heft 37.

Erfahrungswerte für n:

Bei mittlerer Geschwindigkeit wird $n = 2$ (Newtonsches Widerstandsgesetz).
Bei sehr langsamer, laminarer Bewegung wird $n = 1$ (Stokessches Gesetz).

II. Bestimmung des Geschiebetriebes nach Schoklitsch. Schoklitsch[1] hat folgende Formeln für die Geschiebefunktion entwickelt:

$$q_0 = \frac{0{,}00001944}{J^{4/3}}\, d, \quad g = \frac{7000}{\sqrt{d}}\, J^{3/2}\,(q - q_0).$$

Es bedeuten:

$q =$ Abfluß in m³/s,
$q_0 =$ Grenzabfluß, bei welchem das Geschiebe in Bewegung gerät, in m³/s,
$d =$ Korndurchmesser in mm,
$g =$ Geschiebetrieb in kg/s m; $J = J_e =$ Energieliniengefälle.

Schoklitsch gibt zwei Verfahren an, um die Formel auf Geschiebegemische anwenden zu können:

A. Unterteilung der Mischungslinie in Korngruppen und Berechnung des Geschiebetriebes für jede dieser annähernd als korngleich anzusehenden Gruppen, Vervielfältigung dieser Geschiebetriebe mit den prozentualen Anteilen der zugehörigen Gruppen und Zusammenzählen der Teilgeschiebetriebe[2].

B. Beim zweiten Verfahren wird angenommen, daß das Geschiebegemisch durch ein einheitlich gekörntes Geschiebe vom Durchmesser D ersetzt worden sei; von demselben laufe beim betreffenden Abfluß und betreffenden Gefälle ebensoviel wie vom Gemisch. Die anschließenden Rechnungen werden mit dem Ersatzdurchmesser durchgeführt.

Die Berechnungen des Geschiebetriebes nach Schoklitsch ergeben Werte, die z. T. von den beobachteten abweichen[3].

Oesterhaus[4] gibt Werte an, wonach sich für die Formel von Schoklitsch Durchmesser d ergeben, die von rd. 45% der Deckschichtmischung unterschritten werden (vgl. S. 149).

III. Bestimmung des Geschiebetriebes nach Meyer-Peter. Meyer-Peter[5] gibt auf Grund zahlreicher Versuche in einer Abflußrinne und mit Hilfe des Froudeschen Ähnlichkeitsgesetzes folgende Formel zur Berechnung des Geschiebetriebes an:

$$\frac{q^{2/3}\, J_e}{d\,\gamma''^{\,10/9}} = a + b\,\frac{g''^{\,2/3}}{d\,\gamma''^{\,7/9}}.$$

Hierin bedeuten:

$q =$ Wassermenge in kg/s je Meter Flußbreite,
$g'' =$ Geschiebetrieb in kg/s je Meter Flußbreite, unter Wasser gewogen,
$J_e =$ Gefälle der Energielinie,
$d =$ maßgebender Durchmesser des Geschiebes (siehe S. 148),
$\gamma'' =$ das Gewicht des Geschiebematerials in kg/dm³, unter Wasser gewogen.

---

[1] Stauraumverlandung und Kolkabwehr S. 5. Wien 1935.
[2] K. Ehrenberg: Geschiebetrieb und Geschiebefracht der Donau in Wien auf Grund direkter Messungen. Wasserkr. u. Wasserwirtsch. 1942 S. 265. — R. Winkel: Neue Erkenntnisse zum Geschiebeproblem. Bauing. 1942 S. 211.
[3] Nesper: Schweiz. Bauztg. 1937 S. 21. — Schoklitsch: Geschiebebewegung in Flüssen und Stauwerken. Wien 1926.
[4] Vgl. Untersuchungen in der Natur über Bettbildung, Geschiebe- und Schwebestofführung. Mitt. Amt f. Wasserwirtschaft S. 76. Bern 1939.
[5] Vgl. Meyer-Peter, E. Hoeck u. R. Müller: Die int. Rheinregulierung von der Illmündung bis zum Bodensee. Schweiz. Bauztg. Bd. 109 (1937) S. 199; Bd. 110 S. 183. — R. Müller: Theoretische Grundlagen der Fluß- und Wildbachverbauungen S. 49. Zürich 1943.

Für γ'' ist angegeben:

Tabelle 82.

Geschiebeart	γ''-Wert kg/dm³
Braunkohle ..	0,25
Naturkies ...	1,68
Baryt	3,22

a und b sind Festwerte, die bei geometrisch ähnlichem Geschiebe nur von dessen spez. Gewicht abhängen. Für Geschiebe vom spez. Gewicht $\gamma_s = 2{,}65$ kg/dm³ und der Form des natürlichen Flußgeschiebes werden a und b bestimmt zu:

$$a = 9{,}57 \quad \text{und} \quad b = 0{,}46*.$$

Obige Formel mit g'' trocken gewogen und für Naturkies mit $\gamma'' = 1{,}68$ ergibt:

$$\frac{q^{2/3} J_e}{d} = 17 + 0{,}4 \frac{g^{2/3}}{d}.$$

Rechnungen, die mit Hilfe dieses Geschiebetriebgesetzes zur Überprüfung der Geschiebemenge und der jährlichen Frachten vorgenommen wurden, ergaben für den Rhein und die Aare recht befriedigende Übereinstimmung zwischen Betrachtungen in der Natur und den Ergebnissen mit der Formel. Daraus ergibt sich, daß bei richtiger Anwendung der Formel ein aus dem Modellversuch ermitteltes Geschiebetriebgesetz in der Natur angewendet werden darf.

IV. Bestimmung der Schleppkraft. Die Größe der Schleppkraft S in einem Querschnitt wird angegeben zu:

$$S = \gamma \, J \, \frac{F}{P} \ \text{in kg/m}^2,$$

$\gamma = $ Raumgewicht des Wassers, $F = $ benetzter Querschnitt,
$P = $ benetzter Umfang des Flußbettes, $J = $ Spiegelgefälle.

Es ist zu erwähnen, daß für eine gegebene Geschiebesorte bei eingehenden Modellversuchen kein eindeutiger Wert der Grenzschleppkraft gefunden wurde. Der Wert der Grenzschleppkraft, bei welcher das gegebene Geschiebe zu laufen beginnt, ist von der jeweiligen Wassertiefe abhängig. (Vgl. die Arbeiten von Prof. MEYER-PETER, DAVID.)

Tabelle 83. *Zahlenwerte.*

Art des Flußgeschiebes	Schlepp-kraft S kg/m²	Urheber
Feiner Sand	0,2—0,4	KREUTER
Grober Sand........................	0,6—1,0	KREUTER
Lehmiger Boden......................	1,0—1,2	LUEGER
Feiner Kies	1,25	KREUTER
Kies am Inn bei Kufstein.............	1,40—1,5	REICH
Kies am Rhein beim Bodensee	2,9	
Kalkgeschiebe der Isar, unterhalb München .	3,0	LUEGER
Gerölle: Quarz ⌀ 4—5 cm.............	4—5	WEYRAUCH
Kalk, plattig, 1—2 cm stark..........	5—6	
Gerölle an der Etsch	bis 15,0	WEYRAUCH-STROBEL[1]

Schleppkraft (Rienz in Tirol):

     Bei Beginn der Bewegung $S = 3{,}65$ kg/m²; Tiefe $t = 1{,}45$ m,
     Bei Beginn der Ruhe $S = 2{,}98$ kg/m²; Tiefe $t = 1{,}18$ m.

An Stelle der Schleppgrenzkräfte werden bisweilen auch die Grenzgeschwindigkeiten gesetzt; die Zusammenhänge zwischen Kraft und Wirkung sind noch nicht abgeklärt.

---

* Vgl. Schweiz. Bauztg. Bd. 105 S. 96.

[1] Vgl. A. SCHOKLITSCH: Geschiebebewegung in Flüssen und an Stauwehren. Berlin 1926. — TÜRK: Methodik der Geschiebemessung. Ber. f. d. VI. Balt. hydrol. Konferenz. Berlin 1938. — SCHAANK: De Ingenieur S. 18. Haag 1937. — Schweiz. Bauztg. 1937 S. 29.

V. Ältere Art der Bestimmung der Geschiebemenge. Für die Bestimmung der Geschiebemenge wird noch eine ältere Formel angegeben[1].

$$G = c\,\gamma\,J^2\,(Q - Q_0),$$

$c =$ Festwert,
$\gamma =$ Raumgewicht des Wassers,
$J =$ Gefälle,

$Q_0 =$ Durchfluß bei der Grenzschleppkraft in m^3/s,
$Q\ =$ Wassermenge im Querschnitt in m^3/s.

Die Bestimmung von Q_0 ist praktisch sehr schwierig.

f) Der Geschiebeabrieb.

α) Bedingungen für die Größe des Geschiebeabriebes.

Die Größe des Geschiebeabriebes ist durch verschiedene mechanische und chemische Eigenschaften des Gesteines sowie durch die Art der Bewegung bedingt (siehe Tabelle 84).

Tabelle 84.

Bedingungen für die Größe des Geschiebeabriebes	
Art der Bewegung	rollend, schiebend, hüpfend, schnell, langsam
Chem. Eigenschaften des Gesteines	Löslichkeit
Mechan. Eigenschaften des Gesteines	Zähigkeit, Härte, Teilbarkeit

β) Gesetze für die Bestimmung der Größe des Geschiebeabriebes.

Es sind verschiedene Gesetze zur Bestimmung der Größe des Geschiebeabriebes entwickelt worden.

I. Bestimmung der Gewichtsveränderung. Für die Bestimmung der Abnahme des Gewichtes auf einer Flußstrecke gilt das Sternbergsche Gesetz[2]. Danach ist:

$$G = G_0 \cdot e^{-c\,x}.$$

Es bedeutet:

$G_0 =$ Geschiebefracht beim ersten Beobachtungspunkt,
$G\ =$ Geschiebefracht beim zweiten Beobachtungspunkt,
$c\ =$ Abriebziffer,
$x\ =$ Weglänge zwischen dem ersten und zweiten Beobachtungspunkt.

II. Bestimmung der spezifischen Weglänge. Damit $G = \dfrac{G_0}{2}$ wird, ist je nach der petrographischen und mineralogischen Beschaffenheit des Gesteines eine bestimmte Weglänge notwendig. $x = x'$ heißt in diesem Falle die spez. Weglänge. Für Erfahrungswerte der spez. Weglänge siehe Tabelle 85 nach A. Heim[3].

III. Bestimmung der Veränderung des Geschiebedurchmessers. Obige Formel kann auch geschrieben werden:

$$d = d_0\,e^{-\frac{c\,x}{3}},$$

$d_0 =$ maßgebender Durchmesser an einer gegebenen Stelle des Flusses,
$d\ =$ maßgebender Durchmesser an einem zweiten Beobachtungspunkt.

Obige Gesetze setzen geometrisch ähnliche Geschiebe, also auch geometrisch ähnliche Siebkurven an beiden Beobachtungsorten voraus (vgl. Abb. 113).

---

[1] Für weitere Angaben über die Schleppkraft siehe Forchheimer: Hydraulik. — Weyrauch: Hydraulisches Rechnen 1930 S. 80. — Kreuter: Öst. Z. S. 281. — Schoklitsch: Über Schleppkraft und Geschiebebewegung 1914. Historische Angaben in Öst. Z. 1905 Nr. 3 u. 11.

[2] Vgl. H. Sternberg: Z. Bauw. 1875 S. 483.

[3] Z. öst. Ing.- u. Arch.-Ver. 1913 S. 820.

IV. Bestimmung der Geschiebeveränderung mit Hilfe der Veränderung der Kornzusammensetzung. Obiges Gesetz kann auch geschrieben werden:

$$F = F_0\, e^{-\frac{c\,x}{3}}.$$

Es bedeutet F_0 = Fläche, welche im Mischungsdiagramm von der Ordinatenachse und der Mischungslinie eingeschlossen wird.

γ) Beispiele.

Tabelle 85. *Erfahrungswerte über den Geschiebeabrieb.*

Gesteinsart	Spez. Weglänge in m	Abriebziffer c in km^{-1}	Verhältniszahl zum Kalk
Mergelkalk	30 000	$16{,}7 \cdot 10^{-3}$	1,7
Kalk..............	50 000	$10 \cdot 10^{-3}$	1,0
Dolomit...........	60 000	$8{,}3 \cdot 10^{-3}$	0,8
Gneis, Granit	100 000—150 000	$5{,}0—3{,}5 \cdot 10^{-3}$	0,35—0,5
Quarz	150 000	$3{,}5 \cdot 10^{-3}$	0,35
Amphibolit	200 000—250 000	$2{,}5—2{,}0 \cdot 10^{-3}$	0,2—0,25

	Entfernung km	Abriebziffer in km^{-1}	Geschiebegröße kg	Schrifttum
Rhein	5	0,133	120—60	Collet, W.: Le charriage
Oberlauf bis	21,5	0,056	16,0—60	des alluvion. — Meyer-
Bodensee	43,3	0,029	4—6	Peter: Schweiz. Bauztg.
	62,1	0,041	1,5—2,0	1937
	—	0,04	—	
Mannheim	—	0,009—0,02	0,1—1,0	Sternberg, H.: Z. Bauw. 1875, S. 483
Aare	—	0,0627	10—60	Mitt. des Amtes f. Wasserwirtschaft (siehe oben)
Iller	—	0,0115	1,5—3,0	Hildenbrand, Th.: Z. wiss.
Kempten	—	—	—	Geogr. 1888 S. 239
Wiblingen	—	0,005	1,2—1,5	

Tabelle 86. *Zahlenangaben über die Änderung der Geschiebegröße der im Rhein vorkommenden Geröllarten[1].*

	Ilanz 0 km	Reichenau 20,5 km	Chur 27 km	Buchs 70 km	Illmündung		St. Margrethen 120 km
					vor	nach	
Urgestein	150	70	60	24	31	25	19
Sedimente......	100	63	60	37	29	34	23
Verrucano......	100	—	56	—	18	—	15

Die Länge der Gesteine ist in cm angegeben.

Tabelle 87. *Chemische Wirkung.*

Gestein	Weglänge	Lösliche Substanz	Schrifttum
3 kg Granit..	160 km	3,3 g lösliche Substanz	Daubrée: Synthetische Studien zur Experimentalgeologie. Braunschweig
3 kg Feldspat	460 km	12,6 g K_2O in 5 l Wasser	Barth-Correns-Eskola: Die Entstehung der Gesteine S. 136. Berlin 1939

[1] Vgl. E. Marquardt: Die Vorgänge in den geschiebeführenden Flüssen und die Folgen ihrer Behandlung. Wasserkr.-Jb. 1930/31 S. 172.

Berechnung der voraussichtlichen Kornzusammensetzung des Flußgeschiebes.

Mit Hilfe der Formel $d = d_0\, e^{-\frac{c\,x}{3}}$ ist es möglich, die Kornzusammensetzung flußaufwärts und flußabwärts zu berechnen, sobald die Kornzusammensetzung in einem Flußquerschnitt gegeben ist (siehe z. B. Abb. 113)[1]. Die störende Einwirkung eines Nebenflusses, der selber Geschiebe führt, muß dabei berücksichtigt werden.

g) Berechnungen der Flußlängenprofile.

α) Die hydraulisch-morphologische Längenprofilberechnung.

Mit Hilfe der Formeln für die Geschiebefunktion nach SCHOKLITSCH[2] oder MEYER-PETER ist es möglich, das Sohlenlängenprofil einer Flußstrecke zu berechnen.

Die Berechnung ist wie bei einer hydraulischen Staukurvenberechnung möglich, wenn die Wasserspiegelhöhe und die Energielinienhöhe im untersten Querprofil gegeben sind.

Bei einer hydraulischen Staukurvenberechnung ist die Sohle der ganzen Flußlänge gegeben und wird als fest angesehen. Es wird dann diejenige Energielinienlage gesucht, bei welcher der Wasserdurchfluß ohne Geschiebetrieb möglich ist. Dann ist die Lage des Wasserspiegels auch gegeben.

Bei der Berechnung des Sohlenlängenprofiles mit beweglichem Bett ist die Lage der Energielinie auf Grund einer Berechnung aus der Geschiebetriebformel gegeben und es muß die dazu passende Sohlenlage gesucht werden. In der Mitt. Nr. 33 des Amtes für Wasserwirtschaft (siehe oben) ist eine solche Längenprofilberechnung, eine hydraulisch-morphologische Berechnung genannt, im Gegensatz zu den rein hydraulischen Staukurvenberechnungen wiedergegeben.

Das Energiegefälle J_e und die Wassertiefe t werden zuerst für jedes in Betracht zu ziehende Querprofil der zu untersuchenden Flußstrecke geschätzt. Mit dieser Annahme werden die Abflußmenge und der Geschiebetrieb berechnet. Beide müssen die durch die Natur gegebenen Werte ergeben. Ist dies nicht der Fall, so muß eine neue Schätzung vorgenommen werden, bis Übereinstimmung vorhanden ist.

Die weitere Berechnung des Sohlenlängenprofiles ist einfach, weil sich nun das absolute Energieliniengefälle für den Abschnitt zwischen zwei Querprofilen als Mittelwert des berechneten Energieliniengefälles dieser beiden Querprofile ergibt. Ausgehend von der bekannten gegebenen Energielinienhöhe im untersten Profil bestimmt man die Lage der Energielinie für die ganze Strecke, indem man die für die einzelnen Abschnitte ermittelten Energielinien flußaufwärts an erstere anreiht.

Da mit dem Gefälle auch die Wassertiefe t in den Querprofilen bestimmt wurde, so berechnet sich die Sohlenhöhe, indem von der Energielinienhöhe die Geschwindigkeitshöhe $\dfrac{v^2}{2\,g}$ und die Tiefe t abgezogen werden. Im offenen Gerinne ist t gleich der Druckhöhe p/γ.

β) Berechnung des Längenprofiles mit Hilfe des Abriebgesetzes.

Mit Hilfe des spez. Abriebes kann eine Gleichung für die Berechnung des Flußlängenprofiles aufgestellt werden. Es ist nämlich:

$$z_0 - z = \alpha\, P_0\,(1 - e^{-c\,s}).$$

Aus dieser Formel ergibt sich, daß bei vollendeter Entwicklung des Längen-

---

[1] Vgl. Amt f. Wasserwirtschaft wie oben S. 39, Abb. 28.

[2] Vgl. A. SCHOKLITSCH: Der Wasserbau. Wien 1930. — HÄRTEL u. WINTER: Wildbach- und Lawinenverbauung S. 54. Berlin 1934. — R. MÜLLER: Theoretische Grundlagen der Fluß- und Wildbachverbauungen S. 177. Zürich 1943. Angaben für Wildbachverbauungen.

profiles das Sohlengefälle J stets eine Funktion der Geschiebegröße bzw. eine Funktion des Geschiebeweges ist.

$$J = \frac{z_0 - z}{s} = \beta\,(1 - e^{-c\,s}).$$

Es bedeuten:

$z_0 =$ Höhe des Anfangspunktes der Bachstrecke in m,

$z =$ Höhe des Endpunktes des Baches in m,

$s =$ Bachstrecke in m,

$\alpha =$ Beiwert,

$P_0 =$ Geschiebegewicht am Anfang in kg/m³,

$c =$ spez. Abrieb in m⁻¹,

$$\beta = \left(\frac{\alpha}{s}\right) P_0.$$

Mit obiger Formel wurde das Sohlengefälle des Rheines vom Oberlauf bis zu seiner Mündung nachgerechnet. Die Formelwerte und die in der Natur gemessenen Gefälle stimmen befriedigend miteinander überein.

h) Der Schwebestoff.

α) Korngröße des Schwebestoffes.

Der Schwebestoff besteht in den Flüssen aus feinkörnigem Material. Die Größe der als Schwebe mitgeführten Körnung hängt von der Geschwindigkeit des Wassers ab. Röntgenographische Untersuchungen ergaben, daß der Schwebestoff aus Glimmer, Quarz, Lehm, Augit, Tonteilchen usw. von unter $2\,\mu$ Größe besteht. Die Korngröße ist also nahe der kolloidalen Größenordnung.

Die feinen Bestandteilchen kommen zum Teil aus der verwitterten obersten Erdschicht, zum Teil sind sie das Ergebnis der stetigen Verkleinerung, auch Zermahlung des Geschiebes.

β) Arten der Bewegung des Schwebestoffes.

Die Schwebestoffteilchen führen zwei Bewegungen aus, nämlich eine waagrechte und eine lotrechte. Die senkrechte Bewegung kann abwärts gerichtet sein (Schwere-Fall-Richtung) oder infolge Turbulenz aufwärts vor sich gehen.

Nachstehend sind die verschiedenen Bewegungsarten und ihre gegenseitige Abhängigkeit kurz beschrieben.

γ) Berechnung der senkrechten Fallgeschwindigkeit.

Wird die waagrechte Fließgeschwindigkeit des Wassers sehr klein, so kommt nur noch die lotrechte Fallgeschwindigkeit zur Auswirkung. Zur Berechnung der senkrechten Fallgeschwindigkeit von Schwebestoffteilchen sind verschiedene. Formeln aufgestellt worden. Die älteste ist die von STOKES (vgl. Teil II, S. 187). Andere Formeln, die eine Verbesserung der Stokesschen Formel bedeuten, sind diejenigen von OSÉEN und von SUDRY[1].

Nach SUDRY beträgt der Halbmesser r des Kornes, das eine gleichförmige Abwärtsbewegung ausführt:

$$r = \frac{a\,D_2\,v^2 + \sqrt{b\,\eta\,g\,(D_1 - D_2)\,v}}{2\,g\,(D_1 - D_2)} = A,$$

$r =$ Kugelhalbmesser in cm,

$\eta =$ innere Reibung der Flüssigkeit,

$v =$ Fallgeschwindigkeit der Kugel in cm/s,

$D_1 =$ Dichte des fallenden Teilchens in kg/cm³,

$D_2 =$ Dichte der Flüssigkeit in kg/cm³,

$g =$ Beschleunigungswert $= 981$ in cm/s²,

$a, b =$ Festwerte.

---

[1] Vgl. L. SUDRY: Expérience sur la puissance de transport des courants d'eau et remarquess ur le mode de formation des rochers sédimentaires détriques. Ann. Inst. Océanogr. Bd. 4 S. 4.

Zahlenwerte.

Aus obiger Gleichung wird erhalten:
Für *v sehr groß* $v^2 = K (D_1 - D_2) r$ (vgl. S. 152).

Für *v sehr klein* entsteht die Stokessche Formel $v = \dfrac{g (D_1 - D_2)}{K'} r^2$ (vgl. Teil II, S. 187).

Tabelle 88.

Kornart	a-Wert	b-Wert
Glatte Kugeln.....	0,3	18
Runde Quarzkörner	0,75	16

δ) Berechnung der waagrechten Bewegungsgeschwindigkeit.

Für die waagrechte Geschwindigkeit ergibt sich die Formel nach SCHMID:

$$r = A k (\cos \alpha + \sin \alpha).$$

k ist ein Festwert, der hauptsächlich von der Kornform abhängig ist.

Für $A = r$ wird $k (\cos \alpha + \sin \alpha) = 1$; es ist $\operatorname{tg} \alpha = \dfrac{dh}{dl}$. Für abwärts rollende Teilchen ist $\sin \alpha$ negativ zu nehmen. $dh =$ Höhenunterschied, $dl =$ Weglänge.

ε) Berechnung der Weglänge des Schwebestoffes.

Für die Berechnung der Länge des Weges, auf welchem ein Kornteilchen in Schwebe bleibt, ist folgende Formel abgeleitet worden[1]:

$$E = \frac{T S}{v}.$$

Es bedeutet:

$E =$ Entfernung, in der das Teilchen auf den Boden gelangt,
$T =$ Tiefe der Strömung,
$S =$ Geschwindigkeit der Strömung,
$v =$ Fallgeschwindigkeit.

Die Fallgeschwindigkeit wird nach SUDRY, OSÉEN, STOKES usw. berechnet (siehe oben).
Wird in obiger Formel gesetzt z. B.

$$\frac{E}{T} = \frac{S}{v} = a,$$

so heißt das: Ist die Weglänge E $a$mal größer als die Tiefe T, so ist die Strömungsgeschwindigkeit S $a$mal größer als die Fallgeschwindigkeit v. Da aber die Fallgeschwindigkeit abhängig ist von der Korngröße (siehe die Formeln von STOKES, OSÉEN und SUDRY), so kann eine Beziehung abgeleitet werden zwischen Strömungsgeschwindigkeit, Korndurchmesser und Weglänge, bis die Teilchen den Boden erreichen.

Ist E/T groß, so muß die Fallgeschwindigkeit klein sein und der Transportweg ist groß. Die zahlenmäßige Auswertung der Formel E/T geht aus Abb. 120 hervor[2].

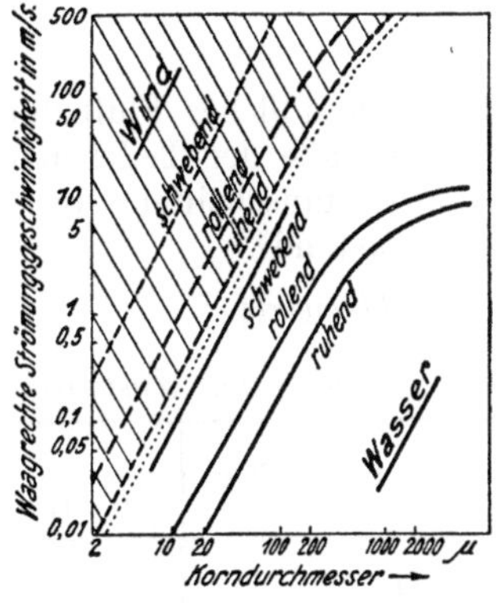

Abb. 120. Transportgrenze zwischen ruhenden, rollenden und schwebenden Teilchen im Wasser und in der Luft[2].

Annahmen[1, 2]:

		Transportart:
$\dfrac{E}{T} =$	$\dfrac{\text{Transportweg}}{\text{Tiefe}}$	
$\dfrac{E}{T} =$	< 10	ruhend,
$=$	100	rollend,
$=$	1000	schwebend.

---

[1] Vgl. BARTH-CORRENS-ESKOLA: Die Entstehung der Gesteine S. 138. Berlin 1939.
[2] Vgl. BARTH-CORRENS-ESKOLA: Die Entstehung der Gesteine S. 149. Berlin 1939.

ζ) Abhängigkeit der lotrechten Bewegungsgeschwindigkeit von der Temperatur.

Die Höhe der Temperatur übt auf die Bewegungsgeschwindigkeit einen großen Einfluß aus; z. B. nimmt die Fallgeschwindigkeit bei zunehmender Temperatur ganz wesentlich zu, wie aus Tabelle 89 hervorgeht[1].

Tabelle 89. *Abhängigkeit der Fallgeschwindigkeit in cm/s von der Temperatur.*

Temperatur °C	Teilchendurchmesser in mm			
	1	0,1	0,01	0,001
0	6,57	$4,9 \cdot 10^{-1}$	$5,2 \cdot 10^{-3}$	$5,2 \cdot 10^{-5}$
20	6,74	$8,0 \cdot 10^{-1}$	$9,2 \cdot 10^{-3}$	$9,2 \cdot 10^{-5}$
Zunahme der Geschwindigkeit	2,5%	63%	77%	77%

η) Berechnung der lotrechten Aufwärtsbewegung von Schwebestoffen (Turbulenz).

Das Wasser strömt in den Flüssen nicht laminar, sondern turbulent, d. h. es ist stets eine nach oben gerichtete Komponente in der Strömung vorhanden; dadurch wird die Fallgeschwindigkeit der Schwebestoffteilchen verringert oder überhaupt aufgehoben.

Diese Erscheinung wird auch Austausch genannt[2]. Die Gesetze des Austausches lehnen sich an die der Wärmeleitung an. Es wird

$$S = - A \, s'.$$

S = sekundlicher Fluß durch die Flächeneinheit,

s' = Gefälle der Teilchenverteilung,

A = Austauschziffer; die Größe A ist abhängig vom jeweiligen Bewegungszustand[3].

Zahlenwerte.

Tabelle 90. *Austausch, Sinkgeschwindigkeit und Gleichgewichtsverteilung.*

Austauschziffer	c = Sinkgeschwindigkeit in cm/s					
	0,001	0,01	0,1	1	10	100
$A = 1$	23 m	2,3 m	0,23 m	2,3 cm	0,23 cm	0,023 cm
$A = 100$	2300 m	230 m	23 m	230 cm	23 cm	2,3 cm

d. h. bei einem mittleren Austausch von $A = 100$ werden Teilchen von 0,1 cm/s Sinkgeschwindigkeit eine dem Gleichgewicht entsprechende Verteilung besitzen, wenn auf je 23 m Höhenunterschied der Gehalt an diesem Teilchen auf $^1/_{10}$ seines Wertes herabsinkt. In 46 m Höhe wäre nur noch der hundertste Teil vorhanden und in 69 m Höhe nur noch der tausendste.

Für *Wind* gilt eine verbesserte Formel. Bringt man den Austausch A in Beziehung mit der Höhe z und der Sinkgeschwindigkeit c, so wird z. B.:

---

[1] Siehe BRINKMANN: Über die Schichtung und ihre Bedingung. Geol. u. Paläontol. 1931 S. 187 bis 219.

[2] Vgl. W. SCHMIDT: Der Massenaustausch in freier Luft und verwandte Erscheinungen. Hamburg 1925.

[3] W. SCHMIDT: Der Massenaustausch in freier Luft und verwandte Erscheinungen. Hamburg 1925. — Geographiska Annales 1928. — F. RUTTNER: Grundriß der Limnologie S. 42. Berlin 1940.

Tabelle 91.

c/A_1	c/A_{100}	Höhe z		
		1 cm	1 m	100 m
20	0,386	0,058	0,0040	0,000
10	0,193	0,239	0,0634	0,0094
1	0,019	0,867	0,759	0,587
0,1	0,0019	0,986	0,973	0,948

d. h. sind Schwebestoffteilchen vorhanden, deren Sinkgeschwindigkeit gleich der zehnfachen des Austausches in 1 cm Höhe ist, so sind in 1 cm Höhe in jedem Kubikzentimeter nur noch 24% der Teilchen vorhanden, in 1 m Höhe nur noch 6,3%. Sind Quarzkörner der Größe 0,2 mm Durchmesser vorhanden, so ist mit einer Fallgeschwindigkeit von 2 cm/s zu rechnen. Ist diese Austauschgröße $A = 100$, so wird $c/A_{100} = 0,02$; d.h. in der Höhe $z = 10$ cm sind noch 82% der Teilchen zu erwarten und in 100 m Höhe noch 59% (siehe Tabelle 91).

Die Austauschgrößen A gehen aus der folgenden Tabelle über durchschnittliche Strömungsgeschwindigkeit S, Dichte D_2, innere Reibung η und Austauschgröße A hervor[1].

Tabelle 92.

	Strömungs-geschwindigkeit S in m/s	Dichte D_2 in kg/dm³	η	Austausch-ziffer A
Seen und Meeresströmung .	0,01—1			0,1—2
Gezeiten	0,1 —5	$\Big\} \sim 1$	$\Big\} 1 \cdot 10^{-2}$	50—250
Wellen	1—10			—
Flüsse und Bäche	1—10			bis 500
Wind	1—20 (50)	1,3·10⁻³	1,7·10⁻⁴	0,004—140
Eis	1.10⁻⁶	0,9	1,2·10⁻⁴	—

ϑ) Schwebestoffmengen in den Flüssen.

Die Schwebestoffmenge in den Flüssen schwankt sehr stark, und zwar zwischen den einzelnen Flüssen und im gleichen Fluß zwischen den einzelnen Jahreszeiten (siehe Tabelle 93). Sogar stündlich treten Änderungen auf. Große Unterschiede sind je nach der Wassermenge, die ein Fluß führt, festzustellen[2].

Tabelle 93. *Schwebestofführung von Flüssen in mg/l.*

	Januar	Februar	März	April	Mai	Juni	Juli	August	September	Oktober	November	Dezember	Jahresmittel
Elbe b. Geesthacht	22,4	5,5	37,6	35,2	30,0	42,3	42,1	39,7	32,8	20,2	14,5	51,8	31,2
Donau bei Pest ..	15	110	301	100	99	236	256	151	50	38	—	21	125
Nil a. d. Mündung.	167	126	53	66	47	69	178	1492	543	378	344	289	—
Mississippi an der Mündung	576	625	681	382	309	975	860	1059	666	241	230	385	629
Amu Darja bei Nukuss	509	192	765	1306	968	2228	3396	2109	1309	895	661	571	1593
Hugli b. Kalkutta.	539	699	2217	2732	1972	3086	1126	1272	1136	373	995	778	1234

Höchstwert: Hoangho = 5000 mg/l.

[1] Vgl. BARTH-CORRENS-ESKOLA: Die Entstehung der Gesteine S. 139 Tab. 16. Berlin 1939.
[2] Vgl. SCHAFFERNAK: Hydrographie S. 197. Wien 1935.

Schrifttum.

DANTSCHER, K.: Die Flüsse und die Erdrotation. Wasserkr. u. Wasserwirtsch. 1942 S. 269 (Baersches Gesetz). — GILBERT, G. K.: Transportation of Débris U. S. Geol. Survey Proc. P. 86, 1914. — Int. Verband für wasserbauliches Versuchswesen. Erste Tagung. Stockholm 1938. — MEYER-PETER, H. FAVRE, R. MÜLLER: Beitrag zur Berechnung der Geschiebeführung und der Normalprofilbreite von Gebirgsflüssen. Schweiz. Bauztg. Bd. 105 (1935) S. 95. — MITTENSEN, W.: Verlauf der Sandwanderung in der Elbe. Bautechn. 1943 S. 79. — SCHOKLITSCH, A.: Geschiebebewegung in Flüssen und an Stauwerken. Wien 1926. — STRELE, G.: Über den Einfluß des Waldes auf die Bodenbindung und Geschiebebildung. Dtsch. Wasserw. 1939 S. 385. — WINKEL, R.: Neue Erkenntnisse zum Geschiebeproblem. Bauing. 1942 S. 211 (Abhängigkeit zwischen Gefälle und Größe des Geschiebekornes nach Versuchsergebnissen). — Neue Erkenntnisse zum Geschiebeproblem. Versuchsanstalt für Wasserbau. Techn. Hochsch. Danzig. Bauing. 1942 S. 211. — WITTMANN, H., u. P. BÖSS: Wasser und Geschiebebewegung in gekrümmten Flußstrecken. Berlin 1938. — ZEUNER, P.: Die Schotteranalyse. Geol. Rundschau 1933 S. 65. — ZINGG, TH.: Beitrag zur Schotteranalyse. Min. Petr. Mitt. 1935 S. 39.

i) Schwerstofffracht.

Die Schwerstofffracht (Geschiebe und Schwebestoffe) ist für zahlreiche Flüsse bestimmt worden (vgl. Tabelle 94).

Zahlenwerte (Beispiele).

Tabelle 94. *Aare beim Brienzer See 1898 bis 1932.*

	m³/Jahr	t/Jahr
Geschiebe-Schwebestoffgemisch	86 000	180 000
Schwebestoffe, allein abgelagert	25 000	39 000
Gesamtablagerung	111 000	220 000

Die angegebenen Werte beziehen sich auf das Einzugsgebiet E der Aare allein: $E = 554$ km² und bedeuten nur das Material, welches auf dem alten Aufnahmegebiet von 1898 gefunden wurde. Nach Mitt. 33 des Eidg. Amt. f. Wasserwirtsch., Bern 1939, lagern sich (vgl. Tabelle 94) noch 21 bis 33% der gesamten Schwerstofffracht außerhalb dieses Gebietes ab. In Mitt. 34 ist die Untersuchung des Ablagerungsvorganges weitergeführt worden, und die vom Aufnahmegebiet 1898 nicht erfaßten Ablagerungen konnten zu rd. 45 000 m³/Jahr geschätzt werden = 70 000 t/Jahr = 25% der gesamten Schwerstofffracht. Es ergeben sich dann folgende Werte:

Tabelle 95.

Periode	Einzugsgebiet km²	Mittl. jährl. Feststoffführung		Mittl. jährl. Feststoffgehalt
		Total	pro km² Einzugsgebiet	
1898—1932/33 (34 Jahre)	554	155 000 m³ 290 000 t	280 m³/km² 525 t/km²	0,26—0,30 g/l

Anmerkung: Ohne die allerfeinsten Teilchen, welche bei den direkten Messungen in Brienzwiler durch die Filter nicht zurückgehalten wurden. Die Tabellenwerte geben nur die wasserbaulich und wasserwirtschaftlich interessante Feststoffführung wieder.

Tabelle 96. *Schwerstofffracht in Flüssen.*

Fluß	Geschiebe in cm³ auf 1 m³ Wasser	
Reuß beim Urner See	200	Jahresmittelwert
Donau bei Wien	13	

Die 155 000 m³ verteilen sich auf 86 000 m³ Geschiebe-Schwebestoffgemisch und 69 000 m³ Schwebestoffe, die 290 000 t auf 180 000 t Geschiebe-Schwebestoffgemisch und 110 000 t Schwebestoffe.

Schrifttum zu Schwerstofffracht.

SCHOKLITSCH, A.: Die Schweb- und Geschiebefracht italienischer Flüsse. Wasserkr. u. Wasserwirtsch. 1942 S. 135. Spez. Ablagerung bis 1450 m³/km²/Jahr (Tuffgestein). Spez. Schwebefracht bis 5653 m³/km²/Jahr. Spez. Geschiebefracht bis 1087 m³/km²/Jahr.

— SMETANA: Geschiebemenge im Bericht der ersten Tagung des Int. Verbandes für wasserbauliches Versuchswesen. Bautechn. 1939 S. 394. — TOLKMITT, G.: Grundlagen der Wasserbaukunst, 3. Aufl. 1940. — WINKEL: Neue Erkenntnisse zum Geschiebeproblem. Bauing. 1942 S. 211. — WITTMANN: Geschiebe und Flußregulierung. Dtsch. Wasserw. 1942 S. 269/333. — WITTMANN u. BÖSS: Wasser- und Geschiebeführung. Bautechn. 1939 S. 393.

k) Umbildung der Flußsohle.

α) Umbildung infolge Wasserströmung.

Das Flußgerinne und die Flußsohle sind stetigen Umänderungen unterworfen. Damit der Ingenieur im Flußbau eingreifen kann, muß er vor allem kennen: Art der Zusammensetzung der Geschiebemassen, die Wasserströmung nach Stärke, die Richtung der Wasserströmung.

Abb. 121 zeigt ein Beispiel für die Wasserströmung im gekrümmten Querschnitt[1].

Die Bettausbildungen, Verlegungen des Stromstriches, die Ausbildung von Sandbänken usw. sind hier wegen Raummangel nicht behandelt.

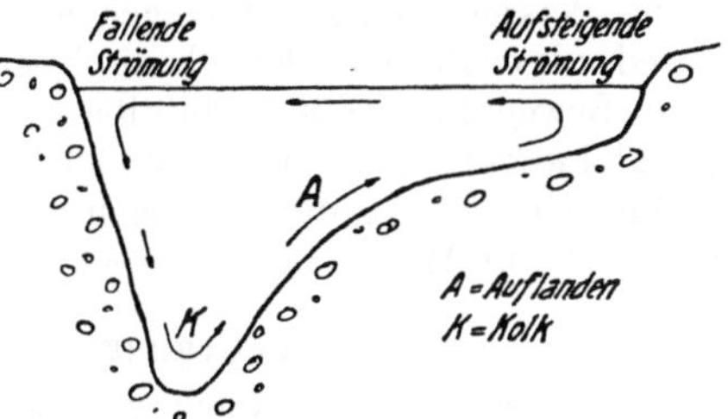

Abb. 121. Umbildung der Flußsohle durch Querströmungen.

β) Umbildung infolge Erdumdrehung.

Die Wasserteilchen eines Flusses werden durch die Erdumdrehung abgelenkt, so daß auf der Nordhalbkugel das rechte Ufer, auf der Südhalbkugel das linke Ufer vom Wasser unterspült wird[2]. Jedes Teilchen erhält, von der Bewegungsrichtung der Erdkugel gesehen, eine gegen rechts gerichtete Beschleunigung von der Größe:

$$p = 2\,c\,\omega\,\sin\varphi.$$

$c =$ Geschwindigkeit des betrachteten Teilchens,

$m =$ Masse,

$\varphi =$ geographische Breite,

$m\,p =$ sog. Corioliskraft,

$$\omega = \frac{2\,\pi}{86\,164}; \quad 86\,164 = \text{Dauer}$$

der Erdumdrehung in Zeitsekunden.

l) Schuttkegelbildung.

Die Schuttkegelbildung und die dabei herrschenden Gesetze gehen aus Abb. 122 hervor. Es bedeutet:

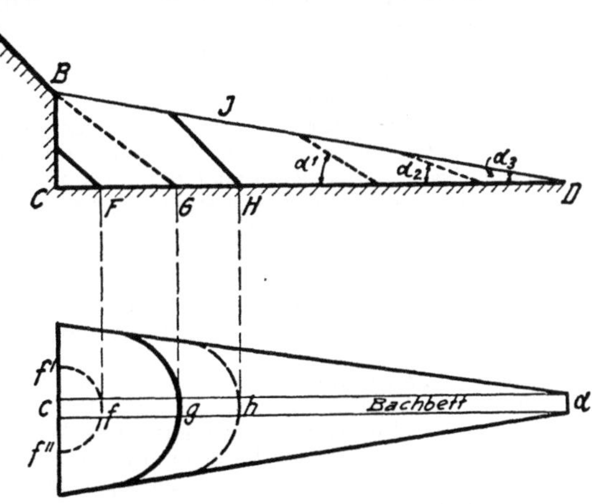

Abb. 122. Schema einer Schuttkegelbildung.
a Querschnitt, b Grundriß.

$A\,B =$ Mündung einer Wildbachschlucht in das Haupttal C—D,

$B\,C =$ lotrechte Felswand; über BC stürzt das Geschiebe ins Tal C—D,

$c =$ erster Ablagerungsort des Geschiebes,

$f'\,f\,f'' =$ erster Halbkegel aus Geschiebe,

---

[1] Vgl. E. MARQUARDT: Die Vorgänge in den geschiebeführenden Flüssen und die Folgen ihrer Behandlung. Wasserkr.-Jb. 1930/31 S. 169/207, ferner E. MARQUARDT: Formgesetzliches über unsere Flüsse. Bautechn. 1933 S. 76/81.

[2] Vgl. Dtsch. Wasserkr. u. Wasserwirtsch. Dez. 1942 (Baersches Gesetz).

BCG = Abschluß der ersten Phase der Kegelbildung,
$c\,f\,g$ = erste Erosionsrinne im Bachschuttkegel bei Hochwasser,
$BGHJ$ = Fortsetzung der Anhäufung von Geschiebe im Schuttkegel,
$c\,f\,g\,h$ = Rinnsal, das bei Hochwasser überflutet wird,
$\sphericalangle\ BDC$ = Neigungswinkel des Ausgleichgefälles,
$\alpha_1\,\alpha_2$ = Schuttkegelneigung bei Bildung von Murschwemmkegeln[1].

7. Ablagerung durch Wellen.

a) Allgemeiner Bewegungsvorgang von Wellen.

Die Wasserteilchen schwingen an der Wasseroberfläche in einer Bahn, die entweder kreisförmig oder elliptisch ist und die senkrecht zur Wellenfront liegt. Diese Bewegung heißt Orbitalbewegung. Die schematische Darstellung der Orbitalbewegung geht aus Abb. 96 hervor.

Die Orbitalbewegungen klingen rasch nach der Tiefe ab. Als äußerste Grenze werden 200 m Wassertiefe angesehen.

b) Bewegungsvorgang an einer Küste.

Die reinen Orbitalbewegungen werden an flachen, aufsteigenden Küsten stark beeinflußt. Die Wirkung der Welle ist dann hauptsächlich von der Tiefe der Brandungswelle abhängig; die Wellen steigen immer etwa parallel zur Strandlinie, ohne Rücksicht auf die Windrichtung an. Der Strand der Meere ist stetigen Änderungen unterworfen. Von den zuständigen Verwaltungen werden genaue Höhenvermessungen vorgenommen, um die Strandveränderungen feststellen zu können[2] (vgl. Abb. 34).

c) Begriffe.

Ebbe: Das Fallen des Wassers vom Tidehochwasser (Thw) bis zum folgenden Tideniedrigwasser (Tnw.)
Ebbestrom: Tideströmung infolge fallenden Wassers der Tideerscheinung.
Flut: Das Steigen des Wassers vom Tideniedrigwasser (Tnw) bis zum folgenden Tidehochwasser (Thw).
Flutgrenze: Oberster Endpunkt der Tidebewegung in einem Wasserlauf.
Flutstrom: Tideströmung infolge steigenden Wassers der Tideerscheinung.
Gewöhnlicher Wasserstand nach dem preußischen Wassergesetz vom 7. 4. 1913: Wasserstand, der in einer Jahresreihe ebenso oft überschritten, wie nicht erreicht wird; im Tidegebiet: das arithmetische Mittel der Tidehochwasserstände.
Hochwasserstand: Außerhalb des Tidegebietes: höchster Wasserstand in einem betrachteten Zeitraum.
Nipptide: Tide, welche das der Nippzeit am nächsten liegende Tidehochwasser bringt.
Nippverspätung: Zeitunterschied zwischen dem ersten oder letzten Mondviertel und Nippzeit.
Nippzeit: Zeitpunkt schwächster Einwirkung von Mond und Sonne auf den Tidehub.
Oberpegel: Pegel im Oberwasser eines Binnengewässers.
Oberwasser: Bei Binnengewässern: das Wasser oberhalb der Gefällsstufe; im Tidegebiet: der von oberhalb der Flutgrenze stammende Zufluß.
Springtide: Tide, welche das der Springzeit am nächsten liegende Tidehochwasser bringt.
Springverspätung: Zeitunterschied zwischen Voll- oder Neumond und der Springzeit.
Sturmflut: Durch Wind erzeugter, außergewöhnlich hoher Wasserstand an der See.
Springzeit: Zeitpunkt stärkster Einwirkung von Mond und Sonne auf den Tidehub.
Tide: Einzelwelle der Tideerscheinung; reicht in der Regel von einem Tideniedrigwasser bis zum folgenden Tideniedrigwasser.
Tidedauer: Zeitunterschied zwischen zwei benachbarten Tideniedrigwassern.

---

[1] Vgl. S. Morawetz: Schwemmkegelstudien. Petermanns Mitt. 1942 S. 84.

[2] Vgl. Gaye u. Walther: Die Wanderung der Sandriffe vor den Ostfriesischen Inseln. Bautechn. 1935 S. 555 (mit zahlreichen topographischen Aufnahmen). Ferner Hibben: Die Schutzbauten auf der Insel Borkum. Bautechn. 1935 S. 711 (mit sechs Seekarten von Borkum von 1833 an).

Tideerscheinung: Lotrechte und waagrechte Bewegungen großer Wasserkörper unter der Einwirkung der Anziehungskraft des Mondes und der Sonne in Verbindung mit der Erdumdrehung.

Tidefall: Höhenunterschied zwischen dem Tidehochwasser(stand) und dem folgenden Tideniedrigwasser(stand).

Tidefalldauer: Zeitunterschied zwischen einem Tidehochwasserstand und dem folgenden Tideniedrigwasserstand.

Tidegebiet: Gebiet, dessen Vorflut von der Tideerscheinung abhängig ist.

Tidehalbwasser(stand): Wasserstand in Höhe des halben Tidehubs.

Tidehochwasserstand: Höchster Wasserstand innerhalb einer Tide.

Tidehochwasserzeit: Eintrittszeit des Tidehochwasser(stands).

Tideniedrigwasserstand: Niedrigster Wasserstand zwischen zwei benachbarten Tidehochwasser(stände)n.

Tidemittelwasser(stand): Wasserstand in Höhe der waagrechten Schwerlinie der Tidekurve.

Tidehub: Arithmetisches Mittel aus Tidestieg und Tidefall.

Tidekurve: Wasserstandsganglinie im Tidegebiet zwischen zwei benachbarten Tideniedrigwasser(stände)n.

Tideniedrigwasserzeit: Eintrittszeit des Tideniedrigwasser(stand)s.

Tidesteigdauer: Zeitunterschied zwischen einem Tideniedrigwasser(stand) und dem folgenden Tidehochwasser(stand).

Tidestieg: Höhenunterschied zwischen dem Tideniedrigwasser(stand) und dem folgenden Tidehochwasser(stand).

Tideströmung: Strömung infolge Tideerscheinung[1].

d) Berechnung des Wellenganges.

α) Orbitalgeschwindigkeit.

Für die Berechnung der mittleren Orbitalgeschwindigkeit ist folgende Formel abgeleitet worden:

$$v = \frac{h}{p}\,c = h\sqrt{\frac{g}{p}}.$$

h = halbe Wellenhöhe, c = Fortpflanzungsgeschwindigkeit,

p = mittlere Wassertiefe, g = Beschleunigungswert.

β) Fortpflanzungsgeschwindigkeit.

Für die Berechnung der Fortpflanzungsgeschwindigkeit c der Wellen wird die Formel verwendet, die aus obiger Gleichung abgeleitet wurde:

$$c = \sqrt{g\,p}.$$

c) Kornform infolge Wellenschlag.

Im allgemeinen ist die Form des Gerölles am Strande runder als bei Flußgeröllen infolge der stetigen Hin- und Herbewegungen durch Schwall und Sog. Die stengeligen Gesteine mit schieferiger Textur werden zu Rollern ausgebildet.

8. Ablagerung durch Gezeiten.

a) Wesen der Gezeiten.

Die Gezeiten können als Wellen mit sehr großen Wellenlängen aufgefaßt werden. Im Gegensatz zu den Oberflächenwellen macht sich der Gezeitenstrom mit Ebbe und Flut beträchtlich weit in das Land hinaus bemerkbar[2].

---

[1] Vgl. Landesanstalt für Gewässerkunde und Hauptnivellements. Alphabetisches Verzeichnis von Fachausdrücken der Hydrologie des oberirdischen Wassers. Berlin 1943. — L. MÖLLER: Das Tidegebiet der Deutschen Bucht. Berlin 1933. — H. THORADE: Probleme der Wasserwellen. Hamburg 1931. — H. THORADE: Ebbe und Flut. Berlin 1941. — Gezeitetafeln der Deutschen Seewarte Hamburg.

[2] Vgl. F. RUTTNER: Grundriß der Limnologie S. 35. Berlin 1940.

b) Geschwindigkeiten der Gezeiten[1].

Für die Geschwindigkeit der Gezeiten wird angegeben:

$$v = 3{,}04\, H/\sqrt{p}.$$

$v = $ Geschwindigkeit in Meter je Minute, $\quad H = $ ganzer Tidenhub in Meter,
$p = $ Wassertiefe in Meter.

Tabelle 97. *Zahlenwerte (nach* HAGEN) *für den Schlammgehalt in Gramm je Liter Wasser.*

Zeit	Oberfläche	1,9 m über dem Grunde
Niedrigwasser	149	160
1 Std. Flut	202	244
5 Std. Flut	117	170
Hochwasser......	106	138
1 Std. Ebbe	106	127
5 Std. Ebbe	138	138

Beispiel:

Im Kanal ist $H = 1{,}5$ m; $p = 30$ m, $v = 0{,}83$ Seemeilen in der Stunde.

c) Schlammgehalt der Gezeiten.

Der Schlammgehalt der Gezeiten nimmt nach der Tiefe zu (siehe Tabelle 97).

Tabelle 98. *Beobachtete*

Nr.	Flußlauf	Messung der Ablagerung	Beobachtungszeit
1	Luscharibach bei Saifnitz .	Verlandung eines Talsperrenbeckens	1876
2	Vogelbach bei Pontebba...	Verlandung eines Talsperrenbeckens	1862—1880
3	Zinkenbach	Deltazuwachs im Wolfgangsee	1875—1893
4	Torre bei Tarcento	Deltazuwachs im Stauraum	1896—1909
5	Gail b. Wetzmann	Verlandung einer Sperre	1883—1884
6	Celina bei Monte Reale ...	Deltazuwachs im Stauraum	1904—1905
7	Reuß..................	Deltazuwachs im Vierwaldstätter See	1851—1878
8	Bregenzer Ache	Deltazuwachs im Bodensee	1861—1885
9	Bregenzer Ache	Deltazuwachs im Bodensee	—
10	Kander................	Deltazuwachs im Thuner See	1714—1866
11	Tiroler Ache	Deltazuwachs im Chiemsee	1879—1882
12	Tiroler Ache	Deltazuwachs im Chiemsee	1879—1913
13	Tiroler Ache	Deltazuwachs im Chiemsee	1909—1910
14	Aare	Deltazuwachs im Bieler See	1878—1898
15	Aare	Deltazuwachs im Bieler See	1878—1897
16	Aare	Deltazuwachs im Bieler See	1897—1913
17	Rhein	Zuwachs am alten Delta im Bodensee	1863—1883
18	Rhein	Zuwachs am neuen Delta im Bodensee	1906—1910
19	Linth.................	Deltazuwachs im Wallensee	1860—1910
20	Verdon bei Quinson	Deltazuwachs in einem Stauweiher	1878—1899
21	Arve	Deltazuwachs in einem Stauweiher	—
22	Soane	Deltazuwachs im Perollsee	—
23	Soane	Deltazuwachs im Perollsee	—
24	Saalach bei Reichenhall ...	Deltazuwachs im Stauraum	1914—1917
25	Saalach bei Reichenhall ...	Deltazuwachs im Stauraum	1918—1920
26	Drau bei Marburg	Stauraumverlandung	1918—1920
27	Drau bei Marburg	Stauraumverlandung	1920—1921
28	Lamone	Ablagerung im Kolmationsbecken	1840—1871
29	Wienfluß bei Weidlingau ..	Ablagerung im Klärbecken	1903—1922

[1] Vgl. H. THORADE: Probleme der Wasserwellen. Probl. kosm. Physik 1931 H. 13/14. — A. DEFAUT: Dynamische Ozeanographie. Berlin 1929. — S. KIEHNE: Die Gezeitenbrandung. Bautechn. 1943 S. 38.

9. Ablagerungen in Stauräumen.
a) Wesen der Ablagerungen in Stauräumen[1].

Im Längenprofil eines Flusses treten wesentliche Veränderungen ein, wenn der Fluß in einen künstlichen Stauraum gelangt. Es entsteht ein Mündungsdelta. Das Geschiebe setzt sich entsprechend der verminderteten Strömungsgeschwindigkeit im Staubecken ab.

b) Größe der Ablagerungen in Stauräumen.

Die Größe der Ablagerungen in Stauräumen geht aus folgenden Tabellen von Schoklitsch[2], Bendel usw. hervor.

c) Petrographische Zusammensetzung des Stauraumdeltas.

Die petrographische Zusammensetzung der Schwerstofffracht und des Schwebestoffes ist grundsätzlich die gleiche, wie sie oben S. 150 für die Flußschwebefracht beschrieben worden ist.

Anlandungen in Stauräumen und Seen.

Beobach-tungsdauer Jahre	Einzugs-gebiet F km²	Beobachtete Anlandung G m³ im Jahr	$\dfrac{G}{F}$	Schrifttum
1	4,4	30 000	6820	Kowatsch, M.: Das obere Fellagebiet S. 25. Wien 1881
18	10,0	15 500	1545	Kowatsch, M.: Das obere Fellagebiet S. 48. Wien 1881
18	56,8	7 390	130	Müllners Geogr. Abhandlungen Bd. 4. Wien 1896
—	62,0	12 000	193	Singer, M.: Z. Gewässerkunde Bd. 11 (1913) S. 239
1	324,0	600 000	1852	Friedrich, J.: Z. öst. Ing.- u. Arch.-Ver. 1910
1	436	840 000	1926	Wie 4
27	832	146 200	177	Heim, Alb.: Jb. des Schweiz. Alpenclubs Bd. 16 (1879)
24	830	129 300	156	Wey: Schweiz. Bauztg. 1887.
—	830	87 410	104	Keller: Zbl. Bauverw. 1916 S. 637
152	1 073	373 420	348	Steck: 11. Jahresber. d. geogr. Ges. Bern
1	1 015	178 000	175	Bayberger: Mitt. Ver. Erdkunde 1889
34	1 015	Nur gesch. 85 500	84	Kurzmann: Beobachtungen über Geschiebeführung S. 37
1	1 015	197 000	194	Wie 4
21	2 648	428 570	162	Bruckner: Z. öst. Ing.- u. Arch.-Ver. 1910
—	1 392	335 400	241	Annalen der schweiz. Landeshydrographie 1916
—	1 392	156 000	121	Methode der Deltavermessung
20	6 351	493 600	78	Neue Werte siehe Mitt. des Amtes für Wasserwirtschaft Nr. 34
5	6 351	1 122 800	177	Mitt. intern. Rheinregulierung, Rorschach
—	622	74 000	119	Wie 9
—	1 800	244 430	430	Collet, L. W.: S. 140
—	1 980	109 500	55	Wie 20
14	1 261	71 000	56	Wie 20
16	1 261	80 000	63	Wie 20
3	—	191 200	—	Schaffernak, F.: Wasserwirtschaft 1924 Nr. 11, 15, 16
2	—	209 700	—	Wie 24
2	14 000	858 000	61	Mitteilung
1	14 000	720 000	51	Wie 26
32	537	1 864 000	3471	Markus, E.: Das landw. Meliorationswesen in Italien. Wien 1881
9	67	8 000	119	Wie 4

[1] Vgl. Abschn. 4: Deltaablagerungen S. 140/141 und Abschn. Staubecken im fünften Hauptteil in Teil II. – Ortl: Die Verlandung von Staubecken. Bautechn. Bd. 12 (1934).
[2] Vgl. A. Schoklitsch: Stauraumverlandung und Kolkabwehr S. 5. Wien 1935.

Ergänzung zur Tabelle 98.

Nr.	Flußlauf	Messung der Ablagerung	Beobachtungszeit	Beobachtungsdauer	Einzugsgebiet F km²	Beobachtete Anlandung G m³ im Jahr	$\frac{G}{F}$	Schrifttum
30	Rhein u. Ach	Deltazuwachs im Bodensee	1921—1931	10	6961	3 566 100	513	Deltaaufnahmen d. Eidg. Amtes
31	Aare	Brienzer See[1]	1898—1932	34	554	155 000	280	für Wasserwirtschaft. Mitt. 34
32	Aare	Bieler See[2]	1913—1933	20	2662	260 000	—	des Eidg. Amtes
33	Linth	Wallensee[3]	1910—1931	21	554	126 000	227	für Wasserwirtschaft S. 63.
34	Maggia	Lago Maggiore[4]	1890—1932	41	2897	1 116 500	388	Bern 1939

H. Gebirgsbildung.

Man nimmt an, daß die Entwicklung der Erde in Zyklen verlaufen sei, d. h. daß regelmäßig Zeiten ruhiger Entwicklung (Evolutionen) mit Zeiten wesentlicher Steigerung der geologischen Kräfte (kritische Zeit, Revolutionen) gewechselt haben.

Aus Tabelle 99 geht die Art der Bewegungen der verschiedenen Erdzonen und ihre Benennung hervor.

1. Art der Bewegungen der Erdzonen bei der Gebirgsbildung.

Tabelle 99.

Bewegungsart	Zone 1	Zone 2	Zone 3
	Abtrag		Abtrag

Breite bis 10 000 km

Beispiel für die Ablagerung

1 = Tiefseeablagerung (Abyssische Ablagerung)

2 = Hochseeablagerung (Bathyale Ablagerung)

3 = Küstennaheablagerung (Litorale Ablagerung)

4 = Flachmeerablagerung (Neritische Ablagerung)

---

[1] Vorgesehene Neuaufnahme 1953.   [2] Vorgesehene Neuaufnahme 1953.
[3] Vorgesehene Neuaufnahme 1951.   [4] Vorgesehene Neuaufnahme 1952.

Tabelle 99 (Fortsetzung).

Bewegungs-art	Zone 1	Zone 2	Zone 3
Benennung während der Ruhe	Festlandschwelle od. Festlandsockel oder versteifte Zone oder Kontinent oder Kratogen	Meer (Ozeanogen)	Kratogen; wie Zone I
Veränderung	Abtrag (Denudation)	Auffüllung (Sedimentation)	Abtrag
Benennung während der Bewegung	Rückland oder Geoantiklinale oder Geoantiklin, bisweilen auch Kratogen, fette Masse, fester Rahmen genannt	Bewegliche Masse oder orogene Zone oder labiler, mobiler Streifen. Zone, auf welche die Gebirgsbildung in der jüngsten geologischen Entwicklung beschränkt bleibt	Vorland, stabile Zone oder Kratogen oder fester Rahmen. Feste Masse, bisweilen Geoantiklinale genannt
Bewegungs-art	Die Festmasse bewegt sich hauptsächlich waagrecht; es entsteht die horizontale Schubbewegung	Die Bewegungen der orogenen Zone heißen orogenetische Bewegungen. Man unterscheidet: Abwärtsbewegung infolge Sedimentation (Vergrößerung der Geosynklinale), Aufwärtsbewegung und Überschiebung über das Vorland infolge seitlichen, tangentiellen Stauungsdrucks (Deckenwanderung siehe Abb. 123)	Die feste Masse (Vorland) bewegt sich lotrecht aufwärts und abwärts; es ist eine radiale Bewegung
Geschwindigkeit der Bewegungen	Die Bewegungen vollziehen sich langsam	Man unterscheidet: *Langsame Aufwärtsbewegung:* Evolutionäre, sog. epirogenetische Bewegung. Das tektonische Gefüge bleibt unverändert. Langsame, säkulare Bewegung. Als Ursache werden die Störungen des isostatischen Gleichgewichtes betrachtet	Die Bewegungen vollziehen sich langsam oder sind nicht wahrnehmbar
	Die Bewegungen in der Zone 1 vollziehen sich langsam oder sind überhaupt nicht wahrnehmbar	*Rasche Aufwärtsbewegung und tangentiale Massenwanderung:* Revolutionäre, sog. orogene Bewegung. Der Aufbau der Schichten sowie der Mineralbestand, die Struktur und Textur werden stark geändert. Es findet sog. Dynamometamorphose mit Ummineralisierung statt. Die Wirkung der orogenen Bewegung sind Gebirgsformen, wie: Falten, Deckengebirge infolge horizontaler (kompressiver) Wirkung; Verwerfungen, Flexuren infolge vertikaler (disjunktiver) Wirkung (siehe z. B. Abb. 123)	Wie Zone 1

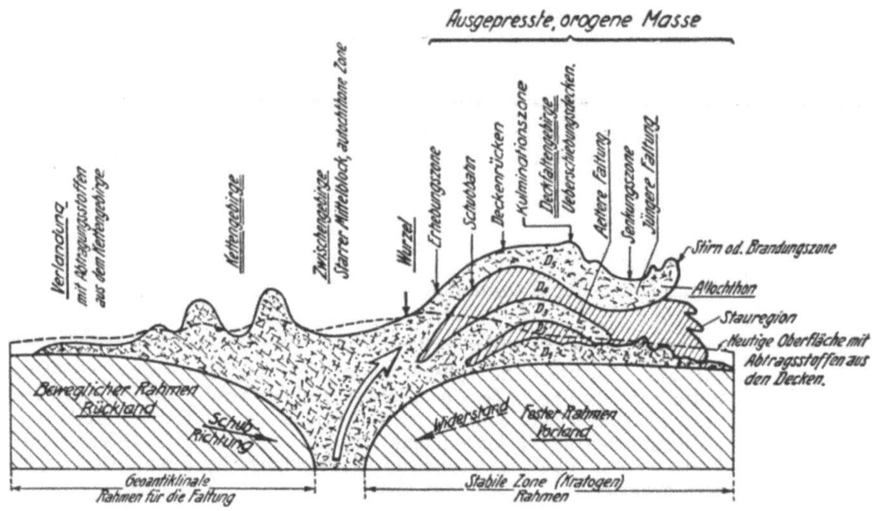

Abb. 123. Wirkung des Tangentialschubes und Benennung der einzelnen Glieder der Gebirgsfaltung.

↘ Richtung des tangentiellen Schubes in der Erdrinde,

↙ Widerstand an alten Falten (sog. Kratogene) D_1—D_5 Decken,

Weißer Pfeil: Tangentiale Bewegungsrichtung (orogenetische Bewegung) der geosynklinalen Massen = ausgequetschte Geosynklinale.

2. Ursache der Bewegungen in der Erdkruste.

Die Ursachen der Kräfte, die die Bewegungen in der Erdkruste hervorbringen, sind[1]:

Tabelle 100.

Ursache der Kraft	Richtung der Kraft	Größte Kraft oder Wirkung
Abkühlung der Erde	Verkleinerung des Erdradius; tangential	2 mm im Jahr
Niveauunterschied zwischen Kontinent und Ozean	Äquatorwärts	10^7 Dyn/cm^2
Polwanderungen	Senkrecht	Mehrere Kilometer Niveauänderung
Gezeitenreibung	Westwärts	Sehr klein
Polschwankungen	Waagrecht	10^3 Dyn/cm^2
Änderung der Rotationsgeschwindigkeit	Waagrecht	0,001 cm/s^2
Sedimentation (Dicke d)	Senkung der Unterlage	$^1/_2$ d
Abschmelzen einer d km dicken Eisdecke	Hebung	$^1/_2$ d
Gezeiten des Erdkörpers	Senkrechte Bewegung	30 cm
Abweichung der Erdoberfläche vom isostatischen Gleichgew.	Waagrecht nach außen	10^9 Dyn/cm^2
Luftdruckänderung	Neigungsänderung	0,01 Dyn/cm^2
Niveauänderung von Schollen	Waagrecht	10^4 Dyn/cm^2
Temperaturschwankung	Senkrecht	0,1 cm Höhenunterschied
Gefrieren des Bodens	Senkrecht	1 cm Höhenunterschied
Schwankung des Seestandes	Neigungsänderung	Unter 1 cm Höhenunterschied

---

[1] Vgl. B. GUTENBERG: Geotektonische Hypothesen: Handb. d. Geophys. S. 462. Berlin 1930.

3. Beispiele für zyklische Bewegungen in der Erdkruste.

Beispiel 1: Zyklus bei der Entstehung der Alpen (alpine Faltung).

Tabelle 101.

Forma-tion	Ab-teilung	Unterteilung des Zyklus in Phasen	Erscheinung
Trias		*Festlandphase*	Trockenperiode der Kontinente (sog. Geokrate Periode)
Jura		*Submergenzphase* (Ein-tauchen)	Senkung eines Erdteiles, Wasserbildung, Meeresüberflutungen. Transgressionen (sog. Epirogenetische Zeit. Bildung von Geosynklinalen)
Kreide		*Wechselphase*	Starke Schwankungen zwischen Land und Meer infolge beginnender Gebirgsbildung (Beginn der orogenetischen Störungen)
Tertiär		*Emergenzphase* (Herauf-tauchen). Alpine Hauptfaltung Erste alp. Faltungsphase	Bodenbewegungen, Faltungen, Gebirgsbildung (Orogene Phase)
Quartär	Diluvium Alluvium		Eiszeit Einebnen und Versinken der Falten

Beispiel 2: Beispiel von alten Zyklen[1].

1. Archäischer Zyklus mit der Laurentianrevolution.
2. Altproterozoischer Zyklus mit der Algomianrevolution.
3. Jungproterozoischer Zyklus mit der Killarneanrevolution.

Beispiele aus dem Paläozoikum:

1. Kaledonische Gebirgsbildung z. B. mit der ardennischen Faltungsphase.
2. Armorikanische-Variszische Gebirgsbildung mit bretonischer Vorphase, mit sudetischer-asturischer Hauptphase, mit salischer Nachphase und mit pfälzischem Ausklang.

Das Variszische Gebirge ist fast ganz abgetragen und zuletzt von zahlreichen Brüchen durchsetzt worden. So ragen jetzt nur noch einzelne Horste hervor, wie z. B. das Zentralplateau, Ardennen, Vogesen, Schwarzwald, Rheinisches Schiefergebirge, Erzgebirge usw.

In die Senkungsfelder zwischen den Horsten konnten sich vom Perm an jüngere Meeresschichten ablagern.

Zusammenfassung der Benennungen:

Kaledonisch gefaltetes Gebirge = Paleuropa in Silur.
Variszisch gefaltetes Gebirge   = Mesoeuropa im späteren Paläozoikum.
Alpisch gefaltetes Gebirge   = Neoeuropa im Tertiär.

Beispiel 3: Stabile Zonen (Kratogene). Als stabile Zonen gelten z. B. die sibirische, chinesische, australische, antarktische, brasilianische und äthiopische Karutafel.

Oft entstanden die Tafeln dadurch, daß gefaltete Schichten orogenen Ursprungs nachträglich sehr hoch gehoben wurden. Diese Art Bewegung nennt man akroorogen. Z. B. sind an den Küsten von Norwegen hoch über dem Meeresspiegel Brandungskehlen an Felsabhängen sichtbar. Ebenso sind stufenförmige Abstürze gegen den Meeresstrand vorhanden. Diese beiden Erscheinungsformen lassen auf merkliche Hebungen dieses Gebirges schließen; es kann unter Umständen zum Kratogen werden.

Beispiel 4: Durch Senkung entstandene Becken. Epirogenetische Senkungen (auch geosynklinale Senkungen genannt) sind Senkungen, die durch langsame Abwärtsbewegung der Orosynklinale entstehen und gleichzeitig mit Sedimenten langsam aufgefüllt werden.

Hierher gehören (nach K. ANDRÉE):

Niederländisches Becken

Nordsee und flacher südwestlicher Teil der Ostsee sind noch heute überflutete Teile dieser Becken

Londoner Becken: Senkung seit dem Zechstein

---

[1] Vgl. CH. BERINGER: Geologisches Wörterbuch S. 117. Stuttgart 1937.

Pariser Becken: Senkung seit der Trias
Becken von Bordeaux: Senkung seit dem Jura
Süddeutsches Becken: Senkung seit der Trias
    Störungen ONO—WSW und NW—SO
Rhonebecken
Mainzer Becken samt Oberrheingraben
Ebrobecken
Nördliche Ostsee, axiale Einsenkung des zur Diluvialzeit vereisten Fennoskandia.

Beispiel 5: Gebirgsbildung infolge Tangentialschub (Gliederung eines Orogens). In Abb. 123 ist die Gliederung einer Gebirgsbildung infolge Tangentialschub in der Erdkruste wiedergegeben; d. h. es ist die Gliederung eines sog. Orogens aufgezeichnet.

4. Einteilung der Gebirge.

Die Gebirge werden entsprechend ihrer Entstehung eingeteilt in: Hebungsgebirge (Schwellform), siehe Tabelle 103, Senkungen (Hohlform), siehe Tabelle 102.

Die Hebungsgebirge ihrerseits werden in drei Hauptphasen eingeteilt (siehe Tabelle 104).

Tabelle 102. *Senkungen (Hohlform, negative Gebirge).*

Hauptklasse	Unterteilung der Hauptklassen	Merkmale
Senkung	Tiefland	Man spricht auch von Tiefebene und Becken. Hierher gehören z. B. lombardisch-venezianische Tiefebene im Süden der Alpen. Ungarische Tiefebene zwischen Karpaten und Dinariden (Jugoslawien)
	Kesselbrüche	Bei Kesselbrüchen sind kreisähnliche Spalten vorhanden
	Gräben	Bei Gräben sind Parallelsprünge vorhanden, zwischen denen ein mittlerer Schichtenstreifen niederbrach (siehe Abb. 23). Beispiel: Gardasee, Jordantal, mittelrheinische Tiefebene mit triasischen, jurassischen und tertiären Sedimenten. Kessel im Mexikanischen Golf. Rotes Meer; Meerenge von Korinth

Tabelle 103. *Hebungsgebirge.*

Hauptklasse	Unterteilung der Hauptklassen	Merkmale
Vulkanische oder Ausbruchgebirge	—	Die Gebirge sind vulkanischen Ursprunges. Es findet eine örtl. große Anhäufung vulkanischer Gesteine statt: Oberirdische Anhäufung = massiger oder geschichteter Vulkankegel (Extrusion), z. B. Hegau mit Basalt- und Phonolithkegel. Unterirdische Anhäufung = Tiefeneruption (Intrusion), die überdeckende Schicht wird hochgetrieben, ohne durchbrochen zu werden, z. B. die Kakkolithe in Utah, Montana (USA.) usw.
Destruktions- oder Abtragungsgebirge	Erosionsgebirge	Die Erosionsgebirge sind durch Ausnagung von Tälern entstanden; durch die Täler wurde die Sedimentdecke in einzelne Gebirge und Berge zerstückelt
	Denudationsgebirge	Die Denudationsgebirge entstehen dadurch, daß die Festlandsoberfläche teilweise durch Verwitterung oder Wasser abgetragen wird. Z. B. Gebirge der schwäbischen Alpen. Die Denutationsreste zwischen Aare und Limmat (Mythen, Stanserhorn, Niesen) werden auch als Klippen bezeichnet

Tabelle 103 (Fortsetzung).

Hauptklasse	Unterteilung der Hauptklassen	Merkmale
Tektonisches Gebirge oder Dislokationsgebirge	Schollen- oder Bruchgebirge	Schollengebirge sind durch Vertikalverschiebungen und Bruchbildungen entstanden. Vielfach liegen die Sedimentgesteine flach. Schollengebirge sind: Teutoburger Wald, Elbsandsteingebirge, Lahnberge bei Marburg
	Kettengebirge	Kettengebirge bestehen aus langgestreckten Parallelketten, die durch Längstäler unterbrochen sind (siehe Abb. 123). Faltenbau noch sichtbar: z. B. Jura. Faltenbau z. T. abgetragen: Ural, Alleghanier
	Deckfaltengebirge	Deckfalten sind liegende Falten (eine liegende Falte ist aus Abb. 17g sichtbar), die in der Richtung des Gebirgsdruckes weit vorgetrieben wurden. Sie überdeckt den Untergrund. Die Ausgangsstelle heißt Wurzel, der vorderste Teil Stirn. Für ein Deckfaltengebirge siehe schematische Skizze in Abb. 123
	Rumpfgebirge	Wenn Ketten- und Deckfaltengebirge teilweise abgetragen werden oder versinken, so werden die übrigbleibenden Reste und Rumpfe als Rumpfgebirge bezeichnet; z. B. deutsches Mittelgebirge

Tabelle 104. *Unterteilung der Hebungsgebirge.*

Typen	Gebirgsart	Volumenänderung
α) Germanotype Gebirge	I. Blockgebirge	Vorherrschende Ausweitungsform
	II. Bruchfaltengebirge	Ausweitung und Einengung
β) Alpinotype Gebirge	III. Faltengebirge	Mit geringer Einengung
	IV. Deckengebirge	Mit starker Einengung

Beispiel von Senkungen: Die Küsten heben und senken sich. Aus, verschiedenen Bodenprofilen an der Nordseeküste läßt sich ermitteln, daß in den letzten 10 000 Jahren in regelmäßigen Zeitabständen 3mal Hebungen und Senkungen der Küste eingetreten sind. Gegenwärtig, d. h. seit 2000 Jahren, senkt sich die Küste und das Niedrig- bzw. Hochwasser steigt an[1].

Schrifttum.

KOBER, L.: Der geologische Aufbau Österreichs. Berlin 1942. — KOSSMAT, F.: Paläogeographie und Tektonik. Berlin 1936. — SEIDLITZ, W. v.: Der Bau der Erde und die Bewegungen ihrer Oberfläche, Berlin 1932. — STILLE, H.: Grundfragen der vergleichenden Tektonik. Berlin 1924. — WAGNER, G.: Junge Krustenbewegungen im Landschaftsbilde. Süddeutschland 1929. — Über Orogenese und das Verhalten des Gesteinsmaterials bei orogenetischer Beanspruchung vgl. A. Born: Erdkrustenbewegungen. Handb. d. Geophys. S. 349/441. Berlin 1930. Ferner KIRSCH: Geomechanik S. 73 Leipzig, 1938. — STAUB, R.: Über Faziesverteilung und Orogenese in den südöstl. Alpen. Beitr. Geolog. Karten der Schweiz Bd. 46. — SCHNEIDER, O.: Grundbegriffe der Geologie. Stuttgart 1941.

5. Geotektonische Theorien.

Aus obigen Schilderungen geht hervor, daß die Gebirge, Ebenen, Kontinente und ozeanischen Becken ihre Entstehung den radialen und tangentialen oder epirogenetischen und orogenetischen Bewegungen der Erdkruste zu verdanken haben. Es erhebt sich die Frage, welches die wichtigsten Ursachen der Erd-

---

[1] Vgl. W. KRÜGER: Die Küstensenkung an der Jade. Bauing. 1937 S. 91. — K. LÜDERS: Über das Ansteigen der Wasserstände an der deutschen Nordseeküste. Zbl. Bauverw. 1936 S. 1386.

krustenbewegung sind. Es wurden verschiedene Theorien zur Erklärung des Vorganges entwickelt, die sog. geotektonischen Theorien. Die wichtigsten sind nachstehend aufgezählt.

a) Kontraktions- oder Schrumpfungstheorie[1]. Der Erdball zieht sich ständig weiter zusammen infolge stetiger Abkühlung. Es kommt dabei zu episodischer Auslösung der Spannungen, die sich beim Zusammenziehen aufgespeichert haben.

b) Theorie der thermischen Zyklen[2]. Durch radioaktive Zerfallsprodukte wird mehr Wärme erzeugt, als abgeleitet werden kann. Durch den Wärmestau findet eine Verflüssigung der basaltischen Unterschicht statt. Die Erde wird auf ihrer Unterlage beweglich; durch Eruptionen verliert sie mehr Wärme, als sie erzeugt. Die geschmolzene Masse kühlt sich ab und erstarrt. Die Rinde der Erde schrumpft unter Faltenbildung zusammen.

c) Unterströmungstheorie[3]. Auch hier bildet die Annahme des Wärmeaustausches die Quelle tektonischer Energien. In den zähplastischen Tiefenzonen kommen Ausgleichszonen wie im Luftmeer zustande. Die erhitzten Massen steigen auf, werden abgekühlt, z. B. an den Böden der Ozeane, und sinken wieder ab.

d) Oszillationstheorie[4]. Die Oszillationen der Erdrinde kommen unter Einwirkung kosmischer Kräfte zustande. Sie bewirken eine Verlagerung der beweglichen subkrustalen Magmamassen. Die Sedimente gleiten aufwärts und bilden dann Falten- und Deckengebirge.

e) Kontinentalverschiebungstheorie[5]. Diese Theorie rechnet mit waagerechten Schollenverlagerungen. Danach gab es einen Urkontinent, der sich im Laufe der Zeit in die heutigen Erdteile spaltete.

Tiergeographische und paläoklimatische Tatsachen lassen sich gut mit dieser Theorie erklären.

Für die Aufzählung der Kräfte, welche die Bewegungen in der Erdkruste hervorrufen, vgl. oben Abschnitt 2.

Für Sonderfragen vergleiche:

BORN, A.: Der geologische Aufbau der Erde. 1932. — CLOOS, H.: Bau und Bewegung der Gebirge. 1928. — HAARMANN, E.: Die Oszillationstheorie. Stuttgart 1930. — HEIM, A.: Geologie der Schweiz. Leipzig 1919. — JEFFRYS, H.: The earth. Cambridge 1929. — JENNY, H.: Die alpine Faltung, ihre Anordnung in Raum und Zeit. 1924. — KOBER, L.: Der Bau der Erde. 1928. — Das alpine Europa. 1932. — Die Orogentheorie. Berlin 1934. — KRAUS, E.: Der alpine Bauplan. 1936. — NÖLKE, F.: Geotechnische Hypothesen, Sammlg. geogr. Schr. 1924. — SCHWINNER, R.: Lehrbuch der physikalischen Geologie. Berlin 1936. — STAUB, R.: Der Bau der Alpen. Beitr. Geologie der Schweiz. N. F. 52 mit Karte. Bern 1924. — STILLE, H.: Die Schrumpfung der Erde. Berlin 1922. — STILLE u. LOTZE: Geotektonische Forschungen Heft 1 bis 5: Zur germanotypen Tektonik. — WEGENER, A.: Die Entstehung der Kontinente und Ozeane. Braunschweig 1929.

6. Erklärung einiger wichtiger Begriffe aus der Lehre über Gebirgsbildung.

Fenster: Ein Erosionsloch in einer Schubdecke, in dem die jüngere Unterlage zum Vorschein kommt, heißt Fenster, z. B. Unterengadiner Fenster, Tauernfenster.

Sekundäre Faltungen: Sind die Schenkel einer Falte oder Decke in kleinere, untergeordnete Falten gelegt, so spricht man von Sekundärfalten oder Falten 2. Ordnung.

Einwicklung: Rückt eine tiefere Decke rascher vor als die Hangende, so wird die letztere um die Stirne der ersteren herum eingewickelt, und es entsteht eine inverse Reihenfolge der Deckenübereinanderlagerung[6].

---

[1] Vgl. H. STILLE: Die Schrumpfung der Erde. Berlin 1922.
[2] Vgl. G. KIRSCH: Geomechanik. Leipzig 1938.
[3] Vgl. R. SCHWINNER: Lehrbuch der physikalischen Geologi.. Berlin 1936.
[4] Vgl. E. HAARMANN: Die Oszillationstheorie. Stuttgart 1930.
[5] Vgl. A. WEGENER: Die Entstehung der Kontinente u. Ozeane. Braunschweig 1929.
[6] Siehe A. HEIM: Geologie der Schweiz Bd. 2 S. 23 Abb. 10. Leipzig 1921.

Klippe (Deckscholle): Teil einer Überschiebungsdecke, der von seiner Hauptmasse abgetrennt und durch Erosion freigelegt ist. Sie schwimmt wurzellos auf ihrer Unterlage, z. B. Mythen.

Abwicklung: Bei Falten- und Deckengebirgen werden die Schichten in den ursprünglichen Ablagerungsraum zurückversetzt gedacht, um eine Übersicht über die Ablagerungsverhältnisse zu erhalten. In Profilen gelangen die Faziesverhältnisse zur Darstellung. Man spricht dann von der Abwicklung der Falten- und Deckengebirge.

Reliefüberschiebung: Die Decken sind auf ein altes Relief, d. h. auf durch Erosion geformte Unterlage überschoben.

Zusammenschub wird angegeben in Kilometer als Differenz zwischen ursprünglicher und jetziger Breite der orogenen Zone oder als Verhältniszahl:

$$\frac{\text{Breite des heutigen Orogens}}{\text{Ursprüngliche Breite der orogenen Zone}}.$$

Metamorphose. Bei der Orogenese werden die Gesteine der Deckengebirge dislokationsmetamorph oder infolge Überdeckung und Versenkung in größere Erdrindentiefe regional-metamorph.

Es werden 3 Stufen der Metamorphose unterschieden, nämlich:

Epimetamorphose = obere Zone,
Mesometamorphose = mittlere Zone,
Katametamorphose = tiefe Zone.

J. Talbildung.

1. Begriffe.

Erosion: Unter Erosion versteht man die mechanische Ausnagung, die Einschneidung und die austiefende Arbeit des Wassers. Die Erosion ist die Hauptursache bei der Bildung von Tälern. Auch Gletscher und Wind üben erodierende Wirkung aus (vgl. S. 125).

Tiefenerosion: Durch die Erosion wird das ursprüngliche Flußbett vertieft. Man spricht dann von Tiefenerosion. Tiefenerosion herrscht am Oberlauf eines Flusses vor. Die Talform ist V-förmig und heißt Kerbtal.

Seitenerosion: Wird durch die Wasser- oder Gletschererosion ein Tal verbreitert, so spricht man von Seitenerosion. Seitenerosion herrscht am Unterlauf und Mittellauf der Flüsse vor. Die Talform wird ___/-förmig, d. h. ein (V) ohne Spitze; man nennt es auch Sohlental.

Erosionsbasis: Unterhalb einer bestimmten Höhenlage, z. B. auf Meeresspiegellage, kann die Erosion nicht mehr wirken. Es liegt die Erosionsbasis vor. Ist ein See in den Lauf eines Flusses eingeschaltet, so entsteht eine örtliche Erosionsbasis.

Rückschreitende Erosion: Die talaufwärts schreitende Erosion, die an steil abfallenden Gehängen wirkt, heißt rückschreitende Erosion. Durch sie werden oft senkrechte Geländestufen unterwaschen, namentlich infolge vermehrten Gefälles bei Wasserfällen.

2. Größe der Erosion.

Die Größe der Erosion ist abhängig:

a) *von der Stoßkraft des Wassers*, b) *von der Widerstandsfähigkeit des Bodens*, c) *von der ursprünglichen topographischen Gestaltung des Geländes.*

Zu a): Die Größe der Stoßkraft ist abhängig von der Wassermenge und dem

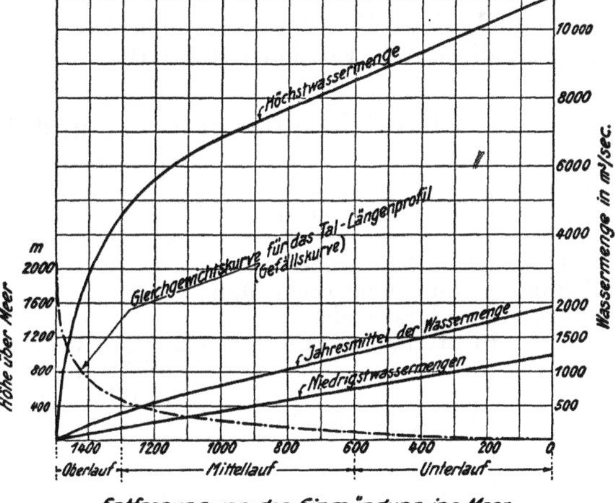

Abb. 124. Gefällslängenprofil und Wassermengenkurven. (Talbildung in Abhängigkeit von Gefälle und Wassermenge.)

Gefälle des Wasserlaufes. Die scheuernde Wirkung des Wasserstoßes wird durch die Art und Größe der Geschiebeführung vergrößert (vgl. Abb. 124). Vgl. Abschnitt F (Denudation).

Zu b): Die Widerstandsfähigkeit des Bodens ist abhängig von der Festigkeit, Zerklüftung, Lagerung und Durchlässigkeit des Gesteines.

Zu c): Die Größe der Erosion ist stark abhängig von vorhandenen Geländestufen, Muldenfaltungen, Grabenbrüchen usw.

3. Wirkung der Erosion.

Bei der Talbildung kann die Erosion *a) örtlich begrenzt, b) in langgestreckten Tälern* wirken.

Zu a): *Örtliche Begrenzung der Erosionswirkung.* Ist die Erosionswirkung lokal begrenzt, so spricht man von Strudelkessel, Strudeltopf, Erosionskessel, Auskolkung. Sie entstehen durch kreisende, wirbelnde Bewegung des Wassers, wobei kleinere und größere Steine mitgerissen werden. Dadurch wird der Boden langsam abgescheuert und ausgehöhlt. Man spricht von Meeresmühlen, wenn die Erscheinung an der Meeresküste auftritt, von Gletschermühlen, auch Gletscherstrudel, Gletschertopf und bei großen Mühlen von Riesentopf, wenn die Kessel durch das Schmelzwasser von Gletschern entstanden sind (Gletschergarten Luzern).

Zu b): Durch die Wirkung der Erosion entstehen langgestreckte, vertiefte Täler; sie sind für Wildbäche charakteristisch. Dabei werden die Ufer unterhöhlt, so daß Felsabbrüche, Rutschungen usw. eingeleitet werden (siehe Abb. 100, 137). Durch die Erosion werden oft die bestehenden Flußbette beträchtlich vertieft.

4. Beispiele der Erosionswirkungen.

Die Simme (Aare) hat sich in 160 Jahren im festen Kalkfelsen eine Kesselschlucht von 4 bis 60 m Tiefe ausgefressen. Bei Hagneck (Bieler See) betrug die Sohlenvertiefung in 10 Jahren 26 m.

In Simeto (Sizilien) ist im Lavastrom seit 1603 eine Wasserrinne von 30 m Tiefe und 15 m Breite ausgefressen worden (siehe Abbildung einer Gebirgsgegend, die durch Erosion entstand).

5. Übersicht über die Art und Einteilung der Täler.

Tabelle 105.

	Hauptmerkmal	Einzelmerkmal
Verlauf der Talbildung bei Flüssen	Das Tal wächst von unten nach oben. Man unterscheidet:	
	Unterlauf des Flusses	Das Tal vertieft sich nur wenig; es findet mehr Aufschüttung als Einschneidung und Abtrag statt. Das Flußbett wird erhöht.
	Mittellauf des Flusses	Der Fluß bildet Flußschlingen, Mäander, Flußinseln, Umlaufberge, Serpentinen. Die Ursache ist in der Gefällsverminderung des Flußlaufes zu suchen. Das Tal wird flachsöhlig und heißt Sohlental
	Oberlauf des Flusses	Das Tal vertieft sich V-förmig und heißt Kerbtal; es verbreitet sich durch Seitenerosion, wobei Nachrutschungen am Gehänge stattfinden. Die Talböschung ist steil. Der Fluß schneidet sich rückwärts ein und verlängert das Tal. Das Flußsystem verästelt sich; oft entstehen auch Stromschnellen, Klammen und Wasserfälle

Tabelle 105 (Fortsetzung).

	Hauptmerkmal	Einzelmerkmal
Terrassen	Talterrassen	Eine Talterrasse ist eine Stufe am Talgehänge. Sie entsteht beim Wechsel zwischen Erosion und Aufschüttung (Erosionspause). Die Terrasse entspricht einer Zeit ruhender Erosion, jeder Terrassenabsturz einer heftigen Erosionsperiode. Talterrassen entstehen auch infolge Bodenhebungen (Abb. 125d)
	Erosionsterrasse	Erosions- oder Felsterrasse wird eine Talterrasse genannt, die aus dem anstehenden Fels herausgeschnitten wurde
	Akkumulationsterrasse	Eine Akkumulations- oder Schotteraufschüttungsterrasse ist eine in Schutt eingeschnittene Talterrasse. Sie entsteht, wenn bei einer neuen Erosionsperiode sich der Fluß in den früheren, bei einer Erosionspause abgelagerten Schutt einschneidet; man spricht von Hochterrassen und Niederterrassen (siehe Abb. 125b, 126)
Einteilung der Täler	Täler in ungestörten Schichten	Diese Täler sind ausschließlich das Ergebnis von Erosionen; sie heißen deshalb Erosionstäler
	Täler in gestörten (dislozierten) Schichten	Diese Täler sind bedingt durch Veränderungen an der Erdoberfläche infolge tektonischer Einflüsse (senkrechte und waagrechte Schichtenverschiebungen). Man unterscheidet entsprechend dem geologischen Unterbau: Längstäler: Antiklinaltäler (Satteltäler) Synklinaltäler (Muldentäler) Verwerfungstäler (bzw. Bruch-, Grabentäler), z. B. das Rheintal am Schwarzwald ist ein Bruchtal Isoklinaltäler Quertäler Diagonaltäler
	Durchbruchtäler	Durchbruchtäler sind Täler, die von Flüssen aus der Hochebene kommend ein Gebirge durchschneiden; z. B. Durchbruchtal der Elbe im sächsischen Gebirge[1]. Die Aare bei der Durchquerung des Juragebirges
	Antezedenztäler	Täler, die vorhanden sind, bevor ein Fluß darin läuft
	Epigenetische Täler	Täler, die ihre Richtung alten Flußläufen verdanken, die in früheren geologischen Perioden vorhanden waren und aus Gebirgen und Schichtdecken genährt wurden, die heute aber abgetragen sind. Epigenetische Talrinnen sind vielfach trocken (siehe Abb. 126)
Einfluß der Gesteinbeschaffenheit auf die Talbildung[2]	Verwitterungsfestes Gestein	Die Täler sind tief und eng, die Talabhänge sind steil
	Verwitterungsschwaches Gestein	Die Täler sind flach und breit. Die Abhänge haben eine sanfte Böschung
	Wechsel von verschieden festem Gestein	Es bilden sich Felsterrassen (siehe Abb. 127)
	Undurchlässiges Gestein	Das Wasser dringt nicht in das Gestein, sondern fließt ab. Stark wechselnde Wasserzufuhr zum Fluß. Trockene Halden
	Durchlässiges Gestein	Bei stark zerklüftetem Gestein dringt Wasser in das Gehänge. Das Wasser sammelt sich in der Tiefe und fließt in mehr oder weniger ausgeglichenen Mengen ins Tal. Feuchte Halden

[1] Vgl. J. STINY: Drei Durchbruchstrecken (Enns, Drau, Eisernes Tor). Geologie u. Bauwesen 1941 S. 134.

[2] Vgl. W. SOERGEL: Der Zusammenhang von Flußlauf und Tektonik, dargestellt an den Flüssen S.-W.-Deutschlands. Fortschr. Geologie Bd. 4 Heft 16. Berlin 1926.

Tabelle 105 (Fortsetzung).

	Hauptmerkmal	Einzelmerkmal
Wasser-scheiden	Trennung zwischen 2 Flußsystemen	Die Wasserscheiden werden gegen das Flußsystem mit dem härteren Gestein verlegt. Z. B. Wasserscheide zwischen Maira und Inn auf dem Maloja
Bifurkation	Gabelung von 2 Tälern oder Flußsystemen	—
Praktische Anwendung der Kennt-nis der Tal-bildung	Epigenetische Tal-rinnen, Interglaziale Erosions-rinnen, Postglaziale Aufschot-terung, Erosionsterrassen, Akkumulationsterras-sen im Tunnelbau, bei Anlagen von Stau-becken usw. von gro-ßer Bedeutung	Abb. 126 zeigt die Bedeutung der Kenntnisse der Entstehungsgeschichte eines Tales in bezug auf die bautechnische Bewertung der Ablagerungen

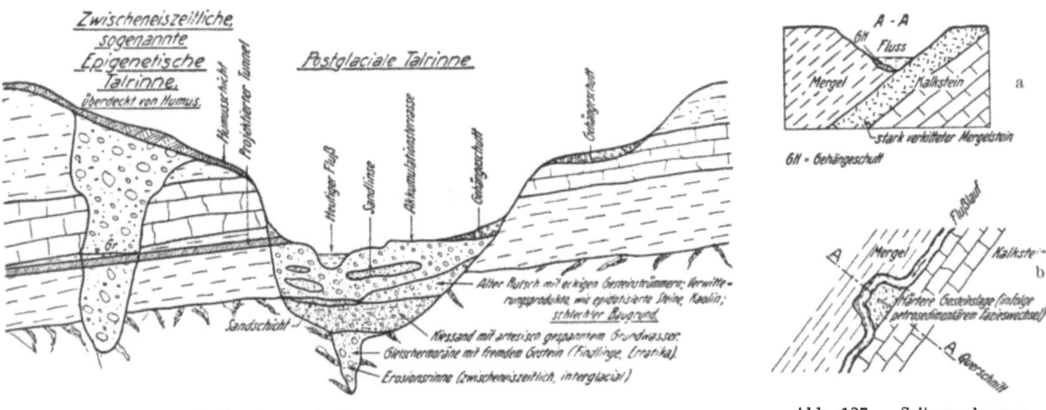

Abb. 125. Schema der Entwicklung von Tälern.
a Einschneiden, b Erweitern, c Ausfüllen, d erneutes Einschneiden.

Abb. 126. Beispiel der Ausbildung von Tälern und ihre baugrundtechnische Bewertung.

Abb. 127. Seitenverlegung von Flüssen infolge Härte-wechsels des Gesteins.
a Querschnitt, b Situation.

K. Verwitterung.
1. Begriffe.

Boden: Als Boden im engeren Sinne des Wortes wird die Deckschicht über dem Anstehenden bezeichnet. Der Boden im Sinne der Bodenkunde bedeutet die

W. SOERGEL: Diluviale Flußverlegungen und Krustenbewegungen. Fortschr. Geologie Bd. 2 Heft 5. Berlin 1923. — GRAVELIUS: Flußkunde. Berlin 1914. — H. WITTMANN: Fluß und Tal, in F. SCHLEICHER: Taschenbuch f. Bauing. S. 896. Berlin 1943. — DE MARCHI u. FILIPPELLI: Versuche über die Flußbetterosion bei Quertälern. Energia Elettr. 1942 S. 173.

oberste der Vegetation zugängliche Verwitterungsschicht. Man spricht dann auch von Ackerboden. Im weitern vgl. S. 221 und S. 266.

Verwitterung: Alle Vorgänge, die an der Bodenbildung beteiligt sind, werden oft gesamthaft als Verwitterung bezeichnet; d. h. Witterungs- und Klimaeinflüsse sind im Begriffe Verwitterung mit enthalten.

Physikalische Verwitterung: Bei der physikalischen Verwitterung wird das Ausgangsgestein *mechanisch* durch Risse und Spalten in kleine Brocken und Körner zerteilt. Dieser Vorgang heißt auch *Gesteinszerfall.* Die physikalische Verwitterung wird bedingt durch Temperaturschwankungen (Insolation), Frost, bewegtes Wasser, bewegte Luft, zersprengende Wirkung von Pflanzenwurzeln oder Salzausscheidungen. Man spricht dann von Temperaturverwitterung, Frostverwitterung, physikalisch-biologischer Verwitterung durch Pflanzenwuchs usw.

Chemische Verwitterung: Durch den Gesteinszerfall wird die Summe der Oberfläche der Gesteine vergrößert und damit dem Angriff der chemischen Agenzien ausgesetzt. Dieser Vorgang heißt auch *Gesteinszersetzung.* Die Gesteinszersetzung wird bedingt durch Wasser, Atmosphärilien, Oxydation, Karbonisierung, Lösung, Hydrolyse. Man spricht dann von:

Lösungsverwitterung: z. B. Steinsalz, Gips, Anhydrit.

Kohlensäureverwitterung: Das Wasser führt stets gelöste Stoffe mit sich; in Gegenwart von CO_2 bildet sich namentlich das Kalziumbikarbonat.

Oxydationsverwitterung: z. B. zweiwertige Eisen- (Ferro-) Verbindung verwandelt sich unter dem Einfluß des im Wasser gelösten Luftsauerstoffes in dreiwertige (Ferri-) Eisenverbindung.

Organische Verwitterung: An der mechanischen Zerkleinerung des Gesteines beteiligen sich auch Organismen; das ist die organische oder biologische Verwitterung.

Chemisch-biologische Verwitterung: Die im Boden lebenden Organismen helfen auch an der chemischen Zersetzung des Gesteines. Als Agenzien wirken die Stoffwechselprodukte, vor allem das Kohlendioxyd, Stickstoff- und Schwefelverbindungen, organische Säure usw.

2. Die wirksamen Kräfte.

Die hauptsächlichsten Kräfte, welche die Verwitterung verursachen, sind:

a) Wasser (Feuchtigkeitswechsel), b) Wärme (Wärmewechsel).

Namentlich der Wechsel von Wasser- und Wärmegehalt ist es, der die mechanische Zerkleinerung, die chemische Umsetzung eines Gesteines und die Bildung von Lösungen begünstigt. Durch diese zerstörende Wirkung entstehen die Verwitterungsböden. Die zerstörende Wirkung wird durch die Verdunstung stark gefördert und somit die Bodenbildung.

Während der Umwandlung eines Gesteines im Verwitterungsboden ist zu berücksichtigen, daß der Einfluß der Wärme (Klima) verschieden groß ausfällt je nach dem vorhandenen Wasserreichtum oder Wassermangel.

Für die Bodentypenbildung werden verwendet:

Der Regenfaktor $\dfrac{\text{Niederschlag}}{\text{Temperatur}}$ nach Lang

und der N—S-Quotient: $\dfrac{\text{Niederschlag}}{\text{Sättigungsdefizit}}$ nach A. Meyer.

Zur Berücksichtigung der Luftfeuchtigkeit und der Verdunstung. Vgl. Chemie der Erde 1926 S. 208 bis 347.

3. Einteilung der Verwitterungsböden.

Für die Böden besteht noch kein allgemeines Einteilungsschema. Die Böden können nach ihrem Mineralgehalt, nach ihrer Entstehungsart oder nach den klimatischen Bildungskräften eingeteilt werden. Am verbreitetsten ist die Einteilung der Verwitterungsböden nach steigender Wärme und zunehmender Feuchtigkeit. Danach ergibt sich folgende Einteilung:

Tabelle 106.

	Feuchtigkeits-gehalt	Humid		Halb-humid	Halb-arid	Arid	
	Niederschlags-menge	Viel Nie-derschlag	Weniger Nieder-schlag	Jahreszeitlicher Wechsel		Geringe Nieder-schläge	Sehr geringe Niederschläge
	Bodenbezeich-nung	Feuchtboden		Feuchter-trockener Boden	Trocken-feuchter Boden	Trockenboden	
Zunehmende Wärme	Kaltes Klima	Eisboden—Frosterde; Fließ- und Strukturböden				Frosterde, Löß	
	Kühles Klima	Bleicherde (Podsol)		—			Salzerde; Wüsten-böden Kalkkrusten, Eisenkrusten, Schutzrinden
	Warmes Klima	Braunerde		Mediter-rane Roterde	Schwarz-erde		
		Gelberde					
	Tropisches Klima	Tropische Braunerde Tropische Bleicherde		Tropische Roterde Laterit			

Abnehmende Feuchtigkeit →

Bereich der Böden des Wechselklimas

Eine gute Übersicht über die chemische Zusammensetzung erwähnter Erden ist enthalten in E. KRAUSS: Verwitterung, Böden. Handb. d. Geophys. Bd. 3 S. 650 usw. Berlin 1940.

Schrifttum.

BEHRENS, F., u. G. BERG: Chemische Geologie. Stuttgart 1927. — FESEFELDT, H., E. BLANK u. G. SCHELLENBERG: Physik, chemische und biologische Verwitterung, in E. BLANK: Handb. d. Bodenlehre, 1 u. 2. Berlin 1929.

Vgl. E. RAMANN: Bodenbildung und Bodeneinteilung. Berlin 1918 oder E. KRAUSS: Verwitterung, Böden. Handb. d. Geophys. Bd. 3 S. 640/678. Berlin 1940. — BLANK: Handb. d. Bodenlehre Bd. 3 S. 96. Berlin 1930.

4. Beispiele der verwitterungsartigen Umwandlung.

Tabelle 107. *Umwandlung heller Gemengeteile.*

Ausgangs-produkt	Endprodukt	Haupt-verluste	Relativ konstant	Auf-nahme	Bemerkungen
Kalifeldspat	Sericit	$\frac{2}{3}$ SiO_2 $\frac{2}{3}$ K_2O	Al_2O_3	H_2O	Kali in Lösung; SiO_2 oft teils wieder abgeschieden
Kalifeldspat Natronfeldspat	Kaolin oder Tonminera-lien	ca. $\frac{2}{3}$ SiO_2; alles Alkali	Al_2O_3	H_2O	Alkali in Lösung, Kali oft teilweise wieder absorbiert. SiO_2 oft teilweise wieder ausgeschieden
Anorthitanteil des Plagioklases	Kaliartiger Tonkomplex	alles Kalk	Al_2O_3 und SiO_2	H_2O	Oft Ausscheidung von $CaCO_3$, sonst als Bikarbonat weggeführt

Tabelle 107 (Fortsetzung)[1].

Ausgangs-produkt	Endprodukt	Haupt-verluste	Relativ konstant	Auf-nahme	Bemerkungen
Anorthitanteil des Plagioklases	Zoisit (evtl. Epidot)	ca. $^1/_4$ Al_2O_3 $^1/_4$ SiO_2	CaO	H_2O, bei Epidot Fe_2O_3	Albit + Zoisit = Saussurit. Kann mit Kaolinisierung und Sericitbildung in Plagioklasen verbunden sein. SiO_2-Ausscheidung nicht selten. Meist geht auch ein Teil CaO in Lösung
Leucit	Kaolin oder Tonmineralien	$^1/_2$ SiO_2; alles K_2O	Al_2O_3	H_2O	Bei Umwandlung in Sericit nur teilweiser Kaliverlust
Nephelin	Hydronephelin	ca. $^1/_3$ Alkalien	Al_2O_3 SiO_2	H_2O	Oft etwas Alkalienumtausch mit Lösung

Tabelle 108. *Umwandlung dunkler Gemengteile*[1].

Ausgangs-produkt	Endprodukt	Haupt-verluste	Relativ konstant	Auf-nahme	Bemerkungen
Biotit	Muskowit bzw. gebleichter Glimmer	$^4/_{10}$—$^5/_{10}$ SiO_2; gegen $^1/_2$ Alkalien $^3/_4$ MgO + Eisenoxyd	Al_2O_3	Meist etwas H_2O	SiO_2 oft ausgeschieden. FeO zu Limonit oxydiert (Katzengold). MgO liefert Karbonat oder geht bei komplexer Verwitterung in Chlorit ein
Biotit	Chlorit	ca. $^1/_2$ SiO_2 und Al_2O_3; meist ein größter Teil der Eisenoxyde	MgO	Meist etwas H_2O	SiO_2 oft ausgeschieden. Oft mit Bleichung verbunden. Limonitbildung
Gewöhnl. Augit	Epidot	ca. $^3/_4$ SiO_2. Fast alles MgO; variabel CaO	Al_2O_3	H_2O und O_2	Meist kombiniert mit Chloritbildung ($MgO \cdot SiO_2$) und Calcitausscheidung
Gewöhnl. Hornblende	Epidot	Ziemlich viel SiO_2; sehr viel MgO u. Eisenoxyde; wenig CaO	Al_2O_3	H_2O und O_2	Oft mit Chloritbildg. ($MgO \cdot SiO_2$) und Limonit- und Hämatitbildung verknüpft
Mg-Olivin	Serpentin	$^1/_4$ MgO	SiO_2	H_2O	Oft scheidet sich Magnesit aus ($MgCO_3$)
Mg-Olivin	Talk	ca. $^3/_8$ MgO	SiO_2	H_2O	Oft scheidet sich Magnesit aus ($MgCO_3$)

[1] Nach P. NIGGLI: Tabellen zur Petrographie und zur Gesteinsbestimmung. Mineralpetrograph. Institut Zürich 1939.

5. Querschnitt durch einen Verwitterungsboden.

Beim Querschnitt durch einen Verwitterungsboden werden verschiedene Lagen, die sich in Farbe und Zusammensetzung unterscheiden, sichtbar. Man unterscheidet einen A-, B- und C-Horizont. Die drei Horizonte unterscheiden sich voneinander durch folgende Merkmale (siehe Abb. 128):

Abb. 128. A-, B-, C-Horizont bei Verwitterungskrusten.
A Auswaschungszone, B Anreicherungszone, C ursprünglicher, sog. gewachsener oder Mutterboden.

A-Horizont: Der A-Horizont ist die oberste Schicht, die durch Regenwasser ausgelaugt ist. Sie wird Auslaugungsboden, Eluvialboden, Auswaschboden und Rückstandsboden genannt.

B-Horizont: Der B-Horizont ist die mittlere Schicht, in welcher ein Teil der Bodenbestandteile, die im A-Horizont ausgewaschen wurden, angereichert ist. Diese Schicht wird Anreicherungsboden, Einspülboden oder Illuvialboden benannt.

C-Horizont: Der C-Horizont besteht aus dem Rohmaterial, aus welchem der A- und B-Horizont entstanden ist. Der C-Horizont wird als das Anstehende bezeichnet. Die Verwitterungsprodukte, die im C-Horizont entstehen, bleiben daselbst liegen.

6. Rückstände in einem Verwitterungsboden.

Werden die Rückstände oder die unvollständig verwitterten Gesteinstücke verfrachtet und abgelagert, so entstehen die klastischen oder mechanischen Sedimente (siehe Trümmergestein). Die in Lösung weggeführten Materialien bilden die chemisch und biogen ausgeschiedenen Sedimente (siehe Ausscheidungssedimente).

Bleiben die Rückstände in einem Verwitterungsboden an Ort und Stelle liegen, so spricht man von Verwitterungsböden oder Eluvialböden; hierher gehören z. B. die Bohnerzformationen am Übergang von der Jurazeit ins Tertiär (eozäne Ablagerung) oder der permische Wüstensand.

7. Farbe der Verwitterungskruste.

Je nach der Beschaffenheit des Ausgangsgesteines (Muttergesteines) erhält die Verwitterungskruste eine entsprechende Färbung, eine Fruchtbarkeit und einen Pflanzenwuchs (vgl. Tabelle 109).

8. Beschreibung von besonderen Arten von Verwitterungsböden.

a) Podsole. Bei großen Niederschlagsmengen wird häufig eine Versäuerung und Ausbleichung der oberen Horizonte beobachtet. Man spricht dann von Podsolierung.

b) Braunerde. Eine weitverbreitete Bodenart mit mäßigem Gehalt an koaguliertem Humus (2 bis 50%), aber reichem Gehalt an kolloiden Austauschzeolithen ist die Braunerde. Nach RAMANN ist Braunerde das Produkt eines gemäßigten Klimas (8 bis 9°C Jahresmittel) mit mittelstarker Auswaschung. Im obersten Horizont sind die löslichen Salze entfernt; dagegen färben Humus und Eisenhydroxyd den Boden gelb, braun bis dunkelbraun.

c) Alkalische und saure Böden. Oft sind die oberen Horizonte saurer als die unteren. Dies läßt darauf schließen, daß das Klima feucht war. Sind dagegen die oberen Horizonte alkalischer als die unteren, so herrschte trockenes

Tabelle 109.

Ausgangsgestein	Farbe der Verwitterungskruste, Fruchtbarkeit usw.
Rote Konglomerate	Roter Boden
Roter Sandstein	Roter Boden
Gelber Sandstein	Gelber Boden
Toniges Gestein	Lehmige Masse
Kalkstein	Karren und Dolinen / Geringe Humusbedeckung / Kleine Fruchtbarkeit
Dolomite	Sandartige Dolomitasche
Eruptivgestein / Kristalline Schiefer	Lehmiger Boden, der von Glimmerblättchen durchsetzt ist. Bei Mangel an dunklen Gemengeteilen erhält der Verwitterungsboden eine weiße Farbe
Sandstein, z. B. Molassekalksandstein	Heller bis hellgelber sandiger Boden

Tabelle 110. *Beispiel einer Basaltverwitterung zur Tertiär- und Jetztzeit.*

	Tertiärzeit[1] Gew.-%	Jetztzeit[2] Gew.-%
SiO_2	50	54
Al_2O_3	25	14
CaO	9	11
Na_2O	2	7
Übrige Komponenten	14	14
Summe	100	100[3]

[1] Mittel aus 8 Proben.
[2] Mittel aus 5 Proben.
[3] E. BLANK u. R. THEMLITZ: Beitrag zur rezenten und fossilen Verwitterung des Feldspatbasaltes. Chem. Erde 1937 S. 402. — HARRASSOWITZ, H.: Fossile Verwitterungsdecken. Chem. Erde 1937 S. 225. — P. NIGGLI: Untersuchungen über die Gesteinsverwitterung in der Schweiz.

Klima vor; denn in niederschlagsreichen Gebieten überwiegt sehr oft saurer Boden, in trockenen Gebieten neutraler bis alkalischer Boden.

9. Fossile und rezente Verwitterung.

Zwischen alter (fossiler) und neuer (rezenter) Verwitterung besteht ein bemerkenswerter Unterschiede (s. Tabelle 110).

10. Beispiele von Verwitterungsböden.

a) Alpengebiet. Im Alpengebiet fand man folgende Säuregrade (Wasserstoffionenkonzentration) der Verwitterungsböden:

für kalkhaltige Böden... p_h rd. 7,2   für Sandböden ohne $CaCO_3$ p_h rd. 5—8
für Tonböden ohne $CaCO_3$ p_h rd. 5—6   für saure Humusböden .. p_h rd. 4—5*

b) Böden aus den frischen und alten Vergletscherungsgebieten. Der Verwitterungszustand der Böden aus frischen und alten Vergletscherungsgebieten geht aus Tabelle 111 hervor.

Tabelle 111.

Bodenart	Verwitterungszustand	Körnung
Kiesbankablagerung	Nur spärliche Anzeichen von Verwitterung	Keine Verkleinerung
Auenboden	Kalkgehalt hat sich etwas verringert; der Einfluß des humiden Klimas macht sich geltend	—
Niederterrasse	Der oberste Horizont ist z. T. ausgewaschen; Entfernung löslicher Salze	Verkleinerung der Körner
Hochterrasse	Starke Auswaschung. Neben Kalk zeigen Erze, Biotit und Feldspate die deutlichsten Verwitterungsspuren. Später folgen dem Umwandlungsprozeß Epidot, Hornblende und Chlorit	Starke Verkleinerung der kalkhaltigen Körner

c) Böden in Mitteleuropa. Im allgemeinen findet in Mitteleuropa eine mehr silikatische Verwitterung der tonerdehaltigen Mineralien statt. Diese Verwitterung führt dann zu den wasserhaltigen Tonerdesilikaten (Tonen).

d) Böden in den Tropen. In den Tropen geht die Entkieselung noch weiter als wie oben beschrieben. Es entstehen dann die Tonerdehydroxyde (Bauxit).

e) Podsolierungsvorgang im Aaretal. In Abb. 129 ist ein Podsolierungsvorgang dargestellt. Gleichzeitig ist der Besiedelungsvorgang und die Sukzession der Pflanzengesellschaften angegeben[1].

f) Beispiele für die Entstehung von Verwitterungsböden aus festem Gestein (vgl. Tabelle 112).

Tabelle 112.

Festes Gestein	Verwitterungsböden
Sandstein mit Quarz und Feldspaten; kieselige Bindemittel	Sandböden
Sandstein mit tonigem oder mergeligem Bindemittel	Lehmböden
Schiefergestein, dichtes, massiges Gestein (Basalt, Diabas)	Steinböden
Schieferletten, entkalkte Mergel	Tonböden

Schrifttum.

BLANK, E., u. S. PASSARGE: Die chemische Verwitterung in der Ägypt. Wüste. Abh. Geb. Auslandsk. Hamburg 1925. — ENGELHARDT, W. v.: Über silikatische Tonminerale. Fortschr. Min. 1937 S. 276. — HEDIN, SVEN: Scientific Resultats of a Journey in Central Asia. Stockholm. — LAATSCH, W.: Dynamik der deutschen Acker- und Waldböden. Dresden u. Leipzig 1938. — MORTENSON, H.: Die Wüstenböden in E. BLANK: Handb. d. Bodenlehre Bd. 3 (1930) S. 437. — STREMME, H.: Die Böden des Deutschen Reiches. Petrogr. Mitt. Erg.-Heft 1936 S. 226. — WALTHER, J.: Das Gesetz der Wüstenbildung. Leipzig 1912.

* Vgl. GSCHWIND u. P. NIGGLI: Untersuchungen über die Gesteinsverwitterung in der Schweiz S. 2.
[1] Vgl. H. STREMME: Grundzüge der praktischen Bodenkunde S. 171. Berlin 1926.

11. Bautechnische Bedeutung der Verwitterungsböden.

a) A- und B-Horizont. In der Bautechnik ist der C-Boden von größter Bedeutung; A- und B-Horizont, die zusammen meistens 1,5 bis 2 m Mächtigkeit ausmachen, spielen im Straßenbau und bei Rutschuntersuchungen eine Rolle.

b) C-Horizont. Die mechanische und chemische Verwitterung ohne Wegbeförderung der Verwitterungserzeugnisse reicht im C-Horizont oft bis in große Tiefen des Muttergesteines hinab.

c) Druckerscheinungen im C-Horizont. Bei der Untersuchung von Böden aus der Verwitterungszone ist zu berücksichtigen, daß sie der Sitz von Schwellungsspannungen sind. Die Schwellungen gehen von den kolloidalen Verwitterungsprodukten aus, die zwischen die Gesteinskörner hineingepreßt sind. Der von der verwitterten Masse ausgeübte Seitendruck ist größer als der gewöhnliche Bodendruck (vgl. Ruhedruckziffer S. 454).

d) Verwitterungsböden bei Gründungen. Vor der Gründung von Stauwehren ist die Mächtigkeit der Verwitterungsschicht über dem Gestein gründlich abzuklären. Nur in den seltensten Fällen kann eine Gründung auf eine Verwitterungsschicht gesetzt werden wegen der starken Zusammendrückbarkeit und stellenweise starken Durchlässigkeit.

e) Verwitterungsböden im Stollen- und Tunnelbau. Je nach dem Grade der Verwitterung und je nach der Anreicherung oder Abwanderung von Material verliert das Gestein seinen inneren Zusammenhang. Das Gestein verhält sich dann wie ein lockerer Gebirgskörper mit kleinem Hohlraumgehalt. Tritt noch Wasser hinzu, so ist beim Stollen- und Tunnelbau mit den Eigenschaften von schwimmenden Gebirgen zu rechnen.

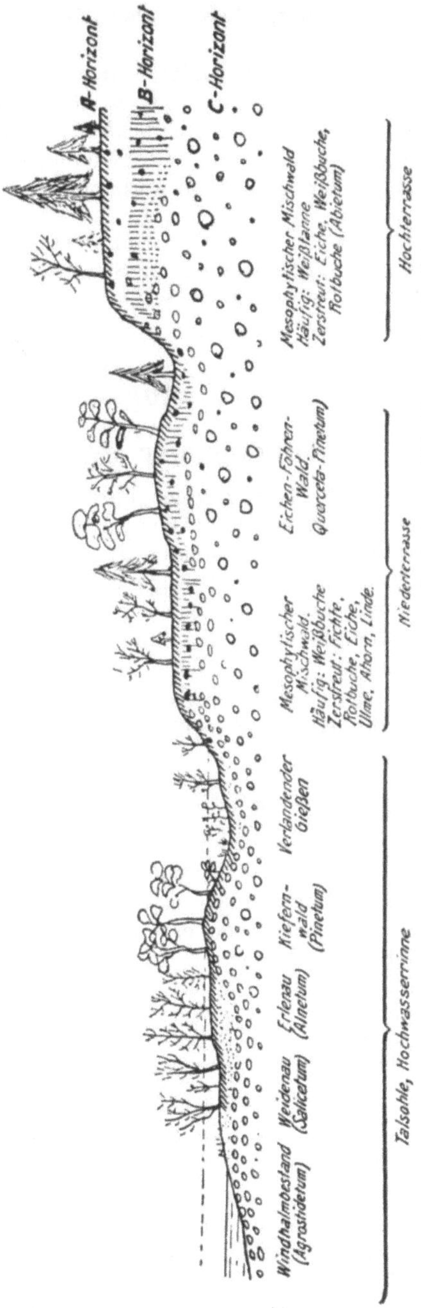

Abb. 129. Schematisches Querprofil durch die Talsohle, die Nieder- und Hochterrasse des Aaretales. A_1 dunkler, humusreicher Teil der Oberkrume, A_2 Podsol (Bleicherde), B_1 verwitterter, kalkfreier Horizont, B_2 Horizont mit Rost- und Kalkausscheidungen, Sand der Hochwasserrinne. verwitterte Steine in B_1, unverwitterte Steine, hauptsächlich im unveränderten Baugrund C.

f) Verwitterungsböden bei Rutschungen. Verwitterungsböden neigen schon an sanft geneigten Abhängen zu Kriecherscheinungen. Dabei werden die eckigen Gesteinsbrocken abgerundet und der Untergrund mechanisch abgehobelt. Bei dieser Bewegung wird die Bodenstruktur vielfach verändert. Dadurch werden die Bedingungen zu rascherem oder langsamerem Tempo der Bodenbewegung geschaffen.

g) Verwitterungsböden hinter Stützmauern. Bilden Verwitterungsböden die Hinterfüllung von Stützmauern, so ist für die Berechnung des Erddruckes nicht die Erd*druck*ziffer, sondern die Erd*widerstands*ziffer maßgebend (siehe S. 568, 581). Einstürze von Stützmauern, Verschiebungen von Brückenwiderlagern sind auf die Mißachtung der tatsächlich vorhandenen Kräfte im Boden zurückzuführen.

Schrifttum.

KIESLINGER, A.: Zerstörung an Steinbauten, ihre Ursache und ihre Abwehr. Leipzig 1932. — Siehe auch Kapitel von DE QUERVAIN: Petrographie für den Ingenieur S. 258.

V. Historische Geologie.

A. Aufgabe der historischen Geologie.

Die historische Geologie, auch Formationskunde, Schichtenlehre, allgemeine Stratigraphie genannt, befaßt sich mit der Zusammensetzung, der Verbreitung und den organischen Einschlüssen der geologischen Formationen; d. h. mit der Gesteinsbildung, die in den verschieden großen Zeitabschnitten der Erdgeschichte entstanden sind. Die Stratigraphie gibt die Entwicklungsgeschichte des Erdballs und der ihn bewohnenden Tier- und Pflanzenwelt wieder.

B. Benennung der Sedimente der einzelnen geologischen Zeitalter (Stratigraphie im engeren Sinne).

1. Grundzüge für die räumliche und zeitliche Einteilung.

Die Gesamtheit der Gesteine wird in räumliche und zeitliche Einheiten unterteilt. Die gebräuchlichste Einteilung geht von der *Schicht* als kleinste Einheit aus; mehrere Schichten bilden eine *Zone*. Mehrere Zonen bilden eine *Stufe*, verschiedene Stufen zusammen ergeben die *Abteilung*, mehrere Abteilungen zusammen bilden die *Formation*, und die größte Einheit, aus Formationen zusammengesetzt, ist die *Gruppe*.

Tabelle 113.

Räumliche Einheiten	Zeitliche Einheiten
Gruppe, z. B.: Neozoikum, Mesozoikum, Paläozoikum usw.	Erdzeitalter oder Ära
Formation, z. B.: Quartär, Tertiär, Kreide, Jura, Trias usw.	Periode
Abteilung, z. B. im Tertiär: Pliozän, Miozän, Oligozän, Eozän, Paleozän usw.	Epoche
Stufe, z. B. im Oligozän: das Tongrien, Rupélien, Aquitanien	Alter
Lager oder Zone, Schichten, z. B.: Mergelige Schichten, kalkige Schichten	—

2. Übersicht über die Erdgeschichte.
(Stratigraphische Tabelle.)
Tabelle 114.

Gruppe	Formation	Abteilung	Stufe	Wichtige geologische Ereignisse	Nutzbare Gesteine, Erze
Kanäozoikum (Neozoikum)	Quartär	Alluvium	—	Geschichtliche Zeit; Eisenzeit, Bronzezeit, Steinzeit	Erzseifen, Raseneisenerze, See-Erze
		Diluvium	—	Gletscher auf der Nordhemisphäre siehe S. 82	Braunkohle
	Tertiär	Pliozän	Levantin	*Faltungen:* Wie Alpen, Apennin, Himalaja, Pazifische Randketten	Kalisalze (Oberrhein)
			Pontien		Braunkohlen (Böhmen)
		Miozän	Sarmatien	*Bruchtechnik:* Rheintalgraben, afrikanische Gräben	
			Helvétien	*Vulkanismus:* Basalte, Liparite	Erdöl (Karpaten, Mesopotamien)
			Burdigalien	*Klima:* Im Altertum tropisch, später Abkühlung auf der Nordhemisphäre	Erzlagerstätten (Elba, Piemont)
		Oligozän	Aquitanien		Golderze, Nickelerze
			Rupélien		
			Tongrien		
		Eozän	Bartonien		
			Lutétien		
			Yprésien		
		Paleozän	Sparnacien		
			Thanétien		
			Montien		
Mesozoikum	Kreide	Obere Kreide	Danien	*Faltung:* gering	Erdöl (Mexiko, Texas)
			Senon	*Vulkanismus,* zum Teil gering; stärker z. B. in den Anden	Seltene Erde (Bauxit in Frankreich)
			Emscher	*Transgression* im Cenoman	
			Turon	*Klima:* Vereisungsspuren in Australien	Phosphorite
			Cenoman		Kupfererz (Arizona)
		Untere Kreide	Gault-Albien		Eisenerz (Bilbao)
			Aptien		
			Barrémien	} Neokom	
			Hauterivien		
			Valangien		
	Jura	Malm (Weißer Jura)	Purbeck-Tithon	*Faltung:* kimmerische Faltung gering	Brauneisen; Minette im Dogger (Württemberg)
			Portland	*Vulkanismus* im allgemeinen gering (Anden; Sierra Nevada)	Steinkohlen (Ungarn, China)
			Kimmeridge		
			Oxford		
		Dogger (Brauner Jura)	Callovien	*Epirogenetische Bewegung:* Große Bedeutung. Transgression bis ins mittlere Dogger	
			Bathonien		
			Bajocien	*Klima:* Ausgeglichen	
		Lias (Schwarzer Jura)	Toarcien		
			Liasien		
			Sinémurien		
			Hettangien		

Tabelle 114 (Fortsetzung).

Gruppe	Formation	Abteilung	Stufe	Wichtige geologische Ereignisse	Nutzbare Gesteine, Erze
Mesozoikum	Trias	Keuper	1 Rätische Stufe	*Orogenese:* Lokale Bedeutung, Transgression im Rätien	Steinsalz, Gips
			2 Norische Stufe	*Vulkanismus:* Lokale Bedeutung	
		Muschelkalk	3 Karnische Stufe	*Klima:* Vorwiegend warm, starke Niederschläge	
			4 Ladinische Stufe		
		Buntsandstein	5 Anisische Stufe		
			6 Szythische Stufe Werfenier		
Paläozoikum	Perm	Zechstein		*Faltungen:* Ural, Appalachen *Vulkanismus:* stark *Klima:* Vereisung Südafrika, Südamerika, Australien *Nordhemisphäre:* warm	Kalisalze, Kupferschiefer, kl. Steinkohlenvorkommen
		Rotliegendes			
	Karbon	Oberes Karbon	Produktives Karbon	*Faltung:* Hauptphase der variszischen Faltung (Schwarzwald, Vogesen, Odenwald, Erzgebirge) *Vulkanismus:* starke Intrusionen *Klima:* Nordhemisphäre warm, Südhemisphäre kalt, Transgressionen	Steinkohlen Magnesit Pyrit
		Unteres Karbon	Kulm		
	Devon	Oberes Devon		Orogenetische Phasen *Faltung:* Devonische Faltungen *Vulkanismus:* lokal *Klima:* vereinzelte Wüsten	Erdöl (Oklahoma, Illinois) Roteisenerz Silber, Blei, Gold
		Mittleres Devon			
		Unteres Devon			
	Silur	Gotlandium		Orogenetische Phasen *Faltungen:* Kaledonische Faltung *Vulkanismus:* stark Transgressionen	Erdöl (Ohio) Silber, Blei, Gold
		Ordovicium			
	Kambrium	Ober. Kambrium		*Faltungen:* gering *Orogenese:* z. T. groß *Vulkanismus:* gering Transgressionen: groß *Klima:* Vereisungsspuren in China und Australien	Silber, Blei, Gold
		Mittl. Kambrium			
		Unt. Kambrium			
Archäozoikum (Algonkium)				*Faltungen:* stark *Vulkanismus:* stark *Klima:* Anzeichen von Vereisung in Nordamerika; keine Anzeichen für hohe Temperaturen	Eisenerze, Zinnerze (Finnland) Apatit-Eisenerze (Schweden) Kupfererze

Anmerkung: 1 bis 6 bedeutet Gliederung in den Alpen.

C. Die geologische Neuzeit.

Die geologische jüngste Zeit, das Quartär, wird unterteilt in: 1. Diluvium; in den Alpen mit vier Eiszeiten, nämlich Günz, Mindel, Riß und Würm; 2. Alluvium, die Nacheiszeit (Postglazial), prähistorische und historische Zeit.

Für den Bauingenieur sind eingehende Kenntnisse der geologischen Verhältnisse im Quartär wichtig, da er bei seinen Bauten immer wieder den quartären Ablagerungen begegnet. Aus der Tabelle 115 gehen die wichtigsten Bezeichnungen und Merkmale für quartäre Ablagerungen hervor.

1. Die verschiedenen Eiszeiten (Diluvium).

Tabelle 115.

Bezeichnung	Merkmale
Diluvium	Im Diluvium wurden durch Gletscher Gesteine weithin verfrachtet und mächtige, ortsfremde Gesteinsblöcke über weite Gebiete verstreut, z. B. schwedischer Granit und Porphyr über Norddeutschland oder baltische Höhenrücken als wieder abgetragene Endmoränen oder alpines Gestein über die alpinen Vorgelände. Jede Vereisung hatte ihren besonderen Geschiebeinhalt, woraus einzelne Steine als Leitgestein angesprochen werden können. Hieraus kann heute noch auf die Gletscherbahn geschlossen werden
Findlinge (Erratiker)	Die fremden Gesteinsblöcke werden Findlinge (Erratiker), in den Alpen auch Geißberger genannt usw.
Moräne	Moräne bedeutet den vom Gletscher fortgeführten und abgelagerten Schutt. Der Schutt gerät durch Felsstürze auf die Gletscheroberfläche und gelangt durch Spalten in das Gletscherinnere und an seinen Grund Man unterscheidet: *Grundschutt:* Schutt, der vom Untergrund der Gletscher herrührt *Randschutt:* Schutt, der vom Rand der Gletscher herrührt *Obermoräne* ist der auf der Oberfläche des Gletschers liegende Schutt Man unterscheidet: Seitenmoräne (Randmoräne, Gandecken, Ufermoräne): Sie bilden zu beiden Seiten des Eisstromes Schuttwälle Mittelmoräne (Gufferlinie): Sie entsteht beim Zusammenfließen zweier Obermoränen *Innenmoräne* ist die aus dem Grundschutt heraufgepreßte Moräne *Grundmoräne* (Untermoräne). Der Schutt befindet sich zwischen Eis und Unterlage. Die Grundmoräne ist oft in das Eis hineingepreßt. Das Material ist ungeschichtet und oft fein zerrieben gekreuzt, die einzelnen Stücke geritzt, geschrammt *Endmoräne* (Stirnmoräne) ist der an der Stirne des Gletschers halbkreisförmig abgelagerte Moränenschutt *Moränenlehm* (Blocklehm) besteht aus lehmig, tonig-schlammigem, meist wasserundurchlässigem Material; häufig bei Grundmoränen *Moränenseen* (Abdämmungsseen) schließen nach Rückzug der Gletscher alte Seen ein; diese versumpfen, vertorfen sehr oft
Drumlin	Drumlin bestehen aus Grundmoränenmaterial und bilden in Richtung der Eisbewegung elliptische Rücken (Rückenberge). Wenn die Drumlin zahlreich vorkommen, spricht man von einer Drumlinlandschaft
Rundhöcker	Rundhöcker oder Rundbuckel sind durch Gletscherschliff abgerundete Felserhebungen mit Schrammen in der Richtung der Eisbewegung
Gletscherschliffe	Gletscherschliffe oder Gletscherschrammen sind glatte, spiegelnde Flächen sowie Schrammen auf dem Felsgrund. Sich kreuzende Schrammen deuten auf örtliche Bewegungen des Eises hin

Tabelle 115 (Fortsetzung).

Bezeichnung	Merkmale
Schotterterrassen	Schotterterrassen bestehen aus grobem Geröll. Sie sind als Abschwemmungsprodukt aus Moränen oder aus Flußablagerungen entstanden. Je nach der Eiszeit, aus welcher die Schotter stammen, unterscheidet man im Alpengebiet: Günz- oder älteren Deckenschotter, oft mit Löchern im Geröll Mindel- oder jüngeren Deckenschotter Riß- oder Hochterrassenschotter, vielfach erst beim Rückzug der Gletscher entstanden. Bisweilen von Löß überlagert Würm- oder Niederterrassenschotter (vgl. Abb. 139 über die Talbildung in der Eiszeit und Nacheiszeit)
Zwischeneiszeit	Zwischen zwei Eiszeiten versiegten die Flüsse oft. Es bildete sich eine reiche Pflanzenwelt. Aus dieser Zeit stammen gewisse Schieferkohlenlagen
Technische Bedeutung der Eiszeiten	a) Die Schotterterrassen führen meistens Grundwasser und liefern sehr viele Quellwasser. Dadurch wurde die frühzeitige Besiedelung gewisser Gebiete möglich b) Die alten Flußläufe führen Grundwasser; vergleiche die Urstromtäler Norddeutschlands. In der Alluvialzeit fanden die Flüsse oft ihre früheren Läufe nicht mehr. c) Die Ablagerungen im Rückzugsgebiete der Gletscher sind sehr ungleichmäßig zusammengesetzt. Die Setzungen von Gründungen fallen dementsprechend verschieden groß aus d) Ertrunkene Täler mit Schlammauffüllungen und fluvioglazialen Ablagerungen sind keine Seltenheiten. Bei der Vornahme von Bohrungen können solche Täler leicht überbohrt werden. Flächenhafte Untersuchungsverfahren sind angezeigt (siehe Abb. 126)
Ursachen der Gletscherschwankungen	Es wird angenommen, daß in den letzten 350000 Jahren die Eismassen in den Alpen und in Nordeuropa Schwankungen unterworfen waren, weil der Feuchtigkeitsgehalt der Luft, die Strahlungsintensität, die Temperatur, die Niederschlagsmenge usw. säkularen Änderungen unterworfen war (siehe Abb. 130)[1]
Wirkung der Gletschertätigkeit	Durch den Vorstoß der Gletscher werden die Unterlagen mechanisch abgenützt. Durch das Abreißen und Absplittern von kleineren und größeren Gesteinsstücken werden Erosionswirkungen erzeugt Messungen am Allalingletscher ergaben an zahlreichen Beobachtungspunkten Abnützungswerte je Jahr[2]: Größtwert...... 181 mm Mittelwert...... 30,1 mm Kleinstwert .... 0 mm

Abb. 130. Vorstoß der Gletscher in Nordeuropa in den letzten 350000 Jahren (vgl. W. SOERGEL und MILANOWITSCH).

[1] Vgl. W. SOERGEL: Das Eiszeitalter S. 49/52. — P. BECK: Studien über das Quartärklima im Lichte astronomischer Berechnungen. Eclogae Geologicae Helvetiae Basel Bd. 30 (1937); Bd. 31 (1938).

[2] Vgl. O. LÜTSCHG: Beobachtungen über das Verhalten des Allalingletschers im Wallis. Z. Gletscherkunde S. 257. Berlin 1926. — Über Niederschlag und Abfluß im Hochgebirge. Zürich 1926.

Beispiel 1: Entstehung der Täler beim Vorstoß und Rückzug des Günz-, Mindel-,
Riß- und Würmgletschers. Die Abb. 131 bis 139 zeigen:

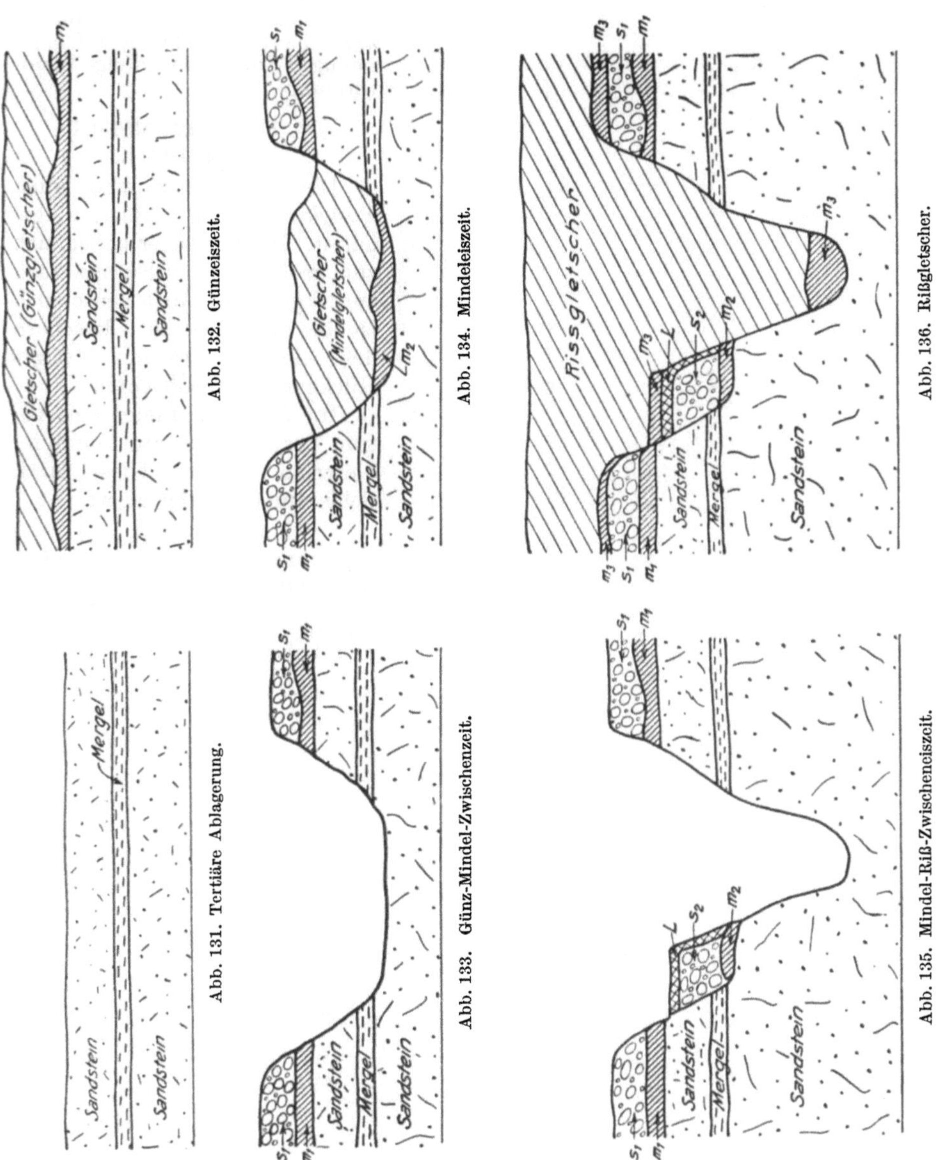

Abb. 131. Ursprüngliche tertiäre Ablagerung,
Abb. 132. Günzeiszeit: m_1 = Grundmoräne, erstes Vorrücken der Alpengletscher,
Abb. 133. Günz-Mindel-Zwischenzeit: s_1 = älterer Deckenschotter,
Abb. 134. Mindeleiszeit: m_2 = Mindelgrundmoräne,
Abb. 135. Mindel-Riß-Zwischeneiszeit: s_2 = jüngerer Deckenschotter, L = Löß-
  ablagerungen, Rückzug der Gletscher; tiefe Durchtalung,
Abb. 136. Rißgletscher: m_3 = Rißgrundmoräne,
Abb. 137. Riß-Würm-Zwischenzeit: s_3 = Hochterrassenschotter,
Abb. 138. Würmgletscher: m_4 = Würm-Wallmoräne,
Abb. 139. Nacheiszeit: s_4 = Niederterrassenschotter, U = heutige Talhänge.

Beispiel 2: Beschaffenheit einer Endmoräne. Aus Abb. 140 gehen die Bezeichnungen der verschiedenen Arten von Ablagerungen in der Nähe einer Endmoräne hervor. In Abb. 141 ist das innere Gefüge einer Endmoräne sichtbar. Abb. 142 zeigt die Wellenbildung auf einer sandigen Endmoräne infolge Windwirkung.

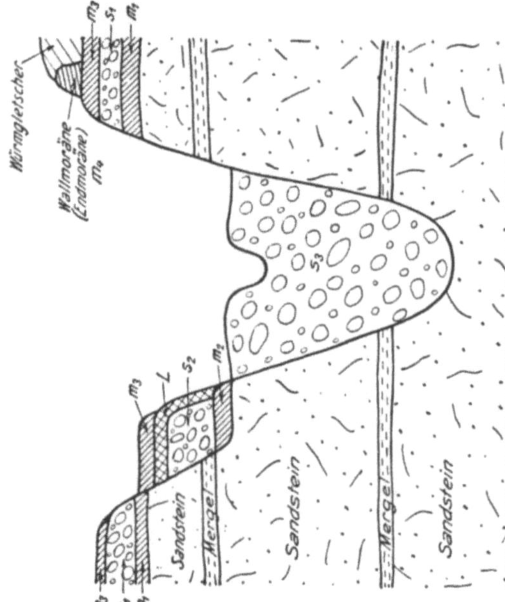

Abb. 138. Würmgletscher.

2. Die Nacheiszeit (Alluvium).

Die *Nacheiszeit* wird auch *Postglazial* oder *Alluvium* genannt. Die Gletscher haben sich zum größten Teil in Europa stark zurückgezogen. Auch heute noch ist bei den meisten Gletschern des Alpengebietes ein stetiger Rückgang zu beobachten.

Im Alluvium findet ein Abtrag des Gebirges statt und im Unterland werden Kies, Sand, Schlamm usw. abgelagert.

Schrifttum.

BENDEL, L.: Neuere geolog. Aufnahmen von Luzern und ihre technische Bedeutung. Schweiz. Bauztg. 1932. — BEURLEN, K.: Erd- und Lebensgeschichte. Eine Ein-

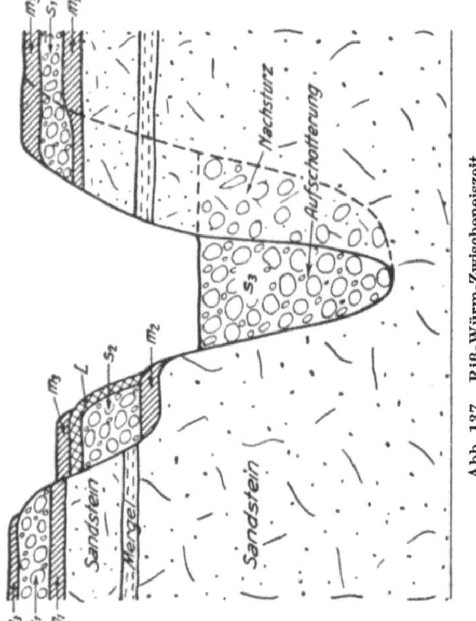

Abb. 137. Riß-Würm-Zwischeneiszeit.

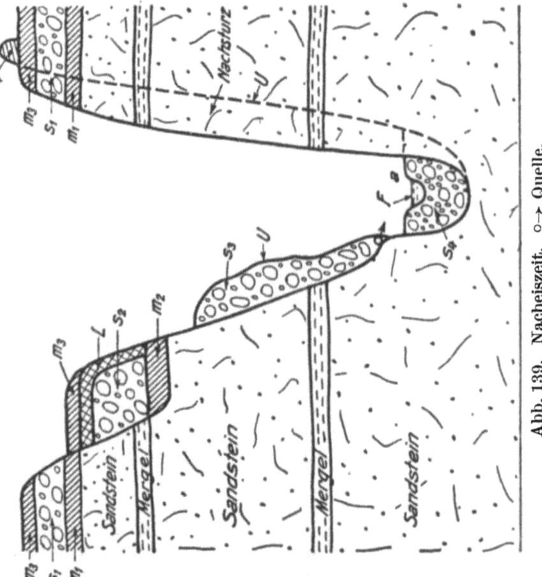

Abb. 139. Nacheiszeit.

führung in die historische Geologie. Leipzig 1939. — DACQUÉ, E., u. E. EBERS: Deutsche Landschaftskunde. München u. Berlin 1935. — DÜCKER, A.: Glazialmorphologische Landschaftsräume an der Reichsautobahn Hamburg—Lübeck. Straße 1936 Heft 10. — GOTHAN, W.: Kohle. Bergschlag-Krusch-Vogt. Lagerstätten. Stuttgart 1937. — GRIPP, K.: Ausbildung und Gliederung des Schmelzwassergürtels. Forsch. u. Fortschr. Bd. 17 (1941) Nr. 31/32 S. 347/348. — Glaziologische Ergebnisse der Hamburgschen Spitzbergen-Expedition 1927. Abh. Naturw. Ver. Hamburg 1929 S. 145. — HAEFELI,

R.: Lawinen und Gletscher, Kap. X in Teil II. — HAHN, H., u. F. LANGBEIN: Fünfzig Jahre Berliner Stadtentwässerung 1871—1928. Berlin 1928 mit Schrifttumverzeichnis. — HEIM, A.: Handb. d. Gletscherkunde. Stuttgart 1885. — HESS, H.: Die Gletscher. Braunschweig 1904. — HÖRBIGERS Welteislehre. — HÖRBIGER-FAUTH: Glazialkosmogonie. — HUG, J.: Regional-Geologie von Zürich. Der Baugrund der Stadt Zürich.

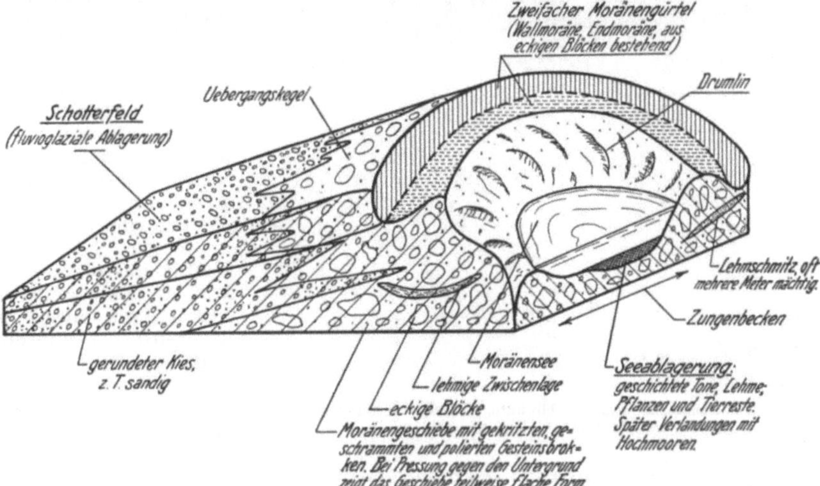

Abb. 140. Schematischer Querschnitt durch eine Endmoräne mit Vorfeld und Moränensee.

Hoch- u. Tiefbau 1938 Nr. 37. — KÖPPEN-WEGENER: Die Klimate der geologischen Vorzeit. Berlin 1924 und Ergänzungsband 1940. — LAGALLY, M.: Mechanik und Thermodynamik des stationären Gletschers. Eng. d. kosm. Physik 1933 S. 1. — LEFFINGWELL, E. K.: The Canning River, Region Northern Alaska U. S. Geol. Survey,

Abb. 141. Inneres Gefüge einer Endmoräne.
a Lehmlagerung, b Sand eines Stausees, c Kiesschichten mit 43° Neigung, s_1—s_2 zweite Sandablagerung mit gleichbleibender 15°-Neigung gegen die früheren Ablagerungen, d Sand mit Lehmschmitzen, Schwemmprodukte des Schmelzwassers, e, f, g Lehm, Sand und Kies je nach der Stärke der Schmelzwasserströmung.

Prof. P 1919. — MEINARDUS, W.: Arktische Böden in E. BLANK: Handb. d. Bodenlehre
Bd. 3 (1930) S. 27. — MÜLLER, H.: Deutschlands Erdoberflächenformen. Morphologie
für Kartenherstellung und Kartenlehre. Stuttgart 1941. — POLACK, E.: Torf und Moor
in Niederländisch-Ost-
indien. Verh. K. Akad.
Wet. Amsterdam, II. Sect.
(1933) S. 3. — SINGER, M.:
Gebiet der nordeuropäi-
schen Vereisung. Der Bau-
grund S. 233/251. Berlin
1932. — SOERGEL, W.: Die
Vereisungskurve. Ent-
stehung von Mooren in der
Nacheiszeit (siehe Abb. 143,
in welcher die Erklärungen
gegeben sind). Berlin 1938.
— VOIGT, H.: Eis, ein
Weltenbaustoff. — WAG-
NER, A.: Klimaänderungen
und Klimaschwankungen
S. 180ff. Braunschweig
1940. — Berliner Städti-
sche Wasserwerke AG.
1856—1931. Int. Industrie-
bibliothek 1932. — Ing.-
geologische Baugrund-

Abb. 142. Wellenbildung, sog. Riffelbildung, infolge Windverwehung
auf einer Endmoräne in Norddeutschland.

untersuchungen. — TIEDEMANN: Der Baugrund des Königsberger Stadtgebietes 1924. —
Jahrbuch der Moorkunde 1939. Hannover 1940. — Regional-Geologie von Berlin. —
KRAUSE, F.: Die städtische Nord-Süd-Bahn in Berlin. Zbl. Bauverw. 1923 Nr. 27/28.
— HONROTH: Erweiterung der Berliner Nord-Süd-Bahn. Zbl. Bauverw. 1926 Nr. 11. —
SCHWEDTLER, A.: Die Stütz- und Ufermauern am Südufer des Spandauer Schiffahrts-
kanales. Bauing. 1924 S. 423. — Regional-Geologie von London. Memoirs of the
Geological Survey of Great Britain; Map 256, North London 1925, Map 270 South
London 1925. Engineering 1924 S. 676; 1925, 2. Jan.; Bd. 2 (1930) S. 443; Proc. Geol.
Assoc. Lond. Bd. 37 (1926) S. 4. — Regional-Geologie von Paris. SENTENAC: Sci. et
Ind. 1927 Nr. 160. — UTUDIJIAN: Das unterirdische Paris. Travaux 1939 S. 258. —
Regional-Geologie von Wien, Rom. SINGER, M.: Der Baugrund S. 252/277. Berlin 1932.
— Vorstoß der Gletscher in Nordeuropa in den letzten 350000 Jahren, nach W. SOER-
GEL: Das Eiszeitalter S. 49. Jena 1938; ferner W. SOERGEL: Die Vereisungskurven.
Berlin 1937. Vgl. auch M. MILANKOVITCH: Mathematische Klimalehre und astronomi-
sche Theorie der Klimaschwankungen. Handb. d. Klimatologie Bd. 1. Berlin 1930. —
Astronomische Mittel zur Erforschung der erdgeschichtlichen Klimate. Handb. d.
Geophys. Bd. 9 Lief. 3. Berlin 1938.

D. Tier- und Pflanzenwelt.

1. Paläontologie.

Paläontologie bedeutet die Lehre der Versteinerungen von Fauna und Flora
aus früheren geologischen Zeiten.

a) Begriffe.

Tabelle 116. *Übersichtstabelle über die Begriffe und Aufgaben der Paläontologie.*

Bezeichnung	Merkmale
Petrefakt Fossil	} Versteinerung des früheren Lebewesens oder dessen Exkremente
Fossilspuren	Abdrücke von Pflanzen, insbesondere von Tieren, z. B. Fußab- drücke, Kriechspuren von Würmern, Krebsen, Muscheln usw.
Paläophytologie	Lehre von den früheren Pflanzen
Paläozoologie	Lehre von den früheren Tieren
Flora	Pflanzenwelt
Fauna	Tierwelt
Pollenanalyse	Untersuchung der Locker- und Sedimentgesteine auf das Vor- handensein von Blütenpollen

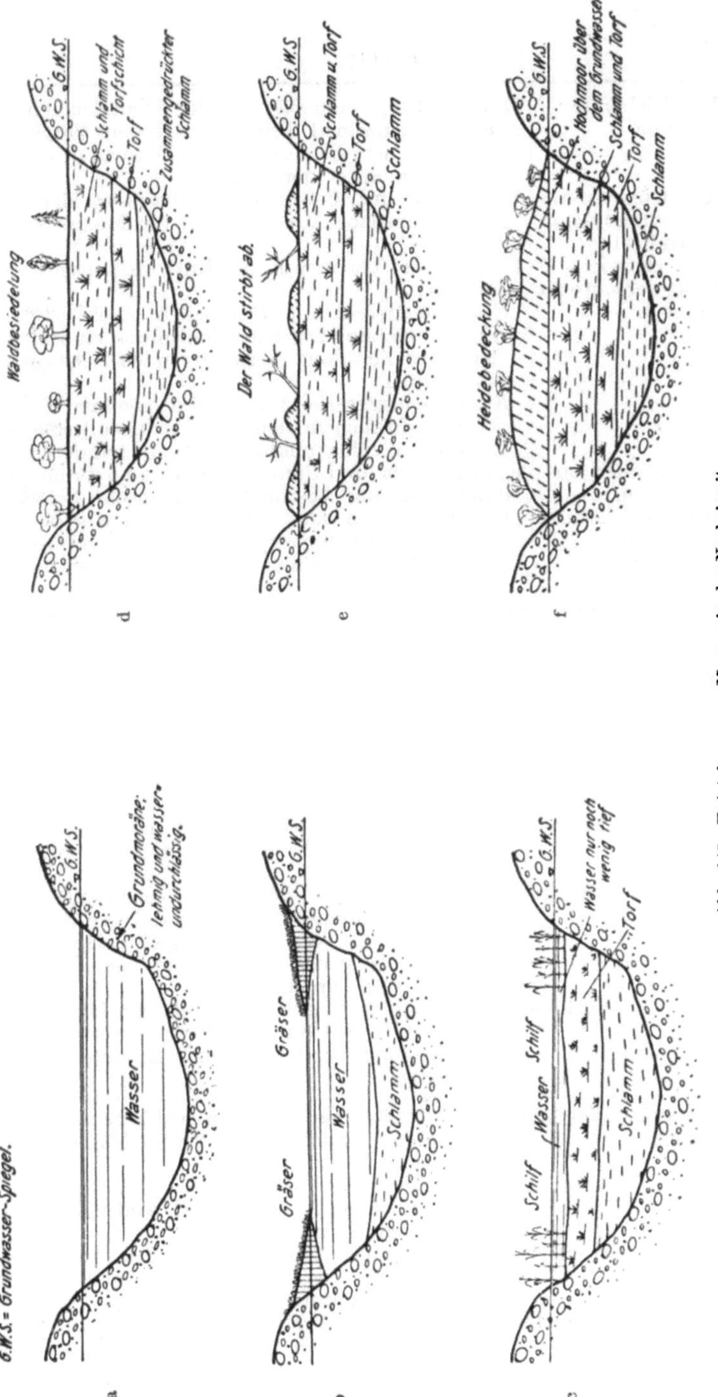

Abb. 143. Entstehung von Mooren in der Nacheiszeit.
a Moränensee, b Verschlammung, c Vertorfung, d verlandeter See, e Wucherung des Torfmoores, f Heidebedeckung des Hochmoores.

Vgl. S. 274/275.

13*

b) Aufgaben der Paläontologie.

Die Aufgaben, die die Paläontologie zu lösen hat, gehen aus der Tabelle 117 hervor.

Tabelle 117.

Auf- gaben der Pa- läonto- logie	*α*) Vergleichende Anatomie	D. h. die Lehre vom Bau und der Form der Lebewesen und der einzelnen Teile sowie deren Vergleichung untereinander; sie bezweckt den Ausbau des Gesetzes der „Korrelation der Organe"
	β) Die früheren Lebensbedingungen zu ermitteln	Z. B. ob ein Lebewesen im Süßwasser, Meerwasser, gemischtem (sog. brackischem) See-Meerwasser vorkam
	γ) Die Entwicklungsgeschichte zu schreiben	Es gibt zwei Theorien in der Entwicklungsgeschichte; nämlich: *Evolutionstheorie*, d. h. Feststellen, ob ein genetischer Zusammenhang zwischen den in den einzelnen geologischen Zeitaltern vorkommenden Lebewesen besteht, oder *Katastrophentheorie*, d. h. ob die einzelnen Tiere und Pflanzenformen in den verschiedenen geologischen Zeitaltern völlig unabhängig voneinander seien
	δ) Leitfossilien zu bestimmen	Einzelne Tier- und Pflanzenarten sind typisch und gebunden an eine bestimmte geologische Schicht
	ε) Kosmopoliten zu bestimmen	Ein Lebewesen kann in verschieden geologischen Schichten (Horizonten) vorkommen und ist daher nicht typisch für einen geologischen Horizont

c) Grundsätzliches für die Bestimmung von Versteinerungen.

Die hauptsächlichsten Merkmale, die bei der Bestimmung der Pflanzen- und Tierversteinerungen zu beachten sind, gehen aus Tabelle 118 hervor.

Tabelle 118. *Erhaltungszustand der Überreste von Pflanzen und Tieren.*

Erhaltungs- zustand der Über- reste von Pflanzen und Tieren	Pflanzen- versteine- rungen	Verkohlung	Als letzter Überrest ist nur eine dünne Lage kohliger Substanz geblieben
		Abdruck	Die Pflanze selbst ist nicht mehr vorhanden, sondern nur noch ein Abdruck, z. B. auf Mergeln, Schiefern
		Struktur	In Kohlenflözen ist die einzelne Pflanze unsichtbar, da die Fäulnis unter Abschluß von Sauerstoff vor sich ging. Steinkohle, kompakte Braunkohle usw. sind als versteinerte Reste des Faulschlammes (Sapropel) anzusehen
		Verkiese- lung	Die Holzsubstanz ist durch ein Mineral, vielfach durch Kieselsäure oder Kalkspat ersetzt, z. B. Verkieselung von Holzspänen in den Keuperformationen
	Tierverstei- nerungen	Weichteile	Die Weichteile verfaulen meistens. Weichteile von Tieren sind nur bekannt vom Mammut im sibirischen Eis
		Abdrücke	Das Tier selbst ist nicht mehr vorhanden, sondern nur noch der Abdruck, z. B. Abdrücke von Quallen aus dem Silur
		Hohlformen	Die Fleischsubstanz, unter Umständen auch die Schale des Tieres sind verschwunden; an ihre Stelle ist ein Hohlraum getreten
		Hartgebilde	Die meisten Versteinerungen sind aus Überresten von Hartgebilden der Tiere hervorgegangen, z. B. Gehäuse von Muscheln, Schnecken, Krebstieren usw. Meistens besteht das Hartgebilde aus kalkiger Masse, seltener aus Kieselsäure

Tabelle 118 (Fortsetzung).

Erhaltungs-zustand der Über-reste von Pflanzen und Tieren	Tierverstei-nerungen	Steinkern		Der Hohlraum der Tiere ist meistens mit Gesteins-masse, ehemaligem weichem Schlamm ausgefüllt. Diese Gesteinsmasse wird Steinkern genannt (siehe Abb. 144)
		Fossilform		Der Steinkern kann auch aus anderem Mineral als demjenigen der Umgebung bestehen Oft erscheinen die alten Fossilformen zusammen-gedrückt und gequetscht, namentlich im Schiefer und Mergel, z. B. infolge tektonischer Einflüsse vgl. S. 199)
		Umwand-lungen	Inkru-station	Die Schale des Tieres wird in einen Kalk-mantel eingehüllt, so daß eine Mumie entsteht
			Schale	Die Schale, die selbst aus tierischem Kalk bestand, kann aufgelöst und zerstört werden
			Infiltra-tion	Mineralien dringen in die Poren und Ka-nälchen der Tierschale und in die Kno-chengebilde ein. Die Zellstruktur ist oft noch sehr gut erhalten
			Chemi-sche Um-wand-lung	An Stelle des zoogenen Kalkes tritt bis-weilen kohlensaurer Kalk oder Kalkspat oder auch organische Kieselsäure, Quarz, Baryt, Flußspat usw., man nennt: Verkieselung = Umwandlung des organi-schen Kalkes in Quarz; Verkiesung = = Umwandlung des organischen Kalkes in Schwefelkies Verkiesungen sind z. B. bekannt bei Am-moniten; bei Luftzutritt nicht beständig
	Pflanzen- und Tier-versteine-rungen		Auswit-terung	Vielfach ist das Mineral der Versteinerung vom Mineral der Umgebung verschieden. Fossilien, die aus widerstandsfähigerem Material bestehen als die Umgebung, werden bei Verwitterung der Oberfläche bloßgelegt. So findet man z. B. vielfach leichter Fossilien auf den Schichtflächen als in einer massigen Bank infolge frühe-rer Auswitterung an der Gesteinsober-fläche
Naturspiele				Es handelt sich um Konkretionen (Zusammenballungen von Gesteinsmassen infolge Infiltration von Kalk) oder um Auswitterungsformen, die zu-fälligerweise die Form von Petrefakten haben.

d) Beispiele von Versteinerungen (Fossilien).

Beispiel 1: Ammonites Murchisonae. Leitfossil im Dogger (brauner Jura, und zwar unterer Dogger; β-Schicht).

Die Ammonites Murchisonae gehören zu den Ammonoidea. Die Ammoniten lebten im Devon, in der Trias und im Jura (vgl. auch Abb. 145). Das Tier selber ist nicht bekannt, nur die scheibenförmig aufgerollte Schale.

Für die Bestimmung der Ammoniten ist der gekammerte Teil besonders wichtig, weil im Steinkern die Ansatzstellen der Kammerscheidewände sichtbar werden; es sind dies die sog. Sutur- oder Lobenlinien (*s* in Abb. 145). Die Lobenlinie kann einfach gewellt oder in Zickzacklinien gebogen sein.

Die Ammoniten waren kalkliebende Tiere. Sie werden nur in marinen Schichten gefunden. Vielfach wird nur der Steinkern mit Ausguß gefunden.

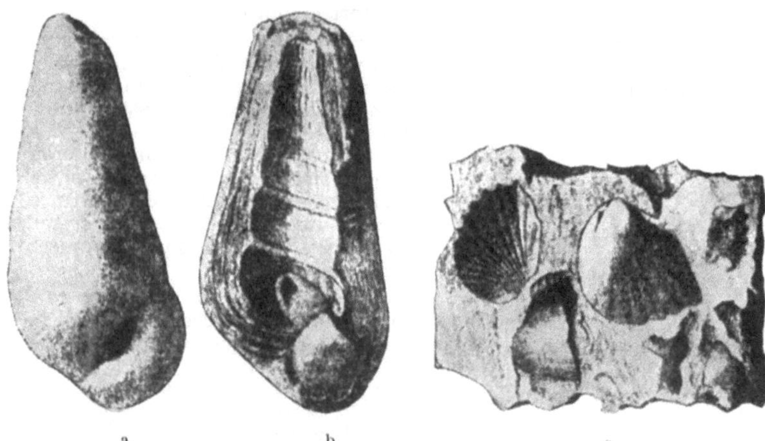

Abb. 144. Beispiele von Versteinerungen. Mumien.
a Mumie von außen: eine von einem Kalkmantel umhüllte Schnecke, b Mumie aufgeschnitten, Querschnitt durch die Decke, c Hohlraum und Steinkern einer radial gestreiften Muschel.

Bei den Ammonites Murchisonae ist der Kiel glatt. Die Rippen sind sichelförmig gebogen und die Lobenlinien ziemlich einfach. Sie gehören zu den Harpoceras (Falciferen).

Abb. 145a ist die Seitenansicht eines Ammoniten Murchisonae.

Abb. 145b ist die Ansicht von vorn.

Beispiel 2: Pekten (siehe Abb. 146).

Abb. 146a: Pecten burdigalensis.
Abb. 146c: Pecten pictus.
Abb. 146d: Pecten palmatus.

Abb. 145. Ammonites Murchisonae. Brauner Jura (unterer Dogger) Murchisonae-β-Schichten. Das Tier selber ist nicht bekannt. Die Ammoniten gehören zu den Cephalopoden. Wichtig sind die Sutur- oder Lobenlinien; es sind dies die Ansatzteile der Kammerscheidewände an der Innenseite der Schale.

Abb. 146. Beispiele von Versteinerungen. Pekten. — Pecten burdigalensis — Pecten pictus — Pecten palmatus. Pecten burdigalensis ist das Leitfossil im miozänen Meeressand des Burdigalien; Pecten pictus kommt im Oligozän des Mainzer Tertiärs vor; Pecten palmatus kommt in marinen Ablagerungen des Miozäns vor. Die Pekten gehören zu den Muscheln (Lamellibranchiata). Die Muscheln bilden die erste Abteilung der Weichtiere oder Mollusken. Die Gruppe der Pectenidae weist schon im Karbon Vorläufer auf. Die Schalen der Pecteniden sind glatt, meist aber radial gestreift. Bei der Pektengruppe sind die linke und die rechte Klappe oft ungleich ausgebildet; die Klappe führt Ohren.

Pecten burdigalensis ist das Leitfossil im miozänen Meeressand des Burdigalien.

Pecten pictus kommt im Oligozän des Mainzer Tertiärbeckens vor.

Pecten palmatus kommt in marinen Ablagerungen des Miozän vor.

Die Pekten gehören zu den Muscheln (Lamellibranchiata). Die Muscheln bilden die erste Abteilung der Weichtiere oder Mollusken. Die Gruppe der Pectenidae weist schon im Karbon Vorläufer auf. Die Schalen der Pecteniden sind glatt oder konzentrisch, meist aber radial gestreift. Bei der Pektengruppe sind die linke und rechte Klappe oft ungleich ausgebildet. Die Klappen führen Ohren.

Schrifttum.

ABELS: Lebensbilder aus der Tierwelt der Vorzeit. 1941. — FRÜCHTEBAUER, H.: Deformierte Fossilien im germanotypen Gebirge Westfalens. Geol. Rdsch. 1942 S. 16. — MÄGDEFRAU: Paläobiologie der Pflanzen. Jena 1942. — Handb. d. Biologie, herausg. von L. v. BERTALAUFFY Bd. 1 bis 5 (1942). — FRAAS, E.: Der Petrefaktensammler. Stuttgart 1910.

e) Anwendungen der Paläontologie.

Die Paläontologie wird gebraucht:

α) zur Erforschung der Entwicklung der einzelnen Arten der Lebewesen,

β) zur Bestimmung des relativen Alters der Gesteinsschichten (s. Abb. 147),

γ) für die Abfassung der Erdgeschichte (Stratigraphie, Formationskunde), mit anderen Worten für die Aufstellung des geologischen Zeitsystems,

δ) für die Ermittlung früherer klimatischer Veränderungen,

ε) zur Erkenntnis früherer geographischer Verhältnisse,

ζ) zur Feststellung von Bewegungen der Erdrinde[1].

f) Mikropaläontologie.

Bei der Mikropaläontologie handelt es sich namentlich um die mikroskopische Bestimmung von Foraminiferen, Radiolarien, Diatomeen, Pollen, Bazillarien. Ein Zweig der Mikropaläontologie, der für die Ingenieur-Geologie von besonderer Bedeutung ist, ist die Pollenanalyse[2].

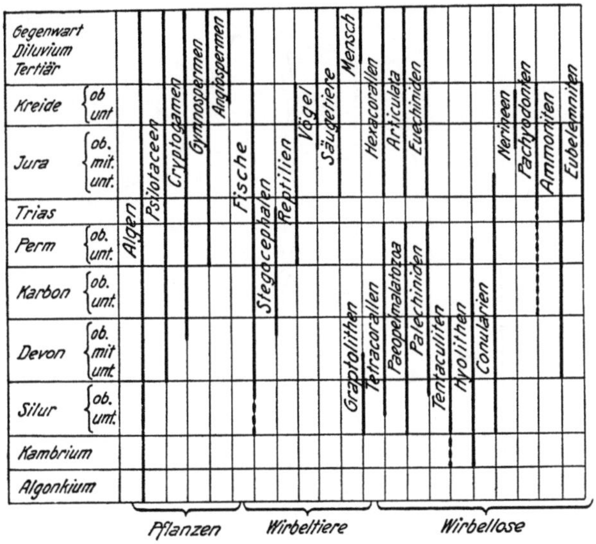

Abb. 147 zeigt eine Tabelle mit den Entwicklungen der einzelnen Arten der Lebewesen in den verschiedenen geologischen Zeitaltern. Die geologischen Zeitalter (von oben nach unten): Gegenwart, Diluvium, Tertiär, Kreide {ob, unt}, Jura {ob., mit., unt.}, Trias, Perm {ob., unt.}, Karbon {ob., unt.}, Devon {ob., mit., unt.}, Silur {ob., unt.}, Kambrium, Algonkium.

Pflanzen: Algen, Psilotaceen, Cryptogamen, Gymnospermen, Angiospermen. — Wirbeltiere: Fische, Stegocephalen, Reptilien, Vögel, Säugetiere, Mensch. — Wirbellose: Hexacorallen, Articulata, Euechiniden, Graptolithen, Tetracorallen, Paeopelmatozoa, Palechiniden, Tentaculiten, Hyolithen, Conularien, Nerineen, Pachyodonten, Ammoniten, Eubelemniten.

Abb. 147. Tabelle mit den Entwicklungen der einzelnen Arten der Lebewesen in den verschiedenen geologischen Zeitaltern.

α) Pollenanalyse.

I. Wesen der Pollenanalyse. Ein besonderes Untersuchungsverfahren zur Bestimmung der früheren Flora bildet die Pollenanalyse. Die systematische Untersuchung von Pollen, im besonderen von Baumpollen, heißt Pollenanalyse. Mit ihrer Hilfe ist es möglich, die im Laufe der Zeiten erfolgten Änderungen der Vegetation eines engeren oder weiteren Gebietes zu bestimmen. Die Wechsel in den Pflanzengesellschaften heißen *Sukzessionen*[3]. Die Blütenstaubkörner und

---

[1] Eingehende Ausführungen über das Wesen der Paläontologie sind enthalten in: HERWIG: Wesen und Wege der Paläontologie. Berlin 1932. — ENDRISS, K.: Versteinerungen. Stuttgart 1927.

[2] Vgl. F. THIERGOST: Die Mikropaläontologie als Pollenanalyse. Schriften aus dem Gebiet der Brennstoffgeologie Heft 13. Stuttgart 1940. — O. H. SCHINDEWOLF: Handb. d. Paläontologie.

[3] Vgl. W. LÜDI: Die Methoden der Sukzessionsforschung in der Pflanzensoziologie. Handb. d. biologischen Arbeitsmethoden Abt. 11: Chemische, physikalische und physikalisch-chemische Untersuchungen des Bodens 1930 Teil 5 Heft 3 S. 527.

Sporen früherer Waldbaumbestände findet man vorzugsweise in den Torf-
ablagerungen; denn die bei der Vertorfung entstehenden Humusverbindungen
sind ausgezeichnete Konservierungsmittel für pflanzliche Substanzen, nicht aber

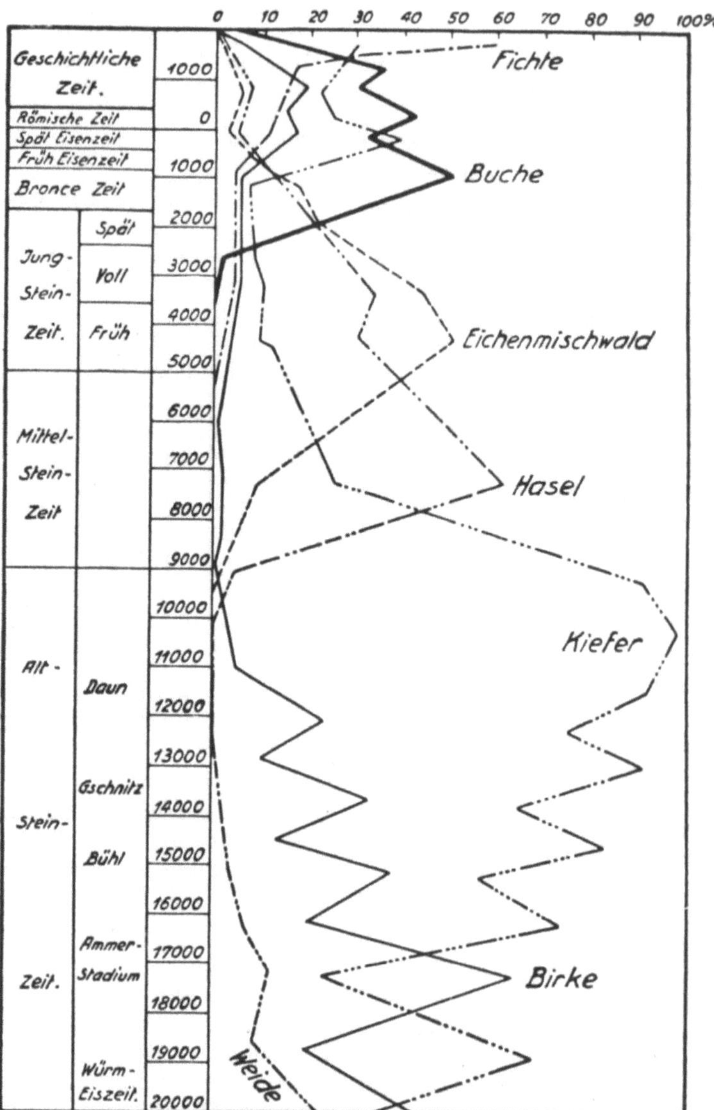

Abb. 148. Pollenanalyse. Durchschnittsdiagramm aus 110 Diagrammen aus Oberschwaben (nach K. BERTSCH).

für tierische Hartteile aus Kalk, wie z. B. Muschelschalen und Knochen. Diese
werden aufgelöst.

Aus der prozentualen Häufigkeit eines Baumpollens kann auf die Häufigkeit der betreffenden Baumart in der Nähe eines Torfes geschlossen werden.

Ferner kann man sich bei Untersuchungen verschiedener Torfe ein Bild über
die Verbreitung und die Dauer der Waldbestände machen.

Der Wechsel der Baumbestände ist durch Klimaschwankungen verursacht;
deshalb können aus den Pollenanalysen Schlüsse auf das Klima und die Lebens-
bedingungen der vorgeschichtlichen Zeit gezogen werden.

Die Untersuchungen fossiler Pollen erstrecken sich auf die alluvialen, diluvialen, tertiären und nur zum kleinsten Teil auf noch ältere Sedimente.

II. Beispiel: Vegetationsänderung in der Nacheiszeit. Die nacheiszeitliche
Entwicklung der Waldbäume und der Böden ist in der Tabelle 119 (siehe S. 202)
enthalten, die mit Hilfe der pollenanalytischen Untersuchungen erstellt wurde.

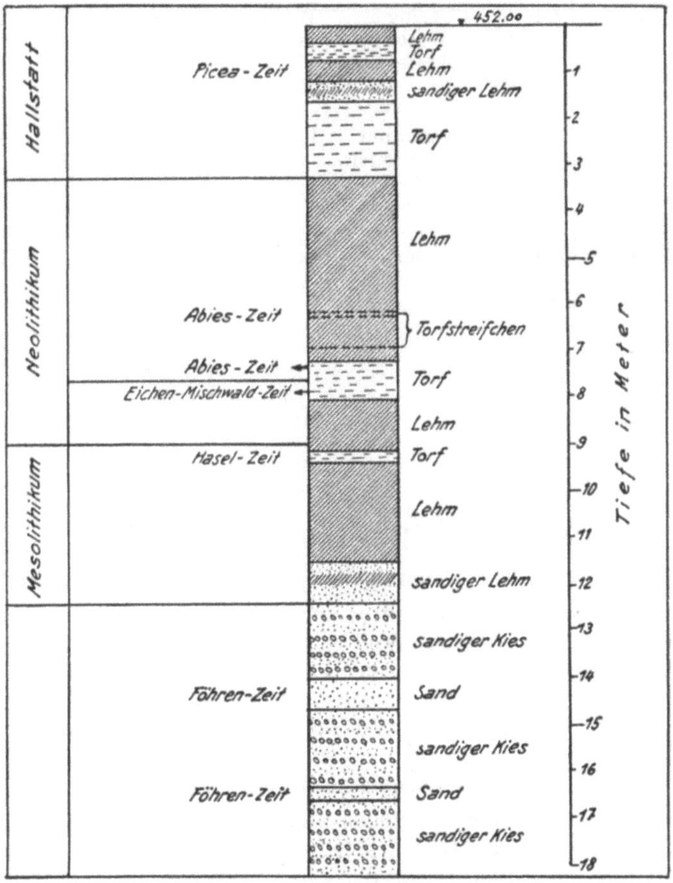

Abb. 149. Pollenanalytische Untersuchungen (Luzerner Allmend).

β) Das Pollendiagramm.

Die Pollengattungen und Pollenarten werden bei der Pollenanalyse ausgezählt. Für jeden Horizont wird der prozentuale Anteil der verschiedenen
Baumpollen ermittelt und in einem Diagramm aufgetragen (siehe Abb. 148, 149).

Schrifttum.

BERTSCH, K.: Lehrbuch der Pollenanalyse. Handb. d. praktischen Vorgeschichts-
forschung, herausgeg. von H. REINERTH, Bd. 3. Stuttgart 1942. Enthält zahlreiche
Abbildungen über Blütenstaubkörner und Sporen. — HÄRRI, H.: Stratigraphie und
Waldgeschichte des Wauwyler Mooses und ihre Verknüpfung mit der vorgeschichtlichen Siedelung. Bern 1940.

Tabelle 119. *Nacheiszeitliche Entwicklung der Waldbäume und der Böden.*

Bezeichnung der Zeitperiode		Klima	Feuchtigkeitsgehalt	Pflanzenart	Sukzessionsfolge der Wälder		Bodenart
Eiszeit		Kühl	Trocken	Tundra	Tundra		Frostboden
Übergangszeit	Präboreale Zeit	Kühl	Trocken, geringer Feuchtigkeitsgehalt	Nordische Baumsteppen	Kiefer Birke		Zunahme der Grundwassermenge
Wärmezeit	Boreale Zeit	Zunahme der Wärme	Geringer Feuchtigkeitsgehalt	Waldsteppen	Kiefer Hasel		Zunahme der Grundwassermenge
	Atlantische Zeit	Hohe Wärme	Zunahme des Feuchtigkeitsgehaltes	Laubwald	Hasel Linde Esche Eiche	Gemischter Eichenwald	Hoher Grundwasserstand, Braunerde
	Subboreale Zeit	Abnahme der Wärme	Hoher Feuchtigkeitsgehalt	Laubwald	Eiche Linde Buche		Braunerde
Nachwärmezeit	Subatlantische Zeit	Kleine Wärme		Gemischte Waldbestände	Buche Kiefer		Ausgewaschene Böden

2. Fauna und Flora der Gegenwart.

a) Bedeutung der Kenntnis der gegenwärtigen Pflanzenwelt.

Für den Ingenieur ist die Kenntnis der Abhängigkeit der Pflanzenarten von der Bodenbeschaffenheit wichtig, weil er daraus praktische Folgerungen ziehen kann, z. B. für die Anpflanzung rutschsüchtiger Lehnen, für die Aufforstung lawinengefährdeter Gebiete usw. Daher werden in diesem Abschnitt die Beziehungen zwischen Pflanzenwelt und Bodenbeschaffenheit beschrieben.

b) Lebensbedingungen der Pflanzen.

Gewisse Pflanzen bevorzugen Böden bestimmter mineralogischer Zusammensetzung, z. B. Salzpflanzen finden sich nur im Bereich von Solquellen oder Salinen und salzigen Böden (Chot-Wüsten Nordafrikas usw.) vor.

Neben der chemisch-mineralogischen Bodenbeschaffenheit sind für den Pflanzenwuchs noch von ausschlaggebender Bedeutung: Klima, Empfindlichkeit gegen Bodensäure, Luft- und Bodenfeuchtigkeit, die Windverhältnisse, die Sonnenbestrahlung, Licht, Schatten, Höhenlage, feste oder lockere Bodenbeschaffenheit, Sättigungsdefizit der Luft, Konkurrenzverhältnisse der Pflanzen untereinander, die Feinde in der Tier- und Pflanzenwelt usw.

c) Stoffarten und Stoffmengen, die Pflanzen aus dem Boden ziehen können.

Die aus dem Boden gezogenen Stoffmengen in Prozent zeigt für einige Pflanzen Tabelle 120.

Tabelle 120.

Asche von	Wasserschere	Seerose	Armleuchter	Wasserrohr
Kali	30,82	14,4	0,2	8,6
Natron	2,7	29,66	0,1	0,4
Kalk............	10,7	18,9	54,8	5,9
Kieselsäure	1,8	0,5	0,3	71,5

Aus den Pflanzenaschen können wertvolle Stoffe gewonnen werden, wie z. B. Jod aus Seetang, Soda und Salpeter aus Pflanzenasche = Sod, Kali aus Adlerfarn usw.

d) Bodenarten zeigende Pflanzen.

Man unterscheidet rund 60 verschiedene typische Arten von Pflanzen für unsere Gebiete, die an eine bestimmte Beschaffenheit des Bodens gebunden sind, z. B. Kupferpflanzen, Salzpflanzen, Sodapflanzen, Eisenpflanzen usw.

α) Pflanzen auf saurem Boden.

Auf saurem Boden wachsen z. B.:

bei p_h-Zahl $= 3,5$ bis $4,4$: Vaccinium myrtillus,
bei p_h-Zahl $= 4,5$ bis $6,0$: Asperula oderata, Pinus rigida,
bei p_h-Zahl $= 5,0$ bis $7,0$: Sedum anglicum.

β) Kalkfeindliche und kalkliebende Pflanzen.

Von besonderer Bedeutung sind die kalkliebenden bzw. kalkfeindlichen Pflanzen. Die folgende Tabelle zeigt, wie aus der gleichen Pflanzenfamilie kalkzeigende und kalkabweisende Arten auftreten können.

Tabelle 121[1].

Kalkfeindliche Pflanzen	Kalkliebende Pflanzen
Asplenium septentrionale	A. ruta muraria
Juncus trifidus	J. monanthos Schr.
Carex curvula All.	C. firma Host.
Silene rupestris L.	Gypsophila repens
Ranunculus crenatus	R. alpestris
Erosium pinpinellifolium Willd. (Sandsteingebiet)	E. cicutarium (auf Muschelkalk und Zechstein)
Rhododendron ferrugineum L.	R. hirsutum L.
Primula villosa	P. auricula L.
Soldanella pusilla	S. alpina
Brunella vulgaris L.	B. grandiflora Jacqu.
Anemone sulphurea	A. alpina L.

γ) Bodenart und Nutzpflanzen.

Die Grenzen zwischen kalkhaltigen und kalkarmen Sedimenten zeigen z. B. im Sommer an: Esparsette (Onobrychis), Luzerne (Medicago sativa), im Herbst: Gentiana cilita, Centaurea scabiosa.

Der Verfasser konnte bei geologischen Aufnahmen mit Hilfe der Standorte von Primula auricula die Schichtgrenzen zwischen Kieselkalk und Orbitolinaschiefern genau kartieren.

---

[1] Vgl. O. v. LÜSSTROW: Bodenanzeigende Pflanzen. Abh. preuß. geol. Landesanst. Neue Folge Heft 114 S. 179 usw.

Von den Nutzpflanzen, die eine besondere Bodenbeschaffenheit vorziehen, seien genannt:

Tabelle 122.

Bodenbeschaffenheit	Nutzpflanze
Hoher Kalkgehalt	Gelbklee, Luzerne, Erbse, Bohne, Rüben, Obstbäume
Neutral oder fast neutral	Weizen, Gerste, Roggen, viele Grasarten
Schwach sauer	Kartoffeln, Lupine

Siehe Kalktaschenkalender 1924 S. 38.

Für die Bepflanzung von Flußböschungen hat sich folgende Grassamenmischung bewährt (vgl. Generalinspekt. f. d. deutsche Straßenwesen. Merkblatt 24):

Tabelle 123.

Grassamenmischung für Flußböschungen	kg/ha
Weißes Straußgras.................................	3,5
Wiesenfuchsschwanz	5,0
Kränelgras..	4,0
Wiesenschwingel.....................................	9,5
Rotschwingel	7,0
Deutsches Weidelgras	10,0
Wiesenlieschgras....................................	5,5
Wiesenrispengras	9,0
Gemeines Rispengras	4,5
zusammen	58,0

δ) Beziehungen zwischen Pflanzenart, Bodenart und Nutzanwendung.

In der folgenden Tabelle 124 sind die Pflanzenarten in Abhängigkeit von der Bodenart zusammengestellt; ferner sind Angaben über den Standort, die Höhenlage und die technisch wichtigen Pflanzeneigenschaften gemacht. Technisch wichtig sind z. B. die Kenntnisse von: Genügsamkeit der Pflanze, Wasserbedarf, Wurzelart, Verhalten gegen Klima und Klimaschwankungen, das Verhalten der Pflanzen bei Überschwemmungen usw.

Für die Begrünung von 1 ha Kalkschutt wird folgende Samenmischung empfohlen:

<pre>
    Blaugras (Sesleria varia) .... 20 kg
    Horssegge (Carex semper virens) .... 30 kg
    Hornklee (Lotus corniculatus) .... 5 kg
    Großköpfiger Klee (Trifolium prat. nivale)........ 10 kg
    Kleiner Rasenklee (Trifolium Thallii) .... 5 kg
    Alpenwunderklee (Anth. alprotris)................. 10 kg
</pre>

Schrifttum.

GAMS, H.: Die natürliche und künstliche Begrünung von Fels- und Schutthängen in den Hochalpen. Forsch.-Arb. Straßenwesen Bd. 28 (1940). — KRUEDENER, A. VON, A. BECKER, W. ESCHER u. R. MUSGANG: Die standortzeichnenden Pflanzen im Rahmen ing.-biologischen Verhaltens. Z. VDI 1942 S. 81. — PREISING, E.: Die Begrünung offener Sandböden, Saatmischung für Wundflächen. Straße 1942 S. 106. — PRÜCKNER, R.: Die Heilung der Bodenwunden in der Wildbachverbauung. Dtsch. Wasserw. 1942 S. 558. — Atlas kennzeichnender Pflanzen. Z. VDI 1942 S. 96. — Biologisches Zentralblatt. Leipzig. — Standort-kennzeichende Pflanzen. Straße 1942 S. 75. — WIEPKING, F.: Der Zusammenhang zwischen Boden und Pflanze in „Die Landschaftsfibel" S. 70. Berlin 1942. — HANSKA, L.: Das forstliche Bauingenieurwesen Bd. V. — HÄRTEL u. WINTER: Wildbach- und Lawinenverbauung S. 142/146. Leipzig 1934. — Vgl. S. 131 dieses Buches. — KRUEDENER, A. VON, u. A. BECKER: Atlas standortkennzeichnender Pflanzen. Berlin 1941. — TÜXEN, R.: Dtsch. Wasserw. 37 (1942) S. 455, 501. — TÜXEN, R., u. E. PREISING: Dtsch. Wasserw. 37 (19(2) S. 10, 57.

Tabelle 124. *Beziehung zwischen Pflanzenart, Bodenart und technischer Nutzanwendung.*

Boden-art	Pflanzenart	Standort und Boden-bezeichnungen	Höhe des besten Wachstums m Höhe über Meer	Wichtiges Verhalten der Pflanzen gegenüber dem Boden
Kalk-boden	Schwarzkiefer, Picea austriaca	Bei Südlagen er-höhtes Wasser-bedürfnis	200—1200	Sturmfest, frosthart. Leidet unter Schnee. Pfahl-wurzel
	Ahorn, Acea pseudoplata-nus	Humoser Kalk-boden	400—1600	Für Bodenverfestigung. Herzwurzel
	Birke. Weißbirke, Betula verrucosa	—	300—1900	Geringe Bedeutung für Bo-denbindung
	Buche, Rotbuche, Fagus silvatica	—	300—1500	Meidet stehende Nässe
	Vogelkirsche, Prunus avium	Warma Lagen	400—1800	Großes Ausschlagvermögen
	Alpenrose, rauhhaarige Al-penrose, Rhododendron hirsutum	—	500—1200	Boden bindend, Wasserab-fluß zurückhaltend
	Brombeere, Rubus fructi-cosus	—	bis 800	—
	Besenginster, Sarothamnus scoparius	Sandige Kalk-böden	bis 1000	Weit ausreichende, tief ein-dringende Seitenwurzeln
	Bärentraube, Alpenbären-traube, Arctostaphylos alpina	Sonnige Lagen	1700—2600	Schutthalden; Kriech-zweige
	Berberitze, Sauerdorn, Ber-beris vulgaris	—	—	Stellt sich nach der Be-rasung ein
	Goldregen, Cystisus labur-num	Südliche Hänge	—	Flachwurzelig
	Hartriegel, gemeiner Hart-riegel, Ornus sanguinea; gelber Hartriegel, Ornus mas	—	bis 800	Wurzelausschlag. Schatten ertragend
	Liguster, Ligustrum vulga-ris	—	bis 1000	Wurzelbrut
	Mehlbeere, Sorbus aria	—	600—1900	Tiefe Bewurzelung, gutes Ausschlagvermögen
	Blaugras, Sesleria coerulea	Sandig-kiesige Lagen	500—2600	Für erste Bepflanzung
	Erika, Heidekraut, Erica carnea	Schieferige Kalk-lagen	bis 2300	Mäßig starke Bewurzelung
	Pestwurz, weißer, Petasites albus	Schatten	—	Guter Bodenbinder
	Trespe, Bromus erectus, Bromus inermis	Trockene, mer-gelige Standorte	—	Unempfindlich gegen Tem-peraturschwankungen und Rutschbewegungen
	Wucherblume, Chrysanthe-mum alpinum	—	1700—3800	Rascher Besiedler von Mo-ränen, Rutschungen und Schutthalden
Saure Böden	Erle, Schwarzerle, Alnus glutinosa	Kein Stauwasser	bis 1000	Erträgt keine andauernde Überschwemmung
	Grünerle, Alnus viridis	—	bis 2000	Bodenschutzholz. Erträgt Schneebedeckung
	Alpenrose, rostrote, Rhodo-dendron ferrugineum	Urgebirge	1300—2600	Boden bindend, hält den Wasserabfluß zurück
	Heidekraut, Besenheide, Calluna vulgaris	Mineralscheu, Kalkmeider	bis 2300	Gute Bodendeckungs-pflanze

Tabelle 124 (Fortsetzung).

Boden-art	Pflanzenart	Standort und Boden-bezeichnungen	Höhe des besten Wachstums m Höhe über Meer	Wichtigstes Verhalten der Pflanzen gegenüber dem Boden
Saure Böden	Heidelbeere, Vaccinum myrtillus	—	—	Kriechtriebe; auf Roh-humus
	Rispengras, schlaffes, Poa laxa	Felsige Hänge, Urgestein	—	—
Ton-haltige Boden	Tanne, Weißtanne, Abies pectinata	Nicht zu nasse u. nicht zu trocke-ne Böden	300—1600	Sturmfest in tiefgründigen Böden. Erträgt Über-schotterung nur schlecht
	Distel, Feld- oder Kratz-distel, Cirsium arvense	Tonböden und Kiesbänke	—	Gegen Dürre unempfindlich
	Fuchsschwanz, Alopecurus pratensis	Etwas feuchte Lagen	bis 1700	Nicht tief wurzelnd
	Hafer, glatt, Raygras, Arrhenatherum elatius	Etwas feucht	bis 1300	Ausdauernd, bis 20 cm lange Wurzeln
	Windhalm, Agrostis alpina	Tonige Böden	800—3000	Guter Bodenbinder
Leh-mige Böden	Weide, Bruchweide, Salix fragilis	Braucht Feuch-tigkeit	bis 800	Windempfindlich; braucht Feuchtigkeit. Anspruchs-los
	Grünweide, Salix incana	—	bis 1400	Geeignet für Bodenverfesti-gung
	Großblätterige Weide, Salix grandifolia	—	bis 1900	—
	Huflattich, Tussilago far-fara	Undurchlässige Sand- und Kies-böden	bis 1600	Für Rutschflächen und Geröllehalden
	Rispengras, gemeines, Poa trivialis	—	—	Oberiridische Ausläufer
	Schwingel, Wiesenschwin-gel, Festuca elatior	Keine trockenen Standorte	—	—
Frische Böden (Auen, Kies, Sand)	Fichte, Picea excelsa	Luftfeuchte La-gen	400—2000	Flachwurzelig, wenig sturm-fest. Erträgt geringe Über-schotterung
	Esche, Fraxinus excelsior	Frische Böden	200—1300	Herzwurzel, spätfrostemp-findlich
	Pappeln, Silberpappel, Po-pulus alba	Auf armen, trok-kenen Böden	—	—
	Graupappel, Populus canes-cens	Auf armen, trok-kenen Böden	bis 1800	Weitreichende Wurzel
	Zitterpappel, Populus tre-mula	—	—	—
	Ulme, Feldulme, Ulmus campestris	Warme Lagen	bis 700	Erträgt Überschwemmun-gen
	Bergulme, Ulmus montana	—	300—1300	—
	Holunder, gemeiner, Sam-bucus nigra	Humoser Boden	300—1200	Flachwurzelig
	Weide, Mandelweide, Salix triandra	—	bis 1500	Leichte Anpflanzung
	Sauerdorn, gemeiner, Ber-beris vulgaris	Auf frischen Böden	—	Ergänzung von Berasungen
Feuchte Böden	Himbeere, Rubus idaeus	—	400—1900	Wurzelbrut
	Johannisbeere, Rubus al-pinum	—	—	Schattenertragend

Tabelle 124 (Fortsetzung).

Boden-art	Pflanzenart	Standort und Boden-bezeichnungen	Höhe des besten Wachstums m Höhe über Meer	Wichtigstes Verhalten der Pflanzen gegenüber dem Boden
Feuchte Böden	Korbweide, Salix viminalis Eisenhut, Aconitum napellus	Feuchte Böden Tiefgründige Böden	Hügelland 200—2600	Nutzweide Typischer Feuchtigkeits-zeiger
Trok-kene Böden	Wacholder, gemeiner, Juniperus communis	—	600—1600	Pfahlwurzel, auch in Strauchform
	Esparsette, Onobrychis viciaefolia	Felsige, steinige Böden	—	Bodenlockernd, unempfind-lich gegen Hitze, Frost und Wind
	Segge, Felsensegge, Carex rupestris	Kiesige, trockene Böden	1800—2700	Guter Bodenbinder
	Wetterdistel, Eberwurz, Carlina vulgaris	Trockene Schutt-flächen	—	Wenig bewurzelt
	Windhalm, weißlicher, Agrostis alba	Erträgt große Lufttrockenheit wenig	bis 2100	—
Sandige Böden	Kiefer, gemeine, Pinus silvestris	Anpassungsfähig an klimatische Gegensätze. Sonnenbedürf-nis. Erträgt starke Luft-trockenheit	400—1900	Starke Pfahlwurzel
	Buche, Rotbuche, Fagus silvatica	Humoser Sand-boden	300—1500	Meidet stehende Nässe
	Ampfer, Runex acetosella	Etwas feucht	—	Weitreichende Wurzeln
	Klee, Wundklee, Anthyllis vulneraria	Geringer Kalk-gehalt	bis 3000	Tiefgehende Wurzeln. In Samenmischungen
	Unholdkraut, Chamaene-rium angustifolium	Feuchte, sandig-kiesige Lagen	—	Für Berasung gut geeignet
Steinige Böden	Holunder, Traubenholun-der, Sambucus racomosa	—	300—1400	Flachwurzelig. Wurzelaus-schlag
	Kreuzdorn, Rhamnus cathartica	Steinige Böden	—	Die am Boden hinkriechen-den Zweige bewurzeln sich
	Wetterdistel, Eberwurz, Carlina vulgaris	Trockene Schutt-halden	—	Wenig stark bewurzelt
Moor-boden	Birke, Ruchbirke, Betula pupescens	Moorböden	300—1900	Geringe Bedeutung für Bo-denbindung
	Strauchbirke, Betula humilis	Torfmoor	—	—
	Zwergbirke, Betula nana	Hochmoor	—	—
Schutt-halden und Rutsch-böden	Erle, Grauerle, Alnus incana	Trocken, wenig Kalk	400—1600	Zur Aufforstung v. Schutt-halden, auch Stecklinge
	Bärentraube, Arctostaphylos	Sonnige Lagen, Schutthalden	1700—2600	Kriechzweige
	Sanddorn, Hippophae rhamnoides	Meist mit Weide auf Bachan-schwemmungen	—	Weit ausstreichende, tief-gehende Wurzeln
	Schlehdorn, Prunus spinosa	Steinige Böden	bis 1000	Wurzelschößlinge zur Bin-dung steiniger Böden
	Stachelbeere, wilde, Ribes grossularis	Sonnige Halden	—	Anspruchslos

Tabelle 124 (Fortsetzung).

Boden-art	Pflanzenart	Standort und Boden-bezeichnungen	Höhe des besten Wachstums m Höhe über Meer	Wichtigstes Verhalten der Pflanzen gegenüber dem Boden
Schutt-halden und Rutsch-böden	Silberwurz, europ., Dryas octopetala	Trockene Halden, Kalksand	500—2600	Bis 2 m lange Wurzeln
	Alpendost, Adenostyles alliariae, Adenostyles glabra	Lehmige Lagen, Feuchte Lagen, Geröllhalden	bis 2800 1200—2600	Gute Bodenbindung. Kriechtriebe
	Eisenkraut, gemeines, Verbena officinalis	—	bis 1000	Ausdauernd, wenig empfindlich
	Eberwurz, gemeiner, Carlina vulgaris	—	—	Zweijährig, wenig Wurzelschlag
	Frauenmantel, Alpen-, Alchemilla alpina	Geröllhalden	1200—2500	Selbst in unruhigen Böden. Kräftiger Wurzelstock
	Huflattich, Tussilago farfara	Auf etwas beweglich. Geröll und Schutthalden	bis 1600	Kriechtriebe
	Kresse, Alpenkresse, Arabis alpina	Kalkschutt	bis 3000	Ausdauernder Schuttüberkriecher
	Leinkraut, Linaria alpina	Geröllhalden	500—3400	Bodenfestiger wegen der langen, wurzelschlagenden Kriechstengel
	Leimkraut, Silena acaulis	In Felsritzen	1700—3400	Kräftige und lange Pfahlwurzel
	Miere, Zweigmiere, Alsine sedoides	Urgestein	1600—3800	Bildet Polster für Geröllzurückhaltung
	Rispengras, alpines, Poa alpina	In Mischböden	200—3000	Ausdauernd, wetterfest
	Windhalm, Felsen-, Agrostis rupestris	Kriechschutt	500—2800	Anpassungsfähig; ausdauernd
	Weidenröschen, Epilobium montana	Feuchte Rutschflächen	bis 1800	30 cm lange Wurzeln umklammern den Schutt
	Weide, Silberweide, Salix alba	Tiefgründige Lehmböden	bis 800	Erträgt vorübergehende Überflutung, empfindlich gegen stehende Nässe
Zone des wechselnden Wasserstandes	Ampfer, Strandampfer, Rumex maritima	Feuchte, schattige Ufer, vertragen Überflutungen	—	Schutzmittel gegen Sohlenerosion
	Ehrenpreis, Veronica becalunga, Veronica anagallis			Bodendichtung
	Hahnenfuß, flutender, Ranunculus fluitans	Blätter entwickeln sich auch		
	Huflattich, gemeiner, Tussilago farfara	unter Wasser, z. B. Pestwurz	bis 1600	Rutschflächen; Kriechtriebe
	Kresse, Brunnen-, Nasturtium officinale	Brunnenkresse, Hahnenfuß,		
	Minze, Wasser-, Mentha aquatica	Süßgras, Minze, Ehrenpreis		
	Pestwurz, Petasites hybridus	Zum Binden von		Guter Bodenbinder
	Sumpfdotterblume, Caltha palustris	Uferrändern dienen Sumpf-		
	Weidrich, Blut-, Lythrum salicaria	dotterblumen, Weiderich		
	Süßgras, Glyceria aquatica			

Z. T. nach O. Härtel u. P. Winter: Wildbach und Lawinenverbauung S. 283. Berlin 1934, z. T. nach Angaben von Kollegen, z. T. nach eigenen Erfahrungen.

VI. Die geologischen Karten.

A. Die geologischen Feldaufnahmen.

Tabelle 125. *Ausrüstung für geologische Feldaufnahmen.*

Gegenstand	Merkmale und Zweck
Hammer	Nicht zu hartes und nicht zu weiches Stahlwerkzeug, Schneide in Richtung des Stieles oder senkrecht dazu. Stiel ungefähr 50 cm lang, aus Eschenholz mit Zentimeterteilung (Abb. 150)
Meißel	Flachmeißel, um Platten spalten und einzelne Versteinerungen (Petrefakten) aus dem Gesteinsverband lösen zu können. Nachhelfen mit spitzigen Stahlnadeln (Präparierarbeit)
Messer	Zum Loslösen von mergeligen Schichten und Herausnehmen von Versteinerungen aus dem Mergelgestein
Schlammnetz	Um kleine Versteinerungen, wie Foraminiferen, zarte Schneckenschalen, aus Sanden und Tonen herauswaschen zu können
Gummi oder Schellacke	Um zerbrechliche Stücke und Versteinerungen zu erhärten, bevor sie vom Gesteinsverband losgelöst werden; unter Umständen Sackleinwand auf das Fundstück leimen und nach der Erhärtung wegnehmen
Bürste aus Messingdraht	Zum Reinigen der Fossilien von Mergel und Ton
Meßband	Einmessen wichtiger Fundstellen
Höhenmesser (Aneroid)	Bestimmung der Höhenlage der Meßpunkte, Verbesserung der Meßergebnisse ist oft notwendig

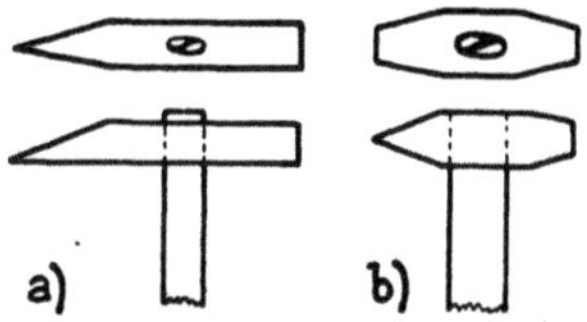

Abb. 150. Geologenhämmer.

a) Schürfhammer, b) eigentlicher Geologenhammer.

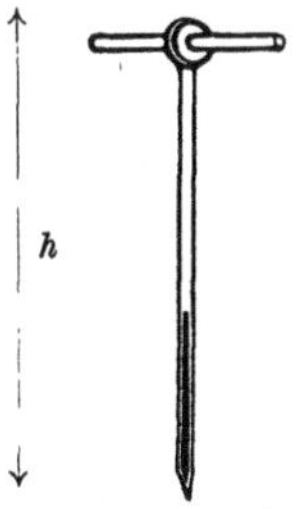

Abb. 151. Erdbohrer. Weitere Geräte für Bodenprobenentnahme sind dargestellt in den Abb. 43 bis 54 in Teil II.

$h = 1$ bis $1{,}5$ m.

	wegen Ungenauigkeiten infolge Luftdruckschwankungen und Ausdehnung der Meßdose
Höhenmesser	Für manche Zwecke ist ein Höhenmesser, wie ihn die Forstleute zur Bestimmung der Höhe von Waldbäumen benützen, von Vorteil
Handbohrer oder Handstanze	Siehe Abb. 151 und Abb. 43 bis 54 in Teil II
Taschenthermometer	Bestimmung der Wasser- und Lufttemperatur
Papier	Weiches Papier zum Einhüllen von Fundgegenständen und Etiketten zum sofortigen Beschriften. Angaben sind notwendig über Fundort (Lage, Höhe), Schichtbezeichnung, Datum, Nummer des Fundes
Bleistifte	Bleistift und Farbstifte sollen unverwaschbare Striche geben; ebenso wenn Tinte verwendet wird
Lupe	Handlupen oder Taschenmikroskope mit 40facher Vergrößerung und Meßskala bis zu 0,01 mm Teilung. Bei 0,01 mm liegt der Übergang von Kryptokristallin zu Mikrokristallin

Tabelle 125 (Fortsetzung).

Gegenstand	Merkmale und Zweck
Salzsäure	Dient zur Unterscheidung zwischen Quarz und Kalk sowie aller übrigen Karbonate; z. B. zur Unterscheidung zwischen Kalk, der schon mit stark verdünnter, kalter Salzsäure aufbraust, und Dolomit. Aufbewahrung in verschraubbarem Hartgummifläschchen
Lichtbildapparat	Der Fokus soll bis auf 0,5 m Entfernung eingestellt werden können, um Einzelheiten auf dem Lichtbild festhalten zu können
Kartenschutzhülle	Die Kartenschutzhülle soll durchsichtig und kariert sein
Kompaß	Der Geologenkompaß oder Bergkompaß hat einen Durchmesser von mindestens 6 cm, eine Teilung von 360° oder 400°, unter Umständen mit 24 Stunden. Bei Nichtgebrauch soll die Nadel festgehalten sein. Die Ost- und Westrichtung sind auf dem Kompaß miteinander vertauscht, ebenso geht die Gradeinteilung bzw. Stundeneinteilung in entgegengesetzter Richtung zum Uhrzeiger. Der Grund ist, daß der Richtungswinkel des Streichens im Uhrzeigersinn gezählt wird. Würde der Teilkreis fest sein und der Zeiger beweglich, so müßte die Bezifferung im Sinne des Uhrzeigers erfolgen. Beim Kompaß ist der Zeiger (Magnetnadel) fest in der Richtung und der Kreis beweglich; daher die umgekehrte Bezifferung. Die Azimutvorrichtung besteht aus zwei aufklappbaren Visieren, von denen das eine am Südende (*S*) mit einem Schlitz und das andere am Nordende (*N*) mit einem Faden versehen ist. Das Instrument kann vielfach auf ein Stativ aufgeschraubt werden und dann können Winkelmessungen im Felde vorgenommen werden. Das am Geologenkompaß angebrachte Klinometer gestattet, die Neigung einer Fläche gegen den Horizont zu bestimmen. Dazu dient die innere Kreisteilung des Kompasses

Abb. 152. Fliegermeßbild mit geologischer Feldkartierung durch eingetragene Schichtgrenzen[1].

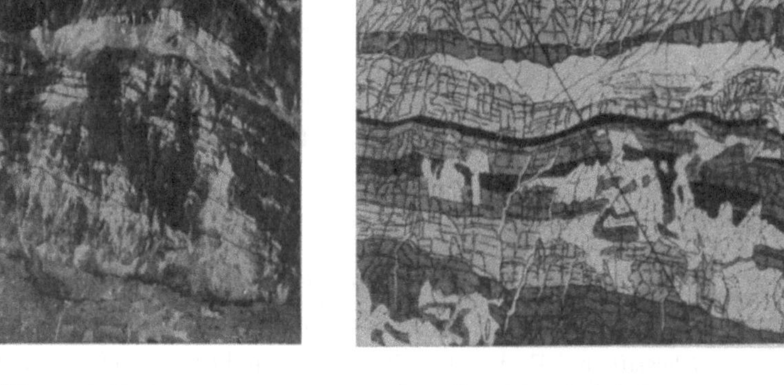

Abb. 153. Stereoautographisch kartierter Aufriß der Abb. 152[1].

[1] Bezüglich der Abb. 152 und 153 vgl. auch Schweiz. Bauztg. Bd. 113 (1939) S. 263.

Tabelle 126. *Die Karten für die Feldaufnahmen.*

Vorarbeiten	Zweck
Topographische Karten	Sie dienen zur Übersicht über die Gestaltformen der Berge und Täler (Morphologie), Maßstab 1:25000, besser 1:10000 und 1:5000 (Forstkarten, Katasterkarten, Grundbuchkarten usw.). Die Karten werden zur Eintragung der geologischen Beobachtungen nach den Regeln der Geologie verwendet
Photogrammetrische Landaufnahmen	Sie geben einen guten Einblick in das Landschaftsbild, im besonderen in das Relief einer Gebirgsgegend (vgl. Flugbildgeologie Abb. 152, 153)
Topographische Ergänzungsarbeiten	Wichtige geologische Aufschlüsse, wie Fundstellen, Verwerfungslinien, Schichtungen, Stollenmündungen usw., werden oft zweckmäßig genau in die topographische Karte eingetragen. Dies geschieht entweder mit Hilfe des geologischen Kompasses und Klinometers oder mit Hilfe eines Theodolites usw.[1]
Geologische Karten	Die älteren vorhandenen geologischen Karten sind zu studieren und damit eine Begehung des Geländes zu verbinden. Rasche Einarbeitung wird durch Begehung eines Profiles, das quer zu einer Streichrichtung der Schichten steht, erreicht. Eine Kartentasche zum Schutz der Karten ist empfehlenswert

Tabelle 127. *Richtlinien für die Feldaufnahmen.*

An jedem geologischen Aufschluß (Täler, Straßen- und Eisenbahneinschnitte, Steinbrüche, Rutschstellen, Felswände) sind festzustellen:

Feldaufnahmen	Art und Zweck der Bestimmung	
Paläontologie	Versteinerungen	Feststellung des Alters der Sedimente
Petrographie	Gesteinsbeschaffenheit	Art der vorhandenen Mineralien, Struktur, Textur
Sedimentation	Schichtung	Parallelschichtung; Schrägschichtung
		Verworrene Schichtung
Tektonik	Lageveränderung der Schichten	Autochton; allochton Streichen, Fallen
		Verschiebungen: senkrecht, waagrecht
	Spalten	Spalten: Form, Verlauf, Auffüllung
Morphologie	Oberflächenbeschaffenheit	Gestalt der Berge
		Gefällsbrüche des Geländes
		Form der Oberfläche
		Verwitterungserscheinungen
		Pflanzenart
Hydrologie	Wasserverhältnisse	Feuchte Stellen
		Quellen
		Grundwasser

Anmerkung: *Schutthalden.* Gerölle an Schutthalden sind nur mit Vorsicht zur Bestimmung der vorhandenen Schichten zu verwenden. Bei eckigem Gestein kann auf die Nähe des Ursprungsortes geschlossen werden. Genaue Bestimmungen sind nur an Hand von anstehendem Gestein möglich.

---

[1] Vgl. JORDAN: Handb. d. Vermessungskunde 3 Bde. Stuttgart 1920/33. — P. WERKMEISTER: Vermessungskunde in F. SCHLEICHER: Taschenbuch f. Bauingenieure S. 442. Berlin 1943. — W. KLEFFNER: Die Reichskartenwerke mit besonderer Behandlung der Darstellung der Bodenformen. Berlin 1939.

B. Die geologischen Karten.

Tabelle 128. *Die geologische Landeskarte.*

Ausarbeitung der Feldaufnahmen	Art der Auswertung
Geologische Karte	Die Beobachtungen und Feststellungen werden verwertet: Zum Eintrag in eine topographische Karte; die Aufzeichnungen geschehen durch konventionelle Zeichen. Jede geologische Landesanstalt hat ihren bestimmten Zeichenschlüssel. Die mit den geologischen Zeichen und Farben versehene Karte heißt geologische Karte. Zwei typische Beispiele von geologischen Karten sind enthalten in Geol. Rdsch. 1938 S. 601

Schrifttum.

KEILHAÖK, K.: Lehrb. d. prakt. Geol. Stuttgart 1923. — SÖHCNDORF, P.: Verwertung geologischer Karten und Profile. Berlin 1922. — STUTZER, O.: Geologisches Kartieren und Prospektieren. Berlin 1942. — WILSER, J.: Grundr. d. angew. Geol. Berlin 1921.

Tabelle 129. *Die photogrammetrisch-geologischen Karten.*

Kartenart	Merkmale

Photogrammetrisch-geologische Karten	*A. Erstellung photogrammetrischer Karten*[1].
	Die photogrammetrischen Karten werden erstellt:
	vom Boden aus: die bodenphotogrammetrischen Aufnahmen,
	vom Flugzeig aus: die flugphotogrammetrischen Aufnahmen durch:
	  a) Steilaufnahmen,
	  b) Flugschrägaufnahmen.
	Die Photos werden mit Hilfe des Stereoautographen in Karten und Pläne umgewandelt.
	Die Vorteile photogrammetrischer Aufnahmen sind:
	  a) Raschheit der Kartierung,
	  b) Genauigkeit der Kartierung,
	  c) Klarheit der Darstellung; keine subjektive Interpretation von Gebirgspartien,
	  d) Leichtigkeit der Kartierung, namentlich im Gebirge.
	Die Beleuchtungen bilden oft Schwierigkeiten im Untersuchungsgebiet; dies trifft namentlich im Gebirge zu.
	Die Kurvendistanzen betragen meistens beim Maßstab:
	
	  1: 1000 = 1 m 1:25000 = 10 bis 20 m
	  1: 5000 = 5 m 1:50000 = 20 bis 40 m
	  1:10000 = 10 m
	
	B. Geologische Bearbeitung photogrammetrischer Karten[2].
	Die geologischen Kartierungselemente, wie Schichtungen, Klüfte, Verwerfungsflächen, Faltungen, Gesteinsgrenzen, Aufschlußgrenzen usw., werden im photogrammetrischen Bild entweder durch Linien abgebildet oder durch verschiedene Tönung erkennbar gemacht. Das photogrammetrische Bild gestattet selten die Bestimmung der Gesteins- und Bodenart. Die photogrammetrischen Karten sind im Feld geologisch zu bearbeiten.
	Zur Lösung der geologisch-geometrischen Konstruktionsaufgaben genügt die Geländedarstellung im Grundriß und Aufriß.

[1] Vgl. R. FINSTERWALDER: Photogrammetrie. Leipzig 1938. Es sind alle gebräuchlichen Verfahren und Anwendungsmöglichkeiten beschrieben. — W. BLOCK: Neuzeitliche Geräte für die Bildmessung. Z. VDI 1940 S. 253. — A. SCHUMACHER: Stereophotogrammetrische Wellenaufnahmen. Wissenschaftl. Ergebn. d. dtsch. Atlantischen Expedition Bd. 7 (1939).

[2] Vgl. R. HELBLING: Die Anwendung der Photogrammetrie bei geolog. Kartierungen. Beitr. z. geol. Karte d. Schweiz 1938 Neue Folge 76. Lief. (siehe Abb. 152;

Tabelle 130. *Das geologische Profil und der geologische Bericht.*

	Merkmale

Das geologi-
sche Profil
	Die Profillinie kann sein:
	    Gerade gelegt
	    Gebrochen gelegt
	    Quer zum Streichen = Querprofil
	    Längs zum Streichen = Längsprofil
	    Schräg zum Streichen = Schrägprofil, z. B. im Tunnelbau
	Der Längen- und Höhenmaßstab kann gleich sein. Ist der Höhen-
	    maßstab $m$fach verzerrt, so verzerren sich die Tangens der Fall-
	    winkel um den $m$fachen Betrag. Beispiel: siehe Tunnelgeologie
	Das geologische Profil gestattet einen Einblick in den tektonischen
	    Bauplan der Erdkruste

Der geologi-
sche Bericht
	Zu jeder geologischen Aufnahme gehört ein Bericht, aus dem ersicht-
	    lich sind:
	    Die Arten der Petrefakten
	        Die Gesteinsbeschaffenheit (Mineralien, Struktur, Textur, Meta-
	        morphose, Alter der Schichten, Fazies)
	    Die Stratigraphie
	    Die Tektonik (Störungen in der Lagerung)
	    Die Morphologie (ehemalige Vergletscherungen, Oberflächengestal-
	    tung)
	    Die hydrologischen Verhältnisse (Quellen, Grundwasser)
	    Die technische Bedeutung (Lagerstätten, Steinbrüche, Bau-
	    materialien)

Schrifttum.

BIESE, W.: Druck- und Reproduktionsverfahren für geologische und verwandte
wissenschaftliche Arbeiten. Berlin 1931; ferner Veröff. d. Reichsst. f. Bodenforschg.,
Zweigstelle Wien III/40. — Für die Darstellung der Bodenprofile und Grundwasserstände siehe Verfügung der Reichsautobahn in: Richtlinien für bautechnische Bodenuntersuchungen der Fachgruppe Bauwesen, S. 73/77. Berlin 1941. — PHILIPP, H.:
Die Methoden der geologischen Aufnahme. In E. ABDERHALDEN: Handb. d. biologischen Arbeitsmethoden, 7. Aufl. Berlin u. Wien 1940.

C. Ingenieur-geologische Sonderkarten.

Tabelle 131.

Kartenart	Merkmale
1. Geotechni- sche Karte	Die Karte ist nicht nach den üblichen historisch-stratigraphischen Ge- sichtspunkten oder nach tektonischen Verhältnissen zusammenge- stellt, sondern nach der Verschiedenheit der Gesteinsbeschaffenheit, wie z. B. nach dem Vorkommen von Sandstein, Mergel, groben Konglomeraten, Kalkphyllite, Kalksteine, Dolomite, lehmige Ge- schiebeablagerungen, kiesig-sandige Ablagerungen, Abbaustellen sämtlicher mineralischer Baustoffe usw. Beispiel: Geotechnische Karte der Schweiz, Maßstab 1:200000 von Prof. NIGGLI und Dr. DE QUERVAIN (Abb. 154)
2. Bautechni- sche Ein- teilung des Baugrun- des	Aus dieser Karte sind der Arbeitsaufwand für die einzelnen Schichten, der Sprengstoffbedarf, die mittlere zulässige Belastung des Bodens, die Bohrlöcher, die bodenphysikalisch untersuchten Stellen usw. ersichtlich. Vgl. Abb. 155, 156 aus BENDEL: Ing.-geologische Unter- suchungen im Feld. Vortrag im Erdbaukurs 1938 der Eidg. Techn. Hochschule Zürich. Abb. 157 bis 162 in Anlehnung an BÜLOW: Wehrgeologie. Leipzig 1938

153). — H. HÄRRY: Die Anwendung der Photogrammetrie beim geologischen Kartieren.
Schweiz. Bauztg. Bd. 113 (1939) S. 263 (siehe Abb. 152 und 153).

Tabelle 131 (Fortsetzung).

Kartenart	Merkmale
3. Geologisch-hydrologische Karten	Auf dieser Karte sind die öffentlichen Grundwasserbecken und Grundwasserströme der Urstromtäler, die vorhandenen Grundwasserfassungen, die gefaßten und ungefaßten Quellen usw. angegeben. Die Gesteine sollen nicht nach ihrem Alter, sondern nach ihrem Verhalten zum Wasser aufgezeichnet werden. Im Begleitbericht sind die Schwankungen des Grundwasserspiegels, der Chemismus des Wassers usw. angegeben. Vgl. die deutschen Grundwasserkarten 1:5000 mit Höhenschichtlinien; ferner diejenigen von KOEHNE: Grundwasserkartierung. Dtsch. Landeskulturztg. 1939 (vgl. Abb. 163, 164, 165)
4. Wasserversorgungskarten	Auf dieser Kartenart sind die gefaßten und ungefaßten Quellen angegeben, aber auch die Wasserfassungsart, die Zuleitung, die Art der Rohre, die Sodbrunnen, Schachtbrunnen usw. Sie dienen z. B. für kriegsgeologische Zwecke (Abb. 162)
5. Bodentypenkarte	Auf dieser Karte sind die Böden gegliedert nach Rohböden, Braunerde, Podsole (vgl. Abb. 166)
6. Kulturtechnische Karten[1]	Vgl. R. MÜLLER: Ingenieurwissenschaftliche Geländeuntersuchung in der Stadt- und Landesplanung. Beispiele mit der Auswertung von Bodentypenkarten für den planenden Ingenieur. Dtsch. Wasserw. 1942 S. 113/283. — STREMME: Grundzüge der praktischen Bodenkunde 1926. — PRENK: Die Auswertung der Bodentypenkarte. Dtsch. Wasserw. 1942 S. 6 Vegetationskartierung: TÜXEN u. PREISING: Grundbegriffe und Methoden zum Studium der Wasser- und Sumpfpflanzen-Gesellschaften. Dtsch. Wasserw. 1942 S. 10
7. Karte über die Bodenfrosttiefen	Die Bayrische Landesstelle für Gewässerkunde hat eine Karte der größten Bodenfrosttiefen in Bayern veröffentlicht. Dazu wurden die Ergebnisse von 1430 Beobachtungsstationen benützt. Aus der Karte ergibt sich, daß das Auftreten der größten Bodenfrosttiefen stark von der Oberflächengestaltung (Morphologie) abhängt

Schrifttum.

Systematische Untersuchungen zur Abklärung der geologischen und bautechnischen Eigenschaften des Untergrundes von Städten liegen vor z. B.: Hamburg, Wien, Boston usw. Siehe M. SINGER: Der Baugrund. Berlin 1932. — Königsberg: B. TIEDEMANN: Der Baugrund des Königsberger Stadtgebietes. Königsberg 1924. — Luzern: L. BENDEL: Neuere geologische Aufnahmen von Luzern und Umgebung und ihre bautechnische Anwendung. Schweiz. Bauztg. 1934 S. 104. — KRISCHE, P.: Bodenkarten. Berlin 1928.

D. Beispiele von Auswertungen geologischer Beobachtungen.

In den nachfolgenden Beispielen sind die Arbeitsmethoden der Geologen kurz beschrieben:

Beispiel 1: Es liegt ein Kalkstein aus der Schwäbischen Alb vor. Im Kalkstein sind Riffkorallen sichtbar.

Deutung: Der vorhandene, sehr feine (kryptokristalline dichte) Kalk deutet auf Meeresablagerung hin. Die Riffkorallen lassen auf ein tropisches Meer schließen und daß der Kalk in der Nähe der Küste abgelagert wurde.

Die waagrechte Ausdehnung des Vorkommens der Korallen gibt den ungefähren, geographischen Verlauf der Küste an.

Folgerung: Es liegt ein Kalkstein aus der Juraformation vor. Zu jener Zeit war Schwaben von einem tropischen Meer überschwemmt. Die Korallen lassen auf Küstennähe schließen.

Beispiel 2: Es liegt ein ungeschichteter Lehm vor, der eckiges, geschrammtes Geschiebe enthält.

---

[1] Vgl. R. MÜLLER, Bodenkundliche Arbeiten für die Stadt- und Landesplanung und Kulturtechnik, Kap. XI (Zweiter Teil).

Deutung: Das eckige Geschiebe verschiedener Größe und die Schrammen auf der geglätteten Steinoberfläche lassen auf Gletschertransport schließen.

Die mineralische Zusammensetzung der Steine deutet auf ein örtlich fremdes Ge-

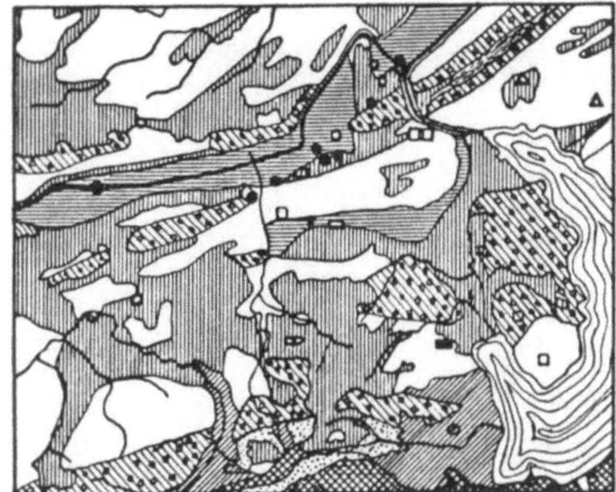

Abb. 154. Ausschnitt aus der geotechnischen Karte der Schweiz (NIGGLI/DE QUERVAIN). Darstellung der petrographischen Verhältnisse des Untergrundes unter besonderer Berücksichtigung der technischen Eigenschaften der Gesteine.

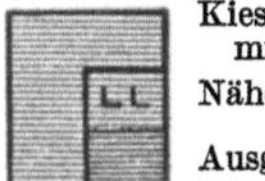 Lehmige Geschiebe- und Blockschuttablagerungen (vorwiegend Moränen).

 Kiesig-sandige Ablagerungen (Schotter) bisweilen mit Lehmdecke.
 Näher bekannte Lehmlager auf Kiesen und Sanden.

Ausgedehntere Geröllablagerungen der Wildbäche.

 Mächtigere Gehängeschutt- und Bergsturzablagerungen.

Sandsteine und Mergel, schwach bis mittelstark verfestigt (Molasse).

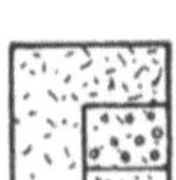 Grobe Konglomerate (Nagelfluh), mit Sandstein- und Mergelbänken.
Mischgruppe von Nagelfluh mit Sandsteinen und Mergeln.

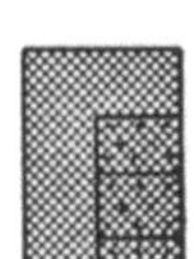 Mergelschiefer bis Kalkphyllite mit Einlagerungen von Sandsteinen (Flyschgruppe).
Vorwiegend stark verfestigte Sandsteine.
Mächtige Bänke von Nummulitenkalken.

Kalksteine allgemein. Speziell Ausbildung als dichte Kalke.

Bedeutendere Lagen von Mergelkalken.

Vorwiegend spätige Ausbildung der Kalksteine.
Spätige Kalke mit starker Verkieselung (Kieselkalke).
Schmale Einlagerungen von festen kalkigen Sandsteinen.

 Dolomite, Rauhwacken, bisweilen gipsführend.

 Mächtigere Gipslager.

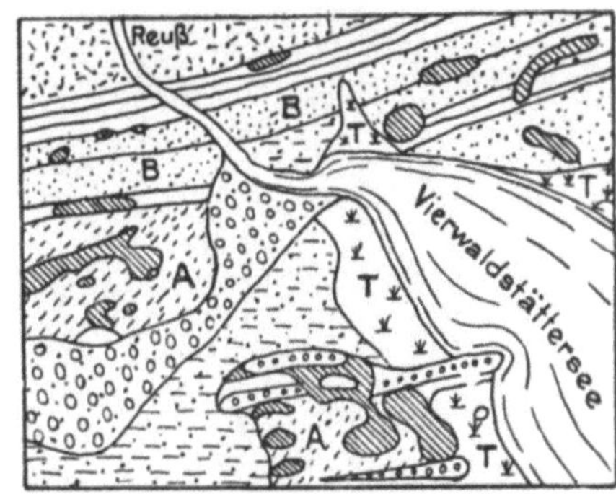

Abb. 155. Bautechnische Einteilung des Baugrundes nach Arbeitsaufwand und Sprengstoffbedarf.

	Bodenbezeichnung	Arbeitsaufwand je m³	Dynamitarbeit je m³	Zul. Beanspruchung
	Kiessand . . .	15—20 min	—	1—2 kg/cm²
	tonig-sandig . .	12—15 min	—	0,5—2 kg/cm²
	mergelig-sandig	20—30 min	—	2—3 kg/cm²
	Nagelfluh . . .	40—55 min	4—8	3—6 kg/cm²
	sandig	25—35 min	—	2—4 kg/cm²
	komp. Sandstein	35—45 min	2—4	3—4 kg/cm²
	Moräne	20—40 min	—	2—6 kg/cm²
	Torf (z. T. mit Lehm verm.) .	10—15 min	—	0,3—0,7 kg/cm²
	mergelig und mergelig-sandig	—	—	2—6 kg/cm²

Annahme: 1 Arbeiter hat je Std. 10—13 mtn Leistung.

stein hin; oft auf 100 km und mehr Verfrachtung. Der ungeschichtete, von sandigen Nestern durchsetzte Lehm hat alle Merkmale eines Gletscherlehmes.

Folgerung: Es liegt ein diluvialer Gletscherlehm vor.

Beispiel 3: Vieldeutigkeit. Infolge Lückenhaftigkeit bei den Aufschlüssen, z. B. beim völligen Fehlen von Versteinerungen (Petrefakten), ist auf Grund des petrographischen Befundes oft eine Vieldeutigkeit des Gesteines möglich. Um das Alter des Gesteines deuten zu können, müssen die besonderen Umstände, unter welchen die Bildung der Gesteine vor sich ging, mitberücksichtigt werden. Dazu gehört eine große Vertrautheit mit den Vorgängen, die zu einer Gesteinsbildung führen.

Beispiel 4: Im geologischen Profil, das vom Schwarzwald über das Gotthardmassiv bis zur Poebene reicht (siehe Abb. 167), ist angegeben, wie der Bau der Alpen auf Grund der geologisch-petrographischen Beobachtungen an der Erdoberfläche gegenwärtig gedeutet wird.

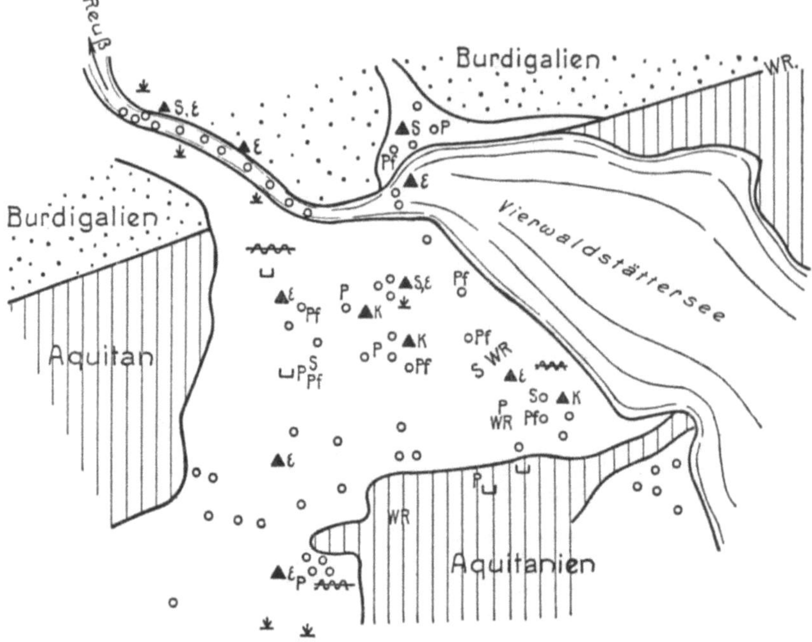

Abb. 156. Lage und Arten der Bodenuntersuchungen im Schuttkegel von Luzern.

o	Bohrlöcher 6—18 m tief.	▲	Bodenphysikalisch.	S	Setzungsberechnungen.
⊔	Schürfungen 4—6 m tief.	▲S	Granulometrie.	P	Pollenanalytische Bestimmungen.
⊻	Seismische Bodenuntersuchung.	▲K	Scherkraft.	WR	Wünschelrutengänger-Angaben.
⩘	Geo-elektr. Bodenuntersuchung.	▲ε	Verdichtungswert k und K.	Pf	Pfahlbelastungsversuch.

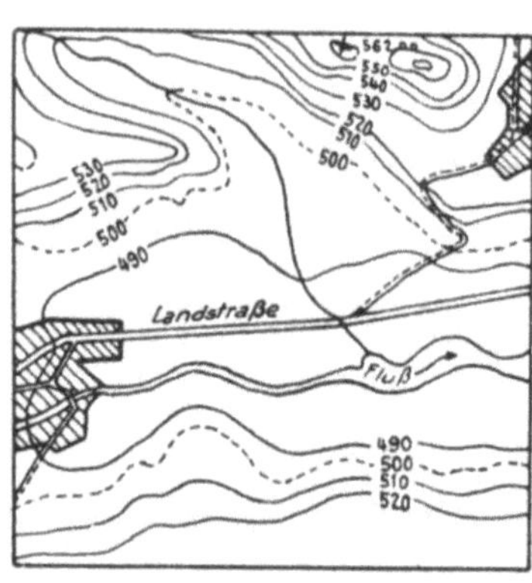

Abb. 157. Topographische Karte 1:50000.

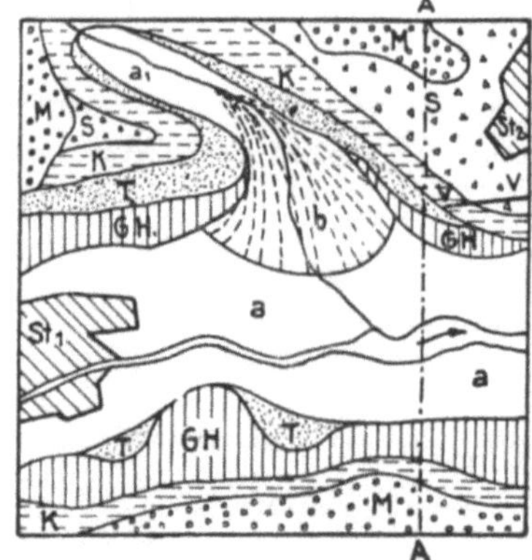

Abb. 158. Geologische Karte 1:50000.

M wasserdurchlässige Moräne, S Sandstein mit wasserführenden Klüften, K Kalkstein; wasserdurchlässig, T Tonmergel, GH Gehängeschutt, a Kiessand des Hauptflusses, a_1 Talschutt des Nebenflusses, b Schuttkegel des Nebenflusses, St_1 Hauptortschaft, St_2 Nebenortschaft, V—V Verwerfung, A.—·—A geologischer Querschnitt.

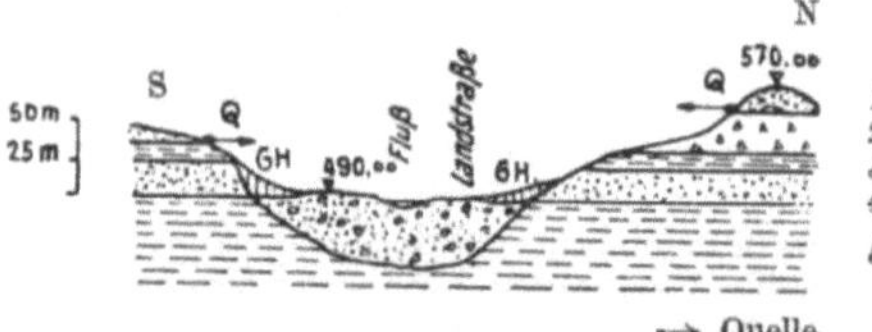

Abb. 159. Geologischer Querschnitt $A:A$ 1:50000.

1 wasserdurchlässige Moräne, 2 Sandstein mit wasserführenden Klüften, 3 Kalkstein, 4 Tonmergel, 5 Kalkstein.

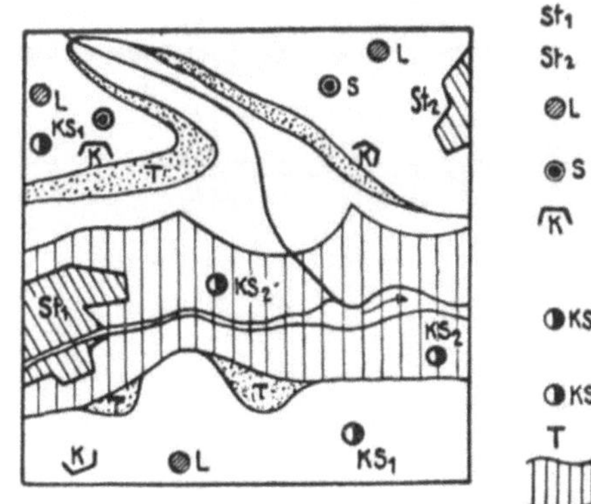

St₁   Hauptortschaft.

St₂   Nebenortschaft.

⊘L   Lehmgrube; für Dammdichtung nur fettige, tonige Lage.

◉S   Sandstein; als Baustein.

⬠K   Kalkstein; eignet sich für Straßenbeschotterung und als Betoniermaterial.

◑KS₁   Kiessand; für Straßen 3. Klasse, stark waschen für Betonierzwecke.

◑KS₂   Guter Betonierkiessand.

T   Tuff.

   Flußkiessand; muß für Betonierzwecke gewaschen werden.

Abb. 160. Baustoffkarte 1:50000.

M₁   Kiesige Moräne bis 8 m Überdeckung. Schußsicherheit bei 4 m, Bombensicherheit bei 12 m Tiefe.

M₂   Lehmige Moräne bis 18 m Mächtigkeit. Die Gesteinsdecke über den Hohlräumen ist zu verschalen.

   Minieren ausgeschlossen, da Grundwasserstockwerk vorhanden ist.

g   Gehängeschutt: Gräben sind nicht standfest. Gute Entwässerung möglich.

m   Grundwasserspiegel in 1 bis 2 m Tiefe. Entwässerung von Gräben und Unterständen schwierig; Minieren ausgeschlossen.

t   Schuß- und bombensicher; gut zum Minieren.

b   Lose gelagerter Bachschuttkegel.

V—V   Verwerfung.

Abb. 161. Mineurkarte 1:50000.

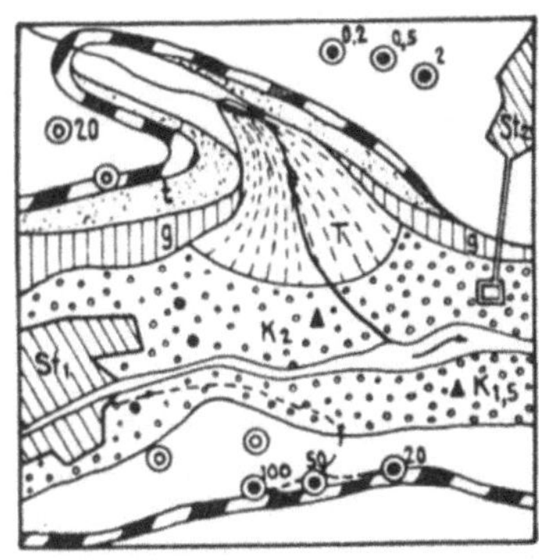

◎   Ungefaßte Quelle mit 20 l/s.

◉⁰·⁵   Gefaßte Quelle mit Angabe der l/s.

   Grundwasserhorizont.

K₁,₅   Grundwasser in 1,5 m Tiefe.

▲   Sodbrunnen.

●   Schachtbrunnen.

----   Wasserleitung für St₁.

—   Wasserpumpleitung nach St₂.

g   Gehängeschutt mit wenig Wasser.

T   Schuttkegel des Nebenflusses, unbrauchbares Wasser für Trinkzwecke.

t   Trockener Horizont.

Abb. 162. Wasserversorgungskarte 1:50000.

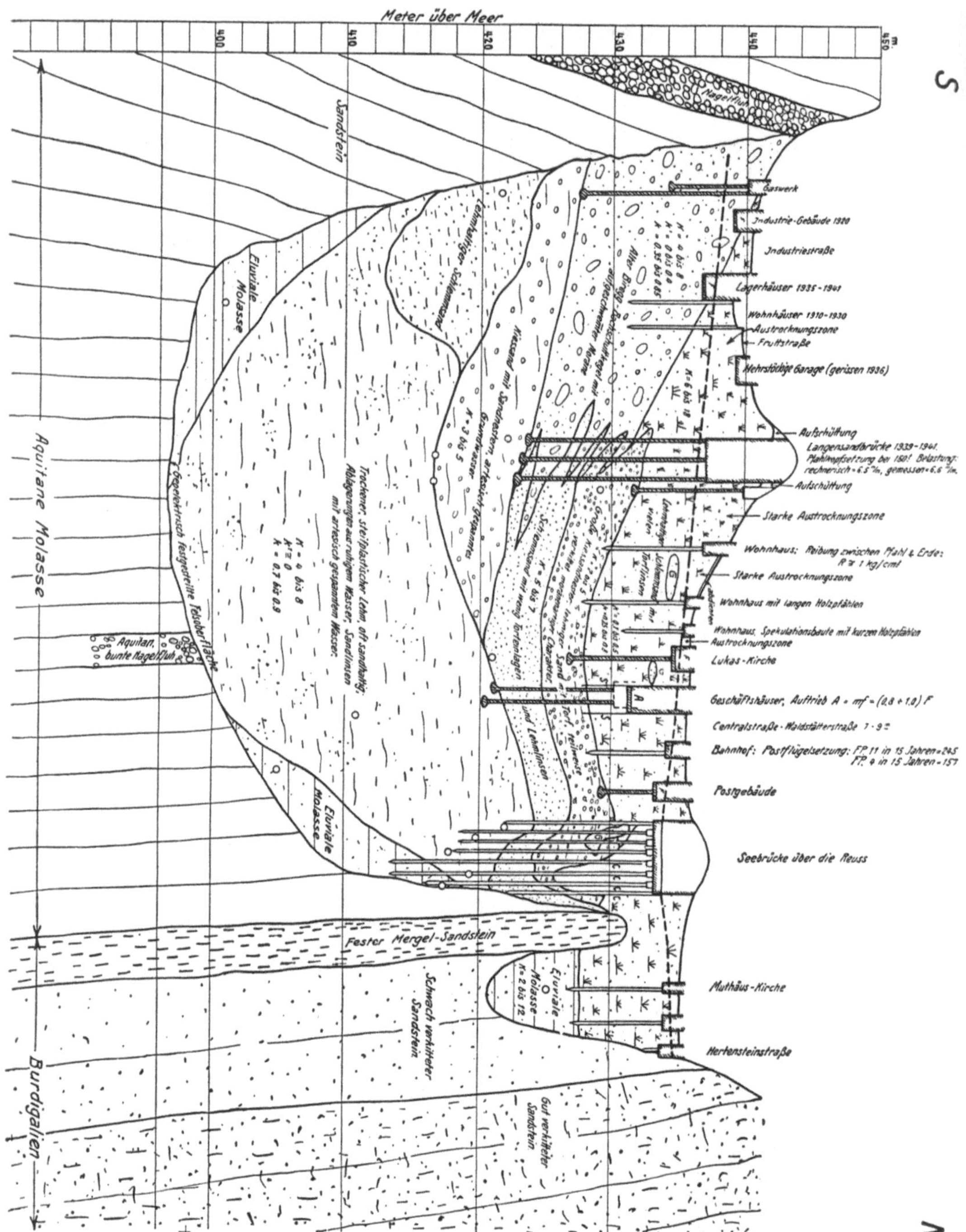

Abb. 163. Ingenieur-geologischer Querschnitt von Luzern. Gaswerk—Langensandbrücke—Seebrücke—Hertensteinstraße. Längen 1:50000, Höhen 1:200.

S Spundwand, A Fläche (F) mit wirksamem Auftrieb $= mF \cdot m = (0{,}8$ bis $1{,}0)$, F Flachfundation, bestehend aus einem Eisenbetonboden, C Caissons der Seebrücke, G Sandlinsen mit Grundbruchgefahr, — tiefste Stellen von Tiefbohrungen, --- Mittlerer Grundwasserstand artesisch entspannt, ‖ Holzpfähle, ┃ Beton-Ortspfähle, s Setzung in %, σ Bodenbelastung in kg/cm², $s = K \log \left(\dfrac{\sigma_0 + \sigma}{\sigma_0} \right)$; K spezifische Zusammendrückung in %; Schubkraft τ' : $\tau = k' + k\sigma$, k' Kohäsion in kg/cm², k Tangens des Winkels ϱ der inneren Reibung. Für K und σ_0 siehe S. 404/406.

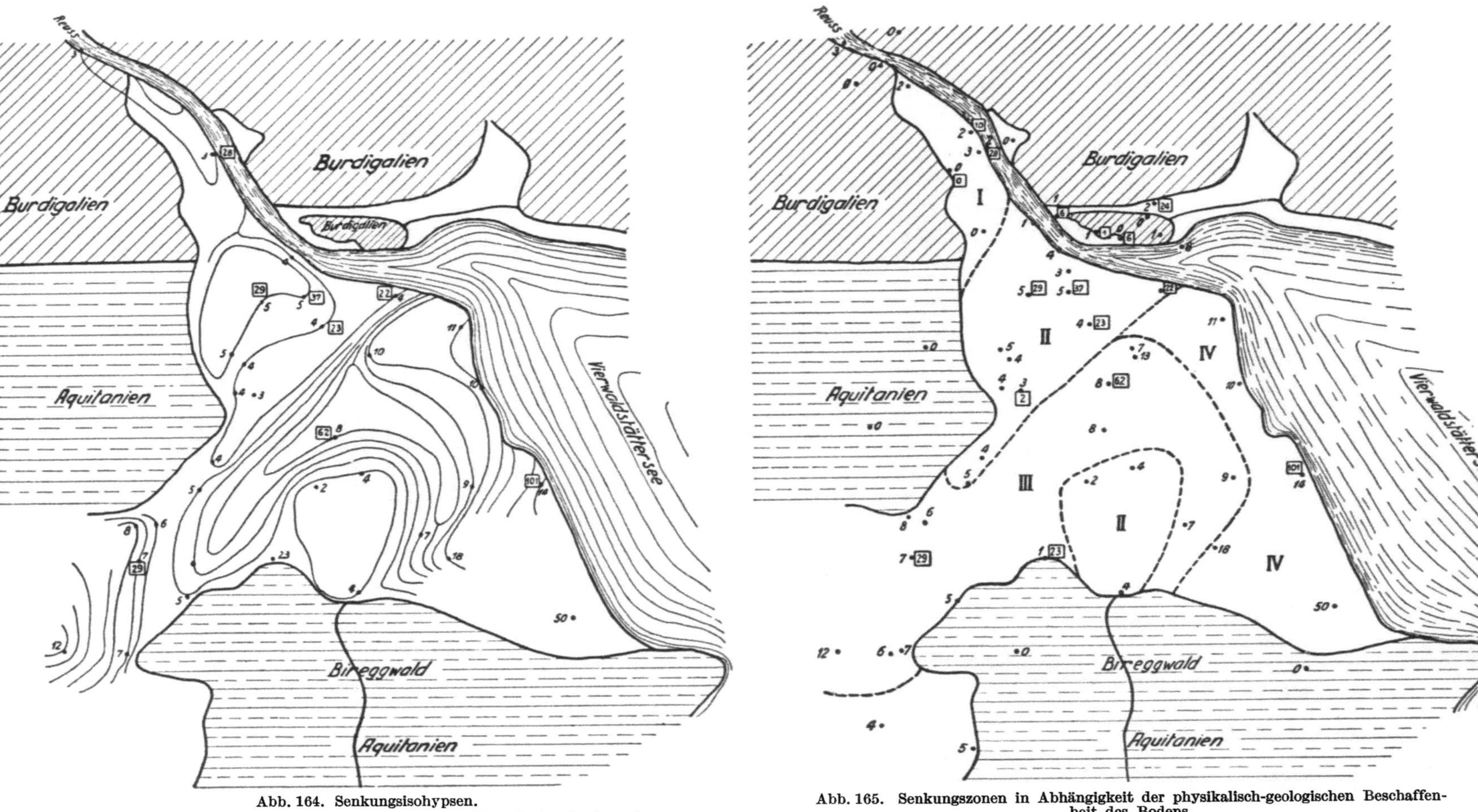

Abb. 164. Senkungsisohypsen.

Eingerahmte Zahlen Senkung in mm von 1911 bis 1935, offene Zahlen Senkung in mm von 1935 bis 1937.

Abb. 165. Senkungszonen in Abhängigkeit der physikalisch-geologischen Beschaffenheit des Bodens.

Eingerahmte Zahlen Senkung in mm von 1911 bis 1935, offene Zahlen Senkung in mm von 1935 bis 1937.

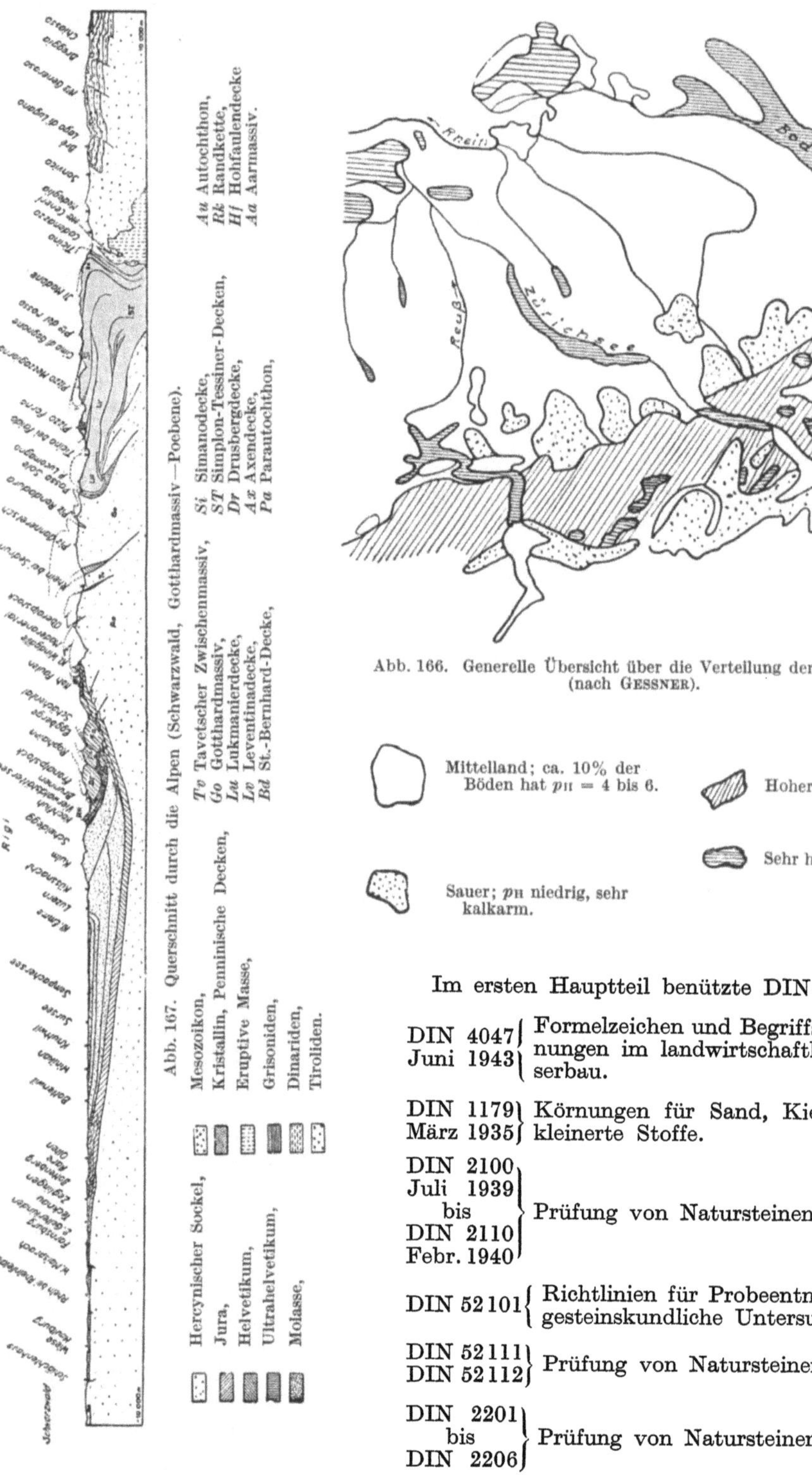

Abb. 167. Querschnitt durch die Alpen (Schwarzwald, Gotthardmassiv—Poebene).

Abb. 166. Generelle Übersicht über die Verteilung der p_H-Werte (nach GESSNER).

Mittelland; ca. 10% der Böden hat p_H = 4 bis 6.

Sauer; p_H niedrig, sehr kalkarm.

Hoher Kalkgehalt.

Sehr hoher Kalkgehalt.

Im ersten Hauptteil benützte DIN-Normen:

DIN 4047
Juni 1943 } Formelzeichen und Begriffsbezeichnungen im landwirtschaftlichen Wasserbau.

DIN 1179
März 1935 } Körnungen für Sand, Kies und zerkleinerte Stoffe.

DIN 2100
Juli 1939
bis
DIN 2110
Febr. 1940 } Prüfung von Natursteinen.

DIN 52101 { Richtlinien für Probeentnahmen und gesteinskundliche Untersuchungen.

DIN 52111
DIN 52112 } Prüfung von Natursteinen.

DIN 2201
bis
DIN 2206 } Prüfung von Natursteinen.

VII. Petrographie für den Ingenieur.
Von F. DE QUERVAIN.

A. Allgemeines.

1. Einleitung.

Die *Petrographie* oder *Gesteinskunde* behandelt die Entstehung und Zusammensetzung der die feste Erdkruste zusammensetzenden Gesteine. Als Gesteine werden Aggregate von Mineralien definiert, die in der Erdkruste eine größere Verbreitung aufweisen und dadurch eine gewisse Selbständigkeit besitzen. Sind die Mineralien der Aggregate fest miteinander verbunden, so liegen *Festgesteine* vor, bei losem Verbande *Lockergesteine*. Vielfach werden nur die ersteren als Gesteine bezeichnet, die letzteren als Boden. Diese Abtrennung der lockeren Massen vom Gesteinsbegriff ist vom petrographischen Standpunkt aus unrichtig; der Grad der Verfestigung ist kein prinzipiell wichtiges Merkmal für eine Mineralvergesellschaftung. Zudem ruft die Bezeichnung Boden für Lockergesteine stete Verwechslungen mit dem Boden im Sinne der Bodenkunde (oberste, der Vegetation zugängliche Verwitterungsschicht. Ackerboden) hervor.

Nicht als Gestein bezeichnet man dagegen Mineralaggregate, die in wesentlichen Mengen Mineralien enthalten mit Elementen. die unter den gesteinsbildenden Mineralien normalerweise nicht vorkommen. Solche Elemente sind z.B. die nutzbaren Metalle (ohne Eisen, Aluminium, Magnesium). Diese Mineralvorkommen, allgemein *Lagerstätten* genannt, besitzen in der Regel keine größere Ausdehnung und Selbständigkeit, wie sie den Gesteinsvergesellschaftungen zukommt. Es hat sich allerdings die Gewohnheit herausgebildet, auch dann von einer Lagerstätte zu sprechen, wenn eine definitionsgemäß gesteinsartige Mineralvergesellschaftung als Lieferant von mineralischen Rohstoffen auftritt (gewisse Eisenerze, Aluminiumerze, Kohlen-, Salz- und Ölvorkommen). Entsprechend der großen Zahl von Elementen und ihren sehr zahlreichen Mineralverbindungen sind die Lagerstätten aber sehr mannigfaltig beschaffen. Ihre Untersuchung bildet einen eigenen Forschungszweig der mineralogisch-petrographischen Wissenschaften: die Lagerstättenkunde. Im folgenden wird auf die oft wirtschaftlich wichtigen Lagerstätten, die den Bergingenieur und nicht den Bauingenieur berühren, nur ganz kurz eingegangen.

2. Begriff des Minerals.

Mineralien sind die kleinsten homogenen Bestandteile der Erdkruste. Weitaus die Hauptmenge der Mineralien liegen als *Kristalle* vor, d.h. sie weisen im Gegensatz zu den amorphen Körpern einen gesetzmäßigen inneren Bau (Anordnung der Atome) auf. Aus dieser Struktur läßt sich der Kristall mit seinen charakteristischen Merkmalen und Eigenschaften verstehen. Die äußere wichtigste Eigentümlichkeit des Kristalls ist seine Begrenzung durch ebene Polyederflächen mit charakteristischen Symmetrieverhältnissen; ebenso kennzeichnend ist aber die Abhängigkeit wichtiger physikalischer Eigenschaften von der Richtung. Diese letztere Eigenschaft hat besonders für die Petrographie große Bedeutung, einerseits zum Bestimmen des Minerals, das im Gestein meist keine polyedrische Umgrenzung mehr erkennen läßt, andererseits aber auch für das gesamte physikalische Verhalten des Gesteins. Man nennt die Richtungsabhängigkeit der Eigenschaften allgemein *Anisotropie*.

Die *chemische Zusammensetzung* der meisten Mineral- resp. Kristallarten ist nicht starr, sondern weist eine mehr oder weniger erhebliche Variabilität auf, indem sich je nach der Atomanordnung im Kristallgebäude gewisse Elemente durch andere ersetzen lassen oder Einlagerungen zwischen Atomschichten möglich sind, ohne daß sich grundlegende Änderungen im Gesamtbauplan und damit in den Eigenschaften ergeben würden.

Die bekannten, auch hier verwendeten *Mineralnamen* entsprechen zum Teil wirklichen Mineralarten (mit eigenem Kristallbauplan), zum Teil Unterarten mit charakteristischen, aber mehr äußerlichen Merkmalen.

Es ist unmöglich, an dieser Stelle auch nur die Hauptgesetze des kristallisierten Zustandes zu erläutern. Dazu muß auf die Lehrbücher der Mineralogie verwiesen werden[1]. Es sollen hier nur einige wenige für die technische Petrographie wichtige Merkmale der Mineralien aufgeführt werden. Für jeden, der sich ernsthaft mit Petrographie befaßt, ist die Vertrautheit mit den Eigenschaften der Kristallverbindungen unerläßlich.

3. Einige für die technische Petrographie besonders wichtige Mineraleigenschaften.

a) Form der Mineralien.

Die äußere Begrenzung der kristallisierten Mineralien ist in Gesteinen, wie bereits oben erwähnt, selten allseitig gut ebenflächig, oft nur teilweise oder sogar überhaupt nicht, weil beim Wachstum die vollständige Ausbildung der Kristallgestalt durch gegenseitige Behinderung verunmöglicht wurde. Die wichtigsten Begriffe, die äußere Umgrenzung der Kristalle betreffend, seien nachstehend erläutert.

Ein Mineral ist *eigengestaltig* oder *idiomorph*, wenn es die ihm zukommende Kristallgestalt erkennen läßt; *fremdgestaltig* oder *xenomorph*, wenn dies nicht der Fall ist. Die häufige teilweise Erkennbarkeit der Begrenzung nennt man *hypidiomorph*. Ein Mineral wird als *isometrisch* bezeichnet, wenn sich keine Bevorzugung einer Richtung bemerken läßt. Die Begriffe: blättrig, tafelig, prismatisch, stengelig, faserig gehen am besten aus den neben-

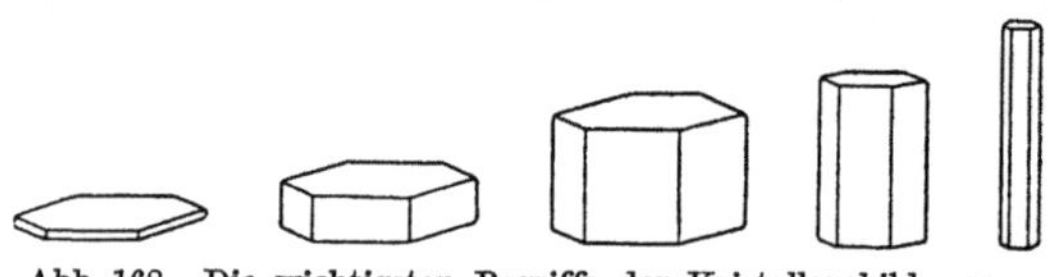

Abb. 168. Die wichtigsten Begriffe der Kristallausbildung: blättrig, tafelig, isometrisch, prismatisch, stengelig.

stehenden Skizzen (Abb. 168) hervor, wobei die seitlichen Begrenzungen je nach der Symmetrieklassenzugehörigkeit des Minerals drei-, vier-, sechs-, acht- oder noch mehrflächig sein können, die oberen resp. unteren überaus vielgestaltig.

b) Spaltbarkeit.

Eine überaus charakteristische Eigenschaft vieler kristallisierter Körper ist ihre leichtere Trennbarkeit parallel bestimmten Ebenen (die sich aus der Kristallstruktur ableiten lassen); man bezeichnet diese als Spaltbarkeit. Oft ist nur eine Ebene auf diese Weise ausgezeichnet, oft sind es deren mehrere gleichwertige oder auch verschiedenwertige. Die Leichtigkeit dieser Trennbarkeit ist sehr verschieden; man kann etwa die Reihenfolge aufstellen: vorzügliche, gute, mäßige, schlechte, fehlende Spaltbarkeit. Man kann die Qualität der Spaltbarkeit am Glanz der durch Spaltung erzeugten Fläche beurteilen. Gute Spaltbarkeit äußert sich in hohem Glanz (Diamantglanz, Perlmutterglanz), schlechte infolge der ungleichmäßigeren Spaltebene in mäßigem Glanz. Als allgemeines Charakteristikum mag gelten, daß tafelige Mineralien gewöhnlich parallel der Tafelfläche spaltbar sind, stengelige parallel von seitlicher Prismenbegrenzung.

Zahlreiche Mineralien, die eine gute Spaltbarkeit aufweisen, werden nach altem Brauche mit der Endsilbe -spat versehen, z. B. Kalkspat, Feldspat, Flußspat usw. Ein Mineralaggregat oder ein Gestein, das deutlich glatte und stark glänzende Spaltebenen erkennen läßt, bezeichnet man als spätig. Von einem gut

---

[1] Siehe Literaturverzeichnis.

spaltbaren Mineral ist es unmöglich, Bruchflächen zu erhalten, die nicht teilweise oder ganz von Spaltebenen begrenzt sind. Die Bruchflächen nichtspaltbarer Mineralien weisen gewöhnlich eine Art Fettglanz auf.

c) Härte.

Unter Härte versteht man den Widerstand, den das Mineral dem Eindringen eines spitzeren Gegenstandes entgegensetzt. Dieser Widerstand ist bei jeder Mineralart stark abhängig von der Art der eindringenden Beanspruchung (drücken, schlagen, bohren, ritzen). Weitaus am gebräuchlichsten ist die Bestimmung der *Ritzhärte* (die ja auch der Schleifbeanspruchung zugrunde liegt). Dabei hat sich eine einfache Ritzhärteprüfung durch Vergleich, die ursprünglich nur zur Mineralbestimmung dienen sollte, allgemein eingebürgert und wird heute gerade in der Technik in einem der Methode ganz ferne liegenden quantitativen Sinne gebraucht. Es handelt sich um die Mohssche Härteskala, die 10 Standardmineralien umfaßt: als weichstes den Talk (= Härte 1), als härtestes den Diamant (10), und die 8 Zwischenglieder mit steigender Ritzhärte: Steinsalz (2), Kalkspat (3), Flußspat (4), Apatit (5), Feldspat (6), Quarz (7), Topas (8), Korund (9). Jedes Mineral der Skala vermag die tiefere Nummer zu ritzen, wird aber von der höheren geritzt. Mit Hilfe dieser Standardmineralien ist es leicht, die weiteren Mineralien einzuordnen, wobei man ein Mineral, das z. B. von Quarz geritzt wird, den Feldspat jedoch zu ritzen vermag, als von der Härte 6 bis 7 oder auch $6^{1}/_{2}$ bezeichnet. Die Unzulänglichkeiten dieser Methode rühren davon her, daß die Intervalle zwischen den einzelnen Nummern sehr ungleichmäßig sind (wie z. B. aus Abschleifversuchen ermittelt wurde); trotzdem leistet sie tatsächlich auch für die Praxis nützliche Dienste und wird auch im folgenden weiter verwendet (siehe S. 234, wo auch eine für praktischen Gebrauch zweckmäßige Vereinfachung erläutert ist).

Oft spricht man auch von der Ritzhärte von Mineralaggregaten. Hier ergeben sich aber, auch wenn das Aggregat nur aus einem Mineral besteht, meist abweichende Werte, da hier der schwankende Kornzusammenhalt eine Rolle spielt (siehe S. 234).

d) Weitere Kohäsions- und Festigkeitseigenschaften.

Eine vielen Kristallen eigentümliche Eigenschaft, die für ihr Festigkeitsverhalten wichtig ist, ist die Möglichkeit innerer *Gleitungen* nach parallel bestimmten Ebenen (sog. Translation und Gleitzwillingsbildung), ohne daß der Kristallzusammenhang dadurch verlorengeht (wie bei der Spaltung). Dadurch sind starke Verformungen, ja scheinbare Verbiegungen der Kristalle möglich, die bei der Gesteinsmetamorphose (S. 251) eine wichtige Rolle spielen. Auch die Festigkeitseigenschaften (Druck-, Biegezug-, Scherfestigkeiten) sind beim Mineral sehr stark von der Orientierung zu den Gleit- und Spaltebenen abhängig und haben somit eine andere Bedeutung als bei den Mineralaggregaten, den Gesteinen (siehe S. 232).

4. Die Kennzeichnung der Gesteine.

Um ein Gestein charakterisieren zu können, sind daran die folgenden Bestimmungen auszuführen:

1. Art der Mineralien, aus denen sich das Gestein zusammensetzt. Dabei sind für die Hauptnamengebung gewöhnlich nur die Mineralien wichtig, die zu mehr als etwa 5 bis 10% vorhanden sind. Man nennt sie *Hauptgemengteile*; regelmäßig in kleinerer Menge vorhandene Mineralien bezeichnet man als *Nebengemengteile*; solche, die nur sporadisch auftreten, als *Übergemengteile*.

Die Zahl der Mineralien, die sich in erheblicherem Maße am Aufbau der großen Mehrzahl der Gesteine beteiligen, ist verhältnismäßig gering im Vergleich zur Gesamtzahl der bekannten Mineralarten. Dies rührt davon her, daß nur wenige Elemente am Aufbau der äußeren Erdrinde wesentlich beteiligt sind.

Von den vielleicht 2000 Mineralverbindungen sind etwa 50 — wie man sagt — verbreiteter *gesteinsbildend*. Etwa die gleiche Anzahl trifft man gelegentlich lokal noch in größerer Menge, meist aber nur noch ganz untergeordnet; für die Beurteilung der Gesteine für technische Fragen sind sie jedoch schon ganz bedeutungslos. In der Tabelle S. 226 sind die wichtigen gesteinsbildenden Mineralien mit ihren Eigenschaften kurz zusammengestellt.

2. Gegenseitige Beziehungen der Mineralien. Diese können außerordentlich vielseitig sein. Man rechnet dazu die Größenverhältnisse der Mineralkörner (absolute Größe, Größendifferenzen innerhalb einer Mineralart oder zwischen verschiedenen Gemengteilen), die gegenseitige Anordnung der Gemengteile (gleichmäßig vermischt oder in Lagen angereichert), die Art und Festigkeit des gegenseitigen Verbandes der Mineralkörper. Diese sehr wechselvollen Beziehungen können somit bedingen, daß Gesteine mit gleichem Mineralbestand, d. h. mit gleichem Mengenverhältnis der Gemengteile, doch sehr verschiedener Art sein können. Ein Gestein mit beispielsweise 40% Quarz, 50% Feldspäten und 10% Glimmer kann je nach der Art dieser Beziehungen sein:

a) ein Granit: die Mineralkörner sind ziemlich gleich groß und gleichmäßig verteilt bei fester Verwachsung;

b) ein Quarzporphyr: einzelne Körner der genannten Mineralien sind weit größer als die anderen; sie schwimmen gewissermaßen in einer sehr feinkörnigen, von bloßem Auge nicht diagnostizierbaren Masse;

c) eine Gneisvarietät: die Mineralien, besonders die Glimmer, sind in Lagen angeordnet;

d) ein Sandstein: die Mineralkörner sind nur locker miteinander verbunden; man kann aus zahlreichen Anzeichen ersehen, daß die Körner einmal ganz lose waren und erst nachträglich verkittet wurden.

Die gegenseitigen Beziehungen gliedert man unter folgende Oberbegriffe: Die *Struktur* eines Gesteins umfaßt die Größenverhältnisse der Mineralkörner und ihre Gestalt. Als *Textur* bezeichnet man die räumliche Anordnung der Gemengteile sowie die Raumerfüllung. Unter *Kornverband* versteht man die Festigkeit und Art des Aneinanderhaftens der Körner. Bei der in der Natur der Sache liegenden, nicht ganz klaren Abgrenzung dieser Begriffe ist es allerdings verständlich, daß sie im Gebrauch nicht immer konsequent verwendet werden, insbesondere wird der Ausdruck Struktur für alle genannten Beziehungen verwendet (wie z. B. auch im französischen Sprachgebrauch). Auch der Ausdruck *Gefüge* schließt Struktur, Textur und Verband ein und wird im folgenden mehrfach in diesem allgemeinen Sinne gebraucht.

In sehr vielen Fällen läßt sich ein Gestein von bloßem Auge nicht eindeutig bestimmen, weil die Mineralkörner zu klein sind. Erst eine Betrachtung unter dem *Mikroskop* läßt ein genaues Erfassen von Mineralbestand und Gefüge richtig zu. Dabei verwendet man entweder die Binokularlupe oder das Polarisationsmikroskop. Erstere gestattet mehr äußerliche Merkmale vergrößert und plastisch zu sehen, das letztere ist das Hauptinstrument des Petrographen, der damit in erster Linie an den Dünnschliffen (Gesteinsplättchen von ca. 0,02 bis 0,03 mm Dicke) Mineralbestand und Gefüge studiert. Auch Gesteinspulver und feine Fraktionen von Lockergesteinen untersucht man am Polarisationsmikroskop. Für den Ingenieur kommt die sehr vielseitig ausgebaute mikroskopische Technik, die sich besonders auf die optischen Anisotropieeigenschaften der Mineralien stützt, normalerweise nicht in Betracht. Im folgenden wird infolgedessen auf die Gesteinsmikroskopie nur so weit eingegangen, als sie zur Erläuterung technisch wichtiger Gesteinseigenschaften notwendig ist.

3. Das Gestein im Verbande. Eine vollständige Charakterisierung eines Gesteins beschränkt sich jedoch nicht nur auf die Beschreibung des Gesteins als solches (Handstück, Dünnschliff, Werkstück, Probeblock), sondern befaßt sich auch mit seinen Beziehungen zum ganzen Verbande, dem es angehört. Dazu gehören Klüftungen, Schichtungen, alle Inhomogenitäten, Zusammenhang mit den Nachbargesteinen, kurz alle *Beziehungen zur geologischen Umwelt*. Gerade diese Beziehungen, die großenteils von bloßem Auge studiert werden können, berühren oft ein Gestein in seinem Verhalten als Baugrund oder als nutzbares Baumaterial in hohem Maße.

B. Übersicht der wichtigsten gesteinsbildenden Mineralien.

Die Tabellen (S. 226 bis 229) enthalten eine Übersicht der wichtigsten gesteinsbildenden Mineralien nach ihrem hauptsächlichsten Auftreten. Die Angaben sollen nur mit den Haupteigenschaften vertraut machen, die für die technische Beurteilung der Gesteine wesentlich sind. Sie genügen meistens nicht, um die Mineralien zu bestimmen; dazu muß auf die speziellen Mineralbestimmungstabellen verwiesen werden. Die Angaben können auch keineswegs der ganzen Mannigfaltigkeit der Ausbildung gerecht werden; Untervarietäten sind nur vereinzelt berücksichtigt. Unter „Chemische Zusammensetzung" finden sich die Hauptelemente (meist als Oxyde), die normalerweise vorhanden sind, wobei die gewöhnlich in geringer Menge (unter 2 bis 5%) auftretenden in Klammer gesetzt sind. Verschiedene Mineralgruppen (Granate, Glimmer, Augite, Hornblenden) sind in ihrer Zusammensetzung so variabel, daß sie in einer solchen Übersicht nicht umfassend darzustellen sind.

Über die *Tonmineralien* sei wegen ihrer großen bautechnischen Bedeutung noch folgendes ausgeführt: Die Tonmineralien sind in der Hauptsache verantwortlich für die charakteristischen Eigenschaften der kohärenten Lockergesteine. Sie sind sehr feinkörnige (Größenordnung $<0,02$ bis $2\,\mu$), zum großen Teil deutlich kristalline, schuppig-blättrige Bildungen. Ihr Hauptmerkmal ist der schichtenartige Feinbau (meist aus Tonerde-Silikat-Schichten), der fremde Einlagerungen an und zwischen die Gitterschichten gestattet. Dadurch besitzen sie eine überaus große innere und äußere Oberfläche. Die möglichen Anlagerungen betreffen vor allem Wasser, bei gewissen Tonmineralien aber auch Kationen (Alkalien und Erdalkalien), die leicht austauschbar sind und ihrerseits auch wieder Wasser festhalten können. Diese Umstände bewirken die Quellungs- und Plastizitätseigenschaften der Tonmineralien und der an diesen Mineralien reichen Gesteine.

Man unterscheidet folgende Hauptgruppen (mit zahlreichen Unterarten) von Tonmineralien nach Unterschieden in der Schichtgitteranordnung: a) Glimmerartige Tonmineralien, b) Kaolinit-Halloysit-Gruppe, c) Montmorillonitgruppe (mit besonders großer Kationenaustauschfähigkeit und dadurch maximaler Quellbarkeit), d) Hydrargillitgruppe (rein hydroxydisch).

Die Eigenschaften der tonmineralführenden Gesteine sind im weiteren in Abschnitt: Physikalische Eigenschaften der Böden, S. 291 u. f. behandelt.

C. Übersicht der wichtigsten Gefügeverhältnisse und Festigkeitseigenschaften der Gesteine.

Es kann sich hier in dieser knappen Übersicht nur darum handeln, einzelne für den Ingenieur wichtige Begriffe kurz zu erläutern, ohne irgendwelche erschöpfende Behandlung. Gar nicht behandelt sind die Methoden der technischen Gesteinsprüfung[1], ferner das physikalisch-technische Verhalten der Lockergesteine, das in anderen Abschnitten des Werkes ausführlich dargestellt ist.

---

[1] Darüber siehe Band **3** des Handbuches der Werkstoffprüfung, herausgegeben von E. SIEBEL. Berlin 1941.

Tabelle 132. *Übersichtstabelle der wichtigsten gesteinsbildenden Mineralien.*

Name	Härte	Dichte	Chem. Z.	Farbe, Glanz	Ausbildung
1. Primäre Mineralien der Eruptivgesteine und vieler kristalliner Schiefer, zum Teil in mechanischen Sedimenten als Trümmerbestandteile					
Quarz	7	2,66	Si	Farblos, weißlich, grau, auch mannigfach gefärbt. — Fettglanz auf Bruchflächen	Körnig (grob bis sehr fein). Kristallbegrenzung selten. — Nicht spaltbar. Bruch muschelig
Kalifeldspat (Orthoklas, Mikroklin, Sanidin)	6	2,56	Si Al K (Na)	Farblos, weißlich, rötlich, grünlich. — Hoher Glanz auf Spaltflächen	Körnig, dicktafelig. — Gut spaltbar nach zwei Ebenen
Natronfeldspat (Albit)	6	2,62	Si Al Na	Fast stets farblos oder weißlich. — Hoher Glanz auf Spaltflächen	Körnig, dicktafelig. — Gut spaltbar nach zwei Ebenen
Kalknatronfeldspäte (saure Plagioklase: Oligoklas, Andesin)	6	2,62—2,70	Si Al Na (Ca)	Farblos, weißlich, oft grünlich durch Umwandlung. — Wenn frisch, hoher Glanz auf Spaltflächen. Bei Umwandlung matt	Körnig, dicktafelig. — Gut spaltbar nach zwei Ebenen, sofern nicht umgewandelt
Natronkalkfeldspäte (basische Plagioklase: Labrador, Bytownit)	6	2,70—2,75	Si Al Ca (Na)	Wie oben, sehr häufig umgewandelt	Wie oben
Alkalifeldspäte (Anorthoklas, Perthit)	6	2,58	Si Al Na K	Ähnlich Kalifeldspat	Ähnlich Kalifeldspat
Dunkler Glimmer (Biotit)	2—3	2,9—3,2	Si Al Fe Mg K (H)	Braun, dunkelgrün, schwarz. Angewittert gelblich. — Diamantglanz auf Spaltflächen	Blättrig, grobschuppig. — Ausgezeichnet spaltbar nach einer Ebene
Hornblendegruppe (Amphibolgruppe)	$5\frac{1}{2}$—6	2,9—3,3	Si Mg Ca Al Fe (Na) (H)	Dunkelgrün, dunkelbraun, schwarz. — Starker Glanz auf Spaltflächen	Körnig, kurz- bis langsäulig. — Gute Spaltbarkeit nach zwei Ebenen (‖Prisma). Spaltwinkel 124°
Augitgruppe (Pyroxengruppe)	6—$6\frac{1}{2}$	3,2—3,5	Si Ca Mg Fe (Al) (Na)	Meist schwarz. — Starker Glanz auf Spaltflächen	Körnig, kurzsäulig. — Gute Spaltbarkeit nach zwei Ebenen (‖Prisma)
Olivin	$6\frac{1}{2}$—7	3,2—3,4	Si Mg (Fe)	Grün, (flaschengrün, dunkelgrün). — Glas- bis fettglänzend	Körnig. — Schlecht spaltbar
Nephelin	$5\frac{1}{2}$—6	2,63	Si Al Na (K)	Grauweißlich, lichtgrünlich. — Fettglänzend, wenn umgewandelt matt	Körnig, kurzsäulig. — Nicht spaltbar
Leucit	$5\frac{1}{2}$—6	2,5	Si Al K (Na)	Grauweißlich. — Glas- bis fettglänzend	Stets in rundlichen Kristallen (Deltoidikositetraeder). — Schlecht spaltbar
Sodalithgruppe (Sodalith, Hauyn, Nosean, Analcim)	$5\frac{1}{2}$—6	2,1—2,5	Si Al Na	Weißlich, bläulich, grünlich. — Fettglanz	Körnig, isometrische Kristalle. — Schlecht spaltbar

Tabelle 132 (Fortsetzung).

Name	Härte	Dichte	Chem. Z.	Farbe, Glanz	Ausbildung
Apatit	5	3,16	Ca P (Cl, F) (OH)	Weißlich, auch mannig- fach gefärbt. — Fett- glänzend	Körnig, prismatisch. — Schlecht spaltbar
Magnetit	$5^1/_2$	5,1	Fe	Schwarz. — Metallglän- zend	Körnig, isometrische Kristalle (Oktaeder). — Nicht spaltbar

*2. Charakteristische Bestandteile von metamorphen Gesteinen und aus der säkularen Veränderungszone,
zum Teil in mechanischen Sedimenten als Trümmerbestandteile*

Name	Härte	Dichte	Chem. Z.	Farbe, Glanz	Ausbildung
Heller Glimmer (Grobschuppig: Muskowit, fein- schuppig· Serizit)	2—3	2,8—2,9	Si Al K H (Mg) (Fe)	Weißlich, grünlich. — Diamant- bis Silber- glanz auf Spaltflächen	Blättrig, grobschuppig, feinschuppig. — Aus- gezeichnet spaltbar nach einer Ebene
Chlorit	$1^1/_2$—2	2,5—3	Si Al Mg Fe H	Hellgrün, dunkelgrün, braun. — Hoher Glanz auf Spaltflächen	Blättrig, schuppig, oft sehr feinkristallin. — Sehr gut spaltbar nach einer Ebene
Talk	1	2,7	Si Mg H	Hellgrünlich, weißlich. — Stark glänzend auf Spaltflächen	Grob- bis sehr fein- schuppig. — Gut spalt- bar nach einer Ebene. — Seifig anzufühlen
Serpentin	3—4	2,6—2,7	Si Mg (Fe) H	Hellgrün, dunkelgrün, gelblich	Teils schuppig, teils fa- serig, oft ganz dicht (feinkristallin) erschei- nend
Strahlstein (Akti- nolith, Gramma- tit)	$5^1/_2$—6	3,0—3,2	Si Mg Ca (Fe) (H)	Hellgrün, dunkelgrün, weißlich. — Hoher Glanz auf Spaltflächen	Kurz- bis langsäulig fa- serig. — Gut spaltbar nach zwei Ebenen
Diopsid	6	3,3	Si Ca Mg (Fe)	Hellgrün, grau, bräun- lich. — Hoher Glanz auf Spaltflächen	Körnig, kurzsäulig. — Gut spaltbar nach zwei Ebenen
Epidotgruppe (Fe-arm: Zoisit; Fe-reich: Epidot i. e. S.)	6—7	3,2—3,5	Si Al Ca (Fe) (H)	Graugrün, hell- bis dun- kelgrün	Körnig, oft sehr fein- kristallin (dicht), auch prismatisch. — Spalt- bar
Gemeine Granate (Almandin)	7—$7^1/_2$	3,5—4,2	Si Al Fe Mg Ca	Braunrot, tiefrot, schwarzrot. — Glas- glänzend	Rundliche Körner oder Kristalle, auch sehr feinkristallin (dicht). — Nicht spaltbar
Kalkgranate (Fe-reich: Andra- dit; Al-reich: Grossular)	6—$6^1/_2$	3,6—4	Si Ca Al Fe	Grün, braun, hellrot, auch schwarz. — Glas- glänzend	Wie oben
Staurolith	7—$7^1/_2$	3,8	Si Al Fe	Tiefbraun. — Fettglän- zend	Kurzsäulig. — Schlecht spaltbar
Tonerdesilikate Andalusit, Silli- manit, Disthen)	5—$7^1/_2$	3,15 (A) 3,23 (S) 3,6 (D)	Si Al	Rötlich (A), weiß (S), blau, grau (D)	Körnig, kurzsäulig (A), faserig (S), langsäulig (D)

Tabelle 132 (Fortsetzung).

Name	Härte	Dichte	Chem. Z.	Farbe, Glanz	Ausbildung
Cordierit	7—7$\frac{1}{2}$	2,6—2,7	Si Al Mg (Fe) (H)	Grau, bläulich. — Fettglänzend, oft umgewandelt, dann matt	Körnig

3. Charakteristische Neubildungen der Sedimentgesteine, zum Teil auch verbreitet in metamorphen Sedimenten und als Oberflächenverwitterungsmineralien der kristallinen Gesteine

Name	Härte	Dichte	Chem. Z.	Farbe, Glanz	Ausbildung
Kalkspat	3	2,72	Ca C	Weiß und mannigfach gefärbt, auch schwarz. — Hoher Glanz auf Spaltflächen	Körnig (grob bis äußerst fein). — Sehr gut spaltbar nach drei Ebenen
Tonmineralien (Unterteilung und weitere Angaben siehe Text)	1—2	2—2,6	Si Al H (Fe) (Mg) (K)	Weißlich, grau, auch gefärbt	Blättrig, schuppig, meist sehr feinkristallin. — Spaltbar nach der Blättchenebene
Dolomitspat	3—3$\frac{1}{2}$	2,87	Ca Mg C (Fe)	Wie Kalkspat	Wie Kalkspat
Opal (Kieselsubstanz) (Hornstein)	6—7	1,9—2,6	Si (H)	Farblos, weißlich, grau, braun, schwarz, auch rot	Amorph, meist sehr feinkristallin (feinfaserig, strahlig)
Glaukonit	1—2	2,3	Si Al Fe (K) (H)	Grün	Rundliche Körner mit feinkristalliner Struktur
Hämatit	6$\frac{1}{2}$	4,5	Fe	Rot, schwarzrot bis stahlgrau. — Z. T. metallglänzend	Schuppig, meist sehr feinkristallin (dicht)
Limonit	1—5$\frac{1}{2}$	wechselnd	Fe H	Gelbbraun bis dunkelbraun	Feinschuppig, erdig, auch faserig. Kein homogenes Mineral
Gips	2	2,3	Ca S H	Weiß, rötlich, grau. — Perlmutterglanz auf Spaltflächen	Körnig, faserig, feinschuppig. — Ausgezeichnete Spaltbarkeit nach einer Ebene
Anhydrit	3—3$\frac{1}{2}$	2,9	Ca S	Weiß, bläulich-grau. — Glasglanz auf Spaltflächen	Körnig. — Ungleiche Spaltbarkeit nach drei aufeinander senkrechten Ebenen
Steinsalz	2$\frac{1}{2}$	2,17	Na Cl	Farblos, grau, gelblich. —Glasglanz auf Spaltflächen	Grob- bis feinkörnig. — Gute Spaltbarkeit nach drei auseinander senkrechten Ebenen
Pyrit	6$\frac{1}{2}$	4,9	Fe S	Gelb, oft braun überzogen. — Metallglanz	Isolierte isometrische Kristalle, körnige bis strahlige Aggregate. — Nicht spaltbar

4. Einige wichtige Gangmineralien, zum Teil auch in Gesteinen auftretend

Name	Härte	Dichte	Chem. Z.	Farbe, Glanz	Ausbildung
Flußspat (Fluorit)	4	3,2	Ca F	Farblos und mannigfachgefärbt. — Glasglanz auf Spaltflächen	Körnig (oft grob). — Spaltbarkeit nach vier Ebenen
Baryt (Schwerspat)	3	4,5	Ba S	Weiß, auch gefärbt. — Glasglanz auf Spaltflächen	Körnig (grob bis fein). — Spaltbar nach mehreren Ebenen

Tabelle 132 (Fortsetzung).

Name	Härte	Dichte	Chem. Z.	Farbe, Glanz	Ausbildung
Eisenspat (Siderit)	$4^1/_2$	3,8	Fe C (Mg)	Bräunlich, oft braun überzogen. — Hoher Glanz auf Spaltflächen	Körnig. — Spaltbarkeit nach drei Ebenen
Magnesit	4	2,96	Mg C (Fe)	Weiß, gelblich	
Kupferkies	$3^1/_2$—4	4,2	Cu Fe S	Gelb mit grünlichem Stich. — Metallglanz	Derb
Bleiglanz	$2^1/_2$	7,6	Pb S	Bleigrau. — Hoher Metallglanz auf Spaltflächen	Grob- bis feinkörnig, selten faserig. — Sehr gute Spaltbarkeit nach drei aufeinander senkrechten Ebenen
Zinkblende	$3^1/_2$—4	3,9—4,2	Zn S (Fe)	Braun, schwärzlich, gelblich. — Diamantglanz auf Spaltflächen	Körnig. — Vollkommene Spaltbarkeit nach mehreren Ebenen

1. Im Klein- (Handstück-) bereich.

a) Die wichtigsten Gesteinstexturen.

Bei einem *massigen* (richtungslosen) Gestein sind die Mineralkörner völlig regellos angeordnet; es ist keine bevorzugte Richtung oder Ebene erkennbar. Völlige Massigkeit ist allerdings bei Gesteinen bei näherer Untersuchung nicht sehr häufig. In vielen Fällen ist auch da, wo ein Gestein (z. B. ein Granit) völlig massig erscheint, doch eine (oder auch mehrere) Richtung festzustellen, die ein leichteres Spalten gestattet (Abb. 169). Steinarbeiter kennen solche Richtungen sehr genau und machen sie sich zunutze. Oft bezeichnet man sie als *Faserrichtung*. Gesteine ohne jede Faser sind schwer zu bearbeiten. Faserrichtungen verlaufen oft bevorzugten Kluftebenen parallel.

Als *gerichtet* bezeichnet man Gesteinsgefüge, bei denen die Anordnung der Mineralkörner in gewissen Richtungen oder Ebenen von anderen sichtbar abweichen. Vor allem zeigen stengelige oder blättrige Mineralien eine gerichtete Textur an. Ist diese sehr ausgesprochen, so spricht man von *Schieferung*. *Fältelung* ist eine Schieferung von welligem Verlauf. In stark geschieferten Gesteinen sind oft auch Mineralien, die normalerweise isometrisch sind, in der Schieferungsrichtung gestreckt. Die gerichtete Textur entsteht allgemein im Zusammenhang mit der Gesteinsmeta-

Abb. 169. Das kluftarme Granitvorkommen gestattet die Gewinnung von Hausteinen. Gute Spaltbarkeit in drei aufeinander senkrechten Ebenen.

morphose (siehe S. 251). Von einem gerichteten Gefüge ist ein *geschichtetes* oder *lagiges* zu unterscheiden. Diese entstehen nicht durch räumliche Anordnung, sondern durch Wechsel in der Zusammensetzung senkrecht einer Ebene. Viele Gesteine sind zugleich gerichtet und geschichtet, dabei brauchen diese beiden Texturen nicht in die gleiche Ebene zu fallen, insbesondere bilden Schichtung

und Schieferung bei der sog. Clivage oder Gleitflächenschieferung einen Winkel (Abb. 170).

Eine Unterart der gerichteten Textur ist die Fließtextur, vergleichbar den Strömungsbildern bei Flüssigkeiten.

Bei gerichteten Gesteinen muß man *Lagerbruch* oder Bankungsbruch (parallel der bevorzugten Richtung) von *Längs-* und *Querbruch* unterscheiden (Abb. 171). Solche Gesteine sehen in der Regel auf den verschiedenen Flächen wesentlich anders aus. Der Steinhauer bezeichnet sie als zwei- oder

Abb. 170. Schichtfolge von dünnen Sandsteinbänken und Tonschiefern. Die letzteren zeigen deutlich Gleitflächenschieferung einen Winkel zur Schichtung bildend.

dreihäuptig. — Einige weitere texturelle Unterbegriffe werden bei der Behandlung der einzelnen Gesteinsgruppen erläutert werden.

b) Die Korngrößenverhältnisse der Gesteine.

Die absoluten Größen der einzelnen Gesteinsmineralkörner sind außerordentlich schwankend von unter 0,001 mm bis zu mehreren Zentimetern (gelegentlich bis über 1 m). Im allgemeinen weisen die Eruptivgesteine und die metamorphen Gesteine ein gröberes Korn auf als die Sedimente (weshalb man erstere seit langem als „kristalline" Gesteine bezeichnet, obschon die Sedimente durchaus nicht unkristallin sind). Der Ausdruck kristalline Gesteine für die genannten Hauptklassen soll im folgenden beibehalten werden, da eine andere gebräuchliche zusammenfassende Bezeichnung fehlt.

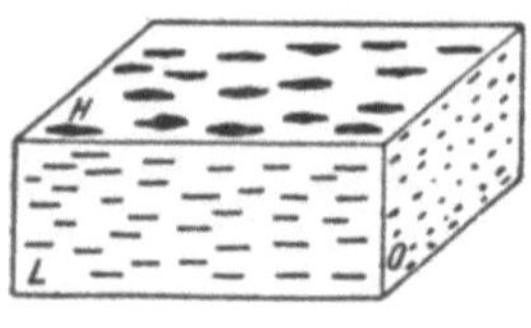

Abb. 171. Bezeichnung des Bruches bei geschieferten Gesteinen.
H Hauptbruch, *L* Längsbruch, *Q* Querbruch.

Bei den *kristallinen Gesteinen* kann man Gesteine mit einem durchschnittlichen Korndurchmesser von

über 10 mm als sehr grobkörnig (großkörnig),
5 bis 10 mm als grobkörnig,
2 bis 5 mm als mittelkörnig,
0,5 bis 2 mm als feinkörnig,
unter 0,5 mm als sehr feinkörnig

bezeichnen. Oft werden noch zahlreiche weitere Unterteilungen gemacht, die in der Praxis doch keine Anwendung gefunden haben.

Bei den *Sedimentgesteinen* sind besondere Korngrößenbezeichnungen in Gebrauch, die für chemische und mechanische Sedimente verschieden sind. Bei den letzteren hat sich (ob locker oder verfestigt) die in Abschnitt Einteilung der Böden, S. 276 aufgeführte Klassifikation (siehe auch Abb. 204) in der wissenschaftlichen Literatur eingebürgert, wobei allerdings daneben noch andere Unterteilungen vorliegen.

Bei den chemischen Sedimenten, ganz speziell bei den Kalksteinen, werden folgende Bezeichnungen für die Korngrößenklassifikation gebraucht:

< 0,01 mm	kryptokristalline Struktur	} feinkristalline Struktur,
0,01 bis 0,2 mm	mikrokristalline Struktur	
0,2 bis 0,7 mm	mesokristalline Struktur	} grobkristalline Struktur.
> 0,7 mm	makrokristalline Struktur	

Bei allen Gesteinen bezeichnet man eine Struktur, deren Feinheit von Auge keine deutliche Unterscheidung des Einzelkornes mehr gestattet, als *dicht*. Diese Bezeichnung wird allerdings sehr oft mit kompakt = porenfrei verwechselt. Sehr oft wird der Ausdruck „tonig" rein als Korngrößenbezeichnung gebraucht. Es wäre sehr zu wünschen, daß hier dieses Wort allgemein durch *pelitisch* ersetzt würde.

Gesteine, deren Korngröße annähernd gleichmäßig ist (d. h. höchstens im Verhältnis $1:1^1/_2$ schwankt), bezeichnet man als *gleichkörnig*, bei stärker wechselnder Korngröße als *ungleichkörnig*. Ungleichkörnige Strukturen mit Verhältnissen der Korndurchmesser bis $1:100$ und darüber sind bei allen Gesteinsklassen verbreitet und werden je nachdem mit besonderen Namen versehen, die bei den betreffenden Abschnitten aufgeführt sind.

Gesteine, die auch bei stärkster Vergrößerung kein Korn erkennen lassen, nennt man allgemein *amorph*. Amorphe Struktur ist am verbreitetsten bei glasig erstarrten Eruptivgesteinen. Ist nur ein Teil amorph, ein Teil kristallin, so entsteht die *hemikristalline* Struktur, im Gegensatz zu der weitaus häufigsten und deshalb selten mehr speziell genannten *holokristallinen* Struktur.

c) Die Porenverhältnisse.

Fast kein Gestein ist völlig porenfrei, selbst von bloßem Auge anscheinend völlig kompakte Gesteine weisen ein Porengehalt von $^1/_2$ bis zu mehreren Prozent auf. Nach dem absoluten Porengehalt läßt sich folgende Einteilung der Hauptgesteinsklassen aufstellen:

Bezüglich der Porengröße wird zwischen grobporigen, feinporigen und mikroporigen Texturen unterschieden, wobei man etwa folgende Definitionen findet: Eine Mikropore weist als kleinste Weite 0,005 mm auf, bei feinporiger Struktur geht die kleinste Porendimension bis 0,2 mm, bei grobporiger kann sie mehrere Millimeter bis Zentimeter erreichen, wobei man bei besonders großen Hohlräumen von groblöcherig spricht.

Tabelle 133.

Porengehalt %	Bezeichnung
< 1	Sehr kompakt
1—2,5	Geringporig
2,5—5	Mäßig porig
5—10	Erheblich porig
10—20	Stark porig
20	Sehr stark porig

Von besonderer Wichtigkeit ist die Form der Poren. Entweder bilden sie einzelne Risse oder ein mehr oder weniger zusammenhängendes Netzwerk von Rissen oder aber es liegen abgeschlossene Hohlräume vor. Diese können eckig in Körnerlücken von Sandsteinen, vielfach rundlich bei Kalksteinen, blasig bei manchen Ergußgesteinen sein.

Die Porigkeit setzt die Festigkeit herab, am meisten ein feines Porennetzwerk. Ein solches begünstigt bei Mikrodimensionen die Gesteinszerstörung durch Frost und kristallisierende Sulfate. Gesteine mit nicht zusammenhängenden Poren, besonders solchen größerer Dimensionen, sind dagegen nicht frostgefährdet, meist sogar widerstandsfähiger als porenfreie Gesteine von sonst ähnlicher Beschaffenheit, da sie weniger spröde sind und somit beim Bearbeiten weniger rissig werden. Porige Gesteine werden bei Hochbauten auch des geringeren Raumgewichtes wegen oft bevorzugt.

Anschließend folgen noch einige die Porigkeit betreffende Definitionen:

Spezifisches Gewicht = Dichte = s = Gewicht der Raumeinheit des porenfreien Gesteins.

Raumgewicht = r = Gewicht der Raumeinheit mit den natürlichen Poren,

$$\text{Porenraum} = \text{absolute Porigkeit} = n = \frac{s-r}{s}\,100,$$

$$\text{Sättigungsziffer} = \frac{\text{Wasseraufnahmefähigkeit bei gewöhnlichem Druck}}{\text{theoretische Wasseraufnahme bei vollständiger Porenfüllung}},$$

$$\text{Scheinbare Porigkeit} = \frac{\text{Volumen des normalerweise füllbaren Porenraumes}}{\text{Gesamtvolumen des Gesteins}}.$$

Viele Angaben über spezifisches Gewicht oder Raumgewicht eines Gesteins entsprechen weder dem einen noch dem anderen genau, sondern sind Zwischenwerte (Bestimmung des unpräparierten Gesteins durch doppelte Wägung). Das spezifische Gewicht kann nur am Gesteinspulver (im Pyknometer), das Raumgewicht nur an wasserdicht umhüllten Poren bestimmt werden.

Die Sättigungsziffer (resp. das Verhältnis von scheinbarer zu absoluter Porigkeit) ist für eine orientierende Beurteilung der Frostbeständigkeit von Bedeutung, da sie den Grad der Porenfüllung angibt. Je geringer die Sättigungsziffer, desto frostbeständiger darf im allgemeinen ein Gestein beurteilt werden. Gesteine mit Sättigungsziffer über 0,8 müssen als sehr frostgefährdet gelten.

d) Beurteilung der Festigkeits- und Härteverhältnisse.

Die Festigkeit eines Gesteines hängt von verschiedenen Faktoren ab:

1. Von der inneren Festigkeit der *Einzelmineralkörner*, ferner auch von ihrer Lage gegenüber den Beanspruchungsrichtungen. Bei völlig richtungslosen Gesteinen ist letzterer Umstand infolge Bestehens eines statistischen Mittels aller Lagen belanglos, bei gerichteten natürlich von großer Wichtigkeit.

2. Von der Festigkeit des gegenseitigen *Verbandes* der Mineralkörner (Kornbindungsfestigkeit).

3. Von den unregelmäßig auftretenden *Inhomogenitäten* und *Fehlstellen* aller Arten, besonders von feinsten Klüftchen, Rissen, Nähten usw.

Aus den Zahlenwerten der Festigkeitsbestimmungen läßt sich natürlich der Anteil dieser Faktoren nicht erkennen, bzw. welcher als schwächster den Bruch bedingte. Darüber kann unter Umständen eine genaue Untersuchung des Probekörpers nach dem Versuch Aufschluß geben. Ist die Verbandsfestigkeit der Körner im Durchschnitt geringer als die innere Festigkeit, so lösen sich die Einzelkörner eher aus dem Verbande als daß sie mitten durchbrechen; der Bruch geht den Korngrenzen entlang. Wenn die Mineralien aber geringere Eigenfestigkeiten aufweisen (durch ausgeprägte Spaltbarkeiten, Schiebungsfähigkeit, innere Rißbildungen), so wird eher ein Bruch im Korninnern erfolgen als eine Trennung von den Nebenkörnern. Beide Fälle sind bei allen Gesteinsklassen verwirklicht. Am leichtesten ist meistens ein durch Fehlstellen bedingter Bruch zu erkennen.

α) Die statischen Festigkeiten.

Von den verschiedenen Festigkeiten (Druck-, Biegezug-, Zug- und Scherfestigkeit) gibt vielleicht die *Zugfestigkeit* den besten Einblick in die wirkliche Verbandsfestigkeit des Gesteins; beim Zugversuch ergibt sich auch ein reiner Trennbruch. Da der Zugversuch aber verhältnismäßig umständlich ist, hat sich die den Beanspruchungen der Praxis scheinbar mehr entsprechende und zudem billigere *Druckfestigkeits*bestimmung am allgemeinsten eingebürgert. Bei der üblichen Druckprüfung wird ein Verschiebungsbruch erzeugt, es wirken sich somit neben Trenn- auch Schubkräfte aus. Trotz mancher Einwände ist sie durchaus brauchbar, um die Gesteine auf ihr Festigkeitsverhalten als Straßen- und Hochbaumaterial zu beurteilen. Die reine *Scher*festigkeit sowie die *Biegezugfestigkeit* werden sehr selten geprüft und sind somit nur von relativ wenigen Gesteinen bekannt; letztere dient zur Ermittlung des Elastizitätsmoduls, der neuerdings für die Beurteilung der Frostfestigkeit eine gewisse Rolle spielt.

Man kann bei Natursteinen *Druckfestigkeiten* (an Würfeln) über 2800 kg/cm² als sehr hoch, von 1800 bis 2800 als hoch, von 800 bis 1800 als mittelhoch, von 400 bis 800 als gering und unter 400 als sehr gering bezeichnen. Meist wird ein Mittel von 4 bis 6 Einzelversuchen als maßgebend erachtet. Die Einzelwerte auch von anscheinend homogenen Gesteinen streuen erheblich; Abweichungen von 20 bis 30% sind nicht selten. Von petrographischer Seite ist schon öfters verlangt worden, daß in Attesten nicht die Mittelwerte, sondern die Einzelwerte registriert werden, deren Abweichungen ein Bild der Gleichmäßigkeit des Gesteins geben. Wassersatte Gesteine weisen (sofern eine gewisse Porigkeit vorhanden ist) geringere Werte auf als trockene Steine. Das Verhältnis von Druckfestigkeit trocken zu wassersatt pflegt man als Erreichbarkeitsziffer zu bezeichnen.

Abb. 172a.

Abb. 172b.

Abb. 172a und b. Grobkörniger (a) und feinkörniger Granit (b). Die beiden gleich zusammengesetzten und am Fels ähnliche Festigkeitseigenschaften aufweisenden Gesteine verhalten sich in kleinen Stücken (Splittgröße) wegen der Korndifferenzen sehr verschieden. (Natürl. Größe.)

Im allgemeinen besitzt bei sonst gleicher Zusammensetzung und Struktur ein grobkörnigeres Gestein eine geringere Druckfestigkeit als ein feinkörniges. Dies hat folgende Hauptursachen:

a) Beim groben Gestein ist sehr oft der Kornverband schon ursprünglich schwächer und wird oft durch Verwitterungseinflüsse rasch weiter gelockert.

b) Vereinzelte schwache Stellen im Kornverband, ungünstige Orientierung von Spaltrissen usw. können sich bei grobkörnigen Gesteinen bei den üblichen Dimensionen der Prüfkörper (Würfel von 4 bis 7 cm) schon erheblich auswirken.

Besonders augenfällig sind die Festigkeitsunterschiede zwischen sonst gleich-

artigen grob- und feinkörnigen Gesteinen bei Prüfungen an ganz kleinen Probekörpern (etwa von 1 cm Durchmesser). Während ein sehr feinkörniges Gestein
hier (bezogen auf die Einheit) eher höhere Werte ergibt als beim Normalwürfel,
wird ein grobkörniges wesentlich tiefer liegen und vor allem stark streuen (siehe
Abb. 172). Dies ist der Hauptgrund, weshalb an sich gute, grobkörnige Gesteine
für kleinstückige Verwendung (Straßensplitt) wenig geeignet sind.

Die Druckfestigkeiten von feinkörnigen Gesteinen lassen sich leicht beurteilen
durch Zerdrücken von Splittern von wenigen Millimeter Durchmesser mit einem
Hammer, im Vergleich mit Materialien bekannter Druckfestigkeit.

Die Zugfestigkeitswerte betragen etwa $^1/_{20}$ bis $^1/_{40}$, die Scherfestigkeiten etwa
$^1/_{10}$ bis $^1/_{15}$, die Biegezugfestigkeiten etwa $^1/_8$ bis $^1/_{15}$ der Druckfestigkeiten (nach
HIRSCHWALD).

β) Die dynamischen Festigkeiten.

Die Festigkeiten der Gesteine gegenüber Schlag oder Stoß (Zähigkeit) sind
durchaus nicht proportional den statischen Festigkeiten. Sehr feste Gesteine
können schlagempfindlich oder spröde sein. Es sind schon unzählige Methoden
zur Ermittelung der Widerstandsfestigkeit gegen Schlag ausprobiert worden.
Die erhaltenen Werte streuen noch viel stärker als die statischen Festigkeitswerte.
Jeder kleinste Fehler macht sich hier noch weit mehr bemerkbar als dort, so daß
Prüfungen nur bei großer Zahl einen gewissen Einblick zu geben vermögen.
Einzelangaben über das Verhalten von Gesteinsarten sind hier meist sinnlos.

γ) Der Härtebegriff bei Gesteinen.

Sehr oft werden Gesteine als „hart" oder „weich" charakterisiert. Besonders
verbreitet ist der Ausdruck „Hartschotter" im Straßenbau. Diese Begriffe haben
keine allgemeine gebräuchliche Definition und werden deshalb in recht verschiedenem Sinne gebraucht. In einigen Kreisen benennt man Gestein mit hoher
Druckfestigkeit Hartgesteine, anderwärts beurteilt man die „Härte" mehr ge-
fühlsmäßig nach dem Widerstand gegen Abnützung oder Bearbeitung. Schließlich werden in der petrographisch-technischen Literatur die Gesteine oft in Hart
und Weich unterschieden, wobei die Zuordnung in der Regel sehr schematisch
nach verbreiteten Gesteinseigenschaften vorgenommen werden. So findet man
etwa folgende Aufstellung:

Hartgesteine: Granite, Diorite, Syenite, Porphyre, Basalte, Quarzite,
Eklogite.

Weichgesteine: Kalksteine, Dolomite, Sandsteine, Schiefer, Tuffe usw.

Eine solche schematische Klassifizierung ist natürlich von vornherein zu
verwerfen. Sie läßt die großen Unterschiede, die innerhalb jeder Gesteinsgruppe
auftreten, außer acht. Ritzhärteprüfungen oder andere Härteprüfverfahren der
Technik sind bei Gesteinen nur teilweise oder gar nicht durchführbar. Vielleicht
ließe sich mit Abnützungsversuchen (besonders mit dem Sandstrahl) eine sinn-
volle Härteklassifizierung vornehmen, doch fehlen die nötigen, allgemein durchgeführten Prüfungen.

Es wird deshalb hier vorgeschlagen, bei Gesteinen die Einteilung in Härtekategorien nach der Druckfestigkeit, kombiniert mit dem Gehalt an harten
Mineralien vorzunehmen. Diese beiden Größen sind von den meisten Gesteinen
bekannt oder doch rasch wenigstens annähernd bestimmbar. Als harte Mineralien werden solche mit einer Ritzhärte über 5 definiert. Da der Stahl der
gewöhnlichen Taschenmesser ungefähr von Härte 5 bis $5^1/_2$ ist, handelt es sich
dabei um Mineralien, die von diesem nicht mehr geritzt werden. Es sind dies
unter den verbreitetsten Gesteinsmineralien: Quarz (7), frische Feldspäte (6),

Hornblenden und Augite (um 6), Granat (6 bis $7^1/_2$), Olivin ($6^1/_2$). Vom Taschenmesser geritzt werden dagegen: Kalkspat (3), Dolomitspat (3 bis 4), Serpentin (3 bis 4), Glimmer und Chlorite (3 bis 4), zersetzte Feldspäte (6 bis unter 3).

In der folgenden Tabelle findet sich ein diesbezüglicher Klassifizierungsvorschlag, wobei eine sehr harte, harte, mittelharte, weiche und sehr weiche Gruppe unterschieden wurde:

Tabelle 134. *Einteilung der Gesteine in Härtekategorien.*

Mittlere Druckfestigkeit in kg/cm²	Gehalt an Mineralien härter als Stahl			
	0—25%	25—50%	50—75%	75—100%
über 2200	mittelhart	hart	hart	sehr hart
1800—2200	mittelhart	mittelhart	hart	hart
1400—1800	mittelhart	mittelhart	mittelhart	hart
1000—1400	weich	weich	mittelhart	mittelhart
600—1000	weich	weich	weich	mittelhart
unter 600	sehr weich	weich	weich	weich

Bei schichtigen oder schieferigen Gesteinen ist die Druckfestigkeit parallel der Schichtung oder Schieferung maßgebend. Ist nur die Druckfestigkeit senkrecht bekannt, so ist die nächsttiefere Zeile zu berücksichtigen.

Grobkörniges Gestein muß mindestens den Werten der nächsthöheren Zeile entsprechen, als für die kleinstückige Verwendung (Schotter, Splitt) eines feinkörnigen Gesteines verlangt wird.

e) Beschaffenheit der Bruchflächen und Abnützungsflächen.

Die zahlreichen Ausdrücke für die Beschaffenheit von künstlich erzeugten Gesteinsbruchflächen: eben, muschelig, wellig, hackig, grubig, gerieft, splittrig, erdig verstehen sich von selbst (siehe auch Abb. 187 bis 189). Die Beschaffenheit hängt mit der Korngröße, der Porigkeit, der Schiefrigkeit zusammen; in Abschnitt D wird bei einzelnen Gesteinen noch auf sie hingewiesen. Im allgemeinen ist die Oberfläche bei feinkörnigen (nichtporigen) Gesteinen glatter als bei gröberkörnigen.

Die Abnützungsfläche (z. B. von Pflastersteinen, Bodenplatten) bleibt stets rauh, wenn sich das Gestein aus Mineralien von sehr großen Härteunterschieden zusammensetzt (z. B. Quarz und Kalkspat in manchen Kalksandsteinen) oder wenn der Härtegrad aller Mineralien so groß ist, daß überhaupt keine nennenswerte Abnützung stattfindet und die usrpünglich rauhe Fläche erhalten bleibt. Auch Gesteine mit sehr geringer Kornbindungsfestigkeit bleiben durch ständiges Ausbrechen von Körnern rauh, sind dann allerdings einem starken Verschleiß unterworfen.

2. Im Großbereich.

a) Die Klüftung.

Als Klüfte (Lose, Lassen, Schlechten) bezeichnet man alle mehr oder weniger ebenen, kleinen oder ausgedehnten Trennfugen im Gestein. Die Gesamtheit der Klüfte bildet die Klüftung. Viele Klüfte sind durch gebirgsbildende Vorgänge erzeugt worden, indem das Gestein der hierbei erfolgten Beanspruchung nicht mehr gewachsen war und zerbrach. In tektonisch stark gestörten Gebieten können die Gesteine außerordentlich zerstückelt sein (Abb. 173). Bei Sedimentgesteinen werden auch durch den Verfestigungsvorgang (Austrocknungs- und Lösungserscheinungen) Klüfte erzeugt, besonders Bankungsklüfte. Auch die tektonisch nicht beanspruchten Erstarrungsgesteine haben charakteristische Klüftungen, die großenteils durch den Abkühlungsvorgang entstanden sind. Bekannt sind die eigenartigen Absonderungsformen bei Basalten (Säulen). Wahrscheinlich ebenfalls eine Abkühlungsklüftung ist eine besonders bei Granit beobachtete, parallel der Landoberfläche verlaufende Kluftbildung (Talklüftung,

Abb. 194). Die Klüfte treten meist in charakteristischen Richtungen auf (Kluftsysteme). Sie können sich zonenweise sehr stark häufen (Ruschelzonen). Sehr oft hängen sie mit Verwerfungen zusammen.

Viele ältere Klüfte sind nicht mehr offen, sondern mit späteren Gesteins- oder Mineralbildungen wieder ausgefüllt. Die Gänge stellen solche Kluftfüllungen dar. Wenn das Füllmaterial mit dem Nebengestein verwachsen ist, spricht man von verheilten Klüften. Bei Sedimentgesteinen besteht die Verheilung vorwiegend aus Kalkspat und Quarz. Bei vielen Gesteinen sind diese weißen Adern eine ganz gewöhnliche Erscheinung, bei manchem Dekorationsmaterial tragen sie wesentlich zur Wirkung bei.

Je nach dem Zweck ist eine starke Klüftung erwünscht oder nicht. Von den Kluftabständen hängt die Größe der Werkstücke ab. Die Ermittlung der mittleren Kluftabstände (die den Grundkörper begrenzen) ist für manche

Abb. 173. Stark klüftiger Granit. Ist trotz der im Handstück festen und massigen Beschaffenheit nur als Schotter verwertbar.

Gesteinsvorkommen wichtig. Starke Klüftung kann den Abbau für kleinstückige Verwendungszwecke oder von Abraumfels begünstigen. Längs wasserführenden Klüften trifft man oft tiefreichende Verwitterungserscheinungen.

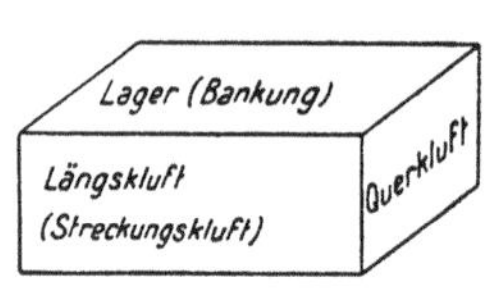

Abb. 174. Bezeichnung der Klüftungen bei Tiefengesteinen, insbesondere Graniten.

Die drei am häufigsten vorkommenden Kluftsysteme von Eruptivgesteinen bezeichnet man, wie aus nebenstehender Abb. 174 ersichtlich.

b) Bankung und Schichtung.

Diese beiden Begriffe werden oft nicht scharf voneinander unterschieden; sie haben auch je nach der Gesteinsgruppe eine etwas abweichende Bedeutung.

Sedimentgesteine weisen oft einen sich wiederholenden stofflichen Wechsel senkrecht zum Absatz auf. Dadurch entsteht die Schichtung. Je nach der Stärke des Wechsels ist sie schon am frischen Fels sichtbar, oder erst an der angewitterten Gesteinsoberfläche. Als Bankung bezeichnet man die durch die Trennfugen parallel den Absatzflächen begrenzten Gesteinsbänke. Diese Trennfugen entstehen erst bei der Verfestigung der Gesteine oder bei gebirgsbildenden Vorgängen; sie können sich auch bei völlig homogenen, also ungeschichteten Gesteinen finden. Die Bankung eines Gesteins ist oft deutlicher als die Schichtung zu erkennen. Viele Sedimente zeigen allerdings zugleich Schichtung und Bankung, wobei die Trennfugen mit einem stärkeren Wechsel in der Beschaffenheit zusammenfallen. Weiche Gesteinslagen zwischen festen (z. B. Tonlagen zwischen Kalkbänken) gestatten natürlich auch ohne eigentliche Bankungsfugen eine leichte Trennung.

Bei den massigen *Erstarrungsgesteinen* (Eruptivgesteinen) wird ebenfalls oft von Bankung gesprochen. Man versteht hier darunter die durch flachliegende Bankungs- oder Lagerklüfte (Abb. 174) erzeugten bankigen Absonderungen.

Bei den *metamorphen Gesteinen* bezeichnet man oft wie bei den Sedimenten einen stofflichen Wechsel senkrecht zur Schieferung als Schichtung, was aber nur dann zweckmäßig ist, wenn dieser auf ursprünglichem Wechsel bei der Sedimentation (bei Paragesteinen) beruht. Sehr oft trifft dies nicht zu. So kann zum Beispiel durch Injektion ein sehr schöner schichtungsartiger stofflicher Wechsel erzeugt werden. In diesen Fällen spricht man besser von Bänderung. Als Bankung bezeichnet man hier die parallel der Schieferung (oder Bänderung) durch Trennfugen erzeugten Absonderungen. Viele Gneise und Glimmerschiefer, die sehr glimmerreiche Lagen besitzen, gestatten eine leichte Trennung längs diesen Lagen, ohne daß eigentliche Bankungsklüfte zu konstatieren wären.

Von der Bankung und Schichtung hängt natürlich die maximale Dicke der gewinnbaren Blöcke ab. Für alle künstlichen Einschnitte im Gestein ist der Verlauf der Schichtung und Bankung von größter Bedeutung. Die Flächen parallel zur Bankung, Schichtung oder Schieferung bezeichnet man allgemein als Lager.

D. Die Gesteinsbildungsprozesse und Übersicht der wichtigsten Gesteine.

1. Die Bildung der Eruptivgesteine (Erstarrungsgesteine).

a) Allgemeines.

Die Schmelzflüsse des Erdinnern, wie sie bei vulkanischen Ausbrüchen auch sichtbar an die Erdoberfläche treten, sind im wesentlichen Schmelzlösungen von Kieselsäure mit wenigen Metalloxyden (Tonerde, Eisenoxyden, Magnesia, Kalk und Alkalien), dazu treten aber auch leichtflüchtige Stoffe, vor allem Wasser. Diese leichtflüchtigen Bestandteile sind wesentlich dafür verantwortlich, daß die Schmelzlösungen, allgemein *Magma* benannt, das Bestreben haben, an schwachen Stellen der Erdoberfläche aktiv emporzudringen. Bei gebirgsbildenden Vorgängen gelangt die magmatische Schmelze aber jedenfalls auch mehr passiv in erdoberflächennahe Bereiche. Das aktive oder passive Wandern der Schmelze nach außen führt zu ihrer Abkühlung und damit zur Erstarrung. Diese ist in weitaus den meisten Fällen mit dem Kristallisieren verschiedener Mineralarten (den Eruptivgesteinsgemengteilen) verbunden. Der Erstarrungsvorgang verläuft nun etwas verschieden, je nachdem der Schmelzfluß ganz an die Erdoberfläche tritt und sich dabei sehr rasch abkühlt, oder ob er in gewisser Erdtiefe verbleibt und dann natürlich nur sehr langsam sich der Erstarrungstemperatur nähert. Im ersteren Falle ist eine vollständige Kristallisation der Schmelze in der Mehrzahl der Fälle nicht möglich. Meist sind nur diejenigen Kristalle größer ausgebildet, die sich bereits ausschieden, bevor der eigentliche Ausfluß an die Erdoberfläche (als Lavastrom oder vulkanischer Auswürfling) begann. Nach erfolgtem Ausfließen ging dann die Abkühlung so rasch vor sich, daß der noch flüssige Teil entweder glasig erstarrte oder nur noch das Auswachsen kleinster Kristalle gestattete. Bei den meisten vulkanischen Gesteinen, die man allgemein als *Ergußgesteine* bezeichnet, sind deshalb gut ausgebildete größere, von Auge gut sichtbare Kristalle (sog. Einsprenglinge) von einer von Auge schwer diagnostizierbaren, aus Glassubstanz oder kleinsten Kristallen bestehenden Masse, der Grundmasse, umgeben. Man spricht dann von einer porphyrischen Struktur. Bei den Schmelzflüssen, die in einer gewissen Erdtiefe erstarrten, erfolgte die Kristallbildung bei dem langsamem Sinken der Temperatur im allgemeinen viel gleichmäßiger. Die Mineralkörner weisen dadurch weit ausgeglichenere Größenverhältnisse auf und sind fast immer von Auge gut unterscheidbar, glasige Schmelzflußreste finden sich nicht. Man bezeichnet dies als körnige Struktur. Die Eruptivgesteine, die nicht unmittelbar in Oberflächennähe erstarrt sind, bezeichnet man allgemein als *Tiefengesteine* (auch plutonische Gesteine).

Vielfach erstarrten die Schmelzen auch in schmalen Spalten in größerer oder geringerer Erdtiefe. Solche Spaltenfüllungen nennt man Gänge, die darin gebildeten Gesteine *Ganggesteine* (Abb. 175). Diese weisen zum Teil mehr die Ausbildung der Tiefengesteine, zum Teil mehr die von Ergußgesteinen auf oder sie nehmen eine Zwischenstellung ein, indem sie nur schwach porphyrisch sind. Daneben sind Spalten im Innern und randlich von Eruptivgesteinsstöcken oft von charakteristischen, später erstarrten feinkörnigen Bildungen erfüllt, die entweder fast nur aus hellen Bestandteilen (meist Quarz und Feldspäten) bestehen, die

Abb. 175. Ganggestein. Die dunkle Spaltenfüllung in Granit besteht aus einem feinkörnigen biotitreichen Lamprophyr.

Aplite, oder dann sehr reichlich dunkle Mineralien führen, die *Lamprophyre*. Besonders die Aplitgänge sind in allen Tiefengesteinsvorkommen weit verbreitet. Unregelmäßig geformte Abweichungen von der normalen Gesteinsbeschaffenheit, wie sie bei Eruptivgesteinen häufig sind, nennt man *Schlieren*, bei ganz geringer Ausdehnung auch Putzen. *Schollen* sind stets Einschlüsse fremden Gesteins, das nicht ganz aufgeschmolzen wurde.

Die Eruptivgesteine weisen eine charakteristische chemische Zusammensetzung auf von relativ beschränkter Variabilität. So hat sich aus Tausenden von Gesteinsanalysen ergeben, daß die Oxyde der Hauptelemente sich in weitaus den meisten Fällen zwischen folgenden Werten bewegen, wobei die Extreme schon selten sind:

SiO_2 35 bis 78%, Al_2O_3 < 1 bis 22%, Fe-Oxyde < 1 bis 15%, CaO < 1 bis 15%, MgO < 1 bis 46%, Na_2O < 1 bis 10%, K_2O < 1 bis 8%.

Man nennt Gesteine mit über 65% SiO_2 saure, solche mit 52 bis 65% intermediäre und solche unter 52% basische Gesteine.

Man nimmt heute an, daß der Schmelzfuß in der Tiefe vor dem Empordringen in die äußeren Erdhüllen chemisch viel einheitlicher zusammengesetzt war, als der oben angegebenen Variabilität entspricht. Die Veränderung beim

Empordringen wird auf zwei Ursachen zurückgeführt: Erstens schieden sich bei der Abkühlung natürlich zuerst die Mineralarten aus, die bereits bei höherer Temperatur auskristallisieren (bzw. eine höhere Schmelztemperatur aufweisen). Diese erstgebildeten Kristalle sanken dann, da fast durchwegs Fe-haltig und damit spezifisch schwerer als die Schmelze, nach unten und wurden bei der dort herrschenden höheren Temperatur wieder zum Schmelzen gebracht. Dadurch schied sich die ursprünglich einheitliche Schmelze in Teilschmelzen von verschiedener Zusammensetzung, deren weiteres Empordringen und Festwerden dann oft zeitlich und räumlich erheblich auseinanderlag. Diesen Vorgang der Sonderung nennt man *Differentiationen* des Magmas, die auf diese Weise gebildeten Gesteine werden oft als *Differentiate* bezeichnet. Die zweite Ursache der chemischen Veränderung besteht in der Schmelzung von fremden Gesteinspartien, mit denen das Magma beim Aufdringen in Berührung gelangte; man spricht dann von einer Assimilation.

Die Zahl der aus einem magmatischen Schmelzflusse normalerweise kristallisierenden Mineralarten ist gering und umfaßt, wenn man von allen untergeordneten Bestandteilen absieht, nur folgende Mineralarten oder Mineralgruppen: Quarz, alle Feldspäte, Nephelin, Leuzit und andere Feldspatvertreter, verschiedene Hornblendearten, die meisten Augitarten, Olivin, Magnetit, Biotit. In kleinster Menge finden sich dazu noch in sehr vielen Eruptivgesteinen: Titanit, Apatit und Zirkon. Welche Mineralien in einem Eruptivgestein auftreten und in welchem Mengenverhältnis, ist natürlich vor allem von der chemischen Zusammensetzung der Schmelze abhängig, aber auch von den Schmelz- und Umsetzungsverhältnissen der einzelnen Mineralarten, die den Gesetzen der Thermodynamik unterliegen. Dadurch sind verschiedene Mineralkombinationen in Eruptivgesteinen nicht möglich, die sich rein rechnerisch aus der chemischen Zusammensetzung ableiten ließen. Ein bekanntes Beispiel dieser Art ist das sich gegenseitige Ausschließen von Quarz und Olivin, Quarz und Nephelin oder Leuzit im gleichen Gestein.

b) Die wichtigsten Eruptivgesteine.

In den Tabellen S. 240 bis 241 sind die wichtigsten Eruptivgesteine bzw. Eruptivgesteinsgruppen getrennt nach Tiefengesteinen und Ergußgesteinen zusammengestellt. Die Zahl der Namen von Eruptivgesteinen, besonders von Ergußgesteinen, ist außerordentlich groß. Für geringe Abweichungen im Mineralbestand oder Mengenverhältnis oder auch in der Struktur wurden neue, meist nach Örtlichkeiten benannte Bezeichnungen geschaffen.

Die Beifügungen von Mineralnamen zu Eruptivgesteinsbezeichnungen werden nicht konsequent gehandhabt. Zum Teil stellen sie wichtige charakteristische Gesteinsbezeichnungen dar (z. B. Quarzporphyr), zum Teil werden sie überflüssigerweise an sonst genügend kennzeichnende Namen angefügt (z. B. Biotitgranit, Hornblendediorit), und zum Teil wollen sie auf Gemengteile hinweisen, die nach der Gesteinsdefinition nicht anwesend zu sein brauchen (z. B. Hornblendegranit); in diesem Falle fügt man auch oft die Bezeichnung -führend bei.

Vielfach werden bereits stark metamorphe Eruptivgesteine auf geologischen Karten und in der Literatur noch mit Eruptivgesteinsnamen bezeichnet. Dies schafft öfters erhebliche Verwirrung, da solche Gesteine in Mineralbestand und Eigenschaften schon sehr abweichend sein können. Der Ingenieur hat hier eine vom Geologen stark abweichende Betrachtungsweise; ihn interessiert die heutige Beschaffenheit des Gesteines, den Geologen mehr die Entstehungsart.

Tabelle 135. *Übersicht der Tiefengesteine.*

Hell gefärbte Gemengteile	Dunkel gefärbte Gemengteile	Gesteinsbezeichnung	Raum-gewicht	SiO$_2$-Ge-halt in %
Quarz, Kalifeldspäte, Plagioklase (Albit bis Oligoklas), An-orthoklas, Musko-wit	*Biotit,* Hornblende, Augit	*Granit:* Quarz 15—40%, Kalifeldspat 20—40%, Plagioklas 20—40%, Biotit (Muskowit, Hornblende) 5—25% Quarzdiorit: wenig Kalifeldspat, meist Hornblende + Biotit Quarzsyenit: wenig Plagioklas, meist Hornblende + Biotit Alkaligranit: vorwiegend Alkalifeldspat	2,55—2,7	62—76
Kalifeldspat, Plagio-klase (Albit bis Oli-goklas), Alkalifeld-spat, Quarz	*Hornblende,* Biotit, Augit	*Syenit:* Quarz 0—10%, Kalifeldspat 30 bis 60%, Plagioklas 0—20%, Hornblende (Biotit, Augit) 20—40% Alkalisyenit: vorwiegend Alkalifeldspäte Natronsyenit: vorwiegend Albit Monzonit: reichlich Plagioklas, Übergang zu Diorit	2,5—2,9	52—62
Plagioklas (Oligo-klas bis Labrador), Kalifeldspat, Quarz	*Hornblende,* Biotit, Augit	*Diorit:* Quarz 0—10%, Plagioklas 30 bis 50%, Kalifeldspat 0—10%, Hornblende (Biotit, Augit) 20—40% Tonalit: etwas Quarz; Biotit als dunkler Bestandteil Gabbrodiorit: relativ basischer Plagioklas, reichlich dunkle Bestandteile	2,7—3,0	52—62
Plagioklas (Labrador bis Anorthit)	*Augit* (Diallag, rhombischer Pyro-xen), Hornblende, Olivin, Biotit	*Gabbro:* Plagioklas 30—70%, Diallag 30 bis 70%, Olivin 0—30% Norit: reichlich rhombischer Pyroxen Anorthosit: über 70% Plagioklas (meist Anorthit)	2,7—3,1	42—52
(Feldspat)	*Augit, Hornblende, Olivin,* Biotit	Pyroxenit: weit vorwiegend Augit Hornblendit: weit vorwiegend Hornblende Peridotit: weit vorwiegend Olivin Lherzolith: Olivin + Augit	3,1—3,5	38—52
Alkalifeldspat (An-orthoklas), *Kali-feldspat, Nephelin*	*Hornblende, Augit,* Biotit, Olivin	*Nephelinsyenit:* Feldspat 20—50%, Ne-phelin 5—50%, Hornblende (Augit, Biotit, Olivin) 5—50%	2,45—2,9	45—58
Basischer Plagioklas Nephelin Kalifeldspat	*Augit* Olivin Hornblende	*Alkaligabbro:* Mengenverhältnis sehr va-riabel	2,7—3,1	35—45

Weitere häufiger gebrauchte Tiefengesteinsbezeichnungen.

Granodiorit: Granit, relativ arm an Quarz und reich an Plagioklas. Übergang zu Quarz-diorit und Diorit.

Quarzmonzonit (Banatit): Quarzarmer Granit, meist mit Hornblende. Übergang zu Monzonit.

Foyait: Nephelinsyenit.

Essexit: Olivinfreier Alkaligabbro.

Theralith: Olivinführender Alkaligabbro.

Forellenstein: Gabbrovarietät, im wesentlichen aus Plagioklas und Olivin bestehend (fast oder ganz Augit-frei).

c) Allgemeine Bemerkungen über Struktur und technische Eigenschaften der Eruptivgesteine.

Es seien im folgenden einige *summarische Faustregeln* für die Beurteilung von Eruptivgesteinen für technische Zwecke mitgeteilt:

Die Druckfestigkeit der meisten frischen Tiefengesteine liegt zwischen 900 und 2500 kg/cm², wobei die grobkörnigen Formen sich der unteren, die fein-

Tabelle 136. *Übersicht der Ergußgesteine.*

Helle Gemengteile	Dunkle Gemengteile	Gesteinsbezeichnung	Raumgewicht	Entspricht Tiefengestein
Quarz, Orthoklas (Sanidin), *saure Plagioklase, Glas*	*Biotit, Hornblende,* Augit	*Quarzporphyr* (alt), *Rhyolith* (jung) Quarzporphyrit (alt), Dazit (jung) Quarzkeratophyr (alt) Alkalirhyolith (jung)	2,4—2,6	Granit Quarzdiorit Alkaligranit
Orthoklas (Sanidin), Quarz, saure Plagioklase, Anorthoklas, Glas	*Hornblende,* Biotit, *Augit,* Olivin	*Porphyr* (alt), *Trachyt* (jung) Trachyandesit (plagioklasführend) Rhombenporphyr (alt), reichlich Anorthoklas	2,4—2,8	Syenit Monzonit Alkalisyenit
Saure bis mittelbasische *Plagioklase,* Quarz, Orthoklas, Glas	*Hornblende, Augit,* Hypersthen, Biotit, Olivin	*Porphyrit* (alt), *Andesit* (jung)	2,4—2,9	Diorit
Basische *Plagioklase, Glas*	*Augit, Olivin,* Hornblende, Magnetit	*Diabas* (alt): körnig, oft stark umgewandelt *Melaphyr* (alt): porphyrisch *Basalt* (jung): körnig oder porphyrisch. Hauptgemengteile stets: Plagioklas, Augit. Oft sehr reichlich: Olivin	2,7—3,3	Gabbro
Sanidin, Anorthoklas, *Nephelin,* Leuzit, Glas	*Augit,* Hornblende, Biotit, Olivin	*Phonolith* (jung)	2,4—2,6	Nephelinsyenit
Plagioklas (basisch), *Nephelin,* Leuzit, Kalifeldspat, Glas	*Augit,* Hornblende, *Olivin*	*Alkalibasalt,* Nephelinbasalt (jung): mit Plagioklas, meist mit Nephelin und Olivin Tephrit (jung): ohne Plagioklas, ohne Olivin, mit Leuzit oder Nephelin Basanit (jung): ohne Plagioklas, mit Olivin, mit Leuzit oder Nephelin	2,7—3,3	Alkaligabbro
Glas		*Obsidian* Pechstein (stark wasserhaltiges Glas) Bimsstein (schaumiges Gefüge)	2—2,5 bis 1	meist Granit

Weitere häufigere Ergußgesteinsbezeichnungen.

Granophyr: Ergußgestein von quarzporphyrischer Zusammensetzung, mit ausnahmsweise nicht oder nur wenig porphyrischem Gefüge, jedoch mit innigster Durchwachsung von Quarz und Feldspat.
Dolerit: Sehr grobkörniger, meist olivinfreier Basalt.
Anamesit: Körniger, olivinführender Basalt.
Trapp: Olivinfreie Basalte.
Lava: Stark poröse Ergußgesteine (gewöhnlich Lavaströmen entstammend).
Mandelstein: Alte Lava, deren Poren mit Mineralabsätzen gefüllt sind.

Aus alter Gewohnheit pflegt man bei vielen Ergußgesteinen in der Namengebung zwischen „alten" und „jungen" zu unterscheiden. Als Grenze nimmt man gewöhnlich die mesozoische Epoche an. Ein prinzipieller Unterschied zwischen alten und jungen Gesteinen besteht aber nicht, in vielen Fällen sind die alten Gesteine etwas stärker verändert und deshalb anders gefärbt als die jungen und auch in den technischen Eigenschaften etwas abweichend.

körnigen sich der oberen Grenze nähern. Normale Granite haben meist Festigkeiten von 1500 bis 2200 kg/cm² (Würfeldimensionen 5 bis 7 cm). Die Druckfestigkeit auch der frischen Ergußgesteine schwankt mehr als die der Tiefengesteine, da ihre Porigkeit unterschiedlicher ist und auch die Struktur (Beschaffenheit der Grundmasse, Mengenverhältnis von Grundmasse zu Einsprenglingen) sehr große Differenzen zeigt. Ganz kompakte Quarzporphyre besitzen

Festigkeiten von etwa 1500 bis 3000 kg/cm², Porphyre und nichtporöse Andesite etwa 1200 bis 2400 kg/cm², Basalte, Melaphyre und Diabase (letztere, sofern frisch) 1500 bis 4000 kg/cm². Feinkörnige, porphyrische oder gleichkörnige Basalte gelten als die druckfestesten Eruptivgesteine. Bei vielen jungen Ergußgesteinen (Rhyolithen, Trachyten, Phonolithen, auch Andesiten und Basalten) sinken die Festigkeiten auch beträchtlich unter 1000 kg/cm².

Erheblicher Quarzgehalt (in körniger Form), sowie hoher Olivingehalt setzt die Zähigkeit herab, was aber oft die Bearbeitbarkeit erleichtert. Ebenso sind Gesteine mit reichlich Glas spröde.

Eine feinkristalline Grundmasse (von Auge nicht auflösbar) verleiht den Ergußgesteinen große Zähigkeit, auch dann, wenn nicht zu zahlreiche spröde Mineralien als Einsprenglinge auftreten.

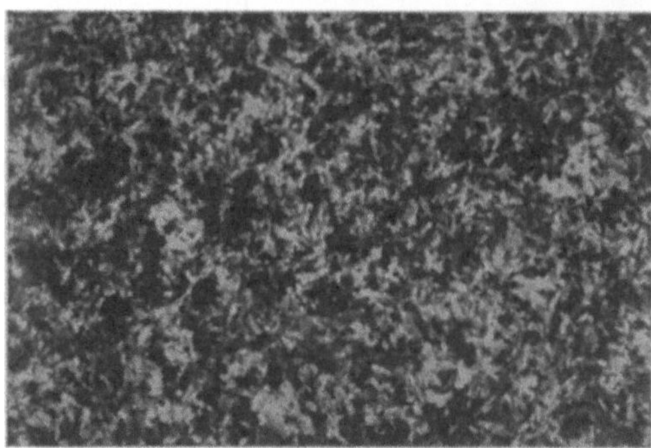

Abb. 176. Typische Diabasstruktur. Die verschränkte Anordnung der Feldspatleisten (hell) mit Augit dazwischen verleiht den Gesteinen eine hohe Zähigkeit. Eine ähnliche Struktur weisen auch viele körnigen Basalte auf. (Natürliche Größe.)

Gesteine mit hohem Gehalt an Hornblende oder Augit sind meist zähe und damit schwer bearbeitbar.

Gesteine mit sperrigem Gefüge von Plagioklas und Augit (siehe Abb. 176) bei feinem Korn ergeben hohe Festigkeiten, dazu große Zähigkeit.

Die Festigkeit, Härte und Frostbeständigkeit wird stark herabgesetzt durch: a) von Oberflächenverwitterung ergriffene Gemengteile, besonders durch Umwandlung der Feldspäte oder Feldspatvertreter in Glimmer und Kaolin, der dunklen Gemengteile in Eisenerze oder Chlorit; b) durch starke Ausbildung von Mikroporen, entstanden durch Lockerungen infolge von Witterungseinflüssen (besonders bei grobkörnigen Gesteinen) oder durch tektonische Einwirkungen. Die Wassersöffergranite weisen solche Lockerungen auf.

Die Festigkeit, Härte und Beständigkeit wird dagegen nicht herabgesetzt (die Zähigkeit sogar oft erhöht) durch Saussuritbildung der Plagioklase (S. 260) oder durch Umwandlung von Augit in Hornblende, beide häufig bei Dioriten, Gabbros, Diabasen u. a. Eine ursprünglich

Abb. 177. Anfangsstadium. Erste Andeutung der hellen Flecken bei dem durch unebene Oberfläche verdächtigen Gestein. (Natürliche Größe.)
Abb. 177 bis 178. Sonnenbranderscheinung an Basalten.

grobe Struktur wird durch diese feinkristallinen Neubildungen z. T. in eine feinkörnige übergeführt.

Grobkörnige Tiefengesteine (besonders quarzführende) sind als Pflastersteine meist weit weniger geeignet als mittel- bis feinkörnige. Als Straßenschotter und Splitt für höhere Ansprüche werden feinkörnige Typen fast stets vorgezogen.

Viele Basaltvorkommen weisen Sonnenbranderscheinungen auf (Abb. 177, 178). Solche Basalte zerfallen, der Witterung ausgesetzt, innerhalb weniger Jahre. Die Ursache liegt in einem kleinen Gehalt an instabilem Glas, das sich rasch zersetzt und dabei eine Mikroporosität erzeugt. Einfachstes, aber nicht ganz sicheres Erkennungsmittel: Kochen in destilliertem Wasser; treten weiße Flecken auf, so ist die Probe sicher ein Sonnenbrenner, wenn nicht, so handelt es sich sehr wahrscheinlich um ein sonnenbrandfreies Gestein.

Die nicht porösen Eruptivgesteine sind polierbar, sofern die primären Mineralien, vor allem die Feldspäte, nicht stärker von Einschlußmineralien erfüllt sind. Glimmer und Chlorite in Blättern nehmen aber keine Politur an, so daß bei deren Anwesenheit die Politur nicht lückenlos ist.

2. Die Bildung der Sedimentgesteine.

a) Allgemeines.

Die Entstehung der *Sediment-* oder *Absatzgesteine* ist an die Grenzregion zwischen der festen Erdkruste und der Atmosphäre und Hydrosphäre gebunden. Bevor ein Sedimentgestein entstehen kann, muß vorher bereits vorhandenes Gesteins-

Abb. 178. Fortgeschrittenes Stadium mit intensiver Fleckenbildung und Zerfall des Gesteins. (Natürliche Größe.)

material abwittern. Unter *Abwittern* oder *Verwittern* versteht man die Gesteinszerstörung unter der Einwirkung der Atmosphärilien (einschließlich Vegetationsdecke). Diese Zerstörung erfolgt teils chemisch, teils mechanisch.

Bei der *mechanischen Verwitterung* wird das Gestein gelockert und in kleine Teile zerlegt, indem es längs Klüften und Korngrenzen zerfällt. Die wichtigsten Ursachen der mechanischen Verwitterung sind: Eisbildung bei Frost, Temperaturschwankungen, starker Regenfall und Pflanzenwurzeln.

Bei der *chemischen Verwitterung* werden die Mineralkörner des Gesteins selbst verändert. Leichter lösliche Mineralien wie Gips, Kalkkarbonat gehen in Lösung (letzteres als Bikarbonat), aber auch viele der anscheinend beständigen Silikate, vor allem Feldspäte, werden bei langdauernder Einwirkung von CO_2-haltigem Wasser (Hydrolyse), Sauerstoff, Humussäuren, Pflanzensäuren, Schwefelsäure (aus der Sulfidverwitterung hervorgegangen), schließlich zerlegt, wobei gewöhnlich ein löslicher und ein unlöslicher Teil entsteht. Der erstere umfaßt im gemäßigten Klima meistens CaO, Na_2O und teilweise MgO, der letztere SiO_2, Al_2O_3 und Fe_2O_3, die neue, unlösliche Mineralbildungen meist sehr feinen Kornes mit typischer Schichtstruktur, die Tonmineralien (siehe S. 225), bilden. Diese können gewisse Stoffe, besonders K_2O und MgO, als Einlagerungen festhalten, so daß sich diese ebenfalls im unlöslichen Anteile vorfinden. Unter tropischen Klimaverhältnissen ist meist auch SiO_2 löslich, es bilden sich dann keine Tonmineralien, sondern es bleiben als Rückstände lediglich die Hydroxyde von Aluminium und Eisen. Die chemische Verwitterung stellt streng genommen nichts anderes als eine Gesteinsmetamorphose unter tiefen Temperaturen unter Einwirkung der oben genannten Agenzien dar; es ist aber üblich, sie von dieser ganz abzutrennen.

Das Trümmermaterial der mechanischen Verwitterung und die Rückstände der chemischen Verwitterung bleiben unter gewissen Umständen (flaches Gebiet mit geringer Erosion) an Ort und Stelle liegen und bilden eine Verwitterungskruste, die man, wenn sie mächtiger ist, als Rückstandssediment bezeichnet. Die geringmächtige Verwitterungszone, die man allenthalben auf dem Gesteinsuntergrund findet und die auch Träger des Kulturbodens ist, pflegt man nicht als Sedimentgestein zu betrachten.

Beim Vorwalten einer erheblichen Wasser- oder Winderosion gelangt jedoch auch der Hauptteil der mechanischen Abwitterungsprodukte mitsamt den Tonmineralien und dem chemisch gelösten in die Flußläufe, um dann nach einer mehr oder weniger weiten Verfrachtung anderweitig abgesetzt zu werden. Je nach der Gestaltung des Profiles der Wasserläufe wird das grobe Material (Sand, Kies, bisweilen auch die Schluff-Fraktionen) schon auf Landstrecken abgesetzt, oder gelangt bis zur Flußmündung in Seen oder Meeren, um hier die Deltaaufschüttungen zu bilden. Das feine Material (Schluff und Tonmineralien) wird weiter hinausgeschwemmt, es bildet die Wassertrübe und setzt sich, über weite Räume verteilt (weitgehend durch Meeresströmungen verfrachtet), nur ganz langsam ab, als Seebodenlehm oder Küstenschlick.

Die gelösten Stoffe, unter denen in fast allen Flüssen das Kalziumbikarbonat weit vorwiegt, werden fast nur in ruhenden Gewässern niedergeschlagen. Eine Ausnahme macht nur der Absatz von Kalktuffen, der dann erfolgt, wenn bewegtes, stark kalkhaltiges Wasser in innige Berührung mit Luft gerät. In Seen und Meeren wird der Kalk teils direkt niedergeschlagen (chemischer Kalkabsatz), teils von Organismen dem Wasser für den Bau von Schalen und Knochengerüsten entzogen, die ebenfalls, aus Kalkkarbonat bestehend, nach dem Absterben der Organismen zu Boden sinken. So haben sich seit den ältesten geologischen Epochen fast zu allen Zeitabschnitten gewaltige Kalksteinablagerungen gebildet, deren nähere Charakterisierung und Altersbestimmung auf Grund der eingeschlossenen Lebewesen (Versteinerungen) möglich ist und eine der wichtigsten Aufgaben der historischen Geologie (Stratigraphie) bildet. Die übrigen den Seen oder Meeren zugeführten Stoffe, die meist viel leichter löslich sind als der Kalk, scheiden sich normalerweise im Meerwasser nicht aus (noch viel weniger in Süßwasserseen), sondern bleiben darin und bedingen dessen Salzgehalt. Nur unter besonderen Umständen, wenn Meeresteile oder salzige Seen austrocknen, gelangen auch diese zur Ausscheidung und bilden dann die Gips-, Steinsalz- und Kalisalzlager.

Eine besondere Gruppe von Sedimentgesteinen bilden noch die fossilen Brennstoffe: Kohlen und Bitumina (Erdöl, Asphalt). Sie entstanden durch einen Verkohlungsvorgang höherer Pflanzen (Kohlen) oder durch einen Fäulnisvorgang niederer mariner Pflanzen und Tiere (Bitumina). Auf die petrographischtechnischen Eigenschaften der sehr verschiedenartigen Kohlengesteine sowie der meist Imprägnationen in porösen Sandsteinen und Kalken bildenden Bitumina kann hier nicht eingegangen werden.

Ein wichtiges Merkmal der Sedimentgesteine ist ihre *Schichtung*, dadurch bedingt, daß die Stoffzufuhr und der Absatz nicht immer gleichartig und gleichmäßig erfolgten. Die Sedimentgesteine sind normalerweise bei der Bildung locker. Sie verfestigen sich in der Folge mehr oder weniger rasch durch Lösungsumsatz, verbunden mit Um- und Neukristallisierung der Mineralien. Am raschesten werden die kalkigen Absätze fest, während Ablagerungen mit reichlich Tonmineralien nur geringe Neigung zum Festwerden zeigen, sofern sie nicht in den Bereich eigentlicher metamorphosierender Einflüsse geraten.

b) Die wichtigsten Sedimentgesteine.

In den Tabellen 137/138 findet sich ein knapper Überblick der Sedimentgesteine nach Entstehung und Verfestigungsgrad. Die angeführten Bezeichnungen betreffen zum größten Teil große Gesteinsgruppen, die in den Ge-

Tabelle 137. *Übersicht der mechanischen (klastischen, Trümmer-) Sedimente.*

Bestandteile (Gesteinstrümmer)	Bezeichnung	
	Lose	Verfestigt
Vorwiegend grobes Material mit eckigen Bruchstücken. Kein oder nur kurzer Wassertransport. Gesteine der verschiedensten Art (keine Auslese)	Schutt, Block	Brekzien (Breschen) (unterschieden nach Korngröße und Zusammensetzung)
Gerundetes Grobmaterial > 2 mm. Längerer Wassertransport. Gesteine der verschiedensten Art. Auslese relativ widerstandsfähigen Materials	Geschiebe (nur teilweise gerundet) Gerölle (allseitig gerundet) Kiese	Konglomerate (Nagelfluh) (unterschieden nach Korngröße und Zusammensetzung)
Kleinmaterial, vorwiegend zwischen 0,02 und 2 mm, gerundet oder eckig. Wind-, Wasser- oder Eistransport. Meist Einzelmineralien aus Gesteinen. Quarz wiegt in der Regel vor, dazu Feldspäte, Glimmer und andere härtere Mineralien, auch Trümmer von feinkörnigen Kalksteinen	Sande (unterschieden nach Korngröße und Hauptmineralien) Löß (windtransportierte Feinsande)	Sandsteine (Näheres darüber siehe S. 246) Arkosen (sehr reich an Feldspat) Grauwacken (reich an Feldspat und Glimmer, stark verfestigt)
Feinmaterial, vorwiegend unter 0,02 mm. Wind-, Wasser- oder Eistransport. Einzelmineralien wie oben, dazu Tonmineralien in den feinsten Fraktionen. Oft auch feinste Trümmer von Kalksteinen	Schluff (feinster Sand mit wenig Tonmineralien) Ton (mit reichlich Tonmineralien, kalkarm bis -frei) Mergel (kalkhaltig) Lehm (meist deutlich sandiger Ton oder Mergel)	Schiefertone, Schiefermergel (ohne Einfluß von Metamorphose verfestigen sich Gesteine mit reichlich Tonmineralien nur beschränkt)
Vulkanisches Auswurfsmaterial. Grob (Lapilli, Bomben) bis fein (Aschen). Kein oder kurzer Wassertransport. Trümmer von Ergußgesteinen oder Einzelmineralien daraus, am häufigsten: Feldspäte, Augite, Hornblenden, Olivin, Quarz, Glaspartikel	Vulkanischer Tuff, oft gemischt mit anderen mechanischen oder chemischen Sedimenten Traß (glasreicher Tuff mit hydraulischen Eigenschaften)	Vulkanische Tuffgesteine (oft vom Charakter von Sandsteinen und als solche bezeichnet)

Sehr verbreitet sind gemischt mechanisch-chemische Sedimente, z. B. wenn gleichzeitig ein chemischer Kalkabsatz und eine mechanische Sedimentation von Sand, Schluff und Schlämm mit Tonmineralien stattfindet. Viele Mergel, Sandkalke usw. sind solche gemischte Sedimente.

fügeeigenschaften, der Korngröße und zum Teil auch im Mineralbestand sehr verschiedenartig sein können und damit überaus unterschiedliche technische Eigenschaften aufweisen. Es ist meist fast unmöglich, die Sedimentgesteine mit einem kurzen petrographischen Namen zu kennzeichnen[1]. Aus diesem Grunde wurden die Sedimentnamen oft mit geographischen oder geologisch-stratigraphischen Lokalbezeichnungen versehen, die mit der Zeit zu allgemein verwendeten Begriffen geworden sind, die wenigstens teilweise auch petrographisch einigermaßen definiert sind.

Es ist an dieser Stelle unmöglich, auf alle Sedimentgesteinsgruppen und ihre Eigenschaften näher einzugehen. Es können nur wenige Bemerkungen über die

---

[1] Ein Vorschlag zu einer einheitlichen Benennung der Sedimentgesteine nach stofflicher Zusammensetzung, Körnung und Absonderung wurde von G. Fischer und H. Udluft mitgeteilt (Jahrb. preuß. Geol. Landesanstalt für 1935). Mit wenigen kurzen Bezeichnungen soll ein Gestein auf eine Art gekennzeichnet werden, die sonst mehrere Zeilen Beschreibung erheischt (siehe S. 279).

Tabelle 138. *Übersicht der chemischen Sedimente.*

Ort der Entstehung	Gebildete Verbindungen	Bezeichnung	
		Lose	Verfestigt
Absatz in Meeren	Kalkspat ($CaCO_3$)	Kalkschlamm	Kalksteine
	Dolomitspat $(CaMg)CO_3$	Dolomitschlamm beide oft mit Beteiligung von Organismen gebildet)	Dolomitgesteine
	Kieselsubstanzen (Opal, Quarz) (SiO_2)	Kieselschlamm (oft mit Beteiligung von Organismen gebildet, wie z. B. die Kieselgur)	Kieselgesteine (Hornsteine, Feuersteine, Radiolarite, Tripel)
	Gips, Anhydrit ($CaSO_4$)	Schon beim Absatz verfestigt	Gipsgesteine, Anhydritgesteine
	Steinsalz (NaCl)	Schon beim Absatz verfestigt	Steinsalzgesteine
	Mg-, K-Chloride und Sulfate	Schon beim Absatz verfestigt	Kalisalzgesteine, Abraumsalze
Absatz in Seen	Kalkspat ($CaCO_3$)	Seekreide	Süßwasserkalke
Absatz aus fließendem Wasser	Kalkspat ($CaCO_3$)	Lockerer Kalktuff	Kalktuff, Kalksinter, Travertin (besonders kompakte, verfestigte Varietät)
	Kieselsubstanzen (SiO_2)	Kieselsinter aus heißen Quellen)	
Bildung durch tiefgründige Gesteinsverwitterung an Ort und Stelle aus silikatischen und karbonatischen Gesteinen	H_2O-haltige Al-Silikate (Tonmineralien) im gemäßigten Klima.	Kaolinisierte Silikatgesteine, Kaolintone, Bentonite, Bolustone	Verfestigen sich schwer
	Fe-Al-Hydroxyde (Hydrargillit, Limonit, Hämatit) im heißen Klima	Bauxite (Al-reich) Laterite (Fe-reich)	

wichtigsten verfestigten Sedimente, die *Sandsteine* (als die verbreitetsten mechanischen) und die *Kalksteine* (als die verbreitetsten chemischen Sedimente) folgen.

c) Überblick der petrographischen und technischen Eigenschaften der Sandsteine.

Die Sandsteine sind unter den verfestigten Trümmersedimenten von besonderer Verbreitung und bautechnischer Wichtigkeit. Ein Sandstein besteht aus dem körnigen Trümmermaterial (Sandkörner) und der verkittenden Zwischensubstanz (auch Zement oder Bindemittel). Gewöhnlich wird der körnige Anteil als aus Quarz bestehend aufgefaßt. Der Quarz ist allerdings der wichtigste körnige Bestandteil, doch gibt es sehr viele Sandsteine, deren Körner reichlich oder sogar überwiegend Feldspäte enthalten, dazu finden sich häufig Chlorit, Glimmer und auch Trümmer von feinkristallinen Kalksteinen. Als Zwischensubstanz treten in der Hauptsache auf: Kalkspat, Kieselsubstanz (Quarz in feinkristalliner Form), Mergelsubstanz (Gemenge von feinkristallinem Kalkspat mit Tonmineralien), Tonsubstanzen (Gemenge von feinsten, nichtkalkigen Gesteinstrümmern mit Tonmineralien und oft auch mit Eisenhydroxyden), Glimmermineralien (Serizit) und Glaukonit. Wenn die Körner ganz von der Zwischenmasse umgeben sind, so spricht man von Grundmasse (Basalzement) (Abb. 179); tritt letztere nur in Lücken zwischen den Körnern auf, von Porenzement (Abb. 180). Vielfach sind die Quarzkörner ohne fremdes Bindemittel auch direkt miteinander (durch sekundäre Umwachsung) verbunden (Abb. 181).

Bei den Sandsteinen findet man Beifügungen von Mineral- und Gesteins-
namen wie Kalksandstein, Kieselsandstein, Glaukonitsandstein. Diese Beifügungen beziehen sich meist auf die Art des Bindemittels, wobei vorausgesetzt
wird, daß die körnigen Teile aus Quarz bestehen. So versteht man unter Kalksandstein meist einen Sandstein mit kalkigem Bindemittel, bisweilen aber auch
ein Gestein, dessen Körner aus Kalksteintrümmern bestehen. Über die Festigkeit der Kornverbandes und über die technischen Eigenschaften geben die Namen
in keinem Falle Aufschluß.

Für die *technische Beurteilung der Sandsteine* mögen nachstehende allgemeine
Regeln aufgeführt werden:

Die Festigkeit kann bei gleicher Beschaffenheit und Mengenverhältnis von
Bindemittel und Körneranteil sehr verschieden sein, je nach dem Grad der
Kristallinität des ersteren und der Art und Verteilung der Poren. Die Druckfestigkeitswerte der Sandsteine schwanken denn auch in weitestem Umfange von
100 kg/cm² bis zu über 3000 kg/cm². Im allgemeinen sind ältere Sandsteine und
besonders solche, die in Faltungen einbezogen wurden (alpine Sandsteine), stärker

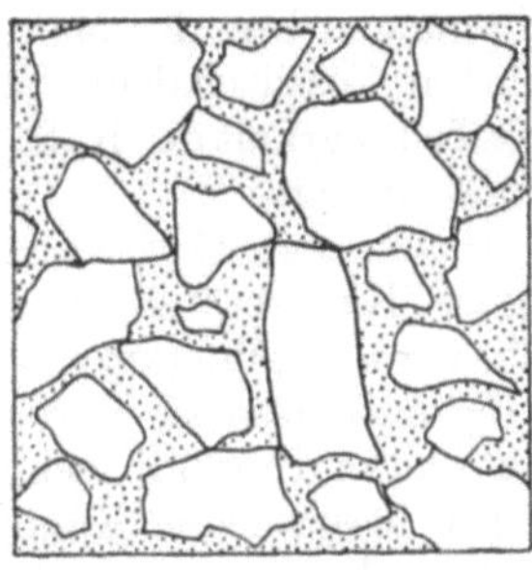 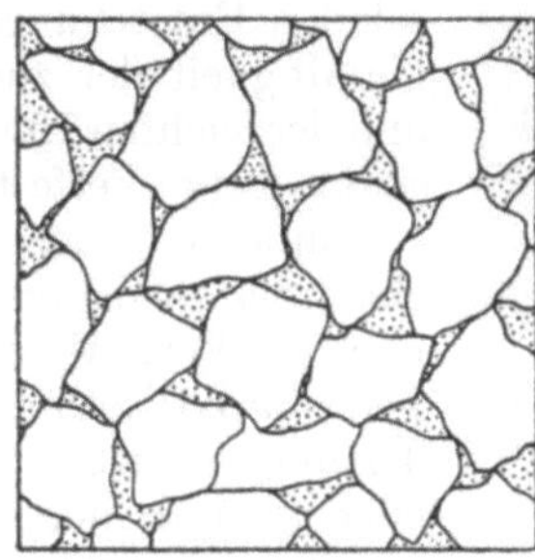 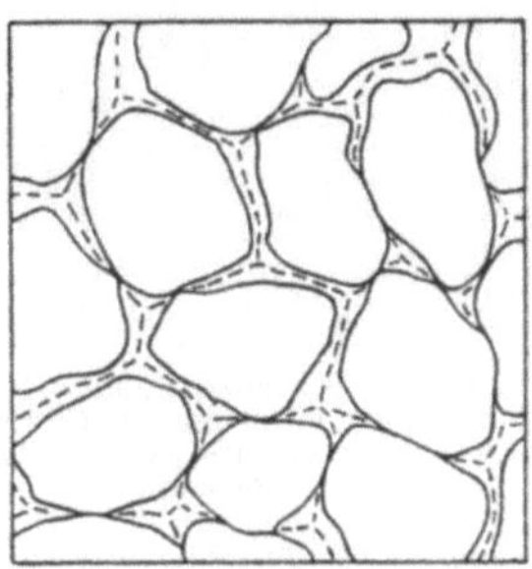

Abb. 179. Kornbindung durch Basalzement (punktiert). Bindungszahl 0 bis 3. Körner meist eckig.

Abb. 180. Kornbindung durch ein Porenzement (punktiert). Bindungszahl 5 bis 6. Körner eckig bis angerundet.

Abb. 181. Die Quarzkörner sind direkt durch sekundäres Überwachsen miteinander verbunden (gestrichelt).

Abb. 179 bis 181. Die wichtigsten Strukturen der Sandsteine. (Vergr. ca. 30fach.)

verfestigt als jüngere oder nicht gefaltete, da ihre Bindemittelsubstanzen (auch
ursprünglich mergelig-tonige) stärker kristallin wurden, Kalkspat umkristallisiert ist.

Sandsteine mit direkter Kornverwachsung der Quarzkörner sind meist schlagempfindlich; ein gut kristallines fremdes Bindemittel erhöht die Zähigkeit meist
bedeutend. Bei den Sandsteinen hängt die Festigkeit in erster Linie von der
Bindemittelsubstanz ab, die Korngröße der Trümmerbestandteile ist nur von
geringem Einfluß auf die Festigkeitswerte.

Ein mergeliges oder toniges Bindemittel zeigt beim Durchfeuchten und Austrocknen Quellungs- und Schwindungserscheinungen, was bei häufiger Wiederholung zu Zerstörungen (Absandungen) führen kann.

Häufig weisen Sandsteine ein diffuses Mikroporennetz auf und sind dann
wenig frostbeständig und auch der Sulfatzerstörung stark unterworfen.

Von HIRSCHWALD[1] wurde bei der Beurteilung der Sandsteine in bezug auf
Festigkeitseigenschaften und Wetterbeständigkeit den Begriffen Bindungszahl
[= Zahl (Mittel)] der gegenseitigen Berührungen der Sandkörner (aus dem Dünn-
schliff ermittelt) und Bindungsmaß (Ausmaß dieser direkten Berührungen im
Vergleich zum Gesamtumfang der Körner) große Bedeutung zugemessen. Diese
Größen erscheinen auch in seinen komplizierten Bewertungsformeln. Ihre Be-

---

[1] Handb. d. bautechn. Gesteinsprüfung. Berlin 1912.

deutung wurde jedoch sicher überschätzt, jedenfalls sind diese Werte längst nicht bei allen Sandsteinarten von wesentlichem Einfluß auf die Eigenschaften. Weit wichtiger ist die Bindungsfestigkeit, worüber weder Bindungszahl noch Bindungsmaß Auskunft geben können.

d) Überblick der petrographischen und technischen Eigenschaften der Kalksteine (und Dolomite).

Die Kalksteine weisen, obwohl sie weit monomineralischer sind als die meisten anderen Gesteine, fast ebenso große Unterschiede in Eigenschaften und tech-

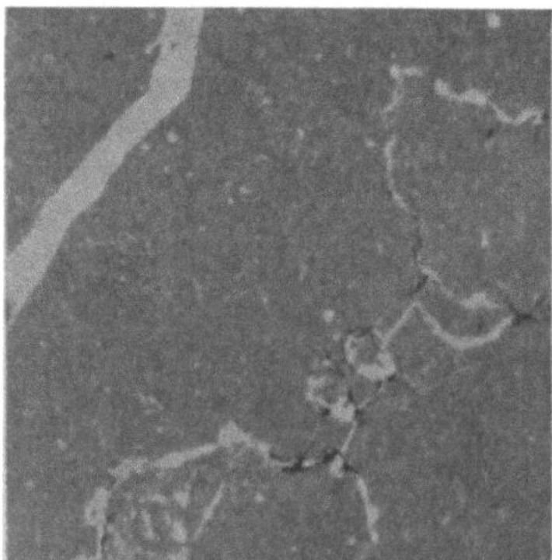

Abb. 182. Kryptokristalliner Kalkstein. Korn unter 0,002 mm. Rechts verheilte Kluft, links zackige „Naht". (Vergr. ca. 36fach.)

nischen Verwendungsmöglichkeiten auf wie die Sandsteine. Dies ist auf die sehr wechselvolle Korngröße, die unterschiedliche Kornverwachsung und Porosität zurückzuführen; dazu sind auch geringe Beimengungen anderer Bestandteile schon von Einfluß. Die Verschiedenheit der Gefügeeigenschaften rührt von den wechselnden Entstehungsbedingungen her, der Mannigfaltigkeit der zugeführten Fossilschalenreste und der leichten Umkristallisierbarkeit des Kalkspates beim Verfestigungsvorgang.

Im allgemeinen sind in ruhenden Gewässern chemisch niedergeschlagene Kalkabsätze auch nach der Verfestigung sehr feinkristallin (krypto- bis mikrokristallin), häufig enthalten sie etwas Tonmineralien beigemengt und sind deshalb mehr oder weniger mergelig. Die fossilreichen Kalksteine sind meist im Korn sehr wechselnd, gröber gekörnte Partien wechseln mit feinkristallinen. Von Auge erscheinen sie spätig. Unter den die Eigenschaften wesentlich beeinflussenden Fossilresten sind wegen der großen Ver-

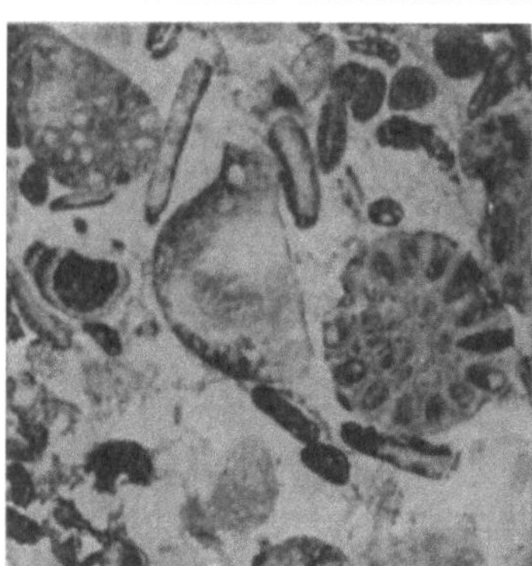

Abb. 183. Fossilreicher Kalkstein. Wechsel von krypto- bis grobkristallinem Korn. (Vergr. ca. 26 fach.)

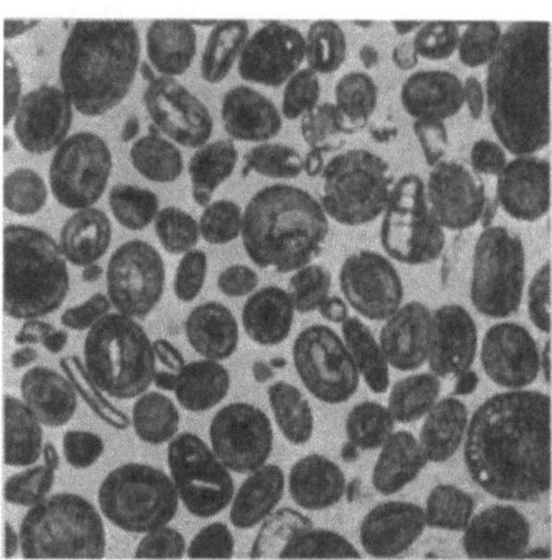

Abb. 184. Kalkoolith. Feinkristalline Ooide in grobkristalliner Zwischenmasse. (Vergr. ca. 36 fach.)

breitung und massenhaftem Auftreten Seeigelschalen (Echinodermen) am wichtigsten. Gesteine, die vorwiegend aus solchen Schalenresten bestehen, nennt man Echinodermenbrekzien. Auch Kalkalgen, Muschelschalen, Korallen und zahllose Einzeller können große Gesteinsmassen wesentlich zusammensetzen. Eine besondere Ausbildung ist die oolithische, bei der rundliche, meist feinkristalline Gebilde mit schaligem Bau in einer gröberkristallinen Zwischenmasse liegen (Abb. 182, 183, 184).

Die näheren Bezeichnungen der Kalksteine in der geologischen Literatur lassen nur teilweise Schlüsse auf die petrographische Beschaffenheit zu. Beifügungen von Fossilnamen weisen nicht immer auf einen die Eigenschaften beeinflussenden Fossilreichtum hin; sehr oft sind sie mehr stratigraphisch-paläontologisch zu verstehen. Mehrfach wird mit „Kalk" auch eine stratigraphische Stufe bezeichnet, die gar keinen Kalkstein zu führen braucht; so enthält z. B. der mittlere „Muschelkalk" der Triasformation vielerorts hauptsächlich Gips- und Steinsalzlager.

Auf metamorphosierende Vorgänge reagieren die Kalksteine durch Kornvergröberung, sie wandeln sich in die Marmore im petrographischen Sinne um, wobei die primären Strukturen verlorengehen (Abb. 185, 186).

Die Dolomitgesteine sind in ihrer Ausbildung den Kalksteinen verwandt. Sie sind weit vorwiegend feinkristallin (krypto- bis mikrokristallin), viel seltener fossilreich und dadurch spätig. Bei der Metamorphose findet weniger leicht Korn-

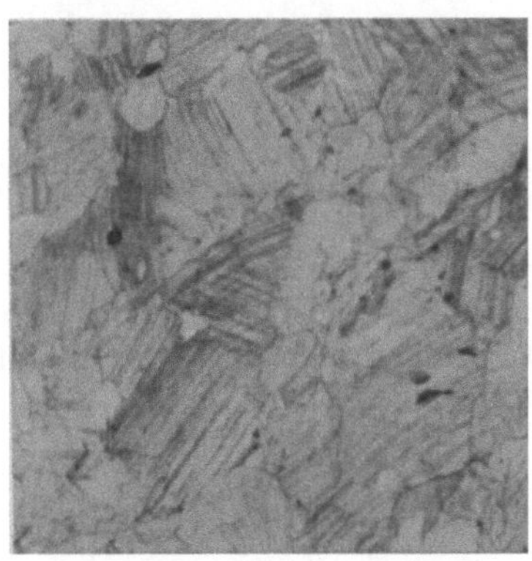

Abb. 185. Mikrokristalliner Kalkstein. Gleichmäßige Kornvergrößerung durch Metamorphose. (Vergr. ca. 36 fach.)

Abb. 186. Makrokristalliner Kalkstein (Marmor). Die groben Kalkspatkörner weisen starke Gleitzwillingsbildung auf (Streifung). (Vergr. ca. 36 fach.)

vergröberung (Marmorisierung) statt. Die nachstehenden Bemerkungen über die Eigenschaften gelten auch für die Dolomite.

Über die *technischen Eigenschaften der Kalksteine* können folgende allgemeinen Bemerkungen gemacht werden:

Die durchgehend feinkristallinen (kryptokristallinen) Kalksteine sind, sofern geringporig, von erheblicher Druckfestigkeit (bis über 2000 kg/cm²), aber sehr schlagempfindlich. Sie erhalten beim Gewinnen oder Bearbeiten leicht Risse, die zu Frostschäden führen können. Die Kalksteine mit erheblichem Fossilgehalt (Spatkalke) sind bei durchschnittlich kaum geringerer Druckfestigkeit weniger spröde. Am wenigsten druckfest sind unter den mäßig porösen Kalken im allgemeinen die Marmore, je weniger, je größer sie gekörnt sind. Ganz locker sind oft die Dolomitmarmore.

Kryptokristalline Kalksteine weisen eine sehr glatte (oft muschelig geformte) Bruchfläche auf; sie weist bei ganz tonfreien Kalken einen leichten Glanz auf, bei den mergeligen Kalken ist sie matter (Abb. 187, 188). Die spätigen und auch die oolithischen Kalksteine weisen eine wesentlich rauhere Bruchfläche auf (Abb. 189), was für manchen Zweck von Vorteil ist (Straßenschotter).

Ein mergeliger Kalkstein ist im allgemeinen weniger druckfest, und vor allem nimmt mit zunehmendem Tongehalt die Mikroporosität und damit die Frostempfindlichkeit rasch zu. Leicht mergelige Kalke können aber doch, nachdem

sie einmal die Bergfeuchtigkeit ganz verloren haben, an nicht allzu frostgefähr-
deten Bauteilen ohne Bedenken Verwendung finden.

Abb. 187. Kryptokristalliner, völlig reiner, kompakter Kalkstein. Undeutlich muscheliger Bruch. Bruchfläche glatt mit
leichtem Glanz. Gestein rissig, mit „Nähten".

Stark poröse Kalke mit rundlichen Poren oder Hohlräumen
zwischen Fossilresten, die kein zusammenhängendes Porennetz bilden, sind zwar gegenüber den
porenarmen Formen weniger druckfest, aber eher frostbeständiger, da
sie weniger spröde sind. Sie werden
deshalb vielfach auch des geringeren Raumgewichtes und der
besseren Temperaturisolierung wegen für Hochbauten bevorzugt.

Beimengung von Sandkörnern
erhöht die Abnützungsfestigkeit,
die bei allen reinen Kalken wesentlich unter der der Silikatge-
steine steht.

Eine Durchsetzung der Kalkmasse mit Kieselsubstanz (oft in
Form eines Netzes oder als nadelförmige Fossilreste) erhöht oft neben der
Abnützungsfestigkeit auch die Druckfestigkeit (Abb. 190). Solche Kieselkalke
(mit bis über 30% SiO_2) weisen oft sehr günstige Eigenschaften für Straßen-
belaggesteine auf.

Abb. 188. Kryptokristalliner, leicht mergeliger Kalkstein.
Muscheliger Bruch. Glatte, matte Bruchflächen.

Abb. 189. Kalkstein, reich an Fossiltrümmern
(spätige Struktur mit sehr ungleichem Korn).
Oberfläche rauh. Sprödigkeit geringer als bei
feinkristalliner Struktur.

Vielfach sind Kalksteine von Schwärmen oder Lagen von reinen Kieselknollen
(sog. Hornsteinen oder Feuersteinen) durchzogen, die beim Bearbeiten sehr
hinderlich sein können.

Die meisten Kalksteine sind von welligen Tonhäuten (Abb. 191) oder von
zackigen, meist ebenfalls einen Tonbelag aufweisenden Querrissen (sog. Nähte

oder Suturen) durchsetzt. Ihre Anwesenheit schwächt den Stein, läßt sich aber bei vielen Vorkommen kaum ganz vermeiden und braucht in bezug auf mechanische und Frostfestigkeit nicht zu streng beurteilt zu werden.

Die meisten Kalksteinvorkommen sind sehr klüftig. Viele der alten Klüfte sind durch weißen, sehr grobkristallinen Kalkspat (bei Dolomitgesteinen auch Dolomitspat (erfüllt. Diese Aderung, vielfach dekorativ verwertet, vermindert natürlich die Festigkeit erheblich, doch ist sie meist für normale Ansprüche im Bauwesen stark genug und ist auch ohne großen Einfluß auf die Wetterbeständigkeit.

Alle Karbonatgesteine (auch karbonatreiche Sandsteine) sind etwas bindig, d. h. der aus ihnen erzeugte Staub weist nach Durchfeuchtung und Trocknung einen gewissen Zusammenhalt auf (wegen der Löslichkeit der Karbonatmineralien).

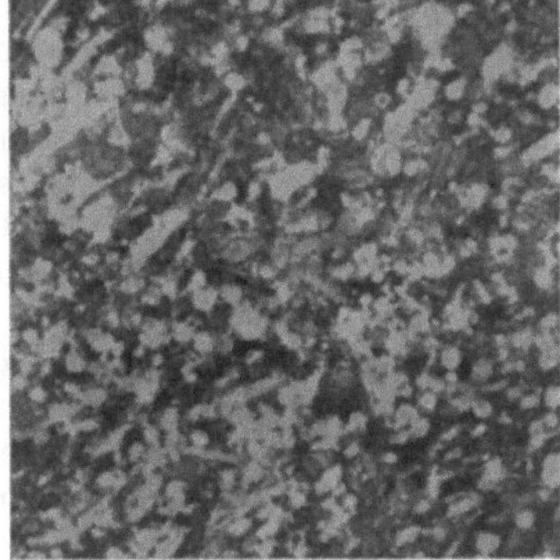

Abb. 190. Kieselkalkstein. Durchsetzung der Kalkspatmasse (dunkel) mit Kieselsubstanz (weiß). (Vergr. 30fach.)

Stärker bindig sind die mergeligen Karbonatgesteine. Die Bindigkeit ist ein Vorteil bei wassergebundenen Straßen.

Alle dunklen oder intensiver gefärbten Kalksteine bleichen, dem Wetter ausgesetzt, rasch aus, besonders auffällig ist dieser Vorgang bei polierten Gesteinen. Die Ursache liegt teils an einem Aufrauhen der Oberfläche durch Lösung des Karbonates, teils auf Oxydationsvorgängen von Beimengungen (besonders von kohligen Substanzen in dunklen Kalksteinen).

Die nicht wesentlich porösen Kalksteine lassen sich vorzüglich polieren, sofern sie keine Einschlüsse von härteren Mineralien enthalten und nicht nennenswert mergelig sind.

3. Die Bildung der metamorphen Gesteine.

a) Allgemeines.

Als metamorph bezeichnet man Gesteine, die durch die Umbildung vorhandenen Gesteinsmaterials (ohne vollständige Schmelzung) entstanden sind. Dabei schließt man von diesem Begriffe die Umwandlungen aus, die durch die atmosphärischen Einwirkungen und Tageswässer bewirkt

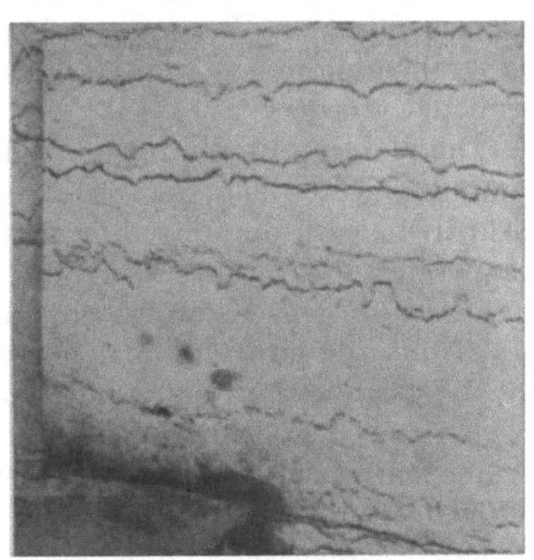

Abb. 191. Wellige Tonlagen, wie sie in vielen Kalksteinvorkommen auftreten. Bei dunklen Kalken sind sie gewöhnlich nur auf der angewitterten und dadurch ausgebleichten Oberfläche sichtbar.

wurden, diese werden als Gesteinsverwitterung bezeichnet. Die Gesteinsmetamorphose läßt sich auf verschiedene Ursachen zurückführen: Veränderungen im Gefolge gebirgsbildender Bewegungen (Dislokations-, Dynamo- oder Tektometamorphose); Umprägungen unter dem Einflusse hoher Temperaturen in Nachbarschaft von emporgedrungenen Magmen (Kontaktmetamorphose) oder in großen Erdtiefen (Tiefen- oder Regionalmetamorphose).

Dislokationsmetamorphe Gesteine sind besonders verbreitet. Durch die gebirgsbildenden Kräfte werden die Gesteine (Eruptiv- und Sedimentgesteine) in vergleichbarer Weise beansprucht, wie die Metalle beim Bearbeiten. Hier wie dort ist neben den einseitigen Druckbeanspruchungen noch die Temperatur wichtig. Das gemeinsame Merkmal der dislokationsmetamorphen Gesteine ist die Schieferung, die sie von den Eruptivgesteinen, die massig sind, und von den Sedimenten, die geschichtet sind, unterscheidet. Die Schieferung wird dadurch erzeugt, daß sich gewisse Mineralien, vor allem die blättrigen Glimmer, in einer Ebene senkrecht zur stärksten Beanspruchung anordnen. Im einzelnen spielt sich die Veränderung der Gesteine durch mechanische Kräfte erheblich verschieden ab, je nachdem ein Gestein in der Nähe der Erdoberfläche, also bei relativ niedriger Temperatur und geringem Belastungsdruck, oder aber in größerer Erdtiefe bei hoher Temperatur und größerem Druck beansprucht wird. In Erdoberflächennähe werden die bereits in festem Zustande vorliegenden Gesteine oder auch einzelnen Gesteinsmineralien teilweise zertrümmert oder verbogen; gewisse Mineralien zeigen aber schon bei relativ tiefen Temperaturen Neigung, in Serizit umzukristallisieren, vor allem die Feldspäte in Eruptivgesteinen und die Tonmineralien in Sedimenten. Dieser serizitische Glimmer, charakteristische seidenglänzende Überzüge bildend, ist in bei tiefer Temperatur gebildeten metamorphen Gesteinen allverbreitet. Bei höherer Temperatur herrscht im Gegensatz dazu die Tendenz der Umkristallisation zu relativ grobkörnigen Gesteinen vor, die massigen Gesteine werden vollständig bruchlos zu schiefrigen deformiert. Viele Eruptivgesteine ändern dabei ihren Mineralbestand nicht sehr erheblich. Kalksteine kristallisieren zu grobkörnigen Marmoren um, Tongesteine werden ebenfalls grobkristallin und verlieren ihren Sedimentcharakter ganz. Es entstehen aus ihnen oft Gneise und Glimmerschiefer, die den aus Eruptivgesteinen gebildeten sehr gleichen können. Nur bei näherer Untersuchung kann meist aus der chemischen Zusammensetzung und damit zusammenhängend gewissen Mineralneubildungen wie Granat, Disthen, Staurolith usw. das Ursprungsgestein ermittelt werden.

Die Metamorphose durch die hochtemperierten Gesteinsschmelzen (Magmen) verändert vor allem die Sedimentgesteine, wie dies allgemein am Rande von Eruptivmassen, die in Sedimenthüllen eingedrungen sind, beobachtet wird. Dabei nehmen die Veränderungen an Intensität ab, je weiter die Gesteine vom Eruptivherd abliegen. Gewöhnlich erzeugt nicht nur die Hitzeeinwirkung die Veränderung, sondern aus dem heißen Magma drangen noch leichtflüchtige Stoffe in die Sedimente, die zur Metamorphose beitrugen. Besonders Kalksteine reagieren begierig mit solchen oft sauren Stoffen unter CO_2-Abgabe. Dabei entstehen zahlreiche sehr charakteristische und gut kristallisierte Mineralneubildungen, vor allem Silikate, wie Kalkgranat, Diopsid, Vesuvian u. a. Bei der *Kontaktmetamorphose* entstehen im allgemeinen im Gegensatz zur Dislokationsmetamorphose keine schiefrigen Gesteine; im Gegenteil, bereits schiefrig vorliegende können zu massigen werden. In gewissen Fällen, wenn Magmen in Faltungsgebieten vordringen, können auch beide Metamorphosen kombiniert auftreten, wodurch dann sehr verwickelte Verhältnisse geschaffen werden. Eine regionale Umprägung hohen Grades spielt sich in starkem Ausmaße in großen Erdtiefen ab, in der Zone, in der bereits Temperaturen herrschen, die den Schmelztemperaturen der Gesteine nahekommen. Hier werden alle Gesteine weitgehend umkristallisiert, unter den herrschenden hohen Drucken von Lösungen aus der nahen Magmazone durchtränkt (Injektionsmetamorphose), es findet vielfach intensiv gegenseitiger Stoffaustausch statt, ja die Gesteine können selbst zum Schmelzen kommen. Die meisten Sedimente werden in dieser Zone von Eruptivmaterial durchsetzt, so daß *Mischgneise* entstehen (Abb. 192). Mischgesteine, bei denen durch innige Vermengung (intensive Durchtränkung von Lösungen, Einschmelzungen) Eruptiv- und Sedimentanteil nicht mehr zu trennen sind, bezeichnet man als *Migmatite.* Hier verwischen sich oft die Begriffe eruptiv und metamorph.

Unter *metamorphen Zonen* versteht man Zonen oder Regionen, die unter gleichartigen Temperatur- und unter Umständen auch Druckbedingungen metamorphosiert wurden. Zonen, in denen die Gesteine bei hohen Temperaturen (schätzungsweise über 450°) und oft hohem Belastungsdruck (große Erdtiefe) umgewandelt wurden, bezeichnet man als Katazonen (entsprechend spricht man von Katabedingungen und Katagesteinen). Analog verwendet man die Begriffe Mesozone (Mesobedingungen, Mesogesteine) für mittlere Temperaturbereiche (ca. 150 bis 450°) und Epizone (Epibedingungen, Epigesteine) für tiefe Temperaturbereiche (unter 150°). Dislokationsmetamorphe Epigesteine unterlagen oft einem weit stärkeren einseitigen als allseitigen Druck und sind deshalb am stärksten geschiefert. Allgemein bezeichnet man metamorphe Gesteine, die von Eruptivgesteinen abstammen, als *Orthogesteine,* solche, die von Sedimenten abstammen, als *Paragesteine.*

Abb. 192. Mischgneis, entstanden durch innige Durchtränkung von glimmerreichen Paragneisen (dunkler Anteil) mit sauren Lösungen (hell). Typische Bändertextur.

Die verbreitete, vorwiegend *zertrümmernde (kataklastische) Metamorphose* äußert sich teils ganz oder teilweise in einer sehr intensiven Zerklüftung des davon betroffenen Gesteines, ohne daß dieses selbst verändert würde (Bildung von Dislokationsbrekzien oder tektonischen Brekzien), teils aber auch in starken inneren Störungen der Einzelmineralien des Gesteins (Verbiegungen, Erzeugung innerer Spannungszustände, Rißbildungen, Gleitzwillingsbildungen), die sehr oft zum Zerfall des Minerals in kleinere Körner führen. Innere Spannungen, Rißbildungen und Körnerzerfall sind besonders häufig am Quarz zu beobachten (sog. Mörtelquarzbildung, Abb. 193). Die Feldspäte erfahren öfters Verbiegungen; sehr verbreitet sind solche bei den Glimmern; die Augite und Hornblenden werden längs Spaltrissen aufgespalten. Mit starker Kataklase sind bei den meisten Gesteinen zugleich Neubildungen von gleitfähigen Mineralien verbunden (Glimmer, Chlorit, Epidot). Oft werden die Gesteine nicht nur zertrümmert, sondern die Trümmer werden gegenseitig noch stark bewegt. Extreme Zertrümmerung kann bis unter die mikroskopische Grenze gehen.

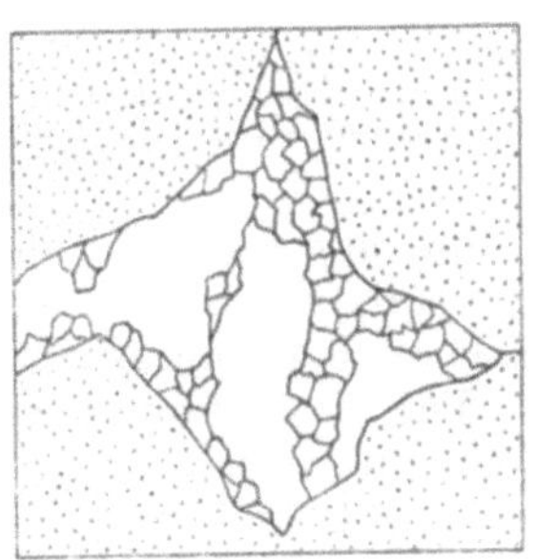

Abb. 193. Zerfall eines ursprünglich großen Quarzkornes in kleine (sogenannte Mörtel- oder Sandquarzbildung). Punktiert: Feldspäte. (Vergr. 30fach.)

Man nennt erheblich im Mineral zertrümmerte Gesteine allgemein *Kataklasite* und spricht z. B. von kataklastischen Graniten. *Mylonite* sind Kataklasite, die eine gewisse innere Durchbewegung erfahren haben.

Sehr oft trifft man stark kataklastische Erscheinungen nur in schmalen Zonen (Abb. 194) mit dazwischenliegenden Partien nicht oder wenig beanspruchten Gesteins. Solche *Mylonit-* oder *Ruschelzonen* haben bei vielen Ingenieurbauten eine große Bedeutung wegen der Lockerung des Gesteinsmaterials der tiefgreifenden Verwitterung und häufigen Wasserführung.

b) Die wichtigsten metamorphen Gesteine.

Die Tabellen vermitteln eine Übersicht der wichtigsten metamorphen Gesteine. Bezüglich der Gesteinsnamengebung sei noch folgendes vermerkt:

Der *Gneis*begriff umfaßt sehr ausgesprochen gerichtete (schieferige, lagige, bänderige) bis nahezu massige Gesteine *-schiefer* sind immer erheblich schieferig. Grobkörnigere metamorphe Gesteine ohne Schieferung werden *Felse* genannt (mit Beifügung der Hauptmineralien); sie sind mit Ausnahme der hornblendereichen Felse (die man zu den Amphiboliten rechnet) ziemlich untergeordnet. Feinkörnige metamorphe Gesteine pflegt man *Hornfelse* zu nennen (oder Hornfelsgneise), mit Ausnahme der oft feinkörnigen Serpentine. Hornfelse können auch etwas geschiefert sein.

Zwischen den Eruptiv- und Sedimentgesteinen einerseits und den metamorphen Gesteinen andererseits besteht ein prinzipieller Unterschied. Die ersteren sind neugebildete, gewissermaßen fertige Gesteine, die letzteren stellen aus ihnen hervorgegangene Umbildungen stärkeren oder schwächeren Grades dar. Vom Eruptivgestein oder Sediment mit nur andeutungsweisen metamorphen Anzeichen bis zum völlig umgeprägten Gestein mit vollständig neuem Gefüge und Mineralbestand finden sich alle Übergänge. Die Abgrenzung der

Abb. 194. Mächtige Mylonitzone, die aus zahlreichen schmalen, verschieferten Lagen besteht, mit völlig massigen Granitpartien dazwischen. Diese zeigen deutlich die Talplattung.

Eruptivgesteine und Sedimente von den metamorphen Gesteinen ist dadurch sehr unscharf, was sich auch in der sehr verschieden und unsicher gehandhabten Namengebung ausdrückt.

Für die metamorphen Gesteine bestehen ganz allgemein viel weniger gut definierte Namen als für die Eruptivgesteine. Da zudem ihre Zusammensetzung und ihr Gefüge weit stärker schwankt, müssen Gesteine von überaus unterschiedlicher petrographischer Beschaffenheit noch mit gleichem Namen versehen werden. Dies gilt vor allem für die Begriffe Gneis und Schiefer (siehe Tabelle 139). Man sucht daher speziell diese weitverbreiteten Gesteine durch Beifügungen näher zu kennzeichnen. Die Beifügungen betreffen teils Eruptivgesteinsnamen, teils mineralogische Gefüge- oder genetische Bezeichnungen. Alle diese Beifügungen werden sehr verschieden gehandhabt, zudem kennzeichnen sie das Gestein nur in einer Beziehung. Man findet so oft das gleiche Gestein unter mehreren Namen, die alle richtig sein können. Ein Beispiel: Die Ausdrücke

Tabelle 139. *Übersicht der metamorphen Gesteine.*

Mineralbestand	Gefüge	Gesteinsbezeichnung	Ausgangsmaterial	Häufigstes Raumgewicht
Quarz, Orthoklas, saure Plagioklase, Biotit, Muskowit, Hornblende, Chlorit, Granat, Disthen, Staurolith, Andalusit, Sillimanit, Epidot	schieferig, flaserig, auch massig, streifig, linsig, gebändert	*Gneis:* Quarz 20—60%, Feldspat 20—60%, Glimmer 5—40% *Unterarten nach Gefüge:* Lagengneis, Bändergneis, Adergneis, Schiefergneis, Flasergneis, Streifengneis, Augengneis (Feldspäte in großen Körnern) *Unterarten nach Ausgangsgestein:* Granitgneis, Quarzdioritgneis, Aplitgneis. Granulit: Gneis ohne Glimmer, aber mit Granat	Saure Eruptivgesteine, vorzugsweise Granite, tonige Sedimente bei (Alkalizufuhr)	2,5—2,7
Wie oben, nur allgemein Feldspäte zurücktretend, Kalkspat	schwach bis sehr stark schieferig, gefältelt	*Glimmerschiefer:* Quarz < 10 bis > 70%, Feldspat 0—20%, Glimmer < 10 bis > 70% Kalkglimmerschiefer: reich an Kalkspat	Tongesteine, Mergel, saure Eruptivgesteine	2,5—2,8
Quarz, Serizit, Chlorit, Albit, Kalkspat, Graphit, Pyrit	stark geschiefert, gefältelt, dünnflaserig, stengelig	*Phyllit* (Serizitschiefer): Quarz < 10 bis > 70%, Serizit < 10 bis > 70% Kalkphyllit: reich an Kalkspat	wie oben	2,6—2,9
Plagioklas (sauer bis basisch), *Hornblende,* Biotit, Epidot, Granat, Augit, Magnetit, Quarz	massig bis mäßig schieferig	*Amphibolit:* Plagioklas 20—50% Hornblende 20—80% Hornblendefels, -schiefer > 80% Hornblende Strahlsteinfels, -schiefer > 80% Strahlstein Eklogit: Granat + Augit + + Hornblende	Diorite, Tonalite, Gabbros, Dolomitmergel	2,9—3,2
Albit, Hornblende, Strahlstein, Chlorit, Epidot, Serizit, Quarz	schieferig, auch massig	*Grünschiefer* (Prasinit): Mengenverhältnis sehr wechselnd	Diabase, Porphyrite, auch Diorite, Gabbros, vulkanische Tuffe	2,8—3,2
Serpentinmineral, Olivin, Augit, Chlorit, Talk, Karbonate	schieferig, gefältelt, auch massig	*Serpentingesteine:* meist weit vorwiegend Serpentinmineral Harte Serpentine: Olivin-, augithaltig Weiche Serpentine: Chlorit-, talkhaltig Ofenstein, Giltstein: Talk reichlich Talkschiefer: weit vorwiegend Talk Speckstein: massiges Talkgestein	Peridotite, Pyroxenite	2,4—2,9
Quarz, Feldspäte, Glimmer, Chlorit	massig, schieferig, plattig	*Quarzit:* > 70% Quarz Quarzitschiefer: stark geschiefert	Quarzreiche Sandsteine, Kieselgesteine	2,5—2,7
Kalkspat, Dolomitspat	massig, mäßig schieferig	*Kalkmarmor:* weit vorwiegend Kalkspat *Dolomitmarmor:* weit vorwiegend Dolomitspat	Kalksteine	2,7—2,9
Kalkspat, Quarz, Feldspäte, Granat, Vesuvian, Diopsid, Epidot und viele weitere Mineralien (meist Silikate)	meist massig, auch geschiefert	*Silikatmarmor:* vorwiegend Kalkspat mit Silikatmineralien *Kalksilikatfels:* äußerst mannigfaltig in Mineralbestand und Mengenverhältnis	Kalksteine, Mergel	2,8—3,1

Granitgneis, Zweiglimmergneis, Augengneis und Injektionsgneis können ohne weiteres das gleiche Gestein betreffen. Granitgneis deutet auf granitähnliche Zusammensetzung und geringe Schiefrigkeit, Zweiglimmergneis auf die Glimmerbeschaffenheit, Augengneis auf die Textur mit großen Feldspateinsprenglingen („Augen") und Injektionsgneis auf die vermutete Entstehung aus einem Sediment durch Stoffinjektion. Eruptivgesteinsbeifügungen können sich aber auch rein auf die Entstehung beziehen; so weist z. B. ein Diabasschiefer oft weder in Mineralbestand noch in Struktur mehr Beziehungen zum Diabas auf, es ist ein Grünschiefer, der offensichtlich aus einem Diabas hervorging. Wie bereits S. 239 erwähnt, werden überdies deutlich metamorphe Eruptivgesteine von Geologen oft nur mit der entsprechenden Eruptivgesteinsbezeichnung versehen.

Einige charakteristische Texturen von Gneisen und Schiefern sind in den Abbildungen 195 bis 197a schematisch skizziert und erläutert.

c) Allgemeine Bemerkungen über technische Eigenschaften metamorpher Gesteine.

Die metamorphen Gesteine schwanken infolge ihrer Variabilität bei gleicher Namengebung in den technischen Eigenschaften weit mehr als die Eruptiv-

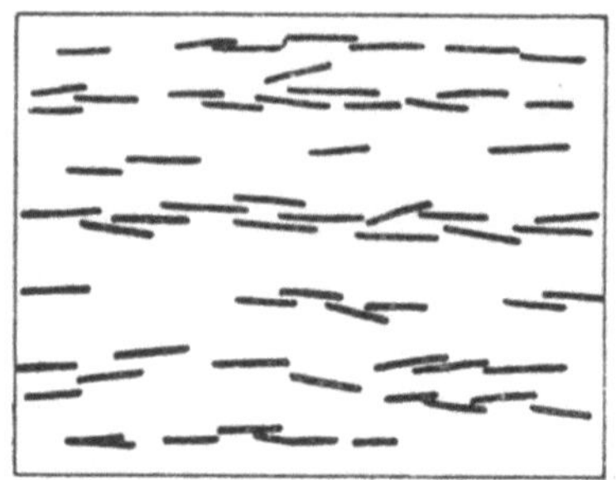

Abb. 195. Schieferige Textur mit teilweise zusammenhängender Glimmerlage.

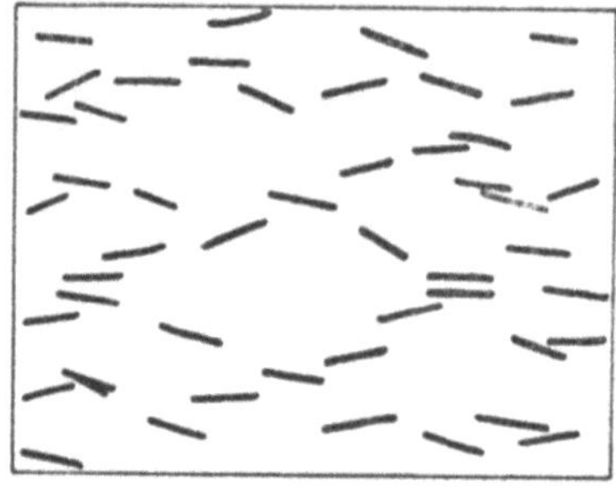

Abb. 196. Flaserige Textur.

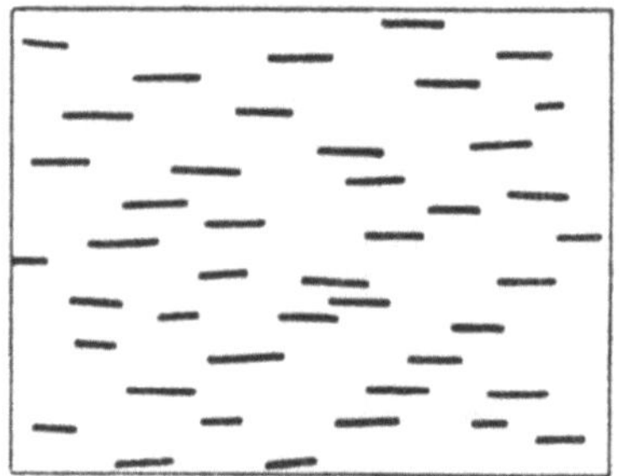

Abb. 197. Schieferige Textur mit isolierten Glimmern.

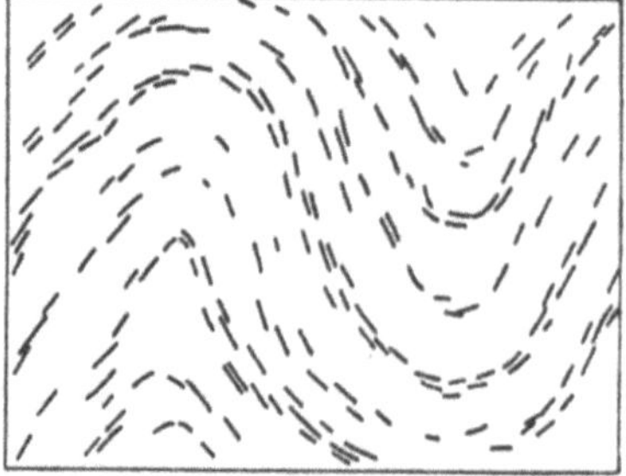

Abb. 197a. Gefältelte Textur.

Abb. 195 bis 197a. Schematische Zeichnungen der wichtigsten Texturen von dislokationsmetamorphen Gesteinen (Ansicht des Längsbruches). Die Striche deuten Querschnitte von Glimmerblättchen an. Weiß: gewöhnlich Quarz und Feldspat.

gesteine, jedoch eher weniger als die Sedimente. Die Gesteinsgruppen kennzeichnende Zahlen lassen sich nicht angeben.

Die Festigkeitseigenschaften der Gneise und Schiefer sind im allgemeinen je höher je weniger gerichtet, je feinkörniger und je glimmer- (resp. chlorit-) ärmer sie sind. Glimmerreiche Glimmerschiefer und Phyllite sind auch bei feinem Korn wenig druckfest. Die Druckfestigkeitswerte // der Schieferung liegen je nach der Schiefrigkeit bis zu 50% tiefer als diejenigen normal zur Schieferungsrichtung.

Erhebliche Zertrümmerungen (Abb. 193) an Mineralien (besonders von Quarz) erhöhen die Mikroporosität und vermindern dadurch die Frostbeständigkeit (starker Abfall des Elastizitätsmoduls), auch die Festigkeit nimmt ab.

Die geschieferten Gesteine mit durchgehenden Glimmerlagen (Abb. 195) blättern durch Frostwirkung leicht auf. Flaserige Struktur ist wesentlich wetterfester. Stark flaserige Gneise mit nicht durchgehenden Glimmerlagen (Abb. 196) können sehr frostbeständig sein, auch beim Versetzen „auf den Spalt".

Mäßig gerichtete Gneise von der Mineralzusammensetzung der Granite („Granitgneise"), mit isoliertem Auftreten der Glimmerblättchen (Abb. 197), ergeben sehr oft ausgezeichnete Werksteine, die zu vielen Zwecken den massigen Graniten in nichts nachstehen, bei allen plattigen Arbeiten gegenüber den Graniten Vorteile bieten.

Hornblende- und augitreiche Gesteine sind besonders bei mäßig gerichteter Textur (Amphibolite, Eklogite) oft sehr zähe und schwer zu bearbeiten.

Sehr quarzreiche metamorphe Gesteine (Quarzite) sind spröde sie brechen beim Bearbeiten leicht, aber nicht in der gewünschten Richtung.

Marmore sind allgemein weniger druckfest als die feinkristallinen Kalksteine, aus denen sie hervorgingen. Sofern die letzteren nicht vorhanden sind, pflegt man aber doch Marmore in kristallinen Gebieten den Gneisen und Glimmerschiefern als Straßenschotter vorzuziehen, besonders für wassergebundene Straßen, da die Marmore etwas bindig sind.

E. Übersicht der Lagerstättenbildung.

Die Entstehung der Lagerstätten steht mit der Gesteinsbildung in enger Beziehung. Wie bei den Gesteinen kann man bei den Lagerstätten primär solche eruptiver und sedimentärer Abkunft unterscheiden. Besonders die Lagerstätten der Schwermetalle und der seltenen Elemente stehen zum großen Teil mit *eruptiven* Vorgängen im weitern Sinne in Zusammenhang. Bisweilen sind die Erzmineralien (z. B. von Nickel, Chrom, Platin, auch von Eisen) direkt schlierenförmig in den Eruptivgesteinen als magmatische Ausscheidungen angereichert worden. Weit häufiger sind aber die Lagerstätten aus Dämpfen und hochtemperierten Lösungen abgeschieden worden, sog. Restlösungen, die nach der Haupterstarrung der Magmen noch zurückblieben, und die oft die seltenen Elemente und Schwermetalle besonders angereichert enthalten. Durch ihren Gehalt an leichtflüchtigen Stoffen (besonders Wasser) sehr beweglich, wanderten diese Lösungen oft weit vom Eruptivherd weg ins Nebengestein (oft viele Kilometer) wobei sie bestehende Spalten und Risse zur Zirkulation benützten. In diesen setzten sich dann beim Abkühlungsvorgange die Mineralien ab. Man spricht bei diesen Spaltenfüllungen wie bei Eruptivgesteinen von Gängen. In den bei hohen Temperaturen abgeschiedenen Gangfüllungen (deren Hauptgemengteile Feldspat und Quarz sind) finden sich nur untergeordnet Gebrauchsmetalle (etwa Zinn, Wolfram, Molybdän), dagegen oft Bor und Fluor und nicht selten die zahlreichen seltenen Elemente wie Thor, Uran Cer (und die anderen seltenen Erden), Niob, Tantal, Zirkon, Beryllium, Lithium u. a. Man nennt solche bei hohen Temperaturen entstandenen Gänge, die praktisch besonders zur Feldspatgewinnung dienen *Pegmatite*. Die meisten Schwermetalle wurden bei niedrigerer Temperatur abgeschieden in den weitverbreiteten *Erzgängen*. Bei diesen besteht sehr oft die Gangfüllung aus zwei charakteristischen Mineralgruppen: a) den eigentlichen Erzmineralien (vorzugsweise Schwermetallverbindungen mit Schwefel, Arsen oder Antimon) und b) den sog. Gangartmineralien (meist Quarz, Kalkspat, Eisenspat, Schwerspat, Flußspat).

Wenn die heißen Erzlösungen mit Karbonatgesteinen in Berührung geraten, kommt es meist zu rascher Reaktion mit dem Nebengestein unter CO_2-Abgabe. Dabei scheidet sich das Erz und die Gangart meist in Form unregelmäßiger Körper unter Verdrängung der Karbonatgesteine ab (Verdrängungs- oder metasomatische Lagerstätten). Aus Erzgängen und Verdrängungslagerstätten stammen vor allem folgende technisch wichtigen Metalle: Blei, Zink, Kupfer, Kobalt, Silber, Gold, Antimon, Wismut.

Sehr viele Erzlagerstätten sind aber auch *sedimentär* entstanden. Gewisse marine Sedimente enthalten eine so reichliche Beimengung von Eisen (als Oxyd oder Hydroxyd), daß sie direkt als Erze verwertet werden können. Auch Kupfer und Mangan kann in marinen Sedimenten auftreten, wobei allerdings vermutlich ursprünglich magmatische Lösungen das Metall ins Meer brachten (gemischt eruptiv-sedimentäre Entstehung). Zahlreiche Metallanreicherungen zu nutzbaren Lagerstätten entstehen bei der Verwitterung. Eisen, Mangan, bisweilen auch Nickel und Gold finden sich in den Rückstandssedimenten stark angereichert. Das gediegene, fast unzerstörbare Gold kommt aber auch oft in den Trümmersedimenten, vor allem in Flußsanden, erheblich konzentriert vor, in Sanden angereichert findet man ferner noch die harten und widerstandsfähigen Oxyde von Zinn und Wolfram, ferner unter den nicht metallischen Mineralien viele wertvolle Edelsteine (Diamant, Rubin, Saphir, Spinell, Zirkon u. a.). Man nennt Sande, aus denen man nutzbare Mineralien gewinnt, Seifen.

Rein sedimentärer Entstehung sind die weitverbreiteten Salz-, Kohlen- und Erdöllagerstätten, die beiden letzteren als Absätze organischen Materials. In ihrem Auftreten haben sie allerdings mehr den Charakter von Gesteinen.

Verbreitet sind *metamorphe* Lagerstätten, die analog den metamorphen Gesteinen verändert worden sind. Allgemein zeigen diese sehr verwickelte Verhältnisse, bei denen die Deutung der primären Entstehung erschwert ist; dazu wirkte sich die Umprägung meist ungünstig auf die wirtschaftliche Verwertung aus.

F. Die Gesteinsverwitterung in der Natur und am Bauwerk.

1. Die natürliche Gesteinsveränderung in erdoberflächennahen Zonen.

Die Gesteinsveränderung nahe an der Erdoberfläche, die man von der Metamorphose abtrennt, besteht einerseits in der eigentlichen Oberflächenverwitterung, deren Ursachen S. 243 angeführt sind, andererseits in den Veränderungen, die sich auch bis zu größerer Tiefe an vielen Gesteinen abspielen. Letztere Vorgänge hat man bisher meist als säkulare Verwitterung oder Tiefenverwitterung bezeichnet, obwohl hier das Wort Verwitterung nicht mehr am Platze ist, weshalb wir im folgenden von säkularen Veränderungen sprechen.

Durch die *Oberflächenverwitterung* bedeckt sich das Gestein mit einer Verwitterungskruste (auch Schwarte genannt), die sich aus dem gelockerten oder ganz zu Grus zerfallenen und teilweise chemisch veränderten Gesteinsmaterial zusammensetzt. Ihre oberste Zone bildet die Grundlage des Vegetationsbodens. An Steilhängen im Gebirge fehlt diese Kruste oft, da alles Gelockerte sofort weggeführt wird; am mächtigsten (in unserem Klima aber einige Meter selten übersteigend) wird sie in flachen Gebieten, wo das gelockerte Gestein liegenbleibt und wo zudem während langen Zeiträumen die Tageswässer Zirkulationsmöglichkeiten hatten. Am intensivsten und am tiefsten reichend sind die Veränderungen da, wo saure Lösungen (Humussäuren unter Torfmooren, Säuren aus Sulfidverwitterung) hinzugelangten. Längs wasserführenden kluftreichen

Zerrüttungszonen, Verwerfungen, unterirdischen Hohlräumen dringt der Verwitterungsbereich tief in das Gebirge ein. Die Oberflächenverwitterung ergibt vorzugsweise braun oder rötlich gefärbte Gesteine (Oxydation des Eisens); nur in Spezialfällen kommt es zur Bildung heller, fast weißer Produkte, wenn infolge Säureanwesenheit auch das Eisenhydroxyd gelöst und weggeführt wird. Fast alles Gestein mit Anzeichen von Oberflächenverwitterung ist für technische Zwecke minderwertig und unterliegt rasch weiterem Zerfalle durch Frosteinwirkung.

Die *säkulare Veränderung* spielt sich bis zu großen Tiefen ab unter Mitwirkung von Bergfeuchtigkeit, die zum Teil wahrscheinlich nicht von der Erdoberfläche stammt. Sie bewirkt eine sehr langsame Umwandlung zahlreicher wasserfreier Mineralien in wasserhaltige (Hydrolyse). Sie geht unmerklich in die eigentliche Gesteinsmetamorphose tiefer Temperatur über und weist großenteils die gleichen Mineralumbildungen wie diese auf. Das Charakteristikum stark säkular veränderter Gesteine ist die Farbveränderung zu Grün, bisweilen auch zu Violett. Viele alte Eruptivgesteine weisen starke Merkmale dieser Umwandlung auf, ja in weiten Regionen läßt sich überhaupt kein Gestein finden ohne Anzeichen solcher, während es merkwürdigerweise wieder Regionen gibt, wo auch die ältesten Gesteine fast völlig frei davon sind, vermutlich weil hier stets große Trockenheit im Gestein herrschte. Die säkular veränderten Gesteine sind wohl gegenüber den ganz frischen etwas reicher an teilweise weniger harten, wasserhaltigen Mineralien wie Epidot, Zoisit, Chlorit, Serpentin, Serizit; die Porigkeit braucht aber nicht geringer zu sein, und die Gesteine können durchaus günstige technische Eigenschaften aufweisen.

Tabelle 140.

Übersicht der verbreitetsten Mineralumwandlungen im Bereich der Verwitterungszone.

Mineral	Oberflächenverwitterung	Säkulare Veränderung
Quarz	Nicht verändert	Nicht verändert
Kalifeldspäte	Kaolinit und andere Tonmineralien, Serizit. Ziemlich beständig	Serizit, Albit. Ziemlich beständig
Albit	Wie Kalifeldspat, aber noch beständiger	Kaum verändert
Plagioklase	Kaolinit, Serizit, Kalkspat. Natronreiche Plagioklase noch ziemlich beständig, kalkreiche unbeständiger	Serizit, Zoisit, Epidot, Albit (Saussuritbildung). Kalkreiche Plagioklase unbeständiger als natronreiche
Dunkle Glimmer	Ausbleichung mit Limonitbildung, oft gelben Metallglanz hervorrufend (Katzengold)	Chlorit
Helle Glimmer	Sehr beständig	Beständig
Hornblenden	Limonit. Ziemlich beständig	Chlorit, Epidot. Ziemlich beständig
Augite	Limonit, Kalkspat. Sehr beständig	Chlorit, Serpentin, Talk, faserige Hornblende. Wandeln sich leicht um
Olivin	Limonit. Leichte Umwandlung	Serpentin, seltener Chlorit, Talk, Magnesit. Leichte Umwandlung
Nephelin	Kaolinit, Zeolithe, Serizit	Serizit
Kalkspat	Wird gelöst unter Zurücklassung der etwaigen Ton- und Limonitbeimengungen	Unverändert
Dolomitspat	Wie Kalkspat	Unverändert
Anhydrit	Wird gelöst	Gips
Gips	Wird gelöst	Unverändert
Tonmineralien	Unverändert	Serizit

17*

Eine besonders verbreitete Erscheinung dieser Veränderung ist die sogenannte Füllung der Plagioklasfeldspäte. Die Plagioklase wandelten sich bei diesem Vorgange in reinen Natronfeldspat (Albit) um, der meist ganz von feinkristallinen Einschlüssen von Serizit und Zoisit-Epidot-Mineralien erfüllt ist. Man bezeichnet diese Erscheinung auch als Saussuritbildung und einen so veränderten Plagoklas als Saussurit. Diese Umwandlung verleiht den Gesteinen ganz besondere Eigenschaften (S. 242) und darf unter keinen Umständen mit Verwitterung verwechselt werden.

In der Tabelle 140 sind die häufigsten Umwandlungen der verbreitetsten Mineralien unter Oberflächenverwitterungs- und säkularen Veränderungsbedingungen aufgeführt.

2. Verwitterung und Wetterbeständigkeit von Natursteinen im Bauwerk.

Als Wetterbeständigkeit eines Gesteines bezeichnet man seine Widerstandsfähigkeit gegenüber sämtlichen Einflüssen der Atmosphärilien, einschließlich der künstlich in die Luft gebrachten Stoffe wie Rauchgase, industriellen Staub, Ruß usw., und der Einwirkung der Pflanzen und Tiere. Ein wetterbeständiges Gestein muß in unserem Klima vor allem frostbeständig sein; es ist deshalb unrichtig, die Begriffe der Wetterbeständigkeit von der Frostbeständigkeit zu trennen, wie dies mehrfach geschieht.

Der Begriff der Wetterbeständigkeit ist natürlich sehr relativ. Erstens gibt es überhaupt kein absolut wetterfestes Gestein, zweitens muß natürlich die Beurteilung der Wetterbeständigkeit nach dem Anwendungszweck schwanken. Ein Material, das für eine glatte Hochmauer genügend wetterfest ist, braucht es nicht für eine Uferböschungspflasterung zu sein. Sichere Angaben auch über die relative Wetterbeständigkeit von Natursteinen sind im allgemeinen sehr schwierig, und zwar selbst dann, wenn zuverlässige petrographische Angaben und Prüfresultate zur Verfügung stehen. Dies hat folgende Hauptgründe:

a) Die große Mannigfaltigkeit von Zusammensetzung und innerem Aufbau der Gesteine. Sogar innerhalb der Nutzschichten eines begrenzten Vorkommens (Steinbruches) können die Unterschiede sehr erheblich sein und für die Wetterfestigkeit stark ins Gewicht fallen.

b) Die Gesteinsverwitterung ist ein überaus verwickelter Vorgang. Sie wird durch sehr viele physikalische und chemische Einwirkungen verursacht, die weder in ihrer Einzelwirkung, geschweige denn in der Gesamtwirkung genauer faßbar sind (vor allem nicht zahlenmäßig).

c) Die atmosphärischen Einflüsse sind großen Schwankungen unterworfen, nicht nur nach Höhenstufen, Klimaregionen oder Jahreszeiten, sondern auch in kleinem Bereiche (Stadt oder Land), ja sogar an einem Bauwerk je nach Lage gegenüber der vorherrschenden Windrichtung, der Sonne, dem Regen, benachbarten raucherzeugenden Anlagen usw.

3. Die für die Gesteinsverwitterungsvorgänge in Betracht kommenden Einwirkungen und die sich dabei abspielenden Reaktionen.

a) Temperaturschwankungen. Sie betragen für den Stein in West- und Mitteleuropa über 80° (von —30° bis über 50°), doch werden die Extreme nicht häufig erreicht. Sieht man von ihrem Zusammenhang mit Wasser und Feuchtigkeit ab, so ist die Bedeutung im europäischen Klima nur beschränkt. Sie äußert sich in ungleicher Wärmeausdehnung von Mineral zu Mineral bei mehrmineralischen

Gesteinen, oder in verschiedenen Richtungen bei einer Mineralart. Letzteres ist von Bedeutung, z. B. beim Kalkspat. Zerstörende Lockerungen durch Temperaturausdehnungen sind nur bei sehr grobkörnigen Gesteinen (groben Marmoren, Trachyten) beobachtet worden. Eine Schalenbildung durch Temperatureinflüsse, wie sie in Wüsten allgemein auftritt, läßt sich im europäischen Klima an Bauwerken bei der doch relativ kurzen Einwirkungszeit kaum beobachten.

b) Regenfall. Er ist natürlich als allgemeiner Feuchtigkeitslieferant wichtig. Seine direkte gesteinszerstörende Bedeutung (Korrosion) durch Tropfenfall, Auflösung von Mineralsubstanz ist auf Bausteine gering, wesentlich jedenfalls nur bei Gesteinen mit pelitischem Bindemittel. Im allgemeinen wirkt Regenfall auf ein Gestein verwitterungshemmend durch Wegschwemmen schädlicher Salze.

c) Feuchtigkeit aus Luft und Boden. Sie ist das wichtigste indirekte Agens, indem sie die schädlichen Säuren und Salze festhält, durch ihr Wandern je nach den Temperaturverhältnissen im Gestein verschiebt, bei gewissen Gesteinen mit pelitischem Anteil Quellungs- und Schwindungserscheinungen erzeugt und natürlich die Vorbedingung ist für die Frosteinwirkungen.

d) Frost. Die zerstörende Wirkung des gefrierenden Wassers mit seiner Volumvermehrung ist allbekannt und nimmt außerhalb von Städten unter den Zerstörungsursachen die erste Stelle ein. Im einzelnen ist die Frostbeanspruchung sehr kompliziert und nur unter stark vereinfachenden Annahmen einer exakten Behandlung zugängig. Frostgefährdet sind alle Gesteine, deren Poren sich erheblich mit Wasser füllen, besonders ein Porennetz bildende Mikroporen.

e) Chemische Einwirkungen der normalen Bestandteile der Atmosphäre (O_2, CO_2) *in Verbindung mit Wasser.* Diese Einwirkungen, in der natürlichen Verwitterung bedeutend, sind an Bauwerken meist gering, jedenfalls nur dann bemerkbar, wenn die intensiver wirkenden Einflüsse fehlen. Sie bestehen in Auflösungen von Karbonaten, Oxydationen von Sulfiden und kohligen Teilen. Am schädlichsten ist die aus der Pyritzersetzung entstandene Schwefelsäure (siehe unten).

f) Chemische Einwirkungen der Rauchgase. Wirksam ist besonders die schweflige Säure, d. h. die daraus durch Oxydation rasch entstehende Schwefelsäure. Die Schwefelsäure wirkt intensiv auflösend oder zersetzend auf viele Mineralien, am stärksten auf Karbonate. Ebenso schädlich wie die Säure wirken auf die Gesteine aber auch gewisse dabei entstehende Sulfate, vor allem Natriumsulfat, Magnesiumsulfat und ein Aluminium-Magnesiumsulfat. Diese Salze bilden verschiedene Hydratstufen. Je nach der Temperatur oder der Feuchtigkeit der Umgebung kristallisieren sie mit mehr oder weniger Wassermolekülen, wobei sich ihre Volumverhältnisse ändern. Durch die Einwirkungen der unter Umständen täglich umkristallisierenden Salze können mit der Zeit sehr große Gesteinslockerungen auftreten, die in rauchgasreichen Städten als Anfangsursache der Gesteinszerstörung wichtiger sind als Frost.

g) Einwirkung pflanzlicher Säuren. An Bausteinen gering.

h) Einwirkungen von festen Teilchen der Atmosphäre (Ruß, Staub, Sand). Ruß und Feinstaub haben als Ursache von Verfärbungen an Fassaden ihre Bedeutung, ferner dadurch, daß sie Feuchtigkeit und Säuren festhalten. Sand kann lokal in Verbindung mit Wind durch Korrosion einwirken.

i) Einwirkungen des Windes. Sie haben eine gewisse Bedeutung zusammen mit Regenfall und festen Partikeln der Luft.

k) Einwirkungen des Lichtes. Gewisse Vorgänge, wie Oxydationen von kohligen Gesteinspartikeln, gehen bei intensivem Licht rascher vor sich als im Dunkeln.

l) Einwirkungen von Tieren. Taubenmist kann an Gebäuden als Feuchtigkeitsträger wirken, dazu erzeugt er häßliche Beschmutzungen an Bauwerken.

m) Einwirkungen von Pflanzen. Nach unserem Dafürhalten sind niedere Pflanzen (es kommen auf Bausteinen Algen, Flechten und Moose in Betracht) nicht schädlich, wahrscheinlich sogar eher steinerhaltend. Sie wachsen allerdings nur da, wo durch direkten Regenfall die Sulfate weggewaschen werden. Ungünstig auf den Stein wirken ganzjährig regenabwehrende Pflanzen (dichte Nadelhölzer), vermutlich auch Kletterpflanzen.

n) Einwirkungen von rostenden Eisenteilen. Die starke Volumenvermehrung von Rost gegenüber Eisen vermag unter Umständen die stärksten Steinquader zu sprengen, was an steinernen Sockeln von eisernen Gartenzäunen allgemein beobachtet werden kann.

4. Die Verwitterungsbereiche und Verwitterungsformen.

Das Studium der Verwitterungserscheinungen an Bauwerken zeigt, daß die Zerstörungen sich ganz auffällig an gewissen Bereichen häufen bzw. hier früher einsetzen als an anderen Stellen, natürlich gleichartiges Material vorausgesetzt. Diese am stärksten angegriffenen Bereiche betreffen:

a) Die Region der *aufsteigenden Grundfeuchte* an Mauerwerk, und zwar besonders an Bauteilen, die nicht vom Schlagregen getroffen werden. Am stärksten wird gewöhnlich der obere Rand des Grundfeuchtebereichs angegriffen (Abb. 198).

b) Der Bereich *seitlich* von regelmäßig bei Regen in Funktion tretenden *Wasserablauf-* und *Sickerstellen,* überhaupt der Grenzbereich zwischen bei Regen naß werdenden und trocken bleibenden Bauteilen.

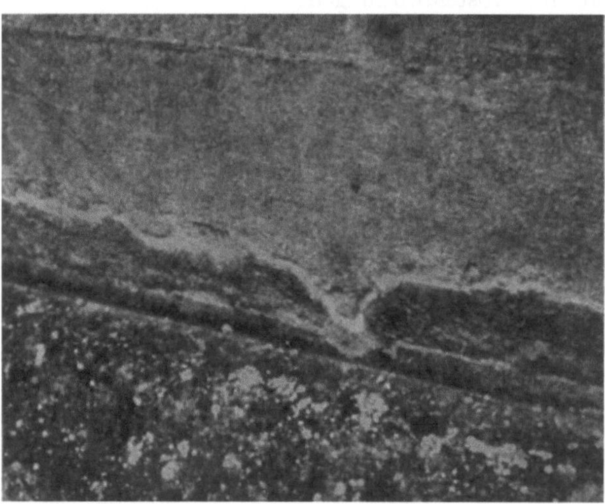

Abb. 198. Aushöhlung durch *Sulfatanreicherung* (weiß) an der oberen Grenze des Grundfeuchtebereiches ohne Gesteinswechsel. Kalkstein.

c) Die *Unterseite von hervorragenden Bauteilen,* die von oben häufig durchfeuchtet werden.

d) Die *Grenzzone zweier Gesteine* verschiedener Durchlässigkeit, sofern das durchlässige sich oberhalb befindet, so daß eine Wasserstauung eintreten kann (Abb. 199).

e) Der Bereich unmittelbar über einem horizontalen oder wenig geneigten Bauteil, auch ohne Gesteinswechsel.

Dazu treten natürlich noch zahlreiche lokalbedingte Bereiche, wie Stellen, wo sich Feuchtigkeit aus irgendeinem Grunde kondensiert, Nachbarschaft von viel Rauchgas liefernden Kaminen usw.

Die genannten Bereiche befinden sich alle mehr oder weniger an Stellen, die lange feucht bleiben, die Feuchtigkeit nur langsam abgeben oder sich in der Grenzzone von durchfeuchtetem und trockenem Bereiche befinden. Alle diese Stellen zeichnen sich dadurch aus, daß sich in ihnen die schädlichen Salze meist durch Diffusionswanderungen anreichern und durch Regen nicht genügend ausgewaschen werden können.

Sofern die Regenseite von Bauwerken gut besonnt ist, weist sie bei Bauwerken mit glatten Mauern geringere Zerstörungen auf, als die von Schlagregen nie getroffene Seite. Bei Bauten mit starker Gliederung und vielen Vorsprüngen gilt dies allerdings nicht mehr unbedingt.

5. Die Zerstörungsformen.

Die Formen der Zerstörung des Gesteinsmaterials durch die Verwitterung lassen sich folgendermaßen übersichtlich kennzeichnen:

a) Die Absandung. Unter Absandung ist der Zerfall der Gesteine in die Einzelmineralkörner verstanden. Sie tritt vor allem bei Sandsteinen mit relativ schwacher Kornbindung, dann auch bei Graniten und Gneisen und gewissen grobkörnigen kristallinen Kalken und Dolomiten auf. Die Absandung geht von der Oberfläche aus; im Anfangsstadium kann sie wenig auffällig sein, mit der Zeit aber tiefe Höhlungen oder Kantenabrundungen erzeugen (Abb. 199). Die unmittelbaren Ursachen der Absandung sind: Quellung und Schwinden, ferner Auflösungen im Bindemittel bei Sandsteinen, Sulfatlockerungen, Frost, bei gewissen grobkörnigen Gesteinen, besonders Marmoren, auch Kornlockerung durch Temperaturwechsel.

Abb. 199. Aushöhlung durch *Absandung*, unmittelbar über undurchlässigerem Gestein. Oben starkporiger Sandstein, unten Kalkstein (mit lagiger Anwitterung).

Abb. 200. Zerstörung von feinkristallinem, sprödem und dadurch beim Bearbeiten rissig gewordenem Kalkstein. Typische *Zerbröckelung* durch Frost.

b) Der bröckelige Zerfall. Diese Verwitterungsform ist dadurch gekennzeichnet, daß das Gestein nicht in Einzelkörner, sondern in Kornhaufwerke, somit Gesteinsbrocken zerfällt. Diese Bröckelbildung beobachtet man am ausgeprägtesten an feinkristallinen Gesteinen, am häufigsten bei den dichten normalen Kalksteinen

(Abb. 200). Der Bröckelzerfall ist in erster Linie durch Frost bedingt. Die Frostlockerung folgt den natürlichen offenen oder mit Tonbelag versehenen Riß- und Fugenbildungen, wie sie bei Kalken ja weitverbreitet sind, ferner auch oft den beim Gewinnen und Bearbeiten des Steines entstandenen, oft äußerst feinen Rissen. Auch rostendes Eisen kann Bröckelzerfall erzeugen. Bei schichtigen oder schieferigen Gesteinen haben die Bröckel meist mehr die Form von Blättern, weshalb man dann von Abblätterung spricht. Die Lockerung erfolgt hier nicht immer längs Klüften, sondern vielfach längs Mergellagen (Sedimente) oder glimmerreichen Zonen (kristalline Schiefer).

c) *Die Schalenbildung*. Eine sehr auffällige und verbreitete Zerstörungsform ist die schalenförmige Abwitterung. Diese zeichnet sich dadurch aus, daß sich unter einer oft völlig intakt bleibenden Oberfläche in wenig Millimeter bis Zentimeter Tiefe eine Lockerungszone ausbildet, derart, daß mit der Zeit die äußere Gesteinsschale den Zusammenhang mit dem Gesteinsinnern verliert und vielfach plötzlich abfällt (Abb. 201). Die Schalenbildung kann auf allen Flächen eines Gesteines auftreten, sie hat somit mit Schichtung oder Schieferung nichts zu tun. Die meisten Schalen entstehen in unserem Klima durch Auslaugung, verbunden mit Stoffwanderung nach außen, wodurch die' äußere Schale oft dichter wird als das normale Gestein (man spricht dann zuweilen von Innenkrusten- oder Rindenbildung). Die Ursachen dieser Rindenbildung liegen in der abwechselnden Durchfeuchtung und Austrocknung des Gesteines, verbunden mit Anreicherung der schädlichen Salze in der Lockerungszone. Charakteristisch ist, daß am natürlichen Fels diese Art Schalen weit seltener angetroffen werden, weil hier ein weit vorwiegendes Wandern der Feuchtigkeit in einer Richtung (von innen nach außen) stattfindet und zudem die schädlichen Salze fehlen. Gewisse Schalenbildung wird auch auf dem oft wiederholten Erwärmen und Abkühlen der äußersten Gesteinszone beruhen; doch ist diese Erscheinung in Mitteleuropa sicher zurücktretend.

Abb. 201. *Schalenförmige* Abwitterung an Sandstein.
Abb. 198 bis 201. Zerstörungsformen und -bereiche bei der Bausteinverwitterung.

d) *Chemische Gesteinsauflösung von der Oberfläche aus*. Sie tritt fast nur bei Karbonatgesteinen auf. Es braucht mehrere Jahrzehnte bis Jahrhunderte bis stärkere Wirkungen bemerkbar sind. Im Anfangsstadium äußert sie sich bei grobkörnigen Kalksteinen (Marmoren) in. einer Aufrauhung ursprünglich glatter Werkstücke.

e) *Die Krustenbildung*. Als Krusten werden hier Bildungen außerhalb der Gesteinsoberfläche verstanden. Es handelt sich somit nicht um eigentliche Zerstörungsformen, doch stehen sie mit ihnen in engem Zusammenhang. Am verbreitetsten in Städten sind Gipskrusten. Sie bilden sich allgemein an Bauten aus kalkigen Gesteinen (auch kalkhaltigen Sandsteinen, in weit schwächerem Maße auch an rein silikatisch zusammengesetzten Materialien) an regengeschützten Stellen, mehr oder weniger fest mit dem Gestein verbunden. Sie sind meist eng mit Zerstörungen verknüpft, indem das Gestein oft unter oder unmittelbar neben der Kruste Absandungen oder Schalenbildung aufweist. Die Krusten sind in Städten meist grau oder schwarz (durch Staub- und Rußbeimengung) gefärbt, besitzen somit auch einen großen Einfluß auf die ästhetische Wirkung alter Steinbauten. Reine Kalküberkrustungen, wie sie bei vielen Bauten durch Kalkauslaugungen (meist aus Mörtel oder Beton) und Wiederausfällungen sichtbar sind und meist Becherform oder Stalaktitenform aufweisen sind im Gegensatz zu den Gipskrusten in der Regel weißlich oder gelblich. Auch ausblühende Salze (meist Sulfate), oft als Salpeter bezeichnet, bilden lockere Krusten meist an Stellen mit starker Gesteinszerstörung, deren Zusammenhang mit den Sulfaten deutlich beweisend.

Allgemeine Literatur zu Petrographie für den Ingenieur.

Die meisten zitierten Werke enthalten Angaben über Spezialliteratur.

a) Mineralogie:

NIGGLI, P.: Lehrb. d. Mineralogie. Berlin 1941. — RAMDOHR, P.: Lehrb. d. Mineralogie (F. KLOCKMANN). Stuttgart 1941. — SCHMIDT, W., u. E. BAIER: Lehrb. d. Mineralogie. Berlin 1935.

b) Allgemeine Petrographie:

BARTH, T. F. W., C. W. CORRENS u. P. ESKOLA: Die Entstehung der Gesteine. Berlin 1939. — ERDMANNSDÖRFER, O. H.: Grundlagen der Petrographie. Stuttgart 1924. — PRECLIK, K., K. A. REDLICH u. K. KÜHN: Petrographie (Gesteinskunde). Aus „Ingenieur-Geologie". Wien u. Berlin 1929. — RINNE, F.: Gesteinskunde, 12. Aufl. Leipzig 1938. — RINNE, F., u. M. BEREK: Anleitung zu optischen Untersuchungen mit dem Polarisationsmikroskop. Leipzig 1934. — ROSENBUSCH, H.: Elemente der Gesteinslehre. Stuttgart 1923. — WEINSCHENK, E.: Die gesteinsbildenden Mineralien. Freiburg 1915.

c) Technische Petrographie und Gesteinsprüfung.

HIRSCHWALD, J.: Handb. d. bautechnischen Gesteinsprüfung. Berlin 1912. — KIESLINGER, A.: Zerstörungen an Steinbauten, ihre Ursachen und ihre Abwehr. Leipzig u. Wien 1932. — QUERVAIN, F. DE: Prüfung der Wetterbeständigkeit der Gesteine. Handb. d. Werkstoffprüfung Bd. 3. Berlin 1941. — STINY, J.: Technische Gesteinskunde. Wien 1929. — Die Auswahl und Beurteilung der Straßenbaugesteine. Wien 1935. — STÖCKE, K.: Prüfung der mineral-chemischen Gefügeeigenschaften natürlicher Gesteine. Handb. d. Werkstoffprüfung Bd. 3. Berlin 1941. — WEISE, F.: Prüfung des Raumgewichtes und der Festigkeitseigenschaften der natürlichen Steine. Handb. d. Werkstoffprüfung Bd. 3. Berlin 1941.

Die Eigenschaften der Böden.

(Physik, Chemie und Biologie des Bodens.)

I. Begriffe und Benennungen der Böden.

Bei der Benennung der Böden sind zahlreiche Unklarheiten vorhanden. In der folgenden Aufstellung sind die wesentlichsten Merkmale der einzelnen Bodenarten entsprechend den Bedürfnissen der Baupraxis zusammengestellt.

Alaunton ist ein meist bituminöser, mit Kalium und Eisentonerdesilikat imprägnierter Ton. In früheren Zeiten wurde der Alaunton in den sog. Alaungärten gewonnen. Heute wird er synthetisch erzeugt.

Arkose: Unter Arkose versteht man feldspatreiche Sande, die in trockenem Klima durch mechanischen Zerfall aus Graniten und Gneisen hervorgegangen sind. Bei sekundärer Zersetzung liefern die Arkosesande Kaolin. Oft sind die Arkosen wieder zu Sandsteinen verfestigt worden.

Aueboden ist eine junge Ablagerung im Flachland aus Flüssen und Seen. Aueböden sind meistens mineralische Naßböden mit Grundwasserständen in 0,8 bis 1,5 m Tiefe.

Bergmehl siehe Kieselgur. Bergmehl ist in früheren Zeiten zum Strecken des Getreidemehles verwendet worden.

Bergmilch: Weißes, staubartiges Gestein aus kohlensaurem Kalk.

Bimsstein: Lockerer Bimstuff, siehe Bimstuff.

Bimstuff: Vulkanisches Glasgestein. Siehe auch „Tuffe“.

Blöcke: Als Blöcke bezeichnet man eckige Gesteinstrümmer, deren Kanten größer als 200 mm sind. Man spricht von Blockschutt, Moränenblöcken, Findlingsblöcken usw.

Boden: Der Tiefbauer versteht unter Boden alle Sorten von Locker- und Festgestein, während die für die Landwirtschaft wichtige Bodenkunde mit „Boden“ nur die von der Pflanzenwelt belebte und genützte obere Schicht von 10 bis 30 cm Mächtigkeit mit Boden bezeichnet. Im Tiefbau wird statt „Boden“ auch der Ausdruck „Erdstoff“ oder Baugrund gebraucht[1].

Diatomeenerde: Siehe Kieselgur.

Dolomit: Der Dolomit, $CaMg(CO_3)_2$, zeichnet sich durch einzelne glitzernde Kristalle aus. Er verwittert leicht zu sandartigem Grieß. Dolomit ist weiß bis grau, selten mit einem *roten Strich*. Er ist härter als Kalk. Die Entstehung des Dolomites ist noch nicht abgeklärt[2].

Eluviale Böden sind Auswaschungsböden. Die Reste befinden sich am Orte der Bildung selber. Sie sind aus anstehendem Gestein hervorgegangen.

Eluvium: Das ist der an Ort und Stelle zurückgebliebene grobkörnige Rückstand. Im Laufe der Zeit wird das Eluvium von gleichmäßiger (homogenisierter) Beschaffenheit. Man spricht dann von Eluvialhorizonten. In der Molasse bleiben die Quarzkörner oft zurück, während die kalkhaltigen Bindemittel fortgeschwemmt werden. Eluviale Molasseschichten erreichen bisweilen eine Mächtigkeit von über 100 m.

Erde: Unter Erde werden alle Arten von Lockergesteinen und Fels verstanden. In der technischen Bodenkunde wird oft kein Unterschied zwischen den Bezeichnungen Boden, Erde und Lockergestein gemacht. Siehe oben unter „Boden“.

Feingrus: Zerkleinertes Gestein der Korngröße 2 bis 5 mm.

Flinz: Flinz ist ein tonreicher Mergel; man spricht auch von Flinzmergel, wenn der Kalkgehalt groß ist.

Geröll: Auf natürlichem Wege zerkleinertes, meist gerundetes Gestein.

Geröllhalden: Vielfach finden sich zwischen den Geröllen der Halden Verwitterungstone, Lehme, Mergel usw. vor. Diese Ablagerungen heißen Geröllhalden, Geröllschutt, Gehängeschutt.

---

[1] Vgl. DE QUERVAIN S. 220 und 221 sowie S. 178.

[2] Vgl. BARTH, CORRENS, ESKOLA: Die Entstehung der Gesteine S. 200. Berlin 1939.

Geschiebe: Flußkies oder Kies, der durch die Grundmoräne der Gletscher vorwärtsgeschoben wurde; es ist meist gekratzt und geschrammt. Siehe auch Geschiebemergel.

Geschiebemergel sind weitverbreitete, tonig-mergelige, von Steinen durchsetzte Gletscherablagerungen. Sie sind oft von 2000 bis 3000 m mächtigen Gletschern überlagert worden; d. h. mit 200 bis 300 kg/cm² vorbelastet gewesen. Beim Schmelzen des Eises wurden die Böden entlastet und tauten auf. Die Kornzusammensetzung ändert sich stark. Es sind bisweilen bis 70% Körner unter 1 μ Durchmesser vorhanden. Die Zusammendrückbarkeit beträgt 0,2 bis 1,3% der Höhe bei 4 kg/cm² Belastung.

Folgende Setzungen s von Gebäuden wurden beobachtet[1]:

$$\text{bei festem Geschiebemergel} \ldots\ldots\ldots\ldots\ldots s = 2{,}4 \text{ cm,}$$
$$\text{bei weichem Geschiebemergel} \ldots\ldots\ldots\ldots s = 11{,}6 \text{ cm.}$$

Grand: Kies von 4 bis 12 mm Korngröße.

Grieß: Kies bis 25 mm Korngröße.

Grobgrus: Zerkleinertes Gestein der Korngröße 8/12 mm.

Grus bedeutet zweierlei:

a) *natürliches* Vorkommen von erbsen- bis haselnußgroßen, eckigen Gesteinsbruchstücken,

b) *künstlich* zerkleinertes Gestein der Korngröße 2/25 mm.

Grutz ist in kleine Stücke gebrochener Kalkstein.

Humos wird ein Boden genannt, wenn er mehr als 50% Humus enthält.

Humus entsteht durch Vermodern von Pflanzen. Mischt sich der Humus mit Boden, so entsteht Humuserde oder Mutterboden. Die Farbe des Humusbodens ist schwarz bis braun. Würmer können die Humusbildung befördern, z. T. durch ihre Verdauungsrückstände. Neben Würmern helfen Ameisen, Milben, Käfer usw. am Umpflügen der Erde mit. Siehe auch Abschnitt „Verwitterung".

Illuviale Böden sind Einspülungsböden. In illuvialen Böden werden entweder von außen (exogen) oder von innen (endogen) Stoffe angereichert. Im Gegensatz dazu stehen die Auswaschungsböden (die eluvialen Böden). Vgl. Abschnitt über Verwitterung.

Kalk: Das aus Kalkspat ($CaCO_3$) bestehende Gestein wird als Kalkstein oder kurzweg als Kalk bezeichnet. Der Chemiker hingegen versteht unter Kalk das Kalziumoxyd, und der Bezeichnung Karbonat setzt er das Beiwort „kohlensaurer" voraus. Kalk verdankt seine Entstehung der Fällung aus Bikarbonatlösung, teils auch der Mitwirkung der Tierwelt. Viele Kalksteine bilden sich im Meere. Dort sammeln sich die Kalkschalen von abgestorbenen Foraminiferen, Seeigeln, Schnecken usw. am Boden als Kalksand oder Kalkschlamm. Auf diese Weise ist auch die Schreibkreide entstanden[2]. Die Benennung der Gesteine, je nach der prozentualen Zusammensetzung von Kalk und Ton, geht aus der Tabelle 141 hervor[3].

Tabelle 141.

Zusammensetzung		Benennung	
Kalk	Ton	Naturprodukt	Kunstprodukt
95	5	Kalkstein	Weißkalk
90	10		
85	15	Kalkmergel	Wasserkalk
75	25		
70	30	Mergeliger Kalk	Zementkalk
65	35	Mergel	Romankalk
60	40		
35	65	Mergeliger Ton	Portlandzement
25	75		
16	85	Tonmergel	Ziegelton
5	95	Ton (Kaolin)	Feuerfester Ton

Kalktuff: Kalktuffe sind Absätze kalkhaltiger Quellen. Die Größe des Kornes vom Kalkspat kann sehr klein (mikrokristallin), aber auch sehr groß (makrokristallin) sein. Kalktuff ist oft dicht (kryptokristallin) und enthält Pflanzen- und Tiereinschlüsse (faunistische Beimengungen und floristische Einschlüsse).

Kaolin: Unter bestimmten Bedingungen kann sich in unserem Klima bei der Zersetzung feldspathaltiger Gesteine (Arkose, Granit, Porphyr, Basalt) kristallines Rohkaolin bilden. Er zeigt meistens noch die Struktur des Muttergesteins. Der Feldspat verliert bei der Umwandlung in Kaolin sein Kalium (bzw. Natrium und Kalzium). Die Farbe ist weißgrau. Vgl. Abschnitt über „Verwitterung" (Tabelle 107 und 140).

---

[1] Vgl. Kahl, Mauz u. Neumann: Die Geschiebemergel als Baugrund. Bautechn. 1941 S. 115.

[2] Für weitere Einzelheiten vgl. Barth, Correns, Eskola: Die Entstehung der Gesteine S. 186. Berlin 1939.

[3] Vgl. H. Luftschitz: Die Systematik der Kalke Tonind.-Ztg. 1932 Nr. 77/79.

Kies: Kies ist ein zerkleinertes Gestein. Für theoretische Zwecke wird die Korngröße des Kieses von 2 bis 200 mm festgelegt. In der Praxis wird z. B. für Kies bei Betonarbeiten die Körnung von 7 bis 70 mm gewählt[1]. Man unterscheidet eine große Anzahl verschiedener Kiesarten, z. B.:

Basaltkies: Basaltkies entsteht durch Verwitterung oder Zerkleinerung von Basalt.

Betonkiessand: Natürliches Gemisch aus Betonkies und Betonsand.

Bettungskies: Für Gleisbettungen verwendet, aber auch im Straßenbau für Verbesserungen der Kiessandzusammensetzung.

Filterkies: Zum Filtrieren von Wasser verwendeter Kies der Korngröße 2 bis 10 mm. Er muß frei von Lehm und Staub sein.

Flußkies: In Flüssen abgelagerter Kies, rein und vielfach wenig scharfkantig.

Glanzkies: Eine bestimmte Art zerkleinerter Schlacke.

Grubenfeuchter Kies enthält die natürliche Feuchtigkeit (Bergfeuchtigkeit, 5 bis 8 Vol.-%), die durch den beigemengten Lehm festgehalten wird.

Marmorkies: Gekörnter weißer Marmor für Marmorfilter.

Monierkies: Kies für Stahlbetonbauten, benannt nach MONIER, der als erster Stahleinlagen beim Beton verwendet hat (älterer Ausdruck).

Mittelkies: Natürliches Vorkommen von Kies der Körnung 7 bis 15 mm (Normenentwurf).

Stopfkies: Kies, der zum Unterstopfen von Gleisen verwendet wird. Vgl. Bettungskies.

Kieselgur: Gestein aus den Schalen von Kieselalgen, Diatomeen, bald erdig, bald kreidig oder mehlig.

Klarschlag: Zerkleinertes Gestein der Korngröße 15/35 mm.

Konglomerat: Sind die Gerölle durch ein Bindemittel miteinander verkittet, so entstehen die Konglomerate. Je nach der chemischen Beschaffenheit des Bindemittels spricht man von kalkigen, tonigen oder eisenschüssigen Konglomeraten (siehe Tabelle 66, S. 136).

Lehm: Lehmboden ist ein stark sandiger Ton. Ist der Sand vorwiegend, so spricht man von lehmhaltigem oder tonhaltigem Sand. Durch Beimengungen von Eisenhydroxyd ist der Lehm gelb bis braun gefärbt. Man kann verschiedene Arten von Lehmen unterscheiden:

     a) Verwitterungslehme, die an Ort und Stelle entstanden sind.

Hierher gehören:

Geschiebelehm: Derselbe ist durch Auslaugung aus Geschiebemergeln an Ort und Stelle entstanden.

Lößlehm: Siehe Löß.

Gemslehm oder Gneislehm: Derselbe entsteht durch Verwitterung von Gneis.

     b) Verschwemmte Lehme, z. B.:

Gehängelehm: Derselbe ist vielfach ein Verwitterungsprodukt von stark kalkhaltigem Gehängeschutt. Er kann aber auch durch Abwitterung aus den Mergeln und Sandsteinen der Molasse, des Jura usw. entstanden sein.

Auelehm wird im Flachland aus Flüssen und stehenden Gewässern abgelagert.

    c) Nach geologischen Gesichtspunkten unterscheidet man folgende Lehmarten:

Moränenlehm: Die lehmigen Moränen sind vielfach Grundmoränen; sie sind von stark wechselnder Beschaffenheit und schließen vielfach Gletschergeschiebe in sich ein. Der Karbonatgehalt schwankt zwischen 20 bis 60%; der Tonsubstanzgehalt zwischen 5 bis 15%.

Flottlehm: Ausschlämmung aus Gletscherablagerungen.

Blocklehm: Blocklehm kommt in der Grundmoräne, die große Blöcke einschließt, vor.

Hochterrassenlehme sind lehmartige Verwitterungsgebilde, die aus Hochterrassenschotter (Schotter der großen Mindel-Riß-Interglazialzeit) entstanden sind.

Flußlehme, Talbodenlehme entstehen durch Überschwemmung von flachen Talböden.

Seebodenlehme entstehen in Seen durch Absatz des zugeführten Schlammes, der sog. Wassertrübe. Sie zeigen gute Schichtung. Aus den jahreszeitlich bedingten Unterbrüchen der Ablagerung kann auf die Zeitdauer der Entstehung der Seebodenlehme geschlossen werden. Siehe auch Auelehm.

Letten, Lei, Tegel sind ortsübliche Bezeichnungen für feste und bildsame Lehme und Mergellehme; als Letten werden auch geschieferte Lehme bezeichnet, z. B. Braunkohlenletten des Tertiärs; Feuerletten des Keupers.

Fette Lehme = Lehme mit wenig Sand.

Magere Lehme = Lehme mit viel Sand.

---

[1] Vgl. die Bestimmungen des Deutschen Ausschusses für Stahlbeton, Ausgabe 1943, Din 1044 und 1045.

Letten: Unter Letten wird je nach den Örtlichkeiten fetter Ton, magerer Ton, Mergel, Moränenlehm usw. verstanden. Aus der Vieldeutigkeit des Ausdruckes können ebenso wie bei Geschiebemergel u. a. schwerwiegende Rechtsstreitigkeiten entstehen. Man umschreibe stets die Bedeutung des Ausdruckes Letten.

Lockergestein: Die Lockergesteine werden den Festgesteinen gegenübergestellt. Die Festgesteine zerfallen weder beim Austrocknen noch bei Durchfeuchtung oder beim Aufschütten mit Wasser. Bei Vornahme der gleichen Behandlung zerfallen Lockergesteine in Einzelkörner oder sie sind von vornherein nichtbindige Schuttanhäufungen.

Löß: Echter Löß ist ein durch Kalk verkitteter Staubboden, der vom Winde ohne Schichtung locker abgelagert worden ist. Löß besteht mineralogisch aus:

$$\begin{aligned}
&\text{Quarzstaub} \ldots\ldots\ldots 40 \text{ bis } 80\%, \\
&\text{Feldspatstaub} \ldots\ldots 10 \text{ bis } 20\%, \\
&\text{Kalk} \ldots\ldots\ldots\ldots\ldots 50 \text{ bis } 0\%.
\end{aligned}$$

Die Korngröße liegt meist zu 60 bis 80% zwischen 0,1 bis 0,02 mm. Mineralsplitter, besonders Quarz, haben einen Durchmesser von 0,1 bis 0,001 mm. Es sind im Löß vielfach noch Schalentrümmer von Landschnecken und Kalkkonkretionen zu finden.

Durch Eisenbeimischung ist der Löß oft rötlich gefärbt.

Für die Entstehung des Lößes sind 20 verschiedene Hypothesen entwickelt worden[1].

Löß ist an die Aridität des Klimas gebunden.

$$\begin{aligned}
&\text{Reibungswinkel} .. \quad 30 \text{ bis } 35°, \\
&\text{Durchlässigkeit} .. \quad 1 \text{ bis } 10 \cdot 10^{-2} \text{ cm/Min.}, \\
&\text{Raumgewicht} \ldots \quad 1,26 \text{ kg/dm}^3 \text{ trocken bis } 1,73 \text{ kg/dm}^3 \text{ feucht}, \\
&\text{Porenvolumen} \ldots \quad 46 \text{ bis } 55\%, \\
&\text{Plastizität} \ldots\ldots \quad \text{Schrumpfgrenze } 17\%, \\
&\qquad\qquad\qquad\quad \text{Rollgrenze } 17 \text{ bis } 23\%, \\
&\qquad\qquad\qquad\quad \text{Fließgrenze } 25 \text{ bis } 44\%, \\
&\qquad\qquad\qquad\quad \text{Plastizitätszahl } 4 \text{ bis } 21\%, \\
&\qquad\qquad\qquad\quad \text{Zulässige Belastung } 1 \text{ bis } 3 \text{ kg/cm}^2.
\end{aligned}$$

Lößlehm: Wird der Löß an der Oberfläche durch Regen ausgewaschen, so wird der Kalk aufgelöst und der Feldspat zu Ton zersetzt. Dadurch entsteht Lößlehm. Lößlehm verhält sich wie Lehm oder magerer Ton.

Schwemmlöß: Durch Auflösung des Kalkgerüstes, durch Verschwemmen und erneutes Ablagern entsteht der Schwemmlöß. Schwemmlöß verhält sich wie magerer, schluffiger Tonschlamm.

Unterwasserlöß: Unterwasserlöß entsteht, wenn Lößstaub in ein Gewässer eingeweht wird und sich dort ablagert. Der Kalkgehalt ist gering, wodurch eine schwachbindige Staubablagerung entsteht.

Mergel: Mergel enthält mehr als 25% Körner der Größe 0,2 bis 200 μ und ist karbonatreich. Mit anderen Worten: Mergel sind karbonathaltige Pelite. Der Grad der Verfestigung kommt in der Bezeichnung weicher oder harter Mergel zum Ausdruck. Die Grundfarbe der Mergel ist grau bis gelb. Durch Beimengung von Brauneisenstein, Pflanzenresten und Kohle färbt sich der Boden rot, blau, braun und schwarz. Im weiteren vgl. die Anmerkung zur Bezeichnung von „Ton".

Schiefermergel sind verfestigte Mergel mit schieferiger Textur. Enthält der Mergel mehr als 60% $CaCO_3$, so spricht man von *Kalkmergeln.* Sehr verbreitet ist der *Geschiebemergel* in der Grundmoräne des Inlandeises der Diluvialzeit. Im Geschiebemergel sind oft große Findlinge (Erratiker) eingebettet. Oberflächlich verwittert der Geschiebemergel zu Geschiebelehm.

Mittelschlag: Zerkleinertes Gestein der Korngröße 35/45 mm.

Moore siehe unter Torf.

Mutterboden: Der Mutterboden ist im Verlaufe sehr langer Zeit aus der Verwitterungsrinde des Untergrundes einerseits, aus lebender und toter, niederer und höherer Tier- und Pflanzenwelt andererseits entstanden, Mutterboden ist die durchwurzelte und durchlüftete oberste Erdschicht[2]. Vgl. auch unter „Humus".

Neuburger Weiß: Mehlartiger Feinsand mit 90% Kieselsäure; als Beimengung für Ultramarin, Kitt, Leimstoffe zu verwenden.

Quarzit: Harter Sandstein mit Quarz als Bindemittel.

Rollsteine: Abgerollter Flußschotter.

---

[1] Vgl. A. SCHEIDIG: Der Löß und seine geotechnischen Eigenschaften. Dresden 1934.

[2] Nach Technische Vorschriften für die Ausführung von Erdarbeiten im Straßenbau. TVE Ausgabe 1940, Generalinspektor für deutsches Straßenwesen S. 3.

Sand: Sand ist ein klastisches zerkleinertes Gestein. Für theoretische Zwecke wird die Korngröße des Sandes zu 0,02 bis 2 mm festgelegt. In der Praxis dagegen wird z. B. für Sand bei Betonarbeiten die Körnung von 0 bis 7 mm gewählt. Zum Aussieben des Sandes wird ein 7-mm-Rundlochsieb oder ein 5-mm-Maschensieb verwendet. Man unterscheidet eine große Anzahl verschiedener Sandarten

nach den Hauptbestandteilen: Quarz-, Kalk- und Dolomitsand,

nach den auffallendsten ihrer Körner: Glimmer-, Spat- (roter und gelber Feldspat) und Grünsand (glaukonithaltig),

nach den Beimengungen: Muschel-, Korallen- und Bernsteinsand,

nach dem Verhalten bei Wasserzusatz: Schlämmsand, Schwimmsand, Schließsand, Schließ, Laufsand.

Alluvialsand: Derselbe wurde in der geologischen Gegenwart (Alluvium) abgelagert. Ein großer Teil unserer Fluß- und Strandsande sind alluviale Sande.

Altsand: Gebrauchter Formsand.

Asphaltsand: Für Asphaltstraßen verwendeter Sand, der frei von Staub und Lehm ist.

Baggersand: Gebaggerter Flußsand.

Betonsand: Sand zu Betonierzwecken der Körnung 0 bis 7 mm; für die Normung vorgeschlagene Bezeichnung.

Bimssand: Poröses, schaumiges Glasgestein aus trachytischer Lava. Bimssand enthält verbindungsfähige Kieselsäure, die oft das Erhärten des Betons beschleunigt.

Blausand: Feiner Mergel im Untergrund der alten Marschen an der Nordsee. Er ist durch Eisensulfid bläulich gefärbt. Er wird mit „Wühlmaschinen" gegraben und den entkalkten Marschböden als Kalkdünger beigegeben.

Bleichsand: Unfruchtbarer, fahlgrauer Sand in den Heidegebieten Nordwestdeutschlands. Er ist unter der Einwirkung von Humussäure gebleicht worden.

Braunkohlensand: Sande aus der tertiären Braunkohlenformation. Braunkohlensand wird als Glassand und teils als Formsand verwendet.

Brechsand wird durch Brechen (Hammerschlag oder Brechmaschine) von gröberem Gestein gewonnen.

Decksand: Decksand tritt oberflächenbildend auf. Daher der Name. Decksand entstand dadurch, daß die feineren Teile des Geschiebemergels durch die Schmelzwasser fortgeschwemmt wurden, während das gröbere Sandkorn liegen blieb. Decksand ist ungeschichtet, weil er nicht umgelagert wurde.

Diluvialsand: Während der Eiszeit (Diluvium) abgelagerter Sand; oft verweht zu Dünen. Lehm- und eisenhaltig, daher braun bis rötlich gefärbt.

Dünensand: Gleichmäßig gekörnter, steinfreier, diluvialer und alluvialer Sand. Er ist am Meeresstrand und im Binnenland zu Dünen zusammengeweht worden.

Eisensand: Quarzsand, auf dessen Körnern sich Eisensalze niedergeschlagen haben.

Feinsand: Nach dem Normenentwurf hat Feinsand die Körnung 0,08 bis 0,2 mm.

Feldspatsand: Feldspatsand besteht aus Feldspat, Quarz und Kaolin. Die Feldspate sind oft in Kaolinisierung begriffen.

Feuerfester Sand besteht aus reinem Quarzsand mit 99,4% Kieselsäure; er darf erst bei 1790° C schmelzen.

Filtersand hat die Korngröße von 0,3 bis 1,5 mm. Er muß frei von Lehm und Staub sein. Verwendet wird er zum Filtrieren von Wasser und zur Enteisenung.

Flottsand: Sandige Ausschwemmung aus Gletscherablagerungen.

Formsand: Tonhaltiger Sand für Gießereien.

Gletscher-Geschiebesand: Geschiebesand entstammt der Grundmoräne des Inlandeises. Er ist sehr ungleichkörnig zusammengesetzt und enthält meistens etwas Lehm- und Geschiebebeimengungen und Gletscherschutt.

Gießereisand siehe Formsand.

Glassand: Fast reiner Quarzsand mit 99% Kieselsäure für die Glasfabrikation. Glassand soll eisenarm sein.

Glaukonitsand enthält neben dem Quarz auch Körnchen des grüngefärbten Minerales Glaukonit. Glaukonitsand kommt z. B. in der unteren Kreide vor. Wegen seines mineralischen Gehaltes wird er zu Düngzwecken verwendet.

Glimmersand: Tertiärer Sand mit viel Blättchen des Minerales Glimmer. Für Mörtel, Beton und die Glasfabrikation ungeeignet.

Kieselsand: Natürliches Gemenge von Sand und Kies der Körnung 0/25 bis 0/60 mm.

Knochensand: Tertiärer Sand des Mainzer Beckens mit Knochen diluvialer Säugetiere.

Künstlicher Sand wird die gekörnte Hochofenschlacke genannt.

Mehlsand: Natürliches Vorkommen von Sand der Körnung 0,06 bis 0,088 mm (Normenentwurf).

Mittelsand: Natürliches Vorkommen von Sand der Körnung 0,2 bis 0,6 mm (Normenentwurf).

Nasser Sand: Er zeichnet sich durch Raumzunahme bei Druck aus.

Normalsand siehe Normensand.

Normensand: Tertiärer Quarzsand zum Prüfen von Zement (Zementnormensand) und Kalk (Kalknormensand) usw.

Ortsteinsand: Durch Eisensalze verkitteter Sand.

Putzsand: Sand zum Putzen von Gußstücken und anderen Gegenständen aus Metall mittels Sandstrahlgebläse: auch *Gebläsesand* genannt; er ist ein staubfreier Quarzsand. Die Körnung hängt vom Verwendungszweck ab.

Quetschsand: Fein gequetschtes Gestein.

Schlicksand: Ton und kalkarmer Sand der Marschböden.

Schwimmsand: Bei Schwimmsand herrscht das quarzhaltige Korn vor. Die Haftung des Wasserfilmes an der Kornoberfläche ist gering; damit verbunden ist geringer Haftwiderstand. Bei quarzhaltigem Schwimmsand ermöglicht die fehlende Haftung die Fließerscheinung. Beobachtungen bei Grundwasserabsenkungen ergaben, daß kalkhaltige Körner weniger zu Fließerscheinungen neigen als quarzhaltige. Der Grund ist, daß der Wasserfilm um das kalkige Korn fester haftet als um das quarzhaltige Korn und so der Boden einen großen Haftwiderstand erhält.

Schwimmsand ist ein im Grundbau gefürchteter Sand. Schwimmsande ändern je nach der Größe der Wasserströmung oder des Überdruckes des Wassers ihre Lagerungsdichte.

Schwemmsand: Aus der Grundmoräne herausgeschwemmter Sand. Oft bedeutet Schwemmsand das gleiche wie Schwimmsand.

Tabelle 142. *Beispiele von Schwimmsand.*

Ort	Körnung
Kaiser Wilhelm-Kanal	1—0,22 mm
Zeeland	0,75—0,25 mm
Emmersbergtunnel (Schaffhausen)	0,2 mm = 33%
Kenessee.....................	0,33—0,7 mm

Seesand: In Binnenwasser abgelagerter Sand. Unter Seesand wird aber auch vom Meere an den Strand aufgespülter Sand verstanden; er enthält vielfach Salze und Schalenreste.

Silikathaltiger Sand: Er ist aus silikathaltigen Gesteinen hervorgegangen und enthält bisweilen aufschließbare Kieselsäure. Dieselbe beschleunigt das Erhärten des Mörtels und Betons.

Steinsand ist mit Staub vermischter Brechsand aus Hartgesteinen.

Streusand: Weißer Quarzsand zum Bestreuen von frisch erstellten Asphaltstraßendecken oder Formlingen aus Guß usw.

Triebsand: Vom Wind getriebener und zu Dünen angehäufter Flugsand. Unter Triebsand versteht man bisweilen auch Schwimmsand.

Vulkanischer Sand besteht aus Lavabröckchen; er enthält verbindungsfähige Kieselsäure, die das Abbinden von Mörtel beschleunigt.

Vorsand ist tonarmer, diluvialer Sand vor den Endmoränen des Inlandeises. Vor dem Gletscherrand ist der Vorsand von Kies und Gerölle durchsetzt; in größerer Entfernung weist er eine gleichmäßige Kornzusammensetzung auf.

Schlamm: Mit Schlamm wird fein vermahlener Sand der Körnung 0,002 bis 0,0002 mm, 2 bis 0,2 μ bezeichnet. Oft hat der Schlamm bereits eine chemische Umwandlung durchgemacht. Besondere Arten von Schlamm sind:

Faulschlamm: Faulschlamm, auch Sapropel, Gyttja, Dy, Modde, Nudde genannt, entsteht, wenn im Wasser absterbende Lebewesen, besonders Lebewesen des Planktons, niedersinken, sich mit mineralischen Bodenteilchen (Ton, Kalk) unter Abschluß von Sauerstoff vermischen und ablagern.

Faulschlammkalk: Die Lebewesen sind hier kalkausscheidende Algen; z. T. kommen auch Kalkschalen von Weichtieren zur Ablagerung.

Kieselgur und Tripel entstehen aus Kieselalgen. Tripel ist kalkfrei.

Infusorienerde, Diatomeenerde sind Sammelbegriffe für Faulschlammkalk und Kieselgur.

Darg ist eine faulschlammartige Ablagerung, die zwischen den Klei- und Schlickböden der Marsch vorkommt.

Schlick: Mit Schlick und Klei bezeichnet man die alluvialen Tone der Überschwemmungsgebiete großer Flüsse (Flußton, Aueböden); ferner die schlammigen Absätze der Haffe und Küsten. Dieser Ton enthält z. B. organische Beimengungen. Der kalziumkarbonathaltige Wiesenton wird manchmal auch als Schlick oder Klei bezeichnet.

Schluff: Unter Schluff versteht man Staubablagerungen der Korngröße 0,2 bis 2 μ, nach NIGGLI bis 20 μ; Schluff enthält oft keinen Ton. Wenn das Bindemittel fehlt, so verhalten sich die Schluffe wie Schwimmsande. Getrockneter Schluff zerfällt im Wasser rasch. Schluff besteht aus Quarz, wenig zersetzten Silikaten und bisweilen auch aus Kalk oder Glimmer. Schluff wird auch Silt (englisch), Schlepp, Schlump, Flottsand, Flottlehm oder Mollehm genannt.

Schotter: Unter Schotter versteht man:

a) *natürliches* Vorkommen von gerundeten Kieselsteinen der Größe 30 bis 70 mm (Normen),

b) auch *künstliches*, durch Hammerschlag oder Steinbrecher zerkleinertes Gestein der Körnung 30 bis 70 mm wird als Schotter bezeichnet.

Man spricht auch von

Bahnschotter: Das ist künstlich gebrochenes Hartgestein der Größe 30 bis 70 mm, welcher für das Unterstopfen der Geleise verwendet wird.

Terrassenschotter: Schotter auf den Terrassen, die von den Betten vorzeitlicher Flüsse übriggeblieben sind.

Schutt: Grobblöckige, meist eckige Gesteinstrümmer. Schuttablagerungen entstehen durch Absturz einzelner Felsblöcke oder durch langsames Abrutschen von Gesteinspartien vom Mutterfelsen.

Beim gleichzeitigen Absinken großer Felsmassen spricht man von Bergstürzen oder Sackungen. Siehe Teil II, S. 268.

Aus ursprünglich massigem Muttergestein entstehen Schutthalden mit großen Blöcken, während weiche Gesteine, wie Schiefer, Mergelbänke usw., einen feinen Schutt bilden.

Wenn in steile Halden ständig viel Wasser eindringt, so wird das Schuttmaterial aufgeweicht; es kommt in langsame Bewegung.

Schutt, welcher nach erfolgter Zertrümmerung des Muttergesteins an Ort und Stelle bleibt, wird auch sedentärer Schutt oder sedentäres Geschiebe genannt.

Seekreide: Seekreide ist eine Agglomeration von Kalzitmineralien, Schalenresten und organischen Resten; untergeordnet kommen noch Quarz, Hornstein, Feldspäte, Glimmer usw. hinzu. Chemisch können 70 bis 90% Kalk und 2 bis 5% organische Gemengteile festgestellt werden. Röntgenographisch ergibt sich, daß die Körner unter $2\,\mu$ ausschließlich aus Kalzit bestehen.

Die Ausscheidung von Kalziumkarbonat aus dem Wasser (Seewasser, Tümpel, Teiche usw.) ist auf folgende Ursachen zurückzuführen: Im Frühjahr wachsen die schwebenden und festen Pflanzen sehr rasch. Dadurch entsteht im Seewasser Mangel an Kohlensäure. Da das Seewasser ständig Kalziumkarbonat in Lösung führt, so muß ein Teil dieses Kalziumkarbonates zur Herstellung des chemischen Gleichgewichtes im Wasser in unlösliches Kalziumkarbonat übergeführt werden. Dabei wird Kohlensäure frei.

$$Ca(HCO_3)_2 = CaCO_3 + CO_2 + H_2O$$
$$\text{löslich} = \text{unlöslich gasförmig}$$
$$\text{im Wasser löslich}$$

Im Anfang schweben die Kalziumkarbonatkriställchen im Wasser, die u. a. mitverantwortlich für die grünliche Verfärbung der alpinen Seen sind. Später sedimentieren sie auf dem Seegrund. Es bilden sich lockere Massen, die von organischen Restsubstanzen, Schneckenschalen, Sand usw. durchsetzt sind.

Das Material weist einen hohen Wassergehalt auf, bedingt durch die gegenseitige Lagerung der Teilchen und durch die wasserbindenden Eigenschaften der organischen Beimengungen. Erschütterungen rufen Veränderungen in der Lagerung hervor. Das Wasser tritt aus. Es stellen sich Senkungen ein. Der Pfahlwiderstand ist in der Seekreide sehr klein.

Seife: Sand- oder Kieslager, in welchen Körner von Edelmetallen, Erzen oder mit Edelsteinen angereichert sind, nennt man Seifen. Die Edelmetalle usw. sind z. T. die unzersetzten Komponenten der Ausgangsmaterialien. Man spricht von Edelsteinseifen usw.

Splitt: Zerkleinertes Gestein der Korngröße 8 bis 25 mm.

Bahnsplitt: Zerkleinertes Gestein. das für das Unterstopfen der Bahngleise verwendet wird.

Streugold: Aus Glimmer hergestellter Streusand.

Tegel: Als Tegel wird ein gleichmäßig beschaffener, bildsamer bis fester Ton von grauer bis blauer, grünlicher Farbe bezeichnet.

Ton: Ton ist ein Lockergestein, das mehr als 25% der Körnung 0,2 bis $2\,\mu$ enthält; Ton ist kalkarm bis kalkfrei und besteht vorwiegend aus Alumosilikaten. Beim Ton kommt es nicht nur auf die Kornfeinheit, sondern auch auf die stoffliche Zusammensetzung an. Fette Tone haben einen hohen Gehalt an Alumosilikaten. Bei mageren Tonen sind die Beimengungen, die das Magern verursachen, Quarz, Karbonate usw. (vgl. Tabellen 143 und 144).

Anmerkung: Wenn in der Bezeichnung Ton die chemische Zusammensetzung des Lockergesteines enthalten sein soll, so kann die Bezeichnung Ton in der Einteilung der Lockergesteine nach Körnung nicht beibehalten werden. Es muß an deren Stelle der Name Schlamm, Schlämm oder Schweb treten, wobei diese Bezeichnung nur die Korngröße angibt und über den Chemismus nichts aussagt. Schlamm oder Schweb kann sowohl Ton als auch Mergel bedeuten (vgl. Abb. 204).

Je nach dem Wassergehalt unterscheidet man folgende Verfestigungsreihen des Tones: Schlick, Klei, Aueton, Tonschlamm, weicher, bildsamer, plastischer Ton → fester Ton → Schieferton → Tonschiefer.

Ja nach der Farbe unterscheidet man:

Tone mit blaugrüner Farbe: Durch Pflanzenstoffe und Eisenoxyd verfärbt.

Tone mit brauner Farbe: Durch Braunkohle verfärbt.

Tone mit schwarzer Farbe: Durch Kohle verfärbt.

Tone mit grauer Farbe: Durch Graphit verfärbt.

Nach der Art der Ablagerungen unterscheidet man die Tone:

Flutgebiettone: Aus Flüssen in Überschwemmungsgebieten abgelagert.

Tiefwassertone: In Seen und Meeren abgelagert.

Schlicke: Am Meeresstrand abgelagerte Tone.

Bändertone entstehen aus verschwemmter Moräne in Gletscherseen; sie zeichnen sich durch feine, regelmäßige Schichtung aus. Einzelne Schichten bestehen aus feinem Sand und Schlämmsand.

Tonmergel: Als Tonmergel bezeichnet man einen Ton, der 5 bis 20% kohlensauren Kalk aufweist.

Gehängeton entsteht als Verwitterungsprodukt aus den anstehenden Felsen. Bei kalkigen und schiefrigen Felsen findet eine reichliche Karbonatauswaschung statt. Der Pflanzenwuchs auf den Verwitterungsprodukten bewirkt durch seine organische Säure eine weitere Reduktion des Karbonatgehalts. Vielfach werden im Gehängeton noch Humusreste gefunden.

Rohton: Die Bezeichnung Rohton ist in Din 4022 eingeführt worden. Vgl. auch Abb. 203.

Die Tonböden sind gewöhnlich zusammengesetzt:

Tabelle 143.

	Mineral	Chemisch	Bestimmung	Kolloid-chemisch	Bemerkung
Wichtigste Bedeutung	Kaolinit Montmorillonit (das Mineral des Bentonits)	$Al_2 \cdot 2\,SiO_2 \cdot 2\,H_2O$ $Al_2O_3 \cdot SiO_4 \cdot 2\,H_2Ox\,aq$ Wasserhaltige Aluminiumsilikate	Mit Röntgenstrahlen bestimmbar	Große freie Oberflächen, an welchen austauschfähige Kationen adsorptiv gebunden sind	Durch die austauschfähigen Ionen werden bedingt: a) Wasserbindevermögen b) Quellung c) Winkel der innern Reibung
	Glimmerartige Tonmineralien	Veränderliche Zusammensetzung			
Untergeordnete Bedeutung	Halloysit	Ausgebildet in Blättchen. Kristallisieren in Schichtgittern			
	Hydrate Hydrargillit Eisenhydroxyde				
	Amorphe Humuskolloide		Nicht röntgenographisch bestimmbar		
	Tonblättchen haben Dicken von 10 bis 20 $\mu\mu$		Mit Elektronenmikroskop bei 23 000facher Vergrößerung bestimmbar		

Tabelle 144. *Einteilung der reinen Tone nach Kristallgitter, Teilchenform, chemischen Eigenschaften und Quellfähigkeit*[1].

Gruppe Kristallgitter	Tone			
	1. *Kaoline* (Kaolinittone) Kaolinit, starr		2. *Bentonite* Montmorillonit, ziehharmonikaartig ausweitbar	
Elektronenmikroskopischer Befund Dicke .... Länge oder Breite	$\leqq$ 20 mμ $>$ 100 mμ		$\leqq$ 1 mμ $>$ 100 mμ	
Chemische Natur der Außenhaut a) Menge der austauschfähig gebundenen Kationen in Milliäquivalent/100 g Ton	wenig 3—15		sehr viel 80—100	
b) Art	Ca (natürlich vorkommend) (Kaoline)	wenig Na (künstlich hergestellt)	Ca (Ca-Bentonit natürlich vorkommend)	$^{1}/_{2}$ bis $^{2}/_{3}$ Na, Rest Ca (Na-Bentonit) natürlich vorkommend und durch Basenaustausch künstlich herstellbar
Quellfähigkeit Im Enslin-Gerät im Endzustand bestimmte Wasseraufnahme in Gramm Wasser je 100 g bei 110° getrockneten Tons	60—100	etwa 150	200—300	600—700
Gelbildung Bildung eines thixotropen Gels mit Wasser im Verhältnis Ton zu Wasser	etwa 1:1	etwa 1:2	etwa 1:3	etwa 1:10—1:20

Toneigenschaften.

Ton: Rasch getrockneter Ton ist rissig, während langsam getrockneter Ton einen gewissen Grad von Bindigkeit bewahrt. Getrockneter Ton fühlt sich meistens glatt an, haftet an der Zunge. Unter Druck gesetzter Ton wird beim Schaben mit dem Messer glänzend. Seine Fließgrenze liegt meistens über 35% Wasser.

Torf und Moore (siehe Abb. 143).

Torf, Moorboden: Flachmoore oder Niederungsmoore. Flachmoore entstehen durch Versumpfen stehender Gewässer, die vom Ufer nach der Mitte zu durch Algen und Wasserpflanzen, später durch Sumpfgewächse (Schilf, Binsen, Moor) allmählich zuwachsen. Das Becken vertorft, d. h. es füllt sich mit abgestorbenen Pflanzen.

Zwischenmoore: Das Moor wächst und erhöht sich über dem Grundwasserstand. Es entsteht das Zwischenmoor.

Hochmoore: Hochmoore können bis zu mehreren Metern über den Grundwasserspiegel wachsen. Sind die Moore in ihrer Zersetzung stark fortgeschritten, so spricht man von Torf. Man unterscheidet:

Flachmoortorf: Derselbe ist stark zersetzt, breiartig, selten mit Schichtung.

Schilftorf ist dunkelbraun.

Hochmoortorf ist weniger zersetzt.

---

[1] Vgl. K. ENDELL: Die Quellfähigkeit der Tone im Baugrund und ihre bautechnische Bedeutung. Bautechn. 1941 S. 201.

Tabelle 145. *Unterscheidung von Ton und Lehm*[1].

Nr.	Wassergehalt	Verhalten der Tone	Verhalten der Lehme
1	Trockene Böden	Hart. Beim Reiben mit dem Finger spürt man keinen Sand. Haften an feuchten Lippen. „Tongeruch"	Weniger fest. Man fühlt den Sandgehalt. Haftet weniger als Ton. Kein Tongeruch
2	Feuchte Böden	Fühlen sich fettig an. Geben einen glänzenden Strich mit dem Fingernagel geritzt. Klebrig	Fühlen sich mager an. Geben keinen glänzenden Strich. Wenig klebrig
3	Verhältnis zum Wasser	Wasser dringt schwer ein. Allmählich wird viel Wasser aufgenommen	Wasser dringt schnell ein, aber nicht zuviel
4	Bei genügender Wassermenge	Werden plastisch, d. h. knet- und formbar. Können ausgerollt werden	Zerreißen beim Ausrollen
5	Bei noch mehr Wasser	Es wird kein Wasser mehr aufgenommen. Tone werden „wasserhart"	Das Wasser läuft durch; wird teigig
6	Beim Austrocknen	Bleiben lange feucht und naß. Schwinden stark. Oberfläche zerreißt und bildet Schollen	Wasser verdunstet schneller. Geringes Schwinden
		Zeigen beim Anhauchen oft Tongeruch	Kein Tongeruch
		Sind zumeist hart und fest	Sind zumeist weniger fest
		Haften begehrlich an den Lippen	Haften wenig
		Lassen Wasser langsam verdunsten	Wasser verdunstet schnell
		Schwinden stark	Schwinden wenig

Fasertorf (holziger Torf) zeigt noch das Gefüge der Pflanzen. Oft sind deutliche Schichtungen vorhanden.

Moorerde ist ein Gemisch von Mineralboden mit höchstens 60 Gewichtsteilen organischer Substanz. Moorerde wird auch anmoorig bezeichnet.

Verfestigungsreihe der Moore: Torf → Braunkohle → Steinkohle → Anthrazit → Graphit.

Anmerkung: Oft wird Moor als geologischer Begriff verwendet, während Torf als gesteinskundlicher Begriff festgesetzt wird; d. h. die Moore bestehen aus Torf. Siehe auch Kapitel: Historische Geologie, Abb. 143 (S. 195).

Traß: Traß ist ein Trachyttuff des Nette- und Brohltales. Traß wird zur Herstellung von Zement verwendet.

Tripel: Harter Kieselgur. Der Name ist auch auf Ersatzstoffe übergegangen.

Tuffe: Unter Tuff versteht man zweierlei, nämlich:

a) bei den Vulkanausbrüchen werden Asche und Lavafetzen in die Höhe geschleudert. Sie sinken z. T. als trockener, z. T. als feuchter Aschenregen nieder. Die Ablagerungen heißen terrestre Tuffe. Man spricht auch von Trachyttuff.

Basalttuff, Kristalltuffe. Letztere enthalten auch ausgeworfene Kristalle. Die Druckfestigkeit der Tuffe beträgt nur 100 bis 400 kg/cm^2. Tuffe sind leicht. Sie wiegen nur 1,2 bis 2,3 kg/dm^3. Sie werden daher als wärme- und schalldichtende Baumaterialien verwendet.

b) Unter Tuff wird auch der von Quellen ausgeschiedene Kalk usw. verstanden. Siehe unter Kalktuff.

Schrifttum.

Abhandlungen und Berichte des Deutschen Museums in München 9. Jahrg. Heft 2: M. LORENZ: Bau und Entwicklung des Erdballs. Berlin 1937; 13. Jahrg. Heft 3: L. SCHMID: Geschichte und Technik des Bernsteins. Berlin 1941. — ALLEN, R.: Classification of soils and control Procedures used in Construction of embankments. Public Roads 1942. (Mit Einzelheiten in der Beschreibung der einzelnen Bodenklassen.) — BERINGER, CHR.: Geologisches Wörterbuch. Stuttgart 1937. — BURMISTER, D.: Classification — System for amposite soils, Engng. News Rec. — CONTAGH, H.: Über die Bodengewinnung bei größeren Erdarbeiten, insbesondere Kanalbauten, und über die Wirtschaftlichkeit des Handbetriebes und des maschinellen Betriebes bei diesen Arbeiten, Berlin 1909, S. 24/25. — Din 4022: Einheitliches Benennen der Bodenarten und Aufstellen der Schichtenverzeichnisse zur Untersuchung des Untergrundes für Bau- und Wassererschließungszwecke. — ECKERT, H.: Über Kostenberechnung und

---

[1] Vgl. BENDEL: Baugrunduntersuchungen. Schweiz. Baukalender 1942 S. 545.

Baugeräte im Tiefbau, 2. Aufl. Berlin 1931, S. 190/191. — Eigenschaften von Fließ-
sanden. Ann. Inst. Techn. Bâtiment Travaux Publiques 1938 S. 28. — FAUSER, O.:
Bericht über die dritte Tagung der Intern. Kommission für die Anwendung der Bodenkunde auf die Kulturtechnik. Kulturtechniker 1938 S. 309. (Vorschlag für ein Wörterbuch über bodenkundliche Begriffe mit Begriffserläuterungen.) — GALLWITZ: Ein
Vorschlag zur einheitlichen Einteilung und Benennung von Lockergesteinen. Bautechn.
1939 Heft 37; siehe ferner Bautechn. 1939 Heft 32 u. Heft 55/56. — GRENGG: Einteilung und Charakteristik der für den Straßenbau und auch sonst im Bauwesen be-
deutsamen Bodenarten. Bauing. 1936 S. 7. — GRENGG, R.: Die Einteilung der Bodenarten: Aufnahme der Untergrundverhältnisse und Darstellung des Untergrundprofiles
für Zwecke des Straßenbaues. Jb. für das Straßenwesen. Linz 1938. — JANSSEN, TH.:
Der Bauingenieur in der Praxis, 2. Aufl. Berlin 1927. S. 343ff. — KÖGLER: Baugrund
und Bauvertrag. Bauindustrie Bd. 4 (1936) S. 310 bis 320. — KRANZ, W.: Geologische
Profilierung der Württ. Eisenbahnen und Wasserstraßen. Stuttgart 1930. Herausgegeben von der Geolog. Abt. des Württ. Statist. Landesamtes in Stuttgart (jetzt
Reichsstelle für Bodenforschung, Zweigstelle Stuttgart). — LEE, L.: Selection of
materials for rolled Fill-Dams. Trans. Amer. Soc. civ. Engrs. Bd. 103 (1938) S. 1;
Bd. 104 (1939) S. 150. — LEVSEN, P., u. B. RENTSCH: Der angemessene Preis im
Straßenbau. 5. Aufl. Berlin 1940. — MARQUARDT, E.: 25 Jahre Deutscher Normen-
ausschuß. Dtsch. Wasserw. 1942 S. 565. — MILLER, W. J.: An introduction to physical
geology. 4. Aufl. London 1938. — OSTHOFF-SCHECK: Kostenberechnungen für In-
genieurbauten, S. 239. 8. Aufl. 1930. — PETERMANN, H., unter Mitarbeit von ELISABETH
BOEDEKER: Schrifttum über Bodenmechanik. Schriftenreihe der Forschungsgesell-
schaft für das Straßenwesen Heft 12. Berlin 1937. — Richtlinien für bautechnische
Bodenuntersuchungen für Entwurfsbearbeiter, Bauausführende und Bauherren,
S. 28, 73. Berlin 1941. — RITTER, H.: Kostenberechnung im Ingenieurbau, S. 25/83.
2. Aufl. Berlin 1929. — RUNNER, D. G.: Definition geologischer Begriffe für den
Straßenbauingenieur (englisch). Roads and streets Heft 5. Chicago 1937. — SCHEIDIG,
A.: Die Bodeneinteilung in den Technischen Vorschriften für Erdarbeiten. Bautechn.
1939 S. 445. — SCHEIDIG u. LEUSINK: Die Bodeneinteilung in den technischen Vorschriften für Erdarbeiten. Bautechn. Bd. 17 (1939) S. 445. — SCHEIDTENBERGER, C.:
Fels oder Nicht-Fels? Eine Frage aus der Praxis. Z. öst. Ing. u. Archit.-Ver. Bd. 29
(1877) S. 121/132. — SCHURHAMMER, H.: Behandlung von Felsböschungen. Straße
Nr. 14. Berlin 1939. — SEIFERT, R.: Zur Frage der einheitlichen Einteilung und Benennung von „Lockergesteinen". Bautechn. 1939 S. 686. — SÖHLE: Die Bedeutung
der praktischen Geologie für die Technik. Habilitationsschrift der Technischen Hochschule Braunschweig 1913. — STEENHUIS: Normung der Bodenbezeichnungen. Open-
bare Werken 1938 S. 95/96. — STOBER, R.: Wünsche und Forderungen des Unternehmers an Leistungsverzeichnis und Vertrag. Bauindustrie 1936 S. 227/285. — Technische Vorschriften für Erdarbeiten bei den Reichsautobahnen (TVE RAB). Herausgegeben vom Generalinspektor für das deutsche Straßenwesen. Berlin W 8, Pariser
Platz 3. — TERZAGHI: Erdbaumechanik, S. 261. Wien 1925. — TIEDEMANN: Über
Bodenuntersuchungen bei Entwurf und Ausführung von Ingenieurbauten, S. 11/14.
Berlin 1942. — WILLMANN, L. v.: Bodenarten. Lueger-Lexikon der gesamten Technik
und ihrer Hilfswissenschaften. 2. Aufl. Bd. 2 S. 100/101. Stuttgart u. Leipzig 1904. —
ZUNKER: Vorschläge für die Begriffsbildung in der Boden- und Grundwasserkunde.
Kulturtechniker 1938 S. 328. — Din-Entwurf 4220: Über kulturtechnische Boden-
untersuchungen. Kulturtechniker 1942, S. 211. — Din 1334: Formelzeichen in der
Grundwasserkunde.

II. Einteilung der Böden.

A. Die Hauptbodenarten.

Grundsätzlich läßt sich der Baugrund in zwei Bodenarten unterteilen, nämlich in: Festgestein und Lockergestein.

Festgestein bedeutet Felsen. Im Gegensatz dazu steht das Lockergestein.
Der Ausdruck „Lockergestein" ist eine fachwissenschaftliche Bezeichnung der
Geologen und Petrographen. Der Tiefbauer bezeichnet das Lockergestein mit
Boden, Erde oder Schutthülle.

Wesentliche Merkmale für die beiden Hauptbodenarten sind:

Festgestein zerfällt beim Austrocknen, beim Durchfeuchten oder beim Auf-
schütteln mit Wasser nicht.

Lockergestein läßt sich beim Austrocknen oder beim Vermengen mit Wasser in einzelne Körner zerlegen.

Da bei den Lockergesteinen die Aggregate durch wässerige Lösungen zerteilbar sind, bilden die Lockergesteine sog. disperse Systeme. Die disperse (zerteilte) Phase ist in einem Dispersionsmittel eingebettet; Dispersionsmittel sind Gas, Wasser und Luft. Zwischen Dispergens (Gas, Wasser und Luft) und Dispersoid (feste Einzelkörner) können innige Wechselwirkungen vorkommen. Vgl. Abschnitt über physikalische Chemie des Bodens (S. 493).

Der Übergang von Lockergestein in Festgestein ist nicht immer scharf. Durch langsame Verfestigung können Lockergesteine in Festgesteine übergehen.

B. Die Einteilung der Böden mit Hilfe mathematischer Kennziffern.

Für die Einteilung der Böden stehen verschiedene mathematische Kennziffern zur Verfügung. Die wichtigsten mathematischen Kennziffern sind:

1. die Kornstufe, 2. der Feinheitsmodul, 3. der mittlere Durchmesser d_m, 4. die mittleren Durchmesser d' und d'', 5. der Durchmesser d_{50}, 6. die Durchmesser d_{60} und d_{10}, 7. der gewichtete Durchmesser D_m.

Zu den einzelnen mathematischen Kennziffern ist auszuführen:

1. Einteilung der Böden mit Hilfe von Kornstufen.

a) Mathematische Grundformel.

Die Böden werden gemäß ihrer Korngröße in verschiedene Kornstufen eingeteilt. Es bedeutet:

d_n; d_{n+1} = Korndurchmesser in mm,

$d_{n+1} - d_n$ = Kornstufe (siehe Abb. 202).

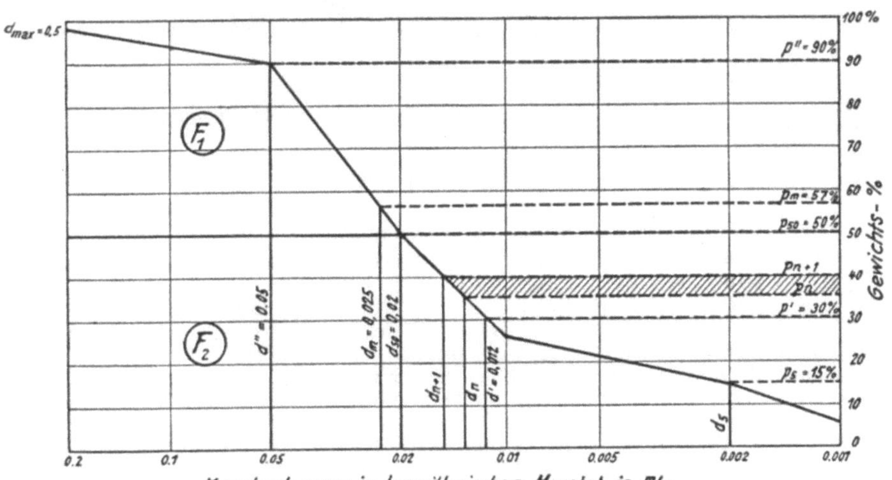

Abb. 202. Summenkurve und ihre Zergliederung.

Für die Größe der Kornstufen können bestimmte Bedingungen aufgestellt werden, wie z. B., daß

$$\frac{d_{n+1} - d_n}{d_{n+1} + d_n} = K = \text{Festwert sei.} \tag{1}$$

Dann ist z. B.:

$$\frac{d_2 - d_1}{d_2 + d_1} = K; \quad \text{oder} \quad d_2 = -d_1 \frac{K+1}{K-1}$$

$$d_3 = -d_2\left(\frac{K+1}{K-1}\right) = -d_1\left(\frac{K+1}{K-1}\right)^2 \tag{1}$$

$$d_{n+1} = -d_1\left(\frac{K+1}{K-1}\right)^n. \tag{2}$$

Es kann gesetzt werden:

$$-d_1\left(\frac{K+1}{K-1}\right)^n = -d_1\,Q^n. \tag{3}$$

Es wird dann

$$Q = \frac{K+1}{K-1} = \frac{\dfrac{K+1}{K-1} - 1}{1 - \dfrac{K-1}{K+1}} = \frac{d_1\left(\dfrac{K+1}{K-1}\right)^{n-1} - d_1\left(\dfrac{K+1}{K-1}\right)^{n-2}}{d_1\left(\dfrac{K+1}{K-1}\right)^{n-2} - d_1\left(\dfrac{K+1}{K-1}\right)^{n-3}}$$

$$= \frac{d_{n-1} - d_{n-2}}{d_{n-2} - d_{n-3}} = \frac{d_n - d_{n-1}}{d_{n-1} - d_{n-2}} = \text{Festwert.}$$

b) Zahlenwerte.

Für $Q = 10$ wird nach Gl. (3): $K = \frac{11}{9}$; für $d_1 = 0,0002$ mm wird nach Gl. (2)

$$d_{n+1} = -d_1\left(\frac{K+1}{K-1}\right)^n = 0,0002 \cdot 10^n \quad \text{(Dezimalsystem),}$$

d. h. es wird das von ATTERBERG 1912 vorgeschlagene Stufensystem erhalten. Die Internationale Kommission für die mechanische und physikalische Bodenuntersuchung hat die Atterbergschen Stufen anerkannt.

Es wurden verschiedene Unterteilungen vorgeschlagen. Soll das Dezimalsystem in weitere Untergruppen aufgeteilt werden, so wird folgende Tabelle erhalten.

Die Baupraxis benötigt nicht mehr als zwei Unterteilungen.

Tabelle 146.

Anzahl der Unterstufen	$Q = \dfrac{K+1}{K-1}$	$K = \dfrac{Q+1}{Q-1}$
1	$10^1 = 10$	$1,22 = \dfrac{11}{9}$
2	$10^{1/2} = 3,17$	$1,92$
3	$10^{1/3} = 2,15$	$2,75$
4	$10^{1/4} = 1,78$	$3,55$

c) Beispiele für die Einteilung der Böden in Kornstufen.

Beispiel α: Zusammenstellung über die verschiedenen Einteilungen der Böden auf Grund von Kornstufen.

Aus Abb. 203 geht die Einteilung der Böden nach Kornabstufungen, wie sie durch die verschiedenen Forscher vorgenommen wurden, hervor.

Beispiel β: Die Einteilung der Böden nach NIGGLI.

Die Einteilung der Böden nach NIGGLI sowie deren Benennung, Zusammensetzung usw. ist aus Abb. 204 ersichtlich[1].

Beispiel γ: Praktisches Beispiel für die Einteilung und Benennung der Böden.

Die Kornstufen können je nach der Höhe ihrer Gewichtsteile in verschiedene Klassen eingeteilt werden: in Klasse 1 ist die Körnung mit 50 bis 100 Gew.-% Anteil einzureihen, in Klasse 2 diejenige mit 25 bis 50%, in Klasse 3 mit 10 bis 25%, in Klasse 4 mit 0 bis 10%.

---

[1] Vgl. P. NIGGLI: Klassifikation und Zusammensetzung der Lockergesteine. Erdbaukurs ETH. Zürich 1938. — A. SCHMÖLZER: Einheitliche Benennung der Bodenarten. Bautechn. 1943 S. 166. — R. GRENGG: Zweckmäßige Bezeichnung und Charakterisierung von Gesteinsstoffen. Z. prakt. Geol. 1942 S. 39.

Korngröße (Kornskala in mm): 2000 · 200 · 20 · 10 · 6 · 5 · 2 · 1 · 0,6 · 0,5 · 0,2 · 0,1 · 0,06 · 0,02 · 0,006 · 0,002 · 0,0006 · 0,0002 · 0,00002 mm

Autor	Kornstufen (grob → fein)
Atterberg (1)	[Steine und Geröll] | [Kies] | Grobsand | Feinsand | Schluff | Rohton od. kolloidale Teilchen
Gallwitz (2)	Block | Schotter | Kies | Sand | Silt | Schluff | Ton
Din 4022 (3)	Steine und Kies | Sand (grob, mittel, fein) | Mehlsand (grob, fein) | Schluff (grob, fein) | Rohton
Terzaghi (4)	Sand (sehr grob, grob, mittel, fein) | Mo (grob, fein) | Schluff (grob, fein) | Kolloidschlamm (grob, fein) | Ultraton
Grengg (5)	Grobsteiniger Boden | Grobschotter-Boden | Feinschotter-Boden | Sand | Mehl | Schluff | Schlamm | Feinstes
Niggli (6)	Block | Kies (Grobkies, Feinkies) | Sand (Grobsand, Feinsand (Mehl)) | Schluff (Grobschluff, Feinschluff) | Schweb (Anorganische Molekulargröße)
Niggli (6a)	Gries | Silt | Schlämm
Ramspeck (7)	Kies (mittel, fein) | Sand (grob, mittel, fein) | Mo (Mehls) (grob, fein) | Schluff (grob, fein) | Ton
Knörlein/Vogel (8)	Sand (grob, mittel, fein) | Mo (grob, fein) | Schluff (grob, fein) | Ton
Fischer (9)	Block (grob, fein) | Block (grob, fein) | Kies (grob, fein) | Gries (grob, fein) | Silt (grob, fein) | Schluff (grob, fein) | Sink (grob, fein) | Schweb — Schotter | Sand | Schlämm.
Fischer u. Udluff, Pr. Geologische Landes-Anstalt (10)	Block | Block | Graup | Gritt | Silt | Schluff | Sink | Schweb — Grand | Sand | Schmand
Trask (11)	Gravel | Sand | Silt | Clay | Colloid
Wentworth (12)	Boulder | Cobble | Pebble | Granule | Sand | Silt | Clay

Abb. 203. Einteilung der Böden mit Hilfe der Kornabstufungen.

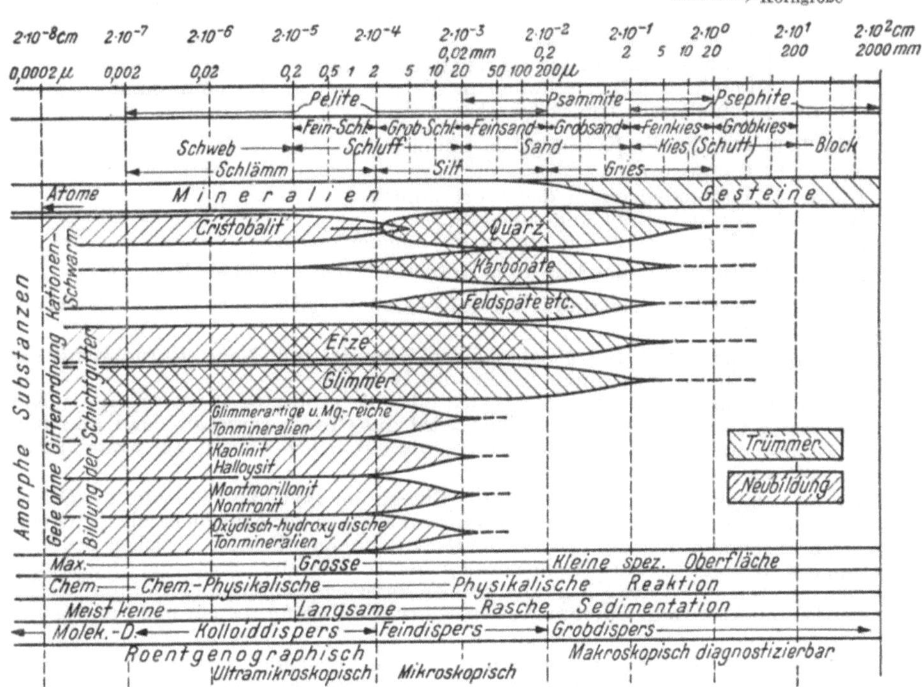

Abb. 204. Kornzusammensetzung. Darstellung nach Niggli.

Ein Korngemisch hatte z. B. folgende Zusammensetzung:

Tabelle 147.

Mischung	Aussiebergebnisse				
	Schotter %	Kies %	Sand %	Schluff %	Schlamm, Ton oder Mergel %
a	—	60	10	30	—
b	50	25	20	5	—
c	—	—	70	22	8
d	—	—	6	64	30

Die Klassifizierung dieser Mischungen ergab folgendes Bild:

Tabelle 148.

Mischung	Klassifizierung der Aussiebergebnisse			
	1. Klasse 50—100%	2. Klasse 25—50%	3. Klasse 10—25%	4. Klasse 0—10%
a	Kies	Schluff	—	Sand
b	Schotter	—	Sand u. Kies	Schluff
c	Sand	—	Schluff	Mergel
d	Schluff	Schlamm	—	Sand

Aus obiger Tabelle leitet sich folgende Benennung des Korngemisches ab:

Tabelle 149.

Mischung	Benennung	
	Nach der Körnung	Beispiele für die geologische Bezeichnung
a	Kies mit Schluff, schwach sandig	Gehängegeröll
b	Schotter, kiesig, sandig, schwach schluffig	Deltaablagerung
c	Sand, schluffig, schwach mergelig	Tertiärer Sand
d	Schluff mit Ton, schwach sandig	Bänderton

Allgemein gilt für die Körnungsbenennung:

Klasse 1: Hauptwort,
Klasse 2: Verbunden durch das Wort „mit",
Klasse 3: adjektivistisch angeschlossen,
Klasse 4: adjektivistisch mit „schwach" angeschlossen.

Beispiel δ: Einteilung der Böden in Kornstufen bei sehr feiner Körnung.

Die Einteilung der feinen und feinsten Körnung geschieht nach dem Zweiersystem wie folgt:

I. 2 mm Korngröße. Bei gleichmäßiger Körnung mit 2 mm Korndurchmesser liegt die obere Grenze des Emporsteigens des Wassers.

In der Bodenkunde werden die Bodenteile, die gröber als 2 mm sind, als Kies und Schotter bezeichnet. Im Betonbau wird die Grenze zwischen Sand und Kies beim 7-mm-Korn gelegt. Die Bodenteile, die ein feineres Korn als 2 mm haben, werden oft als Feinerde bezeichnet.

II. 2 μ = 0,002 mm Korngröße. In der Chemie für Bodenkolloide wird die Grenze für Kolloide beim Korn von 2 μ gelegt, während sonst in der Kolloidchemie die Grenze bei 0,2 μ angenommen wird. Die Bodenteilchen, namentlich die Teilchen des Tonschlammes, bleiben bis zur Größe von 2 μ in der Schwebe infolge der Brownschen Bewegung. Nach Din 4022 liegt die Grenze zwischen Schluff und Rohton bei 2 μ. Bei Böden mit kleinerem Durchmesser als 2 μ ist die Kornform nicht mehr mit Sicherheit festzustellen.

III. 20 $\mu\mu$ = 0,00002 mm Korngröße. In der Kolloidchemie wird die Grenze zwischen kolloidalen Lösungen und wirklichen Lösungen vielfach beim Korn 20 $\mu\mu$ gelegt.

2. Die Einteilung der Böden mit Hilfe des Feinheitsmoduls.

Man ermittelt den Feinheitsmodul mit Hilfe des Ausdruckes:

$$F = \sum_{0}^{d_{\max}} \left(\frac{d_{n+1} + d_n}{2} \right) (p_{n+1} - p_n) \tag{5}$$

oder

$$F = \int_{0}^{d_{\max}} d.$$

d_n bedeutet den Korndurchmesser, der zur Gewichtsprozentzahl p_n gehört, z. B. d_{30} bedeutet also die Korngröße, die mit $p = 30$ Gewichtsteilen am Korngemisch vertreten ist (vgl. Abb. 202). Durch Vergleiche verschiedener Feinheitsmodule ergibt sich bereits ein Überblick über den Aufbau des Korngemisches.

Der Feinheitsmodul wird im Betonbau zur Beurteilung des Kiessandgemisches für Betonierzwecke praktisch gebraucht[1].

Kiessande, welche die gleichen Feinheitsmodule haben, ergeben die gleichen Betonfestigkeiten.

3. Einteilung der Böden mit Hilfe des mittleren Durchmessers d_m.

Man ermittelt den mittleren Durchmesser d_m mit Hilfe des mathematischen Ausdruckes

$$d_m = \frac{\sum\limits_{0}^{d_{\max}} \left(\frac{d_{n+1} + d_n}{2} \right) (p_{n+1} - p_n)}{\sum\limits_{0}^{d_{\max}} p}. \tag{6}$$

Meistens ist $d_m > d_{50}$. Es bedeutet $\Sigma p = 100\%$.

4. Einteilung der Böden mit Hilfe der mittleren Durchmesser d' und d''.

a) Mathematische Grundformeln.

Da wesentliche Eigenschaften der Kornzusammensetzung mit dem Wert d_m noch nicht eindeutig ausgedrückt sind, so wird noch der mittlere Durchmesser d' zwischen den Körnungen d_0 und d_m ermittelt; ferner der mittlere Durchmesser d'' zwischen d_m und $d_{\max}$. Es ist dann

$$d' = \frac{\sum\limits_{0}^{d_m} \left(\frac{d_{n+1} + d_n}{2} \right) (p_{n+1} - p_n)}{\sum\limits_{d_0}^{d_m} p}. \tag{7}$$

In erster Annäherung kann gesetzt werden:

$$d' \simeq \left(\frac{d_0 + d_m}{2} \right) (p_m - p_0). \tag{8}$$

---

[1] Vgl. Abrams: The design of Concrete mixtures. Bulletin I. Chikago 1921. — R. Grün: Beton. Berlin 1937. S. 125. — Hummel: Die Auswertung der Siebanalysen und der Abramsche Feinheitsmodul. Zement 1930 Nr. 15 S. 355. — Beton-ABC. Berlin 1935. — Stern: Zielsichere Betonbildung. Wien 1934.

Für d'' läßt sich eine gleiche Formel ableiten (vgl. Abb. 205).

Theoretisch könnte eine weitere Unterteilung zwischen d_0 und d' einerseits und d' und d_m andererseits vorgenommen werden. Praktischen Wert hat eine solche Zergliederung nicht.

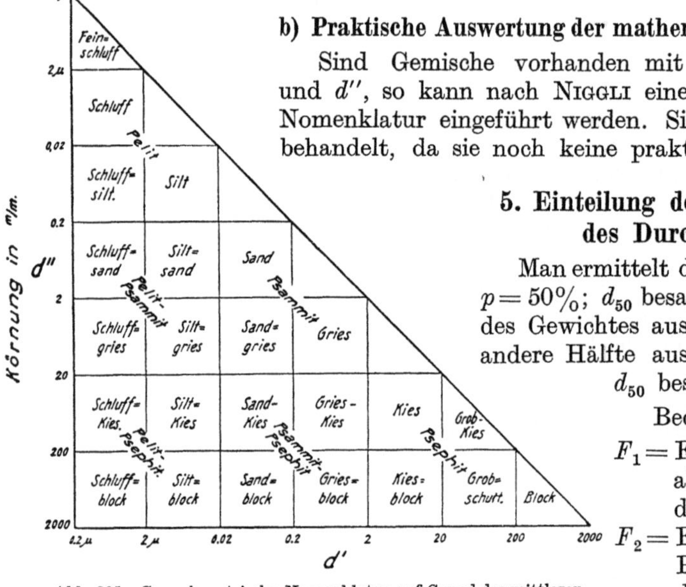

Abb. 205. Granulometrische Nomenklatur auf Grund des mittleren Durchmessers d' und d'' [vgl. Formel (7)].

b) Praktische Auswertung der mathematischen Grundformel.

Sind Gemische vorhanden mit dem Durchmesser d' und d'', so kann nach NIGGLI eine sog. granulometrische Nomenklatur eingeführt werden. Sie ist hier nicht weiter behandelt, da sie noch keine praktische Bedeutung hat[1].

5. Einteilung der Böden mit Hilfe des Durchmessers d_{50}.

Man ermittelt den Durchmesser d_{50} für $p = 50\%$; d_{50} besagt, daß die eine Hälfte des Gewichtes aus feineren Körnern, die andere Hälfte aus gröberen Körnern als d_{50} besteht.

Bedeutet

F_1 = Fläche oberhalb der Parallelen zur Abszisse durch $d_{50}\%$,

F_2 = Fläche unterhalb der Parallelen zur Abszisse durch $d_{50}\%$,

so ist

$F = F_1 + F_2$ = gesamte Fläche zwischen der d-Summenkurve einerseits und der Ordinate und Abszisse andererseits (siehe Abb. 202).

Vielfach werden auch die Flächen F_1 und F_2 miteinander verglichen, d. h. es wird $\dfrac{F_1}{F_2} = \beta$ ermittelt.

Für die Beurteilung der Aufbereitung von Geschiebe im Flußbett kann der β-Wert praktische Bedeutung erhalten (siehe S. 145 unter Geschiebecharakteristik).

6. Einteilung der Böden mit Hilfe der Durchmesser d_{60} und d_{10} (Ungleichförmigkeitsgrad).

Nach ALLEN-HAZEN nimmt man zur Beurteilung eines Kiessandgemisches den Korndurchmesser d_{10}, d. h. das Korn, das der Ordinate von 10% der Summenlinie entspricht. Vielfach wird angenommen, der Korndurchmesser d_{10} gebe die gleiche Durchlässigkeit an wie die Bodenprobe. Diese Annahme ist versuchstechnisch widerlegt worden.

Einen guten Einblick in die Kornzusammensetzung gibt nach ALLEN-HAZEN auch das Verhältnis:

$$U = \frac{d_{60}}{d_{10}} = \text{Ungleichförmigkeitsziffer.}$$

---

[1] Vgl. P. NIGGLI: Zusammenstellung und Klassifikation der Lockergesteine. Schweizer Arch. angew. Wiss. Techn. Bd. 4/5 (1938).

[2] Vgl. A. HAGEN: 24th Annual Report of the State Board of Health. Massachusetts 1892.

Je kleiner U ist, um so gleichkörniger ist eine Körnung zusammengesetzt.

$U < 5 =$ gleichkörnige Zusammensetzung,
$U = 5$ bis $15 =$ mittlere Gleichförmigkeit,
$U > 15 =$ stark ungleichförmige Zusammensetzung.

7. Einteilung der Böden mit Hilfe des gewichteten Durchmessers D_m.

Die oben beschriebene Art der Auswertung der Summenkurven der Korngemische ist befriedigend für die petrographische und technologische Klassifikation, nicht aber für die bautechnische Beurteilung des Korngemisches. Nach den erwähnten Verfahren erhalten die gröberen Anteile eine zu große Bedeutung gegenüber den feineren Bestandteilen. Es sind aber die feineren Bestandteile, die überwiegend die Zusammendrückbarkeit, Scherfestigkeit usw. beeinflussen. Um die feinen und feinsten Bestandteile gebührend zu berücksichtigen, werden die feinen Körnungen mit einem Gewicht $W > 1$ belastet. Dann lautet Formel (6) für den mittleren Durchmesser D_m:

Tabelle 150. *Zahlenwerte.*

Bodenart	Ungleich-förmigkeits-ziffer
Ton	10—100
Sandiger Ton	20—200
Schluff	10—20
Schwemmsand	2—10
Löß, stark ungleichkörnig	5—15
Löß, gleichförmig zusammengesetzt	2—4
Lößlehm	7—12
Verwitterungslehm, stark ungleichförmig zusammengesetzt	> 15
Strandsand	1—5
Flußsand	20
Flußschotter	80—150

$$D_m = \sum_{0}^{D_{max}} \frac{D_{n+1} + D_n}{2}\,(p_{n+1} - p_n), \qquad (8)$$

wobei
$$D_n = d_n\, W_n,$$
$$D_{n+1} = d_{n+1}\, W_{n+1}$$

ist. — Für feines Korn ist W wesentlich größer als für grobes Korn zu nehmen.

8. Zusammenstellung der wichtigsten mathematischen Werte zur Beurteilung der Summenkurve an Hand eines Beispieles.

Für die Beurteilung der Summenkurve (vgl. Abb. 202) können folgende Werte ermittelt werden:

Tabelle 151.

d-Werte der Körnung für *ideales* Gemisch	p-Werte, die zum d-Wert gehören	Verschiedene Werte zur Beurteilung der Summenkurve	Zahlenbeispiel (s. Abb. 202) in mm
d_{min}	p_{min}	$\alpha = \dfrac{d'' - d'}{d}$	$d_{min} = 0{,}001$
$d_s = 2\,\mu$	p_s	$p'' - p' = \Delta p$	$d_s = 2\,\mu;\quad p_s = 15\%$
$d = \dfrac{d_{min} + d_{max}}{2}$	p	$q'' = 100 - p''$	$d' = 0{,}012;\quad p' = 30\%$
$d' = \dfrac{d + d_{min}}{2}$	p'	$\omega' = \dfrac{d'}{d_{min}}$	$d'' = 0{,}05;\quad p'' = 90\%$
$d'' = \dfrac{d + d_{max}}{2}$	p''	$\omega'' = \dfrac{d_{max}}{d}$	$d_m = 0{,}025;\quad p_m = 57\%$
$d_m =$ siehe Formel (6)	p_m		$d_{max} = 0{,}5$

α wird der *Aufbereitungsindex* genannt. Nach NIGGLI wird für α genommen:

$$\alpha = \beta \frac{d'' - d'}{d},$$

wobei $\beta = 3$ gewählt wird.

9. In der Kulturtechnik gebräuchliche Einteilung der Böden.

Die Kulturtechniker teilen die Böden bezüglich der Korngröße nach verschiedenen Gesichtspunkten ein. Eine der gebräuchlichsten Einteilungen ist folgende:

Tabelle 152.

Bodenart	Durchmesser der Teilchen		
	unter 0,01 mm %	0,01—0,05 mm %	0,05—2 mm %
Strenger Tonboden	über 75	—	unter 20
Tonboden	60—75	ca. 20	20
Lehmiger Tonboden	50—60	20	30
Toniger Lehmboden	40—60	20—40	30
Lehmboden..................	20—45	30—50	30
Sandiger Lehmboden	20—40	20—40	30
Lehmiger Sandboden	10—20	10—30	50
Sandboden	unter 10	10—20	> 50

C. Einteilung der Böden mit Hilfe ihrer physikalischen Eigenschaften.

Die amerikanische Einteilung des Bodens (herausgegeben vom Verband der Staatlichen Straßenbehörden American Association of State Highway Officiels) auf Grund seiner physikalischen Eigenschaften, wie Bindigkeit, Verdichtbarkeit, Kapillarität und Nachgiebigkeit, geht aus Abb. 206 hervor[1].

Die einzelnen Bodengruppen werden wie folgt umschrieben:

A_1: Nach Korngrößen gut abgestufter Boden. Ein inniges Gemisch aus groben und feineren Bestandteilen mit großer innerer Reibung und Haftung (Kohäsion). Gut tragfähig unter dem Verkehr, ohne Rücksicht auf den Feuchtigkeitsgehalt des Bodens. Gute Unterlage für dünne, obere Verschleißschicht. Nach einer Oberflächenbehandlung eignet sich der Boden auch für Straßendecken. Vortreffliches Schüttmaterial.

A_2: Lehmhaltiger, aber gleichmäßig zusammengesetzter Boden. Hohe innere Reibung, hohe Haftfestigkeit nur beim Vorhandensein von Kapillardruck. Bei trockenem Wetter wird der Boden staubig. Er eignet sich nur als Straßenunterlage, wenn eine wasserundurchlässige Straßendecke erstellt wird. Als Schüttmaterial geeignet. Teilweise frostgefährlich.

A_3: Kiesiger Boden ohne Binder; hohe innere Reibung, aber keine Haftfestigkeit. Kein elastisches Verhalten des Bodens bei Räderdruck. Geeignet als Unterlage von dünnen, biegsamen Straßendecken.

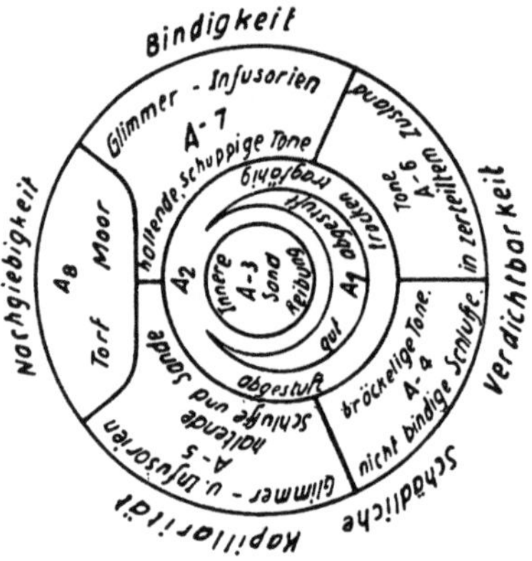

Abb. 206. Bodeneinteilung nach amerikanischen Vorschlägen.

---

[1] Vgl. C. A. HOGENTOGLER: Engineering Properties of Soil. New York 1937. S. 237.

A_4: Feinkörnige, schlammige Böden ohne grobe Körner und wenig Tonbeimischung. Die innere Reibung ist veränderlich. Die Haftfestigkeit ist klein. Hohe kapillare Steigfähigkeit des Wassers. Rasches Wasseraufnahmevermögen. Ist der Boden trocken, so bildet er eine feste Oberfläche. Frostgefährlicher Boden. Der Boden eignet sich nicht für zementverfestigte Straßen. Frosttreibung wahrscheinlich.

A_5: Ähnlich wie Gruppe A_4; hohes elastisches Verhalten des Bodens. Wenn mit Makadam behandelt, so wird er fest, behält aber seine gute Bindefestigkeit nicht.

A_6: Tone und Mergel ohne gröbere Beimischungen mit kleiner innerer Reibung, aber hoher Haftfestigkeit bei kleinem Wassergehalt. Großes Schwindungsvermögen. Neigt zu Rutschungen bei Dammbauten. Langsame und große Zusammendrückbarkeit.

A_7: Ähnlich wie Gruppe 6. Große, rasche und dauernde Zusammendrückbarkeit. Enthält Lehm und Bestandteile, die zum Auflockern neigen. Starke Volumenänderung bei Wasserzutritt.

A_8: Torf, Moor mit kleiner innerer Reibung und niedriger Haftfestigkeit. Große Setzungserscheinungen. A_5 bis A_8 sind sowohl für Unterlagen als für Decken im Straßenbau ungeeignet.

D. Einteilung der Böden auf Grund ihrer Gewinnbarkeit.

Man kann die Böden auch einteilen auf Grund ihrer Gewinnbarkeit. Nachstehend sind zwei solche Einteilungsarten wiedergegeben.

Tabelle 153. *Einteilung der Böden auf Grund ihrer Gewinnungsart.*

Bodenklasse	Geologische Bezeichnung der Bodenarten	Übliche Bezeichnung		Angabe über die mögliche Lösbarkeit des Bodens (Gewinnungsart des Bodens)
		im Erdbau	im Tunnelbau	
1. Schlammiger oder stark wasserhaltiger Boden	Schlamm, Triebsand, alluviale, noch flüssige Ablagerungen der fließenden und stehenden Gewässer und Meere; ohne Zusammenhang	Stichgebirge	Rolliges Gebirge	Schöpfgefäße, Pumpen, Naßbagger
2. Leichter Boden	Alluviale Flußaufschüttungen außer Flußschotter; Wiesenton, Wiesenkalk, Flachmoortorf, Ackererde, Talsand, diluvialer loser Sand und kiesiger Sand; echter Löß; geringer Zusammenhang			Für Handarbeit: Schaufel oder Spaten Für Maschinenarbeit: Alle Arten von Trockenbaggern
3. Mittlerer Boden	Hochmoortorf, oberflächlich verlehmter diluvialer Sand und kiesiger Sand, Terrassenkies, verwitterte ältere Bildungen (Sediment- und Magmagesteine); stärkerer Zusammenhang	Hackgebirge	Mildes Gebirge	Für Handarbeit: Hacken erforderlich; Spaten Für Maschinenarbeit: Alle Arten von Trockenbaggern Sprengarbeit wird angewendet

Tabelle 153 (Fortsetzung).

Bodenklasse	Geologische Bezeichnung der Bodenarten	Übliche Bezeichnung im Erdbau	im Tunnelbau	Angabe über die mögliche Lösbarkeit des Bodens (Gewinnungsart des Bodens)
4. Fester Boden	Flußschotter, lange lagernder Bauschutt oder Asche, Lößlehm, scharfkantiger Kies mit Brauneisen, Geschiebemergel, tertiäre Sande und kiesige Sande, Flammenmergel, marine Kreide und Juratone bis zu 12 m Tiefe, bituminöse Schiefertonmergel, z. T. verwittert; Tone mit grobem Kies; fester Ton, schwerer Lehm	Brechgebirge	Gebräches Gebirge	Für Handarbeit: Hacken erforderlich. Im Kreide- und Juraton Handarbeit noch möglich, aber unwirtschaftlich. Für Maschinenarbeit: Alle Arten von Trockenbaggern mit Ausnahme des Greifers für Kreide und Juraton. Sprengarbeit häufig angewendet
5. Sehr fester Boden (Fels)	5 a. Marine Kreide- und Juratone über 12 m Tiefe. Kalke und Mergel der oberen Kreide. Mürbe Sandsteine aus Lias und Keuper	Schußgebirge	Festes Gebirge	Für Handarbeit (nur im Steinbruch: Brechwerkzeuge; Keile. Für Maschinenarbeit (nur für Tone und mürbe Sandsteine): Löffelbagger. Sprengarbeit sehr häufig angewendet
	5 b. Dichte Sedimentgesteine, wie dickbankige Kalke des oberen Jura, ferner Rogenstein, Gips, Muschelkalk, Kalksandstein, Marmor. Außerdem die meisten Eruptivgesteine und metamorphen Gesteine in unverwittertem Zustand			Für Handarbeit: Brechwerkzeuge. Für Maschinenarbeit: Felsbagger. Sprengarbeit sehr häufig angewendet, auch vor Inangriffnahme der Hand- und Maschinenarbeit

Über Unterscheidungen in bezug auf das Baggern vgl. Tabelle 154.

Tabelle 154. *Einteilung des Bodens in bezug auf die Gewinnung mit Baggern.*

Bodenart[1]	Maschinenbetrieb	
	Löffelbagger	Eimerkettenbagger
Loser Sand, Kies, tonige Böden	Keine großen Tiefen, aber große Mengen	Ebenes Gelände. Einschnitte mit Böschungen; die Böschungskante muß aber fest sein
Mergeliger Sandstein	Nur bedingt ohne vorherige Verkleinerung	Eimerkettenbagger eignen sich nicht mehr

E. Einteilung der Böden auf Grund ihrer Eigenschaft als Baugrund.

Werden die Böden auf Grund ihrer Eigenschaft als Baugrund eingeteilt, so erhält man verschiedene Gruppen, je nachdem es sich um Grundbau oder Straßenbau handelt.

---

[1] Vgl. Din 1962.

Tabelle 155. *Einteilung der Böden im Grundbau.*

Bezeichnung der Gesteine	Tragfähigkeit des Bodens	Setzungen	Beispiele
Festgestein (Fels)	Große Tragfähigkeit	Unbedeutende kleine Setzung	Granit, Kalkstein usw.
Verkitteter Boden	Große bis mittlere Tragfähigkeit	Im allgemeinen kleine Setzungen	Konglomerat, Nagelfluh, Löß
Rollige, lose, nicht-bindige Böden	Mittlere Tragfähigkeit	Einmalige mittlere bis große Setzungen	Sand, Kies, Schotter
Bindige Böden	Mittlere Tragfähigkeit	Lang dauernde, meist große Setzungen	Ton, Mergel, Lehm
Böden organischen Ursprungs	Kleine Tragfähigkeit	Sehr große Setzungen	Humus, Torf, Faulschlamm

Für Zahlenwerte vgl. Abschnitt über Tragfähigkeit des Bodens Kap. V über Tragfähigkeit, dritter Hauptteil.

Der Unterschied zwischen losen und bindigen Böden besteht darin, daß

a) lose Böden ein loses, „rolliges" Haufwerk bilden. Zwischen den einzelnen Körnern wirkt nur Reibung;

b) bei bindigen Böden die einzelnen Teilchen infolge bindiger Einlagerungen zwischen den Körnern fest aneinanderhaften. Die Eigenschaften bindiger Böden werden sehr stark durch den Wassergehalt beeinflußt.

Im Straßenbau werden die feineren Bodenarten in Gruppen nach dem Kornstufensystem eingeteilt:

$$d = 2 \cdot 10^n \text{ (siehe Tabelle 156).}$$

Tabelle 156. *Einteilung der Böden im Straßenbau.*

Kornstufe	Eigenschaften des Bodens in bezug auf den Straßenbau
2—0,2 mm	Gute Wasserdurchlässigkeit. Geringe Wasserrückhaltung. Beginnende Haarröhrchenwirkung. Lockere Lagerung. Leicht zu lösen. Ziemlich beweglich, nicht bildsam
0,2—0,02 mm	Gute Haarröhrchenwirkung. Mäßige Steighöhe. Große Steiggeschwindigkeit. Gute Wasserrückhaltung. Gute Bearbeitbarkeit. Sehr beweglich. Gute Durchlässigkeit für Wasser und Luft
0,02 bis 0,002 mm	Die Körner sind von freiem Auge nicht mehr sichtbar. Beginn von kolloidalem Verhalten. Große Hubhöhe infolge starker Haarröhrchen- (Kapillar-) Wirkung. Lange Steigdauer
2000—100 $\mu\mu$ (Mikronenton)	Teilchen im Wasser verteilt, in starker Bewegung. Die Haarröhrchenbewegung des Wassers ist sehr langsam. Die Bodenbearbeitung ist schwer. Das Wasserhaltevermögen ist groß; starke Zusammendrückbarkeit. In trockenem Zustand ist die Standfestigkeit groß

F. Einteilung der Böden auf Grund des Arbeitsaufwandes[1].

Zur Einteilung der Böden wird die zur Loslösung von Massen aufgewendete mechanische Arbeit verwendet. Das Ergebnis einer älteren, bewährten Veröffentlichung geht aus Tabelle 157 hervor.

---

[1] Vgl. Fr. v. Rziha: Die Gewinnungsfestigkeit der Erd- und Felsmassen in Einschnitten. Zbl. Bauverw. 1889 S. 176; ferner A. Scheidig u. H. Leussink: Die Bodeneinteilung in den technischen Vorschriften für Erdarbeiten. Bautechn. 1939 S. 445.

Tabelle 157.

Bezeichnung des Gebirges	Verbrauchte Tagewerke für 1 m³ Gebirge (zu 10 Std. Arbeitszeit = 130 000 mkg)	Nach SCHEIDIG und LEUSSINK Leistung in m³ je Std.	Nach KOLL-BRUNNER	Massen-arbeit für 1 m³ Gebirge mkg	Ge-winnungs-festigkeit für 1 m³ Gebirge	Dyna-mische Arbeit je m³ Gebirge mkg
Milder Stichboden	0,08	1,2	0,5—0,7	10 400	10 400	—
Schwerer Stichboden	0,12	1,0	0,3	15 600	15 600	—
Milder Hackboden	0,16	0,6	0,2	20 800	20 800	—
Schwerer Hackboden	0,20	0,5	0,1—0,2	26 000	26 000	—
Mildes, brüchiges Gestein..	0,20—0,40	0,35	0,1—0,2	39 000	39 000	—
Festes, brüchiges Gestein..	0,40—0,60	—	0,05—0,1	65 000	72 500	7 500
Festes Sprenggestein	0,60—0,80	0,17	0,05	91 000	106 000	15 000
Sehr festes Sprenggestein..	0,80—1,20	—	—	130 000	152 500	22 500
Höchst festes Sprenggestein	1,20—2,00	—	—	208 000	245 500	37 500

G. Einteilung des Gesteins auf Grund seiner Härtekategorien (Druckfestigkeiten).

Die Gesteine können in harte, mittelharte und weiche Gesteine unterteilt werden; eine solche Einteilung geht aus Tabelle 158 hervor.

Tabelle 158.

Mittlere Druck-festigkeit in kg/cm²	Gehalt an Mineralkörnern härter als Stahl			
	0—25%	25—50%	50—75%	75—100%
über 2200	mittelhart	hart	hart	sehr hart
1800—2200	mittelhart	mittelhart	hart	hart
1400—1800	weich	mittelhart	mittelhart	hart
1000—1400	weich	mittelhart	mittelhart	mittelhart
kleiner als 1000 ...	weich	weich	mittelhart	mittelhart

Vgl. Tabelle 134.

H. Einteilung der Böden nach Din 4022.

Die Böden werden nach Din 4022 „Einheitliches Benennen der Bodenarten und Aufstellen der Schichtenverzeichnisse" in verschiedene Bodenarten unterteilt. Für die Korngröße ist die Din 1179 „Körnungen" maßgebend.

J. Einteilung der Böden nach ihrer geologischen Entstehung.

Eine gute Übersicht über die Einteilung der Böden nach ihrer Entstehung stammt von ANDRÉE[1]. Die entsprechende Einteilung der Böden ist in Tabelle 158a dargestellt (vgl. auch Tabelle 158b).

Schrifttum.

Din 4022: Einheitliche Benennung der Bodenarten. — FISCHER, C., u. H. UDLUFT: Einheitliche Benennung der Sedimentgesteine. Nach Vorschlägen des Ausschusses der Preuß. geol. Landesanstalt. Jb. Bd. 56 (1935) S. 517. — GALLWITZ, H.: Ein Vorschlag zur einheitlichen Einteilung und Benennung von Lockergesteinen. Bautechn. 1939 S. 517. — LEVSEN, P., u. B. RENTSCH: Der angemessene Preis im Straßenbau 5. Aufl. Berlin 1940. — NIGGLI, P.: Zusammensetzung und Klassifikation der Lockergesteine. Schweizer Arch. angew. Wiss. Techn. Bd. 4 (1938). — PRESS, H.: Der Boden als Baugrund. Berlin 1939; Geologie und Bauwesen 1939 Heft 4. — RITTER, H.: Kostenberechnung im Ingenieurbau S. 22/83. Berlin 1929. — SEIFERT, R.: Zur Frage

[1] Geologie in Tabellen. 1922.

Tabelle 158a. *Gliederung der Absetzgesteine nach ihrer Entstehungsweise.*

Absetzgesteine (Sedimentgesteine), vorwiegend aus Bruchstücken und Trümmern früherer Gesteine bestehend,

<table>
<tr>
<th colspan="4">die mechanisch aufbereitet und</th>
<th colspan="2">die chemisch umgebildet wurden, und zwar unter:</th>
</tr>
<tr>
<th rowspan="2">nicht oder nur unbedeutend verfrachtet wurden</th>
<th colspan="3">weitverfrachtet wurden durch:</th>
<th>toniger Verwitterung</th>
<th rowspan="2">Hydrat-verwitterung[9]</th>
</tr>
<tr>
<th>Eis</th>
<th>Wasser</th>
<th>Luft (Wind)</th>
<th>und meist durch Wasser verfrachtet wurden</th>
</tr>
<tr>
<td valign="top">
Gehängeschutt und verwandte Bildungen (Feldspäte häufig unverwittert)

Gehängebrekzien[1] (mit verschiednen Bindemitteln: Kalkspat, Limonit, SiO₂ usw.), wenn feldspathaltig: mit Übergängen zu Arkosen[2] z. T. (Trümmerarkosen), wenn mit Schieferbruchstücken, zu Grauwacken z. T.
</td>
<td valign="top">
Geschiebelehm[3] und -mergel[4] (Grundmoräne)

Blockpackungen, Grande, Sande z. T., z. T. Spatsande (Wallmoränen)

„Tillite"[5], Gerölltonschiefer, Grauwackeschiefer z. T., Konglomerate[6] z. T., Arkosen[2] z. T., Sandsteine z. T., Quarzite z. T.
</td>
<td valign="top">
Gerölle
durch Schmelzwässer der Eiszeit oder anderes fließendes Wasser abgesetzt: in Binnenseen abgesetzt / am Meeresstrande abgesetzt

(Grande und) Sande z. T. — mit Feldspat:
Spatsande z. T. in Gewässern des Festlandes (bei häufig nur geringer Verfrachtung) abgesetzt, und zwar: durch Schmelzwässer der Eiszeit / in Flußablagerungen / in Binnenseen

ohne Feldspat:
Sande (meist mit vorwiegenden Quarzkörnern) abgesetzt: durch fließendes Wasser / in Binnenseen / am Meeresstrande und auf dem Schelf[7]

Pelite[8] z. T. (Gesteinsmehle):
dahin ein Teil der fälschlich sog. „Tone", vor allem die meisten „Bändertone" und manche Mergel. Abgelagert: durch fließendes Wasser / in Binnenseen / im Meere

Konglomerate[6] z. T.

Puddingsteine, Kieselarkosen[2] und z. T. Grauwacken (wenn mit mehr oder weniger Feldspat- und Schieferbruchstücken), Quarzite z. T.

Arkosen[2] z. T., Sandsteine z. T.

Pelitschiefer
</td>
<td valign="top">
Dünensande:
der Wüsten und des Binnenlandes (wenn größere, bereits vorgebildete Sandmassen zur Verfügung stehen) / der Meeresküsten / in Steppen

Löß[3] (Pelite[8]) z. T.:
in erst jüngst vom Inlandeise verlassenen Gebieten

Sandsteine z. T.

Quarzite z. T.

Lößlehm
</td>
<td valign="top">
Tone

abgelagert: durch Schmelzwässer der Eiszeit (Bändertone z. T.): in Flußtälern / in Binnenseen mit Pflanzenresten und Süßwassermollusken, Ostrakoden usw.

[Im Meere der Eiszeit (Bändertone z. T.) und] im Meere abgelagerte Tone (und Mergel): des Strandes, der Watten und der Mündungsbuchten der Ströme / des Schelfes[7] / des Kontinentalabhanges / der Tiefsee (roter Tiefseeton)

Schiefertone und, wenn mehr oder weniger kalkhaltig, Mergelschiefer z. T.

Ton-, Dach- und Grauwackeschiefer (letztere z. T.)

nach ANDREE: Geologie in Tabellen 1922
</td>
<td valign="top">
verschwemmte (alluviale) Laterite[10]

Bauxite[11] z. T.
</td>
</tr>
</table>

Anmerkungen und Erläuterungen zu obenstehender Tabelle.

Die Anordnung ist so, daß in jeder Spalte von oben nach unten auf die jüngsten Absätze die durch Altern und durch Diagenese (chemische und physikalische Veränderung eines Gesteins nach seiner Ablagerung) aus ihnen entstehenden oder entstandenen Gesteine folgen.

[1] *Brekzien* (Breschen): gröbere *eckige* (also nicht oder nicht weit verfrachtete Gesteinsbruchstücke), die durch ein Bindemittel (Ton, Kalk, Kieselsäure) miteinander verkittet wurden.

[2] *Arkosen:* feldspathaltige Sandsteine.

[3] *Löß- und Geschiebemergel* verlieren durch wässerige Auslaugung mehr oder weniger ihren Gehalt an löslichen, vor allem kalkigen Bestandteilen, sie „verlehmen".

[4] *Mergel* sind Gemenge von Ton und kalkigen Beimengungen.

[5] *Tillite* (Geschiebelehme) sind Bildungen früherer Eiszeiten.

[6] *Konglomerate:* gröbere, *verrundete* Gesteinsbruchstücke, die durch ein Bindemittel (Ton, Kalk, Kieselsäure) miteinander verkittet wurden.

[7] *Schelf:* der vom Meere überflutete Rand der Kontinente.

[8] *Pelite* (griechisch πηλος = Schlamm): Bei der Verfrachtung von Gesteinstrümmern im Wasser findet fortgesetzt durch Abrieb ein Zerkleinerungsvorgang statt. Aus Trümmern und Geröllen (Psephiten) wird Sand (Psammite), aus Sand wird Schlamm (Pelite).

[9] *Hydrate* sind Verbindungen von Oxydulen und Oxyden mit Wasser. Auf der Bildung von Eisenoxydhydrat aus Eisenoxydulsalzen beruht die Gelb-, Braun- und Rotfärbung in der Verwitterung der Gesteine.

[10] *Laterit:* lebhaft rotes, auch rotbraun gefärbtes, eisenoxydreiches, an feuchttropisches Klima gebundenes Verwitterungsergebnis kristalliner Gesteine.

[11] *Bauxit* entspricht dem Laterit und ist das eisen- und kieselsäurehaltige Verwitterungsergebnis tonerdehaltiger Gesteine. Wichtigstes Aluminiumerz.

19

Tabelle 158b. *Übersicht über die Einteilung der Erdstoffe.*

Erdstoffe	**Festgestein (Fels)**	*Schmelzflußgestein* (Massengestein, Durchbruchgestein) Eruptive Erstarrungsgesteine	Tiefengestein	Granite Diorite Gabbro Syenite
			Ergußgestein	Quarzporphyrite Liparite, Porphyrite Andesite Diabase, melaphyre Basalte Phonolithe, Trachyte
		Absetzgesteine (Schichtgesteine, Verfestigte Ablagerungen)	Trümmergestein	Brekzie Konglomerate Grauwacke Sandsteine Tonschiefer
			Ausscheidungsgestein	Kalke Mergel Dolomite Steinsalz Anhydrite Gips
	Lockergestein	*Unverfestigte* Ablagerungen	Faulschlammgestein	Braunkohlen Lignite Steinkohlen Anthrazite Ölschiefer Stinkkalke
			Mineralböden	*Nichtbindige Böden* Inkohärente Böden Kiesböden *Sandböden* *Schwachbindige Böden* Schluffböden z.T. Löß Sande, mergelig, lehmig, tonig *Gutbindige Böden* (kohärente Böden) Ton Lehm Mergelböden
			Humus- und Faulschlammböden	*Humusböden* Moorböden (anmoorig) Flachmoortorf Hochmoortorf *Faulschlammhaltige Böden*

Der Gruppe "Festgestein (Fels)" (Schmelzflußgestein und Absetzgesteine) ist zugeordnet:

Umwandlungsgestein (Metamorphe Gesteine)

Gneise, Glimmerschiefer, Phyllite, Serpentin, Marmore

der einheitlichen Einteilung und Benennung von Lockergesteinen. Bautechn. 1939 S. 686. — SCHEIDIG, A.: Die Bodeneinteilung in den Technischen Vorschriften für Erdarbeiten, Bautechn. 1939 S. 445. — SCHURHAMMER, H.: Behandlung von Felsböschungen. Schriftenreihe Straße Nr. 14. Berlin 1939. — STOBER, R.: Wünsche und Forderungen des Unternehmers an Leistungsverzeichnis und Vertrag. Bauindustrie 1936 S. 227/285. — Technische Vorschriften für Erdarbeiten bei den Reichsautobahnen TVE. RAB. Herausgegeben vom Generalinspektor für das deutsche Straßenwesen, Berlin W 8. Ausgabe 1940.

K. Einteilung der Böden auf Grund ihrer schwingungstechnischen Eigenschaften.

Aus der Größe der Federkraft des Erdreiches lassen sich Schlüsse auf die statische Tragfähigkeit des Bodens, d. h. auf die zulässige Baugrundpressung ziehen. Man teilt daher den Boden bezüglich seines dynamischen Verhaltens in verschiedene Klassen ein.

Eine einwandfreie Einteilung ist noch nicht vorhanden. Versuche dazu stammen von P. MÜLLER[1] und A. HERTWIG[2].

III. Physikalische Eigenschaften der Böden.

A. Dichte der Böden.

1. Begriffe.

Dichte im Bauwesen: Der Bauingenieur bezeichnet einen Boden als dicht, wenn er wenig Hohlräume aufweist. Die Dichte eines Bodens wird ausgedrückt durch das Raumgewicht des Bodens (Rohwichte), durch das spezifische Gewicht des Bodens (Reinwichte), durch das Porenvolumen (Hohlrauminhalt).

Physikalische Dichte: Nach Din 1306 wird die Bedeutung der physikalischen Dichte wie folgt umschrieben:

Die Dichte ϱ eines Körpers ist das Verhältnis seiner Masse m zu seinem Volumen V, d. h.

$$\varrho = \frac{m}{V}.$$

Bei Dichteangaben ist der Zustand des Körpers wie Temperatur, Druck, Feuchtigkeitsgehalt usw. anzugeben. Vgl. auch Din 1343.

Wichte: Die Wichte eines Körpers ist das Verhältnis seines Gewichtes G zu seinem Volumen V; d. h.

$$\gamma = \frac{G}{V}.$$

Bei der Angabe von Wichten ist der Zustand des Körpers, wie Temperatur, Wassergehalt usw. anzugeben. Man unterscheidet zwischen

Rohwichte (für Rohwichte wird auch die Bezeichnung Raumgewicht, Raumeinheitsgewicht gebraucht) und

Reinwichte: Reinwichte bedeutet das gleiche wie spezifisches Gewicht oder Stoffgewicht. Die Wörter Rohwichte und Reinwichte sind den Bezeichnungen Bruttogewicht und Nettogewicht nachgebildet.

2. Das Raumgewicht (Rohwichte).

a) Begriff.

Das Raumgewicht einer Raumeinheit besteht aus dem Gewicht der darin enthaltenen Körner und dem Gewicht der Flüssigkeit in den Hohlräumen.

b) Die verschiedenen Arten von Raumgewichten.

Aus Tabelle 159 gehen die verschiedenen Arten von Raumgewichten hervor.

---

[1] Vorschläge für die Klassifizierung des Baugrundes auf Grund von Schwingungsmessungen. Abh. Int. Ver. f. Brücken- u. Hochbau 1932 S. 349.

[2] Bericht über die dynamischen Bodenuntersuchungen. Int. Ver. f. Brücken- u. Hochbau. Vorbericht f. Kongreß 1936 S. 1572. Siehe Kap. über dynamische Baugrunduntersuchungen; Bd. II.

Tabelle 159.

Bodenart	
Trockener Boden Die Poren sind z. T. mit Wasser, z. T. mit Luft gesättigt	$\gamma_e = (1 - n)\,\gamma_s$ $\gamma_e{}^* = (1 - n)\cdot\gamma_s + n'\cdot\gamma_w$
Die Poren sind vollständig mit Wasser gefüllt (wassergesättigter Boden)	$\gamma_e' = (1 - n)\,\gamma_s + n\,\gamma_w = \gamma_e + n\,\gamma_w$
Es ist ein Auftrieb vorhanden	$\gamma_e'' = (1 - n)\,\gamma_s + n\,\gamma_w - 1\,\gamma_w = \gamma_e' - \gamma_w = \gamma_e - (1 - n)\,\gamma_w$ $\quad = (1 - n)\,\gamma_s - (1 - n)\,\gamma_w = (\gamma_s - \gamma_w)\,(1 - n)$
Es ist ein abwärts gerichteter Strömungsdruck vorhanden	$\gamma_e''' = \gamma_e - \gamma_w\,(1 - n)\,(1 - J) + \gamma_w\,n\,J = \gamma_e'' + \gamma_w\,J$ $\qquad\qquad \gamma_w\,J = \text{Strömungsdruck}$
Es ist ein aufwärts gerichteter Strömungsdruck vorhanden	$\gamma_e''' = \gamma_e - \gamma_w\,(1 - n)\,(1 + J) - \gamma_w\,n\,J = \gamma_e'' - \gamma_w\,J$
Es ist Wasser in der Kapillarzone vorhanden	$\gamma'''' = \gamma_s\,(1 - n) + n\,\gamma_w - (1 - n)\,\gamma_w = \gamma_e' - (1 - n)\gamma_w$ $\qquad\qquad\qquad\qquad\qquad\qquad\qquad = \gamma_e - (1 - 2n)\gamma_w$

$n =$ Porenvolumen, $n' =$ mit Wasser gefüllte Poren bei nicht gesättigtem Boden, $\gamma_s =$ Reinwichte (spezifisches Gewicht) des Bodens; meistens ist $\gamma_s = 2{,}65\,\mathrm{kg/dm^3}$, $\gamma_w =$ Reinwichte des Wassers; $\gamma_w \simeq 1{,}0\,\mathrm{kg/dm^3}$; $J =$ Druckgefälle.

Tabelle 160. *Zahlenwerte.*

	Ton	Kiessand
γ_s	2,67	2,67 t/m³
n	70%	30%
γ_e	0,80	1,87 t/m³
γ_e'	1,50	2,17 t/m³
γ_e''	0,50	1,17 t/m³

Siehe auch Tabelle 161.

c) Das Raumgewicht γ_e in Abhängigkeit vom Druck.

α) Grundlage für die Berechnung.

Allgemein ist

$n_0 =$ Porenvolumen bei der unteren Elastizitätsgrenze; bei bindigen Böden ungefähr bei der Atterbergschen Fließgrenze,

$n =$ Porenvolumen in Abhängigkeit vom Druck,

$K =$ Festwert, der in Beziehung zur Elastizitätsziffer M_E steht:

$$M_E = \left(\frac{\sigma_0 + \sigma}{K}\right) \ln 10.$$

K wird aus der Drucksetzungsformel nach BENDEL erhalten zu (siehe S. 399)

$$s = K \log \frac{\sigma_0 + \sigma}{\sigma_0} \text{ in \%.} \tag{1}$$

$\sigma_0 =$ Festwert $=$ Druck, der das Porenvolumen n_0 erzeugte,

$\sigma_0 =$ Druck infolge Kapillarkräften, molekularer Anziehungskraft, chemisch-physikalischer Kräfte. $\sigma_0 = 0$ bis $2{,}5\,\mathrm{kg/cm^2}$ für tonige Bodenarten,

$\sigma =$ beliebiger Druck in $\mathrm{kg/cm^2}$ (siehe Kap. über Druckverteilung im dritten Hauptteil).

β) Verfahren nach BENDEL zur Berechnung des Raumgewichtes in Abhängigkeit vom Druck.

Wird ein Einheitsvolumen $V = 1$ an der unteren Elastizitätsgrenze bzw. an der Atterbergschen Fließgrenze betrachtet, so lautet die Gleichung für das Raumgewicht γ_0 für wassergesättigten Boden, wobei für $\gamma_e' = \gamma_0$ gesetzt wird (vgl. Abb. 207):

$$\gamma_0 = (1 - n_0)\,\gamma_s + n_0\,\gamma_w. \text{ I} \tag{1}$$

Wird das Material mit dem Druck σ belastet, so vermindert sich der Betrag $n_0 \gamma_w$ auf $(n_0' \gamma_w)$. Die Größe der Verminderung von $n_0 \gamma_w$ auf $n_0' \gamma_w$ entspricht dem Setzungsbetrag s nach Gl. (2), S. 399, d. h.

$$(n_0 - n_0')\, \gamma_w = s\, \gamma_w = \gamma_w\, K \log\left(\frac{\sigma_0 + \sigma}{\sigma_0}\right). \tag{2}$$

Das Raumgewicht des Materials nach der Zusammendrückung betrage γ_1; dann ist

$$\gamma_1\,(1 - s) = (1 - n_0)\,\gamma_S + n_0'\,\gamma_w. \tag{3}$$

Mit Hilfe der Gln. (1), (2) und (3) findet man, da

$$n_0'\,\gamma_w = (n_0 - s)\,\gamma_w$$

ist:

$$\gamma_1\,(1 - s) = (1 - n_0)\,\gamma_S + n_0\,\gamma_w - s\,\gamma_w = \gamma_0 - s\,\gamma_w. \tag{4}$$

Aus Gl. (4) ergibt sich

$$\gamma_1 = \frac{\gamma_0 - s\,\gamma_w}{1 - s} = \frac{\gamma_0 - \gamma_w\, K \log\left(\dfrac{\sigma_0 + \sigma}{\sigma_0}\right)}{1 - K \log\left(\dfrac{\sigma_0 + \sigma}{\sigma_0}\right)}. \tag{5}$$

Gl. (5) kann auch geschrieben werden:

$$\gamma_1 = \gamma = \alpha\,\gamma_0 - \alpha\,\gamma_w\, K \log\left(\frac{\sigma_0 + \sigma}{\sigma_0}\right). \tag{6}$$

In dieser Formel bedeutet

$$\alpha = \frac{1}{1 - K \log\left(\dfrac{\sigma_0 + \sigma}{\sigma_0}\right)}.$$

Gl. (6) kann somit in der Form geschrieben werden:

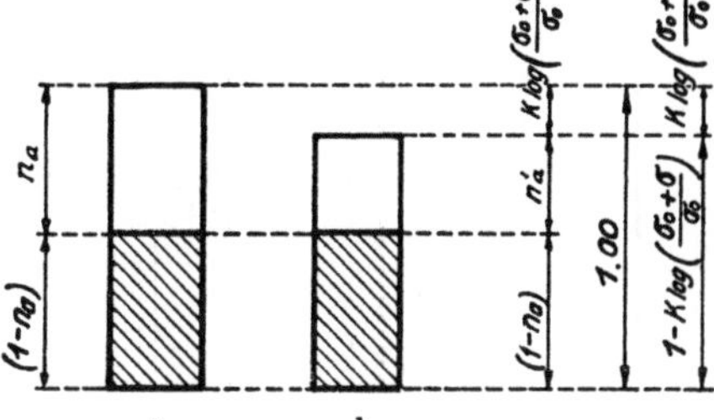

Abb. 207. Hohlraum vor und nach dem Zusammendrücken.
a Vor dem Zusammendrücken:
$$n_a + (1 - n_a);$$
b nach dem Zusammendrücken:
$$(1 - n_a) + \left\{ n_a - K \log\left(\frac{\sigma_0 + \sigma}{\sigma_0}\right) \right\}.$$
$\sigma_0 =$ Vorbelastung in kg/cm²,
$\sigma =$ Zusammendrückungskraft in kg/cm².

$$\gamma = \Gamma' + \Gamma \log\left(\frac{\sigma_0 + \sigma}{\sigma_0}\right),$$

wobei bedeutet:

$$\Gamma' = \alpha\,\gamma_0,$$
$$\Gamma = -\alpha\,\gamma_w\, K.$$

Wird nicht von der unteren Elastizitätsgrenze bzw. Atterbergschen Fließgrenze mit dem Vordruck σ_0 und dem Raumgewicht γ_0 ausgegangen, sondern von irgendeinem beliebigen Belastungszustand $\sigma = \sigma_1$ mit dem Raumgewicht γ_1 und wird der Boden belastet bis zu $\sigma = \sigma_2$ mit dem Raumgewicht γ_2, so ergibt sich mit Hilfe der Setzungsgleichung (4), S. 404 die allgemeingültige Raumgewichtsgleichung gesättigter Böden in Abhängigkeit von der Belastung

$$\gamma_2 = \frac{\gamma_1 - \gamma_w\, K \log\left(\dfrac{\sigma_0 + \sigma_2}{\sigma_0 + \sigma_1}\right)}{1 - K \log\left(\dfrac{\sigma_0 + \sigma_2}{\sigma_0 + \sigma_1}\right)}. \tag{7}$$

d) Raumgewicht und Wassergehalt.

Das Raumgewicht von Sand ändert sich je nach dem Wassergehalt des Bodens. Zuerst nimmt das Raumgewicht bei zunehmendem Wassergehalt ab, um bei weiter steigendem Wasserzusatz wieder zuzunehmen. Die Ursache des

Tabelle 160a. *Beziehungen zwischen dem spez. Gewicht, Raumgewicht, Wassergehalt, Hohlraumgehalt und Porenziffer.*

Bekannte Größen	Gesuchte Größen					
	γ_s	γ_e	γ_e'	w	n	ε
$\gamma_s\,\gamma_e$	—	—	$\gamma_s - \dfrac{\gamma_w\gamma_e}{\gamma_s} + \gamma_w$	$\dfrac{\gamma_w}{\gamma_e} - \dfrac{\gamma_w}{\gamma_s}$	$\dfrac{\gamma_s - \gamma_e}{\gamma_s}$	$\dfrac{\gamma_s - \gamma_e}{\gamma_e}$
$\gamma_s\,\gamma_e'$	—	$\dfrac{\gamma_e' - \gamma_w}{1 - \dfrac{\gamma_w}{\gamma_s}}$	—	$\dfrac{\gamma_s - \gamma_e'}{\gamma_s\left(\dfrac{\gamma_e'}{\gamma_w} - 1\right)}$	$\dfrac{\gamma_s - \gamma_e'}{\gamma_s - \gamma_w}$	$\dfrac{\gamma_s - \gamma_e'}{\gamma_e' - \gamma_w}$
$\gamma_s\,w$	—	$\dfrac{\gamma_w}{\dfrac{\gamma_w}{\gamma_s} + w}$	$\dfrac{\gamma_s(1+w)}{1 + \dfrac{\gamma_s}{\gamma_w}w}$	—	$\dfrac{1}{1 + \dfrac{\gamma_w}{\gamma_s w}}$	$\dfrac{\gamma_s}{\gamma_w}w$
$\gamma_s\,n$	—	$\gamma_s(1-n)$	$\gamma_s - (\gamma_s - \gamma_w)n$	$\dfrac{\gamma_w n}{\gamma_s(1-n)}$	—	$\dfrac{n}{1-n}$
$\gamma_s\,\varepsilon$	—	$\dfrac{\gamma_s}{1+\varepsilon}$	$\dfrac{\gamma_s + \gamma_w\varepsilon}{1+\varepsilon}$	$\dfrac{\gamma_w}{\gamma_s}\varepsilon$	$\dfrac{\varepsilon}{1+\varepsilon}$	—
$\gamma_e\,\gamma_e'$	$\dfrac{\gamma_e\gamma_w}{\gamma_e + \gamma_w - \gamma_e'}$	—	—	$\dfrac{\gamma_e'}{\gamma_e} - 1$	$\dfrac{\gamma_e' - \gamma_e}{\gamma_w}$	$\dfrac{\gamma_e' - \gamma_e}{\gamma_w + \gamma_e - \gamma_e'}$
$\gamma_e\,w$ [1]	$\dfrac{\gamma_e}{1 - \dfrac{\gamma_e}{\gamma_w}w}$	—	$\gamma_e(1+w)$	—	$\dfrac{\gamma_e}{\gamma_w}w$	$\dfrac{\gamma_e w}{\gamma_w - \gamma_e w}$
$\gamma_e\,n$	$\dfrac{\gamma_e}{1-n}$	—	$\gamma_e + \gamma_w n$	$\dfrac{\gamma_w}{\gamma_e}n$	—	$\dfrac{n}{1-n}$
$\gamma_e\,\varepsilon$	$\gamma_e(1+\varepsilon)$	—	$\gamma_e + \gamma_w\dfrac{\varepsilon}{1+\varepsilon}$	$\dfrac{\gamma_w\varepsilon}{\gamma_e(1+\varepsilon)}$	$\dfrac{\varepsilon}{1+\varepsilon}$	—
$\gamma_e'\,w$	$\dfrac{\gamma_e'}{1 - \dfrac{w}{\gamma_w}(\gamma_e' - \gamma_w)}$	$\dfrac{\gamma_e'}{1+w}$	—	—	$\dfrac{\gamma_e' w}{\gamma_w(1+w)}$	$\dfrac{\gamma_e'}{\gamma_w\left(1 + \dfrac{1}{w}\right) - \gamma_e'}$
$\gamma_e'\,n$	$\dfrac{\gamma_e' - \gamma_w n}{(1-n)}$	$\gamma_e' - \gamma_w n$	—	$\dfrac{n}{\dfrac{\gamma_e'}{\gamma_w} - n}$	—	$\dfrac{n}{1-n}$
$\gamma_e'\,\varepsilon$	$\gamma_e'(1+\varepsilon) - \gamma_w\varepsilon$	$\gamma_e' - \gamma_w\dfrac{\varepsilon}{1+\varepsilon}$	—	$\dfrac{1}{\dfrac{\gamma_e'}{\gamma_w}\left(1 + \dfrac{1}{\varepsilon}\right) - 1}$	$\dfrac{\varepsilon}{1+\varepsilon}$	—
$w\,n$	$\dfrac{\gamma_w n}{w(1-n)}$	$\gamma_w\dfrac{n}{w}$	$\gamma_w n\dfrac{1+w}{w}$	—	—	$\dfrac{n}{1-n}$
$w\,\varepsilon$	$\gamma_w\dfrac{\varepsilon}{w}$	$\gamma_w\dfrac{\varepsilon}{w(1+\varepsilon)}$	$\gamma_w\dfrac{\varepsilon}{w}\dfrac{1+w}{1+\varepsilon}$	—	$\dfrac{\varepsilon}{1+\varepsilon}$	—

Vgl. Erdbaukurs. Eidg. Techn. Hochschule 1938. — W. Loos, Praktische Anwendungen der Baugrunduntersuchungen. Berlin 1937. S. 200.

[1] w bedeutet im vorliegenden Falle den Wassergehalt bei Sättigung.

abnehmenden Raumgewichtes trotz zunehmendem Wassergehalt ist in der Bildung von Wasserhüllen um das einzelne Sandkorn zu suchen. Infolge der Wasserhüllenbildung wird das Volumen des Bodens vergrößert (siehe Abb. 208).

Bindige Böden verhalten sich im Bereiche unvollständiger Sättigung ähnlich wie Sand.

Vgl. BENDEL: Jb. Dtsch. Betonverein 1929 S. 390.

e) Praktische Beispiele.

α) Raumgewicht und Kiessandbedarf für 1 m³ fertigen Beton.

Im vorstehenden Abschnitt wurde erwähnt, daß das Raumgewicht bzw. das Volumen eines Sandes je nach dem Wassergehalt im Sand Veränderungen unterworfen ist. Infolge der Schwankungen des Raumgewichtes von Kiessand ändert der Kiessandbedarf für 1 m³ Beton Kiessand[1].

Die Formel für die Berechnung des Kiessandbedarfes lautet:

$$r_{b_0} = z_0 + w_0 + k_0 \, r_0. \tag{1}$$

r_b = Raumgewicht des Betons in kg/m³,

z = Zementgewicht in kg/m³ Fertigbeton,

w = Wassergewicht in kg/m³ Fertigbeton,

k = Kiesbedarf in l/m³ Fertigbeton,

r = Raumgewicht des Kiessandes pro l,

Index „0" bei Verwendung von trockenem Kiessand,

Index „1" bei Verwendung von nassem Kiessand.

Ferner bedeutet:

x = Mehrbedarf an Kiessand bei feuchtem gegenüber trockenem Material in Prozenten,

y = prozentuale Verminderung des Kiessandraumgewichtes infolge Naturfeuchtigkeitsgehaltes des Kiessandes.

a) Raumgewicht in Abhängigkeit vom Wassergehalt.

Zu a) Versuchsanordnung: 1. Bauplatzmäßiges Einfüllen des trockenen Sandes in ein 10-l-Gefäß. 2. Wägen des Sandes in trockenem Zustande. 3. Beifügen von 10, 20, 30 l Wasser usw. zum trockenen Sand. 4. Umschaufeln des feuchten Sandes. 5. Bauplatzmäßiges Einfüllen in ein 10-l-Gefäß. 6. Wägen des feuchten Sandes.

b) Volumen in Abhängigkeit vom Wassergehalt.

Zu b) Versuchsanordnung: 1. Bauplatzmäßiges Einfüllen des feuchten Sandes in ein 10-l-Gefäß. 2. Das Gefäß wird 200mal je 15 cm hoch gehoben und fallen gelassen. 3. Bestimmung der Volumenverminderung des Sandes. 4. Wiederholung der Versuche mit verschieden feuchtem Sand und 5. Bestimmung der jeweiligen Volumenverminderung des Sandes.

Abb. 208. Raumgewichtsuntersuchungen.

Es ist somit

$$r_{b_1} = z \, (1 + x) + w_0 \, (1 + x) + k_0 \, (1 + x) \, r_0 \, (1 - y), \tag{2}$$

$$\frac{r_{b_1}}{1 + x} = (z + w_0 + k_0 \, r_0) - k_0 \, r_0 \, y = r_{b_1} - k_0 \, r_0 \, y. \tag{3}$$

Da sich versuchstechnisch ergibt, daß $r_{b_1} \cong r_{b_0}$ ist, so kann geschrieben werden:

$$x = \frac{y}{a - y}, \quad \text{wobei} \quad a = \frac{r_{b_0}}{k_0 \, r_0}$$

ist oder der Kiessandbedarf K in Abhängigkeit von der Naturfeuchtigkeit ist:

$$k_1 = K = k_0 \left(\frac{a}{a - y} \right) = k_0 \, (1 + x).$$

---

[1] Vgl. BENDEL: Statistisch-mathematische Auswertung systematischer Betonuntersuchungen. Schweiz. Bauztg. Bd. 102 (1935).

y ist praktisch zwischen 0 bis 0,2 zu nehmen und ist eine spezifische Material-eigenschaft[1]. Bei Verwendung von getrennten Materialien ist:

$$K_g = k_{k_0} + k_{s_0}\left(\frac{a'}{a' - y}\right), \quad \text{wobei} \quad a' = \frac{r_{b0}}{k_{s0}\, r_{s0}} \quad \text{ist.}$$

k_k = Kiesbedarf in l/m³ Fertigbeton,
k_s = Sandbedarf in l/m³ Fertigbeton.
Für die Indizes „0" und „1" siehe oben. Der Index „g" bedeutet getrenntes Material. Bei trockenem Material ist das Verhältnis von Sand zu Kies

$$\frac{S_0}{K_0} = \frac{k_{s0}\, r_{s0}}{k_{k0}\, r_{k0}}.$$

Bei *feuchtem* Material ist das Verhältnis von Sand zu Kies

$$\frac{S_1}{K_1} = \frac{k_{s1}\, r_{s1}\, (1 - y)}{k_{k1}\, r_{k1}}.$$

Versuchstechnisch zeigte sich, daß $k_{k_0}\, r_{k_0} \simeq k_{k_1}\, r_{k_1}$ ist.

Aus den letzten Formeln ergibt sich, daß das Kies-Sand-Verhältnis $\frac{S_1}{K_1}$ bei feuchtem Material um den Faktor $1 - y$ kleiner wird als bei trockenem Material; d. h. der Sandgehalt muß um den Betrag $\left(\frac{1}{1 - y}\right)$ vermehrt werden, um ein gegebenes Sand-Kies-Verhältnis trotz änderndem Sandfeuchtigkeitsgehalt beizubehalten. Für frisch gewaschenen Splitt schwankt y zwischen 0 und 0,35. y ist abhängig von der Korngröße, Kornform, Wassergehalt und mineralogischen Beschaffenheit. Die Einzeleinflüsse sind noch nicht abgeklärt. Bei den Voruntersuchungen für den Ceneritunnel fand der Verfasser, daß für trockenen Splitt 0/12 mm 250 l und für feuchten Splitt 0/12 mm sogar 340 l zu nehmen waren, um im Kubikmater Fertigbeton das gegebene Verhältnis Sand zu Kies sowohl bei Verwendung von feuchtem als auch von trockenem Material innehalten zu können. Auf einer anderen Baustelle ergab sich, daß bei Verwendung von *trockenem* Material $\frac{S_0}{K_0} = \frac{1}{2}$ war, und bei *feuchtem* Material stieg es auf $\frac{1}{2,65}$; d. h. der Beton wurde kiesig und war sehr schwer zu verarbeiten. Infolge Verwendung von feuchtem Material wurden dann das Mischungsverhältnis $\frac{S_0}{K_0}$ in $\frac{1}{1,5}$ abgeändert, worauf im Fertigbeton das gewünschte $S_1 : K_1$-Verhältnis $= 1 : 2$ erreicht wurde.

β) **Raumgewicht von schwebestofführendem Flußwasser und Wasserspiegelgefälle.**

Es bedeute:

γ_0 = Raumgewicht eines Sand-Wasser-Gemisches,

n' = Raumteile Wasser zu 1 Raumteil Sand,

γ = Raumgewicht des trockenen Sandes,

γ_w = Raumgewicht des Wassers,

J_0 = Wasserspiegelgefälle für relativ reines Wasser,

J = Wasserspiegelgefälle für Schwebestoff-Wassergemisch.

Dann ist:
$$\gamma_0 = \frac{\gamma + n'\, \gamma_w}{n' + 1}$$

Dann beträgt die Gefällsänderung des Wasserspiegels $\varDelta J$:

$$\varDelta J = J_0 - J = J\,(\gamma_0{}^2 - 1)*.$$

---

[1] Vgl. BENDEL: Richtlinien für die Aufbereitung, Verarbeitung und Nachbehandlung von Beton, S. 10, 5. Aufl.; ferner BENDEL: Jb. Dtsch. Betonverein 1929 S. 391.
* Vgl. R. WINKEL: Förderung mit wasservermischtem Sand. Bautechn. 1941 S. 425.

Der Hwang-Ho (Gelber Fluß) führt zeitweise sehr viel Sand; n' sinkt von 100 bis auf 40 Teile. Das Gefälle sinkt um $\varDelta J = 0{,}13\ J$. Für $J = 0{,}1$ m auf 1 km wird $\varDelta J$ auf 300 km Länge um 3,9 m erhöht; d. h. infolge der Sandführung des Gelben Flusses findet ein Wasserstau um rd. 4 m statt. Die vielen Überschwemmungen des Gelben Flusses sind z. T. auf die Änderung des Raumgewichtes des Flußwassers zurückzuführen.

f) Zahlenwerte von Raumgewichten.

Berechnete Zahlenwerte. Für Sand mit einem Stoffgewicht von $\gamma_S = 2{,}65$ errechnen sich die Raumgewichte zu:

Tabelle 161.

Hohlraumgehalt	Trockener Sand γ_e	Wassergesättigter Sand $\gamma_e{}'$	Sand unter Wasser $\gamma_e{}''$
$n = 0{,}2$	2,12 kg/dm³	2,34 kg/dm³	1,24 kg/dm³
$n = 0{,}3$	1,85 kg/dm³	2,18 kg/dm³	1,08 kg/dm³
$n = 0{,}5$	1,32 kg/dm³	1,87 kg/dm³	0,77 kg/dm³

Tabelle 162. *Versuchstechnisch bestimmte Zahlenwerte.*

Gemessene Raumgewichte	Trocken[1] γ_e in kg/dm³	Wassergesättigt $\gamma_e{}'$ in kg/dm³	Unter Wasser $\gamma_e{}''$ in kg/dm³
Flachmoortorf, zersetzt	1,4 —1,8	—	—
Hochmoortorf, schwach zersetzt .	0,75—1,0	—	—
Hochmoortorf, stark zersetzt	0,8 —1,4	—	—
Trockener Ton...................	2,0	—	—
Weicher Ton	1,5	2,0	1,0
Löß............................	1,6	2,0	1,0
Lehm	2,1	2,2	1,2
Dichter Kiessand...............	2,0	2,15	1,15
Locker gelagerter Sand	1,3	1,8	0,8

3. Spezifisches Gewicht (Reinwichte, Stoffgewicht).

a) Begriff.

Unter spezifischem Gewicht, auch Rohwichte, Stoffgewicht, Wichte genannt, versteht man das Gewicht des trockenen Bodens einer Raumeinheit nach Abzug aller Hohlräume.

b) Zahlenwerte[2].

Tabelle 162a.

Quarz, Feldspat...........................	2,5—2,8 kg/dm³
Kalkspat	2,6—2,8 kg/dm³
Glimmer	2,8—3,2 kg/dm³
Brauneisen	3,4—4,0 kg/dm³
Sande....................................	2,6—2,65 kg/dm³
Lehme	2,7—2,8 kg/dm³
Tone.....................................	2,7—2,9 kg/dm³
Schluff mit organischen Beimengungen	2,4—2,5 kg/dm³
Zersetzter Niedermoortorf	1,8 kg/dm³
Hochmoortorf.............................	1,5 kg/dm³
Humus...................................	1,4 kg/dm³
Wasser (siehe Abb. 209/210)	0,998—1,00 kg/dm³

---

[1] Vgl. auch Tabelle 164 über die Hohlräume.

[2] Für weitere Werte siehe Handb. d. Experimentalphysik, Angewandte Geophysik. Leipzig 1930. S. 17.

[3] RUTTNER, F.: Grundriß der Limnologie S. 7. Berlin 1940.

Kalk und Eisengehalt erhöhen das Stoffgewicht, während der Humusgehalt das Stoffgewicht der Körner herabsetzt.

c) Anwendungen.

Das Stoffgewicht ist bei verschiedenen bodenphysikalischen Versuchen ein Hilfswert; z. B. bei der Ermittlung des Raumgewichtes, der Porenziffer, des Spannungszustandes im Boden und der Schrumpfgrenze, für den Durchlässigkeitsversuch, Zusammendrückungsversuch, die Schlämmanalyse usw.

Die Streuungen der Rohwichte zwischen den einzelnen Proben eines bestimmten Bodenmaterials werden um so kleiner, je weiter die nachträgliche Umbildung der abgelagerten Gesteine (Diagenese) und Verdichtung fortgeschritten ist.

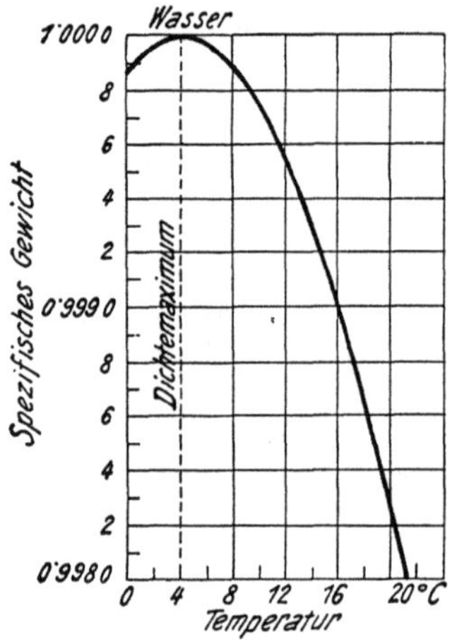

4. Hohlraumgehalt.

a) Begriff.

Unter Hohlraumgehalt, auch Porenvolumen genannt, versteht man den Raumgehalt in einem Boden, der mit Luft oder mit einer Flüssigkeit, meistens Wasser, ausgefüllt ist.

Der Hohlraum wird auf zwei Arten ausgedrückt:

α) In Prozenten des Gesamtvolumens eines bestimmten Bodens. Das Gesamtvolumen V eines Bodens besteht aus:

$$V = L + W + F.$$

$L =$ Luft, $W =$ Wasser, $F =$ Festteil,

$$n = \frac{L + W}{V} \quad \text{Hohlraum in \% des Gesamtvolumens.}$$

β) Die Amerikaner drücken den Hohlraum z. T. in Prozenten des Festteiles F aus, d. h.

$$n^* = \frac{L + W}{F} \quad \text{Hohlraum in \% des Festteilvolumens } F.$$

In diesem Falle deckt sich der Begriff des Hohlraumes mit demjenigen der Porenziffer; d. h. $n^* = \varepsilon$.

Ist $L = 0$, d. h. ist der Boden wassergesättigt, so wird $n^* = \dfrac{W}{F}$, für $F = 1$ wird $n^* = W = \varepsilon$.

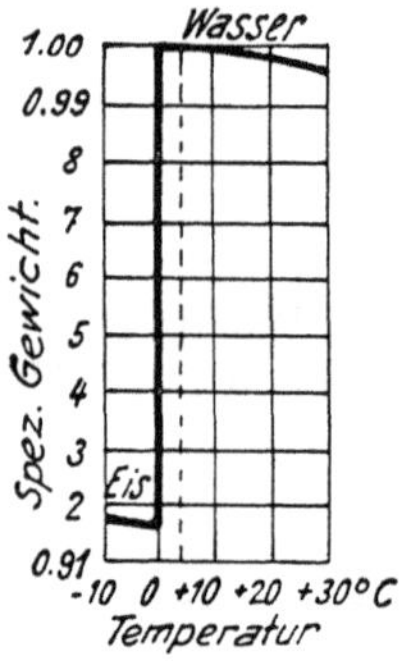

Abb. 209. Teilstück der Kurve zwischen 0° und 20°.

Abb. 210. Die Abhängigkeit des spezifischen Gewichtes des Wassers und des Eises von der Temperatur.

Wo nichts Besonderes bemerkt ist, wird in diesem Buche unter Hohlraum die Zahl n, d. h. der Hohlraum in \% des Gesamtvolumens verstanden.

b) Porenziffer.

Vielfach wird der Hohlraumgehalt durch die Porenziffer ε ausgedrückt. Die Porenziffer ist weniger anschaulich, aber für die Durchführung von erdstatischen Rechnungen vorteilhaft. Die Porenziffer ε bedeutet das Verhältnis von:

$$\varepsilon = \frac{\text{Hohlraum}}{\text{Rauminhalt der Festteile}} = \frac{n}{1-n}; \quad \varepsilon = \frac{V\gamma_s - G}{G} \quad \text{in \% für trockene Böden}$$

und für $V = 1$ wird $\varepsilon = \dfrac{\gamma_s - \gamma_e}{\gamma_e}$ für trockene Böden,

$$\varepsilon = \frac{\gamma_s - \gamma_e'}{\gamma_e'' + \gamma_w}$$ für mit Wasser gesättigte Böden.

$\gamma_e' =$ Raumgewicht des wassergesättigten Bodens,
$\gamma_w =$ Raumgewicht der Flüssigkeit.

c) Lagerungsdichte.

Die Lagerungsdichte D gibt das Verhältnis der tatsächlichen Verringerung zur größtmöglichen Verringerung gegenüber der lockersten Lagerung an.

Unter Lagerungsdichte D versteht man demnach das Verhältnis

$$D = \frac{\varepsilon_0 - \varepsilon}{\varepsilon_0 - \varepsilon_1}.$$

$\varepsilon_0 =$ Porenziffer bei lockerster Lagerung des Bodens,
$\varepsilon \ =$ Porenziffer bei natürlicher Lagerung des Bodens,
$\varepsilon_1 =$ Porenziffer bei dichtester Lagerung des Bodens.

Für Zahlenwerte siehe Tabelle 164 im Abschnitt e) η) S. 302.

d) Verdichtungsfähigkeit.

Unter Verdichtungsfähigkeit D_F des Bodens versteht man das Verhältnis:

$$D_F = \frac{\varepsilon_0 - \varepsilon_1}{\varepsilon_1},$$

d. h. durch die Verdichtungsfähigkeit D_F wird das Verhältnis der möglichen Raumverringerung lockerst gelagerter Sande zur möglich dichtesten Lagerung ausgedrückt.

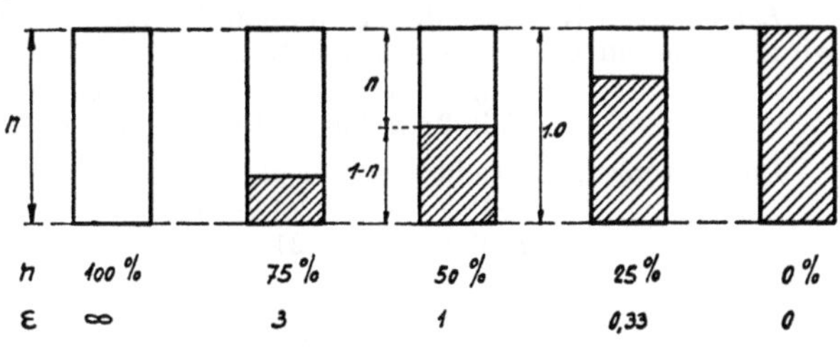

Abb. 211. Bildliche Darstellung des Hohlraumgehaltes und der Porenziffer.

Für die bildliche Darstellung von Hohlraumgehalt und Porenziffer siehe Abb. 211.

e) Einflüsse auf die Größe des Hohlraumgehaltes.

Die Größe des Hohlraumgehaltes ist abhängig:

α) *von der Körnung*, wie Gestalt der Körner und Kornverteilung, β) *vom Wassergehalt*, γ) *von der Entstehung der Böden*, δ) *von der Belastung des Bodens*, ε) *von den Erschütterungen im Boden*, ζ) *von den Wasserströmungen im Boden*.

Zu den einzelnen Einflüssen auf die Größe des Hohlraumgehaltes ist zu bemerken:

α) Der Hohlraumgehalt in Abhängigkeit von der Körnung.

I. Einfluß der Gestalt der Körner auf den Hohlraumgehalt. Aus den bisherigen Versuchen ergibt sich, daß die Gestalt der Körner auf die Größe des Hohlraumes einen merklichen Einfluß hat. Sperrige Kornstücke bedingen einen größeren Hohlraum als rundliche.

Beispiel[1]: Aus 10 000 Messungen an gebrochenem Kieselkalk (Kreideformation), bei welchem feinfaserige Kieselsubstanz die Kalkmasse durchsetzte, hat der Verfasser für den Hohlrauminhalt in Abhängigkeit von der Kornform gefunden:

---

[1] Vgl. Bendel: Praktische Folgerungen aus Steinbrechversuchen. Hoch- u. Tiefbau 1937 Nr. 42.

Tabelle 163.

Zustand der Brechbacken	Seitenlänge mm			Stückzahl je 10 l	Raumgewicht t/m³	Hohlraumgehalt %
	a	b	c			
Körnung 60/85 mm						
Neue Brechbacken	80	55,4	28,9	77	1,41	47
Alte Brechbacken	81	55,8	26,9	68	1,36	49
Körnung 45/60 mm						
Neue Brechbacken.....	62,6	41,2	19,3	174	1,37	48
Alte Brechbacken......	63,7	38,9	15,9	195	1,26	53

a = Größte Seite des Kornes; b = Mittlere Größe des Kornes; c = Kleinste Seite des Kornes.

II. Kornverteilung und Hohlraumgehalt. Aus den bisherigen Versuchsergebnissen ergibt sich:

Der Hohlraumgehalt ist um so größer, je gleichmäßiger die Körnung ist. Die Hohlräume sind um so kleiner, je unregelmäßiger die Körnung ist. Es besteht die Möglichkeit, daß die feinen Körner in die Hohlräume gelangen, die zwischen den groben Körnern vorhanden sind.

Theoretisch könnten verschieden große kugelige Sandkörner so abgestuft werden, daß ein vollkommen dichtes Gebilde entsteht.

Beispiel: Für Kiessand der Körnung 0/30 mm, wie er für Betonierzwecke verwendet wird, wurde ein Hohlraumgehalt gefunden:

Fall 1: n bei dichtester Lagerung von 24%,
Fall 2: n bei lockerster Lagerung von 40%.

Das Betonraumgewicht war bei gleichen Versuchsbedingungen:

Fall 1: $\gamma = 2,38$ kg/dm³,
Fall 2: $\gamma = 2,21$ kg/dm³.

β) Hohlraumgehalt und Wassergehalt.

I. Bei nichtbindigen Böden. Der Wassergehalt in einem Boden ist von großer Bedeutung für die Dichte der Lagerung bzw. für den Hohlraumgehalt einer Sandschüttung (vgl. Abb. 208). Siehe auch Raumgewicht und Wassergehalt Tab. 161/162.

Aus Abb. 208b ist ersichtlich, wie sich der Widerstand gegen das Zusammenrütteln in Abhängigkeit vom Wassergehalt des Sandes ändert. Der Verfasser fand beim untersuchten Sand bei rd. 1,5 bis 3% Wassergehalt, ausgedrückt in Prozent des Trockengewichtes, den kleinsten Widerstand gegen das Zusammenrütteln und Zusammendrücken.

II. Bei bindigen Böden. Bei bindigen Böden ist zu unterscheiden zwischen dem scheinbaren gesamten Hohlraumgehalt und dem spannungsfreien Hohlraum, ohne Saugwasserhülle.

Nach dem Abschnitt über physikalische Chemie beträgt die Menge der Saugwasserbindung bei einem Korn von $6\,\mu$ Durchmesser rd. 1% des Gewichtes der festen Bodenteilchen. Nach ZUNKER[1] nimmt der spannungsfreie Hohlraumgehalt nur wenig zu, wenn das Korn verkleinert wird.

γ) Hohlraumgehalt in Abhängigkeit von der Entstehung der Bodenschichten.

I. Nichtbindige Böden. Sande und Kiese, die aus Hochwasser abgelagert werden, werden infolge starker und wechselnder Strömung meist locker ab-

---

[1] Handb. d. Bodenlehre Bd. 6. Berlin 1930. S. 82/83 Abb. 33.

gelagert. In ruhigen, stehenden oder langsam fließenden Gewässern werden die Sande meist dicht abgelagert; mit anderen Worten: der Hohlraumgehalt ist stark verschieden, je nach der Art der Entstehung der Sand- und Kiesablagerung.

II. Bindige Böden. Die Dichte eines bindigen Bodens bzw. sein Hohlraumgehalt wird stark davon beeinflußt, ob während seiner Entstehung Elektrolyte im Boden waren, die das Ausfällen der feinsten Bodenteile (Kolloide) beschleunigten, oder ob Schutzkolloide vorhanden waren, die das Ausfallen der feinsten Bodenteile verhinderten. Die dadurch entstehenden Flocken- und Wabengefüge weisen einen sehr hohen Gehalt an Hohlräumen auf. Der Gehalt an Hohlräumen kann sich bei Flockengefügen bis auf 90% erhöhen.

δ) Hohlraumgehalt in Abhängigkeit von der Belastung.

I. Nichtbindige Böden. Bei nichtbindigen Böden ändert sich der Hohlraumgehalt infolge einer Belastungsänderung nur wenig. Der Druck wird von Korn zu Korn übertragen, so daß das Gefüge bei der kleinen Zunahme des Belastungsdruckes keine Änderung erfährt.

Wird der Druck sehr hoch gesteigert, so fand der Verfasser, daß eine ruckartige Verkleinerung des Hohlraumes stattfand. Z. B. beim Zugersand wurde der Druck auf 500 kg/cm² gesteigert. Die einzelnen Körner wurden zerbrochen, so daß eine Änderung in der Kornzusammensetzung eintrat.

II. Bindige Böden. Werden die bereits abgelagerten Bodenteilchen durch weitere Bodenteilchen überlagert, so verringert sich der Hohlraum der zuerst abgelagerten Bodenteilchen unter dem stetig wachsenden Druck. Die Verkleinerung des Hohlraumes wird einerseits durch die Festigkeit der schuppenförmigen Bodenteilchen, die den Druckwiderstand leisten, bedingt und andererseits, je nachdem das die Hohlräume füllende Wasser rasch oder langsam aus den Hohlräumen abströmen kann.

Obige Betrachtungen ermöglichen die Ableitung eines Druckvolumenänderungsgesetzes.

III. Berechnung des Hohlraumgehaltes bei Belastung des Bodens nach Bendel. Im Kapitel über Setzungen wurde ausgeführt, daß die Setzungen zum überwiegenden Teil auf die Verkleinerung des Hohlraumgehaltes zurückzuführen sind. Daraus ergibt sich, daß eine Setzung identisch ist mit der Hohlraumverkleinerung. Formelmäßig ausgedrückt heißt das:

$$s_2 - s_1 = -(n_2 - n_1). \tag{1}$$

In Formel (1) bedeutet:

$n =$ Hohlraumgehalt in Prozent des Gesamtvolumens,

$s_2 - s_1 =$ Setzungsvergrößerung, wenn die Belastung σ von $\sigma = \sigma_1$ auf $\sigma = \sigma_2$ gesteigert wird.

Es ist für mit Wasser gesättigten Boden:

$$s_2 - s_1 = K \log\left(\frac{\sigma_0 + \sigma_2}{\sigma_0 + \sigma_1}\right) \tag{2}$$

(vgl. Gl. (2), S. 399).

Da $\sigma_2 = (\sigma_0 + \sigma_1) + \sigma$ ist und für $\sigma_0 + \sigma_1 = \sigma_a$ gesetzt wird, so kann Gl. (2) auch geschrieben werden:

$$s_2 - s_1 = -(n_2 - n_1) = K \log\left(\frac{\sigma_a + \sigma}{\sigma_a}\right) = (n_a - n). \tag{3}$$

Über die Bedeutung der Werte K, σ_0 usw. siehe S. 399. $n_a =$ Hohlraumgehalt beim Druck σ_a.

Gl. (3) kann auch geschrieben werden:

$$n = n_a - K \log\frac{\sigma_a + \sigma}{\sigma_a} \tag{4}$$

und für $\sigma_a = \sigma_0$ wird

$$n = n_0 - K \log\left(\frac{\sigma_0 + \sigma}{\sigma_0}\right). \tag{5}$$

n_0 bedeutet den Hohlraumgehalt des Materials an der unteren Elastizitätsgrenze bzw. für bindiges Material ungefähr an der Atterbergschen Fließgrenze. Trägt man die Werte der Gl. (4) oder Gl. (5) in einem Achsenkreuz mit der Achse n und der Achse $\log(\sigma_0 + \sigma)$ ab, so erhält man als Kurve eine Gerade.

Bei einer Entlastung des Bodens wird

$$n_1 - n_2 = - K_e \log\left(\frac{\sigma_0 + \sigma_1}{\sigma_0 + \sigma_2}\right) \tag{6}$$

Hierbei ist $\sigma_1 < \sigma_2$. Im allgemeinen ist K_e kleiner als K.

ε) **Der Hohlraumgehalt bei Erschütterungen des Bodens.**

Wird der Boden einer Erschütterung ausgesetzt, so wird die Reibung zwischen den einzelnen Körnern überwunden; damit verbunden ist das Verschwinden der Stützkraft der einzelnen Körper. Daraus ergibt sich ein Anhaltspunkt für die Größe der aufzuwendenden Erschütterungskraft; d. h. die Kraft, die zur Überwindung der inneren Reibung notwendig ist. Die Körner wandern beim Rütteln infolge der Schwerkraft in die Tiefe, wodurch ein dichteres Gefüge bzw. ein kleinerer Hohlraumgehalt entsteht. Beim Einrütteln ist darauf zu achten, daß der Wirkungsbereich einer Erschütterung klein ist. Vgl. den Abschnitt über dynamische Tragkörper. (Abb. 293.)

ζ) **Der Hohlraumgehalt bei Wasserspülungen.**

Wird ein Wasserspülstrom durch einen Sandboden geschickt, so sackt der Boden zusammen. Die Wirkung wird gesteigert, wenn der Wasserspülstrom und eine Erschütterung zusammenwirken[1]. Das Gefüge wird gestört, und es findet eine starke Umlagerung des Sandes statt.

η) **Zahlenwerte.**

Tabelle 164.

Bodenart	Hohlraumgehalt %	Porenziffer ε	Lagerungsdichte D	Verdichtungsfähigkeit D_F
			Lagerungsart für Sand	für Sand
Nichtbindige Böden				
Sand	20—45	0,25 —0,85	Locker: $D = 0$—0,3	$D_F = 0{,}35$—0,70
Kies	40—55	0,65 —1,25	Mittel: $D = 0{,}3$—0,65	
Kiessand	25—40	0,30 —0,70	Dicht: $D = 0{,}65$—1,0	
Kugeln gl. Größe	25—48	0,35 —0,92		
Bindige Böden				
Tonschiefer	0,5— 5	0,005—0,05		
Schieferton	5 —15	0,05 —0,175		
Sandiger Lehm ..	20—30	0,25 —0,45		
Feste Tone	20—40	0,25 —0,65		
Fetter Lehm	30—50	0,45 —1,00		
Steife Tone	30—50	0,45 —1,00		
Magerer Ton	40—60	0,65 —1,50		
Weicher Ton.....	40—70	0,65 —2,33		
Fetter Ton	40—90	0,65 —9,00		
Schlamm, Torf ..	70—90	2,33 —9,00		
Echter Löß[2]	45—65	0,80 —1,85		
Lößlehm[2]	22—46	0,25 —0,90		

[1] KELLER, J.: Der Rütteldruck; eine neue Technik des Erdbaues. Frankfurt 1935.
[2] Nach SCHEIDIG: Der Löß und seine geotechnischen Eigenschaften. Dresden u. Leipzig 1934. S. 96.

ϑ) Anwendungen.

Der Hohlraumgehalt wird benötigt: a) Zur Ermittlung der Lagerungsdichte, b) Nachprüfung der Verdichtungswirkung einer maschinellen Dammverdichtung.

B. Geophysikalische Eigenschaften des Bodens.

1. Die geologischen Grundlagen zur Bestimmung der geophysikalischen Eigenschaften des Bodens.

a) Grundsätzliches.

Die geophysikalischen Untersuchungsmethoden können nur dann mit Erfolg angewendet werden, wenn die Unterschiede in den physikalischen Eigenschaften der untersuchten Gesteine groß sind, oder mit anderen Worten: wenn die untersuchten Gesteinsvorkommen sich von den angrenzenden Gesteinen in ihrer physikalischen Eigenschaft stark unterscheiden.

b) Der geologische Körper.

α) Ausdehnung des geologischen Körpers.

Der untersuchte geologische Körper muß mindestens in einer Richtung eine mehrere Meter betragende Ausdehnung haben, damit er geophysikalisch vermessen werden kann. Die Meßdichte ist von der Größe des Körpers abhängig.

β) Form der geologischen Körper.

Bei der Auswertung geophysikalischer Meßergebnisse müssen für die Form des geologischen Körpers vereinfachende Annahmen gemacht werden. In der Natur kommen keine regelmäßigen Formen vor. Angenommen werden vielfach Platten, Rotationsellipsoide[1], linsenförmige Gesteinskörner, schuppenartige Gesteinsvorkommen, Bündel von Zylindern[2], geosynklinale Gebilde usw.

γ) Grenzflächen geologischer Körper.

Scharf ausgeprägte Grenzflächen findet man bei tektonischen Grenzflächen, wie bei Verwerfungen, Überschiebungen, bei Diskordanzflächen und oft bei Sedimentationsunterbrüchen.

Ineinanderfließende Grenzflächen werden bei Intrusionen (Eruptivvorgängen unter der Erdoberfläche), bei langsamen Sedimentationsänderungen usw. angetroffen, so daß die Schichtflächen geophysikalisch nicht feststellbar sind.

δ) Isotropie und Anisotropie der geologischen Körper.

Trotz der Anisotropie der einzelnen Mineralkörner kann ein Gestein als Ganzes isotrop wirken, d. h. die Struktur des Gesteines beeinflußt das geophysikalische Verhalten eines Gesteines nur unbedeutend. Anders verhält es sich mit der Textur, d. h. der räumlichen Anordnung der Gesteinsteile. Eine lamellare oder geschichtete Textur, wie sie z. B. klastische Sedimente aufweisen, wirken anisotrop. Als anisotroper Körper größten Ausmaßes ist ein Faltengebirge zu betrachten. Die physikalischen Eigenschaften eines Gebirges sind verschieden, ob sie in der Richtung der Faltungsachse oder senkrecht dazu gemessen werden[3].

---

[1] Vgl. z. B. Koenigsberger: J. Gerlands Beitr. Geophys. 19 (1928) S. 252.
[2] Vgl. J. Bakurin: Bull. Inst. pratic. Geophys. Leningrad 1927. S. 252.
[3] Vgl. C. Angenheister: Angew. Geophys. Teil 3. Leipzig 1930. S. 7.

c) Physikalische Eigenschaften des Bodens als Grundlage für geophysikalische Vermessungen.

Physikalische Bodeneigenschaften, die bei den geophysikalischen Untersuchungen eine Bedeutung haben, sind besonders: spez. Gewicht, Raumgewicht, Porosität, Elastizitätsziffer, magnetische Eigenschaften, elektrische Leitfähigkeit, elastische Eigenschaften, Radioaktivität, Wärmeleitfähigkeit des Bodens.

Die erwähnten verschiedenen physikalischen Größen sind in diesem Buche beschrieben. Die übrigen physikalischen Bodeneigenschaften sind in diesem Buche nicht behandelt, da sie nur ausnahmsweise für die Lösung von Baugrundproblemen in Frage kommen[1].

2. Die elastische Bodenwelle.
a) Die elastische Welle.

Durch eine Stoßerregung entstehen im unendlichen, ausgedehnten, homogenen, elastischen Halbraum verschiedene Arten von Wellen. Sie breiten sich mit verschiedenen Geschwindigkeiten kugelförmig nach dem Innern aus. Die Größe der Geschwindigkeit der Wellen ist abhängig von den elastischen Eigenschaften der verschiedenen Bodenarten, oder mit anderen Worten: das Vermögen, Schwingungsenergie aufzunehmen, weiterzuleiten oder zu absorbieren ist eine spezifische Materialeigenschaft.

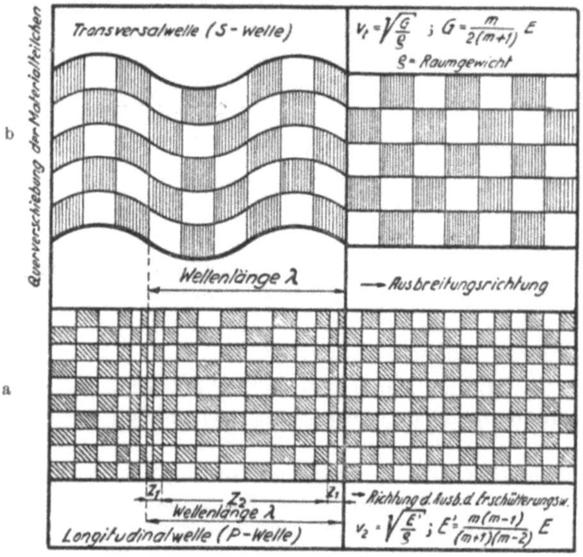

Abb. 212. Schematische Darstellung einer Verdichtungswelle (a) im Querschnitt und einer Scherungswelle (b) im Grundriß. z_1 Zone mit zusammengedrücktem Material, z_2 Zone mit auseinandergezogenem Material. (Weitere Erklärung der Bezeichnungen siehe im Text.)[1]

b) Wellenarten.

Man unterscheidet:

α) Verdichtungswellen, auch Longitudinalwellen, Kompressionswellen, Dilatationswellen genannt. In der Ausbreitungsrichtung der Wellen wird das Bodenmaterial zusammengedrückt und ausgedehnt. Siehe Abb. 212a mit der schematischen Darstellung einer Verdichtungswelle.

β) Scherungswelle, auch Transversalwelle, Schiebewelle genannt. Die einzelnen Massenteilchen verschieben sich in der Richtung senkrecht zur Ausbreitung der Wellen (siehe Abb. 212b).

γ) Übrige Wellenarten. Außer den erwähnten Wellenarten gibt es noch Oberflächenwellen. Die Wellen erleiden an der Oberfläche eine Störung, da die Oberfläche frei von Spannungen ist. Dies sind die sog. Rayleigh-Wellen[2].

---

[1] Eingehende Darstellungen sind enthalten im Handb. d. Experimentalphysik Teil 3: Geophysik. Leipzig 1930. S. 23/44. — BENDEL: Bodenuntersuchungsmethoden. Techn. Rdsch. 1933 Nr. 39/40.

[2] LAMB, A.: Phil. Trans. roy. Soc. Lond. 203 (1917) S. 193.

Schließlich seien noch die Querwellen (Lovewellen) erwähnt, die aber für bautechnische Zwecke noch nicht erforscht sind.

δ) Zusammenfassung. Verdichtungswellen (Longitudinalwellen) regen die Einzelteilchen des Halbraumes zu Schwingungen in der Richtung der Ausbreitung an, während Scherungswellen (Transversalwellen) senkrecht zur Ausbreitungsrichtung zum Schwingen anregen. Die Schwingung der Oberflächenwellen erfolgt in Ellipsen. Die Ellipsenebene steht parallel zur Ausbreitungsrichtung der Wellen und senkrecht zur Oberfläche.

c) Berechnung der Fortpflanzungsgeschwindigkeit der Wellen.

Die Ausbreitungsgeschwindigkeit einer Welle hängt ab von der Wellenart, Wellenlänge und Bodenbeschaffenheit.

Es sind verschiedene Verfahren zur Berechnung der Fortpflanzungsgeschwindigkeit von Wellen entwickelt worden, nämlich:

I. mit Hilfe der Querdehnungszahl m und der Elastizitätsziffer, II. mit Hilfe der Righeit und der Volumen-Elastizitätsziffer.

Das letztere Verfahren ist namentlich für die Berechnung von Erdbebenwellen ausgebaut worden und wird hier deshalb nicht weiter behandelt.

Die Berechnung der Fortpflanzungsgeschwindigkeit mit Hilfe der dynamischen Elastizitätsziffer E (auch dynamische Steifezahl E genannt), der Poissonschen Querdehnungszahl m und der Dichte ϱ ergibt folgendes:

α) Verdichtungswelle (Longitudinalwelle).

$$v_l = \sqrt{\frac{m\,(m-1)}{(m+1)\,(m-2)}\,\frac{E}{\varrho}}.$$

Es ist

$$1/m = \frac{\text{Querzusammendrückung}}{\text{Längsdehnung}},$$

$2 < m < 4,$

$m = 2$ für volumenbeständige Stoffe

$m = 4$ für volumenelastische Stoffe

$$\text{Dichte } \varrho = \frac{\gamma_S}{g} = \frac{\text{Wichte (spez. Gewicht)}}{\text{Beschleunigung der Schwere}} \quad \text{in } \frac{\text{kg/cm}^3}{\text{cm s}^{-2}}.$$

β) Scherungswelle (Transversalwelle).

Für die Scherungswelle gilt folgender Ansatz:

$$v_t = \sqrt{\frac{G}{\varrho}}\;; \quad G = \frac{m}{2\,(m+1)}\,E.$$

γ) Oberflächenwellen v_r.

Für Oberflächenwellen, auch Rayleighwellen genannt, wird gesetzt: $v_r = (0{,}919 \text{ bis } 0{,}953)\cdot v_t$.

Tabelle 165. *Zahlenwerte für die verschiedenen Wellenarten[1].*

Bodenart	v_l m/s	v_t m/s	γ_r kg/dm³	m	G kg/cm²	E kg/cm²
Nasser Ton	1500	150	1,8	2,02	405	1210
Mittlerer Kies	750	180	1,8	2,13	585	1720
Mittlerer Sand	550	160	1,63	2,20	416	1200
Dicht gelagerter Kiessand	480	250	1,70	3,18	1060	2790
Löß, trocken	800	260	1,67	2,27	1130	3260
Buntsandsteine	1950	1100	2,38	—	28800	115000

Aus dieser Tabelle geht hervor, daß das Verhältnis von $v_l : v_t$ kein Festwert ist. Siehe unter ζ).

---

[1] Vgl. Veröff. Degebo 1936 Heft 4 S. 38.

δ) Einfluß des Druckes auf die Größe der Fortpflanzungsgeschwindigkeit.

Bei den seismischen Untersuchungen ist zu berücksichtigen, daß sich das scheinbar gleichmäßig beschaffene Gestein in der Tiefe anders verhält als an der Erdoberfläche. Durch den Überlagerungsdruck wurde das Raumgewicht erhöht, siehe Tabelle 166.

Ähnliche Verhältnisse beschreibt REICH[1].

Zahlenwerte. Basalt.

Tabelle 166.

Druck in kg/cm²	Tiefe in m	v in m/s
1	0	6000
136,0	500	7000
273,0	1000	7200
412,0	1500	7400

Tabelle 167[2].

Temperatur °C	Toniger, mergeliger Kalkstein v_l m/s	Steinsalz	
		v_l m/s	E kg/mm²
10	4400	4580	6300
150	4370	4450	5900
240	4350	4650	6590
320	4320	4610	6400

ε) Einfluß der Temperatur auf die Größe der Fortpflanzungsgeschwindigkeit.

Auch die Temperatur beeinflußt die Laufzeit elastischer Wellen einiger Gesteine, siehe Tabelle 167.

ζ) Verhältnis der verschiedenen Wellenarten zueinander.

Im Schrifttum wird angeführt, daß die Geschwindigkeiten der Longitudinal-, Scherungs- und Oberflächenwellen sich zueinander wie 1,7:1,0:0,9 verhalten. Eigene Messungen in wasserhaltigem Kiessand haben aber ergeben, daß das Verhältnis 1,7:1,0 in den Grenzen von 1,5 bis 1,8:1 schwankt. Für den Rhonegletscher fand JOST:

$$\frac{\text{Längswellen} = 3600\,\text{m/s}}{\text{Querwellen} = 1700\,\text{m/s}} = 2{,}1.$$

Siehe auch unter γ).

d) Die seismische Elastizitätsziffer E.

α) Die seismische Elastizitätsziffer im Verhältnis zur statischen Elastizitätsziffer. Aus zahlreichen Versuchen ergab sich, daß $E_{seismisch}$ nicht gleich groß ist wie $E_{statisch}$.

Je massiger und dichter ein Körper ist, um so mehr wird

$$\frac{E_{seismisch}}{E_{statisch}} \cong 1.$$

β) Bestimmung der seismischen Elastizitätsziffer an Gesteinsstäben. Die verschiedenen Elastizitätsziffern werden versuchstechnisch an Gesteinsstäben untersucht[3]. An dieser Stelle wird auf diese Untersuchungen nicht eingegangen. Siehe Tab. 168 u. S. 238/239 Bd. II.

γ) Die Elastizitätsziffer in Abhängigkeit vom Druck. Der Elastizitätsmodul nimmt mit der Tiefe zu; z. B. nach der Formel BENDEL ist $E = \left(\dfrac{\sigma_0 + \sigma}{K}\right) \ln 10$;

Tabelle 168. *Zahlenwerte.*

Spannungsbereich in kg/cm²	Elastizitätsmodul E in kg/cm²		Beanspruchte Probe
	Unbeanspruchte Proben		
	5 cm hoch	3,5 cm hoch	3,5 cm hoch
10	50000	45000	110000
20	50000	50000	130000
30	55000	55000	140000
40	55000	55000	145000
50	50000	50000	148000

[1] Erfahrungen mit seismischen Refraktionsverfahren. Beitr. prakt. Geophys. 1939 S. 16; ferner vgl. WEATHERBY, B. B. FAUST, L. J. BULL: Am. Ass. Petr. Geol. 1935. — Für die Fortpflanzungsgeschwindigkeit in verschiedenen Druckrichtungen siehe Taschenbuch der angewandten Geophysik. Leipzig 1943. S. 75.

[2] Vgl. THYSSEN: Die Temperaturabhängigkeit von Laufzeiten elastischer Wellen einiger Gesteine. Beitr. prakt. Geophys. 1940 S. 243.

[3] Vgl. W. REGULER: Seismische Untersuchungen geophys. Inst. Göttingen. Bd. 38: Untersuchungen elastischer Eigenschaften von Gesteinsstäben. Z. Geophys. 16 (1940) Nr. 1/2.

wegen der Bedeutung der Werte σ_0 und K siehe S. 399. Ferner ist zu berücksichtigen, ob das Material tektonisch stark oder schwach beansprucht wurde.

e) Berechnung des Strahlenganges von Erschütterungswellen in Festgestein und Lockergestein.

α) Voraussetzung.

Die Auswertungen zahlreicher seismischer Messungen, die der Verfasser oder Fachkollegen durchführten, ergaben die zwingenden Schlußfolgerungen:

A. Der Strahlengang elastischer Bodenwellen ist in Festgesteinen geradlinig;
B. der Strahlengang elastischer Bodenwellen ist in Lockergestein gekrümmt.

Um das Gesetz des gekrümmten Strahlenganges zu finden, wurde die Voraussetzung gemacht, daß die Gesetze von DESCARTES und SNELLIUS für die Ausbreitung elastischer Wellen Gültigkeit haben:

A. wenn die Wellenlänge sehr kurz ist; B. wenn die Mächtigkeit der Schicht, in welcher eine Wellengeschwindigkeitsänderung eintritt, so beträchtlich ist, daß die Mächtigkeit vernachlässigbar bezüglich der Wellenlänge ist.

Im vorliegenden Falle treffen diese Voraussetzungen zu.

In den folgenden Abschnitten werden zuerst die Grundlagen für die Berechnung des gekrümmten Strahles besprochen. Nachher wird die Kurvenform, die Änderung der Fortpflanzungsgeschwindigkeit und der Zeitbedarf für die Erschütterungswellen in Lockergestein behandelt. Zu den einzelnen Problemen ist zu bemerken:

β) Grundlagen.

Nach DESCARTES verhalten sich die Wellengeschwindigkeiten in zwei Medien wie folgt:

$$\frac{v_i}{v_\alpha} = \frac{\sin i}{\sin \alpha} \qquad (1)$$

und hieraus

$$\sin \alpha = \sin i \, \frac{v_\alpha}{v_i} \quad \text{(Abb. 213).} \qquad (2)$$

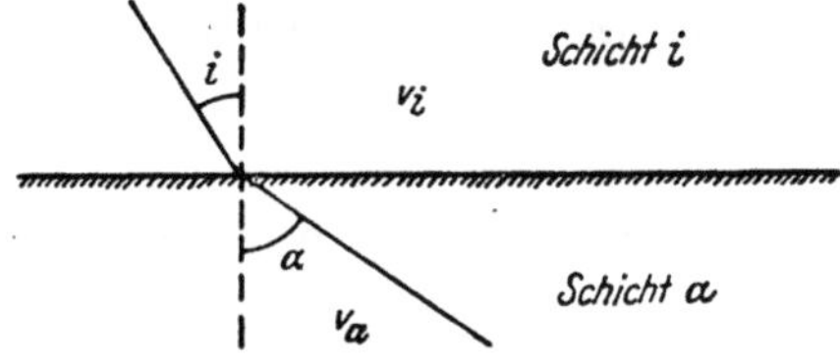

Abb. 213. Brechung der Wellen beim Schichtenwechsel.

Dabei wird vorausgesetzt, daß die Elastizitätsziffer $E_{statisch} \simeq E_{dynamisch}$ sei, und daß die Elastizitätsziffer E reversibel sei, d. h. $E_{Pressung} = E_{Dehnung}$.

Bei Erschütterungen errechnen sich die Geschwindigkeiten der Verdichtungswellen zu:

$$v = \sqrt{\frac{m\,(m-1)}{(m+1)\,(m-2)} \cdot \frac{E}{\varrho}}^{\,*}. \qquad (3)$$

m = Poissonsche Querdehnungszahl,

ϱ = Dichte; $\varrho = \dfrac{\gamma}{g}$ in kg cm^{-4} s^2,

E = Elastizitätsziffer. Für das auf Druck beanspruchte Bodenmaterial wird $E = M_E$ geschrieben.

Wird angenommen, daß die Querdehnungszahl und das Raumgewicht Festwerte seien, so kann die Gl. (3) geschrieben werden:

$$v = A \sqrt{E}. \qquad (4)$$

Gl. (1) wird nun:

$$\frac{v_\alpha}{v_i} = \frac{A \sqrt{E_\alpha}}{A \sqrt{E_i}} = \sqrt{\frac{E_\alpha}{E_i}} = \sqrt{\frac{M_{E_\alpha}}{M_{E_i}}}. \qquad (5)$$

____

* Vgl. z. B. RAMSPEK u. KÖHLER: Die Anwendung dynamischer Baugrunduntersuchungen. Degebo-Heft 4. Berlin 1936. S. 37.

Nach der Gleichung von BENDEL wird (siehe S. 413):

$$M_E = \left(\frac{\sigma_0 + \sigma}{K}\right) \ln 10. \tag{6}$$

σ_0 und $K =$ Festwerte für ein bestimmtes Bodenmaterial; z. B.

$\sigma_0 = 0,01$ bis $10 \ \text{kg/cm}^2$ für Lockerböden,

$\sigma_0 \simeq 1000$ bis $10000 \ \text{kg/cm}^2$ für Felsen.

Für die K-Werte siehe Tab. 218.

Werden die beiden angegebenen Zahlenwerte von σ_0 in die Gl. (6) und (5) eingesetzt, so ergibt sich, daß bei kleiner Änderung von σ:

a) für Lockerböden $v_\alpha \neq v_i$ wird,

b) für Felsen $\qquad v_\alpha = v_i$ wird.

Der Einfluß einer Änderung der Elastizitätsziffer M_E und der Einfluß der Dichte ϱ auf die longitudinale Wellengeschwindigkeit v_l geht aus folgender Aufstellung hervor.

Allgemein ist nach Gl. (3):

$$v_l = \sqrt{\frac{m\,(m-1)}{(m+1)\,(m-2)}\,\frac{E}{\varrho}}. \tag{6'}$$

Die Änderung der Elastizitätsziffer M_E nach der Tiefe beträgt nach S. 413:

$$E = M_E = \left(\frac{\sigma_0 \pm \sigma}{K}\right) \ln 10. \tag{6''}$$

Die *Änderung des Raumgewichtes γ_e nach der Tiefe beträgt* nach S. 293:

$$\gamma = \gamma_{e_0} \pm K \log\left(\frac{\sigma_0 \pm \sigma}{\sigma_0}\right). \tag{6'''}$$

Zahlenbeispiel. Für $K = 0,01$; $\sigma_0 = 1 \ \text{kg/cm}^2$; $\gamma_{e_0} = 1,5 \ \text{kg/dm}^3$ ist:

$$\frac{M_E}{\gamma} = \frac{\sigma_0 + \sigma}{K} \ln 10 \left[\frac{1}{\gamma_{e_0} + K \log\left(\frac{\sigma_0 + \sigma}{\sigma_0}\right)}\right], \tag{6''''}$$

$$\frac{M_E}{\gamma} = \frac{(1 + \sigma)\cdot 230}{1,5 + 0,01 \log (1 + \sigma)}. \tag{6'''''}$$

Aus Formel (6'''') ist ersichtlich, daß eine Änderung der Druckkraft σ sich auf die Elastizitätsziffer wesentlich stärker auswirkt als auf das Raumgewicht γ. Mit anderen Worten: Für die Berechnung der Änderung der Wellengeschwindigkeit v_l darf die Änderung des Raumgewichtes γ vernachlässigt werden.

In den folgenden Abschnitten wird nun unter Berücksichtigung einer nach der Tiefe veränderlichen Elastizitätsziffer M_E untersucht:

γ) In welcher Kurvenform sich die Erschütterungswellen in Lockerböden fortpflanzen, δ) in welcher Weise die Wellen ihre Fortpflanzungsgeschwindigkeiten ändern, ε) wie groß der Zeitbedarf für die Erschütterungswellen vom Erschütterungsort bis zur Empfangsstelle ist.

Die aufgeworfenen Fragen sind wie folgt zu beantworten:

γ) **Kurvenform der Erschütterungswellen in Lockerböden.**

Wird Gl. (6) in Gl. (5) eingesetzt, so erhält man:

$$\frac{v_\alpha}{v_i} = \sqrt{\frac{M_{E_\alpha}}{M_{E_i}}} = \sqrt{\frac{\dfrac{\sigma_0 + \sigma}{K} \ln 10}{\dfrac{\sigma_0}{K} \ln 10}} = \sqrt{\frac{\sigma_0 + \sigma}{\sigma_0}}. \tag{7}$$

Wird z. B. für $\sigma = \gamma\, z$ gesetzt, so wird

$$\frac{v_\alpha}{v_i} = \sqrt{\frac{\sigma_0 + \gamma \cdot z}{\sigma_0}} = \sqrt{1 + k\, z}\,. \tag{8}$$

Es bedeuten:

$\gamma =$ Raumgewicht in kg/cm³, z. B. $\gamma_e = 0{,}002$ kg/cm³,

$z =$ Tiefe in cm,

$$k = \frac{\gamma}{\sigma_0} = \frac{0{,}002\ \text{kg/cm}^3}{1\ \text{kg/cm}^2} = 0{,}002 \left(\frac{1}{\text{cm}}\right). \tag{9}$$

Gl. (8) kann, da nach Gl. (2) $\sin \alpha = \sin i\, \dfrac{v_\alpha}{v_i}$ ist, auch geschrieben werden:

$$\sin \alpha = \sin i\, \sqrt{1 + k\, z}\,. \tag{10}$$

Hieraus errechnet sich der Winkel α, den der Wellenstrahl jeweils mit der Lotrechten einschließt.

Zahlenwerte: Für $k = 0{,}002$ [nach Gl. (9)] und $\sin i = \sin 30°$ ergeben sich nebenstehende Werte:

Von besonderem Interesse ist, zu wissen, in welcher Tiefe z der Wert $\alpha = 90°$ wird.

Allgemein ist $\sin^2 \alpha = 1 - \cos^2 \alpha$ und nach Gl. (10)

$$\sin^2 \alpha = \sin^2 i\,(1 + k\, z) = 1 - \cos^2 \alpha \tag{11}$$

und hieraus:

$$\cos \alpha = \sqrt{1 - \sin^2 i\,(1 + k\, z)}\,. \tag{12}$$

Tiefe z cm	Winkel α in °
0	30
100	33
200	36
300	39
500	45
1000	60

Für $\alpha = 90°$ wird

$$\cos \alpha = 0 = 1 - \sin^2 i\,(1 + k\, z_{\max}). \tag{13}$$

Aus Gl. (13) erhält man:

$$z_{\max} = \frac{1}{k}\left(\frac{1 - \sin^2 i}{\sin^2 i}\right) = \frac{\operatorname{ctg}^2 i}{k}\,. \tag{14}$$

Somit wird im vorliegenden Falle, in welchem eine homogene Schicht vorausgesetzt ist:

$$z_{\max} = \frac{\operatorname{ctg}^2 30°}{0{,}002} = 1500\ \text{cm} = 15\ \text{m}.$$

Um den Verlauf der Wellenkurve im X-Achsensystem aufzeichnen zu können, muß der waagrechte Abstand x in Abhängigkeit der Tiefe z bekannt sein. Um den Abstand x in Abhängigkeit der Tiefe z berechnen zu können, wird wie folgt vorgegangen:

Allgemein ist:

$$\operatorname{tg} \alpha = \frac{\sin \alpha}{\cos \alpha} = \frac{\sin \alpha}{\sqrt{1 - \sin^2 \alpha}}\,. \tag{15}$$

Wird für $\sin \alpha$ der Ausdruck der Gl. (10) gesetzt und für $\cos \alpha$ der Ausdruck der Gl. (12), so erhält man

$$\operatorname{tg} \alpha = \frac{\sin i\, \sqrt{1 + k\, z}}{\sqrt{1 - \sin^2 i\,(1 + k\, z)}}\,. \tag{16}$$

Ferner ist nach Abb. 214

$$\operatorname{tg} \alpha = \frac{d\, x}{d\, z}\,. \tag{17}$$

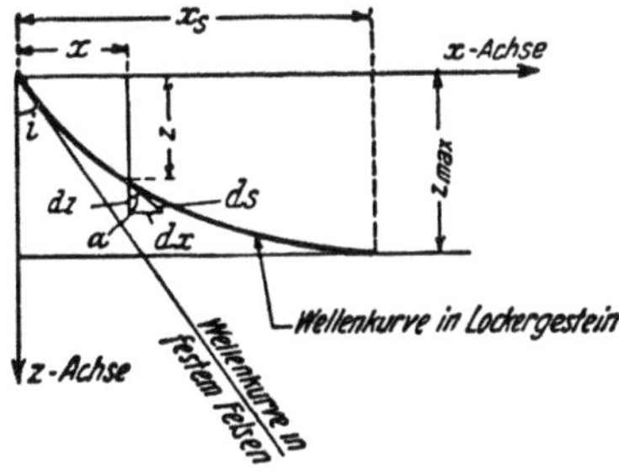

Abb. 214. Verlauf der Wellenkurven im Festgestein und Lockergestein.

Aus Gl. (17) ergibt sich somit

$$d\, x = \operatorname{tg} \alpha\, d\, z \tag{18}$$

bzw.

$$x = \int_0^z \operatorname{tg} \alpha\, d\, z\,. \qquad \text{(Siehe Abb. 214.)} \tag{19}$$

Gl. (19) kann durch Differentiation gelöst oder wie folgt integriert werden. Es ist:

$$\sqrt{1 + k\,z} = \sqrt{k}\,\sqrt{\frac{1}{k} + z} = \sqrt{k}\,\sqrt{z - a}, \tag{20}$$

wobei $a = -\left(\dfrac{1}{k}\right)$ wird.

Für $k = 0{,}002\left(\dfrac{1}{\mathrm{cm}}\right)$ wird $a = -500$ cm [siehe Gl. (9)].

Ferner ist:

$$\sqrt{1 - \sin^2 i\,(1 + k\,z)} = \sqrt{1 - \sin^2 i - \sin^2 i\,k\,z}. \tag{21}$$

Es sei:

$$B = 1 - \sin^2 i; \tag{22}$$

$$c = \sin^2 i\,k; \tag{23}$$

$$\frac{B}{c} = \frac{1 - \sin^2 i}{\sin^2 i\,k} = b. \tag{24}$$

Dann wird Gl. (21):

$$\sqrt{1 - \sin^2 i - \sin^2 i\,k\,z} = \sqrt{c}\,\sqrt{\frac{B}{c} - z} = \sqrt{c}\,\sqrt{b - z}. \tag{25}$$

Zahlenwerte:

$$\sin i = \sin 30^\circ = 0{,}50; \quad \sin^2 i = 0{,}25,$$

$$B = 1 - 0{,}25 = 0{,}75 = 1 - \sin^2 i,$$

$$c = \sin^2 i\,k = 0{,}25\cdot 0{,}002 = \frac{0{,}25}{500},$$

$$\frac{B}{c} = \frac{0{,}75}{0{,}25}\cdot 500 = 1500 \text{ cm} = b.$$

Gl. (20) und Gl. (25) in Gl. (16) eingesetzt, ergibt:

$$\operatorname{tg} \alpha = \frac{\sin i\,\sqrt{k}\,\sqrt{z - a}}{\sqrt{c}\,\sqrt{b - z}} = \frac{\sin i\,\sqrt{k}}{\sqrt{\sin^2 i}\,\sqrt{k}}\,\frac{\sqrt{z - a}}{\sqrt{b - z}} = \frac{\sqrt{z - a}}{\sqrt{b - z}}. \tag{26}$$

Gl. (19) kann somit geschrieben werden:

$$x = \int_0^z \frac{\sqrt{z - a}}{\sqrt{b - z}}\,dz. \tag{27}$$

Für die Auflösung des Integrales der Gl. (27) wird gesetzt:

$$\sqrt{z - a} = t; \quad z - a = t^2; \quad z = a + t^2; \quad dz = 2\,t\,dt, \quad (b - z) = b - a - t^2.$$

Da $b - a > 0$ ist, setzt man:

$$\sqrt{b - a} = c; \quad b - a = c^2$$

und erhält das zu lösende Integral[1]:

$$x = \int_0^z \frac{\sqrt{z - a}}{\sqrt{b - z}}\,dz = \int \frac{2\,t^2\,dt}{\sqrt{c^2 - t^2}} = -t\,\sqrt{c^2 - t^2} + c^2\,\operatorname{arc\,sin}\left(\frac{t}{c}\right), \tag{28}$$

---

[1] Vgl. L. KIEPERT: Grundriß der Differential- und Integralrechnung, II. Teil S. 950. Hannover 1918.

$$x = - \sqrt{(z-a)\,(b-z)} + (b-a)\, \text{arc sin} \left(\sqrt{\frac{z-a}{b-a}} \right) + C_0', \qquad (29)$$

$$C_0 = + \sqrt{-a\,b} - (b-a)\, \text{arc sin}^2 \sqrt{\frac{-a}{a-a}}.$$

Zahlenwerte. Für die oben angegebenen Werte wird:

$a = -\ 500$ cm,
$b = \ \ \ 1500$ cm, $C_0 - 178$.

Somit wird

$$x = - \sqrt{(z+500)\,(1500-z)}$$
$$+ 2000\, \text{arc sin} \left(\sqrt{\frac{z+500}{2000}} \right) - 178.$$

($x =$ Waagerechte Entfernung.)

Tiefe z cm	Nach Integral x cm	Nach dem Differentiationsverfahren x cm
0	0	0
100	62	65
200	122	138
500	402	409
800	740	777
1000	1050	1102
1200	1345	1536
1400	2085	2250

δ) **Änderung der Wellengeschwindigkeit von Erschütterungswellen in Lockerböden.**

Die Gl. (3) und (4) können unter Berücksichtigung der Gl. (6) geschrieben werden:

$$v = \sqrt{\frac{m\,(m-1)}{(m+1)\,(m-2)}\,\frac{1}{\varrho}}\ \sqrt{E}, \qquad (30)$$

$$v = \sqrt{\frac{m\,(m-1)}{(m+1)\,(m-2)}\,\frac{1}{\varrho}\,\frac{\sigma_0 + \sigma}{K}\,\ln 10} = A\,\sqrt{\sigma_0 + \sigma}, \qquad (31)$$

$$A = \sqrt{\frac{m\,(m-1)}{(m+1)\,(m-1)}\,\frac{1}{\varrho}\,\frac{\ln 10}{K}}. \qquad (32)$$

Dann wird:

$$v = A\,\sqrt{\sigma_0 + \gamma\,z}. \qquad (33)$$

Zahlenwerte. $m = 3$ als Festwert angenommen:

$$\varrho = \frac{\gamma}{g} = 0{,}002\ \text{kg/cm}^3 \cdot 10^{-3}, \quad K = 1\% = 0{,}01, \quad \sigma_0 = 1\ \text{kg/cm}^2, \quad \ln 10 = 2{,}3.$$

Für diese Werte wird:

$$A = 145\ \text{m/s, bzw.}\ v = 145\,\sqrt{1 + 0{,}002 \cdot z}.$$

Siehe nebenstehende Tabelle.

Tiefe z cm	Wellengeschwindigkeit cm/s
0	145
100	172
1000	251
1500	280

Daß die Wellengeschwindigkeit in homogenen Böden mit der Tiefe zunimmt, wurde von den Amerikanern schon vor längerer Zeit festgestellt. Sie machten die Annahme, die Zunahme der Wellengeschwindigkeit sei linear mit der Tiefe[1]. Aus Gl. (33) ergibt sich, daß die Zunahme nicht linear mit der Tiefe z, sondern mit der Wurzel aus der Tiefe z proportional ist.

ε) **Der Zeitbedarf der Erschütterungswelle, um vom Erschütterungsort zur Empfangsstelle zu gelangen (Laufzeit).**

Der Zeitbedarf t einer Erschütterungswelle, um von einem Ort zu einem andern zu gelangen, beträgt

$$t = \int_0^z \frac{ds}{v}. \qquad (34)$$

---

[1] Siehe Geophysics (Zeitschrift für Geophysik, Texas) 1937, S. 357, und 1940, S. 371.

Nach Gl. (33) beträgt die Geschwindigkeit v

$$v = A \sqrt{\sigma_0 + \gamma z} \tag{35}$$

oder

$$v = A \sqrt{\gamma z + \delta}, \tag{36}$$

wobei $\delta = \sigma_0$ bedeutet und $\gamma =$ Raumgewicht des Materials.

Die Größe ds wird wie folgt erhalten: Es ist nach Abb. 214

$$ds = \frac{dz}{\cos \alpha}. \tag{37}$$

Nach Gl. (12) beträgt

$$\cos \alpha = \sqrt{1 - \sin^2 i \, (1 + k z)} = \sqrt{1 - \sin^2 i - \sin^2 i \, k z} \tag{38}$$

oder

$$\cos \alpha = \sqrt{\varepsilon z + \beta}, \tag{39}$$

wobei:

$$\varepsilon = -\sin^2 i \, k = -\sin^2 i \, \frac{\gamma}{\sigma_0},$$

da nach Gl. (9) $k = \frac{\gamma}{\sigma_0}$ ist,

$$\beta = 1 - \sin^2 i.$$

Somit wird:

$$ds = \frac{dz}{\sqrt{\varepsilon z + \beta}}. \tag{40}$$

Für den Ausdruck $\frac{ds}{v}$ in Gl. (34) kann man unter Berücksichtigung der Gl. (36) und (40) setzen:

$$\frac{ds}{v} = \frac{dz}{\sqrt{\varepsilon z + \beta}} \, \frac{1}{A \sqrt{\gamma z + \delta}}. \tag{41}$$

Die Laufzeit t errechnet sich somit zu

$$t = \int_0^z \frac{ds}{v} = \frac{1}{A} \int_0^z \frac{dz}{\sqrt{(\varepsilon z + \beta)(\gamma z + \delta)}}. \tag{42}$$

Wird in Gl. (42) gesetzt:

$$A' = \varepsilon \gamma; \quad 2 B = (\beta \gamma + \varepsilon \delta); \quad C = \beta \delta,$$

so kann Gl. (42) geschrieben werden:

$$t = \frac{1}{A} \int_0^z \frac{dz}{\sqrt{A' z^2 + 2 B z + C}}. \tag{43}$$

Da $A' = \varepsilon \gamma = -\sin^2 i \left(\frac{\gamma}{\sigma_0} \right) \gamma$ ist, d. h. negativ, ergibt Gl. (43) integriert[1]:

$$t = \frac{1}{A} \, \frac{1}{\sqrt{-A'}} \left[\text{arc sin} \left(-\frac{A' z + B}{\sqrt{B^2 - AC}} \right) - \text{arc sin} \left(\frac{-B}{\sqrt{B^2 - AC}} \right) \right]. \tag{44}$$

---

[1] Vgl. L. Kiepert: Grundriß der Differential- und Integralrechnung II. Teil S. 956/957. Hannover 1918.

Mit Hilfe der Gl. (44) kann die Laufzeit eines Strahlenganges vom Erschütterungsherd A in Abb. 215 bis zum Erschütterungsempfänger (Punkt B in Abb. 215) berechnet werden.

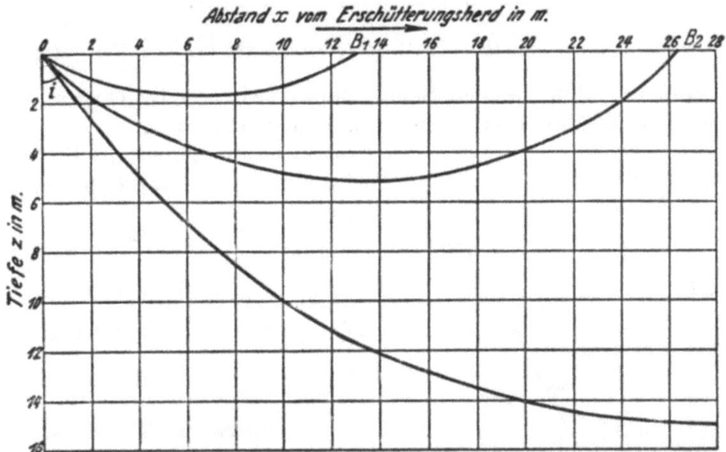

Abb. 215. Strahlengang in Lockerböden unter Berücksichtigung der Veränderlichkeit der Elastizitätsziffer E. i = Einfallswinkel, B_1, B_2 ... Empfangsort.

Verlauf gekrümmter Wellenstrahlen:

$$x = -\sqrt{(z-a)(b-z)} + (b-a)\, \arcsin\left(\sqrt{\frac{z-a}{b-a}}\right) + C_0, \quad z = \text{Tiefe,}$$

$a = -\dfrac{\sigma_0}{\gamma}$, σ_0 = Bodenfestwert, abhängig von der vorhandenen Bodenverdichtung,

γ = Raumgewicht, $\quad b = \left(\dfrac{1-\sin^2 i}{\sin^2 i}\right)$, $\quad i$ = Einfallswinkel.

ζ) Beispiele.

Beispiel 1: In der eluvialen Molasse des Aquitans (Tertiär) hatte der Verfasser geoseismische Messungen durchgeführt. Erst die Annahme gekrümmter Wellenstrahlen ergab zwischen Messung und Berechnung der Laufzeit eine Übereinstimmung von 7%.

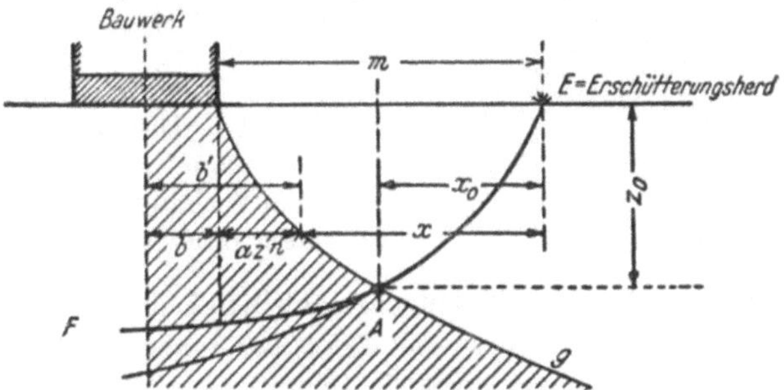

Abb. 216. Verlauf der Erschütterungskurve E—A—F unter einem Bauwerk; g Druckverteilungskurve unter einem Bauwerk.

Beispiel 2: Form der Strahlen unter einem Bauwerk. Zuerst muß eine Annahme über die Form der Druckausbreitung unter einem Bauwerk gemacht werden, z. B. mit Hilfe der Gaußschen Wahrscheinlichkeitskurve oder nach BENDEL[1]. Darnach beträgt die Gleichung für die Grenzkurve (siehe Kurve g in Abb. 216):

$$b' = b + \alpha z^n.$$

b = halbe Bauwerksbreite,
α = Bodenfestwert; $\alpha = 0{,}25$ für sandige Böden,
$\qquad\qquad \alpha = 0{,}75$ für stark bindige Böden,
z = Tiefe unter einem Bauwerk,
n = Koeffizient, der die Bauwerksteifigkeit angibt; $n = 1$ bis 3.

[1] Vgl. auch Dtsch. Wasserw. 1940 S. 236 (Druckverteilung im Boden).

Die Strecke m, d. h. die Strecke zwischen Gebäudekante und Erschütterungsherd, setzt sich zusammen aus

$$m = \alpha\, z^n + x;$$

für x kann die Gl. (29) angewendet werden; dann ist:

$$x = -\sqrt{(z-a)(b-z)} + (b-a)\,\text{arc sin}\left(\sqrt{\frac{z-a}{b-a}}\right) + C_0.$$

Für den Punkt A, d. h. für den Schnittpunkt zwischen Druckverteilungsgrenzkurve und dem Wellenstrahl (siehe Abb. 216) wird $z = z_0$.

Ist z_0 bestimmt, so gilt für die weitere Fortpflanzung des Strahles das Gesetz nach Gl. (7)

$$\frac{v_a}{v_i} = \sqrt{\frac{\sigma_0 + \sigma_n}{\sigma_0}},$$

wobei $\sigma_n = A + B$ ist.

$A = \gamma \cdot z =$ Bodenbelastung,

$B = \dfrac{p_0\, b}{b + \alpha\, z^n}$ Belastung des Bodens

durch das Bauwerk.

Daher wird

$$\frac{v_a}{v_i} = \sqrt{\sigma_0 + \gamma_z + \frac{p_0\, b}{b + \alpha\, z^n}} \cdot \sqrt{\frac{1}{\sigma_0}}. \qquad (47)$$

Da andererseits nach Gl. (1) $\dfrac{v_a}{v_i} = \dfrac{\sin\alpha}{\sin i}$ ist, wird mit Hilfe der Gl. (10)

$$\sin\alpha = \sin i \sqrt{1 + kz + \left(\frac{p_0\, b}{b + \alpha\, z^n}\right)\frac{1}{\sigma_0}}. \qquad (48)$$

Aus Gl. (48) kann an jedem beliebigen Punkt der Tiefe z die Richtung der Wellenkurve errechnet werden.

Die Entfernung x des betrachteten Punktes mit dem Richtungswinkel α wird am besten durch Differentiation nach der Gl. (19) errechnet.

Für den Verlauf der Erschütterungswelle unter einem Bauwerk hindurch s. Abb. 217.

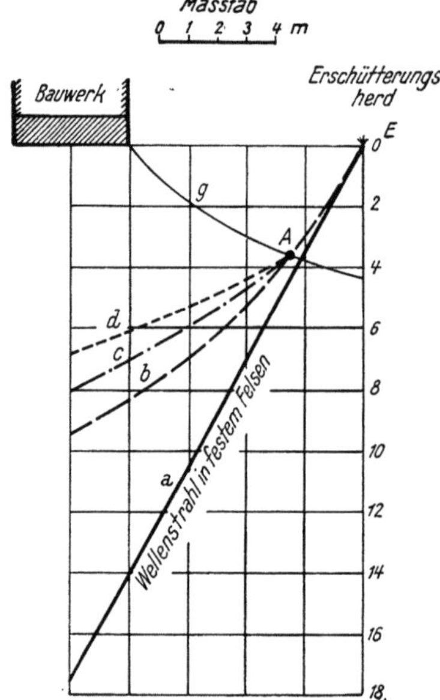

Abb. 217. Strahlengang in Lockerböden unter einem Bauwerk. *a* Bei Annahme eines geraden Verlaufs des Wellenstrahls, *b* unter Berücksichtigung der Änderung der Elastizitätsziffer E des Bodens, *c* unter Berücksichtigung der Belastung des Bodens durch ein Bauwerk mit $p_0 = 2\,\text{kg/cm}^2$, *d* unter Berücksichtigung der Belastung des Bodens durch ein Bauwerk mit $p_0 = 4\,\text{kg/cm}^2$, *g* Begrenzungslinie der Druckausbreitung im Boden.

f) Zahlenwerte für die Fortpflanzungsgeschwindigkeiten elastischer Wellen.

Zusammenstellung aus der Literatur und Ergebnisse von Messungen des Verfassers.

Tabelle 169.

Gestein	Beschreibung des Gesteines	Fortpflanzungsgeschwindigkeit v_1 in m/s
Kristallin	710 m mächtig	4500—6000
Basalt	Mittelwert $E = 5,6$ bis $10,5 \times 10^{75}$	5000—6000
	Einzelwerte: Basalt (Rhön in 710 m Tiefe)	5060
Granite	$E = 3,7$ bis $7,5 \times 10^{75}$	4700—5800
		4500—5000
Kalke	Massengestein, Marmor 0,8 bis $9,5 \times 10^{75}$	4500—5500
	Dolomit, Muschelkalk (Rüdersdorf)	4300
	Kreidekalk je nach tektonischer Beanspruchung	3500—4000

$E = $ Elastizitätsziffer in kg/cm^2.

Tabelle 169 (Fortsetzung).

Gestein	Beschreibung des Gesteines	Fortpflanzungsgeschwindigkeit v_1 in m/s
Kalke	Jurakalk	3250—4000
	Wellenkalk Jura	3500—4000
	Kreidiger Kalk	
Salze	Einzelwerte: Salzküste in Texas	4400—5500
	Salzdome in Texas	4700—5200
	Salz (Rhein) in 700 m Tiefe	4450
Eis	Einzelwerte: Rhonegletscher	
	Längswellen	3600
	Querwellen	1700
	Hintereisfernen	3450
	Konkordiaplatz	3570
	Grönland	3180—3490
	See-Eis (anisotrop)	3200
	Firneis	3140
	Zungeneis	3500—3600
Mergel und Gips	Dichter, kalkhaltiger Mergel	3500—4000
	Schwach kalkhaltiger Mergel	1800—2800
	Mergel (Geiseltal)	1670
	Gipsgestein (Sporenberg)	3500
	Grauwacke (Collm)	3000
Sandsteine		2200—3500
	Sandstein mit kalkigen Bindemitteln	2500—3200
	Sandstein mit tonigen Bindemitteln	2300—2500
	Sandstein mit kieseligen Bindemitteln	2200—2300
	Bausandstein (Jena)	3430
	Mittlerer Bausandstein (Jena)	2000—2800
	Sandstein im Oberkarbon in 180 m Tiefe	bis 3300
	Sandstein der Molasse (Tortonien)	2200—2800
	Sandsteine der Molasse (Luzern)	2800
	Sandsteine der Molasse (Rheinau)	2400
	Sandsteine der Molasse (Sins)	2200
Tone und Lehme	Septarienton (Jüterbog)	1900
	Sandiger Ton	1000—1300
	Nasser Lehm	750—1300
Wasser		1500
	Schallgeschwindigkeit des Wassers	1440
	Wasser je nach Salzgehalt	1400—1600
	Meerwasser	1480—1490
	Süßwasser	1435
Sand		1400—1600
	Sand, naß	1000—1800
	Sand, trocken	500—1800
	Diluvialer Sand (Kummersdorf)	1400
	Diluvialer Sand (Sperenberg)	1752
	Diluvialer Sand (Lüneburger Heide)	1600
	Diluvialer Sand (Rüdersdorf)	1000
	Diluvialer Sand (Sperenberg)	930
Sand	Sand — Eckernförder Strand	250
	Sand Jena; je nach Grundwasserstand	200—250
	Sand Jüterbog	190
	Löß (Jena und Geiseltal)	375—400
Kies	Kies, naß	1000—1800
	Kies, trocken	500—1200
	Alluvialer Kiessand (Luzern)	1690

Für die Sandreihen gilt: Diluvialer Sand (Kummersdorf) bis (Sperenberg) sind „naß oder mit Wasser gesättigt"; die Reihe Sand — Eckernförder Strand bis Löß sind „trocken".

Tabelle 169 (Fortsetzung).

Gestein	Beschreibung des Gesteines	Fortpflanzungs-geschwindigkeit v_1 in m/s
Gehänge-schutt	Locker (Jena)	600—1200
	Trocken	600—700
	Mit Grundwasser	1300—1600
Künstliche Aufschüt-tung		150—400
		150—400
Luft		$330,8+0,66\,t$; t = Temperatur der Luft in ° C über 0°
Kohle unter Abbau-druck		bis 1600
Moräne (Di-luvium)		1700

3. Die geoelektrische Leitfähigkeit des Bodens, bzw. der spezifische elektrische Widerstand des Bodens.

a) Grundsätzliches.

Die elektrische Leitfähigkeit eines geologischen Horizontes wird bestimmt:

α) *durch die elektrische Leitfähigkeit der Mineralien im Gestein,*

β) *durch die elektrische Leitfähigkeit der in den Hohlräumen vorhandenen Flüssigkeit,*

γ) *durch den Gefügeaufbau* (Struktur und Textur eines geologischen Körpers).

Im allgemeinen wird nicht die elektrische Leitfähigkeit eines Gesteines oder geologischen Horizontes angegeben, sondern deren reziproker Wert, der spezifische elektrische Widerstand.

Die folgenden Angaben beziehen sich auf Widerstandsmessungen an Mineralien und Flüssigkeiten.

b) Der spezifische elektrische Widerstand an Mineralien.

Der spezifische elektrische Widerstand wird ausgedrückt in Ohm oder in Ω cm. Tabelle 172 gibt einen Überblick über die Größe des spezifischen Widerstandes an Gesteinsproben.

c) Der spezifische Widerstand von natürlichen Flüssigkeiten.

Nach HLAUSCHEK[1] ändert der spez. Widerstand von Flüssigkeiten, wie sie in natürlichen Gesteinen und Böden vorkommen, sehr stark.

Tabelle 170.

Lösung	Spez. Widerstand	
Grundwasser	3—15 kΩ	meistens 4000—10 000 Ω cm
Destilliertes Wasser	26 000 kΩ	
Oberflächenwasser in ariden Ge-steinen	0,1 kΩ	
Salzhaltiges Tiefenwasser	0,005—0,1 kΩ	
Na-Gehalt: 1%	57 Ω cm	
10%	8,25 Ω cm	
25%	4,68 Ω cm	
Erdöle	10^{11}—10^{18} Ω cm	Nach KOENIGSBERGER: Petro-leum, Berl. 22 (1926) S. 35

---

[1] Z. prakt. Geol. 1927 Heft 2.

Die Zunahme der elektrischen Leitfähigkeit bzw. Abnahme des spez. Widerstandes durch Zutritt von Wasser zu den Gesteinen geht aus Tabelle 171 hervor.

d) Der spezifische elektrische Widerstand in Abhängigkeit von der Größe des Porenvolumens.

Nach HLAUSCHEK geht der Einfluß der Größe des Porenvolumens aus folgender Tabelle hervor:

Tabelle 171.

Porenvolumen n in Vol.-%	$\dfrac{\sigma_x}{\sigma} = \dfrac{\text{spez. Widerstand der naturfeuchten Gesteine}}{\text{spez. Widerstand der darin enthaltenen Flüssigkeit}}$
2	150
5	60
10	30
20	15
40	4
47,6	2,6

Bei der Beurteilung der Werte in Tabelle 171 ist zu berücksichtigen, daß HLAUSCHEK voraussetzte, daß jeweils das ganze Porenvolumen mit Flüssigkeit ausgefüllt sei. Bei der Behandlung des Raumgewichtes bzw. Dichte eines Gesteines wurde darauf hingewiesen, daß an der Ausfüllung der Gesteinsporen stets auch Gase in wechselndem Ausmaße beteiligt sind. Die Gase, unter Umständen durch elektrolytische Wirkung erzeugt, nehmen z. T. sogar die Hälfte des Porenvolumens ein. Namentlich bei grobporigen Lockergesteinen erreichen die spez. Widerstände je nach dem Grade der Gasfüllung sehr hohe Werte.

Tabelle 172.

Gesteinsart	Spez. Widerstand in Ω/cm		Urheber
	trocken	angefeuchtet	
Diabas	$3 \cdot 10^5$	$2 \cdot 10^4$	K. SUNDBERG, LUNDBERG u. EKLUND. Stockholm 1925
Dolomit	$>5 \cdot 10^6$	$4,5 \cdot 10^5$	
Granit	$1,1 \cdot 10^7$	$3,6 \cdot 10^4$	Zusammengestellt nach MURAYSHOV, BERENGARTEN usw. Leningrad 1928.
Porphyr	$7 \cdot 10^8$	$5,5 \cdot 10^7$	
Sandstein	$7,7 \cdot 10^7$	$6,5 \cdot 10^9$	
Tonschiefer	$1,4 \cdot 10^8$	$9 \cdot 10^5$	
Kalkstein	$1,3 \cdot 10^{10}$	$4,2 \cdot 10^7$	
Serizitschiefer Chloritschiefer	$3 \cdot 10^9$	$9 \cdot 10^6$	
Erdölgetränktes Gestein	10^7—10^9		KOENIGSBERGER: Techn. Publ. 1928
Quarzporphyr (Schwarzwald)	$4 \cdot 10^4$		
Steinsalz	10^6—10^3		
Humusboden	$1 \cdot 10^5$—$4 \cdot 10^3$		
Glazialablagerungen	$1,8 \cdot 10^4$—$4,0 \cdot 10^5$		IRVING, CROSLY
Tonige Böden	1—$4 \cdot 10^4$		
Sandige Böden	1—$2 \cdot 10^5$		
Schotter	$0,7$—$5 \cdot 10^5$		ROONEY: Terr. Mag.
Aare-Granit, gesund	5—$10 \cdot 10^6$		BENDEL
Aare-Granit, zersetzt	1—$5 \ \cdot 10^6$		
Kreidekalk	1—$15 \cdot 10^5$		
Molassemergel	3—$15 \cdot 10^4$		
Lehm	1—$3 \cdot 10^4$; vereinzelt $5 \cdot 10^4$;		
Alluvione mit Grundwasser	$0,5$—$5 \cdot 10^4$		
Sand	$2,5 \cdot 10^4$—$4 \cdot 10^6$		

Obige Angaben bedeuten Mittelwerte mit Streuungen von $\pm\,30\%$.

e) Der spezifische Widerstand an natürlichen Gesteinen.

Aus der Tabelle 172 gehen die spez. Widerstände, die bei elektrischen Bodenuntersuchungen[1] sowie bei eigenen Untersuchungen mit Hilfe eines Niederfrequenzoszillators gefunden wurden, hervor.

f) Der spezifische elektrische Widerstand an geologischen Körpern.

Die geringsten spez. elektrischen Widerstände werden an geologischen Körpern gefunden, die in großen Tiefen salzhaltige Wasser führen, oder an geologischen Körpern, die in ariden Gebieten nahe an die Erdoberfläche kommen. Der spez. Widerstand sinkt bis auf $10^2\,\Omega$ cm.

Bei gut geschichtetem und geschiefertem Gestein ist die elektrische Leitfähigkeit verschieden groß, parallel oder senkrecht zur Schichtungsebene gemessen.

Tabelle 173. *Beispiel für den elektrischen Widerstand an Festgesteinen.*

Gestein	Parallel zur Schieferung Ω cm	Senkrecht zur Schieferung Ω cm	Urheber
Portlandschiefer	$5{,}2\cdot10^4$	$1{,}2\cdot10^7$	Koenigsberger
Tonschiefer	$2\cdot10^5$	$1{,}5\cdot10^6$	A. Ebert
Normaler, paläozoischer Schieferton (Duringen)	$1{-}1{,}5\cdot10$	$2{-}7\cdot10^5$	H. Reich
Schiefer, sehr trocken........	$4{-}7\cdot10^5$	$1{,}5{-}2.10^6$	H. Reich

Wechseln gut und schlecht leitende Schichten miteinander ab, so hängt die Größe des elektrischen Widerstandes vom Winkel, den die Stromrichtung mit der Streichrichtung des geologischen Horizontes bildet, ab[2].

g) Der elektrische Widerstand in Abhängigkeit der Druckbelastung.

Der elektrische Widerstand ändert in Abhängigkeit der Belastungsgröße des Bodens und der Meßrichtung.

Tabelle 174. *Zahlenwerte für Lockergesteine.*

Bodenmaterial	Tangens des Winkels ϱ der innern Reibung für die Belastung von $\sigma = 2$ kg/cm²	Spez. elektrischer Widerstand		
		W in %	$C_{H\,\mathrm{min}}\,\Omega$ cm	$\varDelta_2$
Kreide in Pulverform	1,10	25	6,97	-3
Löß	0,90	26	3,34	5
Lößlehm	0,52	27,4	1,55	7
Kreidelehm	0,28	42	0,72	25

Es bedeutet[3]:

W = Wassergehalt bei größter elektrischer Leitfähigkeit,

$C_{H\mathrm{min}}$ = kleinster spez. elektrischer Widerstand senkrecht zur Verdichtungsrichtung,

$\varDelta_2 = 100\,(\lambda_2 - \lambda_1),$

---

[1] Vgl. Handb. Experimentalphys. Bd. 3 S. 40.

[2] A. Ebert: Geol. Rdsch. (1927) S. 398—401. — H. Reich: Über die elektrische Leitfähigkeit von Gesteinen und nutzbaren Mineralien. Jb. preuß. geol. Landesanst. 1926 S. 465.

[3] Siehe Gruner u. Haefeli: Beitrag zur Untersuchung des physikalischen und statischen Verhaltens kohärenter Bodenarten. Schweiz. Bauztg. 1934 Heft 15/16.

$$\lambda_2 = \frac{C_{V_2}}{C_{H_2}} \text{ für } \sigma = 2\,\text{kg/cm}^2 \text{ und natür-} \qquad C_V = \text{spez. elektrischer Widerstand}$$

licher Wassergehalt.   parallel zur Verdichtungsrichtung,

$$\lambda_0 = \frac{C_{V_0}}{C_{H_0}} \text{ für } \sigma = 0\,\text{kg/cm}^2, \qquad C_H = \text{spez. elektrischer Widerstand}$$

senkrecht zur Verdichtungsrichtung.

b) Folgerungen aus den Zusammenstellungen über den spez. elektrischen Widerstand.

Als Folgerung aus der Betrachtung über den spez. elektrischen Widerstand ergibt sich:

α) Die elektrische Leitfähigkeit der Gesteine und geologischen Horizonte wird hauptsächlich durch den Gehalt an Wasser und durch die Konzentration der in diesem Wasser enthaltenen ionenbildenden Salze, Säuren, p_H-Zahl (Wasserstoffionenkonzentration) usw. bedingt.

β) Je nach der Gesteinsbeschaffenheit und dem Gefügebau eines geologischen Körpers bestehen große Unterschiede in der elektrischen Leitfähigkeit in lotrechter oder waagrechter Richtung des Fest- oder Lockergesteins.

4. Magnetische Eigenschaften des Bodens.

a) Ursachen der Magnetisierbarkeit des Bodens.

Die Magnetisierung natürlicher Gesteinsvorkommen setzt sich zusammen:

α) aus einem induktiven Anteil, der durch das heutige magnetische Feld zustande kommt,

β) aus einem remanenten Anteil, der von anderen, meist alten Magnetisierungsquellen stammt.

Der induktive Anteil ist der wichtigere von beiden.

b) Permeabilität.

Das Maß der magnetischen Leitfähigkeit eines Körpers gegenüber dem luftleeren Raum nennt man Permeabilität μ.

c) Suszeptibilität.

Für die Berechnung magnetischer Aufgaben benützt man die Suszeptibilität $\varkappa$. Unter magnetischer Gesteinssuszeptibilität versteht man die Magnetisierbarkeit eines geologischen Körpers.

$$\varkappa = \frac{J \text{ (Induziertes magnetisches Moment)}}{H \text{ (Feldstärke)}}.$$

Die Suszeptibilität steht mit der Permeabilität durch die Beziehung $\mu = 1 + 4\pi\varkappa$ in Verbindung[1].

d) Remanenz.

Die Magnetisierung eines Gesteinskörpers kann mehr oder weniger zurückgehalten werden. Dieses Vermögen nennt man Remanenz.

e) Koerzitivkraft.

Unter Koerzitivkraft C versteht man diejenige Feldstärke, welche notwendig ist, um die Remanenz des Probekörpers zu beseitigen. Die Koerzitivkraft kann bis zu 150 Γ betragen.

---

[1] Vgl. H. REICH u. R. V. ZWERGER: Taschenbuch der angewandten Geophysik, Leipzig 1943, S. 79.

f) Bestimmung der Magnetisierbarkeit des Bodens[1].

An einem Faden ist ein waagrechter Magnetstab aufgehängt. Die zu untersuchenden Proben werden senkrecht zum Magnet dem einen Pol genähert bis zu einem bestimmten Abstand. Beobachtet man dann mittels Spiegel und Fernrohr die Ablenkung des Magneten, so kann aus der Größe der Ablenkung auf die Magnetisierbarkeit der einzelnen Gesteine relativ zueinander geschlossen werden. Genauere Verfahren sind: Das Drehwaagenverfahren, das Wägungsverfahren und die Induktionsmethode.

g) Maßsystem.

Die Einheit der magnetischen Masse ist diejenige Masse eines Poles, welche im Abstand eines Zentimeters eine gleich große Masse mit der Kraft von einem Dyn abstößt. Die Einheit ist bekannt unter dem Namen GAUSS, ausgedrückt im CGS-System. $1\,\Gamma = 10^{-5}$ Gauss[2].

h) Zahlenwerte.

Die magnetische Suszeptibilität $\varkappa$ beträgt:

Tabelle 175.

		Urheber:
Richtwerte:		
Sedimentäre Gesteine	$10\text{—}30\cdot10^{-6}$	
Saure Gesteine	$300\cdot10^{-6}$	
Basische Gesteine	$3000\cdot10^{-6}$	
Einzelwerte:		
Gabbro	$300\text{—}4000\cdot10^{-6}$	
Basalt	$600\text{—}3000\cdot10^{-6}$	
Granit	$500\text{—}1500\cdot10^{-6}$	WILSON
Dolomit	$1{,}8\text{—}14\cdot10^{-6}$	
Cyrenenmergel	$17{,}6\text{—}34{,}5\cdot10^{-6}$	} Nach Geol.
Melettaschiefer	$78{,}5\cdot10^{-6}$	} Inst. Basel
Sequanienkalke	$4{,}8\cdot10^{-6}$	
Kompakter Kalk	$3{,}8\cdot10^{-6}$	WILSON
Tertiärschichten	$40\cdot10^{-6}$	STEINER
Wasser	$0{,}72\cdot10^{-6}$	

Aus diesen Zahlen geht hervor, daß wesentliche Unterschiede in der magnetischen Leitfähigkeit des Gesteins vorhanden sind.

5. Radioaktive Eigenschaften des Bodens.

a) Ursache.

Die Radioaktivität eines geologischen Körpers rührt her:

α) *vom Gehalt des Gesteins an radioaktiven Mineralien,*

β) *von der Anreicherung radioaktiver Zerfallsprodukte (Emanation) in den Gesteinsporen oder in den Hohlräumen* (vgl. Teil 1, S. 21 dieses Buches).

b) Maßeinheiten.

Die Maßeinheiten für die Emanation werden in Mache-Einheiten ausgedrückt; 1 Mache-Einheit ist $^1/_{1000}$ ESE (Elektrostatische Einheit je Sekunde). Die Mache-

---

[1] Die Bestimmung der Magnetisierbarkeit ist beschrieben in H. HAALK: Die magnetischen Methoden der angewandten Geophysik. Handb. d. Experimentalphys. 25 (1930) Teil 3 S. 311. — ALEXANIAN, L. C.: Traité pratique de prospection géophysique S. 33. Paris 1937.

[2] Vgl. PROZICHA: Der Magnetismus der Gesteine als Funktion ihres Magnetitgehaltes. Beitr. prakt. Geol. 1941 S. 158.

Einheiten werden auf 1 l Wasser bezogen. Als Einheit ist die Emanationsmenge bezeichnet worden, welche mit 1 g Radium im radioaktiven Gleichgewicht steht. Sie heißt „Curie" nach dem Entdecker.

$$1 \text{ Mache-Einheit} = 3{,}64 \cdot 10^{-10} \text{ Curie je Liter.}$$

Für die Beurteilung von Quellen ist die Bestimmung des Gehaltes an Radiumemanation von großer Bedeutung. Es bedeutet:

$$1 \text{ Eman} = 10^{-10} \text{ Curie} = 0{,}275 \text{ ME*.}$$

c) Beispiele.

α) Quellen[1].

Tabelle 176.

Die meisten Quellen haben	3—	5 ME
Ausnahmen: Karlsbad	25—	40 ME
Baden, Wien	8—	30 ME
Baden-Baden (Porphyr)		126 ME
Wildbad Gastein (Gneis)	160—	300 ME
Joachimsthal (Quellfassung)	600—	2 100 ME
Brambach (Granit)	2100—	2 400 ME
Oberschlema (Eisenquellen, Granit)	2500—	13 500 ME
Bagneres de Luchon	50—	115 ME
La Bousboule	50—	60 ME

(Wildbad Gastein bis Oberschlema: Radiumquellen)

β) Beispiele für Gesteine.

Tabelle 177.

Gesteinsart	Radiumgehalt in g je 1 g Material	Thoriumgehalt in g je 1 g Material
Saure Gesteine, vulkanisch	$3{,}1 \cdot 10^{-12}$	$2{,}5 \cdot 10^{-5}$
Saure Gesteine, plutonisch	$2{,}7 \cdot 10^{-12}$	
Basische Gesteine, vulkanisch	$1{,}1 \cdot 10^{-12}$	$0{,}5 \cdot 10^{-5}$
Basische Gesteine, plutonisch	$0{,}9 \cdot 10^{-12}$	
Ton	$1{,}5 \cdot 10^{-12}$	$1{,}3 \cdot 10^{-5}$
Sandstein	$1{,}4 \cdot 10^{-12}$	$0{,}5 \cdot 10^{-5}$
Kalk	$0{,}9 \cdot 10^{-12}$	$< 0{,}1 \cdot 10^{-5}$
Radiumerze	$1{,}5—2{,}3 \cdot 10^{-7}$	—
Radiolarienschlamm	$3—6 \cdot 10^{-11}$	—
Granit	$3{,}3—4{,}8 \cdot 10^{-12}$	$1{,}0—3{,}1 \cdot 10^{-5}$
Basalt	$0{,}5 \cdot 10^{-12}$	$0{,}9 \cdot 10^{-5}$
Gneis (Gotthard)	$0{,}3—0{,}4 \cdot 10^{-12}$	$0{,}5—2{,}7 \cdot 10^{-5}$

d) Kritische Werte für radiumhaltige Heilbäder.

Damit von einem Radiumheilbad gesprochen werden kann, muß das emanationshaltige Heilwasser mindestens 80 ME enthalten.

Emanationshaltige Luft soll für Heilzwecke mindestens 8 ME im Liter Luft aufweisen.

Radiumsalze sollen $1 \cdot 10^{-7}$ mg Radium im Liter enthalten[2].

---

* Vgl. P. LUDEWIG: Die Vereinheitlichung der Meßweise radioaktiver Quellen. Jb. Berg- und Hüttenwes. in Sachsen 1921.

[1] Vgl. E. WOLLMANN: Mache-Einheit oder Millimikrocurie? Balneologe 1937, H. 4.

[2] Vgl. G. KIRSCH: Geologie und Radioaktivität. Berlin 1928. — ROBLEY, EVANS u. C. GOODMANN: Radioaktivität von Gesteinen. Bull. Geol. Soc. Amer. 1941, S. 459 bis 490.

C. Thermische Eigenschaften des Bodens.

1. Wärmeleitung.

a) Spezifische Wärme.

Unter spez. Wärme versteht man diejenige Wärmemenge, die nötig ist, um die *Gewichtseinheit* eines Körpers vom Raumgewicht γ um 1° C zu erhöhen. Die spez. Wärme wird in cal g^{-1} °C^{-1} gemessen. Die auf die Gewichtseinheit bezogene spez. Wärme c kann bei allen trockenen, humusfreien Bodenarten mit großer Annäherung zu 0,2 cal g^{-1} °C^{-1} angenommen werden.

Bei Humus und Torf wird $c = 0,4$ bis 0,5 cal g^{-1} °C^{-1}.

b) Wärmekapazität des Bodens.

Unter Wärmekapazität C versteht man diejenige Wärmemenge, die nötig ist, um die *Raumeinheit* eines Körpers um 1° C zu erhöhen, d. h. $C = c\,\gamma$.

Die Zahlenwerte für die Wärmekapazität gehen aus der Tabelle 178 hervor.

Zahlenwerte für die Wärmekapazität.

Tabelle 178. *Einfluß des Wassergehaltes auf die Wärmekapazität.*

Wassergehalt vor dem Gefrieren	Wärmekapazität C	
	feucht in cal/cm³ °C^{-1}	gefroren in cal/cm³ °C^{-1}
30%	0,685	0,518
35%	0,708	0,508
40%	0,730	0,507
100%	1,00	0,45

c) Temperaturleitfähigkeit des Bodens.

Auf S. 12 wurde gefunden, daß die Temperaturleitfähigkeit a eine Eigenschaft des Bodens ist. Sie ist abhängig von der Wärmeleitfähigkeit λ, der spez. Wärme c und dem Raumgewicht γ, d. h.

$$a = \frac{\lambda}{c\,\gamma} = \frac{\lambda}{C} \qquad (C = \text{Wärmekapazität}).$$

Zahlenwerte für die Temperaturleitfähigkeit gehen aus Tabelle 179 hervor.

Tabelle 179.

Bodenart	$a = \dfrac{\lambda}{C}$ in cm² h^{-1}	Wärmekapazität C in cal cm^{-3} °C^{-1}	Wärmeleitungskoeffizient λ in cal cm^{-1} h^{-1} °C^{-1}
Kies, 3/8 cm, trocken ..	—	—	3,26[1]
Sand, trocken	—	—	2,1—3,6
Sand, feucht	—	—	9,7
Lehm, trocken.........	12—26	—	5,4—10,4
Lehmiger Sand, feucht .	28	0,34—0,55	9,5—15,6
Wasser	5	1,0	5,04
Eis	58,4	0,45	29,4
Beton	21,7	0,51	11,05
Asphalt	10,8—18,2	0,42	4,53— 7,64 ⎫
Pflästerung	23,5—32,5	0,5	11,75—16,05 ⎬[2]
Packlage	41,0—41,9	0,46	18,8 —24,6 ⎭

---

[1] Vgl. G. BESKOW: Tjälbildungen och Tjälyftningen. Sverigs Geologiska Undersökning. Arsbok 1932. Stockholm 1935.

[2] Vgl. R. RUCKLI: Gélivité des sols. Lausanne 1943. — Hdb. d. Bodenlehre Bd. IV, Berlin 1940; S. 342. Das Verhalten des Bodens gegen Wärme.

d) Wärmeleitfähigkeit des Bodens.

Unter Wärmeleitfähigkeit λ eines Bodens versteht man die Wärmemenge in Kaloriengramm, welche die Gesteinsmasse von 1 cm³ Inhalt in 1 Stunde bei 1° C Temperaturunterschied durchströmt.

Die Wärmeleitfähigkeit λ eines geologischen Körpers ist abhängig von der Größe der Hohlräume, von der Art ihrer Auffüllung (Gas, Wasser, Luft), von der Elastizitätsziffer, dem Raumgewicht des Bodens, seiner Schallgeschwindigkeit, seiner Temperatur usw.

Tabelle 180.

Gesteinsart[1]	λ in cal cm^{-1} h^{-1} ° C^{-1}	
	Grenzwerte	Mittelwert
Quarz	25—42	33
Kalk	8—25	18
Feldspat	20—30	24
Sandstein	13—28	20
Eruptivgestein	10—30	25
Glimmer	3— 5	3,5
Zement	2— 4	3
Sand, trocken	2— 4	—
Sand, naß (7 Gew.-% Wasser)	5—10	5
Sand, sehr fein gekörnt	1— 4	2,5
Sand, lehmig	5—10	7
Ton	4—10	6
Kies	2— 4	3
Lehm	5—10	8
Eis	29,5	—
Wasser (0° C)	4,6—5,4	4,6
Asphalt im Straßenbau, bis 10° C	—	Vgl. Abb. 218

In Abb. 218 ist die Abhängigkeit der Wärmeleitzahl der mineralischen Baustoffe vom Raumgewicht und dem Feuchtigkeitsgehalt angegeben.

Liegt ein Gemisch von verschiedenen Körpern vor mit den Wärmeleitfähigkeiten λ_1, λ_2 und den Mengen p_1 p_2, so gilt die Mischregel

$$\lambda = \frac{p_1 \lambda_1 + p_2 \lambda_2 + \cdots}{p_1 + p_2 \cdots}$$

nicht. Die Wärmeleitzahl λ läßt sich aus der Formel $\lambda = a\,c\,\gamma = a\,C$ berechnen, wenn das Raumgewicht und die Wärmekapazität C bekannt sind.

2. Schwinden des Bodens.

a) Begriffe.

Schwinden: Unter Schwinden versteht man die Verkürzung des Bodens beim Verdunsten des im Boden vorhandenen Wassers.

Schrumpfung bedeutet das gleiche wie Schwinden.

Lineares Schwindmaß bedeutet die lineare Verkürzung δ_S des untersuchten Probekörpers.

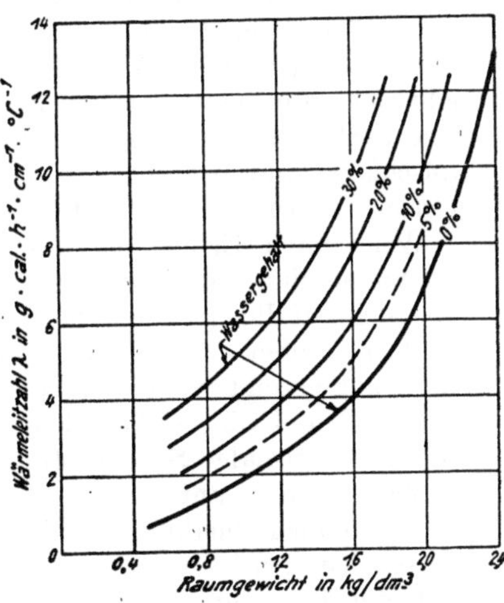

Abb. 218. Abhängigkeit der Wärmeleitzahl der mineralischen Baustoffe vom Raumgewicht und Feuchtigkeitsgehalt.

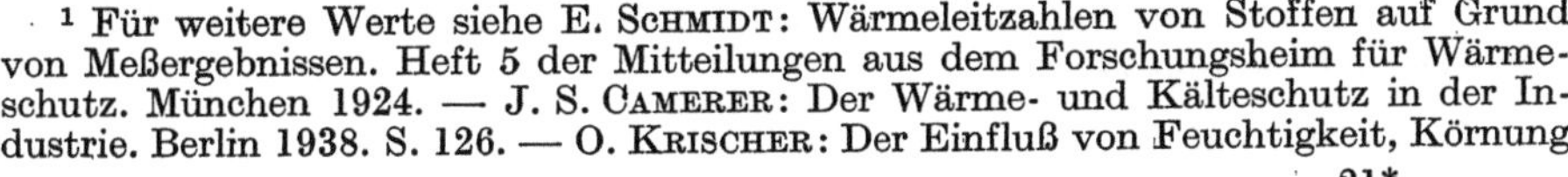

---

[1] Für weitere Werte siehe E. SCHMIDT: Wärmeleitzahlen von Stoffen auf Grund von Meßergebnissen. Heft 5 der Mitteilungen aus dem Forschungsheim für Wärmeschutz. München 1924. — J. S. CAMERER: Der Wärme- und Kälteschutz in der Industrie. Berlin 1938. S. 126. — O. KRISCHER: Der Einfluß von Feuchtigkeit, Körnung

Räumliches Schwindmaß oder Schrumpfungsmaß S bedeutet die kubische Schwindung, d. h.

$$S = \frac{V_A - V_E}{V_A} \text{ in } \%.$$

V_A = Rauminhalt der Bodenprobe bei Beginn des Versuches,
V_E = Rauminhalt der Bodenprobe am Ende des Versuches.
Für das räumliche Schwindmaß wird oft auch die Beziehung gebraucht:

$$S = \frac{V - V_0}{V_0}.$$

Hierin bedeuten:
V = Rauminhalt bei der Wassermenge W,
V_0 = Rauminhalt bei der Schrumpfgrenze.

Schrumpfgrenze oder Schwindgrenze. In Anlehnung an den Begriff über das räumliche Schwindmaß wird unter Schrumpfgrenze die größte, bei dem betreffenden Material aufgetretene Schrumpfung verstanden, d. h. $S = S_{max}$.

Schwinddruck bedeutet die Größe des beim Schwinden aufgetretenen Druckes σ_S in der Bodenprobe.

Schrumpfdruck: Mit Schrumpfdruck bezeichnet man den größten auftretenden Schwinddruck σ_{max}.

b) Beschreibung des Schwindvorganges.

Während der ersten Zeit der Verdunstung des im Boden vorhandenen Wassers bleibt die Verdunstungsgeschwindigkeit des Wassers gleich groß, d. h. der Boden schwindet in gleichem Maße wie das Wasser verdunstet. Während des Schwindens ziehen sich die Kapillaren zusammen; dadurch nimmt die Kapillarspannung P zu. Es ist nämlich (vgl. Abschnitt über Kapillarität):

$$P_1 = \frac{s}{r_1} \quad \text{und} \quad P_2 = \frac{s}{r_2}.$$

Da $r_2 < r_1$ ist, wird $P_2 > P_1$.

Die beim Schwinden auftretenden Druckspannungen σ_S erreichen in der festen Phase allmählich einen Grenzwert $\sigma_{S\,max}$; $\sigma_{S\,max}$ wird Schrumpfdruck genannt. Beim weiteren Verdunsten reißt der Meniskus ab, und das Porenwasser zieht sich dann ins Innere des Bodenkörpers zurück. Dabei ändert z. B. der Ton seine Farbe; er wird hell (Umschlagspunkt). Wichtig ist der Wassergehalt beim Umschlagspunkt, d. h. bei der Schrumpfgrenze, weil der Boden bei der Schrumpfgrenze zu schrumpfen aufhört. Bei Ton tritt dies bei 10 bis 15 Gew.-% Wasser ein.

Wenn nach Erreichung des Schrumpfdruckes $\sigma_{S\,max}$ weiterhin Wasser verdunstet, so nimmt die Verdunstungsgeschwindigkeit des Wassers ab. Das Wasser zieht sich auf die engsten Stellen der Wasserbahnen zurück. Experimentell kann das Schrumpfen unter Kapillaritätswirkung an einer aus Bentonit bestehenden Kugel gut gezeigt werden (Kap. über Straßenbaugeologie Bd. II).

Auf Grund obiger Ausführungen wird bei der Schrumpfung unterschieden zwischen: normaler Schrumpfung und Restschrumpfung.

Man versteht unter normaler Schrumpfung oder normalem Schwinden diejenige Volumenabnahme des Bodens, die genau dem Volumen des verdunsteten Wassers entspricht.

Unter Restschrumpfung versteht man diejenige Volumenabnahme, die geringer ist als das entzogene Wasser (siehe Abb. 219 u. 220).

c) Berechnung des linearen Schwindmaßes.

Das Schwindmaß δ_S kann auf drei Arten berechnet werden:

α) *Berechnung mit Hilfe des Zusammendrückungsversuches,* β) *Berechnung mit Hilfe der Drucksetzungsgleichung nach* BENDEL, γ) *Berechnung mit Hilfe der relativen Luftfeuchtigkeit.*

---

und Temperatur auf die Wärmeleitfähigkeit körniger Stoffe. Beiheft z. Gesundheits-Ing. Reihe 1, H. 33. Berlin 1934.

Zu den einzelnen Berechnungsverfahren ist zu bemerken:

α) Berechnung das Schwindmaßes mit Hilfe des Zusammendrückungsversuches[1].

Das Schwindmaß δ_S kann mit Hilfe von Zusammendrückungsversuchen im voraus bestimmt werden. Wird bei der Versuchsanordnung an Stelle des dreiaxialen Druckversuches der einachsige, der sog. Oedometerversuch angewendet,

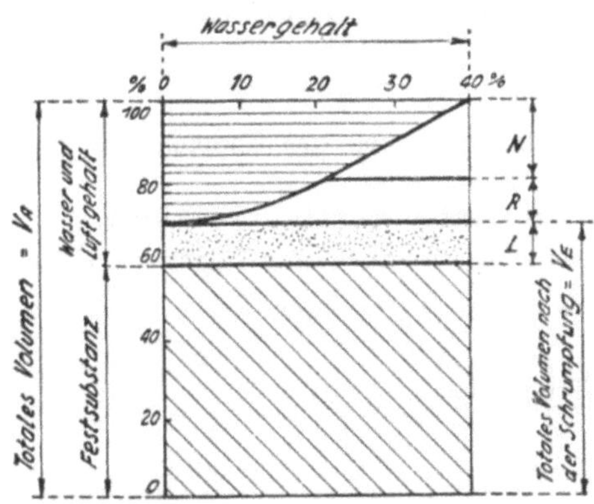

Abb. 219. Normale Schrumpfung und Restschrumpfung.
N Normale Schrumpfung $\}$ während des Wasserentzuges,
R Restschrumpfung
L Luftgehalt nach der Gesamtwasserentfernung.

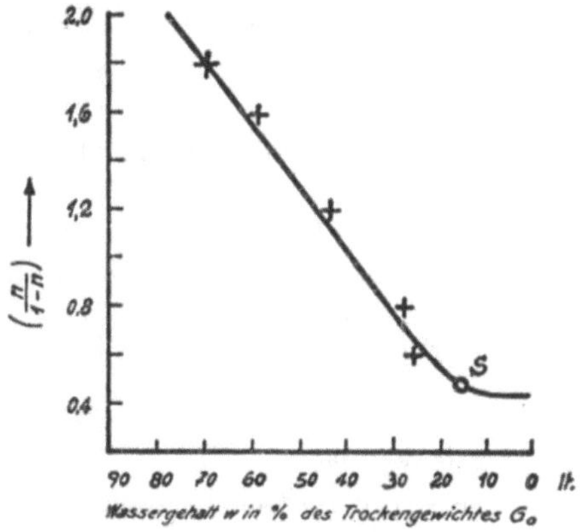

Abb. 220. Die Schrumpfgrenze ausgedrückt durch die Porenziffer: $\varepsilon = \left(\dfrac{n}{1-n}\right)$.

so muß berücksichtigt werden, daß im letzteren Falle nur *eine* Achse verkürzt wird; es kann dann angenähert gesetzt werden:

$$\delta_S = \frac{ds}{3},$$

wobei $ds = \dfrac{p_1}{M_E}$ bedeutet.

$\delta_S = $ Verkürzung der Probe infolge Schwindens, sog. Schwindmaß,

$ds = $ Zusammendrückungsbetrag beim Oedometerversuch,

$p_1 = $ Belastung des Bodens in kg/cm²,

$M_E = $ Zusammendrückungsziffer (Elastizitätsziffer bei der Zusammendrückung des Bodens).

Beim dreiaxialen Versuch kann für die Verkleinerung des Probekörpers gesetzt werden:

$$\delta_S = \frac{1}{3}\left(\frac{p}{M_{E\,längs}} + 2\,\frac{q}{M_{E\,quer}}\right).$$

Für $M_{E\,quer} = 1{,}2\,M_{E\,längs}$, für $q = \lambda\,p = 0{,}7\,p$ und für $\dfrac{p}{M_{E\,längs}} = ds$ wird $\delta_S = 0{,}7\,ds$. λ ist die Ruhedruckziffer.

β) Berechnung mit Hilfe der Drucksetzungsgleichung nach Bendel.

Allgemein ist:

$$ds_1 = \left[K' + K\log\left(\frac{\sigma_0 + \sigma_1}{\sigma_0}\right)\right]dh \qquad (dh = \text{Höhe der Bodenprobe}).$$

---

[1] Vgl. Terzaghi: Erdbaumechanik. Wien 1925.

Bedeutet σ_1 die Belastung der Bodenprobe mit der Kraft σ_1, σ_2 die Belastung der Bodenprobe mit der Kraft σ_2, so wird

$$ds = ds_2 - ds_1 = \left[K \log \left(\frac{\sigma_0 + \sigma_2}{\sigma_0 + \sigma_1} \right) \right] dh.$$

Da $\delta_S = \dfrac{ds}{3}$ nach obiger Gleichung ist, wird

$$\delta_S = \frac{dh\,K}{3} \log \left(\frac{\sigma_0 + \sigma_2}{\sigma_0 + \sigma_1} \right); \quad \text{für } \sigma_0 + \sigma_1 = \sigma_a \quad \text{wird} \quad \delta_S = \frac{dh\,K}{3} \log \left(\frac{\sigma_0 + \sigma}{\sigma_a} \right).$$

K ist ein Festwert; K steht in Beziehung zur Elastizitätsziffer. Es ist nämlich:

$$M_E = \left(\frac{\sigma_0 + \sigma}{K} \right) \ln 10.$$

Für den Wert K vgl. Abschnitt: Zusammendrückbarkeit des Bodens.

γ) Berechnung mit Hilfe der relativen Luftfeuchtigkeit.

Die Größe des linearen Schwindmaßes δ_S kann auch aus folgender Überlegung berechnet werden:

Die Schwindpreßkraft P_S beträgt:

$$P_S = 1300 \ln \left(\frac{1}{\varphi} \right) f_n.$$

Es bedeutet:

$\varphi =$ relativer Luftfeuchtigkeitsgehalt der Poren,
$f_n =$ der mit Wasser gefüllte Porenanteil.
(Vgl. Abschnitt über Kapillarität.)

Allgemein ist eine Stoffverkürzung δ infolge einer Kraft P gleich

$$\delta = \frac{P}{M_E}; \quad M_E = \text{Zusammendrückungsziffer.}$$

Für den vorliegenden Fall beträgt das lineare Schwindmaß:

$$\delta_S = \frac{P_S}{M_E} = \frac{f_n}{M_E} 1300 \ln \left(\frac{1}{\varphi} \right).$$

Der Teil $\dfrac{f_n}{M_E}$ wird hydroelastischer Faktor genannt.

Beispiel: Für feuchtes Material betrage der Schwindelastizitätsmodul $M_{ES} =$
$= 1000 \text{ kg/cm}^2$. Der relative Luftfeuchtigkeitsgehalt der Poren sei $\varphi = 40\%$. Der mit Wasser gefüllte Porenanteil sei $f_n = 10\%$. Dann ist:

$$\delta_S = \frac{0{,}1}{1000} \cdot 1190 = 0{,}119 \text{ cm.}$$

d) Berechnung des räumlichen Schwindmaßes.

α) Berechnung des räumlichen Schwindmaßes auf Grund des Druck-Wassergehalt-Gesetzes nach BENDEL.

Das Druck-Wassergehalt-Gesetz nach BENDEL (siehe Abschnitt über Wassergehalt) lautet für wassergesättigte Böden:

$$W = W_0 - K \log \left(\frac{\sigma_0 + \sigma}{\sigma_0} \right)$$

oder

$$W = W_a - K \log \left(\frac{\sigma_a + \sigma}{\sigma_a} \right). \tag{1}$$

Man kann aber auch schreiben:

$$K \log \left(\frac{\sigma_a + \sigma}{\sigma_a} \right) = W_a - W = n_a - n = V_a - V. \tag{2}$$

Setzt man für $V_d = V_0 =$ Volumen des Bodens bei der Schrumpfgrenze, so wird:
$$V - V_0 = W - W_0. \tag{3}$$
$W_0 =$ Wassergehalt bei der Schrumpfgrenze.

Wird der Wassergehalt durch Prozent des Trockengewichtes G_0 ausgedrückt, d. h.
$$W = w\,G_0,$$
so erhält man:
$$V - V_0 = w\,G_0 - w_0\,G_0 = (w - w_0)\,G_0 \tag{4}$$
oder
$$\frac{V - V_0}{V_0} = (w - w_0)\frac{G_0}{V_0} = (w - w_0)\,\gamma_0 = S. \tag{5}$$
$\gamma_0 =$ Raumgewicht des trockenen Bodens.

Das Verhältnis $\dfrac{V - V_0}{V_0} = S$ wird als Schrumpfmaß bezeichnet. Die zeichnerische Auswertung der Gl. (5) geht aus Abb. 221 hervor.

In Abb. 221 bedeutet z. B.:

$W_0 = 33\%$, d. h. die Schrumpfgrenze liegt bei 33% Wassergehalt,

$\gamma_0 = 1{,}42\,\text{kg/dm}^3 = \operatorname{ctg}\varphi =$ Raumgewicht des trockenen Materiales.

$\operatorname{ctg}\varphi$ wird auch das Schrumpfverhältnis genannt.

Mit diesen Werten erhält man für das Schrumpfmaß:
$$\begin{aligned} S &= (w - w_0)\,\gamma_0 = (w - w_0)\operatorname{ctg}\varphi \\ &= (w - 33)\,1{,}42. \end{aligned} \tag{6}$$

Die Auswertung der Gl. (6) ergibt die Gerade in Abb. 221.

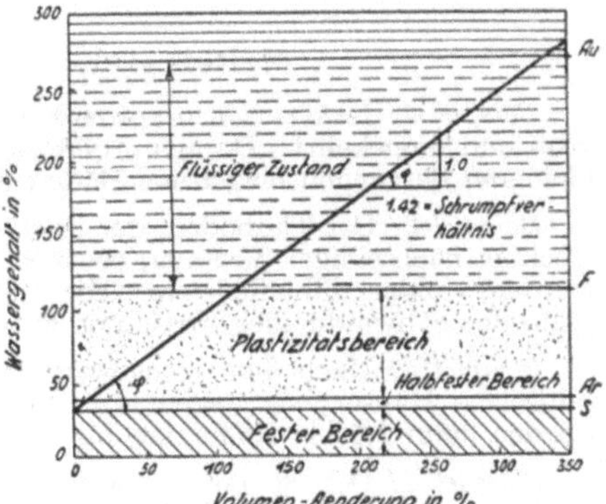

Abb. 221. Beziehung zwischen Wassergehalt und Volumenänderung (Seeschlamm).

Au Ausflockungsgrenze, $W = 269\%$, F Fließgrenze $W = 112\%$, bestimmt mit dem Casagrandeschen Fließgerät, Ar Ausrollgrenze $W = 39\%$, S Schrumpfgrenze $W = 33\%$.

Es bedeutet:

$w =$ Wassergehalt in Prozent des Trockengewichtes G_0,

$w_a =$ Wassergehalt der Bodenprobe mit dem Porenvolumen n_a,

$V =$ Volumen des Bodens,

K steht in Beziehung zur Elastizitätsziffer M_E. $M_E = \left(\dfrac{\sigma_0 + \sigma}{K}\right)\ln 10$,

$\sigma_a =$ Druck, der das Porenvolumen n_a erzeugte; $\sigma_0 =$ Festwert,

$n =$ Porenvolumen,

$\sigma =$ beliebiger Druck in kg/cm^2.

$\beta)$ Berechnung mit Hilfe des Ausgangswassergehaltes.

Unter räumlichem Schrumpfmaß S wird oft auch das Verhältnis
$$S = \frac{V_A - V_E}{V_A} \text{ in Prozent verstanden.}$$

$V_A =$ Rauminhalt der Bodenprobe beim Beginn des Versuches,

$V_E =$ Rauminhalt der Bodenprobe am Ende des Versuches.

Wird nach obiger Gleichung das räumliche Schrumpfmaß S bestimmt, so ergeben sich für das Schrumpfmaß S merkliche Unterschiede, je nach dem Ausgangswassergehalt.

γ) Erfahrungswerte für das räumliche Schrumpfmaß im Straßenbau.

In Tabelle 181 sind die Böden in verschiedene Baugrundklassen in Abhängigkeit der Größe des räumlichen Schrumpfmaßes S nach Formel (5) eingeteilt.

Der Wassergehalt bei der Schrumpfgrenze, ausgedrückt in Prozent des Trockengewichtes, beträgt:

Tabelle 181. *Zahlenwerte für die Schrumpfgrenze.*

Schrumpf-maß S %	Baugrundklasse
5	Gut
5—10	Mittelmäßig
10—15	Schlecht
15	Sehr schlecht

Tabelle 182.

Reine Kolloide (feinste Tone) ...	5%
Ton	10%
Letten mit 50% Kolloiden	12,5%
Feiner Sand	20%
Torf	40%
Diatomeen	130%
Glimmer	160%

δ) Beispiele über das Schrumpfen.

Beispiel 1: Ist das Schrumpfmaß klein, so ist der Zusammendrückungsmodul M_E groß und umgekehrt. Daraus ergibt sich, daß Böden mit kleinem Schrumpfmaß zu kleineren Setzungen neigen als Böden mit großem Schrumpfmaß.

Beispiel 2: Der Tonboden, der in städtischen Gebieten künstlich entwässert wird, trocknet nach einiger Zeit aus; er schwindet. Häuser, die auf solchem Boden erstellt wurden, sinken allmählich ein. Die Größe der voraussichtlichen Setzung kann mit Hilfe des Schwindmaßes berechnet werden.

Beispiel 3: Nach dem trockenen Herbst 1898 senkten sich im Westen Londons zahlreiche Häuser; sie waren nur 0,45 bis 0,75 m tief fundiert. Die Fundamente wurden dann 1,5 bis 1,8 m tief, bis zum dauernd feuchten Ton hinabgeführt[1].

Beispiel 4: Der Boden, auf welchem Häuserfundamente stehen, kann auch austrocknen, wenn die Oberfläche der Höfe und alle Straßen mit einer Asphaltdecke versehen werden und kein meteorisches Wasser mehr in den Boden eindringen kann[2].

Beispiel 5: Werden Bäckereien, Ziegeleien usw. auf nassen Ton, Lehm. gestellt, so ist das Schwindmaß bzw. die Setzung infolge Austrocknung des Bodens vor Baubeginn zu bestimmen. Unterlassungen in der Berechnung und in der Vornahme zweckentsprechender Wärmeleitungsgegenmaßnahmen führten zu Rissen in den Öfen.

e) Der Schwinddruck.

Um die Größe des beim Schwinden auftretenden Druckes σ_S berechnen zu können, wird festgestellt, welche Kräfte benötigt werden, um künstlich einen Körper um den gleichen Verkürzungsbetrag δ_S, wie er beim Schwinden auftritt, zusammenzudrücken.

σ_S bedeutet hiermit den Verdichtungsdruck, der dem Schwinddruck äquivalent ist.

Der Schwinddruck σ_S kann auf zwei Arten berechnet werden:

α) *mit Hilfe der Drucksetzungsgleichung nach* BENDEL,

β) *mit Hilfe des Kapillardruckes.*

Zu den einzelnen Verfahren ist zu bemerken[3]:

---

[1] Siehe V. POLLACK: Bodensenkungen infolge Bergbau in Großbritannien. Monatl. Rdsch. 1918 Nr. 22 bis 24.

[2] Vgl. BENDEL: Häusersenkungen in Luzern. Schweiz. Bauztg. 1934 S. 105.

[3] Vgl. HOGENTOGLER: Subgrade Soil Constants. Their significance and their Application in the Practice. Public roads 1931 S. 126.

α) **Berechnung des Schwinddruckes mit Hilfe der Drucksetzungsgleichung nach** BENDEL.

Wird in der Gleichung (siehe S. 326)

$$\delta_S = \frac{dh\,K}{3}\log\left(\frac{\sigma_0 + \sigma_2}{\sigma_0 + \sigma_1}\right) \simeq \frac{dh\,K}{3}\log\frac{\sigma_2}{\sigma_1}$$

für $\sigma_2 = \sigma_S$ gesetzt, so kann der Schwinddruck σ_S berechnet werden zu:

$$\sigma_S = \sigma_1\, e^{\frac{3\,\delta_S}{dh\,K\,\ln 10}}.$$

Genauer:

$$\sigma_S = \sigma_1\, e^{\frac{3\,\delta_S}{dh\,K\,\ln 10}} + \sigma_0\left(e^{\frac{3\,\delta_S}{dh\,K\,\ln 10}} - 1\right).$$

β) **Berechnung des Schrumpfdruckes mit Hilfe des Kapillardruckes.**

Es ist möglich, den Schrumpfdruck σ_{Smax} aus der Überlegung zu berechnen, daß σ_{Smax} gleich dem Kapillardruck p_k ist.

Für den Kapillardruck p_k kann bei einer axialen Belastung des Probekörpers gesetzt werden[1]:

$$p_k = \frac{p_S + 2\,\lambda\,p_S}{3}.$$

Für p_S ist die Druckgröße zu nehmen, bei welcher praktisch keine Setzung ds mehr auftritt.

Es bedeutet:

$$\lambda\,p_S = \text{Seitendruck},$$
$$\lambda = \text{Ruhedruckziffer} = 0{,}6 \text{ bis } 0{,}8.$$

Für $\lambda = 0{,}7$ wird:

$$p_k = \frac{2{,}4}{3}\,p_S = 0{,}8\,p_S \simeq \sigma_{Smax}.$$

$\sigma_{Smax} = $ Schrumpfdruck.

Weitere Angaben über den Schrumpfdruck sind im Abschnitt über Kapillarität enthalten.

Es ist

$$M_E = \left(\frac{\sigma_0 + \sigma}{K}\right)\ln 10$$

(vgl. Abschnitt über Zusammendrückbarkeit des Bodens).

$K = $ Festwert und wird aus der Drucksetzungsgleichung nach BENDEL

$$s = K' + K\log\left(\frac{\sigma_0 + \sigma}{\sigma_0}\right)$$

erhalten.

Hieraus ergibt sich:

$$M_E = \left(\frac{\sigma_0 + p_S}{K}\right)\ln 10 = \left(\frac{\sigma_0 + \dfrac{p_k}{0{,}8}}{K}\right)\ln 10.$$

γ) **Beispiele für die Berechnung des Schwinddruckes.**

Beispiel 1: Praktisch ist $K = 0{,}01$ bis $0{,}10$; es sei $K = 0{,}10$, $\sigma_0 \simeq 0$. Für trockenen Ton ist $M_E = 4900\,\text{kg/cm}^2$ gefunden worden. Dann ergibt sich für den Schrumpfdruck

$$\sigma_{Smax} = p_k = \frac{4900 \cdot 0{,}1 \cdot 0{,}8}{2{,}3} = \frac{392}{2{,}3}\,\text{kg/cm}^2 = 172\,\text{kg/cm}^2.$$

---

[1] Vgl. TERZAGHI: Erdbaumechanik. Wien 1925.

Beispiel 2: Ist die Probe von der Höhe $dh = 1$ mit $\sigma_1 = 1$ vorbelastet gewesen und wird für ein Schwindmaß δ_S ein Wert genommen, der gleich dem Werte $K \ln 10$ ist, so ergibt sich ein Schrumpfdruck, der einem Verdichtungsdruck von $20 \, kg/cm^2$ äquivalent ist.

Beispiel 3: Der Wert K ist für trockene Tone und feuchte, fein disperse Lockergesteine sehr klein. Daher wird der dem Schrumpfdruck äquivalente Verdichtungsdruck σ_S sehr groß; mit anderen Worten: ausgetrocknete Tone erreichen eine außerordentlich große Härte.

Beispiel 4: Beim jungen Beton kann erfahrungsgemäß das Schwinden durch stetiges Befeuchten der Oberfläche des Betons gering gehalten werden. Durch das Feuchthalten des Betons wird das Auftreten von Kapillarspannungen auf den Zeitpunkt verschoben, in welchem die feste Phase sich bereits versteinert hat. Der deformierenden Wirkung des Schrumpfdruckes kann ein hoher Elastizitätsmodul des Betons entgegengesetzt werden.

Durch Zusatz von feingemahlenem Zement zum Beton wird die Anzahl feiner Kapillaren erhöht. Dadurch wird beim Austrocknen die Kapillarspannung und damit auch der Schrumpfdruck wesentlich erhöht; mit andern Worten: das Schwinden des Betons wird erhöht[1].

3. Schwellen des Bodens.

Wenn ein trockener oder schwach plastischer Boden mit Wasser überflutet wird, vermindert sich der Kapillardruck rasch und sinkt bis auf Null; dabei beginnt der Boden zu schwellen.

Bei schwach durchlässigen Böden schwellt der Boden nur langsam wieder auf, weil das Wasser nur in langen Zeiträumen in das Innere des Körpers eindringen kann.

a) Berechnung der Dicke der Schwellzone.

Die Dicke z_t einer Schwellzone berechnet sich nach der Formel[2]

$$z_t = \sqrt{6 \cdot t \frac{k}{a}}.$$

k = Durchlässigkeitsziffer in Zentimeter pro Tag,
a = mittlere Schwellziffer des Materiales in cm^2/g,
t = Zeit in Tagen.

Beispiel: $k = 5 \cdot 10^{-4}$ cm/Tag,
$\qquad\quad a = 1 \cdot 10^{-5} \, g^{-1} \, cm^2$.

Dann ist nach 1 Tag . . . . . . $z = 17,3$ cm,
$\qquad\qquad\quad$ 1 Monat . . . $z = 95 \quad$ cm,
$\qquad\qquad\quad$ 1 Jahr . . . . . $z = \; 3,29$ m.

b) Nebenspannungen beim Schwellen.

Bei rascher Überflutung des Bodens mit Wasser entstehen örtliche Sekundärspannungen im Boden; der Körper zerreißt. Rutschungen in steilem Gelände können auf Sekundärspannungen zurückgeführt werden.

c) Die Oberflächenhebung beim Schwellen des Bodens.

Die Hebung der Oberflächen infolge Schwellen des Bodens kann durch sinngemäße Anwendung der Formeln für die Zusammendrückung des Bodens in Abhängigkeit der Zeit berechnet werden, z. B.:

---

[1] Vgl. JUILLARD: Quelques propriétés du ciment et du béton Dilatation, retrait, élasticité. Schweiz. Bauztg. Bd. 100 (1932) Heft 2, 3 und 6.

[2] Vgl. TERZAGHI: Erdbaumechanik S. 169. Wien 1925.

Anmerkung: Über die Ausdehnung von Felsgestein siehe z. B. TERZAGHI: Erdbaumechanik S. 16. Wien 1925. Zu Vergleichszwecken ist angegeben, daß die Ausdehnung bei $1°$ C beträgt:

$\qquad\qquad\qquad$ Granit $\qquad = 0,000008 \; l,$
$\qquad\qquad\qquad$ Kalkstein $= 0,000008 \; l,$
$\qquad\qquad\qquad$ Marmor $\quad = 0,0000034 \, l.$
$\qquad\qquad l$ = Mächtigkeit der Felsschicht.

α) Berechnung der Oberflächenhebung nach Fröhlich-Terzaghi.

Nach Fröhlich-Terzaghi[1] beträgt die Oberflächenhebung

$$s_t = \mu \,\frac{a_S}{1 + \varepsilon}\, \sigma_S\, h.$$

Für die Bedeutung der Werte μ, a_S, ε siehe Abschnitt über Setzungen.

σ_S = größter Schwinddruck,
h = Mächtigkeit der durchnäßten Schicht.

β) Berechnung der Oberflächenhebung nach Bendel.

I. Gesamte Oberflächenhebung. Die gesamte Oberflächenhebung (Schwellung) errechnet sich aus der Entlastungsdehnungsgleichung nach Bendel. In Anlehnung an die erwähnte Gleichung kann gesetzt werden:

$$s = - K_e \log\left(\frac{\sigma_0 + \sigma}{\sigma_0 + \sigma_1}\right) = - K_e \log\left(\frac{p_k}{\sigma_{S_{\max}}}\right) \text{ in } \%. \tag{1}$$

Es bedeutet:

s = Schwellung,

$$K_e = \text{Festwert in der Gleichung } M_E' = \left(\frac{\sigma_0 + \sigma}{K_e}\right) \ln 10, \tag{2}$$

$E = M_E'$ = Elastizitätsziffer bei der Ausdehnung des Bodens,
$\sigma_{S\max}$ = größter Kapillardruck bei der Schrumpfgrenze,
p_k = vorhandener Kapillardruck.

Der Kleinstwert von p_k wird σ_0; σ_0 bedeutet den Kapillardruck bei der untern Elastizitätsgrenze, auch Atterbergsche Fließgrenze genannt.

II. Schwellung in Abhängigkeit der Zeit. Nach Bendel beträgt die Oberflächenhebung in Abhängigkeit der Zeit t in Anlehnung an das Zeitsetzungsgesetz

$$s = T_S' + T_S \log\left(\frac{t_0 + t}{t_0}\right) \tag{3}$$

In dieser Formel bedeuten:

$$T_S' = S\left(1 + \alpha \log \frac{k\, t_0\, M_E'}{\gamma\, h^2}\right), \tag{4}$$

$$T_S = \alpha\, S. \tag{5}$$

k = Durchlässigkeit,
M_E' = Elastizitätsziffer für Ausdehnung des Materiales,
γ = Raumgewicht des Wassers; $t_0 = 1$ s,
h = Mächtigkeit der Schicht, in welcher ein Porenwasserüberdruck herrscht,
α = Beiwert, der davon abhängig ist, ob die Porenwasserdruckfläche als Rechteck, Dreieck, Trapez oder krummlinig angenommen wird. Für rechteckige Lastenflächenannahme wird $\alpha = 0{,}63$,
S = gesamte Schwellung.

III. Zahlenbeispiel. Gegeben sei $h = 100$ cm; $K_e = 0{,}55\%$,

$$\sigma_{s\,\max} = 4{,}0 \text{ kg/cm}^2,$$
$$\sigma_0 = 0{,}1 \text{ kg/cm}^2.$$

Dann wird bei vollständiger Überflutung des Bodens, d. h. bei Verschwinden der Kapillarkraft $\sigma = 0$:

$$S = h\left[-0{,}0055 \log\left(\frac{0{,}1}{4}\right)\right] = 0{,}9 \text{ cm}.$$

---

[1] Theorie der Setzung von Tonschichten S. 32, 150. Wien 1936.

Der zeitliche Verlauf der Schwellung ergibt sich zu

$$s_t = T_S' + T_S \log t.$$

Hierin bedeuten nach Gl. (4) und (5):

$k = 10^{-7}$ cm/s, $h = 100$ cm,

$M_E' = 100$ kg/cm^2,

$\gamma = 0,00115$ kg/cm^3,

$$T_S' = 0,9\left[1 + 0,63 \log \frac{10^{-7} \cdot 100}{0,00115 \cdot 100^2}\right] = -2,5,$$

$T_S = 0,57$,

$s_t = -2,5 + 0,57 \log t$; t in Sekunden oder

$s_t = 0,32 + 0,57 \log t$; t in Tagen.

Für $s_t = 0,9$ cm braucht es 11,5 Tage.

Infolge Überfluten des Tones dringt das Wasser in dem Boden vorwärts. Die Dicke der befeuchteten Zone z_t beträgt nach S. 330

$$z_t = \sqrt{6\,t\,\frac{k}{a}} = \sqrt{6 \cdot 11,5 \cdot \frac{10^{-7}}{10^{-5}} \cdot 86\,400} = 244 \text{ cm}.$$

D. Die hydrologischen Eigenschaften des Bodens.

1. Zähigkeit des Wassers.

a) Begriff der Zähigkeit.

Zähigkeit (Viskosität) heißt diejenige Eigenschaft des Wassers, die die Abhängigkeit der auftretenden Spannungen von der Formänderungsgeschwindigkeit kennzeichnet.

NEWTON hat den Ansatz aufgestellt:

$$\tau = \eta\,\frac{d v_x}{d y},$$

d. h. die Schubspannung τ, die zwischen zwei benachbarten, parallelen Schichten besteht, ist proportional der Zunahme der Geschwindigkeit $d v_x$ je Längeneinheit dy $\left(\text{d. h. } \dfrac{d v_x}{d y}\right)$.

η ist ein Proportionalitätsfestwert und ist von den physikalischen und chemischen Eigenschaften eines Materiales abhängig.

η wird auch als Reibungskoeffizient bezeichnet. Das Newtonsche Gesetz gilt für Kolloide nur noch in beschränktem Maße.

Es wird $\tau = \eta$, wenn in zwei Schichten, die einen Abstand von $dy = 1$ cm haben, je eine Kraft τ so wirkt, daß zwischen den Flächen ein Geschwindigkeitsunterschied von $d v_x = 1$ cm/s entsteht. Die Zähigkeit äußert sich in dem Reibungswiderstand, den eine Flüssigkeit einem in ihr bewegten Körper entgegensetzt. Dieser ist

1. proportional der reibenden Fläche,

2. proportional der Verschiebungsgeschwindigkeit, siehe oben nach NEWTON,

3. ein von der Temperatur und der chemischen Beschaffenheit abhängiger Festwert; siehe oben und das Stokessche Sinkgeschwindigkeitsgesetz Bd. II, S. 186.

b) Dynamische Zähigkeit.

Der Proportionalitätsfestwert η wird als die dynamische Zähigkeit, oft auch einfach als Zähigkeit bezeichnet.

Im CGS-System hat η die Einheit:

$$\eta \text{ in dyn s cm}^{-2} = \text{cm}^{-1}\,\text{g s}^{-1}.$$

Die Einheit wird nach POISEUILLE mit Poise P bezeichnet.

Im technischen Maßsystem (m kg s-System) hat die dynamische Zähigkeit die Einheit:

$$\eta \text{ in kg s m}^{-2} = 98{,}1\ P.$$

c) Die kinematische Zähigkeit.

Der Stoffwert $v = \dfrac{\text{Dynamische Zähigkeit}}{\text{Dichte}} = \dfrac{\eta}{\varrho}$ ($\varrho =$ Dichte der Massenein-
heit) wird als kinematische Zähigkeit bezeichnet.

In der Praxis wird für die Dichte die Reinwichte (spez. Gewicht) eingesetzt[1].

d) Beweglichkeit (Fluidität).

Der Kehrwert φ der dynamischen Zähigkeit heißt die Fluidität oder Beweglichkeit; es ist:

$$\varphi = \frac{1}{\eta},$$

e) Maßsysteme.

Tabelle 183.

	CGS-System		Technisches System m kg s-System	
	Größe	Einheits-bezeichnung	Größe	Einheits-bezeichnung
Dynam. Zähigkeit	η in dyn s cm^{-2} = cm^{-1} g s^{-1}	Poise (P)	η in kg s m^{-2}	= 98,1 P
Kinemat. Zähigkeit	cm^2 s^{-1} = v	Stok (St)	v in m^2 s^{-1}	= 10 St

f) Die Abhängigkeit der Zähigkeit von der Temperatur.

Die Viskositätsziffer η ist abhängig von der Temperatur. Allgemein wird
für η gesetzt:

$$\eta = \frac{0{,}00001814}{1 + 0{,}0337\,t + 0{,}00022\,t^2} \text{ in g cm}^{-2}\,\text{s}.$$

Für $t = 10°$ C wird $\eta = 0{,}0000133$. Für Schnee wird $\eta = 10^6$ bis 10^{11} in
kg sec m^{-2}.

g) Die Abhängigkeit der Zähigkeit vom Druck.

Bei Wasser fällt bei niederer Temperatur die Zähigkeit mit steigendem Druck.
Mit steigender Temperatur wird diese Erscheinung weniger deutlich, um bei 32°
vom Druck praktisch unabhängig zu werden. Bei höheren Temperaturen nimmt
die Zähigkeit mit steigendem Druck zu.

2. Physikalische Eigenschaften des Wassers.

Die hauptsächlichsten, physikalisch wichtigen Eigenschaften des Wassers
sind: Temperatur, Klarheit, Durchsichtigkeit, Farbe, Geschmack, Geruch, elektrische Leitfähigkeit und Radioaktivität. Dazu ist zu bemerken (vgl. auch Kap.
über Untersuchungen im Prüfraum Bd. II, S. 179):

---

[1] Vgl. SCOTT BLAIR: Einführung in die technische Fließkunde S. 13. Stuttgart
1940. — E. HATSCHEK: Viskosität der Flüssigkeit. 1929. — W. ORDINANZ: Viskositäts-
nomogramm. Schweizer Archiv 1943, S. 322.

a) Temperatur.

α) Grundsätzliches.

Die Temperatur des unterirdischen Wassers ist abhängig von der geologischen Beschaffenheit des Wasserträgers, von der Art der Überlagerung des Wassers, der Geschwindigkeit der Wasserströmung, von der Höhenlage über Meeresspiegel und der geographischen Breite des Ortes des Wasservorkommens[1].

β) Die Grundwassertemperatur.

Die geographische Breite beeinflußt die Temperatur des Grundwassers wesentlich. In 1 bis 2 m Tiefe unter Bodenoberfläche hat das Grundwasser folgende Temperatur:

Breite: 63° N: Temperatur　5,0°
Breite: 55° N: Temperatur　8,5°
Breite: 51° N: Temperatur 10°
Breite: 44° N: Temperatur 12°

Die Temperatur des Grundwassers ist meistens der Temperatur des Grundwasserleiters ähnlich, da infolge der kleinen Grundwassergeschwindigkeit ein inniger Wärmeaustausch zwischen Boden und Wasser stattfinden kann.

Die täglichen Lufttemperaturschwankungen beeinflussen die Temperatur eines Grundwasserspiegels, der in 1 bis 1,5 m Tiefe unterhalb der Erdoberfläche liegt, nicht mehr. Die jährlichen Lufttemperaturschwankungen beeinflussen die Grundwassertemperatur höchstens in 20 bis 30 m Tiefe, meistens beträgt die Tiefe nur 5 bis 8 m. Nachher nimmt die Wassertemperatur mit der geothermischen Tiefenstufe zu (vgl. S. 16/18).

Aus der gleichbleibenden Wassertemperatur während eines ganzen Jahres kann vielfach geschlossen werden, daß kein unterirdischer Wasserstrom, sondern ein Grundwasserbecken vorliegt.

Starke Änderungen in der Grundwassertemperatur lassen auf Infiltrationswirkung schließen; z. B. auf Wasser, das aus einem Fluß in das Grundwasser sickert. Bei künstlicher Absenkung eines Grundwasserspiegels in der Nähe des Flusses kann aus der Temperaturänderung des Wassers auf das Mischungsverhältnis zwischen Flußwasser und Grundwasser geschlossen werden. Die Summe der Wärmeinhalte der beiden Wasserkomponenten muß gleich dem Wärmegehalt der Mischung sein; d. h. es ist:

$$x\,t_1 + y\,t_2 = (x + y)\,T \text{ in Kal.}$$

Hieraus:

$$\frac{x}{y} = \frac{T - t_2}{t_1 - T}.$$

Es bedeutet:

$x =$ Flußwasser in Litern; $y =$ Grundwasser in Litern,
$t_1 =$ Temperatur des Flußwassers; $t_2 =$ Temperatur des Grundwassers,
$T =$ Temperatur des Gemisches von Fluß- und Grundwasser.

Die Temperaturen des Grundwassers können eingeschätzt werden zu:

$$t = t_l + 1° + 0,03\,h.$$

$t_l =$ mittlere Jahrestemperatur der Luft, ermittelt aus den Isothermenkarten,
$h =$ Tiefenlage des Grundwassers unter Erdoberkante.

---

[1] Vgl. H. KLUT: Untersuchung des Wassers an Ort und Stelle. Berlin 1938. — PRINZ: Handb. d. Hydrologie. Berlin 1919; Handb. d. Lebensmittelchemie; Wasser und Luft Bd. 8: Untersuchung und Beurteilung des Wassers.

Oft hat das Grundwasser im Winter die größte Wärme, weil die Oberfläche zugefroren ist; denn durch die gefrorene Schicht wandert verhältnismäßig wenig Wärme aus dem Wasser ab, während das Wasser aus den tiefer liegenden, wärmeren Bodenschichten eine Wärmezufuhr erhält.

γ) Karten mit den Grundwassertemperaturen.

Man kann Grundwasserkarten zeichnen, aus denen die Unterschiede zwischen größter und kleinster Grundwassertemperatur ersichtlich sind. Auffallend ist dabei, daß oft die Kurven der Temperaturunterschiede nicht mit den Grundwasserspiegelüberdeckungen zusammenfallen, sondern mit den Gebieten stärkster Erwärmung des Bodens.

δ) Die Wassertemperatur beim Erscheinen des Grundwassers an der Erdoberfläche (Quellwassertemperatur).

Im allgemeinen wechseln die Temperaturen der Quellen in gleichem Maße, wie die Temperatur des vom Quellwasser durchströmten Bodens ändert. Bei Quellwasser, die ganz nahe an der Erdoberfläche fließen, können auch unmittelbare Einflüsse der Lufttemperatur beobachtet werden[1].

Geologisch werden jene Quellen, deren Temperatur das Jahresmittel der Lufttemperatur des Quellortes übersteigen, als Thermen bezeichnet. Daraus ergibt sich, daß z. B. Quellen mit dem gleichen Jahresmittel im Norden als Thermen bezeichnet werden, während sie im Süden zu den kalten Quellen zählen.

Medizinisch werden die Quellen nach ihrer Temperatur in bezug auf die Körpertemperatur eingeteilt:

b) Klarheit und Durchsichtigkeit.

Trübungen im Grundwasser, die auf Erdteilchen beruhen, sind an sich ungefährlich. Trübungen können aber an-

Tabelle 184.

Quellwassertemperatur	Balneologische Einteilung	
Unter 20° C	Gewöhnliche Quelle	
20—34° C	Hypothermale Quelle	⎫
34—38° C	Homöothermale Quelle	⎬ Thermen
Größer als 38° C .	Hyperthermale Quelle	⎭

deuten, daß ungenügend filtriertes Wasser vorhanden ist; denn Trübungen können durch organischen Detritus, Pilzfäden, kleine Wasserpflanzen und -tiere hervorgerufen werden[2].

c) Färbungen.

Bei der Beurteilung von Wasser ist auf die Färbung zu achten:

Beispiele von Färbungen:

Abwasser unfiltriert: dunkelgrau-gelblich.
Abwasser filtriert: hellgeblich bis braun.
Gutes Trinkwasser ist farblos.
Natürliches Oberflächenwasser: bei gelblichem Ton verbraucht 1,0 l Wasser etwa 14 mg Kaliumpermanganat zur Oxydation der organischen Stoffe[3].

d) Geruch.

Ein Wasser kann geruchlos, schwach oder stark riechbar sein. Das Wasser kann nach Phenol, Chlor, schwefliger Säure riechen, oder erdig, moorig, faul, jauchig, fischig, fäkalartig riechen.

---

[1] Über den Einfluß der Fortleitung des Wassers auf seinen Wärmegrad vgl. L. GRÜNHUT: Trinkwasser und Tafelwasser S. 489. Leipzig 1920.
[2] Vgl. Veröff. Med. verw. Heft 1 (1923) S. 414.
[3] Vgl. K. A. HOFMANN: Lehrb. d. anorganischen Chemie S. 59. Braunschweig 1934.

e) Geschmack.

Ein Wasser kann salzig, bitterlich, fade, säuerlich, laugig, fischig, faul usw. schmecken. Gutes Trinkwasser muß frei von Beigeschmack sein[1].

f) Die elektrische Leitfähigkeit.

Das elektrische Leitvermögen des Wassers ist vom Dissoziationsgrade und der Konzentration der im Wasser gelösten Stoffe abhängig. Salze und Basen sowie anorganische Säuren beeinflussen hauptsächlich die Leitfähigkeit.

Die fortlaufende Bestimmung des elektrischen Widerstandes des Wassers, d. h. des reziproken Wertes des elektrischen Leitvermögens, erleichtert die Feststellung von Schwankungen des Salzgehaltes im Wasser. Vgl. Beispiele im Abschnitt über Rutschungen.

Beispiel für die Änderung des elektrischen Widerstandes: Mit Hilfe der Bestimmung der elektrischen Leitfähigkeit eines Wassers kann die Menge der anorganischen Salze im Wasser ermittelt werden. Untersuchungen ergaben, daß der Wert der elektrischen Leitfähigkeit, multipliziert mit einem Beiwert $F = 0{,}71$ bis $0{,}73$ ziemlich genau die Größe des *Abdampfungsrückstandes* in mg/l ergibt.

Beispiel Budapest: Die elektrische Leitfähigkeit beträgt $3{,}96$ bis $4{,}68 \cdot 10^{-4}$ und der Abdampfungsrückstand 289 bis 357 mg/l.

Nach Thiel[2] bedeutet bei Annahme eines mittleren Äquivalentgewichtes von 55:

$$550\,000 \times \text{spez. Leitfähigkeit} = \text{mg } \textit{gelöste} \text{ Salze im Liter.}$$

Der elektrische Widerstand von Grundwasser beträgt 4000 bis $10\,000\,\Omega$ cm bzw. die elektrische Leitfähigkeit 1 bis $2{,}5 \cdot 10^{-4}$.

3. Chemische Eigenschaften des Wassers.

Es gibt kein natürlich vorkommendes chemisch reines Wasser, weil Wasser ein allgemeines Lösungsmittel ist und daher in der Natur stets Gelegenheit hat, Stoffe aufzulösen. Die Tabelle 185 gibt eine Übersicht über die chemische Zusammensetzung der verschiedenen Wasserarten.

a) Übersicht über die chemische Zusammensetzung verschiedener Wasserarten[3].

Tabelle 185.

Niederschlagswasser.

1 Liter Niederschlagswasser enthält bei 10 ° C und 760 mm Barometerstand:

Stickstoff	$14{,}5$ cm³ =	$17{,}5$ mg
Sauerstoff	$7{,}97$ cm³ =	$11{,}0$ mg
Argon	$0{,}42$ cm³ =	$0{,}73$ mg
Kohlensäure	$0{,}36$ cm³ =	$0{,}68$ mg
Helium	$0{,}00007$ cm³	
Wasserstoff	$0{,}00002$ cm³	
Radiumemanation	$1 \cdot 10^{-17}$ cm³	
Ammoniak	$0{,}1$—5 mg	
Schwefelsäure: Berggebiet	2 mg	
Schnee bis 25,6 mg SO₂		
Salpetersäure bis 1 mg		
Schwefelsäure: Industriezentrum bis 30 mg		
Bakterien		
Schimmelpilze		

---

[1] Vgl. E. Hintz u. L. Grünhut im Handb. d. Balneologie. Leipzig 1919. — K. A. Hofmann: a. a. O. S. 314.

[2] Vgl. Handb. d. Lebensmittelchemie Bd. II/1 S. 259. — Thiel: Verwertung der Meßergebnisse der elektrolytischen Leitfähigkeit. Berlin 1933.

[3] Klut, H.: Untersuchung des Wassers an Ort und Stelle. Berlin 1938. Über die durchschnittliche chemische Zusammensetzung von Grund- und Oberflächenwasser S. 136.

Tabelle 185 (Fortsetzung).

Flußwasser.

Lösungsstoffe im Flußwasser sind:
Kalziumkarbonat (vorherrschend)
Kalziumsulfat
Chlornatrium
Magnesiumsulfat
Magnesiumkarbonat
Kalium (nur wenig)
Kieselsäure (nur wenig)
Sauerstoffgehalt: er ist groß wegen der chlorophyllhaltigen Pflanzen; viel Sauerstoff bei großer Lichtintensität

Abwasser.

Die Selbstreinigung der Abwasser ist z. T. biologischer, z. T. chemischer Natur. Die chemische Selbstreinigung besteht in der Neutralisierung freier Säuren durch die gelösten Alkali- und Erdalkalikarbonate, der Oxydation löslicher Eisenoxydul- zu unlöslichen Eisenoxydulverbindungen usw.

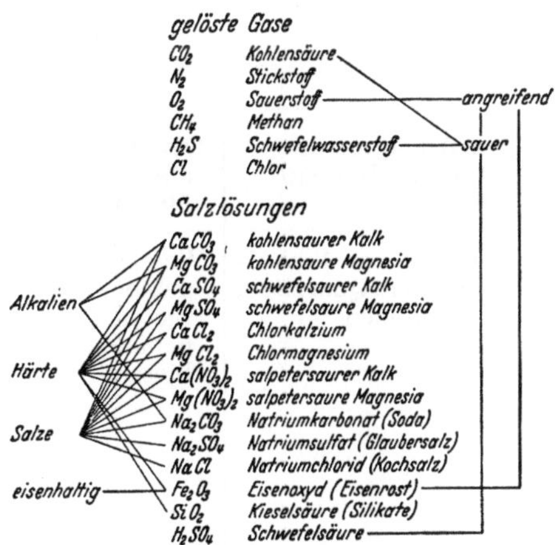

Abb. 221a. Die wichtigsten chemischen Bestandteile des natürlichen Wassers[1].

Tabelle 186.

Seewasser	*Meerwasser*
Die chemische Zusammensetzung von Seewasser gleicht dem Grundwasser oder Flußwasser, je nachdem der See durch Fluß- oder Grundwasser gespeist wird Abflußlose Seen bereichern sich stetig mit Mineralstoffen, z. B. Stoffgewicht des Toten Meeres = = 1,256 kg/dm³, da bis 278 g Mineralstoffe in 1 kg Meerwasser vorhanden sind	Für die chemische Zusammensetzung des offenen Meeres wurden gefunden　in % Kochsalz (NaCl) ....2,72 Chlormagnesium ($MgCl_2$) ....0,34 Schwefelsäure (Magnesia, $MgSO_4$) ....0,23 Schwefelsaurer Kalk ($CaSO_4$) ....0,13 Chlorkalium (KCl) ....0,06 Brom, Jod und organische Substanzen.....0,005 Kalzium-Magnesium-Eisenkarbonat ......0,004 　　　　　　　　　　Zusammen　3,49% Der *Salzgehalt* der einzelnen Meere beträgt: Ostsee .... 0,50% Nordsee .... 3,44% Stiller Ozean............... 3,67% Mittelmeer................. 3,93% Rotes Meer .... 4,00% Atlantischer Ozean .... 4,26% *Abwasser* im Meere Die Selbstreinigung des Meerwassers ist gering. Das Abwasser schwimmt an der Oberfläche des spezifisch schweren Meerwassers bis auf 100 km Entfernung

Tabelle 187. *Mineralwasser*[1].

Lösungen im Mineralwasser	Beispiele, Bodenart	Vorwiegend Gehalt an
Kieselsäure, Natriumion, Kalziumion, Magnesiumion, Chlorion, Sulfation, Hydratkarbonation	Bei Kalkgebieten Bei Gips Bei Dolomit Bei Salzgebieten	Kalzium-Hydratkarbonat Kalzium-Sulfation Kalzium-Magnesium, Hydratkarbonation Natrium-Chlorion

[1] Vgl. E. Prinz u. R. Kampe: Handb. d. Hydrologie Bd. 2: Quellen und Mineralquellen. Berlin 1934. Die wichtigsten chemischen Bestandteile des natürlichen Wassers gehen aus der Tabelle 185 hervor. (Nach E. Marquardt: Wasserversorgung und Entwässerung der Städte in F. Schleicher: Handb. f. Bauingenieure S. 1101. Berlin 1943.)

Tabelle 187 (Fortsetzung).

Mineralstoffe im Mineralwasser		
Der Abdampfrückstand ist 100 mg/l bei	Der Abdampfrückstand ist 300 bis 500 mg/l bei	Der Abdampfrückstand beträgt mehr als 1000 mg/l bei
Wasser aus Silikatgesteinen, Quarziten, Sandsteinen	Wasser aus Kalkgebieten, Gipsgebieten, Dolomitgebieten, Salzgebieten	Mineralquellen, deren einzelne Elemente bestimmt werden zu *Kationen:* Natrium, Kalium, Kalzium, Magnesium, Barium, Strontium, Eisen, Mangan, Aluminium, Arsen, Lithium, Rubidium, Zäsium, Stickstoff, Wasserstoff, Helium, Argon, Kohlenwasserstoff *Anionen:* Kohlensäure, Chlor, Schwefelsäure, Schwefelwasserstoff, Jod, Fluor, Kieselsäure, Borsäure, Phosphorsäure (s. die Bäderbücher der einzelnen Länder)

Abwässer im Grundwasser.

Werden Abwässer ins Grundwasser geleitet, so ergibt sich, daß schon bei 1,5 m Tiefe das Grundwasser beinahe keimfrei ist.

b) Gehalt des Wassers an organischen Stoffen.

Beispiele: 1 Liter Wasser enthält in Milligramm[1]:

Tabelle 188.

Gesteinsart, in welcher der Brunnen vorkommt	Organischer Kohlenstoff	Organischer Stickstoff	Ammoniak	Gesamtrückstand
Alluvium von Wittlesey......	9,31	9,40	30,50	2502
	2,87	0,87	26,50	1528
Kreidekalk von Deal	2,14	0,34	17,00	1460
Lias von Hillmoston	11,44	2,16	0,60	3068,5
Sandstein von Birmingham...	3,40	1,05	6,20	2402
Karbon von Sheffield	12,00	1,26	1,10	185
Devon von Arbroath	1,68	0,64	0	1052
Gneis von Kendal..........	3,62	1,10	6,25	1002

c) Härte des Wassers[2].

α) Maßsysteme. Die Maßeinheit für die Härte ist der deutsche Grad ° d. Die Härtegrade werden mit ° d H bezeichnet. 1° d H entspricht 10 mg/l Kalziumoxyd (CaO) oder einer dieser Menge entsprechenden Menge an Erdalkalioxyden, z. B. 7,19 mg/l Magnesiumoxyd.

Vergleich der verschiedenen Maßsysteme miteinander.

10 mg/l CaO $\quad$ = 1 deutscher Härtegrad = 1,25 engl. = 1,786 franz. Härtegrad
1 mg/l $CaCO_3$ $\quad$ = 1 amerikanischer Härtegrad
10 mg/l $CaCO_3$ $\quad$ = 1 französischer Härtegrad
14,285 $CaCO_3$ $\quad$ = 1 englischer Härtegrad

Man unterscheidet hauptsächlich zwischen Gesamthärte, Karbonathärte, Nichtkarbonathärte. Zu den einzelnen Arten der Härte ist zu bemerken:

β) Gesamthärte. Die Gesamthärte ist aus Einzelhärten zusammengesetzt. Die Einzelhärten stammen von den Erdalkalien. Die Gesamthärte wird mit GH

---

[1] Vgl. BISCHOF: Lehrbuch der chemischen und physikalischen Geologie Bd. 1.
[2] Die Bezeichnung hartes oder weiches Wasser kommt schon bei HIPPOKRATES vor.

bezeichnet, die Kalkhärte mit CaH und die Magnesiahärte mit MgH. Wird der Gehalt an CaO in mg/l Wasser durch 10 geteilt, so erhält man die Kalkhärte in ° d CaH.

Wird der Gehalt an MgO in mg/l Wasser mit 0,14 vervielfacht, so erhält man die Magnesiahärte in ° d MgH.

Daraus ergibt sich:

$$°d\,GH = °d\,CaH + °d\,MgH + °d \text{ (sonstiges Erdalkali H)}.$$

γ) **Die Karbonathärte.** Die Karbonathärte (KH) setzt sich aus Einzelkarbonathärten zusammen. Die Einzelkarbonathärten werden durch die an Kohlensäure gebundenen Erdalkalien gebildet. Namentlich sind es die Karbonate und Bikarbonate des Kalziums und Magnesiums. Die Angabe der Karbonathärte erfolgt in ° d KH.

δ) **Die Nichtkarbonathärte.** Alle Erdalkalien, die nicht an Kohlensäure gebunden sind, bilden die Nichtkarbonathärte (NKH). Hierher gehören die Hydroxyde, Chloride, Sulfate, Nitrate, Silikate, Humate usw. des Kalziums, Magnesiums usw.

ε) **Vorübergehende und bleibende Härte.** Man spricht von vorübergehender und bleibender Härte, da beim Kochen des Wassers ein Teil der Gesamthärte verschwindet.

Tabelle 189.

Vorübergehende Härte	Bleibende Härte
Mono- und Bikarbonate der Erdalkalien verschwinden beim Kochen des Wassers; man spricht von Karbonathärte	Chloride, Nitrate, Sulfate, Phosphate, Silikate des Kalziums bleiben beim Kochen des Wassers bestehen; man spricht von Mineralsäurehärte

ζ) **Einteilung der Härtegrade.** Man unterscheidet bei den oben angegebenen Härtegraden zwischen:

Tabelle 190.

Deutsche Härtegrade	Benennung des Wassers	Beispiele	Gesundheitliche Wirkung[1]	Technische Wirkung
0—4	sehr weich	Wasser aus Granit, Porphyr, Basalt	Herabsetzung der Erkrankungen an Verkalkungen, Förderung der Stillfähigkeit	Weiche Wasser sind für Betonaufbereitung von Staumauern nicht günstig
4—8	weich	Kristalline Schiefer		
8—12	mittelhart	Basalt		
12—18	ziemlich hart	Harter Kreidekalk		
18—30	hart	Weiches Kalkgestein	Verminderung der Zahnerkrankungen sowie der Lebensfähigkeit von Neugeborenen	Großer Seifenverbrauch b. Waschen; Hülsenfrüchte kochen schwer weich
mehr als 30	sehr hart	Dolomite, Mergel, Gips		

Beispiel 1: Die Stadt Mannheim hat die Grundwasserfassung nicht im nahe gelegenen Maintal, sondern im Rheinschotter erstellt, weil die Rheinschotter weicheres Wasser führen als die Mainablagerungen.

Bei den Vorarbeiten für eine Wasserversorgung ist dem Suchen nach weichem Wasser große Beachtung zu schenken.

---

[1] Vgl. W. GONZENBACH im Monatsbull. Ver. von Gas- u. Wasserfachm. 1935 Nr. 2.

22*

In Abb. 222 sind die Linien gleicher Härte wiedergegeben. Auffallend sind die zwei Mittelpunkte mit großen Härten.

d) Die Alkalität.

Man unterscheidet zwischen:

α) *Methylorange-Alkalität*, β) *Phenolphthalein-Alkalität*, γ) *Ätz-Alkalität.*

Zu den einzelnen Alkalitäten ist zu bemerken:

α) **Methylorange-Alkalität.** Zur Neutralisation des Wassers wird Methylorangelösung verwendet. Die für 1 l Wasser verbrauchten Kubikzentimeter n/1-Säure sind der Maßstab für die Alkalität m. Durch Vervielfachen des m-Wertes mit der Zahl 2,8 wird die Gesamtalkalität MA in deutschen Graden erhalten $= °$ d Alk.

β) **Phenolphthalein-Alkalität.** An Stelle von Methylorangelösung wird auch Phenolphthaleinlösung genommen; man erhält dann die Alkalität p. Durch Vervielfachen des p-Wertes mit der Zahl 2,8 erhält man die Phenolphthalein-Alkalität PA.

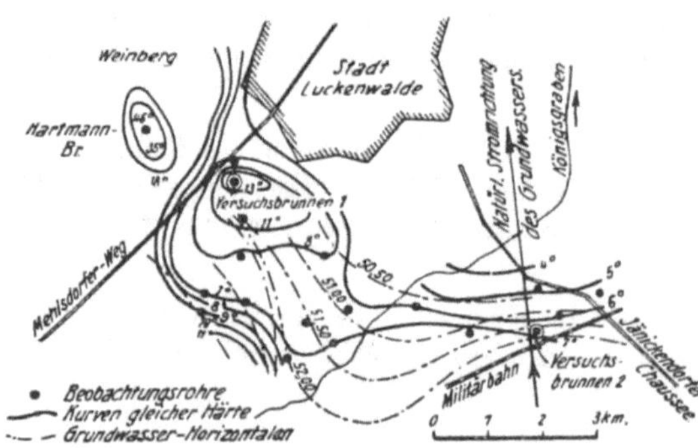

Abb. 222. Kurven gleicher Härte auf dem Versuchsfeld der Stadt Luckenwalde.

γ) **Ätz-Alkalität.** Die Ätz-Alkalität erhält man aus dem Unterschied: 2PA — MA = A. Für die Bestimmung der Alkalitäten siehe Din 8104, 8106 und S. 161; Bd. II.

e) Chloride.

In Holland wird z. B. Chlornatrium (Kochsalz) bei Trinkwasser bis zu 400 mg/l zugelassen. Die meisten Trinkwasser weisen einen Gehalt an Chloriden von unter 30 mg im Liter auf.

Versalztes Grundwasser kommt vielfach in der Nähe von Zechstein- oder Salzformationen vor; beim Suchen von Trinkwasser ist hierauf Rücksicht zu nehmen. Salzhaltige Wasser sind oft von Kohlenwasserstoffgasen begleitet, die auf das Vorkommen von Erdöl schließen lassen. Das Erdöl tritt dann gerne in Form von Emulsionen auf. Wässer mit mehr als 100 mg Cl im Liter haben metallangreifende Eigenschaften, insbesondere bei geringer Karbonathärte. In Abb. 223 sind die Linien gleichen

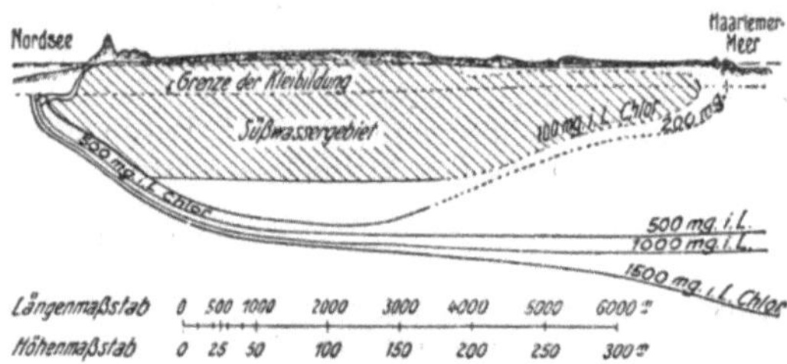

Abb. 223. Chlorgehalt des Grundwassers in den Dünen des Haarlemer Meeres.

Chlorgehaltes in den Dünen des Haarlemer Meeres wiedergegeben. Der größte Chlorgehalt ist im Meer vorhanden und sinkt landeinwärts[1].

f) Eisen.

Eisenhaltiges Wasser kommt in allen geologischen Formationen vor. Sobald im Wasser gelöstes Ferrokarbonat mit Luft zusammenkommt, so geht dasselbe

---

[1] Vgl. J. M. PENNINK: Prise d'eau dans les dunes. Inst. R. des Ing. Haag 1914.

in Eisenhydroxyd unter Trübung des Wassers über. Ist das Wasser ruhig, so scheidet sich Eisenocker aus ihm ab. Eisenocker ist oft in Wassergräben, Wasserleitungsröhren, Waschkübeln festzustellen. Wenn Algen hinzukommen, die Eisen zum Leben benötigen, so werden Rohrwasserleitungen leicht verstopft. Ein Gehalt von 0,3 mg Eisen im Liter Wasser ist im Geschmack schon bemerkbar[1]. Enteisenung ist angezeigt. In norddeutschen Tiefebenen führen die Grundwasser bis zu 20 mg/l.

g) Mangan.

Charakteristisch ist, daß Manganverbindungen des Grundwassers eine dunkelbraune bis pechschwarze Färbung des Kieses und Sandes erzeugen. Mangan kommt in Form von Karbonaten und Sulfaten im Grundwasser vor.

Eisen- und Mangankarbonate sind im Wasser nicht löslich. Werden sie aber mit sauerstofffreiem Grundwasser in Berührung gebracht, so werden die höherwertigen Eisen- und Manganverbindungen reduziert. Sie lösen sich dann, indem sie in Bikarbonate übergeführt werden. Wird der Grundwasserspiegel gesenkt, so scheiden sich an der Grenze zwischen Luft und Wasser Eisen- und Mangansalze aus. Steigt dann der Grundwasserspiegel wieder, so wird das Wasser mit einer großen Menge löslicher Eisen- und Manganverbindungen belastet. Gewisse Bakterienarten. (z. B. Crenothrixformen) werden bei Anwesenheit von Mangan zum Wuchern gebracht[2].

h) Ammoniak.

Ammoniak kommt in eisen-, mangan- und moorhaltigen Wässern vor[3]. Ammoniak entsteht bei biologischen Vorgängen, aber auch dann, wenn Oberflächenwasser beim Versickern die Nitrate und Nitrite des Bodens auflöst und die im Boden vorhandene Kohlensäure absorbiert. Kommt sauerstofffreies Grundwasser mit Schwefeleisen und Schwefelmangan in Berührung, so entsteht Schwefelwasserstoff, natürlich immer unter Einwirkung der vorhandenen Kohlensäure. Dieser entzieht den Nitraten und Nitriten den Sauerstoff, wodurch Ammoniak entsteht. Ammoniak kommt im Grundwasser in Mengen von 0,1 bis 1,0 mg/l vor.

i) Schwefelwasserstoff.

Enthalten die obersten Grundwasserschichten Schwefelwasserstoff, so deutet dies fast immer auf Verunreinigungen des Wassers hin. Kommt Schwefelwasserstoff in der Tiefe des Grundwassers vor, so ist die Ursache in der Zersetzung von schwefelhaltigen Mineralien (Schwefelkies) zu suchen.

k) Kohlensäurehaltiges Wasser.

Kohlensäurehaltiges Wasser greift die leichtlöslichen, kalkhaltigen Gesteine gern an. Daher kommt es auch, daß die oberen Schichten eines Grundwasserträgers im Laufe der Zeit viel von ihrem Kalkgehalt verloren haben. Die Kalkverarmung schreitet noch weiter. Die Kohlensäure des Wassers hat in ausgekalktem Boden Gelegenheit, die eisenhaltigen Silikate zu zersetzen. Das Wasser wird mit Eisen beliefert.

Man unterscheidet im Wasser zwischen festgebundener Kohlensäure, halbgebundener oder Bikarbonatkohlensäure, freier Kohlensäure, angreifender

---

[1] Vgl. A. GÄRTNER: Die Hygiene des Wassers S. 63, 87. Braunschweig 1915.

[2] Vgl. A. MEYER: Fortschritte in der Entsäuerung, Enteisenung und Entmanganung des Trink- und Brauchwassers. Chemiker-Ztg. 1936 Nr. 73. — PFEIFFER: Gas- u. Wasserfach 1934 Nr. 28.

[3] Vgl. H. BUNTE: Das Wasser S. 526. Braunschweig 1918.

(aggressiver) Kohlensäure. Die beiden ersten Arten von Kohlensäure haben einen Einfluß auf die Härte des Wassers.

Alle Wässer mit Kalzium- und Magnesiumkarbonaten haben, damit die Karbonate in Lösung bleiben, einen Überschuß an freier Kohlensäure. Freie Kohlensäure kommt als Gas im Wasser vor und ist nicht an Basen gebunden. Ist mehr freie Kohlensäure im Wasser vorhanden, als die Lösung der Karbonate bedingt, so greift die überschüssige freie Kohlensäure den Beton, Mörtel und die Metalle an; daher die Bezeichnung „aggressive Kohlensäure". Durch gelöste Metalle können Vergiftungen des menschlichen Körpers eintreten. Moorwässer enthalten aggressive Kohlensäure, die bei der Zersetzung von Pflanzen entsteht. In gewöhnlichen, natürlichen Wässern beträgt der Gehalt an freier Kohlensäure unter 50 mg CO_2 in 1 Liter. Mineralwässer enthalten bis über 1000 mg in 1 Liter[1].

l) Wasserstoffionenkonzentration.

Jede wässerige Lösung enthält sowohl H-Ionen als auch OH-Ionen, gleichgültig ob sie sauer, neutral oder alkalisch reagiert; z. B. enthält:

saure Lösung .... Überschuß an H-Ionen,
neutrale Lösung .... gleich viel H-Ionen wie OH-Ionen,
alkalische Lösung .... Überschuß an OH-Ionen.

Die Reaktion kann durch den Gehalt an OH-Ionen oder H-Ionen ausgedrückt werden. Üblicherweise wird nur der H-Ionen-Gehalt bestimmt, die sog. Wasserstoffionenkonzentration, ausgedrückt durch die Wasserstoffzahl h. Bei neutraler Reaktion befinden sich in 1 l Lösung 10^{-7} g Wasserstoffionen; bei saurer Reaktion steigt der Gehalt an Wasserstoffionen; d. h. der negative Exponent wird kleiner. Statt zu schreiben $h = 10^{-7}$, setzt man $\log h = -7$ oder $-\log h = 7 = p_H$.

$p_H = 7$ bedeutet neutrale Reaktion,
$p_H < 7$ bedeutet saure Reaktion,
$p_H > 7$ bedeutet alkalische Reaktion.

Die meisten reinen Grundwässer haben einen p_H-Wert von 7,2 bis 8,0. Wasser mit $p_H < 6$ greifen den Beton an.

m) Beurteilung des Wassers.

Das Wasser ist verschieden zu beurteilen, je nachdem es sich um Wasser für Trinkzwecke oder um Wasser für industrielle Zwecke oder um Wasser, das Beton, Mörtel und Eisen umspült, handelt.

α) Beurteilung des Wassers für Trinkzwecke.

Für die Beurteilung von Wasser zu Trinkzwecken dienen als ungefähre Richtschnur die preußischen Vorschriften zur Sicherung gesundheitsmäßiger Trink- und Nutzwasserversorgung:

Temperatur: Möglichst zwischen 7 und 11° C. Grenzen nach unten etwa 4°, nach oben nicht über 15° C.
Trinkwassertemperaturen unter 5° C sind für Mensch und Vieh gesundheitsschädlich.
Aussehen: Klar und farblos.
Geruch: Nicht faulig oder kohlartig, vollkommen geruchlos.
Geschmack: Frisch, prickelnd, nicht fade oder tintenartig.
Reaktion: Nicht sauer wegen angreifender Wirkung, sondern schwach alkalisch oder neutral.
Ammoniak: Nur Spuren zulässig. Bedenklich, wenn entstanden durch Fäulnis stickstoffhaltiger, organischer Stoffe.
Salpetrige Säure: Nur Spuren zulässig. Meist Indikator für Fäkalverunreinigungen.

---

[1] Vgl. A. HOFMANN: Lehrb. der anorganischenChemie S. 58. Braunschweig 1931. — F. RUTTNER: Der Kreislauf der Kohlensäure in: Grundriß der Limnologie S. 49. Berlin 1941.

Salpetersäure: Möglichst nicht über 20 mg/l. Unbedenklich, wenn das Wasser sonst einwandfrei ist, d. h. vor allem kein Ammoniak und keine salpetrige Säure enthält (siehe auch unter Chlor).

Härte: Nicht über 20 bis 25° d H. Am besten zwischen 5 und 10° d H; jedoch wesentlich Gewohnheitssache. Absolute Salzfreiheit für den Körper nicht erwünscht.

Eisengehalt: Möglichst eisenfrei, jedoch unbedenklich und fast immer leicht zu entfernen. 0,3 mg/l Eisen sind im Geschmack bemerkbar.

Mangangehalt: Unbedenklich. Als Bikarbonat leicht zu entfernen, als Sulfat nur unter Zusatz von Chemikalien.

Blei: Möglichst bleifrei. Größtwert 0,35 mg/l.

Chlor: Möglichst nicht über 30 mg/l. Unter Umständen Indikator für Fäkalverunreinigungen.

Freie Kohlensäure und freier Sauerstoff: Angenehm im Geschmack, jedoch bei weichen und karbonatarmen Wassern Metalle und Mörtel angreifend[1].

Schwefelwasserstoff: In eisenhaltigem Grundwasser unbedenklich. Bisweilen Indikator für Verunreinigungen aus Ansiedelungen und Industrie.

Kali: Über 10 mg/l verdächtig (Aborte).

Kieselsäure: Unbedenklich.

Schwefelsäure: Möglichst nicht über 100 mg/l. Wenn hoch, Untersuchung, ob nicht Oxydationsergebnis von Abwässern.

Phosphorsäure: Möglichst Null. Fast stets Fäkalienverdacht.

Aluminate: Unbedenklich.

Abdampfrückstand: Möglichst nicht über 400 bis 500 mg/l.

Permanganatverbrauch: Möglichst unter 10 bis 12 mg/l. Höhere Werte können jedoch auch noch unbedenklich sein.

Organismen: Keine pathogenen Bakterien. Im übrigen kann keine Grenzzahl angegeben werden. Örtlichkeit und Zustand der Fassung sind ausschlaggebend.

β) Beurteilung des Wassers für industrielle Zwecke.

Das für spezielle Industriezwecke erforderliche Gebrauchswasser muß besondere Bedingungen erfüllen. (Die folgenden Angaben sind nach KLUT.)

Bierbrauereien benötigen geruch- und farbloses, hygienisch einwandfreies Wasser; höherer Eisen- und Mangangehalt ist nachteilig. Helle Biere verlangen weiches, salzarmes Wasser. Für dunkle Biere wird karbonatreiches Wasser bevorzugt.

Bleichereien, Druckereien, Färbereien brauchen klares, farbloses, weiches und salzarmes Wasser, arm an organischen Bestandteilen. Der Eisengehalt darf 0,1 mg/l, der Mangangehalt 0,05 mg/l nicht übersteigen. Nitrite färben Wolle und Seide gelb bis braun. Für Druckereien und Färbereien gilt gipsreiches Wasser als schädlich. Magnesiumsalze fällen zahlreiche Farbstoffe aus der Lösung.

Spiritusbrennereien und Likörfabriken verlangen klares, farb-, geruch- und geschmackloses Wasser, möglichst eisen- und manganfrei, weich und mineralarm. Harte Wässer sind ungeeignet.

Gerbereien fordern weiche Wasser, arm an Chloriden, Eisen, Mangan und organischen Stoffen.

Glasindustrie benötigt ein klares, farbloses Betriebswasser, eisen- und manganfrei und mineralarm. Karbonatreiche Wässer trüben das Glas.

Tonwaren und Mauerziegel werden am besten mit weichem, mineralarmem Wasser hergestellt. Kalzium und Magnesiumchloride erzeugen feuchte, fleckige Ware; hoher Salzgehalt wittert leicht aus.

Konservenfabriken müssen hygienisch einwandfreies, klares, farb-, geruch- und geschmackloses Wasser verwenden. Eisen und Mangan bewirken Färbungen und Geschmacksbeeinträchtigungen. In weichem Wasser kochen Fleisch- und Hülsenfrüchte besser gar. Zusatz von Natriumkarbonat in solchen Fällen zerstört die Vitamine. Nitrite führendes Wasser ist für das Kochen von Fleisch ungeeignet.

Die Leimerzeugung benötigt weiches, salzarmes Betriebswasser.

Für Molkereien ist ein gesundheitlich einwandfreies Wasser eine Hauptbedingung. Eisen und Mangan geben Milch, Rahm und Butter tintenartigen Geschmack. Käse erhält Rostflecken. Die Butterbereitung benötigt weiches Wasser, Magnesium erzeugt einen bitteren Geschmack.

Papierfabriken verlangen klares, farbloses, weiches, salzarmes Wasser, dessen Eisengehalt unter 0,1 mg/l, Mangangehalt unter 0,05 mg/l bleibt. Organische Stoffe

---

[1] Vgl. H. KLUT: Untersuchung des Wassers an Ort und Stelle S. 153/157. Berlin 1938.

schädigen die Farbe und veranlassen Pilzbildungen. Chlormagnesiumhaltige Wässer beeinträchtigen die Festigkeit, Leimung, Beizung und Färbung des Papiers. Harte Wässer stören durch unlösliche und mißfarbige Ausscheidungen.

Das Wasser für *Stärkefabriken* soll den Anforderungen an gutes Trinkwasser entsprechen. Organische Stoffe färben die Stärke.

Wäschereien benötigen praktisch farbloses, sehr weiches, eisen- und manganfreies Wasser. Geringste Mengen von Eisen und Mangan färben die Wäsche gelblich, desgleichen Moorwässer. Je härter ein Wasser, um so größer der Seifenverbrauch. Nach F. FISCHER vernichtet ein deutscher Härtegrad etwa 0,12 g gute Kernseife. Die gebildeten unlöslichen Seifen setzen sich in die Fasern der gewaschenen Stoffe und setzen ihre Qualität herab.

Für *Zement, Beton, Mörtel* ist Wasser mit aggressiver Kohlensäure nachteilig. Desgleichen sind Wässer mit Schwefelwasserstoff, Sulfiden, Sulfaten und Magnesiumverbindungen schädlich. Stark alkalische Wässer eignen sich nicht als Anmachwasser. Grundsätzlich soll nur Wasser verwendet werden, das den Bedingungen für Trinkwasser entspricht.

Zuckerfabriken erfordern hygienisch einwandfreies, geschmackloses, weiches und salzarmes Wasser. Salzhaltige Wässer verursachen einen Verlust an Zucker, Chlormagnesium, Gips und Nitrate stören beim Kochen und Kristallisieren. Nitrate hindern das Sechsfache ihrer Menge am Kristallisieren. In der Raffinerie stören hauptsächlich Sulfate (nach HEILMANN: A. Wasserversorgung).

Kaolinschlämmereien, Porzellanfabriken benötigen vor allem eisenfreies Wasser, da geringste Spuren von Eisen die weiße Farbe der Scherben beeinträchtigen.

γ) Beurteilung des Wassers im Baugrund[1].

Tabelle 191.

Chemikalien	Vorkommen
Allgemein gilt, daß Böden mit stark saurer Reaktion (p_H unter 6) oder mit Säuregraden über 20 (nach BAUMANN-GULLY) betongefährlich sind. Der Säuregrad nach BAUMANN-GULLY gibt an, wieviel Kubikzentimeter $^1/_{10}$ normaler Säure aus 100 g Boden frei wird, wenn er mit 200 cm³ $^1/_1$ normaler, neutraler Natriumazetatlösung behandelt wird. Namentlich wirken folgende Säuren und Salze zerstörend:	
Säuren Freie Schwefelsäure, Schwefelsäureanhydrit, freier Schwefelwasserstoff (fauliger Geruch)	Moore, Torf; Graben- und Haldenwasser; Moor-, Kanalabwasser; Grubenwasser
Freie, schweflige Säure	Rauchgase von schwefelhaltigen Kohlen, schlecht gelüftete Rauchkanäle
Freie, aggressive Kohlensäure	{ Moorwasser { Mineralwasser
Weiche Wasser mit wenig aggressiver Kohlensäure sind gefährlicher als harte Wasser mit viel aggressiver Kohlensäure	Kalkarme, weiche Granitwasser
Freie Humussäure	Moorwasser
Salze Böden mit Sulfatgehalt (bestimmt im Salzsäureauszug) mit mehr als 0,2% SO_3 sind betongefährlich, oder Wasser mit einem Gehalt von mehr als 200 mg SO_3/l Kalziumsulfat	Flachmoore, natürliche Wasser, kalkhaltige Lehme
Wässer mit mehr als 100 mg MgO entsprechendem Magnesiumgehalt oder Böden mit Magnesiumsalzen (bestimmt im Salzsäureauszug) mit mehr als 2% MgO sind betongefährlich Magnesiumchlorid	Fabrikwässer, Moore, Grubenwasser
Magnesiumsulfat Nitrite; Nitrate mit einem Gehalt an N_2O_5 von mehr als 50 mg/l sind betongefährlich	

[1] Vgl. BENDEL: Richtlinien für die Herstellung. Verarbeitung und Nachbehandlung von Beton S. 41. 5. Aufl. 1943.

Tabelle 191 (Fortsetzung).

Chemikalien		Vorkommen
Öle	Pflanzliche und tierische Öle sind im allgemeinen betongefährlich Anmerkung: Zylinderöl, Transformatorenöl, Terpentinöl sind unschädlich, wenn sie frei von Säuren sind	Eisenbetonbehälter
Weiche, salzarme Wässer mit einer Totalhärte von unter 5 sind besonders betongefährlich		Regenwasser, Kondenswasser, destilliertes Wasser

Siehe auch Kapitel: Chemismus des Bodens, Einflüsse der Luft, des Wassers und des Bodens auf den Beton und Mörtel. S. 492; Tabelle 274.

δ) Beurteilung der Wirkung angreifender Wässer auf Metall.

Das Leitungsnetz einer Wasserversorgung ist von außen und innen Angriffen ausgesetzt. Selbst gutes Trinkwasser kann aggressiv wirken. Aus der Tabelle 192 gehen die Wirkungen der einzelnen chemischen Aggressionen und die bewährten Schutzmaßnahmen hervor.

Tabelle 192.

Chemismus	Wirkung	Gegenmaßnahmen
WeicheWasser (Wasser mit einer Härte, die kleiner als 6° d H ist)	Metall angreifend, auch Blei Beton angreifend	
Sauerstoffreiche Wasser	Regenwasser hat stark angreifende Wirkung. 4 mg/l Sauerstoff in weichem Wasser wirkt angreifend, während 9 mg/l Sauerstoff bei mittelhartem Wasser keine Wirkung erzeugen. Auch Blei und Kupfer werden von Sauerstoff angegriffen	
Freie Kohlensäure	Schon wenig mg/l CO_2 wirken auflösend auf Eisen, Kupfer, Zink, Mörtel; Kohlensäure in Verbindung mit Sauerstoff wirkt auf Blei auflösend. Nach dem Marmorversuch sind 13 mg/l $CaCO_3$ noch belanglos	Brunnenfilterröhren sind aus Steinzeug, Glas, Porzellan oder Chrom-Mangan-Stahl zu erstellen. Wasserleitungsrohre sind aus Eternit zu erstellen oder aus mit Bitumen ausgeschleuderten Flußstahlröhren
Wasserstoffionen	Beträgt die p_H-Zahl weniger als 7, so werden Metalle und Mörtel angegriffen	
Schwefelwasserstoff	1 mg/l H_2S in eisenhaltigem Grundwasser wirkt zerstörend auf Brunnenanlagen; Aluminium wird ebenfalls angegriffen	Verwendung von Steinzeugfiltern
Chloride	In weichem Wasser greifen 100 mg Cl in 1 l Wasser Eisenbestandteile an	
Nitrate und Nitrite	In weichem Wasser greifen 50 mg N_2O_5 Metalle, wie Eisen, Blei, Zink usw., an. Ebenso wirken Nitrite	

Tabelle 192 (Fortsetzung).

Chemismus	Wirkung	Gegenmaßnahmen
Sulfate	300 mg/l Sulfate (Gips) greifen Eisen und Beton an. Bei Mörtel entsteht der sog. Zementbazillus	Dichter und zementreicher Beton
Öle und Fette	5—10 mg/l Öl greifen die Kesselwände an	
Vagabundierende elektrische Ströme	Metalleitungen werden korrodiert	Als Gegenmaßnahmen haben sich Einkleidungen der Leitungen in Wollfilz und Bitumenanstriche bewährt[1]
Magnesiaverbindungen	300 mg/l MgO greifen Mörtel an	An den Betonwänden sollen Lehmschichten oder saure, feste Klinker angebracht werden. Auch Asphalt- und Teeranstriche haben sich bewährt
Zink	Zink wird durch lehmhaltige Böden angegriffen	Als Schutz gegen Angriffe haben sich Bitumenanstriche bewährt. Ebenso Sandumhüllungen von 30—50 cm Stärke
Zinn	Bei leicht beschädigten Stellen tritt rasch Rostbildung auf	

4. Lebewesen im Wasser[2].

a) Eisenbakterien. Die Eisenbakterien sind im Wasser stark verbreitet. Durch die biologische Oxydationsfähigkeit erzeugen sie Ablagerungen von Eisenocker. Infolge Beimengung von Detritusbestandteilen ändert die Farbe zwischen Hell und Dunkel.

Bei Tümpeln, Wasserlöchern usw. ist die Wasserfläche oft mit einer buntschillernden, ölähnlichen Haut überzogen. Diese ist meistens durch eine ausgeschiedene Eisenverbindung gebildet worden.

b) Manganbakterien. Durch Mangan verarbeitende Bakterien kommen Mangansalze in den Ernährungsstoffwechsel.

c) Schwefelbakterien. Schwefelbakterien sind die Anzeiger vom Vorhandensein von Schwefelwasserstoff. Diese Bakterien beziehen die Energien, die zu ihren Lebensvorgängen benötigt werden, hauptsächlich aus der Oxydation von Schwefelwasserstoff.

d) Pilze. Wenn Brunnenrohre aus frischem Holz hergestellt werden, so können organische Bestandteile der sich zersetzenden lebenden Zellen des Holzes, insbesondere Kohlenhydrate, dem Spaltpilz als Nahrung dienen. Das Wasser wird ekelerregend.

e) Algen. Im Trinkwasser findet man im allgemeinen keine grünen Algen. Bei Stauseen für Trinkwasserzwecke treten oft frei schwebende, plankto-

---

[1] In feuchten, kalkarmen Lehmen und Tonen werden die Eisenrohre gern angegriffen. Besonders ungünstig ist ein gipshaltiger, feuchter Lehmboden, da eine beschleunigte Rostbildung infolge elektrolytischer Wirkung eintritt.

[2] Vgl. B. Bürger: Grundzüge der Trinkwasserhygiene. Herausgegeben von der Preuß. Landesanst. f. Wasser-, Boden- u. Lufthygiene. Berlin 1938. — Hygienische Leitsätze für Trinkwasserversorgung. Veröff. Med.verw. 1932 Heft 1. — H. Bruns im Jahrb.: Vom Wasser S. 84. Berlin 1936.

nische Kieselalgen auf, die Öle von tranigem Geschmack und fischigem Geruch absondern.

Gifterzeugende Planktonarten treten in brackischem Wasser auf.

f) Moose und Farne. Moose und Farne haben für Wasserversorgungen nur untergeordnete Bedeutung. Wassermoose kommen in Brunnentrögen vor.

g) Tierische Organismen. In Kesselbrunnen kommen immer wieder eine Anzahl von Protozoen vor. Sie sind oft bakterienfressend, also nützlich.

Daneben treten Kleinkrebscher und Wasserflöhe auf. Hüpferlinge und ihre Larven kommen auch in den Wasserleitungen vor. Eine hygienische Bedeutung soll ihnen aber nicht zukommen.

Unappetitlich ist das Auftreten des Brunnendraht- und Borstenwurmes.

Es kommen auch Zuckmücken und Köcherfliegen vor[1,2].

h) Bakteriologische Untersuchungen von Trinkwasser aus Seen. Die Seen, deren Wasser zu Trinkwasser verwendet wird, sind regelmäßig in verschiedenen Tiefen auf ihr bakteriologisches Verhalten zu untersuchen. In der Praxis haben sich an Untersuchungen als notwendig erwiesen:

α) *Bestimmung der Keimzahl mit Gelatinegußkulturen bei 20° C, β) Colibakterien auf Endoagar bei 37° C, γ) Colireaktion in Traubenzucker-Neutrarotagar bei 37° C, δ) Milchzucker vergärende Bakterien bei 37° C.*

Empfehlenswert sind an Untersuchungen auch:
bakteriologische Untersuchungen des Seewassers am Ufer und in der Seemitte, Bestimmung der Arten und Mengen von Plankton am Ufer und in der Seemitte, chemische und biologische Untersuchung des Bodenschlammes.

Die regelmäßigen Untersuchungen zur gleichen Jahreszeit lassen Schlüsse zu, z. B. über die Änderung von Sauerstoff, Kohlensäuregehalt infolge der regelmäßig in die Seen geleiteten Abwässer von Gemeinden, Fabriken usw.[3]

5. Hygroskopizität (Saugwasser).

a) Begriff.

Hygroskopizität: Unter Hygroskopizität versteht man die Anlagerung von Wasser an Ton, Humus, $Fe(OH)_3$ usw. Für weitere Erklärungen siehe Kapitel über „Physikalische Chemie des Bodens".

b) Ursache der Hygroskopizität.

Die Ursache der Wasseranlagerung an Bodenteilchen ist in der ungesättigten Anziehungskraft der Moleküle der festen Oberfläche des Körpers zu suchen. Diese führt zu einer Bindung und Verdichtung flüssiger und gasförmiger Stoffe innerhalb des Wirkungsbereiches dieser Anziehung.

c) Veränderungen in der Dicke der hygroskopischen Hülle.

Eine Veränderung in der Dicke der hygroskopischen Hülle kann erfolgen

α) *durch Elektrolyte*, welche die Oberflächenspannung der festen Substanz, die Oberflächenspannung des Wassers und die Zusammendrückbarkeit des

---

[1] Im weiteren vgl. MINDER; Monatsbull. schweiz. Ver. Gas- u. Wasserfachm. 1936 S. 102. — F. BOETTCHER; Gas- u. Wasserfach 1935 S. 165. — F. PEUS; Mitt. Landesanstalt Wasser-, Boden- und Lufthygiene 1931 S. 276. — R. KOLKWITZ: Biologie des Trinkwassers in Handb. d. Lebensmittelchemie Bd. 8; Wasser u. Luft, Teil 2 S. 247.

[2] Vgl. ADAM u. BIRRER: Biologisch-chemische Studie am Baldeggersee. Mitt. Naturf. Ges. Luzern 1943 S. 19.

[3] Vgl. W. FEHLMANN; Ist der Zürichsee noch ein Trinkwasser-Reservoir? Schweiz. Bauztg. Bd. 116 (1940) S. 192.

Wassers ändern, *β) durch Änderung der Temperatur, γ) durch Änderung der relativen Luftfeuchtigkeit, δ) durch Änderung des Porenwasserdruckes, ε) durch Änderung des mechanischen Druckes auf die Bodenteilchen.*

d) Mächtigkeit der hygroskopischen Wasserhülle.

Die Mächtigkeit der hygroskopischen Wasserschicht wird verschieden stark angegeben. Sie ist hauptsächlich durch den Chemismus des Kornes und des Wassers bedingt[1].

Tabelle 193. *Zahlenwerte.*

Bodenart	Körnung mm	Hygroskopisches Wasser in % des Trockengewichtes	Schichtdicke in 10^{-6} mm
Schluff.........	0,006	1	23,1
Rohton	0,002	3	22,4
Rohton	0,0004	8	13,2
Rohton	0,00005	16	3,3

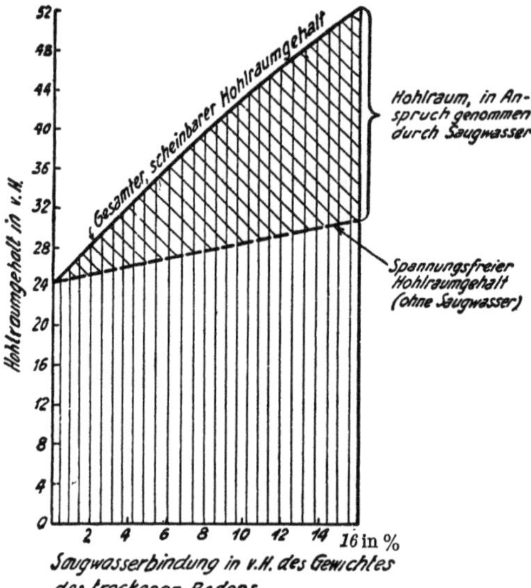

Abb. 224. Beispiel für den gesamten (scheinbaren) und spannungsfreien Hohlraumgehalt in Abhängigkeit von der Saugwasserbindung (Hygroskopizität).

e) Beispiel für den Hohlraumgehalt in Abhängigkeit der Hygroskopizität.

Aus Abb. 224 geht hervor, wieviel Prozent vom gesamten Hohlraum durch die hygroskopisch gebundenen Wasser ausgefüllt werden kann (vgl. auch Abb. 296 im Abschnitt über Kapillarität).

6. Wasseraufnahmefähigkeit des Bodens (Wasserkapazität).

a) Begriff.

Unter Wasserkapazität versteht man die Wasseraufnahmefähigkeit des Bodens, den natürlichen Wassergehalt, die natürliche Wassersättigung des Bodens. Die Wasseraufnahmefähigkeit des Bodens ist erreicht, wenn alle Hohlräume eines Bodens mit Wasser ausgefüllt sind; mit anderen Worten, wenn keine Luft mehr im Boden vorhanden ist, d. h. wenn der Boden wassergesättigt ist.

b) Mathematische Bewertung der Wasseraufnahmefähigkeit.

Allgemein ist:

$$V - \frac{G}{\gamma_B} - L_v - \frac{W}{\gamma_w} = 0.$$

V = Volumen des gewachsenen Bodens in Kubikzentimeter,
G = Trockengewicht des gewachsenen Bodens je Kubikzentimeter,
γ_B = spez. Gewicht des Bodens, L_v = Luftgehalt,
W = Wassergehalt in g/cm³, γ_w = spez. Gewicht des Wassers.

Für die Bestimmung der Grenze der Wasseraufnahmefähigkeit des Bodens mus $L_v = 0$ werden.

---

[1] Vgl. F. ZUNKER: Das Verhalten des Bodens zum Wasser. Handb. d. Bodenlehre Bd. 6 S. 74. Berlin 1930.

c) Zahlenwerte für wassergesättigte Böden.

Tabelle 194.

Ton	300—500 l/m³
Sandige Tone	300—500 l/m³
Quarzhaltiger Ton	525 l/m³
Flammenmergel ⎫ Liasmergel ⎭	475 l/m³
Dichte Kalke	15—25 l/m³
Kreide (Schreibkreide)	144—439 l/m³
Oolithische Kalke	136—250 l/m³
Löß	bis 500 l/m³

Sande gleichmäßiger Körnung:

Sande:	4—7 mm Durchm.	367 l/m³
	2—4 mm Durchm.	360 l/m³
	1—2 mm Durchm.	360 l/m³
	0,25—1 mm Durchm.	396 l/m³
	< 0,25 mm Durchm.	> 400 l/m³

Sandstein, je nach der Größe und der Beschaffenheit der Hohlräume 2—270 l/m³

Granit	0,5—90 l/m³
Tonschiefer	5—7 l/m³
Sandsteine	6—400 l/m³

d) Wasseraufnahmefähigkeit und Wasserleitungsvermögen.

Man unterscheidet:

α) *Böden und Gesteinsarten, die Wasser aufschlucken und nicht weiterleiten,*
β) *Böden und Gesteinsarten die Wasser aufschlucken und gut weiterleiten.*

Die einzelnen Bodenarten werden näher besprochen[1]:

α) Böden und Gesteinsarten, die Wasser aufschlucken und nicht oder nur schwer weiterleiten.

Hierher gehören: **I. Tone** (sandhaltige und quarzreiche).

II. Mergel (Flammenmergel, Liasmergel), kalkhaltig. Die Ursache dieser Erscheinung ist darin zu suchen, daß die Hohlräume sehr eng sind und daß das Wasser kapillar festgehalten wird. Nur wenn ein hoher Druck, z. B. infolge einer Wassersäule, vorhanden ist, werden die Gesteine wasserdurchlässig. Diese Eigenschaft ist bei der Errichtung von Staumauern und Stauseen zu berücksichtigen.

III. Torf.

IV. Braunkohle. Baugruben in Torf und Braunkohle können oft sehr tief gestochen werden, ohne daß Grundwasser sofort den Baufortschritt hindert. Erst nach einigen Tagen oder Wochen wird viel Grundwasser vom Torf in die Baugruben abgegeben.

V. Kreide und Kalke. Ihr Vermögen, Wasser weiterzuleiten, ist sehr gering. Oft beträgt es nur einige Millimeter im Tag.

β) Böden und Gesteinsarten, die Wasser leicht aufnehmen und rasch weiterleiten.

Hierher gehören: **I. Sande,** deren Korngröße über 0,2 mm beträgt, leiten das Wasser rasch weiter.

II. Quarzhaltige Sande halten weniger Wasser zurück als kalkhaltige Sande.

III. Sande, deren Korngröße unter 0,2 bis 0,1 mm liegt, haben ein schlechtes Wasserleitungsvermögen (kleine Wasserdurchlässigkeit).

---

[1] Vgl. J. STINY: Technische Gesteinskunde. Wien 1929. — J. HIRSCHWALD: Handb. d. bautechnischen Gesteinsprüfung. Berlin 1912.

7. Wassergehalt des Bodens.
a) Begriffe.

Wassergehalt: Unter Wassergehalt wird die im Boden vorhandene Wassermenge verstanden.

Feuchtigkeit: Feuchtigkeit des Bodens bedeutet das gleiche wie Wassergehalt.

Feldfeuchtigkeit: Als Feldfeuchtigkeitswert wird diejenige Feuchtigkeit bezeichnet, bei welcher ein Wassertropfen, auf eine abgeglättete Materialprobe gebracht, nicht sofort versickert und nach dem Versickern eine glänzende Oberfläche zurückläßt.

Schleuderfeuchtigkeitswert: Dieser Feuchtigkeitswert wird erhalten, wenn ein Bodenmuster eine Stunde lang geschleudert wird. Die Wirkung des Schleuderns geht aus Abb. 248; Bd. II hervor. Versuchstechnisch wurde festgestellt, daß der Schleuderfeuchtigkeitswert abhängig ist von der petrographischen Beschaffenheit des Bodens, der Korngröße, der Kornform, der Beschaffenheit der Kornoberfläche. Je größer die Summe der Kornoberfläche ist, um so größer ist im allgemeinen der Feuchtigkeitswert.

Feuchtigkeitsgleichwert: Der Feuchtigkeitsgleichwert F_{gl} wird aus der Beziehung erhalten:

$$\frac{(A - b) - (A' - b')}{A' - (a + b')} \cdot 100 = F_{gl}; \quad \text{d. h. } F_{gl} \text{ ist eine Vergleichsziffer.}$$

Hierin bedeuten:

A = Gewicht des Tiegels mit Inhalt nach der Ausschleuderung (siehe Abb. 249; Bd. II),

A' = Gewicht des Tiegels mit Inhalt nach der Austrocknung,

a = Gewicht des Tiegels,

b' = Gewicht des trockenen Fließpapiers,

b = Gewicht des nassen Fließpapiers (vgl. S. 229; Bd. II).

Nimmt der Boden Wasser über den Feuchtigkeitsgleichwert auf, so nimmt seine Tragfähigkeit ab. Z. B. bildet ein Boden mit einem Schleuderfeuchtigkeitsbeiwert von 20% einen schlechten Baugrund.

Der F_{gl}-Wert gibt somit Aufschluß über das Wasserrückhaltevermögen des Bodens, seine Durchlässigkeit und sein plastisches Verhalten. Die einzelnen Einflüsse sind noch nicht abgeklärt.

Benetzungswiderstand: Der Benetzungswiderstand beruht darauf, daß zuerst die Lufthülle um das Teilchen entfernt werden muß, bevor das Wasser am Korn haften kann.

Oberflächenspannung: Die Oberflächenspannung bedeutet das gleiche wie Adsorptionskraft (siehe S. 461).

Wasseraufnahmefähigkeit (Wasserkapazität): Über Wasseraufnahmefähigkeit siehe unter Abschnitt 6: Begriffe.

Wasseraufnahmevermögen bedeutet das gleiche wie Wasseraufnahmefähigkeit.

Wasserhaltungsvermögen: Unter Wasserhaltungsvermögen versteht man die Wassermenge, die der Boden unter bestimmten Bedingungen längere Zeit hindurch festzuhalten vermag. Das Wasserhaltevermögen ist stets kleiner als die Wasseraufnahmefähigkeit des Bodens.

Wasserhaushalt: Der Begriff Wasserhaushalt ist ein Sammelbegriff für das Wasseraufnahmevermögen, für die Dicke der Wasserhülle, für die Geschwindigkeit der Wasseraufnahme und für die Druckverhältnisse in der Wasserhülle. Die Größe des Wasserhaushaltes ist nicht nur abhängig von der Größe der feinsten Teilchen, sondern auch von der petrographischen Zusammensetzung des Bodens und dem Chemismus des Wassers. Namentlich ist das Verhältnis des Quarzanteiles zu den Tonmineralien maßgebend für die Größe des Wasserhaushaltes.

b) Der Binnendruck im Wasser.

α) Der Oberflächendruck einer Flüssigkeit.

Der Oberflächendruck P einer Flüssigkeit errechnet sich mit Hilfe der molekularen Anziehungskraft K; es ist nämlich[1]

$$P = K \pm \Delta K = K \left[1 \pm \frac{r_m}{2} \left(\frac{1}{R_1} + \frac{1}{R_2} \right) \right]. \tag{1}$$

____

[1] Vgl. ZUNKER: Oberflächenentwicklung des Bodens, Gravitation und Oberflächenkräfte. Bautechn. 1935 S. 293.

Hierin bedeuten:

$2\,r_m$ = mittlerer molekularer Schwingungskreisdurchmesser,
R = Krümmungshalbmesser der Oberfläche,
$+$ = konkave Oberfläche,
$-$ = konvexe Oberfläche.

Ist $R_1 = R_2$, so wird

$$\varDelta K = K\,\frac{r_m}{R_1}. \tag{2}$$

K = Anziehungskraft oder Binnendruck oder molekulare Anziehung genannt,
$\varDelta K$ = Überdruck.

β) Der Überdruck $\varDelta K$.

In einer mit Wasser gefüllten Kapillare bildet sich unter dem Einflusse der Kapillarwandung ein konkaver Meniskus. Auf der Oberseite der Oberflächenmoleküle ist ein zur Oberfläche senkrecht stehender Überdruck $\varDelta K$ vorhanden.

γ) Berechnung des Binnendruckes K im Kapillarwasser.

Der Überdruck $\varDelta K$ ist im Gleichgewicht mit einem gleich großen Unterdruck oder Zug. Dieser Zug wird durch das Schwergewicht der gehobenen Flüssigkeitssäule hervorgerufen. Der Ausgleich zwischen dem Überdruck $\varDelta K$ und dem Zug erfolgt nur in der obersten Molekularschicht, d. h. es muß sein:

$$h\,(\gamma - \gamma') = \varDelta K = \frac{K\,r_m}{R} = \frac{K\,r_m}{r}. \tag{3}$$

In dieser Gleichung bedeuten:

h = Höhe der Flüssigkeitssäule (kapillare Steighöhe),
γ = spez. Gewicht der Flüssigkeit,
γ' = spez. Gewicht der Luft,
$R = r$ = halbe lichte Weite der Kapillaren.

Die Beziehung zu der in vielen Abhandlungen niedergelegten Oberflächenspannung s läßt sich wie folgt ableiten:

Das gehobene Gewicht der Flüssigkeitssäule ist gleich der Oberflächenspannung s mal Länge der Randlinie, d. h.

$$r^2\,\pi\,h\,(\gamma - \gamma') = s \cdot 2\,\pi\,r, \tag{4}$$

$$h\,(\gamma - \gamma') = \frac{2\,s}{r} = \varDelta K = \frac{K\,r_m}{r}. \tag{5}$$

Aus der letzteren Gleichung[1] ergibt sich für den Binnendruck K:

$$K = \frac{2\,s}{r_m}.$$

δ) Zahlenwerte.

I. Der Binnendruck bei Wasser. Für den mittleren Molekularabstand im Wasser von $2\,r_m = 2{,}5 \cdot 10^{-8}$ cm bei einer Temperatur von $\simeq 15°$ C wird

$$K = \frac{2\,s}{r_m} = \frac{2 \cdot 73}{1{,}25 \cdot 10^{-8}} = 1{,}17 \cdot 10^{10} \text{ dyn/cm}^2$$

oder

$$K = \frac{1{,}17 \cdot 10^{10}}{9{,}81 \cdot 10^{5}} = 11\,900 \text{ kg/cm}^2.$$

---

[1] **Anmerkung.** Aus der Gl. (5) kann auch die kapillare Steighöhe h berechnet werden zu

$$h = \frac{2\,s}{r\,\gamma} \quad \text{für} \quad \gamma' \simeq 0.$$

II. Der Binnendruck bei Quecksilber. Für Quecksilber wird der Binnendruck $K = 64\,500$ kg/cm².

III. Der Binnendruck in der hygroskopischen Wasserhülle. Der Adsorptionsdruck in der hygroskopischen Adsorptionshülle der Bodenteilchen ist größer als der Binnendruck bei freiem Wasser. Der Binnendruck wurde berechnet zu rd. $26\,000$ kg/cm² *.

c) Die mathematische Bewertung des Wassergehaltes im Boden.

α) Allgemeingültige Ansätze für den Wassergehalt.

Der Wassergehalt w kann angegeben werden

I. als das Verhältnis von

$$w_a = \frac{\text{Wassergewicht}}{\text{Trockengewicht der festen Teile}} = \frac{n'\,\gamma_w}{\gamma_S\,(1-n)},$$

II. als das Verhältnis von

$$w_1 = \frac{\text{Wassergewicht}}{\text{Gesamtgewicht von Wasser und festen Teilen}} = \frac{n'\,\gamma_w}{\gamma_S\,(1-n) + n'\,\gamma_w},$$

III. als das Verhältnis von

$$w_2 = \frac{\text{Wassergewicht}}{\text{Gesamtinhalt der Probe}} = \frac{n'\,\gamma_w}{V} \text{ in kg/cm}^3.$$

Es ist stets anzugeben, worauf sich der Wassergehalt bezieht. Heute ist es üblich, den Wert w_a anzugeben. Die Beziehung zwischen w_a und w_1 lautet:

$$\frac{w_a}{w_1} = \frac{\gamma_S - n\,(\gamma_S - \gamma_w)}{\gamma_S - n\,(\gamma_S)} = \frac{\gamma_e'}{\gamma_e} \quad \text{bzw.} \quad \frac{w_a}{w_2} = \frac{V}{\gamma_S\,(1-n)} = \frac{V}{\gamma_e}.$$

In obigen mathematischen Ausdrücken bedeuten:

$n = $ Hohlraum des Bodens in Volumenprozent,

$n' = $ der mit Wasser ausgefüllte Hohlraum,

$\gamma_w = $ spez. Gewicht (Reinwichte) des Wassers,

$\gamma_S = $ spez. Gewicht (Reinwichte) des Bodenmateriales,

$V = $ Volumen der gesamten Probe.

β) Der Wassergehalt im wassergesättigten Boden.

Ist die Bodenprobe wassergesättigt, so sind die Hohlräume mit Wasser ausgefüllt. Dann ist:

$$w_a = \frac{n\,\gamma_w}{(1-n)\,\gamma_S} = \varepsilon\,\frac{\gamma_w}{\gamma_S}$$

und daraus $\varepsilon = w_a\,\gamma_S$ für $\gamma_w = 1$.

$n = $ Hohlraumgehalt des Bodens, $\varepsilon = $ Porenziffer des Bodens,

$\gamma_S = $ Stoffgewicht des Bodens, $\gamma_w = $ Stoffgewicht (spez. Gew.) des Wassers.

γ) Der Wassergehalt in wasserungesättigten Böden.

Bei Böden, die nicht wassergesättigt sind, wird der Wassergehalt durch den Feuchtigkeitsgrad n_w angegeben; n_w bedeutet das Verhältnis:

$$n_w = \frac{\text{Wasser in den Hohlräumen}}{\text{Gesamthohlraum}} = \frac{w}{n} \text{ in \%,}$$

$$w = n\,n_w.$$

---

* Blank: Handb. d. Bodenlehre Bd. 6 S. 72.

Da $w_a = \dfrac{n\,n_w}{(1-n)\,\gamma_S}$ in Gew.-% $= \dfrac{\varepsilon\,n_w}{\gamma_S}$, so wird

$$n_w = \frac{w_a\,\gamma_S}{\varepsilon}.$$

Für n_w wird oft der Ausdruck Sättigungsgrad oder Sättigungsverhältnis verwendet.

Zahlenbeispiele: Für trockenen Boden wird $n_w = 0$ und $w = 0$, für wassergesättigten Boden wird $n_w = 1$ und $w = n$ in Hohlraumgehalt ausgedrückt.

Es ist:

$n_w = 0$ bis 0,25 für feuchten Sand,
$n_w = 0,25$ bis 0,50 für sehr feuchten Sand,
$n_w = 0,50$ bis 0,75 für nassen Sand,
$n_w = 0,75$ bis 1,00 für sehr nassen Sand,
$n_w = 1,00$ für wassergesättigten Sand.

d) Die Beurteilung des Wassergehaltes auf der Baustelle.

Je nach der Menge des Wassergehaltes unterscheidet man: trockenen, feuchten und nassen Boden. Die einzelnen Zustände des Bodens werden auf der Baustelle wie folgt umschrieben:

Nasser Boden: Ein nasser Boden ist vorhanden, wenn die Poren ganz oder zum größten Teil mit Wasser ausgefüllt sind.

Feuchter Boden: Der Sand weist im feuchten Zustand die größte Bindigkeit auf, bzw. das kleinste Raumgewicht und das größte Volumen (siehe Abb. 208). Er läßt sich in der Hand gut ballen. Ton und Lehm werden in feuchtem Zustand deutlich plastisch. Praktisch stellt man den feuchten Zustand dadurch fest, daß man die Tonprobe so lange in der Hand zusammendrückt, bis kein Wasser mehr ausgepreßt werden kann. Vgl. auch Bestimmung der Ausrollgrenze.

Trockener Boden: In den Poren ist kein oder nur noch sehr wenig Wasser vorhanden. Trockener Sand fließt in der Hand durch die Finger ab.

e) Art der Wasseraufnahme.

Das Wasser wird auf verschiedene Arten von den Bodenteilchen aufgenommen. Entweder lagert sich das Wasser um den Kern an, oder das Wasser dringt in den Kern hinein (vgl. Abb. 225). Im weiteren vgl. Abb. 310 im Abschnitt über physikalische Chemie des Bodens.

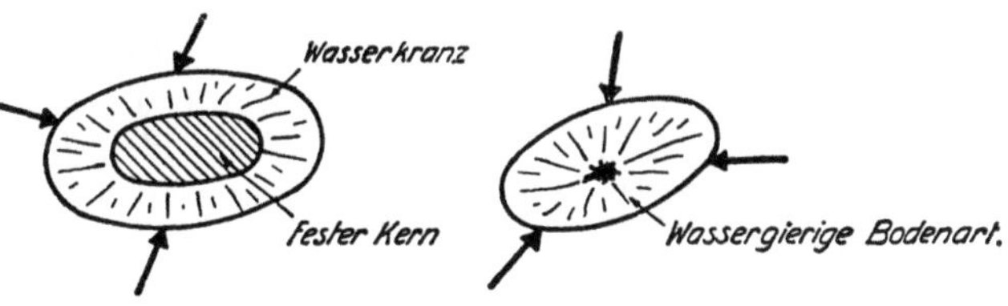

Abb. 225. Wasseraufnahme verschiedener Bodenarten.

f) Der Wassergehalt in Abhängigkeit der Bodenbelastung.

α) Berechnung des Wassergehaltes bei Belastung des Bodens nach BENDEL.

Bei der Bestimmung des Wassergehaltes W im Boden in Abhängigkeit des Druckes σ wird die Annahme gemacht, daß der Boden wassergesättigt sei, d. h. daß der jeweilige Wassergehalt W dem Hohlraumgehalt n entspreche. Infolgedessen kann Gl. (3) auf S. 301 geschrieben werden:

$$(s_2 - s_1) = -(n_2 - n_1) = -\left(\frac{W_2 - W_1}{\gamma_w}\right) = K \log\left(\frac{\sigma_a + \sigma}{\sigma_a}\right). \tag{1}$$

Für $W_1 = W_a$ kann geschrieben werden (vgl. Abb. 226):

$$W_2 = W = W_a - K\,\gamma_w \log\left(\frac{\sigma_a + \sigma}{\sigma_a}\right) \text{ in Prozent des Trockengewichtes.} \quad (2)$$

Für $\sigma_a = \sigma_0$ wird

$$W = W_0 - \gamma_w K \log\left(\frac{\sigma_0 + \sigma}{\sigma_0}\right) \text{ in Prozent des Trockengewichtes.} \quad (3)$$

W_0 bedeutet den Wassergehalt des Bodens, den er an der untern Elastizitätsgrenze, auch Atterbergsche Fließgrenze genannt, besitzt.

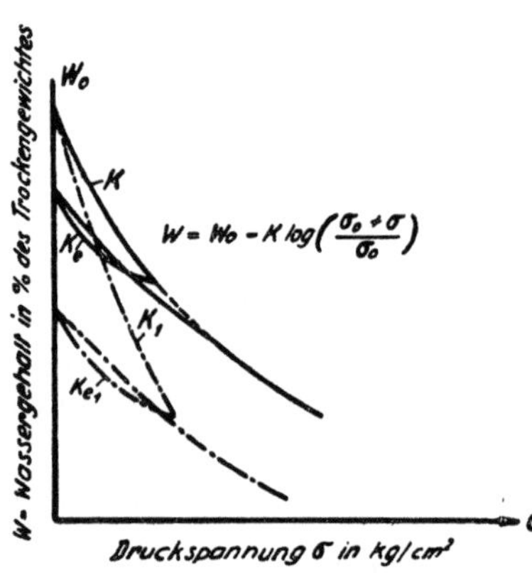

Abb. 226. Veränderung des Wassergehaltes in Abhängigkeit des Druckes.

———— natürlich gewachsener Boden,
—·—·— durchkneteter Boden.

Bodenfestwerte:

K; K_1 bei Belastung des Bodens,

K_e; K_{e1} bei Entlastung des Bodens,

K steht in Beziehung zur bodenmechanischen Elastizitätsziffer M_E.

K wird erhalten aus der Drucksetzungskurve;

$s = K' + K \log (\sigma_0 + \sigma)$,

$W = W_0 - K \log\left(\frac{\sigma_0 + \sigma}{\sigma_0}\right)$ Wassergehaltskurve nach Bendel,

W_0 = Wassergehalt an der unteren Elastizitätsgrenze.

In Gl. (2) bedeutet

$$\sigma_a = \sigma_0 + \sigma_1$$

und

$$\sigma_a + \sigma = \sigma_0 + \sigma_1 + \sigma = \sigma_0 + \sigma_2,$$

da $\qquad \sigma_2 = \sigma_1 + \sigma$ ist.

Somit kann Gl. (2) auch geschrieben werden:

$$W_2 = W_1 - \gamma_w K \log\left(\frac{\sigma_0 + \sigma_2}{\sigma_0 + \sigma_1}\right). \quad (4)$$

Trägt man die Werte der Gl. (2) oder Gl. (3) in einem Achsenkreuz mit der Achse W und der Achse $\log(\sigma_0 + \sigma)$ auf, so erhält man als Kurve eine Gerade.

Bei einer Entlastung des Bodens wird

$$W_1 - W_2 = -\gamma_w K_e \log\left(\frac{\sigma_0 + \sigma_1}{\sigma_0 + \sigma_2}\right). \quad (5)$$

Hierbei ist $\sigma_1 < \sigma_2$. Im allgemeinen ist K_e, namentlich bei bindigen Böden, kleiner als K.

Auswertung der obigen Gleichungen.

1. Da σ_0 im Verhältnis zu σ_1 und σ_2 oft sehr klein ist, so wird vielfach für Gl. (4) geschrieben:

$$W_2 = W_1 - \gamma_w K \log\left(\frac{\sigma_2}{\sigma_1}\right). \quad (6)$$

Wird in Gl. (6) für $\sigma_2 = \gamma_e z$ als Sonderfall gesetzt, wobei γ_e = Raumgewicht der Erde in kg/cm³ bedeutet und z die Tiefe unter der Erdoberfläche, so wird

$$W = W_1 - \gamma_w K \log\left(\frac{\gamma z}{\sigma_0}\right). \quad (6')$$

Die vereinfachte Formel (6') gilt nur für $z > 0$.

Zahlenbeispiele: Für $\sigma_0 = 0{,}15$ kg/cm²; $\gamma_e' = \gamma = \dfrac{0{,}15}{100}$ kg/cm³ und $W_1 = 48\%$; $\gamma_w = 1$ kg/dm³ wird der Wassergehalt $W = 48 - K \log(z)$ in Prozent des Trockengewichtes (z in Meter eingesetzt), d. h. der Wassergehalt nimmt nach der Tiefe z zu ab (siehe Abb. 227). Wird in Gl. (6) für $\sigma_2 = \dfrac{p_0\,b}{b + 2\,\alpha\,z^n}$ (siehe Kap. über Druckverteilung S. 654) und für $\sigma_1 = \gamma\,(z + t)$ gesetzt, so wird

$$W = W_1 - K \log \frac{p_0\,b}{(b + 2\,\alpha\,z^n)\,\gamma\,(z + t)}. \quad (7)$$

Es bedeuten:

$p_0 = $ Belastung des Bodens in der Gründungstiefe t,

$z = $ Tiefe unter der Gründungssohle (siehe z. B. Abb. 227),

$2\,b = $ Breite des Laststreifens,

$\alpha = $ Bodenfestwert: $\alpha \simeq 0{,}75$ für bindige Böden,

$\alpha \simeq 0{,}33$ für nichtbindige Böden,

$n = $ Festwert, abhängig von der Bauwerkssteifigkeit.

Aus Gl. (7) ergibt sich, daß der Wassergehalt bei belastetem, bindigem Boden mit großem α nach der Tiefe weniger rasch abnimmt als bei belastetem, nichtbindigem Boden mit kleinem α.

In Gl. (4) entspricht der Wassergehalt W_1 der Belastung σ_1. Wird die Belastung $\sigma_1 = (1 - \sigma_0)$ gewählt, so geht die Gl. (4) über in die Form

$$W = W_1 - K \log (\sigma_0 + \sigma_2). \qquad (8)$$

Da σ_0 vielfach klein gegenüber σ_2 wird, so kann für Gl. (8) geschrieben werden:

$$W \simeq W_1 - K \log \sigma_2.$$

W_1 entspricht in diesem Falle dem Wassergehalt bei der Belastung $\sigma_1 = 1\,\mathrm{kg/cm^2}$.

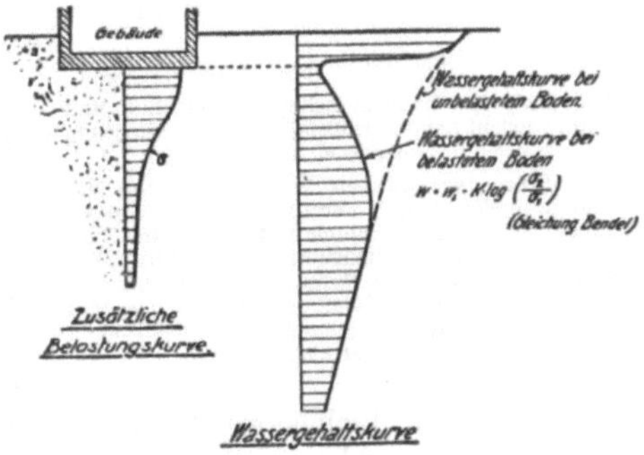

$\beta)$ **Berechnung des Wassergehaltes bei der Entlastung des Bodens nach BENDEL.**

Bei der Entlastung des Bodens lautet die Gleichung für die Wassergehaltskurve entsprechend der Gl. (4):

$$W = W_1 + K_e \log \frac{\sigma_1 + \sigma_0'}{\sigma_2 + \sigma_0'}, \qquad (9)$$

$$\sigma_2 < \sigma_1, \qquad \sigma_0' \text{ in Gl. (9) ist größer als } \sigma_0 \text{ in Gl. (4).}$$

Abb. 227. Grundsätzlicher Verlauf der Wassergehaltskurve bei unbelastetem und belastetem Boden (Erstbelastung des Bodens).

$W_1 = $ Wassergehalt vor dem Aufbringen der zusätzlichen Bodenbelastung σ in % des Trockengewichtes, $\sigma_2 = \sigma_0 + \sigma_v + \sigma$ in $\mathrm{kg/cm^2}$, $\sigma_1 = \sigma_0 + \sigma_v$, $\sigma_0 = $ Bodenfestwert in $\mathrm{kg/cm^2}$, $\sigma_v = $ Belastung, die dem Wassergehalt W_1 entspricht, in $\mathrm{kg/cm^2}$, $\sigma = $ zusätzliche Bodenbelastung.

g) Wassergehalt und Bodeneigenschaften.

In diesem Abschnitt sind die Beziehungen zwischen Wassergehalt und Raumgewicht, Volumenänderung, Haftfestigkeit, Scherfestigkeit, Nadeleindringung, Kiessandbedarf, Zusammendrückbarkeit und Verdichtungsfähigkeit besprochen. Zu den einzelnen Beziehungen ist zu bemerken:

$\alpha)$ **Wassergehalt und Raumgewicht.** Die Beziehung zwischen Wassergehalt und Raumgewicht ist im Abschnitt über Raumgewicht behandelt (vgl. Abb. 208, 228, 231/232)[1]. Aus diesen Abbildungen ergibt sich, daß das Raumgewicht je nach dem vorhandenen Wassergehalt wesentlichen Schwankungen unterworfen ist.

Um Abb. 228 zu erhalten, wurde dem Boden eine bestimmte Wassermenge beigegeben, die ausgedrückt ist in Prozent des Trockenvolumens. Nachher wurde der Boden gestampft, soweit er sich zusammenstampfen ließ. Hierauf wurde das Trockengewicht des gestampften Bodens (Raumgewicht) ermittelt.

In der Abb. 228 kann man vier verschiedene Teile der Wassergehalts-Raumgewichtskurve unterscheiden. Die mit den verschiedenen Kurventeilen zusammenhängenden Wasserzonen im Boden sind aus Abb. 229 ersichtlich.

---

[1] Vgl. BENDEL: Jb. Dtsch. Betonverein 1929 S. 390.

β) **Wassergehalt und Volumenänderung**[1]. Diese Beziehung geht aus Abb. 208 hervor. Ein weiteres Beispiel der Volumenveränderung infolge Wassergehalt geht aus der Tabelle 195 hervor:

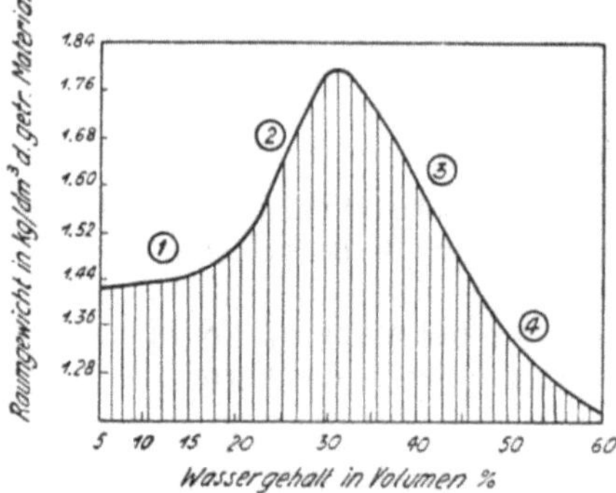

Abb. 228. Beziehung zwischen Wassergehalt und Raumgewicht bei der größtmöglichen Verdichtung des Bodens.

1 Bildung eines dünnen Wasserfilmes um das sandige Bodenkorn, *2* Vergrößerung des Wasserfilmes; er wirkt als Schmiermittel für eine Vergrößerung der Verdichtung (vgl. Abb. 229). *3* Wasser beginnt die Poren zu füllen und verdrängt die Luft, *4* Sättigung des Bodens mit Wasser. Die Wasseraufnahmefähigkeit des Bodens ist erreicht.

Tabelle 195.

Sand	
Wasser in Gew.-%	Volumenvermehrung beim Umschaufeln in % des trockenen Volumens
1	—
2	7
3	14
4	21
5	23
14	0

Die Volumenveränderung in Abhängigkeit des Wassergehaltes ist beim Dammbau zu berücksichtigen.

γ) **Wassergehalt und Haftfestigkeit.** Ist nur so viel Wasser im Boden, daß sich ein starker Wasserfilm um das einzelne Korn bilden kann, so ist die Haftfestigkeit (Kohäsion) des Bodens am größten (vgl. Ast 2 in Abb. 228 und 229). Im Dammbau soll diejenige Wassermenge gewählt werden, welche die größte Haftfestigkeit für ein Material ergibt; d. h. nicht zu trockener und nicht zu nasser, sondern feuchter Boden soll als Schüttmaterial verwendet werden (siehe Abb. 208 mit dem Buchstaben a).

δ) **Wassergehalt und Scherfestigkeit.** Die Änderung der Scherfestigkeit in Abhängigkeit des Wassergehaltes ist in Abb. 230 dargestellt.

ε) **Wassergehalt und Nadeleindringung.** Die Beziehung zwischen Wassergehalt, Widerstand gegen das Eindringen der Proctor-Nadel und das Raumgewicht geht aus Abb. 231 hervor[2].

Aus Abb. 231 geht hervor, daß beim gleichen Raumgewicht verschieden starke Widerstände gegen das Eindringen der Proctor-Nadel möglich sind.

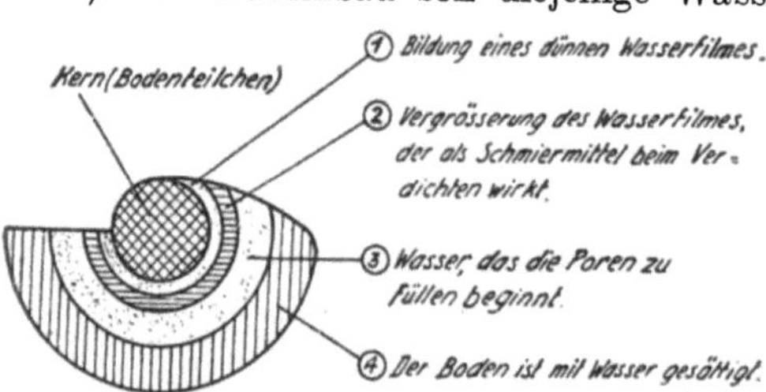

Abb. 229. Schematische Darstellung der Wasserzonen im Boden (vgl. Abb. 228, 250 und 310).

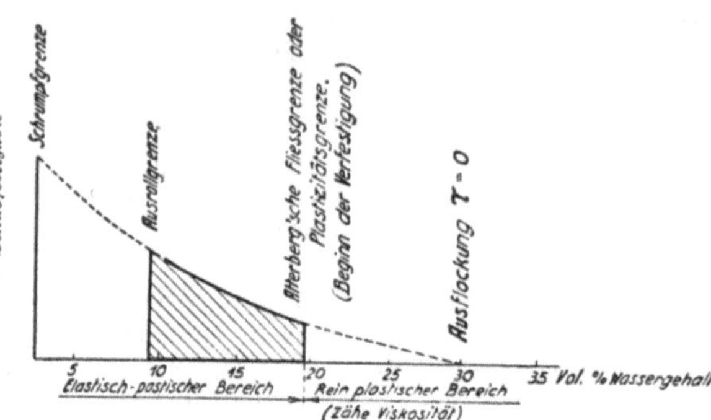

Abb. 230. Allgemeine Abhängigkeit der Scherfestigkeit vom Wassergehalt.

---

[1] Vgl. BENDEL: Jb. Dtsch. Betonverein 1929 S. 390 Abb. 359.
[2] Vgl. Soil stabilization. Amer. Road Build. Assoc. Plate 3. Cleveland, Ohio 1938; ferner C. A. HOGENTOGLER: Engineering properties of Soil S. 252. New York 1937.

Daraus ergibt sich, daß das Raumgewicht allein keinen Maßstab für die Verwendbarkeit eines Materiales für den Dammbau bildet.

ζ) **Wassergehalt und Kiessandbedarf.** Der Kiessandbedarf in Abhängigkeit des Wassergehaltes geht aus Abb. 232 hervor. Aus der Abbildung ergibt sich, daß der tatsächliche Gehalt des Zementes im Kubikmeter fertigen Beton wesentlichen Schwankungen unterworfen sein kann, da 1000 l Kiessand je nach der vorhandenen Naturfeuchtigkeit zwischen 0,80 und 1,02 m³ fertigen Beton ergeben[1] (vgl. S. 295/296).

η) **Wassergehalt und Verdichtungsfähigkeit des Bodens.** Die Verdichtungsfähigkeit eines Bodens in Abhängigkeit des Stampfaufwandes und des Wassergehaltes geht aus der Abb. 245, Bd. II hervor. Die Verdichtung wurde mit der Proctorschen Plastizitätsnadel gemessen.

ϑ) **Wassergehalt und Zusammendrückbarkeit des Bodens.** Die Beziehung zwischen Wassergehalt und Zusammendrückbarkeit des Bodens ist auf S. 354 behandelt. Dabei spielt der Wassergehalt eine ausschlaggebende Rolle.

8. Zustandsformen (Konsistenzformen) bindiger Böden.

a) Begriffsbestimmung[2].

Unter Konsistenzen eines bindigen Bodens versteht man die verschiedenen Zustandsformen des Bodens, wie *fester, bildsamer* und *flüssiger* Zustand. — Als Maßstab zum Ausdrücken der Konsistenzform wird der Wassergehalt, die Bohrfestigkeit, die elektrische Leitfähigkeit, das Eindringen von Nadeln usw. gewählt.

Die Bodenzustandsformen, die bei den Baugrunduntersuchungen praktisch verwendet werden, sind:

Grenze zwischen festem und losem Zustand, sog. *Schrumpfgrenze,*

Grenze zwischen losem und bildsamem (plastischem) Zustand, sog. *Ausrollgrenze* oder obere Plastizitätsgrenze.

Grenze zwischen bildsamem (plastischem) und flüssigem Zustand, auch Atterbergsche *Fließgrenze* oder unterer Plastizitätszustand genannt.

Die bildsamen Zustände des Bodens heißen *Plastizitätszustände.*

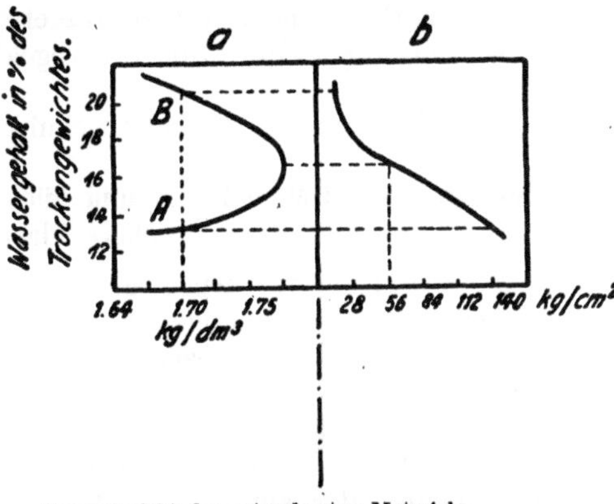

a Raumgewicht des getrockneten Materials,
b Widerstand gegen das Eindringen der Proctor-Nadel.

Abb. 231. Beziehung zwischen Wassergehalt, Raumgewicht und Widerstand gegen das Eindringen. Die Unterschiede des Wassergehaltes der Punkte *A* und *B* haben ihre Ursache in der verschieden großen Auflockerung des Sandes.

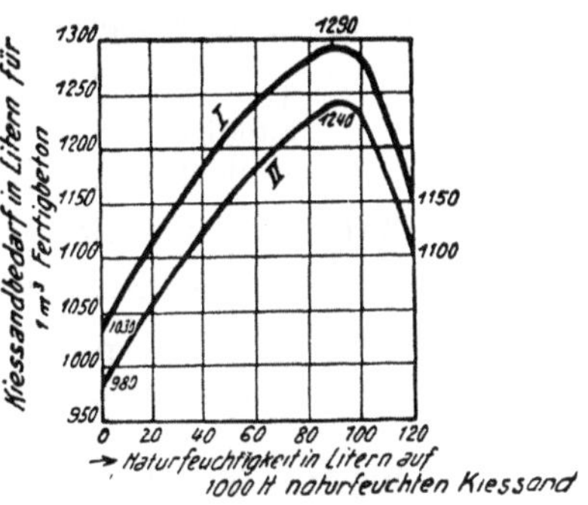

Abb. 232. Der Kiessandbedarf für 1 m³ Beton in Abhängigkeit der Naturfeuchtigkeit des Kiessandes.

Kurve *I*: Portlandzementgehalt 150 kg/m³ fertigen Beton,
Kurve *II*: Portlandzementgehalt 300 kg/m³ fertigen Beton.
Zement: Normenfestigkeit = 601 kg/cm² nach 28 Tagen. Marke: Drehofenzement *J.* Raumgewicht: 1,25 kg/dm³.
Kiessand: Korngröße 0/30 mm. Petrographische Zusammensetzung: 65% Quarzgehalt, 25% Kalkgehalt.
Wasser: Kurve *I* = 165 l/m³ fertigen Beton; *Kurve II* = 185 l/m³ fertigen Beton.
Konsistenz: Plastisch-verformbar.
Mischmaschine; System Freifall-Zwangsmischer, Mischdauer 60″.

---

[1] Vgl. BENDEL: Ursache und Größe der Streuungen bei Betonfestigkeiten. Z. öst. Ing.- u. Archit.-Ver. 1932 Heft 32/38.
[2] In Anlehnung an die Begriffserklärungen des Public roads. Washington 1925.

Zu den einzelnen Zustandsformen ist zu bemerken:

b) Grenze zwischen festem und losem Zustand (Schrumpfgrenze).

α) Begriffsbestimmung. Die Schrumpfgrenze entspricht dem Wassergehalt, bei welchem die Bodenprobe den kleinsten Rauminhalt erreicht hat. Wird der Boden noch weiter ausgetrocknet, so schwindet er nicht mehr; er bleibt raumbeständig. Noch unabgeklärt ist, inwiefern Umkristallisation im Boden stattfindet.

β) Zahlenwerte: Siehe Abschnitt über Schwinden.

c) Grenze zwischen losem und bildsamem Zustand, die sog. Ausroll- oder obere Plastizitätsgrenze.

α) Begriffsbestimmung. Unter Ausrollgrenze versteht man denjenigen Wassergehalt eines bindigen Bodens, bei welchem eine Bodenprobe auf Fließpapier in 3 mm dicke Walzen ausgerollt werden kann und der Boden zu bröckeln und zerkrümeln anfängt.

β) Physikalische Bedeutung der oberen Plastizitätsgrenze. Die obere Plastizitätsgrenze wird überschritten, sobald die Viskosität des Wassers mit zunehmender Verdichtung des Materials sehr hoch wird. Das Porenwasser hört auf, homogen zu sein. Der Boden wird brüchig.

Die plastische Eigenschaft des Bodens wird nicht nur durch die Größe der Körnung unter 0,002 mm bestimmt, wie vielfach angenommen wird, sondern auch durch den Prozentsatz der wasserbindenden Tonmineralien[1].

Der Kapillardruck an der oberen Plastizitätsgrenze ist zu 3 bis 7 kg/cm² ermittelt worden; er entspricht dem Schwinddruck, wie er auf S. 328 beschrieben wurde.

Ton	3,5 kg/cm²
Sandiger Boden	5—7 kg/cm²
Schlamm	6—7 kg/cm²

γ) Zahlenwerte. Der Wassergehalt bei der Ausrollgrenze beträgt:

bei sandigen Lehmen	unter 20%
bei mageren Lehmen	20—25%
bei festen Tonen	25—35%
beim Vorhandensein organischer Stoffe	35—100%

d) Die Grenze zwischen bildsamem und flüssigem Zustand (Fließgrenze).

α) Begriffsbestimmung.

Die Fließgrenze ist erreicht, wenn eine durch eine 1 cm tiefe Rille zerschnittene Bodenprobe nach einer bestimmten Anzahl Erschütterungsschlägen (nach ATTERBERG nach 25 Schlägen) sich wieder berührt. Dann wird der Wassergehalt bestimmt und in Prozenten des Trockengewichtes ausgedrückt. Die Breite des Schnittes wird zu 1 mm gewählt. Das Verfahren zur Bestimmung der Fließgrenze ist beschrieben auf S. 231; Bd. II. Ein besseres Bestimmungsverfahren ist sehr erwünscht.

β) Die physikalische Bedeutung der Fließgrenze.

Die Fließgrenze hat folgende physikalische Bedeutung[1]: Wenn eine locker gelagerte, wasserdurchtränkte Bodenprobe durch Rütteln erschüttert wird, so zerfallen die unstabilen Korngruppen, der Kapillardruck nimmt ab und die

---

[1] Vgl. K. ENDELL, W. LOOS, H. MEISCHEIDER u. V. BERG: Über Zusammenhänge zwischen Wasserhaushalt des Tonminerals und bodenphysikalischer Eigenschaften bindiger Böden. Veröff. Inst. Degebo-Heft 5. Berlin 1938. — Zbl. Mech. 1938 S. 106.

Masse wird beweglich. Als hemmende Kraft tritt bei der Umlagerung die an den Berührungsflächen der Körner wirksame, dem Kapillardruck proportionale Reibung auf. Die durch das Zusammenfließen der unteren Ränder zweier Kuchenhälften gekennzeichnete Fließgrenze kann somit als Kriterium für ein bestimmtes Maß der Beweglichkeit bewertet werden. Die Beweglichkeit ist vom Kapillardruck und der Stabilität des Kornverbandes abhängig.

Die Größe des Kapillardruckes, der ein Sediment bis zur Fließgrenze verdichtet, ist von TERZAGHI[1] zu 0,0 bis 0,5 kg/cm² angegeben worden. Sehr kleine Werte treten namentlich bei in fließendem Wasser sedimentiertem Material auf.

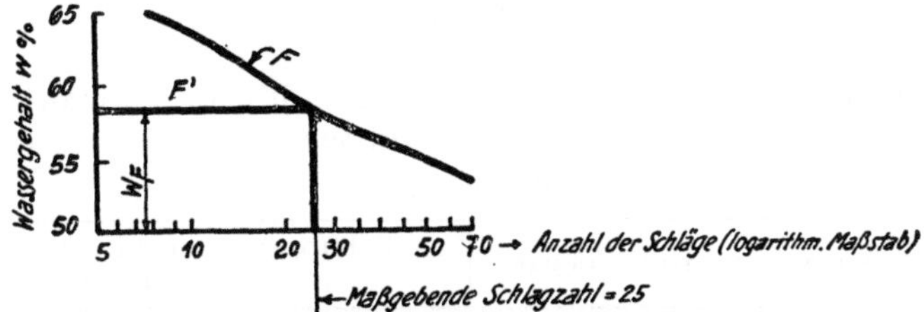

Abb. 233. Bestimmung der Fließgrenze.
F = Fließkurve, W_F = Maßgebender Wassergehalt für Fließgrenze.

Vgl. den Wert σ_0 in den Formeln von BENDEL für die Berechnung der Setzung in Abhängigkeit der Belastung. σ_0 kann also in grober Annäherung als Druckäquivalent bei der Fließgrenze bewertet werden.

γ) Auswertung der Untersuchungswerte.

Die Untersuchungswerte können zeichnerisch und rechnerisch ausgewertet werden. Nachfolgend sind beide Auswertungsverfahren besprochen.

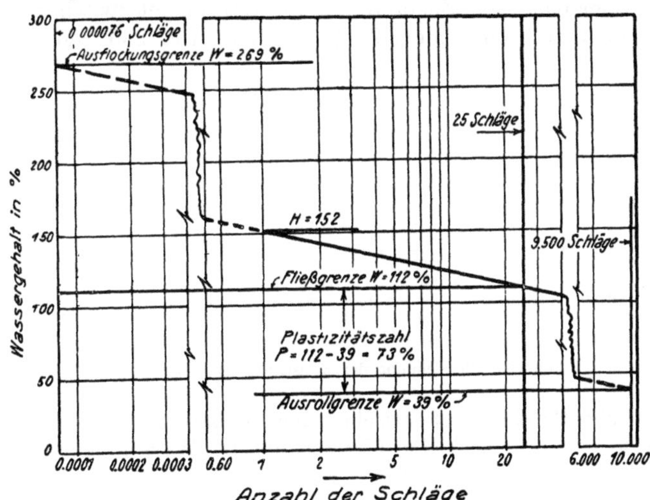

Abb. 234. Abhängigkeit der Konsistenzen von der Anzahl der Schläge und dem Wassergehalte.

I. Zeichnerische Auswertung. Die Ergebnisse des oben beschriebenen Versuches werden zweckmäßig zeichnerisch ausgewertet, indem auf der Waagrechten die Anzahl Schläge und auf der Senkrechten der Wassergehalt in Prozenten aufgetragen werden. Der Wassergehalt, der zu 25 Schlägen und Schließung der Rille, gehört, wird als Atterbergsche Fließgrenze bezeichnet (siehe Abb. 233 und 234).

---

[1] Erdbaumechanik S. 186. Wien 1925.

II. Mathematische Auswertung. Als Fließzahl F wird auf Grund von Versuchen bezeichnet:

$$F_z = \frac{H - W}{\log M};$$

wobei bedeutet[1]:

W = Wassergehalt bei M Schlägen,
M = Anzahl der Schläge,
H = Wassergehalt der Bodenprobe nach einem Schlag.

Sind H und F bekannt, so wird

$$W = H - F \log M.$$

δ) Zahlenwerte für die Fließgrenze W_F in Prozent des Trockengewichtes.

Tabelle 196.

Gedrungene Körper aus Kalifeldspat	Schuppenförmige Körper aus Kaliglimmer
Grober Schluff 38%	Schluff 49%
Feiner Schluff.............. 38%	Grober Kolloidschlamm 98%
Kolloidschlamm 39%	Feiner Kolloidschlamm 100%
Triebsand 40%	

e) Die bildsamen Zustände des Bodens.

α) Begriffsbestimmung.

Derjenige Zustand eines bindigen Bodens, bei welchem dem Boden jede gewünschte Form gegeben werden kann, ohne daß sein Rauminhalt ändert, heißt der bildsame oder plastische Zustand. Man unterscheidet zwischen steif-, weich-, sehr weich- und flüssig-bildsamem Zustand (siehe Abb. 235; vgl. Din 1054).

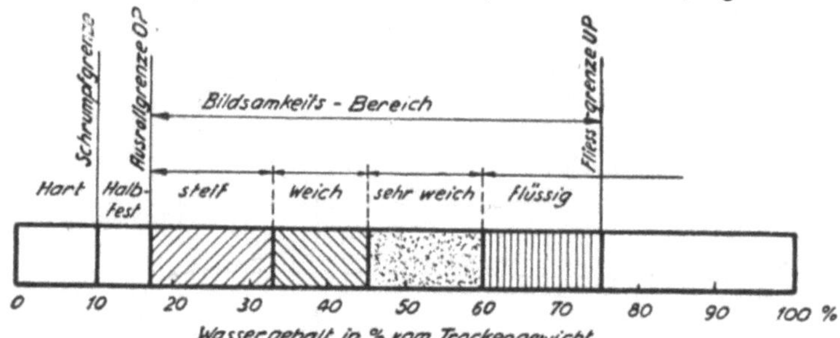

Abb. 235. Bezeichnung der Konsistenzformen eines Tons.

Der plastische Bereich liegt zwischen der Fließgrenze und der Ausrollgrenze. Dieser Bereich wird oft durch den Unterschied des Wassergehaltes an der Fließgrenze und Ausrollgrenze bezeichnet. Der Wassergehaltsunterschied wird auch als *Bildsamkeitszahl* bezeichnet.

Bildsam:
    Breiig ist ein Boden, der zwischen den Fingern hindurchfließt, wenn er gepreßt wird.
    Weich ist der Boden, der sich kneten läßt.
    Steif ist der Boden, der sich in der Hand noch zu 3 mm starken Walzen ausrollen läßt, ohne zu reißen oder zu bröckeln. Im Gegensatz zum bildsamen Zustand steht die halbfeste oder harte Zustandsform.

---

[1] Vgl. HOGENTOGLER: Engineering Properties of Soil S. 111. New York 1936.

Anschlußwerte:

Halbfest ist der Boden, wenn er beim Ausrollen zu 3 mm dicken Walzen bröckelt, aber doch noch feucht ist und frisch aussieht.

Hart ist ein Boden, der ausgetrocknet ist und hell aussieht. Die Bodenschollen zerbrechen in Scheiben.

β) Bestimmung des Plastizitätsbereiches.

Die Plastizitätszahl P wird auf drei Arten bestimmt, nämlich:

Die Plastizitätszahl in Abhängigkeit des Wassergehaltes.

$$P_w = w_F - w_A;$$

wobei bedeutet:

$P_w =$ Plastizitätsbereich in Abhängigkeit des Wassergehaltes,

$w_F =$ Wassergehalt bei der Fließgrenze,

$w_A =$ Wassergehalt bei der Ausrollgrenze.

Die Plastizitätszahl in Abhängigkeit der Porenziffer für wassergesättigte Böden. An Stelle des Wassergehaltes wird auch die Porenziffer ε eingeführt. Dann ist:

$$w = \left(\frac{n'}{1-n}\right)\frac{\gamma_w}{\gamma_s} = \varepsilon'\,\frac{\gamma_w}{\gamma_s};$$

für $\varepsilon' = \varepsilon_F$ bzw. $\varepsilon' = \varepsilon_A$ wird

$$P_e = (\varepsilon_F - \varepsilon_A)\,\frac{\gamma_w}{\gamma_s},$$

wobei bedeutet:

$P_e =$ Plastizitätszahl in Abhängigkeit der Porenziffer ε,

$\varepsilon_F =$ Porenziffer bei der Fließgrenze,

$\varepsilon_A =$ Porenziffer bei der Ausrollgrenze.

Im Abschnitt S. 232, Bd. II ist ferner das Verfahren mit dem Kegel zur Bestimmung des Plastizitätsbereiches eingehend beschrieben. Die Beschreibung wird hier nicht wiederholt.

Auswertung der Untersuchungsergebnisse.

I. Die Belastungs-Eindringungskurve. Die Belastung des Kegels und die dazugehörende Eindringung werden auf doppellogarithmischem Papier aufgezeichnet. Siehe z. B. Abb. 236 der Størstrom-Brücke.

II. Konsistenzzahl des Bodens. Für die Konsistenz (Steifezahl, Konsistenzzahl) sind drei verschiedene Begriffe vorhanden, nämlich:

A. Die deutsche Steifezahl k; B. Die dänische Steifezahl K; C. Der C_k-Wert.

Zu den einzelnen Begriffen ist zu bemerken:

A. Die deutsche Steifezahl k. Als deutsche Steifezahl (Konsistenzzahl) gilt der Ausdruck

$$k = \frac{W_F - W}{P} = \frac{\text{Fließgrenze} - \text{vorhandener Wassergehalt}}{\text{Bildsamkeitszahl}}$$

oder

$$k = \frac{\text{Fließgrenze} - \text{Wassergehalt}}{\text{Fließgrenze} - \text{Ausrollgrenze}}.$$

Nach Scheidig ist[1]:

Tabelle 197.

Zustandsform	k-Werte	Bewertung als Baugrund
Flüssig	0—0,05	Dämme versinken
Sehr weich	0,25—0,50	Ausquetschgefahr
Weich	0,25—0,75	Große Setzungen
Steif	0,75—1,00	Setzungen sind zu erwarten; als Baugrund
Halbfest	>1,00	brauchbar

[1] Vgl. F. Kögler u. Scheidig: Baugrund und Bauwerk S. 53. Berlin 1939.

B. Die dänische Steifezahl K. Diejenige Plastizität der Bodenproben, bei welcher der Kegel 10 mm in die Probe eindringt, wird als die *Konsistenz K* des Bodens bezeichnet. Mathematisch kann die Konsistenz K ausgedrückt werden durch:

$$K = G\left(\frac{10}{y}\right)^n \text{ in kg/mm.}$$

Hierin bedeutet:

$G =$ Gewicht der Belastung des Kegels,
$y =$ Einsenkung des Kegels in Millimeter,
$n =$ Bodenzifferbeiwert $= 1$ bis 3.

Die Feldergebnisse mit dem Federkegel und die Ergebnisse mit dem schwedischen Kegel gehen aus Abb. 236 hervor[1].

Für weitere Auswertungen der Ergebnisse mit den Fallkegeln siehe vierter Hauptabschnitt, II. Kapitel, Abschnitt Bestimmung der hydrologischen Eigenschaften des Bodens (Bd. II, S. 233).

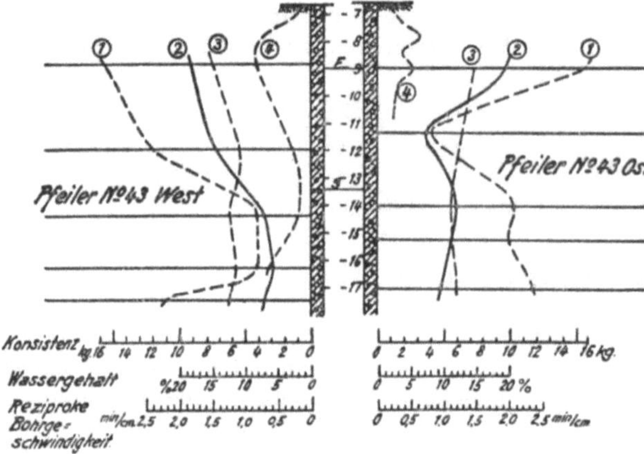

Abb. 236. Ergebnisse der Untersuchungen über die Konsistenz an der Storstrom-Brücke.

1 Konsistenz auf der Baustelle bestimmt (Federkegel), *2* Konsistenz im Laboratorium bestimmt (mit schwedischem Kegel), *3* Wassergehalt in Prozent der Trockensubstanz, *4* Reziproke Bohrgeschwindigkeit.

III. Die Abhängigkeit der Bruchfestigkeit und Schubfestigkeit von der Konsistenz K des Bodens. Die folgenden Beziehungen zwischen Plastizitätszahl P (Bildsamkeitsbereich), $P_w = = w_F — w_A$; siehe weiter unten, und den Bodeneigenschaften wie Schubfestigkeit, Druckfestigkeit, Zugfestigkeit sind nur als orientierende Werte angegeben.

Aus der Konsistenzzahl K wurde vielfach versucht, die Bruchfestigkeit d und die Schubfestigkeit c eines Bodens mathematisch abzuleiten. So fand BRETTING für die Størstrom-Brücke in Dänemark[2] für die

Bruchfestigkeit d: $d = 0{,}5\,K$ in kg/cm²,

Schubfestigkeit c: $c = 0{,}05\,K$, unter Vernachlässigung des Haftfestigkeitsmoduls $c = 0{,}025\,K$.

c wird praktisch gewählt zu: $c = \alpha\,K$, wobei α je nach der Bodenart zwischen 0,05 bis 0,5 schwanken kann.

C. Der C_k-Wert. Die Bestimmung und *Bedeutung* des C_k-Wertes sind in Bd. II, S. 232 beschrieben.

f) Physikalische Eigenschaften bindiger Böden und Plastizitätszahl.

Da die Plastizitätszahl P von zahlreichen Faktoren abhängig ist, bilden die in diesem Abschnitt beschriebenen Beziehungen nur grobe Schätzungen der einzelnen Eigenschaften. Versuche im Feld und im Prüfraum bringen die nötigen Abklärungen.

---

[1] Vgl. A. BRETTING: Bodenuntersuchungen an der Størstrom-Brücke S. 1520. Berlin 1936.

[2] Vorbericht Ver. Brücken- u. Hochbau S. 1520. Berlin 1936.

α) Abhängigkeit der Schubfestigkeit von der Plastizitätszahl P.

Je mehr kolloidale Teilchen und je mehr Humusanteile in einer Bodenprobe vorhanden sind, um so größer ist, wie auf S. 364 festgestellt wurde, die Bildsamkeit (Plastizität) des Bodens, aber um so geringer wird die innere Reibung. Die Versuche des Verfassers ergaben bis jetzt ungefähr folgende Beziehung zwischen Plastizitätszahl P und dem Winkel ϱ der inneren Reibung:

$$\varrho \simeq \left(a - \frac{P}{b}\right)(1 \pm m) = \left(32 - \frac{P}{3}\right)(1 \pm 1{,}0).$$

m bedeutet den Streuungsbereich; a und b sind Festwerte.

Für Böden, die organische Stoffe enthalten, steigt die Plastizitätszahl von 50 bis auf 150 und der Winkel ϱ sinkt bis unter $10°$; für $P > 80$ gilt obige Formel nicht mehr[1]. $a = 20$ bis 40; $b = 2$ bis 4; $m \simeq \pm 0{,}30$.

β) Abhängigkeit der Zusammendrückbarkeit eines bindigen Bodens von der Plastizitätszahl P.

Der Verfasser fand als Feldformel für die Beziehung zwischen Zusammendrückbarkeit K und Plastizitätszahl P die Näherungsgleichung:

$$K \simeq \left(\frac{P + a'}{b'}\right)(1 \pm m) = \left(\frac{P + 8}{7}\right)(1 \pm 0{,}5);$$

m bedeutet den Streuungsbereich. Für K siehe S. 401. a' und b' sind Festwerte; $m \simeq \pm 0{,}30$.

Die Setzung läßt sich dann abschätzen zu:

$$S \simeq \int_0^h ds = \int_0^t K \log\left(\frac{\sigma_2}{\sigma_1}\right) dt \quad \text{(vgl. S. 669 dieses Buches)}.$$

Da die Plastizitätszahl P mit der Verkleinerung der Bodenteilchen wächst, ergibt sich somit auch, daß die Setzung bzw. Zusammendrückbarkeit eines Bodens mit der zunehmenden Kornverkleinerung wächst.

g) Einteilung der Böden nach ihren Zustandsformen (Konsistenzformen).

Die Übersicht über die Zustandsformen kann folgendermaßen gegeben werden:

α) Tabellarisch.

Die Klebe-, Dickflüssigkeits- und Dünnflüssigkeitsgrenze spielen bei der landwirtschaftlichen Bearbeitung des Bodens eine bedeutende Rolle (vgl. Tabelle 198), nicht aber bei Baugrunduntersuchungen. Sie wird deshalb hier nicht weiter behandelt.

β) Zeichnerisch-mathematische Einteilung der Böden.

Die Beziehung zwischen Wassergehalt und Volumenänderung eines lehmigen Bodens geht aus Abb. 221 hervor.

Die Bedeutung der in Abb. 221 vorkommenden Buchstaben ist im Abschnitt über Schwinden angegeben.

---

[1] Vgl. auch Kögler u. Scheidig: Baugrund und Bauwerk S. 60. Berlin 1939, der den Winkel ϱ ebenfalls in Beziehung zur Plastizitätszahl bringt.

Tabelle 198.

Zustandsform[1]			Zustandsgrenze	Formelmäßige Erfassung[2]
Fest	Harte Form		Schrumpfgrenze	
	Lose Form		Ausrollgrenze	
Bildsam	Zähe Form	Steif bildsam		$\varepsilon_A = \varepsilon_F - P$
		Weich bildsam	Klebegrenze	$\varepsilon_A + \tfrac{1}{4} P$
	Klebende Form	Sehr weich bildsam		$\varepsilon_A + \tfrac{1}{2} P$
		Flüssig bildsam	Fließgrenze	$\varepsilon_A + \tfrac{3}{4} P$
Flüssig	Zähflüssig		Grenze der Dickflüssigkeit	$\varepsilon_A + P = \varepsilon_F$
	Dickflüssig			
	Dünnflüssig		Grenze der Dünnflüssigkeit	

$\varepsilon_A = $ Porenziffer an der Ausrollgrenze.
$\varepsilon_F = $ Porenziffer an der Atterbergschen Fließgrenze.

h) Ursache der Bildsamkeit (Plastizität).

α) Die Bildsamkeit (Plastizität) in Abhängigkeit der mineralogischen und chemischen Beschaffenheit des Bodens.

Die Bildsamkeit (Plastizität) eines Bodens ist stark abhängig von der elektrochemischen Wirkung der Oberflächenkräfte der kleinsten Teilchen eines Bodens. Da die elektrochemischen Kräfte sich nur bei kleinen Körnern, d. h. bei kolloidalen Bestandteilen geltend machen, so hängt die Bildsamkeit des Bodens z. T. von der Korngröße ab.

Nach O. RUFF und A. RIEBETH[3] sollen die größten Plastizitätseigenschaften des Kaolins bei Teilchen der Größe von $3\,\mu$ und $8\,\mu$ vorhanden sein.

Es sei betont, daß die Plastizität keine spezifische Eigenschaft chemischer Stoffe ist, ebensowenig nur der Korngröße.

β) Die Bildsamkeit in Abhängigkeit der Kornform.

Gröbere Bodenteilchen haben vorwiegend gedrungene Form, während die feineren Teilchen hauptsächlich schuppen-, stäbchen- oder blattförmig sind. Die bisherigen Untersuchungen ergaben, daß der Boden um so bildsamer und „fetter" ist, d. h. die Plastizitätszahl P um so größer wird, je mehr stengelige Kolloidteilchen im Boden vorhanden sind. Sind vorwiegend gedrungene Bodenteilchen vorhanden, wie z. B. bei sandigem Lehm, so sinkt die Plastizitätszahl P bis auf Null.

Die dünnen Teilchen haben mehr Berührungspunkte und eine verhältnismäßig größere Oberfläche als die gedrungenen Teilchen; deshalb sind die Oberflächenkräfte bei flacher Kornform wirksamer als bei gedrungener Kornform.

γ) Die Plastizität in Abhängigkeit verschiedener veränderlicher Größen.

Die Plastizität ist von einer Reihe von veränderlichen Größen abhängig, wie von der Art der Anordnung der Teilchen im Gel (Textur), von der Art der Zusammensetzung der Anmachflüssigkeit, der Wasserbindung usw.

---

[1] Nach ATTERBERG: Die Plastizität der Tone. Mitt. Bodenkunde 1911 Heft 1.
[2] Nach TERZAGHI: Erdbaumechanik S. 18 u. 25.
[3] Siehe A. VON BUZAGHI: Kolloidik. Leipzig. Bd. 16.

Das Kneten der Breie erhöht im allgemeinen die Plastizität, weil sich beim Kneten die ungleich geformten Kolloidteilchen in die wirkenden Zug- und Druckrichtungen einstellen.

Die Art der Ionenbelegung beeinflußt die plastischen Eigenschaften der Tone stark[1].

i) Zahlenwerte.

Tabelle 199. *Übersicht über die Erfahrungswerte.*

Benennung	Fließgrenze w_F %	Ausrollgrenze w_A %	Plastizitäts-zahl P $P = w_F - w_A$ %	Schrumpf-grenze %
Na-Bentonit	—	—	bis 400	—
Organische Beimengungen enthaltende Böden	200—300	120—180	20—180	—
Fetter Ton	60—100	20— 40	20— 80	12
Magerer Ton	20— 50	10— 30	10— 30	14
Schluff	10— 40	10— 20	0— 20	17
Feinsandige Böden	10— 20	10— 20	0— 5	—

Aus obiger Zusammenstellung geht hervor, daß die Plastizitätszahl von einer Großzahl von Einflüssen abhängig ist, wie von der Form der Festteile, von der lamellaren Struktur, von organischen und humosen Bestandteilen, von der Absorption des Wassers, von der gelatineartigen Umhüllung der Festteilchen, vom Einfluß der Kationen an den Teilchenoberflächen usw.

Tabelle 200. *Plastizitätsbereich in Abhängigkeit der Kornzusammensetzung[2].*

Kornverteilung	%	%	%	%	%
0,2 —0,02 mm	64	34	31	16,5	11,5
0,02 —0,01 mm	12	19	16	18	9,4
0,01 —0,005 mm	6	13	14	13	5
0,005—0,001 mm	5	12	8	16	21
< 0,002 mm	13	22	31	36,5	54
Kalkgehalt	54	45	40	34,5	38
Fließgrenze	25,7	34	40	49,5	62,6
Ausrollgrenze	20,0	19,3	19	19,5	19,1
Plastizitätszahl	5,7	14,7	21	30	43,5

Tabelle 201. *Plastizitätsbereich in Abhängigkeit der Petrographie[3].*

Material 100% > 0,002 mm	Fließgrenze w_F %	Ausrollgrenze w_A %	Plastizitäts-zahl P $P = w_F - w_A$ %
Quarz von Dörentrup	28	28	0
Kalzit	48	30	18
Muskowit	78	55	23
Kaolin von Zettlitz mit wenig Glimmer	84	42	42
Kaolin von Saros-Patak mit viel Glimmer	120	43	77
Ca-Bentonit nach ENDELL	141	50	91
Na-Bentonit nach ENDELL	475	47	428

[1] Vgl. ENDELL, FENDRUS u. HOFMANN: Ber. dtsch. keram. Ges. Bd. 15 (1934) S. 271 bis 280, 595 bis 625.

[2] Vgl. v. MOOS: Geotechnische Eigenschaften des Lockergesteins. Schweiz. Bauztg. Bd. 111 (1938) Nr. 21.

[3] Nach Degebo-Heft 5 (1938) S. 12.

Auffallend ist das große Wasserhaltevermögen der Kaoline und Bentonite, Materialien, die unter der Bezeichnung Bleicherden und Fullererden seit Jahrhunderten bekannt sind.

Plastizitätszahl künstlich gemischter Böden. Werden Böden mit verschiedenen Plastizitätszahlen miteinander vermischt, wie es z. B. im Dammbau vorkommt, so erhält man die neue Plastizitätszahl P_n:

$$P_n = P_a + V(P_b - P_a),$$

$P_n =$ neue Plastizitätszahl,
$P_a =$ Plastizitätszahl des Ausgangsmateriales a,
$P_b =$ Plastizitätszahl des beigemischten Materiales b,
$V =$ Volumenprozent des beigemischten Materiales.

Obiges Gesetz gilt nur für bindiges Zusatzmaterial[1].

k) Anwendungen.

1. Mit Hilfe der Konsistenzformenbestimmung ist es möglich, rasch serienmäßige Untersuchungen von Böden zur Beurteilung von gleichmäßiger Ablagerung, Zusammendrückbarkeit, Scherfestigkeit, Rutschsüchtigkeit der Böden, Einteilung der Böden in bezug auf die Bildsamkeit durchzuführen.

2. Durch das Hervorheben der wichtigsten Merkmale eines Bodens, wie Plastizität, ist es möglich, katastrophale Bauunfälle zu vermeiden[2].

9. Der Auftrieb.

a) Wesen und Bedeutung des Auftriebes.

Bauwerke, die im Grundwasser stehen, erhalten an der Gründungssohle und an den Seitenflächen einen bestimmten Wasserdruck. Die Mittelkraft aus allen Wasserdrücken wird Auftrieb genannt. Die Richtung des Auftriebes fällt meistens nicht mit der Richtung der Resultierenden aus Eigengewicht und Belastung des Bauwerkes zusammen. Daher wird die Verteilung der Bodenpressung durch den Auftrieb stark beeinflußt. Die Grenzfälle von Auftrieb und Bodenpressung sind stets zu untersuchen. Einseitige Setzungen von Bauwerken infolge Änderung der Bodenpressungen durch den Auftrieb sind wiederholt vorgekommen.

b) Die Größe des Wasserauftriebes.

Die Größe des Wasserauftriebes hängt ab:
α) *von der vom Auftrieb berührten Fläche*, β) *von der wirksamen Höhe des Wasserdruckes.*

α) Die vom Auftrieb berührte Fläche.

Ein Bauwerk ruht zum Teil auf den Bodenkörnern, zum Teil auf dem Wasser in den Hohlräumen. Wichtig ist es, den Anteil m der Gründungsfläche F zu kennen, der vom Auftrieb getroffen wird. Die Angaben lauten sehr verschieden, z. B. wird angegeben

---

[1] Vgl. A. HOGENTOGLER u. BARBER: Soil testing in Soil mechanics and soil stabilisation; edited by the Highway Research Board. Washington of the 18 annual meeting 1938.

[2] Für die Anwendung der Plastizitätszahl beim Erdstraßenbau siehe Kap. Straßenbau-Geologie, Bd. II; ferner O. HERBER: Erdstraßenversuche im Laboratorium und auf der Baustelle. Die Straße 1942 S. 233.

Tabelle 202.

für durchlässigen Boden	$m = 100\%$
für Tonboden (nach TERZAGHI)	$m = 30\%$
für Tonböden (versuchstechnisch)[1]	$m = 95\%$
für sehr feinen Sand[2]	$m = 100\%$
für Felsen: gute Felsbeschaffenheit[3]	$m = 20\%$
für Felsen: mittlere Felsbeschaffenheit	$m = 30\%$
für Felsen: wenig gute Felsbeschaffenheit	$m = 40\%$
für Felsen: in Fugen von $200\,\mu\mu$ mm Weite (aus Versuchen)	$m = 100\%$

Auf Grund der *neuen* Untersuchungsergebnisse über den Anteil m des Auftriebes sollte der volle Wasserdruck $m = 100\%$ bei Hohlkörpern, wie Kellern, Behältern, Tunnels usw. in die Rechnung eingesetzt werden. Diese Annahme bildet den ungünstigsten Grenzfall, weil dann keine Schubfestigkeit mehr vorhanden ist; d. h. es ist nur Nullreibung vorhanden (vgl. S. 437 unten).

β) Die wirksame Höhe des Wasserdruckes.
Ruhendes Grundwasser.

In *ruhendem* Grundwasser entspricht der Wasserdruck stets der Höhe zwischen Gründungssohle und Wasserspiegel.

c) Auftrieb an der Sohle.

Wird in Abb. 237 bei B das Wasser weggepumpt oder verdunstet es daselbst, so daß Wasser mit der Geschwindigkeit v nachsickert, so ist (nach DARCY): $v = k\,J$.

Für den Sand wird in Abb. 237 $\quad v_s = k_s \dfrac{(1 - \alpha)\,h}{l_s}$.

Für den Beton wird in Abb. 237 $\quad v_b = k_b \dfrac{\alpha\,h}{l_b}$.

Für die Bedeutung der Buchstaben siehe Abb. 237.

Da $v_s = v_b$ ist, wird

$$\alpha = \frac{k_s/l_s}{k_s/l_s + k_b/l_b}.$$

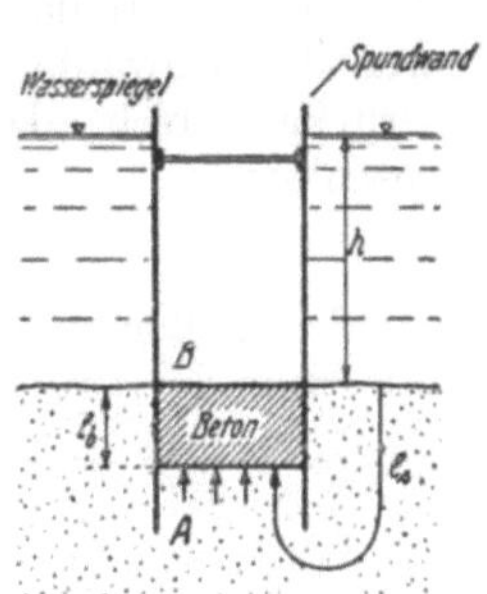

Abb. 237. Auftrieb in der Betonsohle.

$A = (h + l_b)\gamma_w - (1 - \alpha)\,h\,\gamma_w =$
$= (l_b + \alpha\,h)\,\gamma_w$,

h Druckhöhe, $\alpha\,h$ Druckhöhenverlust im Beton, $(1 - \alpha)\,h$ Druckhöhenverlust im Sand, l_b Sickerweg im Beton, l_s Sickerweg im Sand, k_b Durchlässigkeit des Betons, k_s Durchlässigkeit des Sandes, γ_w Raumgewicht des Wassers.

Wird k_b sehr klein im Verhältnis zu k_s, so wird $\alpha \simeq 1$, d. h. der Auftrieb A wird:

$$A = l_b + \alpha\,h \simeq l_b + h,$$

mit anderen Worten: der Auftrieb wird beinahe voll wirksam, wenn der Beton dicht und wenig wasserdurchlässig ist.

Praktisch ergibt sich für die Wasserdurchlässigkeit k_b von dichtem Beton: $k_b \simeq 10^{-7}$ bis 10^{-10} cm/s, während Sand (Berliner Sand) ein $k_s = 0,1$ cm/s aufweist. Für weitere k-Werte siehe Tabelle auf S. 484.

Bémessung der Betonsohle.

Wenn Gleichgewicht herrschen soll, so muß der Auftrieb A kleiner sein als das Eigengewicht E des Betons, d. h.

$$A \leqq E \quad \text{oder} \quad (l_b + \alpha\,h)\,\gamma_w \leqq l_b\,\gamma_b,$$

(l_b ist bezogen auf die Einheitsbreite der Gründung)

---

[1] Vgl. Engng. News Rec. Bd. 116 (1936) S. 872 Abb. 7.

[2] Vgl. PARSON: Hydrostatic Uplift in pervious Soils. Proc. Amer. Soc. Civ. Engrs. Bd. 93 S. 1317.

[3] Vgl. Bauingenieur 1934 S. 301, 413; ferner Anleitung für den Entwurf von Talsperren, Ziff. 38 Erlaß des Ministers für Landwirtschaft 22. 5. 1933.

und hieraus

$$l_b \geqq \frac{\alpha\, h\, \gamma_w}{\gamma_b - \gamma_w};$$

für $\gamma_b = 2{,}1$ bis $2{,}5 \text{ kg/dm}^3$ und für $\gamma_w = 1 \text{ kg/dm}^3$ wird

$$l_b \geqq (0{,}65 \text{ bis } 0{,}9)\ \alpha\, h \left\{ \begin{array}{l} 0{,}90 \text{ für sehr durchlässige Böden,} \\ 0{,}65 \text{ für wenig durchlässige Böden;} \end{array} \right.$$

für große Bodendurchlässigkeiten k_s und kleine Betondurchlässigkeiten wird $\alpha \cong 1$, d. h. man bekäme zu große Abmessungen. Für die Bemessung von l_b darf die Verspannung des Betons innerhalb der Spundwand mitberücksichtigt werden. Um ein kleines l_b zu erhalten, können Filterbrunnen unter die Betonsohle gelegt werden oder die Spundwände verlängert werden; d. h. α wird klein.

d) Auftrieb bei steigendem Grundwasserspiegel.

Steigt ein Grundwasserspiegel, so steigt auch die wirksame Druckhöhe; bei durchlässigem Boden ist die volle Wirksamkeit rasch erreicht; hingegen wird bei wenig durchlässigem Boden die volle Wirksamkeit oft gar nicht erreicht, weil die Schwankungen des Grundwasserspiegels rascher vor sich gehen als der Druckausgleich. Diesbezügliche Versuche des Verfassers sind noch nicht abgeschlossen.

e) Der Auftrieb im fließenden Grundwasser.

Bei fließendem Grundwasser wird die wirksame Höhe des Wasserdruckes mit Hilfe der Drucklinie ermittelt. Die Drucklinie wird mit Hilfe der Potential- und Strömungslinien erhalten (Kap. über Grundwasserströmung, in welchem der Verlauf der Drucklinie bei einem unterspülten Stauwehr angegeben ist).

Der auf die Gründungssohle wirksame Druck p ist dann $H - \alpha H$; α bedeutet den Druckhöhenverlust auf dem Sickerweg in Prozenten; α ist aus dem Drucklinienverlauf zu entnehmen.

In Abb. 238 sind die Linien des gemessenen Wasserdruckes unter einigen Talsperren wiedergegeben[1].

Nach der amtlichen „Anleitung für den Entwurf, Bau und Betrieb von Talsperren" ist der Wasserdruck auf der Wasserseite der Staumauer voll einzusetzen und auf der Luftseite mit Null unter der Voraussetzung, daß die Sohle wirksam entwässert ist und sie durch Dichtungsmaßnahmen (Zementeinpressungen) gesichert ist. Über den Verlauf der Sohlenwasserdrucklinie siehe Abb. 238 und 239.

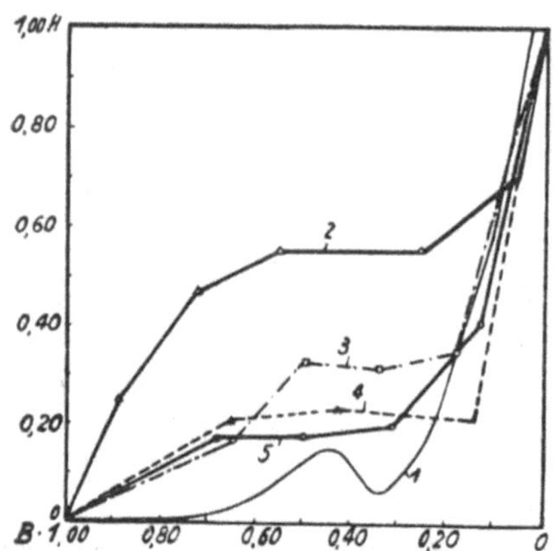

Abb. 238. Linien des gemessenen Sohlenwasserdruckes unter amerikanischen und deutschen Sperrmauern.

1 Schwarzenbachsperre, Granit, 2 Listersperre, klüftiger Schiefer. 3 Medina, waagrecht geschichteter Kalkstein. 4 Gibson, kristalliner Kalk. 5 Willwood, Sandstein und Grauwacke.

Die Kippsicherheit der Stützmauer ist stets zu untersuchen. Dabei ist zu berücksichtigen, daß der Felsboden vollbelastet wird; denn das Eigengewicht wird wohl durch den Auftrieb vermindert, allein der Wasserdruck wirkt nicht nur nach oben, sondern in gleicher Stärke nach unten. Für Einzelheiten siehe Kap. 3 II.

---

[1] Vgl. J. E. Hoch: Civ. Engng. London 1933.

In Abb. 239 sind die Bodenpressungen eines Wehrpfeilers schematisch angegeben. Es bedeutet:

Abb. 239a: Gesamte Bodenpressung ohne Auftrieb.
Abb. 239b: Sohlenwasserdruck $m\,h$ auf die Fläche F.
Abb. 239c: Bodenpressung und Sohlenwasserdruck.

Infolge der Verminderung der Druckkraft σ auf $\sigma = \sigma_0 - m\,h$ wird die Reibungskraft $\tau = \sigma\,\mathrm{tg}\,\varrho$ ebenfalls vermindert; dadurch wird die Gleitsicherheit des Pfeilers herabgesetzt.

Für $\sigma = 0$ kann sich sogar Wasser zwischen die Bauwerksohle und den Fels schieben; m wird zu 1. Die Mauer ist daher so zu bemessen, daß σ_v stets größer ist als $m\,\gamma\,h^*$.

Bei waagrechter Schichtung des Gesteins kann die Schichtenfuge durch den Wasserdruck aufgespalten werden (vgl. Abb. 391; S. 396 in Bd. II). Die Reibungsziffer wird namentlich in tonhaltigen oder Gesteinsmehl aufweisenden Fugen bei Zutritt von Wasser zwischen den Gesteinen so herabgesetzt, daß die Gleitsicherheit des Baugrundes unterhalb des Bauobjektes gefährdet wird.

f) Maßnahmen zur Verkleinerung des Auftriebes.

Bei *ruhendem Grundwasser* kann der Auftrieb vermindert werden, indem das Wasser zum Fließen gebracht wird. So wird künstlich eine Drucklinie erzeugt, die den Wasserdruck herabsetzt.

Bei *fließendem Grundwasser* soll das Grundwasser möglichst von der Eintrittsstelle ferngehalten werden (Dichtung der Flußsohle, Rammen von Spundwänden). Dann muß das Grundwasser bei Spundwänden einen großen Weg zurücklegen und büßt dabei Druckgefälle ein, bevor es zur Bauwerksohle gelangt. Bei guter Entwässerung an der Unterseite erhält das abströmende Grundwasser nur noch ein kleines Gefälle. Durch die beiden beschriebenen Maßnahmen wird erreicht, daß die Drucklinie möglichst waagrecht in die Höhe des Unterwasserspiegels verläuft.

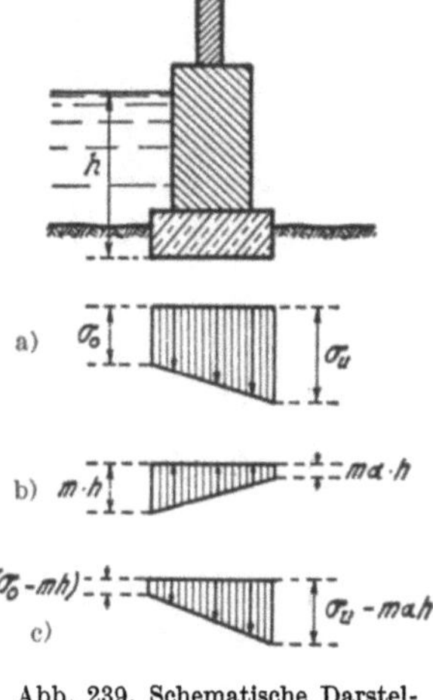

Abb. 239. Schematische Darstellungen von Bodenpressung und Sohlenwasserdruck.

a) Bodenpressung ohne Auftrieb, b) Sohlenwasserdruck $m\,.\,h$ auf die Fläche F, c) gesamter Druck, bestehend aus Bodenpressung und Sohlenwasserdruck.

Verstopfen z. B. die Entwässerungsleitungen, so wird der Auftrieb, falls $m < 1$ (siehe Tabelle 202) in Rechnung gesetzt wurde, größer als gerechnet. Einstürze von Staumauern, Schleusen usw. müssen auf diese Ursache zurückgeführt werden. Bei strömendem Wasser besteht immer die Gefahr der Veränderung der Durchlässigkeit.

Werden Spundwände nur an der Unterwasserseite eines Stauwehres erstellt, so darf mit keiner Verringerung des Auftriebes unter der Bauwerksohle gerechnet werden. Spundwände werden an der Unterwasserseite erstellt, damit das aufsteigende Grundwasser das kritische Gefälle für Grundbruch $J_k \simeq 1$ nicht übersteige. Für die Beschreibung von J_k siehe Kap. über Grundwasserströmung.

In Abb. 240 ist an Hand eines Beispieles die Verminderung des Auftriebes durch Entwässerung mittels Brunnens gezeigt.

---

* Im weiteren vgl. KELEN: Gewichtsstaumauern S. 27. Berlin 1933.

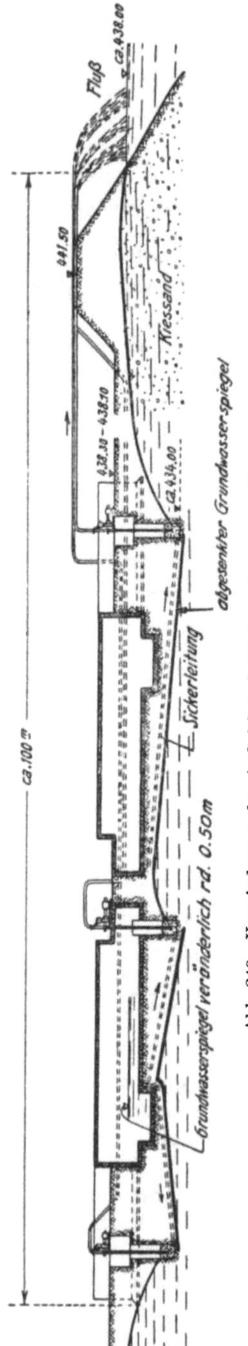

Abb. 240. Verminderung des Auftriebes durch Entwässerung mittels Brunnen.

g) Der auf die Gründungssohle wirksame Druck[1].

$\sigma_w =$ allseitiger Druck in den Wasserschloten (siehe Abb. 241),

$p =$ Druck aus der Gründung.

$$P = p + \sigma_w.$$

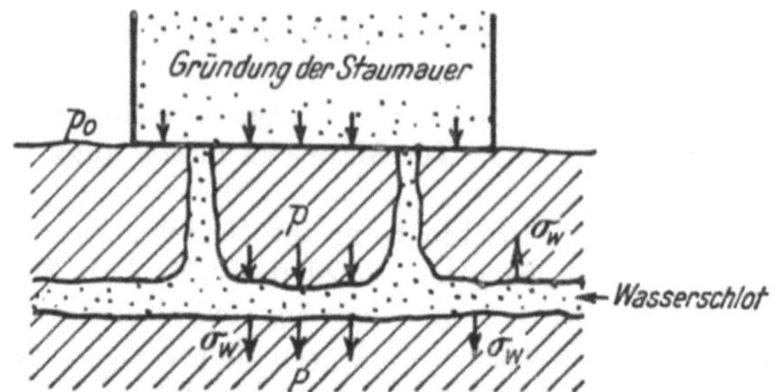

Abb. 241. Der auf die Gründungssohle wirksame Druck bei Felsklüften.
σ_w Allseitiger Wasserdruck in den Wasserschloten, p Druck aus der Gründung
$$P = p + \sigma_w.$$

10. Zerfall eines Bodens.

a) Zerfallszeit.

α) Begriff. Unter Zerfallszeit wird die Zeit verstanden, die vergeht, bis eine völlig trockene Bodenprobe bestimmten Ausmaßes, die ins Wasser getaucht wird, zerfällt.

β) Berechnung der Zerfallszeit. Theoretisch beträgt die Zerfallszeit nach ZUNKER[2]:

$$t = C\,\frac{1}{D\,\Phi}; \quad D = \frac{d-g}{d\,S}; \quad \Phi = k\left(\frac{r_0 + i}{S}\right).$$

$C =$ Festwert,
$D =$ mittlerer Durchmesser der Kapillaren,
$d =$ spez. Gewicht des Bodens,
$g =$ Volumengewicht des Bodens,
$S =$ spez. Oberfläche,
$r_0 + i =$ Benetzungswärme,
$\Phi =$ sog. Maß der Hydrophilie des Bodens.

Praktisch kann mit obiger Formel nicht viel angefangen werden. Für praktische Zwecke dient die Zerfallsziffer besser.

b) Zerfallsziffer.

α) Begriff. Die Zerfallsziffer ist eine Verhältniszahl, die angibt, wievielmal weniger rasch der Untersuchungsboden zerfällt als leicht zerfallender Normensand. Der

---

[1] Vgl. Durchsickerung unter Stauwehren. Wasserkr. u. Wasserwirtsch. 1936 S. 35. — E. MELAN: Uplift measurements of Holtwood Dam. Piezometric observations on thirty years old concrete structure provide muchnecded data. Civ. Engng. 1938 S. 447; ferner Zbl. Mech. 1939 S. 9.
[2] Siehe ZUNKER in BLANK: Handb. f. Bodenkunde.

Normensand ist erdbautechnisch noch nicht festgelegt worden. Die Bestimmung der Zerfallsziffer ist auf S. 222, Abb. 242, Bd. II beschrieben.

β) Bodeneigenschaften, die die Größe der Zerfallsziffer bedingen. Die Zerfallsziffer ist abhängig

I. vom Wassergehalt des Bodens vor dem Versuch; II. von der Natur des anwesenden Tonminerales; III. vom Verhältnis zwischen Tonmineralmenge und Quarzanteil; IV. von der Korngröße des Quarzes; V. von der Vorgeschichte der Probe.

γ) Anwendung der Zerfallsziffer. Die Zerfallsziffer und die Zerfallszeit geben Auskunft und Anhaltspunkte über die erodierende Wirkung des Wassers[1].

E. Die Körnung.

1. Die Kornform.

a) Die petrographisch-mineralogischen Bedingungen für die Kornform.

Die Kornform eines Steines wird namentlich durch die petrographisch-mineralogische Beschaffenheit des Gesteines bedingt, wie durch das Gefüge des Gesteines, durch die verschieden starke Abnützbarkeit des Gesteines in den drei Hauptrichtungen, durch die Härte des Gesteines, wobei unter Härte des Gesteines nicht die Ritzbarkeit des Gesteines zu verstehen ist, durch die Stoßfestigkeit (Tenazität) der Gesteine, durch die Spaltbarkeit eines Gesteines, durch die Zähigkeit des Gesteines.

b) Transportart und Kornform.

Die Kornform hängt stark davon ab, ob das Gestein im Wasser, in der Luft oder durch Gletscher (fluvial, äolisch oder glazial) fortbewegt wurde.

c) Die hydraulischen Bedingungen für die Kornform.

Die Kornform eines Gesteines wird stark durch die Art des Transportes im Wasser bedingt, wie z. B. durch die Geschwindigkeit des Wassers, bei welcher das Gestein entweder zersplittert wird oder ein mahlender Abrieb stattfindet, durch die Art der Fortbewegung, z. B. ob das Gestein im Wasser rollend, schiebend oder hüpfend bewegt wurde.

d) Arten der Kornform.

Man unterscheidet an Kornformen: kugelig, länglich, stengelig, flach, splitterig, spießig, schuppig, plattig, blätterig, gedrungen.

Statt von Kornform wird auch von Korngestalt gesprochen.

e) Die mathematische Bewertung der Kornform[2].

Die Kornform wird verschieden bewertet, je nach dem praktischen Zwecke, für den eine Körnung gebraucht wird; z. B. ob die Bewertung der Körnung für

---

[1] Vgl. K. ENDELL, W. LOOS u. H. BRETH: Zusammenhang zwischen kolloidchemischen und bodenphysikalischen Kennziffern bindiger Böden und Frostwirkung. Forsch.-Arb. a. d. Straßenwesen Bd. 16 S. 45. Berlin 1939.

[2] Vgl. BENDEL: Ursache und Größe der Streuungen bei den Betonfestigkeiten mit Zahlenangaben über die Kornform und die Streuung, d. h. Abweichungen von der Kornform. Vortr. Öst. Ing.- u. Archit.-Ver. 1931/1932 Heft 35—38. — TH. ZINGG: Beitrag zur Schotteranalyse. Zürich 1935. — L. BENDEL: Praktische Folgerungen aus Steinbrechversuchen. Hoch- u. Tiefbau 1937 Heft 42.

eine Flußregulierung benötigt wird, für die Betonierung, für Bahnschotter (Gleisbettungsschotter) usw. Im folgenden wird die mathematische Bewertung der Kornformen für Flußbau, Gleisbettung und Betonierung behandelt.

α) Bewertung der Kornform für den Flußbau, für die Gleisbettung und für den Straßenbau.

Die Kornform wird bewertet, indem die drei hauptsächlichsten Durchmesser a b, c des Kornes zueinander in Beziehung gebracht werden.

Tabelle 203.

Verhältnis		Benennung	
		Flußbau	Bahnschotter
$b/a = 0,5$	$c/a = 1$	Stengelig	Nadelig
$b/a = 1$	$c/b = 0,4$	Sehr flache Gerölle	Platten
$b/a = 1$	$c/b = 1$	Isometrische Gerölle	Würfel

I. Benennung der Kornformen im Fluß- und Bahnbau. Die Benennung der Kornformen im Fluß- und Bahnbau geht aus der nebenstehenden Tabelle hervor.

Beispiel 1: Durchschnittliches Achsenverhältnis. Von den Deltas verschiedener Flußläufe wurden je 100 Geschiebestücke der Größe 24 bis 34 mm genommen und die Hauptdurchmesser im Sinne eines dreiachsigen Ellipsoides gemessen. a = größter Durchmesser, b = mittlerer Durchmesser, c = kleinster Durchmesser.

Die Verhältnisse b/a und c/b weichen überraschend wenig voneinander ab.

Tabelle 204[1].

Flußlauf	See	Durchschnittliches Achsenverhältnis	
		$b:a$	$c:b$
Rhein	Bodensee	0,716	0,630
Aare	Brienzer See	0,77	0,570
Aare	Bieler See	0,76	0,582
Linth	Walensee	0,718	0,592
Tessin	Langensee	0,734	0,561
Verzasca	Langensee	0,709	0,592
Maggia	Langensee	0,719	0,633

Beispiel 2: Aufschlußreich sind auch die Ergebnisse von Steinbrechversuchen[2].

Zu den Versuchen wurde ein Kieselkalk verwendet, bei welchem feinfaserige Kieselsubstanz (Chalzedon) die Kalkmasse durchsetzt.

Darnach wurden gefunden:

Tabelle 205[2].

		Körnung 60/85 mm			Körnung 45/60 mm		
1	Mittlere Seitengröße	a	b	c	a	b	c
	Neue Brechbacken in mm	80	55,4	28,9	62,6	41,2	19,3
	Alte Brechbacken in mm	81	55,8	26,9	63,7	38,9	15,9
2	Streuungsbereich	a	b	c	a	b	c
	Neue Brechbacken in mm	63—96	45—66	19—39	51—75	33—49	11—28
	Alte Brechbacken in mm	64—99	45—67	16—37	49—78	29—48	8—24
3	Korngestalt	Nadeln	Platten	Würfel	Nadeln	Platten	Würfel
	Neue Brechbacken in %	6,2	26,1	67,7	10,2	38,5	51,3
	Alte Brechbacken in %	6,4	32,2	61,4	19,2	48,5	32,3

Es bedeuten:

$$s = \text{Streuungsbereich}; \quad s = m \pm \sqrt{\frac{(v\,v)}{n}},$$

m = Mittelwert aus je 1000 Versuchsstücken,
A = beobachteter Wert,
$v = A - m$,
n = Anzahl der Beobachtungen.

---

[1] Vgl. Deltaaufnahmen des Eidg. Amtes Wasserwirtsch. S. 63. Bern 1935. Weitere Beispiele siehe Abschnitt: Geschiebetrieb Abb. 116 und 117.

[2] Vgl. BENDEL: Praktische Folgerungen aus Steinbrechversuchen. Hoch- u. Tiefbau 1937 S. 42.

Für die Bezeichnung der Korngestalt wird festgesetzt:

$$\text{Für Nadeln } c/a = 2 \text{ und } a/b = 1,$$
$$\text{für Platten } b/c = 2{,}5 \text{ und } a/b = 1,$$
$$\text{für Würfel } a/b = a/c = b/c = 1.$$

Aus obiger Zusammenstellung ergibt sich, daß alte Brechbacken die Kornform sehr stark beeinflussen; so sind z. B. die Würfel der Körnung 45/60 von 51,3% bei neuen Brechbacken auf 32,3% bei alten Brechbacken gesunken. Umgekehrt sind die nadeligen Körner bei Verwendung von alten Brechbacken auf den doppelten Betrag gegenüber der Anwendung neuer Brechbacken gestiegen.

II. Verfahren Din DVM 1991 für Straßenbau. Es werden mit der Schieblehre an 50 Körnern die Länge l, die Breite b und die Dicke d gemessen. Die drei Abmessungen können als die Kanten eines Prismas betrachtet werden, das dem Korn umschrieben wird.

Auswertung der Meßergebnisse:

Die Werte d/b geben die Flachheit eines Kornes an, z. B. $d/b < 0{,}5 =$ flach, die Werte l/b geben die Länglichkeit eines Kornes an, z. B. $l/b > 1{,}5 =$ länglich[1].

β) Die Bewertung der Kornform beim Betonbau.

Für die Herstellung von Beton soll eine Körnung mit möglichst gedrungener Form verwendet werden. Um einen Maßstab für die Kornform und für die Abweichungen von der gewünschten Kornform zu erhalten, wurden verschiedene Verfahren entwickelt[2].

Verfahren nach TILLMANN-STERN. Es wird vom mittleren Korndurchmesser d_m ausgegangen und das Gewicht einer Kugel $K = 0{,}524\, d_m^3\, \gamma_S$ berechnet. $d_m =$ mittlerer Korndurchmesser, $\gamma_S =$ spez. Gewicht. Der Wert K wird in Beziehung zu den ausgesucht gedrungenen und zu den ausgesucht plattigen Körnern gebracht. Für gedrungene Körner wird der Wert:

$$\frac{1}{g} = \frac{n}{q} = \frac{\text{Kornanzahl}}{\text{Nettogewicht}}$$

gebildet und für plattige Körner der Wert:

$$g_p = \frac{q'}{n'} = \frac{\text{Nettogewicht}}{\text{Kornanzahl}};$$

schließlich wird der Wert G ermittelt, wobei G sich auf das ganze Korngemenge bezieht:

$$G = \frac{Q}{N} = \frac{\text{Nettogewicht}}{\text{Kornanzahl}}.$$

Mit den Werten K, G, $\dfrac{1}{g}$, g_p werden die sog. *Formwerte* Ω gebildet; es wird gesetzt:

$$\Omega = 100\, \frac{K}{g^2}\, G; \qquad \Omega = 80 \text{ bis } 160,$$

$$\max \Omega = 100\, \frac{K^2}{g^2}; \qquad \Omega = 100 \text{ bis } 500,$$

$$\min \Omega = 100\, K\, \frac{g_p}{g^2}; \qquad \Omega = 50 \text{ bis } 100.$$

---

[1] Vgl. WALZ: Straßenbau Bd. 30 (1930) S. 1; ferner Brit. Stand. Methods 1938 Nr. 812. — F. SCHIEL: Die Kornform der Zuschlagstoffe im Straßenbau. Forsch.-Arb. a. d. Straßenwesen. Berlin 1941. — W. PICKEL, u. G. ROTHFUCHS: Bewertung der Kornform von Edelsplitt. Bitumen 1938 S. 88. — Din DVM 1991. — K. WALZ: Prüfung von Sand, Kies, Splitt und Schotter. Handb. d. Werkstoffprüfung S. 180. Berlin 1941.

[2] Vgl. R. TILLMANN: Betontechnologische Vorschriften für Zuschlagstoffe. Sparwirtschaft 1938 Heft 1/4. — O. STERN: Voraussage der Betonsteife. Z. öst. Ing.- u. Archit.-Ver. 1937 Heft 31/32. — O. STERN: Kornkompetenzen. Schweiz. Bauztg. 100 (1932) S. 255.

Der bezogene (spezifische) Formwert ψ ist dann: $\psi = \dfrac{\Omega - \Omega_0}{\Omega_0}$, wobei Ω_0 der vereinbarte Formwert ist und Ω der vorhandene. Für Ω_0 wird vorgeschlagen:

$$\Omega_0 = \frac{X}{100}\,\Omega_{\max} + \left(1 - \frac{X}{100}\right)\Omega_{\min}.$$

Für X wird gesetzt: rundes Material $X = 45$; kantiges Material: $X = 20$.

f) Die Kornform in Abhängigkeit der Korngröße.

Im allgemeinen wächst die Zahl der kugeligen Formen bei abnehmender mittlerer Korngröße. So fand der Verfasser aus einer Großzahl von Auszählungen aus Flußgeschiebe:

Tabelle 206.

Mittlere Korngröße mm	Kugelig %	Flach %	Flach und rundstengelig %
2	85	10	5
25	40	40	20
45	35	45	20

g) Kornform und Mineralgehalt.

α) Kornform beim Flußgeschiebe.

Vielfach ist zu beachten, daß die mineralogische Zusammensetzung der Körner mit großem Durchmesser eine andere ist als bei kleinkalibrigen Körnern.

So beträgt die chemische Zusammensetzung des Sandes bei der Einmündung der Reuß in den Vierwaldstätter See[1]:

Tabelle 207.

Kornform	Körnung mm	Kalkgehalt %	Quarzgehalt %
Kugelig-rundlich	0,1—10	20—30	45—55
Scharfkantig, stengelig	0,02—0,1	10	75—85

Als Ursache dieser Erscheinung ist die Verschiedenheit der Spaltbarkeit der Mineralien anzusehen.

Ferner ist zu berücksichtigen, daß auf dem Förderwege zuerst die weichen, kalkhaltigen Gesteine zerrieben werden und dann die härteren. Infolgedessen besteht Sand, der einen weiten Förderweg durchmachte, sozusagen nur aus harten Quarzkörnern.

Beim Rhein, bei der Oder, Saale usw. wurde beobachtet, daß bei langem Wassertransport (fluviatilem) die Körner von mehr als 1 mm Durchmesser eine rundliche Form haben, während die Körner, die durch ein Sieb von 0,1 mm hindurchgehen, vielfach splittrig-längliche Form haben[2].

Die Ursache dieser Erscheinung ist darin zu suchen, daß die Körner mit kleinerem Durchmesser als 0,1 mm zu einem großen Teil als Schwebe im Wasser gehalten werden und infolgedessen nicht an der Sohle des Gewässers rollen und dabei abgeschliffen werden.

Die drei Achsen a, b, c der aufgearbeiteten Sande stehen im gesetzmäßigen Verhältnis $a:b:c = 1:0{,}75:0{,}50$ zueinander. Der Inhalt dieser Sandkörner entspricht annähernd einer Kugel, deren Durchmesser $d = \sqrt[3]{a\,b\,c}$ sein soll.

Das Studium der gegenwärtigen Art der Ablagerung der Sande erleichtert die Erklärung der Zusammensetzung der diluvialen und tertiären Sandablagerungen.

---

[1] Vgl. BENDEL: Ursache und Größe der Streuungen bei den Betondruckfestigkeiten. Z. öst. Ing.- u. Archit.-Ver. 1932.

[2] Vgl. die Angaben von NESSIG u. DAUBRÉE in KÖHLER: Über einige physikalische Eigenschaften des Sandes. Nürnberg 1906.

β) Kornform beim Tonmineral.

Bei den Tonmineralien der pelitischen Fraktion wird die Kornform vielfach als schuppig angenommen. Bei Beanspruchung durch Druck stellen sich dieselben meistens in parallele Lagerung ein. Immerhin ist zu bemerken, daß die Gestalt der Körner, die einen kleineren Durchmesser als 0,002 mm haben, nicht mehr zuverlässig ermittelt werden kann.

h) Trennung der rundlichen Körner von den länglichen.

Je nach der Neigung der schiefen Ebene im Sandsegregator werden verschiedene Klassen von Körnern gebildet, z. B.:

Für die einzelnen Klassen werden die Gewichtsanteile in Prozent der abgerollten Körner ermittelt.

Fluviatile Sande ergeben oft: Klasse I: 1 bis 4%, Klasse IV: 50%. Auf der Baustelle wird, um eine Ausscheidung der runden Körner von den länglichen zu erhalten, an Stelle der glatt polierten Ebene ein sich bewegendes Band genommen, dessen Neigungswinkel zwischen $\alpha = 24°$ bis $\alpha = 30°$ und dessen Laufgeschwindigkeit $v = 40$ bis 55 m/Min. geregelt werden kann. Die runden Körner kollern dann nach rückwärts und die splittrigen wandern bis zum oberen Rande des Bandes, wo sie über das Band abfallen[1].

Tabelle 208.

Neigungswinkel der schiefen Ebene	Klasse
0—5°	I
5—10°	II
10—15°	III
15°	IV

2. Die Kornoberfläche.

a) Die Arten von Kornoberflächen.

Die hauptsächlichsten Arten von Kornoberflächen sind konvex, konkav, eben, plan, rauh, gerundet, eckig, kantig. Für die Abrundung wird auch der Ausdruck Abrollung gebraucht.

b) Die mathematische Bewertung der Abrundung.

Für die Abrundung der Mineralkörner wird vielfach die Formel benützt:

$$r \cong \frac{\text{Größe} \cdot \text{Dichte} \cdot \text{Weg}}{\text{Härte}};$$

z. B. für einen Würfel:

$$\frac{L^3 s \dfrac{d}{4L}}{H} = \frac{L^2 s d}{4H},$$

$L =$ Kantenlänge eines Würfels,

$s =$ Dichte $= \dfrac{\gamma_s}{g}$,

$d =$ Entfernung,

$H =$ Härte (nicht etwa Ritzhärte),

$H =$ Stoßfestigkeit (Tenazität).[3]

In dieser Formel ist aber die Geschwindigkeit der Strömung nicht berücksichtigt. Je nach der Geschwindigkeit erhält man eine Zersplitterung des Gesteines oder ein mahlendes Abreiben.

Vielfach wird die Abrundung durch das Verhältnis von konvex:konkav:ebene Fläche dargestellt[2].

---

[1] Vgl. Engng. News Rec. Bd. 124 S. 387—400. — F. SCHIEL: Die Kornform der Zuschlagsstoffe im Straßenbau. Berlin 1941; Kritische Äußerung von WALZ in: Beton u. Eisen 1942 S. 60.

[2] Vgl. K. VON SCZADECZKY-KARDOSS: Die Bestimmung des Abrollungsgrades. Zbl. Min. Abt. B 1933 Nr. 7 S. 389 bis 401.

[3] Zuverlässige Werte für H fehlen bis jetzt.

c) Zeichnerische Darstellung der Kornoberfläche.

Der Gehalt an konkaven, konvexen und planen Flächen der Kornoberfläche kann prozentual bestimmt und dann in einem dreieckförmigen Diagramm mit den Eckpunkten A, B, C aufgezeichnet werden; z. B.

$$\overline{AB} = \text{Anteil in Prozent mit konkaven Flächen,}$$

$$\overline{BC} = \text{Anteil in Prozent mit konvexen Flächen,}$$

$$\overline{AC} = \text{Anteil in Prozent mit ebenen Flächen.}$$

d) Die Größe von Kornoberflächen.

α) Die spez. Oberfläche U bei Kies- und Sandkörnern.

Der Inhalt der Oberfläche von Bodenkörnern wird oft durch die sog. spez. Oberfläche U ausgedrückt[1].

Man kann für die Oberfläche O eines Kornes den Ansatz machen:

$$O = \pi\, d^2 = G\, U', \tag{1}$$

wobei $G = \text{Gewicht} = \dfrac{\pi}{6}\, d^3\, s$ ist und

$$U' = \frac{6}{s}\,\frac{1}{d} = \frac{6}{s}\, U, \quad s = \text{Reinwichte (spez. Gewicht, Stoffgewicht),}$$

$$U = \frac{1}{d}. \quad U \text{ wird die spez. Oberfläche genannt.}$$

Wird für $d = d_w = $ wirksamer Korndurchmesser (siehe S. 475) gesetzt, so wird

$$U = \frac{1}{d_w} \text{ in cm}^{-1}.$$

Wird in Gl. (1) $G = 1$ g, so wird $O = \dfrac{6}{s}\, U$ in cm²/g.

Es sei z. B. $d_w = 0{,}033$ cm, dann ist $U = 30{,}46$ cm⁻¹,

$$O = \frac{6}{s}\cdot U = \frac{6}{2{,}65}\cdot 30{,}46 = 69 \text{ cm}^2/\text{g}.$$

β) Die spez. Oberfläche U bei kolloidalen Teilchen.

Bei kolloidalen Teilchen unter $0{,}002$ mm Korngröße wird $U = 720\, g + 40\, g^2$ in cm⁻¹ gesetzt (nach Zunker).

γ) Die spez. Oberfläche U, ausgedrückt durch die Hygroskopizität.

Bedeutet W_h die Hygroskopizität, so wird

$$U = 160\, W_h\, (1 + 0{,}0016\, W_h{}^3) \text{ in cm}^{-1} \text{ (nach Zunker)[2].}$$

δ) Die spez. Oberfläche U, ausgedrückt durch die Durchlässigkeit.

Nach Zunker[3] wird

$$U = \frac{p_0}{1-p} \sqrt{\frac{s\,F}{\eta\,Q}\, J} = \frac{p_0}{1-p} \cdot \sqrt{\frac{\mu}{k_0}} \text{ in cm}^{-1}.$$

---

[1] Vgl. F. Zunker: Oberflächenentwicklung des Bodens. Gravitation und Oberflächenkräfte. Bautechn. 1935 S. 291; ferner Blank: Handb. d. Bodenlehre Bd. 1; Bd. 6 S. 167. Berlin 1931.

[2] F. Zunker: Der Kulturtechniker 1928 S. 336; 1936 S. 38.

[3] Durchlässigkeit von Böden. Z. f. Pflanzenernährung, Düngung u. Bodenkunde 1932 S. 1. — A. Piotrowski: Bodenkornoberfläche und Wasseranlagerungswert und ihre Beziehungen zur Durchlässigkeit und zu anderen physikalischen Bodeneigenschaften S. 98. Breslau 1939.

$F =$ Bodenquerschnitt in cm^2,

$Q =$ Wassermenge bzw. Luftmenge in cm^3/s,

$J =$ Gefälle in cm Wassersäule bei $4°$ C auf 1 cm Bodenlänge,

$\eta =$ Zähigkeit der Durchflußmenge in CGS-System,

$p =$ das gesamte Porenvolumen,

$p_0 =$ das spannungsfreie Porenvolumen,

$$p_0 = p - \frac{2\,W_h}{100}\,(1-p)\,s,$$

$\mu =$ Beiwert, abhängig von der Kornform und Kornlagerung $\mu \cong 1$.

$k_0 =$ Durchlässigkeit; siehe Begriffserklärung Bd. I, S. 67.

$\varepsilon)$ **Erfahrungswerte für die spezifische Oberfläche** U[1].

Tabelle 209.

Bodenart	U in cm^{-1}	Bodenart	U in cm^{-1}
Kiese	< 10	Lehme	$3000—40000$
Kiessande und Sande	$10—200$	Schwere Lehme	$>40000—320000$
Lehmige Sande	$200—3000$	Schwere Tone	$>40000—320000$

$\zeta)$ **Die Oberflächensumme verschiedener Bodenarten.**

Die Oberflächensumme verschiedener Bodenarten geht aus der Tabelle 210 hervor.

Tabelle 210. *Oberflächensummen bei Würfeln.*

Bodenart	Seitenlänge a eines Würfels mm	Anzahl der Würfel $= 1/a^3$ in 1 mm^3	Oberfläche eines Würfels $= 6\,a^2$ mm^2	Oberflächensumme der Würfel in 1 $mm^3 = 6/a$ mm^2	Untersuchungsart
Sand.........	1	1	6	6	Auge
Feinsand	0,02	$1,25 \cdot 10^5$	$2,4 \cdot 10^{-3}$	300	Lupe
Schluff	0,002	$1,25 \cdot 10^8$	$2,4 \cdot 10^{-5}$	3000	Licht-
Ultraschlamm	0,00002	$1,25 \cdot 10^{14}$	$2,4 \cdot 10^{-9}$	$300000 = (0,3\ m^2)$	mikroskop
Kolloide	$0,01\ \mu$	$1 \cdot 10^{15}$	$1 \cdot 10^{-10}$	$6 \cdot 10^5 = 0,6\ m^2$	Röntgen-
	$1\ m\mu$	$1 \cdot 10^{18}$	$1 \cdot 10^{-12}$	$6 \cdot 10^6 = 6\ m^2$	oder Elek-
	$0,1\ m\mu = 1$ Ångström	$1 \cdot 10^{21}$	$1 \cdot 10^{-14}$	$6 \cdot 10^7 = 60\ m^2$	tronen- mikroskop

$$1\ m\mu = 1\ \mu\mu = 0{,}000001\ mm$$

Bei Kugeln mit dem Durchmesser a läßt sich die Oberflächensumme wie folgt feststellen:

Tabelle 211. *Oberflächensumme bei Kugeln.*

Art der Lagerung	Anzahl der Kugeln	Anzahl der Berührungspunkte	Oberflächensumme
Kugeln in engster Lagerung.....................	$1{,}41\ a^{-3}$	$9\ a^{-3}$	$4{,}44\ a^{-1}$
Kugeln in weitester Lagerung (lotrecht übereinander)	a^{-3}	$3\ a^{-3}$	$3{,}14\ a^{-1}$

[1] Vgl. O. STERN: Kornoberflächen und Kornpotenzen. Z. öst. Ing.- u. Archit.-Ver. 1933 S. 8, 22.

Obige Angaben für die Anzahl der Berührungspunkte ändern stark, sobald es sich um platten- oder schuppenförmige Bodenteilchen handelt.

Aus den Beispielen geht hervor, daß die unscheinbar kleinen Oberflächenkräfte der Bodenteilchen mit abnehmender Korngröße an Bedeutung zunehmen[1].

e) Die Oberflächenbeschaffenheit der Zuschlagstoffe bei der Herstellung von Beton.

Die Oberflächenbeschaffenheit der Zuschlagstoffe beeinflußt die Haftfestigkeit des Zementes stark. Die bisherigen Versuche ergaben, daß, je kantiger und eckiger die Oberfläche der Betonzuschlagstoffe ausgebildet ist, um so größer die Zugfestigkeit des Betons wird, mit anderen Worten: bei gebrochenem Material ist die Zugfestigkeit des Betons größer als bei rundem Flußmaterial.

3. Korngröße.
a) Der äquivalente Korndurchmesser.

Der äquivalente Korndurchmesser ist derjenige Durchmesser, den eine Kugel hat, die dieselbe Fallgeschwindigkeit und das gleiche spezifische Gewicht wie das betrachtete Korn aufweist.

b) Eigenschaften von groben Körnern.

Je mehr grobe Bestandteile im Boden sind, um so weniger bindet er das Wasser, um so plötzlicher ist der Übergang vom festen zum flüssigen Zustand, um so rascher trocknet er aus, um so geringer ist seine Plastizität, um so größer ist die plötzliche Rutschgefahr.

c) Eigenschaften von feinen Körnern.

Je feinere Bestandteile der Boden hat, um so mehr bindet er Wasser, um so langsamer trocknet er aus, um so größer ist seine Plastizität, um so schwerer ist er im Trockenzustand zu verdichten.

4. Körnerzahl.

Die Anzahl μ der Körner in einem Gramm Material kann mit Hilfe der spez. Oberfläche U berechnet werden. Es ist nämlich:

$$Z = \frac{1}{g} = \frac{1}{\frac{\pi}{6}\,d_w{}^3\,s} = \frac{6}{\pi s}\,U^3.$$

Es bedeutet:

$Z =$ Anzahl der Körner je Gramm   für $s = 2,65$ kg/dm³ wird $Z = 0,72\,U^3$,
$g =$ Gewicht eines Einzelkornes,   für $s = 1,91$ kg/dm³ wird $Z = U^3$.
$s =$ Reinwichte (spez. Gewicht); $d_w =$ wirksamer Korndurchmesser (siehe S. 475).

Die Anzahl der Körner je dm³ beträgt $Z = \gamma/g$.

Die Anzahl der Körner, die in einem Kubikmillimeter vorhanden sind, ist aus der Tabelle 210 und 211 ersichtlich.

5. Kornberührungspunkte.

Die Anzahl der Berührungspunkte kugeliger Körner in einem Behälter der Größe $1 \times 1 \times 1$ cm geht aus der Tabelle 211 hervor.

---

[1] Für weitere Angaben, namentlich bezüglich der landwirtschaftlichen Bodenlehre, siehe ZUNKER: Bautechn. 1935 S. 291; daselbst weitere Quellenangaben.

Die Anzahl der Berührungspunkte kann mit Hilfe der spez. Oberfläche berechnet werden zu (nach ZUNKER)

$$n = \frac{1}{d_w{}^2} = U^2.$$

$n =$ Anzahl der Berührungspunkte, z. B. für schweren Ton wird $n \simeq 10^{11}$.

6. Kornzusammensetzung.

a) Zeichnerische Darstellung der Kornzusammensetzung.

Die Art der Zusammensetzung des Bodens kann verschieden dargestellt werden; am häufigsten geschieht dies:

α) durch die Häufigkeitslinie; β) durch die Summenlinie; γ) durch die Dreieckdarstellung.

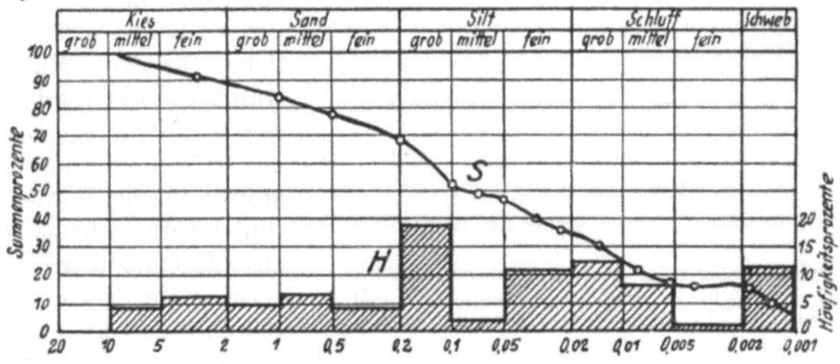

Abb. 242. Kornzusammensetzung, dargestellt als *H* Häufigkeitslinie, *S* Summenlinie.

Zu den einzelnen Arten der zeichnerischen Darstellung der Kornzusammensetzung ist zu bemerken:

α) Die Häufigkeitslinie.

Aus der Häufigkeitslinie ist die Anzahl Prozent der einzelnen Korn-

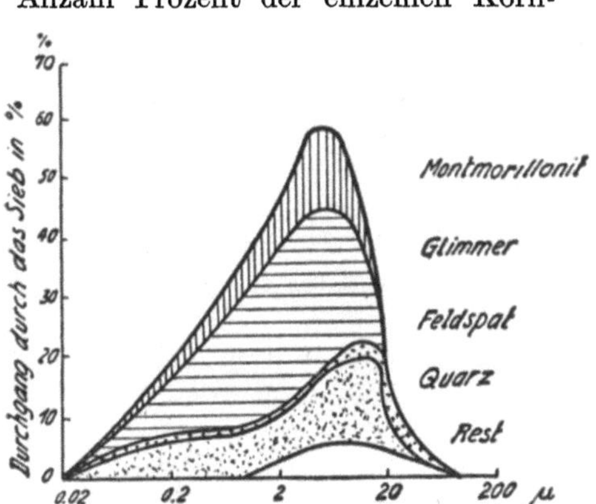

Abb. 243. Häufigkeitskurve mit der Darstellung des Mineralbestandes von blauem Ton.

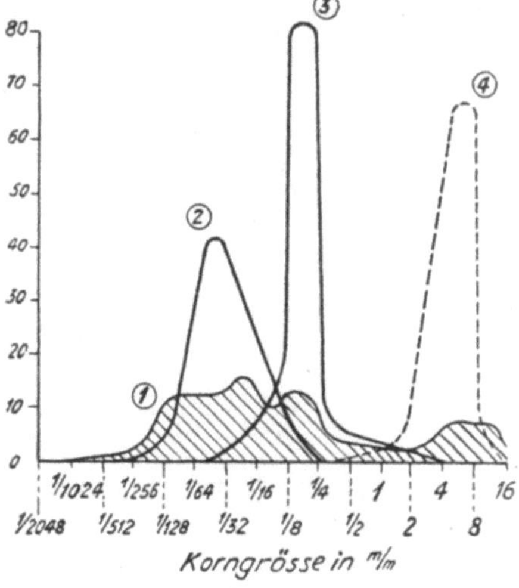

Abb. 244. Kornzusammensetzung verschiedener Bodenarten.

1 Geschiebemergel, *2* Flußschlick, *3* Binnenseesand, *4* Flußkies.

abstufungen leicht ersichtlich (siehe Abb. 242). Aus Abb. 242/243 geht die Häufigkeitsverteilung der Körnung und der Mineralbestand von blauem Ton hervor. In Abb. 244 ist die Kornzusammensetzung von Geschiebemergel, Flußschlick, Binnenseesand und Flußkies angegeben.

β) Die Summenlinie.

Die Summenlinie wird erhalten, indem die einzelnen Kornabstufungen in der Häufigkeitslinie laufend zusammengezählt werden. Siehe z. B. die Summenlinie, die sich aus der Häufigkeitslinie in Abb. 242 ergibt.

Die Summenlinie für Zuschlagstoffe kann so dargestellt werden, daß die feinen Körnungen im logarithmischen Maßstab aufgezeichnet werden, damit ihre Verteilung entsprechend der Bedeutung gut zum Ausdruck kommt. Für die groben Körner ist der gewöhnliche (lineare) Maßstab gewählt. Diese Darstellung eignet sich z. B. für die Darstellung der Körnung von Zuschlagstoffen für den Beton. Der Einfluß des Mineralgehaltes auf die zu wählende Kornzusammensetzung im Straßenbau ist im Kap. über Straßenbaugeologie Bd. II beschrieben.

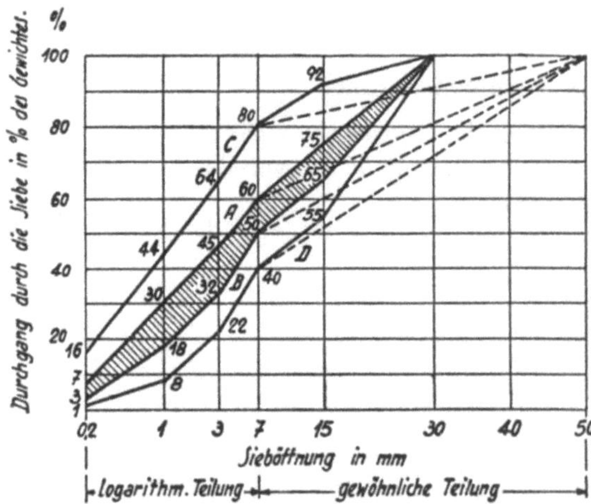

Abb. 245. Sieblinien für die Betonzuschlagstoffe.
A und *B* Sieblinien für sehr guten Betonierkiessand, *C* und *D* äußerst zulässige Kiessandzusammensetzung für Beton.

γ) Die Dreieckdarstellung.

In den Abb. 246/247 ist die Zusammensetzung eines sandigen Tones angegeben. Er weist eine Zusammensetzung auf von

10% Silt der Körnung ... 0,2—0,02 mm,
35% Schluff der Körnung 0,02—0,002 mm,
55% Schweb der Körnung. 0,002—0,0002 mm.

b) Bewertung der Kornzusammensetzung.

α) Im Betonbau.

Im Betonbau soll das zu verwendende Kiessandgemisch eine möglichst gleichförmige Kornzusammensetzung aufweisen. Die älteste Formel für die richtige Kornzusammensetzung stammt von Fuller; danach soll der Prozentbetrag der Körnung sein:

$$P = 100 \sqrt{\frac{d}{D}}.$$

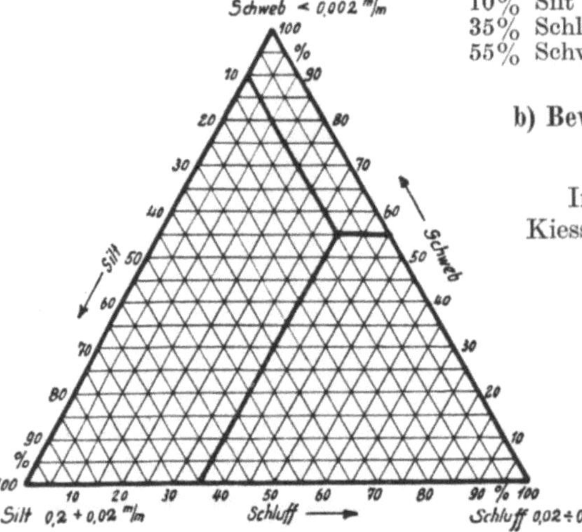

Abb. 246. Kornzusammensetzung, dargestellt im Schweb-Schluff-Silt-Dreieck[1].

$D =$ Abmessung des größten vorhandenen Kornes,

$d =$ Abmessung des betrachteten Kornes $d \leqq D$,

$P =$ Prozentanteil der Körnung der Größe 0 bis d.

---

[1] Vgl. H. Gallwitz: Dreieckdarstellung von Kornanalysen. Geologie u. Bauwesen 1941 S. 1. Für Abb. 247 vgl. Vorlesung Diserens, Zürich.

Verbesserungen wurden vorgeschlagen von GRAF, OTZEN, HUMMEL, BOLOMEY usw.[1].

Für P wird auch gesetzt:

$$P = A\left(\frac{d}{D}\right) + B\sqrt{\frac{d}{D}},$$

wobei die Werte gewählt werden: $A = 40$ bis 60, $B = 40$ bis 80.

Eine gute Kornzusammensetzung für Betonbau geben die Kurven A und B in Abb. 245. Kurve C ist zu sandreich, Kurve D ist zu kiesreich.

β) Im Straßenbau.

Im Straßenbau wird im allgemeinen ein Kiessand mit mehr feiner Körnung als im Betonbau verlangt. Vgl. Richtlinien für Fahrbahndecken.

γ) Im Grundbau.

Die Kornzusammensetzung bildet keinen Wertmesser für die Tragfähigkeit des Bodens. Die Beimengungen von Ton, Mergel usw. zum Kies und Sand beeinflussen die innere Reibung und damit die Zusammendrückbarkeit des Bodens sehr stark. Namentlich die feinsten Korngrößen und auch ihre Form sind für die Bodeneigenschaften von großer

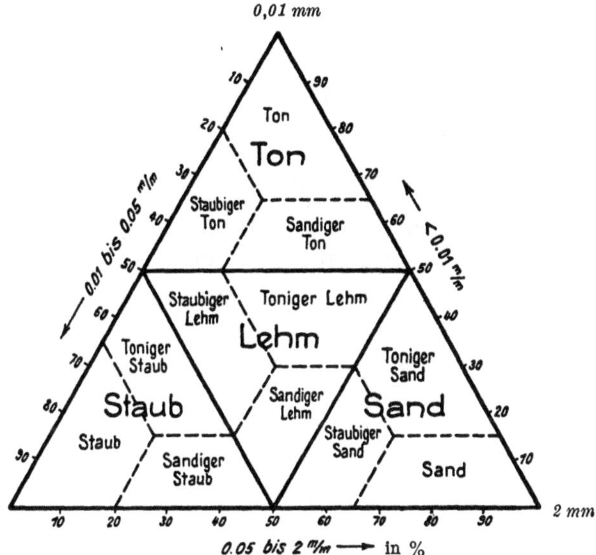

Abb. 247. Kornzusammensetzung in Abhängigkeit des Verwitterungsganges.

Bedeutung. So ist z. B. die Grenze zwischen Peliten und Psammiten bei $20\,\mu$ gelegt worden, weil hier die blättchenförmigen Minerale eine große Bedeutung für die Tragfähigkeit des Bodens erhalten[2].

F. Gefüge.

1. Begriffe.

Gefüge: Unter Gefüge versteht man die Einregelung und Orientierung der Einzelteile, welche einen Boden bilden. Aus der Lehre der Festgesteine (Petrographie) werden zur Beschreibung des Gefüges die zwei Begriffe Struktur und Textur übernommen. Dieselben bedeuten:

Struktur: Die Struktur gibt Auskunft über den Grad der Verfestigung, die sog. Verbandsfestigkeit, über den Grad der Einheitlichkeit der Strukturelemente, über die Größe der Körner (gleichkörnig, ungleichkörnig), über den Grad der makroskopisch, mikroskopisch oder röntgenographisch wahrnehmbaren Kristallinität, über die Form und Formbeeinflussung der Einzelmineralien, über die Art der Verwachsung.

---

[1] Vgl. GRAF: Der Aufbau des Mörtels 1930, Din 1045. Anweisung für Mörtel und Beton; AMB: Deutsche Reichsbahn 2. Ausg. 1936. — BENDEL: Richtlinien für die Herstellung, Verarbeitung u. Nachbehandlung von Beton 5. Aufl. Zürich. — R. GRÜN: Der Beton S. 120. Berlin 1937. — Bestimmungen des Deutschen Betonausschusses für Eisenbeton. Erlasse des Deutschen Betonvereines.

[2] Vgl. B. TIEDEMANN: Über Bodenuntersuchungen bei Entwurf und Ausführung von Ingenieurbauten S. 15, 20, 23. Berlin 1941.

Man spricht z. B. bei sedimentärem Gestein von:

α) Mechanische Sedimente.

Tabelle 212.

Psephitische Struktur	Brekzien, Konglomerate (gerundet oder eckig)
Psammitische Struktur	Sandsteine
Pelitische Struktur	Tone

Für die Größe der Durchmesser der einzelnen Bodenarten siehe Abb. 203/204, Bd. I.

β) Chemische Sedimente.

Man spricht von körniger, faseriger, blätteriger, amorpher, dichter, säulenförmiger, schuppiger Struktur[1].

Man unterscheidet:

homogene Struktur, z. B. Strandsand, Ablagerungen unter kolloid-chemischer Einwirkung, Flugstaub, Seekreide;

heterogene Struktur, z. B. Moräne, Schotter, Flußablagerung, Deltaablagerung;

selektive Struktur, z. B. durch Wasser oder Luft transportierte Materialien.

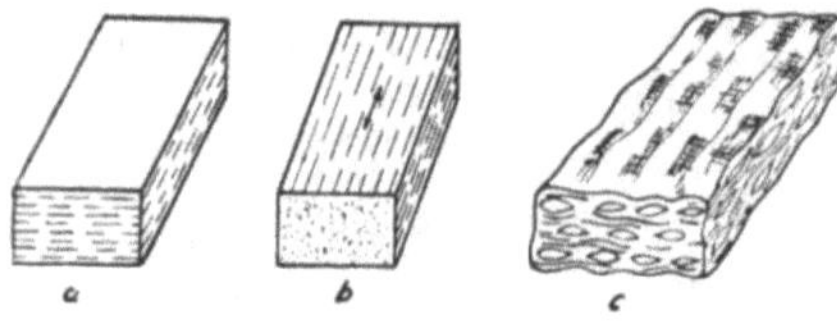

Abb. 248. Beispiele von Texturen.
a Schieferige oder lamellare Textur, *b* stengelige, gestreckte oder lineare Textur, *c* flaserige, lentikulare oder Linsentextur.

Textur: Die Textur behandelt in der Bodenmechanik die Verteilung der Körner um die Raumerfüllung, d. h. die Porositätsverhältnisse. Die Textur wird nach verschiedenen Richtungen angegeben. An Texturen unterscheidet man hauptsächlich: schiefrig, lagig, bändrig, geadert, schlierig, geschichtet, lentikular, stengelig, massig, porös, klüftig, kugelig, schalig (siehe Abb. 248 mit Beispielen von Texturen).

Im Schrifttum wird oft das Gegenteil von dem, was oben mit Struktur und Textur definiert wurde, mit Textur und Struktur bezeichnet.

2. Das Gefüge bei sedimentierten Materialien.

In der Baugrundlehre unterscheidet man zwischen:

a) Gefügebildung während der Ablagerung (während der Sedimentierung der Körner); b) Gefügebildung nach der Ablagerung (nach der Sedimentation der Körner).

Die beiden Gefügebildungen werden näher besprochen.

a) Gefügebildung während der Ablagerung der Körner.

Man unterscheidet:

α) Einzelkorngefüge. Beim Einzelkorngefüge liegen die Körner nebeneinander und aufeinander, entsprechend der Einzelkornform.

β) Wabengefüge. Die einzelnen Bodenkörner haften oft in den Berührungspunkten aneinander; sie bleiben so in der schwebenden Lage. Es entsteht dadurch das Wabengefüge. Die Hohlräume sind dabei größer als die größten Körner. Je kleiner das Korn ist, um so deutlicher entsteht ein Wabengefüge (siehe Abb. 249).

γ) Flockengefüge. Bodenteilchen, die einen kleineren Durchmesser als 0,002 mm haben, sinken nur zu Boden, wenn sie durch einen Elektrolyten, wie

---

[1] Vgl. NIGGLI: Tabellen zur Petrographie und zum Gesteinsbestimmen. Miner. Petr. Inst. Zürich 1939. — A. NABOKICH: Pedalogische Arbeiten im Feld. 1924.

Salzsäure usw., ausgefällt werden. Bereits während des Sinkens ballen sich diese kleinen Bodenteilchen zu Wabengefügen zusammen. Am Boden reiht sich ein Wabengefüge an das andere. Es entstehen Gefüge mit sehr großen Hohlräumen, die sog. Flockengefüge oder Wabengefüge zweiter Ordnung (vgl. Abb. 249).

b) Gefügebildungen nach der Ablagerung (Sedimentierung) von Körnern.

Man unterscheidet *Krümelgefüge* infolge Frost, infolge der Tätigkeit von Tieren und Pflanzen, infolge Auswaschen der Bodensalze durch Sickerwasser, infolge landwirtschaftlicher Arbeiten usw. Es entsteht ein lockeres Gefüge des Bodens, das sog. sehr lockere Krümelgefüge.

Tabelle 213. *Zahlenwerte.*

Gefüge	Bodenart	Hohlraum-gehalt n
Einzelkorn-gefüge	Sand	50%
Wabengefüge	frisch sedimen-tierter Ton	80—90%
Krümelgefüge		60—90%

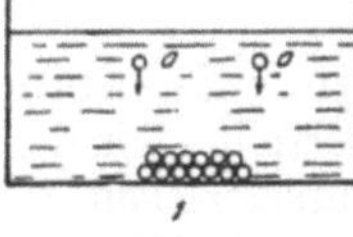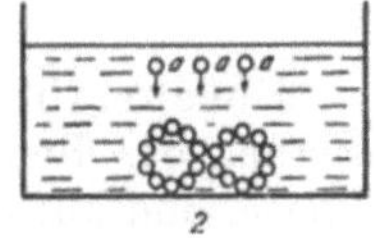

Abb. 249. Entstehung der Gefügeformen.
1 Die Schwerkraft überwiegt die Adhäsion = = *Einzelkorngefüge* = kleinster Hohlraum; *2* die Adhäsion überwiegt die Schwerkraft = *Wabengefüge* = größter Hohlraum; *a* Einzelkorn.

G. Farbe der Böden.

1. Einteilung der Böden nach Farben.

Das amerikanische Bodenuntersuchungsamt[1] hat eine vereinheitlichte Skala für die Bodenfarben herausgegeben. Es sind 15 verschiedene Farben unterschieden. Die Farbenkarte enthält neben jeder Farbe eine Vertiefung, um das Bodenmuster mit der standardisierten Farbe vergleichen zu können. Bezugsort: Superintendent of Documents, Washington D. C.

2. Farbe der Böden bei der Schrumpfgrenze.

Ist die Schrumpfgrenze erreicht, d. h. reißt der Meniskus des Kapillarwassers ab und zieht sich das Porenwasser ins Innere der Probe zurück, so ändert der Boden seine Farbe, z. B. der Ton wird hell. Der Farbenumschlagpunkt ist für die Bestimmung der Schrumpfgrenze bedeutsam.

3. Zweck.

Die Farbenbestimmung der Böden spielt bei den kulturtechnischen Aufgaben als Vergleichsgröße eine wichtige Rolle. Für Baugrunduntersuchungen ist die Bedeutung der Bodenfarben noch nicht abgeklärt.

IV. Die physikalisch-mechanischen Eigenschaften des Bodens.

Mechanisch können die Gesteine beansprucht werden durch: *A. Druckkraft (statische Kraft), B. Stoßkraft (dynamische Kraft), C. Bewegungskraft (kinetische Kraft).*
Das Verhalten der Böden bei den verschiedenen Arten mechanischer Beanspruchung wird nachfolgend beschrieben.

---

[1] Vgl. die Arbeiten des Highway Research Board of the National Research Council, Washington D. C. Superintendent of Documents.

A. Das Verhalten des Bodens bei statischer Beanspruchung.

Im Abschnitt über das Verhalten des Bodens bei statischer Beanspruchung sind besprochen:

1. das Verhalten des Bodens gegen Druck; 2. das Verhalten des Bodens gegen Abscheren; 3. das Verhalten des Bodens gegen Zug; 4. die Querdehnungszahl; 5. die Ruhedruckziffer.

1. Das Verhalten des Bodens gegen Druck (Zusammendrückung des Bodens).

a) Begriffe.

Beschreibung eines Zusammendrückungsversuches. Bei einer Belastung des Bodens verteilt sich der Druck auf die feste Masse, die sog. feste Phase, und auf den flüssigen Teil des Bodens, die sog. flüssige Phase. Sind alle Hohlräume des Bodens mit Wasser gefüllt, so wird bei raschem Druckanstieg im ersten Moment die ganze zusätzliche Druckkraft durch das Wasser aufgenommen. Es entsteht das sog. druckgespannte Porenwasser. Damit sich der Mehrdruck ausgleichen kann, beginnt das Wasser seitlich oder abwärts wegzuströmen. Es entsteht die sog. Porenwasserströmung (siehe Kap. 8 über Porenwasserströmung). Damit verbunden ist ein Zusammensinken des Bodens.

Das Abströmen des Wassers hält so lange an, bis ein Teil des Druckes von der festen Masse übernommen wird. Dann beginnt die feste Masse zusammenzusacken. Sinkt die feste Masse zusammen, so wird der ganze Druck wieder vom Wasser aufgenommen; die Porenwasserströmung beginnt von neuem. Die Porenwasserströmung und das Zusammensinken des Bodens dauern so lange an, bis die größtmögliche Zusammendrückung des Bodens unter der betreffenden Mehrlast erreicht ist.

Zusammendrückbarkeit des Bodens: Wird eine Last auf den Boden gebracht, so wird der Boden zusammengedrückt. Sein Rauminhalt wird verkleinert. Unter Zusammendrückung versteht man demnach die Verkleinerung des Rauminhaltes des Bodens.

Verdichtung: Während der Belastung des Bodens rücken die festen Bestandteile näher gegeneinander. Der Boden verdichtet sich. Die Größe und Art der Verdichtungsmöglichkeit eines Bodens hängt von den physikalischen Eigenschaften eines Bodens ab. Die Verdichtung äußert sich durch die Zunahme des Raumgewichtes.

Verdichtungsfähigkeit: Im praktischen Erdbau versteht man unter Verdichtungsfähigkeit eines Bodens die durch statische und dynamische Belastung erreichbare größte Verdichtung. Physikalisch bedeutet die größtmögliche, porenfreie Verdichtungsfähigkeit das spezifische Gewicht.

Setzung: Während der Verdichtung des Bodens bewegt sich die Last, die die Zusammendrückung verursacht, abwärts. Die Last setzt sich. Man spricht dann von Setzung. Die Setzung der Belastungsfläche entspricht der Zusammendrückung der obersten Bodenschicht. Vielfach wird auch von Setzung des Bodens gesprochen. Darunter ist das Maß der Bewegung der obersten Bodenschicht zu verstehen.

Elastizitätsziffer, auch Elastizitätsmodul, Elastizitätszahl oder Steifezahl genannt, bedeutet im allgemeinen das Verhältnis von Veränderung der Belastung zur Veränderung der Länge des untersuchten Probestückes, d. h. mathematisch ausgedrückt, daß

$$E = \pm \frac{d\sigma}{ds}$$

ist. E schließt also alle reversiblen und irreversiblen Formänderungsanteile in sich.

Für Fels, Kunststeine usw. ist E für kleine Belastungen ein Festwert. Ferner ist E für Zug und Druck angenähert gleich groß. Für bindige und nichtbindige

Böden ist die Größe der Elastizitätsziffer von der Größe der Belastung abhängig. Man spricht in diesem Falle von einer *bodenmechanischen* Elastizitätsziffer M_E. Bei gewissen Bodenarten ist der rein elastische Anteil (reversibler Teil) sehr klein im Verhältnis zum unelastischen, plastischen Anteil (irreversibler Teil). Bei vollkommen plastischem Vorgang, wie z. B. bei Schnee (siehe Kapitel über Schnee und Lawinen), besteht beim Kriechen Raumbeständigkeit, jedoch nicht Reversibilität.

Bei vielen Bodenarten ist die Elastizitätsziffer bei der Zusammendrückung wesentlich kleiner als bei der Entlastung des Bodens. Daraus ergibt sich, daß bei den bindigen und nichtbindigen Böden zwischen einer Elastizitätsziffer M_E bei der Belastung des Bodens und einer Elastizitätsziffer M_E' bei der Entlastung des Bodens unterschieden werden muß.

Es bedeutet:

α) Zusammendrückungsziffer M_E.

$$M_E = + \frac{d\sigma}{ds} = \text{Zusammendrückungsziffer, auch Zusammendrückungsmodul, Zu-}$$
sammendrückungszahl des Bodens genannt.

M_E ist das Verhältnis von Zunahme der Belastung zur Zunahme der Zusammendrückung des Bodens bei einer erstmaligen Belastung des Bodens (Ast *1* in Abb. 256). Ferner bedeutet:

β) Entlastungsziffer M_E'.

$$M_E' = - \frac{d\sigma}{ds} = \text{Entlastungsziffer, auch Entlastungsmodul, Entlastungszahl des}$$
Bodens genannt.

M_E' ist das Verhältnis von Abnahme der Last (Entlastung) zur Abnahme der Zusammendrückung (Ausdehnung) des Bodens (Ast *2* in Abb. 256).

Hauptsetzung: Die Hauptsetzung ist bedingt durch die Luft- und Wasserströmung im Boden, bis der natürliche Wassergehalt erreicht ist.

Nachsetzung: Die Nachsetzung wird durch chemische Vorgänge beeinflußt, wodurch die Bodeneigenschaften geändert werden.

γ) Wiederbelastungsziffer M_E''.

Es bedeute:

σ_v = Vorbelastung des Bodens in kg/cm², \
σ_z = Wiederbelastung *unterhalb* der Vorbelastung σ_v, $\sigma_z < \sigma_v$, \
σ_z' = Wiederbelastung *oberhalb* der Vorbelastung σ_v, $\sigma' > \sigma_v$.

Bei einer Wiederbelastung des Bodens sind zwei verschiedene Elastizitätsziffern gültig, nämlich:

I. Im Bereich der Wiederbelastung σ_z. Für diesen Bereich gilt die Elastizitätsziffer

$$M_E'' = + \frac{d\sigma}{ds}$$

(siehe Ast *3* des Drucksetzungsdiagrammes, Abb. 256).

II. Im Bereich der Wiederbelastung σ_z'. Für diesen Bereich gilt die Elastizitätsziffer

$$M_E''' = M_E = + \frac{d\sigma}{ds}$$

(siehe Ast *4* des Drucksetzungsdiagrammes, Abb. 256).

Die verschiedenen Elastizitätsziffern, z. B. bei Moränen, die bereits durch Gletscher vorbelastet waren, beeinflussen die Grenzbelastung des Bodens wesentlich.

b) Aufbau des Bodens und sein Verhalten bei der Zusammendrückung.

Der Boden besteht grundsätzlich aus festen Einzelteilen (sog. feste Phase, fester Teil, Festteil) und Luft, Gas und Wasser, die sog. flüssige Phase (vgl. Abschnitt Der Boden als disperses System, S. 494).

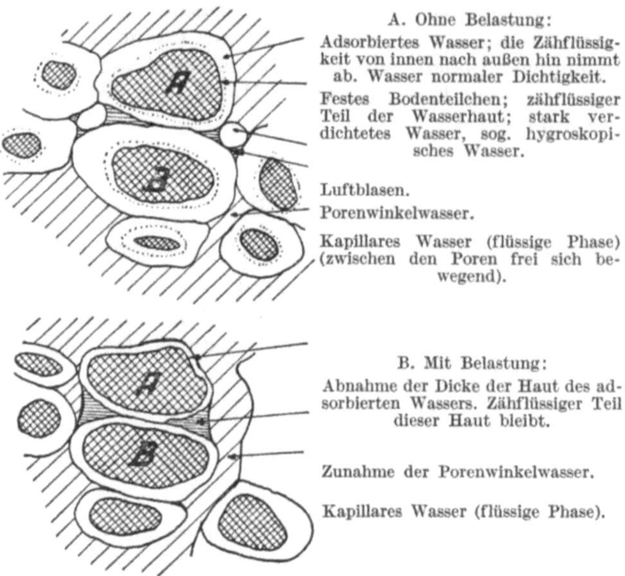

Abb. 250. Verdichtung des Bodens infolge Drucks.

Hauptsetzung: Haut des adsorbierten Wassers läßt sich anfangs rasch wegdrücken.

Nachsetzung: Der zähflüssige Teil der adsorbierten Wasserhaut läßt sich nur langsam weiter wegdrücken.

Das Wasser der flüssigen Phase kann unterteilt werden in

α) *freies Grundwasser;* das ist Wasser, das unter dem Einfluß der Schwerkraft steht und in welchem der Wasserdruck größer ist als der Luftdruck an seiner Oberfläche;

β) *Kapillarwasser (Haarröhrchenwasser),* das von der Oberflächenspannung des Wassers getragen wird und in welchem der Wasserdruck geringer ist als der Luftdruck an seiner Oberfläche;

γ) *Saugwasser (hygroskopisches Wasser),* das von den Bodenteilchen festgehalten und verdichtet wird (siehe Abb. 250).

Durch Druckbeanspruchung wird die innere Spannung in den festen Gesteinen und den Böden verändert. Eine vollständig dichte Lagerung der Böden wird aber durch eine statische Druckkraft allein nicht erreicht. Das Bodenmaterial läßt sich infolge der gegenseitigen Verspannung und Verstützung und infolge der Mikrogewölbewirkung nicht restlos zusammendrücken (siehe Abb. 251).

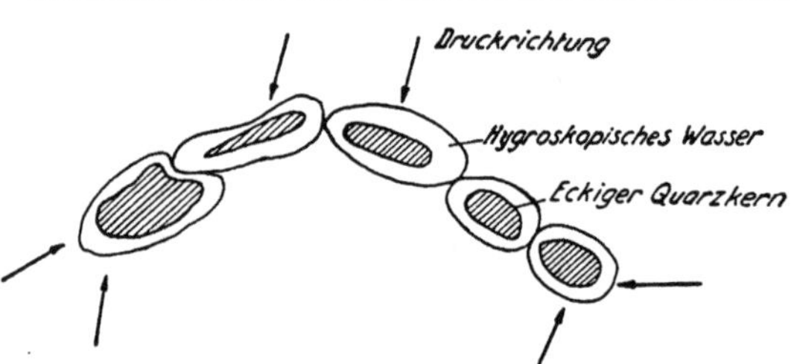

Abb. 251. Brückenbildung beim Zusammendrücken des Bodens. Damit verbunden ist eine Vermehrung der Haftfestigkeit in der Richtung senkrecht zum Druck.

Zur Verdichtung mittels Druckkraft eignen sich am ehesten Bodenbröckchen, die sich zwischen den Fingern zerdrücken lassen. Die Größe der Verdichtungsfähigkeit ist stark vom Wassergehalt des Bodens abhängig.

Gegenüber der *mechanischen* Druckbeanspruchung verhalten sich die Böden wie folgt:

I. Verminderung der Hohlräume unter Ausscheidung von Wasser; II. die einzelnen Körner werden zertrümmert oder zermalmt; III. die Böden werden ver-

*formt (bildsame Böden); IV. das Bodenmaterial weicht aus (flüssige und weich-
plastische Böden).*

Brauchbare Zahlenwerte für den geeignetsten Wassergehalt zur Verdichtung
von Dämmen liegen nur für einige wenige Böden vor. Die Erfahrung zeigt, daß
bei allen trockenen Mergelarten Wasser zuzugießen ist, um die Zusammendrückbarkeit zu erhöhen.

c) Kräfte, die die Zusammendrückbarkeit (Setzung) und Hebung (Schwellung) des Bodens verursachen.

α) Zusammendrückung des Bodens.

Die Zusammendrückung bzw. die Setzung eines Bodens erfolgt:

*I. infolge statischer Belastung des Bodens; II. infolge dynamischer Einwirkung
auf den Boden; III. infolge Grundwasserspiegelsenkung; IV. infolge geologischer
Wirkungen.*

Zu den einzelnen Einflüssen ist zu bemerken:

I. Zusammendrückung (Setzung) des Bodens infolge statischer Belastung. Die
Setzungen erfolgen bei statischer Belastung infolge Veränderung des festen
Teiles (feste Phase) und infolge Veränderungen des flüssigen Teiles (flüssige
Phase). Zum Verhalten des festen und flüssigen Teiles ist auszuführen:

A. Setzungen infolge Veränderungen beim festen Teil. Setzungen
beim festen Teil erfolgen:

1. Infolge elastischer Verformung der einzelnen Körner. Dieser Anteil an der
Setzung ist aber nur sehr klein.

Die folgenden Formeln geben einen Begriff über die Zusammendrückbarkeit
des Bodens infolge des elastischen Nachgebens der einzelnen Körner.

Gegeben ist eine Kugel und eine Platte; es bedeute:

$r =$ Halbmesser der Kugel,

$P =$ Druckkraft,

$E =$ Elastizitätsziffer; für Kugel und Platte wird E gleich groß angenommen,

$2\,a =$ Durchmesser des Berührungs-
kreises,

$y =$ Annäherung von Kugel und Platte in Richtung der senkrechten Kraft P.

Dann wird (vgl. Abb. 252)

$$y = 1{,}23 \sqrt[3]{\frac{P^2}{E^2\,r}}$$

und

$$2\,a = 2{,}22 \sqrt[3]{\frac{P\,r}{E}}\,.$$

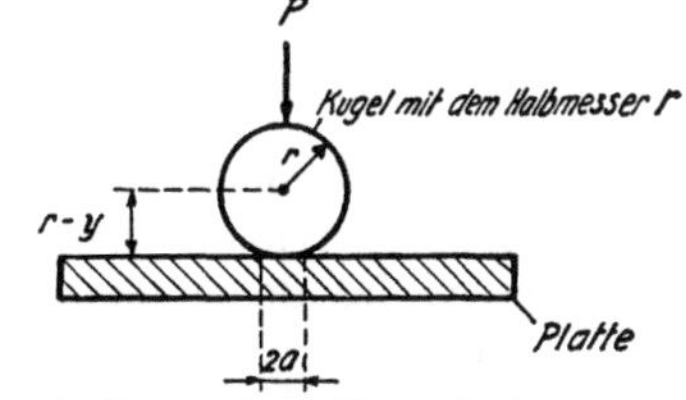

Abb. 252. Annäherung y von Kugel und
Platte bei der Belastung P.

Diese Formeln sind gültig für ruhende und
stoßartig wirkende Kräfte[1].

2. Setzung infolge der Verlagerung der Körner.
Die Verlagerung erfolgt durch Kipp- oder Drehbewegung der Körner, je nach
der Art ihrer Auflagerung.

3. Setzung durch Zerbrechen von Sandkörnern, nachdem bei der Belastung die
Bruchgrenze des Gesteinsmaterials überschritten worden ist.

4. Setzung durch Verdrängen der Sandkörner nach den Seiten und nach unten.
Bei unbelasteter Oberfläche können die Körner auch nach oben verdrängt werden.

---

[1] Vgl. Praktische Versuche mit Druckkraftmeßdosen. Z. VDI 1940 S. 561; ferner
GEIGER u. SCHEEL: Handb. d. Physik Bd. 6 Kap. 7. Berlin 1928.

25*

B. Setzungen infolge Veränderungen beim flüssigen Teil (flüssige Phase). *Durch Ausdrücken des Wassers seitwärts, aufwärts und abwärts.* Es findet eine Porenwasserströmung statt. Siehe Kapitel über Porenwasserströmung im dritten Hauptteil des Buches. Durch Verminderung des Wassergehaltes wird der Rauminhalt des Bodens verkleinert, und es findet im allgemeinen infolge Porenwasserströmung eine große Setzung statt.

II. Setzungen infolge dynamischer Einwirkung auf den Boden. Die Setzung bzw. die Zusammendrückung des Bodens erfolgt bei dynamischer Einwirkung:

1. durch punktweises Erschüttern des Bodens, z. B. infolge Rammarbeiten,

2. durch flächenhaftes Erschüttern des Bodens, z. B. bei Industriebauten. Der Bodenkörper, der durch die erzwungene Erschütterung verdichtet wird, heißt der dynamische Tragkörper (siehe Abb. 293). Die Größe des dynamischen Tragkörpers hängt von der Schwingungsweite (Amplitude) und der Anzahl der Schwingungen (Frequenz) des die Schwingungen erregenden Körpers ab (siehe S. 457; Bd. I). Namentlich bei Resonanz zwischen Erregerschwingungszahl und Eigenschwingungszahl des Bodens sind große Setzungen zu erwarten.

III. Setzungen infolge Grundwasserspiegelabsenkung. Die Setzungen bei einer Grundwasserspiegelabsenkung werden verursacht:

1. durch Umlagern der Körner durch das abwärtsströmende Wasser; 2. durch die Gewichtszunahme der Körner, nachdem der Auftrieb weggefallen ist; 3. durch Umlagern der Körner infolge des Druckes in den Luftblasen, die durch das Kapillarwasser eingeschlossen werden; 4. durch Gewichtsvermehrung des Haft- und Sickerwassers, das sich in den Poren befindet.

IV. Setzungen infolge geologischer Wirkungen. Setzungen können auch durch geologische Wirkungen erzeugt werden, z. B.

1. durch langsam wirkendes Auseinanderreißen der Erdmassen bei tektonischen Verschiebungen; 2. durch Auslaugung oder Fortschwemmen von feinen Erdteilchen; 3. durch Bildung von Höhlen im Erdinnern.

Durch die beiden zuletzt erwähnten Ursachen können plötzliche und rasche Setzungen, sog. Sackungen oder Absackungen entstehen.

β) Hebung des Bodens.

I. Infolge statischer Entlastung. Die Hebung erfolgt bei statischer Entlastung infolge elastischer Dehnung des Materiales, infolge Vergrößerung des Wasserfilmes um das Korn, infolge Aufsaugen von Wasser (Absorption des Wassers) usw. Statische Entlastungen des Bodens treten durch Abtragen von Schichten, Gebäuden usw. auf.

II. Infolge dynamischer Wirkung. Hebungen des Bodens treten z. B. infolge Aufpressen des Bodens in der Umgebung der Pfähle während der Rammung der Pfähle auf.

III. Infolge Ansteigens des Grundwasserspiegels. Die Hebungen beim Ansteigen des Grundwasserspiegels werden beeinflußt:

1. durch die Größe der Körner; 2. durch die Art der Kornverteilung; 3. durch die Größe der Anfangsporenziffer; 4. durch die elastische Verformbarkeit der einzelnen Körner; 5. durch die Anzahl der bereits erfolgten Wasserspiegeländerungen; 6. durch die Verminderung des Raumgewichtes der Bodenkörner von γ_e' auf γ_e'' (siehe S. 292).

IV. Hebungen des Bodens infolge geologischer Wirkungen:

1. durch langsam wirkende seitliche Zusammendrückung der Erdmasse bei tektonischen Verschiebungen; 2. durch Schwankungen (Hebungen) der Meeresoberfläche im Laufe der Jahrhunderte.

d) Die Zusammendrückbarkeit in Abhängigkeit der physikalischen und chemischen Eigenschaften des Bodens.

Die Zusammendrückbarkeit des Bodens ist abhängig von einer großen Anzahl verschiedener physikalischer und chemischer Eigenschaften des Bodens. Die wichtigsten Bodeneigenschaften bezüglich Zusammendrückbarkeit sind nachstehend aufgezählt.

α) Physikalische Eigenschaften des Bodens.

I. Porenraum. Die Zusammendrückbarkeit des Bodens wird hauptsächlich darauf zurückgeführt, daß sich bei einer Druckbeanspruchung eine innige Lagerung der Körner einstellt. Dabei wird der Porenraum bzw. die Porenziffer verkleinert. Aus dieser Feststellung ergibt sich, daß die Zusammendrückbarkeit bzw. die Setzung eines Bodens mit Hilfe der Porenziffer ausgedrückt werden kann, siehe z. B. das Porenzifferbelastungsgesetz von TERZAGHI oder von ROBESON. Infolge der Porenraumverminderung ist keine Reversibilität des Bodens mehr möglich; d. h. wenn die Ursache der Porenraumverminderung verschwindet, so bleibt die Zusammendrückung des Bodens bestehen.

II. Elastische Zusammendrückbarkeit. Die elastische Zusammendrückbarkeit der Körner ist sehr klein (siehe S. 387; Abb. 252). Damit wird die Tatsache erklärt, daß der Zusammendrückungsvorgang zum großen Teil irreversibel ist, d. h. die federnde Elastizität des Bodens ist nur klein. Aus dieser Feststellung ergibt sich deutlich, daß die spezifische Längenänderung annähernd durch die Verringerung des Porenraumes ausgedrückt werden kann.

III. Wassergehalt des Bodens. Je größer der Wassergehalt des Bodens bei der Lastaufbringung ist, um so größer ist seine Zusammendrückbarkeit. Beispiel: Torf mit schwammigem Aufbau und großer Wassereinlagerungsfähigkeit hatte einen Wassergehalt von 557% des Trockengewichtes; trotzdem er nur mit 0,30 kg/cm² belastet wurde, ließ sich die rd. 1 m starke Torfschicht um 22% ihrer Mächtigkeit zusammendrücken[1].

IV. Wasserbindefähigkeit des Bodens. Es gibt Mineralien, die nur einen sehr dünnen Wasserfilm um sich binden können; dies trifft z. B. für Kaolin und Quarzkörner zu (vgl. Abb. 309 im Kapitel über Chemismus des Bodens). Deshalb ist beim Zusammendrücken des Bodens, der grob- oder feinkörnigen Quarz mit dünnem Wasserfilm enthält, stets eine kleine Zusammendrückbarkeit zu erwarten. Der Wasserfilm kommt bei den Betrachtungen über die Reversibilität des Setzungsvorganges zur Geltung.

V. Körnung. Je feinkörniger der Pelit in einem bindigen Boden ist, um so größer ist seine Zusammendrückbarkeit.

VI. Durchlässigkeit. Die Durchlässigkeit spielt bei dem zeitlichen Verlauf der Setzungen eine wesentliche Rolle (siehe S. 688).

VII. Mineralogisch-petrographische Zusammensetzung des Bodens.

Beispiel 1: In der Natur liegen die Verhältnisse so, daß der Anteil an Quarzgehalt im Laufe der Zeit abnimmt und dafür die Tonmineralien und Glimmerteile um so stärker vertreten sind, je weiter die Kornzerkleinerung fortgeschritten ist; d. h. je feinkörniger ein Gestein ist. Die Zusammendrückbarkeit eines Gesteines in Abhängigkeit des Quarzgehaltes geht aus Tabelle 214 hervor.

Bei der Beurteilung der Vermehrung der Zusammendrückbarkeit ist in Betracht zu ziehen, daß durch Vermehrung des Tonmineraliengehaltes auch die Oberfläche dieser Teilchen vermehrt wird und damit auch die Oberfläche der fortdrückbaren Wasserhaut zunimmt.

---

[1] Vgl. BENDEL: Die Beurteilung des Baugrundes im Straßenbau. Vortrag bei der Hauptversammlung der Ver. Schweiz. Straßenfachmänner. Straße u. Verkehr 1935.

Tabelle 214.

Zusammensetzung des Untersuchungsmaterials	Zusammendrückung in % bezogen auf die Zusammendrückung bei 1 kg/cm² Belastung			
	Belastung			
	1 kg/cm² %	2 kg/cm² %	4 kg/cm² %	8 kg/cm² %
33% Kaolin, 67% Quarz[1]	0	1,1	2,0	3,1
50% Kaolin, 50% Quarz	0	2,7	5,5	8,6
67% Kaolin, 33% Quarz	0	3,5	7,4	11,7[2]

Die Zusammendrückbarkeit von Böden kann trotz ähnlicher pelitischer Beschaffenheit verschieden stark ausfallen. Die Ursache liegt in der Verschiedenheit der petrographischen Beschaffenheit der Böden (siehe folgende Tabelle 215).

Tabelle 215.

Material	Zusammendrückung in % bezogen auf die Zusammendrückung bei 1 kg/cm² Belastung				Bemerkung
	Belastung				
	1 kg/cm² %	2 kg/cm² %	4 kg/cm² %	8 kg/cm² %	
Bentonit	0	11	21	27,5	Große Wassereinlagerungsfähigkeit. Intensive Wasserabgabe beim Zusammendrücken
Kaolin[3]	0	4,5	10	15	
Muskowit	0	2	4,35	8,3	
Quarz	0	0,3	0,7	1	Quarz besitzt nur eine kleine Wasseranlagerungsfähigkeit[4]

VIII. Gefügebau. Die Zusammendrückbarkeit ist beim Muskowit-Glimmer und ganz allgemein bei blättrigen, schuppenförmigen Mineralien in gestörter Lagerung merklich größer als bei ungestörter Lagerung. Die Ursache dieser Erscheinung ist bei der starken elastischen Deformation und der Gefügeänderung eines nichtbindigen Glimmerhaufwerkes zu suchen[5].

Infolge Erschütterungen oder infolge Kneten werden die vorhandenen stabilen Zustände in bindigen Böden verändert. Aus den einzelnen blättrigen Mineralien können sich sperrige Gefüge bilden.

IX. Sedimentationsvorgang (allgemeine Vorgeschichte der Entstehung des Bodens). Maßgebend für die Größe der Zusammendrückbarkeit eines bindigen Bodens ist auch die Art des Vorganges der Sedimentation bei der Bildung des Gesteines, z. B. ob die Sedimentation bei Hochwasser vor sich ging oder ob ein langsamer Niederschlag wie im Meer stattfand. Von Einfluß auf die Zu-

---

[1] Quarz 0,2 bis 0,5 mm; Kaolin von Zettlitz.

[2] Für weitere Werte vgl. K. ENDELL, W. LOOS, H. MEISCHEIDER u. V. BERG: Über Zusammenhänge zwischen Wasserhaushalt der Tonminerale und bodenphysikalische Eigenschaften bindiger Böden. Degebo-Heft 5 S. 12/13. Berlin 1938.

[3] Der untersuchte Kaolin enthielt als Hauptgemengteile Kaolinit, ferner Spuren von Glimmer und Quarz. Der ganze Zusammendrückungsvorgang ist noch nicht restlos abgeklärt.

[4] Vgl. v. MOOS: Geotechnische Eigenschaften und Bestimmungsmethoden des Lockergesteines. Schweiz. Bauztg. Bd. 111 (1938) Nr. 21/22.

[5] Vgl. HVORSLEV: Über die Festigkeitseigenschaften gestörter bindiger Böden. Ingeniorvidenskatelige Skrifter Nr. 45. København 1937.

sammendrückbarkeit ist auch, ob eine langsame Ausflockung oder ein dispergierter Absatz im Meer stattfand. Planparallele Ablagerung der flachen Glimmer, gesetzmäßige Einordnung der feineren Bestandteile unter die gröberen vermögen schon primär zu bestimmten Gefügebildungen führen und die Verdichtungszahl wesentlich zu beeinflussen.

X. Austauschfähigkeit der adsorbierten Ionen. Die Zusammendrückbarkeit eines Bodens ist auch abhängig von der Wasserbindefähigkeit der Tonteilchen und damit der an ihrer Oberfläche austauschfähig gebundenen Ionen[1].

β) Die Zusammendrückbarkeit in Abhängigkeit der chemischen Eigenschaften der Böden.

I. Chemische Umwandlung. Ein verdichteter Ton verwandelt sich während der Zeit des Nachsetzens allmählich in Tonschiefer, z. T. infolge fortschreitender Verdichtung des Materiales, z. T. infolge Umkristallisationen der festen, minerogenen Gemengeteile (feste Phasenteile) in Wechselwirkung mit den flüssigen Anteilen. Dieser Vorgang in der Natur wird mit Metamorphose bezeichnet.

Wenn in feinen Peliten organische Gemengeteile vorhanden sind, so treten gerne kolloidchemische Umstellungen auf (Thixotropie); dadurch wird die Zusammendrückbarkeit eines bindigen Bodens stark beeinflußt[2].

II. Chemische Diagenese. Stark abhängig ist die Zusammendrückbarkeit von der jeweiligen nachträglichen Verfestigung der bindigen Böden, der sog. Diagenese. Klein wird die Zusammendrückbarkeit beim Auftreten von viel Kalk oder Silizium als Bindemittel.

e) Übersicht über die Größe der Zusammendrückbarkeit des Bodens.

Die Größe der Zusammendrückbarkeit ist aus der Tabelle 216 ersichtlich.

f) Versuche zur Bestimmung der Zusammendrückbarkeit.

Die Ergebnisse der Versuche zur Bestimmung der Zusammendrückbarkeit eines Bodens hängen zu einem großen Teil von der Bauart der Prüfgeräte und der Art der Durchführung der Versuche ab. Nachstehend sind daher beschrieben:

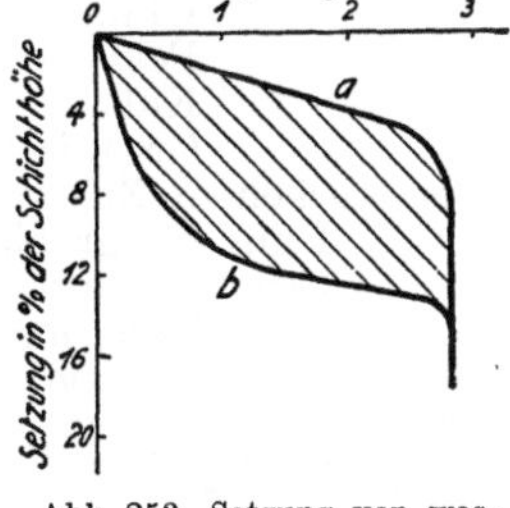

Abb. 253. Setzung von wasserdurchtränktem Sand in Abhängigkeit der Art der Bodenaufschüttung.

a festeingestampfter Sand,
b lose geschütteter, wasserdurchtränkter Sand.

α) *Bauarten der Prüfgeräte;* β) *kritische Bewertung der Abmessungen der Bodenmuster;* γ) *Arten der Durchführung der Versuche.*

Die Prüfgeräte und die Durchführung der Versuche werden nachstehend behandelt:

α) Bauarten der Prüfgeräte.

Grundsätzlich kann unterschieden werden zwischen:

I. Prüfgeräten, bei welchen die Bodenproben allseitig eingespannt sind. Diese Art Prüfgerät ist die meist verbreitete.

II. Prüfgeräten, bei welchen eine Seite der Bodenprobe frei ist. Diese Prüfart wird z. B. vom Verfasser für die Bestimmung des Verhaltens des Bodens beim Stollenbau und Tunnelbau verwendet.

---

[1] Vgl. Pallmann: Zur physikalischen Chemie des Bodens. Schweizer Arch. angew. Wiss. Techn. 1938 Heft 4. Ferner vgl. S. 502, Bd. I.

[2] Vgl. J. M. Hvorsley: Über Festigkeitseigenschaften gestörter bindiger Böden. Danmarks Naturvidenskatelige Samfund. København 1937. — Freundlich: Thixotropie. Paris 1935.

Tabelle 216. *Größe der Zusammendrückbarkeit.*

Große Zusammendrückbarkeit	Beispiele
1. Bei Korngemengen mit großem Porenraum	Kiessande, bei welchen der Feinsand fehlt. Sande mit gleich großen Körnern
2. Bei glatt polierter Kornoberfläche	Körner aus dem Flußmittellauf und Flußunterlauf
3. Bei großer elastischer Verformbarkeit der Körner	Mergelig-tonige Materialien
4. Bei kleinem Widerstand gegen das Zerbrechen der Körner	Mergelplättchen usw.
5. Bei großer Dicke der Saugwasserschicht (Haftwasserschicht, hygroskopisches Wasser)	Na-Bentonit-Mineral
6. Je nach der chemischen Beschaffenheit des Wasserfilmes	—
7. Bei kleinem Wassergehalt des Bodens, kleine Nachsetzungen	Alle Bodenarten
8. Bei großem Anfangsporenraum	Junge, unvorbelastete Böden oder durch Frost aufgelockerte Böden
9. Bei Böden, in welchen zum erstenmal eine Schwankung des Grundwasserspiegels stattfindet	Beim Abpumpen von Wasser aus Baugruben
10. Bei großer Schwankung des Grundwasserspiegels	Künstliche Stauseen
11. Bei großen Erschütterungen und bei Erschütterungen, bei welchen die Erregerschwingungszahl mit der Eigenschwingungszahl des Bodens übereinstimmt (Resonanz)	Oft bei langsam laufenden Maschinen, wie Sägegatter usw. (s. Bd. II, Kap. über dynamische Baugrundaufgaben)
12. Bei Vorhandensein von viel Wasser und reichlichem Gehalt von: Kolloiddispersen Tonmineralien	Torf, Faulschlamm
Glimmer	Seekreide
Feldspat	Fette Tone
Kalk	Humushaltige Tone
Organischen Beimengungen	Fette Mergel
	Torf, Faulschlamm
13. Bei trockenem Zustand und reichlichem Gehalt von:	
Fein- bis grobkörnigem Glimmer	Glimmerreiche Siltsande
Gewissen organischen Massen	Humushaltige Siltsande
14. Bei lockerer Lagerung	Auswaschungen
15. Bei Gefügestörungen	Frosteinwirkungen

Kleine Zusammendrückbarkeit	Beispiele
1. Bei Korngemengen mit kleinem Porenraum	Sande mit gleichmäßig abgestufter Körnung
2. Bei eckiger Kornausbildung	Körner aus dem Flußoberlauf
3. Bei kleiner elastischer Verformbarkeit	Quarzkörner
4. Bei großem Widerstand der Körner gegen Zerbrechen	Kieselige Körner
5. Bei kleiner Dicke der Saugwasserschicht (Haftwasserschicht, hygroskopisches Wasser) um die Körner	Kaolin, Quarz
6. Nach der chemischen Beschaffenheit des Wasserfilmes	—
7. Bei großem Wassergehalt des Bodens, ohne daß das Porenwasser abströmen kann	Alle Bodenarten
8. Bei kleinem Anfangsporenraum	Durch Gletscher vorbelastete tonig-mergelige Böden
9. Bei einer großen Anzahl bereits stattgefundener Grundwasserspiegelschwankungen oder Überschwemmungen	In der Nähe von Flüssen mit stark wechselnder Wassermenge
10. Bei kleiner Schwankung des Grundwasserspiegels	—
11. Bei kleinen Erschütterungen und bei Erschütterungen, bei welchen die Erregerschwingzahl und die Eigenschwingzahl des Bodens weit auseinanderliegen	Bei schnell laufenden Maschinen
12. In wassergesättigtem Zustand bei	Kies
grob- bis feindispersen Gesteinstrümmern	Glimmerarme Sande
Mineraltrümmern (ohne Glimmer)	Magere Tone
reichlich Quarz aller Korngrößen	Lehme, magere Mergel
13. In trockenem Zustand bei	
grob- bis feindispersen Mineraltrümmern (ohne Glimmer)	Trockene Lehme
	Trockene Tone
14. Bei dichter Lagerung	Gefrorene Lockergesteine
15. Bei Anwesenheit trockener, kolloiddisperser Mineralien	Dicht gelagerte, magere Mergel
16. Bei natürlicher oder künstlicher Verkittung	Kalk, Silizium, Eis

III. Prüfgeräten, bei welchen alle Seiten der Bodenproben frei sind. Dieses Prüfgerät wird zur Bestimmung der Druckfestigkeit bei Felsen verwendet.

Im Kapitel Bodenuntersuchungen im Prüfraum sind die verschiedenen Prüfgeräte im Querschnitt aufgezeichnet wiedergegeben.

β) Kritische Bewertung der Abmessungen der Bodenmuster.

Schon unzählige Versuche wurden zur Bestimmung der Zusammendrückbarkeit eines Bodens durchgeführt.

Der Vergleich der Versuchsergebnisse ist erschwert, weil beinahe jeder Prüfraum eine andere Apparatur zur Bestimmung der Zusammendrückbarkeit (Kompressibilität, Setzung) benützt. Von wesentlichem Einfluß auf die Größe der Zusammendrückbarkeit sind:

I. Höhe des Versuchsmusters,
II. Querschnittsfläche des Versuchsmusters } im Verhältnis zur Abmessung des größten Kornes, welches beim untersuchten Gemisch vorkommt.

Der Verfasser benützt für wichtige Versuche stets drei verschiedene Apparaturen mit Höhen von 2 bis 20 cm, Querschnittsflächen von 100, 200 und 400 cm².

Die Proben mit kleinster Höhe und kleinstem Querschnitt ergeben stets die größte, auf die Anfangshöhe bezogene Zusammendrückbarkeit. Es hängt dies, wie systematische Versuche ergaben, mit der Art des Einbaues der Bodenproben zusammen. Je kleiner die Bodenprobe gewählt wird, um so mehr wird sie verhältnismäßig beim Einbau in die Versuchsapparatur gestört. Auch geben Geräte kleinster Abmessungen die größten Streuungen bei den Versuchen desselben Materiales.

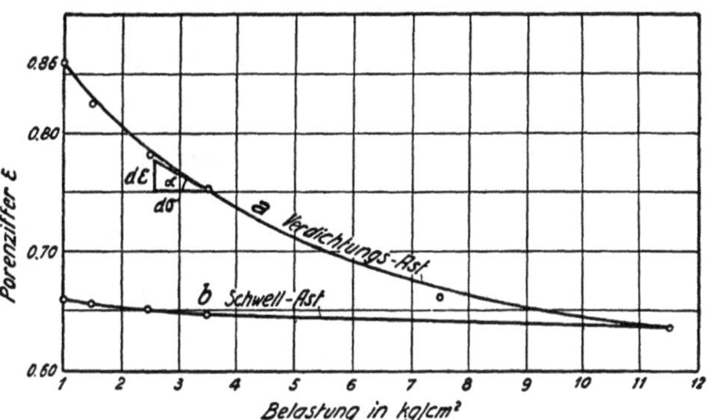

Abb. 254. Druck-Porenziffer-Diagramm nach TERZAGHI.
a Belastungskurve (Zusammendrückungs- oder Verdichtungslast):

$$\varepsilon = -\frac{1}{c_1} \ln(\sigma_0 + \sigma) + c_0.$$

Im vorliegenden Beispiel ist: $c_1 = 10$; $\sigma_0 = 1{,}5$ kg/cm².
b Entlastungskurve (Schwellast):

$$\varepsilon' = -\frac{1}{A'} \ln(\sigma_0 + \sigma) + A_0.$$

Im vorliegenden Beispiel ist: $A' = 100$; $\sigma_0 = 11{,}5$ kg/cm².

Es wäre zu begrüßen, wenn die Versuchsgeräte, die in den verschiedenen Prüfräumen benutzt werden, miteinander verglichen würden. Wesentliche neue Erkenntnisse und Richtlinien für den weiteren Bau von Prüfgeräten sind als Ergebnis zu erwarten.

γ) Arten der Durchführung der Versuche.

Die Versuche zur Bestimmung der Zusammendrückbarkeit lassen sich in vier Arten einteilen, nämlich:

I. Versuche, bei welchen die Belastung stetig gesteigert wird, ohne Rücksicht auf die Zeitdauer (siehe Abb. 252, 253, 254).

II. Versuche, bei welchen die Belastung stets gleich groß gehalten wird (siehe Abb. 257, 258). Bestimmung des Zeiteinflusses auf die Größe der Zusammendrückbarkeit.

III. Versuche, bei welchen die Belastung in Abhängigkeit der Zeit gesteigert wird (siehe Abb. 259).

IV. Versuche, bei welchen eine Platte bis zu m Versinken belastet wird (siehe Abb. 260).

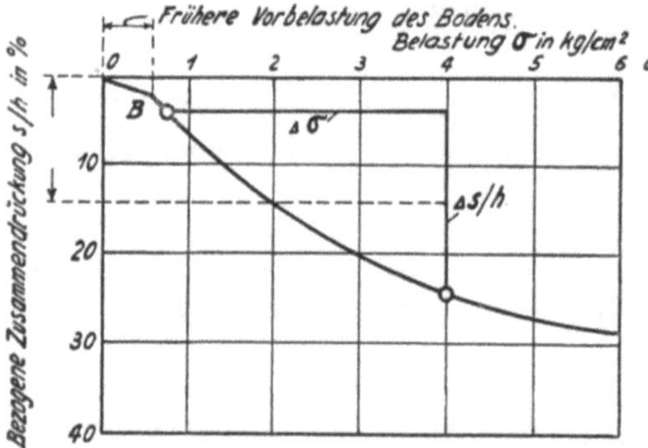

Abb. 255. Bezogene Zusammendrückung (spez. Setzung). Für h wird genommen: a) Höhe bei $\sigma = 0$ oder b) Höhe bei $\sigma = 1$ kg/cm².

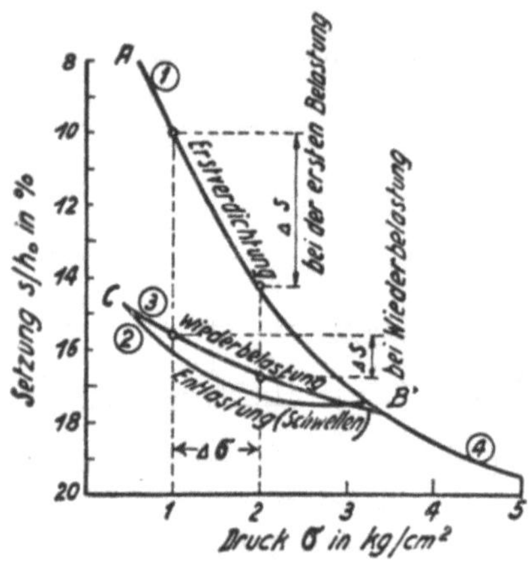

Abb. 256. Drucksetzungskurven bei Erstbelastung, bei Entlastung und bei Wiederbelastung des Bodens.

I. **Versuche, bei welchen die Belastung stetig gesteigert wird, ohne Rücksicht auf die Zeitdauer.** Grundsätzlich kann diese Art von Versuchen nur bei Böden durchgeführt werden, bei welchen das unter Druck gesetzte Porenwasser rasch abströmen kann; dies ist der Fall bei nichtbindigen Bodenarten (vgl. Abb. 254, 255, 256, 261).

Aus Abb. 254 ist ersichtlich, daß eine andere Kurvenart erhalten wird, wenn die Bodenprobe belastet oder entlastet wird. Aus Abb. 256 ist ersichtlich, wie die Bodenprobe sich wieder verdichten läßt, nachdem sie entlastet worden war. In Abb. 261 sind die Ergebnisse von Versuchen, die an der Seitenwand einer Baugrube durchgeführt wurden, wiedergegeben, und schließlich ist in Abb. 255 angegeben, wie eine Setzungsbelastungskurve aussieht, wenn eine Bodenprobe untersucht wird, die früher schon einmal vorbelastet war, z. B. durch Gletscherdruck usw.

II. **Versuche, bei welchen die Belastung stets gleich groß gehalten wird.** Versuche, bei denen die Belastung stets gleich groß gehalten wird, werden durchgeführt, um den Einfluß der Zeit auf die Setzung bestimmen zu können. Solche Versuche werden namentlich mit bindigem Material durchgeführt.

Abb. 257 gibt die Zeitsetzungskurven wieder für bindiges Material (Ton) und für nichtbindiges Material (Sand). Aus der Abb. 257 ist ersichtlich, daß der nichtbindige Boden sich rasch und endgültig zusammendrücken läßt, während der bindige Boden nur langsam, aber stetig zusammengepreßt wird.

Aus Abb. 258 gehen die drei Hauptzustände bei einem bindigen Boden hervor, nämlich:

1. Zeit, während welcher die Luft entweicht,

2. Zeit, während welcher das Porenwasser gespannt ist und entweicht, die sog. *Hauptsetzung,*

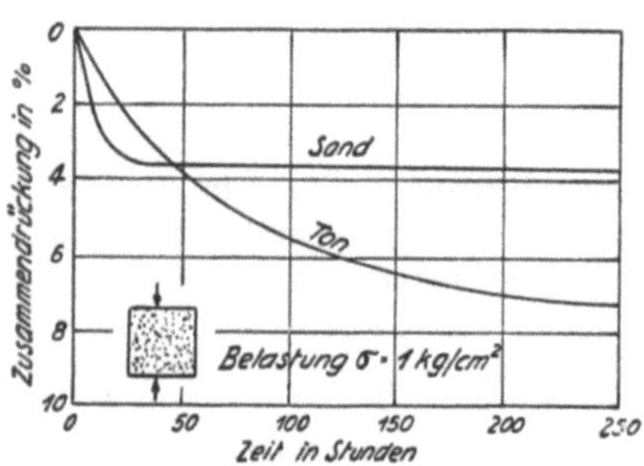

Abb. 257. Zeitsetzungskurven bei unveränderlicher Belastung.

3. Zeit, während welcher kolloidchemische Vorgänge eintreten, verbunden mit einer Zersetzung des Materiales. Diese Zeit wird *Nachsetzung* genannt. Der

zähflüssige Teil der Wasserhaut, die um das Einzelkorn gelagert ist (siehe Abb. 250), muß in der Zeit des Nachsetzens verdrängt werden; dies ist nur in sehr langen Zeiträumen möglich. Petrographisch betrachtet, steht das Nachsetzen im Zusammenhang mit der Verwandlung von locker gelagertem Boden (sog. Lockergestein) in Festgestein. In der Natur stehen für diese Umwandlung geologische Zeiträume zur Verfügung.

Bei Versuchen im Prüfraum wird meistens nur die Hauptsetzung untersucht. Für die Gesamtbeurteilung eines Bodenmateriales darf aber der Einfluß des Nachsetzens nicht außer Betracht gelassen werden.

Als Beispiel von Nachsetzungen bzw. Eigenkonsolidierung sind die jahrhundertealten (säkularen) Küstensenkungen erwähnt. Ehemals junger Ton und Klei ist im Laufe der Zeit zusammengesunken und hat sich verfestigt. Dieser Tatsache ist bei der Beurteilung von Küstensenkungen Rechnung zu tragen[1].

III. Versuche, bei welchen die Belastung in Abhängigkeit der Zeit gesteigert wird. Aus Abb. 259 ist ersichtlich, wie sich bindige und nichtbindige Bodenarten bei wiederholter Entlastung und nachheriger Belastungssteigerung verhalten.

IV. Versuche, bei welchen eine Platte bis zum Versinken belastet wird. In Abb. 260 sind die verschiedenen Gattungen von Setzungen wiedergegeben. Es bedeutet:

$A—B =$ Bereich der starken Setzung,

$B—C =$ Bereich, in welchem

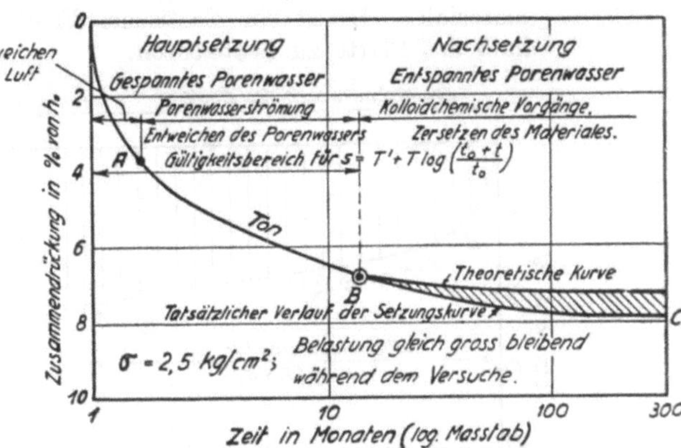

Abb. 258. Zeitsetzungskurve für gleich groß bleibende Belastung.

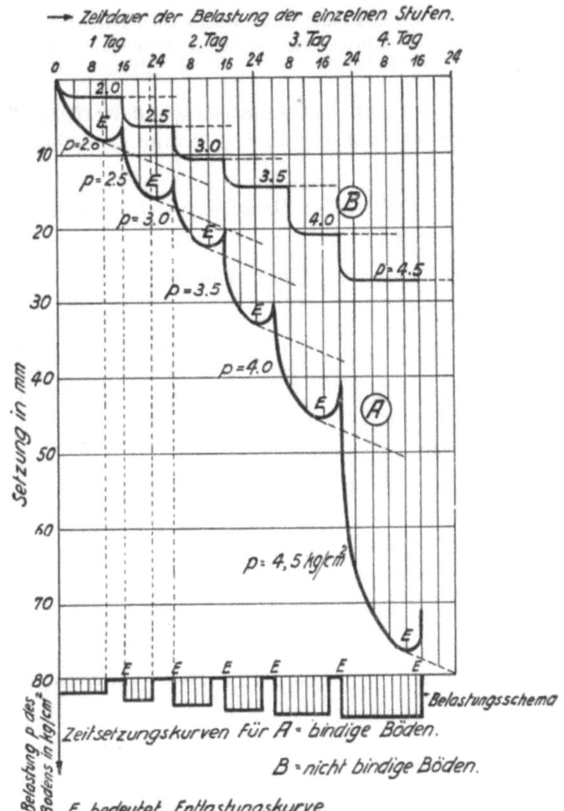

Abb. 259. Setzung in Abhängigkeit der veränderlichen Belastung und der Zeit. Die gestrichelten Kurven geben an, daß sich bindiger Boden bei Dauerbelastung stets weiter zusammendrücken läßt.

angenähert das Hookesche Belastungssetzungsgesetz gültig ist;

---

[1] Vgl. KRÜGER: Die Küstensenkung an der Jade. Bauingenieur 1938 Heft 7/8.

$C{-}D =$ Bereich mit der Grenzbelastung,

$D{-}E =$ Versinken der Platte infolge seitlichen Ausquetschens des Bodenmateriales. Es ist ein plastisches Fließen im Störungsbereich unterhalb der Platte zu beobachten.

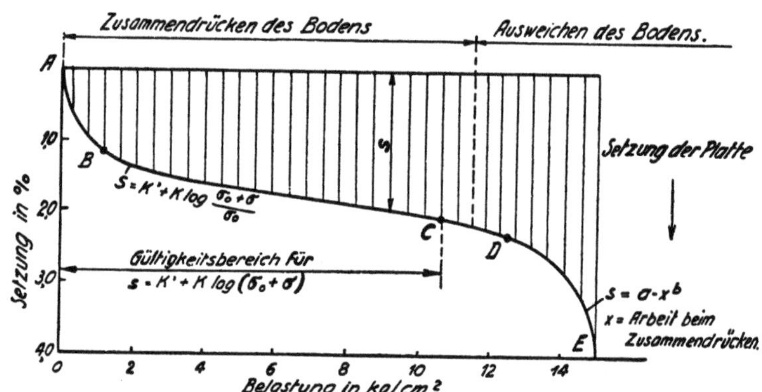

Abb. 260. Setzungsvorgang einer rechteckigen Platte bei einer Probebelastung. Plattenfläche $F = 15\,600$ cm²

$B{-}C$ Bereich, in welchem angenähert das Hookesche Elastizitätsgesetz gilt;

$C{-}D$ Bereich mit der Grenzbelastung; $D{-}E$ Bereich des Versinkens der Platte.

g) Mathematische Auswertung der Versuchsergebnisse.

Die Versuchsergebnisse können mathematisch auf zwei Arten ausgewertet
werden:

α) *mit Hilfe des Druckporenzifferdiagrammes,* β) *mit Hilfe des Drucksetzungsdiagrammes.*

Die beiden mathematischen Ansätze werden näher besprochen.

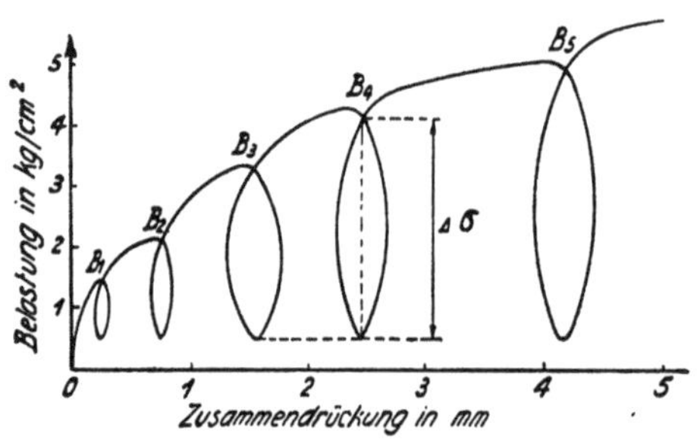

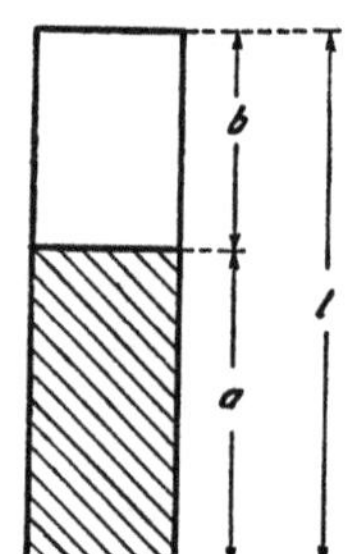

b *Porenraum,* ausgefüllt mit
Wasser, Luft oder Gas,
sog. flüssige Phase.

a *Festmasse,* sog. feste Phase:
wird als unveränderlich
angenommen.

b veränderlich bei Druck.

$$\frac{dl}{l} = \frac{db}{a+b}$$

Abb. 261. Zusammendrückungs-Belastungs-Versuch
an der Seitenwand in einer Baugrube.

Abb. 262. Feste und flüssige Teile eines Bodens.

α) Das Druckporenzifferdiagramm.

I. Grundlage. Oben wurde festgestellt, daß die Zusammendrückung des
Bodens zum größten Teil durch die Verkleinerung des Porenraumes bedingt
wird. Daher ist es naheliegend, die Längenänderung eines Bodens durch die
Änderung des Porenraumes auszudrücken.

Es sei: $l =$ Höhe einer Bodenprobe, $a =$ feste Masse in der Bodenprobe,
$b =$ Porenraum (siehe Abb. 262).

Dann ist $$l = a + b.$$

Da nach der Voraussetzung nur b veränderlich ist, so wird

$$dl = db.$$

Die auf die Einheitslänge bezogene Zusammendrückung, die sog. spez. Zusammendrückung, wird dann:

$$\frac{dl}{l} = \frac{db}{a+b}.$$

Da allgemein $\varepsilon = \dfrac{n}{1-n}$ ist, wobei $n =$ Porenraum $= b$ und $(1-n) = a =$ feste Masse bedeutet, so wird

$$\varepsilon = \frac{n}{1-n} = \frac{b}{a}$$

und

$$d\varepsilon = \frac{db}{a};$$

mit anderen Worten:

$$\frac{dl}{l} = \frac{db}{a+b} = \frac{d\varepsilon}{1+\dfrac{b}{a}} = \frac{d\varepsilon}{1+\varepsilon}. \tag{a}$$

Für $l = 1$ wird $\dfrac{dl}{l} = s = \dfrac{d\varepsilon}{1+\varepsilon} =$ spezifische Zusammendrückung.

Wird für $\varepsilon = \varepsilon_m$ ein Mittelwert eingeführt, so wird

$$\frac{dl}{l} = s = \alpha\, d\varepsilon; \quad \alpha = \frac{1}{1+\varepsilon_m},$$

d. h. die spez. Längenänderung s ist direkt proportional der Änderung des Porenraumes. Mit Hilfe dieses Ansatzes ist es möglich, die Zusammendrückung eines Bodens infolge Belastung durch die Porenraumveränderung auszudrücken.

Infolge der Belastung wird allgemein:

$$\varepsilon = \varepsilon_0 - d\varepsilon. \quad (\varepsilon_0 = \varepsilon_a = \text{Anfangsporenziffer})$$

Auf Grund von Versuchen läßt sich folgender mathematischer Ansatz für die Änderung der Porenziffer in Abhängigkeit der Belastung σ machen:

$$d\varepsilon = -\beta\, \frac{d\sigma}{\sigma_0 + \sigma} \tag{b}$$

oder

$$\sigma = -\left(\beta\,\frac{d\sigma}{d\varepsilon} + \sigma_0\right); \qquad \sigma = \sigma_0 \text{ für } \frac{d\sigma}{d\varepsilon} = 0.$$

$\sigma_0 =$ Anfangsdruck $=$ Vorspannung.

II. Die Druckporenziffergleichung nach Terzaghi. Durch Integration der Gl. (b) findet man

$$\varepsilon = -\alpha \ln(\sigma_0 + \sigma) + C_1. \tag{1}$$

Diese Gleichung stimmt mit der von Terzaghi angegebenen Porenziffergleichung, die er auf Grund der Auswertung zahlreicher Versuchsergebnisse fand, überein.

Wird $(\sigma_0 + \sigma) = 1$ genommen, so wird $\varepsilon = C_1$.

Wird $\sigma = 0$ gewählt, so wird $\varepsilon_a = \varepsilon_0$ und $\sigma_a = \sigma_0$, d. h.

$$\varepsilon_0 = -\alpha \ln \sigma_0 + C_1, \tag{2}$$

und schließlich erhält man durch Substraktion der Gl. (1) von Gl. (2) den Ansatz:

$$d\varepsilon = \varepsilon_0 - \varepsilon \quad \text{oder} \quad \varepsilon = -\alpha \ln\left(\frac{\sigma_0 + \sigma}{\sigma_0}\right) + \varepsilon_0.$$

Die physikalische Bedeutung von σ_0 ist noch nicht restlich abgeklärt; der Verfasser kommt auf Grund von Versuchen zur Auffassung, daß σ_0 von der Größe der molekularen Spannungskräfte, die im Wasserfilm um den Körper wirken, abhängig ist. Einen Einfluß auf die Größe von σ_0 hat auch die Kapillarkraft.

Für α sind verschiedene Werte zu nehmen, je nachdem es sich um eine erstmalige Belastung, Wiederbelastung oder Entlastung des Bodens handelt. Ferner ist, da es sich beim Wert α um sehr kleine Werte handelt, für α gesetzt worden:

$$\text{bei Belastungskurven:} \quad \alpha = \frac{1}{C}$$

$$\text{bei Entlastungskurven:} \quad \alpha = \frac{1}{A}.$$

Die Werte A und C gehen aus der Tabelle 217 hervor. A heißt der Schwellwert, C heißt der Verdichtungswert. Da die Entlastung kleinere Veränderungen in der Porenziffer ergibt als die Belastung, muß A größer als C sein (siehe Abb. 254).

Die Porenziffer ε hat im allgemeinen die Werte von 0,3 bis 1,5 je nach der Beschaffenheit der Körner und der Gleichförmigkeit der Kornzusammensetzung.

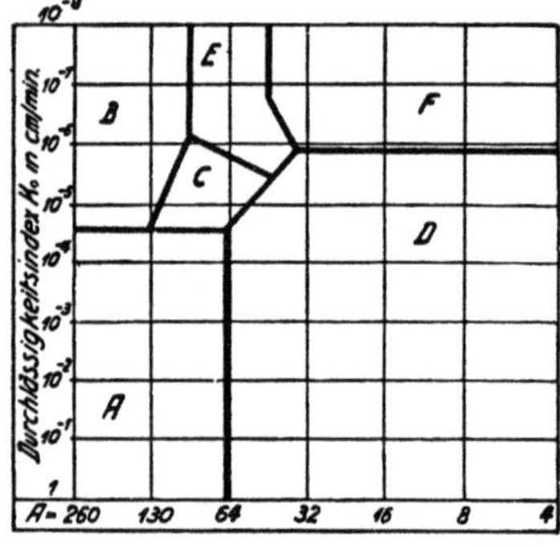

Abb. 263. Schwellwert A in der Gleichung

$$\varepsilon = -\frac{1}{A} \ln (\sigma_0 + \sigma) + A_0.$$

A Feinsand, B sandiger Lehm, C Schlamm, D Schlamm mit organischen Elementen, E magerer Ton, F fetter Ton.

Tabelle 217.

Bodenart	Werte von C (Verdichtungswert)	A (Schwellwert)
Ton	1—20	8—80
Sandiger Ton..........	20—50	50—250
Schlamm, Schluff mit organischer Beimischung	5—20	20—150
Feinster Sand	10—20	20—150
Feiner Sand, je nach dem Gehalt an organischen Stoffen............	10—100	100—200

Die Streuungen sind groß; deshalb sind Versuche von Fall zu Fall notwendig.

Schwell- und Verdichtungswerte.

Anmerkung. Die Werte A und C können auch in Beziehung zur Durchlässigkeitszahl k gebracht werden (siehe Abb. 263). Dieser Zusammenhang ist aber nicht eindeutig.

III. Die Druckporenziffergleichung nach ROBESON. Neben derjenigen von TERZAGHI sind noch andere Druckporenziffergleichungen aufgestellt worden; so z. B. von ROBESON[1] lautet sie:

$$\varepsilon = B + Z \,(1{,}69 - 1{,}07\,x^2 + 0{,}38\,x^3).$$
$$x = 2 + \log \sigma, \quad B = 1{,}8 \text{ bis } 2{,}10, \quad Z = 0{,}52 \text{ bis } 1{,}47.$$

Obige Gleichung gibt befriedigende Werte für torfige, schlammige Böden, die mit $\sigma = 0{,}1$ bis $0{,}5 \text{ kg/cm}^2$ belastet werden.

β) Die Drucksetzungskurve nach BENDEL.

Die oben beschriebene Druckporenziffergleichung $\varepsilon = \varepsilon_0 - \alpha \ln (\sigma_0 + \sigma)$, die von TERZAGHI stammt, wird verwendet, um sich ein Bild über den Setzungsvorgang in Abhängigkeit der Belastung machen zu können. Die Gleichung von

---

[1] Vgl. A method of predicting settlement of fills placed on muck beds. Public roads S. 260. Washington 1936.

Terzaghi gibt nur mittelbar Einblick in die Abhängigkeit der Setzung vom Druck; zudem verlangt die Ermittlung der Druckporenzifferkurve von Terzaghi einen großen Zeitaufwand. Um den Zusammenhang zwischen Druck und Setzung unmittelbar und rasch zu haben, ist vom Verfasser das nachfolgend beschriebene Verfahren entwickelt worden.

I. Die bezogene Setzung (spez. Setzung). Versuchstechnisch wird so vorgegangen, daß ein Probekörper von der Höhe h genommen und die Setzung S unter der Last beobachtet wird. Für die bezogene Setzung s gilt dann der Ansatz:

$$s = \frac{\text{beobachtete Setzung } S \text{ in cm}}{\text{Höhe } h \text{ des Versuchskörpers in cm}} = \frac{S}{h}.$$

s heißt auch die *spezifische Setzung* und wird in Prozent ausgedrückt.

Eine besondere Form der bezogenen Setzung s ergibt sich, wenn beim Belastungsversuch die prozentuale Höhenänderung des Versuchskörpers gegenüber seiner Höhe unter der Last $\sigma = 1 \text{ kg/cm}^2$ bestimmt wird[1].

II. Mathematische Auswertung von Versuchsergebnissen. *A. Der mathematische Ausdruck für das Drucksetzungsgesetz.* Aus zahlreichen Versuchen an Sanden, Kiesen, Lehmen, Tonen usw. zur Bestimmung des Zusammenhanges zwischen der Druckbelastung σ und der Bezugshöhe h (siehe S. 394 und Abb. 271) konnte das Potenzgesetz abgeleitet werden zu:

$$(\sigma_0 + \sigma) = b\, e^{as} \cong \sigma_0\, e^{as}\sigma, \quad \text{da } b \cong \sigma_0 \text{ ist} \tag{1}$$

Gl. (1) logarithmiert ergibt

$$\log (\sigma_0 + \sigma) = \log \sigma_0 + a\, s \log e \qquad \text{oder} \qquad \log \left(\frac{\sigma_0 + \sigma}{\sigma_0} \right) = \left(\frac{1}{K} \right) s, \tag{1'}$$

da $\left(\dfrac{1}{K} \right) = a \log e$ ist.

Für die Größe s siehe Abb. 271.

Nach der Setzung s umgeformt wird aus der Gl. (1'):

$$s = K \log \left(\frac{\sigma_0 + \sigma}{\sigma_0} \right) \text{ in } \%. \tag{2}$$

oder

$$s = K' + K \log (\sigma_0 + \sigma) \text{ in } \%, \tag{3}$$

wobei

$$K' = - K \log \sigma_0 \tag{4}$$

bedeutet.

In der allgemeinen Form lautet das Druckverformungsgesetz:

$$s = s^* + K \log \left(\frac{\sigma_0 + \sigma}{\sigma_0} \right) \text{ in } \%. \tag{5}$$

In den obigen Formeln haben σ_0, K, K' und s^* folgende physikalische Bedeutung:

B. Der σ_0-Wert. $\sigma_0 = $ Festwert, dessen Größe von den physikalischen, rein chemischen und elektrochemischen Eigenschaften des Bodens abhängt, oder anders ausgedrückt:

σ_0 bedeutet in der Bodenmechanik die Größe des Druckes, der durch die Kapillarkräfte, durch die molekularen Anziehungskräfte und durch die chemisch-physikalischen Kräfte auf das sedimentierte Material ausgeübt wurde, wenn es

---

[1] Vgl. R. Haefeli: Mechanische Eigenschaften von Lockergesteinen. Schweiz. Bauztg. Bd. 111 (1938) Nr. 24/26.

vom zähflüssigen (viskosen) Zustand in den elastisch-plastischen Zustand übergeht. Aus den Versuchen konnte festgestellt werden, daß dies bei bindigen Böden der Fall ist an der sog. Fließgrenze, die auch untere Plastizitätsgrenze oder untere Elastizitätsgrenze‘ genannt wird (siehe Abb. 360).

Die Fließgrenze wird angenähert nach ATTERBERG mit dem Casagrandschen Fließgerät bestimmt. Genauere Untersuchungsverfahren als das Casagrandsche Verfahren zur Bestimmung der untersten Elastizitätsgrenze sind erwünscht.

Der Wert σ_0 kann, wie weiter unten beschrieben ist, versuchstechnisch bestimmt werden.

C. Der K-Wert. 1. Die Bestimmung des K-Wertes aus der Drucksetzungskurve:

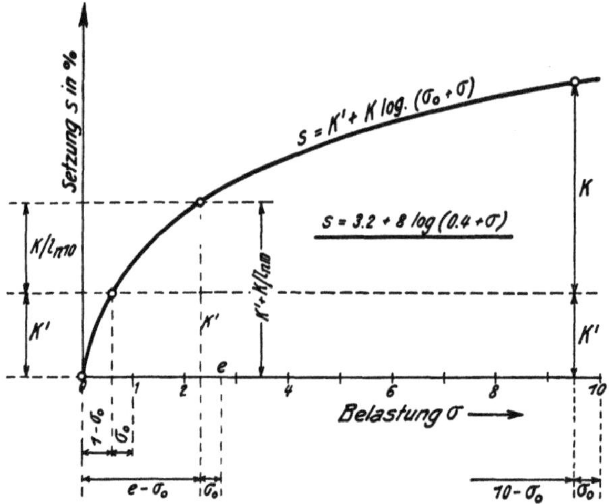

Abb. 264. Darstellung des Druckverformungsgesetzes. $s = K' + K \log (\sigma_0 + \sigma)$ im natürlichen Maßstab. Die Setzung s ist bezogen auf die Höhe h_0 der Probe unter der Belastung σ_0.

Wird in der Gl. (3) für $(\sigma_0 + \sigma) = 1 \text{ kg/cm}^2$ gesetzt, so erhält man

$$s = K' \quad \text{(siehe Abb. 264 bis 266)}.$$

Wird in der Gl. (3) für $(\sigma_0 + \sigma) = 10 \text{ kg/cm}^2$ gesetzt, so erhält man

$$s = K' + K,$$

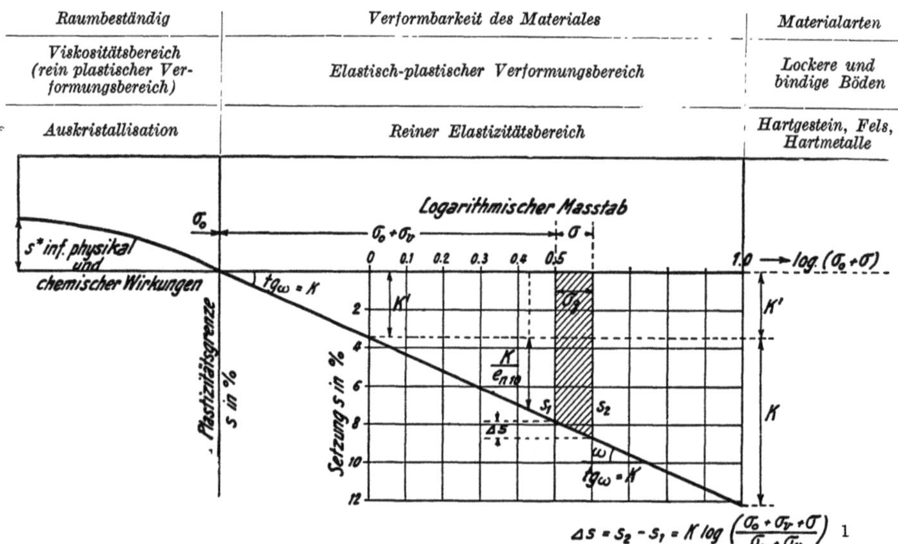

Abb. 265. Darstellung des Druckverformungsgesetzes nach BENDEL: $s = K' + K \log (\sigma_0 + \sigma)$.

d. h. wird der Druck $(\sigma_0 + \sigma) = 1$ auf $(\sigma_0 + \sigma) = 10 \text{ kg/cm}^2$ gesteigert, so erhält man für die Vergrößerung $\varDelta s$ der Setzung den Wert

$$\varDelta s = K \quad \text{(siehe Abb. 265 und 266)}.$$

---

[1] Die Setzung s ist bezogen auf die Probenhöhe h_0 bei der Belastung σ_0.

Statt mit dem Briggschen Logarithmus kann auch mit dem natürlichen Logarithmus gerechnet werden. In diesem Falle wird der K-Wert:

$$K_n = \frac{K}{\ln 10} = \frac{K}{2,3}.$$

2. Physikalische Bedeutung des K-Wertes: Der K-Wert gibt Aufschluß über die Größe der Zusammendrückbarkeit des Bodens. Weiche, meist bindige Bodenarten weisen große K-Werte auf; kleine K-Werte haben wenig verformbare Böden, wie Fels usw.

3. Der K-Wert in Beziehung zur Druckporenziffergleichung: Der K-Wert kann in Beziehung zur Druckporenziffergleichung von Terzaghi

$$\varepsilon = \varepsilon_0 - \alpha \ln\left(\frac{\sigma_0 + \sigma}{\sigma_0}\right) \quad (1)$$

gebracht werden.

Nach Gl. (4), S. 301, ist

$$n_0 - n = K \log \frac{\sigma_0 + \sigma}{\sigma_0}. \quad (2)$$

Da $n = \dfrac{\varepsilon}{1 + \varepsilon}$ ist (siehe S. 298), kann geschrieben werden:

$$n_0 - n = \frac{\varepsilon_0}{1 + \varepsilon_0} - \frac{\varepsilon}{1 + \varepsilon}. \quad (3)$$

Wird für $\dfrac{1}{1 + \varepsilon}$ und für $\dfrac{1}{1 + \varepsilon_0}$ ein Mittelwert der Größe $\left(\dfrac{1}{1 + \varepsilon_m}\right)$ genommen, so wird

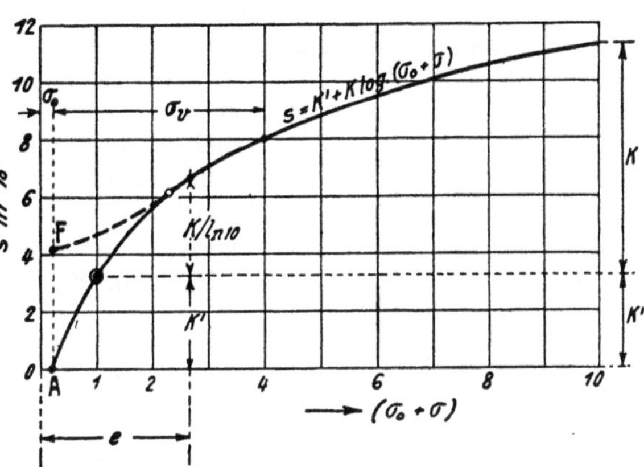

Abb. 266. Darstellung des Druckverformungsgesetzes
$$s = K' + K \log (\sigma_0 + \sigma)$$
im natürlichen Maßstab mit der Achse: $x = (\sigma_0 + \sigma)$. Für obiges Beispiel gilt $s = 3,2 + 8 \log (0,4 + \sigma)$ in %. $\sigma_0 =$ Vorbelastung.

$$(n_0 - n) = (\varepsilon_0 - \varepsilon)\left(\frac{1}{1 + \varepsilon_m}\right) = K \log\left(\frac{\sigma_0 + \sigma}{\sigma_0}\right). \quad (4)$$

Aus Gl. (1) und Gl. (4) erhält man nun:

$$\varepsilon_0 - \varepsilon = \frac{K(1 + \varepsilon_m)}{\ln 10} \ln\left(\frac{\sigma_0 + \sigma}{\sigma_0}\right) = \alpha \ln\left(\frac{\sigma_0 + \sigma}{\sigma_0}\right) \quad (5)$$

oder

$$K = \frac{\ln 10}{\dfrac{1}{\alpha}(1 + \varepsilon_m)}. \quad (6)$$

Fröhlich[1] setzt für

$$\frac{1}{\dfrac{1}{\alpha}(1 + \varepsilon_m)} = \omega. \quad (7)$$

Aus Gl. (7) geht hervor, daß ω kein Festwert ist, sondern von der Größe der jeweiligen Porenziffer ε_m abhängig ist.

4. Erfahrungswerte von K. a) Allgemeine Erfahrungswerte. Aus der Tabelle 218 gehen eine Anzahl Erfahrungswerte für K hervor.

Aus obiger Darstel-

Tabelle 218.

Bodenart	K bei der Belastung	K bei der Entlastung der Böden
Ton, Lehm	0,05—0,6	0,01 —0,10
Mergeliger Boden mit organischen Beimengungen	0,01—0,2	0,002—0,02
Feinster Quarzsand......	0,01—0,15	0,003—0,02
Feiner Sand	0,05—0,10	0,003—0,006

---

[1] Druckverteilung im Baugrunde S. 88. Berlin 1934.

lung geht hervor, daß die K-Werte großen Schwankungen unterworfen sind. Deshalb muß der K-Wert von Fall zu Fall versuchstechnisch ermittelt werden.

b) **Injektionen.** Bei Verfestigung des Bodens, z. B. bei Injektionen oder bei elektrochemischer Bodenverfestigung von torfig-mergeligen Schichten, ist der K-Wert von 0,055 auf 0,02 gesunken.

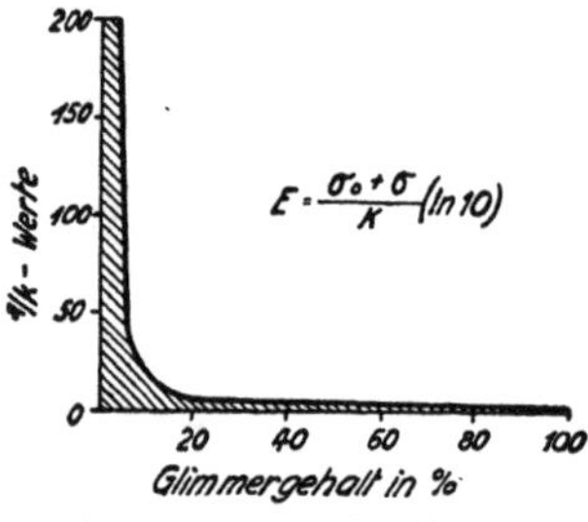

Abb. 267. Einfluß des Glimmergehaltes auf die Bodenelastizitätsziffer E (M_E).

c) Je höher der Glimmergehalt eines Sandes wird, um so größer wird der K-Wert (vgl. Abb. 267).

d) Im *Bergbau* kann durch Ermittlung des σ_v-Wertes zu verschiedenen Zeiten festgestellt werden, ob der Gebirgsdruck schon auf einen Versatz gewirkt hat. Praktisch wurde gefunden, daß σ_v nach 5 Jahren sich um 250% erhöhte.

5. **Der K-Wert bei der Entlastung und Wiederbelastung des Bodens.** Wird der Boden entlastet, so erhält man an Stelle des Wertes K einen neuen Wert K_1 (siehe den Kurvenast E—F in der Abb. 268). K_1 ist kleiner als K †.

Wird der Boden wieder belastet, so erhält man einen neuen Wert K_2 (siehe den Kurvenast F—G in der Abb. 268). K_2 ist größer als K_1, aber kleiner als K; d. h. $K_1 < K_2 < K$.

Für den Kurvenast G—H, der die Fortsetzung des Kurvenastes A—E ist, wird der Wert K_3 gleich groß, wie der Wert K; d. h. $K_3 = K$.

Aus dieser Feststellung ergibt sich, daß der K-Wert und der K_2-Wert die Vorbelastungsgeschichte eines Bodens widerspiegeln.

Beispiel. In der Abb. 269 bedeutet die Strecke F—G denjenigen Kurvenast, der versuchstechnisch beim Belasten eines Bodens, der schon einmal vorbelastet war, gefunden wurde. Die Strecke G—H bedeutet denjenigen Kurvenast, der für einen erstmalig belasteten Boden gefunden wird. Vgl. auch Abb. 270.

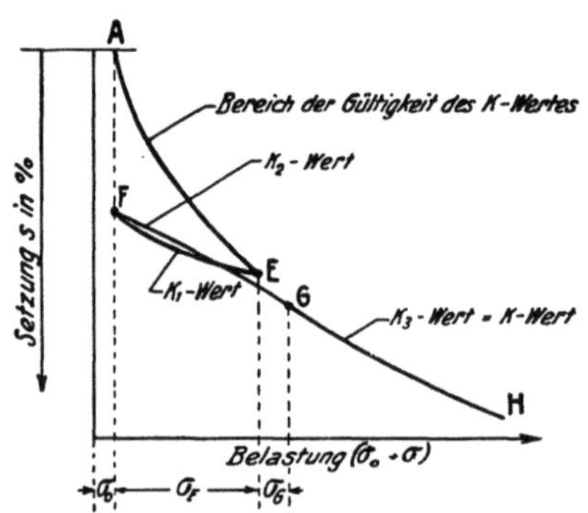

Abb. 268. Darstellung der Gültigkeit der verschiedenen K-Werte in der Gleichung:

$$s = K \log\left(\frac{\sigma_0 + \sigma}{\sigma_0}\right).$$

K_1 gilt für die Entlastungs-Hebungs-Gleichung; $K_1 < K$; K_2 gilt für die *Wiederbelastungs-Setzungs-Gleichung* $K_1 < K_2 < K$; $K_3 = K$ gilt für den Teil des erstmalig belasteten Kurvenastes.

D. **Der K'-Wert.** Die Bedeutung des Wertes K' geht aus der Beziehung hervor:

$$K' = -K \log \sigma_0.$$

Ist die Vorbelastung σ_0 eines Materiales groß, so wird der Wert K' groß; ist die Vorbelastung σ_0 klein, so wird der Wert K' klein; d. h. war die Zusammendrückung des Materiales im plastischen Verformungsbereich infolge der physikalischen und chemischen Kräfte σ_0 klein, so wird auch der Wert K' klein.

E. **Der s^*-Wert.** In der Gl. (5), S. 399, bedeutet s^* die Setzung s für den Fall, daß die Belastung $\sigma = 0$ ist; d. h. s^* gibt die Größe der Setzung an, die der Boden

---

† Genaue Untersuchungen des Verfassers ergaben, daß der K_1-Wert, der bei der Entlastung auftritt, kein Festwert ist. Bei torfhaltigen Tonen mit starkem Schwellvermögen ergab sich bei der Entlastung, daß K_1 verschieden groß ausfällt, je nachdem der Boden stark oder schwach vorbelastet war. Die Zusammenhänge zwischen dem Wert K_1 und der Entlastung sind noch nicht abgeklärt.

im zähflüssigen Zustand unter Einwirkung verschiedener physikalischer, rein chemischer und elektrochemischer Einflüsse erlitten hat. Die Größe s^* wird für die weiteren Betrachtungen außer acht gelassen.

F. Bezugshöhe h_0: In der Gl. (2), S. 404, ist die Setzung auf die Höhe $h_0 = 1$ bezogen. h_0 ist die Probenhöhe, welche das Material an der unteren Elastizitätsgrenze hat. Praktisch ist diese Höhe eine ideelle Größe. Indem die beobachteten Setzungsmaße auf h_0 bezogen werden, bleiben die Kennziffern K' und K von dem jeweiligen Zustand (Wassergehalt) der Bodenprobe *unabhängig*; also sind K' und K tatsächliche Festwerte.

III. Die zeichnerische Auswertung der Drucksetzungsgleichung. Die Gleichung $s = K' + K \log(\sigma_0 + \sigma)$ kann auf verschiedene Arten zeichnerisch ausgewertet werden, nämlich:

A. im Koordinatenkreuz mit der s-Achse und σ-Achse (Abb. 264),

B. im Koordinatenkreuz mit der s-Achse und der $\log(\sigma_0 + \sigma)$-Achse (Abb. 265),

C. im Koordinatenkreuz mit der s-Achse und der $(\sigma_0 + \sigma)$-Achse (Abb. 266).

Die aus den Zeichnungen sich ergebenden Werte K, K' und σ_0 sind in den einzelnen Abbildungen hervorgehoben.

IV. Versuchstechnische Ermittlung der Drucksetzungskurve. *A. Die bezogene Setzung in bezug auf den vorhandenen Zustand (Wassergehalt) des Probekörpers.* Für die Durchführung eines Drucksetzungsversuches wird aus dem Boden ein Körper der Höhe h gestochen. Derselbe wird mit verschiedenen Werten σ belastet und die jeweilige Setzung $S_{gemessen}$ bestimmt.

Um aus den versuchstechnisch erhaltenen Setzungswerten die Drucksetzungsgleichung

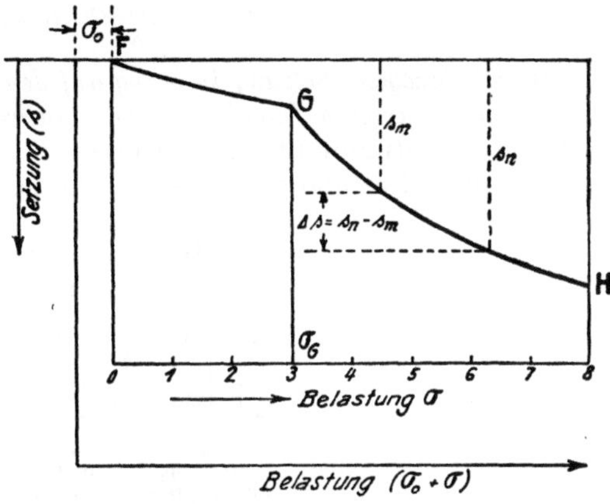

Abb. 269. Verlauf der Drucksetzungskurve für einen Boden, der bereits vorbelastet war.
F—G—H Drucksetzungskurve, die beim Belastungsversuch gefunden wurde.
F—G Kurvenast infolge der Vorbelastung des Bodens; z. B. infolge Gletscherdruck usw. Für diesen Kurvenast gilt der Wert K_2.
G—H Kurvenast, der für einen erstmalig belasteten Boden gilt. Für diesen Kurvenast gilt der Wert K.

Anmerkung: Für den Kurvenast *F—G* ist die Elastizitätsziffer E angenähert ein Festwert; d. h. $E \cong$ Festwert; mit anderen Worten: in diesem Bereich gilt das Hookesche Drucksetzungsgesetz $s = \dfrac{\sigma}{E}$. Für den Kurvenast *G—H* gilt für die Elastizitätsziffer das Gesetz: $M_E = \left(\dfrac{\sigma_0 + \sigma}{K}\right) \ln 10$; siehe S. 412 dieses Buches.

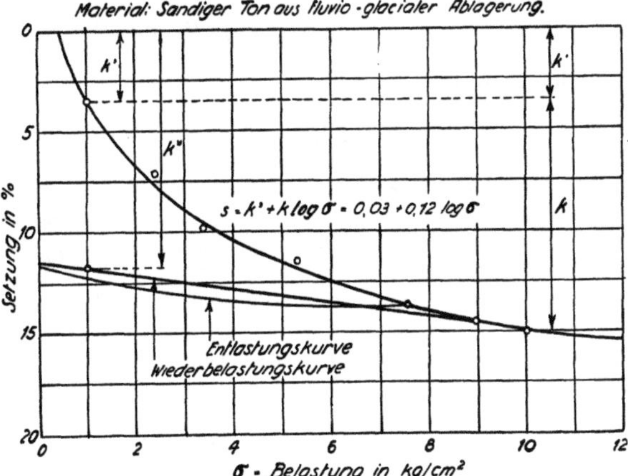

Abb. 270. Setzungskurve. Untersuchungsergebnisse, ermittelt an einem 100 mm hohen Versuchskörper.

$$s = K \log\left(\frac{\sigma_0 + \sigma}{\sigma_0}\right) \qquad (1)$$

zu erhalten, muß wie folgt vorgegangen werden:

Zunächst wird die bezogene Setzung s' für die Probekörperhöhe h ermittelt; dieselbe beträgt:

$$s' = \frac{S_{gemessen}}{h} \text{ (siehe Abb. 271).} \tag{1'}$$

B. Die bezogene Setzung in bezug auf den Zustand (Wassergehalt) des Körpers, den er an der unteren Elastizitätsgrenze aufweist. Andererseits wird die bezogene Setzung s' bestimmt für einen Körper B, der durch den Druck σ_v vom Fließzustand in die Zustandsform des Probekörpers A gebracht wurde (siehe Abb. 271).

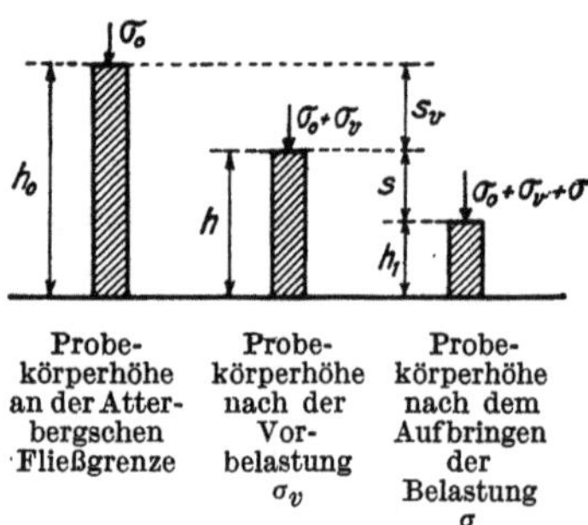

| Probekörperhöhe an der Atterbergschen Fließgrenze | Probekörperhöhe nach der Vorbelastung σ_v | Probekörperhöhe nach dem Aufbringen der Belastung σ |

Abb. 271. Bestimmung der bezogenen Setzung s'.

s = gesuchte bezogene (spezifische) Setzung,

$s = \dfrac{S}{h_0}$ in %, bezogen auf die Höhe h_0,

$s' = \dfrac{S}{h}$ in %, bezogen auf die Höhe h,

h kann die Probenhöhe bedeuten bei der Belastung $\sigma_0 + \sigma_v$ oder
h kann die Probenhöhe bedeuten bei der Belastung $(\sigma_0 + \sigma_v + 1)$ kg/cm²

Es ist nach Abb. 271:

$$s_v = \frac{S_v}{h_0} \text{ in \% (bezogen auf } h_0), \tag{2}$$

$$s = \frac{S}{h_0} \text{ in \% } (S = \text{gemessene Setzung} = S_{gemessen}). \tag{2'}$$

Ferner ist:

$$s_v = K \log\left(\frac{\sigma_0 + \sigma_v}{\sigma_0}\right) = K \log\left(\frac{\sigma_a}{\sigma_0}\right). \tag{3}$$

Allgemein ist:

$$s = K \log\left(\frac{\sigma_0 + \sigma_v + \sigma}{\sigma_0 + \sigma_v}\right) = K \log\left(\frac{\sigma_a + \sigma}{\sigma_a}\right). \tag{4}$$

Nach Gl. (1') ist:

$$s' = \frac{S}{h} = \frac{S}{h_0 - S_v} = \frac{\dfrac{S}{h_0}}{1 - \dfrac{S_v}{h_0}} = \frac{s}{1 - s_v} \tag{4'}$$

oder mit Hilfe von Gl. (4) und Gl. (3) wird aus Gl. (4'):

$$s' = \frac{K \log\left(\dfrac{\sigma_a + \sigma}{\sigma_a}\right)}{1 - K \log\left(\dfrac{\sigma_a}{\sigma_0}\right)} = \frac{K \log\left(\dfrac{\sigma_0 + \sigma_v + \sigma}{\sigma_0 + \sigma_v}\right)}{1 - K \log\left(\dfrac{\sigma_0 + \sigma_v}{\sigma_0}\right)}. \tag{5}$$

Aus Gl. (1) und Gl. (5) ergibt sich:

$$s' = \frac{S_{gemessen}}{h_{gemessen}} = \frac{K}{1 - K \log \dfrac{\sigma_a}{\sigma_0}} \log\left(\frac{\sigma_a + \sigma}{\sigma_a}\right). \tag{6}$$

Setzt man für

$$\frac{K}{1 - K \log \dfrac{\sigma_a}{\sigma_0}} = K_a, \tag{7}$$

so erhält man

$$s' = K_a \log\left(\frac{\sigma_a + \sigma}{\sigma_a}\right). \tag{8}$$

Gl. (3) und Gl. (8) sind genauer anzuschreiben mit

$$s = K \log\left(\frac{\sigma_0 + \sigma_v}{\sigma_0}\right) h_0 = K_0 \log\left(\frac{\sigma_a}{\sigma_0}\right) \cdot h_0, \tag{3'}$$

$$s' = K_a \log\left(\frac{\sigma_a + \sigma_z}{\sigma_a}\right) h_a = K_a \log\left(\frac{\sigma_t}{\sigma_a}\right) \cdot h_a. \tag{8'}$$

In den Gleichungen bedeuten:

(Gl. 3') : $h_0 = 100$ mm, (Gl. 8') : $h_a = 100$ mm.

σ_a = Anfangsbelastung in kg/cm² $\sigma_a = \sigma_0 + \sigma_v$ in kg/cm²

σ_z = zusätzliche Belastung zu σ_a in kg/cm² σ_0 = Belastung an der Fließ-

                                                  grenze

σ_t = Gänzliche Belastung: $\sigma_t = \sigma_a + \sigma_z$ in kg/cm² σ_v = Vorbelastung.

Gemäß der Einführung des Begriffes K_t kann geschrieben werden

$$K_t = \frac{K_0}{1 - K_0 \log \dfrac{\sigma_t}{\sigma_0}} = \frac{K_0}{1 - K_0 \log\left(\dfrac{\sigma_a + \sigma_z}{\sigma_0}\right)} = \frac{K_0}{1 - K_0 \log\left(\dfrac{\sigma_0 + \sigma_v + \sigma_z}{\sigma_0}\right)}. \tag{9}$$

Wird $\sigma_0 = \sigma_a$ und $\sigma_v = 0$ gesetzt, so wird

$$K_0 = K_a,$$

und

$$K_t = \frac{K_a}{1 - K_a \log \dfrac{\sigma_t}{\sigma_a}} = \frac{K_a}{1 - K_a \log\left(\dfrac{\sigma_a + \sigma_z}{\sigma_a}\right)} \tag{9'}$$

Versuchstechnisch gelingt es, z. B. mit Hilfe des Oedometer-Versuches, eines statischen oder dynamischen Triaxialversuches irgend einen Wert K_a zahlenmäßig zu bestimmen; dann können alle übrigen K_t-Werte aus Gl. (9') errechnet werden.

Zahlenbeispiel.

Erster Versuch. Ein lehmiges Material, das einen Wassergehalt enthielt, der demjenigen an der Fließgrenze entsprach, wurde einem Oedometer-Versuch unterworfen. Es wurde gefunden:

$$K_0 = 20\%; \quad \sigma_0 = 0{,}10 \text{ kg/cm}^2; \quad h_o = 100 \text{ mm}.$$

Nach Gl, (3') ergibt sich:

$$s = K_0 \log\left(\frac{\sigma_0 + \sigma_v}{\sigma_0}\right) = 0{,}20 \log\left(\frac{0{,}1 + \sigma_v}{0{,}1}\right). \tag{10}$$

Für $\sigma_v = 0{,}9$ kg/cm² wird $(\sigma_0 + \sigma_v) = 0{,}1 + 0{,}9$; $s_{0,1,1} = 0{,}20 \log\left(\frac{0{,}1 + 0{,}9}{0{,}1}\right) = 20$ mm.

$$\tag{10'}$$

Für $\sigma_v = 1{,}9$ kg/cm² wird $(\sigma_0 + \sigma_v) = 2$ kg/cm² $s_{0,1,2} = 26{,}02$ mm. (10'')

,, $\sigma_v = 4{,}9$ kg/cm² wird $(\sigma_0 + \sigma_v) = 5$ kg/cm² $s_{0,1,5} = 34{,}00$ mm. (10''')

,, $\sigma_v = 9{,}9$ kg/cm² wird $(\sigma_0 + \sigma_v) = 10$ kg/cm² $s_{0,1,10} = 40{,}00$ mm. (10^{IV})

Zweiter Versuch. Das gleiche Material wurde zuerst mit $\sigma_a = 1$ kg/cm² vorbelastet. Bei einer Steigerung der Belastung von $\sigma_a = 1$ kg/cm²

um $\sigma_z = 1$ kg/cm² wurde gefunden $s_{1,2} = 7{,}5$ mm. (11')

,, $\sigma_z = 4$ kg/cm²   ,,   ,, $s_{1,5} = 17{,}5$ mm. (11'')

,, $\sigma_z = 9$ dg/cm²   ,,   ,, $s_{1,10} = 25$ mm. (11''')

Aus den Werten $s_{1,2}$; $s_{1,5}$; $s_{1,10}$ errechnet sich der Zusammendrückungskoeffizient

K_{a_1} z. B. bei $s_{1,5} = 17{,}5$ mm für $\sigma_a = 1$; $\sigma_z = 4$ und $17{,}5 = K_{a_1} \cdot \log\left(\dfrac{\sigma_a + \sigma_z}{\sigma_a}\right)$;

$$K_{a_1} = \frac{17{,}5}{\log\left(\dfrac{1+4}{1}\right)} = 25\%. \qquad\qquad (11^{\mathrm{IV}})$$

Kontrolle:

$$s_{1,\,10} = 25\ \mathrm{mm}; \quad K_{a_1} = \frac{25}{\log\left(\dfrac{1+9}{1}\right)} = 25\%.$$

Kontrolle der Werte $s_{1,\,2}$ und $s_{1,\,5}$.

Nach Gl. (10'') und (10') wird:

$$s_{1,\,2} = \frac{s_{0,1,\,2} - s_{01,\,1}}{s_{0,1} - s_{0,1\,1}} = \frac{26{,}02 - 20{,}00}{100 - 20{,}00} = 7{,}5\ \mathrm{mm}. \qquad\qquad (11^{\mathrm{V}})$$

$$s_{1,\,4} = \frac{s_{0,1\,5} - s_{0,1\,1}}{s_{0,1} - s_{0,1\,1}} = \frac{34{,}00 - 20{,}00}{100 - 20{,}00} = 17{,}5\ \mathrm{mm}. \qquad\qquad (11^{\mathrm{VI}})$$

Folgerung: Die Gleichungen (11^{V}) und (11^{VI}) geben die gleichen Resultate wie die Gl. (11') und (11'').

In Gl. (11^{IV}) wurde K_{a_1} ermittelt zu:

$K_{a_1} = 25\%$; daraus können alle übrigen K_t-Werte nach Gl. (9) errechnet werden, z. B.

$$\sigma_t = \sigma_{a_1} + \sigma_z = 1 + 1 = 2\ \mathrm{kg/cm^2};$$

$$K_t = K_{a_2} = \frac{K_{a_1}}{1 - K_{a_1} \log\left(\dfrac{\sigma_{a_1} + \sigma_z}{\sigma_{a_1}}\right)} = \frac{0{,}25}{1 - 0{,}25 \log\left(\dfrac{2}{1}\right)} = 27{,}1\%. \qquad (12)$$

$\sigma_t = 1 + 2\ \mathrm{kg/cm^2}; \quad K_{a_3} = 28{,}2\%.$ | $\sigma_t = 10\ \mathrm{kg/cm^2}; \quad K_{a_{10}} = 33{,}3\%.$

$\sigma_t = 1 + 4\ \mathrm{kg/cm^2}; \quad K_{a_5} = 30{,}0\%.$ | $\sigma_t = 1 - 0{,}9\ \mathrm{kg/m^2}; \quad K_{\sigma,\,0,1} = K_0 = 20\%.$

Aus der Gl. (12) geht der Einfluß einer Belastung $\sigma_t = \sigma_a + \sigma_z$ auf die Größe des K_t-Wertes hervor.

Beispiel einer Setzungsanalyse. Für die Durchführung einer Setzungsberechnung kann der Untergrund z. B. in Schichten von 1,00 m Höhe unterteilt werden. Dann erhält man für $\sigma_t = \gamma_e{}^* t$ und $K_{a_1} = 25\%$:

$$K_{(\gamma e^* t)} = \frac{0{,}25}{1 - 0{,}25 \log(\gamma_e{}^* t)} = \frac{0{,}25}{1 - 0{,}25 \log\left(\dfrac{\gamma_e{}^* t}{1}\right)}. \qquad\qquad (13)$$

Tabelle 219a.

Terrainoberkante	$\sigma_a = \gamma_e{}^* t$ in kg/dm³	$K_{(\gamma^* t)}$ (Gl. 13)	Zusätzliche Belastung durch Bauwerkbelastung σ_z	$s = K_{\gamma^* t} \log\left(\dfrac{\sigma_a + \sigma_z}{\sigma_a}\right) h$
Tiefe t unter Terrainoberkante ..	0,10	20%	—	$h = 100\ \mathrm{cm}$
$t = 1\ \mathrm{m}$				$\sigma_a = \gamma_e{}^* t$
	0,30	22%	0,67 kg/cm²	$s = 0{,}22 \log\left(\dfrac{0{,}3 + 0{,}67}{0{,}3}\right) = 11{,}2\ \mathrm{cm}$
$t = 2\ \mathrm{m}$				
	0,50	23,2%	0,40 kg/cm²	$s = 0{,}232 \log\left(\dfrac{0{,}5 + 0{,}4}{0{,}5}\right) = 5{,}5\ \mathrm{cm}$
$t = 3\ \mathrm{m}$				
	0,70	24,0%	0,28 kg/cm²	$s = 0{,}24 \log\left(\dfrac{0{,}7 + 0{,}28}{0{,}2}\right) = 3{,}6\ \mathrm{cm}$
$t = 4\ \mathrm{m}$				
	0,90	24,6%	0,22 kg/cm²	$s = 0{,}246 \log\left(\dfrac{0{,}9 + 0{,}22}{0{,}9}\right) = 2{,}5\ \mathrm{cm}$
$t = 5\ \mathrm{m}$				
Fels	Totale Setzung $S = \sum s = S_{\mathrm{Total}} = 23{,}8\ \mathrm{cm}.$			

$\gamma_e^* =$ Raumgewicht des naturfeuchten Bodens in kg/cm³.
$t =$ Tiefe der betrachteten Schicht unterhalb der Erdoberkante in cm.
Es wird für $\gamma_e^* = 0{,}002$ kg/cm² gewählt

V. Bedeutung des Vorbelastungswertes
σ_v. *A. Begriff.* Der Wert σ_v bedeutet
diejenige Belastung, mit welcher ein Bo-
den vor Beginn der Untersuchung bereits
vorbelastet gewesen war, z. B. infolge
Gletscherdruckes usw. Wird ein wassergesättigter Boden vorausgesetzt, so steht
die Spannung σ_v bei der erstmaligen Belastung mit dem vorhandenen Wasser-

Tabelle 219.

t in cm	$\sigma_a = \gamma_e^* t$ in kg/cm²	$K_{(\gamma e^* t)}$
50 cm	0,10 kg/cm²	20,0%
150 cm	0,30 kg/cm²	22,0%
250 cm	0,50 kg/cm²	23.2%
350 cm	0,70 kg/cm²	24,0%
450 cm	0,90 kg/cm²	24,6%

gehalt einer Bodenprobe in Beziehung. Dies geht aus der nachfolgenden Gl. (17)
hervor. Es ist nämlich, da die Setzung hauptsächlich auf Verkleinerung des
Porenvolumens zurückzuführen ist, also durch den Wasserverlust angegeben
wird, zu setzen:

$$W = W_0 - K \log \left(\frac{\sigma_0 + \sigma_v}{\sigma_0} \right). \tag{17}$$

σ_0 und K sind die Festwerte, wie sie oben bestimmt wurden,

$W_0 =$ Wassergehalt an der unteren Elastizitätsgrenze; bei bindigen Böden
auch Atterbergsche Fließgrenze genannt.

W_0 bedeutet somit den Wassergehalt des Bodens, wenn er vom *rein* plastischen
Verformungsbereich in den elastisch-plastischen Verformungsbereich übergeht, d. h. wenn $\sigma_v = 0$ ist;

W_0 wird in Vol.-% ausgedrückt, ebenso W.

Zahlenwerte: Für obiges Beispiel eines feinen Seeschlammes wurden bei einem
Wassergehalt $W_0 = 24\% \cong W_F$, für $K = 4\%$; $\sigma_0 = 0{,}4$ kg/cm² nebenstehende
Werte erhalten:

**VI. Drucksetzungsgleichung in veränderter
Schreibweise.** Versucht man das Verformungs-
gesetz unter Berücksichtigung der Zusatzspannung σ allein zu formulieren, so sieht
man, daß die entsprechenden Bodenkennziffern *keine* Festwerte mehr sind, sondern
von der Vorspannung σ_v und der Zusatzspannung σ abhängig werden. Im folgenden
Abschnitt ist dies näher erläutert.

Tabelle 220.

Wassergehalt W %	Vorbelastung σ_v kg/cm²
$W = W_0 = 24{,}0$	$\sigma_v = 0$
$W = 21{,}8$	$\sigma_v = 1$
$W = 19{,}5$	$\sigma_v = 5$
$W = 18{,}4$	$\sigma_v = 10$
$W = 17{,}2$	$\sigma_v = 20$
$W = 15{,}8$	$\sigma_v = 50$

A. Der K_e-Wert. Gl. (5) kann auch geschrieben werden:

$$s' = \Delta s = K \log \left(\frac{\sigma_0 + \sigma_v + \sigma}{\sigma_0 + \sigma_v} \right) = K \log \left(\frac{\sigma_a + \sigma}{\sigma_a} \right) = K_0 \log (\sigma). \tag{18}$$

In Gl. (18) bedeutet K_0 eine Funktion von σ.
Wird Gl. (18) in Reihen aufgelöst, so ergibt sich:

$$K_0 = K \frac{\sigma (\sigma + 1)}{[2 (\sigma_0 + \sigma_v) + \sigma] (\sigma - 1)}. \tag{19}$$

Aus Gl. (19) geht hervor, daß K_0 um so kleiner wird, je größer die Vorbelastung σ_v war. Da bei der erstmaligen Belastung des Bodens der Vorbelastungs-
wert σ_v vom jeweiligen Wassergehalt abhängig ist, so muß auch der Wert K_0
vom jeweiligen Wassergehalt der Probe abhängig sein.

Wird in Gl. (19) für $\sigma = e = 2{,}7$ gesetzt, so erhält man unter Berücksichtigung der Gl. (17)

$$K_0 = K \frac{e\,(e+1)}{(e-1)} \left[\frac{\dfrac{2K}{\ln 10} - (W_0 - W)}{\dfrac{2K}{\ln 10}\,(2\,\sigma_0 + e) + (W_0 - W)\,(2\,\sigma_0 - e)} \right] = K_e \qquad (20)$$

oder in allgemeiner Form:

$$K_e = K \left(\frac{a + b\,W}{c + d\,W} \right). \qquad (21)$$

Die Formeln mit dem K_e-Wert gelten nur für kleine Werte von σ; für große Werte von σ weichen sie erheblich von den Versuchswerten ab.

Für Lehm wurde versuchstechnisch gefunden:

Zahlenbeispiel: $K = 34{,}5\%$; $W_0 = 30\%$; $\sigma_0 = 0{,}5\ \mathrm{kg/cm^2}$; $e = 2{,}7$.

Daraus ergibt sich:

$$K_e = \frac{205\,W}{60 + 1{,}7\,W}.$$

Tabelle 221.

W = Wassergehalt bei Beginn der Probe- untersuchung %	$K_e = \dfrac{205\,W}{60 + 1{,}7\,W}$ nach Gl. (21) %	$K_0' = \Delta_e = \dfrac{205\,W}{60 + 1{,}7\,W} - 1{,}25\,W$ nach Gl. (22) %
$W = 30$	$K_e = 55{,}5$	19,0
25	55,5	19,05
20	43,5	18,5
15	36,0	17,35
10	26,5	14,0
5	15,0	8,75

Obige Werte sind in Abb. 272 zeichnerisch aufgetragen; aus denselben geht hervor, daß der Wert K_e stark vom jeweiligen Wassergehalt, den das Bodenmuster bei Beginn des Setzungsversuches aufweist, vom sog. Anfangswassergehalt, abhängt.

B. Der Δ_e-Wert. Für Gl. (18) kann auch der mathematische Ansatz gemacht werden:

$$\Delta s = K \log \left(\frac{\sigma_0 + \sigma_v + \sigma}{\sigma_0 + \sigma_v + a} \right)$$

$$= K_0' \log \left(\frac{\sigma}{a} \right), \qquad (22)$$

d. h. man belastet das Bodenmuster zuerst mit einer Last $\sigma = a$ und stellt die entsprechende Setzung Δs_a

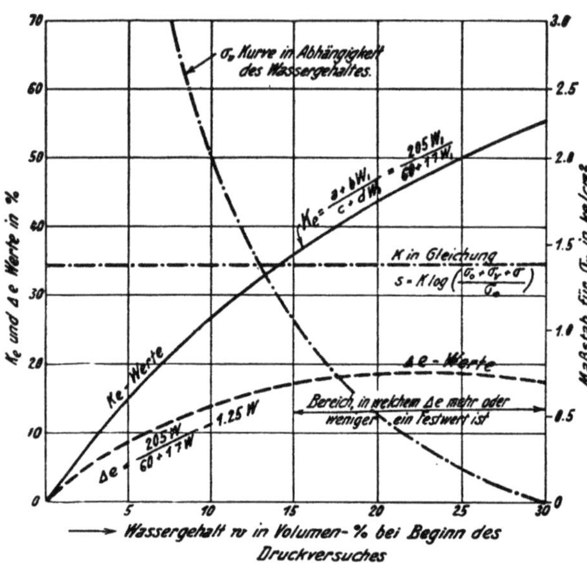

Abb. 272. Material: Lehm.

$W_0 = 30\%$; $K = 34{,}5\%$; $\sigma_0 = 0{,}5\ \mathrm{kg/cm^2}$; $e = 2{,}7\ \mathrm{kg/cm^2}$. Veränderlichkeit der Werte K_e, Δ_e und σ_v in Abhängigkeit des Wassergehaltes der Bodenprobe. Es bedeutet:
——— Kurve für K_e-Werte; — — — Kurve für Δ_e-Werte; —·—·—·— Kurve für σ_v-Werte.

fest. Die Setzung Δs wird dann $\Delta s = \Delta s_\sigma - \Delta s_a$, wobei $\Delta s_\sigma = K_0' \log \sigma = K_0 \log \sigma$ bedeutet.

HAEFELI[1] hat für $a = 1$ kg/cm² genommen und hierfür versuchstechnisch den Wert K_0' abgeleitet; er bezeichnet den Wert K_0' mit Δ_e.

Gl. (22) kann in Reihen entwickelt werden; dann ergibt sich für K_0' der Wert bei Annahme von $\sigma = e$ kg/cm² und $a = 1$ kg/cm²

$$K_0' = K \left(\frac{e + 1}{e - 1} \right) \left[\frac{e}{2(\sigma_0 + \sigma_v) + e} - \frac{1}{2(\sigma_0 + \sigma_v) + 1} \right]. \qquad (22')$$

Werden die gleichen Werte für K, σ_0, W_0 wie in obigem Zahlenbeispiel eingeführt und σ_v durch den jeweiligen Wassergehalt W ausgedrückt, so ergibt sich die Gleichung

$$K_0' = \Delta e = \frac{205\, W}{60 + 1{,}7\, W} - 1{,}25\, W = K_0 - 1{,}25\, W = K_e - 1{,}25\, W.$$

Aus Abb. 272 ergibt sich, daß der Wert Δ_e vom jeweiligen Wassergehalt des Bodens bei Beginn des Drucksetzungsversuches stark abhängig ist und besonders in vom Wasser schwach gesättigten Böden.

VII. Sonderfälle der Drucksetzungsgleichung. Die Gl. (3), S. 399.

$$s = K' + K \log (\sigma_0 + \sigma) = K \log \left(\frac{\sigma_0 + \sigma}{\sigma_0} \right) \text{ in } \% \qquad (22'')$$

gilt nicht nur für Lockerböden, sondern auch für Festgestein, Hartmetalle, Weichmetalle usw. (siehe S. 414 mit Beispielen zur Berechnung der Elastizitätsziffer).

Sonderfälle. A. Das Hookesche Druckverformungsgesetz. Wird die Gleichung

$$s = K' + K \log (\sigma_0 + \sigma) \text{ in Prozent}$$

nach σ differenziert, so erhält man

$$ds = \frac{K}{\ln 10} \left(\frac{1}{\sigma_0 + \sigma} \right) d\sigma. \qquad (23)$$

Wird σ_0 gegenüber σ sehr groß, so erhält man

$$ds = \left(\frac{K}{\ln 10} \frac{1}{\sigma_0} \right) d\sigma = \frac{d\sigma}{E} \qquad (24)$$

oder $s = \dfrac{\sigma}{E}$; das ist das Hookesche Gesetz.

B. Das Drucksetzungsgesetz nach FRÖHLICH *(1934).* FRÖHLICH[2] setzt für die Berechnung der Setzung $\omega_e = s$:

$$\omega_e = \omega \sum \ln \frac{\sigma + \gamma (t + z) + p_k}{\gamma (t + z) + p_k} \Delta z \qquad (25)$$

oder in obiger Schreibweise heißt das, bei Vernachlässigung des Wertes $\gamma (t + z)$ für das Eigengewicht:

$$s = K_0 \log \left(\frac{p_k + \sigma}{p_k} \right) \text{ in } \%. \qquad (26)$$

$p_k = p_0$ ist ein Festwert für eine bestimmte Bodengattung (FRÖHLICH, S. 87).

Wie abgeleitet wurde, ist der ω-Wert gleich dem K_0-Wert vom jeweiligen Wassergehalt abhängig. Die Formeln (25) und (26) gelten nur für kleinere

---

[1] Mechanische Eigenschaften von Lockergesteinen. Schweiz. Bauztg. Bd. 111 (1938) Nr. 24/26.
[2] Druckverteilung im Boden S. 105. Berlin 1934.

Größen von σ-Werten, damit die Formeln mit den Versuchsergebnissen übereinstimmen.

Wird in der Formel (26) gesetzt: $p_k = \sigma_0 + \sigma_v$, so geht Gl. (26) über in

$$\varDelta s = K \log\left(\frac{\sigma_0 + \sigma_v + \sigma}{\sigma_0 + \sigma_v}\right) = s.$$

Das ist die vom Verfasser angegebene Formel [vgl. Gl. (18)].

C. Die Drucksetzungsversuche von Voellmy *(1937)*. Voellmy[1] hat den Fall $s = K \log\left(\frac{\sigma + \sigma_a}{\sigma_a}\right)$ zahlenmäßig behandelt. Er gibt folgende Werte an: (siehe Tabelle 222)

Der Wassergehalt des Materials, das er untersuchte, ist nicht angegeben; daher ist unbekannt, wie groß die Vorbelastung σ_v im Wert $\sigma_a = \sigma_0 + \sigma_v$ war.

VIII. Zusammenfassung. *A. Rechnungsgang.* Damit der praktisch tätige Ingenieur die Setzungsgleichung

Tabelle 222.

Stoffart	σ_a kg/cm²	K %
Lehm, lose gefüllt .	0,2	20
Lehm, gestampft ..	3	3
Sand	6	1,5

$$s = K \log\left(\frac{\sigma_a + \sigma}{\sigma_a}\right) \qquad (1)$$

für seine Setzungsberechnungen brauchen kann, müssen ihm die Werte σ_a und K angegeben werden.

In der Gl. (1) muß ferner noch das Druckverteilungsgesetz für σ bekannt sein. Wird es z. B. nach Boussinesq, Fröhlich, Bendel genommen, so kann der Ingenieur die spez. Setzung s in Prozent ausrechnen. Die Gesamtsetzung ist dann:

$$S = \int s\,dz = K \int \log\left(\frac{\sigma_a + \sigma}{\sigma_a}\right) dz \text{ in cm} \qquad (2)$$

($dz =$ Höhe der betrachteten Schicht) oder

a) infolge Eigengewicht σ_g:

$$S_g = K \int_0^z \log\left(\frac{\sigma_a + \sigma_g}{\sigma_a}\right) dz \text{ in cm,} \qquad (3)$$

b) infolge Zusatzlast (Bauwerkslast) σ_z:

$$S_z = K \int_0^z \log\left(\frac{\sigma_a + \sigma_z}{\sigma_a}\right) dz \text{ in cm,} \qquad (4)$$

c) infolge Eigengewicht σ_g + Zusatzlast σ_z:

$$S_{(z+g)} = K \int_0^z \log\left(\frac{\sigma_a + \sigma_z + \sigma_g}{\sigma_a}\right) dz \text{ in cm.} \qquad (5)$$

Die maßgebende Setzung S_m wird dann:

$$S_m = S_{(z+g)} - S_g = K \int_0^z \log\left(\frac{\sigma_a + \sigma_z + \sigma_g}{\sigma_a + \sigma_g}\right) dz \text{ in cm.} \qquad (6)$$

Wird σ_a sehr klein, so geht Gl. (6) über in:

$$S_m = K \int_0^z \log\left(\frac{\sigma_z + \sigma_g}{\sigma_g}\right) (dz) = K \int_0^z \log\frac{\sigma_2}{\sigma_1} dz \text{ in cm.} \qquad (7)$$

---

[1] Die Bruchsicherheit eingebetteter Rohre. Schweiz. Verb. f. d. Materialprüf. d. Technik. Bericht Nr. 35, S. 113. Zürich 1937.

Dies ist der Fall bei wassergesättigten, jung sedimentierten Böden. Für ein Zahlenbeispiel vgl. S. 332; Abb. 348; Bd. II.

B. *Zusammenstellung der verschiedenen Drucksetzungsgleichungen.*

Tabelle 222.

Gleichung	Merkmal	Urheber
$\varepsilon = -\alpha \ln(\sigma_a + \sigma) + C_1$	Druckporenziffergleichung	TERZAGHI
$\varepsilon = B + Z\,[a - bx^2 + Cx^3]$ $x = 2 + \log\sigma$	Druckporenziffergleichung	ROBESON
$s = K \log\left(\dfrac{\sigma_a + \sigma}{\sigma_a}\right)$	Drucksetzungskurve; σ_0, K sind Festwerte $$\sigma_a = \sigma_0 + \sigma_v$$ σ_v ist vom jeweiligen Wassergehalt abhängig. Die Formel gilt für alle Werte von σ. Der Wert K ist nur wenig vom jeweiligen Wassergehalt abhängig	BENDEL
$s = \sigma\left(\dfrac{K}{\ln 10\cdot\sigma_0}\right)$ $s = \dfrac{\sigma}{E}$ mit $E = \dfrac{\sigma_0}{K}\ln 10$	Die Formel gilt nur, wenn der Wert σ_0 wesentlich größer ist als der Wert σ	HOOKE
$s = K_0 \log\left(\dfrac{\sigma + p_0}{p_0}\right)$	Der K_0-Wert ist vom jeweiligen Wassergehalt abhängig und schwankt stark. p_0 ist für eine bestimmte Bodengattung als Festwert angenommen. Die Formel stimmt nur für kleine Werte von σ mit den Versuchsergebnissen überein	FRÖHLICH 1934
$s = K_0' \log\dfrac{\sigma_2}{\sigma_1}$ $K_0' = \Delta_e$ für $\sigma_1 = 1\ \text{kg/cm}^2$	Der Wert $K_0' = \Delta_e$ ist vom jeweiligen Wassergehalt abhängig. Die Formel gilt nur, solange für σ_2 keine großen Werte in die Gleichung eingesetzt werden	HAEFELI 1938

γ) Die Drucksetzungskurve nach TERZAGHI.

Auf Grund seiner Beobachtungsergebnisse ermittelte TERZAGHI die Setzungs-Spannungs-Gleichung:

$$e = \underbrace{\frac{q}{E}}_{\text{streng elastischer Anteil}} + \underbrace{C\left(\frac{q}{E}\right)^n}_{\text{plastischer Anteil[1]}},$$

$e = $ Setzung in Prozent, $C = $ Festwert. Der Wert $1/C$ heißt der Elastizitätswert,

$q = $ Belastung in kg/cm²,

$E = $ Elastizitätsziffer in kg/cm², $n = 2{,}4$ bis $3{,}4$; im Mittel ist $n = 3{,}0$.

Der Wert $\dfrac{q}{E}$ stellt den elastischen (reversiblen oder umkehrbaren) Teil dar, und der Teil $C\left(\dfrac{q}{E}\right)^n$ ist der bleibende (irreversible) Teil. Der Wert C bildet das Verhältnis zwischen elastischem und unelastischem Teil der Zusammendrückung[2].

Für einen vollkommen elastischen Körper wird $C = 0$.

---

[1] Vgl. TERZAGHI: Erdbaumechanik, S. 77/79. Wien 1935.

[2] Vgl. die Hypothese der elastisch-plastischen Formänderung von ROŠ und EICHINGER, S. 459.

Der Wert $\dfrac{q_{max}}{E}$ stellt die größte elastische Formänderung dar, welche ein Boden zu erleiden vermag.

Der Wert $\dfrac{E}{q_{max}} = B$ heißt die Brüchigkeit eines Materials.

In der Praxis hat sich obige Formel von TERZAGHI nicht eingebürgert, da die Bestimmung des Elastizitätsgrades $1/C$ Schwierigkeiten begegnet.

Ähnlich aufgebaute Formeln wie die von TERZAGHI sind zur Bestimmung der Setzung infolge Druckes für den Beton abgeleitet worden.

h) Die Elastizitätsziffer des Bodens.

α) Grundsätzliches über die Elastizitätsziffer des Bodens.

Die Elastizitätsziffern von Eisen, Beton, Aluminium, dichtem Kalkgestein usw. sind innerhalb der Proportionalitätsgrenze angenähert Festwerte; sie sind gleich groß, ob es sich um eine Belastung oder Entlastung des Bodens handelt.

Bei bindigen und nichtbindigen Bodenarten ist die Elastizitätsziffer weder ein Festwert bei der Belastung noch bei der Entlastung. Um diesen Unterschied in der Bezeichnung klar zum Ausdruck zu bringen, wird in der Bodenkunde von

$E =$ Elastizitätsziffer bei der Entlastung (Schwellen) und

$M_E =$ Zusammendrückungsziffer bei der Belastung (dauernde und federnde Elastizität) (vgl. S. 385)

gesprochen.

Die Veränderlichkeit der bodenmechanischen Elastizitätsziffer kann auf verschiedenen Arten in der Berechnung der Zusammendrückbarkeit des Bodens (Setzungsanalyse) berücksichtigt werden, so z. B.

β) Die Elastizitätsziffer nach TERZAGHI.

Die Druckporenziffergleichung kann so gedeutet werden, daß daraus die Elastizitätsziffer E bzw. M_E berechnet werden kann. Es beträgt:

$$E = A\,(1 + \varepsilon_m)\,(\sigma + \sigma_0) = (1 + \varepsilon_m)\,\frac{d\sigma}{d\varepsilon}.$$

Für den Wert A vgl. Tab. 217; für ε_m siehe S. 397.

γ) Die Elastizitätsziffer nach FRÖHLICH.

FRÖHLICH[1] führt in seinen Formeln für die Druckverteilung im Baugrunde nicht den Wert M_E ein, sondern er berücksichtigt die verschiedene Zusammendrückbarkeit des Bodens in Abhängigkeit der Bodenbelastung durch Einführung eines sog. „Konzentrationsfaktors" ν. Für $\nu = 4$ ergibt sich eine Proportionalität zwischen Bodenbelastung und Elastizitätsziffer.

δ) Die Elastizitätsziffer nach OHDE.

Auf Grund zahlreicher Setzungsbelastungsversuche hat OHDE die Beziehung gefunden:

$$M_E = E = v\,\sigma^w \quad \text{oder} \quad \frac{1}{E} = \frac{1}{v_1\,\sigma} + \frac{1}{v_2\,\sqrt{\sigma}}.$$

Hierin bedeuten v, v_1, v_2 und w Bodenfestwerte, $\sigma =$ Belastung in kg/cm².

---

[1] Druckverteilung im Baugrund S. 23/24, 90/91. Berlin 1934. — Für weitere Angaben siehe S. 647, Bd. I dieses Buches.

Tabelle 224. *Erfahrungswerte.*[1]

Bodenart	w-Wert	v_2-Wert	Elastizitätsziffer
Bindige, tonreiche Böden ...	1	$v_2 = -\infty$	$E = v \cdot \sigma$
Gewöhnlicher Sand.........	0,6—0,7	$v_2 = $ endlicher Wert	—

ε) Die Elastizitätsziffer nach BENDEL.

Erstes Berechnungsverfahren. Wird die Gl. (1), S. 410, differenziert, so erhält man

$$\frac{ds}{d\sigma} = \frac{K}{\ln 10}\left(\frac{1}{\sigma_a + \sigma}\right) = \frac{1}{M_E}; \quad \text{bzw.} \quad M_E = \left(\frac{\sigma_a + \sigma}{K}\right)\ln 10.$$

Für σ_a groß gegenüber σ erhält man das Hookesche Gesetz [siehe Gl. (24), S. 409]. Für σ_a klein gegenüber σ erhält man

$$M_E = \left(\frac{\ln 10}{K}\right)\sigma.$$

Sonderfall: Wird gesetzt $\sigma = \gamma_e\, t$, so erhält man $M_E = A\, t$, wobei

$$A = \frac{\gamma_e \ln 10}{K}$$

bedeutet, d. h. die Elastizitätsziffer M_E ist unmittelbar proportional der Tiefe t*.

Zweites Berechnungsverfahren nach BENDEL. Die Elastizitätsziffer E bzw. die Zusammendrückungsziffer M_E kann auch noch auf folgende Art erhalten werden: Es ist nach obiger Gl. (2), S. 399

$$s_2 - s_1 = K \log\left(\frac{\sigma_0 + \sigma''}{\sigma_0 + \sigma'}\right) = K \log \frac{\sigma_2}{\sigma_1}.$$

Wird im Ansatz $\sigma_1 + \Delta\sigma = \sigma_2$ der Wert $\Delta\sigma$ klein genommen, z. B. $\Delta\sigma = 0,1$ kg/cm², so kann man auch schreiben:

$$\frac{\Delta s}{\Delta\sigma} = \frac{K}{\Delta\sigma}\log\frac{\sigma_2}{\sigma_2 - \Delta\sigma} = M_E^{-1}$$

oder in Übereinstimmung mit den nachfolgenden Gleichungen:

$$\frac{\Delta s}{\Delta\sigma} = \frac{K}{100\,\Delta\sigma}\log\frac{\sigma_2}{\sigma_2 - \Delta\sigma} = M_E^{-1}$$

oder

$$M_E^{-1} = \frac{K}{\sigma_2 - \sigma_1}\log\frac{\sigma_2}{\sigma_1}\cdot\frac{1}{100}.$$

Durch Umformen und Entwicklung der Gleichung in Reihen ergibt sich:

$$M_E = \frac{\sigma_2 - \sigma_1}{2\,K \log e}\left(\frac{\sigma_2 + \sigma_1}{\sigma_2 - \sigma_1}\right)\cdot 100 = \frac{\sigma_m}{K \log e}\cdot 100 = \frac{\sigma_2 + \sigma_1}{2\,K \log e}\cdot 100.$$

ζ) Die Zusammendrückungsziffer bei bindigen Bodenarten.

Bei bindigen Böden kommt zum Anfangsdruck σ_0 noch die Haftfestigkeit des Bodens hinzu. Diese kommt durch den Druck des Kapillarwassers (Haarröhrchenwasser) zustande, der das Material zusammenpreßt und es einem räumlichen Spannungszustand mit den allseitigen Druckspannungen p_k unterwirft. Diese Spannungen überlagern sich den andern.

---

[1] Vgl. J. OHDE: Zur Theorie der Druckverteilung im Baugrund. Bauingenieur 1939 S. 454.

* Vgl. BENDEL: Die Steifezahl des Bodens. Dtsch. Wasserw. 1941 S. 239.

Dadurch wird die Zusammendrückungsziffer M_E mit Hilfe der Porenziffer ε_m ausgedrückt:

$$M_E = C\,(1 + \varepsilon)\,(\sigma_0 + \sigma + p_k).$$

p_k bedeutet in diesem Falle die Größe der unechten Haftfestigkeit.

Wird für $\sigma = \gamma_e\,t$ gesetzt, wobei γ_e das Raumgewicht des Bodens bedeutet und $t = $ Tiefe des Bodens, so wird

$$M_E = C\,(1 + \varepsilon)\,(\sigma_0 + \gamma_e\,t + p_k).$$

Ist p_k gegenüber $(\sigma_0 + \gamma_e\,t)$ sehr groß, so wird

$$M_E = C\,(1 + \varepsilon)\,p_k.$$

η) **Zusammenstellung der verschiedenen Formeln zur Berechnung der Zusammendrückungsziffer.**

In Abb. 273 sind die Ergebnisse der verschiedenen Verfahren zur Berechnung der Zusammendrückungsziffer zeichnerisch aufgetragen. Die angegebenen Formeln gelten nur für einen Spannungsbereich von $\sigma = 0$ bis $\sigma = 10\ \mathrm{kg/cm^2}$.

Zahlenwerte.

Beispiel 1: Eisen. Wird für $K = 4\%$ und für $\sigma_0 = 40\,000\ \mathrm{kg/cm^2}$ gesetzt, so wird:

Tabelle 225.

$\sigma = $ Belastung des Eisens $\mathrm{kg/cm^2}$	Verformung		Elastizitätsziffer nach BENDEL $E = \left(\dfrac{\sigma_0 + \sigma}{K}\right)\ln 10$ $\mathrm{kg/cm^2}$
	nach BENDEL $s = K\log\left(\dfrac{\sigma_0+\sigma}{\sigma_0}\right)$ $\%$	nach HOOKE $s = \dfrac{P}{F}\dfrac{l}{E}$ $l = 100$ cm $E = 2{,}3\cdot10^6\ \mathrm{kg/cm^2}$ $\%$	
100	0,0043	0,004	Der Nachweis konnte bis jetzt nicht erbracht werden, da diese Größen innerhalb des Streuungsbereiches der Versuchsergebnisse liegen. Die Versuche sind isotherm durchzuführen und der Einfluß der thermodynamischen Erwärmung des Eisens bei der Ausdehnung auszuschalten.
500	0,022	0,022	
1000	0,043	0,044	
2000	0,085	0,087	

Beispiel 2: Beton. Wird für $K = 0{,}54\%$ und für $\sigma_0 = 500\ \mathrm{kg/cm^2}$ gesetzt, so wird:

Tabelle 226.

$\sigma = $ Belastung des Betons $\mathrm{kg/cm^2}$	Verformung		Elastizitätsziffer[1]	
	nach BENDEL $s = K\log\dfrac{\sigma_0+\sigma}{\sigma_0}$ $\%$	nach HOOKE $s = \dfrac{P}{F}\dfrac{l}{E}$ $E = 3{,}0\cdot10^5\ \mathrm{kg/cm^2}$ $\%$	nach BENDEL $E = \dfrac{\sigma_0+\sigma}{K}\ln 10$ $\mathrm{kg/cm^2}$	nach Versuchen von GRAF (Stuttgart), ROS (Zürich), BOLOMEY (Lausanne) als Mittelwert mit $\pm\,25\%$ Streuung $\mathrm{kg/cm^2}$
100	0,043	0,033	255 000	225 000
200	0,078	0,066	300 000	310 000
300	0,11	0,10	340 000	365 000
400	0,138	0,132	385 000	400 000

---

[1] Anmerkung: Hier bedeutet $\sigma_0 = $ Prismendruckfestigkeit des Betons im Alter von 28 Tagen.

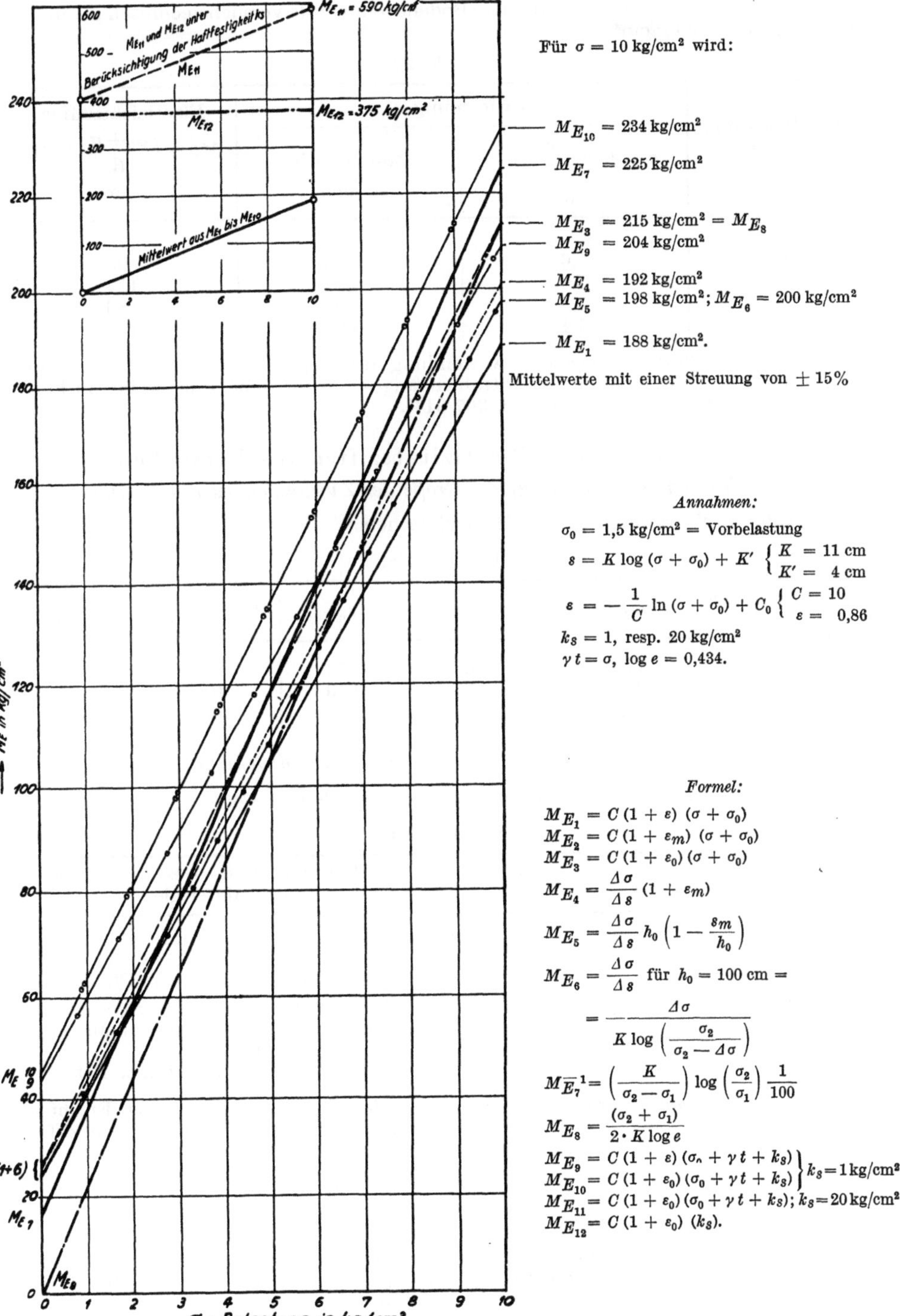

Für $\sigma = 10$ kg/cm² wird:

$M_{E_{10}} = 234$ kg/cm²

$M_{E_7} = 225$ kg/cm²

$M_{E_3} = 215$ kg/cm² $= M_{E_8}$
$M_{E_9} = 204$ kg/cm²

$M_{E_4} = 192$ kg/cm²
$M_{E_5} = 198$ kg/cm²; $M_{E_6} = 200$ kg/cm²

$M_{E_1} = 188$ kg/cm².

Mittelwerte mit einer Streuung von $\pm 15\%$

Annahmen:

$\sigma_0 = 1{,}5$ kg/cm² $=$ Vorbelastung

$s = K \log (\sigma + \sigma_0) + K' \begin{cases} K = 11 \text{ cm} \\ K' = 4 \text{ cm} \end{cases}$

$\varepsilon = -\dfrac{1}{C} \ln (\sigma + \sigma_0) + C_0 \begin{cases} C = 10 \\ \varepsilon = 0{,}86 \end{cases}$

$k_s = 1$, resp. 20 kg/cm²

$\gamma\, t = \sigma$, $\log e = 0{,}434$.

Formel:

$M_{E_1} = C\,(1 + \varepsilon)\,(\sigma + \sigma_0)$

$M_{E_2} = C\,(1 + \varepsilon_m)\,(\sigma + \sigma_0)$

$M_{E_3} = C\,(1 + \varepsilon_0)\,(\sigma + \sigma_0)$

$M_{E_4} = \dfrac{\varDelta\sigma}{\varDelta s}\,(1 + \varepsilon_m)$

$M_{E_5} = \dfrac{\varDelta\sigma}{\varDelta s}\,h_0 \left(1 - \dfrac{s_m}{h_0}\right)$

$M_{E_6} = \dfrac{\varDelta\sigma}{\varDelta s}$ für $h_0 = 100$ cm $=$

$\qquad = \dfrac{\varDelta\sigma}{K \log\left(\dfrac{\sigma_2}{\sigma_2 - \varDelta\sigma}\right)}$

$M_{\overline{E}_7}{}^1 = \left(\dfrac{K}{\sigma_2 - \sigma_1}\right) \log\left(\dfrac{\sigma_2}{\sigma_1}\right) \dfrac{1}{100}$

$M_{E_8} = \dfrac{(\sigma_2 + \sigma_1)}{2 \cdot K \log e}$

$M_{E_9} = C\,(1 + \varepsilon)\,(\sigma_n + \gamma\,t + k_s)$ $\left.\vphantom{\begin{matrix}1\\1\end{matrix}}\right\}\,k_s = 1\,\text{kg/cm}^2$
$M_{E_{10}} = C\,(1 + \varepsilon_0)\,(\sigma_0 + \gamma\,t + k_s)$

$M_{E_{11}} = C\,(1 + \varepsilon_0)\,(\sigma_0 + \gamma\,t + k_s)$; $k_s = 20\,\text{kg/cm}^2$

$M_{E_{12}} = C\,(1 + \varepsilon_0)\,(k_s)$.

Abb. 273. Zeichnerische Auswertung der verschiedenen Berechnungsverfahren zur Bestimmung der Zusammendrückungsziffer M_E.

Beispiel 3: Lockerböden. Für bindige Bodenarten wurde versuchstechnisch gefunden $K = 6\%$; $\sigma_0 = 2$ kg/cm².

Tabelle 227.

$\sigma = $ Belastung des Bodens kg/cm²	Verformung s		Elastizitätsziffer $M_E = \left(\dfrac{\sigma_0 + \sigma}{K}\right)\ln 10$ kg/cm²
	$s = K \log \dfrac{\sigma_0 + \sigma}{\sigma_0}$ %	Zunahme in %	
0	4		74
0,5	4,6	0,6	98
1,0	5,0	0,4	117
2,0	5,8	0,8	186
3,0	6,4	0,6	196

Beispiel 4: Strahlenganggesetz. Anwendung des allgemeingültigen Druckverformungsgesetzes zur Berechnung des Strahlenganges von Erschütterungswellen in Festgestein und in Lockerböden (siehe S. 307/314).

ϑ) **Ermittlung der Elastizitätsziffer aus Versuchen.**

Einfluß des Wassergehaltes auf die Größe der Zusammendrückungsziffer.

Beispiel 5: Würmmoräne des Rhonegletschers.[1]

Tabelle 228.

Wassergehalt Vol.-%	Zustand	A-Wert	ε_m	$A(1 + \varepsilon_m)$	M_E in kg/cm²
1	Trocken	23	0,74	40	$40 \cdot \sigma$
19	Feucht	7	0,43	10	$10 \cdot \sigma$
33,5	Naß	10	0,40	14	$14 \cdot \sigma$

Einfluß der Körnung auf die Größe der Zusammendrückungsziffer.

Beispiel 6: Sandiger Ton. Ablagerungen in ruhendem Wasser.

Tabelle 229.

Körnung mm	A	ε_m	A'	$M_E = A'\,\sigma$ in kg/cm²	Petrographische Beschaffenheit des Materiales
0—0,8	27	0,85	50	$50 \cdot \sigma$	Material 0 bis 0,5 mm. Quarz und Feldspate sind vorherrschend. Selten Muskowit, Biotit, Chlorite
0,5—30	125	0,25	155	$155 \cdot \sigma$	Material 0,5 bis 30 mm Flyschsandstein, Quarzite, Kieselkalkreste, Diorite, Quarzporphyrite Selten: Hornstern, Granit, Erz

Beispiel 7: Schätzungsformeln. Ermittlung der Elastizitätsziffer aus Erschütterungsmessungen. Aus den Erschütterungsmessungen kann die Elastizitätsziffer rechnerisch zu $E = \frac{5}{6}\,v^2\,\gamma$ ermittelt werden.[2]

$$v = \text{Wellengeschwindigkeit in m/s,}$$
$$\gamma = \text{Raumgewicht in kg/m}^3,$$
$$\tfrac{5}{6} \text{ gilt für die Poissonsche Querzahl } m = 4.$$

Obige Schätzungsformel kann nur für Hartgestein angewendet werden. In bindigen und nichtbindigen Bodenarten wird $E_{statisch} \neq E_{dynamisch}$ infolge der stark nach der Tiefe wechselnden Elastizitätsziffer (vgl. S. 306 dieses Buches).

---

[1] Vgl. BENDEL: Die Beurteilung des Baugrundes im Straßenbau. Schweiz. Z. Straßenw. 1935 Nr. 14 bis 19.

[2] Vgl. Kapitel über geophysikalische Untersuchungen oder BENDEL: Ing.-geologische Untersuchungen im Feld. Vortr. im Erdbaukurs. Zürich 1938.

Zudem werden verschiedene Elastizitätsziffern erhalten, je nachdem es sich um eine einmalige oder um sich periodisch wiederholende Erregungen (Erschütterungen) handelt.

Es ergibt sich, daß oft der Wert der Elastizitätsziffer E, seismisch durch Erschütterungsmessungen ermittelt, stark von der Größe der Elastizitätsziffer E_s abweicht, die beim Drucksetzungsversuch erhalten wird, d. h. $E_{seismisch} \neq E_{statisch}$. Die Ursache dieser Ungleichheit der Elastizitätswerte rührt daher, daß für $E_{seismisch}$ ein Mittelwert für rein elastische Vorgänge erhalten wird, während $E_{statisch}$ in Lockerböden eine Funktion der Belastung ist, $E = M_E$

$$E = M_E = \left(\frac{\sigma_0 + \sigma}{K}\right) \ln 10 \text{ und}$$

somit einen irreversiblen Anteil enthält (vgl. S. 306, Bd. I).

Beispiel 8: Die Elastizitätsziffer in Abhängigkeit der festen, flüssigen und gasförmigen Zusammensetzung des Bodens.

Die Zunahme der Elastizitätsziffer bei Abnahme des gasförmigen Anteiles im Boden geht aus dem Schema in Abb. 274 hervor.

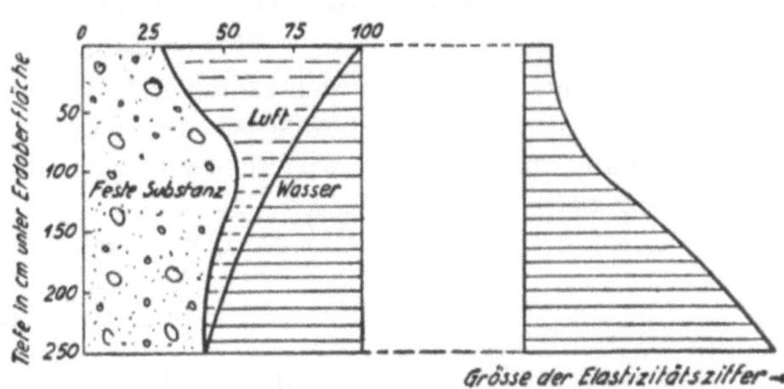

Abb. 274. Verteilung von Wasser, Luft und fester Substanz im obersten Teil des Bodens.

Beispiel 9. Veränderlichkeit der Elastizitätsziffer M_E in Abhängigkeit der Bauwerksbelastung und der Tiefe.

Aus dem Beispiel mit den Abb. 274/275 ist die Veränderlichkeit der Elastizitätsziffer

$$M_E = \frac{\sigma_0 + \sigma}{K} \ln 10 = \left(\frac{0{,}1 + \sigma}{0{,}08}\right) \ln 10$$

berechnet worden; die Veränderlichkeit der Elastizitätsziffer in Abhängigkeit der Bauwerksbelastung und der Tiefe geht aus Abb. 275 hervor. Folgerung: Durch große Bauwerksbelastungen des Bodens wird eine wesentliche Erhöhung der Elastizitätsziffer in den Bodenschichten verursacht. Diese Tatsache kann bei späteren Entlastungen des Bodens zu merklichen Hebungen des Bauwerkes führen.

Beispiel 10: Zahlenwerte für die Elastizitätsziffer.

Tabelle 230. *Erfahrungswerte.*

Bodenart	Elastizitätsziffer M_E kg/cm²
Torf	1—5
Schlick	5—30
Ton, weichplastisch	15—50
Ton, steifplastisch .	30—100
Ton, halbfest	70—200
Sand, locker	100—250
Sand, dicht	200—500
Kiessand	500—2000
Fels	1000—100 000

i) Bettungsziffer.

α) Begriff.

Der Begriff „Bettungsziffer" wurde von den Eisenbahnbauern zur Berechnung der voraussichtlichen Größe der Setzung des Eisenbahnoberbaues auf der Geleisebettung eingeführt.

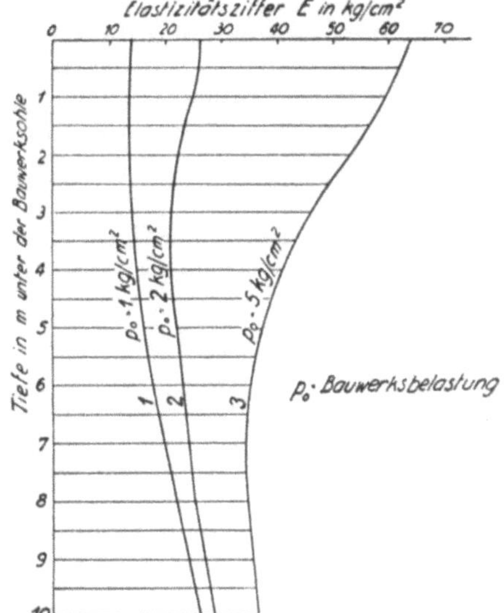

Abb. 275. Veränderlichkeit der Elastizitätsziffer E (M_E) in Abhängigkeit der Bauwerksbodenbelastung $p_0 = 1$; 2 und 5 kg/cm² und der Tiefe.

Die Bettungsziffer C stellt das Verhältnis der Belastung σ des Untergrundes zur gesamten Einsenkung S dar.

$$C = \frac{\sigma}{S} \quad \text{oder} \quad S = \frac{\sigma}{C} \quad C \text{ in kg/cm}^3.$$

C wurde als unveränderliche Größe angesehen; daher wurde die Bettungsziffer allgemein zur Berechnung von Setzungen eingeführt. In der Praxis ist die Bettungsziffer nur für kleine Änderungen der Last als gleich groß bleibende Größe zu betrachten.

In diesem Falle wird: $C \simeq \dfrac{d\sigma}{S}$ (Elastizitätsziffer).

β) Der allgemeingültige mathematische Ansatz für die Bettungsziffer.

Aus obigen Feststellungen ergibt sich, daß die Bettungsziffer im allgemeinen eine stark veränderliche Größe ist: der mathematische Ansatz für die Bettungsziffer kann mit Hilfe der allgemeingültigen Drucksetzungsformel angeschrieben werden zu:

$$C = \frac{\sigma}{S} = \frac{p_0}{K \displaystyle\int_0^T \log\left(\frac{\sigma_2}{\sigma_1}\right) dt}. \tag{a}$$

S = Gesamte Setzung des Bodens (vgl. Kapitel über Setzungen),
p_0 = Belastung des Bodens unter der Bauwerksohle,
σ_1 = Vorbelastungen des Bodens,
$\sigma_2 = \sigma_1 + \sigma$,
σ = Zusatzbelastung des Bodens,
K = Bodenfestwert, abhängig von der Bodenbeschaffenheit.
dt = Tiefe

σ ist abhängig von der Größe der Bauwerksbelastung p_0, Ausbildung der Bauwerksohle, Bodenbeschaffenheit (vgl. Kapitel über Druckausbreitung). Aus obiger Formel (a) geht eindeutig hervor, daß die Bettungsziffer für ein bestimmtes Material kein Festwert ist.

Zur Berechnung der Bettungsziffer können Vereinfachungen vorgenommen werden.

γ) Vereinfachende Annahmen für die Berechnung der Bettungsziffer.

Wird für die Druckverteilung unter einer quadratischen Platte angenommen, daß die Druckverteilung dem Gesetze folge:

$$\sigma = \frac{\sigma_0\, a}{a + \alpha\, t^n},$$

a = Bauwerksbreite, t = Tiefe unter dem Fundament, n = Festwert, abhängig von der Bauwerkssteifigkeit. α = Bodenfestwert (siehe S. 655, Bd. 1), $\sigma_0 = p_0$ (siehe oben)

so wird die Setzung S:

$$S = \sum_0^T \left(\frac{\sigma}{E}\right) t = \frac{1}{M_E} \sum_0^T \left(\frac{a\,\sigma_0}{a + \alpha\, t}\right) t.$$

Wird für t ein Mittelwert genommen, d. h. $t = t_m$, so wird die Setzung S:

$$S = \frac{1}{M_E} \left(\frac{a\,\sigma_0}{a + \alpha\, t_m}\right) t_m.$$

und die Bettungsziffer C ist dann:

$$C = \frac{\sigma_0}{S} = M_E \left(\frac{a + \alpha\, t_m}{a\, t_m}\right); \quad M_E = \left(\frac{\sigma_0 + \sigma}{K}\right) \ln 10.$$

Diese Formel dient zur Abschätzung der Bettungsziffer.

δ) Ermittlung der Bettungsziffer aus Probebelastungen.

I. Beschreibung der Versuche. Die aus Probeversuchen errechneten Bettungsziffern sind sehr kritisch zu bewerten. Ein Vergleich kann nur angestellt werden, wenn stets die gleich große Belastungsfläche mit gleichem Trägheitsmoment zu Versuchszwecken verwendet wird. Die zuverlässigsten Vergleichswerte werden erhalten, wenn die Versuche mit verschiedenen Flächen wiederholt werden; z. B. $F_1 = 500$ cm², $F_2 = 1000$ cm², $F_3 = 2500$ cm². Es ist dabei nie zu vergessen, daß die Bettungsziffer als Funktion der Gesamtsetzung von den örtlichen Verhältnissen stark abhängt.

Es sind zahlreiche Versuche durchgeführt worden, um die Bettungsziffer ermitteln zu können[1]:

II. Folgerungen aus den Versuchen. Die Ergebnisse der zahlreichen Belastungsproben zur Ermittlung der Bettungsziffer haben ergeben:

1. Geringe Setzungen unter einer belasteten Fläche wachsen nahezu proportional zu der Belastung.

2. Dies trifft um so genauer zu, je größer die belastete Fläche ist.

3. Die unter 1 gemachte Feststellung stimmt um so besser, je mehr die Erde am seitlichen Ausweichen verhindert ist, z. B. bei Belastungen in großer Tiefe.

4. Die Feststellung unter 1 gilt auch für kleine waagrechte Pressungen in einem Bohrloch.

5. Die Bettungsziffer kann für die näherungsweise Lösung von mathematischen Problemen der elastischen Bettung verwendet werden. Die Unsicherheit in der Festsetzung eines mittleren Wertes der Bettungsziffer ist von kleinem Einfluß, weil die Bettungsziffer meistens unter einer Wurzel erscheint.

6. Die Bettungsziffer ist in senkrechter und waagrechter Richtung verschieden groß. Man spricht dann von einer Widerstandsziffer. Der Unterschied kann bis zu 100% betragen[2].

III. Erfahrungswerte.

Beispiel 1: Erfahrungswerte für nichtbindige Böden. Die mit einer Belastungsfläche von $F = 31,6^2$ in cm oder $17,85^2 \pi = 1000$ cm² ermittelten Bettungsziffern können mit folgenden Werten von Bettungsziffern verglichen werden, gleichmäßige Materialbeschaffenheit vorausgesetzt.

Tabelle 231.

Lagerungsart des Bodens	Lagerungsdichte D siehe Formel S. 299	Senkung s für $\sigma = 1$ kg/cm² mm	Bettungsziffer C in kg/cm³	Geltungsbereich für Belastung σ kg/cm²
Sehr locker	0—0,25	>25	$<0,4$	0—0,2
Ziemlich locker	0,25—0,40	8—25	1,25—0,4	0—0,8
Mittellocker	0,40—0,55	3,3—8,0	3,0 —1,25	0—1,6
Mitteldicht	0,55—0,70	1,3—3,3	7,5 —3,0	0—2,5
Ziemlich dicht........	0,70—0,85	0,7—1,3	15,0 —7,5	0—4,0
Sehr dicht	0,85—1,0	$<0,7$	>15	0—6,0

[1] Vgl. GERBER: Untersuchungen über die Druckverteilung im örtlich belasteten Sand. E. T. H. Zürich 1929. — GÖRNER: Über den Einfluß der Flächengröße auf die Einsenkung von Gründungskörpern. Geologie u. Bauwesen. Wien 1932. — HUGI: Untersuchungen über die Druckverteilung im örtlich belasteten Sand. E. T. H. Zürich 1927. — KÖGLER: Résistance des fondations en faible profondeur. Prem. Congr. Int. des Pots et Charpentes. Paris 1932.— SCHLEICHER: Über die Berechnung der Senkungen von steifen Fundamenten. Beton u. Eisen 1927. — STÖLZNER: Erzielung gleicher Fundamentsenkungen durch Wahl des kleineren Bodendruckes bei der größeren Fundamentfläche. Braunschweig 1919. — THIMOSHENKO: Method of Analysis of Statical and Dynamical stresses in Rail. Verh. 2. Int. Kongreß techn. Mech. 1926. — ZIMMERMANN: Die Berechnung des Eisenbahnoberbaues. Berlin 1888.

[2] Vgl. J. RIFAAT: Die Spundwand als Erddruckproblem S. 11. Zürich 1935. — BAUMANN: Analysis of sheetpile bulkheads . Proc. Amer. Soc. civ. Engrs. Bd. 60 (1934) Nr. 3.

Beispiel 2: Überschlägige Berechnung der Bettungsziffer C.

Tabelle 232.

Lastfläche	Bedingungen	Bettungsziffer C	Es bedeutet
Kreisförmig	p_0 = gleichmäßig verteilt	$C = 1{,}38 \dfrac{M_E}{\sqrt{F}}$	$F = r^2 \pi$
Kreisförmig	p_0 = glockenförmig verteilt	$C = 1{,}51 \dfrac{M_E}{\sqrt{F}}$	p_0 = Belastung unter der Bauwerksohle
Rechteckige Platte	p_0 = gleichmäßig verteilt	$C = 1{,}33 \dfrac{M_E}{\sqrt[3]{a^2 b}}$	$\begin{cases} a = \text{Schmalbreite} \\ b = \text{Längsseite} \end{cases}$
Laststreifen	p_0 = gleichmäßig verteilt	$C = 0$ für	$b = \infty$

Beispiel 3: Erfahrungswerte aus dem Eisenbahn- und Straßenbau.
Erfahrungswerte, die zur ersten, überschlägigen Schätzung der Größenordnung von Bettungsziffern dienen, sind:

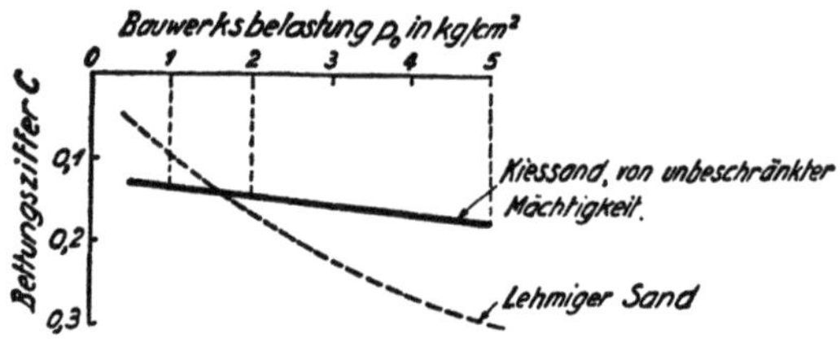

Abb. 276. Die Bettungsziffer in Abhängigkeit der Bauwerksbelastung (Versuchsergebnisse von Basel).
C Bettungsziffer, p Bauwerksbelastung in kg/cm².
$C = \dfrac{p}{s}$ in kg/cm³, s Gesamte Setzung in cm.

Tabelle 233.

Kiesboden	bis 4 kg/cm³
Frisch beschotterter Steinschlag	bis 8 kg/cm³
Festgefahrene Schotterdecke .	bis 30 kg/cm³
Zementstraßen ..	bis 125 kg/cm³

Beispiel 4: Bettungsziffer in Abhängigkeit der Bauwerksbelastung. In Abb. 276 ist die Bettungsziffer wiedergegeben, wie sie in Abhängigkeit der Bauwerksbelastung erhalten wurde. Es handelte sich um ein Lagergebäude, das auf scharfkantigem, quarzreichem Sand der Körnung 0,2 bis 3 mm von Lehm durchsetzt, erstellt wurde.

Vgl. Abb. 276. Die Bettungsziffer änderte in diesem Falle in verhältnismäßig kleinen Grenzen.

2. Das Verhalten des Bodens beim Abscheren (Schubfestigkeit).

a) Begriffe.

Schubfestigkeit: Unter Schubfestigkeit versteht man die Kraft, die aufgewendet werden muß, um den Haftwiderstand, Gefügewiderstand und den Reibungswiderstand zwischen den einzelnen Bodenteilchen beim Abscheren zu überwinden.

Scherfestigkeit: Scherfestigkeit bedeutet das gleiche wie Schubfestigkeit.

Echter Haftwiderstand: Um die einzelnen Bodenkörner ist meistens ein Wasserfilm vorhanden, in welchem Oberflächenkräfte wirksam sind. Dadurch haften die einzelnen Körner mehr oder weniger aneinander. Die von den Oberflächenkräften entwickelten Widerstände gegen das Abscheren werden Haftwiderstand genannt.

Scheinbarer Haftwiderstand: Scheinbarer Haftwiderstand entsteht, wenn durch den Kapillardruck die Masse des Bodens zusammengedrückt wird; sobald aber der Kapillardruck infolge Wasserzutritt zum Boden verschwindet, so wird der scheinbare Haftwiderstand wieder aufgehoben.

Haftfestigkeit: Unter Haftfestigkeit versteht man die Kraft, welche aufgewendet werden muß, um den gesamten Haftwiderstand zu überwinden.

Haftung = Kohäsion = Haftfestigkeit.

Gefügewiderstand: Die Bodenteilchen sind meistens mehr oder weniger verzahnt miteinander. Der von dieser Verzahnung herrührende Widerstand wird als Bestandteil der inneren Reibung aufgefaßt.

Innere Reibung: Die zwischen den einzelnen mikroskopisch kleinen Körnern wirkenden Stützkräfte werden in den Berührungsflächen übertragen. Die Kraft, die in der

Richtung der Berührungsfläche wirkt, heißt der Reibungswiderstand oder im vorliegenden Falle die innere Reibung.

Winkel der inneren Reibung: Durch den Reibungswiderstand wird die senkrechte, auf der Berührungsfläche stehende Kraft um den Winkel ϱ_0 aus ihrer Lage abgelenkt. Der Winkel ϱ_0 wird bei den Untersuchungen des Bodens auf seine Scherfestigkeit als Winkel der inneren Reibung bezeichnet. Unter ϱ_r versteht man den Winkel der inneren Reibung, wenn neben der reinen Reibung noch Gefügewiderstand vorhanden ist. ϱ_s bedeutet den scheinbaren Winkel der inneren Reibung; ϱ_s wird durch die Größe der Haftfestigkeit, des Gefügewiderstandes und des echten Reibungswiderstandes bestimmt. Die Bestimmung von ϱ_s ist identisch mit der Bestimmung der Schubfestigkeit. $\alpha =$ Natürlicher Böschungswinkel; er hängt von der Lagerungsdichte ab. Bei kohäsionslosem Material ist $\alpha = \varrho = \varrho_s = \varrho_n$. Dies führte irrtümlicherweise bei früheren Anschauungen dazu, bei Scherfestigkeitsproblemen den Winkel α in die Berechnung einzuführen. Siehe Abb. 278. in welcher für $\varrho_s = \varrho_n$ gesetzt ist; ferner vgl. S. 532 unten.

b) Bodeneigenschaften, die die Schubfestigkeit beeinflussen.

Aus den zahlreichen Versuchen, die zur Bestimmung des Schubwiderstandes des Bodens vorgenommen wurden, ergibt sich, daß die Schubfestigkeit eines Bodens hauptsächlich abhängig ist:

α) vom Haftwiderstand des Bodens infolge der Oberflächenkräfte zwischen den einzelnen Körnern,

β) vom Gefügewiderstand des Bodens infolge der Verzahnung der einzelnen Körner ineinander,

γ) vom Reibungswiderstand zwischen den einzelnen Körnern.

Entsprechend diesen Feststellungen sind nachfolgend behandelt: Haftwiderstand, Gefügewiderstand, Haftfestigkeit, bestehend aus Haftwiderstand und Gefügewiderstand, sowie die innere Reibung des Bodens.

c) Der Haftwiderstand.

α) Der echte Haftwiderstand.

Die aneinanderstoßenden Oberflächen der einzelnen Kornteilchen werden durch physikalisch-chemische, wahrscheinlich elektrochemische Kräfte, die zwischen den Oberflächen wirken, aneinander gebunden; die Bodenteilchen haften aneinander. Der von den Oberflächenkräften gegen Abscheren entwickelte Widerstand wird Haftwiderstand genannt.

Die Größe des Haftwiderstandes gegen Zug ist stark abhängig von der Nachgiebigkeit der um die einzelnen Bodenteilchen molekular gebundenen Wasserschicht; man spricht in diesem Falle von echter Adhäsion oder molekularem Haftwiderstand oder molekularer Zerreißfestigkeit. Bei kleinen Wasserhüllen ist der Haftwiderstand groß. Beim Vorhandensein von großen, ungebundenen Wasserhüllen verschwindet er beinahe völlig. Bemerkenswert ist, daß bei vermehrtem Wasserzutritt zu einem Erdstoff die Tonmineralien und Glimmerbestandteile mehr Wasser an sich binden können als Quarz. Daher sinkt bei zunehmendem Wassergehalt bei quarzhaltigem Material der Haftwiderstand rascher als bei tonhaltigem Boden. Neben dem Chemismus ist auch die Größe des Kornes und seine Oberflächenbeschaffenheit für das Wasserbindevermögen von großer Bedeutung. Allgemein gilt, daß das Wasserbindevermögen und damit der Haftwiderstand gegen Abscheren um so größer ist, je größer die Summe der Oberfläche der Bodenkörper in der Volumeneinheit ist.

Über die Anzahl der Körner, ihre Oberflächensumme usw. vgl. S. 376 und für die Oberflächenbeschaffenheit der Körner siehe S. 371/375[1].

---

[1] M. BUISSON: Essais de géotechnique. Bd. 1: Caractéristiques physiques et mécaniques des sols de fondation. Tours 1942.

β) Der scheinbare Haftwiderstand.

Wird die Masse des Bodens durch einen Kapillardruck zusammengedrückt, so wird der Haftwiderstand vergrößert; da aber dieser Teil des Haftwiderstandes verschwindet, sobald der Kapillardruck verschwindet, so spricht man von einem scheinbaren Haftwiderstand.

d) Die Haftfestigkeit (Kohäsion).

Echter und scheinbarer Haftwiderstand zusammen sind die Ursachen der Haftung, Haftfestigkeit, Bindigkeit, auch Kohäsion genannt. Es ist schwierig, den Anteil des Gefüge- und denjenigen des Haftwiderstandes an der Gesamthaftung zahlenmäßig festzustellen. Die Haftung k_s ist kein stetig gleich groß bleibender Wert, sondern k_s ändert:

α) *in Abhängigkeit der Belastung des Bodens,* β) *in Abhängigkeit des Wassergehaltes,* γ) *in Abhängigkeit der chemischen Bodenbeschaffenheit.*

Die einzelnen Einflüsse auf die Haftfestigkeit werden eingehend beschrieben, da die Kenntnis der Haftfestigkeit, z. B. für die Bestimmung der zulässigen Bodenbelastung, bei Grundbruchgefahr usw. notwendig ist.

α) Echte Haftfestigkeit und scheinbare Haftfestigkeit.

Die echte Haftfestigkeit ist vorhanden, wenn der Widerstand gegen Abscheren lediglich von der natürlichen Verkittung der Körner untereinander gebildet wird. Der Verkittungsgrad kann aber z. B. durch die Wirkung der Kapillarkraft wesentlich erhöht werden. In diesem Falle spricht man von einer *scheinbaren* Haftfestigkeit. Die scheinbare Haftfestigkeit ist dann der echten Haftfestigkeit überlagert. Sobald die Kapillarkraft verschwunden ist, so geht die scheinbare Haftfestigkeit über in die echte Haftfestigkeit.

Versuche mit verschiedenen Böden zeigten, daß die echte Haftfestigkeit namentlich in Böden mit 10 und mehr Prozent Körnern unter 0,02 mm Durchmesser vorhanden ist.

Um die scheinbare Haftfestigkeit auszuschalten, sind die Schubfestigkeitsversuche am besten an Proben unter Wasser auszuführen.

Wenn die Haftfestigkeit beim Austrocknen durch die Kapillarkraft gesteigert wird, so werden die einzelnen Bodenteilchen sehr eng aneinandergedrückt. Beim Verschwinden der Kapillarkraft, z. B. durch Überfluten des Bodens mit Wasser, nimmt die Haftfestigkeit wieder ab, aber ihr Wert sinkt meistens nicht mehr auf die Ausgangsgröße zurück. Es hat eine dauernde Vermehrung der Haftfestigkeit stattgefunden, ein Fall, der in der geologischen Entwicklungsgeschichte einer Landschaft festzustellen ist, z. B. an Tonmergeln.

β) Die Haftfestigkeit in Abhängigkeit der Belastung des Bodens.

Während COULOMB die Haftfestigkeit k_S als unveränderlichen Festwert betrachtet, haben KREY-TIEDEMANN als erste Forscher den Nachweis erbracht, daß die Haftfestigkeit von der Vorbelastung des Bodens abhängt. Die mathematische Behandlung der Abhängigkeit der Haftfestigkeit von der Belastung des Bodens ist auf S. 428 wiedergegeben.

γ) Die Haftfestigkeit in Abhängigkeit des Wassergehaltes.

I. Natürlicher Wassergehalt und Haftfestigkeit. Als natürlicher Wassergehalt wird die Wassermenge im Boden bezeichnet, die alle Poren zwischen den festen Phasen ausfüllt, ohne daß das Porenwasser unter Druck gerät[1] (vgl. S. 424).

---

[1] Vgl. KREY-EHRENBERG: Erddruck 5. Aufl. 1936 S. 9.

Die Größe des natürlichen Wassergehaltes eines Bodens ist vom jeweiligen Gehalt eines Bodens an Hohlräumen abhängig. Sind wenig Hohlräume vorhanden, so ist der natürliche Wassergehalt klein und umgekehrt. Da die Größe des Hohlraumgehaltes eines Bodens vom jeweiligen Druck auf das Bodenmaterial abhängig ist, so ändert die Größe des natürlichen Wassergehaltes in Abhängigkeit des Druckes σ auf den Erdstoff.

Die Größe der Haftfestigkeit ist vom Anfangswassergehalt, d. h. vom Wassergehalt bei der Belastung $\sigma = 0$ stark abhängig. Mit der Veränderung des Wassergehaltes im Boden ist, wie durch zahlreiche Versuche der verschiedensten Bodenprüfanstalten nachgewiesen, eine Veränderung der Haftfestigkeit verbunden. Rechnerisch ist das Problem auf S. 427 dieses Buches behandelt.

II. Die Haftfestigkeit bei abnehmendem Wassergehalt. Nimmt der Wassergehalt in einem Boden ab, so ändert die Haftfestigkeit des Bodens. Aus der Tabelle 235 geht die Änderung der Haftfestigkeit des Bodens bei abnehmendem Wassergehalt hervor.

Tabelle 235. *Übersicht über die Änderung der Haftfestigkeit bei abnehmendem Wassergehalt.*

Porenwasser	Änderung der Haftfestigkeit des Bodens
I. Natürlicher Wassergehalt	Echte Haftfestigkeit
II. Porenwasserunterdruck	Starkes Zusammendrücken $\left.\begin{array}{c}\\ \\ \end{array}\right\}$ Zunahme der Haftfestigkeit durch Überlagerung der scheinbaren Haftfestigkeit
III. Rückzug des Kapillarwassers aus den Porenhohlräumen	Nur noch leichte Zunahme der Haftfestigkeit

III. Die Haftfestigkeit bei zunehmendem Wassergehalt. Erhält ein vollständig ausgetrockneter Boden einen Wasserzusatz, so nimmt die Haftfestigkeit des Bodens, wie aus der Tabelle 236 hervorgeht, ab.

Tabelle 236.

Porenwasser	Zustand des Bodens	Zustand der festen Phase
I. Kein Kapillarwasser vorhanden	Trocken	Größte, scheinbare Haftfestigkeit
II. Kapillarwasser steigt . .	Feucht	Beinahe gleichbleibende, scheinbare Haftfestigkeit
III. Natürlicher Wassergehalt	Naß	Abnahme der Haftfestigkeit bis zur echten Haftfestigkeit
IV. Überflutung des Bodens mit Wasser	Lockerung des Gefüge- und Haftwiderstandes	Echte Haftfestigkeit

δ) Die Haftfestigkeit k_S in Abhängigkeit des Chemismus des Bodens.

Der Einfluß des Chemismus der festen Phase auf die Haftung ist unter gewissen Umständen groß[1]. Der Kalkgehalt vermindert im allgemeinen die Haftung bei sonst gleichen Untersuchungsbedingungen:

bei einem Kalkgehalt von = 1,7 Vol.-% ist die Haftfestigkeit $k_s = 0,130\ \sigma$,
bei einem Kalkgehalt von = 16 Vol.-% ist die Haftfestigkeit $k_s = 0,09\ \sigma$.

Umgekehrt konnte der Verfasser feststellen, daß die Haftfestigkeit mit zunehmendem Tongehalt zunimmt.

---

[1] Vgl. Versuchsergebn. Preuß. Versuchsanst. Wasserbau u. Schiffbau Heft 14 S. 43 Abb. 27.

Bei der Beurteilung der Haftfestigkeit ist zu berücksichtigen, daß das Bindevermögen zwischen Wasserhülle und festem Korn von der Zahl und der Art der den Bodenteilchen angelagerten Kationen (der „Komplexbelegung") abhängig ist.

ε) Die Bestimmung der ehemaligen Druckrichtung aus der Haftfestigkeit.

Beim Zusammendrücken eines vorbelasteten Bodens bilden sich gerne kleine Brücken; durch dieselben wird die Druckfestigkeit in der Druckrichtung vergrößert. Aus der Richtung der größten Haftfestigkeit kann auf die ehemalige Druckrichtung geschlossen werden; sie verläuft rechtwinklig zur Richtung der größten Haftfestigkeit. Dies ist namentlich der Fall bei eckigem Quarzsand (siehe Abb. 251).

Die Brückenbildung kann durch Erschüttern des Bodens vernichtet werden; dabei verdichtet sich der Boden. Die Haftfestigkeit wird erhöht.

Im Betonbau wird die Brückenzerstörung durch Verwendung von Stochergeräten oder durch Vibrieren des Betons künstlich erreicht.

ζ) Berechnung der Haftfestigkeit.

Es sind verschiedene Formeln aufgestellt worden, um die Haftfestigkeit zu berechnen; namentlich Formeln für die Berechnung der Haftfestigkeit in Abhängigkeit des Wassergehaltes, Berechnung der Haftfestigkeit in Abhängigkeit der Druckspannung, Berechnung der Haftfestigkeit in Abhängigkeit des Porenvolumens. Nachfolgend sind die verschiedenen Berechnungsverfahren besprochen.

I. Berechnung der Haftfestigkeit k_S in Abhängigkeit des Wassergehaltes W. Diesbezügliche Formeln wurden von BENDEL und der DEGEBO (Deutsche Forschungsgesellschaft für Bodenmechanik) aufgestellt. Sie sind nachstehend behandelt.

A. Formel von BENDEL. Für die Ableitung der Formel BENDEL zur Bestimmung der Haftfestigkeit k_S in Abhängigkeit des Wassergehaltes W wird von Gl. (2) S. 354 ausgegangen. Danach ist für $\gamma_w = 1\ \text{kg/dm}^3$

$$W = W_0 - K \log\left(\frac{\sigma_0 + \sigma}{\sigma_0}\right) \text{ in Prozenten des Trockengewichts} \tag{1}$$

oder

$$W = W_a - K \log\left(\frac{\sigma_a + \sigma}{\sigma_a}\right) \text{ in Prozenten des Trockengewichts.} \tag{2}$$

W_0 bedeutet den Wassergehalt an der unteren Elastizitätsgrenze, bei bindigen Böden ungefähr an der Atterbergschen Fließgrenze, ausgedrückt in Prozent der Trockenmasse.

W_a bedeutet den Wassergehalt, wenn der Boden mit dem Druck σ_a vorbelastet war.

$$\sigma_a = (\sigma_0 + \sigma_v) \text{ in kg/cm}^2.$$

Für die Bedeutung der Werte σ_a, σ_0, σ_v und K siehe S. 400. Die Beziehung zwischen dem Wassergehalt W eines Bodens und der Haftfestigkeit k_S eines Bodens wird erhalten, indem von der Coulombschen Beziehung ausgegangen wird:

$$k_S = (\sigma_0 + \sigma)\ \text{tg}\ \varrho_k. \tag{3}$$

Für $\sigma_0 \simeq 0$ wird $k_S = \sigma\ \text{tg}\ \varrho_k$; das ist die Gleichung für die Haftfestigkeit nach HVORSLEV[1] und KREY-TIEDEMANN[2].

---

[1] Über die Festigkeitseigenschaften gestörter bindiger Böden. Ingeniovidenskabelige Skriften A Nr. 45. Kopenhagen 1937.

[2] Für den Ansatz von KREY-TIEDEMANN vgl. H. PEYNIRCIOGLU: Über die Scherfestigkeit bindiger Bodenarten. Degebo-Heft Nr. 7 S. 36. Berlin 1939.

Gl. (1) kann auch geschrieben werden:

$$\left(\frac{W_0 - W}{K}\right) \ln 10 = \ln\left(\frac{\sigma_0 + \sigma}{\sigma_0}\right). \tag{4}$$

Aus Gl. (4) ergibt sich:

$$(\sigma_0 + \sigma) = \sigma_0\, e^{\frac{W_0 - W}{K_0}}, \tag{5}$$

wobei $K_0 = \dfrac{K}{\ln 10}$ bedeutet.

Gl. (5) in Gl. (3) eingesetzt ergibt:

$$k_S = \sigma_0\, \mathrm{tg}\, \varrho_k\, e^{\frac{W_0 - W}{K_0}}. \tag{6}$$

Tritt an Stelle des Wertes σ_0 der Wert σ_a, geht Gl. (6) über in

$$k_S = \sigma_a\, \mathrm{tg}\, \varrho_k\, e^{\frac{W_a - W}{K_0}} = \sigma_a\, \mathrm{tg}\, \varrho_k\, e^{a - bW}. \tag{7}$$

Zahlenwerte: Es sei: $W_a = 48\%$ des Trockengewichtes; $K = 10\%$ bzw. $K_0 = \dfrac{10}{\ln 10}$; $\mathrm{tg}\, \varrho_k = 0{,}09$; $\sigma_a = 0{,}1\ \mathrm{kg/cm^2}$; dann wird:

Tabelle 237.

Wassergehalt W in Prozent der Trockenmasse	47	36	33	30
Haftfestigkeit in kg/cm²	0,01	0,14	0,27	0,54

Vgl. Abb. 277.

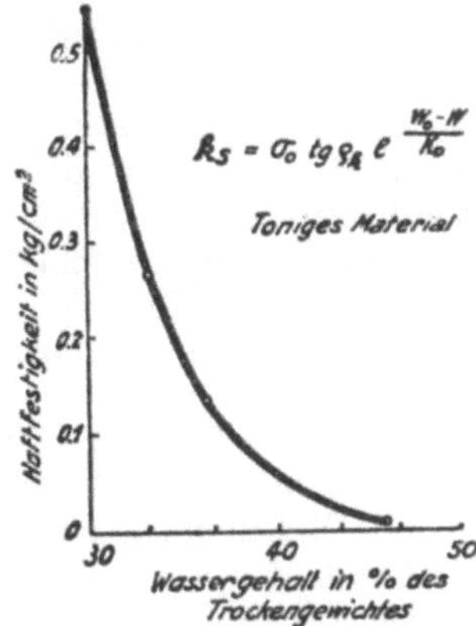

Abb. 277. Abnahme der Haftfestigkeit k_S in Abhängigkeit des Wassergehaltes W. Für die Bedeutung der Werte σ_0, W_0; W, K_0, ϱ_k, ϱ siehe Text.

B. Formel nach Degebo[1]. Auf Grund einiger Quetschversuche, ausgeführt mit dem Jürgensonschen Quetschgerät, ist die Gleichung aufgestellt worden:

$$k_S = e^{\gamma B_S (W_{S_1} - W)} - e^{\gamma B(W_{p_1} - W)}\, \mathrm{tg}\,[\varrho_a + m\,(W_a - W)] \tag{8}$$

oder

$$k_S = e^{(a \ln p_e - b)} - p_e\, \mathrm{tg}\,[\varrho_a + m\,(W_a - W)]. \tag{9}$$

Es bedeuten:

$a = \dfrac{B_S}{B}$; $B =$ Festwert, der dem Verdichtungswert $\dfrac{dp}{d\varepsilon}$ entspricht.

$B_S =$ Festwert, dimensionslos $= 10$ bis 20 $\gamma =$ mittleres spez. Gewicht der

$B_1 =$ Festwert bei der Scherspannung $\tau = 1$ festen Masse,

$b = B_S\,(W_{p_1} - W_{S_1})$; $W =$ Wassergehalt

$W_{S_1} =$ Wassergehalt bei der Scherspannung $\tau = 1$ $\varrho_a =$ Winkel der inneren Reibung

$W_{p_1} =$ Wassergehalt bei der Druckspannung $\sigma = 1$ bei der Ausroll-

$p_e = p\, e^{B\,(\varepsilon_1 - \varepsilon)}$; $p_e =$ dem mittleren Wassergehalt entsprechende äquivalente Druck   grenze.

Die Richtigkeit obiger Formel ist noch zu überprüfen[2].

Diese Haftfestigkeitsgleichung läßt sich auf die grundsätzliche Gleichung zurückführen:

$$k_s = C\, \mathrm{tg}\, \varrho_k\, e^{a - bW}. \tag{10}$$

---

[1] Vgl. PEYNIRCIOGLU: Über die Scherfestigkeit bindiger Böden. Veröff. Inst. Dtsch. Forsch.-Gesellsch. Bodenmech. (Degebo) an der Techn. Hochsch. Berlin 1939 Heft 7 S. 51.

[2] Vgl. HAEFELI: Neue bodenmechanische Forschungen. Schweiz. Bauztg. Bd. 115 (1940) S. 212.

Die Ableitung ist hier weggelassen worden, da sie umständlich ist und verschiedene Vereinfachungen voraussetzt.

Gl. (10) der Degebo entspricht in ihrem Aufbau der Gl. (7) von BENDEL.

II. Die Berechnung der Haftfestigkeit in Abhängigkeit der Druckspannung. Es wurden hierfür Annahmen und Berechnungsverfahren entwickelt von COULOMB, KREY-TIEDEMANN, HVORSLEV und BENDEL. Nachstehend sind die Formeln der verschiedenen Urheber kurz besprochen.

A. Die Haftfestigkeit nach COULOMB: COULOMB hat angenommen, daß die Haftfestigkeit k_s ein Festwert sei. Für gewisse sandige Bodenarten stimmt diese Annahme.

Bei bindigen Bodenarten ist die Scherspannung τ bei der unteren Fließgrenze praktisch Null. Daraus würde sich nach der Theorie von COULOMB ergeben, daß die Haftfestigkeit für bindige Böden Null sein würde. Diese Feststellung stimmt mit zahlreichen Versuchsergebnissen und Beobachtungen in der Natur nicht überein. Daraus ergibt sich, daß die Haftfestigkeit k_S kein Festwert sein kann.

B. Die Haftfestigkeit nach KREY-TIEDEMANN. Nach KREY-TIEDEMANN ist die Haftfestigkeit k_s von dem jeweiligen Vorverdichtungsdruck σ_e abhängig. Unter Verdichtungsdruck σ_e wird die lotrechte Belastung verstanden, die man auf die Oberfläche einer Tonschicht wirken lassen muß, damit die Porenziffer ε_0 auf die Porenziffer ε sinkt.

ε_0 bedeutet die Porenziffer an der unteren Plastizitätsgrenze, $\varepsilon =$ Porenziffer, die der untersuchten Probe entspricht.

Die Versuche zur Bestimmung des Verdichtungsdruckes σ_e werden an Proben mit verhinderter seitlicher Ausdehnung ausgeführt.

Zur Bestimmung der Haftfestigkeit k wird wie folgt vorgegangen[1]:

Der Boden wird mit der Druckspannung $\sigma = \sigma_e$ belastet. Dadurch wird der Boden zusammengedrückt. Infolge der Belastung erreicht er eine bestimmte Haftfestigkeit k_e.

Wird dann der Boden entlastet, so daß $\sigma = 0$ wird, so entspannt sich der Boden nur wenig elastisch. Das Gefüge der festen Phase bleibt gut verzahnt, und der Abstand der einzelnen Körner hat sich trotz der Entlastung nur unbedeutend verändert. Der neue Haftwiderstand k_0 bleibt angenähert gleich groß wie der Haftwiderstand k_e bei der größten Bodenbelastung; d. h. $k_0 \simeq k_e$; mit anderen Worten: für Drücke σ, die kleiner als σ_e sind, ist die Haftfestigkeit als Festwert anzusehen.

Aus diesen Beobachtungen geht hervor, daß die allgemeine Haftung k_s abhängig ist von der jeweiligen Vorbelastung σ_e des Bodens. Es kann angenähert gesetzt werden:

$$k_s \simeq \alpha\,\sigma_e = \operatorname{tg} \varrho_k\,\sigma_e \tag{1}$$

(vgl. Abb. 278).

Für den Fall, daß die kleine Vergrößerung des Porenvolumens, die bei der Entlastung des Probekörpers entsteht, berücksichtigt wird, so hat BENDEL eine besondere Gleichung für die Haftfestigkeit abgeleitet (vgl. S. 428 dieses Buches).

Sind die Werte k_s und $\operatorname{tg} \varrho_k$ in Gl. (1) auf Grund von Versuchen angenähert bekannt, so kann die frühere Vorbelastung

$$\sigma_e = \sigma = \frac{k_s}{\operatorname{tg} \varrho_k}$$

berechnet werden.

---

[1] Vgl. Z. SEIFERT: Untersuchungsmethoden, um festzustellen, ob sich ein gegebenes Baumaterial für den Bau eines Erddammes eignet. 1. Congr. des grands barrages. Stockholm 1933; ferner SEIFERT-EHRENBERG, TIEDEMANN, ENDELL u. HOFFMANN-WILM: Bestehen Zusammenhänge zwischen Rutschneigung und Chemie von Tonböden? Mitt. Preuß. Versuchsanst. Wasserbau u. Schiffbau Heft 20. Berlin 1935.

Eine Änderung in der Vorbelastung σ_e des Bodens kann z. B. eintreten durch geologische Veränderungen (Abschmelzen von Gletschern, Abtrag des Bodens durch Ausschwemmungen, durch Entfernung der Oberflächenspannungen des Kapillarwassers, Überfluten des Baugrundes, durch Menschenhand: Baugrubenaushub, Tunnelbau).

C. Die Haftfestigkeit nach Hvorslev. Nach Hvorslev[1] hängt die Haftfestigkeit von der Porenziffer ab, die der Boden nach dem Abscheren hat.

Die entsprechende Formel lautet:

$$k_s = v\, e^{-B\varepsilon}.$$

In dieser Formel bedeuten:

$$v = \varkappa\, p_1\, e^{+B\varepsilon_1},$$

$B =$ Verdichtungswert;

$$1/B = \frac{d\varepsilon}{dp}$$

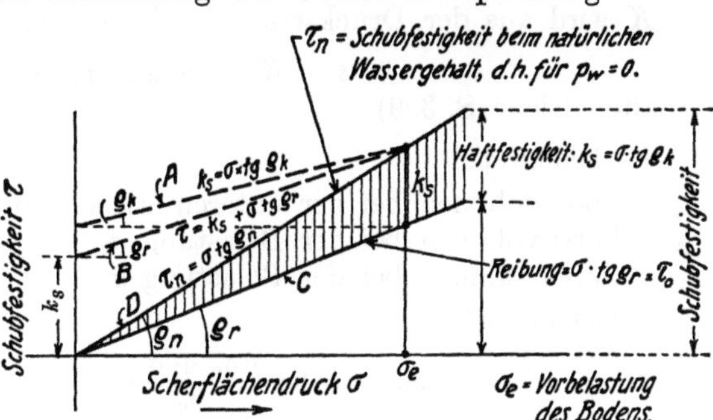

Abb. 278. Die Schubfestigkeit in Abhängigkeit der Reibung R und der Haftfestigkeit k (Annahme nach Tiedemann).

$R = \sigma\, tg\, \varrho_r = \tau_n,\quad k_s = \sigma_e\, tg\, \varrho_k,\quad \sigma_e =$ Vorbelastung des Bodens;
R Reibungsanteil, k_s Haftfestigkeitsanteil,
A Haftfestigkeitskurve nach der Erstbelastung des Bodens mit σ_e,
B Schubfestigkeitskurve, bestehend aus der Haftfestigkeit k_s und der Reibung R bei der Entlastung,
C Reibungsfestigkeitskurve R,
$tg\, \varrho_n = tg\, \varrho_r + tg\, \varrho_k = tg\, \varrho_s$.
D Schubfestigkeitskurve bei natürlichem Wassergehalt.
Vgl. Abb. 291.

im Sinne von Terzaghi; dimensionslos, $B = 10$ bis 20.

$\varkappa =$ Kohäsionswert = Beiwert der wirksamen Haftfestigkeit; für $\varkappa$ wird auch $\varkappa = tg\, \varrho_k$ gesetzt.

$\varepsilon_1 =$ Porenziffer für den Druck p_1.

Hvorslev schreibt die obige Formel für k_s noch in einer etwas veränderten Weise, nämlich:

$$k_s = \varkappa\, p_e.$$

Hierin bedeutet:

$$p_e = p_1\, e^{B(\varepsilon_1 - \varepsilon)},$$

$\varepsilon =$ Porenziffer, die dem Druck p_e entspricht. (Vgl. S. 554.)

III. Berechnung der Haftfestigkeit in Abhängigkeit des Porenvolumens unter der Druckspannung. *A. Berechnung der Haftfestigkeit in Abhängigkeit des Porenvolums bei der Erstbelastung des Bodens* (nach Bendel). Im Abschnitt I A wurde die Gleichung abgeleitet:

$$k_S = \sigma_a\, tg\, \varrho_k\, e^{a - bW}. \tag{1}$$

Die Gleichung läßt sich, da W als natürlicher Wassergehalt vorausgesetzt wurde, so umformen, daß die Haftfestigkeit k_s bei der Erstbelastung des Bodens in Abhängigkeit des Porenvolumens erhalten wird zu:

$$k_s = \sigma_a\, tg\, \varrho_k\, e^{\frac{n_1 - n}{K_0}}.$$

Es bedeutet:

$\sigma_1 =$ Belastung des Bodens beim Einspannen der Bodenprobe; $\sigma_a = \sigma_0 + \sigma_1$.
$tg\, \varrho_k =$ Festwert; $tg\, \varrho_k$ entspricht dem Wert μ_k in der Schubfestigkeitsgleichung nach Krey-Tiedemann bei der Belastung $\sigma = \sigma_a$,

$$K_0 = \frac{K}{\ln 10}.$$

---

[1] Über die Festigkeitseigenschaften gestörter bindiger Böden. Danmarks Naturvidenskabelige Samfund. Kopenhagen 1937.

K steht in Beziehung zur Elastizitätsziffer E bzw. zur Zusammendrückungsziffer M_E; es ist nämlich: $M_E = \left(\dfrac{\sigma_0 + \sigma}{K}\right) \ln 10$.

K wird aus der Drucksetzungsgleichung nach BENDEL

$$s = K' + K \log (\sigma_0 + \sigma) \text{ in } \%$$

erhalten (siehe S. 399).

Es bedeutet:

$n_a =$ Porenvolumen bei der unteren Elastizitätsgrenze,
$n_1 =$ Porenvolumen bei der Belastung σ_1,
$n \; =$ Porenvolumen bei der Belastung σ.

Allgemein ist:

$$n = n_a - K \log \left(\frac{\sigma_0 + \sigma}{\sigma_0}\right) = n_a - K_0 \ln \left(\frac{\sigma_0 + \sigma}{\sigma_0}\right) *.$$

Wird für $\sigma = \sigma_1$ gesetzt: $n = n_1$ und
für $\sigma = \sigma_2$ gesetzt: $n = n_2$, so ergibt sich

$$n_1 - n_2 = K \log \left(\frac{\sigma_0 + \sigma_2}{\sigma_0 + \sigma_1}\right) = K_0 \ln \left(\frac{\sigma_0 + \sigma_2}{\sigma_0 + \sigma_1}\right).$$

Hieraus ergibt sich:

$$k_S = \sigma_a \operatorname{tg} \varrho_k \, e^{\frac{n_1 - n}{K_0}} = \sigma_a \operatorname{tg} \varrho_k \, e^{\ln \frac{\sigma_0 + \sigma_2}{\sigma_0 + \sigma_1}}. \tag{2}$$

Ferner ist für $\sigma_a = \sigma_0 + \sigma_1$

$$k_S = (\sigma_0 + \sigma_1) \operatorname{tg} \varrho_k \left(\frac{\sigma_0 + \sigma_2}{\sigma_0 + \sigma_1}\right) = \sigma_a \operatorname{tg} \varrho_k \left(\frac{\sigma + \sigma_a}{\sigma_a}\right) = (\sigma + \sigma_a) \operatorname{tg} \varrho_k$$

[siehe oben S. 424, Formel (3)].

Ist der Wert σ_0 gegenüber σ_1 und σ_2 klein, was z. B. für sandige, wenig bindige Böden zutrifft, so kann σ_0 vernachlässigt und geschrieben werden:

$$k_S = \sigma_1 \operatorname{tg} \varrho_k \frac{\sigma_2}{\sigma_1} = \sigma_2 \operatorname{tg} \varrho_k = \sigma \operatorname{tg} \varrho_k. \tag{3}$$

Formel (3) entspricht der Gleichung von KREY-TIEDEMANN.

Zahlenwerte: $K = 2$ bis 20%; $K_0 = \dfrac{K}{\ln 10} = 0,85$ bis $8,5\%$, $\sigma_0 = 0$ bis $2,0 \text{ kg/cm}^2$, $n_a = 30$ bis 70%.

B. Berechnung der Haftfestigkeit in Abhängigkeit des Porenvolumens bei der Entlastung des Bodens (nach BENDEL). Wird ein Boden entlastet, so muß obige Formel (2) geschrieben werden:

$$k_S' = \sigma_e \operatorname{tg} \varrho_k' \, e^{\frac{n_e - n}{K_e}}. \tag{1}$$

In dieser Formel bedeuten:

$\sigma_e =$ Vorbelastung des Bodens, d. h. der Boden ist bereits einmal mit einer Last der Größe σ_e belastet gewesen und wurde nachher wieder entlastet. Daher muß sein: $\sigma < \sigma_e$,
$n_e =$ Porenvolumen bei der Belastung σ_e.
K_e steht in Beziehung zur Elastizitätsziffer E (E nach S. 412).

K_e wird auch aus der Entlastungs-Dehnungs-Gleichung

$$s = K_e' - K_e \log (\sigma_0 + \sigma)$$

bestimmt. (Vgl. S. 409, Gl. 22''.)

---

* Vgl. Abschnitt über „Wassergehalt in Abhängigkeit der Bodenbelastung".

$\operatorname{tg} \varrho_k'$ kann folgendermaßen bestimmt werden. Es sei $\sigma = \sigma_e$; dann ist:

$$k_s = \sigma_e \operatorname{tg} \varrho_k' = \sigma_a \operatorname{tg} \varrho_k \, e^{\frac{n_1 - n}{K_0}}. \qquad (2)$$

Aus obiger Gleichung ergibt sich, daß $\operatorname{tg} \varrho_k$ in den Gleichungen KREY-TIEDE-MANN und HVORSLEV kein Festwert ist. Die erwähnten Ingenieure haben bereits bei ihren Untersuchungen auf die Veränderlichkeit des Wertes $\operatorname{tg} \varrho_k$ hingewiesen. Aus obiger Gl. (2) des Verfassers kann nun die Veränderlichkeit des Wertes $\operatorname{tg} \varrho_k$ berechnet werden.

Aus der Formel (2) geht hervor, daß die Haftfestigkeit vom jeweiligen Verdichtungsgrad des Materiales abhängig ist. Gl. (2) kann auch geschrieben werden:

$$k' = k_e \, A,$$

wobei A den Wert hat:

$$A = e^{\ln\left(\frac{\sigma + \sigma_0'}{\sigma_e + \sigma_0}\right)} = \left(\frac{\sigma + \sigma_0'}{\sigma_e + \sigma_0}\right).$$

Für den Wert σ gilt: $\sigma < \sigma_e$

$$k' = k_e \left(\frac{\sigma + \sigma_0'}{\sigma_e + \sigma_0}\right) = \sigma_a \operatorname{tg} \varrho_k \left(\frac{\sigma_0 + \sigma_e}{\sigma_0 + \sigma_1}\right)\left(\frac{\sigma_0' + \sigma}{\sigma_0 + \sigma_e}\right)$$

$\sigma_0, \sigma_0' =$ Festwerte,
$\sigma_e =$ Vorbelastung,
$\sigma < \sigma_e$,
$\sigma_1 =$ ursprüngliche Belastung, vor Versuchsbeginn.

IV. Zahlenwerte. Berechnung der Haftfestigkeit nach den verschiedenen Verfahren.

Tabelle 233.

Urheber	Gleichung	Haftfestigkeitswerte bei einem durchgerechneten Beispiel kg/cm^2
1. COULOMB	$k_s = $ Festwert	0,00
2. KREY-TIEDEMANN	$k_s = \sigma \operatorname{tg} \varrho_k$	0,26
3. HVORSLEV	$k_s = \sigma \, e^{B(\varepsilon_1 - \varepsilon)} \operatorname{tg} \varrho_k$	0,43
4. PEYNIRCIOGLU	$k_s = \lambda \, e^{-B\varepsilon}$	0,83
5. BENDEL	$k_s = (\sigma + \sigma_a) \operatorname{tg} \varrho_k$	0,35—0,45 $\sigma_a = \sigma_0 + \sigma_1$

Die Versuchswerte 1 bis 4 sind dem Degebo-Heft Nr. 7 S. 51 entnommen. Für die Formel (5) sind die fehlenden Versuchswerte auf Grund von Erfahrungen mit eigenen Versuchen eingesetzt worden.

e) Der Gefügewiderstand.

Die feinen Teilchen eines Bodens sind mehr oder weniger fest miteinander verzahnt. Für die Intensität der Verzahnung ist die Größe und Form der Körner oder Mineralien von wesentlicher Bedeutung.

Man unterscheidet folgende Formen (vgl. auch Abschnitt über Kornform):

Tabelle 234.

Gestalt der Körner	Beispiele
Blätterige Teilchen	Kaolin
Schuppenförmige Teilchen	Muskowit und Biotitglimmer, Chloride, Talk, Montmorillonit
Stengelige Teilchen	Epidot, Hornblende
Gedrungene Teilchen	Quarz, Feldspat, Apatit, Rutil, Eisenerze, Halloysit

Nach GOLDSCHMID (Oslo) enthalten norwegische Tone:

schuppenförmige Bestandteile .... 12—28%,
stengelige Bestandteile .... 4,5—14%,
gedrungene Bestandteile .... 73—61%.

Untersuchungen über die Form der einzelnen Körner ergaben, daß je feiner die einzelnen Teilchen sind, um so mehr die schuppenförmige und blätterige Form vorherrscht. Die blätterigen Mineralien lagern sich gerne parallel ab, was den Gefügewiderstand vermindert. Hingegen wird durch regellose Verteilung von schuppen- und stäbchenförmigen oder von blätterigen und stengeligen Kolloidteilchen der Gefügewiderstand erhöht[1]. Noch unabgeklärt ist, in welchem Maße der Gefügewiderstand von der chemischen Beschaffenheit der Bodenteilchen, von der kolloid-chemischen Zusammensetzung und von der um die einzelnen Körner haftenden Wasserhülle abhängig ist.

f) Die innere Reibung.

α) Die reine (echte) Reibung.

Die zwischen einzelnen, mikroskopisch kleinen Körnern wirkenden Stützkräfte werden in den Berührungsflächen übertragen. Die Kraft, die in der Richtung der Berührungsfläche wirkt, der Reibungswiderstand R, hat die Größe:

$$R = \mu_0 \cdot P/F = \mathrm{tg}\, \varrho_0 \cdot P/F = \mathrm{tg}\, \varrho_0\, \sigma. \tag{1}$$

$F =$ Größe der Berührungsfläche,

$P =$ lotrechte Kraft zur Berührungsfläche,

$\mu_0 =$ Reibungsziffer, dimensionslos; μ_0 wird als unabhängig vom Druck P angenommen,

$\varrho_0 =$ Winkel der echten Reibung, den die auf der Berührungsfläche stehende Kraft mit der Kraft in der Richtung der Berührungsfläche bildet.

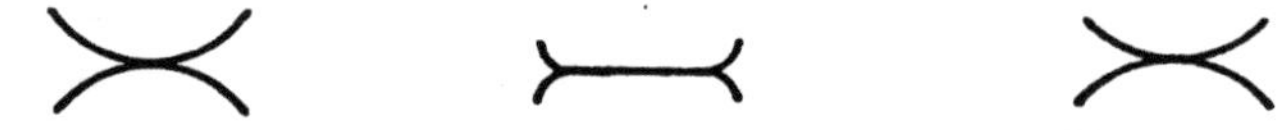

Abb. 279. Verformung der Bodenkörper bei der Belastung und Entlastung.

1. Stadium $p = 0$. Ursprünglicher Zustand der Berührungsflächen.	2. Stadium, Belastung $p = \infty$. Verformung der Berührungsfläche in Ebenen; Änderung der Lage der Moleküle. (Für die Größe der Verformung siehe Abb. 252.)	3. Stadium. Entlastung $p = 0$. Rückbildung der Berührungsflächen in konvexe Flächen.

μ_0 ist abhängig von der chemischen Beschaffenheit der sich berührenden Körper, von der Form und Größe des Krümmungsradius der Berührungsfläche, von der Gestalt und Rauhigkeit ihrer Oberflächen und namentlich von der Mächtigkeit und chemischen Beschaffenheit des zwischen zwei Körpern liegenden Schmiermittels.

I. Der Wasserfilm zwischen zwei Körpern fehlt. Fehlt das Schmiermittel zwischen zwei Körpern oder ist es infolge sehr hohen Druckes ausgepreßt worden, so berühren sich die Körper unmittelbar. Die Reibungsziffer hat den höchsten Wert erreicht.

Es ist anzunehmen, daß bei unmittelbarer Berührung der einzelnen Teile die Oberflächen der Teilchen eine Veränderung erleiden, je nach der Größe des auf sie wirkenden Druckes (siehe Abb. 279a).

Mit der Verformung der Berührungsflächen ist eine Änderung der Reibungsziffer verbunden.

---

[1] Vgl. AUERBACH-HOST: Handb. d. physik. u. techn. Mech. Bd. 4 2. Hälfte S. 544. Leipzig 1931.

II. Der Film zwischen den Körnern ist vorhanden. Ist hingegen ein Film zwischen zwei Körpern vorhanden (siehe Abb. 250), so tritt Filmschmierung ein; dann wird die Reibungsziffer gemeinsam durch die zwischen zwei Körpern vorhandene Oberflächenkraft und durch die Schubfestigkeit des Schmiermittels bestimmt. Der Wert μ bei der Filmschmierung ist bedeutend kleiner als der Wert μ bei unmittelbarer Körperberührung.

Wird der Film zwischen zwei Körpern verhältnismäßig dick, so wird die Reibungsziffer durch die Schubfestigkeit des Schmiermittels allein bestimmt. Diese Art der vollen Schmierung heißt Überflutungsschmierung.

III. Zahlenwerte für die reine Reibung (vgl. Tabelle 239)[1].

Tabelle 239.

Stoffart	Echte Reibungsziffer $\mu_0 = \mathrm{tg}\,\varrho_0$	Haftfestigkeit in kg/cm²
Chemisch reine, glatte Glasplatten.........	0,84—1,1	—
Chemisch reine, glatte Stahlplatten........	0,74	—
Geschmierte Oberfläche....................	0,05—0,3	0,01—0,03
Sandiger Lehm, sandiger Ton.............	0,4—0,5	0,01—0,03
Fetter Ton..............................	0,2—0,3	0,06—0,12

Aus obigen Ausführungen ergibt sich, daß die Reibung zwischen den Bodenkörnern sehr verschieden stark vorhanden sein muß, je nachdem zwischen den Körnern keine oder eine reine Wasserschicht oder ein chemisch verunreinigter Film auftritt. So wird z. B. bei Sanden, die infolge eines großen Haftvermögens eine zähe Wasserhaut, sog. Adsorptionsschicht besitzen, die Reibung wesentlich größer als bei Sanden, die infolge ihrer chemischen Beschaffenheit, z. B. Quarze, beinahe keine Wasserhaut um sich bilden können. Die Mächtigkeit des Wassers um ein Bodenteilchen ist von der Größenordnung von $100\,\mu\mu$. Bei Ton soll diese Wasserhaut dicker sein als bei Sand[2]. Nach PALLMANN beläuft sich die Adsorptionsschicht auf eine Dicke von 2 bis 40 A*.

$$\beta)\ \text{Reibung, bestehend aus Reibungswiderstand und}$$
$$\text{Gefügewiderstand.}$$

Für eine Verschiebung zwischen den Einzelteilchen eines Bodens muß im allgemeinen nicht nur die Reibung zwischen den Körnern überwunden werden, sondern auch noch der zwischen den Körnern wirkende Gefügewiderstand. Der Gefügewiderstand erreicht z. T. hohe Werte, je nach der Lagerungsart, der Dichte und Verzahnung der Körner untereinander. Die Größe des Gefügewiderstandes kann während der Verformung des Gefüges verschieden große Werte annehmen.

Oft werden die aufgezählten Widerstände, nämlich der Reibungswiderstand R in der Richtung senkrecht zur wirkenden Kraft P und der Gleitwiderstand R_2 zusammen als Widerstand der inneren Reibung $= \mu$ bezeichnet.

Es gilt dann grundsätzlich der gleiche Ansatz (1) wie oben, d. h.

$$\mu = \frac{R_1 + R_2}{P} = \frac{\tau}{\sigma} = \mathrm{tg}\,\varrho.$$

---

[1] Vgl. W. u. K. HARDY: The philosophical Magazine London Bd. 39 Nr. 223 S. 32. — KREY-EHRENBERG: Erddruck 5. Aufl. S. 21. Berlin 1936.

[2] Proc. Amer. Soc. civ. Engrs. 1922 S. 546.

* Schweiz. Arch. angew. Wiss. Techn. Bd. 5 (1938). Siehe S. 500 Bd. I dieses Buches.

Hieraus ergibt sich für die Schubkraft τ:

$$\tau = \sigma\,\mathrm{tg}\,\varrho.$$

ϱ heißt der Winkel der inneren Reibung.

ϱ hat in diesem Falle eine umfassendere Bedeutung als der Winkel ϱ_0 in Gl. (1). In der Praxis ist es schwierig, die reine Reibung von der aus reiner Reibung und Gefügewiderstand zusammengesetzten inneren Reibung zu unterscheiden. Entsprechende Prüfverfahren sind noch zu entwickeln[1].

Im folgenden wird der Gefügewiderstand als Bestandteil der inneren Reibung aufgefaßt.

γ) Die innere Reibung bei verschiedenen Bodenarten.

I. Die innere Reibung bei Tonen und Lehmen. Aus den bisherigen Versuchen wurde ermittelt, daß $\mathrm{tg}\,\varrho$ um so kleiner wird, je tonreicher der Boden ist; denn der Ton weist, wie früher beschrieben, sehr oft flache, blättrige und schuppenförmige Teilchen auf, die bei Zugkräften leicht nebeneinander vorübergleiten oder biegsam nachgeben.

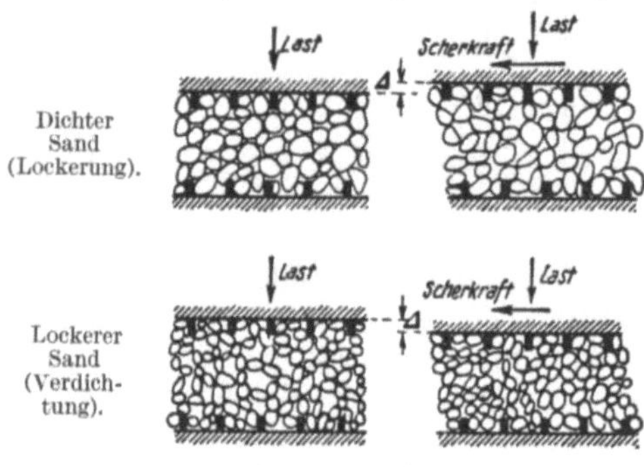

Abb. 279a. Gefügeänderung von dicht und locker gelagertem Sand während der Scherbeanspruchung.

Ferner ist zu berücksichtigen, daß eine Wasserschicht um die tonigen Bodenteilchen vorhanden ist, die als Schmiermittel wirkt und den Winkel ϱ herabdrückt. Bei gewissen Tonen vermindert auch das vom Innern der Bodenteilchen aufgenommene Wasser (Absorptionswasser) die Reibung, z. B. bei den Montmorillonittonen. Die unmittelbare Bestimmung des Winkels ϱ (ohne Haftfestigkeit) ist bei bindigen Böden nicht möglich. Mittelbar geschieht das wie folgt: Der scheinbare Winkel der inneren Reibung bzw. $\mathrm{tg}\,\varrho_s$ wird durch einen Scherversuch bestimmt; ferner für dieselbe Vorbelastung $\mathrm{tg}\,\varrho_k$. Aus dem Unterschied der beiden Werte erhält man

$$\mathrm{tg}\,\varrho = \mathrm{tg}\,\varrho_s - \mathrm{tg}\,\varrho_k.$$

II. Die innere Reibung bei Sanden. Bei den Sanden hingegen (siehe Abb. 279 a nach A. CASAGRANDE) wird eine Gefügeveränderung erreicht, wenn sich die einzelnen Körner drehen oder kippen, wozu oft ein verhältnismäßig großer Kraftaufwand notwendig wird; daher ist bei sandigen Böden der Winkel der inneren Reibung ein Vielfaches des Reibungswinkels von tonigem Material.

---

[1] σ bedeutet den Druck auf die Bodenprobe. σ setzt sich zusammen aus dem Druck σ_0 und der aufgebrachten spez. Belastung $\sigma_{zusätzlich}$; d. h. im vorliegenden Falle ist

$$\sigma = \sigma_0 + \sigma_{zus.}$$

oder

$$\sigma = (\sigma_0 + \sigma_v) + \sigma_{zus.} = \sigma_a + \sigma_{zus.}$$

Für die Bedeutung der Werte σ_0 und σ_v siehe S. 399. Für $\sigma_{zus.}$ wird meistens nur das Zeichen σ gebraucht; in diesem Falle lautet die Schubkraftgleichung:

$$\tau = (\sigma_0 + \sigma)\,\mathrm{tg}\,\varrho$$

bzw.

$$\tau = [(\sigma_0 + \sigma_v) + \sigma]\,\mathrm{tg}\,\varrho = (\sigma_a + \sigma)\,\mathrm{tg}\,\varrho,$$

indem $\sigma_a = (\sigma_0 + \sigma_v)$ bedeutet.

δ) Die Nullreibung oder Anfangsreibung.

Wenn zwei Bodenteilchen, die von einer dünnen Wasserhülle umgeben sind, sich einander nähern, so kommen die Schichten miteinander in molekulare Wechselwirkung. Die Anziehungskraft in der Kontaktzone wird als Nullreibung oder Anfangsreibung bezeichnet. Die Nullreibung ist vorhanden, ohne daß die Berührungsflächen der Bodenteilchen durch einen äußeren Druck aneinandergepreßt werden[1]. Die bisherigen Versuche zur Bestimmung der Nullreibung ergaben, daß die Nullreibung von der Kornform unabhängig ist. Treffen zwei Bodenteilchen zusammen, so wird beim Sedimentvorgang ein Bodenteilchen in die Tiefe weiterkollern, wenn die Zugkraft infolge des Kippmomentes größer ist als die Nullreibung. Im umgekehrten Falle bleibt das neue Bodenteilchen an dem alten Körnchen haften. Somit ergibt sich, daß je größer die Nullreibung ist, um so weniger die einzelnen Bodenteilchen in die vorhandenen Hohlräume eindringen können, d. h. um so größer wird der Hohlrauminhalt eines neuen Sediments.

Falls der entstehende Hohlraum größer ist als das Bodenteilchen, so spricht man von Wabenstruktur (vgl. Abschnitt über Bodenstrukturen).

Wird einem in Suspension sich befindenden Kolloidschlamm ein Elektrolyt beigegeben, so können einzelne Bodenteilchen bei der Brownschen Bewegung zusammenstoßen. Infolge der Nullreibung haften sie aneinander. Es entstehen Flockengebilde. Sobald die Flocken durch Angliederung weiterer Teilchen eine gewisse Größe erreicht haben, sinken sie zu Boden. Die niedersinkende Flocke wird infolge der vorhandenen Nullreibung an das bereits sedimentierte Material angeheftet. Der Vorgang wird Koagulierung eines in Suspension sich befindenden Schlammes genannt. Weitere Ausführungen über diesen Vorgang siehe Kapitel über physikalische Chemie des Bodens.

ε) Die Beziehung zwischen Reibungsziffer und Druck.

Die Reibungsziffer $\mu = \dfrac{\tau}{\sigma} = \operatorname{tg}\varrho$ wird meistens als eine vom Druck unabhängige Größe angegeben. Dies stimmt weder für rolligen Sand[2] noch bei bindigen Böden[3]. Während der Belastung treten Gefügeänderungen im Erdstoffmaterial ein, wodurch der Gefügewiderstand größer oder kleiner wird; auch ist

es möglich, daß einzelne Körner bei erhöhtem Druck elastisch nachgeben oder zerbrechen[4].

Eigene Versuche an Probekörpern mit Scherflächen von 100 bis 400 cm² ergaben, daß je größer die Scherfläche und je größer der spez. Druck ist, desto kleiner die Reibungsziffer wird.

Wahrscheinlich hängt dies mit der Größe der Änderung des Gefügewiderstandes zusammen. Für praktische Bedürfnisse kann μ als Festwert angenommen werden, da die Änderungen, wie sie

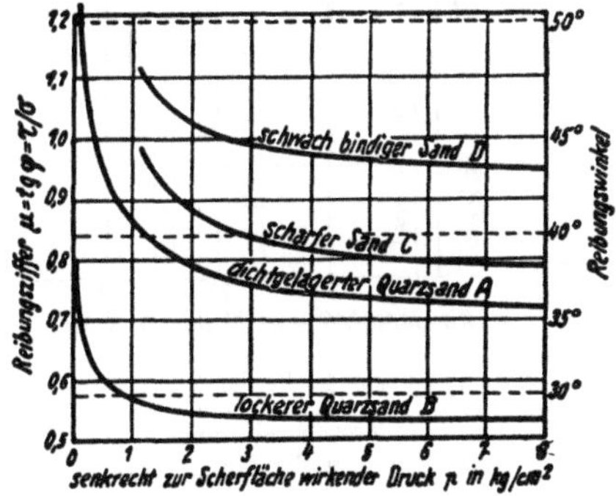

Abb. 280. Abhängigkeit der Reibungsziffer vom Belastungsdruck σ und der Kornzusammensetzung.

---

[1] Terzaghi: Erdbaumechanik S. 64. Wien 1925.

[2] Vgl. die Versuche von Bernatzik: Wasserw. u. Techn. 1935 S. 184. — Auerbach-Hort: Handb. d. physik. u. techn. Mech. IV/2 S. 522ff. Abb. 280.

[3] Vgl. Bendel: Die Beurteilung des Baugrundes im Straßenbau. Straße u. Verkehr 1935 Heft 19 Abb. 46 u. 47.

[4] Kulka: Bauingenieur 1932 S. 431.

oben aufgezählt wurden, von einer Größenordnung sind, die eine Vernachlässigung der Nebeneinflüsse im Bereiche der üblichen Spannungsänderungen erlauben. Vgl. auch die Formeln von BENDEL zur Berechnung des Winkels ϱ.

ζ) **Die Beziehung zwischen Reibungsziffer und Gefügeänderung.**
Während der Schubbeanspruchung ändert sich das Gefüge des Sandes. In Abb. 279a sind die Gefügeänderungen[1] schematisch wiedergegeben. Danach muß unterschieden werden zwischen lockerem und dicht gelagertem Sand. Bei lockerer Lagerung wird der Sand beim Scherversuch zusammengepreßt, während dicht gelagerte Sande durch die Schubkraft aufgelockert werden. Infolge der Änderung des Gefügeaufbaues ändert während des Abscherens auch der Winkel ϱ der inneren Reibung; siehe Abschnitt: Die Beziehung zwischen Reibungsziffer und Druck.

η) **Die Berechnung des Winkels ϱ der inneren Reibung.**
I. Berechnung des Winkels ϱ in Abhängigkeit des Wassergehaltes. Bei manchen Stoffen wird der Winkel der inneren Reibung ϱ bei veränderlichem Wassergehalt nur wenig geändert. Es gibt aber Erdstoffe, bei welchen der Winkel der inneren Reibung in Beziehung steht zur Änderung des Wassergehaltes, z. B. bei rutschsüchtigem Material.

Tabelle 240. Zahlenwerte.

Benennung	Körnung mm	Reibungswinkel ϱ in °	Bemerkung
Kolloidschlamm auf Stahl ..	—	22—27 6—8	Trocken Naß
Ton mit organischen Bestandteilen	0—0,2	0—18	Die Größe des Reibungswinkels ändert sehr stark, je nach der Anpassung des Wassergehaltes der Stoffprobe an den vorhandenen Druck

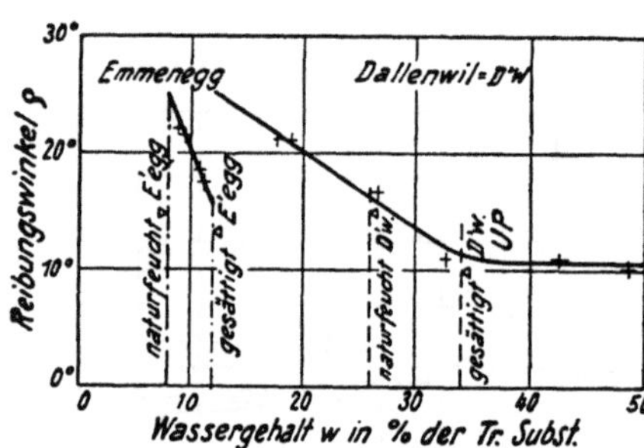

Abb. 281. Reibungswinkel ϱ der inneren Reibung in Abhängigkeit des Wassergehaltes w in Prozent der Trockensubstanz.
UP Atterbergsche Fließgrenze.

A. Formel von BENDEL-RUCKLI. Bei Untersuchungen über die Ursache von Rutschungen im Jahre 1937[2] wurde gefunden:

$$\varrho = a + b\,(W_1 - W) = A - b\,\varDelta W$$

(siehe Abb. 281).

$a = \varrho_a =$ Winkel ϱ_a der inneren Reibung bei Beginn des Versuches,

$b = \beta\,\varrho_0$; $b =$ Festwert. Die physikalische Bedeutung der Zahl b ist noch nicht abgeklärt[3],

$\varrho_0 =$ Winkel der inneren Reibung bei der Atterbergschen Fließgrenze,

---

[1] Vgl. Bodenmechanik und neuzeitlicher Straßenbau. Straße Heft 3 S. 98. Berlin 1936. Engng. News Rec. Bd. 115 (1935) S. 320 Abb. 5.

[2] Vgl. BENDEL u. RUCKLI: Die Erdrutsche von Emmenegg und Dallenwil. Straße u. Verkehr 1937 Nr. 15/16 Abb. 8.

[3] Praktisch wurden für β die folgenden Werte gefunden:

Schluff .... $\beta = 10$
Lehmiges Material....... $\beta = 5$
Kaolin .... $\beta = 1$

$W_1 =$ Wassergehalt bei Beginn des Versuches in Prozent der Trockensubstanz,
$W\ =$ vorhandener Wassergehalt in Prozent der Trockensubstanz.

Somit sind $\varrho = \varrho_a + b\,(W_1 - W)$.

B. Formel von Degebo. Das Institut der Deutschen Forschungsgesellschaft für Bodenmechanik, Degebo[1], gibt 1939 folgende Gleichung für ϱ an:

$$\varrho = A + B\,(W_a - W).$$

$W_a =$ Wassergehalt bei der Ausrollgrenze,
$W\ =$ vorhandener Wassergehalt in Prozent der Trockenmasse.

Die Formel der Degebo kann auch geschrieben werden:

$$\varrho = A - b'\,(\varDelta W),$$

d. h. die Degebo-Formel 1939 ist identisch mit der Formel von Bendel-Ruckli von 1937.

II. Die Berechnung des Winkels der inneren Reibung in Abhängigkeit des Porenvolumens. Im obigen Abschnitt wurde die Beziehung für die Reibungsziffer tg ϱ bzw. für den Winkel ϱ der inneren Reibung abgeleitet zu:

$$\varrho = \varrho_a + b\,(W_1 - W). \tag{1}$$

Wird $\varrho_a = \varrho_0$, so ergibt die Gl. (1)

$$\varrho = \varrho_0 + \beta\,\varrho_0\,(W_0 - W) = \varrho_0\,[1 + \beta\,(W_0 - W)]. \tag{1'}$$

Diese Gleichung läßt sich, da W als natürlicher Wassergehalt vorausgesetzt wurde, umformen, so daß der Winkel ϱ der inneren Reibung in Abhängigkeit des Porenvolumens erhalten wird zu:

$$\varrho = \varrho_a + b\,(n_1 - n). \tag{2}$$

Für $(n_1 - n) = \dfrac{W_1 - W}{\gamma_w}$ siehe S. 353.

$\varrho_a =$ Winkel der inneren Reibung bei der Belastung $\sigma = \sigma_1$,
$n_1 =$ Porenvolumen bei der Belastung des Bodens mit $\sigma = \sigma_1$.

Da das Porenvolumen n von der Belastung σ abhängig ist, geht aus Gl. (2) hervor, daß der Winkel ϱ der inneren Reibung vom jeweiligen Verdichtungsgrad des Bodens bzw. von der Belastung σ abhängig ist.

III. Berechnung des Winkels ϱ der inneren Reibung in Abhängigkeit der Druckspannung. Nachstehend sind die Beziehungen abgeleitet zwischen der Reibungsziffer ϱ und der Druckspannung bei der Erstbelastung des Bodens und nachher bei der Entlastung des Bodens.

A. Die Beziehung zwischen Reibungsziffer und Druckspannung bei der Erst-belastung des Bodens (nach Bendel). Der Wert $(n_1 - n)$ in der Gl. (2) im obigen Abschnitt bedeutet die Zusammendrückung des Bodens. Rechnerisch wird die Größe der Zusammendrückung aus der Drucksetzungsgleichung nach Bendel erhalten; es ist nämlich

$$s = K' + K \log\,(\sigma_0 + \sigma) \quad \text{(vgl. Abschnitt über Zusammendrückung)}.$$

Für $\sigma = \sigma_1$ wird $s = s_1$ und für $\sigma = \sigma_2$ wird $s = s_2$ erhalten, wobei $\sigma_2 > \sigma_1$ ist. Der Wert $s_2 - s_1$ ist bei wassergesättigten Böden identisch mit dem Wert $(n_2 - n_1)$.

---

[1] Vgl. Über die Scherfestigkeit bindiger Böden. Veröff. Degebo 1939 Heft 7 S. 50.

Hieraus ergibt sich für Gl. (2), unter Berücksichtigung, daß $\sigma_a = \sigma_0 + \sigma_1$ ist und $\sigma_2 = \sigma_a + \sigma$:

$$\varrho = \varrho_a + b\,K\,\log\left(\frac{\sigma + \sigma_a}{\sigma_a}\right).$$

Für $\sigma_1 = 0$ wird

$$\varrho = \varrho_0 + b\,K\,\log\left(\frac{\sigma_0 + \sigma}{\sigma_0}\right).$$

Beispiel: Für ein toniges Material wurden versuchstechnisch folgende Werte gefunden:

$$\sigma_0 = 0{,}1\ \text{kg/cm}^2,$$
$$\varrho_0 = 10°;\ b = \beta\,\varrho_0 = 10 \cdot 10 = 100,$$
$$K = 20\% = 0{,}2,$$
$$b\,K = 100 \cdot 0{,}2 = 20.$$

Mit diesen Werten wurde die τ_1-Kurve in Abb. 282 errechnet.

Falls der Wert $\sigma_0 = -1{,}0\ \text{kg/cm}^2$ infolge Auflockerung des Materiales auf dem Transport vom Bohrloch in den Prüfraum wird, so ergibt sich die Kurve τ_2.

B. Die Beziehung zwischen Reibungsziffer und Druckspannung bei der Entlastung (nach Bendel). Bei der Entlastung des Bodens ändert der Winkel der inneren Reibung ebenfalls. In Anlehnung an Gl. (2) im vorhergehenden Abschnitt kann geschrieben werden:

$$\varrho = \varrho_e + b'\,K_e\,\log\left(\frac{\sigma + \sigma_0'}{\sigma_e + \sigma_0}\right)$$

$$\varrho = \varrho_e \quad \text{für}\quad \sigma = \sigma_e.$$

Hier ist stets $\sigma < \sigma_e$. Aus dieser Bedingung ergibt sich, daß stets ϱ kleiner als ϱ_e wird. Meistens ist $\sigma_0' \cong \sigma_0$.

$K_e =$ Festwert; K_e steht in Beziehung zur Elastizitätsziffer E. Es ist nämlich

$$E = \left(\frac{\sigma_0 + \sigma}{K_e}\right)\ln 10.$$

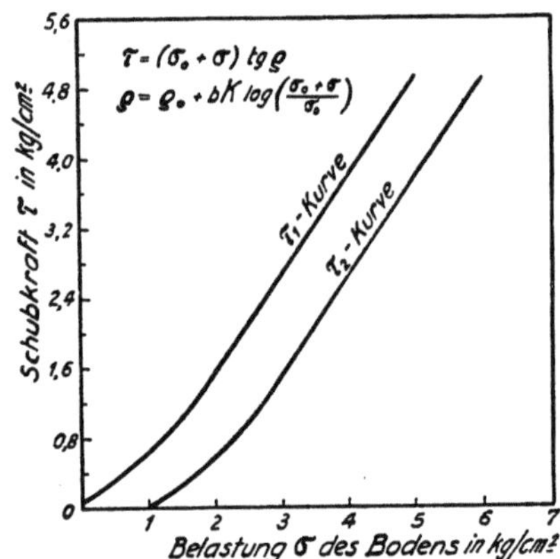

Abb. 282. Beziehung zwischen der Schubspannung τ und der Bodenbelastung σ.
Kurve τ_1 für $\sigma_0 = 0{,}1\ \text{kg/cm}^2$,
Kurve τ_2 für $\sigma_0 = 1{,}0\ \text{kg/cm}^2$.

K_e wird aus der Dehnungs-Entlastungs-Gleichung nach Bendel

$$s = K' - K_e\,\log\left(\sigma + \sigma_0\right) = -K_e\,\log\left(\frac{\sigma + \sigma_0}{\sigma_e + \sigma_0}\right)$$

erhalten.

ϑ) **Zahlenwerte für Reibungsziffern.**

Tabelle 241.

Untersuchungsmaterial		Reibungs-winkel ϱ	Bemerkung
Benennung	Körnung mm		
Sand, gleichmäßige Körnung	0,5	30—35°	Unabhängig vom Wassergehalt. Versuche des Verfassers
Sand	60% von 0,02—0,05	28—32°	Keine Haftfestigkeit des Sandes war vorhanden
Sand locker gelagert Sand dicht gelagert	0,1—3	31° 35—38°	Versuche des Verfassers nach Kulka: Bauingenieur 1932 S. 431
Sand locker gelagert Sand dicht gelagert	0,05—0,15	31—36° 35—38°	Der Wassergehalt hatte keinen Einfluß auf den Reibungswinkel

Tabelle 241 (Fortsetzung).

Untersuchungsmaterial		Reibungs-winkel ϱ	Bemerkung
Benennung	Körnung mm		
Sand, dicht gelagert, 35% Hohlräume	0,6—0,9	50° 35°	bei 0,05 kg/cm² Druck[1] bei 8,0 kg/cm² Druck
Sand, locker gelagert, 42% Hohlräume	0,6—0,9	38° 28°	bei 0,05 kg/cm² Druck bei 8,0 kg/cm² Druck
Sand, locker gelagert	4 mittl. Körn.	37°	Nach Parsons: Proc. Int.
Sand, locker gelagert	1,2 mittl. Körn.	32° 30′	Conf. Soil Mech. 1936 II
Quarzig gebrochen	0,7 mittl. Körn.	31° 50′	S. 133
	0,1 mittl. Körn.	34° 20′	
Sand	0,5—2	37° 33° 29°	Nach Bendel: Fläche 150 cm² Fläche 300 cm² Fläche 400 cm²

Vgl. Tabelle 247 und 248 und Punkt B in Abb. 285.

ι) **Zusammenstellung der praktischen Erfahrungen mit der inneren Reibung von Böden.**

1. Bei feiner Körnung (< 0,1 mm) ist der Unterschied in den Reibungswinkeln klein zwischen lockerer und dichter Lagerung des Sandes.

2. Entscheidend für den Reibungswinkel ist nicht, ob eine gleichmäßige Körnung vorhanden ist oder nicht, sondern die feinste Körnung beeinflußt den Reibungswinkel maßgebend.

3. Bei dichter Lagerung des Sandes ist der Reibungswinkel beinahe derselbe, ob der Sand naß, feucht oder trocken ist.

4. Mit abnehmender Korngröße sinkt im allgemeinen die Größe des Reibungswinkels.

5. Je größer die Untersuchungsfläche gewählt wird, um so kleiner wird der Reibungswinkel.

6. Im allgemeinen ergibt sich für Sand, locker gelagert: ein Reibungswinkel von 28 bis 35°, für Sand, dicht gelagert: ein Reibungswinkel von 32 bis 40°.

7. Bei lockerer Lagerung des Sandes stimmen der Winkel der inneren Reibung und der natürliche Böschungswinkel überein. Durch Stampfen des lockeren Sandes in dicht gelagerten Sand kann der Böschungswinkel von 30° bis auf 40° erhöht werden.

8. Durch Zugabe von Wasser wird der starre Verband zwischen den einzelnen feinen Tonteilchen aufgelöst, wodurch der Winkel ϱ der inneren Reibung verkleinert wird.

9. Falls der Druck nicht dem Wassergehalt in der Stoffprobe angepaßt ist, d. h. wenn ein hydrostatischer Überdruck im Wasser vorhanden ist, so kann jeder Wert zwischen 0 und ϱ_{max} für den Reibungswinkel erhalten werden.

Dieser Umstand ist zu berücksichtigen, wenn Bauwerke auf einen wenig durchlässigen Boden gestellt werden, also auf Böden, bei welchen die Anpassung des natürlichen Wassergehaltes an den neuen Spannungszustand erst nach langer Zeit erreicht wird. Bevor der natürliche Wassergehalt erreicht wurde, ist der Reibungswiderstand sehr niedrig anzunehmen. Ausquetschungen des Baugrundes infolge zu raschem Bautempo und dem dadurch erzeugten hydrostatischen Überdruck bzw. Verkleinerung des Reibungswiderstandes, sind öfters eingetreten. Vergleiche folgenden Abschnitt.

---

[1] Nach Bernatzik: Wasserw. u. Techn. 1935 S. 184.

10. Der *Quarzgehalt* eines Bodens beeinflußt die Größe der Reibungsziffer; je größer der Gehalt eines Bodens an scharfkörnigen Quarzkörnern ist, um. so größer ist die Reibungsziffer.

11. Der *Chemismus* beeinflußt auch die Reibungsziffer; so weisen z. B. die Natriumbentonite bei gleicher Körnung die geringsten Reibungsziffern auf.

Je mehr Kaolin in einem Boden vorhanden ist, um so größer ist die Reibungsziffer.

12. Bei der elektrochemischen Bodenverfestigung wird die Reibungsziffer wesentlich erhöht, z. B. gibt CASAGRANDE für tonige Böden eine Steigerung des Winkels ϱ der inneren Reibung von $\varrho = 23°$ auf $\varrho = 33°$ an.

g) Die Schub- oder Scherfestigkeit.

α) Die Schubfestigkeit und der wirksame Druck.

I. Grundsätzliche Feststellungen. Der für die Reibung maßgebende Scherflächendruck ist im allgemeinen nicht der äußere, lotrechte Druck p, sondern der lotrechte Druck vergrößert oder vermindert um den Porenwasserdruck p_w.

Unter Porenwasserdruck p_w versteht man den im Porenwasser gegenüber dem Außenwasser herrschenden Überdruck oder Unterdruck. p_w bedeutet also den Unterschied zwischen dem Wasserdruck in den Hohlräumen und dem hydraulischen Außendruck. Der Porenwasserdruck ist positiv, wenn er größer, negativ, wenn er kleiner als der hydrostatische Druck ist.

Der wirksame Druck σ in einem Boden ist somit $\sigma = (p \pm p_w)$.

Ist $p_w = 0$, so spricht man vom natürlichen Wassergehalt des Bodens. Die Bestimmung der Schubfestigkeit im allgemeinen Falle ist also identisch mit der Bestimmung des Winkels der scheinbaren inneren Reibung ϱ_s.

Nachfolgend ist der Einfluß eines Überdruckes und Unterdruckes auf die Schubfestigkeit untersucht.

II. Der Einfluß eines Überdruckes auf die Schubfestigkeit. Vermehrt man den vorhandenen Druck σ auf einem Boden, dessen Porenwasserdruck $p_w = 0$ ist, auf den Druck $\sigma = p$, so gerät das Porenwasser unter Überdruck; dieses Wasser trägt im ersten Augenblick die Zusatzbelastung voll. Es ist also

$$\sigma_{wirksam} = p - p_w.$$

Die Scherfestigkeit des Bodens wird durch die Erhöhung der Bodenbelastung zunächst unmerklich erhöht.

Die Schubfestigkeit τ wird dann:

$$\tau = k_s + (p - p_w)\,\mathrm{tg}\,\varrho = \sigma\,\mathrm{tg}\,\varrho_s.$$

Wenn das unter Druck stehende Porenwasser abströmen kann, wird der zusätzliche Druck allmählich durch die feste Phase des Bodens übertragen und nicht mehr durch das Porenwasser. Die Schubfestigkeit nimmt entsprechend zu. Bei Sanden ist der Zustand der Druckübertragung durch die feste Phase rascher erreicht als bei wenig durchlässigem Boden.

III. Der Einfluß eines Unterdruckes auf die Schubfestigkeit. Wird die Belastung auf einem Boden, dessen Porenwasserdruck $p_w = 0$ ist, verringert, so wird der bleibende Rest der Belastung ganz durch das Korngerüst des Bodens (sog. feste Phase des Bodens) übertragen. Die Körner dehnen sich elastisch aus, wodurch der Hohlrauminhalt des Bodens abnimmt. Die Oberflächenspannung des Kapillarwassers kann zur Auswirkung kommen. Ist Wasser in der Umgebung des entlasteten Bodens, so strömt von außen her Wasser in den Boden. Der Wassergehalt des Bodens nimmt zu. Die feste Phase hat neben dem Belastungsdruck noch den Außendruck des Wassers und den Druck des in die

Hohlräume strömenden Wassers zu übernehmen. In beiden oben geschilderten Fällen beträgt der Druck in der festen Phase:

$$\sigma_{wirksam} = p + p_w.$$

Die wirksamen Kräfte σ bestimmen allein die Formänderungen und das gesamte mechanische Verhalten der Tonböden. Die Schubfestigkeit des Bodens wird in diesem Falle gesteigert.

Folgerungen. Die Größe der Schubfestigkeit ist stark abhängig vom Druckzustand, der im Porenwasser herrscht. Man hat demnach zu unterscheiden bei wasserundurchlässigen Böden wie Lehmen usw. eine hydrostatische und eine hydrodynamische Schubfestigkeit, bei wasserdurchlässigen Böden wie Sanden usw. lediglich eine hydrostatische Schubfestigkeit. Der Zustand der hydrodynamischen Schubfestigkeit ist bei Sanden von einer so kurzen Zeitdauer, daß er praktisch ohne Bedeutung ist.

Infolge der durch den Unterdruck vermehrten wirksamen Kräfte σ können Kiessandwände lotrecht stehenbleiben. Bei Wasserzusatz von oben, sei es durch Niederschläge oder künstliche Berieselung, rutscht das Wandmaterial ab.

IV. Die Schubfestigkeit bei wiederholter Belastung und Entlastung. Wird ein Sand wiederholt mit einem Gewicht von 0 bis 20 kg/cm² belastet und wird für jede Belastungsstufe jeweils die Schubfestigkeit ermittelt, so ergibt sich, daß die Schubfestigkeiten nach wiederholter Belastung für die Belastungsstufen von 0 bis 10 kg/cm² größer werden. Bei den Belastungsstufen von 10 bis 20 kg/cm² ändern die Schubfestigkeiten trotz wiederholter Belastung nur unbedeutend.

Als Ursache dieser Erscheinung wird angenommen, daß bei wiederholter Belastung der Hohlrauminhalt verringert wird, wodurch die Oberflächenspannung des Kapillarwassers mehr als im unbelasteten Zustand zur Geltung kommen kann. Zudem wird bei wiederholter Belastung das Gefüge des Bodens verdichtet, wodurch der Schubwiderstand des Bodens ebenfalls gesteigert wird.

Es kann aber auch der Fall eintreten, daß nach wiederholter Belastung bei Sand eine niedrigere Schubfestigkeit eintritt als nach der ersten Belastung. Diese Erscheinung ist auf Änderungen des Gefügeaufbaues infolge wiederholter Belastung zurückzuführen[1].

β) Die Schubfestigkeit in Abhängigkeit des Wassergehaltes.

Die Schubfestigkeit ist stark abhängig vom jeweiligen Wassergehalt des Bodens. Aus Abb. 283 geht die Beziehung zwischen Schubfestigkeit und Wassergehalt hervor[2].

Bei bindigen Böden ist auch eine Beziehung zwischen Schubfestigkeit und Atterbergscher Plastizitätsgrenze vorhanden. Die Ergebnisse einer Versuchsreihe zur Bestimmung des Zusammenhanges zwischen Schubfestigkeit und Fließgrenze sind in Abb. 284 wiedergegeben[3]. Es ergibt sich, daß die Schubfestigkeit um so kleiner wird, je höher die Fließgrenze eines Bodenmateriales liegt. Der Reibungswinkel nimmt mit Steigen der Fließgrenze ab, während die Haftfestigkeit mit steigender Fließgrenze zu-

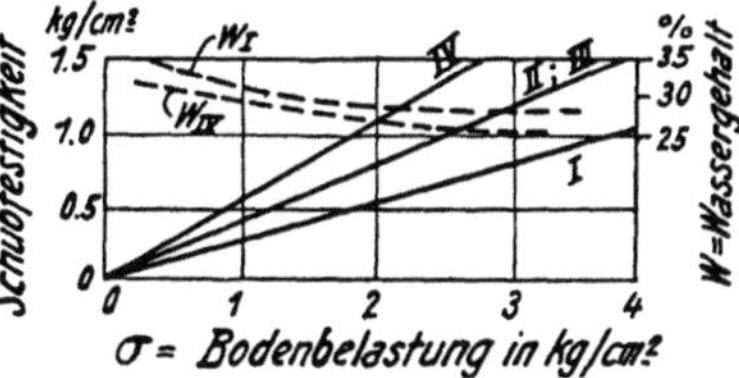

Abb. 283. Scherfestigkeit in Abhängigkeit der Bodenbelastung σ und des Wassergehaltes W.

W Wassergehalt in Prozent der Trockensubstanz. Die Probe *IV* ist wasserärmer als Probe *I*; Probe *IV* ergibt wesentlich höhere Schubfestigkeitswerte als Probe *I*.

---

[1] Vgl. Angaben: Amer. Soc. Paper of Discussion 1920, Jan., Abb. 11 bis 18.
[2] Vgl. Mitt. Preuß. Versuchsanst. Wasserbau u. Schiffsbau Heft 14. Berlin 1933.
[3] Vgl. Mitt. Preuß. Versuchsanst. Wasserbau u. Schiffsbau Heft 20 S. 28 Abb. 42. Berlin 1935.

nimmt. Rechnerisch ist der Zusammenhang zwischen Wassergehalt an der Fließgrenze und Schubfestigkeit in den Schubfestigkeitsgleichungen für die Bruchbedingungen nach BENDEL be-
rücksichtigt worden (siehe Wert
W_a bzw. n_a in der Gleichung für
Haftfestigkeit; ferner siehe Wert b
in der Gleichung für den Winkel
ϱ der inneren Reibung S. 434).

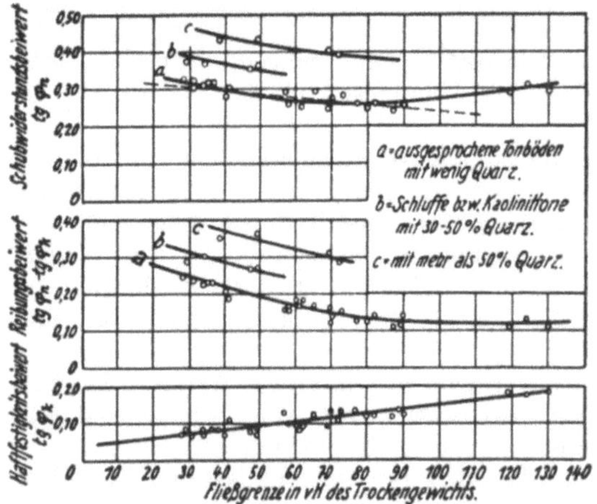

Abb. 284. Fließgrenze in Abhängigkeit von Haftfestigkeit,
Reibung und Schubwiderstand.

Schubwiderstand $\tau_n \approx \sigma\, \mathrm{tg}\, \varrho_n$;
Reibung $(\tau_n - k_S) = \sigma\,(\mathrm{tg}\,\varrho_n - \mathrm{tg}\,\varrho_k)$; Haftung $k_S \approx \sigma\,\mathrm{tg}\,\varrho_k$;
σ Scherflächendruck.
Reibungsbeiwert $\mathrm{tg}\,\varrho_r = \mathrm{tg}\,\varrho_n - \mathrm{tg}\,\varrho_k$; vgl. Abb. 278.

γ) **Die elastische und plastische Schubfestigkeit.**

**I. Beschreibung des Schub-
spannungs - Gleitungs - Diagrammes.** Die folgenden Beschreibungen beziehen sich auf Versuche
von CASAGRANDE, TIEDEMANN,
HAEFELI, BENDEL usw., die an
Bodenproben mit entspanntem
Porenwasser durchgeführt wurden. Bei den Versuchen über
Schubfestigkeit und Fließerscheinung konnten folgende Fest-
stellungen gemacht werden (siehe Abb. 285/286). Dazu ist zu bemerken:

Ast A—G: Der Ast $A—G$ zeigt Proportionalität zwischen Schubspannung τ
und Verschiebung e. Man spricht daher meistens beim Ast $A—G$ von einer

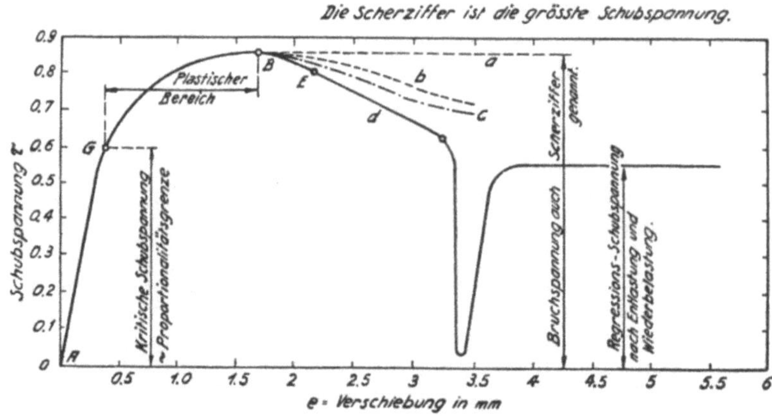

Abb. 285. Abhängigkeit der Verschiebung von der Schubspannung (Schubspannungs-Gleitungs-Diagramm).
a bisherige Annahme; *b* natürlich gelagerter Sand; *c* bindiger Boden; *d* Boden mit großer Haftfestigkeit.

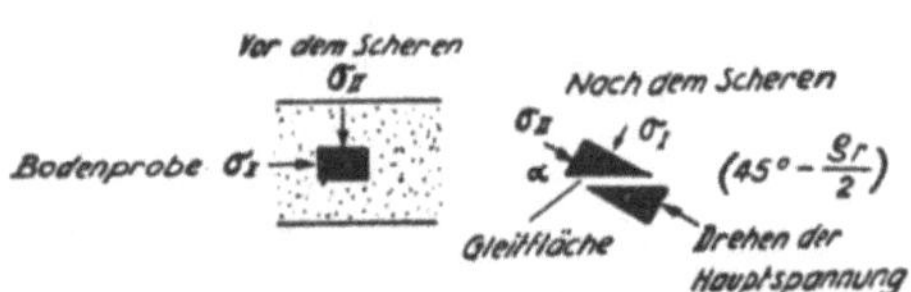

Abb. 285a. Hauptspannungen auf ein Bodenelement
vor und nach dem Scheren.

elastischen Schubfestigkeit. Zwischen
der Schubspannung τ und der Verschiebung e kann ein Gesetz ähnlich
dem Hookeschen Gesetz aufgestellt
werden; es ist nämlich:

$$e = \frac{\tau}{V_E}.$$

$e =$ Verschiebungsgröße, $\tau =$ Schubspannung, $V_E =$ Verschiebungsmodul oder Verschiebungsziffer.

Die Verschiebungsziffer V_E ist weder der Größe noch den bodenphysikalischen Bedingungen nach weiter untersucht worden. Für Schnee ist V_E von R. HAEFELI untersucht worden (siehe Kap. IX: Schnee und Lawinen).

Punkt G: Die Schubspannung beim Punkt G wird auch als kritische Schubspannung bezeichnet.

Ast G—B: Auf dem Ast G—B beginnt der Boden zu fließen; G—B ist der sog. Fließbereich bei der reinen Elastizitätslehre. Dieser Fließbereich ist nicht mit dem Atterbergschen Fließbereich zu verwechseln.

Man spricht auch von einem plastischen Bereich der Schubfestigkeit.

Der Ast G—B in der Verschiebungs-Schubfestigkeits-Kurve erklärt TIEDEMANN damit, daß beim Punkt G das Gefüge gelockert wird, daß aber Haftfestigkeit und Reibungsfähigkeit des Bodens sich voll entwickeln können, wodurch es möglich wird, sogar die Schubfestigkeit noch etwas zu erhöhen. Der Bereich G—B ist stark von der petrographischen Beschaffenheit des Untersuchungsmateriales abhängig, namentlich von der Form und Oberflächenbeschaffenheit

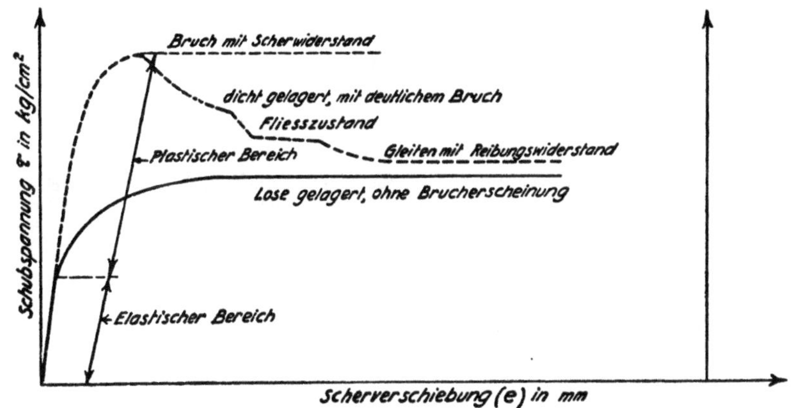

Abb. 286. Schubspannung und Scherverschiebung bei bindigen und nichtbindigen Böden. (Vgl. Abb. 343 mit dem Belastungs-Dehnungs-Diagramm für bindiges und nichtbindiges Material.)

der Körner. So ist z. B. der Fließbereich bei Materialien mit viel schuppenförmigen Teilen kleiner als bei Material mit rundlichen und kantigen Körnern.

Punkt B: Die Schubspannung beim Punkt B wird als Bruchspannung oder als Scherziffer bezeichnet. Vielfach ist die Scherziffer als die größte zulässige Schubspannung angenommen worden. Diese Annahme ist unzulässig, wie aus der Betrachtung des Astes B—E hervorgeht.

Ast B—E: Auf dem Ast B—E findet eine Abnahme der Schubspannung statt; gleichzeitig tritt eine große Verschiebung zwischen den Teilen auf den Seiten der Gleitfläche ein. Die Verschiebungszone und die Größe der Verschiebungen innerhalb der Verschiebungszone gehen aus Abb. 287 hervor[1].

Bei rascher Fortsetzung des Versuches fällt die Schubspannung sofort auf einen Wert, der um Null liegt; namentlich beim Vorhandensein von schuppenförmigen Teilchen tritt eine Glättung der Schubfläche ein, da die meisten Teilchen in eine horizontale Lage eingeregelt werden.

Wird hingegen der Versuch für einige Stunden unterbrochen, so erholt sich

---

[1] Vgl. H. PETERMANN: Zusammenhang zwischen Scherverschiebung, Dichte und Scherwiderstand bei nichtbindigen Böden. Dtsch. Wasserw. 1940 S. 441.

der Boden vielfach wieder und entwickelt eine nachträgliche Restschubspannung, die Regressionsschubspannung.

II. Die Änderung der Richtung der Hauptspannungen während des Scherens und beim Fließvorgang. Während des Abscherens ändern sich die Richtungen der Hauptspannungen. In Abb. 288 ist der Gang der Änderung der Hauptspannungen angegeben.

III. Verschiebungsgeschwindigkeit. Die Verschiebungsgeschwindigkeit v_E wird durch Differenzieren der Verschiebung e nach der Zeiteinheit erhalten. Eine

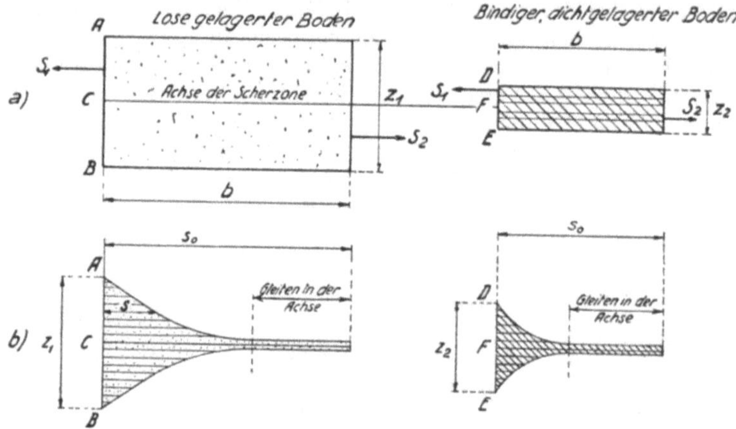

Abb. 287. Verschiebungszone und Größe der Verschiebung der einzelnen Punkte in der Verschiebungszone. a) Verschiebungszone, b) Größe der Verschiebung des einzelnen Punktes in der Nähe der Achse der Scherzone. b Breite der Bodensohle; $A\,B = z_1$ Scherzone für nichtbindige Böden, Verdichtungszone; $D\,E = z_2$ Scherzone für bindige Böden, Verschiebungszone; s Verschiebungsgröße eines beliebigen Punktes in der Scherzone z; s_0 Verschiebungsgröße eines Punktes in der Achse der Scherzone; S_1, S_2 Zugkräfte, um die Scherung zu erzeugen.

praktische Bedeutung hat die Verschiebungsgeschwindigkeit beim Kriechen von plastischen Massen, z. B. beim Schnee (siehe Kap. IX über Schnee und Lawinen). Vgl. Abb. 341 mit den grundsätzlichen Angaben über Verformungsvorgänge.

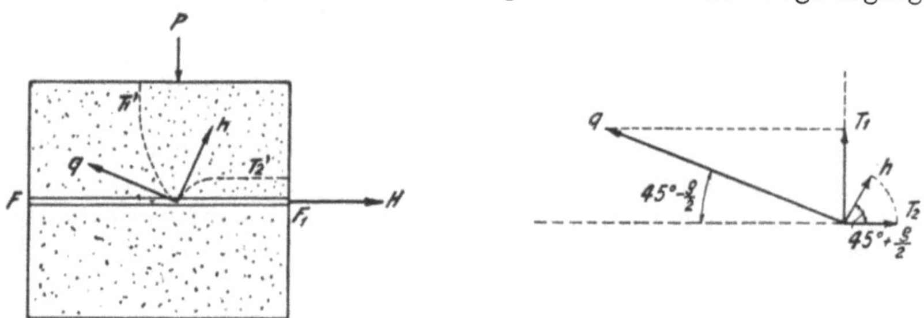

Abb. 288. Änderung der Richtung der Hauptspannung während des Scherens und beim Fließvorgang. $F'{-}F_1$ Scherfläche; P senkrechte Belastung; H Zugkraft; T_1 und T_2 Senkrechte und waagrechte Hauptspannungen vor dem Scherbeginn; q und h Hauptspannungsrichtungen vor dem Gleitbeginn; $T_1{}'$ und $T_2{}'$ Änderung der Richtung der Hauptspannungen während der Änderung der Kräfte P und H.

δ) Schubfestigkeit und Korngröße.

Allgemein wurde bei den Schubfestigkeitsuntersuchungen gefunden, daß je mehr feine Teilchen (unter 0,02 mm) in einem Boden vorhanden sind, desto größer die echte Haftfestigkeit wird. Die Beziehungen zwischen Kornzusammensetzung eines Bodens, Belastung und Winkel der inneren Reibung gehen aus der Abb. 280 hervor[1].

---

[1] Vgl. Tiedemann: Mitt. Preuß. Versuchsanst. f. Wasserbau u. Schiffahrt. — A. Casagrande. Engng. News Rec. Bd. 115 (1935) S. 320 Abb. 5.

ε) Die Schubfestigkeit bei gestörtem Gefügebau.

Die Änderung der Schubfestigkeit in Abhängigkeit des Gefügeaufbaues geht aus einer Versuchsreihe hervor, bei welcher zuerst der Boden in ungestörtem Zustande auf seine Schubfestigkeit untersucht wurde, nachher nach kleiner und schließlich nach vollständiger Durchknetung.

Versuche des Verfassers an Moränenlehm ergaben Werte für: Ungestörter Zustand $\tau_1 = k + \sigma \, \mathrm{tg}\, \varrho = 0{,}6 + 0{,}48 \, \mathrm{tg}\, \varrho$, nach Durchknetung (breiartiger Zustand) $\tau_2 = 0{,}05 + 0{,}08 \, \mathrm{tg}\, \varrho$.

ζ) Schubfestigkeit und Plastizitätszahl.

Der Tongehalt und die Beimischung organischer Bestandteile vermindern die innere Reibung. Durch vermehrte Tonkolloide und durch organische Bestandteile wird aber die Plastizität erhöht[1] (vgl. Tabelle 242).

η) Schubfestigkeit bei Erschütterung.

Wenn ein feiner Sand Erschütterungen ausgesetzt wird, so ergeben die Versuche, daß die Haftfestigkeit erhöht wird. Vgl. den dynamischen Tragkörper infolge Erschütterungen, wie er S. 457 beschrieben ist. Wenn aber ein fetter Ton Erschütterungen unterworfen wird, so ergibt sich, daß zuerst seine Haftfestigkeit abnimmt und daß nach längerer Zeit der Ruhe die Haftfestigkeit wieder zunimmt. Man führt die Veränderungen auf kolloidchemische Umstellungen zurück (Thixotropie), d. h. ein aus der kolloidalen Lösung, dem Sol, entstandenes Gel wird durch Erschütterungen wieder in ein flüssiges Sol verwandelt; beim Ruhezustand erstarrt der flüssige Sol wieder in ein Gel. Nach TIEDEMANN[2] hätte der Boden in der Ruhepause Zeit, Wasser abzugeben und sich entsprechend zu verfestigen[3].

Tabelle 242. *Zahlenwerte.*

Erdstoff	Reibungswinkel	Plastizitätszahl P in % des Wassergehaltes. P = Fließgrenze—Ausrollgrenze
Grobsand	35—36°	0
Feinsand......	33—35°	0
Schluff, Löß ..	31—33°	0—10
Lehm	27—31°	10—15
Magerer Ton ..	23—27°	10—25
Fetter Ton....	16—23°	25—50
Zersetzter Torf	12—20°	50—150

Tabelle 243. *Zahlenwerte.*

Erdstoff	Saugwasserbindung %	Plastizitätszahl	Kalkgehalt %
Feiner Ton ...	10,03	40	1,7
Tonmergel	6,92	23,5	16
Lehm	6,45	14	—
Staubboden ...	—	0,5	—

ϑ) Die Schubfestigkeit bei verfestigten Böden.

Bei verfestigten Böden wird die Scherfestigkeit sowohl in Richtung der Schichtung als auch senkrecht zur Schichtung bestimmt. Die Unterschiede in den Scherfestigkeiten sind oft wesentlich.

---

[1] Siehe KÖGLER: Baugrund u. Bauwerk S. 60 (siehe auch Abb. 284).

[2] Bautechn. 1937 S. 433.

[3] Weitere Angaben sind enthalten in HVORSLEV: Proc. Intern. Conf. Soil Mech. Bd. 1 (1936) S. 126.

ι) Änderung der Scherfestigkeit bei Verformung des Bodens.

I. Grundsätzliches. Wird ein Haufen Sand durch äußere Kräfte verformt, so kann sein Rauminhalt gleich bleiben, sich vergrößern oder sich verkleinern. Es wird nun untersucht, wie sich die Scherfestigkeit eines Sandes bei einer Vergrößerung oder Verkleinerung des Sandvolumens verhält.

II. Die Scherfestigkeit bei Vergrößerung des Rauminhaltes. Wird ein grober Sand leicht belastet und der Scherversuch durchgeführt, so vergrößert sich während der Verformung sein Rauminhalt (vgl. Abb. 279 a mit Volumenvergrößerung beim Abscheren). Ist der Porenraum mit Wasser voll gesättigt, so muß gleichzeitig mit der Ausdehnung des Raumes Wasser in die Poren nachfließen. Bei einer kleinen Durchlässigkeit des Sandes braucht es eine gewisse Zeit, bis das Wasser überall hingeflossen ist. Infolgedessen tritt im Wasser ein Unterdruck auf. Dieser ruft zwischen den Sandkörnern einen zusätzlichen Druck hervor. Dadurch wird die Scherfestigkeit von $\tau = \mathrm{tg}\,\varrho\,\sigma$ auf $\tau = \mathrm{tg}\,\varrho\,(\sigma + \sigma_{zus.})$ erhöht. Den Beweis für die Erhöhung der Schubfestigkeit bei Sandverformungen hat REYNOLD im Jahre 1890 erbracht, indem er eine Gummihülle mit Sand und Wasser füllte. Bei der Verformung der Hülle vergrößert sich der Rauminhalt des Sandes; selbst wenn kein Wasser nachfließen kann, vermehrt sich die Scherfestigkeit und der Sand wird dauernd hart.

III. Die Scherfestigkeit bei Verkleinerung des Rauminhaltes. Wird ein Feinsand belastet und der Scherversuch durchgeführt, so verkleinert sich sein Rauminhalt während der Verformung (vgl. Abb. 279 a mit der Volumenverkleinerung beim Abscheren). Sind die Poren mit Luft gefüllt, so vollzieht sich die Verdichtung sofort. Ist hingegen Wasser in den Poren, so verzögert sich die Verkleinerung des Rauminhaltes, bis das Wasser ausgeflossen ist. Im Falle, daß der Wasserabfluß langsam stattfindet, wird ein Teil des Druckes auf das Porenwasser übertragen. Damit verbunden ist eine Abnahme des Korn-zu-Korn-Druckes. Mit der Verkleinerung der Spannung in der festen Phase ist eine Verminderung der Schubfestigkeit verbunden; d. h. die Schubfestigkeit $\tau = \mathrm{tg}\,\varrho\,\sigma$ nimmt auf $\tau = \mathrm{tg}\,\varrho\,(\sigma - \sigma_{zus.})$ ab. Unter Umständen entsteht sogar eine Nullreibung.

Tritt dieser Fall bei einer Dammschüttung ein, so verliert der Damm seine Standfestigkeit; es tritt das gefürchtete Sandfließen ein.

Diesen Fall haben A. CASAGRANDE und die Harvard-University besonders behandelt[1].

IV. Beispiel: Das Sandfließen bei einer Dammschüttung infolge Verformung des Bodens. Für jede Sandart gibt es bei einer gegebenen Belastung eine gewisse Dichte, bei welcher der Sand sich verformen läßt, ohne daß der Rauminhalt sich verändert. Die Bestimmung dieser kritischen Dichte, auch kritisches Volumen oder kritische Porenziffer genannt, ist beim Verdichten von geschütteten Dämmen wichtig. Dieses kritische Volumen kann durch Versuche an Sand in Kisten auf der Baustelle bestimmt werden.

Praktisch ergibt sich, daß für die Verdichtung des Sandes keine zu leichte Walze genommen werden darf, da sonst der Sand beim Walzen sein Volumen vergrößert. Wird aber eine zu schwere Walze genommen, so verdichtet sich der Sand, wodurch, wie oben dargestellt, die Scherfestigkeit um einen ganz beträchtlichen Betrag sinkt; damit verbunden ist die Gefahr des gefürchteten Sand-

---

[1] Vgl. A. CASAGRANDE: Characteristics of Cohesionless Soils affecting the stability of slopes and Earth-Fills. J. Boston Soc. civ. Engng. Jan. 1926, ferner U. S. Engineer Office in Boston: Compaction Tests and critical density Investigation of Cohesionless Materials for Franklin Falls. April 1938.

fließens. Auf Grund praktischer Erfahrungen hat sich für das Walzen von geschütteten, durchnäßten Sanden eine Walze von rd. 14 Tonnen Gewicht als am wirtschaftlichsten erwiesen.

$\varkappa$) **Übersicht über die Abhängigkeit der Schubfestigkeit vom Gefügeaufbau und dem Wassergehalt des Bodens.**

Tabelle 244.

Große Scherfestigkeit	Kleine Scherfestigkeit
Lagerungsart	
1. Gleichmäßige Zusammensetzung des Bodens in allen Richtungen	1. Schieferige, parallele, blätterige, faserige und linsenförmige Ablagerung
2. Dicht (wenig Hohlräume)	2. Locker, viel Hohlräume
3. Koagulation durch Elektrolyte (CaMg Ionen, Kalkgehalt im Boden, Salzsäure usw.)	3. Dispergierung durch Schutzkolloide (Humusstoffe im Boden, Na-Ionen usw.)
4. Ungestörte Lagerung bei Seekreide	4. Gestörte Lagerung bei Seekreide, organische Beimengungen usw.
Kornform	
5. Eckig, scharfkantig, z. B. Quarz	5. Rund, abgeschliffen (Dünensand), blätterig, schuppig, stengelig (Kaolin, Glimmer, Chloride usw.)
Körnung	
6. Grob- bis feindisperse Ablagerungen; namentlich beim Aufbau der Körnung nach der Fullerkurve	6. Kolloiddisperse Mineralien
Wenig Wasser	
7. Kies, Sand, lehmarme Moräne	7. Lehme, Mergel, Tone
Viel Wasser	
8. Grobdisperse Gesteine	8. Kolloiddisperse Böden

λ) **Die Berechnung der Schub- oder Scherfestigkeit.**

I. Die allgemeine Schubfestigkeitsgleichung. Soll ein Körper durch eine Scherkraft in zwei Teile getrennt werden, so leisten im allgemeinen die Reibung zwischen den beiden Bodenkörnern, der Gefügeverband und die Oberflächenkräfte Widerstand gegen die Trennung. Die Beziehung zwischen der Reibung, Haftfestigkeit und Schubfestigkeit wird als Superpositionsgesetz angenommen von der Form

$$\underbrace{\tau}_{\text{Schubfestigkeit}} = \underbrace{\mu\,\sigma}_{\text{Reibungsanteil}} + \underbrace{k_S}_{\text{Haftfestigkeit}} = \sigma\,\mathrm{tg}\,\varrho_s$$

ϱ_s = scheinbarer Winkel der inneren Reibung.

Die Schubfestigkeit beim Bruch wurde mathematisch untersucht von COULOMB, KREY-TIEDEMANN, HVORSLEV, Degebo, BENDEL.

Nachfolgend sind die Bruchbedingungen näher untersucht:

II. Die Schubfestigkeit beim Bruch nach COULOMB. COULOMB hat als erster eine Gleichung für die Berechnung der Schubfestigkeit beim Bruch aufgestellt; sie lautet:

$$\tau = \sigma\,\mathrm{tg}\,\varrho + k_s.$$

In dieser Gleichung sind ϱ und k_s als Festwerte angenommen. Für gewisse Sandarten sind diese Annahmen zulässig. Hingegen ist diese Bruchbedingung bei wasserhaltigen, bindigen Böden nur bedingt zulässig, z. B. seien die vom Verfasser[1] an Lehm systematisch durchgeführten Versuche erwähnt, aus denen hervorgeht, daß der Winkel ϱ der inneren Reibung und die Haftfestigkeit k_s von der Geschwindigkeit des Aufbringens der Belastung und von der Geschwindigkeit des Abscherens abhängig sind (siehe Tabelle 245).

Tabelle 245.

Versuchsbedingungen					Mathematische Auswertung Nach COULOMB $\tau = \sigma \operatorname{tg} \varrho + k$
	Vorherige Verdichtung der Bodenprobe	Art des Aufbringens der Belastung	Art der Vornahme des Abscherens	Wasseraustritt	
Nullreibungsversuch	Einmalige Verdichtung des Bodens	Rasches Aufbringen der Last	Rasches Abscheren	Verhinderter Wasseraustritt	$\tau = \sigma \operatorname{tg} 0°\,40'$ $+ 0{,}52$
Schnellversuch	Vollkommene Verdichtung des Bodens	Rasches Aufbringen der Last	Rasches Abscheren	Das Wasser kann teilweise abfließen	$\tau = \sigma \operatorname{tg} 15°\,20'$ $+ 0{,}52$
Dauerversuch	Vollkommene Verdichtung des Bodens	Langsames Aufbringen der Last	Langsames Abscheren	Das Wasser kann vollständig abfließen	$\tau = \sigma \operatorname{tg} 34°$ $+ 0{,}14$

Aus obiger Tabelle ergibt sich, daß weder der Winkel ϱ der inneren Reibung und die Haftfestigkeit k Festwerte sind. ϱ und k_s sind stark von den Versuchsbedingungen und der Art der Durchführung der Versuche abhängig.

III. Die Schubfestigkeit beim Bruch nach KREY-TIEDEMANN. Die Bruchbedingungen nach KREY-TIEDEMANN lauten:

$$\tau = \sigma \operatorname{tg} \varrho_r + \sigma_e \operatorname{tg} \varrho_k = \underbrace{\;\cdot\; \sigma\,\mu_r\;}_{\text{Reibungsanteil}} + \underbrace{\;\sigma_e\,\mu_k\;}_{\text{Haftfestigkeit}} \tag{a}$$

μ_r = Reibungsbeiwert, μ_k = Haftfestigkeitsbeiwert.

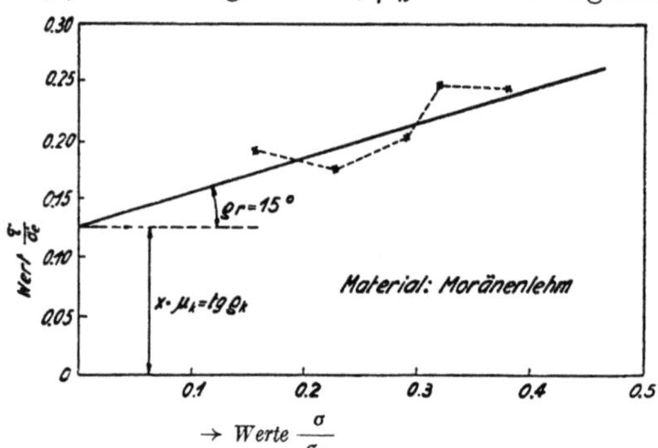

Abb. 289. Auswertung der Ergebnisse eines Schubbelastungsversuches mit Hilfe des Schubquotienten $\dfrac{\tau}{\sigma_e}$, auch Schergefälle oder Schergradient genannt.

σ = wirksamer Druck = $\sigma_{\text{wirksam}} = p - p_w$
$p_0 = p \pm p_w$ (vgl. S. 438)
p = Bodenbelastung
$\pm p_w$ = Überdruck oder Unterdruck im Porenwasser
σ_e = Vorbelastung = Größter Druck, unter welchem die Bodenprobe bereits einmal stand.

Der Reibungswinkel ϱ_r der inneren Reibung ist als Festwert angenommen. Hingegen wird die Haftfestigkeit k_S als eine Veränderliche betrachtet, wobei die Größe der Haftfestigkeit von der Vorverdichtung des Bodens mit der Belastung σ_e abhängig ist.

Solange die Belastung σ des Bodens kleiner bleibt als die Vorbelastung σ_e, ist die Haftfestigkeit als Festwert zu betrachten, mit anderen Worten: ist der Boden mit der Belastung σ_e belastet gewesen und wurde er dann wieder entlastet, so bleibt die Haftfestigkeit k_S unveränderlich; d. h. solange der Boden mit einer Last von $\sigma < \sigma_e$ wieder belastet wird, bleibt die Haftfestigkeit k_S ein Festwert. Erst bei Belastungen von $\sigma > \sigma_e$ ändert k_S mit der Spannung.

Für $\sigma < \sigma_e$ kann obige Gleichung geschrieben werden:

$$\frac{\tau}{\sigma_e} = \frac{\sigma}{\sigma_e} \operatorname{tg} \varrho_r + \mu_k \quad \text{(siehe Abb. 289)}. \tag{b}$$

Der Wert $\dfrac{\tau}{\sigma_e}$ wird mit Schergefälle oder Schergradient bezeichnet.

---

[1] Vgl. L. BENDEL: Die Beurteilung des Baugrundes im Straßenbau 1935.

Wird in der Gleichung

$$\tau = \sigma\,\operatorname{tg}\varrho_r + \sigma_e\,\operatorname{tg}\varrho_k$$

$\sigma_e = \sigma$ gesetzt, so wird:

$$\tau = \tau_n = \sigma_e\,[\operatorname{tg}\varrho_r + \operatorname{tg}\varrho_k] = \sigma_e\,\operatorname{tg}\varrho_n. \tag{c}$$

In diesem Sonderfall ist die Scherfestigkeit angenähert durch eine Gerade bestimmt, die durch den Koordinatenursprung geht und mit der Abszisse den Winkel ϱ_n einschließt. ϱ_n wird auch als scheinbarer Winkel der inneren Reibung bezeichnet.

Die Gl. (c) gibt die Schubfestigkeit bei natürlichem Wassergehalt des Bodens an. Für die zeichnerische Darstellung der Schubfestigkeitsgleichung nach KREY-TIEDEMANN siehe Abb. 278, 290, 291.

Besonderer Erwähnung bedürfen die Versuchsergebnisse, die zeigen, daß im Belastungsbereiche von $\sigma = 0$ bis $\sigma \simeq 0{,}1\ \text{kg/cm}^2$ die Schubspannungen größer sind, als sie nach der Gleichung

$$\tau = \sigma_e\,\operatorname{tg}\varrho_n$$

sein sollten. Die Ursache dieser Erscheinung ist darin zu suchen, daß die elektrolytreichen Böden häufig zu Krümelerscheinungen neigen[1] (siehe Abb. 290).

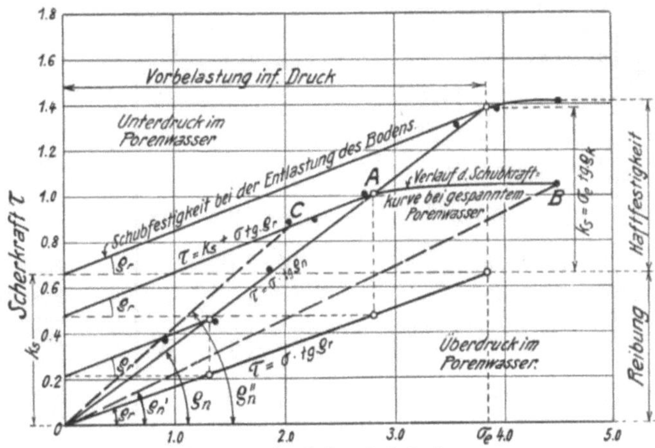

Abb. 290. Verlauf der Scherfestigkeitskurve bei Belastung und Entlastung des Bodens. Die Gerade mit der Gleichung $\tau = \sigma\,\operatorname{tg}\varrho_n$ trennt den Scherfestigkeitsbereich in: Fläche mit Unterdruck im Porenwasser, Fläche mit Überdruck im Porenwasser; $\mu_r = \operatorname{tg}\varrho_r$ Reibungsbeiwert; $\varkappa = \operatorname{tg}\varrho_k = \mu_k$ Haftfestigkeitsbeiwert. $\varrho_r = \varrho =$ Winkel der inneren Reibung infolge Gefügewiderstand und echter Reibung; $\varrho_n = \varrho_s =$ scheinbarer Winkel der inneren Reibung bei natürlichem Porenwasser.

Wenn auch im allgemeinen das Gesetz gilt, daß mit zunehmendem Druck der Bodenwiderstand gegen Schub wächst, so muß doch erwähnt werden, daß Fälle für Sand bekannt sind, bei welchen der Schubwiderstand mit zunehmendem Druck abnahm. Diese seltenen Fälle sind auf wesentliche Veränderungen des Gefügeaufbaues infolge zunehmender Druckkraft zurückzuführen.

IV. Die Schubfestigkeit beim Bruch nach HVORSLEV. Nach HVORSLEV lautet die Bruchbedingung beim Schubversuch:

$$\tau = \sigma\,\operatorname{tg}\varrho_r + \nu\,e^{-B\varepsilon}$$
$$= \mu_r\,p + \varkappa\,p_e = \mu_r\,p + k_S.$$

Über die Bedeutung des Anteiles der Haftfestigkeit $k_S = \nu\,e^{-B\varepsilon}$ siehe oben unter Abschnitt „Haftfestigkeit" S. 427:

$$p_e = p\,e^{B(\varepsilon_1 - \varepsilon)}.$$

Abb. 291. Die Schubfestigkeit bei vorbelastetem Boden (nach KREY-TIEDEMANN). A Belastungspunkt, bei welchem die Poren mit Wasser gefüllt sind, aber ohne zusätzliche Spannung im Porenwasser, sog. natürlicher Wassergehalt; B Belastungspunkt, bei welchem das Porenwasser eine zusätzliche Spannung aufweist. Es ist: $\varrho_n' < \varrho_n$. $\varrho_n'' = \sphericalangle\,\sigma_e\,0\,C =$ scheinbarer Winkel der inneren Reibung bei Unterdruck im Porenwasser. (Vgl. Abb. 278.)

---

[1] Vgl. Angaben über Krümelerscheinungen in den Mitt. Preuß. Versuchsanst. Wasserbau u. Schiffsbau, Heft 14 S. 38.

Der Unterschied zur Gleichung nach Tiedemann besteht nur im Ansatz von k_S. Die Bruchbedingungsgleichung nach Hvorslev ist zeichnerisch gleich auszuwerten wie die Bruchbedingungsgleichung von Krey-Tiedemann (vgl. Abb. 289 bis 291).

V. Die Schubfestigkeit beim Bruch nach Degebo. Für die maßgebende Schubfestigkeit beim Bruch wurde auf Grund von Ausquetschversuchen die Beziehung abgeleitet[1]:

$$\tau = e^{(B_S)\ln p_e} - B_S\,(W_{p_1} - W_{S_1}).$$

Für die Bedeutung der schwierig zu bestimmenden Werte siehe Abschnitt über „Die Haftfestigkeit nach Degebo". Die Richtigkeit der Formel ist noch zu überprüfen[2].

Es bedeutet: $W_{p_1} =$ Wassergehalt bei der Belastung $p = 1$ kg/cm², $W_{S_1} =$ Wassergehalt bei der Scherspannung $\tau = 1$ kg/cm² (vgl. S. 425).

VI. Die Schubfestigkeit beim Bruch nach Bendel. Die Schubfestigkeit beim Bruch ist untersucht worden: *A. bei der Erstbelastung des Bodens, B. nach einer Entlastung und Wiederbelastung des Bodens.*

Grundsätzlich wurde bei der Ableitung der Gleichungen von der Überlegung ausgegangen, daß das Superpositionsgesetz Gültigkeit habe, d. h. daß die Schubspannung τ aus der Haftfestigkeit k_S und dem Reibungswert $\sigma \operatorname{tg} \varrho$

Tabelle 246.

	Erstbelastung des Bodens		Bei einer Entlastung des Bodens	
	Formel für Druckbelastung	Formel für Wassergehalt	Formel für Druckbelastung	Formel für Wassergehalt
Haftfestigkeit k_S	$k_S = \sigma_0 \operatorname{tg}\varrho_k \left(\dfrac{\sigma_0+\sigma}{\sigma_0}\right)$ bzw. $k_S = \sigma_a \operatorname{tg}\varrho_k \dfrac{\sigma_a+\sigma}{\sigma_a}$ $\sigma_a = \sigma_0 + \sigma_v$ $k_e = \sigma_0 \operatorname{tg}\varrho_k \dfrac{\sigma_0+\sigma_e}{\sigma_0}$	$k_s = \sigma_0 \operatorname{tg}\varrho_k\, e^{\frac{W_0-W}{K_0}}$ $W < W_0$ $k_e = \sigma_0 \operatorname{tg}\varrho_k\, e^{\frac{W_0-W_e}{K_0}}$	$k_S' = k_e\, \dfrac{\sigma_0'+\sigma}{\sigma_0+\sigma_e}$ $\sigma < \sigma_e$ meistens ist $\sigma_0' \simeq \sigma_0$	$k_S' = k_e\, e^{\frac{W_e-W}{K_0}}$ $W > W_e$
Reibungswert R	$R = (\sigma_0+\sigma)\operatorname{tg}\varrho$ $\varrho = \varrho_0 + bK\log\dfrac{\sigma_0+\sigma}{\sigma_0}$ bzw. $R = \sigma_a \operatorname{tg}\varrho$ mit $\varrho = \varrho_a + bK\log\dfrac{\sigma_a+\sigma}{\sigma_a}$ bzw. $R = \sigma_e \operatorname{tg}\varrho_e$ mit $\varrho_e = \varrho_a + bK\log\dfrac{\sigma_a+\sigma_e}{\sigma_a}$	$R = (\sigma_0+\sigma)\operatorname{tg}\varrho$ $\varrho = \varrho_0 + b(W_0-W)$ $W < W_0$ bzw. $\varrho = \varrho_a + b(W_a-W)$ $W_a < W_0$ oder: $\varrho_e = \varrho_a + b(W_a-W_e)$	$R = \sigma \operatorname{tg}\varrho'$ $\varrho' = \varrho_e + b'K_e\log\dfrac{\sigma_0'+\sigma}{\sigma_0+\sigma_e}$ $\sigma_a = \sigma_0 + \sigma_v$ $b =$ Festwert, abhängig von den Bodeneigenschaften. (Siehe S. 434.) $\varrho_k =$ Festwert, abhängig von den Eigenschaften und der Größe der Vorbelastung σ_0 des Bodens $\sigma_v =$ Auf den Boden aufgebrachte Last Für σ_0 siehe S. 399. Für K siehe S. 400. Für K_0 siehe S. 427.	$R = \sigma \operatorname{tg}\varrho'$ $\varrho' = \varrho_e + b'(W_e-W)$ $W > W_e$

[1] Vgl. Peynircioglu: Über die Scherfestigkeit bindiger Böden. Veröff. Degebo 1939 Heft 7 S. 50.

[2] Vgl. Haefeli: Neue bodenmechanische Forschungen. Schweiz. Bauztg. Bd. 115 (1940) S. 212.

zusammengesetzt sei. Mit anderen Worten: Es sei

$$\tau = k_S + \sigma \operatorname{tg} \varrho.$$

Im Abschnitt über Haftfestigkeit wurde die Abhängigkeit der Haftfestigkeit von der jeweiligen Druckspannung σ abgeleitet, und im Abschnitt über die innere Reibung wurde die Beziehung zwischen dem Winkel ϱ der inneren Reibung und der Druckspannung σ behandelt. Aus der Tabelle 246 gehen die Gleichungen für die Erstbelastung und bei einer Entlastung des Bodens hervor.

C. Zusammenstellung der Gleichungen nach Bendel *bei Veränderlichkeit der Haftfestigkeit k_S und des Winkels ϱ der inneren Reibung.*

Zahlenbeispiel: $\operatorname{tg} \varrho_k =$ Festwert bei der Belastung,

$$\sigma_0 = 0{,}2\,\text{kg/cm}^2 = \text{Verdichtungswert bei der Erstbelastung}$$
von lehmiger Moräne.

Bodenphysikalisch ist der Wert σ_0 auf die molekularen Anziehungskräfte, die zwischen den Wasserfilmen und den Körnern wirksam sind, zurückzuführen.

$\sigma_0' = 20$ kg/cm² = Belastungswert bei der Entlastung des Bodens, $\sigma_1 = 1{,}5$ kg/cm² = Anfangsdruck, $\sigma_e =$ gewählte Belastungen; im Beispiel $\sigma_e = 3$, 5, 50, 500 kg/cm², $K = 8\%$; $K =$ Festwert, $K_e = 6\%$; $K_e =$ Festwert.

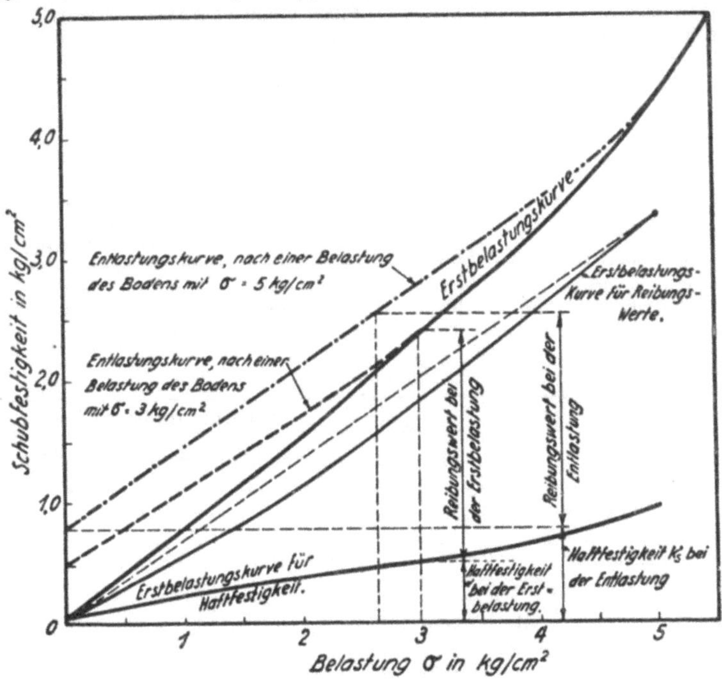

Abb. 292. Schubbelastungsdiagramm unter Berücksichtigung veränderlicher Haftfestigkeit k und veränderlichem Winkel ϱ der inneren Reibung (Auswertung der Formeln von Bendel).

$$k_S' = c_1 \operatorname{tg} \varrho_k \left(\frac{\sigma_0' + \sigma}{\sigma_0 + \sigma_e} \right): \qquad k_S = \sigma_0 \operatorname{tg} \varrho_k \left(\frac{\sigma_0 + \sigma}{\sigma_0} \right) \text{ (Vgl. Tabelle 246.)}$$

In der Abb. 292 sind die errechneten Werte zeichnerisch ausgewertet. Aus der Abbildung ergibt sich, daß der Unterschied gering ist, ob mit einem unveränderlichen Winkel ϱ und einer unveränderlichen Haftfestigkeit k_S gerechnet wird oder ob mit einem Winkel ϱ und einer Haftfestigkeit k_S gerechnet wird, die beide vom jeweiligen Verdichtungsgrad des Bodens abhängig sind. Der Zeitaufwand für die Berechnung mit vom Verdichtungsgrad abhängigen ϱ- und k_S-Werten lohnt sich bei praktischen Arbeiten nicht. Es kann mit den bei entspanntem Porenwasser ermittelten ϱ- und k_S-Werten als Festwerten gerechnet werden.

μ) Zahlenwerte.

I. Zahlenwerte für Haftfestigkeit und Winkel der inneren Reibung. Aus zahlreichen Versuchen haben sich folgende Richtwerte für die Haftfestigkeit und den Winkel der inneren Reibung ergeben:

Tabelle 247.

Bodenart	Haftfestigkeit k_S in kg/cm² je nach dem Wassergehalt und der Vorbelastung	Winkel der inneren Reibung ϱ
Lehm, flüssig	0,0 — 0,05	0°
Lehm, sehr weich	0,05— 0,2	0— 2°
Lehm, weich	0,05— 0,21	0— 5°
Lehm, weich-plastisch	0,2 — 0,5	2— 6°
Lehm, plastisch	0,3 — 0,8	4—15°
Lehm, steif-plastisch	0,5 — 1,0	6—25°
Ton, mager	0,05— 0,2	20—30°
Ton, fett	0,05— 0,5	15—25°
Ton mit organischer Beimischung	0,1 —10,0	10—20°
Schlamm, naß	0	30—38°
Sand mit etwas Lehm	0,1 — 0,3	25—32°
Sand mit Kies	0,3 — 0,6	28—36°

Nach KREY-EHRENBERG ist[2]:

Tabelle 248.

Bodenart	Haftfestigkeit k_S kg/cm²	Winkel der inneren Reibung ϱ
Sandiger Lehm, sandiger Ton ..	0,01—0,03	$22—26^1/_2{}°$
Fetter Lehm, mittlerer Ton....	0,03—0,06	$16^2/_3—26^1/_2{}°$
Fetter Ton	0,06—0,12	$11^1/_3—16^2/_3{}°$

Tabelle 249.

Deutsche Angaben			Amerikanische Angaben		
Mauerwerk auf Boden	k_S t/m²	tg ϱ	Mauerwerk auf Boden	k_S in kg/cm²	tg ϱ
Fester Schlamm, glattes Mauerwerk	0	0,10	Feuchter Ton auf Mauerwerk	0	0,33
Fester Schlamm, rauhes Mauerwerk	0	0,20	Nasser Ton	0	0,33
Nasser Ton, glattes Mauerwerk	0	0,20			
Nasser Ton, rauhes Mauerwerk	0	0,30			
Lehm auf Beton	0	0,35			
Boden auf Boden	k_S	tg ϱ	Boden auf Boden	k_S in kg/cm²	tg ϱ
Lehmboden, naß	0	0,36—0,47	Feuchter, gewalzter Ton	0,2—0,45	0—0,4
Tonerde, naß	0	0,47	Sandiger, feuchter Ton	0,6	0,4
			Steifer, sandiger Ton ..	0,5	0,8
			Lehm, trocken	0,25—0,4	1,5

[1] Erddruck 5. Aufl. S. 21. Berlin 1936.

[2] Vgl. BUISSON: L'étude des Fondations. Caractéristiques physiques et mécaniques des Sols. Travaux 1936.

II. Die Streuung der Ergebnisse der Schubfestigkeiten. Werden die Versuche unter möglichster Einhaltung der gleichen Versuchsbedingungen mehrmals wiederholt, so weichen die Versuchsergebnisse wesentlich voneinander ab.

Der Streuungswert e beträgt alsdann:

$$e = \pm \sqrt{\frac{[v\,v]}{n-1}}\;.$$

Es bedeutet:

$A =$ der einzelne beobachtete Wert, $\qquad v = A - m$,

$m =$ der Mittelwert der Beobachtungen, $\qquad n =$ Anzahl der Beobachtungen.

Als Kriterium für die gleichmäßige Bodenbeschaffenheit gelten dann die Anzahl Werte P in Prozent, die innerhalb des Streuungsbereiches liegen. Es ist dann:

$$P = \frac{\pm e}{m} = \frac{\pm 100 \sqrt{\dfrac{[v\,v]}{n-1}}}{m}\;.$$

Praktisch ergab sich, daß P für tonige Ablagerungen im Bereich des Oberlaufes der Flüsse noch 80 bis 90% beträgt, während der kritische Wert P am Mittel- und Unterlauf der Flüsse auf 40 bis 60% fällt.

Die Zahl P gibt zahlenmäßig Auskunft über die Homogenität oder Heterogenität eines Bodens.

ν) Nutzanwendungen der Schubfestigkeitsuntersuchungen.

Die Kenntnis der Größe des Schubwiderstandes, die ein Boden entwickeln kann, ist von Bedeutung

I. bei der Bestimmung der Rutschgefährlichkeit eines Bodens [siehe Kapitel über Rutschungen S. 289; Bd. II; Gl. (5)],

II. bei der Ermittlung der zulässigen Bodenbelastung (siehe Kapitel über Grenzbelastungen des Bodens),

III. bei der Feststellung der Ausquetschmöglichkeit bei Neubelastungen des Bodens (siehe Kapitel über Dammschüttungen),

IV. beim Rammen von Pfählen in wenig durchlässigen Böden (siehe Kapitel über das Rammen der Pfähle S. 370; Bd. II),

V. bei der Berechnung der Standsicherheit von Stützmauern usw. (siehe Kapitel über Stützmauern S. 613).

ξ) Die Beziehung der Schubfestigkeit zur Druck-, Zug- und Biegefestigkeit bei Felsen[1].

Erstrebenswert ist, die Beziehungen zwischen Zug-, Biege- und Schubfestigkeit so abzuklären, daß aus der Bestimmung einer einzigen Art von Festigkeitswert die anderen Festigkeitswerte rechnerisch abgeleitet werden können.

Die Beziehungen sind für einige Gesteine angenähert die folgenden:

Tabelle 250.

Festigkeitsverhältnis	Granit	Porphyr	Sandstein	Kalkstein
Zug zu Druck	1 : 35,4	1 : 30	1 : 34,3	1 : 16,9
Schub zu Druck	1 : 14,3	1 : 15,6	1 : 12,9	1 : 12,1
Biegung zu Druck	1 : 14,4	1 : 9,5	1 : 10,6	1 : 8,4

[1] Siehe HIRSCHWALD: Handb. der bautechn. Gesteinsprüfung S. 73. Berlin 1912.

3. Zugfestigkeit.

a) Grundsätzliches.

Die Zugfestigkeit bedeutet den Widerstand der Bodenteilchen gegen Zug; sie ist von der Anzahl der Berührungspunkte, d. h. vom Dispersitätsgrad (Verteilung) der feinsten Teilchen abhängig. Die Zugfestigkeit ist somit ein Ausdruck für die Art und Menge der kolloidalen Bodenteilchen[1].

Die Zugfestigkeit steht in enger Beziehung zur Haftfestigkeit k_S. Über die Bestimmung der Zugfestigkeit mit dem Rotationszerreißapparat siehe S. 203, Bd. II.

Die Größe der Zugfestigkeit ist vom Anfangswassergehalt und der Art der Trocknung des Bodens abhängig, nämlich ob Lufttrocknung oder Ofentrocknung vorliegt.

b) Größe der Zugfestigkeit.

Kalkhaltiger Mergel, naturfeucht	0,05—0,3 kg/cm²
Ton, naturfeucht	0,05—0,2 kg/cm²
Gießereisand mit Ton vermengt	0,05—0,25 kg/cm²
Trockener Sand	0—0,01 kg/cm²

c) Anwendungen.

Am Rande einer Gründung treten neben Druckkräften auch Zugkräfte auf (siehe Abb. 430). Daher ist bei zugfesten Böden der Bodenwiderstand gegen Setzungen am Rande der Gründung größer als in der Mitte der Gründung. Der Unterschied in der Druckverteilung bei bindigen und nichtbindigen Böden infolge der Zugkraft geht aus Abb. 449a und 449b hervor.

4. Die Poissonsche Zahl.

a) Begriff.

Die Poisson-Zahl m, auch Querdehnungszahl genannt, bedeutet das Verhältnis der Längszusammendrückung ε_L zu der Querdehnung ε_q eines in der Längsrichtung gedrückten Körpers[2]; d. h. es ist

$$m = \frac{\varepsilon_L}{\varepsilon_q}.$$

Statt des Wertes m wird oft der Wert $\frac{1}{m} = \mu =$ Querzahl als Poisson-Zahl bezeichnet (vgl. S. 568).

b) Wesen der Poisson-Zahl.

Die Größe der Poisson-Zahl ist abhängig von der Beschaffenheit des Körpers.

Ferner ist, was sehr oft übersehen wird, die Zahl m auch von der Größe der Belastung des Bodens abhängig; bei steigender Belastung kann m von 2 bis 5 zunehmen. Praktisch ergibt sich, daß m im elastischen Bereich mehr oder weniger als Festwert betrachtet werden kann, nicht aber mehr im plastischen Bereich.

c) Berechnung der Poisson-Zahl.

α) Mit Hilfe des unteren Grenzzustandes des Gleichgewichtes.

Im nichtbindigen Boden wird (vgl. S. 454)

$$\sigma_1 = \frac{\gamma h}{m - 1} = \gamma h \frac{1 - \sin \varrho}{1 + \sin \varrho}.$$

$\varrho =$ Winkel der inneren Reibung, $\gamma =$ Raumgewicht des Bodens.

---

[1] Vgl. auch A. Till: Methoden zur Bestimmung der Bodenarten. Forst- u. Landw. 1933 S. 743.

[2] ε ist nicht mit der Porenziffer ε zu verwechseln. — R. Haefeli: Erdbaumechanische Probleme im Lichte der Schneeforschung. Schweiz. Bauzeitung 1944 S. 50.

Für den Beweis siehe Kapitel über Erddruck, Abschnitt: Die Ruhedruckziffer beim Rankineschen Spannungszustand.

Aus obiger Gleichung ergibt sich:

$$m = \frac{2}{1 - \sin \varrho}.$$

Für $\varrho = 0$ wird $m = 2$; d. h. die Zusammendrückbarkeit des Stoffes verschwindet. Hierher gehört das raumbeständige Wasser.

β) Nach Terzaghi.

Nach Terzaghi[1] kann die Poisson-Zahl angenähert aus der Ruhedruckziffer λ berechnet werden, es ist:

$$m = \frac{1 + \lambda + 2\,\lambda^2}{2\,\lambda^2}.$$

γ) Berechnung der Poissonschen Querdehnungszahl aus der Righeit und der Volumenelastizitätsziffer.

Es bedeute:

$\mu =$ Righeit $=$ Widerstand gegen die Formänderung, sog. Drillungswiderstand,

$\mu = \dfrac{1}{2}\left(\dfrac{E}{1 + \sigma}\right)$; für μ wird gesetzt $\mu \simeq 0{,}543\,k$; $k = \dfrac{1}{\beta}$,

$\beta =$ Kompressibilität $=$ Volumenabnahme der Volumeneinheit, wenn man den Außendruck um 1 Megabar erhöht (1 Megabar $= 0{,}987$ atm),

$\beta = \beta_0 - \gamma\,(p - p_0)$,

$\beta_0 = 2 \cdot 10^3$ Megabar,

$E =$ Elastizitätsziffer in lotrechter Richtung,

$\gamma =$ Druckfaktor, $\gamma = 2$ bis 10,

$k = \dfrac{1}{\beta} =$ Volumenelastizitätsmodul oder Inkompressibilitätsfaktor oder Bulkmodul genannt,

$\sigma = \dfrac{1}{m}$; $\sigma = 0{,}2$ bis 0,5,

$m =$ Poissonsche Querdehnungszahl.

Für silikatreiches Gestein ist $m \simeq 4$ oder $\sigma \simeq 0{,}27$.

Für die Berechnung der Poissonschen Zahl wird die Beziehung angegeben[2]:

$$\frac{1}{m} = \sigma = \frac{1}{2}\left[1 - \frac{\mu}{k + \frac{1}{3}\mu}\right].$$

d) Zahlenwerte für Poisson-Zahl.

Tabelle 251.

Stoffart	m
Raumbeständiger, elastisch-isotroper Stoff (Wasser) ...	2,0
Junger Beton..............	7—10
Sand	4— 8
Ton	2,5— 5
Schnee (ideal-plastisch)	~ 4,0[3]

e) Die Poissonsche Querdehnungszahl aus Versuchen.

Nach Versuchen von W. Bernatzik in nichtbindigen Böden hängt die Poissonsche Querdehnungszahl ausschließlich von der Größe der Längsdeformation ab. Mit zunehmender Zusammendrückung nimmt der Wert von $\dfrac{1}{m}$ rasch zu[4].

---

[1] Erdbaumechanik S. 105. Wien 1925.
[2] Vgl. Handb. d. Geophys. Bd. 3.
[3] Vgl. R. Haefeli: Schnee und Lawinen Bd. II.
[4] Vgl. Int. Verb. Brückenbau u. Hochbau. Schlußber. d. Kongr. 1932 S. 596. — K. Jida: Relation between normaltangential viscosity ratio and Poisson's elasticity ratio in certain soils. — Bull: Earthquake Res. Just. Tokyo 1938 S. 391/406. — Siehe auch Bericht: Zbl. f. Mech. 1939 S. 9.

5. Ruhedruckziffer.

a) Begriff.

Wird ein Boden, der durch starre Umgrenzung an der seitlichen Ausdehnung verhindert ist, senkrecht belastet, so übt der Boden auf die starre Umhüllung einen Druck aus. Die Größe dieses waagrechten σ_w-Druckes ist proportional dem senkrechten Druck ermittelt worden, d. h.

$$\sigma_{waagrecht} = \lambda\,\sigma_{senkrecht}.$$

$\sigma_{waagrecht}$ und $\sigma_{senkrecht}$ sind Hauptspannungen; $\lambda =$ Ruhedruckziffer (vgl. S. 568 und 572).

b) Ruhedruckziffer bei Bewegungen.

Die Ruhedruckziffer ist kein Festwert. Bei Bewegungen des Bodenmateriales ändert das Verhältnis $\sigma_{waagrecht}$ zu $\sigma_{senkrecht}$. Systematische Untersuchungen zur Bestimmung der Art der Änderung der Ruhedruckziffer zur Erddruckziffer bei eintretenden Bewegungen fehlen noch. Sobald nämlich keine Verhinderung der seitlichen Ausdehnung mehr vorhanden ist, geht der *Ruhedruck* zum *Erddruck* über; aktiv oder passiv, je nach der Art des Vorzeichens der Bewegung.

c) Die Ruhedruckziffer in der Spannungsoptik.

Damit Versuche zur Bestimmung der Verteilung der Spannungen im Boden mit Hilfe der Photoelastizität gemacht werden können, ist es notwendig, daß der Vergleichsstoff gleich dicht gelagert sei wie die zu untersuchende Erde. Das ist aber z. B. für lose gelagertes Material nicht möglich, oder anders ausgedrückt: Die Ruhedruckziffer des Vergleichsstoffes muß gleich derjenigen des zu untersuchenden Materiales sein, damit in der Spannungsoptik Werte erhalten werden, die den tatsächlichen Verhältnissen entsprechen.

d) Die Ruhedruckziffer bei den Druckverteilungsgleichungen.

Bei den meisten mathematischen Ansätzen zur Bestimmung der Druckverteilung im Boden ist die Ruhedruckziffer überhaupt nicht berücksichtigt worden, d. h. es wurde stillschweigend für $\lambda = 1$ angenommen.

e) Die Ruhedruckziffer bei Erddruckaufgaben.

Die Ruhedruckziffer bei Erddruckaufgaben ist im Kapitel über Erddruck eingehend behandelt (siehe S. 572, Bd. I).

f) Die Berechnung der Ruhedruckziffer.

α) Berechnung mit Hilfe der Querdehnungszahl. Die Berechnung der Ruhedruckziffer in Abhängigkeit der Poissonschen Zahl m ergibt, daß

$$\lambda = \frac{1}{m-1} \tag{1}$$

ist. Für den Beweis siehe Kapitel über Erddruck, Abschnitt: Die Ruhedruckziffer beim Rankineschen Spannungszustand (S. 572, Bd. I).

Für die Beziehung zwischen Querdehnungszahl und Ruhedruckziffer nach Terzaghi siehe S. 453.

β) Berechnung mit Hilfe des Winkels ϱ der inneren Reibung. Für nichtbindige Böden wurde früher angenommen:

$$\lambda = \frac{1 - \sin\varrho}{1 + \sin\varrho}. \tag{2}$$

Hierin bedeutet ϱ den Winkel der inneren Reibung. Messungen ergaben kleinere Werte, als sie nach obiger Formel errechnet wurden.

γ) **Berechnung mit Hilfe des Belastungsdruckes.** Aus einer größeren Zahl von eigenen Versuchen und aus Angaben im Schrifttum läßt sich nach BENDEL die Beziehung ableiten:

$$\lambda = \Lambda' + \Lambda \log\left(\frac{s_0 + s}{s_0}\right). \tag{3}$$

$\lambda =$ Ruhedruckziffer in Abhängigkeit der Setzung s,

$\Lambda' =$ Ruhedruckziffer bei der Belastung $\sigma = 0$,

$\Lambda =$ Festwert; $\Lambda = K$; Λ ist abhängig von der Zusammendrückungsziffer M_E und steht in Beziehung zum Wert K in der Drucksetzungsgleichung nach BENDEL.

$$s = K' + K \log (\sigma_0 + \sigma).$$

Der Wert λ ist noch wenig erforscht.

Für obige Gl. (3) kann auch geschrieben werden in Abhängigkeit der Belastung σ:

$$\lambda = \Lambda' + \Lambda \log [\alpha + \log (\sigma_0 + \sigma)].$$

Die Bestimmung der Werte Λ und Λ' ist schwierig.

B. Das Verhalten des Bodens bei dynamischer Beanspruchung.

(Stoßbeanspruchung.)

1. Begriff.

Es wird von dynamischer Beanspruchung des Bodens gesprochen, wenn durch unelastische Stoßwirkung Kräfte zur Verdichtung des Bodens oder zur Zertrümmerung des Gesteines erzeugt werden. Meistens ist damit eine Erschütterung verbunden.

2. Die Wirkung.

a) Der Wirkungsgrad.

Der Wirkungsgrad η eines Stoßes ergibt sich nach der Gleichung:

$$\eta = \frac{m_1}{m + m_1}.$$

$m =$ stoßende Masse, $m_1 =$ gestoßene Masse. Der Wirkungsgrad bei gespanntem Porenwasser ist noch nicht abgeklärt.

b) Physikalische Auswirkung einer dynamischen Beanspruchung des Bodens.

Bei plötzlichem Schlag können die Körner infolge ihrer Trägheit dem Stoß nur bedingt folgen. Die Körner werden zertrümmert und das Gefüge wird zerstört. Krümeltextur wird in ein Einzelkorngefüge verwandelt. Die Scherfestigkeit des Bodens nimmt zu, wenn kein überschüssiges Wasser auftritt, wie dies bei weichen, bildsamen Böden oft der Fall ist.

Je ungleichmäßiger das Gefüge ist, je härter das Gestein und je weniger Wasser bildsame Böden enthalten, um so vorteilhafter wird der Einzelstoß zur Verdichtung der Böden angewendet.

Namentlich bei Löß, Lößlehm und lehmigen Sanden wird der unelastische Stoß wirksam zur Verdichtung des Bodens angewendet.

Eine wichtige Rolle spielt bei der Verdichtungsfähigkeit des Bodens durch

Einzelstoß, z. B. bei der Verdichtung durch Rammschläge, Demagfrosch usw. der Wassergehalt des Bodens. Es liegen aber noch keine abschließenden Untersuchungsergebnisse über die Beziehungen zwischen Bodenbeschaffenheit, Wassergehalt, Stoßgröße, Fläche der Stoßvorrichtung usw. vor.

C. Das Verhalten des Bodens bei kinetischer Beanspruchung.

(Erschütterungsbeanspruchung.)

1. Begriff.

Es wird von kinetischer Kraft (Bewegungskraft) gesprochen, wenn infolge von Schlägen oder Stößen elastische Bewegungen und Umlagerungen der Gesteinskörper vorkommen. Meistens folgen sich die aufgezwungenen Schwingungen rasch, so daß die Körner in einen gewissen Schwebezustand versetzt werden.

2. Energieeinsatz bei der Erschütterungsbeanspruchung.

Der notwendige Energieeinsatz zur Verdichtung des Bodens ist abhängig von der Korngröße, der Kornzusammensetzung, der Dauer und Art der Erschütterung, vom Wasserfilm um die Körner usw. Die Amplituden des Schwingungserregers, die Schwingungsausschläge dürfen nur sehr klein sein, da sonst eine zu starke Auflockerung des vorhandenen Gefüges eintritt und die schweren von den leichten Körnern getrennt werden[1].

Bei Erschütterungen ist darauf zu achten, daß dichte Unterlagen z. B. bereits verdichteter Schüttlagen die Erschütterungswellen zurückstrahlen, reflektieren; dadurch wird die Verdichtung im unteren Teil der neuen Schüttung größer als im oberen Teil. Am besten ist es, wenn Erregerschwingung und erregte Masse in Resonanz schwingen.

3. Allgemeine physikalische Wirkung einer kinetischen Beanspruchung.

Durch Einrütteln werden Beton, wassergebundene Schotterdecken, Dämme usw. mit verhältnismäßig geringem technischem Aufwande wirksam verdichtet.

Dadurch lösen sich die einzelnen Körner aus ihrem bisherigem Verband und fließen oder gleiten in vorhandene Hohlräume. Erfolgen die einzelnen Schläge mit größerem zeitlichem Unterbruch, so tritt kein Schwebezustand der Körner ein; die Verdichtung erleidet jedesmal einen Unterbruch, und die Endverdichtung ist bei Anwendung des Einzelschlages kleiner als bei dauernder Rüttelung.

Plattige Bodenteile lagern sich schuppig übereinander; bei solchen Böden weist die Scherfestigkeit sehr verschieden große Werte in der Richtung der Schuppen und senkrecht dazu auf. Bei plattigem Gestein wird eine Verdichtung oft unmöglich.

Bei gedrungenen Gesteinsformen lassen sich die feineren Körnchen in die Hohlräume, die zwischen den größeren Körnern vorhanden sind, hineinrütteln. Bei Sand sinken die Hohlräume unter 25%. Dadurch entstehen sehr dichte Packungen. Die Scherfestigkeit wird groß und in allen Richtungen gleich stark. Das Raumgewicht steigt auf über 2 kg/dm³.

Der Wassergehalt soll im Boden, der gerüttelt wird, gleichmäßig verteilt sein. Er soll möglichst viel molekulare Nahkräfte entwickeln, weil dadurch die inneren Widerstandskräfte auf einen Höchstwert gesteigert werden. Eindeutige

---

[1] Vgl. BENDEL: Vibrationsbeton. Hoch- u. Tiefbau 1938; ferner BENDEL: Grundlagen, um gleichmäßig beschaffenen Beton zu erhalten. Ingenieur 1938 Nr. 48; 1939 Nr. 1 u. 3.

brauchbare Zahlenwerte für den günstigsten Wassergehalt zum Einrütteln liegen noch nicht vor.

Der Gefügebau wird durch die stetigen Erschütterungen stark beansprucht und die Kohäsion (Bindekraft) wird unter Umständen vermindert. Der Scherwiderstand wird dann kleiner, und oft wird der Fließprozeß eingeleitet.

Daraus ergibt sich, daß das Gefüge gegen einmalige dynamische Kraftwirkung (Stoß) widerstandsfähiger ist als gegen dauernde kinetische Kraftwirkung (Erschütterungen).

Während der Erschütterung wird die Bindekraft kleiner, aber nicht dauernd wegen der Wiedererholung, sog. Thixotropie des Bodenmateriales.

4. Verdichtung des Bodens infolge Erschütterungen.

Man kann unterscheiden zwischen Bodenverdichtung infolge punktweiser Erschütterung des Bodens und infolge flächenhafter Erschütterungen um unendlich ausgedehnten Halbraum des Bodens. Die Wirkung auf die Verdichtung des Bodens ist verschieden groß. Zuerst wird die Verdichtung des Bodens infolge punktweiser Erschütterung beschrieben und dann infolge flächenhafter Erschütterung.

a) Punktweise Erschütterung des Bodens.

Wird eine Platte, die auf einem Boden liegt, durch eine stetig sich wiederholende, aber gleich große Stoßkraft belastet, so wird der Boden unterhalb der Platte verdichtet. Die größte Verdichtung findet in der Nähe des Stoßmittelpunktes statt. Die Verdichtung nimmt mit der Entfernung vom Mittelpunkt nach allen Richtungen hin ab. Nach einer bestimmten Anzahl von Schlägen ist die größte Verdichtung erreicht und eine weitere Verdichtung ist nur durch Vermehrung der Stoßkraft, nicht aber durch eine Steigerung der Anzahl der Schläge zu erreichen; denn die Schwingungsgrößen und Energien innerhalb des dynamischen Tragkörpers (siehe Abb. 293) werden stets gleich stark vermindert und kommen an der Grenzfläche stets gleich groß an.

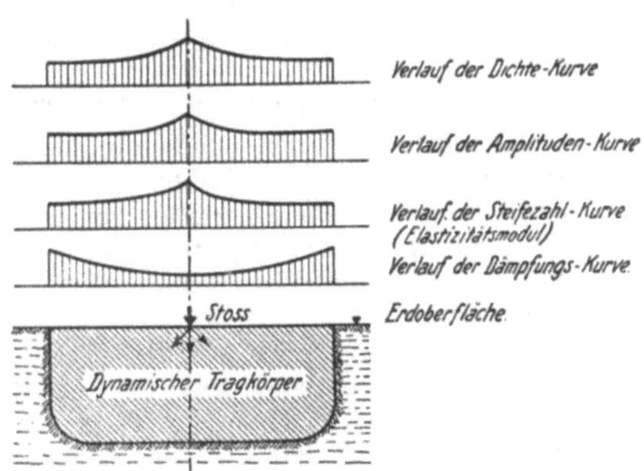

Abb. 293. Verlauf der Kurven für Dichte, Amplituden, Steifezahl und Dämpfung in einem dynamischen Tragkörper.

Als dynamischer Tragkörper wird der Körper bezeichnet, innerhalb welchem eine Verdichtung des Bodens stattfindet.

Innerhalb des dynamischen Tragkörpers nehmen durch die Verdichtung die Steifezahl (Elastizitätsmodul), die Schwingungsweite und die Wellengeschwindigkeit zu, während die Dämpfungszahl abnimmt. Vom Stoßmittelpunkt aus nehmen Steifezahl, Amplitudenweite und Wellengeschwindigkeit ab, während die Dämpfungszahl wächst. Eine Änderung der physikalischen Werte findet nur innerhalb des dynamischen Tragkörpers statt[1] (siehe Abb. 293).

Aus obigen Ausführungen ergibt sich:

1. Der Boden unter einem schwingenden Körper erreicht nach einer bestimmten Anzahl von Schwingungen eine bestimmte Verdichtung. Der Körper,

---

[1] Vgl. PIPPAS: Über die Setzungen und Dichtigkeitsänderungen auf Sandschüttungen. Veröff. Inst. Degebo Heft 2. Berlin 1932.

der durch die erzwungenen Erschütterungen verdichtet wird, heißt *dynamischer Tragkörper*.

2. Der dynamische Tragkörper wird vergrößert, wenn die Größe der Stoßkraft vermehrt wira, oder wenn die Frequenz der schwingenden Maschine (Drehzahl der Maschine) mit der Eigenfrequenz des Bodens übereinstimmt; z. B. im Eisenbahnbau wird der dynamische Körper vergrößert, wenn schwerere Lokomotiven verwendet werden; es treten dann einmalige neue Setzungen auf.

3. Um nachträgliche Setzungen von Maschinenfundamenten zu vermeiden, kann der Boden künstlich mit einer Erschütterungsvorrichtung behandelt werden. Die Eigenfrequenz der Erschütterungsmaschine soll gleich groß wie die Eigenfrequenz des Bodens sein; die statische Ersatzkraft P (Berechnung siehe Abschnitt: Dynamische Baugrundaufgaben) kann durch einen verstellbaren Exzenter der später auftretenden Erregerkraft angeglichen werden.

4. Über die Größe der dynamischen Tragkörper in Abhängigkeit der Bodenbeschaffenheit, der Größe der schwingenden Gründungsfläche, der Größe und Art der Erregerschwingungen, sind noch keine zuverlässigen Zahlenwerte vorhanden.

b) Bodenerschütterungen im unendlich ausgedehnten Halbraum.

Wird ein Bodenpunkt neben dem andern erschüttert, so entsteht ein dynamischer Tragkörper, der in der Waagrechten unendlich ausgedehnt ist. Die Tiefe des dynamischen Tragkörpers hängt aber von der Bodenbeschaffenheit, der schwingenden Fläche und Größe der Erregerschwingungen ab.

Vergleichbare Versuchsergebnisse sind noch nicht vorhanden.

c) Bestimmung der Größe der Verdichtung des Bodens.

Zur Bestimmung der Größe der Verdichtung eines Bodens werden verschiedene Verfahren angewendet:

α) *Messung des Raumgewichtes* vor und nach der Bodenverdichtung.

β) *Messung des Kraftaufwandes*, um einen bestimmt geformten Gegenstand, z. B. einen Kegel mit 60° Öffnung, einen Zentimeter tief in den Boden einzudrücken.

γ) *Messung der Eindringungstiefe*, wenn ein bestimmt geformter Körper mit der Einheitskraft belastet wird.

δ) *Messung der Änderung der Wellengeschwindigkeit von Erschütterungswellen.* Praktisch ergab sich, daß die Wellengeschwindigkeit bis um den vierfachen Betrag des gut verdichteten Bodens gegen lose geschütteten stieg[1].

D. Das Verhalten des Bodens bei statisch-kinetischer Beanspruchung.

(Beanspruchung durch Wasserdruck und Erschütterung.)

Ein Boden wird statisch-kinetisch beansprucht durch:
1. statische Wasserwirkung, 2. kinetische Wasserwirkung. Dazu ist zu bemerken:

1. Statische Wasserwirkung.

Wird Wasser auf den Boden gebracht, so sickert es in die Tiefe. Sickert wenig Wasser in die Tiefe, so entsteht ein Kapillardruck des durchströmenden Wassers auf die Wandungen des Haarröhrchens (siehe Abb. 56). Es findet eine sog. statische Druckwirkung statt. Die Scherfestigkeit wird erhöht. Wird der

---

[1] Vgl. auch Straße 1935 Nr. 88 oder HERTWIG in: Vorber. z. II. Kongr. Intern. Vereinig. Brücken- u. Hochbau S. 1569 sowie Schrifttumangabe daselbst S. 1572.

Wassergehalt im Boden gesteigert, so wird die Scherfestigkeit durch das hydrostatische Gefälle, das sog. Strömungsdruckgefälle, ebenfalls vermehrt.

Schließlich wird die Scherfestigkeit durch die Druckkraft, die auf die Körner durch das Wassergewicht ausgeübt wird, auch noch vergrößert.

Das Sickerwasser wird praktisch zur künstlichen Vermehrung der Scherfestigkeit und damit der Standfestigkeit von Dämmen verwendet. Das Verfahren ist bekannt unter dem Ausdruck Einsumpfen.

2. Kinetische Wasserwirkung.

Strömt Wasser senkrecht oder waagrecht durch den Boden, so kann bei starker Wasserströmung die Reibung der einzelnen Körner untereinander aufgehoben werden. Die feinen Körnchen werden entweder vom Wasser umgelagert oder sie werden verfrachtet und an einem neuen Ort abgelagert. Dadurch wird der Boden verdichtet; die Scherfestigkeit und die Standfestigkeit werden erhöht.

Die Einregelung der Körner in die dichteste Packung ist namentlich von der Strömungsgeschwindigkeit des Wassers abhängig, der Beweglichkeit der Wasserteilchen und der Kornzusammensetzung.

Praktisch wird dieses Verfahren im Dammbau angewendet, indem das Schüttgut von der Kippe zur Ablagerungsstelle im Damme zum Fließen gebracht wird. Das Verfahren ist unter den Namen Einspülverfahren oder Einschlämmverfahren bekannt.

Wichtig ist, daß beim Schlämmen keine Ausscheidung zwischen gröberer und feinerer Körnung vorkommt. Jede Entmischung ruft ungleichmäßige Scherfestigkeitswerte und ungleichmäßige Setzung im Damm hervor.

Wasser allein kann aber nicht die verlangte verfestigende Wirkung ausüben; daher sind neben dem Wasser noch mechanische Verdichtungsverfahren anzuwenden. So wird z. B. vielfach das Einsumpfen mit Stampfen (Stoßwirkung) oder mit Einrütteln verbunden. Beim Einrütteln ist der Wirkungsgrad meistens größer als beim Stampfen. Druckkraft hat sich als erfolglos erwiesen.

Auch kann ein Wasserstrom von unten in die Schüttung geleitet werden, damit die Kapillarkraft von unten nach oben wirkt; zusätzlich wird noch eine mechanische Einrüttelarbeit von oben oder von unten geleistet.

E. Das Verhalten des Bodens bei hydrodynamischer Beanspruchung.

1. Steigfähigkeit des Wassers (Kapillarität).

a) Begriffe.

Kapillarität: Taucht man eine enge Röhre (Haarröhre, Kapillare) in eine Flüssigkeit, so steigt die Flüssigkeit in der Röhre empor. Die Steigfähigkeit einer Flüssigkeit in einer engen Röhre wird Haarröhrchenwirkung oder Kapillarität genannt.

Kapillarkraft: Die Kraft, die die Kapillarität (Kapillarwirkung) zustande bringt, wird Kapillarkraft genannt.

Oberflächenspannung: Beim Untersuchen über die Kapillarität ergibt sich, daß eine Flüssigkeit in einer Kapillare (engen Röhre) durch Molekularkräfte sozusagen an der Oberfläche aufgehängt ist. Als Kraft wirkt nur eine Kraft an der Oberflächenwandung; sie wird mit Oberflächenspannung s bezeichnet. Die Oberflächenspannung s ist keine Spannung im gewöhnlichen Sinne; ihre Abmessung ist kg/cm^1.

Kapillarzug: Durch das Aufhängen des Wassers am Meniskus entsteht in der flüssigen Phase (Wasser) Zugspannung; diese Zugspannung wird Kapillarzug genannt. Es entsteht im Kapillarwasser ein Unterdruck.

Kapillardruck: Die Wasseroberfläche (Meniskus) gibt ihre Auflagerkraft an die Rohrwandung ab; dadurch entsteht in der festen Phase ein Druck. Derselbe wird als Kapillardruck auf die feste Phase bezeichnet. Oft wird auch für Kapillardruck die Bezeichnung Kapillarkraft gebraucht.

Kapillarer Wandungsdruck: Wird ein Boden überschwemmt, so wirkt nur der hydrostatische Druck auf die Rohrwandung der Kapillare.

Infolge rascher Belastung von wenig durchlässigen Böden entsteht im Porenwasser ein großer hydrostatischer Überdruck, der sich auf die Kapillarwandungen
überträgt.

Kapillare Steighöhe: Je nach der Beschaffenheit der engen Haarröhrchen (Kapillaren)
steigt das Wasser in größere oder kleinere Höhe. Die Steighöhe des Wassers wird
mit kapillarer Steighöhe bezeichnet.

Aktive Kapillarität: Aktive Kapillarität wird erhalten, wenn ein mit Sand gefülltes
Gefäß ins Wasser gestellt wird und das Wasser in den Haarröhrchen nach oben
wandern kann. Die Steighöhe des Wassers hängt vom Durchmesser der Haarröhre
ab und heißt Steighöhe der aktiven Kapillarität.

Passive Kapillarität: Passive Kapillarität erhält man, wenn der Wasserspiegel, z. B.
der Grundwasserspiegel, gesenkt wird und die Wassersäulen in den Haarröhrchen
an den Menisken aufgehängt werden. Es bildet sich ein System kommunizierender
Röhren aus zwischen Grundwasserspiegel und Menisken des Haarröhrchenwassers.
Der Unterschied in der Spiegellage entspricht der passiven kapillaren Steighöhe.
Der Vergleich der Steighöhen, die bei aktiver und passiver Kapillarität ermittelt
werden, läßt erkennen, daß die aktive Kapillarität stets größere Steighöhen ergibt als die passive Kapillarität.

b) Ursache der Kapillarität.

α) **Beobachtungen in der Natur.** In der Natur kann beobachtet werden,
daß Insekten auf der Wasseroberfläche gehen können, ohne einzusinken, oder
daß dünne Stecknadeln auf dem Wasser schweben. Sie sinken erst ein, wenn
ein Ende untertaucht. Ein engmaschiges Netz von 1 dm² Größe auf dem Wasser
schwimmend, kann eine Last von rund 300 g tragen, ohne unterzugeben, wenn
die Drähte mit Paraffin überzogen wurden.

β) **Erklärung der Kapillarität mit Hilfe der Molekulartheorie.**
Die Ursache der Kapillarität wird physikalisch wie folgt erklärt: Von den
Molekülen einer Flüssigkeit gehen molekulare Anziehungskräfte aus. Im Innern
der Flüssigkeit werden die Molekularkräfte in gegenseitiger Anziehung abgesättigt.
An der Flüssigkeitsoberfläche bleibt dagegen ein Teil der Anziehungskräfte frei.
Die überschüssige Kraft in der Grenzschicht verläuft parallel zur Grenzschicht
und ist kleiner als der Druck, welcher senkrecht dazu steht. Der Drucküberschuß,
der also parallel zur Oberfläche wirkt, bedingt die Oberflächenspannung.

Die Oberflächenspannung hat das Bestreben, die Flüssigkeitsoberfläche
(Meniskus) zu verkleinern. Die Kapillarkraft wird auf die erwähnte Oberflächenspannung von Flüssigkeiten zurückgeführt. Bei einer Veränderung der Oberfläche
leistet die Oberflächenspannung Arbeit. Daher kann man von einer Oberflächenenergie sprechen. Mit anderen Worten: Die Kapillarität beruht auf der ungesättigten Anziehungskraft der Moleküle der Flüssigkeitsoberfläche[1] (vgl. S. 284, Bd. I).

γ) **Erklärung der Kapillarität mit Hilfe von elektrochemischen
Kräften.** Die Kapillarität wird öfters auf die zwischen den festen Teilchen und
dem Bodenwasser wirkenden elektrochemischen Kräfte zurückgeführt[2].

δ) **Erklärung der Kapillarität durch die Verdichtung des Wassers.** Bisweilen wird angenommen, daß bei engen Kapillaren die flüssige Phase
stark konzentriert werde. Dadurch werde eine Änderung der Oberflächenspannung bewirkt, wodurch dann die Kapillarität entstehe[3].

---

[1] Vgl. F. ZUNKER: Das Verhalten des Bodens zum Wasser, in BLANK: Handb.
d. Bodenlehre Bd. 6 (1930) S. 95. — G. BAKKER: Handb. d. Experimentalphysik
Bd. 6: Kapillarität und Oberflächenspannung. Halle 1929. — A. GYENAUT: Kapillarität. Handb. d. Physik von GEIGER und SCHEEL Bd. 8: Mechanik der flüssigen und
gasförmigen Körper. Berlin 1927.

[2] Vgl. VAGELER: Die Kationen und der Wasserhaushalt des Mineralbodens S. 113
bis 131. Hdb. d. Bodenlehre. Bd. 6.

[3] Vgl. BUISSON: L'étude des Fondations. Sci. et Ind. April—Dez. 1934.

c) Die Oberflächenspannung.

α) Der Satz von LAPLACE. Für die Berechnung der Oberflächenspannung wird vom Satze von LAPLACE ausgegangen, wonach der senkrechte Druck P auf eine Oberfläche gleich dem Produkt aus der Oberflächenspannung s mal dem Krümmungsmaß ist.

Aus Abb. 294 gehen die grundlegenden Annahmen für die Berechnung der Oberflächenspannung hervor. Es bedeutet:

db = Breite der Zylinderfläche, ds = Länge der Zylinderfläche, $dF = db\,ds$,

s = Oberflächenspannung, tangential auf die Längeneinheit wirkend, in kg/cm[1].

s wird auch die Kapillaritätsziffer genannt.

Aus Abb. 294 ergibt sich:

$$P_0 = 2\,s\,db\sin\alpha = 2\,s\,db\cos\psi.$$

Die Normalkraft P wird

$$P = \Sigma P_0 = s\cos\psi\,\Sigma\,2\,db$$

und für eine kreisrunde Kapillare wird

$$P = s\cos\psi \cdot 2\,r\,\pi. \qquad (1)$$

Da $\quad \sin\alpha = \operatorname{arc}\alpha \cong \dfrac{\frac{1}{2}\,ds}{R'}$

gesetzt werden kann, wird

$$P_0 = s\frac{dF}{R'} \quad\text{und}\quad P_0' = \frac{P_0}{dF} = \frac{s}{R'}.$$

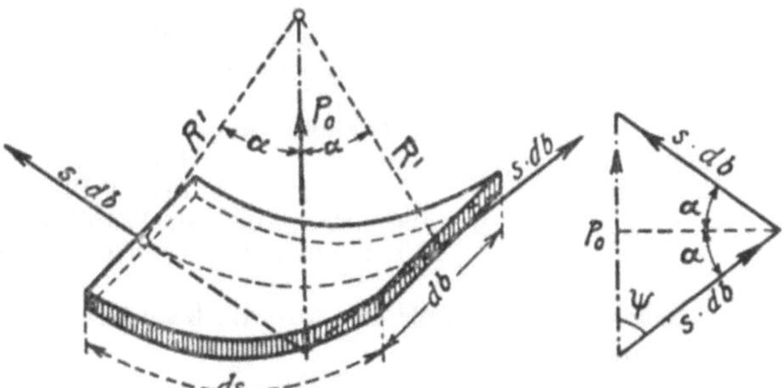

Abb. 294. Oberflächenspannung bei Flüssigkeiten.
ds; db in cm, s in kg/cm.

Weist die Fläche dF in zwei Richtungen verschiedene Krümmungen auf, so wird

$$P_0' = s\left(\frac{1}{R_1'} + \frac{1}{R_2'}\right), \qquad (2)$$

wobei $\left(\dfrac{1}{R_1'} + \dfrac{1}{R_2'}\right)$ das Krümmungsmaß bedeutet. Wird für den Meniskus eine Halbkugel vom Halbmesser $R' = r$ genommen, so wird

$$P_0' = \frac{2\,s}{R'} = \frac{2\,s}{r}.$$

β) Winkel zwischen Flüssigkeitsoberfläche und Kapillarwandung. Nach LAPLACE (1806) und GAUSS (1830) ist der Winkel ψ, unter welchem die Tangentialebene der Flüssigkeitsoberfläche die Wand schneidet, stets gleich groß. ψ ist von der Materialeigenschaft der Flüssigkeit abhängig, ebenso von der Materialeigenschaft der Wand, nicht aber von der Form der Oberfläche.

Beispiele (siehe Abb. 295):

Tabelle 252.

Flüssigkeit	Winkel
Quecksilber	$\psi > 90°$
Wasser und fettiges Glas	$\psi < 90°$
Wasser und reines Glas .	$\psi \cong 0°$

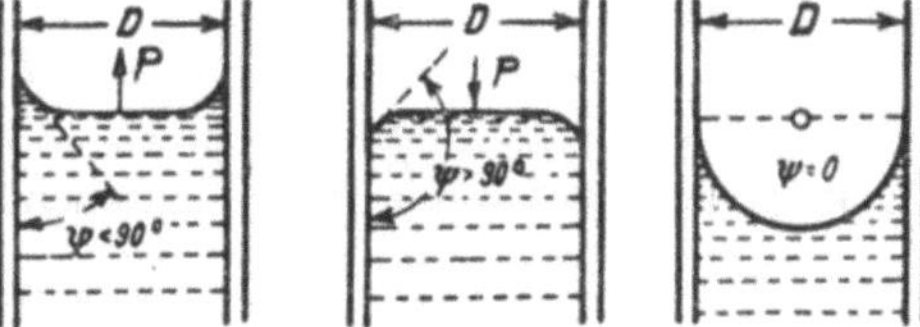

Abb. 295. Verschiedene Formen des Oberflächenmeniskus bei hohler oder erhabener Oberfläche und bei ganz reinem Glas.

γ) Erfahrungswerte für die Oberflächenspannung. Die Oberflächenspannung beträgt für Wasser:

$$\text{dyn/cm} = \text{g/cm}\cdot\frac{1}{981}.$$

Mittelwert $\beta = 75$ dyn/cm $= 0{,}0765$ g/cm.
bei einer Temperatur von $T = 10°$, $\beta = 0{,}0742$ gc/m,
$T = 40°$, $\beta = 0{,}0695$ gc/m.

d) Die aktive kapillare Steighöhe.

α) Übersicht über die physikalischen und chemischen Einflüsse auf die kapillare Steighöhe.

Aus den bisherigen Versuchen und Beobachtungen über die Kapillarwirkung ergibt sich, daß die Steighöhe in einer Haarröhre von einer größeren Anzahl physikalischer und chemischer Eigenschaften der Flüssigkeit und des Bodens abhängig ist (siehe Tabelle 253).

Tabelle 253. *Zusammenstellung der Einflüsse auf die kapillare Steighöhe.*

Physikalische Eigenschaften	Durchmesser der Haarröhre
	Oberflächenbeschaffenheit der Haarröhre
	Temperatur der Flüssigkeit
	Temperatur der festen Phase
	Beschaffenheit der Luft oder des Gases über der Flüssigkeit (Feuchtigkeitsgehalt, Temperatur)
Chemische Eigenschaften	Chemismus der Flüssigkeit
	Chemismus der festen Phase
	Benetzbarkeit der Wandung der Haarröhre
	Chemismus der Luft oder des Gases über der Flüssigkeit

Die einzelnen Einflüsse auf die kapillare Steighöhe werden in den folgenden Abschnitten besprochen.

β) Einfluß des Durchmessers der Haarröhre auf die Steighöhe.

Nach Gl. (1) im obigen Abschnitt c) beträgt die senkrechte Kraft P auf die Oberfläche einer Flüssigkeit in einer kreisförmigen Röhre:

$$P = s \cos \psi \, 2 \, r \, \pi.$$

Für Wasser beträgt $\psi \sim 0$; d. h. $\cos \psi = 1$.
Somit wird $P = 2 \, r \, \pi \, s$.
Das Gewicht G, das an der Oberfläche des Wassers angehängt ist, errechnet sich zu:

$$G = r^2 \, \pi \, \gamma_w \, h.$$

Wenn Gleichgewicht herrscht, ist

$$P = G$$

oder $$2 \, r \, \pi \, s = r^2 \, \pi \, \gamma_w \, h$$

und hieraus

$$h = \frac{2 \, s}{r \, \gamma_w}.$$

Obige Formel kann auch geschrieben werden:

$$h = \frac{2}{r} \, k,$$

wobei k die Eigenschaften der Flüssigkeit, der Wandung usw. wiedergibt.
Aus Abb. 296 geht die Auswertung der obigen Gleichung hervor.

γ) Einfluß von zwei parallelen Platten auf die Steighöhe (vgl. Abb. 297).

Es sei h_2 = Steighöhe des Wassers zwischen zwei parallelen Platten,
h_1 = Steighöhe des Wassers bei kreisrunder Kapillare,
$D = 2 \, r$ = Abstand zweier Platten,
l = Länge der Platten.

Dann ist Gleichgewicht, wenn

$$\Sigma p = G \quad \text{oder:} \quad 2\, l\, s \cos \psi = l\, h_2 \cdot 2\, r\, \gamma.$$

Somit beträgt die Steighöhe für $\cos \psi = 1$; für γ_w ist γ gesetzt:

$$h_2 = \frac{s}{r\,\gamma}.$$

h_2 ist nur halb so groß wie die Steighöhe bei kreisrunden Kapillaren, da

$$h_1 = \frac{2\,s}{r\,\gamma} \quad \text{ist.}$$

Zeichnerische Darstellung. Wird in der Gleichung

$$h_2 = \frac{s}{r\,\gamma} \quad \text{für } h_2 = y;\ r = x;\ \gamma = 1;\ k = s$$

gesetzt, so wird $\quad\quad \underline{x\,y = k};$

d. h. für die graphische Darstellung liegt eine gleichseitige Hyperbel vor, für

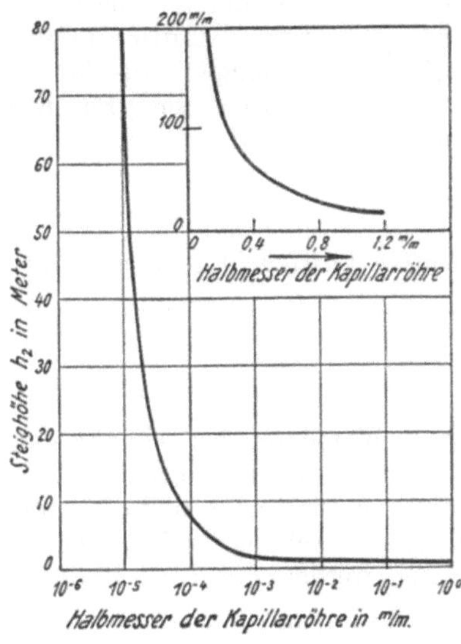

Abb. 296. Steighöhe h_2 des Wassers in Abhängigkeit des Halbmessers r der Kapillarröhre.

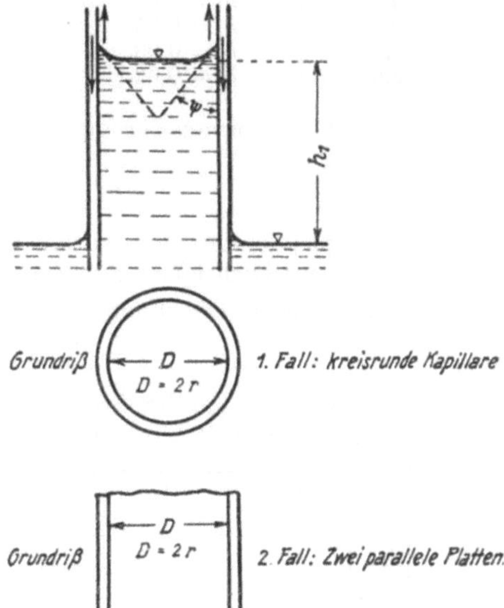

Abb. 297. Die Steighöhe in der Kapillare.

welche auf der Ordinate die Steighöhe h und auf der Abszisse der Durchmesser der Kapillare abgetragen wird[1].

δ) Steighöhe bei vorhandenen Schlitzen.

Bedeuten:

$d=$ wirksamer Körnungsdurchmesser, $s_0=$ wirksame Schlitzweite, $\varepsilon=$ Porenziffer, so kann für die wirksame Schlitzweite gesetzt werden $s_0 = \alpha\, d\, (\varepsilon - 0{,}15)$

$$\alpha = \text{Konstante;} \quad \alpha = 0{,}13 \text{ bis } 0{,}2.$$

[1] Vgl. M. FREYSINET: Une théorie générale de la prise des liants hydrauliques. C. R. de l'institut technique du bâtiment et de travaux publiques Nr. 7 Paris 1937. Einige thermodynamische Angaben über die Arbeit FREYSINETs sind enthalten in GEHLER: Hypothesen und Grundlagen für das Schwinden und Kriechen des Betons. Jb. Dtsch. Betonverein 1938 S. 377.

Anwendung: Für Schlitzweiten beträgt die kapillare Steighöhe nach TERZAGHI[1]

$$h = \frac{s}{s_0\,\gamma},$$

für $\gamma = 1$ wird $h = \dfrac{7,5}{s_0} = \dfrac{7,5}{\alpha\,d\,(\varepsilon - 0,15)}.$

Betragen: $\alpha = 0,187$; $n = 0,48$; $\varepsilon = 0,95$, so wird $h = \dfrac{50}{d}.$

Beispiel:

Tabelle 254.

Korn-durchmesser mm	Aktive kapillare Steighöhe	
	rechnerisch $h = \dfrac{50}{d}$ in mm	Versuchsergebnisse an Böden, die luftgetrocknet in Glasröhren gebracht wurden: $n = 0,42$
	m	m
$d = 0,02$	$h = 2,50$	$>2,00$
$d = 0,05$	$h = 1,00$	1,05
$d = 0,1$	$h = 0,50$	0,50
$d = 0,2$	$h = 0,25$	0,25
$d = 0,6$	$h = 0,08$	0,15
$d = 2,0$	$h = 0,02$	0,00

ε) **Die Steighöhe in Abhängigkeit der relativen Luftfeuchtigkeit.**

Die Oberflächenspannung s, die an der Oberfläche von Haarröhrchenwasser herrscht, ist von der jeweiligen relativen Luftfeuchtigkeit abhängig. Aus den Angaben der Physiker[2]

läßt sich durch Umformen für den vorliegenden Fall finden:

$$s = r \cdot 1300 \ln \frac{1}{\varphi}.$$

s = Oberflächenspannung, φ = vorhandene relative Luftfeuchtigkeit zur Zeit t, φ_0 = relative Luftfeuchtigkeit zur Zeit t_0.

Aus obiger Formel errechnet sich:

$$h_0 = \frac{s}{r\,\gamma} = 1300 \ln \frac{\varphi_0}{\varphi}.$$

h_0 bedeutet die Zunahme der Steighöhe für enge Kapillaren bei Abnahme der relativen Luftfeuchtigkeit (siehe Abb. 298). Die Grenzen für r, innerhalb welcher h_0 gültig ist, sind noch nicht bekannt.

Obige Gleichung kann auch geschrieben werden:

$$P = 1300 \ln \frac{1}{\varphi} = \frac{2\,s}{D\,\gamma}.$$

P bedeutet die Normalspannung in den Kapillaren im Augenblick des Verdampfungsgleichgewichtes; ferner ist für den Krümmungshalbmesser R' in Gl. (2) $R' = r$ = halbe Weite der Kapillare angenommen worden.

Die Auswertung obiger Doppelgleichung ergibt die zwei nachstehenden Folgerungen: 1. Bei den Bodenprobeversuchen ist der Feuchtigkeitsgrad der Luft, unter welchem ein Versuch durchgeführt wird, von großer

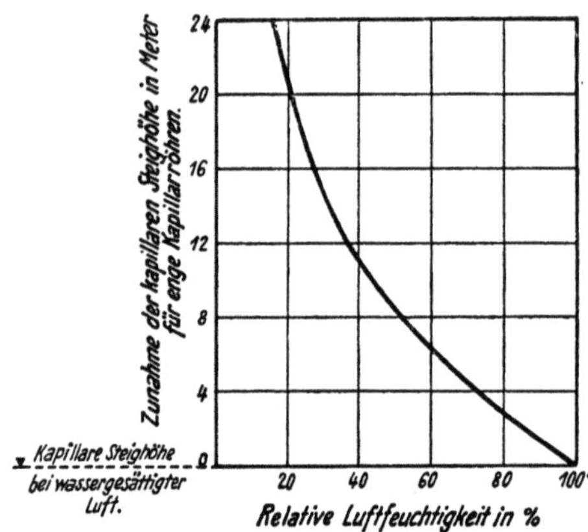

Abb. 298. Zunahme der kapillaren Steighöhe in Abhängigkeit der relativen Luftfeuchtigkeit. (Gültig für kleine Durchmesser der Kapillare.)

Bedeutung. Der Feuchtigkeitsgrad im Versuchsraum ist also jeweils bei den Versuchsergebnissen anzugeben.

---

[1] Erdbaumechanik S. 124 Wien 1925.   [2] Siehe Fußnote 1, S. 463.

2. In der nachstehenden Übersichtstabelle ist angegeben, bei welchem Kapillarrohrdurchmesser D und bei welcher relativen Luftfeuchtigkeit Wasser aus dem Boden verdunstet.

Aus nebenstehender Tabelle ist ersichtlich, wie der Durchmesser der Pore, die die Kapillarwasser zurückhalten kann, von der relativen Feuchtigkeit in der Luft abhängig ist. Bei feuchter Luft (Seeklima) ist der Durchmesser der Pore, die Wasser zurückhält, 30mal größer als bei trockener Luft (Landklima). Daraus ist auch ersichtlich, daß der Boden beim Landklima viel rascher austrocknet, d. h. von einem kleineren Durchmesser an.

Tabelle 255. *Übersichtstabelle.*

Relative Luftfeuchtigkeit %	Kapillarrohrdurchmesser D, bei welchem Wasser in Abhängigkeit der rel. Luftfeuchtigkeit zu verdunsten anfängt in mm	Normaldruck P kg/cm²	Klima
20	0,76 $\mu\mu$	2100	Landklima
60	2,4 $\mu\mu$	665	Mittl. Klima
95	24 $\mu\mu$	65	Seeklima

Beispiel aus der Praxis. Die Regulierung der relativen Luftfeuchtigkeit ist z. B. in den Gießereien wichtig, um einer allzu raschen und zu scharfen Verdunstung des Kapillarwassers in den Gießereisanden vorzubeugen. Bei zu rascher Verdunstung des Kapillarwassers geht die Formbarkeit der Formsande verloren.

ζ) Die Steighöhe in Abhängigkeit des Bodendruckes.

Im Kapitel über die Wasserdurchlässigkeit des Bodens, Abschnitt VII, ist die Verringerung des Porenvolumens im Boden infolge Drucksteigerung mathematisch behandelt (siehe S. 481). Aus der Tabelle 264 läßt sich die Beziehung zwischen wirksamem Kapillarhalbmesser r und Bodendruck σ nach der allgemeinen Drucksetzungsgleichung ableiten. Sie lautet:

$$r = a - b \log (\sigma_0 + \sigma),$$

für den untersuchten Fall ist $a = 0{,}9$; $b = 0{,}55$.

Daraus ergibt sich:

$$h = \frac{2\,s}{\gamma\,[a - b \log (\sigma_0 + \sigma)]}.$$

Zeichnerisch ist die Beziehung zwischen Haarröhrchenhalbmesser, Bodendruck und kapillarer Steighöhe in Abb. 305 ausgewertet.

Bei dieser Berechnung ist angenommen, daß das Porenvolumen n die Größe der Poren darstelle.

η) Steighöhe in Abhängigkeit der Wassertemperatur.

Die Größe der Oberflächenspannung s ist abhängig von der Wassertemperatur. Es ist: bei 750 mm Hg-Druck, bei $g = 981{,}4$ cm/s² und

bei einer Wassertemperatur von 0°: $s = 75{,}5$ dyn/cm,
bei einer Wassertemperatur von 10°: $s = 74{,}0$ dyn/cm,
bei einer Wassertemperatur von 15°: $s = 73{,}3$ dyn/cm,
bei einer Wassertemperatur von 50°: $s = 67{,}8$ dyn/cm*.

Infolge der Veränderlichkeit der Oberflächenspannung s bei veränderlicher Temperatur des Wassers ändert auch die Steighöhe:

$$h_1 = \frac{s}{r\,\gamma_w}.$$

Anwendung: Bei Zunahme der Temperatur des Grundwassers geht die kapillare Steighöhe des Wassers zurück; der kapillare Grundwasserspiegel sinkt.

---

* Vgl. LANDOLT-BÖRNSTEIN: Phys.-Chem. Tabellen I, S. 198. Berlin 1923.

ϑ) Die Steighöhe in Abhängigkeit des Chemismus der Flüssigkeit.

Der Einfluß von Salzlösungen auf die Steighöhe geht aus der Tabelle 256 hervor.

<table>
<tr><td rowspan="3"></td><td colspan="3">Tabelle 256.</td></tr>
<tr><td colspan="3">Aktive Steighöhe nach</td></tr>
<tr><td>1 Tag
cm</td><td>5 Tagen
cm</td><td>10 Tagen
cm</td></tr>
<tr><td>Reines Wasser</td><td>28</td><td>44,4</td><td>54,3</td></tr>
<tr><td>0,3% K_2SO_4</td><td>22,7</td><td>38,5</td><td>49,9</td></tr>
<tr><td>0,3% $NaNO_3$</td><td>22,9</td><td>36,7</td><td>44,7</td></tr>
<tr><td>0,3% NaCl</td><td>21,6</td><td>35,1</td><td>44,6</td></tr>
<tr><td>0,6% NaCl</td><td>18,5</td><td>30,5</td><td>38,9</td></tr>
<tr><td>1,0% NaCl</td><td>14,4</td><td>23,8</td><td>30,0</td></tr>
</table>

Tabelle 257.

Na-Gehalt in % der austauschfähigen Basen.

Na-Gehalt im Wasser %	Steighöhe im Versuchsboden (feiner Sand) mm
0— 5	355
5—10	300
10—15	150
15—20	60
20—25	25

ι) Die Steighöhe in Abhängigkeit der mineralogischen Zusammensetzung des Bodens.

Im allgemeinen leiten Kalkteilchen das Wasser kapillar langsamer als Quarzkörner derselben Größe.

Tabelle 258. *Zahlenwerte: Quarz- und Kalkgehalt.*

Körnung mm	Steighöhe in cm nach 4 Tagen	
	Quarz cm	Kalksand cm
0,01—0,07	94,8	67,9
0,07—0,11	48,0	33,2
0,11—0,17	29,7	26,3
0,17—0,25	20,9	23,1

Oft wird gesetzt: $\dfrac{h_{Quarz}}{h_{Kalk}} \simeq 1,25^{*}$.

Zahlenwerte für

$\varkappa$) Die Steighöhe in Abhängigkeit der spez. Oberfläche der Körnung und des Hohlraumes.

Für die Abhängigkeit der Steighöhe h von der spezifischen Oberfläche U und des Hohlraumes p gibt ZUNKER[2] die Gleichung an:

$$h = 0,3 \cdot a^2 \frac{1-p}{p} U.$$

$$a^2 = 15 \text{ mm}^2; \quad a = \frac{60\,\alpha}{\gamma\,g}.$$

γ = Wichte des Wassers in g (Masse)/cm³; $g = 981$ cm/s²,
α = Oberflächenspannung = Kapillaritätskonstante; s in dyn/cm.

Tabelle 259. *Zahlenwerte für die Steighöhe in Zentimeter.*

Körnung in mm	spez. Oberfläche U	Hohlraum n %	Steighöhe in Zentimeter nach			
			ATTERBERG cm	LÜDECKE cm	WOLLNY cm	Berechnet aus obiger Formel nach ZUNKER cm
0,02—0,05	32,8	41	200	—	—	211
0,05—0,1	14,4	41	105,5	80	—	93
0,1 —0,2	7,19	40,4	42,8	—	—	47,4
0,2 —0,5	3,28	40,5	24,6	—	—	21,5
0,5 —1,0	1,44	41,8	13,1	10	10,1	9,0
1 —2	0,72	40,4	6,5	—	5,9	4,7
2 —5	0,33	40,1	2,5	—	—	2,2

Die Streuungen in den Untersuchungsergebnissen sind auf die verschiedenen Versuchsanordnungen zurückzuführen.

---

[1] Nach WOLLNY: Die kapillare Leitung des Wassers bei verschiedenem Salzgehalt des Bodens. Forsch. Agrikult. Phys. Jg. 7 S. 307.

* Vgl. WOLLNY: Forsch.-Ges. Agrikult. Physik 1884 S. 297. — ATTERBERG: Landw. Vers.-Stat. 1908 S. 93.

[2] Vgl. ZUNKER: Handb. d. Bodenlehre Bd. 6. Berlin 1930.

λ) **Die Steighöhe in Abhängigkeit der Benetzbarkeit der Wandung der Haarröhre.**

Große Benetzbarkeit besteht z. B. zwischen Wasser und sauberem Glas. Dann ist die Steighöhe des Haarröhrchenwassers sehr groß.

Die Steighöhe des Kapillarwassers wird größer, wenn das Glas vor dem Versuch vorbefeuchtet wurde, als bei trockener Glaswand. Haftet Staub an der Glasröhre, so sinkt die Benetzbarkeit und damit die Steighöhe. Ist die Wandung der Haarröhre überhaupt nicht benetzbar, z. B. infolge Fett- oder Paraffinschicht, so steigt die Flüssigkeit nicht; der Wasserspiegel sinkt in der Röhre tiefer ein als der freie Spiegel der Flüssigkeit.

Im Boden ist die Benetzbarkeit der Kapillarwandung abhängig:

I. von der mineralogischen Beschaffenheit der Körner,
II. von dem Gehalt an organischen Beimischungen zum Boden,
III. von der chemischen Beschaffenheit der Wasserhaut um die einzelnen Körner[1],
IV. vom Chemismus des Kapillarwassers (Wasserstoffionenkonzentration)[1],
V. von der Viskosität des Wassers,
VI. von der Temperatur des Kapillarwassers und der Kapillarwandung.

Es liegen noch keine Versuchsresultate vor, aus denen der Einfluß der einzelnen beschriebenen Komponenten eindeutig hervorgeht.

μ) Erfahrungswerte.

Die Feststellung der Steighöhe der Kapillarwasser bei sehr feiner Körnung ist oft schwierig, weil neben wasserhaltigen Poren auch lufthaltige Hohlräume vorhanden sind.

Die Steighöhen h betragen erfahrungsgemäß:

Für feinen Sand .... $h = $ 0,1— 0,5 m
„ Schluff .... $h = $ 0,5— 2,0 m
„ Löß .... $h = $ 2,0— 5,0 m
„ Lehm .... $h = $ 5,0—15,0 m
„ Tone (mager) .... $h = $ 20,0—50,0 m
„ Tone (fett) .... $h = $ über 50,0 m

e) Steiggeschwindigkeit von Kapillarwasser.

Die Geschwindigkeit v der Kapillarwasserbewegung errechnet sich nach DARCY zu

$$v = k\,J = k\,\frac{\Delta h}{l}.$$

Nach ZUNKER[2] wird gesetzt:

$$v = k\left(\frac{H + z - L - h\,\gamma_w}{l}\right) = \frac{dl}{dt} \text{ in cm/s.} \tag{1}$$

Die Bedeutung der Werte h und l geht aus Abb. 299 hervor.

$A + z = $ Atmosphärendruck $+$ Zusatzdruck im Anfangshorizont,
$A + L = $ Atmosphärendruck $+$ Luftdruck L vor dem Meniskus,
$\quad H = $ Saugkraft des Meniskus; $h\gamma_w = $ Gewicht des Wassers in der Kapillaren,
$\quad t = $ Zeit in Sekunden seit dem Beginn der Bewegung.

Für lotrechte Kapillare wird $l = h$.

---

[1] Vgl. Measurement of the thickness of film, formed on glass and sand. EARL PETTIJOHN: J. Amer. chem. Soc. Bd. 41 S. 477.
[2] Vgl. ZUNKER im Handb. f. Bodenlehre Bd. 6 S. 105.

f) Steigzeit des Kapillarwassers.

α) Nach ZUNKER wird durch Integration der Gl. (1)

$$t = \frac{1}{k}\left[(H + z - L)\left(\ln\frac{H + z - L}{H + z - L - h}\right) - h\right].$$

Für Abwärtsbewegung wird $(-h)$ gleich $(+h)$ und somit

$$t = \frac{1}{k}\left[(H + z - L)\left(\ln\frac{H + z - L}{H + z - L + h}\right) + h\right].$$

β) Nach BENDEL wird $\log h = a + b \log t$.

t in Minuten;

$h =$ Steighöhe in Metern

a, b in Meter

$a = 1$ bis 3

$b = 0,1$ bis $0,3$.

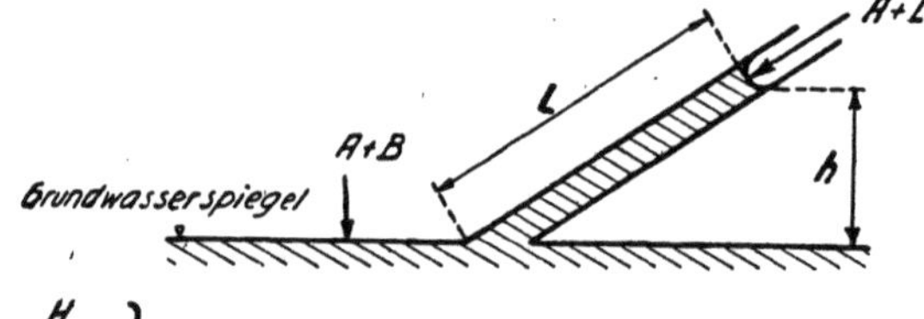

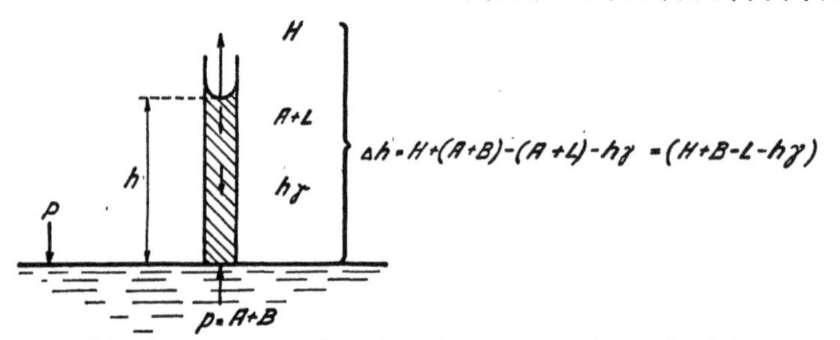

Abb. 299. Kräftespiel in einer engen Haarröhre, Grundlagen zur Berechnung der Steiggeschwindigkeit von Kapillarwasser.

γ) Nach TERZAGHI[1]. Die Steigzeit t des Kapillarwassers wird auch in Abhängigkeit der Porenziffer angegeben.

Es ist

$$t = \frac{h_1}{k}\left(\frac{\varepsilon}{1 + \varepsilon}\right)\left[\ln\frac{h_1}{h_1 - z} - \frac{z}{h_1}\right].$$

$\varepsilon =$ Porenziffer, $k =$ Durchlässigkeitsziffer, $h_1 =$ die kapillare Steighöhe, $z =$ Höhenlage der Wasserspiegel nach einer Zeit t, vom Anfang des kapillaren Aufstieges gerechnet.

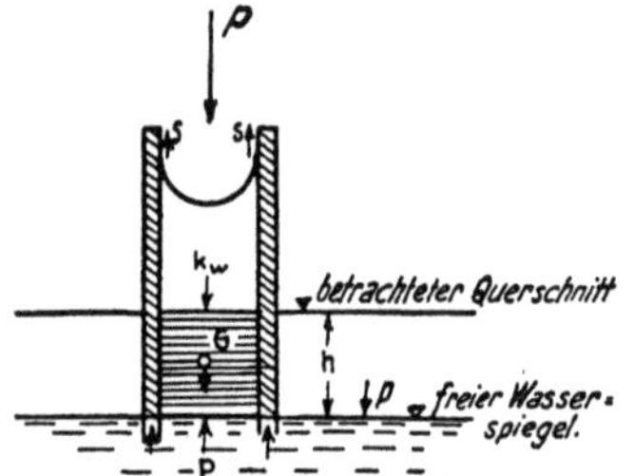

Abb. 300. Berechnung der Porenwasserspannung k_w in der engen Haarröhre.

s Oberflächenspannung, $G = \gamma h$, k_w Spannung im Porenwasser auf der Höhe h. Es ist: $k_w + \gamma h - p = 0$, $k_w = p - \gamma h$ in kg/cm².

Tabelle 260.

Zahlenwerte für die Steighöhe aus Versuchen.

Körnung	Steighöhe
0,01—0,02	485 mm in 24 Stunden
0,02—0,05	1153 mm in 24 Stunden
0,05—0,10	530 mm in 24 Stunden

g) Porenwasserspannung in der Kapillare.

Die Spannung k_w des Kapillarwassers in der Höhe h über dem freien Wasserspiegel kann näherungsweise berechnet werden zu (vgl. Abb. 300):

$$F(k_w + \gamma_w h - p) = 0, \qquad k_w = p - \gamma_w h.$$

$k_w =$ Spannung des Kapillarwassers, $p =$ Atmosphärendruck.

Für $k_w = 0$ wird $p = \gamma h$.

---

[1] Vgl. TERZAGHI: Erdbaumechanik S. 134.

In Worten: Solange die kapillare Steighöhe h auf Meereshöhe nicht 10 m übersteigt, kann die Porenwasserspannung nicht negativ werden.

Bei mehr als 10 m kapillarer Steighöhe müssen Zugspannungen in der Flüssigkeit auftreten. Neue Erfahrungen bestätigen diese Hypothese. Es ist die Aufgabe der theoretischen Physik, sich mit diesen Problemen näher zu befassen.

h) Der Kapillardruck.

α) Berechnung des Kapillardruckes.

Bei der Annahme einer halbkugeligen Ausbildung des Oberflächenmeniskus beträgt die zusätzliche Spannung $\sigma_{zus.}$ in der Kapillarwand nach Gl. (1) Abschnitt c:

$$\sigma_{zus.} = P_S = 2\, r\, \pi\, s = r^2\, \pi\, h\, \gamma_w.$$

$s =$ Oberflächenspannung, $r =$ Halbmesser der Haarrohre, $h =$ Steighöhe, $P_S =$ senkrechte Kraft auf die Wasserspiegeloberfläche.

Aus obiger Gleichung ergibt sich die bekannte Gleichung:

$$h = \frac{2\, s}{r\, \gamma_w},$$

und die Spannung im Wasser wird:

$$\sigma_{zus.} = h\, \gamma_w = \frac{2\, s}{r}.$$

Nach dem bekannten Grundsatz reactio est actio wird:

$$\sigma_z = p_k = \frac{2\, s}{r},$$

$p_k =$ Kapillardruck, d. h. die Mehrbelastung der festen Phase infolge des Kapillardruckes ist unmittelbar proportional der Oberflächenspannung und mittelbar verhältnisgleich dem Halbmesser der engen Haarröhre.

Zahlenbeispiel:

$$h = 306 \text{ cm,}$$
$$s = 0{,}0765 \text{ g/cm,}$$
$$r = 0{,}005 \text{ mm.}$$

Dann wird

$$\sigma_z = \frac{2 \cdot 0{,}0765}{0{,}0005} = 306 \text{ g/cm}^2 = p_k.$$

$p_k =$ Kapillardruck rings um die Wandung der engen Haarröhre.

β) Der Kapillardruck in Abhängigkeit der relativen Luftfeuchtigkeit.

Die Zunahme des Kapillardruckes p_k in Abhängigkeit der relativen Luftfeuchtigkeit beträgt:

$p_k = \dfrac{2\, s}{r}$; für $\dfrac{s}{r}$ siehe S. 464. Danach ist $p_k = 2 \cdot 1300 \ln \dfrac{\varphi_0}{\varphi} = 2600 \ln \dfrac{\varphi_0}{\varphi}$.

$\varphi_0 =$ relative Luftfeuchtigkeit zur Zeit t_0,

$\varphi =$ relative Luftfeuchtigkeit zur Zeit t.

γ) Der Kapillardruck in Abhängigkeit der mineralogischen Beschaffenheit des Bodens.

Der größte Kapillardruck in Abhängigkeit der mineralogischen Beschaffenheit des Bodens geht aus Tabelle 261 hervor.

Tabelle 261. *Zahlenwerte*.[1]

Bodenart	Größter Kapillardruck p_k
Quarz: Kaolin 9:1	0,52 kg/cm²
Quarz: Kaolin 0:1	6,00 kg/cm²
Tonböden	5,0—12,0 kg/cm²

δ) Der Kapillardruck als Schwindpressungskraft.

Setzt man ein wassergesättigtes Stück Ton der Verdunstung aus, so bringen die Menisken des Kapillarwassers (Porenwassers) die feste Phase (Korngemisch) unter Kapillardruck. Die feste Phase wird zusammengedrückt, verdichtet. Die Probe schrumpft. Die Verdunstung findet aber eine obere Grenze; sie ist erreicht, sobald das Korngerüst so stark angespannt ist, daß die erreichte Kraft gleich der Kapillarkraft $2\,r\,\pi\,s = \gamma\,h\,r^2\,\pi$ ist. Dann reißt der Meniskus ab und das Porenwasser zieht sich in das Innere zurück. In diesem Zeitpunkt ändert der Ton seine Farbe; er wird hell. Diese Grenzspannung ist der Schrumpfdruck.

ε) Der Kapillardruck bei Überflutung.

Wird ein Boden überflutet, so sinkt die Kapillarkraft p_k auf Null, da die Kapillarität unwirksam wird. Nicht ausgeschlossen ist, daß bei rascher Überflutung Sekundärspannungen im Boden entstehen, durch die der Körper zerrissen wird. Rutschungen im Gelände deuten auf die erwähnten Sekundärspannungen.

ζ) Der Einfluß des Kapillardruckes auf die scheinbare Bindigkeit (Kohäsion) des Bodens.

Wird ein Stück Erde genommen, die der Kapillarwirkung unterworfen ist, so sieht man, daß auf die Erde allseitig ein hydrostatischer Druck von der Größe p_k wirkt. Durch die Kraft p_k wird die innere Reibung erhöht. Dieser Teil der inneren Reibung heißt scheinbare Kohäsion c, weil diese Kohäsion mit dem Verschwinden der Kapillarkraft p_k ebenfalls verschwindet. Die Größe der „scheinbaren" Haftfestigkeit c beträgt:

$$c = p_k\,\mathrm{tg}\,\varrho.$$

Der maßgebende Kapillardruck p_k für die größte „scheinbare" Kohäsion ist derjenige Kapillardruck, bei welchem sich die Konsistenzform des Materiales ändert. Dieser Kapillardruck wird bezeichnet mit Druckäquivalent der Konsistenzgrenze oder Druckäquivalent der Konsistenzform oder Druckäquivalent des Konsistenzgrades.

η) Das Wachsen des Kapillardruckes in Abhängigkeit der Zeit.

Der Kapillardruck wächst beim Verdunsten von $p_k = 0$ auf $p_k = p_s =$ obere Grenze des Kapillardruckes. p_s heißt auch der Schrumpfdruck. Für den zeitlichen Verlauf des Wachsens des Kapillardruckes gilt die Gleichung:

$$p = p_s \sqrt{\frac{t}{T}}\;*.$$

Die bisherigen Beobachtungen ergeben, daß sich die Haarröhrchen während des Wachstums des Kapillardruckes p_k an der Erdoberfläche zuerst verengen.

---

[1] Nach Endell, W. Loos u. H. Breth: Zusammenhang zwischen kolloidchemischen und bodenphysikalischen Kennziffern bindiger Böden. Schriftenreihe d. Forsch.-Gesellsch. f. Straßenw. 1939 Tab. 3—4.

* Vgl. Fröhlich u. Terzaghi: Theorie der Setzungen von Tonschichten S. 147. Wien 1936.

Der Verlauf des Kapillardruckes und der Verdunstungsgeschwindigkeit geht aus Abb. 301 und Tabelle 262 hervor.

Für die Stadien *I* bis *III* siehe Abb. 301.

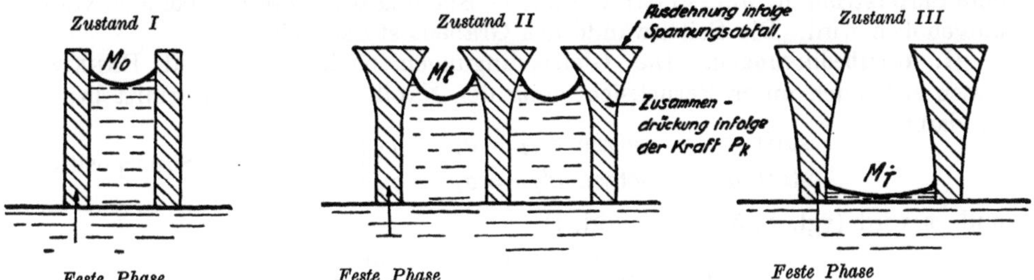

Abb. 301. Änderung von Porenquerschnitt, Meniskus des Wassers und des Verfestigungsgrades der festen Phase. M Meniskus, M_0 Meniskus vor Beginn des Schrumpfens, M_t Meniskus bei Beginn des Schrumpfens, M_T Meniskus beim Rückzug des Porenwassers.

Tabelle 262.

	Stadium I	Stadium II	Stadium III	Stadium IV
Zeit	$t = 0$	$t = t$	$t = T$	$t > T$
Kapillardruck	$p_k = 0$	$p_k = p_s \sqrt{\dfrac{t}{T}}$ (Parabelförmige Zunahme)	$p_k = p_s$	$p_k = p_s$
Meniskus	Flach	Stark gewölbt	Verschwunden	Verschwunden
Haarröhrchen (Kapillare)	Gestreckt, gerade	Verengung der Kanäle an der Oberfläche	Schluß mit der Verengung der Haarröhrchen	Kleine Vergrößerung der Haarröhre
Feste Phase	Normale Zusammensetzung	Beginn der Verfestigung im unteren Teil der festen Phase; siehe Zustand *II* in Abb. 301	Fortsetzung der Verfestigung	Baldiges Ende der Verfestigung
Verdunstungsgeschwindigkeit	$v = 0$	$v =$ unverändert konstant	v nimmt parabelförmig rasch ab	v sinkt auf Null

ϑ) **Der Zeitbedarf bis zur vollen Entwicklung des Kapillardruckes.**

Der Zeitbedarf $t = T$, bis der volle Kapillardruck entwickelt ist, ist abhängig von der Durchlässigkeit k des Bodens, der Verdunstungsgeschwindigkeit v und der Verfestigungsziffer c:

$$c = \frac{k}{v\,\gamma} = \frac{M_E\,k}{\gamma}.$$

Es wird:

$$T = \pi \left(\frac{k}{M_E}\right)\left(\frac{p_s}{2\,v}\right)^2.$$

$M_E =$ Zusammendrückungsziffer, $s =$ Oberflächenspannung, $\gamma =$ Raumgewicht der Flüssigkeit.

ι) Beispiele.

I. Beispiel aus dem Grundbau. Bei trockenem Wetter können vielfach in bindigen Böden tiefe Gruben ohne Verschalung aufgeworfen werden. Die

Ursache ist, daß scheinbare Kohäsion infolge der wirksamen Kapillarkräfte vorhanden ist. Tritt Regenwetter ein, so verschwindet bei zunehmender Feuchtigkeit die Kapillarkraft p_k. Bei Überschuß von Wasser im Boden tritt zudem noch eine Sickerströmung auf, so daß die innere Reibung des Materials beinahe völlig aufgehoben wird. Die Seitenwände des Grabens stürzen ein.

II. Gleitbedingungen. Die Gleitbedingungen nach MOHR und RANKINE lassen sich auch unter Berücksichtigung der Kapillarspannungen ermitteln; es ist dann

$$\left.\begin{array}{l} \text{statt } \sigma_{II} \text{ zu setzen } \sigma'_{II} = \sigma_{II} + p_k \\ \text{statt } \sigma_{I} \text{ zu setzen } \sigma'_{I} = \sigma_{I} + p_k \end{array}\right\} \text{ Gesetz der Superposition}$$

und es wird (vgl. S. 559, 561, Bd. I)

$$\sigma_{II} = \sigma_I \, \frac{1 - \sin \varrho}{1 + \sin \varrho} - \underbrace{\frac{2 \, p_k \sin \varrho}{1 + \sin \varrho}}_{A},$$

$A = $ Korrektionsglied infolge der scheinbaren Kohäsion,

beziehungsweise lautet die Gleitbedingung

$$\sigma_{II} = \sigma_I \, \mathrm{tg}^2 \, (45 - \varrho/2) - p_k \, [1 - \mathrm{tg}^2 \, (45° - \varrho/2)].$$

Mit anderen Worten: Der aktive Erddruck wird kleiner, falls „Kohäsion" vorhanden ist. Die Gleitgefahr ist verringert.

Schrifttum.

ACHERMANN, G.: Wärmeübergang und molekularer Stoffübergang im gleichen Feld bei großen Temperatur- und Partialdruckdifferenzen. VDI-Forsch.-Heft 1937. — BUKKER: Kapillarität im Handb. d. Experimentalphysik. — HÜCKEL, E.: Adsorption und Kapillarkondensation. Leipzig 1928. — KRISCHER, O.: Grundgesetze der Feuchtigkeitsbewegung in Trockengütern. Kapillarbewegung und Wasserdampfdiffusion. VDI Bd. 82 (1938) S. 373. — KRISCHER, O., u. H. ROHNALTER: Wärmeleitung und Dampfdiffusion in feuchten Gütern. VDI-Forsch.-Heft 402 (1940). — MÜLLER, P.: Der Austrocknungsvorgang von Baustoffen. Eidg. Materialprüf.- u. Versuchsanst. 1942, Bericht 139. — SCHMIDT, E.: Verdunstung und Wärmeübergang. Gesundh.-Ing. 1929 S. 525.

2. Die Durchlässigkeit des Bodens.

a) Begriffe.

Durchlässigkeit: Unter Durchlässigkeit eines Bodens versteht man das Durchströmen von Flüssigkeiten und Gasen durch die offenen Querschnitte einer Bodensäule.

Durchlässigkeitsziffer: Die Größe der Durchlässigkeit eines Bodens wird durch die Durchlässigkeitsziffer k ausgedrückt. Die Durchlässigkeitsziffer hat die Abmessungen $\dfrac{\text{Länge}}{\text{Zeit}}$; meistens wird k in cm/s angegeben.

Filtration: Fließen des Wassers durch wassergesättigte Böden.

Perkolation: Fließen des Wassers in wasserungesättigten Böden.

b) Bodeneigenschaften, die die Durchlässigkeit beeinflussen.

Die Größe der Durchlässigkeit wird hauptsächlich bestimmt durch:

α) **Die Größe der einzelnen Hohlräume.** Es ist zu beachten, daß keineswegs der gesamte Hohlraum eines Bodens für die Wasserdurchlässigkeit maßgebend ist. So haben z. B. Ton und Mergel einen größeren Hohlrauminhalt als Sand; trotzdem weisen sie eine kleinere Durchlässigkeitsziffer auf als Sand[1].

β) **Die Art des Zusammenhanges der Hohlräume (Textur des Bodens).** Die Durchlässigkeit von Böden kann in verschiedenen Achsenrichtungen verschieden große Werte annehmen. Wenn z. B. das länglich-stenge-

---

[1] Vgl. A. KOSTJAKOW: Die Veränderung der Durchlässigkeitsziffer für Wasser im Boden. Pedology 1932 S. 293.

lige Gerölle einheitlich in der Fließrichtung des Wassers abgelagert wurde, so weist der Boden eine ausgesprochen parallel gerichtete Textur auf. Die Durchlässigkeitsziffer betrug bei Versuchen in der Ablagerungsrichtung des Materiales das 3,5- bis 4fache gegenüber der Durchlässigkeitsziffer in Richtung der senkrechten Höhenachse.

Aus dieser Feststellung ergibt sich die Notwendigkeit, die Durchlässigkeit des Bodenmateriales nur zu prüfen, wenn das Material in natürlicher, ungestörter Lagerung während des Versuches bleiben kann.

Die Größe der Durchlässigkeit wird ferner beeinflußt:

γ) durch die Zähigkeit der Flüssigkeit, δ) durch die Temperatur der Flüssigkeit, ε) durch den Chemismus der Flüssigkeit, φ) durch die Wasserfilmgröße (Hygroskopizität) um das Bodenkorn, η) durch die mineralogische Zusammensetzung des Bodens.

Die Größe des Einflusses einer jeden aufgezählten Eigenschaft ist noch nicht restlos abgeklärt.

c) Berechnung der Durchlässigkeitsziffer.

Für die Berechnung der Durchlässigkeitsziffer ist eine größere Anzahl von Formeln entwickelt worden. Die wichtigsten Gleichungen sind nachstehend zusammengestellt; sie lassen sich in verschiedenen Gruppen zusammenfassen; z. B. Berechnung der Durchlässigkeitsziffer:

α) *in Abhängigkeit der Fließgeschwindigkeit*, β) *in Abhängigkeit der Porenziffer*, γ) *in Abhängigkeit von Hohlraum und Körnung*, δ) *von der Zähigkeit des Wassers*, ε) *der Wassertemperatur*, ζ) *der Hygroskopizität*, η) *der Kapillarität*, ϑ) *der Bodenbelastung*, ι) *der Bodenbelastung und kapillaren Steighöhe*.

α) Berechnung der Durchlässigkeitsziffer in Abhängigkeit der Filtergeschwindigkeit.

I. Grundgesetz nach DARCY. Zur Berechnung der Durchlässigkeitsziffer wird meistens das Gesetz von DARCY verwendet[1]. Dasselbe ist nur für laminare Strömung gültig (siehe Kapitel über Grundwasserströmung).

Nach DARCY ist:

$$\frac{Q}{F} = k\,J.$$

Es bedeutet:

$Q =$ die in der Zeiteinheit durch den Querschnitt F strömende Wassermenge,

$F =$ der Querschnitt, senkrecht zur Strömungsrichtung, d. h. der gesamte Bodenquerschnitt, einschließlich festes Material und Hohlräume,

$J =$ das Gefälle des Wasserspiegels oder der Drucklinie,

$k =$ Durchlässigkeitsziffer in cm/s,

$k = 1$ für den Fall, daß die in der Zeiteinheit durchströmende Wassermenge $= 1$ ist, die Flächeneinheit des Bodenquerschnittes $= 1$ ist und das Gefälle $J = \dfrac{h}{l} = 1$ ist,

$h =$ Druckhöhe,

$l =$ Filterlänge in der Strömungsrichtung gemessen.

II. Grenze der Zulässigkeit des Gesetzes von DARCY zur Bestimmung der Durchlässigkeitsziffer k. Die Grenzen der Zulässigkeit des Darcyschen Gesetzes können am besten bestimmt werden, wenn das Gesetz geschrieben wird:

$$k\,J = \frac{Q}{F} = v.$$

---

[1] Vgl. DARCY: Les fontaines publiques de la ville de Dijon S. 590. Paris 1856.

v ist die sog. Filtergeschwindigkeit; v ist nicht die wirkliche Geschwindigkeit der Grundwasser, weil F den gesamten Querschnitt durch den Boden bedeutet, also feste und flüssige Teile zusammen. In Wirklichkeit ist v größer, als obige Gleichung angibt; denn $F_{wirksam}$ ist kleiner als $F_{gerechnet}$.

Aus zahlreichen Versuchen ergibt sich der Schluß, daß der Bereich der Gültigkeit des Darcyschen Gesetzes nicht genau angegeben werden kann. Als Richtwerte des Gültigkeitsbereiches kann der Boden mit der Körnung von 0,1 bis 5 mm angegeben werden[1]. Selbst bei scheinbar homogenen, gleichmäßig beschaffenen Böden muß mit einer Schwankung der Durchlässigkeitsziffer k gerechnet werden, wobei ungefähr zu setzen ist[2]: $k = k_m (1 \pm 0,6)$.

Beim gleichen Material erhält man noch größere Unterschiede, wenn die Durchlässigkeitsziffer für die lotrechte und waagrechte Richtung des Probekörpers bestimmt wird. Ferner gilt das Gesetz etwa in den Grenzen eines Grundwassergefälles von $J = 1 \cdot 10^{-2}$ bis $3 \cdot 10^{-3}$ %.

III. Das Darcysche Gesetz bei Pumpversuchen. Die Gültigkeit des Darcyschen Gesetzes ist auf Grund von Versuchsergebnissen bei Pumpversuchen wiederholt bestritten worden. Es kann nur selten und nur bedingt auf die Ergebnisse von Pumpversuchen abgestellt werden, weil die Ergebnisse von Brunnenergiebigkeiten sehr oft durch Zutritt von Gas und Luft verfälscht werden. Bei Pumpversuchen wurde wiederholt festgestellt, daß sich am Mantel des Fassungskörpers größere Hohlräume bilden, in welchen die Wasserteilchen waagrechte Bewegungen durchführen. Es entstehen wirbelnde, turbulente Strömungen, wodurch ein Verlust an Massenenergie beziehungsweise Druck eintritt. Das Darcysche Gesetz gilt aber nur für laminare, gleitende Bewegung des Wassers und nicht für turbulente Strömungen[3].

IV. Das Darcysche Gesetz in Böden mit grobem Korn. Auf das strömende Grundwasser wirken als Kräfte einerseits die aus der Schwere folgenden Kräfte und anderseits die diesen Kräften entgegenwirkenden Reibungswiderstände. Gemäß dem Darcyschen Gesetz ändert sich die Filtergeschwindigkeit proportional diesen Kräften. Das Wasser hat überdies Trägheitskräfte zu überwinden, die infolge der stetigen Querschnittsänderung der Wasserlaufbahnen entstehen. Die Trägheitskräfte spielen nur bei gröberem Korn eine Rolle, sonst können sie vernachlässigt werden[4].

V. Das Darcysche Gesetz in Böden mit feinem Korn. Das Darcysche Gesetz verliert seine Gültigkeit, wenn das Gefälle J groß wird. Dies ist z. B. bei Durchlässigkeitsversuchen im Prüfraum meistens der Fall. Infolge zunehmenden Wasserdruckes oder infolge vermehrter Wassergeschwindigkeit wird die Wasserhülle um das feste Korn gesprengt. Dadurch wird die Durchflußgeschwindigkeit durch den Wasserträger vergrößert, und es treten namhafte Streuungen in

---

[1] Vgl. SMERKER: Das Widerstandsgesetz bei der Bewegung des Grundwassers. Journ. f. Gasbeleucht. u. Wasserversorg. 1915 S. 452; 1918 S. 281. — Erwiderung zu ROTHERS Abhandlung: Zur Ehrenrettung des Darcyschen Gesetzes. Int. Z. f. W. V. 1915 S. 113. — FLÜGEL: Kritische Untersuchungen über die Theorien der Grundwasserbewegung. Karlsruhe 1929.

[2] CHARDABELLAS fand für entlüftetes Wasser den Bereich des Darcyschen Gesetzes bei $v = 0,1$ m/s; nachher gilt $J = a\,v + b$; Körnung bis 0,7.

[3] Vgl. P. NEMENY: Über die Gültigkeit des Darcyschen Gesetzes und dessen Grenzen. Wasserkr. u. Wasserwirtsch. H. 14. München 1934; ferner: P. E. CHARDABELLAS: Durchflußwiderstände im Sand und ihre Abhängigkeit von Flüssigkeits- und Bodenkennziffern. Mitt. Preuß. Versuchsanst. Wasser-, Erd- u. Schiffbau. Berlin 1940.

[4] Vgl. DACHLER: Grundwasserströmung S. 9/14. Wien 1936. — FORCHHEIMER: Hydraulik, Kap. III S. 66/67. 3. Aufl. Leipzig 1922. — KYRIELEIS-SICHARDT: Grundwasserabsenkung S. 13/17. 2. Aufl. Berlin 1930.

den nach DARCY berechneten Durchlässigkeitswerten auf; das Wasser bewegt sich nicht mehr laminar, sondern turbulent.

In Tonböden wird nach TERZAGHI[1] anfangs die Waben- und Krümelstruktur elastisch unter dem Wasserdruck vergrößert. Nach einiger Zeit wird das Gefüge zerstört, wodurch der Durchflußquerschnitt verringert wird. Diese Ansicht stimmt mit der Beobachtung bei Durchlässigkeitsversuchen an bindigen Böden überein, nämlich, daß beim Anfang des Versuches der Durchflußwert k wächst, dann aber sprunghaft abnimmt[2].

β) Die Berechnung der Durchlässigkeitsziffer in Abhängigkeit der Porenziffer.

FORCHHEIMER gibt folgende Formel für die Durchlässigkeit in Abhängigkeit der Porenziffer ε an:

$$k = c_0 \frac{\varepsilon^2}{1 + \varepsilon},$$

$\varepsilon =$ vorhandene Porenziffer,

$c_0 = 0{,}5 \cdot 10^{-3}$ bis 10^{-6}. Der Wert c_0 ist von der Bodenbeschaffenheit abhängig[3].

γ) Die Berechnung der Durchlässigkeitsziffer in Abhängigkeit von Hohlräumen und Körnung.

I. Grundgesetz. Es ist eine größere Anzahl älterer und neuer Formeln zur Berechnung der Durchlässigkeitsziffer aus Hohlraum und Korndurchmesser vorhanden. Die Formeln lassen sich alle auf die Grundgleichung bringen:

$$k = c\, f_1(n)\, f_2(d).$$

$c =$ Festwert; $f_1(n) =$ Funktion des Hohlraumes; $f_2(d) =$ Funktion der Körnung. Meistens wird irgendein sog. „wirksamer Durchmesser" ermittelt oder eine sog. „wirksame Kornoberfläche".

II. Formel von HAZEN[4]. Nach HAZEN ist

$$k = 116\, d_w^2 \text{ in cm s}^{-1}$$

bzw.

$$k = 116\, (0{,}7 + 0{,}03\, t)\, d_w^2,$$

$d_w =$ Grenzdurchmesser in cm, der das Korngemisch in 10% kleine und 90% gröbere Körner scheidet,

$t =$ Temperatur in $^\circ$ C.

III. Formel nach SLICHTER[5]. Nach SLICHTER ist:

$$k = 771\, \frac{d^2}{c} \text{ in cm s}^{-1}.$$

$d = d_w$ nach HAZEN.

Zahlenwerte. Für $n = 0{,}26$ ist $c = 84{,}3$,
für $n = 0{,}38$ ist $c = 24{,}1$,
für $n = 0{,}46$ ist $c = 12{,}8$.

---

[1] Erdbaumechanik S. 127.
[2] Vgl. P. CHARDABELLAS: Durchflußwiderstände im Sand und ihre Abhängigkeit von Flüssigkeits- und Bodenkennziffern. Mitt. Preuß. Versuchsanst. Wasser, Erd- u. Schiffbau 1940.
[3] Vgl. Z. analyt. Chem. Bd. 19 S. 387.
[4] The filtration of Public water supplies. New York 1895.
[5] Annual report of the U. S. Geological Survey Bd. 19 (1899) S. 311.

IV. Formeln von KRÜGER. KRÜGER[1] führt eine sog. wirksame Kornoberfläche ein. Die Gültigkeit der Formel ist beschränkt und bestritten. Sie wird daher hier nicht behandelt.

V. Formel von KOZENY. Die Formel von KOZENY[2] stützt sich auf Vorarbeiten von BOUSSINESQ. Sie ist verwickelt aufgebaut und deshalb hier nicht wiedergegeben.

VI. Formeln von DONAT, SAMARIN[3] usw. Die Formeln sind ähnlich aufgebaut wie diejenigen von KRÜGER, KOZENY usw. und daher hier nicht wiedergegeben. Sie haben nur für Sande Gültigkeit.

VII. Kritische Bewertung der Formeln. Alle erwähnten Formeln sind nur in besonderen Fällen gültig, da der mittlere wirksame Durchmesser schon durch einige wenige große Steine im Kiessandgemisch wesentlich vergrößert wird. Die Kornform und die Rauhigkeit der Kornoberfläche sind in den Formeln zu wenig berücksichtigt. Ferner ergab sich, daß wenige Prozent Lehm des Kiessandgemisches die Durchlässigkeit wesentlich beeinflussen können.

δ) Die Berechnung der Durchlässigkeitsziffer in Abhängigkeit der Zähigkeit des Wassers.

Auf Grund von Versuchen wurde gefunden, daß die Zähigkeit des durchsickernden Wassers abhängig ist

I. von der Temperatur des Wassers, II. von der Weite der Kapillaren (Haarröhrchen).

In den Formeln für die Berechnung der Durchlässigkeitsziffer kommen diese Feststellungen wie folgt zum Ausdruck:

I. Die Zähigkeit des Wassers in Abhängigkeit der Temperatur. A. Formel von PRANDTL-REYNOLD: Nach PRANDTL-REYNOLD ist:

$$k = \frac{2\,g}{c_1\,v}\,d^2.$$

$g = 981$ cm/s²; für $\varepsilon = 0{,}38$ wird $c_1 = 2500$; $d = $ maßgebender Durchmesser nach HAZEN, $v = $ kinematische Zähigkeit $= \dfrac{\eta}{\varrho} = \dfrac{\text{Zähigkeit der Flüssigkeit}}{\text{Dichte der Flüssigkeit}}$.

Vgl. Kapitel über Grundwasserströmungen, Abschnitt über Widerstandsgesetze der Grundwasserbewegung.

B. Formel von SLICHTER[4]. Nach SLICHTER wird:

$$k = 10{,}2\,\frac{d^2}{k_2\,m}.$$

Erfahrungswerte:

Für $n = 26\%$ 35% 45%
wird $k_2 = $ 84   31,6   13,7
und für $t = $ 5°   15°   20° C
wird $m = $ 0,015   0,0114   0,0101

Tabelle 263.

Temperatur °C	Zunahme des Durchlässigkeitswertes k	
	Nach SLICHTER %	nach LÜDECKE %
5	100	100
10	116	112
15	133	126
20	150	138

d bedeutet den maßgebenden Durchmesser nach HAZEN.

---

[1] Die Grundwasserbewegung. Int. Mitt. Bodenkunde 1918 S. 105.

[2] Über die kapillare Leitung des Wassers im Boden. Sitzungsber. Wiener Akad. Wissensch. 1927 S. 271. — Über Grundwasserbewegung. Wasserkr. u. Wasserwirtsch. 1927 S. 120.

[3] Die Berechnung der Grundwasserbewegung. Taschkent 1928.

[4] Vgl. LÜDECKE: Über die Wasserbewegung im Boden. Der Kulturtechniker. Breslau 1909.

Mit einer Änderung der Zähflüssigkeit des Wassers ist eine Änderung der Wasserabflußmengen verbunden.

C. Formel von Terzaghi[1]. *1. Für sandige Böden.* Nach Terzaghi ist:

$$k = c_1 \, d^2 \, \frac{\eta_0}{\eta_t};$$

$\eta_0 =$ Zähigkeitsziffer des Wassers bei 10° Wassertemperatur, $\eta_t =$ Zähigkeitsziffer des Wassers bei $t°$ Wassertemperatur, c_1 ist abhängig vom Material und Hohlrauminhalt, $d =$ wirksamer Korndurchmesser nach Hazen,

$$c_1 = \frac{c}{\eta_0} \left(\frac{n - 0,13}{\sqrt[3]{1-n}} \right)^2, \quad n = \text{Hohlrauminhalt, für } n = 0,13 \text{ wird } k = 0.$$

Für $\dfrac{c}{\eta_0}$ gibt Terzaghi an:

$$\text{glattkörniger Kies} \qquad \frac{c}{\eta_0} = 800,$$

$$\text{rauher, eckiger Sand} \qquad \frac{c}{\eta_0} = 460,$$

$$\text{lehmhaltiger Sand} \qquad \frac{c}{\eta_0} < 400.$$

2. Für bindige Böden. Für bindige Böden wird angenommen, daß

$$k = \left(\frac{c}{\eta_0} \right) \left(\frac{\eta_0}{\eta_t} \right) (\varepsilon - 0,15)^2 \, (1 + \varepsilon) \, d^2 \text{ sei.}$$

$\varepsilon =$ Porenziffer.

II. Die Zähigkeit des Wassers in Abhängigkeit der Weite der Haarröhrchen. Zahlreiche praktische Bestimmungen der Durchlässigkeitsziffer bei Tonen ergaben kleinere Werte für die Durchlässigkeit, als sie nach den üblichen Formeln errechnet wurden. Die Ursache dieser Erscheinung wird mit einer Zunahme der Viskosität des Wassers unter dem Einfluß der molekularen Nahkräfte der festen Teilchen erklärt.

Für den wirksamen Halbmesser s der Kapillaren wird angegeben:

$$s = \alpha \, d \, (\varepsilon - 0,15); \quad \alpha = 0,19 \text{ bis } 0,13*;$$

$d =$ maßgebender Korndurchmesser nach Hazen, $\varepsilon =$ Porenziffer.

Der Aufbau der Formel gründet sich auf zu wenig Versuchsergebnisse, als daß die Formel als allgemeingültig betrachtet werden könnte. Sie ist deshalb hier nicht besprochen. Dieses Gesetz hat nur beschränkte Gültigkeit.

ε) Die Berechnung der Durchlässigkeitsziffer in Abhängigkeit
der Wassertemperatur.

I. Nach Loos[2] kann angenähert gesetzt werden:

$$\frac{k_T}{k_{10^0}} = \frac{T}{10°},$$

$k_{10^0} =$ Durchlässigkeitsziffer bei einer Temperatur von $T = 10°$ C.

Bei den Durchlässigkeitsversuchen ist daher stets die Temperatur des verwendeten Wassers anzugeben.

---

[1] Erdbaumechanik S. 119. Wien 1925.
* Vgl. Terzaghi: Erdbaumechanik 1925 S. 124/125.
[2] Praktische Anwendungen der Baugrunduntersuchungen S. 48. Berlin 1937.

II. Nach Versuchsanstalt für Wasserbau der Eidg. Techn. Hochschule wird:

$$k_{10^0} = k_T \, \frac{v_T}{v_{10^0}},$$

$v =$ kinematische Zähigkeit des Wassers, $v = \dfrac{\eta}{\varrho}$.

ζ) Berechnung der Durchlässigkeitsziffer in Abhängigkeit der Hygroskopizität.

ZUNKER hat eine Formel für die Berechnung der Durchlässigkeit in Sanden aufgestellt, in welcher die Hygroskopizität und ihre Poreneinengung durch Luft berücksichtigt sind[1]. Die Formel lautet:

$$k = \frac{\mu}{\eta} \left(\frac{\beta_0 \, l}{1 - \beta^2} \right)^2 d^2.$$

Es bedeute:

$\eta =$ Zähigkeit des Wassers, $\quad d =$ wirksamer Korndurchmesser $= \dfrac{1}{U}$,

$U =$ spez. Oberflächenverhältnis der Oberfläche des betrachteten Sandes zu jener Oberfläche, die die gleiche Gewichtsmenge eines Idealbodens von gleichem spez. Gewicht und 1 mm Korndurchmesser aufweist,

$\mu =$ Formbeiwert; $\mu = 0{,}004$ bei ungleichförmigen Sanden; $\mu = 0{,}025$ bei gleichförmigen glatten Sanden.

$$\beta_0 = \beta - \frac{w_h + lg}{100} \, s \, (1 - \beta).$$

$w_h =$ Hygroskopizität in Prozent $=$ der unwirksame Anteil des Porenvolumens,

$s =$ spez. Gewicht der Flüssigkeit, $lg =$ Gewicht des Luftanteils in Prozent,

$\beta =$ gesamtes Porenvolumen,

$\beta_0 =$ spannungsfreies Porenvolumen $=$ Porenvolumen minus adsorbierte Masse $=$ für den Durchfluß wirksames Porenvolumen.

η) Die Berechnung der Durchlässigkeit in Abhängigkeit der Kapillarität.

I. Nach MAAG[2]. Die Beziehung zwischen Durchlässigkeit und Kapillarität kann mit Hilfe des Gesetzes von HAGEN-POISEUILLE abgeleitet werden; es ist nach HAGEN-POISEUILLE:

$$v_{eff} = \frac{\gamma \, D^2}{32 \, \eta} \, J, \tag{1}$$

$\gamma = \gamma_w =$ spez. Gewicht der Flüssigkeit,

$D =$ Durchmesser der Kapillare; $\eta =$ kinematische Zähigkeit des Wassers,

$v_{eff} =$ mittlere tatsächliche Geschwindigkeit in einem Rohr vom kapillaren Durchmesser D.

Nach DARCY ist:

$$v_F = k \, J, \tag{2}$$

---

[1] Vgl. ZUNKER: Das Verhalten des Bodens zum Wasser. Handb. d. Bodenlehre Bd. 6 S. 157; Ergänzungsband 1939 S. 219. Berlin 1930.

[2] Methode zur feldmäßigen Bestimmung der Wasserdurchlässigkeit. Straße u. Verkehr 1941 Heft 19.

J in Strömungsrichtung gemessen,
$v_F =$ Filtergeschwindigkeit; $n^* F =$ Wirksame Durchflußfläche.
n^* ist abhängig von der Dichte der Adhäsionswasserschicht.

$$\frac{v_F}{v_{eff}} = n^*.$$

Daraus ergibt sich:

$$v_{eff} = \frac{k}{n^*} J \tag{3}$$

oder

$$k = \frac{n^* \gamma D^2}{32 \eta}. \tag{4}$$

Die kapillare Steighöhe H beträgt nach S. 469

$$H = \frac{4\,s}{\gamma D}. \tag{5}$$

Aus Gl. (4) und (5) erhält man:

$$k = \frac{n^*}{2\,\gamma\,\eta} \left(\frac{s}{H}\right)^2 = \left(\frac{c}{H}\right)^2,$$

c^2 hat die Dimension von cm³/s, $c^2 \simeq 2$ cm³/s; n^* wird zuerst geschätzt.

II. Nach ZUNKER. ZUNKER hat versucht, für das Einkornsystem auf rechnerischem Wege eine Beziehung zwischen kapillarer Steighöhe und Durchlässigkeit theoretisch abzuleiten. In Abb. 302 ist das Ergebnis zeichnerisch aufgetragen. Die Versuche von KÖGLER und SCHEIDIG ergaben einen größeren Streuungsbereich. Ihre Versuchsergebnisse sind stets kleiner als die von ZUNKER errechneten Zahlenwerte[1].

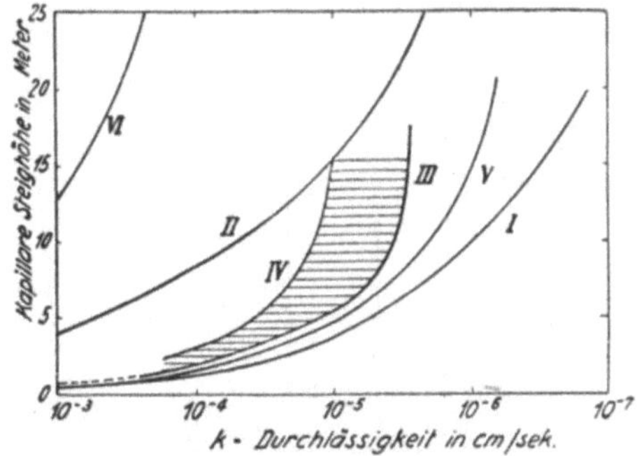

Abb. 302. Beziehung zwischen kapillarer Steighöhe und Wasserdurchlässigkeit.

I Passive Kapillarität, Versuchsergebnisse nach KÖGLER-SCHEIDIG; *II* Passive Kapillarität, Versuchsergebnisse nach KÖGLER-SCHEIDIG; *III* Rechnerische Steighöhe nach Formel BENDEL; *IV* Rechnerische Steighöhe nach Formel BENDEL; *V* Rechnerische Steighöhe nach Formel BENDEL; *VI* Rechnerische Steighöhe nach Formel ZUNKER (Aktive Kapillarität).

ϑ) **Berechnung der Durchlässigkeit in Abhängigkeit der Belastung.**

Wird ein Boden verschieden stark belastet und die jeweilige Durchlässigkeit infolge der neuen Belastung bestimmt, so ergibt sich eine mathematische Beziehung zwischen Bodendruck und Durchlässigkeit.

I. Mittelbare Bestimmung der Durchlässigkeitsziffer. Mittelbar (indirekt) können die Formeln in den Abschnitten β) und γ) zur Bestimmung der Durchlässigkeit in Abhängigkeit der Belastung benützt werden; d. h. es muß jeweils zuerst die Änderung des Hohlraumgehaltes und die Änderung der Porenziffer unter der Drucksteigerung berechnet werden und dann die geänderten Werte für n und ε in die Formeln eingesetzt werden.

II. Formel nach BENDEL. Aus 32 Versuchsergebnissen ließ sich für die Beziehung zwischen Durchlässigkeitsziffer k und Bodenbelastung σ der Ansatz aufstellen:

$$k = \left(\frac{C}{p_c + \sigma}\right).$$

---

[1] Vgl. KÖGLER u. SCHEIDIG: Baugrund u. Bauwerk S. 61 Berlin 1939.

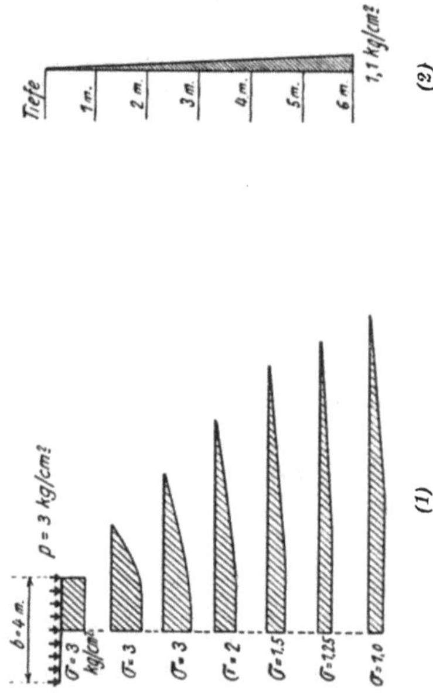

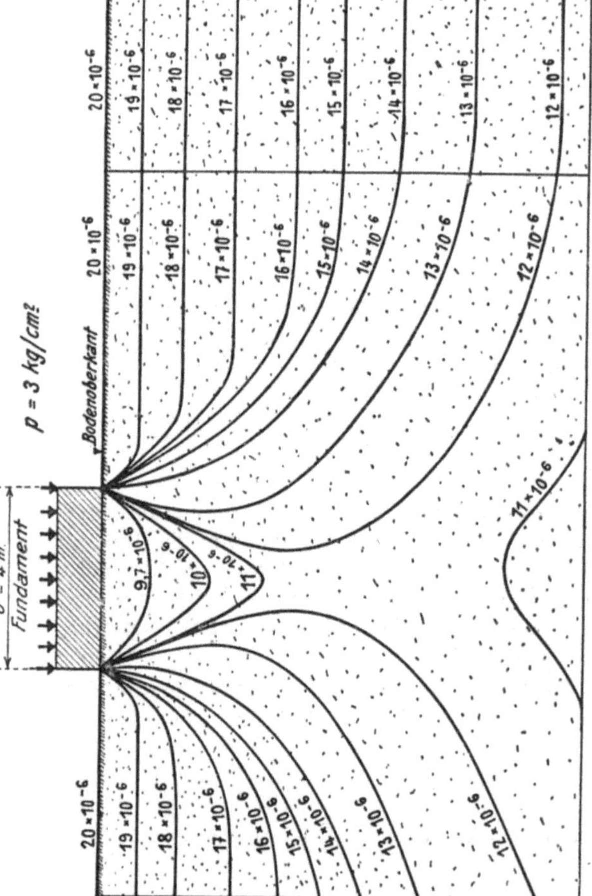

Abb. 303. Verlauf der Kurven der Durchlässigkeitsziffer k vor und nach einer Fundamentbelastung des Bodens. a Druckverteilung im Boden infolge Fundamentbelastung (1) und Eigengewicht (2), Bodenart: Moränenlehm; b Verlauf der k-Kurve vor der Bodenbelastung; c Verlauf der k-Kurven bei einer Fundamentbelastung.

In dieser Formel bedeuten:

C = Festwert, abhängig von der Materialbeschaffenheit. C ist in kg/cm s einzusetzen; C wird aus den Versuchen bestimmt,

p_c = Druck in kg/cm², der der Anfangsdichte entspricht,

σ = Belastung in kg/cm².

Wird $\sigma = \gamma t$ gesetzt, wobei γ das Raumgewicht des Bodens bedeutet und t die Tiefe unter der Erdoberfläche, so ergibt sich, daß die Durchlässigkeitsziffer k kein Festwert ist, sondern mit der Tiefe abnimmt.

Wird auf den Boden eine Last $p = \dfrac{P}{F}$ gebracht, so kann die Druckverteilung in die Tiefe nach Boussinesq, Fröhlich, Bendel usw. angenommen werden. Wird z. B. nach der vereinfachten Formel von Bendel gesetzt:

$$\sigma = \frac{p\,b}{b + \alpha\,t^{n}}$$

(siehe Gleichung S. 654), so ergeben sich die Veränderungen der Durchlässigkeitsziffer, wie sie in Abb. 303 angegeben sind.

III. Zeitliche Änderung der Durchlässigkeit in Abhängigkeit der Belastung. Wird die Belastung geändert, so braucht es eine gewisse Zeitspanne, bis die Durchlässigkeitsziffer ihren neuen, endgültigen Wert erreicht hat. Der Verlauf der Änderung des k-Wertes in Abhängigkeit der Zeit kann mit Hilfe der Gleichungen im Kapitel über Setzungen, Abschnitt F,

mathematisch erfaßt werden. Es würde zu weit führen, hier den Berechnungsgang wiederzugeben.

IV. Verringerung der Durchflußöffnung im Boden bei Drucksteigerung. Die
Verringerung der Durchflußöffnungen im Boden infolge Drucksteigerung kann
rechnerisch unter gewissen Voraussetzungen bestimmt werden; dazu benützte
der Verfasser die Abb. 304a.

In Abb. 304a bedeutet R = Halbmesser einer Haarröhre; dann ist: $n = R^2 \pi$ =
= Hohlraum der Haarröhre, r = Halbmesser für den freien Durchfluß der Sicker-
wassermenge, $n_K = r^2 \pi$ = wirksamer
Kapillarquerschnitt, $m = R - r$ =
= Dicke der an die Kapillarwand ge-
bundenen Wasserhaut.

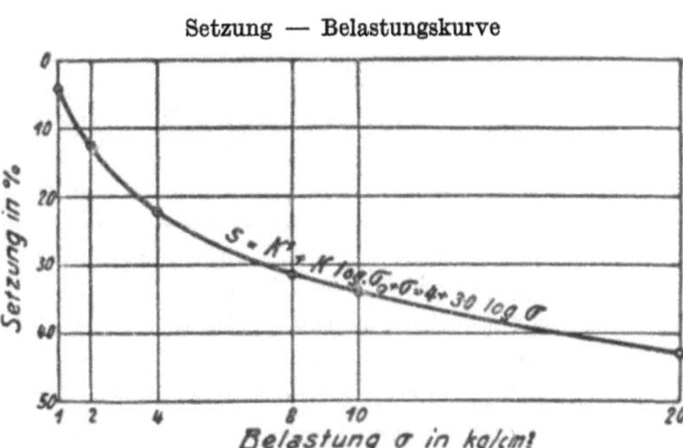

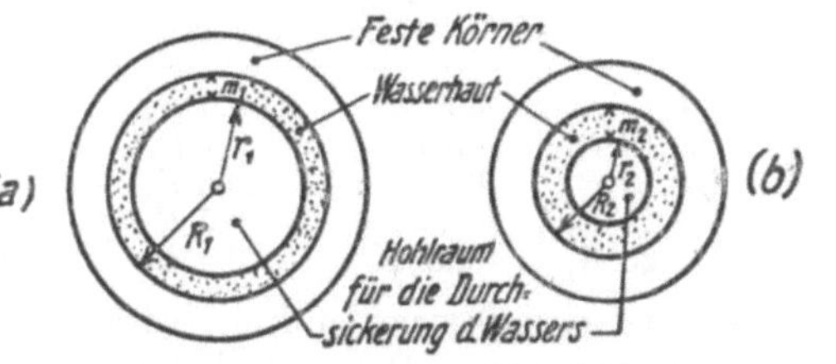

Abb. 304 a, b. Veränderung des Hohlraumquer-
schnittes bei Belastung
a) vor dem Zusammendrücken des Hohlraumes.
b) nach dem Zusammendrücken des Hohlraumes,
Annahme: Die Wassermenge des Filmes bleibt
stets gleich groß.

Annahme A: Die an der Wandung der
Haarröhre gebundene Wassermenge W wird
vor und nach der Bodenbelastung als gleich
groß angenommen; dann ist (vgl. Abb. 304):

$$W = (R_1^2 - r_1^2)\,\pi = (R_2^2 - r_2^2)\,\pi.$$

Wird gesetzt:

$$R_2 = \alpha\,R_1 \quad \text{und} \quad r_1 = \beta\,R_1,$$

ferner $\quad m_1 = (R_1 - r_1); \quad m_2 = (R_2 - r_2),$
so wird: $\qquad m_2 = C\,R_1,$

wobei $\quad C = \alpha - \sqrt{\alpha^2 + \beta^2 - 1}\,;$

$\left(\dfrac{C}{1-\beta}\right) m_1 = m_2; \quad r_2 = (\alpha - C)\,R_1$ ist.

Annahme B: Die Dicke der an die
Wandung der Haarröhre gebundenen
Wassermenge W sei stets gleich groß; d. h.
$m_2 = m_1 = m$ = Festwert. Für diesen Fall
wird

$$\left.\begin{array}{l} \dfrac{C}{1-\beta} = \dfrac{m_1}{m_2} = 1 \\[2mm] C = 1 - \beta \end{array}\right\} \quad \text{und} \quad r_2' =$$

$$= (\alpha + \beta - 1)\,R_1.$$

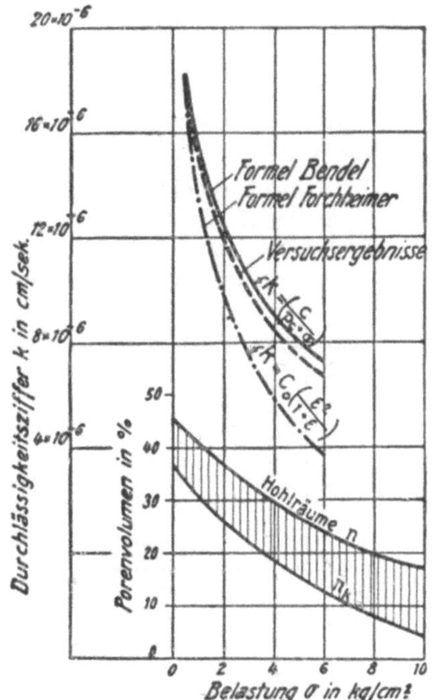

Abb. 304 c. Die Durchlässigkeitsziffer in Abhängigkeit der Bodenbelastung.
n = gesamter Hohlraum, n_k = Hohlräume für
die Durchsickerung des Wassers.

Beispiele.

Beispiel 1: Es sei $\alpha = 0{,}8$; $\beta = 0{,}9$, dann wird $R_2 = 0{,}8\,R_1$ und $r_2 = 0{,}745\,r_1$,
d. h.: wird im angenommenen Beispiel beim Zusammendrücken des Bodens der Halb-
messer der Haarröhre um 20% kleiner, so wird der Radius der freien Durchflußöffnung sogar um 25,5% kleiner.

Beispiel 2: Für ein stark sandiges, junges Deltamaterial wurde die Setzungskurve s gefunden zu

$$s = K' + K \log \sigma = 4 + 30 \log \sigma \text{ in \%}; \qquad \sigma \text{ in kg/cm}^2.$$

Mit Hilfe dieser Gleichung und den oben entwickelten rechnerischen Ansätzen errechneten sich, kreisrunde Haarröhrchen vorausgesetzt, die Beziehungen, wie sie in der untenstehenden Tabelle wiedergegeben sind.

Tabelle 264.

Belastung in kg/cm²	α in $R_2 = \alpha R_1$	β	Hohlraum der Haarröhre n in %	Wirksamer Kapillarquerschnitt n_k in %	$\Delta = n - n_k$ in %	Dicke m_2 des Wasserfilmes $m_2 = c R_1$	Annahme A Halbmesser r_2 des wirksamen Kapillarquerschnittes $r_2 = (\alpha - C) R_1$	Annahme B $m_2 = m_1 =$ Festwert Die Wasserhaut bleibt stets gleich dick; dann ist $r_2' = (\alpha + \beta - 1) R_1$
0	1,0	0,9	45	36,3	8,7	$0,1\ R_1$	$0,9\ R_1$	$0,9\ R_1$
2,5	0,8	0,9	34,5	24,2	10,3	$0,13\ R_1$	$0,67\ R_1$	$0,7\ R_1$
4,5	0,7	0,9	28,5	17,5	11,0	$0,15\ R_1$	$0,55\ R_1$	$0,6\ R_1$
6,5	0,6	0,9	22,6	10,6	12,0	$0,19\ R_1$	$0,41\ R_1$	$0,5\ R_1$
10,0	0,5	0,9	17,2	4,1	13,1	$0,25\ R_1$	$0,25\ R_1$	$0,4\ R_1$

Aus obiger Tabelle und aus Abb. 304 geht hervor, daß sich der freie, wirksame Kapillarquerschnitt unter Druck sehr rasch verringert. Daß sich dadurch die kapillare Steighöhe verändern muß, geht aus den Gleichungen S. 469 hervor.

Für den Fall, daß die Dicke m des Wasserfilmes gleich R_2 wird, sind die Poren vollständig mit dem Wasserfilm um die festen Bestandteile ausgefüllt. Die Durchlässigkeit k wird Null.

V. Zahlenbeispiel für die Durchlässigkeitsänderung bei Drucksteigerung. An dem sandigen, lehmigen, jungen Deltamaterial wurden versuchstechnisch und nach den Formeln von BENDEL und FORCHHEIMER folgende Durchlässigkeitsziffern k gefunden (vgl. Abb. 304):

Tabelle 265.

Senkrechter Druck σ kg/cm²	Versuchswerte k	Durchlässigkeitswerte k						
		Formel BENDEL $k = \left(\dfrac{C}{p_c + \sigma}\right)$			Formel FORCHHEIMER $k = C_0 \left(\dfrac{\varepsilon^2}{1 + \varepsilon}\right)$			
		C in kg/cm s	p_c in kg/cm²	k	C_0	n in %	ε	k
0,5	$18,0 \cdot 10^{-6}$	$65 \cdot 10^{-6}$	3,15	$17,8 \cdot 10^{-6}$	$50 \cdot 10^{-6}$	44	0,79	$17,5 \cdot 10^{-6}$
1,0	$15,5 \cdot 10^{-6}$	$65 \cdot 10^{-6}$	3,15	$15,6 \cdot 10^{-6}$	$50 \cdot 10^{-6}$	40	0,67	$13\ \cdot 10^{-6}$
2,0	$12,4 \cdot 10^{-6}$	$65 \cdot 10^{-6}$	3,15	$12,8 \cdot 10^{-6}$	$50 \cdot 10^{-6}$	36,5	0,57	$10,5 \cdot 10^{-6}$
3,0	$10,2 \cdot 10^{-6}$	$65 \cdot 10^{-6}$	3,15	$10,6 \cdot 10^{-6}$	$50 \cdot 10^{-6}$	32,5	0,48	$7,5 \cdot 10^{-6}$
4,0	$9,0 \cdot 10^{-6}$	$65 \cdot 10^{-6}$	3,15	$9,1 \cdot 10^{-6}$	$50 \cdot 10^{-6}$	29,5	0,42	$6,3 \cdot 10^{-6}$
5,0	$7,8 \cdot 10^{-6}$	$65 \cdot 10^{-6}$	3,15	$8,0 \cdot 10^{-6}$	$50 \cdot 10^{-6}$	26,0	0,35	$4,5 \cdot 10^{-6}$

Über weitere Versuchsergebnisse in Abhängigkeit der Bodenbelastung vgl. R. HAEFELI: Mechanische Bodeneigenschaften. Schweiz. Bauztg. Bd. 111 (1938) Nr. 24/26.

ι) Beziehung zwischen Bodenbelastung, Durchlässigkeit und kapillarer Steighöhe.

Aus Abb. 305 geht die Beziehung zwischen Bodenbelastung, Durchlässigkeit und kapillarer Steighöhe hervor. Aus diesem Beispiel ist ersichtlich, daß bei

Angabe von Durchlässigkeitsziffern und kapillaren Steighöhen jeweils noch die Druckbelastung, unter welcher die entsprechenden Werte gefunden wurden, angegeben werden sollten. Mit anderen Worten: Die im Schrifttum vorhandenen Durchlässigkeitsziffern bedeuten einen rohen Mittelwert; meistens sind sie für eine Bodenbelastung von $\sigma \simeq 0$ ermittelt worden.

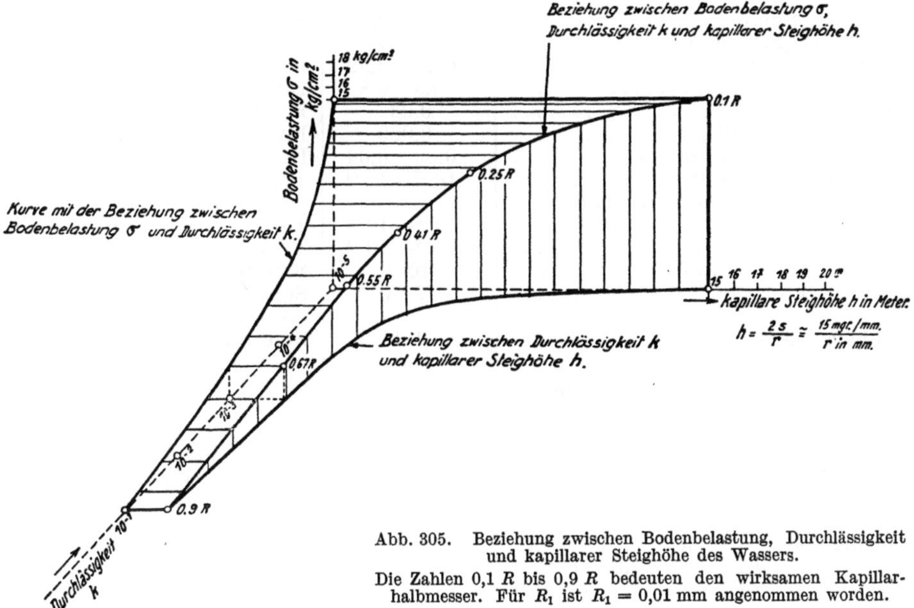

Abb. 305. Beziehung zwischen Bodenbelastung, Durchlässigkeit und kapillarer Steighöhe des Wassers.
Die Zahlen 0,1 R bis 0,9 R bedeuten den wirksamen Kapillarhalbmesser. Für R_1 ist $R_1 = 0,01$ mm angenommen worden.

$\varkappa$) Die Durchlässigkeit in Abhängigkeit der mineralogischen Zusammensetzung des Bodens.

Neuere Untersuchungen ergaben, daß die Durchlässigkeit mit abnehmendem Quarzgehalt abnimmt. Kaolin hat ähnliche Eigenschaften wie der Quarz. Natrium-Bentonite haben die geringste Durchlässigkeit. Daher eignen sich Natrium-Bentonite für Abdichtungszwecke[1].

d) Zahlenwerte für die Durchlässigkeitsziffer k.

Alle Erdstoffe sind wasserdurchlässig, selbst die fettesten Tone. Es besteht lediglich ein Unterschied in der Größe der Durchlässigkeit von Kiesen, Sanden und Tonen. Es ist unrichtig, von vollständig wasserundurchlässigen Tonen zu sprechen. In den Tonen ist der Strömungswiderstand sehr groß und daher die Strömungsgeschwindigkeit bzw. die Durchlässigkeitsziffer k äußerst klein.

Nachfolgend sind einige k-Werte zusammengestellt, die in verschiedenen Prüfräumen gefunden wurden.

Aus Tabelle 266 ist ersichtlich, daß der Durchlässigkeitswert k je nach der Art des Materiales großen Schwankungen unterworfen ist; das Verhältnis zwischen dem kleinsten und größten Wert k beträgt rd. 1:1000 Millionen.

---

[1] Vgl. K. Endell: Die Quellfähigkeit der Tone im Baugrund und ihre bautechnische Bedeutung. Bautechn. 1941 S. 207.

Tabelle 266.

Bodenart	k-Wert in cm/s	Angabe von
Oberlauf von Flüssen	0,05—5	KYRIELEIS-SICHARDT: Grundwasserabsenkung 2. Aufl. 1930
Sand, 4—8 mm..................	3,50	BENDEL
Sand, 2—4 mm..................	2,5—3,0	BENDEL
Södertalje (Schleusenbau)..........	0,006—1	KYRIELEIS-SICHARDT
Berlin (Opernhaus)...............	0,25—0,32	KYRIELEIS-SICHARDT
Sand, 0,1—0,6	0,3—0,8	BENDEL
Bremerhaven	0,03	KYRIELEIS-SICHARDT
Wemeldinge (Holland).............	0,009	KYRIELEIS-SICHARDT
Sand mit Spuren von Lehm	0,06—0,08	BENDEL
Schluffige Feinsande	10^{-3}—10^{-4}	TERZAGHI
Nicht zu Rutschungen neigende Lehmböden......................	10^{-4}—10^{-5}	TERZAGHI
Tone	$2 \cdot 10^{-7}$—10^{-1}	TERZAGHI
Echter Löß ($\varepsilon = 1{,}30$)	10^{-3}	SCHEIDIG
Gestörte Probe ($\varepsilon = 0{,}57$)	$7 \cdot 10^{-8}$	SCHEIDIG: Der Löß 1934 S. 105
Lößlehm, gestörte Probe ($\varepsilon = 0{,}55$) .	$2 \cdot 10^{-7}$	SCHEIDIG: Der Löß 1934 S. 105
Kiessand, 0/40 mm mit 2% organischen Beimengungen (σ Druck $= 1{,}5$ kg/cm²)	$0{,}55 \cdot 10^{-6}$	BENDEL: Uferbewegungen und Stauseebetrieb am Lungernsee. Schweiz. Bauztg. Bd. 114 (1939) Nr. 21
Gehängeton: σ-Druck $= 0{,}54$ kg/cm²	$21{,}4 \cdot 10^{-9}$	HAEFELI: Mechanische
σ-Druck $= 1{,}0$ kg/cm²	$17{,}9 \cdot 10^{-9}$	Eigenschaften d. Locker-
σ-Druck $= 2{,}0$ kg/cm²	$13{,}6 \cdot 10^{-9}$	gesteine. Schweiz. Bauztg.
σ-Druck $= 4{,}0$ kg/cm²	$9{,}2 \cdot 10^{-9}$	Bd. 111 (1938) Nr. 24/26

Für weitere Angaben vgl. KOEHNE: Grundwasserkunde, Stuttgart 1928.

e) Zahlenwerte für die senkrechte Sickerzeit.

Unter der Annahme, daß das Wasser nicht verdunstet und daß das Gefälle $J = 1$ betrage, versickert 1 dm³ Wasser in folgenden Zeiten t: für 1 dm² Fläche.

Tabelle 267.

Bodenart	k-Wert k in cm/s	Durchsickerungszeit t für 1 dm Wasser
Grober Sand	10^{-1}—10^{-2}	100 Sekunden bis 16 Minuten
Feiner Sand	10^{-3}—10^{-4}	$2^{1}/_{2}$ Stunden bis 30 Stunden
Lehm	10^{-5}—10^{-7}	11 Tage bis 3 Jahre
Magerer Ton...............	10^{-7}—10^{-8}	3 Jahre bis 32 Jahre
Fetter Ton	10^{-8}—10^{-9}	32 Jahre bis 320 Jahre
Dichter Ton	10^{-7}—10^{-10}	3 Jahre bis 3200 Jahre

F. Das Verhalten des Bodens bei thermodynamischer Beanspruchung.

Für das Verhalten des Bodens bei thermodynamischer Beanspruchung siehe:

1. Temperatur der Erde (Hauptteil I, Kap. III, B 2),

2. Thermische Eigenschaften des Bodens (Hauptteil II, Kap. III, C 1),

3. Messung der Bodentemperatur (Hauptteil IV, Kap. I, K 4),

4. Straßenuntergrund und Bodenlast (Hauptteil V, Kap. IV, D 1 bis 6).

G. Zusammenstellung der neuen erdbaumechanischen Formeln des Verfassers.

Tabelle 268.

Nr.		Formel	Bedeutung der Zeichen in den Formeln
1	Setzung s in % der Höhe der untersuchten Schicht	$$s = K \log\left(\frac{\sigma_0 + \sigma}{\sigma_0}\right)$$ bzw. $$s = K \log\left(\frac{\sigma_0 + \sigma_2}{\sigma_0 + \sigma_1}\right)$$ und für $\sigma_0 + \sigma_1 = \sigma_a$ wird $$s = K \log\left(\frac{\sigma_a + \sigma}{\sigma_a}\right)$$	**Anmerkung:** Bei bindigen Böden ist die Atterbergsche Fließgrenze praktisch identisch mit der unteren Elastizitätsgrenze $\sigma_0 = $ Druck infolge Kapillarkraft, molekularer Anziehungskräfte, chemisch-physikalischer Kräfte im Boden, der einen Wassergehalt enthält, der der unteren Elastizitätsgrenze entspricht $\sigma_0 = 0{,}05$ bis $1{,}0$ kg/cm² bei bindigen Böden $\sigma_0 = 500$ kg/cm² bei Beton $\sigma_0 = 40\,000$ kg/cm² bei Eisen $\sigma_0 + \sigma_1 = \sigma_a = $ Anfangsdruck in kg/cm² $\sigma = $ zusätzlicher Druck in kg/cm² $K = $ Bodenfestwert $K = 5$ bis 40% für Ton und Lehm $K = 5$ bis 10% für feinen Sand $K = 1$ bis 15% für mergeligen Boden mit organischen Beimischungen
2	Wassergehalt w in % des Volumens	$$w = W_0 + W \log\left(\frac{\sigma_0 + \sigma}{\sigma_0}\right)$$ $$\Delta w = W \log\left(\frac{\sigma_0 + \sigma_2}{\sigma_0 + \sigma_1}\right)$$ oder $$\Delta w = W \log\left(\frac{\sigma_a + \sigma}{\sigma_a}\right)$$	$W_0 = $ Wassergehalt an der unteren Elastizitätsgrenze $\sigma_0 = $ siehe oben $W = -K$ siehe oben $\sigma_a = $ siehe oben $\sigma = $ siehe oben
3	Raumgewicht γ in kg/dm³	$$\gamma = \Gamma' + \Gamma \log \frac{\sigma_0 + \sigma}{\sigma_0}$$ $$\Delta\gamma = \alpha\,\gamma_w K \log\left(\frac{\sigma_0 + \sigma_2}{\sigma_0 + \sigma_1}\right)$$ oder $$\Delta\gamma = -\Gamma \log\left(\frac{\sigma_a + \sigma}{\sigma_a}\right)$$	$\Gamma' = \alpha\,\gamma_0$ $\Gamma = -\alpha\,\gamma_w K$ $$\alpha = \frac{1}{1 - K \log \dfrac{\sigma_0 + \sigma}{\sigma_0}}$$ $\gamma_w = $ Raumgewicht des Wassers $\cong 1$. Für die Bedeutung der Werte K, σ_a, σ_0 siehe oben (vgl. S. 293) $\gamma_0 = $ Raumgewicht bei $\sigma = \sigma_0$
4	Hohlraum n in % des Gesamtvolumens	$$n = N' + N \log \frac{\sigma_0 + \sigma}{\sigma_0}$$ $$\Delta n = N \log \frac{\sigma_0 + \sigma_2}{\sigma_0 + \sigma_1}$$ oder $$\Delta n = -K \log\left(\frac{\sigma_a + \sigma}{\sigma_a}\right)$$	$N' = n_0 = $ Hohlraum an der unteren Elastizitätsgrenze $N = -K$ Für die Bedeutung der Werte K, σ_a, σ_0 siehe oben

Tabelle 268 (Fortsetzung).

Nr.		Formel	Bedeutung der Zeichen in den Formeln
5	Ruhedruck-ziffer λ	$$\lambda = \Lambda' + \Lambda \log \frac{s_0 + s}{s_0}$$ $$\Delta\lambda = \Lambda \log \frac{s_0 + s_2}{s_0 + s_1}$$ oder $$\Delta\lambda = K \log\left(\frac{s_a + s}{s_a}\right)$$	$\Lambda' = \lambda_0 =$ Ruhedruckziffer bei der unteren Elastizitätsgrenze $s =$ Setzung des Materiales infolge der Belastung σ $s_0 =$ Setzung des Materiales infolge der Belastung σ_0 $s_a =$ Setzung des Materiales infolge der Belastung $(\sigma_0 + \sigma_1) = \sigma_a$ $\Lambda = K$
6	Setzung in Abhängig-keit der Zeit s_t in cm	$$s_t = T' + T \log \frac{t_0 + t}{t_0}$$ $$\Delta s_t = T \log\left(\frac{t_0 + t_2}{t_0 + t_1}\right)$$ $$\Delta s_t = T \log \frac{t_a + t}{t_a}$$	$T' = S^*\left(1 + \alpha \log \frac{k\,M_E}{\gamma_w\,h^2}\,t_0\right)$ $T = \alpha\,S$ Es bedeutet: $S^* =$ Gesamtsetzung nach der Teit $t = \infty$ $t_0 = 1$ Sekunde $k =$ Durchlässigkeit in cm/s $M_E =$ Elastizitätsziffer $$M_E = \left(\frac{\sigma_0 + \sigma}{K}\right)\ln 10 \text{ in kg/cm}^2$$ $\gamma_w =$ Raumgewicht des Wassers in kg/cm³ $h =$ Mächtigkeit der Schicht, in welcher der Porenwasserüberdruck herrscht; h in cm $\alpha =$ Beiwert, der davon abhängig ist, ob die Porenwasserdruckfläche rechteckig, parabelförmig, gekrümmt usw. angenommen wird. α für Rechteck ist $\alpha = 0{,}63$ $t_a = t_0 + t \qquad t_0 = 1$ Sekunde $t =$ Zeit in Sekunden
		Erstbelastung des Bodens	Bei einer Entlastung des Bodens
7	Haftfestig-keit k_s in kg/cm²	$$k_S = \operatorname{tg}\varrho_k\,(\sigma_0 + \sigma)$$ bzw. bei einer Vorbelastung $$k_S = \operatorname{tg}\varrho_k\,(\sigma_a + \sigma)$$ $$k_e = \operatorname{tg}\varrho_k\,(\sigma_0 + \sigma_e)$$	$k_{S}' = k_e \dfrac{\sigma_0 + \sigma}{\sigma_0 + \sigma_e}; \quad \sigma < \sigma_e$ bzw. $\quad k_s = k_e\left(\dfrac{\sigma_a + \sigma}{\sigma_a + \sigma_e}\right)$ $\varrho =$ Winkel der inneren Reibung in Grad $\varrho_0 =$ Winkel der inneren Reibung bei der unteren Elastizitätsgrenze $\varrho_k =$ Festwert $\sigma_a = \sigma_0 + \sigma_v = \sigma_0 + \sigma_1$
	Reibungs-wert R in kg/cm²	$$R = (\sigma_0 + \sigma)\operatorname{tg}\varrho$$ bzw. $R = (\sigma_a + \sigma)\operatorname{tg}\varrho$ $$\varrho = \varrho_0 + b\,K \log\left(\frac{\sigma_0 + \sigma}{\sigma_0}\right)$$ bzw. bei einer Vorbelastung $$\varrho = \varrho_a + b\,K \log \frac{\sigma_a + \sigma}{\sigma_a}$$ $$\varrho_e = \varrho_a + b\,K \log \frac{\sigma_a + \sigma_e}{\sigma_a}$$	$\sigma_1 = \sigma_v =$ Vorbelastung in kg/cm² $R = (\sigma_0 + \sigma)\operatorname{tg}\varrho'$ in kg/cm² $\varrho' = \varrho_e + b'\,K \log \dfrac{\sigma_0 + \sigma}{\sigma_0 + \sigma_e}$ σ_a wie oben b und $b' =$ Festwerte, abhängig von der Bodenbeschaffenheit $b = \beta\,\varrho_0; \quad b' = \beta'\,\varrho_e$

Tabelle 268 (Fortsetzung).

Nr.		Formel	Bedeutung der Zeichen in den Formeln
	Scherfestig-keit τ in kg/cm²	$\tau = k_S + k\,(\sigma_0 + \sigma)$	$k_S =$ Haftfestigkeit $= (\sigma_0 + \sigma)\,\mathrm{tg}\,\varrho_k$ in kg/cm² $k = \mathrm{tg}\,\varrho$, wobei $\varrho = \varrho_0 + b\,K\,\log\left(\dfrac{\sigma_0 + \sigma}{\sigma_0}\right)$ ist, d. h. k_S und k sind von der Vorbelastung und vom jeweiligen vorhandenen Druck abhängig
8	Kapillar-rohr-durchmesser r in cm	$r = R' + R\,\log\left(\dfrac{\sigma_0 + \sigma}{\sigma_0}\right)$	$R' =$ Kapillarrohrdurchmesser an der unteren Elastizitätsgrenze in cm $R =$ Festwert, abhängig von den Bodeneigenschaften; R ist noch nicht mathematisch bestimmt
9	Schwind-maße a) Lineares Schwindmaß δ_S in cm b) Räumliches Schwindmaß S_c in kg/dm³	$\delta_S = \dfrac{dh}{3}\,K\,\log\left(\dfrac{\sigma_0 + \sigma}{\sigma_0}\right)$ $S_c = (W - W_0)\,\mathrm{ctg}\,\varphi$	$dh =$ Mächtigkeit der betrachteten Schicht in cm für K und σ_0 siehe oben $W =$ vorhandener Wassergehalt, ausgedrückt in % des Trockengewichtes $W_0 =$ Wassergehalt an der Schrumpfgrenze in % des Trockengewichtes $\mathrm{tg}\,\varphi = \gamma_0 =$ Raumgewicht des Materiales an der Schrumpfgrenze in kg/dm³
10	Schwind-druck σ_S in kg/cm²	$\sigma_S = \sigma_0\,e^{\left(\frac{3\,\delta_S}{d\,h\,K\,\ln 10}\right)}$	Für δ_S, K, σ_0, dh siehe oben
11	Schwellen des Bodens Gesamt-schwellung S_S in cm	$S_S = -K_e\,\log\dfrac{\sigma_a}{\sigma_{S\,\mathrm{max}}}$	$\sigma_{S\,\mathrm{max}} =$ größtmöglicher Schwinddruck in kg/cm² $\sigma_a = p_k =$ vorhandener Kapillardruck in kg/cm² $\sigma_a = \sigma_0 + \sigma_v$ in kg/cm² für σ_0 und σ_v siehe oben K_e ist angenähert ein Festwert und ist von den Bodeneigenschaften abhängig
	Schwellen in Abhängig-keit der Zeit S_t' in cm	$S_t' = T_S' + T_S\,\log\left(\dfrac{t_0 + t}{t_0}\right)$	$T_S' = S_S\left(1 + \alpha\,\log\dfrac{k\,M_E\,t_0}{\gamma_w\,h^2}\right)$ $T_S = \alpha\,S_S$ in cm $S_S =$ Gesamtschwellung in cm; für die Werte k, M_E, γ_w, h, α siehe oben $t_0 = 1$ Sekunde
12	Elastizitäts-ziffer M_E	$M_E = \underbrace{\dfrac{\sigma_0}{K}\ln 10}_{M_{E_0}} + \underbrace{\dfrac{\sigma}{K}\ln 10}_{+\,\Delta M_E}$ bzw. $M_E = \dfrac{\sigma_a}{K}\ln 10 + \dfrac{\sigma}{K}\ln 10$	Für σ_0 siehe unter 1 $\sigma_a = \sigma_0 + \sigma_v$ $\sigma_v =$ Vorbelastung des Bodens
	Elastizitäts-ziffer bei der Belastung M_E	$M_E = \left(\dfrac{\sigma_a + \sigma}{K}\right)\ln 10$	$K =$ Bodenfestwert, gültig bei der *Belastung* des Bodens
	Elastizitäts-ziffer bei der Entlastung M_E'	$M_E' = \left(\dfrac{\sigma_a - \sigma}{K_e}\right)\ln 10$	$K_e =$ Festwert bei der *Entlastung* des Bodens

V. Chemische Eigenschaften des Bodens.

A. Chemische Zusammensetzung des Bodens.

1. Chemische Zusammensetzung der Erdkruste.

Die Erdkruste besteht zur Hauptsache aus:

Tabelle 269.

Erste Darstellungsart	*Zweite Darstellungsart* (nach CLARKE)	
Sauerstoff .... 47,2% im Mittel		Erdrinde
Silizium 28,0%	SiO_2	59,08%
Aluminium................. 7,9%		
Eisen...................... 4,4%	Al_2O_3	15,23%
Kalzium 3,4%	FeO_2	3,10%
Magnesium................. 2,4%	FeO	3,72%
Natrium 2,4%	MgO	3,45%
Kalium 2,5%	CaO	5,10%
	Na_2O	3,71%
	K_2O	3,11%
	KCl; SO_3; S; C	0,15%

Es wird angenommen, daß die Zone der Erdkruste aus zweierlei Stoffen aufgebaut sei; nämlich die *äußere Zone*, sog. Sial aus viel Kieselsäure (SiO_2) und MgO (Magnesiumoxyd), Tonerde (Al_2O_3), die *innere Zone*, sog. Sima aus zahlreichen Elementen, die unsere mineralischen Stoffe aufbauen (Kieselsäure, Magnesium) (vgl. Abb. 1).

Oft wird angenommen, daß die Erdkruste zu 95% aus Eruptivgesteinen zusammengesetzt sei[1].

Die Minerale der Eruptivgesteine sind in Tabelle 270 angegeben[2].

Tabelle 270.

Mineral	%
Quarz	12
Feldspate	59,5
Hornblende und Augit	16,8
Glimmer	3,8
Übrige Minerale...........	7,9
	100%

2. Bauschalchemismus des Bodens.

In der Tabelle 271 ist der Bauschalchemismus eines Granites, eines glimmerigen Minerales und von Braunerde wiedergegeben (siehe PALLMANN, S. 494).

Trotz ähnlicher chemischer Zusammensetzung verhalten sich die drei erwähnten Stoffe Granit, Braunerde und glimmerartiges Mineral bodenmechanisch völlig verschieden voneinander. Daraus geht hervor, daß auf Grund einer chemischen Analyse noch nichts über die bodenmechanischen Eigenschaften eines Gesteines oder eines Bodens ausgesagt werden kann.

Siehe auch Abschnitt über chemisch-physikalische Eigenschaften des Bodens von H. PALLMANN.

Unter Bauschanalyse des Bodens versteht man allgemein die Ermittlung der Gesamtzusammensetzung des Bodens und bodenbildenden Materialien. Die

---

[1] Vgl. BARTH-CORRENS-ESKOLA: S. 127. Berlin 1939.
[2] Vgl. H. WINTER: Physik und Chemie. Leitfaden für Bergschulen. Berlin 1938.
— R. GRÜN: Chemie für Bauingenieure und Architekten 3. Aufl. Berlin 1942. —
H. NITZSCHE: Baustoff-Praktikum. Bautechnische Lehrhefte. 3. Aufl. Leipzig 1939.

Tabelle 271. *Bauschalchemismus eines massigen Gesteins, einer lockeren Braunerde (0 bis 10 cm) und eines glimmerartigen Minerales* (bezogen auf Glührückstand).

	Granit (DE QUERVAIN)[1] %	Braunerde in Hermiswil (J. GEERING)[2] %	Glimmerartige Mineralien[3] %
SiO_2	74,00	75,21	50,1—51,7
Al_2O_3	12,86	12,90	21,7—32,8
Fe_2O_3	2,72	2,95	0. — 6,2
MgO	0,86	1,12	2,0— 4,5
CaO	1,63	0,97	0 — 0,6
Na_2O	2,88	2,44	0,1— 0,5
K_2O	3,77	3,49	6,1— 6,9
MnO	0,03	0,09	—
TiO_2	0,51	0,49	0,5
P_2O_5	0,11	0,15	—
H_2O	—	—	6,4— 7,0

Analysenzahlen für ein und dasselbe Mineral können ganz beträchtlich schwanken. Die Schwankungen können dadurch erklärt werden, daß sich die Ionen in den Mineralien weitgehend ersetzen können. So kann z. B. Al durch Mg, Fe_2, O_3, Ti bzw. Si vertreten werden.

Früher nahm man an, daß alle Tonmineralien nur aus Tonerde und Kieselsäure aufgebaut seien und daß die Alkalien und Erdalkalien in sorbierter Form vorliegen. Heute ist aber nachgewiesen, daß sich z. B. Mg am Gitteraufbau beteiligen muß[4].

3. Chemismus in Abhängigkeit der Kornzusammensetzung.

Wird eine Bodenprobe in verschieden große Körner zerlegt (Kornfraktionen), so zeigen die verschiedenen Korngrößen verschiedene chemische Zusammensetzung. In Tabelle 272 ist der chemische Aufbau eines sandigen Lehmbodens wiedergegeben[5].

Tabelle 272.

Chemische Zusammensetzung	Körnung in mm					
	< 0,002	0,002—0,006	0,006—0,02	0,02—0,06	0,06—0,2	0,2—2,0
SiO_2	44,18	50,13	61,92	64,84	65,43	78,02
Fe_2O_3	18,43	14,29	10,06	8,53	7,90	4,80
Al_2O_3	21,45	20,01	15,12	13,94	12,35	9,12
CaO	1,20	0,80	1,87	2,01	3,85	2,06
MgO	0,73	0,70	1,76	1,51	3,04	1,26
Glühverlust	13,31	11,53	8,06	7,53	4,56	1,72

Aus dieser Tabelle geht hervor, daß z. B. der Prozentgehalt an SiO_2 bei den verschiedenen Korngrößen wesentlichen Änderungen unterworfen ist.

---

[1] NIGGLI, P., F. DE QUERVAIN u. R. U. WINTERHALTER: Chemismus schweizerischer Gesteine. Beitr. Geol. d. Schweiz. geotechn. Ser. Lfg. 45 S. 259. Bern 1930.

[2] GEERING, J.: Landw. Jb. d. Schweiz 1936 S. 178.

[3] HOFMANN, U., u. E. MAEGDEFRAU: Glimmerartige Mineralien als Tonsubstanzen. Z. Kristallogr. 1937 S. 31.

[4] KELLEY, W., u. H. JENNY: The relation of crystal structure to base exchange and its bearing on base exchange in soils. Soil sci. 1936 S. 367.

[5] Vgl. F. GIESECKE: Die Hygroskopizität in ihrer Abhängigkeit von der chemischen Bodenbeschaffenheit. Chem. Erde 1928 S. 98.

4. Löslichkeit der gesteinsbildenden Mineralien in Wasser.

Wasser und Kohlensäure wirken auflösend auf die Mineralien. Alle gesteinsbildenden Mineralien sind in kohlensäurehaltigem Wasser mehr oder weniger löslich. Am widerstandsfähigsten gegen Lösungsmittel sind die Silikate. In geologischen Zeiträumen ergeben sich aus den geringfügigen Einwirkungen ganz bedeutende chemische Wirkungen.

Beispiele der Löslichkeit[1]:

a) Löslichkeit des kohlensauren Kalkes. Aus zahlreichen Versuchen wurde als Mittelwert gefunden, daß 10000 Gewichtsteile kalten Wassers 0,316 Gewichtsteile kohlensauren Kalk lösen. In kohlensäurehaltigem Wasser ist die Löslichkeit infolge der Bildung von Kalziumkarbonat beträchtlich größer. In diesem Falle werden bis zu 10 Teilen Kalziumkarbonat gelöst (vgl. Beispiel S. 166, Bd. II).

b) Löslichkeit von kohlensaurem Magnesiumkarbonat. Magnesiumkarbonat ist in kohlensäurehaltigem Wasser etwas löslicher als Kalziumkarbonat.

c) Löslichkeit von kohlensaurem Eisen und Magnesiumkarbonat. Die Löslichkeit beträgt in kohlensäuregesättigtem Wasser ungefähr so viel, daß in 10000 Teilen 7,2 Teile Eisenkarbonat und 4 bis 5 Teile Magnesiumkarbonat gelöst werden.

Die meisten Sedimente weisen kohlensaures Eisen auf. Bei der erwähnten Zersetzung entsteht eine rostbraune Färbung. Aus kohlensaurem Mangan entsteht die schwarze Färbung von Kalksteinen, Dolomiten und Sandsteinen. Die schwarze Oberflächenfärbung enthält Mangankarbonat.

d) Löslichkeit des Gipses. Bei gewöhnlicher Temperatur lösen 400 Teile reines Wasser einen Teil Gips. Bei Vorhandensein von Chlornatrium steigert sich die Löslichkeit um das 3,5fache. Bei Anwesenheit von Magnesiumsulfat verringert sich die Löslichkeit beträchtlich[2].

Tabelle 273.

Mineral	Lösungsgeschwindigkeit im fließenden Wasser mm/Jahr	Lösungsgeschwindigkeit durch Regen mm/Jahr
Kalkspat	0,990	0,007
Kalkschiefer .	1,210	0,0085
Dolomitspat .	1,232	0,0085
Magnesitspat.	1,419	0,0098
Eisenspat. . . .	1,507	0,0105
Gips	34,848	0,2410

e) Zusammenstellung der Lösungsgeschwindigkeiten einiger Minerale im Jahr (vgl. Tabelle 273).

5. Eigenschaften des Bodens, die durch den Tonmineraliengehalt beeinflußt werden.

Folgende Eigenschaften des Bodens werden durch den Gehalt an Tonmineralien ohne Rücksicht auf die Korngröße bedingt: spez. Gewicht, Durchlässigkeit, Raum für freies Wasser (Porenziffer), Wasseraufnahmefähigkeit, Wassernachschub in der Zeiteinheit, Wassergehalt beim Abreißen des Meniskus (kapillare Steighöhe), Kapillardruck, innere Reibung, Wasserfilmdicke (Wasserhülle um das Einzelkorn), Druck in dem Wasserfilm, Konsistenz (Verformbarkeit, Fließ-

---

[1] Im Schrifttum wird die Größe der Wasserlöslichkeit der chemischen Verbindungen verschieden angegeben. Vgl. z. B. LANDOLT-BÖRNSTEIN: Physikalisch-chemische Tabellen. 5. Aufl. Mit Ergänzungsbänden. Berlin 1923—1936. — F. GOETHE: Über die Löslichkeit des Kalzium- und Magnesiumkarbonats in kohlensäurefreien Wässern. Chemiker-Ztg. 1915 S. 326.

[2] Vgl. R. GRÜN: Chemie für Bauingenieure und Architekten. Berlin 1942.

grenze, Ausrollgrenze, Plastizitätszahl), Verdichtungsfähigkeit, Zerfallserscheinung, Festigkeitseigenschaften des Bodens; Treibwirkung bei Frost, Frostgefährlichkeit, Frosthebung, Bildung der Eisform: Schichtung oder Vieleckformen.

Vgl. Beispiel für die Unterschiede der Bodeneigenschaften von Kaolin und Na-Bentonit im Abschnitt für Straßenbaugeologie, Abschnitt: Chem. Frostkriterium.

B. Die natürlichen chemischen Einflüsse auf Beton und Mörtel im Boden.

Die Oberfläche von Beton, der in den Boden eingebracht wurde, steht in Berührung mit:

1. Luft, 2. Wasser, 3. Boden.

Grundsätzlich muß in jeder Grenzfläche zweier Körper ein chemischer Ausgleich stattfinden. Es wird ein chemisches Gleichgewicht angestrebt.

Nachfolgend ist beschrieben, welche Gleichgewichte erwartet werden können und wieweit sie sich auf die Beständigkeit des Betons auswirken.

1. Einflüsse der Luft im Boden auf den Beton.

In der Luft sind im allgemeinen vorhanden:

a) Stickstoff = rd. 80%; er reagiert mit Zement nicht;

b) Sauerstoff = rd. 20%; die Einwirkung auf Beton ist gleich Null;

c) Kohlensäure = 0,03 Vol.-% oder 0,4 g/m³;

d) Wasser in Dampfform: 5 bis 20 g/m³;

e) Schwefeldioxyd in Industriegebieten: einige mg/dm³.

Die Kohlensäure wird vom freien Kalk des Zementes aufgenommen, ebenso von den höheren alkalischen Silikaten und Aluminaten. Dabei wird Karbonat gebildet. Aus obigen Ausführungen ergibt sich, daß im allgemeinen eine schädliche Einwirkung von Luft auf den Beton nicht angenommen werden muß.

2. Einflüsse des Wassers auf den Beton.

Die chemischen Einflüsse des Wassers auf den Beton und Mörtel sind mannigfaltig. Die Einflüsse des Wassers auf den Beton und Mörtel gehen aus der Tabelle 274 hervor[1].

3. Der Einfluß des Bodens auf den Beton.

Wenn von chemischen Einflüssen des Bodens auf Beton und Mörtel gesprochen wird, so ist zu beachten, daß der Boden keine unmittelbare chemische Reaktion zwischen den festen Bodenbestandteilen und dem Beton auslöst. Es ist stets das im Boden vorhandene Wasser (Grundwasser, Sickerwasser, kapillares Wasser, Haftwasser usw.), welches durch seine lösenden Eigenschaften mit dem Beton bzw. Zement reagiert. Betonzerstörungen sind nur im Grundwasser und namentlich in der Schwankungszone des Grundwassers beobachtet worden.

---

[1] Vgl. H. GESSNER: Die Widerstandsfähigkeit von Zementmörtel und Beton gegen chemische Einflüsse. Schweiz. Verb. d. Materialprüf. d. Techn. Ber. Nr. 35 (1937) S. 254; ferner L. BENDEL: Richtlinien für die Herstellung, Verarbeitung und Nachbehandlung von Beton. 5. Aufl. S. 41; ferner S. 344 dieses Buches: Beurteilung des Wassers im Baugrund.

Trotzdem ist für die Beurteilung des Betons im Boden die chemische Untersuchung des Bodens von großer Bedeutung; denn der Boden stellt gleichsam die Vorratskammer für die schädlichen Stoffe dar.

Tabelle 274.

Beschaffenheit des Wassers	Chemismus des Wassers	Vorkommen	Einwirkung auf Beton und Mörtel
Weiche Wasser	Es sind nur geringe Mengen an gelösten Stoffen vorhanden	Granit u. Gneisgebiete	Gefährlich infolge der lösenden (auslaugenden) Wirkung. Kohlensäure wirkt aggressiv auf Karbonate
Harte Wasser Vorübergehende Härte (Karbonathärte)	Kalziumkarbonat oder Magnesiumkarbonat als Bikarbonat gelöst a) Es ist freie, aber nicht aggressive Kohlensäure vorhanden	Karbonathaltige Gesteinszonen a) See-, Fluß-, Bachwasser, Grundwasser in kalkhaltigem Schotter	Keine betongefährlichen Eigenschaften. Je mehr Karbonat gelöst wird, um so eher scheiden sich Karbonate aus dem Wasser aus; es bildet sich eine Karbonatkruste als Schutz
	b) Es ist ein Überschuß an freier, aggressiver Kohlensäure vorhanden	b) Grundwasser aus torfigen Gebieten	Zersetzende Wirkung. Kohlensäure und Bikarbonate scheiden sich in den alkalisch reagierenden Zementen des Betons als Karbonat aus; sie werden nachher von der Kohlensäure wieder gelöst
Kalkhydrathärte	Kalziumhydroxyd ist im Wasser gelöst. Freie Kohlensäure und Bikarbonate können nicht vorkommen	Sickerwasser aus Beton	Keine Einwirkung auf Beton
Wasser mit bleibender Härte	Alkali- und Erdalkalisulfate	Aus Gipsablagerungen und Torfmooren	Bei hohem Sulfatgehalt Gefährdung des Betons durch Gipstreiben
Moorwässer	Vermischt mit organischer Substanz (Humusstoffe); oft aggressiver Kohlensäure aus den organischen Substanzen herrührend	Grundwasser aus Torfmooren	Böden mit Moorwasser sind stets auf Sulfatgehalt und aggressive Kohlensäure zu untersuchen
Mineralwasser	Übernormal hoher Gehalt an gelösten Stoffen; oft hoher Gehalt an Kohlensäure, Sulfaten und Schwefelwasserstoff (vgl. Tab. 53)		Mineralwasser sind oft wegen des Magnesiums, Sulfaten, aggressiver Kohlensäure oder Schwefelwasserstoff betongefährlich

Tabelle 275 zeigt den Vergleich zwischen den im Boden vorhandenen Mengen schädlicher Stoffe und den im Wasser gelösten schädlichen Stoffen[1].

<hr>

[1] Vgl. H. GESSNER: Die Widerstandsfähigkeit von Zementmörteln und Beton gegen chemische Einflüsse. Schweiz. Verb. d. Materialprüf. d. Techn. Bericht 35 (1937) S. 271. — H. SPURNY: Beton in zementgefährlichen Böden. Bautenschutz 1937 Heft 8 S. 3. — RODT: Untersuchung des Baugrundes auf betonschädliche Bestandteile. Zement 1939 S. 330. — H. SCHNEIDER: Lehm als Bautenschutz bei Ortspfählen. Bautenschutz 1937 Heft 8 S. 11.

Tabelle 275.

Chemismus	1 m³ Boden enthält	1 m³ Wasser enthält
Säuren: Säurereaktion Säurevorrat	In saurem Boden ist $p_H = 4$—6 Ein Säuregrad von 200 nach BAU-MANN-GULLY entspricht einer Menge von 10—20 kg H_2SO_4/m^3 oder 10% Humus im Boden liefert beim Abbau 200—400 kg CO_2/m^3	Selten ist im Wasser $p_H < 6$ 200 g/m³ CO_2 entsprechen einer Säuremenge von 445 g H_2SO_4
Sulfate	1% Gips entspricht 10—20 kg/m³	Häufig sind 100—200 g, selten bis 2 kg/m³ Kalziumsulfat (Gips) vorhanden
MgO	1% MgO entspricht 10—20 kg/m³ 2% (schädlich) = 20—40 kg/m³	Höchstens sind 200 g als Bikarbonat gelöst vorhanden. Im Mineralwasser ist oft viel $MgSO_4$ (Bittersalz) vorhanden
Kalzium-karbonat	1% CaCO entspricht 10—20 kg/m³	Es sind 10—500 g/m³ vorhanden

C. Chemisch-physikalische Eigenschaften des Bodens.

1. Einleitung.

Eine große Zahl verschiedenster Berufsgruppen ist am Boden und dessen physikalisch-chemischen Eigenschaften interessiert: Die Landwirte und Förster verlangen vom Boden die ausreichende Belieferung der Pflanze mit mineralischen Nährstoffen (hohe Umtauschkapazität, lockere Bindung der Ionen); das der Pflanzenwurzel gebotene Wasser soll weder in ungenügender Menge noch im schädlichen Überfluß vorhanden sein (Porosität, Kapillarität, Wasserbindung); die Pflanzenwurzel soll im Boden fest verankert werden, ohne daß dessen Bindigkeit ihrem Wachstum zu große Hemmungen bietet (Tiefgründigkeit, Dispersität). Der Kulturingenieur bestimmt die Drändistanz u. a. aus der Bodenart (Dispersität, Lagerungsstruktur). Das lockerste Drännetz für den durchlässigen Sandboden, das dichteste für den bindigen Ton. Die Entquellungs- und Sackungsbereitschaft meliorierter Böden nimmt je nach der Dräntiefe gefährliche oder harmlose Ausmaße an (Wasserbindung, Quellung, Entquellung). Kulturingenieur und Förster rechnen mit der wasserhaltenden Kraft humoser und lockerer Waldböden für die Verminderung der Hochwassergefahr nach intensiven Regenfällen (Wasserbindung und Okklusion). Die Erosion und Rutschung des Bodens hängt außer von der Geländesteilheit weitgehend vom Zerteilungsgrad und dem Chemismus der Bodenteilchen ab. Der Abwassertechniker wünscht für die Verteilung der Schmutzwässer auf dem Gelände Böden großen Filtrationsvermögens und hinreichender Adsorptionskraft, er bevorzugt daher den leichten, humosen Boden. Der Erdbaumechaniker und Bauingenieur interessiert sich für die Druckfestigkeit des Baugrundes (Dispersität, Lagerung), dessen Rutschtendenz und Permeabilität. Der Keramiker stellt bestimmte Ansprüche an die plastischen Eigenschaften der Tone, deren Gießbarkeit und Hitzeentquellung usw., Dispersität, Teilchenform, Ionengarnitur.

---

[1] Bearbeitet unter Zugrundelegung des von Herrn Prof. PALLMANN im Jahre 1938 im Erdbaukurs der E. T. H. gehaltenen Vortrags über dieses Thema. Die Veröffentlichung erfolgt mit freundlicher Genehmigung von Prof. PALLMANN. Vgl. Schweiz. Arch. angew. Wiss. Techn. 1938.

Nachstehend sollen einige kennzeichnende physikalisch-chemische Eigenschaften des Bodens und seiner hochdispersen Phasen erörtert werden, die für die eingangs angetönten, den Praktiker interessierenden Verhältnisse prinzipiell von Bedeutung sind.

2. Der Boden als disperses System.

a) Unterschiede zwischen dem Muttergestein und dem Boden.

Der prinzipielle Unterschied zwischen dem massigen Gestein und dem durch Verwitterung gebildeten Boden liegt nicht im Bauschalchemismus begründet. Die bauschalchemische Zusammensetzung des in der Tabelle 271 angeführten Granites und der landwirtschaftlich wichtigen Braunerde stimmt in großen Zügen überein. Der prinzipielle Unterschied zwischen der Braunerde und dem kompakten Granit liegt im Zerteilungszustand dieser beiden Materialien. Das massige Muttergestein unterliegt den vielfältigen physikalischen und chemischen Verwitterungsprozessen und geht dabei in den lockeren aufgeteilten Boden über. Parallel dieser verwitterungsartigen Aufbereitung[1] und Dispergierung verlaufen selbstredend chemische Reaktionen und mannigfache Stoffverschiebungen im Verwitterungsprofil, so daß bei zahlreichen Bodentypen der Chemismus der verschiedenen Horizonte vom Bauschalchemismus des Muttergesteins abweichen kann. Die Einlagerung von Humusstoffen in das Bodenprofil und die reiche Mikroflora bilden nebst den durch die hohe Dispersität bedingten Eigenschaften weitere Unterschiede zum Verwitterungsedukt (siehe Tabelle 107, S. 180).

b) Begriffsbildung und Terminologie.

α) Das disperse System. Innen- und Außenoberflächen.

In einem dispersen System ist eine disperse Phase (z. B. Ton) diskontinuierlich in einem zusammenhängenden Dispersionsmittel (z. B. Wasser) zerteilt. Im Boden können die festen Bodenteilchen der Tone, Humusstoffe, Sesquioxyde usw. als disperse Phasen bezeichnet werden, die im Bodenwasser oder in der Bodenluft, dem Dispersionsmittel, verteilt sind. Ein solches disperses System wird als Suspension bezeichnet, wenn das flüssige Dispersionsmittel mengenmäßig die disperse Phase übertrifft. Man erhält demnach eine Tonsuspension, wenn z. B. ein Gramm des Tones in 100 cm³ Wasser suspendiert wird. Die Suspension verhält sich zuerst wie eine Flüssigkeit. Wird die Konzentration der dispersen Phase ständig höher, so daß ein schwer fließbarer Brei oder eine quasifeste Gallerte, ein Teig entsteht, so wird das disperse System ein Gel genannt. Zwischen Suspension und Gel bestehen alle graduellen Zwischenstufen. Durch geeignete Reaktionen, die weiter unten besprochen werden sollen, läßt sich die Suspension in ein Gel und das Gel zurück in die Suspension verwandeln.

Zwischen den im dispersen System unterscheidbaren Phasen (Bodenteilchen und Bodenwasser) bilden sich Grenzflächen. Diese Grenzflächen stellen die Oberfläche des Systems dar. An ihnen spielen sich die mannigfaltigen, für die Bodenkunde und Kolloidchemie wichtigen Oberflächenreaktionen ab.

Bei einer großen Zahl dispergierter Bodenstoffe beschränkt sich diese reaktionsfähige Oberfläche nicht nur auf die äußere und sichtbare Begrenzung der

---

[1] GSCHWIND, M., u. P. NIGGLI: Beiträge zur Geologie der Schweiz. Lfg. 1931. — NIGGLI, P.: Schweiz. min.-petr. Mitt. 1925 S. 322—347. — PALLMANN, H.: Mitt. a. d. Geb. d. Lebensmitteluntersuchung u. Hygiene 1938 S. 8. — Die Ernährung der Pflanzen 1934 S. 225. — PALLMANN, H., u. HAFTER, P.: Ber. d. Schweiz. Bot. Ges. 1933 S. 357—466.

Teilchen, sondern erstreckt sich durch das feste Teilchen hindurch, das wie ein Schwamm oder eine Wabe von wirr oder regelmäßig angeordneten, hetero- oder homodispersen Kapillaren, Poren oder intrakristallinen Zwischenräumen durchzogen ist. Mit G. WIEGNER[1] unterscheidet man daher zwischen den sog. Innen- und Außenoberflächen und spricht von innerer und äußerer Dispersität. Die aktive Oberfläche irgendeines dispersen Systems wird durch die Summe der an den Außenseiten und im Teilcheninnern für Wasser und darin gelöste Salze, Säuren und Basen zugänglichen Oberflächen gebildet. Dieser Formulierung haftet naturgemäß die Schwäche eines dehnbaren Begriffes an, da die sog. Zugänglichkeit des Teilcheninnern nicht nur von Dispersität der Kapillaren, Poren und intrakristallinen Zwischenräumen, sondern auch noch von den Dimensionen der dorthin diffundierenden Molekel oder Ionen abhängt. In der Bodenkunde dient meist das kleine und allgegenwärtige Wasserstoffion, der Träger der sauren Reaktion, als Indikator für die freie Zugänglichkeit der Innenoberflächen. Innendisperse Systeme besitzen bei gleichem äußeren Dispersitätsgrad eine unvergleichbar größere Oberflächenentwicklung als kompakt gebaute disperse Phasen. Ein Molwürfel des innenkompakten Quarzes besitzt eine Oberfläche von 48 cm², während der ideal innendispers angenommene Quellton je Mol mehr als 10^6 cm² Oberfläche den Grenzflächenreaktionen darbieten kann (Wasserbindung, Umtauschreaktionen usw.).

β) Die verschiedenen Dispersitätsklassen des Bodens.

Nach der Terminologie G. WIEGNERS (1929)[2] bildet der Boden ein sog. polydisperses System, in dem sämtliche Dispersitätsgrade vom grobdispersen bis zum feinstdispersen vorkommen. Jede Einteilung der Bodenstoffe in bestimmte umgrenzte Dispersitätsklassen trägt daher den Stempel der Willkür in sich. Aus praktischen Gründen wird eine Gliederung der ganzen Zerteilungsskala des Bodens in verschiedene Dispersitätsgruppen notwendig. Nach den Empfehlungen der Internationalen Bodenkundlichen Gesellschaft (1930) wird folgende Unterteilung und Benennung der Fraktionen eingehalten:

Die Klassifikation der verschiedenen Bodenarten (Sand-, Lehm- und Tonböden) basiert auf dem jeweiligen Mengenanteil der verschiedenen Kornfraktion in der Bodenprobe.

Für die hier zur Diskussion stehende Behandlung bestimmter Probleme der physikalischen Chemie des Bodens drängt sich folgende Unterteilung der Dispersitätsskala auf (siehe Tabelle 277).

Tabelle 276. *Abgrenzung und Benennung der verschiedenen Dispersitätsgruppen des Bodens für praktische Zwecke.* (Vorschlag der Internationalen Bodenkundlichen Gesellschaft.)

Teilchendurchmesser (Äquivalentdurchmesser)	Benennung der Fraktion
größer als 2 cm	Steine
2 —0,2 cm	Kies
0,2 —0,02 cm	Grobsand
0,02 —0,002 cm	Feinsand oder Mo
0,002—0,0002 cm	Schluff
kleiner als 0,0002 cm	Rohton

Für das physikalisch-chemische Verhalten eines bestimmten Bodens (Adsorption, Ionenumtausch, Wasserbindung, Filtrationsgeschwindigkeit, Durchlüftung usw.) haben sämtliche Dispersitätsgruppen ihre bestimmte Bedeutung. Die grobdisperse Fraktion des Bodens stellt vorwiegend physikalisch-mechanische Probleme, deren Behandlung dem Erdbaumechaniker geläufig ist. Die spezifischen Reaktionen der feindispersen und kolloiden Gruppen sind hingegen für

---

[1] WIEGNER, G.: Trans. 3. Int. Congr. Soil Sci. 1936 S. 5/28. — PALLMANN, H.: Bodenkundl. Forsch. 1938.
[2] Boden- und Bodenbildung in kolloidchem. Betrachtung. 5. Aufl. Dresden 1929.

Tabelle 277. *Die vier Hauptdispersitätsgruppen des Bodens, ihre Vertreter und einige kennzeichnende Eigenschaften.*

Dispersitätsgruppe	Vertreter und Eigenschaften
1. Grobdispers gröber als 0,02 cm $\varnothing$	Geröll, Steine, Kies, Grobsand: Geringe Oberflächenentwicklung: Außenoberflächen; vorwiegend mechasche Probleme
2. Feindispers 0,02—0,0002 cm $\varnothing$	Feinsand und Schluff: Relativ geringe Oberflächen; vorwiegend Außenoberflächen; mechanische und oberflächenchemische Probleme
3. Kolloiddispers $2 \cdot 10^{-4}$—10^{-7} cm $(1 \mu\mu)$ $\varnothing$	Tone, Humus, Sesquioxyde, Kieselsäure und gemengte Gele: Außen- und Innenoberflächen; sehr große Oberfläche; vorwiegend Oberflächenreaktionen
4. Ångströmdispers unter 10^{-7} cm $\varnothing$	Im Bodenwasser gelöste Salze, Säuren, Basen, Molekel und Ionen. Chemische Reaktionen

Tabelle 278. *Kurze Einteilung der kolloiddispersen Bodenkomponenten nach ihrer Außen- und Innendispersität[1].*

a) Tone	1. $\pm$ kompakter Feinbau, unzugängliche Innendispersitäten: Feldspatresttone: hochdispergiertes Material aus Feldspaten, Glimmern, Quarz usw. Kaolinittone: Kaolinit, Nakrit, Dickit, Halloysittone 2. Innendisperse Quelltone vom Typus Montmorillonit, Beidellit, Nontronit;
b) $Al(OH)_3 Fe(OH)_3 SiO_2$	Innendispers, oft amorphe, gemengte Gele
c) Humusstoffe	Innendispers, Rohhumus und Faserhumus, äußerlich grobdispers scheinend, besitzen zugängliche und quellbare Innendispersitäten

die meisten eingangs erwähnten Bodeneigenschaften von bestimmender Bedeutung.

c) Die Stabilisierung fein- und kolloiddisperser Systeme.

Mit steigendem Zerteilungsgrad eines Systems (Ton, Humus, $Fe(OH)_3$ usw.) nimmt dessen spezifische Oberfläche und damit die freie Oberflächenenergie zu. Das hochdisperse System sucht daher diese energievergrößernde Oberfläche möglichst zu verkleinern, um damit beständiger zu werden. Diese Oberflächenverminderung wird erreicht:

1. durch Sammelkristallisation der feinkristallinen Phasen zu gröberen Kristallen oder

2. durch Aggregation der feinen Einzelteilchen zu gröberdispersen Vielfachteilchen (Koagulation, Flockung, Krümelbildung).

Ein hochdisperses System vermag nur dank besonderer Stabilisierungsvorgänge den zur Oberflächenverkleinerung drängenden Kräften

1. durch elektrische Aufladung der feinen Teilchen oder

2. durch deren Hydratation

zu begegnen und im hochdispersen Zustand zu verharren.

α) Elektrostabilisierung und Teilchenpotentiale.

In der einfachsten modellmäßigen Vorstellung von COTTON, MOUTON, DUCLAUX, MUKHERJEE, ZSIGMONDY, WIEGNER, KRUYT usw. ist der Bauplan der elektrostabilisierten Bodenteilchen, sei es Ton, Schluff, Humus, $Fe(OH)_3$ usw., der folgende:

---

[1] Vgl. W. v. ENGELHARDT: Fortschr. Min., Kristallogr. u. Petrogr. 1937 S. 276/340. — C. E. MARSCHALL: J. physic. Chem. 1937 S. 935. — J. DE LAPPARENT: Z. Kristallogr. 1937 S. 234/258.

I. Die Hauptmasse des Teilchens liegt im Teilchenkern, dem Mikron oder Ultramikron. Dieser ist der Träger des besonderen Chemismus; er entscheidet, ob ein Ton- oder ein Humusteilchen vorliege. Die amorphe oder kristallographisch orientierte Zusammenlagerung der einzelnen Kernbausteine führt je nach den Einordnungsgesetzen zum $\pm$ kompakten oder zum innendispersen Feinbau. Bei der Bildung des Teilchenkernes werden nicht sämtliche verfügbaren Energien verbraucht; ungesättigte Valenzen an Orten der Gitterstörung (Metastrukturen[1]) und an den Grenzflächen überhaupt verleihen diesen Teilchenkernen gewisse Reaktionsbereitschaft.

II. Vom Teilchenkern werden bestimmte Ionen aus dem Dispersionsmittel an dessen Oberflächen attrahiert oder aber durch Dissoziation der Kernoberfläche an der Grenzfläche mobilisiert. In beiden Fällen bildet sich eine kernnahe Ionenschicht, die bevorzugt aus kerneigenen[2] Ionen besteht und einen definierten Ladungssinn (+ oder —) hat. Ist diese Innenionenschale negativ, so erhält damit der ganze Kern diesen Ladungssinn (Adsorption 1. Art: nach VERVEY); es entsteht das negative Bodenteilchen. Besteht diese kernnahe Ionenschicht aus positiven Ionen, so entsteht das positive Ultramikron.

III. Die primäre Aufladung des Teilchens durch eine kern- oder gitternahe Ionenschicht bedingt aus elektrostatischen Gründen die Attraktion ihr entgegengesetzt geladener Ionen aus dem Dispersionsmittel, dem Bodenwasser. Diese umhüllen in lockerer Bindung als zweite Ionenschicht (Außenionenschwarm) die kernnahe und fester gebundene Innenionenschale. Diese locker gebundenen Ionen können leicht umgetauscht (siehe Abschnitt d) und durch andere Ionen gleichen Ladungssinnes ersetzt werden (siehe Abb. 306).

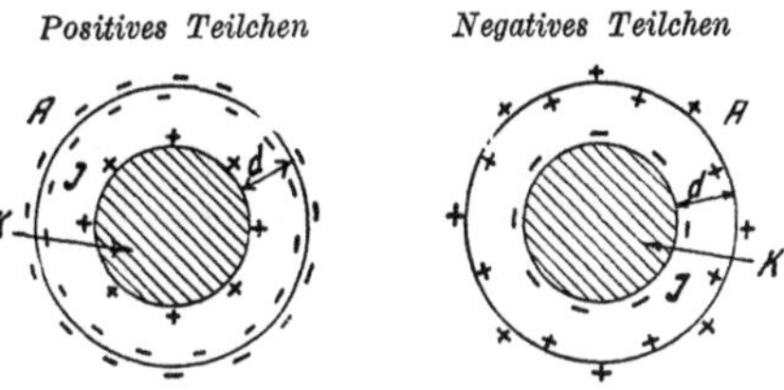

Abb. 306. Schema der Elektrostabilisierung kolloiddisperser Systeme.
K Unhydratisierter Kern, *A* Außenionenschale, *J* Innenionenschale, *d* Schalendistanz.

Bei kompakten Bodenteilchen finden sich die zwei wesentlichen Ionenbelegungen an der äußeren Teilchenbegrenzung, während bei innendispersen Teilchen, den Humusstoffen, den sog. Quelltonen, auch an den Innenoberflächen der Kapillaren, Poren und intrakristallinen Zwischenebenen diese Zonierung auftritt. Dieses dreigeteilte System der dispersen Phasen (Kern + Innenionenschale + Außenionenschwarm) wirkt in der Art eines Kondensators mit innerer und äußerer elektrischer Belegung und weist daher eine bestimmte Kapazität und ein bestimmtes elektrisches Potential auf, das für das kugelförmig angenommene kompakte Bodenteilchen die Gleichung

$$P = \frac{n\,e^-\,d}{D\,r^2} \tag{1}$$

befriedigt, in der P = elektrokinetisches Teilchenpotential, $n\,e^-$ = Zahl der elektrischen Ladungseinheiten des negativ angenommenen Teilchens, d = mittlerer Abstand der entgegengesetzt geladenen Ionenschalen, D = Dielektrizitätskonstante des Bodenwassers und r = Teilchenradius. Das gleichnamige Teilchenpotential artgleicher und aufgeladener Bodenteilchen verhindert nach COULOMB die Aggregation der auf dem Diffusionswege (Brownsche Bewegung) sich nähernden Teilchen. Je höher das Potential, um so stärker ist die gegen-

<hr>

[1] Wo. OSTWALD: Metastrukturen der Materie. Kolloidchem. Beih. Bd. 42 S. 109.
[2] E. J. VERWEY: Kolloid-Z. 1935 S. 187.

seitige Teilchenabstoßung und um so stabiler erscheint das System. Jede Verminderung des Teilchenpotentials macht das System instabiler und flockungsbereiter.

β) **Die Stabilisierung hochdisperser Phasen durch Hydratation**[1].

Als Hydratation bezeichnet man jede Anlagerung von Wasser an irgendeinen im Wasser dispergierten Stoff (Ton, Humus, $Fe(OH)_3$-Ionen, Molekel usw.). Die polaren Wassermolekel ($^+H \cdot OH^-$) werden dabei im Kraftfeld der Teilchenoberfläche oder der Ionenumgebung gerichtet und attrahiert. Die Hydratation verläuft stets unter Wärmeabgabe, die in der Kolloid- und Bodenkunde als Benetzungswärme oder Hydratationswärme unter bestimmten Voraussetzungen zur Abschätzung der aktiven Oberfläche benutzt wird. Die Umhüllung mit fest-

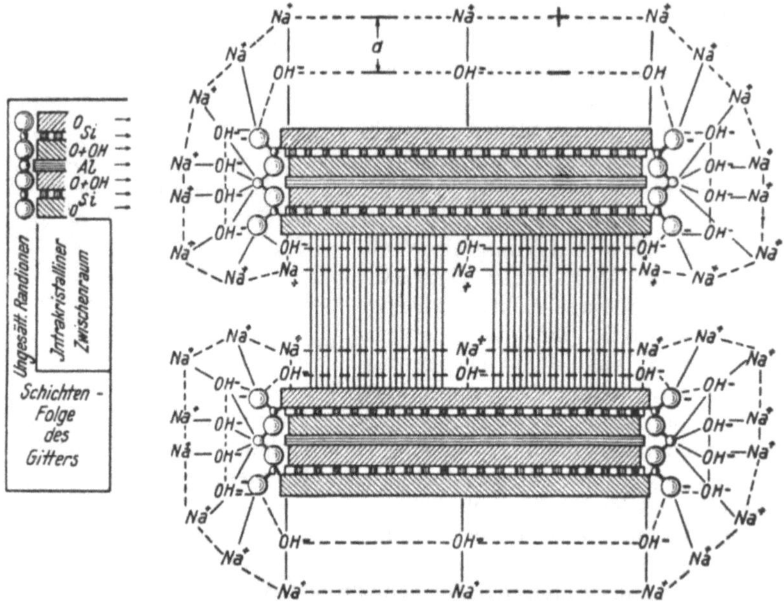

Abb. 307. Elektrostabilisiertes Quelltonteilchen.
An den Außenoberflächen und an den zugänglichen Innendispersitäten bilden sich aufladende Ionenschalen. Elektrostatische Attraktionen der Innenschalen an den ungesättigten Randionen des Gitters. Die Dissoziation ist an den Außendispersitäten größer als in den intrakristallinen Zwischenräumen.

gebundenem Hydratationswasser steigert die Affinität des hochdispersen Teilchens oder der Molekel zum Dispersionsmittel. Räumlich wird durch die Hydratationsschicht der Durchmesser der Schalenionen erhöht, wodurch eine Vergrößerung des Abstandes d zwischen den teilchenumhüllenden Ionenbelegungen und damit eine Erhöhung des Teilchenpotentials erfolgt. Die Hydratation stabilisiert die hochdispersen Bodenstoffe. Die Wassereinlagerung und Hydratation werden durch den Feinbau, die Oberflächenentwicklung, deren Ionenbesetzung usw. stark beeinflußt (siehe Abschnitt: Wasserbindung). (Vgl. Abb. 307 bis 310.)

Von der Hydratation der Ionen werden zahlreiche später zu erörternde Eigenschaften disperser Systeme (Schalendissoziation, Wasserbindung, Quellung, Durchlässigkeit, Fließfähigkeit usw.) beeinflußt. Bei gleichbleibender Ionenwertigkeit ist sie stark vom Ionenpotential und daher vom Ionendurchmesser abhängig. Je kleiner vergleichbare Ionen gleicher Ladung sind, um so höher ist

---

[1] H. PALLMANN: Vierteljahresschr. d. Naturforsch. Ges. Zürich 1931 S. 16.

deren Hydratation. Mit steigender Ladung nimmt das Innenpotential und damit die Ionenhydratation zu.

Bei der Hydratation der Kolloidteilchen werden die Wassermolekel sowohl von der adsorbierenden Gerüstoberfläche wie auch von den dort haftenden auf-

Tabelle 279. *Hydratation der Alkali- und Erdalkaliionen, berechnet aus der elektrolytischen Wanderungsgeschwindigkeit bei ∞ Verdünnung.*

Ionendurchmesser in Ångström	Hydratation	Ionendurchmesser in Ångström	Hydratation
Li$^+$ 1,56	10	Mg^{++} 1,56	33
Na$^+$ 1,98	5	Ca^{++} 2,12	22
K$^+$ 2,66	1	Sr^{++} 2,54	21
Rb$^+$ 2,98	0,5	Ba^{++} 2,86	17
Cs$^+$ 3,30	0,2		

Hydratation angegeben in Zahl HOH-Molekel je Ion.

adenden und austauschbaren Ionen attrahiert.

Durch die natürliche oder thermische Alterung (Hysteresis) hydratisierter Gele wird das Teilchengefüge dichter und die Hydratation und das Quellungsvermögen nehmen ab. Diese Gele schrumpfen, kristallisieren und weisen verminderte Wasserbindung und geringere Dispergierungsbereitschaft auf.

I. Die Koagulation und Dispergierung als Folge veränderter Teilchenpotentiale. Die Koagulation[1] oder Flockung besteht im Zusammentritt feindisperser Teilchen zu einem gröberen Vielfachteilchen, Koagulat oder Krümel. Die Vielfachteilchen werden durch Dispergierung wieder in hochdisperse Einzelteilchen zerteilt. Jede Entladung und weit-

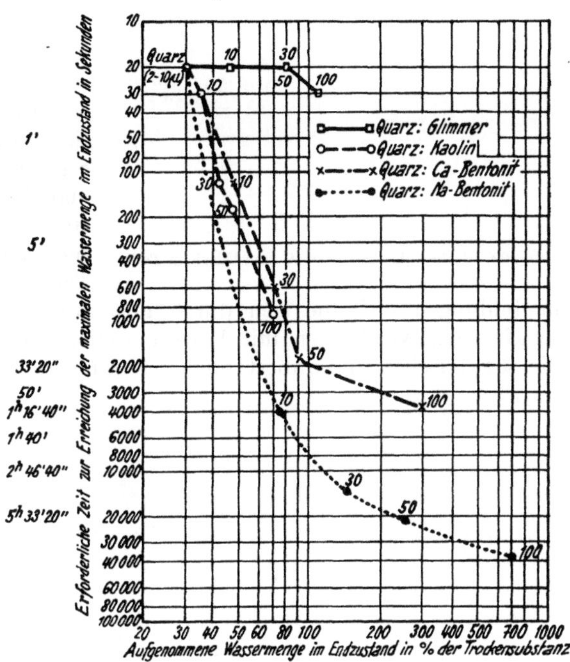

Abb. 308. Abhängigkeit des Wasseraufnahmevermögens und der Ansaugegeschwindigkeit von der Natur des Tonminerales und der Quarzmenge.

gehende Dehydratation führt zu einer Schwächung der Beständigkeit hochdisperser Zerteilungen. Unter einem bestimmten kritischen Potential verkleben die Teilchen bei der gegenseitigen Annäherung. Im Gegensatz hierzu führt jede Aufladung oder Verstärkung der Hydratation zu einer gesteigerten Dispergierungsbereitschaft. Durch nicht zu hohe Bindekräfte zusammengehaltene Aggregate (Krümel, Flocken, Knollen) zerfallen dabei in Einzelteilchen oder kleinere Vielfachteilchen.

Eine Potentialverminderung der Teilchen läßt sich auf verschiedenen Wegen herbeiführen (siehe Potentialformel S. 497). Werden die Teilchen in einer Sus-

---

[1] G. WIEGNER: Z. Pflanzenernährung, Düngung u. Bodenkde. 1928 S. 185. — H. PALLMANN: Kolloidchem. Taschenbuch S. 246. Leipzig 1935.

pension zunehmend konzentriert, so beeinflussen sich die gleichmäßig geladenen Außenionenschalen der genäherten Teilchen elektrostatisch: Die Dissoziation der Schalen wird herabgesetzt, die Schalen werden komprimierter und an den Kern gedrängt. Diese Verminderung der Schalendistanz (Verminderung von d in Potentialformel) setzt das elektrokinetische Potential herab.

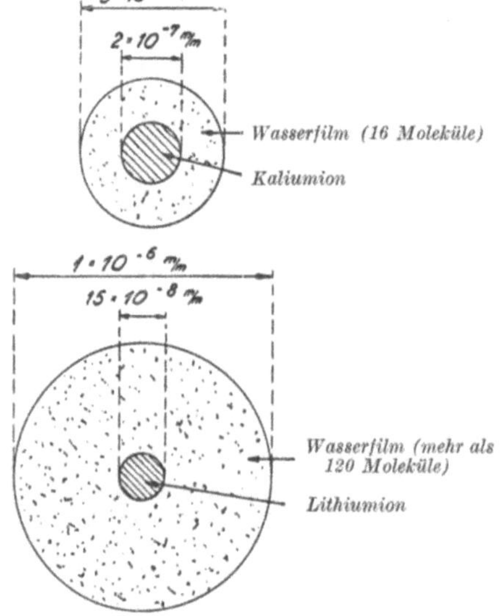

Abb. 309. Verhältnis vom Festteil zum flüssigen Teil.

Tabelle 280. *In konzentrierten Suspensionen wird das Teilchenpotential durch Rückgang der Schalendissoziation erniedrigt[1].*

Bentonitton in 100 cm³ Suspension	Teilchenpotential in Millivolt
0,1	58
0,6	50
1,0	48
2,0	20
3,0	6

Mit dieser starken Potentialreduktion der Teilchen in konzentrierten Suspensionen, Breien und Gelen hängen manche Eigentümlichkeiten dieser Systeme zusammen. Durch die reduzierten Abstoßungskräfte derart genäherter Teilchen treten Flockungen und Krümelbildungen auf, die sich durch ihre außerordentliche Dispergierungsbereitschaft beim Verdünnen mit Wasser auszeichnen. In der Bodenkunde dürften die sog. falschen und unbeständigen Krümel zum Teil auf solche Effekte zurückgeführt werden; die aggregierende Wirkung des Bodenfrostes[2] kann in elektrolytarmen Böden auf einer solchen reinen elektrostatischen Dissoziationsverminderung der Schalen beruhen, während in elektrolytreicheren Böden echte Koagulationsprozesse durch angereicherte Ionen die Krümelung bedingen. Manche reversible Verfestigung von Tonen ist auf derartige potentialschwache Systeme beschränkt (siehe Abschnitt Thixotropie).

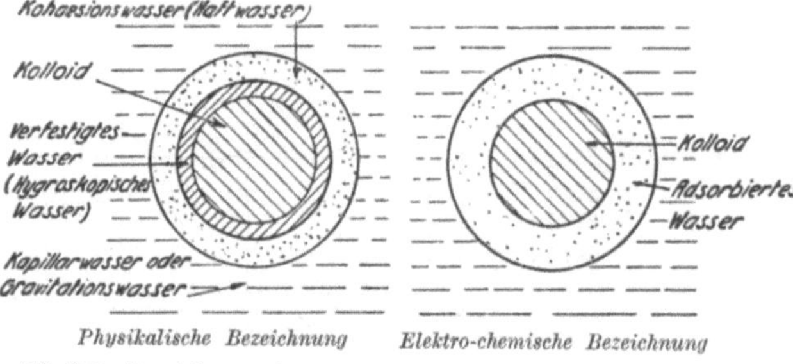

Abb. 310. Bezeichnung der verschiedenen Wasserarten um ein Kolloid.

Bei Gegenwart von Elektrolyten im Dispersionsmittel läßt sich die Schalendistanz d und damit das Potential wirksam heruntersetzen, wenn Ionen in die Außenschale gelangen, die zur Innenschale große Affinitäten haben (Möglichkeit der Bildung unlöslicher oder undissoziierter Verbindungen zwischen Innen- und Außenionenschalen). Je näher die Schwarmionen an die Innenschale gelangen, um so stärker wird das Potential abgesenkt. Negative Teilchen (Ton, Humus, Kieselsäure usw.) binden positive Ionen um so intensiver, je höher deren positive

---

[1] H. FREUNDLICH, O. SCHMIDT u. G. LINDAU: Kolloidchem. Beih. 1932 S. 78.
[2] P. KOKKONEN: Acta Forestalia 1926 S. 1/56. — HÉNIN M. S.: Acad. d'Agriculture de France 1936 S. 1. — E. JUNG: Kolloidchem. Beih. 1931 S. 320.

Wertigkeit, je größer deren Durchmesser, deren Polarisierbarkeit und je geringer deren Hydratation sind.

Tabelle 281. *Negativ geladener H-Putnamton und negativ geladenes Ligninsol werden durch folgende Konzentrationen der verschiedenen Kationen ausgeflockt.*
[L. D. Baver[1]: 2,35 g Putnamton in 100 g Suspension; E. Junker[2]: 0,1 g Lignin (hochdispers) in 100 g Suspension; 100 g Putnamton resp. 100 g Lignin werden durch nachstehende Ionenkonzentration (Chloride) geflockt.]

Koagulator und Valenz	Ionendurchmesser in Å	Ionendeformierbarkeit[3]	Ton, geflockt MA	Lignin[4], geflockt MA
Li 1+	1,56	$0,067 \cdot 10^{-24}$	536	158
Na 1+	1,98	$0,197 \cdot 10^{-24}$	536	149
K 1+	2,66	$0,87 \cdot 10^{-24}$	218	143
Rb 1+	2,98	$1,90 \cdot 10^{-24}$	—	126
Cs 1+	3,30	$2,85 \cdot 10^{-24}$	—	110
Mg 2+	1,56	$0,12 \cdot 10^{-24}$	67	90
Ca 2+	2,12	—	67	82
Sr 2+	2,54	—	—	84
Ba 2+	2,86	—	—	77
Al 3+	1,14	—	—	5

Die Potentialerniedrigung und Koagulation positiv geladener Teilchen

$$\boxed{Al(OH)_3}^+ ; \quad \boxed{Fe(OH)_3}^+ ,$$

die in den sauren Bleicherdeböden der Gebirgswälder eine große Rolle spielen, werden vornehmlich durch die hochwertigen Anionen ($Cl' < SO_4'' < PO_4'''$) und das aktive Hydroxylion (OH') bewirkt.

Die Entladung der anorganischen negativen Teilchen durch Verminderung von $n\,e^-$ (siehe Potentialformel) findet in der Innenschale statt und ist nur möglich durch sehr aktive positive Ionen, wie z. B. durch Wasserstoffion, Al^{+++}-, Fe^{+++}-, La^{+++}- und Th^{++++}-Ionen. Eine Umladung der negativen Teilchen zu positiven tritt vielfach ein.

II. Schutzwirkung[5]. Wird einem koagulationsempfindlichen System [z. B. Ton, $Fe(OH)_3$, $Al(OH)_3$] eine hochdisperse, stark hydratisierte und dadurch flockungsunempfindliche Phase (Humus, Eiweißstoffe) zugemischt, so umhüllt sich die erste mit einer Schicht der hydratisierten und stabilen Teilchen. Die Koagulationsresistenz der umhüllenden Substanz überträgt sich damit auf die umhüllten Teilchen. Diese Schutzwirkung hat große praktische Bedeutung bei der Podsolierung, wo der hochdisperse Wasserstoffhumus die empfindlichen Eisen- und Aluminiumhydroxydteilchen in den oberen Bodenschichten vor der Ausflockung schützt. Diese hochdispersen Phasen wandern mit dem einsickernden Bodenwasser in untere Horizonte und bilden dort bei der isoelektrischen Ausfällung Zementations- und Anreicherungshorizonte.

III. Potentialerhöhung und Dispergierung. Die Potentialerhöhung negativer Teilchen ist möglich durch Einbau gittereigener Ionen in der Innenionenschale (Aufladung, Erhöhung von $n\,e$) oder durch Ersatz stark gebundener Außenschwarmionen durch solche geringerer Bindefestigkeit (Erhöhung von d). Bei den Tonen und den meisten anderen anorganischen Bodenkolloiden geschieht

---

[1] Res. Bull. Univ. of Missouri 1929.
[2] Unveröffentlichte Versuche 1938.
[3] M. Born u. W. Heisenberg: Z. Physik 1924 S. 3387.
[4] Konzentration, bei der nach 60′ makroskopische Flockung eintritt.
[5] Siehe A. Kuhn: Kolloidchem. Taschenbuch, Kap. III. Leipzig 1935. — S. Oden: J. Landwirtschaft 1919 S. 177.

die Aufladung am besten durch den Einbau von OH-Ionen in die Innenschicht, da diese einen wesentlichen Anteil am Gitter- oder Kernbau besitzen.

Die Potentialerhöhung bei negativen Teilchen durch OH-Ionen erfolgt um so ungestörter, je weniger das dem OH'-Ion zugeteilte Kation als Gegenspieler potentialerniedrigend wirken kann.

Das relativ schwach koagulierende einwertige K'-Ion wirkt der OH-bedingten Aufladung nur schwach und erst bei höheren Konzentrationen entgegen, während das koagulationskräftigere, zweiwertige Ca-Ion die Dispergierung des Humus bereits

Tabelle 282. *Aufladung der Tonteilchen durch Einbau von OH-Ionen in die aufladende Innenschale.* (Berechnet nach Versuchen von A. S. L. BÄR und H. J. TENDELOO 1936[1].)

OH-Konzentration im Dispersionsmittel	$n\,e^-$ beim Albit	$n\,e^-$ beim Kaolinit	$n\,e^-$ beim Bentonit
10^{-18}	2,6	7,6	64,3
10^{-9}	3,0	8,4	67,5
10^{-8}	3,5	9,0	71,5
10^{-6}	3,9	10,0	76,8

$n\,e^-$ gibt Aufschluß über die Umtauschkapazität; $n\,e$ ausgedrückt in Milliäquivalenten je 100 g Ton.

bei niederer $Ca(OH)_2$-Konzentration abbremst und aufhebt. Bei hohen Laugenkonzentrationen tritt wieder eine Zurückdämmung der Schalendissoziation und damit des Teilchenpotentials und der Dispergierung ein.

Die Koagulation und Dispergierung spielen in der Bodenkunde eine wichtige Rolle: durch Koagulation der Ton- und Humusstoffe, besonders im kalkhaltigen Boden, entsteht der gekrümelte, durchlässige nnd tätige Boden. Bei der Auswaschung der Elektrolyte durch die im Bodenprofil versickernden Wässer verlieren die Böden ihre Krümelstruktur und nehmen das undurchlässige Gefüge der Einzelkornverteilung an.

Die Braunerde des schweizerischen Mittellandes, die Humuskarbonatböden der Kalkalpen und des Jura, die steppenähnlichen Walliser Böden und die Schwarzerden der Steppengebiete sind dank der Dominanz des Magnesiums und des Kalziums in den Ionengarnituren des Bodenteilchens gekrümelt, während die Oberhorizonte der elektrolytarmen und sauren Podsolböden der Urgesteinsregion durch ihre Einzelkornstruktur gekennzeichnet sind. In den Alkaliböden Ungarns, Rußlands und der USA. macht sich die dispergierende Wirkung der angereicherten und alkalisch hydrolysierten Natriumsalze in der Wanderung der Alkali-Ton-Humus-Komplexe im Bodenprofil bemerkbar.

d) Der Ionenumtausch in dispersen Systemen[2].

An den Außen- und Innenoberflächen des Schluffes, des Tones, der Humusstoffe usw. sind die potentialbildenden Ionenschalen verankert. Die Ionen der Außenschalen sind relativ locker gebunden und können durch andere Ionen gleichen Ladungssinnes, die im Dispersionsmittel vorhanden sind, ersetzt werden.

$$\boxed{\text{Ton}}\ \ OH\!\!-\!\!-\ K^+\ +\ NaCl \rightleftarrows \boxed{\text{Ton}}\ \ OH\!\!-\!\!-\ Na^+\ +\ KCl,$$

$$\boxed{\text{Humus}}{\Big<}^{\textstyle COO-}_{\textstyle COO-}\ Ca^{++}\ +\ 2\,KCl \rightleftarrows \boxed{\text{Humus}}{\Big<}^{\textstyle COO-\ K^+}_{\textstyle COO-\ K^+}\ +\ CaCl_2.$$

Die Ionen im Dispersionsmittel tauschen gegen die Grenzflächen ein, die in der Oberfläche adsorbierten Ionen tauschen in äquivalentem Ausmaß gegen die Eintauschionen aus. Ioneneintausch und Ionenaustausch sind die beiden Teilvorgänge des Ionenumtausches.

---

[1] Kolloidchem. Beih. 1936 S. 97/124.
[2] G. WIEGNER: Trans. III. Int. Congr. Soil Sci. S. 5. Oxford 1936.

Der Ionenumtausch und die spezielle Art der Umtauschgarnituren sind für
das chemisch-physikalische Verhalten der Bodenteilchen und der meisten anderen
anorganischen Kolloide von Einfluß. Sie leiten die Koagulation oder die Dispergierung ein; sie beeinflussen den Wasserhaushalt, die Plastizität, die Permeabilität
der Umtauschkörper. Die Ablösung der Pflanzennährstoffe vom Bodenteilchen
durch die Wurzeln beruht großenteils auf Umtauschreaktionen.

α) Die Umtauschstruktur und die Umtauschkapazität[1].

Jede disperse Phase, die dank ihrer Aufladung den Ionenumtausch ermöglicht, kann als Umtauschkörper bezeichnet werden. Die Zahl der umtausch-
fähigen Ionen hängt in erster Linie vom Feinbau der Teilchen, also von deren
aktiver Oberfläche, ihrer Aufladung ($n\,e^-$) und erst in zweiter Linie vom Bauschalchemismus[2] der dispersen Phasen ab (vgl. auch Tabelle 282). Die Umtauschkapazität gibt die Menge der in einem oder 100 g des Umtauschkörpers vorhandenen potentiell austauschfähigen Ionen an. Sie wird zahlenmäßig in Milliäquivalenten Ion je Gramm (bzw. 100 g) des Umtauschkörpers ausgedrückt.

Tabelle 283. *Relative Zugänglichkeit der intramizellaren Zwischenräume der Umtausch-*
körper. Vergleich der relativen Zugänglichkeit mit der Umtauschkapazität.

Umtauschkörper		Relative Zugänglich-keit in %	Umtauschkapazität MA/100 g
Permutit	(1)	100	250—500
Chabasit	(2)	100	400
Humusstoffe	(3)	100	130—500
Proteine	(4)	100	60—120
Quelltone	(5)	um 50	40—120
Kaolinitton	(6)	11	8— 15
Oligoklas	(7)	9	3
Anorthit	(7)	8	2
Orthoklas	(7)	4	5

1, 2, 3, 4, 6 berechnet nach Versuchen E. T. H.: 7 berechnet nach Versuchen
KELLEY u. JENNY.

Innendisperse Umtauschkörper haben unter vergleichbaren Bedingungen eine
viel höhere Umtauschkapazität als kompakt gebaute. Sie wird demnach weitgehend durch die freie Zugänglichkeit der Innenräume der Umtauschkörper bestimmt. Die Zugänglichkeit wird als 100proz. bezeichnet, wenn die Umtauschionen durch das ganze Teilcheninnere frei diffundieren können, wenn also keine
größeren Bezirke für die Diffusion der Ionen sterisch blockiert sind.

Die Geschwindigkeit der in fein- und kolloiddispersen Systemen ablaufenden
Reaktionen wird stark durch die Teilchenstruktur bestimmt. Die Reaktions-
geschwindigkeit ist durch das Tempo der Zu- und Wegdiffusion der verschiedenen
Reaktionspartner an den Außen- und Innenoberflächen gegeben. Im kompakten,
rein außendispersen System, z. B. bei Quarzmehlen, Kaolinittonen usw. spielen
sich die Reaktionen mit großer Geschwindigkeit ab. Die ungehemmte Diffusion
bietet hierfür die Erklärung. Bei innendispersen Systemen, wie sie im Humus,
bei den Quelltonen oder bei den amorphen Silikatgelen vorliegen, ist die Dif-
fusionsgeschwindigkeit durch die freien Querschnitte der Kapillaren, Poren und
intrakristallinen Zwischenräume der Teilchen bestimmt; sie ist in allen Fällen
kleiner als bei den kompakten Umtauschkörpern.

---

[1] H. PALLMANN: Bodenkundl. Forsch. 1938.
[2] S. MATTSON: Kolloid-Z. 1932 S. 312 Tabelle 1.

Die Geschwindigkeit der Gleichgewichtseinstellung bei der Umtauschreaktion hängt vom Feinbau der Umtauschkörper ab[1].

Das Umtauschgleichgewicht ist bei 18° C erreicht:

Tabelle 284.

1. Kaolinitton, kompakt .... nach 5 Minuten
2. Permutit, innendispers, locker ...... nach 10 Tagen
3. Chabasit, innendispers, dichter ...... nach 100 Tagen

β) Die Umtauschreaktionen an einigen Umtauschkörpern.

Das am Umtauschkörper sitzende Ion tauscht um so leichter von der Grenzfläche ins Dispersionsmittel aus, je schwächer es durch die Innenschale des Teilchens gebunden ist. Die Eintauschionen des Dispersionsmittels tauschen ihrerseits um so intensiver gegen ein bestimmtes Ion einer Grenzfläche ein, je stärker sie an der Innenschale elektrostatisch oder rein chemisch gebunden werden können. Die Bindefestigkeit der Umtauschionen an Grenzflächen (Ton, Humus usw.) wird weitgehend bedingt durch:

1. die Hydratation des Umtauschgerüstes,
2. den Durchmesser, die Ladung und die Deformierbarkeit der Ionen,
3. die spezifische Affinität der Schwarmionen zur Innenbelegung (Möglichkeit der Bildung unlöslicher Hydroxyde an Tongrenzflächen, Bildung undissoziierten Wassers beim Eintausch des Wasserstoffions an OH-Ionenschalen usw.).

Quantitativ befolgt die Umtauschreaktion die empirische Gleichung

$$y = K c^n, \tag{2}$$

worin y die Konzentration der eingetauschten (bzw. ausgetauschten) Ionen, c die Gleichgewichtskonzentration der Ionen im Dispersionsmittel bedeuten. K und c sind Umtauschkonstanten.

Für den quantitativen Vergleich des Umtauschverhaltens der verschiedenen Eintauschionen berechnet man mit G. WIEGNER vorteilhaft aus obiger Gleichung den mittleren prozentischen Ionenumtausch $M\ \%$ über ein bestimmtes Konzentrationsintervall ($c = 0$ bis $c = 0{,}5$):

$$M\ \%\ ]_{c=0}^{c=0{,}5} = \frac{K}{1+n}\,(0{,}5)^n\left(\frac{1}{U}\right)\cdot 100, \tag{3}$$

wobei $U = $ Umtauschkapazität in Äq./L.

Tabelle 285. *Der mittlere prozentische Umtausch der Alkali- und Erdalkaliionen (M%) an verschiedenen innendispersen Umtauschkörpern (Grenzen c = 0 bis c = 0,5).*

Eintauschion	Ionendurchmesser Å	NH$_4$-Permutit UK = 4,0 MA (H. JENNY) %	K-Humus UK = 1,37 MA (H. ZADMARD) %	Ca-Humus UK = 1,53 MA (H. ZADMARD) %	Ca-Casein UK = 1,10 MA (E. GRAF) %
Li 1+	1,56	31	54	41	29
Na 1+	1,98	54	66	44	31
K 1+	2,66	74	—	47	36
Rb 1+	2,98	85	76	64	—
Cs 1+	3,30	92	88	69	—
Mg 2+	1,56	36	50	59	78
Ca 2+	2,12	51	67	—	—
Sr 2+	2,54	61	73	73	89
Ba 2+	2,86	80	70	94	99

MA = Milliäquivalente austauschbarer Ionen je Gramm. UK = Umtauschkapazität.

[1] Vgl. N. CERNESCU: Anuarul instit. geol. al Romanici 1931 S. 1/89.

Aus Tabelle 285 geht deutlich hervor, daß am starren und innendispersen Permutitgerüst[1] (amorphes Aluminiumsilikat) die Eintauschfähigkeit der Alkali- und Erdalkaliionen proportional dem Ionendurchmesser ansteigt. Die gleiche Beobachtung findet sich beim Kaliumhumus, der aus Wasserstoffhumus durch Zugabe von KOH (bis p_H 8,2) hergestellt wurde[2]. Durch die Behandlung mit KOH wurden die leichtest dispergierbaren Humusanteile aus dem Bodenkörper entfernt, der zurückbleibende und für die Versuche verwendete K-Humus ist daher an quellungs- und dispergierungsbereiten, stark hydratisierten Gelen verarmt. Es muß dieser als Dispergierungsrückstand zu betrachtende K-Humus als relativ starrer, aber dennoch innendisperser Umtauschkörper betrachtet werden, der wie der Permutit eine deutliche Proportionalität zwischen Eintausch- und Ionendurchmesser der ein- und zweiwertigen Ionen aufweist. Bei der Herstellung des Kalziumhumus verbleiben die leicht peptisierbaren Gele im Umtauschgerüst und erteilen diesem stark hydratisierbaren Umtauschkörper eine auffallende Strukturelastizität. Zwischen dem Eintauschvermögen der Alkali- und Erdalkaliionen besteht ein großer Unterschied. Die koagulationsstarken, zweiwertigen Erdalkaliionen tauschen im quellbaren Umtauschkörper bedeutend stärker ein als die vorwiegend potentialerhöhenden und schwächer gebundenen Alkaliionen. Die zweiwertigen Ionen haften am hydratisierten Umtauschkörper stärker als die einwertigen, leicht abdissoziierbaren Alkaliionen. Noch ausgeprägter wird der Einfluß der Gerüsthydratation und der Strukturelastizität auf das Umtauschverhalten ein- und zweiwertiger Ionen bei reinen Proteinen, die mit dem Lignin zusammengemengte amorphe Humusgele bilden. Für die Umtauschversuche wurde das leicht zugängliche Caseineiweiß[3] verwendet, das noch deutlicher als Ca-Humus den starken Einfluß der Hydratation des Gerüstes und damit der Strukturelastizität im großen Unterschied der Eintauschpotenz zwischen ein- und zweiwertigen Ionen widerspiegelt.

Es wird eine künftige Aufgabe sein, an stark hydratisierten und innendispersen Quelltonkristallen vom Typus Montmorillonit, Nontronit und Beidellit, die zudem großes technisches und bodenkundliches Interesse bieten, den Einfluß der Strukturelastizität auf das Umtauschverhalten der ein- und mehrwertigen Ionen abzuklären.

e) Die Wasserbindung in dispersen Systemen.

α) Grobdisperse Systeme.

Der Wasserhaushalt der Geröll-, Kies- und Grobsandablagerungen bietet vorwiegend hydromechanische bzw. hydrodynamische Probleme. Im wassergesättigten, grobdispersen System ist der überwiegende Großteil des Wassers frei verschiebbar: er steigt und fällt mit dem Grundwasserspiegel. Oberflächenspannung und Adsorptionskräfte haben daran nur untergeordnete Bedeutung. Der Wasserdampfdruck des in Grobporen und Grobkapillaren vorhandenen Wassers entspricht unter gleichen Voraussetzungen dem der ebenen Wasseroberfläche. Der Chemismus der groben Phasen hat keinen erkennbaren Einfluß für den Wasserhaushalt solcher Systeme. Man bezeichnet dieses die weiten Poren und Hohlräume füllende Wasser als spannungsloses Okklusionswasser.

β) Feindisperse Systeme.

Mit zunehmendem Feinheitsgrad der Teilchen treten spezifische Dispersitätseinflüsse auf, die unter der Sammelbezeichnung „Kapillaritätsphänomene" dem Erdbaumechaniker geläufig sind. Der eigentliche Chemismus der Kapillargefüge

---

[1] Nach H. Jenny: Kolloidchem. Beih. 1926 S. 428/472.
[2] Vgl. H. Zadmard: Zürich 1938.   [3] E. Graf: Kolloidchem. Beih. 1937 S. 229/310.

spielt für die Wasserhebung und Wasserbindung in den Feinsanden und Schluffen noch eine untergeordnete Rolle. Die Bindekräfte sind noch für einen großen Teil des hier vorhandenen, kapillarenfüllenden Wassers gering, die zunehmende Oberflächenentwicklung bedingt hingegen, daß bereits ein merklicher Anteil des Wassers adsorbiert ist und bestimmten Adsorptionskräften unterliegt. Die Dicke der Adsorptionsschicht des Wassers, die die freie Verschiebbarkeit der Molekel eingebüßt hat, beläuft sich nach verschiedenen, sehr rohen Überschlagrechnungen auf 1 bis 20 Molekellagen; sie ist demnach zirka 2 bis 40 Å dick. Im homogen geschichteten, wassergesättigten Feinsand und Schluff wird das unter dem Zug der Oberflächenspannung stehende Grobkapillar- und das kondensiertere, bestimmten Adsorptionskräften der Oberfläche unterliegende Adsorptionswasser unterschieden.

γ) Kolloiddisperse Systeme[1].

Im kolloiddispersen Gebiet versagen zunehmend die rein hydromechanischen Gesetze. Das an den Außen- und Innendispersitäten vorhandene Wasser unterliegt den Adsorptions- und Hydratationskräften der groß entwickelten Oberflächen und der daransitzenden Umtauschionen.

Tabelle 286. *Benetzungswärme in cal/g einiger bei 90° C über Phosphorpentoxyd im Vakuum getrockneter disperser Systeme[2].*

1. Kaolinton	1,95 cal/g
2. Boden-Lawsken II	4,29 cal/g
3. Permutit/Na	38,9 cal/g

1, 2, 3 = Richtung zunehmender Innendispersität.

Die Benetzung solcher Systeme ist stets von einer Wärmeentwicklung begleitet, die das Vorhandensein wasserverdichtender Oberflächenenergien und chemischer Kräfte beweist. Diese Benetzungs- und Hydratationswärme dient, wie bereits weiter oben bemerkt, unter bestimmten Voraussetzungen zur Abschätzung der aktiven Oberfläche des Bodens oder allgemein wasserbenetzbarer Kolloidsysteme.

Die kolloiddispersen Kapillaren, Poren und intrakristallinen Zwischenräume halten das Wasser in starker Bindung. Der Wasserdampfdruck dieses Kolloidwassers hängt im chemisch vergleichbaren System vom Kapillar- und Porenradius ab.

Tabelle 287. *Zusammenhang zwischen relativem Wasserdampfdruck h und dem Kapillarradius r.*

r cm	h
$5 \cdot 10^{-8}$	0,1
$7 \cdot 10^{-8}$	0,2
$12 \cdot 10^{-8}$	0,4
$48 \cdot 10^{-8}$	0,8
$105 \cdot 10^{-8}$	0,9
$209 \cdot 10^{-8}$	0,95
$558 \cdot 10^{-8}$	0,98
$1070 \cdot 10^{-8}$	0,99

$h = e^{kr} = 1$ entspricht dem relativen Dampfdruck der ebenen Wasseroberfläche.

Je feiner die vergleichbaren Kapillaren werden, um so geringer wird der jeweilige Dampfdruck des dort vorhandenen Wassers, um so intensiver ist die Wasserbindung und um so größer erscheint der Widerstand, der dem Austrocknen bzw. der Wasserabgabe entgegengesetzt wird.

Der enge Zusammenhang zwischen Dampfdruck und Kapillarenradius gestattet den Ausbau einer Methode zur experimentellen Ermittlung der relativen Verteilung der verschiedenen Kapillardimensionen in Gelen[3].

An hochdispersen Umtauschkörpern überlagert sich der Einfluß der Oberflächenionen, also der Chemismus, den rein feinbaulichen Auswirkungen auf den

[1] A. KUHN: Kolloid-Z. 1924 S. 275.
[2] W. A. BEHRENS: Z. Pflanzenernährung, Düngung u. Bodenkunde 1935 S. 257. — Daselbst übersichtliche Darstellung der Beziehungen zwischen Oberfläche, Hygroskopizität und Benutzungswärme. Ausführliche Literaturangaben.
[3] H. KURON: Z. Pflanzenernährung, Düngung u. Bodenkunde 1930 S. 179; 1931 S. 271; 1932 S. 257.

Wasserhaushalt (die Wasserkapazität und Wasserbindungsintensität). Bei gleichem Feinbau (Gerüstbau) wird der Wasserhaushalt eines dispersen Systems um so stärker durch die Ionengarnituren der Oberflächen beeinflußt, je hydratisierter diese Ionen und je größer die Umtauschkapazität sind. Den mechanischen Einflüssen überlagern sich die chemischen (vgl. auch Tabelle 288).

Tabelle 288. *Wassergehalt hochdisperser kompakter und innendisperser Umtauschkörper in Abhängigkeit von der Ionengarnitur und der Umtauschkapazität*[1].

Kaolinton, kompakt UK = 15 MA/100 g %	Amorpher Permutit, innendispers UK = 400 MA/100 g %
H-Kaolinit 15,6	H-Permutit 43,7
Li-Kaolinit 14,9	Li-Permutit 24,3
Na-Kaolinit 14,7	Na-Permutit 22,4
K-Kaolinit 13,9	K-Permutit 17,5
Mg-Kaolinit 15,7	Mg-Permutit 26,0
Ca-Kaolinit 15,5	Ca-Permutit 25,3
	Sr-Permutit 21,9
	Ba-Permutit 17,8

Wassergehalt im Gleichgewicht mit 3,9 mm Hg-Wasserdampfdruck.

Der kompakte Kaolinit mit niederer Umtauschkapazität vermag unter vergleichbaren Bedingungen weniger Wasser zu binden als der innendisperse Permutit mit großer Umtauschkapazität (UK). Bei der Besetzung der Oberflächen mit hydratisierten Ionen steigt der Wassergehalt der Umtauschkörper.

Der Wassergehalt anorganischer Bodenkolloide steigt unter vergleichbaren Bedingungen mit steigender Oberflächenentwicklung und steigender Besetzung der Oberfläche mit austauschbaren Ionen. Zwischen der Umtauschkapazität und dem Wassergehalt vergleichbarer Umtauschkörper besteht direkte Proportionalität (siehe Abb. 311)[2].

Aus Abb. 311 geht deutlich hervor, daß der Proportionalitätsgrad zwischen Umtauschkapazität und Wassergehalt bei den verschiedenen hochdispersen Bodenkolloiden verschieden groß ist. Die vorwiegend innendispersen, strukturelastischen Quelltone (Montmorillonit, Beidellit, Nontronit), zu denen die Ablagerungen des Bentonites und Putnamtons usw. gehören, binden bei denselben Befeuchtungsverhältnissen je Einheit der Umtauschkapazität mehr Wasser in ihrem Gerüst als die kompakten und strukturstarren Feldspatresttone, der Kaolinit und der innendisperse starre Zeolith.

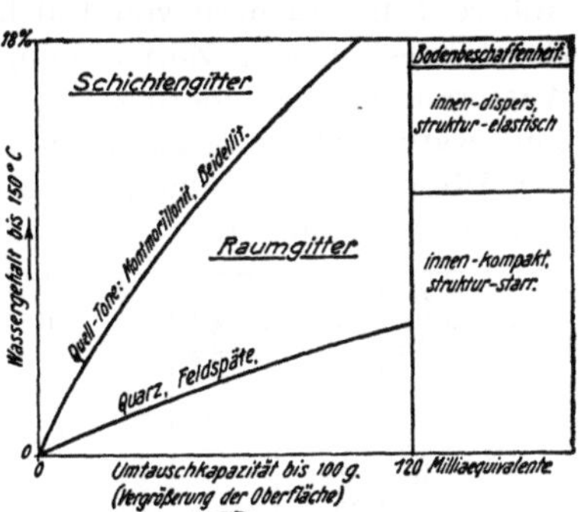

Abb. 311. Der Wassergehalt der anorganischen Umtauschkörper steigt mit steigender Umtauschkapazität, also mit steigender Oberfläche.

Durch die thermische Entwässerung lassen sich folgende Rückschlüsse auf den Wasserhaushalt (Wasserbindekapazität und Wasserbindeintensität) ziehen:

In Abb. 312[3] ist die thermische Entwässerung zweier typischer Vertreter der Quell- und Kompakttone dargestellt: der dichtgeschichtete, kolloidchemisch kompakte Kaolinit gibt im Temperaturintervall 0 bis 400° C nur 18% seines

---

[1] P. Szigeti: Kolloidchem. Beih. 1933 S. 99/176. — P. Giesecke: Chemie d. Erde 1927 S. 98.
[2] W. P. Kelley, H. Jenny u. S. M. Brown: Soil sci. 1936 S. 259.
[3] M. Mehmel: Chemie d. Erde 1937 S. 1.

Gesamtwassers (= Wasserverlust bis 700° C) ab. In steilem Anstieg erfolgt die Abgabe weiterer 59% des Gesamtwassers im engen Intervall von 400 bis 450° C, der Rest geht bis 700° C weg. Im kompakten Kaolinitteilchen sind nur relativ geringe Mengen Wasser locker gebunden, die Hauptmenge unterliegt starken Bindekräften. Sehr verschieden davon verhält sich der innendisperse und struk-

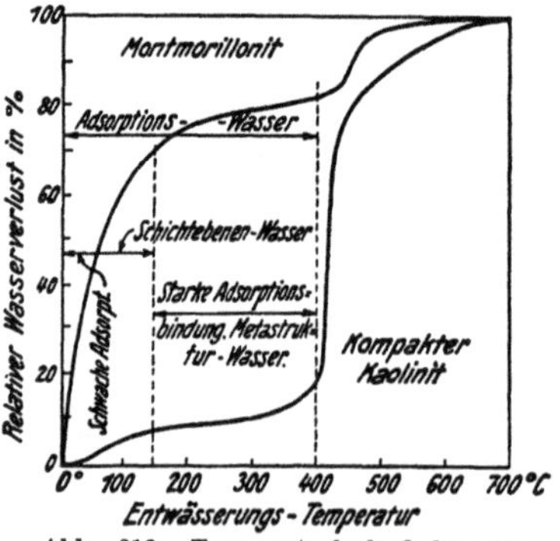

Abb. 312. Temperaturbedarf für die Entwässerung von innendispersem Quellton.

turelastische Montmorillonit (Quellton): bis 150° C verliert er 70% des Gesamtwassers; ein weiterer Verlust von 12% entfällt auf das Gebiet 150 bis 400° C, die restlichen 18% gibt der Quellton zwischen 400 und 700° C ab. Der Quellton enthält nicht nur absolut mehr Wasser als der Kaolinit, sondern hält dieses auch in bedeutend gelockerterer Bindung.

Auf Grund der ausgedehnten Entwässerungsversuche an den verschiedensten dispersen Phasen kommt man mit den amerikanischen Forschern zu folgender Deutung:

Im Temperaturgebiet 0 bis 150° C geht vorwiegend locker gebundenes, an den strukturell ungestörten kristallinen Oberflächen adsorbiertes Wasser weg. W. P. KELLEY, H. JENNY und S. M. BROWN bezeichnen diese Bindeform als planar water. Je lockerer die Innendispersitäten, um so größer ist diese Wasserform, die man Schichtebenenwasser nennen kann und das die lockerste Adsorptionsbindung aufweist. Das an Stellen der Gitterstörungen, an den Kanten und Ecken der Kristallgerüste durch die valenzmäßig ungesättigten Gitterionen attrahierte Wasser ist stärker gebunden. Höhere Temperaturen von 150 bis 400° C sind zu dessen Ablösung notwendig. Durch mechanische Zermalmung und Störung des Gitterbaues wächst dieser Wasseranteil. Die amerikanischen Forscher bezeichnen dieses Wasser als brokenbond-water, das man sinngemäß als Metastrukturenwasser bezeichnen könnte. Die Adsorptionsbindung erscheint hier deutlich verstärkt. Sowohl das Schichtebenen- wie auch das Metastrukturenwasser bilden zusammen das sog. Adsorptionswasser, das den größten Anteil im kolloiddispersen System hat (vgl. auch Abb. 307).

Tabelle 289. *Die Wasserbindung der obersten Erdschicht (15 cm) der verschiedenen schweizerischen Bodentypen ist weitgehend vom Humus- und Tongehalt abhängig*[1].

Bodentypus	Humusgehalt %	Wasserbindung in g H_2O je 100 g Boden
Eisenpodsole	60—80	600
Humuspodsole . . .	60—80	400
Insubr. Braunerde	17—36	230
Braunerde	4—13	100
Rendzina	8—13	140

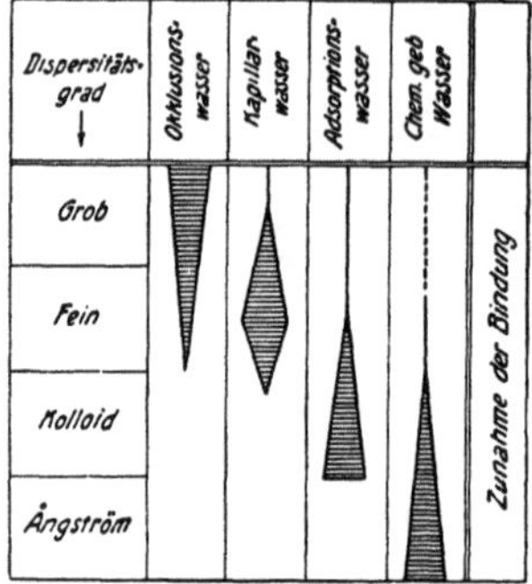

Abb. 313. Schematische Darstellung der verschiedenen Wasserarten.

Bei Temperaturen über 400° C werden die am Gitterbau der Tone beteiligten OH-Ionen zum Teil als chemisch gebundenes Wasser abgegeben.

Der Zusammenhang zwischen vorherrschenden Wassertypus in den grob-, fein-, kolloid- und Angströmdispersen Systemen wird durch die Abb. 313 schematisch dargestellt.

---

[1] A. W. SCHMUTZIGER: Diss. Zürich 1935.

δ) Der Wasserhaushalt der obersten Bodenschicht.

Je reicher ein Boden an hochdispersen Bestandteilen, an Ton und Humusstoffen ist, um so höher liegt cet. par. dessen Wasserbindungsvermögen.

Für die Wasserhaltung des Bodens, beispielsweise nach starken Niederschlägen, spielt außer dem Gehalt an hochdispersen Phasen die Bodenstruktur (ob krümelig, aufgelockert oder dichtgeschlämmt) eine wesentliche Rolle. Der oberflächliche Wasserabfluß, der in waldarmen Gebieten die Gefahr von Hochwasser und Erosion besonders steigert, ist im biologisch gelockerten und humosen Waldboden sehr klein. Die Hauptmengen des Regenwassers werden im lockeren Bodenschwamm magaziniert, sei es als Okklusionswasser in den großen Poren und Bodenhohlräumen oder als Kapillar- und Adsorptionswasser an den hochdispersen Phasen. Die Bedeutung des Waldbestandes für das Wasserregime größerer Einzugsgebiete und für die Erosionsgefährdung der Hänge liegt darin begründet. H. BURGER[1] wies in seinen Arbeiten stets auf diese Verhältnisse hin.

Tabelle 290. *Die Erosion und Hochwassergefahr ist in vergleichbaren Gebieten um so kleiner, je reicher der Boden an Humus und je aufgelockerter die Bodenstruktur ist.*

Einzugsgebiet	Bodenverhältnisse	Relativer Maximal-pegelstand	Geschiebe in 7 Jahren
1. 93% bewaldet 400 ha	Lockerer, humoser Waldboden	100	103 m³
2. 92% unbewaldet 400 ha	Dichter, undurchlässiger Waldboden	560	2240 m³

f) Einfluß der Dispersität, Teilchenform und Teilchenladung auf die Viskosität, Fließgrenze, Plastizität und das Filtrationsvermögen disperser Systeme.

α) Viskosität.

Die Fließeigentümlichkeiten disperser Systeme (Suspensionen, Breie und Gele) hängt weitgehend vom Dispersitätsgrad, dem Teilchenpotential, der Teilchenform und ihrer Aggregationsordnung ab.

Die von M. VON SMOLUCHOWSKI verallgemeinerte Einsteinsche Viskositätsgleichung gibt für diese Zusammenhänge den formelmäßigen Ausdruck:

$$\frac{\eta}{\eta_0} = 1 + 2{,}5\,\varphi\left[1 + \frac{1}{\lambda\,\eta_0}\left(\frac{D\,P}{2\,\pi\,r}\right)^2\right]. \tag{4}$$

η = Viskosität des dispersen Systems, η_0 = Viskosität des Dispersionsmittels, φ = Volumenanteil der dispersen Phase am Gesamtvolumen, λ = elektrische Leitfähigkeit des dispersen Systems, D = Dielektrizitätskonstante, P = Teilchenpotential und r = Teilchenradius. Aus Gl. (4) ist ersichtlich, daß beispielsweise die Viskosität mit steigendem Dispersitätsgrad (abnehmendem r), mit steigendem Teilchenpotential P und mit der Konzentration und Sparrigkeit der dispersen Phase φ ansteigt. Die Sparrigkeit der Vielfachteilchen übertrifft dabei in manchen Fällen den Potentialeinfluß an Bedeutung.

Bei der Aggregation der Einzelteilchen zu Vielfachteilchen bilden sich je nach der Koagulationsgeschwindigkeit und Intensität lockere voluminöse Sekundärteilchen, die in ihrem Innern immobilisiertes und am Fließvorgang nur passiv beteiligtes Wasser enthalten, oder aber es bilden sich dichte, gutgeordnete Koagulate mit relativ kleinem φ. Lockerer Koagulatbau ist um so eher zu erwarten, je kräftiger und rascher eine Flockung herbeigeführt wird, je höherwertiger und koagulationskräftiger das Flockungsagens war, da die haftfähigen Teilchen bei großer Häufungsgeschwindigkeit keine Zeit zur dichten und ge-

---

[1] Mitt. Schweiz. Anst. f. d. forstl. Versuchswes. 1937 S. 5/100.

ordneten Aggregation besitzen und bei der ersten zufälligen Berührung an Ecken, Kanten und Flächen miteinander verklebt werden.

Aus diesem Grunde werden die rasch mit starken Koagulatoren ausgeflockten Ton- und Humussuspensionen ein hohes φ, damit die höchste Viskosität aufweisen. Die langsam und mit schwachen Flockungsmitteln entladenen Systeme werden dichtere Koagulate erzeugen (kleines φ) und daher fließbarere Systeme zeigen.

Tabelle 291. *Viskosität einer durch Alkaliionen (n/200) geflockten K-Tonsuspension.*

Koagulator	LiCl	NaCl	KCl	RbCl	CsCl
Max. Viskosität	37,6	38,1	47,2	47,3	57,5
erreicht nach Sekunden	66	50	44	17	15

Zunahme der Koagulatsparrigkeit.
Zunahme der Flockungsgeschwindigkeit.

Die Viskosität der Breie und Suspensionen wird stark erhöht, wenn die Teilchen eine von der Kugelgestalt abweichende Form besitzen und z. B. als Plättchen oder Stäbchen ausgebildet sind. Bei genügender Konzentration verfilzen und verflechten sie sich gegenseitig im Dispersionsmittel. Diese Verfilzung ist ganz besonders ausgeprägt bei stark hydratisierten Systemen, bei denen auch noch die kondensierten Wasserhüllen sich gegenseitig durchdringen. Die oft beobachtete Strukturviskosität ist auf solche Effekte zurückzuführen.

Tabelle 292. *Fließgrenze von Bentonitsandmischungen und Kaolinitsandmischungen*[1].

Ton %	Sand %	Prozent Wasser bezogen auf Trockensubstanz		
		Na-Bentonit %	Ca-Bentonit %	Ca-Kaolinit %
100	0	520	155	61
75	25	339	106	30
50	50	239	79	24
25	75	121	48	—
10	90	61	40	—

Die Fließgrenze keramischer Breie oder erdbaulich interessanter Gele hängt eng mit der Viskosität zusammen. Auch sie ist von denselben Faktoren beeinflußt, die im Hinblick auf die Viskosität homodisperser Systeme erörtert wurden.

Bei den innendispersen Bentoniten wird bedeutend mehr Wasser durch die Hydratation der Umtauschionen und des Umtauschgerüstes immobilisiert als bei den kompakten Kaolinittonen. Die Fließgrenze muß daher bei den Bentoniten bei beträchtlich höheren Wassergehalten liegen als bei den Kaoliniten.

Die Plastizität, keine spezifische Eigenschaft gewisser chemischer Stoffe, ist gerade bei Kolloidsystemen ausgeprägt und hängt auch hier wieder mit den Zustandsvariablen: Dispersität, räumliche Anordnung der Teilchen im Gel, Zusammensetzung des Dispersionsmittels („Anmacheflüssigkeit") und der Wasserbindung usw. zusammen.

Nach O. RUFF und A. RIEBETH[2] sollen die optimalen Plastizitätseigenschaften des Kaolins bei Teilchengrößen zwischen 3 und 8 μ liegen. Die Stäbchen- und Plättchengestalt der Teilchen und deren quasiorientierte[3] Lage im Brei oder Gel soll für das Auftreten plastischer Effekte von Wichtigkeit sein. Das Kneten der Breie erhöht in vielen Fällen die Plastizität, weil beim Knetvorgang sich

[1] R. SEIFERT, J. EHRENBERG, B. TIEDEMANN, K. ENDELL, A. HOFMANN u. D. WILM: Mitt. d. Preuß. Versuchsanst. f. Wasserbau u. Schiffbau 1935 Heft 20 S. 1/34.
[2] In A. v. BUZAGH: Kolloidik. Leipzig Bd. 16.
[3] L. D. BAVER: J. Amer. Soc. Agronomy 1930 S. 935.

die anisodimensionalen Teilchen in die wirksamen Zug- und Druckrichtungen einstellen. Die Ionenbelegung beeinflußt daneben die plastischen Eigenschaften der Tone sehr stark.

β) Durchlässigkeit der Gele für Flüssigkeiten.

Die Durchlässigkeit breiiger und gelartiger Schichten für Flüssigkeiten ist wieder durch die Dispersität, den Ladungszustand der Teilchen und die Form der Aggregate beeinflußt. Starke Koagulatoren erzeugen sparrige Koagulate und damit durchlässigere Filterschichten, während dispergierende Elektrolyte mit der Erhöhung der Teilchendispersität eine Verdichtung des Gels bewirken.

Tabelle 293. *Filtratmengen verschiedener Elektrolyte durch Schichten von Wasserstoffton*[1].

Dispersionsmittel	Filtratmenge relativ je Zeiteinheit
HOH	100
$CuCl_2$ (stark koagulierend).	256
HCl (stark koagulierend).	216
$CaCl_2$ (koagulierend)	200
LiCl (dispergierend)......	6
Na_2CO_3 (dispergierend)......	3

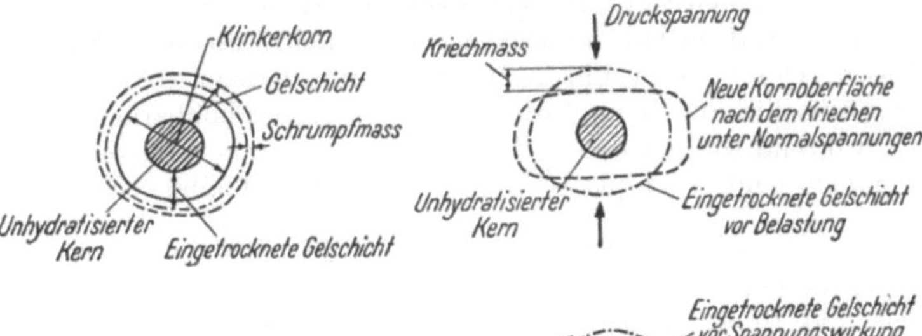

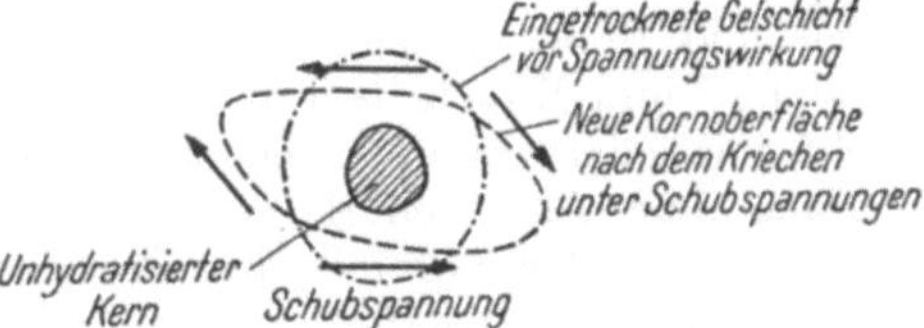

Abb. 314. Veränderung der Gelschicht um ein Zementkorn in Abhängigkeit der Druck- und Schubspannung.

γ) Veränderung der Gelschicht um ein Zementkorn.

Aus Abb. 314 geht die Veränderung der Gelschicht um ein Zementkorn in Abhängigkeit der Druck- und Schubspannung hervor.

g) Einfluß der Dispersität und der Teilchenladung auf die Raumerfüllung und die Thixotropie von Sedimenten.

α) Raumerfüllung und Haftfestigkeit der Teilchen.

Die Raumerfüllung sedimentierender Systeme ist bei kugelförmigen oder plättchenförmigen Teilchen verschieden. Kugelige oder körnige Teilchen berühren sich mehr oder weniger punktförmig und erzeugen bei vergleichbaren Bedingungen (Ladung, Wasserbindung) eine gelockertere Lagerungsstruktur als plättchenförmige, die sich Ebene an Ebene dichter setzen können. Am Beispiel von Quarzsuspensionen soll der Einfluß der Dispersität und der Ladung auf das Sedimentvolumen diskutiert werden.

---

[1] J. F. Lutz: Res. Bull. Univ. Missouri 1934 S. 30. — F. Allam: Chemie d. Erde 1930 S. 276/318.

Sedimentiert eine feindisperse Quarzsuspension (körnige Teilchen) in reinem Wasser, so ergeben sich bedeutend geringere Sedimentvolumina als beim Absetzen dieses Quarzes in Salzlösungen.

Je feiner das Korn, um so ausgeprägter erscheinen die Unterschiede im Sedimentvolumen. Mit P. EHRENBERG (Breslau)[2] kann diese Erscheinung folgendermaßen gedeutet werden: Im Wasser sind die meisten suspendierten Phasen negativ geladen. Bei der Sedimentation gleiten die geladenen Teilchen aneinander vorbei. Die abstoßenden Kräfte verhindern die Berührungs-

Tabelle 294. *Sedimentvolumina homodisperser Quarzsuspensionen in reinem Wasser und in 0,1 m Bariumchloridlösungen*[1].

Teilchen-radius in μ	Relatives Sedimentvolumen	
	in Wasser	in $BaCl_2$-Lösung
4	100	142
6	100	125
18	100	107
26	100	105
150	100	±100
320	100	±100

verklebung und wirken als Schmierung. Durch Koagulatoren werden diese abstoßenden Kräfte zwischen den absetzenden Teilchen vernichtet; sie verkleben bei gegenseitiger Berührung ungeordnet und vermögen daher nicht mehr die dichteste Lagerung einzunehmen. Bei grobdispersen schweren Teilchen genügt die gegenseitige Klebkraft entladener Teilchen nicht mehr, um das Sedimentvolumen zu beeinflussen. Durch die Berührungsverklebung entladener Partikel entsteht ein lockeres, gut aufschwemmbares Sediment mit geringer Fließbarkeit und geringer Plastizität, während die geladenen Teilchen im dichteren Sediment nur schwer aufzuschwemmen sind, aber plastische, knetbare und fließbare Systeme bilden.

β) Thixotropie von Tonen usw.

Eine eigentümliche Verfestigung zeigt sich im Thixotropieeffekt sehr zahlreicher Gele und Breie. Diese von PETERFI entdeckte und hauptsächlich von H. FREUNDLICH[3] und Mitarbeitern bearbeitete Thixotropie äußert sich wie folgt: Durch Schütteln oder andere mechanische Beanspruchung werden feste Breie flüssig. Nach dem Aufhören der äußeren Einwirkung verfestigen sich diese Systeme erneut. In der Keramik und Erdbaumechanik sind diese Effekte zum Teil erscheinungsgemäß bekannt.

Voraussetzung für die Thixotropie ist die weitgehende, wenn auch nicht vollständige Entladung der Tonteilchen. Thixotrope Systeme zeigen daher eine lockere Sedimentstruktur, wie sie im vorigen Abschnitt diskutiert wurde. Durch Schütteln werden die locker aneinanderhaftenden Teilchen aus dem Gelverband gerissen und bewegen sich unter dem Einfluß der äußeren bewegenden Kraft im Dispersionsmittel, um nach dem Aufhören dieser Kraft wieder in die lockere, zum Teil verfilzte und blockierte Gelstruktur zurückzukehren. Die adsorbierten Wasserhüllen verstärken auch hier die Verfestigung der erstarrten Brie. Selbst Sande (Quicksand) können durch kleine Mengen zugemischten Tones thixotrope Effekte zeigen.

Tabelle 295. *Zusammenhang zwischen Thixotropie, Sedimentvolumen und Wasseraufnahme. 5 g H-Bentonit in 100 cm³ Suspension.*

Millimol KOH	0	10	25	50	75	100	250
Sedimentvolumen cm³	3,0	4,5	6,1	7,1	5,7	4,0	2,6
Wasseraufnahme in cm³	—	1,13	1,46	1,9	1,74	1,44	1,0
Thixotrope Erstarrung in Min.	∞	250	30	0	0	0	koag.

[1] A. v. BUZAGH: Kolloidchem. Beih. 1931 S. 114.
[2] Bodenkolloide S. 83. Leipzig 1918.   [3] Kapillarchemie S. 615. Leipzig 1932.

Schrifttum.

ALLAM, F.: Chem. d. Erde Bd. 5 (1930) S. 276 bis 318. — ANTIPOO-KARATAJEO, I. N.: Proc. Leningrad Lab. Bd. 11 (1930) S. 1 bis 64. — BÄR, A. S. L., u. H. J. TEN-DELOO: Kolloidchem. Beih. Bd. 44 (1936) S. 97 bis 124. — BAVER, L. D.: Res. Bull. 129, Univ. Missouri, USA. 1929 S. 14; J. Amer. Soc. Agronom. Bd. 22 (1930) S. 935 bis 948. BEHRENS, W. U.: Z. Pflanzenernährung, Düngung u. Bodenkunde (A) Bd. 40 (1935) S. 257 bis 310. — BURGER, H.: Mitt. Schweiz. Anst. forstl. Versuchswes. Bd. 15 (1929) S. 51 bis 104; Bd. 22 (1937) S. 5 bis 100. — BORN, M., u. W. HEISENBERG: Z. Phys. Bd. 23 (1924) S. 3387. — BUZAGH, A. v.: Kolloidchem. Beih. Bd. 32 (1931) S. 114 bis 142. — Kolloidik. Bd. 16. Dresden u. Leipzig. — CERNESCU, N.: Anuarul inst. geolog. al Romanici 1931 S. 1 bis 89. — EHRENBERG, P.: Bodenkolloide S. 83ff. Dresden u. Leipzig 1918. — ENDELL, K., H. FENDIUS u. U. HOFMANN: Ber. dtsch. keram. Ges. 1934 S. 595 bis 625. — ENDELL, K., u. C. WENS: Ber. dtsch. keram. Ges. Bd. 15 (1934) S. 271 bis 280. — ENGELHARDT, W. v.: Fortschr. Mineral., Kristallogr. u. Petrogr. Bd. 21 (1937) S. 276 bis 340. — FREUNDLICH, H.: Kapillarchemie II S. 615ff. Leipzig 1932. — FREUNDLICH, H., O. SCHMIDT u. G. LINDAU: Kolloidchem. Beih. Bd. 36 (1932) S. 43 bis 81. — FREUNDLICH, H., u. F. JULIUSBURGER: Trans. Faraday Soc. Bd. 30 (1934) Nr. 154 S. 333 bis 338; Bd. 31 (1935) Nr. 168 S. 769 bis 774. — GALLAY, R.: Kolloidchem. Beih. Bd. 21 (1926) S. 431 bis 489. — GEERING, J.: Landw. Jb. d. Schweiz 1936 S. 178. — GIESECKE, F.: Chem. d. Erde Bd. 3 (1927) S. 98 bis 136. — GRAF, E.: Kolloidchem. Beih. Bd. 46 (1937) S. 229 bis 310. — GSCHWIND, M., u. P. NIGGLI: Beitr. Geol. d. Schweiz. Geotechn. Ser. XVII. Lfg. (1931) S. 1 bis 132. — HÉNIN, M. S.: Acad. d'Agricult. France 1936 S. 1 bis 7. — JENNY, H.: Kolloidchem. Beih. Bd. 23 (1926) S. 428 bis 472. — JUNG, E.: Z. Pflanzenernährung, Düngung u. Bodenkunde (A) Bd. 19 (1931) S. 326f.; Bd. 24 (1932) S. 1 bis 20. — Kolloidchem. Beih. Bd. 32 (1931) S. 320f. — JUNKER, E.: Unveröffentlichte Versuche ETH. 1938. — KELLEY, W. P., H. JENNY u. S. M. BROWN: Soil Sci. Bd. 41 (1936) S. 259 bis 274. — KOKKONEN, P.: Acta Forestalia Fennica Bd. 30 (1926) S. 1 bis 56. — Maatal. Aikakans Bd. 3 (1930) S. 83 bis 100. — KUBELKA, P.: Kolloid-Z. Bd. 55 S. 129. — KUHN, A.: Kolloid-Z. Bd. 35 (1924) S. 275 bis 294. — Kolloidchem. Taschenbuch Kap. III S. 24 bis 33. Leipzig 1935. — KURON, H.: Z. Pflanzenernährung, Düngung u. Bodenkunde (A) Bd. 18 (1930) S. 179f.; Bd. 21 (1931) S. 271f.; Bd. 24 (1932) S. 257f.; Bd. 25 (1932) S. 179f. — LAPPARENT, J. DE: Z. Kristallogr. Bd. 98 (1937) S. 234 bis 258. — LUTZ, J. F.: Res. Bull. 212, Univ. Missouri 1934 S. 30f. — MARSHALL, C. E.: J. phys. Chem. Bd. 41 (1937) S. 935 bis 942. — MATTSON, S.: Kolloid-Z. Bd. 58 (1932) S. 312 Tab. 1. — Soil Sci. Bd. 33 (1932) S. 301 bis 322. — MEHMEL, M.: Chem. d. Erde Bd. 11 (1937) S. 1f. — NIGGLI, P.: Schweiz. min. petr. Mitt. Bd. 5 (1925) S. 322 bis 347. — NIGGLI, P., F. DE QUERVAIN u. R. U. WINTERHALTER: Chemismus schweizerischer Gesteine. Beitr. Geol. d. Schweiz. Geotechn. Ser. XIV. Lfg. (1930) S. 259. — NOSTITZ, A. v.: Z. Pflanzenernährung, Düngung u. Bodenkunde (A) Bd. 15 (1930) S. 273 bis 279. — ODEN, S.: J. Landwirtsch. 1919 S. 177 bis 208. — OSTWALD, Wo.: Metastrukturen der Materie. Kolloidchem. Beih. Bd. 42 S. 109 bis 124. — OVERBECK, J. T. G.: Hydrophobic Weekblad 1938 S. 121 bis 137. — PALLMANN, H.: Bodenkundl. Forsch. 1938 S. 6; 1938 S. 7. — Die Ernährung d. Pflanze Bd. 30 (1934) S. 225 bis 234. — Kolloidchem. Taschenbuch, herausgegeben von A. KUHN, Abschnitt 11 S. 246 bis 264. Leipzig 1935. — Mitt. aus dem Gebiet der Lebensmittelunters. u. Hyg. Bd. 24 (1933) S. 8 bis 20. — Vierteljahresschr. Naturforsch. Ges. Zürich Bd. 76 (1931) S. 16 bis 41. — PALLMANN, H., u. P. HAFFTER: Ber. Schweiz. Bot. Ges. Bd. 42 (1933) S. 357 bis 466. — SCHMUZIGER, A. W.: Diss. ETH. 1935. — SEIFERT, R., J. EHRENBERG, B. TIEDEMANN, K. ENDELL, U. HOFMANN u. D. WILM: Mitt. Preuß. Versuchsanst. Wasserbau u. Schiffbau Heft 20 S. 1 bis 34. Berlin 1935. — SZIGETI, P.: Kolloidchem. Beih. Bd. 38 (1933) S. 99 bis 176. — VALEK, Z.: Rec. Trav. Inst. rech. agronom. CSR. 1935. — VERWEY, E. J. W.: Diss. Utrecht 1934. Kolloid-Z. Bd. 72 (1935) S. 187 bis 192; Hydrophobic colloids-Symposium, Chemisch-Weekblad 1938 S. 58 bis 82. — WIEGNER, G.: Boden und Bodenbildung in kolloid-chem. Betrachtung 5. Aufl. Dresden u. Leipzig 1929. — Trans. III. Intern. Congr. Soil Sci. Bd. 3 (1936) S. 5 bis 28. — Z. Pflanzenernährung, Düngung u. Bodenkunde (A) Bd. 11 (1928) S. 185f. — WIEGNER, G., R. GALLAY u. H. GESSNER: Kolloid-Z. Bd. 35 (1924) S. 312 bis 322.

D. Chemisch-mineralogische Eigenschaften des Bodens.

1. Begriffe.

Kristalle: Unter Kristall versteht man einen festen Körper mit dreidimensional periodischer Anordnung der chemischen Bausteine. Diese Art der Anordnung entspricht den Prinzipien eines räumlichen Gitters, so daß man kurz von der Raumgitterstruktur als charakteristischem Kennzeichen der Kristalle sprechen kann (siehe Abb. 315).

Nach den Prinzipien solcher Raumgitter sind in den Kristallen die Atome, Ionen und Moleküle gesetzmäßig angeordnet. Sie sind allerdings nicht starr eingeordnet, wie sie in den Strukturzeichnungen zum Ausdruck kommen, sondern die Teilchen schwingen infolge ihres Wärmeinhaltes in rasch vibrierenden Bewegungen (Wärmebewegungen) um die Gitterpunkte als Bewegungsmittelpunkte.

Die Raumgitterstruktur der Kristalle hat zur Folge, daß bestimmte Richtungen und Ebenen des Gitters dichter oder weniger dicht als andere mit Bausteinen besetzt sind. In Abhängigkeit davon sind alle geometrischen und physikalischen Eigenschaften der Kristalle richtungsverschieden.

Bausteine der Kristalle: Die Bausteine der Kristalle sind Atome, Ionen und Moleküle. Wir können uns die Atome und Ionen, besser ihren Wirkungsbereich als ideale

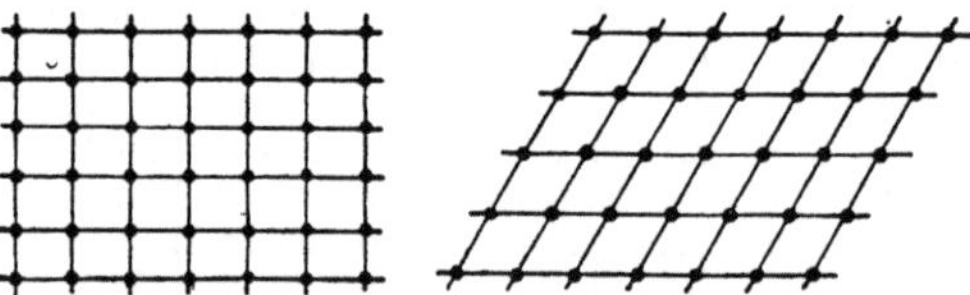

Flächenhaftes Gitter, bestehend aus gleichwertigen, sich in zwei Dimensionen periodisch wiederholenden Punkten.

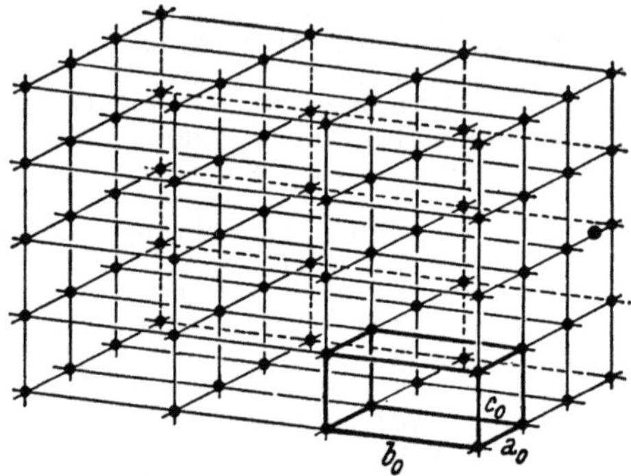

Dreidimensionales Punktgitter (Raumgitter). Die Punkte wiederholen sich in drei Richtungen periodisch. a_0, b_0, c_0 sind die Kanten der Elementarzelle.

Abb. 315.

oder wenig deformierbare Kugeln vorstellen; ihr Radius liegt erfahrungsgemäß zwischen 0,2 bis 2 Å. Der Wirkungsbereich hängt jeweils von der Zahl und Art der benachbarten Bausteine ab.

Die meisten Mineralien sind Kristalle.

Ionengitter: In Kristallen mit Ionengitter wechseln positive und negative Ionen miteinander ab. Die Coulombsche Anziehung der entgegengesetzt geladenen Ionen liefert die Gitterenergie. Die elektrostatischen Valenzen werden auf kürzeste Entfernung kompensiert. Ionengitter besitzen Oxyde, Karbonate, Sulfate, Silikate, Phosphate, Halogenide.

Atomgitter: Man unterscheidet zwischen diamantartigen und metallartigen Bindungen. In beiden Fällen werden die Atome durch gemeinsame Elektronen zusammengehalten. Im Diamant sind die Elektronen zwischen zwei Atomen fixiert. In Metallen können sie sich zwischen den Atomen frei bewegen. Dadurch werden die gute elektrische Leitfähigkeit und das starke optische Reflexionsvermögen der Metalle bedingt. Atomgitter besitzen Diamant, Zinkblende, Manganblende, Metallartige Bindungen zeigen Sulfide, Arsenide usw.

Für weitere Angaben vgl. z. B. H. Strunz: Mineralogische Tabellen. Leipzig 1941

2. Übersicht über die mineralogisch-chemische Zusammensetzung der Böden.

Aus der Tabelle 296 sind die hauptsächlichsten mineralogisch-chemischen Zusammensetzungen der Böden ersichtlich.

Tabelle 296. *Mineralogisch-chemische Zusammensetzung der Böden.*

Benennung	Blöcke, Kiese und Sande			Bindige Böden Schluff und Schlammböden (Tone, Mergel)		
Sammelfraktion	Psephite und Psammite			Pelitisches Korn		
Dispersität	Grob- und feindispers			Feindispers; kolloiddispers		
Korngröße	2000 bis 0,02 mm			$20\,\mu$ bis $0,2\,\mu$ mm		
Untersuchungsart	Makroskopisch u. mikroskopisch zu untersuchen			Mikroskopisch und röntgenologisch zu untersuchen		
Bodenart	Sand- und Kiesböden			Tonböden[1]		
	Mineralog.	Chemisch	Lösbarkeit	Mineralogisch	Chemisch	Anmerkung
Chemisch-mineralogische Zusammensetzung	Quarz	SiO_2	Unangreifbar in der Natur			
	Kalk	$CaCO_3$	Durch säurehaltige Grundwasser lösbar			
	Feldspäte	Kalium- u. Kalk-natron-Aluminium-silikat	Verwitterbar in →	Kaolin	Wasserhaltiges Aluminiumsilikat	
				Glimmer	Wässerige Silikate	
				Muskowit	Heller Kaliglimmer	
				Biotit	Dunkler Magnesiaglimmer Fe-haltig	
				Talk ⎱ Serpentin ⎰	Magnesiumsilikat	
				Chlorite	Aluminiumsilikat Mg—Fe-haltig	
				Montmorillonite	Wasserhaltiges Aluminiumsilikat	Z. B. durch Auswaschen vulkanischer Asche entstanden
				Bentonitton besteht aus a) Montmorillonit b) Beidellit c) Halloysit →	glimmerartig	
				Im Ton ist in geringen Mengen vorhanden	b) und c) sind wässerige Aluminiumsilikate	
				a) Epidot	Ca—Fe—Al-Silikat	
				b) Apatit	chlorhaltiges Kalziumphosphat	
				c) Rutil	TiO_2	
				d) Eisenerze	Brauneisenstein	
				e) Hämatit	⎱ Roteisenstein ⎰ Eisenglanz	
				f) Ilmenit g) Hornblende		

[1] Vgl. Mitt. Preuß. Versuchsanst. Wasserbau u. Schiffbau Heft 20 S. 11. Berlin 1935.

Tabelle 297. *Beispiel: Gletscherablagerung in der Molassehochebene*[1].

Muster	Kornzusammensetzung in mm				Mineralogische Zusammensetzung	Normalwassergehalt (schwed. Kegelversuch) %
	0,5—0,1 %	0,1—0,05 %	0,05—0,02 %	< 0,02 %		
A_1 A_2 A_3	5 0,4 29	16 6 24	42 34 28	37 59,6 19	Quarz, weiße, gelbliche, selten rote Feldspate. Gelbliche und graugrüne Hornblende, selten Muskowit, Biotit, Chlorite. Diese reichern sich in den feinen Fraktionen an	65
B	21	20	20	39	Flyschsandsteine, Gangquarze, Kieselkalk, Diorite, Quarzporphyre, Quarz und Feldspate. Granate, Erz	43
C	12	12	28	48	Quarz, Feldspate (zuckerkörnig), Hornstein, Biotit, Glaukonit, Granit, Epidot. Überzüge aus limonsitischer Substanz	33
D	17	25	27	21	Quarz, Feldspate, viel Hornblende, verrosteter Biotit, Erze	22
E_1 E_2 E_3	30 41 26	26 26 18	23 14 22	21 19 34	Quarz, Feldspat, Hornstein Glaukonit, Chlorit, Biotit Organische Beimengungen	20

Das physikalische Verhalten der bindigen Böden wird durch den mineralogisch-chemischen Aufbau der Feinstteile (Tone, Mergel usw.) maßgebend bestimmt, z. B. Plastizität, Bindigkeit, Klebrigkeit usw.

3. Ergebnisse von mineralogisch-chemischen Untersuchungen.

Bei der Besprechung der Untersuchungsergebnisse sind Text und Abbildungen weitgehend aus P. NIGGLI[2] benützt. Nach NIGGLI ist:

a) Kristallstruktur und kolloidal-amorpher Zustand.

Die Abstände der Atomschwerpunkte in den Kristallen werden durch Ångströmeinheiten ausgedrückt:

$$1 \text{ Ångström} = 1 \text{ Å} = 10^{-8} \text{ cm.}$$

Sind somit im Feinschluff die Einzelkörner Einzelkristalle, so kommen in dieser bereits abschlämmbaren Fraktion auf die lineare Dimension 1000 bis 10000 Atome. Die durch die Raumgitterstruktur gegebene Periode der Wiederholung parallel gleicher Atomanordnung (Gitterkonstanten) liegt bei den Sili-

---

[1] Vgl. BENDEL: Die Beurteilung des Baugrundes. Schweiz. Z. Straßenw. 1935 Heft 14/19.

[2] Zusammensetzung und Klassifikation der Lockergesteine. Vortr. im Erdbaukurs der Eidg. Techn. Hochschule 1938. Schweiz. Arch. angew. Wiss. Techn. Bd. 4/5 (1938); ferner vgl. F. SCHIFFER und P. SCHACHTSCHABEL: Chemische Beschaffenheit des Bodens. Handb. d. Bodenlehre Bd. 11 S. 275. Berlin 1939.

katen oft nahe 10 Å, ist also im Feinschluff linear noch eine gut 1000fache. Von atomaren Dimensionen aus gesehen, kann somit ein isometrisches Feinschluffkorn noch ein hochperiodisches, kristallines Gebilde sein, dessen Oberflächenstörungen wenig weit ins Innere zu reichen brauchen. Aus diesen Erwägungen heraus wird selbstverständlich, daß der kristalline Zustand auch für die Schlämmfraktion maßgebend sein wird bis hinunter zu Dimensionen $2 \cdot 10^{-6}$ oder $2 \cdot 10^{-7}$ cm für Primärteilchen. Von da an werden Oberflächenstörungen das kristalline Baumotiv so stark beeinflussen, daß von kolloidal-amorphen Einzelteilchen ohne eigentliche Gitterordnung gesprochen werden darf. Röntgenometrische Untersuchungen haben diese Überlegungen in vollem Umfang bestätigt und der Ansicht von der Vorherrschaft des kolloidal-amorphen Zustandes im Gebiet des pelitischen Kornes ein Ende gesetzt. Dadurch aber ist die Bedeutung kristallkundlicher Forschung nicht nur für die Beurteilung der Verwitterungsprozesse, sondern auch für die Beurteilung des Verhaltens aller Lockergesteine gewachsen.

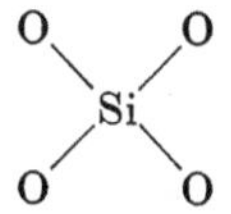

b) Die Kristallstrukturen.

α) Silikate.

Für die Silikate, die in allererster Linie die Erdrinde aufbauen, gilt folgendes: Die anionenartigen SiO_4-Verbände sind durch ein tetraedrisches Baumotiv ausgezeichnet, d. h. jedes Si ist mehr oder weniger tetraedrisch von vier Sauerstoffatomen umgeben.

Diese SiO_4-Ionen treten im Olivin isoliert auf, in den Augiten, Hornblenden, Glimmern, Feldspaten und Feldspatoiden in Verbänden, wobei die Sauerstoffatome die Brückenbindung besorgen, beispielsweise schematisch, ohne Rücksicht auf die räumliche Anordnung, wie das die Abb. 316 bis 320 zeigen.

Die Anordnungsverhältnisse der Atome im Raume gehen aus den perspektivisch gezeichneten Abb. 321 bis 323 für die einfachen Baumotive hervor. Schließlich sind in den Abb. 324 bis 327 Bruchstücke ketten-, band- und schichtartiger Strukturelemente gezeichnet.

β) Feldspate.

Die Feldspate, die weitaus verbreitetsten Mineralien der äußeren Erdrinde, und die Feldspatoide besitzen ein gitterartiges Alumosilikatanion des allgemeinen Baues $[Si_mAl_nO_{2(m+n)}]^n$. Dieses Gitteranion weist somit im weiteren Sinne ähnlichen Bau auf wie SiO_2, wobei jedoch ein Teil des Si durch Al ersetzt ist. Dieses Al ist wie Si tetraedrisch von vier Brückensauerstoffatomen[1] umgeben (Viererkoordination). In die Gitterhohlräume sind K-, Na- und Ca-Kationen zur Absättigung des negativen Ladungsüberschusses eingelagert. Die chemische Verwitterung dieser Mineralien besteht nun in einem Austritt der Kationen, die partiell oder vollständig in Lösung gehen, und in einem durch Hydratation oder Hydrolyse

Abb. 316. $(SiO_4)'''$-Radikal (z. B. in Olivinen).

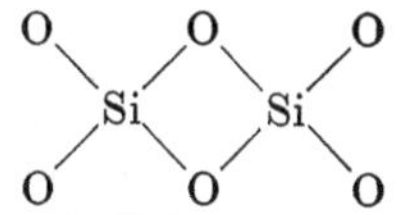

Abb. 317. Ketten- oder ringartig (z. B. kettenartig bei Augiten). Stöchiometrisches Verhältnis $[Si_2O_6]'''' = SiO_3''$.

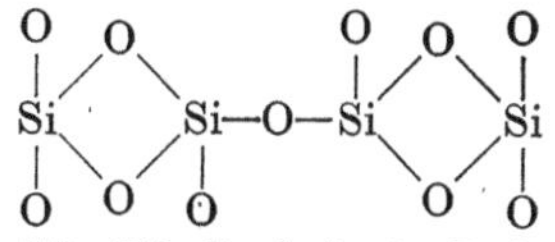

Abb. 318. Bandartig (z. B. in Hornblenden). Stöchiometrisches Verhältnis $[Si_4O_{11}]''''''$.

Abb. 319. Meist schichtförmig (z. B. bei Glimmer). Stöchiometrisches Verhältnis $[Si_2O_5]''$.

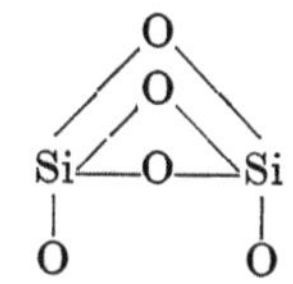

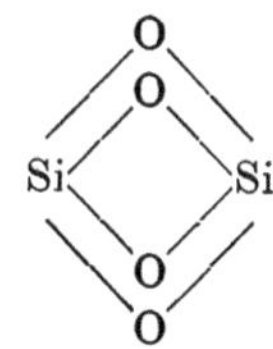

Abb. 320. Dreidimensionalgitterig. Stöchiometrisches Verhältnis $[Si_2O_4] = SiO_2$.

---

[1] Damit werden die Sauerstoffatome bezeichnet, die an zwei Si-Atome bzw. Si- und Al-Atome gebunden sind.

bewirkten teilweisen Zerfall des Alumosilikatanions. Mit Hydroxylionen versucht Al derart Komplexe zu bilden, daß jedes Al oktaedrisch von 6 (OH) umgeben ist. Es wird somit in seiner Viererkoordination unbeständig und

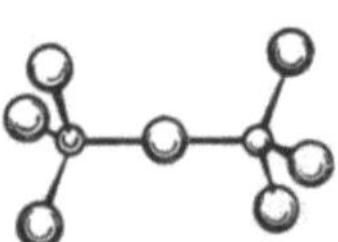

Abb. 321. Selbständige SiO_4-Gruppe. Keine gemeinsame Ecken mit andern SiO_4-Tetraedern. Große Kugeln = O; kleine Kugeln = Si.

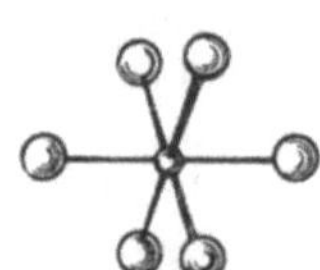

Abb. 322. Si_2O_7-Gruppe, entstanden durch Verknüpfung von zwei SiO_4-Tetraedern durch eine gemeinsame Ecke.

Abb. 323. MgO_6-Gruppe oder AlO_6- bzw. $Al(OH)_6$-Gruppe.

geht in Sechserkoordination über. Für den vollständigen Zerfall könnten wir rein schematisch die Abb. 328 schreiben.

In Wirklichkeit werden die Si-Oxy-Hydroxyde und Al-Hydroxyde sofort zu kolloidalen Komplexen (von Wasserhüllen und Anionenschwärmen umgebene Schichtbruchstücke) zusammentreten, unter Umständen mit gelartiger Struktur. Vor allem aber besteht für beide Verbindungen geringe echte Löslichkeit und Tendenz zur Bildung neuer kristalliner Verbindungstypen. Hierbei ist eine für die Chemie der Verwitterungsmineralien entscheidende Kongruenzbeziehung wirksam. Die Seitenkanten der Al—(OH)- oder Mg—(OH)-Oktaeder sind praktisch gleich

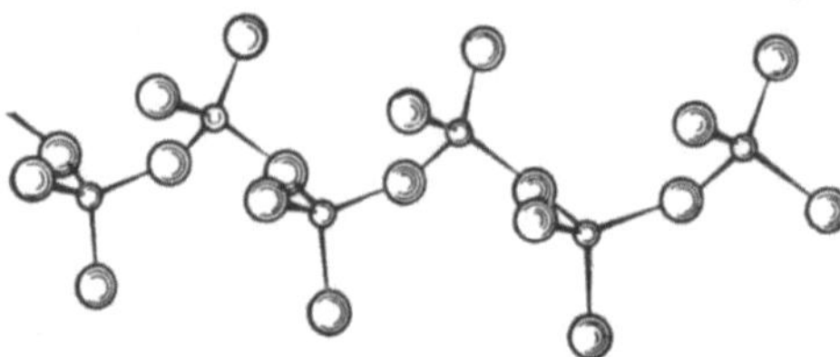

Abb. 324. Si_2O_6-Ketten, entstanden aus der Verknüpfung von SiO_4-Tetraedern durch je zwei gemeinsame Ecken.

groß wie die Seitenkanten der Si—O-Tetraeder. Die Si—O-Verbände mit drei Brückensauerstoffatomen pro ein Si und einem einfach gebundenen O [oder primär (OH)] bilden Schichten. Gleiches gilt, wie die Mineralien Hydrargillit [$Al_2(OH)_6$] und Brucit [$Mg_3(OH)_6$] zeigen, für die Oktaederverbände Al—O (bzw.

OH) und Mg—O (bzw. OH). Diese Schichten passen derart aufeinander, daß sie ohne weiteres zu Doppel- oder Tripelschichten zusammentreten können. Wiederum nur schematisch sei dies durch die Darstellungen in Abb. 329/330 illustriert.

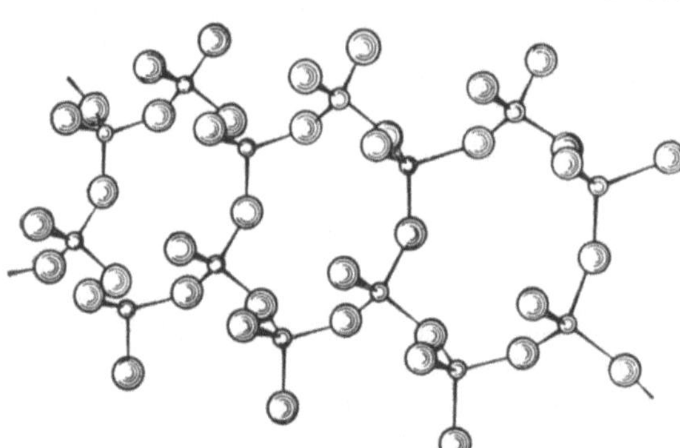

Abb. 325. Si_4O_{11}-Bänder, entstanden durch Verknüpfung von zwei Tetraederketten.

Dieser Vorgang, ob er sich nun wie skizziert auf dem Wege eines vollständigen Zerfalles und Neuzusammentrittes oder als ein Gitterab- und -umbau vollzieht, führt zu den Verwitterungssilikaten, den Resttonmineralien, die fortgeschlämmt und in den Peliten wieder abgelagert werden können. Daß normalerweise diese Tonmineralien nicht über mikroskopische Dimensionen wachsen, häufig ultramikroskopisch bleiben, liegt in den Entstehungs- und Kristallisationsbedingungen

und in Schutzwirkungen durch andere Stoffe begründet.

γ) Nichtfeldspatähnliche Hauptmineralien.

Bevor wir den speziellen Aufbau dieser für viele Lockergesteine charakteristischen Mineralien näher besprechen, sei kurz das Verhalten der nichtfeldspatähnlichen Hauptmineralien besprochen.

I. Quarz. Quarz bleibt unverändert. Bildet sich jedoch aus Kieselhydrogel neu eine kristalline Phase, so scheint es sich oft zunächst nicht um Quarz, sondern um den weitmaschigeren Christobalit zu handeln, der Lösungsreste adsorbiert behalten kann.

II. Glimmer. Die Glimmer besitzen bereits die Schichtstruktur, jedoch mit der Variante, daß in der Tetraederschicht ein Teil des Si durch Al ersetzt ist

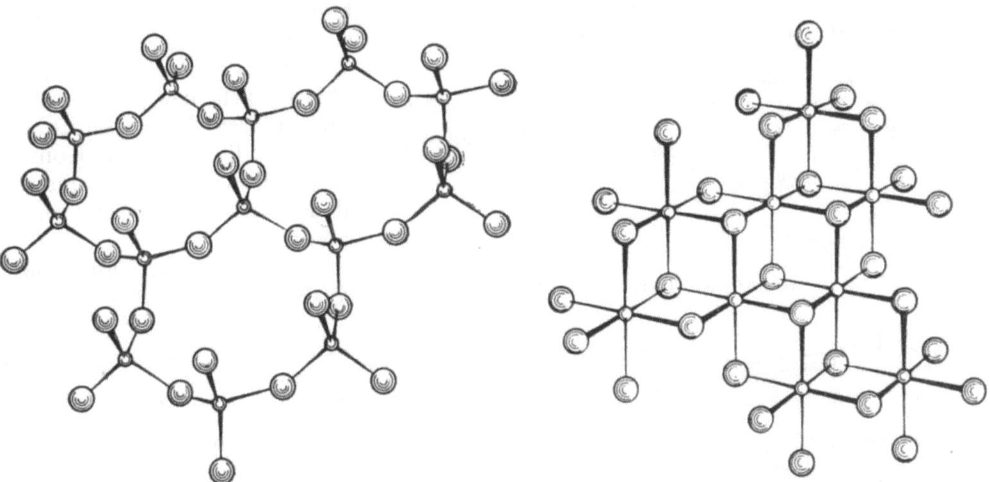

Abb. 326. Si_2O_5-Schichten, entstanden durch Verknüpfung von Bändern.

Abb. 327. $Mg(OH)_2$-Schicht, entstanden durch Verknüpfung von $Mg(OH)_6$-Oktaedern.

Große Kugeln = OH; kleine Kugeln = Mg.

und Alkaliionenschichten die dadurch entstehende weitere negative Überschußladung kompensieren. Mit Sicherheit vermag unter besonderen Umständen auch die chemische Verwitterung von Feldspäten diesen etwas komplexen glimmerartigen Aufbau neu zu erzeugen, so daß ein Teil der Glimmer, die Muskowite, in denen Al einzig wesentliche Elemente der Sechserkoordination ist, sehr widerstandsfähig bleibt. Dunkle Glimmer wie die Biotite, mit Al, Fe''', Fe'', Mg und Alkalien neben Si, zerfallen jedoch zu einfacheren Schichtkristallen unter Austritt der Alkalien, unter Abstoßen eines großen Teiles des Eisens und unter Einsetzen stärkerer Hydratation.

Abb. 328. Zersetzung von Kalkfeldspat in Hydrogele.

III. Augite und Hornblenden. In den Augiten und Hornblenden sind Grundelemente des Si—O-Tetraederschichtenverbandes als Ketten oder Bänder bereits vorhanden, miteinander verknüpft durch mehr oder weniger oktaedrische Bindungsart, vermittelt durch Mg, Ca, Fe, Al. Ein Teil des Al kann auch Si vertreten. Vor allem werden Fe, Mg, Ca und Al hydrolysiert, wodurch das Gesamtgebäude zusammenbricht. Der Neuaufbau führt in erster Linie zu wasserhaltigen Mg-Silikaten vom Tonmineraltypus, während Ca (besonders bei Gegenwart von CO_2) in Lösung geht, oft auch ein Teil von Mg und Fe, soweit letzteres nicht oxydiert und mit Al Hydroxydkomplexe bildet. Im Kristallgebäude enthaltenes Ti wird gleichfalls als Oxyd (oder zunächst Hydroxyd) ausgeschieden.

IV. Olivine. Daß bei der Verwitterung die Tendenz zur Bildung zusammenhängender Si—O-Tetraederschichten besteht, zeigen die *Olivine.* In ihnen bilden die SiO_4 noch keine Verbände unter sich. Sie sind daher besonders leicht verwitterbar. Wiederum entstehen unter teilweisem Freiwerden von Mg wasserhaltige Mg-Silikate vom Tonmineraltypus (Serpentin, Chlorit, Talk usw.). Fe wird zum größten Teil abgestoßen, es bildet limonitartige Komplexe oder Oxyde, die ja auch als Erze widerstandsfähig sein können.

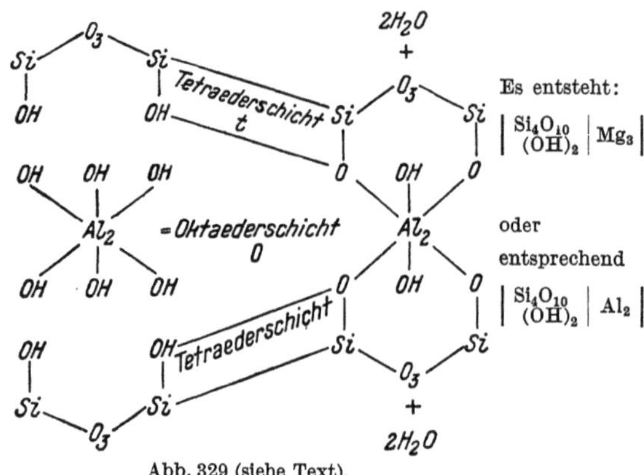

Abb. 329 (siehe Text).

V. Karbonate. Für die Karbonate, besonders Kalzit

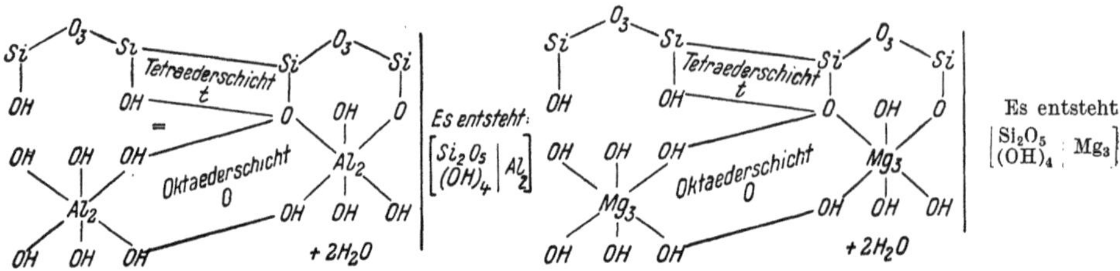

Abb. 330. Zusammenlagerung verschiedener Hydrogele zu basischen Alumosilikationen.

und Dolomit, besteht direkte Lösungsmöglichkeit, verstärkt durch die Bildung von Bikarbonaten bei Anwesenheit von CO_2. Aus diesen Betrachtungen ergibt sich zwangsläufig das Grundbild der chemischen Verwitterung, wie es beispielsweise typisch ist für die Bodenbildung im Molasse-Mittelland (Abb. 331). Si, Al, Fe, zum Teil Mg bleiben unter Entstehung der Schichtmineralien im Rückstand. K, Na, Ca, teilweise Mg, unter Umständen Fe, gehen in Lösung. Allein es besteht die Möglichkeit, daß sich einzelne dieser gelösten Stoffe in die Schichtgitter oder deren Adsorptionslagen und Hüllen wieder einzubauen vermögen, wodurch die Verhältnisse kompliziert und insbesondere auch Veränderungs- und Alterungserscheinungen möglich werden.

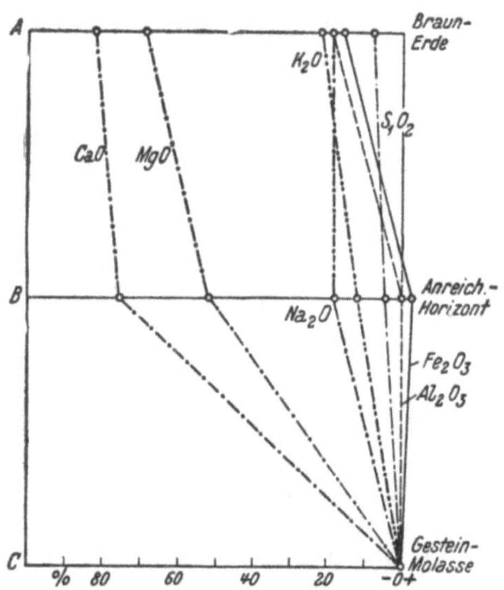

Abb. 331. Prozentualer Verlust bei der Verwitterung.
A Auslaugungshorizont; *B* Anreicherungshorizont; *C* frischer Sandstein der Molasse. Bezugsstoff ist Al_2O_3. Nach M. GSCHWIND.

c) Röntgenometrie.

Eine wichtige bestimmbare Periode ist diejenige senkrecht zu den Schichten. Nun gilt im allgemeinen folgendes: Es beträgt sowohl die Dicke der Tetraeder- als die Dicke der Oktaederschichten etwa 2,2 ÅE (10^{-8} cm), gerechnet von den obersten zu den untersten Atomschwerpunkten. Folgen zwei Schichten ohne Hauptbindung aufeinander (O- bzw. OH-Atome unmittelbar gegeneinander gerichtet), so stellen sich zumeist Zwischenabstände von 2,5 oder 2,8 bis 3,5 ÅE ein, letztere oder noch bis doppelt so große nur, wenn Einlagerungen von Ionen oder Wassermolekülen statthaben. Bezeichnen wir die Schichtdicke mit Hauptbindung mit Δ, die Dicken der Zwischenlagen mit δ, so können sich als Gesamtperioden senkrecht zur Schichtlage Werte $n\,\Delta + m\,\delta$ ergeben. Es ist dann noch darauf Rücksicht zu nehmen, daß Schichtrepetition stattfinden kann, jedoch in verschobener oder verdrehter Lage, wodurch die wirkliche Periode ein Vielfaches der die Stellungsverschiedenheiten nicht berücksichtigenden Schichtperiode wird. J. DE LAPPARENT hat nach den röntgenometrisch bestimmbaren Perioden die Tonmineralien in drei Gruppen eingeteilt:

I. $n\,\Delta + m\,\delta =$ ca. $\quad 7$ ÅE $=$ normalerweise $2\,\Delta + 1\,\delta = 2\cdot2,2 + 1\cdot2,8 = 7,2$;

II. $n\,\Delta + m\,\delta =$ ca. 10 ÅE, jedoch verschieden deutbar, z. B. $3\,\Delta + 1\,\delta$ mit
$\quad\quad\quad\quad\quad \delta\,2,5$ bis $3,6$;

III. $n\,\Delta + m\,\delta =$ ca. 14 ÅE, jedoch verschieden deutbar, durch Stellungsverschiedenheit das Doppelte von I oder in anderer Folge, z. B.
$\quad\quad\quad\quad\quad 3\,\Delta + 1\,\delta + 1\,\Delta + 1\delta$ oder $3\,\Delta +$ großes δ.

Zu I rechnet DE LAPPARENT die Kaoline mit den Varianten Dickit, Nakrit, Anauxit, Beidellit, Halloysit und Serpentin zum Teil,

zu II Pyrophyllit, sog. Attapulgite, Talk, Sepiolith (hierher gehören auch die Glimmer),

zu III Montmorillonit, Nontronit. Hierher gehören (eventuell mit verdoppelter reeller Periode) die normalen Chlorite.

So zweckmäßig — rein terminologisch — nach den üblichen röntgenometrischen Bestimmungsmethoden auf den ersten Blick eine derartige Einteilung scheint, so unwahrscheinlich ist es, daß sie der Gesamtmannigfaltigkeit gerecht wird und daß sie das Prinzipielle im Aufbau zu erfassen vermag. Obgleich heute oft noch eine Entscheidung nicht möglich ist, wird man doch versuchen müssen, nach anderen Unterscheidungsmerkmalen Ausschau zu halten.

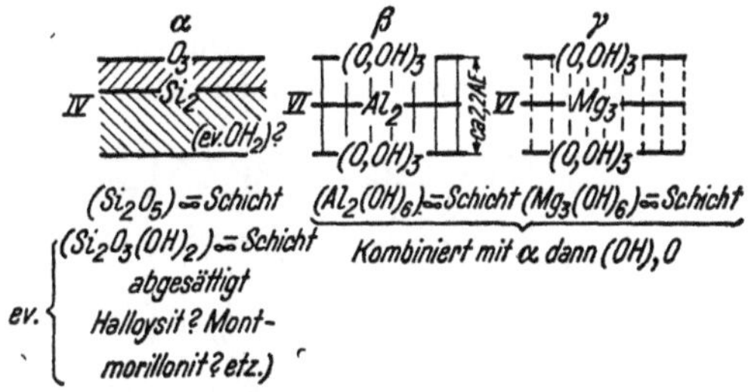

Folgende Alternativen sind offenbar für eine zukünftige Gliederung besonders wichtig:

1. Treten isolierte Tetraederschichten t und isolierte Oktaederschichten o auf (ohne Hauptverbindungen zwischen ihnen).

Abb. 332. Tonmineralien.

$\alpha = [Si_2O_5]$- bzw. $Si_2O_3(OH)_2$-Schicht mit tetraedrischer Hauptbindung.

$\left.\begin{array}{c}\beta\\\gamma\end{array}\right\}$ Schicht mit oktaedrischer Hauptbindung.

2. Sind Doppelschichten *to* vorhanden (mit Brückensauerstoffen).

3. Sind Tripelschichten *tot* vorhanden (mit Brückensauerstoffen).

4. Sind diese in sich hauptvalenzartig gebundenen Schichten voneinander getrennt (isoliert) durch praktisch substanzlose Zwischenschichten l oder verbunden durch Ionenschichten i oder durch variabel zusammengesetzte Füllmassen f.

5. Welches ist die Reihenfolge dieser Aufbauelemente? Ist diese streng einheitlich kurzperiodisch oder vielleicht stark variabel, gesetzlos oder nur statistisch geregelt, was röntgenometrisch Perioden vortäuschen kann (Abb. 332)?

Die Mannigfaltigkeit der Tonmineralien besteht vermutungsweise darin, daß alle genannten Fälle auftreten können, daß sich aus f eine Folge lol oder i entwickeln kann usw. Die isolierte, in sich abgesättigte Tetraederschicht der stöchiometrischen Formel $Si_2O_3(OH)_2$ hat man nur für die Halloysite angenommen, doch ist deren Struktur mit der Folge $l\text{-}t\text{-}l\text{-}o$ noch nicht sichergestellt. Ist, wie hier, o durch $Al_2(OH)_6$ gegeben, so müßte die Zusammensetzung lauten:

$$\left[\begin{array}{c}Si_2O_3(OH)_2\\(OH)_6\end{array}\Big|\, Al_2\right] = 2\,SiO_2 \cdot Al_2O_3 \cdot 4\,H_2O.$$

Ein Mineral dieser Zusammensetzung ist am ehesten im alten Wortsinne als ein gemischtes, schichtförmig struiertes Kieselsäure—Tonerdehydrogel anzusprechen. Es ist offenbar unbeständig, indem $Si_2O_3(OH)_2$-Schichten unter Wasseraustritt zu Doppelschichten to zusammentreten. So kann durch einfache Entwässerung der Metahalloysit von kaolinartiger Zusammensetzung entstehen (Abb. 333). Kaolin und die seltenen, nur stellungsverschiedenen Mineralien Dickit und Nakrit werden als einfache Doppelschichten mit der Periode to — l beschrieben. Zusammensetzung somit im Idealfall

$$\left[\begin{array}{c}Si_2O_5\\(OH)_4\end{array}\Big|\, Al_2\right].$$

Die Anauxite sind kieselsäurereicher, was ganz verschiedene, noch nicht unterscheidbare Ursachen haben kann (z. B. Zwischenlagerung einer halloysitähnlichen t-Schicht, teilweiser Ersatz des Al in der o-Schicht durch Si, unvollständige Ausbildung der o-Schicht usw.).

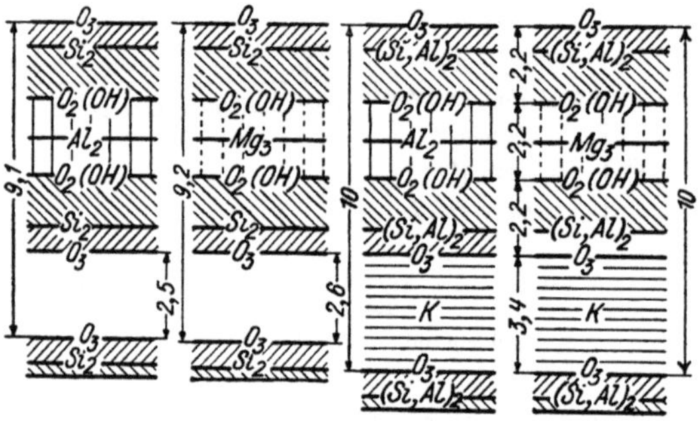

Sehr weit verbreitet ist die Tripelschicht tot. Für dieses Schichtpaket resultiert (Abb. 334) mit Al in o die Formel

$$\left[\begin{array}{c}Si_4O_{10}\\(OH)_2\end{array}\Big|\, Al_2\right]$$

entsprechend Pyrophyllit mit dem tot — l, mit Mg in o die Formel

$$\left[\begin{array}{c}Si_4O_{10}\\(OH)_2\end{array}\Big|\, Mg_3\right]$$

entsprechend Talk.

Es ist durch die zweifache Polymerisation wasserärmer als die Doppelschicht. Es können nun jedoch Hydroxydschichten mit diesen Tripelschichten wechsellagern, und da

$$\left[\begin{array}{c}Si_4O_{10}\\(OH)_2\end{array}\Big|\, Al_2\right] + Al_2(OH)_6 = 2\left[\begin{array}{c}Si_2O_5\\(OH)_4\end{array}\Big|\, Al_2\right],$$

ist einleuchtend, daß kaolinartige oder serpentinartige $\left(\left[\begin{array}{c}Si_2O_5\\(OH)_4\end{array}\Big|\, Mg_3\right]\right)$-Zusammensetzungen auch durch derartige Wechsellagerungen entstehen können. Es ist

$$\left(\begin{array}{c}Si_2O_5\\(OH_4)\end{array}\Big|\, Al_2\right)$$

$$\text{event.}\left(\begin{array}{c}Si_2O_5\\(OH_4)\end{array}\Big|\, Mg_5\right)_x \left((Si_2Al)_4O_{10}\Big|\dfrac{}{}(Al,Mg)_6\right),\ (OH)_8.$$

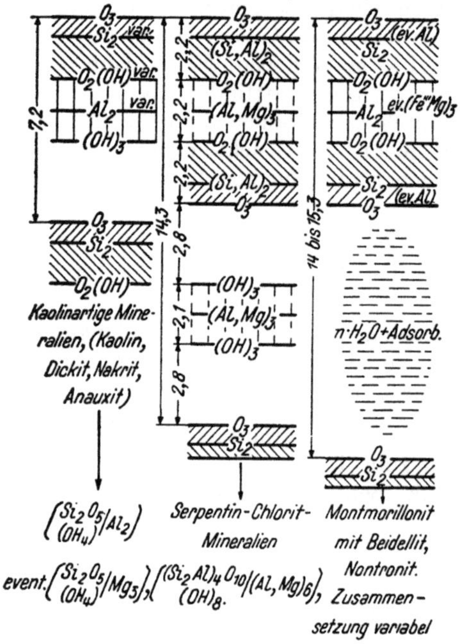

Abb. 333. Kaolin-Chloritfolge.

Pyrophyllit $\left[\begin{array}{c}Si_4O_{10}\\(OH)_2\end{array}\Big|\, Al_2\right]$;   Talk $\left[\begin{array}{c}Si_4O_{10}\\(OH)_2\end{array}\Big|\, Mg_3\right]$;

Sericit $\left[\begin{array}{c}Si_3AlO_{10}\\(OH)_2\end{array}\Big|\, Al_2\right]$K;   Biotit $\left[\begin{array}{c}Si_3AlO_{10}\\(OH)_2\end{array}\Big|\, Mg_3\right]$K.

Abb. 334. Pyrophyllit-Talk-Glimmerfolge.

jedoch sehr unwahrscheinlich, daß hierbei stets das Verhältnis $tot\!:\!o = 1\!:\!1$ bleiben wird, so daß sich von selbst Zwischenglieder ergeben müssen. Dazu kommt nun beispielsweise beim Ersatz eines Teiles des Si durch Al in t die Möglichkeit der Zwischenlagerung von Ionenschichten i. In feinschuppigen Glimmern vom Charakter des Muskowits, dem Serizit, tritt infolgedessen die Folge $tot\text{-}i$ auf, wobei die Zusammensetzung $\left[\begin{smallmatrix}Si_3AlO_{10}\\(OH)_2\end{smallmatrix}\,\Big|\,Al_2\right]K$ nur einen Grenzfall darstellt. Es ist auch bemerkenswert, daß erfahrungsgemäß in einer Folge $tot\text{-}l\text{-}tot$ die l-Zwischenschicht zunächst gern eine innere Adsorptionsschicht unbestimmter Zusammensetzung (Wasserschicht mit Ionenschwärmen), also eine f-Schicht bildet, die sich später zu o- oder i-Schichten stabilisieren kann. In diesen Grenzfällen besteht unter Umständen interlamellare Quellbarkeit und Entwässerungsmöglichkeit, indem Teile der Füllmasse f teilweise oder ganz austauschbar sind. Man hat bei den Montmorillonit, Beidellit genannten Mineralien und eventuell bei Nontronit derartige Quellungserscheinungen und mehr oder weniger kontinuierliche Entwässerungsphänomene festgestellt.

d) Chemismus.

Die einfache Folge $t\text{-}l\text{-}o$ ergibt $SiO_2\!:\!(Al_2, Mg_3)O_3\!:\!H_2O = 2\!:\!1\!:\!4$; die einfache Folge $to\text{-}l$ ergibt $SiO_2\!:\!(Al_2, Mg_3)O_3\!:\!H_2O = 2\!:\!1\!:\!2$, ebenso $tot\text{-}l\text{-}o\text{-}l$. Die einfache Folge $tot\text{-}l$ ergibt $SiO_2\!:\!(Al_2, Mg_3)O_3\!:\!H_2O = 4\!:\!1\!:\!1$. In Glimmern führt $tot\text{-}i$ zu $SiO_2\!:\!(Al_2, Mg_3)O_3\!:\!H_2O\!:\!K_2O = 6\!:\!3\!:\!2\!:\!1$.

Einschaltung von hydroxylartigen Füll- und o-Schichten wird das Verhältnis zugunsten von $(Al_2Mg_3)O_3$ und H_2O verschieben. Stets ist natürlich daran zu denken, daß sowohl Al wie Mg durch Fe''' bzw. Fe'' ersetzt sein können und K_2 oder Na_2 durch Ca. Die Kaolinmineralien Kaolin, Dickit, Nakrit enthalten angenähert das oben erwähnte Verhältnis $2\!:\!1\!:\!2$. Mg, Alkalien, Fe fehlen selten völlig, bleiben jedoch ganz untergeordnet. In den Anauxiten nähert sich jedoch $SiO_2\!:\!(Al, Fe)_2O_3$ oft $3\!:\!1$. Die Halloysite und Metahalloysite stellen Übergänge von $2\!:\!1\!:\!4$ zu $2\!:\!1\!:\!2$ dar. In den Montmorilloniten, die nach unserer Auffassung quell- und austauschfähige Zwischenstufen von Pyrophylliten zu Glimmern (auch Mg- und Kalkglimmern) eventuell Chloriten darstellen, ist nicht selten zu finden $SiO_2\!:\![(Al, Fe)_2, (Mg, Fe, Ca, K_2, Na_2)_3]O_3\!:\!H_2O = 4\!:\!{}^4\!/_3\!:\!1 + m$, wo m den kontinuierlich bis ca. $400°$ abgegebenen H_2O-Gehalt darstellt (oft 4 bis 6). J. DE LAPPARENT gibt ungefähr folgende Varianten an:

$$SiO_2\!:\!(Al_2, Mg_3)O_3\!:\!H_2O \text{ gesamt,}$$
$$3,7 : \quad 1 \quad : 6,5 \quad \text{variabel,}$$
$$4 : \quad 1 \quad : 6,8 \quad \text{variabel.}$$

Zur Beurteilung ist noch zu berücksichtigen, daß gewöhnliche Chlorite infolge Ersatzes des Si durch Al in der Tetraederschicht variieren können von

$$SiO_2 : (Mg_3, Al_2)O_3 : H_2O,$$
$$2 : \quad 1 \quad : 2$$
$$\text{bis } 1 : \quad 5/3 \quad : 2.$$

Für Pennin gilt beispielsweise angenähert:

$$SiO_2 : (Mg_3, Al_2)O_3 : H_2O,$$
$$6,5 : \quad 5 \quad : 8,$$
$$1,6 : \quad 1,25 \quad : 2.$$

Für Vermiculite wurde u. a. bestimmt ungefähr

$$SiO_2 : (Mg_3, Al_2, Fe_2''')O_3 : H_2O,$$
$$2,2 : \quad 1,3 \quad : 4.$$

Nach I. W. GRUNER werden beim Vermiculit zwischen *tot*-Schichten mit 6,6 ÅE *f*-Schichten mit Wassermolekülen angenommen von 7,6 ÅE Dicke (4 H_2O auf [Si, Al, Fe]$_4O_{10}$]. Gesamtperiode zwischen 28 und 29 ÅE.

Es ist daher wahrscheinlich, daß in den Montmorilloniten in den *f*-Schichten vorzugsweise Wasser bzw. wässerige Lösungen ohne großen Kationengehalt eingelagert sind, sonst wäre eine stärkere Annäherung an ein Verhältnis $SiO_2 : (Mg_3Al_2)O_3$ zu 2:1 feststellbar. Ob innerhalb einer *o*-Schicht Mg und Al, eventuell sogar Ca unregelmäßig verteilt sind oder die Einzelschichten relativ homogen sind, ist röntgenometrisch noch ununtersuchbar. Die Beidellite sind im allgemeinen SiO_2- und H_2O-ärmer.

Für die eisenreichen Nontronite gilt oft

$$SiO_2 : (Al, Fe)_2O_3 : H_2O,$$
$$2 \text{ bis } 4,5 : \quad 1 \quad : 4 \text{ bis } 2$$

mit meist nur untergeordneten Mengen von $(Mg, Ca, Na_2, K_2)O$.

Sepiolith ist ähnlich Serpentin, doch wasserreicher. Die Attapulgite von DE LAPPARENT vermitteln nicht selten chemisch zwischen Montmorillonit und Sepiolith. Sie können zudem Alkalien führen und so zu glimmerartigen Typen hinüberführen. Vielleicht läßt sich ihnen auch der Glaukonit angliedern. Abgesehen von den Alkalien gilt für manche unter ihnen angenähert:

$$SiO_2 : (Al_2, Mg_3)O_3 : H_2O,$$
$$4,5 : \quad 1 \quad : 4,5$$
$$\text{oder } 3 : \quad 1 \quad : 3.$$

Die etwas über das Verhältnis 4:1 ansteigenden Verhältnisse $\dfrac{SiO_2}{(Al_2, Mg_3)O_3}$ sind das einzig Bemerkenswerte und lassen die ähnlichen Erklärungen zu, wie sie für die Anauxite erwähnt wurden. Längere Zeit hat der Begriff Leverrierit eine gewisse Rolle gespielt. Er scheint ein wenig definiertes Übergangsglied von Kaolin-Pyrophyllit zu Serizit zu sein oder nach der Meinung von DE LAPPARENT eine Parallelverwachsung von Kaolin-Serizit-Paketen. Es ist ja zu bedenken, daß die Einheitlichkeit der zur Analyse gelangenden feinschuppigen Blättchenaggregate schwer beweisbar ist und daß grobe Verwachsungen ebensogut denkbar sind wie die von uns postulierten, hie und da auftretenden unregelmäßigen Schichtfolgen.

Zu diesen Mineralien kommen dann noch die reinen Hydroxyde oder Oxyhydroxyde, wie Hydrargillit, Brucit, Diaspor, Goethit, Boehmit und die reliktischen oder neu ausgefällten Karbonate in oft inniger Durchmengung mit den silikatischen Tonmineralien.

e) Tonmineralien, die kleiner als 2 μ Korngröße besitzen.

Wesentlich bleibt für die Beurteilung der Kornfraktionen unter 2 μ, daß in ihnen Schichten und Schichtpakete von variablem, aber grundsätzlich bekanntem kristallinem Bau einen Hauptanteil ausmachen. Die durch Hauptvalenzen in sich gebundenen Schichtpakete besitzen besonders Dicken zwischen 2,2 und 6,6 ÅE, je nachdem, ob es sich um einfache, doppelte oder dreifache Schichten handelt (*t* bzw. *o, to, tot*). Zwischen diesen sich mit Leichtigkeit übereinander gruppierenden und einregelnden Schichten sind keine Hauptvalenzbindungen vorhanden oder nur solche, die normalerweise durch relativ große Ionen, wie K, Na, Ca, abgesättigt werden und die nicht sehr intensiven und widerstandsfähigen Zusammenhalt bedingen. Dadurch aber entstehen ungeheure intra- und extralamellare Oberflächen, die, verstärkt durch das interlamellare Kristallstrukturfeld, mittels van der Waalscher Kräfte Moleküle, besonders Dipole, wie Wasser, zu adsorbieren (festzuhalten) vermögen. Das bedingt in erster Linie die wichtigen Grunderscheinungen der Wasserbindung, des Basenaustausches in den Adsorptionshüllen und der Plastizität, also jene Erscheinungen, die für feindisperse Lockergesteine technologisch und bodenkundlich von eminenter Bedeutung sind. Daß hierbei Beimengungen von Humusstoffen, also organischen Bestandteilen, in wesentlichem Maße mitwirken können, ist selbstverständlich. Daß bei geringer Korngröße und großer Oberfläche auch andere Mineralteilchen ähnliche Effekte aufweisen werden, ebenso echt kolloidale Teilchen, steht außer Frage. Das Hauptverhalten der normalen Lockergesteine mit feinstem Korn wird indessen durch die Schichtkristallbildungen bestimmt.

Früher hat man dieses Verhalten sog. Bodenzeolithen zugeschrieben. Die Mineralgruppe der Zeolithe hat einen ganz anderen Bau, der gleichfalls Wasseranlagerung und Basenaustausch ermöglicht. In den Böden und Lockergesteinen kommen vereinzelt Zeolithe vor, jedoch völlig untergeordnet. Nach NIGGLI muß daher der Begriff „Bodenzeolithe" als wesentlicher Begriff aus der Bodenkunde verschwinden. Nach den bisherigen Erfahrungen scheint das Basenaustauschvermögen bei Montmorilloniten, Beidelliten, Nontroniten, glimmerartigen Mineralien besonders groß zu sein, d. h. bei jenen Schichtfolgen, bei denen t-Schichten über l-Schichten, die zu f- und i-Schichten werden können (Pyrophyllit nnd Talk sind in reiner Ausbildung selten Tonmineralien), einander gegenüberstehen.

Aufquellen und mehr oder weniger kontinuierliche Entwässerungsmöglichkeit bei einzelnen der Tonmineralien zeigen deutlich, daß Wasserbindung, Einlagerung und Austausch sich interlamellar vollziehen können. Naturgemäß sind sie aber auch mit äußeren Grenzflächen verknüpft. Die geringe Schichtdicke der praktisch fast zweidimensionalen und kleines Ausmaß annehmenden Schichtgitter hauptvalenzartigen Zusammenhanges bedingt die große innere und äußere Oberfläche und damit die Herrschaft der Kolloid- oder Dispersoidchemie für das Verständnis der Eigenschaften der Pelite. Die klassische Kolloidchemie kann alle ihre Erfahrungen anwenden, muß nur ihre frühere Vorstellung vom maßgeblichen Einfluß mehr oder weniger amorpher Primärteilchen fallen lassen. Der Ingenieur aber hat zu beachten, daß Theorien, die eine innige Wechselwirkung zwischen Wasserteilchen und „Festbestandteilen" vernachlässigen, nicht nur sehr grobe Annäherungen darstellen, sondern das Wesen des Prozesses überhaupt nicht zu erfassen vermögen. Sie können durch Einfügen von Prämissen, durch Verallgemeinerung aller Erscheinungen im Begriff Kapillarkraft wertvolle Überschlagsrechnungen ermöglichen. Die natürliche Mannigfaltigkeit bleibt unübersichtlich.

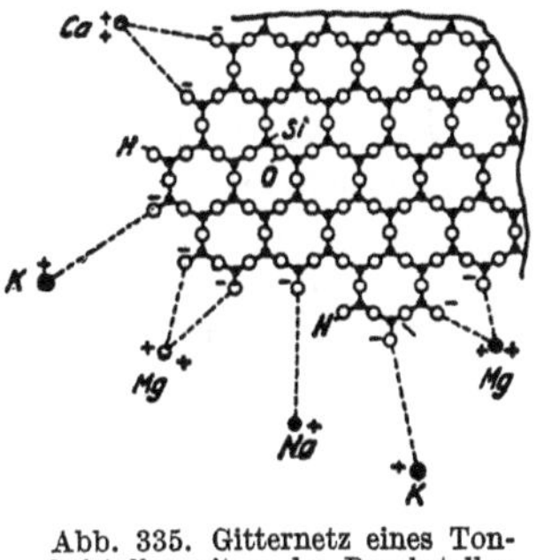

4. Beispiele.

a) Beispiel der Preußischen Versuchsanstalt für Wasserbau und Schiffbau.

Abb. 335. Gitternetz eines Tonkristalles mit an den Bruchstellen gebundenen Kationen (H, Na, K, Mg, Ca).

In Abb. 335 ist das Gitternetz eines Tonkristalles gezeigt. Diese Abbildung ist den Mitt. der Preuß. Versuchsanstalt S. 17, Abb. 33, entnommen. Die elektrochemischen Kräfte, die auf die Kolloidteilchen eines Tonbodens wirken, werden veranschaulicht. Diese bestehen aus Kieselsäureanhydrid (SiO_2), wobei die Siliziumatome mit den Sauerstoffatomen so verknüpft sind, daß ein Netz aus sechseckigen Ringen entsteht. Die Eckpunkte bilden die Kerne der Siliziumatome, während in den Mitten der Seiten die Kerne der Sauerstoffatome gedacht werden. Um die Atomkerne herum bewegen sich die Si- und O-Elektronen. Die vierte Wertigkeit der Siliziumatome, die in Abb. 335 nicht dargestellt ist, bindet das oberhalb gelegene, nächste Gitternetz, das aus Aluminiumhydroxyd ($Al[OH]_3$) besteht.

Die *Siliziumatome*. Die Siliziumatome sind positiv elektrisch geladen. Beim Zerfall des Moleküls durch Elektrolyse wandern sie als Kationen zur Kathode (neg. Pol).

Die *Sauerstoffatome*. Die Sauerstoffatome sind negativ geladen. Bei der Elektrolyse wandern sie als Anionen zur positiven Anode. Die Sauerstoffatome bilden die Oberfläche des Gitters der Kristallteilchen. Sie binden mit ihrer freien Wertigkeit die im Wasser vorhandenen, gelösten, positiv geladenen Kationen, z. B. Na, K, Mg, Ca, H. Es entstehen Oxyde. Durch weitere Wasseraufnahme entstehen Hydroxyde, die weitere Wassermoleküle binden. Diese Wasserbindefähigkeit ist für die Festigkeit, Wasserdurchlässigkeit und Bildsamkeit der Tone von großer Bedeutung.

b) Montmorillonit.

Beim Montmorillonit ist der Abstand stark veränderlich (ENDELL: Bautechnik 1935 S. 226). Die Teilchen des Montmorillonits unterscheiden sich daher von vielen anderen Bodenteilchen. Sie quellen, indem Wasser nicht nur an der Oberfläche, sondern auch im Innern gebunden wird.

c) Kaolinit.

Beim Kaolinit haben die Schichtebenen des Gitters unveränderlichen Abstand in der Größenordnung einiger Ångström-Einheiten.

E. Beschaffenheit des Bodens und Korrosionsgefahr.

1. Grundsätzliche Feststellungen.

Als Ursachen der Korrosion von Stahl- und Gußeisenröhren im Boden werden die im Boden vagabundierenden elektrischen Ströme und die Bodenbeschaffenheit angesehen.

Aus zahlreichen Arbeiten in den Prüfräumen und aus den statistischen Auswertungen langjähriger Beobachtungen in der Natur geht hervor, daß die Bodenbeschaffenheit von ausschlaggebenderer Bedeutung für die Größe der Korrosion ist als die Stahlsorte[1].

Als Hauptursachen der Korrosion werden betrachtet:

physikalische Bodeneigenschaften, wie Luftdurchlässigkeit, kapillare Steigfähigkeit des Wassers, Bindungsvermögen des Wassers (Hygroskopizität),

chemische Bodeneigenschaften, wie Azidität, Zusammensetzung der Bodenflüssigkeiten (Sulfate, Chloride, säurelösliche Schwefelverbindungen usw.),

biochemische Bodeneigenschaften, wie Bakterien.

2. Korrosion und Bodenbelüftung.

Die Belüftung im Boden ist für die Korrosion von großer Bedeutung. Zwischen den Stellen, welche am Rohr aufliegen, und den Luftsäcken mit Sauerstoffzufuhr, entsteht eine Potentialdifferenz. Messungen ergaben Größen von 0,5 bis 0,9 V. Bei wasserdurchtränkten Böden ist keine Sauerstofferneuerung möglich, weshalb dort die Korrosion unterbleibt. Die Erfahrungen an den langen Ölleitungen geben dieser Auffassung recht[2].

3. Korrosion und Leitfähigkeit des Bodens.

Die Korrosion ist stark abhängig vom elektrischen Widerstand des Bodens. Je kleiner der elektrische Widerstand ist, um so aggressiver ist der Boden; denn in einem schlecht leitenden Boden kommen nur wenig ionisierende Bestandteile vor. Praktisch ergab sich, daß ein Boden mit 500 Ohm/cm korrosiv ist, während ein Boden mit 1800 Ohm/cm nur selten korrosiv wirkt[3].

---

[1] Vgl. U. S. Bur. techn. Paper 1938 S. 368; ferner ULRICK R. EVANS: Korrosion, Passivität und Oberflächenschutz von Metallen S. 198. Deutsch von E. PIETSCH. Berlin 1939.

[2] Vgl. E. R. SHEPS and Industr. Engng. Chem. 1934 S. 729.

[3] Vgl. SHEPARD: U. S. Bur. Stand. J. Res. 1931 S. 683.

4. Korrosion und Wasserstoffionenkonzentration des Bodens.

Stark saure Böden sind sicher korrosiv. Bei schwach sauren Böden spielen die Gesamtazidität, die Summe aller freien und gebundenen Wasserstoffionen eine wichtige Rolle[1], d. h. zur Beurteilung der wahrscheinlichen Korrosion in schwach sauren Böden muß auch die Azidität und die Wasserstoffionenkonzentration berücksichtigt werden. So wurde z. B. an den Leitungen der Gulf Oil Corp. in schwach sauren Böden eine Zunahme der Korrosionsgeschwindigkeit gefunden, wenn die p_H-Zahl von 7,0 auf 5,5 sank.

Durchgehende salzhaltige Böden halten das Wasser zurück und verhindern so den Zutritt von Luft; d. h. Rohre in durchwegs salzhaltigen Böden weisen nur geringe Korrosion auf. Beim Vorhandensein von Luftsäcken gilt diese Feststellung nicht mehr.

5. Korrosion und Bakterien im Boden.

Es sind schon Zerstörungen an Röhren in 70 m Tiefe, wo jeglicher Sauerstoff fehlte, beobachtet worden. Nach holländischen Beobachtungen benützen gewisse Bodenbakterien (z. B. die anaerobe Spirillum desulfuricans) den Schwefel aus den Sulfaten zum Aufbau der Eiweißkomponenten des Protoplasmas. Beim Absterben dieser Bakterien entwickelt sich Schwefelwasserstoff, der korrodierend wirkt[2].

6. Korrosion beim geologischen Schichtenwechsel.

Beim geologischen Schichtenwechsel entsteht das Element: Stahl/Boden I und Stahl/Boden II. Dadurch entsteht eine elektromotorische Kraft. Namentlich gefährlich ist es, Rohre, z. B. Druckleitungen bei Wasserkraftanlagen, in waagrecht verlaufende geologische Schichten zu verlegen. Es wurden Ströme bis zu 5 A auf eine Weglänge von 2 km festgestellt, verbunden mit starker Korrosion[3].

F. Gas im Baugrund.

Gas entsteht als Sumpfgas (Erdgas, Methangas; CH_4) in Moorböden, Torfböden, aus Faulschlammablagerungen usw. Oft entstehen unter dicht abschließenden Bodendecken Gasansammlungen.

Wird beim Bohren Gas angetroffen, so muß stets geprüft werden, ob Gasansammlungen möglich sind, die dem Bauwerk gefährlich werden können.

Gas wird z. B. in Norddeutschland, Holland usw. den Brunnen zu Nutzzwecken entnommen.

VI. Ingenieur-Biologie.

Der Bauingenieur muß sich oft auch mit den Lebewesen in der Natur beschäftigen. Dieser Zweig seiner Tätigkeit wird mit Ingenieur-Biologie bezeichnet. Die Ingenieur-Biologie ist erst im Entwickeln begriffen.

Nachfolgend sind biologische Beispiele aus der Ingenieurpraxis behandelt; nämlich:

---

[1] Vgl. F. N. SPELLER: Techn. Publ. Amer. Soc. Test Mat. 1934 S. 553. — J. A. DENISON and Ewing Soil Sci. Bd. 40 (1935) S. 287.

[2] Vgl. VON WOLZOGEN, C. A. KÜHR u. L. VAN DER VLUGT: Waten. Amsterdam 1934.

[3] Über Korrosionsschäden an der Druckleitung einer Kraftzentrale vgl. H. STÄGER u. W. BÉDERT: Beitrag zur Kenntnis der Korrosion von Flußstahlröhren in Lehmböden bei Abwesenheit von Fremdströmen. Schweiz. Arch. angew. Wiss. Techn. 1940 S. 310. — Über Korrosion siehe auch: Metallkorrosion im Bauwesen. Bauingenieur 1942 S. 201. — H. HEBBERLING: Korrosionsschutz als Bauproblem. Bauingenieur 1941 S. 243; 1942 S. 57. — Korrosionsschutz unterirdischer Leitungen. Schweiz. Bauztg. Bd. 118 (1941) S. 178.

A. Die Bakterientätigkeit im Boden, B. Die Pflanzentätigkeit, C. Die Tiertätigkeit.

Zu den Lebewesen, die *im* Baugrund und *auf* demselben Bedeutung haben, ist zu bemerken:

A. Die Bakterien.

Diejenigen Bakteriengattungen im Boden sind vom bautechnischen Standpunkt nachteilig, welche Kohlensäure, Schwefelwasserstoff, Salpetersäure und organische Säure ausscheiden.

Über die korrodierende Wirkung von abstrebenden, Schwefelwasserstoff entwickelnden Bakterien siehe Abschnitt über Beschaffenheit des Bodens und Korrosionsgefahr.

Ein produktiver Kulturboden enthält auf 1 m² Fläche und 10 cm Tiefe bis 3 Millionen Bakterien und Kleintiere.

B. Die Pflanzen.

1. Wesen der Pflanzenbiologie.

Pflanzenart, Bodenbeschaffenheit und Klima stehen in enger gegenseitiger Beziehung. Durch den menschlichen Eingriff wird das Kleinklima (Mikroklima) und die Bodenbeschaffenheit verändert. Z. B. wird durch Errichtung eines Kanaldammes oder durch Schlagen von Waldschneisen die Windrichtung und die Windstärke längs des Bodens und damit verbunden das Klima (Temperatur und Luftfeuchtigkeit) geändert. Durch Umpflügen des Bodens werden die Kapillarröhren des Bodens verstopft, wodurch die Verdunstung des Bodens verhindert wird. Es konnte nachgewiesen werden, daß infolge Erstellen von Ackerland an Stelle von Wiesland der Grundwasserspiegel merklich gestiegen ist.

Wenn Kleinklima (Temperatur, Luftfeuchtigkeit und Feuchtigkeitsgehalt des Bodens) ändern, so muß auch die Pflanzenwelt ändern.

2. Ingenieur-biologische Beispiele.

Beispiel 1: Straßeneinschnitt. Aus den Abb. 336 bis 338 geht hervor, wie ein bestehender Boden falsch und richtig biologisch beim Erstellen eines Straßeneinschnittes behandelt wird. In Abb. 336 ist gezeigt, wie sich in geologischen Zeitläufen ein statisches Hanggleichgewicht eingestellt hat. Niederschlag, Verdunstung und Abfluß stehen im biologischen Gleichgewicht[1].

In Abb. 337 ist gezeigt, daß der Wald gerodet und das Gebiet, das vorher aus Wald- und Wiesland bestanden hatte, vollständig in Ackerland umgewandelt wurde. Der Straßeneinschnitt wurde unter die lehmige Schicht geführt. Die Folgen sind, daß der Wasserhaushalt gestört ist, weil die wasserführenden Haarröhrchen zerstört wurden

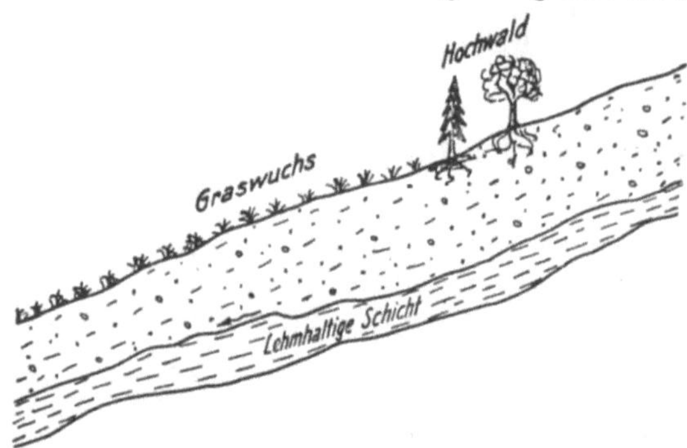

Abb. 336. Der Abhang befindet sich im statischen Gleichgewicht.

und dadurch die Verdunstung verhindert ist. Beinahe alles Regenwasser sickert auf die lehmige Schicht. Es stellt sich Rutschgefahr ein. Das Klima der bodennahen Luft ändert vollständig.

[1] Vgl. Straße 1941 S. 114. — A. BECHER: Über die lebenden Baustoffe. Bautechnik 1943. S. 14.

Abb. 338 zeigt, wie der Straßeneinschnitt richtig erstellt wird. Der Einschnitt wurde nicht bis zur wasserundurchlässigen Schicht geführt. An Stelle der Wiesen ist nur wenig Ackerland erstellt worden. Zudem wurde für eine Nachzucht schlagreifer Bäume und Sträucher gesorgt.

Die Folgen sind, daß sich ein sicherer, geregelter Wasserhaushalt einstellt. Im Gelände und an der Straße treten keine Schäden auf. Zudem wurde das bodennahe Klima nur wenig gestört.

Beispiel 2: Stausee. Durch Errichtung von Stauseen, durch Regulierung der Wasserhöhe der bestehenden Seen usw. wird das Mikroklima einer Landschaft wesentlich beeinflußt. Der Verfasser konnte feststellen, daß die Kleintierwelt, z. B. eine Art Schnecken, usw., in der Umgebung eines neu errichteten Stausees ausstarb und dafür andere Arten auftauchten. Bei Änderung der Stauhöhe ändern Fischart und Fischmenge (vgl. letzte Tabelle, Kap. V, Staubecken, Bd. II).

Beispiel 3: Pflanzenarten. Je nach der Pflanzenart ist der Grundwasserspiegel hoch oder niedrig. Getreide verdunstet z. B. weniger Wasser als Klee; daher liegt bei Äckern der Grundwasserspiegel höher als bei Kleeäckern.

3. Ingenieur-biologische Deutung von Bohrprofilen.

Aus den Bohrprofilen können verschiedene wichtige ingenieurbiologische Schlüsse gezogen werden, z. B.:

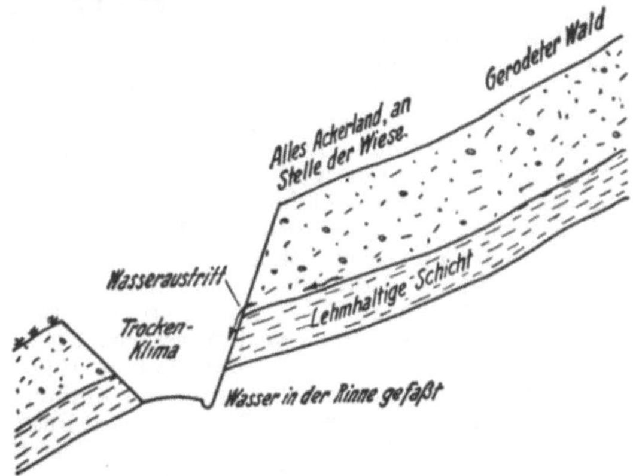

Abb. 337. Falsche biologische Behandlung des Einschnittes.

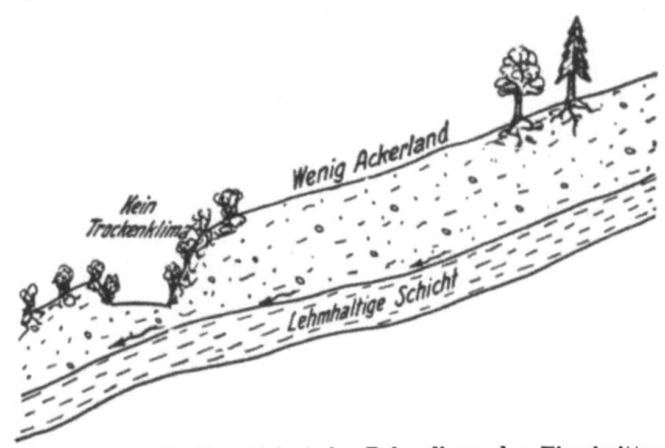

Abb. 338. Richtige biologische Behandlung des Einschnittes.

a) Die Tiefe eines Maulwurfganges zeigt den höchsten Grundwasserspiegel an.

b) Wurzelreste mit stark verfärbten Böden zeigen die Zone des schwankenden Grundwassers an.

c) Boden mit ständig gleich hoch bleibendem Grundwasserstand zeigt keine lebhaften Farben.

4. Wachstumsdruck.

Der Wachstumsdruck von Bäumen ist ganz gewaltig. So können Wurzeln, die in die Klüfte und Spalten von Felsblöcken eindringen, dieselben spalten. Werden Bäume zu nahe an das Mauerwerk gepflanzt, so wird dieses im Laufe der Zeit gesprengt.

C. Tiertätigkeit.

Maulwurf, Wasserratte, Bisamratte, Wühlmaus, Kaninchen usw. durchwühlen Dämme und Ufer und gefährden die Standsicherheit der Erddämme. Oft konnte ein merklicher Wasserabzug durch die Tiergänge festgestellt werden. Murmeltiere graben sich bis zu 2 m Tiefe in den Boden ein.

Bohrmuscheln (Pholas, Dactilus, Teredo norwegica, Teredina Lithophaga) zerstören Holz und Beton. Die Teredo kommt bis zu 9 m Wassertiefe vor. Fälle

sind bekannt, da schon nach $4^1/_2$ Jahren 8 m lange Pfähle in tiefem Seewasser
von Bohrmuscheln zerfressen waren[1].

Bohrmuscheln leben auch in natürlich gewachsenem Kalkgestein[2].

Schrifttum.

BECKER, A.: Die Pflanze als Baustoff im Dienst ingenieur-biologischer Wasserführung und Böschungssicherung. Bautechn. 1942 S. 205. — BERCHER in: Atlas stand-
ortkennzeichnende Pflanzen. Berlin 1941. — BLANC: Handb. d. Bodenlehre. Erster
Erg.-Bd. S. 377. — BRESTEN, H.: Innenböschung, Sohle und Dichtung der neuen
Strecken des Dortmund-Ems-Kanals. Bautechn. 1942 S. 14. Abb. 12 gibt ein Beispiel
für die Ausbildung der Kanaldämme. — KMEDENA, A. v.: Zusammenhang zwischen
Pflanzenwelt und Bauschäden an der Straße. Straße 1936 S. 648. — KMEDENA, A. v.,
u. A. BECKER: Stammendform und Wurzelwerk. Rationelle Hilfsmittel des Ingenieurs
für die Beurteilung von Baugrund und Boden und deren Wasserhaushalt. Straße
Bd. 19 (1940). — LINSTOW, O. v.: Bodenanzeigende Pflanzen. Abh. Preuß. geol.
Landesanst. Berlin 1929. — MAIWALD, K.: Beschaffenheit des organischen Boden-
anteiles. — MÜLLER, R.: Dtsch. Wasserw. 1942. — NECHLEBA: Die Bisamratte und
die Technik. Fortswissensch. Zbl. Berlin 1926. — PALLMANN, H., A. HASLER u.
SCHMUTZIGER: Beitrag zur Kenntnis der alpinen Eisen- und Humuspodsole. Boden-
kunde u. Pflanzenernährung 1938 S. 94. — PREISING: Die Begrünung offener Sand-
böden im ostdeutschen Flachland. Straße 1942 S. 105. — Beispiel eines ing.-biologi-
schen Gutachtens für die Behandlung eines geplanten Ausschnittes einer Felsnase.
Straße 1941 S. 223. — RIPPEL, A.: Mikrobiologie des Bodens. — BLANC: Handb. d.
Bodenlehre. Erster Erg.-Bd. S. 440. RIPPEL kommt zum Schluß, daß die natürliche
Leistung der Mikroorganismen im Boden noch nicht abgeklärt ist. — SEKERA, F.:
Probleme der Bodenbiologie. Wien 1941. — Ingenieur-Biologie. Dtsch. Wasserw. 1941
S. 121. — Klimabeeinflussung durch Baumaßnahmen. Mitt. der Forschungsstelle für
Ing.-Biologie des Generalinspektors für das Deutsche Straßenwesen. Straße 1942
S. 16. — Was sagt dem Tiefbauingenieur das Bodenprofil in den Schürfgruben?
Mitt. d. Forschungsstelle für Ingenieur-Biologie des Generalinspektors für das deutsche
Straßenwesen. Straße 1941 S. 259.

---

[1] Vgl. M. SINGER: Der Baugrund S. 112. Berlin 1932.
[2] Vgl. Zbl. Bauverw. 1925 Nr. 29.

Statik und Dynamik des Bodens.

I. Die Zustandsformen der Böden.

A. Begriffe.

Bruch: Unter Bruch versteht man das Auseinandergehen, das Entzweigehen eines Körpers.

Bruchzustand: Im Bruchzustand wird die Festigkeit des Materiales überwunden; mit anderen Worten: die Grenze des inneren Gleichgewichtes ist erreicht.

Fließzustand: Im Laufe der Jahre hat sich im Erdbau für den Fließzustand ein Begriff herausgebildet, der identisch ist mit dem Begriff Bruchzustand.

Fließbedingung: Dieser Begriff ist in der Erdbaumechanik von FRÖHLICH eingeführt worden; die Fließbedingung ist an der Grenze zwischen „elastischem" und „plastischem" Bereich vorhanden[1].

Verformungszustand: Man unterscheidet drei Verformungszustände, nämlich: Kriechen, Gleiten, Fließen.

Kriechen ist das plastische Verformen eines Materiales unter irgendeiner Last, selbst bei kleinen Belastungen. Der Spannungsverlauf ist noch nicht abgeklärt.

Gleiten bedeutet die Überwindung der Festigkeit, namentlich der Schubfestigkeit. Die Überwindung der Festigkeit findet lediglich in *einer* Fläche statt; dabei erleiden die sich verschiebenden Teile keine Verformung (Abb. 339).

Fließen bedeutet das Überwinden des Gleichgewichtszustandes räumlich in *sämtlichen* Punkten eines Körpers zu gleicher Zeit. Beim Fließen verändert der Körper nicht unbedingt seine äußere Form.

Fließzustand bedeutet das gleiche wie Fließen; siehe auch oben.

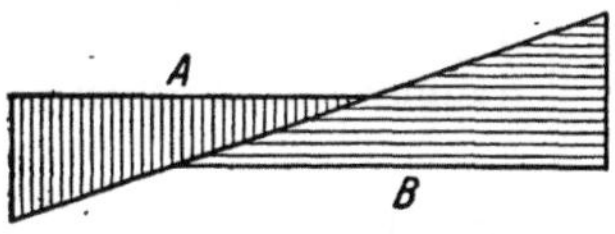

Abb. 340. Elastisch-plastisches Verhalten der Körper.

Teil *A*: elastischer Teil eines Körpers; Teil *B*: plastischer Teil eines Körpers.

Plastischer Bereich bedeutet nach FRÖHLICH den Bereich, in welchem der Fließzustand herrscht. Bei plastischer Verformung verändert sich die Form des Körpers, sein Volumen bleibt bei der Formänderung stets gleich groß; es ist konstant.

Abb. 339. Gleiten. Teil *A* und Teil *B* bleiben unverändert.

Fließbereich ist identisch mit dem Ausdruck plastischer Bereich.

Elastischer Bereich: Wenn bei Böden von einem elastischen Bereich gesprochen wird, so wird darunter nie ein rein elastischer Bereich verstanden. Mit einer elastischen Verformung ist stets eine gewisse plastische Verformbarkeit verbunden[2] (Abb. 340).

Elastischer Kern bedeutet das gleiche wie elastischer Bereich.

Elastische Verformung: Eine rein elastische Verformung bedeutet, daß nach Entfernen der Verformungsursache (äußerer Kraft, Temperaturen usw.) der Körper sich vollständig wieder in den früheren Zustand zurückversetzt. Die elastische Verformung besteht aus einer Volumenänderung.

Plastische Verformung: Unter plastischer Verformung versteht man eine Verformung, bei welcher der Körper sich nach der Entfernung der Ursache nicht mehr in den früheren Zustand zurückversetzt. Das Volumen des deformierten Körpers ist meistens gleich wie das Volumen des Ausgangskörpers.

Konsistenz: Der British Rhelogist Club der Society of Rhelogy (London) versteht unter Konsistenz die Eigenschaft eines Stoffes, einer dauernden Formänderung

---

[1] Anmerkung: Vgl. auch die Angaben über die Fließgrenze S. 541 und S. 543.

[2] Vgl. die Arbeiten von AUG. COLONETTI: Théorie de l'équilibre des corps elastico-plastiques. Lausanne 1942.

Widerstand entgegenzusetzen. Die Größe des Widerstandes ist durch eine vollständige Kraftströmungsbeziehung bestimmt.

Die Konsistenz wird durch Viskosimeter, Plastometer, Konsistometer usw. bestimmt[1].

Im Schrifttum werden die Ausdrücke Bruchzustand, Fließzustand, plastische Verformung usw. in verschiedenem Sinne gebraucht. Der Verfasser kommt auf Grund eingehender und kritischer Studien zur Verwendung der Ausdrücke, wie sie in Tabelle 298 zusammengestellt sind.

Tabelle 298.

	Verformungszustand	Benennung des Verformungszustandes	Bemerkungen
1.	Elastische Verformung a) linear b) räumlich	Elastischer Bereich oder elastischer Kern	Nach Entfernen der Verformungsursache nimmt der Körper seinen früheren Zustand wieder ein
	c) Übergang vom elastischen zum plastischen Bereich	Fließbedingung oder Fließgrenze	Nach BINGHAM Nach FRÖHLICH
2.	Plastische Verformung a) *Volumeninhalt ändert nicht* α) Volumenform bleibt äußerlich unverändert; Volumeninhalt bleibt unverändert	Fließzustand im engern Sinne des Wortes	Bei plastischer Verformung nimmt der Körper nach Entfernen der Ursache nicht mehr seinen früheren Zustand ein. In sämtlichen Punkten wird der Gleichgewichtszustand zur gleichen Zeit überwunden
	β) äußere Volumenform ändert; Volumeninhalt bleibt unverändert	Plastischer Bereich = = Fließbereich*	* Fließzustand im weiteren Sinne des Wortes
	b) *Volumeninhalt ändert* α) Änderung des Volumeninhaltes in einer Achsenrichtung	Lineares Fließen	
	β) Änderung des Volumeninhaltes räumlich	Räumliches Fließen	
	γ) bei Verwendung des Zeitmaßstabes für die plastische Verformung	Kriechen	Man unterscheidet: lineares Kriechen räumliches Kriechen
	c) *Änderung des Widerstandes gegen das Verformen* α) der Widerstand ändert nicht	Idealplastischer Zustand	Nach KÁRMÁN
	β) der Widerstand wird kleiner	Entfestigungszustand	
	γ) der Widerstand wird größer	Verfestigungszustand	
3.	Bruchzustand	Bruchzustand	Das innere Gleichgewicht wird gestört
4.	Verschiebungszustand	Gleiten	Die sich verschiebenden Teile bleiben unverändert
5.	Bruch	Entzweigehen des Körpers	—
6.	Zähflüssige Verformung	Viskose Deformation	Vollständige und dauernde Verformung. Tritt auch bei kleinster Belastung oder Temperaturänderung ein

Winkel der inneren Reibung: Man unterscheidet:

ϱ_s = Winkel der inneren Reibung unter Berücksichtigung der Haftfestigkeit (Kohäsion), ϱ_s = scheinbarer Winkel der inneren Reibung = ϱ_n:

$$\operatorname{tg} \varrho_s = \operatorname{tg} \varrho_n = \operatorname{tg} \varrho_r + \operatorname{tg} \varrho_k \quad \text{(vgl. Abb. 427)};$$

[1] Vgl. Nature Bd. 149 (1942) Nr. 3790 S. 702.

ϱ_r = Winkel der inneren Reibung, der aus dem Anteil der echten inneren Reibung und dem Gefügewiderstand besteht;

ϱ_k = Anteil der Haftfestigkeit im scheinbaren Winkel der inneren Reibung.

In dieser Abhandlung bedeutet, wenn nichts Besonderes bemerkt wird: $\varrho = \varrho_s$. Für die Begriffserklärungen der verschiedenen ϱ siehe S. 420/421.

Natürlicher Böschungswinkel: Der natürliche Böschungswinkel α ist der Winkel zwischen waagrechter Ebene und Begrenzungslinie eines Schuttkegels. Der natürliche Böschungswinkel ist nur im Falle fehlender Haftfestigkeit des Erdmateriales gleich groß wie der Reibungswinkel, d. h. $\alpha \cong \varrho \cong \varrho_s \cong \varrho_n$. (Vgl. S. 421.)

B. Übersicht über die Zustandsformen des Körpers.

1. Stand der heutigen Forschung über die Zustandsformen des Körpers.

Verschiedene Gesetze wurden abgeleitet, um eine Gesetzmäßigkeit zwischen Ursache (äußere Krafteinwirkung, Temperatur usw.) und Verformungszustand (Kriechen, Gleiten, Fließen) herzustellen. Die Theorien beschränken sich meistens auf die Feststellung des Zustandes, in welchem die Festigkeit des Materiales überwunden ist, den sog. Bruchzustand. Die entwickelten Bruchtheorien gelten zudem vielfach nur für den untersuchten Stoff.

Das *Kriechen* ist eingehend beim Schnee als plastischem Material von R. HAEFELI behandelt worden[1]. Daselbst sind die Spannungsverlagerungen bzw. die Spannungswanderungen beim Kriechen beschrieben.

Beim *Gleiten* ist der Spannungsverlauf längs der künftigen, später eintretenden Gleitebene *vor* dem Bruchzustand noch wenig behandelt worden. Eine größere Anzahl von Bruchhypothesen behandeln hingegen den Spannungszustand im Augenblick des Auftretens der Gleitebene.

Fließen: Die Umlagerung der einzelnen Elemente und der Spannungsverlauf innerhalb des Fließkörpers sind äußerst verwickelter Natur. Gewisse mathematische Ansätze wurden aufgestellt; sie sind aber noch derart stark umstritten, daß hier nicht auf sie eingetreten wird.

2. Die Systematik der verschiedenen Zustandsformen des Körpers.

Die Systematik der elastischen und plastischen Veränderungen der Stoffe (Deformationen) geht auch aus Abb. 341 und 343 und Tab. 298 hervor[2].

Diese Übersichten stellen einen Versuch dar, die Vielfältigkeit der zu beobachtenden Deformationserscheinungen tabellarisch darzustellen und die gegenseitigen Zusammenhänge zu erfassen. Gemäß der Begriffserklärung „Konsistenz" (S. 531) dienen die Beziehungen, welche zwischen der Art der Fließvorgänge und den sie verursachenden mechanischen Beanspruchungen bestehen, als Einteilungsmerkmale. Um die Beziehungen ableiten zu können, ist es zweckmäßig, die Deformationen zu behandeln, welche an einem würfelförmigen Materialstück auftreten, das durch Schubspannung beansprucht ist (vgl. Abb. 341 und 604). Einerseits wird der zeitliche Verlauf der Deformation bei konstant gehaltener Schubspannung dargestellt (obere Diagrammreihe in Abb. 341), andererseits die Beziehung untersucht, welche zwischen der Größe der Schubspannung und der Deformationsgröße besteht (untere Diagrammreihe *I* bis *III*) und schließlich wird die

---

[1] Vgl. Kap. X des 5. Hauptabschnittes: Schnee und Lawinen, Bd. II.

[2] Vgl. E. C. BINGHAM: Fluidity and Plasticity. New York 1922. — E. HATSCHEK: Viskosität der Flüssigkeiten. Leipzig 1929. — R. HONWINK: Elastizität, Plastizität und Struktur der Materie. Leipzig 1938. — W. SCOTT-BLAIR: Einführung in die technische Fließkunde. Leipzig 1940. — K. FREY: Schweizer Arch. angew. Wiss. Techn. 1943 S. 99. Für die Übersichtstabelle in Abb. 341 vgl. Nature 1942 Nr. 3790 S. 702.

Beziehung betrachtet, die zwischen der Größe der Schubspannung und der Deformationsgeschwindigkeit (untere Diagrammreihe *IV* bis *IX*) vorhanden ist.

Die nachstehenden Grenzfälle sind von besonderer Bedeutung: a) der untersuchte Stoff verhält sich ideal-elastisch, b) der untersuchte Stoff verhält sich als ideale Flüssigkeit (vgl. Abb. 341).

a) Der ideal-elastische Zustand des Stoffes.

Gemäß dem Hookeschen Gesetz ist die Deformationsgröße, ausgedrückt durch den Schubwinkel γ, proportional der einwirkenden Schubspannung τ; d. h.

$$\gamma = \frac{\tau}{G} \quad (G = \text{Schubmodul}).$$

Der Schubwinkel ist von der zeitlichen Versuchsdauer unabhängig und geht nach vollzogener Entlastung auf Null zurück (Diagramm *I*).

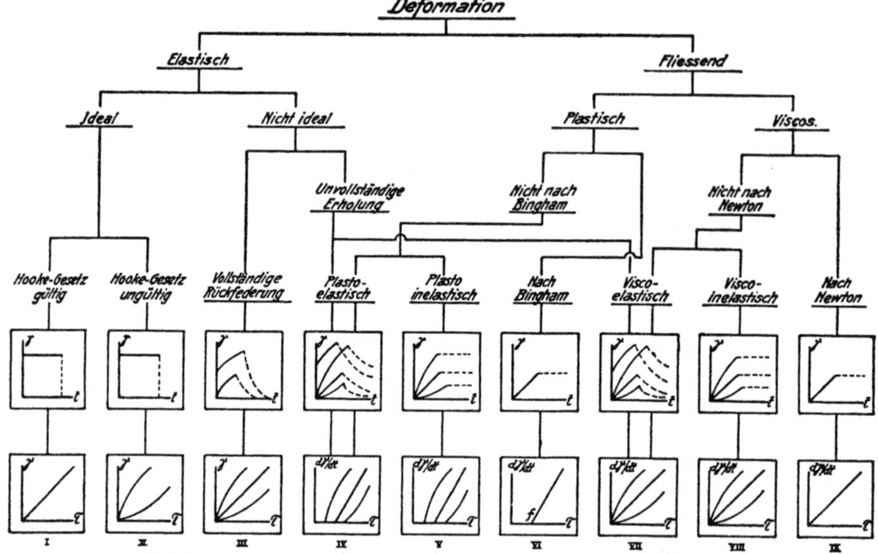

Abb. 341. Systematik der elastischen und plastischen Deformationen.
τ Schubspannung (in oberer Reihe τ = const); γ Fließgröße (Schubwinkel); $d\gamma/dt$ Fließgeschwindigkeit; t Zeit; f Fließgrenze (Diagramm *VI*); ———— belastet; .... nach Entlastung.

b) Der untersuchte Stoff verhält sich als ideale Flüssigkeit.

Unter dem Einfluß einer Schubspannung setzt zähflüssiges (viskoses) Fließen ein, wobei bei konstant gehaltener Schubspannung die Deformationsgröße proportional der Zeit zunimmt und nach NEWTON die Deformationsgeschwindigkeit proportional der Schubspannung wächst.

$$\frac{d\gamma}{dt} = \frac{\tau}{\eta} \quad (\text{Viskositätskoeffizient}).$$

Nach erfolgter Entlastung findet kein Rückgang der Deformation statt (Diagramm *IX*). η = Viskositätskonstante.

Zwischen den beiden geschilderten idealelastischen und idealflüssigen Materialien liegt das große und technologisch wichtige Gebiet der verformbaren Materialien, bei denen sich die elastischen und plastischen Eigenschaften vielseitig überlagern (siehe mittlerer Teil der Abb. 341 u. 342).

Es gibt Materialien, bei welchen eine merkliche Deformation erst eintritt, wenn die einwirkende Schubspannung τ einen bestimmten unteren Grenzwert überschritten hat. BINGHAM schlug vor, diese Tatsache wie folgt zu formulieren:

$$\frac{d\gamma}{dt} = \varphi\,(\tau - f).$$

$\tau =$ beliebige Schubspannung,
$f =$ Schubspannung an der Fließgrenze (Diagramm VI).

Vgl. auch Fließbedingung von FRÖHLICH in Tabelle 298.

Durch das Vorhandensein einer Fließgrenze hat man die plastischen Materialien charakterisiert. Durch die Fließgrenze wird eine Grenze zwischen elastischen Stoffen und zähen (viskosen) Flüssigkeiten errichtet (vgl. f in Diagramm VI der Abb. 341).

In Abb. 341 bedeuten die punktierten Kurvenäste das Verhalten der Stoffe bei einer Entlastung.

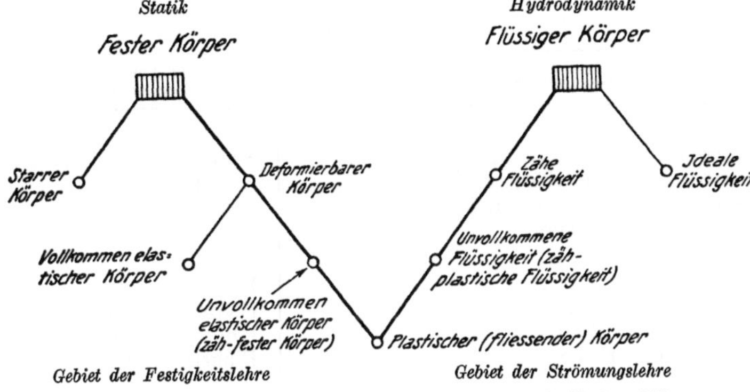

Abb. 342. Übersicht über die Zustandsformen fester und flüssiger Körper.

Die drei Fälle sind: a) In Diagramm I tritt momentane, vollständige, elastische Rückfederung ein.

b) In Diagramm IX bleibt die Deformation vollständig und dauernd bestehen.

c) Die Zwischenstufen sind die Fälle, bei welchen eine elastische Nachwirkung und eine unvollständige Erholung eintritt (Diagramm IV und VII). Dabei kommen Überlagerungen von elastischen und viskosen Deformationsmechanismen vor.

Aus obiger Darstellung ergibt sich, daß die Begriffe elastisch, plastisch und viskos keine spezifischen Materialeigenschaften sind, sondern weitgehend von den Bedingungen abhängen, unter denen die Deformationen erfolgen, so z. B. kann das gleiche Material bei rasch erfolgender, mechanischer Beanspruchung sich plastisch verformen. Über das Auftreten der elastischen, plastischen und viskosen Formänderungen in der Tektonik und im Gebirgsbau vgl. Tabellen 25 u. 26, Bd. I.

Die gleiche Erscheinung ist zu beobachten, wenn eine Temperaturveränderung eintritt; dies kommt in der sog. Thermoplastizität zum Ausdruck. Über die Veränderung der Fließgrenze f in Abhängigkeit der hohen Temperatur in der Erdkruste siehe S. 32, Bd. I.

Die verschiedenen Zustandsformen des Körpers gehen auch aus der Abb. 342 hervor. Die Körper können durch physikalische oder chemische Einflüsse von einem Zustand in einen anderen überführt werden.

c) Wachsende Verformung bei gleichbleibender Beanspruchung.

Die diesbezügliche Differentialgleichung stammt von MAXWELL und lautet:

$$\frac{d\gamma}{dt} = \frac{d\tau}{dt}\cdot\frac{1}{G} + \frac{\tau}{\eta}. \tag{1}$$

Integriert, nach Annahme, daß γ konstant ist, wird:

$$\tau = \tau_0\, e^{-\frac{G\,t}{\eta}}\,;\tag{2}$$

$$\eta/G = T = \text{Relaxationszeit}.$$

T ist ein Maß für die Zeit, während der der Anfangswert der Spannung auf ca. 30% sinkt.

Falls die Spannung konstant bleibt, d. h. $\dfrac{d\tau}{dt} = 0$ ist, so wird

$$\frac{d\gamma}{dt} = \frac{\tau}{\eta}.\tag{3}$$

3. Die Lehren von den verschiedenen Zustandsformen.

Die Lehren, die sich mit den verschiedenen Zustandsformen des Körpers befassen, sind:

Tabelle 299.

Zustandsform des Körpers	Name der Lehre, die sich mit der entsprechenden Zustandsform befaßt
Feste Körper:	
Starre Körper	Statik (Festigkeitslehre)
Vollkommen elastische Körper	Statik
Unvollkommen elastischer (zähfester) Körper .	Statik
Plastisch fließender Körper	Plastizitätslehre
Flüssige Körper:	
Ideale Flüssigkeit	Hydrodynamik
Zähe Flüssigkeit	Hydrodynamik
Zähplastische Flüssigkeit	Rheologie (nach BINGHAM)
Plastisch-fließende Körper	Plastizitätslehre

4. Grundlagen für die Berechnung der Zustandsformen.

Aus Abb. 342 geht hervor, daß grundsätzlich die Lehre über das plastische Verhalten der Körper auf zwei Arten abgeleitet werden kann: entweder, indem man von der Statik des deformierbaren Körpers ausgeht oder indem man von der Hydrodynamik der zähen Flüssigkeit ausgeht.

a) Festigkeitslehre.

Wird von der klassischen *Statik* ausgegangen, so wird das Hookesche Gesetz

$$\varepsilon = \alpha\,\sigma\tag{1}$$

als gültig betrachtet, d. h. die Dehnung ε unter einer Spannung ist derselben . proportional.

$\sigma =$ Belastung in kg/cm², $\alpha =$ Materialziffer, $\varepsilon =$ Dehnung, auch Verschiebung, Verrückung je Längeneinheit genannt.

Man kann auch schreiben $d\varepsilon = \alpha\,d\sigma$; d. h. die Zunahme der Verformung ist proportional der Zunahme der Spannung.

b) Strömungslehre.

Wird von der klassischen *Hydrodynamik* ausgegangen, so wird das Gesetz von POISEUILLE als gültig angenommen:

$$\frac{Q}{t} = \frac{p\,\pi\,R^4}{8\,l\,\eta}\tag{2}$$

(siehe auch Abschnitt über Grundwasserströmung), d. h. die Durchflußmenge ist dem Widerstand p proportional.

$Q =$ Durchflußmengen in cm³, $\pi\,R^2 =$ Querschnittsfläche in cm²,
$l =$ Länge der Röhre in Zentimeter; $R =$ Halbmesser der Röhre in Zentimeter,
$t =$ Dauer der Beobachtungszeit in Sekunden,

$p =$ Widerstand in Dyn/cm^2,

$\eta =$ Zähigkeitszahl in $\dfrac{\text{dyn }s}{\text{cm}^2}$ bzw. $\dfrac{1}{\eta} = \varphi$.

Formel (2) kann auch geschrieben werden:

$$\frac{Q}{t} = p\,\alpha', \tag{3}$$

wobei $\alpha' = \dfrac{\pi\,R^4}{8\,l\,\eta}$ ein Festwert für ein gegebenes Rohr und eine bestimmte Temperatur ist.

Die mathematischen Gleichungen werden nachfolgend für die verschiedenen Zustandsformen behandelt: nämlich für den zähflüssigen Zustand des Bodens, für den rein elastischen Zustand des Bodens, für den zähelastischen Zustand des Bodens, für den plastischen Zustand des Bodens, für den Bruchzustand.

C. Der zähflüssige Zustand von Körpern.

Für sehr zähe Flüssigkeiten gilt das Gesetz von POISEUILLE [Gl. (2) oben] nicht mehr in seiner einfachen Form; es muß noch ein Korrekturglied angesetzt werden; es wird dann:

$$\frac{Q}{t} = \frac{p\,\pi\,R^4}{8\,l}\,\varphi\left[1 - \frac{8\,\vartheta\,l}{3\,R\,p} + \frac{16}{3}\left(\frac{\vartheta\,l}{R\,p}\right)^4\right],$$

$\vartheta =$ Fließfestigkeit. Brauchbare Angaben für die Größe der Fließfestigkeit fehlen.

Vgl. E. C. BINGHAM: Sci. Pap. Bur. Stand. Bd. 13 (1916) S. 309 Gl. (13). — M. REINER: Kolloid-Z. Bd. 39 (1926) S. 80. — E. BUCKINGHAM: Proc. Amer. Soc. Test. Mater. Bd. 21 (1921) S. 1.

Es wurden noch weitere Korrekturgleichungen aufgestellt, deren Richtigkeit aber durch die Praxis noch nicht bewiesen ist[1].

D. Der rein elastische Zustand von Körpern.
1. Das Hookesche Gesetz.

HOOKE hat für rein elastische Körper innerhalb der willkürlich festgelegten Proportionalitätsgrenze das Gesetz aufgestellt: $\varepsilon = \alpha\,\sigma$ ($\varepsilon =$ Dehnung; $\sigma =$ Belastung in kg/cm^2). Das Gesetz ist auf S. 536 näher beschrieben.

2. Das Gesetz von VON BACH und W. SCHÜLE.

VON BACH und W. SCHÜLE wiesen darauf hin, daß das Hookesche Gesetz für viele Stoffe nicht anwendbar ist. Es gilt vielmehr die Exponentialbeziehung zwischen Dehnung ε und der Belastung σ:

$$\varepsilon = \alpha_0\,\sigma^n.$$

α_0 und n werden für Beton, Eisen, Granit, Diorit, viele plutonische Gesteinsarten usw. als eine unveränderliche Materialziffer angenommen. n ist für Sandstein, Beton, Zement kleiner als 1.

3. Das Gesetz von BENDEL.

BENDEL hat für das allgemeingültige Druckverformungsgesetz den Ansatz gemacht:

$$s = K \log\left(\frac{\sigma_0 + \sigma}{\sigma_0}\right) = K' + K \log(\sigma_0 + \sigma).$$

Für die Festwerte σ_0, h_0, K und K' siehe S. 399/403 dieses Buches.

$s =$ Setzung in Prozent, bezogen auf die Höhe h_0 des Körpers unter der Spannung σ_0.

---

[1] Vgl. M. REINER: Die Plasticodynamik weicher Stoffe. Verh. 3. Int. Kong. techn. Mech. S. 197. Stockholm 1930.

Mit diesem Ansatz erhält man durch Umformen das Hookesche Gesetz: Ableitung siehe S. 413 dieses Buches.

E. Der elastisch-plastische Zustand von Körpern.
1. Das Wesen des elastisch-plastischen Zustands eines Körpers.

Wird die Belastung auf einen Körper entfernt, so verlieren nur wenige Körper ihre vollständige Verformung wieder. Die Formänderung wird in diesem Falle unterteilt in federnde (elastische) Verformung und bleibende (plastische) Verformung.

Bei Lockerböden (bindige und nichtbindige Bodenarten) ist die elastische Verformung sehr klein, dafür die bleibende groß. Die Größe der Verformung wird berechnet: 1. mit Hilfe des Gesetzes von HOOKE, 2. mit Hilfe des Druck-Verformungsgesetzes von BENDEL.

Zu diesen beiden Ansätzen ist zu bemerken:

2. Das Hookesche Gesetz.

Das Hookesche Gesetz lautet für Materialien mit elastisch-plastischer Verformungsfähigkeit:

$$\varepsilon = \alpha_0{}' \, \sigma = \frac{1}{M_E} \, \sigma.$$

α_0 ist kein Festwert mehr wie bei Gl. (1) S. 536, sondern eine Veränderliche, die von der Größe der bereits stattgefundenen Verformung bzw. Zusammendrückung abhängig ist. Es ist $\frac{1}{\alpha_0{}'} = M_E = $ die sog. Zusammendrückungszahl, auch Zusammendrückungsmodul genannt.

Z. B. ist nach BENDEL: $M_E{}^{-1} = \left(\dfrac{K}{\sigma_2 - \sigma_1} \right) \log \left(\dfrac{\sigma_2}{\sigma_1} \right) \cdot \left(\dfrac{1}{100} \right),$
wobei $\sigma_1 = $ Anfangsbelastung,
$\sigma_2 = $ Endbelastung bedeutet und $(\sigma_2 - \sigma_1) < 0,1$ ist[1] (vgl. S. 413 u. 415).

3. Das Gesetz von BENDEL.

Das allgemeingültige Druckverformungsgesetz von BENDEL gilt auch für den elastisch-plastischen Zustand eines Bodens und lautet:

$$s = K' + K \log (\sigma_0 + \sigma).$$

Es ist eingehend auf S. 399 beschrieben.

Aus diesen Feststellungen ergibt sich, daß die Berechnung des elastischen Verhaltens von bindigen und nichtbindigen Böden bedeutend schwieriger ist als die Berechnung des elastischen Zustandes von metallischen Stoffen wie Eisen, Aluminium oder von nichtmetallischen Stoffen wie Sandstein, Kalkstein usw.

F. Der zäh-elastische Zustand eines Körpers.
1. Erweiterter Ansatz von HOOKE.

Die Formänderung gewisser Böden ist vom Zeitfaktor t abhängig und namentlich von der Geschwindigkeit, mit welcher eine Last auf den Boden aufgebracht wird. Der Hookesche Ansatz muß erweitert werden z. B. nach BENDEL zu:

$$\sigma = \alpha_0{}' \, \varepsilon + \alpha_1 \frac{d\varepsilon}{dt} + \alpha_2 \frac{d^2\varepsilon}{dt^2} + \ldots = \alpha_0{}' \, \varepsilon + B.$$

$\dfrac{d\varepsilon}{dt} = $ Geschwindigkeit. $\quad \dfrac{d^2\varepsilon}{dt} = $ Beschleunigung.

---

[1] Vgl. BENDEL: Die Steifezahl des Bodens. Dtsch. Wasserw. 1941 S. 239 oder S. 413 dieses Buches. $K = $ Festwert (siehe S. 401 dieses Buches).

$\alpha_0{}'$; α_1; α_2 ... sind keine festen Materialziffern mehr; sie sind von der Spannung abhängig.

In obiger Formel bedeuten:

$\alpha_0{}' \, \varepsilon =$ den rein elastischen Anteil infolge der Verschiebung,

$\alpha_1 \dfrac{d\varepsilon}{dt} =$ Anteil infolge der Verschiebungsgeschwindigkeit,

$\alpha_2 \dfrac{d^2\varepsilon}{dt^2} =$ Anteil der Beschleunigung oder der Dämpfung der Bewegung.

Die Dämpfung wird durch die innere Reibung des Materiales, d. h. seine Zähigkeit verursacht.

Man kann B auch als Arbeitsaufwand, der von der Verschiebungsgeschwindigkeit abhängig ist, deuten.

2. Der Ansatz von BENDEL.

Bei vielen Körpern tritt nach der Belastung oder Entlastung während längerer oder kürzerer Zeit noch eine weitere Formänderung ein, in der Materialprüfung die elastische Nachwirkung genannt. Mathematisch ausgedrückt heißt das für die elastische Nachwirkung:

$$\sigma' = -\left(\beta_0 \, \varepsilon + \beta_1 \frac{d\varepsilon}{dt} + \beta_2 \frac{d^2\varepsilon}{dt^2} + \ \cdots\right).$$

Die Gesamtspannung σ_0 wird somit:

$$\sigma_0 = \sigma + \sigma' = (\alpha_0{}' - \beta_0)\,\varepsilon$$
$$+ (\alpha_1 - \beta_1)\frac{d\varepsilon}{dt} + (\alpha_2 - \beta_2)\frac{d^2\varepsilon}{dt^2} + \cdots.$$

Diese Formel des Verfassers gibt den zäh-elastischen Spannungszustand des Materiales unter Berücksichtigung der Geschwindigkeit der Formänderung und der elastischen Nachwirkung wieder.

Je nach der Materialart, ob Fels oder bindiger Boden vorliegt, ist die Formänderung nach Überschreiten der Proportionalitätsgrenze sehr verschieden. Aus der Tabelle 300 gehen die Formänderungen in Abhängigkeit der Materialart hervor.

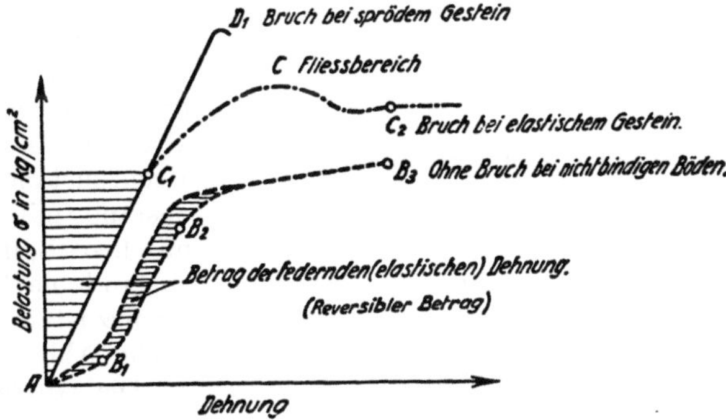

Abb. 343. Belastungsdehnungskurven verschiedenartiger Stoffe. Auf der Strecke B_1—B_2 gilt angenähert das Hookesche Dehnungsbelastungsgesetz.

Tabelle 300. *Die Beziehung zwischen Materialart und Formänderung.*

Materialart	Formänderung	Mathematisches Merkmal
Sprödes Material	Plötzliches Entzweigehen ohne Voranzeige (Material D in Abb. 343)	$\sigma = \alpha_0{}'\,\varepsilon$ bis σ Bruch
Zähes (viskoses) Material	Starke Bildsamkeit unter fortwährendem Ändern des Formänderungswiderstandes, Ver- und Entfestigung	$\sigma = \alpha_0{}'\,\varepsilon \pm \alpha_1 \dfrac{d\varepsilon}{dt} \pm \alpha_2 \dfrac{d^2\varepsilon}{dt^2}$
Plastisches Material	Zunahme der Formänderung bei gleichbleibender oder sogar abnehmender Belastung (Ast C_1—C_2 in Abb. 343)	für $\sigma = \sigma' =$ konstant wächst ε (vgl. Abb. 341, VI nach BINGHAM)
Elastisches Material	Belastung und Formänderung verlaufen linear (Ast A—C_1 in Abb. 343)	$\sigma = \alpha_0{}'\,\varepsilon$

G. Die Grenze zwischen elastischem und plastischem Bereich.

Wird bei Lockerböden die Belastung stetig vermehrt, so tritt bei einer bestimmten Belastungsgröße eine Gleichgewichtsstörung ein. Diese äußert sich wie folgt:

1. Es bilden sich *Gleitflächen*, längs welchen sich ein Teil der Erdmasse verschiebt.

2. Es bilden sich *plastische Bereiche*, sog. Fließbereiche, im Boden. Von besonderer Bedeutung ist die Kenntnis der Grenzflächen zwischen plastischem und elastisch-plastischem Bereich.

3. Ferner spielen die Spannungen, die bei der Bildung von Gleitflächen auftreten, die sog. *kritischen Spannungen*, und das Verhältnis der kritischen Spannungen zueinander, das sog. *kritische Spannungsverhältnis*, die ausschlaggebende Rolle.

Zu den einzelnen Erscheinungen der Gleichgewichtsstörungen ist zu bemerken:

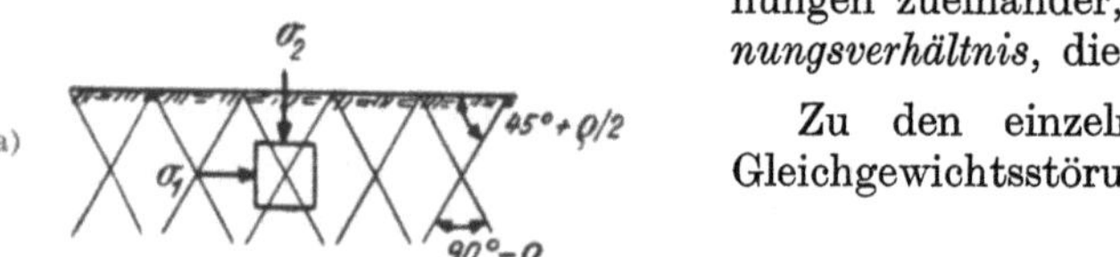

Der Erdkeil gleitet aufwärts, wenn $\sigma_1 > \sigma_2$ ist.

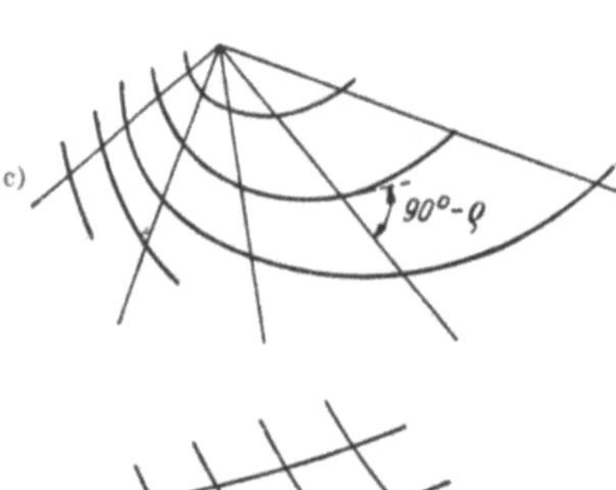

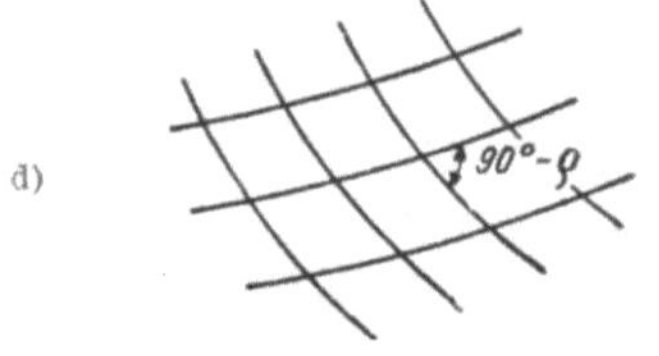

Abb. 344. Die verschiedenen Arten von Grenzzuständen des Gleichgewichtes.

a) Unterer Grenzzustand, b) oberer Grenzzustand, c) Grenzzustand mit Strahlenbüschel und logarithmischer Spirale (nach RÉSAL), d) allgemeiner Grenzzustand mit gekrümmten Gleitflächen.

1. Ausbildung von Gleitflächen.

Nach der Rankineschen Erddrucktheorie (siehe Kapitel über Erddruck, S. 585) schneiden sich die Gleitflächen unter dem Winkel $(90° - \varrho)$. Die wichtigsten Grenzzustände des Gleichgewichtes sind: α) der untere Grenzzustand (siehe Abb. 344), β) der obere Grenzzustand (siehe Abb. 344), γ) der Grenzzustand mit Strahlenbüschel und logarithmischen Spiralen (siehe Abb. 344, Grenzzustand nach RÉSAL), δ) der allgemeine Grenzzustand mit gekrümmten Gleitflächen (siehe Abb. 344).

Die Größe, die Richtung und räumliche Lage des Erddruckes im Zeitpunkt, in welchem sich die Gleitflächen bilden, kann entweder nach der klassischen Erddrucktheorie von COULOMB und RANKINE oder nach den neuen Erddrucktheorien berechnet werden (siehe Kapitel über Erddruck).

2. Das kritische Spannungsverhältnis.

Das kritische Spannungsverhältnis $\dfrac{\sigma_2}{\sigma_1} = \eta$ ist für die Beurteilung des Grenzzustandes von besonderer Bedeutung. Allgemein ist nach RANKINE

$$\eta = \frac{\sigma_2}{\sigma_1} = \operatorname{tg}^2\!\left(45^0 \mp \frac{\varrho}{2}\right) \quad \begin{cases} \text{unterer Grenzzustand,} \\ \text{oberer Grenzzustand.} \end{cases}$$

Für Einzelheiten siehe S. 557 unten und S. 560 und den Abschnitt: Der Druck auf die Gleitflächen im Kapitel über Erddruck S. 586.

3. Die Grenzflächen zwischen plastischem Fließbereich und elastischem Bereich.

Die Form und die Lage der Grenzflächen zwischen dem plastischen Fließbereich und dem sog. elastischen Bereich kann z. B. nach FRÖHLICH[1] für eine an der Bodenfläche angreifende Einzellast sowie für gleichmäßig verteilte Streifenlast berechnet werden. Nach FRÖHLICH ist:

a) Lotrechte Einzellast.

Wesentlich für die Bestimmung der Grenze zwischen dem plastischen Fließbereich und dem elastischen Bereich ist die vorausgesetzte Art der Druckausbreitung unterhalb der Lastfläche. Es wird z. B. angenommen:

I. Die Ruhedruckziffer betrage 1, d. h. für das Eigengewicht des Bodens ist:

$$\sigma_z = \sigma_h = \gamma\, z,$$

γ = Raumgewicht des Bodens, σ_z = senkrechte Spannung,

z = Tiefe, σ_h = waagrechte Spannung.

II. Infolge der an der Oberfläche angreifenden Last P entstehen nach FRÖHLICH die drei Hauptspannungen mit den Koordinaten $(r;\ \vartheta)$:

$$\sigma_r = \frac{\nu\, P}{2\,\pi\, r^2}\cos\vartheta^{\nu-2}; \quad \sigma_s = 0;$$

$$\sigma_t = 0.$$

Für σ_s und σ_t siehe Abb. 463/464, S. 646.

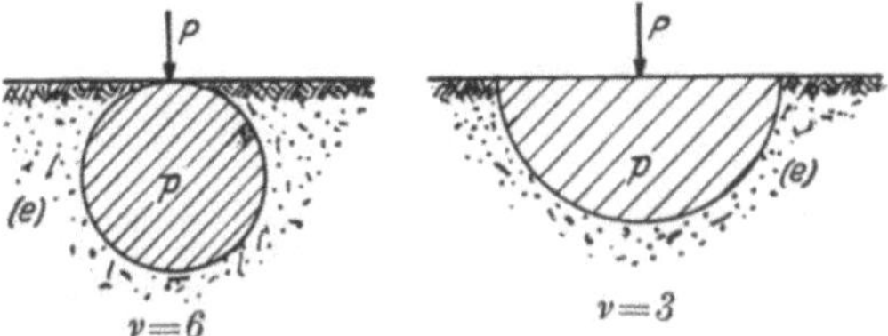

Abb. 345. Grenzfläche zwischen sog. „plastischem" und sog. „elastischem" Bereich bei einer Einzellast für verschiedene Konzentrationsfaktoren ν.

p sog. „plastischer" Bereich, e sog. „elastischer" Bereich, r Konzentrationsfaktor.

Aus den Annahmen I und II wird für das Mittelelement $\sigma_r = \sigma_1$:

$$\sigma_1 = \frac{\nu\, P}{2\,\pi\, r^2}\cos^{\nu-2}\vartheta + \gamma\, z; \quad \sigma_2 = \sigma_z = \gamma\, z.$$

Mit Hilfe der MOHRschen Fließbedingung (vgl. S. 559, 561) wird:

$$\sigma_1 - \sigma_2 = 2\, k\left[p_k + \tfrac{1}{2}\,(\sigma_1 + \sigma_2)\right],$$

$$\frac{\nu\, P}{2\,\pi\, r^2}\cos\vartheta^{\nu-2} = 2\, k\left[p_k + \frac{1}{2}\left(\frac{\nu\, P}{2\,\pi\, r^2}\cos^{\nu-2}\vartheta + 2\,\gamma\, z\right)\right].$$

Mit Hilfe dieser Gleichung errechnen sich die Grenzflächen des Fließbereiches (siehe Abb. 345 bis 348). Für die Bedeutung des Wertes ν siehe S. 647.

b) Gleichmäßig verteilte Streifenlast.

Es werden die Annahmen gemacht:

I. die Ruhedruckziffer betrage wieder 1, d. h.

$$\sigma_z = \sigma_h = \gamma\, z \quad \text{(für Eigengewicht)},$$

II. der Konzentrationsfaktor ν sei $\nu = 3$,

III. die Hauptspannungen σ_1 und σ_2 betragen für das achsensymmetrisch gelegene Element

---

[1] Druckverteilung im Baugrund S. 72.

[2] Für die Schreibart vgl. FRÖHLICH: Druckverteilung im Baugrunde S. 72, Formel 2. Wien 1934.

$$\sigma_1 = \left(\frac{q'}{\pi}\right)(2\,\varepsilon + \sin 2\,\varepsilon) + \gamma\,z + \gamma\,t,$$

$$\sigma_2 = \left(\frac{q'}{\pi}\right)(2\,\varepsilon - \sin 2\,\varepsilon) + \gamma\,z + \gamma\,t.$$

$t =$ Baugrubentiefe, $q' =$ gleichmäßig verteilter Sohldruck, $z =$ Tiefe unter der Bauwerksohle (vgl. Kapitel über Druckverteilung, Abschnitt B 4 c).

Mit Hilfe der Mohrschen Fließbedingung wird

$$\frac{q'}{\pi}\sin 2\,\varepsilon = \sin \varrho \left[p_k + \left(\frac{q'}{\pi}\right) 2\,\varepsilon + \gamma\,z\right].$$

Diese Gleichung kann nach z aufgelöst werden; durch die geometrische Umwandlung kann auch für die Abszisse x eine Gleichung angeschrieben werden:

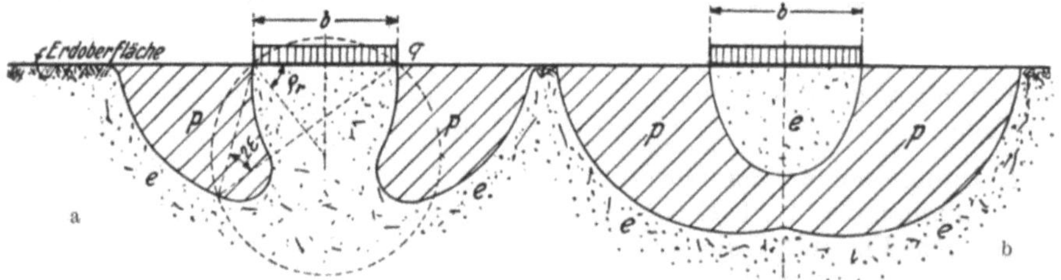

Abb. 346. Belastung an der Erdoberfläche. Grenzkurven zwischen plastischem und elastischem Bereich bei gleichmäßig verteilter Streifenlast.
a Kleine Belastung: $q = 2$ kg/cm²; $p_k = 0$; b Große Belastung: $q = 2{,}5$ kg/cm²; $p_k = 0$; p plastischer Bereich e elastischer Bereich.

Für $z_{\max}$ lautet die Gleichung $\dfrac{dz}{d\varepsilon} = 0$; daraus wird:

$$z_{\max} = \frac{qt}{\pi\,\gamma}\left[\cot\varrho - \left(\frac{\pi}{2} - \varrho\right)\right] - \left(t + \frac{p_k}{\gamma}\right),$$

$\sin \varrho = k$; $\varrho =$ gegeben (siehe Abb. 346); $\varrho =$ Winkel der inneren Reibung, bestehend aus echter Reibung $+$ Gefügewiderstand; $t =$ Baugrubentiefe.

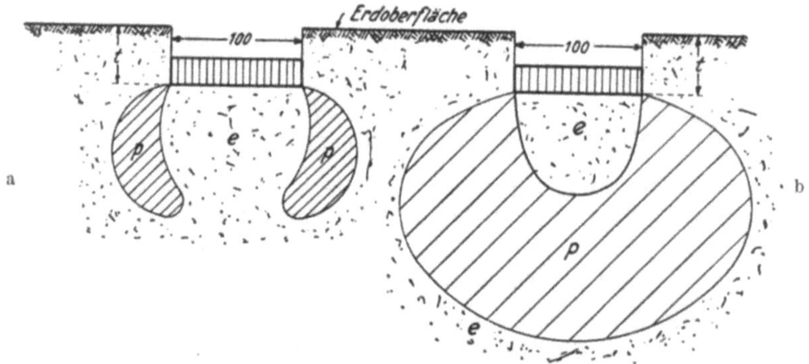

Abb. 347. Belastung in der Baugrube.
a Kleine Belastung q; $p_k = 0$; b große Belastung q; $p_k = 0$; t Baugrubentiefe.

Mit Hilfe obiger Gleichungen können die Grenzflächen zwischen elastischem und plastischem Fließbereich berechnet werden (siehe Abb. 346/348).

c) Flächenlasten.

Für Flächenlasten ist die zahlenmäßige Berechnung der Grenze zwischen plastischem und elastischem Gebiet noch nicht durchgeführt worden.

4. Praktische Auswertung der Erkenntnisse über die Grenzflächen zwischen elastischem und plastischem Bereich.

Praktische Bedeutung hat die Kenntnis des Verlaufes der Grenzflächen namentlich in zwei Fällen, nämlich:

I. soll neben einem bestehenden Gebäude eine Spundwand niedergeschlagen werden, so muß mit großen Setzungen und Verschiebungen des Gebäudes gerechnet werden, falls die Spundwand durch den plastischen Bereich gerammt wird[1],

II. die zulässige Bodenpressung wird aus der Bedingung erhalten, daß das

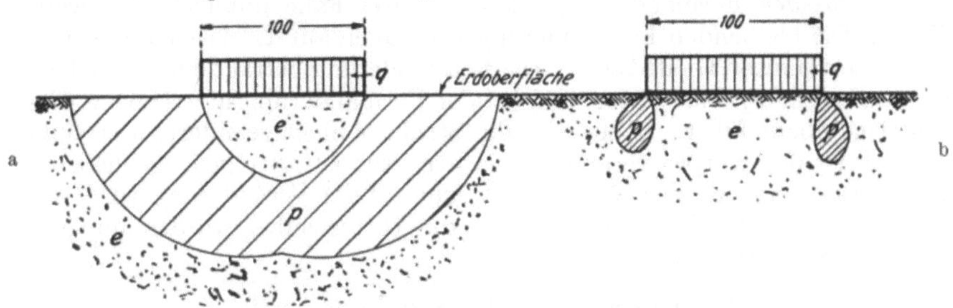

Abb. 348. Einfluß der Bindigkeit des Bodens auf die Ausbildung des plastischen Bereiches.
a Nichtbindiger Boden: $q = 1,2$ kg/cm², $p_k = 0$ kg/cm², Winkel der inneren Reibung $\varrho = 35°$;
b bindiger Boden: $p_k = 0,1$ kg/cm².

Auftreten von plastischen Bereichen vermieden wird. Mathematisch heißt das, daß $z_{\max} = 0$ wird bzw. $\dfrac{dz}{d\varepsilon} = 0$. Dieser Ansatz ist in Kap. V über Tragfähigkeit des Bodens eingehend behandelt.

H. Der Bruchzustand des Körpers.

1. Begriffe.

Unter Bruch versteht man das Entzweigehen eines Körpers, wobei sich eine Bruchfläche bildet.

Bruchzustand: Im Bruchzustand wird die Festigkeit des Materials überwunden; mit anderen Worten: die Grenze des innern Gleichgewichtes ist erreicht.

Fließzustand bedeutet im Erdbau das gleiche wie Bruchzustand.

Für weitere Begriffe siehe S. 531.

2. Der Bruch bei verschiedenen Stoffen.

Die Stoffe können nach ihrem inneren Aufbau unterteilt werden in amorphe und kristalline Stoffe.

a) Der Bruch beim kristallinen Stoff.

Die kristallinen Stoffe sind in der Regel aus sehr feinen Kristallen aufgebaut; das ist der sog. mikrokristalline Stoffaufbau. Der Kristall für sich allein (Einkristall) weist ein regelmäßiges Gitter von Atomen, Molekülen bzw. deren Gruppe auf. Über den Aufbau der Gitter vgl. S. 514, 516[2].

Das Gitter weist die Symmetrieeigenschaften des Kristalles auf. Beim Durchschreiten des Kristalles in bestimmten Richtungen um einen gewissen Festbetrag gelangt man immer wieder zu identischen Punkten. Dieser Abstand heißt Iden-

---

[1] Vgl. BENDEL: Katastrophale Setzung und Verschiebung eines Lagerhauses beim Spundwandrammen. Unveröffentlichtes Gutachten.
[2] Vgl. P. NIGGLI: Lehrb. d. Mineralogie. Berlin 1926, 1942.

titätsabstand. Die Folge der Identität der Gitterpunkte ist die Homogenität. Sind aber gewisse Richtungen im Kristall besonders ausgezeichnet, so spricht man von Anisotropie. Die Verschiedenheit in den Richtungen kann sich auf die Elastizität, Wärmeleitung, Festigkeit usw. beziehen.

Es wurden röntgenographische Untersuchungen durchgeführt, um festzustellen, wie die Verzerrung des Gitters, d. h. Gitterwinkel und Gitterabstände sich bei bleibender und elastischer Formänderung des Einkristalles verhalten. Darnach folgen die *elastischen* Verzerrungen dem Hookeschen Proportionalitätsgesetz. Bei den *bleibenden* Formänderungen können zwei Fälle unterschieden werden:

Fall 1. Die bleibenden Formänderungen beruhen auf Translation in kristallographisch bestimmten Gleitflächen. Die Formänderung beträgt ein Vielfaches des Identitätsabstandes. Das Gitter wird bei der Formänderung in eine neue Gleichgewichtslage übergeführt. Dabei wird die Struktur nicht geändert. Der äußeren Form nach ist der Körper verändert, die Struktur ist aber gleichgeblieben.

Fall 2. Die bleibende Formänderung beruht auf der Veränderung der Struktur des Gitters. Die Identitätsabstände und die Gitterwinkel wurden infolge der Beanspruchung verändert.

Der vielartig kristallin aufgebaute Stoff.

Es gibt viele Stoffe, die aus mehreren Kristallarten aufgebaut sind. Die Kristalle stammen dabei aus verschieden hohen Erstarrungstemperaturen. Bei Festigkeitsfragen kommt es auf den Verbund der verschiedenartigen Kristalle und auf die Festigkeitseigenschaften der einzelnen Kristalle an.

Beim Eintreten des Bruches, d. h. beim Entzweigehen des Körpers durch die Bildung von Bruchflächen ist es möglich, daß der Bruch entweder an den Korngrenzen erfolgt oder durch die Kristallite[1] hindurchgeht. Daraus geht hervor, daß die Bruchfläche eines Kristalles oder eines polykristallinen Körpers kristallographisch bestimmt ist.

In einem mehrfach kristallinen Stoff sind vier Brucharten möglich: α) der Trennungsbruch, β) der Gleitungsbruch, γ) der Verschiebungsbruch, δ) der Ermüdungsbruch.

α) Der *Trennungsbruch* tritt infolge Trennung entweder an den Korngrenzen oder in kristallographisch bestimmten Flächen in den Kristalliten auf. Beide Trennarten können nebeneinander vorkommen. Die Bruchfläche ist winkelrecht zur wirkenden Zugkraft. Die Fläche ist meistens glatt und wirft das Licht zurück, wodurch ein Schimmern der Bruchfläche verursacht wird. Diese Bruchart tritt unvermittelt auf und ist sehr gefürchtet.

β) Der *Gleitungsbruch* tritt infolge Abgleiten in den kristallographisch bestimmten Gleitflächen der Kristallite auf. Er verursacht eine große, bleibende Formänderung.

γ) Von einem *Verschiebungsbruch* spricht man, wenn Trennungs- und Gleitungsbruch durchmischt in einem Stoff vorkommen[2].

---

[1] Beim Vorhandensein vieler, in der Regel winziger Kristalle wird von mikrokristallinem Aufbau gesprochen. Dieser Aufbau entsteht beim Auskristallisieren aus einer Schmelze. Es bilden sich nämlich sehr viele Kristallisationszentren, an welche sich immer wieder neue Teilchen anschließen, bis sie mit den Teilchen des nächstliegenden Kristallisationszentrums in Kollision geraten. Durch die verschiedene Wachstumsgeschwindigkeit der Kristalle in verschiedenen Richtungen entstehen ganz unregelmäßige Kristallkorngrenzen. Den so entstandenen Kristallen gab man den Namen Kristallite.

[2] Über die Begriffserklärung von Verschiebungsbrüchen siehe M. Roš u. A. Eichinger: Versuche zur Klärung der Frage der Bruchgefahr S. 7. Ber. 28 Eidgen. Mat.-Prüf.-Anst. Zürich 1928. — R. Böcker: Die Mechanik der bleibenden Formänderung in kristallinisch aufgebauten Körpern. Mitt. Forsch.-Arb. VDI 1915 Heft 175/176.

δ) *Ermüdungsbruch* tritt bei wiederholter Belastung und Entlastung auf. Ein allmählich fortschreitender Trennungsbruch entsteht im Kristallgitter; der Trennungsbruch ist durch Haarrisse an der Oberfläche festzustellen.

b) Der Bruch bei amorphen Stoffen.

Bei amorphen Stoffen ist das Raumgitter regellos. Die amorphen Stoffe sind nur statistisch homogen, wenn eine große Anzahl von Gitterpunkten vorhanden ist. Der Formänderungsmechanismus ist ähnlich dem von zähen Flüssigkeiten. Die Ausbildung von Bruchlinien wurde an der Oberfläche der amorphen Stoffe noch nicht beobachtet[1].

3. Die Bruchtheorien.

Je nach dem inneren Aufbau der Stoffe unterscheidet man 6 Kristallsysteme mit 32 Kristallklassen und einen amorphen Zustand. Das Verhalten dieser Stoffe ist bei gleicher äußerer Kräftebeanspruchung sehr verschieden. Daher ist es begreiflich, daß verschiedene Theorien über die Bruchgefahr entstanden, namentlich, wenn zu wenig Rücksicht auf den Aufbau und den Mechanismus der Formänderung genommen wurde.

Grundsätzlich kann man bei den Böden unterscheiden zwischen:

a) *den Bruchhypothesen für festes Gestein,*

b) *den Bruchhypothesen für Lockerböden (bindige und nichtbindige Böden).*

a) Die Bruchhypothesen für festes Gestein.

Die wichtigsten Bruchhypothesen können eingeteilt werden in: α) Hypothese der größten positiven Hauptdehnung, β) Hypothese der größten Hauptspannung, γ) Hypothese der inneren Reibung, δ) Hypothese der größten Schubspannung, ε) Hypothese von der Formänderungsarbeit bzw. Gestaltänderungsarbeit.

α) Hypothesen der größten positiven Hauptdehnung.

Hierher gehören die Annahmen von MARIOTTE, NAVIER, PONCELET, GRASHOF, BARRE DE ST. VENANT.

I. Hypothese von ST. VENANT. Nach ST. VENANT besitzt der theoretisch plastische Körper, auch St.-Venant-Körper benannt, eine Spannungsgrenze, auf welcher der Körper während der Verformung vor dem Bruch verharrt. Mit anderen Worten: es tritt eine bleibende Formänderung ein, die von der Größe der Geschwindigkeitsänderung der Spannung unabhängig ist. Die Kinematik des Fließvorganges ist aber noch unabgeklärt. Sicher ist nur, daß die kinematische Größe durch die Deformationsgeschwindigkeit und Strömungslinien ausgedrückt werden muß[2]. ST. VENANT hat das Erscheinen des Bruchzustandes mathematisch in Beziehung mit der größten, positiv auftretenden Hauptdehnung gebracht. Diese Hypothese wurde für Böden nicht weiter behandelt, so daß hier nicht darauf eingetreten wird.

---

[1] Vgl. Roš u. EICHINGER S. 7.

[2] Vgl. H. POLLACZEK: Beitrag zum vollständig ebenen Plastizitätsproblem und A. NADAI: Zur Theorie plastischer Zustände. Beide Aufsätze in Verh. 3. Int. Kongr. techn. Mech. Bd. 2 S. 185/196. Stockholm 1930.

II. Hypothese von G. D. Sandel[1]. Als Maß der Anstrengung wird die resultierende Dehnung $\sqrt{\varepsilon_1{}^2 + \varepsilon_2{}^2 + \varepsilon_3{}^2}$ bezeichnet oder

$$\left(\frac{(m-2)^2}{m^2+2}\, p^2 + \frac{2}{3}\frac{(m+1)^2}{(m^2+2)} \right) = \sigma_1{}^2 + \sigma_2{}^2 + \sigma_3{}^2 - \sigma_1\sigma_2 - \sigma_1\sigma_3 - \sigma_2\sigma_3 = 4\,k^2,$$

$p = \dfrac{\sigma_1 + \sigma_2 + \sigma_3}{3}$; für $m = 2$ geht die Formel über in die Hypothese der Gestaltänderungsenergie von Huber. Für Beispiele siehe Bd. II, S. 263 und Bd. II, Abb. 277e, 277f.

β) Hypothesen der größten Hauptspannung.

Solche Hypothesen wurden aufgestellt von Galilei, Leibniz, Navier, Lamé, Clapeyron, Clebsch, Rankine[2].

Keine dieser Hypothesen ist weiter entwickelt worden; sie werden deshalb hier nicht behandelt. Die theoretisch gefundenen Werte stehen mit den Erfahrungen und Versuchsergebnissen der Felsproben in Widerspruch.

γ) Hypothesen der inneren Reibung.

Hierher gehören die Annahmen von Coulomb, Tresca, Duguet, Navier. Nach Coulomb würde der Winkel ϱ der inneren Reibung ein Festwert sein. Die beim Auftreten des Gleitens entstehende Schubspannung τ muß nach Coulomb rechnerisch in Abhängigkeit der inneren Reibung zu $\tau = k_S + k\,\sigma$ bestimmt werden; dabei bedeutet $k = \mathrm{tg}\,\varrho = $ Festwert.

Auf dieser Voraussetzung hat Hencky[3] einen differential-geometrischen Satz aufgestellt.

Zu dem Ansatz von Coulomb ist zu bemerken, daß die innere Reibung bzw. $k = \mathrm{tg}\,\varrho$ keinen Festwert darstellt, sondern daß die innere Reibung wesentlichen Änderungen in Abhängigkeit der Spannung σ unterworfen ist (vgl. auch Abb. 292, Abschnitt Scherfestigkeit, in welcher die Abhängigkeit der inneren Reibung von der Belastung angegeben ist). Mit anderen Worten: die Berechnung der Fließgrenze mit Hilfe der inneren Reibung befriedigt nicht. Wird aber die größte Schubspannung τ statt mit Hilfe der inneren Reibung mit den Hauptspannungen berechnet, so werden befriedigende Werte zur Bestimmung der Fließgrenze erhalten[4].

δ) Hypothese der größten Schubspannung.

Durch die Theorie der größten Schubspannung in Abhängigkeit des größten Unterschiedes der Hauptspannungen von Guest[5] hat die Theorie von der Elastizitätsgrenze und vom Bruch von Mohr[6] eine allgemeine Fassung erfahren.

---

[1] Die Frage der Fließgefahr in M. Roš u. A. Eichinger: Versuche zur Klärung der Frage der Bruchgefahr. 1928.

[2] Vgl. F. Schleicher: Der Spannungszustand an der Fließgrenze (Plastizitätsbedingung). Z. angew. Math. Mech. Bd. 6 (1926) Heft 3.

[3] Z. angew. Math. Mech. 1923 S. 211; ferner R. v. Mises: Über die bisherigen Ansätze in der klassischen Mechanik der Kontinua. Verh. 3. Int. Kongr. techn. Mech. Bd. 2 S. 5. Stockholm 1930.

[4] Anmerkung: Die Fließgrenze ist in dem Augenblick erreicht, in welchem ein elastischer Stoff infolge der Beanspruchung bleibende Verformungen erleidet. Bei Stahl ist z. B. das Maß der bleibenden Verformung willkürlich festgelegt (vgl. Pöschl). In diesem Falle entspricht die obige Definition der Fließgrenze nicht der Begriffsbestimmung für die Fließgrenze von bindigen Böden (vgl. S. 325, 445).

[5] Phil. Mag. Bd. 50 (1900).

[6] Welche Umstände bedingen die Elastizitätsgrenze und den Bruch eines Materiales Z. VDI 1900; ferner: Abhandlungen auf dem Gebiete der technischen Mechanik 1905/1913.

Mohr (Mohr: Abh. aus dem Gebiet der technischen Mechanik, 1905/1913), faßt seine Theorie in folgende Sätze zusammen:

I. Die Bruchgrenze eines Materiales wird bestimmt durch die Spannungen der Gleit- und Bruchflächen.

II. Die Schubspannung der Gleitfläche erreicht an der Grenze einen von der Normalspannung und von der Materialbeschaffenheit unabhängigen Größtwert.

III. Jede in einem Körperpunkt entstehende Gleitfläche oder Bruchfläche verläuft in der Richtung der größten Schubspannung.

IV. Die mittlere Hauptspannung ist ohne Einfluß.

Die Theorien von Guest-Mohr wurden schon oft versuchstechnisch überprüft[1].

Aus den Versuchen ergibt sich:

I. Für die Zustände des Gleichgewichtes an einem Elemente an der Bruchgrenze ist ein annähernd gleichbleibender Wert für die größte Schubspannung vorhanden, d. h.

$$\tau_g = \frac{\sigma_2 - \sigma_1}{2} \sin (2\,\alpha) + f(\sigma_n) \quad \text{(vgl. S. 557)}$$

wird zu

$$\tau_g = \tau_{\max} = \frac{\sigma_2 - \sigma_1}{2} \simeq \text{Festwert} \quad (\sigma_n = \text{Normalspannung}).$$

Die theoretischen Erwägungen von Mohr sind versuchstechnisch als richtig gefunden worden.

II. Für den Unterschied zwischen der größten Hauptspannung $\sigma_z = \sigma_2$ und der kleinsten Hauptspannung $\sigma_x = \sigma_1$ ergibt sich im Bruchzustand annähernd folgender Wert:

$$\sigma_2 - \sigma_1 \simeq \text{Festwert} \quad \text{bzw.} \quad \frac{\sigma_2 - \sigma_1}{2} = \tau_{\max}.$$

III. Die mittlere Hauptspannung σ_3 übt einen Einfluß auf die Fließgrenze aus; der Einfluß bleibt unter 15%.

IV. Mit dem Anwachsen des allseitigen Druckes nimmt auch die Elastizitätsgrenze (Quetschgrenze) zu. Diese Feststellung ist z. B. für die physikalisch-mathematische Behandlung der Alpendeckenüberschiebungen von Bedeutung.

Anmerkung: Oft werden auch die Bezeichnungen gebraucht σ_I, σ_{II}, σ_{III}; dann bedeutet

$$\sigma_1 = \sigma_I \quad = \text{erste Hauptspannung,}$$
$$\sigma_2 = \sigma_{II} \quad = \text{zweite Hauptspannung,}$$
$$\sigma_3 = \sigma_{III} = \text{mittlere Hauptspannung.}$$

Oft wurden die Spannungen σ_2 und σ_3 umgekehrt, so daß dann σ_2 die mittlere Hauptspannung bedeutet. In diesem Buche wird die mittlere Hauptspannung mit σ_3 bezeichnet.

V. Für die Fließgrenze wurde bei Zerreiß- und Torsionsversuchen das Verhältnis gefunden:

$$\frac{\tau_f}{\sigma_f} = \frac{\text{Schubspannung an der Fließgrenze}}{\text{Normalspannung an der Fließgrenze}} = 0{,}51 \text{ bis } 0.70.$$

Mohr gab hierfür 0,50 an. Über die Begriffserklärung der Fließgrenze siehe S. 325, 445, 455.

Die französische Formel $\dfrac{\tau_f}{\sigma_f} = \dfrac{m}{m+1} = 0{,}8$ für $m = 4$ ist irreführend.

---

[1] Vgl. E. L. Hancock u. W. Scoble: Phil. Mag. Bd. 12 1906. — W. Mason: Proc. Inst. mech. Engrs. 1909. — C. A. M. Smith: Proc. Inst. mech. Engrs. 1910. — Cook u. Robertson: Engineering 1911. — Th. v. Kármán: Festigkeitsversuche unter allseitigem Druck. Mitt. Forsch.-Arb. VDI 1912 Heft 118. Versuche mit Sandstein und Marmor. — R. Böcker: Die Mechanik der bleibenden Formänderung in kristallinisch aufgebauten Körpern. Mitt. Forsch.-Arb. VDI 1915 Heft 175/176. — Roš u. Eichinger: Versuche zur Klärung der Bruchgefahr. Schweiz. Verb. Mat.-Prüf. Techn. 1926, 1928, 1929. Versuche mit Marmor, Zement, Zementmörtel, Harz, Eisen, Aluminium, Kupfer, Zink. — Ludwik: Bruchgefahr und Materialprüfung. Schweiz. Verb. Mat.-Prüf. Techn. Ber. 13 (1928).

Die Mohrsche Vorstellung von der Elastizitätsgrenze und dem Bruch eines Materiales steht im Einklang mit den Versuchsergebnissen. Die Mohrsche Theorie wird oft für den Fließbereich selber angewendet.

Die Grenzzustände liefern in Mohrscher Darstellung Hüllkurven, auch Bruchlinien genannt (vgl. Abb. 349). Dieselben müssen nicht unbedingt Gerade sein wie in Abb. 349. Die Hüllkurve ist unter

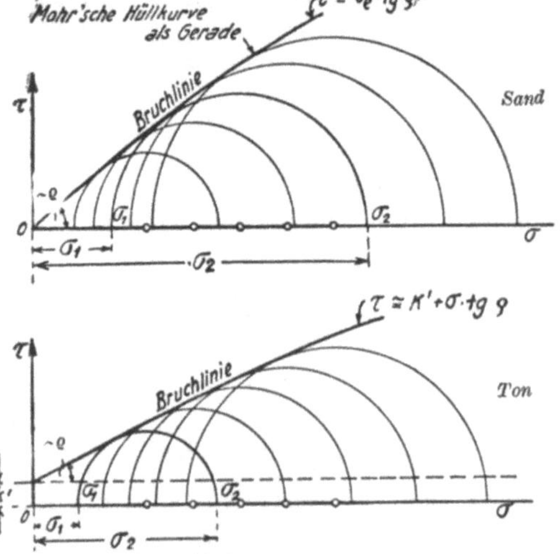

Abb. 349. Die Bruchlinie als Umhüllende an die Mohrschen Spannungskreise.
a Bei natürlichem Wassergehalt: $\sigma_2 = \sigma_1 + q$; b bei gleichbleibendem Wassergehalt.
$k = k_S$ in den Formeln S. 424 usw.

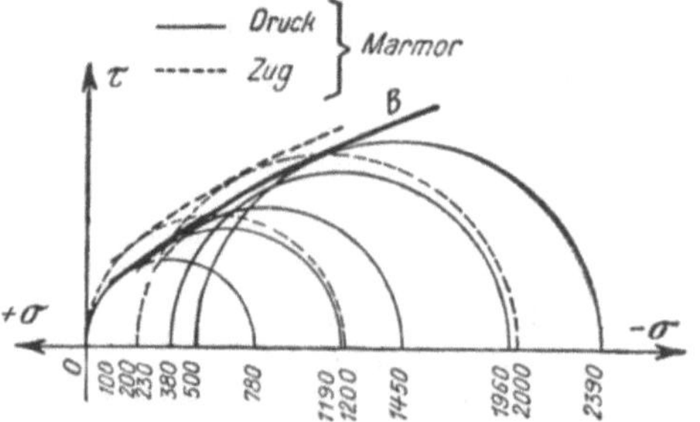

Abb. 350. Ermittlung der Bruchlinie bei auf Zug und Druck beanspruchtem Marmor.

Umständen durch Versuche zu ermitteln (vgl. Abb. 350 bis 351 mit den Bruchlinien für Zug- und Druckbeanspruchung)[1].

Aus den Hüllkurven ist ersichtlich: α) die Lage der Gleitfläche (vgl. Abb. 352),

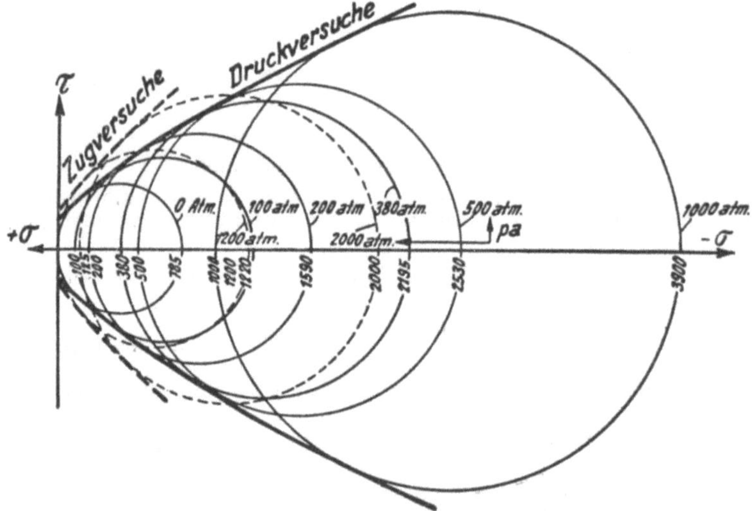

Abb. 351. Bruchlinie bei Druck- und Zugbeanspruchung.
Druck } unter allseitig gleichem Druck pa = Marmor.
Zug

β) die Größe der senkrechten Spannung zur Gleitfläche, γ) die Schubspannung $\tau_{max} = \dfrac{\sigma_2 - \sigma_1}{2}$ in der Gleitfläche (vgl. Abb. 353).

[1] Vgl. Fußnote S. 547.

ε) Hypothese von der Formänderungsarbeit.

I. Hypothese der konstanten Formänderungsarbeit von BELTRAMI. Nach dieser Theorie wäre die aufgespeicherte, bezogene Formänderungsarbeit an der Elastizitätsgrenze konstant. Die Theorie wurde vereinfacht von HUBER zu:

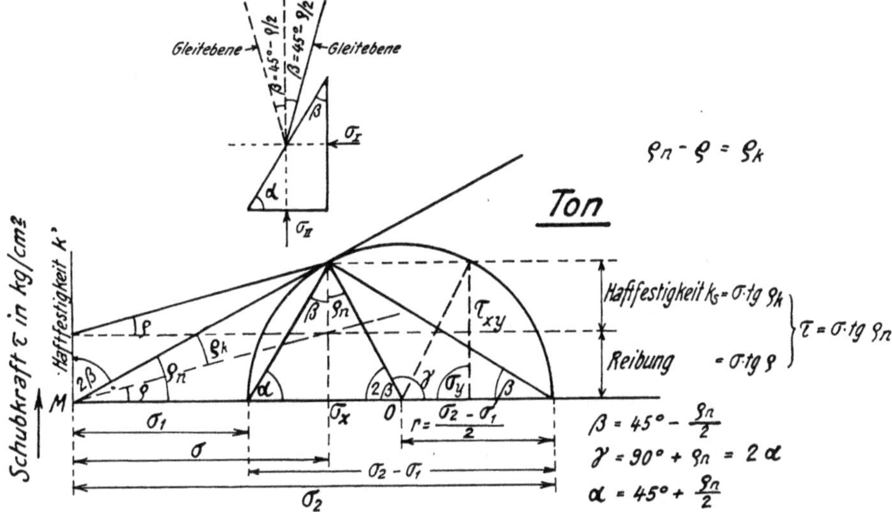

Abb. 352. Mohrscher Spannungskreis für bindige Böden. Schubfestigkeit in Abhängigkeit der Reibung und der Haftfestigkeit.

$\sigma_2 > \sigma_1$. Der Winkel α wird auch der Bruchwinkel genannt: $\sigma_1 = \sigma_2\ \mathrm{tg}^2\ (45° - \varrho/2) = \lambda_a\ \sigma_2$. λ_a Erddruckziffer; ϱ_r Reibungsanteil; ϱ_k Haftfestigkeitsanteil.

ϱ_n = Scheinbarer Winkel der innern Reibung; $\varrho_k = \varrho_n - \varrho$; $\mathrm{tg}\ \varrho$ = echte Reibung + Gefügewiderstand; $k' = k_S$ in den Formeln S. 424 usw.

II. Hypothese der Formänderung von HUBER. M. T. HUBER[1] stellte den Satz auf:

„Die Anstrengung des Materiales wird gemessen durch die Summe jener Teile der Formänderungsarbeit, welche durch reine Gestaltänderung und durch reine Volumenvergrößerung bedingt sind. In Anbetracht dessen, daß die Volumenverkleinerungsenergie erfahrungsgemäß keinen Einfluß auf die Anstrengung zeigt, dürfte die reine Gestaltänderungsenergie allein als plausibles Maß der Anstrengung eines Materiales angesetzt werden. Für plastische Stoffe genügt praktisch vollkommen die Hypothese der reinen Gestaltänderungsenergie."

Mathematisch ausgedrückt heißt dies:

$$A_t = A_v + A_g.$$

Es bedeuten:

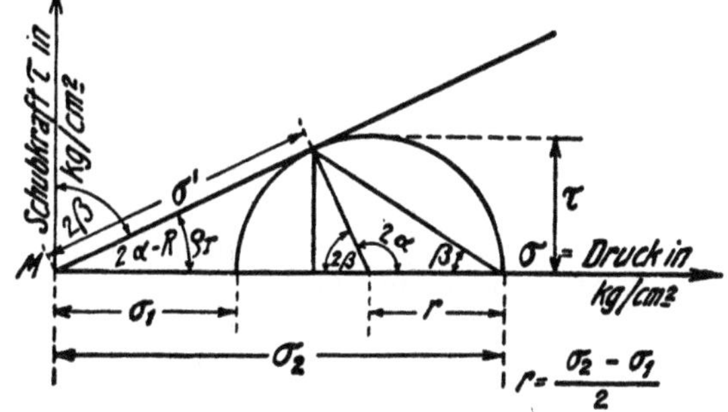

Abb. 353. Mohrscher Spannungskreis für nichtbindigen Boden. Die Schubfestigkeit τ in Abhängigkeit der Druckkraft σ.

A_t = gesamte Formänderungsarbeit, A_v = Volumenänderungsarbeit, A_g = Gestaltänderungsarbeit.

Werden bezeichnet mit

$$\sigma_x,\ \sigma_y,\ \sigma_z = \text{Normalspannungen an einem Einheitselement,}$$
$$\tau_{xy},\ \tau_{yz},\ \tau_{zx} = \text{Schubspannungen,}$$

[1] Die spez. Formänderungsarbeit als Maß der Anstrengung eines Materiales. Lemberg 1904; siehe auch FÖPPEL: Drang u. Zwang Bd. I (1920) S. 50.

so wird

$$A_v = \frac{3\,(m-2)}{2\,m\,E}\left(\frac{\sigma_x + \sigma_y + \sigma_z}{3}\right)^2,$$

$$A_g = \frac{1}{12\,G}\left[(\sigma_x - \sigma_y)^2 + (\sigma_y - \sigma_z)^2 + (\sigma_z - \sigma_x)^2\right] + \frac{1}{2\,G}\left(\tau_{xy}^2 + \tau_{yz}^2 + \tau_{zx}^2\right);$$

hierin ist

$$G = \frac{m\,E}{2\,(m+1)}.$$

ΔV bedeutet die räumliche Dehnung:

$$\Delta V = \frac{m-2}{m\,E}\,(\sigma_x + \sigma_y + \sigma_z).$$

Wird für das Einheitselement, bei welchem keine Schubspannung vorhanden ist, gesetzt:

$$\sigma_x = \sigma_1;\qquad \sigma_y = \sigma_2;\qquad \sigma_z = \sigma_3,$$

werden

$$A_v = \frac{3\,(m-2)}{2\,m\,E}\left(\frac{\sigma_1 + \sigma_2 + \sigma_3}{3}\right)^2,$$

$$A_g = \frac{1}{6\,G}\left[\sigma_1^2 + \sigma_2^2 + \sigma_3^2 - \sigma_1\,\sigma_2 - \sigma_2\,\sigma_3 - \sigma_1\,\sigma_3\right].$$

Für den einachsigen Spannungszustand wird

$$A_v = \frac{m-2}{6\,m\,E}\,\sigma_1^2 = \frac{m-2}{12\,(m+1)\,G}\,\sigma_1^2,$$

$$A_g = \frac{m+1}{3\,m\,E}\,\sigma_1^2 = \frac{1}{6\,G}\,\sigma_1^2 *.$$

Für die Bruchbedingung bei alleiniger, aber konstanter Gestaltänderungs-arbeit wird:

$$(\sigma_1^2 + \sigma_2^2 + \sigma_3^2 - \sigma_1\,\sigma_2 - \sigma_2\,\sigma_3 - \sigma_1\,\sigma_3) = 4\,k^2$$

oder

$$\sigma_g = \sqrt{\sigma_1^2 + \sigma_2^2 - \sigma_1\,\sigma_2}\quad\text{bzw.}\quad \sqrt{\sigma_x^2 + \sigma_y^2 - \sigma_{xy} + 3\,\tau^2}\ **.$$

Weitere Bruchbedingungen stammen von L. Rendulic[1]; z. B.:

$$[(\sigma_1 + p) + (\sigma_2 + p) + (\sigma_3 + p)]^2 = 3\,k^2\,[(\sigma_1 + p)^2 + (\sigma_2 + p)^2 + (\sigma_3 + p)^2],$$

p und k sind Materialfestwerte.

Für den einachsigen Zustand wird die Bruchgrenze $\sigma_1 = 2\,k$. k ist eine Materialkonstante.

Obige Gleichung kann auch durch die Hauptschubspannung τ ausgedrückt werden und lautet dann:

$$\sqrt{\tau_{1,3}^2 + \tau_{2,3}^2 + \tau_{1,2}^2} = k\,\sqrt{2}.$$

Zu den gleichen Plastizitätsbedingungen kamen unabhängig von Huber auch v. Mises und H. Hencky[2].

---

* Für die Ableitung obiger Formeln siehe Föppel: Drang u. Zwang. Oldenburg 1924.
** Vgl. A. u. L. Föppel: Drang u. Zwang S. 38 Gl. (54). Oldenburg 1924.
[1] Plastische Grenzzustände. Bauingenieur 1938 S. 160/161.
[2] Vgl. R. v. Mises: Gött. Nachr. 1913 S. 582/592. — H. Hencky: Zur Theorie plastischer Deformationen und der hierdurch im Material hervorgerufenen Nachspannungen. Z. angew. Math. Mech. Bd. 4 (1924) Heft 4. — A. Nadai: Die Fließgrenze des Eisens. Schweiz. Bauztg. Bd. 83 (1924) S. 157.

Nach der HUBER-V. MISES-HENCKY-Plastizitätsbedingung ist die mittlere Hauptspannung von Einfluß auf die Fließgrenze[1].

Die für den Bruch maßgebenden Spannungen gelten hauptsächlich für feste Gesteinsarten, zähen Sand usw. Für gewisse Lockerböden ist der Nachweis versuchstechnisch noch nicht erbracht worden.

Die zeichnerische Auswertung der Guest-Mohrschen Fließgrenzbedingung

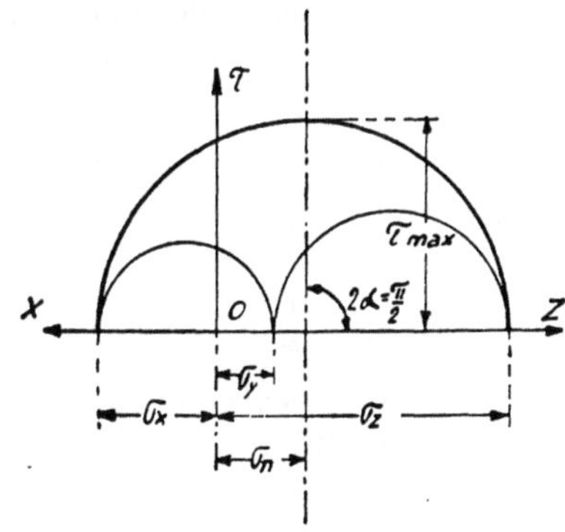

Abb. 354. Der Hauptkreis von MOHR für ein beliebiges Element.

$$\text{Für } \tau_{max} = \frac{\sigma_z - \sigma_x}{2} = k.$$

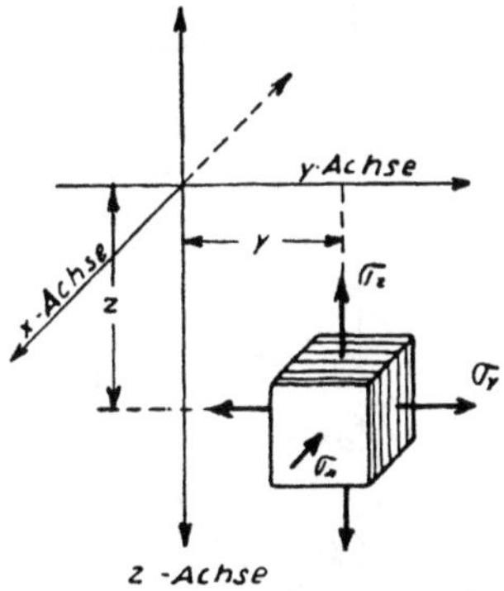

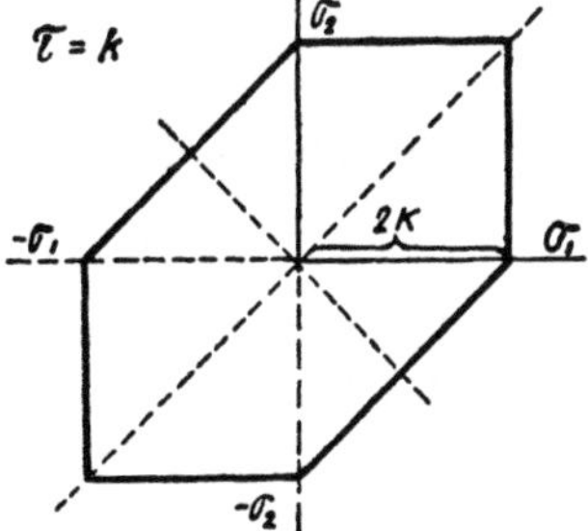

Abb. 355. Spannungen am Einheitskörper von MOHR.

τ Schubspannung, ist nicht eingezeichnet.

und der HUBER-V. MISES-HENCKY-Plastizitätsbedingung geht aus den Abb. 354 bis 357 hervor.

III. Hypothese von SCHLEICHER. Nach SCHLEICHER[2] lautet die Hypothese unter Einfügung einer Vergleichsspannung σ_e oder σ_g:

„Das Maß für die Beanspruchung ist die gesamte in der Raumeinheit ausfgespeicherte Formänderungsarbeit A oder auch die Gestaltänderungsarbeit A_g. Die der Elastizitätsgrenze bzw. der Fließgrenze entsprechende Vergleichsspannung

$$\sigma_e = \sqrt{2\,E\,A} \quad \text{oder} \quad \sigma_g = \sqrt{6\,G\,A_g}$$

hat erfahrungsgemäß keinen für alle Spannungszustände konstanten Wert, sondern ist eine Funktion der mittleren Normalspannung

$$p = \frac{\sigma_1 + \sigma_2 + \sigma_3}{3}.$$

Diese Funktion ist für jeden Stoff durch Versuche zu bestimmen.“

Bei allen obigen Hypothesen ist es wichtig, daß man sich Rechenschaft gibt, ob die Spannungen σ auf den *ursprünglichen* Querschnitt oder auf den tatsächlich vorhandenen, effektiven Querschnitt bezogen werden.

Abb. 356. Ebene Darstellung der Grenzwerte von MOHR, zähe Stoffe $(\sigma_2 - \sigma_1) = 2\,k$.

ζ) Hypothese der elastisch-plastischen Formänderung.

I. REUSS[3] hat einen Ansatz gemacht, nach welchem ein elastischer Anteil auch während des Fließvorganges von Metallen bestehen bleiben soll. Mit dem Ansatz von REUSS erhält man andere Ergebnisse als nach GUEST-MOHR oder

---

[1] Vgl. W. LODE: Versuche über den Einfluß der mittleren Hauptspannung auf die Fließgrenze. Z. angew. Math. Mech. Bd. 5 (1925). — Der Einfluß der mittleren Hauptspannung auf das Fließen der Metalle. Forsch.-Arb. VDI 1928 Heft 303.

[2] Der Spannungszustand an der Fließgrenze, Plastizitätsbedingung. Z. angew. Math. Mech. Bd. 6 (1926) Heft 3. — Über die Sicherheit gegen Überschreiten der Fließgrenze. Bauingenieur 1928 Heft 15. [3] Z. angew. Math. Mech. 1930 S. 266.

Huber-v. Mises-Hencky. Versuchstechnisch ist der Ansatz von Reuss noch nicht bewiesen, daher wird er hier nicht behandelt.

II. Roš und Eichinger[1] haben beobachtet, daß sich bei gewissen Stoffen die gesamte Formänderung aus zwei Teilen zusammensetzt, nämlich (vgl. das Druckverformungsgesetz von Terzaghi S. 411):

$$\varepsilon = l + \delta,$$

$l =$ elastische Formänderung für ein Einheitselement:

$$l_1 = \frac{1}{E}\left[\sigma_1 - \frac{1}{m}(\sigma_2 + \sigma_3)\right],$$

$$l_2 = \frac{1}{E}\left[\sigma_2 - \frac{1}{m}(\sigma_3 + \sigma_1)\right],$$

$$l_3 = \frac{1}{E}\left[\sigma_3 - \frac{1}{m}(\sigma_1 + \sigma_2)\right],$$

$\delta =$ bleibende Formänderung:

$$\delta_1 = \frac{1}{D}\left[\sigma_1 - \frac{1}{2}(\sigma_2 + \sigma_3)\right],$$

$$\delta_2 = \frac{1}{D}\left[\sigma_2 - \frac{1}{2}(\sigma_3 + \sigma_1)\right],$$

$$\delta_3 = \frac{1}{D}\left[\sigma_3 - \frac{1}{2}(\sigma_1 + \sigma_2)\right].$$

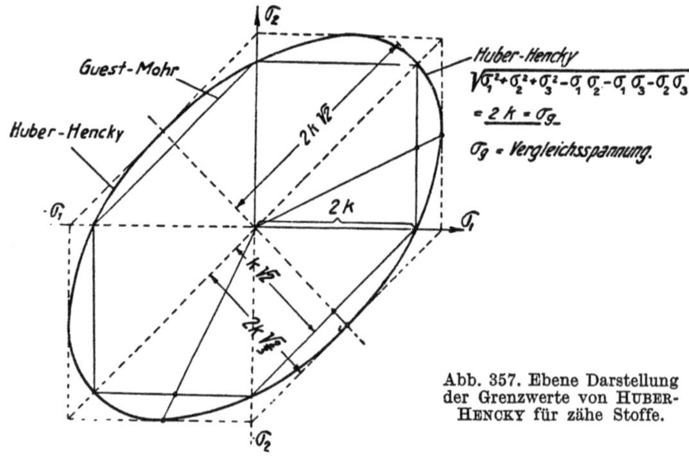

Abb. 357. Ebene Darstellung der Grenzwerte von Huber-Hencky für zähe Stoffe.

Die bleibende Formänderung ist ΔV, wobei $\Delta V = \delta_1 + \delta_2 + \delta_3$ ist. D bedeutet den Plastizitätsmodul und wird vorläufig als Festwert in die Formel eingesetzt. Versuchstechnisch wurde gefunden, daß die gesamten spez. Verschiebungen in den Hauptschubspannungsebenen den entsprechenden Hauptschubspannungen proportional sind; d. h.

$$s_{1,3} = \frac{\tau_{13}}{\dfrac{D}{2}} = \frac{2}{3}(\delta_3 - \delta_1) \quad \text{usw.}$$

Für die resultierende Verschiebung s_{res} ergibt sich darnach

$$s_{res} = \frac{1}{D}\sqrt{3(\sigma_1^2 + \sigma_2^2 + \sigma_3^2 - \sigma_1\sigma_2 - \sigma_2\sigma_3 - \sigma_3\sigma_1)}.$$

s_{res} kann als Maß der Anstrengung zäher Stoffe angesehen werden.

Das Maß der Anstrengung kann aber auch ausgedrückt werden durch die resultierende Schubspannung τ_{res} in der Ebene der resultierenden Verschiebung:

$$\tau_{res} = \frac{\sqrt{2}}{3}\sqrt{\sigma_1^2 + \sigma_2^2 + \sigma_3^2 - \sigma_1\sigma_2 - \sigma_1\sigma_3 - \sigma_2\sigma_3}$$

$$= \frac{2\sqrt{2}}{3}\sqrt{\tau_{1,3}^2 + \tau_{2,3}^2 - \tau_{1,3}\tau_{2,3}}.$$

Diese Ansätze können durch Vereinfachungen in den Ansatz von Huber-v. Mises-Hencky übergeführt werden[2].

b) Die Bruchhypothesen für Lockerböden (bindige und nichtbindige Bodenarten).

Anmerkung. Bei den Bruchbedingungen für bindige und nichtbindige Böden muß der Einfluß der Haftfestigkeit k_S auf den Bruchzustand berücksichtigt werden.

---

[1] Versuche zur Klärung der Frage der Bruchgefahr. Eidgen. Mat.-Prüf.-Anst. Zürich. Ber. 34 (1929) S. 6.

[2] Vgl. Grundlagen der bildsamen Verformung. Z. VDI 1940 S. 761.

α) Annahmen für den Bruchzustand.

Ein Probekörper werde durch die drei senkrecht aufeinanderstehenden Kräfte σ_1, σ_2 und σ_3 beansprucht. Der Probekörper werde bis zum Bruch belastet. Dann zerreißt die Probe in den Gleitflächen mit den geringsten Schubwiderständen.

Versuchstechnisch ist nachgewiesen worden, daß der Einfluß der dritten Spannung σ_3 auf den Bruchzustand von geringer Bedeutung ist; der Einfluß wird mit höchstens 15% angegeben. Daher wird meistens die Voraussetzung gemacht, daß $\sigma_2 = \sigma_3$ sei. Für die mathematische Auswertung des Spannungszustandes werden nur die Spannungen σ_1 und σ_2 berücksichtigt.

β) Mathematische Bedingungen für den Bruchzustand bei Lockerböden.

Die Bruchbedingungen für bindige und nichtbindige Böden werden auf zwei Arten ausgedrückt, nämlich: I. mit Hilfe der größten Schubspannung, II. mit Hilfe der größten Hauptspannungen.

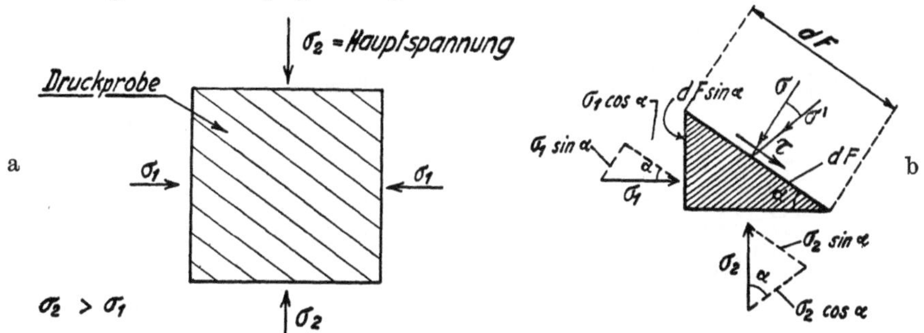

Abb. 358. Spannungszustand an einem Flächenelement.
a Wirksame äußere Kräfte auf ein Bodenelement. b Spannungszustand am Flächenelement A.

Nachfolgend werden die beiden bis jetzt entwickelten Verfahren zur rechnerischen Ermittlung des Bruchzustandes von bindigen und nichtbindigen Böden näher beschrieben.

I. Bruchbedingungen bei Lockerböden in Abhängigkeit der größten Schubspannung. Zuerst wird die allgemeingültige mathematische Gleichung zur Ermittlung der Schubspannung aufgestellt. Nachher wird gezeigt, auf welche Art die Schubspannungsgleichung ausgewertet wird, und zwar sowohl rechnerisch (nach COULOMB, KREY-TIEDEMANN, HVORSLEV, BENDEL) als auch zeichnerisch mit Hilfe der Spannungsellipse und mit Hilfe des Mohrschen Spannungskreises.

A. Allgemeine mathematische Gleichung für die Schubspannung. Die Zusammenhänge zwischen den Hauptspannungen σ_1 und σ_2 einerseits und der senkrechten Spannung σ und der Schubspannung τ andererseits auf ein beliebiges, unter dem Winkel α geneigtes Flächenelement geht aus Abb. 358b hervor.

α bedeutet den Winkel der betrachteten Fläche mit der Ebene, auf welcher die Spannung σ_2 wirkt.

Die Gleichgewichtsbedingungen lauten:

$$\sigma \, dF = \sigma_2 \, dF \cos^2 \alpha + \sigma_1 \, dF \sin^2 \alpha, \tag{1}$$

$$\tau \, dF = \sigma_2 \, dF \sin \alpha \cos \alpha - \sigma_1 \, dF \sin \alpha \cos \alpha. \tag{2}$$

Aus diesen Gleichungen ergibt sich (vgl. S. 585; Gl. (a)):

Senkrechte Spannung auf die Fläche dF: $\quad \sigma = \sigma_1 \sin^2 \alpha + \sigma_2 \cos^2 \alpha,$ $\qquad$ (3)

Schubspannung in der Fläche dF: $\qquad\qquad \tau = (\sigma_2 - \sigma_1) \sin \alpha \cos \alpha.$ $\qquad$ (4)

Die letztere Gleichung wird die Schubspannungsgleichung genannt.

B. Rechnerische Auswertung der Schubspannungsgleichung.
Rechnerisch wird die Schubspannungsgleichung auf verschiedene Arten ausgewertet, so z. B. von COULOMB, KREY-TIEDEMANN, HVORSLEV, BENDEL. Die rechnerischen Verfahren sind nun kurz beschrieben.

1. Auswertung der Schubspannungsgleichung nach COULOMB. Für die Schubspannungsgleichung sind von verschiedenen Urhebern Ansätze gemacht worden; sie sind alle auf die Form zurückzuführen:

$$\tau = k_S + k\,\sigma.$$

Nach COULOMB tritt der Bruch ein, wenn in irgendeiner Ebene die Schubfestigkeit

$$\tau = (\sigma_2 - \sigma_1)\sin\alpha\cos\alpha \geqq (k_S + \sigma\,\mathrm{tg}\,\varrho) \quad\text{ist.}$$

In Abb. 359 ist diese Bedingung zeichnerisch dargestellt: $k_S =$ Haftfestigkeit; $\varrho =$ Winkel der inneren Reibung; $\sigma =$ lotrechte Bodenbelastung in kg/cm².

2. Auswertung der Schubspannungsgleichung nach KREY-TIEDEMANN. Nach KREY-TIEDEMANN tritt der Bruch ein, wenn in irgendeiner Ebene die Schubfestigkeit

$$\tau = (\sigma_2 - \sigma_1)\sin\alpha\cos\alpha$$
$$\geqq \sigma\,\mu_r + p_m\,\mu_k$$

bzw.

$$\tau = \sigma\,\mathrm{tg}\,\Phi_r + p_m\,\mathrm{tg}\,\Phi_k \quad\text{ist.}$$

Es bedeutet:

$\mathrm{tg}\,\Phi_r = \mu_r =$ Reibungsbeiwert,

$\mathrm{tg}\,\Phi_k = \mu_k =$ Kohäsionsbeiwert, Beiwert der wirksamen Haftfestigkeit,

$p_m =$ größter Verdichtungsdruck, unter welchem der Boden verdichtet wurde,

$\sigma =$ vorhandener Normaldruck.

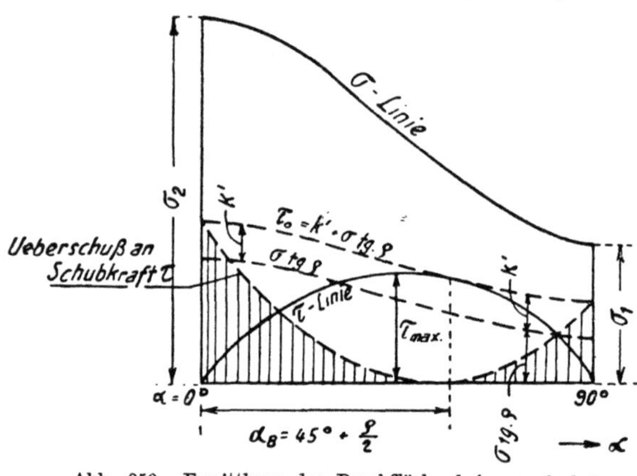

Abb. 359. Ermittlung der Bruchfläche beim zweiachsigen Belastungszustand nach COULOMB.

α Neigungswinkel der Bruchfläche gegen die Fläche der Hauptspannung σ_2; α_B Bruchwinkel; $\tau_{\max} = \dfrac{\sigma_2 - \sigma_1}{2}$. $k' = k_S$ in den Formeln S. 424.

Für die zeichnerische Darstellung der obigen Gleichung siehe Abb. 289[1].

3. Auswertung der Schubspannungsgleichung nach HVORSLEV (vgl. S. 427): Nach HVORSLEV tritt Bruch ein, wenn in irgendeiner Ebene die Schubfestigkeit

$$\tau = (\sigma_2 - \sigma_1)\sin\alpha\cos\alpha \geqq \mu_0\,p + \varkappa\,p_e$$

oder bzw.

$$\tau = p\,\mathrm{tg}\,\Phi_0 + \nu\,e^{-B\varepsilon} \quad\text{ist.}$$

Es bedeutet:

$$\nu = \varkappa\,p_1\,e^{+\,B\,\varepsilon_1},$$

$B\,\varepsilon_1 =$ Festwert[2]; daraus ergibt sich für τ: $\quad \tau = p\,\mathrm{tg}\,\Phi_0 + \varkappa\,p_1\,e^{B\,(\varepsilon_1 - \varepsilon)}.$

---

[1] Vgl. Z. SEIFERT: Untersuchungsmethoden, um festzustellen, ob sich ein gegebenes Baumaterial für den Bau eines Erddammes eignet. 1. Congr. des grands Barrages. Stockholm 1933. — SEIFERT-EHRENBERG-TIEDEMANN-ENDELL-HOFFMANN-WILM: Bestehen Zusammenhänge zwischen Rutschneigung und Chemie von Tonböden? Mitt. Preuß. Versuchsanst. Wasserbau u. Schiffbau, Heft 20. Berlin 1935.

[2] Über die physikalische Bedeutung der Festwerte vgl. Abschnitt über Haftfestigkeit S. 425, 445 dieses Buches; ferner vgl. M. J. HVORSLEV: Über die Festigkeitseigenschaften gestörter bindiger Böden. Danmarks Naturvidensjabelige Samfund. Kopenhagen 1937. — H. PEYNIRCIOGLU: Über die Schubfestigkeit bindiger Böden. Degebo-Heft Nr. 7 S. 36. Berlin 1939.

4. Auswertung der Schubkraftgleichung nach BENDEL. Unter Berücksichtigung, daß weder die Haftfestigkeit k_S noch der Winkel ϱ der inneren Reibung Festwerte sind, sondern in Abhängigkeit der jeweiligen Belastung σ veränderliche Werte darstellen, wurden folgende Gleichungen für den Bruch abgeleitet:

$$\tau = (\sigma_2 - \sigma_1)\sin\alpha\cos\alpha \geqq k_S + R.$$

Tabelle 301.

	Erstbelastung des Bodens	Bei einer Entlastung des Bodens
Haftfestigkeit k_S	$k_S = \sigma_a\,\mathrm{tg}\,\varrho_k\left(\dfrac{\sigma_a + \sigma}{\sigma_0 + \sigma_1}\right)$ $\sigma_a = \sigma_0 + \sigma_1$ $k_e = \sigma_a\,\mathrm{tg}\,\varrho_k\left(\dfrac{\sigma_0 + \sigma_e}{\sigma_0 + \sigma_1}\right)$	$k_S' = k_e\left(\dfrac{\sigma_0' + \sigma}{\sigma_0 + \sigma_e}\right)$ $\sigma < \sigma_e$
Reibungswert R	$R = (\sigma_0 + \sigma)\,\mathrm{tg}\,\varrho$ $\varrho = \varrho_a + b\,K\log\left(\dfrac{\sigma + \sigma_0}{\sigma_1 + \sigma_0}\right)$ $\varrho_e = \varrho_a + b\,K\log\left(\dfrac{\sigma_e + \sigma_0}{\sigma_1 + \sigma_0}\right)$	$R = \sigma\,\mathrm{tg}\,\varrho'$ $\varrho' = \varrho_e + b'\,K_e\log\left(\dfrac{\sigma + \sigma_0'}{\sigma_e + \sigma_0}\right)$ $\sigma < \sigma_e$

Für die Ableitung obiger Formeln sowie für die bodenphysikalische Bedeutung der verschiedenen Werte siehe Abschnitt Schubfestigkeit S. 448, Bd. I.

C. Zeichnerische Auswertung der Schubspannungsgleichung. Für die zeichnerische Auswertung der Schubspannungsgleichung sind verschiedene

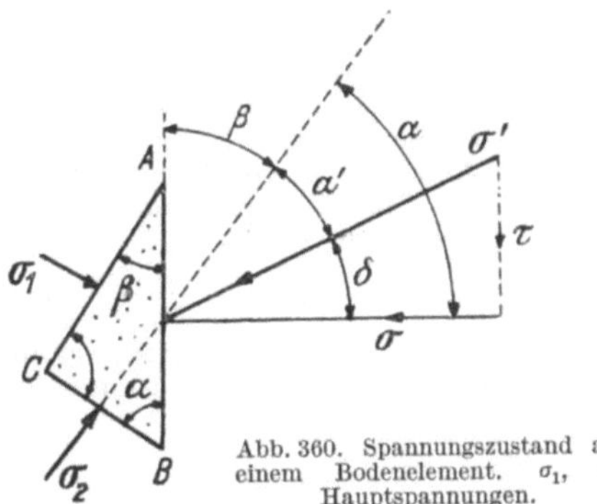

Abb. 360. Spannungszustand an einem Bodenelement. σ_1, σ_2 Hauptspannungen.

Spannungsellipse-Grundlage: $AB = 1$, $BC = \cos\alpha$, $AC = \sin\alpha$.

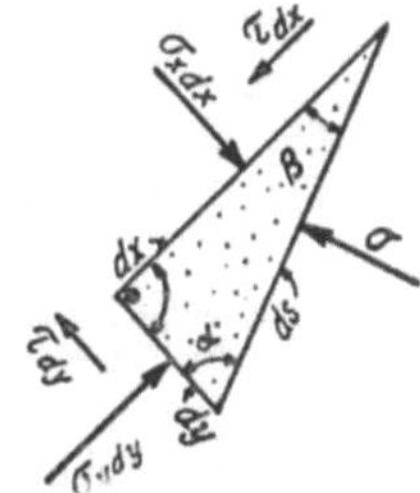

Abb. 361. Spannungszustand am Bodenelement.

σ_x, σ_y Normalspannung; σ Hauptspannung;

$$\mathrm{tg}\,2\beta = \frac{2\,\tau}{\sigma_y - \sigma_x}.$$

Verfahren entwickelt worden, wie z. B. 1. Verfahren mit Hilfe der Spannungsellipse, 2. Verfahren mit Hilfe des Spannungskreises nach MOHR, 3. Verfahren mit Hilfe des Spannungskreises nach WEYRAUCH.

Nachfolgend sind die beiden zuerst genannten Verfahren, die sich in der Praxis eingebürgert haben, beschrieben:

1. Auswertung der Schubspannungsgleichung mit Hilfe der Spannungsellipse.

a) Aufzeichnung der Spannungsellipse.

Es bedeutet:

σ_2 = größte Hauptspannung,

σ_1 = kleinste Hauptspannung,

$$n = \frac{\sigma_2}{\sigma_1}, \qquad (1)$$

δ = Winkel zwischen der Spannungsrichtung σ' und der Flächennormalen σ (siehe Abb. 360/361),

$$\mathrm{tg}\,\delta = \frac{\tau}{\sigma}, \qquad (2)$$

$\max\delta = \varrho$ = Winkel der inneren Reibung,

β = Winkel zwischen der Schrägfläche AB und der Richtung der größten Hauptspannung σ_2.

In der Abb. 362 bedeuten:

$$i_1 = \alpha' + \delta, \tag{3}$$

$\sigma' = $ Spannung auf die Fläche AB ⎫
$\sigma = $ Normalspannung zur Fläche AB ⎬ siehe Abb. 362.
$\tau = $ Schubspannung in der Fläche AB ⎭

Wird nun gesetzt:

$$\left.\begin{array}{l} \sigma_\eta = \sigma_2 \sin \alpha \\[4pt] \sigma_\xi = \sigma_1 \cos \alpha \end{array}\right\} \quad \text{und} \quad \frac{\sigma_\eta^2}{\sigma_2^2} + \frac{\sigma_\xi^2}{\sigma_1^2} = 1, \tag{4}$$

so wird die Spannungsellipse erhalten mit den Hauptachsen σ_2 und σ_1. Die Spitzen der Spannungen, miteinander verbunden, bilden die Spannungsellipse (siehe Abb. 362).

σ_1 und σ_2 sind konjugierte Durchmesser; sie stehen senkrecht aufeinander. In den Ebenen, auf welche die Hauptspannungen wirken, treten keine Schubspannungen auf.

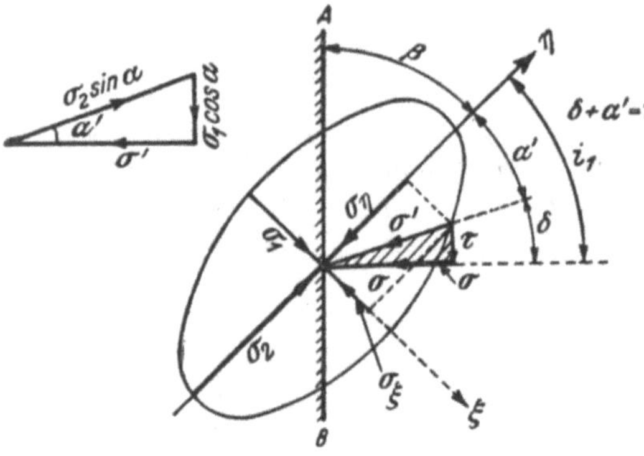

Bei den Untersuchungen nach drei Richtungen ergibt sich das Spannungsellipsoid.

Auf zwei beliebige, zueinander senkrecht stehende Flächen wirken Spannungen, die konjugierte Durchmesser der Spannungsellipse sind.

b) Anwendungen.

Beispiel 1: Sind die Spannungen σ_x, σ_y und τ_{xy} auf eine beliebige Elementfläche bekannt, so errechnet sich aus Abb. 361 die Größe des Winkels β für die Hauptspannungen aus der Beziehung:

$$\operatorname{tg} 2\beta = \frac{2\,\tau_{xy}}{\sigma_y - \sigma_x}. \tag{5}$$

Abb. 362. Spannungsellipse, zeichnerische Darstellung. AB Gleitfläche; ξ, η Hauptachsen der Spannungsellipse.

Vgl. die Schubkraftgleichung oben unter Abschnitt f). Die Größe der Hauptspannungen σ_2 und σ_1 ist, wie z. B. aus Abb. 352 herausgelesen werden kann, bestimmt durch die Gleichung:

$$\sigma_{2,\,1} = \frac{\sigma_x + \sigma_y}{2} \pm \sqrt{\frac{(\sigma_y - \sigma_x)^2}{4} + \tau_{xy}^2}, \tag{6}$$

$$\tau_{xy} = \tau \text{ in Abb. 362.}$$

Durch die Gl. (5) und (6) ist die Größe und Richtung der Hauptspannungen bestimmt; die Lage der Hauptspannung in der Fläche wird mit Hilfe der Spannungsellipse erhalten.

Beispiel 2: Sind die Hauptspannungen σ_2 und σ_1 auf ein Bodenelement gegeben sowie der Winkel α zwischen einer beliebigen Fläche und der Richtung der Hauptspannung σ_2, so wird[1]

$$\operatorname{tg} \delta = \frac{(n-1)\,\operatorname{tg}\alpha'}{1 + n\,\operatorname{tg}^2 \alpha'}; \quad n = \frac{\sigma_2}{\sigma_1} = \text{kritisches Spannungsverhältnis,}$$

für den Größtwert von δ erhält man durch die Differentiation obiger Gleichung:

$$\max \operatorname{tg} \delta = \operatorname{tg} \varrho = \sqrt{n}\,\frac{n-1}{2\,n};$$

z. B.

$$\begin{array}{ll} n = 1{,}5; & \varrho = 11\tfrac{1}{2}^\circ, \\ n = 3; & \varrho = 30^\circ, \\ n = 6; & \varrho = 45\tfrac{1}{2}^\circ, \\ n = 10; & \varrho = 54\tfrac{3}{4}^\circ, \end{array}$$

---

[1] Ableitung siehe H. KREY: Erddruck, Erdwiderstand S. 34. Berlin 1936.

mit anderen Worten: das Verhältnis $\dfrac{\sigma_2}{\sigma_1}$ ist abhängig vom Winkel ϱ der inneren Reibung. Diese Abhängigkeit kommt ebenfalls zeichnerisch im Mohrschen Spannungskreis gut zum Ausdruck.

Beispiel 3: Die Neigung der Spannungsellipse gegen die Fläche mit der größten Spannungsneigung berechnet sich aus dem Ansatz (vgl. Abb. 362):

$$\operatorname{tg}\delta = \operatorname{tg}(i_1 - \alpha') = \frac{\operatorname{tg}\alpha'\,(n-1)}{1 + n\operatorname{tg}^2\alpha'},$$

oder nach Abb. 360 wird:

$$\operatorname{tg}\delta = \frac{(n-1)\operatorname{tg}\beta}{1 + n\operatorname{tg}^2\beta}.$$

Für $\max\operatorname{tg}\varrho = \operatorname{tg}\delta$ wird

$$\beta_1 = 45^\circ - \frac{\varrho}{2},$$

$$\beta_2 = 45^\circ + \frac{\varrho}{2}.$$

Die Fläche, in welcher die größte Spannungsneigung auftritt, ist in der Erde die Gleitfläche. Es gibt zwei Gleitflächen, die den Winkel $2\,\alpha' = 90^\circ - \varrho$ miteinander einschließen (siehe Abb. 363).

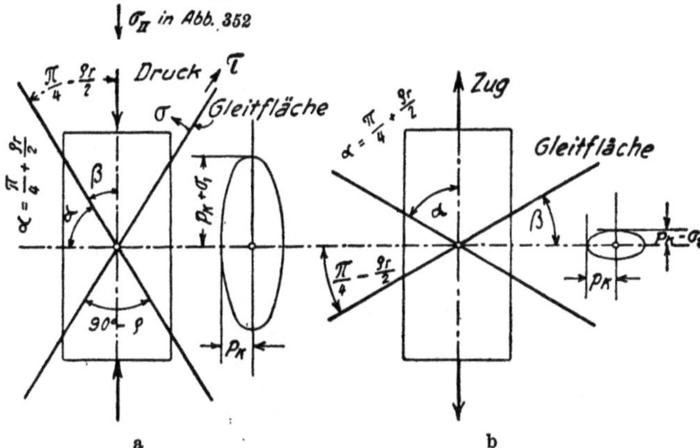

Abb. 363. Neigung der Gleitflächen: a beim Druckversuch, b beim Zugversuch.

2. Auswertung der Schubspannungsgleichung mit Hilfe des Mohrschen Spannungskreises. a) Aufzeichnung des Mohrschen Spannungskreises. Die Gl. (3) und (4) auf S. 553 können auch geschrieben werden:

$$\sigma = \sigma_1 + \left(\frac{\sigma_2 - \sigma_1}{2}\right) + \left(\frac{\sigma_2 - \sigma_1}{2}\right)\cos 2\,\alpha, \tag{7}$$

$$\tau = \left(\frac{\sigma_2 - \sigma_1}{2}\right)\sin 2\,\alpha. \tag{8}$$

Die zeichnerische Auswertung dieser Gleichungen nach MOHR geht aus Abb. 352/353 hervor.

Man trage von M aus auf der Waagrechten den Wert σ_1 und σ_2 ab. Über der Strecke $(\sigma_2 - \sigma_1)$ zeichnet man einen Halbkreis und an denselben von M aus eine Tangente. Für den Berührungspunkt gelten die Gl. (7) für σ und (8) für τ. Falls $2\,\alpha > R$ ist, so wird der Wert $\cos 2\,\alpha$ in Gl. (7) negativ.

b) Auswertung des Mohrschen Spannungskreises. α) Größe der Spannungen. Aus der Abb. 352 ergibt sich die Beziehung zwischen den Hauptspannungen und der in der beliebigen Fläche dF auftretenden senkrechten Spannung:

$$\sigma_1 = b'\,\sigma = [1 - \operatorname{tg}\varrho_n \operatorname{tg}(45^\circ - \varrho_n/2)]\,\sigma,$$
$$\sigma_2 = b''\,\sigma = [1 + \operatorname{tg}\varrho_n \operatorname{tg}(45^\circ + \varrho_n/2)]\,\sigma.$$

Für die Hauptspannungen sind die Beziehungen gültig (vgl. S. 585 für $\delta' = \delta$):

$$\left.\begin{array}{l}\sigma_1 = \sigma_2\operatorname{tg}^2(45^\circ - \varrho/2),\\[4pt]\sigma_2 = \sigma_1\operatorname{tg}^2(45^\circ + \varrho/2).\end{array}\right\}\quad \left\{\begin{array}{l}\text{Diese Werte sind nur Näherungswerte. Die For-}\\\text{schung wird dazu gelangen, den Einfluß der}\\\text{mittleren Hauptspannung abzuklären.}\end{array}\right\} \tag{9}$$

β) Der Bruchwinkel. Unter Bruchwinkel versteht man die Neigung der Bruchfläche zu den Hauptspannungsrichtungen.

Aus der Abb. 352 können die Bruchwinkel α bzw. β herausgelesen werden; sie betragen

$\alpha = (45^\circ + \varrho_n/2) =$ Neigung der Bruchfläche gegen die Richtung der kleinsten Hauptspannung,

$\beta = (45^\circ - \varrho_n/2) =$ Neigung der Bruchfläche gegen die Richtung der größten Hauptspannung.

Obige Gleichung (9) kann auch geschrieben werden, da $\mathrm{tg}^2(45^\circ - \varrho/2) = \dfrac{1 - \sin \varrho}{1 + \sin \varrho}$ ist:

$$\sigma_1 = \sigma_2 \frac{1 - \sin \varrho}{1 + \sin \varrho}$$

bzw.

$$\sigma_2 = \sigma_1 \frac{1 + \sin \varrho}{1 - \sin \varrho}. \tag{10}$$

γ) Die Bruchlinie. a) Begriff: Werden die Bodenproben im Dreiachsgerät mit verschieden großen Hauptspannungen σ_1 und σ_2 belastet, bis der Bruch eintritt,

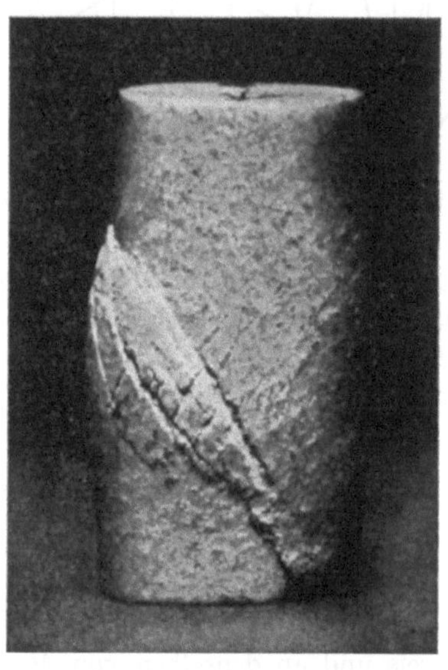

Abb. 364. Bruchflächen in einem Marmor. Druckversuch unter allseitigem Druck.
$\sigma = 380\ \mathrm{kg/cm^2}$, $\varnothing = 20$ mm, Höhe $= 45$ mm.

Abb. 365. Bruchflächen in einem Marmor. Druckversuch unter allseitigem Druck (EMPA-Bericht Nr. 28).
$\sigma = 500\ \mathrm{kg/cm^2}$, $\varnothing = 20$ mm, Höhe $= 45$ mm.

so ergibt sich, daß die umhüllenden Kurven als Tangenten an die Kreise annähernd zusammenfallen. Die umhüllende Linie der Mohrschen Spannungskreise nennt man die Bruchlinie. Die Mohrsche Umhüllende kann eine Gerade oder eine stetig gekrümmte Kurve sein.

b) Beispiele für Bruchlinien. Aus den Abb. 349 bis 351 gehen die verschiedenen Formen von Bruchlinien hervor: Abb. 349a Bruchlinie für nichtbindiges Material (Sand), Abb. 349b Bruchlinie für bindiges Material (Ton), Abb. 351 Bruchlinie für Marmor beim Bruchzustand, Abb. 350 Bruchlinie für Marmor an der Proportionalitätsgrenze.

In Abb. 364/365 wird die an einem Marmor gefundene Bruchfläche sichtbar. Aus Abb. 364 und 365 geht hervor, daß die Art der Formänderung eines Probestückes stark von der Größe des zuerst allseitig gleich groß aufgebrachten Druckes p_a abhängig ist, steht also im Widerspruch zu gewissen Annahmen, z. B. mit der Annahme über die Gestaltänderungsarbeit.

c) Bruchlinie für nichtbindiges Material. Die allgemeine mathematische Bedingung für den Bruch lautet: $p_k = 0$; d. h. der Bruch kann erst eintreten, wenn in der Bruchstelle die Haftfestigkeit p_k zu Null wird. Aus dieser Bedingung ergibt sich somit, daß Böden ohne Haftfestigkeit keine Bruchgrenze im strengen Sinne der Begriffserklärung haben. Nichtbindige Böden können nur eine Fließgrenze besitzen (vgl. Abb. 343). Die Bruchlinie geht durch den Koordinatenursprung. Der Bruchwinkel α wird:

$$\alpha = \frac{\varrho_r}{2} + \frac{\pi}{4}.$$

Ferner kann die andere Hauptspannung berechnet werden, wenn die eine Hauptspannung bekannt ist; d. h.

$$\sigma_1 = \sigma_2 \, \mathrm{tg}^2 \, (45^\circ - \varrho/2),$$
$$\sigma_2 = \sigma_1 \, \mathrm{tg}^2 \, (45^\circ + \varrho/2).$$

δ) Die Bruchlinie in Abhängigkeit des Wassergehaltes. A. Bruchlinie beim natürlichen Wassergehalt des Bodens. Im Falle, daß jeweils beim Bruch des Bodens, d. h. bei der Erschöpfung seiner Schubfestigkeit, der natürliche Wassergehalt vorhanden ist, so gilt für die Bruchlinie angenähert die Gleichung:

$$\tau = \sigma_e \, \mathrm{tg} \, \varrho_n.$$

ϱ_n bedeutet in diesem Falle den Winkel, den die Bruchlinie mit der Waagrechten einschließt (siehe Abb. 349 a). In diesem Falle heißt der Neigungswinkel, den die Gleitfläche des geringsten Schubwiderstandes mit der kleineren Hauptspannung einschließt, der sog. Bruchwinkel α. Der Bruchwinkel errechnet sich

$$\alpha \cong \frac{\varrho_n}{2} + \frac{\pi}{4}.$$

B. Bruchlinien bei stetig gleichbleibendem Wassergehalt. Für gleichbleibenden Wassergehalt läßt sich die Gleichung für die Bruchlinie angenähert ableiten zu: $\tau = k_S + \sigma \, \mathrm{tg} \, \varrho$. Der Winkel ϱ entspricht näherungsweise dem Winkel der inneren Reibung (siehe Abb. 349 b und 352).

II. Die Bruchbedingungen bei Lockerböden in Abhängigkeit der größten Hauptspannungen. A. Mathematische Bedingungen. Für die Bruchbedingungen bei bindigen und nichtbindigen Böden, auch Fließbedingungen genannt, sind verschiedene Hypothesen aufgestellt worden, so z. B.: 1. die allgemeinen Mohrschen Fließbedingungen, 2. die Rankinesche Fließbedingung, 3. die Henckysche Fließbedingung, 4. die Coulomb-Guestsche Fließbedingung, 5. das kritische Hauptspannungsverhältnis nach Fröhlich, 6. die Terzaghische Fließbedingung.

Die erwähnten Fließbedingungen (Bruchbedingungen) in Abhängigkeit der größten Hauptspannung werden kurz behandelt.

1. Die allgemeine Mohrsche Fließbedingung. Falls die mittlere, dritte Hauptspannung vernachlässigt wird, so kann an dem Mohrschen Spannungskreis die Beziehung abgelesen werden (siehe Abb. 366):

$$(\sigma_2 - \sigma_1) = 2 \sin \varrho_n \left[p_k + {}^1/_2 \, (\sigma_1 + \sigma_2) \right] \tag{1}$$

(allgemeine Mohrsche Fließbedingung).

p_k ist der der Konsistenzform entsprechende Kapillardruck, durch welchen die scheinbare Haftfestigkeit erzeugt wird.

2. Die Rankinesche Bruchbedingung. Diese Gleichung gilt beim langsamen Aufbringen der Last auf den Bodenkörper. Es kann gesetzt werden $\sin \varrho_n = k$; für $p_k = 0$ wird

$$\frac{\sigma_2 - \sigma_1}{\sigma_1 + \sigma_2} = k \quad \text{oder} \quad \frac{(\sigma_y - \sigma_x)^2 + 4 \, \tau^2}{(\sigma_y + \sigma_x)^2} = k^2 \quad \text{(Rankinesche Fließbedingung)}. \tag{2}$$

Anmerkung: Die Bezeichnung $\sin \varrho_n = k$ ist aus dem bestehenden Schrifttum übernommen worden. Um das Lesen des vorhandenen Schrifttums nicht zu erschweren, wurde keine neue Bezeichnung eingeführt.

3. Die Henckysche Bruchbedingung. Wird in Gl. (2) für $(\sigma_y + \sigma_x) = 2$ gesetzt, so erhält man

$$S^2 = \frac{(\sigma_y - \sigma_x)^2}{2^2} + \tau^2. \tag{3}$$

Dieser Ansatz ist auch bekannt unter der Bezeichnung Henckysche Plastizitäts-bedingung[1].

4. Die Coulomb-Guestsche Bruchbedingung. Aus den Formeln (3) und (2) ergibt sich:

$$\frac{\sigma_2 - \sigma_1}{2} = \left(\frac{\sigma_1 + \sigma_2}{2}\right) \sin \varrho = \sqrt{\tau^2 + \left(\frac{\sigma_x - \sigma_y}{2}\right)^2}. \tag{4}$$

Ist p_k in Gl. (1) sehr groß im Verhältnis zu den aufgedrückten Spannungen σ_1 und σ_2, so wird

$$\sigma_2 - \sigma_1 = 2\,k\,p_k = \text{Festwert (Coulomb-Guestsche Fließbedingung)}.$$

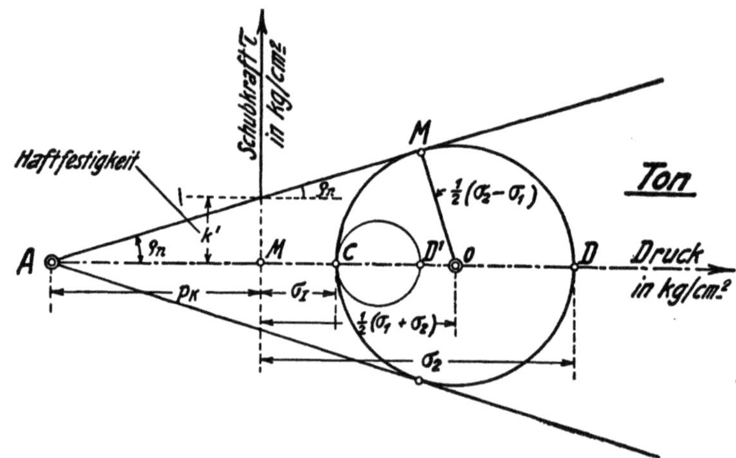

Abb. 366. Mohrscher Spannungskreis. Zweite Darstellungsart der Spannungsverhältnisse unter Berücksichtigung der Haftfestigkeit k' (vgl. Abb. 352).

$$p_k = \frac{k'}{\operatorname{tg} \varrho_n} = \text{Kapillardruck, durch welchen die scheinbare Haftfestigkeit } k' \text{ verursacht wurde.}$$

$$k' = k_S \text{ in den Formeln S. 424.}$$

5. Das kritische Hauptspannungsverhältnis nach Fröhlich. Gl. (1) kann in die Form von Gl. (2) gebracht werden, indem gesetzt wird[2]:

$$p_k + \sigma_1 = \sigma_1' \quad \text{und} \quad p_k + \sigma_2 = \sigma_2'.$$

Dann wird

$$\frac{\sigma_2' - \sigma_1'}{\sigma_1' + \sigma_2'} = k. \tag{5}$$

Für $\dfrac{\sigma_1'}{\sigma_2'} = \eta_{krit}$ (kritisches Hauptspannungsverhältnis) wird:

$$\eta_{krit} = \frac{1+k}{1-k} = \operatorname{tg}^2\left(45° + \frac{\varrho}{2}\right). \tag{6}$$

---

[1] Vgl. H. Hencky: Über statisch bestimmte Fälle des Gleichgewichtes in plastischen Körpern. Z. angew. Math. Mech. Bd. 3 (1924) S. 291, 401; ferner A. Nadai: Plasticity S. 221. New York 1931.

[2] Vgl. Fröhlich: Druckverteilung im Baugrund S. 65. Wien 1934.

6. Die Terzaghische Bruchbedingung. Aus Versuchen an Probekörpern mit rascher Lastaufbringung bis zur Erreichung des hydrodynamischen Spannungsausgleiches (siehe Kapitel über Porenwasserströmung) wurde gefunden:

$$\frac{\sigma_2 - \sigma_1}{2} = - \frac{\sin \varrho \, p_k}{1 - \sin \varrho} = \text{Festwert (Fließbedingung nach Terzaghi).}$$

Für nichtbindige Böden mit $p_k = 0$ wurde stetig $\sigma_1 = \sigma_2$.

7. Sonderfälle. Für den einachsigen Spannungszustand wird $\sigma_2 = 0$; dann geht Gl. (1) über in:

$$\sigma_1 = \frac{2\,k\,p_k}{1 - k} = s_d = \text{Druckfestigkeit (einachsige Fließbedingung);}$$

für $\sigma_1 = 0$ wird

$$\sigma_2 = \frac{2\,k}{1 + k}\, p_k = s_z = \text{Zugfestigkeit.}$$

Für p_k sehr groß werden

$$\sigma_1 = \sigma_2 = 2\,k\,p_k \qquad k = \sin \varrho_s,$$

d. h. bei Bodenmaterial mit kleiner innerer Reibung und großer Haftfestigkeit wird die Druckfestigkeit angenähert gleich groß wie die Zugfestigkeit. Dies trifft z. B. bei steif-plastischem Lehm zu.

Durch Umformen der Gl. (6) findet man

$$\eta_{krit} = \frac{s_d}{s_z},$$

d. h. das Verhältnis von der Zug- zur Druckfestigkeit ist gleich dem kritischen Hauptspannungsverhältnis. η_{krit} ist nach Gl. (6) vom Wert p_k unabhängig, mit anderen Worten eine reine Funktion der inneren Reibung.

Tabelle 302. *Zusammenstellung der Bruchbedingungen (Fließbedingungen) für bindige und nichtbindige Böden.*

Bruch- oder Fließbedingung	Bezeichnung
$\dfrac{(\sigma_2 - \sigma_1)}{2} = \sin \varrho_n \left[p_k + \left(\dfrac{\sigma_1 + \sigma_2}{2} \right) \right]$	Allgemeine Mohrsche Fließbedingung
$\dfrac{\sigma_2 - \sigma_1}{\sigma_1 + \sigma_2} = k$	Rankinesche Fließbedingung
$\dfrac{(\sigma_y - \sigma_x)^2 + 4\,\tau^2}{(\sigma_y + \sigma_x)^2} = k^2$	Allgemeine Rankinesche Fließbedingung
$\left(\dfrac{\sigma_y - \sigma_x}{2} \right)^2 + \tau^2 = S^2$	Henckysche Fließbedingung
Für große Haftfestigkeit wird $\dfrac{\sigma_2 - \sigma_1}{2} = k\,p_k$	Coulomb-Guestsche Fließbedingung
$\dfrac{\sigma_1}{\sigma_2} = \dfrac{1 + \sin \varrho}{1 - \sin \varrho} = \mathrm{tg}^2 \left(45^\circ + \dfrac{\varrho}{2} \right)$	Kritisches Hauptspannungsverhältnis
$\dfrac{\sigma_2 - \sigma_1}{2} = - \dfrac{\sin \varrho \, p_k}{1 - \sin \varrho} = \text{Festwert}$	Fließbedingung nach Terzaghi

Anmerkung: Für Bodenuntersuchungen hat sich die Mohrsche Bruchbedingung als am zutreffendsten erwiesen

$$k = \sin \varrho_n.$$

B. Zeichnerische Auswertung der Bruchbedingung in Abhängigkeit der größten Hauptspannung. Für die zeichnerische Auswertung der Bruchbedingungen in Abhängigkeit der größten Hauptspannung sind zwei Verfahren entwickelt worden, nämlich: 1. der Culmannsche Spannungskreis, 2. der Weyrauchsche Spannungskreis.

Diese Verfahren sind nur kurz behandelt, da sie in der Praxis selten angewendet werden.

1. Bestimmung der Richtung der Hauptspannungen und Bruchflächen mit Hilfe des Culmannschen Spannungskreises. CULMANN hat ein zeichnerisch-geometrisches Verfahren entwickelt, um die Richtung der konjugierten Kräfte und Schnittrichtungen sowie die Druckverteilung an den Gleichgewichtsgrenzen feststellen zu können (siehe Abb. 397 zur Ermittlung der Lage der Bruchflächen und Richtung der Hauptspannungen[1]).

2. Bestimmung der Spannungen an den Gleichgewichtsgrenzen mit Hilfe des Weyrauchschen Spannungskreises. WEYRAUCH hat ein zeichnerisches Verfahren zur Bestimmung der Hauptnormalspannungen und Hauptschubspannungen entwickelt[2].

Da weder der Culmannsche noch der Weyrauchsche Spannungskreis gegenüber der Mohrschen Darstellung des Spannungskreises Vorteile bieten, wird hier nicht auf die Einzelheiten dieser Darstellungen eingegangen.

III. Die Bruchbedingungen bei Lockerböden in Abhängigkeit der Form der Probekörper. Aus den bisherigen Versuchen ergibt sich, daß die mathematische Auswertung der Bruchbedingungen verschieden lautet: A. ob die Bruchversuche an zylindrischen Probekörpern oder B. ob die Bruchversuche an plattenförmigen Probekörpern durchgeführt werden.

A. Bruchbedingung beim zylindrischen Probekörper. Alle mathematischen Formulierungen für die Bruchbedingungen sowohl im Abschnitt I in Abhängigkeit der größten Schubspannung als im Abschnitt II in Abhängigkeit der größten Hauptspannung beziehen sich auf zylindrische Probekörper. Nachfolgend sind die Bruchbedingungen beim plattenförmigen Probekörper näher besprochen.

B. Bruchbedingungen beim plattenförmigen Probekörper. Dieses Problem haben HENCKY, PRANDTL und JÜRGENSON[3] zu lösen versucht.

Die Formeln nach JÜRGENSON, aus Versuchen abgeleitet, lautet für die Spannungskomponenten:

$$\sigma_x = \frac{S}{a}(L-x) \pm 2S\sqrt{1-\left(\frac{z}{a}\right)^2} + C, \tag{1}$$

$$\sigma_y = \frac{S}{a}(L-x) + C, \tag{2}$$

$$\tau = -S\frac{z}{a}. \tag{3}$$

---

[1] Vgl. MÜLLER-Breslau: Erddruck auf Stützmauern S. 43. — F. HÜLSENKAMP: Klassische Theorie des Erddruckes. Handb. d. physik. u. techn. Mechanik S. 594. Leipzig 1931.

[2] J. WEYRAUCH: Allg. Bauztg. Wien 1881. — N. KELEN: Gewichtsstaumauern und massive Wehre S. 4. Berlin 1933.

[3] Vgl. HENCKY: Über statisch bestimmte Fälle des Gleichgewichtes in plastischen Körpern. Z. angew. Math. Bd. 3 (1924) S. 291, 401. — PRANDTL in NADAI: Plastizität. Handb. d. Physik Bd. 6. Berlin 1928. — L. JÜRGENSON: The shearing resistance of soils. J. Boston Soc. Civ. Engrs. Bd. 21 Heft 3 S. 271. Boston 1934. — On the stability of foundation of embankmonts. Proc. Int. Conf. Soil Mech. Found. Eng. Massachusetts 1936.

Für die Werte x, y, z siehe Abb. 367 nach JÜRGENSON. σ_x, σ_y und τ in Gl. (3), S. 562, eingesetzt, ergeben den Wert S.

Für $z = \pm a$ wird $\sigma_x = \sigma_y = \dfrac{S}{a}(L - x) + C$; $\tau = \pm S$.

Für die aufgebrachte Last P wird

$$P = \int\limits_{0}^{B} \int\limits_{-L}^{+L} \sigma_x \sigma_y \, dy = \frac{S}{a} B L^2.$$

$S =$ Scherwiderstand
$B =$ Breite des Materialkörpers (siehe Abb. 367)
$2\,L =$ Länge des Materialkörpers
$2\,a =$ Dicke des Materialkörpers
$2\,a_0 =$ Anfangsdicke des Materialkörpers
$e =$ Abnahme der Dicke des Materialkörpers

d. h. der spez. Scherwiderstand S wird

$$S = \frac{P\,a}{B\,L^2}.$$

Bei Berücksichtigung der Veränderlichkeit der Mächtigkeit der Bodenproben unter dem Druck P wird der Scherwiderstand S

$$S = \frac{P\,a}{B\,L^2}(1 - e).$$

Später änderte JÜRGENSON seine Formel ab in[1]:

$$S = \frac{P\,a}{B\,L^2}\left(\frac{1}{1 + \dfrac{\pi\,a}{L}}\right).$$

IV. Die Bruchbedingungen in Abhängigkeit der Geschwindigkeit des Lastaufbringens. Aus den Versuchen zur Bestimmung der Bruchbedingungen an bindigen und nichtbindigen Böden ergibt sich, daß die Geschwindigkeit des Lastaufbringens eine große Bedeutung auf die erhaltenen Versuchswerte hat.

Daher werden: A. die Bruchbedingungen bei rasch aufgebrachter Bodenbelastung, B. die Bruchbedingungen bei langsam aufgebrachter Bodenbelastung noch besprochen.

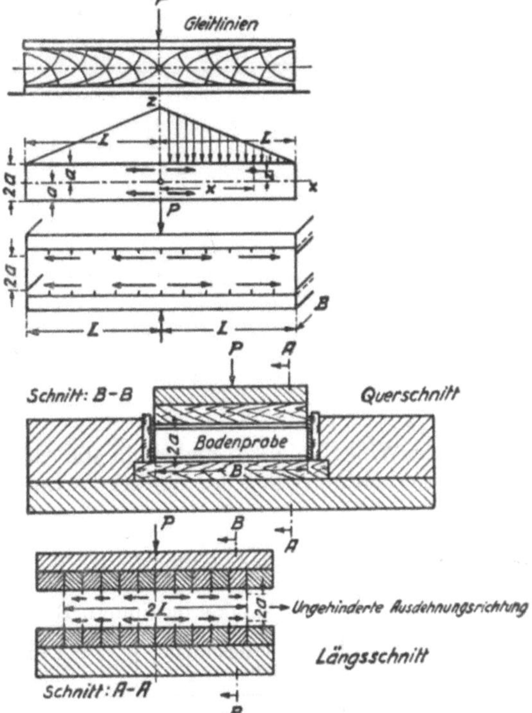

Abb. 367. Das Fließen (Bruchzustand) beim Untersuchen von plattenförmigen Probekörpern.

A. Die Bruchbedingungen bei rasch aufgebrachter Bodenbelastung. Die Bruchbedingungen werden am einfachsten durch Scherversuche ermittelt. Vor dem Bruch betragen die wirksamen Spannungen auf den Einheitskörper σ_i und σ_k (siehe Abb. 368).

---

[1] Vgl. auch L. A. PALMER: Design of a fill supported by clay underlaid by rock. Public roads 1939 S. 157.

Beim raschen Abscheren drehen sich die Hauptspannungsrichtungen; die Hauptspannungen erhalten die Werte von

$$\sigma_2 = \sigma_i + \sigma_w$$
$$\sigma_1 = \sigma_k + \sigma_w$$

vgl. Kapitel über Porenwasserströmung mit gespanntem Porenwasser (siehe Abb. 368).

Die Vorspannung σ_i kann nirgends überschritten werden, weil jede Mehrbelastung auf das Porenwasser übertragen wird. Daher wird:

$$\sigma_1 = \sigma_k + \sigma_w = \sigma_i.$$

Hieraus errechnet sich der Bruchwinkel α in Abb. 368.

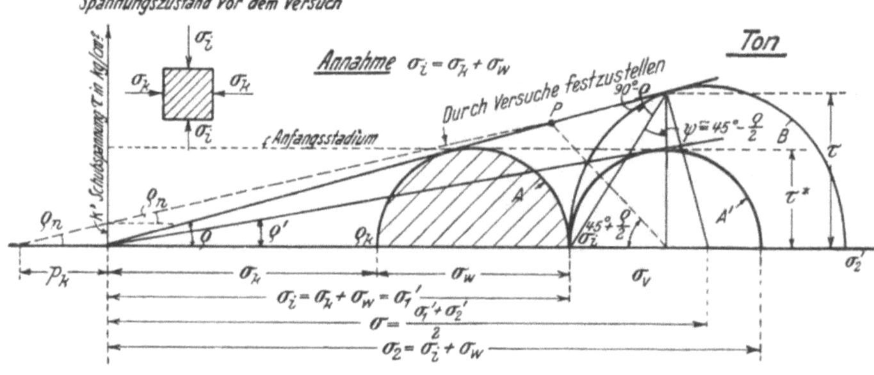

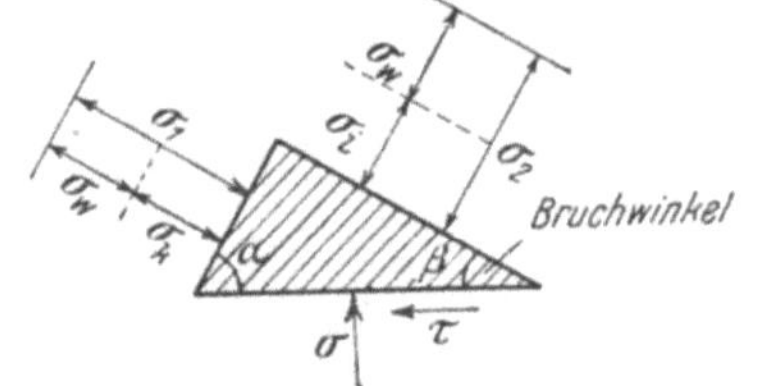

Abb. 368. Spannungszustände bei *rascher* Belastung des Bodens.

A—A' Mohrsche Spannungskreise bei *rascher* Abscherung, A'—B Mohrsche Spannungskreise bei *langsamer* Abscherung, σ_v Vorspannung.
$k' = k_S$ in den Formeln S. 424.

Der Winkel $\varrho' = \varrho_s$ ändert in die Größe ϱ_s' (siehe Abb. 368). Für Bodenmaterial heißt das, daß der Winkel der inneren Reibung bei rasch durchgeführtem Abscherversuche sich verkleinert.

Aus diesen Feststellungen ergibt sich, daß beim raschen Aufbringen von Lasten auf wasserhaltigen Böden große, nachträgliche Verformungen von Bauten oder Rutschungen auftreten können.

Beispiel:

Tabelle 303.

Bodenart	Winkel der innern Reibung	
	bei langsamer Belastung	bei rascher Belastung
Sand........	$\varrho_s = 30°$	$\varrho_s' = 16° \, 30'$
Magerer Ton .	$\varrho_s = 35° \, 30'$	$\varrho_s' = 15°$ bis $17° \, 30'$

Wird ϱ_s' sehr klein, so spricht man von Nullreibung.

B. Die Bruchbedingungen bei langsam aufgebrachter Bodenbelastung. Kann beim Aufbringen der Belastung das druckgespannte Porenwasser sich entspannen, indem das Porenwasser nach irgendeiner Richtung abfließt, so nimmt der Winkel der inneren Reibung zu. Damit verbunden ist eine Steigerung der Schubfestigkeit[1]. Die größte zu erwartende Schubfestigkeit beträgt dann:

---

[1] Vgl. R. Haefeli: Mechanische Eigenschaften von Lockergesteinen. Schweiz. Bauztg. Bd. 111 (1938) Nr. 24/26.

$$\tau \cong \tau^* \operatorname{tg}(45° + \varrho/2) \cong k_s + \sigma \operatorname{tg} \varrho$$

(siehe Abb. 368).

Für den Fall, daß das Spannungsverhältnis $= \dfrac{\sigma_k}{\sigma_i} = \dfrac{1}{3}$ ist, wird $\tau^* \cong \sigma_w$, wie aus Abb. 368 zu ersehen ist.

Die Zeit, bis die größte Schubspannung τ erreicht ist, kann mit Hilfe der im Kapitel über Porenwasserströmung und Setzungen abgeleiteten Zeitsetzungskurven berechnet oder aus einigen Scherversuchen bestimmt werden.

V. Die Bruchbedingungen unter Berücksichtigung der Formänderung des Bodens. Durch Versuche konnte festgestellt werden, daß durch die Formänderung

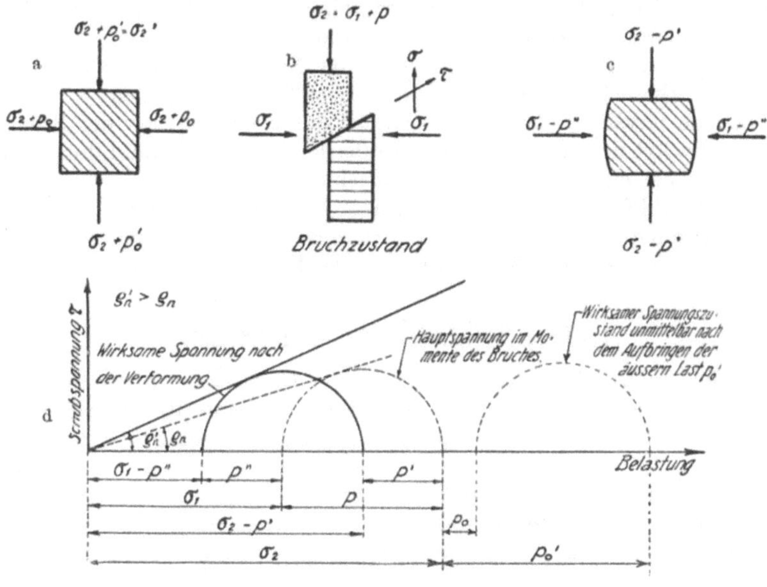

Abb. 369.

Spannungszustand vor der Verformung; b Zustand der wirksamen Spannungen nach der Verformung; c Spannungsänderungen infolge Verformung des Bodens; d Mohrsche Spannungskreise vor und nach der Verformung. $\varrho = \varrho_n =$ scheinbarer Winkel der innern Reibung.

der Boden tragfähiger wird. Die Folge ist, daß die wirksamen Spannungen in der senkrechten und waagrechten Richtung verkleinert werden.

In der Längsrichtung verkleinert sich die wirksame Spannung σ_2 um den Betrag p' und in der Querrichtung wird die wirksame Spannung σ_1 um den Wert p'' vermindert.

Die Werte p' und p'' können durch Druckversuche ermittelt werden. Aus Abb. 369 gehen die verschiedenen Spannungszustände hervor[1].

II. Der Erddruck.

Die älteren Erddrucktheorien stützten ihre Anschauungen auf Versuche, die an nichtbindigen (kohäsionslosen) Bodenarten durchgeführt worden waren. Da bei nichtbindigen Böden der Winkel ϱ der inneren Reibung gleich dem natürlichen Böschungswinkel α ist, so wurde für die Erddruckberechnungen vom natürlichen Böschungswinkel α ausgegangen. Die neueren Erddrucktheorien

---

[1] Vgl. L. Jürgenson: The shearing resistance of Soil. J. Boston Soc. Civ. Engrs. 1932.

unterscheiden zwischen bindigen und nichtbindigen Bodenarten. Sie gehen daher für die Berechnung der wirksamen Erddruckkräfte nicht mehr vom natürlichen Böschungswinkel α aus, sondern von der Haftfestigkeit k_s des Bodens und dem Winkel ϱ der inneren Reibung. Ferner wird ein wesentlicher Unterschied zwischen der Beanspruchung einer starren Stützwand und einer elastisch deformierbaren Stützwand gemacht.

Während die klassische Erddrucktheorie für die Berechnung der wirksamen Erdkräfte die Kenntnis der Lage und Form der Gleitflächen benötigt, so sind im Gegensatz dazu in den letzten Jahren Erddrucktheorien entwickelt worden, die lediglich Annahmen über die spezifische Erddruckverteilung hinter einer Stützwand machen. Die Art der Erddruckverteilung hängt dabei stark von der Lage des Drehpoles, um welchen sich die Stützwand dreht, ab.

Aus obigen Ausführungen ergibt sich die Notwendigkeit, daß vor Beginn jeder Erddruckberechnung eine Diagnose zu stellen ist; nämlich:

1. über die physikalischen Eigenschaften des Bodens hinter der Stützwand,

2. über die Art der elastischen Verformbarkeit der Stützwand und ihrer Verschiebungsart bei einer Erddruckbeanspruchung.

Erst nach Abklärung dieser Verhältnisse ist es möglich, eine Prognose über das wahrscheinliche Verhalten eines Bauwerkes während des Bauvorganges und im Endzustand sowie über das Verhalten des Erdreiches hinter dem Bauwerk zu geben.

A. Geschichtlicher Rückblick.

Schon die Völker des Altertums, z. B. die Chaldäer, bauten Stützmauern auf Grund empirischer Erfahrungen. Im besonderen sind die hängenden Gärten Babylons zu erwähnen, die eine hohe Kunst der Erstellung von Stützmauern verraten.

Die Römer verstanden es, Festungsmauern so standsicher zu bauen, daß sie noch heute ihren Zweck erfüllen. Das Mittelalter hat sie als Vorbilder genommen.

Die älteste Vorschrift für Mauerabmessungen stammt vom französischen Festungsbauer VAUBAN (1687). Dieser General hatte für seine Befestigungsanlagen ungefähr 3 Millionen Kubikmeter Stützmauern nach bestimmten Regeln erstellen lassen. Als Abmessung wurde angegeben, daß die Stärke der Mauer mit ihrer Höhe linear zunehme[1]. PONCELET[2] vermutet, daß VAUBAN bereits eine Erddrucktheorie entwickelt haben müsse. Im 18. Jahrhundert wurde das Problem der Stützmauer nicht nur von Militäringenieuren behandelt, sondern auch von den Physikern; z. B. vom Franzosen CHARLES COULOMB[3]. Seine Studien bilden die Grundlage der klassischen Erddrucktheorie.

Die Theorie des Erddruckes gehörte im 19. Jahrhundert zum meist behandelten Problem in den technischen Bauwissenschaften. Nachfolgend sind einige der wichtigsten Forscherarbeiten des 19. und 20. Jahrhunderts erwähnt.

Schrifttum.

BOUSSINESQ, J.: Applications des potentiels. Paris 1885. — CAQUOT, A.: Equilibre des massifs à frottement interne. Paris 1934. — CULMANN: Die graphische Statik. Zürich 1866. — ENGESSER: Geometrische Erddrucktheorie. Z. Bauw. 1880. — JÄCKY, J.: Die klassische Erddrucktheorie. Abh. Int. Vereinig. f. Brücken- u. Hochbau 1937/38. — KÖTTER, F.: Die Bestimmung des Erddruckes an gekrümmten Gleitflächen. Berl. Akad. Bericht 1903. — Die Entwicklung vom Erddruck. Jb. Math. Ver. 1893 S. 77. — KREY, H.: Erddruck, Erdwiderstand. Berlin 1918. — KARMANN, TH. V.: Über elastische Grenzzustände. Proc. 2. Int. Congr. applied Mech. Zürich 1926.

---

[1] Vgl. VAUBAN: Traité de la Défense des Places. 1687.

[2] Mémoire sur la stabilité des Revêtements et de leur Fondation. 1840.

[3] Essai sur une application des règles des maximis et minimis à quelques problèmes de statique relatifs à l'architecture. 1733.

— MÜLLER-Breslau: Erddruck und Stützmauern. Stuttgart 1906. — OHDE: Zur Theorie des Erddruckes unter besonderer Berücksichtigung der Erddruckverteilung. Bautechn. 1938 Heft 10/11. — RANKINE: On the stability of losse earth. Phil. Trans. roy. Soc. Lond. 1857. — REBHANN: Theorie des Erddruckes. Wien 1871. — REISSNER, H.: Zum Erddruckproblem: Proc. 1. Int. Congr. applied Mech. Delft 1924. — RENDULIC, L.: Gleitflächen, Prüfflächen u. Erddruck. Bautechn. 1940 Heft 13/14. – RÉSAL, J.: Poussée des terres Bd. 2. Paris 1903. — RITTER, M.: Grenzzustände des Gleichgewichtes in Erd- und Schüttmassen. Vorber. II. Kongr. Int. Vereinig. f. Brücken- u. Hochbau 1936. — TERZAGHI: A Fundamental Fallacry in Earth Pressure Conputations. J. Boston Soc. Civ. Engrs. 1936. — WINKLER, E.: Neue Theorie des Erddruckes nebst einer Geschichte der Theorie des Erddruckes und die hierüber angestellten Versuche. Wien 1872.

B. Begriffe und Zeichenerklärung.

Reibungswinkel ϱ: Der Reibungswinkel ϱ des Materiales bedeutet den Winkel der innern Reibung. Für weitere Erklärungen siehe S. 343, 446.

Reibungswinkel ϱ': Der Reibungswinkel ϱ' ist der Reibungswinkel zwischen Erde und Stützwand; ϱ' ist meistens kleiner als ϱ; $\varrho' = 0$ bis $^2/_3\,\varrho$ gemessen, sowohl über als unter Wasser.

Natürlicher Böschungswinkel α: Der natürliche Böschungswinkel ist der Winkel zwischen waagrechter Ebene und schräger Begrenzungslinie eines Schuttkegels. Der natürliche Böschungswinkel ist nur im Falle fehlender Haftfestigkeit des Erdmateriales gleich groß wie der Reibungswinkel. Irrtümlicherweise wurde früher das Erddruckproblem mit dem Böschungswinkel α behandelt, weil die Forschung früher alle Versuche mit nichtbindigen Böden durchführte.

Querdehnungszahl (Poissonsche Zahl): Die Querdehnungszahl m bedeutet das Verhältnis von $\dfrac{\text{Dehnung}}{\text{Querzusammenziehung}}$. Im Bodenmaterial schwankt m zwischen $m = 2$ bis $m = 10$.

Erde: Als Erde bezeichnet man in der Erddrucktheorie alle natürlich entstandenen, losen Bodenmassen der oberen Erdrinde.

Erddruck: Der Begriff Erddruck wird unter anderem wie folgt umschrieben: a) Gerät ein Erdprisma hinter einer sich nach vorn bewegenden Stützwand längs einer Gleitebene ins Rutschen, so übt das Erdprisma auf die Stützwand einen Druck aus. Dieser Druck wird Erddruck genannt (aktiver Erddruck). b) Bewegt sich eine Stützwand gegen die Erdhinterfüllung, so wird auf ein Erdprisma ein Druck ausgeübt, der sog. Erddruck (Erdwiderstand). Dadurch gerät das Erdprisma ins Gleiten aufwärts.

Natürlicher Erddruck: 1. Begriffserklärung in bezug auf die hydrostatischen Zustände. Wird der Erddruck in allen Richtungen gleich groß angenommen, d. h. $\sigma_0 = \gamma\,h$, und ist er mit keiner Verschiebung des Materiales verbunden, so spricht man von natürlichem Erddruck oder von hydrostatischem Erddruck.

γ = Raumgewicht der Erde,

h = Tiefe des untersuchten Punktes unter der waagrecht angenommenen Erdoberfläche,

σ_0 = Erddruck = natürlicher Erddruck = hydrostatischer Erddruck.

Natürlicher Erddruck herrscht in Böden, die reibungslos entstanden sind; ferner kommt der natürliche Erddruck in Böden vor, in welchen die Reibung beseitigt wurde. Die Reibung kann z. B. durch Erschütterungen des Materiales vernichtet worden sein.

2. Begriffserklärung in bezug auf den unberührten Boden. Der Druck, der in unberührten Böden herrscht, wird oft als „natürlicher Druck" bezeichnet. Bei nichtbindigen Böden liegt der Wert des waagrechten „natürlichen Druckes" zwischen dem unteren Grenzwert des aktiven Erddruckes und dem hydrostatischen Druck ($\gamma\,h$). (Siehe auch „Ruhedruck".) Der waagrechte „natürliche Erddruck" σ_R ist $\sigma_R = \lambda\,\gamma\,h$; wobei $0 < \lambda < 1$.

Aktiver Erddruck: 1. Begriffserklärung in bezug auf das statische Kräftespiel. Der Erddruck, der in der Richtung gegen ein Bauwerk wirkt, heißt aktiver Erddruck. Oft wird der aktive Erddruck einfach Erddruck genannt. Der aktive Erddruck tritt ein, wenn die Stützmauer eine kleine Vorwärts- oder Drehbewegung macht und die Erde der Bewegung der Mauer folgt; d. h. nachrutscht.

2. Begriffserklärung in bezug auf den Spannungszustand. Bei einem Element, bei welchen sich die Reibung an einer Fläche vollständig auswirkt, entsteht in einer bestimmten Richtung ein Grenzwert des Druckes. Ist der Druck

am kleinsten, so spricht man in der Literatur vom aktiven Druck oder aktiven
Erddruck. Diese Begriffserklärung ist umstritten.

Passiver Erddruck. 1. **Begriffserklärung in bezug auf das statische Kräftespiel.** Der passive Erddruck entsteht, wenn ein Bauwerk in der Richtung gegen
die Erde drückt. Diese Art Erddruck wird passiver Erddruck oder auch Erdwiderstand genannt. Der passive Erddruck tritt ein, wenn beim Nachgeben einer
Stützwand nach hinten die Erde so stark belastet wird, daß ein Teil aufwärts-
geschoben wird. Die Aufwärtsschiebung des Erdteiles findet auf einer Gleitfläche
statt, in welcher die Reibungs- und Haftkräfte des Bodens überwunden worden sind.
2. **Begriffserklärung in bezug auf den Spannungszustand.** Bei einem
Element, in welchem sich die Reibung an einer Fläche vollständig auswirkt, entsteht in einer bestimmten Richtung ein Grenzwert des Druckes. Ist der Druck
am größten, so spricht man oft in der Literatur von passivem Druck oder passivem Erddruck. Diese Begriffserklärung ist umstritten.

Grenzwerte siehe *Grenzzustand.*

Grenzzustand. Bei der Berechnung des Erddruckes geht man vom Bruchzustand des
Erdmaterials aus; der Bruchzustand tritt bei zwei „Grenzzuständen des Gleichgewichtes" auf; nämlich beim *unteren Grenzzustand* infolge Wirksamwerden des
„aktiven Erddruckes", kurz Erddruck genannt, und beim *oberen Grenzzustand*
infolge Wirksamwerden des passiven Erddruckes, kurz Erdwiderstand genannt.

Gleitfläche, Rutschfläche: Die Fläche, auf welcher ein Erdprisma infolge Vorwärts-
bewegung oder Drehbewegung der Mauer nachrutscht, heißt Rutschfläche oder
Gleitfläche. In dieser Fläche muß die innere Reibung, bei bindigen Böden auch die
Festigkeit der aneinanderhaftenden Erde (die Haftfestigkeit) überwunden werden.
Die Gleitfläche wird eben, kreisförmig, parabolisch oder aus verschiedenen Kurven-
teilen zusammengesetzt angenommen.

Ruhedruck: Der Ruhedruck bedeutet in der Erddrucktheorie den Druck, den die Erdmasse auf eine unnachgiebige Stützwand ausübt. Der Ruhedruck σ_R ist gleich
dem waagrechten, natürlichen Erddruck im unberührten Boden; d. h.

$$\sigma_R = \lambda\, \gamma_e\, h; \qquad 0 < \lambda < 1.$$

Kommt in nichtbindigen Böden ein Wasserdruck σ_w hinzu, so ist der Ruhedruck:

$$\sigma_R = \lambda\, (\gamma_e - \gamma_w)\, h + \gamma_w\, h.$$

λ = Ruhedruckziffer.

Ruhedruckziffer: Unter Ruhedruckziffer versteht man das Verhältnis zweier senkrecht
zueinander stehender Kräfte. In diesem Buche bedeutet die Ruhedruckziffer γ

das Verhältnis von waagrechter Kraft σ_w zu lotrechter Kraft σ_s; d. h. $\lambda = \dfrac{\sigma_w}{\sigma_s}$

Der Körper bleibt dabei ohne Verformung (siehe auch S. 454/455).

   Es ist:

$\lambda = 1$ für Wasser und locker gelagerte Erde unter dem Eigengewicht,

$\lambda = \dfrac{1}{m - 1}$ für starre Körper.

m = Querdehnungszahl (siehe auch S. 452).

Erddruckziffer bedeutet das Verhältnis von $\dfrac{\sigma_s}{\sigma_w}$, wobei sich der Körper verformt, ohne
daß Gleiten eintreten muß.

Gleitfestigkeit: Gleitfestigkeit bedeutet den Kraftaufwand zur Überwindung des Gleit-
widerstandes.

Gleitwiderstand: Gleitwiderstand bedeutet das gleiche wie die Ausdrücke Schubwiderstand oder Schubfestigkeit.

Bettungsziffer C: Unter Bettungsziffer C versteht man den lotrechten Kraftaufwand
je Verschiebungseinheit. Die Maßeinheit ist $\dfrac{\text{kg/cm}^2}{\text{cm}}$. Der Ausdruck Bettungsziffer
wird nur für die lotrechte Verschiebung angewendet; $C = \dfrac{\sigma}{S} = \dfrac{\text{vorhandener Druck}}{\text{Gesamtsetzung}}$.

Widerstandsziffer: Unter Widerstandsziffer versteht man den Kraftaufwand je Verschiebungseinheit in irgendeiner Richtung. Die Widerstandsziffer W gibt den Zu-
wachs der Normalspannung je Verschiebungseinheit an. $W = \dfrac{\text{vorhandener Druck}}{\text{Gesamte Verschiebung}}$

Die Maßeinheit ist $\dfrac{\text{kg/cm}^2}{\text{cm}}$. W ist nur ein Festwert, wenn ein vollkommen elastisches Material unterhalb der Elastizitätsgrenze vorliegt. Da bei Erdmaterial

praktisch keine Elastizitätsgrenze vorkommt, werden für die Widerstandsziffer im räumlichen Sinne und für die Bettungsziffer in senkrechter Richtung bestimmte Verteilungsgesetze angenommen.

Z. B.: W bzw. C nimmt linear mit der Tiefe zu oder W bzw. C nimmt asymptotisch nach der Tiefe zu.

Geländesprung: Unter Geländesprung versteht man eine Änderung der Geländelinie. *Geländebruch* bedeutet das gleiche wie Geländesprung.

Zeichenerklärung für die folgenden Abbildungen.

ε_0 = Neigung der Erdoberfläche gegen eine Waagrechte.

ε = Dehnung.

α = Natürlicher Böschungswinkel.

σ_2 = Lotrechte Hauptspannung.

σ_3 = Mittlere Hauptspannung; dieselbe wird bei der Berechnung des Erddruckes vernachlässigt, da das Erddruckproblem als ebenes Problem aufgefaßt wird.

σ_1 = Waagrechte Hauptspannung.

ϱ = Scheinbarer Winkel der innern Reibung. $\varrho = \varrho_s$ (siehe S. 533).

ϱ' = Winkel der Reibung zwischen Erde und Stützmauer. Hierbei kann die Stützmauer aus Beton, Holz, Eisen oder auch Erde sein.

σ = Senkrechte Normalspannung auf eine beliebige Ebene.

τ = Schubspannung in einer beliebigen Ebene.

σ' = Resultierende Spannung aus σ und τ.

C. Die Größe des Erddruckes.

1. Einflüsse auf die Größe des Erddruckes.

Die Größe des Erddruckes gegen ein Bauwerk und die Größe des Erdwiderstandes gegen einen Druck von der Mauer her sind abhängig:

a) von den physikalisch-chemischen Eigenschaften des Erdmateriales; z. B. Zusammendrückbarkeit, Ausdehnungsvermögen, Scherfestigkeit des Bodens usw.,

b) von der Art der Ablagerung des Bodens (geologische Vorgeschichte), z. B. ob gleichmäßige oder ungleichmäßige Aufschichtung vorliegt,

c) von der Konstruktion des Bauwerkes, ob starr oder elastisch,

d) von den bleibenden und elastischen Verformungen des Bauwerkes,

e) von den Veränderungen im Erdmaterial, z. B. infolge Gewölbewirkungen, Verschiebungen und den damit verbundenen Änderungen der Scherfestigkeit usw.,

f) von der Art des zeitlichen Verlaufs der Zustandsänderung des Erdmateriales, z. B. infolge Feuchtigkeit, Temperatur, Erschütterung, Bodenfrost und der damit verbundenen Veränderungen der Zusammendrückbarkeit, Ausdehnungsvermögen, Scherfestigkeit usw.; Beginn des Kriechens des Materiales,

g) von den Belastungen des Erdkörpers, z. B. durch Einzellasten, gleichmäßig verteilte Lasten usw.

2. Bestimmung der Größe des Erddruckes.

Eindeutige Lösungen zur Bestimmung der Größe, Richtung und Lage des Erddruckes sind bis heute noch nicht gefunden worden. Es bleibt nichts anderes übrig, als vereinfachende Annahmen zu machen, damit wenigstens Teillösungen gefunden werden, mit deren Hilfe es dann möglich ist, ein grundsätzlich richtiges Bild über die Erddruckverhältnisse zu erhalten und den praktischen Bedürfnissen zu genügen.

D. Das Erddruckproblem als ebenes Problem.

Zur Vereinfachung und besseren Übersicht wird das Erddruckproblem als *ebenes* Problem aufgefaßt; d. h. der Einfluß der mittleren Hauptspannung σ_3 wird vernachlässigt. Mit anderen Worten: es wird ein ebener Verformungszustand mit den Hauptspannungen σ_1 und σ_2 untersucht.

Zahlreiche Versuche an natürlichen und künstlichen Stoffen, deren Struktur mit derjenigen bindiger Böden verglichen werden kann, haben aber gezeigt, daß der Einfluß der mittleren Hauptspannung auf den Bruchzustand beträchtlich werden kann[1] (vgl. S. 547).

Die Abklärung der Größe des Einflusses der mittleren Hauptspannung auf die Zusammendrückbarkeit des Bodens, auf die Gleitbedingungen usw. ist noch nicht weit gediehen.

Im nachfolgenden werden verschiedene Erddrucktheorien behandelt. Alle fassen das Erddruckproblem als zweiachsiges Problem auf. Dies sind:

1. Die klassischen Erddrucktheorien mit der Berechnung des kritischen unteren und oberen Grenzzustandes des Gleichgewichtes.

2. Die neuen Erddrucktheorien, die Annahmen über eine parabolische, asymptotische Erddruckverteilung hinter Stützwänden und in den Gleitebenen machen (silodruckartig) oder die den Erddruck mit Hilfe des Satzes von der verlorenen Arbeit berechnen.

E. Die Erddrucktheorien.

1. Die klassischen Erddrucktheorien.

a) Die mathematischen Grundlagen der klassischen Erddrucktheorien.

Zu den beiden klassischen Erddrucktheorien werden die Theorien von Coulomb und Rankine gerechnet; diese beiden Theorien setzen gleichmäßig beschaffenen Boden voraus, d. h. γ (Raumgewicht) und ϱ (Winkel der inneren Reibung) sind als Festwerte angenommen.

Beide Theorien berechnen nicht die absolute Größe des Erddruckes, sondern beschränken sich auf die Bestimmung des oberen und unteren Grenzwertes des Erddruckes auf die Stützwand.

α) Die mathematischen Grundlagen der Coulombschen Erddrucktheorie.

I. Die Annahmen von Coulomb. Coulomb behandelt den Erdkörper als Ganzes. Er sucht diejenige ebene Gleitfläche, auf welcher das Gleiten des Erdkörpers auftritt. In der Gleitebene treten die Grenzbedingungen der Reibung auf, d. h. der *auftretende* Reibungswinkel ϱ muß kleiner als der *zulässige* Reibungswinkel φ sein.

Mit anderen Worten: Coulomb stellt die Gleichgewichtsbedingungen für das Erdprisma auf, das durch die Mauerwand AB (siehe Abb. 370), die Erdoberfläche BC und die Gleitfläche AC begrenzt wird. Das Erdgewicht G wird in den Erddruck E_a auf die Mauer und in den Erddruck R auf die Gleitfläche $A—C$ zerlegt.

Dabei wird vorausgesetzt:

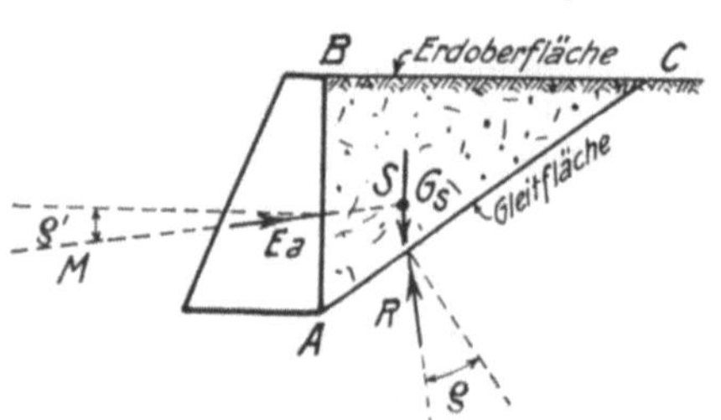

Abb. 370. Gleichgewicht der Körper an einem Erdprisma hinter einer Mauer.
G Erdgewicht, *Ea* Erddruck auf die Mauer, *R* Erddruck auf die Gleitfläche *A C*.

A. Die Erdmasse besitze keine Haftfestigkeit. Für eine Fläche im Innern des Erdprismas und auch für die Stützwand gelten das klassische Reibungsgesetz von Newton: $Q = \mu N$, wobei $\mu = \operatorname{tg} \varrho$ bedeutet.

B. Die Richtung des Erddruckes E_a wird als bekannt angenommen, d. h. der Reibungswinkel ϱ' zwischen Mauer und Erde wird als bekannt vorausgesetzt. Meistens wird $\varrho' = 0$ bis $\frac{2}{3}\varrho$ angenommen.

---

[1] Vgl. M. Roš u. A. Eichinger: Versuche zur Klärung der Bruchgefahr. Zürich: Empa-Bericht 1928.

C. Die Gleitflächen sind eben; diese Annahme erleichtert die Berechnung des Erddruckes außerordentlich; sie ist aber nicht immer mit den Gleichgewichtsbedingungen vereinbar, da eine Überbestimmung des Gleichgewichtsproblems vorliegt. Der Widerspruch kommt daher, daß nur das statische Gleichgewicht eines *endlichen* Körpers betrachtet wurde; derselbe schließt aber nicht notwendigerweise das Gleichgewicht *aller* Körperelemente in sich.

D. Die ebene Gleitfläche entsteht, wenn die mit nichtbindigem Erdmaterial hinterfüllte Stützmauer etwas nachgibt (über die Ursache und Größe von Wandbewegungen vgl. Abschnitt 2a, α; β; γ; I bis IV); dann gleitet das Erdprisma ABC längs der Gleitfläche AC abwärts (siehe Abb. 370).

II. Ergänzungen und Verbesserungen der Coulombschen Erddrucktheorie.
Die Theorie von Coulomb erfuhr im Laufe der Zeit Ergänzungen und Verbesserungen durch Poncelet (1835), Culmann (1866), Rebhann (1871), Winkler (1872), Weyrauch (1878), Wilhelm Ritter (1879), Müller-Breslau (1906), Krey (1918) usw.

III. Die Coulombsche Erddrucktheorie im Vergleich zu den genauen Theorien. Aus den Ergebnissen der genauen Theorien ist zu schließen, daß das übliche, angenäherte Verfahren der Erddruckbestimmung nach Coulomb Werte ergibt, die nicht sehr weit von denjenigen der genauen Theorie liegen. Die neueren Untersuchungen ergaben, daß die Bewegungsart der Mauer maßgebend für die Druckverteilung hinter dem Stützkörper ist.

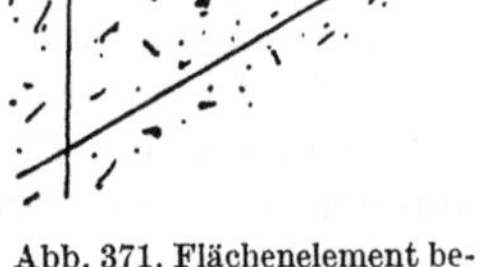

Abb. 371. Flächenelement besteht aus einer großen Zahl von Körnern, als Grundlage für die Rankinesche Erddrucktheorie.

Die Theorie von Coulomb entspricht einer Drehung der Mauer am Fußpunkt[1].

β) Die mathematischen Grundlagen der Rankineschen
Erddrucktheorie.

I. Die Annahmen von Rankine. Im Gegensatz zu Coulomb, der den Erdkörper als Ganzes behandelt, bezieht Rankine seine Untersuchungen nur auf ein elementares Erdprisma (siehe Abb. 371). Er untersucht die Spannungsverteilung an den seitlich unbegrenzten Erdkörperchen. Dadurch wurde es ihm möglich, den Erddruck E_a auf eine Stützwand durch Integration der Spannungen längs der Wand zu berechnen.

Dabei wird vorausgesetzt:

A. Die Erdmasse besitzt keine Haftfestigkeit. Bei der Rankineschen wie bei der Coulombschen Erddrucktheorie gilt das klassische Reibungsgesetz von Newton: $Q = \mu N$, wobei $\mu = \text{tg} \, \varrho$ ist.

B. Das Gelände ist eben. Andere Oberflächen bieten der Spannungsberechnung große Schwierigkeiten.

C. Der untersuchte Erdkörper ist seitlich unbegrenzt.

D. Die Spannungen ändern sich stetig mit dem Orte. Diese mathematische Voraussetzung trifft z. B. bei Einzellasten nicht zu[2].

E. Im Grenzzustand des Gleichgewichtes geht eine Gleitfläche durch jeden Punkt im Innern des Erdkörpers.

Rankine beweist, daß die lotrechte und die zur Erdoberfläche parallele Ebene konjugierte Spannungsebenen sind. Daher verläuft der Erddruck auf eine lotrechte Ebene stets parallel zur Erdoberfläche. Mit Hilfe obiger Fest-

---

[1] L. Karmann: Über elastische Grenzzustände. Verh. 2. Int. Kongr. techn. Mech. Zürich 1926. — Ohde: Zur Theorie des Erddruckes unter besonderer Berücksichtigung der Erddruckverteilung. Bautechn. 1938 S. 335.

[2] Vgl. z. B. Bendel: Rutschungen Abb. 300, Bd. II.

stellungen lassen sich die Grenzwerte des Erddruckes nach Richtung und Größe bestimmen. Die Erddruckrichtungen, die sich aus diesen Überlegungen ergeben, stimmen nur in bestimmten Fällen mit der Wirklichkeit überein.

II. Ausbau der Rankineschen Erddrucktheorie. Die Theorie von RANKINE wurde später ausgebaut durch MOHR, WINKLER, LEVY, WEYRAUCH, CONSIDÈRE, RÉSAL, CAQUOT, MAX RITTER usw. So ist z. B. auf der Rankineschen Theorie über die Gleichgewichtsbedingungen am kleinen Bodenelement die Lehre von der Spannungsellipse und vom Spannungskreis abgeleitet worden.

γ) Die Ruhedruckziffer und Erddruckziffer.

I. Begriff. A. Ruhedruckziffer. Unter Ruhedruck versteht man das Verhältnis zweier senkrecht zueinander stehender Kräfte. Hier bedeutet der Ruhedruck das Verhältnis von lotrechter zu waagrechter Spannung.

Im weiteren Sinne des Wortes wird in der Erddrucktheorie für unberührten Boden das Verhältnis zwischen hydrostatischem Erddruck und dem auf eine Stützmauer wirksamen Erddruck mit Ruhedruck bezeichnet (vgl. S. 454, 568).

B. Erddruckziffer. Man spricht von Erddruckziffern, wenn bereits eine Verschiebung im Boden stattgefunden hat. Die Größen der Erddruckziffern können aus den verschiedenen Erddrucktabellen entnommen werden[1] (vgl. S. 568, 580).

Weitere Ausführungen siehe im Kapitel über physikalische Bodeneigenschaften.

II. Die Ruhedruckziffer beim Rankineschen Spannungszustand. Beim RANKINEschen Spannungszustand wird das Gleichgewicht eines Körperelementes unter seinem Eigengewicht betrachtet; für den Fall eines elastischen Körpers mit der Elastizitätsziffer E_0 und der Querdehnungszahl m wird bei waagrechter Oberfläche $\sigma_1 = \sigma_3$. Aus der Bedingung, daß die Dehnungen in der Richtung von σ_1 und σ_3 verschwinden müssen, wird die Dehnung

$$\varepsilon = 0 = \frac{1}{E_0}\left(\sigma_1 - \frac{\sigma_2}{m} - \frac{\sigma_3}{m}\right). \tag{1}$$

Da nach Voraussetzung $\sigma_1 = \sigma_3$ ist, wird

$$\sigma_1 = \sigma_3 = \frac{\sigma_2}{m-1} = \lambda\,\sigma_2, \tag{2}$$

λ = Ruhedruckziffer.

$$\lambda = \left(\frac{1}{m-1}\right), \tag{3}$$

KREY gibt $\lambda = \frac{m}{1}$ an, was unrichtig ist[2].

Aus Gl. (2) S. 454 und (3) errechnet sich die Ruhedruckziffer λ zu

$$\lambda = \frac{1 - \sin\varrho}{1 + \sin\varrho} = \frac{1}{m-1}$$

bzw.

$$m = \frac{2}{1 - \sin\varrho};$$

für $\varrho = 0$, d. h. für nichtbindiges Material, Wasser usw. wird $m = 2$ oder

$$\sigma_1 = \sigma_2 = \gamma\,h.$$

---

[1] H. KREY: Erddruck, Erdwiderstand S. 296. Berlin 1936. — M. MÖLLER: Erddrucktabellen. Leipzig 1902. — O. SYFFERT: Erddrucktabellen. Berlin 1929.

[2] Vgl. KREY: Erddruck, Erdwiderstand S. 25. Berlin 1936. — VÖLLMY: Eingebettete Rohre. Diss. Zürich 1926, hat die Korrektur bereits berücksichtigt.

Für Böden ohne Haftfestigkeit, die rasch einer Druckwirkung unter Wasser ausgesetzt werden, ist die waagrechte Komponente gleich der lotrechten Belastung: es wirkt der hydrostatische Erddruck. Für die Abmessung von Stützmauern ist dieser mögliche Zustand von wassergesättigter Sandhinterfüllung zu berücksichtigen.

III. Kritische Bewertung der Ruhedruckziffer. Die Ruhedruckziffer wird bei den klassischen Erddrucktheorien als Festwert angenommen. In Wirklichkeit trifft dies nicht zu. Je nach dem Grade der fortschreitenden Verdichtung einer Hinterfüllung ändert sich die Größe der Ruhedruckziffer. Namentlich in der Nähe des Fließbereiches ist der rechnerisch erhaltene Wert der Ruhedruckziffer kritisch zu bewerten[1].

b) Die bodenphysikalischen Grundlagen der klassischen Erddrucktheorie.

Die klassischen Erddrucktheorien machen bezüglich der physikalischen Eigenschaften der Böden folgende Annahmen:

α) Beim Eintreten von Gleitflächen tritt in rutschenden Erdprismen keine Raumveränderung ein.

β) Der Gleitwiderstand τ des Bodens bleibt auf der ganzen Länge der Gleitfläche gleich groß.

γ) Der Gleitwiderstand bleibt auch bei fortschreitender Gleitbewegung gleich groß.

δ) Das Gleiten beginnt in allen Teilen der Gleitfläche gleichzeitig.

Zu den einzelnen Annahmen ist zu bemerken: Es wird gleichmäßig beschaffener (homogener) Boden vorausgesetzt; d. h. τ, ϱ und γ sind für den betrachteten Erdkörper Festwerte.

α) Raumbeständigkeit.

I. Grundsätzliches. Die klassischen Erddrucktheorien berücksichtigen keine etwaigen, im Erdkörper auftretenden Verformungen. Die Raumbeständigkeit des Erdmateriales ist aber nicht vorhanden, und zwar aus folgenden Gründen:

Beim Auftreten von Erddruck oder Erdwiderstand findet stets eine elastische meist noch eine plastische Formänderung des Bodenmateriales statt. Bei Erreichung des unteren Grenzzustandes des Gleichgewichtes durch E tritt eine Entlastung des Materiales in seitlicher Richtung ein und damit verbunden eine Ausdehnung des Bodens.

Hingegen wird vor der Erreichung des oberen Grenzzustandes der Boden in seitlicher Richtung zusammengedrückt.

Versuchstechnisch wurde gefunden, daß der passive Erdwiderstand E_p, der den Boden zusammendrückt, groß werden muß, bis die größtmögliche Zusammendrückung des Erdmateriales erreicht ist; hingegen ist die größtmögliche Ausdehnung des Bodens infolge des aktiven Erddruckes E_a bald erreicht: mit anderen Worten: Die Verschiebung ist klein, damit E_a zur Auswirkung kommt; beim Erdwiderstand ist die Verschiebung groß, bis E_p wirkt.

Ein Boden läßt sich 3- bis 10mal mehr zusammendrücken, als daß er sich bei der Entlastung ausdehnt. Vgl. die K-Werte für das allgemeingültige Druck-(Zug-)verformungsgesetz von BENDEL S. 401, Tabelle 218.

Aus dem verschiedenen physikalischen Verhalten des Bodens bezüglich Ausdehnung und Zusammendrückung ergibt sich somit, daß der Erdwiderstand E_p merklich größer werden muß als der Erddruck E_a, bis ein Gleiten des Erdkeiles

---

[1] Vgl. Formel BENDEL für die Ruhedruckziffer in Abhängigkeit der Bodenverformung s siehe S. 374.

eintreten kann. Mit anderen Worten: Beim Auftreten der Zusammendrückungskraft E_p wird mehr Kraft zum Verformen des Bodens verbraucht als beim Eintreten einer Ausdehnungskraft E_a; d. h. $E_p > E_a$.

II. Versuchsergebnisse. Aus Versuchen ergab sich, daß $E_p = (3 \text{ bis } 50)\, E_a$ ist[1]. Ferner ergaben sich bei Versuchen über die Verformung des Erdprismas, bis Gleiten eintritt, die Zahlenwerte, die aus Tabelle 304 hervorgehen:

Tabelle 304. *Die Verformung des Erdprismas beim Gleiten in Abhängigkeit der Art des Grenzzustandes des Gleichgewichtes.*

Bodenart	Füllhöhe cm	Art des Grenzzustandes	Verformung des Erdprismas, bis der Grenzzustand eintrat	Literatur
Loser, feiner Sand	150	Unterer Grenzzustand E_a	Ausdehnung = 1 mm	Terzaghi: Large Retaining walls. Engl. News Rec. Bd. 112 (1934) S. 136. 259
Eingestampfte Erde	150	Unterer Grenzzustand E_a	Ausdehnung = 0,5 mm	
Grober, feuchter Sand	100	Oberer Grenzzustand E_p	Zusammendrückung 20—50 mm	Franzius: Versuche mit passivem Erddruck. Bauing. 1924 S. 314; 1928 S. 787, 813
Grober, feuchter Sand	180	Oberer Grenzzustand E_p	Zusammendrückung 40—100 mm	

Die Gleitung ist teilweise mit einer Auflockerung, d. h. einer Raumvermehrung verbunden; z. B. bei lockerem Sand (vgl. Abb. 279a im Abschnitt über Scheren). Mit der Verformung des Bodens ist auch eine Änderung der Richtung und Lage des Erddruckes verbunden.

III. Folgerung. Infolge der Bodenformänderung ändern sich die Lage und Größe der Erdkräfte.

Bei den Erddrucktheorien wird die Änderung der Lage und Größe der Kräfte durch Zusammendrücken des Bodens nicht berücksichtigt. Sie ist im Verhältnis zur Lageänderung infolge Gleitens so klein, daß sie praktisch vernachlässigt werden kann.

β) Der Gleitwiderstand τ bleibt auf die ganze Länge der Gleitfläche gleich groß.

Bei den klassischen Erddrucktheorien wird angenommen, daß der Gleitwiderstand τ des Bodens der Coulombschen Gleichung $\tau = k_s + \sigma\,\mathrm{tg}\,\varrho = \sigma\,\mathrm{tg}\,\varrho_s$ folgt und auf der ganzen Länge der Gleitfläche gleich groß bleibt.

Es bedeutet:

τ = Schubspannung, bezogen auf die Flächeneinheit,

k_s = Haftfestigkeit in kg/cm²,

σ = Bodendruck senkrecht zur Gleitfläche, bedeutet den Korn-zu-Korndruck in kg/cm²,

$\mathrm{tg}\,\varrho$ = Reibungsbeiwert, $\mathrm{tg}\,\varrho = \mu$; ϱ = Winkel der inneren Reibung. Für weitere Bedeutung von ϱ siehe S. 421.

Die Haftfestigkeit und der Reibungsbeiwert werden als Festwerte angenommen; ebenso wird σ über die Gleitfläche gleich groß bleibend vorausgesetzt.

Über die kritische Bewertung der Coulombschen Schubspannungsgleichung vgl. Abschnitt über Haftfestigkeit und Scherfestigkeit. Danach ist weder die Haftfestigkeit noch der Winkel ϱ der inneren Reibung ein Festwert. Hier sei noch besonders erwähnt, daß die Schubspannung τ vom Bodendruck σ ab-

---

[1] Vgl. A. Donath: Untersuchungen über Erddruck auf Stützwände. Z. Bauw. 1891 S. 491.

hängig ist. Da aber der Bodendruck längs den Gleitflächen ändert, so ist auch die Größe der Schubspannung in der Gleitfläche Änderungen unterworfen.

Der Bodendruck σ bedeutet den Korn-zu-Korndruck. Ein Mehrdruck auf den Boden vergrößert die Schubspannung unter Umständen nicht; namentlich gilt dies für lehmige, tonige Böden mit kleiner Wasserdurchlässigkeit. Die Erklärung dieser Erscheinung ist folgende: Ein plötzlich aufgebrachter Mehrdruck auf den Boden wird durch das Porenwasser allein aufgenommen. Da dieses reibungslos ist, vergrößert die Mehrbelastung die Schubfestigkeit in der Gleitfläche nicht. Erst nachdem das Porenwasser ausgeströmt ist und der Korn-zu-Korndruck ansteigt, findet eine Erhöhung der Schubfestigkeit statt. Bei der Beurteilung der Gleitsicherheit in der Gleitebene ist auf diese Erscheinung gebührend Rücksicht zu nehmen.

γ) **Der Gleitwiderstand bleibt auch bei fortschreitender Bewegung gleich groß.**

Die neueren Untersuchungen ergeben, daß der Schubwiderstand bei fortschreitender Bewegung des Erdkeiles nicht gleich groß bleibt, sondern abnimmt, nachdem der Größtwert der Schubkraft erreicht wurde. Die Beziehung zwischen abnehmendem Schubwiderstand und Verschiebung infolge Gleitung geht aus Abb. 280 hervor. Die Abnahme der Schubfestigkeit ist zusammengesetzt aus der Abnahme der Haftfestigkeit und derjenigen des Winkels der inneren Reibung.

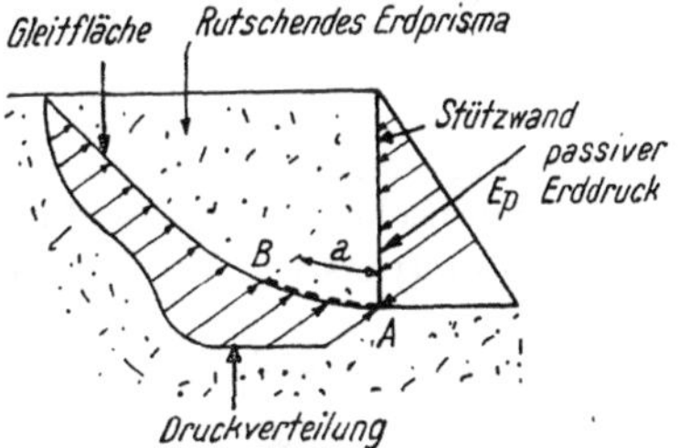

Die Haftfestigkeit nimmt stärker ab, als sich der Tangens des Winkels der inneren Reibung ändert. Nachdem die Verschiebung einen bestimmten Betrag erreicht hat, bleibt die Schubfestigkeit gleich groß.

Bei der Beurteilung der Gleitsicherheit von Erdprismen ist auf diese Erscheinung Rücksicht zu nehmen.

Abb. 372. Druckverteilung und fortschreitende Gleitflächenbildung.

$A - B = a$ bereits ausgebildeter Teil der Gleitfläche.

δ) **Das Gleiten beginnt in allen Teilen der Gleitfläche gleichzeitig.**

Eine Gleitfläche bildet sich so aus, daß sich die Wand zuerst etwas vorwärts neigt. Damit ist eine Erhöhung der Belastung der Wand durch den aktiven Erddruck verbunden. Infolge des erhöhten Druckes schreitet die Wand weiter vorwärts. Dann bildet sich am unteren Ende der Wand ein kurzes Stück einer Gleitfläche. Der Schubwiderstand ist überwunden. Bei weiterer Bewegung der Wand fällt die Schubfestigkeit wieder ab. Der jeweilige Größtwert des Schubwiderstandes wird sich an der Stelle befinden, an welcher die Gleitfläche aufhört. Es findet ein fortschreitender Bruch statt (siehe Abb. 372).

ε) **Verschiedene Raumgewichte.**

Sind verschiedene Schichten im gleitenden Erdkeil vorhanden, so wird die nach Coulomb oder Rankine ermittelte Gleitfläche beeinflußt. Dieser Einfluß kann bei der Ermittlung der Culmannschen Linie berücksichtigt werden.

ζ) **Folgerung aus den Feststellungen über die physikalischen Bodeneigenschaften auf die klassischen Erddrucktheorien.**

Die Feststellungen des Einflusses der physikalischen Eigenschaften der Böden haben die klassischen Erddrucktheorien nicht umgestürzt. Sie ergänzen sie und mahnen zur Vorsicht in der Auswertung der mathematisch errechneten Ergebnisse.

Anschließend an die kritischen Ausführungen über die bodenphysikalischen Grundlagen werden die beiden klassischen Erddrucktheorien von COULOMB und RANKINE beschrieben[1].

c) Die Coulombsche Erddrucktheorie.

α) Die Coulombsche Bedingung beim Auftreten einer einzigen Gleitebene (siehe Abb. 373).

Je nach der Größe der äußeren Kraft E bewegt sich der Erdkeil ABC aufwärts oder abwärts, wobei vorausgesetzt wird, daß sich die Mauer um ihren Fußpunkt bewegt.

AB = Stützwand,
AC = Gleitfläche,
G = Gewicht des Erdkeiles ABC
E = äußere waagrechte Kraft,
R = Resultierende, zerlegt in H und N,
R_1 = Resultierende, für E = klein (aktiver Erddruck),

R_2 = Resultierende, für E = groß (passiver Erddruck),
N = Normale auf der Gleitfläche,
H = Kraft in Richtung der Gleitfläche,
ϱ = Winkel der inneren Reibung.

Die Gleitbedingungen lauten:

$$-\operatorname{tg}\varrho < H/N > +\operatorname{tg}\varrho.$$

Bedingung gegen Aufwärtsschieben = Coulombsche Bedingung für Erdwiderstand (passiver Erddruck)

Bedingung gegen Abgleiten = Coulombsche Bedingung für Erddruck (aktiver Erddruck).

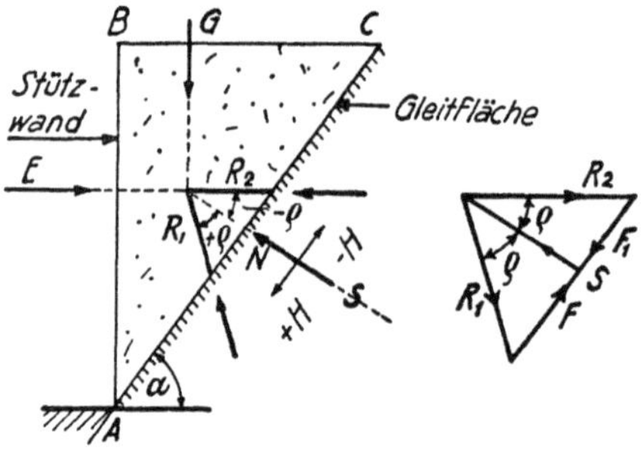

Abb. 373. Gleichgewichtsbedingungen bei Erddruck und Erdwiderstand. Kräftepolygon für R, S und F.

β) Die Coulombsche Bedingung beim Auftreten mehrerer Gleitebenen.

Werden der Winkel α und die äußere Kraft E (siehe Abb. 373) geändert, so treten verschiedene Gleitebenen auf. Nach COULOMB müssen dann gegen Abgleiten und gegen Aufwärtsschieben die nachstehenden Bedingungen erfüllt sein:

I. Das Coulombsche Prinzip für aktiven Erddruck. Besitzt ein Körper mehrere Möglichkeiten des Abgleitens unter dem Einfluß einer äußeren Kraft E, so muß beim Nachgeben der unterstützenden Kraft E ein Körperteil abgleiten. Das Abgleiten des Körperteiles findet längs einer Ebene statt, die die größte Stützkraft E zur Aufrechterhaltung des Gleichgewichtes erfordert (Coulombsches Prinzip für Erddruck).

II. Das Coulombsche Prinzip für Erdwiderstand. Besitzt ein Körper mehrere Möglichkeiten des Aufwärtsgleitens unter dem Einfluß einer äußeren Kraft E, so muß bei einer Steigerung der äußeren Kraft E ein Körperteil aufwärts gedrückt

---

[1] J. H. GRIFFITH: Dynamics of earth and other macroscopic matter. Jowa State coll. agricult. and mech. arts Bd. 32 Nr. 46 S. 39. — L. A. PALMER: Principles of soil mechanics involved in the design of retaining walls and bridge abutments. Publ. roads S. 193.

werden. Das Hinaufschieben des Körperteiles findet längs einer Ebene statt, die die kleinste Kraft E zur Aufrechterhaltung des Gleichgewichtes erfordert (Coulombsches Prinzip für Erdwiderstand).

$\gamma)$ Berechnung des Erddruckes.

I. Beweis für die Gültigkeit des Coulombschen Prinzips. Wird die Gleitfläche $\overline{AC}$ ind Abb. 374 beliebig angenommen, so kann aus dem Gleichgewicht der Kräfte G, E, R der Erddruck E berechnet werden.

Dreht man die Ebene $\overline{AC}$ um den Punkt A, so ändert sich die Größe des Erddruckes E. Der tatsächliche Erddruck wird $E_{\max}$; denn wäre $E < E_{\max}$, so würde man zur Gleitfläche $\overline{AC}$, die $E_{\max}$ entspricht, die Richtung der Kraft R' erhalten, für welche $\varphi > \varrho$ sein müßte; dies ist aber unmöglich[1].

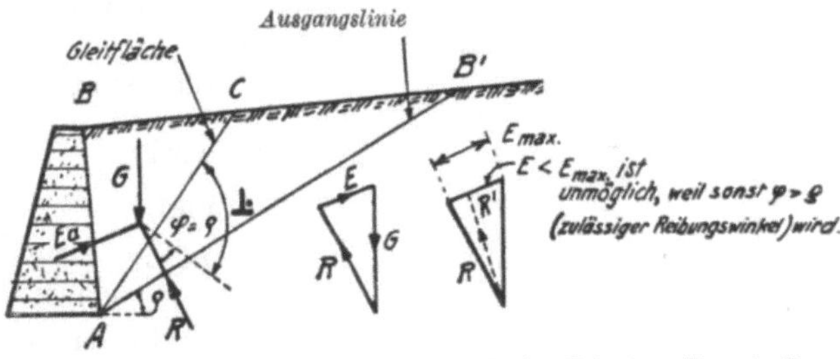

Abb. 374. Beweis der Gültigkeit des Coulombschen Prinzipes. $E_{\max} > E$.

II. Berechnung des Erddruckes nach Culmann. Aus dem Krafteck der Abb. 375 ergibt sich für jede Gleitfläche die Bedingung:

$$E = G \, \frac{\sin \psi}{\sin (\psi + \psi')},$$

und für den Coulombschen Erddruck wird

$$E_{\text{Coulomb}} = \left| G \, \frac{\sin \psi}{\sin (\psi + \psi')} \right|_{\max}.$$

Die sog. *Culmannsche Linie* ermöglicht die zeichnerische Bestimmung des Erddruckes und der Coulombschen Gleitfläche AC. Wird das Krafteck um $(90° - \varrho)$ im Sinne des Uhrzeigers gedreht, so wird $G \| AB'$ und $R \| AC$. Wird nun für irgendeine beliebige Gleitfläche das

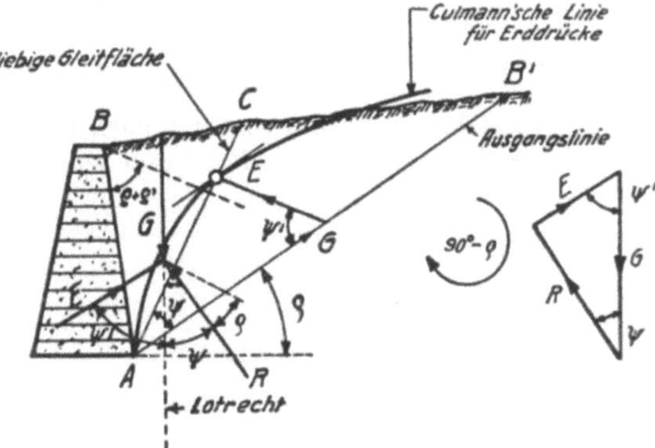

Abb. 375. Zeichnerische Ermittlung des Erddruckes nach
Culmann.
ψ' Winkel zwischen E und Lotrechten.
Für ϱ' siehe Abb. 370.

Gewicht G des gleitenden Erdkeiles auf der unter dem Reibungswinkel ϱ geneigten Ausgangslinie aufgetragen und unter dem Winkel ψ' die Kraft E gezogen, so liegt der Endpunkt der Kraft E auf der Gleitfläche. Die Verbindungslinie aller Punkte ist unter dem Namen Culmannsche Linie bekannt. Die Tangente parallel zu AB' ergibt den größten Erddruck $E_{\max} = E_{\text{Coulomb}}$. Ferner ist durch die Konstruktion die Lage der Coulombschen Gleitfläche festgelegt. Dieses Verfahren erlaubt, die verschiedenen Raumgewichte zu berücksichtigen.

III. Der Satz von Rebhann. Der Satz von Rebhann dient zur unmittelbaren Bestimmung der Coulombschen Gleitfläche; diese liegt so, daß die Fläche ABC gleich dem Dreieck ACC' wird (siehe Abb. 376). Analytischer Beweis:

---

[1] Vgl. F. W. Waltking: Über die Erweiterungsmöglichkeiten der Coulombschen Erddrucktheorie. Bautechn. 1942 S. 52.

Es muß sein:
$$\frac{dE}{d\psi} = 0 = \frac{d}{d\psi}\left| G\,\frac{\sin\psi}{\sin(\psi+\psi')} \right|,$$

daraus folgt:
$$G = -\,\frac{dG}{d\psi}\,\frac{\sin\psi\,\sin(\psi+\psi')}{\sin\psi'}.$$

Aus der Abb. 376 folgt weiter:
$$dG = -\gamma\,(dF) \quad \text{und} \quad dF = {}^1\!/_2\,d\psi\,l^2 \qquad (\gamma = \text{Raumgewicht in kg/dm}^3);$$

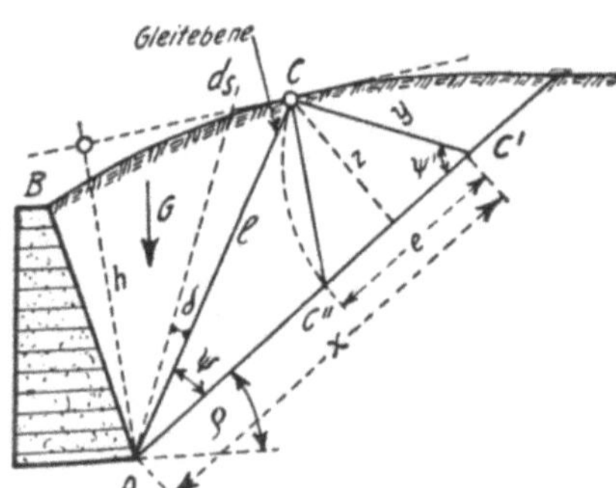

Abb. 376. Ermittlung des Erddruckes nach
REBHANN.
Es bedeutet $\delta = \delta\psi$.

somit wird: $\dfrac{dG}{d\psi} = -{}^1\!/_2\,\gamma\,l^2$;

für $\quad \sin\psi = \dfrac{z}{l}\quad$ und $\quad \dfrac{\sin(\psi+\psi')}{\sin\psi'} = \dfrac{x}{l}$

wird $\qquad G = {}^1\!/_2\,\gamma\,z\,x$

und

$$E = G\,\frac{\sin\psi}{\sin(\psi+\psi')} = {}^1\!/_2\,\gamma\,z\,y = \gamma\,\Delta\,C\,C'\,C''.$$

Bei einer gleichmäßig verteilten Auflast p auf die Erdhinterfüllung wird

$$dG = \gamma\,dF + p\,ds;$$

für $\qquad dF = \dfrac{h\,ds}{2}$

wird
$$dG = \left(\gamma + \frac{2\,p}{h}\right)dF = \gamma'\,dF;$$

hieraus folgt:
$$G = \gamma'\,\Delta\,A\,C\,C' \quad \text{und} \quad E = \gamma'\,\Delta\,C\,C'\,C''.$$

IV. Zeichnerische Berechnung nach PONCELET. Aus Abb. 377/378 ergibt sich zwischen der Stellungslinie $B\,B''$ und der Stützwand der Winkel $(\varrho + \varrho')$. Da aber

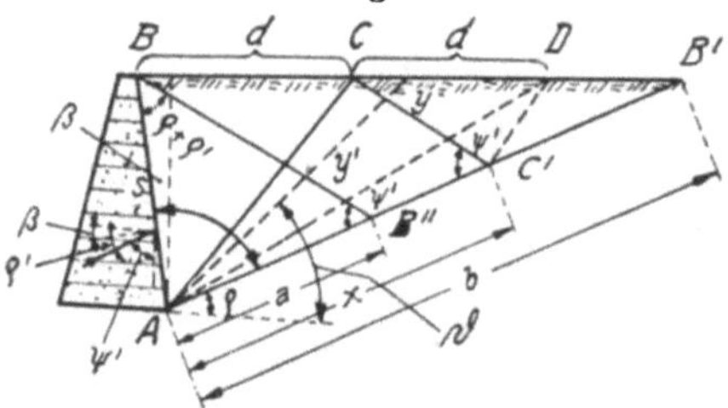

Abb. 377. Zeichnerische Ermittlung des Erddruckes
nach PONCELET.
Der Winkel ϱ wird von der Waagrechten aus gemessen.

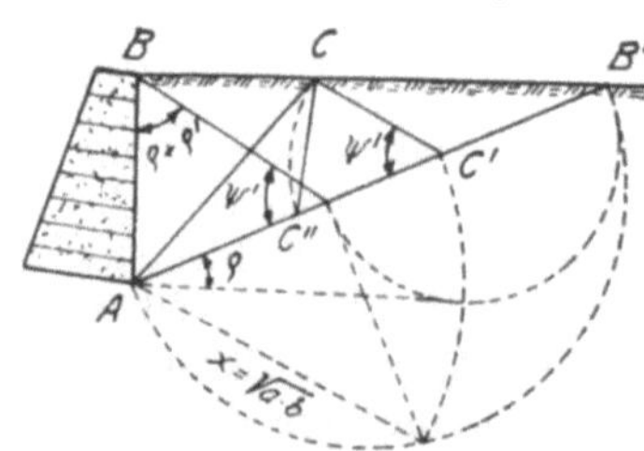

Abb. 378. Zeichnerische Ermittlung des Erddruckes
nach PONCELET.

$$\sphericalangle\,A\,B''\,B = 180° - (\varrho + \varrho') - (90 + \beta - \varrho) = \psi'$$

ist, so wird $B\,B'' \,\|\, C\,C'$.

Nach dem Satz von PONCELET ist:
$$x = \sqrt{a\,b}.$$

Im Falle, daß eine Auflast p vorhanden ist[1], wird

$$G = \frac{\gamma\,d\,h}{2} + p\,d = \gamma'\,\Delta\,A\,B\,C$$

und
$$E = \gamma'\,\Delta\,C\,C'\,C'' \quad \text{(Abb. 378).}$$

---

[1] Für die Einzelheiten, wie Einzellasten usw., vgl. die verschiedenen Handbücher und Taschenbücher Hütte usw. Für den Rebhannschen Satz im besonderen vgl. O. MUND: Der Rebhannsche Satz. Berlin 1936. — Erddruck aus Auflasten. Bautechn. 1938 S. 47. — M. RITTER: Klassische Erddrucktheorie. Erdbaukurs Eidg. Techn. Hochschule Zürich 1938.

Wird $C' D \parallel A C$ gezogen, so ist $C D = B C$; daraus ergibt sich

$$\frac{C B'}{C B} = \frac{C' B'}{C' B''} = \frac{b - x}{x - a} = \frac{b}{x};$$

daraus wird

$$x = \sqrt{a b}.$$

Ist eine gebrochene Wand oder eine gebrochene Geländeoberfläche vorhanden, so wird eine ideelle Stützwand (siehe Abb. 379) eingeführt, die so zu wählen ist, daß das Gewicht G unverändert bleibt. Für eine Auflast p wird der Fehler groß.

V. Einfluß von Einzellasten P auf den Erddruck. A. Größe des Erddruckes. Es wird die Annahme gemacht, daß sich die Lasten P auf die Längeneinheit der Mauer gleichmäßig verteilen. Das Verfahren von CULMANN eignet sich am besten, um den zusätzlichen Erddruck infolge der Einzellast auf eine Stützwand zu berechnen.

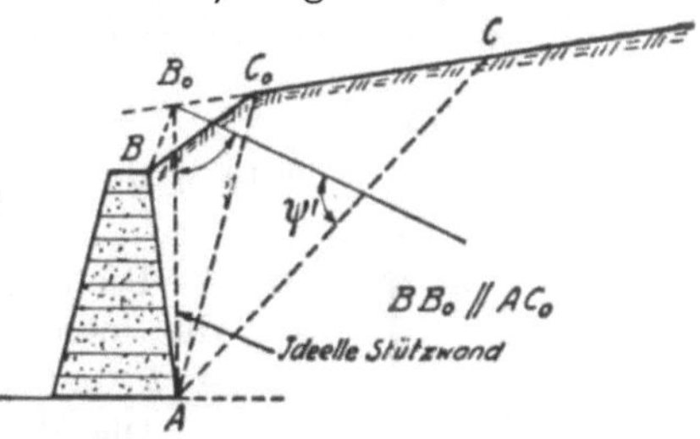

Abb. 379. Umwandlung einer gebrochenen Geländefläche in eine ideelle Stützwand $A\,B_0$.

Dabei zieht man eine Anzahl Gleitflächen AC und zerlegt die Lasten $A B C$ aus dem Erdprisma und P nach E und R (vgl. Abb. 380). Somit ist der Größtwert von E leicht festzustellen[1].

B. Lage des Erddruckes (siehe Abschnitt VIII). Die Lage des Erddruckes wird nach KREY gefunden, indem man für verschiedene Wandabschnitte die Zunahme $\varDelta E$ des Erddruckes in Abhängigkeit der Tiefenzunahme $\varDelta h$ errechnet. Auf diese Weise wird die Erd-

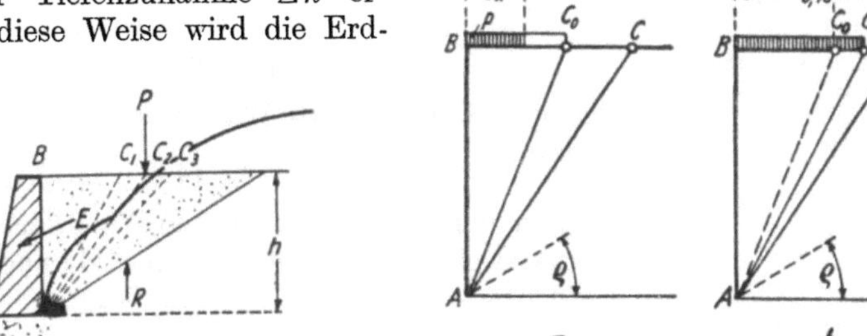

Abb. 380. Einfluß einer Einzellast auf den Erddruck.

Abb. 380a. Die Änderung der Lage der Gleitlinie mit der vorrückenden gleichmäßigen Belastung.

$A C_0$ Gleitlinie für den Fall, daß der vorrückende Lastendpunkt mit der sich aufrichtenden Gleitfläche zusammenstößt; $A C'$ Lastgleitlinie für den Fall, daß der Lastendpunkt zwischen C_0 und C fällt; $A C$ Gleitlinie für unbelastetes Gelände. (Nach MANN, Bautechn. 1938, S. 373.)

druckverteilung erhalten; daraus kann dann der Angriffspunkt des Erddruckes bestimmt werden[2].

VI. Rechnerische Behandlung von Sonderfällen nach WEYRAUCH. Aus der Gleichung $E = \gamma' \varDelta C C' C''$ und der Abb. 376 und 377 ergibt sich

$$E = {}^1/_2 \gamma' \, y \, z = {}^1/_2 \gamma' \, y^2 \sin \psi',$$

ferner

$$\frac{y}{y'} = \frac{b - x}{b - a} = \frac{b - \sqrt{a b}}{b - a} = \frac{1}{1 + \sqrt{a/b}}; \qquad \frac{y'}{s} = \frac{\cos (\varrho - \beta)}{\sin \psi'};$$

---

[1] Vgl. A. SCHROETER: Der Coulombsche Erddruck aus Hinterfüllung und bei Auflasten, insbesondere Strecklasten. Das Einflußlinienverfahren bei Erddruck. Bautechn. 1940 S. 505. Zuschriften, Erwiderung 1941 S. 254.

[2] Vgl. H. LEHMANN: Der Einfluß von Auflasten auf die Verteilung des Angriffes an Baugrubenwänden. Bautechn. 1943 S. 21.

37*

hieraus wird

$$y = s\,\frac{\cos(\varrho - \beta)}{\sin\psi'\,(1 + \sqrt{a/b})}.$$

Für den Winkel ε_0 (siehe Abb. 381) wird:

$$\frac{a}{s} = \frac{\sin(\varrho + \varrho')}{\sin\psi'} \quad \text{und} \quad \frac{b}{s} = \frac{\cos(\varepsilon_0 - \beta)}{\sin(\varrho - \varepsilon_0)}; \quad \frac{a}{b} = \frac{\sin(\varrho + \varrho')\,\sin(\varrho - \varepsilon_0)}{\cos(\varepsilon_0 - \beta)\,\sin\psi'}.$$

Da $\sin\psi' = \cos(\varrho' + \beta)$ ist, wird

$$E = {}^1\!/_2\,\gamma'\,s^2\,\frac{\cos^2(\varrho - \beta)}{\cos(\varrho' + \beta)\left(1 + \sqrt{\dfrac{\sin(\varrho - \varepsilon_0)\,\sin(\varrho + \varrho')}{\cos(\varepsilon_0 - \beta)\,\cos(\varrho' + \beta)}}\right)^2} = {}^1\!/_2\,\gamma'\,s^2\,\lambda_a.$$

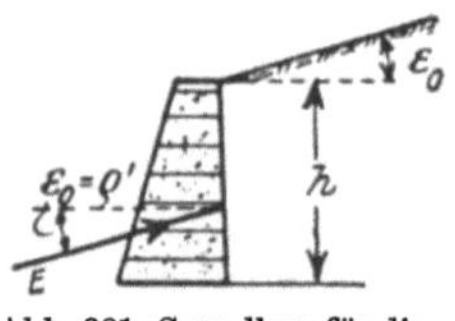

Abb. 381. Grundlage für die Ermittlung des Erddruckes nach WEYRAUCH.

Die waagrechte Komponente von E wird $E_w = E \sin\psi'$, die lotrechte Komponente von E wird $E_l = E \cos\psi' = E \sin(\varrho' + \beta)$.

Die Erddrucktabellen von MÖLLER[1] und KREY[2] enthalten die Werte von λ_a für verschiedene Winkel. λ_a wird Erddruckziffer genannt.

Für den Winkel ϑ, d. h. für den Winkel zwischen Waagrechter und Gleitebene kann eine Gleichung abgeleitet werden. Sie wird auch tabellarisch ausgewertet (siehe KREY S. 296).

Annahmen für Sonderfälle: Für eine lotrechte Wand ist $\beta = 0$. Bei geneigtem Gelände sei ε_0 der Neigungswinkel des Geländes. Der Erddruck sei parallel zum Gelände, d. h. $\varrho' = \varepsilon_0$. Dann wird:

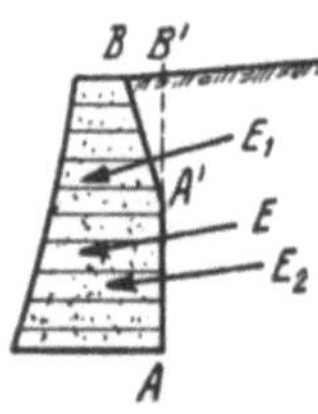

Abb. 382. Erddruck E auf eine gebrochene Wand.

Erddruck E auf A—B, Erddruck E_1 auf A'—B, Erddruck E_2 auf A—A'.

$$E = {}^1\!/_2\,\gamma'\,h^2\,\frac{\cos^2\varrho\,\cos\varepsilon_0}{(\cos\varepsilon_0 + \sqrt{\sin^2\varrho - \sin^2\varepsilon_0})^2}. \tag{6}$$

Für eine lotrechte und glatte Wand mit $\varrho' = 0$ und waagrechtem Gelände wird

$$E = {}^1\!/_2\,\gamma'\,h^2\,\operatorname{tg}^2(45° - \varrho/2).$$

VII. Behandlung von gebrochenen Wandflächen. Besteht die Wand aus zwei gebrochenen Ebenen $A\,A'$ und $A'\,B$, so wird der Erddruck bestimmt (siehe Abb. 382):

auf die Fläche $A\,B' = E_0,$
auf die Fläche $A'\,B' = E_1'.$

Dann ist $E_2 = $ der Erddruck auf die Fläche $A\,A'$

$$E_2 = E_0 - E_1'.$$

VIII. Die Lage des Erddruckes. Wenn q den spezifischen Erddruck bedeutet, d. h. den Druck auf die Flächeneinheit der Stützwand, so wirkt auf das Flächenelement ds der Druck

$$q\,ds = dE.$$

Es bedeutet in Abb. 383 $\varDelta E$ der Erddruck auf die Strecke n bis $n + 1$. Ferner sei e der Abstand von $\varDelta E$ bis zum Wandpunkt $n + 1$; dann ist:

$$e = \frac{\int q\,ds\,y_q}{\varDelta E} = \frac{\int y\,dE}{\varDelta E}\,*.$$

[1] Erddrucktabellen. Leipzig 1902; Neuauflage 1922; 2 Bände.
[2] Erddruck, Erdwiderstand S. 296. Berlin 1936.
* Vgl. M. RITTER: Klassische Erddrucktheorien. Erdbaukurs Zürich 1938.

Mit Hilfe dieses Ansatzes können zwei Linien ermittelt werden; nämlich
die q-Linie für den spez. Erddruck (vgl. Abb. 384),
die E-Linie für den Erddruck (vgl. Abb. 385).

In Abb. 384 greift der Erddruck ΔE im Schwerpunkt der Belastungsfläche an.
Aus Abb. 385 geht hervor, daß

$$\Delta E\, e = \int\limits_{n}^{n+1} y\, dE = \text{Fläche } 0\,0'\,0'' \text{ ist.}$$

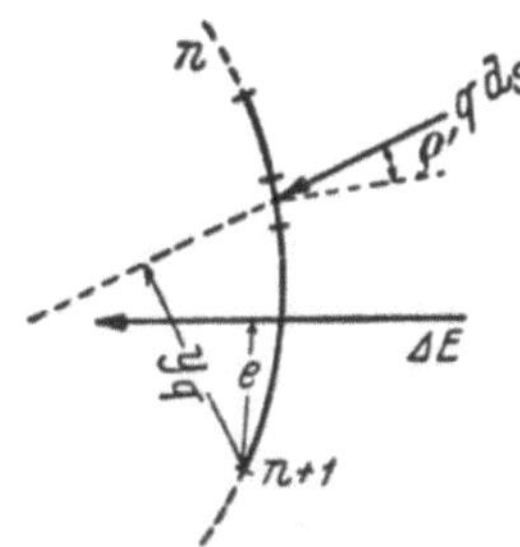

Abb. 383. Grundlage für die Ermittlung der Lage des Erddruckes.

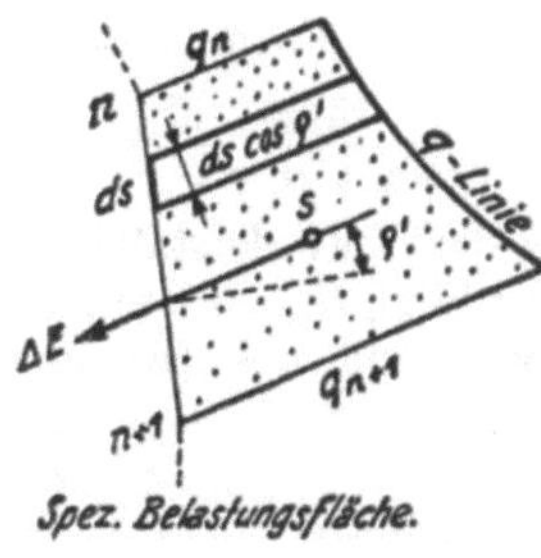

Abb. 384. Ermittlung des spezifischen Erddruckes auf eine Stützwand der Strecke n bis $(n + 1)$.

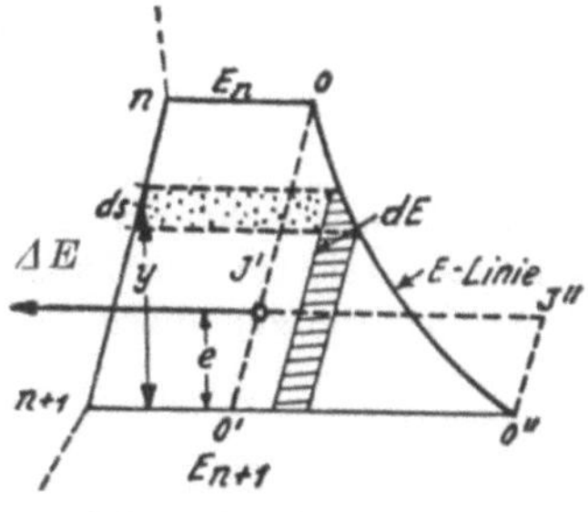

Abb. 385. Ermittlung des Erddruckes auf eine Stützwand.

Wird $0\,0'\,0'' = 0'\,0''\,J'\,J''$ gesetzt, so greift ΔE an der Seite $J'\,J''$ (Abb. 385) an.
Für ebene Wand wird:

$$E = \frac{1}{2}\,\gamma\,s^2\,\lambda_a + p\,\frac{s}{\cos(\varepsilon_0 - \beta)}\,\lambda_a,$$

d. h. die E-Linie wird eine Parabel; für gleichmäßig verteilte Auflast entsteht
eine Gerade; es wird dann

$$q = \frac{dE}{ds} = \gamma\,s\,\lambda_a + p\,\frac{1}{\cos(\varepsilon_0 - \beta)}\,\lambda_a,$$

d. h. die q-Belastungsfläche wird ein Trapez; in
seinem Schwerpunkt greift der Erddruck E an.

E_γ allein greift im unteren Drittel an.

E_p allein greift in Wandmitte an.

Aus E_p und E_γ errechnet sich der Gesamterddruck E.

Nach Gl. (6) mit $q = 0$ wird $B\,B_1'$ in Abb. 386:

$$B\,B_1' = -\frac{p}{\gamma\,\cos(\varepsilon_0 - \beta)}.$$

Aus dieser Aufstellung ist ersichtlich, daß das
Diagramm des spezifischen Erddruckes stetig ver-
laufen muß. In Handbüchern wird als praktische Regel zur Bestimmung des

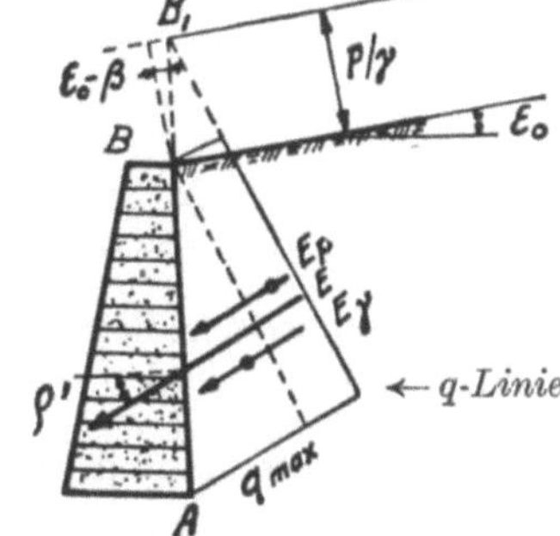

Abb. 386. Erddruck bei gleichmäßiger Auflast.
$\beta = $ Neigung der Stützwand.

Angriffspunktes des resultierenden Erddruckes angegeben: Man bestimme den
Massenschwerpunkt S des gleitenden Erdkeiles; durch ihn ziehe man eine
Parallele zu der Gleitfläche. E_0 greift im Schnittpunkt dieser Parallele mit der
Rückseite der Wand an.

δ) Berechnung des Erdwiderstandes.

I. Allgemeines. Der Fall, daß ein Erdprisma nach aufwärts gleiten will, liegt
vor, wenn die Stützwand durch eine äußere Kraft gegen den Erdkörper gedrückt
wird und der höchste Widerstand des Erdkörpers berechnet werden soll; z. B. bei
Gewölbewiderlagern, Spundwänden usw. Es ist aber zu beachten, daß Ver-

schiebungen von Stützwänden eintreten, bevor ein Aufwärtsgleiten des Erdkörpers eintritt; z. B. infolge der Zusammendrückbarkeit des Erdmateriales.

In der Praxis wird der Erdwiderstand nur in besonderen Fällen berücksichtigt; z. B. ist mit dem Erdwiderstand zu rechnen, wenn es sich um eine Stützmauer handelt, welche in einer sich bewegenden Rutschhalde steht und selber entweder in Felsen eingespannt ist oder auf einer Schicht steht, die sich verhältnismäßig langsam talwärts bewegt, d. h. langsamer als die Erdoberfläche.

II. Das Coulombsche Prinzip beim Erdwiderstand. Bei der Berechnung des Erdwiderstandes E_p nach COULOMB sind die Winkel der inneren Reibung ϱ und ϱ' mit negativen Vorzeichen einzuführen. Es muß dann sein:

$$E_p = \left| \, G \, \frac{\sin \psi}{\sin (\psi + \psi')} \, \right| \text{Min.}$$

III. Zeichnerische Ermittlung des Erdwiderstandes nach CULMANN. Die Culmannsche Linie für den Erdwiderstand E_p wird hyperbelähnlich (vgl. Abb. 387, aus welcher die zeichnerische Ermittlung des Erdwiderstandes hervorgeht).

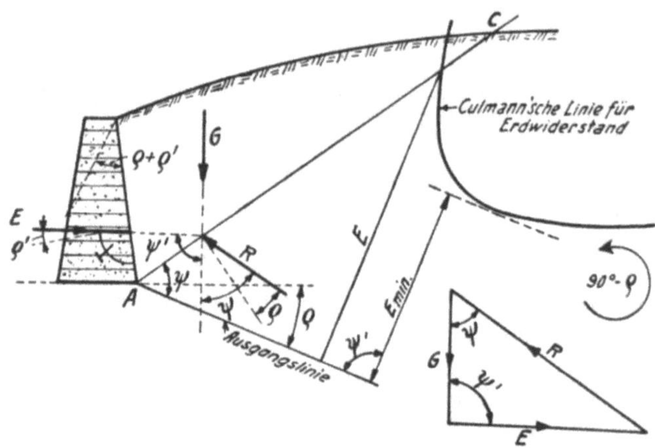

Abb. 387. Zeichnerische Ermittlung des Erdwiderstandes nach CULMANN.
(Für die Bedeutung der Bezeichnungen siehe auch Abb. 375.)

IV. Rechnerische Behandlung des Erdwiderstandes nach WEYRAUCH. Der Erdwiderstand E_p wird meistens nach WEYRAUCH berechnet; die Gleichungen werden tabellarisch wie für den Erddruck ausgewertet[1].

Im Sonderfalle, daß eine lotrechte, glatte Wand vorliegt und ebenes, waagrechtes Gelände, wird

$$E_p = \frac{1}{2} \, \gamma' \, h^2 \, \text{tg}^2 \left(45° + \frac{\varrho}{2} \right).$$

V. Zeichnerische Bestimmung des Erdwiderstandes E_p bei nachgiebiger Stützwand. Es werden verschiedene Gleitflächen angenommen und für jede das Gewicht G ermittelt. Zweckmäßig ist es, das Gewicht $G_2 = 2\,G$; $G_3 = 3\,G$ usw. anzunehmen. Hierbei wird für jede Gleitfläche die Richtung der resultierenden Kraft R in bezug auf die Gleitfläche ermittelt. Da die Richtung der Erdkraft E_p bekannt ist, so wird der Erdwiderstand E_p erhalten, wenn die Richtung E_p die Resultierende R schneidet (siehe Abb. 388).

---

[1] Vgl. H. KREY: Erddruck, Erdwiderstand S. 296. Berlin 1936. — Über Berechnungen des Erdwiderstandes vgl. auch STRECK: Beitrag zur Frage des passiven Erddruckes. Bauingenieur 1926 S. 1. — MECKE: Versuche über passiven Erddruck. Mitt. d. Hannover Hochschulgemeinschaft Heft 16.

VI. Zeichnerische Bestimmung des wirksamen Erddruckes E bei unnachgiebiger Stützwand. In der Abb. 389 bedeutet die doppelt schraffierte Fläche den Bereich mit den Schnittpunkten zwischen den Erdkräften E und den auf die Gleitfläche $C \ldots C'$ wirkenden resultierenden Kräften R.

VII. Zeichnerische Bestimmung des Erdwiderstandes nach Poncelet. Die zeichnerische Bestimmung des Erdwiderstandes geht aus Abb. 390 hervor; das Verfahren, verglichen mit Abb. 378 (zeichnerische Ermittlung des Erddruckes nach Poncelet), braucht nicht im einzelnen wiederholt zu werden.

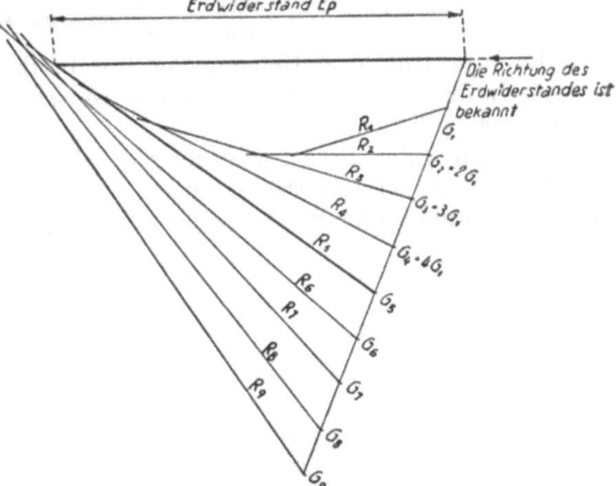

Abb. 388. Zeichnerische Ermittlung der Größe des Erdwiderstandes. Bekannt sind die Richtungen des Erdwiderstandes E_p, der Resultierenden R_1—R_9. Die Größe E_p wird aus dem Schnittpunkt zwischen der Richtung des Erdwiderstandes E_p und derjenigen Resultierenden R erhalten, deren Richtung zuerst die Erdwiderstandslinie schneidet. Dann wird E_p Kleinstwert.

d) Die Rankinesche Erddrucktheorie.

α) Die allgemeinen Gleichgewichtsbedingungen bei einem Elementarkörperchen.

I. Die Grundgleichungen.

Es wird vorausgesetzt, daß unabhängig von der Stoffart des Elementarkörperchens die Grundgleichungen der Festigkeitslehre gelten. Die Gleichgewichtsbedingungen für ein Bodenelement lauten z. B. für die x-Achse am Einheitskörper mit den Würfelseiten $= 1$:

$$\frac{\partial \sigma_x}{\partial x} + \frac{\partial \tau_{xy}}{\partial y} + \frac{\delta \tau_{xz}}{\partial z} + X = 0 \ (\text{vgl. Abb. 391}).$$

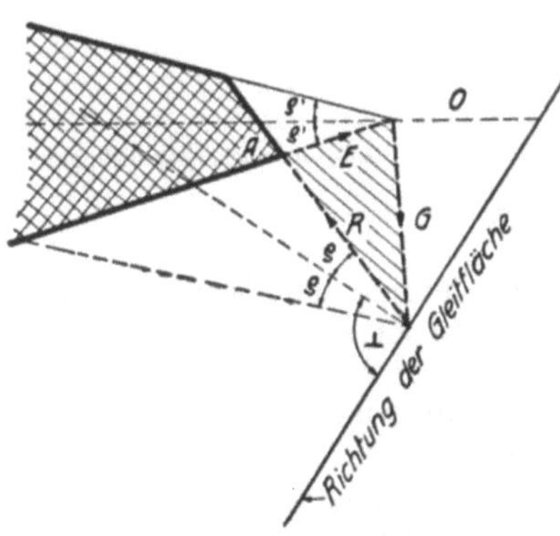

Abb. 389. Ermittlung des Erddruckes bei unnachgiebiger Stützwand.

E Erddruck, G Gewicht des rutschenden Erdkeiles, $R = \overline{G} + \overline{E}$ (vektoriell), O Senkrechte zur Wandfläche der Stützwand, A Anfangspunkt der Erddruckkraft E, A liegt irgendwo im schraffierten Gebiet.

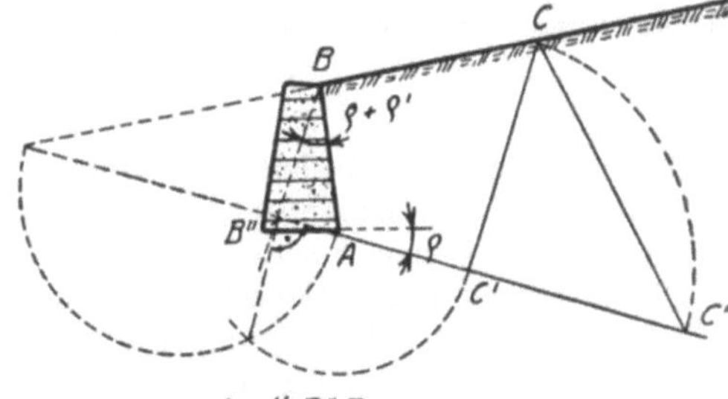

Abb. 390. Zeichnerische Ermittlung des Erdwiderstandes nach Poncelet.

$\sigma_x =$ Normalspannung in einer zur x-Achse senkrecht stehenden Fläche,

$\tau_{xy} =$ Schubspannung in dem Flächenelement, das in der x-Achsenrichtung liegt, aber senkrecht zur y-Achse steht,

$\tau_{xz} =$ Schubspannung in dem Flächenelement, das in der x-Achsenrichtung liegt, aber senkrecht zur z-Achse steht,

$X =$ spez. Massenkraft in der x-Richtung.

Für den Spannungszustand im zweiachsigen System wird infolge Gleichgewicht

$$\frac{\partial \sigma_x}{\partial x} + \frac{\partial \tau}{\partial y} = \gamma \sin \varepsilon_0,$$

$$\frac{\partial \sigma_y}{\partial y} + \frac{\partial \tau}{\partial x} = \gamma \cos \varepsilon_0.$$

$\gamma =$ Raumgewicht, $\varepsilon_0 =$ Neigung der Erdoberfläche.

Die Integration obiger Gleichungen ist sehr schwierig. Die bisherigen Lösungen lassen sich einteilen in:

Lösungen unter Berücksichtigung der Formänderung, Lösungen unter Berücksichtigung der Gleitbedingungen, Lösungen unter vereinfachenden Annahmen (Rankinesche Erddrucktheorie).

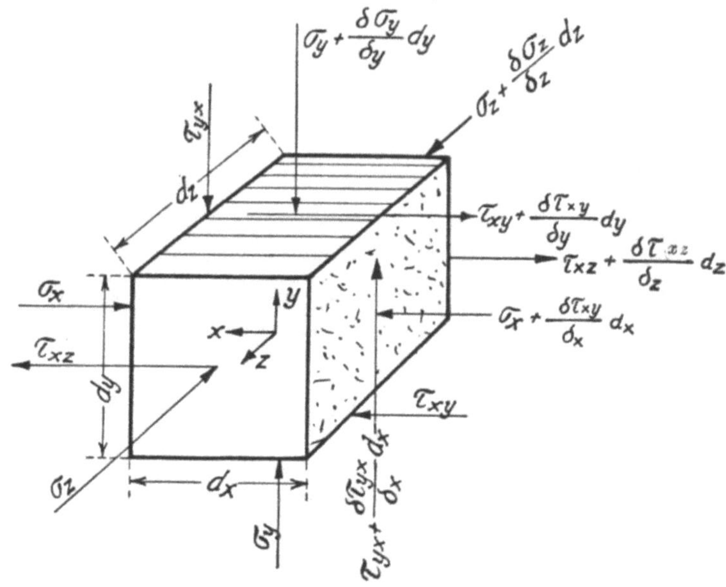

Abb. 391. Normalspannung und Schubspannung an einem Würfelelement. Aus der Gleichungsbedingung ergibt sich:

$$X + \frac{\delta \sigma_x}{\delta x} + \frac{\delta \tau_{xz}}{\delta z} + \frac{\delta \tau_{xy}}{\delta y} = 0.$$

II. Die Gleichgewichtsgleichungen unter Berücksichtigung der Formänderung. Bei Materialien mit bekanntem elastischem Verhalten ist es möglich, den Zusammenhang zwischen Formänderung und Spannung zu berücksichtigen.

Die Lösungen unter Berücksichtigung der Formänderungen sind sehr verwickelter Natur. Solche Lösungen wurden gegeben von:

RENDULIC: Spannungszustand in der Umgebung eines Hohlraumes. Wasserw. 1934 Heft 18 bis 22. — SCHMID: Statische Grenzprobleme in kreisförmig durchlöchertem Gebirge. Diss. Zürich 1926. — YAMAGUTI: On the investigation of stress distribution in a tunnel with the Agar-Agar-Model Experiments. Verh. 3. Int. Kongr. techn. Mech. Stockholm 1930. — On the stresses around a horizontal circular hole in gravity elastic solid. J. Civ. Engng. Soc. Japan 1929 Nr. 40.

III. Die Gleichgewichtsgleichungen unter Berücksichtigung der Gleitbedingungen. Lösungen unter Berücksichtigung des Grenzzustandes des Gleichgewichtes, d. h. unter Berücksichtigung der Gleitbedingungen

$$\frac{\sigma_2 - \sigma_1}{\sigma_2 + \sigma_1} = \sin \varrho$$

und

$$\tau \leqq c + \sigma \operatorname{tg} \varrho$$

wurden gegeben von:

Anzo: Derivation of Coulomb's, Rankine's and Boussinesqu's Earth Pressure. Formulae from Stress Functions in a new solution for sand pressure problems. Bull. Nr. 2 Geotechn. committee. Gov. Railway Japan 1932. — Jáky J.: Die klassische Erddrucktheorie mit besonderer Rücksicht auf die Stützwandbewegung. Abh. Int. Vereinig. f. Brücken- u. Hochbau S. 188. Zürich 1937/38. — Kármán: Über elastische Grenzzustände. Verh. 2. Int. Kongr. techn. Mech. Zürich 1926. — Kötter: Der Bodendruck von Sand in vertikalen zylindrischen Gefäßen. Crelles J. 1899. — Rankine: On the stability of Loose earth. Phil Trans. roy. Soc. Lond. 1857. — Reissner: Zum Erddruckproblem. Proc. 1, Int. Congr. appl. Mech. Delft 1924.

β) Die vereinfachten Gleichgewichtsbedingungen
(Lösung der Gleichgewichtsbedingungen von Rankine).

I. Grundsätzliches. Die Lösung von Rankine erfüllt die Gleichgewichtsbedingungen der Körperelemente. In ihrer Anwendung auf den endlichen Erdkörper stellt die Lösung aber nur einen Sonderfall dar. Derselbe entspricht zudem im allgemeinen nicht den gegebenen Randbedingungen, namentlich nicht dem Reibungswinkel zwischen Erde und Bauwerk. Da aber trotzdem die Werte, die nach dem Rankine-Verfahren erhalten werden, praktisch brauchbar sind, wird die Rankinesche Lösung hier näher besprochen.

II. Die Spannungen am unendlich kleinen Prisma.
A. Ohne Berücksichtigung der Haftfestigkeit (Kohäsion). Rankine geht vom unendlich kleinen Prisma aus; seine Länge b besitze die Längeneinheit $b = 1$. Es liege im Erdreich so, daß die Spannungen σ_2 und σ_1 Hauptspannungen sind; dabei sei $\sigma_2 > \sigma_1$. Dann lauten die Gleichgewichtsbedingungen (siehe Abb. 392) (vgl. S. 553, Gl. 3 u. 4):

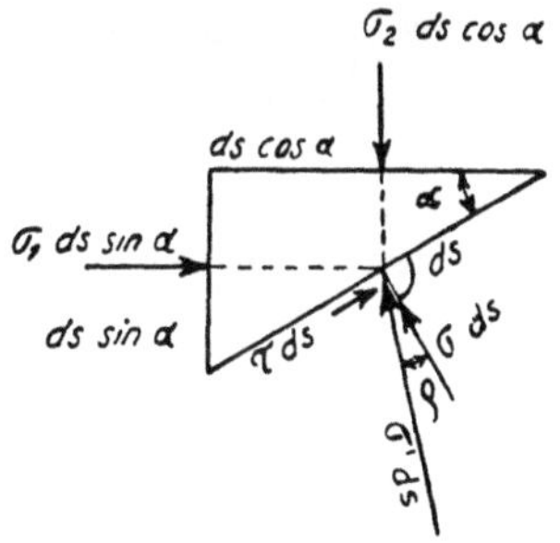

$$\left.\begin{aligned} \tau &= \sigma_2 \cos\alpha \sin\alpha - \sigma_1 \sin\alpha \cos\alpha \\ \sigma &= \sigma_2 \cos^2\alpha + \sigma_1 \sin^2\alpha \end{aligned}\right\} \quad \text{(a)}$$

Abb. 392. Gleichgewichtsbedingungen am Bodenelement.

Für $\delta' = \varrho$ entstehen die Gleitflächen. In Abb. 392 ist der Zustand des Gleitens mit $\delta' = \varrho$ eingezeichnet.

Hieraus folgt:

$$\frac{\tau}{\sigma} = \operatorname{tg}\delta' = \frac{(\sigma_2 - \sigma_1)\operatorname{tg}\alpha}{\sigma_2 + \sigma_1 \operatorname{tg}^2\alpha} \quad \text{(vgl. S. 555).} \tag{1}$$

Der größte Ausschlagwinkel δ'_{max} entsteht für

$$\frac{d\delta'}{d\alpha} = \frac{d\operatorname{tg}\delta'}{d\operatorname{tg}\alpha} = 0 = \frac{(\sigma_2 - \sigma_1)(\sigma_2 + \sigma_1\operatorname{tg}^2\alpha - 2\sigma_1\operatorname{tg}^2\alpha)}{(\sigma_2 + \sigma_1\operatorname{tg}^2\alpha)^2}.$$

Hieraus ergibt sich:

$$\operatorname{tg}^2\alpha = \frac{\sigma_2}{\sigma_1}.$$

Je größer δ'_{max} wird, um so kleiner wird $\dfrac{\sigma_1}{\sigma_2}$.

Für den unteren Grenzzustand des Gleichgewichtes wird $\delta'_{max} = \varrho$; dann ist:

$$\operatorname{tg}\delta'_{max} = \operatorname{tg}\varrho = \frac{\left[\sigma_2 - \dfrac{\sigma_2}{\operatorname{tg}^2\alpha}\right]\operatorname{tg}\alpha}{2\,\sigma_2} = -\cotg 2\,\alpha,$$

d. h. es wird

$$\alpha = 45° + \frac{\varrho}{2}$$

und

$$\sigma_1 = \sigma_2 \operatorname{tg}^2\left(45° - \frac{\varrho}{2}\right). \tag{1'}$$

Die Flächen, in denen $\delta'_{max} = \varrho$ wirksam sind, heißen Gleitflächen; sie bilden mit der Fläche, auf welche die größere Hauptspannung σ_2 wirkt, die Winkel $(45° + \varrho/2)$ und miteinander $(90° - \varrho)$ (vgl. Abb. 393).

Kennt man in irgendeiner Fläche δ', so kann aus der Gl. (1) der Winkel α berechnet werden, den jene Fläche mit der Fläche der größten Hauptspannung σ_2 einschließt; es ist:

$$\operatorname{tg} \delta' = \frac{\left[\sigma_2 - \sigma_2 \operatorname{tg}^2\left(45° - \dfrac{\varrho}{2}\right)\right] \operatorname{tg} \alpha}{\sigma_2 + \sigma_2 \operatorname{tg}^2\left(45° - \dfrac{\varrho}{2}\right)\operatorname{tg}^2 \alpha}, \qquad (2)$$

woraus sich durch Umrechnen ergibt:

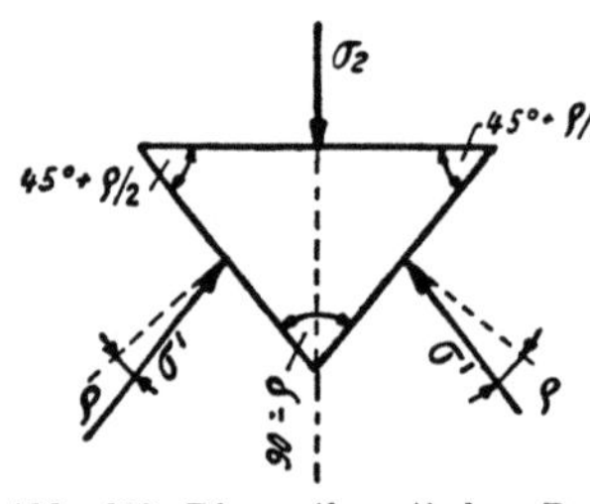

Abb. 393. Die mathematischen Bedingungen für Ausbildung von Gleitflächen.

$$\operatorname{tg} \alpha = \frac{\sin \varrho \cos \delta' \pm \sqrt{\sin^2 \varrho - \sin^2 \delta'}}{\sin \delta' (1 - \sin \varrho)}. \qquad (3)$$

Ist σ' gegeben, so wird aus Gl. (a):

$$\sigma_2 = \sigma' (\cos \delta' + \sin \delta' \operatorname{tg} \alpha). \qquad (4)$$

Sind α und σ_2 gegeben, so werden aus der Gl. (2) und (4) die Werte δ' und σ' für irgendeine Fläche bestimmt.

B. Unter Berücksichtigung der Haftfestigkeit (Kohäsion). Durch den Druck des Kapillarwassers wird das Material einem räumlichen Spannungszustand mit dem allseitigen Druck p_k unterworfen. Der Druck p_k überlagert sich den übrigen Spannungen; hingegen bleibt der Reibungswinkel ϱ bestehen. Die Gl. (1') wird nun:

$$\sigma_1 + p_k = (\sigma_2 + p_k) \operatorname{tg}^2\left(45° - \frac{\varrho}{2}\right)$$

und

$$\sigma_1 = \sigma_2 \operatorname{tg}^2\left(45° - \frac{\varrho}{2}\right) - p_k \underbrace{\left[1 - \operatorname{tg}^2\left(45° - \frac{\varrho}{2}\right)\right]}_{A}.$$

Der Ausdruck A gibt die Verminderungsgröße für die Hauptspannung an, wenn eine Haftfestigkeit wirksam ist[1].

C. **Die Spannungen in der Gleitfläche.** Von wesentlicher Bedeutung ist die Kenntnis der Spannungen bzw. des Druckes in der Gleitfläche.

1. Spannungen in ebenen Gleitflächen, ohne Berücksichtigung der Haftfestigkeit. Der Druck σ' an der Gleitfläche läßt sich durch die Hauptspannungen σ_2 oder σ_1 ausdrücken; er beträgt:

$$\sigma' = \sigma_2 \operatorname{tg}\left(45° - \frac{\varrho}{2}\right).$$

2. Spannung in der ebenen Gleitfläche unter Berücksichtigung der Haftfestigkeit. Der Druck σ an der Gleitfläche geht über in (siehe Abb. 394 und Abb. 395)

$$\frac{\sigma_0}{\sigma'} = \frac{\sin \varrho}{\sin \varrho_0};$$

hierin bedeutet[1]:

$$\operatorname{tg} \varrho_0 = \frac{\operatorname{tg} \varrho}{1 - \dfrac{p_k}{\sigma' \cos \varrho}}.$$

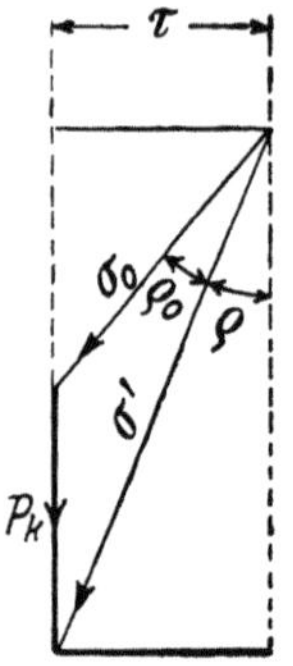

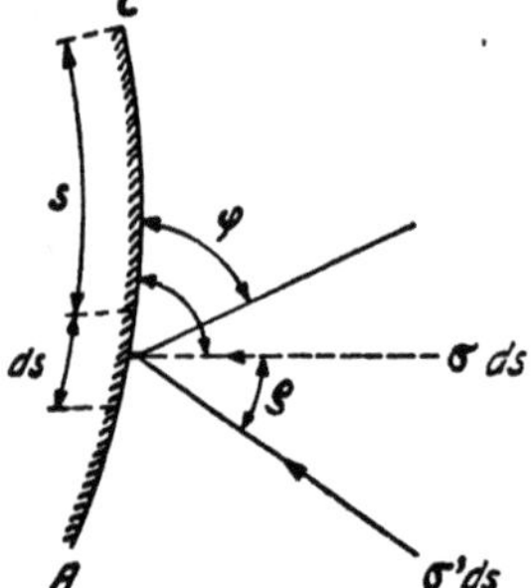

Abb. 395. Grundlagen für die Berechnung des spezifischen Druckes an einer gekrümmten Gleitfläche.

Abb. 394. Die Spannungen in der Gleitfläche infolge der Haftfestigkeit.

<hr>

[1] Vgl. M. RITTER: Grenzzustände des Gleichgewichtes in Erd- und Schüttmassen. Int. Vereinig. f. Brücken- u. Hochbau. Berlin 1936.

3. Spannung in der gekrümmten Gleitebene ohne Berücksichtigung der Haftfestigkeit. a) Berechnung nach KÖTTER. Für den Verlauf des spez. Druckes σ' an einer gekrümmten Gleitfläche hat F. KÖTTER[1] 1893 eine lineare Differentialgleichung abgeleitet. Danach ist

$$\sigma' = \gamma \, e^{2\varphi \operatorname{tg}\varphi} \int_0^s e^{-2\varphi \operatorname{tg}\varphi} \sin(\varphi - \varrho)\, ds + \sigma_a.$$

$\sigma_a =$ Druck in Punkt C, erzeugt durch eine Auflast.

Im Falle ebener Gleitflächen wird:

$$\sigma' = \gamma \, s \sin(\varphi - \varrho) + \sigma_a.$$

$s =$ betrachtete Länge auf der Gleitebene.

b) Berechnung nach J. JÁKY. JÁKY[2] nimmt eine zusammengesetzte Gleitfläche an, so wie es REISSNER[3] und KÁRMÁN[4] getan haben. Nach diesen Forschern sind die Gleitflächen keine fortlaufenden Krümmungsflächen, sondern setzen sich aus Rankineschen Ebenen und krummen Flächen zusammen. JÁKY gibt eine Differentialgleichung zweiter Ordnung an. Die Gleichung ist derartig schwierig aufgebaut, daß sie für die allgemein praktische Anwendung nicht in Frage kommt. Für Sonderfälle gibt JÁKY Kurvenbilder an, aus denen die zahlreichen Beiwerte abzulesen sind[5].

III. Die Orientierung des Prismas im Erdreich. In einem Erdkörper, der seitlich unbegrenzt ist, mit ebenem Gelände und gleichmäßig verteilter Auflast p ist der Druck in der lotrechten Fläche parallel dem Gelände. Ferner ist der Druck in einer Ebene parallel zum Gelände lotrecht.

IV. Die Berechnung der Hauptspannungen. Für $\delta' = \varepsilon_0$ wird Gl. (3):

$$\operatorname{tg}\alpha = \frac{\sin\varrho \cos\varepsilon_0 \pm \sqrt{\sin^2\varrho - \sin^2\varepsilon_0}}{\sin\varepsilon_0 \, (1 - \sin\varrho)}. \tag{5}$$

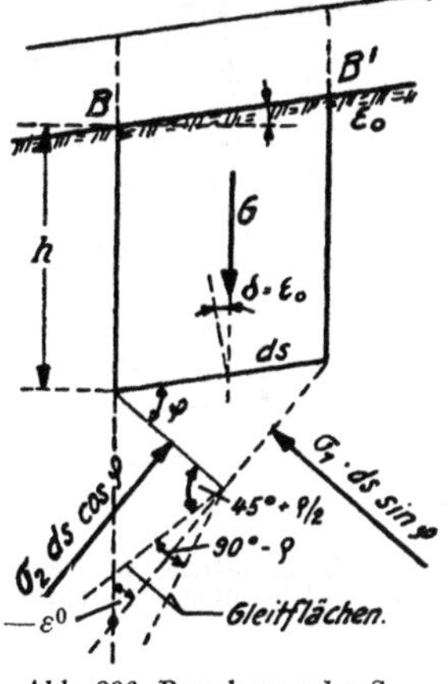

Abb. 396. Berechnung der Spannungen an einem Endprisma. ∢ $\varphi = $ ∢ α in Abb. 392 und in Gl. (5).

Die Größen der Hauptspannungen ergeben sich aus (vgl. Abb. 396):

$$G = \gamma \, h \, ds \cos\varepsilon_0 + p \, ds,$$

$$\sigma' = \frac{G}{ds} = \gamma \, h \cos\varepsilon_0 + p = \gamma'' \, h \cos\varepsilon_0; \qquad \gamma'' = \gamma + \frac{p}{h \cos\varepsilon_0}.$$

Hieraus wird

$$\sigma_2 = \sigma' \, (\cos\varepsilon_0 + \sin\varepsilon_0 \operatorname{tg}\alpha),$$

$$\sigma_2 = \gamma'' \, h \, \frac{\cos\varepsilon_0 \, (1 + \sin\varrho)}{\cos\varepsilon_0 - \sqrt{\sin^2\varrho - \sin^2\varepsilon_0}} \tag{6}$$

[1] Die Bestimmung des Druckes an gekrümmten Gleitflächen. Berliner Akad. Bericht 1903.
[2] Klassische Erddrucktheorie mit besonderer Rücksicht auf die Stützwandbewegung. Abh. d. Int. Vereinig. f. Brücken- u. Hochbau Bd. 5 (1938) S. 187.
[3] Zum Erddruckproblem. Proc. 1. Int. Congr. applied Mech. Delft 1924.
[4] Über elastische Grenzzustände. Proc. 2. Int. Congr. applied Mech. Zürich 1926.
[5] Vgl. Abh. Int. Vereinig. f. Brücken- u. Hochbau Bd. 5 S. 187. Berlin 1938.

und

$$\sigma_1 = \gamma'' h \; \frac{\cos \varepsilon_0 \, (1 - \sin \varrho)}{\cos \varepsilon_0 + \sqrt{\sin^2 \varrho - \sin^2 \varepsilon_0}},$$

für $\varepsilon_0 = 90°$ wird

$$\sigma_2, \sigma_1 = \gamma'' h \; \frac{1 \pm \sin \varrho}{1 \mp \sin \varrho},$$

für Material mit Haftfestigkeit k_S wird:

$$\sigma_2, \sigma_1 = \frac{\gamma'' h \, (1 \pm \sin \varrho) \pm k_S \, 2 \cos \varrho}{1 \mp \sin \varrho}.$$

$k_S = $ Haftfestigkeit in kg/cm².

V. Zeichnerische Ermittlung der Richtung der Hauptspannungen und der Gleitflächen (siehe Abb. 397). Zuerst wird ein Kreis von beliebigem Radius r gewählt; hierauf wird ein zweiter konzentrischer Kreis mit dem Radius $r \sin \varrho$ gezogen. Von einem beliebigen Punkte S des äußeren Kreises wird SL senkrecht und SO parallel zum Gelände gezogen. Die Sehne OL gibt den Festpunkt J. Der Durchmesser JM liefert die Richtungen σ_2 und σ_1. Die Tangente JT gibt die Richtung der Gleitflächen. Der Beweis wird hier aus Raumbeschränkung nicht durchgeführt[1].

VI. Berechnung des Erddruckes. A. Annahme von ebenen Gleitflächen. Setzt man in Gl. (4) für α den Wert $90° - (\alpha - \varepsilon_0)$ und $\delta' = \varepsilon_0$ ein, so erhält man den spez. Druck q_0 auf eine lotrechte Wandfläche

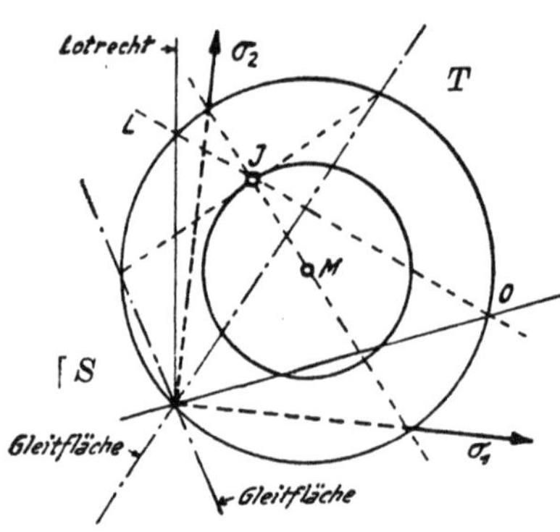

Abb. 397. Ermittlung der Lage der Gleitflächen und Richtung der Hauptspannungen.

$$q_0 = \frac{\sigma_2}{\cos \varepsilon_0 + \sin \varepsilon_0 \cot (\alpha - \varepsilon_0)}$$

$$= \sigma_2 \left(\cos \varepsilon_0 - \frac{\sin \varepsilon_0}{\operatorname{tg} \alpha} \right).$$

Setzt man für tg α in Gl. (5) den Winkel $90° - (\alpha - \varepsilon_0)$ und für σ_2 Gl. (6) ein, so erhält man für den spez. Druck:

$$q_0 = \gamma'' h \; \frac{\cos^2 \varrho \cos \varepsilon_0}{(\cos \varepsilon_0 + \sqrt{\sin^2 \varrho - \sin^2 \varepsilon_0})^2} \qquad \text{(für } \gamma'' \text{ siehe S. 587)}$$

und für den Erddruck:

$$E = \int_0^h q_0 \, dh = \frac{1}{2} \gamma' h^2 \; \frac{\cos^2 \varrho \cos \varepsilon_0}{(\cos \varepsilon_0 + \sqrt{\sin^2 \varrho - \sin^2 \varepsilon_0})^2} \left(\text{worin } \gamma' = \gamma + \frac{2\,p}{h \cdot \cos \varepsilon_0} \right),$$

d. h. den gleichen Ausdruck wie in Gl. (6) bei der Erddruckberechnung nach COULOMB.

B. Annahme gekrümmter Gleitflächen. Die Annahme ebener Gleitflächen führt bei willkürlicher Verfügung über die Richtung des Erddruckes E zu Widersprüchen im Gleichgewicht der Kräfte am abgleitenden Prisma. Daher haben MÜLLER-Breslau, REISSNER usw.[2] mit gekrümmten Gleitflächen gerechnet. Noch ist aber das Problem der Bestimmung derjenigen Gleitfläche, die zur Sicherung des Gleichgewichtes den größten Erddruck erfordert, ungelöst.

---

[1] Vgl. z. B. M. RITTER: Klassische Erddrucktheorie. Erdbaukurs Zürich 1938.
[2] Vgl. M. RITTER: Grenzzustände des Gleichgewichtes in Erd- und Schüttmauern. Int. Vereinig. f. Brücken- u. Hochbau. Berlin 1936.

Unter Annahme von waagrechtem Gelände, lotrechter Stützwand der Höhe h, gleichmäßig verteilter Auflast p und gekrümmten Gleitflächen erhält man:

$$E = \left(\frac{1}{2}\,\gamma\,h^2 + p\,h\right)\frac{\mathrm{tg}^2\,(45° - \varrho/2)}{\cos\varrho'},$$

d. h. man erhält einen wesentlich höheren Erddruck bei Annahme gekrümmter Gleitflächen als nach COULOMB mit ebener Gleitfläche. Unter Berücksichtigung der Haftfestigkeit ergibt sich:

$$E' = E - p_k\,h\,\frac{1 - \mathrm{tg}^2\,(45° - \varrho/2)}{\cos\varrho'}.$$

C. Der Erddruck in der Tiefe. Zur Ermittlung der Kraft R (siehe Abb. 398) wird der Erddruck E_2 in E_1 und $\varDelta E$ zerlegt; dann ergibt sich:

$$\mathrm{tg}\,(\beta + \delta) = \mathrm{tg}\,\varepsilon_0 + \frac{G}{\varDelta E\cos\varepsilon_0},$$

$$R = G\,\frac{\cos\varepsilon_0}{\sin\,(\delta + \beta - \varepsilon_0)}.$$

Für waagrechtes Gelände wird $\varepsilon_0 = 0$ und

$$\mathrm{tg}\,(\beta + \delta) = \frac{G}{\varDelta E} = \frac{\mathrm{tg}\,\beta}{\mathrm{tg}^2\,(45° - \varrho/2)},$$

$$\mathrm{tg}\,\delta = \frac{\mathrm{tg}\,\beta\,[1 - \mathrm{tg}^2\,(45° - \varrho/2)]}{\mathrm{tg}^2\,\beta + \mathrm{tg}^2\,(45° - \varrho/2)},$$

$$R = \frac{G}{\sin\,(\beta + \delta)}.$$

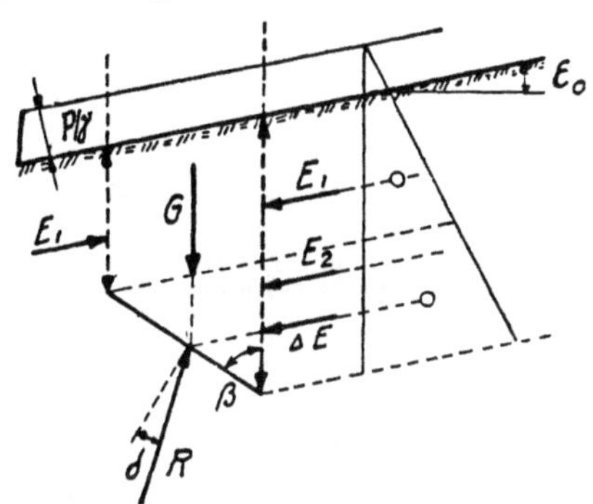

Abb. 398. Erddruck auf eine tiefliegende Fläche.

Diese Formeln werden zur Berechnung von gewölbten Durchlässen unter Erddämmen, von Tunnelgewölben usw. angewendet. Dabei werden gewölbte Flächen durch Vielecke ersetzt. Zweckmäßig ist es, die Berechnung zeichnerisch durchzuführen.

VII. Die Grenzzustände des Gleichgewichtes. Nach der Rankineschen Erddrucktheorie schneiden sich die Gleitflächen unter einem Winkel von $(90° - \varrho)$. Wird diese Bedingung auf verschiedene Arten von Gleitflächen übertragen, so ergeben sich die in Abb. 344 bis 366 gezeichneten Grenzzustände des Gleichgewichtes.

γ) Anwendungen.

I. Höhe einer lotrecht abgegrabenen Wand. Aus dem Mohrschen Spannungskreis ergibt sich (vgl. Abb. 366 unter Abschnitt Scherkraft):

$$\sin\varrho = \frac{\dfrac{\sigma_2 - \sigma_1}{2}}{\dfrac{\sigma_2 + \sigma_1}{2} + k_S\,\mathrm{ctg}\,\varrho}. \tag{7}$$

Für eine waagrechte Erdoberfläche und für $\sigma_2 = \gamma\,h$; $k_S =$ Haftfestigkeit (Kohäsion), $\varrho =$ Winkel der inneren Reibung, ergibt sich aus den Gl. (6) und (7) für Boden ohne Haftfestigkeit

$$\sigma_1 = \gamma\,h\,\frac{1 - \sin\varrho}{1 + \sin\varrho}.$$

Die Gl. (7) wird unter Berücksichtigung der Haftfestigkeit k_S

$$\sigma_2;\,\sigma_1 = \frac{\gamma\,h\,(1 \pm \sin\varrho) \pm 2\,k_S\cos\varrho}{(1 \mp \sin\varrho)}. \tag{7'}$$

Für den unteren Grenzzustand des Gleichgewichtes ist im vorliegenden Falle $\sigma_1 = 0$. Der Zähler verschwindet in obiger Gleichung; dann wird die Höhe h der lotrecht abgegrabenen Erdwand

$$h \leqq \frac{2\,k_S \cos \varrho}{\gamma\,(1 - \sin \varrho)} \quad \text{(vgl. Abb. 399).} \tag{7''}$$

Obige Gl. (7'') gilt auch zur Berechnung der frei stehenden Baggerwand. Weitere Angaben sind im Kapitel über Rutschungen enthalten.

II. Die Hauptspannung bei rascher Druckwirkung. Bei rascher Druckwirkung unter Wasser und gleichbleibendem Wassergehalt kann der Winkel ϱ_s wesentlich sinken, weil das im Boden gespannte Porenwasser wohl eine zusätzliche Schubkraft erhält, aber da Wasser reibungslos ist, keinen entsprechenden Schubwiderstand aufweist. Im äußersten Fall wird $\varrho_s \cong 0$; dann lautet die Gl. (7'):

$$\sigma_1 \cong \gamma\,h - 2\,k_S.$$

(vgl. Abb. 399).

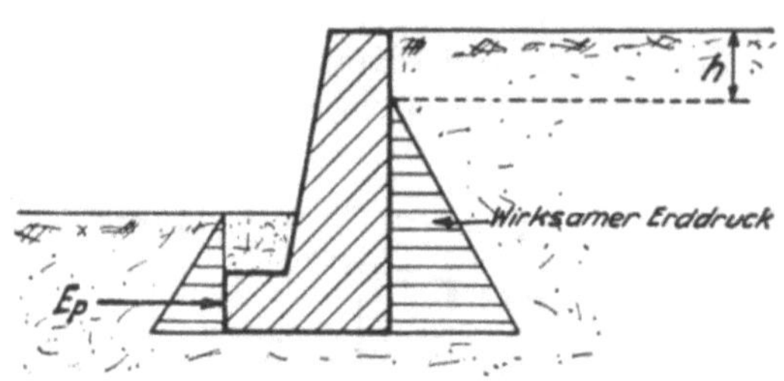

Abb. 399. Einfluß der Haftfestigkeit k' des Bodens auf die Größe des wirksamen Erddruckes.

h Verminderung der wirksamen Höhe; $h \leqq \dfrac{2\,k' \cos \varrho_n}{\gamma\,(1 - \sin \varrho_n)}$.

2. Neuere Erddrucktheorien.

a) Erddrucktheorien auf Grund der Erddruckverteilung hinter Stützmauern.

α) Allgemeines.

Ist die Verteilung des spez. Erddruckes hinter einer Stützmauer bekannt, so kann die Größe, die Richtung und die räumliche Lage des Erddruckes nach den Regeln der Statik berechnet werden. Um zu einer einfachen Berechnungsweise des Erddruckes zu gelangen, wird immer wieder versucht, Gesetze über die spez. Erddruckverteilung abzuleiten, sei es auf Grund von Beobachtungen in der Natur, sei es auf Grund von Modellversuchen. Nachfolgend sind die wichtigsten Theorien über die Erddruckverteilung hinter Stützmauern besprochen.

β) Die Wandbewegung als Ursache der vollen Entwicklung des Erddruckes.

Alle neueren Erddrucktheorien gehen von der Voraussetzung aus, daß sich der Erddruck erst dann voll entwickeln könne, wenn der stützende Körper (Stützmauer, Spundwand, Tunnelgewölbe usw.) nachgibt, d. h. sie machen die gleiche Annahme, wie sie für die Coulombsche Erddrucktheorie notwendig ist. Die Beobachtungen über Mauerbewegungen lassen tatsächlich den Schluß zu, daß sich jede Stützmauer mehr oder weniger bewegt; meistens neigt sie etwas nach vorne.

Der Wandweg s wurde versuchstechnisch an Modellen in natürlichem Maßstab festgestellt.

I. Versuche von FRANZIUS[1]. Der Wandweg s für den Erdwiderstand wurde ermittelt zu:

$$s = k\,h^x \text{ in mm.}$$

$x =$ Exponent, $k =$ Festwert, $h =$ Wandhöhe in Meter.

---

[1] Erddruckversuche im natürlichen Maßstab. Bauingenieur 1928 Heft 43/44.

Tabelle 305. *Zahlenwerte.*

Wand-beschaffenheit	Bodenart	x	k	Grenzwert des spez. Erddruckes aus Versuchen	ω
Glatte Wand..	Feuchter Sand	1,5	29	7,0 ω	
Glatte Wand..	Sand unter Wasser	—	—	3,8 ω	$\omega = 0{,}5$—$0{,}6$
Rauhe Wand..	Feuchter Sand	2,0	50	10,2 ω	
Rauhe Wand..	Sand unter Wasser	2,5	30	5,6 ω	

II. Versuche von LEHMANN[1]. Der Wandweg s beträgt nach LEHMANN

$$s = 4 + 0{,}0011 \cdot h \text{ in Millimeter.}$$

$h =$ Wandhöhe, damit Gleiten eintritt.

γ) Die Ursachen der Wandbewegung.

I. Die Mauerbewegung infolge mechanischer Verdichtung, Erschütterungen und Auswaschungen der Hinterfüllung. Vielfach ist die Ursache der Mauerbewegung darin zu suchen, daß der Erddruck E_a in Wirklichkeit größer geworden ist, als er nach der Rechnung berücksichtigt wurde. Die Ursachen der Vergrößerung des Erddruckes sind verschiedener Natur, nämlich:

A. **Vergrößerung des Erddruckes infolge mechanischer Verdichtung des Bodens.** Bei der mechanischen Verdichtung des Bodens wird das Raumgewicht des Bodens größer, womit auch der Erddruck namentlich bei lose aufgefüllter und aufgeschütteter Hinterfüllung wächst. Die Messungen des Verdichtungsdruckes ergaben Vergrößerungen des Erddruckes um 25 bis 100% (vgl. auch die Versuchsergebnisse im Kap. über Bodenverdichtung Bd. II).

Während der Verdichtung treten zu den statischen Kräften noch dynamische hinzu. Der Erddruck wird dadurch erhöht.

Bei höheren Erddrücken wurden aus Versuchen Bodendruckdiagramme ermittelt, die sich ganz wesentlich von einer Dreieck- oder Rechteckform entfernten. Zudem wurden Bewegungen der Mauer gemessen.

Durch die Erhöhung des Erddruckes und infolge der Mauerbewegung wird die Standsicherheit des Mauerwerkes gefährdet[2].

B. **Vergrößerung des Erddruckes infolge Keilbildung hinter Stützmauern.** Bei schräggeschichteter Aufschüttung, und namentlich wenn verschiedenartig beschaffene Materiallagen vorhanden sind, können Keilwirkungen auftreten. Der Erddruck kann dann unter Umständen wesentlich größer werden, als er rechnerisch ermittelt wurde (vgl. Abb. 406 Annahme b).

C. **Vergrößerung des Erddruckes beim Einrütteln von Sand.** Beim Einrütteln von Sand findet eine Umlagerung und eine Änderung der Abstützung der Körner statt. Dadurch wächst der Druck in allen Richtungen bis zum hydrostatischen Wert.

D. **Vergrößerung des Erddruckes durch Auswaschungen.** Durch Wasserströmungen, z. B. infolge einsickerndem Tagwasser oder bei schwankendem Grundwasserspiegel, wird der Boden oft ausgewaschen. Dadurch wird der Sand verdichtet und der Erddruck erhöht.

Infolge Erhöhung des Erddruckes E_a wird die Kantenpressung an der Fundamentsohle erhöht; d. h. das Fundament preßt sich in den Boden. Dabei findet

---

[1] Die Verteilung des Erdangriffes an einer oben drehbar gelagerten Wand. Ein Beitrag zur Berechnung von Baugrubenaussteifungen. Bautechn. 1942 S. 282.

[2] Vgl. P. MÜLLER: Der Einfluß der mechanischen Verdichtung der Hinterfüllung von Stützmauern auf ihre Standfestigkeit. Bautechn. 1938 S. 115.

eine Drehung um einen Drehpol im Stützwandfuß statt. Nach eingetretener Wanddrehung nimmt der Erddruck sofort ab, bis zum Wert des aktiven Erddruckes.

II. Die Mauerbewegung infolge Volumenänderung des Bodens. Bei bindigen Böden treten Volumenänderungen auf durch Austrocknen des Bodens und nachheriges Anschwellen durch Regenwasser. Auch infolge Bodenfrost treten Volumenvergrößerungen im Boden auf. Der Erddruck auf die Wand kann dabei bis zur Größe des Erdwiderstandes anschwellen. Beobachtungen an Stützmauern ergaben, daß infolge Volumenänderungen sich die Stützmauern oft an der Oberkante nach vorwärts neigen[1].

III. Die Mauerbewegung infolge Strömungsdruck. Durch Strömungsdruck kann ein zusätzlicher Druck auf die Stützwand ausgeübt werden. Um dies zu vermeiden, wird empfohlen, die eine Steinpacklage als Schrägfilter in der voraussichtlichen Gleitebene anzubringen. Schrägfilter sind namentlich bei schwankendem Grundwasserstand wirksam (siehe Abb. 400). Vgl. auch Kapitel über Porenwasserströmung[2].

Abb. 400. Schrägfilter in der mutmaßlichen Gleitebene zur besseren Entwässerung der Hinterfüllung bei Grundwasserspiegelschwankungen.

IV. Die Mauerbewegung infolge Fließens des Materiales hinter Stützmauern. Bei bindigen Böden findet schon, bevor der Bruch eintritt, ein Fließen des Materiales statt; d. h. es treten bereits Verschiebungen der Bodenelemente ein. Der Reibungswinkel ϱ_s nimmt dabei rasch ab. So bestimmte der Verfasser z. B. bei bindigem Material den Reibungswinkel ϱ_s vor dem Fließen zu 20°; während der Fließerscheinung sank ϱ_s auf unter 10°. Der Wert ϱ_s sinkt ungefähr bis zum Wert $\varrho_r =$ Winkel der echten Reibung, wenn der Anteil der Haftfestigkeit im Winkel ϱ_s zum Verschwinden gebracht wird.

Während des Bodenfließens steigt der Erddruck merklich an. Aus dieser Feststellung geht hervor, daß im vorliegenden Fall für die Berechnung der Standsicherheit einer Mauer nicht nur der Reibungswinkel des Bodens im ruhenden Zustand maßgebend ist, sondern auch der Winkel des fließenden Bodens.

δ) Übersicht über die Theorien für Erddruckverteilung.

Nach den Erddrucktheorien von Coulomb und Rankine ergeben sich dreieckförmige spez. Belastungsflächen hinter den Stützmauern bzw. trapezförmige spez. Belastungsflächen, wenn eine gleichmäßig verteilte Last auf die Geländeoberfläche angenommen wird.

Schon lange wurde aber darauf hingewiesen, daß die dreieckförmige hydrostatische Verteilung des Erddruckes eine Ausnahme sei, daß hierfür kein Zwang vorliege und nur bei einer bestimmten Verschiebung der Wand eintritt, und zwar bei einer Drehung um den Fußpunkt der Wand. Trotzdem ist man bei der dreieckförmigen hydrostatischen Verteilung geblieben, weil sich dadurch die Erddruckberechnung vereinfachte.

Die Annahme nichtdreieckförmiger Druckverteilung gründet sich auf mathematisch-geometrische Überlegungen, auf Beobachtungen in der Natur, und auf Untersuchungsergebnisse an Modellen.

---

[1] Vgl. Terzaghi: The mechanics of shear failures or clay slopes and the creeps of retaining walls. Publ. roads 1927.

[2] Vgl. W. Steinbrenner: Der Einfluß einer durch starken Regen verursachten Grundwasserströmung auf die Standfestigkeit von Erdkörpern. Bauingenieur 1938 Heft 11/12.

Nachstehend sind theoretische und praktische Untersuchungen über die Erddruckverteilung aufgezählt.

1888. F. KÖTTER: Die Entwicklung der Lehre vom Erddruck. Jb. dtsch. Math. Ver. 1888 S. 128. — *1891.* LEYGNE: LEYGNE fand aus Versuchsergebnissen, daß der Angriffspunkt des Erddruckes ungefähr in der Mitte der Wandhöhe liegen müsse (vgl. DONATH: Z. Bauw. 1891 S. 497). — *1910.* H. EHLERS: EHLERS u. MÖLLER fanden bei Erddruckversuchen, daß die Erddruckverteilung hinter Spundwänden ungleichförmig sein müsse (vgl. H. EHLERS: Z. Archit.- u. Ing.-Wes. S. 1. Hannover 1910). — *1924.* R. PETERSEN: PETERSEN stellte ebenfalls ungleichförmige Druckverteilung hinter Stützwänden fest (vgl. R. PETERSEN: Erddruck und Stützmauern. Berlin 1924). — *1936.* K. v. TERZAGHI: TERZAGHI nimmt je nach der Wandbewegung verschiedene Verteilungsgesetze für den Erddruck hinter Stützmauern an (vgl. TERZAGHI: Distribution of the lateral pressure of sand on the timbering of cuts. Proc. Int. Conf. on soil mech. found. Engng. Bd. 1 S. 271). — *1938.* J. OHDE: OHDE stellt eine ungleichmäßige Erddruckverteilung fest. Der Angriffspunkt des Erddruckes liegt höher als $^1/_3 h$, z. T. sogar höher als $^1/_2 h$ vom Fußpunkt entfernt. Für den Angriffspunkt des Erdwiderstandes E_w findet er $h' \cong {}^1/_3 h$.

OHDE[1] führte die Berechnung an einigen Beispielen auf rechnerischem Wege durch. Dabei wird nichtbindiges Erdmaterial angenommen; d. h. $k_S = 0$.

Bei den neueren Erddrucktheorien wird meistens

I. keine ebene Gleitfläche angenommen, sondern eine Annahme gemacht A. über eine kreisförmige Gleitfläche, B. über eine spiralförmige Gleitfläche, C. über eine beliebig geformte Gleitfläche, D. über eine Gleitfläche, die aus verschiedenen Formen (linearen und gekrümmten Teilen) zusammengesetzt ist;

II. eine Annahme über die Erddruckverteilung hinter der Stützmauer gemacht. Die Art der spezifischen Erddruckverteilung ist verschieden je nach der Art der Wandverschiebung (Drehpol in, oberhalb oder unterhalb der Stützwand);

III. über die Art der Druckverteilung in der Gleitfläche keine Aussage oder Annahme gemacht.

ε) Die Erddruckverteilung bei Bewegungen der Stützmauer.

Die hauptsächlichsten Arten von Mauerbewegungen sind:

I. Drehbewegung der Mauer. A. Die Drehachse liegt unterhalb der Stützwand oder im unteren Fußpunkt der Stützwand. B. Die Drehachse liegt oberhalb der Stützwand oder im oberen Endpunkt.

II. Die waagrechte und parallele Verschiebung der Mauer.

III. Die Mauer gibt bei der Wirkung des Erddruckes nur elastisch nach (siehe Übersichtsskizze 401).

Nachstehend sind die Wirkungen der verschiedenen Arten von Mauerbewegungen auf die Erddruckverteilung beschrieben.

I. Drehbewegung der Mauer. A. Die Drehachse liegt unterhalb der Stützwand. Es wird angenommen, daß die Hinterfüllung in Scheiben aufgeteilt nachrutsche. Wenn sich die Mauer um einen Drehpol, der unterhalb der Stützwand liegt, bewegt (siehe Abb. 402), dann wird der Erddruck E_a:

$$E_a = {}^1/_2 \gamma \, \lambda_a \, x^2; \qquad E_a = \int_0^x e \, dx \quad \text{oder} \quad e = \frac{dE\,x}{dx} = (\lambda_a)\,\gamma\,x.$$

Der Erdwiderstand E_p wird $E_p = {}^1/_2 \gamma \, \lambda_p \, x^2$.

Für die λ_a-Werte bzw. die λ_p-Werte siehe Tabellenwerke von MÖLLER, KREY, SEIFERT[2].

---

[1] Zur Theorie des Erddruckes unter besonderer Berücksichtigung der Erddruckverteilung. Bautechn. 1938 S. 179.

[2] Z. B. KREY: Erddruck, Erdwiderstand für ebene Gleitflächen S. 296/339, für gekrümmte Gleitflächen S. 340. Berlin 1936.

λ_a ist abhängig vom Reibungswinkel ϱ, dem Wandreibungswinkel ϱ', der Oberflächenböschung ε_0 und der Wandneigung β (siehe Abb. 377).

Aus diesen Untersuchungen ergibt sich, daß bei einer Bewegung der Stützwand um einen Drehpol unterhalb der Stützmauer eine dreieckförmige Druckverteilung eintritt. Zu diesem Ergebnis kommen TERZAGHI, OHDE, RENDULIC.

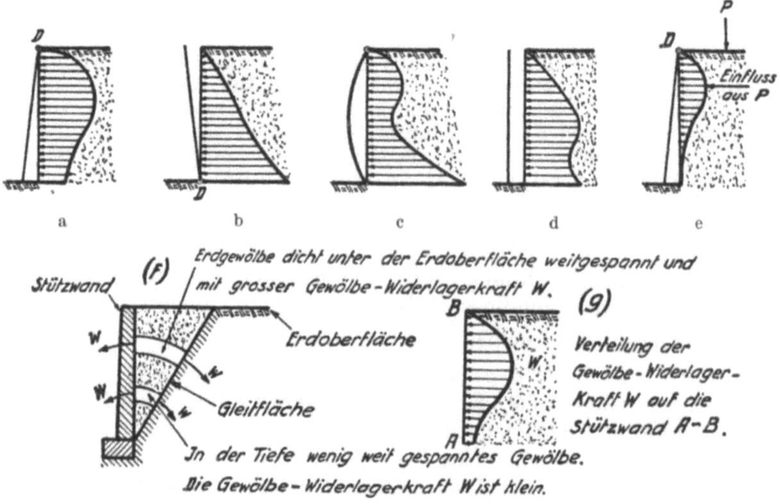

Abb. 401. Übersicht über die Annahmen für die waagrechte Erddruckverteilung in Abhängigkeit der Wandbewegung.
D Drehpol. Erddruckverteilung bei: a oben drehbar gelagerte Wand, b unten drehbar gelagerte Wand, c nur elastisch deformierte Wand, d waagrecht verschobene Wand, e Einzellast mit oben drehbar gelagerter Wand, f Gewölbewirkung im rutschenden Erdkeil, g Verteilung der Gewölbewiderlagerkraft W der Abb. (f) als „Erddruck" auf die Stützwand $A-B$.

Der Mehraufwand an Rechenarbeit gegenüber dem einfacheren, bequemeren Coulombschen Verfahren lohnt sich für diese Bewegungsart der Mauer nicht.

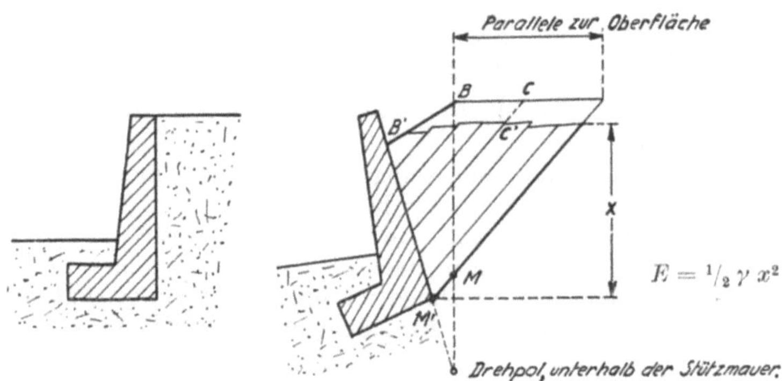

Abb. 402. Bewegung der Stützmauer bei tiefliegendem Drehpol.

Die Größe des mittleren Verschiebungsweges in halber Mauerhöhe wird zu $0,0025\,h$ angenommen[1]. $h =$ Höhe der Stützkonstruktion in Meter.

Zahlenbeispiel: $h = 6$ m; dann beträgt die Wandverschiebung in halber Wandhöhe: $0,0025 \cdot 6 = 1,5$ cm. Am oberen Ende der Stützwand betrüge die Verschiebung: $2 \cdot 1,15 = 3,0$ cm.

---

[1] Vgl. K. TERZAGHI: A fundamental fallacy in earth pressure computations. J. Boston Soc. Civ. Engrs. 1936 S. 71.

B. Die Drehachse liegt oberhalb der Stützwand. *1. Annahme* RENDULIC. Die Erde rutsche scheibenförmig nach. Im Erdkeil bilden sich neue Gleitflächen. Der Winkel β zwischen Stützwand und Gleitfläche ändert während

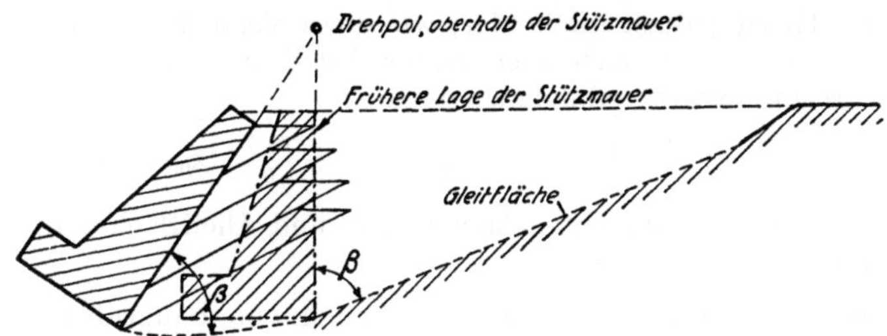

Abb. 403. Bewegung der Stützmauer um einen Drehpol oberhalb der Stützmauer.

der Drehbewegung der Stützmauer ständig (siehe Abb. 403). Die Erddruckverteilung wird geschätzt zu:

$$e = k \, \gamma \, h - \frac{3}{2 \, h_0} \, (k - \lambda_a) \, \gamma \, h^2,$$

$\lambda_p =$ Seitendruckziffer = Erddruckziffer des spez. Erdwiderstandes; $h =$ beliebiger Abstich ab Erdoberkante;

$$\lambda_p > k > \lambda_a.$$

Für $k = 3 \, \lambda_a$ wird $u \, h_0 = 0,5 \, h_0$ und $e = 3 \, \lambda_a \, \gamma \, h - \frac{3 \, \lambda_a}{h_0} \, \gamma \, h^2.$

Praktisch wird genommen: $k < 3 \, \lambda_a.$

λ_a wird aus den Erddrucktabellen entnommen. Für $u \, h_0$ siehe Abb. 404.

2. Annahme OHDE. OHDE findet nach seinen weitreichenden Berechnungen einen größeren Erddruck, als man ihn nach obiger Gleichung erhält. Die Ursache ist, daß OHDE annimmt, daß die Reibungszahl mit der Länge des Gleitweges abnehme. Der Berechnungsvorgang ist sehr weitreichend und daher hier nicht wiedergegeben. Siehe Schrifttumsangabe oben[1].

3. Annahme TERZAGHI. TERZAGHI nimmt für den Fall der Verdrehung um einen Pol oberhalb der Stützmauer ein Verdichtungsgesetz für die Erddruckziffer λ der Größe an[2]:

$$\lambda = \lambda_0 \left(1 + c_i \, \frac{z}{h} \right).$$

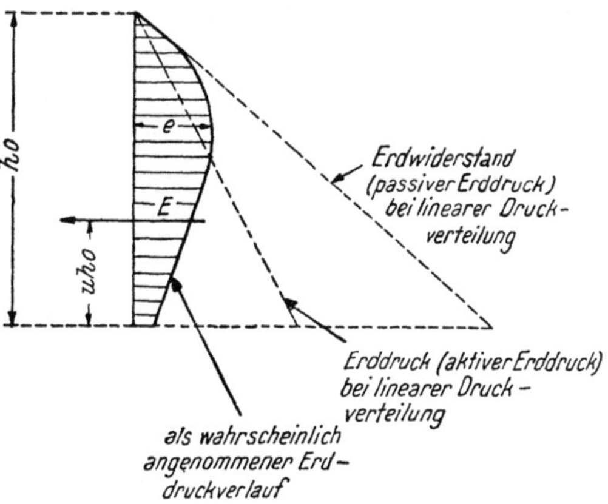

Abb. 404. Erddruckverteilung hinter einer Mauer, die sich um einen hochliegenden Drehpol bewegt.

$h =$ Höhe der Stützwand,
$z =$ Höhe eines Punktes oberhalb des Fußes der Stützwand; über den Abstand des Drehpoles vom Fuß der Stützwand macht TERZAGHI keine Angaben,

---

[1] J. OHDE: Zur Theorie des Erddruckes unter besonderer Berücksichtigung der Erddruckverteilung. Bautechn. 1938 S. 150, 176, 241, 331, 480, 570, 753. — Mitt. Preuß. Versuchsanst. Wasser-, Erd- und Schiffbau. Berlin 1938.
[2] Vgl. auch Angaben von TERZAGHI über bogenartige Druckverteilung in: Arching in sands. Engng. News Rec. 1936.

$\lambda_0 =$ Erddruckziffer am Stützwandfuß. $\lambda_0 = \dfrac{\mathrm{tg}\,\varepsilon}{\mathrm{tg}\,\delta + \mathrm{cotg}\,\varepsilon}$,

$c_i =$ Festwert; für $c_i = 0$ ergibt sich eine dreieckförmige Verteilung. TERZAGHI gibt für c_i keine Erfahrungswerte an; sie sollen aus Versuchen ermittelt werden. Es ist jedoch nicht klar, wie diese Versuche anzuordnen sind.

λ nimmt von unten nach oben hinter der Stützwand zu.

Für waagrechte Kräfte gibt TERZAGHI an:

$$\sigma_{waagr} = \gamma\,\frac{h}{c_i}\left(1 - e^{-c_i\,\frac{h-z}{h}}\right)\left(1 + \frac{c_i\,z}{h}\right)(\lambda_0/\cos\delta).$$

$\varepsilon =$ Winkel zwischen senkrechter Mauerwand und Gleitfläche; $\delta = \varrho' =$ Reibungswinkel an der Wand.

4. Annahme LEHMANN. Für die Berechnung von Baugrubenaussteifungen macht LEHMANN[1] den praktisch brauchbaren Vorschlag, wie er aus Abb. 405 hervorgeht. Die größeren Drücke dicht unter der Erdoberfläche werden darauf zurückgeführt, daß sich zwischen der Gleitfläche und der Stützmauer Gewölbe bilden. Die Widerlagerkraft dieser Gewölbe ist dicht unter der Erdoberfläche größer als in der Tiefe, weil dicht unter der Erdoberfläche weiter gespannte Erdgewölbe entstehen als in der Tiefe (vgl. Abb. 401f und 401g).

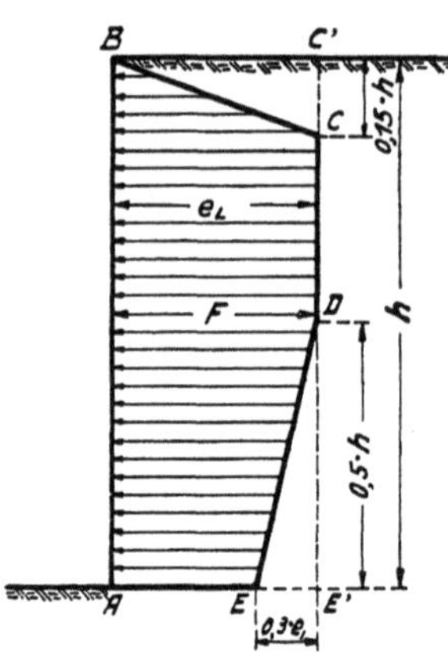

Abb. 405. Berechnung des Erddruckes bei Baugrubenaussteifungen.

Berechnungsvorschlag nach LEHMANN: e_L spez. Erddruck. $e_L = 0,6\,\lambda_a\,\gamma\,h$; λ_a Erddruckziffer, die sich aus der Berechnung von geraden Gleitflächen ergibt; γ Raumgewicht in kg/m³; h Höhe in m; ϱ Winkel der inneren Reibung;

$$F = \frac{1}{2}\,\gamma\,h^2\,\mathrm{tg}^2\left(45^\circ - \frac{\varrho}{2}\right).$$

Schrifttum.

DÖRR, H.: Erddruck auf die Wände ausgesteifter Baugruben. Bautechn. 1942 S. 54. — Erddruck und Schalungsdruck. Publ. Amer. Soc. Civ. Engrs. 1938 S. 1319. — FULTON, A. R.: Spannungen im Erdkörper. Abh. Int. Ver. f. Brücken- u. Hochbau Bd. 1 S. 205. — HERTWIG, H.: Die Berechnung der Baugrubenaussteifung. Bautechn. 1942 S. 172. — HOMBERG, H.: Beitrag zur Berechnung der Erddruckverteilung. Bautechn. 1939 S. 474. — KLENNER: Versuche über die Verteilung des Erddruckes über die Wände ausgesteifter Baugruben. Bautechn. 1941 S. 317. — KÖGLER, F.: Energiespeicherung durch Gewölbebildung in Erd- und Schüttmassen. — KONDOR, E.: Calculs numériques de murs de soutènement. Nancy 1937. — MÜLLER, P.: Erddruck auf Stützmauern. Bautechn. 1938 Heft 24; 1940 Heft 12 S. 134. — MUND, O.: Verfahren zur unmittelbaren Bestimmung des spez. Erddruckes. Bautechn. 1938 Heft 28 S. 368. — PRESS, H.: Bautechn. 1942 S. 285. — Druckverteilung hinter ausgesteiften Bohlwänden und Steifendrücke. Bauingenieur 1937 S. 745; 1938 S. 383.

5. Annahme von A. HERTWIG. Aufbauend auf dem Gedanken von TERZAGHI hat A. HERTWIG[2] Formeln für den Erddruck abgeleitet unter verschiedener Annahme von:

Annahme a: Die Hinterfüllung bestehe aus starren Platten, die parallel zur Oberfläche liegen.

Annahme b: Die Hinterfüllung bestehe aus starren Platten, die parallel zur Gleitebene liegen.

Annahme c: Die Hinterfüllung bestehe aus starren Platten, die unter einem beliebigen Winkel ε gegen die Waagrechte geneigt sind.

[1] Die Verteilung des Erdangriffes an einer oben drehbar gelagerten Wand. Ein Beitrag zur Berechnung von Baugrubenaussteifungen. Bautechn. 1942 S. 279.

[2] Bemerkungen über neuere Erddruckuntersuchungen. Veröff. Dtsch. Forsch.-Gesellsch. Bodenmech., Degebo-Heft 7 S. 3. Berlin 1939.

Aus den Untersuchungen von HERTWIG ergibt sich:

a) Die Erddruckverteilung hängt von der Neigung der Erdoberfläche und der Art der Verteilung des Druckes q über die Breite der Platte ab (siehe Abb. 406). Der Erddruck nimmt vom Fuß zum Kopf der Wand zu.

b) Bei Plattenaufteilung parallel zur Gleitebene stimmt der Wanddruck nach Größe und Verteilung mit der Coulombschen klassischen Erddrucktheorie überein. Der Erddruck wächst linear nach der Tiefe.

c) Die Verteilung des Wanddruckes kann nicht eindeutig bestimmt werden.

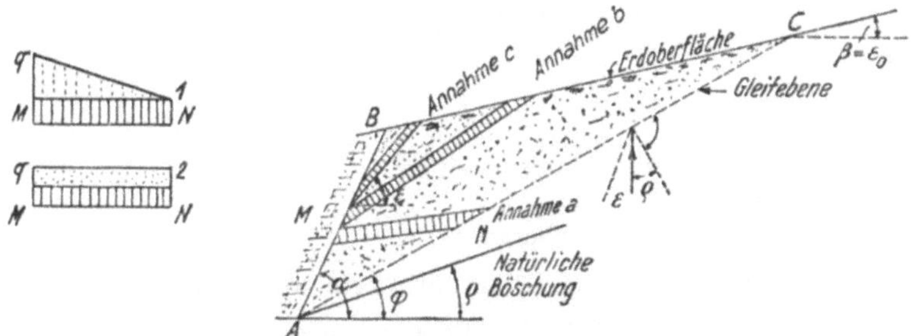

Abb. 406. Aufteilung der Erdhinterfüllung in starre Platten.

A—B Mauerwand, A—C ebene Gleitfläche; verschiedene Arten der Erddruckverteilung über der Platte M—N.
Annahme a: die starren Schichtenplatten liegen parallel zur Erdoberfläche;
Annahme b: die starren Schichtenplatten liegen parallel zur Gleitebene;
Annahme c: die starren Schichtenplatten liegen unter einem beliebigen Winkel ε gegen die Waagrechte.

Die Theorie von HERTWIG setzt *starre* Platten voraus; sie nimmt also auf die verschiedenartigen Eigenschaften bindiger und nichtbindiger Böden keine Rücksicht. Die Theorie von HERTWIG ist noch nicht restlos abgeklärt.

II. Die waagrechte Verschiebung. Es wird angenommen, die Wand verschiebe sich waagrecht und parallel (Translation).

Die Untersuchungsergebnisse von TERZAGHI, OHDE und RENDULIC lassen sich wie folgt zusammenfassen:

A. Erste Annahme: Bei unnachgiebiger, starrer Wand verschiebt sich der Erdkeil hinter der Stützwand als Ganzes; der Erdkeil wird nicht aufgespalten. Der

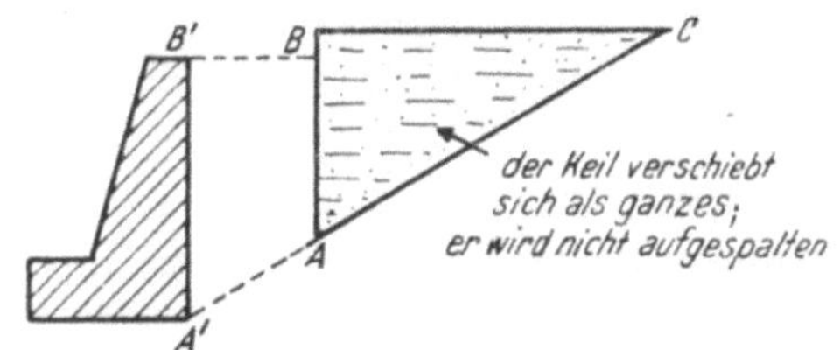

Abb. 407. Waagrechte Verschiebung der Mauer.

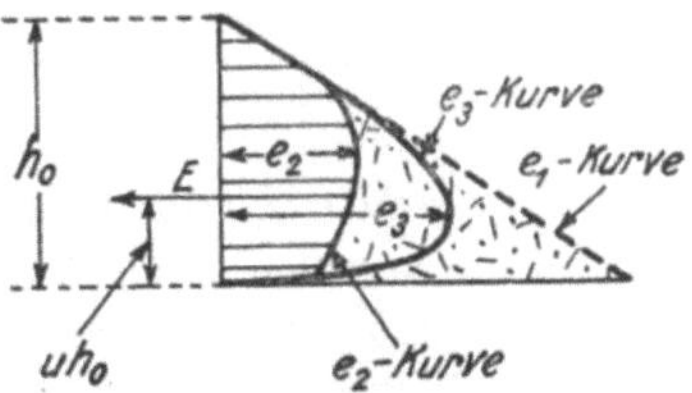

Abb. 408. Erddruckverteilung bei waagrechter Verschiebung.

e_3 nach Messungen von A. VOELLMY; ------ Druckverteilung vor der Wandverschiebung; ——— Druckverteilung nach der Wandverschiebung.

spezifische Erddruck wird im allgemeinen linear verlaufen. Dann wird der Erddruck größer, als er nach der Erddrucktheorie von COULOMB berechnet wird.

Es ist $e = k_0 \gamma h$, wobei $k_0 > \lambda_a$ für den aktiven Erddruck E_a angenommen wird (siehe Abb. 407).

B. Zweite Annahme. Der spezifische Erddruck verteilt sich nach der Verschiebung der Stützmauer nicht mehr linear; er folgt einem Gesetz, wie es aus Abb. 408 hervorgeht.

Die Druckverteilung wird angenommen:

$$e_1 = k_0 \gamma h, \qquad e_2 = k_0 \gamma h + b h^2,$$

Daraus ergibt sich der Erddruck E:

$$E = \int_0^{h_0} e_2\, dh,$$

$$b = -\frac{3}{2\,h_0}\,(k - \lambda_a)\,\gamma$$

und

$$e_2 = k_0\,\gamma\,h - \frac{3}{2\,h_0}\,(k - \lambda_a)\,\gamma\,h^2.$$

Hierin ist

$k \geqq k_0$,
$k_0 \geqq \lambda_a$,
$\lambda_a =$ die Seitendruckziffer = Erddruckziffer,
$k = 12\,\lambda_a\,(a - \frac{1}{4})$,
$h =$ beliebiger Abstich ab Erdoberkante.

C. **Erfahrungswerte.** Als Erfahrungswerte werden angegeben[1]:

$$a = 0,4 \text{ bis } 0,45 \text{ für dicht gelagerte Sande,}$$
$$a = 0,45 \text{ bis } 0,5 \text{ für locker gelagerte Sande,}$$
$$k = 1,8 \text{ bis } 2,4\,\lambda_a \text{ für dicht gelagerten Sand.}$$

III. Die Stützmauer gibt bei der Wirkung des Erddruckes elastisch nach. Diesen Fall hat OHDE untersucht. Gebrauchsfertige Formeln hat er aber nicht abgeleitet[2].

IV. Zusammenstellung der Untersuchungsergebnisse. Die Art der Wandbewegung und die Art der Erddruckverteilung geht aus der Tabelle 306 hervor.

Tabelle 306.

Art der Wandbewegung	Art der Erddruckverteilung
Die Wand dreht sich um ihren untersten Endpunkt	Die Erddruckverteilung ist gleichmäßig
Die Wand dreht sich um ihren obersten Endpunkt	Die Erddruckverteilung ist parabelförmig mit *stark* nach oben verlagertem Schwerpunkt
Die Wand bewegt sich gleichmäßig vorwärts (Translation)	Die Druckverteilung ist parabelförmig mit *wenig* nach oben verlagertem Schwerpunkt

$\zeta)$ Die Erddruckverteilung hinter starren Mauern.

Als starre Mauern sind z. B. die Anschlußmauern der Widerlager zu betrachten. Für diese Art von Stützmauer wird von allen Forschern dreieckförmige, hydrostatische Druckverteilung angenommen. Die Seitendruckziffer λ_a für Erddruck bzw. λ_p für Erdwiderstand wird größer geschätzt, als sich die Werte auf Grund der Theorie von COULOMB ergeben (vgl. Abb. 389).

$\eta)$ Die Erddruckverteilung hinter einer Stützwand unter Wasser.

Zahlreiche Versuche mit nichtbindigem Bodenmaterial ergaben, daß der Reibungswinkel über und unter dem Wasser keine nennenswerte Verschiedenheit aufweist.

Steht das Wasser einseitig, z. B. im Tunnelbau oder bei Baugrubenabschlüssen, die zur Wasserhaltung dienen, so muß der volle Wasserdruck hinzugezählt werden.

---

[1] Vgl. L. RENDULIC: Der Erddruck im Straßenbau S. 34. Berlin 1938.
[2] OHDE, J.: siehe a. a. O.

Es bedeute: $\gamma_e'' =$ Raumgewicht bei Boden unter Wasser, $\gamma_e =$ Raumgewicht des trockenen Bodens, $\gamma_s =$ Wichte (spez. Gewicht) des Bodenmateriales.

Dann ist:
$$\gamma_e'' = (\gamma_s - \gamma)\,(1 - n); \quad (1 - n) = \frac{\gamma_e}{\gamma_s},$$

$\gamma = \gamma_w =$ Raumgewicht des Wassers.

Es sei z. B. für Sand

$$\gamma_e = 1,8\ \text{t/m}^3; \quad \gamma_s = 2,75;$$

$$\gamma_e'' = \frac{1,75}{2,75}\,1,8 \cong 1,15\ \text{t/m}^3.$$

Mit dem Gewicht γ_e'' kann man rechnen, sobald man unter Wasser kommt (siehe Abb. 409).

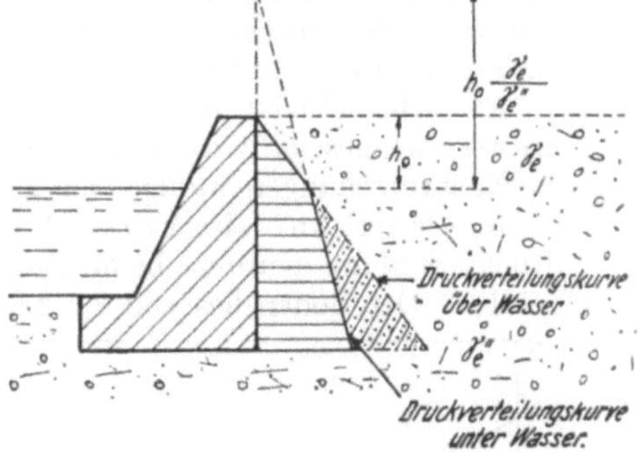

Abb. 409. Erddruck unter Wasser.

$\vartheta)$ **Die versuchstechnisch festgestellte Erddruckverteilung.**

Es sind zahlreiche Versuche zur Bestimmung der Größe des Erddruckes und der spez. Erddruckverteilung durchgeführt worden. Nachfolgend sind einige Meßergebnisse beschrieben:

Die Erddrücke werden bei Stützmauerhinterfüllungen mit Druckdosen festgestellt. Bei Baugrubenaussteifungen werden die Stempeldrücke gemessen; dabei ist Vorsicht geboten; daß die wirklichen Erddrücke gemessen werden und nicht etwa der Erdwiderstand[1].

I. Erddruckverteilung hinter Stützmauern. Die Spannungsverteilung unter der Wirkung einer Kurzstreckenlast (Kraftfahrzeug) auf eine Stützwand geht aus Abb. 380 hervor (siehe Abb. 264, Bd. II)[2].

II. Erddrücke bei lotrechten Baugrubenaussteifungen. Die Erddrücke von Baugrubenaussteifungen wurden in Berlin, München, New York usw. gemessen.

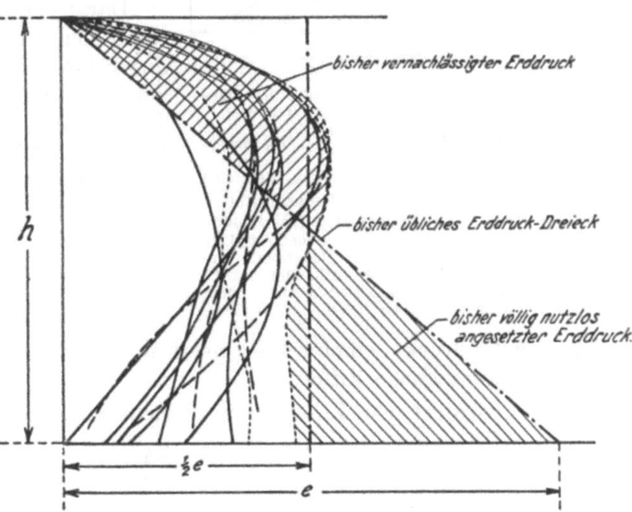

Abb. 410. Vergleichende Gegenüberstellung von Meßergebnis und Berechnungsannahmen.
------ Versuche in der Lindwurmstraße (München); —·— Versuche in der Hermann-Göring-Straße (Berlin); ······· Versuche in der Spreeunterfahrung Mühlendamm (Berlin).

A. Deutsche Versuche. Aus Abb. 410 gehen die Meßergebnisse und Be-

---

[1] HERTWIG: Bemerkungen über neuere Erddruckuntersuchungen. Veröff. Dtsch. Forsch.-Gesellsch. Bodenmech. Heft 7. Berlin 1939. — C. KLENNER: Versuche über die Verteilung des Erddruckes über Wände ausgesteifter Baugruben. Bautechn. 1941 Heft 29 S. 317. — NIEBUHR: Über die Messung der Kräfte in einer Baugrubenaussteifung. Bautechn. 1938 S. 11. — A. SPILKER: Mitteilung über die Messung der Kräfte in einer Baugrubenaussteifung. Bautechn. 1937 Heft 1.

[2] Vgl. J. STREIT: Zur Frage des Erddruckes auf Kurzstreckenlasten. Bautechn. 1942 S. 86.

rechnungsannahmen der deutschen Großversuche zur Bestimmung der Erddruckverteilung in Baugruben hervor.

Aus Abb. 410 ergibt sich, daß bis jetzt im oberen Teil einer Baugrubenaussteifung zu kleine Werte für den spez. Erddruck angenommen wurden,
während im unteren Teil der Aussteifung die Erddruckkräfte zu hoch angenommen
wurden. Als Ursache dieser Erscheinung wird die Bildung von Gewölben im
Erdkörper angenommen.

Aus Abb. 410 ist zu schließen, daß die Erde unter den untersten Bohlen-
brettern weggeschafft werden kann, ohne daß zu große Gefahr besteht, es komme
zu Nachrutschungen infolge der spezifischen Erddruckverteilung.

B. Amerikanische Versuche. Eingehende Versuche zur Messung der Erddruckverteilung wurden beim Bau einer Untergrundbahn in Chikago durchgeführt. Der Boden bestand 2,5 bis 3,6 m tief aus Feinsand- und Schlämmsand-
auffüllung mit gleichbleibendem Grund-
wasserstand. Darunter befand sich plastischer Ton.

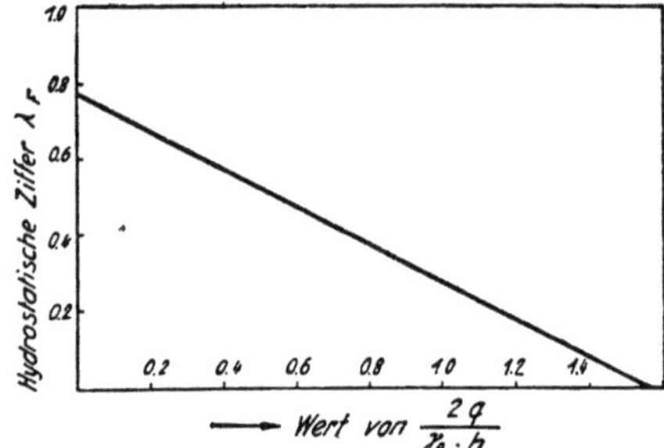

Abb. 411. Erddruckverteilung bei lotrechter Baugrubenaussteifung (amerikanische Versuche).

λ_F hydrostatische Ziffer; $\lambda_F = \dfrac{E_a}{E_F}$, E_a gemessene Erddruckkraft, E_F Seitendruck, den eine
reibungslose Flüssigkeit mit dem Raumgewicht γ_e
ausüben würde; γ_e Raumgewicht der Erdhinterfüllung = 1,5 bis 2,0 kg/dm³; q Druckfestigkeit
bei seitlich nicht eingespannter Bodenprobe ermittelt (Quetschversuch); q vorhanden = 0,45
bis 0,83 kg/cm², d. h. sehr klein; h Tiefe unter
Erdoberkante in cm.

Von einem besonderen Tunnel aus
wurden die Bewegungen der Spundwand-
füße bei fortschreitendem Baugrubenaushub gemessen.

Daraus ergab sich, daß die Baugrubenwand sich um einen Punkt drehte, der in
der Nähe des Spundwandfußes lag. Bei
zunehmendem Aushub setzte der untere
Teil der Wand die nach innen gerichteten
Bewegungen fort. Die Gesamtverschiebung
der Spundwand betrug bei 13 m tiefem
Baugrubenaushub 5,1 cm. Die Größe des
Erddruckes E_a ergab sich aus der Beziehung

$$E_a = \lambda\, E_F,$$

E_F = Seitendruck, den eine Flüssigkeit mit dem Raumgewicht γ_e ausüben würde,
λ = hydrostatische Ziffer.

Die hydrostatische Ziffer ist in Beziehung zu dem Ausdruck gebracht:

$$\frac{2\,q}{\gamma_e\,h}.$$

Für die Bezeichnungen q, γ_e und h siehe Beschriftung zu Abb. 411[1].

C. Folgerungen aus den Versuchen. Aus allen Versuchen ergibt sich,
daß die Größe des Druckes in den Baugrubensteifen mit fortschreitender Aus-
hubtiefe ändert. Zudem dreht sich die Baugrubenwand stetig an ihrem oberen
Ende. Druckänderung und Baugrubenwandbewegung werden auch durch die
Art der Auskeilung der Steifen merklich beeinflußt. Die oberen Steifen werden
merklich mehr belastet, als sich nach der Theorie von Coulomb ergibt[2] (siehe
S. 580).

---

[1] R. Beck: The measurement of Pressures on the Chicago Subway. Bull. Amer.
Soc. Test. Mat. 1941. — H. Press: Versuche über die Druckverteilung hinter Stützwänden. Bautechn. 1942 S. 283.

[2] Vgl. H. Press: Steifendrücke und ihre Veränderungen mit dem Baufortschritt.
Bautechn. 1938 S. 383. — H. Hasse: Wirtschaftliche Baugrubenaussteifung. Bautechn.
1938 S. 670.

b) Erddrucktheorie mit Hilfe des Satzes vom Größtwert der verlorenen Arbeit.

α) Grundsätzliches.

Der Satz von der verlorenen Arbeit lautet[1]:

Bei einer erzwungenen Formänderung in einem plastischen Stoff stellen sich Formänderungszustand und Grenzspannungszustand so ein, daß die verlorene Arbeit einen Größtwert annimmt.

Die verlorene Arbeit A_v für den gesamten gleitenden Erdkeil setzt sich zusammen aus: I. Formänderungsarbeit = Rauminhaltsarbeit, II. Reibungsarbeit längs der Hauptgleitfläche, III. Reibungsarbeit an der Hinterfläche der Stützwand.

Aus dieser Feststellung ergibt sich, daß die verlorene Arbeit stark von der Art der Gleitflächenausbildung abhängt.

Die verlorene Arbeit A_v wird zum Teil in Wärme und zum Teil in elektrische Ladung verwandelt.

Die verlorene Arbeit A_v berechnet sich z. B. wie aus Abb. 412 hervorgeht.

Die Wand AB eines mit Wasser gefüllten Gefäßes $ABCD$ hat sich nach $A'—B'$ verschoben. Die potentielle Energie des Wassers im Behälter hat sich verringert um den Betrag ΔP:

$$\Delta P = \gamma\, a\, H\, \frac{H}{2} + \gamma\, \frac{b\,H}{2}\, \frac{2}{3}\, H = \gamma\, H^2 \left(\frac{a}{2} + \frac{b}{3}\right).$$

Andererseits beträgt die vom Wasserdruck $W = E = \frac{1}{2}\gamma H^2$ geleistete Arbeit A_w auf den Weg $(a + \frac{2}{3}b)$

$$A_w = \frac{1}{2}\gamma H^2 \left(a + \frac{2}{3}b\right) = \gamma H^2 \left(\frac{a}{2} + \frac{b}{3}\right) = \Delta P,$$

d. h. $A_w = \Delta P$ (A_w wird als Wandarbeit bezeichnet).

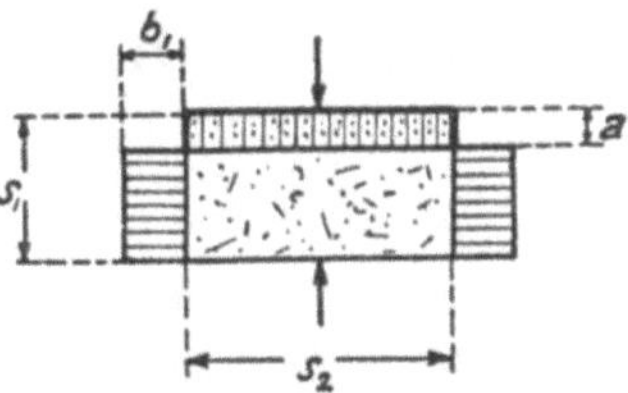

Abb. 412. Grundsätzlicher Versuch zur Bestimmung der verlorenen Arbeit.

Die Wand $A—B$ des Gefäßes $A B C D$ hat sich nach $A' B'$ verschoben. Die potentielle Energie des Wassers im Behälter hat sich verringert um den Betrag ΔP.

Wenn aber statt Wasser Sand genommen wird, so wird allgemein $\Delta P' \neq \Delta P$. Es kann jedoch $\Delta P'$ für Boden in erster Annäherung gleich gesetzt werden dem ΔP Wasser. Hingegen wird die bei der Wandverschiebung frei werdende Arbeit A_w' kleiner als A_w; der Verlust A_v wird: $A_w' — A_w = A_v$; mit anderen Worten:

$$\Delta P = A_w + A_v.$$

A_v geht infolge Reibung usw. verloren.

Wird ein Einzelkorn genommen, so bleibt sein Rauminhalt bei der Belastung gleich; d. h. es wird

$$b = \frac{a}{2}\, \frac{s_2}{s_1} \quad \text{(vgl. Abb. 413)}$$

und $A_v = a\, s_2\, s_3\, (\sigma_2 — \sigma_1).$

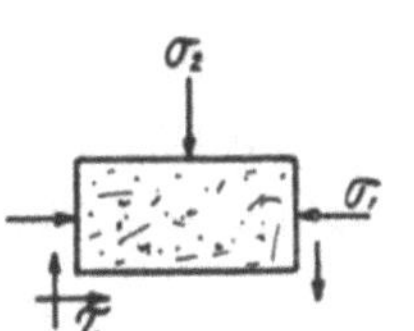

Abb. 413. Die verlorene Arbeit beim Einzelkorn.

Es ist: $b = \dfrac{a}{2}\, \dfrac{s_2}{s_1}$ Die verlorene Arbeit wird:

$A_v = \sigma_2\, s_2 \cdot s_2\, a — 2\,\sigma_1\, s_1\, s_3\, b, \quad A_v = a\, s_2 \cdot s_3\, (\sigma_2 — \sigma_1).$

β) Anwendung des Satzes von der verlorenen Arbeit zur Berechnung der Lage der Gleitfläche und der Größe des Erddruckes.

Mit Hilfe des Satzes von der verlorenen Arbeit kann die Wandarbeit $A_w = \Delta P — A_v$ berechnet werden.

So können z. B. die Lagen von Gleitflächen und die Größe des Erddruckes berechnet werden. Die Rechenarbeit ist zeitraubend. Das Prinzip ist aber ausbaufähig[1], wenn es gelingt, einen einfacheren Rechnungsvorgang zu finden.

---

[1] Vgl. RENDULIC: Gleitflächen, Prüfflächen und Erddruck. Bautechn. 1940 Heft 13/14.

c) Erddrucktheorie mit Hilfe der hydrodynamischen Analogie.

Verschiedentlich wurde versucht, die Ausstrahlung der Kräfte im Halbraum durch Flüssigkeitsströmungen zu veranschaulichen. Man hat sog. hydrodynamische Analogie gezogen. Auf Grund dieser Anschauung wurde versucht, eine Erddrucktheorie zu entwickeln; d. h. man ging vom Kräftespiel in der idealen Flüssigkeit aus und übertrug die Gesetze der Flüssigkeiten auf die Erde (vgl. auch Abb. 342 mit der Übersicht über flüssige und feste Zustandsformen). Diese Theorie ist hier nicht weiter verfolgt worden, da sie zu viele unbewiesene Annahmen macht.

d) Erddrucktheorien mit Hilfe von Fließlinien.

Ferner wurde versucht, auf Grund der an verschiedenen Felsarten wie Sandsteinen, Marmor usw. beobachteten Fließlinien (siehe Kapitel Druckverteilung, Abschnitt B: Theorie der Druckverteilung mit Hilfe von Fließlinien) eine Erddrucktheorie zu entwickeln[1]. Da sie nicht überzeugend wirkt, ist sie hier nicht behandelt.

e) Erddrucktheorie mit Hilfe von Kraftfeldern.

Im Kap. III, Druckverteilung, Abschnitt C, ist die Theorie der Druckverteilung mit Hilfe von Kraftfeldern behandelt. Mittels der dort beschriebenen logarithmischen Spiralen wurden Formeln zur Lösung von Erddruckaufgaben entwickelt[2]. Dieser Erddrucktheorie liegen sehr viele Annahmen zugrunde, deren Richtigkeit für bindige und nichtbindige Böden noch nicht bewiesen ist.

f) Die Erddrucktheorie mit Hilfe des Raumgitters.

Im Kap. III über Druckverteilung ist die Theorie der Druckverteilung mit Hilfe des Raumgitters beschrieben. Auf Grund der Rejtöschen Raumgittertheorie ist versucht worden, verschiedene Erddruckaufgaben zu lösen, so ist z. B. das Aufsteigen plastischer Massen an der Baugrubensohle mit dem ideellen Rejtöschen Raumgitter[3] erklärt worden. Ebenso wurden die Versuche an plastischen Massen[4] mit dem Raumgitter gedeutet. Die Raumgittertheorie ist theoretisch anfechtbar, deshalb wird sie hier nicht weiter behandelt.

F. Kritische Bewertung der mathematischen Ergebnisse der Erddrucktheorie.

1. Annahme und Wirklichkeit.

In der Praxis werden bei der Bemessung von Mauern, Spundwänden usw. die *mathematisch* erhaltenen Werte stillschweigend als maßgebend betrachtet. Nur zu häufig wird den tatsächlichen *Bodenverhältnissen* zu wenig Beachtung geschenkt, wie z. B.

a) über die Art der Herstellung der Hinterfüllung der Mauer, ob viel oder wenig gestampft worden war, eingeschlämmt, waagrechte oder schräge Schichtung in der Einbringung des Materiales gewählt wurde;

b) über die Verformungsfähigkeit des Bodens infolge Ausdehnungsfähigkeit oder Zusammendrückbarkeit, infolge Bodenfrost usw. (siehe Abschnitt über Raumbeständigkeit des Erdmateriales);

---

[1] TH. WYSS: Die Kraftfelder in festen elastischen Körpern. Berlin 1926.

[2] Vgl. Formeln und Tabellen in H. PIHERA: Druckverteilung, Erddruck, Erdwiderstand, Tragfähigkeit. Berlin 1928.

[3] A. REJTÖ: Einige Prinzipien der theoretisch-mechanischen Technologie S. 238, 249. Berlin 1927.

[4] Vgl. H. UNCKEL: Über die Fließbewegung im plastischen Material. Berlin 1928.

c) bei der Berechnung des aktiven Erddruckes ist sich Rechenschaft zu geben, ob eine elastisch unnachgiebige und auf den Baugrund verschiebbare Stützwand vorliege, oder ob eine starre, fest im Boden eingepaßte Mauer vorhanden ist. Bei einer nachgiebigen, verschiebbaren Stützwand treffen die Annahmen der Erddrucktheorien für die mathematische Bestimmung des Erddruckes zu, bei einer völlig unnachgiebigen Mauer aber nicht. Für die letztere Mauerart ist der Erddruck der Größe nach gleich dem Erddruck $e_0 = \lambda \gamma h$, wobei λ die Ruhe-druckziffer bedeutet, zu setzen, bzw. $E_0 = \dfrac{\lambda \gamma h^2}{2}$.

2. Die Sicherheit.

a) Die Sicherheit erhöhende Bodeneigenschaften.

Als erhöhende Sicherheit wird bei der Erddruckberechnung angenommen, daß die Haftfestigkeit des Bodenmateriales bei der Berechnung nicht berücksichtigt wurde. Durch die Haftfestigkeit wird die Größe des aktiven Erddruckes wesentlich vermindert und die Größe des passiven Erdwiderstandes merklich vergrößert. Bei der Berechnung von Erddrücken auf Bauten wird nicht berücksichtigt, daß die Bauten mit dem umgebenden Boden einen zusammenhängenden Körper bilden. Die Bauten geben unter dem Einfluß des aktiven Erddruckes elastisch nach oder verschieben sich um ganz kleine Beträge, wodurch meistens der Erddruck vermindert wird.

b) Die Sicherheit vermindernde Bodeneigenschaften.

Als vermindernde Sicherheit muß angenommen werden:

α) Der Erddruck kann sich infolge Zunahme des Feuchtigkeitsgehaltes des Bodens erhöhen. In nichtbindigen Böden kann der volle Wasserdruck $W = \gamma_w \dfrac{h^2}{2}$ zur Auswirkung kommen.

β) Der Erddruck kann sich erhöhen, indem die innere Reibung aufgehoben wird; z. B. infolge Erschütterungen usw. In diesem Falle steigt der Erddruck bis zum Höchstwert von $E_a = \lambda \gamma \dfrac{h^2}{2}$, wobei $\lambda \cong 1$ werden kann.

γ) Wegen der Zusammendrückbarkeit lockerer Erdkörper kann eine Bewegung der Mauer eintreten, bevor der obere Grenzzustand des Gleichgewichtes (volle Erdwiderstand) eintritt. Diese Tatsache ist bei der Beurteilung der Stabilität der Konstruktion in Rechnung zu ziehen[1].

δ) Der Erddruck kann sich durch Aufbringen irgendwelcher Belastung oder durch irgendeinen Bewegungsvorgang, der sich im Laufe der Zeit in unvorhergesehener Weise entwickelt, vergrößern, z. B. infolge Kriechen des Bodens an Abhängen. Beim Bau von Stützmauern längs der Alpenstraßen, beim Errichten von Pfeilern, auf welche Haldenschutt drückt, usw. konnte wiederholt meßtechnisch festgestellt werden, daß der vorhandene Erddruck wesentlich größer ist, als er rechnerisch ermittelt wurde. Die Ursache war meistens in zu günstiger Annahme der bodenphysikalischen Werte zu suchen. Daher ist es empfehlenswert, bei Bauten in Schutthalden mit Lehm, Verwitterungs- und Zersetzungsmaterial die verschiedenen Bauzustände und die endgültigen Erddruckverhältnisse für die Abmessungen der Stützmauern, Pfeiler usw. im Auge zu behalten.

Praktischerweise wird im Falle, daß sich der Boden gegen die Wand verschiebt, in den Erddruckgleichungen an Stelle der Erddruckziffer λ_a für Erddruck die Erddruckziffer λ_p für Erdwiderstand oder ein Zwischenwert gewählt.

---

[1] Vgl. eine ähnliche Bemerkung von Mohr: Z. Archit.- u. Ing.-Ver. Hannover 1871 S. 362.

ε) Wenn es regnet, so entsteht in der Erdhinterfüllung eine Wasserströmung; dieselbe erzeugt einen Wasserdruck W, unter Umständen nach oben gerichtet.

Der Reibungswiderstand R wird dadurch vermindert.

Es sei P die Kraftkomponente, die senkrecht zur Gleitfläche wirkt; dann ergeben sich für den Reibungswiderstand R folgende Verhältnisse:

Reibungswiderstand;   Schubkraft;

Vor dem Regnen:	$R = P \operatorname{tg} \varrho,$	$T = C + R,$
Nach dem Regnen:	$R' = (P - W) \operatorname{tg} \varrho,$	$T' = C + R',$
		$T' = T - W \operatorname{tg} \varrho,$

T' ist kleiner als T.

Der Einfluß der Regenwasserströmung wird oft dadurch berücksichtigt, daß der Reibungswinkel ϱ um den Betrag $\varDelta \varrho$ vermindert wird, d. h. es wird
$$\varrho' = \varrho - \varDelta \varrho.$$
Praktisch ergibt sich für $\varDelta \varrho = 6$ bis $10°$.

Die Berechnung des gesamten Strömungsdruckes W ist langwierig[1].

G. Vereinfachte Verfahren für Erddruckrechnungen.

1. Zuerst wird der Erddruck E geschätzt; als Richtwert dient

$$\left.\begin{array}{l} E_a = \gamma \, \dfrac{h^2}{8} \\[2ex] E_p = 2 \, \gamma \, h^2 \end{array}\right\} \text{ sandiger Boden.}$$

2. Ist der Reibungswinkel ϱ bekannt, so schätzt man:

Tabelle 307.

Reibungs-winkel ϱ	Erddruck $E_a = \lambda_a \gamma \dfrac{h^2}{2}$	Erdwiderstand $E_p = \lambda_p \gamma \dfrac{h^2}{2}$
$20°$	$\lambda_a = 0,25$	$\lambda_p = 1$
$25°$	$\lambda_a = 0,2$	$\lambda_p = 1,25$
$30°$	$\lambda_a = 0,16$	$\lambda_p = 1,5$
$37°$	$\lambda_a = 0,125$	$\lambda_p = 2,0$
$42°$	$\lambda_a = 0,10$	$\lambda_p = 2,5$

Vgl. Erddrucktabellen.

3. Mit diesen Schätzungswerten werden die Abmessungen des Mauerwerkes und die Beanspruchungen von Mauerwerk und Fundamentsohle berechnet.

4. Sind die erforderlichen Abmessungen und die zulässigen Spannungen unterschritten, so wird eine genaue Erddruckrechnung durchgeführt. Dazu werden:

a) der Reibungswinkel ϱ geschätzt oder durch Versuche ermittelt, je nach der vorhandenen Porenwasserspannung;

b) die Erddruckrichtung geschätzt, unter Annahme eines Wandreibungswinkels $\varrho' = 0$ bis $2/3 \, \varrho$;

c) bei Erschütterungen werden ϱ und ϱ' klein gewählt.

5. Gekrümmte und gebrochene Wandflächen werden durch ebene Flächen ersetzt. Die Ersatzebene darf höchstens eine Wandneigung α haben von $\alpha = (45° - \varrho/2)*$.

6. Der Erddruck kann nach Tabellen bestimmt werden[2].

---

[1] Vgl. W. STEINBRENNER: Der Einfluß einer durch starke Regen verursachten Grundwasserströmung auf die Standfestigkeit von Erdkörpern. Bauingenieur 1938 S. 164; ferner Regeneinfluß auf dem Damm. Modellversuche. Proc. Amer. Soc. Civ. Engrs. 1940 S. 198.

* Vgl. KREY: Erddruck, Erdwiderstand S. 38.

[2] Vgl. H. KREY: Erddruck-, Erdwiderstandtabellen S. 296/340. — MÖLLER: Erddrucktabellen. Leipzig 1922. — O. SYFFERT: Erddrucktafeln.

7. Auf Grund dieser ersten Berechnung empfiehlt es sich, eine genaue Erddruckberechnung durchzuführen. Dabei sind die in Abschnitt F gemachten Angaben über die kritische Bewertung der mathematischen Ergebnisse der Erddrucktheorien zu berücksichtigen.

In den folgenden Abschnitten werden eine Anzahl praktischer Anwendungen der Erddrucktheorie besprochen, wie Erddruck auf Spundwände, Erddruck auf Fangdämme, Erddruck auf Tunnelbauten, Erddruck auf Dammdurchlässe, Erddruck auf Druckluftsenkkästen, Erddruck auf überschüttete Bauwerke.

8. Bauzustand: Bei größeren Bauten (z. B. bei Schleusenanlagen) sind stets die ungünstigsten Belastungsfälle im Bauzustand zu untersuchen; für die Bemessung der Bauwerke sind unter Umständen dieselben maßgebend.

H. Praktische Anwendungen der Erddrucktheorie.

1. Spundwände.

a) Grundsätzliches.

Die Berechnung der Spundwandtiefe erfolgt nach zwei verschiedenen Gesichtspunkten; nämlich: α) auf Grund der Erddrucktheorie zur Erreichung der nötigen Stabilität, β) unter Berücksichtigung der hydraulischen Verhältnisse (Grundwasserströmung).

Nachfolgend sind die Berechnungsverfahren auf Grund der Erddrucktheorie behandelt. Für die hydraulische Bemessung der Spundwand wird auf das Kapitel über Grundwasserströmung S. 750 verwiesen.

Die Größe und Art der Beanspruchung von Spundwänden durch Erddruck bzw. Erdwiderstand ist abhängig von der Ausbildung der tatsächlichen Gleitflächen. Bei unverankerten oder nach der freien Seite abgestützten Spundwänden bilden sich Gleitflächen wie bei einer Stützmauer; hingegen ist dies bei Spundwänden mit Ankern und Ankerwänden nicht mehr der Fall. Der über den Ankern liegende Boden ruht mehr oder weniger auf den Ankern. Dadurch wird die Ausbildung von Gleitflächen stark beeinflußt. Im Grenzfalle setzt sich die Gleitfläche in der Höhe der Ankergurtung neu an. Die bisherigen Beobachtungen bei eingestürzten Spundwänden ergeben, daß durch Pfähle hinter der Spundwand, durch Anker, Ankerwände usw. die Ausbildung von Gleitebenen beeinflußt wird.

Die Berechnung des Erddruckes auf Spundwände wird erschwert:

1. weil die Rammtiefe der Spundwand zunächst nicht bekannt ist. Sie wird durch die Berechnung gesucht;

2. weil die Belastung der Spundwand aus unregelmäßigen Flächenlasten besteht;

3. weil die Belastungsflächen von der Bewegung und Durchbiegung der Wand abhängig sind.

Die Bewegung einer Spundwand setzt sich zusammen aus der elastischen Verformung der Wand und aus der Wandbewegung im Katastrophenfall (siehe Abb. 414/415). Im allgemeinen wird die elastische Verformung im Vergleich zur Bewegung der Wand im Katastrophenfall vernachlässigt.

Die möglichen Drehungen einer Spundwand sind, starr bleibende Wand vorausgesetzt:

α) Die Spundwand dreht sich um einen Pol, der oberhalb der Spundwand liegt.

β) Die Spundwand dreht sich um einen Pol, der in der Einspannungstiefe der Wand liegt (siehe Punkt D in Abb. 416). Diese Annahme wird den meisten

Berechnungen von Erddruck e_a und Erdwiderstand e_p zugrunde gelegt. Dadurch wird im allgemeinen nicht das ungünstigste Biegungsmoment erhalten, wohl aber die größte Rammtiefe.

γ) Die Spundwand dreht sich um einen Punkt, der unterhalb der Rammtiefe liegt. Diese Berechnung ergibt günstigere Werte als die Rechnung mit Annahme unter β).

Der Erddruck im Katastrophenfall ist nicht immer der größte. Eine vorhergehende Beanspruchung, die annähernd aus der Biegungslinie der elastischen Wand ermittelt werden kann, stellt oft den ungünstigsten Beanspruchungsfall dar[1].

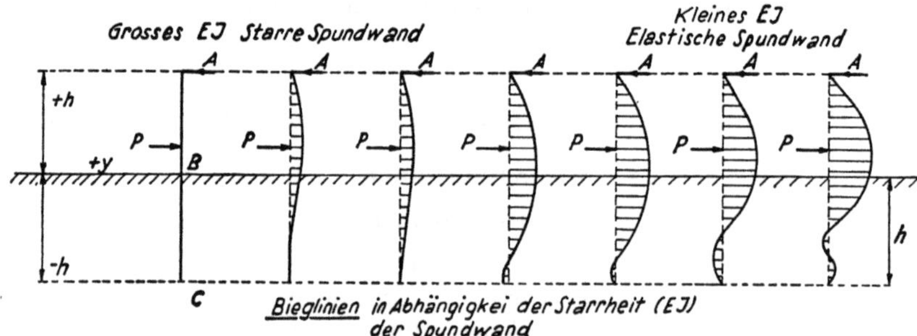

Abb. 414. Beziehung zwischen Starrheit der Wand bzw. Durchbiegung der Wand und der Verteilung des Erdwiderstandes.

Abb. 414/415 gibt einen Überblick über die Beziehung zwischen Starrheit der Wand bzw. der Durchbiegung der Wand und der Verteilung des Erdwiderstandes.

Nachfolgend sind einige Verfahren zur Berechnung der Durchbiegung, Auflagerkräfte, Biegungsmomente und Rammtiefe angegeben. Angenommen wird,

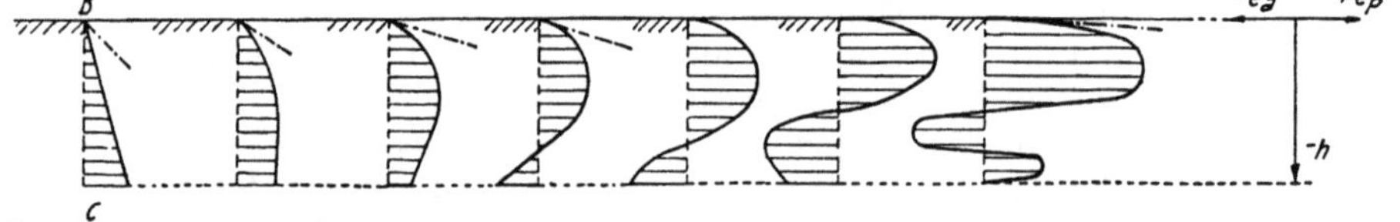

Abb. 415. Erdwiderstandsverteilung in Abhängigkeit der Starrheit EJ der Spundwand. Der Drehpunkt D ist obenliegend angenommen.
$+ e_p$ Erdwiderstand, $-e_a$ Erddruck.
Für die Starrheit EJ siehe Abb. 414.

daß die Spundwand so tief in den Boden gerammt wurde, daß sie als elastisch eingespannt betrachtet werden kann. Es handelt sich darum, eine statisch unbestimmte Aufgabe zu lösen.

b) Die Verfahren zur Berechnung von Rammtiefe, Beanspruchung und Durchbiegung von Spundwänden.

α) Das Erddruckverfahren von Krey.

Krey verwendet für seine Berechnungsverfahren für Spundwände die klassische Erddrucktheorie. Dabei macht er die Annahmen (vgl. Abb. 416): der Erddruck wirkt waagrecht, die Spundwand ist unelastisch; sie wirkt als starrer Körper, der Drehpol liegt in der Einspanntiefe h'.

---

[1] Vgl. A. Streck: Verankerte Spundwände. Mitt. Hannover Hochschul-Gemeinschaft Heft 16 S. 151. Berlin 1935.

Die praktisch wichtigsten Belastungsfälle von Spundwänden sind: I. Belastung einer Spundwand mit Absprießung, II. Belastung einer Spundwand ohne Absprießung.

Zu diesen beiden Arten der Spundwandausbildung ist zu bemerken:

I. Berechnung einer Spundwand mit Absprießung (siehe Abb. 416 bis 420). Man kann grundsätzlich zwei Verfahren zur Berechnung der Spundwand unterscheiden, nämlich:

A. Berechnung der Erddrücke in nichtbindigen und schwachbindigen Böden (die Spannung an der Erdoberfläche ist null); B. Berechnung der Erddrücke bei starkbindigen Böden (die Spundwand ist an der Erdoberfläche fest eingespannt; siehe Abb. 418).

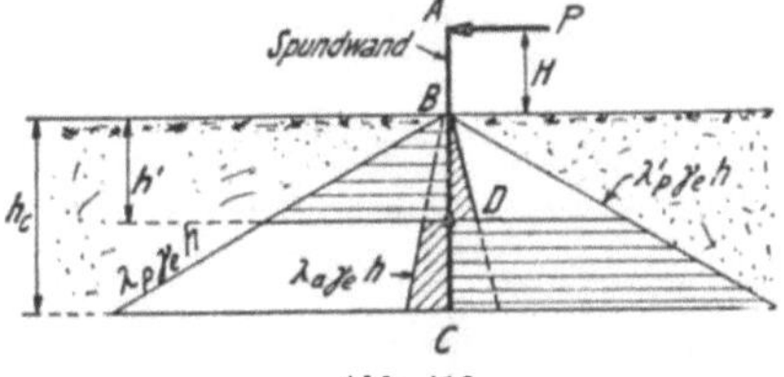

Abb. 416.

A. Berechnung der Erddrücke in nichtbindigen Böden. Bei der Berechnung der Spundwände in nichtbindigen Böden ist zu unterscheiden zwischen:

1. Berechnung unter der Annahme, daß die Erdwiderstandsziffer W linear mit der Tiefe zunimmt (nach Abb. 419 und 420); 2. Berechnung unter Verwendung der klassischen Erddrucktheorie (nach Abb. 416 und 417).

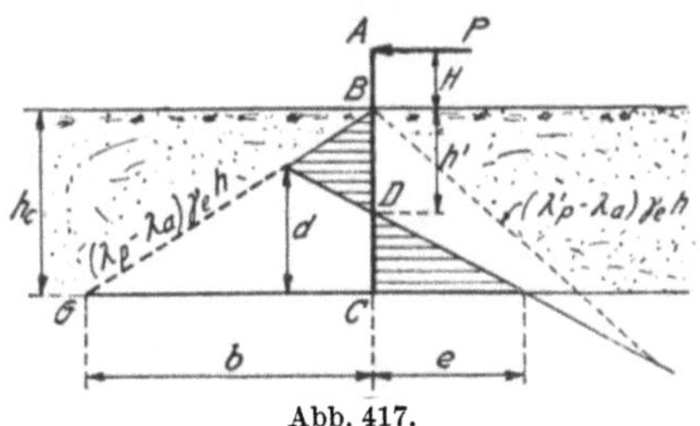

Abb. 417.

Zu 1. Es muß angenommen werden, daß in nichtbindigen oder schwachbindigen Böden die Spannung am Rande Null wird.

Die Gleichgewichtsbedingungen gehen aus Abb. 419 und Abb. 420 hervor. Es ist

$$1. \qquad P = R_1 - R_2,$$
$$2. \ P(H + h') = R_1 r_1 - R_2 r_2.$$

Die Form der Erddruckverteilung ist unbekannt; um sie zu finden, werden bestimmte Annahmen gemacht: a) der Erdwiderstand e sei an der Erdoberfläche gleich Null, b) der Erdwiderstand e wachse linear mit der Tiefe, c) die Wand sei innerhalb der Erde starr.

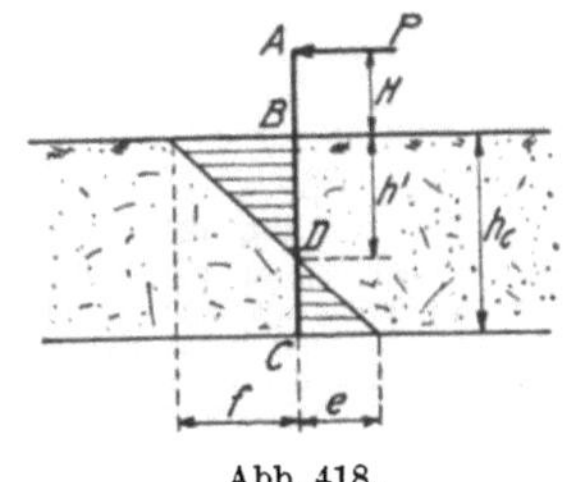

Abb. 418.

Abb. 416 bis 418. Berechnung des Erddruckes und Erdwiderstandes von fest eingespannten Spundwänden.

ABC Spundwand, D Drehpunkt der starren Spundwand, P waagrechte Belastung der Spundwand, h' Tiefe des eingespannten Spundwandteiles, h_c Rammtiefe, $\lambda_p \gtreqless \lambda_p'$.

Dann ergeben sich folgende geometrische Bedingungen:

$$\frac{\sigma}{\sigma'} = \frac{y}{h'} \quad \text{und} \quad \frac{\sigma'}{\sigma_0} = \frac{e\,(h' - y)}{e\,h'}.$$

Hieraus ergibt sich die Gleichung für die Spannungskurve:

$$\sigma = \frac{\sigma_0}{h'^2}\, y\,(h' - y) \quad \text{(Parabel mit waagrechter Achse)}.$$

Aus diesen Feststellungen kann errechnet werden:

$$P = \frac{\sigma_0\, h_c^2}{6\, h'^2}\,(3\,h' - 2\,h_c), \qquad h' = \frac{h_c}{2}\,\frac{3\,h_c + 4\,H}{2\,h_c + 3\,H}, \qquad \sigma_0 = \frac{3\,P}{h_c^2}\,\frac{(3\,h_c + 4\,H^2)}{2\,h_c + 3\,H},$$

$$\sigma_1 = \frac{\sigma_0}{4}; \qquad \sigma_2 = \frac{\sigma_0\, h_c}{(h')^2}\,(h' - h_c) \qquad \text{(vgl. Abb. 420)}.$$

Zu 2. Die Spundwand werde durch eine Kraft P in der Höhe H über dem Boden beansprucht. Die starre Wand will sich dann um den Punkt D im Boden drehen. Im Punkt D wird sich der Erddruck während der Drehung nicht ändern. Oberhalb D (Strecke B—D) entsteht bei der Drehung links ein Erdwiderstand $e_p = \lambda_p \gamma_e h$ und rechts ein Erddruck $E_a = \lambda_a \gamma_e h$. Unterhalb D entsteht links ein Erddruck $e_a = \lambda_a \gamma_e h$ und rechts ein Erdwiderstand $e_p = \lambda_p \gamma_e h$.

Die verschiedenen Erdkräfte E werden erst etwas oberhalb und unterhalb der Drehpunkte D voll zur Auswirkung kommen. Man zieht daher nicht eine Waagrechte durch D, sondern eine unbekannte Linie MD (siehe Abb. 417).

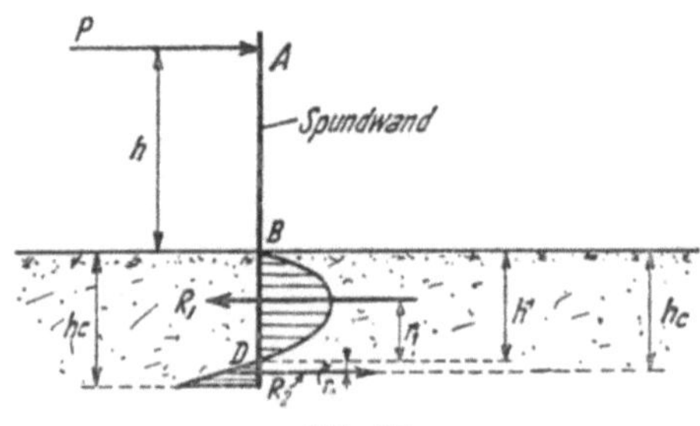

Abb. 419.

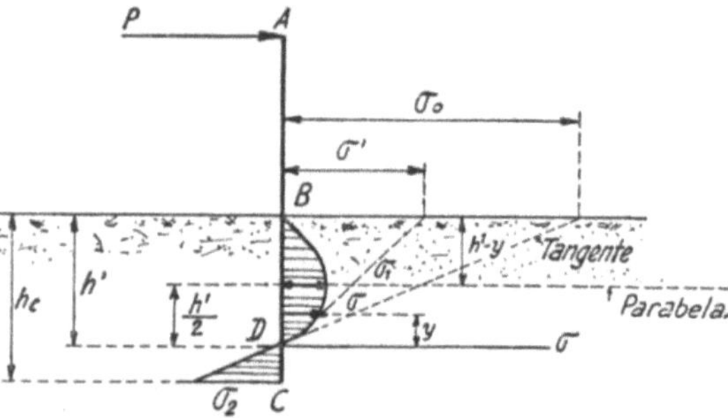

Abb. 420.

Abb. 419 bis 420. Berechnung des Erddruckes und Erdwiderstandes bei Spundwänden mit der Spannung $\sigma = 0$ am Rande. ABC Spundwand, D Drehpunkt der starren Spundwand, P waagrechte Belastung der Spundwand, h_c Rammtiefe der Spundwand.

Dann muß sein:

$$P + \left(\frac{b + e}{2}\right) d - \frac{h_c}{2}\, b = 0$$

und

$$P(H + h_c) + \left(\frac{b + e}{2}\right)\frac{d^2}{3} - b\,\frac{h_c^2}{6} = 0,$$

hieraus wird

$$e = \frac{(b\,h_c - 2\,P)^2}{b\,h_c^2 - 6\,P\,(H + h_c)} - b,$$

ferner muß sein:

$$e < (\lambda_p' - \lambda_a)\,\gamma_e\,h_c.$$

B. Berechnung der Erddrücke bei starkbindigen Böden. Nach KREY[1] wird der Widerstand im Punkt B sehr groß, so daß die Spundwand als im Punkt B eingespannt betrachtet werden darf. Dann ergibt sich die Verteilung der Bodenpressungen nach Abb. 418:

$$P + \frac{e\,h_c}{2} - \frac{f\,h_c}{2} = 0$$

und

$$P(H + h_c) + e\,\frac{h_c^2}{6} - f\,\frac{h_c^2}{3} = 0.$$

Hieraus können die Erdwiderstände e und f berechnet werden. Sind die Werte e und f bekannt, so kann auch die Höhenlage h' des Drehpunktes D berechnet werden zu

$$h' = \left(\frac{f\,h_c}{e + f}\right).$$

II. Berechnung einer Spundwand ohne Absprießung. A. Erstes Berechnungsverfahren. Wird an Stelle der Einzellast P in Abb. 416 eine Erdhinterfüllung auf die Höhenstrecke H genommen, so ist das Rechenverfahren grundsätzlich das gleiche wie oben angegeben[2]. Wirkt noch eine Auflast auf die Erdhinterfüllung, so wird die Auflast durch eine gleich schwere Bodenschicht von der Mächtigkeit $\frac{p}{\gamma}$ ersetzt.

Für diesen Fall hat NIEBUHR[3] nachgewiesen, daß es richtig ist, als Ramm-

---

[1] Erddruck, Erdwiderstand S. 209. Berlin 1936.
[2] Vgl. z. B. SCHOKLITSCH: Der Grundbau S. 153. Berlin 1932.
[3] Die Berechnung von Spundwänden nach KREY. Bauingenieur 1929 Heft 46.

tiefe $h_c = \left(H + \dfrac{p}{\gamma}\right)$ zu nehmen. Mindestens muß

$$h_c \geqq 0{,}82 \left(H + \frac{p}{\gamma}\right) \text{ sein.}$$

B. Zweites Berechnungsverfahren. Die Annahmen für die Belastung der Spundwand und das Berechnungsverfahren gehen aus Abb. 421 hervor.

β) **Das Ersatzbalkenverfahren von BLUM[1] (1930).**

Es wird ein Ersatzbalken angenommen, der am Angriffspunkt A der Kräfte und an der Einspannstelle B im Boden aufgelagert ist (siehe Abb. 422/423).

Unterhalb der Einspannstelle B wird eine ideelle Belastung angenommen. Die Auflagedrücke und Momente werden entweder mit Hilfe der Clapeyronschen Gleichungen oder zeichnerisch-rechnerisch ermittelt.

Die Annahmen von BLUM sind zu günstig. Dies kann ausgeglichen werden, indem man beim Ansatz der allgemein zulässigen Spannungen noch eine Baustoffsicherheit einführt. Das Verfahren von ENGELS ist gleich wie dasjenige von BLUM. ENGELS führt für die Balkenbelastung Erfahrungswerte ein[2].

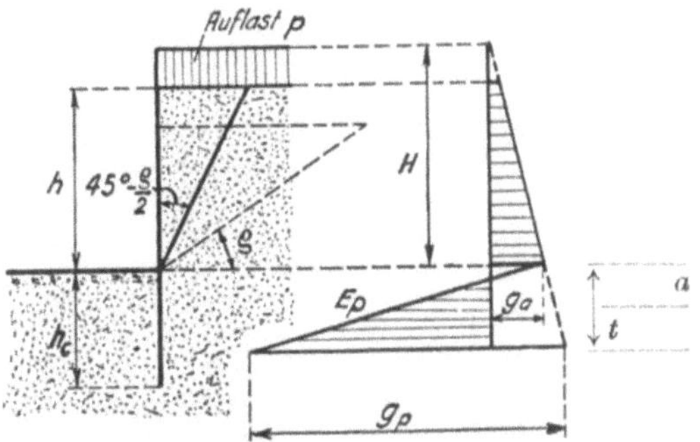

Abb. 421. Berechnung einer Spundwand ohne Verankerung (Ersatzbalkenverfahren).

h_c Tiefe der Spundwand unter der Sohle = Rammtiefe; h Höhe der Spundwand über der Sohle; γ Raumgewicht; ϱ Winkel der innern Reibung; $H = \left(h + \dfrac{p}{\gamma}\right)$; p gleichmäßig verteilte Auflast; $g_a = \lambda_a H$;

$$g_p = e_p = 2\,\lambda_p\,H; \quad \lambda_a = \gamma\,\mathrm{tg}^2\left(45° - \frac{\varrho}{2}\right); \quad \lambda_p =$$

$$= \gamma\,\mathrm{tg}^2\left(45° + \frac{\varrho}{2}\right); \quad E_a = \text{Erddruck} = \lambda_a\,\frac{H^2}{2};$$

$$E_p = \lambda_p\,\frac{H^2}{2} \quad \text{(Erdwiderstand).}$$

γ) **Das Widerstandszifferverfahren nach BAUMANN[3] (1934).**

Das Verfahren von BAUMANN ist grundsätzlich gleich wie das später beschriebene Verfahren von RIFAAT. Nur gibt BAUMANN für die Durchbiegung f eine andere Formel als RIFAAT an:

Nach BAUMANN ist

$$f = \frac{e_p}{W} + \frac{e_p^2}{W} \quad (e_p = \text{spez. Erdwiderstand}),$$

nach RIFAAT ist

$$f = \frac{e_p}{W}.$$

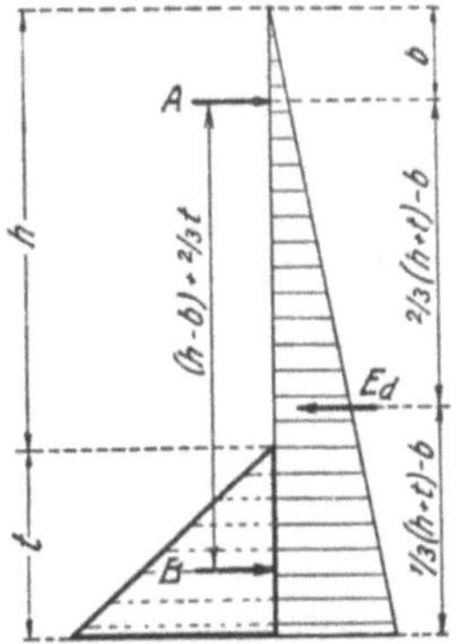

Abb. 422. Berechnung der Spundwandtiefe bei frei aufgelagerter Spundwand mit Hilfe der Clapeyronschen Gleichungen, Ersatzbalkenverfahren.

W = Widerstandsziffer (vgl. S. 611, Tab. 308).

Nach BAUMANN ist die Widerstandsziffer W von der Tiefe t abhängig, d. h. $W = f(t)$ wie bei RIFAAT. Nur sind die Beziehungen zwischen Widerstandsziffer W und Tiefe t bei BAUMANN anders als bei RIFAAT. Das Rechnen nach BAUMANN ist mühsam und für die Praxis wenig geeignet.

---

[1] Einspannungsverhältnisse bei Bohlwerken. Berlin 1931. — Ferner BRENNECKE-LOHMEYER: Der Grundbau 4. Aufl. Bd. 2. Berlin 1930.

[2] Vgl. H. ENGELS: Handb. f. Wasserb. Bd. 2 S. 1564. Leipzig 1923.

[3] Analysis of sheetpile bulkheads. Proc. Amer. Soc. Civ. Engrs. Bd. 60 (1934) Nr. 3.

δ) Das Widerstandsverfahren nach Rifaat (1935).

Allgemein ist die Spannung σ abhängig vom Elastizitätsmodul eines Stoffes und von der Verschiebung ε eines Punktes; d. h.

$$\sigma = E\,\varepsilon \quad \text{(Hookesches Gesetz).}$$

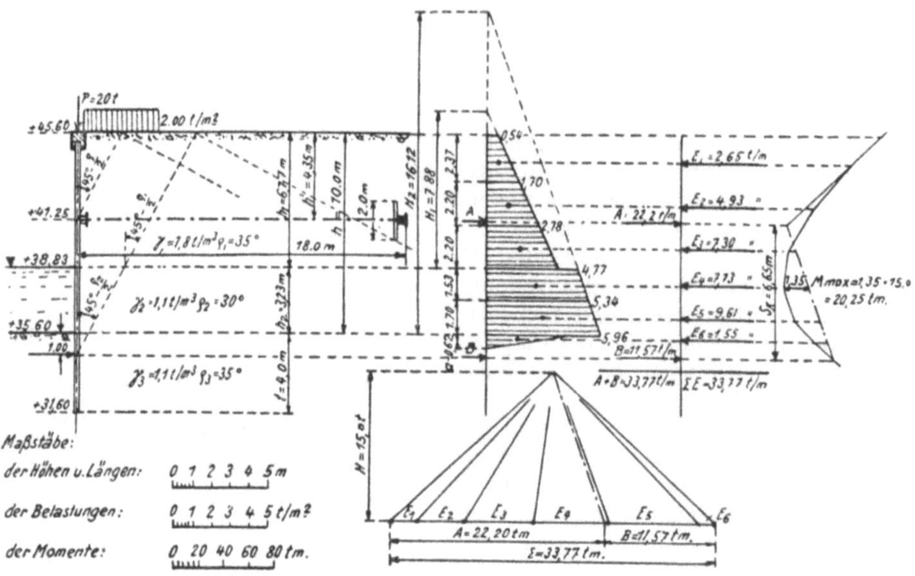

Abb. 423. Bestimmung des Belastungsbildes bei einer verankerten Spundwand. Der Sprung in der spez. Belastungsfläche beruht auf der Annahme, daß der Winkel ϱ' unter Wasser gleich Null werde; in Wirklichkeit stimmt diese Annahme nicht.

Wird diese Grundgleichung auf den Fall der Spundwand angewendet, so ergibt sich als Gleichung für die Widerstandskurve

$$\sigma = W\,(f) = e.$$

σ = Spannung im Boden; e = spez. Erdwiderstand,
f = Durchbiegung der Spundwand.

Der Verlauf der Durchbiegung f ist meistens nicht geradlinig; daher verläuft die Erdwiderstandskurve e ebenfalls nicht geradlinig. W = Widerstandsziffer. Dem Wesen nach ist W eine Bettungsziffer $= \left(\dfrac{\sigma}{\varepsilon} = \dfrac{e}{\varepsilon}\right)$ in kg/cm³.

Man kann für die Widerstandsziffer W verschiedene Annahmen machen; nämlich (siehe Abb. 424):

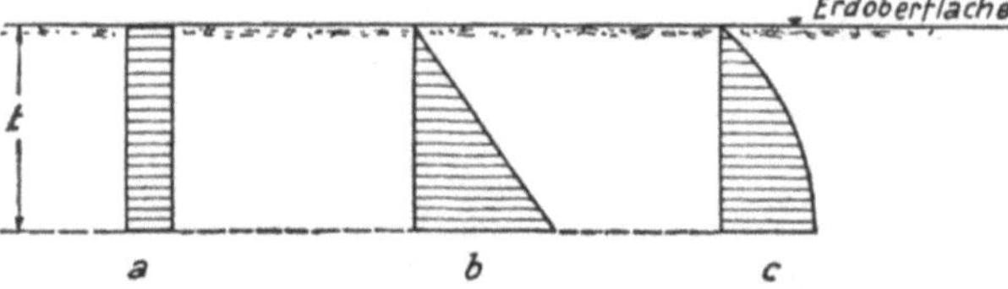

Abb. 424. Annahme für den Verlauf der Kurve für die Bodenwiderstandsziffer (Bettungsziffer) nach Rifaat.

a Widerstandsziffer bleibt gleich groß: $W = k$; b die Widerstandsziffer nimmt linear nach der Tiefe zu: $W = a\,t$; c die Widerstandsziffer wächst nach einer Exponentialkurve mit der Tiefe bis zu einem Höchstwert W_∞. $W = W_\infty\,(1 - e^{\varepsilon t})$; ε Festwert des Bodens.

Annahme I: Die Widerstandsziffer W ist unveränderlich, d. h. $W = k$.

Annahme II: Die Widerstandsziffer W ändert linear nach der Tiefe t, d. h. $W = a\,t$.

a = Festwert; praktisch ergibt sich nach Rifaat: $a = 0{,}04$ bis $0{,}08$ kg/cm⁴;

a entspricht dem Wert $\frac{\gamma_e}{k}\ln 10$, wobei k aus der Setzungformel von BENDEL:

$$s = K \log\left(\frac{\sigma_0 + \sigma}{\sigma_0}\right)$$ hervorgeht (siehe S. 399).

Annahme III: Die Widerstandsziffer W wächst mit der Tiefe nach einer Exponentialkurve.

Die Spundwand kann als starre oder als elastische Wand angenommen werden. Wird die Wand elastisch angenommen, so lautet die Gleichung der elastischen Linie

$$\frac{EJ}{B}\frac{d^4 y}{d h^4} = \sigma = W\,y. \tag{a}$$

Es bedeutet:

$E = $ Elastizitätsziffer des Baustoffes der Spundwand,

$J = $ Trägheitsmoment der Spundwand für die Breite B,

$B = $ Breite der Spundwand,

$y = $ Durchbiegung der Spundwand in der Tiefe x,

$W = $ Widerstandsziffer des Bodens.

In obiger Gl. (a) können nun für W die verschiedenen Annahmen I bis III gemacht werden. RIFAAT hat die Lösungen der Gl. (a) für verschiedene Annahmen durchgeführt[1].

Die wichtigsten Werte gehen aus der Tabelle 308 hervor. Für die Bezeichnungen siehe Abb. 416.

Tabelle 308. *Bestimmung der Tiefenlage h' des Drehpunktes der Spundwand und die Gleichungen für die Bodenspannungen nach dem Widerstandszifferverfahren.*

Widerstandsziffer W bzw. Elastizitätsziffer	Steife der Spundwand	Tiefenlage h' des Drehpunktes D	Gleichungen für die Bodenspannungen
W ist unveränderlich nach der Tiefe	Starre Spundwand	$h' = \dfrac{h_c}{3}\left(\dfrac{2\,h_c - 3\,H}{h_c - 2\,H}\right)$	$\sigma = \dfrac{2\,P}{B\,h_c{}^3}\,[3\,h\,(h_c - 2\,H) - h_c\,(2\,h_c - 3\,H)]$
	Elastische Spundwand	Unübersichtliche Gleichung	Für praktische Zwecke zu wenig übersichtliche Gleichung
W nimmt nach der Tiefe linear zu	Starre Spundwand	$h' = \dfrac{h_c}{2}\left(\dfrac{3\,h_c - 4\,H}{2\,h_c - 3\,H}\right)$	$\sigma = \dfrac{6\,P\,h}{B\,h_c{}^4}\,[2\,h\,(2\,h_c - 3\,H) - h_c\,(3\,h_c - 4\,H)]$
	Elastische Spundwand	Unübersichtliche Gleichung	Für praktische Zwecke zu wenig übersichtliche Gleichung
W nimmt nach einer Exponentialkurve mit der Tiefe zu	Starre Spundwand	Zur Lösung muß noch ein neuer Bodenfestwert eingeführt werden	Zur Lösung muß noch ein neuer Bodenfestwert eingeführt werden
	Elastische Spundwand	Noch nicht gelöst	Noch nicht gelöst

ε) Zeichnerische Berechnung der Spundwandtiefe (Rammtiefe).

I. Allgemein zeichnerische Lösung. Zeichnerisch kann diese Aufgabe durch Probieren gelöst werden. Dabei müssen an Bedingungen erfüllt sein:

A. Im Belastungsbild (Abb. 423) ist die Linie m—n so zu zeichnen, daß die Summe der Erddruck- und Ankerkräfte beiderseits der Spundwand gleich groß sind.

---

[1] Vgl. J. RIFAAT: Die Spundwand als Erddruckproblem. Zürich 1935.

B. Die Schlußlinie $A—C$ der *Momentenfläche* muß so verlaufen, daß beim Auflager A keine Durchbiegung auftritt, wenn von C aus die *Biegelinie* gezeichnet wird.

Bei einiger Übung findet man die richtige Lage der Linie $m—n$ und die Biegelinie $A—C$ rasch.

II. Vereinfachte zeichnerische Lösung. Es sind verschiedene Verfahren zur Vereinfachung der zeichnerischen Lösung entwickelt worden, z. B. das von HEDDE[1]. Diese Verfahren sind hier nicht weiter behandelt.

III. Empirisch rechnerisch-zeichnerisches Verfahren. Der obere Wandteil A und B_0 wird als „stellvertretender Balken", der in A und B_0 frei aufgelagert

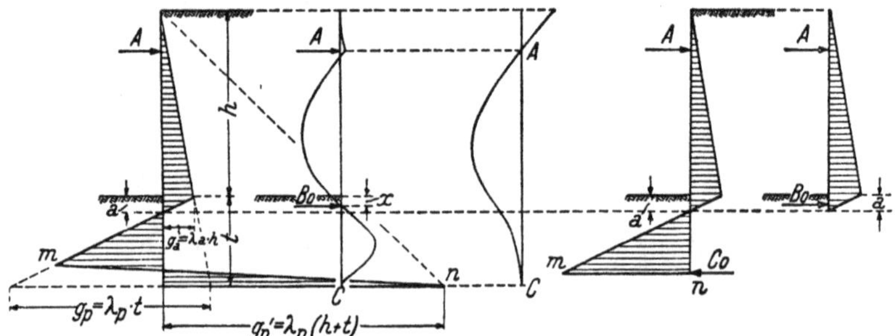

Abb. 425. Berechnung der Beanspruchung einer elastisch eingespannten Spundwand mit Hilfe des „stellvertretenden Balkens".
1. Die Strecke $(m—n)$ ist beim wirklichen Belastungsbild so zu zeichnen, daß die Summe der Erddruck- und Ankerkräfte beiderseits der Wand gleich wird; 2. die Schlußlinie der Momentenfläche hat so zu verlaufen, daß, wenn die Biegelinie von C aus gezeichnet wird, in der Höhe A keine Durchbiegung stattfindet.

ist, behandelt. Die Tiefe x des Auflagers B_0 unter der Sohle wird zu $x = \dfrac{h}{10}$ angenommen.

Daß Maß a kann zeichnerisch bestimmt werden (siehe Abb. 425) oder rechnerisch aus der Gleichung nach BLUM ermittelt werden zu[2]:

$$a = \frac{g_a}{2\,\lambda_p - \lambda_a}.$$

(Gültig für $\varrho \geqq 25°$.)

Die Momentenfläche und die Größe der Auflagekräfte wird am besten zeichnerisch bestimmt.

Die Rammtiefe t wird aus der empirisch abgeleiteten Gleichung erhalten[3]:

$$t = 1{,}6\,a - 0{,}6\,x + 1{,}2 \sqrt{\frac{6\,B_0}{2\,\lambda_p - \lambda_a}}.$$

In Abb. 423 ist ein Beispiel mit Zahlenwerten angegeben[4].

Die Größen der Grundlinien der Erddruckdreiecke betragen:

$$g_a = \lambda_a H = \gamma\,\mathrm{tg}^2\,(45° - \varrho/2)\,H,$$

$$H = \left(h + \frac{p}{\gamma}\right)\quad(p = \text{Auflast}),$$

$$g_p = \lambda_p t = \gamma\,\mathrm{tg}^2\,(45° + \varrho/2)\,t.$$

---

[1] Beitrag zur Berechnung eingespannter Spundwände. Bautechn. 1937 S. 659.
[2] Vgl. HEDDE: Beitrag zur Berechnung eingespannter Spundwände. Bautechn. 1937 S. 659 oder LARSEN: Entwurf und Berechnung. Hüttenverein 1938. — Vgl. ferner STRECK: Grundbau und Wasserbau. Bd. 1: Grundbau, Hydraulik, Grundwasserbewegungen S. 16. Berlin 1942.
[3] Vgl. BLUM: Einspannungsverhältnisse bei Bohlwerken S. 26. Braunschweig 1934.
[4] Vgl. Stahlspundbohlen. LARSEN: Entwurf und Berechnung S. 113. Ausgabe 1938.

Unter der Sohle wird g_p doppelt so groß als der rechnerisch gefundene Wert angenommen, d. h.

$$g_p = 2\,(\lambda_p)\,t.$$

Das Maß a ist erreicht, wenn $g_a = g_p$ ist; im vorliegenden Falle wird:

$$g_{a_2}{}' + \lambda_{a_2}\,a = 2\,\lambda_{p_2}\,a.$$

Zahlenbeispiel (siehe Abb. 423). Darnach wird:

$$a = \frac{g_{a_2}{}'}{2\,\lambda_{p_2} - \lambda_{a_2}} = \frac{4{,}84}{7{,}82} = 0{,}62 \text{ m.}$$

In Abb. 423 wird:

Moment: $\qquad M_{\max} = 20{,}25$ tn/m,

Auflagekräfte: $\qquad A = 22{,}20$ tn, $\qquad B = 11{,}57$ tn,

Abstände: $\qquad a = 0{,}62$ m, $\qquad x = \dfrac{h}{10} = \dfrac{10}{10} = 1{,}00$ m,

Spundwandtiefe: $\qquad t = 1{,}6\,a - 0{,}6\,x + 1{,}2\,\sqrt{\dfrac{6\,B_0}{2\,\lambda_p - \lambda_a}}$,

für $\varrho = 35°$ wird

$$t = 1{,}6 \cdot 0{,}62 - 0{,}6 \cdot 1{,}0 + 1{,}05\,\sqrt{11{,}57} \cong \underline{4{,}0 \text{ m.}}$$

Tabelle 309.

Schicht	γ	ϱ	λ_a	λ_p	H in m			g_a
	t/m³	°	t/m³	t/m³				t/m²
1	1,8	35	0,49	6,64	$h_1 + \dfrac{p}{\gamma_1}$	$6{,}77 + \dfrac{2{,}0}{1{,}8} =$	$H_1 = 7{,}88$	3,86
2	1,1	30	0,37	3,30	$h_2 + H_1\,\dfrac{\gamma_1}{\gamma_2}$	$3{,}23 + 7{,}88\,\dfrac{1{,}8}{1{,}1} =$	$H_2 = 16{,}12$	5,96
3	1,1	35	0,30	4,06	$H_2 + \dfrac{\gamma_2}{\gamma_3}$	$16{,}12\,\dfrac{1{,}1}{1{,}1} =$	$H_3 = 16{,}12$	4,84

ζ) Berechnungsverfahren auf Grund der Erfahrungen.

Berechnungsverfahren auf Grund praktischer Erfahrungen sind üblich:

I. In den Vereinigten Staaten von Amerika[1]. Die amerikanische Berechnung ergibt niedrige Beanspruchung der Spundwand.

Bei lotrechter Wand und waagrechter Erdoberfläche werden der Erddruck und der Erdwiderstand angenommen zu:

Erddruck $e_a = \gamma\,h\,\mathrm{tg}^2\,(45° - \varrho/2)$, $\quad$ Erdwiderstand $e_p = \gamma\,h\,\mathrm{tg}^2\,(45° + \varrho/2)$,

Wasserdruck $w = (0{,}5 \text{ bis } 0{,}75)\,\gamma_w\,h.$

Dadurch werden die Ansätze von COULOMB bestätigt.

II. In Dänemark[2]. Die Rammtiefe wird nach dem üblichen Verfahren berechnet und als Sicherheitszahl der Wert $\sqrt{2}$ angeführt. Bei Einzelpfählen zur Verankerung muß die Rammtiefe um den Betrag $\dfrac{b}{4\,\mathrm{tg}\,\varrho}$ vermehrt werden:

---

[1] Vgl. C. SCHONWELLER: Calcul des murs de quai. Welt-Ing.-Kongr. Tokio 1929. Bericht 416.

[2] Vgl. vorläufige Bestimmung betr. Berechnung und Ausführung der Wasserbauten in Eisenbeton. Z. ständ. Verb. int. Schiffahrtskongr. Nr. 7, Jan. 1929.

b = Entfernung der Ankergurte von der Erdoberfläche,
ϱ = Winkel der innern Reibung des Schüttmateriales.

III. In Frankreich. Es wird kein Wasserdruck angenommen; der Wandreibungswinkel beim Erddruck wird $\varrho' = \varrho$ gewählt und beim Erdwiderstand $\varrho' = 0$. Diese Annahmen sind zu günstig.

Ferner wird freie Auflagerung angenommen. Als Sicherheit wird $\varrho' = (\tfrac{1}{3}$ bis $\tfrac{1}{4})\varrho$ gewählt.

IV. In Schweden[1]. Das Verfahren beruht auf vielen Annahmen, die auf Grund praktischer Erfahrungen gemacht werden. Die Annahmen sind noch von der jeweiligen Bodenbeschaffenheit abhängig und nicht immer überzeugend[2].

c) Messungen des Erddruckes.

Messungen über die Größe und Verteilung der Erddruckes hinter Spundwänden wurden durchgeführt von ENGELS[3], KREY, FRANZIUS, PETERMANN, RIFAAT und von verschiedenen Amerikanern.

Die wichtigsten Ergebnisse der Untersuchungen können zusammengefaßt werden:

α) Der natürliche spez. Druck (Ruhedruck) in einer Sandmasse liegt zwischen dem lotrechten Druck γh und dem Grenzwert des aktiven Erddruckes.

β) Das plastische Verhalten des Materiales tritt ein, sobald der hydrostatische Wert γh überschritten wird (ENGELS, RIFAAT).

γ) Die Spannungsverteilung bleibt auch nach mehrfacher Wiederholung der Belastungen ungefähr die gleiche, z. B. Erschütterungen, schwankendem Grundwasserspiegel.

δ) Oberhalb oder unterhalb des Wanddrehpunktes wird der Sand örtlich gestört; der Sand weicht aus bis zu einem entlasteten Bereich.

ε) In der Nähe der Erdoberfläche wird ein Wert von über $\gamma h \, \mathrm{tg}^2 \, (45° + \varrho/2)$ erreicht (RIFAAT und amerikanische Versuche). Dies ist erklärlich, weil die Bindekraft (Kohäsion) nicht berücksichtigt wird.

ζ) Die Reibungswinkel ϱ und ϱ' nehmen oft mit der Tiefe ab. Vgl. Versuche von BENDEL an Material hinter eingestürzten Spundwänden; die gleichen Beobachtungen machten Amerikaner.

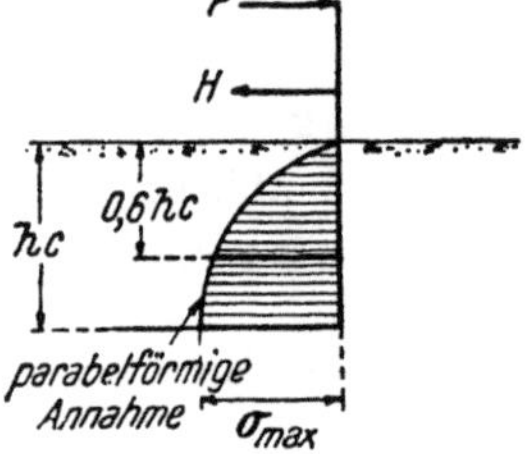

Abb. 426. Annahme über die Verteilung des Erdwiderstandes (nach ENGELS). $h_c = t$ = Rammtiefe.

d) Auswertung der Meßergebnisse und kritische Bewertung für die Praxis.

α) Die Parabelmethode, die auf Grund der Versuche von ENGELS und O. MOHR aufgestellt wurde (vgl. Abb. 426).

Auf Grund der Erddruckmessungen und theoretischer Überlegungen wurden verschiedene Verfahren zur Bemessung der Spundwand und der Einrammtiefe entwickelt. Die grundsätzlich wichtigsten sind:

β) die Grenzwertmethode von KREY [siehe oben unter b), α)],

γ) die Widerstandsziffernverfahren von BAUMANN und RIFAAT.

---

[1] Vgl. BROR FELLENIUS: Om Beräkning av Jordtryck mot Spanter vid Kohesionara Jordarter. Tekn. T. Heft 39. S. 104. Stockholm 1935. Auszugsweise in A. AGATZ: Der Kampf des Ingenieurs gegen Erde und Wasser im Grundbau S. 100. Berlin 1936.

[2] Vgl. auch R. SCHMIDT: Tafeln für die Berechnung von Spundwänden. Bautechn. 1942 S. 90; ferner Berechnung der Stahlspundwände. Brückenbaukongr. 1938 S. 1522. — A. AGATZ in: Der Kampf des Ingenieurs gegen Erde und Wasser im Grundbau. Berlin 1936. — Vorlesungen über Grundbau von A. AGATZ. — Für Einspannungsbedingungen verankerter Bohlenwände siehe Bauingenieur 1941 S. 193; 1942 S. 44.

[3] Zbl. Bauverw. 1903 S. 275.

Zu α): Nach ENGELS beträgt die Widerstandsfläche $= \int\limits_{h=t}^{h=0} \sigma_w = 0{,}7\, t\, \sigma_{max}$,

$\sigma_{max} = \gamma\, t$. Der Schwerpunkt des Widerstandes liegt in der Tiefe $= 0{,}6\, t$. $t =$ Rammtiefe (siehe Abb. 426).

Zu β): Die Annahmen von KREY sind oben in dem Abschnitt b), α) beschrieben. Durch die Annahmen von KREY werden die schwierigen Fragen der Elastizität der Spundwand und der Deformationsgesetze des Bodens ausgeschaltet.

Die von KREY angenommenen Grenzzustände ergeben auf Grund der Versuche für die Abmessungen der Spundwände zu niedrige Werte. Bei der Berechnung von Spundwänden nach KREY dürfen daher nur niedrige zulässige Baustoffwerte für die Spundwände eingesetzt werden. Unter Annahme niedriger Baustoffwerte ergeben die Verfahren von KREY Spundwandabmessungen, die sich praktisch und wirtschaftlich bewährt haben.

Zu γ): Die beiden oben beschriebenen Verfahren zur Berechnung von Einrammtiefe und Abmessungen der Spundwand setzen einen einzigen Drehpunkt voraus. Nach RIFAAT gibt es aber mehrere. Bei großer Einrammtiefe müssen Wandelastizität und Erdverformung für die Bemessung der Wandstärke berücksichtigt werden, da sonst die Lage der größten Biegungsmomente nicht mehr bestimmbar ist. Die Lösungen sind nur auf mathematischem Wege möglich. Dabei sollte die Beziehung zwischen Widerstandsziffer und Tiefe versuchstechnisch ermittelt sein. Es muß dabei eine asymptotische Funktion für die Widerstandsziffer abgeleitet werden. Der Rechnungsgang ist sehr langwierig und für die Praxis noch wenig geeignet.

e) Die Abschirmung der Spundwand durch Pfähle hinter der Spundwand.

α) Grundsätzliches.

Werden Pfähle dicht hinter der Spundwand eingerammt, so bewirken dieselben eine Verringerung des Erddruckes auf die Spundwand. Die Abschirmwirkung ist abhängig von der Entfernung zwischen Spundwand und Pfahlreihe sowie vom Abstand der einzelnen Pfähle voneinander.

β) Erfahrungswerte.

Aus der Erfahrung haben sich folgende Werte für die abschirmende Wirkung von Pfählen ergeben:

Es ist $V = \dfrac{\text{Pfahlbreite}}{\text{Pfahlabstand}} \cdot 100 = \dfrac{b}{a} \cdot 100$ in Prozent des Erddruckes, der durch den Pfahl aufgenommen wird. Ist $V \geqq 50\%$, so kann angenommen werden, daß die ganze Breite der Erddruckwand auf die Pfähle wirke.

Für $V < 50\%$ ist die wirksame Erddruckbreite B:

$$B = \frac{V}{50} \cdot 100 \text{ in Prozent.}$$

Die Spundwand wird bei einem Pfahlvorbau mit $V = 50\%$ gleich berechnet wie eine verankerte Doppelspundwand. Es sind noch wenig Versuche über die abschirmende Wirkung einer Pfählung durchgeführt worden[1].

---

[1] Vgl. FÖRSTER: Die abschirmende Wirkung des Erddruckes von Spundwänden durch Pfahlroste. Mitt. Hannover Hochschul-Gemeinschaft 1937 Heft 17/18. — E. JACOBY: Grundsätzliches über die Berechnung von doppelten Spundwänden. Bautechn. 1941 S. 240.

Es sei:

$E_a =$ Erddruck auf die Stützmauer oder Spundwand, wenn kein Vorbau vorhanden ist; d. h. $V = 0$,

$E_r =$ verbleibender Erddruck auf die Stützmauer, wenn ein Vorbau vorhanden ist,

$$E_r = E_a \,(100 - V) = E_a \,\eta,$$

$100 \cdot (E_a - E_r) = E_a \, V =$ Erddruck, der von den Pfählen aufgenommen wird.

Obiger Ansatz gilt höchstens für:

Praktisch: $V = 50\%$,
nach FÖRSTER $V = 65\%$.

f) Die verankerte Spundwand.

α) Berechnungsannahmen.

Zur Berechnung von verankerten Spundwänden wurde eine größere Anzahl Berechnungsverfahren entwickelt.

Schrifttum.

AGATZ, A.: Der Kampf des Ingenieurs gegen Erde und Wasser im Grundbau S. 108. Berlin 1936. — CRÄMER: Störungen von ebenen Spannungszuständen und Biegungszuständen durch eingeschlossene Fremdkörper. Ing.-Arch. Bd. 4 (1933). — GRÜNING, H.: Der Eisenbau. Handb. f. Bauing. Bd. 4 S. 323. Berlin 1929. — KREY, H.: Erddruck, Erdwiderstand S. 238/247. Berlin 1936. — SCHOKLITSCH, A.: Der Grundbau S. 154. Springer 1932. — SCHÜTTE, H.: Anwendung der Erddrucktheorie bei der Berechnung von Spundwänden und Kaimauern. Berlin 1940.

Wichtig sind die Annahmen, die den Berechnungen zugrunde gelegt werden (siehe Abb. 427).

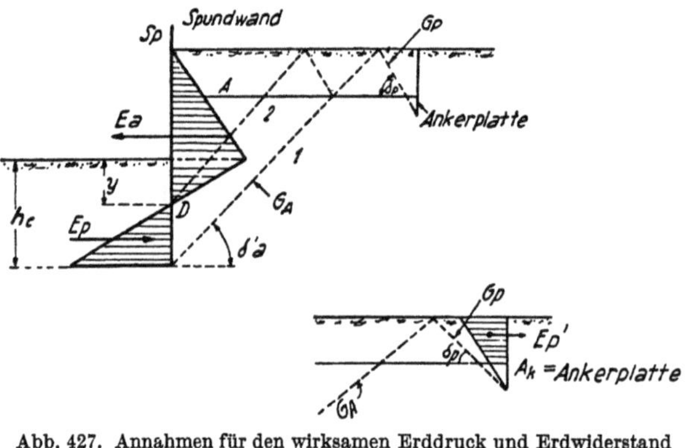

Abb. 427. Annahmen für den wirksamen Erddruck und Erdwiderstand bei Spundwänden mit Ankerplatten. A Anker.

Es bedeutet:

$S_p =$ Spundwand,
$A =$ Ankerstange mit Ankerplatte,
$E_a =$ Erddruck,
$E_p =$ Erdwiderstand auf die Spundwand,
$E_p' =$ Erdwiderstand auf die Ankerplatte,
$G_a =$ Gleitlinie des Erddruckes,
$G_p =$ Gleitlinie des Erdwiderstandes,
$\delta_a' = \pi/4 + \varrho/2$,
$\delta_p = \pi/4 - \varrho/2$.

Die Lage des Drehpunktes D wird nach dem im Abschnitt b) usw. gegebenen Verfahren berechnet.

Beispiel: Bei Ankerblöcken von Hängebrücken wird der Erdwiderstand E_w wiederholt verschieden stark in Anspruch genommen; dadurch wird der Erdwiderstand vermindert infolge der Ermüdungserscheinung.

Aus der Verschiebungsgröße ist die Erfahrungsformel abgeleitet worden:

$$E_p = E_{w\,zul} = E_0 + \tfrac{1}{3}\,(E_w - E_0),$$
$$E_w = \tfrac{1}{2}\,\gamma\,h^2\,\mathrm{tg}^2\,(45 + \varrho/2)\,\lambda,$$
$$E_0 = \tfrac{1}{2}\,\gamma\,h^2\,\lambda.$$

Die zulässige Beanspruchung H_{max} der Bodenmasse errechnet sich dann zu:

$$H_{max} = \Sigma\,E_{w\,zul} + \Sigma\,S - \Sigma\,E_d,$$

ΣS = Reibung der Seitenflächen des Bodenkeiles, wobei angenommen wird, daß
  der Erddruck E_0 mit der Ruhedruckziffer λ wirksam sei;
ΣE_d = die auf die Rückseite des Ankerblockes wirksamen Erddrücke[1].

β) Versuchsergebnisse.

Um die Widerstandskräfte, die bei Verankerungen auftreten, zu bestimmen, wurden verschiedene Versuche durchgeführt[2].

Aus den Versuchen ergibt sich:

Bei einer verankerten Spundwand wirken andere Kräfte, als üblicherweise angenommen wird. Die auftretenden Gleitflächen von Erddruck und Erdwider-

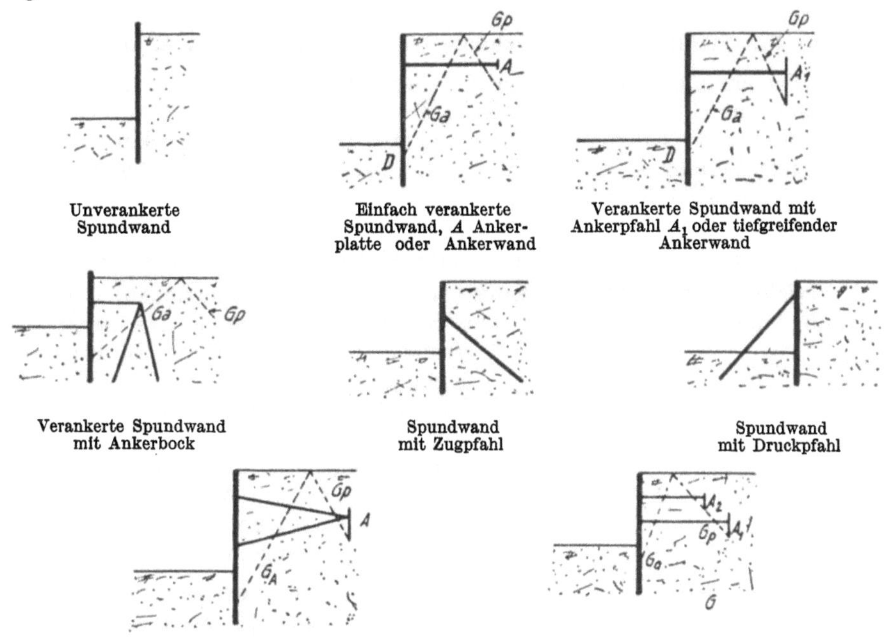

Unverankerte
Spundwand

Einfach verankerte
Spundwand, A Anker-
platte oder Ankerwand

Verankerte Spundwand mit
Ankerpfahl A_1 oder tiefgreifender
Ankerwand

Verankerte Spundwand
mit Ankerbock

Spundwand
mit Zugpfahl

Spundwand
mit Druckpfahl

Spundwand, doppelt verankert
mit Ankerwand

Spundwand mit getrennten
Ankerwänden.

Abb. 428. Die gebräuchlichen Verankerungen und Annahmen des wirksamen Erddruckes und Erdwiderstandes.
A Ankerplatte, Ankerwand, Ankerpfahl; G_a Gleitlinie bei Erddruck; G_p Gleitlinie bei Erdwiderstand.

stand müssen sich nicht an der Erdoberfläche schneiden. Bei den Berechnungen wird aber diese Annahme häufig gemacht (siehe Abb. 427).

Die Anker sollten außerhalb der Gleitflächen angebracht werden.

Messungen von Kräften in den Ankerstangen liegen nur vereinzelt vor[3].

Die Berechnung ergab z. B. eine Zugspannung von 378 kg/cm², die gemessene Zugkraft betrug 288 kg/cm².

γ) Gleitbedingungen je nach der Wahl der Verankerung.

Die Gleitbedingungen, wie sie üblicherweise bei den gebräuchlichen Verankerungen angenommen werden, gehen aus Abb. 428 hervor.

---

[1] Vgl. TERZAGHI: Gleitwiderstand von Ankerblöcken für Hängebrücken. Bautechn. 1938 S. 429.

[2] W. BUCHHOLZ: Erdwiderstand auf Ankerplatten. Jb. hafenbautechn. Ges. Bd. 12 (1930/31). — E. KRANZ: Über die Verankerung von Spundwänden. Mitt. a. d. Gebiete d. Wasserbaues u. Baugrundforsch. Heft 11. Berlin 1940. — KREY: Erddruck, Erdwiderstand. S. 238. Berlin 1936. — H. PETERMANN: Bewegung und Kraft bei Ankerplatten. Bauingenieur 1933 Heft 43/44. — H. PETERMANN u. W. BUCHHOLZ: Berechnungsverfahren für Ankerplatten und Wände. Bauingenieur Heft 19/20.

[3] Vgl. BAUDELAISE: Bericht 109 des XVI. int. Schiffahrtskongr. S. 17.

2. Fangdämme.

a) Allgemeine Grundlage für die Berechnung von Fangdämmen.

Für die Bestimmung der Abmessung von Fangdämmen müssen berücksichtigt werden: die ungünstigsten Gleitfugen, die Verteilung des Erddruckes, die Größe des Erddruckes, die räumliche Lage des Erddruckes, der Erdwiderstand auf der Fangdammrückwand, die zusätzlichen Spannungen in der Auffüllung infolge einseitigem Wasserdruck, die zusätzlichen Spannungen in der Auffüllung, wenn ein Kippmoment wirksam wird.

b) Die Verfahren zur Berechnung von erdgefüllten Fangdämmen.

Die Berechnungsverfahren können eingeteilt werden in: α) Fangdammberechnung mit Hilfe von Gleitflächen, β) Fangdammberechnung mit Hilfe der Festigkeitslehre, γ) Fangdammberechnung mit Hilfe des Silodruckes. Alle die angegebenen Verfahren berücksichtigen die Steife der Fangdammbohlenbretter oder Fangdammspundwände nicht.

α) Fangdammberechnung mit Hilfe von Gleitflächen.

I. Verfahren von BRENNECKE-LOHMEYER[1]. Es wird angenommen, daß sich von Fuß A der innern Wand und Fuß B der äußern Wand je eine Gleitfläche

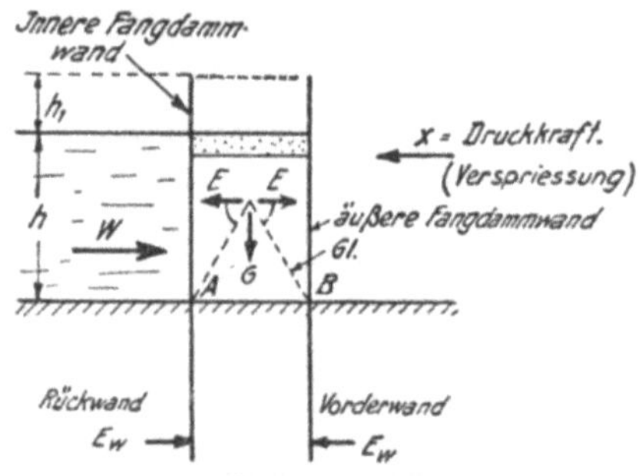

Abb. 429. Annahmen für die Fangdammberechnung (nach LOHMEYER).

E Erddruck oder Silodruck $= E_a$, E_w Erdwiderstand oder Silowiderstand, W einseitiger Wasserdruck, G Gewicht des Fangdammes, Gl Gleitflächen

ausbilde. Darnach würde der Erddruck von innen gegen beide Wände drücken (siehe Abb. 429). Die Bildung der Gleitfläche von Fußpunkt A aus setzt eine Bewegung der innern Fangdammwand gegen das Wasser voraus; dies trifft in Wirklichkeit nicht zu. Es kann also kein Erddruck auf die wasserseitige Fangdammwand wirken.

$E = E_a =$ Erddruck oder Silodruck,

$E_w =$ Erdwiderstand oder Silowiderstand,

$W =$ einseitiger Wasserdruck,

$G =$ Gewicht des Fangdammes.

II. Verfahren nach KREY[2]. KREY nimmt an, daß die Standsicherheit eines Fangdammes einerseits durch die Biegungsspannungen der Stützwand und andererseits durch die Reibung der Erde bedingt wird. Beim unbelasteten Fangdamm wirkt auf beide Stützwände ein Erddruck. Bei Belastung der Konstruktion soll der Erddruck $E = \gamma_e \lambda_a \dfrac{h^2}{2}$ auf die Rückwand um einen Reibungswiderstand der Größe $\gamma_e\, h\, b\, \operatorname{tg} \varrho$ vergrößert werden. Darnach beträgt die gesamte Breite des Fangdammes:

$$b \geq \frac{T}{2\,\gamma_e \operatorname{tg}\varrho}\,,$$

$\varrho =$ Winkel der innern Reibung,

$\gamma_e =$ Raumgewicht der Erde,

$T =$ gesamte Tiefe des Wassers an der Spundwand.

---

[1] Der Grundbau S. 226. Berlin 1927.
[2] Erddruck, Erdwiderstand S. 247. Berlin 1936.

Bei beiderseitigem Wasserdruck mit dem Wasserspiegelunterschied ΔT wird

$$b \geqq \frac{\Delta T}{\gamma_e \, \mathrm{tg}\, \varrho}.$$

Für $\gamma_e = 1{,}6$ und $\varrho = 32°$ wird $b = \dfrac{T}{2}$,

für $\varrho = 17^1/_2°$ wird $b = T$.

Der Formel von KREY wird von den Praktikern vorgeworfen, sie gebe keine genügend sicheren Abmessungen.

III. Verfahren von DÖRR, HENDERDOR und MUND. Alle drei Verfasser gehen von der Annahme aus, daß es sich bei Fangdämmen um die gleichen Probleme handelt wie bei der Berechnung des Erddruckes zwischen zwei Mauern, in Behältern oder Silos. Die Verfasser vernachlässigen die Reibung an der Rückwand des Fangdammes oder der Silos, weil diese Reibung beim Abrutschen der Gleitmassen außer Wirkung kommen soll.

Der Erddruck in einem Fangdamm als doppelt begrenzter Erdkörper ist kleiner als der Erddruck im nur einseitig begrenzten Erdkörper. Die kritische Gleitlinie im Fangdamm liegt steiler als im einseitig begrenzten Gelände[1].

Die Ermittlung der Erddrücke als Silodrücke wird zeichnerisch durchgeführt.

IV. Verfahren nach HOMBERG[2]. Die hintere Wand wird als starr und unbeweglich angenommen. Die Bestimmung der Größe des Erddruckes wird zeichnerisch unter Annahme gebrochener Gleitflächen durchgeführt. Die Druckverteilung wird ebenfalls abgeleitet. Das Verfahren unterscheidet sich von den oben erwähnten in der Art der Durchführung der Bestimmung des Erddruckes.

V. Verfahren nach JACOBY[3]. JACOBY nimmt in der Erdschüttung für die Gleitflächen des Erddruckes und des Erdwiderstandes die gleichen Neigungen an wie im ungestörten Erdreich. Ferner werden ebene Gleitflächen vorausgesetzt unter gesonderter Berücksichtigung der Bindung (Haftfestigkeit des Bodens) und unter Vernachlässigung der stets günstig wirkenden Reibung zwischen Wand und Erde. Das Verfahren von JAKOBY wird von den Praktikern teilweise abgelehnt.

β) Fangdammberechnung mit Hilfe der Festigkeitslehre.

I. Verfahren nach HAGER[4]. Es werden die Bedingungen aufgestellt:

A. daß die Drucklinie immer im mathematischen Kern des Dammquerschnittes liegen muß, da die Auffüllung des Fangdammes keine Zugfestigkeit besitzt.

B. daß die im Erdkörper auftretenden Schubkräfte von der innern Reibung der Erde oder von der Reibung zwischen Erde und Wand vollkommen aufgenommen werden, so daß keine Verschiebungen in der Erde auftreten können.

---

[1] DÖRR: Silos, Handb. f. Eisenbetonbau Bd. 8. Kap. 1. Berlin 1938. — B. HERDERDOR: Erddruck zwischen Stützwänden. Borna 1936. — MUND: Stützmauern. Handb. f. Eisenbetonbau S. 41. Berlin 1936.

[2] Vgl. H. HOMBERG: Graphische Untersuchung von Fangdämmen und Ankerwänden S. 17. Berlin 1938. — Gleitflächenbildung und Sicherheitsgrad. Bautechn. 1941 S. 549 und Korrektur S. 592.

[3] Vgl. JACOBY: Grundsätzliches über die Berechnung von doppelten Spundwänden (Fangdämmen). Bautechn. 1941 S. 240.

[4] Die Berechnung von Fangdämmen. Wasserkr. u. Wasserwirtsch. 1931 Heft 14.

Die Breite b eines Fangdammes müßte sein:

$$b \geqq \sqrt{\frac{h^2}{\gamma_e\,(h + h_1)}}$$

$h =$ Wassertiefe,

$h_1 =$ Höhe zwischen Wasseroberkante und Fangdammoberkante,

oder $\qquad b \geqq \dfrac{3\,h^2}{4\,(h + h_1)\,\gamma_e\,\mu}, \quad \mu = \mathrm{tg}\,\varrho \quad$ (vgl. Abb. 429).

Die Schubspannungen müssen sowohl in der lotrechten als auch in der waagrechten Richtung aufgenommen werden; es soll sein:

$$\tau_{\max} = \frac{3}{4}\,\frac{h^2}{b} \leqq (h + h_1)\,\gamma_e\,\mu \qquad \text{(für waagrechte Fugen)},$$

$$\tau_{\max} = \frac{3}{4}\,\frac{h^2}{b} \leqq (h + h_1)\,\gamma_e\,\lambda_a\,\mu \qquad \text{(für lotrechte Fugen)}.$$

Es wird vielfach bezweifelt, daß der Boden lotrechte Schubspannungen aufnehme. In diesem Falle käme man zu dem Schluß, daß die innere Festigkeit des Erdkörpers nicht ausreicht, um die innern Kräfte einwandfrei aufzunehmen.

II. Verfahren nach O. Fröhlich[1]. Fröhlich macht die Annahme, daß die Spundwände im Boden nicht eingespannt seien. Auf Grund der Druckverteilungsgesetze im elastisch-isotropen Halbraum werden die Wand- und Sohlspannungen in der Auffüllung berechnet. Die innern Spannungen, die durch den einseitigen Wasserdruck und durch das Kippmoment entstehen, werden den Spannungen, die vor Beginn des Wasserstaues herrschten, überlagert. Für die Biegespannungen wird die Naviersche Biegungslehre als gültig angenommen. Namentlich an der Dammferse und in der Sohlmitte wird die innere Reibung der Dammschüttung bestimmt. Die entwickelten Gleichungen von Fröhlich können auch für die Berechnung von Silowirkung wertvolle Dienste leisten. Doch eignet sich in der vorliegenden Form das Verfahren von Fröhlich für praktische Berechnungen von Fangdämmen noch wenig.

γ) **Fangdammberechnung mit Hilfe des Silodruckes.**

I. Verfahren nach Agatz[2]. Es wird angenommen, daß der Silodruck (Erddruck) auf die Vorderwand des Fangdammes wirke, während die Rückwand durch einen Silowiderstand (Erdwiderstand) gestützt werde. Als Siloformeln werden diejenigen von Koenen und Janssen angewendet[3]. Silowiderstand und Silodruck verlaufen stetig. Die Breite b des Fangdammes muß darnach sein:

$$b = 2\,h\,\mathrm{tg}\,\delta\,\mathrm{tg}^2\!\left(45° - \frac{\varrho}{2}\right) = \frac{h}{2\,\mathrm{tg}\,\delta\,\lambda_a},$$

$\delta =$ Reibungswinkel zwischen Wand und Erde,

$\varrho =$ Winkel der innern Reibung des Füllmateriales,

$h =$ Fangdammhöhe,

λ_a bedeutet die Erddruckziffer und kann Tabellenwerken entnommen werden.

II. Verfahren nach O. Fröhlich. Das oben im Abschnitt β) II angegebene Fangdammberechnungsverfahren von Fröhlich kann auch unter die Verfahren gezählt werden, die die Silowirkung grundlegend für die Berechnung der Fangdämme annehmen.

---

[1] Bodenmechanische Gesichtspunkte für die Berechnung von Fangdämmen. Bautechn. 1940 S. 543.

[2] Der Kampf des Ingenieurs gegen Erde und Wasser im Grundbau S. 156. Berlin 1936.

[3] Vgl. Literaturangabe zur Gebirgsdruckbestimmung, Kap. über Tunnelgeologie, Bd. II.

3. Der Erddruck auf Druckluftsenkkästen.

Die Berechnung des Erddruckes infolge der beiden seitlichen Erdkeile bietet keine Schwierigkeiten. Da aber oft an der Schneide des Senkkastens ein Leitwerk (Steuerräder) angebracht wird, so wirkt eine weitere Kraft auf den Senkkasten. Bei einer rauhen Oberfläche wirkt die zusätzliche Kraft unter dem innern Reibungswinkel ϱ der Erde. Die Veränderung der Resultierenden infolge des Leitwerkerddruckes geht aus Abb. 430 hervor[1].

4. Der Erddruck im Tunnelbau.

Der Erddruck wird im Tunnelbau Gebirgsdruck genannt.

Die verschiedenen Verfahren zur Berechnung des Gebirgsdruckes können in 5 Klassen eingeteilt werden, nämlich:

a) der Gebirgsdruck wird als abhängig von der Überlagerungshöhe des Gebirges berechnet: α) die ganze Überlagerungshöhe ist zu berücksichtigen, β) eine verminderte Überlagerungshöhe ist zu berücksichtigen;

b) der Gebirgsdruck wird als unabhängig von der Überlagerungshöhe berechnet. Dabei werden die Annahmen gemacht: α) beim Bau des Tunnels tritt eine Veränderung der Druckverteilung im Gebirge ein, β) die physikalischen Bodeneigenschaften sind für die Größe des Gebirgsdruckes maßgebend;

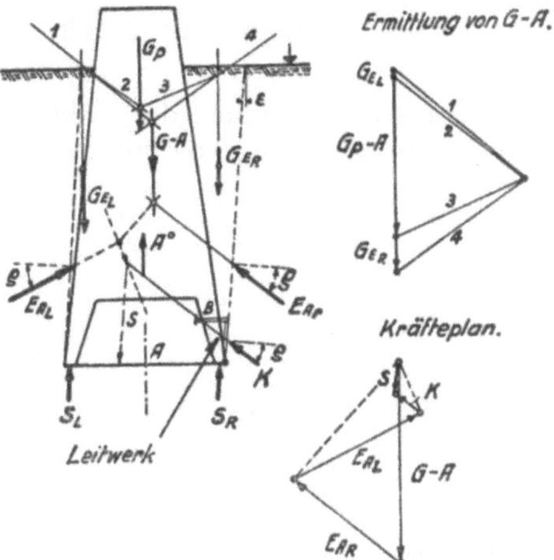

Abb. 430. Erddruckberechnung bei Senkkasten.

c) der Gebirgsdruck wird mit Hilfe der höheren Elastizitätslehre berechnet;

d) der Gebirgsdruck wird mit Hilfe von Modellversuchen bestimmt;

e) der Gebirgsdruck wird mit Hilfe praktischer Erfahrungen berechnet:

α) Bestimmung nach Beobachtungen an gebrochenen Hölzern, β) Bestimmung nach allgemeinen Erfahrungen und Beobachtungen.

Das Problem des Gebirgsdruckes ist im Kapitel über Tunnelgeologie eingehend behandelt (siehe Bd. II).

5. Erddruck auf Dammdurchlässen.

Bei der Bestimmung des Erddruckes auf Durchlässe von Straßen- und Eisenbahndämmen ist die Berechnung der Längskraft, die beim Setzungsvorgang des aufgeschütteten Dammes auf den Durchlaß erzeugt wird, wichtig. Die waagrechte Kraft τ wirkt nur oberhalb des Durchlasses. Daher muß die Schutzschicht über dem Dammdurchlaß die waagrecht wirkende Längskraft Z aufnehmen:

$$Z = \int_0^b \tau \, d\,x.$$

τ ist nicht gleichmäßig über die Oberseite des Durchlasses verteilt. τ ist in der Mitte des Dammes am größten.

---

[1] Vgl. E. Paproth: Die Beeinflussung der Absenkvorrichtung von Druckluftsenkkasten, Bautechn. 1940 S. 441.

Die Berechnung der Längskraft Z ist unsicher und noch nicht abgeklärt. Näherungsweise wird gesetzt:

$$Z_{max} \cong {}^1/_2\, \gamma\, h^2\, b\, tg^2\, (45° - \varrho/2),$$

$b =$ Breite des Dammes; $h =$ Schütthöhe über dem Durchlaß.

Ist $Z_{vorh} > Z_{max}$, so findet ein Abscheren zwischen Durchlaßoberkante und Dammaufschüttungsmaterial statt[1].

6. Der Erddruck auf überschüttete Bauwerke.

a) Grundsätzliches.

Bei der Berechnung des Erddruckes auf überschüttete Bauwerke ist zu berücksichtigen, ob das Bauwerk durch eine Aufschüttung beansprucht wird, die seitlich unbegrenzt ist (Abb. 431), ob das Bauwerk durch eine Aufschüttung mit seitlicher Begrenzung, z. B. durch einen Graben mit Silowirkung belastet wird (Abb. 432), ob bei der Beanspruchung des Bauwerkes sein Deformationszustand und die Auflagerbedingungen mitberücksichtigt werden. Diese verschiedenen Belastungszustände werden beschrieben:

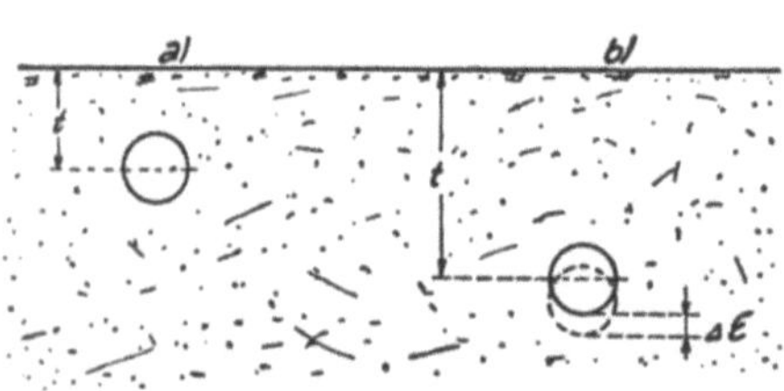

Abb. 431. Grundlagen für die Berechnung von überschütteten Bauwerken. Seitlich unbegrenzte Erddruckwirkung.

a) $t =$ klein, ohne Berücksichtigung der Deformation des Bauwerkes; hier ein Rohr; b) $t =$ groß, mit Berücksichtigung der Deformation ε des Bauwerkes.

b) Belastung eines Bauwerkes durch seitlich unbegrenzte Aufschüttung.

α) Die Gleitbedingungen.

Die Gleitbedingung für nichtbindiges Material (Sand) lautet

$$\sin \varrho = \frac{\sigma_2 - \sigma_1}{\sigma_2 + \sigma_1}. \tag{1}$$

Daraus ergibt sich, wenn $\sigma_2 > \sigma_1$ ist, $\left(\begin{array}{l}\sigma_1 = \text{waagrechte Hauptspannung}\\ \sigma_2 = \text{lotrechte Hauptspannung}\end{array}\right)$

$$\sigma_1 = \sigma_2 \frac{1 - \sin \varrho}{1 + \sin \varrho}. \tag{2}$$

Für eine Spannung σ_0 auf eine Fläche, die unter dem Winkel α gegen die Spannungsrichtung σ_1 geneigt ist, ergibt sich σ_0 nach Gleichung:

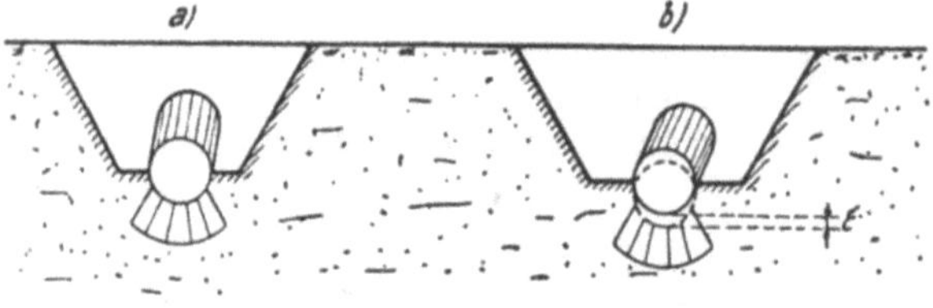

Abb. 432. Erddruck als Silowirkung in einem Graben. a) Ohne Berücksichtigung der Deformation des Bauwerkes (starres Bauwerk); b) mit Berücksichtigung des Deformationszustandes des Bauwerkes.

$$\sigma_0 = \frac{\sigma_2 + \sigma_1}{2} + \frac{\sigma_2 - \sigma_1}{2} \cos 2\, \alpha \quad \text{(siehe Abb. 433).} \tag{3}$$

Der Wert von Gl. (2) in Gl. (3) eingesetzt, ergibt:

$$\sigma_0 = \sigma_2 \frac{1 + \sin \varrho \cos 2\, \alpha}{1 + \sin \varrho}. \tag{4}$$

Bedeutet:

$t_0 =$ die Höhe der Überschüttung über ein Rohr,

$r =$ Halbmesser des Rohres (siehe Abb. 433),

$\alpha =$ der Neigungswinkel des Halbmessers gegenüber der Waagrechten,

[1] Vgl. H. KREY: Erddruck, Erdwiderstand S. 205. Berlin 1936. — L. RENDULIC: Der Erddruck im Straßenbau und Brückenbau. 1938.

so kann die Spannung σ_0 in der Richtung des Halbmessers nach Gl. (4) berechnet werden.

Es ist für

$$\sigma_2 = \gamma \, (t_0 + r \cos \alpha) \tag{4'}$$

$\sigma_2 =$ lotrechter Druck in einer Schüttung zu setzen.

β) Beispiele: Beanspruchung eines Rohres ohne Berücksichtigung des Deformationszustandes.

Wird angenommen, daß durch den Erddruck ein Bauwerk nicht deformiert werde, z. B. sich gleich setze wie das Erdmaterial, so kann der Erddruck nach COULOMB berechnet werden oder nach RANKINE [Gl. (4)].

VOELLMY hat unter Berücksichtigung der Gl.(4) die Momente und Normalkräfte in einem Rohr berechnet (siehe Abb. 434, S. 624)[1].

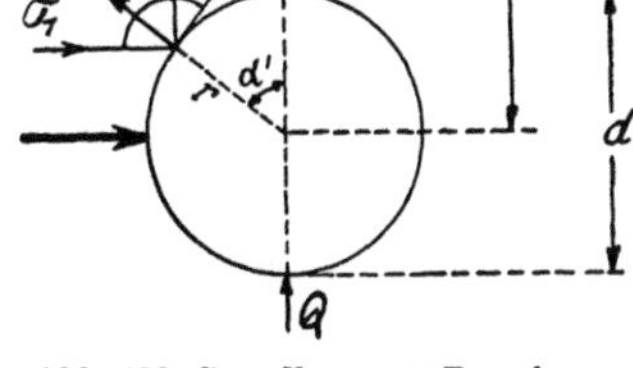

Abb. 433. Grundlagen zur Berechnung der Deformation des Betonrohres infolge des Erddruckes.

γ) Beanspruchung eines Rohres unter Berücksichtigung des Deformationszustandes und der Auflagerbedingungen.

Wird nun angenommen, daß das fiktive Rohr mit dem Durchmesser $d < 2\,r$ aus Schüttmaterial bestehe und dasselbe lasse sich um den Betrag ε zusammendrücken, so braucht es einen zusätzlichen Druck $\Delta \sigma_2$, um die Setzung ε zu erzeugen.

Allgemein wird angenommen, daß die lineare Beziehung bestehe:

$$\Delta \sigma_2 = \varepsilon \, C. \tag{5}$$

$C =$ Bettungsziffer (über die Veränderungen der Bettungsziffer C und ihre Mängel vgl. Abschnitt über Bettungsziffer).

Somit ergibt sich bei Annahme eines elastisch nachgiebigen Rohres, daß der lotrechte Erddruck σ_2'

$$\sigma_2' = \sigma_2 + \Delta \sigma_2 \tag{6}$$

wird.

Man setzt vielfach

$$\frac{\sigma_2 + \Delta \sigma_2}{\sigma_2} = \varkappa = \text{Zunahme des Druckes im lotrechten Halbmesser} \tag{7}$$

infolge der Zusammendrückbarkeit des verdrängten Erdzylinders.

Gl. (4) geht somit über in:

$$\sigma_0 = \varkappa \, \sigma_2 \, \frac{1 + \sin \varrho \cos 2\,\alpha}{1 + \sin \varrho}. \tag{8}$$

Für den Wert σ_2 siehe oben Gl. (4').

Der auf ein Rohr wirkende lotrechte Erddruck R wird dann

$$R = 2 \int_{\pi/2}^{\pi} \sigma_0 \cos \alpha \, 2\,r \, d\alpha \quad \text{(vgl. Abb. 433).} \tag{9}$$

---

[1] A. VOELLMY: Die Bruchsicherheit eingebetteter Rohre S. 181. Zürich 1939.

Durch Integration findet man, indem für σ_0 die Gl. (8) eingesetzt wird:

$$R = \frac{2\,\varkappa\,r\,\gamma}{1 + \sin \varrho}\left[t_0\left(1 + \frac{\sin \varrho}{3}\right) - \frac{r\,\pi}{8}\,(2 + \sin \varrho)\right], \qquad (10)$$

$t_0 =$ Tiefe des Rohrmittelpunktes unter der Erdoberfläche.
$r = r_a$ Halbmesser des Rohres (siehe Abb. 435).

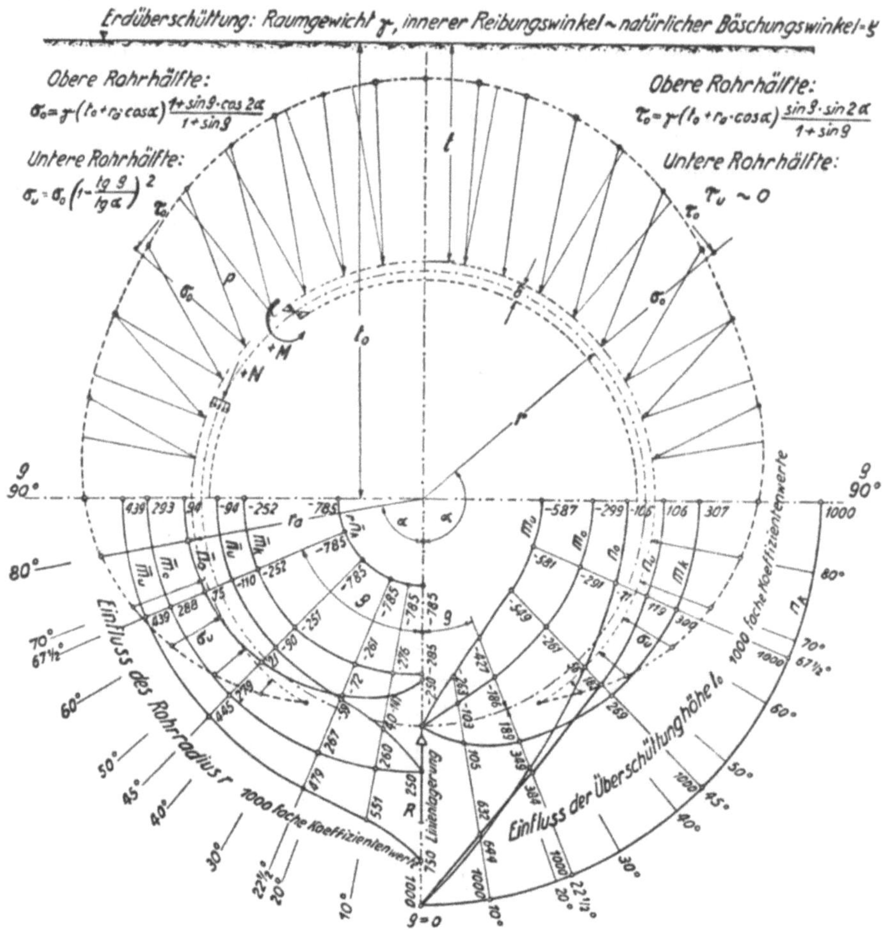

Abb. 434. Berechnung von Röhren in unbegrenzter Überschüttung. Die Zusammendrückbarkeit des Bodens wird vernachlässigt.

Scheitel: $\alpha = \pi$.   Kämpfer: $\alpha = \dfrac{\pi}{2}$.   Sohle: $\alpha = 0$.

Moment: $1000\,M = \gamma\,r\,r_a\,(r_a\,\overline{m}_0 + t_0\,m_0)$ $1000\,M = \gamma\,r\,r_a\,(r_a\,\overline{m}_k + t_0\,m_k)$ $1000\,M = \gamma\,r\,r_a\,(r_a\,\overline{m}_u + t_0\,m_u)$;

Normalkraft: $1000\,N = \gamma\,r_a\,(r_a\,\overline{n}_0 + t_0\,n_0)$ $1000\,N = \gamma\,r_a\,(r_a\,\overline{n}_k + t_0\,n_k)$ $1000\,N = \gamma\,r_a\,(r_a\,\overline{n}_u + t_0\,n_u)$.

oder Gl. (10) anders geschrieben:

$$R = \gamma\,r\,(t_0\,v_u + r\,\overline{v}_u). \qquad (11)$$

Die Werte v_u und $\overline{v}_u$ gehen aus Gl. (10) hervor[1] (vgl. Abb. 436).

Die gesamte Belastung Q des Bodens auf ein überschüttetes Rohr. Die lotrechte Komponente Q aller Kräfte, die auf den Boden unterhalb eines Rohres

[1] Vgl. A. VOELLMY: Die Bruchsicherheit eingebetteter Rohre S. 188. Empa-Bericht 35. Zürich 1937.

wirken, wird

$$Q = R + G - A. \qquad (12)$$

R = lotrechte Komponente der Erdlasten, G = Gewicht des Rohres und Rohrfüllung, A = Auftrieb an Rohren unter Grundwasserspiegel.

Spezifische Belastung des Bodens durch ein überschüttetes Rohr. Wird angenommen, die Last Q werde durch den Boden aufgenommen, so wird die spez. Bodenbelastung q wie folgt berechnet:

Allgemein wird vorausgesetzt, daß

$$q_1 = C \, \varepsilon'. \qquad (13)$$

C = Bettungsziffer.

Wird *bindiges* Bodenmaterial angenommen, so wird

$\varepsilon' = \varepsilon \cos \alpha$ (s. Abb. 435),

d. h.

$$q_1 = C \, \varepsilon \cos \alpha, \qquad (14)$$

ε' = radiale Zusammendrükkung.

Ferner ist Q in Gl. (12)

$$Q = \int_{-\alpha_0}^{+\alpha_0} q_1 \, r_a \cos \alpha \, d\alpha, \qquad (15)$$

r_a = Außendurchmesser des Rohres.

Gl. (14) in Gl. (15) eingesetzt ergibt:

$$\varepsilon_x = \frac{2 \, Q}{C \, r_a \, (\sin 2 \, \alpha_0 - 2 \, \alpha_0)} \qquad (16)$$

und

$$q_1 = \frac{2 \, Q \cos \alpha}{r_a \, (\sin 2 \, \alpha_0 + 2 \, \alpha_0)}. \qquad (17)$$

Bei *nichtbindigem*, losem Material wird:

$$q_2 = C' \, \varepsilon'', \qquad (18)$$

C' = Bettungsziffer.

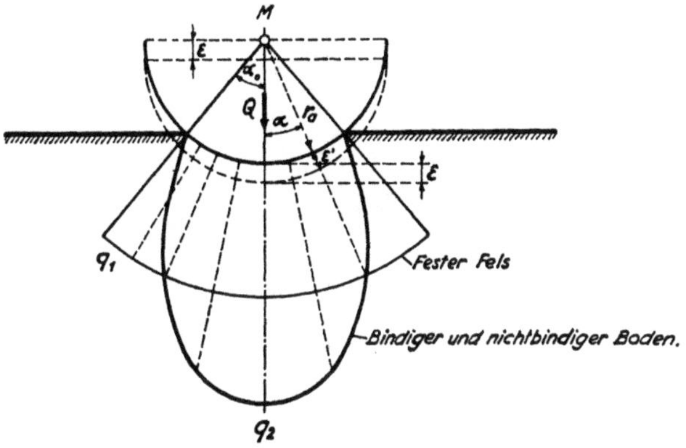

Abb. 435. Verteilung der Auflagerkräfte.

ε Betrag der Zusammendrückung des Bodens unter der Röhre; $\varepsilon' = \varepsilon \cos \alpha$; q_1 Lagerung auf festem Fels; Widerstandsziffer unveränderlich (Bettungsziffer) $c = k$; q_2 Lagerung auf bindigem und nichtbindigem Boden. Die Widerstandsziffer c nimmt linear mit der Tiefe zu.

$$a = 0,04 \text{ bis } 0,08 \text{ kg/cm}^4; \qquad c = a \cdot z; \qquad z \text{ Tiefe.}$$

Die Bettungsziffer ist als Festwert angenommen. Die Bettungsziffer ist abhängig von der Tiefe z.

$$q_1 = \frac{2 \, Q \cos \alpha}{r_a \, (\sin 2 \, \alpha_0 + 2 \, \alpha_0)} \qquad q_2 = \frac{3 \, Q \, (\cos \alpha - \cos \alpha_0) \cos \alpha}{r_a \, (3 \sin \alpha_0 + \sin^3 \alpha_0 - 3 \, \alpha_0 \cos \alpha_0)}$$

α_0 = Winkel für die Auflagerungsbreite d. Betonrohres.

Es wird angenommen, C' nehme linear mit der Tiefe z zu; dann wird

$$C' = a \, z, \qquad (18')$$

z in Abb. 435 wird

$$z = r_a \, (\cos \alpha - \cos \alpha_0) \, \varepsilon \cos \alpha. \qquad (19)$$

Durch Einsetzen in Gl. (15) wird

$$Q = \int_{-\alpha_0}^{+\alpha_0} q_2 \, r \cos \alpha \, d\alpha \qquad (20)$$

und

$$q_2 = \frac{3 \, Q \, (\cos \alpha - \cos \alpha_0) \cos \alpha}{r_a \, (3 \sin \alpha_0 + \sin^3 \alpha_0 - 3 \, \alpha_0 \cos \alpha_0)}. \qquad (21)$$

$2 \, r$ = mittlerer Durchmesser des Rohres.

Unter Berücksichtigung der Auflagerreaktion kann z. B. der Erddruck auf starre Rohre berechnet werden (siehe für R Gl. (11), für q_1 Gl. (17) bzw. q_2 Gl. (21).

Mit diesen Werten hat VOELLMY das Diagramm Abb. 436 entworfen; aus demselben ist die Beanspruchung eines Rohres durch Momente und Normalkräfte ersichtlich.

c) Belastung eines Bauwerkes durch siloartig begrenzte Aufschüttungen.

α) Siloformeln.

Bei siloartiger Belastung eines Bauwerkes können die üblichen Siloformeln angewendet werden. Sie sind öfters streng theoretisch abgeleitet worden.

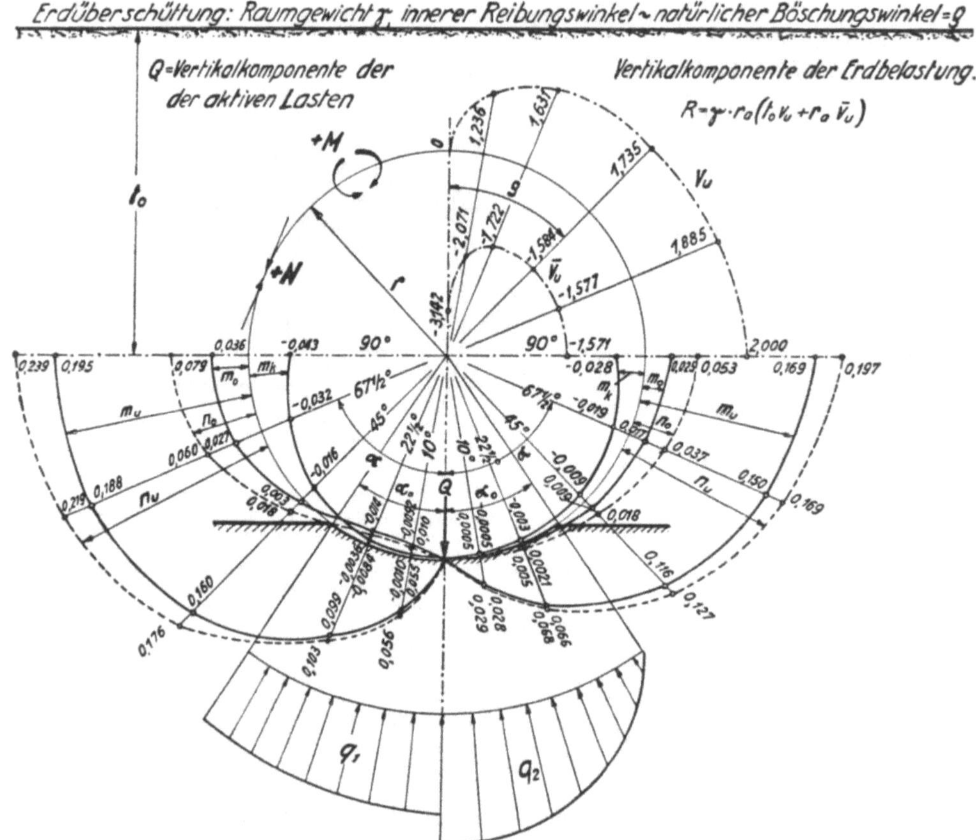

Abb. 436. Berechnung von Röhren unter Berücksichtigung der Zusammendrückbarkeit des Bodens.

Lagerung auf festem Fels:

$$q_1 = \frac{2\,Q\cos\alpha}{r_a\,(\sin 2\,\alpha_0 + 2\,\alpha_0)}$$

Lagerung auf bindigem und nichtbindigem Boden:

$$q_i = \frac{3\,Q\,(\cos\alpha - \cos\alpha_0)\cos\alpha}{r_a\,(3\sin\alpha_0 + \sin^3\alpha_0 - 3\,\alpha_0\cos\alpha_0)}$$

Scheitel: $\alpha = \pi$ Kämpfer: $\alpha = \dfrac{\pi}{2}$ Sohle: $\alpha = 0$

Moment: $M_0 = m_0\,r\,Q$ $M_k = m_k\,r\,Q$ $M_u = m_u\,r\,Q$
Normalkraft: $N_0 = n_0\,Q$ $N_k = 0$ $N_u = n_u\,Q$

Schrifttum.

JANSSEN: Versuche über Getreidedruck in Silozellen. VDI 1895 Nr. 35. — KOENEN: Berechnung des Seiten- und Bodendruckes in Silozellen. Zbl. Bauverw. 1896. — VOELLMY: Die Bruchsicherheit eingebetteter Rohre. Diss. Zürich 1935.

Für Einzelfälle vgl. DÖRR und PRANTE[1].

---

[1] Vgl. DÖRR: Silos. Handb. f. Eisenbetonbau Bd. 14. Berlin 1924. — PRANTE: Messungen des Getreidedruckes gegen Silowandungen. VDI 1896.

Die Siloformeln wurden versuchstechnisch schon oftmals überprüft und ihre Richtigkeit nachgewiesen. Daneben wurden ähnliche Formeln abgeleitet.

Schrifttum.

BUISMANN: Détermination expérimentale de la courbe de MOHR pour un échantillon quelconque de Terre sous l'influence de différentes pressions principales. Sci. et Ind. 1934 Nr. 16. — JOWA: The Theory of Loads on Pipes in Ditches. Jowa Engng. Exp. Stat. Bull. Bd. 31 (1913); Bd. 80 (1926); Bd. 96 (1930); Bd. 108 (1932). — LAGARD: Expériences relatives à la détermination des efforts supportés par des tuyaux placés en terre. Travaux 1934 Nr. 18. — MARQUARDT: Beton- und Eisenbetonleitungen. Berlin 1930. — Die Technik der Betonrohrdurchlässe im Straßenbau. Beton u. Eisen 1934 Heft 2.

Besonderer Erwähnung bedürfen die Versuche von KÖGLER[1], wonach sich bei der Auffüllung von Gräben mit Schüttmaterial stets Gewölbe bilden. Dieselben rufen neue Erddruckgrößen sowohl auf die Grubenseitenwände als auch auf die Röhren hervor; die Versuchsergebnisse können wie folgt zusammengestellt werden:

I. Beim losen Auffüllen von Gräben wird ein Teil des Gewichtes durch die Reibung des Sandes an den Seitenwänden des Grabens getragen. Es bilden sich Gewölbe im Sand.

II. Nach kräftigem Rütteln des Materiales stürzen die Gewölbe zusammen, und es wird ungefähr der Erddruck erhalten, der dem Gewicht der eingefüllten Massen entspricht.

III. Nach weiterem kräftigem Stampfen steigt der Druck auf eine Größe, die den Druck aus dem Sandgewicht allein um ungefähr 50% überschreitet.

IV. Nach äußerst starkem Stampfen (wie es in der Praxis nicht vorkommt), wird ein Druckwert auf das Rohr erhalten, der ungefähr doppelt so groß wird als der Druck aus dem Sandgewicht.

Für die Praxis ergibt sich somit, daß sich beim Einfüllen von Erdmaterial Gewölbe bilden können. Werden diese nicht durch Stampfen zerstört, so ist es möglich, daß die Gewölbe bei Hinzutritt von Feuchtigkeit oder bei zusätzlicher Belastung durch Verkehr in sich zusammenstürzen. Dann treten *augenblicklich* große, zusätzliche Belastungen auf das Rohr auf. Mancher Rohrbruch ist auf diese Erscheinung zurückzuführen.

Schrifttum.

CRUM, R. W.: Field impection of concrete pipe culverts. Bull. 99, Jowa Engng. Exp. Stat. 1930. — MARQUARDT, E.: Beton- und Eisenbetonleitungen in Forscherarbeiten auf dem Gebiete des Eisenbetons Heft 41 S. 2/46. — Der Bau eingebetteter Rohre aus Massivstoffen. Fortschr. u. Forsch. i. Bauwesen, Reihe A 1942 Heft 2. — SPANGLER, M. G.: The supporting strength of rigid pipe culverts, Bull. 112, Jowa Engng. Exp. Stat. 1933. — WOLFER, E.: Belastungen von Rohrleitungen. Ermittlung der Erddrücke auf kreisrunde Eisenbetonrohre bei Grabenleitungen. Stuttgart 1938. — YOUNG, C. R., u. W. B. DUNBAR: Beobachtete Bodendrücke auf tiefe Kanalrohre im Norden der Stadt Toronto. Bull. Nr. 145 Univ. Toronto 1935.

β) Beanspruchung eines Rohres ohne Berücksichtigung des Deformationszustandes.

Für diesen Fall wird nachstehende Siloformel gebraucht[2]:

$$q = q_0 \, \Phi = q_0 \, \frac{1 - e^{-x}}{x}. \tag{22}$$

---

[1] Energiespeicherung durch Gewölbebildung in Erd- und Schüttmassen. Int. Ver. Brücken- u. Hochbau 1936 S. 359.

[2] Vgl. VOELLMY: Die Bruchsicherheit eingebetteter Rohre S. 106. Empa-Bericht 35. Zürich 1937.

$q =$ radialer spez. Druck auf das Rohr,
$q_0 = \gamma\, t =$ hydrostatischer spez. Druck im Scheitel,
$e =$ Basis des nat. Log. $= 2{,}718$;
$t =$ Überschüttung über Scheitel,
$b =$ halbe Grabenbreite auf der Höhe des Rohrscheitels,
$\varrho =$ Winkel der innern Reibung des Aufschüttmateriales,
$\varrho\quad$ wird meistens $=$ dem natürlichen Böschungswinkel gewählt,
$\varrho' =$ Wandreibungswinkel; vielfach wird $\varrho' = \varrho$ genommen (Erde auf Erde),
$\gamma =$ Raumgewicht des Aufschüttungsmateriales.

$$x = \frac{t}{b}\,\psi.$$

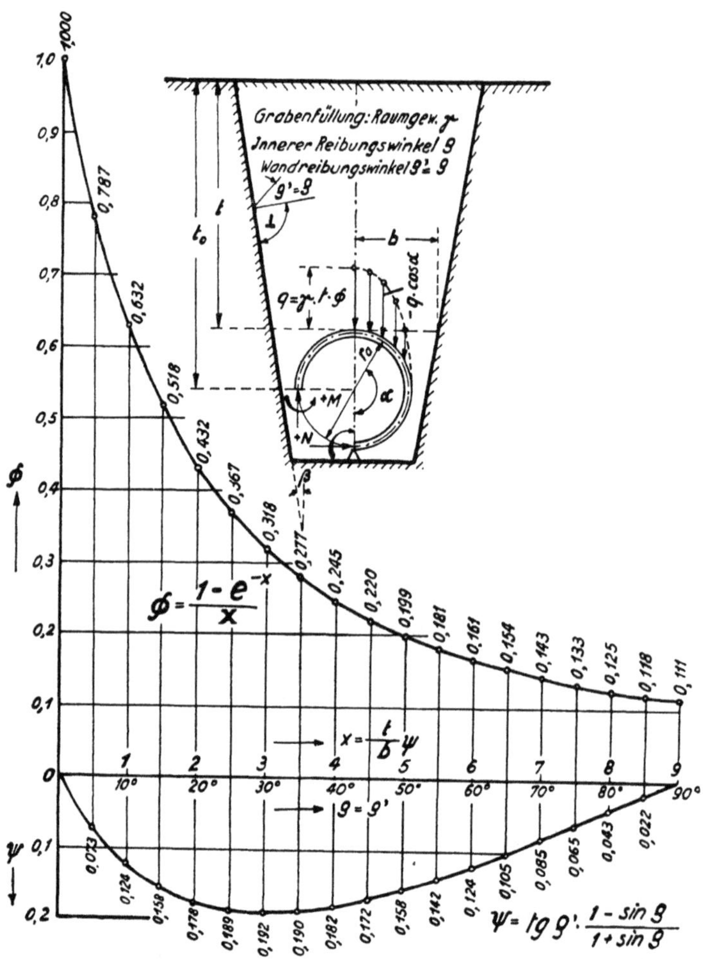

Abb. 437. Berechnung von Röhren in Gräben. Die Zusammendrückbarkeit des Bodens wird vernachlässigt.

Scheiteldruck $q = \gamma\, t\, \Phi$; Φ aus Diagramm für $x = \dfrac{t}{b}\,\psi$; ψ aus Diagramm für $\varrho' = \varrho =$ innerer Reibungswinkel.

Scheitel: $\alpha = \pi$	Kämpfer: $\alpha = \dfrac{\pi}{2}$	Sohle: $\alpha = 0$
$M = -0{,}299\, r\, r_a\, q$	$M = 0{,}307\, r\, r_a\, q$	$M = -0{,}587\, r\, r_a\, q$
$N = -0{,}106\, r_a\, q$	$N = r_a\, q$	$N = 0{,}106\, r_a\, q$

$r_a =$ Halbmesser für die Außenwand des Rohres.

Allgemein ist:

$$\psi = \frac{(1 - \sin \varrho \, \cos 2\,\beta) \sin (\beta + \varrho')}{(1 + \sin \varrho) \cos \beta \cos \varrho'},$$

$\beta =$ Neigungswinkel der Grabenwand gegen die Lotrechte.

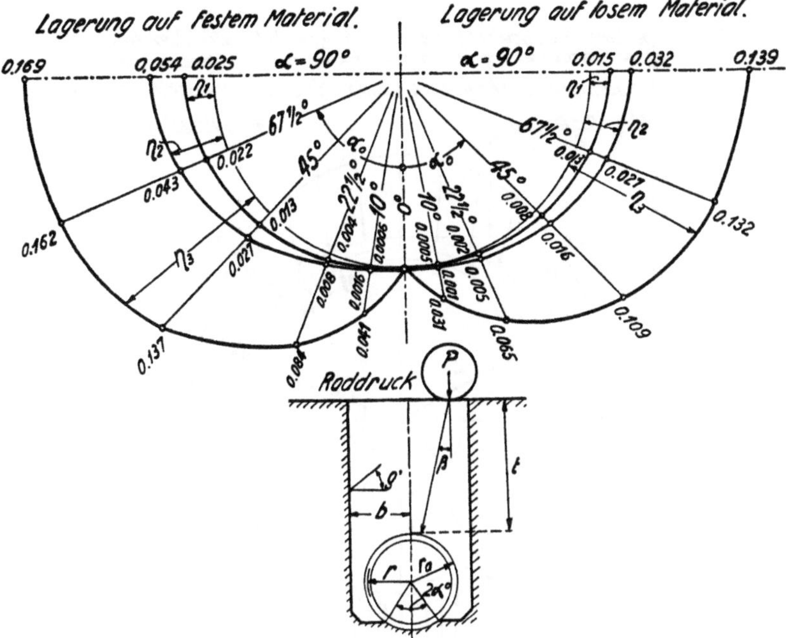

Abb. 438. Grundlage für die vereinfachte Rohrberechnung bei Berücksichtigung einer Radlast. Die Zusammen-drückbarkeit des Bodens wird nicht berücksichtigt.

Scheitel: $M = -0{,}080\, r\,(G + W) - r^2\,(0{,}299\, p - 0{,}299\, p') + (G + W + 2\, p\, r)\, r\, \eta_1 + N\, \dfrac{\vartheta^2}{12\, r}$,

$N = -0{,}080\, G - 0{,}242\, W - r\,(0{,}106\, p - 0{,}953\, p') + (G + W + 2\, p\, r)\, \eta_2 + \dfrac{3\, M}{r}$;

Kämpfer: $M = +\,0{,}091\, r\,(G + W) + r^2\,(0{,}307\, p - 0{,}224\, p') - (G + W + 2\, p\, r)\, r\, \eta_1 + N\, \dfrac{\vartheta^2}{12\, r}$.

$N = +\,0{,}250\, G - 0{,}068\, W + p\, r + \dfrac{3\, M}{r}$;

Sohle: $M = -0{,}239\, r\,(G + W) - r^2\,(0{,}587\, p - 0{,}185\, p') + (G + W + 2\, p\, r)\, r\, \eta_3 + N\, \dfrac{\vartheta^2}{12\, r}$,

$N = +\,0{,}080\, G - 0{,}398\, W + r\,(0{,}106\, p + 0{,}547\, p') - (G + W + 2\, p\, r)\, \eta_2 + \dfrac{3\, M}{r}$;

Beiwerte η für den jeweils maßgebenden Auflagerwinkel α_0:

a) Rohre in weiter Aufschüttung: $p = \gamma\, t + \dfrac{3\, P}{2\, \pi\, R^2}\, \cos \beta$; $p' = \gamma\,(t + r)\, \dfrac{1 - \sin \varrho}{1 + \sin \varrho}$.

Belastungssteigerungen infolge stärkerer Zusammendrückbarkeit weiter Schüttungen sind zu berücksichtigen.

b) Rohre in Gräben: $p = \dfrac{\gamma\, b\,(b + r)}{2\, r\, k}\left(1 - e^{-\frac{k\,t}{b}}\right) + \dfrac{3\, P}{2\, \pi\, R^2}\, \cos \beta$; $k = \operatorname{tg} \varrho'\, \dfrac{1 - \sin \varrho}{1 + \sin \varrho}$; $p' \sim 0$.

$\varrho' \sim \varrho$: Reibungswinkel an der Grabenwandung.

Für $\beta = 0$; d. h. für lotrechte Grabenwände wird

$$\psi = \frac{(1 - \sin \varrho)}{(1 + \sin \varrho)}\, \operatorname{tg} \varrho'.$$

Mit obigen Werten ergibt sich Abb. 437[1], aus welcher auch die Beanspruchung eines Rohres durch Momente und Längskräfte ersichtlich ist.

<hr>

[1] Vgl. VOELLMY: S. 184 Abb. 67.

Im weiteren hat VOELLMY vereinfachte Formeln zur Berechnung der Beanspruchung von Rohren auf Biegungsmomente und Längskräfte abgeleitet[1]. Für die Berechnung des Erddruckes hat er vereinfachende Annahmen gemacht, z. B.:

Für den Druck p auf das Rohr in weiter Aufschüttung ist in Gl. (8) zu nehmen

$$\alpha = 180^\circ, \quad \text{d. h.} \quad \cos 2\,\alpha = 1.$$

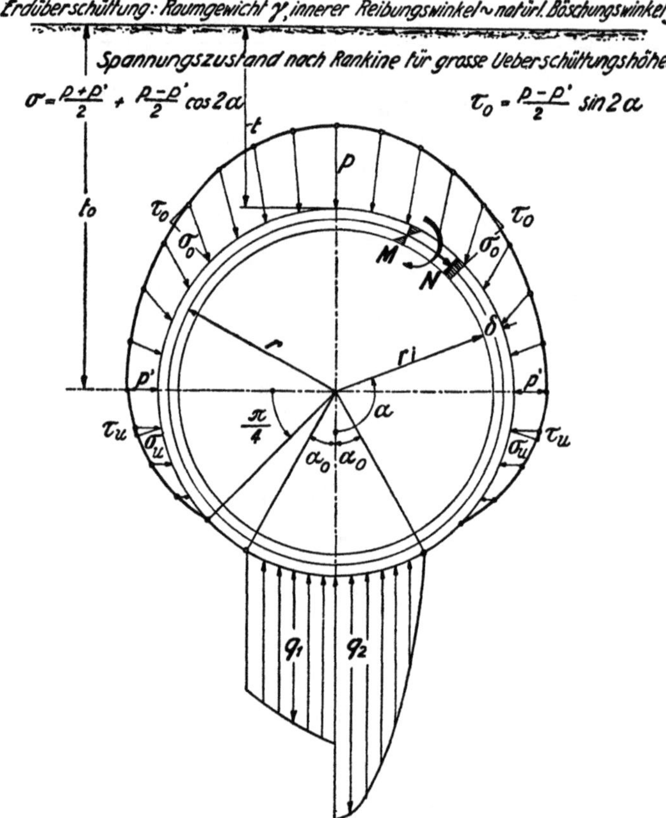

Abb. 439. Grundlagen und Formeln für die vereinfachte Rohrberechnung. Die Zusammendrückbarkeit des Bodens unter dem Rohre wird berücksichtigt.

$\sigma_u \sim -p' \cos 2\,\alpha \sin \alpha$; G Eigengewicht des Rohres pro Längeneinheit;

Lagerung auf festem Material: $q_1 = p\,\dfrac{\cos \alpha}{\sin \alpha_0}$.

$\tau_u \sim -p' \cos 2\,\alpha \cos \alpha$; W Gewicht der Wasserfüllung pro Längeneinheit;

Lagerung auf losem Material: $q_2 = \dfrac{3\,p \cos \alpha}{2 \sin \alpha_0}\left(1 - \dfrac{\sin^2 \alpha}{\sin^2 \alpha_0}\right)$.

Für $\varkappa$ in Gl. (7) ist $\varkappa = 1$ zu nehmen, wenn $\varDelta\sigma_2$ vernachlässigt wird.

Dadurch wird $p = \gamma\,t = \sigma_2$ bei Röhren in weiter Aufschüttung.

Für die Berechnung des Erddruckes p auf Rohre in Gräben ist die Formel (22) zu wählen.

Der Einfluß einer Radlast P ergibt sich nach BOUSSINESQ zu

$$P_e = \frac{3\,P}{2\,\pi\,R^2}\,\cos \beta.$$

Die Auswertung und zeichnerische Auftragung der erhaltenen Werte geht aus Abb. 438/439 nach VOELLMY hervor.

---

[1] Vgl. VOELLMY: a. a. O. S. 191.

d) Folgerungen für die Verlegung von Röhren im Boden.

Aus den Gleichungen von VOELLMY geht hervor, daß der Halbmesser der Röhren von entscheidender Bedeutung für die zu erwartende Größe des Erddruckes und die Beanspruchung des überschütteten Rohres ist. Wird die Berechnung für verschiedene Rohrdurchmesser durchgeführt, so ergibt sich als zulässige Verlegungstiefe von unbewehrten Zementrohren und bei 1,5facher Sicherheit (siehe Tabelle 310):

Annahmen: $E_{Beton} = 300000$ kg/cm^2,

$$\frac{2\,r}{\delta} = \frac{\text{Rohrdurchmesser}}{\text{Rohrwandstärke}} = 10,$$

$E_{Erde} = 300$ kg/cm^2.

Tabelle 310.

Rohrdurchmesser (lichte Weite) cm	Zulässige Verlegungstiefen		Geringste Verlegungstiefe bei Raddruck von 6 t m
	in Erdanschüttungen m	in Gräben m	
10	17		0,50
20	7	55	0,80
40	5	26	1,20
60	4,2	12	1,50
80	3,6	5,3	2,00
100	3,3	3,9	2,60

7. Der Erddruck bei Rutschungen.

Der Erddruck bei Rutschungen ist im fünften Hauptabschnitt: Anwendungen, Kap. I: Rutschungen, eingehend behandelt.

III. Druckverteilung.

Das Problem der Druckausbreitung nach der Tiefe und Breite wurde bis jetzt mathematisch für den isotropen-elastischen Halbraum gelöst; d. h. für die Druckverteilung wurde die Annahme gemacht, daß in *allen* Bodenarten das *gleiche* Druckverteilungsgesetz gelte. FRÖHLICH hat als erster bei seinen mathematischen Formeln die Eigenschaften der verschiedenartigen Bodenstoffe durch Einführung eines mathematischen Koeffizienten, dem sog. Konzentrationsfaktor berücksichtigt.

Die neueren Versuche zur Bestimmung der Art der Druckverteilung ergaben, daß die Druckverteilung nicht nur von der Bodenbeschaffenheit, sondern noch vom Bauwerk abhängig ist: z. B. von der Bauwerksteifigkeit (schlaff oder starr), von der Größe der Fundamentfläche (klein oder groß), von der Form der Gründungsfläche (Quadrat, Rechteck, Kreis usw.), von der Ausbildungsart der Bauwerksohle (waagrechte Sohle, Sohle mit abgeschrägten Ecken, halbkreisförmige Sohlenform, Kegelspitze usw.), von den Eigenschaften des Bodens (bindige oder nichtbindige Böden), vom Wassergehalt des Bodens (plastische oder steife Konsistenz des Bodens).

Im folgenden sind Formeln entwickelt, die auf die versuchstechnisch festgestellte Art der Druckverteilung Rücksicht nehmen.

Noch ungelöst ist das Problem, durch welche bauliche Maßnahmen die Art der Druckverteilung im Boden beeinflußt werden kann.

Grundsätzlich kann man unterscheiden zwischen Druckverteilung im Boden unter der Bauwerksbelastung und Druckverteilung im Boden infolge Eigengewicht.

Druckverteilung infolge Bauwerksbelastung.

Bei den nachfolgenden Untersuchungen über die Verteilung des Druckes, den ein Bauwerk auf den Baugrund ausübt, ist unterschieden zwischen:

A. Druckverteilung unmittelbar unter der Bauwerksohle, B. Druckverteilung nach der Tiefe, C. Druckverteilung nach der Breite.

A. Druckverteilung unmittelbar unter der Bauwerksohle.

Es wurden zahlreiche Versuche und mathematische Untersuchungen durchgeführt, um die Verteilung des Druckes unter einer Bauwerksohle bestimmen zu können[1]. Zu den Versuchen und ihrer Auswertung ist zu bemerken:

1. Versuche über die Druckverteilung unter der Sohle.

Systematische Messungen von lotrechten Normalspannungen unter Bauwerken haben ausgeführt:

STEINER-KICK (Prag): Handb. d. Ing.-Wissensch. 1. Aufl. Bd. 2: Der Brückenbau. Leipzig 1882.

STROHSCHNEIDER (Graz): Elastische Druckverteilung und Drucküberschreitung in Schüttungen. S.-B. Kais. Akad. Wiss., Wien Bd. 121. Febr. 1912.

MOYER (Pennsylvania State College): Distribution of vertical soil pressure. Engng. News Rec. Bd. 69 (1914); Bd. 71 (1915).

ENGER (Univ. Illinois): High unit pressures found in experiments on distribution of vertical loading through sand. Engng. News Rec. Bd. 73 (1916).

GOLDBECK (Bur. Public Roads): Distribution of pressures through earthfills. Proc. Amer. Soc. Test. Mater. Bd. 17 (1917).

KÖGLER-SCHEIDIG (Freiberg): Druckverteilung im Baugrund. Bautechn. 1927/1929.

HUGI (Zürich): Untersuchungen über die Druckverteilung im örtlich belasteten Sand. Diss. Zürich 1927.

GERBER, E. (Zürich): Untersuchungen über die Druckverteilung im örtlich belasteten Sand. Zürich 1929.

FABER (London): The structural Engineer S. 116. London 1933.

PRESS (Norddeutschland): Der Boden als Baugrund S. 20. Bautechn. 1930/1938.

Die Messungen wurden nicht unmittelbar unterhalb der Bauwerksohle durchgeführt, sondern in rd. 10 bis 30 cm Tiefe im Boden.

Für die Versuche wurden verwendet:

Meßdosen (Druckluft; elektrische und Saitenmeßdosen) (siehe S. 138, Bd. II),

Modelle, bei welchen die Schichten verschieden stark gefärbt wurden, um ihre Veränderungen besser verfolgen zu können (siehe Abb. 275/276, Bd. II),

Gelatine, um auf photoelastischem Wege den Verlauf der Spannungen ermitteln zu können.

Die Versuchsanordnungen und die Durchführung der Versuche sind im Hauptabschnitt IV, Kap. II, Untersuchungen im Prüfraum und im Kap. III, Modellversuche näher beschrieben.

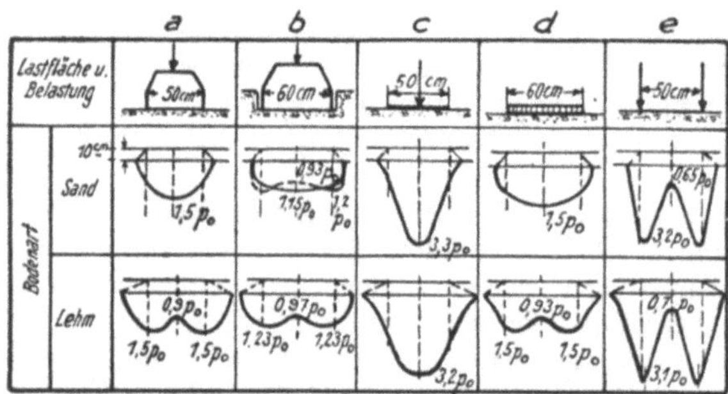

Abb. 440. Versuche zur Ermittlung der Druckverteilung im Boden, unmittelbar unter der Bauwerksohle (nach PRESS).

2. Auswertung der Versuchsergebnisse.

In der Abb. 440[2] und Abb. 441[3] sind einige Versuchsergebnisse wiedergegeben. Aus allen Versuchen ergibt sich:

Die Art der Druckverteilung unter der Fundamentsohle ist abhängig:

---

[1] Vgl. u. a. die Wechselrede SCHLEICHER, KÖGLER, SCHEIDIG: Bauingenieur 1933 Heft 17/18 S. 37/38.

[2] Vgl. PRESS: Der Boden als Baugrund S. 26. Berlin 1940.

[3] Vgl. KÖGLER u. SCHEIDIG: Bauingenieur 1927/1929 sowie HUGI: Untersuchungen über Druckverteilung im örtlich belasteten Sand. Zürich 1927.

a) *von den Baugrundeigenschaften*, wie α) von der Zusammendrückbarkeit des Baugrundes, β) von der Möglichkeit des seitlichen Ausweichens des Bodens, γ) von den zeitlichen Änderungen der Zusammendrückbarkeit;

b) *von den Bauwerkeigenschaften*, wie α) von der Steife des gesamten Bauwerks, z. B. ob von der Gründungssohle bis zum First ein statisch bestimmter Skelettbau oder ein mehrfach statisch unbestimmter Massivbau vorliegt, β) von der Steife des Fundamentes; z. B. ob ein mächtiges, starres Einzelfundament vorhanden ist oder eine dünne, elastisch biegsame Fundamentplatte;

c) *von der Größe der übertragenen Last* und von der Größe der Vorbelastung.

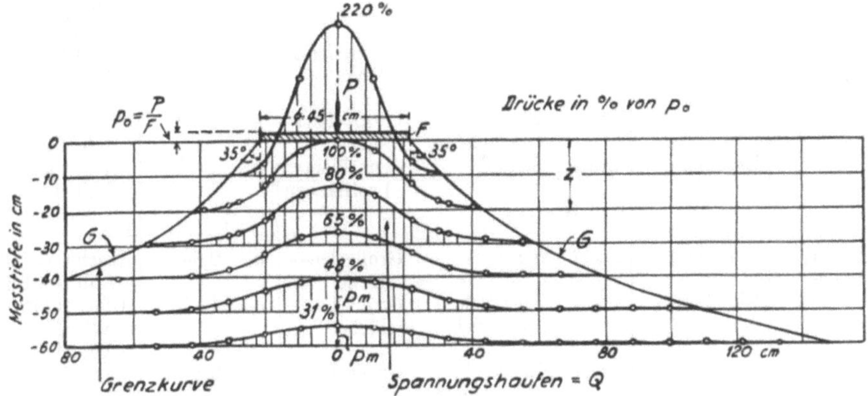

Abb. 441. Druckverteilung und Druckausbreitung im Boden. *G* Begrenzungskurve. ϱ_0 = Begrenzungswinkel; ϱ_0 = 35°.

Aus der Tabelle 311 geht die Abhängigkeit der Form der Sohlendruckverteilung von den Boden- und Bauwerkeigenschaften hervor.

Zu den einzelnen Einflüssen auf die Form der Druckverteilung ist zu bemerken:

a) Die Druckverteilung unmittelbar unter der Fundamentsohle in Abhängigkeit der Bodeneigenschaft.

α) Druckanhäufung und Setzungsunterschied. Je größer die Zusammendrückbarkeit eines Bodens ist, um so größere Setzungsunterschiede werden sich infolge der Drucksummierung unterhalb der Fundamentmitte und Druckabnahme an der Fundamentaußenkante ergeben (vgl. Abb. 442). Diese Setzungsunterschiede wirken sich auf die Druckverteilung unmittelbar unter der Sohle je nach der Starrheit oder Schlaffheit des Fundamentes stärker oder schwächer aus.

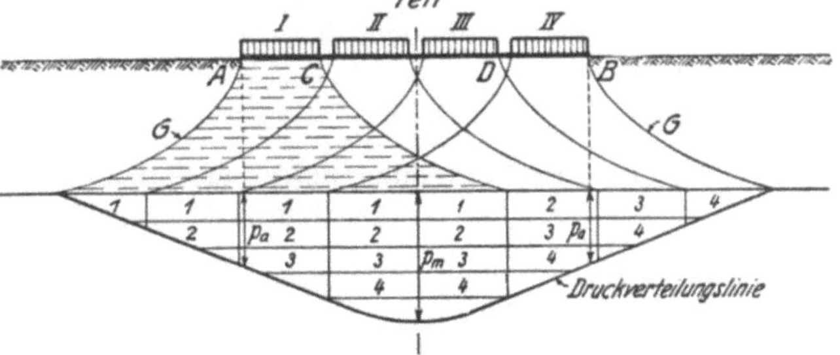

Abb. 442. Summierung der Einzeldrücke infolge Drucküberschneidung. *1, 2, 3, 4* Anteile der Drücke aus den Einzelteilen *I, II, III, IV*; p_m Mitteldruck; p_a Druck an der Fundamentaußenkante; *A—B* Balken, aufgeteilt in Unterabschnitte *A C, C D, D B*; *G* Begrenzungskurve.

β) Reibungskräfte an der Unterseite der Druckplatten. Enger[1] hat nachgewiesen, daß die Spannungssummierung in der Lastflächenmitte zum

---

[1] Science of foundations. Trans. Amer. Soc. civ. Engrs. Bd. 93 (1929). Diskuss.

Tabelle 311. *Abhängigkeit der Form der Druckverteilung von den Baugrundeigenschaften und der Bauwerksteifigkeit.*

| Baugrund-eigenschaft | Belastungsart | Bauwerkeigenschaft | | | | Form der Druckver-teilung unter der Bauwerksohle |
| | | Ober-bau | Fundament | | Bauwerks-steifigkeits-ziffer | |
			Steifigkeit	Größe		
Geringe Zu-sammen-drückbarkeit $K = 1 - 8\%$	Einzellasten	Starr	Starr	Große Last-fläche	$n = 1$	Mehr oder weniger rechteckige Druck-verteilung, Abbil-dung 440 b; 450 a; 443 d; 447 b
	Gleichmäßig verteilte Be-lastung	Starr	Starr	Kleine Last-fläche	$n = 1—1,5$	Parabelförmig, Abb. 440 d (Sand)
	Einzellast	Starr	Elastisch, nachgiebig	Große Last-fläche	$n = 1—2$	Parabelförmig Abb. 440 d; 450 b (Sand),
	Einzellast	Starr bis schlaff	Schlaff	Sehr kleine Lastflächen	$n = 1—2$	Dreieckförmig Abb. 450 c
Große Zu-sammen-drückbarkeit $K = 10$ bis 40%	Einzellast	Starr	Starr	Große Last-fläche	$n = 0,8—1$	Leicht sattelförmig, Abb. 440 b (Lehm),
	Einzellast	Starr	Elastisch, nachgiebig	Große Last-fläche	$n = 1—2$	Glockenförmig, Abb. 440 c (Lehm), Abb. 447 a
	Gleichmäßig verteilte Last	Starr	Elastisch, nachgiebig	Große Last-fläche	$n = 0,8—1$	Sattelförmig Abb. 440 d (Lehm),
	Mehrere Säulenlasten	Starr	Elastisch, nachgiebig	Große Last-fläche	$n = 1—2$ unter d. Last, $n = 0,5—1$ zwischen den Lasten	Sattelförmig Abb. 440 e (Lehm), Abb. 458

Für $n =$ Bauwerksteifigkeitsziffer siehe auch S. 655.

Vgl. auch L. Föppl: Elastische Beanspruchung des Erdbodens unter Fundamenten. Z. VDI 1941 S. 625; ferner Forsch. Bd. 12 (1941) S. 31/39.

Teil auf die Reibungskräfte an der Unterseite der Druckplatte zurückzuführen ist. Fröhlich[1] behandelte diesen Fall mathematisch: „Der Einfluß von Schubspannungen, die in der Oberfläche des Halbraumes wirken, auf den Verlauf der lotrechten Normalspannungen." Die „konzentrierende" Wirkung der nach innen gerichteten Schubspannungen bewirkt eine Erhöhung des Fröhlichschen „Konzentrationsfaktors v" der Bodenschichten unter der Fundamentmitte.

b) Die Druckverteilung unter der Fundamentsohle in Abhängigkeit der Bauwerkseigenschaft.

Die Druckverteilung unter einer Fundamentsohle wird in hohem Maße von der Starrheit des Bauwerkes bedingt. Es werden zwei Fälle näher behandelt, nämlich: α) ein schlaffes Bauwerk, β) ein steifes, starres Bauwerk.

α) **Schlaffes Bauwerk.** Ein schlaffes Bauwerk, dessen Steifigkeit $E_0 J = 0$ ist ($E_0 =$ Elastizitätsziffer des Bauwerkstoffes, $J =$ Trägheitsmoment), schmiegt

---

* Für den K-Wert vgl. das Druckverformungsgesetz von Bendel: $s = K \log\left(\dfrac{\sigma_a + \sigma}{\sigma_a}\right)$.

[1] Druckverteilung im Baugrund S. 55. Berlin 1934.

sich widerstandslos den Formänderungen des Baugrundes an. Da in der Mitte der Fundamentsohle eine Druckanhäufung stattfindet, so findet dort die größte Zusammendrückung des Bodens statt; die Bauwerksohle folgt der Verschiedenheit der Bodensetzungen (vgl. Abb. 442).

β) **Starres Bauwerk.** Betrachtet man ein steifes Bauwerk, dessen Steifigkeit $E_0 J \simeq \infty$ gesetzt werden kann, so wird, wie oben ausgeführt, infolge der Druckanhäufung in der Fundamentmitte der Boden in der Sohlenmitte mehr zusammengedrückt als an der Fundamentaußenkante (siehe Abb. 442 oben mit $p_m > p_a$). Da aber das Fundament sehr starr ist, folgt die Fundamentsohle den Setzungsunterschieden nicht. Der Balken $A{-}B$ lagert gleichsam auf dem Boden mit den Stützpunkten $C{-}D$ auf. Bei den Stützpunkten C und D tritt sekundär eine merkbare Druckanhäufung auf. Die sich einstellende, sattelförmige Druckverteilung geht aus Abb. 440b hervor. Je weicher, d. h. zusammendrückbarer ein Boden und je steifer das Fundament ist, um so mehr stellt sich eine ausgesprochene, sattelförmige Druckverteilung ein.

c) Die Druckverteilung in Abhängigkeit der Größe der Lastfläche.

Aus Abb. 443, 444, 445, 446 ergibt sich, daß die Druckanhäufung p_m in der Sohlmitte um so größer wird, je kleiner die Lastfläche ist. Dabei ist eine gleich groß bleibende spez. Fundamentbelastung p_0 vorausgesetzt.

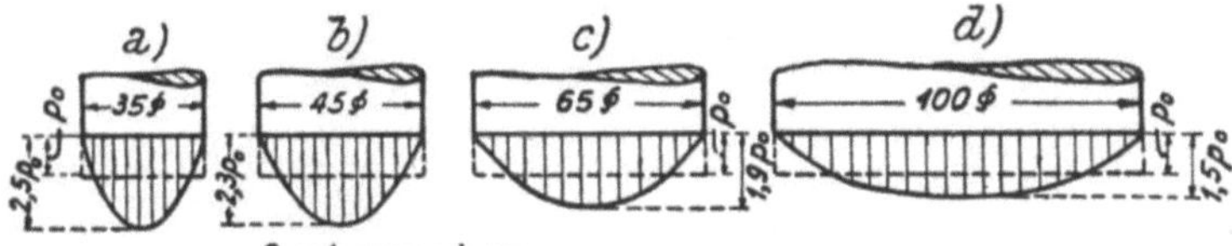

Abb. 443. Sohldruckverteilung in Abhängigkeit der Größe der Lastfläche bei gleichbleibender spez. Belastung p_0.

Beispiel:

Tabelle 312.

Form der Lastfläche	Größe der Lastfläche cm		p_m ausgedrückt durch die Bauwerkbelastung p_0	
Kreis	∅	25	$p_m = 3\,p_0$	
	∅	50	$p_m = 2\,p_0$	p_m = Druck-
	∅	100	$p_m = 1{,}5\,p_0$	anhäufung
Streifen	Breite =	25	$p_m = 2\,p_0$	in der Sohl-
	=	50	$p_m = 1{,}5\,p_0$	mitte
	=	100	$p_m = 1{,}25\,p_0$	

Abb. 444. Änderung der Druckverteilung im Boden bei steigender Belastung.

Schrifttum.

Bonneau: Etude de la fondation rectilique et de la fondation circulaire. Ann. Ponts Chauss. IV, 1938. — Über Lastverteilung bei ruhender und bewegter Last siehe z. B. Straße u. Verkehr 1942 S. 382. — Borrowicka, H.: Druckverteilung unter einem gleichmäßig belasteten elastischen Plattenstreifen. Int. Verb. f. Brückenbau u. Hochbau, Kongr. 1938 S. 843. — Fröhlich, O. K.: Die Bemessung von Flachgründungen aus Eisenbeton und die neuere Baugrundforschung. Beton u. Eisen 1935 Heft 2 S. 189. — Grube, E.: Die Ermittlung der Bodenpressung für Fundamente mit primitiver Standfläche. Schweiz. Bauztg. Bd. 105 (1935) S. 214. — Hetényi, M.: Berechnung von Balken auf elastischer Bettung. Int. Verb. f. Brückenbau u. Hochbau, Kongr. 1938 S. 849. — Kögler, F.: Beanspruchung eines Bauwerkes auf einem nachgiebigen Untergrunde. Int. Verb. f. Brückenbau u. Hochbau 1938 S. 825. — Krynin: Druckverteilung unter breiten Pfeilern. Proc. Amer. Soc. civ. Engrs. 1937 Heft 4; Bauingenieur 1937 S. 29/31. — Magnel: Die praktischen Rechenverfahren nach den Theorien von Boussinesq. Ann. Trav. Belg. 1941 S. 513. — Meischeider, H.: Über den Einfluß der Flächenform auf die Tragfähigkeit von Fundamentplatten. Bau-Ingenieur 1940 S. 83. — OHDE, J.: Die Berechnung der Sohldruckverteilung unter Gründungskörpern. Bauingenieur 1942 S. 99, 122. — Zur Theorie der Druckverteilung im Baugrund. Mitt. Preuß. Versuchsanst. f. Wasser-, Erd- u. Schiffsbau 1939. — SCHÜTTE:

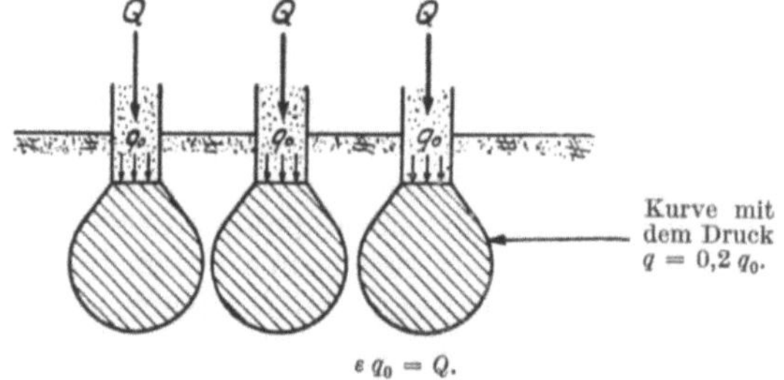

Kurve mit dem Druck $q = 0,2\,q_0$.

Die Bauwerkslast Q ist in Einzelfundamente übergeleitet worden.

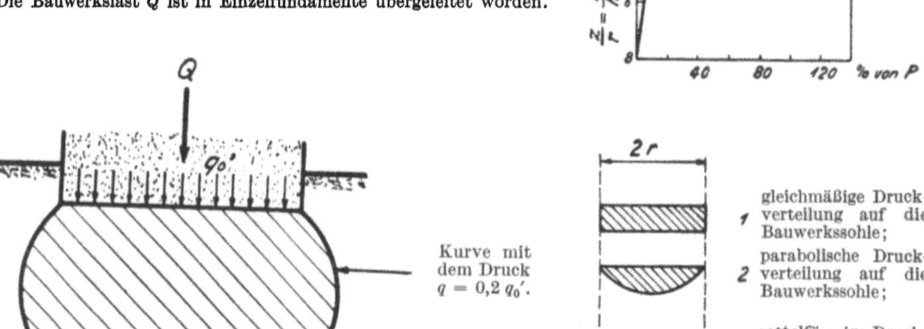

Abb. 446. Druckverteilung nach der Tiefe in der Mitte einer kreisförmigen Platte.

Kurve mit dem Druck $q = 0,2\,q_0'$.

Die Bauwerkslast Q wird durch ein einziges Fundament auf den Boden übergeleitet.

Abb. 445a und b. Tiefenwirkung von Einzellasten (Pfahllasten) und Flächenlasten.

Anregung zur Berechnung der Bodenreaktionen und der Kippsicherheit ausmittig belasteter Massivgrundwerke. Bauingenieur 1941 S. 213. — SCHULTZE, E.: Bemerkung zum Aufsatz von SCHÜTTE. Bauingenieur 1942 S. 44. — SIEMONSEN, F.: Spannungen im Grundkörper und Baugrund. Bautechn. 1941 Heft 15 S. 159, ferner Bautechn. 1942 S. 319.

d) Die Druckverteilung in Abhängigkeit der Größe der Last.

Im allgemeinen nimmt man an, daß die Art der Druckverteilung unabhängig von der Größe der Last sei. Mit wachsender Belastung wird aber die Druckverteilung unregelmäßig, weil bei größerer Belastung der Boden seitlich auszuweichen (fließen) beginnt.

e) Die Druckverteilung bei tiefer Gründung.

Bei weichen Böden, die unter der Bauwerksbelastung gern seitlich ausweichen, ist zu berücksichtigen, daß bei tiefer Gründung eine seitliche Überlast vorhanden ist, die die seitliche Ausweichung verunmöglicht. Es kann eine Pressung an den Fundamentkanten auftreten. Die Folge davon ist, daß der Druck in der Mitte entsprechend kleiner wird und an der Außenkante größer; je tiefer die Gründung wird, um so größer wird die Pressung auf die Kante und damit verbunden geht die Druckparabel in ein Rechteck über (siehe Abb. 447/448); nach KÖGLER wird die Druckverteilung sattelförmig (siehe Abb. 448).

f) Die Druckverteilung bei schub- und zugfestem Boden.

Messungen von PRESS[1] ergaben die in Abb. 448/449 wiedergegebenen Druckverteilungen.

3. Beispiele von Druckverteilungen unter der Fundamentsohle.

Nachfolgend sind einige Beispiele auf Grund von Messungen, Beobachtungen und mathematischen Überlegungen behandelt. Die Richtigkeit einer Annahme über die Druckverteilung ist sehr schwierig zu überprüfen. Es wurden noch sehr wenige systematische Druckverteilungsmessungen an fertigen Bauwerken, wie Eisenbetonfundamenten, Dämmen usw., durchgeführt. Aufschlußreich sind Druck-

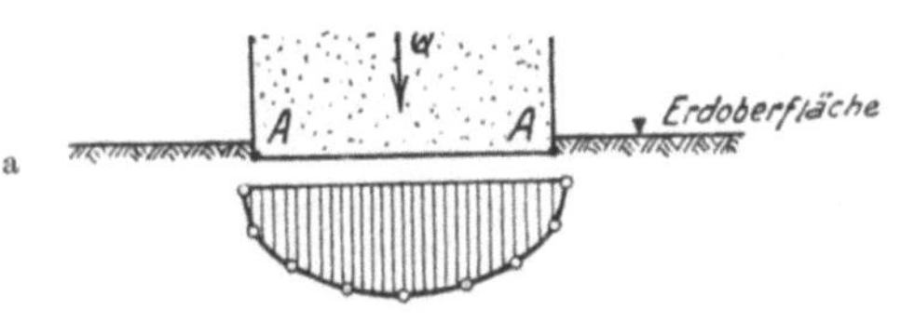

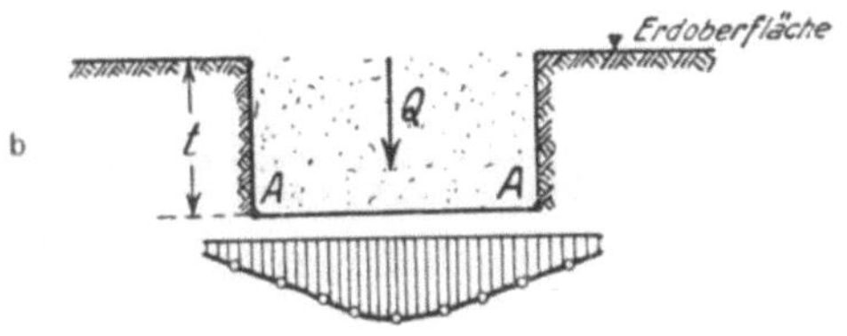

Abb. 447. a Parabelförmige Druckverteilung, Gründung an der Oberfläche. Bei A ist $\sigma = 0$; der Boden kann ausfließen; b verflachte Druckverteilung in der Tiefe.

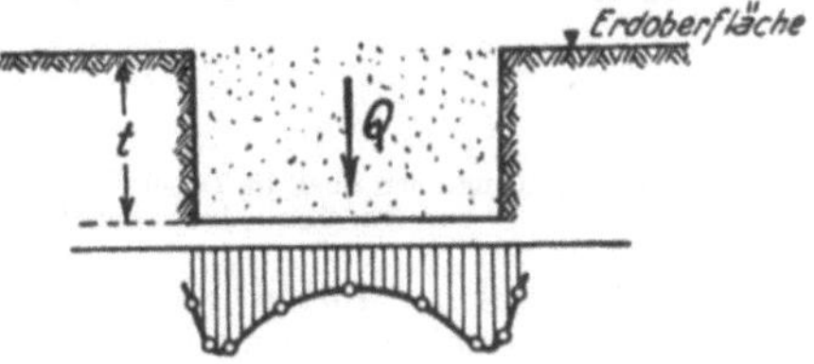

Abb. 448. Druckverteilung bei Gründung auf schubfesten Boden (nach KÖGLER).

verteilungsmessungen, die vom ersten Spatenstich für eine Gründung bis zur Bauvollendung und auch noch in der anschließenden Zeit durchgeführt werden. Diesbezügliche Messungen sind im Gang.

Beispiele:

Die Beispiele a) bis d) behandeln elastisch gestützte Bauwerke.

Beispiel a): Druckverteilung bei Linienlast. Aus Abb. 450 gehen die üblichen Annahmen für die Sohldruckverteilung, wie sie sich auf Grund der bisherigen Beobachtungen ergaben, hervor.

Beispiel b): Balken mit Einzellast in der Mitte[2]. Die Sohldrucke in den Punkten *1, 2, 3* der Abb. 451 betragen:

$$p_1 = n_1 \frac{Q}{U L},$$

$$p_2 = n_2 \frac{Q}{U L},$$

$$p_3 = n_3 \frac{Q}{U L}.$$

Die Werte n sind aus den Abb. 451 zu entnehmen L bedeutet die elastische Länge; hierfür gibt ZIMMERMANN den Wert

$$L = \sqrt[4]{\frac{4 E_0 J}{C U}} \quad \text{an.}$$

Abb. 449. Druckverteilung unter einer Gründung. *a)* Druckverteilung in bindigen Böden, die zugfest sind; *b)* Druckverteilung in nichtbindigen Böden, die nicht zugfest sind.

Punkt A: D Druckkraft, Z Zugkraft;
Punkt B: D Druckkraft, $Z = 0$.

---

[1] Der Boden als Baugrund S. 44 Berlin 1940.

[2] Vgl. ZIMMERMANN: Die Berechnung des Eisenbahnoberbaues 2. Aufl. Berlin 1930; ferner A. HABEL: Näherungsberechnung des auf dem elastisch-isotropen Halbraum aufliegenden elastischen Balkens. Bauingenieur 1937 S. 576.

E_0 = Steifezahl (Elastizitätszahl) des Baustoffes, aus welchem der Gründungskörper
     erstellt wurde, in kg/cm²,

J = Trägheitsmoment des Querschnittes des Gründungskörpers in cm⁴,

C = Bettungsziffer in kg/cm³. Bei den Berechnungen mit der Bettungsziffer ist
     die beschränkte Anwendungsmöglichkeit der Bettungsziffer zu berücksichtigen.

U = Breite des Gründungskörpers in cm.

    Über die Auswertung der Formeln siehe Abb. 452.

Eigenschaften der Bauwerkssohle:

	Steifigkeit der Bauwerkssohle	Größe der Lastfläche	Bauwerksteifigkeitsziffer n
a	Starr	Große Lastfläche	$n = 1$
b	Elastisch-nachgiebig	große Lastfläche	$n = 1$ bis $1{,}5$
c	elastisch-nachgiebig	kleine Lastfläche	$n = 1$ bis $2{,}0$

Abb. 450. Annahmen über die Druckverteilung unter einer Sohle bei Linienbelastung. Der Boden ist nur wenig zusammendrückbar. Sohldruckverteilung als a Rechteck, b Parabel, c Dreieck.

Beispiel c): Balken mit mehreren Einzellasten in gleichen Abständen. Die Sohldrücke p_1 und p_2 berechnen sich zu

$$p_1 = n_1 \frac{Q}{L\,U}; \qquad p_2 = n_2 \frac{Q}{L\,U}.$$

Die Werte n_1 und n_2 gehen aus Abb. 453 hervor. Für die Auswertung der Formeln siehe Abb. 454.

Beispiel d): Kreisplatte[1,2]. Die Sohldrücke errechnen sich zu:

$$p_0 = n_0 \frac{Q}{L^2},$$

$$p_1 = n_1 \frac{Q}{L^2},$$

$$p_r = n_r \frac{Q}{L^2}.$$

Für den Wert L siehe oben unter Beispiel b).

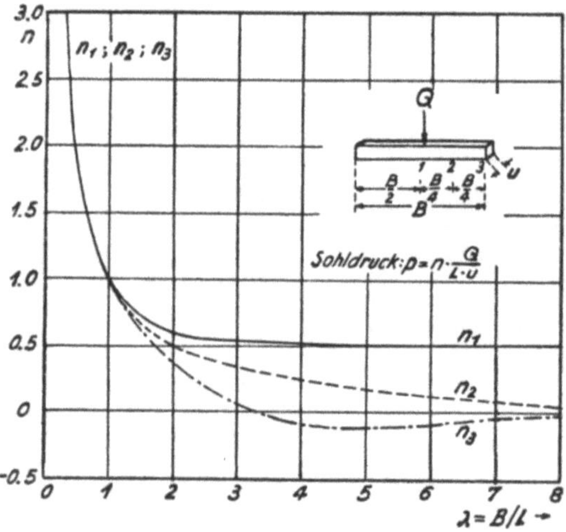

Abb. 451. Sohldruckberechnung bei einem Balken mit Einzellast in der Mitte (nach ZIMMERMANN).

$$L \text{ elastische Länge, } L = \sqrt[4]{\frac{4\,E_0\,J}{C\,u}};$$

E_0 Steifezahl des Baustoffes des Gründungskörpers in kg/cm²; J Trägheitsmoment des Querschnittes des Gründungskörpers in cm⁴; C Bettungsziffer in kg/cm³; u Breite des Gründungskörpers (Balkens) in cm; M_E Zusammendrückungszahl (Elastizitätsmodul) für den Boden; B Länge des Balkens.

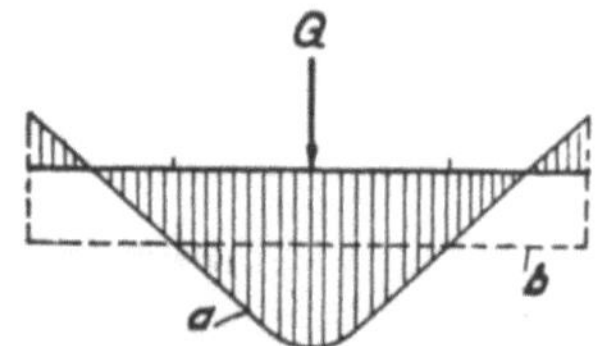

Abb. 452. Druckverteilungskurve bei einem Balken mit Einzellast in der Mitte. Druckverteilungskurven bei: *a* elastischen Balken, *b* starren Balken. Vgl. Abb. 451.

Siehe Abb. 455 für Sohldruckberechnung und Abb. 456 mit Sohldruckverteilungskurven.

---

[1] Vgl. SCHLEICHER: Kreisplatten auf elastischer Unterlage S. 33. Berlin 1926.

[2] Vgl. K. BEYER: Die Statik im Eisenbetonbau Bd. 2 S. 667. Berlin 1934. — A. HABEL: Die auf dem elastisch-isotropen Halbraum aufruhende zentral-symmetrisch belastete elastische Kreisplatte. Bauingenieur 1937 S. 192.

Beispiel e): Gewölbewirkung bei einem Damm infolge ungleichmäßiger Druckverteilung. Infolge der ungleichmäßigen Druckverteilung auf der Dammsohle tritt in der Dammitte eine Entlastung und an den Dammfüßen eine vermehrte Belastung ein. Die Folge ist, daß sich der Damm ungleichmäßig setzt; es tritt im Damminnern eine Gewölbewirkung auf; dieselbe gibt Anlaß zu waagrechten Schubkräften, die die Bildung von Rissen begünstigen (siehe Abb. 457).

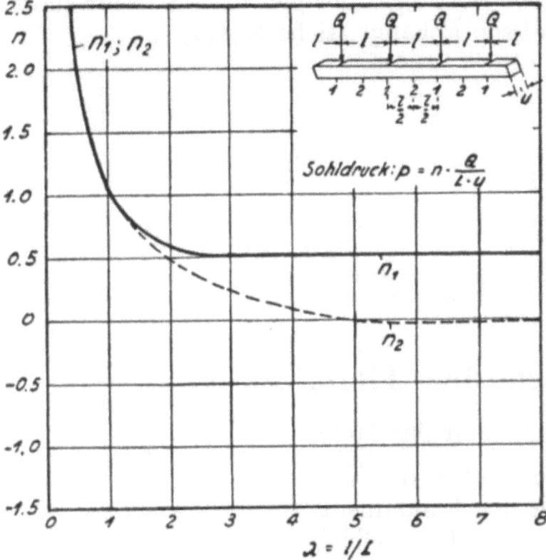

Abb. 453. Sohldruckberechnung bei einem Balken mit mehreren Einzellasten in gleichen Abständen (nach ZIMMERMANN).

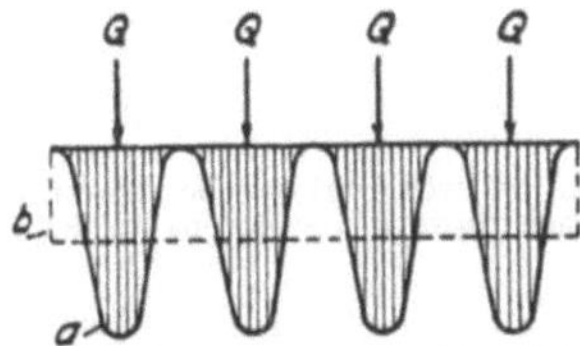

Abb. 454. Druckverteilungskurven bei einem Balken mit mehreren Einzellasten in gleichen Abständen (nach ZIMMERMANN).
Druckverteilungskurven bei: *a* elastischen Balken, *b* starren Balken.
Vgl. Abb. 453.

Beispiel f): Sohldruckverteilung unter einer biegsamen Gründungssohle mit starrem Oberbau. Gegeben sei eine biegsame, schlaffe Fundamentplatte; darauf steht ein steifer, schwerer Oberbau (siehe Abb. 458). Die Einflüsse der biegsamen Platte und des starren Oberbaues auf die Druckverteilung gehen aus den Druckverteilungsbildern a) bis d) hervor.

Beispiel g): Druckverteilung unter Schienen. Die Probleme der Druckverteilung unter Schienen und der mit der Bodenbelastung verbundenen Einsenkungen sind schon vielfach zu lösen versucht worden. Vgl. Kapitel über Setzungen. Im weiteren wird auf das einschlägige nachstehend aufgeführte Schrifttum verwiesen.

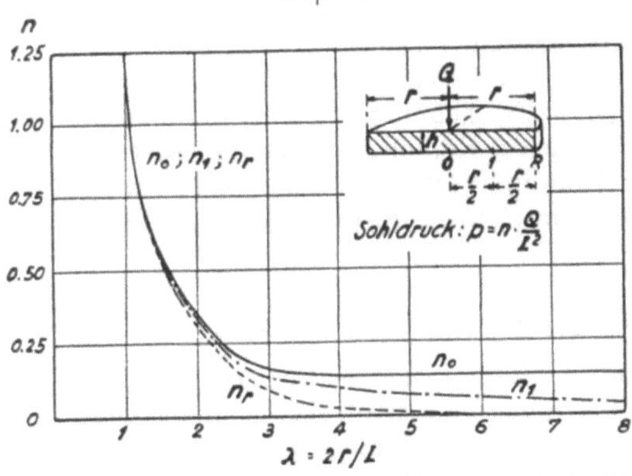

Abb. 455. Sohldruckberechnung bei einer Kreisplatte mit Einzellast (nach SCHLEICHER).

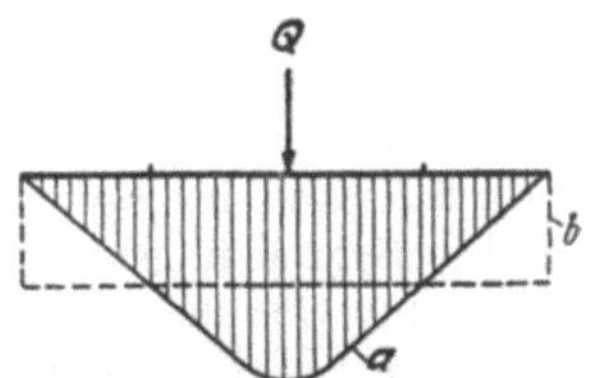

Abb. 456. Druckverteilungskurven bei einer Kreisplatte mit Einzellast in der Mitte
a bei elastischer Platte,
b bei starrer Platte.
Vgl. Abb. 455.

Schrifttum.

PIHERA, H.: Einfluß der Druckverteilung des Unterbaues und des Untergrundes auf die Biegemomente und Stützpunkte der Schiene. Org. Fortschr. Eisenbahnw. 1940 S. 101. — T. A.: Technischer Ausschuß des Vereines Mitteleuropäischer Eisenbahnverwaltungen in Diesen. Die einheitliche Berechnung des Oberbaues. Org. Fortschr. Eisenbahnw. 1937. — WASINTYNSKI: Recherches expérimentales sur les déformations élastiques et le travail de la superstructure des chemins de fer. Paris 1937. — WINKLER, E.: Der Eisenbahnoberbau. Prag 1871. — ZIMMERMANN: Die Berechnung des Bahnoberbaues. 2. Aufl. Berlin 1930.

Alle Ansätze werden auf Grund einer Bettungsziffer gemacht, die sehr stark von den örtlichen Untergrundverhältnissen abhängt (siehe S. 417).

Abb. 457. Gewölbewirkung bei einem Damm infolge ungleichmäßiger Zusammendrückung des Bodens an der Dammsohle. *R* Risse im Damm.

B. Die Druckverteilung nach der Tiefe.

1. Versuche über die Druckverteilung nach der Tiefe.

Die gleichen Forscher, die Versuche über die Verteilung des Druckes unmittelbar unter der Fundamentsohle machten, haben auch Versuche zur Feststellung der Druckverteilung nach der Tiefe durchgeführt. Die aus den Versuchen gewonnenen Ergebnisse wurden vielfach zur Aufstellung von Gleichungen verwendet. Dabei sind, wie bei den rein mathematisch abgeleiteten Formeln, vereinfachende Annahmen gemacht worden. Im Abschnitt 2 sind diese Annahmen kritisch betrachtet. Die hauptsächlichsten Versuchsergebnisse sind:

a) Die Spannungsanhäufung unter der Fundamentmitte (symmetrische Belastung vorausgesetzt) ist bis in große Tiefen feststellbar.

b) Die Bodendrücke nehmen nach der Tiefe längs der Symmetrieachse nicht geradlinig ab (siehe z. B. Abb. 441; 459, 460, 461).

c) Der Druck an irgendeiner Stelle im Boden wächst proportional der aufgebrachten Belastung. Dieses Gesetz gilt nur so lange, als der Fließzustand im Bodenmaterial nicht erreicht wurde.

d) Die Begrenzungskurve ist keine Gerade; sie verläuft in der Tiefe asymptotisch zu einer Geraden (siehe Abb. 441). Diese Erscheinung ist damit zu erklären, daß nach der Tiefe zu der Winkel ϱ der inneren Reibung wächst, mit anderen Worten: der Körper verhält sich in der Tiefe im Vergleich zu der vorhandenen Spannung wie ein fester Körper, bei welchem sich die Spannungen ins Unendliche fortpflanzen.

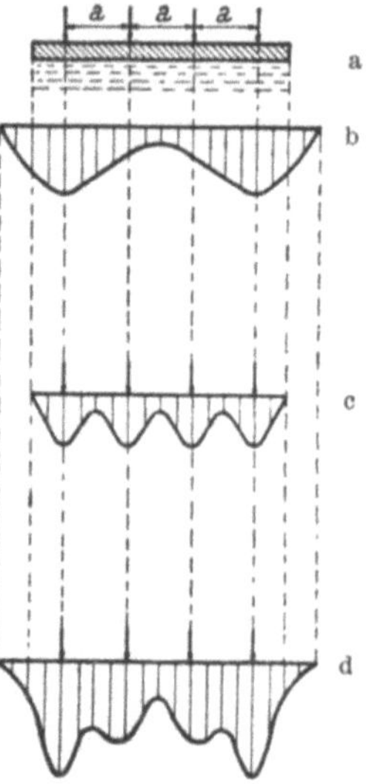

Abb. 458. Schematische Druckverteilung bei starrem Oberbau und schlaffer Gründungsplatte.

a Starre, steife Säulen im Oberbau. Biegsame, schlaffe Eisenbetonplatte. Weicher Untergrund; b Druckverteilung unter der Sohle, infolge der biegsamen Platte allein unter Eigengewicht; c Druckverteilung infolge der starren Säulen allein; d Druckverteilung infolge der biegsamen Platte und der starren Säulen (Superposition b und c).

2. Die Annahmen für die Druckverteilung nach der Tiefe.

Verschiedene Formeln wurden abgeleitet, mit welchen mathematisch erfaßt werden will, wie ein Druck, der auf den Boden ausgeübt wird, sich nach der Tiefe verteilt. Die meisten Formeln über die Druckverteilung machen stillschweigend Annahmen über die physikalischen Eigenschaften des Bodens, die nur zum Teil zutreffen.

Vgl. B. ENYEDI: Verteilung des Bodendruckes unter Mauern mit Fundamentverbreiterung. Schweiz. Bauztg. Bd. 107 (1936) S. 25. — G. SCHUBERT: Zur Frage der

Druckverteilung unter elastisch gelagerten Tragwerken. Ing.-Arch. 1942 S. 132. Beispiel für das achsensymmetrische Problem.

Man kann zwei Arten von Theorien über die Druckverteilung nach der Tiefe unterscheiden, nämlich: a) Druckverteilungstheorien, die für alle Stoffe gültig sein sollen, b) Druckverteilungstheorien, die nur für bindige und nichtbindige Bodenarten entwickelt wurden.

a) Druckverteilungstheorien, die für alle Stoffe gültig sein sollen.

α) Theorie der Druckverteilung mit Hilfe der hydrodynamischen Analogie.

Verschiedentlich wurde versucht, die Ausstrahlung der Kräfte im Halbraum durch Flüssigkeitsströmungen zu veranschaulichen. Man hat sog. hydrodyna-

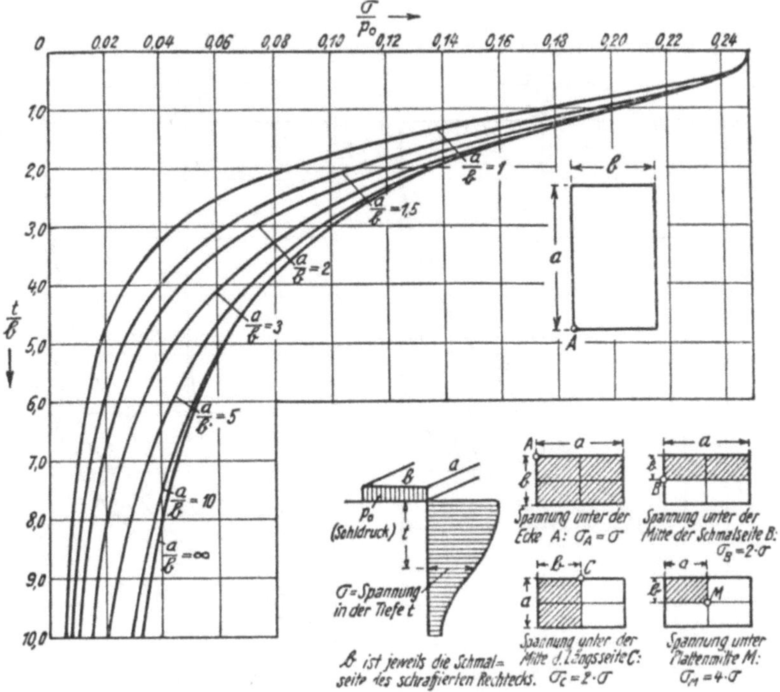

Abb. 459. Ermittlung der Druckverteilung unter einer schlaffen, rechteckigen Lastfläche (nach STEINBRENNER). σ Spannung in der Tiefe t unter der Sohle; p_0 Sohldruck.

mische Analogien zu ziehen versucht. Diese Theorie wird hier nicht weiter verfolgt, da zu viel unbewiesene Annahmen gemacht werden müssen.

β) Theorie der Druckverteilung mit Hilfe von Fließlinien.

Werden zwei aufeinanderliegende, sich reibende Platten unter Druck gesetzt, so nimmt man an, daß der Druck anfangs nur an einzelnen Berührungspunkten übertragen werde. Von diesen aus pflanze sich der Druck unter 45° gegen die Druckrichtung fort. Wird der Druck gesteigert, so entstehen zahlreiche, öfters sichtbare Fließlinien. Sie bilden zwei sich kreuzende Systeme, die sog. Lüders- oder Hartmann-Liniensysteme.

Die Fließlinien zeigen den Strömungsweg der mechanischen Kräfte an.

Die Fließlinien sind in neuerer Zeit von Th. von Kármán, L. Prandtl und F. Rinne für Fels, Sandstein usw. weiter untersucht worden.

Mit Hilfe der Fließlinien sind auch verschiedene Theorien über den *Bruchzustand* entwickelt worden. Vgl. Kapitel über Zustandsformen, Abschnitt F: Bruchzustand.

Die Anwendung der Lüderschen Fließlinientheorie ist hier nicht weiter verfolgt, da die Theorie der Fließlinien für die Verteilung des Druckes in bindige und nichtbindige Böden noch zu wenig abgeklärt ist.

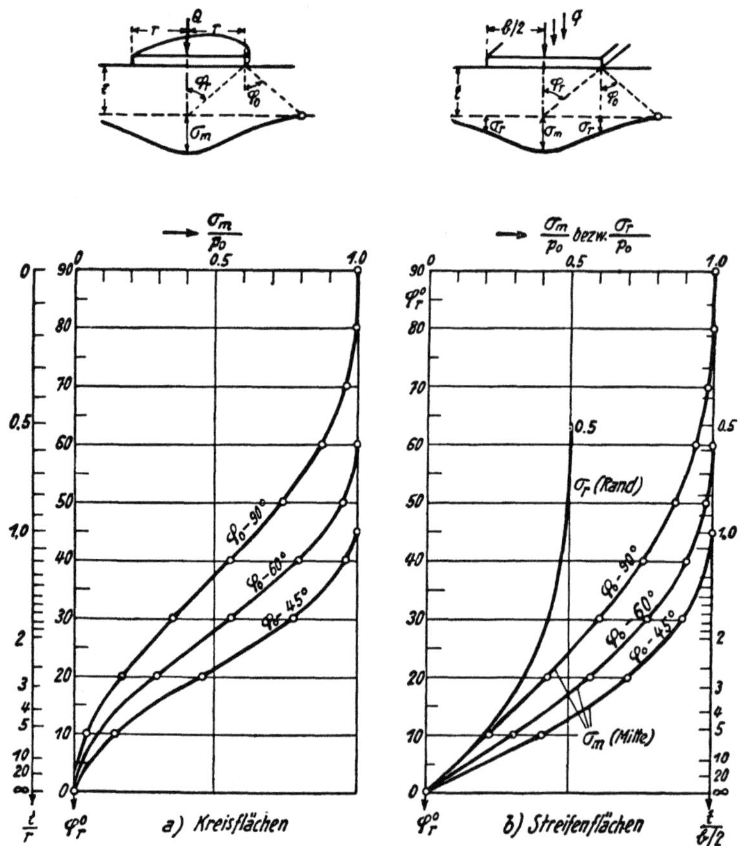

Abb. 460. Ermittlung der Mittendrücke σ_m und der Randdrücke σ_r bei rechteckiger Sohldruckverteilung.

γ) Theorie der Druckverteilung mit Hilfe von Kraftfeldern.

I. Begriffe.

Feld: Von einem Feld wird gesprochen, wenn in einem bestimmten Zeitpunkt jedem Raumpunkt eine bestimmte Größe (Skalar, Vektor, Tensor) zugeordnet ist.

Vektor: Der Vektor ist eine im Raume nach Größe und Richtung festgelegte Eigenschaft, z. B. Kraft, Geschwindigkeit, Beschleunigung. Sie wird bestimmt durch: 1. Richtung im Raum, 2. Richtungssinn, 3. absolute Größe.

Tensor: Der Tensor ist der Vektor der Verformung.

Feldarten: Man unterscheidet: Skalarfelder (z. B. Temperatur, Potentialfeld), Vektorfelder (z. B. Kraftfeld, Strömungsfeld), Tensorfelder (z. B. Deformationsfelder).

Kraftfelder: Bei den Kraftfeldern stellen die Vektoren ihrer Größe und Richtung nach Kraftwirkungen dar (Kräfte, Spannungen). Zur Erzeugung von Kraftfeldern sind Kraftquellen bzw. Senken notwendig.

Statische Felder: Statische Felder sind ruhende, stets im Gleichgewicht sich befindende Felder.

Dynamische Felder: Dynamische Felder sind bewegte, sich stetig oder unstetig verändernde Felder.

Verzerrungsfelder: Bei den Verzerrungsfeldern stellen die Tensoren ihrer Größe und Richtung nach eine bestimmte Art von Verzerrungen an den einzelnen Elementen dar. Bei den festen und zähflüssigen Körpern erfahren die Elemente Verformungen und Volumenänderungen infolge der Kraftwirkungen.

Strömungsfelder: Werden durch Kraftfelder Flüssigkeitsteilchen in Bewegung gesetzt, so ergeben sich Strömungsfelder.

II. Verlauf der Kraftfelder. An den Belastungspunkten, den sog. Kraftquellen, strömt die Kraft in den Körper ein, während die Kraft an den Auflagern (Kraftsenken) den Körper verläßt. Mit Hilfe der in diesem Körper entstehenden Kraftfelder lassen sich die Hauptspannungen und Hauptschublinien veranschaulichen (siehe Abb. 462)[1].

Längs logarithmischen Spiralen, die von den Kanten der Lastflächen ausgehen, erfolgt bei Überlasten das Abscheren. (Vgl. Kap. V: Tragfähigkeit des Bodens, Abschnitt D: Berechnung der Tragfähigkeit nach PRANDTL, CAQUOT, RÉSAL mit Hilfe gekrümmter Gleitflächen.)

Mit Hilfe der Theorie über den Verlauf der Kraftfelder sind Verfahren zur Berechnung der Tragfähigkeit des Bodens entwickelt worden. Die Theorie wurde oft angefochten. In der Praxis wird sie, weil kompliziert, nicht angewendet[2].

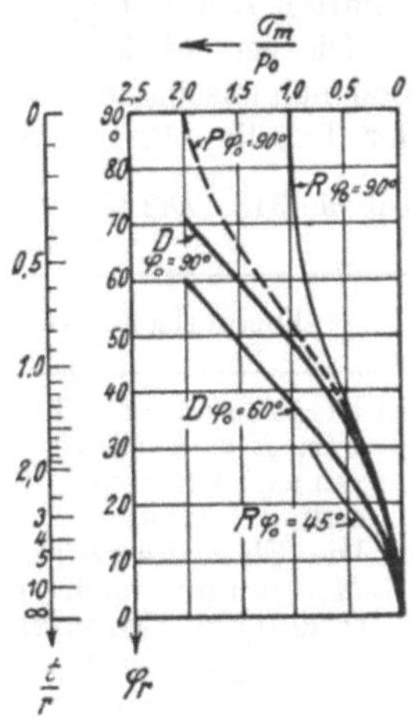

Abb. 461. Mittendrücke σ_m in der Achse einer Kreisplatte bei dreieckigem, parabolischem und rechteckigem Sohldruck.

$$p_0 = \frac{Q}{F} = \frac{Q}{r^2 \pi}; \qquad \text{Rechteck:}$$

$\sigma_m = p_0\,(1 - \cos^3 \varphi_r)$; Parabel: $\sigma_m = 2\,p_0\,[1 - 2\,\text{ctg}^2 \varphi_r\,(1 - \cos \varphi_r)]$; Dreieck: $\sigma_m = 3\,p_0\,(1 - \cos \varphi_r)$. Sohldruck als: D Dreieck, P Parabel, R Rechteck. Für φ_0 und φ_r siehe Abb. 460.

δ) Die Theorie der Druckverteilung mit Hilfe des Raumgitters.

A. REJTÖ[3] hat schon 1897 auf Grund der Arbeiten von H. FISCHER (1888) nachgewiesen, daß das einfache geometrische Molekularnetz für die Kraftübertragung in festen Körpern theoretisch und versuchstechnisch anwendbar ist. Darnach erfolgt die Fortpflanzung von Zug und Druck nach zwei Linienscharen, die sich kreuzen. Mit der äußeren Druckkraft oder Zugkraft bilden sie einen Wirkungswinkel. In den auf Druck beanspruchten Materialien ist der Winkel zwischen Druckrichtung und Gleitlinien versuchstechnisch kleiner als 45° ermittelt worden.

Zur Vereinfachung der Theorie wird der Winkel oft zu 45° angenommen[4]. Mit dem ideellen Rejtöschen Raumgitter wurde z. B. versucht, die Spannungsverteilung in einer nicht ausgebölzten Baugrube zu erklären[5]. Dieses Verfahren ist theoretisch anfechtbar.

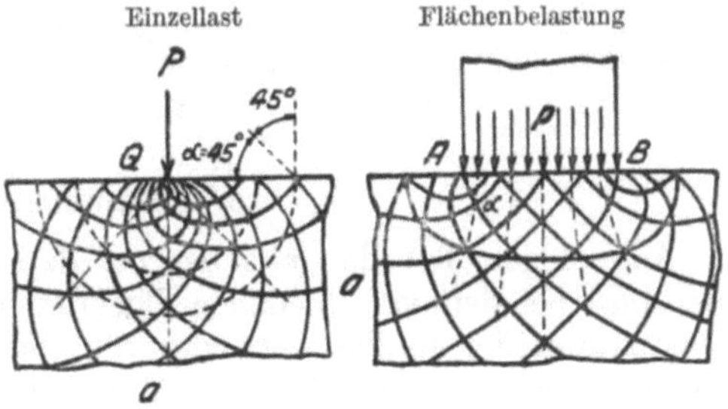

Abb. 462. Hauptschublinien und Hauptspannungslinien im belasteten Halbraum.

— —Hauptschublinien, ┈┈┈┈ Hauptspannungslinien.

---

[1] Vgl. TH. WYSS: Die Kraftfelder in festen, elastischen Körpern. Tafel 11. Berlin 1926.

[2] Vgl. H. PIHERA: Druckverteilung, Erddruck, Erdwiderstand, Tragfähigkeit. Berlin 1928 (mit zahlreichen Tabellen über Drucklinienfelder).

[3] Die innere Reibung fester Körper S. 8. Leipzig 1897. — Einige Prinzipien der theoretischen-mechanischen Technologie S. 238, 249. Berlin 1927.

[4] Vgl. P. LUDWIK: Elemente der technischen Mechanik. Berlin 1909.

[5] Vgl. M. SINGER: Der Baugrund S. 188. Berlin 1932.

b) Die Druckverteilungstheorien, die für bindige und nichtbindige Böden entwickelt wurden.

Die verschiedenen Theorien über bindige und nichtbindige Böden unterscheiden sich hauptsächlich durch die Annahmen über die physikalischen Eigenschaften des Bodens.

Die verschiedenen Annahmen im Vergleich zu den wirklichen physikalischen Bodeneigenschaften, wie sie aus den Versuchen festgestellt wurden, gehen aus der Tabelle 313 hervor.

Tabelle 313. *Die theoretischen Annahmen über die Bodeneigenschaften und die wirklich vorhandenen physikalischen Bodeneigenschaften.*

Theoretische Annahmen	Physikalische Eigenschaften des Bodens, die durch Versuche festgestellt wurden
α) Die Elastizitätsziffer sei ein Festwert $E = k$ (BOUSSINESQ, CAROTHERS, MICHELL, STROHSCHNEIDER, KÖGLER). β). Die Elastizitätsziffer des Bodens M_E nimmt nach der Tiefe zu (FRÖHLICH, BENDEL). Hingegen wird $M_{E\,quer} = M_{E\,längs}$ angenommen.	Die Elastizitätsziffer nimmt mit der Tiefe zu. Nach der Auswertung zahlreicher Versuchsergebnisse nimmt die Elastizitätsziffer M_E bei den meisten Böden linear mit der Belastung σ_z zu; d. h. $M_E \cong k\,\sigma_z$. Der Verfasser fand in seinem Prüfraum auch, daß die Elastizitätsziffer M_E (Steifezahl) im Laufe der Zeit trotz gleichbleibender Belastung ändert; diese Änderung des M_E-Wertes ist auf die Wirkung der Porenwasserströmung zurückzuführen, mit anderen Worten: M_E ist unter Umständen auch eine Veränderliche in Abhängigkeit der Zeit.
γ) Die Elastizitätsziffer ist nach allen Richtungen gleich groß.	Die Elastizitätsziffer ändert sowohl in der lotrechten als auch in der waagrechten Richtung. Bei anisotropen Stoffen kommt man auf 18 verschiedene Elastizitätswerte.
δ) Die Poissonsche Querdehnungszahl ist ein Festwert.	Die Poissonsche Zahl ändert in verschiedenen Richtungen und nach der Tiefe.
ε) Die Druckverteilung bleibt bei allen Bodenarten die gleiche.	Die Druckverteilung ändert je nach der Bodenart, bindige oder nichtbindige Böden, nach dem Wassergehalt des Bodens, Größe und Steifigkeit der Belastungsfläche usw.
ζ) Über die Druckverteilung *nach* der Formänderung des Bodens, z. B. nach der ersten Formänderung werden keine Angaben gemacht.	Die Druckverteilung ändert nach jeder Formänderung des Bodens. Ein Teil der Kraft wird jeweils für die Formänderung des Bodens benützt; dieser Anteil der Kraft ist veränderlich. Die Versuche hierüber sind noch nicht abgeschlossen.

c) Zusammenstellung.

Aus obiger Tabelle geht hervor, daß das wesentlichste Unterscheidungsmerkmal bei den verschiedenen Theorien über die Druckverteilung ist, ob die Elastizitätsziffer als Festwert oder mit der Tiefe veränderlich angenommen wird. Die Urheber der verschiedenen Theorien über die Druckverteilung gehen aus Tabelle 314 hervor.

3. Die wichtigsten Formeln über die Druckverteilung[1].

Die Formeln sind nach der Art der Belastung geordnet, d. h. ob Einzellast, Linienlast, Streifenlast oder Flächenlast vorliegt. Zu den errechneten Spannungszuständen im Innern des Baugrundes infolge äußerer Belastung ist noch der

---

[1] Vgl. SCHUBERT: Zur Frage der Druckverteilung unter elastisch gelagerten Tragwerken. Ing.-Arch. 1942 S. 132.

Tabelle 314. *Die verschiedenen Theorien über die Druckverteilung.*

Urheber	Art der Belastung	Schrifttum
	Die Elastizitätsziffer bleibt unveränderlich.	
BOUSSINESQ......	Einzellast	BOUSSINESQ: Application des potentiels à l'étude de l'équilibre et du mouvement des solides élastiques. Paris 1885
CERUTTI	Waagrechte Einzellast	CERUTTI: Rom 1888
MICHELL	Einzellast	MICHELL: On some elementary distributions of stress in three dimensions. Elementary distribution of plane stress. Proc. Lond. math. Soc. Bd. 32
CAROTHERS	Streifenlast Dreiecklast Trapezförmige Last	CAROTHERS: Elastic equivalence of Statically Equipottent Loads. Proc. Int. math. Congr. Toronto Bd. 11 S. 518; Proc. Lond. math. Soc. Bd. 32 (1900).
MELAN	Linienlast	MELAN: Druckverteilung durch eine elastische Schicht. Beton u. Eisen 1919 Heft 7/8.
STROHSCHNEIDER	Punktlast	STROHSCHNEIDER: Elastische Druckverteilung und Drucküberschreitung in Schüttungen. S.-B. Kais. Akad. Wien Bd. 121 (1912) Abb. IIa
KÖGLER	Linienlast	KÖGLER u. SCHEIDIG: Druckverteilung im Baugrund. Bautechn. 1927, 1928, 1929. — Baugrund u. Bauwerk S. 76/101. Berlin 1939
TERZAGHI........	Flächenlast	TERZAGHI: Résistance des fondations en faible profondeur. I. Kongr. Int. Vereinig. f. Brücken- u. Hochbau. Paris 1932. — Erdbaumechanik S. 169. Wien 1925
	Die Elastizitätsziffer ändert mit der Tiefe.	
FRÖHLICH........	Einzellast Linienlast Streifenlast Flächenlast	FRÖHLICH: Druckverteilung im Baugrund S. 23. Berlin 1934.

Spannungszustand infolge Eigengewicht der Erdmasse zu überlagern, d. h. das Gesetz der Superposition der Kräfte wurde als gültig angenommen. Die abgeleiteten Beziehungen für lotrechte und waagrechte Laststreifen setzen im allgemeinen eine ebene, waagrechte Geländeoberfläche voraus.

a) Druckverteilung bei Einzellast.

α) Für lotrechte Einzellast.

I. Nach BOUSSINESQ. Für lotrechte Einzellast gibt BOUSSINESQ, unter Voraussetzung der Gültigkeit der mathematischen Elastizitätstheorie, im Zylinderkoordinatensystem und strahlenförmiger Ausbreitung, an:

$$\sigma_z = \frac{3\,P}{2\,\pi\,r^2}\cos^3\vartheta \quad \text{(vgl. Abb. 463, 464).}$$

$$\sigma_h = \frac{P}{2\,\pi\,r^2}\left(3\cos\vartheta\sin^2\vartheta - \frac{m-2}{m}\,\frac{1}{1+\cos\vartheta}\right),$$

$$\sigma_t = -\frac{m-2}{m}\,\frac{P}{2\,\pi\,r^2}\left(\cos\vartheta - \frac{1}{1+\cos\vartheta}\right) = \sigma_y,$$

$$\tau = \frac{3\,P}{2\,\pi\,r^2}\cos^2\vartheta\sin\vartheta.$$

Über die Ableitung der Formeln von BOUSSINESQ vgl. Lehrbücher der mathematischen Elastizitätslehre, z. B. FÖPPL: Drang und Zwang 1928. Bei der Ableitung sind 6 Größen unbekannt. Das Gleichgewicht der Kräfte am Element liefert 2 Gleichungen; die Beziehung zwischen Spannungen und Dehnungen und die Kontinuitätsbedingungen liefern die übrigen Gleichungen.

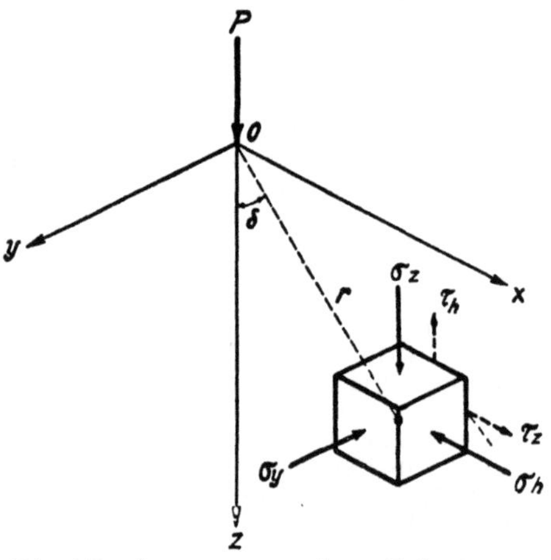

Abb. 463. Spannungen an einem Bodenelement, hervorgerufen durch eine lotrechte Einzellast P (nach BOUSSINESQ).

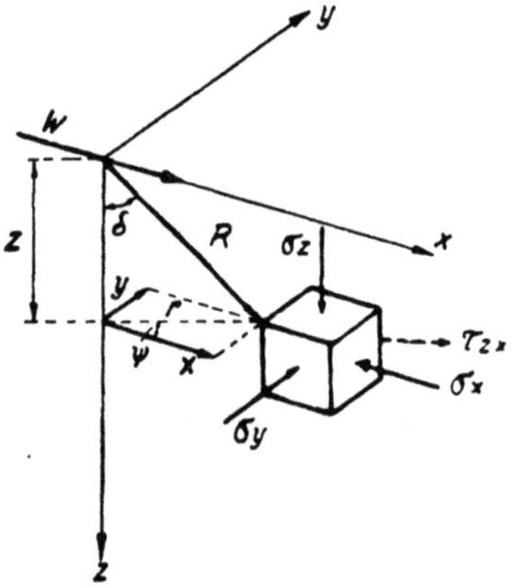

Abb. 464. Spannungszustand an einem Bodenelement, hervorgerufen durch eine waagrechte Einzellast W (nach BOUSSINESQ).

Für lotrechte Einzellast lauten die Gleichungen im Polarkoordinatensystem:

$$\sigma_r = \frac{P}{\pi r^2}\left(\frac{2m-1}{m}\cos\vartheta - \frac{m-2}{2m}\right),$$

$$\sigma_s = -\frac{m-2}{m}\frac{P}{2\pi r^2}\frac{\cos^2\vartheta}{1+\cos\vartheta},$$

$$\sigma_t = -\frac{m-2}{m}\frac{P}{2\pi r^2}\left(\cos\vartheta - \frac{1}{1+\cos\vartheta}\right),$$

$$\tau_r = \frac{m-2}{m}\frac{P}{2\pi r^2}\left(\frac{\sin\vartheta\cos\vartheta}{1+\cos\vartheta}\right) = \tau_s.$$

Für $m = 2$, d. h. im raumbeständigen Boden, werden

$$\sigma_s = 0; \quad \sigma_t = 0; \quad \tau_r = 0.$$

In den obigen Gleichungen bedeuten:

$m =$ Poissonsche Zahl,

$r; \vartheta =$ Polarkoordinaten eines Punktes mit den folgenden Spannungen:

$\sigma_z =$ lotrechte Normalspannung,

$\sigma_h =$ waagrechte Normalspannung in Richtung des Halbmessers,

$\sigma_t =$ waagrechte Normalspannung in Richtung der Tangente,

$\tau =$ die zu σ_z und σ_h gehörige Schubspannung,

$\sigma_r =$ Normalspannung in Richtung des Fahrstrahles,

$\sigma_s =$ die Normalspannung senkrecht zum Fahrstrahl (im Meridian liegend),

$\sigma_t =$ Meridianspannung,

$\tau_r =$ die zu σ_r und σ_s gehörige Schubspannung.

II. Nach Fröhlich ist:

$$\sigma_z = \frac{\nu\,P}{2\,\pi\,r^2}\cos^\nu\vartheta,$$

$$\sigma_h = \frac{\nu\,P}{2\,\pi\,r^2}\cos^{\nu-2}\vartheta\,\sin^2\vartheta,$$

$$\tau = \frac{\nu\,P}{2\,\pi\,r^2}\cos^{\nu-1}\vartheta\,\sin\vartheta.$$

Fröhlich nennt die Zahl ν den „Konzentrationsfaktor" oder die „Ordnungszahl der Spannungsverteilung" und gibt für ν die Werte $\nu = 3$ bis 6 an.

Die Größe des Wertes ν ist abhängig:

A. von den Bodeneigenschaften, ausgedrückt durch die Elastizitätsziffer M_E; die Steifezahl M_E kann als Festwert betrachtet werden oder es kann angenommen werden, daß M_E linear mit der Tiefe zunimmt. M_E bleibt z. B. ein Festwert bei bindigen Böden mit hohem p_k-Wert; dann wird $\nu = 3$, oder M_E wächst linear mit der Tiefe, wie z. B. bei losen, kiesigen Materialien; dann wird $\nu = 4$;

B. von der konzentrierenden Wirkung der nach innen gerichteten Schubspannungen (Reibungsspannungen) an der Lastflächensohle. Praktisch ergibt sich, daß die Erhöhung der lotrechten Normalspannungen durch die Erhöhung des Konzentrationsfaktors ν berücksichtigt werden kann;

C. von dem Ausweichen des Bodens an den Rändern der Lastfläche (Fließerscheinungen). Tritt ein Ausweichen des Baugrundes ein, so werden die Spannungen in der Lastmitte „konzentriert". Dies wird durch Erhöhung des Konzentrationsfaktors berücksichtigt. Für $\nu = 3$ gehen die Formeln von Fröhlich in die Gleichungen von Boussinesq über. Der Fröhlichsche Ansatz

$$F(\vartheta) = \cos^{\nu-2}\vartheta$$

ist nicht die einzige mögliche statische Lösung.

III. Nach Ohde. Ohde führt für die Elastizitätsziffer M_E den Wert ein:

$$M_E = V \cdot p^W,$$

$V =$ ein Bodenfestwert; V entspricht dem Wert $\dfrac{\ln 10}{K}$ in der Setzungsformel von Bendel,

$V = 5$ bis 20 für stark bindigen Boden,

$V = 20$ bis 60 für schwach bindigen Boden,

$V = 60$ bis 500 für nichtbindigen Boden,

$W =$ ein Bodenfestwert;

$W = 1$ für bindige Böden,

$W = 0{,}6$ bis $0{,}7$ für Sand,

$p =$ Belastung des Bodens in kg/cm².

Für die Beziehung zwischen dem Konzentrationsfaktor ν von Fröhlich und dem Bodenfestwert W gibt Ohde die Beziehung an:

$$\nu = 3 + W,$$

für $W = 0$ erhält man $\nu = 3$, d. h. den Fall gleich groß bleibender Elastizitätsziffer, für $W = 1$ erhält man $\nu = 4$, d. h. den Fall mit zunehmender Elastizitätsziffer in Abhängigkeit der Spannung σ.

Ferner hat Ohde[1] die Beziehung abgeleitet $m = \nu - 1 = 2 + W$. m ist die Querdehnungsziffer des Bodens. m ist auch: $m = \dfrac{\lambda + 1}{\lambda}$, wobei $\lambda =$ natürliche Erddruckziffer, d. h. das Verhältnis von waagrechtem zu lotrechtem Erddruck ist (Ruhedruckziffer).

---

[1] Druckverteilung im Baugrund. Bauingenieur 1939 S. 452.

OHDE bestätigt die Richtigkeit der Gleichungen von FRÖHLICH mit Hilfe seines allgemeingültigen Ansatzes für M_E.

IV. Nach STROHSCHNEIDER ist:

$$\sigma_z = \frac{3\,P}{2\,\pi\,z^2}\left[\frac{(\cos\vartheta - \operatorname{cotg}\varphi_0\,\sin\vartheta)\,\cos^4\vartheta}{1 - \cos\varphi_0}\right].$$

Für $\varphi_0 = \dfrac{\pi}{2}$ geht die Formel von STROHSCHNEIDER über in die Formel von BOUSSINESQ. φ_0 bedeutet den Winkel, bis zu welchem der Druck sich ausbreitet. φ_0 wird Grenzwinkel oder Begrenzungswinkel genannt (siehe Abb. 465). STROHSCHNEIDER fand die Beziehung:

$$\sin\varphi_0 = \frac{\gamma_h}{\gamma_{\max}} = \frac{\text{Raumgewicht vorhanden}}{\text{größtmögl. Raumgewicht}}.$$

Als Mittelwert gibt STROHSCHNEIDER $\varphi_0 \cong 50°$ an.

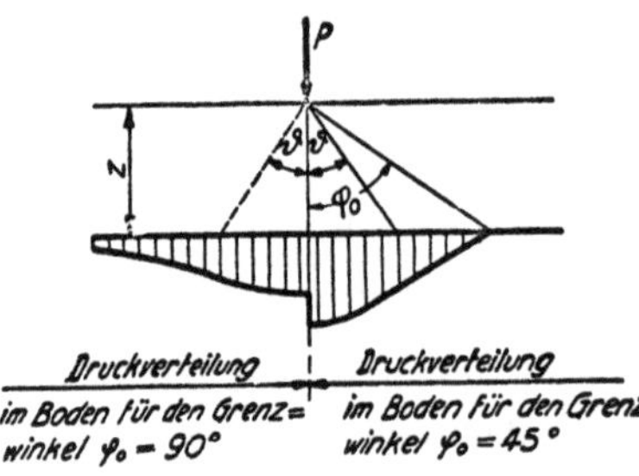

Abb. 465. Druckverteilung bei einer Einzellast in Abhängigkeit des Begrenzungswinkels φ_0.

Tabelle 315.

Bodenart	Begrenzungswinkel (Grenzwinkel)
Nichtbindige Sande..	$\varphi_0 = 25\text{--}45°$
Bindige Böden	$\varphi_0 = \text{bis } 70°$

Obige Formel kann angewendet werden, solange die Breite der Lastfläche im Verhältnis zur Tiefe z sehr klein ist.

V. Beispiel. Der in der Lastachse herrschende Druck σ_m werde nach den verschiedenen Formeln berechnet; dann ergibt sich:

nach BOUSSINESQ:
$$\sigma = \frac{3}{2\,\pi}\cos^5\vartheta\,\frac{P}{z^2} = k_B\left(\frac{P}{z^2}\right).$$

nach FRÖHLICH:
$$\sigma = \frac{\nu}{2\,\pi}\cos^{\nu+2}\vartheta\,\frac{P}{z^2} = k_F\left(\frac{P}{z^2}\right),$$

nach STROHSCHNEIDER:
$$\sigma = \frac{3}{2\,\pi}\left[\frac{(\cos\vartheta - \operatorname{cotg}\varphi_0\,\sin\vartheta)\,\cos^4\vartheta}{1 - \cos\varphi_0}\right]\frac{P}{z^2} = k_S\left(\frac{P}{z^2}\right).$$

Aus obiger Tabelle ist ersichtlich, daß sich die verschiedenen Formeln nur durch den k-Wert voneinander unterscheiden. Auf Grund von Beispielen in der Praxis ergeben sich für die k-Werte folgende Zahlengrößen:

Tabelle 316[1].

Bodenart	Die k-Werte nach		
	BOUSSINESQ k_B	FRÖHLICH k_F	STROHSCHNEIDER k_S
Bindige Böden..........	0,478	0,5	0,5
Nichtbindige Böden	0,478	1,0	2,0

Folgerung: Der Beiwert k schwankt in großen Grenzen für nichtbindige Böden. Da aber in der Natur meistens bindige Bodenarten vorkommen, so können alle drei angegebenen Formeln praktisch angewendet werden.

β) Waagrechte Einzellast.

I. Nach CERUTTI. Der Fall waagrechter Einzellast ist schon von CERUTTI (Rom 1888) untersucht worden. Seine Gleichung gilt für den Fall, daß die Poissonsche Zahl $m = 2$ beträgt. $m = 2$ gilt für raumbeständigen Stoff.

---

[1] Vgl. BENDEL: Druckverteilung im Boden. Dtsch. Wasserw. 1940 S. 234.

II. Nach Fröhlich. Weitere Gleichungen für waagrechte Einzellasten hat Fröhlich[1] abgeleitet.

III. Nach Ohde. Ohde[2] bestreitet die Richtigkeit der Ableitung der Formeln von Fröhlich. Nach Ohde beträgt (siehe Abb. 464):

$$\sigma_z = (V - 2)\,\frac{V}{2\,\pi}\,\frac{W}{z^2}\,\cos\psi\,\sin\vartheta\,\cos^{V+1}\vartheta.$$

Für V, W, ϑ siehe oben.

Folgerung: Aus diesen Angaben ergibt sich, daß die Theorie für die waagrechte Einzellast für den praktischen Gebrauch noch umstritten und unabgeklärt ist. Sie wird hier deshalb nicht weiter behandelt.

b) Druckverteilung bei Linienlast.

Der Spannungszustand bei Linienbelastung kann grundsätzlich mit Hilfe der Airyschen Spannungsfunktion berechnet werden[3]. Mit ihrer Hilfe ergeben sich folgende Formeln:

$$\alpha)\ \text{Lotrechte Linienlast.}$$

Allgemein bedeutet q die Linienlast in t/m².

I. Nach Melan. Melan[4] hat die Formel angegeben:

$$\sigma_z = \frac{2\,q}{\pi\,z}\,\cos^4\vartheta = n_M\left(\frac{q}{z}\right).$$

Für $\vartheta = 45°$ wird $\sigma_z = 0{,}25\,\sigma_{z\,max}$.

II. Nach Kögler ist

$$\sigma_z = \frac{q}{z\,\varphi_0}\,(\cos\vartheta - \cotg\varphi_0\,\sin\vartheta)\,\cos^3\vartheta = n_K\left(\frac{q}{z}\right).$$

Für $\varphi_0 = \dfrac{\pi}{2}$ geht die Formel von Kögler über in die Formel von Melan.

III. Nach Fröhlich ist

$$\sigma_z = f\,\frac{q}{z}\,\cos^{v+1}\vartheta = n_F\left(\frac{q}{z}\right).$$

Für f gibt Fröhlich die Werte in Abhängigkeit von v an. Siehe folgende Tabelle.

IV. Nach Terzaghi. Die Formel von Terzaghi stützt sich auf die Formel von Strohschneider; sie ist deshalb hier nicht aufgeführt.

Tabelle 317.

$v =$	1	2	3	4	5	6
$f =$	$1/\pi$	$1/2$	$2/\pi$	$3/4$	$8/\pi$	$15/16$

Die Formeln I, II und III können angewendet werden, solange eine Streifenlast wirkt, die im Verhältnis zur Tiefe z sehr schmal ist.

Obige Formeln unterscheiden sich lediglich durch den n-Wert. In der Praxis haben sich folgende Zahlengrößen für die n-Werte ergeben:

Tabelle 318[5].

Bodenart	n-Wert nach		
	Melan n_M	Kögler n_K	Fröhlich n_F
Bindige Böden	0,64	0,64	0,64
Nichtbindige Böden	0,64	1,40	1,00

[1] Druckverteilung im Baugrund S. 27. Berlin 1934.
[2] Zur Theorie der Druckverteilung im Baugrund. Bauingenieur 1939 S. 455.
[3] Siehe Föppl: Drang u. Zwang Bd. 1 S. 246.
[4] Die Verteilung des Druckes durch eine elastische Schicht. Beton u. Eisen 1919 S. 83.
[5] Vgl. Bendel: Die Druckverteilung im Boden. Dtsch. Wasserw. 1940 S. 235.

Folgerung: Für nichtbindige Böden ergeben sich merkliche Unterschiede in den Festwerten, ob nach MELAN oder FRÖHLICH gerechnet wird.

β) Waagrechte Linienlast.

I. Nach FRÖHLICH. Den Fall waagrechter Linienlast hat FRÖHLICH[1] behandelt.

II. Nach OHDE. OHDE[2] bestreitet die Richtigkeit der Ableitung der Formeln von FRÖHLICH. Nach OHDE beträgt:

$$\sigma_z = (v - 2)\, C\, \frac{\overline{W}}{z}\, \sin \vartheta \cos^v \frac{\vartheta}{W} = \text{waagrechte Kraft.}$$

Für C wird angegeben:

$v = 2,5$	3,0	4,0	5,0	6,0
$C = 0,5721$	0,6366	0,75	0,85	0,94

$v = $ Konzentrationsfaktor nach FRÖHLICH.

c) Druckverteilung bei Streifenlast, berechnet mit Hilfe der mathematischen Elastizitätstheorie.

Die Druckverteilung unter der Sohle einer Streifenlast kann, wie oben gezeigt wurde, im Querschnitt rechteckig, parabolisch, glockenförmig oder dreieckförmig auftreten. Diese verschiedenen Fälle sind namentlich von BOUSSINESQ und FRÖHLICH[3] behandelt worden.

α) Nach BOUSSINESQ mit unveränderlicher Elastizitätsziffer.

Die Spannungszustände unter einer begrenzten Fundamentfläche ergeben sich durch Integration der Formeln nach BOUSSINESQ. An Stelle der Last P wird die Belastung $p\, df$ genommen und integriert. Daraus ergibt sich folgender Spannungszustand unter q_0 für das Bodenelement:

$$\sigma_z = \frac{q_0}{\pi}\, (\sin 2\,\varepsilon \cos 2\,\psi + 2\,\varepsilon), \qquad 2\,\varepsilon = \beta_2 - \beta_1,$$

$$\sigma_h = \frac{q_0}{\pi}\, (-\sin 2\,\varepsilon \cos 2\,\psi + 2\,\varepsilon), \qquad 2\,\psi = \beta_2 + \beta_1,$$

$$\tau = \frac{q_0}{\pi}\, (\sin 2\,\varepsilon \sin 2\,\psi) \qquad \text{(siehe Abb. 466).}$$

β) Nach FRÖHLICH mit veränderlicher Elastizitätsziffer.

I. Rechteckige Druckverteilung (z. B. bei starrer Gründung in der Tiefe und wenig zusammendrückbarem Boden). In Abb. 466/467 ist ein Querschnitt durch den Boden und durch den Laststreifen dargestellt. Für die lotrechten und waagrechten Spannungen sowie für die Schubspannungen sind von FRÖHLICH unter Annahme verschiedener Bodenstoffe oder mathematisch ausgedrückt unter Annahme verschiedener Konzentrationsfaktoren v geschlossene Formeln aufgestellt worden, nämlich: für den Konzentrationsfaktor $v = 3$, d. h. für vollkommen elastische Böden, die dem Hookeschen Gesetz folgen, für den Konzentrationsfaktor $v = 4$, d. h. für Boden, dessen Elastizitätsmodul linear nach der Tiefe wächst usw.

---

[1] Druckverteilung im Baugrund S. 28. Berlin 1934.

[2] Zur Theorie der Druckverteilung im Baugrund. Bauingenieur 1939 S. 455.

[3] Druckverteilung im Baugrund S. 36/48. Berlin 1934. — BLASS: Tafel zur Berechnung der Bodenpressung unter Grundkörpern mit rechteckiger Sohle. Bautechn. 1942 S. 346.

Je nach der Wahl der Bodenbeschaffenheit bzw. je nach der Wahl des Konzentrationsfaktors v ist:

$q_0 =$ Belastung je Einheit $q_0 = \dfrac{q}{2\,a\,b}$ (für die Werte a und b siehe Abb. 466).

$v = 3$: Für $v = 3$ ergeben sich die Formeln von BOUSSINESQ.

$v = 4$: Die lotrechte Spannung σ_{zm} in der Streifenachse wird

$$\sigma_{zm} = 1{,}5\,q_0\,(\sin\beta - \tfrac{1}{3}\sin^3\beta), \quad \operatorname{tg}\beta = \dfrac{b}{z}; \quad z = \text{Tiefe unter der Sohle.}$$

$v = 5$: Die lotrechte Spannung σ_{zm} in der Streifenachse wird

$$\sigma_{zm} = \dfrac{4}{3}\dfrac{q_0}{\pi}\,[\sin\beta\cos^3\beta + \tfrac{3}{2}(\sin\beta\cos\beta + \beta)], \quad \operatorname{tg}\beta = \dfrac{b}{z}.$$

$v = 6$: Für $v = 6$ wird σ_{zm}

$$\sigma_{zm} = \tfrac{30}{16}\,q_0\,(\sin\beta - \tfrac{2}{3}\sin^3\beta + \tfrac{1}{5}\sin^5\beta).$$

II. Parabolische Druckverteilung, z. B. Gründung an der Bodenoberfläche in

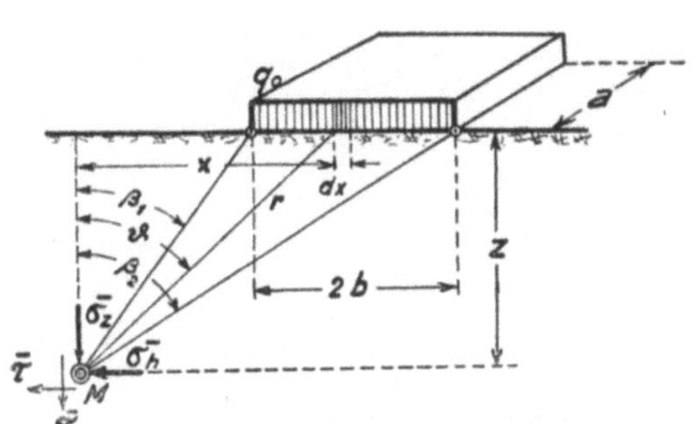

Abb. 466. Die Spannungen σ_z, σ_h und τ, hervorgerufen durch eine Streifenbelastung, $a = $ Tiefe des Laststreifens, meistens wird für $a = 1$ angenommen.

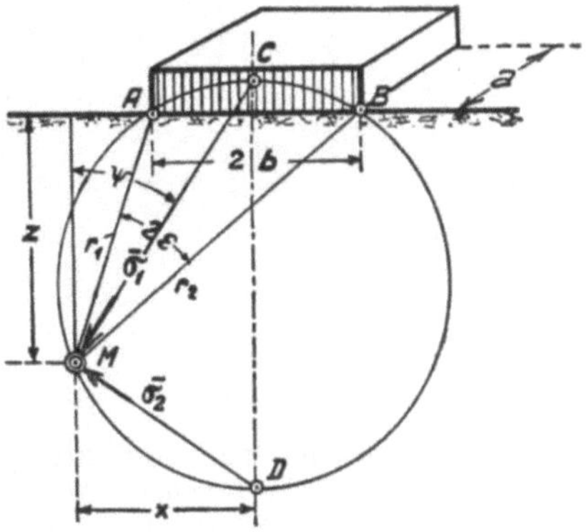

Abb. 467. Die Hauptspannungen σ_1 und σ_2, hervorgerufen durch Streifenlast.

wenig zusammendrückbarem Boden. Diese Art Druckverteilung ist mathematisch schwieriger zu behandeln als die rechteckige Sohldruckverteilung.

Für $v = 3$ ergibt sich eine übersichtliche Formel für die lotrechte Spannung in der Streifenachse σ_{zm}

$$\bar{\sigma}_{zm} = \dfrac{3}{\pi}\,q_0\,[\operatorname{cotg}\beta + \beta\,(1 - \operatorname{cotg}^2\beta)].$$

In dieser Formel bedeuten:

$$\beta = \dfrac{\beta_2 - \beta_1}{2} \text{ (nach Abb. 466)}, \quad \operatorname{cotg}\beta = \dfrac{z}{b}.$$

Für $v = 4$ ist die Formel bereits unübersichtlich.

III. Glockenförmige Druckverteilung, z. B. Gründung an der Oberfläche in wenig zusammendrückbarem Material; Einzellast. Für diesen Fall errechnet sich die lotrechte Spannung σ_{zm} in der Streifenachse für $v = 3$ zu:

$$\bar{\sigma}_{zm} = \dfrac{4}{\pi}\left(\dfrac{q_0}{\operatorname{cotg}\beta + \operatorname{cotg}\vartheta_0}\right), \quad \operatorname{cotg}\beta = \dfrac{z}{b}. \quad \vartheta_0 \cong 75°.$$

IV. Dreieckförmige Druckverteilung, z. B. elastische Gründung bei Einzellast. Für dreieckförmige Druckverteilung wird die lotrechte Spannung in der Streifenachse σ_{zm}:

$$\sigma_{zm} = \dfrac{4\,q_0\,\beta}{\pi}, \quad \operatorname{tg}\beta = \left(\dfrac{b}{z}\right), \quad z = \text{Tiefe unter der Sohle.}$$

V. Sattelförmige Druckverteilung. Hierfür sind noch keine Formeln abgeleitet worden.

VI. Waagrechte Spannungen. FRÖHLICH hat auch geschlossene Formeln für die waagrechten Spannungen und für die Schubspannungen abgeleitet (siehe FRÖHLICH: Druckverteilung im Boden S. 38, 43, 48). Die Berechnungen der Schubspannungen sind meistens sehr weitläufig und zeitraubend. Sie werden hier nicht behandelt.

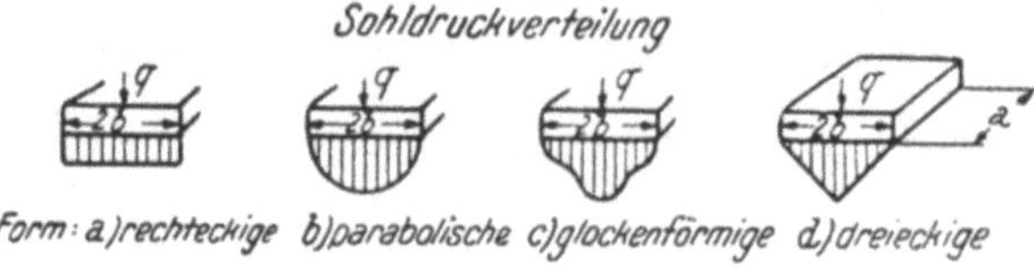

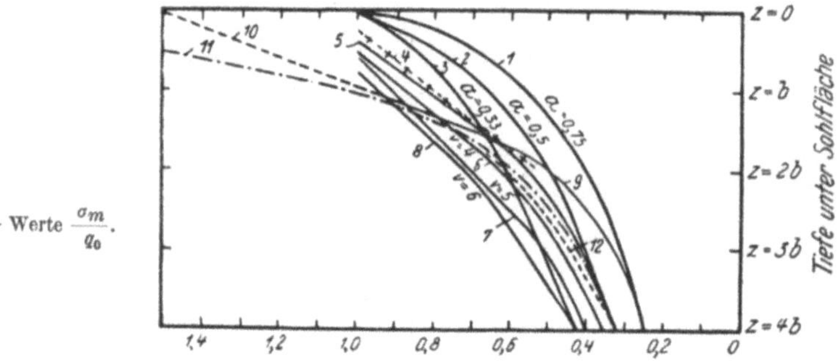

Abb. 468. Streifenlast. Koeffizienten für die Druckverteilung nach der Tiefe.
a Tiefe des Laststreifens; meistens wird für $a = 1$ gewählt.

σ_m Druck in der Achse des Laststreifens. q_0 Belastung in kg/cm² $= \dfrac{q}{2\,b\cdot a}$.

Rechteckige Druckverteilung: *1* ——— für $\sigma_m = \dfrac{p_0\,b}{b+\alpha z}$; $\alpha/2 = 0{,}75$ für stark bindige Böden.

Rechteckige Druckverteilung: *2* – – – für $\sigma_m = \dfrac{p_0\,b}{b+\alpha z}$; $\alpha/2 = 0{,}50$ für kiesige, lehmige Böden. Häufigster Fall.

Rechteckige Druckverteilung: *3* ——— für $\sigma_m = \dfrac{p_0\,b}{b+2\,\alpha z}$; $\alpha/2 = 0{,}33$ für sandige Böden.

Rechteckige Druckverteilung: *4* +—+— nach TERZAGHI.

Rechteckige Druckverteilung: *5* ——— nach BOUSSINESQ $\sigma_m = \dfrac{p_0}{\pi}(\sin 2\beta + 2\beta)$; $\operatorname{tg}\beta = \dfrac{b}{z}$.

Rechteckige Druckverteilung: *6* ——— nach FRÖHLICH $\nu = 4$; $\sigma_m = 1{,}5\,p_0(\sin\beta - \tfrac{1}{3}\sin^3\beta)$; $\operatorname{tg}\beta = \dfrac{b}{z}$.

Rechteckige Druckverteilung: *7* ——— nach FRÖHLICH $\nu = 5$: $\sigma_m = \tfrac{4}{3}\dfrac{p_0}{\pi}[\sin\beta\cos^3\beta + \tfrac{3}{2}(\sin\beta\cos\beta+\beta)]$;

$$\operatorname{tg}\beta = \dfrac{b}{z}.$$

Rechteckige Druckverteilung: *8* ——— nach FRÖHLICH $\nu = 6$: $\sigma_m = \tfrac{30}{16}\,p_0[\sin\beta - \tfrac{2}{3}\sin^3\beta + \tfrac{1}{5}\sin^5\beta]$; $\operatorname{tg}\beta = \dfrac{b}{z}$.

Rechteckige Druckverteilung: *9* ——— nach KÖGLER

Parabolische Druckverteilung: *10* ······· für $\nu = 3$; $\sigma_m = \dfrac{3}{\pi}\,p_0[\cot\beta + \beta(1-\cot^2\beta)]$; $\cot\beta = \dfrac{z}{b}$.

Glockenförm. Druckverteilung: *11* —·—· für $\nu = 3$; $\sigma_m = \dfrac{4}{\pi}\,p_0\left(\dfrac{1}{\cot\beta + \cot 75°}\right)$; $\cot\beta = \dfrac{z}{b}$.

Dreieckige Druckverteilung: *12* ····· $\sigma_m = \dfrac{4\,p_0\,\beta}{\pi}$; $\operatorname{tg}\beta = \dfrac{b}{z}$.

γ) Nach TERZAGHI auf Grund der reinen Elastizitätstheorie.

TERZAGHI setzt die Gültigkeit der Formel von STROHSCHNEIDER für Einzelbelastung voraus; dann teilt er die Belastungsfläche in Einzelteile auf und berechnet die Summenwirkung der Einzelteile auf das betrachtete Flächenelement im Boden.

δ) Zusammenfassung an Hand eines praktischen Beispieles[1].

In Abb. 468 sind die Werte für $\dfrac{\sigma_m}{q_0} = \dfrac{\text{Druck in der Achse des Laststreifens}}{\text{Belastung von } \dfrac{p}{2\,a\,b}}$

in Abhängigkeit der Tiefe z wiedergegeben; dabei ist die Formel von STROHSCHNEIDER für den Grenzwinkel $\varphi_0 = 50°$ angenommen.

ε) Nach KÖGLER auf Grund von Versuchen.

I. Rechteckige Druckverteilung. KÖGLER hat auf Grund seiner Versuche die wahrscheinliche Druckverteilung in einem Diagramm aufgezeichnet (siehe Abb. 469, 470 mit der Annahme einer gleichmäßigen Druckverteilung unter der Sohle). Weiter hat er die Annahme gemacht, daß der Grenzwinkel $\varphi_0 = 45°$ betrage.

Aus der Abbildung ergibt sich, daß ein Druck von $p_0 = \dfrac{Q}{b} = \sigma_m$ unter der Mitte bis zu einer Tiefe von $t = b/2$ vorhanden ist.

II. Waagrechte Streifenlast. Die Formeln für die lotrechten und waagrechten Spannungen sowie für die Schubspannungen infolge waagrechter Streifenlast sind noch nicht abgeleitet worden.

ζ) Mit Hilfe der Wahrscheinlichkeitstheorie.

Bei den oben beschriebenen Rechnungsverfahren wurden eine Anzahl Annahmen über die physikalischen Eigenschaften des Bodens

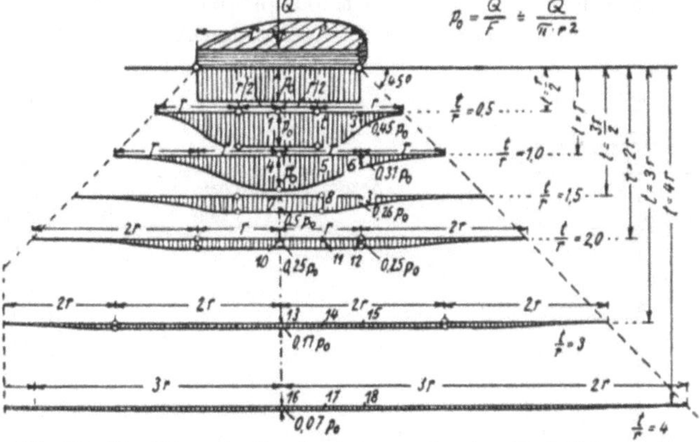

Abb. 469. Ermittlung der Druckverteilung unter einer Kreisfläche; nach Versuchen von KÖGLER.

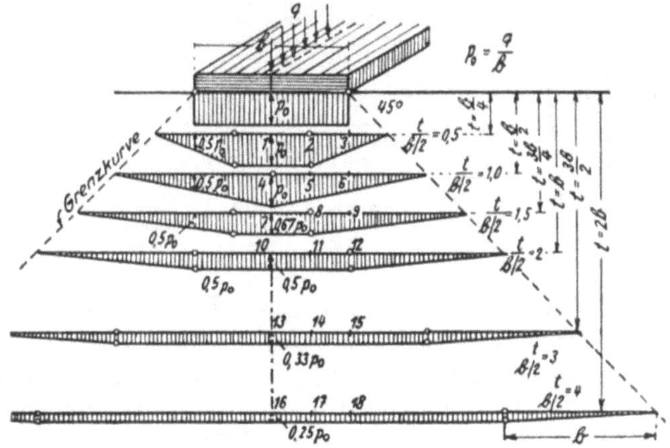

Abb. 470. Ermittlung der Druckverteilung unter einem Laststreifen; nach Versuchen von KÖGLER.

gemacht, um die mathematische Behandlung des Druckverteilungsproblems zu vereinfachen. Über die Annahmen vgl. Kap. B 2, S. 640/644.

Die Versuche über die Druckverteilung ergeben aber mit aller Deutlichkeit, daß die gemachten Annahmen mit der Wirklichkeit nicht übereinstimmen. Daher hat der Verfasser alle aus der Literatur zur Verfügung stehenden und z. T. auch

---

[1] Vgl. BENDEL: Dtsch. Wasserw. 1940, S. 235.

noch unveröffentlichten Untersuchungen über die Druckverteilung nach dem Verfahren der Wahrscheinlichkeitstheorie überarbeitet.

Die Versuchsergebnisse wurden nach zwei Gesichtspunkten verarbeitet, nämlich:

I. Änderung der Spannung in der Symmetrieachse des Bauwerkes nach der *Tiefe* (senkrechter Querschnitt), II. Änderung der Spannung in den *waagrechten* Querschnitten.

I. Änderung der Spannung in der Symmetrieachse des Bauwerkes nach der Tiefe. Die Änderung der lotrechten Spannung nach der Tiefe ist abhängig:

A. von der Bauwerksbelastung p_0. Man macht die Annahme, daß die lotrechte Spannung im Boden unmittelbar proportional der Bauwerksbelastung p_0 sei. Diese Annahme bedarf noch der eingehenden Abklärung; B. von der Bauwerksbreite b; C. von der Tiefe z unter der Bauwerkssohle; D. von der Steifigkeit des Bauwerkes, ausgedrückt durch die Bauwerksteifigkeitszahl n; E. von der Form der Bauwerkssohle, ausgedrückt durch die Ziffer f; F. von der Bodenbeschaffenheit, ausgedrückt durch die Ziffer α.

Unter Berücksichtigung der oben geschilderten Einflüsse wurde vom Verfasser folgendes Druckverteilungsgesetz nach der Tiefe gefunden:

$$\sigma = \frac{1}{f}\left(\frac{p_0\,b}{b + \alpha\,z^n} + \frac{p_0}{\alpha\,b\,z^n}\right). \quad (1)$$

Ist der Wert z groß und $n \cong 2$, so wird

$$\sigma \cong \frac{1}{f}\left(\frac{p_0\,b}{b + \alpha\,z^n}\right). \quad (1')$$

Für Zahlenbeispiele siehe Abb. 471.

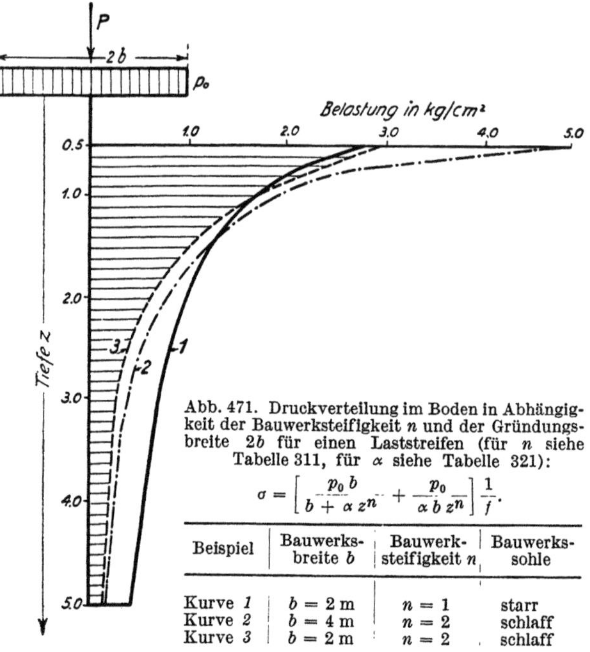

Abb. 471. Druckverteilung im Boden in Abhängigkeit der Bauwerksteifigkeit n und der Gründungsbreite $2b$ für einen Laststreifen (für n siehe Tabelle 311, für α siehe Tabelle 321):

$$\sigma = \left[\frac{p_0\,b}{b + \alpha\,z^n} + \frac{p_0}{\alpha\,b\,z^n}\right]\frac{1}{f}.$$

Beispiel	Bauwerksbreite b	Bauwerksteifigkeit n	Bauwerkssohle
Kurve 1	$b = 2$ m	$n = 1$	starr
Kurve 2	$b = 4$ m	$n = 2$	schlaff
Kurve 3	$b = 2$ m	$n = 2$	schlaff

Zu den Kennziffern f, n und α ist zu bemerken:

Die Bauwerksohlenform-Ziffer f ist noch wenig abgeklärt. Immerhin ergaben die Versuche von FÖPPL (siehe Lichtbild mit den Photoelastizitätsaufnahmen, Abb. 267/268, Bd. II dieses Buches) sowie die Untersuchungen von SIEMONSON[1], daß die Lastverteilung unter einer Bauwerkssohle stark von der Form der Bauwerkssohle abhängt. Als günstigste Form der Sohle ist die nach unten gewölbte Sohlenform (FÖPPL) oder die an den Kanten abgeschrägte Form (SIEMONSON) gefunden worden. Im folgenden wird mangels einer größeren Zahl von Versuchsergebnissen für f der Wert $f = 1$ eingeführt.

Die Bauwerksteifigkeitszahl n gibt die Größe der Spannungsanhäufung in der Achse des Bauwerkes (Bauwerksmitte) an.

---

[1] Die Lastaufnahmekräfte im Baugrund und die dadurch hervorgerufenen Spannungen in einem Grundkörper. Bautechn. 1942 S. 319, ferner Bautechn. 1941 S. 159.

Die Werte von n betragen nach Tab. 320:

Für weitere Angaben siehe Tabelle 311, S. 634.

Die *Bodenkennziffer* α hängt von der Größe der Zusammendrückbarkeit des Bodens ab. Die bisherigen Untersuchungen ergaben folgende Werte:

Tabelle 320.

Art der Druckverteilung unter der Bauwerksohle	n-Wert
Rechteckig	$n = 1$
Parabelförmig	$n = 1$ bis 2
Sattelförmig	$n = 0{,}5$ bis 1

Tabelle 321.

Bodenbeschaffenheit	$\alpha/2$-Wert	K-Wert in der Gleichung des Verfassers $s = K \log\left(\dfrac{\sigma_a + \sigma}{\sigma_a}\right)$ [siehe S. 399, Gl. (2)]
Lockerer Boden (sandig)...............	0,33	$0{,}1 \div 0{,}6$
Kiesig-lehmiger Boden...................	0,50	$0{,}05 \div 0{,}2$
Böden mit hoher Haftfestigkeit und geringem Wassergehalt	0,75	$0{,}02 \div 0{,}1$
Fels	1,00	$0{,}01 \div 0{,}05$

Siehe Abb. 472, in welcher die Beziehung zwischen dem α-Wert und dem K-Wert angegeben ist.

Die bisherigen Untersuchungen über die Druckverteilung nach der Tiefe ergeben, daß die α-Werte nicht nur vom K-Wert, sondern auch in gewissen Gren-

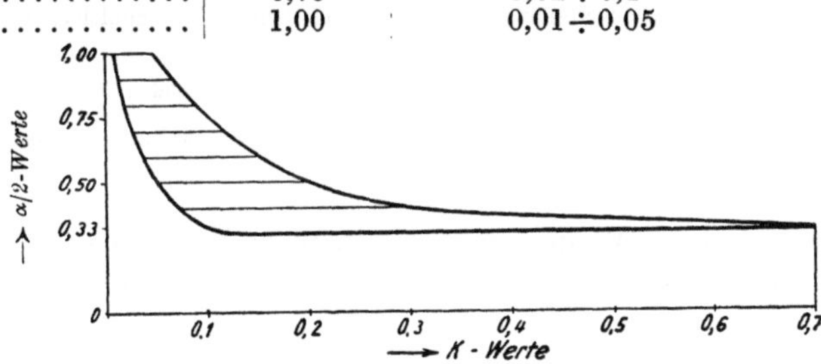

Abb. 472. Beziehung zwischen K-Wert und α-Wert mit Angabe des Streuungsbereiches.

zen vom σ_a-Wert (Vorbelastung des Bodens) abhängig sind. Die Beziehungen zwischen dem α-Wert, K-Wert und σ_a-Wert sind noch nicht restlos abgeklärt.

II. Änderung der Spannung in den waagrechten Querschnitten. Für die Änderung der Spannung in den waagrechten Querschnitten sind zwei mathematische Ansätze vorhanden, nämlich: A. von GAUSS, B. von BENDEL.

A. Ansatz von GAUSS. Für die Spannungsverteilung in einem waagrechten Querschnitt werden in Analogie zum Gaußschen Gesetz folgende Angaben gemacht:

1. Für die Spannungsverteilung in einem waagrechten Schnitt gilt das Gaußsche Wahrscheinlichkeitsgesetz oder die Gaußsche Häufigkeitskurve.

2. Für die Begrenzungskurve gilt die Bedingung, daß die lotrechte Spannung σ_z^* keine Setzung mehr zu erzeugen vermag (siehe Abb. 473 und Abb. 474).

Nachfolgend ist das Gaußsche Wahrscheinlichkeitsgesetz kurz beschrieben: Beim Gaußschen Wahrscheinlichkeitsgesetz bedeutet

y_0 = Scheitelwert (siehe Abb. 473); im vorliegenden Falle ist y_0 die Spannung in der Symmetrieachse des Bauwerkes; z. B.

$$y_0 = \sigma_m = \frac{p_0}{\pi}\,(2\,\varepsilon + \sin 2\,\varepsilon) \text{ nach BOUSSINESQ}$$

oder

$$y_0 = \sigma_m = \frac{p_0\,b}{b + \alpha\,z^n} \text{ nach BENDEL. Vgl. S. 654; Gl. (1') für } f = 1.$$

Für die Bedeutung der Werte p_0, b, α, n (siehe S. 655)

$$P = A = 2\,p_0\,b = \int_{-\infty}^{+\infty} y\,dx = \text{Gesamtdruck,} \qquad (2)$$

$\sigma = $ Abszisse des Wendepunktes. σ wird auch Streuung genannt. Vgl. Kap. über mathematische Statistik.

Nach GAUSS ist:

$$\sigma^2 = \frac{1}{A}\int_{-\infty}^{+\infty} x^2\,y\,dx; \qquad (2')$$

σ wird auch ausgedrückt durch den Scheitelwert y_0 (siehe oben); dann ist:

$$\sigma = \frac{1}{\sqrt{2\,\pi}}\,\frac{A}{y_0} \cong 0{,}4\,\frac{A}{y_0}$$

$$= \frac{2\,p_0\,b}{\left(\dfrac{p_0\,b}{b + \alpha\,z^n}\right)}\,0{,}4$$

$$= \frac{2\,(b + \alpha\,z^n)}{2{,}5}. \qquad (2'')$$

$h = $ Präzisionsmaß:

$$h = \frac{1}{\sigma\sqrt{2}} = \frac{1{,}8}{2\,(b + \alpha\,z^n)}. \qquad (2''')$$

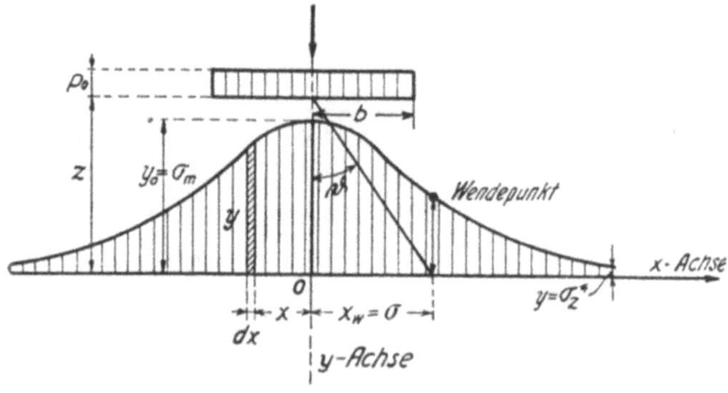

Abb. 473. Druckverteilung nach dem Gaußschen Wahrscheinlichkeitsgesetz.

$P = 2\,b\,p_0 = A$; $P = \int_{-\infty}^{+\infty} y\,dx = $ Gesamtdruck des den Boden belastenden Bauwerkes; $x_w = \sigma = $ x-Achse für den Wendepunkt nach GAUSS.

Für die Wahrscheinlichkeitskurve hat GAUSS den folgenden mathematischen Ansatz gemacht:

$$y = y_0\,e^{-(h\,x)^2}. \qquad (3)$$

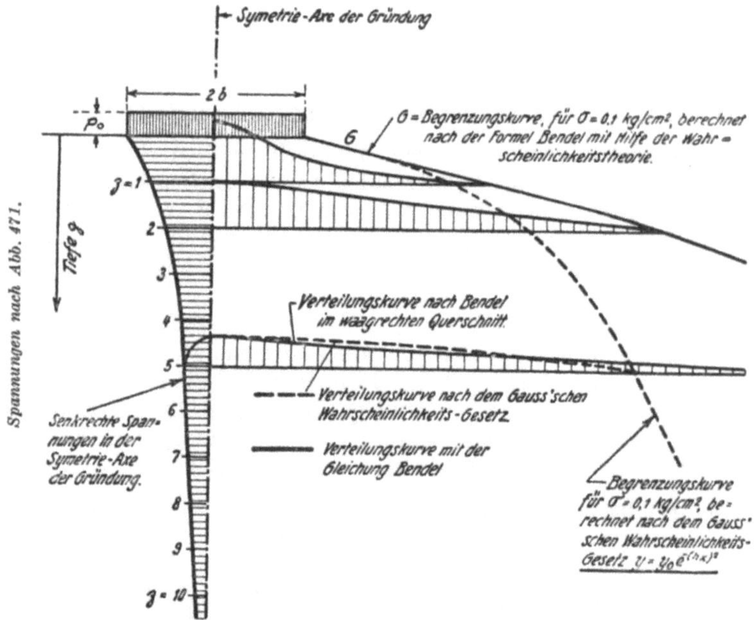

Abb. 474. Begrenzungskurven, berechnet ---------- a) mit Hilfe des Gaußschen Wahrscheinlichkeitsgesetzes,
———— b) mit Hilfe der Formel BENDEL, auf Grund der allgemeinen Wahrscheinlichkeitstheorie.
Verteilungskurve in einem waagrechten Querschnitt. Material: Kiesiger Lehmboden; Bauwerksbelastung
$p_0 = 2{,}0$ kg/cm²; Bauwerksbreite $2\,b = 4{,}0$ m; Bauwerkssteifigkeit $n = 1$; Bodenkennziffer $K = 10\%$; $\alpha = 0{,}5$.

Dieser Ansatz kann auch für die Verteilung der Spannungen in einem waagrechten Querschnitt verwendet werden.

Im vorliegenden Falle bedeuten (siehe Abb. 473):

$y_0 =$ lotrechte Spannung in der Symmetrieachse des Baukörpers,

$y =$ lotrechte Spannung in einem beliebigen Punkt des waagrechten Querschnittes,

$x =$ waagrechte Entfernung von der Symmetrieachse des Bauwerkes,

$$h = \frac{1,8}{2\,(b + \alpha\,z^n)}. \tag{4}$$

Wird in Gl. (3) für die waagrechte Entfernung x der Wert gesetzt $x = \sigma$, so erhält man aus Gl. (2''') und Gl. (3) für die lotrechte Spannung y den Wert $y = 0,6\,y_0$.

B. **Ansatz für die Verteilung der Spannung in einem waagrechten Schnitt nach** BENDEL. In der obigen Formel (1) S. 654 ist für $f = 1$

$$\sigma = \left[\frac{p_0\,b}{b + \alpha\,z^n} + \frac{p_0}{\alpha\,b\,z^n} \right]. \tag{4}$$

Wird für die Berechnung der Verteilung der Druckspannungen in einem waagrechten Querschnitt noch der Wert β eingeführt, dann geht die Formel über in

$$\sigma = \frac{p_0\,b}{b + \alpha\,z^n\,\beta} + \frac{p_0}{\alpha\,b\,\beta\,z^n}. \tag{5}$$

Der Wert β wurde mit Hilfe der Gaußschen Wahrscheinlichkeitskurve und auf Grund der vorhandenen Versuchsergebnisse gefunden zu

$$\beta = \frac{1}{\cos\vartheta^m} \tag{6}$$

und

$$m = -3,3 \log \sqrt{(z)} + 2.$$

Für die Bedeutung des Winkels ϑ siehe Abb. 473.

m gilt für die Tiefen $z = 0$ bis 16 m.

III. Vereinfachende Annahme für die Berechnung der Spannungen in der Achse des Bauwerkes. In obiger Gleichung (5) wird für die Symmetrieachse $\vartheta = 0$ und somit für $\beta = 1$. Wird ferner in Gl. (5) für $n = 1$ gesetzt, für $\alpha = 1,0$ und das Glied $\frac{p_0}{b\,z^n}$ vernachlässigt, so erhält man die Gleichung

$$\sigma = \frac{p_0\,b}{b + z}.$$

Das ist die bekannte Druckverteilungskurve, die früher in Ermangelung genauer Kenntnisse über die Druckverteilung angewendet wurde.

Aus obigen Feststellungen ergibt sich somit, daß alte bekannte Druckverteilungsformeln mit Hilfe der Wahrscheinlichkeitsberechnung ausbaufähig sind, um den Einfluß der Bauwerksteifigkeit mit der Zahl n, die Bodenbeschaffenheit mit der Zahl α und die Druckverteilung in einer Waagrechten mit der Zahl $\beta = \frac{1}{\cos\vartheta^m}$ zu berücksichtigen.

d) Druckverteilung bei der Kreisfläche.

Die Arten der lotrechten Druckverteilung unter der Sohle.

Auch unmittelbar unter der Sohle der Kreisfläche werden verschiedene Arten von Druckverteilungen angenommen; nämlich rechteckige, parabolische und dreieckige. Die entsprechenden Formeln wurden abgeleitet von:

α) FRÖHLICH.

I. Rechteckige Druckverteilung. Für die lotrechte Spannung $\sigma_{z\,m}$ in der Achse der Kreisfläche lautet die Gleichung:

$$\sigma_{z\,m} = p_0\,(1 - \cos^3 \varphi_r).$$

Für den Winkel φ_r siehe Abb. 460.

II. Parabolische Druckverteilung. Die entsprechende Gleichung für σ_m lautet:

$$\sigma_{z\,m} = 2\,p_0\,[1 - 2\cot^2 \varphi_r\,(1 - \cos \varphi_r)].$$

III. Dreieckige Druckverteilung. Für dreieckige Druckverteilung wird

$$\sigma_{z\,m} = 3\,p_0\,(1 - \cos \varphi_r).$$

Für die zahlenmäßige Auswertung obiger Formeln siehe Abb. 460/461.

FRÖHLICH[1] hat auch geschlossene Formeln für die waagrechten Spannungen und die Schubspannungen abgeleitet; sie sind für den praktischen Gebrauch schwierig zu handhaben.

β) Nach KÖGLER.

I. Rechteckige Druckverteilung unter der Kreisfläche. KÖGLER hat auf Grund seiner Versuche die wahrscheinliche Druckverteilung in einem Diagramm aufgezeichnet (siehe Abb. 469/470) mit der Annahme einer gleichmäßigen Druckverteilung unter der Kreisfläche. Er hat dabei die Annahme gemacht, daß der Grenzwinkel $\varphi_0 = 45°$ betrage.

Aus der Abb. 469 ergibt sich, daß unter der Mitte der Kreisfläche bis zu einer Tiefe von $z = r$ unter der Bauwerksohle ein Druck von $p_0 = \dfrac{Q}{F}$ herrscht.

e) Druckverteilung bei dreieckiger Bauwerkbelastung.

Diesen Fall hat z. B. CAROTHERS für Dammbauten mathematisch behandelt (siehe Abb. 475). Danach betragen die Spannungen für einen Punkt mit den Koordinaten x und z:

$$\sigma_x = \frac{p}{\pi}\left[\alpha_1 + \alpha_2 + \frac{x}{b}\,(\alpha_1 - \alpha_2) - \frac{2z}{b}\ln\frac{r_1\,r_2}{r_0^{\,2}}\right],$$

$$\sigma_z = \frac{p}{\pi}\left[\alpha_1 + \alpha_2 + \frac{x}{b}\,(\alpha_1 - \alpha_2)\right],$$

$$\tau = \frac{p}{\pi}\,\frac{z}{b}\,(\alpha_1 - \alpha_2).$$

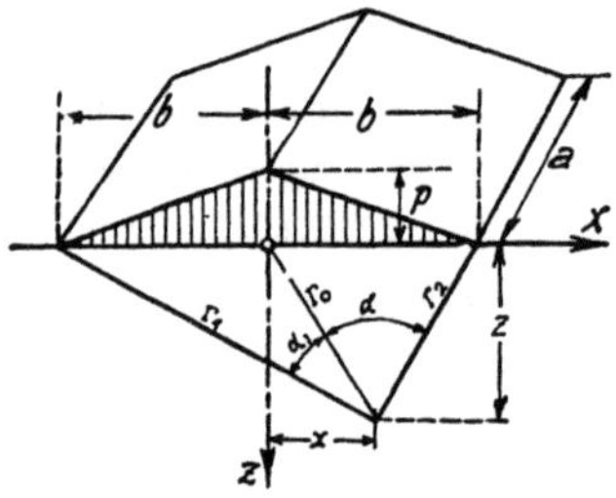

Abb. 475. Spannungsverhältnisse bei dreieckförmiger Streifenbelastung (nach CAROTHERS).

$$\sigma_x = \frac{p}{\pi}\left[\alpha_1 + \alpha_2 + \frac{x}{b}\,(\alpha_1 - \alpha_2) - \frac{2z}{b}\ln\frac{r_1\,r_2}{r_0^{\,2}}\right],$$

$$\sigma_z = \frac{p}{\pi}\left[\alpha_1 + \alpha_2 + \frac{x}{b}\,(\alpha_1 - \alpha_2)\right],$$

$$\tau_{xz} = \frac{p}{\pi}\,\frac{z}{b}\,(\alpha_1 - \alpha_2).$$

f) Linien gleicher Druckbeanspruchung.

α) Linien gleichen lotrechten Druckes. Die Linien gleichen lotrechten Druckes nennt man Isobaren, d. h. für jede Isobare ist: $\sigma_z =$ Festwert.

Für eine Einzellast P wird der mathematische Ausdruck von σ_z nach FRÖHLICH einfach:

$$\sigma_z = \frac{\nu\,P\cos^\nu \vartheta}{2\,\pi\,r^2} = k \quad \text{oder} \quad \frac{\cos^\nu \vartheta}{r^2} = \frac{1}{r_0^{\,2}} = \text{Parametergleichung des Isobaren.}$$

In Abb. 476 sind die Isobaren für eine kreisförmige Belastungsfläche gezeichnet; die Druckspannungen sind in Prozent von $p_0 = \dfrac{P}{F}$ ausgedrückt. Das

---

[1] Druckverteilung im Baugrunde S. 50, 52, 54.

Isobarenbild nennt man oft auch: Druckzwiebel. Das erste Druckzwiebelbild stammt aus dem Jahre 1913[1].

β) **Linien gleichen waagrechten Druckes.** Man kann auch die Linien gleichen waagrechten Druckes aufzeichnen, d. h. $\sigma_h =$ Festwert.

γ) **Linien gleichen radialen Druckes.** Werden die Radialspannungen $\sigma_r \doteq$ Festwert gesetzt, so nennt man die erhaltenen Kurven Isochromen. Die Kurvenbilder sind identisch denjenigen der Isobaren, nur daß die Ordnung $\nu - 2$ statt ν ist, bzw. eine Isobare der Ordnung ν ist identisch mit der Isochrome der Ordnung $\nu + 2$.

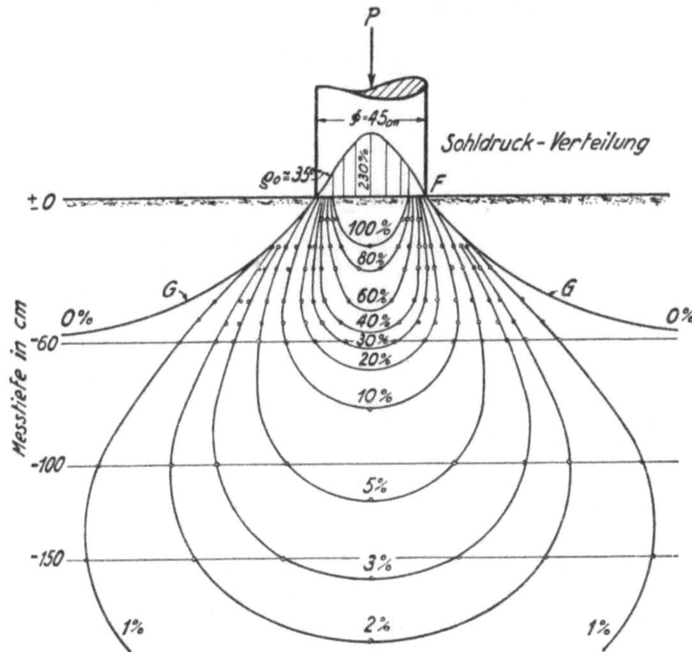

Abb. 476. Linien gleichen lotrechten Druckes (Isobaren).

Die Drücke sind in Prozent von $\dfrac{P}{F} = p_0$ ausgedrückt, G Begrenzungsfläche.

g) Linien gleicher Schubspannungen.

Man kann $\tau =$ Festwert nehmen oder auch $\tau_{\max} =$ Festwert setzen. Für letzteren Wert wird

$$\tau_{\max} = \tfrac{1}{2}\,\sigma_r,$$

d. h. die $\tau_{\max}$-Linien sind mit den Isochromen σ_r identisch.

4. Einfluß der Größe der Lastfläche auf die Druckverteilung nach der Tiefe.

a) Größe der Bodenpressung.

Je größer die Gründungsfläche eines Bauwerkes ist, um so größer ist bei gleichbleibender spez. Belastung p_0 die Einsenkung. Diese Feststellung ergibt sich einerseits auf Grund der zahlreichen Druckmeßversuche z. B. nach PRESS, KÖGLER, GOLDBECK usw. und andererseits auf Grund der im Abschnitt 4 gegebenen Formeln für die Berechnung der Druckverteilung.

---

[1] MOYER: Distribution of vertical soil pressure. Engng. News Rec. Bd. 69/71 (1914/1915).

Die größere Einsenkung bei größerer Gründungsfläche und gleichbleibender Bauwerksbelastung p_0 rührt von der größeren spez. Belastung des Bodens in der Symmetrieachse bei großer Gründungsfläche gegenüber kleiner Gründungsfläche her.

Zahlenbeispiel: Wird für die Bestimmung der Druckverteilung σ die vereinfachte Berechnungsformel

$$\sigma = \frac{p_0\,b}{b + 2\,\alpha\,z},$$

$p_0 = \dfrac{P}{F}$; $b =$ Breite des Bauwerkes; $\alpha =$ Bodenwert; $z =$ Tiefe

genommen, so ergibt sich für zwei Belastungsflächen von $b_1 = b$ und $b_2 = 4\,b$ und $z = b$ folgendes Druckverhältnis:

$$\frac{\sigma_1}{\sigma_2} = \frac{p_0\,b}{b + 2\,\alpha\,b}\,\frac{(4\,b + 2\,\alpha\,b)}{p_0\,4\,b}, \quad \sigma_2 = \left(\frac{1 + 2\,\alpha}{1 + \alpha/2}\right)\sigma_1, \quad \sigma_2 > \sigma_1.$$

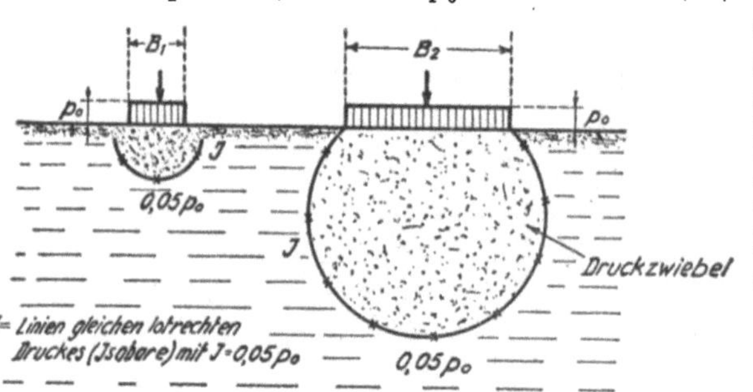

Abb. 477. Einfluß der Breite des Bauwerkes auf die Druckverteilung nach der Tiefe bei gleichbleibender spez. Sohlbelastung p_0 (nach PRESS).

d. h. bei der breiteren Gründung wird der Bodendruck σ_2 größer als σ_1; σ_2 wird 1,2- bis 2,0mal größer als σ_1. Die Größe σ_2 ist abhängig von der Bodenbeschaffenheit, die durch den Wert α ausgedrückt ist.

b) Tiefe der wirksamen Bodenpressung.

Sowohl aus den Versuchen als auch aus den Berechnungen ergibt sich, daß die wirksame Bodenpressung um so tiefer reicht, je größer die Belastungsfläche des Bauwerkes war. Siehe Abb. 477, gleichbleibende spez. Belastung p_0 vorausgesetzt.

Diese Feststellung ist von großer praktischer Bedeutung. Liegt z. B. in einer Tiefe von $z = 2$ m eine stark zusammendrückbare Schicht, so wird diese bei Belastung einer kleinen Fläche mit der Einheitslast p_0 nicht mehr getroffen. Wird hingegen eine große Fläche mit der gleichen Einheitslast p_0 belastet, so wird die weiche Schicht noch getroffen, z. B. mit 75% von p_0. Im letzteren Falle erhält das Bauwerk Setzungen, während im Falle mit kleiner Belastungsfläche keine Setzung eintritt.

Diese Feststellung ist auch für die Beurteilung der Ergebnisse von Probebelastungen von wesentlicher Bedeutung.

Zahlenbeispiel: Die Probebelastung werde mit einem Flächenquadrat von $b_1^2 = 0{,}2 \cdot 0{,}2$ m ausgeführt. Die wirkliche Belastungsfläche betrage $b_2^2 = 4 \cdot 4$ m.

Bei Verwendung der vereinfachten Druckverteilungsformel $\sigma_m = \dfrac{p_0\,b}{b + 2\,\alpha\,z}$ wird für $z = 10\,b$; $p_0 = 1$ kg/cm² und $\alpha = 0{,}5$:

$$\sigma_1 = 0{,}09 \text{ kg/cm}^2; \quad \sigma_2 = 0{,}66 \text{ kg/cm}^2,$$

d. h. eine Schicht in der Tiefe von $z = 10\,b_1 = 2$ m wird in Wirklichkeit 7,3mal mehr belastet als bei der Belastungsprobe.

5. Zeichnerische Auswertung der Gleichungen.

Die Gleichungen in Abschnitt 3 wurden schon verschiedentlich zeichnerisch ausgewertet[1].

---

[1] Vgl. KÖGLER u. SCHEIDIG: Baugrund, Bauwerk S. 87; ferner Engng. News Rec. 1938 S. 24. — STEINBRENNER: Straße 1934 S. 121.

Danach ergeben sich Diagramme für den Mittendruck σ_{zm}, wie sie aus den Abb. 459 bis 461 hervorgehen.

Tabelle 322.

Art der Belastungsfläche	Art der Druckverteilung an der Sohle	Abbildung
Kreisfläche	Gleichmäßige, rechteckige Druckverteilung	460a
Kreisfläche	Dreieckige Druckverteilung	461
Kreisfläche	Parabolische Druckverteilung	461
Streifenlast	Gleichmäßige Druckverteilung	460
Rechtecklast	Gleichmäßige Druckverteilung	459

C. Druckverteilung nach der Breite (Druckausbreitung).

1. Begrenzungskurven aus Versuchen.

Allgemein wurde früher für die Druckausbreitung ein Winkel $\varphi_0 = 45°$ angenommen (siehe Abb. 460, 465, 469, 470). Für die Bedeutung des Winkels φ_0 siehe Abb. 465. Die Art der Bodenbeschaffenheit wurde bei dieser Annahme nicht berücksichtigt. Nach den Versuchen von KÖGLER, PRESS usw. sowie nach den mathematischen Behandlungen von STROHSCHNEIDER zur Bestimmung der Begrenzungskurven ergibt sich, daß

a) für den Winkel $\varphi_0 = 45°$ der Grenzwinkel φ_0 zu groß gewählt ist.

b) Die Begrenzungskurve schließt mit der Lotrechten ungefähr einen Winkel von 35° ein. Nachher verläuft die Grenzkurve flacher, um sich schließlich asymptotisch einer Waagrechten zu nähern.

c) Die Begrenzungskurve ist beinahe unabhängig von der Größe der Lastfläche.

d) Die Begrenzungskurve ist unabhängig von der Größe der Last.

2. Die mathematischen Gleichungen für die Begrenzungskurven.

Die Gleichungen von GAUSS und BENDEL, welche die Verteilung der lotrechten Spannungen in einem waagrechten Schnitt angeben, können zur Aufstellung von Gleichungen für die Begrenzungskurve verwendet werden.

a) Nach GAUSS ist (siehe S. 656):

$$\sigma = y = y_0\, e^{-(hx)^2}.$$

Für die Bedeutung der Werte y_0 und h siehe S. 656.

Wird nun angenommen, daß bei einer Bodenbelastung von $\sigma = 0,01\ \mathrm{kg/cm^2}$ keine Zusammendrückung des Bodens mehr stattfindet, so wird für die Begrenzungskurve

$$\sigma = 0,01 = y_0\, e^{-(xh)^2}.$$

b) Nach BENDEL ist (siehe S. 657):

$$\sigma = \frac{p_0\, b}{b + \alpha\, z^n\, \beta} + \frac{p_0}{\alpha\, b\, \beta\, z^n}.$$

Für die Bedeutung der Werte p_0, b, α, z, β siehe S. 654/655. Für ein Zahlenbeispiel siehe Abb. 471, 474.

Aus obiger Gleichung ergibt sich, daß der Verlauf der Begrenzungskurve abhängig ist von der Bauwerksfläche b, von der Bauwerkssteifigkeit n, von der Bodenbeschaffenheit, ausgedrückt durch den Wert α bzw. durch den K-Wert.

D. Druckverteilung im Boden infolge Eigengewicht.

Über die Druckverteilung im Boden infolge Eigengewicht gibt Abb. 478 Auskunft.

1. Druckverteilung infolge Eigengewicht nach der üblichen Annahme (Abb. 478).

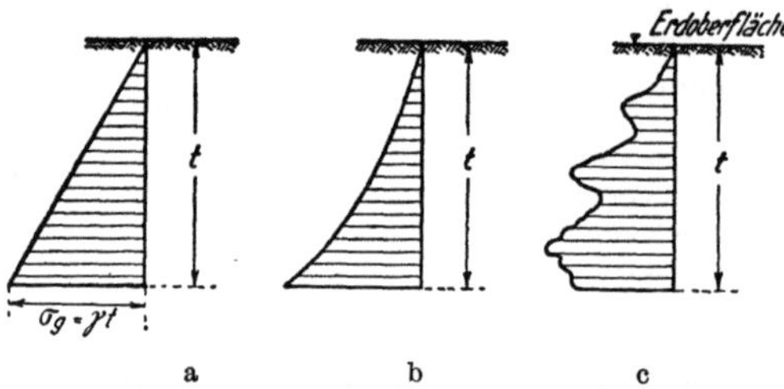

Abb. 478. Druckverteilung im Boden infolge Eigengewicht.
a Übliche Annahme für die Druckverteilung infolge Eigengewicht: $\sigma_g = \gamma t$; b Druckverteilung infolge Eigengewicht bei gleichmäßig beschaffenem (homogenem) Boden: $\sigma_g = \alpha \gamma t$; $\alpha = f(t)$; c Druckverteilung infolge Eigengewicht bei ungleichmäßig beschaffenem (inhomogenem) Boden: $\sigma_g = \beta \gamma t$. β ist abhängig von der Bodenbeschaffenheit und Tiefe t.

2. Druckverteilung infolge Eigengewicht bei gleichmäßig beschaffenem (homogenem) Boden.

3. Druckverteilung infolge Eigengewicht bei ungleichmäßig beschaffenem (inhomogenem, heterogenem) Boden

$$\sigma = \beta \gamma t.$$

β ist abhängig von der Bodenbeschaffenheit und der Tiefe t unter der Erdoberkante.

E. Die Druckverteilung im Boden nach der Überschreitung seiner Tragfähigkeit.

1. Allgemeines.

Über die Art der Verteilung des Druckes in einem Körper, der über seine Tragfähigkeit hinaus belastet wurde, sind noch wenige mathematische Untersuchungen gemacht worden. Die Ergebnisse, die unsicher sind, werden hier nicht behandelt. Vielfach wird angenommen, daß der Körper, dessen Tragfähigkeit erschöpft ist, volumenbeständig sei.

2. Umgrenzung des Körpers, dessen Tragfähigkeit erschöpft ist.

Die Form des Körpers, dessen Tragfähigkeit erschöpft ist, kann mit Hilfe der Formel von Gauss oder Bendel berechnet werden.

1. Formel von Gauss. Es bedeute σ_T die Belastung des Bodens bis zu seiner Tragfähigkeit. Dann kann in Gl. (3) S. 656 gesetzt werden:

$$\sigma_T = \sigma = y_0 \, e^{-(h\,x)^2}.$$

Für die Bedeutung der Werte y_0 und h siehe S. 656.

2. Formel von Bendel. In der Formel

$$\sigma = \frac{p_0\,b}{b + \alpha\,\beta\,z^n} + \frac{p_0}{b\,\alpha\,\beta\,z^n}$$

kann ebenfalls $\sigma = \sigma_T =$ Tragfähigkeit des Bodens gesetzt werden und hieraus die Tiefe z_T des Tragkörpers berechnet werden.

Für die Bedeutung der Werte b, α, β, n siehe S. 654/655. Für den Wert $\sigma = \sigma_T$ kann die entsprechende Begrenzungskurve aufgezeichnet werden.

F. Praktische Bedeutung der Untersuchungen über die Druckverteilung.

Aus der Tabelle 323 geht hervor, welchen praktischen Zwecken die einzelnen Arten der Untersuchungen über die Druckverteilung dienen.

Tabelle 323.

Art der Druckverteilungs-untersuchung	Praktische Anwendung
Druckverteilung p unter der Bauwerksohle	Bestimmung der Biegemomente und Scherkräfte im Bauwerkfundament infolge der Bodenbelastung p
Druckverteilung nach der Tiefe	α) Bestimmung der Zusammendrückung (Setzung) des Bodens infolge der nach der Tiefe sich fortpflanzenden Belastung β) Bestimmung der Tiefenwirkung des Druckes unter der Fläche bei der Probebelastung und Bestimmung der Tiefenwirkung des Druckes unter der Fläche bei der ausgeführten Gründung. Siehe Beispiel S. 720 γ) Bestimmung der Bohrlochtiefe in Abhängigkeit der Größe und Form der vorgeschriebenen Gründungsfläche. Siehe Beispiel S. 4, Bd. II, Kapitel I, Bohrungen
Druckverteilung nach der Breite (Druckausbreitung)	Bestimmung der Druckanhäufung beim Überschneiden der Begrenzungskurven; d. h. Ermittlung der Größe des vorhandenen Bodendruckes bei Drucksummierung (vgl. Abb. 442)
Druckverteilung nach Überschreiten der Tragfähigkeit des Bodens	Bestimmung der Umgrenzung des volumenbeständigen Körpers. Beeinflussung bestehender Bauwerke durch einen Neubau

IV. Setzungen.

Um Setzungsberechnungen durchführen zu können, müssen die Bodeneigenschaften und die Größe der auf den Boden wirkenden Kräfte bekannt sein.

Die für die Setzungsberechnung wichtigen Bodeneigenschaften werden mit Hilfe des Drucksetzungsversuches ermittelt (siehe S. 198, Bd. II). Die Größe der auf den Boden wirkenden Kräfte ist von der Größe der Bauwerkslast, von der Größe und Form der Lastfläche, von der Art der Druckverteilung im Boden usw. abhängig (siehe Kapitel Druckverteilung, S. 631).

Bei der Setzungsberechnung wird angenommen, daß nur lotrechte Spannungen Setzungen verursachen; ferner wird die Annahme gemacht, daß das Gesetz der Superposition (Überlagerung der Kräfte) gilt.

Grundsätzlich wird die Gesamtsetzung S bestimmt mit Hilfe des Ansatzes

$$S = \int_0^z \frac{\sigma}{M_E} \, dz.$$

Es bedeutet:

$\sigma =$ maßgebende Spannung; sie ändert mit der Tiefe,

$M_E =$ maßgebende Elastizitätsziffer; dieselbe ist von der jeweilig vorhandenen Spannung im Boden anhängig. M_E ist kein Festwert.

Die Einführung der spez. Setzung s hat sich bei der Berechnung von Setzungen in der Bodenmechanik praktisch bewährt. Dann errechnet sich die Gesamtsetzung S zu

$$S = \int_0^z s\, dz.$$

Die spez. Setzung s ist abhängig von den Bodeneigenschaften, die durch den K-Wert und σ_a-Wert (siehe S. 399) ausgedrückt werden und von der maßgebenden Spannung σ im Boden.

Die Berechnung der voraussichtlichen Setzung eines Bauwerkes kann rechnerisch oder zeichnerisch durchgeführt werden. Nachfolgend sind beide Verfahren besprochen.

A. Begriffe.

1. Allgemeine Begriffe.

Die wichtigsten Begriffe in diesem Kapitel sind:

Senkung bedeutet die lotrechte Abwärtsverschiebung eines beliebigen Punktes; unter Senkung im engeren Sinne des Wortes wird die lotrechte Verschiebung des Bauwerkes verstanden. Im folgenden wird unter Senkung jeweils die lotrechte Verschiebung eines Punktes des Bauwerkes verstanden.

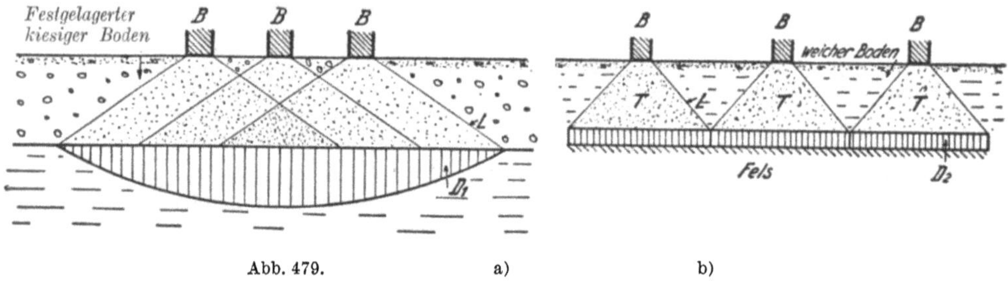

Abb. 479.   a)   b)

a. Weicher Boden, Tiefensetzung. b Seichtsetzung.

B Bauwerksbelastung, T Tragkörper im Boden, L Druckausbreitungskurven, D_1 ungleichmäßige, parabolische Druckverteilung, D_2 gleichmäßige Druckverteilung.

Zusammendrückung: Unter der Größe der Zusammendrückung versteht man die lotrechte Verschiebung eines beliebigen Punktes des Bodens unter einer Last.

Setzung: Unter Setzung versteht man die lotrechte Verschiebung eines Punktes des Bauwerkes. Oft wird unter Setzung auch die lotrechte Verschiebung der obersten Bodenschicht verstanden. Dann entspricht die Größe der Bauwerkssetzung der gesamten Zusammendrückung des Bodens unterhalb des Bauwerkes. — Über Dammsetzungen siehe S. 416; Bd. II.

Seichtsetzung: Bei einer Seichtsetzung findet die Zusammendrückung des Bodens nur in den obersten, weichen Bodenschichten statt (siehe Abb. 479 b).

Tiefensetzung: Bei einer Tiefensetzung findet die Zusammendrückung des Bodens in weichen Schichten statt, die nur in der Tiefe vorkommen (siehe Abb. 479 a).

2. Der Tragkörper mit den Randbedingungen (nach BENDEL).

Der Tragkörper, auch Stützkörper genannt, wird durch drei Flächen bestimmt, nämlich durch die Sohle des Bauwerkes, durch die Begrenzungsfläche G und die Tiefenfläche B in der Tiefe $z = T$ (siehe Abb. 480).

Für die Berechnung der Form der Begrenzungsfläche bzw. des Tragkörpers wird zweckmäßig vom Ansatz des Verfassers für die Verteilung der Spannungen in einem waagrechten Querschnitt [siehe S. 657, Gl. (5)] ausgegangen.

So kann z. B. der waagrechte Abstand $x = b$ (siehe Abb. 480) der Begrenzungskurve von der Symmetrieachse des Bauwerkes aus der Gleichung von GAUSS wie folgt berechnet werden. Nach GAUSS ist:

$$y = y_0\, e^{-(h x)^2}. \tag{1}$$

$y_0 =$ Spannung in der Symmetrieachse des Bauwerkes.

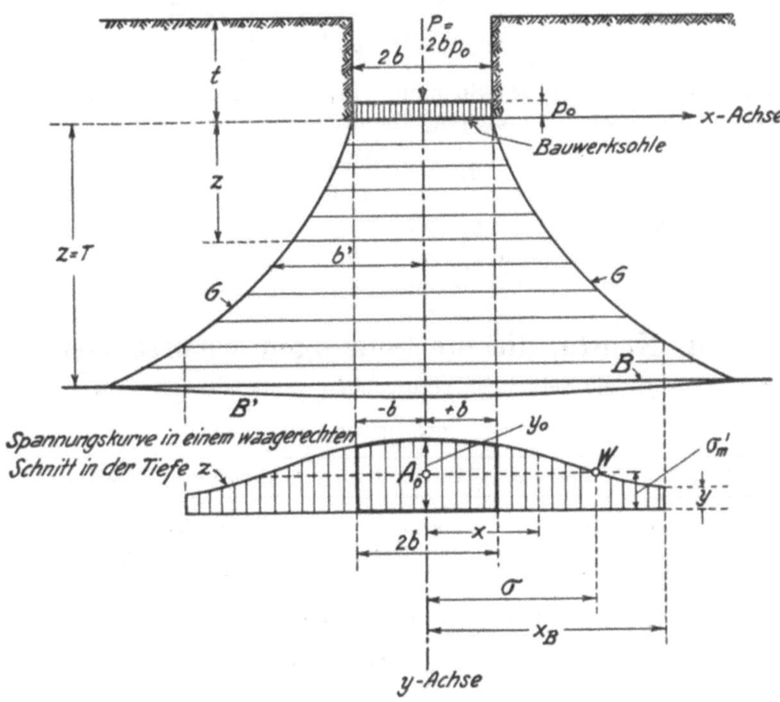

Abb. 480. Tragkörper unter einem Bauwerk.

B Tiefenfläche, W Wendepunkt, G Begrenzungsfläche, x_B waagrechte Entfernung der Begrenzungskurve von der Symmetrieachse, σ'_m für die Berechnung maßgebende Spannung, $\sigma_m = \dfrac{0{,}6\, y_0}{\sqrt{\log \dfrac{y_0}{y}}}$, y_0 lotrechte Spannung in der Symmetrieachse, y lotrechte Spannung, die keine Setzung mehr erzeugt.

Setzt man z. B. für y_0 den Wert:

$$y_0 = \left(\frac{p_0\, b}{b + \alpha z^n} \right)$$

und für h (Präzisionsmaß):

$$h = \frac{0{,}9}{(b + \alpha z^n)} \quad [\text{siehe S. 656, Gl. } (2''')]; \tag{2}$$

Ferner wird angenommen, daß ein Boden bei einer Belastung von $\sigma = 0{,}1\,\text{kg/cm}^2$ sich nicht mehr merkbar setze, so kann in obiger Gleichung (1) gesetzt werden:

$$y = 0{,}1 = y_0\, e^{-(h x)^2}. \tag{3}$$

Nach x aufgelöst ergibt sich:

$$\frac{\ln\left(\dfrac{y_0}{y}\right)}{h^2} = x^2 \quad \text{oder} \quad x = \frac{\sqrt{\ln\left(\dfrac{y_0}{y}\right)}}{h} = \frac{1{,}52\sqrt{\log \dfrac{h_0}{y}}}{h} = b'. \tag{4}$$

Gleichung (4) ist die gesuchte Gleichung für die Begrenzungskurve G in Abb. 480.

3. Der maßgebende Druck σ_m in der Tiefe $z = T$ (siehe Abb. 480).

Wird die Annahme gemacht, daß der Wert σ_m (mittlere Bodenspannung):

$\sigma_m = \dfrac{P}{2\,x}$ bedeute, so wird $\sigma_m = \dfrac{2\,p_0\,b}{2\,x}$, da $P = 2\,p_0\,b$ ist (siehe Abb. 480).

Ferner wird mit Hilfe der Gl. (4) und Gl. (2):

$$\sigma_m = \frac{(p_0\,b)\,0,9}{(b + \alpha\,z^n)\,1,52\,\sqrt{\log \dfrac{y_0}{y}}} = \frac{0,6\,y_0}{\sqrt{\log\left(\dfrac{y_0}{y}\right)}}.$$

Wird für $y = 0{,}1\ \text{kg/cm}^2$ als Spannung in der Begrenzungskurve gesetzt, so wird die mittlere Bodenspannung σ_m (die in die Setzungsberechnung einzusetzen ist):

$$\sigma_m = \frac{0,6\,y_0}{\sqrt{\log 10\,y_0}}.$$

Zahlenwerte. Es sei: $\quad y_0 = 1\ \text{kg/cm}^2;\qquad \sigma_m = 0,6\,y_0,$

$\qquad\qquad\qquad\qquad y_0 = 0,5\ \text{kg/cm}^2;\qquad \sigma_m = 0,73\,y_0,$

$\qquad\qquad\qquad\qquad y_0 = 0,2\ \text{kg/cm}^2;\qquad \sigma_m \simeq y_0$ (siehe z. B. Abb. 480).

B. Kräfte, die die Setzungen verursachen.

Die Kräfte, die die Setzungen verursachen, gehen aus der Tabelle 324 hervor.

Tabelle 324.

	Ursache der Setzung	Beispiele für die Auswirkung oder für die Ursache
1.	Statische Belastung	Zusammendrückung des Baugrundes Seitliches Ausweichen des Bodens
2.	Dynamische Belastung (Erschütterungen)	Erdbeben, Verkehr, Maschinen, Sprengungen
3.	Hydrodynamische Einflüsse	Grundwasserabsenkung Grundwassererhöhung
	Änderung der Wasserverhältnisse	Vergrößerung des Wassergehaltes (z. B. nach Regen, Berieselungen) Verkleinerung des Wassergehaltes (z. B. Austrocknen)
4.	Erosionen(Ausspülungen)	Schwimmsand — Wegpumpen Auslaugung von Salzen Rohrbrüche von Wasserleitungen
5.	Unterhöhlungen	Natürliche Erdfälle Bergbausenkungen beim Tunnelbau und Bergwerksbau
6.	Rutschungen	Dammsetzungen Kriechen des Bodens an Abhängen
7.	Frost	Senkungen bei Tauwetter
8.	ChemischeVeränderungen	Gipstreiben Zersetzen von Moor

C. Die spezifischen Setzungen.

1. Die mathematische Gleichung für die spezifische Setzung.

Die mathematische Erfassung der Setzung je Längeneinheit, die sog. spez. Setzung, ist im zweiten Hauptabschnitt, Kap. IV, A, 1, behandelt.

Danach beträgt die spez. Setzung

a) nach TERZAGHI. Die spez. Setzung kann mit Hilfe des Druckporenziffer-Diagrammes ausgedrückt werden. Die Porenziffer ε berechnet sich zu:

$$\varepsilon = \frac{1}{A}\{\ln(p + p_0) - \ln(p_0 + p_{\varepsilon = 0})\}.$$

Diese Gleichung wird auch geschrieben:

$$\varepsilon = a\,[\ln\,(p + p_0) - \delta\,p] + d.$$

p bedeutet die Belastung des Bodens. a, p_0, δ, $d =$ Bodenfestwerte.

Die mathematische Berechnung der Setzungsgröße wird mit der Porenziffergleichung umständlich. Besser eignet sich für die mathematische Untersuchung der Setzungen der Ansatz von BENDEL.

b) Nach BENDEL beträgt die spez. Setzung ds

$$ds = [K' + K \log\,(\sigma_0 + \sigma)]\,dz. \qquad (1)$$

Werden für $dz = 100$ Längeneinheiten gewählt, so erhält man ds in Prozent. Für die Bedeutung der Werte K, K', σ_0 siehe S. 399/401.

c) Nach FRÖHLICH. Für die mathematische Gleichung der spez. Setzung nach FRÖHLICH siehe S. 409.

d) Nach HAEFELI. Für die mathematische Gleichung der spez. Setzung nach HAEFELI siehe S. 409.

2. Der maßgebende Bodendruck für die Setzungsberechnung.

Im Kapitel III über Druckverteilung wurden die verschiedenen Verfahren zur Bestimmung der Druckverteilung im Boden infolge eines Lastdruckes behandelt: Der Lastdruck σ kann von Bauwerken, Erschütterungen, Verkehrsmitteln herrühren.

Im folgenden bedeuten:

$z =$ Tiefe in Zentimeter unter der Bauwerksohle,

$\sigma_z =$ Druck in der Tiefe z infolge einer auf den Boden aufgebrachten Last Q (Bauwerkslast); σ_z in kg/cm². Für σ_z wird der maßgebende Druck σ_m (siehe oben) eingeführt,

$\sigma_g =$ Druck in der Tiefe z infolge Eigengewicht γ_e des Bodens in kg/cm²,

$\sigma_a =$ Vorbelastung des Bodens, σ_a in kg/cm²,

$$\sigma_a = \sigma_0 + \sigma_v \quad (\text{siehe S. 404}),$$

$t =$ Gründungstiefe des Bauwerkes; t in Zentimeter,

$$\sigma_1 = \gamma_e\,(t+z)+\sigma_a=\text{Belastung durch den Boden (Eigengewicht+Vorbelastung). (2)}$$

$$\sigma_2 = \gamma_e\,(t + z) + \sigma_a + \sigma_z = \sigma_1 + \sigma_z = \sigma_1 + \sigma_m, \qquad (3)$$

$\sigma_2 =$ Belastung durch den Boden infolge Eigengewicht $+$ Vorbelastung und aufgebrachte Last Q.

Die verschiedenen Formeln zur Berechnung der Spannung σ_z im Boden infolge einer Bauwerkslast sind im Abschnitt III über Druckverteilung im Boden behandelt worden; für $\sigma_z = \sigma_m$ siehe S. 666.

D. Die Setzung in Abhängigkeit der Größe der Lastfläche.

1. Versuchsergebnisse.

Zahlreiche Versuche wurden durchgeführt, um die Abhängigkeit der Größe und Form der Lastfläche auf die Setzung des Bauwerkes zu untersuchen[1].

---

[1] BASTIAN: Das elastische Verhalten der Gleisbettung und ihres Untergrundes. Diss. München 1906. — EMPERGER: Die zulässige Belastung des Baugrundes. Bautechn. 1926. S. 226, 404. — GOEMER: Über den Einfluß der Flächengröße und Einsenkung von Gründungskörpern. Ausführung 1926/1927. Veröff. in Geologie u. Bauwesen Heft 3. Berlin 1932. — KÖGLER: Über Baugrund-Probebelastungen. Bautechn. 1931 S. 357. — PRESS: Baugrundbelastungsversuche mit Flächen verschiedener Größe. Bautechn. 1930 Heft 42. — Der Boden als Baugrund S. 20/28. Berlin 1940. — STROHSCHNEIDER: Elastische Druckverteilung und Drucküberschreitung in Schüttungen. S.-B. Akad. Wiss. Wien Febr. 1912. — TERZAGHI: Erdbaumechanik 1925.

Aus den Versuchsergebnissen geht hervor:

a) Ergebnisse von Versuchen im Prüfraum.

α) Ganz kleine Belastungsflächen sinken infolge seitlichen Ausweichens des Bodens sehr stark ein. Bei gleicher spez. Belastung wie unter α, aber bei Belastungsflächen bis rd. 200 cm², wie sie vielfach für Probebelastungen benützt werden, ist die Einsenkung der Platten verhältnismäßig klein.

β) Je größer die Belastungsfläche als 200 cm² ist, um so größer ist die Einsenkung bei gleicher spezifischer Belastung, und zwar bei nichtbindigen und bei bindigen Böden, insofern die Belastungsdauer genügend lange ausgedehnt wird.

γ) Die Einsenkung ist nicht proportional der Belastung; die Einsenkung wächst bei zunehmender Belastung. Für die mathematische Berechnung der Setzung wird bis jetzt in allen Formeln die Setzung als proportional der spezifischen Belastung des Bodens angenommen. Das diesbezügliche Verhalten von bindigen und nichtbindigen Böden ist noch nicht vollständig abgeklärt.

δ) Bei gleicher Querschnittsgröße der Belastungsfläche haben kreisrunde Ausbildungen bei höheren Belastungen kleinere Setzungen ergeben als rechteckige, dreieckige, trapezförmige oder Rahmenformen mit der gleichen, hohen spezifischen Belastung (Versuche von PRESS).

ε) Die Steifigkeit der Belastungsfläche hat einen Einfluß auf die Größe der Setzungen. Für die Beziehung zwischen Plattensteifigkeit und Setzung siehe Formel BENDEL S. 654. Diese Beziehungen sind noch nicht restlos abgeklärt.

ζ) Bei gleichem Umfang der Belastungsfläche ergeben sich bei gleich großer Belastung angenähert gleich große Setzungen. Für die mathematische Behandlung des Einflusses der Größe und Form der Belastungsfläche ist diese Feststellung von wesentlicher Bedeutung.

b) Ergebnisse von Setzungsmessungen an ausgeführten Bauwerken.

Vergleiche eingehender Setzungsmessungen, die mit Probeflächen von 300 cm² und 10000 cm² vor Baubeginn durchgeführt wurden mit Setzungsmessungen, die am fertigen Bauwerk mit 160 m² Fläche durchgeführt wurden, ergaben:

Tabelle 325.

Belastungsfläche	Belastung kg/cm²	Setzung in mm	Belastung kg/cm²	Setzung in mm
Probefläche: Kreis: $F = 300$ cm²	0,75	1,8	1,5	3,2
Quadrat: $F = 10\,000$ cm² ..	0,75	2,2	1,5	7,0
Bauwerk: Rechteck 1 600 000 cm² ...	0,75	11,6	—	—

Vgl. S. 110, Bd. II.

2. Folgerungen aus den Belastungsversuchen.

Aus allen Setzungsmessungen, seien sie im Prüfraum, am Modell, im Feld an Probebelastungsflächen oder am fertigen Bauwerk durchgeführt worden, ergibt sich mit aller Deutlichkeit, daß bei der gleichen Bodenpressung die größeren Belastungsflächen die größeren Einsenkungen ergeben. Für die Ausnahme siehe S. 668 unter a) α.

3. Mathematische Behandlung der Meßergebnisse.

Der Einfluß der Größe und Ausbildung (Form) der Lastfläche auf die Druckverteilung ist im Kapitel über Druckverteilung eingehend behandelt worden. Alle Formeln über die Druckverteilung berücksichtigen die Breite der Lastfläche. Die neuen Formeln zur Ermittlung der Setzungen, siehe z. B. die Formeln von

BENDEL, SCHLEICHER, berücksichtigen neben den Abmessungen der Lastfläche auch die Bauwerksteifigkeit.

Die erwähnten Formeln berücksichtigen die Tatsache, daß die Tiefenwirkung um so größer ist, je breiter die Lastfläche ist.

Da die Setzungen von den Spannungen im Boden abhängig sind, so müssen die Setzungen um so größer werden, je tiefer die Druckverteilung reicht. Die Ergebnisse der Setzungsversuche bestätigen diese grundsätzliche Überlegung; mit anderen Worten: Die in den mathematischen Gleichungen angenommene Druckverteilung nach der Tiefe stimmt trotz der vorgenommenen Vereinfachungen mit den Beobachtungen in der Natur grundsätzlich überein.

F. Die Größe der Zusammendrückung des Bodens unter einem Bauwerk.

1. Rechnerische Methode zur Bestimmung der Größe der Zusammendrückung.

a) Allgemeine Verfahren.

Wird in Gl. (1) [S. 667] für $\sigma_0 + \sigma = \sigma_1$ [vgl. S. 667, Gl. 2], d. h. der im Boden herrschende Druck infolge Eigengewicht des Bodens und Kapillardruck genommen, so wird

$$ds_1 = (K' + K \log \sigma_1)\, dz.$$

Wird in Gl. (1) [S. 667] für $\sigma_0 + \sigma = \sigma_2$ [vgl. Gl. 3, S. 667] d. h. der im Boden herrschende Druck infolge Eigengewicht, Kapillardruck und Bauwerkbelastung genommen, so wird

$$ds_2 = (K' + K \log \sigma_2)\, dz.$$

Die Zunahme der Zusammendrückung des Bodens beim Aufbringen einer Bauwerklast auf den Boden wird:

$$ds_2 - ds_1 = \partial s = \left(K \log \frac{\sigma_2}{\sigma_1} \right) dz.$$

Die gesamte Zusammendrückung des Bodens unter einem Bauwerk oder, was das gleiche bedeutet, die Setzung S eines Bauwerkes wird:

$$S = \int_t^T \partial s = K \int_t^T \left(\log \frac{\sigma_2}{\sigma_1} \right) dz = K \int_t^T \log \frac{\gamma_e\,(t + z) + \sigma_a + \sigma_z}{\gamma_e\,(t + z) + \sigma_a}\, dz.$$

T bedeutet die Tiefe des Tragkörpers. Vgl. Abschnitt A über Begriffserklärungen.

Die Auflösung des Integrales bietet meistens sehr erhebliche Schwierigkeiten; daher wird in der Praxis für die Berechnung der Setzung S das Summierungsverfahren angewendet; dann wird

$$S = K \sum_{z=t}^{z=T} \log \frac{\gamma_e\,(t + z) + \sigma_a + \sigma_z}{\gamma_e\,(t + z) + \sigma_a}\, \Delta z.$$

b) Sonderfälle.

Für die *rechnerische* Bestimmung der Größe der Zusammendrückung eignen sich nur Sonderfälle. Die oft schwierigen und umständlichen Ableitungen der Formeln sind hier nicht wiedergegeben; es wird auf die entsprechende Literatur verwiesen (siehe folgende Tabelle 326).

Anmerkungen. 1. Der Wert K wird versuchstechnisch aus der Formel

$$s = K' + K \log (\sigma_0 + \sigma)$$

erhalten.

2. In der Formel $S = \int\limits_{t}^{T} K \log \dfrac{\sigma_2}{\sigma_1}\, dz$ steht der Wert K innerhalb des Integrations-

zeichens, wenn es sich um einen ungleichmäßig (inhomogenen) Boden handelt; bei gleichmäßig beschaffenem Boden (homogenem) steht der Wert K vor dem Integrationszeichen.

3. t bedeutet die Tiefe der Bauwerksohle unter Erdoberkante (siehe Abb. 481).

Tabelle 326.

Belastung	Gesamtsetzung S	Literatur
Einzellast P	$x =$ Waagrechter Abstand von der Einzellast P $p_0 =$ Festwert für eine bestimmte Bodenart Bei bindigen Böden wird $p_0 = p_k$; d. h. der Druckäquivalent der Konsistenzform Für $p_k =$ klein gegenüber γz wird $$S_x = \frac{P}{2\pi}\,\frac{K}{\gamma}\,\frac{1}{x^2 \ln 10}.$$ Für $p_k =$ groß, wird S bei $\nu = 3$ $$S_x = \frac{3}{8}\,\frac{P}{\pi}\,\frac{K}{\gamma}\,\frac{1}{x^2 \ln 10}\cos\alpha\,[I_1 + I_2]$$ $S_x =$ Setzung an der Oberfläche im Abstand x von der Einzellast P	FRÖHLICH: Druckverteilung im Baugrund S. 93 Gl. (9). Berlin 1934

$$I_1 = \sin 2\alpha \left[2(\sin\alpha + \cos\alpha) + \ln \operatorname{tg}\frac{\alpha}{2}\operatorname{tg}\left(\frac{\pi}{4} - \frac{\alpha}{2}\right)\right] - 2\cos 2\alpha\,(\sin\alpha - \cos\alpha)$$

$$I_2 = \sin 4\alpha \left[-\frac{4}{3}(\sin^3\alpha + \cos^3\alpha) - \frac{1}{2}\ln\operatorname{tg}\frac{\alpha}{2}\operatorname{tg}\left(\frac{\pi}{4} - \frac{\alpha}{2}\right)\right] + 2\cos 4\alpha\left[\sin\alpha - \cos\alpha - \frac{2}{3}(\sin^3\alpha - \cos^3\alpha)\right]$$

für $\nu = 4$ siehe FRÖHLICH S. 94 Formel (12). $\operatorname{tg}\alpha = \dfrac{p_0}{\gamma x}$.

Linienlast q	x und p_0 wie oben, $p_0 = p_k$ für bindige Böden. Für p_k klein gegenüber γz wird $S_x = \dfrac{1}{2}\,\dfrac{K}{\gamma}\,\dfrac{\bar{q}}{x\ln 10}$, $\bar{q} =$ linienförmige Last. Wird p_k nicht vernachlässigt, so werden die Formeln für die praktische Auswertung ziemlich mühsam. Siehe FRÖHLICH S. 95 Formel (16) und (18).	
Belastung des Umfanges eines Kreises	$S =$ Setzung des Mittelpunktes des Kreises $q =$ Belastung des Umfanges des Kreises $r_0 =$ Halbmesser des Kreises $$S = \frac{q}{r_0}\,\frac{K}{\gamma}\,\frac{1}{\ln 10}$$	S. 96 Formel (21)
Unendlich langer Streifen, gleichmäßig belastet	$t =$ Gründungstiefe des belasteten Streifens $S =$ Setzung der elastischen Mittellinie $q_t =$ gleichmäßige Belastung des Streifens $2b =$ Breite des Laststreifens $\nu = 4;\quad S = \dfrac{3}{2}\,\dfrac{K}{\gamma \ln 10}\,q_t\,f_{\nu = 4}$	Formel (24)

$$f_{\nu=4} = \cos\alpha\left[\left(1 - \frac{1}{3}\cos^2\alpha\right)\ln\operatorname{cotg}\frac{\alpha}{2}\operatorname{cotg}\left(\frac{\pi}{4} - \frac{\alpha}{2}\right) - \frac{1}{3}(\sin\alpha - \cos\alpha)\right];$$

$$\operatorname{tg}\alpha = \frac{1}{b}\left(t + \frac{p_k}{\gamma}\right)$$

Tabelle 326 (Fortsetzung).

Belastung	Gesamtsetzung S	Literatur
Kreisfläche gleichmäßig belastet	$t =$ Gründungstiefe $q_t =$ gleichmäßige Belastung der Kreisfläche $q_t = q_t' + \gamma\,t;\qquad q_t' =$ Gebäudelast $r_0 =$ Halbmesser;$\qquad \gamma =$ Raumgewicht des Bodens (siehe Tab. 159) $S =$ Senkung des Mittelpunktes $v = 4$ $$c = \frac{1}{r_0}\left(t + \frac{p_0}{\gamma}\right)$$ $$S = \frac{1}{4}\,\frac{K}{\gamma \ln 10}\,q_t\,F(c)$$ $$F(c) = \frac{1}{(1+c^2)^2}$$ $$\times\,[2\,(1+c^2) + \pi\,c\,(1+3\,c^2) - 4\,(1+2\,c^2)\ln c]$$	Formel (40)
Kreis gleichmäßig belastet Quadrat, gleichmäßige Belastung Rechteck, gleichmäßige Belastung	$$S = \alpha\,\frac{q_0\sqrt{F}}{E}\,\frac{m^2-1}{m^2}$$ $F =$ Lastfläche;$\quad q_0 =$ gleichmäßig verteilte $E = M_E =$ Elastizitätsziffer;$\qquad$ Belastung $m =$ Poissonzahl; $\alpha =$ Beiwert, abhängig von der Form der Lastfläche, Steifigkeit der Lastplatte und Lage des Punktes, dessen Setzung gesucht wird $\alpha_g =$ Größtwert = Mitte der Lastfläche $\alpha_k =$ Kleinstwert = Am Rande der Lastfläche $\alpha_m =$ Mittelwerte Tabelle der α-Werte. 	Lastfläche	α_m	α_g	α_k
---	---	---	---
Kreis	· 0,96	1,13	0,72
Quadrat	0,95	1,12	0,56
Rechteck $a:b = 2$..	0,92	1,08	0,54
5..	0,82	0,94	0,47
10..	0,71	0,80	0,40
100..	0,37	0,40	0,20		Schleicher: Zur Theorie des Baugrundes. Bauingenieur 1926, S. 931, 949 Anmerkung. Senkung einer Lastplatte ohne Biegungssteifigkeit
Streifenlast	$2\,b =$ Breite des Streifens $\alpha =$ Bodenwert $n =$ Bauwerksteifigkeitszahl $$S = \int_t^T K \log\left(\frac{\sigma_t + \sigma_0}{\sigma_0}\right) dz$$ $$\sigma_t = \frac{q_0\,b}{b + \alpha\,z^n};\qquad \sigma_0 = \gamma_e\,z + \sigma_a$$ Die Auswertung der Integrale ist in der angeführten Literatur ausgeführt	Bendel: Berechnung der Setzungen infolge Zusammendrückbarkeit des Bodens. Dtsch. Wasserw. 1940 S. 354

2. Das zeichnerische Verfahren zur Bestimmung der Größe der Zusammendrückung.

a) Allgemeine Verfahren. Es wird für jede Tiefe z der entsprechende ds_1-Wert bzw. ds_2-Wert waagrecht von einer Senkrechten aus aufgetragen (siehe Abb. 481).

In dieser Abbildung bedeutet:

$ds_1 =$ spez. Setzungskurve infolge Eigengewicht und Kapillardruck,

$ds_2 =$ spez. Setzungskurve infolge Eigengewicht, Kapillardruck und Bauwerksbelastung,

$$F = F_2 - F_1 = \int_0^T ds_2\, dz - \int_0^T ds_1\, dz = \text{Setzung des Bauwerkes,}$$

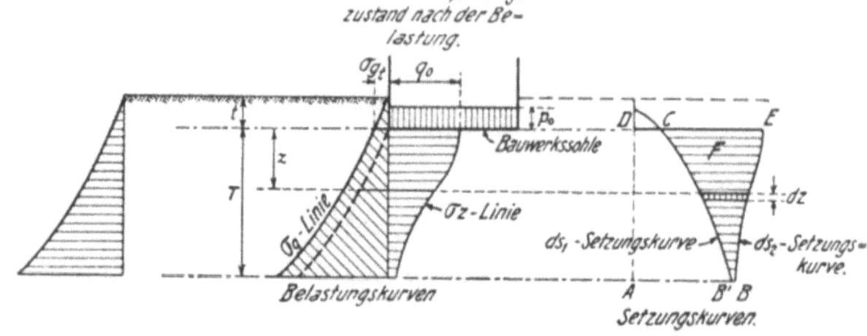

Abb. 481. Zeichnerische Ermittlung der Setzungsgröße.

q_0 Bodenbelastung in der Bauwerksmitte, σ_g Belastungskurve infolge Eigengewicht, σ_z Belastungskurve infolge der Bauwerksbelastung p_0, ds_1 spez. Setzungskurve mit Eigengewicht und Vorbelastung σ_a, ds_2 spez. Setzungskurve mit Eigengewicht, Vorbelastung σ_a und Bauwerksbelastung

$$F = F_2 - F_1 = \int_0^T ds_2\, dz - \int_0^T ds_1\, dz = \text{Setzung des Bauwerkes;} \quad F_2 \text{ Fläche } A\text{—}B\text{—}E\text{—}D,$$

$$F_1 \text{ Fläche } A\text{—}B'\text{—}C\text{-}D.$$

$F_1 =$ Fläche $A\,B'\,C\,D$; $F_2 =$ Fläche $A\,B\,E\,D$. Aus der Abb. 481 ergibt sich, daß

$$F = F_2 - F_1 = \text{Fläche } A\,B\,E\,D - \text{Fläche } A\,B'\,C\,D$$

sein muß.

$F =$ Zusammendrückung des Bodens durch die Bauwerkslast bzw.

$F =$ Setzung des Bauwerkes[1].

In den Abb. 482 bis 485 ist an einem praktischen Beispiel der Berechnungsgang für die Setzung wiedergegeben. Es handelte sich um die Erstellung eines Lagerschuppens auf einem stark zusammendrückbaren, scharfkantigen, quarzhaltigen Sand der Körnung 0,2 bis 3 mm*.

Der Berechnungsgang ist folgender:

Zuerst werden die Spannung σ_g infolge Eigengewicht und die Druckausbreitung infolge der Zusatzbelastungen $p_0 = 1$ kg/cm², $p_0 = 2$ kg/cm²

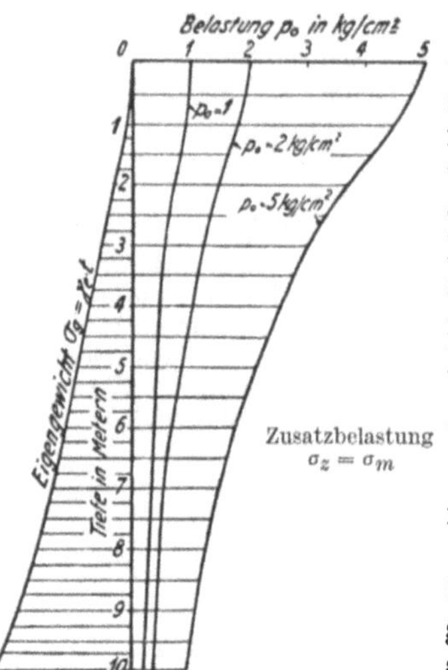

Abb. 482. Druckausbreitung nach der Tiefe bei gleichmäßig beschaffenem (homogenem) Bodenmaterial.

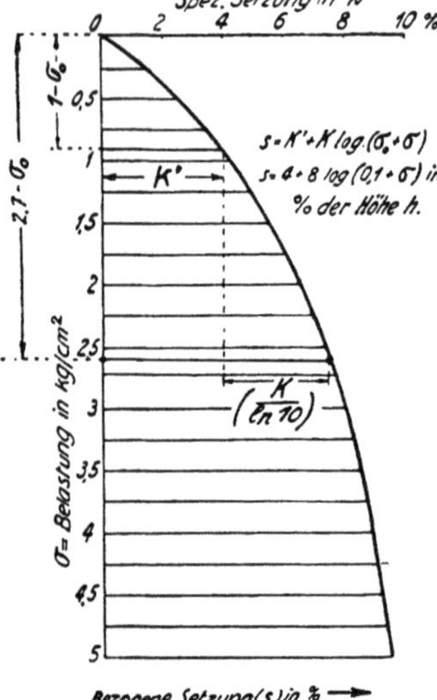

Abb. 483. Material: scharfkantiger, quarzhaltiger Sand.

---

[1] Vgl. Berechnungsverfahren nach R. Haefeli: Schweiz. Bauztg. Bd. 112 vom 6. Aug. 1938.

* Vgl. Bendel: Erfolge und Mißerfolge der Ingenieurgeologie. Schweiz. techn. Z. 1940 Nr. 10.

usw. aufgezeichnet (siehe Abb. 482). Dann wird die Kurve für die bezogene Setzung $s = K' + K \log (\sigma_0 + \sigma)$ aufgezeichnet (Abb. 483). Hierauf werden die Spannungen σ_g in der Tiefe t in Abb. 482 herausgegriffen. Für die entsprechenden Spannungen werden die spez. Setzungen in Abb. 483 abgegriffen und in Abb. 484 als Summenlinie aufgetragen. Hierauf werden die spez. Setzungen infolge der Zusatzspannungen $\sigma_z = \sigma_m$ in der Abb. 483 abgegriffen und als Summenlinie in Abb. 484 eingetragen. So entsteht z. B. die Kurvenlinie s_1 für die Belastung $p_1 = 1$ kg/cm². Der Unterschied in den Flächen $s_1 - s_e = F_1$ bedeutet die gesamte Setzung der 10 m mächtigen Schicht für eine Zusatzbelastung von $p_1 = 1$ kg/cm². Das zeichnerische Verfahren eignet sich besonders gut, wenn Schichten mit verschiedenen spez. Setzungen vorhanden sind. In Abb. 485 sind die gesamten Setzungen S zeichnerisch aufgetragen.

b) Sonderfälle. *Nach* STEINBRENNER[1]. Dieser hat Rechentafeln hergestellt, mit deren Hilfe die Setzung für die Ecke einer rechteckigen Lastfläche ermittelt werden kann (siehe Abb. 486).

Danach ist:

$$S = \frac{b\,p_0}{M_E}\{A\,f_1\,(a,\,b,\,t) + B\,f_2\,(a,\,b,\,t)\},$$

$$A = \frac{m^2 - 1}{m^2}; \qquad B = \frac{m^2 - m - 2}{m^2},$$

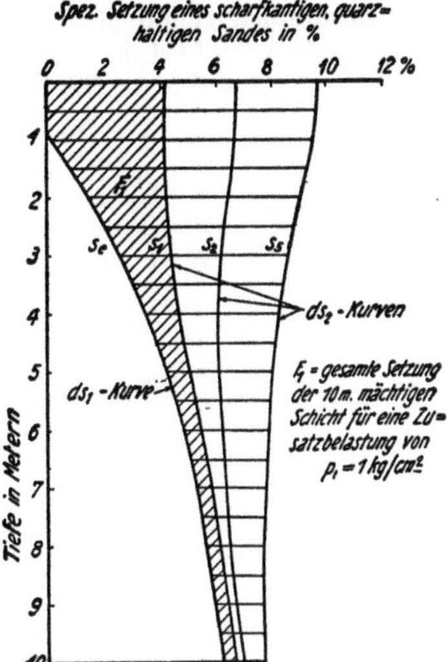

Abb. 484. Bezogene Setzung in Abhängigkeit der Belastung und der Tiefe. s_e Setzung infolge Eigengewicht $\sigma_g = {}= d\,s_1$-Kurve, s_1 Setzung infolge $(\sigma_g + p_1)$ $p_1 = 1$ kg/cm² $= d\,s_2$-Kurve, s_2 Setzung infolge $(\sigma_g + p_2)$; $p_2 = 2$ kg/cm² $= d\,s_2$-Kurve, s_5 Setzung infolge $(\sigma_g + p_5)$ $p_5 = 5$ kg/cm² $= d\,s_2$-Kurve.

M_E = Elastizitätsziffer des Bodens; unveränderlich angenommen,
p_0 = durchschnittliche Belastung der Gründungssohle,
m = Poissonziffer des Bodens,
a; b = Seitenlängen des Gründungskörpers; t = Tiefe unter der Lastfläche (= z in den verschiedenen Formeln),
f_1; f_2 = Funktionen der Rechteckseiten a und b sowie der Tiefe t,
f_1 und f_2 sind aus der Abb. 486 abzulesen.

In der Abb. 486 sind die entsprechenden Kurven für das Beispiel $a/b = 1$, $t/b = 4{,}0$ und $m = 3{,}3$ eingezeichnet.

Die Senkung eines beliebigen Punktes P einer rechteckigen Lastfläche errechnet man, indem man die Lastfläche in vier Rechtecke aufteilt. Die Senkung des Punktes P erhält man als Summe der vier Teilsenkungen. Für $m = 3{,}3$ als Festwert erhält man das Diagramm in Abb. 487.

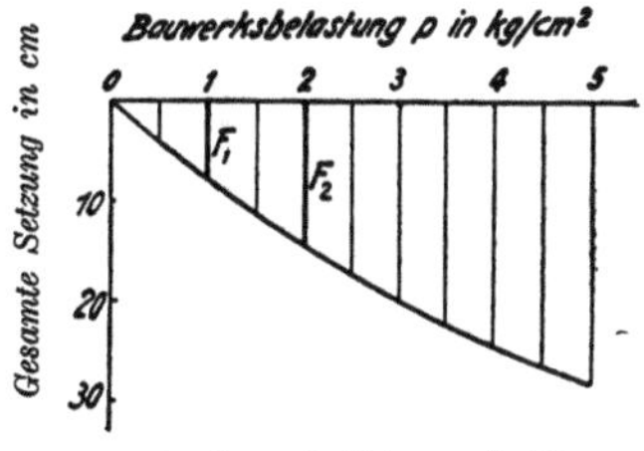

Abb. 485. Gesamte Setzung S. Die Gerade F_1 entspricht der Fläche F_1 in Abb. 484.

Die Diagramme von STEINBRENNER gelten für gleichmäßig beschaffenen (homogenen) Boden und Platten ohne Steifigkeit; dabei ist angenommen, daß die Elastizitätsziffer M_E ein Festwert sei. Für überschlägige Berechnungen haben sich die Diagramme von STEINBRENNER bewährt.

---

[1] Straße 1934 S. 121. Tafeln zum Setzungsberechnen: Bodenmechanik und neuzeitlicher Straßenbau Heft 3 S. 77. Berlin 1939.

Beispiele.

Beispiel 1: Die Querdrehungszahl m sei $m = 5$. Gegeben ist eine Platte mit den Abmessungen

$$a = b = 1\,m.$$

Die Zusammendrückungsziffer M_E sei $M_E = 200\,\text{kg/cm}^2 = 2000\,\text{tn/m}^2$. Die in Frage kommende Tiefe t sei

$$t = 5\,\text{m} = \text{Mächtigkeit der zusammendrückbaren Schicht.}$$

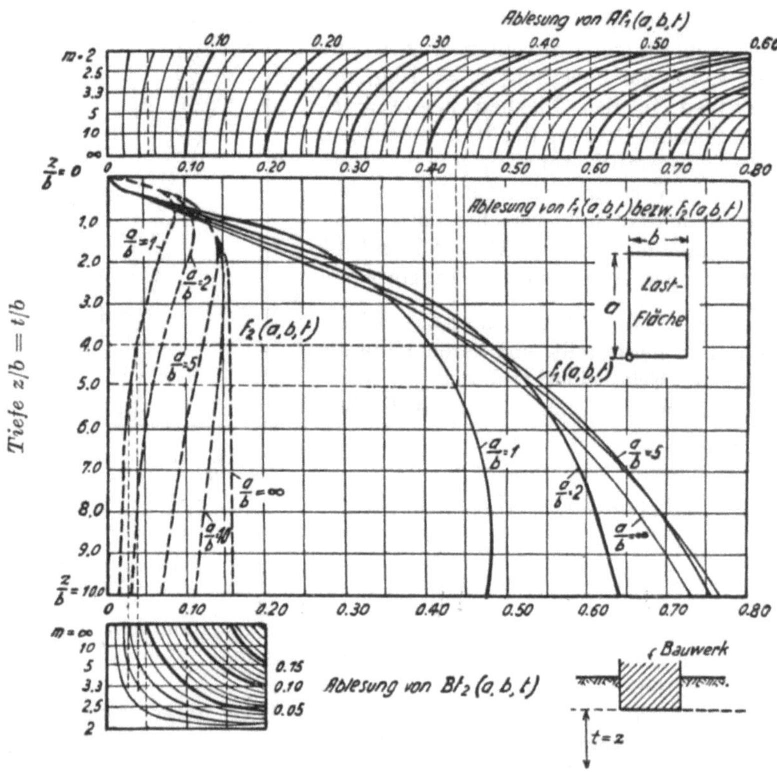

Abb. 486. Rechentafel zur Berechnung der Setzung der Ecke einer rechteckigen Lastfläche. Die Querdehnungszahl m ist veränderlich.

Die gleichförmige Belastung der Platte betrage

$$p_0 = 25\,\text{tn/m}^2.$$

Es ist die Setzung S_M des Mittelpunktes M zu berechnen. Mit Hilfe der Abb. 486 ergibt sich

$$\frac{t}{b} = \frac{5}{1} = 5;\quad \frac{a}{b} = \frac{1}{1} = 1;\quad m = 5.$$

$$A f_1\,(a,\,b,\,t) = 0{,}42,$$

$$B f_2\,(a,\,b,\,t) = 0{,}02,$$

$$S_M = 4 \cdot \frac{1{,}00 \cdot 25}{2000}\,(0{,}42 + 0{,}02) = \underline{2{,}2\,\text{cm}}.$$

Beispiel 2: Die Querdehnungszahl m sei ein Festwert; $m = 3{,}3$.

Gegeben: $M_E = 100\,\text{kg/cm}^2 : p_0 = 2{,}0\,\text{kg/cm}^2$.

Die Belastungsfläche sei ein Rechteck: $10 \cdot 6$ m.

Tiefe $t = 10$ m; d. h. bis zur Felsoberfläche.

Berechnung von S_M; S_M = Setzung der Plattenmitte.

Maßgebendes $a = \dfrac{10}{2} = 5$ m; $b = \dfrac{6}{2} = 3$; $\dfrac{a}{b} = \dfrac{5}{3} = 1{,}66$; $\dfrac{t}{b} = \dfrac{10}{3} = 3{,}33$.

Aus der Abb. 487 ist ersichtlich, daß $f_m = 0{,}4$ ist.

$$S_M = 4\,\frac{b\,p_0\,f_m}{M_E} = \frac{4\cdot 300\cdot 2\cdot 0{,}4}{100} = 9{,}6\ \text{cm}.$$

Berechnung von S_A (Setzung der Plattenecke A in Abb. 487):

$$a=10;\ b=6;\ \frac{a}{b} = \frac{10}{6} = 1{,}66;\ \frac{t}{b} = \frac{10}{6} = 1{,}66;\ f_A = 0{,}2;\ S_A = \frac{600\cdot 2\cdot 0{,}2}{100} = 2{,}4\ \text{cm}.$$

Mittlere Setzung. Angenähert ist:

$$S_{maßgebend}\ \text{im Mittel} \cong \tfrac{3}{4}\,S_M \cong 7{,}2\ \text{cm},$$

da die Tafeln von Steinbrenner für Platten ohne Steifigkeit Gültigkeit haben.

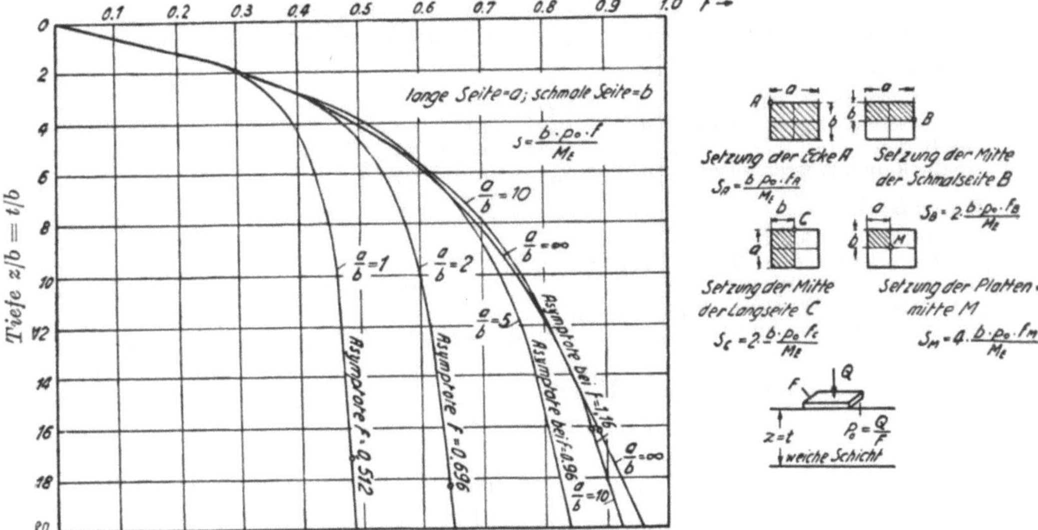

Abb. 487. Kurvenbild zur Setzungsermittlung unter rechteckigen Lastflächen. Die Querdehnungszahl m ist als Festwert angenommen.

3. Beispiele.

Setzungen infolge Grundwasserabsenkungen.

a) Allgemeine Begriffe.

γ_s = Wichte (spez. Gewicht) des Bodens,

γ_e = Raumgewicht des Bodens,

γ_w = Raumgewicht des Wassers,

t = Tiefe unter Erdoberkante,

h' = Höhe der wassergesättigten Zone,

h'' = Tiefe unter Grundwasserspiegel,

h''' = Höhe der kapillaren Wasserzone,

Δh = Höhe der Grundwasserspiegelsenkung,

n = Porenhohlraum,

A = Auftrieb; $A = (1 - n)\,\gamma_w\,h$ = Auftrieb von Festmaterial,

w = Wassergewicht.

Anmerkung. Mit h', h'', h''' wird angedeutet, daß es sich jeweils um verschiedene Höhen h handelt. h = Schichtenmächtigkeit.

Mit diesen Werten erhält man den Korn-zu-Korndruck σ_k, der auch Korngerüstdruck genannt wird; ferner kann der Bodendruck σ_b bestimmt werden, und schließlich kann der Wasserdruck σ_w ermittelt werden[1].

---

[1] W. Steinbrenner: Der zeitliche Verlauf einer Grundwasserabsenkung. Wasserw. u. Techn. 1937 S. 27. — H. Rom: Grundwasserabsenkung im Deckgebirge bei der Grundwasserentziehung. Berlin 1939.

b) Korngerüstdruck, Bodendruck und Wasserdruck.

Aus der Tabelle 327 gehen das Wesen des Korngerüstdruckes σ_k, des Bodendruckes σ_b und des Wasserdruckes σ_w hervor.

Tabelle 327.

Arten der Drücke	Allgemeiner Fall	Sonderfall $t = h$
Korngerüstdruck		
in trockenem Boden	$\sigma_k = \gamma_S (1-n)\, t$	$\sigma_k = \gamma_e\, t$
in wassergesättigtem Boden	$\sigma_k' = \gamma_S (1-n)\, t + n\,\gamma_w\, h'$	$\sigma_k' = \gamma_e'\, t$
in Boden unter Wasser	$\sigma_k'' = \gamma_S (1-n)\, t + n\,\gamma_w\, h'' - \gamma_w\, h''$	$\sigma_k'' = \gamma_e''\, t$
	$= \gamma_S (1-n)\, t - \gamma_w (1-n)\, h''$	
in der kapill. Wassersteigzone	$\sigma_k''' = \gamma_S (1-n)\, t + n\,\gamma_w\, h''' - (1-n)\,\gamma_w\, h'''$	$\sigma_k''' = \gamma_e'''\, t$
Bodendruck		
in trockenem Boden	$\sigma_b = \gamma_S (1-n)\, t$	$\sigma_b = \gamma_e\, t$
in wassergesättigtem Boden	$\sigma_b' = \gamma_S (1-n)\, t + n\,\gamma_w\, h'$	$\sigma_b' = \gamma_e'\, t$
in Boden unter Wasser	$\sigma_b'' = \gamma_S (1-n)\, t + n\,\gamma_w\, h''$	$\sigma_b'' = \gamma_e'\, t$
in der kapill. Wassersteigzone	$\sigma_b''' = \gamma_S (1-n)\, t + n\,\gamma_w\, h'''$	$\sigma_b''' = \gamma_e'\, t$
Wasserdrücke		
in trockenem Boden	$\sigma_w = 0$	$\sigma_w = 0$
in wassergesättigtem Boden	$\sigma_w' = n\,\gamma_w\, h'$	$\sigma_w' = n\,\gamma_w\, h'$
in Boden unter Wasser (Auftrieb A + Wasserdr. W)	$\sigma_w'' = A + W = (1-n)\,\gamma_w\, h'' + n\,\gamma_w\, h'' = \gamma_w\, h''$	$\sigma_w'' = \gamma_w\, h''$
in der kapill. Wassersteigzone	$\sigma_w''' = (1-n)\,\gamma_w\, h''' + n\,\gamma_w\, h''' = \gamma_w\, h'''$	$\sigma_w''' = \gamma_w\, h'''$

Aus obiger Tabelle ergibt sich, daß

$$\gamma_e = \gamma_e = \gamma_S (1-n)$$
$$\gamma_e' = \gamma_e + n\,\gamma_w$$
$$\gamma_e'' = \gamma_e' - 1\,\gamma_w = \gamma_e' - (1-n)\,\gamma_w$$
$$\gamma_e''' = \gamma_e'' + n\,\gamma_w = \gamma_e' - (1-n)\,\gamma_w = \gamma_e - (1-2n)\,\gamma_w\,.$$

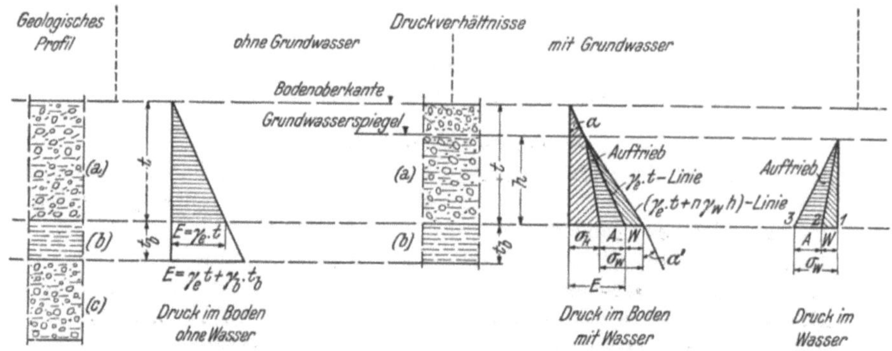

Abb. 488. Drücke in trockenem Boden und in mit Grundwasser gefülltem Boden auf undurchlässiger Schicht. (a) Grundwasserleiter, (b) Grundwasserträger, (c) Grundwasserleiter.

c) Berechnung der Setzung, wenn die Grundwasserschicht auf einer wasserundurchlässigen Schicht ruht (vgl. Abb. 488).

Größe der Drücke. In diesem Falle haben die Korngerüstdrücke σ_k und die Bodendrücke σ_b vor und nach einer Grundwasserspiegelsenkung die Größen, wie sie aus Tabelle 328 hervorgehen.

Tabelle 328.

Drücke vor der Grundwasserabsenkung	Drücke nach der Grundwasserabsenkung	Unterschied in den Drücken
Korngerüstdruck $\sigma_{k_1} = \gamma_S (1-n)\, t - \gamma_w (1-n)\, h$	$\sigma_{k_2} =$ $\gamma_S (1-n)\, t - \gamma_w (1-n)\, (h - \varDelta h)$	$\varDelta \sigma_k =$ $+ \varDelta h\, \gamma_w (1-n)$
Bodendruck $\sigma_{b_1} = \gamma_S (1-n)\, t + n\, \gamma_w\, h$	$\sigma_{b_2} =$ $\gamma_S (1-n)\, t + n\, \gamma_w (h - \varDelta h)$	$\varDelta \sigma_b =$ $- \varDelta h\, \gamma_w\, n$
Wasserdruck $\sigma_w = \gamma_w\, h$	$\sigma_w = \gamma_w (h - \varDelta h)$	$\varDelta \sigma_w =$ $- \varDelta h\, \gamma_w$

Grundlagen für die analytische Setzungsberechnung bei Grundwasserabsenkungen.
I. Berechnung der Setzung S mit der Annahme, daß die Zusammendrückungsziffer M_E linear mit der Belastung zunimmt.

Z. B. nach BENDEL: $\quad M_E = \dfrac{1}{K}\, \sigma.$

Nach FRÖHLICH: Es ist $v = 4$ in die Druckverteilungsformeln zu setzen.

Nach TERZAGHI: $\quad E = \dfrac{A\,(1 + \varepsilon_m)}{\ln 10} = M_E.$

Nach OHDE: $E = v\, \sigma^W = M_E.$

OHDE gibt $W = 1$ für bindiges Material an; dann geht seine Formel über in die von BENDEL, wobei $v = \dfrac{1}{K}$ bedeutet.

Allgemein ist die Setzung:

$$S = K \int\limits_t^T \log \frac{\sigma_2}{\sigma_1}\, dz.$$

Für die Bestimmung von K siehe S. 406.

Tabelle 329. *Berechnung der Größe der Setzungen infolge Grundwasserabsenkung.*

Strecke (siehe Abb. 489)	Maßgebende Drücke		Berechnung der Setzungsanteile	
	vor der Grundwasserabsenkung σ_1	nach der Grundwasserabsenkung σ_2	bei Annahme einer *veränderlichen* Elastizitätsziffer	bei Annahme einer ***un***veränderlichen Elastizitätsziffer
$\varDelta h$	σ_{k_1} Der Wert σ_{k_1} geht aus Tabelle 328 hervor	$\sigma_{k_1} + \varDelta \sigma_k$ $\varDelta \sigma_k$ ist auf die Höhe $\varDelta h$ veränderlich. Für den Wert $\varDelta \sigma_k$ siehe Tabelle 328. Für die zeichnerische Auswertung des Wertes $\varDelta \sigma_k$ siehe Abb. 489	$s_1 = K_1 \displaystyle\int\limits_0^{\varDelta h} \log\!\left(\frac{\sigma_{k_1} + \varDelta \sigma_k}{\sigma_{k_1}}\right) dh$	$s_1 = \dfrac{\varDelta \sigma_k}{E_1}\, \dfrac{\varDelta h}{2}$ $E_1 = M_{E_1}$
$h - \varDelta h$	σ_{k_1}' Der Wert geht aus Tabelle 328 hervor	$\sigma_{k_1} + \varDelta \sigma_k$ $\varDelta \sigma_k$ ist ein Festwert auf der Höhe $(h - \varDelta h)$ (siehe auch Abb. 489)	$s_2 = K_2 \displaystyle\int\limits_0^{h-\varDelta h} \log\!\left(\frac{\sigma_{k_1} + \varDelta \sigma_k}{\sigma_{k_1}}\right) dh$	$s_2 = \dfrac{\varDelta \sigma_k}{E_2}\, (h - \varDelta h)$ $E_2 = M_{E_2}$
t_b	σ_b Der Wert σ_b geht aus Tabelle 328 hervor	$\sigma_b - \varDelta \sigma_b$ $\varDelta \sigma_b$ ist ein Festwert auf die Höhe t_b. (Siehe Tabelle 328). Für die zeichnerische Darstellung siehe Abb. 489	$s_3 = K_3 \displaystyle\int\limits_0^{t_b} \log\!\left(\frac{\sigma_b - \varDelta \sigma_b}{\sigma_b}\right) dt$	$s_3 = \dfrac{\varDelta \sigma_b}{E_3}\, t_b$ $E_3 = M_{E_3}$

II. Berechnung der Setzung S mit der Annahme, daß die Zusammendrückungsziffer M_E Festwerte sind, d. h.

$$M_E' = \text{Festwert (Druck)}, \qquad M_E'' = \text{Festwert (Entlastung)}.$$

In diesem Falle vereinfachen sich die Setzungsberechnungen wesentlich (siehe Tabelle 329).

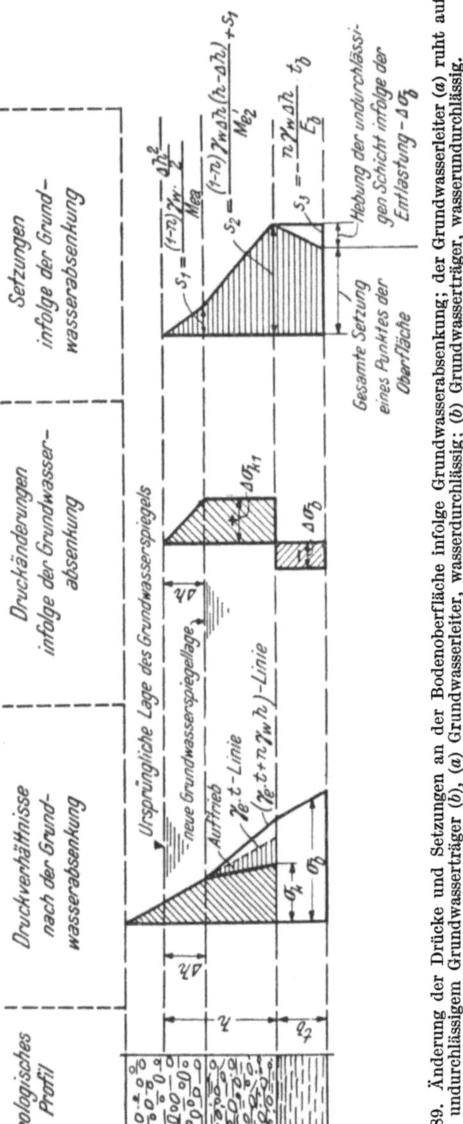

Abb. 489. Änderung der Drücke und Setzungen an der Bodenoberfläche infolge Grundwasserabsenkung; der Grundwasserleiter (a) ruht auf undurchlässigem Grundwasserträger (b), (a) Grundwasserleiter; (b) Grundwasserträger, wasserundurchlässig.

Der Gang der Berechnung der Setzung S bei Annahme einer veränderlichen und bei Annahme einer unveränderlichen Elastizitätsziffer M_E geht aus Tabelle 329 hervor. $h =$ Mächtigkeit der homogenen Schicht.

Die Gesamtsetzung S beträgt somit:

$$S = s_1 + s_2 - s_3.$$

Zahlenwerte: Gegeben seien:

Hohlraumgehalt: $n = 0,4$;

$$\gamma_w = 1,0\ \text{kg/dm}^3; \qquad \Delta h = 100\ \text{cm};$$
$$t_b = 200\ \text{cm}; \qquad h = 400\ \text{cm};$$
$$M_{E_1} = 1000\ \text{kg/cm}^2;$$
$$E_3 = 500\ \text{kg/cm}^2$$

(undurchlässiger Ton),

$$M_{E_2} = 2000\ \text{kg/cm}^2,$$
$$\Delta \sigma_k = \Delta h \gamma_w (1 - n) = 100 \cdot 1,0$$
$$\times (1 - 0,4) = 100 \cdot 0,6,$$
$$\Delta \sigma_b = -\Delta h \gamma_w n = (100 \cdot 0,4)$$

$$s_1 = \frac{\dfrac{0,6 \cdot 100}{2} \cdot 100}{1000} = 3,0\ \text{cm},$$

$$s_2 = \frac{0,6 \cdot 100 \cdot 300}{2000} = 9,0\ \text{cm},$$

$$s_3 = -\frac{0,4 \cdot 100 \cdot 200}{500} = -1,6\ \text{cm},$$

$$S = s_1 + s_2 - s_3 = 10,4\ \text{cm}.$$

Anmerkung. Über den *zeitlichen* Verlauf der Setzungen von Tonschichten bei Grundwasserabsenkunken vgl. das Kapitel über Porenwasserströmungen und den folgenden Abschnitt F.

d) Berechnung der Setzung, wenn die Grundwasser führende Schicht auf einer schwach wasserdurchlässigen Schicht ruht.

α) Annahmen. Es ist angenommen, die Grundwasserschicht a ruhe auf einer Schicht b, die so schwach wasserdurchlässig ist, daß an ihrem unteren Ende das Grundwasser gerade noch abtropfen kann, d. h. das in der Schicht c gelangende Wasser enthält keinen Druck mehr. Falls diese Annahme zutrifft, so muß der gesamte Wasserdruck σ_w zur Überwindung des Strömungswiderstandes in der Schicht b verbraucht werden.

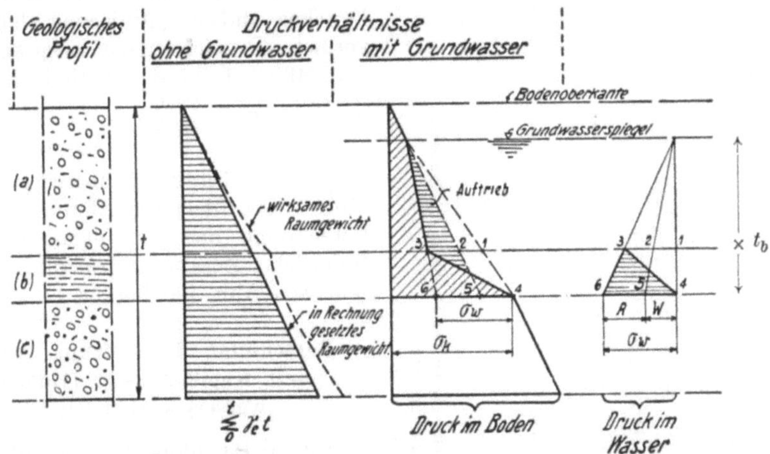

Abb. 490a. Änderungen der Drücke infolge Grundwasserspiegelabsenkung bei schwach durchlässiger Mittelschicht (a) Grundwasserleiter, (b) Grundwasserträger, (c) Grundwasserleiter.

β) **Einfluß einer Grundwasserabsenkung auf die Druckverhältnisse.** In den Strecken Δh und $h - \Delta h$ herrschen die gleichen Drücke, wie sie in Tabelle 329 angegeben sind. Auf der Strecke t_b tritt ein Druckverlust ein. Derselbe geht aus dem Dreieck 3—4—$6\,m$ in Abb. 490a hervor.

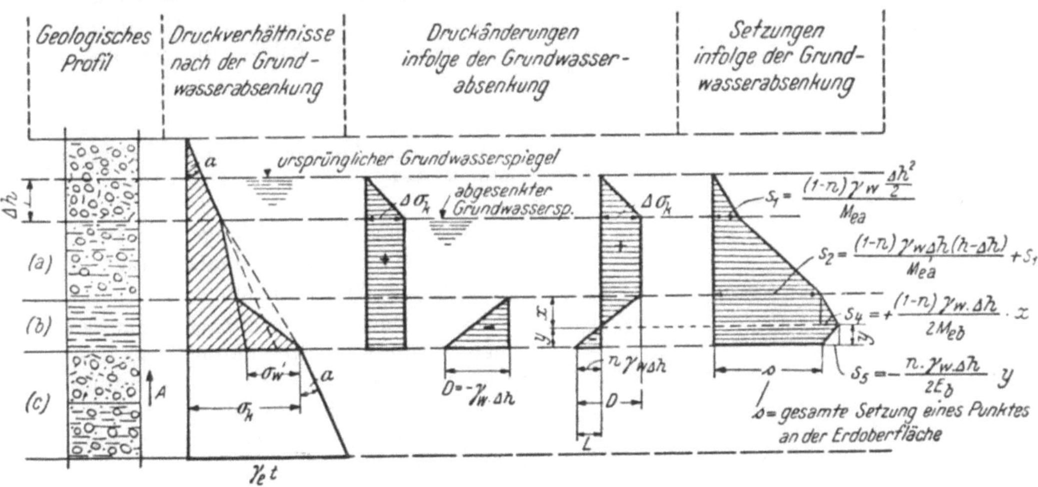

Abb. 490b. Änderungen der Drücke infolge Grundwasserspiegelsenkung bei schwach durchlässiger Mittelschicht. (a) Grundwasserleiter, wasserdurchlässig; (b) Grundwasserträger, wasserundurchlässig; (c) Grundwasserleiter, wasserdurchlässig; Δh Betrag der Grundwasserabsenkung; D Änderung des Druckverlustes $D = -(\gamma_w\,\Delta h)$, lineare Abnahme vorausgesetzt; $\Delta\sigma_k$ Änderung des Korn-zu-Korn-Drucks (Bodendruck).

1. Der Druckverlust d vor der Grundwasserabsenkung beträgt

$$d = \gamma_w\,(h + t_b).$$

2. Druckverlust d' nach der Grundwasserabsenkung

$$d' = \gamma_w\,(h - \Delta h + t_b).$$

Der Unterschied in den Druckverlusten beträgt somit

$$D = d' - d = \gamma_w \left(h - \Delta h + t_b - h - t_b\right) = -\gamma_w \Delta h.$$

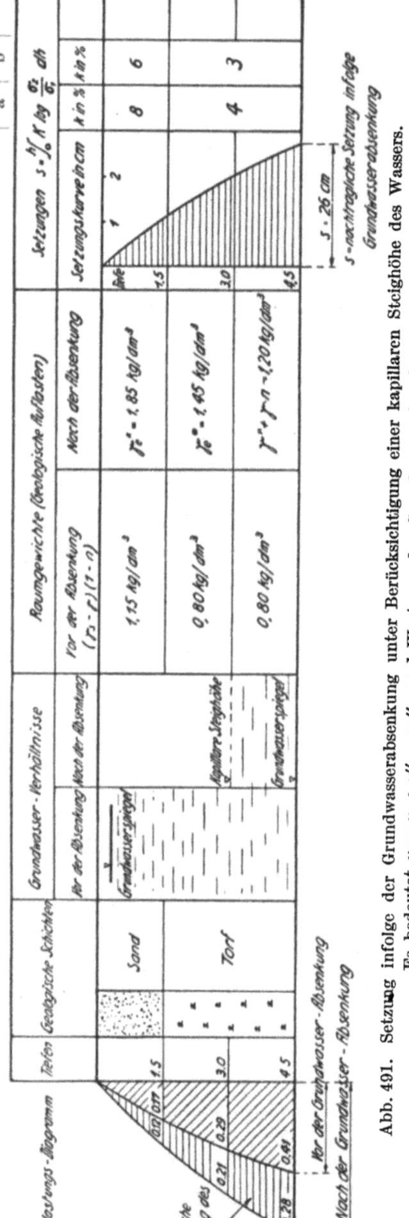

Abb. 491. Setzung infolge der Grundwasserabsenkung unter Berücksichtigung einer kapillaren Steighöhe des Wassers. Es bedeutet $\gamma = \gamma_w$; $\gamma' = \gamma_e''$. a: k-Wert vor der Grundwasserabsenkung b: k-Wert nach „

In der Abb. 490 sind die Änderungen des Druckes und die Änderung der Druckverluste D zeichnerisch ausgewertet. In Abb. 490 beträgt das Verhältnis

$$\frac{x}{y} = \frac{\Delta \sigma_k}{\Delta \sigma_k - D} = \frac{\Delta h\, \gamma_w\,(1-n)}{-\Delta h\, \gamma_w\, n} = \frac{1-n}{n}.$$

γ) **Setzungsberechnung infolge einer Grundwasserabsenkung.** Die Berechnung der Setzungen mit unveränderlicher Zusammendrückungsziffer M_E geht aus Abb. 490 hervor.

e) Berechnung der Setzung, wenn eine Zone mit Kapillarwasser (Haarröhrchenwasser) vorhanden ist.

Die Berechnung der Setzung, wenn eine Zone mit Kapillarwasser vorhanden ist, geht aus Abb. 491 hervor. Bei einer Grundwasserabsenkung in 4,4 m wurde die Setzung zu 26 cm ermittelt. Die Mächtigkeit der zusammendrückbaren Schicht betrug 4,5 m.

Der zeitliche Verlauf der Setzung s_t ist z. B. nach der Formel von BENDEL zu berechnen; danach beträgt die Setzung s_t

$$s_t = T' + T \log\left(\frac{t_0 + t}{t_0}\right).$$

Über die Auswertung dieser Formel siehe S. 688.

f) Berechnung der Bewegungen im Deckgebirge bei Grundwasserentziehung im Bergwerkbau.

Die mathematischen Beziehungen zwischen Grundwasserabsenkung und auftretenden Verschiebungen und Spannungen, Zerrungen und Pressungen sind verwickelter Natur. Sie werden hier nicht weiter behandelt[1].

g) Berechnung der Setzung, wenn die Grundwasser führende Schicht durch ein Bauwerk vorbelastet ist.

Ist die Grundwasser führende Schicht durch ein Bauwerk vorbelastet, so setzt sich der Korngerüstdruck σ_k zusammen aus

$$\sigma_k = \sigma_{k_1} + \sigma_z.$$

---

[1] Vgl. ROM: Grundwasserbewegungsvorgänge im Deckgebirge bei Grundwasserentziehung. Braunkohle 1940 Heft 33/34.

$\sigma_{k_1} =$ Korngerüstdruck infolge Bodeneigengewicht in der Tiefe t (siehe Tabelle 328),
$\sigma_z =$ Korngerüstdruck infolge der Bauwerkslast in der Tiefe t.

Der Bodendruck σ_b setzt sich zusammen aus

$$\sigma_b = \sigma_{b_1} + \sigma_z,$$

$c_{b_1} =$ Bodendruck infolge Bodeneigengewicht (siehe Tabelle 328).

Bei Annahme einer veränderlichen Elastizitätsziffer errechnet sich die Setzung S_1 zu:

$$S_1 = \int_0^h K \log \frac{\sigma_2}{\sigma_1}\, dh = \int_0^h K \log \frac{(\sigma_{k_1} + \sigma_z + \varDelta\,\sigma_k)}{(\sigma_{k_1} + \sigma_z)}\, dh$$

(vgl. Tabelle 329).

War der Boden durch ein Bauwerk vorbelastet, so wird die Setzung S_1 kleiner als bei einem Boden, der nur durch Eigengewicht belastet ist.

h) Berechnung der Hebung des Bodens bei steigendem Grundwasserspiegel.

Für die Berechnung der Hebung des Bodens sind grundsätzlich die gleichen Überlegungen anzustellen, wie sie oben unter a) bis g) gemacht wurden, mit dem Unterschied, daß die umgekehrten Vorzeichen für die Druckänderungen gegenüber früher einzuführen sind. Ebenso ist Rücksicht zu nehmen, daß die Elastizitätsziffer für die Ausdehnung eines Bodens wesentlich größer ist als für die erstmalige Zusammendrückung (vgl. Tabelle 329).

i) Kritische Bewertung der rechnerisch erhaltenen Setzungs- und Hebungsbeträge.

Bei der Bewertung der rechnerisch erhaltenen Werte für die Setzung und Hebung ist sich immer wieder Rechenschaft über die wirklich vorhandenen bodenphysikalischen und geologischen Verhältnisse zu geben. Die vorhandenen Verhältnisse sind mit den rechnerischen Annahmen zu vergleichen.

Bei der Bewertung der Rechnungsergebnisse ist besonders zu berücksichtigen:

I. Beim Senken eines Grundwasserspiegels ist stes ein Umlagern der feinen Bestandteile, ein „Hineinkriechen" kleiner Körper in die größeren Hohlräume vorhanden; dadurch wird der Setzungsbetrag erhöht.

II. Die Größe der Setzung ist abhängig von der Anzahl der stattgefundenen Wasserschwankungen. Je häufiger die Wasserstandsänderungen stattfanden, um so kleiner wird die Setzung. Rechnerisch wird dieser Zustand durch die Änderung der Elastizitätsziffer berücksichtigt; d. h. durch Vergrößerung der Elastizitätsziffer. Der Verfasser fand z. B. für Feinsand versuchstechnisch eine Zunahme der Elastizitätsziffer bis um das Fünffache nach 25maliger Hebung und Senkung des Grundwasserspiegels.

III. Bei der Hebung des Grundwasserspiegels findet infolge der Strömung des Wassers von unten nach oben eine Umlagerung der Körner, besonders der kleinsten Teilchen statt. Die eingeschlossene Luft wirkt bei ihrer Auspressung ebenfalls als Druck nach oben und hilft an der Umlagerung der Körner mit.

k) Hebungen und Setzungen von Ufern bei künstlichen Stauseen.

Die Uferbewegungen infolge Stauseebetrieb verursachen oft Rutschungen landwirtschaftlich wertvollen Geländes und gefährden Uferbauten und Straßen.

Messung der Uferbewegungen. Um die Größe und Art der Uferbewegungen untersuchen zu können, wurde um einen künstlichen Stausee (Lungernsee) ein Netz von 200 Höhenmarken gelegt[1].

---

[1] Vgl. BENDEL: Uferbewegung und Staubetrieb am Lungernsee. Schweiz. Bauztg. Bd. 114 (1939) Nr. 21.

Die Hälfte der Beobachtungsstellen entfiel auf den mit Häusern überbauten Eibachschuttkegel als das wichtigste Untersuchungsobjekt. An zahlreichen dieser Punkte hat die Schweiz. Landestopographie nicht nur die lotrechten Bewegungen, sondern auch die waagrechten Verschiebungen durch Genauigkeitsmessungen ermittelt.

Komponentenzusammensetzung der Bewegungen der Höhenmarken. Die festgestellten Senkungen S der Höhenmarken setzen sich aus verschiedenen Komponenten zusammen:

$$S = S_e + S_k \pm (S_F + S_{st} + S_t) \text{ in mm.} \tag{1}$$

Es bedeutet:

S_e = Setzung der Höhenmarke infolge Eigengewicht des Bodens, mit anderen Worten: Bewegungen, die der Boden gemacht hätte, auch wenn der Lungernsee auf der alten Kote des Jahres 1836 (Kote 656 m) gelassen worden wäre;

S_k = Setzungen der Höhenmarke infolge Konstruktionsart der Höhenmarke; z. B. Eigensetzungen der Mauer, an der die Höhenmarke angebracht worden war;

S_F = Setzungen oder Hebungen der Höhenmarke infolge Frostwirkungen auf den Boden;

S_{st} = Setzungen oder Hebungen der Höhenmarke infolge Änderung der Seespiegellage (Staubetrieb);

S_t = Einfluß der Zeit auf die Verschiebung der Höhenmarke.

Tabelle 330. *Zusammenstellung der Berechnungen.*

Periode	Mittlere Jahressenkung im gesamten Höhenmarkennetz S in mm	Mittlerer Streuungsbereich	
		Größenordnung mm	Anzahl P der Höhenmarken in % im Bereiche e (Streuung)
1908/21	1,12	0—2,49	90
1921/25	2,02	0,52—3,52	74
1925/30	1,70	0,41—2,99	68
1930/35	3,17	0,65—5,69	75

Tabelle 331. *Mittlere Senkung der Höhenmarken.*

Periode	Mittlere Jahressenkung S Mittel aus 40/62 Höhenmarken mm	Stauhöhe				Unterschied Max. Stau minus Mittl. Stau $D = st - M$ m
		Max. st m	Mittel M m	Min. m	Amplit. A m	
1921/25	2,02	692	664	656	17	28
1925/30	1,70	692	683	674	18	9
1930/35	3,17	692	675	657	35	17

Streuungen in den Meßresultaten. Um feststellen zu können, ob mit der Art des Stauseebetriebes eine gesetzmäßige Bewegung der Ufer zusammenhänge, wurde zuerst jährlich der Mittelwert der Senkungen der einzelnen Zeitperioden 1908 bis 1921, 1925 bis 1930 und 1930 bis 1935 ermittelt. Allein der Mittelwert sagt nichts darüber aus, ob der Streuungsbereich der verschiedenen Setzungswerte groß oder klein sei. Um Anhaltspunkte über die Größe des Streuungsbereiches zu erhalten, wurde der Gaußsche Ansatz für die Bestimmung des mittleren Streuungsbereiches genommen. Danach beträgt die mittlere Abweichung e der Einzelwerte vom gefundenen Mittelwert:

$$e = \pm \sqrt{\frac{[v\,v]}{n}}. \tag{2}$$

Es bedeutet:

e = mittlere Abweichung vom Mittelwert m,

m = Mittelwert der Beobachtungen,

E = durch die Landestopographie gemessener Einzelwert der Einsenkung der Höhenmarken,

$v = E - m$ = Unterschied zwischen Mittelwert und dem von der Landestopographie gemessenen Wert,

n = Anzahl der Beobachtungen durch die Landestopographie. Ferner wurde festgestellt, wieviel vom Hundert P der gemessenen Werte sich innerhalb des mittleren Streuungsbereiches befinden. Zu diesem Zwecke dient die Formel:

$$P = \frac{\pm e}{m} = \frac{\pm 100 \sqrt{\dfrac{[v\,v]}{n}}}{\dfrac{\Sigma\,E}{n}}. \tag{3}$$

Gesetzmäßiger Zusammenhang zwischen Senkung der Höhenmarke und Seestaubetrieb. Aus Tabelle 330 geht nicht hervor, warum die mittlere Senkung der Höhenmarken in der Zeitperiode 1925/30 kleiner war als in der vorhergehenden Zeitperiode 1921/25. Um die Ursache herauszufinden, wurde zunächst die mittlere Jahressenkung der Höhenmarken in Abhängigkeit von der absoluten Seestandhöhe und der Amplitude der Seeschwankung gebracht. In der Tabelle 331 sind die entsprechenden Werte zusammengestellt.

Werden die Senkungen S_{st} in Beziehung zur Amplitude A und zur Differenz D aus höchstmöglichem Stau weniger vorhandener Stauhöhe gebracht, so ergibt sich folgender Ansatz:

$$S_{st} = \alpha\,A\,\beta^{a\,D}. \tag{4}$$

α ist eine Ziffer, die von der waagrechten Entfernung zwischen Uferlinie und Meßpunkt abhängig ist; β ist ein Festwert, der von der Bodenbeschaffenheit abhängig ist; a ein Festwert $= 0{,}1$. Die Werte sind aus der Tabelle 332 zu entnehmen; darin bezieht sich Kol. I auf das ganze Höhenmarkennetz um den See, II auf die Punkte unterhalb und III auf jene oberhalb des alten Geländerisses auf dem Eibachschuttkegel. Die Auswertung der obigen Formel 4 ergab die Werte laut Tabelle 333.

Obige Formel (4) wurde im Jahre 1935 aufgestellt. Die in den Jahren 1936, 1937 und 1938 vorgenommenen neuen Genauigkeitsmessungen am Eibachschuttkegel ergaben Werte, die mit den aus obiger Formel errechneten Zahlen auf 0,25 mm Genauigkeit übereinstimmen. Werden die Höhenmarken unterteilt in solche, die oberhalb des alten Risses liegen (Abb. 348, Bd. II), und solche unter-

Tabelle 332. *Zahlenwerte zu Formel (4).*

Periode	A	D	β	a	α (siehe Abb. 348, Bd. II)		
					I	II	III
1921/25	17	28	1,1	0,1			
1925/30	18	9	1,1	0,1	0,085	0,164	0,07
1930/35	35	17	1,1	0,1			

halb desselben, so gilt die oben abgeleitete Formel immer noch. Der Koeffizient α ändert, während β als Bodenmaterialfestwert unverändert bleibt.

$\alpha = 0{,}164$; $\beta = 1{,}10$; $a = 0{,}1$ für Punkte unterhalb des Risses,
$\alpha = 0{,}074$; $\beta = 1{,}10$; $a = 0{,}1$ für Punkte oberhalb des Risses.

Der Unterschied zwischen beobachteten und errechneten Werten beträgt im Mittel aller Fälle 0,1 mm, höchstens 0,4 mm.

Tabelle 333. *Auswertung der Formel (4).*

| Periode | Senkung S | |
	Beobachtung mm	Berechnung mm
1921/25	2,0	1,9
1925/30	1,7	1,7
1930/35	3,2	3,4

Obige Formel (4) für die Senkung der Höhenmarken in Abhängigkeit des Staubetriebes gilt nicht nur für das kiesige, sandige Material eines Bachschuttkegels, sondern grundsätzlich auch für das Moränenmaterial[1].

4. Beispiele für Setzungen in Geschiebemergel.

Die Größe der zu erwartenden Setzungen von Bauwerken, die auf Geschiebemergel gegründet sind, ist stark abhängig von der Art der Vorbelastung der Geschiebemergel durch Gletscher. (Über den Begriff Geschiebemergel siehe S. 267 und 269, Bd. I unter Mergel.)

In der nachfolgenden Berechnung der Größe der zu erwartenden Setzungen bedeuten:

$\sigma_0 =$ Kräfte, die die Verdichtung des Mergels an der untern Elastizitätsgrenze bewirken (vgl. S. 399); $\sigma_0 = 0{,}05$ bis $0{,}1$ kg/cm²,

$K =$ Kennziffer für die Zusammendrückbarkeit des Bodens; $K = 0{,}05$ bis $0{,}6$ (siehe S. 401),

$p_0 =$ Belastung des Bodens durch das Bauwerk,

$\gamma_0 =$ Raumgewicht des Bodens an der untern Elastizitätsgrenze; d. h. γ_0 entspricht dem Raumgewicht bei der Belastung des Bodens mit σ_0,

$\gamma_w =$ Raumgewicht des Wassers,

$b =$ halbe Bauwerksbreite,

$z =$ Tiefe unter der Bauwerkssohle,

$\alpha = \operatorname{tg} \varphi$; $\varphi =$ Grenzkurvenwinkel; im vorliegenden Falle wird $\varphi = 45°$ gesetzt; d. h. es wird $\alpha \simeq \operatorname{tg} 45° = 1$ (siehe S. 655, Tab. 321),

$n =$ Ziffer der Bauwerkssteifigkeit; $n = 1$ im vorliegenden Falle (siehe S. 634; Tab. 311),

$\sigma =$ die im Boden wirkende zusätzliche Belastung infolge Bauwerkslast.

Es kann gesetzt werden:

Nach BOUSSINESQ:
$$\sigma = \frac{q_0}{\pi}\,(2\,\varepsilon + \sin 2\,\varepsilon) \tag{1}$$

oder nach BENDEL:
$$\sigma = \frac{p_0\,b}{b + \alpha\,z^n} + \frac{p_0}{b\,\alpha\,z^n}. \tag{2}$$

Vgl. S. 657, Formel (5).

Für die Bedeutung des Wertes ε siehe S. 650. $\sigma_a = \sigma_0 + \sigma'$; $\sigma' =$ Druck auf den Geschiebemergel infolge der Gletscherüberlagerung. Die Gesamtsetzung S des auf den Geschiebemergel gegründeten Gebäudes wird somit für $z = 3$ m.

---

[1] Dieses Senkungsgesetz ist auf wahrscheinlichkeits-theoretischem Wege gefunden worden. Vgl. BENDEL: Statistisch-mathematische Untersuchungen systematischer Betonuntersuchungen. Schweiz. Bauztg. Bd. 102 S. 78.

Tabelle 334.

Gletscherüberlagerung			Setzung $S = \int\limits_0^z ds \quad z = 3\,\mathrm{m}$	p_0 und b in Gl. (2)	
Mächtigkeit in m	σ' in kg/cm²	$\sigma_a = \sigma_0 + \sigma'$ in kg/cm²	$S = K \int\limits_0^3 \log\left(\dfrac{\sigma_a + \sigma}{\sigma_a}\right);$ $z = 3\,\mathrm{m}$	p_0 in kg/cm²	b in m
0	0	$\sigma_a = \sigma_0 = 0{,}1$	$S = 0{,}1 \int\limits_0^3 \log\dfrac{0{,}1 + \sigma}{0{,}1} = 150\,\mathrm{mm}$	0,50	1
50	50	$0{,}1 + 50 = 50{,}1$	$S = 0{,}1 \int\limits_0^3 \log\left(\dfrac{50{,}1 + \sigma}{50{,}1}\right) = 6\,\mathrm{mm}$	5,0	1
200	200	$0{,}1 + 200 = 200{,}1$	$S = 0{,}1 \int\limits_0^3 \log\left(\dfrac{200{,}1 + \sigma}{200{,}1}\right) = 1{,}5\,\mathrm{mm}$	5,0	1

Aus obiger Tabelle ergibt sich, daß die Gebäudesetzung sehr verschieden ausfällt, je nach der geologischen Vorgeschichte, die der Geschiebemergel durchgemacht hat; d. h. je nach der Mächtigkeit des Gletschers, der über den Geschiebemergel hinwegstrich.

Auch das vorhandene Raumgewicht des Geschiebemergels hängt stark von der Mächtigkeit des Gletschers, der einst über dem Mergel lagerte, ab. Zahlenmäßig lassen sich die verschiedenen Raumgewichte vor und nach der Gletscherüberlagerung wie folgt berechnen:

Allgemein ist das Raumgewicht γ:

$$\gamma = \alpha\,\gamma_0 - \alpha\,\gamma_w\,K \log \frac{\sigma_a + \sigma}{\sigma_a} \qquad \text{(vgl. S. 293, Bd. I).} \tag{5}$$

Für die Bedeutung der Werte γ_0, γ_w, K, σ_a und σ siehe oben. Der Wert α in Gl. (5) bedeutet:

$$\alpha = \frac{1}{1 - K \log\left(\dfrac{\sigma_a + \sigma}{\sigma_a}\right)}.$$

Somit ist für

$$K = 0{,}1 \text{ und für } \sigma_a = \sigma_0 = \quad 0{,}1\,\mathrm{kg/cm^2}; \quad \alpha_0 \ = 1{,}0,$$
$$\sigma_a = \quad 50{,}1\,\mathrm{kg/cm^2}; \quad \alpha_{50} = 1{,}37,$$
$$\sigma_a = 200{,}1\,\mathrm{kg/cm^2}; \quad \alpha_{200} = 1{,}49.$$

Mit Hilfe des α- und σ_a-Wertes errechnet sich das Raumgewicht γ zu: (vgl. Tab. 335).

Aus nebenstehender Tabelle geht hervor, daß das Raumgewicht des Geschiebemergels je nach der Größe seiner Vorbelastung durch den Gletscher merklich zunimmt bzw. das Porenvolumen sich verkleinert. Damit verbunden ist eine Steigerung der Widerstande gegen die Lösung beim Abbau von Geschiebemergelvorkommen.

Tabelle 335.

Mächtigkeit des überlagernden Gletschers m	Raumgewicht γ, berechnet nach Gl. (5) in kg/dm³	Porenvolumen n in %	Setzung S eines Bauwerkes nach obiger Annahme mm
0	1,90	45,5	$S = 150$
50	2,24	24,9	$S = \quad 6$
200	2,35	18,2	$S = \quad 1{,}5$

F. Der zeitliche Verlauf der Setzung eines Bauwerkes.

In Abb. 492 bedeutet $\Delta\sigma_z$ die Abnahme des Porenwasserüberdruckes oder, was das gleiche bedeutet, die Druckzunahme in der Festmasse in der Zeit $t = 0$ bis $t = t'$. Ein Element von der Höhe dz wird um den Betrag ds_t zusammengedrückt. Gesamtsetzung S_t zur Zeit t beträgt:

$$S_t = \int_0^{h_1} ds_t\, dz.$$

S_t kann auf verschiedene Arten berechnet werden, nämlich: 1. mit Hilfe der mathematischen Gleichung für die spez. Setzung (auf rechnerischem oder zeichnerischem Wege), 2. bei Annahme eines Festwertes für die Zusammendrükkungsziffer M_E.

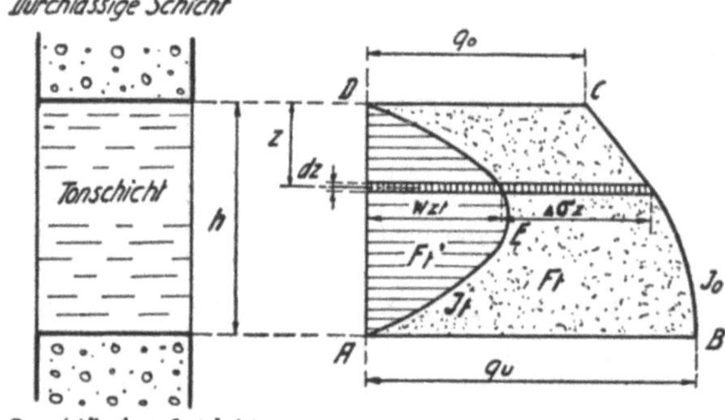

Abb. 492. Verlauf der Kurven für den Porenwasserdruck.

Druck auf die gesamte Schicht h $\begin{cases} F_0 = \text{Fläche } A\text{—}B\text{—}C\text{—}D = \text{Anfangsporenwasserdruck.} \\ F_t = \text{Fläche } A\text{—}B\text{—}C\text{—}D\text{—}E\text{—}A = \text{Druck auf die} \\ \qquad \text{Festmasse zur Zeit } t = t', \\ F_t' = \text{Fläche } A\text{—}E\text{—}D = \text{Porenwasserdruck zur Zeit} \\ \qquad t = t'. \end{cases}$

$$F_t + F_t' = F_0.$$

Druck auf das Element dz in der Tiefe z $\begin{cases} W_{zt} = \text{Spannung im Wasser zur Zeit } t = t', \\ \Delta\sigma_z = \text{Spannung in der Festmasse zur Zeit } t = t'. \end{cases}$

$J_0 = $ Isochrone zur Zeit $t = 0$, $J_t = $ Isochrone zur Zeit $t = t'$.

1. Berechnung mit Hilfe der mathematischen Gleichung für die spezifische Setzung.

a) Rechnerisches Verfahren.

Allgemein ist:

$$ds_t = K\left\{\log\left(\frac{\sigma_z + \Delta\sigma_z}{\sigma_z}\right)\right\} dz$$

(vgl. S. 669)

und die Gesamtsetzung wird

$$S_t = K\int_0^h \left\{\log\left(\frac{\sigma_z + \Delta\sigma_z}{\sigma_z}\right)\right\} dz = K\sum_0^h \left\{\log\left(\frac{\sigma_z + \Delta\sigma_z}{\sigma_z}\right)\right\} \Delta z.$$

In Abb. 492 bedeutet:

$F_0 = $ Fläche $ABCD = $ Anfangsporenwasserdruck,
$F_t = $ Fläche $ABCDEA = $ Druck auf die Festmasse zur Zeit $t = t'$,
$F_t' = $ Fläche $AED = $ Porenwasserdruck zur Zeit $t = t'$.

$$F_t + F_t' = F_0,$$
$$W_z + \Delta\sigma_z = \text{Festwert,}$$
$$\frac{\partial W}{\partial t} = -\frac{\partial \Delta\sigma_z}{\partial t}.$$

$J_0 = $ Isochrone zur Zeit $t = 0$,
$J_{t'} = $ Isochrone zur Zeit $t = t'$.

b) Zeichnerisches Verfahren.

Zeichnerisch kann grundsätzlich die Setzung S_t nach dem Verfahren im obigen Abschnitt C, 2 und unter Benützung der obigen Gleichung im Abschnitt D, 1 bestimmt werden.

2. Berechnung der Setzung bei Annahme eines Festwertes für die Zusammendrückungsziffer.

a) Grundsätzliche Lösung.

Nimmt man für die Zusammendrückungsziffer einen Festwert an, d. h. wird die Gültigkeit des Hookeschen Dehnungsgesetzes auch für den Boden vorausgesetzt, so wird die Setzung infolge Porenwasserabströmung:

$$S_t = \int_0^h \frac{\Delta\sigma_z}{M_E}\, dz = \frac{\text{Fläche } ABCDEA}{M_E} = \frac{F_t}{M_E}.$$

Die größte, mögliche Zusammendrückung S_0 wird

$$S_0 = \frac{\text{Fläche } ABCD}{M_E} = \frac{F_0}{M_E}.$$

$F_t =$ Belastungsfläche der Festmasse (siehe Abb. 492).

Die Fläche F_t wird seitlich durch die Isochronen, auch Zeitgleichen genannt, J_0 und J_t begrenzt (siehe Abb. 492). Sind die mathematischen Gleichungen für $J_0 = W_{z, t=0}$ und $J_t = W_{z, t=t'}$ bekannt, so beträgt die Fläche F_t:

$$F_t = \int_0^h (J_0 - J_t)\, dz = \int_0^h (W_{z, t=0})\, dz - \int_0^h (W_{z, t=t'})\, dz = A - B.$$

Da $A = F_0$ ist, so wird $F_t = F_0 - B$.

Es bedeutet:

$W_{z, t=0} =$ Porenwasserüberdruck auf das Element dz in der Tiefe z der Tonschicht zur Zeit $t = 0$,

$W_{z, t=t'} =$ Porenwasserüberdruck in der Tiefe z der Tonschicht zur Zeit $t = t'$.

Es ist notwendig, die mathematischen Gleichungen für die Größe des Porenwasserdruckes $W_{z, t}$ in der Tiefe z zu jeder Zeit t zu kennen. Es ist aber schwierig, die genauen mathematischen Gleichungen aufzustellen; daher werden vereinfachende Annahmen gemacht, wie im nachfolgenden Abschnitt weiter ausgeführt wird.

b) Lösung mit Hilfe vereinfachender Annahmen.

Mit Hilfe vereinfachender Annahmen (siehe Kap. VI, Abschnitt über die Zeitdauer der Porenwasserströmung) lassen sich die Integrale der Ausdrücke A und B wie folgt berechnen:

Die Zunahme der Setzung ds_t für das Element dz beträgt im Zeitpunkt t für eine rechteckige Form von $ABCD$ (siehe Abb. 492):

$$ds_t = \frac{d\sigma_z}{M_E}\, dz = v\left\{q_0 - W_{z, t}\right\} dz.$$

Die gesamte Setzung S_t der Tonschicht wird:

$$S_t = \int ds_t = \left(\frac{a}{1 + \varepsilon}\right)\left\{q_0 h - \int_{z=0}^{z=h} W_{z, t}\, dz\right\}.$$

Für
$$\mu = 1 - \frac{\int_{z=0}^{z=h} W_{z,t}\, dz}{q_0 h} = \text{Verfestigungsgrad}$$

und $q_0 h = F_0 =$ Lastfläche wird:

$$S_t = \mu\, v\, F_0 \qquad v = \frac{1}{M_E},$$

d. h. die Setzung S_t einer Tonschicht zu irgendeiner Zeit t ist gleich dem Produkt aus dem Verfestigungsgrad μ, dem spezifischen Wasserverlust und der Lastfläche.

Für
$$t = \infty = T \quad \text{wird} \quad \mu = 1 - \frac{0}{q_0} = 1,$$
d. h. es wird
$$S_T = v\,F_0 = \frac{F_0}{E} = \frac{F_0}{M_E}.$$

Für die Werte von μ siehe Tabelle 353 mit der Berechnung des Verfestigungswertes μ in Abhängigkeit der Form der Porenwasserüberdruckkurven oder die zeichnerische Auswertung der μ-Werte in Abb. 526 (Kapitel über Porenwasserströmung). Der Verfestigungsgrad μ gibt Aufschluß darüber, wie stark sich das Porenwasser entspannt hat. μ hängt also von der Entwässerungsmöglichkeit der Tonschicht ab.

3. Berechnung mit Hilfe der Wahrscheinlichkeitstheorie.

Wird eine Großzahl von Messungsergebnissen genommen, die zur Bestimmung des zeitlichen Verlaufes der Gesamtsetzungen durchgeführt wurden, so ergibt sich, daß die Größe der Setzung S_t in Abhängigkeit der Zeit dem Gesetze folgt:

$$S_t = T' + T \log\left(\frac{t_0 + t}{t_0}\right).$$

Der Verfasser hat die Werte T' und T genauer untersucht und dabei gefunden:

$t =$ Zeitdauer,

T' und T sind Festwerte, die abhängig sind von

$k =$ Durchlässigkeit des Bodens k in cm/s,

$M_E =$ Elastizitätsziffer des Bodens bzw. Zusammendrückungsziffer in kg/cm²,

$\gamma_w =$ Raumgewicht des Wassers in kg/cm³,

$h =$ Mächtigkeit der Schicht, in welcher ein Porenwasserüberdruck herrscht,

$\alpha =$ Beiwert, der davon abhängig ist, ob die Porenwasserdruckfläche als Rechteck, Dreieck, Trapez, geradlinig oder krummlinig angenommen wird. Bis jetzt konnte für rechteckige Porenwasserdruckfläche $\alpha = 0{,}63$ ermittelt werden. (Vgl. Abb. 525.)

$$S = \text{Gesamtsetzung für } t = \infty; \quad S_t = S = \int_{z=0}^{z=h} K \log \frac{\sigma_2}{\sigma_1}\, dz.$$

Es ergibt sich:

$$T' = S\left(1 + \alpha \log \frac{k\,M_E\,t_0}{\gamma_w\,h^2}\right); \quad t_0 \text{ in sek,}$$
$$T = \alpha\,S.$$

Die obige Formel von BENDEL läßt sich in sehr guten Einklang mit derjenigen von FRÖHLICH-TERZAGHI und derjenigen von BUISMANN bringen[1]. BUISMANN hat für seine mathematischen Festwerte keine Erklärungen gegeben, weshalb seine Formeln für die Vorausberechnung des zeitlichen Verlaufes der Setzungen nicht gebraucht werden können, sondern nur zur Nachrechnung bereits festgestelltem zeitlichem Setzungsverlauf.

---

[1] Vgl. Int. ständ. Verb. d. Straßenkongr. Bericht 90 S. 4. Den Haag 1938.

4. Beispiele.

Beispiel 1. Berechnung der Setzung S_t in Abhängigkeit von der Zeit für eine durchlaufende Gründung. Die ganze Setzung S_t beträgt nach FRÖHLICH (vgl. S. 730)

$$S_t = \mu\, v\, F_0 = \mu\, \frac{F_0}{M_E}.$$

Im folgenden werden berechnet:

a) die Elastizitätsziffer M, b) die Lastfläche F_0 infolge des Porenwasserdruckes, c) der Hilfswert μ nach FRÖHLICH.

a) Berechnung der Elastizitätsziffer M_E.

α) Berechnung der Elastizitätsziffer M_E nach FRÖHLICH-TERZAGHI.

Gegeben sind (siehe Abb. 493):
Belastung durch das Bauwerk: $p_0 = q_0 = 2\ \text{kg/cm}^2$,
Breite der Gründung $2\,b = 4\,\text{m}$,
Tonschicht in der Tiefe $z = 2\,\text{m}$,
Mächtigkeit der Tonschicht $2\,h = 2\,\text{m}$.

Für die Tonschicht wurde die Zusammendrückungszahl M_E bestimmt zu:

$$\text{nach TERZAGHI:}\quad M_E = C\,\underbrace{\left[\frac{q_o + q_u}{2} + \gamma\,z + p_k\right]}_{\sigma_2}[1 + \varepsilon],$$

$$M_E = 19{,}2\,\underbrace{[1{,}38 + 0{,}06 + 0{,}04]}_{\sigma_2 = 1{,}5}\,[1 + 1] = 57{,}5\ \text{kg/cm}^2,$$

$p_k = 0{,}04\ \text{kg/cm}^2,$
$\varepsilon = 1{,}0$

β) Berechnung der Elastizitätsziffer M_E nach BENDEL.

$$M_E^{-1} = \frac{K}{\sigma_2 - \sigma_1}\,\log\frac{\sigma_2}{\sigma_1},$$

$$\sigma_2 = 1{,}5;\quad \sigma_1 = \sigma_2 - \varDelta\sigma$$
$$= 1{,}5 - 0{,}1 = 1{,}4,$$

K versuchstechnisch bestimmt zu:
$$K = 0{,}06,$$

$$M_E^{-1} = \frac{0{,}06}{0{,}1}\,\log\frac{1{,}5}{1{,}4} = 0{,}6\cdot 0{,}0294 =$$
$$= 0{,}018,$$

$$M_E = \frac{1}{0{,}018} = 55\ \text{kg/cm}^2,$$

$$C = \frac{\ln 10}{K\,(1 + \varepsilon)} = \frac{2{,}30}{0{,}06\,(1+1)} =$$
$$= 19{,}2$$
(vgl. S. 401, Bd. I).

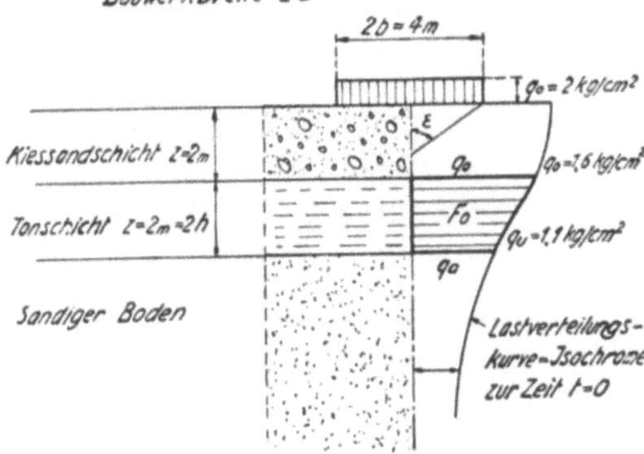

Abb. 493. Ermittlung der Lastfläche F_0 des Porenwasserüberdruckes.

$$\text{Lastfläche}\ F_0 = \left(\frac{1{,}6 + 1{,}2}{2}\right)\cdot 200 = 2{,}8 = 2{,}8\cdot 100 = 2{,}8\ \text{t/m},$$

$$q = \frac{p_0}{\pi}\,(2\,\varepsilon + \sin 2\,\varepsilon)\ \text{(nach BOUSSINESQ) oder}$$

$$q = \left(\frac{p_0\,b}{b + 2\,x^n} + \frac{p_0}{b\cdot z}\right)\ \text{(nach BENDEL)},\ \alpha = 0{,}5\ \text{je nach Boden-}$$

beschaffenheit, $n =$ Bauwerkssteifezahl $n = 1{,}5$. Mit Formel
BENDEL $F_0 = 2{,}7\ \text{t/m}$.

b) Ermittlung der Lastfläche F_0 infolge des Porenwasserüberdruckes.

Bauwerkbreite $2\,b = 4\,\text{m}$.
Die Lastverteilungskurve $=$ Isochrone zur Zeit $t = 0$ beträgt:

$q_o = 1{,}6\ \text{kg/cm}^2$ und somit die Lastfläche, da $F_0 = \int\limits_{z=h_1}^{z=h_2} \sigma\,dz$ ist, $F_0 = \dfrac{1{,}6 + 1{,}2}{2}\cdot 200 =$
$q_u = 1{,}15\ \text{kg/cm}^2$
$$= 28\ \text{t/m}.$$

Die Werte q_o und q_u werden bestimmt:

α) nach BOUSSINESQ zu $q = \dfrac{p_0}{\pi}\,\{2\,\varepsilon + \sin 2\,\varepsilon\}$ (siehe S. 650, Bd. I),

β) nach BENDEL zu $\quad q = \left\{\dfrac{p_0\,b}{b + 2\,\alpha\,z^n} + \dfrac{p_0}{2\,\alpha\,b\,z^n}\right\}$ (siehe S. 654, Bd. I),

$\alpha = 0{,}35$ bis $0{,}75$ je nach Bodenbeschaffenheit, $b =$ ganze Bauwerksbreite, $n =$ Bauwerkssteifezahl $n = 0{,}5$ bis $2{,}0$. Mit Formel BENDEL wird $F_0 = 27$ t/m.

Ferner ist $\dfrac{q_u}{q_o} = \dfrac{1{,}1}{1{,}6} = 0{,}69$.

c) Berechnung des Hilfswertes μ nach FRÖHLICH.

Nach Abb. 526 im Abschnitt über Porenwasserströmung wird

$$\mu_T = \frac{2 \cdot 1{,}6}{1{,}1 + 1{,}6}\,\mu_R + \frac{1{,}1 - 1{,}6}{1{,}1 + 1{,}6}\,\mu_\Delta = 1{,}18\,\mu_R - 0{,}18\,\mu_\Delta.$$

Für den Wert μ siehe S. 730.

Somit wird die Gleichung nach FRÖHLICH:

$$S_t = \mu\,v\,F_0 = \frac{F_0}{M_E}\,(1{,}18\,\mu_R - 0{,}18\,\mu_\Delta) = \frac{28}{55{,}0}\,(1{,}18\,\mu_R - 0{,}18\,\mu_\Delta) \text{ in m,}$$

$$S_t = 0{,}6\,\mu_R - 0{,}092\,\mu_\Delta \text{ in dm.}$$

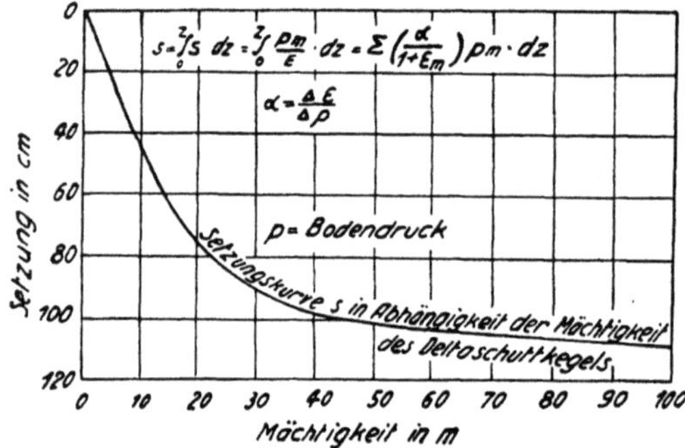

Abb. 494. Geländesetzung infolge Eigengewicht des Deltaschuttkegels. ε_m = Porenziffer, p_m = Spannung.

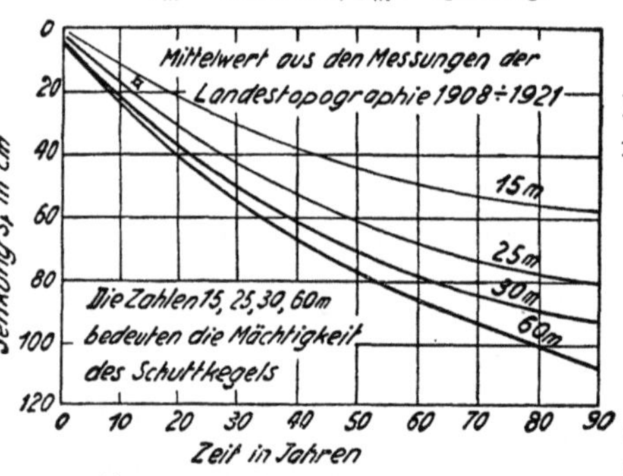

Abb. 495. Senkung S_t in Abhängigkeit von der Zeit t.

Um die Werte μ_R und μ_Δ bestimmen zu können, müssen noch die Hilfswerte τ berechnet werden.

Es ist $\tau = \dfrac{k\,M_E}{\gamma_w\,h^2}\,t.$

Da $2\,h =$ Schichtstärke $= 2$ m; $h = 1{,}0$ m, $\gamma_w =$ Wichte des Wassers (spez. Gewicht), $t =$ Zeitdauer seit Beginn der Belastung, $k =$ Durchlässigkeitsziffer $= 10^{-8}$ cm/s ist, wird

$$\tau = \frac{10^{-8} \cdot 55}{1 \cdot 10^{-3} \cdot 100^2}\,t = 55 \cdot 10^{-9}\,t.$$

Für $t = \frac{1}{4}$ Jahr ergibt: $t = 0{,}79 \cdot 10^7$ Sekunden.

$$\tau = 55 \cdot 0{,}79 \cdot 10^{-2} = 0{,}435.$$

Aus der Abb. 526 im Abschnitt über Porenwasserströmung kann für μ_R und μ_Δ mit Hilfe von τ herausgelesen werden:

$t = \frac{1}{8}$ Jahr: $\mu_R = 0{,}54$; $\mu_\Delta = 0{,}39$,
$t = \frac{1}{4}$ Jahr: $\mu_R = 0{,}75$; $\mu_\Delta = 0{,}68$,
$t = \frac{1}{2}$ Jahr: $\mu_R = 0{,}93$; $\mu_\Delta = 0{,}92$.

d) Gesamte Setzung S_t.

$t = \frac{1}{8}$ Jahr: $S_t = 0{,}6 \cdot 0{,}54 - 0{,}092 \cdot 0{,}39 = 2{,}8$ cm,
$t = \frac{1}{4}$ Jahr: $S_t = 0{,}6 \cdot 0{,}75 - 0{,}092 \cdot 0{,}68 = 4{,}4$ cm,
$t = \frac{1}{2}$ Jahr: $S_t = 0{,}6 \cdot 0{,}93 - 0{,}092 \cdot 0{,}92 = 4{,}8$ cm.

Beispiel 2: Berechnung der Setzung $S_t = \mu\,\dfrac{F_0}{M_E}$ *eines Bachschuttkegels.* Mit Hilfe der Gleichung $S_t = \mu\,v\,F_0$ wurde unter Annahme einer rechteckigen Porenwasser-Überdruck-Kurve die Setzung eines Bachschuttkegels für die Zeitspannen von $t = 25$ und 90 Jahre berechnet. Der Bachschuttkegel war tonhaltig und enthielt Beimischungen organischer Substanzen; deshalb wurde die Durchlässigkeitsziffer k klein; versuchstechnisch ergab sich: $k = 5{,}5 \cdot 10^{-6}$ mm/s

(siehe Abb. 494 und 495)[1]. Ferner vgl. Abb. 496.

---

[1] BENDEL: Uferbewegungen und Staubetrieb am Lungernsee. Schweiz. Bauztg. Bd. 114 (1939) Nr. 21. — Rutscherscheinungen an einem Stausee. Dtsch. Wasserw. 1941 S. 75.

Die berechnete Setzung konnte mit Hilfe einer 15jährigen Setzungsmessung verglichen werden; die Übereinstimmung zwischen Messung und Berechnung ist gut.

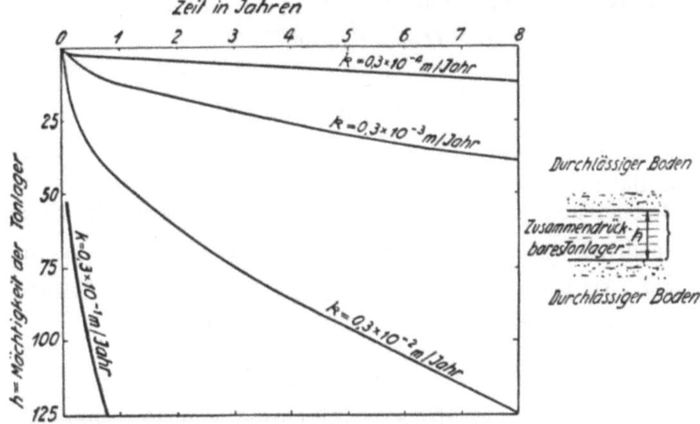

Abb. 496. Zeitbedarf für 90% der Setzung in Abhängigkeit von der Durchlässigkeit des Bodens.
k = Durchlässigkeitsziffer.

G. Einsenkung infolge seitlichen Ausweichens des Bodens.

1. Das Wesen des seitlichen Ausweichens.

Der Baugrund unter einer Belastungsfläche kann Formänderungen erfahren, ohne daß dabei der Rauminhalt des Bodens sich ändert; d. h. es findet keine Verdichtung des Bodens statt.

Dieser Zustand wird der plastische Zustand oder Fließzustand des Baugrundes genannt. Vgl. Kapitel über Zustandsformen des Bodens, Abschnitt über: Der plastische Zustand (Fließzustand) eines Körpers; im besonderen vgl. den Unterabschnitt über die Fließbedingungen bei Lockerböden und den Unterabschnitt über die Grenzkurve zwischen elastischem und plastischem Bereich. Vgl. S. 542.

Das seitliche Ausweichen des Bodens in plastischem Zustand vermehrt die Gesamteinsenkung eines Bauwerkes.

2. Berechnungsverfahren.

Die Verfahren zur Berechnung der Setzung infolge seitlichen Ausweichens oder, was das gleiche bedeutet, die Berechnung der Setzung bei nicht zusammendrückbaren Böden sind nur wenig entwickelt.

a) Verfahren nach Kögler. Dieser[1] gibt für die Setzung $S_w = c\,p^n\,\dfrac{U}{F}$ an.

c = Beiwert, U = Umfang,

für losen Sand .... $c = 50$ cm²/kg,
für festen Sand .... $c = 6$ cm²/kg,
für sehr festen Lehm ...... $c = 1$ cm²/kg,

p = Bodenbelastung in kg/cm²,
F = Größe der Belastungsfläche,
n ein Beiwert $n > 1$.

---

[1] Vgl. Kögler und Scheidig: Baugrund und Bauwerk S. 121. Berlin 1939. 2. Aufl.

b) Verfahren nach HOUSEL. Nach HOUSEL[1] wird die Gesamtlast Q des Bauwerkes durch die unter der Bauwerksohle entwickelte Kraft nF und durch die Umfangskraft $U\,m$ aufgenommen, d. h.

$$Q = nF + m\,U$$

oder

$$\frac{Q}{F} = p = \left(n + m\,\frac{U}{F}\right).$$

$F =$ Bauwerkfläche in cm²,
$U =$ Umfangsfläche in cm²,
$n =$ spez. Bodendruck in kg/cm²; $m =$ spez. Umfangskraft in kg/cm.

In dem Ausdruck $\dfrac{n_0}{S_w} = \dfrac{1}{K_1} =$ Bettungsziffer bedeutet S_w die gesamte Setzung des Bauwerkes. K_1 heißt die Setzungsziffer; $n_0 =$ wirksamer Bodendruck.

Somit wird infolge seitlichem Ausweichen des Bodens:

$$S_w = \left(\frac{Q}{F} - m\,\frac{U}{F}\right) K_1.$$

Die Werte K_1 und m hat HOUSEL auf Grund von 15 systematisch durchgeführten Probebelastungen zu bestimmen versucht. Danach beträgt

$n = 0{,}5$ kg/cm² bis $2{,}5$ kg/cm², $K_1 = 0$ bis 30 cm³/kg,
$m = 15$ bis 75 kg/cm².

H. Waagerechte Verschiebung von Bauwerkteilen infolge Setzungen.

Die Möglichkeit einer waagerechten Verschiebung ist namentlich bei Kämpfern von Brückengewölben zu untersuchen (vgl. Abb. 497).

Annahme 1: Der Sitz der Setzung sei unmittelbar unter der Widerlagersohle $A\,B$. Dann kann in erster Annäherung für die waagerechte Verschiebung des Kämpfers gesetzt werden

$w = \left(\dfrac{s_2 - s_1}{b}\right) h_1$: Im Zahlenbeispiel der Abb. 497 ist $w = \left(\dfrac{4{,}6 - 1{,}8}{10}\right) 5 = 1{,}4$ mm.

Annahme 2: Der Sitz der Setzung liege an der Felsoberfläche F. Dann wird die Kämpferverschiebung w:

$w = \left(\dfrac{s_2 - s_1}{b}\right)(h_1 + h_2)$; im Beispiel ist

$w = \dfrac{4{,}6 - 1{,}8}{10}\,(5 + 3) = 2{,}24$ mm.

Der Einfluß der Nachgiebigkeit des Bodens auf die Bauwerke wird von den Statikern oft vernachlässigt. Es treten aber Verdrehungen und waagerechte Verschiebungen ein, deren Einfluß auf die Spannungsverhältnisse in Balken, Gewölben usw. zu berücksichtigen ist[2].

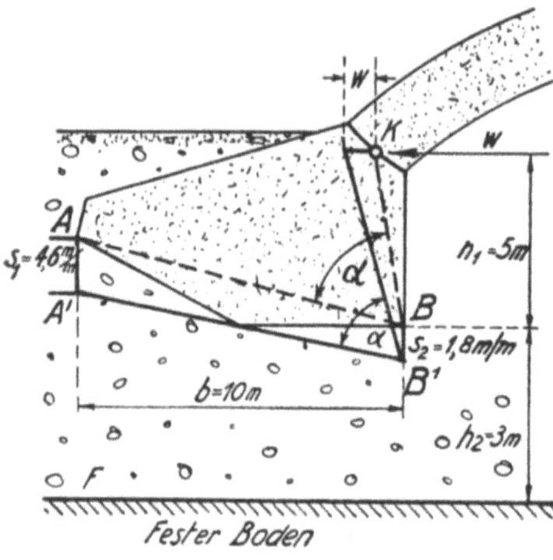

Abb. 497. Einfluß einer Widerlagersetzung s auf die waagerechte Verschiebung w des Kämpfers.

---

[1] Untersuchungen über Gründungen und Bodenmechanik. 2. Kongr. Int. Ver. f. Brückenbau u. Hochbau Schlußber. S. 870. Berlin 1930.

[2] Vgl. H. ERTL: Durchlaufende Gewölbe auf waagerecht nachgiebigen Pfeilern. Bautechn. 1940 S. 122.

J. Gleiche Setzung zweier verschieden belasteter Bauwerke.

Allgemeine Lösung nach BENDEL: Sind zwei Bauwerke so zu erstellen, daß sie gleich große Setzungen erleiden, so muß die Bedingung erfüllt sein:

$$S_1 = S_2 = \int ds_1 = \int ds_2.$$

Im folgenden bedeuten:

Tabelle 336.

	Bauwerk 1	Bauwerk 2
Gesamtsetzung	S_1	S_2
Spez. Setzung	ds_1	ds_2
Spannungen im Boden infolge Eisengewicht des Bodens	σ_g	σ_g
Spannungen im Boden infolge Bauwerkbelastung und Eigengewicht des Bodens	σ_1	σ_2
Randbedingung, d. h. Tiefenwirkung	T_1	T_2
Belastung der Bauwerksohle	p_1	p_2
Breite der Bauwerksohle	b_1	b_2
Gesamtbelastung des Bauwerkes	$Q_1 = p_1 b_1$	$Q_2 = p_2 b_2$

Wird das Setzungsgesetz nach BENDEL[1] angenommen, so wird

$$ds = (K' + K \log \sigma)\, dt \tag{a}$$

und

$$S_1 = \int_0^{T_1} K \log \frac{\sigma_1}{\sigma_0}\, dt = \int_0^{T_2} K \log \frac{\sigma_2}{\sigma_0}\, dt = S_2. \tag{b}$$

Der Integralausdruck für S_1 wird graphisch ausgewertet; die dabei entstehende

Fläche $F_1 = K \int_0^{T_1} \log \dfrac{\sigma_1}{\sigma_0}\, dz$ muß der durch Probieren ermittelten Fläche

$F_2 = K \int_0^{T_2} \log \dfrac{\sigma_2}{\sigma_1}$ inhaltsgleich sein.

Die genaue analytische Lösung der oben angegebenen Integrale unter Verwendung der Gl. (a) für die Druckverteilung ist möglich, aber verwickelter Natur[1].

Sonderfall nach KÖGLER. Für den Fall, daß in der Tiefe z unterhalb des Bauwerkes eine Felsschicht vorhanden ist, wird für zwei quadratische Platten mit der Seitenlänge a_1 und a_2 das Verhältnis

$$\frac{Q_2}{Q_1} = \frac{a_2 (a_2 + 2 z)}{a_1 (a_1 + 2 z)} \quad (Q = \text{Belastung der Platten}).$$

Diese Lösung setzt eine gleich groß bleibende Zusammendrückungsziffer voraus.

Für eine Streifenlast wird, unter gleicher Voraussetzung wie im obigen Beispiel:

$$\frac{q_2}{q_1} = \frac{\ln \dfrac{\beta_1 + 2}{\beta_1}}{\ln \dfrac{\beta_2 + 2}{\beta_2}} \quad \text{mit } \beta = \frac{b}{z}; \quad \beta_2 = \frac{b_2}{z},$$

$b = $ ganze Breite des Fundamentstreifens.

---

[1] Vgl. BENDEL: Berechnung der Setzungen infolge Zusammendrückbarkeit des Bodens. Dtsch. Wasserw. 1940 S. 355 mit den verschiedenen, möglichen Lösungen.

K. Ungleichmäßige Setzungen.

Die Ursachen ungleichmäßiger Setzungen gehen aus der Tabelle 337 hervor.

Tabelle 337.

Ursache der ungleichmäßigen Setzung	Beispiele
1. Geologische Ungleichmäßigkeiten im Baugrund	Tonlinsen begrenzter Ausdehnung. Ungleichmäßige Wechsellagerung von weichen und festen Schichten. Alte, aufgefüllte Wasserläufe
2. Physikalische Ungleichmäßigkeiten im Baugrund	Verschieden stark zusammendrückbare Schichten. Änderungen des Wassergehaltes in waagerechter und lotrechter Richtung. Verschieden starke Wasserdurchlässigkeit der obersten Bodenschichten
3. Ungleichmäßige Verteilung der Bodenbelastung	Leichte Bauteile neben schweren. Ein Teil des Bauwerkes ruht auf Pfählen, der andere auf einer Flachgründung. Der eine Bauteil liegt tief, der andere hoch. Die Drücke der einzelnen Bauteile summieren sich in der Mitte (siehe Abb. 479). Ein Bauteil wird auf einem schon einmal belasteten Boden erstellt; der andere Bauteil wird auf unverdichteten Baugrund gestellt
4. Seitliches Ausweichen des Bodens	Unter einem Teil des Bauwerkes weicht der Boden seitlich aus. Dieser Bauteil sackt ab

L. Auswertung der Ergebnisse von Setzungsberechnungen.

Bei der Auswertung der Ergebnisse von Setzungsberechnungen ist zu unterscheiden zwischen:

1. Gesamte Setzung, 2. Setzungen während des Bauvorganges, 3. Setzungsunterschiede bei einem Gebäude, 4. Nachträgliche Setzungen.

1. Gesamte Setzung.

Bei der Angabe der gesamten zu erwartenden Setzung ist zu bemerken, mit welcher Bodenbelastung die Berechnung durchgeführt wurde.

Ist mit einem Wert gerechnet worden, der nahe der zulässigen Belastung liegt, d. h. nahe der Tragfähigkeit des Bodens, so besteht die Gefahr des Bodenfließens. Neben der Setzung infolge Zusammendrückbarkeit tritt dann Ausquetschen des Bodens ein.

Setzungen infolge Zusammendrückbarkeit können bei den meisten Bauten in Kauf genommen werden, vorausgesetzt, daß die einzelnen Bauteile gleich große Setzungen erleiden und daß das Bauwerk mit Rücksicht auf die zu erwartenden Setzungen gestaltet wurde.

2. Setzungen während des Bauvorganges.

Je nach der Durchlässigkeit des Bodens, mit anderen Worten, je nachdem ein bindiger oder nichtbindiger Boden vorliegt, wird der Boden um einen größeren oder kleineren Betrag schon während des Bauvorganges zusammengedrückt. Bei kiesigen Böden ist nach Bauvollendung und nach dem ersten Aufbringen der Nutzlast die Setzung des Gebäudes praktisch vollendet.

Die Größe der Setzung während des Bauvorganges läßt sich mit Hilfe der Angaben im Abschnitt: „Der zeitliche Verlauf der Zusammendrückung eines Bodens" berechnen. Vgl. S. 686, 730.

Die Setzungen S_B: während des Bauvorganges wurden vom Verfasser an Hand zahlreicher Feinmessungen ermittelt zu:

$$S_B = \mu\, S,$$

wobei S die Gesamtsetzung bedeutet:

$$S = \int\limits_{z=0}^{z=h} K \log\frac{\sigma_2}{\sigma_1}\, dz.$$

Für μ wurden folgende Mittelwerte gefunden:

3. Setzungsunterschiede bei einem Gebäude.

Selten ist der Boden unter einer Bauwerksohle vollständig gleichmäßig beschaffen, und selten wird ein Boden überall gleichmäßig stark

Tabelle 338.

Bodenart	μ
Kiesiger Boden	0,85—1,0
Kiesig-lehmiger Boden	0,70—0,9
Toniger Boden	0,2—0,7

belastet. Daraus ergibt sich, daß die Setzungen nicht gleichmäßig eintreten. Wichtig ist zu wissen, ob das Bauwerk so beschaffen ist, daß es ungleichmäßige Setzungen ertragen kann. Besonders empfindlich gegen Setzungsunterschiede sind Bauwerke, die gemäß ihrer Zweckbestimmung wasserdicht sein müssen, wie z. B. Wasserbehälter, Keller im Grundwasser, Untergrundbahnen, Schwimmbecken usw., überhaupt alle statisch unbestimmten Bauten (Rahmenkonstruktionen; eingespannte Gewölbe) usw. sind als setzungsempfindlich zu betrachten.

M. Beispiele von beobachteten Setzungen.

Beispiel 1: Gebäudesetzungen.

a) *Dom von Königsberg.* Der Dom steht auf einer Flachgründung. Diese ruht auf einer 3 m mächtigen Torfschicht; darunter folgen 6 m Schlick. Infolge der stetigen Setzung mußten 5 Fußböden übereinandergelegt werden. Die Setzungskurve geht aus Abb. 498 hervor.

b) *Gerichtshof von Kairo.* Die starken Setzungen des gemischten Gerichtshofes in Kairo hatten zu verschiedenen Untersuchungen über die Möglichkeit der Behebung der Setzungen geführt. Die Folgerungen, die gezogen wurden, waren:

Wenn etwas gemacht wird, so soll eine bessere Verteilung der Bauwerklasten angestrebt werden.

Es ist ratsam, einstweilen keine Maßnahmen zu treffen, sondern die Setzungen ausklingen zu lassen.

Auf alle Fälle ist ein genauer Beobachtungsplan unter Berücksichtigung der bodenphysikalischen Erfordernisse aufzustellen[1].

Beispiel 2: Brückensetzungen[2].

Tabelle 339. *72 Brücken der Reichsbahn.*

Anzahl der Bauwerke	Bodenart	Bodenpressung kg/cm²	Senkung cm
24	Sand, Kies	1,5—3,0	0— 1
31	Geschiebemergel...	2,4—4,0	0— 2
8	Ton, Löß, Lehm ..	1,1—2,6	5— 20
9	Schluff	1,1—2,0	20—100

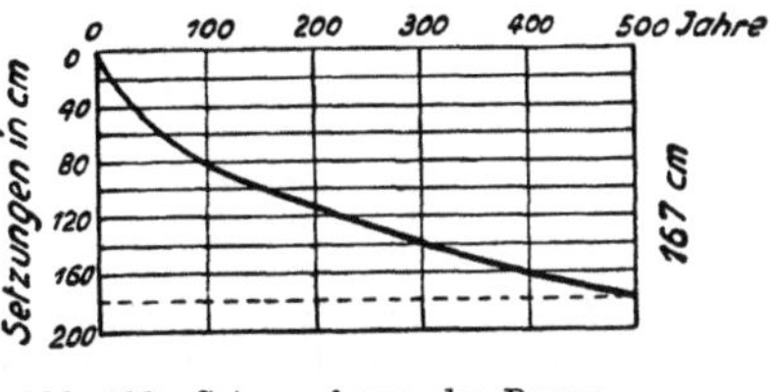

Abb. 498. Setzungskurve des Domes von Königsberg.

---

[1] Vgl. DE THIERRY: Neubau des gemischten Gerichtshofes in Kairo. 1935 S. 93.
[2] Vgl. A. CASAGRANDE: Int. Ver. f. Brückenbau u. Hochbau 1936 S. 1531.

Tabelle 340. *Beispiel 3: Dämme.*

Ort	Baugrund	Damm-höhe	Setzung (Eigensetzung + Untergrundsetzung)	Schrifttum
		m	cm	
Öbisfelde	Niederungsmoor = 2,2 m; darunter Sand	2—4,5	50 80	GARBE: Dammschüttung auf Moorboden. Zbl. Bauverw. 1930 S. 804.
Insel Marken..	1,5—2,0 m Ton, darunter Moor	1,5—2,2 seit 1840	200 8 mm je Jahr	Proc. Int. Conf. Soil Mech. Cambridge Proc. I, S. 238
Iowa	30 m Löß	22	73	Cambridge Proc. I, S. 51
Mittellandkanal	2,3 m Schlick, darunter Kies und Tonmergel	14	8,1	TODE: Spülkippverfahren und Toneinbau bei der 17 m hohen Dammstrecke des Mittellandkanales. Bautechn. 1932 S. 587

Tabelle 341. *Beispiel 4: Dämme neben Bauwerken.*

Ort	Baugrund	Bauwerk und Damm	Setzung	Schrifttum
Kiel (Schlacht- und Viehhof)	8—10 m Moor, darunter Sand	Shed-Dach Halle; 5 m hoher Straßendamm	2 m Setzung der Halle	KÖGLER u. SCHEIDIG: Baugrund u. Bauwerk 1939 S. 140
Niederwodewitz (Landbergbrücke)	Diluvialer, steifer Ton	Stahlbetonbalkenbrücke Damm 10 m hoch	20—37 cm Schiefstellung der Widerlager	Ebenda 2. Aufl. Berlin

Tabelle 342. *Beispiel 5: Setzungen infolge seitlichen Ausweichens.*

Ort	Baugrund	Bauwerk	Setzung	Schrifttum
Bremerhaven (Stadtrandsiedlung)	Klei mit Moorschichten, 16 m mächtig	Häuserblock	18—26 cm. Am Ende des Gebäudes stärker als in der Mitte. Ausquetschen des Materiales	KÖGLER u. SCHEIDIG: Baugrund u. Bauwerk 1939 S. 150 2. Aufl. Berlin
Elbbachbrücke (Westerwald)	Tertiärer Ton	Brückenwiderlager mit anschließendem Damm	120 cm Setzung, waagerechte Verschiebung, Ausquetschen des Bodens. Risse in Häusern bis 50 m Entfernung	LÜBBERS: Verdrückung an einer im Tonboden gegründeten Brücke. Abh. Bauverw. 1887 S. 250
Schweden	Ton, z. T. wurde er unter dem Damm weggesprengt	Dämme	In einzelnen Fällen bis 10 m. Die seitliche Ausquetschung reicht bis 60 m	Schwedische Geotechnische Kommission

Beispiel 6: Setzungen infolge Bergwerksbetrieb. Das Nachgeben der Schichten beim Vortrieb von Stollen im Bergwerksbetrieb pflanzt sich bis an die Erdoberfläche fort. Über das Wesen der Setzungen, namentlich über die Zerrungs- und Pressungszonen bei Bergwerksarbeiten vgl. Abb. 492 im Kapitel Tunnelgeologie, Bd. II, S. 556.

Steht ein Gebäude in der Zerrungszone, so treten Risse in den Bauwerksteilen infolge ungleichmäßiger Setzung des Gebäudes auf (siehe Abb. 499).

Die Art der Risse ist die gleiche, ob die Risse infolge Zusammendrückbarkeit des

Bodens unter der Bauwerkslast entstehen, oder ob sie durch Senkungen des Gebirges beim Bergbau verursacht werden.

Beispiel 7: Setzungen von Städten auf Schuttkegeln. Die Ergebnisse der Messungen über die Setzungen eines Stadtgebietes sind in Abb. 164/165 wiedergegeben[1].

Die Auswertung der Meßergebnisse ließ einen unterirdischen Bachkegel in der Zone IIa vermuten. Die dort durchgeführten Bohrungen bestätigte die Annahme. Vgl. auch geologischer Querschnitt im Kapitel: Gründungen, Abb. 163, Bd. I. In Abb. 500 ist die Bewegung einer Höhenmarke, die sich auf einem Schuttkegel befindet, in Abhängigkeit vom Stauseebetrieb wiedergegeben.

Beispiel 8: Setzung einer Tribüne. Auffallend ist die ungleichmäßige Setzung der Tribüne. Das Gebäude hat sich schraubenzieherartig verdreht, trotzdem aus den Probebohrungen in waagerechter Ausdehnung keine wesentlichen Unterschiede in der Baugrundzusammensetzung festgestellt werden konnten. Ebenso ließen Belastungen von Probepfählen auf keine großen Setzungsunterschiede schließen[2] (siehe Abb. 501).

Beispiel 9: Setzungen von *Spundwänden* beim Aufbringen von Lasten und infolge Grundwasserstandsänderungen (siehe Tabelle 343)[3].

Beispiel 10: Setzung einer Bahnhofüberdachung. Die Setzung und die jeweiligen Hebungen des Bahnhofhallendaches in Luzern gehen aus Abb. 502 hervor. Die gesamte Setzung betrug in 38 Jahren 836 mm.

Beispiel 11: Setzung einer Kastengründung für eine Brücke in 75 m Entfernung vom Reußfluß. Die Setzun-

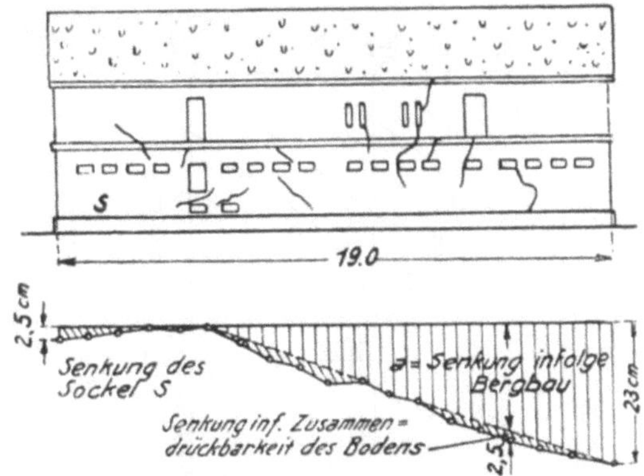

Abb. 499. Senkung eines langgestreckten Gebäudes. *a* infolge Bergbau, *b* infolge Zusammendrückbarkeit des Bodens.

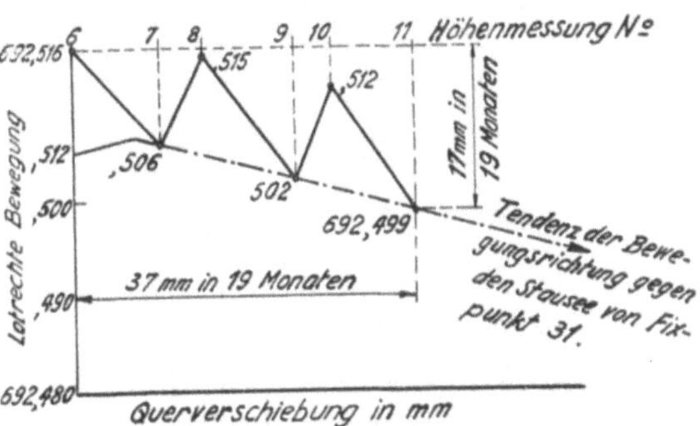

Abb. 500. Bewegung der Höhenmarke Nr. 31 auf einem Bachschuttkegel infolge Stauseebetrieb.

Tabelle 343.

Belastungszustand	Bewegung	
	lotrecht mm	waagerecht mm
Nach Aufbringen des Böschungsbodens	0,2	0,3
Während des ersten Hochwassers..........	+0,4	+0,1
Nach dem ersten Hochwasser..............	+0	+0,3
Während des zweiten Hochwassers	+0,2	+0
Nach dem zweiten Hochwasser.............	+0	+0,2
Nach dem dritten Hochwasser	+0,1	+0,05
Zusammen	0,9	0,95

gen haben jeweils im Winter bei Niederwasserstand bedeutend stärker zugenommen als im Sommer bei hohem Grundwasserstand (siehe Abb. 503).

---

[1] Vgl. BENDEL: Ingenieurgeologische Untersuchungen im Feld. Straße u. Verkehr 1938.

[2] Vgl. BENDEL: Ergebnisse von Belastungsproben bei Pfahlfundationen. Schweiz. techn. Z. 1941 S. 37.

[3] Vgl. Zbl. Bauverw. 1938 S. 1434.

Schrifttum.

KAHL, H., J. MAUZ u. F. NEUMANN: Ein seltener Fall von Setzungserscheinungen. Bautechn. 1941. — PRESS, H.: Setzungsbeobachtungen an einigen neu errichteten Bauten. Bautechn. 1938 S. 592. — TERZAGHI, K. v.: Die Setzung der Fundierungen

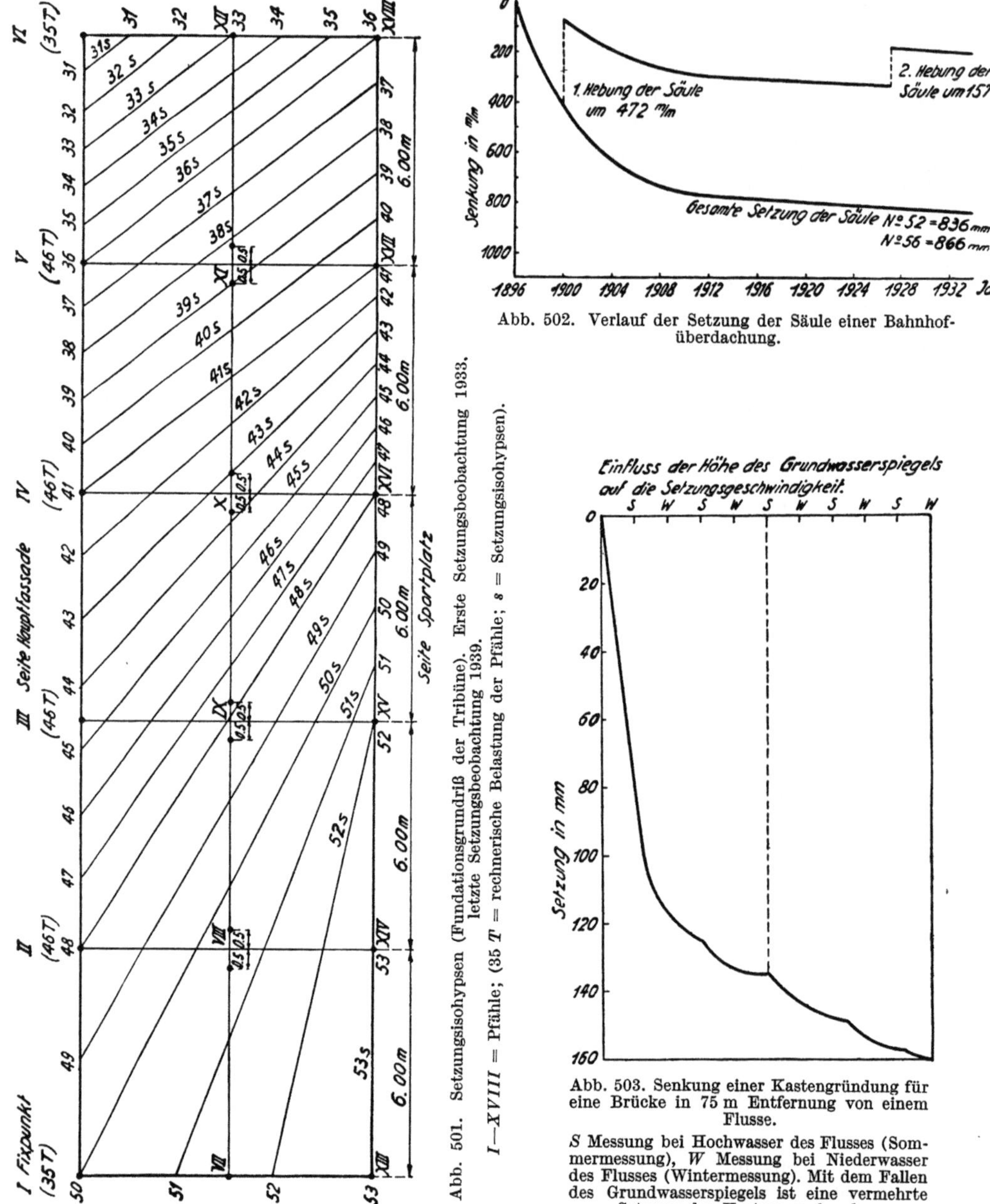

Abb. 501. Setzungsisohypsen (Fundationsgrundriß der Tribüne). Erste Setzungsbeobachtung 1933. letzte Setzungsbeobachtung 1939.
I—XVIII = Pfähle; (35 T = rechnerische Belastung der Pfähle; s = Setzungsisohypsen).

Abb. 502. Verlauf der Setzung der Säule einer Bahnhofüberdachung.

Abb. 503. Senkung einer Kastengründung für eine Brücke in 75 m Entfernung von einem Flusse.

S Messung bei Hochwasser des Flusses (Sommermessung), W Messung bei Niederwasser des Flusses (Wintermessung). Mit dem Fallen des Grundwasserspiegels ist eine vermehrte Setzung des Kastens verbunden.

und ihre Wirkung auf den Oberbau. Ingenieur 1935 Nr. 50/51. — DE THIERY: Der Neubau des Gerichtshofes in Kairo und die Baugrundforschung. Bautechn. 1935 S. 93. TSCHEBOTAREFF, H. S., u. G. KHALIFA: Laufende Setzungsuntersuchungen in Kairo. Results of research works Cairos Faculty of Engineering 1938.

N. Maßnahmen gegen Setzungen.

Die sich in der Praxis bewährten Maßnahmen gegen Setzungen gehen aus der Tabelle 344 hervor.

Tabelle 344.

	Ort der Maßnahme	Art der Maßnahme
1.	Baugrund	Aushub des Baugrundes im gleichen Gewicht wie die künftige Gebäudelast. Verdichten des Bodens durch Versteinerung (Injektionen von Zement, Chemikalien usw.). Rütteln von sandigem Boden. Pfählung. Entfernen der weichen Schichten. Schlagen von Spundwänden bei Ausquetschgefahr. Reibungsfüße bei Dämmen.
2.	Bauwerk	Wahl einer entsprechenden Gründungsform. Leichte Bauwerke erstellen. Statisch bestimmte Systeme für den Bau wählen. Statisch unbestimmte Bauwerke sind u. U. zuerst beweglich zu gestalten. Bei statisch unbestimmten Bauwerken sind u. U. besonders Baufugen erst nach erfolgter Hauptsetzung zu schließen. Lange Bauwerke sind in der Mitte zu überhöhen. Noch besser ist es, lange Bauwerke zu unterteilen.
3.	Gründung	Gründungen mit verschiedenen Abmessungen sind so zu belasten, daß sie gleiche Setzungen erleiden. Gründung auf tiefgreifende Einzelfundamente. Pfähle, Brunnen. Bei Flachgründungen große und starre Gründungsflächen anstreben, damit der Boden möglichst gleichmäßig belastet wird. Geringen Bodendruck wählen. Bei der Wahl von Fugen muß für wirklich freie, lotrechte Bewegung und Verdrehung der Gründungsteile gesorgt werden.
4.	Bauvorgang	Bei Ausquetschgefahr ist langsam zu belasten, damit das Porenwasser abströmen kann. Lasten, unter Umständen Zusatzlasten, sind lange wirken zu lassen, ehe das Bauwerk fertiggestellt wird. Dämme sind unter Umständen vorzubelasten.

Schrifttum.

KEVERLING, B.: Von der Bodenmechanik, insbesondere über das Setzungsproblem. Ingenieur 1938 Heft 32 S. B. 133; Heft 33 S. B. 147. — LOOS, W., u. W. BERNATZIK: Das Lueftkerische Verfahren zur Hebung und Senkung von Bauwerken. Bauingenieur 1940 S. 163, 287. — MAJER, A.: Sols et Fondations. Beispiele für Setzungen in Abhängigkeit von der Zeit S. 89/101. Paris 1939. — PALMER, L. A., u. E. S. BARBER: The settlement of earth embarkments. Public Roads 1940 S. 161. — PETERMANN, H.: Zur Setzungstheorie für zusammendrückbare Böden. Bauingenieur 1939 S. 69. — TERZAGHI, K. v.: Settlement of structures in Europe and methods of observation. Proc. Amer. Soc. Civ. Engrs. 1937 S. 1358. — Wie setzen sich unsere Bauwerke? Festschr. z. 30jähr. Bestande des Österr. Betonver. (Dtsch. Betonver.) 1937 S. 164. — TILLMANN, R.: Der Bau des Wasserbehälters im Lainzer Tiergarten. Z. Öst. Ing.- u. Archit.-Ver. 1936 Heft 21/34. — Centre d'Etudes et de Recherches Géotechniques, Paris. Bull. 2: Éléments du calcul des Affaissements 1935; Bull. 3: Les Affaissements de la Gare Transatlantique du Havre 1935.

V. Tragfähigkeit (Bruchzustand) des Bodens.

A. Begriffe.

Tragfähigkeit: Unter Tragfähigkeit des Bodens versteht man: 1. im Sinne der Elastizitätstheorie die Belastungsgröße, für welche gerade noch keine Fließerscheinungen (plastische Bereiche) unter der Lastfläche auftreten. 2. Im Sinne der Erddrucktheorie diejenige Belastung des Bodens, die bei einer kleinen Vergrößerung die Bildung von Gleitflächen hervorruft.

Zulässige Belastung: Die zulässige Belastung kann durch verschiedene Größen bedingt sein, nämlich: 1. durch das zulässige Maß der Einsenkung oder 2. durch die Größe der Tragfähigkeit des Bodens. Ob die Setzung oder die Tragfähigkeit des Bodens die zulässige Belastung bedingt, ist vom jeweils gestellten Problem und der Bodenbeschaffenheit abhängig.

Bruchzustand: Siehe Kapitel I über Zustandsformen des Bodens, S. 543.

Anmerkung: Im folgenden ist die Tragfähigkeit des Bodens bei Flachgründungen behandelt. Die Tragfähigkeit des Bodens bei Pfählungen ist im sechsten Hauptabschnitt, Kapitel II, S. 367, besprochen.

B. Versuche zur Bestimmung der Tragfähigkeit des Bodens.

1. Durchführung von Versuchen.

Es wurden zahlreiche Versuche zur Bestimmung der Tragfähigkeit des Bodens durchgeführt[1].

2. Ergebnisse der Versuche.

Aus den Versuchen ergibt sich:

a) Die Tragfähigkeit des Bodens ist abhängig von der Bodenbeschaffenheit. Die Bodenbeschaffenheit wird am besten durch den Winkel ϱ der inneren Reibung ausgedrückt.

b) Die Tragfähigkeit des Bodens ist von der Größe der Belastungsfläche abhängig. Die Tragfähigkeit wächst mit der Größe des Bauwerkes. In einer größeren Anzahl von Formeln wird die Tragfähigkeit proportional mit der Breite des Bauwerkes wachsend angenommen.

Dieses Ergebnis entspricht den Versuchsergebnissen und den rechnerischen Annahmen zur Bestimmung der Einsenkung eines Bauwerkes.

c) Die Tragfähigkeit des Bodens ist von der Form der Lastfläche abhängig. In keiner der früheren Formeln für die Bestimmung der voraussichtlichen Tragfähigkeit ist die Form der Lastfläche berücksichtigt.

d) Die Tragfähigkeit des Bodens ist abhängig von der Tiefe der Gründung. Die Tragfähigkeit wird in allen Formeln proportional der Tiefe, in welcher die Bauwerksohle unter der Erdoberfläche liegt, angenommen. Diese Annahme entspricht mehr oder weniger den Versuchsergebnissen.

e) Die Tragfähigkeit des Bodens kann nicht durch eine feste Ziffer angegeben werden. Aus den oben beschriebenen Versuchsergebnissen ergibt sich mit aller Deutlichkeit, daß die Tragfähigkeit eines Bodens veränderlich ist. Sie ist namentlich von der Tiefenlage der Bauwerksohle und der Größe der Lastfläche abhängig[2].

f) Fehlende Angaben. Es fehlen bis jetzt Angaben, ob die Tragfähigkeit des Bodens von der Bauwerksteifigkeit bzw. der Durchbiegung der Bauwerksohle abhängig ist.

C. Versuche für die Berechnung der Tragfähigkeit des Bodens.

Die verschiedenen Arten für die Berechnung der Tragfähigkeit des Bodens stützen sich auf verschiedene grundlegende Theorien über das Wesen der Span-

---

[1] FELLENIUS: Erdstatische Berechnungen für senkrechte Last. Norrköping 1929. — KÖGLER u. SCHEIDIG: Bauwerk und Baugrund S. 181. Berlin 1939; Bautechn. 1931 S. 360; Versuche 1926 bis 1930. — PRESS, H.: Der Boden als Baugrund S. 10/49. Berlin 1940. — STROHSCHNEIDER: Elastische Druckverteilung und Drucküberschreitung. Mitt. S.-B. Akad. Wien 1912.

[2] Vgl. Rectangular footings. Determinations of ultimate bearing pressure. Highway Research abstracts, May 1942; ferner The Surveyor and Municipal and County bugineer, Lond. 1942 Nr. 2610 S. 38.

nungen im Boden. Die verschiedenen Arten von Berechnungen für die Tragfähigkeit sind: *1. die Berechnung mit Hilfe der Elastizitätstheorie, 2. die Berechnung mit Hilfe der klassischen Erddrucktheorie, 3. die Berechnung mit Hilfe der Versuchsergebnisse.*

1. Grundlagen für die Berechnung mit Hilfe der Elastizitätstheorie.

Die Tragfähigkeit des Bodens kann derjenigen Spannung gleichgesetzt werden, die vorhanden ist, wenn gerade noch keine Fließerscheinungen (sog. plastische Bereiche) im Baugrund auftreten; das heißt beim Übergang vom elastisch-plastischen zum rein plastischen Bereich.

Vgl. Kapitel I über die Zustandsformen des Bodens, S. 540. Auf Grund dieser Annahme haben FRÖHLICH und MAAG Verfahren zur Bestimmung der Tragfähigkeit des Bodens entwickelt.

2. Grundlagen für die Berechnung mit Hilfe der klassischen Erddrucktheorie.

Die klassische Erddrucktheorie macht die Annahme, daß beim Überschreiten eines gewissen Spannungszustandes sich im Boden Gleitflächen bilden. So kann diejenige Spannung, die bei der Bildung von Gleitflächen auftritt, als die Tragfähigkeit des Bodens betrachtet werden.

Die Tragfähigkeit des Bodens kann auf Grund dieser Annahme bestimmt werden:

a) aus dem Verhältnis der Hauptspannungen, die bei der Bildung von Gleitflächen vorhanden sind. Hierher gehören die Bestimmungen der Tragfähigkeit des Bodens nach RANKINE, RITTER, TERZAGHI;

b) aus der Form der Gleitflächen. Die wichtigsten Formen von Gleitflächen sind: kreiszylindrische Gleitfläche (KREY, FELLENIUS), Keilform der Gleitfläche (HERTWIG), Spiralform der Gleitfläche (PRANDTL, RÉSAL, CAQUOT, RENDULIC Abb. 504);

c) aus der Anzahl der Gleitflächen. Es kann angenommen werden, daß das Ausweichen des Bodens einseitig stattfindet, oder daß der Boden zweiseitig ausweiche, und daß das Bauwerk lotrecht in den Boden einsinke (vgl. Abb. 504a, siehe auch Abb. 273/274, Bd. II bei den Modellversuchen).

Es ist einleuchtend, daß die Formeln für die Berechnung der Tragfähigkeit verschieden ausfallen müssen, je nach der Annahme, die der Ableitung der Formeln zugrunde gelegt wird.

Neben den rechnerischen Verfahren zur Bestimmung der Tragfähigkeit sind auch zeichnerische Verfahren entwickelt worden, z. B. von KREY.

In Abb. 504 bedeutet:

Annahme a: Einseitiges Ausweichen des Bodens auf kreiszylindrischer Gleitfläche.

Annahme b: Einseitiges Ausweichen des Bodens in Keilform.

Annahme c: Zweiseitiges Ausweichen des Bodens auf spiralförmigen (logarithmisch geformten) Gleitflächen. Für die zeichnerische Ermittlung in kreisförmigen Gleitflächen siehe Abb. 294/296 im Abschnitt „Rutschungen", Bd. II.

Annahme d: Zweiseitiges Ausweichen; die Gleitflächen werden als ebene Flächen angenommen. A = seitliches Ausweichen (Verschiebung), C = lotrechtes Aufquellen des Bodens.

3. Grundlagen für die Berechnung mit Hilfe der Versuchsergebnisse.

Werden die Versuchsergebnisse auf statisch-mathematische Weise, z. B. mit Hilfe der Gaußschen Wahrscheinlichkeitstheorie ausgewertet, so können Formeln zur Bestimmung der voraussichtlichen Tragfähigkeit des Bodens abgeleitet werden.

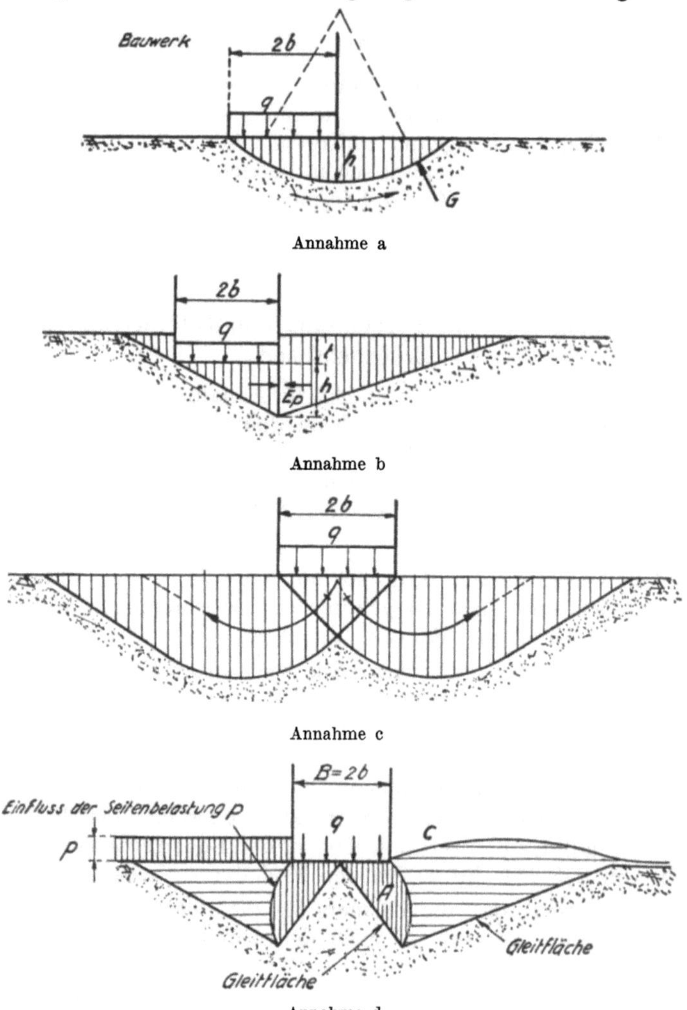

Abb. 504. Annahme über die Formen der Gleitflächen beim Ausweichen des Bodens unter lotrechter Belastung. Annahme a—d siehe Text.

D. Die Berechnung der Tragfähigkeit des Bodens.

In den letzten 60 Jahren sind verschiedene Theorien zur Berechnung der Tragfähigkeit des Bodens aufgestellt worden. Die wichtigsten sind nachstehend erwähnt; sie lassen sich in drei Hauptgruppen einteilen; nämlich: 1. ältere Formeln zur Berechnung der Tragfähigkeit des Bodens, 2. Verfahren, die für die Berechnung der Tragfähigkeit die Größe und Form der Belastungsfläche *nicht* in Betracht ziehen, 3. Verfahren, die für die Berechnung der Tragfähigkeit die Größe und Form der Belastungsfläche berücksichtigen.

1. Ältere Formeln zur Berechnung der Tragfähigkeit des Bodens.

In den älteren Formeln zur Berechnung der Tragfähigkeit des Bodens ist die Beziehung abgeleitet zwischen der Gründungstiefe t und der Höhe H einer Sandschüttung, deren Gewicht je Flächeneinheit der Tragfähigkeit des belasteten Bodens gleichkommt.

$\varrho =$ Winkel der inneren Reibung.

Dann ist z. B. nach PAUKER (1892)

$$t = H \, \mathrm{tg}^4 \, (45° + \varrho/2),$$

$H =$ Ersatzhöhe.

Werden beiden Seiten mit γ_e (Raumgewicht des Bodens) erweitert, so erhält man die Gleichung für die Tragfähigkeit des Bodens nach RANKINE, d. h.

$$q = \gamma_e t \, \mathrm{tg}^4 \, (45° + \varrho/2)$$

(siehe S. 704).

Nicht alle alten Formeln werden hier aufgeführt; es wird auf das entsprechende Schrifttum verwiesen.

Schrifttum.

ENGESSER: Zbl. Bauverw. 1893 S. 306 gibt einen Überblick über die älteren Berechnungsverfahren. — HAGEN: Der Wasserbau Teil I. Berlin 1860. — KJURDÜMOFF, V. J.: Zur Frage des Widerstandes der Gründungen auf natürlichem Boden. Zivilingenieur 1892 S. 292. — SCHWEDLER: On Iron permanent way. Min. Proc. Instn. civ. Engrs. 1882; ferner Beiträge zur Theorie des Eisenbahnoberbaues. Z. Bauw. 1889.

2. Verfahren ohne Berücksichtigung von Größe und Form der Belastungsfläche.

Es sind drei Verfahren zu unterscheiden: *a) Verfahren mit Hilfe der klassischen Erddrucktheorie, b) Verfahren mit Hilfe der Elastizitätstheorie, c) Verfahren zur Berechnung der Tragfähigkeit bei noch nicht verfestigtem Boden.*

a) Verfahren mit Hilfe der klassischen Erddrucktheorie.

α) Nach RANKINE (vgl. Kapitel über Erddruck, S. 583). Es wird angenommen, daß sich der betrachtete Baugrund im Grenzzustand des Gleichgewichtes befinde; dann muß nach dem klassischen Rankineschen Spannungszustand durch jeden Punkt eine Gleitfläche gehen. Die Gleitflächen erfüllen folgende Bedingungen:

I. Die Gleitflächen bilden mit den Flächen, auf die σ_2 wirkt, die Winkel

$$\pm 45° + \varrho/2.$$

II. Das Verhältnis der Hauptspannungen im Grenzzustande des Gleichgewichtes ist (siehe Abb. 505):

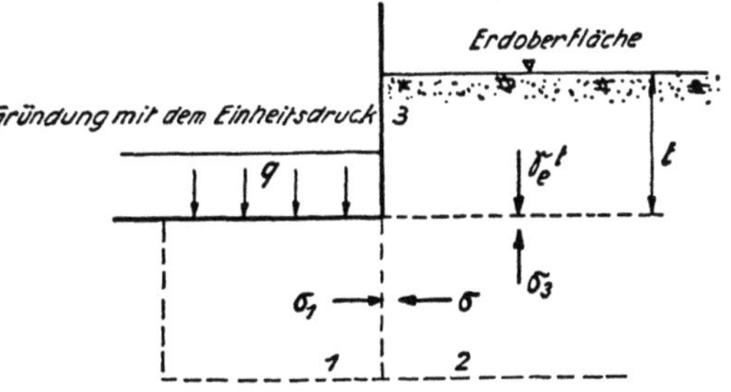

Abb. 505. Spannungen im Boden infolge einer Bauwerksbelastung.

t Tiefe der Bauwerksohle unter der Erdoberfläche, γ_e Raumgewicht des Bodens.

$$\frac{\sigma_2}{\sigma_1} = \mathrm{tg}^2 \left(45° + \frac{\varrho}{2} \right).$$

In Abb. 505 bedeutet:

$t =$ Tiefe der Bauwerksohle unter Erdoberfläche,

$\gamma_e =$ Raumgewicht des Bodens.

Der Druck $q = \sigma_2$ vom Bauwerk übt auf das Prisma *2* im Grenzzustand einen Druck aus von

$$\sigma_1 = q\, \mathrm{tg}^2\,(45° - \varrho/2).$$

Die Spannung σ_1 übt auf das Prisma *3* einen Druck aus von der Größe:

$$\sigma_3 = \sigma_1\, \mathrm{tg}^2\,(45° - \varrho/2).$$

Solange $\sigma_3 \leqq \gamma_e t$ ist, so herrscht Gleichgewicht; d. h.

$$\sigma_3 = \gamma\, t = q\, \mathrm{tg}^4\,(45° - \varrho/2).$$

Aus dieser Gleichung ergibt sich für die zulässige Belastung q des Bodens:

$$q = \gamma_e t\, \mathrm{tg}^4\,(45° + \varrho/2)$$

oder

$$q = \gamma_e t\, \beta \qquad \text{(Rankinesche Formel } q \text{ für den Grenzzustand).}$$

Ist Haftfestigkeit im Boden vorhanden, so überlagert sich der der Konsistenzform entsprechende Äquivalenzdruck $p_k = k_S\, \mathrm{cotg}\,\varrho_r$ dem bereits vorhandenen Spannungszustand.

$k_S = $ Haftfestigkeit; $\varrho_r = $ Winkel der inneren Reibung; somit muß gesetzt werden:

$$q = q' + p_k; \qquad \gamma_e t = (\gamma_e t)' + p_k.$$

Dadurch ergibt sich:

$$q' = q + p_k\,[\mathrm{tg}^4\,(45° + \varrho/2) - 1],$$
$$q' = \gamma_e t\, \beta + p_k\,(\beta - 1).$$

β) Nach PRANDTL, CAQUOT[1], RÉSAL, REISSNER. Die Benützung der Gleitflächen zur Berechnung der Tragfähigkeit von q und q' (siehe Abschnitt 2, α; II)

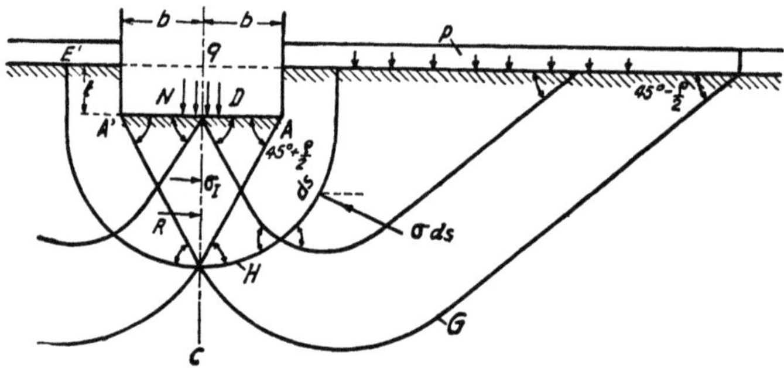

Abb. 506. Spannungszustand im Grenzzustand. Bildung von logarithmischen, spiralenförmigen Gleitflächen.
p Oberflächenbelastung in kg/cm², q Bauwerksbelastung in kg/cm², $2b$ Breite der Gründung.

hat den Vorteil, daß der Verlauf der Gleitflächen außerhalb der Zone ACA' (Abb. 506) nicht genau bekannt sein muß. Man kann daher jede durch C gehende Gleitfläche zur Spannungsermittlung mitbenützen. Für den Übergang der beiden Bereiche gilt der von RÉSAL angegebene Spannungszustand, bei welchem die eine Gleitlinienschar durch ein Strahlenbüschel mit dem Mittelpunkt A, die andere durch logarithmische Spiralen dargestellt wird. Dieser Spannungszustand ist widerspruchsfrei (vgl. Abb. 506 und 507, 508).

Auf diesem Wege wurde die Beziehung von PRANDTL, CAQUOT, RÉSAL gefunden, zu:

---

[1] A. CAQUOT: Equilibre des massifs à frottement interne. Paris 1934. — RÉSAL: Poussées des terres Bd. 2. Paris 1903. — H. REISSNER: Zum Erddruckproblem. S.-B. Berl. Math. Ges. Berlin 1924.

I. Ohne Haftfestigkeit:

$$q = \gamma_e\, t\, \mathrm{tg}^2\,(45^\circ + \varrho/2)\, e^{\pi\,\mathrm{tg}\,\varrho} = \gamma_e\, t\, \delta;$$

II. mit Haftfestigkeit:

$$q' = q + p_k\,[\mathrm{tg}^2\,(45^\circ + \varrho/2)\, e^{\pi\,\mathrm{tg}\,\varrho} - 1],$$
$$q' = \gamma_e\, t\, \delta + p_k\,(\delta - 1).$$

γ) Nach PIHERA. Die Berechnung der Tragfähigkeit ändert sich je nach der Wahl der Druckverteilung und der Wahl der Gleitflächenform. Eine besondere Annahme über die Form der Spirale hat PIHERA gemacht, wobei er sich z. T. auf Untersuchungsergebnisse von SCHWEDLER stützt. Die Berechnung der Tragfähigkeit nach PIHERA[1] ist sehr zeitraubend und wird daher hier nicht weiter behandelt.

b) Tragfähigkeit mit Hilfe der Elastizitätstheorie.

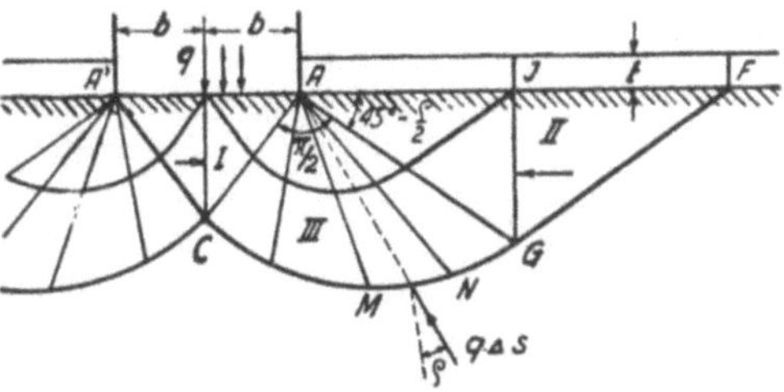

Abb. 507. Grundlagen für die Berechnung der Tragfähigkeit des Bodens nach RÉSAL, PRANDTL, CAQUOT, REISSNER.

Nach FRÖHLICH[2]. Im Kapitel über Druckverteilung sind die Bedingungen für das Auftreten plastischer Gebiete beschrieben. Danach beträgt die Tiefe z_{max} des plastischen Bereiches unter einer Lastfläche:

$$z_{max} = \frac{q' - \gamma_e\, t}{\gamma_e\, \pi}\left[\mathrm{cotg}\,\varrho - \left(\frac{\pi}{2} - \varrho\right)\right] - \left(\frac{p_k}{\gamma} + t\right).$$

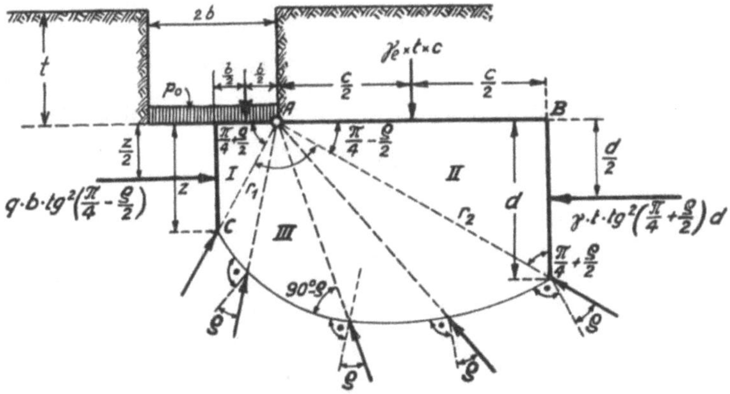

Abb. 508. Einzelheiten zu Abb. 507. $E\,s$ bedeutet $p_0 = q$. Vgl. Abb. 344 c.

Wenn kein plastischer Bereich auftreten darf, wird

$$z_{max} = 0.$$

Hieraus errechnet sich die Tragfähigkeit des Bodens.

I. Böden ohne Haftfestigkeit:

$$q = \gamma_e\, t\left[\frac{\mathrm{cotg}\,\varrho + \varrho + \pi/2}{\mathrm{cotg}\,\varrho + \varrho - \pi/2}\right],$$
$$q = \gamma_e\, t\, \alpha.$$

---

[1] Druckverteilung, Erddruck, Erdwiderstand, Tragfähigkeit S. 84. Berlin 1928.
[2] Druckverteilung im Baugrunde S. 81. Berlin 1934.

II. Böden mit Haftfestigkeit:

$$q' = q + p_k \left[\frac{\cot \varrho + \varrho + \pi/2}{\cot \varrho + \varrho - \pi/2} - 1 \right],$$

$$q' = \gamma_e \, t \, \alpha + p_k \, (\alpha - 1).$$

An der Erdoberfläche mit $t = 0$ wird

$$q_0' = \frac{p_k \, \pi}{\cot \varrho - \left(\dfrac{\pi}{2} - \varrho \right)}.$$

Eine andere Form der Gleichung für die Tragfähigkeit des Bodens ohne Haftfestigkeit ist:

$$q' = \frac{\gamma_e \, \pi \, t}{\cot \varrho - \left(\dfrac{\pi}{2} - \varrho \right)},$$

mit Haftfestigkeit:

$$q' = \frac{\gamma_e \, \pi \left(\dfrac{p_k}{\gamma_e} + t \right)}{\cot \varrho - \pi/2 + \varrho}.$$

Für γ_e ist einer der Werte, wie in Tabelle 159, S. 292, angegeben wurde, einzusetzen.

c) Die Berechnung der Tragfähigkeit für den noch nicht fertig verfestigten Boden.

Nach MAAG[1]. Die allgemeine Fließbedingung nach MOHR-GUEST lautet:

$$k = \tau_\mathrm{max} = \frac{\sigma_1 - \sigma_2}{2} \quad \text{(vgl. Kapitel über Zustandsformen des Bodens).}$$

Werden nach FRÖHLICH für die Hauptspannung σ_1 und σ_2 die Werte für eine Streifenlast eingesetzt (siehe Kap. IV), so wird:

$$\tau_\mathrm{max} = \frac{q - \gamma_e \, t}{\pi} \sin (2\,\varepsilon) = s^*.$$

Da $\sin 2\,\varepsilon_\mathrm{max} = 1$ ist, ergibt sich für die Tragfähigkeit des Bodens q

$$q = \gamma_e \, t + \pi \, s^*. \tag{a}$$

Es sei noch folgender Zustand betrachtet:

Der lotrechte Druck sei $\sigma_1 = \gamma \, t$. Wird der Druck σ_1'' größer als σ_1, so wird der Überdruck in das Porenwasser geleitet; d. h. σ_1 bedeutet den größten wirksamen Korn-zu-Korn-Druck; σ_1 sei zudem die größte Hauptspannung.

Dann wird die kleinste Hauptspannung

$$\sigma_2 = \sigma_1 \, \mathrm{tg}^2 \, (45° - \varrho/2) = \sigma_1 \, \frac{1 - \sin \varrho}{1 + \sin \varrho}.$$

Mit diesen Werten ergibt sich für die Fließbedingung:

$$\tau_\mathrm{max} = k = \frac{\sigma_1 - \sigma_2}{2} = s_0^* = \sigma_1 \, \frac{\sin \varrho}{1 + \sin \varrho}.$$

Der zulässige Bodendruck wird mit $\sigma_1 = \gamma_e \, t$ aus Gl. (a) erhalten zu:

I. Ohne Haftfestigkeit des Bodens:

$$q = \gamma_e \, t + \gamma_e \, t \, \pi \, \frac{\sin \varrho}{1 + \sin \varrho} = \gamma_e \, t \left(1 + \frac{\pi \sin \varrho}{1 + \sin \varrho} \right) = \gamma_e \, t \, \eta.$$

II. Mit Haftfestigkeit des Bodens:

$$q = \gamma_e \, t \, \eta + p_k \, (\eta - 1).$$

---

[1] Vgl. auch E. MAAG: Grenzbelastung des Baugrundes. Straße u. Verkehr 1938.

3. Verfahren zur Berechnung der Tragfähigkeit des Bodens unter Berücksichtigung der Größe und Form der Belastungsfläche.

Es sind verschiedene Berechnungsverfahren unter Berücksichtigung der Größe der Belastungsfläche entwickelt worden. Sie lassen sich einteilen in: *a) Berechnungsverfahren mit Hilfe der klassischen Erddrucktheorie, b) Berechnungsverfahren auf Grund von Versuchen.*

a) Berechnungsverfahren mit Hilfe der klassischen Erddrucktheorie.

α) Nach Terzaghi[1] beträgt die Tragfähigkeit q des Bodens an der Erdoberfläche:

$$q = 2\,\gamma_e\,r\,\mathrm{tg}^4\,(45° + \varrho/2),$$

$$q = 2\,\gamma_e\,r\,(k).$$

$r = b =$ Seitenlänge eines Quadrates oder
$2\,r = d =$ Durchmesser eines Kreises.

$$q = \gamma_e\,b\left(\frac{k}{2}\right); \quad b = \text{Breite einer Streifenlast (siehe Abb. 510).}$$

Für die Grundungstiefe t wird:

Streifenlast:

$$q_t = q\left[1 + \frac{2t}{b} + 0{,}105\left(\frac{2t}{b}\right)^2\right],$$

Kreisfläche:

$$q_t = q\left[1 + \frac{2t}{d} + 0{,}25\left(\frac{2t}{d}\right)^2\right].$$

Die Werte 0,105 und 0,25 sollen wechseln je nach dem Raumgewicht und der inneren Reibung des Bodens; sie können bis auf $^1/_4$ obiger Zahlen sinken.

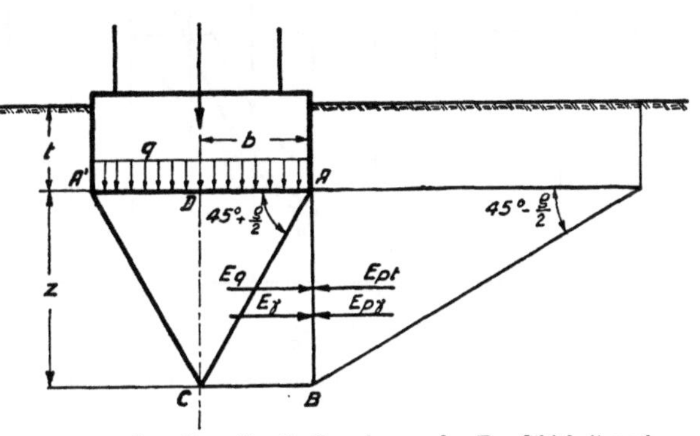

Abb. 509. Grundlage für die Berechnung der Tragfähigkeit nach Ritter.

β) Nach Ritter. Mit Hilfe der in Abb. 509 auf die Fläche AB wirkenden Erddrücke hat Ritter[2] gefunden:

$$q_b = (\gamma_e\,t + p)\,\mathrm{tg}^4\,(45° + \varrho/2) + \tfrac{1}{2}\,\gamma_e\,b\,[\mathrm{tg}^5\,(45° + \varrho/2) - \mathrm{tg}\,(45° + \varrho/2)]; \quad \text{(a)}$$

für $p = 0$ wird

$$q_b = \gamma_e\,t\,\varepsilon^4 + \frac{\gamma_e\,b}{2}\,[(\varepsilon)\,(\varepsilon^4 - 1)]; \quad \varepsilon = \mathrm{tg}\left(45° + \frac{\varrho}{2}\right). \quad \text{(b)}$$

Das erste Glied in Gleichung (a) gibt den Einfluß der Gründungstiefe und den Einfluß der Oberflächenbelastung p wieder. Das zweite Glied gibt die Tragfähigkeit an der Erdoberfläche an.

Für Erdmaterial mit Haftfestigkeit wird, indem in Gl. (a) gesetzt wird:

$$q_b = q_b' + p_k \quad \text{und} \quad p = p' + p_k,$$

$$q_b' = q_b + p_k\,[\mathrm{tg}^4\,(45° + \varrho/2) - 1],$$

$$q_b' = \gamma_e\,t\,\varepsilon^4 + \frac{\gamma_e\,b}{2}\,\varepsilon\,(\varepsilon^4 - 1) + p_k\,[\varepsilon^4 - 1]. \quad \text{(c)}$$

---

[1] Erdbaumechanik S. 242. Wien 1925.
[2] Grenzzustände des Gleichgewichtes in Erd- und Schüttmassen. Int. Ver. f. Brücken- u. Hochbau Gl. (21). Berlin 1936.

Das Mittelglied gibt den Einfluß der Größe der Lastfläche b an.
Obige Gl. (c) kann auch geschrieben werden:

$$q_b{}' = q' + \gamma_e\, b\, i.$$

q' bedeutet die Tragfähigkeit, die aus der Rankineschen Formel für den

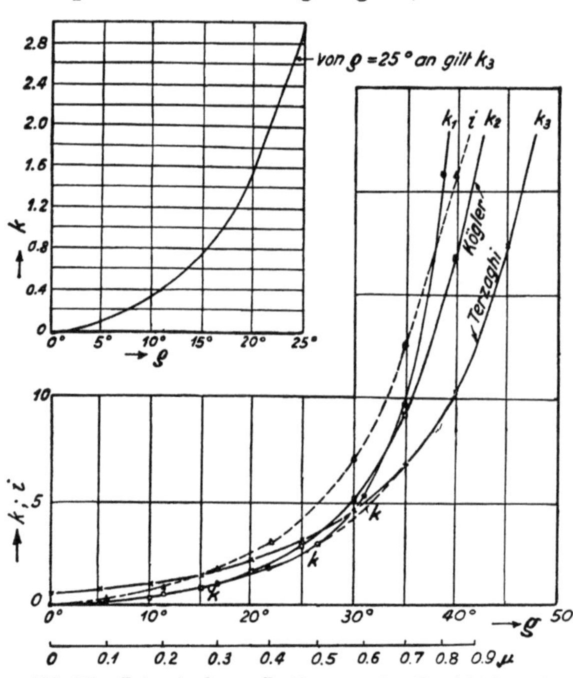

Grenzzustand erhalten wird, $i = $ Wert, der vom Winkel ϱ der inneren Reibung abhängig ist. Die Werte von i sind aus Abb. 510 herauszulesen.

Für $b = 0$ (Linienlast) geht also die Formel von RITTER über in die Rankinesche Formel.

Abb. 510. Beiwerte k zur Bestimmung der Tragfähigkeit des Bodens.

b) Berechnung auf Grund von Versuchen.

α) Nach KÖGLER. Dieser hat auf Grund von Versuchen Formeln für die Berechnung der Tragfähigkeit des Bodens abgeleitet[1] (vgl. Abb. 511). Danach beträgt die Tragfähigkeit:

I. Bei Streifenlast an der Erdoberfläche:

$$q = \frac{4}{3}\,\gamma_e\, b\, \mu\; \frac{\beta\,\sqrt{1+\beta^2}}{\beta - \mu\,\sqrt{1+\beta^2}} = \gamma_e\, b\, k_1.$$

Hierin bedeutet $\beta = h : 2\,b$ (siehe Abb. 504b). Die Bedingung, daß q ein Mindestwert werde, liefert

$$\beta = 1 : \sqrt{\mu^{-2/3} - 1}\,. \tag{a}$$

$\mu = $ Ziffer der inneren Reibung $= $ tg ϱ,

$\gamma_e = $ Raumgewicht des Bodens,
$k_1 = \infty$ für $\mu = 1$.

II. Bei Streifenlast in der Gründungstiefe t:

$$q = \frac{1}{2}\,\gamma_e\, b\; \frac{(t/b + \mathrm{tg}\,\alpha)^2\,\lambda_P - \left(\frac{t}{b}\right)^2 \lambda_a}{\mathrm{tg}\,(\alpha - \varrho)} - \mathrm{tg}\,\alpha = \gamma_e\, b\, k_2. \tag{b}$$

Hierin bedeuten $\lambda_p = \mathrm{tg}^2\,(45^\circ + \varrho/2)$; $\lambda_a = \mathrm{tg}^2\,(45^\circ - \varrho/2)$.

Für $t = 0$ geht die Formel (b) nicht genau in die Formel (a) über.

Für die zeichnerische Auswertung der k_1-, k_2-, k_3- und i-Werte siehe Abb. 510.

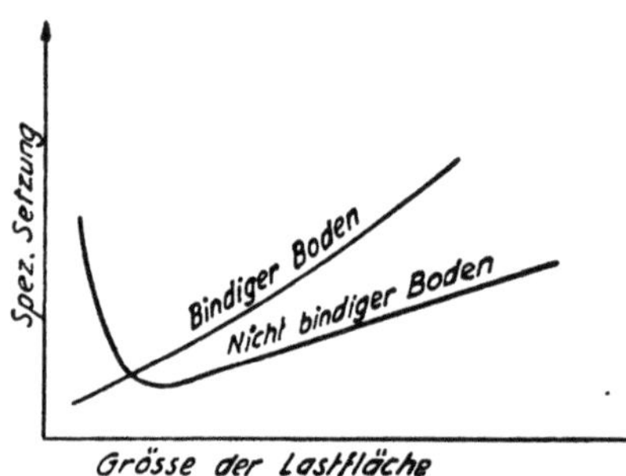

Abb. 511. Setzung in Abhängigkeit von der Größe der Lastfläche und der Bodenbeschaffenheit bei gleichbleibender spezifischer Belastung der Bauwerkssohle.

β) Nach HOUSEL. Auf Grund von Versuchen gibt HOUSEL[2] eine Gleichung

---

[1] Vgl. KÖGLER u. SCHEIDIG: Baugrund und Bauwerk S. 178. Berlin 1939.
[2] Untersuchungen über Gründungen und Bodenmechanik. Int. Ver. f. Brücken- u. Hochbau S. 870. Berlin 1936.

für die Tragfähigkeit an, nämlich:

$$W = m\,P + n\,A,$$

$W =$ Gesamtlast in Kilogramm,
$m =$ Umfangsscherkraft in Kilogramm auf einen Zentimeter Umfang,
$n =$ entwickelter Flächendruck in kg/cm²; $P =$ Umfang in Zentimeter,
$A =$ Fläche in cm² oder

$$p = m\,\frac{P}{A} + n.$$

Für die Auswertung der Formel werden die Setzungsziffer $K_1 = \dfrac{\varDelta}{n}$ und die

Spannungsreaktionsziffer $K_2 = \dfrac{m}{n}$ empfohlen. $\varDelta =$ gesamte Setzung als Volumenänderung im Bodenkörper ausgedrückt. Die Werte von m, n, K_1 und K_2, die
auf Grund von Versuchen gefunden wurden, werden in Abhängigkeit von der

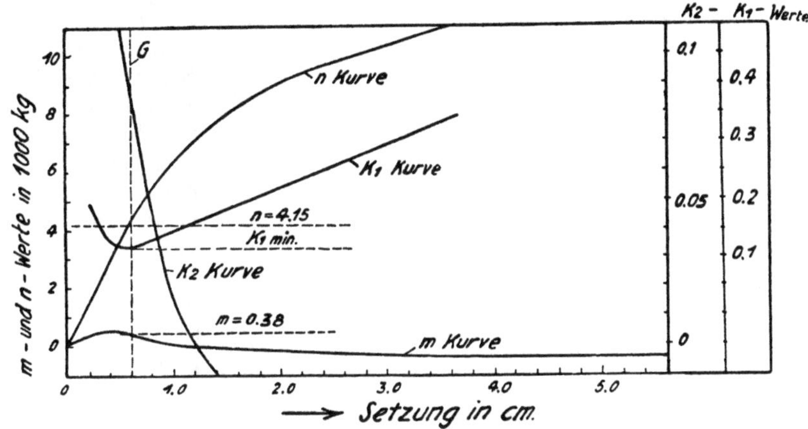

Abb. 512. Kennziffern des Bodenwiderstandes (nach Housel). G Kleinstwert der Tragfähigkeit.

Setzung in einem Diagramm aufgetragen (siehe Abb. 512, die für die Überführung einer Straße gefunden wurde). Dann kann das Diagramm für die Bestimmung der Tragfähigkeit von Gründungen verwendet werden.

Bei $K_1 =$ Mindestwert liegt die Tragfähigkeit des Baugrundes; im Beispiel
bei 0,13.

Für $K_1 = 0,13$ wird $n_{zul} = 4,15$ kg/cm² und $m = 0,38$ kg/cm.

γ) Nach Terzaghi[1]. Unter Annahme ebener Gleitflächen (siehe oben unter B,
Abb. 504d mit der Annahme d) hat Terzaghi auf Grund von Versuchen zwei
Formeln zur Bestimmung der Tragfähigkeit des Bodens abgeleitet, nämlich:

I. ohne Seitenbelastung:

$$q = \frac{b\,q_0\,[1 - \mathrm{tg}^4\,(45° - \varrho/2)]}{2\,\mathrm{tg}^5\,(45° - \varrho/2)} ;$$

II. mit Seitenbelastung:

$$q' = q + \frac{p}{\mathrm{tg}^4\,(45° - \varrho/2)}.$$

$q =$ Tragfähigkeit des Bodens, $q_0 =$ Belastung des Bodens in kg/cm²,
$b =$ halbe Breite des Bauwerkes, $p =$ Seitenbelastung des Bodens in kg/cm².

---

[1] Vgl. C. A. Hogentogler u. C. Terzaghi: Interrelationship of Load, Road and
Subgrade, Public Roads 1929 Nr. 3.

4. Zeichnerische Verfahren unter Berücksichtigung der Form und Größe der Belastungsfläche.

Es sind verschiedene zeichnerische Verfahren zur Bestimmung der Tragfähigkeit des Bodens entwickelt worden.

Die Berechnung des Gleichgewichtszustandes erfolgt meistens mit Hilfe der klassischen Erddrucktheorie. Es können zwei Annahmen bezüglich der auftretenden Gleitflächen gemacht werden, nämlich:

a) Ebene Gleitflächen.

Das zeichnerische Verfahren ist nicht einwandfrei und daher hier nicht behandelt.

b) Gekrümmte Gleitflächen.

Die Annahme gekrümmter Gleitflächen entspricht eher den Tatsachen als die Annahme ebener Gleitflächen (vgl. Abb. 273/274 im Kapitel über Modellversuche).

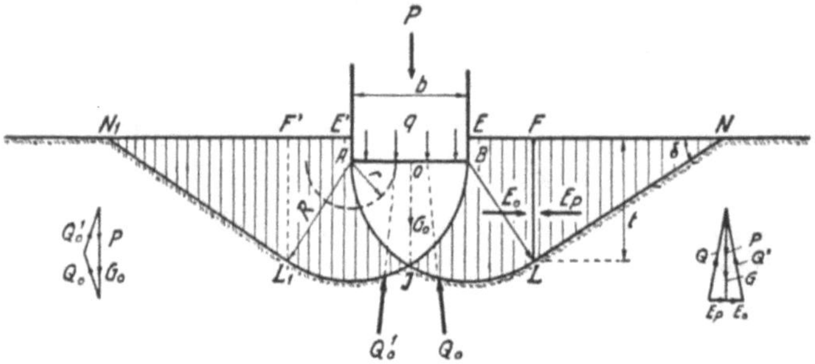

α) Verfahren nach KREY. Aus Abb. 513 geht hervor, wie die Gleitflächen zeichnerisch gefunden werden. δ ist der Winkel der Gleitfläche gegen die Waagerechte. Der Wert cotg δ kann aus Tabellenwerken bei bestimmten Annahmen für den Wandreibungswinkel ϱ' und bei Annahme, daß der Rankinesche Sonderfall gelte, entnommen werden, z. B. aus der Tabelle 104 bei KREY[1].

Abb. 513. Ermittlung der Gleitflächen zur Bestimmung der Tragfähigkeit des Bodens (nach KREY).

Fall A: Doppelseitiges Ausweichen; Fall B: Einseitiges Abgleiten des Erdkeiles. $P = q\,b$; $R = A - B$; $r = R \sin \varrho$ (r ist ein Kreis); N, L, J, L_1, N_1 Gleitkörper; δ Winkel der Gleitfläche mit der Waagrechten; $\overset{\frown}{AL}$ kreisförmige Gleitfläche; $\overline{LN}$ geradlinige Gleitfläche; G_0 Erdprisma A, B, E, F, L, J, L_1, F', E'; Q_0, Q_0^1 Widerstand der Gleitflächenstriche JL und JL_1; Q Widerstand der Gleitflächen A, J, L, N (Fall des einseitigen Gleitens nach rechts); Q' Widerstand der Gleitfläche B, J, L_1, N (Fall des einseitigen Gleitens nach links); G Erdprisma A, J, L, N, E, B; G_1 Erdprisma B, J, L_1, N_1, E_1, A.

Der Beweis für die Gültigkeit der zeichnerischen Ermittlung ist z. B. von KREY[1] geführt worden.

Anmerkung: Es sind noch verschiedene andere rechnerische und zeichnerische Verfahren zur Bestimmung der Tragfähigkeit des Bodens entwickelt worden. Neue Gesichtspunkte haben sie nicht gebracht, z. T. haben sie die älteren Formeln aber vereinfacht.

Schrifttum.

MÜLLER, P.: Bautechn. 1938 S. 219 mit Beispielen. — SCHULTZE, J.: Bodentragfähigkeit. Z. angew. Math. Mech. 1923 Heft 1.

Es herrscht Gleichgewicht, wenn $E_p \geqq E_0$ ist (siehe Abb. 513).

$E_p =$ Erdwiderstand in der Fläche FL,

$E_p = \lambda_P\, t^2/2$. Der Wert für die Erddruckziffer λ_P kann aus den verschiedenen Tabellenwerken entnommen werden, z. B. bei KREY, Tabelle 102.

$E_0 =$ Erddruck infolge des Gewichtes P und der Erdlast G,

$G_0 =$ Gewicht des Erdteiles $A\,B\,E\,F\,L\,J\,L'\,F'\,E'$.

---

[1] Erddruck und Erdwiderstand und Tragfähigkeit des Bodens, 5. Aufl. Berlin 1936. S. 143/148.

Ferner muß Gleichgewicht bestehen zwischen P, G, Q_0 und $Q_0{}'$. Aus diesen Gleichgewichtsbedingungen läßt sich der Beweis für die Richtigkeit des zeichnerischen Verfahrens von KREY erbringen.

β) Nach RENDULIC. An Stelle der in Abb. 513 angegebenen Gleitflächenform kann auch die logarithmisch ausgebildete Gleitfläche gewählt werden. Die Zulässigkeit einer solchen Gleitflächenform kann mit Hilfe der logarithmischen Spirale von RENDULIC erhalten werden. (Siehe Kapitel über Rutschungen mit der Gleichung für den Verlauf einer Rutschfläche in Form einer logarithmischen Spirale. Die Abmessung, die z. B. für die Zeichnung der Gleitfläche bei Sand mit einem Reibungswinkel von $\varrho = 30°$ notwendig wird, geht aus Abb. 294 hervor.)

Dann müssen das Gewicht G, die halbe Auflast P und die an der Spirale erzeugte Spannung im Gleichgewicht sein[1].

E. Die Tragfähigkeit des Bodens in Abhängigkeit von der Geschwindigkeit der Bodenbelastung.

1. Grundsätzliches.

Bei allen Formeln für die Bestimmung der Tragfähigkeit des Bodens ist der Winkel ϱ der scheinbaren inneren Reibung von ausschlaggebender Bedeutung. Wird ϱ klein, so sinkt die Tragfähigkeit des Bodens rasch.

Kleine Winkel ϱ treten z. B. auf, wenn die Bodenbelastung nicht von Korn zu Korn übertragen wird, sondern vom Porenwasser in Form von Porenwasserüberdruck übernommen wird (gespanntes Porenwasser).

Nimmt einerseits der Porenwasserüberdruck ab und andererseits der Korn-zu-Korn-Druck in der festen Bodenmasse zu, so erhöht sich auch die Tragfähigkeit des Bodens. Die Geschwindigkeit der Abnahme des Porenwasserüberdruckes hängt stark von der Durchlässigkeit des Bodens ab.

2. Folgerung.

Aus obigen Feststellungen ergibt sich, daß die Tragfähigkeit eines Bodens in hohem Maße abhängig ist:

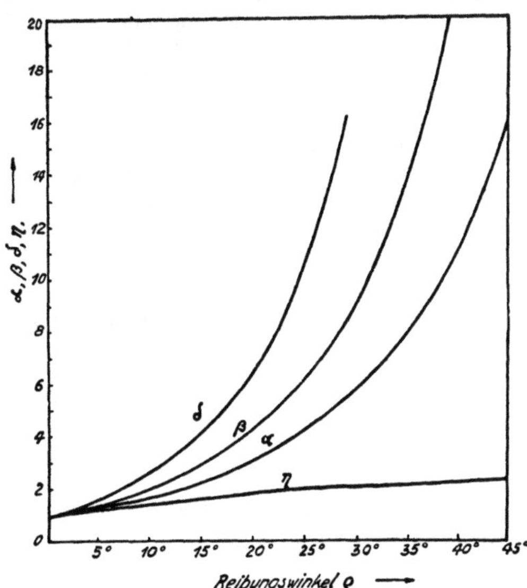

Abb. 514. Grenzbelastungen des Baugrundes in Abhängigkeit vom Reibungswinkel ϱ ohne Berücksichtigung der Größe der Lastfläche.

a) vom Grade der Wassersättigung des Bodens und seiner Durchlässigkeit im Zeitpunkt seiner Belastung;

b) von der Geschwindigkeit des Aufbringens der Belastung. Wird die Last mit der gleichen Geschwindigkeit aufgebracht, wie das Porenwasser abströmen kann, dann ist die größte mögliche Tragfähigkeit des Bodens stetig vorhanden;

c) davon, daß die Tragfähigkeit eines Bodens keine feste Bodeneigenschaft ist, sondern sich je nach den Belastungsverhältnissen ändert.

---

[1] Vgl. MEISCHEIDER: Tragfähigkeit von Fundamentplatten. Bauingenieur 1940 S. 84.

F. Praktische Auswertung der verschiedenen Formeln zur Bestimmung der Tragfähigkeit des Bodens.

Alle Formeln, die zur Berechnung der Tragfähigkeit des Bodens abgeleitet wurden, berücksichtigen die Bodeneigenschaft durch den Winkel ϱ der inneren Reibung. Es ergibt sich daraus, daß die verschiedenen Formeln miteinander verglichen werden können (siehe Tabelle 345).

Tabelle 345.

Berechnungsverfahren	Grundlegende Formeln	Die Beiwerte in Abhängigkeit vom Winkel ϱ sind ersichtlich aus
1. Verfahren *ohne* Berücksichtigung der Form und Größe der Lastfläche		
I. Nach RANKINE	$q = \gamma_e\, t\, \beta + p_k\,(\beta - 1)$	Abb. 514
II. Nach PRANDTL, CAQUOT, RÉSAL	$q = \gamma_e\, t\, \delta + p_k\,(\delta - 1)$	Abb. 514
III. Nach FRÖHLICH	$q = \gamma_e\, t\, \alpha + p_k\,(\alpha - 1)$	Abb. 514
IV. Nach MAAG	$q = \gamma_e\, t\, \eta + p_k\,(\eta - 1)$	Abb. 514
2. Verfahren *unter* Berücksichtigung der Form und Größe der Lastfläche		
I. Nach TERZAGHI Kreisfläche $2\,r = d$	$q = 2\,r\,\gamma_e\,k$	Abb. 510
Quadratfläche b	$q = 2\,b\,\gamma_e\,k$	
Streifenlast	$q = b/2\,\gamma_e\,k_3$	
II. Nach RITTER	$\left\{\begin{array}{l} q = q_0 + b\,\gamma_e\,i \\ q_0 = \gamma_e\, t\, \beta + p_k\,(\beta - 1) \end{array}\right.$	Abb. 510 Abb. 514
III. Nach KÖGLER		
Streifenlast an der Oberfläche k_1	$q = b\,\gamma_e\,k_1$	Abb. 510
Streifenlast in der Tiefe k_2	$q = b\,\gamma_e\,k_2$	
IV. Nach KREY (zeichnerisch)		Abb. 513

VI. Der zulässige Bodendruck.

A. Grundsätzliches.

Der zulässige Bodendruck wird bestimmt durch zwei grundsätzlich verschiedene Gesichtspunkte, nämlich:

1. durch das zulässige Maß der Setzung, 2. durch die Tragfähigkeit des Bodens (Bruchzustand des Bodens).

Tabelle 346.

Abhängigkeit des zulässigen Bodendruckes von	Einzeleinflüsse
1. Setzung	Die Setzung eines Bauwerkes ist abhängig von: a) Bodenbeschaffenheit (Zusammendrückbarkeit) b) Belastungsgröße c) Größe und Form der Belastungsfläche d) Zeitdauer (Durchlässigkeit) e) Mächtigkeit des Tragkörpers (Mächtigkeit der Bodenschicht, die zusammendrückbar ist)
2. Tragfähigkeit	Die Tragfähigkeit eines Bodens (Bruchzustand) ist abhängig von: a) Bodenbeschaffenheit, ausgedrückt durch den Winkel ϱ der inneren Reibung b) der Größe und Form der Belastungsfläche c) der Tiefe der Bauwerksohle unter der Erdoberfläche

In den Kapiteln IV und V ist beschrieben, von welchen Einflüssen die Setzung und die Tragfähigkeit eines Bodens abhängig sind. In der Tabelle 346 sind die wichtigsten Einflüsse auf Setzung und Tragfähigkeit des Bodens nochmals kurz zusammengefaßt.

Je nach dem vorliegenden Problem ist das Maß der Setzung oder die Größe der Tragfähigkeit des Bodens (Bruchzustand) von entscheidender Bedeutung für die Bestimmung des zulässigen Bodendruckes.

Es wird z. B. angenommen:

B. Die Setzung S ist für die Wahl des zulässigen Bodendruckes maßgebend.

Es sei $S_{\max}$ diejenige Setzung, die eintritt, wenn der Boden am größten beansprucht wird:

$$S_{\max} = \int_0^T ds = K \int_0^T \log \frac{\sigma_2}{\sigma_1} \, dt = K \sum_0^T \log \frac{\sigma_2}{\sigma_1} \, \Delta t.$$

Hierbei bedeutet z. B.:

$$\sigma_2 = \frac{b \, p_0}{b + 2 \, \alpha \, t^n},$$

$b =$ ganze Breite der Bauwerksohle in Zentimeter,

$p_0 =$ Belastung des Bodens unter der Bauwerksohle in kg/cm²; $p_0 \leqq q$,

$q =$ Belastung des Bodens bis zu seiner Tragfähigkeit,

$\alpha, K =$ Bodeneigenschaftswerte,

$n =$ Wert für die Steifigkeit des Bauwerkes (siehe S. 634, Tab. 311).

Die als zulässig erachtete Setzung S hängt von der Art des Bauwerkes und seiner Empfindlichkeit gegenüber Verschiebungen ab; große Empfindlichkeit weisen z. B. starre Rahmen, eingespannte Gewölbe usw. auf.

Durch Änderung der Art der Ausbildung des Bauwerkes, der Bauwerksabmessungen und der Gründungstiefe ist es möglich, die zu erwartende Gesamtsetzung S zu beeinflussen und die Setzung S auf ein im voraus festgelegtes Maß zu verkleinern.

Können sehr große Setzungen zugelassen werden, so ist stets zu prüfen, ob die sich ergebenden zulässigen Bodenpressungen die Tragfähigkeit des Bodens nicht überschreiten.

Wird nun angenommen, daß die zulässige Setzung S_{zul} kleiner als die Setzung $S_{\max}$ infolge der Belastung des Bodens bis zu seiner Tragfähigkeit q sei, so muß $p_0 =$ vorhanden kleiner als q werden. Mit anderen Worten: die Tragfähigkeit des Bodens wird nicht ausgenützt.

C. Die Tragfähigkeit q (Bruchzustand) des Bodens ist für die Wahl des zulässigen Bodendruckes maßgebend.

a) Allgemeiner Fall.

Ist die berechnete Setzung S ohne Bedeutung für die Wahl des zulässigen Bodendruckes, so ist die Tragfähigkeit q des Bodens maßgebend für die Größe des zulässigen Bodendruckes.

Nach den Formeln von TERZAGHI, KÖGLER, RITTER und KREY zur Bestimmung der Tragfähigkeit q des Bodens ist q abhängig:

a) von der Bodeneigenschaft, ausgedrückt durch den Winkel der inneren Reibung ϱ,

b) von der Tiefe der Bauwerksohle unter der Erdoberfläche,

c) von der Breite des Bauwerkes.

Nach den Formeln von RANKINE, PRANDTL, FRÖHLICH, MAAG usw., abgeleitet aus der klassischen Erddrucktheorie oder abgeleitet aus der Elastizitätslehre, ist die Tragfähigkeit q des Bodens nur abhängig:

a) von der Bodeneigenschaft, ausgedrückt durch den Winkel ϱ der inneren Reibung,

b) von der Tiefe der Bauwerksohle unter der Erdoberfläche.

b) Sonderfälle.

Wird nun z. B. für die zulässige Bodenbelastung die Tragfähigkeit q nach RANKINE $q = \gamma_e \beta t$ angenommen, wobei β eine Funktion vom Winkel ϱ der inneren Reibung ist (vgl. Gleichung im Kapitel über Tragfähigkeit), so wächst die zulässige Bodenbelastung proportional mit der Tiefe t.

Wird nun z. B. $t = 1$ gewählt, d. h. die Tragfähigkeit des Bodens 1 m unter der Oberfläche bestimmt, so wird $q = \gamma_e \beta$, d. h. die zulässige Bodenbelastung q wird ein Festwert. Für diesen Sonderfall sind zahlreiche Angaben in den Lehrbüchern vorhanden. Da sie in der Lage sind, eine erste, gute Übersicht über die voraussichtliche, zulässige Bodenbelastung zu geben, so sind in Tabelle 347 einige Erfahrungswerte wiedergegeben (vgl. Din 1054). Diese Werte werden vielfach noch durch einen Sicherheitswert n geteilt, wobei für $n = 1{,}5$ bis 3 gewählt wird. Es ist betont, daß trotz der Wahl eines niedrigen zulässigen Bodendruckwertes in vielen Fällen eine Berechnung zur Bestimmung der Größe der voraussichtlichen Setzung des Bauwerkes notwendig wird.

c) Zahlenwerte.

Folgende Angaben können als Richtwerte verwendet werden, wenn die nachstehenden Bedingungen erfüllt sind (siehe Tabelle 348):

Die Gründungssohle liegt in frostfreier Tiefe, d. h. mindestens 100 cm unter der Erdoberfläche.

Unter der Gründungssohle ist gleichmäßig beschaffener Boden vorhanden.

Die zu erwartenden Setzungen sind kleiner als das zulässige Maß.

Der Baugrund erfährt keine nachträglichen Veränderungen, wie z. B. durch Grundwasserschwankungen, Erschütterungen usw.

Zuschläge: a) Bei Kantenpressungen dürfen, wenn alle Einflüsse auf die Belastung wie Wind, Schnee, Größe der Nutzlast usw. berücksichtigt sind, die zulässigen Belastungen um 30% gegenüber den Mittelwerten erhöht werden.

b) Bei tiefliegenden Gründungssohlen, d. h. bei mehr als 2 m Tiefe t darf ein Zuschlag Z gemacht werden von der Größe (siehe Tabelle 349):

Diese Werte kommen für Kasten-, Brunnen-, Pfeilergründungen in Frage.

Im Zweifelsfalle ist die zulässige Bodenbelastung zu bestimmen:

a) mit Hilfe der Verfahren zur Berechnung der Tragfähigkeit des Bodens,

b) mit Hilfe der Verfahren zur Berechnung der voraussichtlichen Setzungsgrößen,

c) mit Hilfe von Belastungsproben[1].

---

[1] Vgl. H. BUSCH: Die zulässige Belastung des Baugrundes. Z. VDI Bd. 85 (1940).

Tabelle 347. *Die zulässige Bodenbelastung unter einer Gründungssohle in 1 m Tiefe unter der Bodenoberfläche (Richtwerte).*

Bodenart	Din 1054 kg/cm²	Ver. Staaten von Amerika	
		üblich kg/cm²	Mittelwert kg/cm²
Angeschütteter Boden:			
Nicht künstlich gestampft	0—1	meistens ungeeignet	
Gewachsener Boden:			
Schlamm, Torf, Moor	0	~ 0	~ 0
Nichtbindige, festgelagerte Böden			
Feinsand bis zu 1 mm Körnung	2	2—4,5	2,5
Grobsand von 1 bis 3 mm	3	2,5—5,5	2,5—3,5
Kiessand mit mindestens $^1/_3$ Raumteil Kies und Kies bis 70 mm Körnung..	4		
Bindige Böden (Lehm, Ton, Mergel)			
Breiig (zerfließt in der geballten Faust)	0		
Weich (leicht knetbar)	0,4	0,6—1,5	1,0
Steif (schwer knetbar)...............	0,8		
Halbfest (zerbröckelt trotz Feuchtigkeit bei der Ausrollgrenze)	1,5		
Hart (helles Aussehen im ausgetrockneten Zustand, die Schollen zerbrechen in Scherben)	3	2—4,5	2—3,2
Moräne, festgelagert		bis 10 kg/cm²	
Moräne, aufgelockert		1—4	
Fels: in geschlossener Schichtfolge (Grauwacke, Sandstein, Marmor, Mergel, Dolomit, kristalliner Schiefer von geringer Festigkeit)	10	6—9	6,5 *
von fester Beschaffenheit	15		
in massiger, säuliger Ausbildung Granit, Gneis, Porphyr, Diabas	30	11—55	22

Vgl. auch Din 1053: Beanspruchung von Bauteilen aus natürlichen und künstlichen Steinen. Von den angegebenen zulässigen Druckspannungen dürfen rd. $^2/_3$ als zulässige Bodenbelastung angenommen werden.

Tabelle 348. *Zusammenstellung von Erfahrungswerten.*

Bodenart	Keine oder unschädliche Setzungen			Starke Setzungen		
	Zahl der Fälle	kg/cm²	Mittel	Zahl der Fälle	kg/cm²	Mittel
Fester Ton.............	16	7,8—2,0	5,0	5	5,5—4,4	5,1
Alluvione und Silt.....	7	6,0—1,5	2,8	2	7,4—1,6	—
Sand und Ton	10	8,3—2,4	4,8	3	7,2—1,6	3,2
Grobsand und Schotter	33	7,5—2,3	5,0	—	—	—
Feinsand..............	10	5,6—2,2	4,4	—	6,8—1,8	5,1

Tabelle 349. *Zuschläge für tief liegende Gründungssohlen.*

Bodenart	Breite der Gründungsfläche	
	$B = 2$ m kg/cm²	$B = 10$ m kg/cm²
Feinsand bis 1 mm Korngröße	2	5
Grobsand, Korngröße 1 bis 3 mm	3	8
Kiessand mit mindestens $^1/_3$ Raumteilen Kies und Kies bis 70 mm Korngröße	4	10

* Bei Fels wird als Sicherheitsgrad $m \sim 3$ gewählt.

D. Der zulässige Bodendruck in Abhängigkeit von der Bruchlast bei Probebelastungen.

Oft wird der zulässige Bodendruck in Abhängigkeit von der Grenzlast (Bruchlast) angegeben. Unter Grenzbelastung versteht man diejenige Last, bei welcher das Bauwerk zu versinken beginnt. Schwierig ist aber, die Größe der Grenzlast richtig festzustellen.

Man benützt hierzu die Belastungs-Setzungs-Kurve (siehe Abb. 515). Aus derselben geht der grundsätzliche Verlauf einer Belastungs-Setzungs-Kurve hervor. An der Kurve können vier Abschnitte unterschieden werden, nämlich:

Abschnitt *I*: Der aufgelockerte Boden wird zusammengepreßt; es gilt das Drucksetzungsgesetz nach BENDEL.

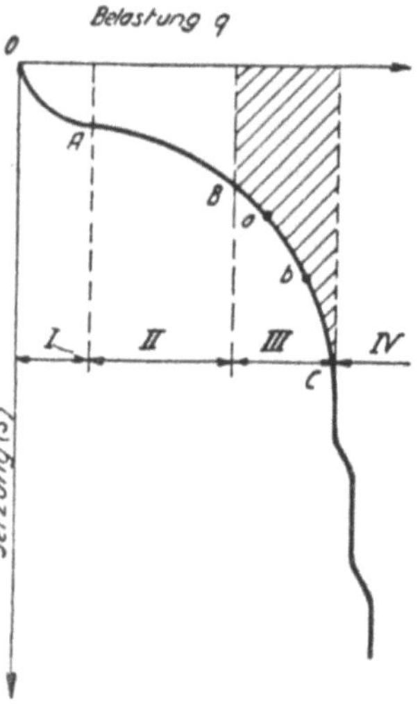

Abschnitt *II*: Die Zusammendrückung erfolgt angenähert nach dem Hookeschen Setzungsgesetz, genauer nach dem Drucksetzungsgesetz von BENDEL.

Abschnitt *III*: Die Proportionalitätsgrenze ist überschritten. Der Boden quillt seitlich auf der Gleitfläche hoch.

Abschnitt *IV*: Die Last versinkt ruckweise.

Es ist unsicher, ob beim Punkt *a* oder beim Punkt *b* im Abschnitt *III* (Abb. 515) die Grenzbelastung abgelesen werden muß; daher ist es auch unsicher, welche Belastung als zulässiger Bodendruck angesehen werden muß.

Verschiedene Versuche[1] ergaben, daß im Sandboden die Grenzbelastung stark von der Größe der Lastfläche abhängig ist. Es wurden noch zu wenig Versuche durchgeführt, um ein einwandfreies Berechnungsverfahren mit Hilfe der Grenzbelastung entwickeln zu können.

Aus Abb. 516 geht hervor, wie sich die Körner im Abschnitt *I* bis *IV* der Abb. 515 senkrecht und waagerecht verschieben.

Abb. 515. Setzung *s* in Abhängigkeit von der Belastung *p* siehe Abb. 516.

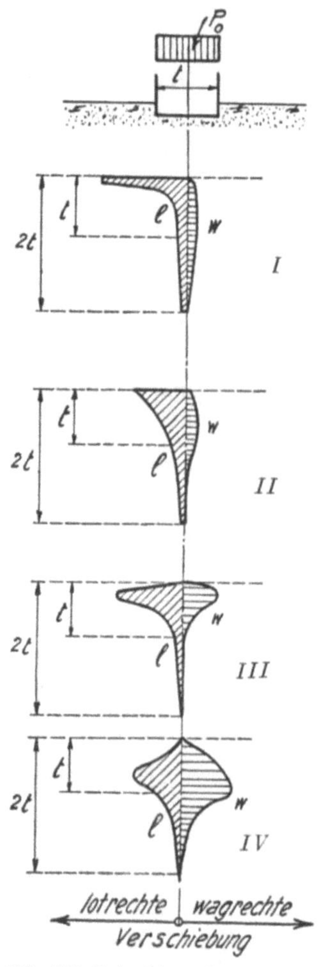

Abb. 516. Lotrechte und waagerechte Verschiebung der Körner in den Abschnitten *I* bis *IV* der Abb. 515 (Versuchsergebnisse).

Abschnitt *I*: Der aufgelockerte Boden wird zusammengepreßt; es gilt das Druckverformungsgesetz von BENDEL. Abschnitt *II*: Die Zusammendrückung erfolgt angenähert dem Hookeschen Gesetz; Abschnitt *III*: Die Proportionalitätsgrenze ist überschritten; der Boden quillt seitlich hoch; Abschnitt *IV*: Die Last versinkt ruckweise; t Breite der Lastfläche; l lotrechte Einsenkung in der Lastachse; w waagerechte Verschiebung unter dem Lastrande.

---

[1] Vgl. EICHHORN: Über die Zusammendrückung des Bodens infolge örtlicher Belastung. Geol. u. Bauwes. 1932 S. 2/10, 14.

E. Beispiel.

Aus Abb. 517 geht der Einfluß der Breite b eines Fundamentes und der Tiefenlage t des Fundamentes unterhalb Erdoberkante auf die Grenztragfähigkeit q eines Bodens hervor. Die zulässige Setzung des Bauwerkes ist zu $S = 15$ mm angenommen. Aus der waagerecht schraffierten Fläche geht die zulässige Belastung des Bodens (spezifische Bauwerksbelastung p_0) hervor. Deutlich zeigt sich in Abb. 517 b, wie bei großer Lastbreite b das Setzungsmaß für die Größe des zulässigen Druckes p_0 maßgebend ist. Bei kleiner Breite b hingegen wird die Tragfähigkeit für p_0 bestimmend.

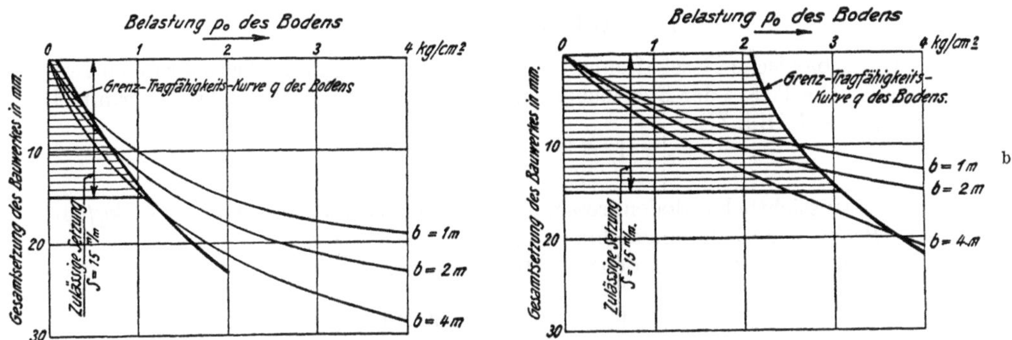

Abb. 517. Einfluß der Breite b eines Fundamentes und der Tiefenlage t des Fundamentes unterhalb Erdoberkante auf die zulässige Bodenpressung p_0 eines Bodens.

a Gründung des Bauwerkes an der Erdoberfläche $t = 0$ m. $q = \gamma t \zeta + \dfrac{\gamma b}{2} \zeta^{1/4} (\zeta - 1) + p_k (\varrho - 1)$; b Gründung des Bauwerkes $t = 3$ m unter Erdoberkante. $S = $ Gesamtsetzung: $S = \int\limits_0^z K \log \left(\dfrac{\sigma_2}{\sigma_1} \right) dz$; $b = $ Breite des Fundamentstreifens.

VII. Praktische Beispiele zur Berechnung der zulässigen Belastung und der voraussichtlichen Setzung.

A. Aufgabe.

Bevor mit dem Bau eines Lagerhauses begonnen wurde, sind dem Verfasser folgende Aufgaben gestellt worden:

A. Aufgaben,
   1. Bestimmung der zulässigen Belastung des Bodens,
   2. Bestimmung der gesamten zu erwartenden Setzung,
   3. Bestimmung des zeitlichen Verlaufes der Setzung.

Um diese Aufgabe lösen zu können, wurde nachstehender Arbeitsplan aufgestellt:

B. Bodenuntersuchung,

C. Entnahme von Bodenproben,

D. Untersuchung der Bodenproben im Prüfraum,
   1. Durchlässigkeit,
   2. Scherfestigkeit,
   3. Zusammendrückbarkeit,
      a) spez. Zusammendrückbarkeit,
      b) Elastizitätsmodul des Bodens bzw. Zusammendrückungsziffer des Bodens,

E. Bestimmung der Tragfähigkeit des Bodens,
F. Druckverteilung nach der Tiefe,
G. Berechnung der gesamten Setzung,
H. Berechnung des zeitlichen Verlaufes der Setzung,
J. Berechnung der Setzungsunterschiede,
K. Setzungsmessungen
    1. während der Bauzeit,
    2. nach Bauvollendung.

Die Durchführung des Arbeitsplanes ergab folgendes:

B. Bodenuntersuchungen.

Die geologische Beschaffenheit des Bodens wurde durch Tiefbohrungen festgestellt. Die Tiefe z der Bohrlöcher wurde aus der Formel des Verfassers ermittelt zu (vgl. S. 4, Bd. II):

$$z \cong \sqrt{\frac{q\,b}{\gamma_e}}\,,$$

$q =$ voraussichtliche Bodenpressung unter der Gründungssohle $\cong 1{,}5\,\text{kg/cm}^2$,
$b =$ Breite der Gründungssohle $= 400$ cm,
$\gamma_e =$ Raumgewicht des Bodens $= 0{,}0015\,\text{kg/cm}^3$.

$$z \cong \sqrt{\frac{1{,}5 \cdot 400}{0{,}0015}} = 630 \,\text{cm}.$$

Da die Bauherrschaft keine sichern Angaben über die Breite der Gründung machen konnte, wurde für die Bohrlochtiefe

$$z \cong \sqrt{\frac{1{,}5 \cdot 600}{0{,}0015}} = 780 \,\text{cm} = 7{,}8 \,\text{m}$$

gewählt.

Zudem mußte ein Zuschlag von 3,5 m gemacht werden, weil die Gründungssohle 3,5 m unterhalb der Erdoberfläche liegen sollte und obiges Gesetz nur von der Bauwerksohle abwärts gilt. Die gesamte Bohrlochlänge wurde somit zu $7{,}8 + 3{,}5 = 11{,}3$ m angegeben.

C. Entnahme von Bodenproben.

Während des Bohrens wurden in üblicher Weise Bodenproben entnommen. Drei Proben wurden in der Tiefe gewählt, in welcher die Gründungssohle voraussichtlich zu liegen kam, d. h. in rd. 3,5 m Tiefe unter Erdoberkante; es wurde eine schlemmsandähnliche Bodenausbildung angetroffen. Weitere Proben wurden rd. alle Meter zusätzlicher Tiefe entnommen.

D. Untersuchung der Bodenproben im Prüfraum.

Die Bodenproben wurden im Prüfraum des Verfassers untersucht auf:

1. Durchlässigkeit.

Die mittleren Durchlässigkeitsziffern schwankten zwischen

a) bei senkrechter Wasserdurchströmung durch die Bodenprobe:
$$k_{senkrecht} = 2{,}4 \cdot 10^{-5} \text{ bis } 3{,}6 \cdot 10^{-8} \text{ cm/s}; \text{ Mittel } 10^{-7} \text{ cm/s},$$

b) bei waagerechter Wasserdurchströmung durch die Bodenprobe:
$$k_{waagrecht} = 1{,}8 \cdot 10^{-3} \text{ bis } 2{,}8 \cdot 10^{-6}.$$

Die Wassertemperatur betrug für den Versuch wie beim Grundwasser $t = 8{,}9\,°\text{C}$.

2. Scherfestigkeit.

Die Scherfestigkeit τ wurde auf zwei Arten ermittelt:

a) mit dem Kreisringschergerät:

dabei wurde gefunden:
$$\begin{cases} \tau = k' + k\,\sigma, \\ \tau = 0{,}06 + 0{,}70\,\sigma \text{ in kg/cm}^2, \end{cases}$$

b) mit dem quadratischen Schergerät (Zugversuch):

$$\tau = 0{,}04 + 0{,}65\,\sigma.$$

Aus diesen Werten ergibt sich:

$$\operatorname{tg}\varrho = 0{,}65 \text{ bis } 0{,}70,$$
$$\varrho = 33 \text{ bis } 35°.$$

Der Wert k' wurde durch Belasten der Bodenprobe und nachheriges Entlasten für die Scherung ermittelt (siehe Abb. 278, 291, 292).

3. Zusammendrückbarkeit des Bodens.

a) Spez. Zusammendrückbarkeit. Die spez. Zusammendrückbarkeit ds wurde an Proben, die allseitig eingespannt waren, ermittelt. Die Größe wurde nach der Formel BENDEL gefunden zu

$$ds = K \log\left(\frac{\sigma_0 + \sigma}{\sigma_0}\right) dz;$$
$$ds = 0{,}083 \log\left(\frac{0{,}07 + \sigma}{0{,}07}\right) dz;$$

$K = 6{,}6$ bis 10%, dz wird in cm eingesetzt, $\sigma_0 = 0{,}05$ bis $0{,}10$ kg/cm².

b) Elastizitätsziffer. Aus obiger Gleichung ergibt sich für die Elastizitätsziffer des Bodens bzw. Zusammendrückungsziffer M_E:

$$M_E = \left(\frac{\ln 10}{K}\right)\sigma = \frac{2{,}3}{0{,}08}\,(\sigma) = \underline{28{,}5\,\sigma}.$$

Für $\sigma = \gamma_e\,t$ und für $\gamma_e = 1{,}5$ t/m³ wird $M_E = 42{,}75\,t$ in t/m², wobei t in Meter einzusetzen ist.

E. Bestimmung der Tragfähigkeit des Bodens.

Da es sich im vorliegenden Fall geologisch um einen jüngeren, postglazialen Aufschüttungskegel mit ziemlich viel Quarz und Glimmergehalt handelte, mußte angenommen werden, daß sich das Bodenmaterial noch nicht vollständig verfestigt habe. Daher wurde zur Bestimmung der Tragfähigkeit des Bodens die Formel für unverfestigten Boden gewählt, d. h.

$$q = \gamma_e\,t\,\eta + p_k\,(\eta - 1).$$

Aus Abb. 514 ergibt sich für $\eta = 2{,}2$.

Da
$$p_k = \frac{k'}{\operatorname{tg}\varrho_r} = \frac{0{,}04}{0{,}70} = 0{,}057 \text{ kg/cm}^2$$

sehr klein ist, wurde p_k für die weitere Berechnung vernachlässigt.

Somit ergibt sich für die Tragfähigkeit des Bodens in der Gründungssohle, die in der Tiefe $t = 3{,}5$ m liegt:

$$q = \gamma_e\,t\,\eta,$$
$$q = 0{,}0015 \cdot 350 \cdot 2{,}2,$$
$$q = 1{,}15 \text{ kg/cm}^2,$$

d. h. der Boden darf mit 1,15 kg/cm² belastet werden, ohne daß der Fließbereich erreicht wird oder daß sich Gleitflächen ausbilden.

F. Druckverteilung im Boden.

Druckverteilung unter der Gründungssohle. Für die Bestimmung der Druckverteilung im Boden wurde wegen ihrer Einfachheit die Formel von BENDEL gewählt (vgl. S. 654). Die Überprüfung mit einer anderen Formel ergab, daß keine wesentlichen Unterschiede von einer Tiefe von 1 m an bestehen. Der Druck im Boden in der Achse der Bauwerksohle beträgt:

$$\sigma_m = \frac{q\,b}{b + \alpha\,t^n} + \frac{q}{b\,\alpha\,t^n},$$

α = Ziffer, die die Bodeneigenschaft ausdrückt, $\alpha = 0{,}50$ für den vorliegenden sandig-schluffigen Boden;

n = Ziffer, die die Bauwerksteifigkeit angibt. Da es sich um eine kräftige, schwere Gründung handelte, wurde $n = 1$ gewählt;

b = halbe Bauwerkbreite = 2 m,

p = Bauwerksbelastung; im vorliegenden Falle wurde $p = q$ = Tragfähigkeit des Bodens gewählt.

$q = 1{,}15\ \text{kg/cm}^2$ nach obiger Bestimmung.

Mit obigen Werten ergab sich eine Druckverteilung nach der Tiefe z zu:

Tabelle 350.

Tiefe z unter der Bauwerksohle	Achsenmitte σ_{Mitte} kg/cm²	Mittlere Druckspannung σ_m, mit welcher zu rechnen ist (nach der Wahrscheinlichkeitstheorie ermittelt) $\sigma_m \cong 0{,}7\ \sigma_{Mitte}$ (siehe S. 666) kg/cm²
0,5	3,3	2,3
1,0	2,06	1,4
2,0	1,35	0,95
3,0	1,06	0,75
4,0	0,87	0,61
5,0	0,76	0,53
6,0	0,67	0,47
7,0	0,56	0,39
8,0	0,46	0,32

G. Berechnung der gesamten Setzung.

Die gesamte Setzung S wird

$$S = \int_0^T ds = K \int_0^T \log \frac{\sigma_2}{\sigma_1}\,dz = K \sum_0^T \log \frac{\sigma_2}{\sigma_1}\,\varDelta z.$$

Es bedeutet:

$\sigma_1 = \gamma_e\,(t + z) + \sigma_a$ = Eigengewicht

$\sigma_2 = \gamma_e\,(t + z) + \sigma_a + \sigma$ = Eigengewicht und Bauwerklast,

t = Gründungstiefe,

z = Tiefe unter Bauwerksohle,

$\sigma_a = 0{,}05$ bis $0{,}10\ \text{kg/cm}^2$; σ_a wird in der folgenden Berechnung als $\sigma_a \cong 0$ angenommen;

σ_a = Vorbelastung des Bodens (siehe S. 399).

Daraus ergibt sich:

Tabelle 351.

Tiefe $(t + z)$	Bodendruck infolge Eigengewicht σ_1 in kg/cm²	Bodendruck infolge Bauwerklast und Eigengewicht $\sigma_2 = \sigma_1 + \sigma$; σ aus Tabelle 350 kg/cm²	σ_2/σ_1	$\log \sigma_2/\sigma_1$
1	0,175	0,175	1	0
2	0,350	0,350	1	0
3	0,525	0,525	1	0
3,5	0,61	2,3 + 0,61 = 2,91	4,75	0,34
4,5	0,79	1,4 + 0,79 = 2,19	2,75	0,44
5,5	0,96	0,95 + 0,96 = 1,91	2,00	0,30
6,5	1,14	0,75 + 1,14 = 1,89	1,64	0,21
7,5	1,31	0,61 + 1,31 = 1,92	1,46	0,16
8,5	1,48	0,53 + 1,48 = 2,01	1,28	0,11
9,5	1,65	0,47 + 1,65 = 2,13	1,27	0,10
10,5	1,82	0,39 + 1,82 = 2,21	1,21	0,08
11,5	2,00	0,32 + 2,00 = 2,32	1,16	0,06

$$\Sigma \log \sigma_2/\sigma_1 = 1,80$$

Die Gesamtsetzung S wird somit: $S = K \int \log \sigma_2/\sigma_1 = 8,3 \cdot 1,8 = 15$ cm.

H. Berechnung des zeitlichen Verlaufes der Setzung.

Für die Berechnung des zeitlichen Verlaufes der Setzung wird die Formel von BENDEL verwendet; demnach beträgt die Setzung in Abhängigkeit von der Zeit:

$$S_t = T' + T \log\left(\frac{t_0 + t}{t_0}\right),$$

$$T' = S\left[1 + \alpha \log\left(\frac{k\,M_E\,t_0}{\gamma\,T^{*\,2}}\right)\right],$$

$\alpha = 0,63$ bei rechteckiger Lastfläche für den Porenwasserüberdruck (siehe S. 688 und Abb. 525),

$\gamma = \gamma_w =$ Raumgewicht des Wassers,

$T' =$ Festwert,

$T = \alpha S = 0,63\,S,$

$S =$ gesamte errechnete Setzung $= 15$ cm (siehe Abschnitt G),

$k =$ Durchlässigkeit (siehe Abschnitt D), $k = 10^{-7}$ cm/s,

$t =$ Zeit in Sekunden, $t_0 = 1$ Sekunde,

$M_E = E =$ Zusammendrückungsziffer; $M_E = 57$ kg/cm² (siehe S. 689),

$T^* =$ Mächtigkeit der Schichten, in welchen Porenwasserüberdruck entsteht.

$0,00115$ kg/cm³ $= \gamma_w$, da verunreinigtes Grundwasser.

T^* wurde zu 6,10 m aus dem geologischen Profil bestimmt. Dann ist:

$$\log \frac{k\,M_E}{\gamma\,T^{*\,2}} = \log \frac{10^{-7} \cdot 57}{0,00115 \cdot 610^2} = \log (10^{-7} \cdot 0,135) = -7,88,$$

$$T' = 15 + 9,45\,(-7,88) = -59,5,$$
$$T = 9,45.$$

Anmerkung: In $T \cdot \log\left(\frac{t_0 + t}{t_0}\right)$ bedeutet t die Zeit in Sekunden; für t in Tagen

wird $\log\left(\frac{t_0 + t}{t_0}\right) = (4,94 + \log t)$ für $t_0 = 1$. Ferner wird: $T \log\left(\frac{t_0 + t}{t_0}\right) =$

$= + 46,5 + 9,45 \log t$; t in Tagen.

Mit diesen Hilfswerten errechnet sich die Setzung zur Zeit t:

$$S_t = T' + T \log\left(\frac{t_0 + t}{t_0}\right) = -13 + 9,45 \log \frac{t_0 + t}{t_0}.$$

Die Auswertung der Gleichung geht aus Abb. 518 hervor.

J. Berechnung der Setzungsunterschiede.

Die Verdichtungswerte K (siehe S. 399) haben versuchstechnisch zwischen $K = 6,6$ bis 10% geschwankt; daraus ergeben sich Unterschiede in der Gesamtsetzung von $S = 11,8$ bis 18 cm.

In den Kurven, die den zeitlichen Verlauf der Setzungen wiedergeben, kommt der Unterschied in der Bodenbeschaffenheit ebenfalls zum Ausdruck (siehe Kurven K und G in Abb. 518).

Die größten zu erwartenden *Unter*schiede betragen: nach 3 Monaten seit Baubeginn = 22 mm, nach 6 Monaten = 35 mm, nach 12 Monaten = 44 mm.

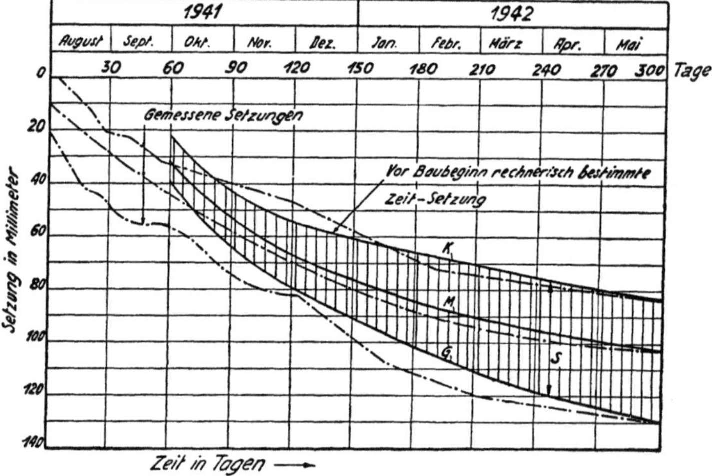

Abb. 518. Berechnung der voraussichtlichen Setzung S_t und die wirklich eingetretenen Setzungen in Abhängigkeit von der Zeit. $S_t = T' + T \log \dfrac{t_0 + t}{t_0}$.

——— – Berechnete Setzungen; —·—·— in Wirklichkeit eingetretene Setzungen; T', T Festwerte; $t_0 = 1$ sek; K Kleinstwerte, M Mittelwerte, G Größtwerte, S Setzungsbereich.

Es erhebt sich noch die Frage, auf welche Entfernungen diese Setzungsunterschiede zu erwarten sind. Aus dem geologischen Profil durch die Baustelle ergab sich, daß die größten Unterschiede in der Bodenbeschaffenheit auf rd. 3 m waagrechte Entfernung zu erwarten sind. Daraus ergibt sich ein Setzungsunterschied je laufenden Meter Bauwerksohle nach Jahresfrist zu $\Delta S = \frac{44}{3} = 12$ mm oder nach beendigter Bauwerksetzung $\Delta S \simeq 18$ mm je laufenden Meter.

Vor Baubeginn wurde der Setzungsunterschied zu 20 mm angegeben.

K. Setzungsmessungen.

An zahlreichen Bauwerken werden auf Veranlassung des Verfassers systematische Setzungsmessungen durchgeführt.

Die Setzungsmessungen werden sowohl während der Bauzeit als auch nach Bauvollendung regelmäßig durchgeführt.

Setzungskurven ganzer Städte. Die Setzungskurven (Isohypsen des Stadtteiles von Luzern, der auf einem alten Schuttkegel errichtet wurde) sind in Abb. 164/165 wiedergegeben[1].

Es ist wünschenswert, daß Setzungsmessungen an alten und neu erstellten Bauwerken in großer Anzahl durchgeführt werden.

VIII. Die Porenwasserströmung.
A. Das Wesen der Porenwasserströmung.

Im Abschnitt über die Zusammendrückung (zweiter Hauptabschnitt, Kap. IV, A, 1, S. 387) wurde ausgeführt, daß die Setzung nicht auf der elastischen Zusammendrückung der Bodenteilchen beruht, sondern zur Hauptsache auf der Verminderung des Porenvolumens.

Sind die Poren mit Wasser gefüllt, so wird beim Aufbringen einer Last auf den Boden das Wasser ausgedrückt. Je nach der Durchlässigkeit des Bodens strömt das Wasser rasch oder langsam ab.

Wird z. B. eine Last auf sandigen Boden aufgebracht, so wird das Wasser rasch verdrängt. Es findet ein stetiger Korn-zu-Korn-Druck statt, d. h. die auf den Boden aufgebrachte Mehrlast wird stets durch den Korn-zu-Korn-Druck übernommen. Die Setzungen erfolgen rasch und endgültig. Bei tonigen Böden kann das Wasser nur langsam abströmen. Ein Teil des Bodendruckes wird während langer Zeit durch das Porenwasser übertragen. Dieser Überdruck wird mit hydrostatischem Überdruck oder Porenwasserüberdruck oder auch einfach mit Porenwasserdruck w bezeichnet. Durch den Überdruck im Porenwasser entsteht ein Wasserfließen im Boden; dieses Wasserfließen wird Porenwasserströmung genannt.

Damit eine Porenwasserströmung stattfinden kann, muß das Wasser abwärts, aufwärts oder seitlich abfließen können.

Die Wasserbewegung dauert so lange, bis sich der Überdruck im Porenwasser ausgeglichen hat und der ganze Druck von Korn zu Korn weitergeleitet wird.

Bei der Grundwasserströmung erfolgt die Bewegung der Wasserteilchen ausschließlich unter dem Einfluß der Schwere. Im Gegensatz dazu sucht sich das gespannte Porenwasser nach der Richtung des geringsten Widerstandes zu entspannen. Die Wasserteilchen können sich also in beliebiger Richtung bewegen, wobei undurchlässige Bodenschichten von maßgebendem Einfluß sind.

B. Die Druckänderung im Boden bei einer Porenwasserströmung.
1. Anfangszustand und Endzustand der Druckverhältnisse im Porenwasser.

Die Druckänderung im Boden infolge der Porenwasserströmung geht aus Abb. 519 hervor.

In Abb. 519 bedeutet:

$\gamma_1 = \gamma_e =$ Raumgewicht des erdfeuchten Bodens,

$$\gamma_2 = \underbrace{\gamma_s (1-n)}_{\text{Korngewicht}} \quad \underbrace{-\gamma_w (1-n)}_{\text{Auftrieb}} \quad \underbrace{+\gamma_w n}_{\text{Gewicht des Kapillarwassers}},$$

---

[1] Vgl. BENDEL: Die ingenieurgeologischen Untersuchungen im Feld. Erdbaukurs. 1938 Bericht Nr. 19.

$\gamma_2 =$ Druck in der Kapillarwasserschicht,
$\gamma_3 = \gamma_s (1 - n) - \gamma_w (1 - n) =$ Druck im Grundwassergebiet,
$\gamma_w =$ Raumgewicht des Wassers.

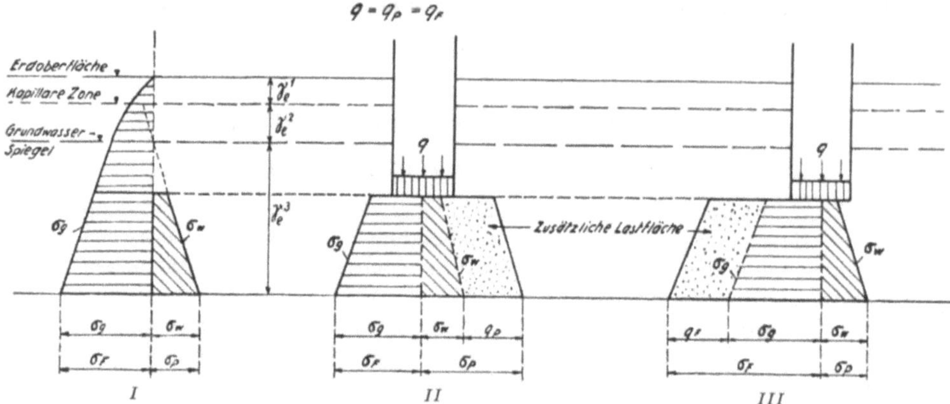

Abb. 519. Änderung der Druckverhältnisse im Boden bei einer Porenwasserströmung.
σ_F Druck in der Festmasse, σ_P Druck im Porenwasser, q_P Porenwasserüberdruck infolge der Bauwerkslast q, q_F Zusätzlicher Druck in der Festmasse infolge der Bauwerkslast q. Abb. *I*: Druckverhältnisse im Boden vor Aufbringen der Bauwerkslast, Abb. *II*: Druckverhältnisse im Boden beim Aufbringen der Bauwerkslast, Abb. *III*: Druckverhältnisse im Boden nach Beendigung der Porenwasserströmung.

Die vollständigen Drücke im Festmaterial und im Porenwasser infolge einer Bauwerksbelastung q gehen aus der Tabelle 352 hervor.

Tabelle 352.

	Druck bei Beginn der Belastung des Bodens	Druck nach Beendigung der Porenwasserströmung
Druck im Festmaterial $= \sigma_F$.	$\sigma_F = \sigma_g$	$\sigma_F = \sigma_g + q$
Druck im Porenwasser $= \sigma_P$.	$\sigma_P = \sigma_w + q$	$\sigma_P = \sigma_w$

Verteilung einer Last auf den festen und flüssigen Teil des Bodens[1]. Es liege ein Boden vor, der wassergesättigt ist und sich in gestörtem Zustand befindet. Der vorhandene Druck auf die allseitig eingeschlossene Probe betrage σ_v. Das Bodenmaterial werde nach einiger Zeit mit einer Zusatzspannung σ_z belastet. Nun erhebt sich die Frage, wie diese Mehrlast σ_z sich auf die dispersen festen Teilchen (feste Phase), auf die flüssigen Teile (flüssige Phase) verteile. Der Anteil von fester und flüssiger Substanz am Gesamtquerschnitt der Probe wird durch die Porenziffer ε_v bestimmt. $\varepsilon_v = \dfrac{n_v}{1 - n_v}$.

$n_v =$ absolute Porosität vor der zusätzlichen Belastung.

In Abb. 520 bedeutet:
$\sigma_k' =$ Zusatzspannung der festen Phase,

$\sigma_w' =$ Zusatzspannung der flüssigen Phase (Wasser),
$\sigma_E =$ äußere Zusatzspannung,
$E_w =$ Elastizitätsziffer des Wassers,
$M_E =$ Zusammendrückungsziffer der festen Phase.

Die Zusammendrückung des Wassers beträgt $\dfrac{\sigma_w'}{E_w}$ und ist gleich der Zusammendrückung von $\dfrac{\sigma_k'}{M_E}$.

---

[1] Vgl. R. HAEFELI: Mechanische Eigenschaften von Lockergesteinen. Schweiz. Bauztg. Bd. III (1938) Nr. 24/26.

Dann ist $\dfrac{\sigma_w{}'}{E_w} = \dfrac{\sigma_k{}'}{M_E}$ und $\sigma_E = \sigma_w{}' + \sigma_k{}'$.

Daraus errechnet sich:

$$\sigma_E = \sigma_k{}'\left(1 + \frac{E_w}{M_E}\right).$$

Beispiel:

$E_w = 2 \cdot 10^4 \,\text{kg/cm}^2;\qquad M_E = 20 \,\text{kg/cm}^2.$

Dann wird:

$$\frac{\sigma_k{}'}{\sigma_E} = \frac{1}{1 + 10^3} \approx \frac{1}{1000},$$

d. h. das Porenwasser muß beinahe die ganze Zusatzlast übernehmen und die feste Phase übernimmt nur $\dfrac{1}{1000}$ der äußeren Zusatzspannung.

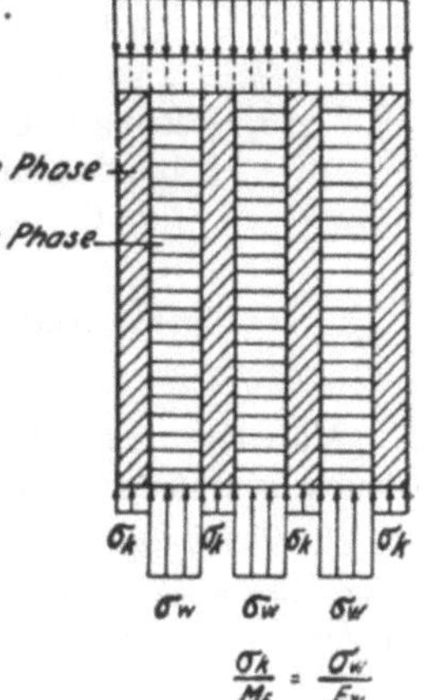

Abb. 520. Verteilung einer Zusatzspannung auf feste und flüssige Teile eines Bodens.

Beispiel 1: Eine 10 m mächtige Tonschicht ruhe auf einer wasserundurchlässigen Felsschicht. Das Porenwasser im Boden befinde sich im hydrostatischen Gleichgewicht. Wird ein Stausee über dieser Tonschicht bis auf eine Höhe von 20 m gestaut, so erleidet das Porenwasser eine Mehrbelastung von 2 kg/cm² und die Zusammendrückung s der Tonschicht beträgt:

$$s = \frac{p\,h}{E_w} = \frac{2 \cdot 1000}{2 \cdot 10^4} = 1 \,\text{mm},$$

d. h. praktisch findet keine Zusammendrückung des Tones statt infolge des vorhandenen Porenwassers, welches allein die Mehrlast übernimmt und, wie vorausgesetzt, nicht ausströmen kann.

2. Zwischenzustand der Druckverhältnisse im Porenwasser.
Form und Größe der Lastflächen.

Die Zwischenzustände der Druckverhältnisse im Porenwasser gehen aus Abb. 521 hervor. Danach ändern sich Form und Größe der Porenwasserlastfläche wesentlich in Abhängigkeit von der Zeit.

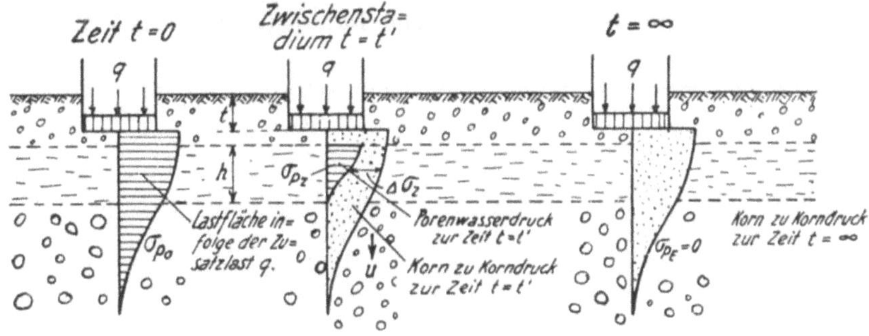

Abb. 521. Abnahme des Porenwasserdruckes mit der Zeit (Änderung der Lastfläche in Abhängigkeit von der Zeit).

In Abb. 521 bedeutet:

σ_{P_0} = Anfängliche Porenwasserüberdruckkurve infolge der Bauwerkslast q, d. h. zur Zeit $t = 0$ (σ_{P_0} = Nullisochrone),

σ_{P_z} = Porenwasserüberdruckkurve im Zwischenzustand zur Zeit $t = t'$ (σ_{P_z} = = Zwischenzeitisochrone),

σ_{P_E} = Endzustand im Porenwasserüberdruck für $t = \infty$; $\sigma_{P_E} = 0$ (σ_{P_E} = Endisochrone = 0),

Punkt $U =$ Abströmen des Porenwassers nach unten,
Punkt $O =$ Abströmen des Porenwassers nach oben,
   $h =$ wasserdurchlässige Mittelschicht,
   $\Delta\sigma_z =$ Zunahme des Druckes in der Festmasse in der Zeit von $t = 0$ bis t'
       bzw. Abnahme des Posenwasserüberdruckes in der Zeit $t = 0$ bis
       $t = t'$ (vgl. auch Abb. 522).

C. Die Gleichungen für die Größe des Porenwasserüberdruckes.

Man kann zwischen zwei Arten von Gleichungen für den Porenwasserüberdruck w unterscheiden, nämlich:

1. Gleichungen, die mit Hilfe von partiellen Differentialgleichungen für die Porenwasserströmung abgeleitet wurden, 2. Gleichungen, die auf Grund vereinfachender Annahmen aufgestellt wurden.

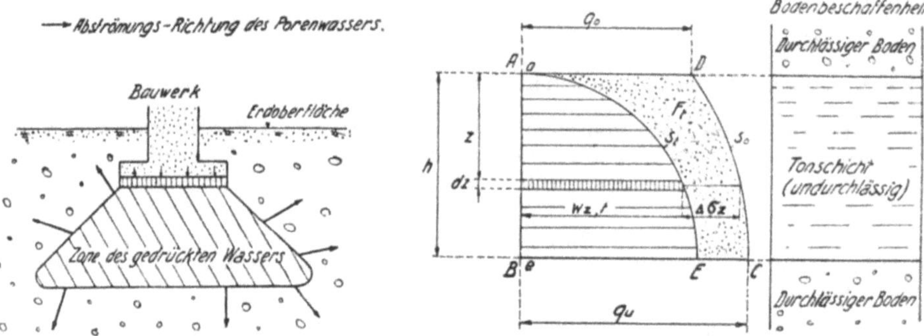

Abb. 522. Zone des gedrückten Porenwassers unter einer Streifenlast.

Abb. 523. Kurven mit dem Porenwasserdruck zur Anfangszeit $t = 0$ und zur Zeit $t = t'$.
S_0 Isochrone zur Zeit $t = 0$, S_t Isochrone zur Zeit $t = '$.

1. Die Gleichungen für den Porenwasserüberdruck mit Hilfe der partiellen Differentialgleichung.

a) Aufstellung der partiellen Differentialgleichung.

Die Aufstellung der Differentialgleichung für die nicht stationäre Porenwasserströmung bei einachsiger Strömung lehnt sich an die bekannten Gleichungen

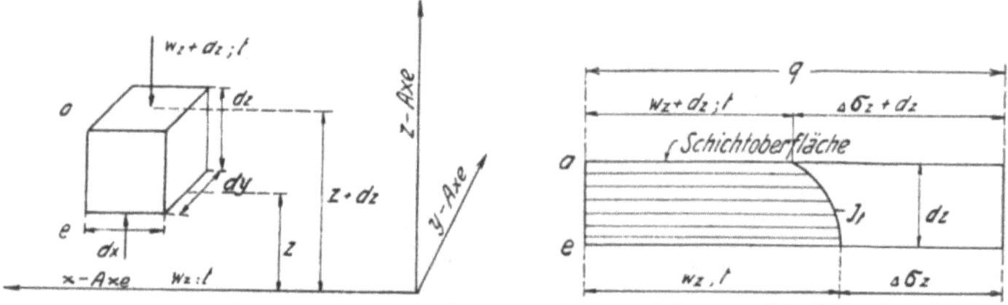

Abb. 524. a Porenwasserdruck auf den Würfel dx, dy, dz: b Wasserströmung auf der Höhe dz senkrecht zur Schichtoberfläche.
$(w_z, t) + \Delta\sigma_z = (w_z + dz; t) + \Delta\sigma_z + dz.$

für die nicht stationäre Wärmeleitung in der isotropen, planparallelen Platte an[1] [vgl. S. 11, Gl. (1), Bd. I].

   [1] Vgl. TERZAGHI-FRÖHLICH: Theorie der Setzung von Tonschichten. Wien 1936. S. 29/30.

In Abb. 525 bedeutet:

$J_0 =$ Isochrone zur Zeit $t = 0$, $\ J_t =$ Isochrone zur Zeit $t = t'$.

Kurven mit dem gleichen Porenwasserdruck zur Anfangszeit $t = 0$ und zur Zeit $t = t'$.

Ferner bedeutet in Abb. 523 und 524:

$w_{z,\,t} =$ Porenwasserüberdruck durch hydrostatischen Überdruck zur Zeit t im Schnitt mit dem Abstand z von der entwässerten Oberfläche,

$w_z + dz;\ t =$ Porenwasserüberdruck zur Zeit t im Schnitt mit dem Abstand $z + dz$.

Die bei (e) austretende Wassermenge ist nach DARCY:

$$\frac{dq_a}{dt} = \frac{k}{\gamma}\left(\frac{dw}{dz}\right)_a dx\,dy.$$

Die bei (b) eintretende Wassermenge ist ebenfalls nach DARCY

$$\frac{dq_e}{dt} = \frac{k}{\gamma}\left(\frac{dw}{dz}\right)_e dx\,dy.$$

Der Wasserverlust in der Zeiteinheit beträgt somit:

$$dq_a - dq_e = \frac{k}{\gamma}\frac{\partial^2 w}{\partial z^2} dx\,dy\,dt$$

oder je Volumeneinheit und je Zeiteinheit:

$$v_1 = \frac{k}{\gamma}\frac{\partial^2 w}{\partial z^2}. \tag{a}$$

Es bedeutet v den Wasserverlust je Volumen- und Zeiteinheit bei einer Druckzunahme auf die Festmasse von $\varDelta\sigma_z = 1$. In der Zeiteinheit nimmt der Druck in der Festmasse um $\dfrac{\partial \varDelta\sigma_z}{\partial t}$ zu.

Der Porenwasserverlust je Volumen- und Zeiteinheit wird daher auch

$$v_1 = v\,\frac{\partial \varDelta\sigma_z}{\partial t}.$$

$\varDelta\sigma_z =$ Korn-zu-Korn-Druck, $w =$ Druck im Wasser.

Ferner ist nach früheren Feststellungen, da $(\varDelta\sigma_z + w)$ ein Festwert q ist:

d. h.
$$\frac{\partial \varDelta\sigma_z}{\partial t} = -\frac{\partial w}{\partial t},$$

$$v_1 = -v\,\frac{\partial w}{\partial t}. \tag{b}$$

Daraus ergibt sich durch Gleichsetzung von Gl. (a) und (b):

$$\frac{k}{\gamma\,v}\frac{\partial^2 w}{\partial z^2} = \frac{\partial w}{\partial t}. \tag{c}$$

Das ist die gesuchte partielle Differentialgleichung der linearen Porenwasserströmung im Ton.

Obige Gleichung wird auch Fouriersche Differentialgleichung genannt im Anklang an die Gleichung für die nicht stationäre Wärmeleitung. Wird in der Gl. (c) die Zeit t gleich groß (konstant) gehalten, so erhält man die Gleichung des Porenwasserüberdruckes w in Abhängigkeit der Tiefe z. Die so erhaltene Kurve wird Isochrone genannt. Man spricht dann von Isochronengleichung (Zeitgleichenkurve). Die praktische Bedeutung der Isochronengleichung geht aus obigem Kapitel über Setzungen, Abschnitt D 2 a, hervor.

Da $\Delta l = v \Delta p\, l$ ist, bedeutet v auch:

$$v = \frac{1}{M_E} = \frac{d\,\varepsilon/dp}{1+\varepsilon}; \qquad \varepsilon = \frac{n}{1-n},$$

$l =$ Länge des Körpers, $\Delta p =$ zusätzliche Last, $v =$ Wasserverlust je Volumeneinheit und Zusatzdruck $\Delta p = 1\ \text{kg/cm}^2$, $\Delta l =$ Verkürzung des Körpers, $n =$ Porenvolumen.

Der Ausdruck $\left(\dfrac{k}{v\,\gamma_w}\right) = c$ heißt der Verfestigungsbeiwert. Daraus ergibt sich, daß zur Lösung obiger Differentialgleichung die Elastizitätsziffer E bzw. die Zusammendrückungsziffer M_E und der Durchlässigkeitswert k bekannt sein müssen.

b) Strenge Lösung der Fourierschen Differentialgleichung für die Porenwasserströmung.

Die Differentialgleichung für die Druckverteilung im Porenwasser lautet:

$$\frac{\partial w}{\partial t} = C\,\frac{\partial^2 w}{\partial z^2}. \tag{c}$$

Die Bestimmung der partikulären Lösungen der partiellen Differentialgleichung bietet beträchtliche Schwierigkeiten[1].

In der gesuchten Gleichung $w_{(z,\,t)}$ für die Druckverteilung im Porenwasser sind die Veränderlichen z (Tiefe) und t (Zeit) zwei voneinander unabhängige Größen. Die Lösung besteht nun darin, eine Funktion für den Porenwasserüberdruck $w_{(z,\,t)}$ in Abhängigkeit der zwei unabhängigen Veränderlichen z und t so zu finden, daß die partielle Differentiation der gesuchten Gleichung, d. h. zweimal nacheinander nach z und einmal nach t differenziert die obige Gl. (c) befriedigen.

Das Suchen und Finden des Aufbaues solcher Funktionen ist von mathematischem Interesse, bis jetzt weniger aber von praktischer Bedeutung. Daher wird auf die strenge mathematische Lösung obiger Gl. (c) hier nicht eingetreten.

2. Gleichung für den Porenwasserüberdruck mit Hilfe vereinfachender Annahmen.

Um eine übersichtliche Gleichung für den Verlauf der Kurve für den Porenwasserüberdruck aufstellen zu können, werden vereinfachende Annahmen gemacht, z. B.:

α) die Anfangsisochrone verlaufe geradlinig,

β) die Isochrone zur Zeit t verlaufe parabelförmig; z. B. daß die Parabelachse waagrecht verlaufe[2].

Aus Abb. 525 gehen die verschiedenen Annahmen über den Verlauf der Nullisochrone für den Porenwasserüberdruck hervor.

Mit Hilfe dieser Annahmen ist es möglich:

α) den Verlauf der Kurve für den Porenwasserüberdruck zu einer beliebigen Zeit t zu bestimmen.

β) oder umgekehrt den Zeitbedarf t zu berechnen, der notwendig ist, um eine bestimmte Lage der Porenwasserüberdruckkurve zu erhalten. Z. B. die Endisochrone, d. h. den Zeitpunkt, in welchem der gesamte Porenwasserüberdruck verschwunden ist.

Ist z. B. der Verlauf der Kurve $w_{(z,\,t)}$ für den Porenwasserüberdruck bekannt,

---

[1] Für Lösungen vgl. TERZAGHI u. FRÖHLICH: Theorie der Setzungen von Tonschichten. Wien 1936. S. 97. — Weitere interessante Lösungen sind gegeben von A. PALMER u. E. BARBER: The theory of soil consolidation and testing of foundation soils. Public roads Bd. 18 (1937) S. 1/22.

[2] Vgl. TERZAGHI-FRÖHLICH: Theorie der Setzungen von Tonschichten. Wien 1936. S. 38.

so kann die Lastfläche $F'_{(t)}$ zur Zeit t infolge des Porenwasserüberdruckes berechnet werden zu:

$$F_t' = \int_0^h w_{(z,\,t)}\, dz \quad \text{(vgl. Abb. 525)}.$$

Dann wird

$$F_t = F_0 - F_t' = \int_0^h w_{z,\,t=0}\, dz - \int_0^h w_{z,\,t=t'}\, dz.$$

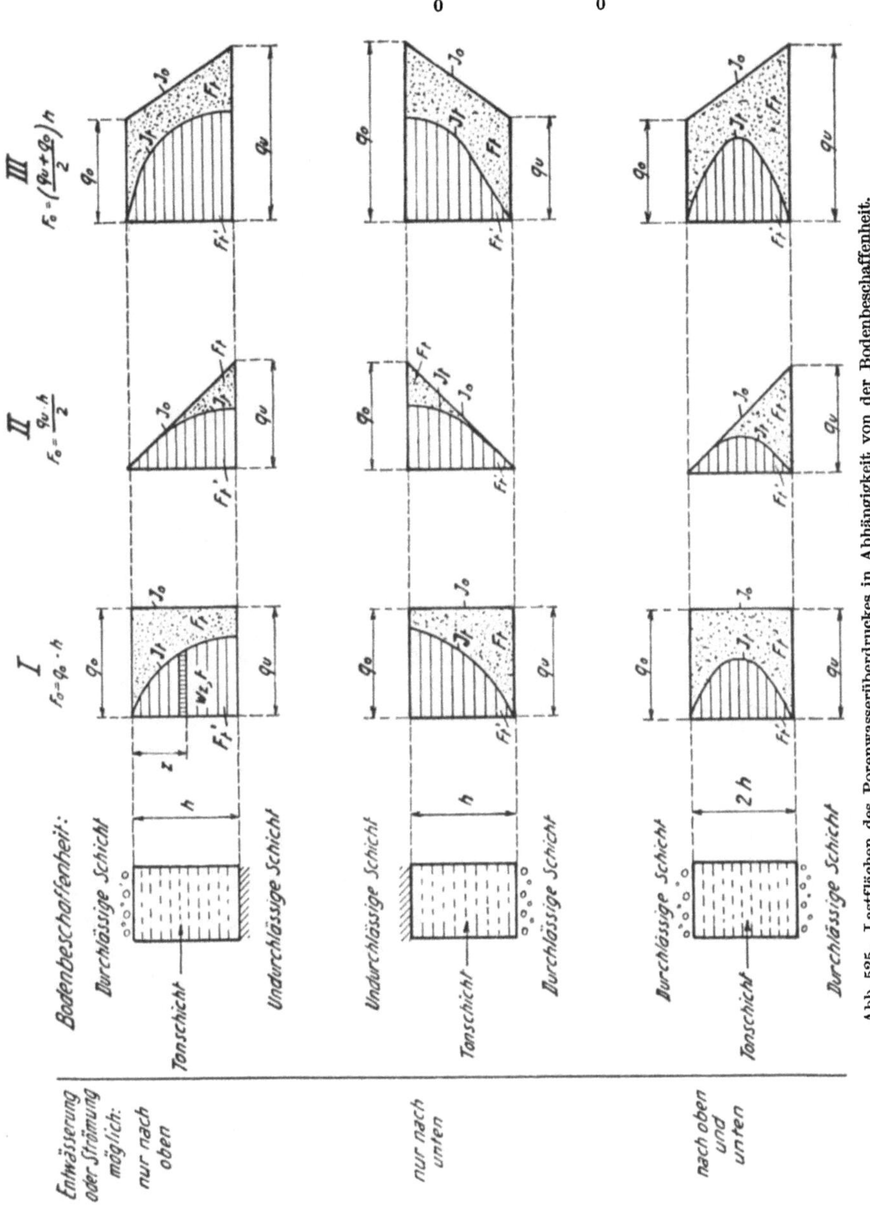

Abb. 525. Lastflächen des Porenwasserüberdruckes in Abhängigkeit von der Bodenbeschaffenheit.

Annahmen: Fall I: Rechteckige Lastfläche zu Beginn der Belastung. Fall II: Dreieckige Lastfläche zu Beginn der Belastung. Fall III: Trapezförmige Lastfläche zu Beginn der Belastung. J_0 Isochrone (Zeitgleiche) bei Beginn der Belastung $t = 0$, J_t Isochrone nach der Zeit t, F_t Abnahme des Porenwasserüberdruckes = Zunahme des Korn-zu-Korn-Druckes, Spannung im Boden, F_t' Spannung im Wasser.

Für die weiteren Betrachtungen interessiert der praktisch verwertbare Ausdruck:

$$\mu = 1 - \frac{\displaystyle\int_0^h w_{(z,\,t)}\, dz}{F_0}.$$

F_0 bedeutet die Lastfläche zu Beginn der Belastung (vgl. Abb. 525), μ wird der Verfestigungswert genannt. μ stellt das Verhältnis des Druckes im Korn zur Gesamtfläche dar.

Die Berechnung des Verfestigungswertes μ geht aus Tabelle 353 hervor.

Tabelle 353. *Die Berechnung des Verfestigungswertes μ.*

Annahme der Form der Porenwasserüberdruckkurven zur Zeit $t = 0$ →	Rechteck μ_R	Dreieck μ_Δ	Trapez μ_T
$\tau < \frac{1}{12}$	$\mu_R = 2\sqrt{\dfrac{\tau}{3}}$	$\mu_\Delta = 2\,\tau$	$\mu_T = \left(\dfrac{q_u - q_0}{q_u + q_0}\right)\mu_\Delta$
$\tau > \frac{1}{12}$	—	—	
$\tau < \frac{1}{6}$	—	$\mu_\Delta = 2\,\tau$	$+ \left(\dfrac{2\,q_0}{q_u + q_0}\right)\mu_R$
$\tau > \frac{1}{6}$	$\mu_R = 1 - {}^2/_3\, e^{-(3\tau - 1/4)}$	$\mu_\Delta = 1 - {}^2/_3\, e^{-(3\tau - 1/2)}$	

τ bedeutet den Zeitfaktor und hat den Wert

$$\tau = \frac{k\,M_E}{\gamma\,h^2}\,t,$$

$\gamma =$ Raumgewicht der durch die Poren strömenden Flüssigkeit,

$k =$ Durchlässigkeitsziffer cm/s,

$h =$ Schichtstärke in cm,

$t =$ Zeitdauer seit Beginn der Belastung,

$M_E =$ Zusammendrückungsziffer.

Falls eine zweiseitige Entwässerung vorliegt (siehe Abb. 525c), Fall *III*, muß für $h = 2\,h$ gesetzt werden, damit die Formel unverändert angewendet werden kann.

Die Zahlenwerte, die aus obiger Tabelle 353 erhalten werden, sind aus Abb. 526 zeichnerisch aufgetragen.

Für die praktische Verwertung der μ-Werte vgl. Kapitel über Setzungen.

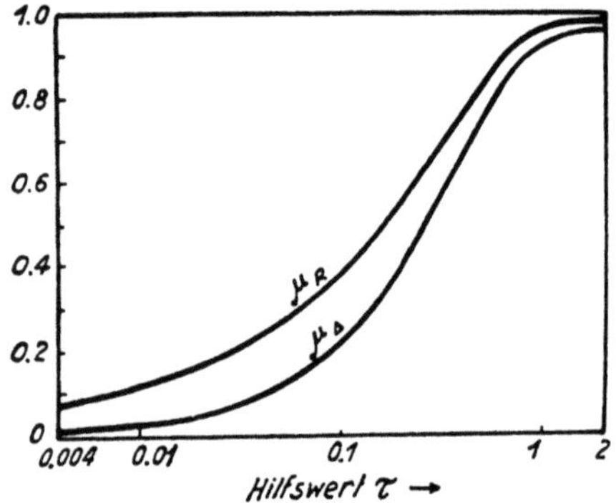

Abb. 526. Verfestigungswerte μ_R und μ_Δ für rechteckige und dreieckige Lastflächen, für verschiedene Größen des Hilfswertes τ.

$$\tau = \frac{k\,M_E}{\gamma_w\,h^2}\,t.$$

D. Zeitdauer der Porenwasserströmung.

Für den Fall, daß die Isochrone zu Beginn der Porenwasserbelastung als senkrechte Gerade zur Oberfläche der undurchlässigen Schicht angenommen wird (Fall *I* im obigen Abschnitt, Abb. 525), so wird die Zeit t, bis eine bestimmte Isochrone J_t erreicht wird, berechnet nach:

$$t = \frac{1}{3}\,\frac{h^2}{c}\left(\frac{1}{4} + \ln\frac{q_0}{w_{h,t}}\right)*,$$

$$c = \frac{k}{v\,\gamma_w} = \frac{k\,M_E}{\gamma_w}.$$

Um einen angenäherten Wert für die Zeitdauer t zu erhalten, d. h. für die Zeit, die verstreicht, bis angenähert der Porenwasserüberdruck verschwunden

---

* Vgl. Terzaghi-Fröhlich S. 41. Leipzig 1936.

ist, kann man $w_{h,t} = 0,1\, q_0$ annehmen; dann kann gesetzt werden:

$$T = t \cong \frac{h^2}{c}.$$

Wird noch für $M_E = \frac{d\sigma}{dh}\, h$ gesetzt, so wird

$$T = \frac{h^2\, \gamma_w\, dh}{kh\, d\sigma} = \frac{h\, \gamma_w}{k}\left(\frac{dh}{d\sigma}\right).$$

Der Wert $\frac{dh}{d\sigma}$ wird mit Hilfe des Drucksetzungsgesetzes nach BENDEL berücksichtigt

$$\frac{dh}{d\sigma} = \frac{K \log\left(\dfrac{\sigma_1 + \varDelta\sigma}{\varDelta\sigma}\right) h}{\varDelta\sigma},$$

$\sigma_1 = $ Korn-zu-Korn-Druck zur Zeit $t = 0$.

Da die Zusatzbelastung $\varDelta\sigma = q_0$ ist und für $q_0 = m^{-1}\sigma_1$ gesetzt werden kann, wird:

$$\frac{dh}{d\sigma} = \frac{K \log(1 + m)\, h}{q_0}.$$

Für die Zeit T, die vergeht, bis die Tonschicht 90% der vollen Setzung erreicht hat, ergibt sich die Gleichung:

$$T = \frac{h}{k}\, \gamma_w\, \frac{K}{q_0}\, [\log(1 + m)]\, h.$$

Wird z. B. für $m = q$, so wird:

$$T = \frac{h}{k}\, \frac{K}{q_0}\, \gamma_w\, (1\, h)$$

oder

$$T \cong \frac{h^2}{k}\, \frac{K}{q_0}\, 10^{-3}.$$

Hierin bedeuten:

$h = $ Mächtigkeit der Tonschicht in cm,
$k = $ Durchlässigkeitsziffer in cm/s,
$\gamma_w = $ Wichte des Wassers (spez. Gewicht) in kg/cm³,

$q_0 = $ Porenwasserüberdruck zu Beginn der Belastung in kg/cm²; q_0 entspricht die 0-Isochrone,
$K = $ Bodenverdichtungsziffer (siehe S. 399) in %.

Zahlenwerte: $h = 600$ cm, $k = 10^{-7}$ cm/s, $K = 0,08$, $q_0 = 1$ kg/cm².

Dann wird:

$$T = \frac{360\,000 \cdot 10^7 \cdot 0,08}{1} \cdot 10^{-3} = 2,88 \cdot 10^8 \text{ sek} \quad \text{oder} \quad \frac{2,88 \cdot 10^8}{3,15 \cdot 10^7} = \underline{9,2 \text{ Jahre}}.$$

Schrifttum.

BERGER, H.: Über den Porenwasserdruck. Wasserkr. u. Wasserwirtsch. 1942 S. 163. — RENDULIC, L.: Porenziffer und Porenwasserdruck in Tonen. Bauingenieur 1936 S. 559. — VOSS, H. C. DE: Das Strömen von Wasser durch Erddämme und deren Unterlage. 1. Congr. des Grands Barrages Bd. 4 S. 269 (10 Berichte mit den Ergebnissen der Untersuchungen an bestehenden Dämmen mit Schrifttumsnachweis).

E. Analogien zwischen Porenwasserströmung und anderen physikalischen Problemen.

Zwischen der Bodenphysik und anderen Gebieten der Physik bestehen auffallende Übereinstimmungen, wie aus folgenden Beispielen hervorgeht.

Beispiel 1: Beziehung zwischen Porenwasserströmung und Thermodynamik. (Siehe TERZAGHI-FRÖHLICH: Theorie der Setzung von Tonschichten S. 30.)

Aus der Tabelle 354 gehen die Beziehungen zwischen Porenwasserströmung und Thermodynamik hervor.

Tabelle 354.

Thermodynamik (Wärmeleitung)			Hydraulik (Porenwasserströmung)		
Benennung	Bezeichnung	Dimension	Benennung	Bezeichnung	Dimension
Wärmeleitvermögen	λ	$\dfrac{cal}{cm \cdot sek \cdot Grad}$	Durchlässigkeitsziffer	k	cm/sek
Spezifische Wärme der Gewichtseinheit	c	$\dfrac{cal}{g \cdot Grad}$	Spez. Porenwasserverlust	$v = \dfrac{a}{1+\varepsilon}$	cm²/g
Raumgewicht	γ	g/cm³	Raumgewicht	γ	g/cm³
Temperatur	u	Grad	Hydrostatischer Überdruck	w	g/cm²
Ortsvariable	z	cm	Ortsvariable	z	cm
Zeitvariable	t	sek	Zeitvariable	t	sek
Temperaturleitvermögen	$a = \dfrac{\lambda}{c\,\gamma}$	$\dfrac{cm^2}{sek}$	Verfestigungskoeffizient	$c = \dfrac{k}{v\,\gamma}$	cm²/sek
Definitionsgleichung der spezifischen Wärme: $\Delta q = c\,\gamma\,\Delta u\,l$ in cal/cm²			Definitionsgleichung des spez. Porenwasserverlustes: $\Delta l = v\,\Delta p\,l$ in cm		

Beispiel 2: Beziehung zwischen Porenwasserströmung und der Strömung einer zähen Flüssigkeit. Die partielle Differentialgleichung für die Porenwasserströmung gilt auch für die laminare Strömung der zähen Flüssigkeit. An Stelle des Verfestigungskoeffizienten tritt die kinematische Zähigkeit, und an Stelle des Porenwasserüberdruckes w tritt die Strömungsgeschwindigkeit u der zähen Flüssigkeit.

Tabelle 355.

A Nicht stationäre Wärmeleitung	B Porenwasserströmung in Tonschichten	C Strömung in zähen Flüssigkeiten
Gesetz von BIOT-FOURIER über den Wärmefluß $$V_z = \lambda \frac{du}{dz}$$	Gesetz von DARCY über die Porenwassergeschwindigkeit $$V_z = \frac{k}{\gamma}\,\frac{dw}{dz}$$	Gesetz von NEWTON über die Flüssigkeitsreibung $$\tau_z = \mu \frac{du}{dz}$$
Definition der spezifischen Wärme $\gamma\,c$ $$dV_z = c\,\gamma\,\frac{du_t}{dt}\,dz$$	Definition des spez. Porenwasserverlustes $v = \dfrac{a}{1+\varepsilon}$ $$dV_z = v\,\frac{dw_t}{dt}\,dz$$	Definition der spezifischen Masse $$d\tau_z = \varrho\,\frac{du_t}{dt}\,dz$$
	Abhängige Veränderliche	
u = Temperatur	w = hydrostatischer Überdruck (Porenwasserüberdruck)	u = Geschwindigkeit
	Unabhängige Veränderliche	
$\dfrac{\lambda}{c\,\gamma}$ = Temperaturleitfähigkeit in cm²/s	$\dfrac{k}{v\,\gamma}$ = Verfestigungsbeiwert in cm²/s	$\dfrac{\mu}{\varrho}$ = kinematische Zähigkeit in cm²/s

Beispiel 3: Beziehung zwischen Porenwasserströmung und elektrischem Strom. Die Fortpflanzung des elektrischen Stromes in einem Kabel gehorcht der gleichen Fourier-

schen Differentialgleichung wie die Porenwasserströmung (siehe Abschnitt über die Gleichung für die Berechnung der Größe des Porenwasserüberdruckes).

An Stelle des Porenwasserüberdruckes w tritt die Spannung; an Stelle des Verfestigungskoeffizienten c tritt der reziproke Wert aus dem Produkt des Ohmschen Widerstandes und der Kapazität der Längeneinheit des Kabels. Es ist nicht möglich, hier dieses Problem weiter zu verfolgen (vgl. auch Modellversuche S. 247/248, Bd. II).

IX. Grundwasserströmung.

A. Begriffe.

Stromlinie: Unter Stromlinie wird der Weg verstanden, den ein Wasserteilchen im Boden zurücklegt.

Verlauf der Stromlinien: Werden für die Einheitsstrecke 2 Stromlinien so gewählt, daß die zwischen ihnen durchfließende Wassermenge stets gleich groß bleibt, so ergibt sich aus dem Verlauf der Stromlinien ein Maß der jeweils vorhandenen Filtergeschwindigkeit v.

a) Verlaufen zwei Stromlinien parallel zueinander, so bleibt die Filtergeschwindigkeit stets gleich groß.

b) Gehen die Stromlinien auseinander, so nimmt die Filtergeschwindigkeit ab.

c) Nähern sich die Stromlinien, so nimmt die Filtergeschwindigkeit v zu.

Dichte der Stromlinien: Wird der Stromlinienplan so aufgezeichnet, daß zwischen allen Stromlinien die gleiche Wassermenge q durchfließt, so sind die Punkte mit zu großer Filtergeschwindigkeit leicht aus der Dichte der Stromlinien zu ermitteln.

Potentiallinien: Unter Potentiallinien versteht man Linien mit gleichem Potential der Wassermenge (Arbeitsvermögen des Wassers), oder anders ausgedrückt: Die Potentiallinien verbinden die Bodenpunkte miteinander, für welche der hydrostatische Wasserdruck der gleiche ist, oder noch anders ausgedrückt: Jeder Punkt der Potentiallinie ist stets dem gleichen Punkt der hydrostatischen Drucklinie zugeordnet, die zur Strömung gehört (siehe Abb. 527).

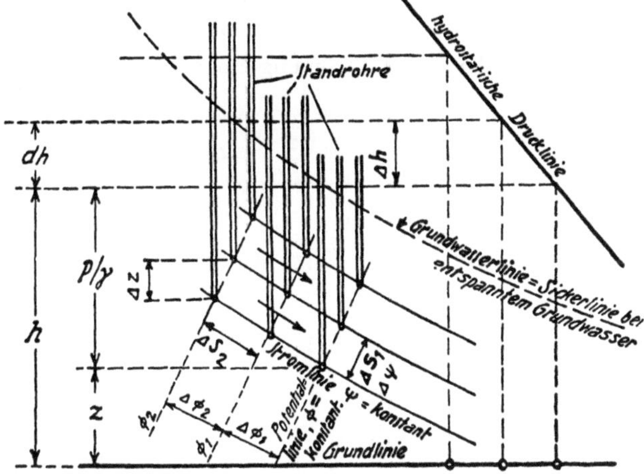

Abb. 527. Stromlinien und Potentiallinien.

h hydrostatische Druckhöhe = Standrohrspiegelhöhe = Arbeitsvermögen der Gewichtseinheit des Wassers, z geodätische Höhe, p/γ hydraulische Druckhöhe, $h = z + \dfrac{p}{\gamma}$.

Die geometrische Lage des maßgebenden Punktes der Drucklinie kann ermittelt werden, indem ein Rohr so weit in den Boden getrieben wird, bis im Rohr der Wasserspiegel die gewünschte Höhe erreicht hat. Daraus ergibt sich, daß alle Punkte einer Potentiallinie in ihren Standröhren die gleiche Höhe des Wasserspiegels angeben.

Potential: Das Potential ist das Arbeitsvermögen eines Wasserteilchens vom Volumen 1. Das Potential Φ ist somit proportional der Standrohrspiegelhöhe. Es ist:

$$\Phi = -k\,(h) = -k\left(z + \frac{p}{\gamma}\right).$$

Die hydraulische Druckhöhe p/γ eines Punktes der Potentiallinie ergibt sich aus der Beziehung:

$$p/\gamma = (h - z) \text{ (siehe Abb. 527)},$$

h = geometrische Lage des hydrostatischen Drucklinienpunktes.
z = geometrische Lage des Potentiallinienpunktes.

Potentialdifferenz: Der Unterschied (Differenz) zwischen zwei Potentialen Φ_1 und Φ_2 ist proportional dem Unterschied in den Drucklinienhöhen; d. h.

$$\text{Potentialdifferenz} = d\Phi = k\,(h_x - h_{x-1}) = k\,dh.$$

Potentiallinien- und Stromliniennetz: Die Potential- und Stromlinien schneiden sich unter einem rechten Winkel; sie bilden ein Netz aus krummlinigen Rechtecken; man spricht dann von orthogonalen Kurvenscharen.

Strömungsbild: Die Gesamtheit der Potentiallinien und Stromlinien wird Strömungsbild genannt.

Geschwindigkeitspotential: Aus der Lehre der Potentialströmung[1] ergibt sich für das Geschwindigkeitspotential:

$$v_x = -\frac{\partial \Phi}{\partial x} = -k\,\frac{\partial h}{\partial x},$$

$$v_y = -\frac{\partial \Phi}{\partial y} = -k\,\frac{\partial h}{\partial y},$$

$$v_z = -\frac{\partial \Phi}{\partial z} = -k\,\frac{\partial h}{\partial z}.$$

Ferner gilt die Laplacesche Gleichung (Kontinuitätsbedingung):

$$\frac{\partial^2 \Phi}{\partial x^2} + \frac{\partial^2 \Phi}{\partial y^2} + \frac{\partial^2 \Phi}{\partial z^2} = 0.$$

Für die ebene Strömung im $z - x$-Koordinatensystem wird, d. h. bei ebenen Problemen:

$$\frac{\partial^2 h}{\partial^2 x} + \frac{\partial h^2}{\partial z^2} = 0.$$

Da die Strömung meistens beinahe waagerecht verläuft, kann gesetzt werden:

$$v_z = 0,$$

$$v_x = kJ = -k\,\frac{\partial h}{\partial x}$$

und hieraus das Potential, wie oben:

$$\Phi = -k\,(z + p/\gamma) = -k\,h$$

oder

$$d\Phi = k\,dh$$

bzw.

$$\frac{d\Phi}{ds} = -k \cdot \frac{dh}{ds} = -v.$$

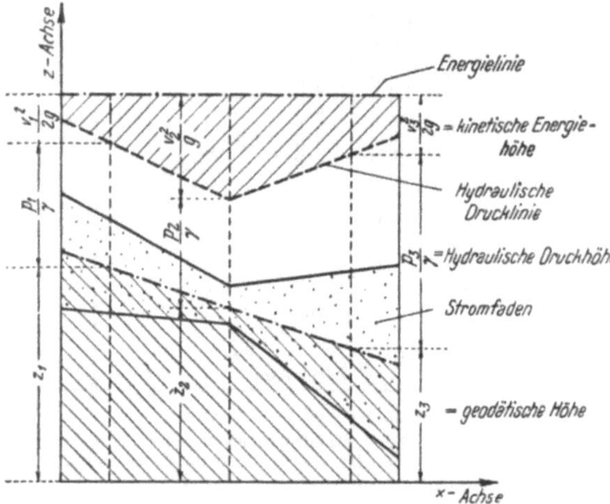

Abb. 528. Geometrische Ermittlung der Energielinie.

$$H = Z + \frac{p}{\gamma} + \frac{v^2}{2g}.$$

ist; es ist nämlich:

$$F\,v = Q; \quad v = \frac{Q}{F} = -k \cdot \frac{\partial\,(z + p/\gamma)}{\partial s}$$

und hieraus

$$\int \frac{Q}{F}\,ds = -k\,(z + p/\gamma),$$

$$p = -z - \frac{1}{k}\int \frac{Q}{F}\,ds.$$

Aus obigen Feststellungen ergibt sich, daß der piezometrische Druck p eine Funktion des Ortes

Energielinie: Dieser Begriff ergibt sich aus der Deutung des Bernoullischen Theorems (Energiesatz), wonach längs eines Stromfadens die Summe der potentiellen und kinetischen Energie ein Festwert ist. Geometrisch erhält man die Energielinienhöhe H in einem Querschnitt, indem man von einem Horizont aus: $H = Z + \dfrac{p}{\gamma} + \dfrac{v^2}{2g}$ abträgt (siehe Abb. 528).

---

[1] FORCHHEIMER: Hydraulik. Leipzig 1914/30.

B. Kräfte, die auf das Grundwasser und auf den Grundwasserleiter wirken.

1. Das Grundwasser in Ruhe.

a) Kräfte, die auf das Wasser wirken. Der betrachtete Erdkörper habe ein Volumen V; sein Hohlraumgehalt betrage n. Dann wirken auf das Grundwasser im Erdkörper:

Gewicht des Wassers im Erdkörper:

$$G = \gamma_w\, n\, V, \tag{1}$$

Auftrieb:

$$P = \gamma_w\, n\, V. \tag{2}$$

$\gamma_w =$ spez. Gewicht des Wassers.

Da $G = -P$ der Größe nach ist und im umgekehrten Sinne wirkt, bleibt das Wasser in Ruhe.

b) Kräfte, die auf das Material wirken. Der Rauminhalt des Materiales beträgt $(1-n)\,V$. Als innere Kräfte wirken:

Das Gewicht des Materiales:

$$G' = \gamma_s\,(1-n)\,V, \tag{3}$$

$\gamma_s =$ Wichte, spez. Gewicht.

Auftrieb:

$$P' = \gamma_w\,(1-n)\,V = \left(\frac{1-n}{n}\right) P = \frac{P}{\varepsilon}. \tag{4}$$

Die resultierende innere Kraft G'' beträgt:

$$G'' = G' - P' = (1-n)\,(\gamma_s - \gamma_w)\,V. \tag{5}$$

G'' ist das Gewicht von Boden unter Wasser.

2. Das Grundwasser in Bewegung.

Betrachtet man ein Wasserteilchen vom Volumen $V = 1$, welches unter dem Einfluß der Schwerkraft in Bewegung gerät, so erkennt man, daß die Bewegung unter der Einwirkung innerer Reibungskräfte vor sich geht. Die Resultierende sämtlicher Kräfte muß in der Richtung der stattfindenden Bewegung liegen[1].

Die Resultierende der Kräfte ist, bezogen auf das Wasser, strömungshindernd, d. h. im Gegensinne der Strömung.

Die Resultierende ist, bezogen auf das Material, im Sinne der Strömung.

a) Kräfte, die auf das Wasser wirken. Die Beschleunigungskraft wird, da sie sehr klein ist, vernachlässigt. Die Auftriebskraft P ergibt sich dann als Resultierende der auf das Wasser wirkenden Gewichtskräfte G und der Reibungskraft R.

Vektoriell ist:

$$\overline{P} = \overline{G} + \overline{R}. \tag{6}$$

Es ist: Gewicht $G = \gamma_w\, n\, V.$

---

[1] E. GÜNTHER: Lösung von Grundwasseraufgaben mit Hilfe der Strömung in dünnen Schichten. Wasserkr. u. Wasserwirtsch. 1940 S. 49. — RONBACH: Über Grundwasserströmungen mit freier Oberfläche. Ing.-Arch. 1941 S. 221/246. — E. SCHULTZE: Die Grundwasserbewegung im Tidegebiet. Bautechn. 1942 S. 126 (Berechnung der Gezeiteschwankungen bei Neuanlage von Wasserstraßen).

Reibungskraft R für laminare Bewegung:

$$R = \gamma_w\, n\, V\!\left(\frac{v}{k}\right) = \gamma_w\, n\, V\,(J). \qquad (7)$$

Aus Abb. 529 geht die geometrische Bedeutung der Gl. (7) hervor.

Das Widerstandsgesetz gegen Grundwasserbewegung, wie es von Darcy aufgestellt wurde, ist in der Gl. (7) enthalten. Nach Darcy ist:

$$J = \frac{v}{k} \quad \text{bzw.} \quad \frac{dz}{dl} = J = \sin\alpha \qquad (8)$$

(siehe S. 146, Bd. II dieses Buches).

In Abb. 530 ist im Kräfteplan W angegeben, welche Kräfte auf das Wasser wirken; aus demselben gehen auch Größe, Richtung und Sinn des Auftriebes P hervor.

b) Kräfte, die auf das Bodenmaterial wirken.
Auf die Bodenteilchen wirken die Kräfte:

Gewicht des Volumens V:

$$G' = \gamma_S\,(1 - n)\,V, \qquad (9)$$

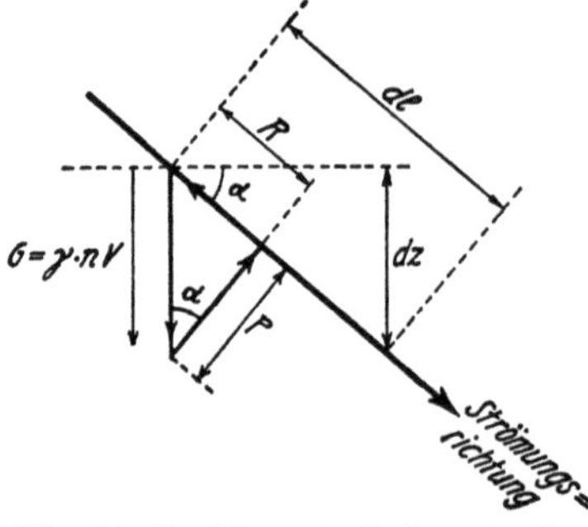

Abb. 529. Ermittlung der Reibungskraft bei laminarer Grundwasserbewegung.

Reibungskraft: $R = G \sin\alpha = \gamma\, n\, V\,\dfrac{k}{v}$,

$P = \gamma\, n\, V \cos\alpha = \gamma\, n\, V \sqrt{1 - J^2}$,

$\dfrac{dz}{dl} = J = \dfrac{v}{k} = \sin\alpha.$

Reibungskraft R':

$$R' = R = \gamma_w\, n\, V\, J = G\,\frac{dh}{ds}, \qquad (10)$$

der Auftrieb P':

$$P' = \left(\frac{1-n}{n}\right) P. \qquad (11)$$

Die Reibungskraft R' wirkt im Sinne und in der Richtung der Strömung, während der Auftrieb P' im Sinne und in der Richtung von P wirkt (siehe Abbildung 530, Kräfteplan E).

Die resultierende innere Massenkraft G'' ist, vektoriell geschrieben:

$$G'' = \overline{G'} + \overline{R'} + \overline{P'}. \qquad (12)$$

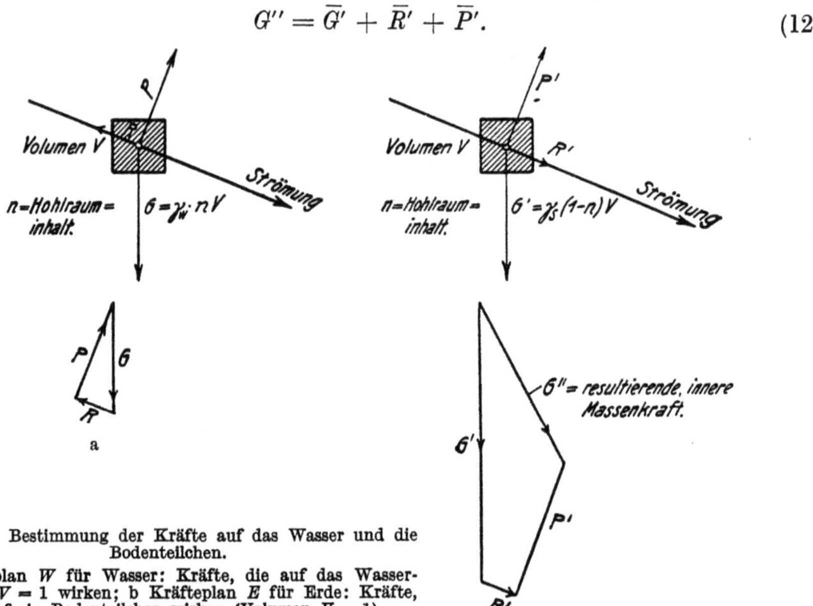

Abb. 530. Bestimmung der Kräfte auf das Wasser und die Bodenteilchen.
a Kräfteplan W für Wasser: Kräfte, die auf das Wasservolumen $V = 1$ wirken; b Kräfteplan E für Erde: Kräfte, die auf ein Bodenteilchen wirken (Volumen $V = 1$).

Wenn das Bodenmaterial, der Grundwasserleiter, in Ruhe bleibt, so ist G'' im Gleichgewicht mit den äußeren, auf das Volumen V wirkenden Kräften.

3. Beispiele.

Beispiel 1: Die Reibungskraft in gleichmäßig beschaffenem Boden. Wird gleichmäßig beschaffenes, homogenes Material vorausgesetzt, so wird G in Gl. (10) ein Festwert; ebenso wird dh ein Festwert, wenn angenommen ist, daß die Potentialdifferenz $\Delta\Phi = k \cdot dh$ (siehe S. 734) gleich groß bleibt. Wird für $G\,dh = N$ gesetzt, so wird die Reibungskraft R:

$$R = G\,dh\,\frac{1}{\Delta s_2} = \frac{N}{\Delta s_2},$$

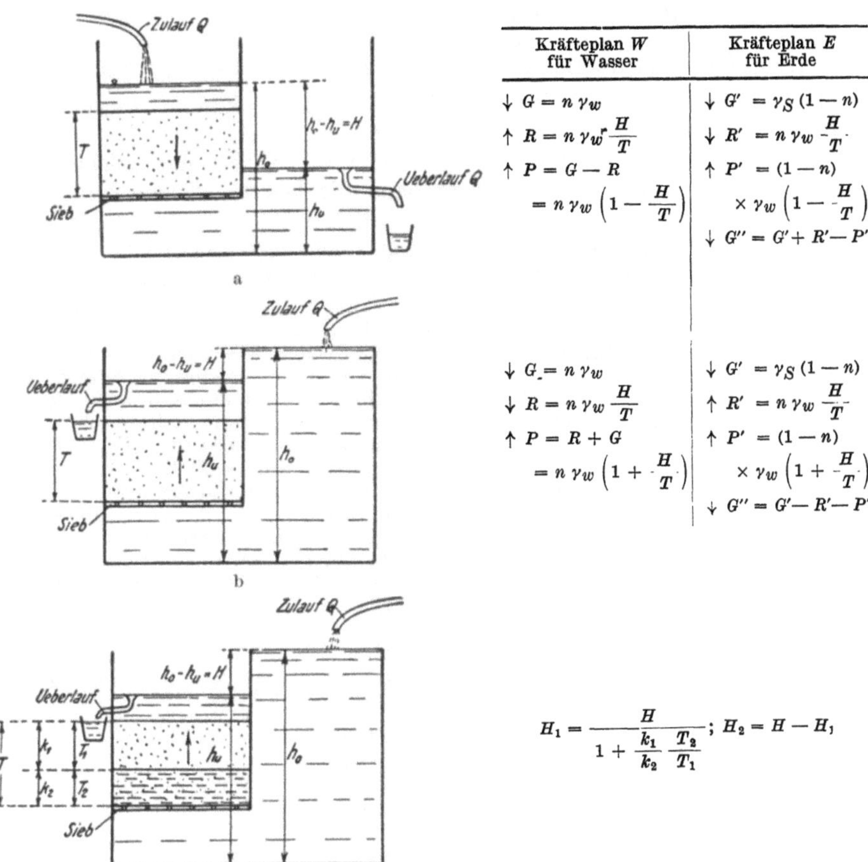

Kräfteplan W für Wasser	Kräfteplan E für Erde
$\downarrow G = n\,\gamma_w$	$\downarrow G' = \gamma_S(1-n)$
$\uparrow R = n\,\gamma_w\,\dfrac{H}{T}$	$\downarrow R' = n\,\gamma_w\,\dfrac{H}{T}$
$\uparrow P = G - R$	$\uparrow P' = (1-n)$
$\qquad = n\,\gamma_w\left(1-\dfrac{H}{T}\right)$	$\qquad \times \gamma_w\left(1-\dfrac{H}{T}\right)$
	$\downarrow G'' = G' + R' - P'$
$\downarrow G = n\,\gamma_w$	$\downarrow G' = \gamma_S(1-n)$
$\downarrow R = n\,\gamma_w\,\dfrac{H}{T}$	$\uparrow R' = n\,\gamma_w\,\dfrac{H}{T}$
$\uparrow P = R + G$	$\uparrow P' = (1-n)$
$\qquad = n\,\gamma_w\left(1+\dfrac{H}{T}\right)$	$\qquad \times \gamma_w\left(1+\dfrac{H}{T}\right)$
	$\downarrow G'' = G' - R' - P'$

$$H_1 = \frac{H}{1 + \dfrac{k_1}{k_2}\dfrac{T_2}{T_1}}; \quad H_2 = H - H_1$$

Abb. 531. Grundwasserströmung senkrecht zur Bodenfläche. a Erste Versuchsanordnung, b zweite Versuchsanordnung, c dritte Versuchsanordnung mit 2 verschiedenen Materialien.

d. h. die Reibungskraft R ist umgekehrt proportional dem Potentiallinienabstand. Für Δs_2 siehe Abb. 527.

Beispiel 2: Sickerströmung senkrecht zur Bodenoberfläche. In Abb. 531 sind 3 verschiedene Versuchsanordnungen für senkrechte Sickerströmungen angegeben.

Die Berechnung der auf das Bodenmaterial wirkenden, innern Massenkraft G'' geht aus Abb. 531 hervor. In der dritten Versuchsanordnung mit zwei verschiedenartigen Bodenmaterialien ist die Berechnung der für das Durchsickern der einzelnen Bodenschichten notwendigen Spiegeldifferenzen H_1 und H_2 angegeben.

Wenn die Druckhöhen H_1 und H_2 bekannt sind, so können die dazugehörenden Gefälle

$$J_1 = \frac{H_1}{T_1} \quad\text{und}\quad J_2 = \frac{H_2}{T_2}$$

berechnet werden. Sind die Gefälle J_1 und J_2 bekannt, so können die Reibungskräfte R_1' und R_2' berechnet sowie die Auftriebskräfte P_1' und P_2' ermittelt werden und schließlich die innern Massenkräfte G_1'' und G_2''. Vgl. die Versuche von Leusinck.

Beispiel 3: Grundbruchgefahr. a) Mathematische Bedingungen. Aus Abb. 531b ergibt sich für die Aufwärtsströmung, senkrecht zur Bodenoberfläche:

$$G'' = G' - R' - P' = \gamma_S\,(1-n) - \gamma_w\,\frac{H}{T} - \gamma_w\,(1-n).$$

Es herrscht Gleichgewicht, solange $G_1 \geqq 0$ ist; für den Fall, daß $G'' = 0$ ist, wird

$$\frac{H}{T} = J = \frac{\gamma_S\,(1-n) - \gamma_w\,(1-n)}{\gamma_w}.$$

Für $\gamma_w = 1$ wird $J = (\gamma_S - 1)\,(1-n) = J_{krit}$.

Ist $J > (\gamma_S - 1)\,(1-n)$, so tritt, falls keine echte Bindekraft (Kohäsion) vorhanden ist, eine Bewegung des Bodenmateriales nach oben ein. Es findet *Grundbruch* statt.

Praktisch vorkommende Werte sind $\gamma_S = 2,4$ bis $2,7$ kg/dm³. Für diese Werte wird $J_{krit} = 0,7$ bis $1,2$ (*Grundbruchgefahr*).

Beim Erreichen des Gefälles J_{krit} werden die Körner noch nicht gehoben, wohl aber umgelagert; meistens wird dann die Durchlässigkeit k in gewissen Bodenschichten größer.

Durch die Umlagerung der Sandkörner findet eine Lockerung des Gefüges statt, so daß auch die Tragfähigkeit des Bodens beeinflußt wird.

Schrifttum.

BAŽANT, Z.: Grundbruch unter einer Spundwand. Bautechn. 1940 S. 595. — BERNATZIK, W.: Beitrag zur Frage der unterirdischen Erosion im Sande. Dtsch. Wasserw. 1938 S. 72. — FIEDLER, J.: Grundbruch bei einem Stauwerk. Bautechn. 1942 S. 157. — HERZOG: Versuche und Untersuchungen zum hydraulischen Grundbruch. Wasserkr. u. Wasserwirtsch. 1938 Heft 5/6. — KNÖRLEIN, W., u. K. VOGL: Grundbrüche unter Dämmen und ihre Bekämpfung. Bd. 19 (1939). — MÜLLER, R.: Die Anwendung von Strömungsbildern zur Berechnung durchsickerter Erdschüttungen. Erdbaukurs E. T. H. Zürich 1938. — PETERMANN, H.: Grundbruch unter einem Erddamm. Bauingenieur 1938 S. 213. — RODIO, G., W. BERNATZIK u. J. DAXELHOFER: Erosion interne. Centre d'Études et Recherches. Géotechn. Bull. 1937; ferner Bauingenieur 1938 S. 82. — STEINBRENNER, W.: Der zeitliche Verlauf einer Grundwasserabsenkung. Wasserwirtsch. u. Techn. 1937 S. 27.

Das Wesen des Grundbruches kann auch auf andere Art dargestellt werden. Es ist nämlich der Druckhöhenverlust dh auf der Strömungsstrecke dl nach DARCY

$$dh = \frac{dQ}{dF} \cdot \frac{dl}{k}$$

oder

$$dh\,dF = dQ\,\frac{dl}{k}.$$

Der Ausdruck $dh\,dF$ bedeutet den auf die Bodenkörner (feste Phase) in Richtung der Strömung ausgeübten Druck (dp), d. h. es ist

$$dh\,dF = dp = dQ\,\frac{dl}{k};\qquad \frac{dp}{dF\,dl} = \frac{dQ}{dF\,dl}\,\frac{dl}{k} = \frac{v}{k} = J = p.$$

p heißt der Strömungsdruck; für $p_1 = J = 1 = \frac{v_1}{k}$ heißt p_1 der krtitische Strömungsdruck und $k = v_1$ ist die sog. kritische Geschwindigkeit.

Wenn $p_1 = 1$ erreicht ist, so entsteht der sog. Schwimmsand. Sein Gleichgewicht ist unbeständig (labil). Sobald der Strömungsdruck infolge der Umlagerung der Sandkörner kleiner wird, so sinkt der Sand in sich zusammen. Der Vorgang der Umlagerung des Sandes infolge großen Strömungsdruckes und Einsinken einer Platte auf dem Sande kann an einem Schaukasten leicht gezeigt werden.

Praktisch ergibt sich, daß Schwimmsandbildungen bei Baugruben mit offener Wasserhaltung auftreten; ebenso ist der Vorgang bei Baugruben mit Spundwänden, bei Seitenböschungen, beim Absenken von Brunnen zu beobachten. Besonders kritisch wird der Fall, wenn wenig mächtige, schwach durchlässige Feinsandschichten auf Kiessanden aufruhen.

Aus Abb. 532 geht z. B. hervor, daß

$$v_k = k_k \left(\frac{h(1-\alpha)}{l_k} \right)$$

für den Kiessand ist,

$$v_f = k_f \frac{\alpha h}{l_f}$$

für den Feinsand ist. Da $v_k = v_f$ sein muß, so wird

$$\alpha = \frac{k_k/l_k}{\dfrac{k_k}{l_k} + \dfrac{k_f}{l_f}}.$$

α = Druckhöhenverlustziffer.

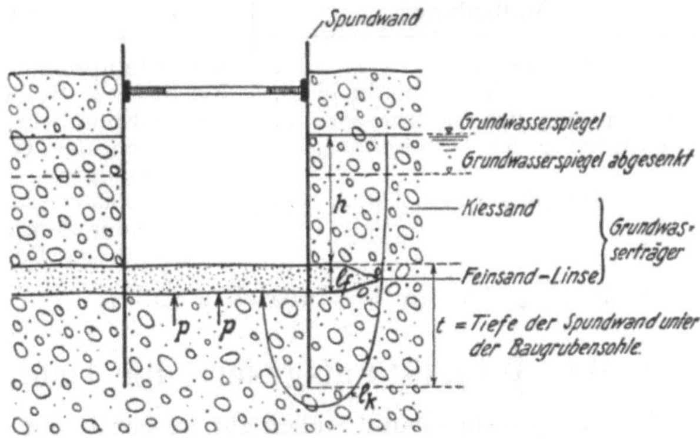

Abb. 532. Schwimmsandbildung (bei kurzen Spundwänden), Grundbruchgefahr. Für t vgl. S. 749.

	Kiessand (durchlässig)	Feinsand (wasserundurchlässig)	Zusammen
Druckhöhenverlust ...	$h - \alpha h = h(1-\alpha)$	αh	h
Sickerweg	l_k	l_f	l
			Mittel:
Durchlässigkeitswert ..	k_k	k_f	k
Filtergeschwindigkeit .	$v_k = k_k \dfrac{h(1-\alpha)}{l_k}$	$v_f = k_f \dfrac{\alpha h}{l_f}$	v

Es ist: $v_k = v_f = v = k$

Zahlenbeispiel. Versuchstechnisch wurde gefunden:

Durchlässigkeit in der Kiessandschicht: $\qquad k_k = 10^{-1}$ cm/s,

Durchlässigkeit in der Feinsandschicht: $\qquad k_f = 10^{-4}$ cm/s,

Höhe des Grundwasserspiegels über der Baugrubensohle: $\quad h = 2{,}5$ m $= 250$ cm,

Tiefe der Spundwand unter der Baugrubensohle: $\qquad t = 400$ cm,

die Mächtigkeit der Feinsandschicht beträgt: $\qquad l_f = 280$ bis 300 cm.

Aus obigen Angaben errechnet sich:

l_k = Sickerweg des Wassers im Kiessand:

$$l_k = h + t + (t - l_f) = 250 + 400 + (400 - 300) = 750 \text{ cm.}$$

Ferner ist α:

$$\alpha = \frac{k_k/l_k}{\dfrac{k_k}{l_k} + \dfrac{k_f}{l_f}} = \frac{\dfrac{10^{-1}}{750}}{\dfrac{10^{-1}}{750} + \dfrac{10^{-4}}{280}} \simeq 0{,}99.$$

Somit ergibt sich für

$$v_f = k_f \frac{\alpha h}{l_f} = 10^{-4} \frac{0{,}99 \cdot 250}{280} = 0{,}9 \cdot 10^{-4},$$

$$J = \frac{v_f}{k_f} = \frac{\alpha h}{l_f} = 0{,}9.$$

Es besteht somit Grundbruchgefahr, da $J_{vorh} = 0{,}9$ ist und J_{krit} bestimmt wurde zu $J_{krit} = (2{,}5 - 1)(1 - 0{,}4) \simeq 0{,}9$.

b) Maßnahmen gegen die Schwimmsandbildung (Grundbruch) sind:

Tabelle 356.

Maßnahme	Ausführungsart
Bodenverfestigung.............	Zementeinpressung, Gefrierverfahren
Belastung des Baugrubenbodens .	Flechtwerk, Bohlen
Verlängerung des Sickerweges ...	Lange Spundwände unter die Baugrube
Verringerung der Druckhöhe	Absenken des Grundwasserspiegels außerhalb der Baugrube (siehe Abb. 532)
Pumpensumpf	Filter belasten; kein großes Wassergefälle in der Nähe der Pumpe erzeugen. Unter Umständen Anzahl der Pumpen vergrößern

Siehe auch Abschnitt „Auftrieb", S. 367.

C. Das Widerstandsgesetz der Grundwasserbewegung.

In der Hydromechanik stehen zur Beschreibung von Flüssigkeitsbewegungen zwei Gleichungen zur Verfügung, nämlich:

1. Die allgemeine Bewegungsgleichung,

d. h. die Beziehung aller am Flüssigkeitsteilchen angreifenden Kräfte und der daraus sich ergebenden Bewegung.

2. Die Raumgleichung,

durch welche die Forderung nach Erhaltung der Masse dargestellt ist.

Unter Annahme vereinfachender physikalischer Vorstellungen und auf Grund praktischer Versuchsergebnisse wurde eine Anzahl Bewegungsgleichungen und Widerstandsgesetze für die Grundwasserbewegung aufgestellt. Die für den Ingenieur-Geologen wichtigsten Gesetze sind hier näher besprochen.

3. Verschiedene Formen des Widerstandsgesetzes der Grundwasserbewegung.

a) Formel nach Forchheimer. Dieser hat auf Grund praktischer Erfahrungen für das Widerstandsgesetz bei Grundwasserbewegungen gefunden:

$$J = a\,v^1 + b\,v^2 + c\,v^3. \tag{1}$$

$J =$ Gefälle des Wasserspiegels,
$v =$ Grundwassergeschwindigkeit,
a und $b =$ Festwerte, die von den Eigenschaften des durchströmten Bodens abhängig sind (Erfahrungswerte),
$c =$ Festwert; wird aber meistens vernachlässigt.

Durch den Wert $b\,v^2$ wird ausgedrückt, daß die Trägheitskraft im allgemeinen der zweiten Potenz der Geschwindigkeit verhältnismäßig gleich ist. Z. B. bei grobkörnigem Material ist der Einfluß der Trägheitskraft im Faktor b zu berücksichtigen; ebenso bei turbulenter Strömung, was bei einem Versuch mit $d = 20$ mm und $v = 25$ cm/s ermittelt wurde.

In der Wirkung der Trägheitskraft liegt der einzige wesentliche Unterschied zwischen der laminaren Grundwasserbewegung und der laminaren Flüssigkeitsbewegung durch zylindrische Röhren. Wird der Einfluß der Trägheitskraft vernachlässigt, d. h. $b = 0$ gesetzt, so wird:

$$J = a\,v. \tag{2}$$

Tabelle 357. *Zahlenwerte.*

Ort	a	b	Gültigkeitsbereich für v cm/s	Nach
Kies des Marchfeldes	1,53	237	0,00031—0,011	FORCHHEIMER
Lechfeld bei Gersthofen ...	0,71	8	0,033 —1,20	
Grazerfeld	0,033	0,79	—	

b) Formel nach DARCY. Wird für $a = \dfrac{1}{k}$ in Formel (2) gesetzt, so wird das Darcysche Filtergesetz als besondere Form der allgemeingültigen Grundwasserbewegungsgleichung erhalten[1]. Diese einfache Beziehung, welche die Trägheitskräfte nicht berücksichtigt, ist in vielen Fällen anwendbar; sie ist zur Lösung zahlreicher Grundwasserströmungsprobleme angewendet worden (DACHLER[2] usw.).

c) Formel nach HAGEN-POISEUILLE. Wird für a in Gl. (2) gesetzt:

$$a = \frac{32\,\eta}{\gamma\,D^2}, \tag{3}$$

so erhält man das theoretisch begründete Gesetz der laminaren Strömung durch kreiszylindrische Röhren (Haarröhrenbewegung) nach HAGEN-POISEUILLE[3].

In obiger Formel bedeuten:

D = Durchmesser der Röhrchen,

γ = spez. Gewicht der Flüssigkeit,

η = dynamische Zähigkeit der Flüssigkeit.

d) Formel nach PRANDTL-REYNOLD. Wenn die Werte J und v gemessen sind, so kann nach PRANDTL die Widerstandszahl

$$\xi = \frac{2\,g\,d}{v^2}\,J, \tag{4}$$

nach REYNOLD[4] die Kennziffer

$$R = \frac{v\,d}{\nu} \tag{5}$$

berechnet werden[5].

In obigen Formeln bedeuten:

$g = 9{,}81$ cm/s² = Erdbeschleunigung,

d = ideeller Durchmesser der kugelförmig angenommenen Körner,

ν = kinematische Zähigkeit $= \dfrac{\eta}{\varrho} = \dfrac{\text{Zähigkeit der Flüssigkeit}}{\text{Dichte der Flüssigkeit}}$.

Werden die Wert $R\,\xi$ und R graphisch in einem Koordinatensystem aufgetragen, so läßt sich nach einigen Umformungen das Widerstandsgesetz ableiten[2]:

$$J = \frac{c_1\,\nu}{2\,g\,d^2}\,v + \frac{c_2}{2\,g\,d}\,v^2 = a\,v + b\,v^2. \tag{6}$$

---

[1] Vgl. DARCY: Les fontaines publiques de la ville de Dijon S. 590. 1856.

[2] Vgl. DACHLER: Grundwasserströmung S. 12. Berlin 1936.

[3] Vgl. FORCHHEIMER: Hydraulik S. 43; ferner PRANDTL: Abriß der Strömungslehre S. 84. Braunschweig 1931.

[4] Die Widerstandszahl wird sehr oft in Abhängigkeit der Reynoldschen Kennziffer gesetzt; dabei wird gesetzt:

$R > 300;\quad \xi = 94\,R^{-0,16},$

$R < 10;\quad \xi = 2000\,R^{-1},$

$R = 10$ bis 300; für Übergangskurve wird $R = 38$ (Schnittpunkt der Kurven).

Vgl. Z. VDI 1940 S. 85. Das Gesetz gilt auch für Gase.

[5] Vgl. PRANDTL: Strömungslehre S. 125.

Die Werte c_1 und c_2 sind von der Kornform, der Oberflächenbeschaffenheit und der gegenseitigen Lagerung abhängig. Für die Porenziffer $\varepsilon = 0{,}38$ ergab sich $c_1 = 2500$ und $c_2 = 40$.

Für $b = 0$ wird die Durchlässigkeitsziffer in Formel (2)

$$k = \frac{2\,g}{c_1\,v}\,d^2 \tag{7}$$

erhalten; d. h. k wird im wesentlichen gleich wie der Koeffizient nach HAGEN-POISEUILLE [vgl. Gl. (3) für den Koeffizienten $1/a$].

Folgerung. Aus Gl. (7) ergibt sich, daß die Durchlässigkeitsziffer

$$k\,v = k_1\,v_1 = \frac{2\,g}{c_1}\,d^2 \tag{8}$$

ist. v ist abhängig von der Temperatur der Flüssigkeit; hieraus ergibt sich, daß physikalisch zur Bezeichnung der Durchlässigkeit eines Bodens statt dem Werte k stets der Wert $k\,v$ angegeben werden sollte oder daß die Temperatur T° des Wassers, bei welcher die Durchlässigkeit bestimmt wurde, angegeben wird. Öfters wird der k-Wert auf k_{10° reduziert, d. h. es wird diejenige Durchlässigkeit angegeben, die der Boden hat, wenn das Wasser mit 10° durch ihn strömt[1] (vgl. S. 67, 476). Aus Gl. (8) ergibt sich ferner: $k_1 = \dfrac{v}{v_1}\,k$.

e) Formel nach SMREKER. Auf Grund zahlreicher Beobachtungen verschiedener Forscher wurde das Widerstandsgesetz abgeleitet:

$$J = \frac{\alpha}{2\,g}\,v + \frac{\beta}{2\,g}\,v^{3/2} \quad \text{oder} \quad J \eqsim \frac{\gamma}{2\,g}\,v^{3/2} \quad \text{oder} \quad v = \alpha\,J^\beta\,t^\delta.$$

Für $\delta = 0$ ergibt der Ansatz nach SMREKER: $v = \alpha\,J^\beta$, wobei SMREKER empfiehlt, $\beta \eqsim {}^2/_3$ zu setzen, d. h. der Einfluß des Gefälles wird vermindert; für $\delta > 0$ heißt, daß die Tiefe t geschwindigkeitsfördernd ist, für $\delta < 0$ heißt, daß die Tiefe t geschwindigkeitshemmend ist[2].

f) Formel nach ZUNKER. Nach ZUNKER ist zu unterscheiden zwischen Scheingeschwindigkeit des Grundwassers (Filtergeschwindigkeit)

$$v = \frac{Q}{F}$$

und wahrer Grundwassergeschwindigkeit v_p in Stromrichtung. Es ist $v = \dfrac{Q}{F}$, worin F die Fläche des rechtwinklig zur Stromlinie gelegten Querschnittes und Q die in der Zeiteinheit durch den Querschnitt fließende Wassermenge ist.

Hingegen ist

$$v_p = \frac{v}{p_w} = \frac{Q}{p_w\,F} = \frac{l}{t}.$$

$p_w =$ der wirksame Porenraum,
$l =$ Länge der Bodensäule in der Stromlinie,
$t =$ Fließzeit eines Grundwasserteilchens.

Ferner gibt ZUNKER an:

$$\frac{Q}{F} = v = \frac{k_0\,g\,d\,h}{l\,\eta}.$$

---

[1] Vgl. NÉMÉNY: Über die Gültigkeit des Darcyschen Gesetzes und deren Grenzen. Wasserkr. u. Wasserwirtsch. 1934 Heft 14.

[2] Vgl. HOLLER: Zum Strömungsgesetz der Grundwasserbewegung. Dtsch. Wasserw. 1941 S. 9, mit weiteren Verfeinerungen über den Einfluß der Tiefe t auf v.

Hierin bedeutet:

η = Zähigkeit der Durchströmungsmasse in g s cm^{-2},

$g\,dh$ = Druckhöhe in g cm^{-1} s^{-2}; mit $g = 981$ cm/s^2.

d gleich der Dichte der Druckflüssigkeitssäule von der Höhe h. Für $gd = \gamma$ (spez. Gewicht der Drucksäule) wird $v = \dfrac{k_0\,\gamma\,h}{l\,\eta}$; durch weitere Vernachlässigung der Zähigkeit und des spez. Gewichtes der Durchströmungsmasse wird

$$k = \frac{Q}{F}\,\frac{l}{h} = v\,J = \text{Filtergeschwindigkeit je Gefällseinheit}[1].$$

g) Formel nach Ehrenberger[2]. Dieser empfiehlt die Formel:

$$v = k\,J^{7/8}.$$

Ehrenberger[3] gibt somit eine Verminderung des Einflusses des Gefälles J auf die Geschwindigkeit v gegenüber Darcy an.

4. Beispiele.

1. Für kugelförmige Schüttungen mit einer Porenziffer ε von

$\varepsilon = 0{,}38$ ergab sich: $c_1 = 2500$, $c_2 = 40$.

2. Für eine Wassertemperatur T von 15° errechnet sich:

$$\eta = \frac{0{,}0000184\,g}{1 + 0{,}0337\,T + 0{,}00022\,T^2} \text{ in } g \text{ s cm}^{-2},$$

und nach Gl. (7)

$$k = \frac{2\,g}{2500\,\dfrac{0{,}0000184}{1{,}55}\,g}\,d^2 = 65\,d^2.$$

3. Für den Übergang von laminarer in turbulente Strömung ist auf Grund praktischer Versuche gefunden worden:

Kennziffer

$R = 50$ für sehr grobkörniges Material,
$R = 30$ für $d = 2$ mm, $J = 1$,
$R = 30$ laminare Wasserbewegung [vgl. Gl. (5)].

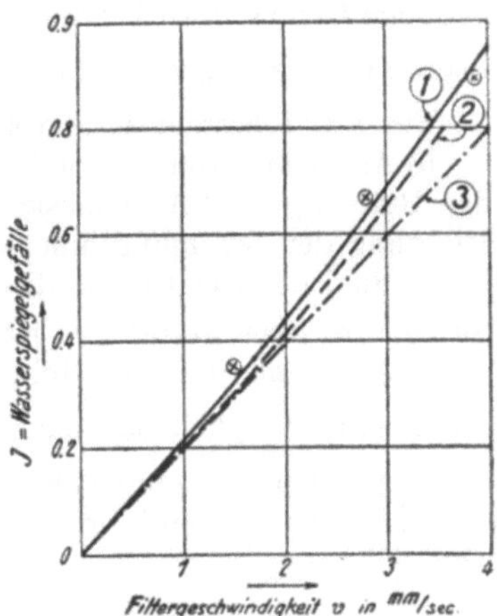

Abb. 533. Auswertung von Untersuchungsergebnissen nach verschiedenen Widerstandsgesetzen der Grundwasserbewegung.

$\otimes$ Versuchstechnisch ermittelte Werte für einen sehr groben Kiessand aus dem Flußoberlauf; *1*: $J = a\,v + b\,v^2 = 0{,}2\,v + 0{,}01\,v^2$; *2*: $v = \alpha\,J^\beta = 4{,}4\,J^{0,92}$; *3*: $v = k_m\,J = 0{,}5\,J$ in cm/s; $k = 0{,}5$ cm/s.

4. In Abb. 533 sind die nach Versuchen des Verfassers an einem groben Kiessand ermittelten Geschwindigkeitswerte v und Gefällswerte J zeichnerisch ausgewertet worden.

Es wurden die Beziehungen gefunden:
Kurve *1*: $J = a\,v + b\,v^2 = 0{,}20\,v + 0{,}01\,v^2$,
Kurve *2*: $v = \alpha\,J^\beta = 4{,}4\,J^{0,92}$,
Kurve *3*: $v = k_m\,J = 0{,}5\,J$.

Die Geschwindigkeit v wurde ermittelt, indem dem Grundwasser in einem oberen Beobachtungsrohr Salz beigegeben und die Zeit bestimmt wurde, die verstrich, bis das salzhaltige Wasser in einem zweiten Beobachtungsrohr ankam. Die Ankunft des salzhaltigen Wassers wurde ermittelt, indem die Veränderung der elektrischen Leitfähigkeit des Wassers mit Hilfe eines feinen Galvanometers ermittelt wurde (vgl. S. 94, Bd. II, Abb. 119 und die kritischen Bemerkungen dazu).

[1] Vgl. Zunker: Ermittlung der Ergiebigkeit von Grundwasser führenden Schichten S. 520. Festschr. Techn. Hochschule 1935. — Chwalla, K.: Neue Untersuchungen zur Berechnung von Grundwasserströmungen. Bautechn. 1938 S. 94.

[2] Versuche über die Ergiebigkeit von Brunnen und Bestimmung der Durchlässigkeit von Sanden. Z. öst. Ing.- u. Archit.-Ver. 1928 Heft 9 bis 14.

[3] Vgl. Lindquist: Über den Durchfluß durch porösen Boden. Mitt. Int. Talsperrenkongr. Stockholm 1933.

5. TÖLKE[1] hat zahlreiche Versuchsergebnisse so gedeutet, daß er v nicht direkt in Abhängigkeit von J nimmt, sondern in Abhängigkeit der an beiden Enden des Versuchskörpers herrschenden Drücke. Die Vergleichung der Erfahrungswerte miteinander wird zeigen, ob die Ansicht von TÖLKE haltbar ist.

D. Bestimmung des Potential- und Strömungsliniennetzes (Strömungsbild).

1. Zweck der Bestimmung des Strömungsbildes.

Aus dem Strömungsbild ist ersichtlich: *a) vorhandenes Gefälle J, b) Richtung der Reibungs- und Auftriebskräfte, c) Filtergeschwindigkeit, d) Wassermenge* (Abb. 527). Nachfolgend sind die einzelnen Ergebnisse näher beschrieben.

a) Mit Hilfe des Strömungsbildes ist es möglich, das in jedem Punkt vorhandene Gefälle J zu bestimmen. Das vorhandene Gefälle J wird mit dem kritischen Gefälle J_{krit} verglichen und der Sicherheitsfaktor $s = \dfrac{J_{kritisch}}{J_{vorhanden}}$ ermittelt. Für $s \leqq 1$ besteht Grundbruchgefahr. Für $J_{kritisch}$ vgl. S. 738.

b) Aus dem Strömungsbild werden die Richtungen der auf das Wasser wirkenden Reibungs- und Auftriebskräfte gewonnen. Die Reibungskraft R wirkt in der Richtung der Strömungslinie und der Auftrieb P in der Ebene der Potentiallinie. Sind die Richtungen dieser Kräfte bekannt, so können ihre Größen vektoriell berechnet werden; es ist: $\overline{dG} = \overline{dR} + \overline{dP}$ (siehe S. 735, 765).

c) Aus dem Strömungsbild kann die Richtung und die relative Größe der Filtergeschwindigkeit entnommen werden, da $v = k\,J = \dfrac{d\Phi}{ds}$ ist.

d) Aus den Strömungsbildern kann die durch den Grundwasserträger durchsickernde Wassermenge ermittelt werden, da $q = b\,v\,\Delta s_1$ ist. Für Δs_1 siehe Abb. 527.

2. Bestimmungsverfahren.

Das Strömungsbild (Potential- und Stromliniennetz) kann auf verschiedene Arten ermittelt werden, nämlich: a) analytisch, b) geometrisch, c) durch Modellversuche mit Wasser, d) durch elektrische Modellversuche. Die einzelnen Verfahren werden näher beschrieben.

a) Analytische Berechnung des Potential- und Stromliniennetzes.

α) Grundwerte.

Gemäß den Begriffsbestimmungen ist:

$$v_x = k\,\frac{\partial h}{\partial s} = \frac{d\Phi}{ds} = \frac{\Delta\Phi}{\Delta s_2} \quad \text{(siehe Abb. 527)}$$

oder
$$\Delta\Phi = \Phi_2 - \Phi_1 = k\,\Delta h = v\,\Delta s_2.$$

Bedeutet:

$q =$ Sickerwassermenge pro m[1] in $\dfrac{m^3}{s}$,

$b + 1 =$ Anzahl der Stromlinien einschließlich Randbedingungen,

$\Delta q = \dfrac{q}{b}$,

so ist $\Delta q = v\,\Delta s_1 = \Delta\Phi\,\dfrac{\Delta s_1}{\Delta s_2} = \Delta\psi =$ unveränderlich (Stromlinien).

Für $\Delta\psi =$ unveränderlich wird $\dfrac{\Delta s_1}{\Delta s_2} = \operatorname{tg}\alpha =$ unveränderlich.

---

[1] Der Einfluß der Durchströmung von Betonmauern auf die Stabilität. Ing.-Arch. Bd. 2 (1931) S. 291.

Mit Hilfe obiger Werte ist es möglich, das Potential- und Stromliniennetz zu berechnen. Praktisch geht man so vor, daß man die Potentialdifferenz frei wählt, nämlich

$$\Delta \Phi = \frac{k\,H}{a} = k\,\Delta h,$$

hierin bedeuten:

$a + 1 =$ Anzahl der Potentiallinien einschließlich Randbedingungen; ferner wird

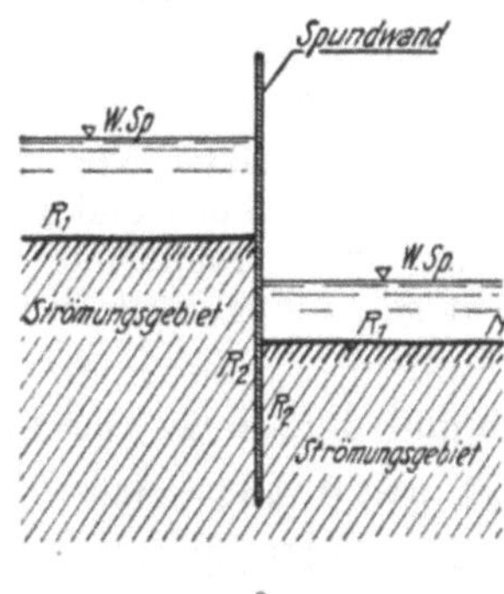

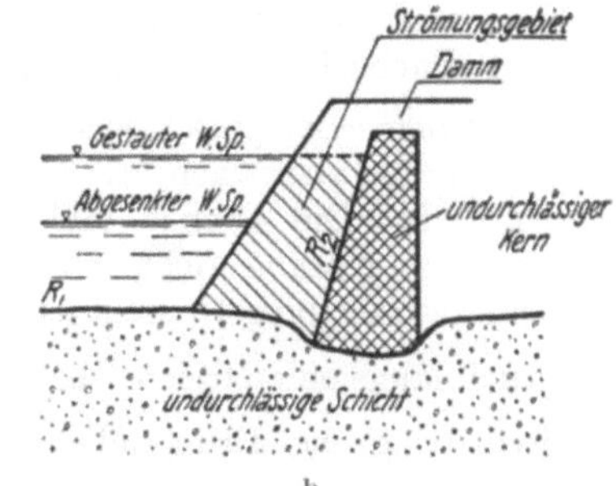

$\dfrac{\Delta s_1}{\Delta s_2}$ frei gewählt und $\Delta q = \dfrac{q}{b}$;

$b/a = f'$ heißt der Formfaktor des Strömungsgebietes. Für H siehe z. B. Abb. 531.

Hieraus errechnet sich:

$$q = b\,\Delta q = b\,v\,\Delta s_1 = b\,\Delta \Phi\,\frac{\Delta s_1}{\Delta s_2}$$
$$= b\,k\,\frac{H}{a}\,\frac{\Delta s_1}{\Delta s_2},$$
$$q = k\,H\,\frac{b}{a}\,m.$$

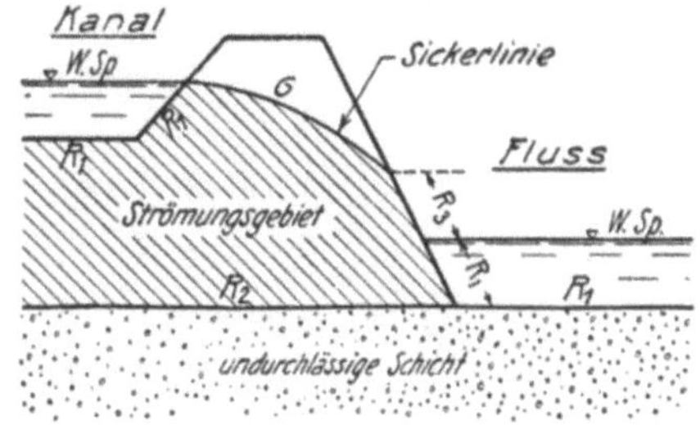

Der Ausdruck $\dfrac{b\,m}{a}$ gibt einen Überblick über das Strömungsbild, und zwar unabhängig vom Durchlässigkeitskoeffizienten k.

Um das Potentiallinien- und Strömungsliniennetz berechnen zu können, müssen die sog. Randbedingungen bekannt sein.

β) **Randbedingungen des Potential- und Stromliniennetzes.**

Für die Lösung von Grundwasseraufgaben ist die Kenntnis unerläßlich: I. von der Form des Gebietsrandes, II. von den

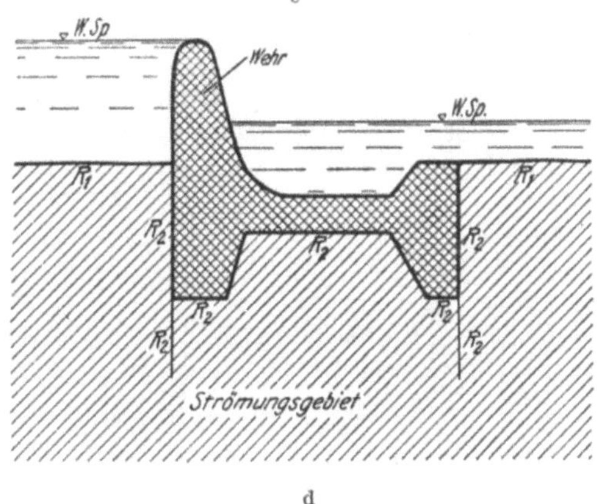

Abb. 534. Beispiele für Strömungsgebiete und die Randbedingungen.

Es bedeutet: R_1 Potentiallinie (Niveaulinie), R_2 Stromlinie, R_3 Sickerlinie (Hangquelle), G oberste Stromlinie = Sickerlinie, W. Sp. Wasserspiegel.

Strömungsbedingungen, die längs des Randes erfüllt sein müssen, den sog. Randbedingungen (siehe Abb. 534 für Strömungsgebiete und deren Randbedingungen).

Man unterscheidet verschiedene Arten von Randbedingungen:

A. Die Grenze zwischen Strömungsgebiet und undurchlässigem Material bildet stets eine *Stromlinie* oder Stromfläche, denn die Filtergeschwindigkeit kann nur parallel zur Oberfläche der undurchlässigen Schicht sein.

Die Potentiallinien, auch Niveaulinien genannt, stehen senkrecht zur Oberfläche der undurchlässigen Schicht.

B. Die Grenze zwischen Strömungsgebiet und ruhendem oder langsam bewegtem Wasser bildet eine Potentiallinie oder Potentialfläche, denn in jedem Punkt einer solchen Grenzfläche ist die Standrohrspiegelhöhe h die gleiche.

C. Der Grundwasserspiegel oder die freie Wasseroberfläche bildet, von einer Kapillarwasserzone abgesehen, die Grenze zwischen Strömungsgebiet und atmosphärischer Luft. Die Grenze bildet eine Stromlinie oder Stromfläche; ihre Form ist aber im voraus nicht bekannt. Beim nicht gespannten Grundwasser ist der Grundwasserspiegel eine Sickerlinie (siehe unten).

Der Druck längs einer freien Oberfläche ist gleich null, d. h. in der Gleichung für die hydrostatische Druckhöhe $h = z + \dfrac{p}{\gamma}$ wird $p = 0$ und somit $h = z$ bzw. $dh = dz$. In diesem Falle wird die Oberflächengeschwindigkeit v_0 berechnet zu:

$$v_0 = - k\,\frac{dh}{ds} = k \sin \alpha,$$

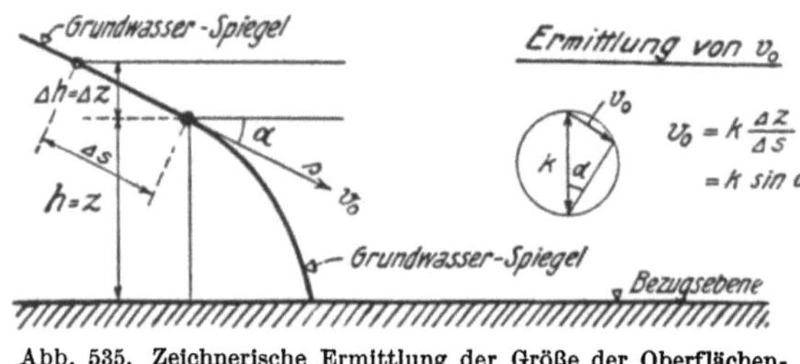

Abb. 535. Zeichnerische Ermittlung der Größe der Oberflächengeschwindigkeit bei einem geneigten Grundwasserspiegel.
s Strömungsrichtung des Grundwassers, α Winkel zwischen Grundwasserströmung und Waagrechten.

wenn s die Strömungsrichtung bedeutet und α den Winkel, den der Grundwasserspiegel mit der Waagrechten einschließt.

Die zeichnerische Ermittlung der Oberflächengeschwindigkeit geht aus Abb. 535 hervor.

Aus der Gleichung ergibt sich, daß v_0 den Größtwert erreicht für $\alpha = 90°$, d. h. bei lotrechter Oberfläche, v_0 ist dann gleich der Durchlässigkeit k. Die waagrechte Komponente w_0 wird aus der Gleichung erhalten:

$$w_0 = v_0 \cos \alpha = k \sin \alpha \cos \alpha;$$

w_0 erreicht den Größtwert für $\alpha = 45°$.

D. Die Sickerlinie (siehe Abb. 534) bildet die Grenze zwischen Strömungsgebiet und atmosphärischer Luft. Die Sickerlinie kann, aber sie muß es nicht, mit einer Stromlinie zusammenfallen. Fällt die Sickerlinie nicht mit einer Stromlinie zusammen, so spricht man von einer Hangquelle. Das Wasser verdunstet

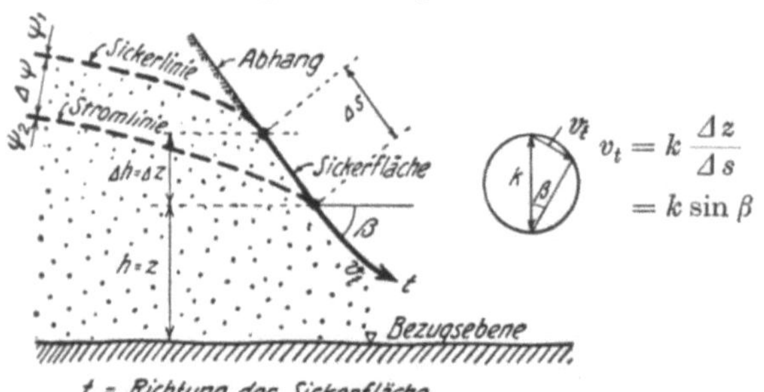

Abb. 536. Zeichnerische Ermittlung der Größe der Filtergeschwindigkeit in der Richtung der Sickerfläche bei einer Hangquelle.

an dieser Stelle oder sickert über den Abhang hinab. Die Hangquelle bedeutet eine Unstetigkeit in den Randbedingungen (Quelle, Senke in der Potentialtheorie).

Bei einer Hangquelle ist der Druck gleich null, somit $h = z$ bzw. $dh = dz$.

Die Komponente v_t der Filtergeschwindigkeit, die in die Richtung der Sickerfläche fällt, wird somit

$$v_t = k \frac{dz}{dt} = k \sin \beta \quad \text{(siehe Abb. 536)}.$$

Liegen für die Randbedingungen (Sickerfläche) einfache, analytische Gleichungen vor, so ist es möglich, mathematisch das Potential- und Stromliniennetz zu berechnen. Oft ist es nur durch Versuche (Filterversuche) möglich, die Lage der Sickerlinie bzw. Sickerfläche zu bestimmen.

γ) Beispiele für die Berechnung von Potential- und Strömungsliniennetzen.

Beispiel 1: Strömung unter einer Spundwand mit mächtigem Grundwasserträger unterhalb der Spundwand. Der Grundwasserträger ist unterhalb des Spundwandfußes

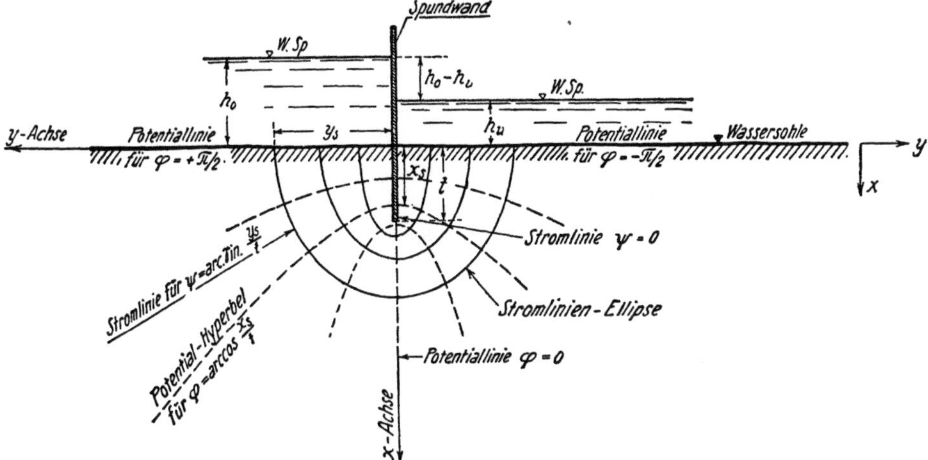

Abb. 537. Mathematische Behandlung der Strömung unter einer Spundwand in einem ausgedehnten Grundwasserträger.

W.Sp. Wasserspiegel, t Tiefe der Spundwand unter Wassersohle.

sehr mächtig angenommen. Für lotrechte Wand und waagerechte Bodenfläche erhält man mit Hilfe der Theorie über die isogonalen Verwandtschaften[1] und der konformen Abbildungen die Gleichungen[2]

$$\frac{x^2}{t^2 \cos^2 \varphi} - \frac{y^2}{t^2 \sin^2 \varphi} = 1 \quad \text{(vgl. Abb. 537)} \tag{1}$$

und

$$\frac{x^2}{t^2 \mathfrak{Cof}^2 \psi} + \frac{y^2}{t^2 \mathfrak{Sin}^2 \psi} = 1 \quad (t = \text{Spundwandtiefe}). \tag{2}$$

Gl. (1) ergibt konfokale Hyperbeln für die Potentiallinien. Der Brennpunkt aller Hyperbeln hat den Abstand $2\,t$. Es wird:

$$\text{für} \quad x = 0 \quad \text{und} \quad y > 0 \quad \text{wird} \quad \varphi = +\pi/2,$$
$$\text{für} \quad x = 0 \quad \text{und} \quad y < 0 \quad \text{wird} \quad \varphi = -\pi/2.$$

---

[1] Vgl. G. Holzmüller: Einführung in die Theorie der isogonalen Verwandtschaften und ihre konformen Abbildungen S. 246. Leipzig 1882.

[2] Für die Theorie konformer Abbildungen vgl. B. L. Bieberach: Funktionentheorie Bd. 2. Leipzig 1927. — Einführung in die konforme Abbildung. Sammlung Göschen Bd. 768. — M. Breitenöder: Ebene Grundwasserströmungen mit freier Oberfläche. Untersuchungen aus dem Flußbaulaboratorium der Techn. Hochschule Karlsruhe S. 8. Berlin 1942. — H. Burkhardt: Funktionentheoretische Vorlesungen. Berlin 1921. — R. Dachler: Grundwasserströmungen S. 48. Wien 1936. — Ph. Forchheimer: Hydraulik S. 94. Leipzig 1930. — Zur Grundwasserbewegung nach isothermischen Kurvenscharen. Ber. d. Akad. d. Wiss. Wien 1917. — W. Kaufmann: Hydromechanik Bd. 1, S. 128. Berlin 1931. — L. Prandtl: Strömungslehre S. 55. — Riemann-Weber: Die Differentialgleichungen und Integralgleichungen der Mechanik und Physik. Braunschweig 1930 u. 1935.

Die Auswertung der Gl. (1) ergibt, daß die Funktion φ das Geschwindigkeitspotential dieser Strömung ist. Die Auswertung der Gl. (2) ergibt, daß die Funktion ψ die Stromlinienfunktion dieser Strömungsbewegung ist (vgl. Abb. 537). Die Umströmung der Spundwand erfolgt also in elliptischen Bahnen, normal zur Hyperbelschar. Weitere Einzelheiten siehe DACHLER[1] oder FEYLESOUFI[2]. FEYLESOUFI hat die Annahme gemacht, daß die Umströmung in Hyperbeln oder in anderen Kurvenformen erfolgen könne; er hat entsprechende Formeln abgeleitet.

Praktische Auswertung der mathematischen Ergebnisse. Fließgeschwindigkeiten. Es ist notwendig, die größte Geschwindigkeit des unter der Spundwand hindurchsickernden Wassers zu kennen.

Es ist:

v_1 = senkrecht zur Sohle, Geschwindigkeit des Wassers beim Eintritt in den Grundwasserträger,

v_2 = lotrechte Geschwindigkeit des Wassers, das längs der Spundwand hinabsickert,

v_3 = waagrechte Geschwindigkeit des Wassers unterhalb der Spundwand.

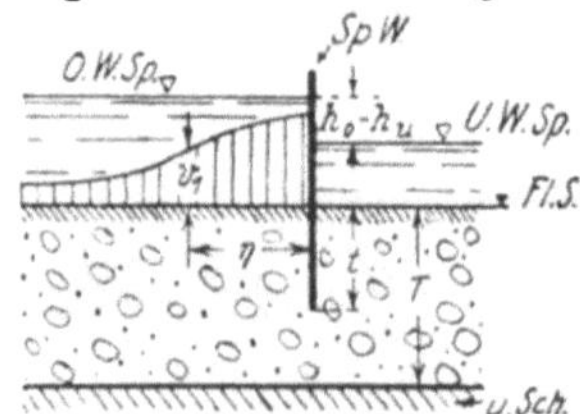
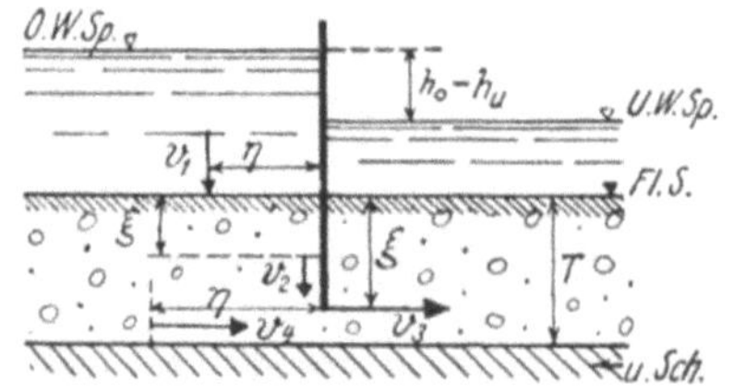

a Einströmungsgeschwindigkeit längs der Flußsohle (v_1).   e Schema zur Darstellung der verschiedenen Wassergeschwindigkeiten v_1 bis v_4.

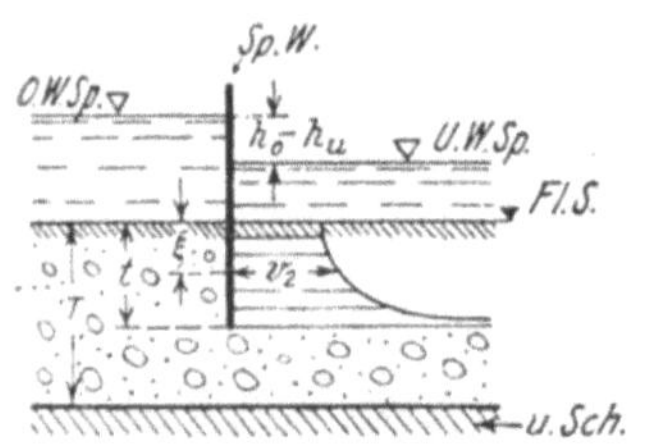
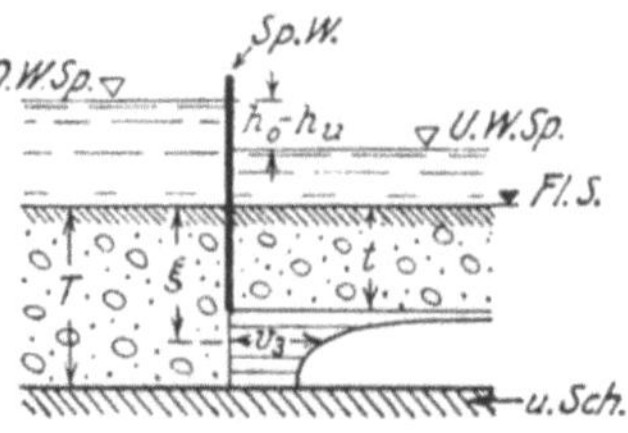
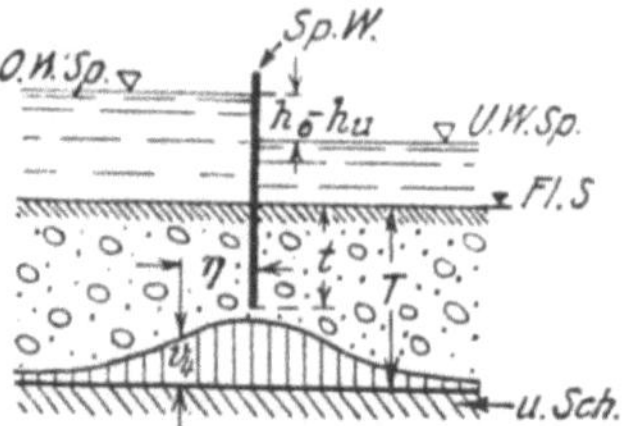

b Geschwindigkeit längs der Spundwand v_2.   c Geschwindigkeit im Querschnitt unter der Wand v_3.   d Geschwindigkeit längs der undurchlässigen Schicht v_4.

Abb. 538a bis e. Grundwassergeschwindigkeiten bei einer Spundwand.

Es bedeutet: *Sp.W.* Spundwand, *O.W.Sp.* Oberwasserspiegel, *U.W.Sp.* Unterwasserspiegel, *Fl.S.* Flußsohle, *T* Grundwasserträger, *u.Sch.* undurchlässige Schicht.

Die Auswertung der Formeln (1) und (2) ergibt[3]:

$$v_1 = \frac{k\,(h_0 - h_u)}{t} \cdot \frac{1}{\pi\sqrt{1 + \left(\dfrac{y}{t}\right)^2}} \qquad \text{(vgl. Abb. 538a bis 538b).}$$

$$v_2 = \frac{k\,(h_0 - h_u)}{t} \cdot \frac{1}{\pi\sqrt{1 - \left(\dfrac{x}{t}\right)^2}}.$$

Für $x = t$ wird $v_2 \cong \infty$. Der Grund ist, daß in der Wassergeschwindigkeit v_2 nach DARCY die Trägheitskräfte nicht berücksichtigt sind. Immerhin ist anzunehmen, daß am unteren Ende der Spundwand eine Veränderung der Bodenstruktur eintritt. Die Wanderung der Bodenteilchen hört erst auf, wenn sich die Strömung den neuen Durchlässigkeitsverhältnissen angepaßt hat und ein neues Strömungsbild an die Stelle eintritt:

$$v_3 = \frac{k\,(h_0 - h_u)}{t} \cdot \frac{1}{\pi\sqrt{\left(\dfrac{x}{t}\right)^2 - 1}} \qquad \text{(vgl. Abb. 538c).}$$

---

[1] Vgl. DACHLER: Grundwasserströmungen S. 56. Wien 1936.
[2] Vgl. E. FEYLESOUFI: Étude de quelques écoulements souterrains. Lausanne 1940.
[3] Vgl. DACHLER: Grundwasserströmung S. 58/60.

Durchströmende Wassermenge. Die Wassermenge, die auf einer Breite y ab Spundwand (siehe Abb. 538) und einer Länge $l = 1$ durchströmt, beträgt:

$$q = \int_0^y v_1\, dy; \quad q = k\,(h_o - h_u)\left[\frac{1}{\pi}\ln\left(\frac{y}{t} + \sqrt{\frac{y^2}{t} + 1}\right)\right].$$

Kriterium für die Spundwandtiefe. Die erforderliche Spundwandtiefe. Wird in der Gleichung für v_1 für $y = 0$ gesetzt, so wird

$$v_1 = \frac{k\,(h_o - h_u)}{t\,\pi} \quad \text{bzw. nach Darcy} \quad J_{vorh} = \frac{v}{k} = \frac{h_o - h_u}{t\,\pi}.$$

J_{vorh} muß stets kleiner sein als das kritische Gefälle J_{krit} (vgl. S. 738).

Die errechneten Geschwindigkeiten dürfen nirgends größer sein als der Durchlässigkeitswert k, sonst muß die Spundwandtiefe t geändert werden.

Daraus ergibt sich

$$\frac{h_o - h_u}{t} < \pi\,J_k \quad \text{oder} \quad t > \frac{h_o - h_u}{\pi\,J_k};$$

meistens wird gesetzt $t = \left(\dfrac{h_o - h_u}{\pi\,J_k}\right) m$. Für J_k vgl. S. 738.

m = Sicherheitsgrad; $m = 2$ bis 4.

Obige Formeln gelten, wenn der Grundwasserträger unterhalb des Spundwandfußes sehr mächtig ist. Ist der Abstand T' zwischen Spundwandfuß und undurchlässiger Bodenschicht kleiner als t (Spundwandtiefe), so gelten die nachfolgenden Formeln:

Beispiel 2: Strömung unter einer Spundwand bei geringer Mächtigkeit des Grundwasserträgers unterhalb der Spundwand. Lösungen sind bekannt bei: I. Annahme hyperbolisch geformter Linien[1]. II. Annahme elliptisch geformter Linien[2].

Zu den einzelnen Annahmen ist zu bemerken:

I. Annahme hyperbolisch geformter Potentiallinien (Abb. 537). Zur Berechnung der Fließgeschwindigkeiten v sind verschiedene Tabellen aufgestellt worden (z. B. Dachler, S. 69). Danach beträgt die Fließgeschwindigkeit v:

$$v = \frac{k\,(h_o - h_u)}{T}\,F; \quad \text{für} \quad t < \frac{T}{2} \quad \text{(siehe Abb. 538)}.$$

I. Ein- oder Ausströmungsgeschwindigkeit längs der Flußsohle $= v_1$:

$$v_1 = \frac{k\,(h_o - h_u)}{T}\,F_1 \quad \text{(siehe Abb. 538)}.$$

II. Geschwindigkeit längs der Spundwand $= v_2$:

$$v_2 = \frac{k\,(h_o - h_u)}{T}\,F_2.$$

Für die Funktion F_2 siehe Tabelle 358.

III. Geschwindigkeit im Querschnitt unter der Wand:

$$v_3 = \frac{k\,(h_o - h_u)}{T}\,F_3.$$

Für die Funktion F_3 siehe Tabelle 358.

IV. Geschwindigkeit längs der undurchlässigen Schicht:

$$v_4 = \frac{k\,(h_o - h_u)}{T}\,F_4.$$

Für die Funktion F_4 siehe Tabelle 358, Abb. 538.

---

[1] Vgl. Dachler: Grundwasserströmung S. 56. Wien 1936.
[2] Vgl. E. Feylesoufi: Étude de quelques écoulements souterrains. École d'Ingénieurs. Lausanne 1940.

Tabelle 358. *Zusammenstellung für die F_1- bis F_4-Werte bei einer Spundwand mit geringem Grundwasserträger unter einer Spundwand*
(für die Werte η, ξ, t, T, v_1, v_2, v_3, v_4; siehe Abb. 538).

t/T	F_1			F_2			F_3			F_4		
	$\eta/T=0$	0,4	1,0	$\xi/T=0$	0,2	1,0	$\xi/T=0,2$	0,4	1,0	$\eta/T=0$	0,4	1,0
0,1	3,200	0,724	0,216	3,200	—	—	1,87	0,88	0,50	0,495	0,468	0,206
0,2	1,600	0,662	0,210	1,600	∞	—	∞	0,98	0,51	0,515	0,394	0,201
0,4	0,810	0,511	0,192	0,810	0,93	—	—	∞	0,56	0,565	0,375	0,188
0,9	0,243	0,228	0,100	0,24	0,26	0,91	—	—	1,56	1,555	0,350	0,104

Praktische Auswertung der Geschwindigkeitswerte. Spundwandtiefe infolge der hydraulischen Zustände. Der größte Geschwindigkeitswert liegt unmittelbar neben der Wand, d. h. in Gleichung für v_1 wird $\eta = 0$:

$$v_1^{\max} = \frac{k\,(h_o - h_u)}{4\,T \sin\left(\dfrac{\pi\,t}{4\,T}\right)}.$$

Da aber $v_1^{\max} \leqq k$ sein muß, so ergibt sich die Bedingung:

$$\frac{h_o - h_u}{T} < 4 \sin \frac{\pi\,t}{4\,T}.$$

Z. B. für $t < \dfrac{T}{2}$ wird angenähert

$$\frac{h_o - h_u}{t} < 3.$$

$$t > \frac{h_o - h_u}{3}.^*$$

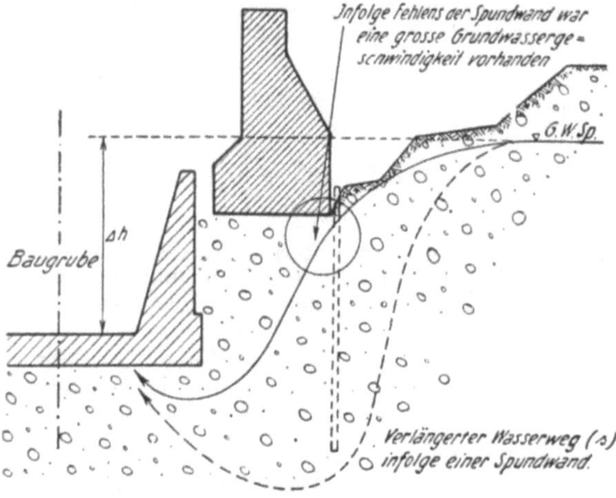

Abb. 539. Schema der Wirkung einer Spundwand (Verminderung des durchschnittlichen Wassergefälles J). Vgl. Abb. 540.

J wird klein, $J = \dfrac{\Delta h}{s}$; $G.W.Sp.$ Grundwasserspiegel.

——— = Wasserweg bei fehlender Spundwand.

Der Einfluß des Fehlens einer Spundwand auf die Standsicherheit eines Betonblocks geht aus Abb. 539 und 540 hervor.

II. Annahme elliptisch geformter Potentiallinien. Die Annahmen über den Strömungsvorgang, wonach Hyperbeln für die Stromlinien erhalten werden, stimmen mit der Wirklichkeit nicht überein. Versuche mit Farbbeimischungen zum Grundwasser ergaben Stromlinien, die den Ellipsen am ehesten ähnlich sind. Daher sind die hyperbolisch geformten Strömungslinien hier nicht weiter behandelt.

Beispiel 3: Strömungsbild unterhalb einer Platte[1]. Es sei:
$B = $ Breite des Bauwerkes,
$T = $ Mächtigkeit des Grundwasserträgers unterhalb der Gründungssohle.

Tabelle 359. *Zusammenstellung der Werte F_1', F_2', F_3' und F_4' bei einer Plattengründung.*
Für die Werte B, t, T, ξ, η siehe Abb. 541a bis 541d.

B/T	F_1'			F_2'			F_3'			F_4'		
	$\dfrac{2\,\xi - B}{2\,T}=0,1$	0,5	1,0	$\dfrac{2\,\xi}{B}=0$	0,4	0,9	$\dfrac{\eta}{T}=0$	0,4	1,0	$\dfrac{2\,\xi}{B}=0$	0,75	2,0
0,2	1,81	0,47	0,18	3,18	3,50	7,31	3,18	0,83	0,498	0,498	0,497	0,491
0,5	1,26	0,37	0,15	1,27	1,38	2,90	1,3	0,72	0,48	0,48	0,460	0,376
1,0	0,91	0,28	0,11	0,62	0,68	1,48	0,62	0,54	0,44	0,44	0,392	0,216
2,0	0,59	0,18	0,07	0,35	0,35	0,70	0,35	0,35	0,35	0,35	0,270	0,070
5,0	0,29	0,09	0,04	0,17	0,17	0,23	0,17	0,17	0,17	0,17	0,17	0,007

[1] Siehe DACHLER: Grundwasserströmung S. 73.

* Für die Berechnung der hydraulischen Spundwandtiefe wird oft auch die Zugfestigkeit Z_1 des Bodens benützt. Vgl. z. B. Formel von HAEFELI:

$$t_{erf.} \cong \frac{\gamma_w}{\gamma_e''}\left(\frac{s\,h}{2}\,m - \frac{Z_1}{\gamma_w}\right) \qquad \text{Vgl. Schweiz. Bauztg. 1944 S. 51.}$$

$m = $ Sicherheitsgrad.

Dann errechnet sich nach DARCY die Durchflußmenge q für die Breite $= 1$ m unter dem Bauwerk zu:

für $B > T$: $q = k\,(h_o - h_u)\,\dfrac{1}{0{,}88 + \dfrac{B}{T}}$,

für $B < T$:

$q = k\,(h_o - h_u)\cdot 0{,}73 \log \dfrac{13 + (B/T)^2}{2{,}54\,B/T}$.

Die Geschwindigkeiten betragen:

$$v = \frac{k\,(h_o - h_u)}{T}\,F'.$$

I. Ein- oder Ausströmungsgeschwindigkeit längs der Flußsohle:

$$v_1 = \frac{k\,(h_o - h_u)}{T}\,F_1{'}$$

(siehe Abb. 541a und Tabelle 359 für den Funktionswert $F_1{'}$).

II. Geschwindigkeit längs der Platte:

$$v_2 = \frac{k\,(h_o - h_u)}{T}\,F_2{'}$$

(siehe Abb. 541b und Tabelle 359 für den Funktionswert $F_2{'}$).

Abb. 540. Infolge Fehlens einer Spundwand unterspülter und gekippter Betonblock. R Risse im Block. Vgl. Abb. 539.

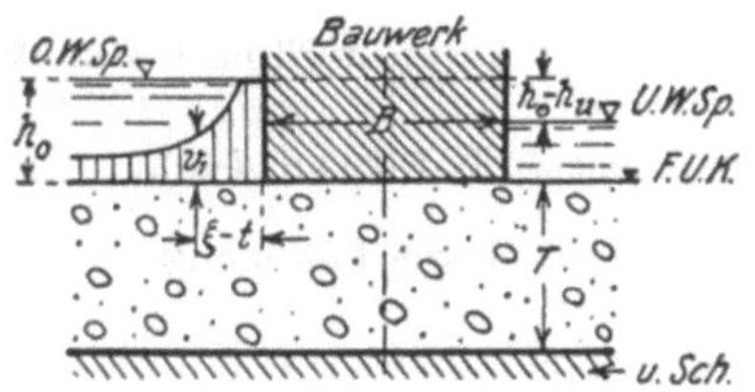

a Ein- oder Ausströmungsgeschwindigkeit längs der Flußsohle v_1.

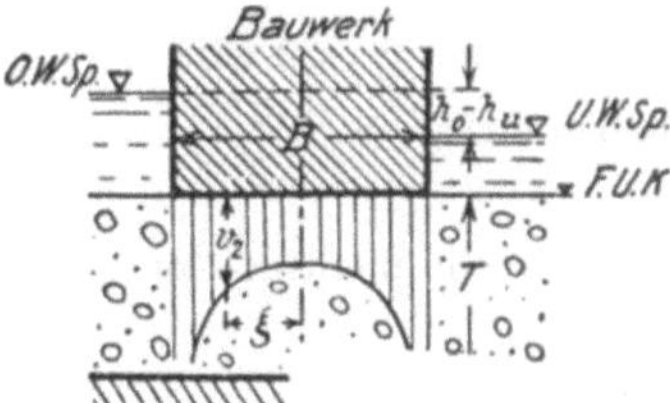

b Geschwindigkeit längs der Platte v_2.

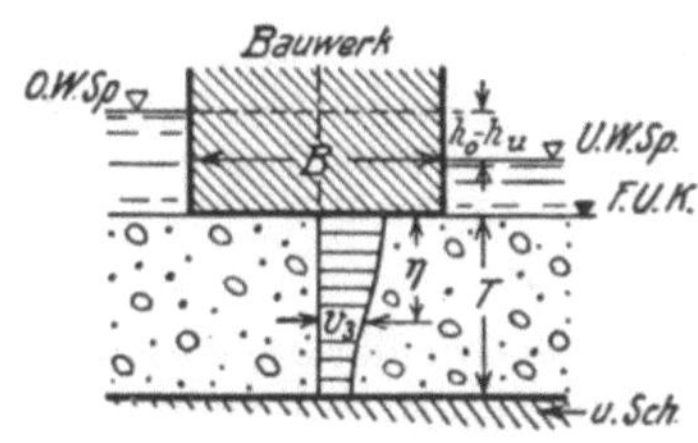

c Geschwindigkeit im Querschnitt unter Plattenmitte v_3.

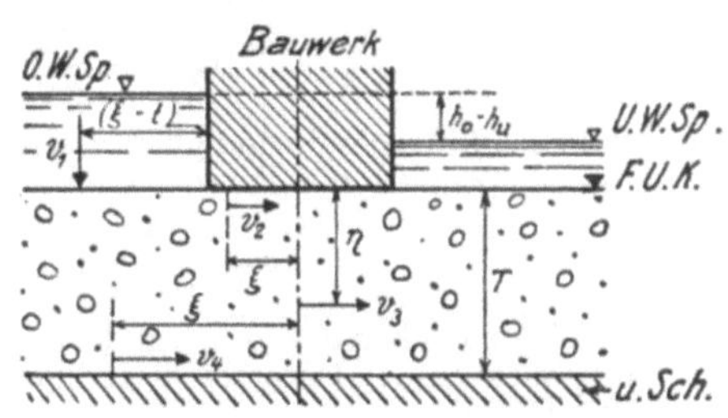

d Schema zur Darstellung der verschiedenen Wassergeschwindigkeiten v_1 bis v_4.

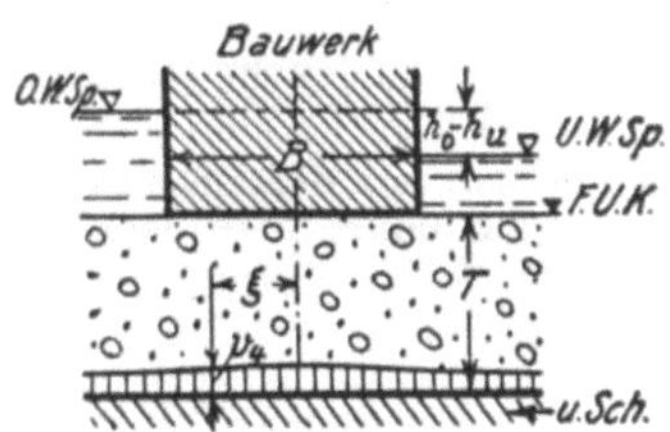

e Geschwindigkeit längs der undurchlässigen Schicht v_4.

Abb. 541a bis e. Grundwassergeschwindigkeiten bei einer Gründungsplatte.

Es bedeutet: $O.W.Sp.$ Oberwasserspiegel, $U.W.Sp.$ Unterwasserspiegel, $F.U.K.$ Fundamentunterkante, B Bauwerk, T Grundwasserleiter, $u.Sch.$ undurchlässige Schicht.

III. Geschwindigkeit im Querschnitt unter Plattenmitte:

$$v_3 = \frac{k\,(h_0 - h_u)}{T}\,F_3{}' \qquad \text{(siehe Abb. 541 c und Tabelle 359}$$
$$\text{für den Funktionswert } F_3{}').$$

IV. Geschwindigkeit längs der undurchlässigen Schicht:

$$v_4 = \frac{k\,(h_0 - h_u)}{T}\,F_4{}' \qquad \text{(siehe Abb. 541 d und Tabelle 359}$$
$$\text{für den Funktionswert } F_4{}').$$

Die größte Filtergeschwindigkeit tritt am Plattenrand auf, theoretisch wird sie unendlich groß. Der Grund ist, daß die Trägheitskräfte in der Darcyschen Formel nicht berücksichtigt wurden. Man wird deshalb die Filtergeschwindigkeiten in der Nähe des Plattenrandes zur Beurteilung der Grundbruchgefahr heranziehen.

Beispiel 4: Das Strömungsbild bei einer Grundwasserströmung mit freier Oberfläche. Die Grundwasserströmung über waagerechter Sohle.

Die analytischen Untersuchungen ergeben für die Durchsickerungsmenge q je lfd. Meter die Beziehung:

$$v = \frac{q}{F} = \frac{q}{h \cdot 1} = -k\,\frac{dh}{dx},$$

oder nach der Potenzformel lautet die Differentialgleichung $\dfrac{q}{h} = \alpha\left(\dfrac{dh}{dx}\right)^\beta$.

Hieraus ergibt sich nach DARCY:

$$h\,dh = -\frac{q}{k}\,dx.$$

Durch Integration findet man: $C + \dfrac{h^2}{2} = -\dfrac{q}{k}\,x.$

H = Mächtigkeit des ungestörten Grundwassers.

Für $h = H$ und $x = 0$ wird $C = -\dfrac{H^2}{2}$; für $H = y_2$; $h = y_1$ wird nach DUPUIT die Ergiebigkeit:

$$q = k\,\frac{y_2^2 - y_1^2}{2\,L'} \qquad \text{(siehe Abb. 542 und 543)}.$$

Für die Stromlinienfunktion ψ_2 längs der Oberfläche gilt die Beziehung:

$$\psi_2 = \left(\frac{y_2^2 - y_1^2}{4\,L}\right)^{1/2}$$

und für den Tangens des Neigungswinkels der Oberfläche

$$\operatorname{tg}\alpha = \frac{dy}{dx} = \frac{y_2^2 - y_1^2}{2\,y\,L}\,.$$

Die Größe der Filtergeschwindigkeit v errechnet sich mit Hilfe der Geschwindigkeitskomponenten $\bar{u}$ und $\bar{v}$ der Potentialbewegung zu: Filtergeschwindigkeit v

$$v = \frac{k}{2\sqrt{r}}\,\sqrt{\frac{y_2^2 - y_1^2}{L}} = k\,\alpha.$$

Der Vergleich zwischen J und α ergibt die Feststellung, ob Grundbruchgefahr vorliege. Die Komponenten der Filtergeschwindigkeiten, ausgedrückt durch Polarkoordinaten, haben die Größen:

$$v_w = v_{waagrecht} = k\,\sqrt{\frac{y_2^2 - y_1^2}{L}}\left(\frac{\cos \delta/2}{2\sqrt{r}}\right),$$

$$v_s = v_{lotrecht} = k\,\sqrt{\frac{y_2^2 - y_1^2}{L}}\left(\frac{\sin \delta/2}{2\sqrt{r}}\right) \qquad \text{(siehe Abb. 542)}.$$

Beispiel 5: Waagerechter Sickerstollen (Abb. 543). Wenn ein Sickerstollen durch einen Grundwasserstrom gespeist wird, so beträgt die auf einer Seite dem Stollen zuströmende Wassermenge (nach DARCY):

$$q = k\,z\,\frac{dz}{dx}\,L.$$

Durch Integration findet man:

$$2\,q = \frac{z^2\,k\,L}{x} + C.$$

Das ist eine Parabel mit waagerechter Achse. Am Schlitzrand ist $z = h$ und $x = 0$, daraus kann die Ergiebigkeit q bestimmt werden zu

$$q = k\,L\,\frac{H^2 - h^2}{2\,R};$$

H = Mächtigkeit der wasserführenden Schicht,
h = Wasserstand im Stollen,
L = Länge des Stollens,

k = Durchlässigkeitswert; aus obiger Gleichung kann k berechnet werden, wenn H, h, L und R bekannt sind.

$$\psi_2 = \left(\frac{y_2^2 - y_1^2}{4\,L}\right)^{1/2}$$

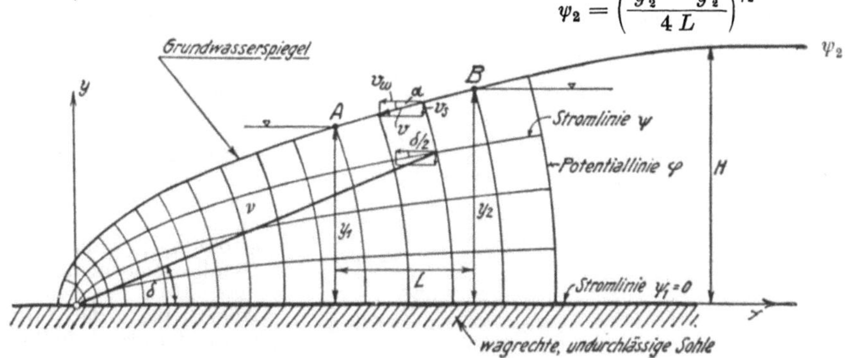

Abb. 542. Potential- und Stromlinien für eine Grundwasserströmung mit freier Oberfläche.

Für R siehe unten. Wird für $R = R' - L/4$ gesetzt und in Gleichung (a') S. 754 für $\ln R/r_0 = \ln \dfrac{R'}{L/4}$, so kann durch Reihenentwicklung nachgewiesen werden, daß bei einer Länge von $L = 2\,\pi$ die Ergiebigkeit des Stollens gerade so groß ist wie bei einem Brunnen vom Halbmesser $r = L/4$. Nach SMREKER beträgt die Gleichung für die Absenkungskurve

$$z^{5/2} = h^{5/2} + \frac{5}{4}\left(\frac{\gamma}{g}\right)\left(\frac{Q}{\mu\,B}\right)^{3/2} x; \quad (B = \text{Länge des Stollens})$$

und

$$x_0 = \frac{H^{5/2} - h^{5/2}}{\dfrac{5}{4}\dfrac{\gamma}{g}\left(\dfrac{Q}{\mu\,B}\right)^{3/2}},$$

x_0 = Entfernung, in welcher der abgesenkte Grundwasserspiegel die Ruhelage des Grundwasserspiegels erreicht (vgl. Abb. 545).

$x_0 = R$ = Reichweite der Absenkungskurve, $g = 981\ \text{cm/s}^2$,
$\gamma = \gamma_w$ = Dichte des Wassers,
μF = durchschnittlicher Porenquerschnitt; $\mu < 1$.

Beispiel 6: Das Strömungsbild bei einem senkrechten Brunnen in einem Grundwassersee. a) Berechnung nach DARCY - DUPUIT - THIEM. Wird ein Brunnen bis zur undurchlässigen Schicht abgeteuft, so gilt nach DARCY für den Meridianschnitt durch die Fläche des Grundwasserspiegels:

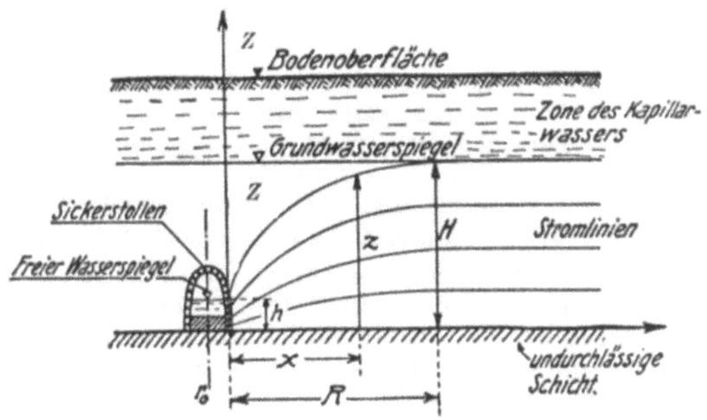

Abb. 543. Wasserentnahme durch einen Sickerstollen. H Mächtigkeit der wasserführenden Schicht, h Wasserstand im vollkommen durchlässigen Stollen.

$$-\frac{Q}{2\,\pi\,x\,y} = k\,J = k\,\frac{d\,y}{d\,x} \quad \text{(siehe Abb. 544).}$$

Durch Integration erhält man:

$$y^2 + C = -\frac{Q}{\pi\,k}\cdot\ln x.$$

In der Nähe der Brunnenmantelfläche gilt:

$$y^2 = h_0^2 + \frac{Q}{\pi k} \ln r/r_0. \tag{a}$$

Im Abstand R, beim unbeeinflußten Grundwasserspiegel gilt:

$$H^2 = h_0^2 + \frac{Q}{\pi k} \ln \frac{R}{r_0} \quad \text{(Brunnengleichung)}, \tag{a'}$$

$$Q = \frac{H^2 - h_0^2}{\ln R/r_0} \pi k. \tag{a''}$$

Für die Gleichung des Grundwasserspiegels findet man durch Vereinigung der Gl. (a) und (a'):

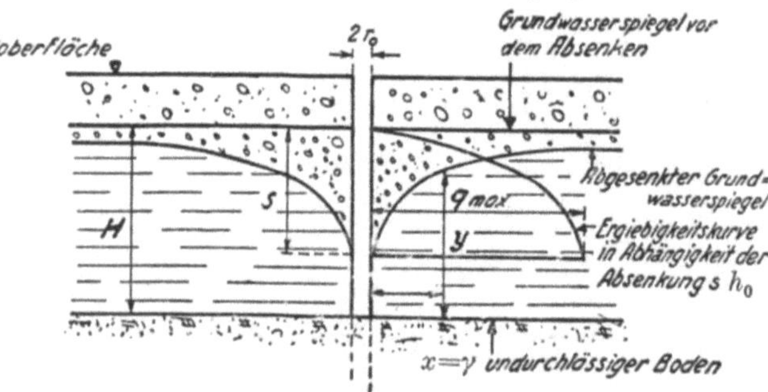

Abb. 544. Brunnen im Grundwasser.
q Ergiebigkeit in m³/s, q_{max} größte Ergiebigkeit in m³/s.

$$y^2 = H^2 - \frac{Q}{\pi k} \ln \frac{R}{r}.$$

Dieser Ansatz stützt sich auf die Theorie von DUPUIT, der den ersten Näherungsansatz für Grundwasserströmungen mit geringem Gefälle gemacht hat; besonders THIEM hat sich um die Auswertung der Dupuitschen Theorie bemüht[1, 2].

b) Berechnung nach SMREKER. Wird in obiger Gleichung für $J = a\,v + b\,v^n$ gesetzt und nach SMREKER für

$$a = \frac{\alpha}{2\,g}; \quad b = \frac{\beta}{2\,g}; \quad n = {}^3/_2,$$

so erhält man nach Einsetzen der Werte für die Erdbeschleunigung und π für die Gleichung des Grundwasserspiegels:

$$y = \sqrt[5]{\left(H^{5/2} - 0{,}016181\, Q^{3/2}\, \frac{\gamma}{\mu^{3/2}}\, \frac{1}{\sqrt{x}}\right)^2}, \tag{b'}$$

für die Ergiebigkeit Q des Brunnens:

$$Q = \sqrt[3]{r \left[\frac{H^{5/2} - (H - s)^{5/2}}{0{,}016181\, \dfrac{\gamma}{\mu^{3/2}}}\right]^2}. \tag{b''}$$

Es bedeuten:

$F' = \mu F = $ Querschnitt des Hohlraumgehaltes im Boden,

$F = $ Querschnitt durch den Boden,

$\gamma = $ Bodenbeiwert, der von der Durchlässigkeit abhängig ist; γ muß nach SMREKER von Fall zu Fall versuchstechnisch bestimmt werden und ist nicht mit dem Raumgewicht zu verwechseln,

$r_0 = r = $ Halbmesser des Brunnenrohres.

Aus der Gleichung für Q ist ersichtlich, daß bei einer n-fachen Erhöhung der Fördermenge der Halbmesser r um das n^3-fache vergrößert werden muß. Diese Feststellung ergibt den Schluß, daß es bei merklicher Vermehrung der Fördermenge Q wirtschaftlicher ist, mehrere Brunnen zu erstellen als nur einen Brunnen mit einem großen Halbmesser.

Das höchste Gefälle J, das sich nach längerem Betriebe an einem Brunnen erzielen läßt, beträgt auf Grund verschiedener Messungen[3]:

$$J = \frac{1}{15\,\sqrt{k}}.$$

[1] Vgl. DUPUIT: Traité théorique et pratique de la conduite et de la distribution des eaux, 2. Aufl. Paris 1865.

[2] F. BERGWALD: Grundwasserabsenkungen für Gründungen von Bauwerken. Oldenburg 1917. — WEBER: Die Reichweite von Grundwasserabsenkungen mittels Rohrbrunnen. Berlin 1928.

[3] J. SCHULZE: Die Grundwasserabsenkung in Theorie und Praxis. Berlin 1924. — W. SICHARDT: Das Fassungsvermögen von Rohrbrunnen S. 28. Berlin 1929.

c) Berechnung nach WEBER[1]. Dieser hat auf Grund von Erfahrungen das Durchflußgesetz aufgestellt:

$$q_x = q \left[1 - \left(\frac{x}{R} \right)^n \right].$$

$$(c')$$

Es bedeutet: q_x = Wassermenge, die durch die Wandung eines gedachten lotrechten Zylinders mit dem Halbmesser x fließt; q = Wassermenge, die dem Filterbrunnen mit dem Halbmesser r_0 zufließt; R = Reichweite des Filterbrunnens; n = Beiwert, abhängig von der Zeit des Pumpens $n = 1$ bis 2. Mit diesen Werten geht die Ergiebigkeitsformel über in

$$Q = \frac{\pi\, k\, (H^2 - h^2)}{\ln \dfrac{R}{r_0} - \dfrac{R^2 - r_0^2}{2\, R^2}}.$$

$$(c'')$$

Der Unterschied in der Ergiebigkeit, berechnet nach den Formeln (a″), (b″) und (c″) ist gering[2].

Beispiel 7: Das Strömungsbild bei einem lotrechten Brunnen im Grundwasserstrom (nach SMREKER). Aus Abb. 545 geht das Strömungsbild (Potential- und Stromlinien)

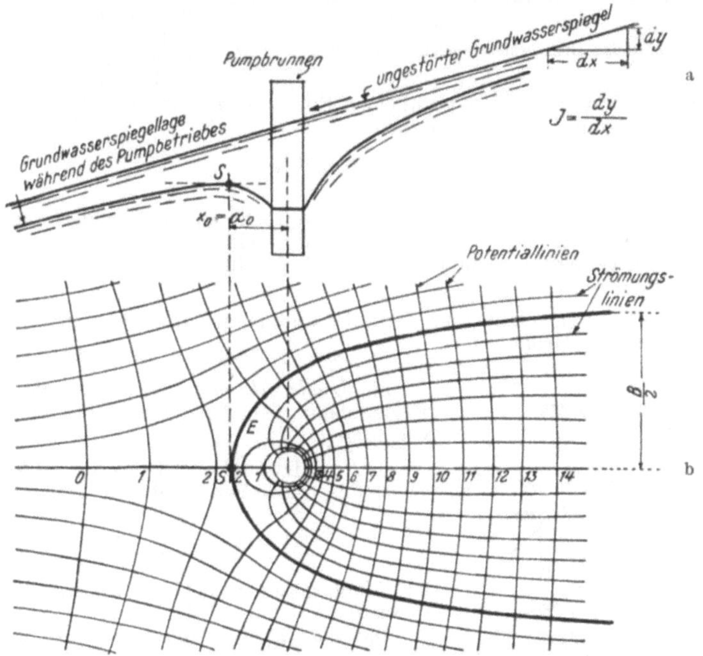

Abb. 545. Strömungsbild bei einem lotrechten Brunnen im Grundwasserstrom.
a Querschnitt durch den Grundwasserspiegel, b Grundriß des Grundwasserspiegels.
Die Potentiallinien sind gleichzeitig Höhen-Schichten-Linien. *E* Entnahmegrenze (neutraler Sickerweg);
S Unterer Scheitelpunkt im Grundwasser.

für einen beliebig tiefen Grundwasserstrom hervor, aus welchem durch einen lotrechten Brunnen Wasser entnommen wird. Die Berechnung der Grundwasserspiegelfläche ist sehr verwickelt. SMREKER hat hierfür Formeln aufgestellt, deren Richtigkeit bestritten wird. Wichtig ist, den Scheitelpunkt *S* kennenzulernen, bis zu welchem im abwärtsliegenden Grundwasserspiegel Wasser entzogen wird. Für die Entfernung x_0

---

[1] Vgl. H. WEBER: Die Reichweite von Grundwasserabsenkungen mittels Rohrbrunnen S. 16. Berlin 1928.

[2] Vgl. C. F. KOLLBRUNNER: Grundwasser und Filterbrunnen S. 46, Abb. 21. Zürich 1943. — J. SCHULTZE: Reichweite und Ergiebigkeit einer Grundwasserabsenkung in Abhängigkeit von der Betriebsdauer. Bautechn. 1923. — Die Grundwasserabsenkung in Theorie und Praxis. Berlin 1924. — F. BERGWALD: Grundwasserabsenkung für Gründungen von Bauwerken. München 1917.

von der Brunnenmitte bis zum unteren Scheitelpunkt S kann annäherungsweise gesetzt werden:

$$x_0 = \frac{Q}{\mu\,2\,\pi\,H\,v}, \qquad (d')$$

$v = $ Geschwindigkeit des Grundwasserstromes.

x_0 heißt der Wirkungsradius der Brunnen. Aus der Entnahmebreite B (siehe Abb. 545) wird die Wassermenge Q erhalten:

$$Q = v\,\mu\,H\,B. \qquad (d'')$$

Aus den Gl. (d') und (d'') wird erhalten:

$$B = 2\,\pi\,x_0. \qquad (d''')$$

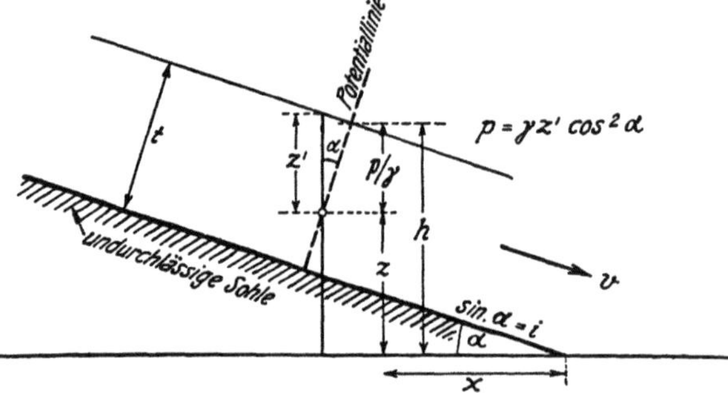

Abb. 546. Gleichförmige Grundwasserbewegung bei geneigter Sohle.

Beispiel 8: Das Strömungsbild bei einem Grundwasserstrom über geneigter Sohle und freier Oberfläche.
I. Gleichförmige Grundwasserbewegung. Wenn sich ein Grundwasserstrom gleich gleichförmig über eine ebene, undurchlässige Schicht bewegt, die Geschwindigkeit v also parallel zur Sohle ist, so lautet die Beziehung zwischen Durchflußmenge q und Geschwindigkeit v:

$$q = t\,v = t\,k \sin \alpha.$$

Hierin bedeuten:

$t = $ Mächtigkeit des Grundwasserstromes, senkrecht zur undurchlässigen, geneigten Schicht gemessen (siehe Abb. 546 und Abb. 535).
$\alpha = $ Winkel der geneigten Schicht mit der Waagrechten. Für $\alpha = 90°$, d. h. bei lotrechter Schicht wird $q = t\,k$.

Im Abstande z' (lotrecht vom Grundwasserspiegel abwärts gemessen) herrscht ein Druck p von der Größe

$$p = \gamma\,z'\cos^2 \alpha \quad \text{(siehe Abb. 546).}$$

II. Ungleichförmige Grundwasserbewegung. Die Ergiebigkeit bei geneigter Sohle errechnet sich wie folgt:

A. Nach Dupuit[1]. Beträgt die Sohlenneigung i, so ist das maßgebende Oberflächengefälle J:

$$J = i - \frac{dz}{dx} \quad \text{(Abb. 547),}$$

$z = $ Mächtigkeit des Grundwassers (lotrecht gemessen).

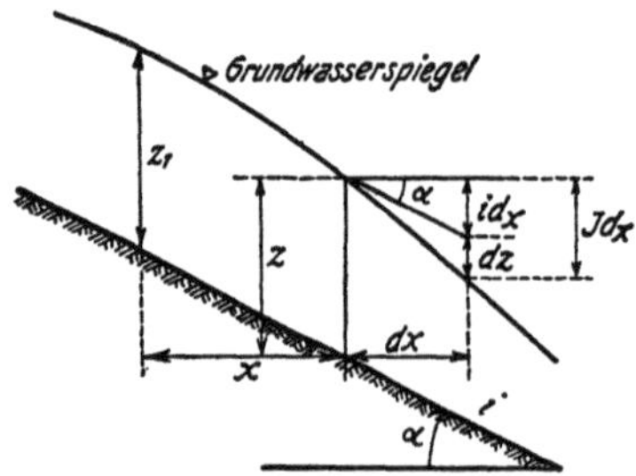

Abb. 547. Grundwasserstrom über geneigter Flußsohle (nach Dupuit).

Die Wassergeschwindigkeit v beträgt:

$$v = \frac{q}{z} = k\,J = k\left(i - \frac{dz}{dx}\right).$$

Die Integration liefert:

$$i\,x + C = z + \frac{q}{k\,i}\cdot \ln\,(i\,k\,z - q).$$

Der Integrationswert C wird gefunden, wenn q und z aus Probeversuchen bekannt sind. Die Gleichung von Dupuit gilt nur für schwache Sohlenneigungen.
B. Nach Dachler: Dachler[2] gibt bei geneigter Sohle für die Durchflußmenge als Näherungsgleichung an:

$$q = (\alpha - \beta)\,\frac{z\cos\alpha}{\sin\,(\alpha - \beta)}\,k \sin \beta.$$

Diese Gleichung gilt auch für starke Sohlenneigungen α. Für die Bedeutung der Bezeichnungen vgl. Abb. 548.

---

[1] Études théoriques et pratiques sur le mouvement des eaux, 2. Aufl. 1863.
[2] Grundwasserströmung S. 94. Berlin 1936.

C. Nach BARANOFF: BARANOFF[1] errechnet auf Grund der Potentialfunktion φ und der Stromfunktion ψ mit Hilfe der Abbildung auf die Hodographenebene[2] und für $z = h$:

$$q = \frac{\alpha \, k \, z \, \operatorname{tg} \beta \, \sin \alpha \, \cos \alpha}{\sin^2 \alpha + \operatorname{tg} \beta \, (\alpha - \sin \alpha \, \cos \alpha)}. \tag{a}$$

Je geringer der Unterschied zwischen α und β ist, um so mehr nähert sich obige Gleichung dem Ausdruck für $q = t \, k \, \sin \alpha$, welche für gleichförmige Grundwasserbewegung auf geneigter Sohle abgeleitet wurde (siehe oben S. 756).

Beispiel 9: Strömungsbild bei einem lotrechten Brunnen mit gespanntem Wasserspiegel. In Abb. 549 bedeutet:

$$\frac{Q}{2 \pi r m} = v.$$

Für feinkörniges Material gilt nach DARCY:

$$\frac{Q}{2 \pi r m} = v = k J = k \frac{dy}{dx}.$$

Für grobkörniges Material gilt nach PRANDTL-REYNOLD:

$$\frac{dy}{dx} = J = a v + b v^2 = a \left(\frac{Q}{2 \pi r m}\right) + b \left(\frac{Q}{2 \pi r m}\right)^2$$

oder $v = \alpha \, J^\beta$,   d. h. $\dfrac{Q}{2 \pi r m} = \alpha \left(\dfrac{dy}{dx}\right)^\beta$.

I. Nach DUPUIT: Durch Integration des Darcyschen Gesetzes ergibt sich:

$$y = \frac{Q}{2 \pi k m} \ln x + C$$

oder für die Ergiebigkeit Q:

$$Q = 2 \pi k m \frac{H - h}{\ln R/r}.$$

Die Gleichung für die Drucklinie lautet:

$$h = H - \frac{Q}{2 \pi k m} \ln \frac{R}{r}$$

oder

$$\Phi - \Phi_0 = \frac{Q}{2 \pi k m} \ln \frac{R}{r},$$

$m = d = $ Mächtigkeit der wasserführenden Schicht.

II. Nach SMREKER: Unter der Annahme der Gültigkeit des Filtergesetzes von SMREKER lautet die Gleichung für die Absenkungskurve:

$$y = H - \frac{\gamma}{g} \left(\frac{Q}{2 \pi \mu m}\right)^{3/2} \frac{1}{\sqrt{x}},$$

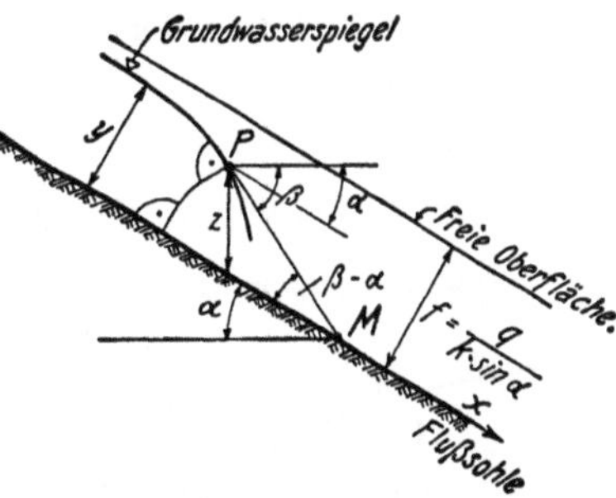

Abb. 548. Ungleichförmige Strömung bei freier Oberfläche über geneigter Flußsohle (nach DACHLER).

Für Punkt P des Grundwasserspiegels ist:

$$v_0 = k \sin \beta, \qquad \beta - \alpha = \operatorname{arc \, tg} \frac{dy}{dx},$$
$$= \frac{q}{v} = \frac{q}{k \sin \alpha}.$$

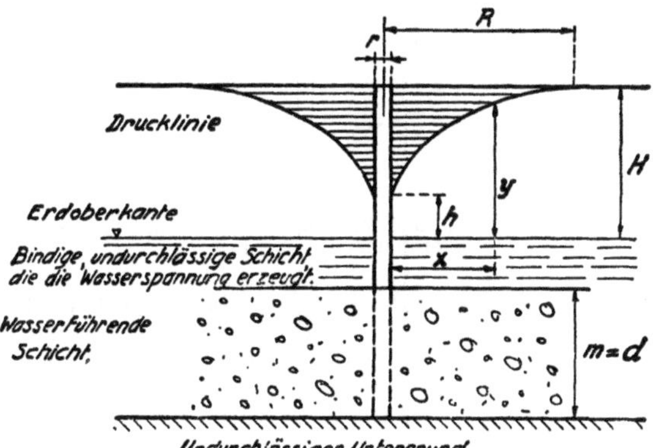

Abb. 549. Lotrechter Brunnen mit gespanntem Wasserspiegel.

für die Wassermenge lautet die Gleichung:

$$Q = 2 \pi \mu m \left(\frac{g}{\gamma}\right)^{3/2} \sqrt[3]{r} \, s^{3/2},$$

d. h. die Wassermenge Q erhöht sich mit der Absenkung s im Verhältnis $Q = (K) \, s^{2/3}$.

Beispiel 10: Strömungsbild bei einem Brunnen mit kreiszylindrischer Sohle und gespanntem Wasserspiegel. Bei einem Brunnen mit kreiszylindrischer Sohle wird die Geschwindigkeit

$$v = \frac{q}{2 \pi x d} \quad \text{(siehe Abb. 550),}$$

$d = $ Mächtigkeit der wasserführenden Schicht; $d = m$ in Abb. 549.

---

[1] Über die Lösung von Grundwasseraufgaben mit freier Oberfläche. Univ. Res. Inst. Shanghai 1934. — J. KOZENY: Grundwasserstudie. Wasserwirtschaft, Wien 1931 Heft 10.

[2] Für die Theorie von Hodographen vgl. A. BETZ u. E. PETERSOHN: Anwendung der Theorie der freien Strahlen. Ing.-Arch. Bd. 1 (1931) S. 190. — M. BREITENÖDER: Ebene Grundwasserströmungen mit freier Oberfläche S. 12 (ausführliche Darstellung) Berlin 1942. — R. DACHLER: Grundwasserströmungen S. 53. Wien 1936. — P. NEMNY: Wasserbauliche Strömungslehre S. 204. Leipzig 1933.

Mit Hilfe des Darcyschen Gesetzes wird gefunden:

$$v = \frac{Q}{2\,\pi\,x\,d} = k\,J = k\,\frac{dy}{dx}$$

und hieraus die Gleichung für die Standrohrspiegelhöhe h:

$$h = h_0 + \frac{Q}{2\,\pi\,k\,d}\,\ln\frac{r}{r_0}.$$

Nach Einführung der Randbedingungen wird für die

I. Drucklinie:

$$y = H - \frac{Q}{2\,\pi\,k\,d}\,\ln\frac{R}{r} \qquad \text{(siehe Abb. 550).}$$

Wird für $r = r_0$ und $h = h_0$ gesetzt, so ergibt sich für die

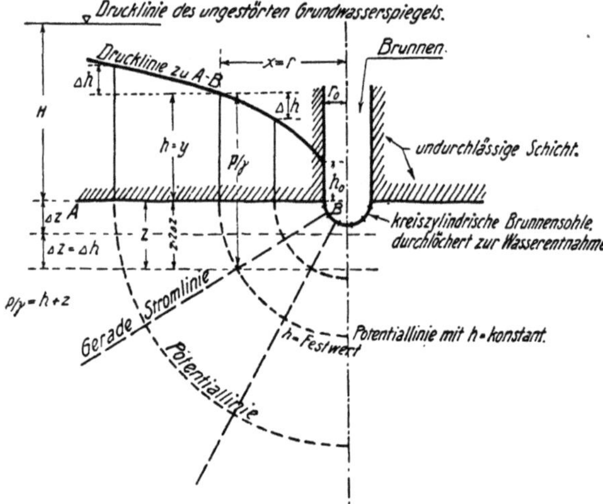

Abb. 550. Potential- und Stromliniennetz bei Entnahme von gespanntem Grundwasser.

II. Ergiebigkeit:

$$Q = k\,(H - h_0)\,2\,\pi\,d\left(\ln\frac{R}{r_0}\right)^{-1}.$$

Diese Gleichung kann auch verwendet werden, um den Einfluß einer Änderung des Halbmessers auf die Ergiebkeit festzustellen.

III. Druckverlauf p: Der Druckverlauf kann ermittelt werden, indem in obiger Gleichung gesetzt wird:

$$h = z + p/\gamma = h_0 + \frac{Q}{2\,\pi\,k\,d}\,\ln\frac{r}{r_0}$$

(siehe Abb. 550).

Beispiel 11: Strömungsbild bei einer Brunnengruppe. a) Grundlagen für die Berechnung. Für die Berechnung der Grundwasserabsenkungskurven bei einer Brunnengruppe kann die Strömungsbewegung nicht mehr als ebenes Problem aufgefaßt werden, sondern muß als räumliches Problem mit Hilfe von Raumgleichungen gelöst werden. Dabei werden die Geschwindigkeitskomponenten v_x und v_y in einer Ebene parallel zur undurchlässigen Schicht berücksichtigt, während die Geschwindigkeitskomponente v_z in der Senkrechten dazu vernachlässigt wird. Sie ist sehr klein.

Es ist nach DARCY:

$$v_x = -\,k\,\frac{\partial z}{\partial x} \quad \text{und} \quad v_y = -\,k\,\frac{\partial z}{\partial y}.$$

Für die Eintrittswassermenge q_e ist im Querschnitt mit der Breite dy bzw. dx und der Höhe z:

$$q_e = z\,dy\,v_x; \qquad q_e = -\,z\,dy\,k\,\frac{\partial z}{\partial x} = -\,\frac{k}{2}\,dy\,\frac{\partial (z^2)}{\partial x}.$$

Im Abstand $(x + dx)$ wird die Austrittswassermenge q_a:

$$q_a = q_e + \frac{\partial q_e}{\partial x}\,dx = -\,dy\,\frac{k}{2}\,\frac{\partial (z^2)}{\partial x} - dy\,\frac{k}{2}\,\frac{\partial^2 (z^2)}{\partial x^2}\,dx.$$

Der Unterschied zwischen q_e und q_a in der x-Richtung ist (Unterschied zwischen eintretender und austretender Wassermenge):

$$\Delta q_x = \frac{k}{2}\,dx\,dy\,\frac{\partial^2 (z^2)}{\partial x^2}.$$

Der Unterschied zwischen q_e und q_a in der y-Richtung ist:

$$\Delta q_y = \frac{k}{2}\,dx\,dy\,\frac{\partial^2 (z^2)}{\partial y^2}.$$

Da aus Kontinuitätsgründen die Summe von Δq_x und Δq_y null sein muß, wird

$$\frac{\partial^2 (z^2)}{\partial x^2} + \frac{\partial^2 (z^2)}{\partial y^2} = 0,$$

d. h. der Grundwasserspiegel muß so verlaufen, daß die Funktion z^2 in obiger Differentialgleichung stets befriedigt ist. Man kann z^2 als Geschwindigkeitspotential auffassen. Die Potentiallinien sind dann Linien gleicher Werte z^2. Daher können die Potentiallinien als Schichtenlinien einer Grundwasserströmung betrachtet werden.

b) Brunnen mit ungespanntem Wasserspiegel. Berechnung nach DUPUIT-THIEM. Für den Fall, daß eine Entnahme aus mehreren Brunnen stattfindet, so lautet die Gleichung des Grundwasserspiegels für den *Einzelbrunnen*:

$$z^2 = H^2 - \frac{Q}{\pi k} \ln \frac{R}{r}.$$

Durch sinngemäße Deutung obiger Diffenrentialgleichung ergibt sich für die Gleichung des Grundwasserspiegels beim Betrieb *mehrerer* Brunnen

$$z = \pm \sqrt{ H^2 - \sum_{i=1}^{i=n} \frac{Q_i}{\pi k} \ln \frac{R}{r_i} },$$

und für die Absenkungskurve s erhält man

$$s = H - z.$$

Zahlenbeispiel. Gegeben waren 2 Brunnen:

Halbmesser der Brunnen . . . . $r_0 = 0{,}15$ m
Gepumpte Wassermengen je . . . . $Q = 0{,}010$ m³/s
Menge des Grundwassers (Ergiebigkeit) . . . . $q = 0{,}001$ m³/s
Mächtigkeit des Grundwassers . . . . $H = 10$ m
Durchlässigkeitsziffer des Bodens . . . . $k = 0{,}001$ m/s
Wirksamer Radius (beobachtet) . . . . $R = 500$ m'

Dann ist für Brunnen 1: $\qquad z_1^2 = H^2 - \dfrac{Q}{\pi k} \ln \dfrac{R}{r_1}.$

Dann ist für Brunnen 2: $\qquad z_2^2 = H^2 - \dfrac{Q}{\pi k} \ln \dfrac{R}{r_2}.$

Grundwasserstrom: $\qquad z_3^2 = H^2 - \dfrac{2 q}{Q} y.$

Der analytische Ausdruck für den Grundwasserspiegel muß nach obigen Ausführungen lauten:

$$z = \sqrt{ H^2 - \left(\frac{Q}{\pi k} \ln \frac{R}{r_1} + \frac{Q}{\pi k} \ln \frac{R}{r_2} + \frac{2 q}{Q} y \right)}. \tag{1}$$

Im folgenden ist der Einfluß des Grundwasserstromes vernachlässigt, da sein Einfluß auf die Gestaltung des abgesenkten Grundwasserspiegels ohne praktische Bedeutung ist.

In Abb. 551 ist die zeichnerische Ermittlung der Werte

$$\sum_{i=1}^{i=n} \frac{Q_i}{\pi k} \ln \frac{R}{r_i}$$

dargestellt. Aus Abb. 551 ist der abgesenkte Grundwasserspiegel im Querschnitt ersichtlich und in Abb. 552 ist der Schichtenplan des abgesenkten Grundwasserspiegels bei einer Brunnengruppe (Senkungsisohypsen) $s = H - z$ dargestellt[1].

c) Brunnen mit ungespanntem Wasserspiegel. Berechnung nach WEBER[2].

---

[1] O. STRECK: Grundbau und Wasserbau. Bd. 1: Grundbau, Hydraulik und Grundwasserbewegungen S. 204. Berlin 1942.

[2] Die Reichweite von Grundwasserabsenkungen mittels Rohrbrunnen. Berlin 1928.

Wird der Ansatz von WEBER für das Durchflußgesetz als richtig vorausgesetzt (siehe S. 755 oben und S. 761 unten), so geht Gl. (1) über in:

$$z = \sqrt{H_2 - \frac{n\,Q}{\pi\,k}\left\{\ln R - \frac{1}{n}\ln r_1 r_2 r_3 \ldots + \frac{1}{2\,n\,R^2}\left[(r_1^2 + r_2^2 + r_3^2 + \ldots) - n\,R^2\right]\right\}}\,,$$

$n =$ Anzahl der Brunnen.

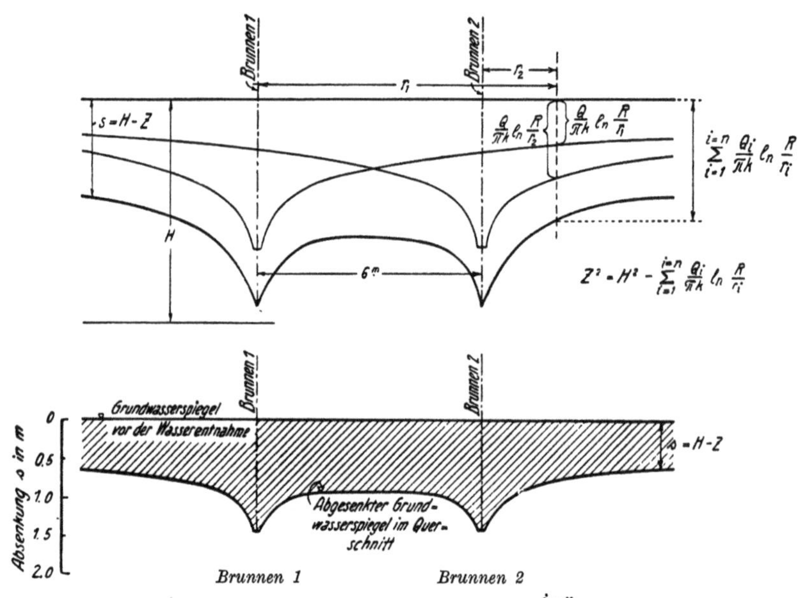

Abb. 551. Zeichnerische Ermittlung der Werte: $\sum\limits_{i=1}^{i=n} \dfrac{Q_i}{\pi k} \ln \dfrac{R}{r_i}$.

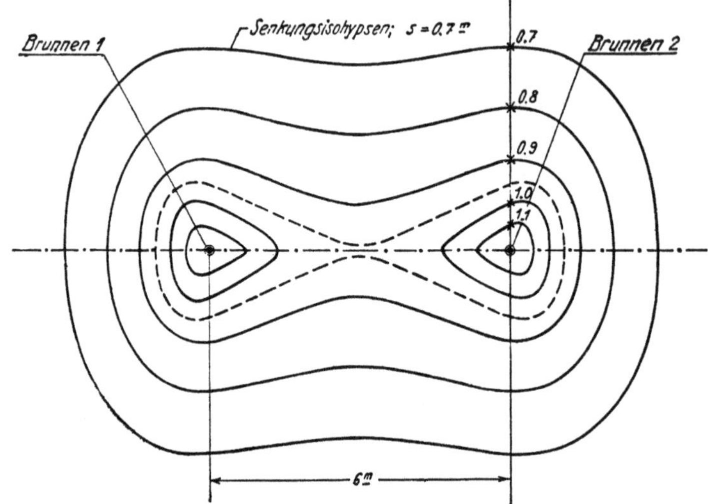

Abb. 552. Schichtenplan des abgesenkten Grundwasserspiegels bei einer Brunnengruppe von zwei Brunnen.

d) **Brunnen mit gespanntem Wasserspiegel.** Für einen lotrechten Brunnen mit gespanntem Wasserspiegel wird

$$z = H - \frac{Q}{2\,\pi\,k\,m}\ln\frac{R}{x}$$

($m = d =$ Mächtigkeit der wasserführenden Schicht)

und bei einer Gruppe von Brunnen wird

$$z = H - \sum_{i=1}^{i=n} \frac{Q}{2\,\pi\,k\,m}\,\ln\frac{R}{r_i},$$

$$s = H - z = \frac{Q}{2\,\pi\,k\,m}\,(\ln R\,R_1\,R_2\ldots R_i - \ln x_1,\,x_2,\,x_3,\ldots).$$

Wird R für alle Brunnen gleich groß, so wird

$$s = \frac{n\,Q}{2\,\pi\,k\,m}\,(\ln R - 1/n\ln x_1\,x_2\,x_3\ldots x_i) = \frac{q'}{2\,\pi\,k\,m}\,(\ln R - 1/n\ln x_1\ldots);$$

für nQ kann auch gesetzt werden $nQ = q'$, wobei q' die Gesamtwassermenge bedeutet, n die Anzahl der Brunnen und $x_1\,x_2\,x_3\ldots x_i$ die Entfernung der Brunnen vom betrachteten Punkte der Senkungskurve[1].

Beispiel 12: Reichweite R der Grundwasserabsenkung. Die Formeln von WEBER und SICHARDT für die Berechnung der Reichweite der Grundwasserabsenkung bei Betrieb eines einzelnen Brunnens sind S. 86 angegeben. Daselbst sind auch Beispiele mit Zahlenwerten aufgeführt.

Nachfolgend werden noch die Gleichungen zur Bestimmung der Reichweiten bei Brunnen*gruppen* angegeben.

a) Reichweite bei ungespanntem Grundwasserspiegel. α) Berechnung nach KYRIELEIS[2]. Es ist:

$$\ln R = \underbrace{\frac{(H^2 - z^2)\,\pi\,k}{Q} + \frac{1}{n}\ln(x_1\,x_2\,x_3\ldots)}_{A}. \tag{1}$$

$Q = q_1 + q_2 + q_3 + \cdots,$
$n =$ Anzahl der Brunnen,
$z =$ Höhe eines Punktes der Spiegelfläche über der undurchlässigen Schicht,
$x_1, x_2, x_3 =$ die Entfernung dieses Punktes mit z von den verschiedenen Brunnen,
$H =$ Mächtigkeit des Grundwasserstromes.

β) Berechnung nach WEBER[3]. Nach WEBER errechnet sich die Reichweite R der Grundwasserabsenkung zu

$$\ln R = A - \frac{1}{2\,n\,R^2}\,[(x_1^2 + x_2^2 + x_3^2 + \ldots) - n\,R^2], \tag{2}$$

für A siehe Gl. (1).

b) Reichweite R bei gespanntem Grundwasserspiegel (nach KYRIELEIS). Die Reichweite einer Grundwasserabsenkung errechnet sich bei n Brunnen zu

$$\ln R = \frac{(H - z)\,2\,\pi\,k\,m}{n\,Q} + \frac{1}{n}\,(\ln x_1\,x_2\,x_3\ldots x_n).$$

b) Geometrisch-zeichnerische Ermittlung des Strömungsbildes.

α) Arbeitsgang.

Die geometrisch-zeichnerische Lösung ist möglich bei Grundwasseraufgaben mit ebenem Strömungsbild, z. B. bei Dammbauten, Spundwänden, Wehren usw., bei achsensymmetrischen Strömungen, z. B. bei Brunnenfassungen, Sickerleitungen usw.

---

[1] HINDERKS: Die Grundwasserabsenkung beim Bau des Querhellings im Marinearsenal Alfeite. Bautechn. 1938 S. 627. — KYRIELEIS-SICHARDT: Grundwasserabsenkung bei Fundierungsarbeiten. Berlin 1930.
[2] Grundwasserabsenkung bei Fundierungsarbeiten S. 41. Berlin 1913.
[3] Die Reichweite von Grundwasserabsenkungen mittels Rohrbrunnen. Berlin 1928.

Die Lösungen sind möglich, wenn die Bedingungen erfüllt sind, daß die Rand-
bedingungen berücksichtigt werden, und daß das Verhältnis $\dfrac{d\,\Psi}{d\,\Phi} = \dfrac{\Delta s_1}{\Delta s_2} = \mathrm{tg}\,\alpha$
$=$ konstant bleibt (siehe S. 744 und 765).

Praktisch wird so vorgegangen, daß

a) eine Randbedingung aufgezeichnet wird,

b) der Faktor $\dfrac{\Delta s_1}{\Delta s_2} = \mathrm{tg}\,\alpha = m$ gewählt wird (siehe S. 745),

c) die Potentialdifferenz $\Delta\Phi_i$, mit andern Worten: die Anzahl $a+1$ der
Potentiallinien ebenfalls gewählt wird (für $a+1$ siehe S. 745).

Mit den beiden zuletzt angegebenen, frei gewählten Annahmen wird ein
Strömungsnetz aufgezeichnet. Werden die übrigen Grenzbedingungen durch das
Strömungsnetz mit den gewählten Annahmen nicht erfüllt, so müssen neue
Annahmen gemacht werden, d. h. der Formfaktor $\dfrac{\Delta s_1}{\Delta s_2}$ muß neu angesetzt und
das Strömungsnetz neu aufgezeichnet werden[1].

Bei der Aufzeichnung der Potential- und Strömungslinien ist darauf zu
achten, daß die beiden Linienarten senkrecht aufeinanderstehen.

Die einfachsten Strömungsbilder werden erhalten, wenn zwei Randbedingungen und zwei Potentiallinien bekannt sind.

Die Größtwerte von Geschwindigkeiten werden an den Unstetigkeitsstellen
des umflossenen Profils erhalten; bei solchen Ecken empfiehlt es sich, die Netz-
teilung eng zu halten. Es ist zu beachten, daß strenggenommen das Darcysche
Gesetz bei den Ecken nicht mehr gilt, da es die Trägheitskräfte vernachlässigt.
(Vgl. auch die Bewertung der Ergebnisse der analytischen Feststellung über die
Filtergeschwindigkeit unterhalb einer Platte. Beispiel 3, S. 750/751 dieses Buches.)
Es empfiehlt sich, die Aufzeichnung des Strömungsbildes an einer Unstetigkeits-
stelle zu beginnen (vgl. Beispiel S. 745; Abb. 553/559).

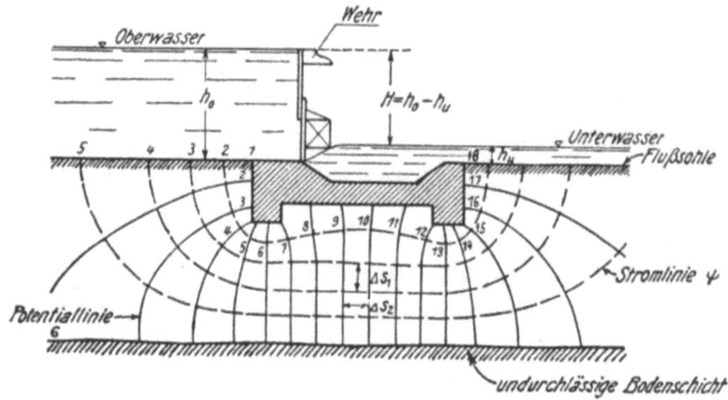

Abb. 553. Strömungsbild bei einem unterströmten Wehr.

f = Formfaktor; $\dfrac{\Delta s_2}{\Delta s_1} = \mathrm{tg}\,\alpha$, $a+1$ = Anzahl der Potentiale, $b+1$ = Anzahl der Stromlinien,

$$\Delta h = \frac{h_0 - h_u}{a} = \frac{h_0 - h_u}{17}, \quad a = 17, \quad f = \frac{b}{a} = \frac{5}{17}; \quad \frac{\Delta s_1}{\Delta s_2} = 1,\ b = 5.$$

β) Beispiele von zeichnerisch ermittelten Strömungsbildern.

Beispiel 1: Strömungsbild eines unterströmten Wehres. In Abb. 553 ist das Strömungsbild eines unterströmten Wehres angegeben.

---

[1] Vgl. F. PRASIL: Technische Hydrodynamik S. 54f. Berlin 1931; sowie FORCH-
HEIMER: Hydraulik S. 81f.

Die Anzahl der Stromlinien beträgt: $b + 1 = 6$ und die Anzahl der Potentiallinien beträgt $a + 1 = 18$; d. h.

$$\Delta h = \frac{h_o - h_u}{a} = \frac{h_o - h_u}{17},$$

Ferner wurde gewählt:

$\dfrac{\Delta s_1}{\Delta s_2} = 1$, d. h. quadratische Felder mit gekrümmten Seiten

$$\operatorname{tg} \alpha = \frac{\Delta s_1}{\Delta s_2} = 1; \quad \alpha = 45°.$$

Dann ist der Formfaktor

$$f' = \frac{b}{a} = \frac{5}{17} = 0{,}295.$$

Somit errechnet sich $q = v\,\Delta s_1 =$

$$= k\,J\,\Delta s_1 = k\,\frac{\Delta h}{\Delta s_1}\,\Delta s_1 = k\,\Delta h.$$

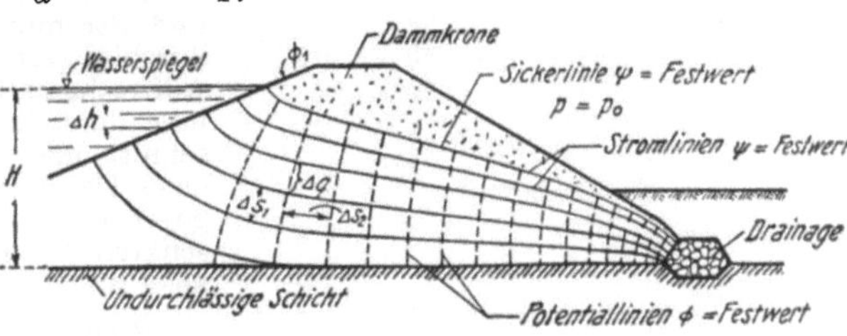

Abb. 554. Strömungsbild bei einem Damm mit gleichmäßig beschaffener Erde.

Daraus ergibt sich die gesamte durchsickernde Wassermenge zu:

$$Q = b\,q = 5\,k\,\Delta h = 0{,}295\,k\,H.$$

Beispiel 2: Strömungsbild bei einem Damm gleichmäßiger Beschaffenheit. In Abb. 554 ist das Strömungsbild bei einem Damm mit gleichmäßig beschaffener Erde angegeben. Das Wasser tritt aus dem Damm aus und wird in einer Sickerleitung gesammelt.

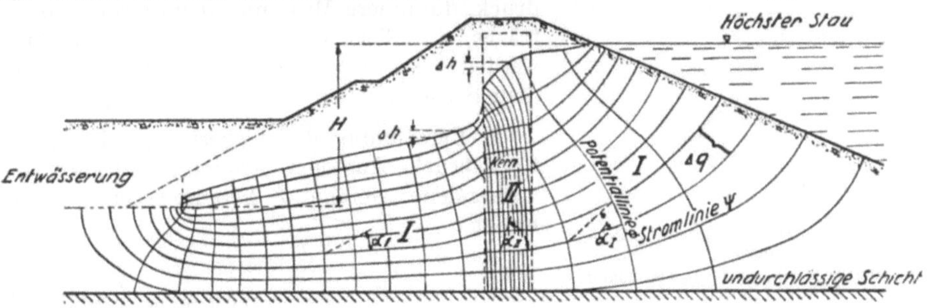

Abb. 555. Stromlinien bei einem Damm mit einem Kern, der wenig wasserdurchlässig ist.

Beispiel 3: Strömungsbild bei einem Damm ungleichmäßiger Beschaffenheit (siehe Abb. 555). Für beide Materialien *I* und *II* wird die gleiche Potentialdifferenz $d\,\Phi$ gewählt,

d. h. es ist $\dfrac{H}{a} =$ Festwert. In diesem Falle bleibt der Durchfluß zwischen zwei Stromlinien stets gleich groß, d. h.

$$\Delta q = k_I\,\frac{H}{a}\,\operatorname{tg}\alpha_I = k_{II}\,\frac{H}{a}\,\operatorname{tg}\alpha_{II}$$

und hieraus

$$\frac{\operatorname{tg}\alpha_I}{\operatorname{tg}\alpha_{II}} = \frac{k_{II}}{k_I}.$$

Die Aufzeichnung des Strömungsbildes benötigt viel Zeit (siehe auch Beispiel 6).

Beispiel 4: Strömungsbild für einen Damm, bei welchem das Wasser an der Luftseite als Hangquelle austritt. In Abb. 556 ist das Strömungsbild, das von der Hangquelle wesentlich beeinflußt wird, eingezeichnet. Nach Abb. 535, S. 746, dieses Buches ist $v_t = k \sin\alpha =$

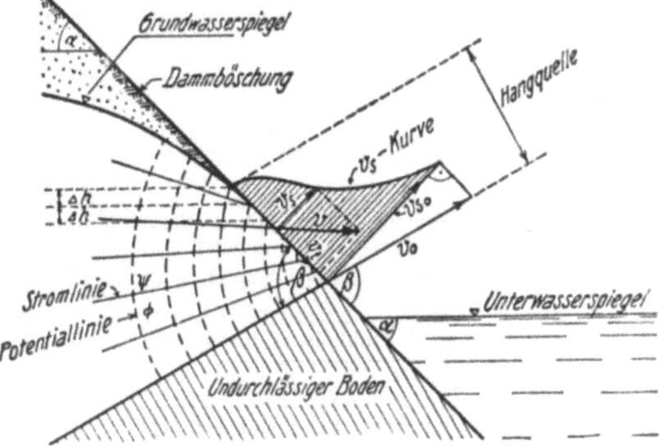

Abb. 556. Strömungsbild bei einem Damm mit Hangquelle.

Es ist: $v_t = k \sin\alpha$, $\ v_0 = \dfrac{v_t}{\cos\beta} = \dfrac{k \sin\alpha}{\cos\beta}$,

$$v_{s_0} = v_0 \sin\beta = k \sin\alpha\,\operatorname{tg}\beta.$$

$=$ Festwert. Die Richtung der Geschwindigkeit v beim Austritt des Wassers an die Luft ist aus dem Strömungsbild zu entnehmen. Die Sickergeschwindigkeit, die senkrecht zur Dammböschung steht, ist vektoriell $\overline{v_s} = \overline{v} + \overline{v_t}$.

Der Verlauf der v_s-Kurve geht aus Abb. 556 hervor.

Beispiel 5: Verschiedene Arten von Hangquellen. In Abb. 557 sind einige häufig vorkommende Arten von Hangquellen schematisch gezeichnet.

Beispiel 6: Strömungsbild bei einem Damm mit undurchlässigem Kern. Der Verlauf der Potential- und Strömungslinien bei einem Damm mit undurchlässigem Kern ist verhältnismäßig rasch zum Aufzeichnen möglich, da die Kernwand eine Sickerlinie darstellt. In Abb. 297, 344, Bd. II im Abschnitt über Rutschungen ist das Strömungsbild eines Dammes mit undurchlässigem Kern wiedergegeben. Dort ist der Zustand des soeben abgesenkten Stausees angenommen (siehe auch Beispiel 3).

Beispiel 7: Strömungsbild bei einem Wehr mit ungleichmäßig beschaffenem Untergrund (Abb. 558).

E. Auswertung des Strömungsbildes.

Mit Hilfe des Strömungsbildes können der Sicherheitsgrad gegen Grundbruch, die Fließgeschwindigkeit des Grundwassers, der Wasserdruck, die innere Massenkraft im Grundwasserträger, die Sickerwassermenge usw. berechnet werden. Zu den einzelnen Folgerungen aus dem Strömungsbild ist zu bemerken:

1. Berechnung des Sicherheitsgrades gegen Grundbruch. Aus dem Strömungsbild kann das vorhandene Gefälle J herausgelesen werden. Es ist

$$J = \frac{dh}{ds}.$$

Der *Sicherheitsgrad S gegen Grundbruch* ergibt sich zu:

$$S = \frac{J_{kritisch}}{J_{vorhanden}}.$$

S muß sein: $S \geqq 1$*.

2. Die Filtergeschwindigkeit. Aus dem Strömungsbild kann die Größe und Richtung der Filtergeschwindigkeit v herausgelesen werden; es ist:

$$v = k\,J = k\,\frac{dh}{ds}.$$

Es soll sein:

$$v \leqq k.$$

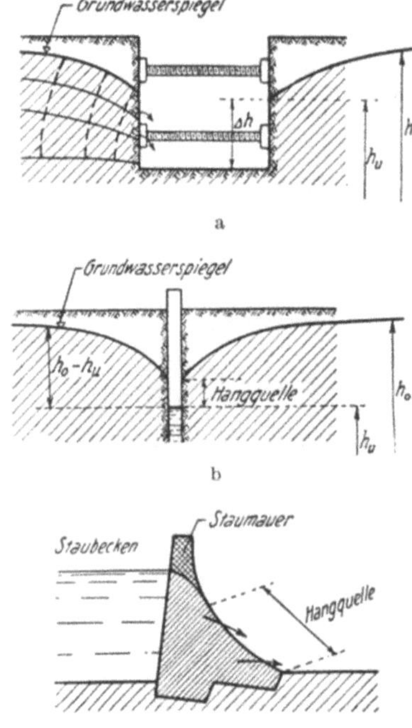

Abb. 557. Verschiedene Arten von Hangquellen.

a Baugrube, b Filterbrunnen, c Staudamm

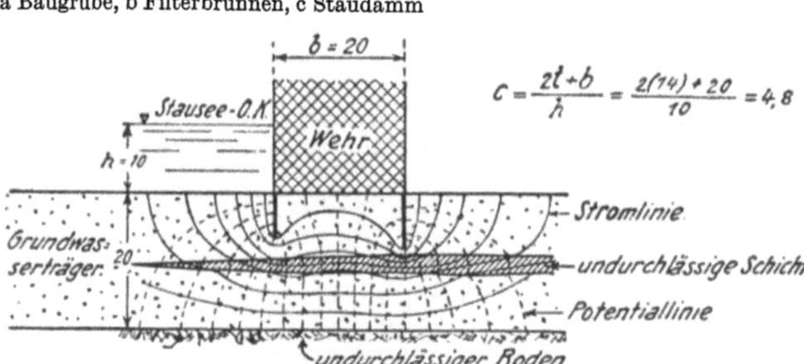

Abb. 558. Strömungsbild bei einem Wehr mit undurchlässig beschaffenem Untergrund.

t Tiefe der undurchlässigen Schicht, $c = \dfrac{2t + b}{h}$ Sicherheitsfaktor nach G. BLIGH[1], b gesamte Breite der Grundfläche des undurchlässigen Teiles des Stauwerkes, h Stauhöhe, t Rammtiefe. Erfahrungswerte:

Bodenart	c-Wert
Feiner Sand und Schluff	18
Feiner, glimmeriger Sand	15
Grober Sand	12
Schotter und Sand..........	9
Blöcke, Kies und Sand	4—6

3. Größe des Wasserdruckes. Die Größe des Wasserdruckes läßt sich längs der festen Randstromlinien ermitteln. In Abb. 559 ist der Unterdruck, der unter

---

* Vgl. H. LEUSSINK: Der Sicherheitsgrad im Grund- u. Erdbau. Bautechn. 1942 S. 297.

[1] Dams, barrages an weirson porous foundation. Engng.-News Rec. Bd. 2 (1910) S. 708.

Benutzung des Strömungsbildes Abb. 553 berechnet wurde, zeichnerisch aufgetragen.

4. Die innere Massenkraft (vgl. Abschnitt B und Abb. 529 u. 530). Ist das Strömungsbild bekannt, so ist die Richtung für die Reibungskraft R' für laminare Bewegung und die Richtung für den Auftrieb P' gegeben. Die Reibungskraft R' errechnet sich aus der Beziehung:

Reibungskraft

$$R' = n\,\gamma_w\,J\,V;$$

für $V = 1$ wird

$$R' = n\,\gamma_w\,J;$$

für $\gamma = 1$ wird

$$R' = n\,J.$$

n bedeutet den Hohlrauminhalt und ist eine Materialeigenschaft. n ist abhängig vom jeweilig herrschenden Druck (siehe S. 301).

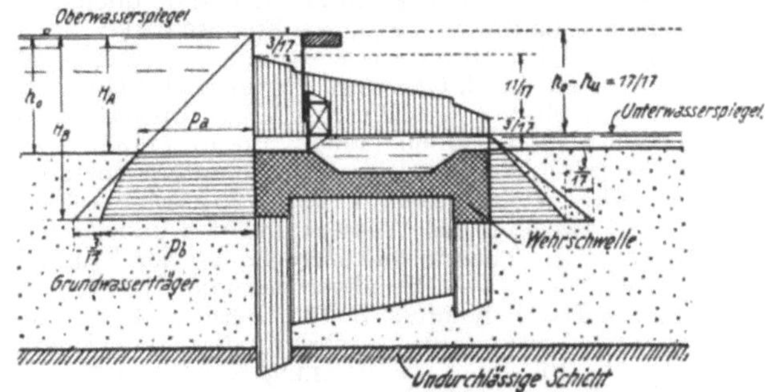

Abb. 559. Unterdruck auf eine Wehrschwelle (siehe Abb. 553 für das Strömungsbild).

Unterdruck: $p_a = \gamma\,H_A;\quad p_b = \gamma\,H_B - \dfrac{3\,\gamma\,(h_0 - h_u)}{17}.$

Das Gefälle J kann aus dem Strömungsbild ermittelt werden: $J = \dfrac{dh}{ds}$.

Ferner wird der Auftrieb P';

$$P' = \gamma_w\,(1 - n)\,V;$$

für $V = 1$ und $\gamma = 1$ wird $P' = (1 - n)$. P' kann nach Richtung und Sinn aus dem Strömungsbild bestimmt werden.

Für $P = \dfrac{n}{1 - n}\,P'$ vgl. Gl. (2) und (4) S. 735.

Das Gewicht G' ist:

$$G' = \gamma_s\,(1 - n)\,V;$$

für $V = 1$ wird $G' = \gamma_s\,(1 - n)$. $\gamma_s =$ Wichte (spez. Gewicht). G' kann nach Richtung und Sinn aus dem Strömungsbild bestimmt werden.

Die innere Massenkraft G'' ist somit

$$\overline{G''} = \overline{G'} + \overline{R'} + \overline{P'} \quad \text{(vektoriell).}$$

Die zeichnerische Ermittlung der inneren Massenkraft G'' geht aus Abb. 560 hervor.

5. Berechnung der Sickerwassermenge. Die Sickerwassermenge q beträgt:

$$q = \Delta q\,b = b\,v\,\Delta s_1 = b\,\Delta\Phi\,\frac{\Delta s_1}{\Delta s_2} = k\,H\,\frac{b}{a}\,\operatorname{tg}\alpha$$

(siehe Abb. 553 und 554), aus welchen die Werte für H, b, a und $\operatorname{tg}\alpha$ hervorgehen.

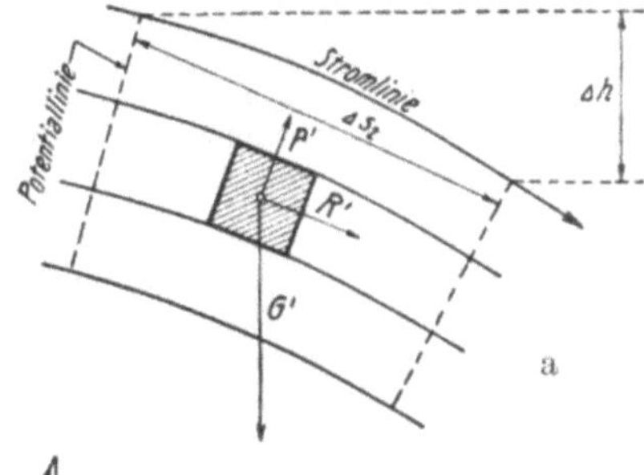
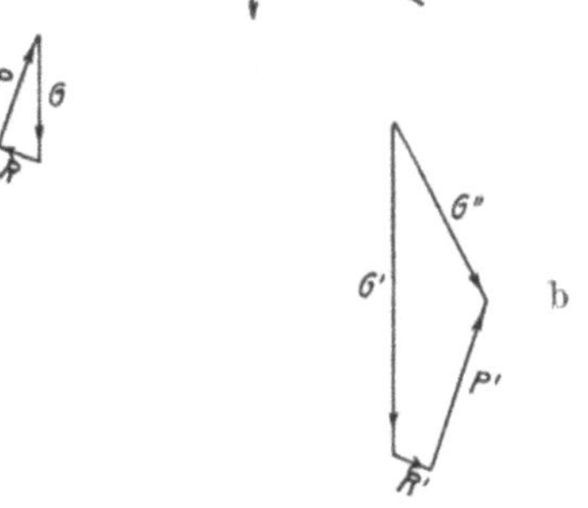

Abb. 560. Auswertung des Strömungsbildes zur Bestimmung der innern Massenkraft.

a Kräfteplan W für das Wasser: $G = n\,\gamma\,V$, $R = G\,J = G\,\dfrac{\Delta h}{\Delta s_2}$; b Kräfteplan E für den Grundwasserträger: $G' = \gamma_s\,(1 - n)\,V$, $R' = R$, $P' = \dfrac{1 - n}{n}\,P.$

Schrifttum über Grundwasserströmung.

a) Theoretische Grundlagen.

Baranoff, A.: Über die Lösung von Grundwasseraufgaben mit freier Oberfläche. Univ. Research Inst. Shangai 1935. — Betz, A., u. E. Peterson: Anwendung der Theorie des freien Strahles. Ing.-Arch. 1931 Heft 2. — Bieberach, L.: Funktionentheorie Bd. 2. Leipzig 1927. — Einführung in die konforme Abbildung. Sammlung Göschen Bd. 768. — Breitenöder: Ebene Grundwasserströmungen.

Berlin 1942. — BURKHARDT, H.: Funktionentheoretische Vorlesungen. Berlin 1921. CASAGRANDE, L.: Näherungsverfahren zur Ermittlung der Sickerung in geschütteten Dämmen auf undurchlässiger Sohle. Bautechn. 1934 Heft 15. — DACHLER, R.: Grundwasserströmung. Berlin 1936. — ECK, BR.: Einführung in die technische Strömungslehre Bd. 1/2. Berlin 1936. — EHRENBERG: Versuche über die Ergiebigkeit von Brunnen und Bestimmung der Durchlässigkeit von Sand. Z. öst. Ing.- u. Archit.-Ver. 1928 Heft 9/14. — FEYLESSOUFI: Étude de quelques écoulements souterrains. École d'ingénieur. Lausanne 1940. — FORCHHEIMER, PH.: Hydraulik. Leipzig 1930. — HAMEL, G.: Über Grundwasserströmung. Z. angew. Math. Mech. 1934 Heft 3 S. 129. — HAMEL, G., u. E. GÜNTHER: Numerische Durchrechnung dazu. Z. angew. Math. Mech. 1935 Heft 5. — HARZA, L. F.: Unterdruck und Sickerweg unter Wehren. Proc. Amer. Soc. Bd. 60 (1934); Bd. 61 (1935). — HOFFMANN, R.: Grundwasserströmung unter Wehren. Wasserwirtschaft, Wien 1934 Heft 18/21. — KAUFMANN, W.: Angewandte Hydromechanik Bd. 1/2. Berlin 1931. — KOCH u. M. CARSTANJEN: Von der Bewegung des Wassers und den dabei auftretenden Kräften. Berlin 1926. — KOZENY, J.: Theorie und Berechnung der Brunnen. Wasserkr. u. Wasserwirtsch. 1933 S. 42, 60, 80. — Grundwasserstudie. Wasserwirtschaft, Wien 1931 Heft 10. — LAMB, H.: Hydrodynamik S. 165. Berlin 1931. — MEYER-PETER, D., H. FAVRE u. R. MÜLLER: Beitrag zur Berechnung der Standsicherheit von Erddämmen. Schweiz. Bauztg. Bd. 108 Nr. 4. — MÜLLER, R.: Die Anwendung von Strömungsbildern zur Berechnung durchsickerter Erdschüttungen. Erdbaukurs 1938. E. T. H. Zürich Sammelheft. — MÜLLER, W.: Einführung in die Theorie der zähen Flüssigkeiten. Leipzig 1932. — NEMÉNYI: Über die Gültigkeit des Darcyschen Gesetzes und dessen Grenzen. Wasserkr. u. Wasserwirtsch. 1934 Heft 14. — PRANDTL: Abriß der Strömungslehre S. 84. Braunschweig 1931. — PRANDTL, L., u. O. TIETJENS: Hydro- und Aeromechanik Bd. 1/2. Berlin 1931. — PRASIL, FR.: Techn. Hydrodynamik. Berlin 1926. — PRINZ: Hydrologie. Berlin 1923. — RIEMANS-WEBER: Die Differentialgleichungen und Integralgleichungen der Mechanik und Physik. Braunschweig 1930, 1935. — RORBACH: Über eine ebene Potentialströmung. Mh. Math. Phys. Bd. 45. — Über Grundwasserströmung. Ing.-Arch. 1936 Heft 1/5. — ROTHE-OLLENDORF-POHLHAUSEN: Funktionentheorie und ihre Anwendung in der Technik. Berlin 1931. — WEINIG, F.: Die ebene Potentialströmung in gewöhnlichen Krümmern. Wasserkr. u. Wasserwirtsch. 1934 Heft 17. — WEINIG, F., u. A. SHIELDS: Graphische Verfahren zur Ermittlung der Sickerströmung durch Staudämme. Wasserkr. u. Wasserwirtsch. 1936 Heft 13. — WEYRAUCH: Hydraulisches Rechnen 1921. — ZUNKER u. CHWALLA: Neuere Untersuchungen zur Berechnung von Grundwasserströmungen. Bautechn. 1938 Heft 8 u. 12.

b) Anwendungen.

ABWESER, C.: Beiträge zum Problem der Entstehung des Grundwassers und die Ursachen seiner Schwankungen. Wasserwirtsch. u. Techn. S. 5. Wien 1935. — BERGWALD: Grundwasserabsenkungen für Gründung von Bauwerken. Berlin 1917. — BLATTNER: Das Grundwasserabsenkungsverfahren beim Neubau der Schweiz. Volksbank in Biel. Schweiz. techn. Z. 1929 Heft 45. — BORNEMANN: Das Darcysche Gesetz. Abh. im Civiling. 1858 S. 118. —DISERENS: Vorlesungen. Zürich 1941. — FLÜGEL: Kritische Untersuchungen über die Theorien der Grundwasserbewegung. Karlsruhe 1929. — GANSLOSER: Leistung, Mächtigkeit und Ruhewasserspiegel der verschiedenen Schichten während der Teufe von Tiefbrunnen. Gesundh.-Ing. 1943 S. 435. — GROSS: Handbuch d. Wasserversorgung S. 234. Berlin 1930. — HANSEN: Die Gründungsarbeiten bei dem Umbau der Staatsoper in Berlin. Zbl. Bauverw. 1928. — HOCHEDER: Das Grundwasserbewegungsgesetz. Geschäftsbericht des Kg.-Bayr.Wasserversorgungsbureaus 1915 S. 40. — Studie über den horizontalen und vertikalen Wirkungsbereich von Grundwasser. Gas und Wasserfach 1925 S. 555. — KASTNER, H.: Über die Standsicherheit von Spundwänden in strömendem Grundwasser. Bautechn. 1943 S. 66. — KEUTNER: Die Wasserbewegung in durchlässigen Bodenschichten. Bautechn. 1933 S. 285, 308. — KOEHNE: Grundwasserkunde S. 130. Stuttgart 1928. — KÖRNER: Erforschung der physikalischen Gesetze, nach welchen die Durchsickerung des Wassers durch eine Talsperre oder durch den Untergrund stattfindet. Mitt. Preuß. Versuchsanst. f. Wasserbau u. Schiffsbau Heft 14. Berlin 1933. — KOLLBRUNNER: Grundwasser in Filterbrunnen (mit Schrifttumsangabe). Zürich 1943. — KYRIELEIS: Grundwasserabsenkungsarbeiten bei Fundierungen. Diss. 1911. — KYRIELEIS-SICHARDT: Grundwasserabsenkung bei Fundierungsarbeiten. Berlin 1930. — LEHR: Ermittlung der Grundwassergeschwindigkeit auf neuer Grundlage. Gesundh.-Ing. 1927 S. 5; Zuschrift S. 539; 1928 S. 84. — LINDQUIST: On the flow of water through porous soil. 1. Congr. des Grands Barrages S. 81. Stockholm 1933. — LUEGER: Theorie der Bewegung des Wassers durch Alluvionen. Wasserversorgung der Städte 1895/1914. — Die Wasserversorgung der Städte. Der städtische Tiefbau Bd. 2 S. 453. Stuttgart 1914. — Pengel-Bieske: Der praktische Brunnenbauer S. 132. Berlin 1932. — Prinz: Hydrologie. Berlin 1923. — Redlich: Grundwasserabsenkung und Gebäudestandsicherheit in Berlin. Zbl. Bauverw. 1932 S. 236. — Rother: Die Ergiebigkeit unvollkommener Brunnen. J. Gasbeleuchtung u. Wasserversorgung 1904 S. 137. — Zur richtigen Bewertung des Smrekerschen Gesetzes. J. Gasbeleuchtung u. Wasserversorgung 1919 S. 289. — Zur Ehrenrettung des Darcyschen Gesetzes. Int. Z. Wasserversorgung 1915 S. 21. — Schaffenak: Erforschung der physikalischen Gesetze, nach welchen die Durchsickerung des Wassers durch eine Talsperre oder durch den Untergrund stattfindet. 1. Congr. des Grands Barrages S. 43. Stockholm 1933. — Schaffenak u. Dachler: Das Widerstandsgesetz für die Wasserströmung durch Kies. Wasserwirtschaft. Wien 1934 S. 145. — Sichardt: Einige Beispiele von Grundwasserabsenkungen. Bauingenieur 1933 S. 392, 467; 1935 S. 117; Bautechn. 1927 S. 683, 718, 730. — Fortschritte des Grundwasserabsenkungsverfahrens. Bauingenieur 1923. — Über Tiefsenkungen des Grundwasserspiegels. Bautechn. 1927 Heft 47, 49, 50. — Die Ausführung von Grundwasserabsenkungen. Bautechn. 1929 Heft 25. — Schultze, J.: Die Grundwasserabsenkung in Theorie und Praxis. Berlin 1924. — Die neuere Entwicklung von Grundwasserabsenkungsverfahren. Bautechn. 1923. — Smreker: Entwicklung eines Gesetzes für den Widerstand bei der Bewegung des Grundwassers. Z. VDI 1878 S. 118. — Die Straßburger Pumpversuche. J. Gasbeleuchtung u. Wasserversorgung 1879 S. 707. — Die Depressionsflächen bei Schachtbrunnen. Z. VDI 1881 S. 283. — Vorarbeiten für das Wasserwerk der Stadt Mannheim 1884. — Wasserversorgung der Städte. Handbuch der Ingenieurwissenschaft 1914. — Das Grundwasser, seine Erscheinungsformen, Bewegungsgesetze und Mengenbestimmung. Diss. 1914. — Das Widerstandsgesetz bei der Bewegung des Grundwassers. J. Gasbeleuchtung u. Wasserversorgung 1915 S. 452. — Bestimmung der Durchflußmenge bei Grundwasserströmen. J. Gasbeleuchtung u. Wasserversorgung 1918. — Taylor: The flow of water in sand. Engineer, Lond. 1933 S. 107. — Thiem, A.: Brunnenergiebigkeit. J. Gasbeleuchtung u. Wasserversorgung 1870 S. 450; 1876 S. 707; 1880 S. 196; 1888 S. 1, 18; 1921 S. 439. — Hydrologische Methoden. Stuttgart 1906. — Weber, H.: Die Reichweite von Grundwasserabsenkungen mittels Rohrbrunnen. Berlin 1928. — Über die Wiederauffüllung von Grundwasserabsenkungstrichtern. Bauingenieur 1933 S. 342. — Wedernikow, V. V.: Versickerung aus Kanälen. Wasserkr. u. Wasserwirtsch. 1934 Heft 11/13. — I. Int. Talsperrenkongreß: De Vos: Das Strömen von Wasser durch Erddämme und deren Unterlage. — Lindquist: Über den Durchfluß durch porösen Boden. — Pavlovsky, N.: Der Durchfluß des Wassers durch Erddämme. — Gilborg, G.: Gespülte Dämme. Stockholm 1933.

Mathematische Statistik
für den Ingenieur-Geologen.

Werden künstlich und unter gleichen Bedingungen Gegenstände, z. B. Betonfertigfabrikate, Tonwaren usw., hergestellt, und werden diese Gegenstände auf ihre Eigenschaften untersucht, so ergibt sich, daß die einzelnen Stücke nie vollkommen miteinander übereinstimmen. Das gleiche gilt auch von den meisten Naturereignissen. Es werden z. B. nicht in allen Orten gleich viel Mädchen und Knaben, ausgedrückt in Prozenten der Gesamtbevölkerung, geboren.

Man kann die Beobachtung machen, daß ein großer Teil der Ereignisse in der Nähe eines bestimmten, mittleren Wertes liegt. Die Anzahl der Ereignisse nimmt aber rasch ab, je weiter man sich vom Mittelwert entfernt. Im allgemeinen ist eine rasche Abnahme der Häufigkeit in der Nähe des Mittelwertes zu beobachten, siehe z. B. die Häufigkeitskurve in Abb. 568. Außerhalb einer äußersten Grenze kommt überhaupt kein Ereignis mehr vor.

Die planmäßige Ordnung solcher Tatsachen zum Zwecke, bestimmte Gesetze über die Art und Größe der Abweichungen vom Mittelwert aufzustellen, ist eine wesentliche Aufgabe der mathematischen Statistik. Im weiteren beschäftigt sich die mathematische Statistik mit dem gesetzmäßigen, periodischen Verlauf gewisser Naturereignisse, z. B. mit den Schwankungen der Temperatur an einem bestimmten Orte während einer längeren Zeitperiode.

Zur Aufstellung der oben erwähnten Gesetze bedient sich die Statistik der Regeln und Gesetze der Wahrscheinlichkeitstheorie. Aber auch die Lehre von der Erfassung der zeitlichen Schwankungen (Periodogrammanalyse, harmonische Analyse) und die Lehre von den Indexzahlen bilden in der mathematischen Statistik wertvolle Hilfen für die Abklärung des gesetzmäßigen Verlaufes von Ereignissen.

In den folgenden Abschnitten werden nur diejenigen Gebiete der mathematischen Statistik behandelt, soweit sie für den Ingenieur-Geologen von Bedeutung sind. Dazu gehören: A. Grundbegriffe. B. Die Anpassung von Kurven an das gegebene, statistische Material. C. Die Mittelwerte. D. Die Grundformeln der Wahrscheinlichkeitsrechnung. E. Die Streuung. F. Die Häufigkeit. G. Die Korrelation. H. Zeitreihen (Periodogrammanalyse, harmonische Analyse). J. Indexzahlen.

A. Grundbegriffe.

Abweichung: Die wichtigsten mathematischen Formulierungen für die Abweichungen sind:

   a) durchschnittliche Abweichung. Die durchschnittliche Abweichung wird auch „Fehler" genannt (siehe S. 789 für e_1);

   b) mittlere quadratische Abweichung. Für die „mittlere quadratische Abweichung" werden auch die Ausdrücke „mittlere Streuung" oder einfach „Streuung" gebraucht (siehe S. 789 für e_2);

   c) Standardabweichung. Standardabweichung bedeutet das gleiche wie mittlere, quadratische Streuung.

Geometrische Bedeutung der Abweichungen:

a) **Durchschnittliche Abweichung.** Aus Abb. 570 geht die Größe der durchschnittlichen Abweichung $e_1 = \delta$ vom arithmetischen Mittel oder vom Zentralwert hervor. Die durchschnittliche Abweichung ist die Abszisse des Schwerpunktes der Fläche unter der rechten Hälfte der Häufigkeitskurve. Die Beziehung zwischen durchschnittlicher Abweichung e_1 und mittlerer quadratischer Abweichung e_2 lautet für die normale Häufigkeitskurve $e_1 \sim 0{,}8\,e_2$.

b) **Mittlere quadratische Abweichung** vgl. Abb. 561; im weiteren siehe Begriff „Streuung" S. 774, 788.

Aposteriorische Wahrscheinlichkeit: Ist der Umfang eines Merkmales nicht im voraus bekannt, sondern wird er erst nachträglich bestimmt, so spricht man von einer aposteriorischen Wahrscheinlichkeit. Im folgenden Beispiel sei die Anzahl der Kugeln in der Urne nicht bekannt. Es wird jeweils eine Kugel gezogen, ihre Farbe aufgeschrieben und dann die Kugel wieder in die Urne gelegt. Auf diese Weise kann die Anzahl der vorhandenen Kugeln nicht gezählt werden. Wenn nun 1000 Züge gemacht werden und 249mal eine rote Kugel, 438mal eine schwarze und 313mal eine weiße Kugel gezogen wird, so ergibt sich als relative Häufigkeit für die roten Kugeln $\frac{249}{1000} = 0{,}249$; für die schwarzen $\frac{438}{1000} = 0{,}438$ und für die weißen $\frac{313}{1000} = 0{,}313$. Diese Wahrscheinlichkeitsbestimmung heißt aposteriorisch; sie wird auch mit *statistischer Wahrscheinlichkeit* bezeichnet (vgl. Begriffserklärung für die Häufigkeitskurve S. 770). Bei den meisten statistischen Untersuchungen steht nur ein ganz kleiner Teil der zu untersuchenden Gegenstände zur Verfügung. Man hat es gleichsam mit Stichproben oder aposteriorischen Wahrscheinlichkeiten zu tun.

Apriorische Wahrscheinlichkeit: Ist der Gesamtumfang eines Kollektivs im voraus bekannt, sind alle Möglichkeiten, daß sich gewisse Ereignisse verwirklichen lassen, von vornherein (im voraus) bekannt, so spricht man von einer apriorischen Wahrscheinlichkeit. Z. B. seien 4 rote, 7 schwarze und 5 weiße Kugeln in einer Urne. Dann ist der Gesamtumfang des Kollektivs „Kugeln" $= 4 + 7 + 5 = 16$. Die Wahrscheinlichkeit, eine Kugel mit dem Merkmal „rot" zu ziehen, ist dann: $\frac{4}{4 + 7 + 5} = \frac{1}{4} = 0{,}25$; für die schwarze Kugel ist die Wahrscheinlichkeit $\frac{7}{16} = 0{,}438$ und für die weiße Kugel $\frac{5}{16} = 0{,}312$.

Argument: Das Merkmal eines Gegenstandes (Kollektives) kann durch Angaben über seine quantitative Größe näher umschrieben werden. Der Kollektivgegenstand sei z. B. Lehm. Ein Merkmal des Lehmes ist seine Druckfestigkeit. Die Druckfestigkeit kann durch Angabe ihrer quantitativen Größe, z. B. $\varkappa = 250$ kg/cm² näher bezeichnet sein. Die Größe $\varkappa$ ist veränderlich (variabel). Man bezeichnet nun die quantitativ veränderliche Größe eines Merkmales X als das Argument $\varkappa$ des Kollektives oder als die Ordnungsgröße des Kollektives. In manchen Lehrbüchern wird lediglich das Merkmal X als Argument bezeichnet; d. h. in diesem Falle ist die Bedingung der *quantitativ* veränderlichen Größe nicht im Begriff des Argumentes X eingeschlossen.

Arithmetisches Mittel siehe S. 771.

Basis siehe unter Indexreihe S. 771.

Beziehungsgleichung: Unter Beziehungsgleichung versteht man

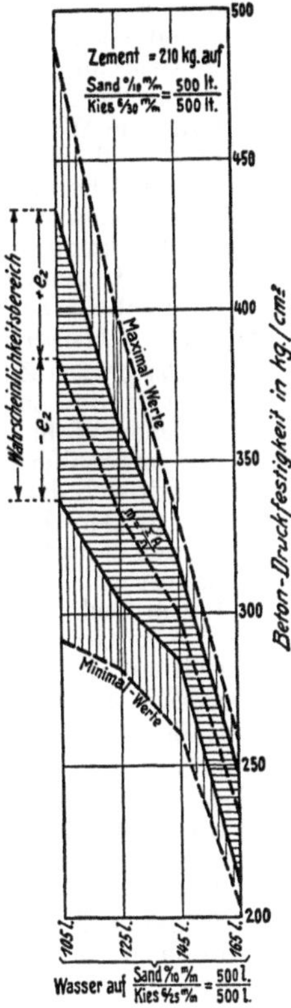

Abb. 561. Größt- und Kleinstwerte sowie Streuungsbereich.

Zement: Drehofenzement. Normenfestigkeit: 670 kg/cm² nach 28 Tagen.

Kiessand:

$$\frac{\text{Sand } ^0/_{10}\text{ mm}}{\text{Kies } ^6/_{25}\text{ mm}} = \frac{500\ l}{500\ l} = \frac{1}{1}.$$

Mischmaschine: Freifallmischer. Mischzeit 60″.

Probekörper: Größe 20/20/20 cm, Alter 28 Tage, Lagerung in feuchter Luft mit 80—100% relativer Luftfeuchtigkeit, Anzahl 402 Stück.

$$e_2 = \pm \sqrt{\frac{[v\,v]}{n}} = \text{Streuungsbereich,}$$

$$m = \frac{\Sigma\,x}{n} = \text{arithmetisches Mittel,}$$

$x = $ beobachteter Wert,

$n = $ Anzahl der Beobachtungen,

$v = m - x.$

das gleiche wie unter Regressionsgleichung (siehe unter „Regressionsgleichung" S. 773).

Dichtester Wert siehe S. 782.

Durchschnittliche Abweichung siehe S. 769, 789.

Erfahrungswahrscheinlichkeit: Die Bezeichnung Erfahrungswahrscheinlichkeit bedeutet das gleiche wie statistische Wahrscheinlichkeit (siehe entsprechende Begriffserklärung S. 774).

Fourier-Reihe: Ist eine Funktion gegeben und wird die Kurve, die sich aus der Funktion ableiten läßt, als die Summe von Sinuswellen dargestellt, so spricht man von der Entwicklung der Funktion in eine Fourier-Reihe.

Funktion: Ist x die Ursache von y, so entspricht bei einem funktionellen Zusammenhang die Wirkung y immer der Ursache x. Nie kann die Wirkung y stattfinden, ohne daß die Ursache x dagewesen wäre. Dem Begriff Funktion entsprechend sind solche Zusammenhänge unzerreißbar; mit anderen Worten: Bei stetigen Funktionen entspricht jedem Wert der Veränderlichen x ein bestimmter Wert der Funktion y. Beispiel: Ist $y = x + x^2$, so ist, wenn $x = 5$ gesetzt wird, $y = 30$.

Im Gegensatz zum funktionellen Zusammenhang steht die stochastische Verbundenheit (siehe S. 774).

Gaußsche Fehlerverteilungskurve: Bedeutet das gleiche wie Normalkurve (siehe S. 773).

Gesetz der großen Zahlen: Bei der apriorischen Wahrscheinlichkeit ist die Wahrscheinlichkeit, daß ein Ereignis eintritt, im voraus eindeutig festgelegt. Bei der aposteriorischen Wahrscheinlichkeit ist die relative Häufigkeit, daß ein Ereignis eintritt, nur angenähert bekannt. Je mehr Versuche zur Verfügung stehen, um so mehr nähert sich die relative Häufigkeit einem Festwert. Man spricht dann vom Gesetz der großen Zahlen. Der bekannte Erfahrungssatz für das Gesetz der großen Zahlen lautet: „Die relative Häufigkeit, mit der ein zufälliges Ereignis auftritt, nähert sich bei andauernder Fortsetzung der Versuche unter den gleichen wesentlichen Bedingungen immer mehr einem festen Wert."

Das Gesetz der großen Zahlen kann nicht bewiesen werden, sondern es gründet sich auf Erfahrungen, die schon unzählige Male gemacht wurden.

Gewogener Mittelwert siehe S. 782.

Gewogenes arithmetisches Mittel siehe S. 782.

Grundzahl siehe unter Indexreihen S. 771.

Harmonische Analyse: Ist eine Funktion durch eine Zahlenreihe, z. B. Beobachtungswerte, gegeben, so kann die Funktion mathematisch durch eine Summe von Teilwellen ausgedrückt werden. Das Aufsuchen der Teilwellen nennt man harmonische Analyse.

Harmonische Synthese: Sind verschiedene Teilwellen gegeben und wird diejenige Funktion gesucht, die als Summe aus den Teilwellen hervorgeht, so spricht man von einer harmonischen Synthese.

Harmonisches Mittel siehe S. 781.

Häufigkeit: Die Anzahl der Werte, die ein Glied eines Kollektives oder eines Merkmales aufweist, wird als Häufigkeit bezeichnet.

Häufigkeitskurve: Wird das Häufigkeitspolygon (siehe Abb. 574) durch eine Grenzkurve ersetzt, so entsteht die Häufigkeitskurve. Die Häufigkeitskurve wird auch dadurch erhalten, daß die Klassenintervalle unendlich klein gewählt werden.

Bedeutet $y = f(x)$ bzw. $y = f(v)$ in Abb. 568 die Gleichung für die Häufigkeitskurve, so wird

$$\int_{-\infty}^{+\infty} y\, d v = N \tag{1}$$

$N =$ Umfang des Kollektivs $=$ Gesamthäufigkeit

oder

$$\int_{a}^{b} y\, d v = N'. \tag{2}$$

N' wird auch als die absolute Häufigkeit des Teiles $a\,b$ in Abb. 568 oder auch als die wahrscheinlichste Häufigkeit der Beobachtungen im Intervall $a\,b$ bezeichnet. Wird an Stelle des absoluten Wertes der relative Wert gesetzt, so ist

$$\int_{-\infty}^{+\infty} y\, d x = 1. \tag{3}$$

Unter Benutzung der Gl. (3) spricht man für den Intervall $a\,b$ in Abb. 568 von einer relativen Häufigkeit oder statistischen Wahrscheinlichkeit.

Häufigkeitspolygon: Die Lote in den Mitten der Rechtecke $A\,B\,C\,D$, $C'\,D\,E\,F$ usw. in Abb. 574 stellen die Häufigkeit der betreffenden Klasse dar. Werden die Mitten der erwähnten Rechtecke durch Gerade miteinander verbunden, so entsteht das Häufigkeitspolygon. Die Summe der Lote des Häufigkeitspolygons ergibt den Umfang des Kollektivs $= N =$ Gesamthäufigkeit.

Häufigkeitsrechteck: Rechteck, dessen eine Seite durch das Klassenintervall, die andere Seite durch die Häufigkeit in diesem Intervall gebildet ist, z. B. in Abb. 574 das Rechteck $A\,B\,C\,D$ mit dem Klassenintervall $q = 0$ bis $0{,}05$ als Grundlinie und der Häufigkeit $y = 19$ Werte.

Histogramme siehe Staffelbild.

Indexreihen $=$ Reihen von Indexzahlen. Die zeitlichen Veränderungen, z. B. der Ergiebigkeiten einer größeren Anzahl von Quellen, können durch die zeitliche Veränderung der Ergiebigkeit einer bestimmten Quelle ausgedrückt werden. Man spricht dann von Indexreihen oder von Reihen von Verhältniszahlen. Die zum Vergleich herbeigezogene statistische Reihe wird als *Basis* oder *Grundzahl* bezeichnet.

Durch die Indexreihen können die gesetzmäßigen Zusammenhänge der Veränderungen ausgedrückt werden (siehe Beispiele S. 830).

Indexzahlen: Indexzahlen nennt man Zahlen, welche die relativen Änderungen der betrachteten Größe im Laufe der Zeit festhalten, z. B. können die Änderungen der chemischen Beschaffenheit einer Quelle in einem Jahr im Verhältnis zum Chemismus des vorhergehenden Jahres durch Indexzahlen ausgedrückt werden (siehe Beispiel S. 830). Im Schrifttum wird auch der Ausdruck „Verhältniszahl" an Stelle von Indexzahl gebraucht.

Klasse: Werden verschiedene Werte der Veränderlichen (Variablen) $\varkappa_1$, $\varkappa_2$, $\varkappa_3$, $\varkappa_4$, $\ldots$ gewählt und die Unterschiede $\varkappa_2 - \varkappa_1$; $\varkappa_3 - \varkappa_2$; $\varkappa_4 - \varkappa_3$ usw. gebildet, so nennt man diese Unterschiede *Klassengrößen* oder *Klassenintervalle*. In Abb. 582 beträgt die Klassengröße für die Druckfestigkeit $30 \ \mathrm{kg/cm^2}$ und für das Raumgewicht $0{,}01 \ \mathrm{kg/dm^3}$. Für die Unterschiede von $y_2 - y_1$, $y_3 - y_2$ usw. werden ebenfalls Klassengrößen oder Klassenintervalle gebildet.

Alle Glieder des Kollektivs, deren Argument in ein und dasselbe Klassenintervall fällt, bilden zusammen eine Klasse.

Die Anzahl der Glieder innerhalb einer Klasse macht die *Klassenhäufigkeit* aus. In Abb. 582 beträgt z. B. die Klassenhäufigkeit für den Klassenintervall der Druckfestigkeit von 235 bis $265 \ \mathrm{kg/cm^2} = 132$ Werte.

Die Summe der Klassenhäufigkeiten muß mit dem Umfang des Kollektivs übereinstimmen. In Abb. 582 beträgt die Summe der Klassenhäufigkeiten: $N = 1215 =$ Umfang des Kollektivs.

Klassengröße siehe oben unter „Klasse".

Klassenhäufigkeit siehe oben unter „Klasse".

Klassenintervall siehe oben unter „Klasse".

Klassenmitte: Die Klassenmitte ist der Wert in der Mitte des Klassenintervalls, z. B. ist die Klassenmitte im Klassenintervall 235/265 der Abb. 582 der Wert $\dfrac{235 + 265}{2} =$

$= 250 \ \mathrm{kg/cm^2}$ usw. Bei der Auswertung von Korrelationstabellen wird oft an Stelle des Klassenintervalls die Klassenmitte gewählt.

Kollektiv: Eine Zusammenfassung gleichartiger und gleichwertiger Gegenstände zum Zwecke einer statistischen Bearbeitung wird mit dem Namen Kollektiv, auch Kollektivgegenstand oder Sammelgegenstand, belegt. So stellen z. B. alle Proben aus einer Lehmschicht einen Kollektivgegenstand dar. Die einzelnen Gegenstände im erwähnten Beispiel, die einzelnen Proben werden mit Element, Objekt, Individuum, Exemplar, Glied oder ähnlich bezeichnet.

Die *Anzahl* der Gegenstände wird als Umfang des Kollektivs und meistens mit N bezeichnet. Ein Kollektiv bildet an sich noch keine Grundlage zur statistischen Verarbeitung. Erst durch Beschreibung oder Messung von Merkmalen (siehe diesen Begriff) an den Einzelgliedern wird das statistische Material geschaffen.

Beispiel: In der Abb. 582 ist der Kollektivgegenstand Beton. Die beiden Merkmale des Kollektivgegenstandes sind die Druckfestigkeit und das Raumgewicht.

Kollektivgegenstand siehe unter „Kollektiv".

Kolonnen: Die Zahlen einer Korrelationstabelle lassen sich in senkrechte Reihen oder Kolonnen reihen (siehe z. B. Abb. 582).

Konjunkturschwankung: Bei den Konjunkturschwankungen unterscheidet man

49*

zwischen Konjunkturwellen und Konjunkturzyklen; siehe auch unter „Schwankungen".

Kontraharmonisches Mittel siehe S. 781.

Korrelation: Die Beziehungen zwischen Betondruckfestigkeit und Raumgewicht sind nicht unzerreißbar, d. h. funktionell, sondern stochastisch; d. h. jedem Druckfestigkeitswert $y = \sigma$ entspricht nicht nur ein Raumgewichtswert $x = r$, sondern es sind jedem Wert x verschiedene Werte y mit gewissen Wahrscheinlichkeiten verbunden; mit anderen Worten: es liegt eine Korrelation vor. Vgl. die Ausführungen beim Begriff: „Stochastische Verbundenheit" und das dortige Beispiel.

Korrelationstabelle: Ist nur ein Merkmal Y eines Kollektivs vorhanden, z. B. die Druckfestigkeit von Betonproben, und sind die Häufigkeiten für jeden Klassenintervall bekannt, so ergibt sich eine *reihenförmige* Anordnung der Argumentwerte Y, siehe z. B. Abb. 574, mit den Häufigkeiten in Abhängigkeit des Arguments Y für die Druckfestigkeiten.

Sind zwei Merkmale X und Y eines Kollektivs vorhanden, z. B. die Druckfestigkeit Y und die Raumgewichte X von Betonproben, und sind auch die entsprechenden Häufigkeiten bekannt, so ergibt sich eine flächenhafte Anordnung für die Argumente X. Y und ihre Häufigkeiten. Vgl. z. B. Abb. 582 mit den Häufigkeiten (uneingeklammerte Werte) in Abhängigkeit des Argumentes Y für die Druckfestigkeit und des Argumentes X für das Raumgewicht. Die Abb. 582 wird als Korrelationstabelle bezeichnet oder besser als Korrelationstabelle für die Korrelation zwischen Betondruckfestigkeiten und Raumgewichten.

Die Ausfüllung der Korrelationstabelle geschieht auf Grund der Urliste.

Die unterste Summenreihe, z. B. die Reihe n_i, in Abb. 582, gibt die Verteilung des Mermals X (Raumgewicht des Betons) an; die äußerste Kolonne, z. B. die Kolonne u_j in Abb. 582, gibt die Verteilung des Merkmals Y an. Sowohl die Summe aller n_i als auch die Summe aller u_j ergibt in der äußersten unteren rechten Ecke der Tafel den Wert N. Es ist:

$$N = \Sigma\, n_i = \Sigma\, u_j = \text{Umfang des Kollektivs.}$$

In Abb. 582 ist $N = 1215$.

Mathematische Erwartung: Unter mathematischer Erwartung versteht man die Summe der Produkte der möglichen Werte einer Variablen $\varkappa$ mit den zugehörigen Wahrscheinlichkeiten. Es sei $\varkappa_1, \varkappa_2, \ldots, \varkappa_n =$ mögliche Werte der Veränderlichen $\varkappa$; $p_1, p_2, \ldots, p_n =$ die zu den Variablen $\varkappa$ gehörigen Häufigkeiten (Wahrscheinlichkeiten). $p_i = n_i : N;\ i = 1 \ldots n;\ N =$ Umfang des Kollektivs.

Dann lautet die Gleichung für die mathematische Erwartung:

$$\sum (\varkappa) = p_1\,\varkappa_1 + p_2\,\varkappa_2 + \ldots + p_n\,\varkappa_n = \sum_{i=1}^{i=n} p_i\,\varkappa_i = \text{arithmetisches Mittel } m.$$

Mathematische Wahrscheinlichkeit: Die klassische Begründung des Begriffs „Mathematische Wahrscheinlichkeit" aus dem 17. Jahrhundert lautet:

„Unter mathematischer Wahrscheinlichkeit eines Ereignisses wird der Quotient der Anzahl der im günstigsten Falle durch die Anzahl aller gleichmöglichen Fälle verstanden."

Beispiel: In einer Urne sind m Kugeln vorhanden: davon sind a weiß und b schwarz. Das Ziehen einer *weißen* Kugel wird als Ereignis E bezeichnet; dann liefern von den m möglichen Zügen a Züge das Ereignis E, d. h. weiße Kugeln. Man sagt dann, daß die a-Züge für das Ereignis E günstig waren. Der Quotient $a:m$ wird als die mathematische Wahrscheinlichkeit des Ereignisses E genannt.

Medianwert siehe S. 781.

Merkmal: Ein Kollektiv muß genau qualitativ und quantitativ beschrieben sein, damit eine statistische Bearbeitung stattfinden kann.

Aus der Beschreibung des Kollektivs müssen die *Merkmale* der Gegenstände hervorgehen, z. B. der betrachtete Gegenstand, das Kollektiv sei Lehm; ein Merkmal des Lehms ist z. B. seine Druckfestigkeit.

Jedes Glied kann ein, zwei oder mehrere *veränderliche* Merkmale aufweisen; so kann z. B. jede Lehmprobe bezüglich Raumgewicht und Druckfestigkeit untersucht worden sein. Dann sind zwei Merkmale vorhanden. Ein Merkmal kann durch eine quantitative Größe umschrieben werden. Die veränderliche quantitative Größe $\varkappa$ gibt für jedes Glied einen besonderen Wert an. Für Lehmproben wird z. B. $\varkappa = 250, 270$ usw. kg/cm^2. (Siehe auch Begriff: Argument.) Die Größe $\varkappa$ wird auch als Variable $\varkappa$ bezeichnet. (Siehe Begriff: Variable.)

Mittelwert: Wenn von einem Mittelwert oder von einem „Mittel“ gesprochen wird, so ist gewöhnlich das *arithmetische Mittel* gemeint.

Außer dem arithmetischen Mittel werden noch eine Anzahl weiterer Mittel praktisch gebraucht, so z. B. das *geometrische Mittel,* das *harmonische Mittel,* das *kontraharmonische Mittel,* das *quadratische Mittel,* der *Zentralwert* oder *Medianwert,* der *gewogene Mittelwert* oder das *gewogene arithmetische Mittel* usw.

Die Begriffe sind im Abschnitt C, S. 779 erklärt.

Mittlere quadratische Abweichung siehe S. 789.

Normalkurve: Die Gestalt der Häufigkeitskurve (siehe S. 770 für diesen Begriff) nähert sich in vielen Fällen der glockenförmigen Fehlerverteilungskurve von GAUSS. Ist eine ausreichende Übereinstimmung der Häufigkeitskurve mit dieser Glockenkurve vorhanden, so spricht man von einer *normalen* Verteilung der Häufigkeit, die Kurve wird als Normalkurve bezeichnet. Für die Gleichung der Normalkurve siehe S. 794.

Outsider sind Werte, deren Größe stark vom Mittelwert abweicht; unter Outsider werden grundsätzlich diejenigen Werte verstanden, die außerhalb des mittleren Streuungsbereiches e_2 (für e_2 siehe S. 789) liegen. Das Wort „Außenseiter“ wird oft ersetzt durch das Wort: „Nebenwert“ oder „Außenwert“.

Periodogramm: Beim Periodogramm wird nicht wie bei der harmonischen Analyse nach der näherungsweisen Darstellung durch periodische Funktionen gefragt, sondern nach dem Vorkommen von Periodizitäten; ferner wird die Möglichkeit erforscht, die Periodizität aus unperiodischen Bestandteilen herauszulesen und die physikalische Bedingtheit abzuleiten. (Die Theorie des Periodogramms ist hier aus Raummangel nicht behandelt[1].)

Quadratische Mittel siehe S. 781.

Regressionsgleichung: Wir das bedingte arithmetische Mittel von y (siehe S. 808) als Funktion des bedingenden Wertes von x dargestellt, so nennt man den betreffenden analytischen Ausdruck die „Regressionsgleichung“ von y in bezug auf x.

Für die mathematische Formulierung der Regressionsgleichung siehe S. 810.

Relative Häufigkeit: Es sei eine Reihe gleichberechtigter Gegenstände vorhanden, z. B. Lehmproben. Die Reihe bestehe aus n Gliedern. Die Reihe kann in verschiedene Teile $A, B, C \ldots$ zerlegt werden, wobei die Teile $A, B, C \ldots$ sich gegenseitig ausschließen. Z. B. man zerlegt die Reihen der Lehmproben in Glieder mit den Merkmalen:

A = unbeschädigte Lehmproben,
B = schwach beschädigte Lehmproben,
C = stark beschädigte Lehmproben.

Das Merkmal A weise a-Proben auf,
das Merkmal B weise b-Proben auf,
das Merkmal C weise c-Proben auf.

Dann ist $a + b + c = n$ = Umfang des Kollektivs. Die Quotienten $p_1 = \dfrac{a}{n}$; $p_2 = \dfrac{b}{n}$; $p_3 = \dfrac{c}{n}$ heißen die *relativen* Häufigkeiten.

Für die Quotienten $\dfrac{a}{n}$, $\dfrac{b}{n}$ usw. vgl. auch die Erklärung des Begriffes für die mathematische Wahrscheinlichkeit (siehe S. 772); d. h. der Begriff der mathematischen Wahrscheinlichkeit deckt sich mit dem Begriff der relativen Häufigkeit der für das Ereignis E günstigen Fälle.

Saisonschwankung: Zu den Saisonschwankungen werden die saisonmäßigen, jahreszeitlichen, säkularen Schwankungen usw. gerechnet. Siehe auch unter „Schwankungen“.

Schiefe der Verteilung: Es bedeuten:

M_x = arithmetisches Mittel des Argumentes $\varkappa$,
D_x = dichtester Wert des Argumentes $\varkappa$,
e_2 = Streuung,

dann bedeutet nach PEARSON [2]:

$$\frac{M_x - D_x}{e_2} = \text{Schiefe.}$$

---

[1] Vgl. z. B. K. STUMPF: Grundlagen und Methoden der Periodenforschung S. 89/163. Berlin 1937.

[2] Contribution of the Mathematical Theorie of Evolution. Phil. Trans. roy. Soc. Lond., Ser. A Bd. 186 S. 370.

Für $M_x > D_x$ besteht linksseitige Asymmetrie; dann fällt die Schiefe positiv aus.

Schwankungen: Unter Schwankungen versteht man die zeitlich bedingten Änderungen von Reihen, namentlich die Änderungen von Wirtschaftsreihen. Man unterscheidet vier Arten von Schwankungen, sog. Komponenten[1], nämlich: Trend, Saison-schwankung (siehe S. 773), Konjunkturschwankung, sonstige Schwankungen (siehe S. 774).

Sonstige Schwankungen: Zu den sonstigen Schwankungen werden die Schwankungen gezählt, die durch Einflüsse hervorgerufen werden, die weder zum Trend, zur Saisonschwankung oder zur Konjunkturschwankung gezählt werden können.

Staffelbild: Die Treppenlinie in Abb. 574 heißt Staffelbild oder Histogramm.

Standardabweichung siehe S. 768 unter „Abweichung".

Statistische Wahrscheinlichkeit siehe unter Begriffserklärung von Häufigkeitskurve.

Stochastische Verbundenheit: In der Natur gibt es eine große Zahl von Zusammen-hängen, die nicht funktioneller Art sind (vgl. Begriff Funktion), d. h. nach dem Festlegen des Wertes x erscheint y als eine zufällige Veränderliche, die verschiedene Werte mit verschiedenen Wahrscheinlichkeiten annehmen kann. Diese Verbunden-heit zwischen den Werten x und y nennt man stochastische oder wahrscheinlich-keitstheoretische Zusammenhänge. Mit diesen Erscheinungen befaßt sich die Korrelationsrechnung.

    Beispiel: Mit einem weißen Würfel werden die x-Zahlen geworfen; y bedeute die Zahlen, die mit dem weißen und einem schwarzen Würfel erhalten werden. Dann ist y mit x stochastisch verbunden; denn y ist mit x nicht funktionell, aber von x nicht unabhängig. y kann bei gegebenem Werte von x sechs verschiedene wahrscheinliche Werte annehmen; z. B. der Wert x sei 2; dann kann y folgende Wahrscheinlichkeiten besitzen:

    $y = 3, 4, 5, 6, 7, 8$ (vgl. auch Beispiel beim Begriff „Korrelation").

    Über die Strammheit des Zusammenhanges siehe Begriff über „Strammheit stochastischer Zusammenhänge".

Strammheit stochastischer Zusammenhänge: Ist ein Zusammenhang nicht unzerreißbar (vgl. die Begriffe über Funktion und stochastische Verbundenheit), so erhebt sich die Frage, wie stramm in einem gegebenen Falle die Zusammenhänge sind. Der Zusammenhang ist z. B. zwischen den prozentualen Quarzanteilen in den ver-schiedenen Schichten eines Flußdeltas größer, strammer, als der Zusammenhang zwischen den Quarzanteilen von zwei verschiedenen Flußdeltas, die aus dem gleichen Einzugsgebiet gespeist werden und in das gleiche Seebecken münden.

    Um die Strammheit stochastischer Verbundenheit beurteilen und Vergleiche anstellen zu können, ist es notwendig, sie zu messen. Es ist die Aufgabe der Korrelationsrechnung, Maßzahlen für die Strammheit stochastischer Zusammen-hänge aufzustellen.

Streuung oder Veränderlichkeit: Unter der Streuung einer Veränderlichen (Variablen x) versteht man in der mathematischen Statistik die Größe

$$e_2 = \pm \sqrt{\sum_{i=1}^{i=n} p_i \, (x_i - m)^2} \quad \text{(für } e_2 \text{ vgl. S. 786, Anmerkung);}$$

m = arithmetisches, Mittel, p_i = relative Häufigkeit = die zum Wert x_i ge-
x_i = beobachteter Wert,   hörige Wahrscheinlichkeit.

    Die Streuung e_2 ist ein Maß für die Ausbreitung, für den Wertbereich einer Veränderlichen.

    Oft wird gesetzt: $v = (x - m)$.

    N = Anzahl der Beobachtungen = Umfang des Kollektivs. Dann ergibt sich für die Streuung e_2:

$$e_2 = \pm \sqrt{\frac{[v \cdot v]}{N}} \, .$$

GAUSS hat die Maßzahl e_2 als mittleren Fehler bezeichnet. e_2 wird auch als der mittlere, wahrscheinliche Streuungsbereich bezeichnet. Für den Ansatz von GAUSS für den mittleren Fehler siehe Anmerkung S. 786.

    Für ein praktisches Beispiel vgl. Abb. 561. In bildlicher Darstellung bedeutet die Streuung e_2 den Abstand des Wendepunktes einer normalen Häufigkeitskurve (vgl. Abb. 570).

---

[1] Vgl. Harward University Committee on Economic Research.

Streuungsmaß: Wenn das arithmetische Mittel m oder das geometrische Mittel oder der Zentralwert usw. (siehe Abschnitt Mittelwert mit den verschiedenen Arten von Mittelwerten, S. 779) gefunden ist, so ist es wichtig, zu bestimmen, in welchem Maße die beobachteten Werte x um das Mittel m verstreut sind. Die Art der Streuung um den Mittelwert wird durch das Streuungsmaß ausgedrückt. Es gibt verschiedene Arten von Streuungsmaßen (siehe z. B. S. 788).

Summenkurve: Durch das Aneinanderreihen der Werte der Häufigkeitskurve erhält man die Summenkurve (vgl. Abb. 574).

Die summierten Häufigkeiten werden oft durch Summentafeln erhalten. Dann bedeuten die summierten Häufigkeiten die Werte, die zwischen den betrachteten Argumenten liegen. Weitere Ausführungen für die Summenkurve siehe S. 794/796.

Summenpolygon: Durch das Aneinanderreihen der Werte der Lote des Häufigkeitspolygons erhält man das Summenpolygon.

Trend: Unter Trend versteht man die Grundrichtung oder Hauptrichtung einer Reihe; man spricht auch von Grund- oder Hauptverlauf, Grund- oder Hauptbewegung. Entwicklungstendenz (siehe Abb. 562).

Urliste: Werden gleichartige Gegenstände (sog. Kollektiv) ausgezählt und eine Zahlenreihe erstellt, so erhält man die Urliste.

Variable x: In bezug auf die arithmetische Natur von x sind drei Fälle zu unterscheiden; nämlich:

a) x ist eine stetige Variable, d. h. innerhalb gewisser Schranken kann x alle Werte annehmen;

b) x ist eine unstete Variable, d. h. innerhalb gewisser Schranken treten nur bestimmte, sog. diskrete Werte auf;

c) x ist eine zufällige Veränderliche; darunter versteht man eine Größe, welche verschiedene Werte mit bestimmter Wahrscheinlichkeit annehmen kann.

Bei der Statistik für die Ingenieur-Geologie wurde nicht zwischen stetigen, diskreten und zufälligen Variablen unterschieden, sondern wie in den englischen Büchern über Statistik ist stets nur die Rede von der stetigen Variablen x.

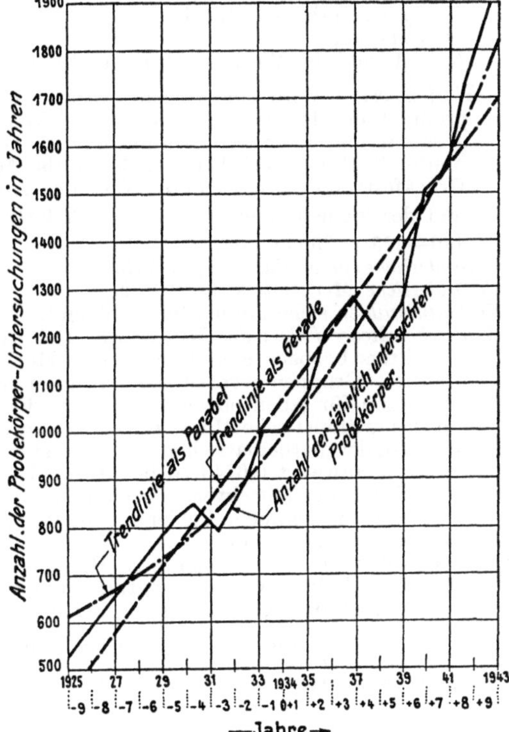

Abb. 562. Trendlinien für die Steigerung der Anzahl der Probekörper-Untersuchungen je Jahr.

y = Anzahl der Probekörper-Untersuchungen im Jahr, x = Jahr; x = —9 bis +9; Trendlinie als Gerade: $y = 66{,}5 \cdot x + 1089$, Streuung: $e_2 = \pm\,9{,}1\%$ des Mittelwertes; Trendlinie als Parabel: $y = 2{,}6\,x^2 + 66{,}5 \cdot x + 1000$, Streuung: $e_2 = \pm\,6{,}3\%$ des Mittelwertes.

Variabilitätskoeffizient nach BENDEL: Für die Erklärung des Begriffes „allgemeingültiger Variabilitätskoeffizient V_x nach BENDEL" siehe S. 789, Tabelle 366. Tabelle 366 gibt Aufschluß über die erhaltenen V-Werte von 2300 Betonuntersuchungen des Verfassers[1].

Aus Tabelle 366 ergibt sich, daß die Streuungen um so kleiner werden, je mehr Wasser dem Beton beigegeben wird und je weniger Zement er enthält.

Variabilitätskoeffizient nach PEARSON[2]: Um in der Praxis miteinander vergleichbare

---

[1] Vgl. BENDEL: Grundlagen, um gleichmäßig beschaffenen Beton zu erhalten. De Ingenieur 1938/39.

[2] Mathematical contributions to the Theory of Evolution. Phil. Trans. roy. Soc. Lond., Ser. A Bd. 187 S. 277.

Werte zu erhalten, ist es gut, wenn der mittlere Streuungsbereich in Prozenten des arithmetischen Mittels ausgedrückt ist. Der Ansatz hierfür lautet:

$$V = \frac{\pm\, e_2}{m} \cdot 100 = \frac{\pm\, 100\, \sqrt{\dfrac{[v\,v]}{N}}}{\dfrac{\Sigma\, x}{N}};$$

V heißt der Variabilitätskoeffizient nach PEARSON.

x = beobachteter Wert,
m = arithmetisches Mittel,
$v = m - x$,
N = Anzahl der Werte = Umfang des Kollektivs.

Variationsweite: Wird eine Urliste arithmetisch geordnet, so wird der kleinste und größte Wert des Argumentes im Kollektiv erhalten. Der Unterschied zwischen größtem und kleinstem Argumentswert heißt Variationsweite oder Variationsbreite. Z. B. das Kollektiv sei Beton, das Merkmal, d. h. das Argument X sei die Druckfestigkeit. Der größte Wert des Argumentes betrage $\varkappa_{\text{max}} = 480$ kg/cm² und der kleinste Wert sei $\varkappa_{\text{min}} = 225$ kg/cm²; dann beträgt die Variationsweite 480—$225 = 255$ kg/cm².
Veränderliche siehe Variable, S. 775.
Veränderliche Merkmale siehe S. 772.
Verhältniszahlen siehe unter „Indexzahlen".
Wahrscheinlicher Fehler der Mittelwerte. Der Umfang der an den Einzelgliedern eines Kollektivs beobachteten Werte eines Merkmals werde in n Gruppen unterteilt; für diese Gruppen werden die arithmetischen Mittel $m_1, m_2, \ldots, m_n$ berechnet. Nun kann für jeden einzelnen m-Wert die Streuung berechnet werden in bezug auf das arithmetische Mittel m der Gesamtheit der betrachteten Werte des Merkmals. In der mathematischen Statistik ist es üblich, das Produkt dieser Streuungen mit dem Festwert 0,6745 zu benützen. Dieses Produkt wird als der wahrscheinliche Fehler des Mittelwertes genannt[1].
Der wahrscheinliche Fehler für die verschiedenen statistischen Maßzahlen geht aus Tabelle 362 hervor.
Wahrscheinlichkeit eines Ereignisses. Bei der Erklärung des Begriffes für das Gesetz der großen Zahlen wurde gezeigt, daß die relative Häufigkeit, mit der ein Ereignis auftritt, sich bei Fortsetzung der Versuche einem festen Wert nähert.

Bedeutet $\dfrac{a}{m}$ die relative Häufigkeit und W_E die Wahrscheinlichkeit eines Ereignisses, so wird

$$W_E \text{ für } \lim_{m \to \infty} \frac{a}{m} = \text{Festwert,}$$

wobei $m \simeq \infty$ wird.

Wahrscheinlichkeiten: Man unterscheidet verschiedene Arten von Wahrscheinlichkeiten, z. B. mathematische Wahrscheinlichkeit (siehe S. 772), statistische Wahrscheinlichkeit siehe S. 774, 771 oben).
Zeilen: Die Zahlen einer Korrelationstabelle lassen sich in waagerechte Reihen oder Zeilen ordnen.
Zentralwert siehe S. 781.
Zufall: In der mathematischen Statistik wird unter „Zufall" ein zufälliges Ereignis verstanden; zufällige Ereignisse sind solche Ereignisse, bei denen Änderungen der Ursachen eintreten, die nicht mehr wahrnehmbar sind; diese Änderungen sind für die Wirkung bestimmend.
Zyklus: Nach Ausschaltung der saisonmäßigen und säkularen Schwankungen wird meistens ein wellenartiger Verlauf der Werte erhalten. Eine solche Welle wird als Zyklus[2] bezeichnet. Bei wirtschafts-statistischen Zeitreihen spricht man von Konjunkturzyklus.

---

[1] Für die Ableitung vgl. RIETZ-BAUR: Handbuch der mathematischen Statistik S. 97. Berlin 1930. — CZUBER-BURKHARDT: Die statistischen Forschungsmethoden S. 299. Wien 1938.
[2] Vgl. RIETZ-BAUR: Handbuch der mathematischen Statistik S. 212, Abb. 11 und 12. Berlin 1930.

B. Anpassung von mathematischen Kurven an das gegebene statistische Material.

1. Das Problem der Anpassung von Kurven.

Nachfolgend bedeuten:

$y_1, y_2, y_3, \ldots$ = beobachtete Werte;

$x_1, x_2, x_3, \ldots$ = Werte einer Variablen (Veränderlichen), die den beobachteten Werten $y_1, y_2, y_3, \ldots$ zugeordnet sind, oder anders ausgedrückt: Zu den Werten $x_1, x_2, \ldots$ gehören die Ordinaten $y_1, y_2, \ldots$ einer empirischen Kurve. Z. B. in Abb. 574 sind die Werte $x_1 = 0,5$; $x_2 = 1,5$; die dazugehörenden y-Werte der empirischen Kurve sind $y_1 = 20$; $y_2 = 12$;

$y = f(x, a, b, c, \ldots)$ = Gleichung, durch welche die mathematische Kurve analytisch dargestellt ist. Die mathematische Kurve hat die empirische Kurve möglichst gut wiederzugeben. Z. B. in Abb. 574 lautet die Gleichung für eine der möglichen mathematischen Kurven:

$$y = 5\, e^{-10\, q},$$

wobei $q = \dfrac{0,5\, x}{10}$;

$$y = 5\, e^{-0,5\, x}$$

oder:

$$y = 47 - 16,2\, x + 1,4\, x^2.$$

Das Problem der Anpassung von Kurven zerfällt in zwei Teile, nämlich: es ist a) die geeignete Gleichungsform der mathematischen Kurve zu finden, b) die Parameter a, b, c in der gewählten Gleichung sind so zu bestimmen, daß die mathematische Kurve sich möglichst an die vorhandenen Werte anschmiegt.

Die Wahl der geeigneten Gleichungsform und die Bestimmung der Parameter a, b, c sind in den folgenden Abschnitten näher beschrieben.

2. Wahl der Form der mathematischen Gleichung.

In Tabelle 360 sind die bei der Auswertung von

Tabelle 360.

Form der Gleichung		Die Kurve erscheint als Gerade im rechtwinkligen Koordinatenkreuz mit	
		Abszisse	Ordinate
(1)	$y = a + b\, x$	x	y
(2)	$y = b\, e^{a\, x}$	x	$\log y$
(3)	$y = a\, x^b$	$\log x$	$\log y$
(4)	$y = a + \left(\dfrac{b}{x}\right)$	$\dfrac{1}{x}$	y
(5)	$y = \dfrac{x}{(a + b\, x)}$	x	$\dfrac{x}{y}$
(6)	$y = c + b\, e^{a\, x}$	x	$\log\left(\dfrac{\Delta y}{\Delta x}\right)$
(7)	$y = c + a\, x^b$	$\log x$	$\log\left(\dfrac{\Delta y}{\Delta x}\right)$
(8)	$y = c + \dfrac{b}{(x - a)}$	$x - x_0$	$\dfrac{(x - x_0)}{(y - y_0)}$
(9)	$y = c + \dfrac{x}{a + b\, x}$	x	$\dfrac{(x - x_0)}{(y - y_0)}$
(10)	$y = d + c\, x + b\, e^{a\, x}$	x	$\log\left[\dfrac{\Delta}{(\Delta x)^2}\right]$
(11)	$y = d\, c^x\, b^m$, wobei $m = a^x$	x	$\log\left[\dfrac{\Delta^2 (\log y)}{(\Delta x)^2}\right]$
(12)	$y = d e^{c\, x} + b\, e^{a\, x}$	$\dfrac{(y_{k+1})}{y_k}$	$\dfrac{(y_{k+2})}{y_k}$
(13)	$y = e^{a\, x} (d \cos b\, x + c \sin b\, x)$	$\dfrac{(y_{k+1})}{y_k}$	$\dfrac{(y_{k+2})}{y_k}$
(14)	$y = a_0 + a_1 x + a_2 x^2 + \cdots + a_n x^n$	Hier sind die Differenzen n-ter Ordnung, $\Delta^n y$, konstant	

statistischem Untersuchungsmaterial gebräuchlichsten Gleichungstypen wiedergegeben[1].

Die Gleichungen in Tabelle 360 können auch in einer linearen Form geschrieben werden (vgl. Tabelle 361). Die Größen in den eckigen Klammern bedeuten die Abszissen und Ordinaten der einzelnen Punkte. Die Koeffizienten bedeuten die Steigung der Geraden und ihren Abschnitt auf der Y-Achse.

Tabelle 361.

$(2')$ $\qquad [\log y] = \log b + (a \log e)\,[x]$

$(3')$ $\qquad [\log y] = \log a + b\,[\log x]$

$(4')$ $\qquad [y] = a + b\left[\dfrac{1}{x}\right]$

$(5')$ $\qquad \left[\dfrac{x}{y}\right] = a + b\,[x]$

$(6')$ $\qquad \left[\log\left(\dfrac{dy}{dx}\right)\right] = \log(a\,b) + (a \log e)\,[x]$

$(7')$ $\qquad \left[\log\left(\dfrac{dy}{dx}\right)\right] = \log(a\,b) + (b-1)\,[\log x]$

$(8')$ $\qquad \left[\dfrac{x-x_0}{y-y_0}\right] = -\dfrac{a-x_0}{c-y_0} + \dfrac{1}{c-y_0}\,[x-x_0]$

$(9')$ $\qquad \left[\dfrac{x-x_0}{y-y_0}\right] = (a+b\,x_0) + \dfrac{b\,(a+b\,x_0)}{a}\,[x]$

$(10')$ $\qquad \left[\log\left(\dfrac{d^2 y}{d\,x^2}\right)\right] = \log(a^2 b) + (a \log e)\,[x] \quad$ und $\quad [y - b\,e^{a\,x}] = d + c\,[x]$

$(11')$ $\left[\log\left(\dfrac{d^2\,(\log y)}{d\,x^2}\right)\right] = \log\left[\dfrac{(\log b)\,(\log a)^2}{(\log e)^2}\right] + (\log a)\,[x]$

$\qquad$ und $[\log y - a^x \log b] = \log d + (\log c)\,[x]$

$(12')$ $\qquad \left[\dfrac{y_{k+2}}{y_k}\right] = -e^{(a+c)\,\varDelta x} + (e^{a\,\varDelta x} + e^{c\,\varDelta x})\left[\dfrac{y_{k+1}}{y_k}\right]$

$\qquad$ und $[y\,e^{-c\,x}] = d + b\,[e^{(a-c)\,x}]$

$(13')$ $\qquad \left[\dfrac{y_{k+2}}{y_k}\right] = -e^{2a\,\varDelta x} + (2\,e^{a\,\varDelta x} \cos b\,\varDelta x)\left[\dfrac{y_{k+1}}{y_k}\right]$

$\qquad$ und $\left[\dfrac{y\,e^{-a\,x}}{\cos b\,x}\right] = d + c\,[\operatorname{tg} b\,x]$

$(14')$ $\qquad$ (Für $y = a + b\,x + c\,x^2$) $\cdot \left[\dfrac{y-y_0}{x-x_0}\right] = (b + 2\,c\,x_0) + c\,[x-x_0]$

3. Bestimmung der Parameter.

Für die Bestimmung der Parameter a, b, c, ... werden fünf verschiedene Verfahren angewendet; nämlich a) das Verfahren der ausgewählten Punkte, b) das zeichnerische Verfahren, c) das Verfahren der Mittelungen, d) das Verfahren mit Hilfe der kleinsten Quadrate, e) das Verfahren der Momente.

a) Das Verfahren der ausgewählten Punkte. Durch zwei beliebig gegebene Punkte wird eine zweiparametrige Kurve hindurchgelegt, indem man die Parameter passend wählt. Dieses Verfahren ist das einfachste; es darf nur angewendet werden, wenn das gröbste Ergebnis als hinreichend genau angesehen werden kann.

---

[1] Vgl. T. R. RUNNING: Empirical Formulas 1917. — J. LIPKA: Graphical and Mechanical Computation 1918. — H. L. RIETZ: Statistical Methods. New York 1927. — RIETZ-BAUR: Handbuch der mathematischen Statistik S. 82. Berlin 1930. — C. RUNGE u. H. KÖNIG: Vorlesungen über numerisches Rechnen: Bd. XI der Grundlehren der mathematischen Wissenschaften in Einzeldarstellungen S. 211/231. Berlin 1924. — K. STUMPF: Analyse periodischer Vorgänge. Berlin 1927.

b) Das zeichnerische Verfahren. Man ziehe durch den Schwarm der gezeichneten Punkte mit Hilfe eines Fadens die günstigste Lage einer Linie. Der Abschnitt (a) kann auf der Y-Achse herausgelesen werden, und die Steigung $b = \operatorname{tg} \alpha$ der Geraden ist aus der Zeichnung leicht herauszulesen. Z. B. in Gleichung (2′) der Tabelle 361 wird $\log (y)$ als Ordinate aufgetragen und x als Abszisse; dann ist die Steigung a $(\log e)$ und der Abschnitt auf der Y-Achse ist $\log b$. Die Parameter a und b sind aus diesen Werten leicht zu errechnen.

c) Das Verfahren der Mittelungen. Wenn die Form der Gleichung gefunden ist, so werden die gegebenen Koordinatenwerte in die Gleichung der geraden Linie eingesetzt. Dann erhält man n Gleichungen mit den unbekannten Parameterwerten a und b. Diese Gleichungen werden in zwei nahezu gleichgroße Gruppen geteilt. In jeder Gruppe addiert man die Gleichungen und dividiert die Summe durch ihre Anzahl. Dadurch erhält man zwei mittlere Gleichungen, aus welchen die Parameterwerte a und b gefunden werden.

d) Das Verfahren der kleinsten Quadrate. In allen Fällen, bei denen genaue Ergebnisse erforderlich sind, wird die Methode der kleinsten Quadrate angewendet. Die Beschreibung dieses Verfahrens würde hier zu weit führen[1].

Als Rechenbeispiel siehe das vom Verfasser durchgerechnete Beispiel, in welchem zur Lösung die Gaußschen Normalgleichungen verwendet wurden (siehe S. 805).

e) Das Verfahren der Momente. Diese systematische Methode ist ein verfeinertes Verfahren der Methode der kleinsten Quadrate. Sie erfordert viel Rechenarbeit[2]. Für das vom Verfasser durchgerechnete Zahlenbeispiel auf Grund mehrerer tausend eigener Betondruckfestigkeitsuntersuchungen vgl. S. 805.

C. Die Mittelwerte.

Man unterscheidet verschiedene Mittelwerte, nämlich: a) das arithmetische Mittel, b) das geometrische Mittel, c) das harmonische Mittel, d) das kontra-harmonische Mittel, e) das quadratische Mittel, f) den Zentralwert oder Medianwert, g) den dichtesten Wert, h) den gewogenen Mittelwert.

Nachfolgend sind die verschiedenen Arten von Mittelwerten beschrieben; dabei bedeuten:

N = Anzahl der Werte = Umfang des Kollektivs,

x_1, x_2, x_3 = die Größe des einzelnen beobachteten Wertes.

a) Arithmetisches Mittel m.

Das arithmetische Mittel m, auch einfach „Mittel“ genannt, ist der N-te Teil der Summe der einzelnen beobachteten Werte x; d. h. es ist:

$$m = \frac{1}{N} (x_1 + x_2 + x_3 + \ldots + x_n) = \frac{\sum\limits_{i=1}^{i=n} x_i}{N}.$$

---

[1] Vgl. J. L. COOLIDGE: Einführung in die Wahrscheinlichkeitsrechnung. Sammlung math.-phys. Lehrbücher Bd. 24. Berlin 1927. — E. CZUBER: Wahrscheinlichkeitsrechnung und ihre Anwendung auf Fehlerausgleichung. Statistik und Lebensversicherung. Lehrb. der mathemat. Wissensch. Bd. IX, 1 und 2. Berlin 1924. — E. HEGEMANN: Die Ausgleichsrechnung nach der Methode der kleinsten Quadrate. Berlin 1924. R. HELMERT: Die Ausgleichsrechnung nach der Methode der kleinsten Quadrate. Berlin 1907. — RIETZ-BAUR: Handb. der mathematischen Statistik S. 86/92. Berlin 1930.

[2] Vgl. Fußnote 1; ferner K. PEARSON: On the systematic fitting of curves. Biometrika Bd. 1 (1902) S. 265/303.

In der Mechanik bedeutet das arithmetische Mittel m den Abstand des Schwerpunktes der Masse von einer gegebenen Ebene. Ferner wird für den Schwerpunkt die Quadratsumme der Abweichung v, wobei $v = x - m$ ist, nach der Methode der kleinsten Quadrate ein Mindestwert, d. h.

$$\sum_{i=1}^{i=n} (x_i - m)^2 = \text{Minimum}.$$

Werden alle x_i-Werte um einen Betrag a vermehrt oder vermindert, so erhöht sich bzw. vermindert sich das arithmetische Mittel m um den Betrag a; d. h. es wird $m \pm a$. Bei einer Häufigkeitsverteilung bedeutet das arithmetische Mittel bildlich die Abszisse des Schwerpunktes der Gesamtfläche A. $A =$ Gesamtfläche unter der Häufigkeitskurve. Bei einer gegebenen Häufigkeitsverteilung wird das arithmetische Mittel folgendermaßen berechnet:

Es bedeute:

$$\varkappa_1, \varkappa_2, \ldots, \varkappa_n = \text{Wert der Klassenmitte,}$$
$$f_1, f_2, \ldots, f_n = \text{Klassenhäufigkeit,}$$
$$N = f_1 + f_2 + \cdots + f_n = \text{Umfang des Kollektivs,}$$
$$\varkappa_0 = \text{beliebige ganze Zahl.}$$

Dann ist das arithmetische Mittel

$$m = \frac{f_1 \varkappa_1 + f_2 \varkappa_2 + \cdots + f_n \varkappa_n}{f_1 + f_2 + \cdots + f_n}$$

oder

$$m = \varkappa_0 + \frac{f_1 (\varkappa_1 - \varkappa_0) + f_2 (\varkappa_2 - \varkappa_0) + \cdots + f_n (\varkappa_n - \varkappa_0)}{N}$$

$$= \varkappa_0 + \frac{1}{N} \sum_{i=1}^{i=n} f_i (\varkappa_i - \varkappa_0).$$

b) Geometrisches Mittel.

Das geometrische Mittel m_g erhält man als n-te Wurzel aus dem Produkt der Einzelwerte; d. h. es ist

$$m_g = \sqrt[n]{x_1, x_2, \ldots, x_n}$$

oder

$$\log (m_g) = \frac{1}{n} \sum_{i=1}^{i=n} \log x_i.$$

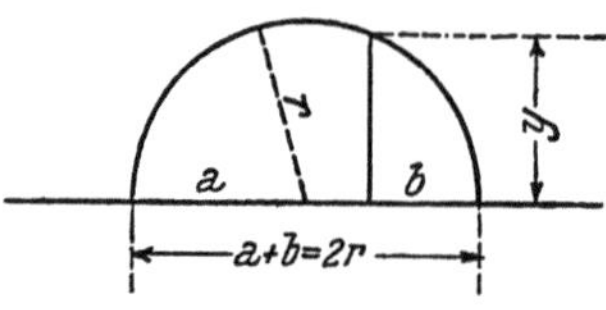

Abb. 563. Zeichnerische Ermittlung des geometrischen Mittels m_g.
$$m_g = y = \sqrt{a \cdot b}$$

Für zwei Zahlen a und b ist $m_g = y = \sqrt{a\,b}$; y ist in diesem Falle die mittlere Proportionale von a und b. Die zeichnerische Ermittlung des Wertes y geht aus Abb. 563 hervor.

Es bedeute:

$$\varkappa_1, \varkappa_2, \ldots, \varkappa_n = \text{Wert der Klassenmitte (Argument } \varkappa \text{),}$$
$$f_1, f_2, \ldots, f_n = \text{Klassenhäufigkeit,}$$
$$N = f_1 + f_2 + \cdots + f_n = \text{Umfang des Kollektivs.}$$

Dann ist m_g:

$$m_g = \sqrt[N]{\varkappa_1{}^{f_1} \cdot \varkappa_2{}^{f_2} \ldots, \varkappa_n{}^{f_n}}$$

oder

$$\log m_g = \frac{f_1 \log \varkappa_1 + f_2 \log \varkappa_2 + \cdots + f_n \log \varkappa_n}{N}.$$

c) Harmonisches Mittel.

Das harmonische Mittel m_h ist der reziproke Wert des arithmetischen Mittels der Reziproken. D. h. es ist

$$m_h = \frac{1}{\frac{1}{N}\left(\frac{1}{x_1} + \frac{1}{x_2} + \cdots + \frac{1}{x_n}\right)} \quad \text{oder} \quad \frac{1}{m_h} = \frac{1}{N}\sum_{i=1}^{i=n}\left(\frac{1}{x_i}\right).$$

Bedeutet $x = t$ die Dauer einer Erscheinung, so ist $\frac{1}{x} = \frac{1}{t} =$ die entsprechende Frequenz.

Das harmonische Mittel kann zur Mittelbildung von Frequenzen (Häufigkeiten) gebraucht werden.

Beispiel: In einer Gegend der Zentralalpen traten verschiedene Hochwasser innerhalb 1200 Tagen, andere Hochwasser innerhalb 500, 200 und 100 Tagen auf.
Es ist somit $x_1 = 1200$ Tage, $x_2 = 500$, $x_3 = 200$, $x_4 = 100$ Tage.

Die Frequenzen waren $\frac{1}{x_1}$, $\frac{1}{x_2}$ usw.
Das harmonische Mittel m_h berechnet sich zu:

$$m_h = \frac{1}{4}\left(\frac{1}{\frac{1}{1200} + \frac{1}{500} + \frac{1}{200} + \frac{1}{100}}\right) = 225,$$

d. h. nach dem harmonischen Mittel berechnet ist ein Hochwasser alle 225 Tage zu erwarten.

Anmerkung: Die m_1, m_g und m_h waren schon den Griechen bekannt.

d) Das kontraharmonische Mittel m_{kh}.

$$m_{kh} = \frac{x_1^2 + x_2^2 + \cdots + x_n^2}{x_1 + x_2 + \cdots + x_n} = \frac{\sum\limits_{i=1}^{i=n} x_i^2}{\sum\limits_{i=1}^{i=n} x_i}.$$

Die praktische Bedeutung des m_{kh} ist gering.

e) Das quadratische Mittel m_q.

Das quadratische Mittel ist die Quadratwurzel aus dem arithmetischen Mittel der Quadrate der Einzelwerte:

$$m_q = \sqrt{\frac{1}{N}\left(x_1^2 + x_2^2 + \ldots + x_n^2\right)} = \sqrt{\frac{1}{N}\sum_{i=1}^{i=n} x_i^2}.$$

In der Mechanik bedeutet das quadratische Mittel den Trägheitshalbmesser.

f) Der Zentralwert oder Medianwert.

Der Zentralwert ist eine Zahl X, die durch die Gleichung festgelegt ist:

$$(X - a_1)(X - a_2) \ldots (X - a_k) = (a_{k+1} - X)(a_{k+2} - X) \ldots (a_n - X).$$

a_1 bis $a_k =$ Werte der unteren Hälfte der Zahlenfolge,
a_{k+1} bis $a_n =$ Werte der oberen Hälfte der Zahlenfolge[1].

Durch die Abszisse des Zentralwertes wird die Gesamtfläche der Häufigkeitskurve in zwei gleich große Hälften geteilt (siehe Abb. 564).

---

[1] Vgl. D. Jackson: Bull. Amer. math. Soc. Jan. 1921.

g) Der dichteste Wert.

Der dichteste Wert in einem System von Zahlen ist diejenige Größe, die am häufigsten vorkommt. Dieser Wert wird oft auch als Häufungsstelle bezeichnet.

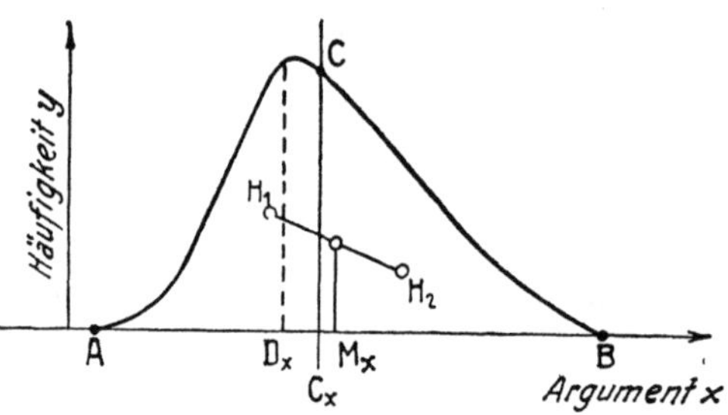

Abb. 564. Abszissen für den dichtesten Wert (*D*), Zentralwert (*C*) und für das arithmetische Mittel (*M*) bei einer asymmetrischen Häufigkeitskurve.

Es können aber auch zwei oder mehrere gleichwertige, dichteste Werte vorkommen. Der dichteste Wert geht z. B. aus den Gleichungen für die Häufigkeitsverteilung in der Abb. 564 hervor. Ferner vgl. Abb. 574.

h) Der gewogene Mittelwert.

Berücksichtigt man bei der Mittelbildung, daß die gegebenen Zahlen x_1, x_2, ..., x_n einen verschiedenen Grad von Wichtigkeit haben, so spricht man von einem gewogenen Mittelwert.

Die Wichtigkeit sei durch die Gewichte g_1; g_2; ausgedrückt, ferner sei $G = g_1 + g_2 + g_3 + \ldots + g_n$, dann ist das gewogene arithmetische Mittel $=$

$$= \frac{1}{G} (g_1 x_1 + g_2 x_2 + \ldots + g_n x_n),$$ das gewogene geometrische Mittel $=$

$$= (x_1^{g_1} \cdot x_2^{g_2} \cdot \ldots \cdot x_n^{g_n}).$$

Beispiele für die gewogenen Mittelwerte von Betonuntersuchungen vgl. BENDEL[1].

Bekanntlich haben die unterhalb des arithmetischen Mittels m liegenden Betondruckfestigkeiten einen größeren Einfluß auf die Beurteilung der Qualität des Betons als die oberhalb des arithmetischen Mittels auftretenden. Dieser Tatsache wird Rechnung getragen, indem die Werte, die kleiner als das arithmetische Mittel sind (negative Werte), mit einem höheren Gewicht belastet werden, als die zum arithmetischen Mittel positiv auftretenden Werte. Jeder beobachtete Wert $\varkappa$ erhält einen Gewichtswert g. Für g können folgende Beziehungen zwischen Mittelwert m und beobachtetem Wert $\varkappa$ angenommen werden:

oder
$$g = 1 + \frac{m \pm \varkappa}{r} = \frac{r \pm v}{r} \tag{a}$$

$$g = a^{v/r}. \tag{b}$$

Es bedeutet $\varkappa = $ beobachteter Wert, $m = $ arithmetisches Mittel $m = \dfrac{\Sigma \varkappa}{n}$; $n = $ Anzahl der Beobachtungen, $v = \varkappa - m$, a und r sind Koeffizienten, die von der Wichtigkeit des Baugliedes, vom Alter des Betons usw. abhängig sind, $g = $ Gewicht, mit welchem jeder Einzelwert zu belasten ist.

Es ist somit
$$\varkappa_g = \varkappa g \tag{c}$$

oder
$$m_G = \frac{\Sigma \varkappa_g}{\Sigma g} = \frac{\Sigma \varkappa_g}{G}, \tag{d}$$

$m_G = $ pondrisches Mittel $= $ gewogenes arithmetisches Mittel.

Aus Formel (a) und (d) ergibt sich
$$m_G = \frac{\Sigma \varkappa (r \pm v)}{\Sigma (r \pm v)} \tag{e}$$

oder aus Formel (b) und (d) ergibt sich
$$m_G = \frac{\Sigma \varkappa \, a^{v/r}}{\Sigma a^{v/r}}. \tag{f}$$

---

[1] Grundlagen, um gleichmäßig beschaffenen Beton zu erhalten. De Ingenieur 1938 Nr. 48, 1939 Nr. 1.

Die Zahl m_G kann zur Beurteilung der Sicherheit eines Baugliedes gebraucht werden. Je mehr unerwünschte negative Außenseiter vorhanden sind, um so kleiner wird die Verhältniszahl $\dfrac{m_G}{m}$.

Zahlenwert: Bei einem Bau war die mittlere Betondruckfestigkeit zu $220\,\mathrm{kg/cm^2}$ vorgeschrieben, damit höhere Betonspannungen zugelassen werden könnten. Das arithmetische Mittel ergab sich aus 20 Betonprobekörpern zu $230\,\mathrm{kg/cm^2}$. Unter den Betonproben waren einzelne Werte mit $350\,\mathrm{kg/cm^2}$ und solche mit nur $135\,\mathrm{kg/cm^2}$ Druckfestigkeit. Das pondrische Mittel wurde errechnet z. B. mit $r = 10$ bis 20; für $r = 20$ ergab sich ein Mittel von nur $m_G = 175\,\mathrm{kg/cm^2}$. Die Zahl $m_G = 175\,\mathrm{kg/cm^2}$ zeigte mit Deutlichkeit, daß das gewöhnliche arithmetische Mittel ein Trugbild von der Wirklichkeit ergab.

Schrifttum.

BURKHARDT, F.: Der statistische Schwerpunkt und seine Bedeutung für Theorie und Praxis. Allg. Statist. Archiv 1929 S. 473. — Zur Minimumseigenschaft des arithmetischen Mittels. Dtsch. Statist. Zentralblatt 1926 S. 139. — CZUBER-BURK-HARDT: Die statistischen Forschungsmethoden S. 67/107. Wien 1938. — FECHNER, TH.: Kollektivmaßlehre 1897 S. 103/182, 344. — FLASKÄMPER, O.: Beitrag zur Logik der statistischen Mittelwerte. Allg. Statist. Archiv 1931 S. 379. — PRINZING: Handbuch der medizinischen Statistik 1931 S. 121. — RIETZ-BAUR: Handbuch der mathematischen Statistik S. 7, 34. Berlin 1930. — ZIZEK, F.: Grundriß der Statistik S. 148. München 1923.

D. Die Grundformeln der Wahrscheinlichkeitsrechnung.

1. Die Wahrscheinlichkeit a priori.

a) Begriffe (siehe S. 769).

b) Die Wahrscheinlichkeit des Erfolges.

Es bedeute:

$N = $ Fälle (Ereignisse), die gleich möglich sind,

$a = $ Anzahl der günstigen Fälle,

$p = \dfrac{a}{N} = $ Wahrscheinlichkeit des Erfolges (Wahrscheinlichkeit des Eintreffens), (1)

$q = 1 - p = $ Wahrscheinlichkeit des Nichteintreffens. (2)

2. Die Wahrscheinlichkeit a posteriori (siehe S. 769).

3. Der Additionssatz der Wahrscheinlichkeitsrechnung.

Die Fälle, die einem Ereignis E günstig sind, seien a. Von irgendeinem Gesichtspunkte aus lassen sich die Fälle a in Gruppen von a_1; a_2; $\ldots a_n$ unterteilen, und zwar so, daß jeder der a-Fälle nur *einer* dieser Gruppe angehören kann. $N = $ Gesamtumfang des Kollektivs $= $ Zahl der möglichen Fälle. Dann ist die Wahrscheinlichkeit:

$$W_E = \frac{a_1}{N} + \frac{a_2}{N} + \frac{a_3}{N} + \cdots + \frac{a_n}{N} = \frac{a}{N}. \tag{3}$$

Beispiel: In einer Urne seien 100 Kugeln. Die Kugeln bedeuten das Kollektiv. Von den Kugeln sind:

$$
\begin{aligned}
a_1 &= 20 \text{ rote Kugeln} &&= \text{Argument } X,\\
a_2 &= 36 \text{ blaue Kugeln} &&= \text{Argument } Y,\\
a_3 &= 19 \text{ grüne Kugeln} &&= \text{Argument } Z,\\
a_4 &= 25 \text{ weiße Kugeln} &&= \text{Argument } V.
\end{aligned}
$$

Die farbigen Kugeln a sind somit $a = a_1 + a_2 + a_3 = 75$. Der Umfang des Kollektivs N ist: $N = \Sigma a = 100$ Kugeln. Die Wahrscheinlichkeit W_E, daß eine farbige Kugel gezogen wird, ist somit:

$$W_E = \frac{a_1}{N} + \frac{a_2}{N} + \frac{a_3}{N} = \frac{20}{100} + \frac{36}{100} + \frac{19}{100} = \frac{75}{100} = \frac{3}{4}.$$

4. Der Multiplikationssatz der Wahrscheinlichkeitsrechnung.

Ein Ereignis E kann im Zusammentreffen von mehreren Ereignissen E_1, $E_2, \ldots, E_n$ bestehen.

Es bedeute:

$E_1, E_2, \ldots, E_n =$ mögliche Ereignisse,
$N_1, N_2, \ldots, N_n =$ mögliche Fälle der Ereignisse,
$a_1, a_2, \ldots, a_n =$ die für $E_1, E_2, \ldots, E_n$ günstigen Fälle.

Da sich jeder Fall der Gruppe E_1 mit jedem der Gruppe E_2 verbinden kann, und jede dieser Verbindungen mit Gruppe E_3 usw., so ergibt die Wahrscheinlichkeit eines Ereignisses E, das aus mehreren Einzelereignissen $E_1, E_2, \ldots, E_n$ zusammengesetzt ist, zu

$$W_E = \frac{a}{N} = \frac{a_1}{N_1} \cdot \frac{a_2}{N_2} \cdot \frac{a_3}{N_3} \cdots \frac{a_n}{N_n}. \qquad (4)$$

In Worten: Die Wahrscheinlichkeit für das Zusammentreffen mehrerer voneinander unabhängiger Wahrscheinlichkeiten ist das Produkt der Wahrscheinlichkeiten der einzelnen Ereignisse.

Beispiel: In der Urne 1 befinden sich 5 weiße und 5 schwarze Kugeln;
in der Urne 2 befinden sich 5 weiße und 10 schwarze Kugeln.

Die Wahrscheinlichkeit, daß aus der Urne 1 eine weiße Kugel gezogen wird, ist:
$W_{E_1} = \dfrac{5}{5 + 5} = \dfrac{5}{10}$; die Wahrscheinlichkeit, daß aus der Urne 2 eine weiße Kugel

gezogen wird, ist: $W_{E_2} = \dfrac{5}{5 + 10} = \dfrac{5}{15}$. Die Wahrscheinlichkeit, daß aus beiden Urnen eine weiße Kugel gezogen wird, ist:

$$W_E = W_{E_1} \times W_{E_2} = \frac{5}{10} \cdot \frac{5}{15} = \frac{25}{150} = \frac{1}{6}.$$

5. Die bedingte Wahrscheinlichkeit.

Unter bedingter Wahrscheinlichkeit versteht man die Wahrscheinlichkeit, daß ein Ereignis E nur dann eintritt, wenn ein anderes Ereignis F verwirklicht ist.

Es bedeute:

$A =$ erstes Ereignis,
$B =$ zweites, von A abhängiges Ereignis,
$p =$ nicht bedingte Wahrscheinlichkeit von A,
$q =$ nicht bedingte Wahrscheinlichkeit von B,
$Wp^B =$ die durch B bedingte Wahrscheinlichkeit von A,
$q^A =$ die durch A bedingte Wahrscheinlichkeit von B,
$a/b =$ Wahrscheinlichkeit des Zusammentreffens von A und B.

Dann ist:

$$W_{a/b} = p\,q^A = q\,p^B. \qquad (5)$$

In Worten heißt das: Die Wahrscheinlichkeit des Zusammentreffens von zwei voneinander abhängigen Ereignissen ist gleich dem Produkte der Wahrscheinlichkeit des einen mit der bedingten Wahrscheinlichkeit des anderen.

Wird der Wert $q^A = 1$, d. h. die durch das Ereignis A bedingte Wahrscheinlichkeit B wird unbedingt, so geht der Wert $W_{a/b}$ über in die nicht bedingte Wahrscheinlichkeit von p.

Beispiel: Es bedeute

p = Wahrscheinlichkeit, daß im Januar in Berlin ein Tag eintritt mit einer Temperatur über dem langjährigen Mittel; $p = 0{,}575$,

q = Wahrscheinlichkeit einer zu kleinen Temperatur; $q = 0{,}425$,

p^w = Wahrscheinlichkeit, daß ein zu warmer Tag auf einen zu warmen Tag folgt, ist $p^w = 0{,}874$,

q^k = Wahrscheinlichkeit, daß ein zu kalter Tag auf einen zu kalten Tag folgt, ist $q^k = 0{,}830$.

Es bedeuten p und q = unbedingte Wahrscheinlichkeiten,

p^w, q^k = bedingte Wahrscheinlichkeiten.

Von zwei beliebig herausgegriffenen, aufeinanderfolgenden Tagen sei die Wahrscheinlichkeit W_E zu bestimmen, daß beide zu warm bzw. zu kalt seien. Es ist nach obiger Gl. (5): Zwei aufeinanderfolgende zu warme Tage

$$W_E = W_{w/w} = p\, p^w = 0{,}575 \cdot 0{,}874 = 0{,}503,$$

zwei aufeinanderfolgende zu kalte Tage

$$W_E = W_{k/k} = q\, q^k = 0{,}425 \cdot 0{,}830 = 0{,}353.$$

Würde die Temperatur eines Tages von der vorausgehenden unabhängig sein, so wäre nach Gl. (4) die Wahrscheinlichkeit:

$$W_{w/w} = p\, p = 0{,}58 \cdot 0{,}58 = 0{,}336,$$
$$W_{k/k} = q\, q = 0{,}42 \cdot 0{,}42 = 0{,}176,$$

also wesentlich kleiner.

6. Wahrscheinlicher Fehler der statistischen Maßzahlen.

a) Begriffe (siehe S. 776).

b) Größe der wahrscheinlichen Fehler.

Die Größe der wahrscheinlichen Fehler statistischer Maßzahlen geht aus Tabelle 362 hervor[1].

Tabelle 362.

Statistische Maßzahl	Wahrscheinlicher Fehler
Arithmetisches Mittel	$0{,}6745\,\dfrac{e_2}{\sqrt{N}}$
Zentralwert (bei Normalverteilung)	$0{,}8454\,\dfrac{e_2}{\sqrt{N}}$
Streuung (bei Normalverteilung)	$0{,}4769\,\dfrac{e_2}{\sqrt{N}} = 0{,}6745\,\dfrac{e_2}{\sqrt{2\,N}}$
Variabilitätskoeffizient V (bei Normalverteilung)	$0{,}4769\,\dfrac{V}{\sqrt{N}}\left[1 + 2\left(\dfrac{V}{100}\right)^2\right]^{1/2}$
Korrelationskoeffizient r (bei normaler Korrelation)	$0{,}6745\,\dfrac{1 - r^2}{\sqrt{N}}$
Korrelationsverhältnis) bei normaler Korrelation)	$\sim 0{,}6745\,\dfrac{1 - \eta^2}{\sqrt{N}}$
Für weitere Werte siehe Fußnote.	

[1] Vgl. RIETZ-BAUR: Handb. der mathematischen Statistik S. 101. Berlin 1930. — N. ANDERSON: Einführung in die mathematische Statistik S. 73 Wien 1935.

Es bedeutet:

$e_2 =$ Streuung der beobachteten Werte,

$N =$ Umfang des Kollektivs = Anzahl der beobachteten Werte.

Anmerkung: Nach GAUSS beträgt:

α) der mittlere Fehler der einzelnen Messung:

$$e_2 = \pm \sqrt{\frac{[v \cdot v]}{N-1}} \,,$$

für $N > 20$ wird oft gesetzt: $e_2 = \pm \sqrt{\frac{[v \cdot v]}{N}}$;

β) der mittlere Fehler des arithmetischen Mittels M:

$$M = \pm \frac{e_2}{\sqrt{N}} = \sqrt{\frac{[v \cdot v]}{N(N-1)}} \; ;$$

γ) der mittlere Fehler der einzelnen Messung mit dem Gewicht p_i:

$$e_{2p} = \pm \sqrt{\frac{[p \cdot v \cdot v]}{(N-1)}} \; ;$$

δ) der mittlere Fehler des arithmetischen Mittels:

$$M_p = \pm \sqrt{\frac{[p \cdot v \cdot v]}{(N-1)\,[p]}} \,.$$

c) Fortpflanzung von Fehlern.

α) **Allgemeines.** Über die Fortpflanzung von Fehlern ist eine große Anzahl von Abhandlungen erschienen (vgl. z. B. die Lehrbücher über Vermessungskunde). Die Theorie über Fehlerfortpflanzungen ist hier aus Platzmangel nicht wiedergegeben.

β) **Beispiel aus dem Gebiete der Ingenieur-Geologie.** Die vorhandene Dichte D eines Bodens wird zahlenmäßig durch das Porenvolumen n oder durch die Porenziffer e ausgedrückt. Es ist dann:

$$D_n = \frac{n_0 - n}{n_0 - n_{\min}} \quad \text{und} \quad D_e = \frac{e_0 - e}{e_0 - e_{\min}}; \tag{1}$$

$$D_n = D_e \, \frac{1 + e_{\min}}{1 + e}; \tag{2}$$

$$e = \frac{n}{1 - n}. \tag{3}$$

Für die Bedeutung der Werte e_0 und $e_{\min}$ siehe Teil I, S. 299. Praktisch ergibt sich, daß D_n in einem geschütteten Damm größer ist als D_n am Ort der Bodengewinnung. So wurde z. B. beim Durchschneiden eines 100jährigen Dammes in Ratibor (Schlesien) gefunden:

Damm: $D_n = 0,6$ bis $0,8$,

Ort der Bodengewinnung: $D_n = 0,1$ bis $0,4$*.

An gut verdichtete Dämme kann die Forderung gestellt werden, daß $D_e = 0,66$ bis $1,00$ betrage. Für die Übernahme der Erdarbeiten wird oft vorgeschrieben:

$$D_e{}^{\min} = 0,6 = (1 - 0,1)\, D_n \tag{4}$$

---

* Vgl. R. MÜLLER: Verdichtung geschütteter Dämme. Die Straße 1936 Heft 16.

und hieraus:

$$\Delta D_e = -0,1\,D_n,$$

d. h. das zulässige Maß (Toleranz) für die Abweichung beträgt 10%. Es erhebt sich die Frage, wie sich das Maß des Fehlers, der sich bei der Bestimmung der Porenziffer e bzw. bei der Bestimmung des Porenvolumens n ergibt, auf die Größe der Dichtigkeitsbestimmung D_n bzw. D_e fortpflanzt.

Es bedeute:

$p =$ Fehler bei der Bestimmung des Porenvolumens n in %,
$\Delta n =$ Größe der Abweichung vom Sollwert.

Dann ist:

$$\Delta n = -p\,n. \tag{5}$$

Durch Differentiation der Gl. (3) findet man:

$$\Delta e = \frac{-\Delta n}{(1-n)^2}. \tag{6}$$

Da e_0 und $e_{\min}$ gemäß der Begriffserklärung Festwerte sind, so wird

$$\Delta D_e = \frac{-\Delta e}{e_0 - e_{\min}} = \frac{\Delta n}{(1-n)^2\,(e_0 - e_{\min})} \tag{7}$$

oder mit Hilfe der Gl. (5) wird Gl. (7):

$$-\Delta D_e = \frac{n}{(1-n)^2\,(e_0 - e_{\min})}\,(-p) \tag{8}$$

bzw.

$$-p = -\Delta D_e\,\frac{(1-n)^2\,(e_0 - e_{\min})}{n}. \tag{9}$$

Zahlenwerte. Praktisch wurde gefunden:

Tabelle 363.

Bodenart	n_0 %	n %	$n_{\min}$ %	e_0	$e_{\min}$	$\dfrac{(1-n)^2}{n}\,(e_0 - e_{\min})$
Sand	50	40	30	1,00	0,43	0,530
Feinsand ...	60	50	40	1,50	0,67	0,415

Somit wird nach Gl. (9) für

Sand: $-p = -0,10 \cdot 0,53 = 0,053 \approx -5\%,$
Feinsand: $-p = -0,10 \cdot 0,415 = 0,042 \approx -4\%.$

In Worten heißt das: Wird das zulässige Maß der Abweichung für die vorgeschriebene Verdichtungsgröße D_e zu 10% angenommen, so darf bei der Bestimmung des Porenvolumens nur eine Abweichung von 4 bis 5% vom Sollwert des Porenvolumens auftreten.

Die Abweichung von $p = 4$ bis 5% ist als kleine zulässige Abweichung zu bezeichnen. Dies geht aus folgender Überlegung hervor: Ist z. B. beim Feinsand n_0 für lockerste Lagerung: $n_0 = 60\%$; $n_{\min}$ für dichteste Lagerung: $n_{\min} = 40\%$ und theoretisch der Sollwert von n gleich $n_{Sollwert} = 50\%$, so ergeben sich bereits bei den Probeentnahmen je nach der Wahl des Durchmessers des Probeentnahmegerätes Abweichungen bis $p = -6,8\%$ (siehe Tabelle 364).

50*

Tabelle 364.

Durchmesser des Entnahmegerätes mm	Porenvolumen n %	Tatsächliche Abweichung von p %
15	49,2	$+1,6$
25	48,6	$+2,8$
45	53,4	$-6,8$
100	52,2	$-4,4$

Mit anderen Worten: Die zulässige Abweichung von 10% der vorgeschriebenen Dichte D_e liegt innerhalb der Fehlergrenze, die sich aus der Genauigkeit der Bestimmung im Prüfraum ergibt bzw. aus der Genauigkeit bei der Probeentnahme.

E. Streuung und Streuungsmaß.

1. Begriffe.

Für die Erklärung der Begriffe Streuung und Streuungsmaß siehe S. 774; 775.

2. Arten von Streuungsmaßen.

Bei den folgenden Betrachtungen bedeuten:

$$m = \text{Mittelwert} = \frac{\sum\limits_{i=1}^{i=n} p_i\, x_i}{\sum\limits_{i=1}^{i=n} p_i},$$

$x_i =$ beobachteter Wert des Argumentes X des Kollektivs,

$p_i =$ Anzahl der Beobachtungen, die zum Wert x_i gehören,

$N =$ Umfang des Kollektivs = Anzahl der Beobachtungen $= \sum\limits_{i=1}^{i=n} p_i$,

$v = x - m =$ Abweichung des beobachteten Wertes vom Mittelwert.

Mit obigen Werten ergeben sich eine Anzahl verschiedener Streuungsmaße, auch Maße für die Ausbreitung genannt.

$|a|$ bedeutet absoluter Wert von a,

$\sum\limits_{i=1}^{i=n}$ bedeutet Summe aller Werte von $i = 1$ bis $i = n$.

Für das Summenzeichen Σ wird oft auch das Summenzeichen [ ], d. h. eine Doppelklammer gebraucht.

a) Das Streuungsmaß e mit Hilfe des v-Wertes.

($v = $ Abweichung des beobachteten Wertes vom Mittelwert.)

Mit Hilfe des e-Wertes können die Außenseiter (für den Begriff Außenseiter siehe S. 773) zahlenmäßig erfaßt werden. Man nehme z. B. die zwei beobachteten Werte x_a und x_b; der Wert x_a liege sehr nahe beim arithmetischen Mittel m; der Wert x_b weiche hingegen sehr stark davon ab. Man bilde nun die Unterschiede:

$$x_a - m = v_a\,; \quad x_b - m = v_b,$$
$$(x_a - m)^2 = v_a{}^2\,; \quad (x_b - m)^2 = v_b{}^2,$$
$$\vdots \qquad\qquad\qquad \vdots$$
$$(x_a - m)^x = v_a{}^x\,; \quad (x_b - m)^x = v_b{}^x.$$

Tabelle 365.

Mathematische Formulierung des Streuungsmaßes	Benennung des Streuungsmaßes
$$e_1 = \frac{\Sigma\,\lvert v\rvert}{N} = \frac{\sum\limits_{i=1}^{i=n} p_i\,(x_i - m)}{\sum\limits_{i=1}^{i=n} p_i}$$	Durchschnittliche Abweichung; durchschnittlicher Fehler (siehe S. 769)
$$e_2{}^2 = \frac{\Sigma\,[v\cdot v]}{N} = \frac{\sum\limits_{i=1}^{i=n} p_i\,(x_i - m)^2}{\sum\limits_{i=1}^{i=n} p_i}$$	Streuung; mittlere Streuung; mittlerer Fehler; mittlerer wahrscheinlicher Streuungsbereich; mittlere quadratische Abweichung (siehe S. 774; vgl. Tabelle 362 mit Anmerkung)
$$e_3{}^3 = \frac{\Sigma\,[v\cdot v\cdot v]}{N} = \frac{\sum\limits_{i=1}^{i=n} p_i\,(x_i - m)^3}{\sum\limits_{i=1}^{i=n} p_i}$$	Mittlere dreifache Abweichung vom Mittelwert
$$e_x{}^x = \frac{\Sigma\,v^x}{N} = \frac{\sum\limits_{i=1}^{i=n} p_i\,(x_i - m)^x}{\sum\limits_{i=1}^{i=n} p_i}$$	Mittlere x-fache Abweichung vom Mittelwert oder allgemeines Streuungsmaß

e_x wird nach Vorschlag des Verfassers das allgemeine Streuungsmaß genannt.

Der Unterschied zwischen $(v_a{}^x - v_b{}^x)$ wird um so größer, je höher die Potenz x gewählt wird; daraus ergibt sich, daß die Außenseiter im Summenausdruck Σv^x eine um so größere Bedeutung erhalten, je größer die Potenz x genommen wird.

b) Das allgemeine Streuungsmaß e_x in Beziehung zum arithmetischen Mittel.

(Allgemeiner Variabilitätskoeffizient V_x des Verfassers.)

Um für die Praxis allgemein verwertbare Zahlenwerte zu erhalten, wird das allgemeine Streuungsmaß e_x in Beziehung zum arithmetischen Mittel m gebracht; man erhält dann nach Vorschlag des Verfassers den allgemeingültigen Variabilitätskoeffizienten V_x. Es ist also:

$$V_x = \frac{\pm\,e_x}{m}\cdot 100 = \frac{\pm\,100\,\sqrt[x]{\dfrac{\sum\limits_{i=1}^{i=n} p_i\,(x_i - m)^x}{\sum\limits_{i=1}^{i=n} p_i}}}{\dfrac{\sum\limits_{i=1}^{i=n} p_i\,x_i}{\sum\limits_{i=1}^{i=n} p_i}}.$$

Für den Sonderfall $x = 2$ erhält man den Variabilitätskoeffizienten V_2 nach PEARSON. Es ist:

$$V = V_2 = \frac{\pm\,e_2}{m}\cdot 100 = \frac{\pm\,100\,\sqrt{\dfrac{[v\,v]}{N}}}{\dfrac{\Sigma\,x}{N}}$$

(siehe S. 775 mit der Erklärung des Begriffes: Variabilitätskoeffizient). Für ein praktisches Beispiel siehe Tabelle 366.

Tabelle 366. *Korrelationstabelle 366 für den Variabilitätskoeffizienten.*

Mittlere Streuung, ausgedrückt in Prozent des arithmetischen Mittels

Sand 0/10 mm (500 l) + Kies 6/25 mm (500 l)

Zementmenge kg	Wassermenge in Litern				Mittel %
	165 %	145 %	125 %	105 %	
210	9,0	8,0	10,5	15	±10,6
160	6,2	6,5	9,0	13,5	± 8,8
105	4,0	4,8	5,8	11,0	± 6,4
Mittel	± 6,4	± 6,4	± 8,4	±13,2	± 8,6

c) Das allgemeine Streuungsmaß e_x in Beziehung zum mittleren Streuungsbereich e_2 (bedingtes Streuungsmaß q_x des Verfassers).

Einen guten Einblick in das Wesen und die Bedeutung von Außenseitern (Outsidern) bringt die Beziehung des allgemeingültigen Streuungsmaßes e_x zum mittleren Streuungsbereich e_2.

Praktisch verwertbar ist folgende Beziehung:

$$q_x = \frac{e_x^x}{e_2^x} *.$$

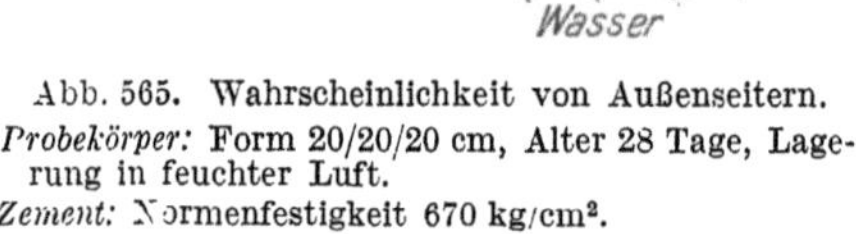

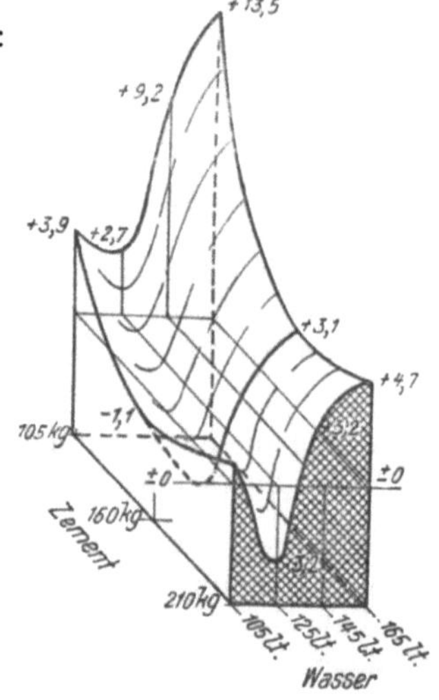

Abb. 565. Wahrscheinlichkeit von Außenseitern.
Probekörper: Form 20/20/20 cm, Alter 28 Tage, Lagerung in feuchter Luft.
Zement: Normenfestigkeit 670 kg/cm².
Kiessand: Sand 0—10 mm = 500 l, Kies 6—25 mm = 500 l.

$$q_4 = \frac{\dfrac{[v\,v\,v\,v]}{n}}{\left(\dfrac{[v\,v]}{n}\right)^{4/2}},$$

$$v = (m - x),$$
$$m = \left(\frac{\Sigma\,\Delta}{n}\right),$$

x = beobachteter Wert,
n = Anzahl der beobachteten Werte.

Abb. 566. Größenordnung für die Wahrscheinlichkeit des Auftretens positiver oder negativer Außenseiter.
Probekörper: Form 20/20/20 cm, Alter 28 Tage, Lagerung in feuchter Luft.
Zement: Normenfestigkeit 670 kg/cm².
Kiessand: Sand 0—10 mm = 500 l, Kies 6—25 mm = 500 l.

$$q_5 = \frac{\dfrac{[v\,v\,v\,v\,v]}{n}}{\left(\dfrac{[v\,v]}{n}\right)^{5/2}},$$

$$v = m - x,$$
x = beobachteter Wert,
m = arithmetisches Mittel,
n = Anzahl der beobachteten Werte.

Wird in obiger Gleichung für x eine ungerade Zahl gewählt, so kann q_x positiv oder negativ ausfallen; wird für x eine gerade Zahl gewählt, so kann q_x nur positiv werden.

* Vgl. BENDEL: Grundlagen, um gleichmäßig beschaffenen Beton zu erhalten. Der Ingenieur 1938 Nr. 48.

Beispiel: Auswertung von 3200 Untersuchungen des Verfassers an Betonprobe-körpern.

Nachfolgend wird für $x = 4$ und $x = 5$ gewählt und die Deutung von q_4 resp. q_5 kritisch behandelt.

Treten Außenseiter (Outsider) auf, deren $v = m - x$ groß ist, so wird q_x ebenfalls groß, oder mit anderen Worten: Je größer q_x ist, um so größer ist die Wahrscheinlich-keit des Auftretens von Outsidern.

Zur Ermittlung von q_4 wurden 3200 Untersuchungsergebnisse verwendet. Diese Versuche bezogen sich auf die Druckfestigkeit in Abhängigkeit von Zement-menge, Wassergehalt, Kies-Sand-Zusammensetzung, Mischdauer und Misch-maschinensystem.

Abb. 565 zeigt, daß einerseits bei sehr trockenem Beton und andererseits bei sehr nassem Beton die Wahrscheinlichkeit des Auftretens extremer Outsider am größten ist. Bei weichem, plastischem Beton erhält man für q_4 die geringsten Werte.

Ferner konnte aus den Versuchen festgestellt werden, daß beim Freifall-mischer bei 60″ Mischdauer und bei Verwendung von Kies und Sand als getrennte Baustoffe q_4 etwas größer wird als bei Verwendung von fertigem Kies-Sand-Gemisch.

Die Formel q_x für $x = 4$ gibt wohl an, ob Werte auftreten, die stark extremal zum arithmetischen Mittel liegen. Man erhält aber keine Auskunft darüber, ob die Außenseiter (Outsider) positives oder negatives Vorzeichen heben.

Im Betonbau ist aber die Feststellung, ob es wahrscheinlich ist, daß ein-seitige negative Asymmetrie zu erwarten sei, von allergrößter Wichtigkeit. Misch-maschinen, bei denen nachgewiesen werden kann, daß sie durchschnittlich viele negative Außenseiter (Outsider) liefern, müssen von der Baustelle ausgeschlossen werden.

Zur Feststellung, ob die Outsider wahrscheinlich positiv oder negativ auftreten, wird die Formel q_x mit x gleich einer ungeraden Zahl gewählt, z. B. $x = 3$ oder $x = 5$. Die zur Verfügung stehenden 3200 Einzelbeobachtungen wurden sowohl für $x = 3$ als auch für $x = 5$ verarbeitet.

Abb. 566 gibt die Ergebnisse für $x = 5$ wieder. Aus Abb. 566 geht hervor, daß bei der Wahl von Gußbeton die Wahrscheinlichkeit sehr groß ist, daß einzelne Werte auftreten, deren Druckfestigkeit wesentlich größer ist als das arithmetische Mittel.

Chemische Untersuchungen über die Zementmengenverteilung an größeren Versuchsreihen ergaben, daß sowohl eine Kies-Sand-Entmischung eintritt als auch eine ungleiche Verteilung der Zementmenge die Schuld an der Streuung der Ergebnisse trägt.

Die übrigen Versuche zeigten, daß für jedes Mischmaschinensystem ver-schiedene q_4- resp. q_5-Kurven gefunden wurden. Es ist also möglich, mit Hilfe der q_4- und q_5-Kurven Schlüsse zu ziehen, wie zuverlässig ein Mischmaschinen-system für die Lieferung von gleichmäßig gemischtem Beton ist.

F. Die Häufigkeit.

1. Begriffe (siehe S. 770).

2. Die Typen der Häufigkeitsverteilung.

Abb. 567 zeigt die Typen der Häufigkeitsverteilung. Die Bewertung (Klassi-fikation) der verschiedenen Typen geht aus Tabelle 367 hervor.

Zahlenwerte. Erhält man für Typ 1 einen arithmetischen Mittelwert, von nur 220 kg/cm², während man für Typ 2 einen solchen von 330 kg/cm² feststellt, so ist Typ 1 trotzdem besser, weil sich alle Werte um das arithmetische Mittel scharen, während bei Typ 2 die Möglichkeit vereinzelter stark negativer Werte vorhanden ist.

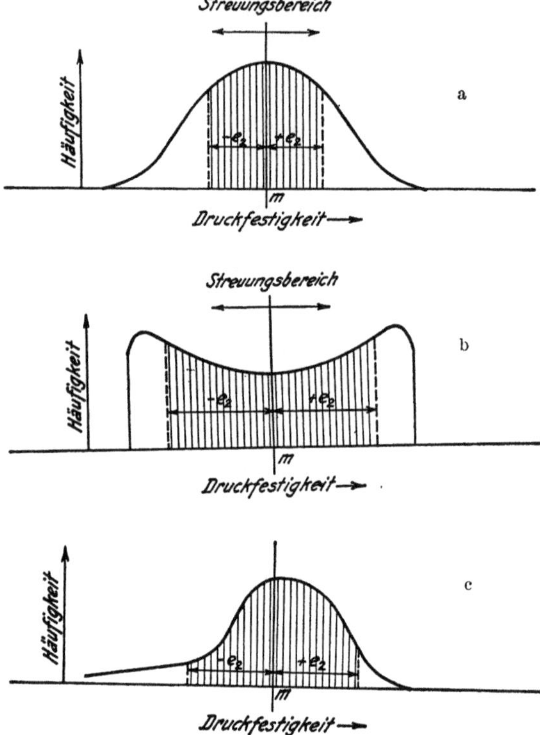

Abb. 567. Typen von Häufigkeitskurven mit den dazugehörenden Streuungsbereichen $\pm e_2$.
a) Symmetrischer Typ mit großer Häufigkeit um den Mittelwert. Der Streuungsbereich $\pm e_2$ ist klein.
b) Symmetrischer Typ mit kleinen Häufigkeiten um den Mittelwert. Der Streuungsbereich $\pm e_2$ ist groß.
c) Asymmetrischer Typ. Der Streuungsbereich $\pm e_2$ ist groß.

Tabelle 367.

Typ	Bewertung
1	Besonders gut, da alle Werte des Argumentes x sich um das arithmetische Mittel m scharen. Die Streuung e_2 ist klein
2	Schlechter Typus, da nur wenige Werte des Argumentes x um das arithmetische Mittel vorkommen; daneben treten viele Werte auf, die stark positiv oder negativ vom Mittelwert m abweichen. Die Streuung e_2 ist groß
3	Der Typus 3 ist besser als der Typus 2, aber schlechter als der Typus 1. Einzelne Werte treten stark negativ auf; der Streuungsbereich kann groß oder klein sein. Durch e_2 ist über die Asymmetrie nichts ausgesagt.

3. Die zahlenmäßige Bewertung der Häufigkeit.

a) Begriff der relativen Häufigkeit.

Zur Beurteilung der Werte, die in der Nähe des arithmetischen Mittels auftreten, leistet die relative Häufigkeit ($r H_e$) der Werte innerhalb des mittleren Streuungsbereiches e_2 in der Praxis wertvolle Dienste[1].

---

[1] Vgl. CZUBER-BURKHARDT: Die statistischen Forschungsmethoden S. 278. Wien 1938. — ANDERSON: Einführung in die mathematische Statistik. Wien 1935.

Bedeutet N die Anzahl der beobachteten Werte, dann ist:

$$r\,H_c = \frac{\text{Anzahl der Werte im mittleren Streuungsbereich } e_2}{\text{Anzahl der Beobachtungen } N} = \frac{e_2}{N}.$$

b) Beispiele.

Beispiel 1: Die relative Häufigkeit $r\,H_e$ bei Druckfestigkeitsuntersuchungen an Betonproben. Die Korrelationstabelle 368 gibt eine Übersicht über die 4020 Ergebnisse, die an Betonproben festgestellt wurden. Der Beton wurde in einem Freifallmischer gemischt.

Tabelle 368. *Korrelationstabelle.*

Häufigkeit der Betondruckfestigkeiten im mittleren Streuungsbereich $\pm e_2$

Zementmengen in kg	Wasser in Litern				Mittel %
	165 %	145 %	125 %	105 %	
210	71	74	63	67	69
160	76	74	63	67	68
105	73	74	71	70	72
Mittel	73	74	66	68	~ 70

Aus der Tabelle 368 ergibt sich, daß angenommen werden kann, daß 70% der zu erwartenden Betondruckfestigkeiten im Streuungsbereich $\pm e_2$ liegen. Nachrechnungen der Festigkeitsergebnisse von Beton, der zur Herstellung von Staumauern verwendet wurde, und bei welchem die Betonerzeugung sich über 2 bis 3 Jahre erstreckte, ergaben Zahlen von 65 bis 72%.

Beispiel 2: Die relative Häufigkeit $r\,H_e$ bei Steinbrechversuchen. Die relative Häufigkeit $r\,H_e$ kann auch darüber Auskunft geben, wie groß der Einfluß der Brechbackenform des Steinbrechers auf die Art der Betonzuschlagstoffe ist. So wurden z. B. 2000 Gesteinsauszählungen an Schotter der Korngröße 40/70 mm vorgenommen.

Es wurde folgendermaßen vorgegangen:

Jeder Stein hat drei Dimensionen. Die größte Seite wurde mit a bezeichnet, die mittlere Seite wurde mit b bezeichnet, die kleinste Seite mit c. Das arithmetische Mittel m_a resp. m_b und m_c wurde gebildet und hierauf der mittlere Streuungsbereich $\pm e_a$ resp. $\pm e_b$ bzw. $\pm e_c$ berechnet.

Die Auszählung der Steine ergab, daß im Bereich von $\pm e_a = 68\%$, $\pm e_b = 74\%$, $\pm e_c = 71\%$ ausgezählte Steine lagen.

Die Anzahl der Werte, die größer als $+ e_a$ war, betrug 16%; die Anzahl der Werte kleiner als $- e_a$ war 16%, d. h. die Wahrscheinlichkeit, daß aus dem Brecher zu grobe oder zu feine Steine erhalten werden, ist gleich groß.

Für die Größenordnung von e wurden folgende Werte gefunden nach Versuchen des Verfassers:

Tabelle 369.

Mittlere Streuung mm	Arithmetisches Mittel mm	Wahrscheinliche Gesteinsgröße mm	Häufigkeit %
$e_a = \pm 16$	$m_a = 70$	52—88	68
$e_b = \pm 14$	$m_b = 45$	31—59	74
$e_c = \pm 10$	$m_c = 23$	13—33	71

Beim ausgezählten Material wird die Größe des Bereiches von e von verschiedenen Gesichtspunkten aus beurteilt: einerseits als Bahn-Schottermaterial, wo das Material möglichst gleiche Korngröße aufweisen soll, andererseits als große Zuschlagsstoffe zum Betonieren, wo das Material möglichst alle Korngrößen aufweisen sollte, d. h. mathematisch: für den ersten Zweck sollte e_2 möglichst klein, für den zweiten möglichst groß sein.

Die Steinbrechversuche wurden zweimal durchgeführt; das eine Mal mit neuen, das andere Mal mit alten, ausgelaufenen Brechbacken. Die Versuche mit alten Brechbacken ergaben einen wesentlich größeren mittleren Streuungsbereich als die Versuche mit neuen Brechbacken.

4. Die Häufigkeitskurven.

a) Begriff (siehe S. 770).

b) Die Normalkurven.

α) Begriff (siehe S. 773).

β) Die Gleichung der Normalkurve. Der Anfangspunkt der Gleichung der Normalkurve ist der Mittelwert m einer Verteilung. Die Gleichung der Normalkurve lautet:

$$y = \frac{N}{e_2 \sqrt{2\pi}} \, e^{\frac{-v^2}{2 e^2_2}} . \tag{1}$$

In diesen Gleichungen bedeuten:

y = Häufigkeit,

N = Umfang des Kollektivs = Anzahl der Beobachtungen,

$N = \int\limits_{-\infty}^{+\infty} y\, dv$ = Inhalt des gesamten Flächeninhaltes von $v = -\infty$ bis $v = +\infty$

(siehe Abb. 568),

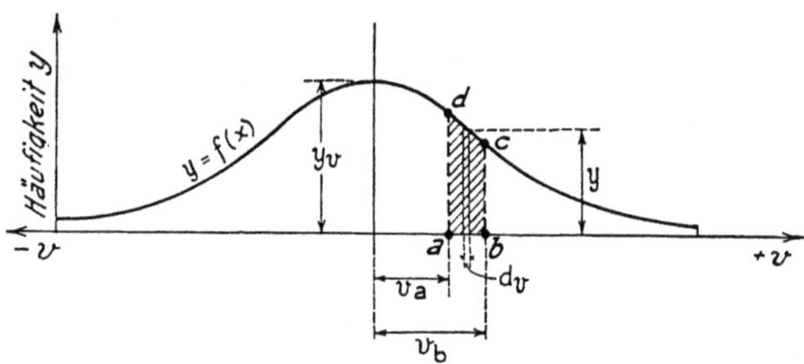

Abb. 568. Zerlegung einer Häufigkeitskurve.
$v = m - x$, x = beobachteter Wert, m = arithmetisches Mittel.

e_2 = Streuung (des Kollektivgegenstandes) $e_2 = \pm \sqrt{\dfrac{[v\,v]}{N}}$ *,

v = Unterschied zwischen beobachtetem Wert x und Mittelwert m.

$v = x - m$,

$h = \dfrac{1}{e_2 \sqrt{2}}$ = Präzision, auch Präzisionsmaß oder Gleichmäßigkeit des Kollektivs genannt.

Anmerkung: Es wurde der Buchstabe v für die Abszisse eingeführt und nicht der Buchstabe x, um eine Verwechslung mit dem im ganzen Kapitel als x bezeichneten beobachteten Wert zu vermeiden.

γ) Besondere Werte der Normalkurve sind:

I. für ε $y = f(+v) = f(-v)$ ist die Kurve symmetrisch,

II. für $v = 0$ ist der Wert y (die Häufigkeit) am größten,

III. das arithmetische Mittel, der Zentralwert und der dichteste Wert fallen zusammen. (Vgl. Abb. 569 mit den Typen von Normalkurven, ferner vgl. Abb. 570 mit den Sonderwerten bei der normalen Häufigkeitskurve.)

---

* Für e_2 wird oft die Bezeichnung σ gebraucht; vgl. Abb. 570.

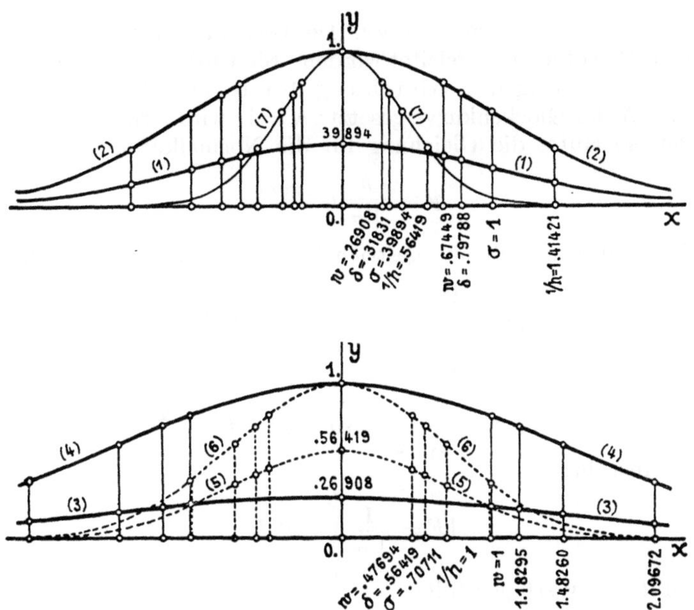

Abb. 569. Typen von Normalkurven.

Es bedeutet:

Kurve	Formel	Voraussetzungen		Kurve	Formel	Voraussetzungen	
1	$y = \dfrac{1}{\sqrt{2\pi}}\, e^{-\frac{1}{2}x^2}$	$\sigma = 1$	$A = 1$	4	$y = e^{-\varrho^2 \cdot x^2}$	$w = 1$ $A = 3{,}7163$	$y_0 = 1$
2	$y = e^{-\frac{1}{2}x^2}$	$\sigma = 1$ $A = 2{,}5066$	$y_0 = 1$	5	$y = \dfrac{1}{\sqrt{\pi}}\, e^{-x^2}$	$h = 1$	$A = 1$
3	$y = \dfrac{\varrho}{\sqrt{\pi}}\, e^{-\varrho^2 \cdot x^2}$	$w = 1$	$A = 1$	6	$y = e^{-x^2}$	$h = 1$ $A = 1{,}7725$	$y_0 = 1$
				7	$y = e^{-\pi x^2}$	$A = 1$	$y_0 = 1$

Für die Bedeutung der Werte w, δ, σ, h und y_0 siehe Abb. 570 und für $\sigma = e_2$; $A = N$, sowie $x = v$ siehe Abb. 568.

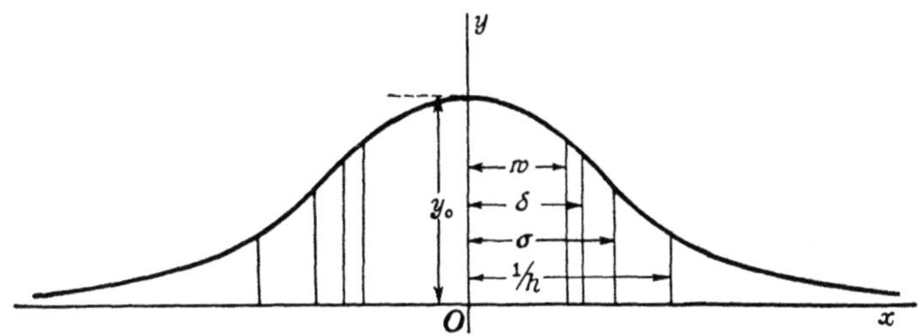

Abb. 570. Sonderwerte bei der normalen Häufigkeitskurve.

$$\sigma = \text{Streuung} = \text{Abszisse des Wendepunktes} = \sqrt{\frac{1}{n}\int_{-\infty}^{+\infty} x^2\, y\, dx}; \quad w = \text{wahrscheinlicher Fehler} = 0{,}675 \cdot \sigma;$$

$$1/h = \text{Modulus}; \quad h = \text{Präzision} = \frac{1}{\sigma\sqrt{2}}; \quad \delta = \text{durchschnittlicher Fehler} = \sigma \cdot \sqrt{\frac{2}{\pi}} = 0{,}798 \cdot \sigma; \quad \text{ferner ist}$$

$$\varrho = 0{,}477; \quad \sigma = e_2; \quad y_0 = y_v = \text{dichtester Wert}; \quad x = v \text{ in Abb. } 568.$$

δ) **Ableitung der Normalkurve.** Die Gleichung der Normalkurve ist aus verschiedenen Hypothesen abgeleitet worden. Sie wird hier nicht wiedergegeben[1].

ε) **Die Umformung der Gleichung der Normalkurve.** Wird für den Flächeninhalt N der Glockenkurve gesetzt: $N = 1$; wird ferner das Präzisionsmaß h verwendet, so lautet die Gleichung für die Normalkurve:

$$y = \frac{h}{\sqrt{\pi}}\, e^{-h^2 V^2}. \qquad (2)$$

Der Inhalt ΔN des in Abb. 568 gestrichelten Teiles des Flächeninhaltes wird:

$$\Delta F = \int_{v_1}^{v_2} y\, dv = \frac{h}{\sqrt{\pi}} \int_{v_1}^{v_2} e^{-h^2 V^2}\, dv. \qquad (3)$$

Wird nun gesetzt:

$$t = h\, v = \frac{v}{e_2 \sqrt{2}}, \quad \text{so wird} \quad dv = \frac{dt}{h}. \qquad (4)$$

Gl. (3) geht über in:

$$\Delta F = \frac{1}{\sqrt{\pi}} \int_{t_1}^{t_2} e^{-t^2}\, dt. \qquad (5)$$

Oft wird für t der Wert gewählt:

$$t = \frac{v}{e_2} \quad \text{bzw.} \quad t = h\, v \sqrt{2} \quad \text{bzw.} \quad dv = \frac{dt}{h \sqrt{2}}. \qquad (6)$$

Dann wird Gl. (1):

$$y = \frac{N}{e_2}\, \varphi(t), \qquad (7)$$

wobei $\varphi(t)$ ist:

$$\varphi(t) = \frac{1}{\sqrt{2\pi}}\, e^{-\frac{t^2}{2}}. \qquad (8)$$

Es ist somit:

$$y = \frac{N}{e_2} \cdot \frac{1}{\sqrt{2\pi}}\, e^{-\frac{t^2}{2}} \qquad (9)$$

oder

$$\frac{y}{\dfrac{N}{e_2}} = \frac{1}{\sqrt{2\pi}}\, e^{-\frac{t^2}{2}} = \varphi(t). \qquad (10)$$

Für ΔF der Gl. (5) ist zu setzen:

$$\Delta F = \int_{t_1}^{t_2} \frac{1}{\sqrt{2\pi}}\, e^{-\frac{t^2}{2}}\, dt = \int_{t_1}^{t_2} \varphi(t)\, dt. \qquad (10')$$

Für $t = \dfrac{v}{e_2}$ und für

$$\varphi_t = \frac{1}{\sqrt{2\pi}}\, e^{-\frac{t^2}{2}}$$

wurden Tabellen aufgestellt[2].

---

[1] Vgl. M. MERRIMANN: Method of Least Squares S. 17. London 1910. — E. CZUBER: Wahrscheinlichkeitsrechnung Bd. 1 (1924) S. 291. — M. W. CROFTON: Phil. Trans. roy. Soc., Lond. Bd. 159 (1868). — Probability. Encyclop. Britanica Bd. 19 (1885). — O. ANDERSON: Einführung in die mathematische Statistik S. 249. Wien 1935.

[2] Vgl. z. B. RIETZ-BAUR: Handb. d. mathematischen Statistik S. 275/282. Berlin 1930.

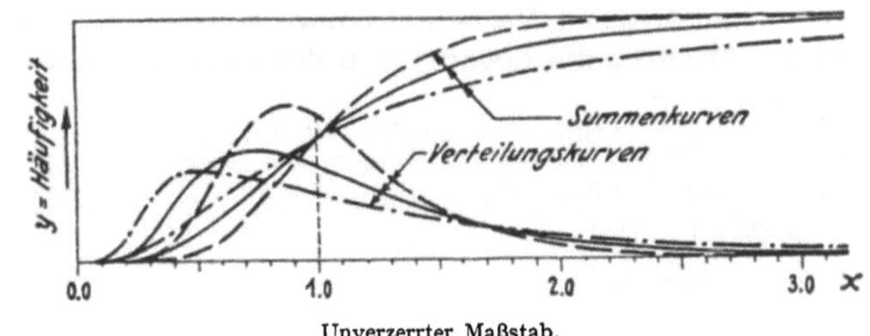

Unverzerrter Maßstab.

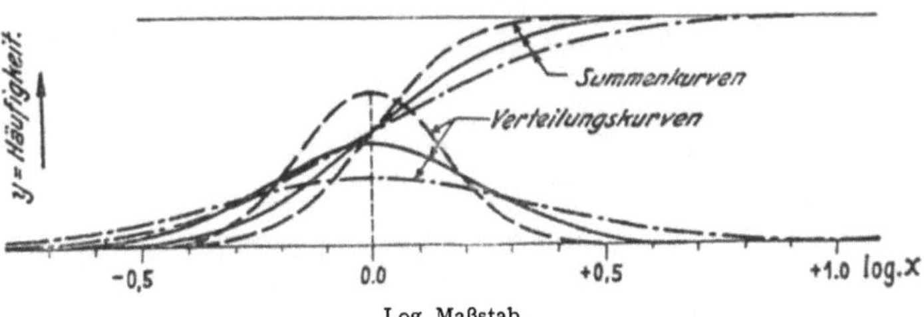

Log. Maßstab.

$$\text{— — — — }\ x_0 = 1{,}0, \quad k = 4{,}5$$
$$\text{— ——— }\ x_0 = 1{,}0, \quad k = 3{,}0$$
$$\text{—·—·— }\ x_0 = 1{,}0, \quad k = 2{,}0$$

Abb. 571. Asymmetrische Verteilung der Häufigkeiten.

$$y = \frac{1}{x_0}\log e\,\frac{k}{\sqrt{\pi}}\cdot\frac{x_0}{x}\cdot e^{-\,k^2\log\left(\frac{x}{x_0}\right)^2}.$$

$x_0 =$ konstant, $k =$ veränderlich.

Einige Tabellenwerte.

$$\varphi(t) = \frac{1}{\sqrt{2\pi}}\,e^{-\frac{t^2}{2}} = \left(\frac{y}{\dfrac{N}{e_2}}\right)\quad t = \frac{v}{e_2}.$$

Tabelle 370. *Häufigkeiten und Flächen unter der Kurve.*

t	$\varphi(t)$	$\int\limits_0^t \varphi(t)\cdot dt$
0,00	0,39894	0,000000
0,10	0,39695	0,039828
0,50	0,35207	0,191462
1,00	0,24197	0,341345
2,00	0,05399	0,477250
3,99	0,00014	0,499967

5. Die asymmetrische Häufigkeitskurve.

Im Falle, daß eine ungleichmäßig verteilte Häufigkeitskurve vorliegt, lautet die Verteilungsfunktion:

$$y = \frac{1}{\sqrt{\pi}}\,e^{-\zeta^2}\frac{d\zeta}{dx}, \tag{11}$$

und für den Flächeninhalt ΔF lautet die Gleichung:

$$\Delta F = \frac{1}{\sqrt{\pi}}\int\limits_{-\infty}^{\zeta} e^{-\zeta^2}\,d\zeta, \tag{12}$$

$\zeta = f(x)$ heißt die vermittelnde Funktion; z. B. lauten die Gleichungen für die vermittelnde Funktion:

a) bei der Normalkurve

$$\zeta = h\,(x - m) = h\,v, \tag{13}$$

$$v = x - m,$$

$m =$ arithmetisches Mittel,
$x =$ beobachteter Wert;

b) bei einer asymmetrischen Verteilungskurve treten nach FECHNER an die Stelle der absoluten Werte x die Logarithmen der Werte x und m; d. h. es wird

$$\zeta = k \,(\log x - \log x_0) = k \log\left(\frac{x}{x_0}\right),\tag{14}$$

$\log x_0 = $ Mittelwert von $\log x$,
  $x_0 = $ der Zentralwert von x*.

Somit geht Gl. (11) über in

$$y = \frac{k \log e}{x\sqrt{\pi}}\, e^{-k^2 \log\left(\frac{x}{x_0}\right)^2}.\tag{15}$$

Gl. (12) geht über in die Summenkurve

$$\Delta F = \frac{k \log e}{\sqrt{\pi}}\int_0^x \frac{1}{x}\, e^{-k^2 \log\left(\frac{x}{x_0}\right)^2}\, dx.\tag{16}$$

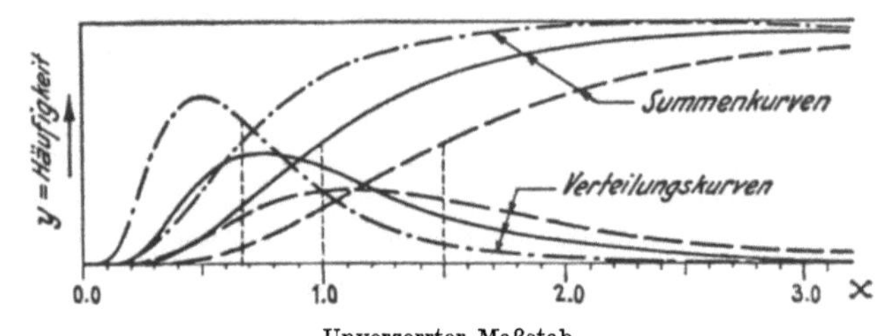

Unverzerrter Maßstab.

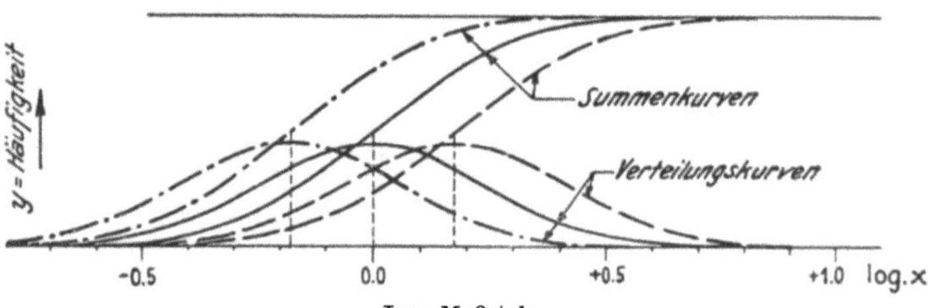

Log. Maßstab.

$----$ $x_0 = 1{,}5$, $\quad k = 3{,}0.$
$-\!-\!-$ $x_0 = 3{,}0$, $\quad k = 3{,}0.$
$-\cdot-\cdot-$ $x_0 = 0{,}66$, $\quad k = 3{,}0.$

Abb. 572. Asymmetrische Verteilung der Häufigkeiten.

$$y = \frac{1}{x_0}\log e\, \frac{k}{\sqrt{\pi}}\cdot\frac{x_0}{x}\, e^{-k^2 \log\left(\frac{x}{x_0}\right)^2}.$$

$k = $ konstant, $x_0 = $ variabel.

Für Sonderfälle hat sich als vermittelnde Funktion bewährt:

$$\zeta = k\,(\text{arc tg } x - \text{arc tg } x_0).\tag{16'}$$

Der Parameter k heißt das Präzisionsmaß des Logarithmus. Die Unsymmetrie ist um so geringer, je größer k ist (vgl. Abb. 571).

Der Einfluß der Veränderung eines Zentralwertes auf die Unsymmetrie einer Häufigkeitskurve geht aus Abb. 572 hervor.

Außer den oben angegebenen Gl. (15) und (16) für die asymmetrische Häufigkeitskurve sind noch eine ganze Anzahl verallgemeinerte mathematische Ansätze

---

* Vgl. G. FECHNER: Kollektivmaßlehre. Leipzig 1897.

für die Häufigkeitsverteilung gemacht worden, z. B. von BRUNS, PEARSON, CHARLIER usw.

Vgl. K. PEARSON: Contributions for the mathematical Theory of Evolution. Phil. Trans. roy. Soc., Lond., Ser. A Bd. 186 (1895) S. 364; Bd. 216 (1916) S. 429. — D. C. JONES: A first Course in Statistics. London 1921. — C. V. L. CHARLIER: Die zweite Form des Fehlergesetzes. Ark. Mat., Astronom. Fysik Bd. 2 Nr. 15. — Vorlesungen über die Grundzüge der mathematischen Statistik (mit zahlreichen Rechenbeispielen). Lund 1920. — A. L. BOWLEY: An elementary Manual of Statistics, 3. Aufl. London 1920. — Elements of Statistics, 5. Aufl. London 1926. — F. Y. EDGEWORTH: „Law of Error" in der 10. Aufl. und „Probability" in der 11. Aufl. der Encycl. Britan und Cambr. Phil. Trans. Bd. 20 (1905). — On the Use of Analytic Geometry to represent certain kinds of statistics. J. R. S. S. Bd. 77 (1914). — H. BRUNS: Über die Darstellung von Fehlergesetzen. Astronom. Nachr. Bd. 143 Nr. 3429. — Wahrscheinlichkeitsrechnung und Kollektivmaßlehre. Leipzig 1906. — H. POLLACZEK-GEIRINGER: Die Charliersche Entwicklung willkürlicher Verteilungen. Skandin. Aktuarietidskrift 1928 S. 98/111. — CZUBER-BURKHARDT: Die statistischen Forschungsmethoden S. 59. Wien 1938. — L. EGERSDÖRFER: Anleitung zur Darstellung von Häufigkeitskurven nach BRUNS. Meteor. Z. 1929. — A. KHINTCHINE: Asymptotische Gesetze der Wahrscheinlichkeitsrechnung. Engng. Math. Bd. 2 (1933) Nr. 4. — G. POLYA: Wahrscheinlichkeit, Fehlerausgleich, Statistik in ABDERHALDEN: Handbuch der biologischen Arbeitsmethoden Abt. 5 Teil 2. — R. GIBRAT: La loi de l'effet proportionnel. Paris 1931. — H. GRASSBERGER: Der Aufbau der Böden. Wasserwirtsch. 1933 Heft 17/19. — W. KUMMER: Sur l'application du calcul des probabilités dans les projets de l'ingénieur. Bull. techn. Suisse rom. 1933; ferner Schweiz. Bauztg. 30. 8. 1930 S. 104; 24. 10. 1931 S. 210; 18. 3. 1933; 22. 4. 1933.

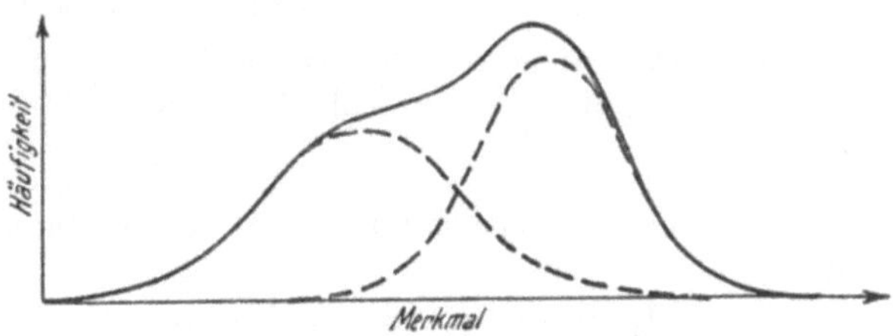

Abb. 573. Häufigkeitskurve als Ergebnis zweier Normalverteilungen.

Oft wird eine asymmetrische Häufigkeitskurve in zwei oder mehrere Verteilungskurven zerlegt. Diesem Verfahren liegt die Annahme zugrunde, daß heterogene Materialien durch Mischung von zwei oder mehreren homogenen Materialien entstanden seien[1] (siehe Abb. 573).

6. Beispiele von Häufigkeitskurven.

a) Zahlenwerte für eine Normalkurve.

(Häufigkeitsverteilung der Betondruckfestigkeiten.)

Aus Abb. 574 geht ein empirisch gefundenes Häufigkeitspolygon hervor. Das Polygon ergibt sich aus 2510 vom Verfasser systematisch durchgeführten Bauplatzuntersuchungen über die Druckfestigkeit von Betonproben.

Die Aufgabe bestand darin, das empirisch gefundene Häufigkeitspolygon in eine Häufigkeitskurve überzuführen bzw. das zweckentsprechende Verteilungsgesetz zu finden. Um die Form der mathematischen Gleichung finden zu können, wurde zeichnerisch festgestellt, in welchem Maßstab Abszisse und Ordinate gezeichnet werden müssen, um zunächst eine lineare Gleichung zu erhalten. Es ergaben sich folgende Gleichungsformen für eine Gerade[2].

Form I der Verteilungskurve für die Häufigkeit der Betondruckfestigkeiten.

---

[1] Vgl. DAWES u. BECKEL: Auswertung von Betriebszahlen und Betriebsversuchen durch Großzahlforschung. Chem. Fabrik 1941 S. 131/154.

[2] Vgl. BENDEL: Statistisch-mathematische Auswertung systematischer Betonuntersuchungen. Schweiz. Bauztg. Bd. 102 (1939) S. 75.

(Für Form II siehe S. 805.) Es wird zunächst eine Transformation des Argumentes x vorgenommen, indem eine vermittelnde Funktion z gewählt wird. Dann ergibt sich für

$$[\log y] \cong c + d \, [\log z] \tag{1}$$

eine Gerade.

Die Größen in den eckigen Klammern [ ] bedeuten die Abszisse und Ordinate der aufzuzeichnenden Punkte. Der Koeffizient c bedeutet den Abschnitt auf der y-Achse und der Koeffizient d die Größe der Steigung der Geraden.

Wenn die Gl. (1) im verzerrten Maßstab eine Gerade ergibt, so kann geschlossen werden, daß im wahrheitsgetreuen Maßstab eine Kurve vorliegt der Form:

$$y = f\,(z, a, b) = a\,e^{-b\,z^2}. \tag{2}$$

Für die vermittelnde Funktion kann im vorliegenden Falle gesetzt werden:

$$\alpha) \qquad\qquad z = f\,(x) = 0{,}71\;x^{1/2} \tag{3}$$

(für die Werte x siehe die Bewertung der Abstände des Klassenintervalles vom arithmetischen Mittel m in Abb. 574) oder

$$\beta) \qquad\qquad z = v, \tag{4}$$

wobei $v = (x - m)$ bedeutet. ($x =$ beobachteter Wert, $m =$ arithmetisches Mittel.)

$\alpha)$ **Lösung mit der allgemeinen Exponentialkurve.**

Für $z = f\,(x) = 0{,}71\;x^{1/2}$.

Wird in der Gl. (2) für die Festwerte a und b gesetzt

$$a = 5; \quad b = -1,$$

dann geht Gl. (2) über in:

$$y = 5\,e^{-z^2} = 5\,e^{-0{,}5\,x}. \tag{5}$$

Da $x = 20\,q$ ist, so wird

$$y = 5\,e^{-10\,q}. \tag{6}$$

q bedeutet den Unterschied zwischen beobachtetem Wert x und dem arithmetischen Mittel m, ausgedrückt in Prozenten des arithmetischen Mittels; mit anderen Worten:

$$q = \frac{x - m}{m} = \frac{v}{m}. \tag{7}$$

q ist als absoluter Wert in die Formel (6) einzusetzen. Für die Auswertung der Gl. (6) siehe Abb. 574.

Um die Summenkurve zu finden, wird das Integral gebildet:

$$y_2 = \int y_1 \, dq = 5 \int e^{-10\,q} \cdot dq = 50\,e^{-10\,q} + C';$$

für $q = 0$ ergibt sich $y_2 = 50$; $C = 0$. (Symmetrische Häufigkeitskurve.)

Somit ist

$$y_2 = 50\,e^{-10\,q}. \tag{8}$$

Will man die Anzahl Werte F kennen, die innerhalb des Bereiches $m\,(1 \pm q)$ liegen, so ergibt sich folgende Formel:

$$F = 100 - 2\,(50\,e^{-10\,q}) = 100\,(1 - e^{-10\,q}) = \frac{100\,[e^{10\,q} - 1)}{e^{10\,q}}. \tag{9}$$

Anwendungen. 1. Wieviel Werte scharen sich um das arithmetische Mittel innerhalb des Bereiches von $\pm\,2{,}5\%$ des arithmetischen Mittels?

Es ist $q = 0{,}025$:

$$F = \frac{100\,(e^{0{,}25} - 1)}{e^{0{,}25}} = 22\%; \qquad (10)$$

für $q = 0{,}05$ wird $F = 39{,}5\%$.

2. Bei gegebener Zementmenge von 300 kg und Wasser von 190 l/m³ Fertigbeton wird im Mittel eine Druckfestigkeit von 200 kg/cm² erreicht. Es erhebt sich die Frage, wieviel Prozent der erhaltenen Druckfestigkeiten dürfen (sollen) ordnungsgemäß kleiner (größer) als 170 kg/cm² sein?

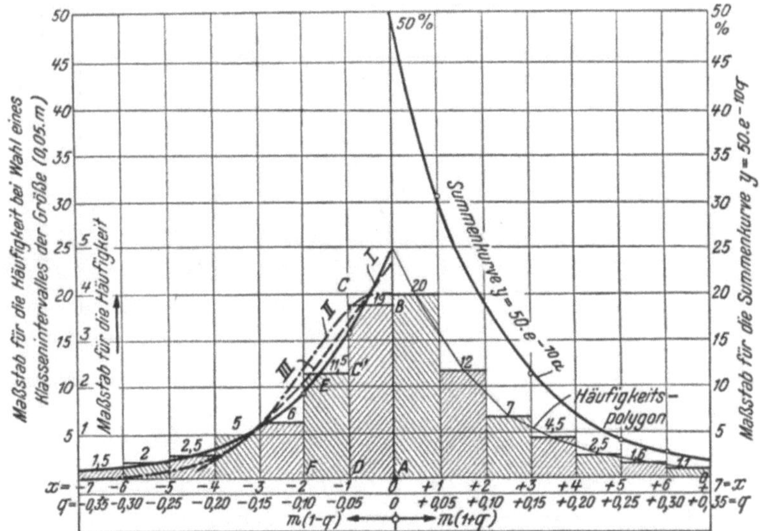

Abb. 574. Häufigkeitspolygon P, Häufigkeitskurven I, II, III und Summenkurve S.
Die Gleichungen für die Häufigkeitskurven lauten:

$$\text{I.} \quad y = a \cdot e^{-b\,x^2} = 5 \cdot e^{-10\,q}. \quad \text{(Exponentialkurve.)}$$

$$\text{II.} \quad y = \frac{N}{\sigma\sqrt{2\,\pi}} \cdot e^{\frac{-q^2}{2\,\sigma^2}}. \quad \text{(Normalkurve oder Gaußsche Fehlerkurve.)}$$

$$\text{III.} \quad y = a + b\,x + c\,x^2 = 4{,}7 - 1{,}6\,\varkappa + 1{,}4\,x^2. \quad \text{(Höhere Parabelkurve.)}$$

Es ist $200 - 170 = 30\ \text{kg/cm}^2 = q\,m$; q wird:

$$q = \frac{30{,}0}{200} = 0{,}15.$$

Zunächst ist nach Gl. (9):

$$F = \frac{100\,(e^{1{,}5} - 1)}{e^{1{,}5}} = 78\% = y_3,$$

$y_3 = $ Anzahl der Werte, die innerhalb des Bereiches $m\,(1 \pm q)$ liegen. Da Gl. (9) ein symmetrisches Verteilungsgesetz wiedergibt, so errechnet sich die zulässige Anzahl Werte, die kleiner sein dürfen als 170 kg/cm², zu:

$$\frac{100 - F}{2} = 50\,e^{-1{,}5} = 10{,}8\%,$$

und die Anzahl Werte, die größer als 170 kg/cm² sein sollen, ist somit:

$$y_4 = \frac{100 + y_3}{2} = \frac{100 + 78}{2} = 89\%.$$

3. Die Anzahl der Betondruckfestigkeiten, die im vorliegenden Falle kleiner als 150 kg/cm² sein dürfen, berechnet sich nach Gl. (8) wie folgt: Es ist

$$q = \frac{200 - 150}{200} = 0,25;$$ dann ergibt sich für y_2 der Wert:

$$y_2 = 50\, e^{-2,5} = 4,5\%.$$

4. Für $q = 0,125$ errechnet sich die relative Häufigkeit im Bereich $m\,(1 \pm 0,125)$ zu:

$$F = \frac{100\,(e^{1,25} - 1)}{e^{1,25}} = 71,5\%. \tag{11}$$

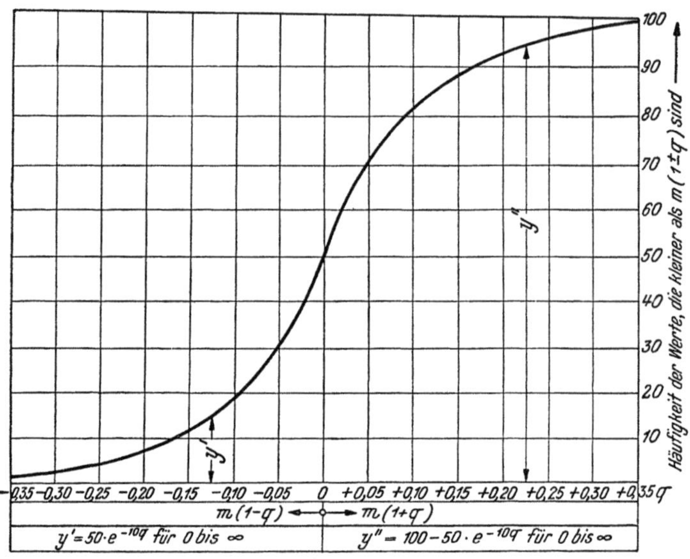

Abb. 575. Häufigkeitskurve als Summenkurve.
Anmerkung: q ist als absoluter Wert in die Formeln einzusetzen.
q = Abweichung vom arithmetischen Mittel, ausgedrückt in Prozenten des arithmetischen Mittels.

Nach Korrelationstabellen 368 und 371 wurde die relative Häufigkeit zu $\sim 70\%$ gefunden. Daraus ergibt sich, daß die Formeln (8) und (9) mit der Praxis gut übereinstimmende Werte liefern.

5. Die Summenkurve in Abb. 575 ist folgendermaßen gefunden worden:
Nach Formel (8) ist $y_2 = 50\,e^{-10q}$.
Für $q = 0$ ergibt $y_2 = 50\%$.
Für den Ast q = negativ gilt $y = 50\,e^{-10q}$.
Für den Ast q = positiv gilt $y = 100 - 50\,e^{-10q}$, $\tag{12}$
wobei q jeweils als absoluter Wert in die Formel (12) einzusetzen ist.

β) Lösung mit der Normalkurve.

I. Grundsätzliches. Gleichung (2) stellt einen Sonderfall der Normalkurve für die Häufigkeitsverteilung dar. Wird nämlich in Gl. (2) gesetzt:

$$\text{für } a = \frac{N}{e_2\sqrt{2\,\pi}},$$

$$\text{für } b = \frac{1}{2\,e_2{}^2},$$

$$\text{für } z = v,$$

so erhält man:

$$y = \frac{N}{e_2 \sqrt{2\pi}} \, e^{-\frac{v^2}{2 e_2^2}}. \tag{13}$$

Das ist die Normalkurve für die Häufigkeitsverteilung.

Aus der Korrelationstabelle 366 für den Variabilitätskoeffizienten geht hervor, daß die Streuung e_2 für die Betondruckfestigkeiten aus 2510 Untersuchungsergebnissen zu $e_2 \simeq 0{,}1\,m$ gefunden wurde (m = arithmetisches Mittel).

Für die Annahme $N = 1$ und $m = 1$ wird die in Abb. 574 gezeichnete Kurve *II* erhalten. In diesem Falle wird

$$q = \frac{v}{m} = \frac{v}{1} = v.$$

Mit Hilfe der Gl. (10'), S. 796, wird für die Fläche F zwischen den Variabeln $+ v$ bis $- v$ der Wert erhalten

$$F = \int_{-t}^{t+} \varphi(t)\,dt = 2 \int_{0}^{t} \varphi(t)\,dt.$$

Für die Werte der Funktion $\varphi(t)$ in Abhängigkeit des Wertes $t = \dfrac{v}{e_2}$ siehe Tabelle 370.

II. Beispiele. 1. Bestimmung der Häufigkeit in Abhängigkeit der Abweichung v vom arithmetischen Mittel.

Tabelle 371.

Wert $v = q$	Wert e_2	Wert $t = \dfrac{v}{e_2}$	Flächenwert F nach Gl. (10'), S. 796 %	Flächenwert nach Gl. (9), S. 800 %	Flächenwert nach Gl. (23), S. 806 %	
0	0,10	0	0	0	—	
0,025	0,10	0,25	20	22	22	
0,05	0,10	0,5	38	39,5	38,9	
0,10	0,10	1,0	68	63	66	$=rH_e$
0,15	0,10	1,5	86	78	78	
0,20	0,10	2,0	94	86	—	

In Gl. (13) wurde für $v = q = e_2 = 0{,}10$ angenommen. Nach der Korrelationstabelle 368 beträgt die ausgezählte Häufigkeit im Streuungsbereich: $q = v = e_2$; $r\,H_e = 65$ bis 72%; im Mittel $r\,H_e \simeq 70\%$*. Also stimmen die ausgezählten Häufigkeiten in Tabelle 368 mit den formelmäßig in Tabelle 371 erhaltenen Häufigkeiten befriedigend überein.

2. Bestimmung des Kleinstwertes bei gegebener Streuung e_2.

Es bedeutet:

m = arithmetisches Mittel,

x = beobachteter Wert,

$v = m - x$,

$K = m - \max v = $ Kleinstwert,

$\varkappa = \dfrac{K}{m} = $ Verhältnis vom Kleinstwert zum arithmetischen Mittel m,

$V = $ Variabilitätskoeffizient $V = \dfrac{e_2}{m}$,

---

* Nach der Korrelationstabelle 371 beträgt $r\,H_e = 63$ bis 68%.

$$e_2 = \text{Streuung};\quad e_2 = \pm \sqrt{\frac{[v\,v]}{N}},$$

$N = $ Anzahl der Beobachtungen = Umfang des Kollektivs.

Dann ist

$$K = m - \max V = m - e_2 \frac{\max V}{e_2} = m\left(1 - \frac{e_2}{m}\frac{\max V}{e_2}\right) = m\left(1 - V\frac{\max V}{e_2}\right),\quad (14)$$

$$\varkappa = \frac{K}{m} = 1 - V\frac{\max V}{e_2}.\quad (15)$$

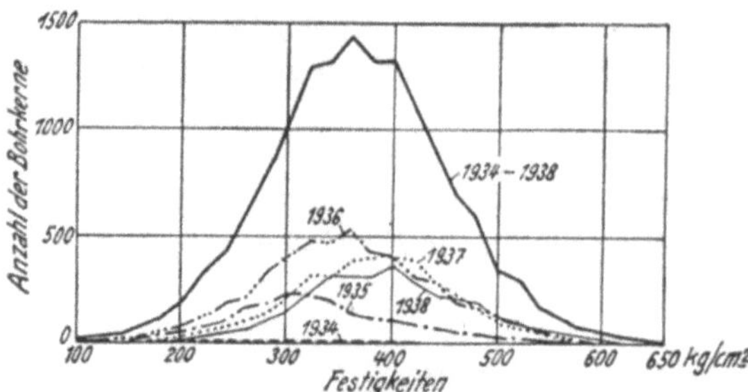

Abb. 576. Ergebnisse der Bohrkernprüfungen der Reichsautobahnen in den Baujahren 1934/1938.

Zahlenwerte: In der Abb. 576 sind die Ergebnisse der Bohrkernprüfungen der Reichsautobahn in den Baujahren 1934 bis 1938 zeichnerisch aufgetragen[1,2].

Aus Abb. 577 läßt sich folgende Zahlentabelle ableiten:

Tabelle 372.

Anzahl der Werte N	$\dfrac{\max V}{e_2}$	$\varkappa = \dfrac{K}{m}$ für $V = \dfrac{e_2}{m}$		
		$V = 0,1$	$V = 0,2$	$V = 0,3$
10	1,65	0,835	0,670	0,505
20	1,96	0,804	0,607	0,411
40	2,25	0,775	0,550	0,325
100	2,57	0,743	0,486	0,229
500	3,09	0,691	0,382	0,073
1000	3,29	0,671	0,342	0,013
5000	3,72	0,628	0,256	—
10000	3,90	0,610	0,220	—

Aus Abb. 577 ergibt sich für die Betonproben $m = 366$ kg/cm². Aus Tabelle 372 ergeben sich für $V = 0,1$ die nachstehenden Kleinstwerte:

Tabelle 373.

Anzahl der Werte N	Variabilitätskoeffizient[3]	$\varkappa = \dfrac{K}{m}$ (nach Tabelle 372)	Mittelwert m kg/cm²	Kleinstwert $K = \varkappa\,m$ kg/cm²	Größte Abweichung vom Mittelwert $= v_{\max}$ %
10	0,1	0,835	366	304	16
100	0,1	0,743	366	272	26
1000	0,1	0,671	366	246	33
10000	0,1	0,610	366	224	39

Aus Tabelle 373 ergibt sich 1., daß der wahrscheinlich zu erwartende Kleinstwert K zwischen 304 und 224 kg/cm² schwankt, je nachdem die Anzahl N der untersuchten Probekörper groß oder klein ist. Mit anderen Worten: Der Wert

---

[1] Vgl. SACK: Auswertung der Prüfungsergebnisse an Bohrkernen aus den Betonfahrbahndecken der Reichsautobahnen. Straßenjahresbuch 1939/1940 S. 213/220. Berlin 1940.

[2] Vgl. GAEDE: Anwendung der statistischen Untersuchungen. Bauingenieur 1942 S. 294.

[3] Vgl. Tabelle 366 mit dem Variabilitätskoeffizient $V \cong 0,1$.

der Mindestgüte $K = m - \max v$ darf nur in Abhängigkeit der Anzahl N der Probekörper festgelegt werden.

2. Ferner ergibt sich aus Tabelle 373, daß

bei 3 Probekörpern der kleinste Wert vom Mittelwert $\sim 10\%$,
bei 10 Probekörpern der kleinste Wert vom Mittelwert $\sim 15\%$,
bei 100 Probekörpern der kleinste Wert vom Mittelwert $\sim 25\%$,
bei 1000 Probekörpern der kleinste Wert vom Mittelwert $\sim 33\%$,
bei 10000 Probekörpern der kleinste Wert vom Mittelwert $\sim 40\%$

abweichen darf.

Der Verfasser fand bei einer Versuchsreihe von 2310 eine Abweichung des Kleinstwertes vom Mittelwert um rd. 35%, vgl. Abb. 578, Kurve gestrichelt.

γ) Lösung mit Hilfe der Gaußschen Normalgleichung.

Form II der Verteilungskurve für die Häufigkeit von Beton-druckfestigkeiten. (Für Form I siehe S. 800.) Um eine weitere Form der mathematischen Gleichung der Häufigkeitskurve zu finden, wurde für die nachstehende Form die Beziehung zwischen Argument $\varkappa$ und der Häufigkeit y als eine Gerade gefunden:

$$\left[\frac{y - y_0}{\varkappa - \varkappa_0}\right] = (b + 2 c \varkappa_0) + c [\varkappa - \varkappa_0]. \quad (16)$$

Für $\varkappa_0$ und y_0 siehe Tabelle 361.

Aus Gl. (16) ergibt sich, daß die Form der gesuchten Verteilungsfunktion sein muß [vgl. in Tabelle 361, Gl. (14′) und in Tabelle 360, Gl. (14)]:

$$y = f(\varkappa, a, b, c) = a + A b + B c \quad (17)$$

In dieser Gleichung bedeutet $A = f(x)$ und $B = f_2(x) = \varkappa^2$.

Mit Hilfe der Gaußschen Normalgleichung berechnet sich:

$$[A A] b + [A B] c + [A y] = 0,$$
$$[B B] b + [B B] c + [B a] - [B y] = 0; \quad (18)$$

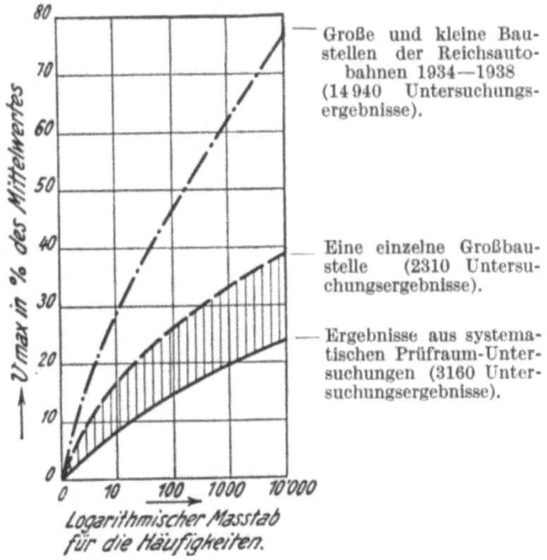

hieraus ergibt sich

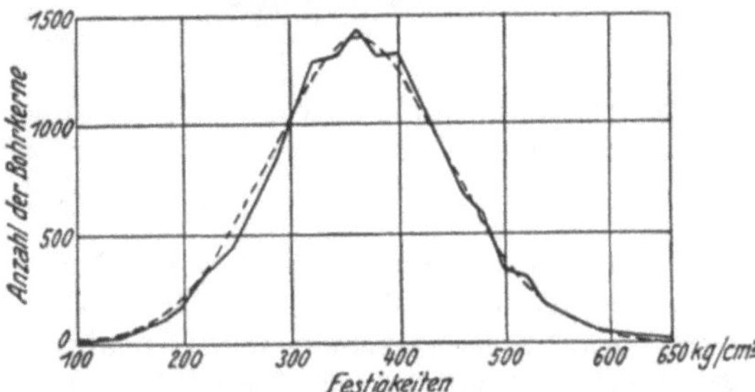

Abb. 577. Häufigkeitskurve für die Jahre 1934/1938 aus Abb. 576, verglichen mit der normalen Glockenkurve.

Abb. 578. Zulässige Abweichung ($v_{\max}$) der Druckfestigkeiten in Abhängigkeit der Anzahl Untersuchungskörper. $-v_{\max} = K - m$; $K =$ niedrigste beobachtete Druckfestigkeit, $m =$ Mittelwert aller Druckfestigkeiten.

$$y = 47 - 16{,}2\,\varkappa + 1{,}4\,\varkappa^2. \quad (19)$$

Die Kontrolle wurde gemacht, indem folgende Momente gebildet wurden:

$$\int f(\varkappa, a, b, c)\, d\varkappa = \int (a + b\varkappa + c\varkappa^2)\, d\varkappa = \text{Flächeneinheit}, \quad (20)$$

$$\int f(\varkappa, a, b, c)\, \varkappa\, d\varkappa = \int (a + b\varkappa + c\varkappa^2)\, \varkappa\, d\varkappa = \text{statisches Moment}, \quad (21)$$

$$\int f(\varkappa, a, b, c)\, \varkappa^2\, d\varkappa = \int (a + b\varkappa + c\varkappa^2)\, \varkappa^2\, d\varkappa = \text{Trägheitsmoment}.$$

Diese Momente ergeben drei Gleichungen mit den drei Unbekannten a, b, c; hieraus berechnet sich wiederum annähernd:

$$y = 47 - 16{,}2\,\varkappa + 1{,}4\,\varkappa^2. \tag{22}$$

$\varkappa$ ist mit dem absoluten Wert einzusetzen; die Kurve ist symmetrisch in bezug auf $\varkappa = 0$; für die Werte von $\varkappa = x$ siehe Abb. 574.

Vorteilhaft nimmt man eine Transformation des Koordinatensystems vor, indem wie früher gesetzt wird:

$$q = \frac{0{,}5\,\varkappa}{10}.$$

y gibt wiederum nur die Werte an, die außerhalb des Bereiches von $m\,(1 \pm q)$ liegen. Für die Werte innerhalb des Bereiches $m\,(1 \pm q)$ gilt die Form:

$$y = 6\,(108\,q - 187\,q^2 + 1) = F. \tag{23}$$

Für $q = 0{,}15$ errechnet sich $y = 78\%$; nach Gl. (9), S. 800, wurde $y = 78\%$ gefunden; d. h. die Gl. (9) und (23) ergeben gleiche Werte, trotzdem die Gleichungen auf ganz verschiedene Arten abgeleitet wurden. Für Gl. (23) gilt die Beschränkung, daß sie nur für $0 < q < 0{,}25$ Gültigkeit hat.

b) Weitere Beispiele. Zahlenwerte für eine asymmetrische Häufigkeitsverteilung[1].

a) **Häufigkeitskurve bei der Wasserführung eines Flusses.** Für die Darstellung der Wasserführung eines Gewässers sind empirisch ermittelte Summen- und Verteilungskurven allgemein im Gebrauch. Die Größenkurve bildet als Jahres-Wassermengendauerlinie die Grundlage für die energiewirtschaftlichen Untersuchungen von Wasserkraftanlagen. Die Verteilungskurve stellt die Wasserhäufigkeitslinie dar.

Die Aufgabe der mathematischen Statistik besteht darin, die Gleichungen für die Verteilungskurve der Häufigkeit und für die Summenkurve der Häufigkeit zu formulieren. Bewährt hat sich die von FECHNER vorgeschlagene Formulierung der vermittelnden Funktion [siehe Gl. (16), S. 798]. Aus Abb. 579 geht der Vergleich zwischen der Summenkurve, die empirisch auf Grund einer Urliste aufgestellt wurde, und der Summenkurve, die auf Grund des mathematischen Gesetzes nach Gl. (16) aufgestellt wurde, hervor. Die erwähnte mathematische Formulierung ist als die Gleichung der Wassermengendauerlinie bekannt.

An Stelle der Gl. (16) wird in Sonderfällen die Brunssche Gleichung gewählt[2].

b) **Geschiebetrieb als Wahrschein-**

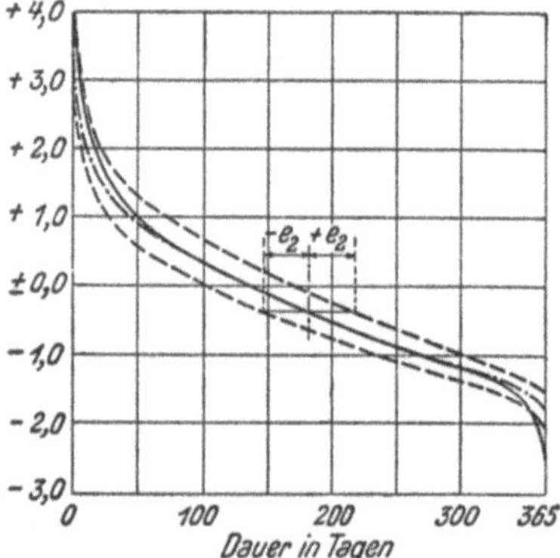

Abb. 579. Wasserstände bei Wien-Nußdorf.

————— = Mittelwerte der Dauerlinien 1899 bis 1930.

—·—·— = Wahrscheinliche Dauerlinie des Einzeljahres.

— — — = Streuungsbereich e_2

$$e_2 = \sqrt{\frac{[v \cdot v]}{N}} = \pm\,35 \text{ Tage.}$$

$v = m - x.$
$m = $ Mittelwert.
$x = $ Beobachteter Wert.
$N = $ Umfang des Kollektivs $=$ Anzahl der beobachteten Werte.

---

[1] Für weitere Arbeiten vgl. O. DRÖGSLER: Ziegelfestigkeiten und Großzahlforschung. Mitt. Techn. Versuchsamt 1935 S. 28. — Großzahlforschung und Zuschlagstoffe. Allg. Bauztg. 10. 2. 1934, 24. 3. 1934, 14. 4. 1934. — Gleichmäßigkeit von Betonfestigkeiten. Öst. Betonverein. Festschrift 1937.

[2] Vgl. H. GROSSBERGER: Die Anwendung der Wahrscheinlichkeitsrechnung auf die Wasserführung der Gewässer. Wasserwirtsch. 1932 S. 21.

lichkeitsproblem. Dieses Problem ist mit Hilfe des logarithmischen Ansatzes nach FECHNER gelöst worden. Ferner sind den Betrachtungen die Arbeiten von GILRAT zugrunde gelegt. Die Arbeit verlangt weitgehende mathematische Kenntnisse, um gelesen werden zu können.[1]

c) Der Aufbau der Böden. GRASSBERGER[2] hat versucht, in den Aufbau der Böden mit Hilfe des logarithmischen Ansatzes ein ordnendes Elemente zu bringen. Die Ausführungen können als Grundlage für weitere ähnliche Arbeiten dienen.

G. Die Korrelation.

1. Begriffe (siehe S. 772).

2. Mathematische Formulierung der Grundlagen der Korrelationsrechnung.

a) Das arithmetische Mittel m.

α) Das allgemeine arithmetische Mittel.

Nachfolgend bedeuten:

$x =$ Größe des beobachteten Wertes mit dem Argument X,

$m_x =$ arithmetisches Mittel in der X-Richtung im Koordinatenkreuz,

$$m_x = \sum_{i=1}^{i=k} p_i \, x_i = \text{(mathematische Erwartung)},$$

$y =$ Größe des beobachteten Wertes mit dem Argument Y,

$m_y =$ arithmetisches Mittel in der Y-Richtung im Koordinatenkreuz,

$$m_y = \sum_{j=1}^{j=l} q_j \, y_j,$$

$p_i =$ relative Häufigkeit des Wertes x_i; $p_i = \dfrac{n_i}{N}$,

$q_j =$ relative Häufigkeit des Wertes y_j; $q_j = \dfrac{u_j}{N}$,

$n_i =$ Anzahl der Beobachtungen mit dem Wert x_i,

$u_j =$ Anzahl der Beobachtungen mit dem Wert y_j,

$N =$ Gesamtheit der Beobachtungen,

$k =$ Anzahl der möglichen Beobachtungen mit der Veränderlichen x,

$l =$ Anzahl der möglichen Beobachtungen mit der Veränderlichen y,

$w_{i/j}$ bedeutet die Wahrscheinlichkeit, daß das Argument X gleichzeitig den Wert x_i annimmt und das Argument Y den Wert y_j (vgl. S. 784).

$$W_{i/j} = p_i \, q_j; \quad \text{für } \{q_j = 1\} \text{ wird } W_{i/j} = p_i.$$

Ferner bedeutet:

$m_{x/y} =$ mathematische Erwartung der Produkte $x_i \, y_i$.

Es ist:

$$m_{x/y} = \sum_i \sum_j W_{i/j} \, x_i \, y_j.$$

Das doppelte Summenzeichen bedeutet, daß alle Glieder $x_i \, y_j$ addiert werden, wobei i die Werte $i = 1$ bis k und j die Werte $j = 1$ bis l annimmt.

Man kann auch Potenzen von x_i und y_j nehmen, z. B. x_i^f und y_j^g. Dann wird nach TSCHUPROW[3]:

$$m_{x/y} = m_{f/g} = \sum_i \sum_j W_{i/j} \, x_i^f \, y_j^g.$$

---

[1] Vgl. H. A. EINSTEIN: Geschiebetrieb als Wahrscheinlichkeitsproblem. Zürich 1936. — R. GILRAT: La loi de l'effet proportionnel. Paris 1931.

[2] Der Aufbau der Böden. Wasserwirtsch. 1933 Heft 17/19.

[3] Grundbegriffe und Grundprobleme der Korrelationstheorie. Berlin 1925.

Im besonderen ergibt sich nach dieser Begriffserklärung für $g = 0$ und $f = 1$:

$$m_{1/0} = \sum_{i=1}^{i=k} p_i\, x_i = \text{arithmetisches Mittel der } X\text{-Achse},$$

und für $f = 0$ und $g = 1$ wird

$$m_{0/1} = \sum_{i=1}^{i=l} q_j\, y_j = \text{arithmetisches Mittel der } Y\text{-Achse}.$$

β) Das bedingte arithmetische Mittel.

Es kann die Bedingung ausgesprochen werden, daß das arithmetische Mittel von y berechnet wird, wenn x einen bestimmten Wert annimmt. Z. B. in der Korrelationstabelle Abb. 580 nehme man den Wert des Zementwasserfaktors von 0,8 an; dann kann das arithmetische Mittel der Druckfestigkeiten y berechnet werden. Zur Berechnung des arithmetischen Mittels $m_{0/1}$ dürfen nur die Druckfestigkeiten berücksichtigt werden, die mit dem Zementwasserfaktor $x = 0{,}8$ erhalten wurden. Mathematisch formuliert heißt das: x hat den Wert x_i angenommen. Im obigen Beispiel ist der bedingte Wert $x_i = 0{,}8$; das arithmetische Mittel der y-Werte wird somit durch $x_i = 0{,}8$ bedingt. Man schreibt das so:

$$m_{0/1}^i = \sum_{i=1}^{j=l} q_j^i\, y_j;$$

in obigem Beispiel ist $m_{0/1}^i$ für $[x_i = 0{,}8;\ m_{0/1}^i = 130\ \text{kg/cm}^2$ (vgl. Abb. 580). Für das arithmetische Mittel der x-Werte ergibt sich der Ausdruck:

$$m_{1/0}^j = \sum_{i=1}^{i=k} p_i^j x_i.$$

Im obigen Beispiel (siehe Korrelationstabelle Abb. 580) sei z. B. die bedingte Druckfestigkeit y gleich dem Klassenintervall 265 bis 295 kg/cm² Druckfestigkeit, oder durch die Klassenmitte ausgedrückt ist: $y_j = 280$ kg/cm². Dann wird das arithmetische Mittel gesucht für den Wert $\varkappa = $ Zementwasserfaktor; mit anderen Worten: Es wird derjenige Wert des Zementwasserfaktors gesucht, der im Mittel aller Fälle den Wert $y = 280$ kg/cm² erzeugt; in obigem Beispiel wird $m_{1/0}^j = 1{,}45$.

$m_{0/1}^i$ bzw. $m_{0/1}^j$ heißt das bedingte arithmetische Mittel, auch die bedingte mathematische Erwartung.

b) Die mathematische Streuung μ.

α) Die allgemeine mathematische Streuung.

Auf den Begriffen $m_{1/0}$ und $m_{0/1}$ gründen sich die Begriffe der μ-Parameter. Allgemein ist:

$$\mu_{f/g} = \sum_i \sum_j W_{i/j}\,(x_i - m_{1/0})^f\,(y_j - m_{0/1})^g.$$

Im besonderen wird für $f = 2$ und für $g = 0$ der Wert $W_{i/j} = p_i$ und schließlich wird

$$\mu_{f/g} = \sum_{i=1}^{i=k} p_i\,(x_i - m_{1/0})^2 = \mu_{2/0}$$

bzw.

$$\mu_{0/2} = \sum_{j=1}^{j=l} q_j\,(y_j - m_{0/1})^2;$$

$\mu_{2/0}$ bedeutet das Quadrat der Streuung von $x = e_x^2$.
$\mu_{0/2}$ bedeutet das Quadrat der Streuung von $y = e_y^2$. Genau sollte geschrieben werden: $\mu_{0/2} = e_{2y}$ (vgl. S. 789, Tabelle 365). q_i in %; $\Sigma q_i = 1$.

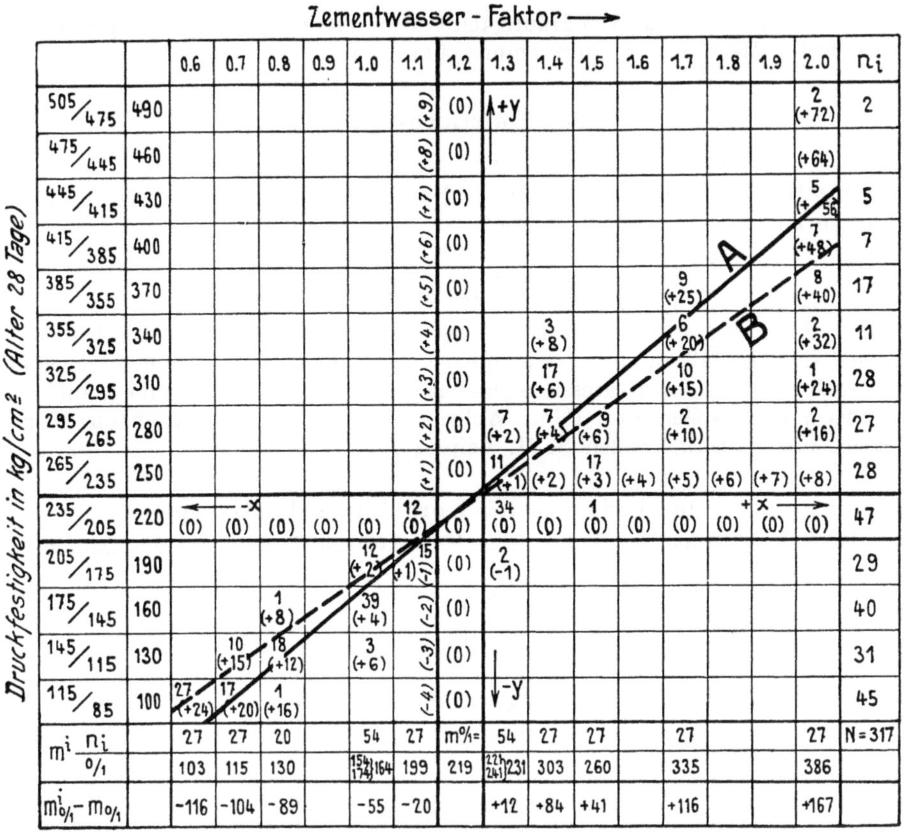

Zementwasser - Faktor ⟶

Druckfestigkeit in kg/cm² (Alter 28 Tage) (linke Achse)

		0.6	0.7	0.8	0.9	1.0	1.1	1.2	1.3	1.4	1.5	1.6	1.7	1.8	1.9	2.0	n_i
505/475	490						(+9)	(0)	↑ +y							2 (+72)	2
475/445	460						(+8)	(0)								(+64)	
445/415	430						(+7)	(0)								5 (+56)	5
415/385	400						(+6)	(0)							A	7 (+48)	7
385/355	370						(+5)	(0)					9 (+25)			8 (+40)	17
355/325	340						(+4)	(0)		3 (+8)			6 (+20)	B		2 (+32)	11
325/295	310						(+3)	(0)		17 (+6)			10 (+15)			1 (+24)	28
295/265	280						(+2)	(0)	7 (+2)	7 (+4)	9 (+6)		2 (+10)			2 (+16)	27
265/235	250						(+1)	(0)	11 (+1)	(+2)	17 (+3)	(+4)	(+5)	(+6)	(+7)	(+8)	28
235/205	220	(0)	(0)	(0)	(0)	(0)	12 (0)	(0)	34 (0)	(0)	1 (0)	(0)	(0)	(0)	(0)	(0)	47
205/175	190					12 (+2)	15 (+1) (−1)	(0)	2 (−1)								29
175/145	160				1 (+8)	39 (+4)	(−2)	(0)									40
145/115	130		10 (+15)	18 (+12)		3 (+6)	(−3)	(0)									31
115/85	100	27 (+24)	17 (+20)	1 (+16)			(−4)	(0)	↓ -y								45
$m^i\ n_i$		27	27	20		54	27	m%=	54	27	27		27			27	N = 317
$^0/_1$		103	115	130		(154/174) 164	199	219	(221/241) 231	303	260		335			386	
$m^i_{0/1}-m_{0/1}$		−116	−104	−89		−55	−20		+12	+84	+41		+116			+167	

In Zeile 220 stehen die Pfeile ← -x (links) und +x → (über 1.8/1.9).

Abb. 580. Methode der Korrelation. Bestimmung des Korrelationsfaktors $r_{1/1}$.

Kurve A: $\sigma_b = (Z/W - 0.15)\,210$ in kg/cm²;   Kurve B: $Z/W = (\sigma_b + 62)\,\dfrac{42,5}{10^4}$ | $r_{1/1} = 0,95$.

Z = Zementmenge in kg je m³ Beton, W = Wassermenge in kg je m³ Beton.

Zement: Marke Drehofenzement. Normenfestigkeit nach 28 Tagen = 670 kg/cm².

Kiessand: $\dfrac{\text{Sand } ^0/_{10}\text{ mm}}{\text{Kies } ^6/_{25}\text{ mm}} = \dfrac{500\,l}{500\,l} = \dfrac{1}{1}$;

Mischmaschine: System Freifallmischer; Mischdauer: 60″.

Probekörper: Größe 20/20/20 cm. Lagerung: in feuchter Luft; Alter: 28 Tage.

Es ist: $m_{0/1} = 219$ kg/cm²,
$\mu_{1/i} = 33,9$
$r_{1/1} = +0,95$
$\sqrt{\mu_{2/0}} = \pm 0,398 \cdot Z/W$-Faktor,
$\sqrt{\mu_{0/2}} = \pm 90$ kg/cm².

Nicht eingeklammerte Zahlen in den Abb. 580/582 bedeuten die Anzahl der Werte $W_{i/j}$, die für die $(x+y)$-Richtung genügen.
Eingeklammerte Zahlen bedeuten den Wert: $(x\,y)$.

β) Die bedingte mathematische Streuung.

Wie es ein bedingtes arithmetisches Mittel gibt, muß es auch eine bedingte mathematische Streuung geben. Die entsprechenden Formulierungen lauten:

$$\mu_{2/0}^j = \sum_{i=1}^{i=k} p_j^i (x_i - m_{1/0}^j)^2$$

bzw.

$$\mu_{0/2}^i = \sum_{j=1}^{j=l} q_j^i (y_j - m_{0/1}^i)^2$$

In Worten heißt $\mu_{0/2}^i$: Die mathematische Streuung für das Argument y ist $\mu_{0/2}^i$, wenn das Argument $\varkappa$ den festen Wert $x = x_i$ angenommen hat. Für den Wert $m_{0/1}^i$ in obiger Formel siehe S. 808.

q_j^i bedeutet die relativen Häufigkeiten des Wertes y_j, wenn das Argument x den festen Wert $x = x_i$ angenommen hat.

c) Der Korrelationskoeffizient r.

α) Der allgemeingültige Korrelationskoeffizient r.

Mit Hilfe der μ-Parameter werden die r-Parameter gebildet. Die allgemeingültige r-Parametergleichung lautet:

$$r_{e/g} = \frac{\mu_{f/g}}{\sqrt{(\mu_{2/0})^f\,(\mu_{0/2})^g}}\,f.$$

Der r-Parameter wird auch als Parameter-Momentan-Quotient bezeichnet. r eignet sich als Maßzahl, da er eine unbenannte Zahl ist. Die Parametergleichung ist nicht nur für die Regressionsgeraden entwickelt worden, sondern auch für die Regressionswellenform. (Über Wellenkorrelation vgl. K. Grienbach: Korrelation von Luftdruckwellen S. 21. Leipzig 1933.)

β) Der bedingte $r_{1/1}$-Korrelationskoeffizient.

Besondere Bedeutung hat in der Korrelationsrechnung der Parameter $r_{1/1}$ erlangt. Es ist:

$$r_{1/1} = \frac{\mu_{1/1}}{\sqrt{(\mu_{20/})(\mu_{0/2})}} = \frac{\mu_{1/1}}{e_{2x}\,e_{2y}}.$$

Vielfach wird gesetzt:

$$x_n = x_i - m_{1/0},$$
$$y_n = y_j - m_{0/1}.$$

Dann wird:

$$r_{1/1} = \frac{\Sigma\,x_n\,y_n}{\sqrt{x^2{}_n\,y^2{}_n}}.$$

Mit Hilfe der Parameter m, μ und r läßt sich jedes Abhängigkeitsgesetz mit stochastisch verbundenen Veränderlichen eindeutig festlegen (siehe Beispiel S. 813).

d) Streuungsellipse.

Oft streuen die Beobachtungen in Form von Ellipsen um die Regressionsgerade. Für die analytische Darstellung der Ellipsen bilden die Häufigkeitsverteilungen der Elemente den Ausgangspunkt.

Die mathematische Behandlung ist verwickelt und daher hier nicht wiedergegeben[1].

e) Die Regressionsgleichung.

α) Begriff (siehe S. 773).

β) Die mathematische Formulierung der Regressionsgleichung.

Allgemein ist:

$m_{0/1}^i = f\,(x_i)$; das ist die Regressionsgleichung von y in bezug auf x,

$m_{1/0}^i = f\,(y_i)$; das ist die Regressionsgleichung von x in bezug auf y.

---

[1] Vgl. K. Griessbach: Korrelation von Luftdruckwellen S. 57. Leipzig 1933.

Praktisch ergibt sich, daß bei der Korrelationsrechnung gesetzt wird:

$$(m_{0/1}^i - m_{0/1}) = b_{/10} + b_{/11}(x_i - m_{1/0}) + b_{/12}(x_i - m_{1/0})^2 \tag{a}$$
$$+ \ldots + b_{/s}^{\,\cdot}(x_i - m_{1/0})^s,$$

$b_{/10}$ bedeutet Koeffizient in der Beziehungsgleichung von y in bezug auf x,
$b_{/11}$ bedeutet Koeffizient in der Beziehungsgleichung von x in bezug auf y.

Für $m_{0/1}$ siehe Gleichung S. 808,
   für $m_{0/1}^i$ siehe Gleichung S. 808,
   für $m_{1/0}$ siehe Gleichung S. 808.

Durch Umformen der Gleichung (a) wird erhalten:

$$m_{1/0}^i - m_0/_1 = \frac{\mu_{1/1}}{\mu_{2/0}}(x_i - m_{1/0}), \tag{b}$$

$$\mu_{1/1} = \sum_i \sum_j w_{i/j}(x_i - m_{1/0}) \cdot (y_j - m_{0/1}) = \frac{\sum x_n y_n}{N}.$$

Für $\mu_{2/0}$ siehe S. 809. Gleichung (b) ist eine Gerade, die durch den Ursprung der Punkte $(m_{0/1})$ $(m_{1/0})$ geht.

Aus Gl. (b) ergibt sich: Die Gerade stellt die wahre Beziehungslinie dar, wenn die stochastische Beziehung von y zu x linear ist. Ist die Beziehung nicht linear, so gibt sie die wahre Beziehungslinie mit der besten Annäherung wieder.

Die Gl. (b) wird auch geschrieben:

$$m_{0/1}^i - m_{0/1} = \frac{e_{2y}}{e_{2x}} r_{1/1}(x_i - m_{1/0}),$$

für e_{2y} bzw. e_{2x} siehe S. 809.

γ) Die vereinfachte Regressionsgleichung.

Um den oben beschriebenen Rechnungsgang abzukürzen, werden die einzelnen Beobachtungswerte in Gruppen zusammengenommen; d. h. man bildet Klassenintervalle (siehe Korrelationstabelle Abb. 581).

Es ist dann:

$$\mu_{1/1}' = \frac{1}{N}\sum_i \sum_j W_{i/j}\left(\frac{x - m_{1/0}}{c_1}\right)\left(\frac{y_j - m_{0/1}}{c_2}\right), \tag{a}$$

$c_1 = $ Klassenintervall für die x-Richtung,
$c_2 = $ Klassenintervall für die y-Richtung,
$W_{i/j} = $ Anzahl der Werte, die $(x_i - m_{1/0})(y_j - m_{0/1})$ genügen.

Ferner ist zu bedenken, daß das angenommene arithmetische Mittel $m_{1/0}$ resp. $m_{0/1}$ nicht genau den wirklichen arithmetischen Mitteln entspricht. Diese Differenz werde für die x-Richtung mit ζ, für die y-Richtung mit η bezeichnet.

Dann ergibt sich durch Umformung der Gleichung (a):

$$\mu_{1/1} = c_1 \cdot c_2 \mu_{1/1}' - \zeta\eta, \tag{b}$$

$$\mu_{2/0} = \frac{\sum x^2}{N} c_1, \tag{c}$$

$$\mu_{0/2} = \frac{\sum y^2}{N} c_2. \tag{d}$$

Durch Umformung erhält man:

$$r_{1/1} = \frac{\mu_{1/1}}{\sqrt{\mu_{2/0}\,\mu_{0/2}}}. \tag{e}$$

δ) Die lineare Regressionsgleichung für drei Veränderliche.

Der Gang der Rechnung ist folgender:

$\varkappa_1, \varkappa_2, \varkappa_3 =$ die verschiedenen bedingten Veränderlichen,

$\varkappa_{1v}, \varkappa_{2v} =$ Abweichung vom arithmetischen Mittel in der Gruppe V,

$\sigma_1, \sigma_2 \;\;\;\; =$ Streuung,

$r_1, r_2 \;\;\;\; =$ Korrelationskoeffizient der einzelnen Veränderlichen.

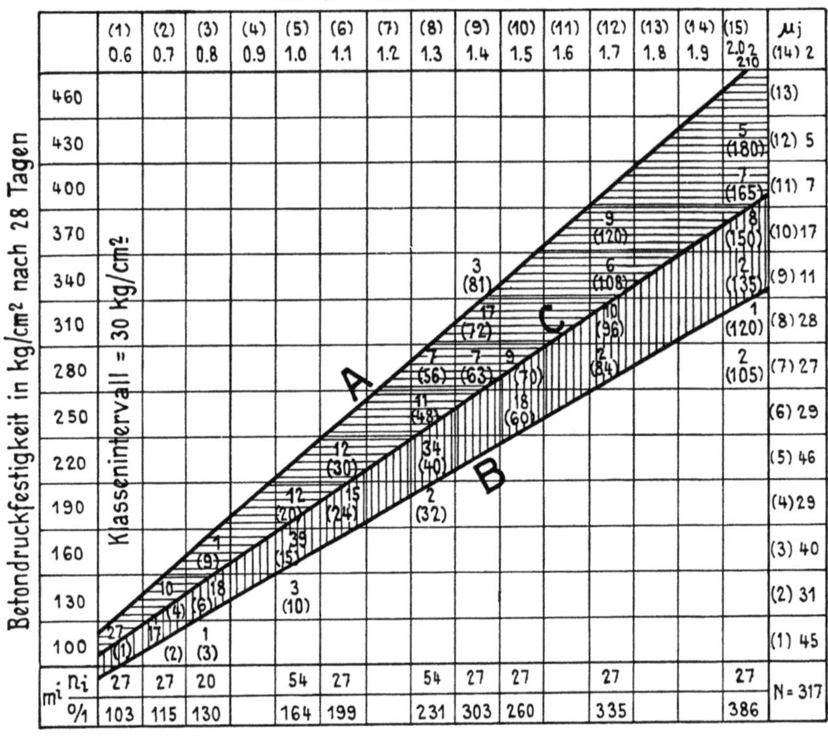

Abb. 581. Streuungen. Korrelative Beziehung zwischen Betondruckfestigkeit und Zement-Wasserfaktor.

Kurve A: $\sigma_{b\,\mathrm{max}} = (Z/W - 0{,}20) \cdot 250$,
Kurve B: $\sigma_{b\,\mathrm{min}} = (Z/W - 0{,}10) \cdot 180$,
Kurve C: $\sigma_{b\,\mathrm{Mittelwert}} = (Z/W - 0{,}15) \cdot 210$.

$\sigma_{b\,\mathrm{max}} - \sigma_{b\,\mathrm{min}} = (Z/W - 0{,}45) \cdot 70$.

1. Zement: Normenfestigkeit 670 kg/cm² nach 28 Tagen. Drehofenzement.

2. Kiessand: $\dfrac{\text{Sand }{}^0\!/_{10}\text{ mm}}{\text{Kies }{}^0\!/_{25}\text{ mm}} = \dfrac{500\text{ l}}{500\text{ l}} = \dfrac{1}{1}$.

3. Mischmaschine: System Freifallmischer. Mischdauer 60″.

4. Probekörper: Größe 20/20/20 cm, Alter: 25 Tage, Lagerung: in feuchter Luft.

Nicht eingeklammerte Zahlen in der Abbildung bedeuten die Anzahl der Werte $W_{i/j}$, die für die x- und y-Richtung genügen.

Eingeklammerte Zahlen bedeuten den Wert: $(x\,y)$.

Allgemein ist:

$$\varkappa_v = -\,y_v + B_1 \varkappa_{1v} + B_2 \varkappa_{2v}.$$

Nach der Methode der kleinsten Quadrate s muß ein

$$[\lambda\,\lambda] = \mathrm{Min}.$$

Hieraus ergeben sich die Normalgleichungen:

$$[x_1\,\varkappa_1]\,B_1 + [\varkappa_1\,\varkappa_2]\,B_2 + [\varkappa_1\,\varkappa_2]\,B_3 + \ldots = [\varkappa_1\,y],$$
$$[\varkappa_2\,\varkappa_1]\,B_1 + [\varkappa_2\,\varkappa_2]\,B_2 + [\varkappa_2\,\varkappa_3]\,B_3 + \ldots = [\varkappa_2\,y].$$

Nach dem Gaußschen Eliminationsverfahren ergibt sich für die Korrelations-koeffizienten bei drei Unbekannten:

$$r_{12\cdot3} = \frac{r_{12} - r_{13}\,r_{23}}{(1 - r_{13}{}^2)^{1/2}\,(1 - r_{23}{}^2)^{1/2}} \quad \text{usw.,} \tag{a}$$

$$\mu_{12\cdot3} = \mu_1\,(1 - r_{12}{}^2)^{1/2}\,(1 - r_{13\cdot2}{}^2)^{1/2} \cdot \text{usw.} \tag{b}$$

Die Regressionskoeffizienten berechnen sich:

$$b_{123} = r_{123}\,\frac{\mu_{123}}{\mu_{213}}; \quad b_{213} = r_{123}\,\frac{\mu_{213}}{\mu_{123}} \quad \text{usw.} \tag{c}$$

Mit Hilfe dieser Koeffizienten erhält man die Regressionsgleichung für drei Argumente:

$$\varkappa_1 = b_{123}\,\varkappa_2 + b_{132}\,\varkappa_3 + k_1,$$
$$\varkappa_2 = b_{213}\,\varkappa_1 + b_{231}\,\varkappa_3 + k_2,$$
$$\varkappa_3 = b_{312}\,\varkappa_1 + b_{321}\,\varkappa_2 + k_3.$$

Das Maß für die Größe der Korrelation bei drei Argumenten ist analog dem Korrelationsverhältnis für zwei Argumente, nämlich:

$$1 - k_{123} = (1 - r_{12}{}^2)\,(1 - r_{132}{}^2).$$

3. Beispiele, die vom Verfasser stammen.

a) Die Korrelationsgleichungen zwischen Zementwasserfaktor und Betondruckfestigkeit.

Es ist (siehe Korrelationstabelle, Abb. 580) nach Gl. (c), S. 811:

$$\sqrt{\mu_{2/0}} = \sqrt{\frac{\Sigma\,x^2}{N}}\,c_1 = \sqrt{\frac{5018}{317}}\cdot0{,}1 = \pm\,0{,}398\,Z/W,$$

nach Gl. (d), S. 811:

$$\sqrt{\mu_{0/2}} = \sqrt{\frac{\Sigma\,y^2}{N}}\,c_2 = \sqrt{\frac{2836}{317}}\cdot30 = \pm\,90\,\text{kg/cm}^2,$$

nach Gl. (e), S. 811:

$$r_{1/1} = \frac{\mu_{1/1}}{\sqrt{\mu_{2/0}\,\mu_{0/2}}} = \frac{33{,}9}{0{,}398\cdot90} = 0{,}95,$$

nach Gl. (b), S. 811:

$$\mu_{1/1} = \frac{\Sigma\,x\,y}{N}\,c_1\,c_2 - \zeta\,\eta = \frac{3588}{317}\cdot0{,}1\cdot30 - 0{,}01\cdot1{,}0 = 33{,}9;$$

$c_1 = $ Klassenintervall $= 0{,}1$ für Z/W-Faktor,
$c_2 = $ Klassenintervall $= 30\,\text{kg/cm}^2$ für Druckfestigkeit,
$\zeta = 1{,}21 - 1{,}20 = 0{,}01,$
$\eta = 220 - 219 = 1{,}00.$

Aufstellung der Regressionsgleichung siehe Formel (b), S. 811, oben:

$$\varDelta\,\sigma_b = \frac{\mu_{1/1}}{\mu_{2/0}}\,\varDelta\,Z/W = \frac{33{,}9}{0{,}398^2}\,\varDelta\,Z/W = 210\,\varDelta\,Z/W.$$

Folgerungen: 1. Daraus ergibt sich als Folgerung 1, da $\sigma_b = 220 + \varDelta\,\sigma_b = 220 + 210\,(Z/W - 1{,}2)$ ist:

$$\sigma_b = (Z/W - 0{,}15)\cdot210 = Z_3.$$

2. $\Delta Z/W = \dfrac{\mu_{1/1}}{\mu_{0/2}}\,\Delta\sigma_b = \dfrac{33\cdot 9}{90^2}\,\Delta\sigma_b;\quad$ da $(Z/W - 1{,}20) = \dfrac{42{,}5}{10^4}\,(\sigma_b - 220)$ ist,

wird:

$$Z/W = (\sigma_b + 62)\cdot\dfrac{42{,}5}{10^4} \cong 0{,}004\,\sigma_b + 0{,}3.$$

Ferner wurde gefunden (vgl. Abb. 581):

Gleichung für Größtwerte: $\sigma_{b\,\text{max}} = (Z/W - 0{,}2)\cdot 250 = Z_1$,
Gleichung für Kleinstwerte: $\sigma_{b\,\text{min}} = (Z/W - 0{,}1)\cdot 180 = Z_2$.

Es ergibt: $\quad Z_1 - Z_3 = 40\,Z/W - 18$,
$\qquad\qquad Z_3 - Z_2 = 30\,Z/W - 14$.

3. Somit ist $(Z_1 - Z_3) > (Z_3 - Z_2)$, d. h. es besteht eine positive Asymmetrie; mit anderen Worten: Bei Betrachtung der Gesamtheit der Ergebnisse kommt man zum Schlusse, daß wahrscheinlicher Werte auftreten, die größer als das arithmetische Mittel sind.

Ferner ist $Z_1 - Z_2 = 70\,Z/W - 32 = $ Streuungsbereich.

Durch Kombination der Gleichungen Z_1, Z_2 und Z_3 ergibt sich für die größten Außenseiter (Outsiderwerte):

$$\sigma_{b_0} \cong (1 \pm 0{,}16)\,Z_3 \quad\text{(gilt für Laboratoriumsversuche)}.$$

4. Die Maximal- und Minimalwerte weichen vom arithmetischen Mittel um $\pm 16\%$ ab, oder anders ausgedrückt, die größten und die kleinsten zu erwartenden Druckfestigkeiten sind um 16% größer oder kleiner als das arithmetische Mittel. Der Streuungsbereich zwischen den Extremalwerten von $\pm 16\%$ ist in Prozenten des arithmetischen Mittels ausgedrückt.

5. Auf der Baustelle, wo Beton mit verschiedenen Mischmaschinensystemen und verschiedener Mischdauer hergestellt wird, ferner wo die Normenfestigkeit der gleichen Zementmarke Schwankungen unterworfen ist, ergab sich aus 1621 Probekörpern während einer Beobachtungsperiode von drei Monaten folgendes Resultat:

Die Streuung der Maximal- und Minimalwerte betrug, ausgedrückt in Prozenten des arithmetischen Mittels, $\pm 35\%$ (vgl. Abb. 578).

b) Aufstellung der Regressionsgleichung mit zwei Veränderlichen

$$\sigma_b = a\,W + b\,Z + c\ldots$$

mit Hilfe der Regressionsgleichungen.

Es bedeutet:

$\sigma_b = $ Betondruckfestigkeit nach 28 Tagen,

$Z = $ Zementmenge in kg/m³ Beton,

$W = $ Wassermenge in l/m³ Beton.

Zu diesem Zwecke werden Korrelationstabellen aufgestellt, z. B. siehe Korrelationstabelle Abb. 580. Aus den Korrelationstabellen ergeben sich folgende Regressionsgleichungen, in welchen bedeutet:

$\varkappa_1 = $ Betondruckfestigkeit in kg/cm² (28 Tage alt),

$\varkappa_2 = $ Wasser in Liter,

$\varkappa_3 = $ Zement in Kilogramm.

Es ist $m_{0/1}$:

für Betondruckfestigkeiten $= 219$ kg/cm² (vgl. Abb. 580),

$$\text{für Wasser} \quad \frac{(105 + 125 + 245 + 265)}{4} = 235 \text{ Liter,}$$

$$\text{für Zement} \quad \frac{210 + 160 + 105}{3} = 158 \text{ kg.}$$

Es wurden nun die Korrelationskoeffizienten aufgestellt [siehe Gleichungen (a), S. 813], ebenso die Regressionskoeffizienten [siehe Gleichungen (c), S. 813]. Daraus ergibt sich:

$$\varkappa_1 = b_{123}\,\varkappa_2 + b_{132}\,\varkappa_3 + k,$$

oder in Zahlenwerten:

$$\varkappa_1 = -1{,}85\,\varkappa_2 + 1{,}22\,\varkappa_3 + 280,$$

oder

$$\sigma_b = -1{,}85\,W + 1{,}22\,Z + 280 \text{ in kg/cm}^2.$$

Die Auswertung der obigen Formel σ_b und der Formel Z_3 geht aus Tabelle 374 hervor.

Tabelle 374.

W Liter	Z kg	σ_b nach Formel S. 815 kg/cm²	$\sigma_b = z_3$ nach Formel S. 813 kg/cm²
150	150	195	180
150	225	276	285
150	300	366	385
180	150	130	145
180	225	221	230
180	300	313	335
210	225	166	190
210	300	258	265

Wird σ_b in obiger Formel konstant genommen, aber Wasser- und Zementmenge verändert, so ergibt sich

$$\frac{\Delta Z}{\Delta W} = \frac{1{,}85}{1{,}22} \sim 1{,}5,$$

d. h. eine Änderung des Wasserzusatzes zum Mischgut um 1 Liter beeinflußt die Betondruckfestigkeit 1,5mal mehr als eine Änderung der Zementbeigabe um 1 kg.

c) Der Korrelationskoeffizient.

Es erhebt sich nachstehende Frage:

Muß für die Korrelationsrechnung der $\dfrac{\text{Zement}}{\text{Wasser}}$-Faktor genommen werden oder der $\dfrac{\text{Wasser}}{\text{Zement}}$-Faktor?

Um diese Frage beantworten zu können, werden aus den Korrelationstabellen folgende Schlüsse gezogen:

Betonraumgewicht

Betondruckfestigkeit in kg/cm². Klassenintervall = 70 kg/cm².

σ_b \ γ	2.20	2.21	2.22	2.23	2.24	2.25	2.26	2.27	2.28	2.29	2.30	2.31	2.32	2.33	2.34	2.35	2.36	2.37	2.38	2.39	2.40	2.41	2.42	2.43	2.44	2.45	2.46	2.47	2.48	2.49	2.50	μj
475/505																		+y		1 (18)			1 (45)									2
445/475																					1 (24)											1
415/445																								1 (42)	2 (49)							3
385/415																	1 (-6)	(0)	1 (6)		2 (18)		2 (30)	11 (36)	1 (42)	2 (48)	3 (54)					23
355/385											2 (-35)		1 (-25)		1 (-15)		1 (-5)	1 (0)		7 (10)	5 (15)	4 (20)	6 (25)	7 (30)	7 (35)	7 (40)	7 (45)			1 (60)	1 (65)	52
325/355													1 (-20)	1 (-16)	4 (-12)	2 (-8)	4 (-4)	5 (0)	8 (4)	4 (8)	10 (12)	5 (16)	5 (20)	9 (24)	6 (28)	13 (32)	1 (36)		1 (44)			79
295/325										2 (-24)			1 (-15)	5 (-12)	4 (-9)	4 (-6)	6 (-3)	11 (0)	9 (3)	11 (6)	11 (9)	10 (12)	16 (15)	10 (18)	13 (21)	1 (24)	1 (27)					115
265/295								2 (-20)			4 (-14)	(-12)	4 (-10)	2 (-8)	1 (-6)	1 (-4)	7 (-2)	4 (0)	11 (2)	11 (4)	14 (6)	22 (8)	12 (10)	11 (12)	6 (14)	3 (16)	4 (18)		1 (22)			120
235/265										1 (-8)	6 (-7)	6 (-6)	7 (-5)	2 (-4)	6 (-3)	7 (-2)	10 (-1)	13 (0)	23 (1)	13 (2)	15 (3)	8 (4)	11 (5)	2 (6)	1 (7)	1 (8)						132
205/235		-x		1 (0)	2 (0)			1 (0)	4 (0)		1 (0)	2 (0)	2 (0)	5 (0)	5 (0)	16 (0)	16 (0)	10 (0)	14 (-0)	11 (-0)	12 (-0)	14 (-0)	9 (-0)		1 (-0)	1 (-0)		+x				127
175/205					3 (13)	1 (12)	(11)	1 (10)	3 (9)	3 (8)	5 (7)	3 (6)	5 (5)	6 (4)	7 (3)	8 (2)	13 (1)	13 (0)	18 (-1)	16 (-2)	18 (-3)	12 (-4)	10 (-5)	5 (-6)	1 (-7)							151
145/175	1 (34)	3 (32)		1 (28)	2 (26)	3 (24)	4 (22)	3 (20)	4 (18)	5 (16)	3 (14)	7 (12)	8 (10)	5 (8)	5 (6)	12 (4)	12 (2)	16 (0)	16 (-2)	8 (-4)	9 (-6)	5 (-8)	5 (-10)	4 (-12)	1 (-14)							142
115/145	1 (51)	2 (48)	2 (45)	2 (42)		1 (36)	3 (33)	3 (30)	5 (27)	4 (24)		13 (18)	20 (15)	11 (12)	12 (9)	4 (6)	21 (3)	24 (0)	10 (-3)	4 (-6)	4 (-9)	5 (-12)	5 (-15)									156
85/115				4 (56)		1 (48)	1 (44)	1 (40)	4 (36)	7 (32)	4 (28)	12 (24)	12 (20)	6 (16)	3 (12)	17 (8)	7 (4)	8 (0)	11 (-4)	6 (-8)	2 (-12)	2 (-16)		1 (-24)								112
n_i	2	5	2	7	6	8	9	10	20	22	25	43	61	45	48	72	98	105	121	92	103	87	82	61	39	28	10	-	2	1	1	1215 = N

Abb. 582. Methode der Korrelation. Korrelation zwischen Raumgewicht und Betondruckfestigkeit.

Kurve A: $r = 0{,}00031 \cdot \sigma_b + 2{,}30$, $\qquad r =$ Betonraumgewicht nach 28 Tagen.

Kurve B: $\sigma_b = (r - 2{,}12) \cdot 930$. $\qquad \sigma_b =$ Betondruckfestigkeit nach 28 Tagen.

$- - - - = r = (0{,}00031)\,\sigma_b + 2{,}30$; $\qquad \text{———} = \sigma_b = (r - 2{,}12)\,930$.

1. Zement: Normenfestigkeit 670 kg/cm² nach 28 Tagen. Marke: Drehofenzement.
2. Kiessand: $\dfrac{\text{Sand } 0/10 \text{ mm}}{\text{Kies } 6/25 \text{ mm}} = \dfrac{500\,\text{l}}{500\,\text{l}} = \dfrac{1}{1}$.
3. Mischmaschine: Systeme: Freifallmischer, Freifallzwangsmischer. Mischdauer 60″.
4. Probekörper: Größe 20/20/20 cm. Alter: 28 Tage. Lagerung: in feuchter Luft. Anzahl: 1215.

1. Die Beziehungen zwischen $\frac{\text{Wasser}}{\text{Zement}}$-Faktor und Betondruckfestigkeiten sind keine linearen.

2. Deshalb kann der $\frac{\text{Wasser}}{\text{Zement}}$-Faktor für die Korrelationsrechnung nicht verwendet werden.

3. a) für den $\frac{\text{Zement}}{\text{Wasser}}$-Faktor ist $\nu_{1/2} = 0{,}39$,

b) für den $\frac{\text{Wasser}}{\text{Zement}}$-Faktor ist $\nu_{1/2} = 25{,}8$,

d. h. bei Verwendung des Wasser-Zement-Faktors ist kein linearer, stochastischer Zusammenhang vorhanden, wohl aber bei Anwendung des Zement-Wasser-Faktors.

d) Aufstellung der Regressionsgleichung mit drei Veränderlichen.

$$\sigma_b = + a\,W + b\,Z + c\,R + d.$$

Es bedeutet:

σ_b = Betondruckfestigkeit nach 28 Tagen,
W = Wasser in l/m³ fertigem Beton,
Z = Zement in kg/m³ fertigem Beton,
R = Raumgewicht des 28 Tage alten Betons in kg/dm³ (siehe Abb. 582).

Es wurde mit Hilfe der Regressionsgleichungen, Korrelationskoeffizienten und Regressionskoeffizienten für vier Unbekannte folgender Ausdruck gefunden:

$$\sigma_b = + \alpha\,W + \beta\,Z + \gamma\,R + \delta,$$
$$\sigma_b = - 1{,}52\,W + 1{,}00\,Z + 1100\,(R - 2{,}14)\ldots$$

Praktisch wurde gefunden:

$$\alpha = - 1{,}4 \text{ bis } - 1{,}6;\ \beta = 0{,}9 \text{ bis } 1{,}1;\ \gamma = (1{,}0 \text{ bis } 1{,}2)\,(1100);$$
$$\delta = (- 2{,}0 \text{ bis } - 2{,}2) \cdot 1100.$$

Die Änderung der Werte α, β, γ und δ ist von der Art der Verarbeitung des Betons (Stampfen, Vibrieren) abhängig. Aus Tabelle 375 gehen die zu erwartenden Betondruckfestigkeiten nach den verschiedenen Formeln hervor.

Tabelle 375.

Gemessene Werte am Beton			Druckfestigkeit nach Formel	
Wasser	Zement	Raumgewicht	S. 817	S. 813 (Z_3)
W in Liter	Z in kg	R in kg/dm³	in kg/cm²	in kg/cm²
150	150	2,37	175	180
150	225	2,41	294	285
150	300	2,44	402	385
180	150	2,37	129	145
180	225	2,40	247	230
180	300	2,42	334	335
210	225	2,39	180	190
210	300	2,40	266	265

Vgl. Abb. 583.

Aus obiger Gleichung für σ_b geht hervor: Wird der Beton um so viel mehr gestampft, daß das Raumgewicht des Betons um 0,01 kg/dm³ zunimmt, so nimmt die zu erwartende Betondruckfestigkeit um 11 kg/cm² zu.

e) Allgemeine Folgerungen aus den korrelativen Betrachtungen.

1. Wenn an Stelle des üblichen Wasser-Zement-Faktors der Zement-Wasser-Faktor genommen wird, so kann auf wahrscheinlichkeitstheoretischem Wege mit Hilfe der korrelativen Methoden ein Gesetz der Abhängigkeit der Betoneigenschaften von der Zement- und Wassermenge abgeleitet werden.

In diesem Gesetz sind die Streuungen in mathematischer Weise mitberücksichtigt. Es wird:

$$\sigma_b = \left(\frac{Z}{W} - a \right) k.$$

Vgl. auch das empirische Gesetz von BOLOMEY.

2. Mit Hilfe der Regressionsgleichungen kann eine Beziehung zwischen Betoneigenschaften, Zementmenge, Wassermenge und Art der Verarbeitung abgeleitet werden. Bis jetzt ist die Art und Intensität der Verarbeitung des Betons in den empirischen Betonformeln nicht berücksichtigt gewesen. Die neue Formel lautet:

$$\sigma_b = -\alpha W + \beta Z + \gamma R + \delta.$$

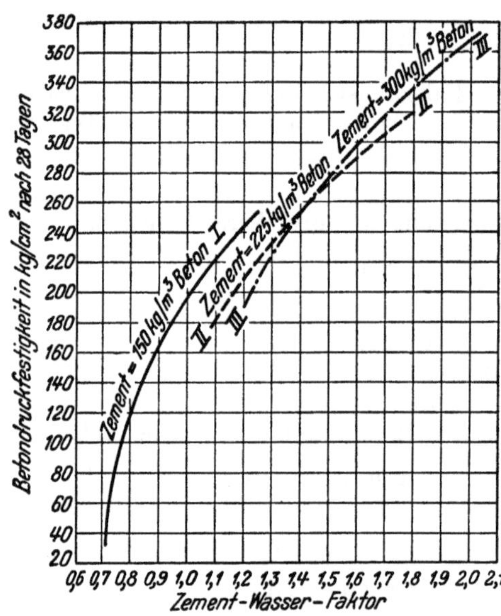

Abb. 583. Graphische Darstellung der Werte nach Formel $\sigma_b = -\alpha W + \beta Z + \gamma \cdot R + \delta$.
$\alpha, \beta, \gamma, \delta$ = Festwerte.
W = Wasser in kg; Z = Zement in kg; R = Raumgewicht in kg/dm³.

Für die 28tägige Betondruckfestigkeit und normalen Zement wurden die Koeffizienten wie folgt gefunden:

$$\sigma_b = -1,5\,W + 1,00\,Z + 1000\,(R - 2,14);$$

R = Betonraumgewicht in kg/dm³, abhängig von der Intensität und Art der Betonverarbeitung.

3. Aus obiger Formel geht hervor: a) Wird der Beton um so viel mehr verarbeitet, daß sein Raumgewicht um 0,01 kg/dm³ zunimmt, so nimmt die zu erwartende Betondruckfestigkeit um 10 kg/cm² zu.

b) Eine Änderung des Wasserzusatzes um 1 l pro Kubikmeter beeinflußt die Betondruckfestigkeit 1,5mal mehr als eine Änderung der Zementbeigabe um 1 kg pro Kubikmeter.

4. Weitere Beispiele[1].

Die korrelativen Beziehungen zwischen Abfluß, Niederschlag und Verdunstung.

Für das Gebiet oberhalb der Weser und der Aller wurden die korrelativen Beziehungen gefunden, wie sie in Tabelle 376 wiedergegeben sind[2].

---

[1] Vgl. CZUBER-BURKHARDT: Die statistischen Forschungsmethoden S. 157/224 (mit der Theorie und den Angaben für die praktische Durchführung). Wien 1938.

[2] Vgl. K. FISCHER: Niederschlag, Abfluß und Verdunstung im Weser- und Aller-

Tabelle 376.

Einzugs-gebiet	Zeit	Abfluß A als Funktion des gleichzeitigen Niederschlages N		Verdunstung V in Beziehung zum gleichzeitigen Niederschlag N	
		Abfluß A in mm	Niederschlag N in mm	Verdunstung V in mm	Niederschlag N
Gesamtgebiet oberhalb der Aller	Winter	$A_w = 0{,}72\,N_w - 48$	$N_w = 0{,}60\,A_w + 215$	$V_w = 0{,}03\,N_w + 66$	$N_w = 1{,}48\,V_w + 216$
	Sommer	$A_s = 0{,}21\,N_s + 6$	$N_s = 2{,}51\,A_s + 174$	$V_s = 0{,}37\,N_s + 226$	$N_s = 2{,}35\,V_s - 479$
	Jahr	$A_j = 0{,}24\,N_j + 103$	$N_j = 0{,}87\,A_j + 484$	$V_j = 0{,}29\,N_j + 239$	$N_j = 2{,}87\,V_i - 569$
Aller	Winter	$A_w = 0{,}61\,N_w - 30$	$N_w = 0{,}72\,A_w + 195$	$V_w = 0{,}06\,N_w + 59$	$N_w = 2{,}79\,V_x + 91$
	Sommer	$A_s = 0{,}22\,N_s - 1$	$N_s = 2{,}80\,A_s + 152$	$V_s = 0{,}40\,N_s + 222$	$N_s = 1{,}88\,V_s - 322$
	Jahr	$A_j = 0{,}27\,N_j + 54$	$N_j = 1{,}09\,A_j + 430$	$V_j = 0{,}34\,N_j + 217$	$N_j = 2{,}49\,V_j - 435$

Unter Berücksichtigung des Niederschlages desselben Jahres und des vorhergehenden Jahres ergibt sich für den Jahresabfluß folgende korrelative Beziehung:

Tabelle 377

Gesamtgebiet oberhalb der Aller	Winter	Sommer
	$A_w = 0{,}757\,N_w + 0{,}381\,N_{s-1} - 214$	$A_s = 0{,}203\,N_s + 0{,}078\,N_w - 17$
Allergebiet	$A_w = 0{,}658\,N_w + 0{,}342\,N_{s-1} - 180$	$A_s = 0{,}216\,N_s + 0{,}045\,N_w - 14$

Es bedeuten in obiger Tabelle:

$A_w =$ Abflußhöhe im Winter in Millimeter,

$N_w =$ Niederschlagshöhe im Winter in Millimeter,

$N_{s-1} =$ Niederschlagshöhe des vorhergehenden Sommers in Millimeter,

$A_s =$ Abflußhöhe im Sommer in Millimeter,

$N_s =$ Niederschlagshöhe im Sommer in Millimeter,

$A_j =$ Abflußhöhe im ganzen Jahr in Millimeter,

$N_j =$ Niederschlagshöhe im ganzen Jahr in Millimeter,

$V_j =$ Verdunstungshöhe im ganzen Jahr in Millimeter.

Schrifttum.

BAULE, B.: Die Mathematik des Naturforschers und Ingenieurs. Bd. II. Ausgleichs- und Näherungsrechnung. Leipzig 1943. — BAUR, F.: Zur Theorie der linearen Mehrfachkorrelation. Zeitschr. f. angew. Mathematik und Mechanik. 1929; S. 231. — FISCHER, K.: Ziele und Wege der Untersuchungen über den Wasserhaushalt (Niederschlag, Abfluß und Verdunstung) der Flußgebiete. Berlin 1936. — GEBELEIN, H.: Zahl und Wirklichkeit. Leipzig 1943. — HUGERSHOFF, H.: Ausgleichsrechnung, Kollektivmaßlehre und Korrelationsrechnung. Sammlung Wichmann Bd. 10; Berlin 1940. — ROTHE, R.: Grundlagen der mathematischen Statistik aus: Fabrikationskontrolle auf Grund statistischer Methoden. VDI. Berlin 1939.

5. Praktische Anwendungsgebiete der Korrelationsrechnung.

Die Korrelationsrechnung ist in nachstehenden wissenschaftlichen Gebieten mit Erfolg angewendet worden:

Medizin, Botanik, physikalisches Versuchswesen, Geschiebeforschung, Lebenshaltungskosten, Welthandel, Astronomie, Klimatologie, Großwetterforschung usw.

---

gebiet. Jahrb. für die Gewässerkunde Norddeutschlands. Preuß. Landesanstalt für Gewässerkunde und Hauptnivellements (Besondere Mitt.) Bd. 7 Nr. 2 S. 104. Berlin 1932.

Es ist empfehlenswert, die in den verschiedenen Disziplinen entwickelten Verfahren und die erhaltenen Ergebnisse zu betrachten, da sie vielfach Anregungen zu den eigenen Untersuchungen auf dem Gebiete der Ingenieur-Geologie geben.

Schrifttum.

ABASON, E.: Le stade actuel des méthodes analytiques et graphiques pour l'analyse des harmoniques des fonctions périodiques. Congr. intern. d'électricité. Paris 1932. — ANDERSON, O.: Die Korrelationsrechnung in der Konjunkturforschung. Ein Beitrag zur Analyse von Zeitreihen. Bonn 1929. — BAUR, F.: Zur Theorie der linearen Mehrfachkorrelation. Z. angew. Meth. Mech. 1929 S. 231. — CZUBER-BURKHARDT: Die statistischen Forschungsmethoden S. 157/224. Wien 1938. — DODD, E., C. JORDAN u. G. NEYMAN: La statistique mathématique. Bd. 7 der Colloque sur la théorie des probabilités. Paris S. 452. Vgl. Génie civ. 29. 6. 1939. — GÖSELE, L.: Untersuchungen über die Möglichkeit einer langfristigen Erntevoraussage in Deutschland. Sitz.-Ber. Sächs. Akad. Bd. 87 (1935). — GRIESSBACH, K.: Korrelation von Luftdruckwellen (Wellenkorrelation S. 20). Leipzig 1933. — MILDNER, P.: Zur Deutung der Korrelationskoeffizienten. Meteor. Z. 1932 Heft 3. — SCHMIDT, A.: Zur Kritik des Korrelationsfaktors. Meteor. Z. 1926. — TSCHUPROW, A.: Grundbegriffe und Grundprobleme der Korrelationstheorie. Leipzig 1925. — RUCKLI, R.: Die Frostgefährlichkeit des Straßenuntergrundes. Straße und Verkehr 1943; 405.

H. Harmonische Analyse.

1. Begriffe (siehe S. 770).

2. Aufgabe der harmonischen Analyse.

Bei vielen dynamischen Baugrundaufgaben wird es notwendig, eine gegebene Funktion als Summe von Sinuswellen darzustellen. Im vorliegenden Abschnitt der mathematischen Statistik wird gezeigt, wie die resultierende Wellenkurve, auch Fouriersche Reihe genannt, für eine gegebene Funktion gefunden werden kann. Das Suchen der Teilwellen, aus welchen die Funktion zusammengesetzt ist, wird auch mit harmonischer Analyse bezeichnet.

3. Grundgleichung.

a) Mathematische Formulierung.

Nach FOURIER läßt sich jede Funktion $y = f(x)$, die im Intervall p stetig ist, durch die Reihe darstellen:

$$1. \quad y = a_0 + \sum_{\mu=1}^{\mu=\infty} c_\mu \sin\left(\mu\, \frac{2\,\pi}{p}\, x + \varphi_\mu\right) \tag{1}$$

oder durch

$$2. \quad y = a_0 + \sum_{\mu=1}^{\mu=\infty} a_\mu \cos\mu\, \frac{2\,\pi}{p}\, x + \sum_{\mu=1}^{\mu=\infty} b_\mu \sin\mu\, \frac{2\,\pi}{p}\, x. \tag{2}$$

Üblicherweise gelten obige Gl. (1) und (2) nur innerhalb des Intervalles p. Nur im Falle der Analyse einer *periodischen* Funktion darf die Reihenentwicklung auch für jeden Punkt außerhalb des Intervalles p angewendet werden.

Vielfach wird in Gl. (1) und (2) gesetzt:

$$z = \frac{2\,\pi}{p}\, x;$$

dann ergibt sich für

$$y = a_0 + \sum_{\mu=1}^{\mu=\infty} c_\mu \sin(\mu\, z + \varphi_\mu) \tag{3}$$

oder

$$y = a_0 + \sum_{\mu=1}^{\mu=\infty} a_\mu \cos \mu\, z + \sum_{\mu=1}^{\mu=\infty} b_\mu \sin \mu\, z. \tag{4}$$

b) Geometrische Deutung.

In den Gl. (1) bis (4) bedeuten:

$a_0 =$ Festwert,

$c_\mu =$ Scheitelwerte der zusammengesetzten Kurve,

$\varphi_\mu =$ Anfangsphase,

$\mu =$ Ordnungszahl; $\mu = 1, 2, \ldots, n$.

Gl. (3) bedeutet die Sinuswelle $c_\mu \sin (\mu\, z + \varphi_\mu)$ mit der Anfangsphase φ_μ. Die Sinuswelle ist aus den zwei Komponenten:

$$a_\mu \cos \mu\, z + b_\mu \sin \mu\, z \tag{5}$$

mit den Anfangsphasen Null entstanden; es ist:

$$c_\mu = \sqrt{a_\mu{}^2 + b_\mu{}^2} \quad \text{und} \quad \operatorname{tg} \varphi_\mu = \frac{a_\mu}{b_\mu} \tag{6}$$

Die geometrischen Zusammenhänge gehen aus Abb. 584 und Abb. 586 hervor.

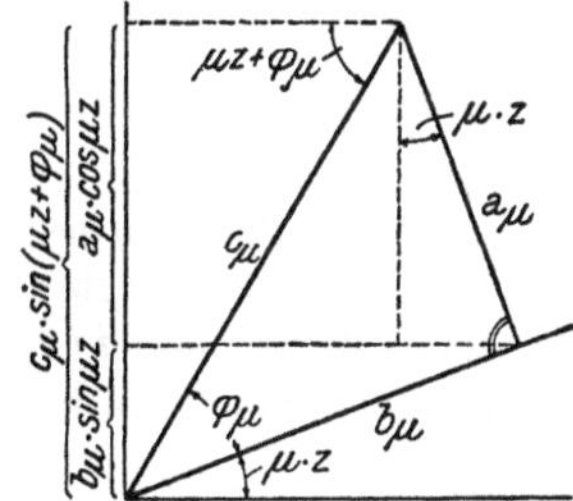

Abb. 584. Zusammenhang zwischen Scheitelwert c_μ, Phase φ_μ und den Komponenten a_μ, b_μ.

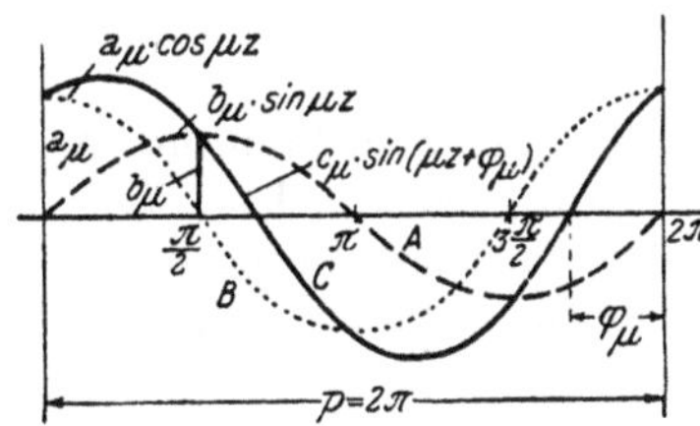

Abb. 585. Zusammensetzung einer Welle (C) aus einer Sinuswelle (A) und einer Kosinuswelle (B).

In Abb. 586 ist eine einfache periodische Funktion mit der Periode $p = 2\,\pi$ dargestellt. Es ist:

$$y = a_0 + c_1 \sin (z + \varphi_1) + c_2 \sin (2\, z + \varphi_2). \tag{7}$$

In Gl. (7) bedeuten:

$c_1 =$ Scheitelwert der Grundwelle,

$2\,\pi =$ Periode der Grundwelle,

$c_2 =$ Scheitelwert der Oberwelle,

$\dfrac{2\,\pi}{2} =$ Periode der Oberwelle,

$\varphi_1, \varphi_2 =$ Phasenverschiebung.

c) Die Grundgleichung als Zeitfunktion.

Oft ist die Veränderliche x in der Gl. (1) eine Zeit, die üblicherweise mit t bezeichnet wird; dann ist, eine periodische Funktion vorausgesetzt:

$p = T =$ Periodendauer,

$\dfrac{1}{T} = f =$ Frequenz,

$\omega =$ Kreisfrequenz.

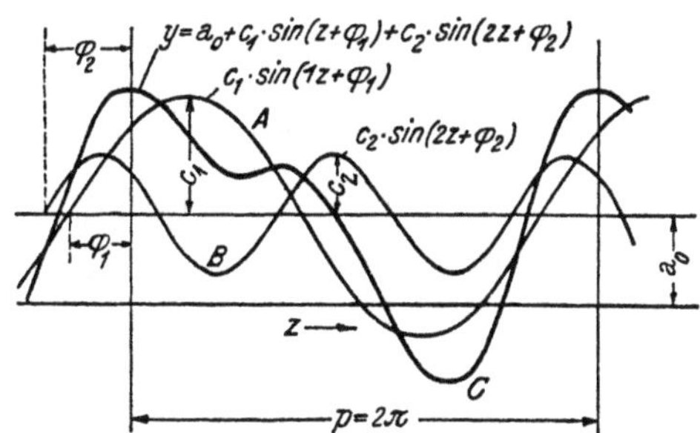

Abb. 586. Periodische Funktion (Welle C) mit einer Grundwelle (A) und einer Oberwelle (B).

Es wird:

$$z = \frac{2\,\pi}{T}\,t = \omega\,t = 2\,\pi\,f\,t \quad \text{(vgl. S. 565; Teil II).}$$

4. Bestimmung der FOURIER-Beiwerte.

Die Aufgabe der harmonischen Analyse ist, die sog. FOURIER-Beiwerte a_μ, b_μ bzw. c_μ, φ_μ in Gl. (2) bzw. Gl. (1) zu bestimmen. Es sind verschiedene Verfahren zur Bestimmung der FOURIER-Beiwerte entwickelt worden; die wichtigsten werden nachstehend behandelt:

a) Verfahren mit Hilfe der Eulerschen Gleichungen.

Dieselben lauten:

$$a_\mu = \frac{2}{p}\int_0^p f(x)\cos\mu\,\frac{2\,\pi}{p}\,x\,dx,$$

$$b_\mu = \frac{2}{p}\int_0^p f(x)\sin\mu\,\frac{2\,\pi}{p}\,x\,dx,$$

$$a_0 = \frac{1}{p}\int_0^p f(x)\,dx.$$

$[a_0 =$ Mittelwert der Funktion, über das betrachtete Intervall (Periode) erstreckt.]
Die Aufgabe ist gelöst, wenn es gelingt, diese Integrale auszuwerten. Eine formelmäßige Auswertung ist nur in den Fällen möglich, in welchen $f(x)$ durch eine einfache Funktion gegeben ist. Für Zahlenbeispiele siehe z. B. L. KIEPERT[1] und A. HUSSMANN[2].

b) Das Sprungstellenverfahren.

In vielen Fällen ist die Funktion $f(x)$ nur stückweise geschlossen. Das hierfür abgeleitete Sprungstellenverfahren bestimmt die FOURIER-Beiwerte ohne Integration[3].

c) Das Schemaverfahren nach RUNGE.

$\alpha)$ Grundsätzliches.

Das von RUNGE angegebene Verfahren vereinfacht die Rechenarbeit dadurch, daß es die Eigenschaften der Winkelfunktionen ausnützt. Die Ableitung ist hier nicht wiedergegeben; es wird auf das einschlägige Schrifttum verwiesen[4].

$\beta)$ Zahlenbeispiel.

Ist z. B. die Periode in zwölf Teile geteilt, so ergibt sich nach RUNGE nachstehender Rechengang:

---

[1] Grundriß der Differential- und Integralrechnung, 2. Teil S. 387, 391, 394, 396. Hannover 1918.

[2] Rechnerische Verfahren zur harmonischen Analyse und Synthese S. 6; daselbst sind auch Näherungsgleichungen angegeben. Berlin 1938.

[3] Für Beispiele siehe A. EAGLE: A Practical Treatise on Fouriers Theorie and Harmonic Analysis. London 1925, ferner G. KÖHLER u. A. WALTHER: Fouriersche Analyse von Funktionen mit Sprüngen, Ecken und ähnlichen Besonderheiten. Arch. Elektrotechn. 1931 S. 747/758; 1933 S. 19.

[4] C. RUNGE: Theorie und Praxis der Reihen. Sammlung Schubert XXXII, S. 143. Leipzig 1904. — C. RUNGE u. H. KÖNIG: Vorlesungen über numerisches Rechnen. Berlin 1924.

$y_1, y_2, \ldots, y_n =$ beobachtete Werte,
$a_1, a_2, \ldots, a_n =$ FOURIER-Beiwerte für die Sinusglieder,
$\qquad a_0 =$ Festwert.

Für die geometrische Bedeutung der Werte $a_0, a_1, a_2, \ldots, a_n$; $b_1, b_2, \ldots, b_n$ siehe Abb. 585:

$$x = \frac{2\,\pi}{T}\,t,$$

$T =$ Periodendauer.

Dann wird:

$$y_{(x)} = a_0 + a_1 \sin x + a_2 \sin 2\,x + a_3 \sin 3\,x \ldots a_n \sin n_x,$$
$$+ b_1 \cos x + b_2 \cos 2\,x + b_3 \cos 3\,x \ldots b_n \cos n_x.$$

Bekannt seien z. B. die Werte y_1, y_2 bis y_{12}.

Das Rechenschema lautet dann:

Tabelle 378.

Ordinaten						
	y_1	y_2	y_3	y_4	y_5	y_6
	y_{12}	y_{11}	y_{10}	y_9	y_8	y_7
Unterschied		u_1	u_2	u_3	u_4	u_5
Summe	v_0	v_1	v_2	v_3	v_4	v_5	v_6

Für die Sinusglieder wird:

Tabelle 379.

Unterschiede aus Tabelle 378.			
	u_1	u_2	u_3
	u_5	u_4	
Summe:	$\mathfrak{u}_1$	$\mathfrak{u}_2$	$\mathfrak{u}_3$
Unterschied	$\mathfrak{u}_1{}'$	$\mathfrak{u}_2{}'$	

Tabelle 380. *Berechnung der Koeffizienten a für die Sinusglieder.*

Glieder Nr.	1 und 5		2 und 4		3
sin 30°	$\mathfrak{u}_1$				
sin 60°		$\mathfrak{u}_2$	$\mathfrak{u}_1{}'$	$\mathfrak{u}_2{}'$	
sin 90°	$\mathfrak{u}_3$				$\mathfrak{u}_1 \;-\; \mathfrak{u}_3$
Summe	6_{a1}		6_{a2}		6_{a3}
Unterschied	6_{a5}		6_{a4}		

Für die Kosinusglieder wird:

Tabelle 381.

Summen aus Tabelle 378				
	v_0	v_1	v_2	v_3
	v_6	v_5	v_4	
Summe	$\mathfrak{v}_0$	$\mathfrak{v}_1$	$\mathfrak{v}_2$	$\mathfrak{v}_3$
Unterschied	$\mathfrak{v}_0{}'$	$\mathfrak{v}_1{}'$	$\mathfrak{v}_2{}'$	

Die Tabelle des Schemas ist dabei so zu verstehen, daß die Glieder der Reihen, vor welche sin 30°, sin 60°, sin 90° geschrieben ist, mit diesen Werten multipliziert gedacht sind. Die Produkte sind in die Tabellen einzusetzen. Da sin 30° den Wert $\frac{1}{2}$, sin 90° den Wert 1 hat, so können diese Produkte unmittelbar hin-

Tabelle 382. *Berechnung der Koeffizienten b für die Kosinusglieder.*

Glieder Nr.	0 und 6	1 und 5	2 und 4	3
sin 30°	—	$\mathfrak{v}_2'$ —	$-\mathfrak{v}_2$ $\mathfrak{v}_1$	—
sin 60°	—	— $\mathfrak{v}_1'$	—	—
sin 90°	$\mathfrak{v}_0$ $\mathfrak{v}_1$ $\mathfrak{v}_2$ $\mathfrak{v}_3$	$\mathfrak{v}_0'$ —	$\mathfrak{v}_0$ — $\mathfrak{v}_3$	$\mathfrak{v}_0' - \mathfrak{v}_2'$
Summe	$12\,b_0$	$6\,b_1$	$6\,b_2$	$6\,b_3$
Unterschied	$12\,b_6$	$6\,b_5$	$6\,b_4$	

geschrieben werden. Die vier Multiplikationen mit sin 60° bleiben dann allein auszuführen. Alles übrige sind Additionen und Subtraktionen.

Zahlenbeispiel: Der jährliche Temperaturgang in Luzern.

Die Monatsmittel sind (1881 bis 1900): y_1, y_2 y_3, bis y_{12}: —1,3; +0,7; +3,7; +8,6; +12,7; +16,4; +18,3; +17,1; +14,1; +8,4; +3,7; —0,4.

$$\text{Jahresmittel } y_m = \frac{\Sigma y}{N} = 8{,}5°.$$

Nach Tabelle 378 ergibt sich:

Tabelle 383.

Ordinaten	—0,4	$\begin{matrix}-1{,}3\\+3{,}7\end{matrix}$	$\begin{matrix}+0{,}7\\+8{,}4\end{matrix}$	$\begin{matrix}+3{,}7\\+14{,}1\end{matrix}$	$\begin{matrix}+8{,}6\\+17{,}1\end{matrix}$	$\begin{matrix}+12{,}7\\+18{,}3\end{matrix}$	+16,4
Unterschiede Summe	—0,4	$\begin{matrix}-5{,}0\\+2{,}4\end{matrix}$	$\begin{matrix}-7{,}7\\+9{,}1\end{matrix}$	$\begin{matrix}-10{,}4\\+17{,}8\end{matrix}$	$\begin{matrix}-8{,}5\\+25{,}7\end{matrix}$	$\begin{matrix}-5{,}6\\+31{,}0\end{matrix}$	+16,4

Nach Tabelle 379 ergibt sich für die Sinusglieder:

Tabelle 384.

Unterschiede aus Tabelle 383	$\begin{matrix}-\ 5{,}0\\-\ 5{,}6\end{matrix}$	$\begin{matrix}-\ 7{,}7\\-\ 8{,}5\end{matrix}$	—10,4
Summe.........	—10,6	—16,2	—10,4
Unterschied	+0,6	+0,8	

Nach Tabelle 381 ergibt sich für die Kosinusglieder:

Tabelle 385.

Summen aus Tabelle 383	$\begin{matrix}-\ 0{,}4\\+16{,}4\end{matrix}$	$\begin{matrix}+\ 2{,}4\\+31{,}0\end{matrix}$	$\begin{matrix}+\ 9{,}1\\+25{,}7\end{matrix}$	+17,8
Summe.........	+16,0	+33,4	+34,8	+17,8
Unterschied	—16,8	—28,6	—16,6	

Tabelle 386. *Sinusglieder.*

Glied Nr......	1 und 5	2 und 4	3
sin 30°	— 5,3 —	—	
sin 60°	— — 14	+0,52 +0,69	
sin 90°	—10,4 —	—	—10,6 +10,4
Kolonne 1	—15,7	+0,52	
Kolonne 2	—14,0	+0,69	
Summe	—29,7	+1,21	—0,2
Unterschied ...	— 1,7	—0,17	

Aus Tabelle 386 errechnen sich die Koeffizienten a für die Sinusglieder zu:

$$a_1 = \frac{-29,7}{6} = -4,95,$$

$$a_2 = \frac{+1,21}{6} = +0,20,$$

$$a_3 = \frac{-0,2}{6} = -0,03,$$

$$a_4 = \frac{-0,17}{6} = -0,03,$$

$$a_5 = \frac{-1,7}{6} = -0,28.$$

Tabelle 387. *Kosinusglieder.*

Glieder Nr.	0 und 6		1 und 5		2 und 4		3	
sin 30°			— 8,3	—	—17,4	+16,7	—	
sin 60°				—24,8				
sin 90°	{+ 16,0	+ 33,4	—		—	—	—	
	{+ 34,8	+ 17,8	—16,8	—	+ 16,0	—17,8	—16,8	+ 16,6
Kolonne 1	+ 50,8		—25,1		— 1,4			
Kolonne 2	+ 51,2		—24,8		— 1,1			
Summe	+ 102,0		—49,9		— 2,5			
Unterschied ...	0,4		— 0,3		— 0,3		— 0,2	

Aus Tabelle 387 errechnen sich die Koeffizienten b für die Kosinusglieder zu:

$$b_0 = \frac{102,0}{12} = +8,5,$$

$$b_1 = \frac{-49,9}{6} = -8,33,$$

$$b_2 = \frac{-2,5}{6} = -0,42,$$

$$b_3 = \frac{-0,2}{6} = -0,03,$$

$$b_4 = \frac{-0,3}{6} = -0,05,$$

$$b_5 = \frac{-0,3}{6} = -0,05,$$

$$b_6 = \frac{-0,4}{12} = -0,03.$$

Die Gleichung für den jährlichen Verlauf der Temperatur wird somit:

$$y = +8,5 - 4,95 \sin x + 0,20 \sin 2x - 0,03 \sin 3x - 0,03 \sin 4x - 0,28 \sin 5x -$$
$$- 8,33 \cos x - 0,42 \cos 2x - 0,03 \cos 3x - 0,05 \cos 4x - 0,05 \cos 5x -$$
$$- 0,03 \cos 6x.$$

Wird die gleiche Rechnung statt mit 12 Gliedern mit 8 Gliedern durchgeführt, so ergibt sich folgendes Rechenschema:

Tabelle 388. *Ordinaten.*

		y_1	y_2	y_3	y_4
	y_8	y_7	y_6	y_5	
Unterschied		μ_1	μ_2	μ_3	
Summe	v_0	v_1	v_2	v_3	v_4

Tabelle 389. *Sinusglieder.*

	μ_1	μ_2
	μ_3	—
Summe	$\mathfrak{u}_1$	$\mathfrak{u}_2$
Unterschied..	$\mathfrak{u}_1{}'$	—

Tabelle 390. *Kosinusglieder.*

	v_0	v_1	v_2
	v_4	v_3	—
Summe	W_0	W_1	W_2
Unterschied ...	$W_0{}'$	$W_1{}'$	

Tabelle 391. *Berechnung der Koeffizienten a für die Sinusglieder.*
Vgl. Anmerkung S. 823.

Glied	1 und 3		2
sin 45°	$\mathfrak{u}_1$	—	—
sin 90°	—	$\mathfrak{u}_2$	$\mathfrak{u}_1{}'$
Kolonne 1			
Kolonne 2			
Summe..........	$4\,a_1$		$4\,a_2$
Unterschied	$4\,a_3$		

Tabelle 392. *Berechnung der Koeffizienten b für die Kosinusglieder.*

Glied	0 und 4		1 und 3		2
sin 45°	—		—	$W_1{}'$	—
sin 90°	$\begin{cases} W_0 \\ W_2 \end{cases}$ W_1		$W_0{}'$	—	$W_0 - W_2$
Kolonne 1	—		—		—
Kolonne 2	—		—		—
Summe..........	$8\,b_0$		$4\,b_1$		$4\,b_2$
Unterschied	$8\,b_4$		$4\,b_3$		

Zahlenwerte.

Gegeben: 2,6 8,0 7,0 6,0 9,7 12 9,7 6,0

$$\text{Mittelwert: } y_m = \frac{\Sigma\, y}{N} = 7,6.$$

Tabelle 393.

Ordinaten		2,6	+ 8,0	+ 7,0	+ 6,0
	6,0	+ 9,7	+ 12,0	+ 9,7	
Unterschied		−7,1	− 4,0	− 2,7	
Summe..........	6,0	+ 12,3	+ 20,0	+ 16,7	+ 6,0

Tabelle 394. *Sinusglieder.*

μ_1	μ_2	$-7,1$	$-4,0$
μ_3		$-2,7$	
$\mathfrak{u}_1$	$\mathfrak{u}_2$	$-9,8$	$-4,0$
$\mathfrak{u}_1'$		$-4,3$	

Glieder	1 und 3		2
sin 45°	-7	—	—
sin 90°	—	4,0	$-4,3$
Kolonne 1 .	$-7,0$		
Kolonne 2 .	$-4,0$		
Summe	$-11,0$		$-4,3$
Unterschied	$-3,0$		

$$a_1 = -11,0:4 = -2,75$$
$$a_3 = -\ 3,0:4 = -0,75$$
$$a_2 = -\ 4,3:4 = -1,1$$

Tabelle 395. *Kosinusglieder.*

	v_0	v_1	v_2	6,0	$+12,3$	$+20$
	v_4	v_3		$+6,0$	$+16,7$
Σ	W_0	W_1	W_2	$+12,0$	$+29,0$	$+20$
Δ	W_0'	W_1'		0	$-4,4$

Glieder	0 und 4		1 und 3		2
sin 45°	—	—	—	3,1	
sin 90°	$\{$ 12,0 / 20	29 / —	0	—	12—20
Kolonne 1..	32,0		0		
Kolonne 2..	29,0		$-3,1$		
Summe	61		$-3,1$		-8
Unterschied	3		$+3,1$		

$$b_0 = 61\ \ :8 = 7,6$$
$$b_1 = -3,1:4 = -0,8$$
$$b_2 = -8\ \ \ :4 = -2$$
$$b_3 = 3,1:4 = 0,8$$
$$b_4 = 3,0:8 = 0,37$$

Somit wird:

$$y = 7,6 - 2,75 \sin x - 1,1 \sin 2x - 0,75 \sin 3x$$
$$-\ 0,8\ \cos x - 2\ \ \cos 2x + 0,8\ \cos 3x + 0,37 \cos 4x.$$

Tabelle 396.

Vergleiche	J	F	M	A	M	J	J	A	S	O	N	D
Beobachtete Werte	$-1,3$	$+0,7$	$+3,7$	$+8,6$	$+12,7$	$+16,4$	$+18,3$	$+17,1$	$+14,1$	$+8,4$	$+3,7$	$-0,4$
Berechnete Werte / Berechnet mit 12 Gliedern	$-1,2$	$+1,2$	$+4,0$	$+8,4$	$+12,8$	$+16,4$	$+18,4$	$+17,3$	$+13,8$	$+8,7$	$+3,4$	$-0,3$
Berechnet mit 8 Gliedern	$-1,3$	$+1,2$	$+4,0$	$+8,4$	$+12,9$	$+16,9$	$+18,2$	$+17,4$	$+13,8$	$+8,7$	$+3,5$	$-0,3$

Anmerkung: Berechnungsergebnisse nach R. Ruckli.

d) Rechenschablonen und zeichnerisches Verfahren.

Es sind verschiedene Rechenschablonen und zeichnerische Verfahren aufgestellt worden, um die Bestimmung der Fourierschen Beiwerte zu erleichtern. Sie stützen sich grundsätzlich auf das Schemaverfahren von Runge. Sie sind aus Platzmangel hier nicht wiedergegeben; es wird lediglich auf das einschlägige Schrifttum verwiesen.

Schrifttum.

Hussmann, A.: Rechnerische Verfahren zur harmonischen Analyse und Synthese mit Schablonen für eine Rechnung mit 12, 24, 36 oder 72 Ordinaten S. 13. Berlin 1938. — Jahnke, E., u. F. Emde: Funktionentafeln. Leipzig 1933. — Koller, S.: Graphische Tafeln zur Beurteilung statistischer Zahlen. Leipzig 1940. — Statistik der Kreislaufkrankheiten. Dresden 1936. — Lewis, F. M.: A Method of Harmonic Analysis. J. appl. Mech. 1935 S. 137. — Pollak, W. L.: Rechentafeln zur harmonischen Analyse. Leipzig 1926. — Runge, C., u. F. Emde: Rechnungsformular zur Zerlegung einer empirisch gegebenen periodischen Funktion in Sinuswellen. Braunschweig 1941. — Stumpf, V.: Tafeln und Aufgaben zur harmonischen Analyse und Periodogrammrechnung. Berlin 1939. — Terebesi, P.: Rechenschablonen zur harmonischen Analyse und Synthese. Berlin 1930. — Tibbett, L. H. C.: Randone sampling numbers. Trad for comporters. Cambridge 1927. — Turner, H. H.: Tables for facilitating the use of harmonic analysis. London 1913. — ZIMMERMANN: Rechentafeln, 10. Aufl. Berlin 1929. — ZIPPERER, L.: Tafeln zur harmonischen Analyse periodischer Kurven. Berlin 1922.

e) Mechanische, elektrische und photoelektrische Hilfsgeräte.

Zur Bestimmung der FOURIER-Beiwerte werden vielfach mechanische oder elektrische Hilfsgeräte verwendet. Für die Beschreibung und Verwendung wird hier aus Platzmangel lediglich auf das entsprechende Schrifttum verwiesen.

Schrifttum.

ADLER, H.: Ein Spezialplanimeter zur Bestimmung von Effektivwerten. Elektrotechn. Z. 1931 Heft 45. — Neue Potenzplanimeter. Z. Vermessungsw., Stuttgart 1932 Heft 21. — ARBOT, C. G.: The periodometer, an instrument for binding an evaluating periodicities. Smithson. miscell. Coll. Bd. 87 (1932). — Archiv für technisches Meßwesen, München und Berlin 1932 bis 1943. — BAER, H.: Genauigkeitsuntersuchungen am harmonischen Analysator Made-Aff. Z. Instrumentenkde. 1937 Heft 6. — BÉKÉSY, G. v.: Über die photoelektrische Fourier-Analyse eines gegebenen Kurvenzuges. Elektr. Nachr.-Techn. 1937. — BUSH, V.: The differential analyser. J. Franklin Inst. Bd. 212 (1931) Br. 4. — CORADI, G.: Der harmonische Analysator mit einer Theorie derselben. Zürich 1894. — FISCHER, A.: Vollautomatische Massenmultiplikationen mit Hollerith-Digit-Staffelverfahren auf der B. K.-Tabelliermaschine. Hollerith-Nachr. Heft 63. Berlin 1936. — GALLE, A.: Mathematische Instrumente. Leipzig 1912. — GERMANSKY, B.: Über ein optisches Verfahren zur Fourier-Analyse. Ann. Phys., Leipzig Bd. 7 (1930). — GRIX, W.: Geometrische Analyse periodischer Schwingungen. Helios, Leipzig 1921. — HENRICI-CORADI: Z. Instrumentenkde. Bd. 54 Heft 7. — KLINGELHÖFER, H.: Der harmonische Analysator. — KOBAYASHI, M.: An electric frequenz analyser. Electr. Communic. Bd. 8 (1930). — MADER, O.: Über die harmonischen Analysen. Elektrotechn. Z. 1909; Phys. Z. 1909. — OTT, A.: Systematische Entwicklung der Planimeter und Integrimeter aus der einfachen Grundform. Meßtechn. 1937 Heft 3. — POLLAK, L. W.: Das Lochkartenverfahren. Meteor. Z. 1929. — POLLAK, L., u. F. KAISER: Neue Anwendung des Lochkartenverfahrens in der Geophysik. Hollerith-Nachr. Heft 44. Berlin 1934. — WAGEMANN, H.: Der erweiterte harmonische Analysator nach MADER-OTT und seine Verwendung. Meteor. Z. 1942 S. 134. — WALTHER, A.: Mathematische Geräte zum Integrieren. Z. VDI 1936 Nr. 47. — WILLEIS, F. A.: Harmonische Analysatoren. Arch. techn. Messen Lfg. 132 (1942). — ZECH, TH.: Harmonische Analyse mit Hilfe des Lochkartenverfahrens. Z. angew. Math. Mech. Bd. 9 (1929).

Schrifttum zur harmonischen Analyse.

ALTER, D.: A simple form of periodogram. Ann. Math. Statist. Bd. 8 (1937) Nr. 2. — BLAKE, A.: Criteria for the reality of apparent seismic periodicities. Eastern Section. Seism. Soc. Am. Bd. 10 S. 17. — COURANT, R.: Vorlesungen über Differential- und Integralrechnung. Berlin 1931. — COURANT, R., u. D. HILBERT: Methoden der mathematischen Physik Bd. 32, 2. Aufl. Berlin 1937. — DAEVER, R.: Praktische Großzahlforschung. Berlin 1933. — EAGLE, A.: On the relation between the Fourier Constants of a Periodic Function and the Coefficients determined by Harmonic Analysis. Phil. Mag. 1928 S. 113/132 824. — ERTE, H.: Methoden und Probleme der dynamischen Meteorologie. Berlin 1938. — FISHER, P. A.: Statistical methods for Research Workers. London 1941. — HORT, W.: Technische Schwingungslehre, 2. Aufl. Berlin 1922. — LEGRAND, J.: Insuffisance de la série de Fourier pour la recherche des éléments d'un phénomène complexe présumé périodique. Ars. Techn. Mar. et Aeron. Paris 1936. — LOHMANN, W.: Harmonische Analyse zum Selbstunterricht. Berlin 1921. — LUBBERGER, F.: Wahrscheinlichkeiten und Schwankungen. Berlin 1937. — MADELUNG, E.: Die mathematischen Hilfsmittel des Physikers (Grundlehren der mathematischen Wissenschaften Bd. 4), 3. Aufl. Berlin 1936. — RUNGE, C., u. H. KÖNIG: Vorlesungen über numerisches Rechnen. Grundlehren mathemat. Wissenschaften Bd. 11. Berlin 1924. — SANDER, V.: Praktische Analysis. Berlin 1927. — SCHAFFERNAK, F.: Hydrographie. Zahlenbeispiele für harmonische und Periodogrammanalyse S. 208. Ebenso: Graphische Statistik S. 230. Wien 1935. — STUMPF, K.: Analyse periodischer Vorgänge. Berlin 1927. — Grundlagen und Methoden der Periodenforschung S. 35. Berlin 1937. — TIPPETT, L. H. C.: The methods of statistics. An introduction mainly for experimentalists, 2. Aufl. London 1937. — VERCELLI, F.:

Metodi pratici per l'analisi delle curve oscillanti. Roma 1934. — WALTHER, K.: Über die Wahrscheinlichkeit von Perioden. Astronom. Nachr. Bd. 259 (1936). — WILLEN, F. A.: Methoden der praktischen Analysis. Berlin 1928.

5. Nutzanwendung bei Erschütterungskurven.

Ist die Schwingungskurve infolge einer Erschütterung gegeben (vgl. z. B. Abb. 535, Teil II, mit der Schwingungskurve infolge Eisenbahnverkehr), so kann mit Hilfe der harmonischen Analyse die Schwingungsgleichung für einen bestimmten Zeitabschnitt berechnet werden. Ist die Schwingungskurve

$$y = f(x) = a_0 + a_1 \sin x + a_2 \sin 2x + \ldots + b_1 \cos x + b_2 \cos 2x + \ldots \quad (1)$$

bekannt, so kann der Beschleunigungswert $b = \dfrac{d^2 y}{d x^2}$ durch zweimaliges Differenzieren der Gl. (1) berechnet werden.

Um in Gl. (1) die Fourierschen Beiwerte $a_0, a_1, a_2, \ldots, a_n$;
$$b_1, b_2, \ldots, b_n$$
zu erhalten, wird zweckmäßig mit mechanisch arbeitenden Analysatoren gerechnet. Ganz besonders wichtig ist die genaue Aufstellung der Gl. (1), wenn eine Grundschwingung mit kleiner Frequenz vorhanden ist und Oberwellen mit hohen Frequenzen sich daneben lagern, z. B. wenn die Eigenschwingung einer Holzdecke vorhanden ist und sich Oberwellen mit großen Frequenzen darüber lagern, z. B. durch Erschütterungswellen infolge Schläge der Eisenbahnräder bei Schienenstößen. Die Schätzungsberechnung und die genaue Berechnung ergaben Unterschiede im Verhältnis 1:2,84 für die Beschleunigungswerte b.

J. Indexzahlen.

1. Begriffe (siehe S. 771).

2. Arten der Indexzahlen.

Man unterscheidet drei Arten von Indexzahlen, nämlich:

a) Die Veränderungen können durch Verhältniszahlen ausgedrückt werden; die Mittelwerte dieser Veränderungen geben die Veränderungen in einer Gruppe wieder. Diese Art von Indexzahlen nennt man Mittelwerte von Verhältniszahlen (Beispiel siehe S. 830).

b) Jede Gruppe kann durch einen geeigneten Mittelwert dargestellt werden; eine Reihe von solchen Mittelwerten wird dann durch Verhältniszahlen ausgedrückt. Dieses Verfahren ist unter dem Namen Verhältnisse von Mittelwerten bekannt (Beispiel siehe S. 831).

c) Die einzelnen Veränderlichen können in eine Gruppe zu Aggregaten zusammengefaßt werden. Eine Reihe von Aggregaten wird durch Verhältniszahlen ausgedrückt. Diese Art von Indexzahlen heißt Verhältnis von Aggregaten (Beispiel siehe S. 831).

Unter einem Aggregat wird die Summe der gewogenen statistischen Größen verstanden; z. B.:

die Beobachtung x_1 erhalte das Gewicht g_1,
die Beobachtung x_2 erhalte das Gewicht g_2.

Dann wird $G = g_1 + g_2 + \ldots$ und das Aggregat A
$$A_g = g_1 x_1 + g_2 x_2 + g_3 x_3 + \ldots.$$
Das gewogene arithmetische Mittel wird

$$m_G = \frac{1}{G}(g_1 x_1 + g_2 x_2 + \ldots).$$

(Siehe auch Abschnitt über Mittelwerte S. 782.)

3. Mittelwerte von Verhältniszahlen.

a) Grundsätzliches.

Als Mittelwert kann das arithmetische Mittel, das geometrische, harmonische, kontraharmonische, quadratische Mittel, der Zentralwert usw. gebildet werden (vgl. S. 779).

b) Beispiel für den Mittelwert von Verhältniszahlen.

Es bezeichnen X_1, X_1', X_1'', ... die Härtegrade einer Quelle in den Monaten Januar, Februar, März, ... eines Jahres.

Die Werte X_2, X_2', X_2'', ... bezeichnen die Härtegrade der gleichen Quelle in den Monaten Januar, Februar, März, ... des folgenden Jahres.

Dann ist das arithmetische Mittel der Verhältniszahlen für das zweite Jahr:

$$J_m = \frac{\dfrac{X_2}{X_1} + \dfrac{X_2'}{X_1'} + \dfrac{X_2''}{X_1''} + \cdots}{N}, \tag{1}$$

N bedeutet die Anzahl der Beobachtungen; im vorliegenden Falle bedeutet $N = 12$ Monate,

X wird als *Basiswert* gewählt; es kann $X_1 = 1$ oder $X_1 = 100$ gesetzt werden. Z. B. für

$$X_1 = 1 \text{ wird } X_1' = \frac{1}{\alpha'}; \; X_1'' = \frac{1}{\alpha''} \cdots \tag{2}$$

gesetzt.

Ferner kann gesetzt werden:

$$X_2 = X_1 + \varDelta X_1; \; X_2' = X_1' + \varDelta X_1' \ldots \tag{3}$$

$\varDelta X$ kann positiv oder negativ sein. Dann wird Gleichung (1):

$$J_m = \frac{N + \dfrac{\varDelta X_1}{X_1} + \dfrac{\varDelta X_1'}{X_1'} + \dfrac{\varDelta X_1''}{X_1''}}{N}. \tag{4}$$

Unter Berücksichtigung der unter (2) erwähnten Bedingungen wird:

$$J_m = \frac{N + \varDelta X_1 + \alpha' \varDelta X_1' + \alpha'' \varDelta X_1'' + \cdots}{N}. \tag{5}$$

Durch die Indexzahl J_m wird z. B. die Größe der Änderung der Härtegrade einer Quelle während eines Jahres im Verhältnis zur Änderung der Härtegrade im vorhergehenden Jahre ausgedrückt. Praktisch fand der Verfasser für die J_m-Werte von zwei aufeinanderfolgenden Jahren:

Tabelle 397.

Art der Quelle	Härtegrade J_m	Organische Rückstände J_m	Ergiebigkeit J_m
Quelle aus den Schottern der 1. alpinen Vergletscherung (aus den Günzschottern)	0,8—1,8	0,75—1,2	0,6—2,0
Quelle aus alluvialen Flußschottern	0,5—3,0	0,6 —1,3	0,5—5,0

An Stelle des arithmetischen Mittels kann das geometrische, harmonische Mittel usw. oft mit Vorteil gewählt werden. Welches Mittel jeweils zu wählen ist, richtet sich nach der Art der gestellten Aufgabe.

4. Verhältnisse von Mittelwerten.

Die Basis X_1 in Gl. (1), (4) und (5) kann aber auch als Mittelwert einer Anzahl Jahre gewählt und dann der J_m-Wert für ein Jahr mit den Veränderlichen $\varDelta X_1$, $\varDelta X_1'$ usw. berechnet werden. Im obigen Beispiel wurde die Berechnung für die X_1-, X_1'-, ...-Werte mit einem Zeitraum von 4 Jahren wiederholt. Für die $\varDelta X_1$-, $\varDelta X_1'$-, ...-Werte wurde ein Zeitraum von 2 Jahren genommen. Für diesen Fall bekommt man bedeutend zuverlässigere J_m-Werte, als sie in Tabelle 397 angegeben sind.

5. Verhältnisse von Aggregaten.

a) Begriffe (siehe S. 829).

b) Beispiel.

Aus dem Beispiel der Tabelle 397 ergibt sich, daß der J_m-Wert für die Quellergiebigkeiten starken Veränderungen unterworfen sein kann. Bei der Abschätzung des Wertes einer Quelle berücksichtigte der Verfasser nicht nur die Ergiebigkeitsschwankungen, sondern auch die Änderung des Chemismus des Wassers. Die zahlenmäßige Wertschätzung wurde folgendermaßen berechnet:

Bei großer Ergiebigkeit mußte der Bezüger des Wassers, eine chemische Industrie, das Wasser nicht mehr chemisch reinigen. Bei mittlerer Ergiebigkeit mußte das Wasser wegen seines Gehaltes an organischen Rückständen gereinigt werden; bei sehr kleinen Ergiebigkeiten mußte das Wasser wegen seines organischen Gehaltes und auch noch wegen seiner Härte vorbehandelt werden. Der Wert der Quelle änderte also nicht nur wegen der Ergiebigkeit des Wassers, sondern auch wegen der Beschaffenheit des Wassers. Dabei sank der Wert des Wassers in Abhängigkeit der Ergiebigkeit sehr stark. Diese Tatsache wurde durch eine Veränderlichkeit des Gewichtes g in Abhängigkeit der Wasserergiebigkeit berücksichtigt.

Mathematisch wurde diese Erscheinung mit Hilfe des Gewichtes g ausgedrückt:

$$g = f(w), \tag{6}$$

$g = $ Gewicht; $w = $ Wassermenge.

Wenn der Einfluß der Wassermenge auf den organischen Gehalt mit g_0 bezeichnet wird und der Einfluß der Wassermenge auf die Härtegrade mit g_H, so wird z. B. gesetzt:

$$g = g_0 + g_H. \tag{7}$$

Man könnte auch

$$g = g_0{}^p\, g_H{}^q \tag{8}$$

setzen. Für die folgenden Betrachtungen ist die Form der Gl. (7) gewählt. Gesetzt wurde für

$$g_0 = w^{-2,0} \quad \text{und für} \quad g_H = w^{-1,5}.$$

Somit wird

$$g_n = w^{-2,0} + w^{-1,5}. \tag{9}$$

Bedeutet in Gl. (1) x die Wassermenge, so wird

$$J_m = \frac{\dfrac{g_2\, x_2}{g_1\, x_1} + \dfrac{g_2'\, x_2'}{g_1'\, x_1'}}{N}. \tag{10}$$

Für den Wert $g_1\, x_1$ in Gl. (10) als Basiswert wurde das Mittel von 50 Jahren gewählt. Dann bedeutet:

$$g_1\, x_1 = \frac{\sum\limits_{i=1}^{i=50} g_i\, x_i}{\sum g_i}\ .$$

Für den Wert $g_2\, x_2$ wurde das Mittel von 1 bis 10 Jahren gewählt, d. h.

$$g_2\, x_2 = \frac{\overset{k=m}{\underset{k=1}{\sum}} g_k\, x_k}{\sum g_k}\; ; \quad m = 1 \text{ bis } 10.$$

Durch Einführung des g-Wertes ergeben sich verschiedene Werte für die Quelle, je nachdem das Wasser zum Treiben einer Turbine verwendet werden soll oder als Wasser für eine chemische Fabrik zu verwenden beabsichtigt wird.

Mit Hilfe des gewogenen Mittels g konnte die Änderung des Wertes der Quelle unter Berücksichtigung des Chemismus des Wassers zahlenmäßig festgestellt werden.

Auf Grund dieser Überlegungen wurden folgende Zahlenwerte errechnet:

Tabelle 398.

	Wasser als Treibwasser für eine Turbine benützt	Wasser als Industriewasser für eine chemische Fabrik benützt
Niedrigste J_m-Werte	0,5 = 100%	0,3 = 60%
Wert des Wassers		
a) als chemisch reines Wasser	100%	120%
b) als chemisch verunreinigtes Wasser.............	100%	72%

Es kann aber auch an Stelle der Formel (10) die Indexziffer

$$J_m' = \frac{g_2\, x_2 + g_2'\, x_2' + g_2''\, x_2'' + \cdots}{g_1\, x_1 + g_1'\, x_1' + g_1''\, x_1'' + \cdots} \cdot 100 \tag{11}$$

wertvolle Dienste leisten. Gebraucht wurde die Indexziffer J_m' z. B. zur Er-mittlung des sog. Lebensmittelkostenindexes. Es bedeutet dabei

$x =$ die Preise der einzelnen Lebensmittel,
$g =$ die Menge der einzelnen Lebensmittel[1].

Schrifttum für Indexzahlen.

BOWLEY, A. J.: Elements of Statistics, 5. Aufl. Kap. 9. London 1926. — BÜCHNER, O. G. A.: Zur Methode der Feststellung von Angebot und Nachfrage. Bull. l'Inst. intern. Statist. Bd. 27 Lfg. 2 S. 482. — BURKHARDT, F.: Die Standardisierungs- und Tafelmethode im Dienste der statistischen Praxis. Beiträge zur deutschen Statistik. Festgabe für F. ZIZEK 1936 S. 61. — CZUBER-BURKHARDT: Die statistischen For-schungsmethoden. Kapitel über Verhältniszahlen S. 108/125. Wien 1938. — FISCHER-IRVING: The best form of Index Numbers. Q. P. A. S. A. 1921. — The Making of Index Numbers. Boston 1922. — MACAULEY, F. R.: Making and Using of Index Numbers. The Amer. Economic Rev. 1916. — OGBURN, W. F.: Bull. US. Bur. Labor Statist. 1921 S. 88. — PERSONS, W. M.: Fisher Formula for Index Numbers. Rev. Econom. Statist. Prel. Bd. 3 (1921). — Vjh. Statist. Dtsch. Reich. — WINKLER, W.: Die statistischen Verhältniszahlen S. 82. Wien 1923. — YOUNG, A. A.: Fisher's The Making of Index Numbers. Quart. J. Econom. 1921. — The Measurement of Changes of the General Price Level. Quart. J. Econom. 1921. — Indexzahlen in RIETZ-BAUR: Handbuch der mathematischen Statistik S. 235. Berlin 1930. — ZIZEK, F.: Grundriß der Statistik S. 134. Leipzig 1923.

---

[1] Vgl. Vjh. Statistik. Dtsch. Reich 1937 Heft 1 S. 149 oder Allg. statist. Archiv Bd. 21 S. 532; Bd. 22 S. 492, 530; Bd. 23 S. 305; Bd. 27, S. 1.

MIX
Papier aus verantwortungsvollen Quellen
Paper from responsible sources
FSC® C105338

If you have any concerns about our products,
you can contact us on
ProductSafety@springernature.com

In case Publisher is established outside the EU,
the EU authorized representative is:
Springer Nature Customer Service Center GmbH
Europaplatz 3, 69115 Heidelberg, Germany

Printed by Libri Plureos GmbH
in Hamburg, Germany